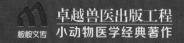

卓越兽医出版工程
小动物医学经典著作
骏骏文传

Muller & Kirk's

Small Animal Dermatology

小动物皮肤病学

第7版

（美）威廉·H. 米勒·Jr.（William H. Miller Jr.）

（美）克雷格·E. 格里芬（Craig E. Griffin） 编著

（美）凯伦·L. 坎贝尔（Karen L. Campbell）

林德贵 张 迪 施 尧 主译

辽宁科学技术出版社
沈 阳

©2020，辽宁科学技术出版社。

著作权合同登记号：06-2019-113。

图书在版编目（CIP）数据

小动物皮肤病学：第7版/（美）威廉·H. 米勒·Jr.，
（美）克雷格·E. 格里芬，（美）凯伦·L. 坎贝尔编著；
林德贵，张迪，施尧主译. —沈阳：辽宁科学技术出版社，
2021.1

ISBN 978-7-5591-1891-2

Ⅰ.①小… Ⅱ.①威… ②克… ③凯… ④林… ⑤张… ⑥
施… Ⅲ.①动物疾病—皮肤病—诊疗 Ⅳ.①S857.5

中国版本图书馆CIP数据核字（2020）第222704号

出版发行：辽宁科学技术出版社
　　　　　（地址：沈阳市和平区十一纬路25号　邮编：110003）
印　刷　者：北京顶佳世纪印刷有限公司
经　销　者：各地新华书店
幅面尺寸：210mm×285mm
印　　张：57.25
插　　页：4
字　　数：1650千字
出版时间：2021年1月第1版
印刷时间：2021年1月第1次印刷
责任编辑：陈广鹏　朴海玉
封面设计：袁　舒
版式设计：袁　舒
责任校对：赵淑新

书　　号：ISBN 978-7-5591-1891-2
定　　价：880.00元

译者委员会

主　译

林德贵　张　迪　施　尧

副主译

周　彬　迟万怡　张　红　黄　坚　杨　旭　余　芳

参译人员

于骁潇　张　润　周家慧　王亚楠　牛祺芳　刘光超　王　静

马倩若　孙伟东　程弋思　黄　欣　张　润　徐虹倩　姜秋月

赵乔乐　徐新峰　黄　迪　李　琪　白　鹤　张　润　马继权

季玲西　刘　典　乔雁超

审校人员

裴世敏　栗婷婷　李　艺　贾丽欣　袁瑜璟　贾晓麟　严可晴

刘雨洁　何婕敏　许成芳　林子翔　余力行　杨春燚　李青青

张　硕

主译简介

林德贵 中国农业大学动物医学院兽医外科教授。中国兽医协会宠物诊疗分会发起人及第1届、第2届会长，中国畜牧兽医学会小动物医学分会发起人及第1届、第2届和第4届理事长；中国小动物医学大会主席。已经培养180余名兽医外科硕士和博士研究生。国家精品课程主讲教师，北京市教学名师。已经出版全国统编兽医教材和专业书籍25部。

张迪 本科及硕士研究生就读于中国农业大学，2007–2011年赴日本东京大学兽医专业攻读博士学位。从2013年5月至今，任职于中农业大学动物医学院临床医学系外科教研组。中国畜牧兽医学会小动物医学分会理事。临床主要方向为小动物皮肤病学，科研方向为小动物肿瘤学。在国内外期刊发表多篇学术论文。

施尧 本科、硕士及博士就读于中国农业大学，师从林德贵教授，主攻小动物皮肤病。迄今已发表2篇动物皮肤真菌相关的国际SCI论文、12篇国内兽医杂志与会议论文，参与翻译、校对多部兽医专业论著。现任中国畜牧兽医学会小动物医学分会皮肤专科委员，新瑞鹏宠物医疗集团皮肤专科医师，宠颐生动物医院北京中心医院检验科主任、皮肤科主治医师。

第1版作者简介

本书第1版是由George Muller博士和Robert Kirk博士于1969年编著出版，1995年本书第5版正式出版，并在此版之后因年事已高不再参与编写。他们两人于2011年逝世，我们编写的第7版再次献给两位先生。

George和Bob不仅是兽医学和兽医皮肤病学的领军人物，也是我们三位作者非常特别的朋友。George和Bob使我们领悟到成功的皮肤病学不但是一门科学，也是一门艺术，我们永远感激他们。我们希望不会辜负两位的期望。

先生们，您们都已离我们而去了，但是您们永远都不会被遗忘！

George Muller（1919—2011）出生于德国，在少年时移民美国。1943年获得德克萨斯大学DVM。1947—1956年，他在加利福尼亚的匹兹堡开了一家兽医院。1956年，他举家搬到加利福尼亚的核桃溪市，并在那里开设了Muller兽医院，一直工作到1977年。他对皮肤病学有强烈的兴趣，在1958年创立了美国动物医院协会下属的皮肤病学委员会。同年，Muller博士开始在Eugene M. Farber（医学博士、教授）手下工作，后者也是斯坦福大学医学院皮肤病系的主任。1959年，Muller博士被任命为斯坦福大学临床教授，并在斯坦福大学工作了30年。在斯坦福大学，Muller博士主持科研，教授课程，撰写文章和书籍，受邀各类讲座。

Muller博士在核桃溪市撰写的《小动物皮肤病手册》是世界上第一本关于小动物皮肤病的书籍。他将时间合理分配，部分用于撰写皮肤病相关书籍，部分用于工作在斯坦福大学。Muller博士在皮肤病学方面的学识渊博，日常工作中收集了6 000多张临床图片，这些都促成了他在1969年写出第1版*Small Animal Dermatology*。他还撰写了*Canine Skin Lesions*（1968），*Feline Skin Lesions*（1974），以及许多文章和《小动物皮肤病学》中的部分章节。他在全世界开展了150多次的讲座，其中包括在美国动物医院协会举办的年会上连续进行了18次关于小动物皮肤病学的讲座！

Muller博士于1964年作为主要负责人，与同行共同发起成立了美国兽医皮肤病学会，并在1968年担任主席。他也是美国兽医皮肤病学院（American College of Veterinary Dermatology）的共同创始人之一，并于1980年担任主席。Muller博士同时还是欧洲兽医皮肤病学会的共同创始人和荣誉创始人（1983年）。他在兽医皮肤病学工作方面获得的荣誉包括：the McCoy Memorial Award（1968年华盛顿州立大学），the American Animal Hospital Association Merit Award（1970），the American Academy of Veterinary Dermatology Service Award（1978），the American Veterinary Medical Association Gaines FIDO Award（1980），the American College of Veterinary Dermatology Award of Excellence（1991）；2011年世界兽医皮肤病协会在香港举办兽医皮肤病学世界大会时，第一个被授予Hugo Schindelka奖章的人。

Muller博士毕生为兽医皮肤病学科作出了巨大贡献，是一位热情、谦逊、有耐心的学者。

第1版作者简介

Robert (Bob) Kirk（1922— 2011）出生于美国康乃狄克州的斯坦福。1946年获得康奈尔大学DVM。他的第一份工作是在佛蒙特州布拉特尔伯勒从事动物临床工作。在搬回到康乃狄克州之前，他在美国纽约市的一个防止虐待动物协会的医院工作。1950—1952年，他服役于美国空军，并且获得了上尉军衔。1952年，Kirk博士加入到康奈尔大学，不辞辛劳地推动小动物医学的发展。在康奈尔大学，他拥有很多职务，包括小动物医学与外科学主任，小动物诊所主管，动物医院教学主管。Kirk博士对皮肤病学有特殊的兴趣和爱好。1969年，Kirk博士休假1年，与Muller博士在斯坦福共同完成了第1版《小动物皮肤病学》。Kirk博士是全美兽医内科医学院的共同创始人和主席（1974），美国兽医皮肤病学院的共同创始人和主席（1985—1987），他是美国兽医从业者委员会的组委会成员，并于1982—1983年担任主席。

Kirk博士发表过很多的文章，与S. I. Bistner博士共同出版了第5版*Handbook of Veterinary Procedures and Emergency Treatment*。他校订了第11版*Current Veterinary Therapy*，这是对兽医学最突出的贡献，因此他也被世界所熟知。他还开展过400多次继续教育讲座。他在兽医皮肤病学和兽医学方面得到的荣誉包括：the World Small Animal Veterinary Association International Prize for Scientific Achievement（1984），the British Small Animal Veterinary Association Bourgelat Award（1987），the American College of Veterinary Internal Medicine Distinguished Service Award（1988），the New York State Veterinary Medical Society Centennial Commendation for Outstanding Professional Contributions to the Practice of Veterinary Medicine（1990），the American College of Veterinary Practitioners' Award for Excellence（1991），the American College of Veterinary Dermatology Award of Excellence（1991）。Kirk博士对推进高质量临床兽医实践拥有极高的热情，其专业精神对之后年轻兽医的成长产生了深远影响。

CRAIG A. CLIFFORD DVM, MS, DACVIM (ONCOLOGY)

Staff Oncologist and Director of Clinical Research
Hope Veterinary Specialists
Malvern, Pennsylvania
Neoplastic and Non-Neoplastic Tumors

LOUIS-PHILIPPE DE LORIMIER, DVM, DACVIM (ONCOLOGY)

Medical Oncology Service
Hôpital Vétérinaire Rive-Sud
Brossard, Québec, Canada
Neoplastic and Non-Neoplastic Tumors

RICARDO DE MATOS, LMV, DABVP (AVIAN), DECZM (AVIAN)

Section of Zoological Medicine
Department of Clinical Sciences
College of Veterinary Medicine
Cornell University
Ithaca, New York
Dermatoses of Exotic Small Mammals

TIMOTHY M. FAN, DVM, PHD, DACVIM
Associate Professor
Department of Veterinary Clinical Medicine
College of Veterinary Medicine
University of Illinois
Urbana, Illinois
Neoplastic and Non-Neoplastic Tumors

LINDA A. FRANK, MS, DVM, DACVD
Professor
Department of Small Animal Clinical Sciences
College of Veterinary Medicine
University of Tennessee
Knoxville, Tennessee
Endocrine and Metabolic Diseases

LAURA D. GARRETT, DVM, DACVIM (ONCOLOGY)

Clinical Associate Professor
Department of Veterinary Clinical Medicine
College of Veterinary Medicine
University of Illinois
Urbana, Illinois
Neoplastic and Non-Neoplastic Tumors

MARY B. GLAZE, DVM, MS, DACVO
Gulf Coast Animal Eye Clinic
Houston, Texas
Diseases of Eyelids, Claws, Anal Sacs, and Ears

RICHARD E. W. HALLIWELL, VETMB, PHD, DACVD

Professor Emeritus
Royal (Dick) School of Veterinary Studies
University of Edinburgh
Roslin, Midlothian, United Kingdom
Autoimmune and Immune-Mediated Dermatoses

PETER B. HILL, BVSC, PHD, DVD, DACVD, DECVD, MACVSC

Associate Professor in Veterinary Dermatology and Immunology
Companion Animal Health Centre
School of Animal and Veterinary Sciences
The University of Adelaide
Roseworthy, Australia
The Skin Immune System (Structure and Function of the Skin)

KRISTINA KALIVODA, DVM
Section of Zoological Medicine
Department of Clinical Sciences
College of Veterinary Medicine
Cornell University
Ithaca, New York
Dermatoses of Exotic Small Mammals

DAVID LLOYD, BVETMED, PHD, DIPECVD, FHEA, FRCVS

Professor of Veterinary Dermatology
Department of Veterinary Clinical Sciences
The Royal Veterinary College
North Mymms, Herts, United Kingdom
Bacterial Skin Diseases

ROSANNA MARSELLA, DVM, DACVD
Professor
Department of Small Animal Clinical Sciences
College of Veterinary Medicine
University of Florida
Gainesville, Florida
Hypersensitivity Disorders

COLLEEN MENDELSOHN, DVM, DACVD
Animal Dermatology Clinic
Tustin, California
Dermatologic Therapy

WAYNE ROSENKRANTZ, DVM, DACVD
Animal Dermatology Clinic
Tustin, California
Dermatologic Therapy

前言

随着第7版《小动物皮肤病学》面世，读者将会发现此版本的众多不同之处。早在20世纪80年代第3版编写开始时，Danny Scott就不再参与编写。尽管如此，他的观点及智慧依然伴随着我们。Karen Campbell参与了此版本的编写，这无疑是巨大的财富。Karen曾获得美国密苏里大学的DVM，是小动物内科学的住院医师、乔治亚大学临床病理学硕士及伊利诺伊大学皮肤科住院医师，也是伊利诺伊大学皮肤科的主管。

着手编写此书时，我们努力做到在不增加书的篇幅的情况下，尽可能增加插图的数量。这些限制条件与这些年来读者的评论，促使我们在新版中对一些结构及编写思想做了改变。

从思想方面讲，在前6版中，此书是兽医皮肤病学和皮肤病理学方面艺术、实践和科学的结合，包含了你需要知道的所有信息。参考文献尽可能周全，所涉及的每处引用都包含于参考文献中。自第6版以来，科学方面的信息持续影响着兽医皮肤病学的发展。学科知识变化几乎每天都会发生。幸运的是，我们会及时通过互联网搜索引擎获取新的信息。为了增加新的临床资料并遵守我们的出版条件，我们决定不将此书覆盖的所有基础学科和各种各样的组织病理学在此进行全部说明。我们努力给读者提供扎实的基础知识，并希望读者可以对自己感兴趣的主题通过查阅更新的文献来获得更详细的资料。我们增加了一些重要的、新的参考文献来帮助指导读者的学习。

读者可能会注意到，一些章节是由该领域的专家首次撰写或合著的。我们这么做是想尽我们所能给予读者关于这些主题最佳的个性化知识。众所周知，皮肤病学既是艺术的实践，也是科学的实践。每个人都可以读懂科学，但是艺术必须有所发展。通过邀请专家来撰写这些章节，我们希望读者既可以学到科学，也可以学到艺术。

从结构上讲，这完全是一本新书。大多数插图都是新的，并且几乎所有的插图都是彩色的。通过反复翻页查看插图来学习某一种疾病的时期已经过去了。现在，插图直接与讨论的内容联系在一起。在过去几年中，我们听到的关于此书最大的反馈就是临床插图数目不足，为了弥补不足，我们尽可能大量增加插图数量，但因篇幅所限不能达到我们所期望的水平。为了尽可能给予读者更多的临床病例分析并遵循艺术性的宗旨，删除了大部分组织病理学图片。以前的图片可以在以前的版本中找到，另外一些可以在我们的朋友兼同事Thelma、Peter、Emily和Verena[1]、Julie和Brian[2]、Michael和Fran[3]所著的书籍中找到。

无论是出于何种原因，我们晚了数年出版，为此致歉。我们要感谢帮助我们将此书呈现给读者的所有人。我们非常感激从同事那里获得的信息和帮助，特别是Bob、George、Danny以及动物主人和患病动物。此外，没有我们家人的支持，我们也不可能做到这些，他们是Kathy、Steven、Julia、Andrew（WHM）、Caitlin（CEG）、Larry、Sarah和Jason（KLC）。

我们希望等待是值得的，也希望你们能够喜欢这版书。

William H. Miller Jr.

Craig E. Griffin

Karen L. Campbell

注：

[1] Gross, TL, Ihrke, PJ, Walder, EJ, Affolter, VK: *Skin Diseases of the Dog and Cat. Clinical and Histopathologic Diagnosis*, ed 2, 2005, Blackwell.
[2] Yager, JA, Wilcox, BP: *Color Atllas and Text of Surgical Pathology of the Dog and Cat. Dermatopathology and Skin Tumors*, 1994, Mosby.
[3] Goldschmidt, MH, Shofer, FS: *Skin Tumors of the Dog and Cat*, 1999, Butterworth-Heinemann.

ELSEVIER

Elsevier (Singapore) Pte Ltd.

3 Killiney Road,

#08–01 Winsland House I,

Singapore 239519

Tel: (65) 6349–0200; Fax: (65) 6733–1817

Muller and Kirk's Small Animal Dermatology，seventh edition

Copyright © 2013, 2001, 1995, 1989, 1983, 1976, 1969 by Saunders, an imprint of Elsevier Inc.

ISBN: 9781416000280

目录

目录

目录

目录

第一章　皮肤的结构与功能

皮肤是机体最大的可见器官，它作为屏障，从组织和生理上将动物和周围环境分隔开（图1-1）。皮肤由来源于外胚层、神经嵴和内胚层的细胞经过复杂的排列构成，主要包括三层结构——表皮、真皮和皮下组织。基本了解皮肤的结构与功能，对于理解皮肤疾病的病理机制有一定的帮助。皮肤作为器官不仅有其自身的反应方式，同时也反映机体内部发生的变化。

一、皮肤的主要功能与特性

动物皮肤的主要功能和特性如下[1-9]：

- 封闭屏障。皮肤最重要的功能就是通过形成屏障，使机体内所有器官处于稳定的环境内，避免水分、电解质和大分子的丢失。
- 机体环境的保护。皮肤的另一重要功能是避免外源性有害物质——化学性、物理性及微生物性物质进入机体内。
- 运动和塑形。皮肤的活性、弹性和韧性使得动物可以活动和保持肢体的形状。
- 附属结构。皮肤的附属结构包括皮脂腺、汗腺、竖毛肌、毛发和爪部。
- 调节体温。皮肤在机体温度调节过程中通过被毛、皮肤血液的供应和汗腺的功能发挥作用。
- 存储作用。皮肤可以存储电解质、水、维生素、脂肪、碳水化合物、蛋白质和其他矿物质。
- 指示器。皮肤是反映机体健康状况、内科疾病以及局部或全身摄入某些物质产生反应的重要指示器。
- 免疫调节。角化细胞、朗格汉斯细胞和淋巴细胞共同为机体皮肤提供免疫监视功能，保护机体防止皮肤肿瘤和顽固性感染。
- 色素沉积。皮肤的生理过程（黑色素形成、血管分布和皮肤的角化）决定了皮肤和被毛的颜色。皮肤色素沉积有助于防止太阳辐射，亦参与皮肤的其他重要功能。
- 抗菌反应。通过表面脂质层、有机酸、溶菌酶和抗菌性多肽类物质作用，皮肤具有抗细菌和抗真菌的特性。
- 感官知觉。皮肤是感受触觉、压力、疼痛、瘙痒、冷热的主要感受器官。
- 分泌功能。皮肤通过上皮层（顶浆分泌）、无毛汗腺（外分泌）和皮脂腺进行分泌活动。
- 排泄。皮肤作为排泄器官功能有限。
- 产生维生素D。通过太阳辐射刺激，皮肤内可产生维生素D。在表皮，维生素D_3（胆钙化醇）经由维生素D_3前体（7-脱氢胆固醇）暴露至阳光下形成[2]。血浆内的维生素D结合蛋白将维生素D_3自皮肤转移至循环内，之后维生素D_3在肝脏内发生羟基化反应形成25-羟维生素D_3，该物质在上皮的增殖和分化调节过程中起到重要作用[2,10]。

二、皮肤的个体发生

皮肤的形态发生涉及多个基因的协调作用。同源（Hox）基因为同一基因家族，该家族基因严格编码遗传信息，可使胚胎发育正常；在胚胎发生时期，这些基因在皮肤的附属结构、色素体系和复层上皮的发生过程中可能具有重要作用[11]。Hox基因编码一条由60个氨基酸构成的肽链，该肽链与DNA结合并调控转录过程，表达基因形成蛋白。这些基因是开启和停止其他调控组织发生和特化基因的总开关。

最初，胚胎时期皮肤由单层的外胚层细胞和真皮构成，真皮层内包含松散排列的间充质细胞嵌入到周围的基质中。之后外胚层逐渐发展成两层（基底细胞层或生发层、外周层），之后变为三层（基底细胞层、生发层、外周层），再发展成为接近成熟的结构[1,2,5,7]。黑色素细胞（起源于中胚层）与朗格汉斯细胞（来源于骨髓）在胚层发育成熟的这一时期开始可辨认。

皮肤发生的特点是纤维数量和厚度增加、细胞间质减少以及间充质细胞向成纤维细胞的转变。弹性蛋白纤维比胶原纤维出现的晚。组织细胞、雪旺氏细胞以及皮肤黑色素细胞也变得可分辨。与含有大部分为Ⅰ型胶原蛋白成年动物相比，胎儿皮肤含有大量的Ⅲ型胶原蛋白[2]。在胚胎的后期，脂肪细胞逐渐从梭状的间充质前体细胞（前脂肪细胞）发展为皮下组织。

胚胎期的生发层分化成为毛胚芽（原始上皮性胚芽），生成毛囊、皮脂腺和毛上汗腺[12-14]。最初，毛胚芽由位于表皮基底细胞深层的嗜碱性细胞密集区域构成。随后，该密集区域突起，发展为表皮基板（图1-2）向皮肤

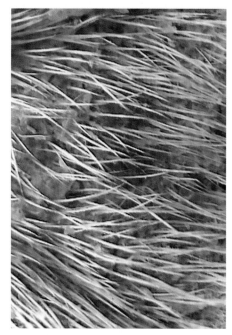

图1-1 有被毛皮肤的皮肤镜检图（犬）

内伸入。每处突起下均有黑色素细胞分布，被称为真皮聚集，之后成为毛发乳头形成的地方。表皮基板分化为三层上皮圆柱。最内层圆柱构成毛干，外层圆柱构成外根鞘（ORS），中间层圆柱构成内毛根鞘。

在毛索伸长形成毛囊和毛发的过程中，会形成三个突起。最下层（最深层）的突起形成竖毛肌；中间的突起分化形成皮脂腺；最上层的突起则形成毛上汗腺。这些附属结构在初级毛囊的头侧发育；次级毛囊则在尾侧发育。通常，在胎儿时期最先出现的毛发是位于下颌、眉弓和上眼睑部位的触须、鼻毛或感觉毛，而在其他光滑的皮肤表面会先形成细小的白色突起[5,14]。普通体毛则最先出现在头部，之后逐渐向尾侧覆盖。出生时，犬的毛囊大部分是初级毛囊；次级毛囊在出生后的12～28周发育。外分泌汗腺也在表皮基底细胞深层的嗜碱性细胞聚集处开始萌发。

上皮-间充质细胞间的相互作用在皮肤附属结构形成的过程中起到了核心作用[15]。形态发生基因是调控毛发发育的物质基础[12,16]。目前人们认为有6个主要发生基因家族系统比较重要：①同源异形盒基因家族，②成纤维细胞生长因子（FGF），③转化生长因子（TGF）-β，④音猬因子（shh），⑤wnt信号通路，⑥神经营养素。但还有很多其

阶段1

毛基板（毛胚）
Wnt 10b, β-连环蛋白, Lef-1
EDA, EDAR
Lhx2, BMP-2, BMPR-IA
TGF βR-II, MSX-2
P-cadherin
缺少上皮细胞钙黏蛋白

间质细胞浓集
BMP-4, 头蛋白, 激活素
多能聚糖
p75 kd 神经营养受体
碱性磷酸酶

阶段2

发钉
Shh, Ptc1
PDGF-α
亲神经素
TGF βR-II
N-CAM

间质细胞浓集
Wnt-5, Lef1
Ptc1, Gli1
PFGF-Rα
头蛋白
多能蛋白
p75 kd 神经营养受体
碱性磷酸酶

阶段5

外根鞘分化
CK5, CK14

内根鞘分化
CK1, CK10
兜甲蛋白
外皮蛋白
毛透明蛋白
转谷酰胺酶
EGFR
Gata3, Cutl1
Foxn1
缺口, 1/2锯齿状

毛干分化
毛发角蛋白
Lef-1
Hoxc13
Foxn1, Msx-2
缺口
1/2锯齿状

真皮乳头
BMP-2, BMP-4
头蛋白, BMPR-IA
KGF, HGF, SCF
多能蛋白
碱性磷酸酶

阶段8

皮脂腺
TCF3
BMPR-IA

立毛肌

内根鞘
毛干
外根鞘

膨大部
CK15, CK19,
BMP6, Gremlin

黑素生长区

真皮乳头
BMP-2, BMP-4
头蛋白, BMPR-IA
KGF, HGF, SCF
多能蛋白
碱性磷酸酶

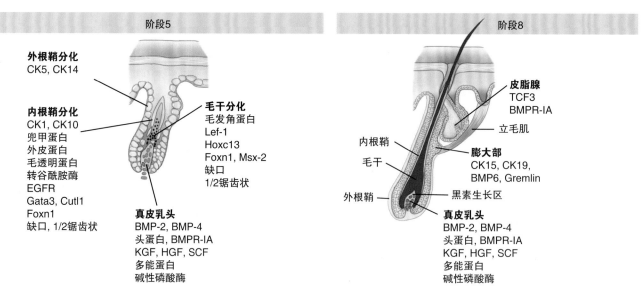

图1-2 毛囊形态发生的分子调控。在不同的时期表达不同的生长因子及其对应受体。BMP, 骨形态生成蛋白；BMPR-IA, 骨形态生成蛋白受体；CK, 角蛋白5；cutl 1, 同源蛋白样片段-1 1；EDA, 外异蛋白；EDAR, 外异蛋白R；EGFR, 表皮生长因子受体；Foxn1, 叉头框N1；Gata3, Gata结合蛋白3；Gli1, 神经胶质瘤相关肿瘤基因同系物1；HGF, 肝细胞生长因子；Hoxc13, 同源框C13；KGF, 角质细胞生长因子；Lef-1, 淋巴样增强因子；Lhx2, LIM同源框2；N-CAM, 神经元黏附分子；P-cadherin, 胎盘型钙黏蛋白；PDGF-α, 血小板源性生长因子α肽；PFGF-Rα, 血小板源性生长因子受体α；TGF-βR-II, 转化生长因子β受体2；Ptc1, 碎片蛋白1；SCF, 干细胞因子；Shh, 刺鼠；TCF3, 转录因子3（修改自Cotsarelis G, Botchkarev V: Biology of hair follicles. In Wolff K, Goldsmith LA, Katz SI, et al., editors: Fitzpatrick's dermatology in general medicine, ed 7, vol 1, New York, 2008, McGraw-hill, p 740, Fig 84-1.）

他因素也影响毛发生长，包括胰岛素样生长因子、表皮生长因子、干扰素、白细胞介素以及钙黏附糖蛋白。

三、大体解剖及生理学

所有动物的天然孔，皮肤会以黏膜的形式在该处继续延伸（消化、呼吸、眼部、泌尿生殖系统）。不同动物的皮肤及毛发有着不同的数量和质地，这种差异在同一物种的不同种群和同一种群的不同个体之间也存在；此外在机体表面不同部位、不同年龄和性别也有差异。

新生幼犬皮肤、毛发以及皮下组织约占其体重的24%；随着动物的不断成熟，这些结构大约占体重的12%[7]。通常，躯干部位皮肤从背侧向腹侧逐渐变薄，四肢皮肤则由近端向远端渐渐变薄[5-7,17,18]。机体皮肤最厚的部位为前额、颈背侧、胸背侧、臀部以及尾基部。皮肤最薄的部位为耳郭、腋下、腹股沟和肛周区域。目前有报道的数据显示猫的全身皮肤平均厚度为0.4~2.0mm，犬全身皮肤平均厚度为0.5~5.0mm[3,7]。被毛最厚的部位通常为身体的背、外侧，而被毛最薄部位则位于腹侧、耳郭内侧面和尾腹侧。

有毛哺乳动物的皮肤表面多数为酸性环境。酸性pH环境有利于保护皮肤，使之不受微生物侵袭[19,20]。皮肤pH环境还会影响到皮肤的通透性和角化过程[19]。近来有小鼠模型试验显示，维持皮肤的酸性角质层环境可预防特应性皮炎*的发生[21]。皮肤pH受到许多因素的影响（表1-1）[6,19,22-25]。正常犬皮肤的pH目前有报道为4.84~9.95[3,6,22-24,26]。在一项关于犬皮肤表面pH的动态研究中[24]，得出的结论为：机体不同部位的皮肤pH不同且每天也有差异；雄性犬全身皮肤表面pH均显著高于雌性犬；绝育母犬所有部位皮肤pH则显著高于未绝育母犬；黑色拉布拉多寻回猎犬的该项值则显著高于黄毛的拉布拉多寻回猎犬；此外，拉布拉多寻回猎犬和迷你雪纳瑞犬的皮肤pH也与英格兰史宾格犬和约克夏犬有着明显的不同。另一项研究则显示西伯利亚雪撬犬和拉布拉多寻回猎犬的皮肤pH为8.0~9.0，而迷你贵宾犬皮肤pH为6.8~7.5。目前已有报道指出兴奋的犬的皮肤表面pH可在1min内上升高超过1个单位[22]。据报道猫的皮肤pH在5.6~7.4之间，平均pH约为6.4。不同品种之间或同一品种内，皮肤pH又都有差异，这些差异对皮肤微生物生态、皮肤通透性和角质化的影响还需要进一步的阐述。

皮肤的代谢尚未被完全研究清楚。所有糖酵解途径和三羧循环反应中的酶均可在皮肤找到，但事实上皮肤的糖代谢并不符合常规[2,7,27-29]。葡萄糖优先被代谢成为乳酸，而非完全氧化形成CO_2。同时皮肤是脂肪酸代谢较活跃的部位（见第三章和第七章）。

鼻镜及鼻部表面的皮肤纹路在不同个体存在不同，由其基因决定，类似于人类的指纹[5]。也有人提出这种在特定部

*特应性皮炎临床上也叫异位性皮炎。

表1-1　影响角质层pH的因素

生理因素	品种
	年龄
	性别
	解剖部位
	皮脂
	汗液
	皮肤湿度
	饮食
	兴奋程度
	活动量
外源性因素	皮肤刺激
	局部产物
病理性因素	细菌
	酵母菌
	过敏性皮炎
	刺激性接触性皮炎
	糖尿病
	尿毒症
	肝脏疾病
酸性物质	乳酸
	游离氨基酸
	尿酸
	四氯吡咯羧酸
	α-羟基酸
	脂肪酸
	胆固醇硫酸盐
碱性物质和缓冲物质	乳酸盐
	碳酸氢盐

位皮肤上的纹路（"指纹"）可被用于识别动物品种。

（一）毛发

毛发为哺乳动物所特有，能隔热保温，作为屏障避免机体受到化学作用、物理作用和微生物入侵皮肤[2,8,14,30]。同时，毛发在动物伪装及社交行为中也有作用。动物被毛调节体温的能力与其长度、厚度和单位皮肤表面的密集程度和毛发髓质的形成密切相关。一般而言，被毛由长而细的毛发纤维组成，纤维缺少髓质，通过竖毛肌的立毛作用调节被毛层，在低温环境下有效地起到了保温作用。同时，动物毛发还具有光防护作用。被毛颜色在温度调节方面也具有重要作用；浅色被毛在炎热的日照天气下更能有效隔热，其光泽程度对反光很重要。

转谷酰胺酶是生长期早期毛发的标记物，在蛋白交联过程中起重要作用，有助于毛发塑形并使其具有较好的强度[2,31]。毛干的直径主要取决于毛基质上皮的数量，而毛干的最终长度则取决于毛发的生长速率和毛发生长期的持续时间。

初级和次级毛发在犬、猫均属于有髓鞘毛，但"胎毛"（lanugo）一词则指的是无髓质的毛，因此不适用于非胎儿期的犬、猫。猫的次级毛发数量远多于初级毛发（背侧约为10：1，腹侧24：1）[6]。猫的被毛按照毛发的外观主要分为3大类：①刚毛（最厚、直毛发向尖端方向均匀地逐渐变细），②芒毛（较薄，在毛尖端下方有一膨大部位），③绒毛（最薄，呈均匀的卷曲或波浪状）[14,32,33]。总体而言，毛纤维的形状取决于毛囊的形状，直发毛囊产生

直毛，而卷发毛囊则生长出卷曲的被毛[5,14]。

　　毛发自毛囊上皮连续生长，其生长发育并不穿过皮肤，而是自皮肤向外生长。在动物出生后一般不会再产生新的毛囊。幼犬并非真正失去其幼年时的被毛，而是在此基础上长出成犬的被毛。幼犬的简单毛囊在出生后12～28周内开始生长次级毛发[16]。所有毛囊内毛发均向着皮肤表面的方向倾斜生长（30°～60°）。体表不同部位毛发倾斜的方向不同，产生了毛流[14]。研究毛发走向的学科被称为毛向学。毛流走向在机体的真实意义和起源尚未探明。毛发的倾斜方向通常朝向机体的尾侧和腹侧，最大限度地减轻了动物向前移动时的阻力，同时可让水迅速从被毛表面流走不易打湿毛发。成年短毛猫每年每千克体重大概生长32.7g的毛发[34]。犬则因品种不同，每千克生长毛发的重量保持在60～180g[35]。

（二）毛发生长周期

　　毛囊生长的完整周期（图1-3）包括生长初期、毛发退化期、静止期和脱落期。周期性活动主要涉及竖毛肌伸入位置以下的毛囊部分。毛囊上部通常被称为"永久性"部分，但该部分在毛发生长时也会重建。毛囊的下部则需要经历细胞凋亡和之后再生的巨大变化。在毛发退化期，位于毛发外根鞘周围的大量角化细胞凋亡并退化。

　　对调控和影响毛发生长因素的分析十分复杂（表1-2）[2]。哺乳类动物的被毛随动物不断成长而变化，在青年期和成年时期被毛的显著不同反映了动物对体温调节、伪装、性行为和社交的不同需求。此外，毛囊周期性的活动和动物周期性的脱毛机制使得动物的被毛可以适应季节和周围环境温度的变化。下丘脑、脑垂体和松果体通过改变多种激素的水平（包括褪黑素、催乳素以及甲状腺、性腺和肾上腺皮质激素）和调节毛囊自身固有的节律的作用，从而发挥光周期的作用。

　　毛发生长周期中，生长初期的毛囊被反复激发，同时不断向真皮层生长[36,37]。控制毛囊激发、发育、退化和再生的信号目前尚未被确定；但发现许多生长因子及其受体〔例如内皮生长因子（EGF，TGF-β1，TGF-β2，神经营养素3）〕存在于毛囊及其周围间质细胞中。这些生长因子可调控细胞的增生和毛囊胶原酶的释放。此外，毛发的生长，特别是在毛发的退化期，其生长调节与Ⅰ型主要组织相容性复合体（MHC）的表达、软骨素蛋白聚糖与活化的巨噬细胞之间的相互作用有关[12,38]。

　　对小鼠的相关研究揭示了毛发生长的神经调控机制，在毛发生长周期，毛囊的感觉、自律神经支配、皮肤P物

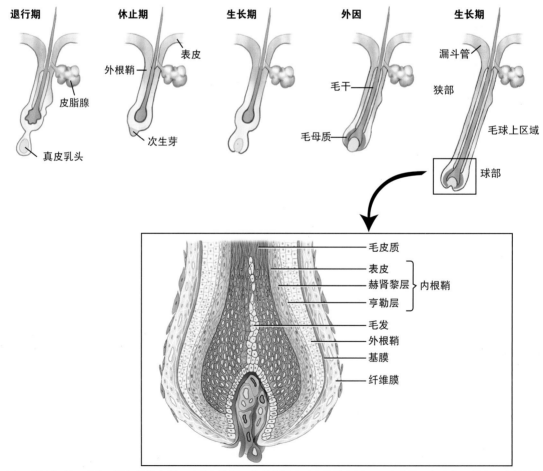

图1-3　毛发周期及解剖。毛囊周期包括静止期、毛发生长期、生长中期（毛囊退化）以及毛发脱落四个阶段。整个上皮结构的下部在生长期形成并在生长中期退化。毛囊中暂时存在的结构由囊疱内基质细胞构成，可产生7种不同的细胞系，3种位于毛干，另外4种位于毛根鞘内部。（修改自Cotsarelis G, Botchkarev V: Biology of hair follicles. In Wolff K, Goldsmith LA, Katz SI, et al., editors: Fitzpatrick's dermatology in general medicine, ed 7, vol 1, New York, 2008, McGraw-hill, p 743, Fig 84-2.）

表1-2 影响毛发周期的因素*

类别	毛发周期刺激物（诱导或使毛发生长期延长）	毛发周期抑制物（抑制生长周期，诱导退化期和/或延长毛囊静止期）
激素	甲状腺素 促肾上腺皮质激素 褪黑素 雄激素 生长激素	皮质醇 雌激素 促肾上腺皮质激素释放激素 促肾上腺皮质激素 催乳素 甲状旁腺素
生长因子	成纤维细胞生长因子（FGF）-7 肝细胞生长因子 胰岛素样生长因子1 刺鼠 角化细胞生长因子，WNTs，β-连环蛋白，TGF-α 神经生长因子 GDNF	上皮生长因子 FGF-2，FGF-5 脑源性神经营养因子3，4 TGF-α TGF-β1，TGF-β2
细胞因子	P物质	白细胞介素（IL）-1，IL-6
其他	激活素 Noggin 卵泡抑制素 环孢菌素 米诺地尔 非那雄胺	类维生素A 骨化三醇

注：*可能因动物种类、品种、性别、不同部位及物质浓度不同，而反应不同。GDNF，神经胶质细胞源性神经营养因子；TGF，转化生长因子。

摘自Paus R, Müller-Röver S, Botchkarev VA: Chronobiology of the hair follicle: Hunting the "hair cycle clock." J Invest Dermatol Symp Proc 4:338-345, 1999; Deplewski D, Rosenfield RL: Role of hormones in pilosebaceous unit development. Endocr Rev 21:363-392, 2000; Stenn KS, Paus R: Controls of hair follicle cycling. Physiol Rev 81:449-494, 2001; Bratka-Robia CB, Egerbacher M, Helmreich M, et al: Immunohistochemical localization of androgen and oestrogen receptors in canine hair follicles. Vet Dermatol 13:113-118, 2002; Robia CB, Mitteregger G, Aichinger A, et al: Effect of testosterone and oestradiol 17beta on canine hair follicle culture. J Vet Med A Physiol Pathol Clin Med 50:225-229, 2003; Bamberg E, Aichinger A, Mitteregger G: In vitro metabolism of dehydroepiandrosterone and testosterone by canine hair follicle cells. Vet Dermatol 15:19-24, 2004; Paus R, Foikzik K: In search of the "hair cycle clock": a guided tour. Differentiation 72:489-511, 2004.

质浓度和皮肤神经-肥大细胞传导之间发生了变化[39]。毛囊是神经营养素的来源和作用部位，且通过神经药理学操作可改变毛发生长周期。皮肤神经通过调节血管紧张程度（营养和氧供给），并以神经肽刺激毛囊角化细胞和真皮乳头成纤维细胞的受体，从而在毛囊生长的营养方面产生影响。试验性地切除脊神经背根和外周神经后犬毛发生长迟缓（毛囊萎缩）[40]。但外周神经受损也可能会引起犬的毛发生长增加，进行过单侧胸部手术的犬即可出现一侧性的多毛症[40]。

在非生长周期，毛发不会持续不断的生长。每个生长周期内都含有一段生长初期，在这段时期内毛囊生长毛发活跃，而在静止期毛发则仅保持在毛囊内但不再具有活力（死亡），随后脱落[41-43]。在生长初期和静止期之间，还有一过渡时期，即退化期。人们通常认为某些品种的犬如贵妇犬、英国古典牧羊犬和雪纳瑞犬具有连续不断生长的

毛发[7]，但没有进行具体的科研调查，因而无法证实这一说法。周期内各个阶段的持续时间在不同个体、机体不同部位、不同性别和品种存在多样性且可以因生理或病理性因素而发生变化。

生长周期内，动物的被毛，受到光周期、外周环境温度、营养、激素、全身健康状况、基因以及一些尚不十分明确的自身因素共同调控[2,5,7,9,14,30,34,44-50]。其中动物的自身因素包括毛囊、真皮乳头和其他细胞（淋巴细胞、巨噬细胞、成纤维细胞、肥大细胞）在当时环境下所产生的生长因子和细胞因子。

犬、猫毛发的更换以块状区域交替的模式进行，因为在同一时间内相邻的毛囊处于不同的生长阶段。被毛的生长主要受光周期变化影响，其次受环境温度影响。温带地区如：北美洲，加拿大的犬、猫在春季和秋季可能有较明显的脱毛现象。毛囊的活跃程度和毛发的生长速率在夏天达到最大而在冬天降到最低。夏天时，处于静息期的毛囊数量约达到50%，而这一百分比在冬天的时候上升到90%。室内饲养环境可能影响这一现象。在室内饲养的成年拉布拉多猎犬在不同季节之间未表现出毛发生长速率或是生长期/静息期毛囊数量比的显著差异，且一年四季内犬静息期毛囊数量均为80%[7,51,52]。很多长期暴露于人造光源下的犬、猫（如室内饲养的）出现全年都有脱毛现象，偶尔可见毛发丰富[6,7]。退化期的毛发只占所有毛发总量的小部分，通常为总毛量的4%~7%[53]。母猫毛囊较公猫更早达到活跃程度的最低点[34]。触须不同于被毛，脱落不具季节性、有其自己的生长规律[54]。

毛发持续不断生长，待长度达到最终长度时停止生长。最终长度依据机体表面位置和动物基因不同而不同。之后毛发进入静息期并维持该状态相当长一段时间。体表不同区域毛发的最终长度存在差异，毛发生长到一定长度便不会继续生长。这一现象能够导致各种不同品种动物毛发的最终不同，而且这一现象由基因决定。杂种犬的毛发最终长度随其身体部位的变化而有所不同，同时生长速率也与该部位毛发的最终长度有关[47]。例如在肩部的毛发，其最终长度约为30mm，则平均生长速率是每周6.7mm，但在前额部分，最终长度约为16mm，该部分毛发的生长速率为每周2.8mm。其他研究者也有报道犬毛发每天的生长速率，灵缇为0.04~0.18mm[46,55]，比格犬毛发生长速率为每天0.34~0.40mm[56]。据报道，猫的每日毛发生长速率为0.25~0.30mm[45]或62~289μg/cm[2,34]。

因为毛发的成分主要为蛋白质，所以营养对毛发的数量及质量有着很重要的意义（见第十七章）。营养匮乏使生长的毛发干枯、没有光泽，易断裂，被毛稀疏，伴有或不伴有色素异常。

在非健康状态或是患有全身性疾病时毛发的生长期会明显缩短；因此，大部分毛发在这种情况下在同一时间处于静息期。因为处于静息期的毛发更容易脱落，动物可能

会过度脱毛。患病时容易造成动物的毛角质层形成紊乱，因此生长出的被毛干枯、没有光泽。严重的疾病或全身应激状态也可能导致大量毛囊突然同时进入静息期。这些被毛的脱落（静息期脱毛：见第十一章）通常在同一时间内发生，常常可见动物被毛变薄或出现脱毛。

毛发的生长周期和被毛也会受到激素变化的影响[2,30,46,48]。总体而言，甲状腺激素和生长激素在毛发生长期激发并促进毛发发生，加快毛发的生长速度。反之，过量的糖皮质激素和雌激素可抑制毛发发生及其生长速度。真皮乳头细胞是毛球中的间叶组织细胞组分，被认为在上皮分化的诱导过程中发挥了根本作用。这些细胞在形态和功能上与皮肤的成纤维细胞不同，被认为是激素作用的初级靶细胞，它们将生长刺激信号传导至毛囊的滤泡上皮细胞[12,57]。

显然，调节毛囊生长周期和生长的详细情况非常复杂且目前人们仍知之甚少[41,43,58]。控制毛囊周期的因素一般与调控毛囊结构的因素不同。控制毛囊周期的因素（如激素）的改变可导致毛囊的萎缩，控制毛囊结构的因素（如形态发生基因）可能导致毛囊发育不良。

目前，毛发的生长仍然是一个复杂问题，需要进一步研究。值得一提的是，宠物的毛发具有装饰性和观赏性，应该尽量避免所有可能长时间（数周以上）影响到动物外观的操作（修剪）。一概而论难免会出错，但一般短毛品种的被毛在被剔除后需要3到4个月才能重新生长，长的毛发则可能需要长达18个月的时间[7]。有时，某个区域皮肤的被毛会出现无法解释的、同时生长结果令人难以接受的再生失败，通常是在剃毛或手术擦洗之后。受到影响的皮肤区域外观上通常没有异常表现，但活检结果却显示毛囊处于退化期或偶尔处于静息期状态之下。这种毛囊活动停滞紊乱的现象通常在修剪毛发后6个月到2年内会自发消失（见第十一章）。

人们已经开始关注毛发分析，将此方法作为诊断工具[59,60]。大多数人医皮肤科专家和营养学家已经认识到将毛发样本的矿物质分析和微量元素分析作为临床营养状况的评估工具并不十分有效。造成结果可变性和不可靠的因素包括环境影响（局部用药、地理因素、职业暴露）、不同毛发生长速率（健康状态、药物、年龄、性别）和缺乏标准化的分析技术。除非有资料能充分科学地证实这一多元检测方法的有效性，否则，健康专业的人士和公众有必要认识到这种检测方法的局限性并考虑毛发分析技术可能产生的干扰和误导[60]。

目前，已经建立对比格犬和可卡犬皮肤毛囊滤泡上皮细胞增殖活跃程度的评估体系[61]。这些评估方法通过皮内脉冲注射氚化胸腺嘧啶、皮肤活检和放射自显影方法来建立。比格犬皮肤基底细胞的标记指数为0.78%～1.46%，在可卡犬该数据则为0.42%～1.07%。

（三）毛发颜色及种类

1. 犬

犬类毛发的分类非常多样化，许多作者尝试按照毛发的颜色、长度、刚毛种类以及毛发皮质、髓质的特征进行分类[7]。犬毛发可分为普通毛（中等长度）、短毛和长毛这3类。

（1）中等长度被毛 中等长度被毛以德国牧羊犬、威尔士柯基、豺狗（如狼、土狼）为代表。这种毛发由初级毛发（外层粗毛或是刚毛）和次级毛发（细绒毛或底层毛）组成。这些毛发中若按数量而非重量计的话，大部分为次级毛发。

短毛和长毛同样由初级毛发和次级毛发构成，但毛发的数量和相对比例则与中等长度被毛大不相同。

（2）短毛 短毛又可分成粗短毛和细短毛。粗的短被毛以罗威纳和许多㹴类犬为代表，这类被毛的初级毛发生长茁壮而次级毛发生长较少。毛发总重量较低，尤其次级毛发无论是重量还是数量占总毛发重量的比例均比中等长度被毛低。细毛的短毛品种代表有拳师犬、腊肠犬、迷你杜宾犬。这类被毛在单位面积皮肤上数量密度最大，次级毛发数量巨大且生长发育良好，初级毛发的数量相对于中等长度被毛略少。

（3）长毛 长被毛也可被分为两种：细长毛和粗长毛。细长毛可见于可卡犬、博美、松狮，这类被毛在单位面积皮肤上的重量比中等长度被毛大，玩具品种犬除外（玩具犬因毛发略细，所以毛发重量略小）。粗长毛则可见于贵宾犬、贝灵顿㹴以及凯利蓝㹴等品种，次级毛发约占到总毛重的70%，数量比例则为80%；与其他类型被毛的次级毛发相比较，长毛的次级毛发更粗一些。上述三种品种犬与其他品种相比脱毛的倾向性更低。

（4）被毛颜色 决定犬毛发颜色的遗传因素十分复杂[7,62]。个体毛发的色素在毛干上的沉着形式是相同的，但也可能发生变化。典型刺鼠样被毛（如德国牧羊犬、挪威糜猎鹿犬的被毛），毛尖为白色或是浅色，主体部分沉积色素为棕色或黑色，基部为浅黄色或红棕色。毛球内的色素细胞在皮质和髓质之间沉积色素。色素沉积数量和部位的不同可产生不同的视觉效果，但色素种类只有两种，黑-褐色素被称为真黑色素，黄-红色素则称为嗜黑色素。黑色素细胞黑皮质素1受体（MC1R基因）的活化可引起真黑色素的产生，反之，MC1R受到抑制则引起嗜黑色素的产生。真黑色素的深浅程度受到酪氨酸酶相关蛋白1基因（TYRP1）的调控。这些基因和其他一些基因相互作用，共同决定被毛颜色的表型。目前，人们已识别的，控制犬被毛颜色的一系列基因有A（刺鼠色，刺鼠信号蛋白，ASIP）、B（棕色，TYRP1）、C（彩色/白色）、D（蓝色稀释，黑素亲和素，MLPH）、E（延伸，MC1R）、G（灰色）、H（花斑色）、I（嗜黑色素稀释）、K（黑色，

β色防御素103基因）、M（大理石色，SILV）、P（浅色）、R（杂色）、S（白点，小眼症相关的转录因子，MITF）、T（条纹）。其中有些基因可以通过DNA测定进行识别，并可帮助繁殖人员通过交配来预测和控制后代毛发的颜色[7a,7b]。

2. 猫

猫被毛的颜色及种类的研究已相当详细[32,32a~32d,63,64]。虎斑猫是所有猫的基础原型，所有的其他品种都由这种野生型进化而来。虎斑猫复杂颜色的形成由两套不同的基因分别控制。优势基因为刺鼠色基因，这类基因控制的毛发以蓝色的毛基部、黑色的毛尖和黄色的毛干部分为特征。虎斑猫基因决定猫的毛色是窄条纹、垂直竖条纹、微波浪条纹（鲭灰）、大斑块状花纹（斑点）或是埃塞俄比亚猫样的花色。所有的猫，不论被毛颜色如何，都遗传自虎斑猫，拥有上述几种毛色基因中的一种或两种。无刺鼠色被毛的猫颜色单一，没有花纹、阴影、斑点或其他颜色的渐变，但幼猫常见有浅色条纹和散在的白色被毛，成年后这些颜色会消失。纯白色相对其他所有颜色属于显性基因，但可出现多种变异情况，例如蓝色眼睛的白毛猫通常伴有听力退化或耳聋表现。琥珀色基因（E）使嗜黑色素逐渐替代真黑色素，此现象可见于挪威森林猫。棕色基因（B）则影响真黑色素的含量，进而使动物的被毛颜色产生从棕色至巧克力色乃至肉桂色不同深浅的变化。

彩色毛尖的被毛的特征是毛尖有颜色（蓝色、红色或黑色），毛本身颜色为灰白色。毛尖被覆颜色的程度差异较大，烟灰色毛最重，银色最轻（金吉拉）。重点色的被毛则指动物肢端和末梢（如鼻部、耳部、爪部、尾尖）被覆深色毛发，其余部分毛发颜色较淡。重点色的发生与温度有关，一些品种如暹罗猫、喜马拉雅-波斯猫、巴厘猫和伯曼猫的毛色的形成过程即表现了这一原理。在这些品种中，毛发颜色变深（毛端呈黑色）是由于一种受温度改变的酶通过一系列氧化反应将黑色素前体转化成黑色素[65]。温度越高，毛发的着色程度越浅；反之则颜色重。因此在出生后，幼猫被毛颜色较浅，在室内饲养或在热带气候区域饲养的猫被毛颜色浅，而在室外饲养或在寒冷气候饲养的猫颜色则略深。炎症反应和体温升高也会使新生的毛发颜色变浅。外周循环不良、衰老、剃剪毛发通常导致新生毛发颜色变重。这种酶的表达受到重点色限制基因的控制（C，酪氨酸基因，TYR）。

多色被毛包括玳瑁色和花斑斑点毛色。玳瑁色的原型为橘黄色与黑色相间，但颜色色调会有所不同。非橘黄色部分毛发的颜色可能为巧克力色（栗色）、肉桂色、蓝色或丁香色（淡紫色）。这种玳瑁色花纹可见于雌性和双X染色体的雄性猫。有白色斑点的玳瑁色猫在爪部、鼻部或是嘴唇周围有不同程度白色被毛，甚至周身大部分被覆白色毛发，该表型为白手套基因（KIT）控制。

稀释基因（D，黑素亲和素，MLPH）是常染色体隐性基因，能将黑色稀释至蓝色（灰色），橙色稀释成奶油色，海豹重点色（暹罗猫）稀释成蓝色重点色[66]。在没有颜色稀释的猫，相同形状和大小的小黑色素颗粒均匀地散布在毛干的皮质和髓质、毛囊上皮和表皮内。而在有颜色稀释的猫，黑色素颗粒的大小、形状不统一，差异较大，这是由小黑色素颗粒的聚集所导致的。

典型的短毛猫最长的初级毛发长度平均为4.5cm。而优秀的长毛展示猫的丝质初级毛发可长达12.5cm。短毛是基础野生型，相对于其他毛发种类是显性基因。许多突变的被毛基因出现并被保留下来成为一些品种的特征。Rex突变表现出卷毛的特征，主要品种有德文力克斯猫和柯尼斯卷毛猫（德国卷毛猫）。柯尼斯卷毛猫没有初级毛发，胡须通常短而卷曲；德文力克斯猫的初级毛发则与次级毛发十分类似，并且通常没有胡须或只有短胡茬。一些德文猫的胸部、腹部和肩部完全没有被毛覆盖，很多繁育者都试图消除这一基因缺陷。这两种卷毛猫有可能部分或完全脱毛，发情期或妊娠期可导致动物对称性脱毛，这被误认为是内分泌性皮肤病[67]。有建议称，对动物皮屑过敏的人士可考虑饲养这些低致敏原性品种的猫，但这是没有科学依据的。

硬毛突变可见于美国硬毛猫，该猫被毛外观和触感较硬，被毛较粗、有波纹且富有弹性。所有被毛均呈无规律的卷曲状，芒毛似拐杖样。

曾有调查试图将猫的被毛颜色和性格联系到一起[68]，调查结果表明，具有纯黑色、黑白两色被毛、灰色斑纹被毛的猫都具有较好的性格，能较好地处理应激情况，是理想的宠物。相比而言，纯白色猫的性格更好斗并经常随地小便。

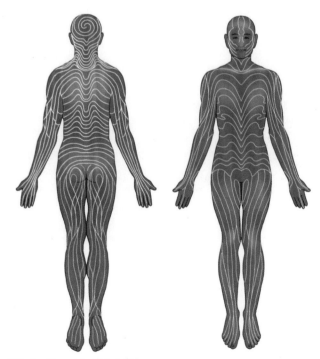

图1-4 BLaschko线（人类）

（四）沃伊特线、布拉斯科线、张力线

人们设定很多种的皮肤线或图案，用来解释临床上某些皮肤损伤后的特定分布[69-72]。沃伊特线是指主要的皮肤神经干分布区域的边缘线；朗格线反映的是血管或淋巴管的流经途径；布拉斯科线构成许多不同痣样或获得性皮肤病的假想图案（图1-4）。布拉斯科线可以通过莱昂化现象的表现来确定镶嵌现象的出现是来源于合子后突变细胞单体突变还是来源于X伴性突变[73]。这种线在脊柱上呈"V"形，在腹部呈"S"形，沿四肢的轴向分布，在前额、眼部上下、上唇部和耳后呈波浪形分布，黑色条纹的被毛沿着布拉斯科线后分布（图1-5）。皮肤张力线或分裂线则是由肌肉动作、结缔组织纤维方向和张力、重力共同决定（图

1-6）。这些线可帮助医生确定理想的皮肤切口和皮肤移植的位置[72,74]。

（五）脚垫

犬、猫的脚垫是较特殊的区域[5,7,75]。厚厚的表皮层使得动物免受机械损伤，大而厚的脂肪垫有着足够的减震弹性。脚垫部位丰富的神经分布为动物提供重要的感觉功能，而丰富的汗腺则产生分泌物，为动物跑动和攀爬提供抓地力，并作为重要的气味信号标记物。

四、显微结构及生理功能

犬、猫皮肤的显微解剖（图1-7）和生理学的相关研究数量巨大[3,5-8,17,18,30,76-82]。

（一）表皮

表皮是皮肤的最外层结构，由多层细胞组成。这些细胞根据位置、形状、极性、形态和角化细胞分化的状态不同进行界定。表皮层细胞主要分为四种：角化细胞（约85%的表皮细胞），黑色素细胞（约5%），朗格汉斯细胞（3%~8%），以及梅尔克细胞（约2%），后者与tylotrich垫有关（具体见本章节之后关于皮肤感觉的讨论内容）[2,7,83]。为便于区分，将表皮各层细胞分类并命名，由内向外各层（图1-8）分别为：基底层，棘细胞层、颗粒层、透明层及角质层。通常来说，犬猫的有毛皮肤表皮层较薄（两到三层有核细胞，角质层不计算在内），厚度为0.1~0.5mm[6,7,17,18,84]。脚垫和鼻镜部分的皮肤最厚，可达1.5mm。猫的脚垫表皮层较光滑，而犬的脚垫皮肤则比较粗糙且不规则。被覆毛发的皮肤不存在表皮突结构（表皮层向下伸入），脚垫、鼻镜以及被毛少的阴囊部位可见表皮突结构。

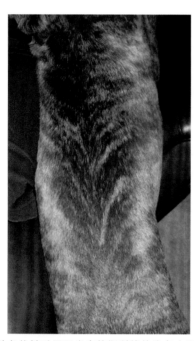

图1-5 犬的条纹被毛显示出布拉斯科线的分布（图片来自Judy Driscoll）

图1-6 犬体表张力或分裂线（修改自Oiki N, Nishida T, Lehihere N, et al: Cleavage line patterns in beagle dogs: As a guideline for use in dermatoplasty. AnatHistolEmbryol 32:59-65, 2003.）

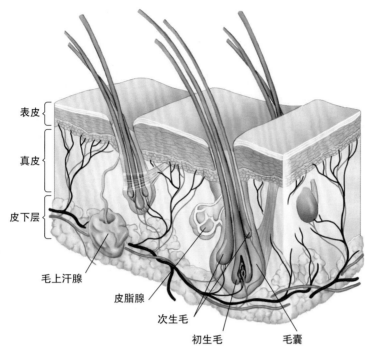

图1-7 皮肤显微解剖结构

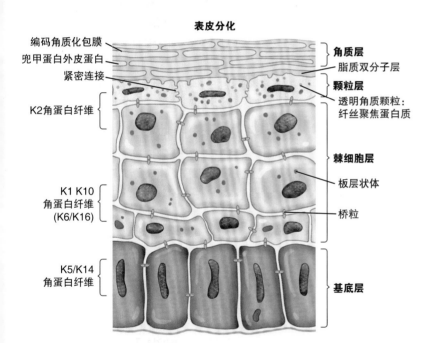

表皮分化

图1-8 表皮层细胞。有丝分裂过程发生在基底层细胞内（基底层）；在向表皮的分化过程中，细胞不断向上推移至棘细胞层，然后至颗粒层最后到达角质层（修改自Proksh E, FolsterHolst R, Brautigam M, et al: Role of the epidermal barrier in atopic dermatitis. J dtschDermatolGes 7:899-910, 2009; Fig. 2, p901）

1. 基底层

基底层由一单层的立方或柱状细胞排列构成，与基底膜相邻，将表皮层与真皮层分隔开[2,7,85]。这些细胞中大部分为角化细胞，不断复制并向上推移补充表皮细胞。这些不断产生的子细胞移动到表皮外层，最终失活脱落。偶见有丝分裂象和凋亡的角化细胞，特别是皮肤表皮层较厚的区域（如鼻镜、脚垫、黏膜皮肤交界处）。基底层的角化细胞的功能和形态不完全相同[2]；一部分角化细胞的功能是固定表皮层，而其他角化细胞则起到不断增殖并修复（干细胞）表皮的作用。人们推测这些干细胞位于人类和啮齿类动物毛囊隆突（与竖毛肌相连）和（无毛皮肤）表皮层深部表皮突的顶部[2,86,87]。犬、猫没有毛囊隆突结构[16,88]。

角化细胞的分化（角质化作用）是由基因调控的一系列复杂的代谢及形态的改变。基底层细胞内含有K5和K14角蛋白纤维，该蛋白纤维以桥粒的形式连接相邻的细胞，以半桥粒的形式连接基底膜。

桥粒是上皮组织细胞间连接的主要形式，它构成三维空间支架，为连接细胞核核被膜和细胞膜的中间丝提供固定点，同时固定相邻的细胞从而稳定表皮层结构（图1-9）[89]。构成桥粒的分子分别来自于三个基因家族——血小板溶素（如桥粒斑蛋白）、犰狳蛋白（如斑珠蛋白和血小板亲和蛋白）和桥粒钙黏蛋白（如桥粒芯蛋白及桥粒胶蛋白）。这些分子是许多疾病的攻击靶位（表1-3）[89-101]。

半桥粒是沿基底角化细胞层内侧分布的连接复合体；其主要作用是连接真皮层和表皮层[2,4]。半桥粒与蛋白中间丝（角蛋白）的网状结构和基底层角化细胞套膜之间的连

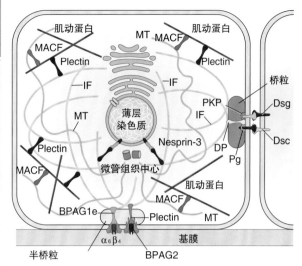

图1-9 血小板溶素在上皮细胞内的相互作用原理图。在半桥粒可见网蛋白和BPAG1e，半桥粒与$\alpha_6\beta_4$和BPAG2相结合，将中间丝固定于细胞质膜上。其他网蛋白参与肌动蛋白微丝、中间丝和微管之间的相互连接。桥粒斑蛋白与斑珠蛋白和血小板亲和蛋白相结合，并与桥粒钙黏蛋白相互作用（桥粒芯蛋白和桥粒胶蛋白）。BPAG，大疱性类天疱疮抗原；DP，桥粒斑蛋白；Dsc，桥粒胶蛋白；Dsg，桥粒芯蛋白；IF，中间丝；MACF，微管微丝交联因子；MT，微管；Pg，斑珠蛋白；PKP，血小板亲和蛋白（*修改自Sonnenberg A, Liem RKH: Plakins in development and disease.* Exp Cell Res *313:2189 - 2203, 2007; Fig. 2, p 2192.*）

接由多种成分构成（见图1-22），包括斑蛋白、疱性类天疱疮抗原1（BPAG Ⅰ，或BP230）和网蛋白、跨膜蛋白α和网蛋整合蛋白和BPAG Ⅱ（X Ⅶ型胶原蛋白），以及层粘连蛋白332A（层粘连蛋白5）[15,102,103]。目前已知有许多遗传性的半桥粒连接中间丝缺陷，引起大疱性表皮松解、类天疱疮和大疱性系统性红斑狼疮等疾病（见表1-3）[89-102,104]。

整合蛋白指黏附于细胞表面的一大类受体[15,103]。这些位于细胞表面的糖蛋白在细胞之间和细胞与基质之间具有重要的作用，它们可以作为细胞外和细胞内的成分互相影响和调节的信号转换器。每种整合蛋白均由α和β两个亚单位以非共价键形式连接构成二聚体。在表皮层内，整合蛋白的表达通常仅局限于基底层内。表皮层内的整合蛋白富含有大量的亚单位α_2、α_3、β_1、α_6、β_4。例如角化细胞整合蛋白功能就包括：$\alpha_5\beta_1$，调节角化细胞与纤维连接蛋白的连接；$\alpha_2\beta_1$，调节角化细胞与Ⅰ型、Ⅳ型胶原蛋白和层粘连蛋白的连接；$\alpha_3\beta_1$是表皮整合配体蛋白的受体，同时与层粘连蛋白的黏附有关；$\alpha_1\beta_5$，调节角化细胞与玻璃体结合蛋白的连接；$\alpha_6\beta_4$，调节角化细胞与层粘连蛋白的连接（见表1-3）[15]。

2. 棘细胞层

棘细胞层由基底层细胞所产生的子细胞构成[2,6,17,18,81]。在皮肤有毛发的部位，棘细胞层的厚度为一到两层细胞，在脚垫、鼻镜和黏膜皮肤交界处厚度增加，甚至可达20层细胞。细胞染色淡，嗜碱性或嗜酸性，有核，形状呈多面体或扁平立方形。棘细胞层角化细胞的细胞间连接为细

表1-3 表皮细胞桥粒、半桥粒和/或基底膜相关疾病的结构和分子靶标

结构靶标	分子靶标	先天性疾病	后天性疾病
中间丝	K5/K14	大疱性表皮松解症	类天疱疮
细胞桥粒	桥粒芯蛋白1，桥粒芯蛋白3		副肿瘤天疱疮
细胞桥粒	斑珠蛋白，桥粒斑蛋白	外胚层发育不良，皮肤脆弱综合征	慢性天疱疮，落叶型天疱疮
半桥粒跨膜分子	$\alpha_6\beta_4$整合蛋白	结合部大疱性表皮松解	大疱性类天疱疮，黏膜类天疱疮
半桥粒	BPAG1e（BP230），胶原纤维X Ⅶ（BP180，BAPG2，LAD-1）	大疱性表皮松解症（人类，胶原纤维XⅦ）	大疱性类天疱疮，黏膜类天疱疮，线状IgA大疱性皮肤病
致密板（BMZ）	层粘连蛋白$\alpha_3\beta_3\gamma_2$（层粘连蛋白5）	结合部大疱性表皮松解	黏膜类天疱疮，获得性结合部大疱性表皮松解症
锚定纤丝（BMZ）	Ⅶ型胶原纤维	营养不良性大疱性表皮松解症	后天性大疱性表皮松解症，1型大疱性系统性红斑狼疮

注：BP，大疱性类天疱疮；BMZ，基底膜区域；BPAG，大疱性类天疱疮抗原；Ig，免疫球蛋白；K，角蛋白；LAD，层粘连蛋白。

摘自Iwasaki T, Olivry T, Lapiere JC, et al: Canine bullous pemphigoid (BP): Identification of the 180-KD canine BP antigen by circulating autoantibodies. *Vet Pathol* 32:387 - 393, 1995; Diaz LA, Giudice GJ: End of the century overview of skin blisters. *Arch Dermatol* 136:106 - 112, 2000; Olivry T, Dunston SM, Zhang G, Ghohestani RF: Laminin-5 is targeted by autoantibodies in feline mucous membrane (cicatricial) pemphigoid. *Vet Immunol Immunopathol* 88:123 - 129, 2002; Franzke CW, Tasanen K, Schumann H, et al: Collagenous transmembrane proteins: Collagen XVII as a prototype. *Matrix Biol* 22:299 - 309, 2003; McGowan KA, Marinkovich MP: Laminins and human disease. *Microsc Res Tech* 51:262 - 279, 2000; McMillan JR, Akiyama M, Shimizu H: Epidermal basement membrane zone components: Ultrastructural distribution and molecular interactions. *J Dermatol Sci* 31:169 - 177, 2003; Myllyharju J, Kivirikko KI: Collagens, modifying enzymes and their mutations in humans, flies and worms. *Trends Genet* 20:33 - 43, 2004; Uitto J: Epidermolysis bullosa: The expanding mutation database. *J Invest Dermatol* 123:xii - xiii, 2004; Yancy KB: The pathophysiology of autoimmune blistering diseases. *J Clin Invest* 115:825 - 828, 2005; Kottke MD, Delva E, Kowalczyk AP: The desmosome: Cell science lessons from human diseases. *J Cell Sci* 119:797 - 806, 2006; Sonnenberg A, Liem RKH: Plakins in development and disease. *Exp Cell Res* 313:2189 - 2203, 2007; Tzu J, Marinkovich MP: Bridging structure with function: Structural, regulatory, and developmental roles of laminins. *Int J Biochem Cell Biol* 40:199 - 214, 2008; Bruckner-Tuderman L, Stanley JR: Epidermal and epidermal-dermal cohesion. In Wolff K, Goldsmith LA, Katz SI, et al., editors: *Fitzpatrick's dermatology in general medicine*, ed 7, vol 1, New York, 2008, McGraw-Hill, pp 447 - 459; Breikreutz D, Mirancea N, Nischt R: Basement membranes in skin: Unique matrix structures with diverse functions? *Histochem Cell Biol* 132:1 - 10, 2009.

表1-4 连接结构的组成

连接结构	跨膜蛋白	斑块蛋白	细胞骨架微丝	功能和定位
半桥粒	$\alpha_6\beta_4$整合蛋白BPAGH（ⅩⅦ型胶原）	网蛋白，BPAG1	细胞角蛋白	细胞基质连接；基底细胞和基底膜
黏着斑	β_1整合蛋白（$\alpha_2\beta_1$，$\alpha_3\beta a$，$\alpha_5\beta_1$）	踝蛋白，黏着斑蛋白，α-辅肌动蛋白，桩蛋白，zykin	肌动蛋白	细胞基质，基底细胞
桥粒	桥粒钙黏素 DsgⅠ，Ⅱ，Ⅲ DscⅠ，Ⅱ，Ⅲ	斑珠蛋白；桥粒斑蛋白Ⅰ、Ⅱ、Ⅳ；桥粒钙调结合蛋白；血小板亲和蛋白	细胞角蛋白	细胞-细胞连接；所有角化细胞
黏着连接	经典钙黏素（E-和P-钙黏素）	斑珠蛋白α-及β-连环蛋白；α-肌动蛋白；黏着斑蛋白	肌动蛋白	细胞间黏着连接；所有的角质细胞（P-钙黏蛋白仅存在于基底细胞）

BPAG，大疱性类天疱疮抗原；Dsc，桥粒胶蛋白；Dsg，桥粒芯蛋白。

间桥，这种连接形式在无毛发的皮肤更多。

角化细胞的连接主要由四种黏附性和交互性的结构组成（表1-4）：细胞桥粒、半桥粒、黏着连接和局灶性黏着斑[15,103]。半桥粒和局灶性黏着斑位于基底层细胞的基部，调节下层细胞外基质与细胞的连接；桥粒和黏着连接调控表皮层内所有角化细胞间的连接。缝隙连接是细胞间化学物质交互的主要途径[15]。

随着人们对天疱疮致病机制的不断研究，目前已经了解到此病多与动物表皮层桥粒的结构和化学组成有关[2,15]。目前已知桥粒由角蛋白中间丝及其连接斑、角化细胞套膜、桥粒芯构成，桥粒芯位于相邻的角化细胞套膜之间。大量的桥粒斑蛋白（桥粒斑蛋白Ⅰ、Ⅱ、斑珠蛋白、血小板亲和蛋白）和桥粒芯糖蛋白（桥粒芯蛋白Ⅰ、Ⅱ、Ⅲ和桥粒胶蛋白Ⅰ、Ⅱ、Ⅲ）已被证实。人类落叶型天疱疮抗体免疫组化染色的结果与使用桥粒芯蛋白Ⅰ（桥粒芯糖蛋白）抗体进行染色的结果一致。

人们发现在桥粒和黏着连接中存在斑珠蛋白（β连接蛋白）、黏着斑蛋白（α连接蛋白）和埃兹蛋白（踝蛋白、根蛋白）家族的蛋白。

角化细胞的细胞骨架（图1-9）由三种类型的细胞质纤维构成，分别是细胞角蛋白、肌动蛋白和微管蛋白[104]。这些纤维在角化细胞的定向、极化、细胞器排列、细胞运动、形变、信号转导和细胞顺应性方面起作用。

从超微结构来看，角化细胞的特征是角蛋白中间丝（细胞角蛋白、张力纤维）和桥粒[2,15,105]。钙和钙调蛋白对于桥粒和半桥粒的形成至关重要。至少有三种由角化细胞产生的钙调素结合蛋白参与了钙和钙调蛋白之间相互作用的激发调节（钙浓度依赖性）：钙调素结合蛋白、桥粒钙调结合蛋白和膜收缩蛋白[2]。免疫组化中角化细胞的特点是可见细胞角蛋白[2]。上皮细胞均表达角蛋白对：由一条酸性亚族（Ⅰ型角蛋白，细胞角蛋白9~20）的角蛋白链和一条中性至碱性亚族（Ⅱ型角蛋白，细胞角蛋白1~8）

的角蛋白链成对组成[15,103,104,106-112]。角蛋白随着上皮细胞的不同以及同一种上皮细胞分化增殖阶段的不同而变化。棘细胞层的角化细胞保留了细胞在基底层时产生的K5/K14角蛋白对，并合成K1/K10角蛋白对[2]。棘细胞层的角化细胞合成板层颗粒（角蛋白小体、膜被颗粒、角质小体），颗粒内含有糖蛋白、糖脂、磷脂、游离皮质醇、葡萄糖神经酰胺和大量的酸性水解酶。这些物质分泌至颗粒层（图1-10）细胞间隙中，在表皮层屏障功能中起重要作用（见本章表皮和角质形成的部分）[2,15]。

角化细胞具有吞噬功能（红细胞、黑色素、黑色素体、细胞碎片、乳胶微球、无机物）[44]。

3. 颗粒层

颗粒层在皮肤的有毛区域表现各不相同，在有颗粒层的区域，其厚度一般为一到两层细胞[6,17,18,81]。而在皮肤的无毛区域或毛囊漏斗部，颗粒层厚度可达到4~8层细胞。颗粒层内的细胞扁平，嗜碱性。这些细胞的细胞核固缩，胞质内可见颗粒层合成的大且深染的嗜碱性透明角质颗粒。这些颗粒缺乏质膜包裹，因此并不是真正意义的颗粒，对其更准确地描述应称为不溶性聚合物。透明角质颗粒由丝聚合蛋白原、角蛋白丝和兜甲蛋白[2]。丝聚合蛋白原由透明角质颗粒释放，然后经钙依赖性裂解过程形成丝聚合蛋白单体，并经过聚合、包裹，同时将角蛋白纤维排列对齐形成微丝。丝聚合蛋白的降解产物包括尿苷酸、吡咯酮烷羧酸，这些物质在角质层水合作用中十分重要，同时还有助于过滤紫外线辐射。兜甲蛋白富含富胱氨酸蛋白，在透明角质颗粒参与的情况下，在颗粒层内合成。这种蛋白在角化细胞内与角蛋白纤维结合并将其固定在交联包囊[4]。颗粒细胞的另一超微结构特征是在细胞边缘可见成簇聚集的板层颗粒。

啮齿类动物角的质透明颗粒有两种形态结构[15]。P-F颗粒形状不规则，内含丝聚合蛋白原；L颗粒较小、圆形，内含兜甲蛋白。

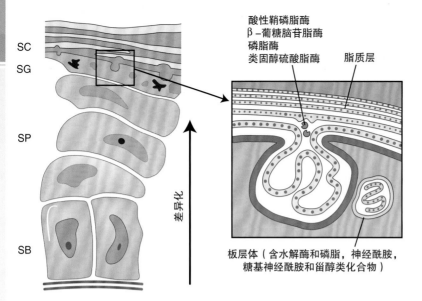

酸性鞘磷脂酶
β-葡糖脑苷脂酶
磷脂酶
类固醇硫酸脂酶

脂质层

SC
SG
SP
SB

差异化

板层体（含水解酶和磷脂，神经酰胺，糖基神经酰胺和甾醇类化合物）

图1-10 板层小体在颗粒层和角质层的交界面处与细胞质膜相融合，释放其内容物形成细胞间的脂质双分子层。Sc，角质层；SG，颗粒层；SP，棘细胞层；SB，基底层（*修改自Proksch E, Jensen J-M: The skin as an organ of protection. In Wolff K, Goldsmith LA, Katz SI, et al., editors:* Fitzpatrick's dermatology in general medicine, *ed 7, vol 1, New York, 2008, McGraw-Hill, pp 383 - 395.*）

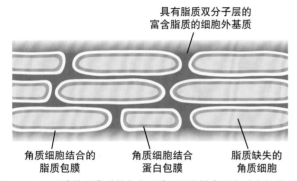

具有脂质双分子层的富含脂质的细胞外基质

角质细胞结合的脂质包膜　　角质细胞结合的蛋白包膜　　脂质缺失的角质细胞

图1-11 无细胞核无脂质的角化细胞周围包被有蛋白质内包膜和脂质外包膜。角化细胞之间充满富含脂质的细胞基质（*修改自Proksch E, Jensen J-M: The skin as an organ of protection. In Wolff K, Goldsmith LA, Katz SI, et al., editors:* Fitzpatrick's dermatology in general medicine, *ed 7, vol 1, New York, 2008, McGraw-Hill, pp 383 - 395.*）

表1-5 角质层的保护作用

功能	组成部分	机制
通透性屏障	角质细胞和板状双分子层	疏水性脂质
机体完整性	角质化包膜，角蛋白对	交联肽（外皮蛋白），角蛋白丝
脱皮	角质化桥粒	丝氨酸蛋白酶
水合作用	氨基酸，尿素（来自角质细胞、脂质代谢和腺体分泌）	吸水、保湿
防水作用	板状双分子层	非极性液体
抗微生物作用	角质细胞，层状脂质，分泌物	脱皮、游离脂肪酸，抗菌肽
防紫外线	黑色素，反式尿刊酸	反射、吸收
细胞因子信号	角质细胞胞质	丝氨酸蛋白酶，白细胞介素

引自Proksch E, Jensen J-M: The skin as an organ of protection. In Wolff K, Goldsmith LA, Katz SI, et al., editors: *Fitzpatrick's dermatology in general medicine*, ed 7 vol 1, New York, 2008, McGraw-Hill, pp 383 - 395.

4. 透明层

透明层也称致密层，由完全角化的薄层失活细胞紧密排列而成[6,17,18,81]。该层细胞无细胞核、均质，呈玻璃样透明，其中含有的折射小滴和半流质物质称为角母蛋白。透明层与角化层的组织化学差异在于前者富含与蛋白结合的脂质。脚垫的透明层最发达，鼻镜的发育略差。正常皮肤的其余区域则缺乏透明层。

5. 角质层

角质层位于皮肤的最外层，由角化细胞最终分化形成且不断脱落[6,17,18,81,113]。角质层由多层角化细胞构成，细胞分布于胞外脂质基质中（图1-11），排列方式类似于用泥浆（脂质）黏合堆砌的砖块（角化细胞）[15]。该细胞层由扁平无核的嗜酸性细胞构成（角化细胞），在少毛或无毛部位的皮肤较厚。细胞逐渐脱落，与基底层增殖的细胞基本保持平衡，从而使得皮肤的表皮层厚度稳定不变。角化细胞中含有由蛋白质合成的多种保湿和遮光物质[4]，在皮肤保护机制中起到重要作用（表1-5）[114]。

终末分化的角化细胞在其胞膜下形成具有高度特化的结构，即角质化包膜（CE）[2,4,113]。CE在复层上皮细胞、毛囊髓质、内根鞘细胞和角质层细胞的包膜下生成。角化细胞内不含有磷脂层，没有真正的细胞膜。CE的形成与表皮或毛囊钙依赖性谷氨酰胺转移酶的活性增强有关，谷氨酰胺转移酶催化可溶性的微粒蛋白前体交联形成不溶性的大分子多聚物。CE的蛋白成分包括兜甲蛋白、外皮蛋白、丝聚合蛋白、弹性蛋白酶抑制剂、半胱氨酸蛋白酶抑制剂A、角化蛋白、小分子富脯氨酸蛋白和"角化蛋白、晚期包膜蛋白"[2,4,15,109,113,115,116]。CE具有不透水的性质，这一特性为细胞提供了结构支持，可保护细胞使之不受微生物和环境中有害物质的侵袭。内皮蛋白与磷脂以共价键的形式结合，构成胞内脂质附着连接的支架。

在常规部位，猫皮肤角化层的厚度为3~35μm，犬为

5~1500μm。但组织学制备中的固定、脱水和石蜡包埋等步骤可能导致大约一半的角化层丢失。犬躯干部位皮肤的冰冻切片角化层厚度平均为13.3μm，有47层细胞[84]。这种致密角质层的松散的排列的表现是因固定和加工过程中人为因素造成的[84,105,117]。

谷氨酰胺转移酶是在细胞凋亡、角化作用和毛囊形成过程中十分重要的一类酶[118]。这类酶中的两个成员——角化细胞谷氨酰胺转移酶和表皮谷氨酰胺转移酶——调节角化细胞被膜前体蛋白的顺序交联，如外皮蛋白、细胞素A（细胞支架蛋白）、弹性蛋白酶抑制剂和兜甲蛋白[119-121]。谷氨酰胺转移酶主要在颗粒层及棘细胞层的上层表达，需要氨基酸和钙的催化。角化细胞谷氨酰胺转移酶的错误表达是人类鱼鳞癣的病因之一[118]。

皮肤形态在不同部位的表现也各不相同。在动物背部毛发密集的部位，皮肤表面的起伏纹路较缓和，而在腹部的皮肤则皱褶较多[81,84]。毛发自毛囊漏斗部发生，在皮肤表面以凹陷的形式存在。在毛发的基部，毛发靠非定型的物质连接并且周围有鳞屑附着。角质层表面为非均质结构，尤其是在多毛的区域，由一层均质的薄膜覆盖，以遮盖鳞屑结构和细胞间的连接。薄膜覆盖的球状鳞屑仍部分可见。仔细检查可见在角质层表面有六角形细胞和一种无定形物质，该物质渗出至细胞边缘表面。毛囊漏斗基部由无定形物质（皮脂腺分泌物和皮肤脂质层）和鳞屑封盖。没有证据显示皮脂是自毛孔向毛囊之间的间隙流动，这说明摩擦和梳理对皮脂在皮肤和毛发表面的扩散十分必要。毛发的生长可将皮脂腺分泌物向毛囊外"推出"。给犬皮肤局部使用芬普尼后的显微自动照相技术研究结果显示皮脂腺分泌物确实沿皮肤表面移动[122]。有研究表明犬类的角质层较其他动物的皮肤薄而紧凑，细胞间脂质更少，这一现象可以部分解释为何犬相比其他动物更容易患细菌性脓皮病。

角质层内含有抗原性或超抗原性物质，这些物质通常在受到损伤或发生疾病之后被免疫系统抑制并诱导T-淋巴细胞的激活[123]。T淋巴细胞的激活及炎性反应在一系列皮肤疾病病理中均有一定作用。

6. 表皮和角质的生成

正常的表皮层稳态要求角化细胞的生长和分化达到精细的动态平衡。损伤时,这种动态平衡迅速向细胞不断增殖分裂的方向转变，在损伤修复后必须及时回复到原先的动态平衡。此外，表皮角化细胞还具有调节皮肤免疫和炎性反应的重要功能。

表皮层最重要的产物是角蛋白（希腊语中的"皮层最重要的产物"，意指"角"），是一种依靠二硫键互相结合的高度稳定的蛋白质纤维。该物质在机体与环境间形成屏障，被称为机体的保鲜膜。角蛋白前体由基底层和棘细胞层内的角化细胞合成，是完全分化的角化层蛋白的前体[2,9]。角蛋白按不同分类方式可以被分成软角质（皮肤）、硬角质（毛发、爪）和α角蛋白（皮肤、毛发）、β角蛋白（鳞甲、羽毛）[4]。

表皮层起源于外胚层并经历一系列有序的增殖、分化和角化过程[2]。调控表皮形成过程有序进行的因子目前尚不明确，但已知蛋白激酶C/磷酸激酶C第二信使系统、钙/钙调蛋白第二信使系统、受体关联性酪氨酸激酶和腺苷酸环化酶/环磷酸腺苷（cAMP）依赖型蛋白激酶在机体重要的生物学过程如免疫应答、炎症反应、细胞分化和增殖过程中，起到耦合细胞外信号的重要作用[2]。在这些生物学过程中，人们已知的起到调节作用的因子有真皮、表皮生长因子、成纤维细胞生长因子、胰岛素样生长因子（IGFs）、集落刺激因子、血小板衍生生长因子（PDGF）、转化生长因子、神经肽、白细胞介素、肿瘤坏死因子（TNF）、表皮抑制素、上皮细胞移动因子、干扰素（IFNs）、酸性水解酶、花生四烯酸代谢产物、蛋白水解酶（内肽酶、外肽酶或肽酶）以及各种激素（尤其指肾上腺素、维生素D₃、皮质醇）[2,7,124]。除此以外，可能还有大量的激素和酶类可诱导、提高或同时诱导并增加鸟氨酸脱羧酶的活性[1]，后者是一种聚胺物质（丁二胺、亚精胺和精胺），是合成过程中不可或缺的一种酶。聚胺类物质可促进表皮细胞的增殖。此外，还有很多营养因子在角化过程中具有重要作用，包括蛋白质、脂肪酸、锌、铜、维生素A和B族维生素[2]。

细胞角化主要包括四个过程[2]：①角质化（角化细胞主要纤维蛋白的合成）；②透明角质的合成（包括富组氨酸蛋白纤维）；③角化层角化细胞内高度交联性不可溶被膜的形成（包括外皮蛋白结构）；④皮肤固有板层颗粒产生丰富的中性脂质，并向细胞间分泌。板层颗粒起初在棘细胞层的角化细胞内合成，到达颗粒层时分布在细胞顶端和边缘，板层颗粒与细胞质膜融合并分泌其内含物（磷脂、神经酰胺、游离脂肪酸、水解酶和类固醇）。细胞间的脂质则经过一系列变化，参与角化层屏障功能和皮肤表皮脱落过程的调控。

氚化胸腺嘧啶标记技术显示，犬皮肤中有活力的表皮细胞（基底层至颗粒层之间的细胞）更新时间大约为22d[125]。修剪毛发可令表皮更新时间缩短至大约15d[126]，而手术造成的皮肤损伤大大增强犬皮肤的有丝分裂活动[127]。有皮脂溢现象的可卡犬和爱尔兰长毛猎犬的皮肤表皮更新时间大约为7d[128]。

关于犬皮肤角化细胞体外培养的生长特性、分化、细胞表面标记物和形态研究均已有报道[112,129-131]。培养的犬角化细胞表达了与慢性天疱疮、落叶型天疱疮和大疱性天疱疮有关的抗原，并可使层粘连蛋白和Ⅳ型胶原蛋白沉积[131]。犬的角化细胞体外培养技术为表皮细胞的细胞动力学、各种皮肤病发病机制和各种药物对皮肤的作用的相关研究提供了十分实用的体外模型。

7. 表皮脂质

脂质在表皮分化、结构和功能方面都具有重要作用[2,4,113,132-135]。在角化作用过程中，表皮脂质的构成会发生较大的变化。表皮板层小体的合成过程在棘细胞层内进行；小体囊疱内含有极性脂质、葡萄糖神经酰胺、鞘磷脂、游离类固醇、磷脂和水解酶。例如当颗粒层内钙浓度升高产生信号时，板层小体与胞膜融合并向细胞间隙内分泌释放小体内含物质。这些脂质经过水解作用和一些酶类的催化，形成非极性脂质、神经酰胺、游离脂肪酸和胆固醇（图1-12）[136]。神经酰胺是含有长链氨基醇的氨酰链脂肪酸（鞘氨醇碱）。角化层内含有多种神经酰胺，它们是使角化层呈片状排列和参与屏障作用的非常重要的脂质[135]。多不饱和脂肪酸是其中一个重要的组成成分。亚油酸是犬、猫必需的不饱和脂肪酸，可见于神经酰胺1、神经酰胺4和神经酰胺9。神经酰胺1和神经酰胺2与外皮蛋白和CE的其他蛋白相结合，再与其他脂质结合构成镶嵌进磷脂双分子层的支架，与角化层的角化细胞平行[137]。神经酰胺通过使屏障内脂质液化流动实现角化层的可塑形性功能从而允许皮肤耐受拉伸和弯曲。

多不饱和脂肪酸在皮肤内作为二十烷酸前体具有重要的作用，它通过磷脂酶A2作用于磷脂，释放后被环氧合酶和脂氧合酶代谢为前列腺素和白细胞三烯，这两种物质与皮肤的稳态有关，且参与炎性皮肤病过程。

人们利用薄层色谱法研究分析犬、猫皮肤表面的脂质，发现与人相比其中包含更多的固醇脂、游离胆固醇、胆固醇酯、二酯类蜡状物，但甘油三酯、单甘油酯、游离脂肪酸、单脂蜡状物和角鲨烯则较少。这一现象说明犬、猫皮肤表面的脂质主要来源于皮肤表皮层，而人类的皮表脂质层则主要由皮下腺体产生。皮肤表面的脂质还可通过多种提取工艺（如脂带法）进行定性测定，或使用血压计或油脂计进行定量测定[2,132,138-143]。

以下通过举例说明表皮脂质层在角化过程紊乱的疾病中的临床重要性：①板层颗粒和神经酰胺的异常、类二十烷酸表达过量伴随必需脂肪酸缺乏可造成动物鳞屑脱落和表皮屏障功能不足；②暴露于洗涤剂和溶剂等物质下致使皮肤表面神经酰胺、胆固醇、脂肪酸、蜡质和固醇类物质丢失也可造成动物鳞屑脱落和表皮屏障功能不足；③表皮脱落不足是由于类固醇硫酸酯酶功能缺陷造成类固醇硫酸盐的堆积增加，与人的X染色体隐性遗传鱼鳞病有关；④人类雷弗素姆病（遗传性运动失调性多发性神经炎）患者存在植烷酸氧化异常，造成鳞屑脱落和脂质堆积；⑤人斑色鱼鳞病患者板层颗粒缺陷，皮肤角化过度；⑥人和犬的过敏性皮肤脂质层结构异常，造成皮肤屏障功能异常[134,144-148]；⑦人服用降胆固醇药物后，皮肤胆固醇合

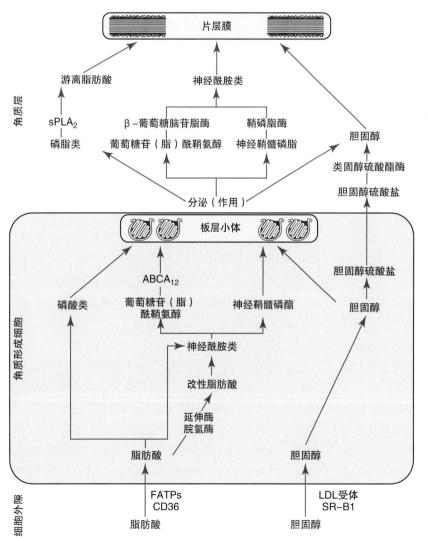

图1-12 脂质合成并进入板层小体途径以及之后代谢生成角质层的脂质双分子层 sPLA2，分泌型磷脂酶A2；ABCA12，ABD家族或转运蛋白家族成员；FATPs，脂肪酸转运蛋白；LDL，低密度脂蛋白；SR-B1，B类1型清道夫受体（图片摘自Feingold KR: The role of epidermal lipids in cutaneous barrier homeostasis. J Lipid Res 48:2531 - 2546, 2007; Fig. 1, p 2533.）

成减少也可造成皮肤屏障功能不足并出现皮屑脱落[4,113]。可见，皮肤的脂质对于皮肤的屏障功能、角质层的储水功能、角化细胞的凝结脱落以及上皮形成和分化的调控都具有重要意义。

8. 黑色素细胞和黑色素的生成

黑色素细胞是表皮基底层内的第二类细胞，也可见于毛囊的毛基质和外根鞘、皮脂腺及汗腺导管，少量细胞可延伸至真皮层浅处[2,4,6,7,76,83,105,149]。习惯上，人们将黑色素细胞按结构和功能划分为两个分区：表皮和囊疱[2,4,149,150]。黑色素细胞在HE染色下不易着染，且在处理组织的过程中细胞质浓缩，表现为透明细胞。黑色素细胞起源于神经嵴，在胎儿期早期移行至上皮内。这些细胞在眼部（视网膜色素上皮细胞）、耳蜗（耳蜗血管纹）、脑膜都有分布[151]。

黑色素细胞具有较长的细胞质延展（树突），穿插于角化细胞之间并将含有黑色素的黑色素体转移至角化细胞内（图1-13）。通常来说，犬皮肤基底层内每10~20个角化细胞中就有1个黑色素细胞。这个形式的细胞组成构成一个结构和功能单位，称之为表皮黑色素单位（*Epidermal melanin unit*）[2,4,9,149]。超微结构上，黑色素细胞的特征是具有典型的细胞质内黑色素体和前黑色素体，以及与基底层细胞膜相关的薄板。细胞上的大多数黑色素都分布于表皮基底层，但深色皮肤的动物皮肤黑色素可能遍布表皮全层以及真皮浅表的黑色素细胞。黑色素颗粒通常呈"冠状"集中位于角化细胞核顶部（图1-13），这样分布是为了进行光防护。

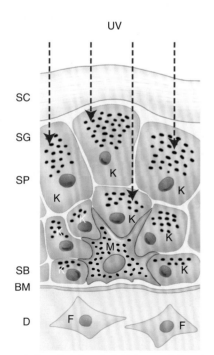

图1-13　生黑色素细胞分布于表皮基底层，并将黑色素小体转运至角质细胞。在角质细胞内黑色素小体位于细胞核背侧以保护其不受紫外线损伤　UV，紫外线辐射；SC，角质层；SG，颗粒层；SP，棘细胞层；SB，基底层；BM，基底膜；D，真皮；K，角质细胞；M，黑色素细胞；F，纤维细胞（*修改自Yamaguch Y, Brenner M, Hearing VJ: The regulation of skin pigmentation. J Biol Chem 282:27557 - 27561, 2007.*）

黑色素细胞只占表皮细胞的一小部分，但这些细胞具有多种十分重要的作用：①美化动物，参与动物保护色和吸引异性的颜色的形成；②隔离电磁辐射，尤其具有防紫外线（UVL）的重要作用；③清除细胞毒性自由基及其中间产物；④参与动物的发育和炎性反应过程[2,4,149]。尽管黑色素可吸收广谱的紫外线辐射，包括长波紫外线（UVA）和中波紫外线（UVB），但黑色素对其的吸收作用并不理想。其光保护作用的原理可能是通过消除机体因紫外线产生的自由基从而保护机体使之免受辐射。

黑色素是毛发和皮肤产生颜色的主要原因。一般认为皮肤色素沉积包含两种组分。固有色素沉积与其他刺激性影响无关，仅由遗传决定，兼性色素沉着则出现在有各种刺激因素存在的情况下（如紫外线、炎症反应、激素）。皮肤颜色也受到表皮细胞内含的黄色类胡萝卜素的影响，红色来源于氧合血红蛋白，蓝色则来源于非氧合血红蛋白。

黑色素包含范围很广，其中包括棕-黑色的真黑色素、黄或红-棕色的类黑色素和物理化学性质介于两者之间的其他黑色素。类黑色素具有较高含量的硫元素，因而与真黑色素不同。根据颜色、可溶性和元素分析对黑色素进行分类（表1-6）[152-154]。尽管每种色素都具有不同的性质，但所有的色素都通过共同的代谢途径产生，多巴醌（*Dopaquinone*）是这一途径的关键中间产物[1,2,150]。

黑色素只在黑色素细胞内产生，且只在细胞内的专门的细胞器黑色素体内产生[2,4,149]。在该结构内酪氨酸酶催化酪氨酸转变为多巴（图1-14）[155]。酪氨酸酶是黑色素形成途径中的限速酶，酶中含铜且仅存在于黑色素细胞内，因此可作为这类细胞的良好的特异性标记物。酪氨酸酶较特殊，它具有三种不同的催化活性，其中最重要的是酪氨酸羟化酶活性，它催化酪氨酸转化成多巴。此外该酶还可以利用多巴或5,6-二羟吲哚（DHI）为底物发挥氧化酶活性。酪氨酸酶结构基因的突变是白化病病因之一[149]。

多巴在形成之后，可自发进行氧化反应将自身氧化成为多巴醌而不需要酪氨酸酶（但速率较慢），然后再通过黑色素合成途径形成多巴色素、5,6-二羟基吲哚-2-羧酸（DHICA）、二羟基吲哚（DHI）、吲哚-5,6-醌[2,4,149]。多

表1-6　黑色素的分类

特征	真黑色素	褐黑素
颜色	深棕色至黑色	黄色至红褐色
溶解性	不溶于碱	可溶于碱
含硫成分	0~1%	9%~12%
化学结构	5,6-二羟吲哚和5,6-二羟吲哚-2-羧酸的聚合产物	半胱氨酸源性的苯并噻嗪单体聚合物
黑素小体形状	椭圆形	球形
黑素小体结构	薄片或细丝状	微型囊疱或微型颗粒状

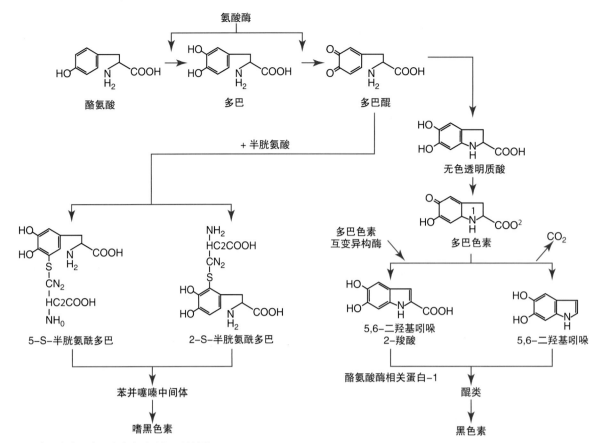

图1-14 真黑色素和类黑色素合成途径及关键酶

巴色素异构酶是另一种黑色素细胞特有的酶，可将多巴色素转化为DHICA[4,149]，转化过程中需要铁元素的参与。

产生黑色素还是类黑色素主要由基因控制[2,4,149,156]，如果有可利用的巯基基团，则产生类黑色素。人们推测，黑色素合成的"转换开关"主要由酪氨酸酶的水平控制，酪氨酸酶浓度高则产生真黑色素，反之低水平酪氨酸酶则产生类黑色素[149]。

黑色素的生成部位是黑色素体（*Melanosomes*），黑色素体是一种膜旁细胞器[2,9,105]，其成熟过程经历 I ~ IV 四个阶段（图1-15）[157,158]，黑色素细胞的超微结构特征是黑色素体。更准确地说，仅第 I 阶段的黑色素体存在于黑色素细胞，之后几个阶段可在角化细胞和其他吞噬细胞内发现末期的黑色素[149]。黑色素体产生于高尔基体，后者是酪氨酸酶的形成部位。I 阶段的黑色素体内不含黑色素，且电子密度低。随着黑色素逐渐下沉至蛋白质基质内，黑色素体电子密度逐渐升高同时向树突周围移动。黑色素在树突处转移至相邻表皮细胞内（图1-16）。转移过程需要树突顶部的内吞作用参与。黑色素细胞排出黑色素体至角化细胞内的过程通过特殊的生物传递过程，称为细胞壳（*Cytocrinia*）[2]。真皮黑色素细胞通常为受抑制的黑色素细胞（*Continent melanocytes*），由于这些细胞与表皮或有分泌功能的黑色素细胞不同，它们不传递黑色素体。而皮肤颜色主要由黑色素体的数量、大小、类型和分布决定。

哺乳动物的色素沉着受到多种不同发育、细胞和亚细

表1-7 哺乳动物黑色素合成步骤

步骤	活动
I	成黑色素细胞自神经嵴迁移
II	成黑色素细胞向皮肤黑色素细胞方向分化
III	黑素小体基质形成
III	成黑色素基因激活
V	酪氨酸酶和成黑色素蛋白的合成
VI	翻译后加工以及酪氨酸酶的糖基化作用和转运
VII	囊疱融合形成黑素小体
VIII	酪氨酸酶和酪氨酸相关蛋白的活力的调控
IX	黑色素的生物合成
X	黑素小体转移至角质细胞
XI	黑素小体退化
XII	黑色素随着角化细胞的减少被移除

引自Sulaimon SS, Kitchell BE: The biology of melanocytes. *Vet Dermatol* 14:57–65, 2003; Alhaidari Z, Olivry T, Ortonne JP: Melanocytogenesis and melanogenesis: Genetic regulation and comparative clinical diseases. *Vet Dermatol* 10:3–6, 1999.

胞水平的调控，并且受到许多基因、激素、紫外线接触和其他因素的影响[2,4,7,9,15,57,149,150,155,158-160]。黑色素原生成步骤见表1-7[155,161]。已知小鼠有超过150种不同的基因共同调节其色素沉着的过程[161,162]。这些基因当中，一部分影响到成黑色素细胞的发育和迁移，一部分调节黑色素细胞的分化和存活，还有一部分则影响黑色素体的发生、酪蛋白酶和

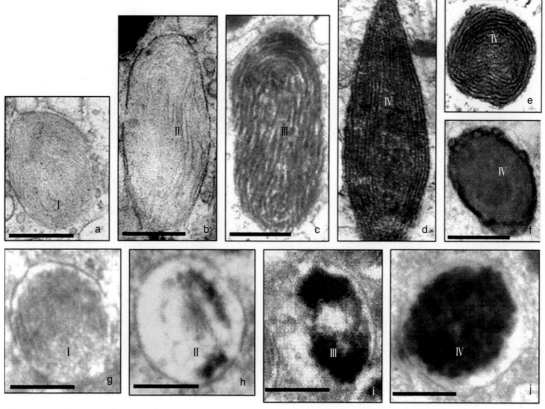

图1-15 黑素小体的电镜显微图。细胞内合成黑色素（a~f）和褐黑素（g~j）过程的Ⅰ至Ⅳ阶段。比例尺如下（μm）：a, 0.20; b, 0.23; c, 0.24; d, 0.22; e, 0.20; f, 0.35; g, 0.23; h, 0.26; i, 0.26; j, 0.30 *（图片摘自Slominski A, Tobin DJ, Shibahara S, et al: Melanin pigmentation in mammalian skin and its hormonal regulation. Physiol Rev 84:1155–1228, 2004.）*

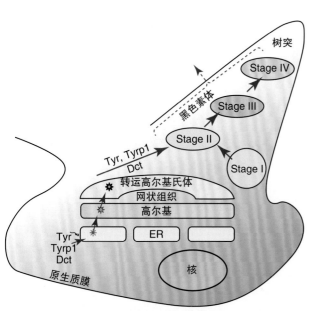

图1-16 第Ⅰ阶段，黑素小体在高尔基体内形成。在至第Ⅳ阶段的过程中，黑素小体进入树突并转移至角质细胞 Dct，多巴色素互变异构酶；ER，内质网；Tryp 1酪氨酸酶相关蛋白-1；Tyr，酪氨酸 *（图片摘自Costin GE, Valencia JC, Vieira WD, Lamorexux ML, Hearing VJ: Tyronsinase processing and intracellular trafficking is dirsrupted in mouse primary malanocytes carrying the underwhite mutation. A model for oculocutaneous albinism type 4. J Cell Sci 116, 3203–3212, 2003）*

黑色素源性因子的活性，最后还有一部分基因调控黑色素体的转移和退化降解[160]。

黑色素细胞表达了大量的细胞表面受体（图1-17），这些受体使黑色素细胞与相应环境中的其他细胞相互作用，包括角化细胞、朗格汉斯细胞、成纤维细胞、淋巴细胞和巨噬细胞[4,83,149,155,158-160]。这些细胞表达受体并对激素、生长因子（如β成纤维细胞生长因子）、干扰素、白细胞介素、二十烷酸、视黄酸、维生素D3及其他许多细胞因子产生应答（调节细胞的增殖分裂、分化、黑色素原的形成）。实际上，黑色素细胞自身便可产生上述各类因子中的一部分，形成自分泌的调节模式。小眼畸形相关转录因子（*Microphthalmia transcription factor*，MITF也称为主要色素沉着转录调节因子（*Master transcriptional regulator of pigmentation*）是黑色素合成时涉及多种酶的表达和分化的一种重要转录因子[159,160]。决定黑色素形成的重要因素之一是黑皮质素1受体（MC1R），为G蛋白偶联受体，它调节黑素的表型。MC1R激动剂包括α黑色素细胞刺激素（MSH）和促肾上腺皮质激素，刺鼠基因编码该受体的拮抗剂[159,160]。c-Kit是酪氨酸酶激酶受体，参与成纤维细胞的伸长、存活和迁移。c-Kit的突变可导致斑状白化病，c-Kit表达缺失与黑色素细胞进行性向转移性黑色素瘤变化有关[155,163]。

黑色素细胞自身可分泌一些细胞因子（如白细胞介素

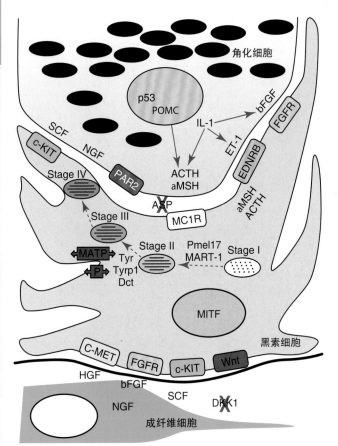

图1-17 受体、配体及其他因素对色素沉积调节作用的原理示意图。ACTH，促肾上腺皮质激素；bFGF，碱性成纤维细胞生长因子；Dct，多巴色素异构酶；EDNRB，内皮素-1受体；ET-1，内皮素-1；FGFR，成纤维细胞生长因子受体；MITF，小眼转录因子；MSH，黑色素细胞刺激素；NGF，神经生长因子；POMC，类吗啡样神经肽；SCF，干细胞因子；Tyrp 1，酪氨酸相关蛋白；Tyr，酪氨酸酶（摘自Yamaguchi Y, Brenner M, Hearing VJ: The regulation of skin pigmentation. J Biol Chem 282:27557 – 27561, 2007.）

IL-8）并参与炎性反应和免疫反应。黑色素生物合成途径中的许多前体和中间产物具有细胞毒性，可以导致细胞损伤和炎性反应。可以理解为在表皮细胞各成分之间存在着极其复杂的相互作用，细胞各自的免疫细胞因子和释放的炎性介质对损伤作出应答。

αMSH是一种神经免疫调节性的抗炎性多肽，由角化细胞、朗格汉斯细胞、成纤维细胞、内皮细胞以及黑色素细胞自身合成并释放[4,149,164]。αMSH细胞表面受体在上述这些细胞表面也表达。因此，αMSH可以调节角化细胞的增殖分裂和分化，还能调节内皮细胞、成纤维细胞因子和胶原酶的产生，它也能下调前炎性因子和抗原递呈细胞（单核细胞和巨噬细胞）辅助分子的产生。αMSH是IL-1的拮抗剂，是皮肤免疫反应过程中的重要细胞因子，因此它也是调节皮肤炎症反应和皮肤过度增生疾病的调节网络中的一部分，这一功能可能远比它在细胞色素沉积中所起到的作用要重要得多。

毛囊黑色素细胞与毛发周期相协调，也受到周期性的调控。毛发生长初期，黑色素细胞分布于临近毛球的部位，活跃地合成黑色素并将其转运至正在发育的毛干角化细胞中[165]。毛色由所转移的黑色素的数量决定，同时还

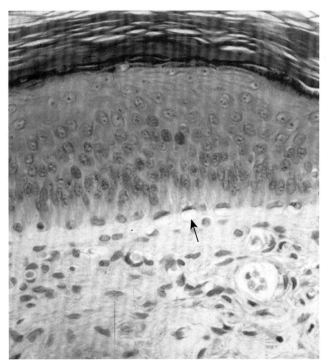

图1-18 tylotrich板中的梅克尔细胞（箭头所示）

取决于真黑色素和类黑色素的比例、黑色素颗粒的大小和分布面积。黑色素细胞在毛发生长的中后期凋亡[151]。犬、猫的毛发颜色受到多种基因的影响。普遍公认的参与犬毛发颜色形成的基因有A（刺鼠，刺鼠信号蛋白，ASIP）、B（棕色，TYRP1）、C（彩色/白化）、D（淡蓝色，黑色素亲和素，MLPH）、E（渐变，MC1R）、G（灰色）、H（花斑色）、I（淡棕黑色）、K（黑色，β-defension103基因）、M（陨石色，SILV）、P（稀释）、R（杂色）、S（白点，小眼症转录因子，MITF）、T（条纹）[166-168]。

目前还没有组织化学染色方法可以在常规处理的细胞活检标本上特异性地染出黑色素[149]。亲银染色（*Argentaffin stains*）利用的是黑色素可以减少银溶液（如硝酸银）中银的原理。例如银氨和戈莫里六胺银染色法。这些物质也可以着染神经分泌颗粒和福尔马林色素。嗜银染色与亲银染色类似，但原理是利用外界的银还原剂产生银元素，应用实例有硝酸银染色。嗜银染色亦可以染神经、网织组织和弹性纤维。高锰酸钾可用于漂白黑色素细胞，便于内部细胞器的研究。

9. 梅克尔细胞

梅克尔细胞是呈树枝状的透明细胞，仅存在于基底层或基底层下，主要发生于tylotrich垫和毛囊上皮[2,6,7,15,76,81,83,169-171]。这些特化的细胞起到慢适应1型机械性感受器的作用。细胞内含有较大的细胞质液泡将细胞核推挤至细胞一侧，细胞长轴与皮肤表面平行（图1-18）。梅克尔细胞具有桥粒、典型的致密核胞质颗粒和核漩涡，这些结构位于高尔基体对侧，临近无髓鞘神经元近端（图1-19）。梅克尔细胞内也含有细胞角蛋白、神经微丝、甲硫啡肽、血管活性肠肽、突触小泡蛋白以及神经元特异性

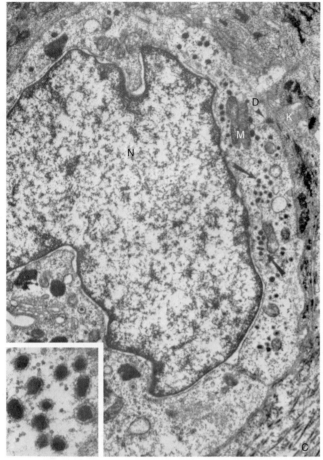

图1-19 梅克尔细胞。C，带横纹胶原蛋白（×20 000）；D（箭头），梅克尔细胞和角化细胞（K）间桥粒；M，线粒体（箭头所指为梅克尔细胞颗粒）；N，梅克尔细胞核（星号标记处为基底膜）。插图，高倍镜视野下（×75 000）梅克尔细胞的特异性膜连接颗粒（*摘自Elder DE: Lever's Histopathology of the Skin, 10th ed, Lippincott Williams & Wilkins, Philadelphia, 2009.*）

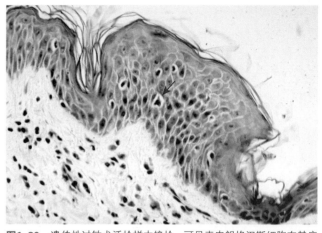

图1-20 遗传性过敏犬活检样本镜检，可见表皮朗格汉斯细胞在基底膜上方呈"透明细胞"样外观

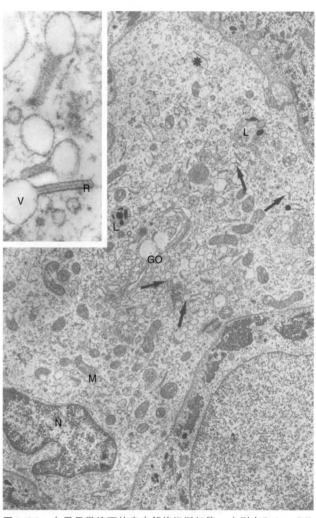

图1-21 电子显微镜下的表皮朗格汉斯细胞。（*引自Elder DE: Lever's Histopathology of the Skin, 10th ed, Lippincott Williams & Wilkins, Philadelphia, 2009.*）

烯醇酶，显示细胞具有双重上皮和神经性分化。梅克尔细胞的免疫组织化学标记物包括有K8、K18、K19和K20多肽。现有证据表明梅克尔细胞起源于原始上皮干细胞[2,15,172]。梅克尔细胞可能还有其他功能，如影响皮肤血流和排汗功能（通过释放血管活性肠肽）、协调角化细胞的增殖分裂以及维持并刺激毛囊的干细胞群（即控制毛发周期）[2,83]。梅克尔细胞源性的肿瘤通常为恶性且难以治疗。

10. 朗格汉斯细胞

朗格汉斯细胞为单细胞核、分支状的抗原递呈细胞，位于基底层或基底层上（图1-20）[2,83,173-176]。它像梅克尔细胞一样，是表皮层的透明细胞，不会被多巴黑色素着染，占表皮细胞总数的2%~8%。朗格汉斯细胞的组织化学和免疫表型因物种不同而各不相同[83]。很多物种，包括人类和猫的朗格汉斯细胞都具有特征性的细胞质内细胞器（伯贝克或朗格汉斯颗粒），可通过电子显微镜观察到（图1-21）[2,175]。但研究显示犬的朗格汉斯细胞不含有这些颗粒[82,173,176]。

伯贝克颗粒的外观形状被描述成各种形态，如拉锁状、杆状、长颈瓶形、网球拍形等，这些颗粒通过细胞质

膜的内陷形成，包被抗原，这为朗格汉斯细胞内吞表面接触抗原进行加工处理的机制提供了形态学上的解释[15]。

朗格汉斯细胞具有嗜金性（例如它们可被氯化金着染）。与人类朗格汉斯细胞不同，犬和猫的朗格汉斯细胞无S-100蛋白和ATP酶（ATPase）。细胞具有免疫球蛋白（Ig）GFc片段和补体3（C3）受体、高亲和性IgE受体，可以合成和表达与免疫反应基因有关的抗原。犬的朗格汉斯

细胞抗原有CDIa、b、c，CD11a、c、CD18、CD45，细胞间黏附分子（ICAM）-1，MHC Ⅱ 以及波形蛋白[174,176,177]。它们不具有CD4和CD90（Thy-1）抗原，利用这一特点可以将其与树突间质细胞相区分。猫的朗格汉斯细胞抗原有CD1a、CD4、CD18以及MHC Ⅱ[175]。这些细胞来源于单核组织细胞系，其主要功能有处理抗原并向表皮内的T淋巴细胞递呈抗原。与正常犬或患非过敏性皮肤炎症的犬相比，患有特应性皮炎的犬表皮内朗格汉斯细胞数量增加[178,179]。暴露在紫外线辐射下后，表皮朗格汉斯细胞密度降低且发生形态学变化，产生免疫抑制环境即特异性抗原耐受[180]。现已知局部或全身使用糖皮质激素会抑制朗格汉斯细胞的数量和功能以及外周和系统性免疫反应[2]。

由于与皮肤癌症病理的密切关联，光免疫学和光致癌基因领域近来受到了人们较多的关注[2]。关于人、犬、猫的研究显示，皮肤内的朗格汉斯细胞数量在同一个体内不同部位皮肤的差异较大，研究强调在统计受到损伤的皮肤朗格汉斯细胞数量时需要以邻近的正常皮肤作为对照[2,173,175,181]。

11. 表皮组织化学

正常犬、猫表皮的组织化学研究表明，除角化层外，皮肤各层均有氧化酶活性[7,182-184]。此外，还有很强的非特异性酯酶活性，尤其是在颗粒层内。这些氧化酶包括细胞色素氧化酶、琥珀酸脱氢酶、苹果酸脱氢酶、异柠檬酸脱氢酶、乳酸脱氢酶、葡萄糖-6-磷酸脱氢酶、NADP、NAD、单胺氧化酶。水解酶包括酸性磷酸酶、芳香基硫酸酯酶、β单葡萄糖醛酸酶以及亮氨酸氨基肽酶。未见胆碱酯酶的阳性反应。由此可知，犬、猫皮肤表皮层酶谱与人类皮肤的相似之处十分有限，尤其是酯酶的分布方面。

（二）基底膜区域

基底膜区域（BMZ）是位于皮肤表皮层、其他皮肤结构（附属结构、神经、血管、平滑肌）和相关或相邻连接组织（真皮）之间的物理化学性界面，该结构为一动态结构并持续不断地更新再生[2,4,9,103,104]。该区域在：①固定表皮层与真皮层，②稳定表皮层的功能和增殖分裂，③维持组织结构稳定，④修复创伤，⑤发挥屏障功能，⑥调节上皮和结缔组织之间营养运输的过程中具有重要意义。BMZ中的部分组织是许多基因突变和免疫介导性疾病的攻击部位。理解这部分组织的重要性有助于了解很多水疱、脓疱性疾病的临床表现[89-101,185]。

基底膜影响细胞和组织的多种活动，包括黏附、细胞骨架的构成、细胞迁移以及细胞分化。HE染色下通常难以分辨出BMZ，但使用PAS染色方法则可以分辨[6,17,37,81]。无毛发部位的皮肤和皮肤黏膜连接处的BMZ最明显。光学显微镜下，可见BMZ由致密层区域下的纤维区域构成，其厚度约为实际基底层的20倍。

超显微结构显示，BMZ可分为如下四个组成部分，从

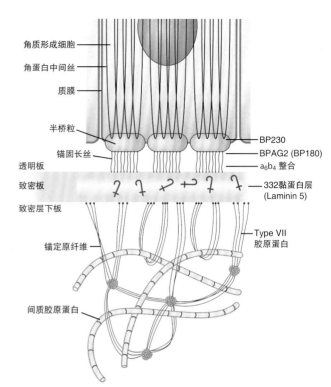

图1-22 表皮基底膜（BM）的结构模式图。（*修改自Yancy KB. The pathophysiology of autoimmune blistering diseases.* J Clin Invest *115:825–828, 2005.*）

图中标注：
角质形成细胞
角蛋白中间丝
质膜
半桥粒
锚固长丝
透明板
致密板
致密层下板
锚定原纤维
间质胶原蛋白

BP230
BPAG2 (BP180)
a₆b₄ 整合
332黏蛋白层 (Laminin 5)
Type VII 胶原蛋白

表层向真皮层顺序依次为（图1-22）：①基底细胞胞质膜，②透明层（透明板），③致密层（基底层），④致密层下区（网织层），网织层内含有固定纤维和真皮微纤维束。这四个部分中的前三种均来源于表皮。表皮基底膜由多种糖蛋白和其他大分子构成。目前公认的BMZ的构成组织和分布位置以及可能的功能见图1-22和表1-8[2,4,106,186,187]。可以认为基底膜由大量的互相作用的分子构成，这些分子存在着点或区域性的差异，从而反映功能上的差异。在许多重要的皮肤病（类天疱疮、表皮松解性大疱、红斑狼疮）和损伤修复过程中，BMZ的参与引领了最近的大多数研究的方向[89-101,185]。

（三）真皮

真皮是机体结缔组织必不可少的一部分，起源于中胚层[2,4]。由不可溶性纤维和可溶性多聚物构成的复杂系统，承受着外界环境带来的压力并维持机体的形状。不可溶性纤维为胶原蛋白和弹性蛋白，可溶性大分子物质则主要是蛋白聚糖和透明质酸。纤维的成分可以对抗拉力，而可溶性大分子物质则主要对抗和分散收缩力。

毛发较厚部分的皮肤真皮占皮肤全层厚度的大部分，而表皮部分则很薄。在较薄的皮肤中，皮肤厚度下降主要是由于真皮层的厚度下降造成的。真皮层由纤维、细胞间质和细胞构成，其中还含有表皮的附属结构、竖毛肌、血管及淋巴管、神经（见图1-7）。由于犬、猫正常的皮肤不含有表皮突结构，因此真皮乳头结构不常见。也就是说，在人类皮肤结构中所说的真皮乳头和表皮突结构在犬、猫

表1-8 基底膜主要构组成部分的特性与功能

组成部分	位置	功能	基本结构或类型	分子量
K5/K14	细胞内中间丝	连接核膜与网蛋白和半桥粒的BPAG1	K5为碱性，K14为酸性，两者构成异二聚体→四聚体→原纤维丝→中间丝	K5，58kD；K14，50kD
网蛋白	半桥粒细胞内斑块	与K5/K14片段相接触	哑铃形；属血小板溶素家族	300-500kD
BPAG1-e	半桥粒细胞内斑块	与K5/K14，BPAG2，整合素β4链接触	哑铃形；属血小板溶素家族	230kD
整合蛋白α₆β₄	半桥粒细胞外斑块	结合XVII型胶原纤维和层粘连蛋白332（层粘连蛋白5）	异二聚体；属整合素家族	α6，120kD；β4，205kD
BPAG2（BP180，XVII型胶原纤维）；细胞外片段LAD-1	半桥粒细胞外斑块（透明层内的LAD-1）	将整合蛋白β4、网蛋白、BPAG1-e以及层粘连蛋白5（332）的β3链结合；同时与黏附连接蛋白（连环蛋白、辅肌动蛋白1、辅肌动蛋白4）间有相互作用	球状头部分子，同源三聚体；属XVII型胶原纤维家族	180kD，其中带有120（LAD-1）和97kD大小片段
IV型胶原纤维	致密层	通过巢蛋白、腓骨蛋白2及基底膜聚糖与层粘连蛋白网相互作用	带有6条不同α链的异三聚体，构成六边形晶格网；属胶原纤维家族	依据六条α链的分子量大小而不同
VII型胶原纤维	致密层及固定微丝	固定微丝、附着于层粘连蛋白332（层粘连蛋白5）	α₁（VII）3异三聚体；胶原纤维家族	290kD
层粘连蛋白332（α₃β₃γ₂）（层粘连蛋白5）	固定微丝	与整合蛋白α₆β₄及致密层内的VII型胶原纤维结合	带有α₃β₃γ₂链的杆状异二聚体	α3，200kD；β₃，140kD；γ₂，155kD
巢蛋白（Nidogen）	致密层	与基底膜聚糖、IV型胶原纤维、层粘连蛋白γ₁及腓骨蛋白相结合	哑铃形	150kD
腓骨蛋白	致密层	与巢蛋白、IV型胶原纤维、基底膜聚糖和纤连蛋白相结合	哑铃形	?
基底膜聚糖	致密层	与IV型胶原纤维、层粘连蛋白332和腓骨蛋白相结合	硫酸乙酰肝素蛋白聚糖	480kD蛋白核心

注：BP，大疱性类天疱疮；BMZ，基底膜区域；BPAG，大疱性类天疱疮抗原；K，角蛋白。

数据引自Iwasaki T, Olivry T, Lapiere JC, et al: Canine bullous pemphigoid (BP): Identification of the 180-kD canine BP antigen by circulating autoantibodies. *Vet Pathol* 1995; 32:387 - 393, 1995; Diaz LA, Giudice GJ: End of the century overview of skin blisters. *Arch Dermatol* 136:106 - 112, 2000; Olivry T, Dunston SM, Zhang G, Ghohestani RF: Laminin-5 is targeted by autoantibodies in feline mucous membrane (cicatricial) pemphigoid. *Vet Immunol Immunopathol* 88:123 - 129, 2002; Franzke CW, Tasanen K, Schumann H, et al: Collagenous transmembrane proteins: Collagen XVII as a prototype. *Matrix Biol* 22:299 - 309, 2003; McGowan KA, Marinkovich MP: Laminins and human disease. *Microsc Res Tech* 51:262 - 279, 2000; McMillan JR, Akiyama M, Shimizu H: Epidermal basement membrane zone components: Ultrastructural distribution and molecular interactions. *J Dermatol Sci* 31:169 - 177, 2003; Myllyharju J, Kivirikko KI: Collagens, modifying enzymes and their mutations in humans, flies and worms. *Trends Genet* 20:33 - 43, 2004; Uitto J: Epidermolysis bullosa: The expanding mutation database. *J Invest Dermatol* 123:xii - xiii, 2004; Yancy KB: The pathophysiology of autoimmune blistering diseases. *J Clin Invest* 115:825 - 828, 2005; Kottke MD, Delva E, Kowalczyk AP: The desmosome: Cell science lessons from human diseases. *J Cell Sci* 119:797 - 806, 2006; Sonnenberg A, Liem RKH: Plakins in development and disease. *Exp Cell Res* 313:2189 - 2203, 2007; Tzu J, Marinkovich MP: Bridging structure with function: Structural, regulatory, and developmental roles of laminins. *Int J Biochem Cell Biol* 40:199 - 214, 2008; Breikreutz D, Mirancea N, Nischt R: Basement membranes in skin: Unique matrix structures with diverse functions? *Histochem Cell Biol* 132:1 - 10, 2009.

皮肤中不存在。用表层和深部来描述真皮较恰当。

真皮层承担了皮肤组织的绝大部分张力强度和弹性；它与细胞生长、增殖分化、黏附、迁移和分化有关，并调节创伤修复和表皮的功能结构[2,4,188]。阴囊皮肤的真皮层比较特殊，其内含有大量的平滑肌束。大部分真皮层细胞外基质（纤维及细胞间质）由成纤维细胞合成，后者对多种刺激因素产生反应，如角化细胞、炎性细胞和成纤维细胞自身产生的生长因子[4,189]。

1. 真皮纤维

真皮纤维由成纤维细胞组成，可分为胶原纤维、网状纤维和弹性纤维。胶原纤维（*Collagenous fibers*）（胶原蛋白）具有最强的抗张强度，数量最多（约占真皮纤维中比例90%，占真皮层细胞外基质的80%）。这些纤维密集成束存在，由多聚蛋白纤维组成，可以通过三色胶原纤维染色法区分。胶原纤维是指一大类具有不同生物学作用的相关分子，这些生物学作用包括形态发生、组织修复、细胞

表1-9 皮肤胶原纤维类型及特点

胶原纤维类型	纤维链组成成分	特征	分布部位
I	$[\alpha 1(I)]_3$ $[\alpha 1(I)]_2\alpha 2(I)$	大原纤维	皮肤、骨骼、肌腱
III	$[\alpha 1(III)]_3$	大原纤维	胎儿皮肤、血管、胃肠道
IV	$[\alpha 1(IV)]_3\alpha 2(IV)$	交织网状	基底膜
V	$[\alpha 1(V)]_2\alpha 2(V)$; $[\alpha 1(V)]_3$	大原纤维	广泛分布
VI	$\alpha 1(VI)\alpha 2(VI)\alpha 3(VI)$	微纤维	广泛分布
VII	$[\alpha 1(VII)]_3$	锚定原纤维	真皮及其他表皮组织
XII	$[\alpha 1(XII)]_3$	与三螺旋结构相关的原纤维	肌腱、韧带、角膜、鼓膜、软鼓膜
XIII	$[\alpha 1(XIII)]_3$	跨膜结构	广泛分布
XIV	$[\alpha 1(XIV)]_3$	与三螺旋结构相关的原纤维	皮肤、肌腱、角膜
XV	$[\alpha 1(XV)]_3$	基底膜	广泛分布
XVI	$[\alpha 1(XVI)]_3$	与三螺旋结构相关的原纤维	皮肤、软骨、内脏
XVII (BPAG2, BP180)	$[\alpha 1(XVII)]_3$	跨膜结构	基底层角化细胞半桥粒（基底膜）
XVIII	$[\alpha 1(XVIII)]_3$	基底膜	广泛分布
XIX	$[\alpha 1(XIX)]_3$	与三螺旋结构相关的原纤维	基底膜

引自Minor RR: Collagen metabolism: A comparison of diseases of collagen and diseases affecting collagen. *Am J Pathol* 98: 225 - 280, 1980; Uitto J, Chu M-L, Gallo R, et al: Collagen, elastic fibers and extracellular matrix of the dermis. In Wolff K, Goldsmith LA, Katz SI, et al., editors: *Fitzpatrick's dermatology in general medicine*, ed 7, vol 1, New York, 2008, McGraw-Hill, pp 517 - 542.

黏附、细胞移行、趋化作用、血小板凝集[2]。胶原纤维含有两种较特殊的氨基酸——羟赖氨酸和4-羟基脯氨酸，尿液中这两种氨基酸的水平可作为胶原代谢的指标。

网状纤维（*Reticular fibers*）（网状霉素）是分支状的细纤维结构，随年龄增长与胶原纤维越来越相似。用特殊的银染色可显示这种蛋白。

弹性纤维由单一的分支状细纤维构成，具有很大的弹性，占真皮细胞外基质成分的4%。经Verhoeff和van Gieson弹性蛋白染色可见。弹性纤维由无定形弹性纤维和微纤维两种成分组成，无定形纤维含有两种特殊的交联氨基酸（锁链素和异锁链素），这两种成分在其他哺乳动物蛋白中尚未被发现[2]，微纤维则是由原纤蛋白和VI型胶原纤维组成[2,4]。弹性纤维良好的强度主要得益于其特殊的锁链素和异锁链素的交联结构。弹性纤维的前体为弹性纤维蛋白原。

胶原蛋白分子的基因和结构种类繁多（至少28种）（表1-9）[2,4,188]。I、III、V型胶原蛋白分别占真皮层胶原蛋白总量的87%、10%和3%。I型胶原蛋白由三条互相盘绕的α多肽链构成三螺旋结构，形似索状。该构象使分子呈绳索状。每条α链都由约1 000个氨基酸组成，其中甘氨酸（Gly）比例达到1/3，它们按照$(Gly-X-Y)_{333}$的形式以重复的三肽结构排列。III型胶原蛋白由三种完全相同且含有较多羟基脯氨酸和甘氨酸的α链构成，这两种氨基酸构成的较宽的胶原蛋白纤维可见于真皮层、胃肠道和血管结缔组织内。V型胶原蛋白也构成许多纤维，在真皮内与I型和III型胶原蛋白同时存在。VI型胶原蛋白分子构成三

表1-10 可遗传的具有皮肤症状表现的结缔组织疾病

疾病	病变蛋白
Ehlers-Danlos综合征（多种类）	I、III或V型胶原纤维的α链；原骨胶原-赖氨酸；赖氨酸羟化酶；原骨胶原-N-肽酶；腱糖蛋白-X；木糖蛋白 4-β-半乳糖-转移酶
皮肤松弛症（多种类型）	弹性蛋白；ATP依赖性铜转运蛋白；腓骨蛋白-4；腓骨蛋白-5
大疱性表皮松解症（多种类型）	VII和XVII型胶原纤维的α₁链

注：ATP，三磷酸腺苷。

螺旋结构的微纤维，呈网状排列以稳定真皮组织中的大量I型胶原蛋白分子。I、III、V及VI型胶原蛋白在真皮层内均匀地分布。III型和V型胶原蛋白在血管周围较多。IV型胶原蛋白（致密层）和V型胶原蛋白（透明层）在基底膜区域可见，VII型胶原蛋白在BMZ的固定纤维可见。XII型和XIV型胶原蛋白也被称为伴有间断三螺旋的纤维胶原酶（*Fibril-associated collagens with interrupted triple helices*，FACIT），目前其功能尚不明确。胶原蛋白的生物合成需经过基因转录与翻译、细胞内修饰、包被与分泌、细胞外修饰、原纤维聚合与交联的复杂过程[188,190]。胶原蛋白异常通常可由基因缺陷（表1-10）、维生素C、铁、铜缺乏，和β铁氨基丙腈中毒（山黧豆中毒）造成。胶原合成过程受到抗坏血酸（维生素C）、TGF-β、IL-1、IGF-1（促生长因子C）、IGF-2、超氧化物生成系统和博来霉素的激发[2]。该过程受到糖皮质激素、视黄素、维生素D₃、甲状旁腺素、前列腺素E₂、IFN-γ、青霉胺和米诺地尔（一类被称为毛

发生长刺激物的药物的总称）的抑制。

胶原酶在胶原蛋白改建的生理和病理过程中都占据非常重要的地位[2,4,188,190]。皮肤中有许多种细胞可以通过合成和释放胶原酶分解结缔组织。胶原蛋白酶属于基质金属蛋白酶基因家族（MMP）[188,190]。真皮成纤维细胞是在正常状况和病理状况下皮肤重塑胶原酶的主要来源。但在某些情况下，角化细胞、中性粒细胞、嗜酸性粒细胞和巨噬细胞可以释放包括胶原蛋白酶在内的多种蛋白水解酶，这些酶在疾病中破坏局部结缔组织。其他由成纤维细胞、多形核白细胞和巨噬细胞产生的降解酶包括明胶酶（明胶）、间质溶解素、溶酶体水解酶（纤连蛋白、蛋白聚糖、糖胺聚糖）。

通常，真皮层表面含有细小、松散的、排列不规则的胶原纤维和弹性纤维网。深层真皮组织含有厚而密集的、平行于皮肤表面排列的胶原蛋白纤维，弹性蛋白纤维较真皮表面部位厚且数量少。锁链素和异锁链素的参与使得弹性纤维广泛交联，构成抗降解作用的共价交联结构[188]。真皮表面的弹性纤维被称为弹性纤维（Elaunin fibers），呈拱形排列[2]。在这些弹性纤维中，还有一种更细的纤维被称为耐酸纤维，它垂直向上并终止于真皮与表皮的交界处，固定于基底膜。弹性纤维和抗酸纤维（Oxytalan fibers）分别由微纤维/弹性蛋白和微纤维组成[4]。弹性蛋白酶是具有降解弹性纤维能力的蛋白水解酶，很多组织和细胞（包括成纤维细胞）都具有产生弹性蛋白酶的功能。中性粒细胞和嗜酸性粒细胞中的弹性蛋白酶（丝氨酸蛋白水解酶）作用最强，在疾病状态下也可轻易降解弹性蛋白。

真皮组织内具有多种树突细胞亚群[191,192]。这些皮肤树突细胞（Dermal dendrocytes）通常来源于骨髓，可表达CD45、MHCⅡ、多种黏附分子（LFA-1，ICAM-1），同时也是抗原递呈细胞。树突细胞具有吞噬作用，含有不同水平的细胞因子ⅩⅢa和CD34，根据分布位置（表皮下、血管周围、附属结构周围、真皮浅表及深部等）不同具有不同的免疫表型。犬真皮树突状细胞中表达CD1、因子ⅩⅢa、MHC-Ⅱ和Thy-1抗原[176]。

2. 真皮细胞基质

真皮细胞基质（间质）是一种由葡糖氨基葡聚糖［通常称为黏多糖（Mucopolysaccharides）］组成的、来源于成纤维细胞的具有黏弹性质的胶-液形状物质，在机体内通常与蛋白质（即蛋白聚糖）相连。这些物质在表皮、基底膜、真皮和毛囊发育和周期中扮演着重要的角色[2,4,189]。主要的蛋白聚糖（Major proteoglycans）和葡糖氨基葡聚糖（GAGs）包括：表皮透明质酸盐和硫酸肝素（角化细胞合成）；基底膜硫酸肝素和硫酸软骨素-6；真皮的透明质酸、硫酸角质素、硫酸皮肤素（硫酸软骨素B）、硫酸软骨素-6、硫酸软骨素-4、多功能蛋白聚糖、共结合蛋白聚糖（位于许多细胞表面）、核心蛋白聚糖、磷脂酰肌醇聚糖和丝甘蛋白聚糖[188]。

这些细胞基质填充并围绕在其他结构周围，允许电解质、营养物质和细胞从真皮血管穿过它移至无血管的表皮。蛋白聚糖和GAG，是位于细胞外的膜相关大分子，其作用为：储存水分和维持机体内平衡；选择性滤过物质；真皮结构支持（抗挤压）；润滑；原纤维生成、定向、生长和分化等。此外，二者在损伤修复过程中也具有重要作用。尽管这两种物质仅占皮肤干重约0.1%，但它们可以结合超过自身重量100倍的水。

纤维粘连蛋白（Fibronectins）是广泛分布的细胞外基质，体液糖蛋白与细胞表面和其他基质之间具有多种相互作用[193,194]。它可由多种细胞产生，包括角化细胞、成纤维细胞、内皮细胞和组织细胞。纤连蛋白调节细胞之间相互作用和细胞与基质的黏附，调节微血管完整性、血管通透性、基底膜的组装和创伤的修复。纤连蛋白参与多种细胞功能，包括细胞附着和形态结构、调理素作用、细胞骨架形成、致癌性转化、细胞迁移、吞噬作用、止血作用和胚胎的分化。在真皮中特别是血管神经周围和基底膜的透明层、致密层内都可见纤连蛋白存在。

细胞黏合素（Tenascin）是一种大分子糖蛋白，主要在上皮-间质细胞交界处表达[195]，在内皮细胞的形态发生和增殖分裂，以及创伤修复过程中都具有重要的作用。

正常犬、猫的皮肤中常见少量的黏蛋白［（mucin）一种经HE染色后呈蓝染的、颗粒状至线状的物质］，特别是在皮肤附属结构和血管周围。沙皮犬的真皮全层都含有大量的黏蛋白（主要为透明质酸），这可能会被误认为类似于其他物种或品种的病理性黏蛋白增多症。相比其他品种的犬，沙皮犬的血清透明质酸水平也较高，成纤维细胞的培养中，人们发现沙皮犬的皮肤成纤维细胞透明质酸合成酶2mRNA转录水平升高[196,197]。

3. 真皮细胞组成

真皮中细胞通常很稀少[2,6,18,76,81,192]。成纤维细胞（Fibroblasts）和真皮树突细胞（dermal dendrocytes）分布于真皮全层。真皮树突细胞主要为血管周围的抗原呈递细胞。犬的真皮树突细胞为CD1、CD11、CD18、CD45、ICAM-1和MHCⅡ型阳性[177]。这些细胞也是CD4、CD90（Thy-1）阳性细胞，可以以此与朗格汉斯细胞相区分。在浅层真皮血管周围，特别是深色皮肤的犬，可见黑色素细胞（Melanocytes）。这些深色皮肤的犬尤其是杜宾、黑色拉布拉多猎犬的毛球组织周围也可见黑色素细胞。

浅表真皮血管和附属结构周围有大量的肥大细胞（Mast cells）。常规HE染色方法下可较容易地辨认犬、猫的肥大细胞。组织的固定方法可能会对肥大细胞的数量有较大影响，与Carnoy或Mota溶液固定方法相比，常规福尔马林固定法着染的肥大细胞数量少33%[198-200]。猫的肥大细胞具有荷包蛋样外观，细胞质内有淡染颗粒，使得细胞质呈斑点样。使用特殊的染色方法如甲苯胺蓝及地衣红——姬姆萨染色可更容易辨认犬、猫的肥大细胞。总体而言，猫的正常皮肤在高倍镜视野下每个视野内可见4~20个肥大细胞，这些细胞围绕在浅表真皮血管周围；犬的正常皮肤在高倍镜下每个视野内可见4~12个肥大细胞[6,7,201]。犬[202]、猫[199]的耳郭处皮肤肥大、细胞数量较多。犬皮肤肥大细胞的细胞产率系数为每克皮肤中约有2.3个肥大细胞[5]，总组胺含量为每个细胞4.9pg[202]。正常犬、猫的冷冻固定皮肤切片，经特殊染色后可见肥大细胞分别为猫60~81个/mm²[203]，犬每200个/mm²[200]。甲苯胺蓝染色着染的肥大细胞显著少于类胰蛋白酶或糜酶染色所显示的肥大细胞。犬三种肥大细胞亚群的区分取决于细胞内所含的特有蛋白酶：含有类胰蛋白酶的细胞（T-肥大细胞），含有糜酶的肥大细胞（C-肥大细胞），以及兼具有两种蛋白酶的肥大细胞（TC-肥大细胞）[200,204]。

在正常犬、猫皮肤内偶尔可见少量的其他细胞，包括中性粒细胞、嗜酸性粒细胞、组织细胞和浆细胞。正常犬的皮肤内的淋巴细胞为T细胞（CD3⁺），α/β受体阳性细胞较γ/δ受体阳性细胞更多见[205]。

（四）毛囊

毛发仅见于哺乳动物。其功能包括：作为机体抵御创伤的物理屏障、使动物免受紫外线辐射、温度调节/隔热、感觉、视觉刺激（立起毛发发出警告）、防水、携带气味、作为创伤修复过程中新生上皮生成的来源以及在某些情况下作为伪装。毛囊的形态发生是一个复杂的多阶段过程（见图1-2），在这个过程中，毛囊的上皮细胞和参与这一过程的间充质细胞经过一系列细胞间相互作用[2,12,16,206]。参与各个阶段的细胞都具有不同的表型特性并产生不同的产物。

毛干部分可分为毛髓、皮质和角质层三部分（见图1-3）[2,6,12,14,49,81,105,207]。毛发最内层是毛髓质，由立方细胞纵向排列或扁平细胞从顶部向底部依次排列而成。临近毛根部的细胞排列紧密而坚固，但其余部分的毛干则含有空气和糖原液泡。皮质（Cortex）是毛干中间层的结构，由完全角化的梭形细胞组成，细胞长轴平行于毛干排列。这些细胞内含有色素，赋予毛发颜色。髓质中也含有黑色素，但是对毛干的颜色形成影响小。通常皮质的宽度占毛干总宽度的1/6~1/3，是维持毛发纤维机械性能的最主要部分。角质层（Cuticle）部分位于毛发最外层，由扁平的、无细胞核的角化细胞呈瓦片状排列而成，细胞的游离缘朝向毛发的尖端。次级毛发的髓质比初级毛发的略窄而角质层略发达，胎毛没有髓质。猫的毛发毛干轮廓呈锯齿状。使用计算机辅助手段观察表面纹路，即通过扫描电镜观察方法可有效区分动物的种类[208]。外表皮是一种位于最外层的、来源于角质层细胞的无定形细胞外分泌物，或角质层细胞膜的外层部分[14]。

毛囊通常与皮肤表面之间形成30°~60°角。犬、猫的毛囊通常混合分布（图1-23）[209]。通常为2~5根初级毛发

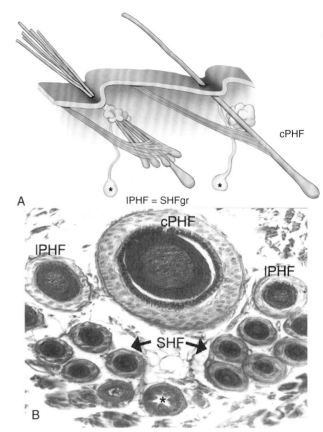

图1-23 毛囊复合体和毛发群的组成　**A.** 毛囊复合体及其中央的初级毛囊（cPHF）和侧面的初级毛囊（IPHF）。这两种初级毛囊都具有皮脂腺和毛上汗腺（*标处）；IPHF周围具有一些次级毛囊群（SHF gp）　**B.** 典型猫毛发群横切面图（*修改自Meyer W: Hair follicles in domesticated mammals with comparison to laboratory animals and humans. In Mecklenburg L, Linek M, Tobin DJ, editors: Hair loss disorders in domestic animals, Ames, Iowa, 2009, Wiley–Blackwell.*）

与周围的数根较小的次级毛发成簇存在。其中一根初级毛发最大（中央初级毛发），其余的初级毛发则稍细小（周围初级毛发）。每根初级毛发均具有皮脂腺和汗腺，且各自具有竖毛肌（图1-24）。次级毛发只有皮脂腺。初级毛发通常具有各自独立的毛孔而次级毛发通常共用毛孔。一般每5~20根次级毛发伴随1根初级毛发生长。犬的毛发成簇存在，数量为100~600簇/cm²，每簇2~15根毛发[7]。猫的毛发数量为800~1 600簇/cm²，每簇10~20根毛发[6,7]。

毛囊由五个主要部分组成：真皮毛乳头、毛基质、毛发、内毛根鞘和外毛根鞘。毛基质的多能干细胞可形成毛发和毛发内根鞘。外毛根鞘为表皮向下延伸的部分。毛囊大，则产生的毛发也较粗大。为便于说明，将生长期的毛囊分为三个解剖学部分（见图1-24）：①漏斗部（Epicuticle），或毛囊皮脂区域［即上部区域，由皮脂腺在皮肤表面的开口部分（毛根鞘角化部分的起点）构成］；②峡部［Isthmus］（中间区域，是皮脂腺开口到竖毛肌附着点（该部分是内毛根鞘上开始出现含有透明毛质颗粒的细胞的起点）之间的部分］；③底部［（Inferior segment）最下部，从立毛肌附着点到真皮乳头之间的区

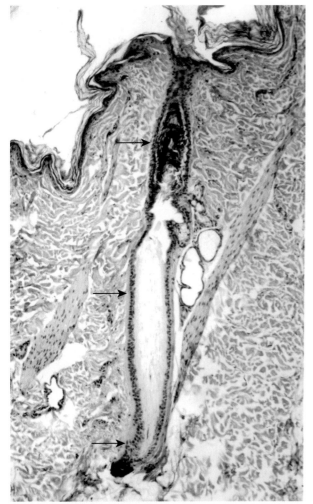

域〕。漏斗部和峡部是毛囊的永久组成部分，但底部是可变的。犬没有类似于人类的毛囊膨胀部的解剖结构（位于立毛肌附着点）。研究表明犬的干细胞分布于漏斗部和峡部，而不是像人类毛囊那样集中分布在膨胀部[88]。

内毛根鞘（图1-25）由内向外有三层同心排列的结构。按照顺序依次为：①内根鞘小皮〔（Inner root sheath cuticle）（单层的扁平重叠细胞，向毛球方向依次排列且与角质层细胞互相连锁）〕，②赫胥黎层〔（Huxley layer）（一层到三层细胞的厚度，细胞无核）〕，③亨勒层〔（Henle layer）（单层无核细胞）〕。这些层内所含有的嗜酸性细胞质颗粒被称为毛透明蛋白颗粒。毛透明蛋白是这种颗粒的主要蛋白质成分，是内毛根鞘和毛囊的髓质细胞的形态学标记物。毛透明蛋白的功能是作为角蛋白相关蛋白，促进内毛根鞘细胞的中间束沿侧面密集的排列[2,210]。毛透明蛋白不仅在毛囊部位表达，也在许多其他上皮组织表达。这些上皮组织中毛透明蛋白和丝聚合蛋白的表达密切相关，丝聚合蛋白是一种重要的透明角质颗粒蛋白。当内毛根鞘达到毛囊的峡部时，开始发生角质化和衰变。内毛根鞘的主要作用是使毛发在其内形成，在毛发形成前完成硬化。瓜氨酸在毛发和毛透明颗粒内含量很高，它被用作毛囊分化的标记物。静止期的毛囊没有内毛根鞘，也没有底部结构。

外毛根鞘（见图1-25）在靠近表皮处最厚，向毛球部分逐渐过渡变薄。外毛根鞘下方（毛囊峡部以下）被内毛根鞘覆盖。外毛根鞘不经过角化作用的过程，该部分细胞具有清亮的含液泡（糖原）的细胞质。毛囊中间部分（峡部）的外毛根鞘不再被内毛根鞘所覆盖，毛根鞘外膜发生

图1-24 犬毛囊的解剖。漏斗部（上箭头）起自皮肤表面止于皮脂腺导管开口处。峡部（中间箭头）为起自皮脂腺导管开口处止于立毛肌附着点处。下段（下部箭头）起自立毛肌附着点止于毛囊毛球处

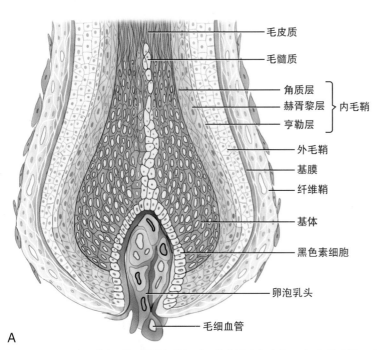

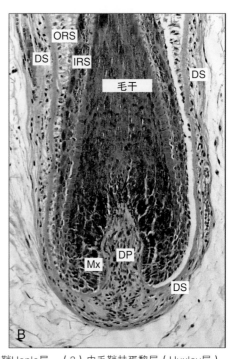

图1-25 **A.** 毛囊毛球由7种不同的细胞组成。从外到内依次为：（1）外毛鞘、（2）内毛鞘Henle层、（3）内毛鞘赫胥黎层（Huxley层）、（4）内毛鞘角质层、（5）毛发角质层、（6）毛皮质、（7）毛髓质 **B.** 毛囊毛球显微照片（×374）。ORS，外毛根鞘；DS，真皮鞘；IRS，内毛根鞘；Mx，基质；DP，真皮乳头

角化作用（透明角质颗粒还没形成）。在毛囊上部（漏斗部），外毛根鞘以与表皮层表面相同的方式发生角化作用。位于外毛根鞘最内层的细胞是一层特殊的单细胞层，位于Henle层外，Henle层细胞的分化和角化作用的形式在超微结构和免疫组化方面都与外毛根鞘的主要细胞层不同[211]。Henle层细胞扁平，缺乏板层小体。

外毛根鞘外周被两种重要的结构环绕：BMZ，或玻璃样膜（表皮基底膜区域的向下映射）；以及纤维根鞘（是一层致密的结缔组织）。毛囊周围基底膜的钙化见于健康的玩具型贵宾犬和贝德灵顿㹴[7,212]。这一现象也可在其他品种的老龄犬发生，需要与自发或医源性库欣综合征患犬的毛囊周围钙化病变相区分。

真皮毛发乳头是真皮结缔组织的延续部分，覆盖一薄层连续的基底膜。内毛根鞘和毛发从覆盖在毛乳头上的有核圆形上皮细胞生长而来。这些圆形上皮细胞显现出规律的有丝分裂象，被称为毛基质（Hair matrix）。人们已经了解了毛乳头在胚胎形成和之后的毛囊周期中的重要性[2,12,193]。此外，真皮乳头的形态在毛发生长周期不断变化，在成熟生长期时达到体积最大而在休止期缩至最小。这主要是由毛乳头内细胞的细胞外基质数量变化导致的。处于生长期的毛囊，其真皮乳头大小与毛发的尺寸成比例。位于真皮乳头下方的是纤维性的弹性缓冲组织（Aaro-Perkins小体）。

直毛动物的毛囊较笔直，而卷毛动物的毛囊结构则趋向螺旋状。折叠现象也可见于动物的毛囊。这种折叠结构使得内毛根鞘表现成（多个波浪状，范围是1~23个），在皮脂腺开口处以下迅速进入毛发开口。通常认为折叠结构是固定和处理组织时的人为产物，因为在手工切割的、未经加工的部分未见这种结构[6,14]。

哺乳动物皮肤有两种特化的触毛：窦毛和tylotrich毛[2,6,7,14]。窦毛（Sinus hairs）（鼻毛，胡须）可见于鼻头、唇部、眼睑、面部和喉部，以及猫的腕骨掌侧面（腕毛，腕腺）。这些毛发厚且坚硬，向尖端逐渐变细。窦毛具有一种特征性结构，这种结构位于毛根鞘外部和外层结缔组织包膜之间，为一内衬有上皮细胞的血窦（图1-26）。血窦又可进一步划分为两部分，上部为以环形的无小梁血窦，下部为海绵状（有小梁）的血窦。环状的血窦内有一间质细胞增厚形成的垫状物（窦板）。海绵状血窦内有富含神经纤维的小梁穿过。骨骼肌纤维附着于毛囊的外层。环层小体位于窦毛毛囊附近。窦毛被认为是慢适应机械性感受器。

硬毛（触毛）分散于普通毛发之间。这种毛发的毛囊比其周围的普通毛发毛囊略大，且毛囊内仅有一根短而粗壮的毛和一神经、血管组织混合的环形结构，位于皮脂腺水平的位置。Tylotrich毛被认为是快适应机械性感受器。Tylotrich毛毛囊与Tylotrich板（harscheiben，触觉小体，触觉圆顶、毛盘、触觉毛盘、触觉垫、藤状末梢，Pinkus小体，lggo圆顶、lggo-Pinkus圆顶，Eimer器官）密切相关（图1-27和图1-18）。Tylotrich垫是由增厚的特化的上皮及其下呈方圆形突起的致密结缔组织构成，该结构富含血管且受大量神经支配。无髓鞘神经纤维末端形成与梅克尔细胞相关的扁平斑块，梅克尔细胞是慢适应性触觉感受器。

毛囊的组织学形态在毛囊周期的不同阶段表现不同[2,53,105]。生长初期毛囊（Anagen hair follicle）结构特点为呈针状的真皮乳头充分发育并由毛发基质包被（球-爪形外观）构成毛囊球（见图1-3和图1-25）。毛基质细胞通常严重黑色素化并表现出核分裂活性。这一时期毛囊向下延伸进入至真皮深层，通常到达皮下组织内。生长初期又被划分为七个阶段：阶段Ⅰ，真皮乳头生长，其表面上皮的核分裂被激发；阶段Ⅱ，毛球基质细胞包被真皮乳头并开始分化；阶段Ⅲ，毛球基质细胞分化为毛囊内各结构；阶段Ⅳ，基质黑色素细胞再活化；阶段Ⅴ，毛干生成并顶出静止期毛发；阶段Ⅵ，新生毛干自皮肤表面长出；阶段Ⅶ，稳定生长[12,14,207]。

退化期毛发毛囊（Catagen hair follicle）特征为：向表面回缩；基底膜不规则增厚；凋亡角化细胞数量增加；毛基质和真皮乳头之间的BMZ增厚；毛球变小；真皮乳头呈卵形或圆形（图1-28和图1-3）[213]。退化期毛囊上皮的长度和体积都有减小，从毛球的位置萎缩至皮脂腺开口处以下，毛囊体积减小主要是细胞凋亡所致。TGF-β通路参与毛囊退化的诱导，半胱天冬蛋白酶在细胞凋亡过程中起重要作用[214]。退化期毛囊的最佳形态特征可能是毛根鞘膜的角化细胞取代部分内毛根鞘[16]。黑色素原的生成终止，附近的毛干褪色，细胞核分裂活动停止。随着毛囊上皮的流失，毛囊外层的胶原纤维和神经血管网沿着先前的生长期毛囊收缩聚集。这种特殊的结构似乎能够准确引导新生毛囊上皮向下生长，进而进入新的毛囊生长期。

静止期毛囊（Telogen hair follicle）的长度缩小至原来的1/3，具有特征性的小真皮乳头，后者自基质细胞分离，不具备毛球结构，也缺乏黑色素且不进行核分裂，无内毛根鞘和刷状毛（图1-29）。脱落期（Exogen）是指毛发自其自身毛囊脱落的过程。

毛囊可表现出四种角化形态[12,16]：①漏斗部（类似表皮，呈竹篮编织状纹路排列的正角化和透明角化颗粒）；②毛根鞘膜（半锯齿状，为更紧密的、只有少量或没有透明角质颗粒的嗜酸性角蛋白）；③毛基质或毛源性［作为毛干皮质，具有特征性的结构，胞内含有细胞核遗迹（影细胞）］；④内毛根鞘和毛干髓质［含有蓝灰色或嗜酸性染色和红色毛透明颗粒的致密且不透明的角蛋白，如Henle层和赫胥黎（Huxley）层］。

生长期毛发粗细不均，表现为毛根部膨胀，湿润而具有光泽，通常沉着有色素，末端呈直角（见第二章）。静止期的毛发粗细不均，有少量着色或不着色的锥形刷状毛根。

朗格汉斯细胞见于毛囊外毛根鞘，经紫外线照射后72h

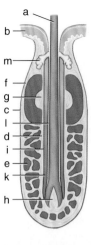

A

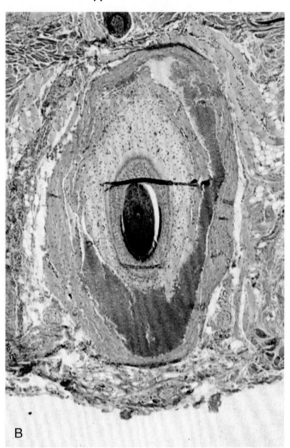

B

图1-26 **图A**触觉毛发毛囊的纵切面图　a. 毛发；b. 表皮；c. 真皮毛囊外层；d. 真皮毛囊内层；e. 血窦；f. 环形窦；g. 窦板；h. 毛乳头；i. 毛囊玻璃膜；k. 外毛根鞘；l. 内毛根鞘；m. 皮脂腺　**图B**犬上唇触须，可见血窦（A 修改自Trautman A, Fiebiger J: Fundamentals of the histology of domestic animals, Ithaca, N.Y., 1952, Cornell University Press, p 342.）

内向表皮层迁移[180]。因此，毛囊还有为表皮层储存朗格汉斯细胞的作用。毛囊的这种活动也可见于热损伤和白癜风病例。在这些病理状况下，毛囊角化细胞和黑色素细胞重新补充回到表皮层细胞中。

（五）皮脂腺

皮脂腺（全浆分泌）是独立或以分支状存在的腺泡，分布于所有的有毛皮肤，除鲸和海豚之外所有的哺乳动物均具有皮脂腺[2,6,7,81,215-218]。腺体通过导管开口于漏斗部（毛囊皮脂腺部分）管腔。在靠近皮肤黏膜连接处、趾间、颈背侧和臀部、下巴（颏下）以及尾背侧（尾腺、超声器

官，尾脂腺）这几个部位，皮脂腺大且数量多。颏下器（下巴的腺体）富含有大量的神经纤维，因此该腺体可能还具有触觉和气味标记功能[5]。脚垫和鼻镜处没有皮脂腺分布。

皮脂腺小叶边缘为BMZ，在边缘区域有一层深染的嗜碱性基底细胞（称为间充细胞（Reserve cells）；如图1-30。这些嗜碱性细胞呈进行性脂肪样变化，并最终分解形成皮脂，向腺体小叶中心移动。使用油红O染色法可观察到不断增加的脂质成分。皮脂腺表达至少两种不同的受体，这两种受体参与循环中脂质的摄取过程：FATP4（脂肪酸载体4）以及LDL（低密度脂蛋白）受体[217]。皮脂腺导

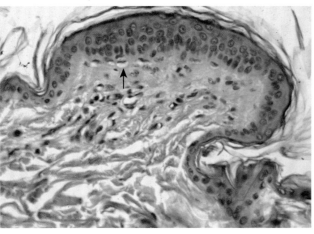

图1-27 猫皮肤tylotrich板。基底膜处可见梅克尔细胞（箭头所示）

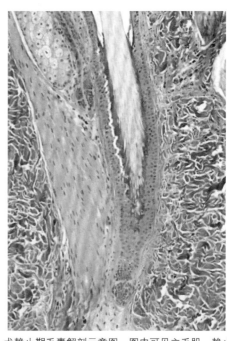

图1-29 犬静止期毛囊解剖示意图。图中可见立毛肌、静止期毛发毛干（棒状毛发）及毛膜角质和位于次级毛芽和真皮乳头之间的基底膜（摘自Mecklenburg L: Histopathological aspects. In Mecklenburg L, Linek M, Tobin DJ, editors: Hair loss disorders in domestic animals, Ames, Iowa, 2009, Wiley-Blackwell, p 84, Fig. 2.2.9.）

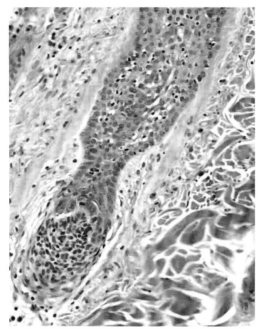

图1-28 犬退化期早期的毛球，四周可见真皮乳头、可伸缩的毛基质、发达的基底膜、不规则的表皮纤维，以及明显的毛囊周围结缔组织（摘自Mecklenburg L. CH 2.2 Histopathological aspects. In Mecklenburg L, Linek M, Tobin DJ, editors: Hair Loss Disorders in Domestic Animals, Ames, Iowa, 2009, Wiley-Blackwell, p 82 Fig 2.2.7.）

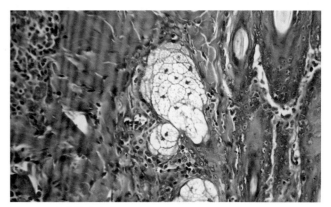

图1-30 犬皮脂腺小叶

管由鳞状上皮细胞排列组成。

皮脂腺分泌油脂（皮脂），通过形成表面油乳状物质覆盖于角质层起到锁水保湿的作用，从而维持皮肤的柔软性和韧性。皮脂的分泌还有助于防止皮肤和毛发过湿，此外还有隔热作用[217,218]。油膜覆盖于毛干表面使得毛发有光泽。

在营养状况不佳或病理状况下，被毛可能变得干枯无光泽，这是由于皮脂腺功能不足造成的。除作为物理屏障外，皮脂和汗液组成的油乳状物质形成化学性保护屏障，抵御潜在的病原体（见本章皮肤生态部分）。刚刚分泌出来的皮脂可被产脂肪酶的细菌（丙酸杆菌属、葡萄球菌

属）污染，产生脂肪酸。人们已知皮脂脂肪酸中的多种成分（亚麻油酸、肉豆蔻酸、油酸以及棕榈酸）具有抑菌作用。皮脂可能还含有信息素的特性[215]。

皮脂腺具有丰富的血液供应，受神经支配。腺体分泌受到激素调控，雄激素引起腺体的肥大和增生，雌激素和糖皮质激素则引起腺体退化[217,218]。犬、猫皮肤表面的脂质已有细致充分的研究，且与人类有差异（见本章节角质层部分）。酶组织化学研究显示，所有哺乳动物的皮脂腺内都含有琥珀酸脱氢酶、细胞色素氧化酶以及少量脂质酶[78]。

（六）汗腺

通过研究汗腺产生汗液的超微结构和生理，人们提出顶浆分泌汗腺和全浆分泌汗腺更准确的名称应该分别为毛上汗腺和无毛汗腺[215]。本书中采用术语学的建议，使用后者作为名称。

1. 毛上汗腺

毛上汗腺通常为卷曲的囊状或管状，分布于所有有毛皮肤[2,6,7,17,81,215,216,219]。鼻镜和脚垫部分皮肤没有毛上汗腺。毛上汗腺位于皮脂腺以下，通常导管开口于毛发通过的漏斗部管腔，漏斗部位于皮脂腺导管开口上方。毛上汗腺在毛发较稀疏的皮肤内较大。在黏膜皮肤交界处、趾间、颈背侧和臀部的毛上汗腺最大且数量最多。毛上汗腺的分泌部由单排扁平至立方上皮（分泌）细胞和一层梭状肌上皮细胞构成（图1-31）。腺体的导管由两层立方至扁平细胞排列组成，无肌上皮细胞[220]。通常，毛上汗腺不受神经支配，腺体所分泌的汗液可能含有信息素和抗菌能力（盐和IgA）[215]。

酶组织化学研究证明在毛上汗腺分泌上皮内存在碱性磷酸酶和酸性磷酸酶[78,221,222]。免疫组化研究显示，犬毛上汗腺腺泡及导管内具有细胞角蛋白；腺泡的肌上皮细胞内同时含有细胞角蛋白和S-100蛋白[223]。有研究表明猪的汗腺具有使皮肤表面再上皮化的能力，但该过程产生的表皮功能不全[224]。

2. 无毛汗腺

无毛汗腺（局质分泌）仅在脚垫部分可见[6,7,17,18]。这些腺体呈小而紧密的螺旋状，位于脚垫皮肤的深部真皮和皮下组织内。腺体的分泌部由一单层立方至柱状上皮细胞和一层梭形肌上皮细胞共同构成。位于皮内的分泌导管由两层立方上皮细胞排列构成。分泌导管直接开口于脚垫表面。

酶组织化学研究表明无毛汗腺内具有细胞色素氧化酶、琥珀酸盐及其他脱氢酶、磷酸酶和碱性磷酸酶[78]。腺体受到胆碱能神经支配[6,7,78,225]。

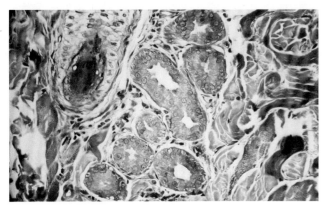

图1-31 犬上皮汗腺

3. 排汗和体温调节

犬、猫的皮肤不具有像人类和猪一样广泛分布于皮肤的动静脉短路结构，因此在炎热的天气中散热不佳。肉食动物较多毛发的皮肤缺乏无毛汗腺。

排汗频率和犬、猫发生排汗过程的必要环境尚不清楚。一些人指出，犬的毛上汗腺排汗水平具有巨大差异，在某些品种（尤其是德国牧羊犬、拉布拉多猎犬及其他大型犬）的犬的腋下、腹股沟和腹侧可见明显的排汗现象[7]。另外一些人则指出毛上汗腺排汗偶见于发热和兴奋的犬[216]。但也有一些报道表明处于热应激情况下和激烈挣扎过的犬未见有毛上汗腺的排汗现象[226]。无毛汗腺排汗现象可见于兴奋或不安的犬、猫脚垫[7]。

犬的局部毛上汗腺排汗可因局部受热和皮内注射各种拟交感神经药物（肾上腺素、去甲肾上腺素）及拟副交感神经药物（乙酰胆碱、毛果芸香碱）而产生[216,227-230]。所有上述这些反应都可通过给予阿托品进行阻断，故终末刺激物应为类胆碱物质。另有报道指出，窒息或静脉滴注肾上腺素或去甲肾上腺素可引起犬的排汗现象[230]。肾上腺髓质切除术对排汗现象没有阻断作用，但去交感神经支配法可阻断排汗过程，因此推断犬毛上汗腺的排汗过程主要由神经调控，激素调控机制起到次要作用。

基于现有的局部和全身药理学数据、局部和全身温度反应、下丘脑刺激、电显微镜检查等资料，研究者推导出犬的毛上汗腺不受到神经直接支配，且几乎不受体温调节的影响[226,231]。此外还确定可刺激犬毛上汗腺排汗的生理过程是交配行为，这一过程中排汗可能具有信息素作用[226]。

犬、猫脚垫处的无毛汗腺排汗由类胆碱能激动剂激发，而很少受到肾上腺素能激动剂激发[6,7,232]。阿托品可阻滞腺体对这些激动剂的应答。猫无毛汗腺所排汗液中含有乳酸、葡萄糖、钠、钾、氯和碳酸氢盐，但人类的汗液是高渗性液体且为碱性，含有更高浓度的钠、钾、氯[17,233,234]。

4. 储热机制

环境温度下降时，机体倾向通过收缩皮肤内的血管并竖起毛发以提高皮肤和被毛的隔热能力，从而减少热量的流失。当机体的保温机制不再能维持稳定的体温且产热开始增加的外界温度即为临界温度（Critical temperature）。通常，被毛完整的犬，临界温度为14℃；但被毛被剃除后，临界温度变为25℃[7]。较厚的皮下脂肪组织也是有效的隔热材料。非空腹的动物临界温度会比空腹的动物临界温度更低，且可以更好地耐受环境低温。当上述机制都不能有效防止体温降低时，机体开始增加产热。寒战是可以快速增加产热的方法。当正常犬的直肠温度下降1℃时即开始表现寒战。

5. 散热机制

散热的方式有机体通过热辐射、热传导以及对流散热；通过皮肤和呼吸途径随蒸发的水分散热；以及通过排尿及排便散热。经排泄途径散热相对不重要。通常来说，75%的热量是通过热辐射、热传导和对流等方式流失的。这些途径的散热效率与周围环境的温度和湿度有着密切的关系，同时还受动物血管舒缩和毛发运动调节。高温环境下，这两种调节方式的有效性下降，主要依靠肺部蒸发水分散热。由于犬、猫没有可排汗的丰富无毛汗腺，因此它们通过呼吸从肺部蒸发的水分更多。当外界环境温度超过27~29℃（81~84℉）时，犬的呼吸频率上升，但呼吸深度（潮气量）显著下降。这一改变有助于防止动物呼出过多的二氧化碳而造成血气状态改变。当犬的直肠温度超过40.5℃时，其体温平衡受到破坏，而直肠温度达到43℃时，动物随时有可能发生休克。

猫的直肠温度在环境温度超过32℃时开始上升，但随着呼吸频率的上升，其潮气量仅有轻微的下降。因此，猫可能更容易出现血液CO_2水平降低（如造成呼吸性碱中毒）。猫有相应的代偿机制：周围环境高温或交感神经兴奋可造成颌下腺唾液分泌增加，随后动物将这些唾液分布于被毛表面，增加水分的蒸发，从而降低温度。同样的刺激条件下，犬仅能分泌较稠的唾液，因此不能起到散热降温作用[7]。

犬、猫体温调节通常由于机体被毛的生理条件和环境温度的原因而显得十分复杂。被毛较厚适宜生活在寒冷环境下的品种偶尔也会移至高温地区，此时体温调节问题会变得更严重，动物被毛蓬乱，阻碍了空气在被毛之间流通。适当的修剪毛发可大大改善动物的舒适度。

（七）特化腺体

特化的腺体包括围肛（肛周）腺、外耳道腺体（见第十九章）、肛门腺（见第十九章）以及尾腺。

围肛腺（*Circumanal glands*）在动物出生时就已存在，并从肛周内侧和外侧毛囊外毛根鞘导管发育而来[235,236]。这些腺体也可见于阴茎包皮和尾部的背侧及腹侧面。腺体内含有角蛋白[237,238]。

犬的尾腺［（*Tail gland*）（尾上腺、尾脂腺）］呈椭圆形，位于第5~7尾椎的尾背侧面，距肛门约5cm[7,239]。野生犬科动物一直具有这种腺体，但人们认为犬具有尾腺属于返祖现象，这是由于犬的尾腺结构有些不同、功能不足，正常雄性犬中仅有约5%的犬可以被清晰辨认出该结构。组织学上大多数犬具有尾腺。该部位的被毛硬而粗糙，每根毛发具有各自独立的毛囊。皮肤表面因有尾腺区腺体丰富的分泌物而呈黄色蜡质，这些分泌物可能是物种的嗅觉识别标记。尾腺部位的皮肤可能会受到皮脂腺皮肤病的严重困扰，并有可能发生增生、囊体的变性、感染、腺体瘤或腺癌。

组织学上，犬的尾腺主要由肝样细胞构成，与肝样腺（肛周腺、围肛腺）内的细胞完全一致。腺体导管进入毛囊，其与围肛腺都依赖于睾酮，并构成一个表面-种类单元。

猫的尾腺（尾上器官）由大量的皮脂腺构成，这些腺体在全部尾部的背侧均有分布[6,17]。皮脂腺分泌物过度堆积于该部位的现象称为"种马尾"（*Stud tail*）。

（八）竖毛肌

竖毛肌起源于间叶组织，由带有细胞内液泡和细胞外液泡的平滑肌组成[2,6,7,17,18]。它遍布于被毛丰富的皮肤，在颈背侧和臀部数量最多。竖毛肌起自真皮表层，进入并终止于靠近初级毛囊的位置（图1-32）。这些肌肉组织的分支常可见于真皮表面。在大多数有毛皮肤内，竖毛肌的直径为初级毛囊直径大小的1/4~1/2，但在腰、骶背侧，尾背侧区域的竖毛肌直径与其毛囊的直径一致。

肌肉受到胆碱能神经支配，并对肾上腺素和去甲肾上腺素产生反应，出现立毛现象。竖毛肌的主要作用是体温调节和排空皮脂腺。它们在动物发出社交信号的过程中也具有重要作用（立毛作用）。

（九）血管

皮肤的微循环是一个相当复杂的动态系统，它对皮肤的代谢和温度调节具有重要的意义，同时也是机体抵御外界侵袭物质的重要器官的一部分。皮肤血管大体上由三层互相交错排列的动脉、静脉丛构成（图1-33）[2,5-7]。深层血管丛（*Deep plexus*）位于真皮的内表面和皮下，这一层的血管分叉进入到皮下组织并延伸向上至毛囊的下半部分和毛上汗腺。这些向上的血管继续上行，至中间血管丛（*Middle plexus*），中间层位于皮脂腺的水平。中间层的血管丛发出分支，上行或下行向毛囊中间部分和皮脂腺供血，上升的分支还进入到上层血管丛。表皮层下的毛细血管祥来自于上层血管丛（*Superfiial plexus*），向表皮层和毛囊上部供血。

微循环血管床由以下三个组成部分：小动脉，动、静脉毛细血管，小静脉[240]。小动脉由内皮细胞及外围的两层平滑肌细胞构成，而动、静脉毛细血管外周无平滑肌细胞。大部分深部的真皮血管属于毛细血管后微静脉（*Superfiial plexus*），这种微静脉是微循环中生理活性最强的部分，也是炎性细胞自血管腔进入组织的部位。炎性反应时内皮细胞间产生间隙使血管通透性增加。

血管内皮细胞起源于间叶细胞，具有如下特点：①超微结构具有外周基底膜和细胞质内的Weibel-Palade小体（在连续的单层膜结构内具有杆状管型结构）；②具有凝血因子Ⅷ（*von Wille-brand*）抗原，纤溶酶原激活物、前列腺素；③CD31［血小板内皮细胞黏附分子（PECAM）］；④吞噬作用[2,7,241]。内皮细胞分布于血管内和组织间隔之间，是白细胞运输的重要调节者[242]。选择蛋白（E-和P-选择蛋白）及免疫球蛋白超家族的成员［ICAM-1、血管黏附分子1（VCAM1）］在炎性刺激、介导滚动、黏附和随

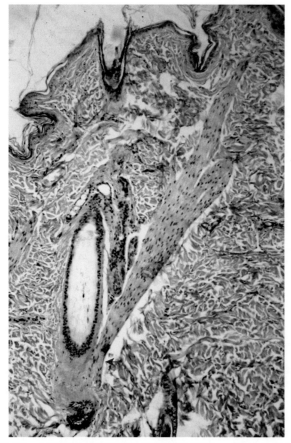

图1-32 犬竖毛肌起自真皮表面（蓝色箭头所示），并嵌入毛囊（红色箭头所示）

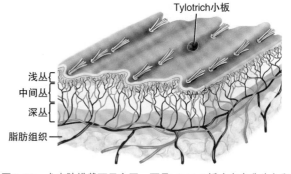

图1-33 犬皮肤横截面示意图，可见tylotrich板（表皮乳头）和血管（黑色静脉）（修改自Evans HE: Miller's anatomy of the dog, ed 4, Philadelphia, 2013, Saunders.）

血流中的白细胞移行等一系列反应后，在内皮细胞发生上调作用。血管生成（新血管形成）部分受到肥大细胞（组胺）、巨噬细胞（TNF-α）以及TGF-β的调控[241,243]。

动静脉吻合支（Arteriovenous anastomoses）通常位于动静脉之间，使得动脉血液不经过毛细血管床而直接进入静脉循环[2,7,105]。血管吻合支的位置和大小可以改变组织的血液供应情况。它发生在所有部位的皮肤，但大多数在末梢（特别是腿及耳部）。吻合支见于真皮全层，在深部真皮较突出。犬、猫皮肤内动静脉吻合支较少。

动静脉吻合支的结构复杂多样，从简单的、轻微弯曲的血管到复杂的血管球结构各不相同。血管球（Glomus）是位于深部真皮的一种特殊的动静脉短路。每个血管球都由一段动脉和一段静脉组成。动脉部分由动脉的分支形成。管壁为一单层内皮细胞，外周有BMZ和中膜层。中膜层由紧密排列的4~6层球细胞构成，这些细胞大而圆，胞浆透明，与上皮样细胞类似。足细胞通常被人们看作是平滑肌细胞的变化形式。静脉段管壁较薄且管径宽。

动静脉吻合支参与体温的调节。短路血管的收缩限制某区域的血流量，舒张增大血流。乙酰胆碱和组胺可引起血管扩张；肾上腺素和去甲肾上腺素则引起血管收缩。

周皮细胞（Pericytes）位于血管靠近真皮的一侧，呈梭形至立方形，平行于血管排列[2,7,105,240]。这些细胞含有肌动蛋白和肌球蛋白样的片段，具有收缩能力，在调节毛细血管血流时起作用。周皮细胞的起源尚不清楚。

帘细胞（Veil cell）为扁平的动脉外膜层的成纤维细胞样细胞，环绕在所有的皮肤微血管外侧[2,105,240]。虽然帘细胞的功能和特性尚未被确定，但其在凝血因子XIIIa染色时着染，提示该细胞可能是真皮树突细胞系统中的成员。不同的是，周皮细胞是血管壁的一个构成部分，嵌入至血管壁基底膜，帘细胞则完全位于血管壁外侧。帘细胞将血管和周围真皮组织划分开，血管周围的肥大细胞经常可见于血管壁和周围帘细胞之间的空隙内[240]。

激光多普勒血流测定是一种理想的测定皮肤微循环的非侵入性技术[244,245]。这一技术可以监测各种药物、化学物质以及过敏原引起的炎性反应的相关血流。通过测定血流，多种皮肤病的病理生理学过程可以得到确认，也可以在局部检测到某些治疗方法。

（十）淋巴管

皮肤受到病原物质和环境中化学物质的侵袭，暴露于外源性抗原下。它具有一套独立的淋巴管和淋巴及树突细胞以处理这些外源性病原。

淋巴管起源于分布在真皮表面和周围附属器官中的毛细血管网[2,5,105]，汇入皮下淋巴管丛。使用常规的皮肤组织学处理方法，在中层真皮组织内通常少见淋巴管。

淋巴管控制间质组织液的移动[246]。组织液的供给、渗透以及清除对于正常的皮肤功能极其重要。淋巴管是机体日常代谢损耗的细胞碎片及其他多余物质的排出通道，也是蛋白质和细胞机体自组织向血液回流的重要通道，且与皮肤和局部淋巴结相连，具有免疫调节能力。皮肤内的淋巴管还可携带透过表皮和真皮的物质，如微生物、有机溶剂、局部使用的药物、注射的疫苗和药物以及炎性反应产物。

皮肤具有一套非收缩性的、初级淋巴收集系统，这个系统汇入可收缩的淋巴收集管[246]。初级淋巴管具有薄而细长的内皮层、不连续的基底膜，以及非连续性的细胞连接。淋巴的形成依赖于初级淋巴管的周期性扩张，而淋巴管收缩则导致初级淋巴管内的淋巴向可收缩的淋巴收集管内排空，后者具有平滑肌、有蠕动性并将淋巴细胞带至淋巴结。淋巴收集管的扩张和收缩依靠组织的定期运动来完成，这些运动包括挤压、脉搏、皮肤按摩以及肌肉的运动[246,247]。

通常通过以下特征区分淋巴管与毛细血管：①淋巴管具有宽大有角的管腔，②淋巴管内皮细胞更加扁平且细长，③淋巴管周围无周皮细胞，④淋巴管内没有血液（图1-34）。但即使是最轻微的损伤也可能撕裂淋巴管或血管壁或其间的结缔组织。因此外伤性瘘管非常常见，可在有炎症反应的皮肤中见到淋巴管中有血细胞。

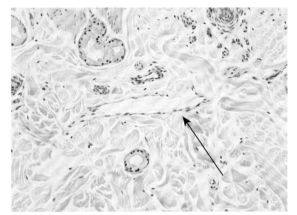

图1-34 淋巴管（箭头所示）。具有明显的轮廓，且管腔内无血细胞存在

（十一）神经

躯体感觉神经和自主运动神经都在皮肤内可见（图1-35）。躯体感觉系统的皮肤神经传导皮肤的碰触、热、冷、挤压、振动、本体感受、疼痛、瘙痒等感觉。自主运动系统的神经则控制皮肤的血管阻力、毛发运动反应并调节腺体的分泌活动。皮肤神经还具有许多其他重要功能，包括调节多种皮肤炎性、增殖、修复的过程[39,76,248,249]。皮肤神经与真皮血管、肥大细胞、成纤维细胞、角化细胞及朗格汉斯细胞密切相连。皮肤神经释放的神经肽可激活许多靶细胞，如角化细胞（包括细胞因子的释放，如IL-1），肥大细胞（产生促炎性因子，如TNF-α），以及内皮细胞（上调VCAM-1的表达，引起IL-8的释放）。这些神经肽包括P物质、神经激肽A、降钙素基因相关肽段（CGRP）、血管活性肠肽、神经肽Y、生长激素抑制素，以及垂体腺苷酸环化酶激活肽（PACAP）。炎性介质激活并致敏神经。此外，角化细胞可以产生神经营养素，从而影响到神经纤维的发育、出芽和存活。

一般而言，皮肤神经纤维与血管（动脉的双重自主神经支配；图1-36）、特化的皮肤受体（tylotrich板；见图1-27）、Pacini 触觉小体（图1-37），Meissner 触觉小体、Ruffini 触觉小体、皮脂腺、毛囊以及竖毛肌都有关联。这些神经纤维以表皮下神经丛的形式存在于皮肤内（见图1-35）[2]。游离神经末梢进入表皮层。皮肤的运动

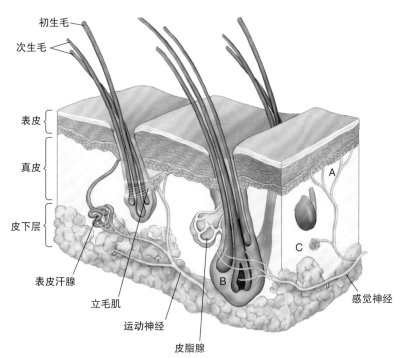

初生毛
次生毛
表皮
真皮
皮下层
表皮汗腺
立毛肌
运动神经
皮脂腺
A
C
B
感觉神经

图1-35 犬皮肤的神经分布。**A.** 真皮神经网络　**B.** 毛囊神经网　**C.** 特化的末梢器官

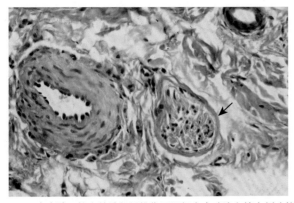

图1-36 犬皮肤。较大的神经纤维位于深部真皮动脉血管右侧（箭头所示）

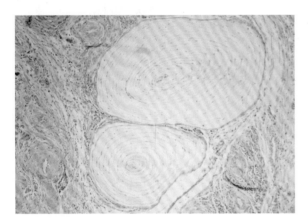

图1-37 猫皮肤。可见两个环层小体。具有典型的"洋葱"样外观

表1-11 与皮肤感觉相关的术语表

术语	定义
适应性	神经元输出到恒定知觉传入的变化
触摸痛	触摸引起的疼痛
触摸瘙痒	触摸引起的瘙痒、皮肤瘙痒
终末器官	特化的外周传入神经元，是可以刺激产生动作电位的知觉感受器
精细瘙痒	瘙痒感清晰且非常局限；由Aδ（有髓鞘）纤维传递冲动，速度约10～20m/s(快速)
痛觉过敏	对疼痛刺激敏感性增加
瘙痒过敏	对瘙痒刺激敏感性增加
机械力传导	改变细胞信号的力量
神经性瘙痒	神经损伤导致的瘙痒
伤害感受器	躯体感受神经元因伤害机制、热损伤或化学刺激而激活
原始性瘙痒	定位不明确的瘙痒感，且有烧灼感；由C神经纤维（无髓鞘）传导，速度约2m/s（慢）
痒觉感受器	受到瘙痒刺激激活的躯体感受神经元
针刺样瘙痒	皮肤针刺引起的强烈的瘙痒感觉
精神性瘙痒	强迫性或其他行为紊乱引起的瘙痒感觉
快适应感受器	瞬时接触感受器，在开始时对持续性的机械刺激产生强有力的反应
慢适应感受器	顺势接触感受器，在持续性机械性刺激过程中始终以较低水平激发
温觉感受器	对热、冷敏感的感受器
阈值	激发神经应答所需的刺激量

引自Gnirs K, Prelaud P: Cutaneous manifestations of neurological diseases: Review of neuro-pathophysiology and diseases causing pruritus. *Vet Dermatol* 16:137‑146, 2005; Ikoma A, Steinhoff M, Stander S, et al: The neurobiology of itch. *Nat Rev* 535‑547, 2006; Pogatzki-Zahn E, Schneider MM, Luger TA, et al: Chronic pruritus: Targets, mechanisms and future therapies. *Drug News Perspect* 21:541‑551, 2008; Steinhoff M, Luger TA: Neurobiology of the skin. In Wolff K, Goldsmith LA, Katz SI, et al., editors: *Fitzpatrick's dermatology in general medicine*, ed 7, vol 1, New York, 2008, McGraw-Hill, pp 805‑901; Yosipovitch G, Dawn AG, Greaves MW: Pathophysiology and clinical aspects of pruritus. In Wolff K, Goldsmith LA, Katz SI, et al., editors: *Fitzpatrick's dermatology in general medicine*, ed 7, vol 1, New York, 2008, McGraw-Hill, pp 902‑911; Ikoma A: Analysis of the mechanism for the development of allergic skin inflammation and the application for its treatment: Mechanisms and management of itch in atopic dermatitis. *J Pharmacol Sci* 110:265‑269, 2009; Buddenkotte J, Steinhoff M: Pathophysiology and therapy of pruritus in allergic and atopic diseases. *Allergy* 65: 805‑821, 2010; Lagerstrom MC, Rogoz K, Abrahamsen B, et al: VGLUT2-dependent sensory neurons in the TRPV1 population regulate pain and itch. *Neuron* 68:529‑542, 2010; Patel KN, Dong X: An itch to be scratched. *Neuron* 68:334‑339, 2010.

神经末梢可归类为自主神经系统的交感神经纤维。虽然这些神经通常被认为是躯体感觉神经，但皮肤神经干内含有有髓鞘的节后交感神经纤维。在光学显微镜下，皮肤小神经和游离神经末梢可被亚甲蓝染色、金属染色或组织化学染色技术着染。

犬、猫的有毛皮肤内具有小（直径0.16～0.42mm）而无毛的球状神经支配结构[6,7,170]。这些结构被称为tylotrich垫，是慢适应机械感受器（见图1-27）。

由一条脊柱神经分支所支配的皮肤区域称为一个皮区（Dermatome）。猫[250,251]犬[252-255]皮区的分布已经确认。

1. 皮肤感觉概述

皮肤是主要的感觉平台（表1-11）。外界事物和皮肤内部状态的相关信息经过一系列受体末梢送至中枢神经系统（CNS）。温觉感受器（Thermoreceptors）分为两类：冷感受器单元（Cold units），在皮肤温度下降时兴奋，而热感受器单元（Warm units）则在皮肤温度升高时兴奋[2]。冷感受器神经元具有C轴突和A轴突，它的神经末梢有髓鞘经末梢的分支，并止于表皮基底细胞的小凹陷处[2,7,256]。热感受器单元同样具有C轴突和A轴突，但在形态学上未见有神经末梢存在。

绝大多数的皮肤内都有三种快适应机械感受器单位（*Rapidly adapting mechanoreceptor units*）（表1-12）[2,257,258]，即tylotrich毛（由血管神经组织包围的较大的初级毛囊，与tylotrich垫有关），环层小体单元（*Pacinian corpuscle units*）（对小而高频率的振动和挤压高度敏感）[2,7,257]和触觉小体（*Meissner corpuscles*）（对皮肤震动和接触敏感）[257,258]。

同样，皮肤内还有三种慢适应机械感受器（*Slow-*

表1–12　皮肤机械性感受器

感受器	类型	特征
触觉小体	快适应机械感受器	位于真皮表面，细胞层围绕在2～6个传入神经元的叶状末端表面，对振动产生反应
梅克尔细胞	慢适应Ⅰ型机械感受器	位于表皮基底细胞层，传入神经末梢无髓鞘；是触觉感受器，对压力、挤捏和弯曲产生反应
环层小体	快适应机械感受器	大、呈层状、洋葱样结构，围绕在出入神经元外；对压力和震动敏感
罗氏小体	慢适应Ⅱ型机械感受器	位于真皮内的结缔组织内；呈大的索状结构，与胶原基质相连；对皮肤的拉伸动作敏感
窦毛（鼻毛，胡须）	慢适应感受器	较普通毛发更长、更厚、更硬，具有一内皮线状排列的血窦结构位于毛囊外毛根鞘和外层结缔组织囊之间。触觉小体位于窦毛毛囊附近
Tylotrich毛	快适应机械感受器	特化的毛发，其毛囊周围环绕有神经血管组织。与tylotrich垫共存
Tylotrich板	慢适应机械感受器	表皮的局部增厚区域，该区域下部具有高度发达的血管和受神经支配的结缔组织

adapting mechanoreceptors）——梅克尔细胞Ⅰ型神经末梢（*Merkel cell type Ⅰ nerve endings*）（稳态压力释放信号）[2,7,257-259]，罗菲尼小体Ⅱ型神经末梢（*Ruffii corpuscles with type Ⅱ nerve endings*）（对皮肤伸展张力敏感）和tylotrich垫（局部表皮增厚，下方含有丰富血管供应和神经的结缔组织）[2,7,76,257,258,260]。

犬、猫的有毛皮肤内存在传入神经元，毛发的动作可以引起这些神经元的兴奋。它们具有Aβ和Aδ轴突，触觉冲动的传入主要位于这些区域。外层粗毛和底毛受到许多尖形的神经末梢控制。这些神经元又可以细分为两大类：①仅在较粗大的外层粗毛或tylotrich毛发的活动时兴奋的神经元（G、T毛发神经元），②除极细的底毛以外其余所有毛发的活动都可引起其兴奋的神经元（D毛发神经元）[2,7]。受到较大毛发驱动的神经元通常具有Aβ轴突；而受到底毛活动驱动的神经元通常具有Aδ轴突。G、T毛发神经元通常由快速的毛发动作激发，D毛发神经元则对慢动作作出反应。此外还有一类神经元，受到毛发的静态形变的触发，这类神经元与较大的窦毛相关，例如鼻毛[2,261]。最后，有一类特征性的神经元轴突无髓鞘，即机械感受器C，常见于猫的有毛皮肤内[2,7]。

窦毛（鼻毛、胡须）位于动物鼻周、唇部、眼睑、面部、喉部以及猫的腕骨掌侧面。这些部位的毛发更长、更厚且硬，内皮细胞排列形成的血窦位于毛囊外毛根鞘和外周结缔组织包囊之间（见图1-26）。环层小体通常位于靠近窦毛毛囊附近的区域（见图1-37）。窦毛是慢适应机械感受器。

大多数痛觉感受器单位（*Pociceptor units*）分为两类：具有Aβ轴突的Aδ高阈值机械感受器神经元，以及具有C轴突的多态性感受器[2]。后者是经典意义上的痛觉感受器，对剧烈的机械性、高温刺激以及刺激性化学物质作出响应。C-多态性痛觉感受器神经元参与痛觉过敏和瘙痒感觉过程。通过在局部释放作用于血管的活性物质，使得皮肤损伤区域周围的血管充血（见表1-13）[2,7,262]。

皮肤内的植物性神经主要为交感神经元，此外还有少量副交感神经元。这些神经位于真皮，支配血管、动静脉吻合支、淋巴管、立毛肌、毛囊和汗腺。部分交感神经纤维释放去甲肾上腺素和神经肽Y以介导血管的收缩。副交感神经则通过释放乙酰胆碱和血管活性肠肽和组甲肽介导血管的舒张。神经在炎性反应过程中的作用见表1-13。

2. 瘙痒

瘙痒症（或瘙痒感）是引起动物产生抓挠冲动的不适感[2,7,9]。瘙痒是最常见的皮肤症状，可能由具体的皮肤病引起，也可能在没有任何皮肤病临床症状的情况下产生。抓挠动作在某些情况下有助于将刺激物除去，如昆虫，但在多数情况下抓挠动作弊大于利，可引起皮肤进一步的损伤和致敏化/对后续刺激的过度反应。移除表皮层后瘙痒感停止[263]。

瘙痒和疼痛感在组织学上具有密切的关联，两种感觉的调节介质、发生机制的存在交集，在管理和治疗疼痛、瘙痒的手段上也存在重叠（图1-38）[264-266]。但两者之间也存在差异，正电子发射断层扫描技术研究显示疼痛感在大脑的处理部位为初级和次级躯体感觉皮质（S1和S2），但瘙痒感的处理部位则是在大脑的前额皮质、运动前区、初级躯体感觉皮质和大脑扣带前回皮质[267-269]。有研究表明猫的组胺过敏神经位于丘脑锥状束内；这些神经对机械刺激不敏感[269,270]。瘙痒的特异性神经通路已被证明在中枢和外周神经系统内都有出现（图1-39）[269]。并非所有的瘙痒递质都与组胺敏感神经发生反应。豆科攀缘植物（血藤属黎豆，*Mucuna pruriens*）就是一个不引起皮肤充血发红但能造成瘙痒的致痒原。现已证明机体对黎豆的反应通过神经传导，与其他通过组胺反应引起的瘙痒感觉的过程不同[269,271]。

痒感可由局部、全身、外周或中枢神经刺激引起（表1-14）[266,272-275]。组胺是长期以来人们公认的可引起瘙痒的作用强效的生物胺。机体内含有至少四种组胺受体。最近有相关研究证明，组胺H_4受体激动剂可使犬的皮肤产生

表1-13 神经在炎性反应中的作用

神经介质	来源	受体	功能
乙酰胆碱	自律性拟胆碱能神经；角化细胞、淋巴细胞、黑色素细胞	烟碱能及毒蕈碱型乙酰胆碱受体	角化细胞分化及功能，皮肤循环的调节，汗腺分泌功能
降钙素基因相关肽（CGRP）	感觉神经纤维	CGRP 受体	角化细胞和内皮细胞的增殖分化，促进细胞因子的生成
神经激肽A	感觉神经纤维	速激肽受体	提高角化细胞神经生长因子的表达水平
去甲肾上腺素	交感神经、角化细胞、黑色素细胞	肾上腺素能受体	血管和立毛肌的神经支配；影响自然杀伤细胞、单核细胞、淋巴细胞的活性；抑制角化细胞的迁移
垂体腺苷酸环化酶激活肽	自律神经及感觉神经、淋巴细胞、内皮细胞	VPAC受体	舒张血管，调节免疫，伤害感受作用
类吗啡样神经肽	黑色素细胞、角化细胞、内皮细胞、朗格汉斯细胞、肥大细胞、单核细胞、巨噬细胞	黑色素细胞皮质激素受体	调节免疫（降低炎性反应）
P物质	感觉神经纤维	速激肽受体	炎性反应、升高细胞黏附分子水平
血管活性肠肽	感觉神经纤维、梅克尔细胞	VPAC受体	舒张血管，角化细胞的增殖分裂和迁移，肥大细胞的组织胺释放

摘自Steinhoff M, Luger TA: Neurobiology of the skin. In Wolff K, Goldsmith LA, Katz SI, et al., editors: *Fitzpatrick's dermatology in general medicine*, ed 7, vol 1, New York, 2008, McGraw–Hill, pp 805－901.

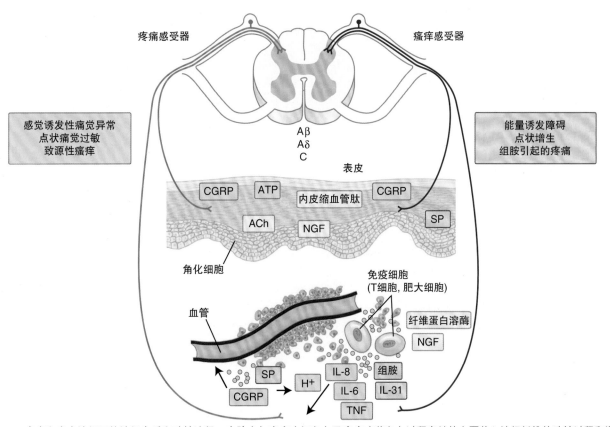

图1-38 疼痛和瘙痒神经元的神经介质和致敏途径。皮肤内与瘙痒（红色）及疼痛（蓝色）过程有关的主要传入神经纤维的致敏过程和激活过程的介质如图所示。主要瘙痒感觉神经介质用红色表示；疼痛介质则以蓝色表示；两种感觉过程都参与的介质则以黄色表示 ACh，乙酰胆碱；CGRP，降钙素基因相关肽；H⁺，氢离子；IL，白细胞介素；NGF，神经生长因子；SP，P物质；TNF，肿瘤坏死因子（*修改自Ikoma A, Steinhoff M, Stander S, et al: The neurobiology of itch. Nat Rev Neurosci 7:535－547, 2006.*）

表1-14 瘙痒介质

瘙痒介质	来源	受体	备注
乙酰胆碱（ACh）	神经纤维、角化细胞、淋巴细胞、黑色素细胞、成纤维细胞、内皮细胞	烟碱能型和毒蕈碱型乙酰胆碱受体	引起过敏性皮炎的瘙痒
降钙素基因相关肽（CGRP）	感觉神经纤维	CGRP受体	致敏感受器末梢；焦化细胞及内皮细胞的增殖分化
促肾上腺皮质激素释放激素	下丘脑	角化细胞，肥大细胞	引起肥大细胞释放细胞因子，组胺、肿瘤坏死因子（TNF）-α，以及血管内皮生长因子
内源性大麻素	神经元及角化细胞	蛋白偶联大麻素受体	抗皮肤瘙痒
内皮素	内皮细胞及肥大细胞	内皮素受体（ET-A，ET-B）	直接引起瘙痒（烧灼）
内香草素	高热、酸中毒、类花生酸、组织胺、缓激肽、细胞外三磷酸腺苷、前列腺素、各种神经营养因子	瞬时性感受器，潜在辣椒素受体	引起疼痛和瘙痒、影响表皮增殖分裂和分化
组胺	感觉神经纤维、肥大细胞	组胺受体H1R至H4R	H₁和H₄激动剂引起充血，H₁激动剂引起瘙痒
白细胞介素（IL）-2	T细胞		引起瘙痒
IL-31	辅助T细胞、巨噬细胞	Gp 130样受体，制瘤蛋白M受体	引起瘙痒、加剧过敏性皮炎的表现
激肽释放酶、蛋白酶	白细胞、角化细胞、肥大细胞、内皮细胞以及血小板	蛋白酶激活受体，胰蛋白酶	通过蛋白酶激活受体2引起瘙痒
激肽	内皮细胞	缓激肽受体B1R，B2R	引起正常皮肤的疼痛、敏感皮肤的瘙痒
白细胞三烯B₄	白细胞、肥大细胞	白细胞三烯受体	诱发瘙痒和炎性反应
神经激肽A	神经纤维	速激肽受体	上调角化细胞神经生长因子表达水平
神经生长因子	角化细胞、肥大细胞、成纤维细胞、嗜酸性粒细胞	酪氨酸受体激酶A（酪氨酸激酶受体1型）	外周致敏作用、增强瘙痒感觉、上调TRPV1水平
阿片类物质	神经元、角化细胞、肥大细胞	μ、κ-、δ阿片类受体	阿片类物质在μ受体引起瘙痒，在κ受体则抑制瘙痒感
腺苷酸活化酶激活肽	神经纤维、淋巴细胞、真皮内皮细胞	VPAC受体	舒张血管、调节免疫、疼痛
类吗啡样神经肽	黑色素细胞、角化细胞、内皮细胞、朗格汉斯细胞、肥大细胞、成纤维细胞、单核细胞、巨噬细胞	黑皮质素受体	拮抗前炎性细胞因子，诱导肥大细胞释放组织胺、抑制细胞核因子κB
前列腺素E₂	神经纤维、角化细胞、肥大细胞	前列腺素受体	引起瘙痒
P物质	感觉神经纤维及角化细胞	神经激肽1受体	激发肥大细胞、引起某些物种的组织胺依赖性瘙痒和非组织胺依赖性过程
凝血噁烷	角化细胞和神经纤维		引起瘙痒
类胰蛋白酶	肥大细胞	蛋白酶激活受体2	引起瘙痒
血管活性肠肽	感觉神经纤维、梅克尔细胞	VPAC受体	血管舒张、肥大细胞组织胺释放

摘自Steinhoff M, Luger TA: Neurobiology of the skin. In Wolff K, Goldsmith LA, Katz SI, et al., editors: *Fitzpatrick's dermatology in general medicine*, ed 7, vol 1, New York, 2008, McGraw-Hill, pp 805-901; Yosipovitch G, Dawn AG, Greaves MW. Chapter 102. Pathophysiology and clinical aspects of pruritus. In Wolff K, Goldsmith LA, Katz SI, et al., editors: *Fitzpatrick's dermatology in general medicine*, ed 7, vol 1, New York, 2008, th ed vol 1, 2008. McGraw-Hill, pp 902-911; Ikoma A: Analysis of the mechanism for the development of allergic skin inflammation and the application for is treatment: Mechanisms and management of itch in atopic dermatitis. *J Pharmacol Sci* 110:265-269, 2009; Buddenkotte J, Steinhoff M: Pathophysiology and therapy of pruritus in allergic and atopic diseases. *Allergy* 65: 805-821, 2010; Cevikbas F, Steinhoff M, Ikoma A: Role of spinal neurotransmitter receptors in itch: New insights into therapies and drug development. *CNS Neurosci Ther* 17:742-749, 2011; Lagerstrom MC, Rogoz K, Abrahamsen B, et al: VGLUT2-dependent sensory neurons in the TRPV1 population regulate pain and itch. *Neuron* 68:529-542, 2010; Patel KN, Dong X: An itch to be scratched. *Neuron* 68:334-339, 2010; Tsuji F, Aono H, Tsuboi T, et al: Role of leukotriene B4 in 5-lipoxygenase metabolite- and allergy-induced itch-associated responses in mice. *Biol Pharm Bull* 33:1050-1053, 2010.

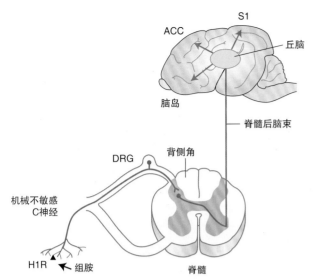

图1-39 组胺介导瘙痒感觉的瘙痒特异性神经通路。ACC，前扣带皮质；DRG，背根神经节；H1R，组胺H1受体；初级躯体感觉皮质（*修改自Ikoma A: Analysis of the mechanisms for the development of allergic skin inflammation and the application for its treatment: Mechanisms and management of itch in atopic dermatitis. J Pharmacol Sci 110:265 - 269, 2009.*）

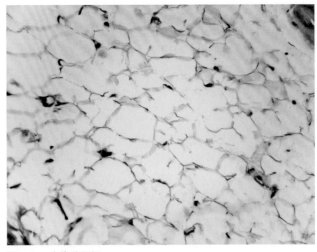

图1-40 犬脂肪组织

水疱和充血[276]。角化细胞和肥大细胞可分泌激肽释放酶、蛋白酶、白三烯、前列腺素和其他炎性介质。炎性介质可激活神经，将其致敏，使神经对于较低强度的刺激产生反应[265]。神经营养素（如神经生长因子）水平的升高可诱导表皮神经纤维的出芽和生长。目前已有相关研究发现了人类特异性皮炎的严重程度与患者血清神经生长因子水平之间的关联[277]。乙酰胆碱和缓激肽诱发人类特异性皮炎的瘙痒，而在健康皮肤产生疼痛感。这一差异可能由神经的致敏作用导致[269]。皮肤淋巴细胞分泌致痒原性的细胞因子，包括白介素-2和白介素-31。碱性的皮肤pH增强了丝氨酸蛋白酶的活性，可加剧瘙痒的程度。抗菌浴液通常具有较高的pH，可加剧瘙痒的症状[263]。

中枢的刺激因素如焦虑情绪、枯燥或与瘙痒有竞争性的皮肤感觉（如疼痛、接触、热、冷）可以放大或缩小瘙痒的严重程度，这一过程通过闸控通道系统的选择性激活完成[2]。举例说明，瘙痒感通常在夜间较剧烈，这是由于其他的感觉传入水平较低。关于这种现象的产生机制目前尚不清楚，但有证据表明，应激性条件可能令机体释放多种阿片肽类物质加剧瘙痒感（中枢性阿片能性瘙痒）[2]。现已证明多种神经肽物质都参与调节这些皮肤反应，如瘙痒、疼痛、充血、色素改变、炎症反应[2]。

（十二）皮下组织

皮下组织（真皮层下）起源于间叶组织，是皮肤位于最深部、通常也是最厚的一层结构[5-7,17,18,81,278,279]。但由于各部位功能不同，有些区域不存在皮下组织（例如唇部、颊部、眼睑、外耳、肛门）；这些部位的真皮直接与肌肉组织及筋膜相连接。与真皮纤维结构相连的纤维束穿插进入皮下脂肪组织并将皮下脂肪组织分隔成脂肪细胞的小叶组织（图1-40），构成皮肤的附属器官。皮下组织的浅表部分进入到其上相邻的真皮内，形成突起的乳头状脂肪；这些乳头状结构围绕于毛囊、汗腺和脉管系统周围，使其不受挤压和剪切力的伤害。皮下组织中甘油三酯成分含量约为90%，其具有的功能有：①能量储备；②产热和隔热；③作为保护和支撑层；④维持体表轮廓。皮下脂肪也是重要的类固醇储备库，是类固醇代谢和雌激素产生的部位。成熟的脂肪细胞被大大的脂滴充满，只留下外周一圈细小的细胞质，细胞核被推挤至一侧。

脂肪组织内的动脉及静脉毛细血管管壁与真皮内的血管相比更薄，偶见帘细胞[240]。脂肪小叶内无淋巴管[279]。皮下组织的厚度与血流速度成反比，较慢的循环速度促进脂滴的产生，反之则促进脂类的分解[279]。综上所述，脂肪较容易受到疾病的影响，即使是轻微的损伤，在缺少可清除受损组织的有效系统时，脂肪组织也会发生坏死。

五、皮肤免疫系统*

皮肤免疫系统（SIS）是机体全身免疫系统中的一个高度活跃的部分，它帮助机体抵抗许多环境损伤，包括微生物及寄生虫的侵袭。虽然皮肤免疫系统被认为是机体的一种保护手段，但在某种情况下这种保护是无效的，有时甚至是有害的。事实上，在兽医皮肤病学领域，皮肤免疫系统的激活在许多情况下对动物自身都弊大于利。动物的皮肤总是不断地遭到寄生虫、细菌、真菌、病毒和过敏原的困扰，所有这些因素都可以激发皮肤的不良免疫应答反应。皮肤还是主要的自身免疫易发部位，表皮层或基底膜（BMZ）是皮肤自身免疫反应过程中受到自身抗体或自身反应性T淋巴细胞攻击的自体抗原。

传统意义上，免疫系统可分为固有免疫和特异性免疫。固有免疫系统（*Innate immune system*）包括：物理屏

*Dr. Peter Hill, BVSc, PhD, DVD, Diplomate ACVD, Diplomate ECVD, MACVSc; Senior lecturer in Dermatology and Immunology, The University of Adelaide, Companion Animal Health Centre, School of Animal and Veterinary Sciences, Roseworthy Campus, Roseworthy SA 5371, Australia.

障，如皮肤或内脏；保护性物质，如黏液、酶、抗菌肽；可溶性蛋白质，如补体；吞噬细胞，如巨噬细胞、中性粒细胞及嗜酸性粒细胞。靠近体表的许多细胞具有识别受体，称为Toll样受体（Toll-like receptors，TLRs），它能识别与入侵病原物相同的分子形式［PAMPs（病原体相关分子模式，Pathogen-associated molecular patterns）］。PAMPs包括肽聚糖、脂多糖（LPS）、糖脂及甘露聚糖类。TLRs可见于巨噬细胞、嗜酸性细胞、肥大细胞、树突细胞及上皮细胞。哺乳动物、禽类和更低级的动物如无脊椎动物和节肢动物都具有免疫系统的固有免疫特征，固有免疫特异性较低，无免疫记忆。

特异性免疫（Adaptive immune system）具有高度的特异性，且具有强大的记忆性。充分了解特异性免疫具有十分重要的意义：

· 很多疾病需要通过特异性免疫应答反应才能处理。
· 一些疾病可能由特异性免疫过程的异常或缺失引起。
· 临床医师花费了大量的时间用各种方式调节动物的特异性免疫。

固有免疫和特异性免疫应答的基本特征见图1-41。固有免疫应答反应的作用方式倾向于阻断有害物质的进入或是攻击突破皮肤屏障的入侵物质。特异性免疫应答则通常对抗原作出反应，最终产生抗体和大量的抗原特异性淋巴细胞。

（一）皮肤的固有免疫应答反应

1. 表皮屏障

表皮是抵御外界有害物质的第一道屏障，无论是寄生虫、传染性病原如葡萄球菌和马拉色菌（Malassezia）、还是过敏原。主要的保护层是角质层。事实上，角质层的结构包括扁平的角化细胞层及其表面覆盖的脂质层，这种结构为机体提供了一道较难穿透的物理屏障[280]。此外，皮肤角化细胞的不断脱落更新令微生物和致敏原难以接近机体。在角化层内，细胞间液包含有氯化钠、白蛋白、补体、干扰素、脂质、抗体，这些分子物质为动物提供了进一步的保护[281,282]。转铁蛋白是一种铁结合蛋白，它的主要作用是防止游离铁的形成，游离铁使动物容易发生细菌感染。转铁蛋白还具有其他的作用，如减少革兰阳性菌和革兰阴性菌在皮肤表面的结合。目前人们尚不清楚犬、猫皮肤感染是否与转铁蛋白的作用机制有关，但该物质已被证明在体外可抑制厚皮马拉色菌（Malassezia pachydermatis）的生长[283]。

表皮还可以产生有抗菌功能的肽类物质。现已知的最佳的抗菌肽是防御素，是一种富含半胱氨酸的含有29～34个氨基酸的蛋白质[284,285]。在嗜中性颗粒中也可见抗菌肽[286]。防御素（Defensins）对炎性细胞因子如IL-1和TNF作出应答时，合成水平上调[287]。防御素与广谱抗生素类似，可杀灭多种细菌和真菌。小动物皮肤感染过程中防御素的具体作用尚不明确，但人们已经成功从犬类皮肤和睾丸中分离得到防御素[288]。将从过敏犬和健康犬分离得到的葡萄球菌（Staphylococcus pseudintermedius）在体外进行培养，人类的β敏防御素3对该菌有抑制作用［最小抑菌浓度（MIC）中位数为12.5μg/mL］[289]。人们发现在过敏犬的皮肤内β防御素103的表达水平降低，因此这一变化可能与过敏性皮炎的细菌感染发生率有关[290]。

事实上，有大量的寄生虫和微生物是犬、猫的表皮无法防御的。跳蚤和螨虫可在皮肤表面生存，并且穿过皮肤获得营养。皮肤上的两种常见的常在菌——中间型葡萄球菌（S. pseudintermedius）和厚皮马拉色菌（M. pachydermatis），它们可在不突破表皮防御的情况下引起皮肤的感染。犬在感染葡萄球菌时表皮出现异常，不再有助于防止微生物进入毛囊。角化层也会相对变薄、毛囊毛孔表现为缺乏脂质栓子[291]。此外，表皮的生理功能也受到许多疾病过程的影响，这些疾病改变了表皮的通透性和防御功能，因而常常造成继发性脓皮症[292]。葡萄球菌甚至逐步衍变，具有有效的皮肤黏附机制，特别是在表皮受到破坏的时候。这一过程即黏附作用（Adherence），它是所有感染发生的第一步。细菌表面具有特殊的分子，即黏附素（Adhesins），通过黏附素细菌可以黏附于皮肤表面。葡萄球菌的黏附素包括胞壁酸、磷脂壁酸、纤连蛋白和层粘连蛋白。这些分子与宿主皮肤表面的多种蛋白相结合，如纤连蛋白、层粘连蛋白和胶原蛋白[293]。纤连蛋白是真皮内一种常见蛋白，但在人类皮肤出现损伤或过敏反应后，皮肤表面可见纤连蛋白[294]。在过敏犬，中间型葡萄球菌（Staphylococcus intermedius）更易黏附角化细胞，显示出与人类皮肤相似的机制[295,296]。但中间型葡萄球菌与金黄色葡萄球菌（Staphylococcus aureus）分别特异性地与犬和人类的角化细胞结合，这说明两个物种之间的黏附素或结合蛋白存在差异性[297]。

中间型葡萄球菌和马拉色菌的过度生长引起皮炎，可能是由于微生物作为皮肤的常在菌，固有免疫防御机制无法将其全部清除。与中间型/伪中间型葡萄球菌（S. intermedius/pseudintermedius）一样，厚皮马拉色菌也具备黏附于犬角化细胞的作用机制[298]。当这些微生物过度生长

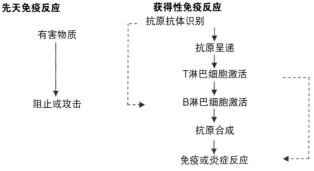

图1-41 先天性免疫和适应性免疫应答的基本特点

先天免疫反应　　　　　　　获得性免疫反应

抗原抗体识别

有害物质　　　　　　　　　抗原呈递

T淋巴细胞激活

B淋巴细胞激活

阻止或攻击　　　　　　　　抗原合成

免疫或炎症反应

时，皮肤就会表现出临床症状，这是对皮肤温度、湿度或脂质形成的改变作出的应答[299]。皮肤发生改变后，由于特异性免疫的启动，皮肤开始出现炎症反应。其余真菌（如皮肤癣菌）以及病毒（如乳头状瘤病毒）也具有越过表皮固有屏障并引起感染的机制。

皮肤表面与致敏原接触后，个体的遗传倾向和致敏作用可造成过敏性皮炎。此时皮肤的固有防御机制清除传染病原的机制不再能有效处理过敏原，表皮层不再具有阻止这些蛋白质进入到下层皮肤免疫系统的能力。此外还有一些初步证据表明，患有过敏性皮炎的犬皮肤表皮屏障功能下降，因而过敏原进入机体的机会增加[300]。

2. 固有免疫攻击机制

如果表皮的基本屏障作用机制无法使机体免受损伤，固有免疫系统还具有一系列其他防御机制抵御寄生虫或传染病原。这些机制包括：

· 补体的激活。
· 吞噬细胞的激活和补充（中性粒细胞和巨噬细胞）。
· 嗜酸性粒细胞的补充。
· 上皮内淋巴细胞和自然杀伤（NK）细胞的激活。
· 肥大细胞的激活。
· 细胞因子和趋化因子的产生。

这些机制参与了传染病原或寄生虫的识别和消除过程，但它们也可以在其他疾病状态下激活，如过敏性反应以及自身免疫反应。在后两者中，皮肤经过免疫应答产生的炎症反应对其自身有害。

3. 补体的激活

补体系统是指以静止状态存在于血浆中的一系列血浆蛋白。补体的作用是辅助免疫系统清除病原微生物。补体级联反应通过三种不同的方式激活[301]：

· 经典途径。
· 旁路途径。
· 外源凝集素途径。

经典途径由抗原抗体复合物激活，在这一过程中第一补体成分（C1）与复合物结合。随后在一系列复杂的过程中，第四补体成分（C4）和第二补体成分（C2）与C1结合，构成活性酶C3转化酶。C3转化酶催化第三补体成分（C3）转化成C3a和C3b两部分。C3a是中性粒细胞的趋化物，可激活肥大细胞，而C3b使细菌易于受到菌调素（*Membrane attack complex*）的作用并促进细胞的吞噬作用。C3b也可激活攻膜复合物，后者为补体成分[4-9]构成的圆柱状结构。攻膜复合物可在某些细菌的膜表面造成"穿孔"，从而导致菌体死亡[301]。

旁路途径通过微生物表膜表面和C3b的直接相互作用而激活，C3b经由C3在血液内缓慢的自我水解后产生。该途径一经激活，C3b进一步催化C3向C3b转化，造成上述提及的下游变化。外源凝集素激活途径中，血清凝集素与微生物表面的甘露糖基团相结合，在缺乏抗体的情况下激活C1。之后的过程则与经典途径一致。

人类和犬的补体自发产生过程缺陷时，人们才意识到补体的真正意义。人类先天性的C2和C4缺陷患者中，有50%可因此导致系统性红斑狼疮类疾病。C3的缺陷在人类和犬（布列塔尼猎犬）都有发生，可使化脓性疾病的易感性升高[302]。构成攻膜复合物的补体成分的缺陷仅造成奈瑟氏球菌感染的发生率升高，该菌可引起人的脑膜炎。目前人们尚不十分清楚补体在犬、猫皮肤抵御感染中的参与程度，但未见其参与保护机体抵御葡萄球菌或马拉色菌。在犬、猫过敏性疾病中，补体的作用尚不明确，但在犬的落叶型天疱疮，很多病例中均可通过免疫组织化学方法检测到C3[303]。目前尚未确定关于这些补体的缺陷是否在这些疾病的病理过程中起到作用。

4. 吞噬细胞的聚集和激活

吞噬细胞在保护机体抵御病原微生物的过程中起到重要作用。为了清除细菌，血液循环中的中性粒细胞和单核细胞必须首先游走至感染部位。吞噬细胞探测到病原微生物，定植到组织并分泌促炎性细胞因子IL-1和TNF-α，激发最初的免疫应答。这些分子引起血管壁黏附分子水平上调，这些分子包括选择蛋白和整合蛋白，可与炎性细胞的配体相结合。选择蛋白E与吞噬细胞表面的糖配体以低亲和力相结合，引起细胞运动速度下降并沿着内皮滚动。血管内皮整合蛋白（ICAM-1和VCAM-1）与其相应的炎性细胞配体〔白细胞功能相关抗原1（LFA-1或CD11a/CD18）以及巨噬细胞活化复合体1（Mac-1或CD11b/CD18）〕之间以高亲和力相互作用构成牢固地结合，令细胞停滞。当细胞的流动停止后，吞噬细胞穿过血管管壁细胞间隙并沿趋化因子浓度梯度向感染部位移行。趋化因子是刺激血液中白细胞向组织移动的趋化性细胞因子。在细胞移行穿过组织的同时，炎性细胞黏附于细胞外基质的成分上，如纤维蛋白和纤连蛋白。

人们已经对犬皮肤吞噬细胞趋化和激活途径的许多机制有所了解。在犬皮肤注射TNF-α可导致血管壁内选择蛋白P和E的水平上调[304]。人们已经克隆了犬的ICAM-1并对其测序[305]，中性粒细胞具有CD11/CD18整合蛋白[306]。在犬的气管内，金黄色葡萄球菌的出现可刺激趋化因子IL-8的产生[307]，造成中性粒细胞浸润，并且IL-8显示出具有令犬中性粒细胞趋化的特性[308]。

中性粒细胞和巨噬细胞移行至感染部位后，必须通过其表面的受体识别细胞外的微生物后才能达到激活状态。有很多种类的受体可与微生物结合，介导吞噬细胞的激活过程[301]：

· 甘露糖和其他C型凝集素类受体。血液内的吞噬细胞具有这种受体；这种巨噬细胞凝集素可与糖蛋白或糖脂上的甘露糖末端或果糖残基相结合。这些糖类基团主要见于细菌细胞壁，但哺乳动物糖蛋白或糖脂中没有这种结构。受体与细菌结合后，介导吞噬细胞的内吞作用。Dectin受体与真菌细胞壁上的葡聚糖相结合。

· 清除受体。这类受体与被氧化或乙酰化的低密度脂蛋白和多种微生物结合。

· 调理素受体。这类受体包括FCγR1（与经IgG作用过的微生物相结合）和CR1（1型补体受体）（与包被有补体蛋白的细菌结合）。

· Toll样受体。TLRs的种类多达数十种，对多种病原都可产生应答反应。在早先的记载中，TLRs可识别PAMPs并结合多种微生物分子如LPS、脂蛋白、脂磷壁酸、酵母聚糖、鞭毛蛋白、热休克蛋白60、CpG基元、病毒核酸、双链RNA。一旦激活，TLRs便启动一系列细胞间信号通路，引起炎性反应。

· G蛋白偶联受体。这些受体（如：N-甲硫氨酰基受体，NOD样受体、RIG样受体以及清除受体）可识别细菌蛋白质或病毒RNA并激活细胞产生杀菌物质。

上述列出的受体将细菌黏附在中性粒细胞或巨噬细胞的表面并启动吞噬作用。随后微生物被内吞形成细胞内囊疱。这些受体还可以激活细胞内杀伤作用。细胞内囊疱（吞噬体）与胞内溶酶体共同构成吞噬溶酶体。中性粒细胞通过构成活性氧化型中间产物（如超氧自由基）可产生过氧化氢来杀死微生物。激活的中性粒细胞和巨噬细胞产生一些酶（如弹性蛋白酶）也可杀灭微生物。一旦被激活，巨噬细胞便可参与炎症反应的发展及产生细胞因子并激活淋巴细胞。

虽然已经确定这些机制参与葡萄球菌和犬免疫系统之间的相互作用，并在大量细胞学和组织病理学样本中可见大量的中性粒细胞和巨噬细胞，但活动性感染时，这些机制并不完全有效。犬脓皮症即属于自身无法通过免疫应答清除感染的情况之一。厚皮马拉色菌的过度生长不会刺激中性粒细胞或巨噬细胞的免疫应答反应，同时也未见其激活免疫系统。吞噬细胞在抵御空气源性致敏原过程中的作用尚不明确，但有初步证据显示致敏原可以激活上述的某些受体系统[309]。

嗜酸性粒细胞的聚集　嗜酸性粒细胞参与抵御皮肤外寄生虫的免疫应答反应，也参与过敏性或自身免疫反应[310]。通过特异性的趋化因子如组胺、补体成分5a、白细胞三烯B4、寄生虫代谢产物以及各种趋化因子［如eotaxin（嗜酸性粒细胞趋化因子）1和2、RANTES（调节激活正常T细胞表达和分泌因子）］，嗜酸性粒细胞趋化至炎性反应部位[31,311]。同中性粒细胞一样，嗜酸性粒细胞具有大量的细胞表面受体可与这些因子发生作用，此外还有可以结合IgG的Fc受体和低亲和性IgE受体[312]。在炎症反应的部位，嗜酸性粒细胞既具有吞噬活性也具有分泌活性。嗜酸性粒细胞具有一定消化细菌、免疫复合物、酵母菌的能

力，但其能力远不如中性粒细胞[312]。相比而言，其分泌功能具有更重要的意义。嗜酸性颗粒内包含有大量蛋白，其中主要为碱性蛋白、嗜酸阳离子蛋白、嗜酸超氧化物酶，以及溶酶体酶类[313]。这些蛋白对蠕虫类肠寄生虫、细胞和细菌有毒性，可使肥大细胞脱颗粒[312]，但它们也可引起宿主因过敏性失调造成巨大的损伤[313]。

犬嗜酸性粒细胞具有RANTES受体[314]，将人重组RANTES注入犬的皮内可引起嗜酸性粒细胞和巨噬细胞富集性炎症反应[314]。犬嗜酸性粒细胞还具有CD11/CD18黏附分子[306]。猫皮肤的嗜酸性粒细胞聚集现象比犬更常见，但造成这一差异的、精确的具体机制尚不明确。嗜酸性粒细胞常见于寄生虫性的皮肤病（如过敏性跳蚤叮咬皮炎、蚊虫叮咬过敏、疥螨病），少数见于过敏性皮肤病（如过敏性皮炎）。在上述情况下嗜酸性粒细胞产生的炎性反应对机体皮肤没有保护作用反而可引起严重的皮肤损伤。

上皮内淋巴细胞和自然杀伤细胞的激活　哺乳动物上皮组织表面具有一组特殊的淋巴细胞，称为上皮内淋巴细胞（Intraepithelial lymphocytes）[301]。同普通T淋巴细胞类似，这些淋巴细胞是含有抗原受体的T淋巴细胞。但这些淋巴细胞的抗原受体种类较少，在一些物种（小鼠、鸡、反刍动物），上皮内淋巴细胞仅携带γδ受体[315]。一些上皮内淋巴细胞作为NK细胞发挥作用，可识别并直接杀灭被病毒或细菌感染的细胞。上皮淋巴细胞在上皮担当防御的角色并通过释放细胞因子、激活吞噬细胞和杀灭感染细胞在宿主防御机制发挥作用。尽管已知犬具有NK细胞[316,317]，但尚无证据能证明犬的NK细胞有助于机体对葡萄球菌或马拉色菌的免疫应答反应。这些细胞可能与皮肤病毒性疾病的防御机制联系更密切。

肥大细胞的激活　肥大细胞在犬猫皮肤免疫系统的作用现已得到广泛的研究[310,318,319]。肥大细胞通常为结缔组织的常在细胞，在体内多个与外环境的交界部位均有出现：皮肤、肺部、胃肠道。加之在过敏性炎症反应发展过程中的作用，肥大细胞在固有免疫中抵御肠道寄生虫及细菌和创伤修复过程中具有重要意义。肥大细胞最常见作用是在胃肠道中消除线虫[320]，因此在啮齿类动物和反刍动物的肠道线虫感染模型中，可见大量肥大细胞浸润[321,322]。在消灭寄生虫的过程中，肥大细胞的功能被激活，释放出大量的颗粒蛋白酶[323-325]。

除了在机体抵抗肠道蠕虫中提供保护机制外，肥大细胞在机体对某些细菌性感染的固有免疫应答过程中具有重要作用。在败血性腹膜炎或细菌性肺炎实验动物模型中，肥大细胞功能不足的小鼠因无法令机体中性粒细胞应答水平上升而迅速死亡[326,327]。这是因为缺乏肥大细胞产生的TNF-α，而TNF-α是重要的中性粒细胞趋化因子。细菌性腹膜炎的固有免疫反应可通过对小鼠进行干细胞因子治疗而得到增强[328]。虽然尚没有足够的证据支持，但已知犬的肥大细胞含有TNF-α，其可能参与抵御皮肤化脓性细菌

感染[329]。犬肥大细胞在马拉色性皮炎中的作用尚不明确，但在受到感染的皮肤组织病理学切片中可见表皮下有呈线性排列的肥大细胞[330]。

肥大细胞还参与创伤修复的过程。TGF-β是一种在创伤修复过程中十分重要的细胞因子，是一种有效的体外肥大细胞趋化因子[331]，同时作为趋化因子的单核细胞趋化物质蛋白1引起肥大细胞向受损伤组织聚集[332]。肥大细胞产生的TNF-α和TGF-β还可促进成纤维细胞的分裂增殖[333]，并激活成纤维细胞，促进胶原纤维的合成和激活明胶酶A，后者是一种参与细胞基质重建的酶[334]。

肥大细胞颗粒蛋白酶在调节炎性细胞向皮肤聚集的过程中也具有重要的作用。为豚鼠皮内注射糜蛋白酶和类胰蛋白酶都可促使皮肤中性粒细胞及嗜酸性粒细胞浸润[335,336]。肥大细胞还能上调VCAM-1和E-选择素在内皮细胞中的表达水平，这再次证明其在炎性细胞聚集的过程中具有调节功能[337]。犬肥大细胞具有糜酶[338]和类胰蛋白酶[338,339]。与豚鼠实验动物模型类似，为犬进行皮内注射提纯的犬类胰蛋白酶，注射后16~48h可见中性粒细胞应答反应[340]。

细胞因子和趋化因子的产生　从上述讨论不难看出，某些细胞因子和趋化因子在固有免疫系统中具有重要作用。主要促炎性细胞因子TNF-α和IL-1在固有免疫应答的启动过程中十分重要[301]。TNF-α可由巨噬细胞、活性T细胞、NK细胞和肥大细胞产生，IL-1则由巨噬细胞、内皮细胞、角化细胞产生。这两种细胞因子都能激活内皮细胞使炎性细胞穿过并聚集到损伤部位，同时也能激活中性粒细胞，并刺激急性期反应蛋白的产生。IL-12也是固有免疫应答中的重要部分，它在巨噬细胞和树突细胞在细菌感染的时候产生，可促进T细胞的分化、IFN-γ的合成，激活NK细胞和T细胞。单核细胞和成纤维细胞产生1型干扰素（IFN-α和IFN-β），是重要的抵御病毒感染的固有免疫机制。其中一类特殊的细胞因子称为趋化因子，是指一大类吸引各种炎性细胞趋化的蛋白质。此外，这些因子在炎性反应和感染性疾病中还有许多其他作用（见表1-15）。

（二）获得性免疫应答反应

虽然在保护机体抵御病原微生物的机制中固有免疫系统具有十分重要的作用，但获得性免疫系统对各类感染疾病的作用也必不可少。获得性免疫应答反应也有可能对机体有害且无法在某些疾病有效保护动物。接下来将主要描述由抗原引起获得性免疫应答，至机体产生炎症反应为止这一系列的病理过程（图1-42）。

1. 抗原与抗原识别

虽然获得性免疫反应更像是一种连续、循环的过程（至少在激活状态下），但该过程有助于抗原处理过程的启动，这是因为抗原通常在一开始便激发了机体的免疫应答反应。激发IgE产生反应的抗原被称为过敏原，而参与造

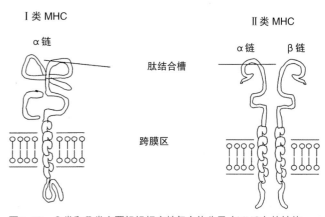

图1-42　Ⅰ类和Ⅱ类主要组织相容性复合体分子（MHC）的结构

成自身免疫性疾病的抗原则被称为自身抗原。

不论是抗原还是过敏原，机体首先需要识别抗原后才能发生免疫应答反应。抗原大多数为具有复杂三维结构的蛋白质。为了发现抗原的存在，机体通常利用两套不同的受体监测：

- 抗体——在B淋巴细胞表面表达并可以识别抗原的三维结构。它们通常可探测到抗原蛋白质分子的具有高度免疫原性的特殊部位并且使之位于抗原分子外部。这些抗原上的片段即所谓的免疫优势抗原表位（Immunodominant epitopes）。

- T细胞受体——位于T淋巴细胞表面，无法识别抗原蛋白的固有结构。抗原分子必须首先经过抗原递呈细胞的处理，在处理过程中蛋白被各种水解酶分解成肽段，这些酶包括组织蛋白酶E。这些肽段的长度通常为8~12个氨基酸的长度。

获得性免疫应答反应的产生可能是由于基因重组造成了T细胞和B细胞受体之间的巨大差异。每一个淋巴细胞形成后都表达各自独特的受体，能够识别特异的抗原位点。仅从直觉来看，抗体受体和T淋巴细胞受体是在接触抗原后，为了特异性识别该抗原而形成的。但事实上，抗体受体和T淋巴细胞受体在生命的早期阶段，未经过预先接触抗原，便已经完成了针对各种可能的抗原蛋白受体的形成过程。这意味着机体自身有能力对任何在之后新出现的蛋白产生应答反应。但这一过程也可导致淋巴细胞识别宿主组织（自身反应性淋巴细胞）。这种细胞可能引起动物的自身免疫性疾病，但并不常见，因为自身反应性细胞通常受到良好的控制。当正常调控机制出现问题时，可发生自身免疫性疾病。免疫细胞受体抗原识别通常是指对来自于体内或体外的蛋白质的自身或非自身的识别。在传统的免疫学观点中，机体识别自身和非自身抗原以避免伤及自身组织。

免疫系统具有多套机制可以防止这些"自身反应性"的淋巴细胞对机体造成损伤：

- 如宿主抗原天生处于隐藏状态（如：眼球内、中枢神经系统、睾丸），则淋巴细胞不能进入该部位的组织内，也不能与之接触并保持免疫忽视状态。

表1-15　细胞因子：主要来源、作用靶点、生物学作用

细胞因子	主要来源	主要作用靶点	生物学作用
趋化因子（多种：CC趋化因子，CXC趋化因子，C趋化因子，CX3C趋化因子，其他）	巨噬细胞，内皮细胞，T细胞，成纤维细胞，血小板	白细胞	趋药性，向组织内迁移作用，细胞激活作用
干扰素（IFN）-α	巨噬细胞	自然杀伤（NK）细胞，组织细胞	提高主要组织相容性复合物（MHC）Ⅰ的表达水平，抗病毒状态，NK细胞的激活
IFN-β	成纤维细胞	NK细胞，组织细胞	提升MHC　Ⅰ分子的表达水平，抗病毒状态、NK细胞的激活
IFN-γ	巨噬细胞，T细胞(T_H1, CD8⁺), NK细胞	巨噬细胞，NK细胞，T细胞，B细胞，树突状细胞	巨噬细胞的激活（刺激活性氧化代谢物的产生），T细胞的分化（T_H1），B细胞转化为免疫球蛋白（IgG），MHC-Ⅰ、MHC-Ⅱ的表达
白细胞介素（IL）-1	巨噬细胞，内皮细胞，某些上皮细胞	内皮细胞，下丘脑，肝脏	内皮细胞的激活、发热反应，急性期反应蛋白的合成，IL-6的合成
IL-2	巨噬细胞，T细胞	B细胞，T细胞，NK细胞	炎性反应，T细胞的增殖分化，IFN-γ和IL-4的合成，NK细胞的增殖分化、抗体的合成
IL-3	T细胞	未成熟造血细胞	刺激血细胞的生成
IL-4	T细胞	T_H2细胞，B细胞，上皮细胞，巨噬细胞	加速T_H2细胞的发育，同时加强B细胞类的转化和IgE的产生，过敏反应，巨噬细胞的激活，胃肠道的蠕动，黏液的产生
IL-5	T_H2细胞，肥大细胞	嗜酸性粒细胞，B细胞	嗜酸性粒细胞的激活、生长和分化，刺激IgA的生成
IL-6	巨噬细胞，内皮细胞，T细胞	肝脏，B细胞，原始白细胞	急性期反应蛋白的合成，B细胞的增殖分化及抗体的产生，刺激中性粒细胞的产生，刺激IL-17的生成
IL-7	成纤维细胞，骨髓基质细胞	未成熟原始淋巴细胞	B淋巴细胞和T淋巴细胞的产生
IL-10	巨噬细胞，T细胞（Treg）	巨噬细胞，树突细胞	抑制Ⅱ类MHC分子IL-12的产生和表达
IL-12	树突细胞，巨噬细胞	T细胞，NK细胞	T_H1细胞的分化，刺激合成IFN-γ
IL-13	T_H2细胞，嗜酸性细胞、嗜碱性细胞、NKS细胞、T细胞、巨噬细胞	B细胞，单核细胞，树突细胞，嗜酸性粒细胞，嗜碱性粒细胞，成纤维细胞，内皮细胞，上皮细胞	增加黏液的生成，增加IgE合成，过敏反应，成纤维细胞增殖分化（纤维化过程）
IL-15	巨噬细胞，其他	NK细胞，T细胞	增殖分化（NK细胞以及CD8⁺记忆T细胞）
IL-17	T细胞（T_H17）	白细胞，上皮细胞	刺激趋化因子、抗菌肽、炎性反应、中性粒细胞反应的产生
IL-18	巨噬细胞	NK细胞，T细胞	IFN-γ的合成
IL-21	T细胞	B细胞，T细胞，NK细胞	B细胞生长、产生滤泡辅助T细胞、T细胞和NK细胞的增殖分化
IL-22	T细胞	上皮细胞	刺激抗菌肽的合成，促进屏障功能
IL-23	巨噬细胞，树突细胞	T细胞	维持T细胞不断产生IL-17
IL-25	T_H2细胞	吞噬细胞，T细胞	刺激IL-4，IL-5，IL-13的产生；提高转移抑制因子的表达水平（炎症反应部位吞噬细胞的定植）
IL-27	巨噬细胞，树突细胞	T细胞，NK细胞	T_H1的分化；IFN-γ的合成
粒细胞克隆刺激因子	巨噬细胞，成纤维细胞，内皮细胞	原始颗粒细胞	刺激颗粒细胞产生
粒细胞集落刺激因子	T细胞，巨噬细胞，内皮细胞，成纤维细胞	骨髓祖细胞	刺激粒细胞和单核细胞生成和巨噬细胞的激活
单核细胞集落刺激因子	巨噬细胞，内皮细胞，骨髓细胞，成纤维细胞	原始单核细胞	刺激单核细胞产生
干细胞（c-Kit 配体）	骨髓基质细胞	造血干细胞	刺激血细胞生成

表1-15 细胞因子：主要来源、作用靶点、生物学作用（续表）

细胞因子	主要来源	主要作用靶点	生物学作用
转化生长因子（TGF）-β	T细胞，巨噬细胞，其他	T细胞，B细胞，巨噬细胞，成纤维细胞	抑制T细胞生长及其效应器功能，抑制B细胞的增殖分化，抑制巨噬细胞的激活，刺激血管的生成，增加胶原纤维的合成
肿瘤坏死因子（TNF）	巨噬细胞，T细胞	内皮细胞，中性粒细胞，下丘脑，肝脏，肌肉，脂肪，其他细胞	刺激炎性反应，中性粒细胞和单核细胞的聚集，IL-1的合成，某些细胞的凋亡，分解代谢

· 当淋巴细胞在骨髓内或胸腺发育的时候，其中与自身抗原发生反应的淋巴细胞将被杀灭，人们称之为程序性细胞凋亡（细胞凋亡）。这一机制称为克隆清除（Clonal deletion）。这一过程可避免很多自身反应性细胞到达外周循环系统，即中枢耐受（Central tolerance）。

· 如果自身反应性淋巴细胞进入到外周循环，则机体可以通过一系列外周耐受反应（Peripheral tolerance）过程保护自身，或机体也可以变为无免疫活性状态。无反应状态（Anergy）可使细胞在与抗原递呈细胞相互作用时不接受相应的信号（第二信号），因而淋巴细胞不被激活。

· 自身反应性淋巴细胞也可由调节性T细胞调控，后者可分泌免疫抑制性细胞因子，如IL-10和TGF-β。

现已有人提出另一理论，用以解释适应性免疫在接触抗原后如何产生[341,342]。在"危险模型"中，该假设认为免疫系统更倾向于破坏而非识别外来物。在该模型理论中，免疫系统由受损伤细胞产生的警告信号激活，而非通过识别非自身物质的方式。这种模型一定程度上有助于解释免疫应答反应不针对胎儿或肿瘤的原因，在胎儿体内和肿瘤组织中都含有新型蛋白，机体将其视作从未接触过的异物。在"危险模型"中，"危险的自身"抗原如双链DNA，或"无害性外源"抗原如牛奶蛋白，后者在哺乳动物哺乳期间与动物免疫系统第一次接触。

犬、猫的皮肤经常暴露于大量各种来源的抗原下。一般将抗原分为三大种类：寄生虫或传染源性抗原，可激发过敏性炎症反应的过敏原，以及激发机体自身免疫性疾病的自身反应抗原。这几类抗原中有许多具体实例已在犬类报道，但在猫还较少有明确的鉴定。例如，人们已知犬、猫对猫栉首蚤（Ctenocephalides felis）唾液中的某些蛋白过敏[343-346]，这种蛋白经克隆、测序并被指定为Ctef1[347]。

人们发现在健康和患有脓皮症犬的皮肤中，中间型葡萄球菌的抗原都可以激发IgG免疫应答反应[348]。已经被确认发现的蛋白质分子量在20~198kD之间，但大多数抗原分子量在75kD以下。Western 免疫印迹方法测定最常见

28~29kD大小的抗原。但这些蛋白质的确切性质和功能尚不明确。对于细菌的过敏反应确有发生，目前为止，伪中间型葡萄球菌的过敏原尚未被确认。厚皮马拉色菌可产生大量的与犬临床相关的抗原和致敏原。使用Western免疫印迹方法的情况下，与健康犬相比，四种大小分别为219kD、110kD、71kD和42kD的蛋白主要在非过敏性马拉色性皮炎患犬体内可见[349]。在遗传性过敏犬，一种大小为25kD的抗原在大多数马拉色性皮炎动物体内被确认，仅在少数过敏犬和健康犬未见马拉色菌的过度生长，这一现象提示这种抗原蛋白与疾病具有某些临床相关性[350]。在大多数过敏犬还可见内分子量大小为45kD，52kD，56kD和63kD的蛋白质过敏原，在超过50%的马拉色菌过度生长的过敏患犬血清中，这些蛋白被IgE所识别[351]。这些蛋白质的功能尚不能确定。

在患有过敏性皮炎的犬，很多致敏原在发病机制中起到重要的作用。虽然对大多数致敏源进行分类，只有少数被了解到蛋白水平。其中最重要的过敏原是来自于表皮螨属（Dermatophagoides farinae）和屋尘螨属（Dermatophagoides pteronyssinus）的尘螨抗原。犬的大多数尘螨过敏原似乎都具有高分子量的几丁质酶，而不是1类和2类蛋白酶。这种几丁质酶可见于粉尘螨内脏，并被分类为Derf15过敏原。但1类和2类蛋白酶的确切作用尚不十分明确，一研究报道利用酶联免疫反应（ELISA）方法和斑点杂交方法，显示许多过敏犬的IgE对Derp1、2和Derf1、2过敏原产生反应[352]。近期的其他研究也证明在患有遗传性过敏性皮炎的患犬，可对大多数柳杉、Cryj1和Cryj2过敏原产生反应[353]。此外，健康犬和过敏犬同样可对尘螨的多种抗原产生IgG反应，这些抗原的分子量在20~180kD之间。但最主要的免疫反应见于与主要过敏原Derf15具有相同分子量的蛋白。对尘螨抗原的免疫应答似乎具有种特异性，18kD和98kD大小的抗原最常被IgG1识别，而18kD、45kD、66kD、98kD、130kD以及180kD大小的抗原则被IgG4识别[354]。

现已被发现大量自身抗原与犬的皮肤疾病有关，包括桥粒芯蛋白1、3[355-358]，桥粒胶蛋白，血小板溶素[359]，各种基底膜蛋白[90,92,360,361]以及核抗原[362,363]。

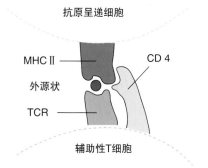

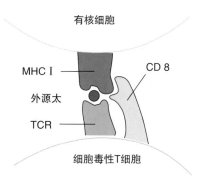

图1-43 通过Ⅰ型和Ⅱ型主要组织相容性复合物（MHC）分子递呈抗原。TCR，T细胞表面受体

2. 抗原递呈

尽管某些抗原可以通过与细胞表面抗体的作用直接激活B淋巴细胞的免疫应答反应，但在大多数情况下，有效的免疫应答反应需要通过刺激T淋巴细胞产生。与抗原抗体之间的相互作用不同，T细胞无法识别整个的蛋白质。为了激活T细胞群，抗原必须首先经过处理并通过"专门的抗原呈递细胞"被递呈给T细胞受体。人们对犬、猫皮肤的这一过程知之甚少；我们大量的认知都来源于人类和啮齿目动物的相关研究。皮肤内主要的抗原呈递细胞有朗格汉斯细胞（位于表皮）和真皮树突细胞（位于真皮）[364]。这些细胞将抗原吞噬并破坏分解成小的肽段，形成吞噬小体。这些肽段无法单独与T细胞受体发生反应，它们首先要与MHC蛋白分子相接触。MHC蛋白在抗原呈递细胞内形成。这些蛋白将分解抗原产生的肽段重新送回至细胞表面并递呈至相邻的T细胞受体。

3. 主要免疫组织相容性复合物

MHC基因组编码许多种重要的蛋白：

· Ⅰ类基因编码的蛋白位于大多数有核细胞的表面。

· Ⅱ类基因编码的蛋白通常仅见于巨噬细胞和淋巴细胞表面。

· Ⅲ类基因编码多种炎性分子，包括补体、TNF以及热休克蛋白。

仅有MHCⅠ类和Ⅱ类分子参与抗原的处理和递呈（见图1-3）。MHC分子内的凹陷部分是抗原肽段的结合位点。对于外源性抗原（如细菌或病毒），"腊肠样"小片段肽段结合到MHCⅡ类蛋白的凹槽中。结合的MHC/肽段复合物向上移动至抗原递呈细胞表面，准备向T细胞递呈。MHCⅡ类分子可在组织切片中检测到，可以此鉴定抗原递呈细胞。对有核细胞内的内源性抗原（如自身蛋白或被病毒感染的细胞内产生的病毒蛋白），肽链片段被处理后与MHCⅠ类分子结合。这些分子也在细胞表面有表达。MHC分子具有临床相关特性，因为MHC分子的某些种类使动物和人更容易患某些疾病，如自身免疫性疾病或肿瘤。例如，犬系统性红斑狼疮在具有DLA-A7MHC单体型分子的犬更常见。

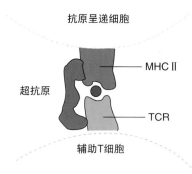

图1-44 超抗原活化T细胞过程。MHC，主要组织相容性复合物；TCR，T细胞表面受体

4. 抗原递呈至T细胞的过程

抗原肽链片段位于各自MHC分子所处的细胞表面，之后被递呈给T淋巴细胞。T淋巴细胞可分为两大类[365]：

· 辅助T细胞具有表面蛋白CD4，是MHCⅡ类分子的受体。

· 细胞毒性T细胞具有表面蛋白CD8，是一种MHCⅠ类分子受体。这些分子之间的相互作用概述见图1-43。

T细胞受体特指CD3。因此CD3的免疫标记可用于组织切片中的T细胞鉴定。这一特性在对淋巴组织细胞肿瘤进行分类时具有重要意义，也可用于显示疾病中的炎性浸润现象，如过敏性皮炎[364]。免疫组化方法也被用于确定炎性反应中CD4和CD8细胞的相对比例。这些细胞数量比例的变化在某些疾病中已经得到确认。

一种特殊的T细胞活化抗原过程在有超抗原存在的情况下进行。超抗原通过MHC分子和远离肽段结合部位的受体交联，直接刺激T细胞（图1-44）。这一激活过程可以活化淋巴细胞，促进细胞因子和炎症反应的产生。最佳的例证便是金黄色葡萄球菌外毒素。人们已经证明从患有脓皮症的犬体内分离的中间型葡萄球菌可产生超抗原，同时还常检测到葡萄球菌肠毒素A和B[366]。在该研究中，人们还发现葡萄球菌肠毒素可能刺激犬的T细胞。

5. T细胞的活化

抗原递呈后，获得性免疫应答反应产生的下一步骤是

表1-16 抗原呈递细胞和T细胞之间的分子相互作用（第二信号）

有核细胞	细胞毒性T细胞	抗原呈递细胞	辅助T细胞
ICAM-1	LFA-1	ICAM-1	LFA-1
LFA-3	CD2	LFA-3	CD2
B7-1	CD28	B7-1	CD28
		IL-1 分泌	

注：B7-1，也称CD80，是免疫球蛋白超家族成员之一；CD2，也称LFA-2，是免疫球蛋白超家族中的黏附分子；CD28，是免疫球蛋白超家族中的成员之一；ICAM-1，细胞内黏附分子1（也称CD54，是免疫球蛋白超家族中的一种黏附分子）；LFA-1，白细胞功能相关抗原1（也称CDa/CD18，是整合黏附分子的α链和β链）；LFA-3，淋巴细胞功能相关抗原3（也称CD58）。

表1-17 T_H1和T_H2型细胞因子的基本功能

辅助T细胞类型	细胞因子	基本功能	最终结果
T_H1	IL-2	T细胞增殖分化	T细胞特异性致敏原渗透进入炎性反应部位
	IFN-γ	激活巨噬细胞抑制T_H2细胞因子的释放	促进T_H1的应答反应
T_H2	IL-3	肥大细胞和嗜碱性细胞生长因子	增加肥大细胞和时间性细胞的数量
	IL-4	引起 B 细胞转化，由产生IgG变为产生IgE（类型转变）	过敏型炎性反应
	IL-5	刺激嗜酸性细胞增殖分化和IgA的分泌	增加嗜酸性细胞的数量
	IL-6	主要炎性细胞因子	激活所有炎性细胞
	IL-10	抑制IL-2分泌	促进T_H2的应答反应

注：IFN，干扰素；Ig，免疫球蛋白；IL，白介素。

T细胞的激活。前文所提及的细胞间相互作用无法令T细胞自身达到活化状态。T细胞的活化，需要第二信号。第二信号是指在两个细胞上的黏附分子之间和特异性受体配体之间产生的一系列分子间相互作用。在某些情况下，细胞因子信号也参与第二信号（Second signals）。如果这些第二信号未发生，则T细胞不会产生应答反应，则宿主表现出对抗原的耐受，也即所谓的无反应性状态。主要抗原递呈细胞和T细胞间第二信号概述见表1-16。

受体配体间相互作用与MHC/T细胞受体间的相互作用有协同作用，共同活化T细胞内的信号传导机制。这些传导物质包括G蛋白、酪氨酸激酶，以及促分裂原活化蛋白（MAP）激酶。这些酶可以调节蛋白质的功能，并引导某些分子机制的水平上调，导致细胞的分裂增殖、细胞因子的合成和分泌。最终，抗原特异性T细胞被激活、增殖分裂、数量增加、分泌细胞因子。在细胞毒性T细胞（CD8⁺）中，活化过程导致细胞释放穿孔蛋白、细胞毒性酶和细胞因子，如TNF-α。这些物质可以杀死靶细胞，这一过程被称为细胞介导的细胞毒性作用（Cell-mediated cytotoxicity）。该过程主要作用是消除病毒感染的细胞。辅助性T细胞（CD4⁺）的活化可促进多种细胞因子的合成，但细胞因子产生的种类则取决于T细胞所属的亚型（见下文）。

6. 辅助性T细胞的应答

最初，人们在小鼠体内发现两种辅助性T细胞的亚群[367]。在人类也可观察到类似的分化方式，但并不十分明显[368]。这些亚群在形态学上完全一致，无法使用表面标记物进行区分，它们仅在受到抗原刺激后表现出不同。两者之间的区别在于激活后产生的细胞因子类型：

·1型辅助性T细胞（T_H1）主要产生IL-2和IFN-γ。

·2型辅助性T细胞（T_H2）主要产生IL-4、IL-5、IL-6、IL-10和IL-13。

辅助性T细胞起初被定义为TH0细胞，但可根据接收到的抗原递呈细胞的信号的不同而变化成T_H1或T_H2两种亚群。抗原递呈细胞分泌的IL-4是T_H2细胞发育的有效活化信号。而且某些寄生虫分泌产生的物质，如前列腺素E2可引导T细胞出现T_H2细胞的表型。因此，很多寄生虫疾病主要产生T_H2型免疫应答反应。与之不同，抗原递呈细胞分泌的IL-12是T_H1细胞产生的有效活化信号。

一旦免疫反应开始进行，并向T_H1或T_H2亚型的方向推进，反应将沿着既定的方向继续进行，因为该方向下的细胞产生细胞因子，可抑制细胞向反方向发展。炎性反应的种类也取决于不同细胞因子功能（表1-17）。总体来说，T_H1细胞反应促进细胞介导的免疫反应并促使B细胞产生IgG，但T_H2细胞反应则促进IgE的产生和过敏反应。

T_H1和T_H2淋巴细胞产生的细胞因子引起人们的极大兴趣，因为这些细胞因子可能与机体对环境致敏原的过敏反应有关。最新的研究更多关注CD4 T_H1和T_H2细胞在人类过敏性皮炎中的作用[369,370]。很多研究都已经发现在人[371-375]和大鼠模型[376,377]中过敏患者皮肤和外周血液中的单核细胞有T_H2细胞的分化现象。T_H1细胞因子抑制T_H2细胞的分化[378]，但在绝大多数（80%）人类过敏性皮炎患者的湿疹部位皮肤内可见有大量的T_H1型细胞因子IFN-γ的高度表达[379]，这一现象暗示了T_H1细胞也参与慢性过敏性皮炎。而且，健康的个体并不对环境致敏原产生T_H1细胞介导的炎性反应[368]。相反，健康个体的免疫耐受性可能由免疫抑制性细胞因子IL-10和TGF-β介导，这两种细胞因子由T-reg淋巴细胞和巨噬细胞产生[380,381]。

淋巴细胞群的平衡失调和细胞因子的产生在人类过敏性皮炎的发病机制中具有重要作用。过敏性的病变是动态的、连续性的过程，T_H2细胞亚群在该过程起始阶段活化，在这之后T_H1细胞亚群维持炎性反应的进行[369]，在人类患者的皮肤致敏原激发或过敏性斑贴（APT）试验中，也可见细胞因子表达的两相性现象[382,383]。使用免疫组化方法，用两种不同的表面标记物，将取自过敏性患者APT试验的活组织切片进行IL-4和IFN-γ的双重染色，可见两者在皮肤对过敏原产生皮肤湿疹反应中的表达差异巨大。T_H2和T_H0产生的IL-4在反应的起始阶段占据优势，随着反应的不断发展和在慢性期时，情况则逆转过来，由T_H1和T_H0细胞产生的IFN-γ占主导地位，且IFN-γ的产生压制了IL-4的产生[383]。

迄今为止，仅有少量关于遗传性过敏性皮炎患犬的细胞因子谱的研究。有报道研究使用RT-PCR方法调查犬病变性或非病变性皮肤样本中的1型细胞因子（IFN-γ、IL-2、IL-12p35、IL-12p40、TNF-α）和2型细胞因子（IL-4、IL-5、IL-6、IL10）的mRNA转录表达量，试验选取过敏犬作为试验组而将健康犬作为对照组。结果显示1/4的过敏犬表达T_H2型细胞因子，而健康犬组中有1/4表达T_H1型细胞因子[384]。2型细胞因子IL-4和IL-5在57.1%的病变皮肤样本中、40%的无病变皮肤样本中以及25%的正常对照组皮肤样本中可见，而IL-6和IL-10则在过敏组和对照组都少见。1型细胞因子IL-2的mRNA在无损伤性过敏犬样本中表达频率比对照组样本略低，IL-12p40在对照组的表达量则显著高于在过敏犬损伤性皮肤中的表达量[384]。

使用半定量RT-PCR方法调查T_H2细胞因子（IL-4、IL-6）、T_H1细胞因子（IFN-γ、IL-2、TNF-α）以及免疫抑制性细胞因子（TGF-β、IL-10）的研究表明过敏犬的皮肤内有IL-4的过度表达和TGF-β的表达不足现象[385]。与健康皮肤相比，过敏犬病变性和非病变性的皮肤中IL-4mRNA的水平均显著升高。与此类似的还有1型细胞因子IFN-γ、IL-2和TNF-α，这些因子的mRNA水平在病变性过敏性皮肤中的水平显著高于无病变性过敏性皮肤和健康皮肤中的mRNA水平。IL-12p35和IL-12p40mRNA的水平在过敏和健康皮肤中变化范围很大，且在三种皮肤中无显著性差异[385]。

另一项使用半定量RT-PCR方法检验外周血液单核细胞（PBMCs）中IFN-γ、IL-4、IL-5以及IL-10的水平的试验，选取健康犬和过敏犬作为试验对象。该研究显示两组动物都表现为TH-2途径[386]。在这项研究中，过敏犬IL-5 mRNA平均表达量显著高于对照组，IL-4 mRNA的水平也较高。IFN-γ mRNA表达水平在过敏犬则显著低于对照组犬，但IL-10的表达水平在两组之间没有差异。

更进一步的研究表明，对柳杉花粉过敏的试验犬的PBMCs细胞因子的生成向T_H2方向极化，PBMC在对致敏原的应答反应中不断增殖[387]。通过实时RT-PCR系统对细胞因子IL-1β、IL-2、IL-4、IL-6、IL-8、IL-10、IL-18、IFN-γ、TGF-β以及TNF-α的表达水平进行定量，结果显示TNF-α和IL-8在试验过敏组犬初级PBMCs内有表达，但试验组IFN-γ的表达水平却有所下降。PBMCs经柳杉花粉刺激后，细胞因子的生成发生变化。IL-6和TNF-α在对

照组犬体内的表达量则高于过敏组，IL-2 mRNA在试验组过敏犬PBMCs中的表达水平显著高于对照组。对照组犬和过敏试验组犬IL-4 mRNA的水平在初级PBMCs中均低于监测值下限，经抗原刺激后，IL-4mRNA在PBMCs的水平显著上升。

最新的一项研究以APT测试结果中高IgE且对尘螨过敏的比格犬为试验动物，调查了这些犬体内的一组14种T_H1、T_H2、促炎性细胞因子、趋化因子[388]。试验将试验动物的细胞因子谱在APT测试前和测试后6h、24h、48h以及98h进行测定。研究显示在免疫反应早期，IL-6具有一定作用，随后是IL-3、胸腺及活化调节因子（TARC），而在此之后的反应中IL-18水平逐渐升高。研究结果支持犬过敏性皮炎与人过敏性皮炎类似的假设，即细胞因子基因的表达种类变化取决于皮肤损伤所处的不同阶段。

综上所述，这些研究都显示T_H2型细胞因子谱在犬过敏性皮炎中普遍可见。但在过敏性皮炎动物体内，T_H1和T_H2型细胞因子的表达是并存的，这说明T_H细胞亚群均在犬过敏性皮炎致病机制中起到作用。也有人提出，犬和人的过敏性皮炎病例中，T_H1和T_H2型细胞因子在皮肤损伤的不同阶段作用不同。动物模型的一个关键因素反应的是起始阶段T_H2型细胞的连续活化，之后由T_H1细胞亚群负责维持炎性反应的进行。

7. B淋巴细胞的激活与抗体产生

活化的T淋巴细胞通过分泌前炎性细胞因子激发其自身的炎性反应。但多数情况下，抗体的应答反应有助于清除病原微生物或中和毒素。抗体的合成需要活化B淋巴细胞，可通过多种途径活化B细胞：

· B细胞可能在接触抗原后直接被活化。B细胞表面的IgM及IgD可以识别抗原并刺激细胞的增殖和抗体的生成。

· 有补体参与抗原识别时，B细胞对微生物的应答反应水平可大大提高。

· 某些B细胞（称为B-1细胞）本身具有产生IgM来抵御常见细菌多糖与脂质的能力。这些细胞不需要T细胞的辅助便可产生抗体。

· B细胞还可以通过和辅助性T细胞之间的相互作用而活化。该过程中，B细胞是抗原呈递细胞。抗原经过B细胞的内吞、处理和递呈，通过MHC Ⅱ型分子递呈至T细胞。抗原被递呈至T细胞受体后，T细胞产生应答，分泌细胞因子活化B细胞并刺激B细胞产生抗体。与先前所描述的T细胞间相互作用相同，如果需要活化B细胞，则需要第二信号的参与（表1-18）。

如上所述，T细胞所分泌的细胞因子的种类可影响产生的抗体的种类。如果B细胞与T_H2型细胞相互作用，则IL-4诱导B细胞产生IgE而非IgG。这个过程即所谓的构型类别转换（*Isotype or class switching*）

表1–18　T细胞与B细胞之间的分子相互作用（第二信号）

B细胞	辅助T细胞
ICAM–1	LFA–1
LFA–3	CD2
B7–1	CD28
CD40	CD40配体
抗体产生	细胞因子分泌

B7–1，也称CD80，是免疫球蛋白超家族的成员；CD2，也称为FLA–2，是免疫球蛋白超家族中的黏附分子；CD28，免疫球蛋白超家族成员；ICAM–1，细胞间分子1（也称CD54，免疫球蛋白超家族中的黏附分子）；LFA–1，白细胞功能相关抗原1（也称为CD11a/CD18，整联蛋白黏附分子的α、β链）；LFA–3，淋巴细胞功能相关抗原3（也称CD58）。

抗体可通过多种方式帮助机体清除传染性抗原：

- 抗体可中和抗原、病毒、毒素。
- 抗体可使细菌易受调理素作用，结合于吞噬细胞的Fc受体，并激发细胞吞噬作用。
- 抗体可形成免疫复合物激活补体，使细菌包被C3b补体，引导细胞吞噬作用。
- 通过激活补体，抗体引发炎性细胞浸润和细菌细胞壁的溶解。
- B细胞表面的抗体可激活细胞并引起其增殖分裂，并产生更多的抗体。
- 抗体也可将抗原递呈至T细胞并激发辅助反应。

抗体对传染性抗原、过敏原和自身抗原的反应在犬、猫皮肤病中有大量记录。已证明IgG和/或IgE抗体对葡萄球菌蛋白[389]、马拉色抗原（*Malassezia*）[350,351,390]、尘螨蛋白（*D. farinae*）[391,392]以及犬角化细胞蛋白[355,393,394]有应答反应。尽管这些抗体反应被认为是保护性作用，但它们也可引起过敏反应和自身免疫疾病。几乎所有的免疫应答反应中都会有IgG产生，即使在有其他种类抗体存在时。健康犬和感染犬的体内都可见IgG对中间型葡萄球菌/伪中间型葡萄球菌和厚皮马拉色菌的复合抗原的应答反应，可能是由于这些病原微生物是犬的常在菌。使用ELISA方法可发现IgE对这些微生物也有应答反应。健康犬和过敏犬体内IgG可对某些环境过敏原（如粉尘螨）产生应答反应[391]。

自身抗体的形成可能与遗传、感染、环境以及激素因素有关。遗传因素包括MHC基因编码、细胞因子和T细胞调控因子。感染在某些环境下也有可能激发自身免疫性疾病。环境因素包括UVL，UVL在红斑狼疮发病机制中具有重要作用。激素因素也有可能与自身抗体有关，因为某些疾病通常只在单一性别常见。这些因素可以引起自身免疫性疾病，通常通过如下的机制：

- 在早期未能形成自身耐受性机制。
- 多克隆B细胞被某些病毒和寄生虫激活，激发自身反应性细胞。这些细胞产生抗体对抗自身抗原，如DNA、IgG、磷脂、红细胞、淋巴细胞。

- 无法调节T细胞功能。
- 由超抗原活化T细胞。
- 正常细胞损伤后表达Ⅱ型MHC，令其自身被辅助T细胞识别。
- 隐藏抗原的暴露，如CNS、睾丸、晶体。
- 微生物和自身抗原之间的交叉反应——即所谓的分子模仿，但其真正意义尚不明确。
- 病毒或淋巴肿瘤的形成可干扰正常免疫功能，使得自身反应性细胞产生。

8. 免疫力和炎性反应

免疫学反应过程的最终结果是炎症反应。炎症反应的特征是白细胞的聚集和血浆蛋白质进入组织，并在该部位活化。炎性反应（*Cardinal signs of inflmmation*）的主要表现是红、肿、热、痛。炎症反应的意义在于消除有毒物质或微生物，并形成免疫状态。但正如我们所见，很多机制可能效果不佳或可造成机体发生不利的炎性反应。这是由于很多兽医皮肤病医生（及其他医师）花费了大量的时间试图通过抗菌药物的使用治疗葡萄球菌和马拉色菌感染来消除抗原，或是通过糖皮质激素或其他免疫调节性药物的使用治疗过敏或自身免疫性皮肤病从而抑制不需要的炎性反应，但这些尝试都失败了。

六、皮肤生态

皮肤构成了机体的保护性屏障，机体无法在没有皮肤的情况下生存。它的防卫作用由三部分组成：物理性、化学性、微生物性[2]。毛发构成了第一道物理性防御屏障，它阻止病原物质与皮肤的接触，并将物理性或化学性的外源入侵降低到最小。毛发还可以使机体避开微生物。

角质层构成了基本的物理性保护屏障。它厚而致密包裹的角化的细胞被富集于角蛋白层外侧皮脂、汗液和表皮脂质所浸润，起到物理屏障的作用。皮肤表面乳浊液中的水溶性物质，包括无机盐和蛋白质，可抑制微生物。氯化钠和抗病毒性的糖蛋白干扰素、白蛋白转铁蛋白、补体、糖皮质激素和免疫球蛋白也在乳浊液层里[2,7,84]。皮肤表面脂质的组成成分和性质通常恒定不变，且皮脂不断地由常在菌分解代谢成为脂肪酸，其中有些脂肪酸可杀灭细菌和真菌[395]。通常，犬的皮肤中，①真皮内的细胞间隙、真皮血管和毛乳头可见IgG和IgM；②上皮BMZ、毛囊、皮脂腺可见IgM；③毛上汗腺（提示IgA是皮肤分泌性免疫球蛋白）可见IgA；④角化层和真皮细胞间隙可见C3[396-399]。猫鼻镜的BMZ可见IgM[400]。聚合免疫球蛋白受体由角化细胞和汗腺分泌部的导管上皮细胞表达并合成[401]。这种受体可以和IgA与IgM相互作用；作用过程保护皮肤免受微生物和其他外来抗原侵犯。抗菌肽（AMPs）包括抗菌肽和β防御素，是小分子阳离子肽，参与固有免疫反应，防御多种病原物质。AMPs在健康犬、猫的表皮、毛囊以及皮脂腺中均可见[290,401a–403]。

皮肤表面酸性状态（"酸性外膜"）和皮肤自身抗菌活性之间存在着某些关系[395]。依靠于多种缓冲体系包括汗液的乳酸、氨基酸和氨，皮肤表面的缓冲能力可抵御机体内外部的酸化和碱化作用。一般来说，炎性反应可引起皮肤表面pH由酸性或中性转化为碱性。可使用玻璃电极方法测量（酸度计）皮肤表面pH[395]。

影响皮肤菌群的最大影响因素是角质层的水合程度[2,395,404]。皮肤表面的含水量增加（环境温度升高、相对湿度增加或密闭环境）可大大提升微生物的数量。总之，潮湿或油腻的皮肤通常具有大量的微生物。除了对微生物菌群的产生作用外，表皮水含量在调节表皮生长、角化作用和通透性方面也具有重要作用[404]。皮肤水合程度的研究使用蒸发计和/或水分测试方法对其进行测定[133]。

角蛋白和水分之间的平衡对角化组织完成其功能至关重要[133]。角化层可以通过摄取水分而使厚度增加超过100%。而毛发则只能增加约15%的厚度。这一差异可能是由于角化层内胱氨酸的含量比毛发低造成的[133]。经表皮的水分流失（TEWL）表现为经皮肤表面蒸发的水蒸气，并反映出角化层的完整性[133,405]。健康皮肤的特征是皮肤TEWL及水合状态（保水能力）之间成正比。病理状态下的皮肤TEWL与角化层水含量则成反比，这是因为皮肤屏障功能受损或是皮肤的角质化发生了改变（TEWL增加、水合程度下降）。

犬皮肤的不同部位含水量不尽相同，干性皮肤内含水量较正常皮肤更低[406]。臀部、胸壁以及大腿外侧被毛相对湿度约为50%，尾腹侧、颈腹侧约为70%[407]。相对湿度在不同被毛颜色的动物和不同性别动物之间不存在差异性，但尾腹侧和颈腹侧被毛的相对湿度随着动物的年龄增长会增加[407]。依据产热或光照情况，犬的平均皮肤温度为35～39℃，被毛含水量差异可达2倍[408]。

正常皮肤的菌群也有助于皮肤发挥正常的防御作用。细菌、偶见酵母菌和丝状真菌定植于皮肤表面（尤其是角化层细胞间隙）和毛囊漏斗部[409,410]。通常菌群为混合的细菌群并形成共生的环境。菌群可能在皮肤环境不同的时候发生改变，这些皮肤环境变化包括pH、盐分、湿度、白蛋白水平、脂肪酸水平。宿主和微生物之间的密切联系使这些共生细菌可以占据优势地位，并抑制外来微生物的入侵。皮肤常在菌群之间的相互作用可以归类为如下几种[409]：

①单向和双向拮抗（"拮抗"）。指两种菌群中的一种在生长环境下产生的产物不适宜另一种菌的生长。这种关系的产生机制包括营养消耗、产生不适合菌群生长的氧化还原蛋白或pH、组织受体的占位或产生抑制另一种菌的物质（酶、抗生素、细菌素）。

②协同（"协同"）。指在关系中由一种微生物产生的营养物质（如氨基酸）使得另一种微生物可以获得营养从而两种菌共生。例如，伪中间型葡萄球菌和厚皮马拉色

菌在受损伤皮肤数量增加。

③中性联结。角化细胞合成多种抗菌肽（例如抗菌肽和β防御素），这些抗菌肽形成保护宿主机体的第一道屏障，防止其受到病原微生物（细菌、真菌、病毒、原生动物）的入侵[411]。这些肽类物质在调节细胞增殖、细胞外基质生成和细胞免疫反应的生理过程中起作用。人们认为某些微生物在皮肤上定殖并繁殖，形成皮肤的常在菌群（Residents）；这些微生物可通过除菌方法减少其数量但无法全部清除[2,409,410]。皮肤常在菌群不会在皮肤表面均匀分布扩散，而是在某些区域聚集形成小菌落；其他微生物称为暂时性菌群（Transients），这些菌来自于周围环境污染皮肤，可通过简单的除菌方法消除；第三类微生物介于常在菌群和暂时性菌群之间，称为流动菌群（Nomads）[409,410]。这些微生物在短时间内可定植于皮肤并进行复制，同时改变皮肤表面的微生态环境，因此这些微生物经常能在皮肤表面及深层进行定植和增殖。

目前已有大量的关于常见的犬、猫皮肤的微生物的定性研究。皮肤是极其有效的环境采集器，可以为环境中所有种类的微生物提供临时的停留、增殖环境。因此需要反复对皮肤微生物菌群进行定性研究才能对常在菌群和临时细菌菌群进行可靠地区分。但对于犬、猫皮肤确切的常在菌群种类仍然存在争议，因为大多数的研究周期都很短且未对菌群的活力状况进行描述[411]。

很多研究显示猫的皮肤常在菌包括有微球菌属、凝固酶阴性型葡萄球菌、α多溶血链球菌以及不动杆菌属细菌（见第四章）[6,7,412,413]。凝固酶阴性及凝固酶阳性型葡萄球菌通常都可在正常猫的皮肤表面分离得到[413-416]。凝固酶阴性型葡萄球菌中，最常分离得到的是模仿葡萄球菌（Staphylococcus simulans），该菌有可能是常在菌。头状葡萄球菌（Staphylococcus capitis）、表皮葡萄球菌（Staphylococcus epidermidis）、溶血性葡萄球菌（Staphylococcus haemolyticus）、人葡萄球菌（Staphylococcus hominis）、松鼠葡萄球菌（Staphylococcus sciuri）以及沃氏葡萄球菌（Staphylococcus warneri）最初分离自家养猫，而猫舍内饲养的猫则没有这些细菌，这说明这几种葡萄球菌是通过与人类接触获得的。在凝固酶阳性型葡萄球菌中，金黄色葡萄球菌和伪中间型葡萄球菌在家养猫比在猫舍中饲养的猫更常见。此外猫还有可能携带犬小孢子菌（Staphylococcus sciuri）而不表现症状（见第五章）[6,413,416]。

很多研究显示犬的皮肤常在菌群为微球菌属、凝固酶阴性型葡萄球菌、α多溶血性链球菌以及不动杆菌属菌（见第四章）[7]。凝固酶阴性型葡萄球菌［如施氏葡萄球菌（Staphylococcus schleiferi schleiferi）］以及凝固酶阳性型葡萄球菌（尤其是表皮葡萄球菌、木糖葡萄球菌、凝固型施氏葡萄球菌以及伪中间型葡萄球菌）是在正常犬皮肤和被毛经常可分离出的菌，在皮肤与被毛之间、菌种之

间、身体部位之间，这些葡萄球菌没有表现出现有显著的性质和数量差异[7,410,416-421]。直肠黏膜、鼻黏膜以及口腔黏膜区域也是重要的携带伪中间型葡萄球菌的部位[7,410,416,419-421]。事实上，人们认为伪中间型葡萄球菌可能是存在于黏膜表面，通过动物舔舐梳理皮肤被毛而扩散到体表[410]。痤疮丙酸杆菌在犬皮肤表面和毛囊内也可见，数量多到可以认为该细菌属于犬的常在菌[410]。除此以外，还有一些腐生性的真菌——包括厚皮马拉色菌、链格孢菌、曲霉菌、青霉菌——也可在正常犬、猫皮肤和毛发分离得到（见第五章）[7,416]。

大量关于犬的研究显示：①微球菌属细菌和凝固酶阴性型葡萄球菌数量最大的部位是皮肤表面，这些微生物被认为是常在菌；②梭菌属细菌则出现于皮肤表面和毛囊，在此处属于常在菌；③革兰阴性需氧菌在皮肤表面、毛囊以及在靠近毛干的毛发上部出现，提示这些菌也可能是常在菌群[410]。有趣的是，伪中间型葡萄球菌在毛发远端较在毛干部位更多，但在毛囊中数量却高于在皮肤表面的数量[410]。这一现象提示可能有两种伪中间型葡萄球菌菌群存在。

七、衰老

简单来说，衰老一方面是由基因预先决定好的程序性过程，另一方面也是机体内部和外部的损耗过程，这两种过程在机体的细胞和分子水平有所表现[422]。

通过大量的研究，已知人类的皮肤在衰老时所发生的变化有：①表皮萎缩、角化细胞的黏附性下降、真皮表皮间的连接变平；②黑色素细胞和朗格汉斯细胞的数量减少；③真皮萎缩（相对衰老细胞和血管成分更少）、真皮胶原蛋白、弹性蛋白和糖胺聚糖发生变化；④皮下组织萎缩；⑤外分泌汗腺和顶浆分泌汗腺的分泌减少，皮脂腺分泌下降；⑥毛囊密度下降；⑦皮肤变薄、出现褶皱、趾甲缺乏光泽；⑧表皮、毛发、趾甲生长速率下降；⑨皮肤损伤修复速度缓慢；⑩皮肤清除液体和异物的能力下降；⑪血管反应性变弱；⑫外分泌汗腺和顶浆分泌汗腺分泌活动减弱；⑬感觉器官衰退；⑭维生素D产生水平下降；⑮皮肤免疫反应和炎症反应水平下降[2]。人类的相关临床研究表明皮肤自然老化所产生的变化包括秃头、皮肤苍白、皮肤干燥、良性和恶性肿瘤发病率的增加、皮肤易起泡、真皮及其下组织易受到损伤、创伤易感染、皮肤温度调节能力紊乱[2]。

老龄犬[423]、猫[6]的皮肤变化已有报道。某些犬的毛发在进入老龄后变得干枯无光泽，一些部位脱毛、形成瘢痕组织。毛在动物的鼻口周围和身体变得越来越多。部分犬的脚垫和鼻部出现角化过度现象，同时爪部变得畸形且质脆。

组织结构上，老龄动物可见表皮和毛囊的正角化性过度角化，毛囊的过度角化通常为萎缩性且毛囊内无毛发。

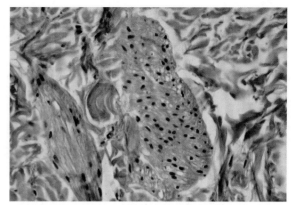

图1-45 9岁正常犬皮肤的立毛肌。可见肌肉内有大量大小不等散在分布的液泡

表皮的萎缩可能表现为单层扁平的具有致密核的细胞。真皮的变化则包括细胞结构退化、胶原纤维束的破碎和颗粒变性，以及偶见弹性纤维的减少和破坏。弹性纤维变性（弹性纤维的嗜碱性退化）见于老年人皮肤，但在老龄犬、猫不常见。这可能是由于犬、猫被毛可以保护皮肤使之不受到紫外线的损伤。

老化皮肤的腺体也发生多种变化，包括毛上汗腺腺泡的扩张和毛上汗腺分泌细胞内可见较大的折射性黄色颗粒。竖毛肌嗜酸性、破碎且有液泡（见图1-45）。老龄比格犬和拳师犬修复皮肤损伤的速度较青年犬慢[65]。

参考文献

[1] Fitzpatrick TB, et al: *Dermatology in General Medicine*, ed 3, New York, 1993, McGraw-Hill Book Co.

[2] Goldsmith LA, editor: *Physiology, Biochemistry, and Molecular Biology of the Skin*, ed 2, New York, 1991, Oxford University Press.

[3] Kral F, Schwartzman RM: *Veterinary and Comparative Dermatology*, Philadelphia, 1964, J.B. Lippincott Co.

[4] Priestley GC: *Molecular Aspects of Dermatology*, New York, 1993, John Wiley and Sons.

[5] Schummer A, et al: *The Circulatory System, the Skin, and the Cutaneous Organs of the Domestic Mammals*, Berlin, 1981, Verlag Paul Parey.

[6] Scott DW: Feline dermatology 1900-1978: A monograph. *J Am Anim Hosp Assoc* 16:331, 1980.

[7] Scott DW, et al: *Muller and Kirk's Small Animal Dermatology V*, Philadelphia, 1995, W.B. Saunders.

[7a] http://www.vgl.ucdavis.edu/services/coatcolordog.php, http://www.vetgen.com/canine-coat-color.html.

[7b] http://www.vetdnacenter.com/canine-dna-coat-color.html and http://www.animalgenetics.us/Canine/Canine.asp.

[8] Spearman RIC: *The Integument*, London, England, 1973, Cambridge University Press.

[9] Thoday AJ, Friedmann PS: *Scientific Basis of Dermatology. A Physiological Approach*, New York, 1986, Churchill Livingstone.

[10] Kang S, Li XY, Voorhees JJ: Pharmacology and molecular action of retinoids and vitamin D in skin. *J Invest Dermatol Symp Proc* 1:15, 1996.

[11] Scott GA, Goldsmith LA: Homeobox genes and skin development: A review. *J Invest Dermatol* 101:3, 1993.

[12] Alhaidari Z, von Tscharner C: Anatomie et physiologie du follicule pileux chez les carnivores domestiques. *Prat Méd Chir Anim Comp* 32:181, 1997.

[13] Badawi H, et al: Histogenesis of the pilosebaceous apparatus in dogs. *Assiut Vet Med J* 18:38, 1987.

[14] Scott DW: The biology of hair growth and its disturbances. In von Tscharner C, Halliwell REW, editors: *Advances in Veterinary Dermatology 1*, Philadelphia, 1990, Baillière Tindall, p3.

[15] Leigh IM, et al: *The Keratinocyte Handbook*, New York, 1994, Cambridge University Press.

[16] Dunstan RW: A pathomechanistic approach to diseases of the hair

follicle. *Br Vet Dermatol Study Grp* 17:37, 1995.

[17] Strickland JH, Calhoun ML: The integumentary system of the cat. *Am J Vet Res* 24:1018, 1963.

[18] Webb AJ, Calhoun ML: The microscopic anatomy of the skin of mongrel dogs. *Am J Vet Res* 15:274, 1954.

[19] Rippke F, Schreiner V, Schwanitz H-J: The acidic milieu of the horny layer: new findings on the physiology and pathology of skin pH. *Am J Clin Dermatol* 3:261–272, 2002.

[20] Rippke F, Schreiner V, Doering T, et al: Stratum corneum pH in atopic dermatitis: impact on skin barrier function and colonization with *Staphylococcus aureus*. *Am J Clin Dermatol* 5:217–223, 2004.

[21] Hatano Y, Man M-Q, Uchida Y, et al: Maintenance of an acidic stratum corneum prevents emergence of murine atopic dermatitis. *J Invest Dermatol* 129:1824–1835, 2009.

[22] Meyer W, Neurand K: Comparison of skin pH in domesticated and laboratory mammals. *Arch Dermatol Res* 283:16, 1991.

[23] Roy WE: Role of the sweat gland in eczema in dogs. *J Am Vet Med Assoc* 124:51, 1954.

[24] Ruedisueli FL, et al: The measurement of skin pH in normal dogs of different breeds. In Kwochka KW, et al, editors: *Advances in Veterinary Dermatology III*, Boston, 1998, Butterworth-Heinemann, p 521.

[25] Yosipovitch G, Maibach HI: Skin surface pH: a protective acid mantle. *Cosmet Toiletries* 111:101–102, 1996.

[26] Draize HH: The determination of the pH of the skin of man and common laboratory animals. *J Invest Dermatol* 5:77, 1942.

[27] Bell RL, Lundquist R, Halprin KM, et al: Oxidative metabolism in perfused surviving dog skin. *J Invest Dermatol* 31:13, 1958.

[28] Halprin KM, Chow DC: Metabolic pathways in perfused dog skin. *J Invest Dermatol* 36:431, 1961.

[29] Kealey T, Williams R, Philpott MP: Intermediary metabolism of the human hair follicle. *Ann N Y Acad Sci* 642:301, 1991.

[30] Lyne AG, Short BF: *Biology of the Skin and Hair Growth*, New York, 1965, American Elsevier Publishing Co.

[31] Lichti U: Hair follicle transglutaminases. *Ann N Y Acad Sci* 642:82, 1991.

[32] Robinson R: *Genetics for Cat Breeders*, Oxford, England, 1977, Pergamon Press.

[32a] Lyons LA, Imes DL, Rah HC, et al: Tyrosinase mutations associated with Siamese and Burmese patterns in the domestic cat (Felis catus). *Animal Genetics* 36:119–126, 2005.

[32b] Lyons LA, Foe IT, Rah HC, et al: Chocolate coated cats: TYRP1 mutations from brown color in domestic cats. *Mammalian Genome* 16:356–366, 2005.

[32c] Ishida Y, David VA, Eizirik E, et al: A homozygous single-base deletion in MLPH causes the dilute coat color phenotype in the domestic cat. *Genomics* 88:698–705, 2006.

[32d] Peterschmitt M, Grain F, Arnaud B, et al: Mutation in the melanocortin 1 receptor is associated with amber colour in the Norwegian Forest Cat. Animal Genetics doi:10.1111/j.1365-2052.2009/01864.x.

[33] Scott DW: Feline dermatology 1983-1985: "The secret sits." *J Am Anim Hosp Assoc* 20:537, 1984.

[34] Hendriks WH, et al: Seasonal hair growth in the adult domestic cat (Felis catus). *Comp Biochem Physiol* 116A:29, 1997.

[35] Mundt HC, Stafforst C: Production and composition of dog hair. In Edney ATB, editor: *Nutrition, Malnutrition and Dietetics on the Dog and Cat*, London, 1987, British Veterinary Association and Waltham Centre for Pet Nutrition, p 62.

[36] Botchkarev VA, et al: Neurotrophin-3 involvement in the regulation of hair follicle morphogenesis. *J Invest Dermatol* 111:279, 1998.

[37] Weinberg WC, et al: Modulation of hair follicle cell proliferation and collagenolytic activity by specific growth factors. *Ann N Y Acad Sci* 642:281, 1991.

[38] Gibson WT, et al: Immunology of the hair follicle. *Ann N Y Acad Sci* 642:291, 1991.

[39] Paus R, et al: Neural mechanisms of hair growth control. *J Invest Dermatol Symp Proc* 2:61, 1997.

[40] Kobayashi S, et al: Experimental studies on the hemitrichosis and the nervous influences on the hair growth. *Acta Neuroreg* 18:169, 1958.

[41] Tobin DJ: Chapter 1.1 Ontogeny of the hair follicle. In Mecklenburg L, Linek M, Tobin DJ, editors: *Hair Loss Disorders in Domestic Animals*, Ames IA, 2009, Wiley-Blackwell, pp 3–16.

[42] Milner Y, Sudnik J, Filippi M, et al: Exogen, shedding phase of the hair growth cycle: characterization of a mouse model. *J Invest Dermatol* 119:639–644, 2002.

[43] Higgins CA, Westgate GE, Jahoda CAB: From telogen to exogen: mechanisms underlying formation and subsequent loss of the hair club fiber. *J Invest Dermatol* 129:2100–2108, 2009.

[44] Boiron G, et al: Phagocytosis of erythrocytes by human and animal epidermis. *Dermatologica* 165:158, 1982.

[45] Baker KP: Hair growth and replacement in the cat. *Br Vet J* 130:327, 1974.

[46] Butler WF, Wright AI: Hair growth in the greyhound. *J Small Anim Pract* 22:655, 1981.

[47] Gunaratnam P, Wilkinson GT: A study of normal hair growth in the dog.

[48] Hale PA: Periodic hair shedding by a normal bitch. *J Small Anim Pract* 23:345, 1982.

[49] Schwarz R: Haarwachstum und Haarwechsel—eine Zusätzliche funktonelle Beanspruchung der Haut—am Beispiel markhaltiger Primärhaarfollikel. *Kleintierpraxis* 37:67, 1992.

[50] Tobin DJ: Chapter 1.2. Anatomy and physiology of the hair follicle. In Mecklenburg L, Linek M, Tobin DJ, editors: *Hair Loss Disorders in Domestic Animals*, Ames IA, 2009, Wiley-Blackwell, pp 17–42.

[51] Diaz SF, Torres SM, Dunstan RW, et al: An analysis of canine hair re-growth after clipping for a surgical procedure. *Vet Dermatol* 15:25–30, 2004.

[52] Diaz SF, Torres SM, Dunstan RW, et al: The effect of body region on the canine hair cycle as defined by unit area trichogram. *Vet Dermatol* 15:225–229, 2004.

[53] Al-Bagdadi FA, et al: Histology of the hair cycle in male beagle dogs. *Am J Vet Res* 40:1734, 1979.

[54] Schwarz R, et al: Sinus haarwechsel ist nicht gleich Fellhaarwechsel Histologische Untersuchungen am Sinushaarfollikel der Katze. *Kleintierpraxis* 42:517, 1997.

[55] Comben N: Observations on the mode of growth of the hair of the dog. *Br Vet J* 107:231, 1951.

[56] Al-Bagdadi FA, et al: Hair follicle cycle and shedding in male beagle dogs. *Am J Vet Res* 38:611, 1977.

[57] Itum S, et al: Mechanism of action of androgen in dermal papilla cells. *Ann N Y Acad Sci* 642:385, 1991.

[58] Müntener T, Doherr MG, Guscetti F, et al: The canine hair cycle - a guide for the assessment of morphological and immunohistochemical criteria. *Vet Dermatol*. 2011 Mar 14. doi: 10.1111/j.1365-3164.2011.00963.x.

[59] Sheretz EC: Misuse of hair analysis as a diagnostic tool. *Arch Dermatol* 121:1504, 1985.

[60] Zlotkin SH: Hair analysis. A useful tool or a waste of money? *Int J Dermatol* 24:161, 1985.

[61] Kwochka KW, Rademakers AM: Cell proliferation of epidermis, hair follicles, and sebaceous glands of beagles and cocker spaniels with healthy skin. *Am J Vet Res* 50:587, 1989.

[62] Little CC: *The Inheritance of Coat Color in Dogs*, Ithaca, NY, 1957, Comstock Publishing Associates.

[63] Queinnec B: Nomenclatures des robes du chat. *Rev Méd Vét* 134:349, 1983.

[64] Wright M, Walter S: *The Book of the Cat*, New York, 1980, Summit Books.

[65] Orentreich N, Selmanowitz VJ: Levels of biological functions with aging. *Trans N Y Acad Sci* 31:992, 1969.

[66] Prieur DJ, Collier LL: The Maltese dilution of cats. *Feline Pract* 14:23, 1984.

[67] Feinman JM: The Rex cat: A mutation for the masses. *Vet Med (SAC)* 78:1717, 1983.

[68] Rach J: *Coat color and personality*, July 1988, Cat Fancy, p 58.

[69] Jackson R: The lines of Blaschko: A review and reconsideration. *Br J Dermatol* 95:349, 1976.

[70] Happle R: Transposable elements and the lines of Blaschko: a new perspective. *Dermatology* 204:4–7, 2002.

[71] Bolognia JL, Orlow SJ, Glick SA: Lines of Blaschko. *J Am Acad Dermatol* 31:157–190, 1994.

[72] Oiki N, Mishida T, Ichihara N, et al: Cleavage line patterns in beagle dogs: as a guideline for use in dermatoplasty. *Anat Histol Embryol* 32:65–69, 2003.

[73] Restano L, et al: Blaschko lines of the face: A step closer to completing the map. *J Am Acad Dermatol* 39:1028, 1998.

[74] Irwin DHG: Tension lines in the skin of the dog. *J Small Anim Pract* 7:593, 1966.

[75] Meyer W, et al: Zur Struktur und Funkten der Fussballen der Katze. *Kleintierpraxis* 35:67, 1990.

[76] Hobson DW: *Dermal and Ocular Toxicology. Fundamentals and Methods*, Boca Raton, FL, 1991, CRC Press.

[77] Lovell JE, Getty R: The hair follicle, epidermis, dermis, and skin glands of the dog. *Am J Vet Res* 18:873, 1957.

[78] Montagna W: Comparative anatomy and physiology of the skin. *Arch Dermatol* 96:357, 1967.

[79] Rook AJ, Walton GS: *Comparative Physiology and Pathology of the Skin*, Oxford, England, 1965, Blackwell Scientific Publications.

[80] Schwarz R, et al: Die gesunde Haut von Hund und Katze. *Kleintierpraxis* 37:67, 1992.

[81] Schwarz R, et al: Micromorphology of the skin (epidermis, dermis, subcutis) of the dog. *Onderstepoort J Vet Res* 46:105, 1979.

[82] Yager JA, Scott DW: The skin and appendages. In Jubb KVF, et al, editors: Pathology of Domestic Animals, ed 4, Vol 1, New York, 1993, Academic Press, p 531.

[83] White SD, Yager JA: Resident dendritic cells in the epidermis: Langerhans cells, Merkel cells and melanocytes. *Vet Dermatol* 6:1, 1995.

[84] Lloyd DH, Garthwaite G: Epidermal structure and surface topography of canine skin. *Res Vet Sci* 33:99, 1982.

[85] Ryder ML: Seasonal changes in the coat of the cat. *Res Vet Sci* 21:280, 1976.

[86] Lane EB, et al: Stem cells in hair follicles. Cytoskeletal studies. *Ann N Y Acad Sci* 642:197, 1991.

[87] Lavker RM, et al: Hair follicle stem cells: Their location, role in hair

小动物皮肤病学 （第7版）

cycle, and involvement in skin tumor formation. *J Invest Dermatol* 101:16s, 1993.

[88] Credille KM, et al: The use of hair plucking to assess canine hair follicle regeneration: Implications for the bulge activation hypothesis. *Proc Annu Memb Meet Am Acad Vet Dermatol Am Coll Vet Dermatol* 14:119, 1998.

[89] Sonnenberg A, Liem RKH: Plakins in development and disease. *Experimental Cell Research* 313:2189–2203, 2007.

[90] Iwasaki T, Olivry T, Lapiere JC, et al: Canine bullous pemphigoid: identification of the 180-kd canine BP antigen by circulating autoantibodies. *Vet Pathol* 32:387–393, 1995.

[91] Diaz LA, Giudice GJ: End of the century overview of skin blisters. *Archives Dermatol* 136:106–112, 2000.

[92] Olivry T, Dunston SM, Zhang G, et al: Laminin-5 is targeted by autoantibodies in feline mucous membrane (cicatricial) pemphigoid. *Vet Immunol Immunopathol* 88:123–129, 2002.

[93] Franzke CW, Tasanen K, Schumann H, et al: Collagenous transmembrane proteins: collagen XVII as a prototype. *Matrix Biology* 22:299–309, 2003.

[94] McGowan KA, Marinkovich MP: Laminins and human disease. *Microsc Res Tech* 51:262–279, 2000.

[95] McMillan JR, Akiyama M, Shimizu H: Epidermal basement membrane zone components: ultrastructural distribution and molecular interactions. *J Dermatol Sci* 31:169–177, 2003.

[96] Myllyharju J, Kivirikko KI: Collagens, modifying enzymes and their mutations in humans, flies and worms. *Trends Genet* 20:33–43, 2004.

[97] Uitto J: Epidermolysis bullosa: the expanding mutation database. *J Invest Dermatol* 123:xii–xiii, 2004.

[98] Yancy KB: The pathophysiology of autoimmune blistering diseases. *J Clin Invest* 115:825–828, 2005.

[99] Kottke MD, Delva E, Kowalczyk AP: The desmosome: cell science lessons from human diseases. *J Cell Sci* 119:797–806, 2006.

[100] Tzu J, Marinkovich MP: Bridging structure with function: structural, regulatory, and developmental roles of laminins. *International J Biochem Cell Biol* 40:199–214, 2008.

[101] Breikreutz D, Mirancea N, Nischt R: Basement membranes in skin: unique matrix structures with diverse functions? *Histochem Cell Biol* 132:1–10, 2009.

[102] McMillan JR, et al: Hemidesmosomes show abnormal association with the keratin filament network in junctional forms of epidermolysis bullosa. *J Invest Dermatol* 110:132, 1998.

[103] Suter MM, et al: Keratinocyte biology and pathology. *Vet Dermatol* 8:67, 1997.

[104] Borradori L, Sonnenberg A: Structure and function of hemidesmosomes: More than simple adhesion complexes. *J Invest Dermatol* 112:411, 1999.

[105] Elder D, et al: *Lever's Histopathology of the Skin VIII*, Philadelphia, 1997, Lippincott-Raven Publishers.

[106] Fine JD: Structure and antigenicity of the skin basement membrane zone. *J Cutan Pathol* 18:401, 1991.

[107] Ivanyi D, et al: Patterns of expression of feline cytokeratins in healthy epithelia and mammary carcinoma cells. *Am J Vet Res* 53:304, 1992.

[108] Peaston AE, et al: Evaluation of commercially available antibodies to cytokeratin. Intermediate filaments and laminin in normal cat pinna. *J Vet Diagn Invest* 4:306, 1992.

[109] Smack DP, et al: Keratin and keratinization. *J Am Acad Dermatol* 30:85, 1994.

[110] Suter MM, et al: Monoclonal antibodies: Cell surface markers for canine keratinocytes. *Am J Vet Res* 48:1087, 1987.

[111] Suter MM, et al: Keratinocyte differentiation in the dog. In von Tscharner C, Halliwell REW, editors: *Advances in Veterinary Dermatology 1*, Philadelphia, 1990, Baillière Tindall, p 252.

[112] Suter MM, et al: Comparison of growth and differentiation of normal and neoplastic canine keratinocyte cultures. *Vet Pathol* 28:131, 1991.

[113] Kwochka KW: The structure and function of epidermal lipids. *Vet Dermatol* 4:151, 1993.

[114] Proksch E, Jensen J-M: CH 45. The skin as an organ of protection. In Wolff K, Goldsmith LA, Katz SI, et al, editors: Fitzpatrick's Dermatology in General Medicine, ed 7, Vol 1, New York, 2008. McGraw-Hill, pp 383–395.

[115] Kubilus J, et al: Involucrin-like proteins in non-primates. *J Invest Dermatol* 94:210, 1990.

[116] Eckert RL et al: Transglutaminase function in epidermis. *J Invest Dermatol* 124:481, 2005.

[117] Mason IS, Lloyd DH: Scanning electron microscopical studies of the living epidermis and stratum corneum in dogs. In Ihrke PJ, et al, editors: *Advances in Veterinary Dermatology II*, Oxford, 1993, Pergamon Press, p 131.

[118] Hohl D, et al: In vitro and rapid in situ transglutaminase assays for congenital ichthyoses—a comparative study. *J Invest Dermatol* 110:268, 1998.

[119] Kalinin AE, Kajava AV, Steinert PM: Epithelial barrier function: assembly and structural features of the cornified cell envelop. *BioEssays* 24:789–800, 2002.

[120] Nemes Z, Steinert PM: Bricks and mortar of the epidermal barrier. *Exp Mol Med* 31:5–19, 1999.

[121] Zeeuwen PLJM: Epidermal differentiation: the role of proteases and their inhibitors. *Eur J Cell Biol* 83:761–773, 2004.

[122] Cochet P, et al: Skin distribution of fipronil by microautoradiography following topical administration to the beagle dog. *Eur J Drug Metab Pharmacokinet* 22:211, 1997.

[123] Hales JM, Camp RD: Potent T cell stimulatory material with antigenic properties in stratum corneum of normal human skin. *J Invest Dermatol* 110:725, 1998.

[124] Pittelkow MR: Growth factors: in cutaneous biology and disease. *Adv Dermatol* 7:55, 1992.

[125] Baker BB, et al: Epidermal cell renewal in the dog. *Am J Vet Res* 34:93, 1973.

[126] Baker BB, et al: Epidermal cell renewal in dogs after clipping of the hair. *Am J Vet Res* 35:445, 1974.

[127] Winstanley EW: The rate of mitotic division in regenerating epithelium in the dog. *Res Vet Sci* 18:144, 1975.

[128] Baker BB, Maibach HI: Epidermal cell renewal in seborrheic skin of dogs. *Am J Vet Res* 48:726, 1987.

[129] Suter MM, et al: Extracellular ATP and some of its analogs induce transient rises in cytosolic free calcium in individual canine keratinocytes. *J Invest Dermatol* 97:223, 1991.

[130] Wilkinson JE, et al: Long-term cultivation of canine keratinocytes. *J Invest Dermatol* 88:202, 1987.

[131] Wilkinson JE, et al: Antigen expression in cultured oral keratinocytes from dogs. *Am J Vet Res* 52:445, 1991.

[132] Clarys P, Barel A: Quantitative evaluation of skin surface lipids. *Clin Dermatol* 13:307, 1995.

[133] Elsner P, et al: *Bioengineering of the Skin: Water and the Stratum Corneum*, Boca Raton, FL, 1994, CRC Press.

[134] Inman AO, Olivry T, Dunston SM, et al: Electron microscopic observations on stratum corneum intercellular lipids in normal and atopic dogs. *Vet Pathol* 38:720–723, 2001.

[135] Mitzutani Y, Mitsutake S, Tsuji K, et al: Ceramide biosynthesis in keratinocyte and its role in skin function. *Biochimie* 91:784–790, 2009.

[136] Feingold KR: The role of epidermal lipids in cutaneous barrier homeostasis. *J Lipid Res* 48:2531–2546, 2007.

[137] Proksch E, Brandner JM, Jensen J-M: The skin: an indispensable barrier. *Exp Dermatol* 17:1063–1072, 2008.

[138] Lindholm JS, et al: Variation of skin surface lipid composition among mammals. *Comp Biochem Physiol* 69:75, 1981.

[139] Nicolaides N, et al: The skin surface lipids of man compared with those of eighteen species of animals. *J Invest Dermatol* 51:83, 1968.

[140] Nicolaides N, et al: Diesterwaxes in surface lipids of animal skin. *Lipids* 5:299, 1970.

[141] Nikkari T: Comparative chemistry of sebum. *J Invest Dermatol* 62:257, 1974.

[142] Sharaf DM, et al: Skin surface lipids of the dog. *Lipids* 12:786, 1977.

[143] Wheatley VR, Sher DW: Studies of the lipids of dog skin. I. The chemical composition of dog skin lipids. *J Invest Dermatol* 36:169, 1961.

[144] Maloney ME, Williams ML, Epstein EH: Lipids in the pathogenesis of ichthyosis: topical cholesterol sulfate-induced scaling in hairless mice. *J Invest Dermatol* 83:252–256, 1984.

[145] Hohl D, Huber M, Frenk E: Analysis of the cornified cell envelope in lamellar ichthyosis. *Arch Dermatol* 129:618–624, 1993.

[146] Menon G, Ghadially R: Morphology of lipid alterations in the epidermis: a review. *Microscopy Research and Technique* 37:180–192, 1997.

[147] Cork MJ, Danby SG, Vasilopoulos Y, et al: Epidermal barrier dysfunction in atopic dermatitis. *J Invest Dermatol* 129:1892–1908, 2009.

[148] Proksch E, Folster-Holst R, Brautigam M, et al: Role of epidermal barrier in atopic dermatitis. *J Dtsch Dermatol Ges* 7:899–910, 2009.

[149] Levine N: *Pigmentation and Pigmentary Disorders*, Boca Raton, FL, 1993, CRC Press.

[150] Guaguère E, et al: Troubles de la pigmentation mélanique des carnivores Ire partie: Éléments de physiopathologie. *Point Vét* 17:549, 1985.

[151] Park H-Y, Pongpudpunth M, Lee J, et al: CH 70. Biology of melanocytes. In Wolff K, Goldsmith LA, Katz SI, et al, editors: Fitzpatrick's Dermatology in General Medicine, ed 7, Vol 1, New York, 2008, McGraw-Hill, pp 591–607.

[152] Castanet J, Ortonne JP: Hair melanin and hair color. In Jollès P, Zahn H, Höcker H, editors: *Formation and structure of human hair*, Switzerland, 1997, Birkhäuser Verlag Basel, pp 209–225.

[153] Ozeki H, Ito S, Wakamatsu K, Hirobe T: Chemical characterization of hair melanins in various coat-color mutants of mice. *J Invest Dermatol* 105:361–366, 1995.

[154] Ito S: Advances in chemical analysis of melanins. In Nordlund JJ, Boissy RE, Hearing VJ, King RA, Ortonne J-P, editors: *The pigmentary system. Physiology and pathophysiology*, New York, 1998, Oxford University Press, pp 439–450.

[155] Sulaimon SS, Kitchell BE: Review article. The biology of melanocytes. *Vet Dermatol* 14:57–65, 2003.

[156] Burchill SA: Regulation of tyrosinase in hair follicular melanocytes of the mouse during the synthesis of eumelanin and phaeomelanin. *Ann N Y Acad Sci* 642:396, 1991.

[157] Wasmeier C, Hume AN, Bolascol G, et al: Melanosomes at a glance. *J Cell Sci* 121:3995–3999, 2008.

[158] Slominski A, Tobin DJ, Shibahara S, et al: Melanin pigmentation in

mammalian skin and its hormonal regulation. *Physiol Rev* 84:1155–1228, 2004.

[159]Lin JY, Fisher DL: Melanocyte biology and skin pigmentation. *Nature* 45:843–850, 2007.

[160]Yamaguchi Y, Brenner M, Hearing VJ: The Regulation of Skin Pigmentation. *J Biol Chem* 282:27557–27561, 2007.

[161]Alhairdari Z, Olivry T, Ortonne J-P: Melanocytogenesis and melanogenesis: genetic regulation and comparative clinical diseases. *Vet Dermatol* 10:3–16, 1999.

[162]Bennett DC, Lamoreux ML: The color loci of mice–a genetic century. *Pigment Cell Res* 16:333–344, 2003.

[163]Natali PG, Nicorta MR, Winkler AB, et al: Progression of human cutaneous melanoma is associated with loss of c-Kit proto-oncogenic receptor. *International J Cancer* 52:197–201, 1992.

[164]Luger TA, et al: The role of α-melanocyte-stimulating hormone in cutaneous biology. *J Invest Dermatol Symp Proc* 2:87, 1997.

[165]Cadieu E, Neff MW, Quignon P, et al: Coat variation in the domestic dog is governed by variants in three genes. *Science* 326:150–153, 2009.

[166]Schmutz SM, Berryere TG: Genes affecting coat colour and pattern in domestic dogs: a review. *Anim Genet* 38:539–549, 2007.

[167]Schmidt-Küntzel A, Eizirik E, O'Brien SJ et al: Tyrosinase and tyrosinase related protein 1 alleles specify domestic cat coat color phenotypes of the albino and brown loci. *J Hered* 96:289–301, 2005.

[168]Eizirik E, David VA, Buckley-Beason V, et al: Defining and mapping mammalian coat pattern genes: multiple genomic regions implicated in domestic cat stripes and spots. *Genetics* 184:267–275, 2010.

[169]Halata Z: Postnatale Entwicklung sensibler Nervenendigungen in der Unbehaarten Nasenhaut der Katze. *Bibl Anat* 19:210, 1981.

[170]Schwarz R: Die gesunde Haut von Hund und Katze. *Kleintierpraxis* 26:395, 1981.

[171]Scott SW: Feline dermatology 1979-1982: Introspective retrospections. *J Am Anim Hosp Assoc* 20:537, 1984.

[172]Rutner D, et al: Merkel cell carcinoma. *J Am Acad Dermatol* 29:143, 1993.

[173]Marchal T, et al: CD18 Birbeck granule containing dendritic cells present in dog epidermis are equivalent to human epidermal Langerhans cells. *Eur J Dermatol* 3:148, 1993.

[174]Marchal T, et al: Immunophenotypic and ultrastructural evidence of Langerhans cell origin of the canine cutaneous histiocytoma. *Acta Anat* 153:189, 1995.

[175]Marchal ISA, et al: Immunophenotypic characterization of feline Langerhans cells. *Vet Immunol Immunopathol* 58:1, 1997.

[176]Moore PF, et al: The use of immunological reagents in defining the pathogenesis of canine skin diseases involving proliferation of leukocytes. In Kwochka KW, et al, editors: *Advances in Veterinary Dermatology III*, Boston, 1998, Butterworth-Heinemann, p 77.

[177]Affolter VK, Moore PF: Canine histiocytic proliferative disease. *Proc Annu Memb Meet Am Acad Vet Dermatol Am Coll Vet Dermatol* 15:79, 1999.

[178]Olivry T, Moore PF, Affolter VK: Langerhans cell hyperplasia and IgE expression in canine atopic dermatitis. *Arch Dermatol Res* 288:579–585, 1996.

[179]Ricklin ME, Roosje P, Summerfield A: Characterization of canine dendritic cells in healthy, atopic, and non-allergic inflamed skin. *J Clin Immunol* 30:845–854, 2010.

[180]Gillian AC, et al: The human hair follicle: A reservoir of CD40+ B7-deficient Langerhans cells that repopulate epidermis after UVB exposure. *J Invest Dermatol* 110:422, 1998.

[181]Marchal T, et al: Quantitative assessment of feline epidermal Langerhans cells. *Br J Dermatol* 136:961, 1997.

[182]Jenkinson DM, Blackburn PA: The distribution of nerves, monoamine oxidase and cholinesterase in the skin of the dog and cat. *Res Vet Sci* 9:521, 1968.

[183]Meyer W, Neurand K: The distribution of enzymes in the epidermis of the domestic cat. *Arch Dermatol Res* 260:29, 1977.

[184]Meyer W, Neurand K: Zur Leuzinaminopeptidase-aktivitat in normaler und geschadigter Katzenhaut. *Zentralbl Vetarinarmed* 24:601, 1977.

[185]Bruckner-Tuderman L, Stanley JR: Chapter 51. Epidermal and epidermal-dermal cohesion. In Wolff K, Goldsmith LA, Katz SI, et al, editors: *Fitzpatrick's Dermatology in General Medicine*, ed 7, Vol 1, New York, 2008, McGraw-Hill, pp 447–459.

[186]Iwasaki T, et al: Expression of basement membrane macromolecules and integrin receptors by keratinocytes during canine wound healing. In Kwochka KW, et al, editors: *Advances in Veterinary Dermatology III*, Boston, 1998, Butterworth-Heinemann, p 339.

[187]Iwaskai T, et al: Immunomapping of basement membrane zone macromolecules in canine skin. *J Vet Med Sci* 59:391, 1997.

[188]Uitto J, Chu M-L, Gallo R, et al: Chapter 61 Collagen, elastic fibers and extracellular matrix of the dermis. In Wolff K, Goldsmith LA, Katz SI, et al, editors: Fitzpatrick's Dermatology in General Medicine, ed 7, Vol 1, New York, 2008, McGraw-Hill, pp 517–542.

[189]Bernstein EF, Uitto J: The effect of photodamage in dermal extracellular matrix. *Clin Dermatol* 14:143, 1996.

[190]Minor RR: Collagen metabolism: a comparison of diseases of collagen and diseases affecting collagen. *Am J Pathol* 98:225–280, 1980.

[191]Headington JT, Cerio R: Dendritic cells and the dermis: 1990. *Am J Dermatopathol* 12:217, 1990.

[192]Nestle FO, Nicoloff BJ: A fresh morphological and functional look at dermal dendritic cells. *J Cutan Pathol* 22:385, 1995.

[193]Couchman JR, et al: Proteoglycans and glycoproteins in hair follicle development and cycling. *Ann N Y Acad Sci* 642:243, 1991.

[194]Couchman JR, et al: Fibronectin-cell interactions. *J Invest Dermatol* 94:7S, 1990.

[195]Lighnter VA: Tenascin: does it play a role in epidermal morphogenesis and homeostasis? *J Invest Dermatol* 102:273, 1994.

[196]Zanna G, Fondevila D, Bardagi M, et al: Cutaneous mucinosis in shar-pei dogs is due to hyaluronic acid deposition and is associated with high levels of hyaluronic acid in serum, *Vet Dermatol* 19:314–318, 2008.

[197]Zanna G, Docampo MJ, Fondevila D, et al: Hereditary cutaneous mucinosis in shar pei dogs is associated with increased hyaluronic synthase-2 mRNA transcription by cultured dermal fibroblasts. *Vet Dermatol* 20:377–382, 2009.

[198]Becker AB, et al: Mast cell heterogeneity in dog skin. *Anat Rec* 213:477, 1985.

[199]Foster AP: A study of the number and distribution of cutaneous mast cells in cats with disease not affecting the skin. *Vet Dermatol* 5:17, 1994.

[200]Welle M, et al: Distribution, density and heterogeneity of canine and bovine skin mast cells depending on fixation techniques. In Kwochka KW, et al, editors: *Advances in Veterinary Dermatology III*, Boston, 1998, Butterworth-Heinemann, p 488.

[201]Wilkie JSN, et al: Morphometric analyses of the skin of dogs with atopic dermatitis and correlations with cutaneous and plasma histamine and total serum IgE. *Vet Pathol* 27:179, 1990.

[202]DeMora F, et al: Canine cutaneous mast cell dispersion and histamine secretory characterization. *Vet Immunol Immunopathol* 39:421, 1993.

[203]Beadleston DL, et al: Chymase and tryptase staining of normal feline skin and of feline cutaneous mast cell tumors. *Vet Allergy Clin Immunol* 5:54, 1997.

[204]Kube P, et al: Distribution, density, and heterogeneity of canine mast cell depending on fixation techniques. *Histochem Cell Biol* 110:129, 1998.

[205]Cannon AG, et al: Gamma delta T cells in normal and diseased canine skin. In Kwochka KW, et al, editors: *Advances in Veterinary Dermatology III*, Boston, 1998, Butterworth-Heinemann, p 137.

[206]Holbrook KA, Minami SI: Hair follicle embryogenesis in the human. Characterization of events in vivo and in vitro. *Ann N Y Acad Sci* 642:167, 1991.

[207]Cotsarelis G, Botchkarev V: Chapter 84. Biology of Hair Follicles. In Wolff K, Goldsmith LA, Katz SI, et al, editors: Fitzpatrick's Dermatology in General Medicine, ed 7, Vol 1, New York, 2008, McGraw-Hill, pp 739–749.

[208]Meyer W, et al: A computer-assisted method for the determination of hair cuticula patterns in mammals. *Berl Munch Tierärztl Wochenschr* 110:81, 1997.

[209]Meyer W: CH 1.3. Hair follicles in domesticated mammals with comparison to laboratory animals and humans. In Mecklenburg L, Linek M, Tobin DJ, editors: *Hair Loss Disorders in Domestic Animals*, Ames IA, 2009, Wiley-Blackwell, pp 43–62.

[210]O'Guin WM, Manabe M: The role of trichohyalin in hair follicle differentiation and its expression in nonfollicular epithelia. *Ann N Y Acad Sci* 642:51, 1991.

[211]Tanaka T, et al: The innermost cells of the outer root sheath in human anagen hair follicles undergo specialized keratinization mediated by apoptosis. *J Cutan Pathol* 25:316, 1998.

[212]Seaman WJ, Chang SH: Dermal perifollicular mineralization of toy poodle bitches. *Vet Pathol* 21:122, 1984.

[213]Mecklenburg L: CH 2.2 Histopathological aspects. In Mecklenburg L, Linek M, Tobin DJ, editors: *Hair Loss Disorders in Domestic Animals*, Ames, Iowa, 2009, Wiley-Blackwell, pp 77–89.

[214]Soma T, et al: Analysis of apoptotic cell death in human hair follicles in vivo and in vitro. *J Invest Dermatol* 111:948, 1998.

[215]Jenkinson DM: Sweat and sebaceous glands and their function in domestic animals. In von Tscharner C, Halliwell REW, editors: *Advances in Veterinary Dermatology 1*, Philadelphia, 1990, Baillière Tindall, p 229.

[216]Neilsen SW: Glands of the canine skin—morphology and distribution. *Am J Vet Res* 14:448, 1953.

[217]Smith KR, Thiboutot DM: Sebaceous gland lipids: friend or foe? *J Lipid Res* 49:271–281, 2008.

[218]Zouboulis CC, Baron JM, Bohm M, et al: Frontiers in sebaceous gland biology and pathology. *Exp Dermatol* 17:542–551, 2008.

[219]Jenkinson DM: Myoepithelial cells of the sweat glands of domestic animals. *Res Vet Sci* 12:152, 1971.

[220]Iwasaki T: Electron microscopy of the canine apocrine sweat duct. *Jpn J Vet Sci* 45:739, 1983.

[221]Iwasaki T: An electron microscopic study on secretory process in canine

apocrine sweat gland. *Jpn J Vet Sci* 43:733, 1981.

[222]Machida H, et al: Histochemical and pharmacological properties of the sweat glands of the dog. *Am J Vet Res* 117:566, 1966.

[223]Ferrer L, et al: Immunocytochemical demonstration of intermediate filament proteins, S-100 protein and CEA in apocrine sweat glands and apocrine gland derived lesions of the dog. *J Vet Med A* 37:569, 1990.

[224]Miller SJ, et al: Re-epithelialization of porcine skin by the sweat apparatus. *J Invest Dermatol* 110:13, 1998.

[225]Winkelmann RK, Schmit RW: Cholinesterase in the skin of the rat, dog, cat, guinea pig and rabbit. *J Invest Dermatol* 33:185, 1959.

[226]Cotton DWK, et al: Nature of the sweat glands in the hairy skin of the beagle. *Dermatologica* 150:75, 1975.

[227]Aoki T: Stimulation of the sweat glands in the hairy skin of dogs by adrenaline, noradrenaline, acetylcholine, mecholyl and pilocarpine. *J Invest Dermatol* 24:545, 1955.

[228]Aoki T, Wada M: Functional activity of the sweat glands in the hairy skin of the dog. *Science* 114:123, 1951.

[229]Cotton DWK, van Hasselt P: Sweating on the hairy surface of the beagle. *J Invest Dermatol* 59:313, 1972.

[230]Iwabuchi T: General sweating on the hairy skin of the dog and its mechanism. *J Invest Dermatol* 49:61, 1967.

[231]Bell M, Montagna W: Innervation of sweat glands in horses and dogs. *Br J Dermatol* 86:160, 1972.

[232]Takahashi Y: Functional activity of the eccrine sweat glands in the toe-pads of the dog. *Tohoku J Exp Med* 83:205, 1964.

[233]Brusilow SW, Munger B: Comparative physiology of sweat. *Proc Soc Exp Biol Med* 110:317, 1962.

[234]Foster KA: Composition of the secretion from the eccrine sweat glands of the cat's foot pad. *J Physiol* 184:66, 1966.

[235]Isitor GN, Weinman DE: Origin and early development of canine circumanal glands. *Am J Vet Res* 40:487, 1979.

[236]Maita K, Ishida K: Structure and development of the perianal gland of the dog. *Jpn J Vet Sci* 37:349, 1975.

[237]Vos JH, et al: The keratin and vimentin distribution patterns in the epithelial structures of the canine anal region. *Anat Rec* 234:391, 1992.

[238]Vos, JH, et al: The expression of keratins, vimentin, neurofilament proteins, smooth muscle actin, neuron-specific enolase, and synaptophysin in tumors of the specific glands in the canine anal region. *Vet Pathol* 30:352, 1993.

[239]Konig M, et al: Micromorphology of the circumanal glands and the tail gland area of dogs. *Vlaams Diergeneesk Tijdschr* 54:278, 1985.

[240]Berardesca E, et al: *Bioengineering of the Skin: Cutaneous Blood Flow and Erythema*, Boca Raton, FL, 1995, CRC Press.

[241]Arbiser JL: Angiogenesis and the skin: A primer. *J Am Acad Dermatol* 34:486, 1996.

[242]Goebeler M, et al: The chemokine repertoire of human dermal microvascular endothelial cells and its regulation by inflammatory cytokines. *J Invest Dermatol* 108:445, 1997.

[243]Karasek MA: Mechanisms of angiogenesis in normal and diseased skin. *Int J Dermatol* 30:831, 1991.

[244]Eun HC: Evaluation of skin blood flow by laser Doppler flowmetry. *Clin Dermatol* 13:337, 1995.

[245]Manning TO, et al: Cutaneous laser-Doppler velocimetry in nine animal species. *Am J Vet Res* 52:1960, 1991.

[246]Ryan TJ, Mortimer PS: Cutaneous lymphatic system. *Clin Dermatol* 13:417, 1995.

[247]Ohashi T, et al: *Effects of vibratory stimulation and mechanical massage on micro- and lymph-circulation in the acupuncture points between the paw pads of anesthetized dogs. Recent Advances in Cardiovascular Diseases*, Osaka, 1991, Osaka National Cardiovascular Center, p 125.

[248]Ansel JC, et al: Interactions of the skin and nervous system. *J Invest Dermatol Symp Proc* 2:23, 1997.

[249]Wallengren J: Vasoactive peptides in the skin. *J Invest Dermatol Symp Proc* 2:87, 1997.

[250]Hekmatpanah J: Organization of tactile dermatomes, C1 through L4 in cat. *J Neurophysiol* 24:129, 1961.

[251]Kuhn RA: Organization of tactile dermatomes in cat and monkey. *J Neurophysiol* 16:169, 1953.

[252]Bailey CS, et al: Cutaneous innervation of the thorax and abdomen of the dog. *Am J Vet Res* 45:1689, 1984.

[253]Bailey CS, et al: Spinal nerve root origins of the cutaneous nerves of the canine pelvic limb. *Am J Vet Res* 49:115, 1988.

[254]Kitchell RL, et al: Electrophysiologic studies of the cutaneous nerves of the thoracic limb of the dog. *Am J Vet Res* 41:61, 1980.

[255]Whalen LR, Kitchell RL: Electrophysiologic studies of the cutaneous nerves of the head of the dog. *Am J Vet Res* 44:615, 1983.

[256]Hensel H: *Thermoreception and Temperature Regulation*, New York, 1981, Academic Press.

[257]Johnson KO: The roles of functions of cutaneous mechanoreceptors. *Curr Opin Neurobiol* 11:455–461, 2001.

[258]Lumpkin EA, Marsall KL, Nelson AM: The cell biology of touch. *J Cell Biol* 191:237–248, 2010.

[259]Iggo A, Muir AR: The structure and function of a slowly adapting touch corpuscle in hairy skin. *J Physiol* 200:763, 1969.

[260]Chambers MR, et al: The structure and function of the slowly adapting type II mechanoreceptor in hairy skin. *Q J Exp Physiol* 57:417, 1972.

[261]Gottschaldt KM, et al: Functional characteristics of mechanoreceptors in sinus hair follicles of the cat. *J Physiol* 235:287, 1973.

[262]Tuckett RP, Wei JY: Response to an itch-producing substance in the cat. II. Cutaneous receptor populations with unmyelinated axons. *Brain Res* 413:95, 1987.

[263]Yosipovitch G, Dawn AG, Greaves MW: Chapter 102. Pathophysiology and clinical aspects of pruritus. In Wolff K, Goldsmith LA, Katz SI, et al, editors: Fitzpatrick's Dermatology in General Medicine, ed 7, Vol 1, New York, 2008, McGraw-Hill, pp 902–911.

[264]Gnirs K, Prelaud P: Cutaneous manifestations of neurological diseases: review of neuro-pathophysiology and diseases causing pruritus. *Vet Dermatol* 16:137–146, 2005.

[265]Ikoma A, Steinhoff M, Stander S, et al: The neurobiology of itch. *Nat Rev* 535–547, 2006.

[266]Patel KN, Dong X: An itch to be scratched. *Neuron* 68:334–339, 2010.

[267]Drzezga A, Darsow U, Treede R, et al: Central activation by histamine-induced itch: analogies to pain processing: a correlational analysis of)-15 H(2) O positron emission tomography studies. *Pain* 92:295–305, 2001.

[268]Yosipovitch G, Papoiu AD: What causes itch in atopic dermatitis. *Curr Allergy Asthma Rep* 8:306–311, 2008.

[269]Ikoma A: Analysis of the mechanism for the development of allergic skin inflammation and the application for is treatment: mechanisms and management of itch in atopic dermatitis. *J Pharmacol Sci* 110:265–269, 2009.

[270]Andrew C, Craig AD: Spinothalamic lamina 1 neurons selectively sensitive to histamine: a central neural pathway for itch. *Nat Neurosci* 4:72–77, 2001.

[271]Davidson S, Zhang X, Yoon CH, et al: The itch-producing agents histamine and cowhage activate separate populations of primate spinothalamic tract neurons. *J Neurosci* 27:10007–10014, 2007.

[272]Steinhoff M, Luger TA: Chapter 101. Neurobiology of the skin. In Wolff K, Goldsmith LA, Katz SI, et al, editors: Fitzpatrick's Dermatology in General Medicine, ed 7, Vol 1, New York, 2008, McGraw-Hill, pp 805–901.

[273]Buddenkotte J, Steinhoff M: Pathophysiology and therapy of pruritus in allergic and atopic diseases. *Allergy* 65:805–821, 2010.

[274]Cevikbas F, Steinhoff M, Ikoma A: Role of spinal neurotransmitter receptors in itch: new insights into therapies and drug development. *CNS Neurosci Ther* 17:742–749, 2011.

[275]Liu Y, Samad OA, Zhang L, et al: VGLUT2-dependent glutamate release from nociceptors is required to sense pain and suppress itch. *Neuron* 68:543–556, 2010.

[276]Robbach K, Holger S, Sander K, et al: The histamine H4 receptor as a new target for treatment of canine inflammatory skin diseases. *Vet Dermatol* 20:555–561, 2009.

[277]Toyoda M, Nakamura M, Makino T, et al: Nerve growth factor and substance P are useful plasma markers of disease activity in atopic dermatitis. *Br J Dermatol* 147:71–79, 2002.

[278]Ryan TJ, Curri SB: The structure of fat. *Clin Dermatol* 7:37, 1989.

[279]Ryan TJ: Lymphatics and adipose tissue. *Clin Dermatol* 13:493, 1995.

[280]Lloyd DH, Garthwaite G: Epidermal structure and surface topography of canine skin. *Res Vet Sci* 33:99–104, 1982.

[281]Garthwaite G, Lloyd DH, Thomsett LR: Location of immunoglobulins and complement (C3) at the surface and within the skin of dogs. *J Comp Pathol* 93:185–193, 1983.

[282]McEwan Jenkinson D, Lloyd DH, Mabon RM: The antigenic composition and source of soluble proteins on the surface of the skin of sheep. *J Comp Pathol* 89:43–50, 1979.

[283]Bond R, Kim JY, Lloyd D: Bovine and canine transferrin inhibit the growth of *Malassezia pachydermatis* in vitro. *Med Mycol* 43:447–451, 2005.

[284]Dinulos JG, Mentele L, Fredericks LP, et al: Keratinocyte expression of human beta defensin 2 following bacterial infection: role in cutaneous host defense. *Clin Diagn Lab Immunol* 10:161–166, 2003.

[285]Santoro D, Bunick D, Graves TK, et al: Expression and distribution of antimicrobial peptides in the skin of healthy beagles. *Vet Dermatol* 22:61–67, 2010.

[286]Selsted ME, Tang YQ, Morris WL, et al: Purification, primary structures, and antibacterial activities of beta-defensins, a new family of antimicrobial peptides from bovine neutrophils. *J Biol Chem* 268:6641–6648, 1993.

[287]Liu AY, Destoumieux D, Wong AV, et al: Human beta-defensin-2 production in keratinocytes is regulated by interleukin-1, bacteria, and the state of differentiation. *J Invest Dermatol* 118:275–281, 2002.

[288]Sang Y, Ortega MT, Blecha F, et al: Molecular cloning and characterization of three beta-defensins from canine testes. *Infect Immun* 73:2611–2620, 2005.

[289]Fazakerley J, Crossley J, McEwan N, et al: In vitro antimicrobial efficacy of β-defensin 3 against *Staphylococcus pseudintermedius* isolates from healthy and atopic canine skin. *Vet Dermatol* 21:463–468, 2010.

[290]Van Damme CM, Willemse M, van Dijk A, et al: Altered cutaneous expression of β-defensins in dogs with atopic dermatitis. *Mol Immunol* 46:2449–2455, 2009.

[291]Mason IS, Lloyd DH: Scanning electron microscopical studies of the living epidermis and stratum corneum in dogs. In *Advances in Veterinary Dermatology: Proceedings of the Second Word Congress of Veterinary Dermatology*, Oxford, 1993, Pergamon Press, pp 131–139.

[292]Mason IS, Lloyd DH: The role of allergy in the development of canine pyoderma. *J Small Anim Pract* 30:216–218, 1989.

[293]Joh D, Wann ER, Kreikemeyer B, et al: Role of fibronectin-binding MSCRAMMs in bacterial adherence and entry into mammalian cells. *Matrix Biol* 18:211–223, 1999.

[294]Cho S-H, Strickland I, Boguniewicz M, et al: Fibronectin and fibrinogen contribute to the enhanced binding of *Staphylococcus aureus* to atopic skin. *J Allergy Clin Immunol* 108:269–274, 2001.

[295]McEwan NA: Adherence by *Staphylococcus intermedius* to canine keratinocytes in atopic dermatitis. *Res Vet Sci* 68:279–283, 2000.

[296]Simou C, Thoday KL, Forsythe PJ, et al: Adherence of *Staphylococcus intermedius* to corneocytes of healthy and atopic dogs: effect of pyoderma, pruritus score, treatment and gender. *Vet Dermatol* 16:385–391, 2005.

[297]Simou C, Hill PB, Forsythe PJ, et al: Species specificity in the adherence of staphylococci to canine and human corneocytes: a preliminary study. *Vet Dermatol* 16:156–161, 2005.

[298]Bond R, Wren L, Lloyd DH: Adherence of *Malassezia pachydermatis* and *Malassezia sympodialis* to canine, feline and human corneocytes in vitro. *Vet Rec* 147:454–455, 2000.

[299]Chen TA, Hill PB: The biology of *Malassezia* organisms and their ability to induce immune responses and skin disease. *Vet Dermatol* 16:4–26, 2005.

[300]Olivry T, Hill PB: The ACVD task force on canine atopic dermatitis (VIII): is the epidermal lipid barrier defective? *Vet Immunol Immunopathol* 81:215–218, 2001.

[301]Abbas AK, Lichtman AH: *Cellular and Molecular Immunology*, ed 5, Philadelphia, 2005, Elsevier.

[302]Winkelstein JA, Collins Cork L, Griffin DE, et al: Genetically determined deficiency of the third component of complement in the dog. *Science* 212:1169–1170, 1981.

[303]Ihrke PJ, Stannard AA, Ardans AA, et al: Pemphigus foliaceus in dogs: a review of 37 cases. *J Am Vet Med Assoc* 186:59–66, 1985.

[304]Tremblay C, Paradis M, Dore M: Expression of E- and P-selectin in tumor necrosis factor-induced dermatitis in dogs. *Vet Pathol* 38:261–268, 2001.

[305]Manning AM, Lu H, Kukielka GL, et al: Cloning and comparative sequence analysis of the gene encoding canine intercellular adhesion molecule-1 (ICAM-1). *Gene* 156:291–295, 1995.

[306]Lilliehook I, Johannisson A, Hakansson L: Expression of adhesion and Fc gamma-receptors on canine blood eosinophils and neutrophils studied by anti-human monoclonal antibodies. *Vet Immunol Immunopathol* 61:181–193, 1998.

[307]Massion PP, Hebert CA, Leong S, et al: Staphylococcus aureus stimulates neutrophil recruitment by stimulating interleukin-8 production in dog trachea. *Am J Physiol Lung Cell Mol Physiol* 12:L85–L94, 1995.

[308]Thomsen MK, Larsen CG, Thomsen HK, et al: Recombinant human interleukin-8 is a potent activator of canine neutrophil aggregation, migration, and leukotriene-B4 biosynthesis. *J Invest Dermatol* 96:260–266, 1991.

[309]Kauffman HF: Innate immune responses to environmental allergens. *Clin Rev Allergy Immunol* 30:129–140, 2006.

[310]Hill PB, Olivry T: The ACVD task force on canine atopic dermatitis (V): biology and role of inflammatory cells in cutaneous allergic reactions. *Vet Immunol Immunopathol* 81:187–198, 2001.

[311]Kaplan AP, Kuna P: Chemokines and the late-phase reaction. *Allergy* 53:27–32, 1998.

[312]McEwen BJ: Eosinophils - a review. *Vet Res Commun* 16:11–44, 1992.

[313]Plager DA, Stuart S, Gleich GJ: Human eosinophil granule major basic protein and its novel homolog. *Allergy* 53:33–40, 1998.

[314]Meurer R, Vanriper G, Feeney W, et al: Formation of eosinophilic and monocytic intradermal inflammatory sites in the dog by injection of human RANTES but not human monocyte chemoattractant protein-1, human macrophage inflammatory protein 1- alpha, or human interleukin-8. *J Exp Med* 178:1913–1921, 1993.

[315]Chien Y, Bonneville M: Gamma delta T cell receptors. *Cell Mol Life Sci* 63:2089–2094, 2006.

[316]Funk J, Schmitz G, Failing K, et al: Natural killer (NK) and lymphokine-activated killer (LAK) cell functions from healthy dogs and 29 dogs with a variety of spontaneous neoplasms. *Cancer Immunol Immunother* 54:87–92, 2005.

[317]Knapp DW, Turek JJ, Denicola DB, et al: Ultrastructure and cytochemical staining characteristics of canine Natural-Killer cells. *Anat Rec* 243:509–515, 1995.

[318]Hill PB: Mast cells: a review of their biology and role in cutaneous inflammation. In Thoday KL, Foil CS, Bond R, editors: Advances in veterinary dermatology, vol 4, Oxford, 2002, Blackwell Science, pp 161–177.

[319]Hill PB, Martin RJ: A review of mast cell biology. *Vet Dermatol* 9:145–166, 1998.

[320]Miller HRP: Immunopathology of gastrointestinal nematode infestation and expulsion. *Curr Opin Gastroenterol* 9:986–993, 1993.

[321]Befus AD, Bienenstock J: Immunologically mediated intestinal mastocytosis in *Nippostrongylus brasiliensis* infected rats. *Immunology* 38:95–101, 1979.

[322]Miller HRP, Jarrett WFH: Immune reactions in mucous membranes. 1. Intestinal mast cell response during helminth expulsion in the rat. *Immunology* 20:277–288, 1971.

[323]Huntley JF, Gibson S, Brown D, et al: Systemic release of a mast cell proteinase following nematode infections in sheep. *Parasite Immunol* 9:603–614, 1987.

[324]Miller HRP, Woodbury RG, Huntley JF, et al: Systemic release of mucosal mast cell protease in primed rats challenged with *Nippostrongylus brasiliensis*. *Immunology* 49:471–479, 1983.

[325]Woodbury RG, Miller HR, Huntley JF, et al: Mucosal mast cells are functionally active during spontaneous expulsion of intestinal nematode infections in rat. *Nature* 312:450–452, 1984.

[326]Echtenacher B, Mannel DN, Hultner L: Critical protective role of mast cells in a model of acute septic peritonitis. *Nature* 381:75–77, 1996.

[327]Malaviya R, Ikeda T, Ross E, et al: Mast cell modulation of neutrophil influx and bacterial clearance at sites of infection through TNF-alpha. *Nature* 381:77–80, 1996.

[328]Maurer M, Echtenacher B, Hultner L, et al: The c-kit ligand, stem cell factor, can enhance innate immunity through effects on mast cells. *J Exp Med* 188:2343–2348, 1998.

[329]Brazis P, de Mora F, Ferrer L, et al: IgE enhances Fc epsilon RI expression and IgE-dependent TNF- alpha release from canine skin mast cells. *Vet Immunol Immunopathol* 85:205–212, 2002.

[330]Mauldin EA, Scott DW, Miller WH, et al: *Malassezia* dermatitis in the dog: a retrospective histopathological and immunopathological study of 86 cases. *Vet Dermatol* 8:191–202, 1997.

[331]Gruber BL, Marchese MJ, Kew RR: Transforming growth factor alpha mediates mast cell chemotaxis. *J Immunol* 152:5860–5867, 1994.

[332]Trautmann A, Toksoy A, Engelhard E, et al: Mast cell involvement in normal human skin wound healing: expression of monocyte chemoattractant protein-I is correlated with recruitment of mast cells which synthesize interleukin-4 in vivo. *J Pathol* 190:100–106, 2000.

[333]Kendall JC, Li XH, Galli SJ, et al: Promotion of mouse fibroblast proliferation by IgE-dependent activation of mouse mast cells: Role for mast cell tumor necrosis factor-alpha and transforming growth factor-beta. *J Allergy Clin Immunol* 99:113–123, 1997.

[334]Berton A, Levischaffer F, Emonard H, et al: Activation of fibroblasts in collagen lattices by mast cell extract: a model of fibrosis. *Clin Exp Allergy* 30:485–492, 2000.

[335]He SH, Peng Q, Walls AF: Potent induction of a neutrophil and eosinophil-rich infiltrate in vivo by human mast cell tryptase: Selective enhancement of eosinophil recruitment by histamine. *J Immunol* 159:6216–6225, 1997.

[336]He SH, Walls AF: Human mast cell chymase induces the accumulation of neutrophils, eosinophils and other inflammatory cells in vivo. *Br J Pharmacol* 125:1491–1500, 1998.

[337]vanHaaster CM, Derhaag JG, Engels W, et al: Mast cell mediated induction of ICAM-1, VCAM-1 and E-selectin in endothelial cells in vitro: constitutive release of inducing mediators but no effect of degranulation. *Eur J Physiol* 435:137–144, 1997.

[338]Schechter NM, Slavin D, Fetter RD, et al: Purification and identification of two serine class proteinases from dog mast cells biochemically and immunologically similar to human proteinases tryptase and chymase. *Arch Biochem Biophys* 262:232–244, 1988.

[339]Myles AD, Halliwell RE, Ballauf B, et al: Mast cell tryptase levels in normal canine tissues. *Vet Immunol Immunopathol* 46:223–235, 1995.

[340]Halliwell REW, Myles AD, Miller HRP: The inflammatory properties of canine mast cell tryptase and the effects of prednisolone, chlorpheniramine and aspirin. Proceedings of the 9th Annual Meeting of the American Academy and American College of Veterinary Dermatology, San Diego: 52–52, 1993.

[341]Matzinger P: The Danger Model: A renewed sense of self. *Science* 296:301–305, 2002.

[342]Matzinger P: An Innate Sense of Danger. *Anna N Y Acad Sci* 961:341–342, 2002.

[343]Greene WK, Carnegie RL, Shaw SE, et al: Characterization of allergens of the cat flea, *Ctenocephalides felis*: detection and frequency of IgE antibodies in canine sera. *Parasite Immunol* 15:69–74, 1993.

[344]Silver GM, Gaines PJ, Hunter SW, et al: Identification, characterization, and cloning of an immunoglobulin degrading enzyme in the cat flea, Ctenocephalides felis. *Arch Insect Biochem Physiol* 51:136–50, 2000.

[345]Lee SE, Jackson LA, Opdebeeck JP: Salivary antigens of the cat flea, *Ctenocephalides felis felis*. *Parasite Immunol* 19:13–19, 1997.

[346]Lee SE, Johnstone IP, Lee RP, et al: Putative salivary allergens of the cat flea, *Ctenocephalides felis felis*. *Vet Immunol Immunopathol* 69:229–237, 1999.

[347]McDermott MJ, Weber E, Hunter S, et al: Identification, cloning, and characterization of a major cat flea salivary allergen (Cte f 1). *Mol Immunol* 37:361–375, 2000.

[348]Shearer DH, Day MJ: Aspects of the humoral immune response to

Staphylococcus intermedius in dogs with superficial pyoderma, deep pyoderma and anal furunculosis. *Vet Immunol Immunopathol* 58:107–120, 1997.

[349]Bond R, Lloyd DH: Immunoglobulin G responses to *Malassezia pachydermatis* in healthy dogs and dogs with Malassezia dermatitis. *Vet Rec* 150:509–512, 2002.

[350]Chen TA, Halliwell REW, Hill PB: Immunoglobulin G responses to *Malassezia pachydermatis* antigens in atopic and normal dogs. In Thoday KL, Foil CS, Bond R, editors. Advances in veterinary dermatology, vol 4, Oxford, 2002, Blackwell Science, pp 202–209.

[351]Chen TA, Halliwell RE, Pemberton AD, et al: Identification of major allergens of *Malassezia pachydermatis* in dogs with atopic dermatitis and *Malassezia* overgrowth. *Vet Dermatol* 13:141–150, 2002.

[352]Masuda K, Tsujimoto H, Fujiwara S, et al: IgE sensitivity and cross-reactivity to crude and purified mite allergens (Der f 1, Der f 2, Der p 1, Der p 2) in atopic dogs sensitive to Dermatophagoides mite allergens. *Vet Immunol Immunopathol* 72:303–313, 1999.

[353]Masuda K, Tsujimoto H, Fujiwara S, et al: IgE-reactivity to major Japanese cedar (*Cryptomeria japonica*) pollen allergens (Cry j 1 and Cry j 2) by ELISA in dogs with atopic dermatitis. *Vet Immunol Immunopathol* 74:263–270, 2000.

[354]Hou CC, Day MJ, Nuttall TJ, et al: Evaluation of IgG subclass responses against *Dermatophagoides farinae* allergens in healthy and atopic dogs. *Vet Dermatol* 17:103–110, 2006.

[355]Iwasaki T, Shimizu M, Obata H, et al: Detection of canine pemphigus foliaceus autoantigen by immunoblotting. *Vet Immunol Immunopathol* 59:1–10, 1997.

[356]Olivry T, Joubeh S, Dunston SM, et al: Desmoglein-3 is a target autoantigen in spontaneous canine pemphigus vulgaris. *Exp Dermatol* 12:198–203, 2003.

[357]Olivry T, LaVoy A, Dunston SM, et al: Desmoglein-1 is a minor autoantigen in dogs with pemphigus foliaceus. *Vet Immunol Immunopathol* 110:245–255, 2006.

[358]Suter MM, Ziegra CJ, Cayatte SM, et al: Identification of canine pemphigus antigens. In *Advances in Veterinary Dermatology: Proceedings of the second world congress of veterinary dermatology*, Oxford, 1993, Pergamon Press, pp 367–380.

[359]Olivry T, Alhaidari Z, Ghohestani RF: Anti-plakin and desmoglein autoantibodies in a dog with pemphigus vulgaris. *Vet Pathol* 37:496–499, 2000.

[360]Olivry T, Dunston SM, Fahey M, et al: Autoantibodies against the processed ectodomain of collagen XVII (BPAG2, BP180) define a canine homologue of linear IgA disease of humans. *Vet Pathol* 37:302–309, 2000.

[361]Xu L, O'Toole EA, Olivry T, et al: Molecular cloning of canine bullous pemphigoid antigen 2 cDNA and immunomapping of NC16A domain by canine bullous pemphigoid autoantibodies. *Biochim Biophys Acta* 1500:97–107, 2000.

[362]Jackson HA, Olivry T, Berget F, et al: Immunopathology of vesicular cutaneous lupus erythematosus in the rough collie and Shetland sheepdog: a canine homologue of subacute cutaneous lupus erythematosus in humans. *Vet Dermatol* 15:230–239, 2004.

[363]Monier JC, Ritter J, Caux C, et al: Canine systemic lupus erythematosus 2. Antinuclear antibodies. *Lupus* 1:287–293, 1992.

[364]Olivry T, Naydan DK, Moore PF: Characterization of the cutaneous inflammatory infiltrate in canine atopic dermatitis. *Am J Dermatopathol* 19:477–486, 1997.

[365]Moore PF, Rossitto PV, Danilenko DM, et al: Monoclonal antibodies specific for canine CD4 and CD8 define functional T lymphocyte subsets and high density expression of CD4 by canine neutrophils. *Tissue Antigens* 40:75–85, 1992.

[366]Hendricks A, Schuberth H-J, Schueler K, et al: Frequency of superantigen-producing *Staphylococcus intermedius* isolates from canine pyoderma and proliferation-inducing potential of superantigens in dogs. *Res Vet Sci* 73:273–277, 2002.

[367]Mosmann TR, Cherwinski H, Bond MW, et al: Two types of murine helper T cell clone. I. Definition according to profiles of lymphokine activities and secreted proteins. *J Immunol* 136:2348–2357, 1986.

[368]Borish L, Rosenwasser L: TH1/TH2 lymphocytes: Doubt some more. *J Allergy Clin Immunol* 99:161–164, 1997.

[369]Grewe M, Bruijnzeel-Koomen CA, Schopf E, et al: A role for Th1 and Th2 cells in the immunopathogenesis of atopic dermatitis. *Immunol Today* 19:359–361, 1998.

[370]Leung DY: Atopic dermatitis: new insights and opportunities for therapeutic intervention. *J Allergy Clin Immunol* 105:860–876, 2000.

[371]Kimura M, Tsuruta S, Yoshida T: Correlation of house dust mite-specific lymphocyte proliferation with IL-5 production, eosinophilia, and the severity of symptoms in infants with atopic dermatitis. *J Allergy Clin Immunol* 101:84–89, 1998.

[372]Kimura M, Tsuruta S, Yoshida T: Unique profile of IL-4 and IFN-gamma production by peripheral blood mononuclear cells in infants with atopic dermatitis. *J Allergy Clin Immunol* 102:238–244, 1998.

[373]Leung DY: Atopic dermatitis: the skin as a window into the pathogenesis of chronic allergic diseases. *J Allergy Clin Immunol* 96:302–318, 1995.

[374]Neumann C, Gutgesell C, Fliegert F, et al: Comparative analysis of the frequency of house dust mite specific and nonspecific Th1 and Th2 cells in skin lesions and peripheral blood of patients with atopic dermatitis. *J Mol Med* 74:401–406, 1996.

[375]van Reijsen FC, Bruijnzeel-Koomen CA, Kalthoff FS, et al: Skin-derived aeroallergen-specific T-cell clones of Th2 phenotype in patients with atopic dermatitis. *J Allergy Clin Immunol* 90:184–193, 1992.

[376]Spergel JM, Mizoguchi E, Oettgen H, et al: Roles of TH1 and TH2 cytokines in a murine model of allergic dermatitis. *J Clin Invest* 103:1103–1111, 1999.

[377]Vestergaard C, Yoneyama H, Murai M, et al: Overproduction of Th2-specific chemokines in NC/Nga mice exhibiting atopic dermatitis-like lesions. *J Clin Invest* 104:1097–1105, 1999.

[378]Mosmann TR, Coffman RL: TH1 and TH2 cells: different patterns of lymphokine secretion lead to different functional properties. *Ann Rev Immunol* 7:145–173, 1989.

[379]Grewe M, Gyufko K, Schopf E, et al: Lesional expression of interferon-gamma in atopic eczema. *Lancet* 343:25–26, 1994.

[380]Koulis A, Robinson DS: The anti-inflammatory effects of interleukin-10 in allergic disease. *Clin Exp Allergy* 30:747–750, 2000.

[381]Muraille E, Leo O: Revisiting the Th1/Th2 paradigm. *Scand J Immunol* 47:1–9, 1998.

[382]Grewe M, Walther S, Gyufko K, et al: Analysis of the cytokine pattern expressed in situ in inhalant allergen patch test reactions of atopic dermatitis patients. *J Invest Dermato* 105:407–410, 1995.

[383]Thepen T, Langeveld-Wildschut EG, Bihari IC, et al: Biphasic response against aeroallergen in atopic dermatitis showing a switch from an initial TH2 response to a TH1 response in situ : an immunocytochemical study. *J Allergy Clin Immunol* 97:828–837, 1996.

[384]Olivry T, Dean GA, Tompkins MB, et al: Toward a canine model of atopic dermatitis: amplification of cytokine gene transcripts in the skin of atopic dogs. *Exp Dermatol* 8:204–211, 1999.

[385]Nuttall TJ, Knight PA, McAleese SM, et al: Expression of Th1, Th2 and immunosuppressive cytokine gene transcripts in canine atopic dermatitis. *Clin Exp Allergy* 32:789–795, 2002.

[386]Hayashiya S, Tani K, Morimoto M, et al: Expression of T helper 1 and T helper 2 cytokine mRNAs in freshly isolated peripheral blood mononuclear cells from dogs with atopic dermatitis. *J Vet Med* 49:27–31, 2002.

[387]Fujiwara S, Yasunaga S, Iwabuchi S, et al: Cytokine profiles of peripheral blood mononuclear cells from dogs experimentally sensitized to Japanese cedar pollen. *Vet Immunol Immunopathol* 93:9–20, 2003.

[388]Marsella R, Olivry T, Maeda S: Cellular and cytokine kinetics after epicutaneous allergen challenge (atopy patch testing) with house dust mites in high-IgE beagles. *Vet Dermatol* 17:111–120, 2006.

[389]Halliwell RE: Levels of IgE and IgG antibody to staphylococcal antigens in normal dogs and in dogs with recurrent pyoderma. In: Proceedings of the Annual Meeting of the American Academy of Veterinary Dermatology/American College of Veterinary Dermatology, Phoenix, p. 5. Phoenix, 1987.

[390]Nuttall TJ, Halliwell RE: Serum antibodies to *Malassezia* yeasts in canine atopic dermatitis. *Vet Dermatol* 12:327–332, 2001.

[391]Hou CC, Pemberton A, Nuttall TJ, et al: IgG responses to antigens from *Dermatophagoides farinae* in healthy and atopic dogs. *Vet Immunol Immunopathol* 106:121–128, 2005.

[392]Nuttall TJ, Lamb JR, Miller HRP, et al: Characterisation of *Dermatophagoides* allergens using polyclonal and monoclonal anti-canine IgE. Proceedings of 4th World Congress of Veterinary Dermatology, 2000.

[393]Honda R, Nishifuji K, Olivry T, et al: Detection of circulating autoantibodies using living keratinocyte staining on MCA-B1 method in dogs with pemphigus foliaceus. *Res Vet Sci* 77:105–113, 2004.

[394]Suter MM, Crameri FM, Olivry T, et al: Keratinocyte biology and pathology. *Vet Dermatol* 8:67–100, 1997.

[395]Chikakane K, Takahashi H: Measurement of skin pH and its significance in cutaneous disases. *Clin Dermatol* 13:299, 1995.

[396]Garrot C: Les techniques peroxydase-antiperoxydase et immunofluorescence directe appliquée à la détection d'immunoglobulines et de complément C3 dans la peau saine du chien. *Proc GEDAC* 7:14, 1991.

[397]Garthwaite G, et al: Location of immunoglobulins and complement (C3) at the surface and within the skin of dogs. *J Comp Pathol* 93:185, 1983.

[398]Scott DW, et al: Pitfalls in immunofluorescence testing in canine dermatology. *Cornell Vet* 73:131, 1983.

[399]Scott DW, et al: Pitfalls in immunofluorescence testing in dermatology. II. Pemphigus-like antibodies in the cat, and direct immunofluorescence testing of normal dog nose and lip. *Cornell Vet* 73:275, 1983.

[400]Kalaher KM, et al: Direct immunofluorescence testing of normal feline nasal planum and footpad. *Cornell Vet* 80:105, 1990.

[401]Huff JC: Epithelial polymeric immunoglobulin receptors. *J Invest Dermatol* 94:74S, 1990.

[401a]Wingate KV, Torres SM, Silverstein KA, et al: Expression of endogenous antimicrobial peptides in normal canine skin. *Vet Dermatol* 20:19–26, 2009.

[402]Leonard BC, Chu H, Johns JL, et al: Expression and activity of a novel cathelicidin from domestic cats. *PLoS One* 6:e18756, 2011.

[403]Santoro D, Bunick D, Graves TK, et al: Expression and distribution of antimicrobial peptides in the skin of healthy beagles. *Vet Dermatol*

22:61–67, 2011.

[404]Chesney CJ: Water: its form, function and importance in the skin of domestic animals. *J Small Anim Pract* 34:65, 1993.

[405]Berardesca E, Borroni G: Instrumental evaluation of cutaneous hydration. *Clin Dermatol* 13:323, 1995.

[406]Chesney CJ: Measurement of skin hydration in normal dogs and in dogs with atopy or a scaling dermatosis. *J Small Anim Pract* 36:305, 1995.

[407]Chesney CJ: Mapping the canine skin: a study of coat relative humidity in Newfoundland dogs. *Vet Dermatol* 7:35, 1996.

[408]Chesney CJ: The microclimate of the canine coat: The effects of heating on coat and skin temperature and relative humidity. *Vet Dermatol* 8:183, 1997.

[409]Noble WC: *The Skin Microflora and Microbial Skin Disease*, Cambridge, England, 1993, Cambridge University Press.

[410]Saijonmaa-Koulumiès LE, Lloyd DH: Colonization of the canine skin with bacteria. *Vet Dermatol* 7:153, 1996.

[411]Gallo RL, Huttner KM: Antimicrobial peptides: An emerging concept in cutaneous biology. *J Invest Dermatol* 111:739, 1998.

[412]Kwochka KW: Differential diagnosis of feline miliary dermatitis. In Kirk RW, editor: *Current Veterinary Therapy*, ed 9, Philadelphia, 1986, W.B. Saunders Co., p 538.

[413]Abraham JL, Morris DO, Griffeth GC, et al: Surveillance of healthy cats and cats with inflammatory skin disease for colonization of the skin by methicillin-resistant coagulase-positive staphylococci and *Staphylococcus schleiferi* ssp. *schleiferi*. *Vet Dermatol* 18:252–259, 2007.

[414]Cox HU, et al: Distribution of staphylococcal species on clinically healthy cats. *Am J Vet Res* 46:1824, 1985.

[415]Devriese LA, et al: Identification and characterization of staphylococci isolated from cats. *Vet Microbiol* 9:279, 1984.

[416]Nagase N, Sasaki A, Yamashita K, et al: Isolation and species distribution of staphylococci from animal and human skin. *J Vet Med Sci* 64:245–250, 2002.

[417]Devriese LA, Vancanneyt M, Baele M, et al: *Staphylococcus pseudintermedius* sp nov., a coagulase-positive species from animals. *Int J Syst Evol Microbiol* 55:1569–1573, 2005.

[418]Sasaki T, Kikuchi K, Tanaka Y, et al: Reclassification of phenotypically identified *Staphylococcus intermedius* strains. *J Clinic Microbiol* 45:2770–2778, 2007.

[419]Griffeth GC, Morris DO, Abraham JL, et al: Screening for skin carriage of methicillin-resistant coagulase-positive staphylococci and *Staphylococcus schleiferi* in dogs with healthy and inflamed skin. *Vet Dermatol* 19:142–149, 2008.

[420]Fazakerley J, Nuttall T, Sales D, et al: Staphylococcal colonization of mucosal and lesional skin sites in atopic and healthy dogs. *Vet Dermatol* 20:179–184, 2009.

[421]Fazakerley J, Williams N, Carter S, et al: Heterogeneity of *Staphylococcus pseudintermedius* isolates from atopic and healthy dogs. *Vet Dermatol* 21:578–585, 2010.

[422]Yaar M: Molecular mechanisms of skin aging. *Adv Dermatol* 10:63, 1995.

[423]Baker KP: Senile changes of dog skin. *J Small Anim Pract* 8:49, 1967.

一、系统性方法

兽医皮肤病的治疗是最重要也是最困难的。因为皮肤是身体面积最大的可见器官，因此皮肤病对畜主来说是显而易见的。皮肤问题影响动物的美观以及其生活质量，这两方面对畜主而言非常重要。实际上，动物的皮肤病常常会影响畜主的生活质量[1,2]。如果兽医能成功地鉴别皮肤病的病因，并提供适宜的治疗方案和畜主教育，他将通过帮助动物和畜主而获得个人满足感，满意的畜主也会介绍其他畜主前来就诊。皮肤病可以由多种原因引起，但因为皮肤对刺激的反应有限，所以很多不同的疾病表现相似的临床症状。这使得诊断非常困难，可能需要多种诊断性检测才能最终确诊，不了解情况的畜主可能会很气愤，"跑去"另一个兽医寻求治疗方法。为了成功诊断，使用系统化方法检查患皮肤病的动物是很重要的（表2-1）。

二、记录

许多皮肤病是慢性或复发性的。详细的用药记录可对疾病的进展、复发的类型以及治疗效果的记载提供有用的信息。病史表（图2-1）和特征表（图2-2）可有助于获得和记录重要的信息，也有助于监测治疗效果。对于存在多种类型病灶的复杂病例，书写症状通常比图表更可取。

三、病史

宠物疾病的病因像一个未解的谜团，畜主是目击者，兽医是调查者，兽医获得目击者的口供，并将口供与体格检查和实验室检查获得的证据相比较。此外，兽医一定要评估畜主的可信性。获得准确和详细的病史是诊断的第一步，最终与畜主建立融洽的关系极其重要。许多皮肤病不能治愈，需要长期的控制性措施。若畜主对兽医缺乏信心，则可能不会按照兽医的建议进行诊断性检测和治疗。建立融洽的关系需要友善、同情心、细心、专业和知识。花费时间获得完整的病史有助于与畜主建立融洽的关系，为宠物的疾病诊断以及如何管理病情提供线索。

（一）主诉

询问主诉是很必要的；如果不能这样做将使畜主不满。畜主描述的病畜症状通常是潜在疾病的主要症状，鉴别诊断列表的重点是诊断疾病的病因。

（二）年龄

一些皮肤病与年龄相关[3-6]。确定初次发病时动物的年龄特别重要，初次发病时间可能与畜主就诊的时间不同。表2-2列举了典型的与年龄相关疾病的初发年龄。

（三）品种

动物的品种可能提供线索，有助于形成和优化鉴别诊断列表。向未来的畜主介绍皮肤病时，记住某些疾病具有品种倾向性是相当重要的（表2-3）[7,8]。然而，一个品种可能倾向于患某种疾病，而每个个体都可能发生其他皮肤病，认识这两点是同等重要的。若没有考虑其他疾病可能导致误诊和畜主的不满。

美国北部加利福尼亚州的一项研究发现31个品种的犬患皮肤病的风险率高，包括德国杜宾犬、爱尔兰赛特犬、大麦町犬、腊肠犬、拉布拉多犬、沙皮犬、松狮犬、秋田犬和多种猎犬品种[7]。同一研究发现皮肤病风险率低的品种包括杂种犬以及圣伯纳犬、标准贵宾、比格犬、巴吉度犬、德国短毛指示犬、阿富汗猎犬和澳大利亚牧羊犬。

（四）性别

患病动物的性别影响着某些疾病的发生率。注意动物是否是未去势（未绝育）或去势（绝育）。对于未绝育的母犬，应询问皮肤病是否与发情周期相关。显然，公犬发情综合征见于公犬，孕酮诱导的肢端肥大症在母犬最常见。芽生菌病和其他全身性真菌感染在大型品种的公犬最常见，而母犬发生全身性红斑狼疮的风险率增加。而且，性别相关的行为可能影响疾病的发生，例如打斗相关的脓肿。

（五）颜色

动物的肤色可能与某些疾病相关，色素浅、毛发稀疏的犬发生日射病、光化性角化病、日射相关血管肉瘤、血管肉瘤和肥大细胞瘤的风险更高。白耳朵的猫患日射皮肤病和耳尖发生鳞状细胞癌的概率高。比格犬、拳师犬、达尔马提亚犬、斯塔福德斗牛㹴和大丹犬在白色皮肤、腹部和大腿被毛稀少部位更易发生日射诱导性病灶。

表2-1 皮肤病诊断的系统性检查的步骤

主要步骤	关键点
主诉	畜主主要关心的是什么？
特征描述	动物的年龄、品种和性别可能有助于优化鉴别诊断
病史	过去和目前发生的疾病及使用的治疗措施可能提供线索
皮肤病病史	获得最初的病症及进展、之前的治疗和效果、瘙痒的程度、其他动物或人的感染（传染）、季节性、畜主的偏向
体格检查	检查全身系统
皮肤病学检查	评估皮肤和被毛，鉴别原发性和继发性病灶，注意分布类型和病灶的形态，有无瘙痒，是否存在外寄生虫或皮屑，检查耳朵（耳镜检查）、足部、黏膜与皮肤的连接处以及口腔
鉴别诊断	结合病史和检查结果列出鉴别诊断的优先级
最初的畜主教育	与畜主讨论鉴别诊断表，解释进行初次筛选性实验室检查的依据
筛选性实验室检查	简单和经济的诊断性检测通常有助于确定或排除常见的皮肤病，包括刮皮、皮肤细胞学、耳部细胞学和毛发镜检
再评估 鉴别诊断表和诊断和/或治疗方案	利用筛选性实验室检查的结果，扩大鉴别诊断表并形成附加的诊断检查和/或治疗的选择
更新畜主教育	与畜主讨论筛选性实验室检查的结果以及进一步诊断性检查或治疗方案的选择（包括治疗性试验）
附加检查和/或重新评估	进行附加检查需要进一步扩大鉴别诊断，直至确诊为止。安排复诊，监测治疗的效果。需要不断更新对畜主的教育

表2-2 典型的与年龄相关皮肤病的初发时间

初发年龄	疾病
小于4月龄	先天性疾病（例如，外胚层缺损、脆皮症、少毛症、淋巴性水肿） 蠕形螨病 皮肌炎 皮肤真菌病 大疱性表皮松解症 食物过敏症 鱼鳞癣 脓疱病 幼年型蜂窝织炎 垂体性侏儒症 酪氨酸血症
4～12月龄	犬炮口形疖病（痤疮） 颜色淡化脱毛 跳蚤过敏 毛囊发育不良 食物过敏症 组织细胞瘤 乳头状病毒（口腔） 大型品种的锌反应性皮肤病
1～3岁	长被毛品种的脱毛症（毛囊休止综合征） 犬特应性皮炎 颜色淡化脱毛 组织细胞瘤 原发自发性皮脂溢 寒带品种犬的锌反应性皮肤病
3～8岁	食物过敏症 睾丸肿瘤的雌性化 甲状腺功能低下 皮质醇增多症 免疫介导性疾病
大于8岁	皮肤肿瘤 猫的副肿瘤性脱毛 皮质醇增多症 坏死松解性游走性红斑（肝样皮肤综合征） 皮肤薄、脆弱

毛色可能也与疾病相关，例如颜色淡化脱毛。这在蓝色德国杜宾犬中最常见，颜色淡化脱毛可能发生在毛色浅的犬，杂色犬也可发生[9]。毛色有助于诊断；例如灰色牧羊犬综合征（周期性血细胞生成）和Chédiak-Higashi综合征，后者与波斯猫的黄色眼睛和"烟熏色"被毛相关。

（六）用药史

获得准确和完整的用药史对确定大部分皮肤病的病因极其重要。获得良好的病史比体格和皮肤病学检查需要花费的时间更多。问诊之前让畜主填写皮肤病病史表是有用的（见图2-1）。使用问卷记录畜主的回答可使畜主不受任何外界影响，也可使畜主不会因潜在的"诱导性问题"感到压力。畜主有时间思考问题，也有助于获得患病动物的生存环境情况和之前治疗的详细信息。浏览填写的信息后，兽医应询问额外的问题，进一步了解与该宠物疾病最相关的当前情况。重复性提问可以深入了解畜主与宠物的关系以及判断他/她观察的可靠性和准确性。

兽医了解了主要问题并形成鉴别诊断表后，他/她将会更加详细地询问这个疾病的细节性问题。例如，每天肠蠕动的次数有助于评估食物过敏的可能，这是犬非季节性瘙痒的重要问题，但对无瘙痒的内分泌性脱毛可能没有帮助。

可以询问畜主关于病灶的其他信息：发病的日期和年龄、原发部位、最初外观、病灶的进展和/或恢复、影响疾病进程的因素以及之前所有的治疗（包括家庭、专卖店、宠物店的治疗以及兽医的治疗）。此外，应详细记录非相关疾病的治疗。记录所有治疗与疾病发生或变化之间的联系。应注意可能的不良药物反应。只有怀疑药物反应时，才能进行诊断，因为它们可能与某些疾病很类似，病史有助于诊断。

几乎患皮肤病的所有动物已经使用过一种或多种药物药浴、浸泡、喷雾或治疗，但畜主可能不愿或不能透露之前完整的治疗列表。完全清楚用药的种类和使用日期是很重要的，因为之前的治疗可能引起相关症状的改变。

病犬病史

畜主姓名：_____ 宠物名：_____

主诉：_____

宠物就诊时的年龄：_____ 宠物的年龄：_____

您宠物的这个问题持续多长时间了？_____

这个问题是否在一段时间内严重程度降低或痒感减弱？_____

_____

这个问题初次发生的情况以及开始的时间？_____

____正常皮肤	____皮疹	____泛红	____脱毛
____鼻子	____颈部	____尾部	____后肢
____眼周	____背部	____前肢	____后爪
____耳	____臀部	____前爪	____胸部
____腹部	____腹股沟	____丘疹	

是否扩散？____ 是 ____否，如果是，部位是哪里？_____

_____

您的宠物是否抓挠、啃咬、舔或摩擦以下部位？请检查所有的部位：

____鼻子	____颈部	____尾部	____后肢
____眼周围	____背部	____前肢	____后爪
____耳	____臀部	____前爪	____胸部
____腹部	____腹股沟		

注释：_____

_____

家中有其他宠物吗？注明多少只：_____

____犬	____猫	____鸟	____兔
____啮齿类动物	____大/农场动物 – 什么品种？		

其他的宠物有皮肤问题吗？请描述：_____

_____

家中的成员有皮肤问题吗？____ 是 ____ 否

描述：_____

宠物消耗的总时间：　　　　____ % 室内　　　____ % 室外

症状更严重吗？　　　　　　____ 室内　　　____ 室外　　　____ 早晨　　　____ 晚上

您觉得您宠物的皮肤病和哪些因素相关？

描述：_____

您进行常规驱跳蚤吗？　____是 ____否

您使用的产品的类型是什么？品牌：_____

____粉剂　____浸泡　____喷雾　____项圈　____洗浴　____滴剂　____口服

您在家里使用杀虫剂吗？____ 是 ____ 否

请列举您的宠物治疗中已经使用的一些药物注射液：_____

_____

治疗有效吗？如果有，哪一（几）种有效？_____

您的宠物平时的食物是什么？_____

给与的维生素、保健品或治疗是什么？_____

您的宠物有下面的症状吗？

____咳嗽　____打喷嚏　____流泪　____呕吐　____腹泻　____跛行

____多饮　____多尿

您的宠物曾经有耳部感染吗？____ 是 ____ 否

您的宠物食欲正常吗？____ 是 ____ 否

最近是否改变？____ 是 ____ 否

备注：_____

_____

图2-1 皮肤病学病史表

康奈尔大学兽医学院，纽约14853

皮肤病学

病变分布

体重：＿＿＿＿＿＿＿＿＿＿＿＿＿＿＿

腹侧　　　　　　　背侧

原发性病灶（检查）			
＿＿ 斑点	＿＿ 皮屑	＿＿ 紫癜	＿＿ 风疹
＿＿ 丘疹	＿＿ 结节	＿＿ 斑块	＿＿ 肿瘤
＿＿ 脓疱	＿＿ 水疱	＿＿ 大疱	＿＿ 囊肿
＿＿ 脓肿			

继发性病灶（检查）			
＿＿ 鳞屑	＿＿ 结痂	＿＿ 脱毛	＿＿ 红斑
＿＿ 糜烂	＿＿ 溃疡	＿＿ 裂缝	＿＿ 瘢痕
＿＿ 表皮脱落	＿＿ 环形脱屑		＿＿ 棘层松解
＿＿ 色素沉着过度		＿＿ 色素沉着不足	＿＿ 皮痂
＿＿ 角化过度	＿＿ 苔藓化		＿＿ 粉刺
＿＿ 窦道	＿＿ 多汗症		＿＿ 坏疽

皮肤改变				其他检查
＿＿ 正常	＿＿ 增厚	＿＿ 变薄	＿＿ 脆弱	耳廓-足反射 ＿＿＿＿＿＿＿＿
＿＿ 低渗	＿＿ 过度伸张		＿＿ 松弛度增加	淋巴结 ＿＿＿＿＿＿＿＿＿＿＿

左耳 ＿＿＿＿＿＿＿＿＿＿＿＿＿＿

右耳 ＿＿＿＿＿＿＿＿＿＿＿＿＿＿

被毛改变			口腔 ＿＿＿＿＿＿＿＿＿＿＿＿＿
＿＿ 脱毛性少毛症	＿＿ 多毛症	＿＿ 多毛症	肛门与生殖器 ＿＿＿＿＿＿＿＿
＿＿ 被毛干	＿＿ 被毛刚硬	＿＿ 油性被毛	爪垫 ＿＿＿＿＿＿＿＿＿＿＿＿＿
＿＿ 容易拔掉	＿＿ 初级毛发	＿＿ 次级毛发	爪部 ＿＿＿＿＿＿＿＿＿＿＿＿＿
＿＿ 毛发管型	＿＿ 初级毛发和次级毛发		其他 ＿＿＿＿＿＿＿＿＿＿＿＿＿
	＿＿ 颜色相关性脱毛		

病灶的形态			实验室检查
＿＿ 线性	＿＿ 水疱状	＿＿ 聚集	刮皮 ＿＿＿＿＿＿＿＿＿＿＿＿＿
＿＿ 环形			透明胶带 ＿＿＿＿＿＿＿＿＿＿＿
＿＿ 其他：＿＿＿＿＿＿＿＿＿＿			真菌培养 ＿＿＿＿＿＿＿＿＿＿＿

伍德氏灯 ＿＿＿＿＿＿＿＿＿＿＿＿

毛发检查 ＿＿＿＿＿＿＿＿＿＿＿＿

皮肤疼痛			细胞学：
＿＿ 不存在	＿＿ 轻微	＿＿ 中等 　　＿＿ 严重	1. ＿＿＿＿＿＿＿＿＿＿＿＿＿＿

2. ＿＿＿＿＿＿＿＿＿＿＿＿＿＿＿

寄生虫			3. ＿＿＿＿＿＿＿＿＿＿＿＿＿＿＿
＿＿ 跳蚤	＿＿ 跳蚤排泄物 　＿＿ 虱	＿＿ 蜱	4. ＿＿＿＿＿＿＿＿＿＿＿＿＿＿＿
＿＿ 耳螨	＿＿ 其他：＿＿＿＿＿＿＿		

诊断/差别
＿＿＿
＿＿＿
＿＿＿

图2-2 皮肤病学特征表

表2-3　皮肤病的品种倾向性

品种	疾病	品种	疾病
阿比西尼亚猫	毛囊发育不良 先天性耵聍外耳炎 精神性脱毛和皮炎	法兰德斯牧羊犬	犬侧腹脱毛症
阿富汗猎犬	蠕形螨病 甲状腺功能低下	拳师犬	特应性皮炎 犬痤疮 脆皮症 犬侧腹脱毛症 蠕形螨病 皮样囊肿 食物过敏症 牙龈增生 组织细胞瘤 皮质醇增多症 甲状腺功能低下 指间（趾间）疖病 马拉色菌性皮炎 肥大细胞瘤 炮口形疖病（痤疮） 日光性皮炎（白毛犬） 葡萄球菌毛囊炎 无菌性脓性肉芽肿综合征 胸骨皮痂
万能梗	特应性皮炎 犬侧腹脱毛 蠕形螨病 甲状腺功能低下		
秋田犬	落叶型天疱疮 皮脂腺炎 眼色素层皮肤综合征		
阿拉斯加雪橇犬	长毛品种的脱毛症（毛囊发育不良） 蠕形螨病 甲状腺功能低下 锌反应性皮炎		
美国斗牛犬	鱼鳞癣 特应性皮炎		
美国斯塔福德梗	特应性皮炎 犬侧腹脱毛症 蠕形螨病 肥大细胞瘤	布列塔尼猎犬	补体缺陷（C3免疫缺陷症） 盘状红斑狼疮 甲状腺功能低下 唇褶皱性皮炎
美国水猎犬	斑秃	牛头獒犬	葡萄球菌性毛囊炎和疖病 白癜风
澳大利亚卡尔皮犬	脆皮症		
巴吉度猎犬	特应性皮炎 毛囊发育不良 擦伤 马拉色菌性皮炎 皮脂溢	牛头梗	特应性皮炎 疖病 趾间皮炎 日光性皮炎（光化性皮炎） 锌反应性皮炎
比格犬	特应性皮炎 先天性少毛症 蠕形螨病 甲状腺功能低下 免疫球蛋白（Ig）A缺乏 皮脂腺炎	凯恩梗	特应性皮炎 皮质醇增多症 鱼鳞癣 支持细胞瘤（雌性化）
长须柯利牧羊犬	黑色毛囊发育不良 天疱疮	骑士查理士王猎犬	黑色毛囊发育不良 卷毛症 鱼鳞癣 原发性皮脂溢 原发性分泌性中耳炎 脊髓空洞积水症（基底压迹综合征）
比利时牧羊犬， 比利时特弗伦牧羊犬	皮脂腺炎 白癜风		
法国狼犬	大疱性表皮松解症	切萨皮克湾寻回猎犬	特应性皮炎 毛囊发育不良 葡萄球菌性毛囊炎和疖病
法国狼犬	皮肌炎 表皮发育不全		
伯尔尼山犬	颜色淡化脱毛 组织细胞增多症：先天性、全身性、恶性	吉娃娃	颜色淡化脱毛症 蠕形螨病 斑秃 耳翼微血管坏死症
边境柯利牧羊犬	ABCB1基因突变 黑色毛囊发育不良 全身性红斑狼疮	中国冠毛犬	过敏性皮炎 黑头粉刺 先天性甲状腺功能低下
苏俄牧羊犬	局限性钙质沉着 水囊瘤 甲状腺功能低下	松狮犬	长被毛犬的脱毛症（毛囊发育不良，毛囊休止综合征） 特应性皮炎 颜色淡化脱毛症 蠕形螨病 甲状腺功能低下 落叶型天疱疮 剪毛后脱毛症 酪氨酸缺乏症（脱色素化） 眼色素层皮肤综合征
波士顿梗	特应性皮炎 蠕形螨病 面褶擦伤 皮质醇增多症 肥大细胞瘤 斑秃 尾巴褶皱擦伤		

表2-3 皮肤病的品种倾向性（续表）

品种	疾病	品种	疾病
可卡犬	特应性皮炎（美国可卡犬） 甲状腺功能低下 免疫介导性疾病 唇褶皱擦伤 马拉色菌性皮炎 外耳炎（增生型） 先天性皮脂溢 皮脂腺瘤 维生素A反应性皮炎	波尔多犬	遗传性脚垫角化过度 无菌性脓性肉芽肿综合征
柯利犬	ABCB1基因突变 急性湿性皮肤病 大疱性类天疱疮 周期性中性粒细胞减少症（灰色牧羊犬 综合征） 蠕形螨病 皮肌炎 盘状红斑狼疮 鼻部疖病 红斑型天疱疮 支持细胞瘤（雌性化） 全身性红斑狼疮 水疱性皮肤红斑狼疮	英国斗牛犬	特应性皮炎 犬侧腹脱毛症 蠕形螨病 面褶擦伤 甲状腺功能低下 趾间毛囊炎和疖病 马拉色菌性皮炎 炮口形疖病（痤疮） 斑秃 葡萄球菌性毛囊炎 无菌性脓性肉芽肿综合征 尾部褶皱擦烂
卷毛寻回猎犬	犬侧腹脱毛症 毛囊发育不良 甲状腺功能低下 横型斑秃	德国牧羊犬	特应性皮炎 局限性钙质沉着 脚垫胶原蛋白异常 接触性过敏反应 盘状红斑狼疮 多形性红斑 面部嗜酸性疖病（与昆虫或蛛形纲动物 相关的过敏） 家族性血管灶 跳蚤叮咬性皮炎 耳尖的苍蝇叮咬性皮炎 食物过敏症 德国牧羊犬脓皮症 类狼疮甲变形（狼疮甲床炎） 毛髓软化 跖骨漏 皮肤黏膜脓皮症 鼻部疖病 肾囊腺癌性结节性皮肤纤维化 外耳炎 落叶型天疱疮 肛周瘘 垂体性侏儒症 原发性皮脂溢 腐皮症 葡萄球菌性脓皮症 全身性红斑狼疮 白癜风
德国猎犬	黑棘皮症 斑秃 颜色淡化脱毛 蠕形螨病 皮样囊肿 耳缘皮炎 皮质醇增多症 甲状腺功能低下 特发性甲变形（狼疮甲床炎） 趾间（爪垫）毛囊炎和疖病 幼年型蜂窝织炎 马拉色菌性皮炎 横型斑秃（毛囊发育不良） 落叶型天疱疮 耳翼脱毛/脉管炎 葡萄球菌性毛囊炎 无菌性结节脂膜炎 无菌性脓性肉芽肿综合征 胸骨处皮痂 脉管炎（特发性）		
		德国短毛波音达犬	肢端残缺综合征 德国短毛波音达犬的遗传类狼疮皮肤病
大麦町犬	特应性皮炎 蠕形螨病 药物反应 日光性皮炎（光化性） 葡萄球菌性毛囊炎 瓦-克莱因二氏综合征（无黑色素皮肤， 蓝眼睛，耳聋）	金毛寻回猎犬	肢端舔舐性皮炎 急性湿性皮炎 特应性皮炎 皮肤淋巴肉瘤 脚垫角化过度 甲状腺功能低下 鱼鳞癣 幼年型蜂窝织炎 鼻镜脱色（"异色鼻"） 脓性肉芽肿性毛囊炎和疖病 葡萄球菌性毛囊炎和疖病 无菌性脓性肉芽肿综合征 毛发纵裂症
德国杜宾犬	肢端舔舐性皮炎 颜色淡化脱毛（毛囊发育不良） 蠕形螨病 药物性皮疹（特别是加强型磺胺药物） 舔舐侧腹 毛囊发育不良 趾间毛囊炎和疖病 炮口形疖病（痤疮） 落叶型天疱疮 原发性皮脂溢 葡萄球菌毛囊炎 白癜风	戈登赛特犬	特应性皮炎 毛囊发育不良 甲状腺功能低下 幼年型蜂窝织炎

表2-3　皮肤病的品种倾向性（续表）

品种	疾病	品种	疾病
大丹犬	肢端舔舐性皮炎 局限性钙质沉着 厚皮痂（肘头囊肿） 颜色淡化脱毛 蠕形螨病 皮样囊肿 获得性大疱性皮肤松解症 甲状腺功能低下 趾间疖病 鼻口部疖病（痤疮） 日光性皮炎（花斑，白色部位） 葡萄球菌性毛囊炎 无菌脓性肉芽肿综合征	玛尔济斯猎犬	过敏性皮炎 牵引性脱毛 疫苗诱导性脱毛（狂犬病）
		曼彻斯特㹴犬	毛囊发育不良 斑秃
		迷你杜宾犬	毛囊发育不良 白癜风
		纽芬兰犬	急性湿性皮炎 过敏性皮炎 甲状腺功能低下 落叶型天疱疮 葡萄球菌性毛囊炎和疖病 白癜风
大白熊犬	急性湿性皮炎 蠕形螨病	挪威猎鹿犬	剃毛后脱毛症（毛囊发育不良，毛囊休止综合征） 漏斗状角质化棘皮瘤（角化棘皮瘤） 角化异常 皮下囊肿
灵缇	药物反应 斑秃血管病（皮肤和肾小管血管病灶）		
爱尔兰赛特犬	肢端舔舐性皮炎 特应性皮炎 颜色淡化脱毛 颗粒细胞病灶 遗传性脚垫角化过度 甲状腺功能低下 原发性脂溢性皮炎 葡萄球菌性毛囊炎和疖病	诺威奇㹴	过敏性皮炎 角化异常
		英国老式牧羊犬	ABCB1基因突变 过敏性皮炎 蠕形螨病 药物反应 指间（趾间）疖病 白癜风
爱尔兰㹴	脚垫角化过度	帕森拉塞尔㹴（杰克罗素犬）	过敏性皮炎 毛囊发育不良 蠕形螨病 皮肤癣菌病 血管炎（家族性血管病灶）
爱尔兰水猎犬	毛囊发育不良 特发性甲变形（狼疮甲床炎）		
爱尔兰猎狼犬	肘部厚皮痂 甲状腺功能低下		
荷兰卷尾狮毛犬	剃毛后脱毛症（毛囊发育不良） 甲状腺功能低下 漏斗状角质化棘皮瘤（角化棘皮瘤） 黑色素瘤	北京犬	面褶擦伤 睾丸支持细胞瘤（雌性化）疫苗诱导性脱毛（狂犬病疫苗）
		波斯猫 喜马拉雅猫	姬螯螨病 皮肤癣菌病 面褶擦伤 特发性面部皮炎 被毛无光泽 原发性脂溢性皮炎
凯利蓝㹴	脚垫角化病（鸡眼） 毛囊肿瘤 外耳炎 针状体毛发增多症		
拉布拉多寻回猎犬	肢端舔舐性皮炎 急性湿性皮炎 特应性皮炎 颜色淡化脱毛 先天性少毛症 食物过敏症 甲状腺功能低下 免疫介导性疾病 马拉色菌性皮炎（水源性） 鼻镜角化过度（家族性） 原发性皮脂溢 葡萄球菌性毛囊炎和疖病 尾上腺脱毛症 维生素A反应性皮肤病 白癜风 威尔斯综合征（嗜酸性皮炎和水肿）	波音达犬	肢端残缺综合征（感觉神经） 黑色毛囊发育不良 局限性钙质沉着 犬侧腹脱毛症（发育不良） 蠕形螨病 大疱性结合性表皮松解症 表皮脱落性皮肤红斑狼疮（遗传性类狼疮皮肤病） 鼻口部疖病
		博美犬	剃毛后脱毛（毛囊发育不良，毛囊休止综合征） 疫苗诱导性脱毛（狂犬病）
拉萨西施犬	过敏性皮炎 马拉色菌性皮炎 疫苗诱导性脱毛（狂犬病疫苗）	贵妇犬（贵宾犬）	过敏性皮炎 先天性少毛症 外胚层发育不良 大疱性表皮松解症 泪液着色 毛囊发育不良（小型贵宾犬） 皮质醇增多症（小型贵宾犬） 甲状腺功能低下（标准贵宾犬） 斑秃 皮脂腺炎（标准贵宾犬） 疫苗诱导性脱毛（狂犬病疫苗）
爱斯基摩犬	蠕形螨病 毛囊发育不良 甲状腺功能低下 锌反应性皮炎		

表2-3　皮肤病的品种倾向性（续表）

品种	疾病	品种	疾病
葡萄牙水猎犬	皮肌炎 毛囊发育不良 横型斑秃	喜乐蒂牧羊犬	ABCB1 基因突变 皮肌炎 盘状红斑狼疮 药物反应 甲状腺功能低下 支持细胞瘤(雌性化) 表皮弥散性脓皮病(葡萄球菌性) 全身性红斑狼疮 水疱性皮肤红斑狼疮
巴哥犬	特应性皮炎 蠕形螨病 面褶擦伤 甲状腺功能低下 肥大细胞肿瘤 病毒性色素沉着斑 尾褶擦烂		
		西施犬	特应性皮炎 马拉色菌性皮炎 皮脂腺瘤
雷克斯猫	先天性少毛症 马拉色菌性皮炎	暹罗猫	食物过敏症 先天性少毛症 眼周白化病 心理性脱毛症和皮肤病 白癜风
罗得西亚脊背犬	皮样窦 甲状腺功能低下 横型斑秃		
罗威纳犬	毛囊脂沉积症 毛囊角化不全 特发性血管炎 类狼疮甲变形(狼疮甲床炎) 葡萄球菌性毛囊炎和疖病 血管炎 白癜风	西伯利亚哈士奇犬	特应性皮炎 盘状红斑狼疮 嗜酸性疖病 嗜酸性肉芽肿 毛囊发育不良 雄性性腺功能减退 特发性甲变形(狼疮甲床炎) 剃毛后脱毛 眼色素层皮肤综合征 锌反应性皮肤病
圣伯纳犬	肢端舔舐性皮炎 急性湿性皮炎 肘部水囊瘤 唇褶擦烂 鼻部动脉炎 葡萄球菌性毛囊炎和疖病 眼色素层皮肤综合征		
		丝毛㹴	颜色淡化脱毛 毛囊发育不良 (短毛综合征) 疫苗诱发性血管炎
萨摩耶犬	剃毛后脱毛症（毛囊发育不良） 皮脂腺炎 皮脂囊肿 眼色素层皮肤综合征	史宾格犬	肢端损伤 (英国史宾格犬) 脆皮症(英国史宾格犬) 食物过敏症 甲状腺功能低下 特发性甲变形 唇褶擦伤 马拉色菌性皮炎 外耳炎 原发性脂溢性皮炎 银屑病样苔藓样皮炎(英国史宾格犬)
史奇帕克犬（比利时小牧羊犬）	甲状腺功能低下 落叶型天疱疮		
雪纳瑞犬	特应性皮炎 亚金基团毛菌病 犬侧腹脱毛(毛囊发育不良) 药物反应 皮质醇增多症 甲状腺功能低下 假两性畸形 雪纳瑞粉刺综合征 角质层下脓疱性皮肤病 表皮化脓坏死性皮炎 维生素A反应性皮肤病(巨型雪纳瑞犬)		
		斯坦福斗牛㹴	特应性皮炎 犬侧腹脱毛 指（趾）间疖病 横型斑秃 尾上腺脱毛症
		维希拉猎犬	过敏性皮炎 皮脂腺炎
苏格兰猎麋犬	特应性皮炎 犬侧腹脱毛 蠕形螨病 遗传性鼻脓性肉芽肿和血管炎 皮肤纤维瘤 皮质醇增多症 黑色素瘤 葡萄球菌性毛囊炎和疖病 血管炎/遗传性血管病灶	威玛犬	蠕形螨病 粒细胞病灶 (免疫缺陷) 肥大细胞肿瘤 黑色素瘤 鼻口部疖病 (痤疮) 支持细胞瘤(雌性化) 无菌性脓性肉芽肿综合征
沙皮犬	特应性皮炎 蠕形螨病 食物过敏症 甲状腺功能低下 IgA 缺乏症 擦伤 黏蛋白增多症 葡萄球菌性毛囊炎和疖病	西高地白㹴	特应性皮炎 蠕形螨病 表皮发育不良 食物过敏症 鱼鳞癣 马拉色菌性皮炎 原发性脂溢性皮炎(角化障碍)

表2-3　皮肤病的品种倾向性（续表）

品种	疾病	品种	疾病
惠顿犬	过敏性皮炎 脆皮症 鱼鳞癣	约克郡㹴	颜色淡化脱毛 蠕形螨病 皮肤癣菌病 发育不良(短毛综合征) 黑皮病和脱毛病 耳郭脱毛症 牵拉性掉毛 疫苗免疫性脱毛(狂犬病疫苗)
小灵犬	ABCB1基因突变 颜色淡化脱毛 特发性甲变形(狼疮甲床炎) 横型斑秃		
硬毛猎狐㹴	特应性皮炎		

图2-3　瘙痒评估的等级的示例：视觉表观评分和数值等级评分

瘙痒是最常见的主诉之一，在多数病例中这是过敏的标志。多数皮肤病的鉴别诊断中，瘙痒的存在、部位和程度是重要的标准。然而，畜主对瘙痒强度的概念可能与兽医是不同的。因此，以下问题是有用的："你每天看见你的犬抓挠几次？""它抓挠多个部位还是仅在小范围内抓挠？""它抓挠头部吗？""它舔爪部吗？""它舔前肢或其他部位吗？""它打滚或蹭下颌、耳朵或倚靠着物体蹭身体吗？"畜主首先评估瘙痒的等级范围是1~10分，这通常是有用的。分类的范围如下：0是不抓挠，1是抓挠情况轻微，10是宠物瘙痒情况的最差表现。可使用数值评定量表（The numerical rating scale，NRS）和瘙痒视觉模拟量表（Pruritus visual analog scale，PVAS）记录瘙痒水平（图2-3），接下来尝试评估治疗或诊断过程中宠物疾病随着时间的变化。因为很多瘙痒性疾病是慢性的，并可能会恶化，所以瘙痒评估是很重要的，并能提供潜在病因的线索。同样，通过询问关于瘙痒的问题，记录疾病的严重程度以及畜主指出瘙痒程度时见到的症状。随着时间推移，畜主的认知可能会改变，而这个方法能够记录下这种改变。确定瘙痒开始侵害外观正常皮肤的可能时间也是很有用的（瘙痒引起皮疹，典型的过敏）或皮肤病灶是否在瘙痒之前或与瘙痒同时出现（皮疹引起瘙痒）。使用PVAS鉴定瘙痒强度比数值评分更敏感[10-14]。

问诊畜主与宠物之前存在的问题是很重要的。很多时候，畜主不会把过去的问题和目前的状况联系起来。例如，目前一只犬有爪部和腹股沟部瘙痒的现象。过去的几年这只犬也患有耳部的多重感染，但只在最近出现爪部和腹股沟的瘙痒。除非特意询问这方面的问题，否则畜主可能没有注意到耳部问题、瘙痒或耳部治疗，因为他们认为这是不重要或是不相关的问题。

同样地，问畜主时应特意询问宠物的饮食。畜主通常提供给宠物的"基本饮食"的信息，并不会提到治疗和保健品。这时应当询问一个更加具有代表性的问题，"你的宠物昨天或48h以内吃了什么？""还有，你的宠物接受的是什么治疗，你向宠物的食物中添加了什么？"应特别注意的是，临床医生询问是否给予维生素或风味咀嚼片类药物，以及宠物是否吃了一些"人的食物"或者舔过盘子或碗。一定要询问是否喂食宠物生牛皮制成的咀嚼玩具或其他可食性玩具，或是否将药物藏在某种食物中给予动物。

因为接触刺激剂或过敏原是诱发或引起皮肤病很重要的因素，所以熟知动物的生活环境是必要的。它是住在公寓，还是田野和森林这样的户外？它是睡在犬窝还是在畜主的房子里？如果它睡在房子里，它睡在哪个房间，房间里有地毯吗？如果它睡在畜主的卧室，是睡在地板上还是床上？有羽毛枕头、被子或毛毯吗？如果宠物睡在犬窝里，是在车库，还是室外，犬床含稻草、毛毯或其他材料吗？一些症状是宠物刚醒时更严重吗？症状有时持续整个晚上吗？

如果宠物被寄养或住院，那么宠物是否在离开家后症状得以改善。如果宠物旅行，那么在旅行期间症状是否改善？如果变换环境后症状改善，这高度提示宠物对环境中的过敏原或刺激性物质有反应。

有时动物的性行为相关问题可以提供非常重要的信息，尤其是在鉴别动物是否存在内分泌紊乱时。另外，根据临床怀疑的疾病，也应询问更多器官特异性的问题。向畜主询问关于饮水量、食欲、体重和排尿的改变或排便情况的问题，这些应包括在病史中。

有确定皮肤病的传染性，我们应了解同一地区内的其他动物皮肤的健康情况。与患犬生活的人类的皮肤病也可能与一些疾病（疥螨病，姬鳌螨病和皮肤癣菌病）高度相关。

此时，临床医生通常对疾病有了整体的认识，准备进行仔细的体格检查。如果一些病例经进一步检查怀疑有更严重或潜在的全身性疾病时，临床医生可能需追溯用药史。

四、体格检查

（一）整体观察

检查开始时远距离观察犬，获得动物的整体健康、状态和病灶分布情况的大致印象。记录动物的体重和身体状况评分（等级1~9，1表示动物特别瘦，没有可见的脂肪，远距离可以看到肋骨、脊柱和骨的突起；4表示完美，肋骨可以容易地触诊，肋骨上的脂肪覆盖极少，容易看到腰部；9表示肥胖，有大量脂肪堆积，腰部因脂肪堆积而膨大）。

应进行完整的体格检查。记录动物的心率、呼吸频率和直肠温度。注意任何身体的异常情况。皮肤通常是全身疾病的指示，但畜主可能不知道。患隐睾症的公犬双侧对称性脱毛，同时出现乳房增大和阴茎包皮下垂，这可能由支持细胞瘤引起。犬双侧对称性脱毛伴发肝肿大和多饮多尿的病史可能提示该犬患有皮质醇增多症。青年公猎犬患有消退性结节，伴发咳嗽、干性的呼吸音，这可能由芽生菌（*Blastomycosis*）引起。

（二）病灶的分布

病灶的分布（图2-4）可能有助于优化鉴别诊断。注意病灶是局部的、多灶性的（波及多处不相连的部位，像头、足部和侧腹部）还是广泛性的，也要注意病灶是对称性的还是非对称性的。对称性的病灶通常反映的是内在性病因（例如，过敏或内分泌、代谢或免疫诱导性疾病）。非对称性的病灶通常是感染、某些外寄生虫或肿瘤的结果。身体的病灶可能为皮肤相关疾病的潜在病因提供线索。像外耳炎（*Otitis externa*）、爪部皮炎（*Pododermatitis*）和鼻皮炎（*Nasal dermatitis*）等疾病很少见局部病灶，且这些病灶也不具有特异性诊断价值。表2-4列举了疾病最常发生或特别严重的一些身体区域。这些列表可能有助于构建鉴别诊断。虽然这样的列表可能有助于优化鉴别诊断，但在很多情况下病灶会扩散至非典型的部位。

多数情况下，皮肤病的类型是无法解释的。同源框基因[15]是调节蛋白质的一类家族，在多个水平影响皮肤病类型，可能对某种皮肤病的发展发挥作用。

（三）皮肤病学检查

远距离观察获得初步印象后，应近距离观察并触诊检查皮肤[16]。仔细检查每厘米的皮肤和可见黏膜颜色是很重要的。很多微妙的线索位于畜主没有发现的部位。笔者见过很多病例，兽医没有观察到前侧部的局部病灶以及趾间、甲沟的炎症和口腔病灶。这些病灶可能增加有价值的诊断信息。如果不环绕动物四周或从背部观察是很难完成皮肤学检查的。必须拿起或握住动物所有的爪，以便于检查趾间腹侧的皮肤。

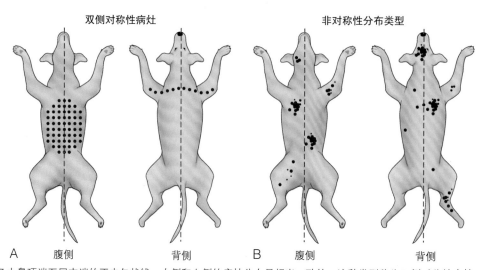

双侧对称性病灶　　　　　　　　非对称性分布类型

A　腹侧　　　背侧　　　B　腹侧　　　背侧

图2-4 **A.** 画一条由鼻顶端至尾末端的正中矢状线，右侧和左侧的病灶分布是相当一致的，这种类型称为双侧对称性病灶。大部分这些疾病具有内在性病因，皮肤反映内在性疾病。例如甲状腺功能低下、皮质醇增多症、支持细胞瘤以及自身免疫性疾病像落叶型天疱疮。过敏也可能表现为对称性病灶　**B.** 画一条由鼻顶端至尾末端的正中矢状线，一侧病灶与另一侧不完全相同，这种分布类型是非对称性病灶。外在性病因是引起非对称性病灶的例子，像外寄生虫、真菌或接触性过敏原

表2-4　非肿瘤性皮肤病的部位诊断

部位	常见疾病	不常见疾病
头部	蠕形螨病 皮肤癣菌病 面部皱褶擦伤 猫食物过敏 细菌性毛囊炎 猫疥螨	皮肌炎 猫的麻风病 嗜酸性细胞性疖病 波斯猫特发的面部皮肤病 幼年性蜂窝织炎 利什曼原虫病 红斑型天疱疮 落叶型天疱疮 孢子丝菌病 无菌性脓性肉芽肿综合征 系统性红斑狼疮 血管炎 锌-反应性皮炎
耳	特应性皮炎 食物过敏 蠕形螨病 皮肌炎 皮肤癣菌病 蚊虫叮咬皮炎 外耳炎（见第十九章） 耳痒螨病 猫和犬疥螨 皮脂溢，边缘（耳郭）	脱毛 大疱性类天疱疮 犬麻风样肉牙肿综合征 冷凝集素疾病 药物反应 冻伤 约克夏㹴的黑皮和脱毛症 落叶型天疱疮 红斑型天疱疮 耳郭血栓性坏死 猫日光性皮炎 无菌嗜酸性细胞性耳郭毛囊炎 恙螨病 血管炎和血管病灶
眼睑	睑板腺囊肿 蠕形螨病 皮肤癣菌病 双行睫 眼睑内翻 细菌性毛囊炎 睑腺炎 脂溢性睑缘炎 倒睫	红斑狼疮 皮肌炎 眼色素层皮肤综合征
鼻镜	盘状红斑狼疮 药物性皮炎 多形性红斑 鼻端角化过度 红斑型天疱疮 落叶型天疱疮	犬瘟热 接触性皮炎 皮肤癣菌病（生色小孢子菌病） 约克夏㹴特发的鼻角化不全 鼻特发性的脓性肉芽肿和血管炎（苏格兰猎犬） 利什曼原虫病 鼻动脉炎 孢子丝菌病 无菌性脓性肉芽肿综合征 眼色素层皮肤综合征 白癜风
唇部	蠕形螨病 顽固性溃疡，猫 唇褶间擦疹 红斑狼疮 鼻口部疖病，细菌性 口腔乳头状瘤，犬 眼色素层皮肤综合征 白癜风样病灶	念珠菌病 接触性皮炎（塑料，橡胶） 幼年性蜂窝织炎 皮肤黏膜细菌性脓皮症
口腔（黏膜病灶）	盘状红斑狼疮 嗜酸性细胞性肉芽肿，犬和猫 嗜酸性斑，猫 糜烂，化学性 糜烂，病毒性，猫 多形性红斑 梭状螺旋菌口炎 齿龈增生 顽固性溃疡，猫 边缘性齿龈炎，溃疡，牙齿浆细胞性口炎 植物性舌炎（异物）	大疱性类天疱疮 念珠菌病 普通天疱疮 系统性红斑狼疮 铊中毒

表2-4　非肿瘤性皮肤病的部位诊断（续表）

部位	常见疾病	不常见疾病
皮肤黏膜交界处	趋上皮性淋巴瘤 多形性红斑 皮肤黏膜交界处脓皮症 系统性红斑狼疮 白癜风	大疱性类天疱疮 念珠菌病 普通天疱疮 暗色丝孢霉菌 铊中毒 中毒性表皮坏死松解症 水疱性皮肤红斑狼疮 (柯利和喜乐蒂牧羊犬)
下颌	蠕形螨病 嗜酸性细胞性肉芽肿，猫 疖病，细菌性 幼年性蜂窝织炎	皮肤癣菌病 马拉色菌皮炎
颈部	特应性皮炎，猫 皮样窦 跳蚤叮咬性过敏症，猫 注射反应 食物过敏症，猫 马拉色菌皮炎	接触性皮炎 (项圈) 伴有线性皮下纤维化的溃疡性皮炎，猫
胸下部	毛囊炎，细菌性 胸骨处厚皮痂	接触性皮炎 类圆小杆线虫性皮炎
腋下	黑棘皮症 特应性皮炎 毛囊炎，细菌性 食物过敏 马拉色菌皮炎	大疱性类天疱疮 接触性皮炎 多形性红斑 普通天疱疮 水疱性皮肤红斑狼疮 (柯利和喜乐蒂牧羊犬)
背部	特应性皮炎 粉刺综合征 (雪纳瑞) 跳蚤叮咬性过敏症 毛囊炎，细菌性 食物过敏症 甲状腺功能低下	皮肤钙质沉着症 姬螯螨病 虱病
躯干	蠕形螨病，广泛性 毛囊炎，细菌性 皮质醇增多症 甲状腺功能低下 皮脂腺炎	雌激素过多症，雌性动物 生长激素过少症 脂膜炎，无菌性 无菌嗜酸性脓疱病 角质层下脓疱性皮肤病 维生素A-反应性皮炎
腹部	特应性皮炎，猫 嗜酸性斑，猫 猫广泛性脱毛 毛囊炎，细菌性 食物过敏症，猫 皮质醇增多症 脓疱病 线性包皮红斑 脂膜炎，无菌性 心理性脱毛和皮肤病，猫 日光性皮肤病，犬 恙螨病	大疱性类天疱疮 皮肤钙质沉着症 接触性皮炎 (侧腹部) 多形性红斑 钩虫性皮肤病 分枝杆菌病，非典型性，猫 类圆小杆线虫性皮炎 水疱性皮肤红斑狼疮 (柯利和喜乐蒂牧羊犬)
尾部	对称性脱毛，猫 跳蚤叮咬性过敏症 尾腺增生，种马尾 机械性刺激 (尾巴卷曲) 心理性皮肤病或脱毛，猫 化脓性外伤性皮肤病 尾尖外伤	冷凝集素疾病 皮肌炎 冻伤 血管炎
肛门	肛门腺疾病 肛周瘘 马拉色菌皮炎	大疱性类天疱疮 食物过敏症 坏死性表皮松解性红斑（肝皮综合征） 普通天疱疮 肛周腺增生

表2-4 非肿瘤性皮肤病的部位诊断（续表）

部位	常见疾病	不常见疾病
四肢	肢端疖病，细菌性 肢端末梢舔舐性皮炎 接触性皮炎 蠕形螨病 皮肤癣菌病 肘部皮痂 肘部皮痂脓皮症 嗜酸性细胞性肉芽肿，猫 水囊瘤 跗骨瘘，德国牧羊犬 疥螨病，犬	压疮性溃疡 猫的麻风病 淋巴管炎，细菌性，真菌性 淋巴水肿 类圆小杆线虫性皮炎
脚垫	特应性皮炎 蠕形螨病 皮肤癣菌病 脚垫角化过度 食物过敏症 指间异物 指间肉芽肿 马拉色菌皮炎 落叶型天疱疮 浆细胞性趾间皮炎，猫 无菌性脓性肉芽肿综合征 外伤 恙螨病	肢端残缺 德国牧羊犬脚垫的胶原性疾病 接触性皮炎 钩虫性皮肤病 利什曼原虫病 蚊叮咬性过敏(猫) 足菌肿病 坏死性表皮松解性红斑 (肝样皮肤综合征) 类圆小杆线虫性皮炎 暗色丝孢霉菌 脚垫分裂病 酪氨酸血症 水疱性皮肤红斑狼疮 白癜风 (脚垫) 锌–反应性皮炎
爪部	甲状腺功能亢进，猫 狼疮性甲营养不良 甲沟炎： 　细菌性 　猫白血病 　外伤性的 外伤	动静脉瘘 大疱性类天疱疮 利什曼原虫病 甲真菌病 落叶型天疱疮 普通天疱疮 系统性红斑狼疮 血管炎 白癜风

多数观察者应观察：毛发的发质是怎样的？是粗或细，干性或油性？很容易拔掉吗？尽管毛发总量的改变常易于发现，但也应注意被毛的轻微减少。生长毛发的部位是局部脱毛的还是完全脱毛？少毛症（Hypotrichosis）暗示着部分毛发缺失，是脱毛的一种类型。毛发稀疏是弥漫性的，还是大量局灶性脱毛（后者经常见于毛囊炎）？形容毛发过多的术语是多毛症（Hypertrichosis）。

应判断皮肤的质地、弹性和厚度，记录皮肤的热或冷。由于被毛的厚度不同，一些品种比其他品种更容易发现皮肤的病灶。而且，动物身体不同部位的被毛厚度是变化的，通常皮肤病灶在毛发稀少的部位更容易被发现。因而，临床医生在观察存在但隐蔽的病灶时必须分离或修剪厚重的毛发。

耳镜检查应包含在皮肤学评估的一部分[17]。要特别注意耳翼和外耳道的红斑程度，因为耳部红斑通常是过敏反应发展过程中的第一个症状。耳镜柄在使用中应是无菌的，每个耳朵使用不同的耳挠柄[18]。关于检耳镜检查的详细信息见第十九章。

当发现皮肤异常时，重要的是确定异常的形态学特征、结构和大致的分布情况。病灶的类型和分布常可提供皮肤病自然病史的线索。

以下是皮肤近距离检查的两个特殊技术，尽管很少用，但很有价值：

· 玻片压诊法（Diascopy）是使用透明的塑料或玻璃器触压红疹病灶。如果病灶由于压力作用而变白，则泛红是由于血管充血造成的。如果未变白，说明泛红是皮肤出血（瘀点或瘀斑；图2-5）造成的。

· 尼科利斯基征（Nikolsky sign）是由施压于水疱或溃疡的边缘、破损，甚至是健康皮肤引起的[19]。若皮肤外层很容易磨损或剥离则为阳性，提示细胞连接较差，见于天疱疮复合型、中毒性表皮坏死松解症（图2-6）和多形性红斑。

（四）皮肤病灶的形态学

皮肤病灶的形态学特征以及病史是皮肤病诊断的基本特征[16,20]。临床医生一定要学会鉴别原发性和继发性病灶。原发性病灶（Primary lesion）是自发性发生的初始损伤，是潜在疾病的直接反应。继发性病灶（Secondary lesions）由原发性病灶发展而来或是病畜或外在因素（像

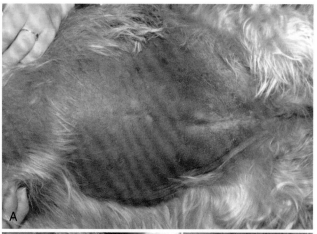

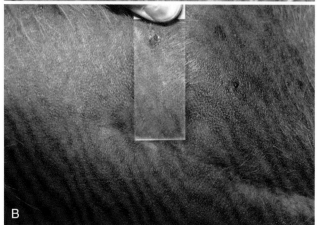

图2-5 **A.** 药物诱导性血管炎和紫癜的犬的腹部 **B.** 玻片压诊红斑没有变白，确诊为真皮出血

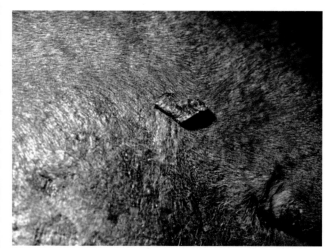

图2-6 中毒性表皮坏死松解症（药物诱导）的病例图片，并存在尼氏征

外伤和药物）人为造成的。原发性病灶（脓疱、水疱、丘疹）可能很快出现然后迅速消失。然而，可能留下继发性病灶（例如，局灶性脱毛、表皮环形脱屑、鳞屑、色素化、皮痂），这些病灶的发展更慢，提示之前还存在原发性病灶。因而，原发性和继发性病灶的鉴定和描述都是很重要的。

　　仔细观察病患皮肤常可发现原发性病灶，可能提示有限的鉴别诊断信息。例如，脓疱最常见于细菌性脓皮病，

而无菌性脓疱疾病很少发生。近距离观察原发性病灶可能揭示难以发现的差异。评估病灶的微小形态学特征，可使用亮光和手持透镜或具有4～6倍放大功能的头戴式放大镜仔细检查独特的病灶。这可能有助于鉴别诊断（例如，脓疱是滤泡性的或非滤泡性的）。

　　原发性病灶（表2-5）从最初产生至发展成熟，该过程中病灶的形态可能发生轻微改变。之后，通过恢复、恶化或创伤，形态可能有变化并发展为继发性病灶。尽管文献和教科书将病灶划分为原发性或继发性，但一些病灶（表2-6）既可以是原发性的，又可以是继发性的［例如，脱毛可以是原发性（内分泌性疾病引起）或继发性（瘙痒引起的抓挠）］。毛囊管型、鳞屑、色素化改变、皮痂和黑头粉刺既可能是原发性的也可能是继发性的。某些情况下，像原发性皮脂溢和锌-反应性皮炎伴发继发性细菌性脓疱，皮痂可能在同一只动物作为原发性或继发性病灶同时出现。

　　继发性病灶（表2-7）可能也很复杂。正角化病的环形脱屑经常是炎症的结果，或是丘疹或脓疱。确实也出现局灶性圆形脱毛区。形状呈格子状或花边状的色素沉着过度通常反映了之前炎症的部位，像红疹、丘疹和脓疱。黄色至蜂蜜色的皮痂通常是脓疱破裂和干化产生的。然而，在多数情况下，有意义的病灶一定要与继发性碎屑团块相鉴别。病灶及其结构的多样性是常见的，因为大多数皮肤病的早期和晚期是同时存在的。发现特征性病灶并认识其重要性的能力是精通皮肤病学诊断的一个重要方面。

　　下面的插图可以帮助临床医生鉴别原发性和继发性病灶。而且，病灶的特征是变化的，暗示着不同的发病机制和病因。表2-5至表2-7，以及图2-7至图2-27的不同和举例解释了犬和猫皮肤病病灶的联系。

1. 原发性病灶（见表2-5）

· 斑疹或斑点（图2-7）。

· 丘疹或斑块（图2-8）。

· 脓疱（图2-9）。

· 水疱或大疱（图2-10）。

· 风疹（图2-11）。

· 结节（图2-12）。

· 囊肿（图2-13）。

2. 可能是原发性或继发性的病灶（见表2-6）

· 脱毛（图2-14）。

· 鳞屑（图2-15）。

· 皮痂（图2-16）。

· 毛囊管型（图2-17，A和B）。

· 粉刺（图2-18）。

· 色素异常（图2-19和图2-20）。

3. 继发性病灶（见表2-7）

· 表皮环形脱屑（图2-21）。

· 瘢痕（图2-22）。

表2-5 原发性病变

病变	描述	意义	鉴别诊断
斑疹 （见图2-7）	局限性扁平部位的颜色改变直径小于1cm	色素化改变（黑色素增加或减少）； 斑点，出血引起的针尖状斑疹； 紫癜，血液进入皮肤；毛细血管扩张；静脉扩张	色素沉着不足：白癜风、盘状红斑狼疮、眼色素层皮肤病综合征。皮肤黏膜交界处脓皮症 色素沉着过度：雀斑、色素痣、炎症后红斑：炎症 出血：创伤、血管炎、血管病灶、凝血障碍
斑点	局限性扁平部位的颜色改变直径大于1cm	与斑疹相同； 出血引起的瘀斑，斑块大于1cm	与斑疹相同
丘疹 （见图2-8）	病灶隆起，直径小于1cm	局部细胞性浸润或表皮增生	过敏性反应、对外寄生虫的反应、细菌感染的早期阶段、免疫介导性疾病，药物性皮炎
斑块	皮肤扁平隆起，直径大于1cm	丘疹的融合；由一群相邻的隆起组成的斑块，也被称为赘生物	慢性炎症疾病
脓疱 （见图2-9）	皮肤局限性隆起，并包含脓液；可能局限于表皮内、表皮外或毛囊	大部分由中性粒细胞填充，也含有一些嗜酸性粒细胞，少量淋巴细胞；大疱性脓疱病，大的柔软性脓疱（与皮质醇增多症相关）；脓肿则是真皮或表皮下层脓液的聚集导致界限明显的波动性病灶	脓皮病、脓疱病、毛囊炎、天疱疮、外寄生虫、角质层下脓疱性皮肤病、无菌性嗜酸性粒细胞性脓疱病
水疱 （见图2-10）	表皮界限清晰的隆起，内含清亮液体，直径小于1cm，位于表皮内或表皮外	在犬和猫上很少见，因为它们很脆弱的，很容易破损	病毒、免疫介导性疾病、刺激物
大疱	表皮界限清晰的显著隆起，内含清亮液体，直径大于1cm	与水疱相同	与水疱相同
风疹 （见图2-11）	界限清晰的隆起，内含水肿液	与过敏反应或外伤有关；通常在几分钟或几小时内出现和消失；经玻片压诊变白；也叫作荨麻疹。可以伸展的部位如唇部或眼睑的巨大荨麻疹称作血管性水肿	荨麻疹、昆虫叮咬和过敏皮肤过敏测试的阳性反应
结节 （见图2-12）	局限性、实质性隆起，直径大于1cm，通常蔓延至深层的皮肤	炎症或肿瘤细胞的大量增生，进入真皮或皮下组织。纤维或晶体物质的聚集也产生结节	细胞性增殖物，通常为肿瘤或肉芽肿（细菌或真菌）延伸至真皮或皮下组织。也可能是黄色瘤和钙质沉着症
囊肿 （见图2-13）	包含液体或实质性物质、内补表皮的腔体。光滑的、界限清晰、有波动感至实质性的团块	皮肤囊肿通常内衬表皮附属器官（毛囊，脂肪或上皮），内含角化细胞碎片、脂肪或上皮分泌物	通常是毛囊或其他附属器官引起的疾病

表2-6 可能是原发性或是继发性病灶

病变	描述	意义	鉴别诊断
脱毛 （见图2-14）	毛发部分至完全缺失	毛发或毛囊损伤，毛发生长异常	原发性：内分泌性疾病（甲状腺功能低下、皮质醇增多症），毛囊发育不良、静止期脱毛、生长期脱毛 继发性：瘙痒、细菌性毛囊炎，皮肤癣菌病、蠕形螨病
鳞屑 （见图2-15）	皮肤角质层有松散的碎片（角化细胞）聚集；可能呈糠样、纤细样、粉末状，片状、层状、油性、干性、松散状、粘连或卵样。颜色多变，可为白色、银色、黄色或棕色至灰色	正常皮屑包含可见的纤细鳞屑，当角化异常或脱屑（角质细胞的滞留增加）时会大片脱落	原发性病灶：原发特发性皮脂溢、鱼鳞癣、毛囊发育不良的一些情况 继发性：慢性炎症
皮痂 （见图2-16）	干性渗出物、血清、脓液，血液、细胞、鳞屑或皮肤表面黏附的药物的聚集物	有毛发的部位厚皮痂常不易被发现，因为干性物质在皮肤无毛处不易黏附	皮痂，在原发性皮脂溢、浅层坏死性皮肤炎和锌–反应性皮炎可能是原发性的，而在脓皮症、蚊虫叮咬或瘙痒则可能是继发性的。脓皮症的出血性皮痂是棕色或暗红色的；脓皮症的一些情况可出现黄绿色皮痂；黄褐色、黏附不紧密的皮痂见于脓疱病。赘生物是堆积状皮痂（见于增殖性天疱疮）。黑色皮痂暗示深层组织损伤或出血，并可能更多见于外伤性伤口、疖病、蚊虫叮咬性皮炎和血管炎。蜂蜜色皮痂最常见于自然感染；黄色厚干性皮痂在疥螨和锌–反应性皮炎更加典型。牢固黏附的皮痂在锌–反应性皮炎和坏死松解性游走性红斑是典型的，也可发生于皮脂溢的某些情况
毛囊管型 （见图2-17）	角化和毛囊物质的聚集，黏附毛干，延伸至毛囊口的表面		维生素A–反应性皮炎的原发性病灶、原发性皮脂溢和皮脂腺炎
粉刺 （见图2-18）	毛囊扩张，内含角化细胞和皮脂物质	一个粉刺可能继发于皮脂溢性皮肤病、油性药物的堵塞或全身性或局部服用类固醇类药物。它是猫痤疮的初发病灶，皮肤可能易患细菌性毛囊炎	原发性：猫痤疮、维生素A–反应性皮炎、雪纳瑞犬粉刺综合征，内分泌性皮肤病、先天性少毛症（例如，中国冠毛犬）和一些特发性皮脂溢疾病 继发性：蠕形螨病、皮肤癣菌病
色素异常 （图2-19和图2-20）	由多种色素引起皮肤颜色的改变	黑色：黑色素存在于表皮（雀斑） 蓝色：黑色素细胞和噬黑色素性细胞内的黑色素位于真皮的中层和深层（真皮黑色素瘤） 灰色：色素失调引起的弥散性真皮黑色素沉着症或表层真皮黑色素沉着症 黄褐色、棕色、黑色：由于黑色素，不同品种动物正常皮肤的颜色多样 棕色：血色沉着病主要是由于黑色素，而不是血铁黄素造成的其他色素 红色/紫：皮肤出血开始时是红色的，随着时间推移变为暗紫色（瘀青） 黄–绿色：胆汁的淤积（黄疸）	色素沉着不足（黑色素减少症），缺少表皮黑色素，可能是原发性的，如白癜风样疾病，或继发性的，如炎症后的变化。白斑症是白皮肤变的一个统称词，而白癜风是一个特异性疾病。毛发缺乏色素称为白发或毛发褪色 色素沉着过度（黑色素沉着病，黑皮症），表皮和真皮（偶尔）黑色素增加。在表层真皮可能发现噬黑色素细胞（炎症后，慢性，创伤和内分泌性疾病）。内分泌性色素沉着过度倾向于弥散性分布，而炎症后的色素沉着过度呈格子状。毛发过度的色素化称为毛黑变

表2-7 继发性皮肤病灶

病变	描述	意义	鉴别诊断
表皮环形脱屑 （见图2-21）	鳞屑的特殊类型，松散的角质碎屑或脱落的角质排列在圆形病变的边缘	代表着水疱、大疱、脓疱或丘疹的顶部残余或炎症引起的角化过度，也见于丘疹和脓疱	细菌脓皮症、免疫介导性皮炎，少见于真菌、昆虫叮咬反应或过敏性疾病
瘢痕 （见图2-22）	纤维化组织代替损伤的真皮或皮下组织	先发生的是外伤或皮肤病灶（溃疡，烧伤）	先发生的是外伤或皮肤病灶（溃疡，烧伤）
表皮脱落 （见图2-23）	抓挠、叮咬或摩擦引起的磨损或溃疡	表皮脱落是自身产生的，通常由瘙痒引起；它们导致继发性细菌感染。通常可通过其呈线型排列的形态而识别	外寄生虫、过敏、刺激物，以及其他原因引起的瘙痒
磨损	浅层表皮损伤，没有穿透基底膜	破损的表皮病变或自残	外寄生虫、过敏和其他原因引起的瘙痒、免疫介导性疾病、外伤
溃疡 （见图2-24）	上皮完整性受到破坏，暴露出底层的真皮	复杂的病理过程 也应注意溃疡深处的坚实性和溃疡坑的渗出液类型：是侵蚀性、纤维化、浓稠的还是坏死性的（血管炎、肿瘤纤维性组织、血管）	猫顽固性溃疡、严重的深层脓皮症、血管炎、免疫介导性疾病、坏死性疾病
裂缝 （见图2-25）	表皮呈线形裂开，或穿过表皮进入真皮，由疾病或受伤引起。可能是一处或多处，呈弧形，分叉或直线	当皮肤厚而无弹性时，由于炎症或外伤导致的突然肿胀而发生，特别是经常活动的部位。例如在耳边缘以及眼睛、鼻、口和肛门的皮肤黏膜交界处	慢性皮肤病、犬瘟热、锌-反应性皮炎、其他角化异常
苔藓化 （见图2-26）	表层皮肤排列扩大的特征是皮肤变厚和变硬。通常色素沉着过度。角化过度增加角质层的厚度	通常是慢性摩擦或炎症反应	陈旧性苔藓化斑块 常含有细菌性成分，随抗生素治疗而改善 在这些病灶中偶可发现马拉色菌 例如，黑棘皮症患病动物的腋下、擦伤、慢性过敏以及角化异常
厚皮痂 （见图2-27）	增厚、粗糙、角化过度、脱毛，通常是苔藓化斑块	发生于暴露在压力和长期承受低强度摩擦的皮肤，像骨突出部位的皮肤	肘部、跗关节，臀部和胸骨是常见发病部位

· 表皮脱落（图2-23）。

· 磨损或溃疡（图2-24）。

· 裂缝（图2-25）。

· 苔藓化（图2-26）。

· 厚皮痂（图2-27）。

（五）病灶的形态

皮肤病灶的形态可能有助于建立鉴别诊断（图2-28）[16]。病灶可能是单一的，例如独立的皮肤癣菌病病灶和异物性反应。线性病灶可能是抓伤引起的，被某物抓伤或接触皮肤的某物划伤。其他的情况下，线性病灶可能是先天性畸形形成的皮片或可能反映了血管或淋巴管的情况。环形病灶通常与疾病向外周扩散有关。常见的环形病灶的例子是细菌性毛囊炎和皮肤癣菌病的表层扩散。当多个病灶在扩散时发生重叠，则病灶会发生融合。弥散性病灶发生于代谢性或全身性疾病，像内分泌性疾病、角化过度和免疫性或过敏性疾病。

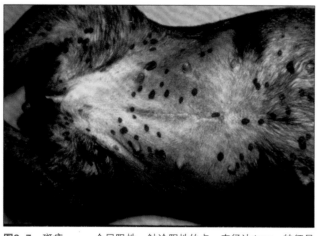

图2-7 斑疹——一个局限性，触诊阴性的点，直径达1cm，特征是皮肤颜色改变。斑点——直径大于1cm的斑疹。颜色改变可能是多个过程的结果：黑色素沉着增加、脱色和红斑或局部出血。例如内分泌性色素沉着过度或炎症后色素沉着过度、色素沉着不足和白癜风。颜色改变也发生于多种类型的急性皮炎、斑点和色素痣性红疹的炎症之后。图中显示的是斑点。斑疹的类型是紫癜——出血进入皮肤（这些病变通常是暗红色但随着吸收过程逐渐变为紫色）；瘀点——针尖状斑疹，更小，直径小于1cm，由出血引起；瘀斑——斑点直径大于1cm，由出血引起

图2-9 脓疱——小的，表皮的局限性隆起，充满脓液。它们的颜色通常是黄色，但也可能是红色。最常见的原发性脓疱含中性粒细胞，初期是感染性的；然而，嗜酸性粒细胞可能占优势（特别是在寄生虫或过敏性疾病）并可能是无菌性的（角质层下脓疱皮肤病、落叶型天疱疮，无菌性嗜酸性粒细胞脓疱症）。大小和颜色可能是疾病病因的线索。大的、柔软的脓疱（大疱性脓疱病）通常与库欣疾病、医源性库欣疾病、免疫抑制性疾病或落叶型天疱疮更相关。大的绿色脓疱提示革兰性阴性菌感染或显著的毒性改变。例如在脓疱病幼年动物的腹部发现的痤疮，毛囊炎和脓疱。图片显示的是角质层下脓疱皮肤病的非毛囊炎性脓疱。脓肿——真皮或皮下组织积聚脓液形成的一个有界限的、具波动性的病灶。脓液在皮肤表面不可见，除非脓液从表面排出，脓肿比脓疱更大且位置更深

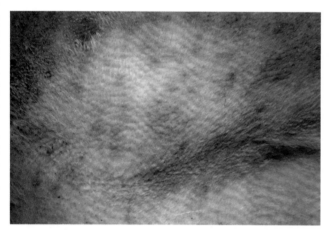

图2-8 丘疹——皮肤小的、实质性隆起，直径大于1cm，经触诊常将其误认为实质性肿物。多数的丘疹是粉色或红色肿胀，由真皮层炎性细胞组织渗透，表皮内或表皮外水肿或由表皮过度生长而产生。它们可能涉及或不涉及毛囊。例如疥螨和跳蚤叮咬过敏症导致的红色丘疹。在犬，丘疹的另一个常见病因是浅层细菌性毛囊炎。图片显示的是跳蚤叮咬性过敏。斑块——丘疹扩大或融合形成大的扁平突起。由邻近的、密集、突出的肿块组成的斑块，通常被覆皮痂，称为赘疣

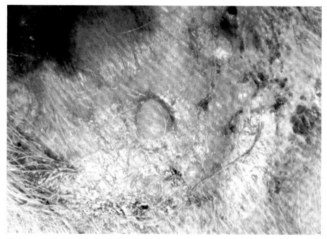

图2-10 水疱——充满清亮液体、界限明显的表皮突起。可以位于表皮内或表皮下。水疱在犬和猫很少见，因为它们易破裂且存在时间短暂。它们由病毒或自身免疫性皮肤病或刺激物引起。水疱的病灶直径约为1cm；直径大于1cm的水疱称作大疱。图片显示的是化学性刺激引起的几个水疱

（六）不同分期

皮肤病及其每个病灶由最初阶段发展为充分发展阶段，但多数病例发展为慢性或恢复阶段。发展过程中，病灶的分布、结构和组织形态通常发生改变。病灶的演变应借助病畜的病史评估或出现不同分期的病灶进行确定。丘疹通常发展为水疱或脓疱，破溃后形成糜烂或溃疡，最终形成皮痂。了解这些发展进程有助于作出诊断。

正如病灶以特殊类型发生，它们也以特殊方式消失。例如丘疹可能发展为脓疱，然后形成皮痂或陈旧性糜烂。

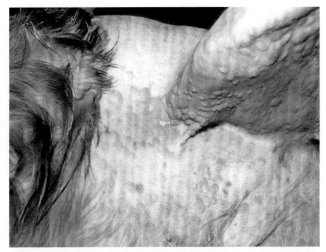

图2-11 风疹——一个界限明显的由水肿组成的凸起病灶，通常在几分钟或几小时内出现和消失。通常风疹对被覆皮肤的外观和毛发不产生影响。典型的风疹是白色至粉色的凸起或水肿性肿胀，病灶周围出现伪足。皮肤经玻片压诊变白（玻片重压病灶观察皮肤）。若肿胀部位例如唇部或眼睑出现庞大蜂窝状风疹，则称为血管性水肿。风疹的例子有荨麻疹、昆虫叮咬和皮肤过敏检测的阳性反应。图片显示的是外科消毒的接触性过敏引起的荨麻疹

图2-12 结节——一个有界限的实质性突起，直径大于1cm，通常侵润至皮肤深层。炎症或肿瘤细胞向真皮或皮下组织大量浸润通常形成结节。纤维或晶体性材料的沉积也产生结节。图片显示的是一只猫鼻附近的结节

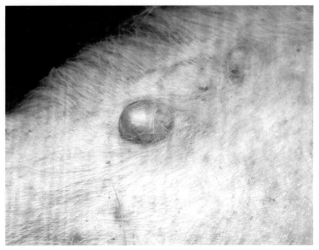

图2-13 囊肿——内衬上皮的腔体内包含液体或实质性物质。图片显示的是上皮囊肿

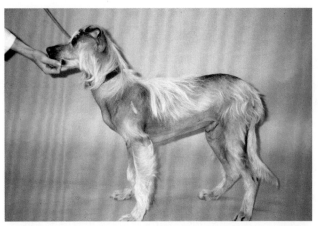

图2-14 脱毛是毛发缺失，程度可从局部脱毛到全部脱毛。可能是原发性的，像内分泌性疾病和毛囊发育不良，或继发于外伤或炎症。图片显示的是一只患有先天性毛发稀少症的犬

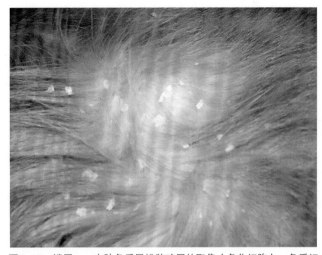

图2-15 鳞屑——皮肤角质层松散碎屑的聚集（角化细胞）。角质细胞是表皮角化的最终产物。正常脱落发生在个别细胞或一小团细胞，肉眼不可见。异常脱落表现为鳞屑大片脱落。鳞屑的组成很不同，可以是糠样、细针状、粉末状、片状、层状、油性、干性、松散状、粘连或卵样。颜色多变，可为白色、银色、黄色或棕色至灰色。图片显示的是患有鱼鳞癣病犬的皮脂溢。鳞屑在颜色淡化脱毛、毛囊发育不良、原发性特发性皮脂溢和鱼鳞癣症的某些情况可能是原发病灶。在慢性炎症中鳞屑是常见的继发性病灶

然后可能扩散到外周发展为环形病灶，在边缘和中间脱毛区域出现伴有多个脓疱或皮痂的圆形斑点。充分发展的病灶可表现为大块脱毛区，中间区域伴发色素沉着过度并沿着主要边缘间歇性出现多灶性红斑丘疹、脓疱或皮痂；病灶可能呈弓形。鳞屑也可能发生于炎症的主要边缘。在慢性或恢复阶段，病灶可能出现小块脱毛和色素沉着过度，因为自发性恢复或治疗有效果而不伴有其他原发性或继发性病灶。

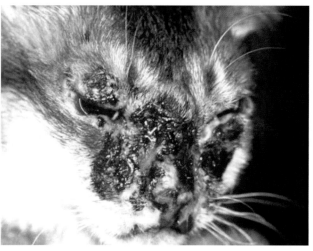

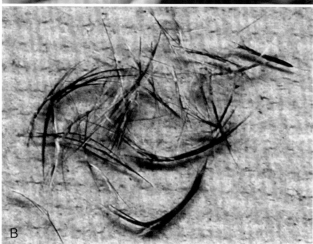

图2-16　干性渗出物、血清、脓液、血液、细胞、鳞屑或皮肤表面黏附的药物聚集形成皮痂。常在有毛部位发现厚皮痂，因为干性物质在皮肤无毛处的黏附不牢固。皮痂可能是原发性的（原发性皮脂溢、浅层坏死性皮炎和锌-反应性皮炎），也可能是继发性的（脓皮症、蚊虫叮咬或瘙痒）。脓皮症的出血性皮痂是棕色或暗红色的；黄绿色的皮痂出现在脓皮症的一些情况；黄褐色，黏附不紧密的皮痂见于脓疱病。图片显示的是猫面部严重的皮痂性溃疡性皮炎。黑色皮痂暗示深层组织损伤或出血，并更可能见于外伤性伤口、疖病、蚊虫叮咬性皮炎和血管炎。蜂蜜色皮痂最常见于自然感染；黄色厚而干的皮痂在疥螨和锌-反应性皮炎更加常见。黏附牢固的皮痂在锌-反应性皮炎和坏死松解性游走性红斑是典型症状，也可发生于皮脂溢的某些情况

图2-17　毛囊管型——聚集的角质和毛囊物质，黏附于毛干，延伸至毛囊口的表面。可能是维生素A-反应性皮炎、原发性皮脂溢和皮脂腺炎的原发性病灶　**A.** 皮脂腺增生犬的毛发　**B.** 近距离观察拔下的毛发；多个毛发基部凝结成块的物质是管型。毛囊管型在蠕形螨病和皮肤癣菌病中可能是继发性病变

识别病灶形成的不同阶段有助于建立鉴别诊断，对选择检测样本的采集部位也是很重要的。

五、问题列表和鉴别诊断

问题列表应依据病史、体格和皮肤病学检查获得的信息得出。在病畜的每个问题的基础上产生鉴别诊断列表。将病史和体格检查获得的结果列表与疾病的关键特征相对比，有助于优化鉴别诊断。应按照鉴别诊断的可能性进行排序。这种优化有助于产生经济实用的方案。

六、形成诊断或治疗方案

建议在初步诊断和鉴别诊断的基础上开展实验室检测或治疗。如果具有较强结果倾向的初步诊断没有建立在病史和体格检查基础上，则还应指出两个或三个可能性诊断。此时畜主和兽医的沟通是关键。畜主决定应做什么，但他（她）的决定是基于临床医生的建议上的。因此，畜主需要了解初步或可能性诊断，也应了解提出的诊断或治疗选择的花费和预期结果。

只根据病史和临床检查是不能确诊的，诊断性试验和实验室操作规程有助于诊断[21]。实验室诊断可以证实多数的临床诊断，并为成功的治疗管理提供理论基础。应根据最可能的诊断进行实验室诊断，不应仅仅为了诊断的全面性而随意地暗示或建议。应考虑经济实用的诊断性检测。畜主应了解每项检测的目的以及处理动物疾病的方法。诊

图2-18　粉刺——扩张的毛囊内含角化细胞和皮脂物质。它是猫痤疮的初始病灶，可能易患细菌性毛囊炎。一个粉刺可能继发于皮脂溢性皮肤病、油性药物的堵塞或者全身性或局部服用类固醇类药物。图片显示的是犬侧腹部的粉刺。当粉刺存在时，应注意毛囊的疾病，像蠕形螨和皮肤癣菌的感染。粉刺可能是猫痤疮、维生素A-反应性皮炎、雪纳瑞犬粉刺综合征、库欣病、性激素皮肤病和某些特发性皮脂溢疾病的原发性病灶

图2-19 异常色素化——皮肤肤色由多种色素构成，但最常见的是黑色素，其代表了多种皮肤颜色：黑色：黑色素存在于表皮（雀斑）；蓝色：黑色素细胞和噬黑色素性细胞内黑色素位于真皮的中层和深层（真皮黑色素瘤）；灰色：色素失调引起的弥散性真皮黑色素沉着症或表皮真皮黑色素沉着症；黄褐色/棕色/黑色：不同品种由于黑色素的存在，其正常皮肤的颜色多样；棕色：血色沉着病的主要原因是黑色素，而不是血铁黄素。其他色素有：红色/紫色：皮肤出血开始时是红色的，随着时间推移而变为暗紫色（瘀青）；黄-绿色：胆汁的淤积（黄疸）。色素沉着不足（黑色素减少症），缺少表皮黑色素，可能是原发性的（像白癜风样疾病）也可能是继发性的（像炎症后的变化）。图片显示的是患有白斑病的波士顿犬的鼻、鼻口部和眼周皮肤的白斑。白斑病是皮肤白变的一个统称词，而白癜风涉及的是一个特异性疾病。毛发缺乏色素称为发变白或毛发褪色

图2-21 表皮环形脱屑——鳞屑的特殊类型，松散的角质碎屑或脱落的角质排列在圆形病灶边缘。它代表着水疱、大疱、脓疱或丘疹的顶部残余，或炎症引起的角化过度，也见于丘疹和脓疱。图片显示的是与葡萄球菌性毛囊炎有关的表皮环形脱屑

图2-20 色素沉着过度（黑色素沉着过多，黑皮症）——表皮和真皮（偶尔）黑色素增加。在表层真皮可能会发现噬黑色素细胞（炎症后、慢性、创伤和内分泌性疾病）。毛发含过量色素称为毛黑变。图片显示的是炎症后的色素沉着过度。色素沉着过度的类型有助于确定病因学。内分泌性色素沉着过度倾向于呈弥散性分布，而炎症后色素沉着过度则呈格子状分布

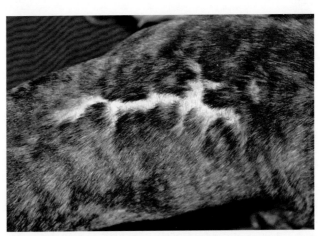

图2-22 瘢痕——纤维化组织，代替了损伤的真皮或皮下组织。瘢痕是外伤或皮肤病灶的残余病灶。犬和猫的大部分瘢痕表现为脱毛、萎缩和低色素化。瘢痕可发生增生，深色皮肤犬的瘢痕可表现为脱毛和色素沉着过度。在严重的烧伤和深层脓皮症后可观察到瘢痕。图片显示的是辐射热烧伤的犬经治愈后的背部瘢痕

断方案通常涉及实验室操作规程和/或治疗性试验。应系统地复查鉴别列表并进行鉴别诊断，一一排除直至确诊。根据疾病的严重程度和畜主的积极性不同，完成该过程的方法不同。一些畜主希望有诊断性结果，因此可选用多种试验评估以尽可能多地进行鉴别诊断。另一些畜主倾向于只检测最可能的诊断或尝试治疗性诊断，避免检测。兽医帮助畜主了解在系统性诊断方法中如何选用特异性治疗性试验，这是很重要的（见表2-1），进而获得预后和选择最佳的治疗。

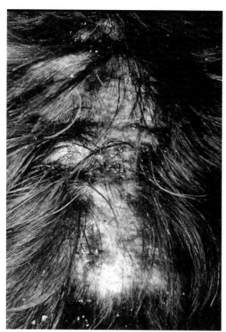

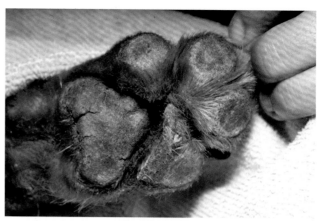

图2-25 裂缝——表皮呈线性裂开，或穿过表皮进入真皮，由疾病或受伤引起。裂缝可能是一处或多处小裂纹或几厘米长的大裂口。它们具有明显的边缘，并可能是干性或湿性，直线型、弧形或分叉状。当皮肤厚而无弹性时，由于炎症或外伤引起的突然肿胀而发生，特别是经常活动的部位易发生裂缝。例如耳缘以及眼、鼻、口和肛门的皮肤黏膜交界。图片显示的是犬瘟热患犬的脚垫裂缝

图2-23 表皮脱落——抓挠、叮咬或摩擦引起的磨损或溃疡。表皮脱落是动物自身造成的，通常由瘙痒引起；它们导致继发性细菌感染。通常通过病灶呈线型分布而鉴别。图片显示的是食物过敏犬的背部表皮脱落

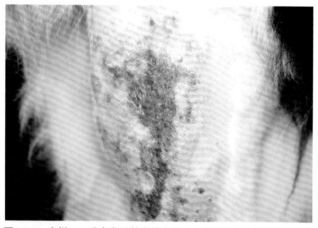

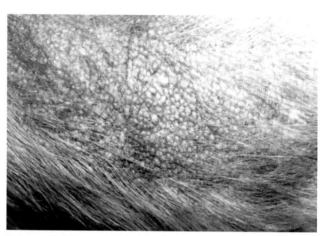

图2-26 苔藓化——表层皮肤排列扩大的特征是皮肤变厚和变硬。通常色素沉着过度。苔藓化的部位通常是由摩擦引起的。它们可能呈正常的颜色，但更多的情况是色素沉着过度。陈旧性苔藓化斑块经常含有细菌性成分并随抗生素治疗而改善。在这些病灶中偶尔可发现马拉色菌。例如，黑棘皮症患病动物的腋下。图片显示的是慢性特应性皮炎患犬的腋窝，这里的苔藓化是摩擦的结果

图2-24 糜烂——没有穿透基底膜区的表皮浅层损伤，最终可经修复而不形成瘢痕；一般是由表皮疾病和自我损伤引起的。溃疡上皮的完整性受破坏，暴露出底层的真皮。溃疡形成是个复杂的病理过程。注意边缘结构很重要的：是侵蚀性、纤维性、增厚，还是坏死性（血管炎，肿瘤，纤维化，血管）？也应注意溃疡深处的坚硬程度和溃疡坑的渗出液类型：是侵蚀性、纤维化、浓稠还是坏死性的？溃疡愈合后通常会留下瘢痕。例如猫顽固性溃疡，严重的深层脓皮症和血管炎。图片显示的是苏格兰牧羊犬的水疱性皮肤红斑狼疮；已进行局部剃毛以暴露病灶

值的信息。然而，为使显微镜评估检测发挥最大的用处，实践和研究是必要的。努力学习这些技术是值得的。若可供选择的检测没能获得相应的信息，进行其他更昂贵和花费时间的检测，或者递送样本至实验室，都会增加花费并延长时间。

七、实验室操作规程

（一）浅层样本

通过显微镜观察毛发和皮肤的样本可以获得大量的信息。刮皮法、醋酸胶带镜检和跳蚤梳是识别外寄生虫的所有有用的技术。可能要剃毛，收集渗出液，进行显微镜检查。这些技术的大部分是容易操作的，可为诊断提供有价

1. 皮肤刮样检查

皮肤刮样检查是兽医皮肤病学最常用的检测之一，任何时候的鉴别诊断（包括在显微镜下观察外寄生虫性疾病）都建议进行皮肤刮样检查。它的目的是使临床医生能够发现并识别小的和显微镜可见的外寄生虫。尽管刮皮检测可以准确地确诊疾病，但其排除诊断的灵敏度依据疾

图2-27 厚皮痂——增厚、粗糙、角化过度、脱毛，通常皮肤上形成苔藓化斑块。厚皮痂最常发生于暴露在压力和长期经受低强度摩擦的皮肤。图片显示的是肘部色素沉着过度的厚皮痂

病和样本的侵袭性的不同而不同，了解这些内容是很重要的。皮肤刮样检查最常用于证实或排除蠕形螨病的诊断。尽管对排除疥螨、姬螯螨感染以及其他外寄生虫疾病，皮肤刮样检查不是有效的，但将其也常用于诊断。皮肤刮样检查需要的设备是矿物油、外科手术刀片（有或没有刀片）或刮匙、显微镜载物片、盖玻片和显微镜。

不是所有的皮肤刮样检查都以相同的方式进行。如果刮取的技术适用于临床医生怀疑的寄生虫，成功概率会增强。蠕形螨的刮取方法不同于疥螨的刮取方法。对于姬螯螨、皮刺螨、猫皮毛螨以及耳螨，每种寄生虫都需要稍微不同的刮取技术。

无论采用哪种刮取方法，应做到对收集的材料进行一致有序的检查，直至作出诊断或检查了所有收集的样本。从混有油的刮取物一端开始检查，并水平或垂直地移动显微镜载物台上的载玻片是最简单的。显微镜下观察达到载玻片的另一端后，移动一个视野，再按相反的方向继续观察，从一端到另一端连续地观察，直到检查了载玻片上所有的刮取物。低倍镜观察（4×或10×）应使用暗光并关闭电容器上的可变光圈，以增加虫体和矿物质油背景的对比度。

接下来的讨论详细说明了特定寄生虫需采用特殊技术以提高刮取的有效性。

2. 蠕形螨

一般来说，应多次刮取新病灶获得刮取物。使用拇指和食指挤压受损的皮肤，从毛囊中挤出蠕形螨。如果存在毛发，在刮取前剃毛有助于刮取样本。将矿物油滴加到经刮取的皮肤处、手术刀片或刮匙上，将有助于刀片黏附刮取物。握着刀片或刮匙与皮肤表面呈45°～90°，逆着毛发生长的方向用中等压力刮皮。挑起获取的材料，并放置在显微镜载玻片上。为刮取更深层的皮肤刮皮操作应重复进行，直至毛细血管渗血。发生真正的毛细血管渗血，而不是割破性出血是很重要的。当爪部或指间部位发生爪部皮炎时尤其如此。请注意沙皮品种的特殊情况，螨虫可能局限在深层的毛囊内，即使进行了以毛细血管出血为特征的

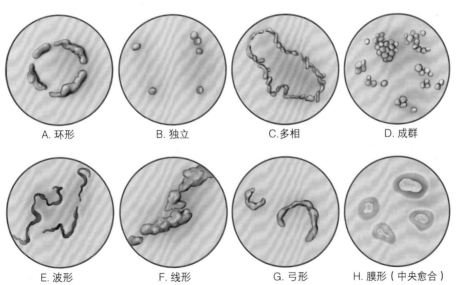

图2-28 皮肤病灶的结构 **A.** 环形结构清晰或很少涉及中央区域，见于表层传染性细菌性毛囊炎、局部皮脂溢、蠕形螨病和皮肤癣菌病 **B.** 猫痤疮、肢端舔舐性皮炎、囊肿和多数肿瘤产生的典型独立病灶 **C.** 多相结构通常是由病灶融合或扩散过程引起的。例如表层传染性细菌性毛囊炎、蠕形螨病或脓性创伤性皮炎 **D.** 成群的病灶通常是由陈旧性病灶向周围发展新病灶产生的。见于毛囊炎、昆虫叮咬、接触性皮炎和皮肤钙质沉着症 **E.** 波形的病灶是扩散的结果，例如犬的疥螨或蠕形螨病。这可能也由于多相病灶的融合和部分愈合引起 **F.** 线形结构在猫的线型嗜酸性粒细胞肉芽肿或皮肤接触条纹状刺激性物质中最典型 **G.** 弓形结构通常由多相病灶的部分愈合引起，像传染性毛囊炎，但它们也可能像犬的疥螨和蠕形螨病一样由扩散引起 **H.** 中央-愈合（靶形）的结构是皮肤在疾病过程的前期经愈合后产生的。常见于某些皮肤癣菌病、蠕形螨和细菌性毛囊炎

正确刮皮也可能出现假阳性结果。而且，慢性蠕形螨性爪部皮炎患犬的刮皮结果可能是阴性的，其爪部发生肿胀、纤维化和肉芽肿。这些病例通过拔毛可能可观察到螨虫，在皮肤活组织检查前应尝试拔毛。对于某些情况，只有皮肤活组织检查具有诊断价值。

一般应将刮取材料置于显微镜载玻片上，滴加2滴或3滴矿物油。混合油与刮取物，使其浓度均匀。在刮取物上放置盖玻片，因为压力，待检的混合物质被压均匀的一层，更便于检查。关闭光圈隔板可使光更分散并可增加对比度，以更易观察螨虫。

当观察到多个螨虫成体，多个部位发现螨虫成体，或发现螨虫不成熟阶段的虫体（卵、幼虫和稚虫）时即可作出诊断。当犬的脾气不好或采样部位很难进行刮取时，可能使用另一种技术。可以拔取病变部位的毛发，将毛放置在载玻片上，滴加矿物油后检查。若检查结果为阳性，这个技术避免了深层刮皮。然而，若拔毛检查的结果为阴性，也不能排除蠕形螨（*Demodex*）的存在。

刮皮可能是明确、简便的实验室操作，但作者遇到过因刮皮结果是假阴性或没有进行刮皮而导致误诊的蠕形螨病例。大多数情况下，对于犬脓皮症和脱毛症以及毛囊疾病，建议进行皮肤刮样检查，因为蠕形螨可能是常见的原发性疾病。蠕形螨感染是进行鉴别诊断时考虑的主要疾病，当临床医生不确定某个诊断或犬对首次治疗效果不明显时，都应进行皮肤刮样检查。

正常犬，尤其是其面部的刮取物可能偶见螨虫成体。尽管在正常情况下犬皮肤内可寄生少量蠕形螨，但在正常犬发现螨虫的可能性很低[22]。在不同部位进行多次刮取，若结果均为阳性则认为是异常的。在动物治疗期间，无论观察到的螨虫是活的（口器或足运动）还是死的都具有预后价值。如果一般的蠕形螨感染对治疗有反应，存活和死亡虫体的比例会降低，虫卵和幼虫的比例也会降低。如果上述情况没有出现，应重新评估治疗方案。

3. 犬疥螨

犬疥螨，人疥螨（犬属）［*Sarcoptes scabiei*(var. canis)］寄生在浅层表皮内。然而，因为通常螨虫量很少，故很难被发现。建议进行多次浅层刮皮，重点是耳郭和肘部。应刮取没有擦伤的皮肤，特别是红色、长有丘疹和顶部有微黄色皮痂的皮肤。皮肤刮样检查的次数越多，检出虫体的可能性越大，但是即使进行了大量刮皮，阴性结果也不能排除疥螨感染的可能性。

刮皮过程中应收集大量刮取物，并将其散布在显微镜载玻片上。有时可使用双倍大的盖玻片。或者，可使用另一张载璃玻片代替盖玻片，以压迫厚皮痂。临床医生应检查每个视野，直至发现螨虫或检查了所有的样品；发现一个螨虫便具有诊断的意义。如果发现深棕色、呈圆的或椭圆形的粪便或卵，也可以作出诊断。还可收集刮取物中的大量毛发和角质碎屑，并将其放置在温热的10%氢氧化钾

（KOH）溶液中作用20min以消化角质，这可能也是有用的。然后晃动混合物并离心。这样可浓缩螨虫，将盖玻片放置在浓缩液表面以黏附螨虫，并在显微镜下辨认。

4. 猫疥螨

猫疥螨，由猫背肛螨（*Notoedres cati*）感染引起，比犬疥螨更容易被发现；因而，犬疥螨的诊断技术也适用于猫。刮皮的最佳位置是头部、面部或耳部有皮痂和皮屑的部位。

5. 姬螯螨

姬螯螨（*Cheyletiella*）的虫体与疥螨相比体型更巨大，甚至用放大镜就能看到。它们长得像移动的小块白色皮屑，这就是为什么这种疾病被称为"行走的"皮屑。临床医生可获得浅层刮取物、醋酸胶带黏取物，或利用跳蚤梳收集的物质，在显微镜下检查。在有些情况下这些螨虫很难被发现，尤其是猫。

6. 恙螨

最常见的恙螨是北美恙螨（*Eutrombicula alfreddugesi*）。这些螨虫肉眼可见，特别是在耳郭的凹面。它们呈亮黄色，与皮肤或丘疹的中心位置紧密黏附。体型大、相对明显的颜色以及与皮肤紧密黏附的特点使其容易被发现。通常在耳道的外部周围可发现螨虫，但耳道内不存在虫体。螨虫用矿物油覆盖，并用外科手术刀取下。不需要进行刮皮。然而，当螨虫从宿主移至显微镜检查时，应马上将其放置在矿物油中，否则它们可能爬走。只有幼虫具有致病性，这些虫体只有六个足。

7. 禽螨

鸡皮刺螨（*Dermanyssus gallinae*）是一种侵害家禽、野生和笼养鸟类以及犬、猫还有人类的螨虫。吸满血的螨虫是红色的；未吸血的是白色、灰色或黑色的。当动物表现痒的症状以及病史表明接触过鸟或家禽的禽舍时，皮肤刮样检查螨虫具有指示性意义。犬或猫身上的一个或两个螨虫可能引起严重的瘙痒。擦破的部位是发现螨虫最好的位置。

临床医生可收集掩盖着螨虫的碎屑、鳞屑和皮痂。将样本放置在显微镜载玻片上，滴加几滴矿物油。在载玻片上盖一个载玻片，而不是盖玻片。用力挤压这两个载玻片，压碎皮痂样本。还可选用醋酸胶带收集方法。

8. 猫皮毛螨虫

猫皮毛虱子（*Lynxacarus radovsky*）黏附在毛干的外部，因而可以进行显微镜镜检花白的毛发。螨虫通常位于毛干顶部。如果怀疑螨虫存在于皮肤内，可以进行浅层皮肤刮样检查，但拔掉受损毛发，并用矿物油处理后检查通常具有诊断性意义。也可以使用醋酸胶带粘贴法。

9. 耳螨

耳痒螨（*Otodectes cynotis*）通常寄生在犬和猫的外耳道。然而，它们也可能在皮肤上被发现，特别是头部、颈部、臀部和尾部周围。像姬螯螨一样，它们可能通过浅层刮皮或醋酸胶带法被发现，可在显微镜下进行

检查鉴别。

10. 醋酸胶带粘贴法鉴别外寄生虫

检查浅层寄生虫建议用醋酸胶带粘贴法替代刮皮，如姬螯螨（*Cheyletiella*）、恙螨和猫爪毛螨虫。可用透明胶带、压敏醋酸胶带或包装胶带按压毛发表面以及按压在邻近头发分开处的皮肤或剃毛的皮肤。当医生怀疑有姬螯螨或恙螨时，可收集浅层皮屑和碎屑。将采过样的胶带按压在显微镜载玻片上并进行检查。

11. 跳蚤梳和漂浮法鉴别外寄生虫

使用跳蚤梳方法可增加姬螯螨的获得量。在这个方法中，梳理身体的大部分区域，收集皮屑和碎屑放在排泄物漂浮溶液中。掉在桌子上或患畜下方的纸张上的物质也应放入漂浮溶液中。将盖玻片放在漂浮溶液的表面，静置10min，然后将盖玻片转移至显微镜载玻片上并检查。

12. 皮肤碎屑检查鉴别外寄生虫

宠物的检查过程中，在桌子表面可轻易地收集到皮痂和碎屑。当动物站立在桌子或一张纸的上方时，轻微摩擦宠物的皮肤和被毛可以增加皮痂和碎屑的量。收集这些材料，直接或与排泄物漂浮溶液混合后进行检查。直接检查可能发现用其他方式没有检测到的跳蚤粪、跳蚤卵或（很少见）虫体。怀疑有跳蚤粪时可以将其放置在湿润的纸张或棉织物上，如果材料溶解后成为橘红色的污点则说明是跳蚤粪。

（二）毛发检查（毛发镜检）

拔取皮肤毛发并在显微镜下检查，称之为毛发镜检（*Trichography*），该方法有助于诊断自我损伤性脱毛、皮肤癣菌病、颜色淡化脱毛、营养性或先天性毛发发育不良、黄菌毛症、结节性脆发病、毛发纵裂症、毛髓软化、扭转毛、生长期脱毛、静止期脱毛、内分泌性脱毛和毛发生长色素紊乱。在蠕形螨病或马拉色菌性皮炎的某些情况中毛发检查可能是有用的。用指尖或绝缘橡胶止血钳抓取少量毛发进行毛发镜检，按照相同方向将毛发放置在显微镜载玻片的矿物油中，使用显微镜低倍镜检查。如果观察过程中检测到异常情况，则需要更仔细地检查将疾病分类。顺着毛发生长的方向拔毛是很重要的，这样做可使人为性外伤降到最低。

毛发有生长期根部或休止期根部（毛球）。生长期毛球呈圆形，光滑，有光泽，可反光，常着色质地柔软，所以根部可能弯曲（图2-29，A）。休止期毛发呈棒状或矛状、表面粗糙、无色素，一般是直的（图2-29，B）。生长中期毛发很少见，具有介于生长期和静止期毛球的中间型毛球（图2-29，C）。正常毛干的直径是一致的，顶部逐渐变细（图2-29，D）。直被毛的动物具有垂直的毛干，而卷曲或波浪形被毛的动物具有弯曲的毛干。所有毛发应具有清晰可辨的角质层和明显区分的皮质和髓质（图2-29，I和J）。毛发色素根据动物的被毛颜色和品种不同

而不同，但被毛相同的两处部位的毛发不应差异很大。

正常成年动物同时具有生长期和休止期毛发，两者的比例随季节、管理因素和其他多种影响因素而变化（见第一章）。生长期与静止期的比例可以通过对100根毛发进行分类而获得。因为没有可供利用的正常标准值，作者很少计算这个比值。然而，这个比值的检测是有价值的。正常动物的所有毛发不应都处于休止期（图2-29，E）；因此，这个发现提示休止期脱毛或毛囊休止（见第十一章）。休止期毛发数量异常（例如，夏天大部分毛发处于休止期，在一些品种比值大约是50∶50）提示营养性（见第十七章）、内分泌性或代谢性疾病（见第十章）。

毛球评估之后应检查毛干。毛发出现不正常的弯曲、奇形怪状和畸形（图2-29，P）提示潜在营养性或代谢性疾病或先天遗传性异常（图2-29，H和X）（见第十二章）。正常毛干的毛发突然并整齐的断裂（图2-29，G）或纵向裂开（毛发纵裂症，图2-29，S）表明这是由过度舔舐、抓挠或大力梳理的外部损害引起。毛干异常的断裂可见于颜色淡化脱毛症（图2-29，M和N）和其他先天遗传性疾病（见第十二章）、结节性脆发症（图2-29，Q和R；见第十一章）、黄菌毛症（见第四章）、生长期脱毛（图2-29，F；见第十一章）、局限性脱毛（图2-29，T；见第九章）、毛髓软化（图2-29，U和V；见第十一章）和皮肤癣菌病（图2-29，O）。正常浅色毛的动物一定不能误诊为疾病（图2-29，K和L）。毛发色素异常与颜色淡化脱毛无关的机制还不完全清楚。当观察到异常色素时，一定要考虑外部原因（例如，唾液染色、化学和局部药物、晒后漂白）或影响毛干色素转移的因素（例如，药物、营养性疾病、内分泌性疾病和特发性色素异常）。毛发管型见于与毛发角化异常相关的疾病，像皮脂腺炎（图2-29，W）、蠕形螨、原发性皮脂溢、毛囊发育不良和内分泌性疾病。这些情况不应与幼虱（图2-29）或姬螯螨虫卵相混淆（图2-29，Z）。

（三）细胞学检查

皮肤细胞学是评估患畜皮肤或耳部疾病的一个有价值的工具[17,23,24]。炎症、肿瘤或其他细胞性增殖类型；蛋白质或黏液素的相对数量；皮肤棘层松解性角质层/酵母和细菌的存在可以通过细胞学评估确定。这是作者进行的最常见和最有价值的实验室检测。需要的设备包括一张干净的显微镜载玻片，一张盖玻片，染色剂和一台显微镜。在显微镜下观察涂片、组织或液体抽出物染色的镜像，几分钟内可以获得大量重要的诊断数据[25]。

1. 样本的收集

用于细胞学检查的材料可以通过多种技术获得。作者最常使用的采样技术包括直接涂片、压片、拭子涂片、醋酸胶带条、刮皮和细针抽吸。多数情况下，应只对皮肤的表层进行剪毛。刷洗和使用酒精或消毒剂只用于进行细针

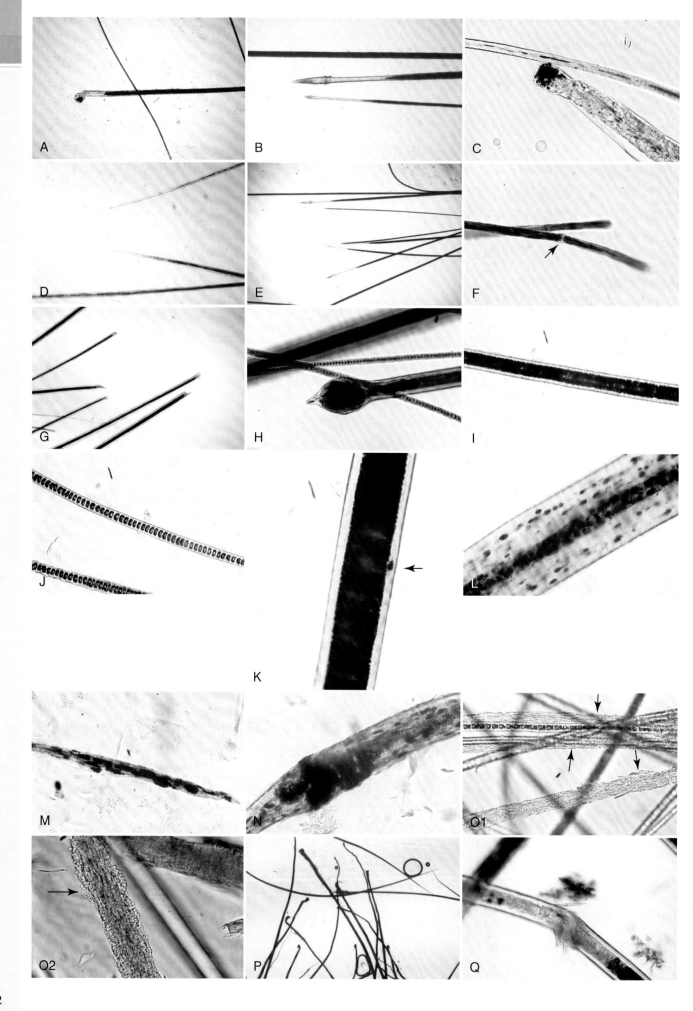

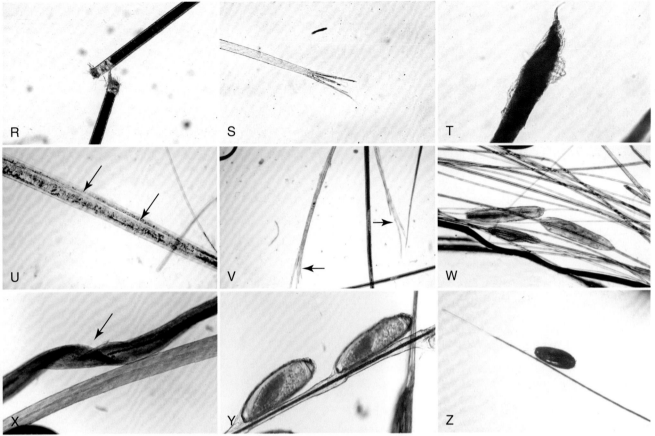

图2-29 **A.** 猫的生长期毛球。注意毛球呈圆形，有色素，并偏向一侧　**B.** 猫的休止期毛球。初级（大的）和次级（小的）的邻近末端都是突出的并缺少色素　**C.** 犬的生长中期毛球。毛球介于A和B之间　**D.** 猫正常毛发的末梢。注意顶部逐渐变细　**E.** 患有休止期脱毛症的猫被毛都处于休止期　**F.** 生长期脱毛。注意短暂的代谢阻滞和结构性损伤引起折断的部位（箭头）　**G.** 末梢断裂。患有心理性脱毛的猫的断裂整齐的毛发　**H.** 阿比西尼亚猫的毛干异常。注意毛干顶部洋葱头样肿胀　**I.** 白毛猫的初级毛干　**J.** 相同放大倍数，相同白毛猫的次级毛干　**K.** 正常暹罗猫的毛发。马耳他淡化基因（Maltese dilution gene）使黑色淡化为蓝色（灰色），橘色变为奶油色。导致黑色素的不规则（箭头），但不改变正常毛干的解剖结构　**L.** 浅毛色犬的毛发（威玛猎犬）。注意黑色素团块的大小和形状不同，分布不规则。然而，它们没有改变毛干的解剖结构图　**M.** 犬（德国杜宾犬）患毛发淡化脱毛症犬的毛发。注意极其不规则的外观、大小和分散的黑色素团块，这与正常毛干失去解剖结构有关　**N.** M中犬的另一根毛发特写。注意极其不规则的黑色素团块已经破坏了毛干的表面。此时这部位是脆弱的，可发生断裂 **O1 ~ O2.** 患皮肤癣菌病犬的毛发，滴加矿物油。毛干含有大量菌丝（箭头）　**O2.** 显示的是高倍镜下的不规则毛干，关节孢子的存在使其结构消失（箭头）　**P.** 营养缺乏。奇形怪状和畸形的毛发　**Q.** 结节性发炎症。注意毛干中心的结节部位发生了断裂　**R.** 结节性脆发症。毛发在结节处折断了，留下了两个断端　**S.** 犬的毛发纵裂症（分叉）。注意末梢沿着毛干纵向分开　**T.** "惊叹号"状毛发斑秃　**U.** 犬的毛髓软化。注意毛干（箭头）局灶性增厚与髓质清晰度和纵向薄层状分裂损失相关　**V.** U中同一只犬的另一根毛发。受影响的毛发正处于纵向薄层状分裂中（箭头）　**W.** 毛发管型。突出的角质化碎片管型围绕着大量毛干　**X.** 扭转发。注意毛干沿着长轴旋转360°（箭头）　**Y.** 虱幼虫。注意幼虫是有卵囊的，卵的大部分与毛干连接　**Z.** 姬螯螨卵。注意卵没有卵囊，只有末端与毛发连接

抽吸的肿瘤性病灶部位。

　　直接涂片通常用于含有液体的病灶。使用载玻片的一角、细针的顶部或其他锋利的物体收集少量的样本。将样本涂抹在显微镜的载玻片上。轻柔涂片，使细胞破坏最小化。

　　若病灶是湿润的或油性的，容易获得压片。这个技术

也可用于摘除的囊肿、病变流出的液体或轻柔打开的丘疹、脓疱或水疱的表面。可将显微镜载玻片直接压在待检查的部位上。经黏合剂聚合物处理的载玻片［例如，Delasco载玻片使用压力敏感型黏合剂（Dermatologic Lab & Supply Inc., Council Bluffs, Iowa）和黏性载玻片（Nasco, Fort Atkinson, Wis.）］可以用来黏附样本。

棉签（拭子）蘸取最常用于排泄性管腔或窦道、耳道和指（趾）间以及干性皮痂表面的病灶。使用前先用无菌生理盐水湿润拭子，这样做可将样本采集和蘸取准备期间的细胞破坏降至最低。向管腔、窦道或耳道插入一个棉签，并轻柔地旋转。用湿润的棉签顶部擦拭干性病灶和指（趾）间的皮肤表面。收集爪部皱褶处的样本，以一定角度折断木质的棉签产生逐渐变细的木质顶端。断裂的棉签尖部可以插入爪部皱褶处，轻柔地刮取细胞和碎屑，收集样本。收集病灶样本后，棉签端或断端在显微镜载玻片上涂抹，从而将收集的细胞和碎片转移至载玻片的表面。

醋酸胶带粘贴是收集皮肤碎屑非常好的方法。用力按压皮肤表面的醋酸胶带，黏附浅层角质细胞和一些炎性细胞或微生物。然后将胶带放置在显微镜载玻片上，滴加一滴染液。使用低倍镜浏览载玻片，查找鳞屑或其他细胞；在待检查的部位滴加浸镜油，使用100×物镜观察。

刮取可用于皮痂、水疱和剥离的角质层采样。也可由手术切除的活组织样本切面收集细胞。刮皮时皮肤表面与手术刀刀片保持15°~90°。然后将收集的材料轻轻涂抹在显微镜载玻片表面。

尽管细针穿刺的方法也可用于脓疱、水疱或大疱的采样，但最常用于结节、肿瘤、囊肿样本的采集。充满液体的病灶可以使用20号或22号针头和一个3mL注射器进行抽吸。可以使用一只手的拇指和食指固定实质性病灶，同时另一只手用22~25号针头从不同的方向多次刺入肿物。然后将针头连接到充满气体的6mL或12mL注射器以排出针内收集的细胞，并将针内的内容物吹到载玻片上。如果通过穿刺方法没有获得样本，应使用20号针头与6mL或10mL的注射器连接进行病灶采样，从组织中抽吸获得细胞。纤维化或稠密的肿物可能需要使用18号针头，以获得足够的样本。在抽吸法中，应将细针刺入病灶，轻轻地抽回注射器柱塞一半到3/4的体积以完成抽气。再次进行抽吸，并重复此过程3次或4次。然后停止抽吸，并将细针从病灶处去除。分离注射器和针头，向注射器内吸入空气，重新连接针头，且排出细针和中心的内容物，将抽吸物吹到玻璃载玻片的表面。使用另一载玻片或细针将该样本涂布到载玻片的整个表面。

2. 染色剂

收集的样本在载玻片上干燥。经直接压片或湿润棉签收集的油性、蜡状或干性的皮肤样本可以在染色前加热固定。加热固定可以使用低温干燥机或将载玻片放置在香烟打火机或火柴上2~5s。去除载玻片底部聚集的烟灰。样本加热固定和干燥后，进行染色并在显微镜下检查。临床应用的染色剂有改良瑞氏染色（Diff-Quik）和新亚甲蓝。Diff-Quik是一种快速和简便的罗曼诺夫斯基染色方法。相比于体外活性染色如新亚甲蓝染色，Diff-Quik对细胞核显色比较差。然而，它能更好地区别胞浆结构和微生物。因为执业兽医师最常关注的是非肿瘤性皮肤病，Diff-Quik染

色是作者的首选。当怀疑肿瘤时，可能需要制备2张载玻片，并都要进行染色。当需要更多的信息以鉴定细菌时，偶尔使用革兰氏染色。

3. 细胞学结果

研究皮肤细胞学检查的第一步是评价正常的皮肤。应对正常犬和猫进行直接压片或刮皮。采集不同的皮肤部位是有价值的，临床病例通常这样采样。耳道、颈腹侧、腋下和指间部位是很好的可选部位，可显示多种正常性差异。干燥、染色并镜检这些样品。正常结构包括鳞屑（棱角、无核的角质细胞；图2-30），偶尔有核的角质形成细胞、耳道内的耳垢和脂质以及表层碎屑。偶尔可以看见非黑色素小颗粒，但是这些小颗粒通常在角质细胞内见到（图2-31）。不应将黑色素颗粒误诊为细菌。也可能在角质细胞内发现角质颗粒，尤其是来源于表皮颗粒层的有核角质细胞。评价健康皮肤也可以让从业者对正常皮肤表面

图2-30 皮肤表层细胞学样本。显示的是无核鳞状表皮细胞，少量的酵母菌和细菌

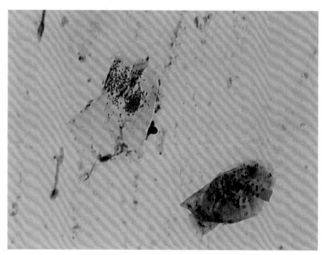

图2-31 正常皮肤的皮肤刮样检查。含有大量黑色素颗粒的有核角质细胞

的细菌和酵母含量有所认识。

细胞学研究有助于区分细菌性皮肤感染和细菌定植，确定感染的相对深度，确定着脓疱是包含细菌的还是无菌性的，也有助于发现酵母和真菌，鉴别多种皮肤肿瘤，或发现天疱疮疾病的非反应性细胞（图2-32）。

皮肤压片样本中经常发现细菌，在经新亚甲蓝或Diff-Quik染色的样本中可以看到嗜碱性微生物。尽管染色不能鉴定细菌的准确种属（就像在培养基中一样），但可以鉴定是球菌还是杆菌（图2-33），通常在没有进行培养和抗生素敏感性检测情况下可制定合适和有效的抗生素治疗方案。镜检发现的球菌一般是伪中间型葡萄球菌（*Staphylococcus pseudintermedius*）。如果染色后没有发现细菌，临床诊断不太可能是细菌性脓皮症，然而，建议进行培养排除细菌性病因。如果没有见到粒性白细胞或胞内细菌，则不存在脓皮症。正常的犬每个油镜视野的球菌和

杆菌平均数小于2个[26]。当发现大量细菌时，说明存在细菌过量繁殖的情况，这可能导致瘙痒和疾病。尽管细菌不是原发性病因也不引发感染，但在临床上它们可能是相关的，适当的抗生素治疗将会有助于缓解一些症状。

通过细胞学检查也可获取细菌性脓皮病的类型或潜在疾病的一些相关线索[27]。一般情况下，深层感染存在少量细菌，而大多数细菌位于细胞内。此外，深部感染表现为混合型细胞浸润，表现为大量组织细胞、巨噬细胞、淋巴细胞和浆细胞浸润。这些细胞的存在表明，长期的抗生素治疗是必要的。脓疱病或者犬医源性或自发性库欣疾病病例中比较常见的细菌性感染是大量的胞内和胞外球菌[27]。

直接压片是检查马拉色菌（*Malassezia*）最有效的方法之一（图2-34）。尽管大多数犬和猫的正常皮肤有厚皮马拉色菌（*Malassezia pachydermatis*）寄生，但当检查1cm²面积的载玻片时，直接压片检查很难找到酵母，通常只能发现1或2个酵母（很少大于20个）（见第五章）[28]。一项针对皮肤病灶的研究发现每高倍镜视野中存在超过1个酵母菌，表明与某些疾病有关，如脂溢性皮炎，或与之前的抗生素治疗有关（见第五章）[29]。尽管每高倍镜视野下发现1个或2个以上的酵母菌不能诊断为马拉色菌性皮炎，但作者认为这表明酵母菌大量异常存在，并可能导致所见到的病理变化。此外，动物可能对马拉色菌发生过敏性反应，即使只有少量马拉色菌存在也可表现出临床症状。酵母白色念珠菌（*Candida albicans*）是一种二相性真菌，组织感染类型产生假菌丝。若镜检发现酵母型白色念珠菌，这可能是污染，而不是感染造成的，因此组织病理学检查是确认感染的首选方法。对感染的（而不是污染）组织直接检查，可以见到芽殖酵母和假菌丝的混合物（图2-35）。

接下来，应观察皮肤的细胞学反应。有炎性细胞吗？是嗜酸性粒细胞（图2-36，A），中性粒细胞（图2-36，B）还是单核细胞（图2-36，C）？当存在嗜酸性粒细胞

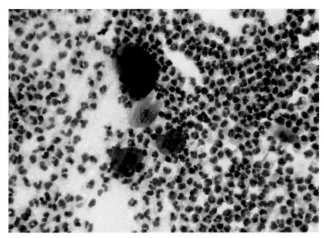

图2-32 患有红斑型天疱疮猫的皮肤细胞学样本。注意：非退化性中性粒细胞以及核流（Nuclear streaming）和微生物的缺失，这表明这是一种无菌性炎症过程。还要注意的是视野中心的棘层松解细胞，这提示很可能是天疱疮

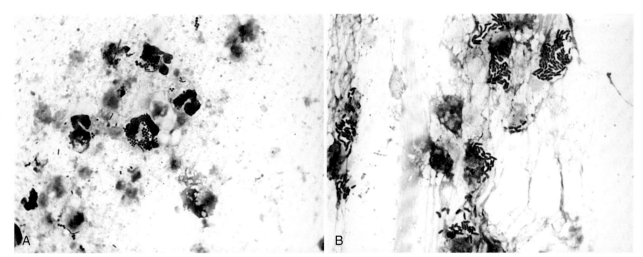

图2-33 **A.** 皮肤细胞学样本显示被吞噬的球菌 **B.** 样本显示被吞噬的杆菌

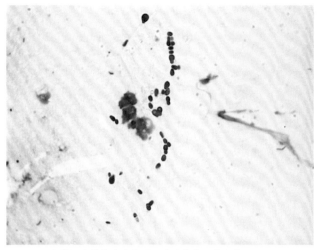

图2-34 皮肤细胞学检查中发现正在出芽的马拉色菌

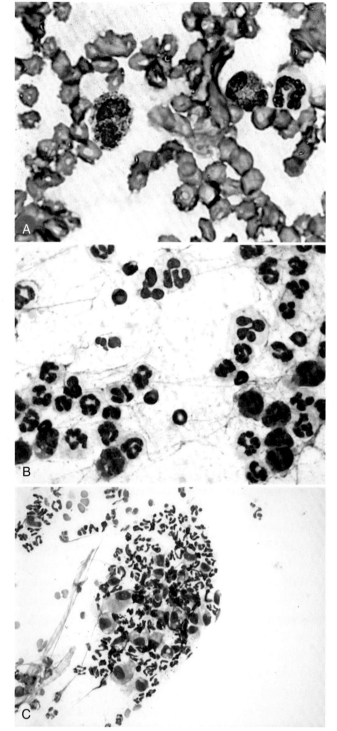

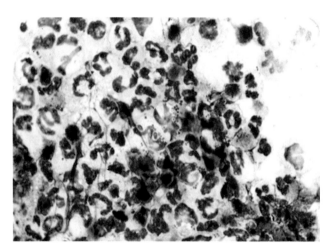

图2-35 犬患有外耳炎的细胞学样本。显示有中性粒细胞、细菌、酵母和白色念珠菌的假菌丝

图2-36 **A.** 细胞学检查中嗜酸性粒细胞和红细胞 **B.** 细胞学检查中未退化的中性粒细胞和少量嗜酸性粒细胞 **C.** 伴有中性粒细胞和巨噬细胞的脓性肉芽肿性炎症

时，见到胞外细菌可能表示细菌定植，见到胞内细菌可能表明主要的问题是外寄生虫或过敏性疾病的继发性感染。这一发现可能特别有助于评估疑似患有特应性或食物过敏性皮炎的犬，因为嗜酸性粒细胞的存在有力地提示了这些单独性感染不是皮肤病的病因。过敏性皮肤病的猫通常组织中嗜酸性粒细胞增多并存在少量的嗜碱性粒细胞，许多病例也继发于凝固酶阳性的葡萄球菌感染[30]。 如果见到大量嗜酸性粒细胞的同时发现退化的中性粒细胞和胞内细菌，最有可能发生的是疖病（无角蛋白和毛干作为内源性异物）。需要强调的是接受糖皮质激素治疗的动物，其炎性分泌物中的嗜酸性粒细胞比预期的少或完全不存在。

如果存在中性粒细胞（图2-37），则是否表现为感染的退行性或中毒性细胞学变化？如果在相同的样本中发现细菌和炎症细胞，则是否存在吞噬？是个别中性粒细胞吞噬细菌（图2-38），还是巨噬细胞和多核巨细胞吞噬细菌呢？是否有很多细菌但炎症细胞很少或没有，且其中没有表现退行性细胞学改变或吞噬作用？当胞浆含大量清晰滤泡的巨噬细胞时，应考虑噬脂性肉芽肿的可能，比如见于

脂膜炎和异物性反应（图2-39）。

细胞学检查有时可快速识别特殊感染［放线菌（*Actinomycetes*）、分枝杆菌、利什曼原虫（*Leishmania*）以及皮下和深部真菌病引起的感染］或提示：①无菌性脓疱性皮肤病（天疱疮、无菌嗜酸性脓疱病、角质层下脓疱性皮肤病），②自身免疫性皮肤病（天疱疮，见图2-31），③肿瘤疾病（图2-40）。

细胞学结果和解释的概括列于表2-8。肿瘤细胞的细胞学特征列于表2-9。

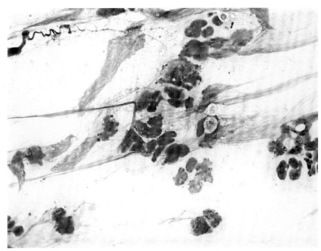

图2-37 金黄色葡萄球菌毛囊炎患犬的退行性中性粒细胞以及核流脓，注意大多数中性粒细胞核肿胀且苍白着色，且多数核是流动的

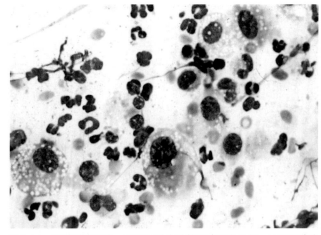

图2-39 无菌性脂膜炎。非退行性中性粒细胞无微生物，巨噬细胞含有大量的脂滴

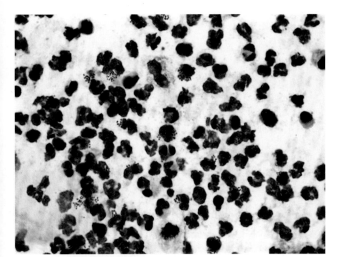

图2-38 胞内菌被中性粒细胞吞噬

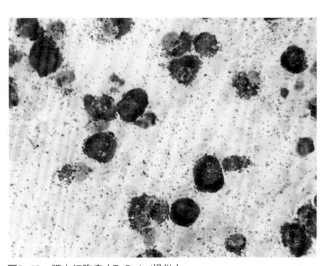

图2-40 肥大细胞瘤（T. Stokol提供）

（四）真菌的检查

真菌的鉴定为病例管理以及某些公共健康问题的决策提供重要的信息（见第五章）。当怀疑媒介引起皮下或深层真菌病时，应将样品送检兽医实验室，使用适当的真菌学技术检测[31]。许多致病性真菌的传播，特别是皮下和深层真菌病的媒介，造成空气传播的健康危害。因此，菌丝期的检查应在生物安全柜中进行。作者建议常规的真菌评估应仅限于组织直接显微镜检查和皮肤癣菌培养。对于其他疑似的真菌感染应收集适当的样本（见第五章），并送往诊断性实验室化验。根据怀疑的微生物，诊断试验可能包括聚合酶链氏反应（PCR）试验检测真菌的DNA、真菌抗原检测、真菌培养和/或血清抗体检测。

一般来说，对于皮下和深层真菌感染的病灶，钻孔活组织检查是获得培养样本的最好方式。由病灶边缘和中心取得的组织块，以及病变表现不同的组织都应送往实验室进行分析。组织样品可以放置在细胞学运输介质中，尽管保存时间可以长达24h，但应在12h内送达实验室。冷藏可

能有助于保存一些真菌，但曲霉属（Aspergillus spp.）和接合菌纲（Zygomycetes）对冷敏感。当怀疑有这些微生物时，样品应于室温保存。

如本章前面所述，大多数真菌微生物经直接细胞学检查即可获得满意的结果。一般来说，Diff-Quik染色适用于多数真菌，特别是酵母菌和组织胞浆菌（Histoplasma capsulatum）。高碘酸-希夫（氏）染色是有用的，但超出了大多数常规操作设备的水平。印度墨汁与组织液混合，可显示出酵母的轮廓，有助于鉴定新型隐球菌（Cryptococcus neoformans）。如之后讨论的皮肤癣菌的毛发直接检查，10%KOH可使样品透明化，有助于鉴定其他真菌的菌丝。当收集样本进行菌丝检查时，不应用纱布或棉签，因为纱布或棉签的纤维可能会被误认为菌丝。

1. 皮肤癣菌的检查

筛选试验和皮肤癣菌培养可以在常规操作设备下进行[32]。采集适宜的样本和正确识别皮肤癣菌是确诊皮肤癣菌病很重要的步骤，并为确定传染来源提供有用信息。

表2-8　染色涂片的细胞学诊断*

发现	诊断考虑
退行性中性粒细胞	细菌感染
非退行性中性粒细胞	无菌性炎症（例如，犬过敏、天疱疮、角膜下脓疱性皮肤病、线状IgA脓疱性皮肤病）
嗜酸性粒细胞	外寄生虫，内寄生虫，猫过敏，疖病，嗜酸性粒细胞肉芽肿，猫嗜酸性斑块，肥大细胞瘤，天疱疮，无菌嗜酸性毛囊炎，无菌性嗜酸性脓疱菌
嗜碱性粒细胞	外寄生虫，内寄生虫，猫过敏
肥大细胞	外寄生虫，猫过敏，肥大细胞瘤（Diff-Quik染色不良）
肉芽肿性淋巴细胞，巨噬细胞和浆细胞	传染性（特别是疖病）与无菌性（例如异物、无菌性肉芽肿综合征、跗骨瘘和无菌性脂膜炎）疾病
化脓性肉芽肿中性粒细胞，淋巴细胞，巨噬细胞和浆细胞	与肉芽肿相同
嗜酸性肉芽肿细胞	疖病，角质囊肿破裂，嗜酸性肉芽肿
浆细胞	浆细胞性皮炎，浆细胞瘤
棘红细胞	少量：任何皮肤炎症 多量：天疱疮，皮肤癣菌病
细菌	细胞内：感染 只在细胞外：定植
酵母菌，花生形	常见：马拉色菌属 罕见：念珠菌，隐球菌，芽生菌等
真菌，孢子，菌丝	皮肤癣菌或腐生真菌
非典型或单个异常表现	结块和变圆：上皮瘤形成 个别圆形细胞：圆形细胞肿瘤（肥大细胞、组织细胞、淋巴细胞、浆细胞、黑素瘤、可传播的性病肿瘤） 个别拉长：间质瘤

IgA，免疫球蛋白A。
*Diff-Quik或瑞氏染色。

表2-9　提示恶性肿瘤的细胞形态学特征

一般表现	细胞核表现	细胞质表现
多形性（细胞形态改变） 细胞核质比改变 染色强度改变	大小差异显着 染色质边缘不齐，有时呈锯齿状 核成型（相邻细胞核彼此一致） 细胞质分泌物或空泡的外周移位 突出，偶尔巨大或有角状核仁	染色强度改变，有时为深蓝色 离散的点状空泡 含量可变

毛发不能产生。为了减少假阳性结果的数量，仔细检查个别毛干是否发出荧光是非常重要的。鳞屑、痂皮及培养的皮肤癣菌不发出荧光。其他不常见的皮肤癣菌病可能会发出荧光，包括扭曲小孢子菌（*Microsporum distortum*）、奥氏小孢子菌（*Microsporum audouinii*）和许兰毛癣菌（*Trichophyton schoenleinii*）。

许多因素可影响荧光。药物的使用（如碘）可破坏荧光。细菌［如绿脓假单胞菌（*Pseudomonas aeruginosa*）和微小棒状杆菌（*Corynebacterium minutissimum*）］可能会发荧光，但与皮肤癣菌感染毛发的苹果绿色不同时出现。角蛋白、皂、石油、地毯纤维以及局部用药可能会引发荧光，并产生假阳性反应。如果毛发残根产生荧光，从毛囊内拨出的毛发近端也应发荧光。这些发荧光的毛发应用镊子拔取，接种于真菌培养基或于显微镜下进行检查。事实上，伍德氏灯的最佳用途是筛选用于培养的毛发。

伍德氏灯可以用于监测发强荧光的动物对治疗的反应。早期感染的特征是毛干近端发出荧光。感染晚期，整个毛干发光。随着治疗的成功，部分近端毛发将不被感染，只有毛发远端发荧光。一旦感染消除，荧光就会消失。

3. 样本采集

正确的样本采集是分离皮肤癣菌所必需的；最常采集的是毛发。在罕见的毛癣菌属（*Trichophyton spp.*）的感染病例中，特别是以广泛性疤痕为特征以及所有桃色小孢子菌（*Microsporum persicolor*）感染的病例，菌丝可能只存在于角质层[33]。对于这些病例，应采集浅层刮皮样本，而不仅仅是毛发。可进行伍德氏灯检查时，挑选发荧光的毛发并用手术钳或止血钳拔下。伍德氏灯检查为阴性时，收集感染毛发用于培养的另一种方法是牙刷（MacKenzie）法。用无菌的牙刷轻轻地刷动物的被毛，收集毛发和角质碎屑，然后轻轻将牙刷按压在培养基的表面。已证实该技术对检测无症状但可能是犬小孢子菌（*M. canis*）携带者的猫具有显著价值。

毛发也可以从病灶的边缘收集。只要有可能，我们应选择新形成的或正在扩散而没有用过药物的病灶。在采集

2. 伍德氏灯检查

伍德氏灯有时可被用于皮肤癣菌病的筛选试验，但伍德氏灯评估的灵敏度和特异性是相当低的。伍德氏灯发出波长为253.7nm的紫外线光，通过一个钴或镍过滤器过滤。暴露于紫外线时，受犬小孢子菌侵蚀的毛发中30%～80%的菌株可能产生黄绿色荧光。因为光波长和强度的稳定性是温度依赖性的，伍德氏灯在使用前应打开加热5～10min。应将动物置于黑暗的房间，再用伍德氏灯进行检查；为达到最佳效果，灯应距离皮肤十几厘米。因为一些菌株显示明显的苹果绿/黄绿色需要时间较长，所以应照射毛发3～5min。感染毛发可能隐藏在痂皮下，因此检查前轻柔地移除所有的痂皮是有助于诊断的。

特征性荧光是真菌产生的色氨酸代谢物引发的。这些代谢产物只能由侵入生长活跃毛发的真菌产生，体外感染

病灶边缘周围部位的样本，寻找破坏或畸形的毛发以及与炎症、鳞屑或皮痂有关的毛发。长毛品种的动物可以剃毛，只留0.5～1cm的毛。轻柔地使用浸润有70%酒精的纱布或棉签清洁病灶，自然风干将会降低污染菌的生长。这种方法获得的毛发可用于培养或显微镜检查。

爪部和爪垫常被微生物严重污染，并可能存在暂时性的皮肤真菌，所以采样之前应使用70%酒精消毒。如果可能的话，应采集爪部或凹陷处的部位。移动并分开爪部远端，采集爪部的其他部位。另一种方法是抽出或举起爪部，刮取爪部的凹陷处以获得样本。

从头发、鳞屑和爪部的疑似病灶收集的样本可以放在真菌培养基中，也可以将样本放置在显微镜载玻片上滴加矿物油或透明化液体后直接镜检。刮出物不能放置在密闭的容器如带有螺旋盖的管中，将样本放置在密闭窗口中将增加水分并有助于污染细菌的生长，从而使分离皮肤癣菌更加困难。如果样品要运输或邮寄至实验室，可以把它们放置在一个干净的信封或配有合适松散瓶盖的小瓶中。

4. 毛发的直接检查

临床医生应练习直接检查，以精通鉴别皮肤癣菌。即使有经验的临床医生也不能经常确诊皮肤癣菌的病例。直接检查结果为阴性不能排除皮肤癣菌。因为动物最常感染的是毛外癣菌，毛发透明化处理不如人类样本那么必要。关节孢子围绕毛发形成鞘，鞘由微小的球状成分组成，而菌丝在毛干内生长。作者只使用矿物油悬浮疑似皮肤癣菌的毛发。其他人建议清除角质以改善对菌丝和孢子的观察。头发、鳞屑和爪部样本可以放置在显微镜载玻片上并滴加几滴10%～20%的KOH。盖上盖玻片，对载玻片稍微加热15～20s。避免样本过热或煮沸。或者，样本可以室温静置30min。将载玻片放置在载物台上利用显微镜灯温和加热15～20min可能会获得很好的结果。

下面的方法称为氯酚法（*Chlorphenolac*），推荐将其替代KOH溶液用于清除角质的消化过程：将50g水合氯醛加入到25mL的液体苯酚和25mL的液体乳酸中。晶体溶解可能需要几天的时间。毛发和角蛋白加入这种水合氯醛/酚/乳酸溶液后可以马上读片。

在经过透明化、矿物油悬浮或染色处理的霉菌病灶刮取样本中可发现酵母、分生孢子、菌丝或假菌丝。为了发现皮肤癣菌感染的毛发，应寻找断裂的毛发，其直径大于大部分毛发。一般来说，最好观察毛球附近的毛发以及扭曲的毛发。皮肤癣菌感染的毛发表现为肿胀和磨损、不规则或轮廓模糊，以及角质层、皮质和髓质之间的清晰界限丢失。如果毛发发荧光，伍德氏灯检查可以用于定位毛发，关闭显微镜灯和房间里所有的灯，将伍德氏灯放置在显微镜的旁边。一旦发现发荧光的毛发，应移动载玻片，将发光的毛发位于视野的中心。然后可以打开显微镜灯，继续镜检。

记住组织中的皮肤癣菌不形成大分生孢子是很重要的。从被毛收集的所有大分生孢子表明腐生菌或环境污染，但没有临床意义。常见皮肤癣菌的菌丝直径通常是均匀的（2～3μm），有隔膜，长度和分支程度不同。陈旧的菌丝通常较宽，并且可以分支成呈串珠状的圆形细胞（关节孢子）。在小动物的有毛皮肤和鳞屑中，不同癣菌的分支有隔膜菌丝可能彼此相似，所以鉴别诊断常需要培养或其他实验室检测。

在受毛外癣菌侵袭的毛发中，毛干内可以看到菌丝，但它们向外生长，极倾向于形成关节孢子，以镶嵌的形式位于毛发表面。位于毛发外部稀疏而呈链状分布的大分生孢子（5～8μm）见于石膏样小孢（*Microsporum gypseum*）和范布瑞西米小孢子菌（*Microsporum vanbreuseghemii*）感染。质密而呈链状分布的、中等大小的分生孢子（3～7μm）见于须癣毛癣菌（*Trichophyton mentagrophytes*）、疣状毛癣菌（*Trichophyton verrucosum*）和马发癣菌（*Trichophyton equinum*）感染。

毛内癣菌感染的特点是毛干分生孢子的形成；毛发角质层没有受到破坏，但毛发出现折断或卷曲。在动物中很少见毛内癣菌感染，但断发是人类毛癣菌感染的典型特征。

临床医生应结合临床实践发展直接检查真菌的技术。研究这项技术最好的方法是寻找并鉴定猫的犬小孢子菌（*M. canis*）感染的敏感性较强的伍德氏灯。收集大量的阳性毛发，保存在封闭不严的小瓶中。每隔几天移除一些毛发，持续检查直到能快速地识别感染的毛发。完成此操作后，可将感染的毛发与正常毛发混合，并在随后的几周内重复这个过程几次。这种方法能显著提高我们使用显微镜定位毛发感染皮肤癣菌的能力。

5. 真菌培养

沙氏右旋糖琼脂和皮肤癣菌试验培养基（Dermatophyte test medium, DTM）一般用于兽医临床真菌学的真菌分离。DTM是一种含抗真菌和抗菌剂的放线菌酮、庆大霉素、金霉素和氯四环素的沙氏葡萄糖琼脂。添加pH指示剂酚红。首先皮肤癣菌利用培养基中的蛋白质，碱性代谢产物使培养基由黄色变为红色（图2-41）。当蛋白质被消耗尽，皮肤癣菌利用碳水化合物，生成酸性代谢物。培养基由红色变为黄色。其他大多数真菌首先利用碳水化合物，之后利用蛋白质；这些真菌也可产生红色DTM的变化，但只有经过长时间的培养（10～14d或更长的时间）后才发生。因此，最初的10d内应每天检查DTM培养基。真菌如皮炎芽生菌（*Blastomyces dermatitidis*）、申克孢子丝菌（*Sporothrix schenckii*）、荚膜组织胞浆菌（*H. capsulatum*）、粗球孢子菌（*Coccidioides immitis*）、鲍氏尖端赛多孢子菌（*Pseudallescheria boydii*）和一些曲霉菌属（*Aspergillus spp.*）可能引起DTM变红的变化，所以为避免错误的推断性诊断进行显微镜检查是必要的。许多非表皮寄生真菌孢子的吸入会威胁人类健康，所以应在生物安全橱中处理培

图2-41 犬小孢子菌第7天的培养物。左边，皮肤真菌检测培养基；右边，普通沙氏葡萄糖琼脂

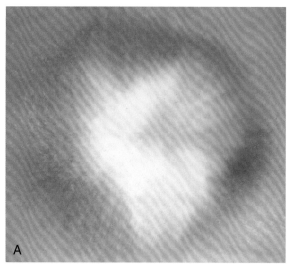

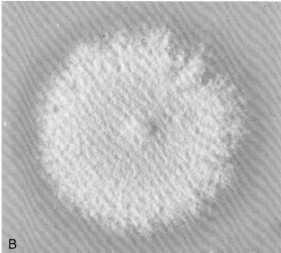

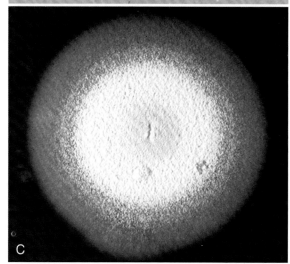

图2-42 A. 生长在沙氏葡萄糖琼脂上的犬小孢子菌菌落 B. 石膏样小孢子菌菌落 C. 须毛癣菌的菌落（A和C由P. Jacobs提供。B由C. Pinello提供）

养物。

由于DTM含有放线菌酮，因此对其敏感的真菌不能被分离。对放线菌酮敏感的微生物包括新型隐球菌（*C. neoformans*）、接合菌门（*Zygomycota phylum*）的多个成员、一些假丝酵母（*Candida* spp.）、曲霉菌属（*Aspergillus* spp.）、*P. boydii*和皮肤暗色丝孢霉病（Phaeohyphomycosis）的多种媒介。DTM可能会抑制分生孢子的生长，掩盖菌落的色素沉着，抑制一些病原体的生长。由于这个原因，开发了一侧含有DTM而另一侧是普通沙氏葡萄糖琼脂的双重培养基，这受到皮肤科医生的喜爱［沙氏双重培养基（Hardy Diagnostics，Santa Maria，Calif）］。另一种受欢迎的培养基被称作增强型孢子形成琼脂（*Enhanced sporulation agar*，ESA）或孢子快速形成培养基（*Rapid sporulating media*，RSM）。ESA/ RSM培养基包含酮类、右旋糖、琼脂、氯霉素、庆大霉素和放线菌酮，可抑制污染物的生长，溴百里酚作为pH指示剂，碱性pH使培养基呈蓝绿色。另有一侧含有DTM和另一侧含ESA的双重培养基可供使用［Derm-Duet Ⅱ（Hardy Diagnostics，Santa Maria，Calif.）和DermatoPlate（Vetlab Supply Inc.，Palmetto Bay，Fla.）］。当使用含有DTM的瓶子时，将牙刷放在培养基的表面是困难的。当使用瓶子时，不将瓶盖拧紧也很重要，因为在密闭的瓶子中细菌污染物生长很快。

将皮肤刮取物、爪部和毛发接种于沙氏葡萄糖琼脂和DTM。干燥和紫外线的照射可抑制真菌生长。因此，培养物应避光培养，温度和湿度分别为30℃和30％。通常孵育器可提供适宜的湿度。培养物孵育10～14d，每日检查真菌的生长情况。DTM培养基的恰当解读必须是出现红色改变的同时观察到肉眼可见的菌丝生长。不经常观察培养基容易出现假阳性结果。因为腐生菌的生长，最终会将培养基变为红色，因而本书强调菌丝初次生长和颜色改变相关联

的重要性。图2-42列举了一些肉眼可见的常见真菌菌落的形态学类型。

6. 真菌的鉴定

如果培养基上生长一种疑似的皮肤真菌，应进行鉴

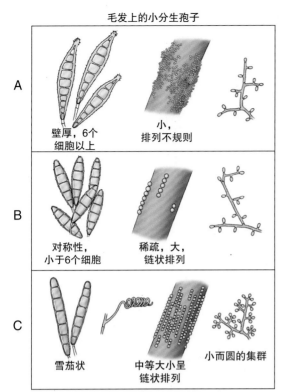

毛发上的小分生孢子

A 壁厚，6个
细胞以上

小，
排列不规则

B 对称性，
小于6个细胞

稀疏，大，
链状排列

C 雪茄状

中等大小呈
链状排列

小而圆的集群

图2-43 **A**. 犬小孢子菌 **B**. 石膏样小孢子菌 **C**. 须毛癣菌的微观形态特征。大分生孢子和螺旋菌丝是微观结构。毛干更大

别。这需要收集菌丝表面的大分生孢子。一般来说，菌落生长需要7~10d才产生大分生孢子。生长在DTM的菌落可以长出足够的大分生孢子，但在某些情况下，生长在RSM或沙氏葡萄糖琼脂上的菌落可能必须抽样才能发现大分生孢子。不常见的病例，特别是毛癣菌属（*Trichophyton spp.*）中没有发现大分生孢子。将这些菌落接种于沙氏葡萄糖琼脂或马铃薯葡萄糖琼脂可能有利于孢子的形成。另外，可以将样品送至诊断实验室进行鉴别。

轻柔地使用透明醋酸胶带有黏性一侧粘贴接触空气的一面最容易收集大分生孢子。然后将粘贴的样本放置在显微镜载玻片上并滴加几滴乳酸酚棉蓝。在胶带和样品上放置盖玻片，用显微镜检查。

下部分简要描述如何鉴定三大主要皮肤癣菌的显著性特征（图2-43；也见图2-42）。

犬小孢子菌 伍德氏灯检查这些病灶时可能呈现黄绿色荧光。可拔下发荧光的毛发进行培养或镜检。检查经KOH处理的样本可以显示毛干上存在大量关节孢子。

菌落形态 在沙氏葡萄糖琼脂上，犬小孢子菌形成白色絮状至羊毛样菌落（见图2-42，A）。随着时间的增长，菌落变成粉末状，中央区域衰败，并可能出现放射状褶皱。菌落下面的色素由橘黄色变为暗黄褐色。在马铃薯葡萄糖琼脂中的颜色是柠檬黄色。

微观形态 犬小孢子菌（*M. canis*）形成大量带有小刺厚壁的纺锤状分生孢子。这些小刺（棘突）在末端更多，

通常形成一个球状突起。大分生孢子由6个或更多的细胞构成（见图2-43，A）。也可能见到单个细胞的大分生孢子。分生孢子在大米琼脂培养基中生长最好，在沙氏葡萄糖琼脂上生长不良或根本不生长。

诊断标准 马铃薯葡萄糖琼脂上特征性的分生孢子和柠檬黄色素是犬小孢子菌的特征。

如果石膏样小孢子菌存在量很少，伍德氏灯检查可见的荧光很少。毛干的分生孢子比犬小孢子菌的更大。

菌落形态 菌落生长快速，形态呈扁平至颗粒状，颜色呈浅黄色至浅黄褐色（见图2-42，B）。无菌白色菌丝体可能适时地生长。培养基底部的色素呈浅黄色至黄褐色。

微观形态 带小刺的大分生孢子包含6个以上细胞，具有相对薄的壁（见图2-43，B）和大量椭圆形大分生孢子，没有犬小孢子菌那样的末端球状突起。可能存在单细胞大分生孢子。

诊断标准 大量的椭圆形大分生孢子以及扁平至颗粒状的菌落是鉴定的特征。

经伍德氏灯检查，须毛癣菌不发荧光。可能观察到毛发上关节孢子的毛发癣菌链。

菌落形态 菌落形态特征是多变的。大多数粉末传播型产生白色至奶油色、表面呈粉末状的扁平菌落（见图2-42，C）。培养基底部的颜色通常呈棕色至棕褐色，但也可能呈暗红色。关节孢子型产生表面呈白色絮状的菌落。

微观形态 须毛癣菌的亲动物型产生球状小分生孢子，可能沿菌丝单独分布或聚集成葡萄状群落。如果存在大分生孢子，则呈雪茄状，具有薄而光滑的壁（见图2-43，C）。某些菌株产生螺旋菌丝，其他皮肤癣菌也可能出现这种菌丝，但是最具有特征性的是毛癣菌（*Trichophyton*）。发生这种变化的样本应送至诊断性实验室进行鉴定。

诊断标准 菌落形态特征、螺旋菌丝、大分生孢子和小分生孢子有助于鉴定须毛癣菌（*T. mentagrophytes*）。须毛癣菌生长在马铃薯葡萄糖琼脂时，不会像红色毛癣菌那样产生暗红色色素。须毛癣菌菌株比红毛癣菌（*T. rubrum*）的尿素酶阳性反应更灵敏。因为红毛癣菌可能被误认为是须毛癣菌，所以提到的差异性特征很重要。

（五）细菌检查

一般来说，细胞学检查是鉴定致病性细菌的主要方法。特殊的病灶、结节性肉芽肿病灶和排泄性结节也应培养。对疑似细菌性脓皮症的病例，细菌培养和药敏试验不是经济实用的常规方法，但如果怀疑有耐药菌感染则应考虑这些。细胞学检查是初次检测的首选，如果见到胞内球菌，依据经验使用凝固酶阳性葡萄球菌抗生素治疗通常是有效的。当经细胞学检查确定为杆状微生物，或者结果为

球菌但所选的经验性治疗无效时，细菌培养和药敏试验具有指示性意义。兽医常采集样本进行细菌培养，但细菌很少生长，而且常常凭借经验鉴定培养物。应为细菌培养认真采集样本，做适当处理，并迅速送至技能娴熟的微生物学家，其所在的实验室可以提供及时而准确的鉴定和抗菌药物敏感性结果。

选择合适的病灶进行培养至关重要。湿润性糜烂和多数皮痂可能会被细菌过度生长所污染，这些病灶的培养结果可能难以判读。如果存在脓疱，可使用无菌细针刺破完好的脓包。收集细针上的脓汁，转移至无菌拭子的顶端。对于丘疹。可能也要刺破其表面，以获得比较稀薄的液滴。不存在丘疹或脓疱时，培养样本可能来源于皮痂下或皮肤细针抽吸物。培养前不应进行丘疹和脓疱病灶的表面皮肤消毒，因为消毒后采样可能得到阴性培养结果。皮肤表面培养结果为阳性并不能证明其致病性，应同时进行细胞学检查。当有证据表明存在炎性反应以及在细胞内定位到细菌时，可以确定细菌引发了炎症反应。假如存在疖，应采用细针抽吸并培养。对斑块、结节和瘘道进行培养时，应对皮肤表面进行消毒，无菌采集皮肤活组织样本。应将皮肤样本放置在培养运输培养基中，送往实验室进行研磨和培养。

当怀疑特殊的细菌性疾病，如分枝杆菌病、细菌性假足菌肿病、放线菌病、放线杆菌病和诺卡菌病时，应提交未染色的直接涂片和活组织检查样本，并告知实验室怀疑的疾病。

深部病灶、蜂窝组织炎及结节性病变也可进行厌氧性细菌培养。而且，活组织检查是较好的选择，这需要特殊的培养基或设备。优秀的诊断性实验室将会提供厌氧菌的运输材料。

（六）过敏检测

过敏反应是犬和猫皮肤病最常见的潜在性病因之一。已经提出了多种诊断标准，但没有绝对可靠的测试可以排除或证实诊断[34,35]。病史和体检结果以及其他疾病的排除提供了诊断的基础。食物过敏最可靠的诊断是在去除食物的基础上进行刺激性试验（见第八章）。接触性过敏可以通过环境限制和刺激性试验或斑贴试验进行诊断。药物性过敏常通过病史和相应的临床症状以及皮肤组织病理学结果进行诊断。皮内过敏原检测和血清学试验可用于鉴定特应性皮炎的诱发过敏原，但这些都不是必需的诊断[36-38]。关于过敏检测的更多信息参见第八章。

（七）活组织检查和皮肤病理学检查

皮肤活组织检查是皮肤病学中最强大的工具之一[39-46]。然而，要最大程度发挥这个工具的潜在优势，就需要一个细心挑选、采集和保存样本的临床医生和一个细心审阅、研究和解读样本的病理学家之间进行热情而技能娴熟的团队合作。通过临床医生和病理学家的共同努力，皮肤活组织检查可以对超过90%的病例作出正确的诊断[41]。

然而，尽管皮肤活组织检查具有诊断性价值，但方法不经常使用或仅在后期诊断工作中采用。对于其他情况，因为样本选择差、技术差或两者兼有，皮肤活组织检查的结果不值得推荐。

不容易辨别当前症状时，皮肤活组织检查通常是最有诊断意义的检测。在许多皮肤病病例中，鉴别诊断主要包括只可通过活组织检查确诊的疾病。然而，作者遇到过大量的病例，进行了多种血液学检测和培养，但推荐给畜主最经济有效的检测还是活组织检查。皮肤活组织检查不应仅仅作为疑难病例的辅助性诊断或只用于能通过活组织检查的病例。活组织检查也利于筛选疑似疾病。即使没有明确性诊断，活组织检查常有助于引导临床医生作出正确的诊断结果。它提供某一特定时间的永久性病理变化记录，对病理学结果的了解促使着临床医生更深入地思考疾病中潜藏的细胞层面的变化。活组织检查结果也可指导对症疗法。

虽然活组织检查是有用的，但它只是获得疾病进程相关信息的一种来源，对临床医生来说，记住这点是很重要的。临床医生应综合与病例相关的所有结果，作出最终的诊断，而不是由病理学家作出诊断。活组织检查有助于发现这些结果，但它不能取代一个完整病史、体检或其他辅助性检测结果。目前有可供使用的优秀兽医皮肤病理学教科书[43,44,46,47]。

1. 活组织检查的时机

关于何时进行皮肤活组织检查没有确定的规则。下面的建议可作为一般性指导。①所有明显的肿瘤或疑似肿瘤的病灶，②所有永久性溃疡，③最容易通过活组织检查诊断的主要的疑似疾病（例如，卵泡发育不良、锌反应性皮肤病、睑板腺炎、皮肌炎、免疫介导性皮肤病），④对明显合理治疗没有效果的皮肤病，⑤凭借临床医生的经验认为特殊或严重的任何皮肤病，⑥水疱性皮肤病，⑦治疗昂贵、危险或有足够的时间在开始治疗前允许作出明确诊断的任何疑似疾病应进行活组织检查。

一般来说，任何皮肤病在经适宜治疗3周后没有效果，都应进行皮肤活组织检查。这种早期干预：①有助于避免非特异性掩盖和由于长期性、局部和全身性用药、表皮脱落以及继发感染产生误导性改变，②可以更快地建立特异性治疗，因而减少病畜永久性疾病后遗症（疤痕、脱毛）的痛苦以及畜主花费的额外费用。抗炎剂可以显著地影响多种皮肤病的组织学表现。若使用这些药物特别是糖皮质激素，在活组织检查前应至少停止使用2～3周（糖皮质激素胶囊需停用6～8周）。继发性细菌脓皮病引起的病理变化可能会掩盖并发的皮肤病组织病理学特征。因此，在活组织检查前必须要使用适宜的全身性抗生素治疗消除继发感染。

2. 活组织检查的样本

一定程度上选择合适的活组织检查部位是一门艺术。经验丰富的临床医生通常挑选病变和他们认为具有诊断意义的病灶。他们已经知道何种组织病理学变化有助于作出诊断以及某些临床病灶可能会发现什么类型的变化。例如，色素失调是对于红斑狼疮有价值的组织病理学特征。知道这一特征的临床医生也知道石板蓝脱色性病变之所以具有这种颜色是因为皮肤层黑色素（通常因为色素失调），因此选择这些部位进行活组织检查。结果，狼疮的组织学标准的产生可能是因为临床医生了解病灶的发病机制。

如果疑似疾病的病灶分布特殊，临床医生应从特殊部位采集用于活组织检查的样本，而不仅仅在疑似疾病的典型部位采样。对原发性疾病的代表性部位进行活组织检查也很重要，而不仅是继发性并发症。许多临床医生对继发性细菌脓皮症病灶进行活组织检查，而忽略了非感染部位的活组织检查，后者可能更有助于对潜在性过敏或角质化疾病的病例作出明确诊断。获得全部范围病灶的组织学检查比只检查一个病灶或一个阶段更能提供详实的信息。因而，临床医生应采集多个样本。当存在原发性病变时，应至少向实验室送检一个样本。犬和猫皮肤上充满液体的病灶（脓疱，水疱）往往是脆弱和短暂的，如果存在，应尽快采样。如果疑似疾病的病史中出现过脓疱，畜主观察到新病灶的发展，这可能有助于采集最合适的病灶样本。其他情况下，病畜可能在住院并每隔2～4h检查并寻找早期完整的病灶以进行活组织检查。大多数疾病可以通过早期、充分发展期和晚期的皮肤病理学检查进行诊断。识别越多的特征性变化，越能作出更准确的诊断。选择多种病灶将会增加发现多个特征性变化的可能。

多个样品可以记录一个连续性病理过程。如果可能的话，临床医生应采集自发性原发病灶（斑疹、丘疹、脓疱、水疱、大疱、结节、肿瘤）和继发性病变获得活组织检查的样本。对丘疹进行活组织检查时，检查皮痂有时可能提供更多的信息。更多活组织检查样本可使结果价值最大化。然而，实践中活组织检查通常局限于三到五个样本。同一送检容器中若有一到三个活组织检查样本，则大多数实验室将收取相同的费用。临床医生学会尝试活组织检查是最重要的。我们应尽量注意选择什么病灶和什么样本能提供最好的结果。用一个小瓶提交多个样本，不同的样品使用不同颜色的墨水，并用对应的墨水颜色标记病灶位置。随着实践经验的积累，临床医生会更擅长选择有价值的活组织检查部位。阅读不能代替实践、经验和对结果的关注，但阅读可以帮助临床医生在皮肤活组织检查的实际操作上获得最大的利益。

3. 需要的工具

活组织检查通常是简单而快速的，只需局部麻醉。大部分病例需要的设备是2%利多卡因、可供选择的不同尺寸活组织检查钻孔、Adson拇指镊、虹膜或小弯剪刀、福尔马林小瓶、细针和缝合材料、持针器、木制压舌板和纱布垫。手术刀手柄、刀片以及较大的福尔马林瓶偶尔也是必要的。

4. 如何进行活组织检查

一般来说，6mm活检穿孔器可提供足够的样本；4mm打孔器可用于困难部位如眼睛周围、耳郭以及猫和小型犬的鼻镜和爪垫。应注意钻孔活组织检查样本不能包含大量正常皮肤边缘。采集活组织检查样本的人要亲自监督组织块的处理，否则错误的操作可能导致不能观察到切片的病变部位。一般来说，实验室接收的钻孔活组织样本，在中央被切成两半。因此，斑疹、脓包、丘疹或小病灶应在活组织检查样本的中心。如果病变偏向一侧，可能导致只检查了正常组织。样品也通常沿着平行于毛发生长的方向切开。在许多实验室，只对一半的样本进行切片和处理；保存另一半以便发生问题以及需要新的切片或组织块时备用。因此，即使切得很深，但如果对错误的一半进行切块，病灶可能观察不到。临床医生也必须认识到固定后的红斑和颜色变化是病理学家（对样本进行切片的人）无法检测的。小病灶像丘疹和脓疱可能肉眼不再可见。活组织检查钻孔器应只沿着一个方向旋转，使人为性剪切力降至最低。

临床医生将病理学家的报告和临床病灶描述相比较是很重要的。如果临床上观察到的是脓疱，但病理学家报告的却不是脓疱，这可能出现了漏诊。如果活组织检查病灶被漏诊或组织被解读为正常，临床医生应向病理学家解释这种情况，病理学家可获得更深层的切片来研究病灶。

临床医生应知道经活组织检查后样本会发生什么变化，这也是很重要的。活组织样本经摘除后马上就会发生自溶。因此，立即将新鲜的样本放置在适宜的固定液（10%中性磷酸盐缓冲福尔马林）中是非常重要的。每个样本都应这样处理；不应等所有样品采集完才将其放置于福尔马林中。钻孔活组织检查样本经热光手术灯照射不到5min便可留下显微镜可观察到的损伤[27]。

用外科手术刀切除活组织通常适用于：①较大的病灶，②水疱、大疱和脓疱（钻孔的旋转和剪切作用可能会损坏病灶），③疑似皮下脂肪的疾病（钻孔通常不能提供足够的病变脂肪样本）。

使用保定和局部麻醉常能容易和快速地完成皮肤活组织检查。应轻柔地剪下病灶（如果需要的话）。剪刀不应接触到皮肤表面，特别当怀疑角化性疾病时，因为这样做可以移除表层的角质。兽医必须要小心仔细，避免移除表层角蛋白，不应接触角质表面但可用70%酒精溶液以涂抹或浸泡的方式轻柔消毒。不应使用其他的抗菌剂（例如，碘伏）清洁。任何情况下都不应擦洗活组织检查的部位。这样会掩盖重要的表层病理学变化并产生医源性炎性病灶。动物舔舐或抓挠的部位可能已经产生了创伤伪迹。

待检组织表面经风干后，采集适当量的病灶，通常用25号针头皮下注射局部麻醉剂（1%~2%利多卡因1~2mL）。当怀疑脂肪有问题时，作特殊情况处理，这样的病例应使用环形阻滞麻醉、局部麻醉或全身麻醉，因为药物的注入会使脂肪组织变形。局部注射利多卡因的针刺刺激会使一些动物奋力反抗。加入8.4%碳酸氢钠缓冲利多卡因可减少疼痛，比例是10:1（利多卡因/碳酸氢盐）[48]。之后对病灶进行钻孔或切除采样，应包括皮下脂肪。一项研究发现局部使用1%利多卡因优于1%利多卡因加肾上腺素或丙胺卡因膏[49]。

利多卡因抑制多种革兰阳性（包括凝固酶阳性的葡萄球菌）和革兰阴性（包括绿脓杆菌）细菌、分枝杆菌和真菌[50]。碳酸氢盐和肾上腺素可发挥相同的作用[50]。因此，如果要将获得的活组织样本用于培养，建议使用环形阻滞麻醉、局部麻醉或全身麻醉。

处理活组织样本时应十分注意，避免使用止血钳、小蚊式止血钳、Adson拇指镊或注射器针头（注射麻醉药的注射器）。十字（交叉）缝合能有效地关闭6mm的活组织钻孔，也可以使用一个或两个的简单间断缝合。

5. 皮肤活组织检查的并发症

皮肤活组织检查的并发症少见。对患有出血性疾病包括服用阿司匹林和抗凝血剂的患畜进行活组织检查时应谨慎。如果可能的话，进行活组织检查前应停止服用这类药物1~2周。对于患有皮质醇增多症和甲状腺功能低下的患畜、患有多种胶原蛋白障碍（例如，脆皮症）的患畜以及服用糖皮质激素或抗有丝分裂药物的患畜应考虑到伤口愈合的问题。如果允许的话，活组织检查前应停止服用这类药物1~2周。

注射利多卡因时应特别注意，特别是注射液同时含有肾上腺素或在末梢附近部位注射（耳尖、趾间，等）时；注意循环系统障碍、心血管疾病或高血压的患畜；或服用吩噻嗪类、α-肾上腺素能受体阻断剂、单胺氧化酶抑制剂（例如，双甲脒）或三环类抗抑郁药的患畜。最后，我们应注意小型幼猫和幼犬的利多卡因注射总量，因为这个药物可以产生心肌抑制作用、肌肉抽搐、神经毒性和死亡。用于犬的总剂量不应超过5mg/kg，用于猫的总剂量不应超过2.5mg/kg（2%溶液是20mg/mL）。如果使用的剂量过高可能引发癫痫，特别是当头部注射利多卡因时要格外注意。对于小型动物，利多卡因可用生理盐水1:1稀释。

6. 活组织检查应做什么

皮肤活组织检查样本应轻轻擦拭去除人为造成的血液。大多数情况下，选择的固定剂为10%中性磷酸盐缓冲福尔马林（100mL的40%甲醛、900mL自来水、4g水合酸磷酸钠和6.5g无水磷酸二钠）。福尔马林和组织的比例很重要，能达到足够快速的固定效果的最小适合比例是每1份组织加10份福尔马林。还应避免冷冻，在冬季邮寄样品时可能会发生这种情况[39]。添加95%乙醇作为10%固定液能够防止冷冻，或暴露于寒冷环境前用乙醇固定至少12h。

福尔马林固定液可以引起样品收缩，这对4mm的钻孔活组织样本不是问题。较大的钻孔活组织样本和椭圆切除物应将皮下组织朝下放置于木制压舌板或硬纸板，使收缩引起的人为性误差减小至最低。应轻轻压平30~60s以增加黏附度。应将样本放置在平整的表面，并确定适宜的解剖学方向，防止出现与人为因素相关的极端弯曲和折叠。应将样本及其黏附夹板浸泡在固定液中1~2min，因为室内空气中会迅速发生伪性改变。

福尔马林快速渗入只能穿透1cm的组织。因此，超过1cm的样品应横断为1cm。当切除大结节和肿瘤，并提交组织病理学评估时这是应当注意的。

最后一个重要的注意事项是决定送往何处进行皮肤活组织样本检查。很明显，临床医生想把样本送检至可以提供最多信息的人。选择的规则如下：①专门从事皮肤病理学的兽医病理学家，②对皮肤组织病理学具有特殊兴趣和专长的兽医皮肤医生，③一般的兽医病理学家，④对比较病理学特别感兴趣的皮肤病理学家。

送检皮肤活组织的最常见错误是未能向病理学家提供足够的资料，关于病史、临床表现以及其他与皮肤活组织样本的相关信息。临床医生和病理学家是一个诊断团队，每个成员都做好本职工作就更可能获得准确的诊断（病畜得到最好的服务）。对病史的简明描述、体检发现、实验室检查和治疗方案的结果以及临床医生的鉴别诊断应与活组织样本共同存在。

7. 假性结果

即使是最好的皮肤组织病理学家也不能对组织选取不恰当、保存差、固定差或样本处理差的切片进行审读[39,43,46]。大量的假性结果是由部位选择、预处理、采样和操作的技术以及皮肤活组织样本固定和处理的错误引起的。临床医生和病理学家要认识到这些潜在的影响因素是很重要的。

①由部位选择不恰当引起的假性结果，包括表皮脱落和其他物理化学效应（例如，浸渍作用、炎症、坏死以及局部药物引起的染色异常）。

②由不恰当预处理引起的假性结果，包括炎症、染色异常以及表面病理学变化的清除（手术擦洗和使用防腐剂），以及胶原蛋白的分离。假性水肿和假窦的形成（由皮内注射局部麻醉剂引起）。

③由不恰当的采样和操作技术引起的假性结果，包括假小泡、假裂缝和剪切损伤（钻孔器过钝或技术差引起）；假性乳房淋瘤或假性结节、假性硬化、假窦、假性囊肿和毛囊内、皮肤表面或两者兼有的皮脂腺小叶（由于止血钳的挤压引起）；严重的脱水、伸长以及细胞和细胞核的极化（电干燥法引起）；细胞间水肿、裂开和水疱（摩擦引起）。

④不恰当的固定和处理引起的假性结果，包括真皮表皮分离、细胞内水肿和破碎（由于自溶）；收缩、折曲和折叠（由于没有使用木制或硬纸夹板）；细胞内水肿，表皮下空泡变和多核表皮巨细胞（来自于冷冻）；血管和血管外吞噬细胞内的福尔马林色素（由于使用无缓冲的福尔马林）；硬化、收缩和细胞结构的丢失（由于固定液中的酒精）；染色不佳和染色浅、组织移位、组织变形（布安溶液）；切片厚、破碎（因组织处理过程中脱水不充分）；假性棘层肥厚（由于样本的定位差导致的切片方向不当）；真皮组织进入表皮真皮的表皮分离和位移（由于切片方向为由真皮向表皮层）。

8. 皮肤组织病理学术语

组织病理学报告通常包括形态学诊断以及病理学家的病因诊断和分析。形态学诊断（Morphologic diagnosis）是对活组织检查中发现的整体组织学类型的描述。病因诊断（Etiologic diagnosis）可能是针对某一特定的疾病或病原体，或可能包含一个鉴别诊断列表，这将与形态学诊断相一致。在讨论部分，病理学家可能提供组织病理学特征与送检临床医生描述的病例病史和临床特征之间的联系。病理学家也可能建议进行额外的检查或特殊的染色。

皮肤病理学是一个医学专业，需要数小时的培训以及几个月的训练以达到熟练程度。全面培养学生的皮肤病学和皮肤病理学能力超出了这本书的范围。然而，因为皮肤病理学检查通常是皮肤病学中唯一一个最有价值的实验室检查，了解皮肤组织病理学术语是很重要的。因为许多组织病理学改变是皮肤独有的，所以皮肤组织病理学具有特殊的术语。不幸的是，皮肤病和一般医学术语相混淆，有时出现不恰当的皮肤组织病理学术语。表2-10和表2-11提供了最常见的形态学类型描述和皮肤组织病理学的专有名词，简单总结了皮肤组织病理学的解读和鉴别诊断[43,45,46,51,52]。

八、治疗性试验

治疗性试验对建立诊断具有重要价值。在某些病例中，特别是饮食性过敏反应，治疗性试验可能是实现诊断的唯一方法。为了确保正确解读，治疗性试验应是动物皮肤病系统性方法的一部分，目的是进行特异性诊断。试验性治疗提供的信息量最多，但具有窄谱性例如包括抗组胺药、锌、限制饮食、驱虫以及某些抗生素。畜主应明白治疗性试验的目的，以及它将如何评估疾病。糖皮质激素对试验性治疗没有用途，因为糖皮质激素的抗炎作用对多种情况均有改善作用（表2-12）。还有其他的药物对皮肤具有多种效果。红霉素琥珀酸酯、强力霉素和四环素是抗生素，也具有抗炎特性。甲状腺素或褪黑激素可能会促进不缺乏这两种激素的动物的毛发生长。当解释动物的反应时，一定要考虑治疗性试验中所有使用药物的已知和怀疑的疗效。

表2-10 皮肤组织病理学术语

术语	描述
黑棘皮症	棘层的厚度增加；通常是对慢性炎症的反应
棘层松解	角化细胞（棘细胞）黏附性丢失；自身抗体（如天疱疮）或一些炎性疾病引起桥粒（细胞内的连接）破坏的结果
淀粉样变	由不溶蛋白质聚合物组成的透明、无固定形态的嗜酸性物质（用刚果红染色并使用偏振光观察时呈现苹果绿双折射率的β折叠）
凋亡	个别的角化细胞死亡；在免疫介导性疾病、不良药物反应和一些炎性疾病可见凋亡细胞数量增加
萎缩，附属结构	附属结构变小（例如，毛囊、顶泌腺、皮脂腺）；通常和内分泌性疾病或真皮层血液供应受损有关
萎缩，表皮	表皮层薄；通常与皮质醇增多症有关
气球样变性（中空细胞病）	细胞质肿胀，但无空泡形成；许多病毒性感染的特征
基底膜区（Basement membrane zone, BMZ）的变化	基底膜区厚：苔藓样皮肤病的特征；表皮下空泡形成，基底膜区下方（短暂的）或内部多个小空泡：红斑狼疮、大疱性类天疱疮和大疱性表皮松解的特征；也可能是假性现象
大疱/水疱	表皮层下或表皮层内有充满液体的非细胞空间（大疱直径大于1cm，水疱的直径小于1cm）；一些免疫介导性和遗传性皮肤病的特征
胆固醇结晶	表现为透明的针状结晶；通常见于黄色瘤病、脂膜炎和破损性毛囊囊肿

表2-10 皮肤组织病理学术语（续表）

术语	描述
胶样小体（凋亡小体、胶质小体）	表皮基底层的凋亡细胞；通常见于红斑狼疮和其他影响真皮表皮连接的疾病；凋亡小体也可能由UV射线（"晒伤细胞"）产生
裂缝（陷窝）	表皮层或真皮表皮连接处的裂缝样空间；可能由免疫介导性或遗传性疾病引起或者是处理过程造成的假性现象
胶原蛋白变化	透明样变：原纤维结构丢失和无固定形态的改变（见于慢性炎症和胶原蛋白和血管性疾病） 纤维蛋白样降解：表皮层原纤维或颗粒物质的沉积或替换（见于结缔组织的疾病） 溶解（胶原蛋白溶解）：结构细节完全丢失，成为均质、嗜酸性物质 降解：结构和着色改变，轻微的嗜碱性物质和颗粒的出现（见于一些炎性疾病） 营养障碍性矿物质沉着：钙盐沿着胶原纤维沉积（见于皮质醇增多症） 萎缩：胶原纤维薄和成纤维细胞的减少（见于皮质醇增多症） 发育不良：胶原束的组织破坏和破碎（见于脆皮症和猫获得性脆皮综合征）；也见火焰状形态（见下面的描述）
角质化	角质化，细胞转变进入皮肤的角质层
皮痂	血清蛋白、红细胞、白细胞和皮肤表面脱落的表皮细胞聚集；可进一步描述为浆液性的，主要是血清；出血性，多数为血细胞；细胞性，多数为炎症细胞；亚细胞，血清和炎性细胞的混合物；或呈栅栏样，角化过度层和脓汁层交替出现
真皮表皮连接	表皮层和真皮层之间的交界面
凹陷	表皮层表面的小凹陷，可能与中心表皮萎缩有关
结缔组织形成	纤维组织增生与肿瘤相关
血细胞渗出	血细胞通过血管壁进入外周组织或表皮层
Dunstan蓝线	退化的核酸碎片和球菌使基底层与表皮层连接处的凸起部位；这是浅层葡萄球菌性感染引起一些表皮环形脱屑的特征
角化不良	角质化异常；多种角化性疾病和表皮肿瘤的特征
发育不良	与异常发育相关
营养不良性矿物质沉着	钙质沉着，通常沿着真皮层的胶原纤维分布
胞外分泌	血细胞迁移（红细胞和/或白细胞）至表皮；大多数炎性疾病的特征
火焰样形态	变化的胶原被嗜酸性物质围绕的部位；嗜酸性肉芽肿和一些其他感染性疾病的特征
火焰样毛囊	毛囊含有大量毛根角质，涉及外层根鞘；这些毛发处于毛发周期的生长中期或休止期的早期
毛囊病变	这个术语用于描述毛囊的炎症，包括毛囊炎、毛囊周炎（周围）、壁层毛囊炎（涉及毛囊壁）、毛囊腔炎（炎症进入内腔）、疖病（浸润或穿透性毛囊炎）、静止期脱毛（休止期毛囊明显）、生长期脱毛（退行期阻滞）、毛囊发育不良（毛囊和毛干形态异常）和微型毛囊（斑秃、猫副肿瘤性脱毛、营养不良和遗传性少毛的特征）
纤维组织增生	真皮层中胶原蛋白增加
纤维变性	晚期的纤维增生，胶原蛋白带密集平行排列；肢端舔舐性皮炎和瘢痕的特征
境界带	将表皮层和真皮层异常部分区分开的胶原蛋白边缘区；一些肿瘤和肉芽肿的特征
错构瘤	任何来源的正常或胚细胞肿瘤样增殖；色素痣是皮肤的发育缺陷，特征是表皮层、附属结构和/或胶原增生
角质囊肿、角质珠、鳞状涡旋	角质囊肿小、呈圆形、由扁平上皮细胞围绕的囊性结构，包含同心排列的层状角质 角质珠具有同心圆的角化表皮细胞层，常伴有细胞异型及角化不良 鳞状漩涡是鳞状上皮细胞中央没有角化的螺纹状形态；鳞状细胞癌和一些非肿瘤性增生皮肤病的特征
角化过度	表皮的基底层增厚。正角质化的角化过度由正常的无核细胞鳞屑组成，角化不全性角化过度由有核的角化细胞组成，角化不全性角化过度是锌反应性皮炎的特征，也是表层坏死性皮肤病的特征之一。角化过度可能呈竹编状（松散地交织）、紧密排列（见于皮肤和皮下角质的慢性外伤）、表皮松解性（见于颗粒层发生退化的鱼鳞癣类型）或薄层状（见于鱼鳞癣的其他形式）
颗粒层肥厚	颗粒层厚度增加；常与慢性炎症有关
色素沉着过度（黑色素）	色素增加；发生在多种慢性炎症性疾病中
增生，表皮层	非角化表皮层厚度增加；可能是不规则的（不均匀、细长、尖状表皮突）、规则的（均匀的增厚）、牛皮癣样（均匀、厚的表皮突）、乳头状（表皮层上方的皮肤表面的突起部分）或假性癌（极度，不规则的增生）
水样变性	细胞基底层空泡化；见于盘状红斑狼疮、药物的不良反应、皮肌炎、胸腺瘤相关的表皮脱落性皮炎和苔藓样皮炎
黑色素减少症（低色素化）	色素减少；白癜风和白斑病的特征；可能是由影响生黑色素细胞或基底角化细胞的炎症、免疫介导疾病或毒性化学物质引起的

表2-10 皮肤组织病理学术语（续表）

术语	描述
接触性皮炎	水样变性、苔藓样细胞浸润，或两者兼有使真皮表皮的连接模糊。基底膜区可能变厚或受损
苔藓化	浅层真皮细胞的带状聚集，使真皮表皮连接模糊
淋巴结节	圆形的、成熟淋巴细胞的分散性聚集；与一些免疫介导性疾病、脂膜炎、昆虫叮咬性肉芽肿、狂犬疫苗反应和一些肿瘤有关
微小脓肿，嗜酸性粒细胞	表皮层嗜酸性粒细胞的聚集；这是嗜酸性斑块的特征，可能也与过敏、天疱疮、马拉色菌性皮炎、嗜酸性脓疱病和嗜酸性毛囊炎有关
微小脓肿，Munro	角质层或其下层嗜碱性粒细胞的聚集；史宾格犬的银屑病样苔藓样皮炎的特征
微小脓肿，Pautrier	表皮淋巴细胞的聚集；嗜表皮淋巴瘤的特征
微小脓肿，海绵状组织	表皮中性粒细胞的聚集；雪纳瑞犬的浅层脓性坏死性皮炎的特征
黏蛋白增多症	真皮中无定形嗜碱性物质的厚度增加；甲状腺功能低下和沙皮犬正常皮肤的特征；也可能在其他的炎性疾病中发现
坏死松解症	伴随凝固性坏疽的细胞死亡；不涉及真皮或轻微炎症引起的表皮坏死是毒性表皮坏死的特征
坏疽	细胞或组织的死亡；特征可能包括核崩解（细胞核破碎）、核固缩（呈黑色，萎缩的核）和核溶解（核阴影）。细胞的坏死保留了细胞的轮廓，而干酪样坏死中细胞的所有结构、细节完全丢失
脂膜炎	皮下脂肪（脂膜）的炎症
乳头状分泌	浅层真皮乳头层的水肿，白细胞的胞外分泌、血管扩张，以及上皮被覆角化不全的鳞屑；皮脂溢性皮炎和锌反应性皮炎的特征
乳头状瘤	由于乳头瘤病毒感染引起的表皮增殖；外生增殖突出于表皮的正常平面，内生增殖则突入真皮（反向乳头状瘤）
血管周皮炎	血管周围的炎症
色素失调	真皮层的巨噬细胞内发现黑色素；发生于真皮表皮连接处的炎症性疾病，如盘状红斑狼疮
脓疱	表皮内或表皮下腔充满炎性细胞
网状变性	角质细胞肿胀性的多腔性表皮内水肿；是浅层坏死性皮炎和严重的接触性皮炎的特征
卫星现象	淋巴细胞位于凋亡的角质细胞附近，表明细胞介导性免疫反应；多种药物不良反应的特征
硬化	瘢痕的形成
海绵层水肿	细胞内水肿，通常见于表皮层
皮下脂肪炎症	脂膜炎：皮下脂肪的炎症 脂肪组织炎：脂肪的炎症 微小脓肿性脂肪坏死：脓性肉芽肿性炎症包围的圆形小囊（先天性脂膜炎） 脂肪透明性坏死：羽毛状嗜酸性混合物，散在脂肪性微囊（见于红斑狼疮性脂膜炎和狂犬病疫苗诱导的反应） 脂肪矿物质沉积性坏死：坏死的脂肪细胞胞质外周沉积着不规则的嗜碱性颗粒（可能见于胰腺和外伤性脂膜炎）
经表皮清除	异物或钙经表皮排除或进入毛囊，这是这些物质被清除的机制
溃疡	表皮的连续性缺失，暴露出底层的真皮。溃疡化是指溃疡的形成
空泡变性	细胞内水肿
空泡病变	皮肤血管可能表现为扩张（膨胀）、内皮细胞肿胀、内皮细胞坏死、透明样变、纤维蛋白样退化、血管炎、血管栓塞和红细胞（紫癜）的外渗（溢出）
水疱	由水疱组成或含有水疱（包含浆液性液体的、位于表皮的小的局限性突起，一个小的水疱）

表2-11　皮肤病的形态学类型及其鉴别诊断

类型	鉴别诊断	类型	鉴别诊断
表皮增生性疾病	腊肠犬的黑棘皮症 肢端舔舐性皮炎 光化性角化病 慢性过敏性皮炎 趋上皮性淋巴瘤 纤维瘙痒性结节 FeLV阳性猫的巨细胞性皮炎 西部高地白㹴的增生性皮炎 炎性线状表皮痣 苔藓样角化症 马拉色菌性皮炎 银屑病样苔藓样皮炎		迷你雪纳瑞的无菌性脓疱性红皮症 表层脓疱性皮肤癣菌病 表层脓疱性药物反应 表层传染性脓皮症 病毒性皮肤病
异常角化性疾病（角化作用异常）	斗牛㹴的肢皮炎 光化性黑头粉刺 厚皮痂 犬耳缘皮脂溢 先天性毛囊角化不全 家族性脚垫角化过度 鱼鳞癣 线性表皮痣 拉布拉多猎犬的鼻角化不良 鼻镜的角化过度 原发性皮脂溢 雪纳瑞犬黑头粉刺综合征 皮脂腺炎 表层坏死性皮炎 维生素-A反应性皮炎 锌反应性皮炎	表皮下脓疱/水疱性疾病	大疱性类天疱疮 疱疹样皮炎 皮肌炎 大疱性表皮松解 多形性红斑 表皮剥脱型红斑狼疮 线形IgA的皮肤病 红斑狼疮 黏膜的类天疱疮 副肿瘤性天疱疮 中毒性表皮坏死松解症 水疱型红斑狼疮
皮痂、坏死和表皮溃疡性疾病	烧伤 犬坏疽性脓皮症 多形性红斑 猫过敏性粟粒状皮炎 猫牛痘病毒感染 猫嗜酸性红斑 猫疱疹病毒溃疡性皮炎 猫特发性溃疡性皮炎 猫无痛性溃疡 猫蚊叮咬性过敏 猫胸腺瘤相关的脱落性皮炎 一般犬粮性皮肤病 刺激物接触性皮炎 脓性创伤性皮炎 小猫的增生性坏死性外耳炎 脚垫裂缝性疾病 表层坏死性皮炎 中毒性表皮坏死松解症	界面和苔藓样皮肤病	皮肌炎 盘形红斑狼疮 德国短毛指示犬的表皮脱落型皮肤红斑狼疮 火激红斑 多形性红斑 猫胸腺瘤相关的脱落性皮炎 苔藓样角化症 狼疮甲床炎 皮肤黏膜脓疱症 红斑型天疱疮 银屑病样苔藓样皮炎 喜乐蒂牧羊犬和考利犬的水疱型皮肤红斑狼疮 Vogt-Koyanagi-harada-样综合征（眼色素层皮肤症候群）
表皮内棘细胞层水肿/脓疱/水疱性疾病	接触性过敏性皮炎 细菌性感染 念珠菌病 上皮化淋巴瘤 多形性红斑 波斯猫和喜马拉雅猫的面部皮炎 猫嗜酸性红斑 脓疱疹 黏膜的类天疱疮 副肿瘤性天疱疮 红斑型天疱疮 落叶型天疱疮 增殖型天疱疮 寻常型天疱疮 脚垫的牛皮癣样皮炎 无菌性嗜酸性脓疱病 角层下脓疱性皮肤病	血管周皮炎	过敏：特应性皮炎、食物过敏（饮食过敏）、寄生虫过敏、接触性过敏性皮炎、猫过敏性粟粒状皮炎、过敏性荨麻疹爆发 马拉色菌性皮炎 其他炎性皮肤病 寄生虫性皮肤病：疥螨病、背肛螨病、姬螯螨病，蠕形螨病、微动蚴病、钩虫皮炎，皮肤钩端螺旋体病 浅层扩散性脓皮症
		毛囊周炎/毛囊炎/疖病	痤疮 肢端舔舐性皮炎 光化性疖病 斑秃 细菌性毛囊炎 厚皮痂脓皮症 皮肤癣菌病 蠕形螨病 嗜酸性毛囊炎/疖病 趋上皮性淋巴瘤 肉芽肿性毛囊炎/疖病 趾间毛囊炎/疖病 黏蛋白性毛囊炎/疖病 类圆小杆线虫性皮炎 落叶型天疱疮 剪毛后引起的疖病 皮脂腺炎 无菌性嗜酸性脓疱病

表2-11 皮肤病的形态学类型及其鉴别诊断（续表）

类型	鉴别诊断	类型	鉴别诊断
附属物的萎缩性或发育不良性疾病	X形脱毛 获得性脱毛 犬毛囊发育不良 瘢痕样脱毛 颜色淡化脱毛和黑色毛发毛囊发育不良 先天性少毛症 周期性躯干脱毛症 皮肌炎 内分泌性脱毛（甲状腺功能低下，皮质醇增多症，雌激素过多症，其他内分泌性脱毛） 猫副肿瘤性脱毛 毛囊脂沉积症 皮脂腺发育不良，皮脂腺增生 牵拉性脱毛	结节至弥散性/散在性皮炎	黏蛋白增多症 浆细胞性爪部皮炎 反应性组织细胞增多症 皮肤结节病 日光性弹力纤维变性和纤维化 无菌性肉芽肿和脓性肉芽肿综合征 无菌性中性粒细胞皮炎（Sweet综合征） 迷你雪纳瑞的无菌性脓疱性红皮症 黄色瘤
		血管病变/血管炎	血管性水肿/荨麻疹 少细胞性血管炎 冷球蛋白血症和冷纤维蛋白原血症 皮肌炎 德国牧羊犬的家族性皮肤血管病变 免疫复合型血管炎 鼻唇间纵沟的增殖性动脉炎 耳郭的增生型血管栓塞性坏死 吮血性血管炎 日光性血管病变 全身性红斑狼疮 毛细血管扩张，静脉扩张 灵缇犬的血管病变
结节至弥散性/散在性皮炎	淀粉样变性 细菌性感染：放线菌症、诺卡氏菌症、猫麻风综合征、条件致病分枝杆菌感染 局限性钙质沉着、皮肤钙质沉着 犬麻风样肉芽肿 皮肤真菌假足菌肿病 嗜酸性皮炎（Wells综合征） 嗜酸性肉芽肿 嗜酸性红斑 异物性反应 真菌感染：皮肤芽生菌病、组织胞浆菌病、球孢子菌病、隐球菌病、孢子丝菌病以及其他的条件致病真菌 疱疹病毒溃疡性皮炎 无痛性溃疡 昆虫叮咬性反应 幼年性蜂窝织炎（无菌性肉芽肿性皮炎和淋巴腺炎） 混合感染：卵菌（腐皮症，葫芦菌病）、虫菌病、原藻病、原生动物（利什曼原虫症、弓形虫病、新孢子虫病）	脂膜炎	猫全脂肪织炎 自发性无菌结节性脂膜炎 德国牧羊犬的跗骨造瘘术 胰腺脂膜炎 狂犬疫苗注射后发生脂膜炎 脂膜的隔膜血管炎 外伤性脂膜炎
		萎缩性皮肤病	Ehlers-Danlos综合征（脆皮症） 内分泌性脱毛（甲状腺功能低下、皮质醇增多症、雌激素过多症、其他内分泌性脱毛） 猫获得性皮肤脆皮综合征 局部皮质类固醇性反应

FeLv，猫白血病病毒；IgA，免疫球蛋白A。

表2-12 对糖皮质激素的反应

反应	抗炎剂量	免疫抑制剂量
完全有效	特应性皮炎 一些食物性、接触性和寄生虫性过敏	大部分的过敏 一些免疫介导性疾病
部分缓解	一些食物性、接触性和寄生虫性过敏 疥螨病 一些细菌性感染	一些免疫介导性疾病 皮脂溢皮肤病
效果不定或无效果	一些食物性、接触性和寄生虫性过敏 一些细菌性感染 真菌性感染 免疫介导性疾病 蠕形螨病	一些细菌性感染 一些真菌性感染 一些免疫介导性疾病 内分泌性疾病 蠕形螨病

九、基于问题的鉴别诊断和诊断方法

（一）瘙痒

犬和猫的瘙痒可能表现为咀嚼、舔舐、擦伤、摩擦和过度梳毛。瘙痒的一个简单记忆方法是"瘙痒是PAIN"；仔细考虑这些差别的分类：

· P——寄生虫［包括跳蚤、疥螨（*Sarcopte*）、背肛螨（*Notoedres*）、姬螯螨（*Cheyletiella*）、皮毛螨、虱、类圆小杆线虫（*Pelodera*）、蜱、恙螨、蚊、苍蝇］。

· A——过敏（包括饮食、环境——特应性皮炎和接触性过敏性皮炎、药物和寄生虫过敏反应）。

· I——炎症（包括由细菌、真菌和酵母菌感染、刺激物、免疫介导性疾病引起的疾病）。

· N——神经性的（包括心理性和感觉神经病变）或肿瘤（特别是肥大细胞瘤和趋上皮性淋巴瘤）。

进行这些鉴别诊断的优先次序应基于病史回顾、动物病情特征和体格检查结果（图2-44）。通

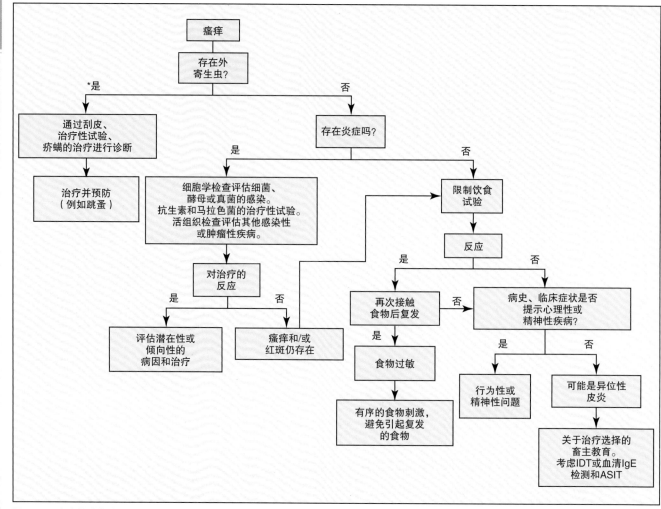

图2-44 瘙痒的诊断流程。*注意在皮肤检查或刮皮时可以见到外寄生虫，其他寄生虫（包括疥螨和某些病例中的跳蚤）需要治疗性试验排除其对瘙痒的作用

过被毛梳理检查［检查跳蚤/跳蚤排泄物、姬螯螨（*Cheyletiella*）、皮毛螨、恙螨和虱］、皮肤刮样检查［检查蠕形螨（*Demodex*）、姬螯螨（*Cheyletiella*）、疥螨（*Sarcoptes*）、背肛螨（*Notoedres*）和类圆小杆线虫（*Pelodera*）］以及治疗性试验（检查疥螨和跳蚤）可以排除寄生虫。应进行限制性饮食试验和刺激性试验排除饮食性过敏。环境的限制/刺激或斑点检测可用于评估接触过敏性皮炎。临床症状、病史（包括品种和初次瘙痒的年龄）以及对抗组胺药或低剂量皮质类固醇的反应性同时存在增加了对特应性皮炎的怀疑。通过进行皮肤细胞学检查、培养和/或治疗性试验评估动物的皮肤感染情况以评价炎症对促进瘙痒的作用，然后再评估瘙痒的严重程度。排除皮肤肿瘤可能需要皮肤活组织检查，但这些病例很少，且一般会有其他症状（例如，过量的鳞屑或皮肤黏膜病变）。感觉神经病变是罕见的，主要见于英国和德国短毛波音达犬的一种遗传性疾病（肢端残缺综合征）。心理性皮肤病也罕见；有些疾病具有一些特殊的临床表现（舔舐侧腹、舔舐尾巴），而其他的疾病可通过排除引起瘙痒的其他病因以及评估对行为和/或药物改变的反应进行诊断（注意对精

神药物反应不能证明是精神性问题）。

（二）丘疹、水疱和脓疱性皮肤病

　　主要的分类包括传染性（细菌、病毒、真菌和酵母）、寄生虫性、过敏性、免疫介导性和特发性皮肤病。

　　脓疱的出现可以有助于进行最初的鉴别诊断：

· 幼年犬的腋下和腹股沟部的小的和浅层的非毛囊性脓疱提示脓疱病。

· 大的、呈白色至绿色、柔软的脓疱与大疱性脓疱疮、角质层下脓疱性皮肤病和嗜酸性脓疱病有关。

· 患有浅层葡萄球菌性毛囊炎、蠕形螨病、皮肤癣菌病、落叶型天疱疮和猫粟粒疹皮炎的动物可见红斑丘疹、脓疱、痂皮、表皮环形脱屑、色素沉着过度性斑点和不规则脱毛。

· 患有浅层扩散性脓皮病、落叶型天疱疮、皮肤癣菌病、红斑多形性细胞瘤和无菌性嗜酸性脓疱病的动物可见红斑斑疹、表皮环形脱屑、中心皮痂和不规则色素沉着过度并伴发脱毛区的融合。

· 患有痤疮、蠕形螨病、皮肤癣菌病、幼年性蜂窝组

织炎、真菌病（芽生菌、组织胞浆菌病、隐球菌病、孢子丝菌病、球孢子菌病）、分枝杆菌感染和无菌性肉芽肿性皮炎的动物可见黑头粉刺、脓疱和疖。

·影响皮肤的水疱性疾病包括病毒性皮肤病（疱疹病毒、杯状病毒、痘病毒）、遗传性疾病［（大疱性表皮松解症、皮肌炎、水疱型皮肤红斑狼疮（考利犬、喜乐蒂牧羊犬）、德国短毛波音达犬的遗传性类狼疮皮肤病］、免疫介导性疾病（盘状红斑狼疮、全身性红斑狼疮、大疱性类天疱疮、寻常型天疱疮、增殖型天疱疮）、多形性红斑、中毒性表皮坏死松解症和浅层坏死性皮炎。

记住细菌和酵母菌感染常继发于引起炎症或免疫抑制的其他潜在性疾病是很重要的，而且对这些潜在疾病的鉴定是防止继发感染的关键。鉴别诊断的优先次序可依据病史（包括对之前治疗的反应）和临床检查结果。细胞学检查是重要的筛选试验：发现细菌可为抗生素治疗试验提供支持，而发现棘层松解细胞可能提示疱疮。皮肤刮样检查对排除毛囊炎和疖病的潜在性蠕形螨是很重要的。皮肤脓疱或水疱（表2-13）可对诊断提供附加的信息。确诊一些病例可能需要培养以及病史、体检、皮肤活组织检查和其

他诊断性试验（例如，生化情况、抗核抗体检测、免疫组织化学等等）的所有相关结果。

（三）糜烂和溃疡性皮肤病

糜烂和溃疡是继发性病变。鉴别诊断的主要分类包括瘙痒性皮肤病、免疫介导性、感染性和肿瘤性疾病。药物不良反应（多形性红斑、中毒性表皮坏死松解症）、与代谢相关的皮肤病（浅层坏死性皮炎、糖尿病性皮肤病，皮质醇增多症、皮肤脆弱综合征）和外伤性病变更不常见。也应考虑血管病变和疑难杂症（猫特发性溃疡性皮肤病）。鉴别诊断的优先次序可根据病史（包括对之前治疗的反应）和临床检查结果制定。而且，细胞学检查是一个重要的筛选试验，发现细菌可为抗生素治疗试验提供支持，而发现棘层松解细胞可能提示天疱疮。生化情况、尿检和腹部超声检查有助于评估代谢性疾病。大多数情况下，确诊需要对活组织样本进行组织病理学评估。

（四）结节性皮肤病

结节可能是肿瘤性或非肿瘤性的（图2-45）。非肿瘤性结节包括囊肿和肉芽肿/脓性肉芽肿。破裂的结节可能表现为流脓。炎性结节的主要病因包括：

·寄生虫性：蜱叮咬性肉芽肿、黄蝇（*Cuterebra*）。
·感染性：真菌（芽生菌、组织胞浆菌病、隐球菌病、球孢子菌病、孢子丝菌病、暗色丝孢霉病、真菌性足菌肿病、接合菌病，皮肤真菌脓癣）、卵菌（*Oomyces*）（腐皮病、葫芦菌病）、细菌（分枝杆菌感染、放线菌、诺卡氏菌病、葡萄球菌疖病、脓肿）。
·免疫性：荨麻疹、淀粉样变性、多形性红斑。
·其他：皮样/毛囊囊肿、嗜酸性肉芽肿、无菌结节性脂膜炎、血肿、血清肿、异物肉芽肿。
·引起皮肤结节的肿瘤包括乳头状瘤、鳞状细胞癌、黑色素瘤/黑色素细胞瘤、肥大细胞瘤、毛囊肿瘤（毛基质瘤、毛发上皮瘤、毛胚细胞瘤）、纤维瘤/纤维肉瘤、血管瘤/血管肉瘤、脂肪瘤、淋巴瘤、浆细胞瘤、组织细胞瘤、传染性性病肿瘤、大汗腺腺体瘤、皮脂腺瘤及其他。

病史、症状和体检结果有助于优化鉴别诊断列表。最重要的诊断方法是细针穿刺、细胞学检查、培养和活组织检查的组织病理学研究。作出明确的诊断对确定最佳的治疗和提供预后信息是很重要的[53]。

（五）具有排泄通道或窦道的皮肤病

排泄通道（Draining tract）将炎症区域或病灶与皮肤表面连接。这些病变可能与感染、免疫介导性疾病、异物、刺伤、咬伤以及特发性皮肤病如无菌性结节性脂膜炎（图2-46）有关。排泄通道可能由炎症病灶破裂引起，因为阻

表2-13　基于组织学定位的脓疱和水疱的鉴别诊断

组织学定位	鉴别诊断
角膜下	细菌性感染 脓疱病 利什曼原虫病 落叶型天疱疮 红斑型天疱疮 无菌性嗜酸性脓疱病 角膜下脓疱性皮肤病 浅层化脓性坏死性皮炎(雪纳瑞犬)
颗粒层	落叶型天疱疮 红斑型天疱疮
棘皮层	增殖型天疱疮 趋上皮性淋巴瘤 无菌性嗜酸性脓疱病 浅层坏死性皮炎 病毒性皮肤病
基底上	寻常型天疱疮
基底层	皮肌炎 多形性红斑 剥脱型红斑狼疮 红斑狼疮 副肿瘤性天疱疮 中毒性表皮坏死松解症 水疱型红斑狼疮
表皮下	大疱性类天疱疮 疱疹样皮炎 大疱性表皮松解症 多形性红斑 线状IgA皮肤病 红斑狼疮 黏膜类天疱疮

IgA：免疫球蛋白A。

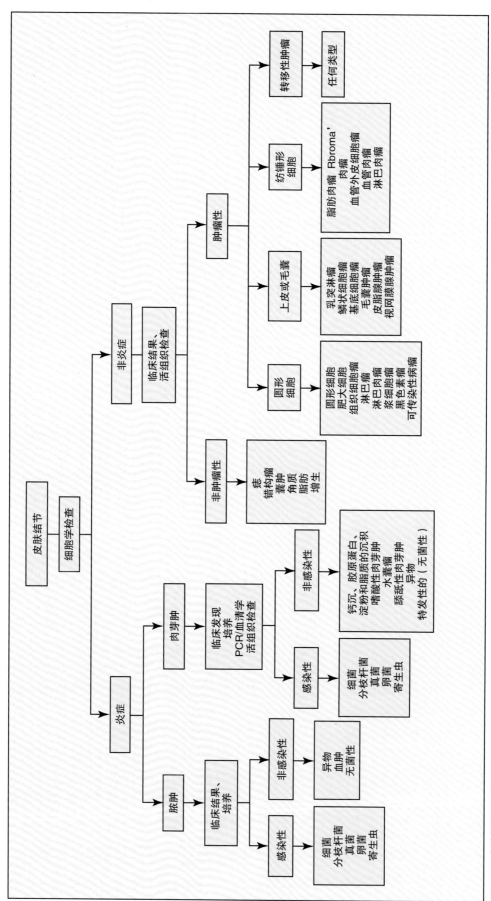

图2-45 皮肤结节的诊断流程

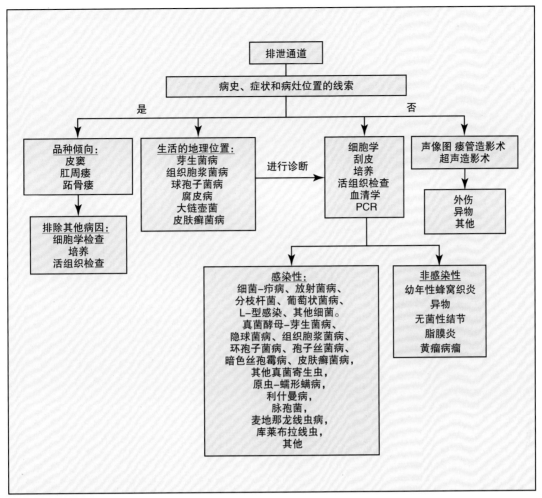

图2-46 皮肤的排泄通道和窦道的诊断流程

力最小的通路通常是朝向皮肤表面的。

窦（Sinus）是器官或组织内的腔或囊；其中一些发展为通道，将分泌物或炎性产物排泄至皮肤表面（例如皮瘘）。皮瘘（Dermoid sinus）是皮肤和胚胎发育的神经管由于不完全分离形成的管形皮肤缺损。皮瘘最常见于罗德西亚背脊犬的遗传性先天缺陷。窦道（Sinus tract）是内衬上皮细胞或肉芽组织的纤维化"隧道"，可使聚集的物质排出皮肤表面。

瘘管（Fistula）是两个内衬上皮细胞的组织或血管之间的异常连接，正常情况是不存在这种连接的。瘘管性疾病的例子包括德国牧羊犬的肛周瘘和跖骨瘘，其他品种比较少发生。

病灶的特征和发生部位是品种相关性疾病优化鉴别诊断的有用线索，如皮窦（罗德西亚背脊犬）、肛周瘘（德国牧羊犬）和跖骨瘘（德国牧羊犬）。地理位置及行为情况有助于确定接触性真菌微生物的可能。细胞学结果有助于区分炎症的类型（通常是血清血液性、化脓性、嗜中性、脓性肉芽肿性或肉芽肿）并可能可以鉴定病原体（异物、脂质、细菌、真菌、肿瘤）。超声或造影检查（瘘管造影或声像图）可使异物突出，也可显示出管道的范围以及它与该区域其他结构（骨、关节、淋巴结、体腔）的关

系。管道深部的样本可用于需氧、厌氧、分枝杆菌以及真菌培养和/或PCR的检测。如果动物患全身性疾病，额外的诊断测试包括胸部X线检查和血清学试验，这些检测可能有助于优先或鉴定病原体。进行确诊可能也需要活组织检查。

（六）皮痂和皮屑性皮肤病（皮脂溢、角化异常）

皮痂主要由干燥的分泌物组成，而皮屑是脱落的角质细胞。这些是最常见的继发性病变，应特别注意动物的病史和其他临床检查结果，以鉴定病灶的主要病因（图2-47）。如果动物出现瘙痒，原发性疾病的鉴别诊断包括寄生虫感染、过敏、炎症性疾病、神经性及与肿瘤性疾病。如果动物无瘙痒，潜在的原发性疾病包括内分泌性疾病、感染、营养缺乏或失调、代谢性疾病和皮肤肿瘤。

排除皮脂溢的潜在继发性病因的诊断检查包括跳蚤梳/被毛刷、皮肤刮样检查、寄生虫治疗性试验、细胞学检查、真菌培养（DTM）、限制食物试验、内分泌功能检测，皮肤活组织检查，并对特应性皮炎和其他疾病［包括猫白血病病毒（FeLV）、猫免疫缺陷病毒（FIV）、营养缺乏和免疫介导性疾病］进行评估。

一小部分出现过量皮屑的动物患有原发性角化异常，

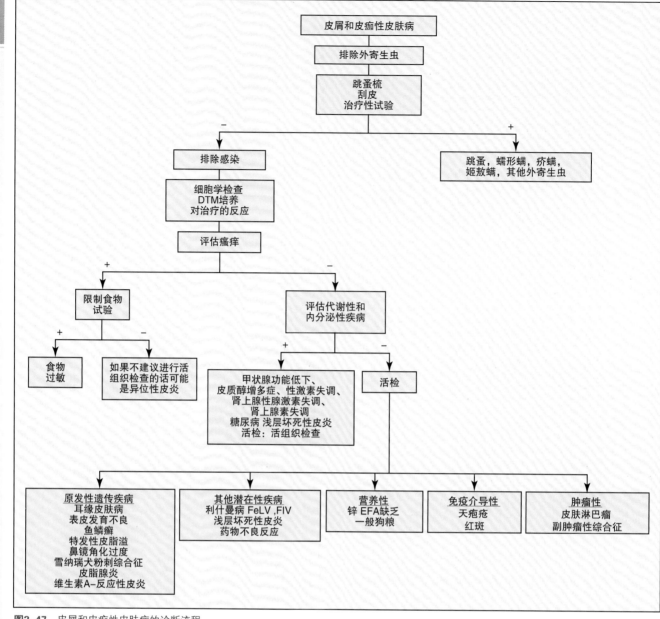

图2-47 皮屑和皮痂性皮肤病的诊断流程

应根据病史、特征描述、典型组织学特征（皮肤活组织检查）和对治疗性试验的反应进行诊断，治疗性试验的反应适用于诊断维生素A-反应性皮炎和锌反应性皮炎。关于这些疾病的深入讨论见第十四章。

（七）色素异常

下面的术语用于描述色素异常：

· 色素沉着不足（*Hypopigmentation*）：色素减少。

· 白斑病（*Leukoderma*）：皮肤缺乏色素。

· 白发病（*Leukotrichia*）：毛发缺乏色素。

· 灰发症（*Poliosis*）：毛发泛灰色，毛发的色素减少。

· 色素沉着过度（*Hyperpigmentation*）：色素增加。

· 黑皮病（*Melanoderma*）：皮肤中的色素增加。

· 毛黑变症（*Melanotrichia*）：毛发色素增加。

· 亚金基团毛菌病（*Aurotrichia*）：毛发呈金色。

色素沉着不足可能是遗传性的（白化病、斑驳病、Waardenburg-Klein综合征、犬周期性造血/灰色牧羊犬综合征、Chediak-Higashi综合征、白癜风）、季节性的（异色鼻/雪白色鼻）、炎症后的（免疫介导性和其他影响表皮或基底膜区的疾病）、药物相关的（含有对苯二酚和苄醚的橡胶、酮康唑、普鲁卡因胺、维生素E、氯）、营养性（缺乏锌、铜、吡哆醇、泛酸、赖氨酸）、内分泌性的（甲状腺功能低下、皮质醇增多症、雌激素增多症、孕激素增多症）、肿瘤相关性疾病（趋上皮性淋巴瘤，其他肿瘤相关性疾病）或特发性疾病（纽芬兰犬、黑色和巧克力色拉布拉多猎犬、暹罗猫）。

色素沉着过度可能是遗传性的（斑点、腊肠犬的黑棘皮症、暹罗猫、喜马拉雅猫、巴厘猫和缅甸猫的肢端黑化）、肢端黑化症、获得性的（炎症后、内分泌相关、乳头状瘤病毒相关），或与肿瘤相关（色素肿瘤及瘤样病

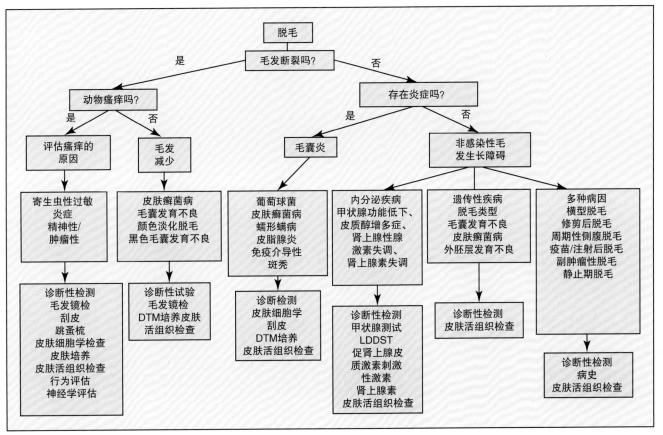

图2-48　脱毛的诊断流程

灶）。

　　单纯性雀斑痣（*Lentigo simplex*）是一种遗传性皮肤病，由眼睑、耳郭、鼻、唇以及被毛颜色为橙色、奶油色、红色和银色猫的鼻腔和口腔黏膜上色素斑点发展引起。京巴犬有犬雀斑的遗传倾向（多发性雀斑样痣病），以腹侧部、胸部和腿部的色素沉着斑为特征。在一些患犬的病灶中已分离出乳头状瘤病毒[54]。

　　可根据病史、特征性描述和临床检查结果（包括眼科检查）优化鉴别诊断。诊断性测试可能包括内分泌性试验/内分泌功能检测和皮肤活组织检查的组织病理学检查。关于这些疾病深入讨论见第十三章。

（八）脱毛异常

　　脱毛（*Alopecia*）是毛发丢失，而少毛症是生长的毛发量少于正常量。术语少毛症主要用在先天性疾病。对于脱毛动物第一个要问的问题是毛发断裂是否与动物瘙痒有关（图2-48）。评估脱毛区的分布（表2-14），以及是否存在一些其他皮肤病灶。断毛可能是自我损伤的结果，或疾病影响毛干使毛发变脆。确定新的毛发是否生长。毛发容易拔掉吗？被毛的其余部分是否正常？询问家庭中是否有其他动物或者人患有皮肤病。

　　局部性脱毛的鉴别诊断包括蠕形螨病、皮肤癣菌病、细菌性毛囊炎、斑秃、注射反应、瘢痕性秃发、牵拉性脱发和修理后脱毛。

表2-14　依据脱毛范围的鉴别诊断

局部脱毛	蠕形螨病
	皮肤癣菌病
	细菌性毛囊炎
	斑秃
	注射反应
	瘢痕性脱毛
	牵拉性脱毛
	修理后脱毛
多灶性脱毛	蠕形螨病
	皮肤癣菌病
	细菌性毛囊炎
	皮脂腺炎
	颜色淡化脱毛
	模型脱毛
	先天性少毛症
	周期性侧腹脱毛
	黑色毛囊发育不良
	非颜色相关性毛囊发育不良
	皮肌炎
弥散性或广泛性脱毛	蠕形螨病
	皮肤癣菌病
	细菌性毛囊炎
	内分泌性疾病（甲状腺功能低下、皮质醇增多症、肾上腺性腺激素失调、性腺性激素失调）
	模型脱毛
	毛囊休止综合征
	毛囊发育不良
	先天性少毛症
	静止期脱毛
	颜色淡化脱毛
	皮脂腺炎
	趋上皮性淋巴瘤

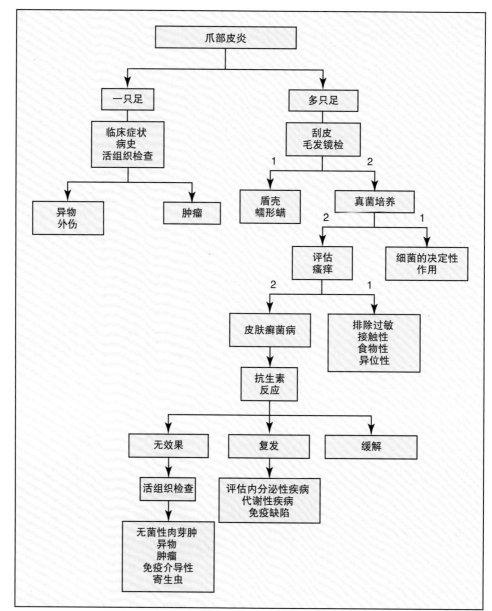

图2-49 爪部皮炎的诊断流程

多灶性脱毛的鉴别诊断包括蠕形螨病、皮肤癣菌病、细菌性毛囊炎、睑板腺炎、颜色淡化脱毛、横型斑秃、先天性少毛症、犬侧腹脱毛症、黑色毛囊发育不良、非颜色相关性毛囊发育不良和皮肌炎。

弥漫性脱毛的鉴别诊断包括蠕形螨病、皮肤癣菌病、细菌性毛囊炎、内分泌性疾病（甲状腺功能低下症、皮质醇增多症、肾上腺性激素失衡、性腺性激素失衡）、横型斑秃、毛囊发育不良、先天性少毛症、休止期脱毛、颜色淡化脱毛、睑板腺炎和趋上皮性淋巴瘤。

（九）爪部皮炎

爪部皮炎是一个描述性术语，指局部的皮肤病；它不是最终的诊断。事实上，爪部皮炎是多种疾病的混合（图2-49）。通过临床检查可以获得重要的线索。注意下面的内容：

多少只爪受到影响？

· 一只爪——最重要的鉴别诊断包括异物、肿瘤、真

菌感染、细菌感染和创伤。

· 多只爪——最重要的鉴别诊断包括过敏、内分泌性疾病继发细菌或真菌感染、蠕形螨病、免疫介导性疾病、大疱性表皮松解症、狼疮甲床炎、浆细胞性脂膜炎和浅层坏死性皮炎。

身体的其他部位受到影响吗？

· 只涉及足部——蠕形螨病、狼疮甲床炎、浆细胞性脂膜炎、异物、肿瘤、过敏或者继发细菌或真菌感染的内分泌性疾病的某些病例。

· 涉及皮肤附属物——蠕形螨病、免疫介导性疾病、大疱性表皮松解症、浅层坏死性皮炎和某些类型的肿瘤（趋上皮性淋巴瘤）。

是否同时涉及口腔？

· 是——免疫介导性疾病、大疱性表皮松解症、某些类型的肿瘤（趋上皮性淋巴瘤）。

爪部皮炎患畜的诊断方法（见图2-49）可能涉及对异物、寄生虫性疾病、细菌感染、皮肤癣菌和其他真菌感

染、免疫介导性疾病、内分泌性疾病、代谢性疾病、肿瘤、营养缺乏、心理性原因和特发性疾病的评估。关于这种疾病的深入讨论见第三章。

十、总结

兽医使用基于系统性问题的方法评估皮肤病患畜通常会得出正确的诊断结果。尽管可能需要实践以熟能生巧，但许多有用的诊断性测试可以简单地在兽医诊室进行。兽医对畜主的教育是极为重要的，因为我们希望畜主能提供准确的信息并同意按医生的建议进行检查和治疗。

参考文献

[1] Noli C, Minafo G, Glazerano M: Quality of life od dogs with skin diseases and their owners. Part 1: Development and validation of a questionnaire. *Vet Dermatol* 22:335–343, 2011.

[2] Noli C, Colombo S, Cornegliana L, et al: Quality of life of dogs with skin diseases and of their owners. Part 2: administration of a questionnaire in various skin diseases and correlation to efficacy of therapy. *Vet Dermatol* 22:344–351, 2011.

[3] Bourdeau P: Dermatologie du jeune carnivore. *Point Vét* 21:439, 1989.

[4] Bourdeau P: Eléments de dermatologie du chien et du chat vieillissants. *Point Vét* 22:255, 1990.

[5] Foil CS: The skin. In: Hoskins JD, editor: *Veterinary Pediatrics*. Philadelphia, 1990, W.B. Saunders Co, p 359.

[6] Halliwell REW: Skin diseases of old dogs and cats. *Vet Rec* 126:389, 1990.

[7] Ihrke PJ, Franti CE: Breed as a risk factor associated with skin diseases in dogs seen in northern California. *Calif Vet* 39:13, 1985.

[8] Scott DW, Paradis M: A survey of canine and feline skin disorders seen in a university practice: Small Animal Clinic, University of Montreal, Saint-Hyacinthe, Québec (1987-1988). *Can Vet J* 31:830, 1990.

[9] Brignac MM, et al: Microscopy of color mutant alopecia. *Proc Am Acad Vet Dermatol Am Coll Vet Dermatol* 4:14, 1988.

[10] Hill PB, Lau P, Rybnicek J: Development of an owner-assessed scale to measure the severity of pruritus in dogs. *Vet Dermatol* 18:301–308, 2007.

[11] Hill P, Rybníček J, Lau-Gillard P: Correlation between pruritus score and grossly visible erythema in dogs. *Vet Dermatol* 21:450–455, 2010.

[12] Phan NQ, Blome C, Fritz F, et al: Assessment of pruritus intensity: prospective study on validity and reliability of the visual analogue scale, numerical rating scale and verbal rating scale in 471 patients with chronic pruritus. *Acta Derm Venereol*. 2011 Dec 15. doi: 10.2340/00015555-1246. [Epub ahead of print]

[13] Plant JD: Repeatability and reproducibility of numerical rating scales and visual analogue scales for canine pruritus severity scoring. *Vet Dermatol* 18:294–300, 2007

[14] Rybnícek J, Lau-Gillard PJ, Harvey R, et al: Further validation of a pruritus severity scale for use in dogs. *Vet Dermatol* 20:115–122, 2009.

[15] Brown WM, Stenn KS: Homeobox genes and the patterning of skin diseases. *J Cutan Pathol* 20:289, 1993.

[16] Scott DW: Examination of the integumentary system. *Vet Clin North Am Small Anim Pract* 11:499, 1981.

[17] Griffin CE: Otitis techniques to improve practice. *Clin Tech Small Anim Pract* 21:96–105, 2006.

[18] Newton HM, Rosenkrantz WS, Muse R, et al: Evaluation of otoscope cone cleaning and disinfection procedures commonly used in veterinary medical practices: a pilot study. *Vet Dermatol* 17(2):147–150, 2006.

[19] Doubleday DW: Who is Nikolsky and what does his sign mean? *J Am Acad Dermatol* 16:1054, 1998.

[20] Alhaidari Z: Les lésions élémentaires dermatologiques. *Prat Méd Chir Anim Comp* 23:101, 1988.

[21] Shearer D: Laboratory diagnosis of skin disease. *In Pract* 13:149, 1991.

[22] Fondati A, De Lucia M, Furiani N, et al: Prevalence of Demodex canis-positive healthy dogs at trichoscopic examination. *Vet Dermatol* 21:146–151, 2010.

[23] Mendelsohn C, Rosenkrantz W, Griffin CE: Practical cytology for inflammatory skin diseases. *Clinical Techniques in Small Animal Practice* 21:117–127, 2006.

[24] Murphy KM: A review of techniques for the investigation of otitis extern and otitis media. *Clin Tech Small Anim Pract* 16:236–241, 2001.

[25] Perman V, et al: *Cytology of the Dog and Cat*. South Bend, IN, 1979, American Animal Hospital Association.

[26] Columbo S: *Quantitative evaluation of cutaneous bacteria in normal dogs and dogs with pyoderma by cytological evaluation*. Doctoral Thesis, Milan, Italy, 1997, Faculty of Veterinary Medicine.

[27] Griffin CEG: Unpublished observations.

[28] Kennis RA, Rosser DJ Jr, Oliver NB, et al: Quantity and distribution of *Malassezia* organisms on the skin of clinically normal dogs. *J Am Vet Med Assoc* 208:1048–1051, 1996.

[29] Plant JD, Rosenkrantz WS, Griffin DE: Factors associated with and prevalence of high *Malassezia pachydermatis* numbers on dog skin. *J Am Vet Med Assoc* 201:879–882, 1992.

[30] Wildermuth BE, Griffin CE, Rosenkrantz WS: Response of feline eosinophilic plaques and lip ulcers to amoxicillin trihydrate-clavulanate potassium therapy: a randomized, double-blind placebo-controlled prospective study. *Vet Dermatol* 23:110–120, 2012.

[31] Carter GR, Cole JR Jr: *Diagnostic Procedures in Veterinary Bacteriology and Mycology V*. New York, 1990, Academic Press.

[32] Moriello KA: Diagnostic techniques for dermatophytosis. *Clin Tech Small Anim Pract* 16: 219–224, 2001.

[33] Parker WM, Yager JA: *Trichophyton* dermatophytosis—a disease easily confused with pemphigus erythematosus. *Can Vet J* 38:502, 1997.

[34] Jackson HA: Diagnostic techniques in dermatology: the investigation and diagnosis of adverse food reactions in dogs and cats. *Clin Tech Small Anim Pract* 16:233–235, 2001.

[35] Rees CA: Canine and feline atopic dermatitis: a review of the diagnostic options. *Clin Tech Small Anim Pract* 16:230–232, 2001.

[36] Olivry T: New diagnostic criteria for canine atopic dermatitis. *Vet Dermatol* 21:123–126, 2010.

[37] Favrot C, Steffan J, Seewald W, et al: A prospective study on the clinical features of chronic canine atopic dermatitis and its diagnosis. *Vet Dermatol* 21:23–31, 2010.

[38] Favrot C, Steffan J, Seewald W, et al: Establishment of diagnostic criteria for feline nonflea-induced hypersensitivity dermatitis. *Vet Dermatol* 23:45–50, 2012.

[39] Dunstan RW: A user's guide to veterinary surgical pathology laboratories or, why do I still get a diagnosis of chronic dermatitis even when I take a perfect biopsy? *Vet Clin North Am Small Anim Pract* 20:1397, 1990.

[40] Goldschmidt MH: Small animal dermatopathology: 'What's old, what's new, what's borrowed, what's useful.' *Semin Vet Med Surg Small Anim* 2:162, 1987.

[41] Scott DW: Analyse du type de réaction histopathologique dans le diagnostic des dermatoses inflammatoires chez le chat: Étude portant sur 394 cas. *Point Vét* 26:57, 1994.

[42] Yager JA, Wilcock BP: Skin biopsy: Revelations and limitations. *Can Vet J* 29:969, 1988.

[43] Yager JA, Scott DW: The skin and appendages. In: Jubb KVP, et al, editors: Pathology of Domestic Animals IV, Vol. 1. New York, 1993, Academic Press, p 531.

[44] Yager JA, Wilcock BP: *Color Atlas and Text of Surgical Pathology of the Dog and Cat. Dermatopathology and Skin Tumors*. London, 1994, Wolfe Publishing.

[45] Linder KE: Skin biopsy site selection in small animal dermatology with an introduction to histologic pattern-analysis of inflammatory skin lesions. *Clin Tech Small Anim Pract* 16:207–213, 2001.

[46] Gross TL, et al: *Veterinary Dermatopathology. A Macroscopic and Microscopic Evaluation of Canine and Feline Skin Disease*. St. Louis, 1992, Mosby–Year Book.

[47] Gross TL, Ihrke PJ, Walder EJ, et al: *Skin diseases of the dog and cat*, 2nd ed. Oxford, UK, 2005, Blackwell Science Ltd.

[48] Pascuet E, Donnelly RF, Garceau D, et al: Buffered lidocaine hydrochloride solution with and without epinephrine: Stability in polypropylene syringes. *Can J Hosp Pharm* 62(5):375–380, 2009.

[49] Henfrey JI, et al: A comparison of three local anaesthetic techniques for skin biopsy in dogs. *Vet Dermatol* 2:21, 1991.

[50] Williams BJ, et al: Antimicrobial effects of lidocaine, bicarbonate, and epinephrine. *J Am Acad Dermatol* 37:662, 1997.

[51] Leider M, Rosenblum M: *A Dictionary of Dermatological Words, Terms, and Phrases*. New York, 1968, McGraw-Hill Book Co.

[52] Teifke JP, et al: Aussagekraft und Möglichkeiten der histopahologischen Diagnostik bei rassespezifischen Hauterkrankungen. *Tierärztl Prax* 26:247, 1998.

[53] Daigle JC, Kerwin S, Foil CS, et al: Draining tracts and nodules in dogs and cats. *Clin Tech Small Anim Pract* 16:214–218, 2001.

[54] Tobler K, Lange C, Carlotti DN, et al: Detection of a novel papillomavirus in pigmented plaques of four pugs. *Vet Dermatol* 19:21–25, 2007.

3

第三章 皮肤病的治疗

一、健康皮肤和被毛的护理

健康皮肤的护理在临床上十分重要。经常会有畜主希望了解如何预防皮肤病的发生。他们最常咨询的问题是营养对皮肤和被毛的影响，其中包括皮肤和被毛所需的营养补充剂，如何减少异味，减少脱毛和防治外寄生虫（详见第六章），健康宠物的日常洗浴产品，以及各个产品的效果。有时候，兽医也会被问及与宠物美容相关的问题。但是类似于什么样的造型合适什么样的犬之类的问题并不在兽医的工作范围内，所以本章不会对宠物美容进行说明。但有些皮肤病是需要进行药浴或药物浸泡治疗的，所以本章会包括一些药物洗浴基本原理的内容。

虽然动物的皮肤情况是反映动物健康的标准之一，但是很多身体健康的宠物由于畜主疏于打理或缺乏正确的美容知识，而使其被毛看起来没有光泽。实际上，保持被毛整洁，去除脱落的被毛不仅可以使宠物机体更好地调节皮肤温度，而且还可以减少皮肤的刺激以及继发的细菌感染。因此，了解健康皮肤和被毛的护理，以及所使用的宠物美容工具对兽医的工作是有百利而无一害的。

二、基础营养和皮肤

营养因素对皮肤的影响是十分复杂的（详见第十七章）。作为身体最大的器官，皮肤和被毛消耗了犬、猫身体中主要的营养。完整的皮肤和有光泽的被毛并不是生存的必要条件，所以被毛和皮肤的改变往往成为其他器官发生疾病或缺损的前兆。即使宠物摄入了充足的日粮，但营养的改变可能还是会对皮肤和被毛造成可被察觉的影响。通过改变营养摄入从而调整宠物被毛状态的方式有两种。第一种是给予健康动物或患畜基础营养外的补充物，使其被毛光彩照人；第二种是对患有某种特定疾病或被毛有特殊问题的宠物，通过在日常饮食中添加补充物来进行营养治疗。很多时候，这些治疗会使用远大于日常营养需求的剂量，这很可能在机体中产生代谢性作用或药理性作用而不仅仅是满足营养需求。在大多数情况下，这些治疗的成功不仅仅是因为其针对营养缺乏进行了治疗。

饮食中，蛋白水平、脂肪酸和一些维生素还有矿物质是最常见的有利于提高被毛质量的成分。周期性更换的特性使皮肤和毛发成为消耗饮食中蛋白质最多的器官。

因此，一旦发生蛋白缺乏，被毛是第一个受影响的器官。但是蛋白缺乏在家养动物中（尤其是食用市售宠物粮的宠物中）极少出现。一个试验发现，相对于低蛋白饮食，食用含有充足蛋氨酸的高蛋白饮食会使狐狸的被毛更强壮更健康[1]。虽然一些饲养员建议在日粮中添加额外的蛋白来源，但是对犬、猫而言该建议还没有得到很好的验证。生食性饮食可以提高被毛质量的说法虽然一直被吹捧但缺乏科学依据[2,3]。

脂肪酸不仅是组成细胞膜的重要成分，也对皮肤有重要作用。脂肪酸可使被毛有光泽，皮肤更光滑。脂肪酸含量小于干物质的5%或亚麻油含量小于干物质的1%会使皮肤变干，产生鳞状皮肤或被毛变差。如今我们在脂肪酸对皮肤和被毛的其他好处方面有了更多的了解。对于过敏的犬，脂肪酸可以减少瘙痒，并使被毛更有光泽。若N6和N3脂肪酸比例在5：1和10：1之间会减少炎性介质LTB4的产生[4]。这个比例同样可以提高被毛的质量以及使宠物获得比通常通过补充物来得到的更高的N3脂肪酸总摄入量。但这个脂肪酸比例并未被证明是有宜于被毛的最佳脂肪酸比例，也无法治疗瘙痒症[5]。一组对正常犬的单盲测试发现，含有亚麻仁和向日葵籽油的补充剂可以在一个月内提高犬的被毛质量，这和身体中的18-亚麻油酸和α-亚麻油脂肪酸血清水平提高有关[6]。过去，人们一致认为添加亚麻酸有助于提高被毛质量。向日葵花和藏红花油（含有70%～80%的亚麻油酸）是物美价廉的亚麻油酸食物来源。建议的摄取剂量约为每240mL犬粮添加5mL[7]。在治疗中使用的脂肪酸补充物详见本章后部分。

除了脂肪酸以外，充足的微量元素或其补充物也可能会提高被毛质量。将锌添入含有亚麻油酸的补充剂可以使被毛质量得到更显著的改善[8]。似乎大多数市售宠物粮中这些物质都非常丰富。维生素A、C和E有助于治疗一些疾病，但是维生素的补充并不能改善健康犬的被毛状况。国家研究协会对所有市售宠物粮的营养成分都有最低限度的标准。但我们对使被毛达到最理想状态的营养比例还知之甚少，从而导致市场上出现了许多吹嘘效用的广告和产品。许多新的补充剂包含了一些新的维生素、矿物质和其他微量元素，以改善被毛质量。这些补充物也会对其他器官系统提供其他的营养价值。比如葡萄糖胺和硫酸软骨素有利于关节，纤维和可发酵性纤维有助于改善肠胃疾病和糖尿病。另外，有人说硫黄有助于防治跳蚤，但这种说法并不属实。一些补充剂中的植物营养素可能不仅对皮肤和被毛有益，还对全身健康都有益处。一些试验表明，植物营养素可以提升机体免疫能力还可抵抗紫外线、减少皮肤癌的发病率[9,10]。植物营养素和抗氧化成分中，葡萄籽提取物、α-胡萝卜素和绿茶提取物可以提高普通犬、猫和皮肤病犬、猫的被毛质量，因此建议在临床使用这些提取物。但是，这些补充物的作用是有限的，所以对照试验十分重要。

研究表明多种补充物可以提升表皮屏障功能。在犬粮中，使用泛酸脂、胆碱、尼克酰胺、组氨酸和肌糖组成的混合物可以减少经表皮流失的水分（TEWL）[11]。另一项关于犬体外角质细胞的试验发现芦荟汁、姜黄素、维生素C和牛磺酸等五种成分组成的混合物可降低氚化水通过表皮角化细胞的流失[12]。这种混合物已经被加入犬粮（皇家犬粮）以应对非食物过敏引起的皮肤病。日粮中添加适量的锌也有保水功能[8]。

主流的宠物粮公司如希尔思、爱慕思、普瑞纳和皇家都有针对健康犬、猫日粮和各类处方粮的研究。常规日粮现已发展到针对不同体型大小、不同生长阶段和不同活动强度，甚至不同品种的商品化日粮。这些研究引领了高端犬粮领域的发展。通常这些高端犬粮都含有所有的必须脂肪酸（EFAs），而不是只有Ω-3脂肪酸。对于大多数的健康犬、猫，普通日粮即可维持被毛健康。但有些畜主坚持诉求其他补充物使被毛状态更佳。然而并没有研究可以证明这些高端的犬粮能使宠物被毛质量有更进一步的提升，故不能保证这些高价的犬粮一定有效，但如果其中某些补充物正好补充了此犬缺乏的元素则可以看到效果。根据现阶段的知识，兽医只能建议宠物要从向日葵花油和藏红花油、紫草科的γ-亚麻酸和月见草油摄取足够的亚麻油酸，从鱼肉、磷虾中摄取足够的Ω-3脂肪酸和亚麻仁油。另外，虽然其他维生素和微量元素并未被证明对提高被毛质量有效，但是补充这些物质也许对宠物被毛也有好处。

兽医应对畜主购买和储存宠物粮给予建议。因为在商品化宠物粮中最重要的脂肪酸都是不饱和脂肪酸，所以它们极易被氧化。储存的地方不对、储存时间过长或抗氧化剂含量不足都会使宠物粮发生酸败，失去应有的营养价值。总的来说，宠物干粮应存放在脂类物质无法渗透、无吸水性的容器中，于干燥、室温并避免日光直射的条件下。一般来说干犬粮最好在打开包装后一个月之内食用。虽然也有研究说39d之内皆可食用，但敞开的包装袋会带来黄曲霉毒素污染的危险[13]。

上皮层汗腺存在于身体大部分皮肤上，它们可以产生油脂和分泌物，即使在耳朵，上皮层汗腺的数量也是很多的（详见第一章）。局部腺体如会阴周围和尾部的肛周腺、爪部的外周分泌腺，都可以产生分泌物并有异味。因此耳朵、肛周和爪部的气味较其他地方重。在犬中，爪的异味比其他地方更重，而产生的气味会使一些畜主反

感。当爪经常沾湿或持续处于潮湿状态的话，异味会更加明显。保持清洁和干燥的爪有助于缓解臭味。对于有长而厚的被毛或被毛长期被绳子绑住的犬，如果不经常修剪、打理被毛，异味可能也会非常明显。过度的或长期的潮湿会使被毛的异味变重，因为细菌和真菌会在被毛中过度滋生，因此可能需要使用抗微生物沐浴乳使宠物的被毛得到彻底的清洗并保持干燥。

除了动物自身的味道，犬也会带有周围环境的味道，这些味道也会令人感到不悦。宠物的床和它们喜欢休息的地方成了这些令人不悦的味道的来源。有的犬甚至猫都会带有它们喜欢的玩具的味道。尽管生食饮食支持者认为食物是宠物味道的主要来源，但是并没有对照试验证明这一理论[2]。然而，一些不正规的报告显示食用以鱼为基础的食物会使犬的恶臭增加。但另一些案例并没有显示这种关系的存在，这可能需要通过变换不同成分的日粮，然后观察动物的气味是否有改变来证实。

在其他状况下，即使没有明显的皮肤病，严重的异常恶臭也可发生。之前讲过，异味可来源于嘴、耳朵、爪、肛门和会阴等部位。这些区域在检查和清洗时应特别注意。大多数香波可以去除犬身上携带的典型气味。但在很多皮肤病病例中，异味会是一个重要的指征（细菌生长过度、脓皮病或马拉色菌皮炎），而这种指征经常会被畜主忽略。细菌生长过度是具有典型的皮肤损伤和特征性臭味等症状的一种综合征[14]。表面上看起来正常的皮肤也会因细菌过度增长而产生异味，但异味很轻微，变化很微妙，尤其在油性皮肤的犬身上更不明显。这些病例可以被1周1次或2周1次的抗菌沐浴或全身性抗微生物治疗治愈。在其他病例中，动物出现过量的油脂堆积的情况，使用脱脂物质如过氧苯甲酰并偶尔使用煤焦油可以有一定作用。少量病例会出现只有严重的体味而身体上没有可见异常的情况。一般情况下，这些恶臭可以被各种香波或漂洗剂短时间持续抑制（24h）。对于病情容易反复的一些病例，可能需要长期的全身抗菌治疗。但是必须在迫不得已的情况下才能选择长期抗菌治疗，这也是最后的选择，用药时必须十分谨慎，因为长期抗菌疗法会产生细菌耐药性。用醋和水的混合物（等比例）漂洗对一些犬的症状有更好的作用，但是畜主可能不喜欢醋的气味。在大多数情况下，剪毛可以减少醋的味道但是动物的外观会受到影响。醋的作用原理不明，但是始终都能起作用。

很多产品都宣称它们对犬、猫异味有气味控制和脱臭的作用。这些产品主要是香波和清洗剂，但没有对照试验可以证明它们的功效。在家清洗也同样对除臭有帮助。也可以用稀释的叶绿素溶液或稀释的次氯酸钠（只用于白色的动物）清洗被毛。很多人讨厌使用香味很重的香料或喷雾，而且它们的掩盖效果并不好。

浓郁的体味很难移除，治疗也比较复杂。在家中，畜主可以在用肥皂和水清洗动物后再用稀释的氨水〔每升水

中加 5 ~ 10mL（1 ~ 2 勺）氨］，醋水，1L 3% 过氧化氢，1/4 杯烘焙苏打加一勺洗洁精，或西红柿汁，甚至是牙膏进行再冲洗。虽然这些都需要长时间多次的应用，但使用这些方法的确有良好的效果。还有很多市售的商品是利用细菌和酶来破坏异味的，也可以使用。这些市售香波也需要多次使用，并且在使用市售香波后用白醋和水按 1∶1 的溶液进行清洗可以使除臭的效果更好。

三、自然脱落

健康犬被毛的脱落量受到多种因素的影响（详见第一章）。一些犬的被毛会出现季节性脱落增加，或者整年都会大量脱落，这可能与风吹有关。一般情况下，畜主不会只因为过度脱毛而带宠物来就诊。在大多数情况下，过度脱毛是指畜主认为犬的被毛脱落过度，并不伴发被毛明显变薄或变秃。畜主会因宠物大量脱毛（没有其他明显的问题）而影响家中环境所困扰。通过日常梳理和清洗可以使宠物脱毛问题有所缓解。很多产品（包括香波和药用湿巾）都声称具有减少脱毛的作用，但这些产品的作用主要依赖于使用的方法，而不是其中的活性成分。这些使用方法包括在每周浴前、浴后梳理被毛。每周适当梳理被毛 15 ~ 30min，即使不用这些香波，也可以明显减少被毛的脱落。

四、日常梳理

不同的犬、猫有不同的被毛类型，所以很难归纳出针对所有种类的理毛需求。但最普遍的原则就是护理的频率决定护理的效果。只要保持宠物的被毛看起来很好就可以。换句话说就是经常性的梳理比偶尔特殊护理的效果好。

为了让畜主可以持之以恒，护理步骤越简单越好。价格合适的设备、有效的工具和宠物的配合，是令畜主可以持续护理的关键，甚至畜主可以从中得到乐趣。不需要带椅子的专业修饰台，坚固而使用方便的桌子即可。桌子的表面应防滑，最好带一个可以挂住项圈或牵引带的杆子以便于使宠物保持姿势。梳理台应放置在一个没有干扰的地方，所有梳理工具应保持洁净并适时进行维修。对于大多数品种来说，梳理的基本工具包括梳子、刷子、趾甲钳、锉刀、毛巾、棉球和棉棒。棉棒不能深入耳道，而只能用于清洁外耳道。香波、护发素和淋浴用的活水（最好是微温的）也是清洁宠物的基础。对于一些耳部过脏或有问题的犬，应使用耳道专用清洁产品。以下将讨论特殊被毛梳理所需要的特殊工具。

动物以及它所接受的训练会很大程度上影响美容的舒适度。在早期建立起来的美容时的良好行为习惯是使动物配合的关键。大多数训练良好的宠物能很好地接受或享受美容护理。有先见的畜主在购买宠物之前应该注意到美容的问题。如果在时间和花费上有问题，那么就不要选择长

毛、细毛或被毛像羊毛的品种，而应该选择易于打理的短毛品种。畜主应该每天或每周进行梳毛，同时也要定期进行专业的美容。后面将讲述五种典型被毛类型的美容方法。

（一）皮肤清洁

正常的皮肤表面含有皮脂腺的分泌物、角化细胞、角质细胞、细菌、酵母、灰尘、花粉、食物和霉菌。但如果这些物质在皮肤表面数量过多时，皮肤表面会出现发生变化的或异常的脂肪酸、血清、红细胞、蛋白质渗出液、退化的炎性细胞和它们的代谢产物，以及细菌和酵母菌的分解产物。为了保持被毛的健康，应定时清理皮肤和被毛以减少这些物质的聚集。否则这些聚集物会对皮肤造成刺激，或者使已经存在的皮肤问题变得更加严重。虽然皮肤的干燥程度更多地受环境湿度影响，但是清洁皮肤可能会使其变得干燥，一些香波也会使皮肤变得干燥。不过，并不用过多地担心干燥问题，因为现在很多洗护产品中成分的设计是基于对角化层结构和生理学特性的研究的，可把干燥降到最低（详见第一章）。

健康犬的洗澡频率可能由畜主的习惯和宠物的被毛状态和味道决定。一些健康犬和大多数健康猫可以长期不洗澡，单纯依靠畜主梳理就可以保持被毛干净整洁。相反，大多有皮肤病的犬需要定期清理和美容，最好 1 到 2 周 1 次。甚至有皮肤病的猫也需要洗澡，但猫往往抗拒洗澡和水，所以相对难以经常清洗。

（二）洗澡前的准备

在给犬洗澡前，应给犬梳一遍被毛并把趾甲剪短。转动型修剪器（如达美电磨）与传统趾甲剪一起使用效果更佳，同时也会减少宠物对修剪的烦躁反应。达美电磨可配有多种附件，使打磨更轻松和安全。市面上也有专为宠物设计的旋转性趾甲磨刀，刀上配有专门的保护装置（Peticure）。经常简单修理可使趾甲保持合适的长度。因为趾甲在浴后会变软而容易修剪，因此一些美容师喜欢在洗澡后剪趾甲。另外值得注意的是，在修剪时应注意脚趾之间的异物并剪掉爪下脚垫之间、爪子下面的杂毛。相较之下，理发剪在使用中撕扯动作较少，因此更安全。同时，使用理发剪可将被毛剪得较为整齐而且看起来更美观。如果犬的被毛情况较差并有严重的擀毡，擀毡和黏在皮肤上的异物应在冲洗前剪掉；否则，在被毛湿润的情况下，移除擀毡和异物会变得更困难。

在洗澡前，应先触诊肛门腺，如有必要应挤压肛门腺，这样污秽物更容易在洗澡中被冲洗掉。用棉花堵在肛门处，将拇指放在棉花一边，其他的手指放在另一边，一起向前按压肛门并挤出肛门腺分泌物。也可以戴上手套，把手指伸进直肠，分别按压腺体，该方法能更彻底地将分泌物挤出。如果肛门腺有创伤、感染或者异常的肿胀，可进一步进行冲洗、检查和处理（详见十九章）。

耳朵也应在洗澡前接受检查和护理。检查耳朵需要格外小心，需要保持其洁净和干燥（详见十九章）。含药物成分的湿巾［Malacetic（Dechra 兽用产品公司），Malaseb（泰华动物健康公司），Douxo 洗必泰3%聚苯乙烯片（罗吉华实验公司出品）］或带药的棉签可用于清洗外耳道的皱褶和耳郭中凹凸不平的面。不可用带药的棉签清洗内耳道。一些㹴犬和贵宾犬会面临耳道长有大量毛发的情况，这时，应先清除耳道内的毛发，尤其是对那些有耳道疾病的犬更应该先进行清理。因为毛发过多会使耳垢堆积，进而产生刺激。对于这些病例应温和地拔除外耳道的毛发。对于正常犬而言，毛发并不造成耳病，而且也没有研究证明拔除耳道毛发的利弊。拔除耳毛的过程会对正常犬的耳朵形成刺激，所以只有在有病史或检查耳道需要的时候，才会拔除耳毛。拔除耳毛后，需要使用抗生素和消炎药并且保持耳道清洁、干燥。洗澡前，使用棉球或棉片塞入外耳道以防肥皂液或水进入耳朵。浴后，拿出棉花，如果没有放棉花，应在浴后干燥耳道。

浴前，可以给宠物上眼药或眼睛保护油以防由于洗澡过程中的疏忽而导致浴液等对宠物眼睛的刺激，但是这一步并不是必须的。因为眼药也会产生刺激，尤其是在移除眼药的时候，而且油性眼膏难移除。尤其在使用油性药膏后，脂溶性的刺激物可以对眼睛造成进一步的伤害。没有什么防护措施是非要在浴前对眼睛进行的，如果有皮屑或肥皂等刺激源进入眼睛，立即使用清水或眼睛清洗剂进行冲洗即可。

（三）被毛护理产品

1. 香波

香波可以清除皮肤的灰尘污点和皮脂，并使被毛柔软，有光泽，容易梳理。为了达到应有的效果，使用香波时应使其充分起泡沫，而后冲洗干净无残留。理想的香波，清洁灰尘的能力应大于去油的能力，但事实上，使用香波或多或少都会去除动物身上的油脂。一些动物可能需要在使用香波后，涂抹油或护发素。一些香波含有皂基，但是大部分香波主要由表面活性剂或者洗涤剂组成，而后添加泡沫剂、增稠剂、护毛素、石灰皂、蛋白水解酶和香料。在市场上，可选择的香波数不胜数。

人用香波中，"pH平衡"的概念深入人心。同样，在犬用洗发产品中酸碱平衡同样重要。正常犬的皮肤pH为7～7.4。而人的皮肤pH在不同部位的数值不一样，但平均值约为5[15]。因此，pH的差异使人类的香波并不适用于犬。理论上来说，产品的pH可以暂时性地影响皮肤中磷脂双分子层的静电压，从而影响正常的皮肤屏障。但是临床上缺乏香波pH对磷脂双分子层的影响的研究[16]。皂型香波在软水中表现十分出色。在硬水中，皂型香波会在被毛上留下一层暗淡的钙镁皂层。所以在水中加入石灰分散剂来结合钙、镁以及其他重金属离子。被毛上的肥皂比洗涤剂

更难冲洗。

洗涤剂类香波是由多种表面活性剂合成的，因此可以与水和油有充分的亲和力。表面活性剂不仅具有吸附皮肤上水和油的功能，同时可以通过减少它们的张力和稳定性从而修正这些皮肤表面物质。因此洗涤剂类香波可以乳化、溶解和分散油脂、灰尘和皮屑[17]。表面活性剂可以根据其离子性能进行分类。大多数是阴离子表面活性剂，这些带阴性电荷的水溶液可以附在脂肪酸、硫酸根、磺酸盐或磷酸基团上形成盐类物质。十二烷基醚硫酸钠是最常见的阴离子表面活性剂，它有强大的清洁和起泡能力，刺激性小于十二烷基硫酸钠。非离子型表面活性剂相较之下就比较温和，并且对pH改变并不明显。因此，常和阴离子或阳离子表面活性剂同时使用，以提高动物对香波的耐受性。非离子型表面活性剂包括乙二醇酯、脂肪酸酯、链烷醇酰胺、聚乙氧基化衍生物和羟基衍生物。最后提一下两性表面活性剂，这是一种特殊的分子，根据水相pH的不同，它既可以有阴离子表面活性剂的作用也可以有阳离子表面活性剂的作用（当pH大于7时，带负电荷；小于7时带正电荷）。两性表面活性剂有出色的清洁和起泡功能。这一类的表面活性剂包括甜菜碱、咪唑啉类和氨基酸衍生物。

2. 护毛素

使用护毛素主要的目的是：①减少静电的产生，避免粗糙的毛发凌乱或四处乱飞；②使机体的被毛细而柔软；③为皮肤和被毛提供脂肪酸或油脂；④由于不会被完全清洗或去除的而作为向皮肤和被毛提供药物的载体。正常被毛相对呈电中性并带有少量负电荷。但如果在一个湿度相对较低的环境中清洁干燥的被毛或是过度梳理被毛，会使被毛携带更多的负电荷。临近的被毛会互相排斥造成被毛蓬乱的现象，并出现被毛卷曲的情况。属于阳离子表面活性剂（正电荷）或两性物质的护毛素和营养油，可中和电荷量而减少上述情况的发生。这类产品呈微酸性，可使角蛋白变硬并清除硬水的残留物。此外还包括脂肪或油性成分，可在被毛表面形成膜提高光泽度。因此这些产品会使毛发平坦并易于梳理，但是它们并不能为机体或绒毛提供一些所需的物质。

蛋白质护毛素或强身健体类药物包含了油脂和蛋白水解产物。油脂可以增加光泽，而蛋白质水解产物覆盖在毛发表面并使之看起来更厚。这对于干燥、破裂、外角质层暴露的毛发可能有一定的好处，但是这种效果是微乎其微的。如果将蛋白质加入到香波里，在冲洗时会将大部分蛋白质洗掉，这就使得其效果进一步减小。

3. 油剂

油剂通常在洗澡后使用，以保持或补充被香波洗去的油脂。这类产品可以使被毛变得柔软并易于梳理，它们可以减少皮肤的干燥开裂。油剂通常主要是油类物质所以需要进行稀释，否则可能会令被毛过于油腻，可以使用水乳状液体稀释或直接喷洒在被毛上。必需脂肪酸通常也被归

入这类产品，并且它们可以经皮肤吸收。

（四）洗澡

非药用的、保湿性的或低致敏性的香波可用于大多数犬。香波通常被挤在犬的颈部或背侧。但事实上多数产品都强调应将香波首先用于动物的腹侧，特别是在动物有较严重的皮肤病时。因为腹侧通常是最后被清洗的部分且在未充分达到接触时间之前香波就已经被冲洗掉，因此这样使用香波可令更多的香波接触到不常被覆盖的区域并尽可能延长与皮肤的接触时间。洗澡时水量越多则泡沫去污力越强。某些畜主可能会在洗澡时从瓶中挤出过多的香波直接用于动物的被毛，但由于过高浓度的香波难以清洗干净，因此这样使用香波会造成浪费并对皮肤产生刺激性。将香波以5～10倍的水量稀释过后再使用可以有效控制这类问题。最好在稀释后尽快使用香波，以免微生物在香波中过度繁殖。

对于短毛犬应将泡沫揉擦至被毛中，但长毛犬则需要将泡沫挤压进被毛内，因为过度揉搓可能造成长毛缠结在一起，使用小橡胶刷可以轻柔地梳理被毛和皮肤并帮助去除被毛间的异物。对于某些短毛品种犬，尤其是杜宾犬和大麦町犬，逆毛发生长方向刷洗可能会造成动物在洗澡后出现毛囊炎。在为短毛品种犬洗澡时应尽量避免使用任何种类的橡胶刷以减少这类问题的发生。

在清洗犬的面部时应十分小心。应轻轻地将手指放在动物的眼部保持眼睑闭合以免香波或冲洗液进入眼部。毛巾也可有效避免肥皂泡进入犬的眼部。

全部的被毛都应该彻底清洗。在为犬洗澡时需要进行第二遍涂香波和冲洗直到流下的水完全清洁。由于任何残留在皮肤表面的肥皂都会造成刺激，因此全面彻底的冲洗十分重要。常见的容易被忽视或难以冲洗彻底的部位包括被毛丰富的大腿后侧和腋下、腹股沟、尾腹侧以及趾间部位。应冲洗被毛直至流出的水完全清亮、无洗涤剂为止。

一般情况下，除了短毛品种或要求长时间停留的治疗性香波之外，冲洗所用时间应远长过洗澡的浴液使用时间。不建议使用醋、柠檬或漂白性洗涤液，除非动物存在特殊情况。但对于小部分犬、猫，可将被毛护毛素或油剂加入到最后一次的冲洗液中，以增加被毛的光泽。

之后挤干被毛中的水分，将动物用毛巾包裹起来，从浴缸中抱到桌上。在较凉的室温下，应尽量注意避免在洗澡过程中和洗澡后造成动物体温过低。短毛品种犬可用毛巾基本擦干，之后轻轻梳理被毛并使被毛自然晾干。长毛或中等长度被毛的犬可以使用毛巾将其包裹，以将被毛中的水分吸干至被毛潮湿状态时再进行梳理；或者可将动物置于有流动暖空气的地方，并梳理、抖松被毛以达到效果。

近些年来，湿纸巾和预处理过的毛巾越来越多地为人们所使用。这些预先打湿过的毛巾也可用于医疗（见局部

治疗）。它们可以用于迅速地清洁动物被毛，但是不能代替洗澡，特别是对于长毛品种。

在某些情况下可能会使用到干浴，特别是长毛品种犬。在宠物店内可能会使用滑石粉、硼酸粉或其他特殊产品，可将这些产品撒入动物被毛后再完全刷掉。如小心使用，被毛可以保持相对清洁和有光泽，但干浴仅适用于快速的美容清洁；粉状清洁剂的效果其实不会十分有效。这些产品会使被毛变得干燥且静电增加，因此不建议用于常规清洁。香波和水浴仍然是最有效、最全面的清理被毛的方法。

五、特殊美容问题

（一）被毛缠结

打结的被毛在结比较小的时候可以通过梳理解开。在耳后和腿部下侧的毛结可以直接剪除。略长的缠结可以从中间纵向用剪刀和刀子分开，或使用缠结分离器分离后使用单齿或双齿的梳子将缠结梳理开。缠结分离器可将被毛的缠结分散，使被毛更容易梳理而且可保留部分被毛，而使用修剪工具则会剪除全部被毛。在一些被毛疏于梳理的犬、猫可能全身布满完全缠结的毛球，对于这种情况，可将动物进行全身麻醉并完全剪除被毛，应特别注意避免剪到或刺激到皮肤。将梳齿插入到毛结和皮肤之间可以保护皮肤，并安全地将缠结剪除。

（二）油污或油漆（染料）

浸染到被毛中的油污或染料很难清除。如果是小面积被毛，被弄脏，可以等脏污处干硬后将其剪除。菜籽油或润肤油表面活性剂经24h（这段时间里，表面活性剂涂抹的脏污毛团如果必要可以用绷带包裹）可软化油污，之后可使用肥皂和清水清洗整个脏污毛团。洗洁精（宝洁公司，俄亥俄州辛辛那提市）可有效去除被石油弄脏的水獭被毛[18]。切忌使用除漆剂或有机溶剂如煤油、松节油以及汽油来清洗油污或颜料，这些物质具有刺激性和毒性且可以产生严重的皮肤灼伤。乙醚可以在小面积内谨慎使用。如果动物的美观问题不是十分重要则可以直接剪掉被油或颜料弄脏的被毛，这是最简单有效的方法。

（三）口香糖（橡胶）

可使用冰摩擦口香糖使其变硬，之后就可较容易地将其撕下[19]。另一种方法是将花生酱揉进口香糖和被毛之间，使口香糖与被毛之间的接触松懈，之后使用温和的香波将口香糖洗掉。此外还有很多其他方法可以使用。

（四）剪毛

当需要进行局部治疗时，剪毛有助于治疗。剪毛可以令皮肤得到彻底全面的清洁，同时可以节省药物，使药物

与皮肤充分地接触，达到理想的治疗效果。在很多病例中，建议完全剔除动物体表的被毛，但通常情况下仅剔除局部被毛就可以了。修剪要求效果平整以避免损害动物外观。如果病变皮肤部位被毛被以紧贴皮肤的方式逆向剔除（使用40号推子逆向剃毛），而周围被毛顺毛方向剔除，则相对于顺被毛生长方向剔除的被毛更易快速沿原先被毛生长方式生长。

剃毛的操作通常需要经畜主同意后才能进行，尤其在治疗观赏动物或长毛品种动物时，这种沟通十分重要，例如约克夏犬、古典牧羊犬、阿富汗猎犬等。分绺状被毛品种的犬如匈牙利长毛牧羊犬，它们的被毛需要经过很多年生长才能再形成卷曲成绺的形态，因此如果非必须应该尽量避免剪毛。所有不必要的剪毛操作都应该尽量避免。在剪毛时，可使用真空吸尘器吸走剃下的被毛和残渣。香波疗法可在某些病例中替代剪毛操作。使用香波可以清除皮肤和被毛表面的油脂，使药物可以充分地应用于皮肤表面。在另一些病例，可能会在香波中添加一些有效的活性成分。

（五）猫的美容

一般来说，犬用的被毛梳理工具都可以用于猫。在此列出特殊的一些方法和工具。对于猫而言每日梳理被毛或每隔2~3d梳理被毛是不可或缺的。绝大多数的猫厌恶洗澡和解开毛结，厌恶被毛被拉、拽的操作，但有时候不得不进行这些操作。某些猫甚至会在被收养成为伴侣动物后偷偷逃跑，重新舔舐整理自己的被毛。

1. 不同种类猫被毛的美容要求

从美容的角度看，猫的被毛可分为三类——短毛单层被毛，短毛双层被毛，长毛被毛。猫几乎不需要洗澡。但是也有几种情况各种类型的被毛都需要考虑洗澡和梳理。

短毛单层被毛猫的代表品种有暹罗猫、缅甸猫、哈瓦那褐毛猫、雷克斯卷毛猫、柯拉特猫以及短毛家猫。这些猫可使用浴液和水洗澡，并且其被毛需快速干燥，以免受凉，逆着被毛的方向刷拭梳理就可以清除死毛。最后需要沿着被毛生长方向梳理，只用细的金属梳和天然野猪鬃毛梳梳理即可。

短毛双层被毛猫的代表品种包括阿比西尼亚猫、曼岛猫、俄国蓝猫、美国短毛猫。双层被毛由两层被毛组成。长的针毛使得动物被毛呈现出颜色，短而密集的下层绒毛则具有保温作用。两种被毛对于猫而言都很重要。这一类被毛的护理需求与单层被毛类似，但需要注意的是过度的梳理可能会破坏被毛。长针毛的脱落可能会造成被毛出现虫蚀样或补丁状外观。

长毛猫的代表品种有波斯猫和其杂交品种。不同尺寸的金属梳子和猪鬃毛刷在梳理这类被毛时都需要用到。幼猫要在4周龄后才能开始梳理被毛。

更大一些的幼猫和成年猫可使用温和的浴液和水洗澡。可将猫置于有倾斜纱窗的浴桶中，它们在金属丝上会有安全感并保持不动，而且可以使水易于流过。冲洗干净后迅速用毛巾将猫擦干并用暖风吹干，这样可以使被毛蓬松并具有造型。不建议在参展前2周内或频繁地为这类猫洗澡。

毛结通常位于耳后、下巴、腿部和尾部。被毛打结处的皮肤可能会受到刺激。通过每天梳理和刷拭被毛可以避免被毛缠结。

某些畜主使用粉剂或是滑石粉喷洒至动物被毛进行干浴，再小心将其刷干净。这种方法的效果不如梳理被毛。如果有粉末残留在被毛上，就感觉像是不明显的皮屑，十分不美观。

具有饰毛或尾部长毛的猫不应做被毛的修剪。应清理可能堆积在眼部和鼻部区域的分泌物。

某些品种的猫，尤其是扁脸长毛猫例如波斯猫和喜马拉雅猫可能会有严重的泪溢现象，从而使得眼睑内眦和面褶部位染色，这种着色可能与泪液中卟啉类物质或其他色素样物质有关。泪液过度流出渗到面褶处可能造成炎性反应，这些部位的潮湿环境和细菌的定植可以使炎性反应加剧。应经常使用湿润的棉签清理这些区域，但同时可能还需要进行进一步的眼科检查。在更严重的情况下，需要考虑其他的原因如波斯猫和喜马拉雅猫的先天性面部皮炎（见第十一章），尤其是有明显的炎症反应出现时。

2. 猫被毛的特殊梳理问题

猫爪子仅在必要时进行修剪，它们可以迅速地再生并变得锋利。猫的耳部没有犬类那样容易感染，但仍然需要经常检查，如有需要应及时清理，年轻猫更容易感染耳螨。

猫尾部背侧面有大量发达的皮脂腺，如忽视该部位的清洁可能造成皮肤问题。尽管这个问题可发生于雌性和雄性两个性别，但人们仍称这一问题为种马尾病。如果忽视这一部位的清洁状况，可造成蜡样的分泌物在该区域堆积，很不雅观。油脂可通过使用粉剂浸泡、清油软化或者用酒精洗涤剂作为有机溶剂将它擦拭干净，油脂可以使用香波很好地清洗干净。定期的清洗可以有效地预防问题的出现。

六、畜主顺从性

皮肤病是否能治疗成功，很大程度上取决于畜主。除了提供诊断所需的病史信息外，畜主还要给予动物大量的相应治疗。很多皮肤病需要长期或终身治疗才能够治疗成功，通常需要使用不止一种药物或治疗方法。畜主必须在适当的时间和间隔进行正确的药物治疗以对皮肤病进行干预。

很多前来就诊的动物经过正确的诊断，在给予恰当的治疗建议后却没有很好的效果，这是由于畜主的治疗操作手段失当造成的。如果不能够和畜主进行有效合理的互动，确保其对病例进行了相应的规定操作，那么再完美的诊断结果也无法达到理想的治疗结果。治疗失败通常有几类原因，当出现治疗失败的情况时，意识到畜主的顺从性较低并推进正确的方法手段是成功的临床医生需要掌握的一门艺术。

畜主低顺从性的原因可能包括：

· 畜主没能理解给予宠物治疗的重要性。
· 关于恰当的治疗方法，没能给予畜主足够的培训。
· 用药、治疗的频率或间隔不恰当。
· 错误的用药治疗，具体可能有多种情况（表3-1）。
· 治疗的持续时间不够。
· 畜主没有时间或足够频繁地进行治疗。
· 治疗时造成动物外形不美观或产生异味。
· 认为治疗具有危险性。
· 因为感觉治疗效果不显著而过早停止治疗。
· 因为治疗过于困难或宠物难以忍受治疗过程而终止治疗。

上述问题中有许多在经过临床医生向畜主充分、详细地解释治疗方案后是可以避免的，提高畜主的顺从性可达到最佳的效果[20]。

在畜主离开诊室前，令其意识到皮肤疾病治疗时可能出现的潜在问题和困难十分重要。通常，此前畜主从未在家为动物进行过治疗，尤其是除跳蚤用品的使用。因为治疗是一个需要密集操作的过程，也有可能没有效果，因此畜主有可能会中途停止治疗甚至于不情愿开始这项工作。

另一影响到畜主配合程度的主要因素是多种治疗药物的使用。通常，对于皮肤疾病的最佳管理，特别是慢性皮肤病，需要使用多种产品的治疗方法或方案。这种情况造成培训畜主的难度增加，且需要更长的时间，而且可能会令畜主感到困惑。尽管存在这类问题，但最佳的长期控制仍然是使用多种药物的治疗方案而不是使用某种单一药物。但还有研究表明，对于畜主而言使用短效抗生素每日

3次，与每日用药1～2次的方法相比较，前者的顺从性明显较差[21]。这一研究也提出，兽医通常无法预测哪些畜主更加顽固、不配合。

针对宠物的疾病，特别是对于慢性皮肤疾病，对畜主进行培训是十分重要的。这些宠物可能终身需要使用多种不同的治疗方法，并且疾病可能产生变化或是出现继发症状。畜主需要了解疾病的可能发展进程，以及之后所需要的治疗方法和调整。必须一再强调坚持治疗的重要性。

七、局部治疗

由于局部治疗药物可以直接接触到受感染组织，因此它在皮肤病治疗中有重要的作用[7]。局部治疗的方法经过多年的发展，在很多皮肤疾病中起到重要的作用。毫无疑问，这种方法的发展反映了很多方面的问题，但其中令局部治疗方法应用越来越多的最重要的三点原因是：①不断地有新的类型的药物有效成分产生；②药物载体系统有了更好的发展——也提高了临床药效；③越来越多的耐药菌感染发生，使用局部抗菌药物治疗降低了耐药菌群产生的可能性。此外，局部治疗还有其他潜在的优势，包括减少全身用药导致的不良反应、在多种皮肤病中实现联合用药的叠加效应和协同效应以及在一些病例中局部用药的花费略少于全身用药。同时，局部用药也存在一些缺陷性。总体来说，局部治疗相比全身性治疗方法需要花费更长的时间和进行更多的操作。这种方法可能较脏、产生令人不愉快的异味或在皮肤或被毛上残留一些印记。此外在全身性治疗方法中不可见的不良反应在进行局部治疗时也常常发生。理解局部治疗方法的正确使用流程十分重要，因此对畜主的教育和畜主的配合变得更加的难以实现。

局部治疗通常是治疗中的附加手段，且正如上文所述，有时可节省治疗全程的费用。但反过来讲，当动物已经在进行已有疾病的全身性治疗时，额外附加昂贵的局部治疗手段可能会增加整个治疗方案的花销。有些局部使用的药物可能价格昂贵，因此只在局部病变部位使用。另一方面，恰当的局部治疗方法可以有效地降低对全身性治疗的需求量。例如当犬开始使用环孢菌素进行肛周瘘管的全身性治疗后，可通过局部使用塔罗利姆以终止环孢菌素的使用。而且塔罗利姆虽然价格昂贵，但仅在局部使用该药物通常比全身使用环孢菌素花费更低。当决定要使用局部治疗方案的时候，兽医师需要综合考虑到这种方案的优势和不足以及畜主的偏好、患病动物的需求等因素。

当临床医师选择使用局部治疗方法时，需要考虑多方面因素。首先，也是最重要的一点，就是局部治疗方法的目的或是预期效果如何？该方法是否是唯一的治疗手段，还是该方法是作为其他非局部治疗方法的辅助手段？局部用药方法中的活性成分是什么？如上文中所讨论的，患病动物和畜主的考虑是最重要的因素。表3-2列出了最常见的兽医皮肤病药物有效成分的剂型和给药系统。每种类型相

表3-1　发生错误治疗的原因

原因	举例
不正确的剂量	没有按照推荐剂量给药 局部用药稀释不恰当 将药物放在食盆里导致药物没有完全摄入
和其他物质相互作用	需要空腹服用的药物和食物一起给予 或将需要和食物同时服用的药物单独给予
给药次数错误	对于TID*的药物，在早餐、午餐和晚餐的时候给予，但是没有达到间隔时间8h的要求
持续时间错误	没有让香波或冲洗剂停留足够的时间
用药部位错误	药浴疥螨但没有治疗耳部和面部
药物没有作用到皮肤	药浴、冲洗剂、喷剂没有穿透被毛到达皮肤 厚毛长毛宠物没有修理被毛
没有理解使用方法	将药浴液用于冲洗或没有将被毛表面的香波冲洗干净

注：*TID，每日3次。

表3-2 局部用药的剂型和用药活性成分的相关疗效

局部用药剂型	收敛剂	软化剂	抗皮脂溢制剂	止痒剂	抗菌剂	抗真菌药	抗寄生虫药	抗炎药	抗紫外线物质	免疫调节物
香波	X	XX	XXX	XX	XXX	X	X	X	—	—
冲洗剂	X	XXX	XX	XX	XX	XX	XX	X	—	—
表面调节剂	—	XXX	—	XXX	XX	XX	—	XX	—	—
粉剂	—	—	—	X	X	—	X	X	—	—
洗液	XXX	X	X	XXX	X	X	—	XXX	X	X
喷剂	XX	XX	XX	XXX	X	X	XX	XXX	XXX	—
霜剂/油膏	—	X	X	X	XX	X	—	XX	XXX	XXX
凝胶	X	X	X	X	X	X	—	X	—	—
点滴式表皮扩散类药物	—	—	X	X	—	—	XXX	X	—	—
透皮剂	—	—	—	—	—	—	XXX	—	—	—

注: 相关的使用基于笔者的建议和临床印象。
X, 很少使用或使用后效果不好; XX, 偶尔使用; XXX, 经常使用并且有效果; —, 不用。

关产品的使用量完全取决于个人的决定和临床总体印象。

（一）影响皮肤药物使用效果的因素

局部用药由活性成分与载体相结合形成，载体使得药物更易于在皮肤上使用。在选择载体时，必须考虑药物在载体中的溶解度、释放程度、载体水合角质细胞的能力、活性成分在载体中的稳定性以及载体、活性成分及角化细胞之间的相互作用（化学或物理的）。载体并不总是惰性物质，其中许多载体还具有重要的治疗效果。

当进行局部用药时，有一个基本问题就是药物是否能够穿透皮肤，如果能够穿透皮肤，那么能够达到多深。不同药物之间的吸收率的差异非常之大，多数药物在使用16～24h之后通常仅有1%～2%穿透了皮肤[22]。临床效果和吸收作用并不是等同的概念；吸收作用仅仅是药物疗效的一方面。某些药物在载体中以不可溶形式在皮肤表面起作用。经皮肤吸收后，药物必须与特殊的受体发生相互作用才能起到作用。药物与受体之间的紧密联系以及局部因素对药物-受体相互作用的影响都很重要。药物通过皮肤被吸收，过程中涉及很多变化。它们都是和局部用药剂型和生物因素有关的物理化学因素[23]。物理化学因素涉及药物和载体、药物与皮肤及载体与皮肤之间的相互作用。这些方面的因素有的取决于药物的浓度，有的取决于药物在皮肤和载体之间的运动或扩散系数，还有的取决于局部pH。

- 药物浓度及其在载体中的溶解度可影响药物的吸收。药品包装上的标识所给出的是药物的浓度，而非溶解度。除此以外，药物的可溶性和载体的溶解能力也影响着药物的吸收。总体而言，可溶性差和过强的溶解能力都会降低药物的吸收水平。通常局部糖皮质激素的油膏类载体可增加药物的溶解和分散能力，因此在局部用药后可能较常出现全身反应且可能有潜在的危险。
- 药物需要通过载体运转通过皮肤屏障从而起作用。在角质层中药物成分的溶解性与其在载体中的溶解性的关系用分散系数进行描述。在皮肤屏障中药物的浓度决定了药物的分散能力，而不是载体。由于角质层具有亲脂性，因此增加药物的脂溶性有助于其穿透皮肤。
- 分散系数是用来测量皮肤屏障干扰药物移动程度的方法。药物难以穿透角化层。使用脂溶性溶剂、角质软化剂以及使用胶带撕去表层细胞，对表皮屏障进行物理性破坏，都有可能增加药物的吸收。在某些情况下载体本身可以穿过角化层并携带部分溶解于其中的药物。DMSO是一种使得药物易于穿过皮肤的物质，保湿和密闭的包扎也可以使药物的经皮吸收量增加。大分子物质在移动性和吸收性方面效果均不好。
- 局部环境药物的pH也可能影响到药物的吸收，这一

作用是通过药物离子形式数量的变化产生的。许多药物为弱酸或弱碱性，为解离或非电离形式。一般来说非电离形式更容易被吸收；电离数量可能会因局部pH的变化而发生变化[24]。

药物的活性成分可能与该剂型下其他任何成分发生反应。事实上，其他成分或各种药物成分在皮肤表面混合（例如，使用耳部治疗药物后使用耳部清洁剂）可能会改变药物的效果。药物效果可能是由于药物之间的相互作用，或是后使用药物的载体与先用的药物的载体发生反应而发生改变。变化作用包括药物通过化合或沉淀、pH变、通过改变载体稳定性使得药物成分分解以及药物浓度的改变。目前已知有些病例中因1%咪康唑乳膏与等量其他耳部产品混合使用后无法消灭耳道内的马拉色菌。而单独使用1%咪康唑膏则有效。

皮肤的温度和水合程度也可能影响到药物、载体和皮肤之间的相互作用。水合状态可能较皮肤温度而言对药物吸收的影响更大。总而言之，药物的穿透能力随着角化层水合程度的升高而增加[25]。

生物性因素也会影响药物的吸收。治疗的部位可能会影响到吸收。在犬的皮肤上，不仅药物的载体，身体不同部位也可能影响到氢化可的松的吸收，颈部和胸部的皮肤经皮肤的渗透作用较腹股沟部位略差[26]。有些活性物质还可能通过毛囊吸收，例如大鼠对寡聚核苷酸的吸引[27]。在人类，吸收能力不同也有可能与毛囊大小和毛囊在躯体不同部位的密度有关[28]。在人类，氢化可的松的吸收量变化与使用药物的身体部位有关：（依次递减顺序为）阴囊、额头、小臂、足底[29]。也有研究提示氢化可的松和睾酮在绝经前和绝经后妇女的吸收量有差异，且外阴部位的吸收量明显大于前臂部分的皮肤[30,31]。年龄亦是重要的影响因素，新生幼犬吸收药物的能力强于幼年犬，而幼年犬又较成年犬吸收药物更多。显然，皮肤的健康状况和条件也会因炎症、擦伤或其他皮肤损伤而吸收更多药物。皮肤的血流分布会影响药物吸收，血流量更大的皮肤会吸收更多药物。

（二）水疗

水作为一种治疗剂，通常被人们所忽视，特别是当它和浴液同时使用、作为冲洗剂或作为洗涤剂的一个组成部分的时候。水疗被用于保持角质层的湿润、避免表皮干燥、为皮肤降温或保温、软化皮肤表面痂壳以及清洁皮肤。有研究显示即使不使用浴液，仅用清水为动物洗澡也有助于控制其瘙痒症状[32]。另一研究提示在较软水质的水中洗澡要优于用硬水洗澡，这可能与经皮水分丢失（Transepidermal water loss，TEWL）减少有关[33]。水疗的优点通过使用其他药物（例如局部活性剂）会体现得更好。

水可以用于湿敷、洗澡。周期性更换湿敷药（湿敷15min，除掉湿敷药数小时）可延长疗效，但如果连续不间断地使用湿敷方法或闭塞性覆盖，则皮肤可能会被过度浸

湿，皮肤温度可能改变，并有可能出现不良反应。如果湿敷料是敞开的，则不太容易发生不良反应。

水疗方法可以令皮肤补水也可令皮肤脱水，主要取决于如何使用水疗方法。如使用湿润、宽松的纱布湿敷皮肤15min，之后移开纱布1h，可促进与纱布相接触的皮肤的水分蒸发，并使其下层组织变干燥。如果使用湿毛巾、浸泡或洗澡方法将水分保持在皮肤表面，则皮肤角蛋白和被毛摄取水分，皮肤补水。在浸泡（封闭性冲洗）后迅速在皮肤表面覆盖一层油膜，可阻止皮肤表面水分蒸发，保持皮肤湿润。

可以使用凉水或是略微高于体温的水。使用涡流水洗浴可以轻柔有效地清洁动物，水中可以添加或不添加洗涤剂和防腐剂。这些处理可以去除被毛上的结痂和皮屑，清洗皮肤外伤和瘘管，使皮肤补水，减少皮肤的疼痛和瘙痒感，并且可以避免动物出现褥疮、尿灼伤和其他问题。每日进行水疗1～2次，每次10～15mim较好。用毛巾裹好动物并将其置于流动空气下使被毛干燥。如果需要，可在水疗之后进行其他的局部治疗。

水疗方法中，潮湿是其特征，不同种类的添加成分仅轻微改变这一特征，但在水疗作用下，添加成分的药效作用可提高。收敛剂、止痒药物、保湿剂、抗生素是较常见的添加成分。总体来说，水疗方法可以洗去硬痂、细菌以及其他异物并大大降低继发感染的可能性。这种方法可以促进上皮形成并缓和皮肤疼痛及灼伤感。凉水具有抗瘙痒作用，水还可以软化角蛋白。皮肤的柔软程度主要取决于其水分含量，而不是表面的油脂。当出现以下几种表现之一时，可认为皮肤干燥：皮肤表面粗糙、有皮屑、角质层缺乏弹性、开裂且可能出现炎症反应。

正常的皮肤不是一层完全防水的覆盖物，它通过蒸发的方式向环境中散失水分。皮肤的TEWL被用来衡量皮肤屏障的功能[34]。经皮肤的水分丢失是指和水分自机体内部通过表皮，以扩散和蒸发的方式流失到周围空气中。TEWL（经皮水分丢失）通常被认为是不可感的失水，因为这一途径通常无法靠生理调控机制进行控制。由于TEWL速率的升高与损伤的严重程度呈正比，因此衡量TEWL有助于确认某种化学或物理性（如"胶带粘贴"）干扰，或是病理状况下如特异性皮炎（Alzheimer's disease，AD）所造成的皮肤损伤的程度。有多种设备可用于衡量人经皮肤的水分流失量。大多数研究采用开放的、没有通风设计的罩子，例如蒸发测定仪（SevoMed，斯德哥尔摩，瑞典），Tewameter（皮肤失水测量仪）TM210或TM300（Courage-Khazaka，德国科隆，门洛帕克，加利福尼亚）或DermaLab（皮肤水分测量仪）（Cortex Technology，Hadsund，丹麦）[35,36]。研究显示了各种不同的结果，且使用这种仪器可能令结果受到空气流动、湿度、体温、时间（季节变化）、皮肤湿度以及调查人员技术等因素的影响。随着研究的发展，人们使用密闭系统的容器进行

测量，例如Nikkiso～Ysi's Model H4300（Nikkiso～YSI Co. Ltd.）。最新的研究系统是便携式的电池供电系统[37-44]，这是一种密闭不通风的蒸发测定器［VapoMeter（Delfin Technologies Ltd.）］。这种装置经确认可在人类体内或体外进行试验研究，而且没有Tewameter和DermaLab的缺陷[35,36]。目前已经有很多使用开放式系统和密闭式系统对正常的、皮脂溢性及有特应性皮炎犬的皮肤研究，包括使用皮肤点位表［DPM; NOVA Models 9001 and 9003（Nova Instruments LLC）］对皮肤含水量进行测试[45]。而使用不同的系统对正常和患病情况下大的TEWL进行测量的结果的一致性和精确性又各不相同。最近的一项研究使用VapoMeter测量22只没有皮肤疾病的犬的TEWL。研究结果提示每日基础值的测量差异较大，犬之间的测量值和不同身体部位的测量值都有很大差异。这一研究表明这些差异和变化使得人们难以检测疾病、药物、每日补充或局部使用药物时该项数值的变化[46]。另一项与皮肤屏障功能有关的重要成分就是细胞间基质的脂质双分子层。角质层由角化细胞和细胞间基质脂质双分子层组成，是非常重要的避免水分流失的成分，对于皮肤维持屏障功能至关重要。这一层中的脂质来源于角化细胞向角质层迁移后所分泌的磷脂、脂质以及皮脂。脂质双分子层中最重要的脂质是鞘磷脂。神经酰胺是其中构成鞘磷脂的主要脂质成分之一。它由鞘氨醇和脂肪酸构成，并且在细胞膜中含量极高。神经酰胺对于控制上皮水分流失似乎具有重要作用。已经发现特应性皮炎的人类患者的神经酰胺的含量和组成，以及排出量发生了改变[47,48]。

目前已经明确人类AD患者存在TEWL升高的情况，这提示患者皮肤屏障功能下降，并有可能造成过敏原和刺激物更容易穿透皮肤[49,50]。这一概念尚未完全延用至犬的AD，但已经经过初步的超显微结构检查方法（如电镜）证实健康犬和AD患犬的皮肤角化层存在差异[51]。在犬的AD试验模型中，角化层的脂质层结构出现异常，同时可见TEWL升高[52]。表皮屏障功能下降的临床意义与疾病的治疗有关。恢复或维持表皮屏障功能是治疗AD的重要部分。理论上，维持表皮屏障功能需要通过局部用药治疗以恢复角质层，降低其通透性。通过局部治疗可以一定程度上调节患者屏障功能，甚至可改善临床症状。对人类AD患者的研究结果表明使用含有神经酰胺成分的产品可以提高皮肤的水合能力并且减轻皮肤的临床症状[53]。局部使用4-羟双氢鞘氨醇，即一种在正常皮肤角质层内含量较高的鞘氨醇类物质，可提高人类皮肤内神经酰胺的水平并改善屏障功能[54,55]。含有4-羟双氢鞘氨醇的产品可用于治疗犬的AD。关于使用该物质对犬AD的改善情况还没有相关的研究报道。

（三）局部用药的剂型

药物需要通过各种不同的传递系统作用于皮肤。这些

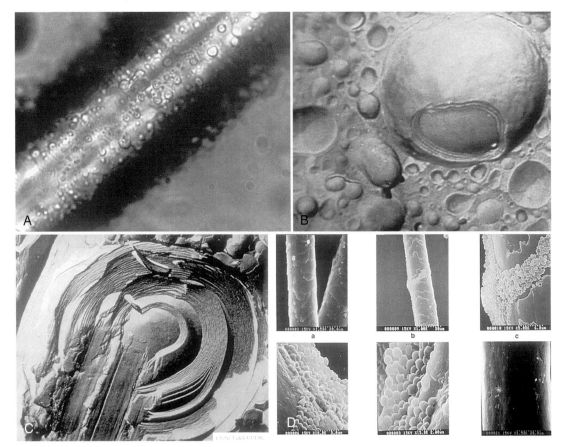

图3-1　**A**. 附着在毛干上的微泡　**B**. 微泡扫描电镜显示有多层结构和大的空仓　**C**. 球粒的扫描电镜结果显示其有多个层　**D**. 扫描电镜显示附着在毛干上的球粒（图片由EVSCO和Virbac惠赠）

传递系统包括且不局限于：香波、洗剂、粉剂、水溶型或有机溶剂滴剂、喷剂、霜剂、乳浊液、油膏以及凝胶（包括透皮型凝胶）。每种剂型都有其各自的优点和缺点，因此临床上在选择剂型的时候需要充分考虑。除了含有药物成分外，每一种剂型都含有作为输送活性剂的载体成分。这些输送物质也在某种程度上具有治疗作用、刺激性或是美容的功效，从而使得该剂型的药物效果超出或达不到预期的治疗效果。

一般来说，载体的组分有调节pH、稳定活性剂、延长活性成分作用效果、促进活性剂到达或进入皮肤表面或通过角质层，以及产生美容效果（例如芳香气味）。选择局部用药的剂型时，需要考虑多方面因素，包括需要治疗的皮肤所处部位、对药物作用停留的需求、存在于用药部位的被毛以及皮肤损伤的特性（例如潮湿或干燥）。目前很多较新的控制跳蚤的药物使用局部滴剂剂型，使得药物通过角质层的细胞间基质扩散，并进而扩散至全身体表。这些产品主要富集于皮肤及其附属结构，但其他类型的剂型可能会被全身吸收。这种传递系统的优点是给药方便，且避免了药物经胃肠道时的首过效应和降解作用。

药物的成分通常可以经由不同的剂型或传递系统输送至全身。总体来说，无论使用何种剂型的药物都具有其本身的效果，但在不同的剂型和给药方法条件下，药物的使用方便程度、花费、预期效果可能会影响到药物的效果。目前在使用的活性剂有很多种类，包括收敛剂（干燥剂）、软化及保湿剂、抗皮脂溢药物、抗瘙痒药物、抗细菌药物、抗病毒药物、抗真菌剂、抗寄生虫药物、抗炎物质、免疫调节药物以及防紫外线药物。以下将首先讨论不同的药物传递系统，之后再讨论不同活性成分。

1. 香波

药用香波内含有附加的成分，可以增强香波的作用[56]。在很多香波中，药物成分与皮肤接触的时间十分有限，因为这些药物通常很快就被洗涤剂洗掉。通过延长香波的使用时间，某些药物能够有更充分的机会在有限的吸收作用下达成其自身的效果（例如，杀虫剂、水杨酸、硫黄、煤焦油、防腐剂）。药用香波可用于波及身体大面积区域或局部皮肤的病变。

一些香波开始采用缓释微泡技术。在这种香波中，每一个微泡都具有脂质体（Vetoquinol），该结构外层为脂质膜，内层为水分。脂质膜与被毛及皮肤相结合，随着微泡的破裂而具有长效的保湿作用（图3-1，A~C）。使用该类香波可以抵消使用某些药物时造成的毛皮干燥，也可治疗干燥性皮肤。这些微泡改善了产品的稳定性，延长了保存期限，随时间缓慢释放，减少了皮肤的刺激性，且可以穿透皮肤达到更深层的位置。

第二种微泡技术［球粒（Virbac）］实际上依据香波的形式含有不同的成分。这些球粒内可能是水杨酸和硫黄、葡萄糖酸锌、维生素B6、醋酸氯己定、酮康唑、过氧苯甲酰、乳酸乙酯、苯海拉明、吡哆醇、氢化可的松、苯扎溴铵、燕麦提取物、甘油以及尿素，且微泡可为多层结构。这些微泡呈多层排列（100～1 000层），可缓慢破裂（图3-1，D）。随着每一层微泡的降解，药物成分和表面活性剂释放至皮肤和被毛表面。微泡的外层带有不同的电荷，通过微泡外部带有的正电荷可以使微泡与带有负电荷的皮肤、被毛相结合（见图3-1，D）。用甲壳素形成的微泡称为球粒。除了外层的正电荷外，甲壳素还具有吸湿能力，是保湿性成分。

除了药物的活性成分外，治疗的效果还取决于使用是否恰当。香波需要恰当地使用，确保足够的接触时间之后正确地清洗干净。培训畜主使其正确地使用香波是治疗过程中十分重要的部分，而且这部分需要花费相当的时间。教育畜主时应要求其使用计时器以确定香波的接触时间，因为凭主观判断估算的时间通常不足。接触时间应从香波充分用于全身后算起，而不是洗澡时开始。病变较严重的部位在洗澡时应先使用香波。有时皮肤病变的部位可能在最后冲洗时需要使用香波2次。

制药公司所提供的各种药用香波通常都具有自己的适应证和禁忌证，因此十分有必要熟悉并充分了解一些成分的浓度和作用。选择最有效但也最容易令畜主喜欢的香波产品可以提高畜主治疗的配合度。作用强烈的香波可能有益也可能有害。

在选择香波的活性成分时，畜主需要评估动物的整体状况，有些动物可能需要同时使用不同的产品才能具有较好效果。有些香波是建议全身使用的，但另外一些香波则通常在局部使用。患有先天性皮脂溢的爱尔兰塞特犬都具有躯干皮屑、被毛干枯、局部皮肤的黑头粉刺、胸部腹侧皮肤的脓皮症和秃毛。局部使用含有硫黄和水杨酸成分的抗皮脂溢香波对身体大多数部位有效，但对腹侧区域效果不足。过氧苯甲酰香波可用于胸腹侧，因为该成分具有理想的抗菌作用和毛囊清洗作用。由于技术的不断改善和活性成分在很多产品中的混合，这种爱尔兰塞特犬可使用同时含有硫黄和过氧苯甲酰［磺胺嘧啶（特瓦动物保健），OxyDerm（苏吉华），DermaBenSS（狄加）］成分的香波进行治疗。

在使用药物香波的时候，需要牢记并遵循如下几条原则：

· 修剪被毛。修剪被毛并保证被毛足够短，有时有助于治疗，这取决于具体病因和被毛的实际长度和厚度。修剪时务必要注意避免伤及皮肤，同时也需要注意防止传染病的扩散，要对所有修剪被毛所使用的设备进行消毒，并且正确处理剪下的被毛。

· 在使用药用香波前先进行预洗。这样可以节约成本，先使用没有药用作用的香波去除被毛表面的油污、碎屑、灰尘等。通过这种方式，药用香波可以更好地与皮肤接触且用量更少，从而减少花费。

· 接触时间。香波应该在皮肤上停留足够长的时间，

10～15min。这样可以令角质层充分水合，并使药物成分发挥有效作用。以香波充分起泡后开始计算时间，建议畜主最好使用定时器准确计时。

· 解释与说明。兽医师需为畜主详细说明并演示药浴的全部过程。其中包括香波的使用、清洗。首先，将产品用于身体的腹侧部位和皮肤的褶皱处，之后于背部使用香波。按照这种顺序可以使这些需要更长接触时间的部位有充分的时间与药物接触并充分起泡。

药用香波通常根据其主要成分或功能进行分类。

· 在低致敏香波和许多高品质的清洁香波中，通常含有被毛软化剂和保湿剂。当动物频繁的洗澡（每周1次或更频繁）或动物自身被毛有轻微干燥或起皮屑现象时可使用它们。起到保湿作用的成分是脂肪酸、脂质、鞘氨醇、尿素、甘油、燕麦、甲壳素。

· 抗寄生虫香波很少使用，这是由于人们更常使用局部抗寄生虫药和全身性抗寄生虫药，但偶尔仍会使用这种香波（见第六章）。它们主要被用于快速清除幼犬、幼猫及体况虚弱的动物身上的跳蚤。该种类香波对于跳蚤的长期控制效果不佳。香波中最常见的有效成分为除虫菊酯和拟除虫菊酯。

· 抗皮脂溢香波通常含有水杨酸、硫黄或氧化苯甲酰、葡萄糖酸锌、吡哆醇、鞘氨醇、煤焦油、硫化硒，以加强疗效。通常不会使用含煤焦油和硫化硒的香波，这是由于这些香波在药浴后会造成被毛较干枯，对皮肤具有一定刺激，且含其他成分的香波效果更好。含煤焦油和硫化硒的香波用于皮肤角化缺陷（见第十四章）以及其有过量皮屑产生的皮肤紊乱。

· 抗细菌香波中含有防腐剂如洗必泰、过氧苯甲酰、鞘氨醇、乳酸乙酯、糖蛋白（甘露糖、d-半乳糖、L-鼠李糖）、苯扎溴铵、二氯苯氧氯酚、碘制剂、硫黄。还有一些其他不常用的成分，但效果略逊色，包括季铵盐盐化合物和酚类物质（均不用于猫）、醇类、苯钾酸酯类防腐剂。当有浅表性细菌感染时可以使用这些产品（见抗微生物章节，以及第四章关于具体使用的种类的内容）。有过敏问题的犬长期使用这种香波还可以控制毛囊炎的复发甚至于可以在过敏的治疗过程中控制瘙痒。如果需要定期经常使用这类香波，则应使用无刺激性、不易造成干燥现象的抗菌香波（洗必泰及鞘氨醇），效果更佳。

· 抗真菌香波通常含有消毒剂或是抗真菌药物，例如洗必泰、硫黄、硫化硒、咪康唑、鞘氨醇、酮康唑（见第五章）。它们主要用于皮肤癣菌和马拉色性皮炎的辅助治疗，但单独使用香波治疗皮肤癣菌疾病没有效果[57]。在轻微的马拉色性皮炎病例中建议

单独使用抗真菌香波治疗[58]。抗真菌香波可单独使用，也可作为辅助治疗手段使用，或用于预防或减少疾病的复发。含有两种有效成分的产品的效果（2%洗必泰和2%咪康唑）要好于单一成分的产品[59]。

· 在多种形式的香波中可见抗瘙痒或抗炎药物，例如1%氢化可的松、0.01%氟轻松、2%苯海拉明、1%丙美卡因、燕麦胶、鞘氨醇以及保湿剂（见第八章）。总体而言，这些香波仅作为辅助治疗手段，单独作为治疗手段没有作用，除非每1~2d使用香波药浴1次。而这种频率对于畜主而言是不可接受的，且效果也与香波药物的递送系统有关。目前较新的喷涂型微乳液使用更普遍，且其递送系统也令畜主更满意。局部使用氟轻松香波显示其无法经全身吸收[60,61]。目前还缺乏关于氟轻松效果的对照研究。

2. 漂洗剂

漂洗剂由浓缩液体或是粉末溶剂与水混合后配制而成。通常这些漂洗剂使用时需要倒出、用海绵擦拭或喷洒于动物体表。与香波类似，漂洗剂通常用于全身大面积区域。漂洗剂价格划算，且能有效地将局部活性成分给予动物，这些成分包括润肤膏成分、止痒成分、抗真菌成分、抗细菌成分以及驱虫成分，因为其他局部应用的滴喷剂和内吸性驱虫剂的发展，所以驱虫时很少用漂洗剂。

这种剂型在动物体表干燥后会留下一层含有药物成分的残留层，因此会比香波治疗方法持效时间更长一些，通常在药物或清洁香波之后使用。如果药物活性成分采用脂质分散技术，则香波有可能会去除表面脂质并造成药物活性作用时间减少。这种情况下，增加少量的红花油或含有油脂的保湿剂可能会延长药物作用效果。漂洗剂对大多数需要全身覆盖药物以进行局部治疗的病例而言是一种理想的方法，但一些新型的、采用微悬滴技术的喷剂产品可以在体表大面积使用并且不需要洗澡或是全身进行浸泡治疗。目前很多这类喷剂产品都具有保湿活性成分并同时具有抗皮脂溢和抗微生物作用（鞘氨醇配方）。

3. 粉剂

粉剂是有机或无机的粉末状固体，可在体表形成一层薄膜。在某些情况下，可将粉末加入水中溶解制成漂洗剂，摇匀制成洗液，或加入到油膏中制成糊剂再使用。有些粉剂（如滑石粉、淀粉、氧化锌）化学性质稳定且有一些物理作用；其他一些粉剂（硫黄）则化学性质活泼，具有化学作用和抗微生物作用。粉剂主要用于干燥皮肤并使擦伤部位的皮肤凉爽、润滑。在过去，粉剂被使用于杀灭寄生虫（除跳蚤粉）和局部抗炎［Neo-predef 粉剂（Pharmacia & Upjohn）］。有些粉末可能含有抗微生物成分，可用于局部损伤，但在美国还未得到使用，恩康唑（Enilconazole）粉末对治疗皮肤癣菌似乎有效。一些畜主发现使用非处方薄荷醇和氧化锌粉末混合剂［例如Gold bond（Chattem,Inc.）］有助于控制皮褶区域的潮湿、擦

伤，例如巴吉度猎犬，使用该药物有助于减少因潮湿造成摩擦损伤的皮褶皮炎。

病变部位皮肤在使用粉剂之前，需要充分清洁并干燥。使用时尽量避免粉剂堆积或结块，如果发生上述现象，可用潮湿辅料轻轻挤压或吸走多余的粉剂。在长毛动物，使用极细腻的粉末作为杀虫剂和抗真菌剂的载体。粉剂使皮肤和被毛干燥，且可能会在环境中不断残留堆积，因此不是理想的全身使用剂型。某些畜主发现使用粉剂会对他们的呼吸道黏膜产生刺激，因此粉剂很少采用，人们更倾向于使用其他的剂型。

4. 洗剂

洗剂通常为液体，药物成分溶于其中或是形成悬液。某些药物实质上是液体-粉末形态，在皮肤表面使用后，液体蒸发而粉末停留形成一层药物薄膜。洗剂通常会比搽剂（Liniments）更干（因为药物的基础溶剂为水或酒精），而搽剂中含有油性成分。新型的洗剂多使用丙二醇和水作为溶剂，酒精含量减少或不含酒精成分。干燥型、清凉型的洗剂内含有酒精，但具舒缓、保湿作用的洗剂通常不含有酒精。这些药物一般具有清凉、抗瘙痒和干燥的效果（取决于基础溶剂的成分）。

洗剂是抗炎和抗微生物药物成分的运送载体。可选择的药品非常之广，但常用的抗炎洗剂中含有1%的氢化可的松醋酸铝［Hydro-B1020（Butler Schein Animal Health），Hydro~Plus（Phoenix Pharmaceutical Inc）］，0.1%戊酸倍他米松［Betatrex（Savage Laboratories）］，1%氢化可的松［Corticalm（Teva Animal Health），Resicort（Virbac）］，燕麦胶［Resisoothe（Virbac）］，丙美卡因［Relief（Teva Animal Health），ResiProx（Virbac）］，苯海拉明［Resihist（Virbac）］以及炉甘石和樟脑［Caladryl（Parke~Davis/Pfizer）］，茶树精油以及芦荟汁。例如常用的抗微生物洗剂中含有2%洗必泰［Resichlor（Virbac）］和2%咪康唑［Resizole（Virbac）］。液体药剂可重复使用，但药物不能产生累积效应。一般洗剂可用于急性皮肤疾病。最常用作收敛剂和抗瘙痒、抗炎和抗菌药物的局部运送介质。其中偶尔含有抗紫外线（Ultraviolet，UV）和抗皮脂溢功能的成分。

5. 水溶性或有机溶剂滴剂

近期很多控制跳蚤和蜱的局部外用产品采用水溶性或有机溶剂滴剂的形式（见第六章）。大多数这些药物及杀虫剂都是大分子脂溶性物质，且经皮吸收率和生物利用度较低，分布广，血浆和组织半衰期长[62]。这些特性共同影响了产品经给药部位到达远端皮肤或经皮肤吸收到达全身的过程。另一方面药物的辅助成分也可辅助药物停留于皮肤、毛囊、皮脂腺并缓慢地释放有效成分，延长药效。非泼罗尼（Fipronil）可经全身体表吸收，其在皮脂、皮脂腺和毛囊中明显具有较高的水平，药物可随着皮脂腺的活动存储于其中。在使用^{14}C标记非泼罗尼的某研究中，将该药

物用于一只雄性比格犬（滴皮给药），剂量为10mg/kg。通过自身组织放射影像，发现机体的放射性主要存在于角化层和具有活力的表皮以及毛囊皮脂腺单位（主要在皮脂腺及上皮层内），在用药后放射性长达56d。人们还发现不仅给药部位（颈部）可检测到药物，在犬的腰间部区域也可检测到药物，这说明非泼罗尼可迁移。在真皮层或真皮下层，未见有^{14}C非泼罗尼的放射反应，说明药物穿过皮肤的量少[63]。塞拉菌素（Selamecin）[Revolution（Pfizer）]是另一种可以在皮脂腺、毛囊和表皮层内以较高浓度贮存的药物，在用药后5d时可达到药物的血浆浓度峰值[64]。还有一些采用此剂型的产品，包括一些较新的局部用脂肪酸[Allerderm Spot-on（Virbac）和Dermoscent Essential 6 Spot-on（Laboratoire de Dermo-Cosmétique Animale）]以及鞘氨醇滴剂[Douxo Spot-on（Sogeval）]产品（见局部使用脂肪酸部分）。

6. 喷剂

各种洗剂都可置于喷雾瓶中制成喷剂。最常见用于身体大面积被毛或小块无毛区域需要使用药物的情况。漂洗剂可使用喷剂瓶，但如果需要接触到皮肤，则需要充分浸湿被毛。喷雾多用于软化皮肤并保湿，使用时将产品轻轻喷至用药部位后将药物揉至被毛中，这种给药方式可用于抗寄生虫（特别是具有防护功能的药物），而当需要抗瘙痒的时候将药物喷洒在皮肤损伤部位。新型的喷剂都具有抗菌作用，例如4%醋酸氯己定。

抗瘙痒喷剂含有1%氢化可的松[Cortispray（Teva Animal Health），Malacetic Ultra（Dechra）]，醋酸丙酯氢化可的松[Cortavance（Virbac）]，0.015%氟羟化泼尼松[Genesis（Virbac）]，鞘氨醇[Douxo Calm microemulsion（Sogeval）]，2%苯海拉明[Histacalm（Virbac）]，1%丙美卡因[Relief（Teva Animal Health），Dermal Soothe（Vetoquinol）]，以及金缕梅提取物和薄荷醇[Dermacool（Virbac）]。喷剂最常被作为收敛剂和抗炎药物使用，如1%氢化可的松和醋酸铝混合。这种剂型可用于动物指缝间、掌腹侧以及耳郭内侧。抗皮脂溢喷剂中含有鞘氨醇[Douxo seborrhea microemulsion（Sogeval）]。抗微生物喷剂中所含有醋酸氯己定[Douxo chlorhexidine PS microemulsion（Sogeval）]，[Chlorhexiderm（Teva Animal Health）]和咪康唑[Malaseb（Teva Animal Health），Miconazole spray（Vetoquinol）]，以及醋酸和硼酸[Malacetic（Dechra）]。

7. 霜、乳液以及油膏

霜剂和油膏是润滑作用并使粗糙的皮肤光滑。药物在皮肤表面形成保护性的覆盖层，可减少皮肤与环境的接触，并且可在一定程度上减少水分流失，还可以转运药物成分至毛囊中使药物与角质层进行紧密的接触。霜剂和油膏是脂类或油与水混合后并高速搅拌、乳化形成的混合物。产品中添加了乳化剂、着色物质和芳香物质以改善药

物的物理性状。

糊剂由高黏度的油膏与大量粉末混合而成。虽然糊剂可用于轻微的有渗出的皮肤（粉剂可吸走水分），但总体来说，并不建议将霜剂和油膏用于有渗出的部位。

产品的很多特性都与所使用油类的用量和熔点有关。这种现象可见于冷霜和雪花膏之间的对比。冷霜中含有大量的油，仅有少量水，其中油类部分通常具有较低的熔点，所以当水分蒸发之后，会在皮肤表面留下一层较厚的脂质膜。雪花膏则主要是水，仅含有少量油性成分，油类具有较高熔点，故随着水分的蒸发，皮肤表面留下一层较薄的油脂，这种皮肤表面的蜡样薄层不会有油腻的不适感。在膏体中添加尿素也可以减少油腻感，同时作为有吸湿作用的成分，尿素还可以为角化层保湿。

乳液多为油性或脂类的物质分散于水中形成。总体而言乳液介于洗剂和膏剂之间，性状较洗剂更厚而比膏剂更稀薄。乳液与霜剂类似，因此在小动物临床中霜剂常替代乳液的使用。乳液有两种形式：油剂分散于水或水分散于油剂中。这两种药物递送系统，前者使用水进行稀释，水分蒸发快，因此体表是凉的；后者溶于油中，因此水分蒸发比较慢。这两种形式，在水分蒸发后，使用赋形剂的作用与不使用赋形剂却联合油性剂和乳化剂的作用没有差异。因此，最终残留于皮肤表面的膜层是药物中的油性传递系统。

这些基础成分主要被用作其他药物的传递系统。这些成分使药物易于涂抹、为皮肤提供机械性保护，抗瘙痒、舒缓并软化皮肤。更油一些的霜剂和膏剂则形成闭合层，促进角质层的水合且通常可以提高药物活性成分的穿透能力。在多毛部位使用这些剂型的缺点则包括令皮肤不透气、油腻、不易散热、看起来凌乱，且可能会因为堵塞皮脂腺孔引起毛囊炎。这些类型的药物在每天使用时应该轻柔地按揉，确保皮肤表面只留一层较薄的药物膜。药物膜过厚会造成不必要的浪费，且不透气、令周边部位看起来凌乱。如果皮肤表面留有一层明显可见的药物膜，则说明使用了过多的药物。

以可水洗的油膏类物质如聚乙二醇（Carbowax 1500）作为药物基础成分的药物可较容易地被水清洗干净，而油剂药物则不易被水洗掉。临床兽医师应明确这类药物的用途和优势，因为除了药物活性成分本身以外，药物载体也会对皮肤产生效应。

疏水性油类（例如，矿物油和芝麻油）与水混合的效果不良。这种油极少含有极性基团（-OH，-COOH等）。这些油和皮肤接触，易于延展，并常用作乳液的输送载体。由于这些油的疏水特性，水难以通过这种油形成的涂层，因此它们是密闭的膜层。这种药物层可保持水分和热量，且厚的药膜层看起来更加黏，用于宠物时可能显得脏乱，而且畜主在与宠物接触时可能会蹭到药物。

亲水性油类可与水混溶。这些油含有很多极性基团，

因此可以大量溶于水。油膏仅适用于形容这类油类的物理性状，但聚乙二醇属于醇类物质，极易与水互溶。分子量大于1 000的多聚物在室温下为固体，但稍微提升温度至体温后油膏可融化形成油膜。聚乙二醇1500即属于这种产品，它可以与皮肤的渗出物良好的混合，并且易于用水清洗，与其他基础成分相比其较少形成闭合层。

霜剂、乳液和油膏的使用多限于身体局部损伤较小的情况，也最常用于抗菌、抗炎和防紫外线药物。这类药物对于需要局部保湿或有角化脱皮的区域是最有效的剂型，但这类药物也只限于局部区域使用，例如鼻部、掌侧和肘部。洗剂（溶液）和油剂常用于治疗耳炎（见第十九章）。治疗局部葡萄球菌感染的局部抗菌油膏有莫美他松［Muricin（Dechra）］，含有可水洗的膏状聚乙二醇作为基础成分（见莫美他松部分和第四章）。

8. 凝胶

凝胶是一种局部用药剂型，由丙二醇、丙烯酸酯、乙二胺四乙酸钠以及聚羧乙烯混合而成，并加入了调节药物pH的添加剂。凝胶是一种较清爽、颜色淡、无油腻感且易于为水清洗掉的触变性药物。其活性物质和相同类型商品化载体能完全的融合在一起。

凝胶在兽医临床并不常用，但这种剂型可以很好地经按揉而被完全吸收入皮肤，而不会残留或在皮肤表面产生黏腻感。因为药物通过被毛直接到达皮肤，而且不会令被毛显得凌乱，因此比起油膏，凝胶剂型更易被接受。多用于需要局部涂抹抗菌或抗皮脂溢药物的损伤。

用于脓皮症和毛囊角化过度（如痤疮）或是黑头粉刺部位皮肤的凝胶中含有过氧苯甲酰这一成分。例如OxyDex香波（Teva Animal Health）和Pyoben凝胶（Virbac），即是含有过氧苯甲酰的凝胶剂型的兽医用药。另一种凝胶剂型的产品KeraSolv（Teva Animal Health），是一种角质层软化保湿凝胶，可用于角化过度的皮肤，例如鼻部皮肤角化过度和长茧部位。

9. 经皮凝胶

经皮肤给药凝胶已经成为一种流行的兽医用药剂型。但实际上关于这种给药方法很少有科学的理论支持以证明其在兽医皮肤病临床上的优势。大多数混合型凝胶采用普朗克尼（Pluronic，聚丙二醇与环氧乙烷加聚物）磷脂有机凝胶（PLO）作为输送药物的载体。凝胶一般由水性化合物溶于各种有机溶剂混合而成。油相一般为卵磷脂混合而成（大豆为主），它可以改变角质层并允许药物通过皮肤。棕榈油异丙酯的作用是作为有机溶剂和透皮增强剂。水相则由水和普朗克尼凝胶混合而成，在药物通过角质层的过程中作为表面活性剂，帮助药物的分解并增加其透皮性[65]。防腐剂也经常被添加至产品中，而药物分散于水相还是油相，取决于药物的脂溶能力。人用芬太尼透皮贴剂在犬、猫术后镇痛方面已经被成功应用，但其他药物的经皮肤给药的成功性还存在争议[66]。市场上可购买到PLO凝

胶［美国专业复合中心的Lipoderm（PCCA）］。现已经有多种PLO配方的兽医用凝胶药物，有的已经被应用于皮肤病临床，但药物的多剂量给药和临床用药后的跟踪，以及监测的详细对照研究还没有足够的数据。

这种药物传递系统在猫更受关注，这是由于经口服给药对于猫而言非常困难，但经皮肤给药的吸收率和生物利用度仍然是人们主要关注的问题。地塞米松经PLO凝胶局部使用时，其在猫的吸收率可忽略不计[67]。阿米替林（Amitriptylin）或丁螺环酮（Buspirone）通过PLO作为递送系统局部使用时，全身吸收率很低，因此该治疗方法不太可靠[68]。使用PLO凝胶的常用部位为耳郭，可避免动物舔食并可以促进吸收。猫的耳郭部位皮肤角质层很薄，但犬的耳郭皮肤角质层很厚，因此这一生理解剖结构上的差异可能会造成犬药物透过量减少。其他可以影响药物递送系统的相关因素有药物与皮肤的接触反应、畜主用药时使用的量（剂量影响），以及畜主使用药物的流程。

（四）局部药物活性成分

1. 收敛剂

收敛剂可沉淀蛋白质且一般不会透过皮肤到达深层。这些药物可作皮肤干燥、减少渗出物。适用于急性、亚急性和某些慢性皮肤深渗出。

植物性收敛剂包括橡树、漆树或从黑莓提取得到的单宁酸，这些单宁酸具有很强的作用。单宁酸凝胶（Vet-A-Mix, Shenandoah, Iowa）是一种强有效的收敛剂，包括4%单宁酸、4%水杨酸以及1%苯佐卡因溶于70%酒精，且在同一损伤部位不可使用超过1次（有可能刺激皮肤或造成蜕皮）。金缕梅（金缕梅属）含有单宁酸，这种单宁酸具有收敛和抗炎两种作用，且可以减少出血。

现有商品化醋酸铝溶液（Burow solution）［Domeboro（Bayer）］。该药物具有干燥、收敛、抗瘙痒、酸化作用，此外还具有轻微防腐作用。溶液通常按照1∶40的比例以冷水稀释，每天浸泡3次，每次30min（一包粉末或一片药物加水至0.5L或1L）。皮肤对醋酸铝的耐受性要好过对单宁酸的耐受性，且不易染色。因此相较于其他收敛剂，醋酸铝更常使用。

0.25% ~ 0.5%浓度的醋酸溶液（1份醋加9份水混合）也是一种有效的收敛剂，并且具有酸化/干燥的作用。

0.25%硝酸银溶液，作为一种防腐剂、促凝剂和刺激恢复的药物。应少量多次的使用药物可用于湿性的渗出性的受损的皮肤。硝酸银溶液可将皮肤染色。

将高锰酸钾按1∶1000 ~ 1∶3000溶于水（1g高锰酸钾或5mL晶体溶于1L水）可用于皮肤的浸泡或灌洗。该药具有收敛、防腐、抗菌作用，也可使皮肤着色、硬化。

2. 皮肤软化剂及保湿剂

皮肤软化剂可以软化、润滑或令皮肤平滑；保湿剂则可增加角质层的含水量。两种药物都能有效令皮肤水合并

软化皮肤。舒缓剂水溶液属于大分子物质，可以覆盖并保护皮肤（例如甘油、丙二醇）。

皮肤软化剂在皮肤表面是否形成封闭膜取决于上一节中所讨论的该药物剂型的基础成分或载体。形成闭合的软化剂大多数为碳氢化合物、无水或水油两相溶液，并由植物油（橄榄油、棉籽油、芝麻、红花、玉米、花生油）及动物脂肪［猪油、鲸脂油、无水羊毛脂以及含水25%～30%的羊毛脂（含水羊毛脂）］组成。其他软化剂石蜡油、凡士林（矿物油）和蜡［白蜡（漂白蜂蜡）、黄蜡（蜂蜡）、鲸蜡］。多数以碳氢化合物为基础成分的闭合性软化剂都是疏水性的，并有助于减少TEWL[69]和有助于角质层的水合。无水的产品通过吸收水分（亲水性基团）发挥作用并维持其自身厚度的均一性。这类产品有亲水性凡士林和无水羊毛脂。含水油基配方的产品含有更多的油以形成封闭、有油性的膜，并能吸收水分。例如凡士林或液态凡士林以及某种醇类（例如十六烷基或十八烷基醇）。封闭性的软化剂在皮肤角质层充分完成水合后使用效果最佳。为了最大限度地软化皮肤，应使用湿敷料，干燥后用疏水性油类封闭性地覆盖于皮肤表面。为防止进一步的水分流失可通过在皮肤损伤局部覆盖塑料膜并使用绷带包扎。由于非封闭性皮肤软化剂倾向于以油水乳化液作为基础成分，因此它们在保湿方面的效果相对比较差。这种基础成分含有大量水相成分，或是采用可直接溶于水的基础成分。这类产品可用水清洗掉，没有油腻感，也非封闭性，但保湿效果很差。某些经皮肤的药物传递系统使用这些非封闭性的基础成分来减少TEWL并因此而促进药物的吸收[70]。

吸湿药物（保湿剂）是通过进入角质层并吸收水分为皮肤进行保湿的药物。这类药物（例如丙二醇、甘油、燕麦胶、尿素、乳酸钠、羧酸、乳酸），都可以在洗澡过程中使用。在很多种兽医用喷剂和漂洗剂内可见封闭性药物和吸湿药物成分，这几种成分在该剂型中使用的效果比添加在香波中更好。脂质体微粒保湿技术［Hydra-Pearls cream rinse（Vetoquinol）］在管理犬的干性皮肤方面比传统型的保湿软化剂［Humilac（Virbac）］更具有优势[71]。

燕麦胶在管理皮肤干燥和瘙痒方面十分有效，这是因为其具有舒缓、吸湿、抗瘙痒的作用。在很多兽医用香波中都可见这种成分。燕麦胶也可用于漂洗剂或在浸泡药

表3-3　对瘙痒犬、猫有用的非甾体类局部用药

产品	活性成分或作用	剂型	制造商
局部点药			
Caladryl	1%盐酸苯海拉明，8%炉甘石，樟脑	洗液	Parke-Davis
Dermacool	金缕梅属提取物，薄荷醇	喷剂	Virbac
Domeboro	硫酸铝，乙酸钙	浸泡剂	Miles
Histacalm	2%苯海拉明	喷剂	Virbac
Relief, Dermal Soothe, Resiprox	1%丙玛卡因	喷剂，洗液	Teva Animal Health, Vetoquinol, Virbac
Dermoscent Essential 6	脂肪酸（大麻籽和尼姆树籽油），软化剂	点药	Dermoscent
Allerderm Spot-on	神经酰胺和脂肪酸	点药	Virbac
Douxo Spot-on	植物鞘氨醇	点药	Sogeval
Elidel	匹美莫司	膏剂	Novartis Animal Health
Protopic	0.1%塔罗利姆	膏剂	Fujisawa
Ice	水（冷水）	袋装	Nature!
全身用药			
Allergroom, Allermyl	保湿成分，低过敏性物质	香波	Virbac
Hylyt-EFA	保湿成分	香波/洗液	Teva Animal Health
Hydra Pearls	保湿成分	香波/洗液	Vetoquinol
DermaHypo CS	保湿成分	香波	Dechra
EpiSoothe, Allay Oatmeal, Resisoothe, Aveeno	燕麦胶	香波/洗液/浸泡	Virbac, Dechra, Rydelle
Relief, Resiprox	丙玛卡因	香波/洗液	Teva Animal Health, Virbac
Douxo Calm	植物鞘氨醇，日扁柏素	香波/喷剂	Sogeval
Histacalm	苯海拉明	香波/洗液	Virbac
Water	水	浸泡	Nature!

浴时加入15～30mL燕麦粉［Epi-Soothe（Virbac），Aveeno（Rydelle Laboratories）］至3.8L水中。燕麦胶会在被毛表面和浴缸表面残留，这些残留成分会使浴缸表面变得更滑。

3. 抗皮脂溢药物

皮脂溢综合征包括有很重要很常见的几种皮肤病，例如原发性皮脂溢（可卡犬和史宾格犬、爱尔兰塞特犬、杜宾犬），继发性皮脂溢（伴发于AD、疥螨、蠕形螨），雪纳瑞黑头粉刺综合征、猫痤疮及尾腺增生[72]。局部抗皮脂溢是治疗这些疾病的主要方法。其他原发性的皮屑生成紊乱疾病，例如皮脂腺炎、维生素A反应性皮炎以及某些毛囊发育不良等疾病在经过抗皮脂溢辅助治疗后也可得到改善，因为抗皮脂溢治疗可以使对原发病的治疗见效更快。

抗皮脂溢药物可采用油膏、霜剂、凝胶和洗剂等剂型，但最常见的用于皮肤和被毛的剂型是抗皮脂溢香波、保湿洗剂、微粒型喷剂。商品化抗皮脂溢药物含有多种混合成分。临床医师需要明确每种药物的作用和浓度并决定使用哪种混合配方的商品。选择正确的产品后，可得到理想的治疗效果，但个别病例可能出现例外的情况。干燥性和脱屑性的皮脂溢（干性皮脂溢）病例，比油性多脂的皮脂溢（油性皮脂溢）病例需要更多的预处理。例如皮肤软化剂有助于治疗干性皮脂溢，但不利于油性皮脂溢。反过来，尽管新型的产品通过添加保湿因子来克服这些问题（具体见第十四章），但过氧苯甲酰只对于油性皮脂溢有效，对于干性皮肤而言则还是会使皮肤更加干燥。

4. 抗瘙痒药物

抗瘙痒药物可帮助动物暂时缓解瘙痒感，但作为单一的治疗方法不能达到满意效果，这是因为这些药物作用时间短暂。瘙痒是很多疾病的临床症状，且大多数局部抗瘙痒治疗是直接针对动物的瘙痒感，而非疾病本身的病因。抗瘙痒药物在原发疾病缓解期间或是原发病因尚不清楚的情况下仍可以有效缓解症状。因此作为辅助治疗或是针对局部瘙痒的药物它们十分有效。一些抗瘙痒药物还有其他的作用，将在本章节其他部分讨论。表3-3列出了一些兽医用的非甾体类、局部抗瘙痒药物。总体而言，抗瘙痒药物可以通过如下六种途径缓解瘙痒感：

- 通过消耗、移除或钝化瘙痒介质来减轻瘙痒感。例如，收敛剂令蛋白质变性，强效糖皮质激素则减少皮肤肥大细胞。香波或洗涤剂可以清除体表刺激物、细菌等引起瘙痒的物质以及在皮肤表面尚未被吸收的可增加瘙痒程度的过敏原。
- 以其他感觉替代瘙痒感，例如热、冷刺激。也可以通过提高瘙痒感觉的阈值来抗瘙痒。一开始温热刺激会降低瘙痒感，但当温度足够高并持续足够的时间时，就会使得瘙痒感增加和烧灼感降低，因此只能产生短时间的抗瘙痒效果。降温也可以降低瘙痒程度。相应的药物有0.12%～1%薄荷醇、0.12%～1%樟脑、0.5%～1%瑞香草分、热敷（温水

浸泡或洗澡）、冷敷（冰袋）或湿敷料。使用冷水洗澡即可起到止痒作用。

- 保护皮肤使之不受外界刺激影响，例如刮伤、叮咬、外伤、温度变化、湿度变化、挤压、刺激物。可使用绷带或其他非渗透性保护剂。
- 使用局部麻醉药（例如丙美卡因、苯佐卡因、丁卡因、利多卡因、过氧苯甲酰以及煤焦油）麻醉外周神经。这些药物基本都是短效麻醉剂，在慢性瘙痒病例通常会出现耐受现象。丙美卡因的抗瘙痒原理似乎并不同于其麻醉作用的机制。在人医上，丙美卡因常被加入到氢化可的松当中以增强抗瘙痒的效果，在兽医用药中可以与燕麦胶［Relief shampoo and creme rinse（Teva Animal Health）、Dermal Soothe shampoo 和 cream rinse（Veto-quinol），Resiprox leave-on lotion（Virbac）］一起使用。
- 通过对皮肤降温或保湿提升瘙痒感的阈值，并改善皮肤的表皮屏障功能。皮肤干燥会使瘙痒阈值降低，也会降低皮肤软化剂和保湿药物的使用效果，使用例如脂肪酸、甘油、尿素以及燕麦胶等物质可一定程度上缓解皮肤干燥从而改善瘙痒症状。
- 使用生物化学制剂，例如局部用糖皮质激素和抗组胺药物。全身或局部给予多数作用较强的糖皮质激素也有助于改善症状，这是由于糖皮质激素的抗炎作用，但也不排除存在一定的风险[73]。

全身用抗组织胺药物偶尔有用，但局部用药效果不佳。然而有一例报道将局部使用苯海拉明与使用犬重组干扰素γ（KT-100）治疗犬AD相比较，试验采用瘙痒、脱皮、充血、秃毛作为评估的标准。在各项评估标准中，苯海拉明组的治疗效果都显著高于干扰素治疗组，但局部使用苯海拉明组仍然效果有降低（瘙痒20.7%、脱皮27.6%、充血24.1%、秃毛24.1%）[74]。

苯海拉明可在混合型产品中作为有效的辅助成分，例如在燕麦胶香波［Histacalm（Virbac）］或洗剂［ResiHist leave-on lotion，（Virbac）］，1% diphenhydramine with calamine 和 camphor［Caladryl（Park-Davis）］中加入2%的盐酸苯海拉明。一些局部用抗组胺药物在局部给药之后，能够穿过皮肤角质层，并在真皮层发挥其抗组织胺作用。采用脂质微粒载体，机体局部吸收羟嗪和西替利嗪后对机体具有较强的外周H1抗组织胺活性[75,76]。

局部麻醉药物有一定效果，但可能有毒性（引起高铁血红蛋白血症）或有可能会造成过敏（0.5%酚、0.5%丁卡因及利多卡因）[77]。此外，这些药物的持续作用时间很短，尤其在频繁和重复使用后会变得更短。丙美卡因的局部麻醉机制与传统的"卡因"类（苯佐卡因、利多卡因、普鲁卡因）不同[78,79]，它具有较低的过敏倾向和刺激性，并且不会造成高铁血红蛋白血症和其他"卡因"类在犬、猫使用时易产生的严重的不良反应。丙美卡因有助于治疗

犬的过敏性的瘙痒[80]。

这类兽医用产品包括了含1%丙美卡因的香波、喷剂、洗剂、免洗剂（Teva Animal Health, Vetoquinol, 和Virbac）；皮肤舒缓香波和润毛膏［1%丙吗卡因（Vetoquinol）］；皮肤清凉剂［金缕梅提取物和薄荷醇（Virbac）］。

湿冷的敷料通常有助于控制瘙痒，一般而言挥发性成分都具有清凉感并可以缓解瘙痒。常用的有薄荷醇（1%）、百里香酚（1%）、酒精（70%）等成分。此外，薄荷醇在局部感觉神经末梢还有特殊的作用。单独使用冷水洗澡或使用Burow溶液［铝（Virbac）］、浸泡剂［Domeboro（Bayer）］、燕麦胶［Aveeno（Rydelle）、Epi-Soothe（Virbac）］可能有助于控制瘙痒症状，作用时间为几小时至几天不等。

八、局部抗菌药

抗生素是使用最广泛的一种药物。皮肤在出现任何异常情况时都有可能造成或继发微生物感染或过量繁殖。这些感染需要作为皮肤异常的潜在病因进行治疗和探查。人们习惯上用来描述抗微生物药物作用的术语上存在某种程度的混淆，这是由于在实际使用和术语的严格定义之间存在着差异。防腐药物是指杀死或抑制微生物生长的物质（该术语主要用于活组织）。消毒剂是指通过杀灭微生物以预防感染的药物（特指用于无生命的物品）。防腐药物和消毒剂是指各类杀菌剂，这些药物可以破坏微生物。而杀菌剂则可以被进一步按照使用场合进行定义，例如杀细菌药、杀真菌药和杀病毒药。

在讨论这些抗微生物药物的时候，需要采用某种办法对这些药物进行分类。因为药物的化学结构、作用机制、使用方法都非常多样，但过分严格的分类则可能会带来更多的混淆。以下进行大致讨论。

防腐剂在下面简单列出，包括其简单的用途和公认的恰当地使用剂型。其中某些药物的使用方法将在文中其他部分描述（见第四章、第五章）。

1. 乙醇

乙醇通过使蛋白质变性和胞浆脱水产生作用。它具有杀细菌（不能杀死芽孢）、收敛、降温和促进血液循环的作用。但同时乙醇也会刺激暴露的皮肤，通常在急性炎症疾病时严格限制醇类的使用。70%乙醇和70%～90%的异丙醇杀菌效果最佳，可以在30℃下1～2min内完成杀菌。

2. 丙二醇

丙二醇是一种高活性的抗细菌及抗真菌药物。40%～50%为最佳浓度。最开始，以低于50%的浓度作为其他抗微生物药的载体。在稀释溶液中，由于其本身具有吸湿性，因此丙二醇还具有轻微的保湿作用。在浓度为60%～75%的溶液中，丙二醇可以令蛋白质失活并溶解，并且具有溶解角质的作用。

3. 甲酚和甲酚类

六氯酚、间苯二酚、己基间苯二酚、百里香酚以及苦味酸等药物通过令微生物蛋白质失活而起作用。这些药物都具有抗瘙痒作用和一定抗真菌作用。它们可以较低的浓度添加在一些产品中作为防腐剂。较高浓度的药物具有刺激性和毒性（六氯酚）[81]，因此不建议将这些药物以较高浓度用于皮肤，而建议以较低剂量作为添加剂使用。酚类和甲酚类严格禁止用于猫。

4. 洗必泰

洗必泰是一种效果极好的含酚类基团的双胍防腐、消毒剂。除了一些假单胞菌和沙雷氏菌，它可以有效对抗很多真菌、病毒和大多数细菌[82]。2%～4%浓度的洗必泰似乎可达到良好的抗马拉色菌和抗葡萄球菌的效果。在一项体外研究中，浓度分别为3%和4%的葡萄糖酸盐洗必泰溶液（CG）在1min以内，按照1∶5和1∶25稀释，都能够去除中间型葡萄球菌群（SIG）；而2%CG溶液按照1∶5和1∶25比例稀释、2.5%CG溶液按照1∶5比例稀释则用8min就可以消灭SIG[83]。

在最近的对比2%醋酸氯己定和4%氯己定溶液的一项研究中，将10只皮肤损伤程度相同的浅表性脓皮症患犬平均分为两组进行药浴。这次盲选评估结果显示两组之间差异不显著[84]。在该研究的第二部分，使用2%醋酸氯己定溶液作为单一治疗手段。对治疗8只患有耐头孢氨苄中间型葡萄球菌型的浅表脓皮症患犬的效果进行评估。治疗过程中每2天使用香波1次，连用2周。其中5只患犬的症状改善，1只犬部分好转，2只完全没有好转。研究人员称对于耐头孢氨苄的中间型葡萄球菌感染的浅表性脓皮症患犬使用2%的醋酸氯己定溶液更加有效和安全[84]。它没有刺激性、很少发生光敏作用、不会因有机物失活、活性稳定。而且含有浓度为1%～4%的氯己定双醋酸盐或葡萄糖酸盐的香波、油膏、手术冲洗和溶液剂型［（ChlorhexiDerm（Teva Animal Health）、Hexedine（Virbac）、TrizCHLOR 4 Shampoo（Dechra）及 Douxo Chlorhexidine PS（Sogeval）］都有效。此外，当产品中联合使用抗生素（例如含Triz EDTA和chlorhexidine 的TrizCHLOR 4），植物鞘氨醇和洗必泰（例如 Chlorhexidine PS），咪康唑和洗必泰［例如Malaseb（Teva Animal Health）］时，可能具有协同作用。最后，将洗必泰用水稀释0.05%用于灌洗伤口十分有效而且无刺激。该药物对猫安全。

5. 咪康唑

咪康唑是一种咪唑类抗真菌药物，对于一些细菌（包括金黄色葡萄球菌）具有抗细菌作用，人们发现咪康唑在较低浓度时可杀灭细菌，并且可破坏细菌细胞膜的稳定性[84a]。其他研究表明咪康唑对金黄色葡萄球菌的最小抑菌浓度（Minimal inhibitory concentration，MIC）为1～2μg/mL。而在一项对中间型葡萄球菌（可能是假中间型葡萄球菌）的研究结果显示MIC为0.37～7.5μg/mL，同时它在与多黏菌素B合用时两种成分具有协同作用[84b]。咪康唑与洗必泰混合使用也表现出协同作用[84c]。虽然葡萄球菌属还没有确定的突破点，但是通过局部治疗MIC水平可以有效降低（例如2%的商品化制剂的浓度相当于20 000μg/mL）。其专一的抗真菌活性、安全性和实用性使得咪康唑成了治疗浅表性抗甲氧苯青霉素金黄色葡萄球菌（Methicillin-resistant Staphylococcus aureus，MRSA）和大环内酯类耐药肺炎链球菌（MRSP）感染的单一或联合用药的一种选择。

6. 卤素制剂

（1）碘

碘是最古老的抗微生物药物之一。碘元素是一种活性剂（它的作用机制还不清楚）。碘可以迅速地杀灭细菌、真菌、病毒以及孢子体。老一代的产品例如碘酊（2%碘和2%碘化钠溶于酒精）以及浓碘溶液（5%～7%碘和10%碘化钾溶于水）具有刺激性和光敏作用，尤其在猫上容易出现上述现象，现在已经不再使用。

现在唯一常用的为较温和的碘制剂（碘伏），碘伏的刺激性和敏感性都比老一代产品更低一些。优碘［必妥碘（美国曼地—弗雷德里克公司）］——聚乙烯吡咯烷酮与碘的化合物，可以向组织内缓慢地释放碘——具有长效作用（4～6h），无刺痛感，不会造成染色，且不会被血液、血清、坏死组织或浓汁破坏。一项使用优碘香波的研究表明，该成分可以有效预防中间型葡萄球菌，但效果略差于过氧苯甲酰[85]。据报道，1%的聚羟基喹啉［异烟肼（兽医产品实验室）］在对抗革兰阳性和阴性微生物的效果均优于优碘溶液或碘酊。

即使是较温和的碘制剂也可能使皮肤干燥并有可能造成患病动物皮肤和为其用药的人的毛发被染色。优碘对阴囊皮肤和外耳具有刺激性。因为这些不良反应和其他更有效药物的存在，优碘的使用也急剧减少。

（2）次氯酸钠与氯胺

次氯酸钠和氯胺是有效的杀细菌、真菌、孢子体和病毒药物。一般认为其作用原理是通过释放次氯酸杀死微生物。药物需要现配现用。5.25%次氯酸钠溶液（Clorox）按照1∶10比例用水稀释（改良Dakin溶液），耐受性较好。有机物可能会大大降低溶液的抗菌活性。通常建议将其用作抗真菌剂或消毒剂。该物质对猫有刺激性。据说按照1∶10到1∶20的比例进行稀释可以有助于控制犬耐甲氧西林葡萄球菌的感染。

新型的氯氧化物合剂（Innoavcyn Inc）具有广谱抗菌作用，可应用于喷剂和凝胶剂型。不同于次氯酸钠，合剂是pH约等于7的次氯酸的钠盐，而非稀释的漂白剂次氯酸钠，后者是一种碱性溶液（pH>11）。长期以来，人们一致认为次氯酸是一种强效的抗微生物成分，活性强于次氯酸钠且毒性更小。它对耐抗生素细菌和抗生素敏感细菌的杀菌作用相同，包括耐甲氧西林的金黄色葡萄球菌[86]。目前尚没有在相同动物进行的对照试验，但该药物被建议用

于化脓性创伤性皮炎、控制细菌过度生长以及继发感染，包括某些耐甲氧西林金黄色葡萄球菌的感染。

（3）氟化锡

氟化锡（SF）常用于各种口腔用产品，用于治疗犬和人的齿龈炎，并且被发现该物质可有效对抗革兰阳性和阴性菌[87,88]。在马上，使用0.4%SF喷剂和凝胶可有效治疗细菌性皮肤感染[89]。在一项以安慰剂为对照组的双盲试验中，人们使用0.2%SF喷剂［BacDerm（Emerald 3 Enterprises Inc.）］治疗26只浅表性脓皮症患犬，使用SF喷剂作为单一治疗方法的试验组和使用安慰剂的对照组之间在症状改善方面差异不显著[90]。基于目前马对于该药物的反应，可能需要进行进一步的研究。

7. 醋酸、硼酸、苹果酸

这些产品都具有良好的抗细菌/抗真菌作用。醋酸具有较强的抗细菌作用，5%的醋酸溶液（醋）可以在5min内杀灭血凝酶阳性的葡萄球菌，2.5%溶液（即一份水与一份醋混合）可以在1min内有效杀灭铜绿假单胞菌（见第十九章）。2.5%溶液可以杀灭厚皮马拉色菌（见第五章）。醋酸还可用于耳部（0.25%～0.5%溶液），用来清理耳垢、作为收敛剂或是酸化剂使用（见第十九章）。

2%硼酸溶液（与葡萄糖酸锌混合）已被证明可以有效治疗酵母菌性耳炎。这与人们发现了硼酸可以治疗人类的酵母菌性阴道炎有关。但目前尚未发现硼酸对治疗犬的细菌性耳炎有效[91-93]。苹果酸是一种双羧酸且可见于绝大多数较酸的水果内[94]。据说苹果酸还是一种较温和的收敛剂。

8. 氧化性药物

过氧化氢是一种较弱的杀菌药剂，通过释放新生态氧产生杀菌作用（例如，将3%过氧化氢用水稀释后使用）。虽然它曾经被用于耳部清洗和较小的皮肤损伤的清洗，这也主要是利用它的起泡活性，因此它在皮肤病上的使用十分有限。

高锰酸钾可作为杀菌、收敛、杀真菌药物使用（尤其对念珠菌属）。通过释放新生态氧产生杀菌作用。这种药物具有刺激性且会染色，活性可以被有机物抑制。它的染色特性尤其困扰人们。

过氧苯甲酰是一种强力的广谱性杀菌药物，具有溶解角质、促进角质新生、抗瘙痒、去油腻以及冲洗毛囊的作用[95,96]。该物质具有强氧化性，与有机物可发生反应。过氧苯甲酰释放的自由基与羟基和磺酰基、双键以及其他物质发生反应，从而破坏微生物的细胞膜。过氧苯甲酰在皮肤内经过代谢形成安息香酸，后者可以溶解角质层内的细胞内物质，因此它具有角质溶解作用。使用过氧苯甲酰治疗时，对10%的患犬有刺激性，而对25%的患猫有刺激性。

过氧苯甲酰可以5%凝胶及2%或3%香波［OxyDex和SulfOxydex（Teva Animal Health），Pyoben（Virbac），苯甲酰加（威隆），过氧苯甲酰加（Dechra）］形式使用，

可作为良好的浅表性及深层脓皮症的辅助抗细菌药物。在香波中，它对中间型葡萄球菌感染的预防效果优于0.5%醋酸氯己定、碘化物以及三氯生[85]。该药物最常被建议用于皮脂溢性的疾病，特别是皮肤油腻或有毛孔栓塞、滤泡管型或黑头粉刺的病例。

不建议对动物使用非注册的或浓度较高的产品（例如5%香波或10%凝胶），因为药物稳定性可能会产生变化，且较高浓度的产品通常也具有更强的刺激性。即使是2.5%或3%浓度的产品，也有可能造成皮肤干燥，偶尔会具有刺激性，尤其是对皮肤干燥或/和皮肤过敏的犬。由于不当的分装可能会影响产品的稳定性，因此要尽量避免重新分装药物。过氧苯甲酰的商品化香波采用脂质体微粒技术，含有保湿配方［苯甲酰加过氧苯甲酰香波（威隆）］，可以为皮肤干燥的犬使用而不会造成皮肤干燥的状况进一步恶化[95,96]。此外，某些产品还添加了天然的支持层增强剂以软化、保湿皮肤，缓解干燥问题［亚砜（特瓦动物保健）］。缓释的微球体技术控制了过氧苯甲酰的释放速度，减少了该药物对人类皮肤的刺激性[97]。2.5%～3%过氧苯甲酰的其他不良反应包括使头发和衣服褪色。在啮齿类实验动物中，该药物具有促进皮肤肿瘤发生的活性，但在其他物种中尚未发现其具有促进皮肤肿瘤发生的作用[95]。

9. 植物鞘氨醇

植物鞘氨醇是一种鞘脂类物质，含有一个鞘氨醇基团，与鞘脂结构非常相似，具有抗菌特性[98]。某些人医的研究显示AD患者皮肤的细菌过度繁殖可能是由于体内天然抗菌物质的鞘脂含量不足所导致的[99]。由于植物鞘氨醇和鞘脂结构类似，所以当鞘脂不足时，可以通过局部使用含有植物鞘氨醇成分的产品。现在已有同时含有植物鞘氨醇和抗生素的产品可供使用［多可素犬猫多效清洗乳液（苏吉华）］。

10. 乳酸链球菌肽

乳酸链球菌肽是由乳酸乳球菌产生的一种抗菌肽。市场上将其作为乳头搽剂［Wipe Out（ImmuCell Corporation）］销售，用于预防奶牛的乳腺炎，特别是其能够控制常见细菌性病原体，包括耐甲氧西林葡萄球菌属[100,101]。新近的一项研究将乳酸链球菌肽分别作为单一用药和与全身用抗生素联合用药的方法治疗犬脓皮症和马拉色菌感染。在单一使用乳酸链球菌肽治疗组中，对感染中间型葡萄球菌患犬的治疗有效但对感染假单胞菌和马拉色菌患犬的治疗却无效。在抗生素与乳酸链球菌肽联合治疗的试验组中，中间型葡萄球菌造成的皮肤病变在局部使用乳酸链球菌肽治疗后，比没有使用乳酸链球菌素的抗生素治疗组恢复得更快。该研究证明了该药物在治疗某些细菌性脓皮症患犬的有效性，并有进行进一步评估的必要[102]。

11. 表面活性剂

这一类物质主要以乳化剂、增湿剂或洗涤剂的形式出现，它通过改变物质交界面的能量关系来达到干扰或破坏细胞膜的目的。它们还可以使蛋白质变性并使酶失活。最常用的表面活性剂有阳离子洗涤剂（季铵盐化合物），特别是苯扎氯铵。苯扎氯铵是广谱抗菌药物（对假单胞菌属无效）。但阴离子洗涤剂可使其失活而且其对猫有毒性，可造成皮肤和肌肉坏死[103]。

银盐可以令蛋白质沉淀并干扰细菌代谢活性。它们具有抗菌性和收敛作用，但也有刺激性、染色问题和腐蚀性（如0.5%硝酸盐溶液）。磺胺嘧啶银对于治疗浅表烧伤很有效[104,105]。1%浓度的磺胺嘧啶银溶液可以有效治疗人工诱发的假单胞菌感染外耳道炎，且效果优于次氯酸钠[106]。考虑到浓奶油的稀释液比液体洗剂更多，而且体外试验也表明0.1%银溶液也是有效的[107]。

乙二胺四乙酰（EDTAtris）是一种螯合剂，它是一种强效的消毒剂、是碱性溶液，具有较强的抗微生物活性[107a]。它被广泛地应用于外耳道耳炎，并具有很好的抗革兰阴性细菌的作用，特别是针对假单胞菌（详见第十九章外耳炎）。其抗菌活性主要是通过去除革兰阴性菌的Ca^{2+}和Mg^{2+}从而影响其外膜的渗透性而产生的[107b]。EDTAtris的中和作用在耳炎的病例中十分有用，它有助于耳滴剂中的抗生素在使用的时候发挥最大的抗菌作用。它具有增强抗生素效果的作用，而且当与几种抗生素（包括恩诺沙星）合用的时候具有协同作用[107c]。EDTA-tris与洗必泰溶液混合应用于洗剂［Otodine（ICF）和TrizCHLOR Flush Dechra］，局部外用喷剂（TrizCHLOR 4 Spray, Dechra），搽剂（TrizCHLOR 4 wipes, Dechra），以及香波（TrizCHLOR 4 Shampoo, Dechra）中，都具有增效活性[107d]。

糖蛋白已经被用于控制感染和炎症反应。糖链工程技术可以向皮肤补充外源性糖类（d-甘露糖、d-半乳糖、L-鼠李糖和烷基多葡萄糖苷），这些合成糖类的结构模拟表皮角化细胞表面的糖蛋白。糖蛋白在细胞间信号交流具有重要作用，且通过外源凝集素作为外源性病原（葡萄球菌、假单胞菌、马拉色菌）的诱导剂。一旦这些病原体接触到皮肤糖蛋白的微生物凝集素后，可以进行复制并引起感染。附着的病原体还可以激活角化细胞产生细胞因子，例如$TNF-\alpha$，可以促进炎性反应的进行。这些外源性的糖类具有抗黏附的作用，避免病原体和皮肤表面糖类的黏附。由于这些外源性糖类与皮肤表面糖类类似并相结合，它们可吸引病原菌并与病原体凝集素首先接触。完成接触后，凝集素结合位点被这些外源性糖占据并饱和，不能与皮肤表面糖类结合，因此达到预防感染的效果，从而不会出现炎症反应。研究显示糖链工程中合成的这些糖类可以有效抵御常见的皮肤感染，包括葡萄球菌、假单胞菌以及马拉色菌的感染，并且能有效降低炎症反应[107e-107g]。大量的产品中含有这种采用链糖工程技术的产品（如爱乐美香波、脂溢停洗毛液、派奥浩香波和法国维克的耳漂）。其他少量的药物很少有详细的调查研究，或在控制耐甲氧西林感染的使用十分有限。其中包括溶葡萄球菌酶、盐酸奥米迦南和蜂蜜。溶葡萄球菌酶是一种由葡萄球菌产生的抗微生物酶[108]。它被用于处理人的鼻部（MRSA）的治疗。溶葡萄球菌酶可以裂解葡萄球菌细胞壁中的聚甘氨酸交联桥。一项动物的相关研究显示0.5%浓度的溶菌酶霜剂可以去除动物鼻腔中的MRSA和甲氧西林敏感型金黄色葡萄球菌，以及耐莫美他松金黄色葡萄球菌，而且效果较莫美他松或乳酸链球菌肽更好[108]。盐酸奥米迦南是Indolicidin的一种缩肽类似物（Indolicidin是一种在牛中性粒细胞发现的具有抗菌活性的内源性化合物）[108]，可抵抗革兰阳性和阴性细菌以及真菌。其作用机制是将细菌细胞膜去极化并引起细菌死亡。局部外用的1%的凝胶在临床应用中有相应的调查研究[108]。蜂蜜用于治疗外伤已经有几个世纪的历史，它具有抗真菌和抗革兰阳性和阴性菌的作用[108]。蜂蜜是高渗性的酸性物质，且可以产生过氧化氢和一些植物化学成分，这些特性都可以杀死细菌。Revamil（Pharmadeal b.v., Veendam, The Netherlands）是一种医用级的蜂蜜，它无黏性且可以杀灭MRSA、耐甲氧西林表皮葡萄球菌、耐万古霉素屎肠球菌。由于蜂蜜通过多重机制杀灭细菌，因此细菌不易对其产生耐药性[108]。

12. 莫美他松

莫美他松是一种经假单胞菌葡萄糖酸发酵分离得到的抗生素，可以与细菌内的异亮氨酸转运RNA合成酶特异性且可逆地结合（详见第四章）[96,108]。这种结合引起细菌蛋白质合成的紊乱，同时可以抑制细菌RNA的合成。由于该药物具有细胞内活性，因此莫美他松可外用于多种耐药性葡萄球菌甚至于耐甲氧西林的菌株。在小部分人群中，近年来出现了社区获得性耐莫美他松MRSA的报道。莫美他松在人的用法是每日2～3次，笔者在犬的用法和在人类用法相同[108]。油膏类剂型是在凡士林或聚乙二醇中加入1%的药物。该药物被广泛用于人类鼻内部，作为防止金黄色

葡萄球菌定植的药物。一项相关研究显示，相比于使用安慰剂的对照组，莫美他松可以在14d内去除93%的细菌定植[108]。在对犬使用莫美他松时应避免在黏膜周围或是犬可能会经常舔到的部位使用，这主要是由于莫美他松药膏中的聚乙二醇成分具有肾脏毒性。可以在执业兽医允许下使用的该类产品是Muricin（Dechra）。

（六）局部抗炎药物

1. 局部外用糖皮质激素

湿敷料是最简便也是最安全的减少炎症的治疗方法之一。但预先局部使用糖皮质激素是最常用且有效地减轻炎症反应的手段。虽然目前几乎没有证据提示这种治疗方法可能引起皮肤感染的扩散，但如果在已知有感染的部位采用湿敷料，应该先使用抗生素或抗炎药物。氢化可的松原型药或是通过卤化、甲基化、乙酰化酯化和/或二聚体化人工合成的类似物可提升治疗效果并减少不良反应。非专利产品通常不如专利产品[109]（表3-4）。

高浓度的糖皮质激素在有擦伤及炎性反应的皮肤或封闭敷料的情况下可被吸收。短期内使用该药物一般不会造成严重的临床不良后果。但一组调查研究发现[110]短期（7d）使用局部耳用药［Panalog（Pfizer Animal Health），Tresaderm（Merial）］可影响肾上腺皮质激素对外源性促肾上腺皮质激素的反应［旧称促肾上腺皮质激素（ACTH）］。在治疗停止后的14d仍会表现出显著的肾上腺皮质抑制作用。使用这些药物时还可能引起肝酶测量结果的上升（例如血清碱性磷酸酶和亮氨酸氨基转移酶活性）。

有报道显示，使用含有地塞米松的耳部用药［Tresaderm（Merial）］治疗健康犬，比较治疗前和治疗14d后ACTH刺激试验的结果，显示犬出现了肾上腺皮质抑制。但研究者发现肾上腺皮质功能抑制在使用含有倍他米松［耳特净

表3-4 摘选的局部糖皮质激素的相对抗炎能力

药剂	商标名	制造商
第一组：最高强度		
加强型二丙酸倍他米松，0.05%凝胶/软膏	Diprolene	Schering-Plough
丙酸氯倍他松，0.05%凝胶、乳膏、软膏	Temovate	Glaxo Derm
丙酸氯倍他松，洗液、起泡剂	Olux/Clobex	Generics/Galderma
醋酸二氟松，0.05%软膏	Psorcon/Apexicon	Dermik
丙酸卤倍他索，0.05%乳膏、软膏	Ultravate	Bristol-Myers Squibb
第二组：高强度		
二丙酸倍他米松，0.05%软膏	Diprosone	Schering-Plough
去羟米松，0.25%乳膏、软膏	Topicort	Hoechst-Roussel
醋酸二氟松，0.05%软膏	Psorcon	Dermik
安西奈德，0.1%软膏	Cyclocort	DPT Laboratories
醋酸氟轻松，0.05%软膏、乳膏	Lidex	Dermik
氯氟松，0.1%溶液、软膏、乳膏	Halog	Bristol-Myers Squibb

表3-4 摘选的局部糖皮质激素的相对抗炎能力*

药剂	商标名	制造商
第三组：中高强度		
戊酸倍他米松，0.1%软膏	Valisone	Schering-Plough
曲安奈德，0.5%乳膏	Kenalog	Westwood-Squibb
安西奈德，0.1%洗剂、乳膏	Cyclocort	DPT Laboratories
二丙酸倍他米松，0.05%乳膏	Diprosone	Schering-Plough
莫米松糠酸酯，0.1%软膏	Mometamax/Posatex[†]	Merck Animal Health
丙酸氟替卡松，0.005%软膏	Cutivate	GlaxoSmithKline
第四、五组：中低强度		
氟轻松，0.025%软膏、乳膏	Synalar	Syntex
氟轻松，0.01%溶液	Synotic[†]	Pfizer Animal Health
曲安奈德，0.1%洗剂、乳膏	Vetalog[†]/Kenalog	Boehringer Ingelheim/Westwood-Squibb
曲安奈德，0.1%软膏	Animax[†]/Derma-Vet[†]/Forte Topical[†]/Panolog[†]	Pharmaderm/Med-Pharmex/Pfizer Animal Health
丙酸氟替卡松，0.05%乳膏	Cutivate	GlaxoSmithKline
氢化可的松丁酸酯，0.1%软膏	Locoid	Ferndale
丁酸氢化可的松，0.1%乳膏	Pandel	PharmaDerm
戊酸氢化可的松，0.2%乳膏、软膏	Westcort	Westwood-Squibb
戊酸倍他米松，0.1%洗剂、乳膏	Valisone	Schering-Plough
醋丙氢可的松，0.0584%溶液	Cortivance[†]	Virbac
第六组：低强度		
酮缩羟强的松龙	Tridesilon/Desowen	Miles/Generics
氟轻松，0.01%香波	FS shampoo	Hill
曲安奈德，0.015%喷雾	Genesis Spray[†]	Virbac
地塞米松，0.1%洗剂	Tresaderm[†]	Merial
双丙酸阿氯米松，0.05%乳膏、软膏	Aclovate	GlaxoSmithKline,
第七组：最低强度		
地塞米松，0.1%乳膏	Decaderm	MSD
地塞米松，0.04%喷雾	Decaspray	MSD
氢化可的松，1%和2.5%的乳膏、软	Hytone	Dermik
氢化可的松，1%喷雾	Cortispray[†]	Teva Animal Health
氢化可的松，1%喷雾	Dermacool-HC[†]	Virbac
氢化可的松，1%喷雾	Hydro-Plus[†]	Phoenix
氢化可的松，1%喷雾	Hydro-10 mist[†]	Butler
氢化可的松，1%凝胶	Corticalm	Teva Animal Health
氢化可的松，1%香波	Cortisoothe[†]	Virbac
氢化可的松，1%免洗型洗剂	Resicort[†]	Virbac

*第一组效果最好，第七组效果最差。这些分类基于人医的数据，因为犬、猫中关于抗炎和止痒效果的研究很少。
[†]兽医标签。
引自Ference JD, Last AR: Choosing topical corticosteroids. *Am Fam Physician* 79:135 - 140, 2009; Valencia IC, Kerdel FA: Topical corticosteroids. In Wolff K, et al., editors: *Fitzpatrick's dermatology in general medicine*, New York, 2008, McGraw-Hill, pp 2101-2106; and Scott DW, Miller WH, Griffin CE: *Muller & Kirk's small animal dermatology*, ed 6, St. Louis, 2001, WB Saunders.

（Merck Animal Health）]成分的耳药对健康犬进行治疗时则明显较少出现[111]。相似地，在另一研究中[112]，每天使用曲安西龙、氟轻松醋酸酯或倍他米松于正常犬的皮肤，用药5d显示肾上腺皮质对促肾上腺皮质激素的反应受到了抑制，抑制作用从最后1次用药后仍持续3至4周。还有研究指出外用17-戊酸倍他米松和异戊酸丁酸盐可被吸收并抑制肾上腺对促肾上腺皮质激素释放因子的反应[113]。然而在开始使用时，17-戊酸倍他米松使肾上腺皮质受抑制的程度较大，持续时间也较长。最新的一份报告指出，在对分别含有倍他米松（耳特净），曲安西龙（Panalog），莫米松

（Merck Animal Health）和地塞米松（Tresaderm）的四种不同的耳部用药产品进行评估时，发现含有地塞米松的产品对肾上腺皮质的抑制程度比另外三个的要明显，而且对地塞米松表现出明显的肾上腺抑制的犬，给以治疗剂量的莫米松对其肾上腺没有表现出明显的抑制作用[114]。

另一项研究同时关注药物有效成分含量和药物载体，与对肾上腺的抑制作用和肝酶变化的关系。在这项研究中，犬被分别给以含0.01%地塞米松的生理盐水，含0.1%地塞米松的生理盐水或含0.1%地塞米松的商品化制剂（Tresaderm），每只耳朵每天使用2次，连用2周。经过2周的治疗之后，对6只给予含0.01%地塞米松的生理盐水的试验犬进行了促肾上腺激素刺激试验和肝酶检测，6只犬均正常。相反，7只给予含0.1%地塞米松的生理盐水的试验犬中有4只，即有57.14%的犬表现出了肾上腺抑制；6只给予含0.1%地塞米松的商品化制剂的试验犬中有4只，即有66.67%的犬表现出了肾上腺抑制，其中有3只（50%）出现了明显的肾上腺抑制。在所有给予含0.1%地塞米松的生理盐水的试验犬中，没有一只犬的肝脏酶［丙氨酸氨基转移酶（ALT）、天冬氨酸氨基转移酶（AST）、γ-谷氨酰转肽酶（GGT）］浓度升高，而6只犬中却有1只犬（即16.67%）出现了轻微的碱性磷酸酶（ALP）升高。上述表明耳部用的地塞米松引起肾上腺的抑制作用与用药浓度和药物载体相关[115]。

当应用一个1%的氢化可的松释放调节器到一只正常犬的身上，每周给药2次，连用6周后，其血液、生化及对外源性促肾上腺皮质激素的皮质醇反应均未出现变化[116]。然而，当将该装置应用在患有瘙痒性皮肤病的犬时，该犬对促肾上腺皮质激素的皮质醇反应受到抑制，这提示通过发炎的皮肤给药，药物会被吸收得更多。

最近公布了醋丙氢可的松［Cortavance（Virbac）］可以用于犬。醋丙氢可的松（Hydrocortisone aceponate，HCA）属于肾上腺糖皮质激素的二酯类[117]。二酯类具亲脂结构，可以保证其对皮肤相关结构的强有力的渗透。因此，醋丙氢可的松就可以在犬的皮肤中积累，低剂量使用就可以达到局部功效。局部用二酯类的治疗指数高：即局部作用力强而全身性继发效应低。此外，因为它对表皮细胞的局限毒性和对胶原蛋白合成的作用，这种新颖的二酯类GC引起人类皮肤萎缩的不良反应极少，是极具潜力的药物[118]。

在给予0.0584%醋丙氢可的松喷雾剂之前，进行了一个耐受试验，试验发现比格犬在分别接受了14d活性喷雾治疗和14d安慰性喷雾治疗之后，其皮肤厚度并没有明显的不同[119]。无独有偶，另一个研究也发现，在以相同的醋丙氢可的松产品连续治疗几周之后，其直接用药的皮肤区域并没有出现皮肤萎缩[120]。然而，最近的一个研究却发现，在初期治疗阶段，大多数犬的腋下和腹股沟部位的皮肤出现了可见的萎缩。通过组织学研究发现，这与胸部治疗区域

的皮肤厚度明显变薄有关[121]。在同一个试验中，可以观察到当即的和后期的皮内试验（Intradermal testing，IDT）反应均明显减小，在IDT之前有2周的停药期[121]。最初的研究表明，醋丙氢可的松对肾上腺皮质的抑制作用影响很小。在一个试验中，给予6只健康的比格犬醋丙氢可的松，连用14d，当将安慰剂组与活性药物组的结果相比较时，发现血液学、生化指标、促肾上腺皮质激素刺激试验的结果都未发现临床变化或统计学变化[117]。这种情况也见于另一个试验，在这个试验中，对21只犬进行评估直至治疗后70d，所有的犬都是先每天用药，连用14d，随后减少到每24~72h用1次药，观察其临床反应，发现其皮肤变薄。将其与安慰剂组相比，促肾上腺皮质激素刺激试验的结果无异常，并未发现不良血液参数[122]。在人医方面也有相关报道，使用轻度到中度疗效的二酯类，GCs不管是进行短期还是长期的局部治疗，都极少出现下丘脑-垂体-肾上腺轴抑制[123]。

一个关注眼科药剂局部应用效果[124]的研究发现，将包含肾上腺糖皮质激素的药剂每天应用到试验犬身上后，也会抑制肾上腺对促肾上腺皮质激素的反应，并会使正常犬的肝酶活性升高。也许就可以得出结论，即外用糖皮质激素并不是无害的[125]（表3-5）。

一些局部反应包括萎缩、脱皮、黑头粉刺、脱毛和脓皮病，可能在没有全身影响的情况下发生（图3-2，A和B）。在应用糖皮质激素后必须加强护理，尤其是用于犬和猫的腋下、腹部、腹股沟处和两侧腰部。这是由于这些部位的毛密度和表皮厚度与身体其他各处的不同。局部皮肤萎缩和其他并发症包括皮肤钙质沉着症特别容易发生在这些部位，尤其是当使用更多强效成分时[126,127]。当在猫的耳郭部位使用这些药品时，更需要格外留心，因为长期在该部位用药可能导致萎缩或耳郭弯曲。

氟化类固醇的效力更强，渗透性更好，因此效果更好，但也可能导致更严重的不良反应。有报道局部应用曲安奈德、氟轻松、戊酸倍他米松后出现了皮下水泡性皮病[127]。这类药物在皮肤里有一个"储存库"，其储存量可以维持一日的局部作用。糖皮质激素的局部用药治疗原则和全身用药的原则相似。那就是，强效药物应该每日用2次来阻止炎症；然后减少到每日1次；最后如果药物仍旧有效，并考虑长期用药，治疗方案转变为采用低效的局部制剂来进行维持性治疗，而且只要有可能就使用隔日给药的方法。对于有的病例，一周2次的治疗方案就足够了。人们在处理这些药物时应戴好手套，避免暴露和发生毒性反应。表3-4列举了一些用于局部的糖皮质激素的治疗浓度和品牌。

（七）局部免疫调节药

1. 塔罗利姆

塔罗利姆（普特皮）的有效成分为他克莫司，他克莫司的化学结构属23元大环内酯类抗生素，其功能与环孢菌

表3-5 糖皮质激素对犬肾上腺皮质功能的影响

药品	给药方案	给药途径	治疗期间或治疗停止之后的抑制持续时间
非消化道给药			
地塞米松	0.2mg/kg，1次	IV	<32h
地塞米松磷酸钠	0.1mg/kg，1次	IV	<24h
地塞米松酒精	1mg/kg，1次	IM	<48h
地塞米松-21-异烟酸酯	0.1mg/kg，1次	IM	<10d
地塞米松-21-异烟酸酯	1mg/kg，1次	IM	<4周
甲基强的龙醋酸盐	2.5mg/kg，1次	IM	<5周
甲基强的龙醋酸盐	4mg/kg，1次	IM	<9周
甲基强的龙醋酸盐	0.56mg/kg，1次	SC	<3周
曲安奈德	0.22mg/kg，1次	IM	<4周
曲安奈德	0.22mg/kg，每日1次，连用8d	PO	<2周
局部给药			
戊酸倍他米松	1.36mg/kg，每日1次，连用5d	皮肤软膏	<4周
0.1%地塞米松	0.03mg/kg，每日1次，连用8周	眼滴剂	<2周
0.1%地塞米松	0.31mg/kg，每日1次，连用3周	耳滴剂	<3周
0.1%地塞米松	0.02～0.19mg/kg，每12h1次，连用14d	耳滴剂	<2周[111]
0.01%地塞米松	每日0.01～0.05mg/kg	耳滴剂盐	14d后无抑制[115]
氟轻松醋酸酯	0.68mg/kg，连用5d	皮肤软膏	<4周
醋酸泼尼松龙	0.75mg/kg，每日1次，连用4周	眼滴剂	<2周
曲安奈德	1.36mg/kg，每日1次，连用5d	皮肤软膏	<4周
去炎松	0.31mg/kg，每日1次，连用3周	耳滴剂	<3周
莫米松	0.007～0.02mg/kg，每日1次，连用7d	耳滴剂	7d后无抑制[114]
氢化可的松	距离10cm喷雾2次，以治疗100cm²	喷剂	70d后无抑制[122]

注：IM，肌内注射；IV，静脉注射；PO，口服；SC，皮下注射。
修改自 Scott DW：Rational use of glucocorticoids in dermatology. In Bonagura JD, Kirk RW, editors: *Kirk's current veterinary therapy XII*, 1995, p 578.

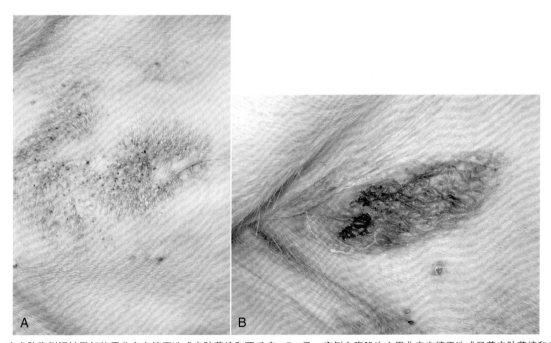

图3-2 A. 在犬肋腹侧褶皱局部使用曲安奈德霜造成皮肤萎缩和粟丘疹 **B.** 另一病例在腹股沟应用曲安奈德霜造成显著皮肤萎缩和皮下大疱性皮炎

素相似，都能抑制磷酸酶的活性。它可以抑制抗原呈递T细胞和T细胞产生的多种细胞因子、角质细胞和郎格汉斯细胞[128]。这些药物已经被批准用于人类的阿尔茨海默病和银屑病的治疗。一个初步的研究将8只敏感体质的犬随机分为2组，分别给予含0.3%塔罗利姆的洗剂或空白洗剂，先冲洗2周后再两组互换洗剂冲洗2周。经过调查员的评估，发现用含0.3%塔罗利姆洗剂组大的红斑和瘙痒减少。但是畜主觉得犬的瘙痒症状没有变化[129]。第二个评估来自一个双盲、安慰剂对照的研究，用含0.1%塔罗利姆的软膏（普特皮）治疗阿尔茨海默病，效果更好。试验中使用了12只犬，记录了临床症状，收集了血液样本进行全血细胞计数（Complete blood cell count，CBC）、生化检测并记录从治疗开始到治疗第4周间的塔罗利姆水平。在试验的最后，畜主和调查员都认为塔罗利姆软膏显著减轻了犬各种症状的严重性。与全身发病的犬相比，有局部病灶的犬对药物的反应更好。研究者还发现接受了含活性成分的药物的犬血液中有塔罗利姆残留。但其水平低于毒性水平，而且也没有报道该药对任何一只犬产生了不良影响。试验组间和组内也没有发现CBC和生化指标的变化[130]。

在另一个盲抽、随机、对照试验中，对患阿尔茨海默病的遗传性过敏犬应用塔罗利姆软膏（普特皮），其局部病灶的严重程度得到了减轻。20只患有该病的犬两只前爪都有皮肤病变，每只爪都随机给予0.1%的塔罗利姆软膏或安慰剂软膏（Vaseline），每日2次，连用6周。研究者用一种评分系统来评估红斑、苔藓化、渗出、脱皮的变化。6周之后，20只犬中有15只犬（75%）的皮肤病变减轻了50%甚至更多，塔罗利姆治疗部位从基线分数的百分比减少更高[131]。研究者还发现在某些盘状红斑性狼疮（Discoid lupus erythematosus，DLE）和红斑型天疱疮（Pemphigus erythematosus，PE）病例中，0.1%的塔罗利姆也能起到帮助作用[132,133]。一项研究对10例患有DLE的病例和2例患有PE的病例给予治疗，每日2次，连用6周。其中有3例DLE和2例PE病例获得了极佳的疗效，5例DLE病例获得了部分疗效。基于身体上的临床表现和可测量的塔罗利姆的血清含量，当将0.1%的塔罗利姆软膏以每日2次，连用6周的连续型治疗方案对犬进行治疗时，没有任何一例发生了毒性反应[132]。

有报道称塔罗利姆对肛周瘘管[134,135]、孟加拉猫的溃疡性鼻部皮炎[136]、德国牧羊犬的足底瘘管[137]以及其他一些炎症情况有效。笔者（WR）尝试把塔罗利姆用于多种情况，在治疗血管炎、白癜风、斑形脱发、过敏性接触性皮炎、多形性红斑病例时取得了不同程度的成功。然而最近却有人担忧其在人类的应用会增加某种肿瘤形成的风险。美国食品与药品管理局（The U.S. Food and Drug Administration，FDA）发出了黑框警告：将钙调神经磷酸酶抑制剂用于治疗在理论上有潜在的致癌风险。尽管最近并没有支持这一担忧的科学数据，但病人和医生都不确定这种药物的安全性[138]。虽然这一问题还在研究当中，但是FDA要求要在含这种药物的标签和药品说明书中写上警告。出于这一忧虑，建议畜主在使用时要戴上手套。

2. 吡美莫司

吡美莫司［Elidel（诺华制药）］是一种子囊霉素巨内酰胺衍生物，其作用机理和塔罗利姆相似。人类皮肤的离体试验和患有阿尔茨海默病病人的临床药代动力学数据的比较显示，吡美莫司从皮肤的渗透量少于塔罗利姆，更少于皮质类固醇。因此该药经局部使用后可能经皮肤吸收的更少，故可以降低发生全身反应的危险。

在皮肤炎症的动物模型，包括反射神经源性炎症的动物模型，吡美莫司都有很好的抗炎作用，但与塔罗利姆相比更能平衡抗炎症的功能和免疫抑制活性。吡美莫司不会导致过敏性接触性皮炎的小鼠动物模型过敏。而且与塔罗利姆相比，在经过全身用药后发生多种模式的免疫抑制的可能性更小[139]。虽然没有在犬上作比较，但其使用方法和塔罗利姆相似，据报道，其效力与塔罗利姆相似或更低。正如塔罗利姆，也有一些关于吡美莫司会导致人类恶性肿瘤的争论[140]。因此建议畜主在使用时要戴上手套。

3. 咪喹莫特

咪喹莫特［乐得美（3M Pharmaceuticals）］是一种在兽医皮肤病学方面有巨大潜力的新药。其是一种人工合成的以咪唑喹啉胺类为基础的免疫反应调节剂，对动物和人类都有有效的抗病毒和抗肿瘤的作用[141-143]。其抗病毒和抗肿瘤的功能主要是源于Toll样受体（TLR）-7的激活，导致单核细胞/巨噬细胞分泌细胞因子［干扰素（IFN）-α，白细胞介素（IL）-12，肿瘤坏死因子（TNF）-α］[142]。局部产生的免疫反应会导致T_H1-优势免疫和细胞免疫，临床上可用来治疗病毒感染和其他一些疾病比如人类乳头状瘤病毒、单纯疱疹病毒、软体动物、光化性角化病、表面的基底细胞癌，人类和猫的鳞状细胞癌[144-149]、马肉瘤样病[150,151]。有研究者和其他一些人用其治疗猫疱疹病毒性皮炎，获得了不同程度的成功。对大多数疾病，以不同的间隔时间一周使用2~3次，在大多数病例中，经过4周的治疗后都有一定疗效。在一些病例中可以明显看到，用药频率的调整是基于发热反应或刺激反应。不幸的是，名牌药品甚至是最近发布的通用剂型都很贵，这使得许多畜主都因其价格太高而没有使用。

（八）其他外用药

1. 硫黄

硫黄作为药用的历史就和医学之父希波克拉底一样古老[152]。石硫合剂（硫化钙）的制备是通过煮沸升华硫黄、石灰［$Ca(OH)_2$］和水的悬浮液来产生五硫化钙和硫代硫酸钙。硫黄是一种脱脂药，低浓度的硫黄可以促进角质的生成，而高浓度的硫黄却是一种角质溶解剂（二氧化硫会分解角蛋白）。在这方面其与水杨酸有协同作用。可能是因为硫黄可以在表皮菌群和角质细胞的作用下转化成五硫黄酸和二氧化硫，所以具有抗真菌和抗细菌的作用。

在抑制犬小孢子菌在受感染猫的毛发上生长方面，石硫合剂比洗必泰、克菌丹、聚维酮碘和酮康唑香波的效果好[153]。因为其可以产生二氧化硫和连多硫酸，所以还具有杀灭寄生虫的活性。石硫合剂很便宜也没有毒性［LimePlus（Dechra）］。其不良反应包括偶发的皮肤过干和/皮肤刺激。其缺陷包括气味难闻（臭鸡蛋味），浅色毛发和皮肤的临时性黄染，染脏衣服、木头和其他材料以及配饰。

2. 维生素A酸

含0.05%的视黄酸、维甲酸（Retin-A）在人类皮肤病学的应用很广泛，用于治疗痤疮粉刺、减少皱纹、治疗鱼鳞癣。虽然其价格也相对较高，但是已经被用于犬和猫的痤疮粉刺和局部的角质化异常的治疗[154]。

外用维甲酸治疗光照性皮肤老化的效果非常明显[155]。起初使用药物凝胶的浓度是0.01%，因为它比0.025%浓度药物的刺激性小。其增长了表皮更新时间，降低了角质细胞的凝聚力，使滤泡上皮的成熟正常化，还可以消除粉刺[156,157]。在动物模型中，维生素A酸防止了糖皮质激素诱导的皮肤萎缩[158]。该药的局部刺激对很多人和猫来说都是很大的问题（例如含维生素A酸的药膏Retin-A）。现在有一种微球制剂（Retin-AMICRO）可以减少对人类的刺激。

人工合成维甲酸已经有外用制剂。阿达帕林［达芙文（Galderma实验室）］是作用于局部的维甲酸药物，通过激活细胞核内的特定维生素A酸受体，比维生素A酸引起的刺激小。它也能抑制中性粒细胞活化和脂氧合酶活性[159,160]。他扎罗汀［Tazorac（Allergan）］是一种新型的炔属维甲酸，这种外用制剂有浓度为0.1%的霜和凝胶[161-163]。其局部应用只会引起极少的全身吸收，也没有报道其会引起不良的全身症状。

他扎罗汀作用于维生素A酸受体并最终导致对角质细胞的增殖、分化和炎症反应的负调控[164,165]。这是诱导和激活新基因，下调AP1（促炎遗传因子），抗γ干扰素IFN-γ影响的综合作用结果。该药已被证明能有效地治疗痤疮和牛皮癣却没有全身不良反应。

蓓萨罗丁［Targretin（Ligand Pharmaceuticals）］是一种新型合成的嗜维甲类X受体（Retinoid X receptor，RXR）的维甲酸，它能抑制增殖，刺激终末分化，激活半胱天冬酶3，并诱导细胞凋亡。它也能抑制IL-2分泌，防止T细胞外渗，调节表皮细胞分化和抑制炎症[166]。它有口服和外用的1%的凝胶剂型。它被用于治疗人类的手部皮炎、淋巴瘤样丘疹病、斑秃、毛囊性黏蛋白病、银屑病与蕈样真菌病[167-169]。其在犬的使用方面的正式评估受到了限制，与其相关的对照研究也未见报道，但也有迹象表明它可以成为犬T细胞淋巴瘤治疗的一个选择[170]。

3. 锌

研究者对锌在人类创面愈合、治疗感冒和治疗单纯性疱疹病毒等病毒感染的作用方面已经作出了评估[171-173]。它也被添加入兽医局部耳用产品和洗发水中。一项研究通过评估复合氨基酸葡萄糖酸锌液［Zn4.5 Otic（Addison Biological Laboratory Inc.）］对酵母分泌性中耳炎的治疗效果，发现酵母数量明显减少，耳道炎症也明显减轻[174]。另一项研究发现，一种以水杨酸为基本成分的葡萄糖酸锌香波［Keratolux（Virbac）］有抗菌和抗皮脂溢的作用，这与一种以水杨酸焦油为基本成分的香波相似[175]。葡萄糖酸锌有抗皮脂溢的特性，是 I 型5-α-还原酶抑制剂，并能抑制皮脂产生。它在人类皮肤病学中被用来治疗痤疮[175]。

4. 尿素

尿素有吸湿和软化角质的作用，可帮助表皮特别是角质层的性质正常化[176]。尿素霜和软膏可以起到软化和保湿角质层的作用，又不会产生油腻感。浓度为2%～20%时它是一种保湿剂；然而，当浓度高于20%时，会发生角质层的分离。这是由于前角蛋白和角蛋白的溶解，同时维持角质层完整性的氢键可能存在断裂。尿素通过溶解细胞间质促进皮屑脱落。一种低敏的保湿香波［Allergroom（Virbac）］含有5%尿素，以球晶的形式自由存在。Humilac（Virbac）包含尿素和乳酸，可以作为喷雾或洗剂。作为洗剂使用时，将5瓶盖的Humilac添加到1L水中。该混合物可以用来冲洗犬的皮毛并自然晾干。KeraSolv（Teva Animal Health）含6%的水杨酸、5%的尿素和5%的乳酸钠。它是一种强有力的角质层溶解剂，可用于治疗鼻的角化过度、胼胝、耳缘性皮肤病和痤疮粉刺[72]。

5. 2%～10%的α-羟基酸

α-羟基酸包括乳酸、苹果酸、柠檬酸、丙酮酸、谷氨酸、乙醇酸和酒石酸。它们可以有效地调节角质化，促进角质生成，延缓终末分化，减小角质层细胞间的凝聚力。乳酸和乳酸钠可以吸收相当于它们自身重量30倍的水[177]。

6. 乳酸乙酯

在降低皮肤pH方面，乳酸乙酯的作用与过氧化苯甲酰相似[178]。乳酸乙酯在皮肤被细菌脂肪酶水解为乙醇和乳酸。乳酸乙酯是脂溶性的，它可以渗透到毛囊和皮脂腺[179]。研究表明，在治疗犬、猫脓皮病时，使用10%的乳酸乙酯香波［Etiderm（Virbac）］，每周2次，可以减少全身应用抗生素的连续用药时间[178]。

7. 脂肪酸

脂肪酸在水化、控制TEWL和表皮屏障功能方面非常重要。脂肪酸也是角质溶解剂和抑真菌剂。具有软化角质、抑制真菌性能的脂肪酸包括辛酸、丙酸和十一碳烯酸。其中效果最好的是十一碳烯酸（虽然它是弱酸），例如Desenex。最近开发了一些新的产品，是通过直接局部应用于皮肤和毛发来起作用的。最近有更多对照试验在研究这些产品的优点，但有关其治疗脂溢性皮炎和过敏性皮肤病的最初印象是其有利于治疗。德美丝黄金点滴剂（Laboratoire de Dermo-Cosmétique Animale）包含脂肪酸和润肤剂的组合，它可以恢复皮肤的水脂膜，保持水合作用，调控TEWL和维持表皮屏障功能。它还有助于消炎，因为它有抗氧化和抗自由基的功能。本产品含有天然植物成分包括大麻籽油和印楝油，含有高浓度的$\Omega-6$和$\Omega-3$，比例为4：1的必需脂肪酸。此外，还加入了其他一些精油（迷迭香、薰衣草、茶树精油、雪松、牛至、丁香、樟脑、冬青油、薄荷、姜黄）和维生素E以修复皮脂膜，使皮肤保湿，调节气味。有报道称，该产品有助于提高被毛质量，还可以控制患有阿尔茨海默病犬的皮肤瘙痒症状。在一项开放性试验中，对7只患有特应性皮炎的犬和5只正常犬给予含有精油和不饱和脂肪酸的滴剂药物进行治疗，每周1次，连用8周。对另外7只有特应性皮炎的犬每天都给予含有相似药物成分的喷剂。在所有的犬中，治疗前后的TEWL是通过闭室装置测定的。平均特应性皮炎患病程度和严重性指数（CADESI）下降，滴剂组从25.1下降到15.3（$P=0.0043$），喷剂处理组从29下降到6（$P=0.0366$）。同样，滴剂处理组的瘙痒分数从3.1下降到2.1（$P=0.266$），喷剂从2.3下降到1.3（$P=0.0177$）。健康和特应性皮炎犬的腹部（$P=0.0181$）和背部（$P=0.01233$）TEWL有显著性差异。喷剂治疗之后背部的TEWL有明显减少（$P=0.016$）。在腹部则没有统计学上的明显减少（$P=0.078$）。未发现有不良反应。这些初步结果表明局部脂肪酸和精油的运用可以作为有效治疗阿尔茨海默病的选择方案[180]。

有一个产品的性能与其相似，即爱乐滴（Vivbac），其中包含皮脂复合物，该复合物由与正常犬、猫皮肤中相似的神经酰胺和脂肪酸混合组成。同样有报道，该产品有利于治疗皮脂溢性和过敏性皮肤病，因为它有提高表皮屏障功能的作用。在一份报告中，采用电子显微镜观察四氧化钌固定后的活组织样本，来定量评价犬的表皮脂质。评估了皮肤脂质复合物（Skin-lipid complex，SLC）对5只阿尔茨海默病患犬的皮肤结构性不足的影响。皮肤过敏犬未损伤的皮肤和健康犬的皮肤不同，其层状脂质的数量减少并高度混乱。在阿尔茨海默病犬的未损伤皮肤接受SLC治疗之后，在其角质层的最底部发现了很多脂质层，其中有74%是相互联系的结构。未接受治疗的相同犬的皮肤活组织样本与其相比，却只有31.8%是相互联系的结构。相比之下，健康犬角质层底部的脂质层中有89.5%是相互联系的结构。对阿尔茨海默病患犬的未损伤皮肤进行治疗之后，观察到角质层和活的表皮交界面间有许多角蛋白小体。在接受治疗的特应性皮炎患犬新形成的角质层中发现，堆叠起来的短脂质层占总脂质薄层的57.6%。试验结果显示，用SLC治疗后会刺激产生和分泌内源性的角质层脂质，这有利于提高表皮的屏障作用[181]。

该类药物中的第三种产品含高浓度的植物鞘氨醇（Douxo Spot-on）。植物鞘氨醇是皮肤天然防御机制中的一个关键分子。它是神经酰胺的组成成分，占主要脂质

的40%~50%，负责维持角质层的凝聚力，控制局部的菌群，保持正确的水分平衡。正如先前提到的，对人类阿尔茨海默病的研究结果支持了神经酰胺产品的效力，即重塑皮肤屏障功能和减轻临床症状的严重程度[53]。植物鞘氨醇是正常皮肤角质层中高浓度自然存在的一种鞘氨醇碱，其局部的应用可以使神经酰胺增加，也可以增强人类皮肤的屏障功能[54,55]。而关于犬的研究还没有被公布。有报道称，该产品已经被用于治疗局部角质化缺陷，例如鼻和脚垫的角化过度和犬、猫的粉刺痤疮。该药也被成功应用于治疗局部的皮脂腺炎。

8. 丙二醇

丙二醇主要被用作溶剂和介质[182]。但高浓度丙二醇（>75%）有时会引起红肿或过敏。在溶入其他药物或化学制剂时，可能会增强药物本身的接触过敏性[183-185]。丙二醇是很好的脂溶剂，可以使皮肤脱脂；然而，其主要的作用可能是使药物更好地渗透皮肤。丙二醇也是十分稳定和有效的抗菌剂，具有抗皮肤真菌及念珠菌的作用。在大多数的皮肤病治疗中，常常用到丙二醇，其使用的浓度是30%~40%。丙二醇是很强效的湿润剂（吸湿），可以促使角质层分离。因此，高浓度的丙二醇适合在角化过度的情况下使用，浓度为75%的丙二醇喷雾制剂能有效抑制皮脂腺炎的发展（见十八章）。

9. 二甲基亚砜（DMSO）

DMSO是一种常见的有吸湿作用的有机溶剂[186]。因为其可以很好地与脂类、有机溶剂及水相溶，所以是很好的药物载体。当这种高浓度的溶剂暴露在空气中时，会吸收空气中的水分而变为浓度为67%的液体。高浓度的溶剂会更加容易穿透皮肤屏障。DMSO可以在5min内穿透皮肤黏膜以及血脑屏障，同时也可以穿透细胞、细胞器和微生物的细胞膜。和大部分的溶剂不同，DMSO在渗透时不会损伤膜结构，它还能促进许多其他物质跨膜吸收，特别是糖皮质激素。从细胞水平上看，DMSO会使融入其中的皮质类固醇的疗效得到增强。

DMSO自身也有很多性能，包括防冻、防辐射、抗局部缺血、抗炎作用（自由基清除剂，减少前列腺素的合成，稳定溶酶体膜）以及止痛作用（阻滞C型神经纤维）。同时它还有一定的抗细菌、真菌、病毒作用，这种作用的大小取决于其浓度（通常为5%~50%）以及溶入其中的有机物。它还有减少纤维素增生的功能。

虽然其作用机制还未明确，但是其纯溶液的全身毒性与致畸作用是比较低的。毒性被认为同使用剂量、给药途径、动物种类以及动物个体的反应相关。因为DMSO能增加经皮吸收的能力，所以含有杂质或与其他药物合用可能会增加其危险性。工业用DMSO绝对不能用于临床，因为其中含有杂质并很可能具有毒性。已知的轻微不良反应包括呼出类似大蒜味的气体，体温升高并有可能同时出现瘙痒（组胺的释放，使水发热）脱水（过多的吸水）。

潜在应用方向包括：皮肤溃疡、烧伤、昆虫叮咬、指间肉芽肿、皮肤移植、开放性创口时的局部应用；减缓肉芽组织的生成以及钙质沉积；以及舔咬形成的肢端皮炎。有一个安全有效的用法，将等量的90%DMSO同Hydro-B 1020（1%氢化可的松以及2%醋酸铝溶液加入丙二醇溶剂中）混合使用。这一用法对于创伤导致的化脓性皮炎和舔咬形成的肢端皮炎有效。加入90%凝胶可以加速解决皮肤钙质沉着（见第十章）。

10. 芦荟

关于芦荟的大部分信息都是未经证实的[187]。芦荟有超过300个品种，由于品种、气候和生长环境不同，其化学成分也有所不同。芦荟、芦荟萃取液、芦荟素以及芦荟萃取物是用不同方法对芦荟进行萃取的最终产物。这些不同的采集或萃取方法会导致最终得到的产品在内容、功能一致性及外观等方面都有很大的差异。同样对这些产品进行比较和各种研究也是不可能的。

芦荟中包含了大量的有机化合物和无机元素：醌类化合物（如蒽、大黄素）、糖类（如葡萄糖、纤维素、甘露糖）、酶（如氧化酶、脂肪酶）、维生素（如烟酰胺、维生素C、维生素E、维生素A）、氨基酸以及矿物质（如铜、锌）。还有一些抗炎特性包括水杨酸、缓激肽酶活性（减少疼痛、肿胀和红斑）、乳酸镁（减少组胺产生）、抗前列腺素以及蛋白酶抑制活性。体外研究表明，芦荟能抑制金黄色葡萄球菌、铜绿假单胞菌、须毛癣菌属的生长。

一些未加证实的报道显示，芦荟对疼痛、皮肤瘙痒、真菌及细菌感染、昆虫叮咬、烧伤、伤口愈合以及生长旺盛的肉芽组织有一定的疗效[187-189]。

11. 千层树油（茶树油）

茶树油是从茶树（互生页白千层）的叶子中提取的[190]。已经被证实具有抗细菌（如血液凝固酶阳性的葡萄球菌）及真菌（如白色念珠菌、须癣毛癣菌）的功能。茶树油是碳氢化合物和萜烯的混合物，在其中发现近100种化学物质成分。抑菌作用的有效成分主要是松油烯-4-醇。已经有研究表明茶树油可以减少耐甲氧西林金黄色葡萄球菌在人体的[191]定殖。茶树油是可用作清洁、治疗和缓解瘙痒的护肤品，在猫、犬等动物的皮肤护理产品市场销售。据说它还具有除臭、保湿以及预防外寄生虫的作用。不适当的或过多地在皮肤上使用茶树油可能会导致出现全身性中毒，症状有多涎、共济失调、虚弱、体温过低以及肝脏损伤。

12. 局部应用遮光剂

大多数小动物有密集的被毛，可保护其不会过多地暴露在阳光下，并且一些大的皮肤有色素可以保护其免受紫外线的伤害。然而，当犬皮肤无色素沉着、被毛稀疏或者无毛时，就有可能会使皮肤暴露在日光下并出现损伤。有一些容易被阳光灼伤的部位包括：白猫的耳尖部位以及一些品种犬无毛的腹部，如斑点犬、拳狮犬、惠比特犬以及

牛头犍。有一些动物会表现为色素的过度沉着，然而另外的一些不会表现色素过度沉着但是有可能会出现皮肤晒伤或日光性皮炎（见第十六章）。在一些暴露时间更长的病例中，会因为日照而出现肿瘤（鳞状细胞癌、血管瘤以及血管内皮瘤）。

防止来自日光的损伤可以采取以下几种方式：从上午10点至下午4点待在室内；将皮肤晒黑（一种色素沉着的过程，温和的棘皮症以及角化过度）；使用局部或口服防晒霜（"口腔防晒霜"）[192]。局部遮光剂的原理分为化学作用或者物理作用。化学作用的遮光剂中含有氨基苯甲酸或苯甲酮，它们会吸收紫外线。这种遮光剂是以乳液或者凝胶的形式涂抹于动物的皮肤表面的。

物理作用的遮光剂材料包括氧化锌和二氧化钛，它们会形成一个不透明层将光线反射和散射。可以选择各种颜色的涂层，主人往往喜欢在鼻子部位使用黑色。同时它们还能防水并且不容易被宠物们轻易去除。局部使用的遮光剂是有防晒系数（Sun Protectuve Facfor，SPF）的。数值在2～4的属于轻微阻断，数值为8～10的会提供十分稳定的保护，数值为15或者更高的则起到隔绝作用。对于动物来说，使用SPF30或更高的、同时具有防水作用的遮光剂是比较合适的。这个数值的选择只能作为参考，因为使用的频率和厚度、温度、湿度、暴露在光下的程度、患犬的敏感度以及其他很多因素都会改变使用的效果。

通常来讲，一天内使用3～4次可以达到最大的防晒效果。光解作用是一个问题，二氧化钛和氧化锌制剂的遮光剂可以抵抗这一作用，并且当不能实现重复上药的时候推荐使用这一类产品[193]。然而这些更加实用的二氧化基和氧化基产品似乎会更容易出现刺激或者接触反应（个人观察，Rosenkrantz）。有一个常见的误解是，当动物舔过使用了遮光剂的部分，那么遮光剂就被舔没了。虽然这对于物理性遮光剂来说是真实存在的问题，但对于化学性遮光剂来说，舔对于它来说是很小的问题，因为这些药物通常会进入皮肤内，联合角质层形成一个保护层。当没有上皮组织存在的时候，化学性保护剂无效（如溃疡）。

防晒产品还有很多其他选择，它们的目的是在日光下防止紫外线的照射，目前只有几家公司在提供这种商品。在一些互联网上的公司可以定制这种产品，在线提供宠物的测量数据，并可制定莱卡材料的紧身衣裤，这种衣服很轻，具有透气性，并且可以提供完整的身体覆盖。

九、物理治疗

使用热、冷、光以及辐射治疗皮肤病并不新鲜，但是需要预先制定更加具体和有效的治疗方案。在这一章的最后将冷冻、热、电疗以及激光技术归为外科技术中。

（一）光化学疗法

光化学疗法使用光波来激发或者增加光敏药物的效

力，选择性地对肿瘤细胞产生细胞破坏作用。光敏药物主要积聚在肿瘤细胞内，并且在有光进行刺激时变成激活状态。激活的药物分子回复到基态的方法之一是其将能量直接传递至细胞的氧分子，从而在肿瘤细胞内部组成中产生出高反应性的单态氧分子，这就破坏了肿瘤细胞的结构，从而导致细胞死亡。血管和直接的细胞损伤可以导致肿瘤的破坏[194]。激活的分子同时也可以将能量传递给中间分子，这些中间分子会和氧反应产生自由基[195]。兽医用药监管局用这些标准对局部和全身光动力药物治疗进行评价。最初用于兽医的药物是一种血卟啉衍生物卟吩姆钠［Photofrin-V（QLT PhotoTherapeutics Inc.）］[195]。相比周围的正常细胞，药物对肿瘤组织的亲和力更大。

光敏药剂包括5-氨基乙酰丙酸，苯二甲蓝染料，5-乙氨基-9-二乙氨基苯甲酰基吩噻嗪氯化物，焦脱镁叶绿酸-α-己醚，以及元四（羟基苯基）二氢卟酚被用于治疗动物的各种肿瘤，尽管通常使用的是血卟啉衍生物，其激活波长为630nm[196,197]。光敏药物必须限制在癌细胞内起效。对于长期光敏治疗有一个缺点，即使光敏药物可以很快地从血清中清除，但是却会在皮肤内保留1~2个月。所以动物需要远离阳光2~3周。在应用的部位会出现水肿、红斑和坏死等不良反应[196]。新一代的光敏剂是卟啉的产物，据报道其皮肤侵袭光敏作用更小，并且会对治疗中使用的光波吸收更好[198,199]。局部应用光敏药物5-氨基乙酰丙酸同样可以避免治疗后的全身性光敏性[200]。光源通常使用激光，这是非常昂贵的，但是其他不昂贵的光源也是可以的，比如电池供电的和便携式发光二极管（LEDs）[201-203]。光的有效范围只能到达从表面往下几个细胞层，除了红外光可以穿透1~2cm的深度。一些实质性肿瘤可以通过一个19G针头穿入到肿瘤中合适的部位，中间穿过一个光纤激光进行治疗。治疗会持续20~30min，重复进行照射也没问题。需再次指出的是，应根据不同类型的光敏药物来选择治疗后的避光方法（2~4周）。大约有50%的肿瘤会出现完全应答，有超过30%的肿瘤出现部分应答[195]。可以得到很好治疗效果的包括恶性黑色素瘤、纤维肉瘤、肥大细胞瘤、釉质瘤以及滑膜细胞肉瘤的病例。在鳞状细胞癌、恶性腺瘤、平滑肌肉瘤以及血管外皮细胞瘤上会发生混合应答。这种治疗形式已经在一些治疗猫鳞状细胞癌的研究中进行了评估。大部分的研究也表明，这个疗法对于早期的浅表病灶（低分级）有很好的效果，在深层且级别更高的病灶上成功率较低[197,200,201,204,205]。在人医领域，局部的光动力学用药，例如（氨基乙酰丙酸）被用来治疗各种皮肤肿瘤（如日光性角化症、基底细胞癌、原位鳞状细胞癌、皮肤T细胞淋巴瘤）、牛皮癣以及痤疮。最近的光动力学治疗被应用于光子嫩肤[206,207]。

对于犬、猫，局部应用光动力药物的评估是有限的。有两项研究着眼于其在治疗猫浅表的鳞状细胞癌上的作用。在第一项研究中，13只猫局部使用5-氨基乙酸丙酸（5-ALA），并使用高强度红光射线（峰值波长为635nm）照射治疗。在使用了单一治疗之后，在10例是鼻面病灶的病例中有9例有明显效果，对2例是耳郭病灶的1例以及1例是眼睑病灶的病例产生效果。使用单一光动力疗法的病灶总体应答率为85%。在出现了完全应答的11例中有7例（63.6%）在之后出现了复发；复发的时间范围为19~56周（中位数为21周，平均为26.7周）。在第二项研究中有200只猫，对其中55只猫的皮肤浅表性鼻面鳞状细胞癌局部使用5-ALA之后应用高强度红光射线（峰值波长为635nm）。猫出现应答的比率为53/55（96%），其中完全应答率为47/55（85%），部分应答为6只（11%）。使用单一疗法的猫中，47只出现完全应答，其中24只（51%）出现了复发，复发的中位时间为157d。22只进行了重复治疗，在1146d的中位随访时间内，23只（45%）无病存活，17只（33%）由于肿瘤复发而进行了安乐术，11只（22%）由于其他原因进行了安乐术。对于猫鼻面鳞状细胞癌的治疗安全、耐受性良好并且有效。尽管最初反应率高，但是这个治疗手段在所有的病例中并未彻底消除病症或者实现治愈[208]。

（二）高热

局部电流场射频通常用来在局部表面区域产生足够的热量使组织坏死。有两组研究使用温度为50℃的高温射线在猫的局部皮肤表面照射30~60s来治疗猫的肿瘤[209]。控制热量只作用于肿瘤及其周围2~3mm的正常组织。对于直径小于5mm、深度小于2mm的病灶效果非常好。在这些病例中，接近70%的肿瘤完全消退，还有另外的20%部分消退。对于更大的肿瘤效果相差很多。猫的鳞状细胞癌、纤维肉瘤以及犬肛门腺瘤都获得了有利的反应。没有严重的不良反应出现。这一治疗不可用于耳郭，因为可能会导致坏死以及蜕皮。这种形式的治疗通常会结合手术、放疗或化疗，对于各种类型的肿瘤治疗都是很理想的[210]。在一项报告中，局部使用射频加热结合全身应用异维甲酸来治疗无毛犬由于慢性日光损伤导致的皮肤多发性鳞状细胞癌。在治疗过程中，4个浅表的肿瘤在组织学及临床上完全消退。两个更大更深的肿瘤表现出临床上的消退，但并未发生组织学的清除。这是一个联合治疗很好的案例，两种治疗分别都具有抗肿瘤效果联合治疗，可以叠加增强效果。然而也不能排除借热对肿瘤细胞造成的损伤，这种损伤可能导致对肿瘤抗原或其他过程的维甲酸介导的免疫应答增强，从而导致癌细胞的消退[211]。

（三）放射治疗

放疗在治疗皮肤肿瘤上有十分显著的疗效，并且曾经被认为是治疗猫无痛性溃疡以及犬舔咬性皮炎这类难治的疾病的最后治疗手段。因为并不是所有细胞对射线都有一样的敏感度，所以对于射线要有所选择。使用放疗治疗不同的肿瘤（包括肥大细胞瘤、鳞状细胞癌、指／趾部的肿瘤、耳道的肿瘤、皮肤附属物的肿瘤、乳腺肿瘤、浆细胞瘤、皮肤黑色素瘤、皮肤血管肉瘤以及性传播肿瘤）会有可变的效果[212,213]。分裂迅速的细胞（如癌细胞、毛乳头的基底细胞以及血管内皮细胞）相较于皮肤其他部位的细胞更易受损。X线束通过铝或铜板滤过，可移除会穿入深层组织的短波射线。当电压设为80V，安装0.5mm铝片于X线管口用于滤过，得到波长较长、低能的X射线（短波射线）的能量，在其射到铝板后被耗损，不再伤害到病患。

在对病例进行放疗之前，临床上有几点必须明确：

· 可能有明显疗效，并且潜在的危险较小。
· 如果更加安全的治疗方法无效，放疗或许是可供选择的治疗方案。
· 治疗的相关费用是可接受的。
· 治疗的次数和频率是可接受的。
· 正确、安全的设备，并且可以做到以下几点：
　－ 可以按准确的剂量照射。
　－ 病例可以麻醉或保定，在没有人员的情况下进行治疗。
　－ 对不应受辐射的部分进行适当的遮蔽。
· 病例记录备查。

如果这几点都可以做到，那么就可能会考虑进行放疗。在对这样的病例进行放疗之前，还要听取放射专家的建议。

十、系统性疗法

（一）抗炎药物

实践中，经常表现出一种不是微生物性或者细菌性的瘙痒或皮炎。然而，通常在很多瘙痒和炎症疾病上又会同时继发第二次细菌感染，消除或控制继发的二次感染是十分关键的。在其他情况下，尽管具体原因已经明确（如疥疮），但还是需要使用止痒剂或抗炎药物。全身应用糖皮质激素对于这一类病例以及许多过敏性疾病有很好的效果；对于频繁发生的严重不良反应，寻找代替药物或方法可以避免或减少糖皮质激素的使用[214-218]。

选择非甾体类抗炎药的原因包括：①不能承受的急性或慢性糖皮质激素不良反应；②免疫抑制的病例（如患有猫白血病或感染猫免疫缺陷病毒的猫）；③传染病患畜（病毒性、真菌性以及细菌性）；④患有禁忌使用糖皮质激素的疾病（糖尿病、胰腺炎、肾脏疾病以及肿瘤）；⑤宠物主人不愿意对他们的动物使用糖皮质激素。可以使用各种无关的非类固醇类药物。

许多研究都着眼于糖皮质激素的替代药物。对瘙痒并无什么好处的药剂包括阿司匹林[219]、强力霉素[220]、罂粟碱[220]、维生素C[221]、锌[222]，以及联合使用四环素和烟酰胺。最近的一次回顾性研究已经公布了从1980年1月至2007

年12月的随机对照试验中报道的局部或全身干预来治疗或预防犬特应性皮炎的疗效，作者发现了局部使用塔罗利姆、局部使用曲安西龙、口服环孢菌素、皮下注射重组γ干扰素以及皮下注射特殊抗原的免疫疗法，以上几种方法在可减少AD患犬的瘙痒或者同时减少皮肤损害。一个高质量的随机对照试验显示，通过口服给予必需脂肪酸可以减少近一半的泼尼松龙的使用量[223]。

本章的系统性疗法将会包括脂肪酸、己酮可可碱、维甲酸、环孢菌素、糖皮质激素、干扰素以及褪黑素。因为抗组胺功能主要表现在治疗变态反应疾病，所以与其相关的内容都包含在第八章。精神治疗药物对于治疗瘙痒过敏有一定效果，主要用于治疗精神性的疾病，这些内容都包含在第十五章。

（二）脂肪酸

脂肪酸是一端有甲基组的长碳链。不饱和脂肪酸有多个双碳链。其方程式用于确定脂肪酸的碳原子数、双键的数量，然后是从甲基端开始的第一个双链的位置。因此，对亚油酸的分子式（18:2N-6）表示其有18个碳原子和2个双键，其中第一个双键在从甲基端开始的第六个碳原子上[224,225]。

在远离甲基端的第三个碳原子上出现第一个双键的脂肪酸属于Ω-3（N-3）系列。Ω-6系列的多不饱和脂肪酸的第一个双键在从甲基端开始的第六个碳原子上。犬、猫不能合成这两个完整的脂肪酸系列。因此应该在日粮中添加18-C分子（亚麻酸和亚油酸）。这就是称它们为必需脂肪酸的原因。对于犬皮肤稳态最重要的EFAs是亚油酸（18:2N-6）和α-亚麻酸（18:3N-3）。而对于猫，花生四烯酸（20:4N-6）也是一个EFA。在动物体内双高-γ-亚麻酸（DGLA）（20:3N-6）和二十碳五烯酸（EPA）（20:5N-3）可以分别由亚油酸和亚麻酸合成[224,225]。

脂肪酸的合成包含了各种脱氢酶将双链插入到碳链中的过程。另外延伸酶可以将额外的碳原子添加到现有的碳链上。这些特定酶在于不同群体或物种中各不相同，且其在个体的某种疾病中的作用可能是不一样的[224,225]。

关于这个观点最好的例子是在过敏性患者中的Δ-脂肪酸脱氢酶缺乏，他们的皮肤中也缺乏该脱氢酶。因此，当亚油酸、γ-亚麻酸（18:3N-6）或DGLA聚集在局部的时候，它们不能被代谢成花生四烯酸。DGLA会和花生四烯酸争夺环氧合酶和脂氧合酶。除了其对代谢副产物的影响之外，这种竞争性抑制作用被认为是脂肪酸疗法的抗炎机理，脂肪酸疗法一般通过调节白三烯和前列腺素的合成比例以及其活性来实现的[224,225]。

代谢副产物在促进或抑制炎症中有重要的作用。尤其是对于花生四烯酸的代谢。花生四烯酸以未激活的形式储存于细胞内，直到被磷脂酶A2释放才发挥作用。花生四烯酸可以在参与超敏反应（肥大细胞、中性粒细胞、嗜酸性粒细胞、淋巴细胞、单核细胞、巨噬细胞、角质细胞和血管内皮细胞）的很多类型的细胞中进行代谢。前列腺素对于皮肤的作用包括改变血管通透性、血管活性物质（如组胺）的促进作用、调整淋巴功能以及疼痛和瘙痒的促进剂。前列腺素和白三烯会相互促进。白三烯对皮肤的效果是改变血管通透性、激活中性粒细胞、改变淋巴的功能，并引起强烈的中性粒细胞和嗜酸性粒细胞的趋化反应。通过使用共享的酶系统去竞争性地抑制这些物质来操纵脂肪酸的代谢似乎是可能的[224,225]。

脂肪酸控制瘙痒的功能可能的机制包括抑制花生四烯酸的代谢机制和在脂肪酸代谢时改变脂肪酸代谢副产物。造成瘙痒的物质通常含有γ-亚麻酸和EPA其中的一种或两种。γ-亚麻酸在夜来香、琉璃苣和黑加仑油中浓度相对高。当它被延长为DGLA后，可以作为环氧合酶和15-脂氧合酶的底物直接和花生四烯酸进行竞争。DGLA代谢的结果是形成前列腺素E1和15-羟基-8,11,13-二十碳四烯酸，这两者都被认为具有抗炎效果[224-226]。

EPA通常由冷水的海洋鱼油或磷虾油提供，同时它也作为环氧合酶、5-脂氧合酶和15-脂氧合酶的竞争底物。EPA也可以通过α-亚麻酸转化成EPA和二十二碳六烯酸（DHA）而获得。α-亚麻酸的一个很好的植物来源是芡欧鼠尾草种子和亚麻仁（或亚麻籽），其中后者在很多营养补充产品中都有。脂氧合酶对EPA的代谢导致了白三烯B5和15-羟基二十碳四烯酸的形成。这两个产物被认为具有抑制白三烯B4的功能，其中白三烯B4是一个有效的炎症介导因子。该机制经过White的验证[226]，并且图3-3给出了γ-亚麻酸、EPA和花生四烯酸的相互作用。

富含N-3（Ω-3）脂肪酸的日粮会减少迟发型超敏反应，降低前列腺素E2的生产，并导致老龄比格犬在接种疫苗后总淋巴细胞计数增加[227]。一个富含Ω-3脂肪酸的日粮对于伤口愈合期的犬没有长期的不良影响[228]。

检测显示干性皮脂溢患犬的皮肤亚麻酸水平异常的低[229]。但这些犬的皮肤油酸含量却很高。当出现亚麻酸相对缺乏的时候，油酸被认为在磷脂膜中是可以被取代的。但是在脂溢性患犬中血清亚油酸水平是正常的，并且这些犬没有接受缺乏必需脂肪酸的日粮。尽管其血清水平正常，然而口服葵花油的治疗方法仍然会改善皮肤的异常情况。在日粮中添加含有78%亚油酸的葵花油，用量为1.5mL/（kg·d）[229]。红花油是亚油酸的另一个很好的来源，其推荐用量为0.5mL/（kg·d）[226]。

既然日粮中亚麻酸对于皮脂溢患犬的价值已经得到公认，那么临床医生就有义务及时提醒相关畜主。另外在日粮中添加亚麻酸来源也是有可能的，应该考虑对犬粮进行适当的处理。过度烹调的食物中亚麻酸水平可能会降低。

大多数商品化日粮含有足够的亚麻酸，尤其是对于高端商品化的日粮和为关节疾病设计的日粮。在某些情况下，日粮可能不含有最佳和足够的亚麻酸，可以通过在每240mL

干犬粮中添加5mL（1茶勺）葵花油或红花籽油来进行补充。这对于消化不良、吸收不良或脂肪酸代谢异常的病例可能没有效果。有趣的是，已有研究表明脂肪酸在不同年龄和品种动物体内的代谢可能会影响它们对日粮的反应[230]。

正如前面所讨论的，脂肪酸是正常日粮的重要组成部分。通过控制总日粮中Ω-6和Ω-3的相对水平，可能会抑制中性粒细胞和其他器官的炎症介导因子的发展。两项研究表明，当Ω-6和Ω-3的比例为5:1时，得出相似的结果，其中超过40%的AD或过敏性瘙痒患犬表现出良好的效果[231,232]。

用于治疗瘙痒性炎症疾病和结痂疾病犬、猫的物质是多种开放和对照研究的一个方面[266,233-240]。一般来说，该方法在治疗与瘙痒和炎症有关的多种疾病中（尤其是过敏），已经获得了一些成功。

补充营养品可以明显地改变血浆和皮肤中的脂肪酸浓度，但是这种方法并不总是与临床改善相关。在一项研究中，在一个随机双盲试题中对29只患有非季节性AD的犬给予含1 000mg亚麻油的胶囊，每粒胶囊（3V胶囊）含180mgEPA和120mg DHA，或者用矿物油作为安慰剂胶囊，每5kg口服一个胶囊，每日1次，10周为1个疗程。这些犬在给予药物前后由主人或者临床医生使用临床评分系统进行评分。在进行10周治疗的前后采集血液样本和胸侧部的皮肤活组织切片进行检查。在补充前后计算每只患犬每日摄入的Ω-3和Ω-6脂肪酸量。用气相色谱法对亚油酸、α-亚麻酸、花生四烯酸、EPA和DHA在血浆和皮肤中的含量进行了测定。在补充3V胶囊后，血浆中α-亚麻酸和EPA明显增加（P值分别为0.016 5和0.004 2），但它们在皮肤中的含量没有变化。在补充亚麻油后α-亚麻酸的浓度增加（P=0.022 6）。补充3V胶囊的犬的血浆花生四烯酸水平出现下降（P=0.002 9）且会明显地改变血浆和皮肤的脂肪酸浓度。然而对于所有脂肪酸来说，患犬的临床表现与血浆和皮肤中的脂肪酸浓度没有明显的相关性[241]。

尽管有一些针对AD患犬使用口服EFAs并获得成功的报道，但是有一篇文章对20篇口服EFA或使用富含EFA的日粮的不同的报道进行综述。其作者仍然认为没有足够的证据去支持或反对使用必需脂肪酸来控制AD患犬的临床症状。作者的结论是，针对所有具有相同饮食的研究对象的盲选随机对照试验，至少应持续3个月，才能获得是否有疗效的证据[242]。在另一个随机对照试验综述中[223]，只有一个高质量的试验表明口服补充EFA会减少接近一半的强的松龙的用量[243]。在该文献中没有其他的符合作者建立的高质量标准（只补充脂肪酸的随机控制试验）[223]。

关于补充EFA的好处的争论仍未结束，然而最近更多的没有包含在上述综述中的对照研究表明，补充EFA和用高EFA日粮具有很好的效果。最近的焦点似乎集中在高EFA日粮上。不同商品化粮的脂肪酸类型、浓度和质量的差异都非常大[244]。对于正常的犬，每日补充EFA或食

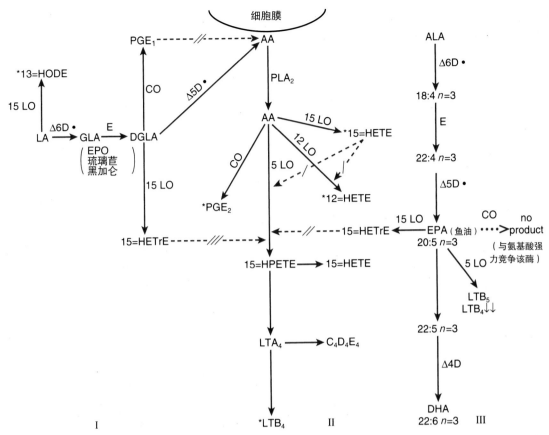

图3-3 Ⅰ. N-6 N-6脂肪酸代谢产生抗炎类花生四烯酸　Ⅱ. 花生四烯酸串联产生促炎性花生酸　Ⅲ. N-3脂肪酸代谢产生抗炎性花生四烯酸　15=HETrE，15=羟基-8,11,13-二十碳三烯酸；13=HODE，13=羟基十八碳二烯酸；AA，花生四烯酸，ALA，α-亚麻酸；CO，环氧酶；Δ6D，Δ-6-脱氢酶；DES，脱氢酶；DGLA，双高-γ-亚麻酸；DHA，二十二碳六烯酸；E，延长；EPA，二十碳五烯酸；EPO，夜来香油；GLA，γ-亚麻酸；HEPE，羟基二十碳四烯酸；HPETE，过氧羟基二十碳四烯酸；HETE，羟基二十碳四烯酸；LA，亚油酸；LO，脂氧合酶；LT，白三烯；PG，前列腺素；PLA2，磷酸酯酶A2。*是指花生四烯酸在炎症性皮肤病中衍生出的类花生酸；→是指类花生酸抑制剂或抗炎性花生四烯酸（斜线的数量代表了抑制的程度）（摘自White P: Essential fatty acids: Use in management of canine atopy. Comp Contin Educ 15:451, 1993. ）

用高EFA日粮（特别是那些富含Ω-6必需脂肪酸的亚油酸）通常会导致和TEWL减少有关的被毛质量和光泽的提高[245,246]。在两个研究中，对过敏犬使用富含EFA的日粮，分别使用美国狄加皮肤关节处方粮[247]和希尔斯d/d皮肤粮（希尔斯宠物营养）[248]两种犬粮，据报道两种犬粮都能使被毛质量提高。在其他关于过敏犬的盲选对照试验中，从CADESI和瘙痒视觉模拟评分，可以看出Ω-3脂肪酸的优点。一项研究表明，实验组的瘙痒分数较对照组的分数低53%，而相对于对照组中31%的患犬有效果，实验组有54%的患犬得到了改善[249]。另一个评估4种犬粮的研究表明，其中最有效的犬粮是鱼和土豆-基础日粮（优卡皮肤病的F/P宝洁），在使用8周后它可以使CADESI分数从22.5减少到5.5，而PVA分数从3.2减少到2.3[248]。有1/3研究还表明，以鱼和土豆为基础的高脂肪酸商品化犬粮〔Eukanuba Veterinary Diets Dermatosis FP Canine Dry Formula（宝洁）〕比自制的以鱼和土豆为基础的犬粮更有效[250]。另外高水平的Ω-3脂肪酸且额外补充泛酸、胆碱、烟酰胺、组氨酸和肌醇的皇家护皮犬粮，可能会改善皮肤和被毛质量。当以补充浓度给予这些成分的时候，正

常犬的TEWL会减少[11]。然而，将脂肪酸用于治疗AD或慢性瘙痒疾病的效果的研究还没有完成。

目前，许多高端处方日粮含有高水平的必需脂肪酸。一些犬粮的脂肪酸含量比通过口服补充商品化脂肪酸胶囊或液体获得的量还要高[251,252]。在针对关节疾病的犬日粮配方中必需脂肪酸含量最高的，如皇家关节处方犬粮和希尔斯的J/D犬粮，它们都含有很高的EPA、α-亚麻酸和其他Ω-3脂肪酸水平。对于皮脂溢患犬，这些日粮在减少鳞屑和鳞片方面有显著的效果，并且有助于减少过敏犬的瘙痒。对于皮脂溢患犬和过敏犬，当没有使用高脂肪酸含量的犬粮时，补充额外的必需脂肪酸可以改善临床症状。

另一个仍需了解的事情是将脂肪酸和其他元素，如维生素、矿物质和辅酶因子混合应用的意义或效果。一些制造商和作者[253,254]声称正确地联合应用辅酶因子会使效果最大化。为了确认该声明和确定尚未提出的最重要的辅酶因子是什么而进行了对照研究。在一个双盲研究中，含有辅酶因子的脂肪酸产品的效果与不含有辅酶因子的产品的效果没有差异[255]。另一个配方声称通过胶束形成等技术可以提高脂肪酸吸收。此外，这需要进行对照研究。

关于动物需要使用脂肪酸产品或高脂肪酸日粮多长时间才有疗效还没有明确的规定。虽然有一些犬和猫在1～2周的时候会有很好的反应，但是一个充分的治疗试验可能有必要进行9～12周。

补充脂肪酸的风险和不良反应很小。最严重的不良反应（虽然很少但也是有的）是胰腺炎[256]。剂量过大时，体重或腹泻可能会增加。如果使用含鱼油的补充剂，一些畜主反应宠物会有一种难闻的气味或打嗝（"鱼呼吸"）现象增加。无论怎样，在使用的时候一定要注意。已经有关于脂肪酸补充剂会加重胰腺炎的报道[256]，并且给猫饲喂过多的脂肪会发生皮肤黄色瘤[257]。肥胖是高脂肪酸日粮和补充脂肪酸面临的一个问题。腹泻并不常见。使用高Ω-3脂肪酸日粮时，有一些关于血小板异常和凝血异常的担忧，但是目前的研究还不支持这种假说[258]。

（三）己酮可可碱

己酮可可碱［循能泰（安万特制药）和非专利药物］是一种甲基黄嘌呤衍生物，它会在细胞水平上产生各种生理变化[259,260]。免疫调节和流变学影响包括增加白细胞变形能力和趋化性，减少血小板聚集，降低白细胞对IL-1和TNF-α的反应，减少巨噬细胞产生TNF-α，减少IL-1、IL-4和IL-12的产生，抑制T、B淋巴细胞的活化和降低自然杀伤（NK）细胞活性。据报道它也有抑制T细胞黏附在胶质细胞上的功能[260,261]。在人医上，在治疗外周血管性疾病、血管炎和接触性过敏反应的时候这些影响是有益的。

己酮可可碱也已经被用于各种炎症疾病，如渐进性坏死，环状肉芽肿，褐皮花蛛咬伤[262]。该药物还会通过增加胶原纤溶酶和降低胶原、纤维蛋白以及黏多糖的产生而影响伤口的愈合和结缔组织疾病。正因为如此，它在人医上被用于治疗硬皮病[262]。己酮可可碱在兽医临床上已经被用于治疗犬的家族性皮肌炎[263,264]、过敏接触性皮炎[265]和犬的AD[265a,266-268]。传闻和病例报告表明它在治疗耳郭血栓性坏死、耳缘皮肤病、血管炎、狂犬疫苗相关性脱毛[269]、红斑和中国沙皮犬的自发性黏多糖增多症方面有很好的效果（图3-4，A～D）。其他报告表明，己酮可可碱对犬狼疮性甲床炎[270,271]、皮肤水疱型红斑狼疮、上皮性红斑狼疮[272]，肢端舔咬性皮肤病、灰猎犬的血管病变和德国牧羊犬的跗骨瘘管等疾病可能有效。

市面上有剂量是400mg的己酮可可碱包衣片剂，推荐的剂量为10mg/kg，每8h 1次。有报道称20mg/kg，按每8h 1次到30mg/kg，每12h 1次使用会更有效。一项对11只皮肤病患犬的研究表明，该药物对于所有犬都有良好的效果，但其所需的平均剂量为（46.5±8）mg/kg，每12h 1次，并使用4～20周才能看到效果，其有效的平均时间为6周[273]。一项对犬的药物动力学研究表明，要达到人的治疗浓度（1 000ng/mL）并持续510min（+85min），30mg/kg的口服剂量应该是有效的。因此建议在该治疗剂量下，每12h给

药1次可能是有效的[274]。然而，也要注意其生物利用度为25%~75%。由于没有进行比较研究，另一个问题是通用形式药物的使用，但也有研究指出商标名为Trental的药物（赛诺菲-安万特公司）效果更好。

好的效果可能需要1～3个月，之后根据起始量的多少，剂量可以逐渐减少每12h 1次或每24h 1次。某些情况下，需要每8h给药1次来维持效果。

一般情况下，对犬来说任何用药频率都不会有严重的不良反应。呕吐、腹泻、头晕、头痛是被主要关注的问题，而且人类的这些反应是和剂量有关的。据报道，有2只使用己酮可可碱的犬出现了红斑[275]。正因为该药物是被用来治疗多形性红斑的，并且该药对有的病例效果很好，所以该药物导致犬类产生红斑的报道特别令人关注。

（四）合成维甲酸

维甲酸是指所有天然的或合成的具有维生素A活性的化学物质。合成的维甲酸主要为视黄醇、视黄酸或视黄醛的衍生物或类似物。已经有超过1 500种合成维甲酸被开发和评估[154,276]。维甲酸通常分为第一代（例如，维甲酸、异维甲酸）、第二代或单芳族（例如，依曲替酯、阿维A酸）和第三代或多环芳烃（例如，阿达帕林、他扎罗汀、贝沙罗汀）[176,277-279]。

即使都属于合成维甲酸，但不同合成类药物可能有极其不一样的药理学效果、不良反应和适应证。不同类型的受体、二聚体、反应元素和中间蛋白的存在意味着维甲酸的生理功能是由多通路介导的。能激活多个通路的非选择性维甲酸可能和不良反应的高发生率有关系[280]。所有对于维甲酸的研究，在不久的将来无疑将有许多新的发现和应用。到目前为止，由于人用药的监管和监督，因此在小动物上使用这些药物的阻碍是花费和如何获得这些药物。

天然的维生素A属于醇类物质，是一个全反式视黄醇。它在体内被氧化成视黄醛和视黄酸。虽然这两个化合物在诱导和维持正常角质细胞的生长和分化上具有重要作用，但它们都具有可变的代谢和生物活性。只有视黄醇具有维生素A所有已知的功能。

在兽医皮肤病临床上最常用的两种化合物是：异维甲酸（13-顺式视黄酸），它是视黄醇的自然代谢产物［Accutane（Roche），Claravis（Barr Laboratories）］，异维A酸［（Genpharm Inc.），Sotret（Ranbaxy Laboratories Inc.）］和依曲替酯（一种合成维甲酸）［Tegison（Roche）］。依曲替酯无法再获得，但是由于阿维A酸已经替代了它使用，且依曲替酯的效果受到了怀疑，因此有关其使用的报告将会进行讨论。阿维A酸［Soriatane（Roche）］是依曲替酯代谢活性产物中的羧基酸。由于阿维A酸的半衰期只有2d而依曲替酯的半衰期有100d，因此阿维A酸的毒性更小[281,282]。

维甲酸进入细胞并被运输到细胞核，通过与特定的基

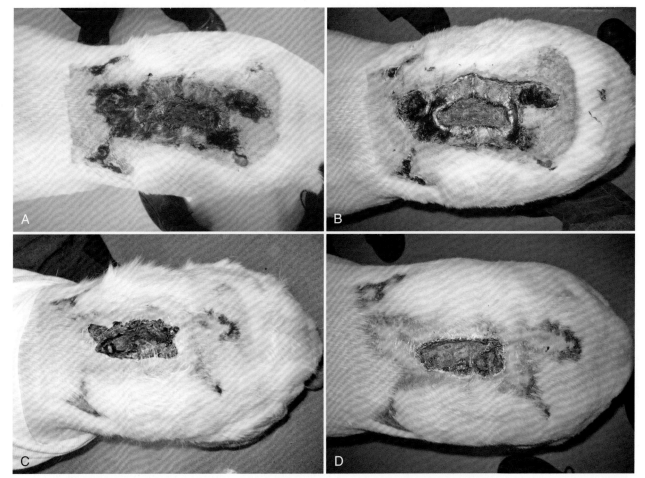

图3-4 **A.** 严重的深部坏死性血管炎患犬在使用己酮可可碱预处理前的图片 **B.** 使用己酮可可碱4周后的图片 **C.** 使用己酮可可碱8周后的图片 **D.** 使用己酮可可碱12周后的图片

因调控受体发生相互作用而产生疗效。天然维生素A通过首先结合到细胞膜上然后通过特殊蛋白、细胞内视黄醇结合蛋白和细胞内视黄酸结合蛋白运输到细胞质中而在细胞水平上发挥作用。细胞核的维甲酸受体分子通过细胞核转移维甲酸。

有两个主要的核受体家族：维甲酸受体家族和维甲酸X受体家族（RXR）[278,279,283]。每个家族都至少有三名成员，即：总计至少有六个不同的核受体。这些受体可以作为异二聚体、同型二聚体工作，或与其他核受体（如维生素D3和甲状腺素核受体）相结合而发挥功能。核受体和视黄醇形成复合体然后与特定区域的目标基因结合并改变基因的转录。维甲酸可以具有竞争活性，但它同时也是中性拮抗剂和反拮抗剂[169]。维甲酸发挥功能的另一种机制是通过抑制其他核转录因子，而导致产生更少的其他蛋白质。这被认为是其具有抗炎效果的一个机制。

一些不同的组织和个体对于不良反应的敏感性可能和靶细胞中细胞内和细胞核结合蛋白的相对和绝对水平有关。一旦这些基因发生改变，这些细胞的生长和分化就会通过改变其生长因子、角蛋白和转谷氨酰胺酶的表达而发生改变[278]。另一个和对上皮结构的抗炎作用有关的方法是下调亚硝酸盐和TNF-α[284]。

所有的维甲酸都具有效果不同的抗增殖、抗炎和免疫调节作用。由于其众多的药理作用，在人医上维甲酸被用于治疗许多的疾病。其中包括如痤疮、革兰阴性毛囊炎、汗腺炎、化脓性银屑病、鱼鳞病、多种形式的牛皮癣、多种皮肤肿瘤、表皮色素痣、角层下脓疱皮肤病、盘状红斑狼疮、扁平苔藓、皮肤结节病、毛囊角化病和黑棘皮病等多种疾病[278,277,283,285,286]。维甲酸的生物效应是众多的，但它们调节细胞增殖、生长和上皮组织分化的能力是其在皮肤科的主要功能[284]。但是，维甲酸也会影响蛋白酶、前列腺素、体液免疫和细胞免疫、细胞黏附和细胞交流[278]。在过去，维甲酸经常不能缓解或完全缓解皮肤瘤的症状而且持续时间短，因此它的效果是令人失望的[211]。然而人医的研究表明，在皮肤性T淋巴细胞瘤的整个发展过程中，使用一种新的RXR选择性维甲酸兴奋剂贝沙罗汀（塔革雷汀）会有更好的效果[166,167,283,285]。维甲酸还会通过刺激成纤维细胞产生各种化学物质（如TGF）来促进伤口的愈合[286]。

异维甲酸一般用于治疗附件结构，对一些表皮性疾病可能会有效。在兽医皮肤病临床上已经报道的使用异维甲酸有效的疾病包括：雪纳瑞粉刺综合征、皮脂腺炎（尤其在贵宾犬和维希拉猎犬或短毛品种犬疾病的早期）、鱼鳞病、猫粉刺、趋上皮性淋巴瘤、漏斗部角化棘皮瘤、皮脂腺增生和腺瘤[154,276,287-289]。异维甲酸对于可卡犬和巴吉度猎犬的原发性先天性皮脂溢以及西高地白㹴的表皮发育不良没有效果[288]。在治疗猫的鳞状上皮癌和癌前期的病变也是没有效果的[154,276,287-290]。

异维甲酸的给药剂量通常是1~3mg/kg，每24h 1次，并且必须与食物同时服用，否则影响其吸收[287,288,291]。异维甲酸对犬、猫的毒性似乎比对人的毒性小[154,276,288]。对于犬，结膜炎、多动、瘙痒、脚垫和皮肤黏膜交界处红斑、僵硬、呕吐、腹泻和角膜结膜炎都可能发生。一些疾病实验室检查异常一般与临床症状没有关系，这些疾病包括高甘油三酯血症、高胆固醇血症和丙氨酸氨基转移酶、天门冬氨酸氨基转移酶和碱性磷酸酶水平升高[154,276,287,288]。对于猫，结膜炎、腹泻、厌食和呕吐是主要的不良反应[154,276,287,288]。由于停药或药物剂量减少，这些不良反应持续时间短，且呈自限性经过。如果长期使用药物，包括皮质增生、鼓膜钙化和长骨骨质脱钙在内的骨骼异常都是需要关注的[154,276,287,288]。所有维甲酸都有很强的致畸的不良反应[278,288]。

依曲替酯可用于上皮、毛囊发育或角化异常的疾病。最常见的是每24h给予1mg/kg的依曲替酯[288]。据报道，它对于可卡犬、史宾格犬、金毛巡回猎犬、爱尔兰雪达犬和一些杂种犬的原发性先天性脂溢性皮炎有效[154,276,287,288]。而对于西高地白㹴、巴吉度猎犬或柯利牧羊犬没有效果[154,276,287,288]。然而，在西高地白㹴继发的马拉色性皮炎得到控制之后，作者发现依曲替酯的一些局部效果。依曲替酯对皮脂腺炎也可能有效[276,288]。一个针对30只患有皮脂腺炎患犬的研究表明，依曲替酯和异维甲酸一样有效（约对50%的病例有效），而且就效果而言没有任何品种特异性[287,288]。对于某些病例，一种维甲酸无效而另一种维甲酸就有效。

据传闻依曲替酯对鱼鳞癣也有效。据报道依曲替酯对犬的日光性皮肤病和鳞状细胞癌有改善[276,288,292]。它对毛囊发育不全如颜色变浅脱毛也有疗效，可能通过减少脱毛和促进部分毛发生长而发挥作用[293]。虽然似乎异维甲酸对漏斗部角化棘皮瘤的效果更好，但依曲替酯对它可能也有效果。人医认为阿维A酸和依曲替酯效果一样，而阿维A酸已经不再使用。许多先前的报道指出，依曲替酯在治疗犬、猫疾病的成功表明阿维A酸对于疾病也将是有效的。阿维A酸的剂量是每24h给药0.5mg/kg。作者（WR）使用了更高的剂量，即每24h给药1次，剂量为1~2mg/kg。据报道对一只鲍温样癌患猫使用阿维A酸，结果是有效的，但其用药剂量不明确[294]。阿维A酸［Soriatane（Roche）］必须和食物一起给予，否则它的吸收可能受影响[295]。

合成类维甲酸的监测包括产品预处理的检测、血象、化学特性和尿液分析。这些检测需要在1~2个月内重复进行，而且如果没有发现问题，这种重复也只能被视为是必须的[276,287,288]。

甘油三酯水平增加的经验表明，当动物接受低脂日

粮的时候它们的甘油三酯就会变得正常，因此建议给予这些犬阿维A酸，这可能对改变该日粮后的犬有好处[276,287,288]。阿维A酸的半衰期更短，而且不容易储存在脂肪中；因此，它潜在的治疗后致畸性更小[278]。然而在人医上，有一些阿维A酸会转换为依曲替酯，会对人体产生一些风险（虽然可能很少）。作者的经验是对动物使用阿维A酸会受到限制，但不良反应的发生率似乎比在人类中看到的更少。潜在的不良反应可能包括的问题和依曲替酯产生的不良反应相类似，包括厌食、呕吐、腹/足垫开裂、瘙痒、腹部红斑、多饮、倦怠乏力、关节疼痛/僵硬、眼睑异常和结膜炎、舌肿胀和行为的改变。猫最常见的不良反应是厌食和体重减轻。如果猫出现不良反应，给药的频率可以变为隔天一次，或可以减少每天的用量。

前面所提及的贝沙罗汀（塔革雷汀）是一种新的合成RXR-选择性维甲酸，它会抑制增殖、刺激终末分化、激活半胱天冬酶3并诱导细胞凋亡。它也可以抑制IL-2分泌、防止T细胞外渗、调节表皮分化和控制炎症[166]。该药物可以口服，也可以局部使用1%的凝胶制剂。在人医上的使用包括治疗手部皮肤病、淋巴瘤样丘疹病、局限性脱毛、毛囊黏蛋白增多症、牛皮癣和蕈样真菌病[167-169]。它在犬使用一直是受到限制的，而相应的无对照研究还处在评估之中，但无论如何，对于犬T细胞性淋巴瘤的治疗而言，人们一直以来的建议是：贝沙罗汀可以作为局部治疗的选择[170]。

（五）环孢菌素

环孢菌素是一种由弯颈霉属丝状真菌（*Tolypocladium inflatum gams*）产生的脂溶性环多肽代谢物。它最初是作为一种免疫抑制药物而被开发的，用于防止器官移植的排异反应。

环孢菌素因其免疫抑制的效能而具有较低细胞毒性。它能阻止IL-2的转录和T细胞对IL-2的反应，从而引起辅助T细胞和细胞毒性T淋巴细胞功能的减弱[128,296-298]。它也能抑制IFN-α的转录，从而减弱对巨噬细胞和单核细胞活动的信号放大作用。环孢菌素还可能减少包括IL-3、IL-4、IL-5、TNF-α以及IFN-α在内的其他一些细胞因子的产生。通过这些途径，环孢菌素可以抑制单核细胞的功能、抗原呈递、肥大细胞和嗜酸性粒细胞的产生、肥大细胞释放组胺和前列腺素、中性粒细胞黏附、NK细胞的活动以及B细胞的增殖和分化。有观点称治疗遗传过敏性皮炎的机理之一就是通过影响肥大细胞与神经之间的相互作用从而抑制肥大细胞的脱颗粒[298,299]。环孢菌素也可以直接抑制犬肥大细胞释放组胺[299]。

有大量研究评价了环孢菌素对犬遗传过敏性皮炎的治疗作用，发现其效果不亚于氢化泼尼松和甲强龙，使之成为临床用药中除糖皮质激素外的又一实用选择[217,218,223,268,300-303]（图3-5）。将环孢菌素用于患遗传过敏性皮炎患犬的另一

好处是它在控制瘙痒的同时不影响进行皮内测试[304]。以前建议停用环孢菌素后至少4周才能做皮内测试。然而，最近的一个双盲安慰剂研究评价了两组皮内测试阳性犬在治疗前以及治疗后30d的状况。A组有8只犬，以每24h 5mg/kg的剂量使用阿托皮卡治疗，B组有8只犬，使用安慰剂治疗。在30d的治疗结束时，对使用阿托皮卡治疗犬立即进行皮内测试，其反应没有受到影响[305]。目前还不知道更长时间使用环孢菌素治疗对皮内测试结果会产生何种影响，且有一项研究称在使用环孢菌素治疗6周后，较弱的反应（如2+）会降低而较强的反应（如3~4+）则没有受到影响[305a]。环孢菌素的其他建议适应证还有器官移植以及各种免疫调节疾病引起的迟发型过敏反应。它可用于落叶型天疱疮和免疫调节性的重症肌无力、甲状腺炎、神经炎、葡萄膜炎以及关节炎。最初的研究发现在治疗犬、猫免疫性皮肤病，如落叶型天疱疮、红斑型天疱疮以及盘状红斑狼疮时，单独使用环孢菌素效果不佳[306-309]。然而在最近的病例报告中，在治疗犬的落叶型天疱疮时将阿托皮卡与咪唑硫嘌呤结合使用显示出更为显著的效果[310]（图3-6）。其对犬、猫和兔的皮脂腺炎有一定效果（见第十八章）[311-314]。环孢菌素在治疗犬、猫上皮性皮肤淋巴瘤（蕈样肉芽肿）方面没有效果[308]。一些报告指出环孢菌素对治疗犬、猫肛周瘘具有一定的效果[297,315-318]。除了以上提及的这些疾病外，医疗人员还尝试过将环孢菌素用于治疗各种过敏性紊乱（接触反应、食物不良反应、药物反应）、自身免疫疾病（斑秃、红斑狼疮、大疱型天疱疮）、免疫调节异常（多形性红斑、假性斑秃、血管炎）、炎性反应异常（足垫疖病、嗜酸性头牙肿综合征、先天性面部皮炎、非感染性肉芽肿皮炎、浆液性口炎和犬、猫的爪部皮炎）[311,319-321]，和其他几种杂病（脱毛症、德国牧羊犬的跗骨瘘、增生性耳炎、非化脓性结节性脂膜炎、皮质腺炎、圣伯纳犬鼻唇间纵沟部位的溃疡性皮肤病以及色素荨麻疹）[311-314,322,323]。

可用的环孢菌素有不同的配方制剂，包括人用的有注册商标的产品和尚未注册的产品。有两种可用的配方制剂，一种是乳化，另一种是微乳化；微乳化形式的吸收效果更好。阿托皮卡（诺华动物健康有限公司）是一种微乳化形式的浓缩物，它能更快地被犬吸收且其通过胃肠道给药的效率比未经过微乳化的要高。虽然犬对阿托皮卡的吸收相对较好，但实际上其吸收还是很少且不稳定，生物利用率为23%~45%[324]。胃肠道中存在食物，可增加生物利用率也可使其降低20%，有些犬，尤其是食物中脂肪含量较高时，药物的吸收增加。阿托皮卡是唯一一种经FDA批准用作兽药的产品，该产品有多种不同的规格（10mg、25mg、50mg、100mg）。最近出品了一种猫用阿托皮卡环孢菌素口服溶液（美国药典改良），使之更容易被用于猫和小型犬。一些未经注册的药品贴有其不具生物等效性声明的标签，且据许多专家说，未注册的制剂对一些犬没有效果。阿托皮卡是唯一一个经FDA批准的兽药产品，所以建议使用阿托皮卡这种有注册商标的环孢菌素。

用于过敏性疾病时，微乳化形式的药物口服给药剂量是犬每天5mg/kg，猫每天7mg/kg[297,311,319]。对于一些较难治疗的犬病例，如肛周瘘、自身免疫疾病以及抑制器官移植的排斥反应等，可能需要更高的给药剂量（7mg/kg，每24h 1次）。在同一给药剂量下不同的患畜以及同一患畜在不同时间获得的血液药物浓度都不同。这种差异性在极大程度上是因药物的吸收、分布、代谢不同而造成的。对于人类患者，在给药的同时吃脂肪含量高的食物可能会增加药物的吸收[325,326]。然而，对于犬，则通常建议空腹时给药以保证吸收最好；食物可降低22%的生物利用率且增加不同个体对药品吸收的差异度[324]。建议在饭前1h或饭后1h给动物使用阿托皮卡。

能够抑制细胞色素P450微粒体酶活性的药物（如酮康唑、伊曲康唑、氟康唑、红霉素、呋塞米，以及钙离子通道阻滞剂，如地尔硫卓和异搏定、胃复安、甲强龙、强力霉素和别嘌呤醇）会加强环孢菌素的毒性。然而，并不是所有这些药都抑制肝脏特异性微粒体细胞色素P450（CYP）3A12酶。酮康唑的确会对这个代谢环孢菌素的

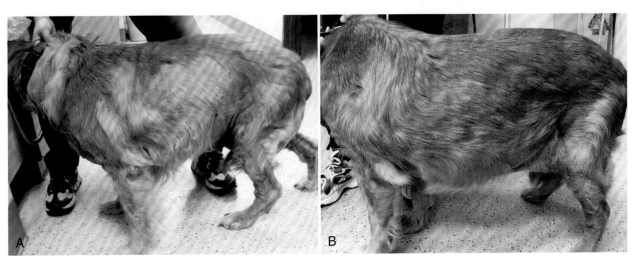

图3-5　**A.** 一只患遗传过敏性皮炎的金毛寻回猫犬在使用阿托皮卡治疗前　**B.** 使用阿托皮卡治疗12周后

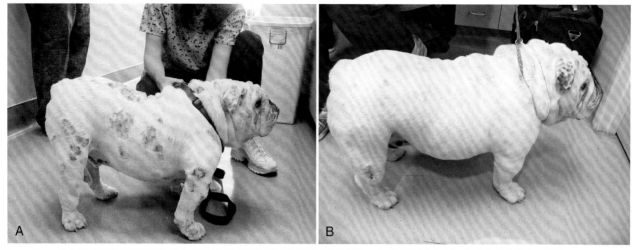

图3-6 A. 一只患落叶型天疱疮的英国斗牛犬在使用阿托皮卡和咪唑硫嘌呤治疗前　B. 使用阿托皮卡和咪唑硫嘌呤治疗12周后

CYP酶产生抑制作用。在给普通犬使用酮康唑（平均剂量为每天13.6mg/kg）的同时，如果需环孢菌素达到目标血浆浓度（平均每天14.5mg/kg），环孢菌素的用量可平均减少75%，这将会节省治疗花销的57.8%[327,328]。当酮康唑与环孢菌素合用时，给药剂量应为2.5～5mg/kg，每24h 1次，两种药不应在同一时间施用，通常要间隔几个小时。虽然将酮康唑和环孢菌素合用可以减少环孢菌素的用量或提高临床疗效，但作者也看到将这两种药物合用会增加常见不良反应的发生概率。在人和犬的病历上，环孢菌素的剂量都受葡萄柚果汁中类黄酮的影响，因其能够抑制细胞色素P450-3A[329,330]。

环孢菌素在人类有着较高的肝脏和肾脏毒性发生率，而这种毒性在犬则不常见。犬可能会发生齿龈过度生长及乳头瘤、呕吐、腹泻、细菌尿、细菌性皮肤感染、神经性厌食症、多毛症、不自主抖动、肾病、骨髓抑制，以及淋巴浆细胞性皮肤病[306,308]（图3-7）。在一项研究中，前2周呕吐的发生率近35%，但只有1/60的犬因持续呕吐而放弃治疗[331]。如果减少给药剂量可以减轻持续呕吐，可在一天中分多次或随食物给药，虽然这么做会降低血浆中的药物浓度。有很多种控制呕吐的药物都是建议使用的；这样的产品包括Gastro Calm（Teva动物健康），Reglan（Baxter药业）（胃复安，0.1～0.5mg/kg，每日2次），和Maropitent柠檬酸盐［Cerenia（辉瑞动物健康）］每日2mg/kg。这些药物须在使用环孢菌素前使用。然而，在有安慰剂做对照组的试验中发现Gastro Calm的效果不佳[331]。有研究对乳头状瘤异常增生做了检查，在9只犬中有2只出现了乳头状瘤病毒抗原免疫组化阳性。其中一只犬感染了犬口腔乳头状瘤病毒，另一只则感染了一种新型的乳头状瘤病毒。其结论是因环孢菌素引起的乳头状瘤病毒性病变并不普遍[332]。然而我们注意到了感染率的升高，尤其是对病毒的感染率。在人类，环孢菌素的使用可能会增加肿瘤生长的风险，尤其是皮肤肿瘤，特别是鳞状上皮癌[333]。人类

淋巴瘤发病率可能与埃巴-二氏病毒感染率升高有关[334]。然而，在接受环孢霉素短期治疗（平均8个月）的患病动物中，淋巴瘤和瘤变的总体风险不高于基础人群[235]。更深入的研究发现，长期使用环孢菌素（除皮肤瘤，特别是鳞状上皮癌之外），不会增加淋巴瘤或内部肿瘤的发生率[335,336]。在犬，只有一例几乎无法证实的报告称在对一只犬使用环孢菌素治疗肛周瘘4周后出现了淋巴瘤[337]。另一例报告研究了蕈样真菌病和白血病的发生与使用环孢菌素治疗遗传过敏性皮炎的关系。研究结果显示没有明显的联系，但是该研究的平均治疗时间仅为4.3个月，这对于评价长期用药的影响来说太短了[338]。作者（WR）发现了一些在使用环孢菌素治疗过程中出现多发性浆细胞瘤和皮肤纤维瘤的犬病例，且通过降低剂量或停止治疗都得到了解决（图3-8）。也见到极少几例全身不典型深度真菌感染的病例，如无绿藻属（Prototheca spp.）、曲霉菌属（Aspergillosis spp.）、暗色丝孢霉属（Phaeohyphomycosis spp.）；然而这些都发生于接受器官移植且/或使用其他强效免疫抑制药物的犬，如同时使用高剂量糖皮质激素。要充分确定这些潜在不良反应和风险尚需要更长期的研究。因为环孢菌素也可以抑制p-糖蛋白泵，在同时使用环孢菌素和阿维菌素对动物进行治疗时应多加注意，因为这可能会增加阿维菌素的毒性。

总的来说，在以每天5～10mg/kg的剂量使用时，犬很少出现除呕吐和腹泻以外的其他不良反应[304,311,339,340]。猫能良好地适应这种药物且据报告它们只出现很轻微的不良反应（主要是胃肠道反应），虽然它们可能会更容易受到原生动物和病毒的感染[306,308,319,321,341,342]。有报告在对猫使用环孢菌素治疗遗传过敏性皮炎时出现了致死性弓形虫病的病例，所以建议在治疗之间和治疗过程中对有风险的猫进行监测[343,344]。对刚地弓形虫（Toxoplasma gondii）血清反应呈阴性的猫在治疗中若受到感染，则有发生临床弓形虫病的风险。然而环孢菌素不会增加刚地弓形虫（T. gondii）虫囊

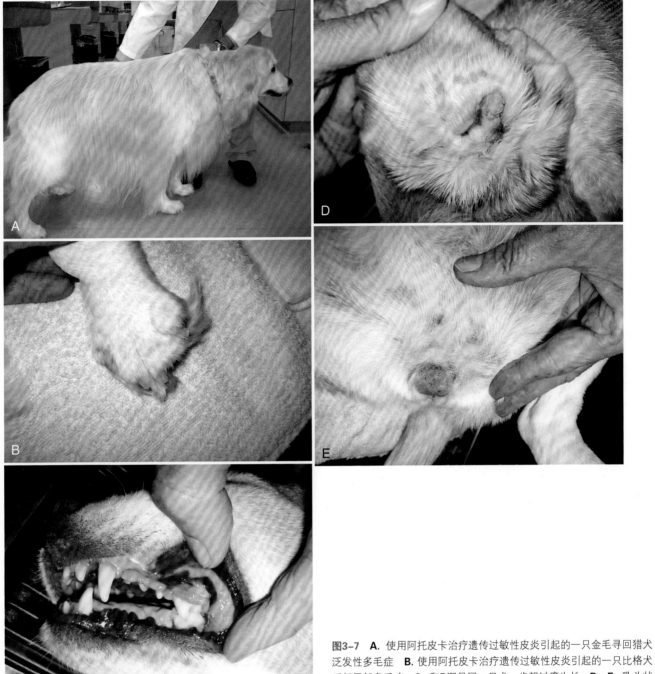

图3-7　**A.** 使用阿托皮卡治疗遗传过敏性皮炎引起的一只金毛寻回猎犬泛发性多毛症　**B.** 使用阿托皮卡治疗遗传过敏性皮炎引起的一只比格犬爪部局部多毛症　**C.** 和**B**图是同一只犬，齿龈过度生长　**D、E.** 乳头状瘤淋巴浆液性皮肤病

的脱落。使用环孢菌素治疗血清反应阴性的猫在治疗时应避免猫暴露于潜在的刚地弓形虫（*T. gondii*）。

对于大多病例都要求用药应满4周以期获得最佳治疗效果，但许多病例在更短的时间内就已经表现出临床症状的改善。临床效果也取决于治疗的疾病种类以及疾病的严重程度。依治疗的个体以及疾病的不同，在出现疗效后，将剂量逐渐减至每48h 2～5mg/kg依然有效，在有些情况还可以加长给药的间隔时间。较低的剂量和较长的给药间隔时间使得这种治疗方案更为经济有效。

现已对血清中环孢菌素水平的监测进行了评价。对肾脏移植患畜的监测尤为关键且通常都会施行。监测炎性皮肤病患畜血清中环孢菌素水平通常与临床疗效无关。但监测这些水平可能有助于对临床治疗无效作出解释。如果实际水平处于治疗所需水平范围的低限，那么可以尝试加大用药剂量以获得治疗效果。许多专家确实会做使用环孢菌素治疗前的实验室检查工作且每6～12个月就对正在持续治疗的慢性病例进行血常规、生化项目以及尿液分析的监测。

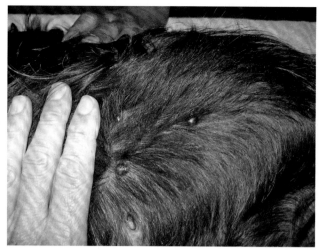

图3-8 在使用阿托皮卡治疗犬遗传过敏性皮炎时出现的多发性浆细胞瘤，在减少环孢菌素的给药剂量后得以解决

（六）糖皮质激素

糖皮质激素对皮肤的效力是强烈的，且其对免疫和炎性活动有着巨大的影响[125,345-347]。

糖皮质激素的作用机制是以自由扩散方式通过细胞膜并与细胞质内与之具有高亲和力的糖皮质激素受体蛋白结合（图3-9）。糖皮质激素受体蛋白属于核受体超家族，此类受体以其独特的功能领域为特征，负责调节反向激活、DNA结合、核定位、二聚作用，以及配体识别[348]。一旦与其配体结合，糖皮质激素受体会从各种伴侣蛋白中分离出来，尤其显著的是热休克蛋白，以及共伴侣蛋白p23、免疫亲合素FKBP52和CYP40。分离后可暴露细胞核上针对糖皮质激素受体的位点，其在结合输入蛋白时，造成与配体结合的糖皮质激素受体向核内迁移[349]。其他研究指出输入蛋白与糖皮质激素受体的结合与受体是否与糖皮质激素结合无关，但激素的结合可能会影响到后续的通路[350]。蛋白14-3-3是在细胞质内没有糖皮质激素时糖皮质激素受体的系栓，与蛋白14-3-3的分离对糖皮质激素受体的迁移具有重要意义[349]。

配体结合促进糖皮质激素/糖皮质激素受体（GC-GR）复合体通过核膜的转运。GC-GR复合体形成二聚体并与DNA中的糖皮质激素应答元件（GREs）结合。这些GREs是DNA上的特殊区域，它们对转录既可以起上调作用也可以起下调作用。与正性GRE（pGRE）结合可以促进转录，反之与负性GRE（nGREs）结合则可以减少对所调节基因的转录[349]。

已知许多基因和蛋白对糖皮质激素的反应都是上调的，其中一些对免疫细胞的激活、执行功能以及凋亡非常重要，如线粒体中一个叫作特大B细胞淋巴瘤（*B-cell lymphoma extra large*，Bcl-xL）的跨膜分子，它属于转录因子蛋白的IκB家族成员、糖皮质激素诱导性亮氨酸拉链（GILZ）、还是糖皮质激素诱导性肿瘤坏死因子受体

（GITR）[349]。然而，有一些证据表明它们可以直接通过GREs上调。已经显示能够在体内受到明确GREs正向调节的基因包括酪氨酸转移酶和磷酸烯醇丙酮酸羧基酶。GC-GR复合体还能通过干扰其他转录因子来调节基因的表达，如核因子（NF）-κB、活化剂蛋白1（AP-1）、活性T细胞的核因子（NFAT）、cAMP反应原结合蛋白（CREB），以及信号转换器和转录激活物（Stat5），它们大多是以一种转移抑制的方式而非和DNA本身结合。除了以上这些已经证实的对转录的影响，还有证据表明GC-GR复合体可以作用于胞质信号通路，包括对PI3激酶的激活。最近已承认存在多种GC-GR的N-终端亚型，且这些亚型调控着基因的不同位点，提示着它们在功能上的差异[348,349]。如此看来不同的转录和翻译事件造成各种不同作用机理、众多类型的糖皮质激素受体，因此影响细胞的活动。这构成了糖皮质激素对免疫系统发挥各种作用的基础。

糖皮质激素的抑制影响主要是因其对炎症基因的抑制作用，如细胞因子、黏附分子、炎性反应酶，以及受体，特别是减少胶原酶、弹性蛋白酶、纤维蛋白酶激活物的产生以及抑制IL-1、IL-2、IL-6、IL-8、TNF-α、IFN-γ和粒细胞集落刺激因子（GCSF）的合成。刺激效用是通过诱发隐蔽白细胞蛋白酶抑制剂、脂皮质蛋白1（Lipomodulin）、IL-1受体拮抗剂等抗炎基因以及增加细胞因子受体和中性肽内切酶的产生而起作用的[345,347]。

它们能直接或间接影响白细胞动力学、吞噬防御、细

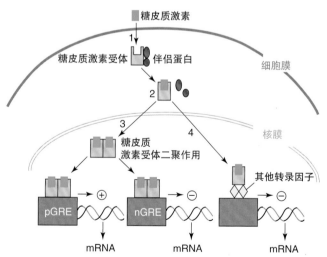

图3-9 糖皮质激素的作用机理 ①糖皮质激素（GCs）进入细胞并与糖皮质激素受体（GRs）结合，后者主要存在于细胞质中并与伴侣蛋白结合 ②与GC结合后导致糖皮质激素/糖皮质激素受体GC-GR复合体与伴侣蛋白分离并向核内迁移 ③糖皮质激素/糖皮质激素受体GC-GR复合体可形成二聚体并与DNA中的糖皮质激素应答元件（GREs）结合。与正性GRE（pGRE）结合可促进转录；与负性GRE（nGREs）结合则可以减少对所调节基因的转录 ④GC-GR复合体以单体形式还能干扰其他一些具有激活转录功能的因子，如核因子（NF-κB和活化剂蛋白1（AP-1）（由Lowe AD, Campbell KL, GravesT于猫用糖皮质激素中修订。兽医皮肤科19:304-347，2008）

表3-6 糖皮质激素的抗炎和抗免疫作用

对嗜酸性粒细胞的影响	减少其在骨髓中的形成 引起细胞凋亡并抑制嗜酸性粒细胞存活时间延长和IL-3与IL-5的功能
对淋巴细胞和单核细胞的影响	淋巴细胞向血管外的部分（如骨髓）重新分配 减少淋巴细胞和携带低亲和力的IgE和IgG受体的单核细胞的数量 降低血浆中免疫球蛋白水平 淋巴细胞所有亚群的数量均减少，其中T淋巴细胞比B淋巴细胞受到的影响大；CD4-阳性的T细胞比CD8-阳性的细胞受影响大 减少淋巴细胞产生的IL-1、IL-2、IL-3、IL-4、IL-5、IL-6和IFN-γ 抑制单核细胞释放IL-1和TNF-α
对肥大细胞的影响	会减少肥大细胞的数量和组胺的合成
对中性粒细胞的影响	减少中性粒细胞从骨髓释放的数量以及阻止其向组织黏附和渗出 趋向性、黏附作用以及酶的分泌均减少
对脂皮质蛋白1的影响	引起脂皮质蛋白1（磷脂结合蛋白）的上调，具有强大的抗炎作用 抑制磷脂酶A2 减少环氧酶和脂肪氧合酶途经代谢产生的花生四烯酸（炎性二十烷酸） 减少血小板激活因子的产生
血管渗透性降低	机理尚不清楚
β-肾上腺素反转减少	引起这一影响的部分原因是细胞表面表达的β-肾上腺素受体数量增多
对体液免疫的影响	只有大剂量、长时间使用才会引起抗体合成减少 B淋巴细胞对促细胞分裂素的反应性增殖程度降低
对细胞免疫的影响	抗原存活、摄取和迁移减少 成熟树突状细胞减少 抑制转录激活物（NF-κB和AP-1） 减少巨噬细胞对一些炎症细胞因子（IL-1, TNF-α）的表达 一些抗炎细胞因子(IL-10)的表达增加 T淋巴细胞对促细胞分裂素的反应性增殖程度降低 T细胞活性降低 T细胞细胞因子（IL-2和IFN-γ）减少 减少NK细胞调节的靶细胞溶解

注：AP-1，活化剂蛋白1；IFN，干扰素；Ig，免疫球蛋白；IL，白介素；NF-κB，核因子κB；TNF，肿瘤坏死因子。（引自：Lowe AD, Campbell KL, GravesT: *Glucocorticoids in the cat. Vet Dermatol*19:304-347, 2008.）

胞免疫、体液免疫，以及炎症调节物质的产生。此类药物对抵抗过敏性炎症反应的主要影响以及对细胞、体液免疫的作用在表3-6中进行了综述[345,347]。糖皮质激素能抑制内皮细胞（特别是ELAM-1和ICAM-1）表达黏附分子，以此干扰白细胞从血管向炎症组织的转移。这即是使用糖皮质激素后多见白细胞增多症的原因。糖皮质激素可引起白细胞数量和分布的显著变化。成熟中性粒细胞增多症是生理性应激反应以及使用外源糖皮质激素治疗的特征性标志。这是由骨髓释放成熟中性粒细胞增多、贴壁减少、中性粒细胞向血管外转移减少共同引起的，这导致循环半衰期的延长。相反，使用糖皮质激素使循环中淋巴细胞、嗜酸性粒细胞和嗜碱性粒细胞数量减少。淋巴细胞减少症是因循环中淋巴细胞向非血管淋巴器官重新分配而引起的，如转移至淋巴结。巨噬细胞功能也减弱，导致吞噬作用、抗原加工处理、细胞杀伤作用均减弱，这会影响即刻和延迟超敏反应并降低机体对感染的抵抗力。另外，成纤维细胞的活动减弱，组胺合成延迟，且补体受到抑制。抗体的产生不会停止但可能会减少，特别是自身抗体滴度。

在药理学层面，糖皮质激素可以增加脂皮质蛋白1的产生，后者能降低细胞膜上磷脂酶A2的作用，从而抑制花生四烯酸循环[351]。花生四烯酸的减少限制了可用脂肪氧合酶和环氧酶的前体分子，也就减少了花生四烯酸派生的炎性介质的产生。这一作用可能与临床上的炎症减轻更为密切相关。高剂量的糖皮质激素可能会抑制抗体产生[345,347]。有不确定的证据表明在一些兽医对过敏犬的治疗方案中，糖皮质激素抑制了IgE的产生[351,352]。

无论引起炎症的原因是什么，糖皮质激素引起的影响是非特异性的。无论是对感染、肿瘤、毒素还是免疫复合物沉积，其效果都是一样的。药物必须到达炎症局部才能发挥作用，其药效以及保护细胞免受损伤的作用与糖皮质激素在炎症组织的浓度呈正相关。因此，给药剂量和给药间隔时间需要依不同患畜的特殊需求而定。

还有一些因素可以影响糖皮质激素在组织中的作用。其一是药物的相对效能。人工将木精和氟化物合成到基本类固醇分子中可以增强作用的效能和持久性。另一影响因素是蛋白结合。只有自由的糖皮质激素具有代谢活性。有些人工合成物很少有蛋白结合，这也可能是它们在较低剂量具有相对高效能的原因。

皮质类固醇结合球蛋白是一种特异性结合糖皮质激素的糖蛋白，但其结合力相对较低。当使用大剂量糖皮质激素，超出了其结合能力时，则白蛋白成为用于结合的蛋白。血浆中白蛋白含量水平低的动物结合能力较差，未结合的糖皮质激素具有活性，会使毒性增加[353]。另外，给药途径和在水中的溶解度影响作用的持续时间。口服糖皮质激素，以自由基或酯类的形式给药，药物的吸收速度很快。经非肠道途径给药的糖皮质激素通常是酯类醋酸盐、二醋酸盐、磷酸盐、或琥珀酸盐。醋酸盐和二醋酸盐是相对难溶的，可导致药物缓慢释放和吸收时间延长。其结果是，非肠道给药可产生几天（水溶）或几周（非水溶）持续的低水平糖皮质激素。此影响产生显著的肾上腺抑制，可通过隔天经口给予短效糖皮质激素解决。

如果过度或错误使用，糖皮质激素的功能可能会引起一些不良反应。另外，不良反应还可能与糖皮质激素对碳水化合物、蛋白质、脂质代谢造成的许多影响有关。准确的诊断是至关重要的，这样才能决定是否需要使用糖皮质激素，及使用的类型、持续度以及剂量。除肾上腺皮质功能减退的情况，糖皮质激素不能更正原发性不足，但可减轻症状。治疗所需糖皮质激素的抗炎、免疫抑制作用可能会促进继发感染与寄生虫疾病的发生和蔓延。

使用糖皮质激素治疗的动物容易发生皮肤、尿道和呼吸系统细菌感染[125]。由于糖皮质激素对细胞吞噬作用和细胞免疫影响较强，可能会增加感染真菌及细胞内病原微生物的风险[345]。

1. 适应证

糖皮质激素治疗的适应证有过敏性皮肤病（蚤咬过敏、AD、食物不良反应）、创伤化脓性皮炎（"热点"）、接触性皮炎（刺激或过敏性反应）、增生性耳炎和免疫调节性皮肤病（天疱疮、类天疱疮以及红斑狼疮）。也偶尔可用于其他一些炎性皮肤病，如角化异常。无论在什么情况下，糖皮质激素都不宜长期使用（不超过3个月）。

对于多数皮肤病，糖皮质激素只是作为治疗的一部分，临床用药时为尽可能避免其他预处理、沉淀作用和并发因素对药效的影响，应做到如下几点：①使用频率尽可能低；②使用剂量尽可能低；③尽量采用隔天给药法；④仅用于其他风险较低的疗法无效或不可用的情况[125,216,347,354,355]。

2. 用法

对于皮肤病，糖皮质激素的一般给药方式有口服、注射［肌内注射（IM）、皮下注射（SC）、病灶内注射，以及静脉注射（IV）］、局部使用，或将以上给药方式结合使用。在任何一个病例，用药途径的选择取决于很多因素。在系统的给药途径中，口服给药是一种首选的长效给药方式，其原因有：①可以更好地控制（每日至隔天的给药比注射更准确；如果出现不良反应，可将药物迅速取出）；②对于长期使用糖皮质激素，口服途径在生理上更加安全[125,355]。

糖皮质激素注射剂通常以肌内注射或皮下注射途经给药。虽然大多数糖皮质激素注射剂只允许肌内注射，但许多临床医生都按皮下注射使用。选择皮下注射途径的原因有：①动物很少抵抗（宠物主人的不满较少）；②临床上皮下注射与肌内注射的效果相同[125]。对于肥胖的动物，理论上应更倾向使用肌内注射途径，因为皮下注射可能会使药物进入脂肪组织。然而，使用肌内注射的主要原因（除了责任和法律原因外）是减少局部萎缩或其他注射位置的反应。虽然这个问题在人比较普遍，在犬也会发生。皮下注射引起的局部脱毛、色素沉着改变，以及表皮和真皮的萎缩更为常见（图3-10）。这些反应与其他大多数注射反应相比是非炎性且萎缩性的。约克夏和丝毛㹴、贵宾犬、西施犬可能有出现这些反应的倾向[356]。因此，作者更推荐肌内注射的给药途径。

当考虑注射糖皮质激素对抗炎症时，常选用醋酸甲强龙［DepoMedrol（法玛西亚和普强）］。临床上犬的使用剂量为1.1mg／kg，猫的剂量为每只猫20mg或5.5mg／kg，肌内注射，根据个体情况和所治疗疾病的不同，其效果可持续1周到6个月。其他可用于注射的糖皮质激素见表3-7。

常有人认为将糖皮质激素进行病灶内注射是一种局部皮内治疗，能避免全身影响。病灶内治疗通常用于单个或多个皮肤损伤，但它会造成全身影响，且有些还很严重。病灶内注射的主要适应证有肢端舔舐性皮炎、组织细胞瘤、非感染性肉芽肿、嗜酸性肉芽肿、猫无痛性溃疡，以及增生性外耳炎。通常，选择曲安奈德作为病灶局部注射治疗的药物。

静脉注射糖皮质激素在皮肤病中仅限于对免疫调节性皮肤病的脉冲治疗法即大剂量静脉注射。在一项研究中，按11mg/kg将甲强龙琥珀酸钠，溶于250mL的5%葡萄糖水中，给予接受治疗的动物并于1h输完，连续输3d[357]。

另外一种可用于"脉冲式"非消化道给药的是地塞米松磷酸钠，以一次剂量0.5mg/kg静脉注射或者连续2d重复使用[358]。通常，这种疗法需要配合使用胃肠道保护剂（硫糖铝每只犬0.5～1g，口服，每8～12h 1次；法莫替丁，0.5mg/kg，每日1次）。使用糖皮质激素脉冲治疗的优点包括可使症状迅速得到缓解、避免口服高剂量糖皮质激素引起的不良反应，以及能够减少或停止在脉冲疗法后口服糖皮质激素的使用。静脉注射脉冲疗法的不良反应包括心律失常、胰腺炎、糖尿病，以及胃或十二指肠溃疡，考虑到这些不良反应（虽然并非每例都发生），对于患有严重疾病的动物应限制使用这种疗法[345,357,359]。

3. 糖皮质激素的选择

糖皮质激素的选择可能是困难的。不能依据在一例皮肤病中使用糖皮质激素有效就认为这种方法适用于所有患病动物。必须考虑的因素包括治疗的持续时间、患者的特性、畜主的可靠度、患病动物对药物的反应、疾病对药物的反应以及患病动物或疾病的其他特殊情况[360]。

患病动物的特性能显著影响糖皮质激素的选择；看看怎么给一只被毛脏乱，有尖牙利爪的闹猫喂药片就知道了。同样，畜主的可靠度是决定性因素。有些畜主不能或不想给他们的宠物喂药。然而，即使在这种情况下长期用药，注射糖皮质激素的风险依然大于这些缺点。

临床兽医通过用药史和个人经验认识到，有些糖皮质激素在同一个患病动物身上可能不像其他种类的糖皮质激素一样有效。但是，在有些情况下需要注射糖皮质激素而口服无效的说法并不准确。这种用药无效的情况大多是口服剂量不足或减量过快造成的。一个经常犯的错误就是在一次注射后立即换成隔天口服低剂量糖皮质激素。笔者认为当有必要对犬注射糖皮质激素时，通常选用短效的药物，如泼尼松龙或地塞米松。

注射后通常会修改口服药的剂量，且更快地减量至隔天给药。在极少情况下，因畜主的特殊需求或特殊情况，

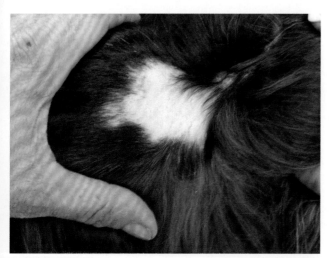

图3-10 一只拉萨犬皮下注射琥珀酸甲强龙的位置出现的脱毛和萎缩

长效糖皮质激素注射剂也可单次或低频率的用于犬。因为猫对糖皮质激素的代谢和耐受性不同，更经常使用的是长效醋酸甲强龙（Depo-Medrol），但即使在猫，也应按最低剂量的给药，且不能长时间频繁使用。

临床兽医一定会注意到，对于有些患病动物，一种曾经使用效果不错的糖皮质激素会明显失效。例如，对一只患遗传过敏性皮炎的犬最初使用泼尼松龙时效果不错，但泼尼松龙会逐渐失效。随后，对该犬按同等剂量经口服给予氟羟氢化泼尼松效果良好。在大多病例，经过长短不等的一段时间后，泼尼松龙又会恢复其对遗传过敏性皮炎的治疗效果。此现象已得到广泛认知却难以解释，在局部或全身使用糖皮质激素时都可能发生，称为类固醇快速抗药反应（Steroid tachyphylaxis）[125,361]。然而，在皮肤病专家们提及的大多数出现类固醇抵抗或类固醇快速抗药反应的临床病例中，真正的问题在于其并发症[125,256]。在这些病例，引起之前使用的糖皮质素失效的主要原因有继发细菌性脓皮症、马拉色菌性（Malassezia）皮炎、过多的接触跳蚤，或对正在进行的局部治疗的反应。

最后，临床医生通过用药史和个人经验可能会发现，一个患病动物在接受一种糖皮质激素时不会出现明显的不良反应，但在接受其他种类的糖皮质激素时却不然。因此，泼尼松龙可能会引起某一患犬的结肠炎或行为改变，而甲强龙、地塞米松，或氟羟氢化泼尼松则不会。在一些病例，将泼尼松龙更换为甲强龙或氟羟氢化泼尼松时可以降低剂量且可有效地控制该动物的疾病。当使用泼尼松或泼尼松龙引起病例出现严重多饮多尿时，可更换为其他对盐皮质激素影响较小（甲强龙、氟羟氢化泼尼松或地塞米

表3-7 用于犬、猫瘙痒的糖皮质激素注射剂

药剂	商品名	公司	厂商推荐用法	
			剂量	途径
醋酸倍他米松*	Betasone	Schering-Plough	每只犬0.2～0.4mg	IM
地塞米松磷酸钠†	Azium	Schering-Plough	每只犬0.25～1mg 每只猫0.125mg	IM
地塞米松磷酸钠†	Generic	Many	每只犬0.25～1mg 每只猫0.125mg	IM
氟米松	Flucort	Pfizer Animal Health	每只犬0.06～0.25mg 每只猫0.03～0.125mg	IM / SC IM / SC
醋酸甲强龙*	Depo-Medrol	Pfizer Animal Health	每只犬2～40mg 每只猫10～20mg	IM
曲安奈德*	Vetalog	Boehringer Ingelheim	犬/猫0.2mg/kg	IM
强的松†	Meticorten Generic	Schering-Plough Many	犬/猫0.5～2.2mg/kg，每24h 1次	IM

注：h，小时；IM，肌内注射；SC，皮下注射。
*混合难溶媒介（醋酸、双醋酸、缩丙酮）的强效糖皮质激素（倍他米松>甲强龙>曲安奈德）长效注射剂不建议对犬进行日常使用，且应根据个体情况限制使用。醋酸甲强龙用于猫是例外，可阶段性使用且比犬的不良反应小。
†对犬更倾向使用短效注射剂。

松）的等剂量药物替换糖皮质激素从而减少这一常见的不良反应。在一些病例，隔天使用替换的糖皮质激素会出现明显的医源性库欣综合征和显著的肝酶活性升高[256]。另一种选择是在尝试使用口服糖皮质激素的同时使用抗组胺药或补充脂肪酸，从而起到减少糖皮质激素用量的效果。在一项研究中，在隔天使用泼尼松治疗过敏犬的同时给予异丁嗪，在75%的病例中都能降低泼尼松30%的用量[362]。目前已有一个结合2mg泼尼松龙和5mg异丁嗪的商业产品［Temparil（辉瑞）］并可以按这种形式使用。结合糖皮质激素和口服脂肪酸也可起到类似的减少糖皮质激素用量的效果[363]（见第八章）。

4. 治疗剂量

对于任何犬、猫皮肤病都没有科学地得出最佳治疗剂量。通过多年的临床经验，目前已建立了抗炎、止痒、抗过敏以及免疫抑制的糖皮质激素剂量。另外，很重要的一点是每一个患病动物都是独特的，糖皮质激素的治疗必须个体化。糖皮质激素的推荐剂量只作为参考。

泼尼松龙和泼尼松是两种最常用的口服糖皮质激素。这两种药物实际上是相同的（选择使用哪一种通常取决于其费用）。然而，泼尼松必须在肝脏中转化为泼尼松龙，即活性形式。在猫，有一项研究比较了这两种药物，发现只有21%口服泼尼松的猫血液中出现了泼尼松龙，这表明泼尼松龙是猫的首选药物[364]。

本文的建议使用剂量基于泼尼松龙（泼尼松）的当量。表3-8包含了其他口服糖皮质激素的使用剂量。需要注意的是，表3-8中的剂量仅作为参考；每只动物对药物的反应都应单独进行评估。

糖皮质激素的生理剂量是每天每个正常的动物所产生的可的松（氢化可的松）的量。之前有报道，犬每天产生可的松的量为0.2~1mg/kg[365]。对于原发或继发肾上腺皮质功能减退的病例，泼尼松的替代剂量从最初的每天0.41mg/kg逐渐减至每天0.2mg/kg并进行维持[366]。没有针对猫的相关信息。给予动物糖皮质激素类药物会超出其生理需求。很明显，只要对动物应用糖皮质激素，无论剂量的大小，都会抑制下丘脑-垂体-肾上腺轴[125,367,368]。

临床医生经常会探讨关于糖皮质激素抗炎和抗免疫的剂量关系问题。通常使用的口服泼尼松龙抗炎（在过敏性皮肤病中）剂量为犬1.1mg/kg，每24h 1次。然而，对于严重的过敏，如犬对蚤咬过敏且感染大量跳蚤时，通常需要更高的剂量：1.75~2mg/kg，每日1次[256]。若用于维持，应尽量降低使用剂量，最好将最终剂量减至0.25~0.5mg/kg，每48h 1次。对于免疫调节疾病，通常最初的剂量为2.2mg/kg，每24h 1次。如果没有效果，可将剂量增加到4mg/kg，每24h 1次。如果剂量为4mg/kg，每24h 1次仍无效，则须考虑其他疗法。推荐长期使用的剂量可减少到1mg/kg，每48h 1次，但仍有一些个体会出现不良反应。

一般来说，和犬相比，猫的治疗和维持通常需要2倍的

表3-8　口服糖皮质激素的相对效力和活性

药物	等效剂量（mg）	作用持续时间（h）	隔日治疗
短效			
可的松	25	8~12	NAS
氢化可的松	20	8~12	NAS
中效			
强的松	5	24~36	P
强的松龙	5	24~36	P
甲基强的龙	4	24~36	P
长效			
氟米松	1.3	36~48	A†
曲安奈德	0.4*	36~48	A†
地塞米松	0.5	36~48	†
倍他米松	0.4	36~54	NR

A，择日治疗的替换选择；NAS，因作用持续时间短而不可用；NR，不推荐用；P，优先选择。
*之前的发表物都称相同剂量的甲基强的龙和曲安奈德是等效的。一项关于猫瘙痒的研究指出曲安奈德的效力是甲基强的龙的7~10倍（Ganz, 2012, Vet Dermatol in press）；
†用于治疗可每3d 1次。

口服糖皮质激素剂量（抗炎：2.2mg/kg，每日1次；免疫抑制：4.4mg/kg，每日1次）[360,367,368]。猫对糖皮质激素的抵抗反应可能与它们具有较少的糖皮质激素受体，且受体与配体的亲和力比犬的弱有关[369]。可能犬、猫的昼夜节律并不显著，所以给药的时间选择早上还是晚上并不是一个需要着重考虑的因素。最初认为猫分泌内源性可的松是有生理节律性的，且在晚上给药能最大程度地模仿自然分泌。但在其他的研究中却没有证实这一点，所以对猫使用糖皮质激素的给药时间可能并不重要[370,371]。维持每用药一天停药24h是非常重要的，这能使肾上腺的抑制以及慢性不良反应的程度降到最低。

5. 用药规则

糖皮质激素的用药规则依皮肤病的特质不同而变化，包括糖皮质激素的选择，以及治疗和维持剂量的确定。以下是经由许多兽医师给出的使用参考，但没有证据表明哪一种方法在治疗效果和不良反应上优于其他方法。

一般说来，相比皮肤免疫抑制的需求，皮肤抗炎所需的每日口服糖皮质激素剂量较小，并且较短疗程即可达到缓解作用。抗炎治疗通常给药2~6d，而免疫抑制则需4~10d。最初给药的间隔时间为24h，或分成每12h 1次，连续2~4d，每24h给足一日的剂量。给药一直持续到疾病的症状明显减轻或缓解。随后，应减小剂量开始维持治疗。

以口服糖皮质激素进行维持治疗最好选用泼尼松龙、泼尼松，或甲强龙，隔天使用[125,360]。研究者们普遍发现对于使用泼尼松效果良好的病例，口服所用10%~20%泼尼松剂量（在毫克基础上）的曲安奈德通常有效。根据已公

布的糖皮质激素等效标准，这是一个明显的糖皮质激素节约效应。虽然很多病例都能耐受长期隔天使用曲安奈德的治疗方案，但由于曲安奈德对下丘脑-垂体-肾上腺轴的抑制作用能持续24~48h，所以最好每隔72h给予1次。

当使用隔日治疗时，每天使用糖皮质激素的有效剂量应一次性给完，在犬通常于隔天早上给药；在猫则早晚均可。一旦临床症状得到缓解，即可减少口服糖皮质激素的剂量。有些临床医生会立即减成隔天给药，而也有一些临床医生会逐渐减少其中一个隔天的给药剂量直至停药，同时保持另一个隔天的给药量维持在治疗剂量不变。对于维持治疗，每过1~2周将隔天给药的剂量减少50%直到获得可维持效果的最低剂量。这个用法不能避免肾上腺的萎缩，但理论上萎缩会轻微一些。当必须长期使用糖皮质激素治疗时，最理想和安全的用法是尽可能将隔天给药的最低剂量逐渐换成每3d 1次。口服糖皮质激素的使用图（图3-11）可能会对临床医生有所帮助，图中给出了从最初的每日1~2次的治疗剂量过渡到隔天一次的维持剂量的日程安排。

此预定治疗方案内容也包括对畜主在使用糖皮质激素时所应观察的事项。将上述预定治疗方案填写好并交予畜主，另外在病例记录中保留一个复印件。通过执行此预定治疗方案，临床医生和畜主便都能确定用药的"最小阈值剂量"，也就是既能缓解宠物的症状，又能监控在特定剂量和给药间隔下可能伴发的不良反应。

在一些动物，隔天给予一次糖皮质激素的治疗可以延长至每3d或每4d给予1次。在极少情况下，会出现选择适当形式的泼尼松龙、泼尼松或甲强龙隔天给药治疗对抗炎症不成功的病例。对于这些病例，临床医生需要考虑其他选择（如果糖皮质激素是唯一的治疗办法）：

· 避免其他并发因素的干扰（如，控制继发感染，保证没有其他炎性或瘙痒性疾病）。

· 更换一种效能更好的口服糖皮质激素，隔天给药。

· 每天给予尽可能低剂量的泼尼松龙、泼尼松，或甲强龙，但要告知畜主会增加发生医源性肾上腺皮质功能亢进的可能。对于这种病例，在治疗过敏性皮肤病时同时给予抗组胺药和脂肪酸可能会有所帮助。

· 考虑将注射糖皮质激素作为最后手段，并保证两次注射之间间隔足够的时间。

虽然隔天使用效力更强的糖皮质激素通常能取得较令人满意的效果（除非给药剂量很低），这些药物并不能像泼尼松龙或甲强龙那样较少对下丘脑-垂体-肾上腺轴的影响（因药物效能和作用持续时间）。有时使用这些药物可能几乎不引起或引起很不明显的不良反应，尤其是在猫[125,372]。临床上，在这方面最令人满意的代表是氟羟氢化泼尼松和地塞米松。大部分关于效能和作用持续时间的信息都是从人医推理得到的。有趣的是，氟羟氢化泼尼松甚至地塞米松的效能和作用持续时间对于不同的个体是不同的。一些犬和猫维持长时间隔天使用这些糖皮质激素，治疗效果良好且长期临床及临床病理学不良反应很小。尚需要对照试验和公布的病例对此进行研究。由于存在许多与

主人名字：							宠物名字：						
用药：							开始日期 (Day 1)						
mg													
Day	AM	PM	**	Day	AM	**	Day	AM	**	Day	AM	**	Day	AM	**
1				13			25			37			49		
2				14			26			38			50		
3				15			27			39			51		
4				16			28			40			52		
5				17			29			41			53		
6				18			30			42			54		
7				19			31			43			55		
8				20			32			44			56		
9				21			33			45			57		
10				22			34			46			58		
11				23			35			47			59		
12				24			36			48			60		

图3-11 畜主的糖皮质激素预定治疗方案。泼尼松、甲基强的松龙和曲安西龙是糖皮质激素。这些药会对你的宠物身体造成很多影响，有些是有益处的，有些则不。我们将要尝试使用这些药物并尽可能减小那些不良反应。常见的不良反应包括多饮、多尿、食欲增加和呼吸加快。要为你的宠物供应充足的饮水，要对进食量加以控制，这样你的宠物就不会增重。这一点非常重要，且一定要向你的所有家人进行强调，因为动物可能会"讨食"。偶尔这些药物还可能会刺激胃肠道，引起呕吐或腹泻。如果发生这种情况，请同时饲喂食物和药物，或在喂食后给药。如果呕吐和腹泻仍持续发生且你的宠物状态不好，请立即停药并联系主治医生。给药应遵循以下预定治疗方案。若每日给药1次，应当在每天的早上进行（上午7:00~9:00）。数字表示在相应的那一天的时间点饲喂药片的数量。如果我们希望控制的问题得到缓解，应继续使用之前的有效剂量并联系你的兽医

患病动物及畜主相关而并非与疾病相关的因素，一些动物可能需要长期仅使用糖皮质激素注射剂。再强调一次，由于这会增加不良反应的风险，所以仅作为最后的选择。

肌内注射糖皮质激素治疗偶尔用于仅需一次注射的急性短程疾病。通常，每年仅需注射醋酸甲强龙（Depo-Medrol）或曲安奈德（Vetalog）2～3次且使用间隔适当（每4～6个月注射1次）的病例可能不会出现明显的不良反应。但也会有一些个例因注射一次长效糖皮质激素即出现明显的不良反应。对于需要长期维持治疗的皮肤病，不建议使用注射糖皮质激素的给药方式。研究已发现单次肌内注射醋酸甲强龙即可持续改变肾上腺皮质的功能5～10周[373,374]。对于正常的猫，长期口服超过生理剂量氟羟泼尼松龙的不良反应很小，下丘脑-垂体-肾上腺皮质轴受到的抑制作用能在停止给予类固醇后1周得以恢复[374]。但是，长效注射型醋酸甲强龙的临床作用持续时间约3～6周[375]。在其他的研究中，单次肌内注射曲安奈德（Vetalog）可以改变犬肾上腺皮质功能长达4周[376]。

使用病灶内注射糖皮质激素时，通常每7～14d重复使用一次，使用2或3次即能产生临床效果。曲安奈德（Vetalog）是病灶内注射治疗最常用的药物。

6. 不良反应

全身糖皮质激素治疗引起犬的不良反应非常多[367,368]。相比之下，猫对此类药物的耐受性相对较好，虽然偶尔也会出现医源性库欣综合征而出现被毛蓬乱。其他猫的不常见不良反应包括：耳郭的卷曲、脱毛、皮肤变薄且容易撕裂、肥大性心肌病以及糖尿病。甚至有极少数的病例会引发类固醇肝病[372,377-380]。

由于糖皮质激素对蛋白质、脂质，碳水化合物代谢、内分泌功能、体液平衡以及机体防御功能造成各种影响，所以许多不良反应与糖皮质激素相关。任何糖皮质激素治疗或持续给药都可能引起后遗症。在大多数病例中，短期治疗的不良反应也会在长期治疗中出现，但通常不是影响健康的大问题。除了大剂量治疗引起的急性后遗症。这些后遗症包括胃肠道溃疡、穿孔、肌肉病变和胰腺炎。这些不良反应通常出现于使用泼尼松（或等效的其他糖皮质激素）的剂量达到或高于每日2.2 mg/kg。

一项已发表的研究，对105只有神经损伤的犬每6h静脉注射1次剂量为30mg/kg的琥珀酸钠泼尼松龙，持续治疗36h[381]。在这群犬中，没有出现严重的不良反应，不良反应的发生率是相对较低的。有1/3的犬确实出现了不太严重的并发症，其中10%的犬出现腹泻和消化道出血；更少一部分犬出现呕吐、便血、厌食和吐血。其他研究发现，静脉注射15～30mg/kg的琥珀酸钠甲强龙的犬出现了胃出血，并且使用米索前列醇没能避免该不良反应的发生[246,382]。

其他与持续治疗无关的不良反应包括多尿、繁渴、多食（可能引起体重增加）、行为改变（沉郁、亢奋和进攻

性）、气喘和腹泻。这些不良反应中的大多数是与用药剂量相关的，但不引起不良反应的给药剂量或许也无法控制需要治疗的疾病。通常，通过低剂量隔日治疗的方法使这些不良反应降至最低，或使不良反应仅出现于给药当天。更换糖皮质激素的种类可能也会消除这些后遗症。值得注意的是，大约30%的犬在使用抗炎剂量的泼尼松或泼尼松龙治疗时，会出现严重的不良反应以至需要停止治疗。如上文所述，更换等效剂量的其他种类糖皮质激素可减少诸如多饮、繁渴这样的盐皮质激素反应（甲强龙、氟羟氢化泼尼松或地塞米松）。

长效治疗能引起更多不良反应，尤其是那些能导致健康状况变差和疾病的不良反应。最需要考虑的是感染风险的增加。许多种类的细菌感染均可能发生，但最常见的有菌尿症、脓皮病、败血症和呼吸系统感染。对于长期使用糖皮质激素治疗的犬，稀释的尿液将膀胱长时间的扩张，可能会增加尿道感染的概率。广泛的蠕形螨症和马拉色菌性皮炎也有可能发生（图3-12）。常见的皮肤及皮下变化包括毛发干燥且营养状况差、皮肤干燥易起鳞屑、脂质重新分配，以及脂肪瘤的数量增加或尺寸变大。在更敏感或是使用剂量更高的犬，可能单独或同时发生脱毛、皮肤变薄、皮肤弹性下降、钙质沉着（图3-13，A）、萎缩性疤痕重建、黑头粉刺，以及栗状囊疤。

骨骼肌的异常可能尚未被认为是糖皮质激素的不良反应。骨质疏松、肌肉萎缩，以及脆弱的韧带（图3-13，B）可能是因糖皮质激素影响蛋白代谢、抑制纤维原细胞，以及减少小肠对钙的吸收而导致的。虽然尚没有研究证明其中的联系，但普遍认为接受糖皮质激素长期治疗的犬韧带损伤的风险会更高，尤其是十字韧带断裂。

在人医的研究中，曾将糖皮质激素用于治疗一些肌腱的损伤。这种用法到底有益还是有害尚没有定论；已有研究证明有些糖皮质激素能抑制人的腱细胞活性和胶原合成[383,384]。在一例犬发现了类固醇肌病和糖皮质激素治疗引起的腓肠肌创伤性撕裂[385]。

代谢的改变可能会引起高脂血症和类固醇性肝病。内分泌的改变包括肾上腺受抑制并萎缩、糖尿病、甲状腺激素合成减少、甲状旁腺激素合成增多。使用适当的抗炎剂量的糖皮质激素对犬进行治疗一般不会出现明显的不良反应，出现明显不良反应的动物不到全部的10%。但是，若使用免疫抑制剂量治疗，出现不良反应的频率和严重性都显著增加，且只有不到50%的受试犬能得到令人满意的控制[125,307,386]。

必须强调的是，泼尼松龙隔日治疗法并不是万能的[355]。偶尔会有一些犬在不引起医源性肾上腺皮质功能亢进的前提下无法得到很好的治疗[125,307,375,386]。这可能反映了个体间不同的血清蛋白水平、受体水平，或者对糖皮质激素吸收、代谢或其清除情况的差异。另外，有时个体的严重的或慢性的糖皮质激素不良反应明显不同[125,367,375]；因此，①

不同程度的医源性肾上腺皮质功能亢进仅仅在治疗3周后就出现，而最长的会在7年后出现；②已证明有糖皮质激素过度分泌的犬可能发生皮肤钙质沉着或成熟的库欣综合征[125,367,375]。

尽管临床上对猫使用糖皮质激素的有效剂量通常是犬的2倍，但很少发现有明显的不良反应[125,377]。偶尔发生烦渴、多尿、多食、体重呈增长趋势、沉郁和腹泻。犬常发生因糖皮质激素干扰利尿激素而引起的多饮、多尿和尿比重下降，但猫不会发生[377]。猫会出现多饮、多尿，但常认为是糖尿和渗透性利尿引起的；大多数病例尿比重维持正常[377]。

在一些猫的病例中，糖皮质激素与充血性心力衰竭（Congestive heart failure，CHF）有关[380,387,388]。发生CHF的猫与肥厚性心肌病变有关，但倘若猫渡过了最初的危机期，肥厚性病变也会随时间的推移得以缓解。最近的一项关于醋酸甲强龙引起猫CHF机理的研究指出，最可能的原因是高血糖引起血浆高渗而使血浆体积增大[387]。因此，在对猫使用糖皮质激素时应注意可能发生的CHF，尤其是肥厚性心肌病。

猫比犬更容易受糖皮质激素的影响而产生致糖尿病作用。在一项针对犬的研究中，使用剂量为每日1.1mg/kg的泼尼松治疗28d后，血糖和糖耐受度测量值都没有发生变化[389]。在另一项使用泼尼松龙（每天2mg/kg）对猫进行治疗的研究中，用药8d后即出现高血糖和糖耐受降低。因泼尼松可降低糖耐受能力，对已有亚临床糖尿病的猫使用该药可能会使其发展为需要胰岛素治疗的临床糖尿病[390]。由于糖皮质激素的效力不同，其诱发糖尿病的程度也可能不同。一项研究比较了同等剂量下地塞米松和泼尼松龙对猫的影响，发现在使用地塞米松治疗的猫中尿糖现象更为普遍，提示地塞米松的致糖尿病作用更为强烈[391]。

只有在对猫每周皮下注射醋酸甲强龙，连续使用10周才会引起明显的医源性皮质功能亢进。尽管曾经认为在低剂量下猫很少会发生典型的医源性库欣综合征[103]，但现在已有报道称对猫使用较低剂量的糖皮质激素可引起并发症[379,392]。很明显，任何时候都不应建议或使用连续10周每周给药的治疗方案。

尚没有报道称病灶局部注射糖皮质激素能引起犬、猫明显的不良反应。局部皮肤萎缩和局部炎症反应（推测可能是由残留在注射位点的结晶物质引起的）很少见。这些不良反应，以及脂膜炎、非感染性脓肿、坏死和色素失调在人已得到广泛认可[347,356,393-395]。

病灶内注射治疗的一个潜在的显著不良反应是全身性糖皮质激素分泌过旺[125,396]。在人类病灶内和关节内注射糖皮质激素也有报道[347,394]。对正常的犬结膜下注射醋酸甲强龙能持续9～20d抑制肾上腺皮质对外源性促肾上腺皮质激素的反应[396]。另外，接受皮内或结膜下注射甲强龙或倍他米松的犬将持续4周对皮内组胺和皮肤过敏原试验不产生反

图3-12 **A.** 一只口服泼尼松治疗遗传过敏性皮炎的可卡犬，由于过度用药引起蠕形螨和脓皮症 **B.** 从躯干的侧面看可见腹部下垂的"库兴样外观" **C.** 腿部特写显示脱毛、鳞屑和色素过度沉着

应。尚不清楚这个发现对犬的健康有什么影响。当然，这些药物治疗会影响血液学、肾上腺功能，以及皮内过敏试验的结果。

7. 评估和监测

在使用糖皮质激素治疗期间对患病动物进行评估和监

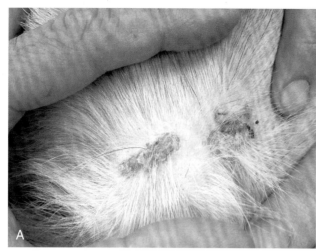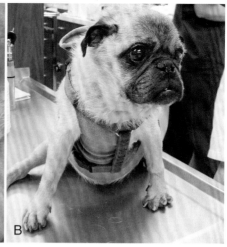

图3–13　**A.** 一只巴哥犬重复使用长效注射型曲安奈德出现的皮肤钙质沉着　**B.** 与A图犬是同一只犬，显示肌肉无力、萎缩，以及对蛋白分解的慢性作用引起的韧带损伤

测是非常重要的，并且每一个病例都必须单独进行评价。如果给予健康犬、猫适当的短效全身抗炎剂量的糖皮质激素进行治疗，风险是很小的。更需要关注的是免疫抑制剂量引起的风险，特别是当动物需要终生使用这些药物以对抗威胁生命的严重疾病时。有一些慢性过敏的患病动物可能需要长效糖皮质激素治疗，但是即使隔天使用低剂量的药物，其中的一些仍会出现更为严重的不良反应，并发明显的主要器官系统功能紊乱也会增加风险。有些畜主为了避免花销、风险、令人不愉快的不良反应，或复杂的治疗程序而拒绝治疗。临床医生可能会被迫选择并非最适合于动物长期使用的药物，或者根据畜主的要求对动物实施安乐术。

当开始长期全身性治疗时，需要告知畜主密切观察动物并在出现明显不良反应时立即告知兽医。当病情得以控制并开始隔天给药的维持治疗后，建议每6个月对动物进行一次体检。要求定期做尿液分析和尿培养以确认没有发生临床上的尿路感染。建议在进一步给药前每6个月进行一次血液生化检查。检测时通常会见到血清碱性磷酸酶的升高，这是因为对犬长期使用糖皮质激素会导致碱性磷酸酶同工酶的升高[397]。如果临床表现正常的犬该指标升高不多，且不伴随其他肝酶（ALT和GGT）的升高，通常不用变更治疗方案。是否该对正在进行长期糖皮质激素治疗的犬进行促肾上腺皮质激素刺激试验尚没有定论。高剂量糖皮质激素的使用会导致大多数病例产生肾上腺抑制反应，甚至有些使用隔天低剂量治疗的病例也会发生。如果对正在接受治疗的犬进行促肾上腺皮质激素刺激试验，对其受抑制结果的判定需要综合考虑该个体的许多其他因素，包括其他临床病理学异常以及体检指标的变化。身体检查和例行的临床病理学检查是制定适应剂量更为重要的参考指标。

（七）干扰素

　　IFNs是调节蛋白家族中的成员，它能作用于多种不同类型的细胞并对许多生物学功能产生深远的影响，包括机体对抗病毒和细菌感染的防御功能；细胞增殖、分化和功能的激活；抗肿瘤作用；IFN-γ免疫调节；单核细胞和巨噬细胞的激活；细胞毒性T细胞的激活和分化；刺激MHCⅠ和Ⅱ的表达；B细胞抗体的产生；脂肪代谢的调节，并能直接以及间接激活许多细胞因子[398-400]。

　　IFNs与其特异性受体相互作用，启动复杂的细胞信号通路引起IFN介导的基因转录。此通路包括转录的信号传感器和活化剂（STATs）以及酪氨酸蛋白激酶（JAKs）[401]。根据受体信号类型的不同可将它们分为两个不同的组：类型Ⅰ（IFN-α、IFN-β、IFN-ω、IFN-δ、IFN-τ）[402]。类型Ⅰ的干扰素在抗病毒免疫中非常重要。类型Ⅱ的干扰素主要包括NK细胞、CD4+辅助T细胞，以及CD8+细胞毒性T细胞产生的IFN-γ。还有另外一个家族的分子与类型Ⅰ的干扰素有着相似的特性，但在结构和基因上不同。这些分子包括IFN-1、IFN-2和IFN-3（也有人将其归为IL-29、IL-28a、IL-28b）。这些干扰素使用IL-10Rβ和IL-28Rα受体且具有抗病毒活性[403,404]。

　　在人医，现已有许多种类的重组干扰素产品。干扰素α是很常用的产品〔干扰素α-2a（Roferon-A，Roche）；干扰素α-2b（Intron-A，Schering-Plough）〕。新型干扰素有聚乙二醇干扰素α，通过向传统的干扰素α中加入聚乙二醇，延长药物在体内停留的时间从而减少注射频率〔Pegasys（Roche）；PEG-Intron（Schering-Plough）〕。总干扰素α（*Concensus interferon alfa*），也称为集成干扰素-1（*Interferon alfacon-1*）（Anjisi Bio-Medicine Company）或干扰素（重组制剂）（Three Rivers Pharmaceuticals），是一种通过确定干扰素α分子中各个位点上最普遍的氨基酸而建立的一种重组形式的干扰素。干扰素α-n1也被称为类淋巴母细胞干扰素（*Lymphoblastoid interferon*）或惠福仁（*Wellferon*），是由9种干扰素α亚型组合而成的。白蛋白干扰素，或称Albuferon，是一种与血浆白蛋白共同使用的长效形式的INFV，可以减少给药的频率。干扰素 β 包括1a（Avonex）和1b［Betaseron（Berlex）］在人类更常用于多发性硬化症。干扰素 γ-1b（Actimmune）是类型 Ⅱ 干扰素的重组形式且具有抗纤维化活性。干扰素 λ（IL-28/29）是之前提及的类型 Ⅲ 干扰素，因其作用受体在全身分布并不广泛，所以推测这种干扰素引起的不良反应比较少。干扰素 Ω 是一种比较新的类型 Ⅰ 干扰素，具有良好的抗病毒活性。

目前可用的兽医专用剂型包括重组犬 γ 干扰素（rCalFN-gamma）［Toray Company（日本东京）］和干扰素 Ω［重组猫 Ω（rFE）干扰素：Virbagen Omega（Virbac SA, Carros, 法国）］。这些产品在美国尚不可用。

所有种类的干扰素都已被用于人类的各种疾病，尤其是病毒性肝炎，也包括一些皮肤疾病（黑色素瘤、乳头状瘤、卡波西氏肉瘤和上皮淋巴瘤、遗传性过敏症、盘状红斑狼疮、牛皮癣，以及慢性肉芽肿病）并取得了不同程度的效果[400,405,406]。一项关于人遗传过敏症的随机安慰剂对照研究指出，使用重组干扰素 γ 治疗的病人中有45%总体应答值提高了50%以上，而安慰剂组仅有21%。治疗组的红疹、表皮脱落和侵蚀现象明显减少[407]。人用的干扰素非常昂贵且要求多次注射；另外，可能会引起发热、战栗、头痛、疲劳、肌痛和恶心等类似流感症状的不良反应[400]。

在犬和猫中，之前有报道尝试将干扰素 α-2a（Roferon-A）、干扰素 α-2b和干扰素 α 用于皮肤病[408-414]。包括幼龄和老年犬和猫的乳头状瘤、猫疱疹病毒性皮炎（图3-14）、喜马拉雅猫和波斯猫的自发性面部皮肤病、犬上皮样淋巴瘤，以及犬反复发作的细菌性脓皮病。干扰素对某些猫的惰性溃疡有效，但对嗜酸性斑块和嗜酸性肉芽肿没有效果。

干扰素在人和动物都有多种使用剂量和给药途径。之前认为通过全身给药方法给予高剂量的干扰素优于低剂量口服，且若要使干扰素发挥作用，需要给予高剂量的药物以使其达到足以发挥功能的血浆浓度[415]。这已经在干扰素 α 治疗中得到了证实，但如之前所述，使用高剂量的该药

物对人进行注射治疗能引起明显的不良反应。然而，若经口服给药，干扰素 α 能在不进入循环的情况下，直接与黏膜作用而诱导机体产生防御功能。干扰素 α 能经常或特异性的与口腔黏膜细胞发生作用[416]。许多干扰素介导的基因可通过口服干扰素 α 得以激活。因此，通过口腔黏膜的低剂量给药途径可通过诱导机体全身的防御功能而对疾病的治疗有着潜在的好处，这种给药方式已被用于犬、猫。

有三项对照试验研究了全身用高剂量干扰素对遗传过敏症的作用，有一项研究了对犬脓皮症的作用。其中一项研究对75只患遗传过敏症的犬注射了犬重组干扰素 γ 并检测了其效果；对照组犬使用了一种抗组胺喷雾（苯海拉明）。对干扰素治疗组的犬，剂量为10 000U/kg，每周3次，隔天给药，持续使用4周，对抗组胺治疗组的犬每日使用2次喷雾，连续使用8周。在使用干扰素 γ 治疗的犬中，74%（39/53）~81%（43/53）的犬的皮肤病变或瘙痒得到了良好或极好的控制，而使用抗组胺喷雾的犬中，仅有约1/3的犬获得了较好治疗效果[74]。

另一项安慰剂对照的双盲临床研究，对50只犬皮下注射剂量为10 000U/kg的犬重组干扰素 γ，每周3次，持续2周，对另外50只犬注射安慰剂。与安慰剂组相比，治疗组的病变区域明显减少，且兽医评价、畜主评价以及临床皮肤评分（红疹、色素沉着和脱毛的总评分）都有显著的提升。随后又使用同样的干扰素剂量对这两组动物追加了2周的治疗；治疗效果在最后一次给药后至少可持续2周[417]。

第三项双盲对照试验研究了与环孢霉素相比，在6个月的治疗阶段中，降低干扰素 Ω［猫重组（rFe）干扰素 Ω：Virbagen Omega（Virbac SA, Carros, 法国）］的使用剂量是否会加重患遗传过敏症犬的临床症状。对组别为1和2的受试犬分别做以下处理：在6个月中，对组别为1的犬注射rFe干扰素 Ω［根据体重注射（1~5）×10^6 IU］或注射超过6个月的安慰剂；对组别为2的犬给予安慰剂胶囊或环孢霉素（5mg/kg），每天1次，持续2个月，最后分别对2组犬每周给药2次，持续4个月。在整个研究中对犬的CADESI-03

图3-14 A. 一只患疱疹病毒性皮炎的6岁短毛家猫在使用干扰素-2a（Roferon-A，Roche）治疗前的样子 **B.** 同一只猫在治疗10周后的样子

和瘙痒指标进行了评价。6个月中组间损伤和瘙痒发生次数上没有明显差异。在第90天，瘙痒和损伤评分升高超过50%的犬在使用干扰素治疗的犬中所占比例分别是56%和72%，在使用环孢霉素治疗的犬中分别是75%和75%[418]。

在人类有低剂量口服重组干扰素α-2b的疗法，一个长达18周的双盲安慰剂对照试验评价了这种疗法对患先天性复发性表皮脓皮症犬的治疗效果。该试验的研究对象为11只患有非季节性复发性表皮脓皮症的犬，其病因不明，复发频率在6周甚至更短。在试验的前6周，根据细菌培养和药敏试验的结果给予所有犬口服抗生素。从第0周开始持续到第18周，每天给予犬口服干扰素（1 000U）或安慰剂（1mL无菌盐水）。在抗菌治疗结束时以及随后的3个月中每月利用标准打分系统对每只犬进行1次评价。结果发现使用干扰素治疗的效果并没有明显优于安慰剂[419]。在另一项研究中，让2只有表皮色素斑块同时伴发反复性低蛋白血症的犬口服人重组干扰素α-2b（1 000U）治疗，每日1次，持续使用21d，随后停药7d，再使用21d，这2只犬的临床症状在治疗后得以明显改善[413]。

对于高剂量的治疗，干扰素α-2a（Roferon-A）、干扰素Ω［重组猫（rFe）干扰素Ω（Virbagen Omega）和犬重组干扰素γ（rCaIFN-gamma）］均可用于犬和猫。对犬使用干扰素alfa-2a（Roferon-A）的剂量有（1～1.5）×10^6 IU/m^2体表面积（BSA）、每天每只犬（1～3）×10^6 U或每周3次，通常通过皮下注射途经给药。犬和猫急性病毒感染时使用干扰素Ω［重组猫（rFe）干扰素Ω（Virbagen Omega）］的剂量为2.5×10^6 U/kg，静脉注射或皮下注射，每24h 1次，连用3d。对于慢性病毒感染者建议使用的治疗方案为10^6 U/kg，皮下注射，每24h 1次，连用5d；将此5d的治疗周期在3～4周内多次重复，各周期之间不做其他治疗。在一例使用rFe干扰素Ω治疗猫疱疹病毒的病例中，最初以皮下注射途经给药，而后转为病灶内和病灶周围注射，取得了良好的治疗效果。开始于第0、2、9天给予剂量为1.5mU/kg的药物，随后于第19天、21天、23天进行病灶周围和皮内注射剂量为0.75mU/kg的药物，同时也皮下注射0.75mU/kg的药物[410]。报道中对犬使用犬重组干扰素γ（rCaIFN-γ）的剂量为10 000U/kg，每周3次。使用高剂量干扰素治疗犬、猫疾病鲜见不良反应；有一位作者发现当使用剂量为每天1×10^6 U的干扰素α-2a（Roferon-A），每周3次治疗，犬乳头状病毒瘤时，治疗第2周后出现了罕见的嗜睡和厌食反应。在一项研究中，1只犬在使用高剂量犬重组干扰素γ（rCaIFN-gamma）的注射部位出现疼痛症状[74]。

之前已讨论了口服低剂量IFN的好处[416]。这种治疗方案可通过刺激口腔黏膜和扁桃体免疫细胞起作用。干扰素α-2a（Roferon-A）常被用于低剂量治疗，其标准稀释程序如下：将3×10^6 U的干扰素稀释于1L无菌盐水中得到浓度为3 000U/mL的溶液，可将该溶液冻存1年。再将10mL该溶液加入1L无菌盐水中得到浓度为30U/mL的溶液，可将该溶液于冰箱内（不可冷冻）保存数月。该溶液常用于口服。对犬的使用剂量为治疗期间每天1 000～3 000U/kg。对猫口服α-2a（Roferon-A）的剂量为1～50U/kg，而最常推荐的是每只猫60～250U/kg，连续使用7d，隔周进行1次的预定治疗方案。

（八）褪黑素

褪黑素合成自松果体的L-色氨酸。在爬行动物和两栖动物中最容易对其进行研究。褪黑素在许多动物通过神经内分泌调节光周期依赖性的换毛和/或皮肤着色。此激素可直接作用于毛囊，或通过中枢神经系统改变黑色素细胞介导的激素和/或催乳素分泌。褪黑素的分泌与光周期紧密相关，在黑暗的时候分泌最多；在冬季白昼最短时分泌量最多[420]。循环中的催乳素水平和黑色素细胞介导的激素呈负相关[420]。褪黑素和催乳素水平可能与哺乳动物皮毛的季节性生长有关，如貂冬天长毛，春天褪毛，因此人们通过埋植褪黑素人工诱导其皮毛的提早生长以提高皮毛产量。

健康犬以每12h 1～1.3mg/kg的剂量口服褪黑素，血浆药物浓度显著升高并能持续8h[421]。在母犬，血浆雌二醇、睾酮和脱氢异雄酮水平明显下降；在公犬，血浆雌二醇和17-OH孕酮水平明显下降。血浆中催乳素、甲状腺激素水平未受影响。褪黑素影响血浆性激素水平的机理可能与其对肾上腺21-羟化酶和芳香酶的抑制作用有关，这能导致雌二醇的水平下降[421a]。在另一项对15只患毛发周期抑制的博美犬的研究中，使用每12h 1.3mg/kg的褪黑素连续3个月治疗，6/15（40%）的受试犬获得了轻微或中等程度的毛发再生长。6只犬的组织学切片显示生长期毛发增多，8只犬表皮色素沉着减少。所有皮脂腺基细胞、所有小毛球，以及静止期毛囊上皮细胞内都有从中等到显著的强度不等的雌激素受体α着染。大的生长期毛球没有雌激素受体着染或着染程度很轻。毛发再生长与雌激素受体α着染的改变无关[422]。

在另一项研究中，利用褪黑素评价了中间肾上腺类固醇激素对已绝育且患毛发周期抑制（脱毛症X）犬的作用，研究毛发的再生长是否与在正常范围内的性激素浓度有关。该研究的对象是29只已绝育、甲状腺功能正常且可的松分泌正常的犬（23只博美犬、3只荷兰狮毛犬、2只迷你贵宾犬和1只西伯利亚雪橇犬）。于治疗前和治疗后每4个月1次，持续1年对受试动物进行皮毛评价和促肾上腺皮质激素刺激试验。褪黑素的初始给药剂量为每12h 3～6mg。根据临床治疗的进程，针对每只犬的情况进行用药选择：维持剂量、增加剂量或更换成米托坦。14/23的博美犬、3/3的荷兰狮毛犬和1/2的贵宾犬发生了局部毛发再生长。西伯利亚雪橇犬未出现毛发再生长。15只犬在第一次观察时已经有部分毛发再生。对8只犬增加了褪黑素的使用剂量，但只有一只的毛发再生长得到了促进。在使用褪黑素治疗的4个月中性激素浓度没有出现明显的下降[423]。本研究与之前研究[421]的结果不同可能与第二项研究只使用了绝育犬有关，且褪黑素对性激素的作用主要是通过促性腺激素的分泌，以及它们刺激性腺产生性激素实现的[423]。

褪黑素因其在许多犬毛发生长异常中的作用而受到重视。已有报道证实褪黑素对慢性顽固性体侧脱毛以及各种形状的秃毛都有改善的效果[420,424-426]。对于犬顽固性体侧脱毛，9只犬接受了治疗，其中3只每2周皮下注射1次溶解于大豆油的褪黑素（12.5mg），另外6只皮下埋植36mg的褪黑素。所有这9只犬都没有典型的脱毛复发迹象[424]。

在另一项关于拳师犬顽固性体侧脱毛且伴发表面皮炎的研究中，有1只长期患病的犬使用四环素和尼克酰胺成功治愈了表面皮炎，使用褪黑素成功治愈了毛囊发育不良[426]。

对于犬块状秃毛，11只犬在使用褪黑素治疗后毛发生长都得到了改善。7只犬接受了皮下埋植，另外4只犬则连续30d每天口服5mg褪黑素[425]。曾认为褪黑素可能对褪色性脱毛有治疗效果。然而在一个患有褪色性脱毛的蓝色混血杜宾犬的病例中，口服5mg褪黑素，每日2次，连用3个月并没有效果[427]。但这个剂量对于大型犬来说是低的。

临床医生注意到了口服褪黑素对这些疾病的效果不尽相同。另外，褪黑素对患有耳郭脱毛、疑似肾上腺性激素紊乱，或有因组织学上的毛囊角质化引起脱毛的病例具有治疗效果[420]。

褪黑素有非处方的形式，在大多数健康食品商店作为保健品销售，通常是2～3mg的药片。只有获得许可的产品纯度有保障。胶囊是用褪黑素晶体制作的（Sigma化学公司）。口服褪黑素半衰期短，有经验的方案建议每只犬每8～12h服用3～6mg。尽管有时使用剂量高达每12h 1～1.3mg/kg[422]，但大多数情况没必要使用这么高的剂量。笔者通常的使用剂量为每12h 0.5mg/kg。口服型、注射型或皮下埋植型的相对效力仍需进一步评价。可用的注射型褪黑素来自理查德研究基金会（Cleveland，Ohio）。可用的规格为2.5mg或12mg的缓释埋植剂来自野生动物药业（Fort Collins，Colo）[420]。有一些犬在接受了皮下埋植后会出现非感染性脓肿或肉芽肿。

田纳西大学的兽药内分泌学实验室也建议结合植物雌激素使用褪黑素。植物雌激素（异黄酮、木酚素、染料木黄酮）能抑制3-β羟化类固醇脱氢酶。同时使用褪黑素和植物雌激素具有协同作用，可防止雌激素和皮质醇的升高。更多的治疗信息可以登录：http://www.vet.utk.edu/diagnostic/endocrinology/treatment.php。

十一、口腔防晒霜

口腔防晒霜是指诸如β-胡萝卜素、氯喹等能够清除自由基和稳定生物膜的一类化学物。还没有证据表明这类药物在人类能够阻止晒伤，但已被应用于光照引起的皮肤疾病[428,429]。现已将一种β-胡萝卜素的衍生物用于减少光对犬猫的毒性（见第六章）。角黄素（β,β胡萝卜素-4'-

二酮）是一种于植物或其他来源中发现的橙黄色染料。该产品的安全性遭到了质疑。不良反应包括皮肤变为橙棕色、粪便呈砖红色、视网膜金色结晶沉着、橙色血浆，以及视网膜电图振幅降低。通常人用的最大剂量为每天25mg/kg，但有些公司建议每日服用含药物量为30mg的胶囊1枚［Golden Tan（Orobronze）］。对犬的毒性研究发现，长效和短效制剂的致死剂量都大于10 000mg/kg。其他抗氧化剂（番茄红素、维生素C和E、硒、原花青素），如果和β-胡萝卜素同时使用，能迅速抑制人早期紫外线引起的红疹[430,431]。

十二、皮肤外科

皮肤外科是小动物皮肤病学的重要内容。从用于诊断的皮肤活组织检查到冷冻手术专用程序，皮肤外科已经取得了许多新进展。设备是必要的且必须合理使用。本节讨论冷刀手术、冷冻手术、激光手术和电外科手术。活组织检查技术见第二章。

皮肤病学家认为通过整形外科对缺损部位进行矫正会引起面部、尾部、阴部和唇部的皮肤病。皮肤移植（修剪、剥离、网眼和带蒂移植）可以有效修复切除肿瘤或像肢端舔舐性皮炎这样的损伤后造成的肢端皮肤缺损。整形外科修剪耳郭或外耳道可能对矫正一些相关的皮肤或美观问题有所帮助。整形外科不在本章中进行探讨，但在文献中可找到相关信息[432-435]。

（一）冷刀手术

小型肿瘤或其他损伤的切除程序比较简单，通常在门诊即可完成，但也最好在动物可在医院停留数小时的情况下进行。这样，兽医可以根据情况使用镇静或全身麻醉加强控制并让患病动物放松。对需要广泛进行整形外科修复和移植手术的患病动物要在手术室内按无菌程序进行操作。即使是对于较为简单的病例，也必须做好充分的准备，以及其他措施从而完成一台严谨、清洁的手术。

人医的皮肤病外科治疗专家通常在毛发相对较少的人类皮肤上操作，因此美观是非常重要的，把避免留下疤痕作为主要考虑因素使大多数手术程序变得非常繁琐。相比之下，在兽医皮肤病中，当然也需要避免外观损坏，但因动物浓密的毛发，小伤疤通常无伤大雅。

任何手术程序，都应先严密地剔毛，将未破损的皮肤彻底清洗干净后使用手术用洗擦溶液，如2%的洗必泰［Nolvasan（Fort Dodge）］或0.75%聚乙烯吡咯酮碘［Betadine（Puedue-Frederick）］，并彻底冲洗。用70%酒精浸泡的无菌棉球从中心向周围擦拭使皮肤脱脂。随后可以用0.5%的洗必泰或1%聚乙烯吡咯酮碘的溶液喷洒或擦拭皮肤。最近一项对人的研究比较了术前两种术部消毒方法对849位患者术后30d术部感染情况的影响，一种是使用2%的洗必泰冲洗后用70%的异丙基乙醇润湿［ChloraPrep

（Cardinal Health, Dublin, Ohio）］，另一种是冲洗后用10%的聚乙烯吡咯酮碘水溶液［Scrub Care Skin Prep Tray（Cardinal Health）］涂抹。研究对象总数为849个（其中洗必泰-乙醇组409个，聚乙烯吡咯酮碘组440个），结果显示洗必泰-乙醇组手术部位总感染率显著低于聚乙烯吡咯酮碘组（9.5%对16.1%；P=0.004；相对风险，0.59；95%可信区间，0.41～0.85）[436]。

术前准备充分后，可以向术部铺以创巾。如果怀疑是肥大细胞瘤，必须避免粗糙的术前准备，因为可能会激发血管活性物质的释放。

一般手术用或母犬绝育用手术包即包括了皮肤外科所需的基本器械。以下额外的器械在精细的皮肤外科手术中可能会用到：

· Bard-Parker刀柄和10号、11号、15号刀片。

· 小弯蚊止血钳。

· 鼠齿钳。

· 虹膜剪（常用的最小剪刀）。

· 皮肤抓钩（锋利单刺）。

· 虹膜镊（鼠齿）。

· Olsen-Hegar持针器和缝合剪。

· 皮肤打孔器，1～9mm直径。

· 小号自动皮肤牵引器。

需要通过皮肤上的椭圆形切口到达病变部位。通过单独或同时使用剪刀和止血钳将样本或病变从与其相连的组织上分离下来。当切口长轴的方向平行于皮肤张力线时愈合情况和最终结果较佳。对于创口的闭合，使用尼龙线（如Vetafil）进行缝合能最大程度减小疤痕。有许多缝合材料可供使用，最终选择使用哪种依个人的倾向而定。缝线包埋型的缝针能进一步降低感染风险且留下的疤痕也较小。对于切口较小的常规病例，可于10～14d拆除缝线。

（二）冷冻手术

冷冻手术通过控制冷冻温度，在清除异常组织的同时，对周围健康组织造成最低程度的伤害。通常，冷冻手术最常用于门诊处理较小的局部皮肤病变。手术刀无法治疗的病例冷冻手术也无法治疗，但有时冷冻手术技术相对比较方便。

肛周和口腔是冷冻手术的适用部位，对某些特定的肢端舔舐性皮炎病例也适用。有些建议使用冷冻手术的特殊情况包括肛周瘘、口腔肿瘤、直肠肿瘤、鼻黏膜肿瘤、尾腺增生、猫自发性溃疡，以及肢端舔舐性皮炎。对于鼻腔、口腔和直肠这些外科手术难以触及和止血的部位，冷冻手术有其优势。对于面积比较大肢端舔舐性皮炎，无法用冷刀手术切除时，冷冻手术可作为代替皮肤移植的一种较好的方法。对于认真考虑使用冷冻手术技术的读者，有非常好的文献可供参考[437,438]。以下对冷冻手术的探讨包括基本原则、冷冻制剂、冷冻手术器以及皮肤适应证。

1. 基本原则

零下低温对细胞的致死作用取决于五个因素：

· 接受冷冻的细胞类型。

· 冷冻速度。

· 最终温度（必须至少达-20℃）。

· 融解速度。

· 重复冷冻/融化循环。

快速冷冻、缓慢融解和三个冷冻/融化循环会对细胞造成更严重的损伤。一氧化二氮装置使探针表面的最终温度达到-70℃，所以只有有限体积的组织能冷却到要求的-20℃，从而限制其只应用于小块的表面损伤。可用液氮使组织结合处的最终温度到达-185℃。这可以制造更大的组织冰球从而能够使更大面积的组织得以有效冻结。

喷洒液氮是冷冻大肿瘤团块的最有效方法，但这项技术如果使用不当会造成最严重的潜在伤害。使用液氮喷洒的一个好处是可首先冷冻组织团块的边缘或基部，操作方法是仔细沿着所划区域的外围喷洒液氮并在可见边缘外再扩大3～5mm。剩下的组织则可通过在这道冰"围栏"内逐圈减小喷洒范围直至全部冷冻。仔细地进行操作，喷洒的液氮可以阻止恶性细胞逃入血液循环，且操作者可通过这种方法在不损伤深层结构的前提下在组织表面制造固体冷冻块。相比之下，探针法则必须根据可见半径向深处冻结整个半球。有必要在冷冻组织的深层边缘使用热电偶针从而控制冷冻影响，避免正常组织遭到损伤。

在人的皮肤病学中，经常使用普通棉棒涂抹液氮，将棉棒浸入液氮罐内后触碰病变组织，通常是小肿瘤或小疣。用涂抹棒间歇性触碰病变组织直至达到所需的冷冻面积和深度。有经验的皮肤病学家使用这种方法能获得良好的结果。大多数患者在不使用局麻药的情况都只感受到轻微疼痛且能耐受。

许多软组织，特别是腺体组织，相对来说易受冷冻影响。另一方面，骨组织、筋膜、腱鞘、神经束膜以及大血管的血管壁则相对抗冻。了解不同组织对冷冻的相对敏感性对于临床应用是非常重要的。

为保证没有细胞遗漏，冷冻/溶解循环需要重复2次或更多。溶解所需的时间通常是冷冻的1.5～2倍。第二和第三次冷冻时速度会更快，因为靶区域的血液循环已经遭到破坏。

据推测，冷冻手术可能会产生有益的免疫学作用。当一个细胞团块被冷冻并在原地死亡后，膜脂蛋白复合物、抗原抗体复合物以及受体位点会不可避免地遭到破坏或改变。这些物质可能不会被完全摧毁。其细胞核可能会相对保持完整。这样，其抗原性在短时间内可能会增强。向全身释放出足够的抗原引起的特异性免疫反应，可能会杀死同一肿瘤的逃逸细胞。

在对犬的皮肤组织进行冷冻手术后，会发生一系列程序性的组织病理学变化：水肿、红疹、炎性细胞渗出、组织坏死、蜕皮、肉芽组织修复和表皮再生。

2. 优势

冷冻手术有以下优势：

- 可以移除皮肤生长过紧或损伤过大而难以缝合部位的病变组织。如面积较大的肢端舔舐性皮炎或腿部的低位肿瘤。
- 对于使用传统切除方法会造成休克或血液过度流失的病例，冷冻手术可最大程度地减少出血。这对于年老或衰弱的动物尤为重要。此方法留下的疤痕轻微，有益于美观。
- 此方法可选择性破坏病变或瘤性皮肤而对正常组织的伤害很小。减小了肿瘤细胞从癌变前损伤处向外扩散的机会。
- 冷冻手术可能对恶性肿瘤有免疫治疗作用。

3. 劣势

冷冻手术有以下劣势：

- 冷冻手术手术必须由经验丰富的人员进行操作且需要毕业后的额外训练。如果缺乏专业知识和技能，可能会导致意想不到的后遗症。
- 坏死和逐渐蜕掉的组织看起来让人很难受且在外科冷冻后2~3周会发出恶臭。
- 手术部位长出褪色的白色毛发时会影响美观。
- 冻结病变周围的重要结构可能遭到破坏。尤其是对血管、神经、肌腱、韧带和关节囊。在用冷冻手术治疗多发性肛周瘘时，如果肛括约肌遭到破坏可能会导致大便失禁。对骨组织的冷冻可能会导致病理性骨折。
- 使用冷冻手术移除大血管上的肿瘤时，出血可能发生于术后30~60min，此时操作者已松懈了注意力，或发生于动物回家以后数小时。若在开放的血管使用液氮喷洒可能会造成空气栓塞。
- 冷冻手术禁止用于肥大细胞瘤。

4. 冷冻剂

兽医可供选择的冷冻剂有液氮和一氧化二氮。也可以使用二氧化碳和氟利昂，但兽医不常用。

液氮是冷冻手术中最受欢迎的冷冻剂。它是一种澄清、无色、无味的液体。它不易燃且可提供-195.8℃的温度。通常可从售卖氧气的供药公司或焊接气体供应商处购买到液氮。通过不同大小的真空隔热杜瓦瓶对液氮进行运输。液氮很容易从瓶中泼出转移到冷冻手术的装置中。如果使用量不大，内科医生会将液氮保存于普通的一夸脱保温瓶（Thermos）中，随后根据使用者的需要进行添补。若静止不动，液氮在保温容器内可保持效力2d。液氮保持效力的时间是有限的。通常，如果最初的容器多次开盖，效力最多能保持1个月。

一氧化二氮是第二受欢迎的冷冻剂，且在移除小型肿瘤（小于3cm）或治疗皮肤浅表层的病变时是最有效的。

它需要专门为其设计的冷冻手术器械。通过使用探针，能提供-89℃的温度。虽然按单位计算比液氮昂贵，但没有浪费，且对于使用气体麻醉（氟烷、一氧化二氮、氧气）的兽医院来说更容易获得二氧化氮。一大槽的气体可供使用数月，因其通常直接与装置相连，所以不用向液氮那样倒出。

5. 冷冻手术装置

冷冻手术装置通过喷洒或探针形式释放冷冻液。有些装置（小型手持瓶）是专为喷洒气体设计的。其他设备则兼具喷雾和探针装置。

有些冷冻手术装置将气体释放到探针上，将探针抵住病变组织或伸入组织裂缝、瘘管或其他管道中从而加以破坏。冷冻探针利用焦耳汤普森作用：在压力下迅速膨胀的气体提供冷冻低温，这是使用一氧化二氮的冷冻方法。探针的种类多种多样，每种都有其特殊的用途。探针可以是圆形的、扁平的、卷曲的、尖头的，或针锋状的。甚至有一种特殊的探针是专门为破坏肛门腺囊而设计的。

目前有逐渐使用喷洒型装置的趋势。有些装置看起来像个改造了的保温瓶（Thermos），顶端有一喷洒用的尖头。液态和气化液氮会被直接喷洒到需要治疗的区域。不同设备释放的混合物中液氮、气体和液体的比例不同。此差异可从15%的气体和85%的液体到55%的气体和45%的液体。喷洒物中液体所占比例越高，冷冻温度越低，冷冻深度越大。

6. 皮肤病学适应证

冷冻手术与冷钢外科和电外科手术有很多不同。虽然它有特殊的用途，但它永远不能完全代替传统的外科手术。冷冻手术的推崇者们认为这项技术在小动物临床上能派上很大用场，但必须具备雄厚的知识、技能和经验才能取得最好的结果。批评冷冻手术的人可能是在错误的情况下使用了这项技术或没有经过适当的训练，最终导致了不好的结果或并发症。有些临床医生可能一度对冷冻手术很有热情但现在却很少使用。随着设备的改良，有些设备是专门为兽医外科设计的，这使实践者们可以更容易地选择合适的冷冻手术装备且更有效地对这项技术加以利用。

Podkinjak全面报道了一系列使用冷冻手术治疗的皮肤病学问题。一次治疗后的成功率是86%，一次或更多次治疗后的成功率是93%。这些病例包括黑色素瘤、鳞状细胞癌、纤维肉瘤、乳头状瘤、基底细胞瘤、血管瘤、组织细胞瘤和毛发上皮瘤。同时还治愈了卵泡囊肿、不可修复性溃疡、肉芽组织、外耳道增生性组织、尾腺增生、肛周瘘和肛周瘤[438]。更新的一项研究评价了冷冻手术对犬（20）、猫（10）皮肤及皮下肿瘤的治疗效果。该研究中的病例是用液氮冷冻手术喷洒治疗的，对恶性病变进行了3个冷冻/溶解循环，良性肿瘤进行2个循环。后续治疗为第一个月每周1次，随后每月2次直至伤处痊愈；最终结果是通过对畜主的电话回访获得的。肿瘤的直径为0.3~11cm，其中有28（60%）例为0.3~1cm，8（17%）例为1.1~3cm，

11（23%）例个大于3.4cm。并发症有水肿、红斑，对于极端的病例还有疼痛和跛行。98%的损伤（n=47）完全得以治愈〔平均后续治疗天数为345±172.02d（范围为150～750d）〕。有一例恶性外周神经鞘瘤于冷冻手术治疗后7个月复发。研究者们得出的结论是冷冻手术技术是治疗犬猫皮肤及皮下肿瘤的一种非常有效的方法，特别是体积较小的皮肤及皮下肿瘤，同时也特别适用于老年动物因创口闭合或美观问题限制外科手术切除的情况[437]。

7. 肿瘤

冷冻手术不能代替传统外科。但是在有些情况下很难或不可能使用手术刀。其中一种常见的使用冷冻手术治疗的肿瘤是皮质腺增生或皮质腺瘤。通常这种肿瘤的数量非常多且高发于某些特定的品种（如可卡犬和迷你贵宾犬）。在很多情况下，冷冻手术都是处理这些皮脂腺增生性价比最高的方法，但是在治疗部位会留下疤痕并造成秃毛。

8. 口腔

用传统手术方法进行口腔内的操作可能很困难，且很难控制出血。冷冻手术在这方面是一种更加简单而有效的方法。它可作为因其他手术治疗失败而造成肿瘤复发的一种替代治疗方法，特别是恶性肿瘤病例。冷冻手术可能对口腔鳞状细胞癌有良好的治疗效果。齿龈瘤也可以进行冷冻，且融解时无须止血。

9. 肛区

冷冻手术应用于肛门肿瘤，特别是肛周瘤的优势在于肛门括约肌和控制肛门的重要神经受损风险比较低。尽管一般来说，细致的冷钢外科手术依然是摘除肛周瘤的首选方法。

10. 肢端舔舐性皮炎

在传统治疗和适当的抗菌剂治疗无效，或因损伤面积过大，在切除后难以牵拉皮肤进行缝合的情况下，可以考虑使用冷冻手术技术。皮肤移植已得到成功应用，但要求操作者具备高超的整形外科技术，而且我们很难阻止犬破坏移植区域，因为那是它们最爱舔的部位。对大面积的舔舐损伤进行冷冻可以破坏变薄的皮肤，随后损伤会逐渐被覆盖周边正常上皮组织的肉芽组织所替代。

由于冷冻可以暂时使感觉神经麻木，6个月内在同一部位舔舐和复发的概率比较低。必须要注意不能冷冻下面的骨组织。为了精确控制冷冻深度，应在病灶下方嵌入热电偶。损伤治愈后，留下的疤痕和长出的白毛在这些顽固疾病的病例中很少引起主人的不满。遗憾的是，复发是必然的，且通常在6～12个月内发生。

11. 多发性肛周瘘

肛周瘘很难治疗，当单独使用环孢霉素或同时使用酮康唑无效时，可以考虑冷冻手术。有人在使用冷冻手术后获得了良好的疗效。用这种方法治疗肛周瘘尚没有外科手术切除受欢迎，因为冷冻手术程序繁琐（需进行2次或更多）、耗时长，且瘘的复发率比较高。另外，肛门狭窄的

发生率也比较高。

在冷冻手术之前通常建议切除肛腺囊。然而因肛门囊周围有疤痕和肉芽组织，通常很难看到肛腺囊的位置。必须竭尽一切努力避免发生大便失禁的并发症，因为这将是一个更为严重的问题。

（三）激光外科

激光外科的应用在医学的一些分支[439]中非常成功且正迅速在兽医皮肤病中占有一席之地[440-443]。激光（laser）一词是辐射受激发放射引起光放大（Light amplification by the stimulated emission of radiation）的缩写。激光与一般光相比，具有三点特征性差异。它具有单色性（Monochromatic），意味着只有一种颜色的波长。它具有一致性（Coherent），即所有光波都沿同样的平行方向协调地传播。它具有紧密性（Intense），指到达一个物体表面的光子数量是巨大的。

激光的种类有很多，但它们储存和释放能量的方式是相似的。常根据激光作用介质中的原子或分子的种类对激光进行命名。介质可以是固体晶体、液体或气体。当能量作用于激光介质时，原子的状态会向高能级越迁。在恢复基态的同时，能量通过光子的形式释放。随后光子在光腔内通过共振激发其他原子或分子。随着势能的不断增加，光腔内的镜子使光子开始平行运动，高密度平行光射线形成。光射线传播的波长取决于激光介质中分子的种类。如，CO_2激光以CO_2作为媒介，其产生光射线波长为10 600nm。而氮激光产生的光射线波长为514nm。目前产生的激光波长超出了紫外到红外的范围。这对于理解以下讨论的激光如何作用于组织非常重要。表3-9显示了各种类型的激光及其波长。氩离子泵染激光发射出的光波波长更为多样且曾用于激发光化学治疗中的光增敏剂。

这种类型的激光限制在特定的专科医院使用。CO_2激光是在全世界医学领域应用最为广泛的一种激光。对大多普通操作者，由CO_2产生的激光波长能量最适宜应用于软组织，对周围组织的不良影响最小。二极管产生的波长更限制应用于软组织，但其优势在于具有在液体环境中使用以及可通过内镜应用的功能。Ho：YAG产生的波长能量主要应用于小动物的泌尿道微创技术，包括在膀胱、尿道及前列腺的消融以及病理状况时使用。CO_2激光正逐渐在兽医领域得到认可，且现在已有兽医专用的型号〔Accuvet（Luxar, Seattle, wash.）〕。其价格比较低，可应用于中等到大工作量的操作。

当激光打到组织上时，会被吸收、反射、分散或传输。操作的目标是让光被吸收，这样光就可以转换为能量作用于相应组织的分子，通常会导致热的产生。组织由于迅速生成的高温而遭到破坏，称为光热作用（photothermolysis）。之前已经提到过的，CO_2激光发出的光波波长为10 600nm，在此波长下，水能最大程度地吸

表3-9 各种类型的激光

类型	波长
准分子激光	248nm
氩	514nm
氪	532nm
染料和二极管	577 ~ 780nm
氦氖	630nm
红宝石	694nm
近红外二极管	810 ~ 980nm
Nd：YAG	1 064nm
Ho：YAG	2 100nm
CO_2	10 600nm

收光的能量。由于水是细胞最主要的组成成分，水受热并被逐层移除。随着组织温度的升高，会发生不同的反应。在43 ~ 45℃时，细胞受热死亡；在60℃时，发生蛋白变性和凝固；在80℃时，发生胶原变性和膜的透化作用；在90 ~ 100℃时，发生碳化和组织燃烧；且在100℃时，发生蒸发和消融[444]。

有一种新型的激光疗法称为低水平激光疗法（Low-level-therapy，LLLT），这种激光不会对被照射的组织产生可感知的热效应（"冷激光"），而是通过在组织内部调制生物进程起作用。LLLT利用低水平的激光或发光二极管产生波长在可见红光（约620 ~ 690nm）到紫光（约720 ~ 1 260nm）波长范围内的光波。LLLT发挥作用的机理与光生物调节有关，即在组织或细胞功能的正常范围内改变其自然生物化学反应从而激发细胞对某个刺激的故有代谢能力的过程。光子将其能量传递给一个发色团的过程发生的生物调节作用时，称为光生物调节（Photobiomodulation）[445,446]。近期的一篇全面的综述着眼于大量关于激光照射对人类和动物体外培养细胞影响的试验性研究，得出的结论是所培养的细胞清楚地证明了激光照射具有调节（特别是激发作用）细胞增殖的能力[447]。也有一些报告指出光生物调节可以使细胞的反应"正常化"，减少在各种疾病状况下的炎症反应并且促进修复[448-452]。

LLLT是一种非常有争议的方法，且缺乏良好的对照研究支持其在人医和兽医中的应用。有人提倡用LLLT在兽医皮肤病中治疗遗传过敏性皮炎、外耳炎、肢端瘙痒性皮炎，以及用于帮助创伤愈合。激光的治疗效果取决于波长和剂量，最佳光生物调节的治疗窗口范围为0.5 ~ 5.0 J/cm²。在人推荐使用可见红光（波长约620 ~ 690nm）进行浅层和表层的治疗（如体表针灸部位、粉刺、创伤愈合），使用红外波（波长约720 ~ 1 260nm）进行深层的治疗（如深层穴位、肌肉骨骼损伤，或深层创伤愈合）。虽然已经建立起一些治疗方案，但并没有完全明确在具体的皮肤条件下应如何使用LLLT。在多数情况下需要2 ~ 3d治疗1次直到治愈，可能需要反复治疗。治疗所需的时间略有不同，每个

治疗位点一般需要几分钟的时间。此方法尚需要更多对照研究和双盲试验。

在兽医皮肤病，大多数激光治疗都是用CO_2激光完成的，有报道指出该激光在各种皮肤肿瘤的移除中都很实用，特别是对于眼睑、耳郭和尾部的肿瘤[440-442]。在一些情况下，其手术用时非常短且手术完成后不影响外观，术后并发症也比较少（图3-15）。这种激光用于快速治疗皮肤肿瘤，特别是在有多处病灶的时候，如皮脂溢/皮脂腺瘤。

也有报道称激光治疗可用于一些猫的无痛性溃疡、嗜酸性肉芽肿、肢端舔舐性皮炎、过多的肉芽组织、指状肉芽肿、截爪术、耳道切除术、狐尾断除术、慢性口炎、齿龈增生、猫浆细胞爪部皮炎、指状脓肿切除以及杀菌[440-443]。多发性血管瘤、血管肉瘤以及一些早期的日光性角化病和由光照性皮炎发展而来的鳞状细胞癌很容易汽化，可进行快速且微创的手术（图3-16）。激光也可用于移除传统切除后创口难以关闭的表皮病变；对于一些病例，激光是能获得成功治疗的唯一疗法。猫耵聍腺囊瘤就是一个例子。该病表现为多处充满液体的耵聍腺囊，最初发生在耳郭折转处。如果不进行治疗，液囊蔓延至耳道内，使耳道发生阻塞，继而发生外耳炎和/或中耳炎。囊组织非常薄且通常与耳软骨相毗连。这使得很难用传统外科手术方法将其完整移除，且若不将囊体移除干净则很容易复发。耳道内的肿块也可以通过一个耳内镜用CO_2激光进行移除，这样就可以避免采用那些需要承担附加风险且增加患病动物疼痛的侵入性手术。

另一种典型的长在特定位点而难以移除的皮肤肿物是皮肤血管瘤病（Angiomatosis）[453]。对于兽医临床中的患病动物，因这种情况具有进行性增殖的特性，之前的建议进行广泛手术切除或截肢。如果病变发生的部位难以进行手术治疗（如面部），那么这些动物往往会被施以安乐术。有报道称激光治疗可作为对此类病例的一种代替疗法。血管丰富的部位使用激光更容易处理。更常推荐将激光用于猫的鼻部切除术和/或耳郭切除术。对于有经验的激光外科医生，手术过程仅需15min左右，且切除组织时的出血量比组织移除过程中的出血量还要少（见图3-15）。

激光手术的优势在于疼痛轻（神经末梢在切割时被封闭）、出血少（因封闭了小血管且通过散焦低能量发射可以引起血液凝固），且对组织的破坏较少。激光还可对手术切割部位起到消毒作用（病毒除外），且可通过散焦射线对术野进行消毒，这是在对受污染的病灶进行手术时的一个优势，如异物的移除。这些优点的结果是术后肿胀和炎症反应比较轻微。

激光治疗的劣势则在于其使用受到昂贵设备和安全要求的限制。安全要求方面的劣势可以通过训练轻易克服。经过适当的训练并谨慎地按照安全规程进行操作可以很好地控制风险。多数兽医临床使用的激光都会使组织产热和汽化。这会制造出一缕烟。当人吸入这些烟时可能会造成

图3-15　A. 一只患鼻部鳞状细胞癌的短毛家猫在激光治疗前的样子　**B.** 激光治疗后15min，出血和术后疼痛程度轻微甚至没有　**C.** 术后2个月（由Mona Boord医生提供）

刺激且其中可能会含有各种有机体（细菌或病毒），也可能会含有细胞。可以使用激光手术安全面罩，且必须用一个排烟装置抽除这些烟。排烟装置内的过滤器应根据使用时间定期更换。之前也提到，激光会产生热，因此在进行手术准备时不应纳入易燃的物品，如酒精。易燃液体、氧、纸质创巾或甲烷可能会引起意外着火。一定要严格避免气管插管内着火。可以使用有激光防护作用的气管插管，也可以在操作者使用激光时用盐水或无菌水浸过的纱布保护标准气管插管。

如果不能正确使用这项技术，可能会意外引起外科医生、工作人员或患病动物皮肤烧伤。要记住，激光是一种光能量，与在演讲时使用的激光指示灯非常相似。如果激光指示灯打在了放映屏幕上的一个小洞上，那么它会继续传播至小洞后面的任何物体。当切割组织时，对某一部位的穿透速度比另一部位快是很常见的。如果激光越过某一已经切割过的部位，那么它会继续传播并灼伤后面的组织，这可能会是外科医生的手指或是患病动物身上的其他组织。可通过将射线指向术部、精确地使用脚踏板控制射线的激发，并使用无菌水浸过的纱布作为遮挡物把烧伤的风险降至最低。手术技术人员在不使用激光时必须将其调至待机模式以避免意外放电或燃烧。大多数激光器还具有避免激光射线释放的紧急关闭按钮。

激光也可以被反射，若反射光进入眼睛会造成损害。需要注意在使用时不能把激光对准手术器具。有专门用于激光手术的器具，这些器具被制成乌木色或涂有能减少反射光线的抛光剂。手术室的所有人员都必须佩戴护目镜。护目镜的种类依激光种类的不同而不同。对于CO_2激光来说，常规玻璃或安全透镜就足够了。患病动物的眼睛也必须加以保护。同样的，可以在患者眼部遮以无菌水浸过的纱布，或使用特制的眼杯或眼罩。

欲知更多信息，美国国家标准协会出版了一本关于安全标准和章程的书，书名为《*Safe Use of Laser in Health Care Facilities*》。

（四）电外科手术学

随着烧烙被电烙所取代，后者在现代电外科手术学中得以完善[432,433,454]。然而，电烙设备依旧被用于破坏组织和止血，其方法是将特制的尖头加热至呈现明亮的樱桃红色并利用此时尖头发出的高热进行手术。使用电烙治疗后的组织很像3级烧伤后的样子。由于最新的电外科手术设备要有效的多，所以在此不对电烙进行过多的讨论。高频电外科手术设备可用于切割、切割与凝结、干燥、电灼疗法以及凝结。电外科手术设备在小动物皮肤病中是非常实用的。

电外科手术的主要优势在于：①节省手术时间；②减少总失血量；③易于在难以使用绷带技术的部位使组织凝结；④减少外来物质在创口处的残留。其劣势在于：①有导致更严重组织损伤的危险；②创口内会存在坏死的组织；③创伤愈合延迟；④降低术后早期创口的张力，该作用可持续40d；⑤使抗感染能力降低；⑥在皮肤上造成更宽的瘢痕；⑦多数电外科手术造成的创口都不能缝合。

临床实践中电外科手术最大的用途是移除有蒂的小齿龈瘤或皮肤瘤。然而，这种操作经常会导致切除的组织块不能用于组织病理学检查。对于根基深厚的肿瘤最好使用手术刀片进行切除。另一个价值是可在传统手术或电外科手术中用于止血。最新的电外科手术设备产生的电流可同

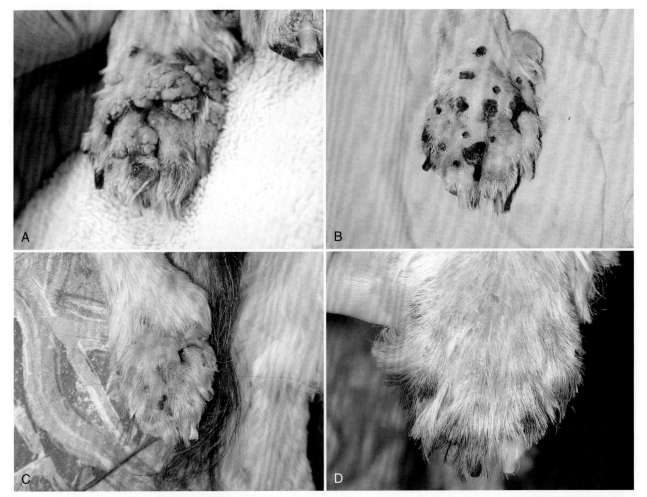

图3-16 **A.** 犬爪下部的多发性皮脂溢 **B.** 刚刚接受激光治疗后的同一只犬，出血很少 **C.** 激光治疗后2周 **D.** 激光治疗后数周（由Mona Boord医生提供）

时发挥切割和凝结的功能。

1. 机制和仪器

电外科手术技术利用电流有选择性地破坏组织。大于10 000Hz的电流穿过身体时不会引起疼痛或肌肉收缩而机体的组织和体液会产生电阻抗，这使得电外科手术成为可能。低频（3 000Hz）电流会导致疼痛和肌肉收缩。中等频率（3 000～5 000Hz）电流会产热进而引起组织损伤。产生的热量与输出电流的功率和浓度，在组织上应用的持续时间以及组织的电阻值直接相关。

利用一个双端钮的电刀，电流从该设备发出传导至手持件的活性电极上，进而穿过动物身体。电流会传导至面积很大的一片区域，从而减小电阻和电流密度，随后电流将沿（中性）电极或安装于患病动物身上的接地盘离开其的身体并回到设备中。接地盘必须尽可能大并涂布电极糊或包裹酒精浸润的海绵以避免二次加热和烧伤。

电流对组织的作用取决于电刀产生电流的波形。持续不衰减的正弦波可用于切割，但止血性能差。间断或衰减的正弦波切割性能差，而止血效果极好。可调节的脉冲正弦波以使其同时具备切割和凝结作用。

现已发明了一种能产生方波的电器装置。当电波持续发出时，可以只具有切割而不具有凝结作用；当方波以脉冲形式间断发出时，可只具有凝结而不具有切割作用；当发出混合波时，可同时进行切割和凝结。

电流由火花隙、电子管或电池操作的电解器产生。该机器有廉价的办公室使用设备，也有昂贵的医院使用模式。中等价位的机器对于大部分兽医医院来说就已经足够实用和功能齐全了。常用的电流主要有两种类型：火花隙和电子流。它们是通过电外科手术设备中的一个高频发生器由110V的家用电流转换而成的。任何情况下对患病动物使用这些机器，都要求畜者必须是接地的。

2. 技术

（1）剪断（电切）

双极切割电流是由电火花隙机器通过增加连续波列的频率而产生的。

（2）切割而不凝结

对于任何电外科手术方法，在制造切口的同时使用切割而不使用凝结功能，使其对周围组织造成的伤害最低。该方法可应用于血管相对不丰富的组织。而当进行切割的同时需要止血时，结合使用切割与凝结功能可获得最令人满意的效果。

（3）干燥

电干燥是将高频、高压单极电流（短火花）应用于患病组织或肿瘤组织的技术。电流可对组织进行干燥。在皮肤病中，电干燥可结合刮除术应用。如果需要进行活组织检查，可先将高于皮肤表面的病变拱形部分通过外科手术进行刮除（刮片活组织检查）。这可以使用手术刀片平行于皮肤表面进行横切，也可以使用微弯的剪刀使凸面朝向皮肤表面进行剪取。残留于皮肤表面以下的病变组织则用电干燥技术加以破坏后用刮除术进行移除。这样的电干燥和刮除术的配合使用在许多皮肤腺瘤、肛周瘤、纤维血管乳头状瘤、痣、光照性角化病、脂溢性角化病，以及小的基底细胞瘤中尤为适用。

（4）凝结

凝结功能是利用球样探针中发射出的电流将血管内皮细胞烫沸从而封住小血管的技术。凝结的应用有两种方法。一种是直接用（球型）电极接触小血管直到使血管壁皱缩、血流停止、组织凝结。另一个方法是用止血钳夹住小血管，用电极（最好是扁平的探针）触碰止血钳，然后再用脚动开关打开电流。不管使用哪种方法，都必须保证血管得到了良好的封闭，因为不充分的凝结会导致血管壁出现新的出血点。

（5）电灼疗法

电灼是通过高频电流产生的电火花破坏组织的技术。直接电灼是将探针的金属头连接在高频设备的一端，使发出的电火花直接作用于需要治疗的组织的技术。具有电灼功能的电外科手术设备往往具有特殊的探针嵌在相应的手持部件内。有些设备的手持部件是通用的，而另一些则有专门用于电灼的手持部件且不能插在用于切割或凝结的插头上。电灼可用于破坏浅表层的疣和肿瘤。无须触碰病灶，电流可同时使组织脱水和凝结。术后的组织无须刮除而需等待其自然脱落。多数电灼探针都有一个尖头。

（6）电解作用

使用电池操作的设备或可提供低能电流的电外科手术设备可对动物进行除毛。探针必须是由极细的特制金属丝，这样才能将探针伸入毛囊内。电除毛的完成需要经验和技巧，且需在放大装置下进行操作。电流能量过低会导致毛发重新生长，而过高或应用时间过长则会留下瘢痕。此方法曾用于移除倒睫和双排睫（眼睑疾病；见第十九章）。

（五）放射外科

继电外科手术后的新一代技术是无线电波外科或放射外科。这种形式的外科利用4MHz左右的高频无线电波且无须接地板（Ellman Suigitron，Ellman）。然而，负极位于患病动物术部的下方，其功能类似于一个天线，可将无线电波聚焦于一点[455]。这个接地板不需要与患畜皮肤接触也可发挥功能。

不同类型电流的多种设置，可对组织的作用效果进行多种选择。同样地，功率设置也可以变换且使用时选择的设置必须保证能流畅切割且不产生火花。使用完全整流和完全过滤电流能把对组织的损伤降至最低，因为几乎没有侧向热被传导至临近组织。然而，为了更好地止血，仅使用完全整流电流，可在同时发挥凝结的功能时进行切割。部分整流的电流主要用于凝结与止血。

相比冷钢外科，放射外科的优势在于切割时不需要使用压力，当使用完全过滤电流时可有效封闭直径小于2mm的血管，且切割位点和电极尖端是无菌的。放射外科设备比激光设备价格低廉，要求操作人员掌握使侧方组织损伤最小化的技术，但经验丰富者可以实现放射外科凌驾于冷钢外科之上的那些优势。

这种外科技术的劣势在于具有使一些易燃气体和液体燃烧的风险（因此术前准备时禁止使用酒精，也不能将酒精置于天线附近）。放射外科不能用于切割软骨和骨组织，且这项技术在未受屏蔽的起搏器附近使用是有风险的，即植有起搏器的人员或动物不得靠近[455]。使用时可能会产生烟和令人不愉快的气味，但可以通过使用抽烟设备尽量降低这种影响。操作过程中可能会发生组织的燃烧，特别是在不恰当的使用设备时。经过充分的训练和实践后，放射外科可成为一种相当实用的选择方案。

在兽医皮肤病中的适应证包括皮肤活组织检查（但样本必须用完全整流和完全过滤电流进行采集）和皮肤肿瘤的切除，如皮脂腺增生、皮垂、乳头状瘤、基底细胞瘤、痣和角化物。对于小个的有蒂肿瘤，使用特制的环形电极可迅速完成手术。

十三、替代疗法

整体疗法和其他替代疗法正在逐渐受到宠物主人们的关注。不幸的是，在兽医皮肤病中几乎没有科学数据能够支持这些疗法的使用。不过有许多公司生产此类产品，并直接销售给宠物主人。对于临床医生来说，熟悉一些此类产品和方法是非常重要的。关于这些替代治疗有很多东西需要学习，且急需发表一些有意义的相关临床试验文章。那些想在这种治疗上有所专长的临床工作者必须接受额外的训练，或者将寻求此类治疗的顾客推荐给在替代疗法方面受过训练或有专长的医生。

中国传统医学（TCM）将皮肤病看成是内部器官系统异常的外在表现。该理论是基于相信外在和内在因素共同作用导致了皮肤病发生的这一理论。传统上认为，外在病因是由六种气候条件或外部因素组成的：风、寒、暑、湿、燥、火/热邪。在中国传统医学中，内部因素主要包括各种情绪，如应激会影响疾病过程的表现。其他导致皮肤异常的传统因素包括遗传因素、对环境中的过敏原和毒素的过敏反应、食物过敏、寄生性或感染性的病原、过度免疫、饮食不合理、缺乏锻炼、肥胖、应激、衰老、过度用药（抗生素和糖皮质激素），以及脏腑（如肺、心、肝、肾、胆囊、脾、胃）缺陷或功能障碍。通常基于皮肤病的发病模式进行鉴定并根据热/寒、过剩/不足、外在/内在、阳/阴的特征性原则进行界定。属阳的皮肤病趋向热、过剩、外在，且通常表现为急性、非常瘙痒、种类多，且出现明显的炎症和疼痛。属阴的疾病则通常表现为寒、不足、内在且趋于慢性、潮湿和色素过度沉着。外部致病因子通过皮肤、吸入或食入身体内部，且可停留在皮肤或肌肉而产生疾病的外在表现。如果外部因素侵入到机体深处，就会影响脏腑功能，并形成内部疾病。可以通过评价某些重要的物质（血、津液）、应用一些针对脏腑功能不足或功能紊乱的原则、辨别外部致病因子（如风、寒、暑、湿、燥），以及识别那些基于经络分布的表现，来对这些外部和内部疾病进行辨症。表3-10列出了一些常见的皮肤病变以及相关病因[456]。一旦辨出了传统中医中的证型，并作出诊断，就可使用中草药、针灸进行治疗，同时可进行食谱和营养上的支持疗法。

（一）针灸

针灸可以定义为使用刺针刺入身体的各个穴位并进行运针从而减轻疼痛或治疗疾病的过程。针灸是最为古老且是研究得最为透彻的、用于止疼的有效替代疗法[457,458]。有大量的研究探索了应用针灸对人的止痒效果[457,459-462]，且尽管有一些报道称针灸对一些形式的瘙痒、肢端瘙痒性结节（APNs）以及其他皮肤问题具有良好的效果，但是缺乏严谨的研究。

针灸可作用于中枢和外周神经纤维以及传导疼痛和痒觉的神经信号传递器。它作用于神经性的痒觉而非组胺调控的痒觉[457]。在传统中医针灸中，使用细针刺入被称为"穴位"（Acupuncture points）的特殊体表位点。纵观针灸中经常使用的70个穴位，可按功能将它们分为三类：肌肉运动点、浅层神经束或上部神经丛[457,458]。在犬，有一些报道称使用针灸成功治愈了各类疾病，特别是肢端舔舐性皮炎以及其他心理性皮肤病[463]。在接受针灸治疗的人和动物的各种组织中都发现了血管活性介质的大量释放。这些介质中有些是因痒觉而产生的[457,461,462]。针灸作为一种单独的治疗方法通常不能很好地解决犬的瘙痒问题，所以

表3-10　中医常见病变和相关病因

病变	相关病因
丘疹	证明是肺脏功能异常、外风、风热或热-火
脓疱	热毒或火毒
小水疱	湿
红色水疱	风热或阴衰火虚
白色水疱	风寒或阳衰导致的寒
小瘤	气或血停滞
干燥鳞屑	风-燥或血不足
油腻鳞屑	湿-热
色素化	血不足
结痂	湿-热，血热或热毒
苔藓样硬化	气血不足，引起停滞

注：资料引自De-Hui S, wang N, Hsiu-Fenw: Manual of dermatology in Chinese medicine, Seattle,1995,Easland Press.

经常同中草药支持疗法结合使用从而平衡潜在的脏腑功能紊乱。一般治疗犬瘙痒可以选取的穴位有：GB1、GB2、GB3、GB8、GB20、SP6、SP10、BL17、BL20、GB319、ST25、ST36、ST40、ST44、LI4、LI11、GV14、LIV2、KI3、PC6、HT7、LU5、LU7、Er Jian、wei Jian[464]。

除了使用细针以外，还有其他一些刺激穴位的方法，包括针压法、电刺激法、超声、激光等等。国际兽医针灸协会有许多相关的课程、研讨会和其他资源。

（二）整体医学（草药医学、顺势疗法）

整体医学致力于使用中草药和其他自然界中的物质治疗动物的整体，而非针对某一种特殊的疾病。从美国整体兽医学协会的网站中（www.ahvma.org）可以找到整体兽医的名单，该协会也出版兽医杂志。中草药可用于促进免疫系统功能并治疗瘙痒问题。补充的条款或替代疗法包含着许多不同的概念，从食谱的调整、一般的支持疗法（如补充EFAs），到使用完全非传统的方式观看动物的身体以及引起异常的原因，并应用极少量的普通和珍贵草药进行治疗。很少有研究证明这些方法在兽医皮肤病中的治疗效果，但由于畜主希望得到传统医学的平行或综合治疗，所以有必要进行进一步的研究。

在亚洲以及一些欧洲国家，许多中草药产品都作为常规药物应用于各种人的皮肤病[465,466]。例如金盏花（来自Calendula officinalis，金盏花，含具有抗炎、免疫调节以及促进创伤愈合作用的黄酮类和皂苷）——以药膏或霜的剂型应用于烧伤、尿布疹、较小的创伤以及腿部溃疡；还有甘菊（来自Matricaria recutita，菊科花属，含有氧化物、黄酮类以及母菊素，具有抑制环氧酶、脂肪氧合酶和组胺释放的作用）——以药膏或霜的剂型应用于各种原因引起的皮炎，包括AD，有一个含10种中草药的混合产品（汤剂）经口服给药在双盲对照试验中显示对AD起到了良好的治疗效果[465,466]。在一些不正规的报道中使用了一种多效的中草药凝胶[Phytogel（Ayuvet）][467-469]。该产品包含的几种成分：五毛水黄皮（Pongamia glabra）、雪松（Cedrus deodara）、印楝（Azadirachta indica）和桉树（Eucalyptus globus）。使用者称这些药物具有抗细菌、抗真菌、抗寄生虫、抗炎、抗瘙痒以及促进创伤愈合的功效。该产品被推荐用于细菌性脓皮病、真菌性皮肤病、疥疮、蠕形螨病、昆虫叮咬、肢端舔舐性皮炎、创伤性皮炎、创伤、蛆病、烧伤、鼻部光照性皮炎、乳头瘤病等等。不幸的是相关的试验缺乏科学严谨性。

使用中草药支持疗法控制瘙痒正日渐受到人们的关注。瘙痒在中医理论中与"风邪"有关。根据瘙痒的急性程度和位置的不同，对风邪种类的定义也不同。如之前所述，风邪可以是由外因（从外部入侵）产生的，也可以是内因（内部产生）导致的。其特征是临床表现或症状突然发生且迅速改变。"外风"包括不与气候直接相关的外

在因素，如外寄生虫、吸入或接触过敏原，药物及疫苗反应。风邪也可以是因内阴、血不足、气血不足和停滞，以及湿、痰、血热、毒热等各种致病因素的产生和积累而引起的。所有这些因素都可由一个或多个脏腑的功能紊乱而引起（如长期肝气阻滞、肝火、肝阴血不足、肝胆湿热、脾胃湿热、肾阴精不足）。选择治疗这些疾病的中草药可以有目的地调整阴或血可能发生的不足或阻滞[464,470]。

用于器官解毒和"净化"的中草药一般长期用于更慢

表3-11　皮肤病中常用的中草药

应用分类	通用名	学名	用法/适应证
解毒	牛蒡根	*Arctium lappa*	以湿敷的剂型，治疗湿疹、牛皮癣，以及其他慢性炎症 抗氧化和抗微生物
	俄勒冈葡萄	*Mahonia aquifolium*	用于干燥、结痂、瘙痒和有小脓疱的皮肤病
	土大黄	*Rumcx crispus*	具有净化作用，用于长期干燥、起鳞屑的情况
	洋菝契	*Smilax* spp.	滋补替代药、净化血液、利尿、发汗
抗过敏草药	合欢树或含羞草	*Albizzia lebbeck* *Albizzia kalkora*	阿育吠陀（印度草药按摩）用作镇静剂，但也可以用于治疗哮喘和急性特应性皮炎
	地黄 白芍	*Rehmannia glutinosa*	用作抗组胺剂
抗炎草药	甘草根	*Glycyrrhiza glabra*	利用其可的松样作用减少花生四烯酸级联的炎性产物
	俄勒冈葡萄	*Berberis aquifolium*	已被证明是酯类过氧化物底物积累的生物碱
	荨麻	*Urtica dioca*	用于湿疹和昆虫叮咬引起的瘙痒，具有潜在的减少促炎性细胞因子和PGE2释放的功能
抗瘙痒	甘菊	*Matricaria recutita*	与抗组胺剂合用能发挥最大的效果
	茶（乌龙）	*Camellia sinensis*	抑制过敏反应。与传统抗瘙痒治疗结合使用可能发挥最佳效果
免疫支持	穿心莲	*Andrographis paniculata*	抗病毒功效，干扰病毒复制
	紫锥花	*Echinacea pururea*	增强免疫和抗病毒功效，刺激自然杀伤细胞和巨噬细胞抵抗感染并增加血清灭菌蛋白和干扰素
	紫云英	*Astragalus propinquus—A membranaceus*	抗病毒功效，在病毒感染的急性阶段可能有作用
	橄榄叶	*Olea europa*	抗病毒功效，干扰病毒复制
	菘蓝	*Isatis tinctoria*	抗病毒功效且能减少感染引起的发热
	灵芝	*Ganoderma lucidum*	抗肿瘤作用，镇静作用，用于过敏和自身免疫反应
	灰树花	*Grifola frondosa*	免疫系统激活剂和抗肿瘤作用，富含β-葡聚糖
	柴胡	*Bupleurum chinensis*	免疫系统激动剂，也可以调节肝脏功能并且有抗炎作用
	甘草根	*Glycyrrhiza glabra*	其中甘草酸成分具有抗病毒和抗炎的功效，用于治疗感染和增强免疫系统
促毛发生长	高丽参	*Panax*（红高丽参）	其含有的皂苷成分起主要作用
局部外寄生虫药	苦楝树	*Azadirachta indica*	用于辅助跳蚤和蜱感染的治疗。可能具有驱虫、影响寄生虫生长以及消毒的作用。推荐隔几天就使用一次苦楝树喷剂以保证其能发挥最大效力
局部收敛剂	茶	*Camellia sinensis*	用于烧伤和表皮脱落。在兽医，用于急性脓性创伤性皮炎
	金缕梅	*Hamamelis virginiana*	不仅具有抗炎和抗微生物的功效，且具有潜在的维持表皮屏障稳定的功能。其膏剂也可以用于肿胀疼痛的区域或肿瘤
	荨麻	*Urtica dioica*	用作出血灶表面的止血剂，如擦伤或急性脓创性皮炎
抗细菌草药	紫锥花	*Echinacea purpurea* *Echinacea angustifolia*	传统上用于蛇和蜘蛛咬伤或其他任何引起坏疽的情况。可能有增加阿司匹林对大肠杆菌最小抑制浓度（MIC）的作用
	茶树	*Melaleuca alternifolia*	传统上用于局部止痛。已被证明具有抗葡萄球菌和抗马拉色菌的作用。对猫有毒性
耳部治疗	北美黄连	*Hydrastis canadensis*	以1:1至1:8的比例稀释，局部用于化脓性外耳炎或中耳炎
	红茶或绿茶	*Camellia sinensis*	耳部的局部抗瘙痒
	辣椒	*Capsicum frutescens*	局部镇痛；减少瘙痒；有趣的是，一些研究者发现其有作用而畜主却没有看到效果

摘自Fougere B, Wynn SG: Herbs for dermatology patients. In North American Veterinary Dermatology Forum, 2006, Palm Springs, Calif.; Chan YS, et al: A review of the pharmacological effects of Arctium lappa (burdock). Inflammopharmacology 19:245 - 254, 2011; Reuter J, et al: Which plant for which skin disease? Part 1: Atopic dermatitis, psoriasis, acne, condyloma and herpes simplex. J Dtsch Dermatol Ges 8:788 - 96; Xia D, et al: Protective effect of Smilax glabra extract against lead-induced oxidative stress in rats. J Ethnopharmacol 130:414 - 20, 2010; Kroes BH, et al: Inhibition of human complement by beta-glycyrrhetinic acid. Immunology 90:115 - 20, 1997; Maksimovic Z, et al: Antioxidant activity of yellow dock (Rumex crispus L., Polygonaceae) fruit extract. Phytother Res 25:101 - 105, 2010 and http://www.tillotsoninstitute.com/

性的情况，而用于过敏的药材则应对更急性的情况且用药持续时间短。治疗特异性抗瘙痒的中草药包括甘菊和茶叶。也有一些药材因其抗炎、抗瘙痒以及驱虫的特殊效果而经常得到利用。其中一些药物在之前的论述中已有所提及，表3-11则更全面地列出了皮肤病中常用的中草药[470]。

尽管在人医和兽医都缺乏安慰剂对照试验，仍有一些研究支持了中草药对AD的治疗作用。一项对人特应性皮炎的研究证明了中草药结合针灸治疗的效果优于单独使用中草药。

但是该研究没有与单独使用针灸治疗进行比较[471]。有两项关于Phytopica产品（英特威/先灵葆雅）的研究，它是一个由三种植物提取物（地黄提取物、芍药提取物和甘草提取物）制成的标准化混合制剂，有助于控制犬的AD。在一项研究中，将Phytopica与糖皮质激素结合使用，在一个双盲随机安慰剂对照试验中发现其具有节约糖皮质激素效果。在该试验中，对22只长期患有AD的犬每日将200mg/kg的Phytopica或等量的安慰剂与食物混合给予，连续给药56d。从一开始就对所有犬给予每日1次剂量为0.4mg/kg的甲强龙。Phytopica组的累计剂量和瘙痒评分低于安慰剂组[472]。在第二项报道中，将120只长期患AD的犬随机分为3个剂量组：每天给予100，200或400mg/kg的Phytopica，连续12周。在治疗终末，CADESI评分与基线相比的平均减少值分别为4.4%（100mg/kg；$n=30$），23.4%（200mg/kg；$n=29$，$P<0.01$），8.5%（400mg/kg；$n=29$），3.9%（安慰剂；$n=29$）。对于受影响更严重的犬（在基线处CADESI平分$\geqslant$50），仅在200mg/kg的治疗组（$n=14$）出现了显著的平均CADESI评分（29.3%，$P=0.038$）降低。笔者总结Phytopica是一种对犬AD有效的非甾体类治疗药[473]。

在一项研究中，对18只患有特应性皮炎的犬使用了一种商业化的顺势治疗药和安慰剂，治疗效果不佳。18只犬中有16只没有出现任何效果，而剩下的2只犬瘙痒减轻的程度也不到50%[473a]。对其中5只未见效果的犬进行了有针对性的兽医处方顺势治疗，但都没有任何改善[473b]。

在东亚传统医学中，常年来将猕猴桃制剂（Actinidia arguta / hardy kiwi）用于保健，且最近已证明其对小鼠AD模型具有缓解临床症状的作用[474]。最近的一项安慰剂对照研究评价了猕猴桃制剂（Actinidia arguta）（EFF1001）对患有轻微/中等程度AD犬的治疗效果。在该研究的第一个阶段，对患犬使用了两周的泼尼松龙（第1~3天：0.2mg/kg，每日2次；第4~14天：0.2mg/kg，每日2次，隔天1次）。见到效果的犬维持隔天使用0.2mg/kg的泼尼松龙，并同时给予安慰剂或EFF1001（30mg/kg），每日1次，连续4周。有效果的犬进入研究的第二阶段，即连续4周仅使用EFF1001。对受试犬进行CADESI和PVAS评分。在第一阶段结束时，35/37（61%）出现治疗效果（18只使用EFF1001；17只使用安慰剂）并进入第二阶段。在第一

阶段结束时，CADESI评分在两组间并没有显著差异，但EFF1001组的瘙痒减轻程度具有显著性。在第二阶段结束时，19/35（54%）出现治疗效果，其中有15/19（79%）是在第一阶段使用EFF1001的犬；4/19（21%）是在第一阶段使用安慰剂的犬。在第二阶段结束时，在维持或是提升评分方面，研究全程使用EFF1001的犬的评分是从第二阶段才开始使用EFF1001犬评分的3.5倍。结论是，持续EFF1001是一种有益的辅助治疗[475]。

十四、基因疗法

基因组分析在过去十年里取得了巨大的进步。不仅人类的基因组得到了很好的描述，猫和犬的基因组也得以测序[476-478]。对这些基因组的破译让人们对许多遗传性疾病有了更深的认识。这使人们可以识别那些引起遗传病的基因，并可以对有问题的犬、猫进行基因测试。根据目前的研究进展，基因疗法有应用于治疗伴侣动物皮肤病的潜力。皮肤基因治疗（Skin gene therapy）可以定义为向皮肤中插入或引入一段设计好的基因从而得到该基因表达的产物[479]，其目的是利用引入基因表达的蛋白治疗某种特殊的皮肤疾病。有很多疾病都有可能通过这种方法得到治愈，包括一些没有明确基因基础的疾病（多基因疾病）。

一般来说，有两种基因治疗的方法：①活体法，即将基因直接引入动物的皮肤；②离体法，即对活组织样本上的靶细胞（如角质细胞）进行培养，将目的基因片段插入培养的细胞，再把转基因后的细胞嫁接回动物体[479]。基因的引入可能借助化学（DNA转染）、物理（微弹、直接注射），或生物（逆转录病毒、腺病毒）技术。利用缺失或突变基因对动物进行的替代治疗已经试验性地用于患有因子Ⅸ缺陷（B型血友病）、犬交界性大疱性表皮松解症、营养不良型表皮松解症、传染性性瘤或其他疾病的犬[480-483]。然而事实上，相比基因替换，通过基因测试消除动物个别异常的单基因似乎更为重要[484]。

十五、干细胞治疗

干细胞及其在治疗中的潜在应用价值在人医和兽医都引起了相当大的关注。这些细胞具有潜在的独特免疫学特性；关注最多的是关于它们再生和抗炎能力的报道。干细胞的特征包括自我更新、多向分化以及形成最终分化细胞的能力。胚胎干细胞可能拥有无限的分化潜力，但由于激烈的伦理、法律和政治争议，在目前的医学实践和研究中通常是不使用的。

相比之下，成年动物的多功能干细胞更容易获得且有许多胚胎干细胞没有的优势，包括它们的免疫兼容特性、更明确的分化潜能，以及更广的社会接受度[485-487]。多能间充质干细胞或间充质干细胞（MSCs）是从多种成年动物的组织中分离出来的，包括骨髓基质细胞、脂肪组织、皮肤、肌肉以及结缔组织[486,488,489]。不同组织特异性的干细

胞在表型、形态学、增值潜能，以及分化能力上有细微的差别。迄今为止的大多数研究都集中于起源于骨髓基质的MSCs；然而，由于已经发现脂肪组织富含MSCs，能够提供大量且容易获得的成熟干细胞，因此收集并利用起源于脂肪组织干细胞的研究越来越多[485,488,489]。最近有一批评价MSC对各种人心血管疾病、矫形术、器官移植以及炎性疾病治疗效果的临床试验正在进行[490]。

在兽医，我们才刚刚开始评价这些细胞以及它们的治疗潜能。多数研究都聚焦于MSCs的再生能力，但最近人们将关注点转向这些细胞的免疫调节能力[491,492]。MSCs展现了有效抑制淋巴细胞增殖活性的功能[493-495]并且与CD4[+]和CD25[+]T调节细胞有着类似的特性，包括释放抑制细胞因子以及抑制分子的表达[495]。这些细胞的抗炎特性使它们具有治疗各种炎性疾病的潜力，且一些评价它们在炎性和自身免疫疾病中治疗效果的研究正陆续开展[495-497]。已证明MSCs在治疗患有克罗恩病[487,498]、创伤愈合[487,499]、严重的移植排斥反应[500]、多发性硬化症[501]以及关节炎[502]患病动物的肛周瘘中取得了成功。因为MSCs不需要MHC的表达，其展现出了有效的抑制非同源依赖形式的淋巴细胞增殖活性的能力[492]。MSCs抑制T淋巴细胞增殖并导致T_H1细胞因子的产生减少[503]。MSCs也可以抑制B淋巴细胞的增殖[503]。另外MSC调控的免疫抑制变化包括改变抗原递呈细胞的成熟、抑制树突状细胞的分化和功能，并且能改变幼稚树突状细胞及NK细胞因子的分泌[496,504]。

最近的一项研究探索了脂肪组织来源的MSCs对患AD犬的治疗效果[505]。在该项研究中，对5只患有特应性皮炎的犬在治疗前、治疗中以及治疗后（12周）通过CADESI-03和PVAS评分对治疗效果进行了评价。在该研究中，只要在研究前或研究过程中不引起任何突然的变化，也允许同时进行其他治疗。从犬肩胛部收集约2g的皮下脂肪组织并送至RNL Biostar公司进行分离和培养。在收集脂肪组织后3周、4周、6周时，对每只患犬通过单次静脉注射给予约1.3×10^6个干细胞，并在随后的10周中对患犬进行监测。PVAS和CADESI-03评分均没有显著减少，且有2/5的病例出现明显的CADESI-03评分增加。在整个研究中没有见到明显的不良反应或血液学指标的变化。作者得出的结论是静脉注射1.3×10^6个AD-MSC不能显著减轻AD患犬的临床症状，也不能减轻畜主评价的瘙痒程度[505]。

十六、创伤愈合和修复

持久不愈合的创伤是很难处理的。了解创伤愈合的基本过程和阶段对临床和研究中采取最佳处理方法促进创伤的愈合有很大帮助。创伤愈合分为三个连续的阶段。根据创伤的深度和宽度以及残留物的多少，各个阶段都有着不同的分级[506-515]。

三个不同的阶段如下：

· 凝结/炎症（数分钟至数天）。此阶段还可划分为凝结和炎症阶段，因此也可将创伤愈合过程分为四个阶段[515]。

· 组织再建（数天）。

· 瘢痕组织的形成和组织的再造（数天至数月）[506-509,511]。

凝结和炎症阶段的细胞和调节因子有血小板、生长因子、纤维蛋白凝块和基质金属蛋白酶（MMPs）。在此阶段会发生出血并导致组织缺氧、血小板激活/聚集并发生凝集、白细胞补充、受损组织的清除以及临时基质的形成[508]。组织再建阶段的细胞和调节因子包括巨噬细胞、纤维原细胞、角质细胞、整合素、生长因子和酶（丝氨酸蛋白酶和MMPs）。组织再建阶段会发生肉芽组织形成、细胞迁移和增殖、细胞外基质（ECM）的产生和纤维素增生/血管生成[506-509,511]。

瘢痕组织形成和组织再造阶段（数日至数周）的细胞及调节蛋白包括成肌纤维细胞、T淋巴细胞、MMPs、丝氨酸蛋白酶以及生长因子。此阶段会发生纤维蛋白溶解、移除过多的ECM、收缩/瘢痕形成、胶原和脉管系统的再造，以及由MMPs产生的一些更深远的作用[506-509,515]。

（一）建立创伤愈合的屏障

修复的每个阶段都有其独特的ECM支持相应的细胞过程。不同的基质主要是由纤维原细胞产生，并受到各种生长因子和细胞因子的诱导。炎性细胞也会产生一些基质。ECM为组织提供形状、结构和强度，利于细胞的黏附和迁移，且能与基质内的其他物质相互作用[506,507,509,511,515,516]。在各种ECMs中，细胞可获得必要的极性且其细胞表现型得以分化，这些都取决于细胞基质的相互作用。不同的基质将在后面进行讨论，表3-12有各种基质的详细介绍以及其产生的时间。

创伤愈合过程中的主要生长因子包括（不局限于）：血小板衍生生长因子（PDGF）、转化生长因子（TGF）-β1、成纤维细胞生长因子（bFGF）、血管内皮生长因子（VEGF）、表皮生长因子（FGF）、粒细胞-单核细胞集落刺激因子（GM-CSF0），以及连接组织生长因子（CTGF）[508]。与成年动物相比，除TGF-β3外，胎儿创伤中这些生长因子水平都非常低[509,513,517-525]。

（二）创伤愈合的阶段

对创伤愈合的研究分为三个阶段：凝结和炎症、增殖和组织形成，组织重建/瘢痕形成。这些阶段是人为划分以便于教学和理解，所以必须知道所有这些阶段可能在同一时间发生。

1. 凝结和炎症

凝结和炎症发生在创伤形成后的最初数分钟至数小时。一开始纤维蛋白凝块和血小板发挥隔离止血的作用，并相继启动白细胞聚焦并激发表皮再植的细胞迁移、创伤收缩以及血管生成反应。纤维蛋白凝块和血小板激活的发生是其暴露于凝血酶和纤维蛋白原引起的。

血小板（*Platelets*）在创伤愈合的各个阶段都起着必不可少的作用，且它在整个过程中都会释放细胞因子，包括PDGF、TGF-β1，和许多其他种类的细胞因子（表3-13）。血小板是TGF-β1最重要的贮存因子。为限制凝块的大小，临近的内皮细胞会释放环前列腺素和抗凝血因子Ⅲ，这两种物质能抑制血小板的聚集和凝块的形成[522,526-528]。

中性粒细胞也几乎是在损伤发生后立即开始活动的。这主要是因为它们广泛存在于血液循环中，所以可以迅速到达位于任何部位的创伤。通常白细胞会在血管边缘从它们的唾液酸仑的路易斯寡糖-X抗原向血管内皮细胞上的E或P选择素滚动。当出现创伤时，选择素的表达会增多，这会允许整合素CD11/CD18发挥"栓系"作用使中性粒细胞黏附在内皮细胞的ICAM受体上。中性粒细胞停止迁移后，便可通过血球渗出作用离开血管到达创伤部位。中性粒细胞的主要作用是嗜菌作用和杀死侵入细胞内的细菌。在无菌条件下，中性粒细胞浸润会在短短几天内停止[188,506-509,515,516,522,529-532]。然而，如果细菌持续污染，中性粒细胞也会持续受到吸引到达创伤部位。中性粒细胞会释放大量的细胞因子（见表3-13）使其他炎性细胞得以补充，同时激活角化细胞、纤维原细胞和内皮细胞使修复开始。

巨噬细胞帮助完成从创伤愈合的炎症阶段到修复阶段的转变[515]。创伤后24～48h内，单核细胞取代中性粒细胞成为创伤内占主导地位的炎症细胞。许多能吸引中性粒细胞的化学引诱剂也能吸引巨噬细胞，而同时也受到一些更具特异性的调控剂的吸引，如胶原片段、纤维蛋白、弹性蛋白和TGF-β1[508]。单核细胞到达创伤部位后，经表型改变成为有活性的组织巨噬细胞。巨噬细胞会发挥吞噬作用杀灭细菌并清除组织残骸。巨噬细胞也能释放生长因子，如PDGF、FGF和TGF-β1，可以帮助补充和激活纤维原细胞并指导ECM的形成。巨噬细胞最终通过细胞凋亡过程从组织中移除[506-509,511,516,532-534]。

肥大细胞存在于创伤愈合的每一个阶段。当肥大细胞达到创伤部位便激活附近的内皮细胞，开始调节脱颗粒、释放激发炎症反应所必需的调控物质。肥大细胞是血管稳态的一个复杂的部分，它可以引发血管扩张和渗透性的改变。当创伤发生时，肥大细胞开始脱颗粒并释放TGF-β1。肥大细胞也可以释放调控纤维蛋白溶解的物质（肝素、类胰蛋白酶、糜酶和血纤维蛋白溶酶原）并通过释放神经生长因子（NGF）降低痛阈[510,535]。

虽然尚未清晰阐明淋巴细胞在创伤愈合中扮演何种角色，但它已成为近年来研究创伤愈合的新领域和焦点。众所周知，B淋巴细胞在创伤愈合的最初6周平稳增多而后又平稳减少。已证明缺乏来自B细胞的CD19会导致创伤反应的延迟和减弱。这可能与CD19调节Toll样受体4及其配体透明质酸有关。IL-6和TGF-β1也可由淋巴细胞产生[508,516,532,536-538]。

总的来说，目前普遍认为炎症反应可以引起更快速的

表3-12　创伤愈合的细胞外基质

ECM种类	成分	特性	分解
纤维蛋白凝块	纤维蛋白原和血小板	止血 加强PDGF的作用从而引起纤连蛋白整合素α3β1和α5β1对白细胞和纤维原细胞的作用 涉及早期纤维原细胞的肉芽组织表型（胶原抑制表型）	纤连蛋白经巨噬细胞、纤维原细胞、内皮细胞产生的环前列腺素和蛋白酶作用发生沉淀
纤连蛋白	来自血液和组织的细胞黏附蛋白	使纤维蛋白结合 支持纤维原细胞、角化细胞、内皮细胞的黏附、迁移 调节促进ECM碎屑被吞噬 作为胶原纤维组织的模板	活化的纤维原细胞释放的金属蛋白酶基质（MMPs）
透明质酸 [hyaluronic acid（HA）]	GAG由纤维原细胞浆膜形成 直接释放到细胞外。是由重复的N-乙酰半乳糖-葡萄糖醛酸二糖结构构成的线性多聚体	储存分子 调节细胞的迁移和增殖 早期肉芽组织的主要成分，初期含量很大，在第5～10天浓度降低，在胎儿的创伤中其浓度不降低 CD44和RHAMM是HA的受体	由产胶原的纤维原细胞产生的组织透明质酶分解 被硫酸化GAGs（蛋白多糖）所取代，后者不能调节细胞的迁移和增殖
蛋白多糖	纤维原细胞[糙面内质型网（REM）]	大量GAGs与一个蛋白核发生共价结合 可分为许多不同的分子组；功能包括细胞外组织、生长因子和自分泌物的贮存、促进受体的表达与结合、调节血凝	IL-1诱导的MMPs
胶原	胶原Ⅲ（早期出现） 胶原Ⅰ（稳定创伤/瘢痕组织形成时出现） 胶原Ⅳ：存在于血管周围和血管肥厚的瘢痕	是创伤最后的ECM 强度和结构	锌依赖的MMPs[如MMP-1（分子内缩合）分解胶原Ⅰ]

注：ECM，细胞外基质；GAG，黏多糖。

表3-13　创伤愈合过程中的细胞

细胞类型	活跃的阶段	关键点
血小板	炎症/凝结 创伤发生数分钟至数小时后	纤维凝块的的一部分 释放生长因子：血小板衍生生长因子（PDGF），转换生长因子（TGF）-β1（该生长因子是最重要贮存因子），血小板活性因子（PAF），血小板源性表皮生长因子（PDEGF） 释放纤连蛋白和血清素
中性粒细胞	炎症阶段最初的细胞 伤后数分钟至数天	化学诱导剂：白介素（IL）-8、Gro、血管舒缓素、纤维蛋白原降解产物（FDPs）、血纤维蛋白肽和从细菌蛋白表面分裂出的甲硫氨酰基肽 吞噬作用和细胞内杀菌活性 释放早期细胞因子激活局部纤维原细胞和角化细胞 经巨噬细胞作用从创伤移除
单核细胞/巨噬细胞	在创伤发生后的24~48h内作为主要的炎性细胞取代中性粒细胞并使炎症向修复转换	受中性粒细胞化学引诱剂、胶原碎片、纤维蛋白连接素、弹性蛋白、TGF-β1的诱导 单核细胞到达后，转变为组织巨噬细胞 杀菌 清除组织碎屑 释放生长因子：PDGF、纤维原细胞生长因子（FGF）、TGF-β1 通过细胞凋亡从组织中移除
淋巴细胞	平稳增多，在创伤后第6周达到高峰	释放IL-6、TGF-β1、TGF-β2 可能参与透明质酸的CD19调节［通过Toll样受体（TLR）-4］
肥大细胞	存在于愈合的各个阶段	控制已激活的肥大细胞在创伤周围脱颗粒 释放化学引诱剂 释放纤维蛋白溶解的介质：肝素、类胰蛋白酶、糜酶、血纤维蛋白溶解酶原 通过释放神经生长因子（NGF）降低痛阈
纤维原细胞	组织/真皮塑形、修复的全部阶段，纤维素增生过程的功能细胞	其功能很大程度取决于ECM TGF-β1可以诱导HA的产生，RHAMM帮助细胞迁移，也作为蛋白酶抑制剂 PD基质金属蛋白酶（MMPs）GF会刺激丝氨酸蛋白酶的释放
表皮细胞	组织再造	表皮细胞的增殖和迁移 从创伤边缘和未受损的毛囊开始 TGF-β1会使增殖停止 低氧环境会抑制增殖和迁移 必须与暂时的ECM接触才能迁移 释放TGF-α
内皮细胞	组织建造和改造	与纤维素增生同时出现 bFGF是该过程最重要的细胞因子 内皮细胞的化学引诱剂：VEGF、TGF-α、纤维蛋白连接素、肝素

创伤修复和瘢痕形成。有些人认为瘢痕是哺乳动物为创伤快速恢复而付出的"代价"，且研究已证明不存在炎性细胞时创伤也能得以充分恢复；然而，过度或失衡的炎症反应对愈合过程有着严重的不良影响[508,509,539]。

2. 组织的形成和增生

在本阶段，真皮层重建且会释放ECM成分、形成胶原蛋白，同时基膜层开始重建。同时也是内皮细胞和角质细胞增殖和迁移的阶段。创伤愈合过程中的该阶段受许多因素的影响，比如组织缺氧、黏蛋白的存在、ECM成分和前文中提到的炎性物质的激活[507,509,511,531]。

创伤中由于血管断裂导致了低氧分压，使局部组织的氧供应中断导致缺氧，缺氧在创伤愈合的早期起到刺激作用。低氧会激活成纤维细胞和内皮细胞，并且刺激巨噬细胞释放血管生成因子[540]。研究表明在低氧分压条件下巨噬细胞和成纤维细胞会加强TGF-β1的释放，同时在体外低氧试验中成纤维细胞的多肽合成也会暂时性的增加。创伤的局部再氧化会导致氧自由基的形成。体外试验表明，当内皮细胞周期性缺氧和再氧化时会引起IL-1和

IL-6的释放增加。但当加入氧自由基清除物时这一现象就消失了[507,540-545]。

3. 纤维组织形成

在纤维组织形成的过程中主要起作用的细胞是成纤维细胞。纤维组织的形成是指组织的初步形成和随后真皮胶原蛋白的形成[507,509,516,525,532,546-549]。如同角质细胞和内皮细胞一样，成纤维细胞也会经历大量的表型变化，这些变化主要和ECM、微环境中的生长因子以及细胞因子有关。有证据表明成纤维细胞在创伤愈合中扮演大量的不同角色不是通过表型的变化来实现的，而是由于其有很多的亚群。静止期，在未损伤的富含胶原的皮肤中成纤维细胞的生物合成并不活跃，并且表达高水平的胶原整合蛋白受体α2。当其在临时基质中暴露给PDGF和TFG-β1时，整合蛋白受体α3和α5（αν）的表达会上调。TFG-β1会影响成纤维细胞对细胞运动必须的透明质酸及RHAMM（细胞表面透明质酸酶受体）的产生[506,507,510,511,525,550]。

为了能够移动到血凝块中，成纤维细胞必须要有运动能力和蛋白水解活性。PDGF刺激成纤维细胞释放丝氨酸

蛋白酶和MMPs。血清纤溶酶与血凝块的溶解也有关[509]。TGF-β1诱导蛋白酶抑制剂的分泌。随着血凝块的溶解，成纤维细胞会产生透明质酸基质和纤连蛋白，并且如前所述ECM也会影响这个过程。一旦成纤维细胞移动进入血凝块，由于松散型ECM的蓄积，又会改变成纤维细胞的功能：纤连蛋白和透明质酸（由高尔基体产生）将会产生Ⅰ型和Ⅱ型的胶原蛋白（RER产物）。局部肥大细胞产生的IL-4对成纤维细胞胶原蛋白的产生也是强有力的刺激物[506,507,509,510]。

4. 表皮形成

在该阶段，创伤会重建其表皮层。该过程在受伤后的几个小时以内便开始发生。在全层组织受损的创伤中，表皮的形成从创缘开始。在部分组织层受损的创伤中，表皮的形成会从创缘以及创底的附属结构开始[512]。上皮细胞以交替移行的方式覆盖伤口。移行细胞在移行最开始的1~2d仅仅只是数量上开始激增。角质细胞的增殖和移行是两个独立的现象[509,511]。角质细胞暴露在TGF-β1中时便停止增殖，但会继续以更快的速度移行。低氧分压会抑制角质细胞的增殖和移行[506,540]。

角质细胞为了移行，会产生重要的表型改变。有报道过几种能促进细胞移行、增殖的生长因子和蛋白。其中纤连蛋白、Ⅵ型胶原蛋白（角质细胞产生）、变性的Ⅰ型胶原蛋白能促进移行。能促进移行的生长因子有TGF-β1和EGF[511]。为了利于细胞移行，角质细胞会收缩微丝结构、溶解细胞间的桥粒和半桥粒从而增加细胞间的间隙，并形成周围的肌动蛋白纤维。所有的这些过程会使细胞分离并且加强细胞间的信号流通，同时会形成板状伪足提供移行的动力。移行的角质细胞会表达角蛋白5和角蛋白14（基层），也表达角蛋白6和角蛋白16（增殖棘细胞层细胞），同时会增加整联蛋白的表达，整联蛋白的作用是使移行的细胞可以暂时附着在临时的基质上。移行的角质蛋白还有外皮蛋白（通常在上层角质细胞中发现）和谷氨酰胺转移酶（角蛋白交联酶）。为了剥离创伤，角质细胞也会产生并释放胶原酶（MMPs）和丝氨酸蛋白酶，比如纤维蛋白溶解酶原激活物[506,507,509,511]。

在受伤后的第1~2d，移行的细胞开始增殖。角质细胞必须接触到临时的基质进行移行。这些基质包括Ⅰ、Ⅲ或Ⅴ型胶原蛋白、纤连蛋白、纤维蛋白、细胞黏合素和或玻连蛋白。如果基膜是完整的，纤连蛋白和纤维蛋白会渗入其中为移行的角质细胞提供适当的黏合[509]。在移行期间，角质细胞实际上从创伤分离。移行的角质细胞不能和变性的胶原蛋白、纤维蛋白或者是纤维蛋白原结合，因此将创伤组织碎片与其下方重要的细胞外基质（ECM）分离，痂皮分离。一旦移行开始，从创缘以及创腔内就会以拉链样的形式产生基底膜蛋白。一旦基底膜恢复完整，角质细胞就会回复到它正常的表型。基膜层中层粘连蛋白的再构成被认为是最重要的移行停止信号。层粘连蛋白

是一种大的糖蛋白，被认为是能防止角质细胞同基膜层（Ⅳ型和Ⅶ型）及表皮（Ⅰ，Ⅲ，Ⅴ和Ⅵ型）中的胶原蛋白直接接触[506-509,511,516,547,548,551]。

5. 新生血管形成

新生血管的形成和纤维组织的形成是同时开始的，通常是在受伤后的2d开始。与角质细胞和成纤维细胞激活和移行相似，血管的生成也依赖4个相互关联的过程：

· 细胞表型的改变。
· 趋化因子诱导移行。
· 有丝分裂的激活。
· 适当的ECM。

在炎症过程中，巨噬细胞会释放该过程中最重要的生长因子bFGF（碱性成纤维细胞因子）。内皮细胞暴露给bFGF时会释放纤维蛋白溶解酶原激活物和原胶原酶从而激活MMPs（主要是Ⅰ型胶原酶），胶原酶会降解血管的基膜层，是基膜层的断裂激活了内皮细胞的移行（也是对FGF的反应）同时内皮细胞是在完整的基膜层中增殖以不断地提供用于移行的细胞[506,507,509,540]。

内皮性趋化物有很多，包括由临近角质细胞释放的VEGF和TGF-α；降解的ECM释放的纤连蛋白；脱颗粒肥大细胞释放的肝素。随着内皮细胞移行到富含纤维蛋白和纤连蛋白的创伤组织中，它们会形成管状结构并且表达αvβ3（是纤维蛋白原/纤维蛋白、纤连蛋白和血管假性血友病因子的受体或黏合分子）。首先，新生内皮细胞自己产生含有纤连蛋白和蛋白多糖类ECM，并最终形成它们自己的基底膜。TGF-β1会明显地刺激纤连蛋白和蛋白多糖类合成、αvβ3的表达、细胞移行，但它对细胞增殖作用很小。FGF以及其终产物 VEGF，会刺激内皮细胞的增殖。但是这些细胞在健康和正常的胶原基质中，这种增殖效应则很小[506,507,509,511,513,516,522,537,540,552,553]。

6. 组织重塑/伤疤形成和伤口收缩

一旦胶原蛋白被裂解，TGF-β1就不再生成，但当创伤开始收缩时其仍然存在伤口中[506,515,554]。这代表已经过渡到了创伤愈合的第三阶段——重塑。创伤的收缩是向心或轴向的，这会减少开放伤口的大小。对于犬，临床上可见的创伤收缩发生在受伤后的5~9d[555]。这一过程由假定是由成肌纤维细胞表型的成纤维细胞所完成的，其特征是在胞膜的胞质一侧和细胞连接处（黏着连接）以及细胞与基质连接处（纤维蛋白连接素是α5β1，胶原是α2β1）形成许多束状的富含肌动蛋白的微丝。在伤口的边缘，有首尾相连并以共价键结合的胶原及胶原纤维，使得胶原蛋白及胶原纤维相互连接。成纤维细胞能在伤口间传递收缩的信号并且均等地收缩。血小板和PDGF亚型的巨噬细胞似乎能激活成纤维细胞的收缩，但成纤维细胞的亚型没有这个作用。当伤口收缩开始即创伤后的第6天，会有一个PDGF亚型巨噬细胞的生成高峰。TGF-β1同样也刺激成纤维细胞的收缩（这个可能是为什么在胶原蛋白合成停止后TGF-β1还

存在的原因）。伤口收缩的程度与伤口的深度有关。没有附属器官的皮肤全层损伤的伤口可以收缩至原大小的40%，而还有附属器官的非皮肤全层损伤的伤口收缩程度较小[506,5007,509,511,555-558]。

大约10d后，成纤维细胞细胞核变得致密（开始凋亡），这一现象说明伤口从富含成纤维细胞的肉芽组织过渡到细胞成分很少的疤痕组织。细胞凋亡的过程对于伤口的适当修复是必要的，有研究表明凋亡过程的受损或者凋亡不彻底是形成肥厚疤痕的原因。相反，在高血糖的身体条件下会增加凋亡（通常不仅仅是在创伤中），例如糖尿病患者常患有足底溃疡，所以高血糖也不利于创伤修复[506,509,511,555-558]。

7. 重塑

重塑的过程几乎是在ECM产生的同时发生的，并且这个过程会持续几个月。重塑指的是组织的重建以适应痊愈的过程。与组织的增殖过程相似，该阶段与炎症过程以及组织的形成阶段是重叠的。在重塑的过程中，组织会分解并重建，细胞会发生凋亡和其他的变化。功能性的疤痕组织会达到原有组织70%的强度。几个凋亡基质和MMPs的功能对组织中细胞显著减少是十分重要的[506,507,509,511,531,555-558]。

（三）创伤的临床处理

一般的创伤愈合都需要适当的血液循环、营养、免疫状态，并避免负面的机械力影响。任何干扰以上条件的因素都会导致创伤愈合的延迟，甚至形成慢性经久不愈的创伤。除了一些例外情况，创伤并发症是常见的，特别是在兽医中。对每一个创伤都必须仔细评价并制定有针对性的处理方案。

评价一个创伤要求有完整的病史和临床检查。完整的病史应包括：

· 创伤是如何发生的。
· 创伤持续的时间。
· 过去是否有受创伤的病史。
· 是否有需要在处理创伤前处理的皮肤问题（先天性结缔组织发育不全）或自我损伤（过敏、行为问题）。
· 在此创伤之前或创伤引起的疼痛和瘙痒行为。
· 有关移植、手术或疾病的病史。

可能引起创伤／溃疡的原因包括脓皮病、反复的损伤／残缺、感染（如病毒、化脓菌）、管道结构受损／疾病（如静脉／动脉／淋巴管／脉管炎）、烫伤或化学烧伤、神经疾病、代谢疾病（如肝功能不全性皮肤综合征hepatocutaneous）、结缔组织疾病（如狼疮、先天性结缔组织发育不全综合征）、血液学异常（贫血、低蛋白血症、白血病）、药物影响（如皮质醇）、肿瘤，以及特发性创伤。

干扰创伤愈合的局部因素包括血液供应不足或排出不流畅、皮肤张力增大、创口内持续存在异物、持续的感染、局部活动性增强、系统因素、年龄和残疾／缺乏活动能力、肥胖、营养失调、恶性因素、全身性疾病、代谢、内分泌因素如糖尿病或皮质醇增多症、胃肠吸收问题、休克、药物影响、化学治疗、放射治疗、免疫抑制剂、抗凝剂和白细胞紊乱。慢性创伤还可能并发瘘管或窦道的形成、未知的恶性疾病、骨髓炎（如肢端瘙痒性结节的并发症），也包括周围关节的挛缩和畸形。

通常，受到污染或血供不良的创伤需要通过清创处理清除污染物和坏死的碎片并排出渗出物。在清创的方法上有许多选择。在医院通常对麻醉的动物进行外科清创术。而自溶法、生物法（蛆）、酶法（发展中国家曾使用木瓜和香蕉皮），以及机械法（湿、干绷带）等清除方法也可以移除坏死组织并促进创伤的愈合。

8. 创伤敷料

敷料的主要分类包括低黏着敷料、半渗透膜、亲水胶体、水凝胶、藻酸盐、泡沫敷料和抗微生物敷料。它们每一种都有针对不同创伤的特殊功能（表3-14）。然而每一种也有其劣势，必须特别按照创伤的类型进行选择。

比如，当对渗出较多的创伤使用低吸收力的敷料时，往往会导致伤口的浸渍作用。相反地，对相对干燥的创伤使用高吸收力的敷料则会损坏健康的表面肉芽组织，在移除时也会很痛。另外一个并发症是对敷料材料的接触反应。表3-14列出了许多种常用的敷料及其应用，以及商品名称[172,503,508,547,549-565]。理想敷料的特征包括：

· 清除碎片的同时可以维持湿度；在换气良好的同时能够阻止细菌通过并保持伤口不受有毒有害颗粒物的影响
· 无毒／不会引起过敏
· 能保护伤口使之不受损伤并能防止被动物自己移除；让动物感到舒适
· 移除时不对伤口造成损伤但不要求频繁更换
· 隔热
· 性价比高、保质期长

很明显，没有任何一种绷带能满足以上所有要求，这也是为什么必须根据不同情况选择合适的敷料。另外，在选择将什么种类的敷料作为长期备用时，临床工作者应考虑到什么种类的创伤是最经常遇见的，从而作出性价比最高的选择。

2. 湿润创伤愈合

现已公认使创伤保持湿润能够加快其愈合的速度。使创伤保持湿润的敷料能够减轻疼痛、无痛自溶清创，并刺激肉芽组织的形成[515,532,559]。尽管早已证明了湿润的创伤更容易受到感染是错误的，但封闭感染创伤依然是禁忌[515]。湿润创伤的愈合速度快于干燥的创伤的机理尚不明确；但已经存在许多可信的理论。有可能是角化细胞更容易在湿润的表面上移行或者湿润的创伤能提供对促进愈合过程的

表3-14　敷料类型、品牌和适应证概述

敷料类型	适应证／注意事项	可用的品牌（生产商）
低黏着力敷料	平而浅且渗出少	Melolite (Smith and Nephew)
半渗透膜	平而浅，中等渗出 可放置数天 实用的二次敷料 无缓冲 提供潮湿环境且不黏在伤口上	Op-Site (Smith and Nephew) Tegaderm (3M) Uniflex (Smith and Nephew)
亲水胶体 （和亲水纤维）	薄片型：有腔洞或平整、较浅、少量到中等量渗出；可吸收水分且舒适；适于在严重的创伤部位 膏剂：清除剂；可引发浸渍作用 亲水纤维：和薄片很相似，但可以用于有更多渗出的创伤，可放置数天但需要二次敷料	Tegaderm Hydrocolloid Dressing (3M) DuoDerm Hydrocolloid Dressing (ConvaTec) Tegasorb Hydrocolloid Dressing (3M) AQUACEL Hydrofiber Dressing (ConvaTec)
水凝胶	滋润干燥、平整、有腔洞或窦道的创伤 对发生坏死脱落的创伤有好处，但可能导致浸渍作用 需要二次敷料	Tegagel (3M) Flexigel (Smith and Nephew) Vigilon (Bard Medical)
藻酸盐（见图3-17，A~H）	适用于高渗出下凹的创伤 高吸收力 需要二次敷料	Curasorb calcium alginate (Kendall) Tegaderm High Integrity (3M) Invacare Silver Alginate (Invacare)
泡沫敷料	薄片型：平浅的创伤；有一些缓冲作用。可放置2~3d需要二次敷料 腔洞泡沫型：适用于中等或高渗出的有腔创伤	Optifoam (Medline) AMD Foam Dressings (Kendall)
抗微生物敷料	可用于所有局部受感染的创伤 注意刺激反应	Tegaderm CHG chlorhexidine (3M) Acticoat 3 Silver (Smith and Nephew)

有利电解质浓度。

3. 皮肤移植

当创伤过大以至于二级愈合不能使其得到充分愈合时考虑选择皮肤移植，皮肤移植也用于避免关节部位严重的创伤挛缩。皮肤移植经常用于烧伤的患者（图3-17）。准备良好的创面对皮肤移植的成功是非常必要的。自体移植（即使用接受移植者自己的组织）是兽医中最常用的方法。移植皮肤的愈合与之前所描述的一般急性创伤愈合非常不同，主要的区别在于移植皮肤的新血管形成完全依赖于接受者的创面。这种愈合有其独特的分期：吸入、接合和新血管化。吸入过程即接受移植者的炎性细胞渗入移植的皮肤。其结果是移植的皮肤在最初的24~45h内体积和重量均有所增加。该阶段结束的标志是移植皮肤中的血管淋巴管道得以重新建立，同时移植皮肤的重量减小。接合发生于接受者的血管内皮细胞与移植组织发生吻合，随后血管会长入移植组织[515,560]。接下来的大部分恢复过程与一般的创伤相似。全层移植能明显改善创伤收缩，而相比之下二级愈合的创伤收缩则比较明显[558]。

4. 创伤愈合中氧的应用

在过去的几十年中，氧在慢性和急性创伤治疗中的应用正逐渐受到人们的关注。氧在创伤愈合中的作用尚不完全清楚，但已经有大量的研究证明在缺氧条件下的创伤愈合会受到影响。有两种方法可以增加创伤的氧浓度：可以使用局部释放氧气的产品以及高压氧疗法。高压氧疗法（HBOT）是将患畜放进一个封闭的空间，升高其中的压力，随后释放纯氧。患病动物的全身和所有器官组织都暴露于升高的氧压之下。氧气被吸入肺里，融入血液并被输送到创伤所在的部位。在海平面气压，或1个大气压下，空气中的含氧量为21%。这样少量的氧已经足以使得血液中的血红蛋白携氧98%。在高压氧疗法下，患者的身体暴露于1~3个大气压的纯氧下，或100%~300%的氧气，约为大气含氧量的15倍。

已经有大量的研究检测了HBOT对动物和在兽医应用中的好处和不良影响。大部分的结果证明了HBOT的好处，但这些结果并非是一致的。HBOT对马四肢的全层皮肤移植没有效果，但可以促进猫尺骨修复手术后的愈合。随着技术的发展越来越易于临床操作，越来越多的临床试验可以证明HBOT的效果，这种方法现在可作为一种附带治疗选择应用于很多情况，包括治疗困难的创伤、脊柱损伤，以及大脑缺血性损伤[542-545,561-566]。

局部氧气治疗是在兽医应用中释放高浓度氧气的一种更容易操作的方法，且这种方法可以促进创伤愈合[540]。目前在兽医中唯一一个可用的产品是宠物医学实验室生产的ZoonOx。ZoonOx可应用于犬、猫和马的局部高压氧疗法。据报道称它可以向受损伤的组织释放出高强度渗透性的过饱和氧从而加快愈合。它利用一种惰性有机化合物压缩氧分子并通过一种乳剂运输氧分子，被分装在一个气溶胶容器内，可直接用于受损的皮肤或胶黏组织。其产生的富氧环境可能会促进烧伤创、外科切割创、外伤损害、个别皮肤病、其他皮肤异常中新胶原和新上皮的产生。有报道称该治疗方法中形成的氧自由基还具有抗细菌和抗真菌的作用[540]。

概括来说，无论创伤是急性的、慢性污染的、移植的、慢性反复发作的（如APN）或是像褥疮那样循环不良的创伤，对每个个体进行评价且对每个问题使用的药物或手术干预都必须针对该创伤和患病动物量身定做。

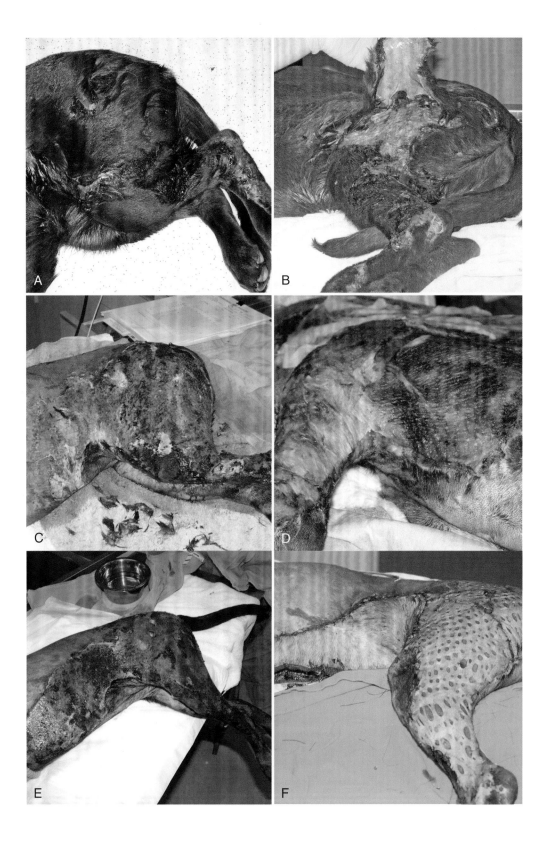

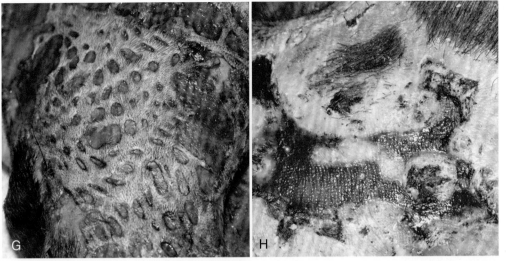

图3-17 一只4个月大的拉布拉多寻回猎犬在拍摄照片的4d前受到沸油的烫伤 **A.** 显示其左后肢侧面、臀部左侧面向上延伸至躯干侧面的T－L区域出现有渗出性的纠结毛发和侵蚀。然而，在未剃毛的情况下很难评估损伤的范围 **B.** 在探测并清洁了伤口之后，受损伤区域的皮肤很容易脱落 **C.** 当对受损区域进行了修剪和清理之后创伤的范围就很明显了，且其面积明显达到了全体表面积的25% **D.** 随后让伤口保持湿润并用藻酸钙敷料进行保护。这种辅料可以持续吸收渗出，同时能使伤口保持清洁并减少疼痛。这种类型的绷带需要二次绷带的覆盖并需要经常更换 **E.** 持续4d更换绷带（最初烧伤后8d）以便肉芽组织建立健康的生长面，并且创面内有新血管的形成 **F.** 躯干头侧的创伤已经闭合。对该病例施行了大面积的自体皮肤移植，移植的皮肤取自该患病动物左胸壁头侧的部位。切开移植的皮肤以增加边缘的面积（为表皮再植）并使其易于牵拉 **G.** 术后2d，移植的皮肤有一部分丢失了，但大部分都开始与接受部位的组织发生接合，且已经从移植皮肤的边缘和最初创面的边缘开始形成上皮 **H.** 移植手术后17d，瘢痕组织已覆盖大部分创口，且因创伤的收缩，表皮再植非常明显

参考文献

[1] Dahlman T, Mäntysalo M, Rasmussen PV, et al: Influence of dietary protein level and the amino acids methionine and lysine on leather properties of blue fox (Alopex lagopus) pelts. Arch Tierernahr 56(6):443–454, 2002.

[2] Freeman L, Michel K: Evaluation of raw food diets for dogs. J Am Vet Med Assoc 218(5):705–709, 2001.

[3] Schlesinger DP, Joffe DJ: Raw food diets in companion animals: a critical review. Can Vet J 52(1):50–54, 2010.

[4] Vaughn DM, Reinhart GA, Swamim SF, et al: Evaluation of dietary n-6 to n-3 fatty acid ratios on leukotriene B synthesis in dog skin and neutrophils. Vet Dermatol 5:163–173, 1994.

[5] Nesbitt GH, Freeman LM, Hannah SS: Effect of n-3 fatty acid ratio and dose on clinical manifestations, plasma fatty acids and inflammatory mediators in dogs with pruritus. Vet Dermatol 14(2):67–74, 2003.

[6] Rees CA, Bauer JE, Burkholder WJ, et al: Effects of dietary flaxseed and sunflower seed supplementation on normal canine serum polyunsaturated fatty acids and skin and hair coat condition scores. Vet Dermatol 12(2):111–117, 2001.

[7] Scott D, Miller W Jr, Griffin C: Muller and Kirk's Small Animal Dermatology, ed 6, Philadelphia, 2001, W.B. Saunders, p 209.

[8] Marsh K, et al: Effects of zinc and linoleic acid supplementation on the skin and coat quality of dogs receiving a complete and balanced diet. Vet Dermatol 11(4):277–284, 2000.

[9] Chew BP, Park JS, Wong TS, et al: Importance of B-carotene nutrition in dog and cat: Uptake and immunity. In Reinhart GA, Carey DP, editors: Recent advances in Canine and feline Nutrition II, Wilmington, OH, 1998, Orange Frazer Pres, p 513–533.

[10] Mukhtar H, Katiyar SK, Agarwal R: Green tea and skin–anticarcinogenic effects. J Invest Dermatol 102(1):3–7, 1994.

[11] Watson AL, Fray TR, Bailey J, et al: Dietary constituents are able to play a beneficial role in canine epidermal barrier function. Exp Dermatol 15(1):74–81, 2006.

[12] Fray TR, Watson AI, Croft JM, et al: A combination of aloe vera, curcumin, vitamin C, and taurine increases canine fibroblast migration and decreases tritiated water diffusion across canine keratinocytes in vitro. J Nutr 134(8 Suppl):2117S–2119S, 2004.

[13] Bingham AK, Phillips TD, Bauer JE: Potential for dietary protection against the effects of aflatoxins in animals. J Am Vet Med Assoc 222(5):591–596, 2003.

[14] Pin D, Carlotti DN, Jasmin P, et al: Prospective study of bacterial overgrowth syndrome in eight dogs. Vet Rec 158(13):437–441, 2006.

[15] Lambers H, Piessens S, Bloem A, et al: Natural skin surface pH is on average below 5, which is beneficial for its resident flora. Int J Cosmet Sci 28(5):359–370, 2006.

[16] Matousek JL, Campbell KL: A comparative review of cutaneous pH. Vet

Dermatol 13(6):293–300, 2002.

[17] Trueb RM: Shampoos: ingredients, efficacy and adverse effects. J Dtsch Dermatol Ges 5(5):356–365, 2007.

[18] Kelly L: Veterinary technician in EXXON Valdez cleanup, 1998.

[19] McDonough S: Grooming. In Kunkle GA, editor: Feline Dermatology. 1995, Vet Clin North Am Small Anim Pract, p 767.

[20] Wayner C, Heinke M: Compliance: crafting quality care. Vet Clin North Am Small Anim Pract 36(2):419–436, 2006.

[21] Adams V, Campbell JR, Waldner CL, et al: Evaluation of client compliance with short-term administration of antimicrobials to dogs. J Am Vet Med Assoc 226(4):567–574, 2005.

[22] Andreassi L: Bioengineering in dermatology: general aspects and perspectives. Clin Dermatol 13(4):289–292, 1995.

[23] Schaefer H, et al: Pharmacokinetics and Topical Applications of Drugs. In Wolff K, et al, editors: Fitzpatrick's Dermatology in General Medicine. New York, 2008, McGraw Hill, pp 2097–2106.

[24] Boothe DM: Topical drugs: Component interactions, vehicles, and consequences of alterations. Dermatol Rep 6:1, 1987.

[25] Bergstrom K, Strober B: Principles of Topical Therapy. In Wolff K, et al, editors: Fitzpatrick's Dermatology in General Medicine, New York, 2008, McGraw Hill, pp 2091–2096.

[26] Mills P, Magnusson B, Cross S: Effects of vehicle and region of application on absorption of hydrocortisone through canine skin. Am J Vet Res 66(1):43–47, 2005.

[27] Dokka S, Cooper SR, Kelly S, et al: Dermal delivery of topically applied oligonucleotides via follicular transport in mouse skin. J Invest Dermatol 124(5):971–975, 2005.

[28] Otberg N, Richer H, Schaefer H, et al: Variations of hair follicle size and distribution in different body sites. J Invest Dermatol 122(1):14–19, 2004.

[29] Franz TJ: Kinetics of cutaneous drug penetration. Int J Dermatol 22(9):499–505, 1983.

[30] Oriba HA, Bucks DA, Maibach HI: Percutaneous absorption of hydrocortisone and testosterone on the vulva and forearm: effect of the menopause and site. Br J Dermatol 134(2):229–233, 1996.

[31] Britz MB, Maibach HI, Anjo DM: Human percutaneous penetration of hydrocortisone: the vulva. Arch Dermatol Res 267(3):313–316, 1980.

[32] Loflath A, von Voigts-Rhetz A, Jaeger K, et al: The efficacy of a commercial shampoo and whirlpooling in the treatment of canine pruritus—a double-blinded, randomized, placebo-controlled study. Vet Dermatol 18(6):427–431, 2007.

[33] Ohmori K, Tanaka A, Makita Y, et al: Pilot evaluation of the efficacy of shampoo treatment with ultrapure soft water for canine pruritus. Vet Dermatol 2010.

[34] Shimada K, Yoshihara T, Yamamoto M, et al: Transepidermal water loss (TEWL) reflects skin barrier function of dog. J Vet Med Sci 70(8):841–843, 2008.

[35] Shah JH, Zhai H, Maibach HI: Comparative evaporimetry in man. Skin Res

[36]Zhai H, Dika E, Goldosvsky M, et al: Tape-stripping method in man: comparison of evaporimetric methods. *Skin Res Technol* 13(2):207–210, 2007.

[37]Hattingh J: A comparative study of transepidermal water loss through the skin of various animals. *Comp Biochem Physiol A Comp Physiol* 43(4):715–718, 1972.

[38]Hattingh J, Luck CP: A sensitive, direct method for the measurement of water loss from body surfaces. *S Afr J Med Sci* 38(1):31–35, 1973.

[39]Hattingh J: The correlation between transepidermal water loss and the thickness of epidermal components. *Comp Biochem Physiol A Comp Physiol* 43(4):719–722, 1972.

[40]Campbell KL, Kirkwood AR: Effect of topical oils on transepidermal water loss in dogs with seborrhea sicca. In Ihrke PJ, et al, editors: *Advances in Veterinary Dermatology*, New York, 1993, Pergamon Press, p 157.

[41]Watson A, Fray T, Clark S: Evaporimeter EP-2TM to assess transepidermal water loss in the canine. *J Nutr* 132:1661S–1664S, 2002.

[42]Hightower K, Marsella R, Creary E, et al: Evaluation of trans epidermal water loss in canine atopic dermatitis: a pilot study in beagle dogs sensitized to house dust mites. *Vet Dermatol* 19:108, 2008.

[43]Yoshihara T, Shimada K, Momoi Y, et al: A new method of measuring the transepidermal water loss (TEWL) of dog skin. *J Vet Med Sci* 69(3):289–292, 2007.

[44]Beco L, Fontaine J: Coroneometry and transepidermal water loss measurements in canines: validation of techniques in healthy beagle dogs. *Ann Med Vet* 144:329–333, 2000.

[45]Chesney CJ: Measurement of skin hydration in normal dogs and in dogs with atopy or a scaling dermatosis. *J Small Anim Pract* 36(7):305–309, 1995.

[46]Lau-Gillard PJ, Hill PB, Chesney CJ, et al: Evaluation of a hand-held evaporimeter (VapoMeter) for the measurement of transepidermal water loss in healthy dogs. *Vet Dermatol* 21(2):136–145, 2010.

[47]Macheleidt O, Kaiser HW, Sandhoff K: Deficiency of epidermal protein-bound omega-hydroxyceramides in atopic dermatitis. *J Invest Dermatol* 119(1):166–173, 2002.

[48]Fartasch M, Bassukas ID, Diepgen TL: Disturbed extruding mechanism of lamellar bodies in dry non-eczematous skin of atopics. *Br J Dermatol* 127(3):221–227, 1992.

[49]Mori T, Ishida K, Mukumoto S, et al: Comparison of skin barrier function and sensory nerve electric current perception threshold between IgE-high extrinsic and IgE-normal intrinsic types of atopic dermatitis. *Br J Dermatol* 162(1):83-902009, 2010 Jan.

[50]Kim DW, Park JY, Na GY, et al: Correlation of clinical features and skin barrier function in adolescent and adult patients with atopic dermatitis. *Int J Dermatol* 45(6):698–701, 2006.

[51]Marsella R, Samuelson D, Doerr K: Transmission electron microscopy studies in an experimental model of canine atopic dermatitis. *Vet Dermatol* 21(1):81–88, 2010.

[52]Marsella R, Samuelson D: Unravelling the skin barrier: a new paradigm for atopic dermatitis and house dust mites. *Vet Dermatol* 20(5-6):533–540, 2009.

[53]Na JI, Hwang JS, Park HJ, et al: A new moisturizer containing physiologic lipid granules alleviates atopic dermatitis. *J Dermatol Treat* 21(1):23–27, 2010.

[54]Rawlings AV: Trends in stratum corneum research and the management of dry skin conditions. *Int J Cosmet Sci* 25(1-2):63–95, 2003.

[55]Yilmaz E, Borchert HH: Effect of lipid-containing, positively charged nanoemulsions on skin hydration, elasticity and erythema–an in vivo study. *Int J Pharm* 307(2):232–238, 2006.

[56]Wolf R, Wolf D, Tüzün B, et al: Soaps, shampoos, and detergents. *Clin Dermatol* 19(4):393–397, 2001.

[57]DeBoer DJ, Moriello KA: Inability of two topical treatments to influence the course of experimentally induced dermatophytosis in cats. *J Am Vet Med Assoc* 207(1):52–57, 1995.

[58]Mason KV: Clinical and pathophysiologic aspects of parasitic skin diseases. In Ihrke P, Mason I, White S, editors: *Advances in Veterinary Dermatology*, Oxford, 1993, Pergamon Press, p 177.

[59]Mason KV, Atwell R: Clinical Efficacy trials on a chlorhexidine/miconazole shampoo for the treatment of seborrheic dermatitis associated with an overgrowth of *Malassezia pachydermatis* and coccoid bacteria. *Proc Eur Soc Vet Dermatol* 1995.

[60]Beale KM, Kunkle G, Keisling K: A study of long term administration of FS shampoo in dogs. *Proc Annu Memb Meet Am Acad Vet Dermatol Am Coll Vet Dermatol*, 1993.

[61]Trettien A: Workshop Report 13: Shampoos and other topical therapy. In Von Tscharner C, Halliwell R, editors: Advances in Veterinary Dermatology, Vol 1, Philadelphia, 1990, Bailliere-Tindall, p 434.

[62]Baynes R: Ectoparasiticides. In Riviere J, Papich MG, editors: *Veterinary Pharmacology and Therapeutics*, Ames, IA, 2009, Iowa State University Press, pp 1181–1204.

[63]Cochet P, Birckel P, Bromet-Petit M, et al: Skin distribution of fipronil by microautoradiography following topical administration to the beagle dog. *Eur J Drug Metab Pharmacokinet* 22(3):211–216, 1997.

[64]Dupuy J, Derlon AL, Sutra JF, et al: Pharmacokinetics of selamectin in dogs after topical application. *Vet Res Commun* 28(5):407–413, 2004.

[65]Boothe DM: Veterinary compounding in small animals: a clinical pharmacologist's perspective. *Vet Clin North Am Small Anim Pract* 36(5):1129–1173, viii, 2006.

[66]Riviere JE, Papich MG: Potential and problems of developing transdermal patches for veterinary applications. *Adv Drug Deliv Rev* 50(3):175–203, 2001.

[67]Willis-Goulet HS, Schmidt BA, Nicklin CF, et al: Comparison of serum dexamethasone concentrations in cats after oral or transdermal administration using pluronic lecithin organogel (PLO): a pilot study. *Vet Dermatol* 14(2):83–89, 2003.

[68]Mealey KL, Peck KE, Bennett BS, et al: Systemic absorption of amitriptyline and buspirone after oral and transdermal administration to healthy cats. *J Vet Intern Med* 18(1):43–46, 2004.

[69]Curdy C, Naik A, Kalia YN, et al: Non-invasive assessment of the effect of formulation excipients on stratum corneum barrier function in vivo. *Int J Pharm* 271(1-2):251–256, 2004.

[70]Shah DK, Khandavilli S, Panchagnula R: Alteration of skin hydration and its barrier function by vehicle and permeation enhancers: a study using TGA, FTIR, TEWL and drug permeation as markers. *Methods Find Exp Clin Pharmacol* 30(7):499–512, 2008.

[71. Scott DW, Miller WH, Wellington JR: A clinical study of the efficacy of two commercial veterinary emollients (Micro Perals and Humilac) in the management of winter-time dry skin in dogs. *Cornell Vet* 81:419, 1991.

[72. Kwochka KW: Symptomatic topical therapy of scaling disorders. In Griffin C, Kwochka K, MacDonald J, editors: *Current Veterinary Dermatology*. St Louis, 1993, Mosby Year Book, pp 191–202.

[73. Surber C, Itin PH, Bircher AJ, et al: Topical corticosteroids. *J Am Acad Dermatol* 32(6):1025–1030, 1995.

[74. Iwasaki T, Hasegawa A: A randomized comparative clinical trial of recombinant canine interferon-gamma (KT-100) in atopic dogs using antihistamine as control. *Vet Dermatol* 17(3):195–200, 2006.

[75. Elzainy AA, Gu X, Simons FE, et al: Hydroxyzine from topical phospholipid liposomal formulations: evaluation of peripheral antihistaminic activity and systemic absorption in a rabbit model. *AAPS Pharm Sci* 5(4):E28, 2003.

[76. Elzainy AA, Gu X, Simons FE, et al: Cetirizine from topical phosphatidylcholine-hydrogenated liposomes: evaluation of peripheral antihistaminic activity and systemic absorption in a rabbit model. *AAPS J* 6(3):e18, 2004.

[77. Davis JA, Greenfield RE, Brewer TG: Benzocaine-induced methemoglobinemia attributed to topical application of the anesthetic in several laboratory animal species. *Am J Vet Res* 54(8):1322–1326, 1993.

[78. Yosipovitch G, Maibach HI: Effect of topical pramoxine on experimentally induced pruritus in humans. *J Am Acad Dermatol* 37(2 Pt 1):278–280, 1997.

[79. Young TA, Patel TS, Camacho F, et al: A pramoxine-based anti-itch lotion is more effective than a control lotion for the treatment of uremic pruritus in adult hemodialysis patients. *J Dermatol Treat* 20(2):76–81, 2009.

[80. Scott DW, Rothstein E, Miller W: A clinical study of the efficacy of two commercial veterinary pramoxine cream rinses in the management of pruritus in atopic dogs. *Canine Pract* 25:15, 2000.

[81. Poppenga RH, Trapp AL, Braselton WE, et al: Hexachlorophene toxicosis in a litter of Doberman pinschers. *J Vet Diagn Invest* 2(2):129–131, 1990.

[82. Russell AD, Day MJ: Antibacterial activity of chlorhexidine. *J Hosp Infect* 25(4):229–238, 1993.

[83. Lloyd D, Lamport A: Activity of chlorhexidine shampoo in vitro against *Staphylococcus intermedius, Pseudomonas aeruginosa* and *Malassezia pachydermatis. Vet Rec* 144:536–537, 1999.

[84. Murayama N, Nagata M, Terada Y, et al: Efficacy of a surgical scrub including 2% chlorhexidine acetate for canine superficial pyoderma. *Vet Dermatol* 2010.

[84a]Sud IJ, Feingold DS: Action of antifungal imidazoles on Staphylococcus aureus. *Antimicrob Agents Chemother* 22(3):470–474, 1982.

[84b]Pietschmann S, Hoffmann K, Voget M, et al: Synergistic effects of Miconazole and Polymyxin B on microbial pathogens. *Veterinary Research Communications* 33(6):489–505, 2009.

[84c]Kwochka KW: In vitro placebo-controlled time-kill comparison of an aqueous rinse formulation containing miconazole nitrate and chlorhexidine gluconate against bacterial and fungal cutaneous pathogens. *Vet Dermatol (Abstr)* 16(3):200–201, 2005.

[85]Kwochka KW, Kowalski JJ: Prophylactic efficacy of four antibacterial shampoos against *Staphylococcus intermedius* in dogs. *Am J Vet Res* 52(1):115–118, 1991.

[86]Landa-Solis C, González-Espinosa D, Guzmán-Soriano B, et al: Microcyn(tm) a novel super-oxidized water with neutral pH and disinfectant activity. *J Hosp Infect (UK)* 61:291–299, 2005.

[87]Hock J, Tinanoff N: Resolution of gingivitis in dogs following topical applications of 0.4% stannous fluoride and toothbrushing. *J Dent Res* 58:1652–1653, 1979.

[88]White D, Kozak K, Gibb R: A 24-hour dental plaque prevention study with a stannous fluoride dentrifice containing hexametaphosphate. *J Contemp Dent Pract* 7:1–11, 2006.

[89]Marsella R, Akucewich L: Investigation on the clinical efficacy and

tolerability of a 0.4% topical stannous fluoride preparation (MedEquine Gel) for the treatment of bacterial skin infections in horses: a prospective, randomized, double-blinded, placebo-controlled clinical trial. *Vet Dermatol* 18(6):444–450, 2007.

[90]Seltzer JD, Flynn-Lurie AK, Marsell R, et al: Investigation of the clinical efficacy of 0.2% topical stannous fluoride for the treatment of canine superficial pyoderma: a prospective, randomized, double-blinded, placebo-controlled trial. *Vet Dermatol* 21(3):249–258, 2010.

[91]Mendelsohn C, Griffin CE, Rosenkrantz WS, et al: Efficacy of boric-zinc and acetic-zinc otic preparations in the treatment of canine yeast otitis. *Vet Dermatol* 14(4):232, 2003.

[92]Sobel JD, Chaim W, Nagappan V, et al: Treatment of vaginitis caused by *Candida glabrata*: use of topical boric acid and flucytosine. *Am J Obstet Gynecol* 189(5):1297–1300, 2003.

[93]De Seta F, Schmidt M, Vu B, et al: Antifungal mechanisms supporting boric acid therapy of *Candida* vaginitis. *J Antimicrob Chemother* 63(2):325–336, 2009.

[94]Jensen HD, Krogfelt KA, Cornett C, et al: Hydrophilic carboxylic acids and iridoid glycosides in the juice of American and European cranberries (*Vaccinium macrocarpon* and *V. oxycoccos*), lingonberries (*V. vitis-idaea*), and blueberries (*V. myrtillus*). *J Agric Food Chem* 50(23):6871–6874, 2002.

[95]Scott DW, Miller WH, Cayatte SM: A clinical study on the effect of two commercial veterinary benzoyl peroxide shampoos in dogs. *Canine Pract* 19:7–10, 1994.

[96]Guaguere E: Topical treatment of canine and feline pyoderma. *Vet Dermatol* 7(3):145–151, 1996.

[97]Wester RC, Patel R, Nacht S, et al: Controlled release of benzoyl peroxide from a porous microsphere polymeric system can reduce topical irritancy. *J Am Acad Dermatol* 24(5 Pt 1):720–726, 1991.

[98]Bibel DJ, Aly R, Shinefield HR: Topical sphingolipids in antisepsis and antifungal therapy. *Clin Exp Dermatol* 20(5):395–400, 1995.

[99]Arikawa J, Ischibashi M, Kawashima M, et al: Decreased levels of sphingosine, a natural antimicrobial agent, may be associated with vulnerability of the stratum corneum from patients with atopic dermatitis to colonization by *Staphylococcus aureus*. *J Invest Dermatol* 119(2):433–439 2002.

100]Cao LT, Wu JQ, Xie F, et al: Efficacy of nisin in treatment of clinical mastitis in lactating dairy cows. *J Dairy Sci* 90(8):3980–3985, 2007.

101]Wu J, Hu S, Cao L: Therapeutic effect of nisin Z on subclinical mastitis in lactating cows. *Antimicrob Agents Chemother* 51(9):3131–3135, 2007.

102]Frank L, Kirzeder EM, Davis JA, et al: Nisin-impregnated wipes for the treatment of canine pyoderma and surface bacterial colonization (abst). *Vet Dermatol* 20(3):219, 2009.

103]Scott DW: Feline dermatology 1900-1978: A monograph. *J Am Anim Hosp Assoc* 16:331, 1980.

104]George N, Faoagali J, Muller M: Silvazine (silver sulfadiazine and chlorhexidine) activity against 200 clinical isolates. *Burns* 23(6):493–495, 1997.

105]Klasen HJ: A historical review of the use of silver in the treatment of burns. II. Renewed interest for silver. *Burns* 26(2):131–138, 2000.

106. Thomas M: Development of a bacterial model for canine otitis externa. *Proc Annu Memb Meet Am Acad Vet Dermatol Am Coll Vet Dermatol* 1990.

107]Noxon JO, Kinyon J, Murphy D: Minimal inhibitory concentration of silver sulfadiazine on *Pseudomonas aeruginosa* and *Staphylococcus intermedius* isolates from the ears of dogs with otitis externa. *Proc Am Acad Vet Dermatol Am Coll Vet Dermatol* 13:72–73, 1997.

[107a]Farca AM, Piromalli G, Maffei F, et al: Potentiating effect of EDTA-Tris on the activity of antibiotics against resistant bacteria associated with otitis, dermatitis and cystitis. *J Small Anim Pract* 38(6):243–245, 1997

[107b]Vaara M: Agents that increase the permeability of the outer membrane. *Microbiology and Molecular Biology Reviews* 56:395–411, 1992

[107c]Gbadamosis S, Gotthelf L: Evaluation of the in vitro effect of Tris-EDTA on the minimum inhibitory concentration of enrofloxacin against ciprofloxacin resistant Pseudomonas aeruginosa. *Vet Dermatol* 14(4):222, 2003.

[107d]Ghibaudo G, Cornegliani L, Martino P: Evaluation of the in vivo effects of Tris-EDTA and chlorhexidine digluconate 0.15% solution in chronic bacterial otitis externa: 11 cases. *Vet Dermatol* 15(s):65, 2004

[107e]Ibisch C, Bourdeau P, Cadiot C, et al: Upregulation of TNF-α production by INF-γ and LPS in cultured canine keratinocytes: application to monosaccharide effects. *Vet Res Communications* 31:835–846, 2007.

[107f]McEwan NA, Mellor D, Kalna G, et al: Sugar inhibition of adherence by Staphylococcus intermedius to canine corneocytes. *Vet Dermatol* 17:358, 2006.

[107g]McEwan NA, Kelly R, Wooley K, et al: Sugar inhibition of Malassezia pachydermatis to canine corneocytes. *Vet Dermatol* 3:187–188, 2007.

[108]McConeghy KW, Mikolich DJ, LaPlante KL: Agents for the decolonization of methicillin-resistant *Staphylococcus aureus*. *Pharmacotherapy* 29(3):263–280, 2009.

[109]Drake LA, Dinehart Sm, Farmer ER, et al: Guidelines of care for the use of topical glucocorticosteroids. American Academy of Dermatology. *J Am Acad Dermatol* 35(4):615–619, 1996.

[110]Moriello KA, Fehrer-Sawyer SL, Meyer DJ, et al: Adrenocortical suppression associated with topical otic administration of glucocorticoids in dogs. *J Am Vet Med Assoc* 193(3):329–331, 1988.

[111]Ghubash R, Marsella R, Kunkle G: Evaluation of adrenal function in small-breed dogs receiving otic glucocorticoids. *Vet Dermatol* 15(6):363–368, 2004.

[112]Zenoble RD, Kemppainen RJ: Adrenocortical suppression by topically applied corticosteroids in healthy dogs. *J Am Vet Med Assoc* 191(6):685–688, 1987.

[113]Verheijen F, Coert A, Deckers GH: Adrenocortical suppression in dogs and rats after topical administration of betamethasone-17-valerate and resocortol butyrate. In Kwochka KW, Willemse T, von Tscharner C, editors: *Advances in Veterinary Dermatology III*, Boston, 1998, Butterworth-Heinemann, p 481.

[114]Reeder CJ, Griffin CE, Polissar NL, et al: Comparative adrenocortical suppression in dogs with otitis externa following topical otic administration of four different glucocorticoid-containing medications. *Vet Ther* 9(2):111–121, 2008.

[115]Aniya JS, Griffin CE: The effect of otic vehicle and concentration of dexamethasone on liver enzyme activities and adrenal function in small breed healthy dogs. *Vet Dermatol* 19(4):226–231, 2008.

[116]Thomas RC, Logas D, Radosta L, et al: Effects of a 1% hydrocortisone conditioner on haematological and biochemical parameters, adrenal function testing and cutaneous reactivity to histamine in normal and pruritic dogs. *Vet Dermatol* 10(2):109–116, 1999.

[117]Reme C: Introduction to Cortavance: a topical diester glucocorticoid developed for veterinary dermatology. In *Virbac International DermSymposium: Advances in Topical Glucocorticoid Therapy*. France, 2007, Nice.

[118]Brazzini B, Pimpinelli N: New and established topical corticosteroids in dermatology: clinical pharmacology and therapeutic use. *Am J Clin Dermatol* 3(1):47–58, 2002.

[119]Rey-Grobellet X, Maynard L, Reme C: General and local tolerance of a 0.0584% hydrocortisone aceponate spray applied daily on dogs for 14 days. In *Proceedings of the 56th SCIVAC Conference*. Italy, 2007.

[120]Reme C, Dufour P: Repeated daily application of 0.0584% hydrocortisone aceponate spray for 8 consecutive weeks in dogs: impact on skin thickness. *Vet Dermatol* 19(Suppl 1):47, 2008.

[121]Bizikova P, Linder KE, Paps J, et al: Effect of a novel topical diester glucocorticoid spray on immediate- and late-phase cutaneous allergic reactions in Maltese-beagle atopic dogs: a placebo-controlled study. *Vet Dermatol* 21(1):70–79, 2010.

[122]Nuttall T, Mueller R, Bensignor E, et al: Efficacy of a 0.0584% hydrocortisone aceponate spray in the management of canine atopic dermatitis: a randomised, double blind, placebo-controlled trial. *Vet Dermatol* 20(3):191–198, 2009.

[123]Ellison JA, Patel L, Ray DW, et al: Hypothalamic-pituitary-adrenal function and glucocorticoid sensitivity in atopic dermatitis. *Pediatrics* 105(4 Pt 1):794–799, 2000.

[124]Glaze MB, Crawford MA, Nachreiner RF, et al: Ophthalmic corticosteroid therapy: systemic effects in the dog. *J Am Vet Med Assoc* 192(1):73–75, 1988.

[125]Scott DW: Rational use of glucocorticoids in dermatology. In Bonagura J, editor: *Kirk's Current Veterinary Therapy XII*. Philadelphia, 1995, W. B. Saunders Co, pp 573–580.

[126]Kimura T, Doi K: Dorsal skin reactions of hairless dogs to topical treatment with corticosteroids. *Tox Pathol* 27:528–535, 1999.

[127]Gross T, Walder E, Ihrke P: Subepidermal bullous dermatosis due to topical corticosteroid therapy in dogs. *Vet Dermatol* 8(2):127–131, 1997.

[128]Marsella R: Calcineurin inhibitors: a novel approach to canine atopic dermatitis. *J Am Anim Hosp Assoc* 41(2):92–97, 2005.

[129]Marsella R, Nicklin CF: Investigation on the use of 0.3% tacrolimus lotion for canine atopic dermatitis: a pilot study. *Vet Dermatol* 13(4):203–210, 2002.

[130]Marsella R, Nicklin CF, Saglio S, et al: Investigation on the clinical efficacy and safety of 0.1% tacrolimus ointment (Protopic) in canine atopic dermatitis: a randomized, double-blinded, placebo-controlled, cross-over study. *Vet Dermatol* 15(5):294–303, 2004.

[131]Bensignor E, Olivry T: Treatment of localized lesions of canine atopic dermatitis with tacrolimus ointment: a blinded randomized controlled trial. *Vet Dermatol* 16(1):52–60, 2005.

[132]Griffies JD, Mendelsohn CL, Rosenkrantz WS, et al: Topical 0.1% tacrolimus for the treatment of discoid lupus erythematosus and pemphigus erythematosus in dogs. *J Am Anim Hosp Assoc* 40(1):29–41, 2004.

[133]Bhang DH, Choi US, Jung YC, et al: Topical 0.03% tacrolimus for treatment of pemphigus erythematosus in a Korea Jindo dog. *J Vet Med Sci* 70(4):415–417, 2008.

[134]Stanley BJ, Hauptman JG: Long-term prospective evaluation of topically applied 0.1% tacrolimus ointment for treatment of perianal sinuses in dogs. *J Am Vet Med Assoc* 235(4):397–404, 2009.

[135]Misseghers BS, Binnington AG, Mathews KA: Clinical observations of the treatment of canine perianal fistulas with topical tacrolimus in 10 dogs. *Can Vet J* 41(8):623–627, 2000.

[136]Bergvall K: A novel ulcerative nasal dermatitis of Bengal cats. *Vet Dermatol* 15(s):28, 2004.

[137]Bergvall K: Efficacy of topical tacrolimus ointment for treatment of plantar fistulae in German shepherd dogs. *Vet Dermatol* 15(s):27, 2004.

[138]Thaci D, Salgo, R: The topical calcineurin inhibitor pimecrolimus in atopic dermatitis: a safety update. *Acta Dermatovenerol Alp Panonica Adriat* 16(2):58, 60–62, 2007.

[139]Grassberger M, Steinhoff M, Schneider D, et al: Pimecrolimus—an anti-inflammatory drug targeting the skin. *Exp Dermatol* 13(12):721–730, 2004.

[140]Langley RG, Luger TA, Cork MJ, et al: An update on the safety and tolerability of pimecrolimus cream 1%: evidence from clinical trials and post-marketing surveillance. *Dermatology* 215 (Suppl 1):27–44, 2007.

[141]Wu JJ, Pang KR, Huang DB, et al: Advances in antiviral therapy. *Dermatol Clin* 23(2):313–322, 2005.

[142]Hengge UR, Ruzicka T: Topical immunomodulation in dermatology: potential of toll-like receptor agonists. *Dermatol Surg* 30(8):1101–1112, 2004.

[143]Abdel-Haq N, Chearskul P, Al-Tatari H, et al: New antiviral agents. *Indian J Pediatr* 73(4):313–321, 2006.

[144]Harrison LI, Skinner SL, Marbury TC, et al: Pharmacokinetics and safety of imiquimod 5% cream in the treatment of actinic keratoses of the face, scalp, or hands and arms. *Arch Dermatol Res* 296(1):6–11, 2004.

[145]Neubert T, Lehmann P: Bowen's disease—a review of newer treatment options. *Ther Clin Risk Manag* 4(5):1085–1095, 2008.

[146]Taliaferro SJ, Cohen GF: Bowen's disease of the penis treated with topical imiquimod 5% cream. *J Drugs Dermatol* 7(5):483–485, 2008.

[147]Peris K, Micantonio T, Fargnoli MC, et al: Imiquimod 5% cream in the treatment of Bowen's disease and invasive squamous cell carcinoma. *J Am Acad Dermatol* 55(2):324–327, 2006.

[148]Gill VL, Bergman PJ, Baer KE, et al: Use of imiquimod 5% cream (Aldara) in cats with multicentric squamous cell carcinoma in situ: 12 cases (2002-2005). *Vet Comp Oncol* 6(1):55–64, 2008.

[149]Peters-Kennedy J, Scott DW, Miller WH Jr: Apparent clinical resolution of pinnal actinic keratoses and squamous cell carcinoma in a cat using topical imiquimod 5% cream. *J Feline Med Surg* 10(6):593–599, 2008.

[150]Nogueira SA, Torres SM, Malone ED, et al: Efficacy of imiquimod 5% cream in the treatment of equine sarcoids: a pilot study. *Vet Dermatol* 17(4):259–265, 2006.

[151]Torres SM, Malone ED, White SD, et al: The efficacy of imiquimod 5% cream (Aldara) in the treatment of aural plaque in horses: a pilot open-label clinical trial. *Vet Dermatol* 2010.

[152]Lin AN, Reimer RJ, Carter DM: Sulfur revisited. *J Am Acad Dermatol* 18(3):553–558, 1988.

[153]White-Weithers N, Medleau L: Evaluation of topical therapies for the treatment of dermatophyte-infected hairs from dogs and cats. *J Am Anim Hosp Assoc* 31(3):250–253, 1995.

[154]Kwochka KW: Retinoids and vitamin A therapy. In Griffin C, Kwochka K, Mac-Donald J, editors: *Current Veterinary Dermatology*, St Louis, 1993, Mosby Year book, pp 203–210.

[155]Ellis C, Weiss JS, Hamilton TA, et al: Sustained improvement with prolonged topical tretinoin (retinoic acid) for photoaged skin. *J Am Acad Dermatol* 23:629–637, 1990.

[156]Webster GF: Topical tretinoin in acne therapy. *J Am Acad Dermatol* 39(2 Pt 3):S38–S44, 1998.

[157]Schwartzman R, Kligman AM, Duclos DD: The Mexican hairless dog as a model for assessing the comedolytic and morphogenic activity of retinoids. *Br J Dermatol* 134:64–70, 1996.

[158]Schwartz E, Mezick JA, Gendimenico GJ, et al: In vivo prevention of corticosteroid-induced skin atrophy by tretinoin in the hairless mouse is accompanied by modulation of collagen, glycosaminoglycans, and fibronectin. *J Invest Dermatol* 102(2):241–246, 1994.

[159]Weiss JS, Shavin JS: Adapalene for the treatment of acne vulgaris. *J Am Acad Dermatol* 39(2 Pt 3):S50–S54, 1998.

[160]Shroot B: Pharmacodynamics and pharmacokinetics of topical adapalene. *J Am Acad Dermatol* 39(2 Pt 3):S17–S24, 1998.

[161]Shalita A, Miller B, Menter A, et al: Tazarotene cream versus adapalene cream in the treatment of facial acne vulgaris: a multicenter, double-blind, randomized, parallel-group study. *J Drugs Dermatol* 4(2):153–158, 2005.

[162]Webster GF, Guenther L, Poulin YP, et al: A multicenter, double-blind, randomized comparison study of the efficacy and tolerability of once-daily tazarotene 0.1% gel and adapalene 0.1% gel for the treatment of facial acne vulgaris. *Cutis* 69(2 Suppl):4–11, 2002.

[163]Chandraratna RA: Tazarotene: the first receptor-selective topical retinoid for the treatment of psoriasis. *J Am Acad Dermatol* 37(2 Pt 3):S12–S17, 1997.

[164]Duvic M, Nagpal S, Asano AT, et al: Molecular mechanisms of tazarotene action in psoriasis. *J Am Acad Dermatol* 37(2 Pt 3):S18–S24, 1997.

[165]Marks R: Pharmacokinetics and safety review of tazarotene. *J Am Acad Dermatol* 39(4 Pt 2):S134–S138, 1998.

[166]Farol LT, Hymes KB: Bexarotene: a clinical review. *Exp Rev Anticancer Ther* 4(2):180–188, 2004.

[167]Duvic M, Hymes K, Heald P, et al: Bexarotene is effective and safe for treatment of refractory advanced-stage cutaneous T-cell lymphoma: multinational phase II-III trial results. *J Clin Oncol* 19(9):2456–2471, 2001.

[168]Heald P, Mehlmauer M, Martin AG, et al: Topical bexarotene therapy for patients with refractory or persistent early-stage cutaneous T-cell lymphoma: results of the phase III clinical trial. *J Am Acad Dermatol* 49(5):801–815, 2003.

[169]Zouboulis CC: Retinoids–which dermatological indications will benefit in the near future? *Skin Pharmacol Appl Skin Physiol* 14(5):303–315, 2001.

[170]Budgin J, Richardson SK, Newton SB, et al: Biological effects of bexarotene in cutaneous T-cell lymphoma. *Arch Dermatol* 141(3):315–321, 2005.

[171]Arens M, Travis S: Zinc salts inactivate clinical isolates of herpes simplex virus in vitro. *J Clin Microbiol* 38(5):1758–1762, 2000.

[172]Kietzmann M: Improvement and retardation of wound healing: effects of pharmacological agents in laboratory animal studies. *Vet Dermatol* 10(2):83–88, 1999.

[173]McElroy BH, Miller SP: Effectiveness of zinc gluconate glycine lozenges (Cold-Eeze) against the common cold in school-aged subjects: a retrospective chart review. *Am J Ther* 9(6):472–475, 2002.

[174]Mendelsohn CL, Griffin CE, Rosenkrantz WS, et al: Efficacy of boric-complexed zinc and acetic-complexed zinc otic preparations for canine yeast otitis externa. *J Am Anim Hosp Assoc* 41(1):12–21, 2005.

[175]Reme C: Antimicrobial efficacy of tar and non-tar antiseborrheic shampoos in dogs. In *Advances in Veterinary Dermatology*, Oxford, UK, 2005, Blackwell Publishing Ltd, pp 383–385.

[176]White GM: Acne therapy. *Adv Dermatol* 14:29–58; discussion 59, 1999.

[177]Draelos ZD: New developments in cosmetics and skin care products. *Adv Dermatol* 12:3, 1997.

[178]de Jaham C: Effects of an ethyl lactate shampoo in conjunction with a systemic antibiotic in the treatment of canine superficial bacterial pyoderma in an open-label, nonplacebo-controlled study. *Vet Ther* 4(1):94–100, 2003.

[179]Rosenkrantz WS: Practical Applications of Topical Therapy for Allergic, Infectious, and Seborrheic Disorders. *Clin Tech Small Anim Pract* 21:106–116, 2006.

[180]Tretter S, Mueller R: The influence of topical unsaturated fatty acids and essential oils on normal and atopic dogs—a pilot study. In *North American Veterinary Dermatology Forum*, Portland, 2010, Oregon.

[181]Piekutowska A, Pin D, Réme CA, et al: Effects of a topically applied preparation of epidermal lipids on the stratum corneum barrier of atopic dogs. *J Comp Pathol* 138(4):197–203, 2008.

[182]Kinnunen T, Koskela M: Antibacterial and antifungal properties of propylene glycol, hexylene glycol, and 1,3-butylene glycol in vitro. *Acta Derm Venereol* 71(2):148–150, 1991.

[183]Lu R, Katta R: Iatrogenic contact dermatitis due to propylene glycol. *J Drugs Dermatol* 4(1):98–101, 2005.

[184]Funk JO, Maibach HI: Propylene glycol dermatitis: re-evaluation of an old problem. *Contact Dermatitis* 31(4):236–241, 1994.

[185]Lahti A, Noponen SL: Propylene glycol in an isopropanol vehicle enhances immediate irritant reactions to benzoic acid. *Contact Dermatitis* 39(3):150–151, 1998.

[186]Brayton CF: Dimethyl sulfoxide (DMSO): a review. *Cornell Vet* 76(1):61–90, 1986.

[187]Shelton RM: Aloe vera. Its chemical and therapeutic properties. *Int J Dermatol* 30(10):679–683, 1991.

[188]Somboonwong J, Thanamittramanee S, Jariyapongskul A, et al: Therapeutic effects of Aloe vera on cutaneous microcirculation and wound healing in second degree burn model in rats. *J Med Assoc Thai* 83(4):417–425, 2000.

[189]Jia Y, Zhao G, Jia J: Preliminary evaluation: the effects of *Aloe ferox miller* and *Aloe arborescens miller* on wound healing. *J Ethnopharmacol* 120(2):181–189, 2008.

[190]Villar D, Knight MJ, Hansen SR, et al: Toxicity of melaleuca oil and related essential oils applied topically on dogs and cats. *Vet Hum Toxicol* 36(2):139–142, 1994.

[191]Halcon L, Milkus K: *Staphylococcus aureus* and wounds: a review of tea tree oil as a promising antimicrobial. *Am J Infect Control* 32(7):402–408, 2004.

[192]Pathak MA: Sunscreens and their use in the preventive treatment of sunlight-induced skin damage. *J Dermatol Surg Oncol* 13(7):739–750, 1987.

[193]Tanner PR: Sunscreen product information. *Dermatol Clin* 24(1):53–62, 2006.

[194]Dougherty TJ: An update on photodynamic therapy applications. *J Clin Laser Med Surg* 20(1):3–7, 2002.

[195]Lucroy MD: Photodynamic therapy for companion animals with cancer. *Vet Clin North Am Small Anim Pract* 32(3):693–702, viii, 2002.

[196]Lucroy MD: Miscellaneous treatments for solid tumors:Photodynamic therapy. In Withrow S, Vail D, editors: *Small Animal Clinical Oncology*. Philadelphia, 2007, WB Saunders, pp 283–290.

[197]Buchholz J, Kaser-Hotz B, Khan T, et al: Optimizing photodynamic therapy: in vivo pharmacokinetics of liposomal meta-(tetrahydroxyphenyl)chlorin in feline squamous cell carcinoma. *Clin Cancer Res* 11(20):7538–7544, 2005.

[198]Peaston AE, Leach MW, Higgins RJ: Photodynamic therapy for nasal

and aural squamous cell carcinoma in cats. *J Am Vet Med Assoc* 202(8):1261–1265, 1993.

[199]Thomson M: Squamous cell carcinoma of the nasal planum in cats and dogs. *Clin Tech Small Anim Pract* 22(2):42–45, 2007.

[200]Stell AJ, Dobson JM, Langmack K: Photodynamic therapy of feline superficial squamous cell carcinoma using topical 5-aminolaevulinic acid. *J Small Anim Pract* 42(4):164–169, 2001.

[201]Dougherty TJ, Gomer CJ, Henderson BW, et al: Photodynamic Therapy. *J Nat Cancer Inst* 90(12):889–905, 1998.

[202]Triesscheijn M, Baas P, Schellens JH, et al: Photodynamic therapy in oncology. *Oncologist* 11(9):1034–1044, 2006.

[203]Brancaleon L, Moseley H: Laser and non-laser light sources for photodynamic therapy. *Lasers Med Sci* 17(3):173–186, 2002.

[204]Chang CJ, Lai YL, Wong CJ: Photodynamic therapy for facial squamous cell carcinoma in cats using Photofrin. *Changgeng Yi Xue Za Zhi* 21(1):13–19, 1998.

[205]Ferreira I, Rahal SC, Rocha NS, et al: Hematoporphyrin-based photodynamic therapy for cutaneous squamous cell carcinoma in cats. *Vet Dermatol* 20(3):174–178, 2009.

[206]Gold MH: Aminolevulinic acid photodynamic therapy: medical evidence for its expanded use. *Expert Rev Med Devices* 3(3):357–371, 2006.

[207]Garcia-Zuazaga J, Cooper KD, Baron ED: Photodynamic therapy in dermatology: current concepts in the treatment of skin cancer. *Exp Rev Anticancer Ther* 5(5):791–800, 2005.

[208]Bexfield NH, Stell AJ, Gear RN, et al: Photodynamic Therapy of Superficial Nasal Planum Squamous Cell Carcinomas in Cats: 55 Cases. *J Vet Intern Med* 2008.

[209]Grier RL, Brewer WG Jr, Theilen GH: Hyperthermic treatment of superficial tumors in cats and dogs. *J Am Vet Med Assoc* 177(3):227–233, 1980.

[210]Page RL, Thrall DE: Clinical indications and applications of radiotherapy and hyperthermia in veterinary oncology. *Vet Clin North Am Small Anim Pract* 20(4):1075–1092, 1990.

[211]Levine N: Role of retinoids in skin cancer treatment and prevention. *J Am Acad Dermatol* 39(2 Pt 3):S62–S66, 1998.

[212]Meleo KA: Tumors of the skin and associated structures. *Vet Clin North Am Small Anim Pract* 27(1):73–94, 1997.

[213]Moore AS: Radiation therapy for the treatment of tumours in small companion animals. *Vet J* 164(3):176–187, 2002.

[214]Marsella R, Olivry T: The ACVD task force on canine atopic dermatitis (XXII): nonsteroidal anti-inflammatory pharmacotherapy. *Vet Immunol Immunopathol* 81(3-4):331–345, 2001.

[215]DeBoer DJ, Griffin CE: The ACVD task force on canine atopic dermatitis (XXI): antihistamine pharmacotherapy. *Vet Immunol Immunopathol* 81:323–329, 2001.

[216]Olivry T, Sousa, C: The ACVD task force on canine atopic dermatitis (XX): glucocorticoid pharmacotherapy. *Vet Immunol Immunopathol* 81:317–322, 2001.

[217]Steffan J, Parks C, Seewald W: Clinical trial evaluating the efficacy and safety of cyclosporine in dogs with atopic dermatitis. *J Am Vet Med Assoc* 226(11):1855–1863, 2005.

[218]Burton G, Burrows A, Walker R, et al: Efficacy of cyclosporin in the treatment of atopic dermatitis in dogs–combined results from two veterinary dermatology referral centres. *Aust Vet J* 82(11):681–685, 2004.

[219]Scott DW, Miller WH Jr: Nonsteroidal anti-inflammatory agents in the management of canine allergic pruritus. *J S Afr Vet Assoc* 64(1):52–56, 1993.

[220]Scott DW, Cayatte SM: Failure of papaverine hydrochloride and doxycycline hyclate as antipruritic agents in pruritic dogs: Results of an open clinical trial. *Can Vet J* 34:164, 1993.

[221]Miller WH, Scott DW, Wellington JH: Investigation on the antipruritic effects of ascorbic acid given alone and in combination with a fatty acid supplement to dogs with allergic skin disease. *Canine Prac* 17(5):11–13, 1992.

[222]Miller WH: Non-steroidal anti-inflammatory agents in the management of canine and feline pruritus. In Kirk RW, editor: *Current Veterinary Therapy X*, Philadelphia, 1989, W. B. Saunders Co, p 566.

[223]Olivry T, Foster AP, Mueller RS, et al: Interventions for atopic dermatitis in dogs: a systematic review of randomized controlled trials. *Vet Dermatol* 21(1):4–22, 2010.

[224]Chilton FH, Rudel LL, Parks JS, et al: Mechanisms by which botanical lipids affect inflammatory disorders. *Am J Clin Nutr* 87(2):498S–503S, 2008.

[225]Sala A, Folco G, Murphy RC: Transcellular biosynthesis of eicosanoids. *Pharmacol Rep* 62(3):503–510, 2010.

[226]White P: Essential Fatty Acids: Use in Management of canine atopy. *Compend Contin Educ* 15:451, 1993.

[227]Hall JA, Wander R, Gradin JL, et al: Effect of dietary n-6-to-n-3 fatty acid ratio on complete blood and total white blood cell counts, and T-cell subpopulations in aged dogs. *Am J Vet Res* 60(3):319–327, 1999.

[228]Scardino MS, Swaim SF, Sartin EA, et al: The effects of omega-3 fatty acid diet enrichment on wound healing. *Vet Dermatol* 10(4):283–290, 1999.

[229]Campbell KL, Dorn GP: Effects of oral sunflower oil and olive oil on serum and cutaneous fatty acid concentrations in dogs. *Res Vet Sci* 53(2):172–178, 1992.

[230]Turek JJ, Hayek MG: Effect of omeg-6/omega-3 fatty acids on cytokine

production in adult and geriatric dogs. In Reinhart GA, Carey DP, editors: *Recent Advances in Canine and feline nutrition II*, Wilmington, 1998, Orange Frazer Press, p 305.

[231]Schick RO, Schick MP, Reinhart GA: Efficacy of an omega-3 fatty acid adjusted diet in pruritic dogs. *Proc Eur Soc Vet Dermatol* 12:245, 1995.

[232]Scott DW, Miller WH Jr, Reinhart GA, et al: Effect of an omega-3/omega-6 fatty acid-containing commercial lamb and rice diet on pruritus in atopic dogs: results of a single-blinded study. *Can J Vet Res* 61(2):145–153, 1997.

[233]Bond R, Lloyd DH: A double-blind comparison of olive oil and a combination of evening primrose oil and fish oil in the management of canine atopy. *Vet Rec* 131(24):558–560, 1992.

[234]Bond R, Lloyd DH: Randomized single-blind comparison of an evening primrose oil and fish oil combination and concentrates of these oils in the management of canine atopy. *Vet Dermatol* 3(n/a):215, 1992.

[235]Harvey RG: Effect of varying proportions of evening primrose oil and fish oil on cats with crusting dermatosis ('miliary dermatitis'). *Vet Rec* 133(9):208–211, 1993.

[236]Harvey RG: A blinded, placebo-controlled study of the efficacy of borage seed oil and fish oil in the management of canine atopy. *Vet Rec* 144(15):405–407, 1999.

[237]Miller WH, Scott DW, Wellington JH: Efficacy of DVM Derm Caps Liquid in the management of allergic and inflammatory dermatoses of the cat. *J Am Anim Hosp Assoc* 29:37–40, 1993.

[238]Miller WH, Scott DW: Medical Management of chronic pruritus. *Compend Contin Educ* 16:449–460, 1994.

[239]Scott DW: Comparision of the clinical efficacy of two commercial fatty acid supplements (EfaVet and DVM Derm Caps), evening primrose oil, and cold water marine fish oil in the managemnt of allergic pruritus in dogs: A double-blinded study. *Cornell Vet* 82:319, 1992.

[240]Harvey RG: A comparison of evening primrose oil and sunflower oil for the management of papulocrustous dermatitis in cats. *Vet Rec* 133(23):571–573, 1993.

[241]Mueller R, Fettman MJ, Richardson K, et al: The effect of omega-3fatty acid supplementation on cutaneous and plasma fatty acid concentrations in dogs with atopic dermatitis. *Vet Dermatol* 15(s):65, 2004.

[242]Olivry T, Marsella R, Hillier A: The ACVD task force on canine atopic dermatitis (XXIII): are essential fatty acids effective? *Vet Immunol Immunopathol* 81(3-4):347–362, 2001.

[243]Saevik BK, Bergvall K, Holm BR, et al: A randomized, controlled study to evaluate the steroid sparing effect of essential fatty acid supplementation in the treatment of canine atopic dermatitis. *Vet Dermatol* 15(3):137–145, 2004.

[244]Ahlstrom O, Krogdahl A, Vhile SG, et al: Fatty Acid composition in commercial dog foods. *J Nutr* 134(8 Suppl):2145S–2147S, 2004.

[245]Marsh KA, Ruedisueli FL, Coe SL, et al: Effects of zinc and linoleic acid supplementation on the skin and coat quality of dogs receiving a complete and balanced diet. *Vet Dermatol* 11(4):277–284, 2000.

[246]Kirby NA, Hester SL, Bauer JE: Dietary fats and the skin and coat of dogs *J Am Vet Med Assoc* 230(11):1641–1644, 2007.

[247]Baddaky-Taugbøl B, Vroom M, Nordberg L: A randomized, controlled, double-blinded, multicentre study on the efficacy of a diet rich in fish oil and borage oil in the control of canine atopic dermatitis. In Hillier A, Foster A, Kwochka K, editors: *Advances in Veterinary Dermatology*, Oxford, UK, 2005, Blackwell Publishing, pp 173–187.

[248]Glos K, Linek M, Loewenstein C, et al: The efficacy of commercially available veterinary diets recommended for dogs with atopic dermatitis. *Vet Dermatol* 19(5):280–287, 2008.

[249]Baddaky-Taugbøl B, Vroom M, Nordberg L: A randomized, double-blinded, placebo- controlled multicenter study on the efficacy of a diet with high levels of eicosapentaenoic acid and gamma-linolenic acid in the control of canine atopic dermatitis. *Vet Dermatol* 15(s):11, 2004.

[250]Bensignor E, Morgan DM, Nuttall T: Efficacy of an essential fatty acid-enriched diet in managing canine atopic dermatitis: a randomized, single-blinded, cross-over study. *Vet Dermatol* 19(3):156–162, 2008.

[251]Roudebush P, Bloom P, Jewell D: Consumption of essential fatty acids in selected commercial dog foods compared to dietary supplementation. In *Annual Meeting of the American Academy of Veterinary Dermatology & American College of Veterinary Dermatology*, Nashville, TN, 1997.

[252]Roudebush P: Consumption of essential fatty acids in selected commercial dog foods compared to dietary supplementation : an update. In *Annual Meeting of the American Academy of Veterinary Dermatology & American College of Veterinary Dermatology*,Norfolk, VA, 2001.

[253]Lloyd D: Essential fatty acids and skin disease. *J Small Anim Pract* 30:207, 1989.

[254]Watson TD: Diet and skin disease in dogs and cats. *J Nutr* 128(12 Suppl):2783S–2789S, 1998.

[255]Scott DW, Miller WH, Jr, Decker GA, et al: Comparison of the clinical efficacy of two commercial fatty acid supplements (EfaVet and DVM Derm Caps), evening primrose oil, and cold water marine fish oil in the management of allergic pruritus in dogs: A double-blinded study. *Cornell Vet* 82:319–329, 1992.

[256]Griffin C: Canine Atopic Disease. In Griffin C, Kwochka K, MacDonald JM, editors: *Current Veterinary Dermatology, The Science and Art of Therapy*, St

Louis, 1993, Mosby Year Book, Inc, p 99–120.

[257]Vitale C, Ihrke P, Gross TL: Diet-induced alterations in lipid metabolism and associated cutaneous xanthoma formations in 5 cats. In Kwochka KW, Willemse T, Von Tscharner C, editors: *Advances in Veterinary Dermatology III*, Boston, 1998, Butterworth-Heinemann, p 241.

[258]Boudreaux MK, Reinhart GA, Vaughn DM, et al: The effects of varying dietary n-6 to n-3 fatty acid ratios on platelet reactivity, coagulation screening assays, and antithrombin III activity in dogs. *J Am Anim Hosp Assoc* 33(3):235–243, 1997.

[259]Samlaska CP, Winfield EA: Pentoxifylline. *J Am Acad Dermatol* 30(4):603–621, 1994.

[260]Marks SL, Merchant S, Foil C: Pentoxifylline: wonder drug? *J Am Anim Hosp Assoc* 37(3):218–219, 2001.

[261]Bruynzeel I, van der Raaij LM, Stoof TJ, et al: Pentoxifylline inhibits T-cell adherence to keratinocytes. *J Invest Dermatol* 104(6):1004–1007, 1995.

[262]Zargari O: Pentoxifylline: a drug with wide spectrum applications in dermatology. *Dermatol Online J* 14(11):2, 2008.

[263]Hargis AM, Mundel AC: Familial Canine dermatomyositis. *Compend Contin Educ* 14:855–864, 1992.

[264]Rees C, Booth D, Wilkie S: Therapeutic response to pentoxifylline and its active metabolites in dogs with dermatomyositis. *Vet Dermatol* 13(4):220, 2002.

[265]Marsella R, Kunkle G, Lewis DT: Use of pentoxifylline in the treatment of allergic contact reactions to plants of the Commelinceae family in dogs. *Vet Derm* 8:121–126, 1997.

[265a]Scott DW, Miller WH, Jr: Pentoxifylline for the management of pruritus in canine atopic dermatitis: an open clinical trial with 37 dogs. *Jpn J Vet Dermatol* 13:5–11, 2007.

[266]Marsella R, Olivry T: The ACVD task force on canine atopic dermatitis (XXII): nonsteroidal anti-inflammatory pharmacotherapy. *Vet Immunol Immunopathol* 81:331–345, 2001.

[267]Marsella R, Nicklen C: Double-blinded cross-over study on the efficacy of pentoxifylline for canine atopy. *Vet Dermatol* 11(2):255–260, 2000.

[268]Olivry T, Mueller RS: Evidence-based veterinary dermatology: a systematic review of the pharmacotherapy of canine atopic dermatitis. *Vet Dermatol* 14(3):121–146, 2003.

[269]Vitale C, Gross T, Magro C: Vaccine-induced ischemic dermatopathy in the dog. *Vet Dermatol* 10(2):131–142, 1999.

[270]Paterson S: Successful protocol for therapy of lupoid onychodystrophy: 12 dogs. *Vet Dermatol* 15(s):58, 2004.

[271]Mueller R, Rosychuk R, Jonas L: A retrospective study regarding the treatment of idiopathic onychomadesis (lupoid onychodystrophy) in 30 dogs. *Vet Dermatol* 13(4):226, 2002.

[272]Manigot G: Cutaneous epitheliotropic lymphoma in a dog: treatment with oral pentoxifylline. *Vet Dermatol* 15(s):61, 2004.

[273]Rees C, Boothe D, Wilkie S: Therapeutic response to pentoxifylline and its active metabolites in dogs with dermatomyositis. In *AAVD/ACVD*, New Orleans, 2002.

[274]Rees CA, Boothe DM, Boeckh A, et al: Dosing regimen and hematologic effects of pentoxifylline and its active metabolites in normal dogs. *Vet Ther* 4(2):188–196, 2003.

[275]White SD, Papich M: Update on dermatological therapy. In *AAVD/ACVD*, New Orleans, 2002.

[276]Power HT, Ihrke PJ: Synthetic retinoids in veterinary dermatology. *Vet Clin North Am Small Anim Pract* 20(6):1525–1539, 1990.

[277]Smit JV, Franssen ME, de Jong EM, et al: A phase II multicenter clinical trial of systemic bexarotene in psoriasis. *J Am Acad Dermatol* 51(2):249–256, 2004.

[278]Vahlquist A, Kuenzli S, Saurat J: Retinoids. In Wolff K, et al, editors: *Fitzpatrick's Dermatology in General Medicine*, 7th ed. McGraw-Hill, 2008, p 2181.

[279]Blomhoff R, Blomhoff HK: Overview of retinoid metabolism and function. *J Neurobiol* 66(7):606–630, 2006.

[280]Chandraratna RA: Rational design of receptor-selective retinoids. *J Am Acad Dermatol* 39(4 Pt 2):S124–S128, 1998.

[281]Geiger JM, Baudin M, Saurat JH: Teratogenic risk with etretinate and acitretin treatment. *Dermatology* 189(2):109–116, 1994.

[282]Wiegand UW, Chou RC: Pharmacokinetics of acitretin and etretinate. *J Am Acad Dermatol* 39(2 Pt 3):S25–S33, 1998.

[283]Montrone M, Martorelli D, Rosato A, et al: Retinoids as critical modulators of immune functions: new therapeutic perspectives for old compounds. *Endocr Metab Immune Disord Drug Targets* 9(2):113–131, 2009.

[284]Becherel PA, Le Goff L, Ktorza S, et al: CD23-mediated nitric oxide synthase pathway induction in human keratinocytes is inhibited by retinoic acid derivatives. *J Invest Dermatol* 106(6):1182–1186, 1996.

[285]Talpur R, Ward S, Apisarnthanarax N, et al: Optimizing bexarotene therapy for cutaneous T-cell lymphoma. *J Am Acad Dermatol* 47(5):672–684, 2002.

[286]Elson ML: The role of retinoids in wound healing. *J Am Acad Dermatol* 39(2 Pt 3):S79–S81, 1998.

[287]White SD, Rosychuk RA, Scott KV, et al: Sebaceous adenitis in dogs and results of treatment with isotretinoin and etretinate: 30 cases (1990-1994).

J Am Vet Med Assoc 207(2):197–200, 1995.

[288]Werner AH, Power HT: Retinoids in veterinary dermatology. *Clin Dermatol* 12(4):579–586, 1994.

[289]Stewart L, White S, Carpenter J: Isotretinoin in the treatment of sebaceous adenitis in two Vizslas. *J Am Anim Hosp Assoc* 27:65–71, 1991.

[290]Evans AG, Madewell BR, Stannard AA: A trial of 13-cis-retinoic acid for treatment of squamous cell carcinoma and preneoplastic lesions of the head in cats. *Am J Vet Res* 46(12):2553–2557, 1985.

[291]Weigand UW, Chou RC: Pharmacokinetics of oral isotretinoin. *J Am Acad Dermatol* 39(3):S8, 1998.

[292]Marks SL, Song MD, Stannard AA, et al: Clinical evaluation of etretinate for the treatment of canine solar-induced squamous cell carcinoma and preneoplastic lesions. *J Am Acad Dermatol* 27(1):11–16, 1992.

[293]Griffin C: Etretinate- How is it being used in veterinary dermatology. *Derm Dialog* Spring-Summer, 1993.

[294]Conceição L, Camargo LP, Costa PRS, et al: Squamous cell carcinoma (Bowen's disease) in situ in three cats. *Arq Bras Med Vet Zootec* 59(3):816–820, 2007.

[295]Weigand UW, Chou RC: Pharmacokinetics of acitretin and etretinate. *J Am Acad Dermatol* 39(3):S25, 1998.

[296]Vaden SL: Cyclosporine and tacrolimus. *Semin Vet Med Surg (Small Anim)* 12(3):161–166, 1997.

[297]Guaguere E, Steffan J, Olivry T: Cyclosporin A: a new drug in the field of canine dermatology. *Vet Dermatol* 15(2):61–74, 2004.

[298]Toyoda M, Morohashi M: Morphological assessment of the effects of cyclosporin A on mast cell–nerve relationship in atopic dermatitis. *Acta Derm Venereol* 78(5):321–325, 1998.

[299]Garcia G, Ferrer L, DeMora F, et al: Inhibition of histamine release from dispersed canine skin mast cells by cyclosporin A, rolipram and salbutamol, but not by dexamethasone or sodium cromoglycate. *Vet Dermatol* 9(2):81–86, 1998.

[300]Olivry T, Steffan J, Fisch RD, et al: Randomized controlled trial of the efficacy of cyclosporine in the treatment of atopic dermatitis in dogs. *J Am Vet Med Assoc* 221(No 3):370–377, 2002.

[301]Olivry T, Rivierre C, Jackson HA, et al: Cyclosporine decreases skin lesions and pruritus in dogs with atopic dermatitis: a blinded randomized prednisolone-controlled trial. *Vet Dermatol* 13:77–87, 2002.

[302]Steffan J, Alexander D, Brovedani F, et al: Comparison of cyclosporine A with methylprednisolone for treatment of canine atopic dermatitis: a parallel, blinded, randomized controlled trial. *Vet Dermatol* 14(1):11–22, 2003.

[303]Steffan J, Favrot C, Mueller RS: A systematic review and meta-analysis of the efficacy and safety of cyclosporin for the treatment of atopic dermatitis in dogs. *Vet Dermatol* 17(1):3–16, 2006.

[304]Rosenbaum M: Cyclosporine. *Derm Dialogue* Summer:5, 1999.

[305]Goldman C, Rosser E, Hauptman J: Investigation of the effects of cyclosporine (Atopica) on intradermal test reactivity in atopic dogs. In *North American Veterinary Dermatology Forum*. Georgia, 2009, Savannah.

[305a]Burton G, Robson D, Bassett R, et al: A pilot trial on the effect of Cyclosporin A on intradermal skin test reactions in dogs with atopic dermatitis. *Vet Dermatol* 13(4):222, 2002.

[306]Rosenkrantz WS: Immunomodulating drugs in dermatology. In *Current Veterinary Therapy X: Small Animal Practice*. Philadelphia, 1989, W. B. Saunders Co, p 570–577.

[307]Rosenkrantz WS: Pemphigus: current therapy. *Vet Dermatol* 15(2):90–98, 2004.

[308]Rosenkrantz WS, Barr RJ: Clinical evaluation of cyclosporine in animal models with cutaneous immune-mediated disease and epitheliotropic lymphoma. *J Am Anim Hosp Assoc* 25:377–384, 1989.

[309]Olivry T, Rivierre C, Murphy KM: Efficacy of cyclosporine for treatment induction of canine pemphigus foliaceus. *Vet Rec* 152(2):53–54, 2003.

[310]Rosenkrantz WS, Aniya JS: *Cyclosporine, ketoconazole and azathioprine combination therapy in three cases of refractory canine pemphigus foliaceus in North American Veterinary Dermatology Forum*. Kauai, Hawaii, 2007.

[311]Robson DC, Burton GG: Cyclosporin: applications in small animal dermatology. *Vet Dermatol* 14(1):1–9, 2003.

[312]Linek M, Boss C, Haemmerling R, et al: Effects of cyclosporine A on clinical and histologic abnormalities in dogs with sebaceous adenitis. *J Am Vet Med Assoc* 226(1):59–64, 2005.

[313]Jassies-van der Lee A, van Zeeland Y, Kik M, et al: Successful treatment of sebaceous adenitis in a rabbit with ciclosporin and triglycerides. *Vet Dermatol* 20(1):67–71, 2009.

[314]Carothers MA, Kwochka KW, Rojko JL: Cyclosporine-responsive granulomatous sebaceous adenitis in a dog. *J Am Vet Med Assoc* 198(9):1645–1648, 1991.

[315]Mathews KA, Ayres SA, Tano CA, et al: Cyclosporin treatment of perianal fistulas in dogs. *Can Vet J* 38(1):39–41, 1997.

[316]Mathews KA, Sukhiani HR: Randomized controlled trial of cyclosporine for treatment of perianal fistulas in dogs. *J Am Vet Med Assoc* 211(10):1249–1253, 1997.

[317]Mouatt JG: Cyclosporin and ketoconazole interaction for treatment of perianal fistulas in the dog. *Aust Vet J* 80(4):207–211, 2002.

[318]Patricelli AJ, Hardie RJ, McAnulty JF: Cyclosporin and ketoconazole for the treatment of perianal fistulas in dogs. *J Am Vet Med Assoc* 220(No 7):1009–1016, 2002.

[319]Vercelli A, Raviri G, Cornegliani L: The use of oral cyclosporin to treat feline dermatoses: a retrospective analysis of 23 cases. *Vet Dermatol* 17(3):201–206, 2006.

[320]Fontaine J, Heimann M: Idiopathic facial dermatitis of the Persian cat: three cases controlled with cyclosporine. *Vet Dermatol* 15(s):64, 2004.

[321]Noli C, Toma S: Three cases of immune-mediated adnexal skin disease treated with cyclosporin. *Vet Dermatol* 17(1):85–92, 2006.

[322]Guaguere E: Efficacy of cyclosporine in the treatment of idiopathic sterile nodular panniculitis in two dogs. *Vet Dermatol* 11(s):22, 2000.

[323]Oliveira AM, Obwolo MJ, van den Broek AH, et al: Focal metatarsal sinus tracts in a Weimaraner successfully managed with ciclosporin. *J Small Anim Pract* 48(3):161–164, 2007.

[324]Steffan J, Strehlau G, Maurer M, et al: Cyclosporin A pharmacokinetics and efficacy in the treatment of atopic dermatitis in dogs. *J Vet Pharmacol Ther* 27(4):231–238, 2004.

[325]Kees F, Mair G, Dittmar M, et al: Cicloral versus neoral: a bioequivalence study in healthy volunteers on the influence of a fat-rich meal on the bioavailability of cicloral. *Transplant Proc* 36(10):3234–3238, 2004.

[326]Mueller EA, Kovarik JM, Kutz K: Minor influence of a fat-rich meal on the pharmacokinetics of a new oral formulation of cyclosporine. *Transplant Proc* 26(5):2957–2958, 1994.

[327]Dahlinger J, Gregory C, Bea J: Effect of ketoconazole on cyclosporine dose in healthy dogs. *Vet Surg* 27(1):64–68, 1998.

[328]Daigle JC: More economical use of cyclosporine through combination drug therapy. *J Am Anim Hosp Assoc* 38(3):205–208, 2002.

[329]Paine MF, Widmer WW, Pusek SN, et al: Further characterization of a furanocoumarin-free grapefruit juice on drug disposition: studies with cyclosporine. *Am J Clin Nutr* 87(4):863–871, 2008.

[330]Hanley MJ, Cerundolo R, Radwanski N, et al: Grapefruit juice, lyophilized grapefruit juice, and powdered whole grapefruit inhibit cytochrome P450-mediated triazolam hydroxylation by beagle dog liver microsomes. *J Vet Pharmacol Ther* 33(2):189–195, 2010.

[331]Wilson LS, Rosenkrantz WS, Roycroft L.M: Zinc–carnosine and vitamin E supplementation does not ameliorate gastrointestinal side effects associated with ciclosporin therapy of canine atopic dermatitis. *Vet Dermatol* 22(1):53–60, 2011.

[332]Favrot C, Olivry T, Werner AH, et al: Evaluation of papillomaviruses associated with cyclosporine-induced hyperplastic verrucous lesions in dogs. *Am J Vet Res* 66(10):1764–1769, 2005.

[333]Paul CF, Ho VC, McGeown C, et al: Risk of malignancies in Psoriasis patients treated with cyclosporine: a 5 y cohort study. *J Invest Dermatol* 120(2):211–216, 2003.

[334]Verma S, Frambach GE, Seilstad KH, et al: Epstein–Barr virus-associated B-cell lymphoma in the setting of iatrogenic immune dysregulation presenting initially in the skin. *J Cutan Pathol* 32(7):474–483, 2005.

[335]Vakeva L, Reitamo S, Pukkala E, et al: Long-term follow-up of cancer risk in patients treated with short-term cyclosporine. *Acta Derm Venereol* 88(2):117–120, 2008.

[336]Behnam SM, Behnam SE, Koo JY: Review of cyclosporine immunosuppressive safety data in dermatology patients after two decades of use. *J Drugs Dermatol* 4(2):189–194, 2005.

[337]Blackwood L, German AJ, Stell AJ, et al: Multicentric lymphoma in a dog after cyclosporine therapy. *J Small Anim Pract* 45(5):259–262, 2004.

[338]Santoro D, Marsella R, Hernandez J: Investigation on the association between atopic dermatitis and the development of mycosis fungoides in dogs: a retrospective case-control study. *Vet Dermatol* 18(2):101–106, 2007.

[339]Radowicz SN, Power HT: Long-term use of cyclosporine in the treatment of canine atopic dermatitis. *Vet Dermatol* 16(2):81–86, 2005.

[340]Robson D: Review of the pharmacokinetics, interactions and adverse reactions of cyclosporine in people, dogs and cats. *Vet Rec* 152(24):739–748, 2003.

[341]Noli C, Scarampella F: Prospective open pilot study on the use of ciclosporin for feline allergic skin disease. *J Small Anim Pract* 47(8):434–438, 2006.

[342]Wisselink MA, Willemse T: The efficacy of cyclosporine A in cats with presumed atopic dermatitis: a double blind, randomised prednisolone-controlled study. *Vet J* 180(1):55–59, 2009.

[343]Last RD, Suzuki Y, Manning T, et al: A case of fatal systemic toxoplasmosis in a cat being treated with cyclosporin A for feline atopy. *Vet Dermatol* 15(3):194–198, 2004.

[344]Anfray P, Bonetti C, Fabbrini F, et al: Feline cutaneous toxoplasmosis: a case report. *Vet Dermatol* 16(2):131–136, 2005.

[345]Cohn LA: Glucocorticosteroids as immunosuppressive agents. *Semin Vet Med Surg (Small Anim)* 12(3):150–156, 1997.

[346]Rohrer CR, Hill RC, Fischer A, et al: Efficacy of misoprostol in prevention of gastric hemorrhage in dogs treated with high doses of methylprednisolone sodium succinate. *Am J Vet Res* 60(8):982–985, 1999.

[347]Werth V: Systemic glucocorticoids. In Wolff K, Goldsmith LA, Katz SI, et al, editors: *Fitzpatrick's Dermatology in General Medicine*, ed 7, New York, 2008, McGraw-Hill, pp 2147–2153.

[348]Herold MJ, McPherson KG, Reichardt HM: Glucocorticoids in T cell apoptosis and function. *Cell Mol Life Sci* 63(1):60–72, 2006.

[349]Tuckermann JP, Kleiman A, McPherson KG, et al: Molecular mechanisms of glucocorticoids in the control of inflammation and lymphocyte apoptosis. *Crit Rev Clin Lab Sci* 42(1):71–104, 2005.

[350]Freedman ND, Yamamoto KR: Importin 7 and importin alpha/importin beta are nuclear import receptors for the glucocorticoid receptor. *Mol Biol Cell* 15(5):2276–2286, 2004.

[351]Croxtall JD, Choudhury Q, Newman S, et al: Lipocortin 1 and the control of cPLA2 activity in A549 cells. Glucocorticoids block EGF stimulation of cPLA2 phosphorylation. *Biochem Pharmacol* 52(2):351–356, 1996.

[352]McColl C: Oral presentation. In *Proceedings of the American Academy of Veterinary Dermatology*. San Antonio, 1998, Amer Col of Vet Derm.

[353]Scott DW: Hyperadrenocorticism. *Vet Clin North Am Small Anim Pract* 9(3):1979.

[354]Olivry T, DeBoer DJ, Favrot C, et al: Treatment of canine atopic dermatitis: 2010 clinical practice guidelines from the International Task Force on Canine Atopic Dermatitis. *Vet Dermatol* 21(3):233–248, 2010.

[355]Brockus CW, Dillon AR, Kemppainen RJ: Effect of alternate-day prednisolone administration on hypophyseal-adrenocortical activity in dogs. *Am J Vet Res* 60(6):698–702, 1999.

[356]Rosenkrantz WS: Cutaneous drug reactions. In Griffin CE, Kwochka KW, MacDonald JM, editor: *Current Veterinary Dermatology*. St Louis, 1993, Mosby, pp 154–164.

[357]White SD, Stewart LJ, Bernstein M: Corticosteroid (methylprednisolone sodium succinate) pulse therapy in five dogs with autoimmune skin disease. *J Am Vet Med Assoc* 191(9):1121–1124, 1987.

[358]Rosenkrantz WS: Pemphigus Foliaceus. In Griffin CE, Kwochka KW, MacDonald JM, editor: *Current Veterinary Dermatology*. St Louis, 1993, Mosby, pp 141–148.

[359]Jeffers JG, Shanley KJ, Schick RO: Diabetes mellitus induced in a dog after administration of corticosteroids and methylprednisolone pulse therapy. *J Am Vet Med Assoc* 199(1):77–80, 1991.

[360]Bondy P, Cohn L: Choosing an appropriate glucocorticoid treatment. *Veterinary Medicine* 97:841–849, 2002.

[361]Singh S, Gupta A, Pandey SS, et al: Tachyphylaxis to histamine-induced wheal suppression by topical 0.05% clobetasol propionate in normal versus croton oil-induced dermatitic skin. *Dermatology* 193(2):121–123, 1996.

[362]Paradis M, Scott D, Giroux D: Further investigations on the use of nonsteroidal anti-inflammatory agents in the management of canine pruritus. *J Am Anim Hosp Assoc* 27:44–48, 1991.

[363]Bond R, Lloyd DH: Combined treatment with concentrated essential fatty acids and prednisolone in the management of canine atopy. *Vet Rec* 134:30–32, 1994.

[364]Graham-Mize CA, Rosser EJ: Bioavailability and activity of prednisone and prednisolone in the feline patient. *Vet Dermatol* 15(s1):7–10, 2004.

[365]Ferguson D, Hoenig M: Glucocorticoids, mineralocorticoids, and steroid synthesis inhibitors. In Adams R, editor: Veterinary Pharmacology and Therapeutics. Ames, Iowa, 2001, Wiley-Blackwell, p 661.

[366]Kintzer PP, Peterson ME: Treatment and long-term follow-up of 205 dogs with hypoadrenocorticism. *J Vet Intern Med* 11(2):43–49, 1997.

[367]Feldman E, Nelson R: Glucocorticoid therapy. In Feldman E, Nelson R, editor: *Canine and Feline Endocrinology and Reproduction*, ed 3, St Louis, 2004, WB Saunders, pp 464–483.

[368]Behrend E, Kemppainen R: Glucocorticoid therapy: pharmacology, indications and complications. *Vet Clin North Am Small Anim Pract* 27:187–213, 1997.

[369]van den Broek AH, Stafford WL: Epidermal and hepatic glucocorticoid receptors in cats and dogs. *Res Vet Sci* 52(3):312–315, 1992.

[370]Kemppainen R, Peterson M:Domestic cats show episodic variation in plasma concentrations of adrenocorticotropin, alpha-melanocyte-stimulating hormone (alpha-MSH), cortisol and thyroxine with circadian variation in plasma alpha-MSH concentrations. *Eur J Endocrinol* 134:602–609, 1996.

[371]Johnston SD, Mather EC: Feline plasma cortisol (hydrocortisone) measured by radioimmunoassay. *Am J Vet Res* 40(2):190–192, 1979.

[372]Lowe AD, Campbell KL, Graves T: Glucocorticoids in the cat. *Vet Dermatol* 19(6):340–347, 2008.

[373]Kemppainen RJ, Lorenz MD, Thompson FN: Adrenocortical suppression in the dog after a single dose of methylprednisolone acetate. *Am J Vet Res* 42(5):822–824, 1981.

[374]Crager CS, Dillon AR, Kemppainen RJ, et al: Adrenocorticotropic hormone and cortisol concentrations after corticotropin-releasing hormone stimulation testing in cats administered methylprednisolone. *Am J Vet Res* 55(5):704–709, 1994.

[375]Cohn L: Glucocorticoid therapy. In Ettinger S, Feldman E, editor: *Textbook of Veterinary Internal Medicine*. St Louis, 2005, WB Saunders, pp 503–508.

[376]Kemppainen RJ, Lorenz MD, Thompson FN: Adrenocortical suppression in the dog given a single intramuscular dose of prednisone or triamcinolone acetonide. *Am J Vet Res* 43(2):204–206, 1982.

[377]Lowe AD, Campbell KL, Barger A, et al: Clinical, clinicopathological and

histological changes observed in 14 cats treated with glucocorticoids. *Vet Rec* 162(24):777–783, 2008.

[378]Schaer M, Ginn PE: Iatrogenic Cushing's syndrome and steroid hepatopathy in a cat. *J Am Anim Hosp Assoc* 35(1):48–51, 1999.

[379]Lien Y-H, Huang H-P, Chang P-H: Iatrogenic Hyperadrenocorticism in 12 Cats. *J Am Anim Hosp Assoc* 42(6):414–423, 2006.

[380]Rush JE, Freeman LM, Fenollosa NK, et al: Population and survival characteristics of cats with hypertrophic cardiomyopathy: 260 cases (1990-1999). *J Am Vet Med Assoc* 220(2):202–207, 2002.

[381]Culbert LA, Marino DJ, Baule RM, et al: Complications associated with high-dose prednisolone sodium succinate therapy in dogs with neurological injury. *J Am Anim Hosp Assoc* 34(2):129–134, 1998.

[382]Rohrer CR, Hill RC, Fischer A, et al: Gastric hemorrhage in dogs given high doses of methylprednisolone sodium succinate. *Am J Vet Res* 60(8):977–981, 1999.

[383]Wong MW, Tang YN, Fu SC, et al: Triamcinolone suppresses human tenocyte cellular activity and collagen synthesis. *Clin Orthop Relat Res* 421:277–281, 2004.

[384]Metcalfe D, Achten J, Costa ML: Glucocorticoid injections in lesions of the achilles tendon. *Foot Ankle Int* 30(7):661–665, 2009.

[385]Rewerts JM, Grooters AM, Payne JT, et al: Atraumatic rupture of the gastrocnemius muscle after corticosteroid administration in a dog. *J Am Vet Med Assoc* 210(5):655–657, 1997.

[386]Mueller RS, Krebs I, Power HT, et al: Pemphigus foliaceus in 91 dogs. *J Am Hosp Assoc* 42(3):189–196, 2006.

[387]Ployngam T, Tobias AH, Smith SA, et al: Hemodynamic effects of methylprednisolone acetate administration in cats. *Am J Vet Res* 67(4):583–587, 2006.

[388]Smith S, Tobias AH, Fine DM, et al: Corticosteroid-associated congestive heart failure in 12 cats. *Int J Appl Res Vet Med* 2:159–170, 2004.

[389]Moore GE, Hoenig M: Effects of orally administered prednisone on glucose tolerance and insulin secretion in clinically normal dogs. *Am J Vet Res* 54(1):126–129, 1993.

[390]Middleton DJ, Watson AD: Glucose intolerance in cats given short-term therapies of prednisolone and megestrol acetate. *Am J Vet Res* 46(12):2623–2625, 1985.

[391]Lowe AD, Graves TK, Campbell KL, et al: A pilot study comparing the diabetogenic effects of dexamethasone and prednisolone in cats. *J Am Anim Hosp Assoc* 45(5):215–224, 2009.

[392]Ferasin L: Iatrogenic hyperadrenocorticism in a cat following a short therapeutic course of methylprednisolone acetate. *J Feline Med Surg* 3(2):87–93, 2001.

[393]Cantürk F, Cantürk T, Aydin F, et al: Cutaneous linear atrophy following intralesional corticosteroid injection in the treatment of tendonitis. *Cutis* 73(3):197–198, 2004.

[394]Kumar S, Singh RJ, Reed AM, et al: Cushing's syndrome after intra-articular and intradermal administration of triamcinolone acetonide in three pediatric patients. *Pediatrics* 113(6):1820–1824, 2004.

[395]Nanda V, Parwaz MA, Handa S: Linear hypopigmentation after triamcinolone injection: a rare complication of a common procedure. *Aesthetic Plast Surg* 30(1):118–119, 2006.

[396]Scott D, Miller WH, Griffin CE: *Muller & Kirk's Small Animal Dermatology*, ed 6, Philadelphia, 2001, W.B. Saunders Company, p 252.

[397]Calderon de la Barca AM, Jensen AL, Bog-Hansen TC: Affinity methods with lectins: a tool to identify canine alkaline phosphatase isoenzymes. *J Biochem Biophys Methods* 27(3):169–180, 1993.

[398]Ruszczak Z, Schwartz RA: Interferons in dermatology: biology, pharmacology, and clinical applications. *Adv Dermatol* 13:235–288, 1997.

[399]Abbas A, Lichtman A, Pallai S: Cytokines. In Abbas A, Lichtman A, Pallai S, editors: *Cellular and Molecular Immunology*, Philadelphia, 2007, W. B. Saunders, pp 267–323.

[400]Asadullah K, Sterry W, Trefzer U: Cytokines: interleukin and interferon therapy in dermatology. *Clin Exp Dermatol* 27(7):578–584, 2002.

[401]Leonard WJ, Lin JX: Cytokine receptor signaling pathways. *J Allergy Clin Immunol* 105(5):877–888, 2000.

[402]Foster A: Immunomodulation and immunodeficiency. *Vet Dermatol* 15(2):115–126, 2004.

[403]Kotenko S, Gallagher G, Baurin W, et al: IFN-lambdas mediate antiviral protection through a distinct class II cytokine receptor complex. *Nat Immunol* 4(1):69–77, 2003.

[404]Sheppard P, Kindsvogel W, Xu W, et al: IL-28, IL-29 and their class II cytokine receptor IL-28R. *Nat Immunol* 4(1):63–68, 2003.

[405]Numerof RP, Asadullah K: Cytokine and anti-cytokine therapies for psoriasis and atopic dermatitis. *BioDrugs* 20(2):93–103, 2006.

[406]Chang TT, Stevens SR: Atopic dermatitis: the role of recombinant interferon-gamma therapy. *Am J Clin Dermatol* 3(3):175–183, 2002.

[407]Hanifin JM, Schneider LC, Leung DY, et al: Recombinant interferon gamma therapy for atopic dermatitis. *J Am Acad Dermatol* 28(2 Pt 1):189–197, 1993.

[408]Helton-Rhodes K: Feline immunomodulators. In Bonagura J, editor: *Current Veterinary Therapy XII*, Philadelphia, 1995, WB Saunders, pp 581–584.

[409]Scott D, Miller W, Griffin C: *Small Animal Dermatology*, ed 6, Philadelphia,

2001, WB Saunders, pp 252–253.

[410]Gutzwiller ME, Brachelente C, Taglinger K, et al: Feline herpes dermatitis treated with interferon omega. *Vet Dermatol* 18(1):50–54, 2007.

[411]Carlotti D, Boulet M, Ducret J, et al: Use of recombinant omega interferon therapy in canine atopic dermatitis: a pilot study. *Vet Dermatol* 15(s):32, 2004.

[412]Iwasaki T, Kagawa Y, Park SJ, et al: Effect of recombinant canine IFN on canine atopic dermatitis evaluated by clinical signs, histopathology and expression of Th1/Th2 cytokine mRNA. *Vet Dermatol* 15(s):4, 2004.

[413]Stokking LB, Ehrhart EJ, Lichensteiger CA, et al: Pigmented epidermal plaques in three dogs. *J Am Anim Hosp Assoc* 40:411–417, 2004.

[414]Tzannes S, Ibarrola P, Batchelor DJ, et al: Use of recombinant human interferon alpha-2a in the management of a dog with epitheliotropic lymphoma. *Am Anim Hosp Assoc* 44(5): 2008.

[415]Beilharz MW, Cummins MJ, Bennett AL, et al: Oromucosal administration of interferon to humans. *Pharmaceuticals* 3:323–344, 2010.

[416]Cummins JM, Krakowka GS, Thompson CG: Systemic effects of interferons after oral administration in animals and humans. *Am J Vet Res* 66(1):164–176, 2005.

[417]Hasegawa A, Sakurai T, Iwasaki T: A placebo-controlled, double-blinded study of recombinant IFN in dogs with atopic dermatitis. *Vet Dermatol* 15(s):55, 2004.

[418]Carlotti DN, Boulet M, Ducret J, et al: The use of recombinant omega interferon therapy in canine atopic dermatitis: a double-blind controlled study. *Vet Dermatol* 20(5-6):405–411, 2009.

[419]Thompson L, Grieshaber TL, Glickman L, et al: Human recombinant interferon (alpha 2b) for management of idiopathic recurrent superficial pyoderma in dogs: a pilot study. *Vet Dermatol* 15(3):203, 2004.

[420]Paradis M: Melatonin therapy in canine alopecia. In Bonagura J, editor: *Kirk's Current Veterinary Therapy XIII*. Philadelphia, 2000, W B Saunders Co, p 546.

[421]Ashley PF, Frank LA, Schmeitzel LP, et al: Effect of oral melatonin administration on sex hormone, prolactin, and thyroid hormone concentrations in adult dogs. *J Am Vet Med Assoc* 215(8):1111–1115, 1999.

[421a]Oliver JW: Steroid Profiles in the Diagnosis of Canine Adrenal Disorders. In *Proceedings 25th ACVIM Forum*, Seattle, WA, 2007, pp 471–473.

[422]Frank LA, Donnell RL, Kania SA: Oestrogen receptor evaluation in Pomeranian dogs with hair cycle arrest (alopecia X) on melatonin supplementation. *Vet Dermatol* 17(4):252–258, 2006.

[423]Frank LA, Hnilica KA, Oliver JW: Adrenal steroid hormone concentrations in dogs with hair cycle arrest (Alopecia X) before and during treatment with melatonin and mitotane. *Vet Dermatol* 15(5):278–284, 2004.

[424]Paradis M: Canine recurrent flank alopecia: treatment with melatonin. *Proc Am Acad Vet Dermatol Am Coll Vet Dermatol* 11:49, 1995.

[425]Paradis M: Melatonin in the treatment of canine pattern baldness. In Kwochka KW, et al, editors: *Advances in Veterinary Dermatology III*, Boston, 1998, Butterworth-Heinemann, p 511.

[426]Rachid MA, Demaula CD, Scott DW, et al: Concurrent follicular dysplasia and interface dermatitis in Boxer dogs. *Vet Dermatol* 14(3):159–166, 2003.

[427]Perego R, Proverbio D, Roccabianca P, et al: Color dilution alopecia in a blue Doberman pinscher crossbreed. *Can Vet J* 50(5):511–514, 2009.

[428]Stahl W, Sies H: Carotenoids and flavonoids contribute to nutritional protection against skin damage from sunlight. *Mol Biotechnol* 37(1):26–30, 2007.

[429]Rhodes LE: Topical and systemic approaches for protection against solar radiation-induced skin damage. *Clin Dermatol* 16(1):75–82, 1998.

[430]Greul AK, Grundmann JU, Heinrich F, et al: Photoprotection of UV-irradiated human skin: an antioxidative combination of vitamins E and C, carotenoids, selenium and proanthocyanidins. *Skin Pharmacol Appl Skin Physiol* 15(5):307–315, 2002.

[431]Fuchs J: Potentials and limitations of the natural antioxidants RRR-alpha-tocopherol, L-ascorbic acid and beta-carotene in cutaneous photoprotection. *Free Radic Biol Med* 25(7):848–873, 1998.

[432]Bojrab J, Ellison G, Slocum B: *Current techniques in small animal surgery* 4th ed. Baltimore, Md, 1998, Williams & Wilkins.

[433]Slatter D: Textbook Of Small Animal Surgery. In Slatter D, editor: *Textbook of Small Animal Surgery*, ed 3, Philadelphia, PA, 2003, Elsevier Health Sciences.

[434]Swaim SF: Skin grafts. *Vet Clin North Am Small Anim Pract* 20(1):147–175, 1990.

[435]Swaim SF: Advances in wound healing in small animal practice: Current status and lines of development. *Vet Dermatol* 8:249, 1997.

[436]Darouiche RO, Wall MJ JR, Itani KM, et al: Chlorhexidine-Alcohol versus Povidone-Iodine for Surgical-Site Antisepsis. *N Engl J Med* 362(1):18–26, 2010.

[437]De Queiroz GF, Matera JM, Zaidan ML: Dagli, Clinical study of cryosurgery efficacy in the treatment of skin and subcutaneous tumors in dogs and cats. *Vet Surg* 37(5):438–443, 2008.

[438]Podkonjak KR, Veterinary cryotherapy-1. A comprehensive look at uses, principles, and successes. *Vet Med Small Anim Clin* 77(1):51–64, 1982.

[439]Spicer MS, Goldberg DJ: Lasers in dermatology. *J Am Acad Dermatol* 34(1):1–25; quiz 26–8, 1996.

小动物皮肤病学 （第7版）

[440]Boord M: Laser in dermatology. *Clin Tech Small Anim Pract* 21(3):145–149, 2006.

[441]Duclos D: Lasers in veterinary dermatology. *Vet Clin North Am Small Anim Pract* 36(1):15–37, 2006.

[442]Schick RO, Schick MP: CO2 laser surgery in veterinary dermatology. *Clin Dermatol* 12(4):587–589, 1994.

[443]Weigand K, Gerhards H, Kostlin R: [Application possibilities of laser surgery in veterinary medicine. 3: Literature review and some case reports]. *Tierarztl Prax* 25(4):289–302, 1997.

[444]Nelson JS, Berns MW: Basic laser physics and tissue interactions. *Contemp Dermatol* 2:3, 1998.

[445]Greguss P: Low level laser therapy- reality or myth? *Optic Laser Tech* 16:81–85, 1984.

[446]Fenyö M: Theoretical and experimental basis of biostimulation. *Optic Laser Tech* 16:209–215, 1984.

[447]Peplow PV, Chung TY, Baxter GD: Laser photobiomodulation of proliferation of cells in culture: a review of human and animal studies. *Photomed Laser Surg* 28(Suppl 1):S3–40, 2010.

[448]Choi M, Na SY, Cho S, et al: Low level light could work on skin inflammatory disease: a case report on refractory acrodermatitis continua. *J Korean Med Sci* 26(3):454–456, 2011.

[449]Medrado AP, Soares AP, Santos ET, et al: Influence of laser photobiomodulation upon connective tissue remodeling during wound healing. *J Photochem Photobiol B* 92(3):144–152, 2008.

[450]Chung H, Dai T, Sharma SK, et al: The nuts and bolts of low-level laser (light) therapy. *Ann Biomed Eng* 40(2):516–533, 2011.

[451]Pereira MC, de Pinho CB, Medrado AR, et al: Influence of 670 nm low-level laser therapy on mast cells and vascular response of cutaneous injuries. *J Photochem Photobiol B* 98(3):188–192, 2010.

[452]Zhevago NA, Samoilova KA: Pro- and anti-inflammatory cytokine content in human peripheral blood after its transcutaneous (in vivo) and direct (in vitro) irradiation with polychromatic visible and infrared light. *Photomed Laser Surg* 24(2):129–139, 2006.

[453]Peavy GM, Walder EJ, Nelson JS, et al: Use of laser photocoagulation for treatment of cutaneous angiomatosis in one dog and two cats. *J Am Vet Med Assoc* 219(8):1094–1097, 2001.

[454]Jones CM, Pierre KB, Nicoud IB, et al: Electrosurgery. *Curr Surg* 63(6):458–463, 2006.

[455]Ackerman LJ: Dermatologic applications of radiowave surgery (radiosurgery). *Compend Contin Educ* 19:463–471, 1997.

[456]De-Hui S, Wang N, Hsiu-Fen W: *Manual of dermatology in Chinese medicine.* Seattle, 1995, Eastland Press.

[457]Carlsson CP, Wallengren J: Therapeutic and experimental therapeutic studies on acupuncture and itch: review of the literature. *J Eur Acad Dermatol Venereol* 24(9):1013–1016, 2010.

[458]Scott S: Developments in veterinary acupuncture. *Acupunct Med* 19(1):27–31, 2001.

[459]Jiang YH, Hiang W, Jiang LM, et al: Clinical efficacy of acupuncture on the morphine-related side effects in patients undergoing spinal-epidural anesthesia and analgesia. *Chin J Integr Med* 16(1):71–74, 2010.

[460]Pfab F, Huss-Marp J, Gatti A, et al: Influence of acupuncture on type I hypersensitivity itch and the wheal and flare response in adults with atopic eczema—a blinded, randomized, placebo-controlled, crossover trial. *Allergy* 65(7):903–910, 2010.

[461]Tan EK, Millington GW, Levell NJ: Acupuncture in dermatology: an historical perspective. *Int J Dermatol* 48(6):648–652, 2009.

[462]Biro T, Ko MC, Bromm B, et al: How best to fight that nasty itch—from new insights into the neuroimmunological, neuroendocrine, and neurophysiological bases of pruritus to novel therapeutic approaches. *Exp Dermatol* 14(3):225–240, 2005.

[463]Waters KC: Acupuncture for dermatologic disorders. *Probl Vet Med* 4(1):194–199, 1992.

[464]Beebe S: Traditional Chinese Approaches to Canine Pruritus (V29). In *Western Veterinary Conference.* Los Vegas, NV, 2009.

[465]Brown DJ, Dattner AM: Phytotherapeutic approaches to common dermatologic conditions. *Arch Dermatol* 134(11):1401–1404, 1998.

[466]Koo J, Arain S: Traditional Chinese medicine for the treatment of dermatologic disorders. *Arch Dermatol* 134(11):1388–1393, 1998.

[467]Agrawal AK: Therapeutic efficacy of a herbal gel for skin affections in dogs. *Indian Vet J* 74:417, 1997.

[468]Silver RJ, McGill IS: Multi-center clinical evaluation of an ayurvedic topical herbal formulation for veterinary dermatopathies. *J Am Holistic Vet Med Assoc* 17:33–36, 1998.

[469]Uthappa D, Sharma BN: Clinical efficacy of a herbal gel for skin disorders in dogs. *Indian Vet J* 20:231, 1996.

[470]Fougere B, Wynn SG: Herbs for Dermatology Patients. In *North American Veterinary Dermatology Forum.* Palm Springs, CA, 2006

[471]Salameh F, Perla D, Solomon M, et al: The effectiveness of combined Chinese herbal medicine and acupuncture in the treatment of atopic dermatitis. *J Altern Complement Med* 14(8):1043–1048, 2008.

[472]Schmidt V, McEwan N, Volk A, et al: The glucocorticoid sparing efficacy of PhytopicaTM in the management of canine atopic dermatitis. *Vet Dermatol* 21(1):97–105, 2010.

[473]Nuttall TJ, Ferguson EA, Littlewood JD, et al: FC-39 Successful management of canine atopic dermatitis using a plant extract: a randomized, double-blinded, placebo-controlled trial. *Vet Dermatol* 15:33–33, 2004.

[473a]Scott DW, Miller WH, Jr, Senter DA, et al: Treatment of canine atopic dermatitis with a commercial homeopathic remedy: a single-blinded, placebo-controlled study. *Can Vet J* 43:601–603, 2002.

[473b]Scott DW, Miller WH, Jr: Treatment with individualized homeopathic remedies unsuccessful. *Can Vet J* 44:273, 2003.

[474]Park EJ, Park KC, Eo H, et al: Suppression of spontaneous dermatitis in NC/Nga murine model by PG102 isolated from *Actinidia arguta. J Invest Dermatol* 127(5):1154–1160, 2007.

[475]Marsella R, Messinger L, Zabel S, et al: A randomized, double-blind, placebo-controlled study to evaluate the effect of EFF1001, an *Actinidia arguta* (hardy kiwi) preparation, on CADESI score and pruritus in dogs with mild to moderate atopic dermatitis. *Vet Dermatol* 21(1):50–57, 2010.

[476]O'Brien SJ, Johnson W, Driscoll C, et al: State of cat genomics. *Trends Genet* 24(6):268–279, 2008.

[477]Kirkness EF, Bafna V, Halpern AL, et al: The dog genome: survey sequencing and comparative analysis. *Science* 301(5641):1898–1903, 2003.

[478]Lindblad-Toh K, Wade CM, Mikkelsen TS, et al: Genome sequence, comparative analysis and haplotype structure of the domestic dog. *Nature* 438(7069):803–819, 2005.

[479]Vogel JC, Walker PS, Hengge UR: Gene therapy for skin diseases. *Adv Dermatol* 11:383–398; discussion 399, 1996.

[480]Spirito F, Capt A, Guaguere E, et al: A canine model for in vivo gene therapy of junctional epidermolysis bullosa. *Vet Dermatol* 14(5):254, 2003.

[481]Spirito F, Capt A, Guaguere E, et al: A spontaneous dog model for in vivo gene therapy on junctional epidermolysis bullosa. *Vet Dermatol* 15(s):29, 2004.

[482]Gache Y, Baldeschi C, Palazzi X, et al: Canine model for gene therapy of recessive dystrophic epidermolysis bullosa (RDEB). *Vet Dermatol* 14(5):255, 2003.

[483]Chou PC, Chuang TF, Jan TR, et al: Effects of immunotherapy of IL-6 and IL-15 plasmids on transmissible venereal tumor in beagles. *Vet Immunol Immunopathol* 130(1-2):25–34, 2009.

[484]Day MJ: Immunomodulatory therapy. *Vet Dermatol* 15(s1):7–7, 2004.

[485]Locke M, Windsor J, Dunbar PR: Human adipose-derived stem cells: isolation, characterization and applications in surgery. *Aust N Z J Surg* 79(4):235–244, 2009.

[486]Mirmira RG: Stem cells and the future of organ transplantation. *Curr Opin Organ Transplant* 15(1):52–53, 2010.

[487]Mizuno H: Adipose-derived stem cells for tissue repair and regeneration: ten years of research and a literature review. *J Nippon Med Sch* 76(2):56–66, 2009.

[488]Gimble J, Guilak F: Adipose-derived adult stem cells: isolation, characterization, and differentiation potential. *Cytotherapy* 5(5):362–369, 2003.

[489]Mizuno H: Adipose-derived stem and stromal cells for cell-based therapy: current status of preclinical studies and clinical trials. *Curr Opin Mol Ther* 12(4):442–449, 2010.

[490]Ren G, Zhao X, Zhang L, et al: Inflammatory cytokine-induced intercellular adhesion molecule-1 and vascular cell adhesion molecule-1 in mesenchymal stem cells are critical for immunosuppression. *J Immunol* 184(5):2321–2328, 2010.

[491]VetStem Inc. Data on file. 2005–2008.

[492]Siegel G, Schafer R, Dazzi F: The immunosuppressive properties of mesenchymal stem cells. *Transplantation* 87(9 Suppl):S45–S49, 2009.

[493]Liu ZJ, Zhuge Y, Velazquez OC: Trafficking and differentiation of mesenchymal stem cells. *J Cell Biochem* 106(6):984–991, 2009.

[494]Sampaolesi M, Blot S, D'Antona G, et al: Mesoangioblast stem cells ameliorate muscle function in dystrophic dogs. *Nature* 444(7119):574–579, 2006.

[495]Grounds MD, Davies KE: The allure of stem cell therapy for muscular dystrophy. *Neuromuscul Disord* 17(3):206–208, 2007.

[496]Gerdoni E, Gallo B, Casazza S, et al: Mesenchymal stem cells effectively modulate pathogenic immune response in experimental autoimmune encephalomyelitis. *Ann Neurol* 61(3):219–227, 2007.

[497]Tyndall A, Uccelli, A: Multipotent mesenchymal stromal cells for autoimmune diseases: teaching new dogs old tricks. *Bone Marrow Transplant* 43(11):821–828, 2009.

[498]Garcia-Olmo D, Herreros D, Pascua I, et al: Expanded adipose-derived stem cells for the treatment of complex perianal fistula: a phase II clinical trial. *Dis Colon Rectum* 52(1):79–86, 2009.

[499]Kim WS, Park BS, Sung JH: The wound-healing and antioxidant effects of adipose-derived stem cells. *Expert Opin Biol Ther* 9(7):879–887, 2009.

[500]Dazzi F, Marelli-Berg FM: Mesenchymal stem cells for graft-versus-host disease: close encounters with T cells. *Eur J Immunol* 38(6):1479–1482, 2008.

[501]Riordan NH, Ichim TE, Min WP, et al: Non-expanded adipose stromal vascular fraction cell therapy for multiple sclerosis. *J Transpl Med* 7:29, 2009.

[502]González MA, Gonzalez-Rey E, Rico L, et al: Treatment of experimental arthritis by inducing immune tolerance with human adipose-derived mesenchymal stem cells. *Arthritis Rheum* 60(4):1006–1019, 2009.

[503]Newman RE, Yoo D, LeRoux MA, et al: Treatment of inflammatory diseases with mesenchymal stem cells. *Inflamm Allergy Drug Targets* 8(2):110–123, 2009.

[504]Gotherstrom C: Immunomodulation by multipotent mesenchymal stromal cells. *Transplantation* 84(1 Suppl):S35–S37, 2007.

[505]Hall MN, Rosenkrantz WS, Hong JH, et al: Evaluation of the potential use of adipose-derived mesenchymal stromal cells in the treatment of canine atopic dermatitis: a pilot study. *Vet Ther* 11(2):E1–E14, 2010.

[506]Falanga V: Mechanisms of Cutaneous Wound Repair. In Freedberg IM, et al, editors: *Fitzpatrick's Dermatology in General Medicine*, McGraw-Hill, 2003, pp 236–246.

[507]Schreml S, Szeimies RM, Prantl L, et al: Wound healing in the 21st century. *J Am Acad Dermatol* 63(5):866–881, 2010.

[508]Eming SA, Krieg T, Davidson JM: Inflammation in wound repair: molecular and cellular mechanisms. *J Invest Dermatol* 127(3):514–525, 2007.

[509]Theoret CL: The pathophysiology of wound repair. *Vet Clin North Am Equine Pract* 21(1):1–13, 2005.

[510]Noli C, Miolo A: The mast cell in wound healing. *Vet Dermatol* 12(6):303–313, 2001.

[511]Mehendale F, Martin P: The cellular and molecular events of wound healing. In Falanga V, editor: *Cutaneous Wound Healing*, UK, 2001, Martin Duntz Pub, pp 15–38.

[512]Ito M, Cotsarelis G: Is the hair follicle necessary for normal wound healing? *J Invest Dermatol* 128(5):1059–1061, 2008.

[513]Brem H, Tomic-Canic M: Cellular and molecular basis of wound healing in diabetes. *J Clin Invest* 117(5):1219–1222, 2007.

[514]Ferreira MC, Tuma P Jr, Carvalho VF, et al: Complex wounds. *Clinics (Sao Paulo)* 61(6):571–578, 2006.

[515]Falanga V, Iwamoto S: Wound repair: mechanisms and practical considerations. In Wolff K, et al, editors: *Fitzpatrick's Dermatology in General Medicine*, McGraw-Hill, 2007, pp 2342–2349.

[516]Baum CL, Arpey CJ: Normal cutaneous wound healing: clinical correlation with cellular and molecular events. *Dermatol Surg* 31(6):674–686; discussion 686, 2005.

[517]Theoret CL, Barber SM, Moyana TN, et al: Preliminary observations on expression of transforming growth factors tbf-beta1 and tgf-beta3 in equine full-thickness skin wounds healing normally or with exuberant granulation tissue. *Vet Surg* 31(3):266–273, 2002.

[518]Li W, Henry G, Fan J, et al: Signals that initiate, augment, and provide directionality for human keratinocyte motility. *J Invest Dermatol* 123(4):622–633, 2004.

[519]Eaglstein WH, Falanga V: Chronic wounds. *Surg Clin North Am* 77(3):689–700, 1997.

[520]Rozman P, Bolta Z: Use of platelet growth factors in treating wounds and soft-tissue injuries. *Acta Dermatoven APA* 16(4):156–165, 2007.

[521]Eming SA, Krieg T, Davidson JM: Gene therapy and wound healing. *Clin Dermatol* 25(1):79–92, 2007.

[522]Eming SA, Krieg T: Molecular mechanisms of VEGF-A action during tissue repair. *J Investig Dermatol Symp Proc* 11(1):79–86, 2006.

[523]Theoret CL, Barber SM, Moyana TN, et al: Preliminary observations on expression of transforming growth factors beta1 and beta3 in equine full-thickness skin wounds healing normally or with exuberant granulation tissue. *Vet Surg* 31(3):266–273, 2002.

[524]Falanga V: Wound healing and its impairment in the diabetic foot. *Lancet* 366(9498):1736–1743, 2005.

[525]Bock O, Yu H, Zitron S, et al: Studies of transforming growth factors beta 1-3 and their receptors I and II in fibroblast of keloids and hypertrophic scars. *Acta Derm Venereol* 85(3):216–220, 2005.

[526]Geer DJ, Andreadis ST: A novel role of fibrin in epidermal healing: plasminogen-mediated migration and selective detachment of differentiated keratinocytes. *J Invest Dermatol* 121(5):1210–1216, 2003.

[527]Albala DM: Fibrin sealants in clinical practice. *Cardiovasc Surg* 11 (Suppl 1):5–11, 2003.

[528]Clark RA: Fibrin glue for wound repair: facts and fancy. *Thromb Haemost* 90(6):1003–1006, 2003.

[529]Panuncialman J, Falanga V: The science of wound bed preparation. *Surg Clin North Am* 89(3):611–626, 2009.

[530]Ayello EA, Dowsett C, Schultz GS, et al: TIME heals all wounds. *Nursing* 34(4):36–41; quiz, 41–2, 2004.

[531]Theoret C: Tissue engineering in wound repair: the three "R"s–repair, replace, regenerate. *Vet Surg* 38(8):905–913, 2009.

[532]Hunt TK, Burke J, Barbul A, et al: Wound healing. *Science* 284(5421):1775, 1999.

[533]Eming SA, Werner S, Bugnon P, et al: Accelerated wound closure in mice deficient for interleukin-10. *Am J Pathol* 170(1):188–202, 2007.

[534]Theoret CL, Barber SM, Gordon JR: Temporal localization of immunoreactive transforming growth factor beta1 in normal equine skin and in full-thickness dermal wounds. *Vet Surg* 31(3):274–280, 2002.

[535]Abramo F, Mantis P, Lloyd DH, et al: Mast cell morphometry of cutaneous wounds treated with an autacoid gel: a placebo controlled study. *Vet Dermatol* 15(s):39, 2004.

[536]Jameson JM, Cauvi G, Sharp LL, et al: Gammadelta T cell-induced hyaluronan production by epithelial cells regulates inflammation. *J Exp Med* 201(8):1269–1279, 2005.

[537]Harris B, Cai JP, Falanga V, et al: The effects of occlusive dressings on the recruitment of mononuclear cells by endothelial binding into acute wounds. *J Dermatol Surg Oncol* 18(4):279–283, 1992.

[538]Iwata Y, Yoshizaki A, Komura K, et al: CD19, a response regulator of B lymphocytes, regulates wound healing through hyaluronan-induced TLR4 signaling. *Am J Pathol* 175(2):649–660, 2009.

[539]Panuncialman J, Falanga V: The science of wound bed preparation. *Clin Plast Surg* 34(4):621–632, 2007.

[540]Schreml S, Szeimies RM, Prantl L, et al: Oxygen in acute and chronic wound healing. *Br J Dermatol* 163(2):257–268, 2010.

[541]Enoch S, Grey JE, Harding KG: ABC of wound healing. Non-surgical and drug treatments. *BMJ* 332(7546):900–903, 2006.

[542]Edwards ML: Hyperbaric oxygen therapy. Part 2: application in disease. *J Vet Emerg Crit Care (San Antonio)* 20(3):289–297, 2010.

[543]Holder TE, Schumacher J, Donnell RL, et al: Effects of hyperbaric oxygen on full thickness meshed sheet skin grafts applied to fresh and granulating wounds in horses. *Am J Vet Res* 69(1):144–147, 2008.

[544]Klemetti E, Rico-Vargas S, Mojon P: Short duration hyperbaric oxygen treatment effects blood flow in rats: pilot observations. *Lab Anim* 39(1):116–121, 2005.

[545]Fabian TS, Kaufman JH, Lett ED, et al: The evaluation of subatmospheric pressure and hyperbaric oxygen in ischemic full-thickness wound healing. *Am Surg* 66(12):1136–1143, 2000.

[546]Ferguson M: Acceleration of healing and improvement of scarring: from laboratory discovery to clinical practice. *Vet Dermatol* 15(s):13, 2004.

[547]Falanga VJ: Tissue engineering in wound repair. *Adv Skin Wound Care* 13(2 Suppl):15–19, 2000.

[548]Werner S, Krieg T, Smola H: Keratinocyte-Fibroblast Interactions in Wound Healing. *J Invest Dermatol* 127:998–1008, 2007.

[549]Meran S, Thomas D, Stephens P, et al: Involvement of hyaluronan in regulation of fibroblast phenotype. *J Biol Chem* 282(35):25687–25697, 2007.

[550]Lepault E, Céleste C, Doré M, et al: Comparative study on microvascular occlusion and apoptosis in body and limb wounds in the horse. *Wound Repair Regen* 13(5):520–529, 2005.

[551]Levy V, Lindon C, Zheng Y, et al: Epidermal stem cells arise from the hair follicle after wounding. *Faseb J* 21(7):1358–1366, 2007.

[552]Lorch G, Muthusamy N, Saville W: Immunolocalization of cutaneous matrix metalloproteinases during wound healing in the Ets1 / mouse. *Vet Dermatol* 15(s):14, 2004.

[553]Dubuc V, Lepault E, Theoret CL: Endothelial cell hypertrophy is associated with microvascular occlusion in horse wounds. *Can J Vet Res* 70(3):206–210, 2006.

[554]Falanga V, Saap LJ, Ozonoff A: Wound bed score and its correlation with healing of chronic wounds. *Dermatol Ther* 19(6):383–390, 2006.

[555]Bohling MW, Henderson RA, Swaim SF, et al: Cutaneous wound healing in the cat: a macroscopic description and comparison with cutaneous wound healing in the dog. *Vet Surg* 33(6):579–587, 2004.

[556]Holt TL, Mann FA: Carbon dioxide laser resection of a distal carpal pilomatricoma and wound closure using swine intestinal submucosa in a dog. *J Am Anim Hosp Assoc* 39(5):499–505, 2003.

[557]Swaim SF, Gillette RL, Sartin EA, et al: Effects of a hydrolyzed collagen dressing on the healing of open wounds in dogs. *Am J Vet Res* 61(12):1574–1578, 2000.

[558]Tuncali D, Yavuz N, Cigsar B, et al: Effect of full-thickness skin graft initial dimension on secondary wound contraction: experimental study in rats. *Dermatol Surg* 31(5):542–545, 2005.

[559]Ovington LG: Wound care products: how to choose. *Adv Skin Wound Care* 14(5):259–264; quiz 265–6, 2001.

[560]Tremblay PL, Hudon V, Berthod F, et al: Inosculation of tissue-engineered capillaries with the host's vasculature in a reconstructed skin transplanted on mice. *Am J Transplant* 5(5):1002–1010, 2005.

[561]Edwards ML: Hyperbaric oxygen therapy. Part 1: history and principles. *J Vet Emerg Crit Care (San Antonio)* 20(3):284–288, 2010.

[562]Ganguly BJ, Tonomura N, Benson RM, et al: Hyperbaric oxygen enhances apoptosis in hematopoietic cells. *Apoptosis* 7(6):499–510, 2002.

[563]Kerwin SC, Lewis DD, Elkins AD, et al: Effect of hyperbaric oxygen treatment on incorporation of an autogenous cancellous bone graft in a nonunion diaphyseal ulnar defect in cats. *Am J Vet Res* 61(6):691–698, 2000.

[564]Matsunami T, Sato Y, Morishima T, et al: Enhancement of glucose toxicity by hyperbaric oxygen exposure in diabetic rats. *Tohoku J Exp Med* 216(2):127–132, 2008.

[565]Matsunami T, Sato Y, Morishima T, et al: Oxidative stress and gene expression of antioxidant enzymes in the streptozotocin-induced diabetic rats under hyperbaric oxygen exposure. *Int J Clin Exp Pathol* 3(2):177–188, 2009.

[566]Matsunami T, Sato Y, Sato T, et al: Antioxidant status and lipid peroxidation in diabetic rats under hyperbaric oxygen exposure. *Physiol Res* 59(1):97–104, 2010.

第四章　细菌性皮肤病

一、皮肤细菌学和正常防御系统

皮肤为生命提供了不可或缺的保护屏障。这一屏障包括四个组成部分：行为性、物理性、化学性及微生物性的防御[1-5]。

防御性行为活动包括回避反应和梳理行为，前者可使动物皮肤免于伤害，后者可清除寄生虫、清理皮肤和被毛，还可帮助将皮肤分泌物分布均匀。毛发是物理性防御的第一道防线，可以避免皮肤接触病原。毛发也会滋生细菌，尤其是葡萄球菌[6-10]（框4-1）。然而，相对稳定的角质层形成基本的物理防御屏障，其紧密排列的角化细胞间渗透着由皮脂、汗液及细胞间黏合物质构成的乳化液。这类乳化液集中在角蛋白外层，同时一些挥发性脂肪酸在此处挥发，形成不透水的浅表皮脂层[11-15]。细胞和乳化液共同构成有效的物理屏障。乳化液除具有物理功能外，还可对潜在病原起到化学屏障的作用。脂肪酸，特别是亚麻油酸，具有强力的抗菌功效[1,16]。乳化液中的水溶性物质包括无机盐、蛋白和具有抑菌作用的多肽。需要特别关注的是抗微生物多肽，如防御素、抗菌肽和肾上腺髓质素，这些物质由表皮细胞分泌，当有细菌活动时这些物质的水平上调[1,17,18]。

皮肤可视为免疫器官，在诱发和维持免疫反应的过程中扮演重要角色，可能有利或有害[19]。具体的组成部分包括表皮朗格汉斯细胞、真皮树突状细胞、角质细胞、皮肤T淋巴细胞、肥大细胞和毛细血管后微静脉内皮细胞。乳化层中可以发现各种各样的细胞因子、补体和免疫球蛋白（IgA、IgG、IgG_1、IgG_2a、IgG_2b、IgG_2c、IgM和IgE），这些物质有助于皮肤发挥免疫功能[3,12,19-21]。这一复杂系统中的许多独立成分具有抗微生物作用，所以正常的皮肤应该被视为一个抗感染器官。

正常皮肤微生物群同样参与了皮肤的防御机制。细菌位于表皮表面和毛囊的漏斗部，这些地方的汗液和皮脂可为其提供营养[12,22,23]。不同细菌以共生方式存在，构成了正常的生物群落，这些细菌可能相互交换生长因子。该群落随皮肤环境的变化而改变。这受一些因素的影响，包括热度、pH、盐分、潮湿度、白蛋白水平以及脂肪酸水平[24-26]。宿主和微生物的密切关系使细菌占有生态位，抑制外来微生物的定植。此外，许多细菌（如芽孢杆菌属、链球菌属和葡萄球菌属）能产生抗菌物质，一些细菌可生成有抑菌作用的酶（如β-内酰胺酶）[27]。

从正常皮肤表面培养得到的细菌称为常在菌群，根据其在该区域的增殖能力不同，可分为常驻和暂驻细菌[28,29]。常驻细菌可在正常皮肤上顺利地增殖。为确定犬、猫皮肤的正常微生物群落进行了许多研究。已观察到细菌存在的位置和时间变化，但由于这些研究采用的方法不同，很难进行直接比较。总之，大部分研究报道了常驻及暂驻微生物的系列发现。

（一）常驻微生物

在小动物上，少有研究可以区分皮肤的常态及反复污染状态[15]。微球菌属，凝血酶-阴性葡萄球菌（特别是表皮葡萄球菌、木糖葡萄球菌、α-溶血性链球菌）、梭菌属、痤疮丙酸杆菌、不动杆菌属以及多种革兰阴性需氧菌被认为是犬皮肤表面的正常菌群[8,15,30-33]。毛干和毛囊似乎有其自身的细菌群落。微球菌属、革兰阴性需氧菌、芽孢菌属和伪中间型葡萄球菌[1]可在正常毛发中发现[8]。葡萄球菌通常在毛发远端被发现，革兰阴性微生物则被发现于较近端的区域。微球菌属、痤疮丙酸杆菌、链球菌、芽孢杆菌属及伪中间型葡萄球菌则被发现于毛囊中。

过去，关于伪中间型葡萄球菌是属于常驻菌群还是暂驻菌群，是有争论的[6,34,35]，如今我们知道，犬体可携带不同菌株的伪中间型葡萄球菌[8,15,27,36]。其中（如毛囊菌群）的一种或更多可被认为是常驻菌。

在健康及被感染犬的鼻孔、咽部及肛周经常可以分离培养出伪中间型葡萄球菌[27,37-39]。它被认为是这些区域的常驻微生物。伪中间型葡萄球菌可从这些位置扩散到身体的其他区域（如毛干、感染部位、家里的其他犬只以及接触的人类）[9,36,39]。若黏膜的菌群被局部抗生素消灭，皮肤菌群则会显著减少[40]。这些数据表明伪中间型葡萄球菌可被认为是犬皮肤暂驻菌群的一部分[8,26]。

犬常驻葡萄球菌在新生儿阶段从母体获得，包括伴随犬一生的伪中间型葡萄球菌优势菌株；许多其他菌株为暂时性获得[34,41]。身体不同区域的微生物数量具有差异性，潮湿的区域（下颌、趾间、腹部）的细菌量显著增多。

猫的常驻菌群包括微球菌属、凝血酶阴性葡萄球菌，特别是模仿葡萄球菌和猫葡萄球菌（在1989年被提出，在在兽医临床上，曾经只有金黄色葡萄球菌（*Staphylococcus aureus*）和猪葡萄球菌（*Staphylococcus hyicuswere*）是已知的病原性葡萄球菌种，直到1976年人们发现了中间型葡萄球菌（*Staphylococcus intermedius*）。这一新的菌种来自于金黄色葡萄球菌的E型和F型，已知它们可感染犬、狐狸和鸽子。2005年，发现了一种新的病原菌种，伪中间型葡萄球菌（*Staphylococcus pseudintermedius*），人们描述了这一菌种，并将其与中间型葡萄球菌相区分开来。伪中间型葡萄球菌成为犬、猫感染最常见的病原微生物。中间型葡萄球菌似乎与野生鸽子的感染相关，而另一些符合中间型葡萄球菌表型的菌株是从家养鸽子、马和貂的身上被分离出来的，称为海豚葡萄球菌（*Staphylococcus delphini*），该菌株最初于1988年在海豚身上发现[315]。这些命名上的变化增加了文献分析的难度，因为在1976年之前，人们提到金黄色葡萄球菌时，其中可能就包含了中间型葡萄球菌。在2005年以前，大部分被认为是中间型葡萄球菌的分离株都可能是伪中间型葡萄球菌，另一些被认为是中间型葡萄球菌的分离株还可能是海豚葡萄球菌

早期研究中曾与溶血性葡萄球菌相混淆）、α-溶血性链球菌和不动杆菌属[42,43,44,45]。在一项研究中，50%的培养为阴性[29]。凝血酶-阳性葡萄球菌，包括金黄色葡萄球菌和伪中间型葡萄球菌，通常可从正常皮肤经分离培养得到，应认为它们是常驻菌群[7,46,47]。与猫舍的猫相比，家养猫则更容易分离培养出凝血酶阴性（头状葡萄球菌、表皮葡萄球菌、溶血性葡萄球菌、人葡萄球菌、松鼠葡萄球菌和沃氏葡萄球菌）和凝血酶阳性［金黄色葡萄球菌和（伪）中间型葡萄球菌］微生物，这表明这些微生物可能是由人类转移过来的。

（二）暂驻微生物

暂驻微生物可从皮肤经培养获得但无重要意义，除非其作为继发侵入菌参与疾病的进程。这些微生物在大部分动物的健康皮肤上并不增殖。犬的暂驻微生物包括大肠杆菌、奇异变形杆菌、棒状杆菌属、芽孢杆菌属、假单胞菌属和凝血酶阳性葡萄球菌，而猫的暂驻微生物包括β-溶血性链球菌、大肠杆菌、奇异变形杆菌、假单胞菌属、产碱杆菌属和芽孢杆菌属。

公认的犬皮肤原发性病原是凝血酶阳性属的伪中间型葡萄球菌，猫的可能也是。不同菌群的DNA分析结果表明，多种不同的菌株可能出现在同一动物个体上[36,38,49]，而从健康及患病犬只分离得到的菌群会产生不同的物质，包括肠毒素（A,B,C,D）、中毒性休克毒素、表皮剥脱性毒素、白细胞毒素、A蛋白和溶血素[25,50-53]。这些毒素，尤其是A蛋白和肠毒素C，可上调角质细胞上的黏附分子影响细菌的附着，但它们似乎通过扮演着超抗原的角色打乱免疫反应来影响宿主[25,50,54,55]。伪中间型葡萄球菌的一些菌株产生包裹细菌的黏液，抑制其吞噬能力，提高其黏附能力[26,56]。

环境中存在着大量的细菌，仅有一小部分可在皮肤定殖或感染皮肤。强效的清洁力，如稀释、冲刷、干燥以及

表皮细胞的脱落，均可防止许多微生物的定殖。目前认为细菌的黏附是定殖和感染的先决条件[4,13,57,58]。细菌黏附是一个复杂的过程，受宿主和微生物的共同影响。细菌的表面黏附分子可与角质细胞和细胞外基质成分（如，纤连蛋白和玻连蛋白）上的宿主表面受体相结合[25,59]。

随着时间延长、温度升高和细菌浓度增大，或是在某些特定疾病情况下，黏附作用会增强[11,58,60-62]。在过度增殖发生紊乱时（如皮脂溢复合物），由于结合位点增多，更多的细菌附着到皮肤上。特应性皮炎患犬的角质细胞更紧密地结合更多的伪中间型葡萄球菌，可提高感染的可能性，虽然这一点对于纤维蛋白原、纤连蛋白和角蛋白的黏附并不适用[63,64]。与健康犬相比，从脓皮症患犬皮肤分离的伪中间型葡萄球菌菌株更易于附着细胞外基质蛋白[65]。

在罕见病例中其他的暂驻微生物是病原[66-69]。革兰阴性微生物适宜生长于温暖潮湿的区域，当药物抑制革兰阳性菌落时，其占主导地位[15,26]。猫很少发生脓皮症但常见皮下脓肿。由于其常常源于咬伤，猫的口腔微生物为重要因素。这些口腔微生物包括多杀性巴氏杆菌、β-溶血性链球菌、棒状杆菌属、放线菌属、类杆菌属和梭杆菌属。猫的外耳炎、皮下脓肿、甲沟炎和其他皮肤感染越来越多地可以分离培养出*S. felis*[42,70-72]。

厌氧菌大量存在于胃肠道分泌物中，因而，粪便污染是这些微生物感染软组织的一个原因。感染犬、猫的厌氧菌包括放线菌属、梭菌属、消化道链球菌属、拟杆菌属、梭形杆菌属和普氏菌属[73-77]。厌氧菌常见于肉芽肿、蜂窝织炎、脓肿、瘘管和其他软组织损伤中，但从浅表脓皮症、耳炎或口炎病例中也可分离培养得到[78]。

专性厌氧菌对抗生素的敏感度总结如下[61,73,79]：90%或以上对氨苄青霉素、克拉维酸阿莫西林、羧苄青霉素、克林霉素和甲硝唑敏感；75%~90%对头孢菌素、林可霉素和青霉素G（拟杆菌属除外，其对青霉素、氨苄青霉素和头孢菌素有耐药性）敏感；50%~70%对四环素和红霉素敏感；少于25%的厌氧菌对庆大霉素和喹诺酮类药物敏感[75]。

葡萄球菌是无芽孢微生物中耐药性最强的一类。其耐干燥、相对耐热，并耐受抗菌药物的能力优于生长中的大部分细菌。在感染时，其毒性可引起组织坏死。抗葡萄球菌疾病疫苗的发展面临着巨大挑战，但随着耐药菌株越来越多，这一领域的研究在人医上已经开展。已经获得一些进展，但尚未有令人满意的产品问世[64]。疫苗在对抗犬、猫慢性感染时十分有用，特别是在反复发作的浅表性脓皮症中[80,81]。

皮肤常在菌群的数量具有个体差异；有些动物皮肤存在许多微生物，而有些则很少。每个个体的微生物数量一般保持恒定，除非受到药物治疗的影响或湿度发生改变。在温暖潮湿的环境中，其总数会增长，但这一影响主要归因于湿度增加；单独的温度上升造成的影响并不大[26]。潮湿的、易发生摩擦的区域通常具有大量微生物，油性皮肤

的个体其微生物数量也较多。正常皮肤的厌氧微生物总数为100～1 000个/cm[2 35,82]。

疾病的状态影响细菌的种类和数量。皮脂含量丰富的皮肤，凝血酶阳性葡萄球菌为优势菌种[82]。大部分脓皮病和其他细菌感染性疾病的皮肤同样如此。对于不同皮肤病（人的特应性皮肤病、皮脂溢性皮炎以及过敏性和刺激性接触性皮炎）患者，全身皮肤的常在细菌数量均有所增多，并不只是患病部位[15,28]。与健康犬相比，皮肤病患犬身上的厌氧微生物生长更为旺盛，更多部位携带凝血酶阳性葡萄球菌，且革兰阴性微生物的数量更多。因此，这些动物身上定植着大量潜在致病菌，治疗原发性皮肤病时需要考虑到这一因素。

从无破损的病灶（如脓疱）处分离的微生物表明感染，而非定植。定植是指一种潜在病原寄生于皮肤或某一病灶内，但其存在并不引起宿主的反应。在脓皮症患畜的培养物中区分定植和感染是个问题。若出现很多退行性中性粒细胞吞噬细菌，可作为宿主反应的直接证据，并认为存在感染现象。感染可由病灶处的渗出液直接涂片进行确认，比微生物培养更具说服力。

二、皮肤感染

在健康动物的正常皮肤表面，葡萄球菌不易引起感染。在健康皮肤人工接种葡萄球菌并不引起病变或形成病灶，即使发生，也是暂时性的[83]。因此任何皮肤感染的发生均被认为有一些潜在的皮肤问题、代谢问题或免疫系统异常。细菌性脓皮症在犬十分常见，但在人则很少。其原因尚未可知，但可能包括解剖和生理性因素，并且宿主方面的因素（如表皮屏障发育不良），亦为其中的重要原因[14,84]。犬的皮肤相对较薄，具有致密的角质层，缺乏细胞间脂质和脂质毛囊角栓，且pH较高。习惯上，皮肤感染被分为原发性和继发性，以反映是否存在潜在病因。

到目前为止，继发性感染更为常见，其通常由一些皮肤性、免疫性或代谢性问题导致。其涉及到的微生物可能不仅是葡萄球菌，若治疗时忽视潜在问题，治疗效果通常不佳或见效缓慢，除非解决潜在病因，否则易复发。事实上，本章出现的任何皮肤状况都易于出现感染，但过敏、皮脂溢或毛囊异常是感染最常见原因。有趣的是，在发生自体免疫性疾病时，感染相对并不常见[85]。这可能是由于此时高水平的细胞因子发挥了抗微生物作用。

过敏的犬由于抓挠时自损和接受激素治疗，尤其易发生感染。已证实特应性皮炎患犬的角质细胞可促进伪中间型葡萄球菌的黏附，其表皮屏障功能也发生缺陷。组胺可提高犬皮肤对葡萄球菌抗原的穿透性[63,86,87]。当其皮肤发生感染，瘙痒程度迅速升级，且激素治疗的效果不好。抗生素治疗可解决病灶的感染问题，可以降低瘙痒，但并不能将瘙痒完全消除。

皮脂溢动物的皮肤表面细菌数量显著增多，这些细菌

在表皮及毛囊缺陷处定植，引起感染。这同样可归因于皮肤表面脂质层的变化，这一变化可引发炎症反应。在这种情况下，皮脂溢性皮炎的斑块引起动物瘙痒并诱发真正的感染。浅表的感染在其发展和恢复过程中导致严重的鳞屑（Scaling）。有时很难鉴别是皮脂溢诱发感染，还是感染诱发皮脂溢。感染导致的鳞屑经过抗生素治疗后可迅速减少。若经过14～21d适当的抗生素治疗后，皮脂溢的症状仍很明显，应考虑该动物的皮脂分泌异常。

毛囊的炎症、阻塞、退化或这些因素的综合作用可使其容易发生细菌感染。常见原因为炎症，但也会涉及到蠕形螨和真菌病。毛囊阻塞可发生在全身性皮脂溢，也可发生于局灶性的皮脂分泌异常区域（如猫的痤疮和雪纳瑞的粉刺综合征）、皮脂腺炎、毛囊发育不良和其他先天性毛囊异常、斑秃以及内分泌性疾病。在毛囊感染的病例中，建议进行皮肤刮片检查以排除蠕形螨感染，还要考虑真菌感染（如进行毛发的镜检及真菌培养）。进行这些检查之后，由于病变深度用肉眼无法探及，皮肤活检是最有用的手段。与继发性细菌感染有关的炎症可掩盖一些疾病的组织学特征，所以最好先控制感染，再进行皮肤活检。若条件不允许而在晚些时候进行活检，则样本应尽量取自看起来尚未发生感染的区域。

皮肤感染最常见的代谢性诱因是甲状腺功能低下和肾上腺皮质功能亢进（医源性和自发性），但糖尿病、其他内分泌性皮肤问题和其他系统性代谢问题（如高脂血症）也必须列入考虑范围之内。这些异常通过影响动物的免疫系统以及引起动物毛囊的变化，诱发感染。在大多数情况下，在眼观即可发现异常（如过度角质化和无毛）的情况中，毛囊感染所占的比例很小，所以此时应考虑潜在的代谢问题。

原发性感染的界定则更有争议。原发性感染是指那些发生在其他方面均健康的皮肤的感染，大多为葡萄球菌感染，经过正确的抗生素治疗则可痊愈。这一定义忽视了感染复发的可能性。对皮肤感染的患犬进行体格检查时，经常未发现病史或体格问题以解释感染的发生。这是原发性感染，还是一些暂时性的皮肤损伤继发的感染，或未知原因导致的继发性感染呢？鉴别的要点是感染是否会复发。若无其他皮肤病且感染痊愈，没有在一段时间内（如3～6个月）或是有规律性的复发，则可以被认为是原发性感染。若感染很快复发，动物可能患有一些亚临床性皮肤病或免疫问题。

三、免疫功能缺陷

免疫功能缺陷分为原发性或获得性的问题。原发性免疫功能缺陷是先天的，通常是遗传性的。患病动物的皮肤在幼年时即发生不明原因的感染。尽管德国牧羊犬的脓皮症具有遗传倾向性，但这一缺陷直到成年之后才会表达。呼吸系统、消化系统、泌尿生殖系统和表皮系统的感染最

表4-1 犬原发性免疫功能缺陷

疾病	涉及品种	病理机制	参考文献
吞噬功能缺陷			
循环造血功能疾病	柯利犬，博美犬，可卡犬	骨髓释放被阻断	[316]
粒细胞病变	杜宾犬，爱尔兰小猎犬，威玛犬	粒细胞缺乏杀菌功能	[317–319]
粒细胞病变	爱尔兰小猎犬	粒细胞黏附减少	[320, 321]
体液免疫缺陷			
补体缺陷	布列塔尼猎犬	C3缺乏	[322]
暂时性低丙种球蛋白血症	许多	正常体液系统延时启动	[206]
选择性IgM缺乏	杜宾犬	IgM水平低下	[323]
选择性IgA缺乏	许多	IgA水平低下	[88, 205, 323, 324]
细胞免疫缺陷	斗牛獒，威玛犬，其他	T细胞功能障碍	[162, 171, 325, 326]
混合型免疫缺陷	巴吉度猎犬，柯基犬	B细胞和T细胞功能障碍	[327, 328, 329, 330]

注：Ig，免疫球蛋白。

为常见。在一些病例中，皮肤感染会继发于一些已知损伤（如跳蚤叮咬），但其严重程度远超出这一损伤应有的程度范围。根据免疫功能缺陷的性质和严重性，感染可能不一定对治疗表现出预期的反应。若治疗有效，治疗中止几周或几个月之后仍会复发。已知很多犬的原发性免疫功能缺陷与皮肤感染有关，见表4-1。

其中一种最常见的犬原发性免疫功能缺陷为选择性IgA缺乏[88,89]。需要注意的是，使用不同的商品化试剂盒时，检测出的血清IgA水平差异很大[90]。使用这些试剂盒的实验室必须制定自己的参考范围，而不能使用文献中或厂商提供的参考值。若动物并不缺乏IgA，则最可能是细胞介导性免疫缺陷[91]。

罗威纳幼犬缺乏IgA和IgG时可患有细菌性脓皮症、皮下脓肿和蠕形螨病[92]。此外，在这些幼犬的次级淋巴组织中可发现少量CD3+ T细胞，还可发现浆细胞生长异常。

获得性免疫功能缺陷是许多严重的系统性疾病的常见并发症[93-97]。由于潜在疾病引起的免疫抑制，这类的获得性免疫功能缺陷无年龄、品种或性别倾向性。最为人熟知的是与病毒感染相关的获得性免疫缺陷疾病，特别是猫免疫缺陷病毒和利什曼原虫病。在大多数其他情况中，原发性疾病的症状占主导地位，先于免疫抑制的症状出现。例如，在成年型蠕形螨病（见第六章）、甲状腺功能低下（见第十章）和肾上腺皮质功能亢进（见第十章）的病例中，皮肤感染前皮肤看起来正常或几乎正常。有报道称，罗威纳犬缺乏粒细胞集落刺激因子时，会患有慢性中性粒细胞减少症以及皮肤和耳道的反复性感染[98]。

四、皮肤感染的治疗

对于皮肤感染的正确治疗方案，十分必要的一点是找到并纠正感染的病因，接受适当的治疗。若感染的病因持续存在，则治疗的效果很差或停止治疗后很快复发。若病因得到纠正但进行了不当治疗，感染会持续甚至加重。

皮肤感染可以进行局部治疗、全身用药、手术治疗或采用以上方式联合治疗。犬、猫的许多感染由于面积太大和深度太深，以至于单纯的局部用药无法治愈，但理想的局部治疗可提高动物的舒适度，增强抗生素的疗效。局部治疗需考虑主人的时间和精力，而且若药物的刺激性过大，还会刺激皮肤。对于局灶性的病变区域，单纯的手术治疗十分有用，手术也可作为其他治疗的辅助手段。治疗方案需考虑个体差异。

（一）局部治疗

在感染区域和其周边采用局部治疗可减少或消除细菌滋生，清除渗出和组织碎屑[99-101]。清除组织碎片极为重要，因为这一操作可使组织直接接触活性成分并促进引流（见第三章中关于局部治疗的讨论部分）。常用药剂包括醋酸氯己定、聚维酮碘、乳酸乙酯、过氧化苯甲酰和各类抗生素，特别是夫西地酸、莫匹罗星、磺胺嘧啶银和杆菌肽[99,102-107]。

对于那些局限于皮肤表面的感染（如脓疱）或毛囊未受损伤时，单纯地局部用药可能很有效。当病灶数量很少且被限制在一定范围内（如猫的痤疮）时，乳剂、油剂或凝胶中的抗菌剂或抗生素即可见效。过氧化苯甲酰凝胶或抗生素制剂的应用范围最广。兽医中使用的过氧化苯甲酰凝胶包含了5%的活性成分，这些成分具有刺激性，特别是当反复用药时。在大多数情况下，药物的经皮吸收是有限的，但应避免大面积地频繁用药。

许多强效抗生素制剂可用于局部治疗[40,101,108-110]。最为常用的是莫匹罗星、夫西地酸、新霉素、庆大霉素、杆菌肽、多黏菌素B和硫链丝菌肽。关于这些制剂，注意事项如下：

· 治疗葡萄球菌引起的脓皮症时，莫匹罗星和夫西地酸比其他局部药物更有效。

· 莫匹罗星用于革兰阴性菌时效果较差。

· 新霉素的致敏作用强于大部分局部制剂，其对于革兰阴性菌的效果差异较大。

· 多黏菌素B和杆菌肽联合用药对于革兰阴性和阳性菌均有效，但有脓性分泌物时迅速失活，且穿透力弱。

莫匹罗星因其透皮能力强、不良反应小而尤其常用。

虽然关于局部使用抗生素造成耐药情况的报道日益增多，但我们需要了解的是药敏试验通常可以指示全身用药，但对于局部高浓度给药的指示意义不大。近来，在一项英国的研究中，发现287种对甲氧西林敏感或耐药的欧洲金黄色葡萄球菌和伪中间型葡萄球菌菌株对夫西地酸和莫匹罗星的耐药性试验中只有7株金黄色葡萄球菌菌株（MRSA）耐青霉素，其最小抑菌浓度（MICs）似乎大于局部用抗生素的浓度；研究中所有的菌株均为英国医院的主要致病菌种[107]。局部抗生素可通过加入EDTA增强疗效，EDTA可提高细菌细胞膜的穿透能力。

通常局部抗生素制剂中也含有其他成分，最常见的是糖皮质激素。市面上有很多抗生素-类固醇联合制剂（如Fuciderm，庆大霉素喷雾，耳特净，Tresaderm滴耳药，Panalog）。这些药物偶尔用于干燥、苔藓化并继发感染的慢性皮肤病（皮脂溢综合征和过敏性皮肤病）和创伤性皮炎，通常在发生外耳炎时使用。在人和犬的临床经验及细菌学试验均表明这类联合制剂的药效优于两者单独使用时的效果。

使用抗菌香波治疗广泛的浅表感染效果最佳[103,106,111]。药浴时对皮肤的处理及香波成分的作用可以清除组织碎屑，可使抗微生物成分更好地接触细菌。对四种商品化抗菌香波进行的研究发现没有一种可以对皮肤起到彻底灭菌的作用，但均可大大减少菌群数量[105]。在醋酸氯己定后处理使用过氧化苯甲酰最为有效。另一项研究证实，过氧化苯甲酰与乳酸乙酯的疗效相当但后者不良反应更小[105a,102]。醋酸和硼酸混合使用时同样见效[112]。近期研制出的一些香波中包含碳水化合物（如鼠李糖），可以抑制病原性葡萄球菌和铜绿假单胞菌黏附于犬的角质细胞。黏附是细菌定植和感染的必经过程，所以这种抑制作用似乎可以增强香波的疗效[59]。

产品的选择根据主人和临床医师的偏好以及动物皮肤的状态。存在潜在性过敏问题或"敏感型"皮肤的动物（如喜乐蒂牧羊犬）使用的香波，其成分应无刺激性或刺激性最小，例如洗必泰或乳酸乙酯。含过氧化苯甲酰的产品应用于皮脂分泌旺盛的犬或有浅表及深部感染的犬。对于这后一类动物，由于其皮肤的差异性很大，在使用香波10~14d后，应再次评估香波的选用。

在治疗初期，推荐进行彻底的药浴，与香波的接触时间应为10~15min。两次药浴的间隔时间视感染的严重性、

病因及动物对所用抗生素的反应速度而定。一些临床医师要求主人按照固定的间隔时间进行药浴，一般是每3~7d 1次，而另一些医师则告知主人进行药浴时间的指导方针，让主人自行决定何时进行。除非主人属于过度热心的类型，其实后者的方式最为恰当，这样可使动物根据需求接受治疗。

在深部渗出性感染的病例中，需要进行剃毛以防止毛结封闭病灶区域，并使局部药物接触病变组织。虽然香波疗法十分有益，但浸浴在治疗开始阶段更为合适。水疗可以松解和清除毛结，降低表面细菌的数量，促进上皮化，并减少病灶引起的不适感。通过温水浸浴，血管丛扩张，有利于全身用抗生素的分布吸收。对于大面积感染，带有或不带有涡流的浴缸浸浴最为适合。可添加抗菌药物（如氯己定和聚维酮碘）以提高抗菌活性。氯己定的抗菌效果最佳但会延缓创伤愈合[100]。碘制剂具有干燥效果，可通过使用含有润肤剂的香波或给予保湿喷雾或洗剂以得到改善[99]。

若为爪部或四肢远端的渗出性病灶，可将该区域置于桶中浸浴。在四肢上方的病灶，可使用一次性新生儿尿布。外层的塑料层可起到保护作用，而内层的吸水层与皮肤相邻，可锁住皮肤表面的液体。对于这些病灶，轻度高渗的硫酸镁引流液体，用温水稀释，得到30mL/L（2tbsp/qt）的溶液会有益处。由于水疗可使上皮水合，过度浸湿容易浸软皮肤，更易出现感染。当进行抗生素治疗后，渗出会减少。浸湿治疗后有轻微渗出时，浸湿的频率需减少或完全停止该操作。一般情况下，浸湿疗法持续3~7d。

（二）全身用抗生素

细菌性皮肤病经局部治疗无效时可全身使用抗生素制剂[113-115]。由于犬的皮肤感染绝大部分由伪中间型葡萄球菌引起，对于这类细菌有效且能作用于皮肤的抗生素可以发挥作用[116-118]。变形杆菌属、假单胞菌属和大肠杆菌属的细菌偶尔也可致病，通常是继发性感染，特别是在深层软组织感染时。对猫的主要致病菌为多杀性巴氏杆菌和β-溶血性链球菌[45,119]。因此，对于猫的非葡萄球菌感染，青霉素和氨苄西林为常用的有效抗生素。

由于每种抗生素有其特性[120,121]，兽医临床上常用于治疗皮肤病的药物（青霉素类[122]、磺胺类药物[123]、大环内酯类和林可霉素类[124]、头孢菌素类[125]和喹诺酮类[126]）应在使用前研究清楚。合理使用抗生素十分必要，适当的抗生素可通过最适宜的杀菌方式抑制相应的细菌。只要宿主免疫功能正常，抑菌药物也可以起效。窄谱抗生素对皮肤和肠道（口服给药时）的正常菌群几乎不产生影响。抗生素应便宜且便于给药（若需回家后使用则推荐口服）、易于吸收、无不良反应。

影响抗生素疗效最重要的因素为细菌对药物的敏感度和在皮肤的分布，在感染部位的有效活性水平。心输出血液中仅有4%到达皮肤，与之相比，33%可到达肌肉[127]。这

一差别反映在抗生素在器官之间的相对分布。对皮肤不同部位的研究中，青霉素类抗生素在犬皮下的水平可达到血清峰值的60%，在表皮及真皮之间的水平可达到40%[127]。虽然头孢类抗生素在犬皮肤的水平仅可达到血浆水平的20%~40%，使用推荐剂量仍可确保足够的抗微生物水平[125,128]。

即使表皮相对是无血管的，关于皮肤感染的研究表明，全身用药比局部治疗途径更为有效，特别是对于大部分深部感染。角质层是影响药物渗透力的主要屏障。以下因素会降低疗效：

- 微生物对抗生素产生耐药性。由于大多数伪中间型葡萄球菌属微生物产生β-内酰胺酶，应挑选对这种酶具有抵抗力的抗生素，除非药敏试验显示其他的结果。
- 药物剂量无法在皮肤达到抑菌浓度。
- 微生物可能在巨噬细胞内生存，大多数抗生素对这部分微生物无影响。
- 微生物在坏死灶的中心或被异物（如断裂的毛发）保护。
- 微生物被致密的疤痕组织遮盖。
- 用药时间短，不足以根治感染。

多年来，大量关于在犬分离出的伪中间型葡萄球菌及试管内药敏试验的研究已经发表[26,31,33,43,48,129-141]。很多情况下，活体试验的结果与试管试验的结果平行，但也不尽然。在结果不同的案例中，截然不同的结果可能归因于药物动力学方面的因素，或微生物培养过程中出现错误。如前文所述，可以从同一只犬身上分离出两种或更多不同的伪中间型葡萄球菌菌株，每一种抗生素的敏感度均不相同。另一因素为皮肤的pH及其对药敏试验结果的影响。当pH由7.2升至8.5时，伪中间型葡萄球菌的试管药敏试验结果会发生显著变化，在这一较高的pH水平，会对大多数药物产生抵抗力[141,142]。若不考虑皮肤pH的影响，体内与体外试验结果通常具有关联性，所以pH的影响临床上可忽略不计。

早期敏感性研究通常将接受与未接受过抗生素治疗患犬的数据进行比较。通常，这类研究表明先前抗生素的使用与大环内酯类、林可霉素类和加强型磺胺类药物体外试验的耐药性相关。多年来同一机构更多近期的研究数据中，试图探究耐药方式是否发生改变。这可能是葡萄球菌耐药性提高的结果，也可能是来源于其他动物、工作人员或环境污染的诊所或医院耐药性菌株引起院内感染的结果。

过去，伪中间型葡萄球菌并未表现出耐药性增高的趋势，故临床医师可根据经验选择药物而无需根据培养结果。现在，这种情况发生了变化，在一些国家经常培养出多耐药性（经常是耐甲氧西林）菌株。甲氧西林耐药性与抗所有的β-内酰胺类抗生素有关，包括青霉素类、头孢类，尤其是美国已经意识到这一点，费城和田纳西州的回顾性研究表明，在2003—2005年期间，16%~17%的菌株表现出甲氧西林耐药性[143,144]。费城的一项回顾性研究避免了偏差，结果表明8%的炎性皮肤病分离菌株表现甲氧西林耐药性[145]。这项研究同时证实了一个趋势，除了伪中间型葡萄球菌之外世界各地对犬皮肤感染的其他病原性葡萄球菌的认识逐渐加深，包括金黄色葡萄球菌（12%）、施氏葡萄球菌（10%）和凝结芽孢型施氏葡萄球菌（10%）：其中17%的金黄色葡萄球菌以及20种施氏葡萄球菌菌株具有甲氧西林耐药性。相比金黄色葡萄球菌和伪中间型葡萄球菌，耐甲氧西林施氏葡萄球菌通常对其他抗生素的耐药性较弱。犬感染相关药敏试验的大部分数据与猫具有相似的趋势，但一些资料表明猫的葡萄球菌耐药性更弱[144]。

随着对伪中间型葡萄球菌耐药性越来越多的认识，以及涉及更多耐药性病原菌株，细菌培养和药敏试验的需求增多。尽管之前未使用过抗生素的病例并不是必须要进行这些检查，但若渗出物的细胞学检查显示为球菌感染，提示疑似伪中间型葡萄球菌感染，应将其视为对常规治疗药物反应不佳的慢性感染处置。即使这样，经常在同一只犬身上发现耐不同抗生素的多种伪中间型葡萄球菌菌株[135]，所以对某一菌株进行药敏试验的意义和有效性便值得质疑。若动物有药物不耐受或过敏史，或每日需服用大量抗生素，种类跨度大，同样需要进行细菌培养和药敏试验。

除了细菌的药敏试验之外，在抗生素选择时还需考虑不同主人和动物的因素。抗生素的作用既具有时间依赖性，又具有剂量依赖性。时间依赖性药物需要按照特定的给药时间间隔以发挥最大药效。而剂量依赖性药物的总剂量更为重要。当宠物主人每天工作12h，要求其每天给予3次苯唑西林是考虑不同的，这是一种时间依赖性药物。主人也许能够每天给药3次，但却无法使其按要求间隔8h。大环内酯类抗生素具有胃肠道刺激性，不推荐将其使用于容易呕吐的犬。类似的因素还有花费、药物的适口性和给药的困难程度，在选择药物时均应予以考虑，这些因素可能会迫使临床医师使用自己不常用的药物。

葡萄球菌感染的深度同样影响药物的选择。深层感染需长期治疗，使用某一种药物可能疗效不佳。12周的抗生素治疗在一些犬的感染上并不少见。长期给药也使磺胺类药物更加危险。这类药物，特别是长期给药时，可引起干眼症[146]，引发甲状腺功能低下（见第十章），也是发生皮肤药物不良反应的常见原因[147]（见第九章）。

深层感染的治疗效果不如浅表感染的好。例如，在一项研究中，多西环素对于53%的犬的浅表感染可以起效，而仅对14%的深层感染起效[148]。最终，深层感染可能发生纤维化，而细菌可能寄生于细胞内，许多药物无法到达。对于细胞内的微生物，喹诺酮类和林可霉素类是较好的选择。对于严重的纤维化，抗生素很难穿透。当单独使用一种抗生素作用不大时，利福平和抗β-内酰胺酶的抗生素联合使用可能有效[149,150]。然而，利福平不能滥用，它具有肝毒性。

当根据经验选择抗生素无效，或是治疗不久后感染复发时，抗生素的选择就不是那么简单了。必须仔细地考虑主人对治疗方案的配合度和皮肤是否真的发生感染。若无法找到疗效不好的原因，在尝试其他抗生素前必须进行药敏试验。

更常见的是，临床医师经常在复发感染中面临选择抗生素的问题。许多研究表明药敏试验中表现良好的药物（克拉维酸阿莫西林、苯唑西林、头孢类和喹诺酮类）在复发病例中也可保持疗效，但其他抗生素的体外药敏试验结果则不一定。当药敏试验结果中表现良好的药物治疗失败时，应怀疑多种微生物感染或涉及甲氧西林耐药菌，此时所有病例必须进行药敏试验。临床医师还应意识到患病动物或是携带多耐药性菌株的动物很可能将耐药菌传播给所有与其接触的工作人员、动物和环境中，从而成为医源性感染的重要危险因素。对于这些病例应采取有效的卫生预防措施，以防传播[151]。

若细胞学检查时表现为混合感染，必须进行药敏试验，因为结果通常难以预料。若所有微生物均对一种安全且相对便宜的药物敏感，则应使用该药物。有时，找不到一种合适的药物符合所有微生物的药敏试验结果，或是这种药物毒性太大或对于长期使用来说价格过于昂贵。若感染的细菌中包含伪中间型葡萄球菌或其他病原性葡萄球菌，和大多数做法一样，开始时需针对该种微生物进行治疗。根除葡萄球菌可使微环境变得不益于其他微生物生长。若抗葡萄球菌抗生素未解决感染问题，则必须使用其他药物。

当选用一种抗生素后，须将其分成合适的剂量，在适宜的间隔给药，并服用足够长时间。治疗葡萄球菌感染时常规的抗生素剂量在表4-2中列出。已注册的兽医药物具有详细的药理资料来说明建议剂量。根据笔者的经验，使用说明书的剂量对于大多数病例的结果都令人满意，开始治疗时都可以使用这样的剂量。另一些人则推荐更高剂量[152]。例如，一些参考文献指出，阿莫西林克拉维酸的剂量应为22mg/kg，而不是说明书上的13.75mg/kg[153]。比较这两种剂量的疗效发现治愈速度的差异不显著[154]。另一些研究指出，头孢立新的剂量由每12h 15mg/kg提升到每12h 30mg/kg时，治疗深层感染的速度加快，表明治疗严重的病例应提高用药剂量[155,156]。

导致皮肤感染治疗失败或停止治疗后复发的最常见原因是治疗疗程不足。虽然书本和临床经验都给出了合适的治疗疗程，但每个动物的药物反应速度具有个体差异，应给药至感染痊愈。痊愈意味着所有的病灶均已治愈，包括浅表的和深层的组织。表面的愈合通过肉眼观察即可判断，深层组织则较难评估，必要时可触诊患处及邻近的淋巴结。

间断性地给予皮质类固醇类药物使问题极其复杂化。

表4-2　犬原发性免疫功能缺陷

抗生素	剂量	参考文献
窄谱抗生素		
红霉素	15mg/kg q8h	[124]
克林霉素	5mg/kg q12h 11mg/kg q24h	[120, 124, 331, 332, 333, 334]
林可霉素	15mg/kg q8h 22mg/kg q12h	[121, 124, 204, 331]
泰奈菌素	10～20mg/kg q12h	[335-337]
广谱抗生素		
阿奇霉素	5～15mg/kg q24h	[227, 338]
克拉霉素	5～10mg/kg q12h	[339]
阿莫西林克拉维酸	13.75mg/kg q12h	[120, 122, 154, 332]
苯唑西林	22mg/kg q8h	[122]
头孢拉定	22mg/kg q12h(D) 22mg/kg q12h(C)	[120, 125]
头孢泊肟	5～10mg/kg q24h(D)	
头孢维星	8mg/kg q（7～14）d（D,C)	
头孢氨苄	22mg/kg q（8～12）h	[104, 125, 156, 340-342]
氯霉素	50mg/kg q8h(D) 猫：50mg q12h(C)	[30, 121]
双氟哌酸	5～10mg/kg q24h	[120, 343]
恩诺沙星	5mg/kg q24h	[118, 126, 275, 343, 344]
麻佛菌素	2.75mg/kg q24h	[126, 343, 345]
奥比沙星	2.5mg/kg q24h	[120, 126, 343, 346]
甲氧苄胺磺胺嘧啶	15～30mg/kg q12h	[123, 347]
复方新诺明	15～30mg/kg q12h	[123, 347]
奥美普林磺胺二甲嘧啶	55mg/kg 第1天之后 27.5mg/kg q24h	[123, 348]
巴喹 普林－磺胺地奈辛	30mg/kg 第1天和第2天之后30mg/kg q48h	[123, 349]
混合型制剂		
多西环素	5～10mg/kg q（12-24）h	[148]
利福平	5～10mg/kg q24h	[149, 150]

注：C，猫；D，犬；q8h，每8h；q12h，每12h；q24h，每日1次；q48h，每48h；q7～14d，每7d或14d

皮质类固醇可减轻明显可见的炎症，这是衡量感染是否痊愈的重要迹象。一个发炎的毛囊仍处于感染状态，而外观和感觉均正常的毛囊则可能已经治愈。当同时使用皮质类固醇时，则不可能通过炎症反应来判断抗生素是否对炎症和感染有效，也可能是类固醇掩盖了感染的症状。若某一动物需同时给予抗生素和类固醇，类固醇最多给予7d，应在最终评判感染之前停止给药。

在完整的毛囊感染中，深层组织的炎症反应程度通常不足以通过触诊感知，当浅表的感染痊愈时，深层感染可能还在。为防止这种不明显的感染复发，建议在表面的病灶治愈后仍连续使用7d抗生素。对于深层感染，表面的痊愈具有误导性，皮肤炎症消退后抗生素治疗仍应继续。深部病灶的浅层部分通常较深层组织愈合得快。在组织触诊正常时，仍有可能有一些无法触及的小病灶存在，故当组织恢复正常后抗生素治疗仍需持续7～21d。治疗时机决定了皮肤恢复正常后的用药时间。

理论上，临床医师应重新评估动物以判断是否真的痊愈。在很多实例中这是不现实的，而在许多浅层感染的病例中也不是绝对必要的。只要主人善于观察，动物不表现临床症状后继续进行治疗，多数感染无需复查也可治愈。然而，对发生深层感染的动物必须进行复查。主人通常无法判断深层感染的状态，且低估了抗生素的作用。一些临床医师每14d复查1次，而其他医师仅在主人认为临床症状消失时进行复查。这个时间视个体情况而定。

深层感染对主人和临床医师来说都很成问题。随着毛囊破损，损害深层组织，炎症会发展为脓性肉芽肿和内源性异物（角质、毛干、损伤的胶原），这些异物常在真皮层被发现。在抗生素治疗最初的2～4周，病变迅速好转，而后对治疗无明显反应。若此时停止用药，取得的疗效会丧失，因为此时不可能治愈深层感染。最初的迅速好转是由于解决了感染的化脓部分，但脓性肉芽肿部分依然还在，且后者对治疗的反应更慢。只要存在缓慢、平稳改善时，就应持续给予抗生素，即使治疗疗程已达到12周或更长。通过长期治疗，大多病灶可痊愈，但一些病灶好转到一定程度便不再变化。在这些病例中，因为纤维化形成，组织永远无法恢复至触诊正常的状态，真皮层内出现无菌性内源性异物，或带有包囊的局限性小感染灶。

皮肤活检样本的组织病理学检查可帮助诊断，但也具有误导性。若感染明显，可明确下一步治疗措施。若在活检部位感染并不可见，则应怀疑感染是否存在于未取样区域。若经过2～3周的抗生素进一步治疗，病灶仍未见好转，必需假设感染已经痊愈并停止治疗。若感染依然存在，病灶在2～21d内再次恶化。

皮肤感染复发很常见，不管是由于当前的治疗不到位还是由于未识别或未针对潜在感染原因进行治疗。复发的时间很重要。若治疗停止后7d内发现新病灶，就说明可能感染并未治愈。有必要进行更大强度的治疗。若治疗结束后数周至数月后复发，则必须治疗动物的潜在问题。

若不涉及一些抗炎和免疫调节功用，则对抗生素的讨论便不算完整：大环内酯类抑制白细胞趋化作用，白介素（IL）-1和淋巴细胞的生成；甲氧苄氨嘧啶抑制白细胞趋化作用；四环素类具有许多作用（见第九章）；喹诺酮类抑制IL-1和白细胞三烯，并抑制肉芽肿性炎症反应[157-160]。这些影响可能是有益的，但也可能产生不良反应。

（三）慢性复发性皮肤感染的处理

尽管费尽心血进行了诊断和治疗，一些犬仍会复发，或是经历持续性的皮肤感染。长时间的治疗见效后感染在停药数周内复发。其中一些犬有免疫缺陷的记录，而其他犬则通过现有的检查方法未见异常，或无法查出异常。也应考虑治疗不当或是对治疗反应不佳的过敏性皮肤病。过敏性瘙痒损伤皮肤，易导致感染。若使用激素类药物，这一点尤其如此。

对于免疫缺陷的犬应考虑进行免疫调节。希望经过治疗后动物的免疫反应更加正常。免疫调节不会使正常的免疫系统过度反应，因此这对表皮屏障功能缺陷引起的皮肤感染疗效甚微或没有疗效（如皮肤脆弱但免疫系统没问题）。这些治疗无法解决先前的感染问题，但希望其能预防或使复发的可能最小化[153,161,162]。

这类药物应与适当的抗生素同时给予，直至感染痊愈。若动物在感染痊愈时接受了足够时间的治疗，可停止给予抗生素，但免疫调节剂应继续给予。治疗的成功率由复发的时间和严重程度决定。如果没有复发，说明治疗获得了完美的成功。由于使免疫系统恢复正常十分困难，许多动物在经过成功的治疗后再次发生其他感染，但时间间隔很长，症状不重，对抗生素治疗反应迅速。许多犬对免疫调节剂没有反应。

含有左旋咪唑或甲氰咪胍的化学调节剂用于治疗反复性皮肤感染，但尚无已发表的文献报道其中任何一种产品药效的具体细节[153,161,163]。然而，左旋咪唑按2.2mg/kg隔日给药1次，可调节细胞介导性免疫系统并可能对10%的患有特发性反复皮肤感染的犬有益[132]。这一剂量的不良反应很少见，但不良反应包括皮肤药物反应、胃肠道刺激（呕吐和腹泻）和血液循环失调。由于许多单核细胞的细胞表面有组胺受体，组胺可影响细胞功能[19]。甲氰咪胍是一种H_2受体拮抗剂，可抑制组胺参与的免疫抑制。对犬来说，推荐剂量为每8h 6～10mg/kg，不良反应鲜有报道。若其中任何一种药物预防了复发，则动物可按上述剂量终生服药。甲氰咪胍的价格昂贵，特别是对大型犬来说，会让人望而却步。

在一项小规模的安慰剂对照试验研究中，人重组干扰素α-2b以每日1 000IU/m^2口服给药18周，临床症状消失连续6周口服给予头孢立新以及使用抗细菌香波，这种方式对于治疗犬复发性细菌性脓皮症可取得短期疗效，但需做进一步研究以确定这种治疗的长期效果（见第三章）[164]。

多种细菌产品在犬的复发性脓皮症中得到广泛应用。自体葡萄球菌疫苗、金黄色葡萄球菌噬菌体裂解产物［葡萄球菌噬菌体溶解物，SPL（Delmont实验室）］和痤疮丙酸杆菌［免疫调节素（Neogen公司）］是最常用的制品。这类产品在犬的具体反应机制不明确，但似乎可提高细胞介导的免疫力，继而影响非特异性和体液免疫能力[83,153,161,165,166]。尽管已进行每种产品的安慰剂对照试验，但尚无关于犬复发性脓皮症轮流给予这三种制品的相关研究发表，无法判断哪一种最有效。在欧洲，报道了一种以弱化或灭活的副痘病毒属为基础的生物学反应调节剂[Baypamune（拜耳）]，其与头孢立新联合应用于脓皮症的治疗，可缓解临床症状[167]。

自体葡萄球菌疫苗的制备取材于患犬的感染皮肤表面培养的细菌，含有引起感染的特定菌株伪中间型葡萄球菌。大部分关于自体菌苗的报道涉及的犬数量少且为自身对照[60,162,168,169]。尽管存在这些缺点，研究表明一些犬对其反应良好或极好。在一项发表于1997年的初步研究中，13只特发性复发性脓皮症患犬中有9只犬（69%）表现出良好至极好的反应；随后一项安慰剂对照研究证实了该疫苗的效果，随后超过9~18个月的随访表明50%的犬仍然接受菌苗的治疗[80,169]。这一疫苗的制备方法因实验室的不同而不同，有些方法会导致皮肤药物不良反应；所生产的菌苗都可能发生过敏反应。

免疫抑制肽只被批准用于静脉注射，若经皮下或肌肉注射可引起坏死性皮炎。在前2周每3~4天给予一次，而后每周1次直至状态好转或稳定。维持剂量视需求而定，通常每月1次。对28只复发性皮肤感染的患犬给予免疫抑制肽或安慰剂12周，免疫性多肽组的治愈率更高，为80%，另一组为38.5%[170]。由于给予犬抗生素的同时给予免疫调节剂，无法获得复发的详情，很难评估产品的有效性。

最初研发SPL是用于人的，包含了金黄色葡萄球菌的成分[81,153,163,171]。在犬上被批准用于皮下注射。使用剂量说法各异，但大部分研究者按每次0.5mL，2周1次，持续用药10~12周。若见效，每隔7~14d注射。若0.5mL效果不明显，可逐渐加量至1.5mL（说明书推荐最大剂量）可提高疗效。当对21只复发性浅表脓皮症患犬给予SPL或安慰剂18周后，给予SPL的13只犬中的10只（77%）效果良好，安慰剂组的8只犬中的3只（46%）效果良好[81]。效果良好的犬发生继发感染，但据报道继发感染症状较轻，因SPL治疗，这些犬的症状能自行消退。

这些信息表明免疫调节剂对于一些精心挑选的病例有一定的益处。若感染复发是由于皮肤问题而非免疫缺陷，可能不会出现用药效果优于安慰剂的结果。这类制剂价格昂贵，且并非无害，故不推荐随便使用。由于猫除了打斗造成的脓肿外很少出现复发性皮肤感染，故缺乏猫使用这类产品的安全性和有效性的相关数据资料。

若犬复发性脓皮症是由于潜在的皮肤问题尚未解决而导致，常见的是过敏性问题，或是对免疫调节剂反应不佳，这时通常需要长期的抗生素治疗来进行控制。局部抗生素香波疗法可很大程度地控制病情，特别是反复性浅表脓皮症，给予附加治疗可以将其他潜在性疾病的影响降至最低。然而，局部治疗是不够的，若产品对皮肤有刺激性或使皮肤浸软，则局部治疗还会是有害的。当必须长期使

用抗生素时，应只选择安全性高的药物。过去，大多数病例会选用头孢类、苯唑西林、阿莫西林克拉维酸或喹诺酮类药物进行治疗。但随着越来越多的证据表明，长期使用这些抗生素与多重耐药和耐甲氧西林的病原性葡萄球菌的出现有关，这样的长期使用必须在其他治疗模式都尝试过且无效后再行选择。大环内酯类和林可霉素类抗生素很安全，可作为长期用药，但细菌的耐药性通常使其无用武之地。

抗生素可间断或持续给药。若感染之间的间隔为2个月或更久，间断性给药则更恰当。当感染的最初症状出现时，按照完整的治疗标准给药直到感染痊愈，再额外给药7~14d。当停药后短时间内感染复发时，表明需要长期治疗[153]。最初以治疗剂量给药7~14d直到临床症状缓解，然后降低用药剂量以次优方案或以脉冲模式进行治疗。没有数据表明哪种方法更为有效或引起的不良反应更小，故方案的选择应视情况而定。脉冲模式是指以完整的治疗剂量给药7d，接下来7d则停止给药。根据动物的状态，停药时间可被延长至10~21d。或者，一直按治疗剂量给药，但每周只有2~3d给药，且通常在周末给药，这样方便主人操作[172,173]。

有不同的次优方案可供选用。为使讨论更为清晰，让我们将治疗剂量定为每12h 500mg。当感染的症状消失后，一些研究者每24h给予500mg，而另一些则每12h给药500mg隔日1次。若感染未复发，可再减量。有研究者用250mg每天1次的维持剂量或保持500mg的剂量但减少用药次数（如每48h或72h给药1次）。当药物不是每日服用时，给药间隔可延长至每隔3天或4天1次。当治疗的最低水平确定后，动物可终生按这一方案进行给药，或直至治疗无效。

长期的抗生素治疗价格昂贵，特别是对大型犬来说，但出人意料的是不良反应很少。尚未发现药物中毒或是酵母菌和其他真菌（可能有马拉色菌）的双重感染。但已经意识到这种治疗方式是产生甲氧西林耐药病原性葡萄球菌的危险因素，只有万不得已时才应采用这种方法[174,175]。

五、浅表细菌感染

脓性创伤性皮炎表现为两种组织病理学形式。一种在临床上称为急性潮湿性皮炎，是由创伤引起的浅表溃疡性炎性反应（见第十六章）。另一种形式，脓性创伤性毛囊炎，是一种深层化脓性毛囊炎（见后文）。擦烂，或皮褶性皮炎，是一种由皮肤之间相互摩擦引起擦伤导致的浅表刺激和炎症（见第十六章）。

六、浅表细菌感染（浅表性脓皮症）

浅表性脓皮症是涉及表皮层和毛囊层的细菌感染。包括脓疱病、黏膜皮肤性脓皮症、浅表细菌性毛囊炎和嗜皮菌病。

（一）脓疱病

脓疱病的特征为非毛囊的角质下脓疱，通常发生于毛发稀疏的皮肤区域。

1. 病因和机制

脓疱病是由凝血酶阳性葡萄球菌引起的细菌性疾病。发生于发育期之前或正处于发育期的幼犬[175a]。本病不具有传染性。大多数病例中的幼犬无明显病因，而另一些则继发于寄生虫、病毒感染、环境脏乱或营养不良。大疱性脓疱病更常见于年龄大一些的犬，多数与库欣综合征、糖尿病、甲状腺功能低下或其他代谢性疾病有关，在这些病例中，可能存在其他细菌感染，如假单胞菌属和肠杆菌属[30]。

浅表脓疱性皮炎曾见于猫，与母猫过度舔舐有关。培养结果显示为多杀性巴氏杆菌或β-溶血性链球菌[45]。

2. 临床症状

主要在犬腹股沟和腋下这样无毛的区域可发现小的浅表的脓疱，不涉及毛囊，但也不完全是这样（图4-1，A）。病灶无疼痛感，容易破溃，外周表现为表皮环形脱屑或有蜂蜜色结痂黏附在皮肤上。脓疱病偶尔可见于有毛的区域，指示患病动物具有潜在的问题，即其表皮屏障或免疫系统有缺陷（图4-1，B）。瘙痒并不常见，如果出现则提示病变已涉及毛囊，因此并不算真正的脓疱病。这是一种轻度的疾病，通常可自愈，仅仅在偶然中会被发现。对于幼猫，病灶大多出现在颈背部、头部和鬐甲部。在大疱性脓疱病中，非毛囊性脓疱大而松弛（图4-1，C），可能出现浅表的表皮大面积剥脱。病灶中常可培养出凝血酶阳性葡萄球菌。诊断时可通过病史和临床表现、直接涂片染色或对脓疱的分泌物进行培养证实细菌感染。组织病理学上表现为非毛囊性角质下脓疱。脓疱内可见或不可见细菌。

3. 临床治疗方法

典型的脓疱病会自愈，但治疗可加速其治愈的进程。当病灶少且分散时，局部使用抗生素乳膏或凝胶，或是如莫匹罗星、夫西地酸和醋酸氯己定等水溶性的膏剂，均有疗效[107,109]。若病灶太多，上述治疗方法无法控制，可使用抗生素香波进行药浴（如乳酸乙酯、过氧化苯甲酰）。幼犬和幼猫的皮肤容易被刺激，慎用过氧化苯甲酰类产品。患部每天清洗或隔天清洗直至痊愈，一般需7～10d。极少有必要全身给予抗生素，但如果需要，通常10～14d足够，除非同时发生了浅表性毛囊炎。应检查健康管理程序以排除可能影响疾病发生的因素。

幼犬或成犬的不常见部位（如面部）出现脓疱病样病变，需要引起重视，其预后的评估应更加谨慎，因为这样的病变通常涉及免疫抑制和上文中提到的其他严重的问题。大疱性脓疱病若给予适当的抗生素并治疗潜在性疾病，通常见效很快。

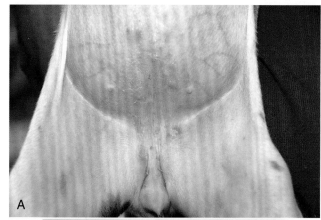

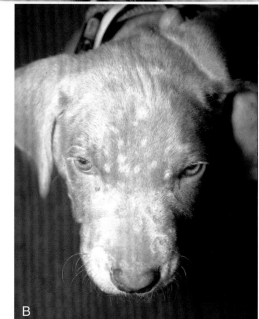

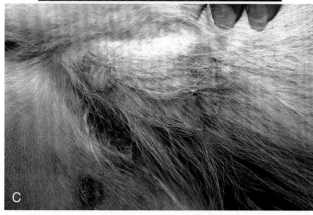

图4-1 脓疱病 **A.** 幼犬腹部多处丘疹和脓疱 **B.** 患有免疫缺陷的威玛犬幼犬面部多处破溃的脓疱 **C.** 患有免疫缺陷的老年犬大疱性脓疱，多处完整的大面积松弛的脓疱

（二）黏膜皮肤性脓皮症

黏膜皮肤性脓皮症主要发生于犬的唇部和口周的皮肤[176]。病因不明。

1. 临床症状

任何年龄、品种或性别的犬均可患病。德国牧羊犬和有德牧血统的品种患病风险更高。最先可察觉的变化是唇部的对称性肿胀和红斑（图4-2，A），特别是在黏膜皮肤交界处。随后出现结痂，并发展为开裂、糜烂（图4-2，B），类似免疫介导性疾病。结痂附近出现分泌物，特别是在唇的腹侧。类似的病灶还可能出现在眼睑、鼻孔、阴门、包皮或肛门。慢性病例可见唇部色素化。

病灶柔软，犬会摩擦该区域并拒绝检查和触诊。本病不起源于唇部但可与唇部褶皱性皮炎同时发生。

2. 诊断

黏膜皮肤性脓皮症的肉眼可见病变很有特点[176,177]。鉴别诊断包括盘状红斑狼疮、唇部褶皱性皮炎、锌反应性皮肤病、落叶天疱疮或全身性红斑狼疮以及皮肤的药物不良反应。

通过临床检查确诊。皮肤活检样本的组织病理学结果显示，表皮增生，伴有浅表的脓疱形成和结痂。真皮层内主要是密集的浆细胞性、苔藓化皮炎。在有炎性反应的真皮层，中性粒细胞也是主要的炎性细胞，异常的色素化明显。然而，表皮真皮交界处没有模糊不清，水肿变性轻微或没有。在覆有被毛的皮肤活检样本中附属器周围可能发

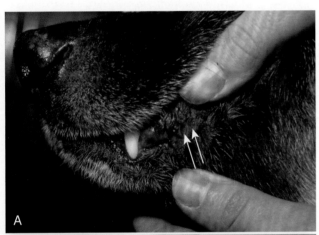

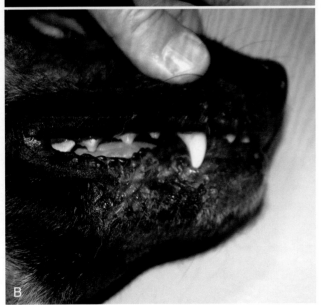

图4-2 黏膜皮肤性脓皮症 **A.** 可见多个瘘管（箭头） **B.** 结痂移除后显现出糜烂和溃疡

现相同但较轻微的炎性反应。组织病理学上，黏膜皮肤性脓皮症容易与盘状红斑狼疮和落叶天疱疮中鼻镜溃疡后继发的慢性细菌性炎症相混淆，也与细菌性擦烂有着共同的组织病理学特征[177]。

3. 临床治疗方法

这种状况采用局部或全身性抗菌治疗均可见效，但通常起效慢且常复发[177]。局部治疗时，周围毛发应剃除干净而后使用过氧化苯甲酰或其他适当的抗细菌香波轻轻洗净。病灶清理干净后，涂上薄薄一层抗生素软膏。莫匹罗星尤其有效。该部位每天处理，持续14d，然后每周1~2次。对严重的病例，有必要给予全身抗生素3~4周。

当病灶痊愈后，可停止治疗，但复发很常见。对于复发病例，使用原有的局部治疗方案即可恢复正常，或者极少情况下需继续给予全身用抗生素。

（三）浅表细菌性毛囊炎

常见的临床表现是局限于毛囊浅层部分的感染。

1. 病因和机制

在大多数情况下，犬的浅层毛囊炎由伪中间型葡萄球菌引起，也会涉及其他葡萄球菌属和其他细菌。局部的创伤、擦伤或抓伤会引入细菌，或者是由于毛发脏乱或不修剪、皮脂溢、寄生虫感染（特别是蠕形螨）、内分泌因素、局部刺激或是过敏，污染而导致感染。犬毛囊炎最常见的三种病因包括葡萄球菌、皮肤癣菌和蠕形螨。浅层毛囊炎可发展为深部毛囊炎、疖病甚至蜂窝织炎。

毛囊炎可表现或不表现瘙痒，若表现出瘙痒，其程度是有变化的。尚不清楚为何会有这两种类型的毛囊炎存在，或者这两种（瘙痒和不瘙痒）是不同的皮肤病。组织病理学描述的临床病变和抗葡萄球菌IgE抗体水平[178]在两种类型中是相同的，它们之间唯一的区别仅在于是否瘙痒。少数病例可能是由于细菌过敏（所谓的瘙痒性浅表脓皮症）[179]。

2. 临床症状

浅表性毛囊炎既没有特定的分布特征，也没有特征性的临床症状。由于葡萄球菌感染通常继发于外部或内部皮肤损伤，感染的位置则取决于易感原因。若发生外部损伤（如撕裂伤、跳蚤），感染开始时局限于损伤部位。发生潜在的全身问题引起的感染，则病灶主要在躯干部分。在任何一例病例中，感染均可能发展蔓延至更大的区域，特别是病灶瘙痒时。在慢性病例中，病灶可涉及大部分皮肤。不管是何种病因，毛囊炎的主要特征是小的炎性丘疹或脓疱，中心处有毛干突出。有毛发的皮肤在剃毛之前可能看不到这些病灶。短毛犬最初的症状是患处的毛发粗乱，一小堆毛发簇生在一起，生长在皮肤表面（图4-3，A）。这些早期的病灶通常易与荨麻疹混淆。随着时间推移，毛发从感染的毛囊脱落，患犬身上出现多处小的脱毛区域。暴露的皮肤通常发生炎症，但深色皮肤的患犬，无

毛的区域看起来无异常表现，这会影响细菌性毛囊炎的诊断（图4-3，B）。

随着病程发展，时间延长，脱毛区域扩大，患犬表现为虫蚀样外观。相邻病灶连接形成更大的皮肤炎症区域，此时易与真菌和许多其他疾病相混淆（图4-3，C）[180]。

由于犬、猫的脓疱样病灶是暂时的，特别是在出现瘙痒的患病动物，典型的脓疱不易找到。更常见的病灶表现为不同大小的滤泡样丘疹，可能结痂或不结痂（图4-3，D~E），表皮上的红疹（图4-3，F），过度色素化，表皮脱落和脱毛（图4-3，G）。出现环形脱毛区、红斑、脱皮、结痂和过度色素化——所谓的牛眼样或靶样病灶（图4-3，H），则高度提示本病，但许多开始于一点的水泡样和重度炎症反应（如脓疱病和落叶天疱疮）也会出现类似的圆形病灶。英国斗牛犬具有相对独特的临床表现。患处少毛和过度角质化，炎症反应轻微（图4-3，I）。大麦町犬毛囊炎处的毛发会变成古铜色。

长毛犬的浅表性毛囊炎更不易被发现，特别是不瘙痒的病灶。最初的症状通常是发病的部位毛发缺乏光泽且脱毛增多。该区域可能出现或不出现皮脂溢。一段时间后，鳞屑增多或变得明显，脱毛加重出现明显的少毛症。当脱毛越来越严重时可发现潜在的皮肤病灶。柯利犬和喜乐蒂牧羊犬可出现大面积的、横跨躯干的对称性脱毛，类似内分泌问题导致的脱毛。仔细检查脱毛区域的边缘可发现红疹、脱皮和表皮红斑。

浅表性毛囊炎罕见于猫[45,181-184]。最常见的表现是结痂的丘疹破溃（粟粒状皮炎），在临床上难以与其他结痂的丘疹病灶相鉴别。在一些猫的头部和颈部（图4-3，J）具有环形脱毛区域、脱皮和结痂，这些病变更常见于真菌病和蠕形螨病。

3. 诊断

浅表性毛囊炎的临床诊断通常较为直接，再仔细检查病灶，丘疹或脓疱的病灶起源于毛囊。因为大多数犬浅表性毛囊炎来源于葡萄球菌感染，检查后可能发现动物患有脓皮症。然而，这也不是绝对的，因为毛囊的炎症（毛囊炎）在很多情况下都会出现，包括蠕形螨病、真菌病和一系列免疫介导性皮肤病（如落叶天疱疮）。毛囊发炎后很容易感染，比如继发的葡萄球菌性毛囊炎常常会同时出现其他一些毛囊病变，使问题变得更加复杂。

为确诊细菌性浅表毛囊炎，必须进行检查。应进行皮肤刮片和真菌检查（毛发检查和真菌培养，以排除引起毛囊炎的其他原因，应进行分泌物的细胞学检查。脓性分泌物中应含有球菌、不同时期的退行性中性粒细胞，更重要的是，可观察到吞噬细菌现象（图4-4）。

若没有分泌物，或细胞学检查结果显示是细菌感染，但病灶的分布和性质表明感染是由其他炎性毛囊病变引起的，则需进行皮肤活检。细菌性毛囊炎在组织病理学上表现为毛囊内有中性粒细胞性渗出物（化脓性腔性毛囊

炎）。感染的毛囊内可见或不可见细菌。若活检样本采自于慢性无脓疱病灶，常可以发现浅层脓性间质性皮炎、毛囊周炎、毛囊周围纤维化和/或表皮内中性粒细胞性微脓肿。英国斗牛犬的毛囊炎主要的病理变化是毛囊及表面明显的过度角质化、乳头样增生，间质至附属器周围的炎症。

由于犬、猫自发地发生皮肤感染的情况很罕见，当发现有葡萄球菌感染的毛囊炎时，不能停止诊断。最重要的问题是"为何皮肤会发生感染？"。病史和大体检查在此变得重要起来。若有任何迹象表明在发生脓皮症之前就已出现瘙痒症状或已有其他皮肤病，必须继续诊断，以确定感染的潜在原因。在许多情况下，尤其是慢性脓皮症或病灶出现瘙痒时，病史和大体检查意义不大。此时，医师面临着进行其他检查的选择（例如常规实验室检查、内分泌检查和过敏试验），或是采用适当的方法简单治疗感染。

显然病例的特性影响着最佳方案的制定，但若动物从来没有经彻底地治疗过浅表的葡萄球菌性毛囊炎，最佳选择可能是解决感染问题。在感染痊愈后，慢性大范围浅表性毛囊炎患犬的临床表现恢复正常并能维持的案例并不少见。在那些病例中，引起脓皮症的病因是暂时的。若动物未感染的皮肤出现异常，或是如果脓皮症在停药3个月内复发，则必须对动物患有的其他疾病进行诊断和治疗，以防止再次复发。在抗生素治疗后仔细研究病史和大体检查的发现可帮助诊断。

4. 临床治疗

免疫系统正常的动物通常经过21~28d的治疗即可很快痊愈。在复发性感染的病例中，病灶愈合较慢的情况不少见，应进行更长时间的治疗。

（四）嗜皮菌病

嗜皮菌病（皮肤链丝菌病）是一种由刚果嗜皮菌引起的放线菌病，会出现浅表的结痂性皮炎。罕见于小动物[121,185-187]。

1. 病因和机制

该微生物是一种在环境中少见的革兰阳性球菌，因此常来自于携带细菌的动物，通常是农场动物[185,187,188]。临床上本病经常在雨季开始后很短的时间内出现，而在干燥的气候中少见。潮湿环境是疾病启动的必要因素，在此条件下病原菌可释放感染性游动孢子。患病动物一般发生由外寄生虫所致的皮肤缺损、微小的创伤、浸渍、炎症或是感染。所以，该微生物通常是继发性入侵者，通过涂片染色和细菌培养容易发现。这是种具有活动性的微生物，最终产生带鞭毛的游动孢子，可耐干燥，能在患部结痂中存活数年。这种活动型球菌对皮肤表面的二氧化碳具有趋向性。因此，其萌芽长出丝状物侵入有活性的表皮并在表皮中增殖，导致典型结痂的产生[189]。

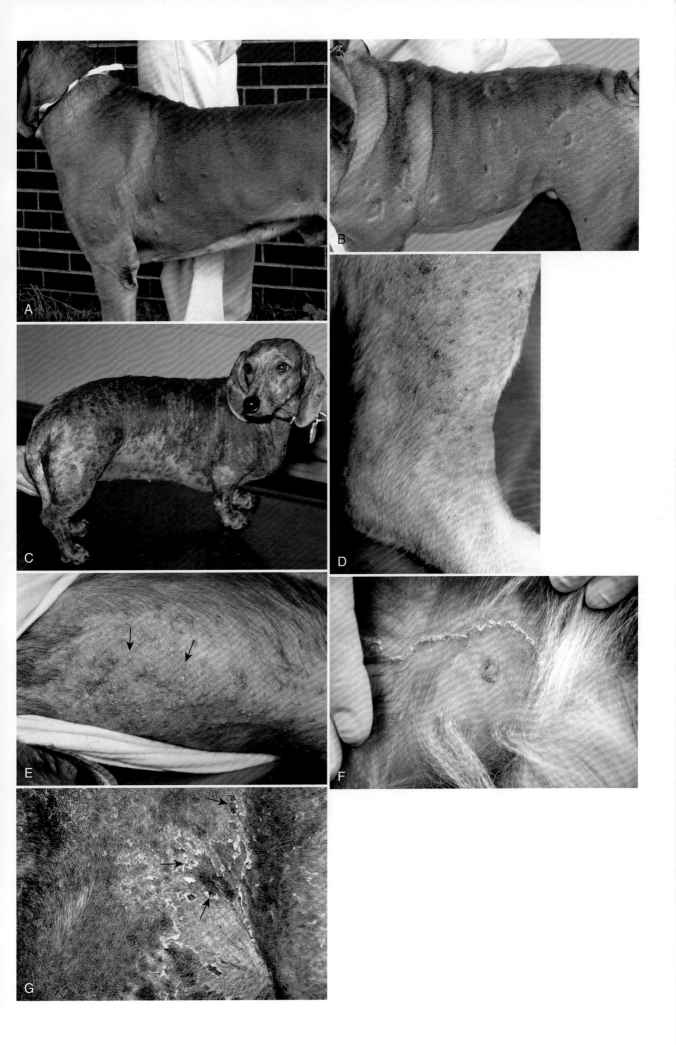

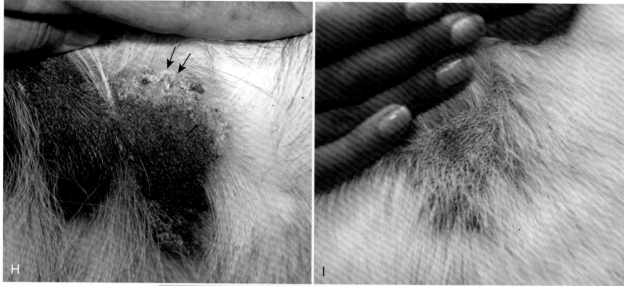

图4-3 毛囊炎 **A.** 胸外侧多处成簇的丘疹和结节。这些病灶易与荨麻疹相混淆 **B.** 由毛囊炎症引起的离散型"非反应性"多灶性脱毛 **C.** 由成片的脓疱病灶引起的大面积脱毛。该犬曾用激素而非抗生素进行治疗 **D.** 跗关节多处小的滤泡样丘疹 **E.** 胸骨处多个丘疹和脓疱病灶（箭头） **F.** 德牧多处丘疹连成片后形成大的表皮红斑 **G.** 中心过度色素化（箭头），周边大面积脱毛，多处表皮红斑 **H.** 成片的环形脱毛区域和过度色素化，周围有炎症反应。炎症区域需进行细胞学检查（箭头） **I.** 不同于一般的脓疱和丘疹，英国斗牛犬通常发生部分脱毛、过度角质化，像许多非葡萄球菌感染的疾病一样 **J.** 喜马拉雅猫面部和耳部多处结痂的丘疹病灶

2. 临床症状

在小动物临床，嗜皮菌病是一种罕见的疾病，但它在气候更为潮湿、温暖的澳大利亚北部、新西兰和美国东南部会更常见些。对于急性潮湿性皮炎、慢性毛囊炎、脂溢性皮炎和其他过度潮湿的结痂性皮肤病，应怀疑本病。本病曾出现于犬[121,186,190]、猫[45,121,185,187]、多种野生动物（包括兔和狐狸），也发生于农场动物[190,191]。

病灶涉及所有有毛或无毛的皮肤，在猫，细菌曾从淋巴结、口腔和膀胱的软组织瘘管和肉芽肿性病灶中被分离出来。皮肤病灶的结痂通常集中在背部、肩胛部以上和股外侧。面部、耳部和肢端易感，疼痛感明显，动物表现出不快，不愿活动。

局部病灶最初表现为红斑性的丘疹和脓疱，伴有结痂，有时会增厚，直径增至几厘米。可能是局限性的圆形病灶或相互连接形成大面积病灶。传统的病灶是在毛发和结痂下表现为渗出性化脓性皮炎。病变早期，这些结痂和毛发容易移除（"漆刷"样病灶），之后可发现在卵圆形、出血性溃疡灶表面有灰绿色脓性分泌物。正在好转的

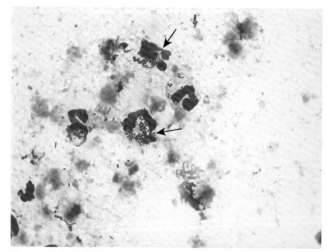

图4-4 犬葡萄球菌性毛囊炎患处的细胞学压片。注意被吞噬的细菌（箭头）

病灶则表现为干性结痂、脱皮、过度色素化和脱毛。

3. 诊断

脓性分泌物或压碎的结痂能直接涂片，进行姬姆萨、瑞氏、革兰氏染色或Diff-Quik染色。这种细菌不好辨认，表现为2~6列平行排列的革兰阳性球菌，像铁路轨道。

进行微生物分离和培养时，可研碎结痂，用灭菌的蒸馏水浸泡30min。取液面顶端的接种液置于浓缩抗生素（多黏菌素B）培养基上。多种培养基均可使用，如血琼脂培养基，但应避免使用沙保和麦康凯琼脂培养基。3d内可见有表明粗糙（随后会变得平滑）的菌落生长，但菌体最初很小，易混在污染物中而漏检。

患处的皮肤活检具有诊断意义，特别是慢性病例中，其分泌物的细胞学检查结果通常为阴性，此时组织学检查尤其有用。组织病理学的结果为浅表的、血管周围的增生性皮炎或毛囊周炎，后者伴有过度正角质化及过度不全角化的栅栏样痂以及粒性白细胞。使用HE染色、酸性地衣红-姬姆萨染色（Acid-orcein-Giemsa）和苦味酸-丙酮染色（Brown-Brenn），均可清晰地辨认角蛋白内的细菌。

鉴别诊断包括皮脂溢性皮炎、脓疱性皮炎（脓疱病、角质下脓疱性皮炎、落叶天疱疮）、急性潮湿性皮炎、葡萄球菌性毛囊炎、真菌病、蠕形螨症和锌反应性皮肤病。

4. 临床治疗

消除原发性刺激因素后，许多病例可自愈。这些因素包括潮湿的环境、寄生虫或创伤。

应清除皮肤上嗜皮菌属的细菌。由于其对大多数消毒药物敏感，局部治疗和良好的皮肤保健十分有意义。结痂的清除和处理至关重要。每日用聚维酮碘或石硫合剂进行药浴，持续1周，而后3~4周内每周1次，对治疗有帮助。全身用抗生素最为有效，应作为治疗的主要重点。该微生物对氨苄西林、头孢类抗生素、氯唑西林、林可霉素、四环素、泰乐菌素和大剂量的青霉素敏感。其对红霉素、新生霉素、磺胺类药物、多黏菌素B和低剂量的青霉素具有耐药性。对已治愈动物的皮肤结痂进行细菌培养，可在治愈后的7~8个月甚至15个月内得到阳性结果，这是该病复发的一个重要原因[121]。刚果嗜皮菌可感染人类，尤其可接触伤口或破损处而造成感染，所以应多加小心。

七、深层细菌感染（深层脓皮症）

深层脓皮症是严重的细菌感染，涉及毛囊更深层的组织。病变通常侵入真皮层且经常侵袭皮下组织。可引起全身性症状，愈合时有瘢痕组织生成。

正常的犬、猫不会自发性发生深层脓皮症。通常起因于感染，成功的治愈需查明潜在病因。如果感染仅局限于某一小块区域，大多是由外伤（如撕裂伤、穿透伤、动物咬伤和异物）引起的。当病灶分散但广泛分布于全身，涉及全身的所有区域（如臀部）时，必须诊断清楚动物患有的其他疾病。

深层皮肤感染一般由浅层皮肤感染或毛囊炎发展而来。感染发展到毛囊深部，穿过毛囊壁，引起疖病以及真皮层和皮下组织的感染。感染沿组织层扩散，可能会扩散至皮肤表面，形成很多瘘管，或向深层蔓延，侵害到皮下和脂肪组织，形成蜂窝织炎和脂膜炎。这一状况的专业术语取决于最明显病灶的位置，可能定义为毛囊炎、疖病、皮肤瘘管、蜂窝织炎和脂膜炎。实际上，本文讨论的任何疾病当涉及深层葡萄球菌感染时就变得复杂起来。

在大多数情况下，感染大多局限于毛囊或是渐进性地向深层发展。在一些病例中，这一过程是爆发性的。本病的潜在病因包括，动物的免疫功能缺陷、原发疾病引起的严重毛囊炎或皮肤缺损（如严重的蠕形螨症）、感染区域所受的外伤（压力，频繁舔舐、抓挠、磨蹭导致的），以及使用无效的抗生素、激素或二者兼有的不当治疗的浅层感染。此外，许多感染的分布方式反映出其大多由浅表的创伤导致。一些常见临床症状的发病机理相同：深层毛囊炎、疖病和蜂窝织炎；脓性创伤性毛囊炎；鼻部毛囊炎和疖病；口周毛囊炎和疖病；掌部毛囊炎和疖病；德国牧羊犬毛囊炎、疖病和蜂窝织炎；肢端舔舐性疖病；厌氧性蜂窝织炎以及皮下脓肿。

（一）深部毛囊炎、疖病和蜂窝织炎

深部毛囊炎为穿透毛囊的毛囊感染，形成疖病和蜂窝织炎。

1. 病因和机制

毛囊炎和疖病起源于皮肤表面或毛囊的细菌、真菌或寄生虫感染。若病灶广泛分布，应怀疑为全身性蠕形螨症（见第六章，图6-42，B）、全身性皮肤真菌病（见第五章，图5-9）、皮肤药物不良反应、内分泌问题、皮脂溢和免疫抑制等病因。细菌通常为伪中间型葡萄球菌，但深层感染更可能继发变形杆菌属、假单胞菌属和肠杆菌属的细菌感染。

活检样本的组织学检查对了解毛囊炎和疖病综合征的发病机制、病因学及临床分级十分有用。对于犬，无论临床检查还是显微镜检查，毛囊炎均是种非常常见的诊断结果。由于其通常是继发的，因此必须全面检查潜在病因。细菌、真菌或寄生虫相关的毛囊炎开始通常是化脓性的。偶见一些病例与特应性皮炎、食物过敏或皮脂溢性皮炎有关，这类病例通常表现为棘细胞层水肿和单核细胞增多。任何慢性毛囊炎，特别是发生疖病时，都会发展为肉芽肿或脓性肉芽肿。

无论何种病因，疖病通常与组织中嗜酸性粒细胞增多相关，提示可能存在异物（角蛋白或毛发）（图4-5）。当感染性疖病继发组织嗜酸性粒细胞增多时，中性粒细胞为腔内及组织内主要的白细胞，在毛囊周围的炎症中，嗜酸性粒细胞与其数量相当。当嗜酸性粒细胞是这些部位的主要细胞时，病因可能并非感染，可能是由昆虫/蜱类叮咬导

致的，或是其他无菌性嗜酸性粒细胞性毛囊问题。无嗜酸性粒细胞增多的疖病通常提示免疫抑制，特别是在进行激素治疗或患有蠕形螨症的时候。

2. 临床症状

病灶区域病变毛囊的数量、涉及毛囊的深度及严重程度和不同的动物因素，特别是免疫功能缺陷，都决定了初始病灶的性质。一个或邻近多个毛囊的感染导致不同大小的弥散性丘疹病灶，若同时涉及许多毛囊，则引起分界不

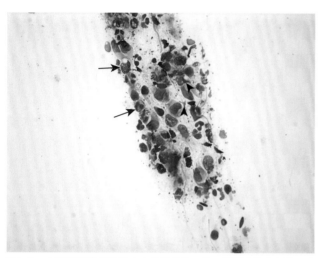

图4-5 犬葡萄球菌感染性疖病的细胞学压片。可见中性粒细胞、嗜酸性粒细胞（长箭头）以及巨噬细胞（箭头）

明显的脱毛、组织肿胀及炎症反应。感染的严重程度可由病灶的颜色和大小进行评估。相比那些小的更为浅表或粉色的病灶（图4-6，A），大的暗红色至淡紫色的病灶更为严重（图4-6，B）。

开始时病灶的发展进程不尽相同。丘疹变软，形成深层脓疱，中心区域形成溃疡，通常会结痂。在溃疡形成之前可能会形成出血性大疱。触须发生毛囊感染时，在典型的病变出现之前，出血是早期症状。大面积的病灶炎症反应更强，颜色变深，通常形成一个或多个瘘管，可将分泌物排出至表面，而后结痂。一些严重感染的区域在瘘管形成之前会发生坏死，在皮肤上形成不规则的溃疡灶，可能会或不会结痂。若感染区域受过外伤（压力或瘙痒），会加速病变发展的速度和严重程度，通常会涉及病灶周围的正常皮肤。

有毛囊的地方均可发生毛囊炎和疖病，但在压点或躯干更为常见。短毛犬的病灶可较早被发现。长毛犬感染区域周围的毛发影响分泌物和组织碎屑的排出，使其形成更大的结痂。结痂区域皮肤病灶的严重程度在清除毛发和结痂前无法进行评估。

细菌性毛囊炎和疖病在猫罕见（图4-6，C）。发生时，通常在头面部出现毛囊丘疹和脓疱（见图4-3，J），或在背部出现跳蚤叮咬性过敏。这些病灶的培养结果常

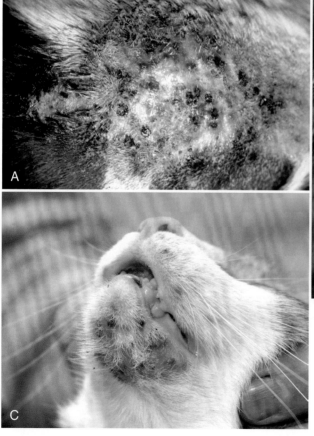

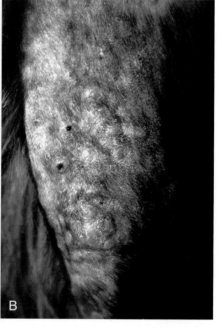

图4-6 疖病　**A.** 犬臀部多处炎性和溃疡性疖　**B.** 膝关节附近多处皮肤表面完好的丘疹和结节病灶。对于这类病灶应进行穿刺以采集细胞学样本和培养样本　**C.** 猫下巴多处干酪样疖以及感染的痤疮

见为葡萄球菌，凝血酶阳性和凝血酶阴性两者皆有，偶见β-溶血性链球菌和多杀性巴氏杆菌。猫颊部的毛囊炎和疖病可能为猫痤疮继发感染的复杂病例（见第十四章）。

3. 临床治疗

虽然菌血症和败血症并不是深部脓皮症的常见并发症，但这些严重的可导致机体虚弱的感染需要全面地、仔细地长期治疗。为使疾病痊愈，确定和解决潜在病因至关重要。许多动物需至少治疗4~6周可见病变消退。治疗可触诊病灶的则需要12周或更长。由于这类感染的严重程度，许多研究者在临床症状消失后依然持续21d的抗生素治疗。

（二）脓性创伤性毛囊炎和疖病

临床医师很早之前便认识到，并不是所有的脓性创伤性皮炎（急性潮湿性皮炎或热斑）经治疗后均可尽快痊愈。一项研究报道了一系列病例，将脓性创伤性皮炎从组织病理学上分为两组[192]。

在一组中，病灶中细菌数量不多。这是病因和发病机制未知的浅表溃疡性炎症（脓性创伤性皮炎或急性潮湿性皮炎），简单清创和激素治疗是有效的（见第十六章，图16-25，B~C）。

第二组病例也发生浅表溃疡，但同时还有深部化脓性和坏死性毛囊炎，偶见疖病（图4-7）。临床上，这类病灶增厚、呈斑块状，周围围绕着丘疹和脓疱。病灶尤其常见于脸颊和颈部。在毛囊深部可发现大量革兰阳性球菌，常见伴有中性粒细胞浸润的脂膜炎和毛囊腺炎。该项研究的笔者推断，毛囊炎仅为一些脓性创伤性皮炎病例中的并发症。或者，感染是引起自损的原发病因。年龄较小的犬易被感染；脓性创伤性皮炎患犬中70%是金毛寻回猎犬和圣伯纳犬，20%为其他犬种。拉布拉多犬和纽芬兰犬也为常见易感品种。这些病例均表现为典型的局部脓皮症。

脓性创伤性毛囊炎治疗时需尽早全身给予抗伪中间型葡萄球菌的抗生素。临床症状消失后应持续给予7~10d。

局部剃毛、清创、用药（例如每日使用Burrow溶液、洗必泰和炉甘石洗液）通常有助于治疗。建议佩戴伊丽莎白圈，但一般不需要化学镇静或镇痛。禁用激素类药物。

（三）鼻部毛囊炎和疖病

细菌性鼻部毛囊炎和疖病（鼻部脓皮症）是一种鼻梁及鼻孔周围不常见的疼痛的局部深层感染性疾病（图4-8）。在德国牧羊犬、头牛狳、柯利犬等指示犬及狩猎犬（长头品种）最为常见。病因不明，但病变可能源于局部创伤。该病发展迅速，若不开始治疗，病情会持续发展。开始时，鼻梁上出现少量丘疹或脓疱。由于病灶疼痛或瘙痒，动物自损可扩大病灶区域。

根据病灶的数量和大小，以及动物的自损程度，鉴别诊断的可能性很多。对于多处成片结痂的丘疹病灶，主要的鉴别诊断包括天疱疮（落叶状或红斑状）、红斑狼疮、药物激发反应和皮肤肌炎。当病灶更为分散，呈丘疹至结节样时，主要的鉴别诊断为鼻部嗜酸性毛囊炎和疖病。其他鉴别诊断包括异物、其他疖性疾病（蠕形螨症、真菌病，特别是毛癣菌属和小孢子菌属感染时）、无菌性脓性肉芽肿综合征以及早期的青年犬蜂窝织炎。

临床治疗方法应包括仔细分析潜在病因，特别是涂片或培养结果未见细菌或真菌时。细菌感染通常是继发的。临床症状消失后仍需合理给予抗生素7~10d。使用Burrow溶液或洗必泰轻柔浸洗患部进行局部治疗，每次10min，每日3次，效果极佳。操作必须轻柔，以防止进一步损伤脆弱的炎症组织。治疗初期通常不需要伊丽莎白圈和镇静措施来缓解疼痛和防止自损。

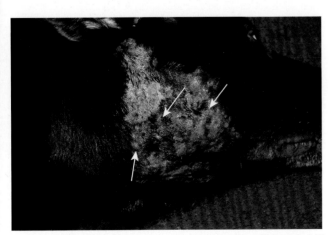

图4-7　脓性创伤性毛囊炎和疖病。脱皮区域周围的毛囊炎/疖病（箭头）

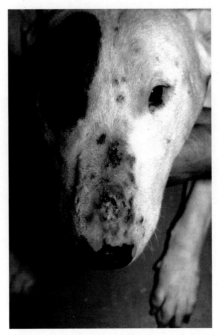

图4-8　鼻部疖病。牛头狳鼻梁多处皮肤完好或已溃疡的疖

（四）口周毛囊炎和疖病

这是一类年轻犬下巴（图4-9，A）和唇部（图4-9，B）的慢性炎性疾病（犬痤疮），以深部毛囊炎和疖病为特征。这几乎是短毛犬所特有的疾病，如拳师犬、杜宾犬、英国斗牛犬、大丹犬、威玛犬、獒犬、罗威纳犬和德国短毛指示犬。

这类综合征的病因不明，但已知细菌感染为继发问题。初始病灶为不同大小的无毛的毛囊丘疹，组织病理学上以明显的毛囊角化、阻塞、扩张和毛囊周炎为特征。细菌不可见，也无法分离，全身用抗生素治疗尤效。随着时间推移，丘疹变大、发生溃疡，流出浆液性脓性分泌物。在这一时期，出现化脓性毛囊炎或疖病，抗生素治疗可改善但无法治愈这一问题。

我们推测，局部创伤和一些可能的遗传倾向性对初始的无菌性病灶的发展发挥着重要的作用。许多短毛犬，甚至是易感品种犬，并未发生口周毛囊炎。那些患病动物可

能从基因方面更易患此病。在玩耍时，幼犬经常挠蹭下巴和口周，这些地方的表面粗糙。长毛可以保护皮肤，但短毛仅具有微弱的保护功能，短毛能在皮肤表面以下折断使毛囊发炎，暴露毛囊的腔隙，易使细菌入侵。进一步的损伤可使情况恶化，阻塞毛囊而继发无菌性或细菌感染性疖病。当出现一个疖时，便可能出现更多的疖。

治疗需根据疾病严重性和发病时间而定。早期的病灶较少且为无菌性的。限制损伤下巴的行为（如啃咬骨头以及在地毯上追球）和频繁的清洗，病程可不再发展，病灶可缓慢愈合。由于过氧化苯甲酰类产品（香波或凝胶）其可降低表面菌群数量，保持毛囊开放状态，常用于清洗。开始时每天进行处理，而后根据需要进行。这类产品不可过度使用，否则可刺激引起毛囊炎症。若使用凝胶，主人需小心其可漂白地毯、家具和其他纤维织物。除了上述措施，为防止病情恶化，可使用激素。若病灶不是很深，每日3～4次外用强效的抗炎乳膏或凝胶可快速缓解毛囊炎症。对于深层病灶，氟轻松有效。毛囊炎症治愈后，类固醇类药物应逐渐减量至停药[30]。

严重的病例通常发生感染，需要使用适当的抗生素进行长期（4～6周）治疗。由于这类病灶的深部感染愈合产生瘢痕组织，下巴容易受到损伤，以及其深层通常可发现内源性异物（如角蛋白和毛干），抗生素并不能解决全部问题。感染治愈后，局部用激素以防止新病灶的出现十分必要。

犬罕见因口周流血而就诊。近距离观察可发现出血来自于触须的毛囊。除出血之外，毛囊看起来正常，除皮肤活检外很难证实发生了感染。除非有明显的出血原因［如，皮肤淀粉样变性（见第九章）、出血性恶病质］，否则按感染进行治疗。

（五）掌部毛囊炎和疖病

爪部皮炎（指间脓皮症）是犬爪部发生的多种类型炎症疾病的统称[193-195]。

1. 病因和机制

这类疾病通常不明病因，但还没有形成囊肿的病例。病因复杂，难以诊断和治疗[193]。局部的外源性病因包括异物（如狐尾草、麦芒、植物的刺、木片、种子）和局部外伤。当单肢患病时，尤其是只有一个趾间发现瘘管时，应怀疑异物、局部损伤或肿瘤。动静脉内瘘和淋巴水肿是趾间皮炎的罕见原因。爪部易遭受不同类型和强度的创伤，尤其是前爪。狩猎或护卫犬常被石头、麦茬和树根擦伤。在黏性环境中工作的动物爪部易聚集沙土、石块、焦油和毛发，可引起损伤。与刺激性化学品、肥料和除草剂接触也会出现问题。修剪毛发的电推子造成的灼伤，电线或硬石头的刺激，接触性、吸入性或食物过敏引起的炎症均可诱发趾间皮炎。上述原因均可导致过度舔舐，加重刺激。

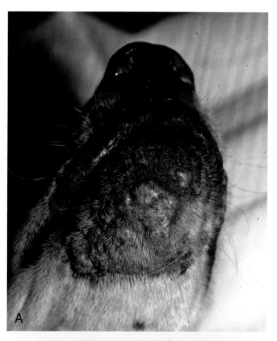

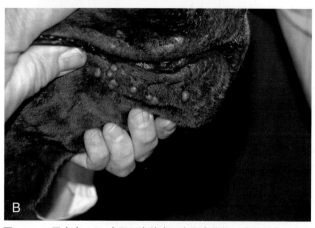

图4-9 口周疖病 **A.** 犬下巴多处疖。由于病程长，该处已发生永久性瘢痕化 **B.** 年轻犬唇部多处疖。及时治疗可避免上图中出现的瘢痕化

与趾间皮炎相关的真菌感染包括皮肤癣菌病、马拉色菌皮炎、念珠菌感染、分枝菌病、暗色丝孢霉病、孢子丝菌病、酵母菌病和隐球菌病。这些疾病不常见，但抗生素治疗效果不佳时应怀疑这些因素。细菌感染通常为继发问题，可涉及许多种细菌。细菌性过敏可能是一种并发症（见第八章）。

寄生虫性趾间皮炎尤为常见，蠕形螨是最麻烦的诱因。对于每例慢性趾间脓皮症的病例都应仔细评估是否存在蠕形螨感染。对慢性炎症、纤维化的患肢进行活检，是进行确诊的必要手段。其他检查方法（如皮肤刮片）经常出现漏诊。其他可涉及的寄生虫包括类圆线虫、钩虫属和狭头刺口钩虫。虱和恙螨喜欢趾间结构，可能引起炎症。

精神性皮炎是高度紧张、敏感的动物过度舔舐爪部导致的，尤其是贵宾犬、狸犬和德国牧羊犬常见。

无菌性脓性肉芽肿可能发生于爪部。病因不明，但最常见于被毛平滑的短毛品种，如英国斗牛犬、腊肠犬、大丹犬和拳师犬（见第十八章）。骨髓炎或局部肿瘤更倾向发生于单肢。

涉及多爪的趾间皮炎病例，治疗无效或易复发，不瘙痒，可能归因于遗传性或获得性免疫缺陷。趾间皮炎也可能是甲状腺功能低下或是蠕形螨感染继发的细胞介导性免疫抑制的唯一临床症状。一项报道显示，平足和趾间连接呈勺状的品种，例如京巴犬和一些狸犬的这些区域更易发生毛囊炎和趾间皮炎[196,196a]。明显侵袭足垫的指间皮炎（过度角化和溃疡）可能是自体免疫问题（天疱疮、类天疱疮或红斑狼疮），或可能是药物不良反应、锌反应性皮炎、松解性游走性红斑或犬瘟热的表现。

排除所有的可能因素后，一些病例为特发性反复细菌感染。这类病例非常难治愈[197]。

2. 临床症状

趾间皮炎可发生于任意年龄、性别或品种的犬，但多发于短毛母犬，如英国斗牛犬、大丹犬、巴塞特犬、葵犬、拳师犬、腊肠犬、大麦町犬、德国短毛指示犬和威玛犬。常见的长毛犬包括德国牧羊犬、拉布拉多犬、金毛巡回猎犬、爱尔兰犬和京巴犬。前爪更易感染，发病时可涉及一爪或多爪。

患病组织红而水肿并伴有结节（图4-10，A）、溃疡、瘘管（图4-10，B）、出血性大疱（图4-10，C），以及浆液血液性分泌物或浆液脓性分泌物。爪部极度肿胀（图4-10，D）。掌骨和跖骨处可见明显指压性水肿。皮肤可能因持续舔舐而脱毛和潮湿，表现不同程度的疼痛、瘙痒和甲沟炎；疼痛可引起跛行。在一些病例中，趾间结节不会因为治疗而有所变化或变得柔软，由于之前的病变可能会瘢痕化。除局部淋巴结增大外，其他全身症状罕见。

3. 诊断

详细的病史和临床检查可提供诊断依据。由于病因复杂，所有病例都无法轻易快速判断病因，均应进行多处的拔毛、皮肤刮片、分泌物细胞学检查、真菌培养和典型病灶的皮肤活检，才可作出诊断。直接涂片检查可提供早期线索，可观察有无中性粒细胞、是否有细菌吞噬以及细菌的染色特性，或是可见大量的嗜酸性粒细胞、足菌肿或伪足菌肿、酵母菌或者大量的肉芽肿性细胞渗出物。通过X线片可确认骨性的变化及明显的异物。有时还需要检查免疫状态，应包括血象、血清免疫球蛋白定量检测，以及甲状腺和肾上腺的评估。

必要时可进行组织病理学检查以确定异物（包括脱落的毛干或组织内的角蛋白）、细菌、寄生虫、真菌和肿瘤，评价细胞反应。可能需要特殊染色方法。一般来说，组织学上的表现可为毛囊周炎、毛囊炎或疖病，后者常可见单个结节至弥散性脓性肉芽肿性炎症反应。通过造影可确认动静脉泄漏及淋巴水肿。

4. 临床治疗

趾间皮炎因其自身可发展维持，是个十分棘手的问题。病灶愈合会发生瘢痕化，使患肢更易发生进一步感染。对感染和病因治疗不及时可增加瘢痕化的可能性，对于这类病例，应加大诊断和治疗的力度。

若病灶流分泌物，推荐每日进行2次每次10～15min的足部浸洗，直至分泌物消失。硫酸镁特别有效。抗生素治疗时间需延长，8～12周的疗程并不少见。对于这类病灶的监测，触诊至关重要，因为浅表病灶愈合后，深部病灶经数周才可痊愈。病灶触诊柔软时仍可能处于感染阶段。只要皮肤病灶还在并持续变小，治疗就应继续。

病程晚期的病例在治疗初始，趾部和趾间皮肤就有不同程度的瘢痕化，可能存在由内源性异物引起的无菌性皮肤肉芽肿。通过限制动物活动或穿鞋来保护患肢可预防进一步感染。局灶性的瘢痕化或单个的肉芽肿可外科切除。

一些病例，特别是那些继发革兰阴性菌感染的病例，仅用药物治疗效果不好。对失活组织进行外科清创可使药物治疗更为有效。在严重病例中，融指术可移除所有病变组织并使指部联合起来，有利于治疗[198]。对于那些掌部解剖异常导致患畜负重于多毛的掌垫，并发生毛囊损伤的病例，指部成形术也很有用。

（六）德国牧羊犬毛囊炎、疖病和蜂窝织炎

这是德国牧羊犬和具有其血统的犬家族性的免疫介导性深部脓皮症[162,171,172,199–202]。患犬发生深部皮肤感染，恢复缓慢，复发频繁。不管感染原因是否明确，或仅有某个病因被确定（如跳蚤感染）[171,200]，感染的严重程度与刺激因素不成正比。

1. 病因和机制

这一问题曾被广泛研究。早期研究显示其具有家族遗传性（可能为常染色体隐性基因）。患犬可能具有潜在的皮肤问题（如过敏性皮肤病、甲状腺功能低下）或细胞介

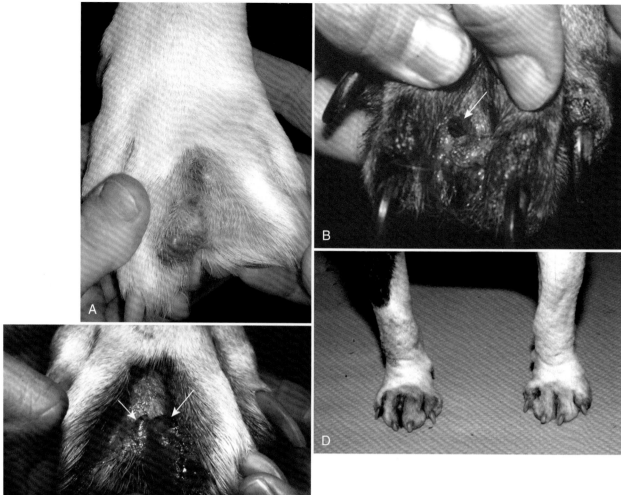

图4-10 掌部疖病 **A.** 急性病症。趾间皮肤未破损的疖 **B.** 慢性病症，趾间瘢痕化皮肤有多处完好或有分泌物（箭头）流出的疖 **C.** 与深部毛囊损伤有关的出血性大疱（箭头） **D.** 涉及整个爪部的严重慢性感染

导性免疫功能不全。免疫功能缺陷患犬仅为少数。

近来的研究中显示所有犬的免疫功能缺陷的有力证据。患犬血液循环中CD8+淋巴细胞数量升高，CD4+和CD21+淋巴细胞数量降低[203]。在一项研究中患犬血清IgA水平低，但由于一些健康的德国牧羊犬也表现选择性IgA缺乏[204-206]，这一发现的意义不明。深部脓皮症患犬皮肤活检样本的免疫病理学研究显示，所有品种的犬具有近似数量的IgG、IgM和IgA载体型B淋巴细胞和浆细胞[207]。然而，与其他品种相比，德国牧羊犬的T淋巴细胞数量显著减少。德国牧羊犬与其他犬患细菌性脓皮症时相比，皮肤活检样本中朗格汉斯细胞数量相同[208]。

这种情况下发生的炎症反应十分引人注目，似乎超出其本来应有的严重程度，笔者推测，这些患犬的遗传缺陷

与其组织对葡萄球菌感染的过度反应有关，以异常释放细胞因子和其他炎性介质为特征[209]。

由于患犬中年之前并未发生皮肤及其他器官系统的感染，它们一定具有某种程度的免疫缺陷。当其皮肤（如跳蚤叮咬性过敏反应）或免疫系统（如甲状腺功能低下）发生损伤时，发生失代偿，引发过分严重的脓皮症。一些犬代谢失调的原因不明，这表明免疫缺陷可随年龄增长而加重。这一类患犬需终生进行治疗，另一些犬的诱发原因得到解决后可避免感染。

2. 临床症状

本病多发于中年德牧，无性别特异性，与性腺状态无关。偶见家族病史。大多数患犬病灶瘙痒，感染治愈后瘙痒即可停止。发病部位典型，所有病例的发病部位均为臀

部、背部、腹部和股部。一些动物的病灶更为广泛，可蔓延至胸部和颈部。前肢、头部和耳部病变不常见。

病灶起源于毛囊，表现为成簇的丘疹、脓疱、糜烂、溃疡后结痂、瘘管、疖、脱毛和过度色素化（图4-11）。早期病灶周围有明显的圈状红斑。有毛皮肤的病灶严重结痂，在清除结痂之前，无法了解该区域病灶的发生、深度和严重程度。瘙痒可能导致大量表皮脱落。病灶可能发展迅速，形成串联成片的溃疡、脆弱、坏死的皮肤。一些动物继发皮脂溢，深层感染时蜂窝织炎更明显。外周淋巴结病变常见。患病动物通常全身健康状况良好，虽然可能出现体重减轻、食欲不佳和发热。病灶疼痛，特别是在清除结痂后。

本病病程长，还可能频繁发生不完全愈合和恶化。这通常是由于选择抗生素不当或抗生素剂量不够，以及治疗时间不够、同时使用激素或未治疗潜在因素。

3. 诊断

临床检查结合分泌物的细胞学检查，可对深部脓皮症进行诊断。然而，这类综合征的确诊需通过排除其他可能的病因（如蠕形螨症、过敏、埃利希体病），或在不使用糖皮质激素的情况下感染异常严重，或通过病情反复发作来确诊。

对这类患犬建议进行所有常规检查，需评估甲状腺功能是否异常。若病灶瘙痒，感染病因不消除，瘙痒不会停止，需评估是否过敏。若所有检查结果均无明显异常，需进行免疫功能缺陷的评估。

皮肤活检有助于确定潜在病因，判断组织损伤的严重程度。在大多数情况下，组织病理学检查最常见的结果为毛囊炎、疖病和蜂窝织炎[171,200]。毛囊周围常见脓性肉芽肿性炎症，更能说明本病起源于毛囊。仅有一部分活检样本出现疖病应有的大量嗜酸性粒细胞。

4. 临床治疗

由于许多病例有间发性的过敏或甲状腺功能低下，应尽可能地确定和解决这些潜在病因。若忽略了疾病的诱因，治疗效果将不尽人意，或是停止给予抗生素后感染很快复发。

剃毛和局部用药十分必要。每日2次浸洗或水疗可帮助清除结痂，帮助引流，减轻动物不适感。必要时给予长期的抗生素治疗，6~10周的疗程是常见的[172,210]。在临床症状消失前后，一定要按正确剂量和频率进行给药。由于这些犬易发生超出预期严重程度的感染，过早结束治疗意味着更为严重的复发。一些笔者建议选择恩诺沙星（5~10mg/kg，每日1次）作为抗生素[209]。恩诺沙星可在炎性细胞内聚集，在肉芽肿性炎症、纤维化和脓性碎屑存在时不受限制。此外，恩诺沙星具有局部抗炎功效，对治疗有益。

感染和潜在病因都解决后，许多患犬长时间内不发生感染。主人必须注意这类犬易发生皮肤感染。需纠正任何

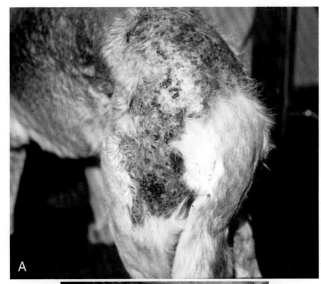

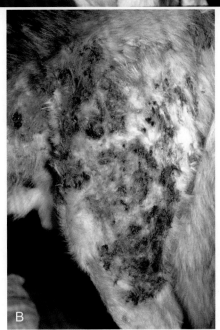

图4-11 德国牧羊犬感染　**A.** 臀部和股部的疖和蜂窝织炎。该区域尚未剃毛　**B.** 股外侧剃毛后显示出深部毁灭性的感染

饲养管理或美容过程中的不当行为，还应教育主人，若发现任何皮肤异常，均应尽早给予重视。

一些患犬一经停用抗生素即会复发。这类患犬可能患有细胞介导性免疫功能缺陷[162,171]，使用免疫调节剂可能有效。对这类动物进行长期抗生素治疗可以长时间维持稳定状态[172]。有说法称，己酮可可碱可能为有效的药物，这可能归功于它的抗炎功效（见第三章）。

（七）肢端舔舐性疖病

肢端舔舐性皮炎（见第十五章）在犬很常见，具有许多病因。许多病例经细胞学和组织学检查均可见感染，特别是那些表面已发生溃疡的病例。尚不清楚的是，感染先

发于舔舐还是有其他的潜在不明原因。

1. 临床症状

肢端舔舐性皮炎常发于前肢远端（图4-12，A），也可见于后肢，或多肢均可患病。临床表现随发病时间和创伤多少而不同。典型的病灶表现为坚实、突起、无毛、边缘过度色素化、中央糜烂或溃疡（图4-12，B）。一些病例，组织损伤明显，可能暴露肌腱或骨骼。

2. 诊断

肢端舔舐区域易发生感染，特别是表面已破溃的区域。在大部分病例中，可通过活检或分泌物的细胞学检查确诊。为得到准确的细胞学检查结果，需擦洗病灶表面去除组织碎屑和表面的细菌。待表面干燥后，用拇指和食指用力挤压患处直至见到浆液脓性分泌物或浆液血性分泌物。应对该分泌物进行细胞学检查。这一过程很疼，动物可能需要佩戴口笼或镇静。

许多病例可见感染（如噬菌细胞间可见细菌），葡萄球菌是主要的微生物。在一些病例中，革兰阴性微生物为共同感染原。如果发现革兰阴性微生物，需进行培养，最好使用无菌技术获得的活检样本作为培养来源。使用人为获得的分泌物进行培养会发生误诊，因为非感染原的微生物会污染样本。

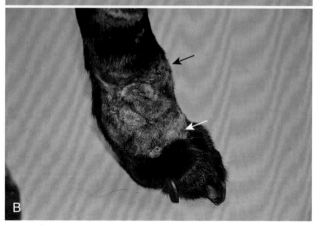

图4-12 肢端舔舐性疖病 A. 爪背侧早期病灶，脱毛和过度色素化。单个疖中可排出脓性分泌物 **B.** 广泛纤维化和溃疡的慢性病灶。单个疖仍可见（箭头）

一些病例经细胞学检查未见细菌，或无法获得分泌物。此时，活检可以证实或排除感染，或是可以使用抗生素进行诊断性治疗。若选择后者，应至少使用广谱抗生素进行30d的治疗之后再评估疗效。

3. 临床治疗

对于本病，临床医师面临的问题是找出感染的病因（见第十五章）和治疗深部纤维化的感染病灶。对于单独的病灶，感染的原因通常是皮肤一过性的损伤，动物前来就诊时原因尚不明确。除非病史、临床检查和分泌物的细胞学检查提示一些潜在病因，最好先解决感染问题，再判断是否需要继续诊断和治疗。对于多肢发病的病例，暂时性损伤的可能性较小，需通过全面的检查程序进行诊断，特别要检查是否存在过敏和甲状腺功能低下。

长期抗生素治疗很有必要，药浴，特别是硫酸镁溶液浸洗，对治疗有益。最短疗程为8周，一些病例甚至需要数月的治疗。由于需要长期治疗，应避免使用强效磺胺类药物，以防止发生医源性干眼症、药源性甲状腺功能低下和其他不良药物反应。大部分主人反应前三周治疗效果显著，随后未见起色或患畜恢复缓慢。由于这类病灶在治疗初期发生了纤维化，抗生素治疗无法完全治愈。治疗应持续至临床医师（而非主人）认为病情没有再继续好转的可能，然后再治疗2周。如果治疗末期，患处纤维化和脱毛加重，或是如果患处持续受到损伤，则需继续诊断病因。

成功治疗的关键在于积极地尽早干预。感染发生时间越长，预后越差。大面积病灶可能无法痊愈，覆盖一层薄而无毛的脆弱上皮层。由于病灶常被发现于关节或其他常活动时易损伤的区域，故可能发生进一步损伤，可能引起其他感染。若就诊时或感染治愈后已有明显的组织损伤，可采取一些外科干预措施（见第十五章）或截除患肢。

（八）需氧性蜂窝织炎

蜂窝织炎是感染区域未得到控制、向周边扩散后形成的严重的深层化脓性感染[121]。根据蜂窝织炎发生的原因不同，可能出现广泛性的水肿，上层皮肤通常脆弱、颜色较暗、活性弱[168,186]（图4-13）。这些组织可能脱落。

伴侣动物的大部分局灶性需氧型蜂窝织炎的病例起源于穿透伤或其他创伤，应依流程诊断和治疗。弥散性病灶最可能为葡萄球菌感染性毛囊炎和疖病在深层扩散所致。很少分离出不常见的微生物（如假单胞菌属）[69,211,211a,212]。在这类病例中皮肤病灶看起来比葡萄球菌感染时更严重，这时的问题是这种微生物造成了全部的损伤，还是其他皮肤病继发了细菌感染。每个病例都应根据自身情况进行分析评估。一旦这些微生物感染深层组织，需大力度地进行抗生素治疗。

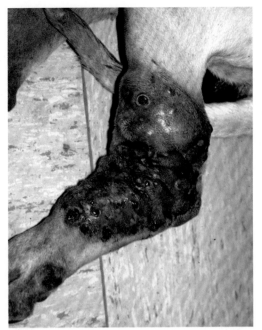

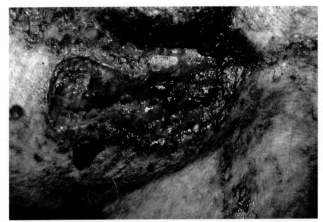

图4-14　厌氧性蜂窝织炎。与乳腺炎相关的梭菌属感染引起的蜂窝织炎和组织坏死

图4-13　需氧性蜂窝织炎。肘关节严重的脓性肉芽肿性毛囊炎、疖病和蜂窝织炎

（九）厌氧性蜂窝织炎

伴侣动物的厌氧性蜂窝织炎病灶发展迅速，比需氧性病灶更加严重。本病通常由咬伤、穿透伤或异物引起，或者为手术、外伤、烧伤或恶性肿瘤的后遗症[77,213]。留置的导管处理不当可诱发沙雷氏菌感染[214]。在人医，糖尿病、接受激素治疗或免疫缺陷易诱发厌氧菌感染，对动物而言这些因素可能同样重要。

厌氧菌感染具有发展迅速的特点，边界不清晰，大面积组织水肿、肿胀和坏死（图4-14）。创口通常具有腐臭的气味（但不是一定有），若微生物为产气菌（梭菌属和拟杆菌属），通常有捻发音[74,78,215]。一些微生物可能产生毒素，引起严重的全身症状。

可根据上述临床症状确定厌氧性蜂窝织炎的假设性诊断。若分泌物经细胞学检查见中性粒细胞和多种细菌则可支持诊断。犬、猫常见厌氧菌，依发现频率降序排列依次为，拟杆菌属、消化链球菌属、梭形杆菌属、卟啉单胞菌属、梭形芽孢菌属和普氏菌属[75]。所有的这些厌氧菌均对甲硝唑和阿莫西林克拉维酸敏感，鲜有例外。除拟杆菌属外，对氨苄西林或克林霉素敏感。兼性厌氧菌更应引起关注，药物对其作用有限且不稳定。

为进行引流、清除坏死组织和纠正组织缺氧状态，可进行手术。高压氧气疗法有效但通常无法实现[216-218]。全身抗生素需持续给予至感染痊愈后7～14d。可选药物包括甲硝唑和阿莫西林克拉维酸。

（十）皮下脓肿

皮下脓肿不常见于犬，但常发生于猫。犬皮下脓肿通常由咬伤、齿根脓肿（图4-15，A）或异物引起，而猫的最常见病因是咬伤（图4-15，B）。在犬、猫咬伤创口分离出的微生物中最常见的为多杀性巴氏杆菌[219,220]。其他涉及的微生物包括伪中间型葡萄球菌、β-溶血性链球菌和多种厌氧菌属，包括梭形杆菌属、拟杆菌属、梭状芽孢菌属、消化链球菌属和卟啉单胞菌属[221,222]。犬、猫打斗时，爪尖及牙尖的细菌穿透皮肤接种到皮肤内。创口很小且迅速封闭；局部感染在2～4d内发展起来。一些咬伤可通过猫的正常防御机制愈合良好。脓肿常见于尾基部、颈部和肩部周围。

咬伤引起的脓肿是小动物临床实践中最常见的猫科疾病之一。未经治疗的脓肿会破溃、流分泌物，超过2～3周才能愈合。然而，治疗时选择开放性的外科引流，使用生理盐水、洗必泰溶液全面冲洗患处，结合全身抗生素治疗，持续5～7d。多杀性巴氏杆菌对青霉素类抗生素（青霉素、阿莫西林、阿莫西林克拉维酸）敏感，这是咬伤时笔者选用的抗生素。若治疗初期疗效不佳，或脓肿并非咬伤引起，则需进行细胞学检查和微生物培养以找出致病微生物。

公猫去势是避免咬伤的有效预防措施，80%～90%的公猫去势后，其打斗或游走行为迅速或逐渐消失[119]。若猫的脓肿复发或不愈合则应考虑免疫抑制（猫白血病毒感染或猫免疫缺陷病毒感染）和其他感染原（放线菌属、诺卡氏菌属、耶尔森菌属和分枝杆菌）、真菌病或是无菌性脂膜炎。在猫的脓肿中可发现许多厌氧微生物[45,183,220]。在猫的慢性皮下脓肿病例中可分离出支原体或类支原体样微生物（本章中稍后讨论）。

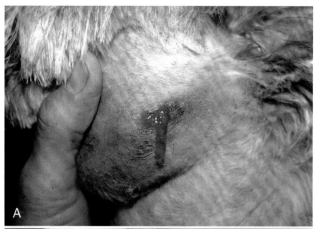

图4-15 皮下脓肿 **A.** 牙科疾病引起的下颌关节处的脓肿，分泌物 **B.** 猫面部咬伤引起的脓肿。齿印明显可见

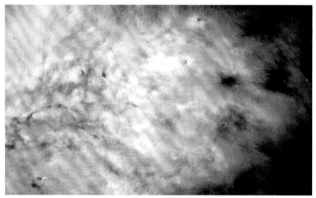

图4-16 红球菌感染。在农场饲养的猫被马红球菌感染后，腹部的肉芽肿性皮炎和脂膜炎，伴有瘘管形成

在猫的足部和皮下脓肿中可分离出马红球菌和伪结核棒状杆菌[223-226]（图4-16）。内脏器官受感染时脓肿可发生于任何器官，特别是猫患有免疫抑制疾病时。细胞学上可见脓性肉芽肿性反应，伴有革兰阳性球菌和球杆菌，巨噬细胞胞浆轮廓清晰，可吞噬细菌[223,227]。最好在进行培养和药敏试验后再行治疗，但通常阿莫西林克拉维酸有效。

（十一）细菌性伪足菌肿病

细菌性伪足菌肿病（皮肤细菌性肉芽肿或葡萄状病）是一种由非分枝细菌引起的慢性、化脓性肉芽肿性疾病。其在组织内呈粒状成簇聚集，周围可见脓性肉芽肿性炎症反应[149,228]。细菌性伪足菌肿病常见于许多品种的动物但鲜有报道，可能是由于被误诊或被漏诊。致病菌通常为凝血酶阳性葡萄球菌，但一些病例中其他细菌也可单独或与葡萄球菌一同致病。这些细菌包括假单胞菌、变形杆菌、链球菌和放线菌属的细菌。从患病犬猫身上可分离出多种微生物[228]。

大多数病例由咬伤或其他外伤等局部创伤引起，一些与异物相关。病变也可涉及肌肉或骨骼。肉芽肿形成是由于微生物的毒性和宿主的反应之间达到平衡。宿主可以隔离并包裹微生物但无法消灭它们。这也可能是一种细菌性过敏症，或颗粒的形成与细菌产生的多糖黏液层有关，亦或与微生物表面发生局部抗原抗体反应导致的糖蛋白形成有关。

临床上，病灶可能表现为坚实的单个或多个结节，形成排出分泌物的瘘管（图4-17，A）。脓性分泌物可能含有白色的类似沙粒的小颗粒（图4-17，B）。有必要进行特殊的细菌和真菌染色以鉴别这些颗粒是否与放线菌、诺卡氏菌或足菌肿有关。

组织病理学上，病灶表现为单个的结节至弥散性的皮炎和/或脂膜炎，组织结节的周围浸润组织细胞、浆细胞、淋巴细胞、中性粒细胞和多核巨细胞性肉芽肿至脓性肉芽肿的渗出物。细菌性团块（颗粒）的边缘彼此聚集，HE染色呈明亮而嗜伊红。革兰氏组织染色或Brown-Brenn染色是鉴定细菌最好的方式。

鉴别诊断包括放线菌病、诺卡氏菌病、真菌足菌肿、全身性真菌病、寄生虫性伪足菌肿病、异物反应以及慢性细菌性脓肿。由于预后和治疗力度不同，需进行特殊的诊断检查。

单纯的全身性抗生素治疗是不够的。通常频繁复发。由于抗生素无法穿透肉芽肿性病灶，因此对局部病灶建议进行外科切除[149,228]。对于多个病灶，使用利福平和抗β内酰胺酶抗体联合治疗可能有效。

（十二）分枝杆菌感染

分枝杆菌病可分为三类：①由专性分枝杆菌寄生虫引起的，例如结核分枝杆菌复合体和鼠麻风杆菌，②由腐生性分枝杆菌引起免疫功能健全宿主的局灶性病变，具有自限性，需要治疗以痊愈，③在免疫缺陷的宿主体内引起大范围的疾病；一般由分枝杆菌属、致病力有限的细菌引起，这些细菌在免疫力正常的宿主体内不致病。上述分类的细节在表4-3中列出。

1. 结核病：结核分枝杆菌、牛结核分枝杆菌和鼠分枝杆菌

犬、猫"真正的"结核病（TB）的发病率随着人和牛结核病的减少而降低，但可能随着人TB流行病学的变化而

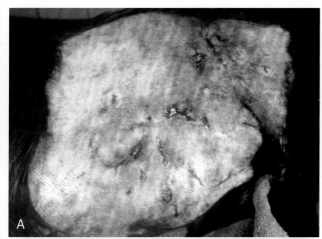

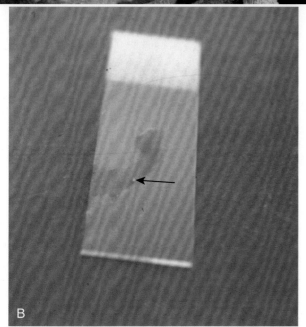

图4-17 葡萄状菌病 A. 多处溃疡性结节和脓性肉芽肿性皮炎，伴有大量组织颗粒 **B.** 犬分泌物细胞学检查样本外观。注意组织颗粒（硫黄色颗粒）（箭头）

部和四肢最为常见。患畜状态不佳，表现厌食、体重减轻、发热，发生局部或全身性淋巴结增大[121,231-233,235]。

（2）诊断

诊断方法包括病史调查、临床检查、影像学检查、细胞学检查，包括针对抗酸杆菌（AFB）的尼氏染色（ZN），皮肤活检、微生物培养、卡介苗（BCG）或结核菌素纯蛋白衍生物（PPD）试验（犬）、血清学检测，或淋巴细胞原始转化试验（猫）[239]。活检样本检查结果可能为由脓性肉芽肿性炎症（伴有坏死和干酪样病变）引起的单个结节或弥散性皮炎，罕见多核巨细胞和矿化，少量至大量AFB。无法通过抹片或活检鉴别TB和其他分枝杆菌造成的肉芽肿。豚鼠注射培养物后6~8周死亡，但若注射非结核杆菌的微生物则不致死。

人的BCG或PPD制品（250结核单位/0.1mL）可用于检测犬的TB。最好在耳郭内表面进行皮内注射（0.1mL PPD或0.1~0.2mL BCG），48~72h（不能过早）判读结果。红斑被重吸收则为阴性结果。严重的红斑在10~14d时可发生明显的中心区域坏死甚至溃疡。健康犬在18~21d时可出现溃疡。该测试结果在猫上不具参考意义。

2. 结核病：鸟分枝杆菌

鸟分枝杆菌复合体（MAC，包括鸟分枝杆菌的亚种鸟分枝杆菌、*Hominissus*分枝杆菌和副结核分枝杆菌）与两类疾病有关：免疫功能健全的犬、猫会发生皮肤及皮下的局部感染，免疫功能缺陷的宿主会发生广泛性的病变，特别是阿比西亚猫和索马里猫，或逆转录病毒感染或有免疫抑制治疗史的猫[238]。某些品种（巴塞特犬[231]、暹罗猫[240]、索马里猫和阿比西亚猫）的高发病率[238]和迷你雪纳瑞的发病家族史[241]说明免疫功能的状态具有遗传倾向性。

（1）临床症状

患病动物就诊时可能表现呼吸系统和/或消化系统疾病、全身淋巴结病变，或结节性皮肤病伴有局部淋巴结增大。MAC感染阿比西亚猫的独特表现为剃毛后毛发不再生长。

（2）诊断

由于大量微生物存在，可能会在抽吸的肿物、外周血和骨髓的白细胞中以及不同的组织中见到微生物[242,243]。样本用瑞士染色或Diff-Quik染色时，微生物表现为杆状不着色的折光物质。抗酸染色可突出微生物的存在，便于检出。鉴别本菌与分枝杆菌属的其他微生物则需进行微生物培养或聚合酶链式反应（Polymerase chain reaction）。

（3）结核病的临床管理

犬、猫由结核分枝杆菌和牛结核分枝杆菌引起的TB可指示人或其他动物的感染，患病犬、猫应被处理。鼠分枝杆菌在19世纪40年时被发现，可用于制备人抗结核病疫苗，虽然仍有极少的报道称人可能会感染，但其对人的感染风险很低[237,244]。由于环境中的鸟分枝杆菌数量很多，应合理地治疗患病动物，所有接触者应保持其免疫功能正

更为流行[229,230]。在世界上的大部分地区，本病罕见，除非动物处于一个高度暴露的环境[221,231-234]。动物生活在人口密集的区域（如餐厅或公共场所），与携带病原的患者密切接触（如生活在患者的房间内），与结核病患牛生活在同一农场，或食用来源于发病地区的未加工肉类、未消毒牛奶，均会增加患病风险。虽然犬猫均易感染结核分枝杆菌和牛结核分枝杆菌，但似乎猫感染牛结核分枝杆菌的风险更高[233,235]。小动物感染后主要的发病区域为呼吸和消化系统，也可能发生局灶性的皮肤病变。猫的症状不明显，由于目前尚无可靠的诊断方法，故无可靠的流行病学数据[45,230,236]。鼠分枝杆菌可引起田鼠、姬鼠和鼩鼱的TB，猫可能在与田鼠争斗时被感染；人类和大型哺乳动物也可感染，尤其是欧洲的家养美洲驼[237,238]。

（1）临床症状

皮肤病灶由一个或多个溃疡、脓肿、斑块和结节组成。结节可能在皮内或紧邻皮下组织。未能成熟的结节可能分泌浓厚的黄绿色脓液，有异味。病灶在头部、颈

常，加强预防和保健。

猫MAC TB的治疗是最详尽的[235,244]。为达到最大治疗效果，防止耐药性的出现，建议开始时间断使用三种抗生素，持续2个月，随后连续使用2种抗生素，持续6个月。目前的方案包括治疗初期联合使用利福平（10～20mg/kg，每日1次），喹诺酮类药物和克拉霉素（5～10mg/kg，每12h 1次），或是阿奇霉素（7～15mg/kg，每日1次），持续用药期则将利福平和氟喹诺酮或克拉霉素/阿奇霉素任选其一进行治疗。在喹诺酮类药物中，甲期的制剂效果不佳，包括已报道的环丙沙星和恩诺沙星，不应用于MAC感染的治疗。麻佛霉素（2.75mg/kg，每日1次）依然有效。其他可能有效的药物包括氯苯吩嗪（4～8mg/kg，每日1次）和多西环素（10mg/kg，每24h 1次）。再次重申，应该同时使用两或三种上述药物。使用利福平时需监测肝功能。

本病治疗周期长，临床症状消失后仍需长时间用药。

3. 猫麻风样综合征

猫麻风样综合征是由抗酸杆菌感染猫皮肤引起的肉芽肿及结节性病变，但抗酸杆菌很难甚至无法培养。目前采用的分子技术有助于确认感染相关的病原，而猫麻风病的特征越来越清楚。目前该病已确认两种型：年轻成年猫感染的是鼠麻风杆菌和幽门分枝杆菌（*M. lepraemurium*）；老年猫感染的是分枝杆菌（*Mycobacterium visibile*）（美国）或一种未命名的分枝杆菌（澳大利亚和新西兰）[238,245]。最近的一篇报道指出，在澳大利亚维多利亚乡下，某些营养要求高的新分枝杆菌品种感染后两种型的特征都会表现出来[246]。

（1）临床症状

鼠麻风杆菌（*M. lepraemurium*）是鼠麻风病的病原，被已感染的啮齿类动物咬伤可能导致猫的感染。感染多见于5岁以下的年轻成年公猫，有时也发生于由于并发症或基因结构使易感性增加的老年猫。最初的病灶为皮下肉芽肿形成的局部团块，可能发展至直径4cm大小。团块生长可能会非常迅速，浸润周围区域包括局部淋巴结。病灶常常局限于原发部位，但有些病例可能会变成泛发。团块过大时可能发生溃疡，甚至形成脓肿或久不愈合的瘘管（图4-18）。病灶多发于头部和四肢，有时在鼻镜、唇和舌部会有小的病灶，一般无疼痛也无全身症状。该病在新西兰、澳大利亚、英国、法国、意大利、荷兰、美国和加拿大均有报道，通常潜伏期较长，夏季感染后，冬天才能发现[247]。

已经证明老年猫存在两种综合征。在澳大利亚，大于9岁的猫可能会从局灶性或泛发性病灶发展至全身泛发性病灶。该病病程较长，可能持续数月至数年，病灶不会破溃。对多个病例的病灶进行16S rRNA的分析发现，麻风分枝杆菌，嗜血分枝杆菌和玛尔摩分枝杆菌的核苷酸特征最强。

从单一病例中分离出一种生长缓慢的分枝杆菌菌种。这似乎是一种新型分枝杆菌[238]。在加拿大和美国西部，一

表4-3　犬、猫分枝杆菌感染的综合性分类方法*

病理解剖学和免疫学特征	疾病症状及病原微生物
专性分枝杆菌寄生虫，通常寄生在免疫功能健全的宿主体内 这类感染可被免疫反应有效控制在局部，或由原发部位的感染扩散而发展为广泛性感染	结核病（由一定量的结核分枝杆菌复合体引起，包括结核分枝杆菌、牛结核分枝杆菌、鼠分枝杆菌） 猫麻风病见于年龄较小的成年猫，由鼠麻风杆菌引起†
由腐生性分枝杆菌引起的局灶性病变，一般见于免疫功能正常的宿主 感染通常具有自限性	猫麻风样肉芽肿综合征，由一类不知名、营养要求高的新分枝杆菌属微生物引起的
在免疫功能健全的宿主体内由腐生性分枝杆菌引起的局灶性病变，感染局限在皮下，皮肤的感染一般需要兽医的干预和治疗	快速生长的分枝杆菌属微生物（如耻垢分枝杆菌、偶然分枝杆菌、龟分枝杆菌）引起的"脂膜炎综合征" 快速生长的分枝杆菌引起的大叶性肺炎 鸟分枝杆菌复合体引起的皮肤/皮下局部感染 鸟分枝杆菌复合体引起的局灶性角膜炎
免疫功能缺陷的宿主体内由分枝杆菌属微生物引起的广泛性病变 引起这类疾病的条件致病性分枝杆菌属微生物在免疫功能健全的宿主上并不致病，若有致病的情况，也很罕见	A. 年龄较小的成年阿比西亚猫的鸟分枝杆菌复合体感染 B. 雪貂和FIV长期感染的老年猫的新型非结核分枝杆菌（Mycobacterium genavense）感染 老年猫的麻风病，由Mycobacterium visibile和一类不知名、营养要求高的新分枝杆菌属微生物引起 C. 一些由麻风杆菌引起的猫麻风病，因为年龄、基因结构或并发的疾病等因素使猫易感分枝杆菌

*考虑到病灶病理解剖学分布、微生物的生长特点以及患畜和疾病之间的免疫学关系。

†最近，澳大利亚的维多利亚描述了一种营养要求高的分枝杆菌新种属（mycobacteriumsp. strain tarwin）引起的疾病，具备了两种类型的临床症状特点，可以感染年轻和老年猫[246]。

FIV，猫免疫缺陷型病毒。

引自Malik r: mycobacterial diseases of cats and dogs. in hillier a, foster aP, Kwoccka K, editors: *Advances in veterinary dermatology*, vol 5, oxford, 2005, Blackwell, p 221.

种由M. visibile导致的综合征被描述为"猫多系统肉芽肿性分枝杆菌病"，表现为弥漫性皮肤病和广泛传播到内脏器官[238,245]。

最近，在澳大利亚维多利亚，人们已经描述了分枝杆菌中的一种——Tarwin感染的情况，它导致具有上述两种症状特征的疾病。青年和老年猫头部和四枝的麻风性病变提示了创伤的发病机制。这种疾病是一种缓慢而渐进的过程[246]。

根据病史、体征，从细针抽吸物制备的涂片、粉碎的活检标本和组织切片中检测抗酸杆菌来确诊。这些制剂含有易被AFB所包围的可变型肉芽肿和脓性肉芽肿。在用Diff-Quik染色的涂片中，分枝杆菌可被认为是巨噬细胞和巨细胞中的阴性染色杆菌。还应制作组织匀浆用于培养以鉴定生长缓慢的物种，包括禽分枝杆菌复合体、金氏分枝杆菌和引起结核病的菌种（牛分枝杆菌、

图4-18 猫麻风病。猫面部出现溃疡结节（由G. Wilkinson提供）

微小分枝杆菌），它们可引起相同的临床表现，并消除结核分枝杆菌。如果是阳性，那么这些培养物可用于测定体敏感性。由于病原体对培养条件很挑剔，培养通常是阴性的，鉴定需要PCR扩增和来自新鲜、冷冻、干燥的组织样本的基因片段的核苷酸测序，这有助于提供快速的结果。福尔马林固定组织有时适合于PCR研究，只要该固定剂仅与组织标本接触不到24h即可。

组织病理学检查可显示两种类型的反应。一个是结核样反应，干酪样坏死和相对较少的有机体（肺泡），AFB通常仅在坏死区域。这些上皮样肉芽肿通常由淋巴细胞区包围，淋巴细胞也通常聚集在血管周围。第二种反应（麻风性麻风病）是肉芽肿，由含有大量AFB（多发性乳头疾病）的大泡沫巨噬细胞固体薄片组成。生物体以平行堆叠排列聚集在球状体中。多核组织细胞巨细胞通常含有杆菌，淋巴细胞和浆细胞可能包围血管。可能存在许多多形核白细胞，并导致类似脓性肉芽肿的病变。麻风反应通常表明宿主免疫反应差。

鉴别诊断需要考虑的因素包括：结核；由机会性分枝杆菌或异物引起的肉芽肿；霉菌感染，如脓疱病、霉菌病和黑色真菌病；慢性细菌感染；以及肿瘤，如肥大细胞瘤，癌和淋巴网状肿瘤。

（2）临床管理

广泛的手术切除是早期诊断和病变局部化时的首先治疗方法。手术应从术前开始就与抗菌治疗相结合，并在术中和术后提供有效的组织水平，以确保一期愈合。联合治疗涉及两种或三种抗菌药物被认为是最有效的。氯法齐明（每天口服1次至多10mg/kg；通常每1~2天服用25~50mg）对治疗麻风杆菌感染具有最高的成功率。这种药物与克拉霉素（每日2次，62.5mg）或利福平（10~15mg/kg，每日1次）相结合，被推荐为澳大利亚新型分枝杆菌引起的猫麻风病的最佳治疗方法。药物的选择必须考虑到个别猫的不良反应。治疗应在病变消退后持续数月，至少2个月。据报道，病灶会在一些患有小鼠麻风病的猫身上自发消退[248]。

4. 犬麻风样肉芽肿综合征

麻风样肉芽肿是一类局灶性结节性皮肤病，患犬其他方面均健康，常常仅发生于头部。在活检样本的细胞学检查结果可见分枝杆菌，但尚未分离培养出致病微生物[249]。

（1）病因和机制

麻风样肉芽肿样本的16S rRNA PCR分析结果显示，致病微生物是一种新的、生长缓慢的分枝杆菌属微生物[238]。其全球分布，且在澳大利亚、新西兰、津巴布韦、巴西和美国（加利福尼亚州、佛罗里达州，传闻在纽约和乔治亚州也有出现）均有报道，其中在澳大利亚，犬的分枝杆菌性疾病最为常见。报道中本病常见于短毛犬，特别是拳师犬和其杂交品种；病变倾向发生于头部，特别是耳部，这表明昆虫可能是传播媒介[238]。

（2）临床症状

患犬通常为短毛犬，有一个或多个局限于头部皮肤及皮下无明显症状的结节，特别是在耳郭处，直径为2~5cm（图4-19，A）。大病灶可能发生溃疡。局部淋巴结不增大，无全身性症状。有时继发伪中间型葡萄球菌感染，引起相应病变。

（3）诊断

通过病史、临床检查结果、经Diff-Quik染色观察到不着染的杆菌，或是对涂片和活检样本进行AFB（ZN）染色（图4-19，B），可作出诊断。培养可帮助排除其他分枝杆菌类病原，但采样前需彻底消毒皮肤，以排除腐生性分枝杆菌的污染，防止其干扰结果。组织病理学检查结果包括脓性肉芽肿性皮炎和脂膜炎，带有大量的多核巨细胞及少量至多量的细菌[250]。鉴别诊断包括无菌性肉芽肿综合征，由异物或其他感染原引起的肉芽肿以及肿瘤，例如肥大细胞瘤、组织细胞瘤或淋巴瘤。

（4）临床治疗

外科切除可治愈单个的病灶。由于病灶一般在1~3个月内可自愈，故除了手术，很难有其他理想的治疗方案。对于严重或顽固性病例，建议将利福平（10~15mg/kg，口服，每日1次）和克拉霉素（每日总量为15~25mg/kg，口服，平均分为2~3次服用）联合用药。或者，可使用多西环素（5mg/kg或更高剂量，每日2次）替代克拉霉素。症状改善或痊愈后仍需持续治疗。由于利福平对于一些犬有严重的肝毒性，故应定期检查肝脏功能。

若昆虫媒介在发病过程中的作用很大，患犬可能出现新的病灶。

5. 速生型分枝杆菌感染

速生型（机会型/非典型/非结核型）分枝杆菌是一类特殊的自生型微生物，通常无害，环境中常见。在土壤、尘土、水罐、游泳池、水龙头和天然水源中均可发现[251,252]。合成培养基在24~45℃条件下培养时，7d内可长出菌落。当动物屏障功能受损时，这种分枝杆菌可侵入组织并生长，引起感染，其代表性的是单纯性分枝杆菌性脂膜炎。

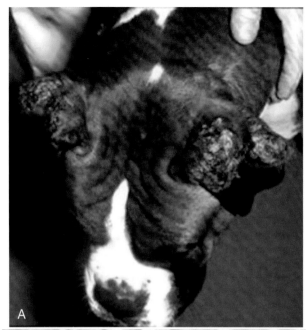

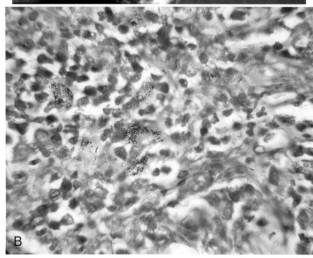

图4-19　犬麻风样肉芽肿　**A.** 拳师犬耳部多处溃疡性结节　**B.** 肉芽肿性皮炎，可见多处抗酸性微生物（Ziehl-neelsen染色）

（1）病因和机制

可引起犬、猫皮肤肉芽肿的速生型分枝杆菌，包括偶然分枝杆菌类（偶然分枝杆菌、蜡状分枝杆菌和第三种生物变异复合体）、龟/脓肿分枝杆菌类（耻垢分枝杆菌、古地分枝杆菌和沃林斯基分枝杆菌）和许多其他菌种如草分枝杆菌和耐热分枝杆菌[121,221,251,253-263]。已发现三种临床症状：涉及皮下及皮肤慢性感染的分枝杆菌性脂膜炎、脓性肉芽肿性大叶性肺炎以及广泛的全身性疾病，后者仅可见于严重免疫抑制的动物。报道表明分枝杆菌性脂膜炎大多常见于猫（可能由于感染是由猫咬伤引起），特别是在澳大利亚，但也有犬的报道。本病在气候温暖潮湿的区域和气候温和的地区均可发生[121,238,254,255,260,264,265]。贯穿伤被土壤污染可导致发病。致病微生物在脂肪组织内生长良好，所以感染多发生于肥胖动物及脂膜、猫腹股沟脂肪垫等组织。

（2）临床症状

随着贯穿伤被土壤和尘土污染，特别是咬伤或猫的抓伤，也包括注射污染，病灶可经过数周缓慢发展。猫的初

期病灶类似猫打斗形成的脓肿，但损伤部位以自限性斑块或结节的形式发展。与患处相邻的皮下组织增厚，患处脱毛，皮肤变薄，形成瘘管，流出水样分泌物（见图4-20，A和B）。病程长，病灶常数月不愈合。

病变可发生于任何部位（图4-20，A），但在猫多发生于后腹部、腹股沟区域[266]（图4-20，B）或腰部。病灶可能疼痛或不疼痛，局部淋巴结不一定增大。对于单独的病灶，全身性症状（例如发热、厌食）不常见，动物通常状态良好。若动物存在免疫抑制[258,260,264,265,267]，可发生大面积的皮肤病变，患猫可能发热、食欲不振以及精神沉郁[238,268]。当非典型分枝杆菌和诺卡氏菌属联合感染患猫时，可出现明显的高钙血症，这与肉芽肿性组织反应有关[269]。尽管不常见，但这类病例证明，若动物出现肉芽肿性疾病，则应进行全面、彻底的检查。

和猫一样，犬通常也有贯穿伤病史，常见颈部、背部咬伤，或体侧的抓伤、注射或手术形成的创伤。病灶无疼痛，不瘙痒，表现为坚硬或有波动感的皮下结节或肿胀，发生溃疡或向外蔓延，边缘可能产生新的病灶。一些病例可发展为多灶性的脂膜炎病变[238]。

（3）诊断

通过在涂片、培养或是深部活检样本中发现AFB而确诊（图4-20，C）。该类微生物镜检时很难发现。相比分泌物或组织样本，对闭合病灶进行细针抽吸更易发现微生物[259]。皮肤需用70%酒精进行消毒，以防止环境中的菌群干扰结果。可用5%羊血和Löwenstein-Jensen培养基或1%Ogawa egg yolk培养基，在37℃和25℃环境下进行培养[121,221]。2～3d或更长时间之后，可见中等速度至快速生长的针尖状、不溶血的菌落[238]。由于通过培养结果和生化试验作出阳性判读的过程可能很复杂，故实验室进行培养时得出的结果仅提示可能为分枝杆菌感染[238]。菌种鉴定最好在专门的分枝杆菌研究实验室进行，目前多采用表型测定和分子学检测进行分类。

组织病理学检查有助于诊断，但当细胞学样本和培养样本合适时组织病理学检查并不必要[238]。结果可见脓性肉芽肿性炎症导致的结节性至弥散性皮炎、脂膜炎或二者兼有。应使用ZN或改良式Fite-Faraco染色，仔细观察微生物的存在（见图4-20，C）。在成熟的肉芽肿内，微生物经常成簇出现在空泡的中央，被中性粒细胞包围[266]。石蜡包被时用酒精处理可引起抗酸微生物染色不良[262]。使用快速ZN染色或速冻法对福尔马林固定的组织进行处理，联合抗酸染色，可使微生物易于观察。

（4）临床治疗

对致病微生物进行分离培养和药敏试验可决定选用何种抗生素，甚至在那些重度、广泛性和持续时间很长的病例中，预后通常良好[238]。作出诊断后要进行经验性治疗，口服抗生素药物（多西环素、喹诺酮类药物和/或克拉霉素），然后根据药敏试验结果选择抗生素。克拉霉素和麻

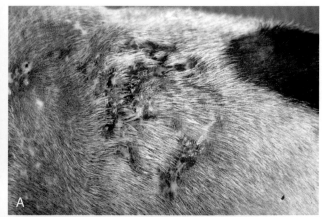

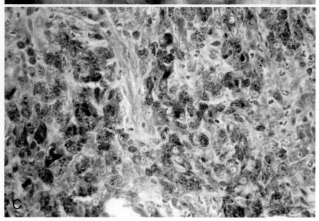

图4-20 速生型分枝杆菌病 A. 龟分枝杆菌感染的患犬胸部软组织感染，可见瘘管流出分泌物 **B.** 猫腹部肉芽肿性皮炎和脂膜炎，有瘘管形成 **C.** 朗格汉斯细胞内有大量抗酸性微生物（Fite-Faraco染色）（**A** 由g. Kunkle提供；**B** 由G. Wilkenson提供）

佛沙星联合用药几乎可治疗伴侣动物的全部微生物感染，并有良好的耐受性。在更为严重的病例中，需外科清除感染的组织，并在围手术期和术后给予抗生素治疗。经验性治疗根据可能致病微生物的药敏试验结果选用抗生素。除克拉霉素外，耻垢分枝杆菌对很多抗生素敏感，而偶然分枝杆菌对很多药物均表现出耐药性，而其敏感的药物也都有较高的MIC。龟分枝杆菌可能对大多数口服抗生素均耐药，除了克拉霉素、麻佛沙星和利奈唑胺[251]。在澳大利亚，耻垢分枝杆菌和偶然分枝杆菌感染发生的频率相似，根据经验常用多西环素或喹诺酮类药物治疗。在美国，则以耻垢分枝杆菌和龟分枝杆菌为主，选用克拉霉素。一旦拿到药敏试验结果，可指导用药，但需要知道的是，阿莫西林克拉维酸在体外试验中的结果可能与在体内的作用不

符。此外，人医的资料显示速生型分枝杆菌可在治疗过程中增加对喹诺酮类药物的耐药性。药物治疗须持续3～12个月，每4周监测1次。药物无效时考虑手术治疗[238,270]。

抗生素治疗需持续进行，直至所有病症消失后再用药4～6周。

（十三）放线菌病

放线菌病是由放线菌感染引起的，造成机体组织出现脓性肉芽肿或化脓性病灶的疾病。其中，龋齿放线菌、黏质放线菌、麦氏放线菌、受损大麦放线菌、鲍氏放线菌（*Actinomyces bowdenii*）以及犬放线菌被认为是该病的主要致病原[121,221,271-275]。这类细菌呈革兰阴性，不耐酸，过氧化物酶阳性、丝状厌氧杆菌，是口腔和肠道中的条件致病性常在菌[45,121,276,277]。感染来源于创伤和穿刺伤的污染，特别是像麦芒或羽毛这样的异物造成的穿刺伤[273,277-279]。温带地区的猎犬和野犬最容易患此病。该病的潜伏期为受伤后的数月到2年不等，但是2周后即可在其分泌物中检测到病原微生物。该病的典型症状为患病动物头部、颈部、胸部、腰部或者腹部区域的皮下组织水肿或胀肿（图4-21）。肿胀部位触感柔软，可能会有或没有瘘道。腰部的病灶通常是从腹膜后间隙向皮肤延伸造成的。其他的症状还包括骨髓炎和脓胸。瘘道（分枝状）中通常会流出灰黄色或淡血色带有腐臭味的分泌物，分泌物中可能会有或没有黄色颗粒。

该病可以通过细菌的厌氧培养（通常需要2～4周的时间）、细胞学检查和活组织检查经特殊染色（革兰氏染色、Brown-Brenn染色或者六胺银染色）后进行确诊。但是以上诊断方法不能100%确诊，其中诊断结果相对较可靠的是细胞学检查[277]。由于化脓性炎症或者脓性肉芽肿性炎症的存在，组织病理学检查可见结节性或弥散性皮炎、脂膜炎，或者二者共存。在所有患病动物中，有50%的病例可见黄色小结节。颗粒呈嗜碱性，边缘呈棒状嗜酸性条带（Hoeppli-Splendore物质）。在结节中可见革兰阳性不抗酸、呈丝状或串珠状的微生物（图4-21，B），但是在HE染色的玻片中不易观察到。与放线菌病的鉴别诊断主要是与之类似的卡诺菌病。

治疗该病最好的方法包括手术全切或部分切除，并配合长期使用抗生素。很多兽医师经过长期经验总结出的最终选择是使用高剂量的青霉素类药物（如青霉素、阿莫西林、苯甲异噁唑青霉素）[121,221]。其他可能有效或无效的药物包括克林霉素、红霉素、头孢洛霉素、氯霉素和四环霉素等[221,280]。该病的急性期过后治疗仍需继续至少1个月，通常情况会持续3～4个月。治疗效果参差不齐，文献报道的治愈率为15%～42%不等[27]。

（十四）放线杆菌病

放线杆菌病是几种动物中少见的一种疾病，由林氏放

线杆菌引起[121]。其临床症状与放线菌病的皮肤临床症状非常相似，但是放线杆菌病的致病微生物是革兰阴性厌氧球杆菌，该菌离开宿主后存活时间不长。该病是多种动物口腔中的常在菌，所以临床上口面部的咬伤或创伤常常易受该菌感染。感染周期从数周到数月不等，且其病程较长。

临床特征为动物头部、颈部（图4-22）、口部和四肢皮肤出现单个或多个厚壁的脓肿[281]。脓肿破裂后会流出黏稠的、白色到绿色的无异味脓液，其内伴有黄色软颗粒。对该病的诊断基于脓液的厌氧培养、直接抹片镜检或者感染部位的活组织检查。

组织病理学检查可见结节样到弥散样皮炎、脂膜炎，在化脓性病变或脓性肉芽肿性病变中，这两种征象均可见到。另外通常可见黄色小结节，该结节染色嗜碱性，通常被嗜酸性的呈袖套状环绕现象的物质包围。对其进行特殊染色（革兰氏染色或Brown-Brenn染色）可见病原为革兰阴性菌。

治疗手段包括手术全切、放置引流管以及刮治术。建议使用碘化钠（犬：40mg/kg，猫：20mg/kg，口服，每12h1次）和高剂量链霉素或磺胺类药物进行治疗。同时，该菌对四环素敏感。该病的疗程较长，疗效不确定，预后需慎重[281]。

（十五）诺卡氏菌病

诺卡氏菌病较为少见，表现为皮肤或肺脏的脓性肉芽

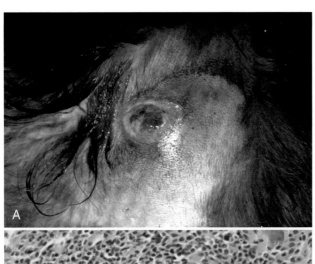

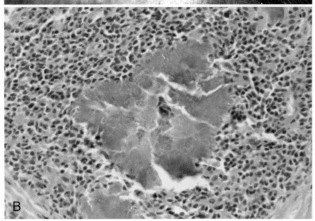

图4-21　放线菌病　A. 犬肩部化脓的不愈合溃疡　**B.** 脓性肉芽肿性皮炎中的嗜酸性（呈袖套状环绕现象）组织颗粒（硫黄色颗粒）

肿和化脓性病灶或广泛扩散，由诺卡氏菌引起[121,221,277,282-285]。近几年，这一属的细菌菌谱有所扩展，某些种的细菌名称发生改变。引起该病的致病菌包括星状诺卡氏菌复合体，由 Ⅰ 型到 Ⅵ 型组成，另外还包括新星诺卡菌（Ⅲ 型）和鼻疽诺卡菌（ Ⅴ 型）、巴西诺卡菌和豚鼠耳炎诺卡菌（原名"牛诺卡菌"），豚鼠耳炎诺卡菌是土壤中常在的腐生菌，主要通过伤口的污染、吸入、食入感染，易感动物为免疫抑制的动物。诺卡菌为革兰阳性、部分抗酸、分枝丝状需氧菌。除去巴西诺卡菌，其他种类的诺卡菌在全球范围内分布广泛。

新星诺卡菌是由患猫的病灶分离培养得到的，患猫表现为皮肤肿胀和出现排泄性瘘道，这类菌可能是感染猫的主要菌株[286]。

该病区别于放线菌病的临床特征包括蜂窝织炎、溃疡性结节以及存在窦道的脓肿（图4-23）。病灶好发于受伤的部位，特别是四肢和脚部，通常伴有淋巴结病变。猫通常好发于腹壁，症状与脂膜炎或条件致病性分枝杆菌感染相似。可能会出现脓胸，伴随着其他全身性症状像厌食、发热、精神沉郁、昏睡和其他神经症状[121,277,284,287]。患病动物可能会出现高血钙症，并且肾脏功能受影响[269]。

该病的诊断主要依靠直接抹片镜检、细针抽吸镜检、有氧细菌培养和活组织检查进行。组织病理学检查可见结节样到弥散样皮炎、脂膜炎，或者二者同时存在。通常可见组织颗粒（硫黄色颗粒）。由于该菌呈部分抗酸（使用改良Fite-Faraco染色），并且呈直角分支，所以如果要将其与放线菌相区别需要进行特殊染色（革兰氏染色和Brown-Brenn染色）。当细菌呈分枝状或串珠状时，镜下形似汉字。

治疗包括手术放置引流管，并且必须进行抗生素治疗。诺卡菌对抗生素的耐药性程度变化较大，并且体内和体外的试验结果差别也很大[121,221,277]。例如在澳大利亚的数例猫的病例中，新星诺卡菌对克拉霉素、红霉素、阿米卡新、复方新诺明、头孢噻肟、亚胺培南以及米诺四环素

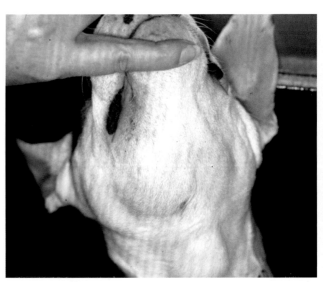

图4-22　放线杆菌病。 放线杆菌病患犬的软组织和下颌感染

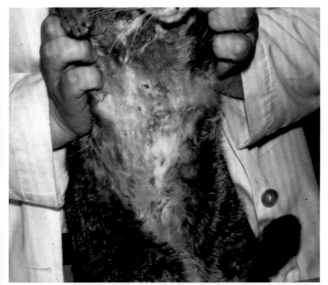

图4-23 诺卡氏菌病。猫腹部肉芽肿性皮炎和脂膜炎，有瘘管形成

敏感，但是鼻疽卡诺菌对克拉霉素和红霉素耐药[283]。如果可能的话，最好将每个病例单独进行药敏试验，以获得其具体的耐药数据。如果无法分离培养该致病菌，则根据经验，应给予增效磺胺类药物、红霉素、克拉霉素、头孢菌素、四环素以及多种肠外用药[221,283]。待症状缓解后，治疗应至少持续1个月。当治疗对局部病灶可能有效时，应积极进行早期治疗。治疗效果不确定，预后需慎重。

八、混合型细菌感染

（一）链球菌和葡萄球菌、中毒性休克以及坏死性筋膜炎

发展迅速的链球菌中毒性休克综合征在犬中曾有报道。主要由C型链球菌，特别是犬属链球菌感染引起[217,288,289]。患犬发生急性的败血症及休克，或败血症及坏死性筋膜炎。发生坏死性筋膜炎时，伤口出现不同程度的疼痛，伴有局部明显的发热和肿胀（图4-24）。当感染性渗出物流经筋膜层时，筋膜、脂肪和覆盖其上的皮肤均会坏死。

为何这些病例中的链球菌对其宿主的毒害作用如此之大，至今尚未可知。最初的研究表明，这些症状并不是由于犬链球菌的一种或多种高致病性菌株的增殖导致[288]。从具有这类症状的患犬身上分离的菌株，大多表现为M蛋白和O型链球菌溶血素阳性，这可能为其致病因素[290]。当患犬出现急性进行性、伴有深层组织坏死的剧烈疼痛的伤口，应怀疑中毒性休克综合征。在采集诊断性样本之后，使用大环内酯类或β-内酰胺类抗生素进行初步治疗，直至得到培养结果。组织病理学上的变化包括重度坏死、化脓、大面积的水肿，以及皮肤和皮下组织的出血。还可以见到血管内血栓，伴有或不伴有血管炎，坏死性渗出液中可能含有大量球菌。筋膜炎患处需要清创，通过积极的治疗，这个疾病可能不致命。高压氧疗可能对患处有益[217]。

蜂窝织炎和中毒性休克也曾在犬有所报道，并与伪中间型葡萄球菌感染相关[291]。这并不意外，伪中间型葡萄球菌的某些菌株具有产生一种或多种外毒素的能力，这些外毒素与引起人中毒性休克的毒素相似[292]。在一例猫坏死性筋膜炎和中毒性休克的病例中，该猫表现与上述犬类似的患病特征，但目前有报道称其还涉及鲍氏不动杆菌感染[293]。

10例犬的中毒性休克综合征经过组织病理学确诊后，有一例具有显著差异[177]。临床症状包括，躯干和四肢广泛出现红斑，通常伴有重度水肿，特别在四肢部位。有时出现水疱和溃疡，尤其是在晚期的病灶部位。可能会有不同程度的结痂。患犬发热、厌食，并表现出严重不适感。一只患犬后肢患有重度蜂窝织炎和深层脓皮症，皮肤分离培养的结果主要为绿脓杆菌和一种溶血性凝血酶阴性的葡萄球菌，但这些微生物的作用并不确定。其他患犬的主要感染源并未确定，潜在病因也尚不明确。5只患犬死亡；其中3只患犬在死后剖检时发现有弥散性血管内凝血。

（二）布鲁氏菌病

布鲁氏菌病是一种由犬布氏杆菌引起的全身性细菌感染性疾病[121]。即使在机体广泛分布，疾病的全身性症状也很少出现，皮肤病变亦然。患布病时，动物可能会由于睾丸炎和附睾炎引起的疼痛而舐舐阴囊皮肤，以致继发阴囊皮炎[294]。一些病例可能会发生睾丸坏死，伴有全阴囊重度炎症和干酪样溃疡。在渗出物中可分离出犬布氏杆菌[294]。

1只疑似患有肛门部位舐舐性皮炎的15月龄比格母犬，其渗出性病灶中也分离出了布氏杆菌[295]。在16个月的时间里，该犬跗关节和右侧腕关节背侧的疼痛性病灶一直恶化。该病灶表现为充血、水肿、有肉芽肿生成，表面凹凸不平；具有脓血样分泌物，局部淋巴结增大。组织学检查结果显示，皮肤、皮下和筋膜水肿，明显的淋巴样结

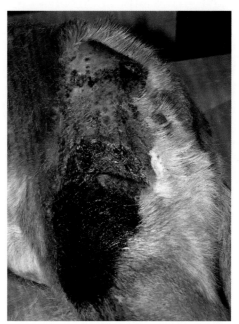

图4-24 坏死性筋膜炎。跨越患犬股部至臀部的坏死性感染（由L. Conceicao提供）

节，巨噬细胞、浆细胞和淋巴细胞浸润，以及散在的中性粒细胞。增大的淋巴结以窦状隙组织细胞增多、髓索浆细胞增多为特征。这些发现是布氏杆菌感染时典型的组织反应[295]。血清学检查结果可以帮助诊断，最终由细菌培养确诊[296]。

由于该病可传染人，且患犬病症不易根治，治疗犬的布病时不能掉以轻心[121]。患犬不能用于繁殖并应尽可能进行绝育手术。虽然体外试验表明，布鲁氏菌对四环素类、氨基糖苷类抗生素以及壮观霉素、利福平、氨苄西林、磺胺类药物和喹诺酮类药物敏感，当对某个个体使用单一药物以单一治疗方案进行治疗时，复发很常见。多种药物联合使用时，治疗的成功率最高。四环素类和喹诺酮类药物、氨基糖苷类和磺胺类药物的协同作用已被证实。

（三）瘟疫

瘟疫是一种急性热性高致死率感染性疾病，由革兰阴性菌耶尔森菌感染引起，这是肠杆菌科家族的一类双球杆菌[121]。该微生物是一种兼性厌氧、不运动、不产芽孢的微生物，无法穿透未破损的皮肤，但可侵入黏膜。瘟疫以三种形式发生：淋巴腺炎、肺炎和败血症[241,297]。最常见的是淋巴腺炎型瘟疫，表现为感染部位附近形成局灶性脓肿（特别是头颈部）。败血型和肺炎型则更加严重，因为确诊时通常太晚，以至于无法进行有效的治疗。

微生物被食入或吸入后，潜伏期为1~3d；若微生物通过跳蚤叮咬、皮肤创口或黏膜进行传播，则潜伏期为2~6d。病程为爆发性且可致死。除澳洲和南极洲的地方瘟疫均有发生[121,298]。瘟疫曾在美国落基山以南的所有州爆发，包括夏威夷。啮齿类动物和猫高度易感，犬其次，其他家养动物对其具有抵抗力。该病主要感染啮齿类动物，尤其是土拨鼠、岩石和地面的松鼠以及大鼠[121,241]。

瘟疫通常经由跳蚤传播，或是食用了感染的动物而患病。山穿手瘙和另外四种少见的以啮齿类动物为宿主的跳蚤为主要的传播媒介。犬、猫常见的跳蚤并不涉及其中[299]。

若易感的啮齿类动物与耶尔森属的微生物接触，即可发生动物流行性疫病，可引起该动物种群的大规模死亡。患病鼠类易被犬、猫或其他肉食动物捕食，跳蚤则继续找寻新宿主。犬、猫通过机械性地传播带病的跳蚤，将死亡或患病的啮齿类动物带回家（促使人类接触啮齿类动物及跳蚤），或是造成直接感染，将疾病传播给人。已经证实与宠物犬一同睡觉是重要的危险因素[300]。经叮咬、接触脓汁、打喷嚏或流涎的猫飞沫传播均可导致感染。瘟疫对人来说，应是一项严峻的公共卫生问题[301]。

动物卫生工作人员在疫病流行区域处理可疑猫的脓肿，已控制了疫病发展。在这些区域，处理所有患有脓肿的动物时应小心，工作人员应使用一次性手套和面具，所有患病动物均须隔离。应避免经口给药，任何与患病动物不必要的接触均应避免，以降低接触的机会。垫料、污染

的绷带和动物尸体须用双层塑料袋包裹并进行焚烧处理。

啮齿类动物和猫是瘟疫的易感群体。猫会表现出严重的全身性症状，包括高热、沉郁、厌食和淋巴结病变，形成脓肿及分泌脓液。不经治疗的患猫死亡率达75%。约50%的患猫为腹股沟腺炎型，表现出全身症状，出现一处或多处脓肿，尤其是在面部、颈部及四肢。全身型的发病率次之，肺炎型则仅占大约10%。也有三种类型同时发生的情况[121,241]。犬对于感染更为耐受，病症相对不明显。通常表现为厌食、嗜睡和发热，常见伴有或不伴有皮肤病灶[302]。

可通过分泌物培养、抹片的免疫荧光技术或从急性期到康复期抗体滴度增加4倍的血清学检查结果进行诊断[121,241]。后者只在流行病学调查时有意义。诊断时务必小心，因为在脓肿处经常会培养出多杀性巴氏杆菌。鉴别诊断包括猫的脓肿、创口感染以及其他脓性肉芽肿性疾病。

治疗应尽早施行，甚至在确诊之前就应开始。经过及时治疗，已报道存活率能到90%。药物的选择为庆大霉素，可单独用药，或联合利福平、四环素和喹诺酮类药物。一些临床医师将四环素类作为预防药物，而另一些医师则用其成功治疗瘟疫[121,241]。局部脓肿应做开放处理，充分引流，使用抗生素溶液充分冲洗。消灭跳蚤是预防疾病进一步蔓延的重要措施。

经氯芬奴隆浸润的饲料可用来控制地松鼠身上的跳蚤，这种方法有效、经济（与传统驱跳蚤方案相比，如在洞穴和毒饵站喷洒杀虫剂），还可作为预防措施，降低疫病流行区域的疾病传播风险[303]。

（四）莱姆疏螺旋体病

莱姆疏螺旋体病是一种由包柔氏螺旋体属伯氏疏螺旋体引起的复杂的多系统性疾病[116,121,304-306]。该微生物通过硬蜱属的硬壳蜱虫传播。其他蜱类、蝇类、跳蚤和蚊类也曾发现携带本微生物，但这些节肢动物和昆虫在病原传播途径中扮演的角色尚不明确。

对所有物种来说，莱姆病的主要症状是多处发生关节型银屑病。对人来说，蜱虫叮咬部位在1~2周内会出现典型的指环样红斑或丘疹（慢性游走性红斑）。即使慢性游走性红斑曾在犬有所报道，但尚无组织学检查证明这一诊断[304]。在试验犬中没有观察到红斑[305]。即使确实发生这样的病变，也会被毛发遮盖。

由于莱姆病是一种复杂的系统性免疫疾病，也会出现除游走性红斑之外的皮肤病灶（图4-25），但很罕见。在一篇报道中，110只血清学检查为阳性的患犬，4只表现出皮肤病变，包括荨麻疹、皮疹或湿润性皮炎[306]。其他研究者的报道称，血清学检查阳性犬的脓性外伤性皮炎经四环素治疗有效，但之后复发[307]。

在诊断莱姆病时需通过血清学检测确诊，血清学可检测出伯氏疏螺旋体但不能证明患病[308,309]。血清学阳性且表现出临床症状的患犬通常用多西环素（每日10mg/kg，持续

1个月）治疗[309]。早期治疗对预防不可逆的关节病变十分必要。

（五）黄菌毛症

黄菌毛症是人类毛干的细菌感染。主要涉及腋部和阴部的毛发。曾有报道一例比格犬与人的棒状杆菌感染相同的病例[310]。患犬表现为颈部和体侧弥散性、不规则地块状脱毛。不表现皮炎。在感染区域，一些毛发断裂，一些毛干上出现小硬结节。大量细菌寄生于这些部位的毛发中。结节先在接种的毛发部位生长最终扩散至整个毛发。在其他犬的正常毛发上进行接种并未引起脱毛和细菌生长。这不是真菌性疾病，尽管名字有些像，但看不到任何真菌的元素，培养结果也无真菌生长。

这是一种并不常见且不严重的疾病，拔除毛发后频繁使用抗细菌香波即可见效。

（六）支原体感染

支原体是口腔正常菌群的一部分，能通过咬伤感染[311]。由于咬伤创口通常被许多需氧及厌氧微生物污染[219,312]，支原体的作用就不明确了。有一些关于使用传统方法治疗猫的脓肿失败的案例报道[311]。培养得到支原体后，使用相应方法治疗，疗效显著。持续期时使用大环内酯类、林可霉素类、四环素类或喹诺酮类抗生素有效。

（七）L型细菌感染

L型细菌是部分细胞壁缺损的细菌，与支原体相似[121,221,313,314]。L型细菌保留部分细胞壁，大小和形态特征可变，在体外试验具有恢复亲代表型的能力，通过这些特征使其可与支原体相鉴别。L型细菌无法使用常规技术进行培养，或许可以通过特殊的L型细菌培养技术进行分离培养。通过新鲜组织的电镜检查可以观察到该微生物。

关于犬、猫L型细菌感染的大部分报道将病变描述为关节病变[313,314]。一些患猫表现为发热、沉郁，具有一处或多处脓肿，伴有脓性分泌物，特别是在关节附近。分泌物无异味，包含了大量非中毒性中性粒细胞和巨噬细胞。中性

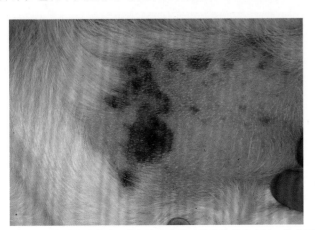

图4-25 莱姆疏螺旋体病。莱姆病患犬胸壁处的脉管炎病灶。治疗后病灶迅速消失

粒细胞中常有被吞噬的红细胞，胞浆含有空泡和颗粒。使用针对猫脓肿的传统抗生素进行治疗并无成效。给予四环素后疗效显著。也可选用大环内酯类抗生素。一些有趣的报道还称感染可传给主治大夫，这是这些大夫的手套发生磨损所致[221]。

（八）李氏杆菌病

单核细胞增生性李斯特杆菌是一种广泛存在的腐生菌，当动物食入被污染的食物时易被感染[121]。免疫力低下的宿主更加易感。伴侣动物的感染很少见，典型症状包括菌血症及与器官化脓的相应症状，尤其是神经系统。有一篇报道中，一只其他方面均健康的犬患有皮肤李氏杆菌病[68]。可能是该犬在腐烂的尸体上打滚时被感染的，表现为在背部有大量结节。根据药敏试验的资料，患犬经20d的克林霉素治疗后，感染部位痊愈。

（九）类鼻疽

类鼻疽是一种犬、猫的感染性结节性皮肤病，发生于东南亚、北澳大利亚和南太平洋，由类鼻疽杆菌引起[121]。该微生物是一种土壤内的腐生菌，通过吸入、节肢动物叮咬或创口接触发生感染。患病动物皮肤上出现大量小结节，最终发生破溃。也有可能全身感染。可通过细菌培养、PCR技术或免疫组化进行诊断。治疗包括，大创口需要进行外科引流操作，持续给予抗生素。口服相应药物有效，包括四环素、阿莫西林克拉维酸和增效型磺胺类药物。

（十）假性脓皮症

这是一类多病因但并不是脓皮症的皮肤病，虽然它们很类似。包括：

· 骨痂型脓皮症（见第十六章）。
· 青年型蜂窝织炎（见第十八章）。
· 其他脓皮症样的皮肤病：
　– 痤疮（见第十四章）。
　– 擦伤（皮褶性皮炎；见第十六章）。
　– 线性IgA脓疱性皮炎（见第九章）。
　– 无菌性脂膜炎（见第十八章）。
　– 全身性红斑狼疮（见第九章）。
　– 落叶天疱疮（见第九章）。
　– 无菌性嗜酸性脓疱病（见第十八章）。
　– 无菌性脓性肉芽肿综合征（见第十八章）。
　– 角质下脓疱性皮炎（见第十八章）。
　– 嗜酸性面部毛囊炎和疖病（见第八章）。

参考文献

[1] Elias PM: The skin barrier as an innate immune element. *Semin*

Immunopathol 29:3, 2007.

[2] Hill PB, Moriello KA: Canine pyoderma. *J Am Vet Med Assoc* 204:334, 1994.

[3] Lloyd DH: The cutaneous defense mechanisms. *Vet Dermatol News* 1:9, 1976.

[4] Roth RR, James WD: Microbiology of the skin. *J Am Acad Dermatol* 20:369, 1989.

[5] Hart BL: Behavioural defence against parasites: interaction with parasite invasiveness. *Parasitology* 109:Suppl: S1 39–51, 1994.

[6] Allaker RP, Lloyd DH, Simpson AI: Occurrence of *Staphylococcus intermedius* on the hair and skin of normal dogs. *Res Vet Sci* 5:174, 1992.

[7] Cox HU, Hoskins JD: Distribution of staphylococcal species on clinically healthy cats. *Am J Vet Res* 46:1824, 1985.

[8] Harvey RG, Lloyd DH: The distribution of bacteria (other than staphylococci and *Propionibacterium acnes*) on the hair, at the skin surface, and within the hair follicles of dogs. *Vet Dermatol* 6:79, 1995.

[9] Harvey RG, Marples RR, Noble WC: Nasal carriage of *Staphylococcus intermedius* in humans in contact with dogs. *Microb Ecol Health Dis* 7:225, 1994.

[10] White SD, Ihrke PJ, Stannard AA, et al: Occurrence of *S. aureus* on the clinically normal canine hair coat. *Am J Vet Res* 44:332, 1983.

[11] Berg JN, Wendell DE, Vogelweid C, et al: Identification of the major coagulase-positive *Staphylococcus* spp. of dogs as *Staphylococcus intermedius*. *Am J Vet Res* 45:1307, 1984.

[12] Lloyd DH: Skin surface immunity. *Vet Dermatol News* 5:10, 1980.

[13] McEwan NA: Bacterial adherence to canine corneocytes. In von Tscharner C, Halliwell REW, editors: Advances in Veterinary Dermatology, Vol 1, London, 1990, Bailliáere-Tindall, p 454.

[14] Mason IS, Lloyd DH: Scanning electron microscopic studies of the living epidermis and stratum corneum in dogs. In Ihrke PJ, Mason IS, White SD, editors: Advances in Veterinary Dermatology, Vol 2, Oxford, 1993, Pergamon Press, p 131.

[15] Saijonmaa-Koulumies LE, Lloyd DH: Colonization of the canine skin with bacteria. *Vet Dermatol* 7:153, 1996.

[16] Drake DR, Brogden KA, Dawson DV, et al: Thematic Review Series: Skin Lipids. Antimicrobial lipids at the skin surface. *J Lipid Res* 49:4, 2008.

[17] Bando M, Hiroshima Y, Kataoka M, et al: Interleukin-1alpha regulates antimicrobial peptide expression in human keratinocytes. *Immunol Cell Biol* 85:532, 2007.

[18] Braff MH, Zaiou M, Fierer J, et al: Keratinocyte production of cathelicidin provides direct activity against bacterial skin pathogens. *Infect Immun* 73:6771, 2005.

[19] Yager JA: The skin as an immune organ. In Ihrke PJ, Mason IS, White SD, editors: Advances in Veterinary Dermatology, Vol 2, Oxford, 1993, Pergamon Press, p 3.

[20] Garthwaite G, Lloyd DH, Thomsett LR: Location of immunoglobulins and complement (C3) at the surface and within the skin of dogs. *J Comp Pathol* 93:185, 1983.

[21] Schultz RD: Basic veterinary immunology and a review. *Vet Clin North Am Small Anim Pract* 8:569, 1978.

[22] Scott DW: Bacteria and yeast on the surface and within non-inflamed hair follicles of skin biopsies from dogs with non-neoplastic dermatoses. *Cornell Vet* 82:379, 1992.

[23] Scott DW: Bacteria and yeast on the surface and within non-inflamed hair follicles of skin biopsies from cats with non-neoplastic dermatoses. *Cornell Vet* 82:371, 1992.

[24] Chesney CJ: The microclimate of the canine coat: The effect of heating on coat and skin temperature and relative humidity. *Vet Dermatol* 8:183, 1997.

[25] Harvey RG: Aspects of the interaction between the skin and staphylococci. In *Proceedings of the North American Veterinarians Conference*, 1998, p 79.

[26] Mason IS, Mason KV, Lloyd DH: A review of the biology of canine skin with respect to the commensals *Staphylococcus intermedius, Demodex canis*, and *Malassezia pachydermatis*. *Vet Dermatol* 7:119, 1996.

[27] Saijonmaa-Koulumies LE, Lloyd DH: Carriage of bacterial antagonists towards *Staphylococcus intermedius* on canine skin and mucosal surfaces. *Vet Dermatol* 6:187, 1995.

[28] Kristensen S, Krogh HV: A study of skin diseases in dogs and cats. III: Microflora of the skin of dogs with chronic eczema. *Nord Vet Med* 30:223, 1978.

[29] Krogh HF, Kristensen S: A study of skin diseases in dogs and cats II. Microflora of the normal skin of dogs and cats. *Nord Vet Med* 28:459, 1976.

[30] Scott DW, Miller WH, Jr, Griffin CE: *Muller and Kirk's Small Animal Dermatology*, ed 6, Philadelphia, 2001, W.B. Saunders Co.

[31] Cox HU, Hoskins JD, Roy AF, et al: Antimicrobial susceptibility of coagulase positive staphylococci isolated from Louisiana dogs. *Am J Vet Res* 44:2039, 1984.

[32] Harvey RG, Noble WC, Lloyd DH: Distribution of propionibacteria on dogs: A preliminary report of the findings on 11 dogs. *J Small Anim Pract* 34:80, 1993.

[33] Woldehiwet Z, Jones JJ: Species distribution of coagulase-positive staphylococci isolated from dogs. *Vet Rec* 126:485, 1990.

[34] Allaker RP, Jensen L, Lloyd DH, et al: Colonization of neonatal puppies by staphylococci. *Br Vet J* 148:523, 1992.

[35] Lloyd DH, Allaker RP, Pattinson A: Carriage of *Staphylococcus intermedius* on the ventral abdomen of clinically normal dogs and those with pyoderma. *Vet Dermatol* 2:161, 1991.

[36] Goodacre R, et al: An epidemiologic study of *Staphylococcus intermedius* strains isolated from dogs, their owners, and veterinary surgeons. *J Anal Appl Pyrolysis* 44:49, 1997.

[37] Allaker RP, Lloyd DH, Bailey RM: Population sizes and frequency of staphylococci at mucocutaneous sites in healthy dogs. *Vet Rec* 130:303, 1992.

[38] Devriese LA, DePelsmaecker K: The anal region as a main carrier site of *Staphylococcus intermedius* and *Streptococcus canis* in dogs. *Vet Rec* 121:302, 1987.

[39] Harvey RG, Nobel WC: Aspects of nasal, oropharyngeal and anal carriage of *Staphylococcus intermedius* in normal dogs and dogs with pyoderma. *Vet Dermatol* 9:99, 1998.

[40] Saijonmaa-Koulumies LE, Parsons E, Lloyd DH: Elimination of *Staphylococcus intermedius* in healthy dogs by topical treatment with fusidic acid. *J Small Anim Pract* 39:341, 1998

[41] Saijonmaa Koulumies LE, Myllys V, Lloyd DII: Diversity and stability of the *Staphylococcus intermedius* flora in three bitches and their puppies. *Epidemiol Infect* 131:931, 2003.

[42] Igimi S, Kawamura S, Takahashi E, et al: *Staphylococcus felis*, a new species from clinical specimens from cats. *Int J Syst Bacteriol* 39:373, 1989.

[43] Medleau L, Long RE, Brown J, et al: Frequency and antimicrobial susceptibility of *Staphylococcus* spp. isolated from canine pyodermas. *Am J Vet Res* 47:229, 1986.

[44] Patel A, et al: The prevalence of feline staphylococci with special reference to *Staphylococcus felis* amongst domestic and feral cats in the Southeast of England. In Thoday KT, Foil CS & Bond R, editors: Advances in Veterinary Dermatology, vol. 4, Oxford, UK, 2002, Blackwell Science Ltd, pp. 85–91.

[45] Scott DW: Feline dermatology 1900-1980: A monograph. *J Am Anim Hosp Assoc* 16:331, 1980.

[46] Devriese LA: Identification and characterization of staphylococci isolated from cats. *Vet Microbiol* 9:279, 1984.

[47] Medleau L, Blue JL: Frequency and antimicrobial susceptibility of *Staphylococcus* spp. isolated from feline skin lesions. *J Am Vet Med Assoc* 193:1080, 1988.

[48] Hesselbarth J, Witte W, Cuny C, et al: Characterization of *Staphylococcus intermedius* from healthy dogs and cases of superficial pyoderma by DNA restrictive endonuclease patterns. *Vet Microbiol* 41:259, 1994.

[49] Shimizu A, Berkhoff HA, Kloos WE, et al: Genomic DNA fingerprinting, using pulsed-field gel electrophoresis, of *Staphylococcus intermedius*, isolated from dogs. *Am J Vet Res* 57:1458, 1996.

[50] Edwards VN, Deringer JR, Callantine SD, et al: Characterization of the canine type C enterotoxin produced by *Staphylococcus intermedius* pyoderma isolates. *Infect Immun* 65:2346, 1997.

[51] Fehrer SL, Boyle MD, Halliwell RE: Identification of protein A from *Staphylococcus intermedius* isolated from canine skin. *Am J Vet Res* 49:697, 1988.

[52] Futagawa-Saito K, Sugiyama T, Karube S, et al: Prevalence and characterization of leukotoxin-producing *Staphylococcus intermedius* in isolates from dogs and pigeons. *J Clin Microbiol* 42:5324, 2004.

[53] Lautz S, Kanbar T, Alber J, et al: Dissemination of the gene encoding exfoliative toxin of *Staphylococcus intermedius* among strains isolated from dogs during routine microbiological diagnostics. *J Vet Med B Infect Dis Vet Public Health* 53:434, 2006.

[54] Hendricks A, Schuberth HJ, Schueler K, et al: Frequency of superantigen-producing *Staphylococcus intermedius* isolates from canine pyoderma and proliferation-inducing potential of superantigens in dogs. *Res Vet Sci* 73:273, 2002.

[55] Manders SM: Toxin-mediated streptococcal and staphylococcal disease. *J Am Acad Dermatol* 39:393, 1998.

[56] Keane KA, Taylor DJ: Slime-producing *Staphylococcus* species in canine pyoderma. *Vet Rec* 130:75, 1992.

[57] Feingold DS: Bacterial adherence, colonization, and pathogenicity. *Arch Dermatol* 122:161, 1986.

[58] Saijonmaa-Koulumies LE, Lloyd DH: Adherence of *Staphylococcus intermedius* to canine corneocytes in vitro. In Kwochka KW, et al, editors: *Advances in Veterinary Dermatology III*, Oxford, 1998, Butterworth Heinemann, p 540.

[59] Lloyd DH, Viac J, Werling D, et al: Role of sugars in surface microbe-host interactions and immune reaction modulation. *Vet Dermatol* 18:197, 2007.

[60] Awad-Masalmeh VM, et al: Bakteriologische Untersuchungen zur Pyodermie des Hundes Therapeutischen Einsatzeiner autogenen Vakzin. *Wien Tierrztl Mschr* 75:232, 1986.

[61] Berg JN, et al: Clinical models for anaerobic bacterial infection in dogs and their use in testing the efficacy of clindamycin and lincomycin. *Am J Vet Res* 45:1299, 1984.

[62] Harvey RG, Noble WC: A temporal study comparing the carriage on *Staphylococcus intermedius* on normal dogs or atopic dogs in clinical remission. *Vet Dermatol* 5:21, 1994.

[63] McEwan NA, Kalna G, Mellor D: Comparison of adherence by four strains of *Staphylococcus intermedius* and *Staphylococcus hominis* to canine corneocytes collected from normal dogs and dogs suffering from atopic

dermatitis. *Res Vet Sci* 78:193, 2005.

[64] Schmidt V, Nuttall T, Fazakerley J, et al: *Staphylococcus intermedius* binding to fibrinogen, fibronectin and keratin. *In Advances in Vet Derm* (5-6):502–508, 2009.

[65] Cree RG, Noble WC: In vitro indices of tissue adherence in *Staphylococcus intermedius*. *Lett Appl Microbiol* 20:168, 1995.

[66] Christensen GD: Coagulase-negative staphylococci—saprophyte or parasite? *Int J Dermatol* 22:463, 1983.

[67] Devriese LA, Haesebrouch F: *Streptococcus suis* infection in horses and cats. *Vet Rec* 130:300, 1992.

[68] Loncarevic S, Artursson K, Johansson I: A case of canine cutaneous listeriosis. *Vet Dermatol* 10:69, 1999.

[69] Rosenkrantz WS: *Pseudomonas aeruginosa* necrotizing dermatitis, vasculitis, and panniculitis in the cat. *Proc Annu Memb Meet Am Acad Vet Dermatol Am Coll Vet Dermatol* 14:77, 1998.

[70] Aarestrup FM, Jacobsen MJ: Bakteriel paronychia (klovolds-betaendelse) hos kat forårsaget af *Staphylococcus felis*. *Dansk Vet* 76:1066, 1993.

[71] Igimi S, Atobe H, Tohya Y, et al: Characterization of the most frequently encountered *Staphylococcus* sp. in cats. *Vet Microbiol* 39:255, 1994.

[72] Patel A, Lloyd DH, Howell SA, et al: Investigation into the potential pathogenicity of *Staphylococcus felis* in a cat. *Vet Rec* 150:668, 2002.

[73] Berg JN, Fales WH, Scanlan CM: The occurrence of anaerobic bacteria in diseases of the dog and cat. *Am J Vet Res* 40:877, 1979.

[74] Dow SM, Joes RL: Anaerobic infections. Part I: Pathogenesis and clinical significance. *Compend Contin Educ* 9:711, 1987.

[75] Jang SS, Breher JE, Dabaco LA, et al: Organisms isolated from dogs and cats with anaerobic infections and susceptibility to selected antimicrobial agents. *J Am Vet Med Assoc* 210:1610, 1997.

[76] Love DN, et al: Antimicrobial susceptibility patterns of obligately anaerobic bacteria from subcutaneous abscesses and pyothorax in cats. *Aust Vet Pract* 10:168, 1980.

[77] Price PM: Pyoderma caused by *Peptostreptococcus tetradius* in a pup. *J Am Vet Med Assoc* 198:1649, 1991.

[78] Dow SW, Jones RL, Adney WS: Anaerobic bacterial infections and response to treatment in dogs and cats: 36 cases (1983-1985). *J Am Vet Med Assoc* 189:930, 1986.

[79] Hirsch DC, Indiveri MC, Jang SS, et al: Changes in prevalence and susceptibility of obligate anaerobes in clinical veterinary practice. *J Am Vet Med Assoc* 186:1086, 1985.

[80] Curtis CF, Lamport AI, Lloyd DH: Masked, controlled study to investigate the efficacy of a Staphylococcus intermedius autogenous bacterin for the control of canine idiopathic recurrent superficial pyoderma. *Vet Dermatol* 17:163, 2006.

[81] DeBoer DJ, Moriello KA, Thomas CB, et al: Evaluation of commercial staphylococcal bacterin for management of idiopathic recurrent superficial pyoderma in dogs. *Am J Vet Res* 51:636, 1990.

[82] Horwitz L, Ihrke PJ: Canine seborrheas. In Kirk RW, editor: *Current Veterinary Therapy VI*, Philadelphia, 1977, W.B. Saunders Co.

[83] Maibach HI: Experimentally induced infections in the skin of man. In Maibach HI and Hildick-Smith G, McGraw Hill, editors: *Skin Bacteria and Their Role in Infection*, New York, 1965.

[84] Mason IS, Lloyd DH: The macroscopic and microscopic effects of intradermal injections of crude and purified staphylococcal extracts on canine skin. *Vet Dermatol* 6:197, 1995.

[85] Raychaudhuri SP, Raychaudhuri SK: Relationship between kinetics of lesional cytokines and secondary infection in inflammatory skin disorders: A hypothesis. *Int J Dermatol* 32:409, 1993.

[86] Inman AO, Olivry T, Dunston SM, et al: Electron microscopic observations of stratum corneum intercellular lipids in normal and atopic dogs. *Vet Pathol* 38:720, 2001.

[87] Mason IS, Lloyd DH: The role of allergy in the development of canine pyoderma. *J Small Anim Pract* 30:216, 1989.

[88] Campbell KL, et al: Immunoglobulin A deficiency in the dog. *Canine Pract* 16:7, 1991.

[89] Littler RM, Batt RM, Lloyd DH: Total and relative deficiency of gut mucosal IgA in German shepherd dogs demonstrated by faecal analysis. *Vet Rec* 11:334, 2006.

[90] Hall JA, Campbell K, Mordecai S, et al: Comparison of three commercial radial immunodiffusion kits for the measurement of canine serum immunoglobulins. *J Vet Diagn Invest* 7:559, 1995.

[91] Chammas PPC, Hagiwara MK: Evaluation of neutrophilic function (chemotaxis, phagocytosis and microbicidal activity) in healthy dogs and dogs suffering from recurrent deep pyoderma. *Vet Immunol Immunopathol* 64:123, 1998.

[92] Day MJ: Possible immunodeficiency in related rottweiler dogs. *J Small Anim Pract* 40:561, 1999.

[93] Cerundolo R, et al: Recurrent deep pyoderma in German shepherd dogs with underlying ehrlichiosis and hyperglobulinemia. *Vet Dermatol* 9:135, 1998.

[94] Clercx C, McEntee K, Gilbert S, et al: Nonresponsive generalized bacterial infection associated with systemic lupus erythematosus in a Beauceron. *J Am Anim Hosp Assoc* 35:220, 1999.

[95] Couto CG: Patterns of infection associated with immunodeficiency. In Kirk

RW, Bonagura JD, editors: *Kirk's Current Veterinary Therapy XI*, Philadelphia, 1992, W.B. Saunders Co., p 223.

[96] Krakowaka S: Acquired immunodeficiency diseases. In Kirk RW, Bonagura JD, editors: *Kirk's Current Veterinary Therapy XI*, Philadelphia, 1992, W.B. Saunders Co., p 453.

[97] Toman M, Svoboda M, Rybnicek J, et al: Secondary immunodeficiency in dogs with enteric, dermatologic, infectious or parasitic diseases. *J Vet Med B* 45:321, 1998.

[98] Lanevschi A, Daminet S, Niemeyer GP, et al: Granulocyte colony-stimulating factor deficiency in a Rottweiler with chronic idiopathic neutropenia. *J Vet Intern Med* 13:72, 1999.

[99] Guaguère E: Topical treatment of canine and feline pyoderma. *Vet Dermatol* 7:145, 1996.

[100] Lee AH, et al: Effects of chlorhexidine diacetate, povidone iodine, and polyhydroxydine on wound healing in dogs. *J Am Anim Hosp Assoc* 24:77, 1988.

[101] Werner AH, Russell AD: Mupirocin, fusidic acid, and bacitracin Activity, action, and clinical uses of three topical antibiotics. *Vet Dermatol* 10:225, 1999.

[102] Ascher F, et al: Controlled trial of ethyl lactate and benzoyl peroxide shampoos in the management of canine surface pyoderma and superficial pyoderma. In von Tscharner C, Halliwell REW, editors: Advances in Veterinary Dermatology, Vol 1, London, 1990, Baillière-Tindall, p 375.

[103] Carlotti DN, Maffart P: La chlorhexidine: revue bibliographique. *Prat Méd Chir Anim Comp* 31:553, 1996.

[104] Guaguère E, Picard G: Utilization de la céfalexine et du lactate d'ethyle dans le traitement des pyodermites canines. *Prat Méd Chir Anim Comp* 25:547, 1990.

[105] Kwochka KW, Kowalski JJ: Prophylactic efficacy of four antibacterial shampoos against *Staphylococcus intermedius* in dogs. *Am J Vet Res* 52:115, 1991.

[105a.] Loeffler A, Cobb MA, and Bond R: Comparison of a chlorhexidine and a benzoyl peroxide shampoo as sole treatment in canine superficial pyoderma. *Vet Rec* 169:249, 2011.

[106] Lloyd H, Reyss-Brion A: Le peroxide de benzoyle: Efficacité clinique et bacteriologique dans le traitement des pyodermites chroniques. *Prat Méd Chir Anim Comp* 19:445, 1984.

[107] Loeffler A, Baines SJ, Toleman MS, et al: In vitro activity of fusidic acid and mupirocin against coagulase-positive staphylococci from pets. *J Antimicrob Chemother* 62:1301, 2008.

[108] White SD, Bordeau PB, Blumstein P, et al: Feline acne and results of treatment with mupirocin in an open clinical trial: 25 cases. *Vet Dermatol* 8:157, 1997.

[109] Burrows AK: Residual antimicrobial action of 2% mupirocin ointment (Bactoderm). *Proc Annu Memb Meet Am Acad Vet Dermatol Am Coll Vet Dermatol* 10:35, 1994.

[110] Degim IT, Hadgraft J, Houghton E, et al: In vitro percutaneous absorption of fusidic acid and betamethasone-17-valerate across canine skin. *J Small Anim Pract* 40:515, 1999.

[111] Paul JW, Gordon MA: Efficacy of a chlorhexidine surgical scrub compared to that of hexachlorophene and povidone-iodine. *Vet Med* 73:573, 1978.

[112] Benson CE: Susceptibility of selected otitis externa pathogens to individual and mixtures of acetic and boric acid. *Proc Annu Memb Meet Am Acad Vet Dermatol Am Coll Vet Dermatol* 14:121, 1998.

[113] Boothe DM: Avoiding antibiotic failures in your skin patients. *Compend Contin Educ* 19:101, 1997.

[114] Carlotti DN, Leroy S: Actualités en antibiothérapie cutanée systémique chez le chien. *Prat Méd Chir Anim Comp* 30:263, 1995.

[115] Schwarz S, Noble WC: Aspects of bacterial resistance to antimicrobials used in veterinary dermatologic practice. *Vet Dermatol* 10:163, 1999.

[116] Breitschwerdt EB: Laboratory diagnosis of tick-transmitted diseases in the dog. In Kirk RW, Bonagura JD, editors: *Kirk's Current Veterinary Therapy XI*, Philadelphia, 1992, W.B. Saunders Co., p 252.

[117] Cox HU, Schmeer N: Protein A in *Staphylococcus intermedius* isolates from dogs and cats. *Am J Vet Res* 47:1881, 1986.

[118] DeManuelle TC, Ihrke PJ, Brandt CM, et al: Determination of skin concentration of enrofloxacin in dogs with pyoderma. *Am J Vet Res* 59:1599, 1998.

[119] Hart BL, Barrett RE: Effects of castration on fighting, roaming, and urine spraying in adult male cats. *J Am Vet Med Assoc* 163:290, 1973.

[120] Arrioja-Dechert A, editor: *Compendium of Veterinary Products*, ed 5, Port Huron, 1999, North American Compendiums, Inc.

[121] Greene CE: *Infectious Diseases of the Dog and Cat*, ed 3, Philadelphia, 2006, W.B. Saunders Co.

[122] Harvey RG, Hunter PA: The properties and use of penicillins in the veterinary field with special reference to skin infections in the dog and cat. *Vet Dermatol* 10:177, 1999.

[123] Campbell KL: Sulphonamides: Updates on use in veterinary medicine. *Vet Dermatol* 10:205, 1999.

[124] Noli C, Boothe D: Macrolides and lincosamides. *Vet Dermatol* 10:217, 1999.

[125] Mason IS, Kietzmann M: Cephalosporins—pharmacological basis of clinical use in veterinary dermatology. *Vet Dermatol* 10:187, 1999.

[126]Ihrke PJ, Papich MG, Demanuelle TC: The use of fluoroquinolones in veterinary dermatology. *Vet Dermatol* 10:193, 1999.

[127]Ayliffe TR: Penetration of tissue by antibiotics. *Br Vet Dermatol Newsl* 5:233, 1980.

[128]Kietzmann M, et al: Vertraglichkeif and Pharmakokinetik von Cefalexin (cefaseptin dragees) beim Hund. *Kleintierpraxis* 35:390, 1990.

[129]Barrs VR, et al: Antimicrobial susceptibility of various staphylococci isolated from various disease conditions in dogs: A further survey. *Aust Vet Pract* 25:37, 1995.

[130]Cox HU, et al: Species of *Staphylococcus* isolated from animal infections. *Cornell Vet* 74:124, 1984.

[131]Hinton M, Marston M, Hedges R: The antibiotic resistance of pathogenic staphylococci and streptococci isolated from dogs. *J Small Anim Pract* 19:229, 1978.

[132]Ihrke PJ: Antibacterial therapy in dermatology. In Kirk RW, editor: *Current Veterinary Therapy IX*, Philadelphia, 1986, W.B. Saunders Co., p 566.

[133]Kruse H, Hofshagen M, Thoresen SI, et al: The antimicrobial susceptibility of *Staphylococcus* species isolated from canine dermatitis. *Vet Res Commun* 20:205, 1996.

[134]Kunkle GA: New considerations for rational antibiotic therapy of cutaneous staphylococcal infection in the dog. *Semin Vet Med Surg Small Anim* 2:212, 1987.

[135]Lloyd DH, et al: Sensitivity to antibiotics amongst cutaneous and mucosal isolates of canine pathogenic staphylococci in the U.K., 1980-96. *Vet Dermatol* 7:171, 1996.

[136]Love DN, Lomas G, Bailey M, et al: Characterization of strains of staphylococci from infections in dogs and cats. *J Small Anim Pract* 22:195, 1981.

[137]Muller RS, Bettenay SV, Lording P, et al: Antibiotic sensitivity of *Staphylococcus intermedius* isolated from canine pyoderma. *Aust Vet Pract* 28:10, 1998.

[138]Noble WC, Kent LE: Antibiotic resistance in *Staphylococcus intermedius* isolated from cases with pyoderma in the dog. *Vet Dermatol* 3:71, 1992.

[139]Oluoch AO, et al: Trends of bacterial infections in dogs: Characterization of *Staphylococcus intermedius* isolates (1990-1992). *Canine Pract* 21:12, 1996.

[140]Pellerin JL, Bourdeau P, Sebbag H, et al: Epidemiosurveillance of antimicrobial compound resistance of *Staphylococcus intermedius* clinical isolates from canine pyodermas. *Comp Immunol Microbiol Infect Dis* 21:115, 1998.

[141]Piriz S, de la Fuente R, Valle J, et al: Comparative *in vitro* activity of 11 beta-lactam antibiotics against 91 *Staphylococcus intermedius* strains isolated from staphylococcal dermatitis in dogs. *J Vet Med B* 42:293, 1995.

[142]Piriz S, Valle J, Mateos EM, et al: *In vitro* activity of fifteen antimicrobial agents against methicillin-resistant and methicillin-susceptible *Staphylococcus intermedius*. *J Vet Pharmacol Ther* 19:118, 1996.

[143]Jones RD, Kania SA, Rohrbach BW, et al: Prevalence of oxacillin- and multidrug-resistant staphylococci in clinical samples from dogs: 1,772 samples (2001-2005). *J Am Vet Med Assoc* 230:221, 2007.

[144]Morris DO, Rook KA, Shofer FS, et al: Screening of *Staphylococcus aureus*, *Staphylococcus intermedius*, and *Staphylococcus schleiferi* isolates obtained from small companion animals for antimicrobial resistance: a retrospective review of 749 isolates (2003-04). *Vet Dermatol* 17:332, 2006.

[145]Griffeth GC, Morris DO, Abraham JL, et al: Screening for skin carriage of methicillin-resistant coagulase-positive staphylococci and *Staphylococcus schleiferi* in dogs with healthy and inflamed skin. *Vet Dermatol* 19:142, 2008.

[146]Berger SL, Scagliotti RH, Lund EM: A quantitative study of the effects of tribrissen on canine tear production. *J Am Anim Hosp Assoc* 31:236, 1995.

[147]Trepanier L: Delayed hypersensitivity reactions to sulphonamides: Syndromes, pathogenesis, and management. *Vet Dermatol* 10:241, 1999.

[148]Bettenay SV, et al: Doxycycline hydrochloride in the treatment of canine pyoderma. *Aust Vet Pract* 28:14, 1998.

[149]Ackerman L: Cutaneous bacterial granuloma (botryomycosis) in five dogs: Treatment with rifampin. *Mod Vet Pract* 68:404, 1987.

[150]Carlotti DN, Atanu A: Treatment of 13 cases of chronic deep pyoderma with rifampin in dogs. *Proc Annu Memb Meet Am Acad Vet Dermatol* 13:120, 1997.

[151]Lloyd DH, Boag A, Loeffler A: Dealing with MRSA in small animal practice. *Eur J Companion Anim Pract* 17:85, 2007.

[152]Guardabassi L, Jensen LB, Kruse H: Guidelines for antimicrobial use min dogs and cats. In Guardabassi L, Jensen LB, Kruse K, editors: *Guide to Antimicrobial Use in Animals*, Oxford, 2008, Blackwell Publishing, p 183.

[153]Kwochka KW: Recurrent pyoderma. In Griffin CE, Kwochka KW, MacDonald JM, editors: *Current Veterinary Dermatology*, St. Louis, 1993, Mosby Year Book, p 3.

[154]Lloyd DH, Carlottie DN, Koch HJ, et al: Treatment of canine pyoderma with co-amoxyclav: A comparison of two dose rates. *Vet Rec* 141:439, 1997.

[155]Guaguère E, et al: Utilisation de la céfalexine dans le traitement des pyodermites canines: Comparaison de l'efficacité de différentes posoligies. *Prat Méd Chir Anim Comp* 33:237, 1998.

[156]Guaguère E, et al: Cephalexin in the treatment of canine pyoderma: Comparison of two dose rates. In Kwochka KW, et al, editors: *Advances in Veterinary Dermatology III*, Oxford, 1998, Butterworth Heinemann, p 547.

[157]Esterly NB, Fuerey NL, Flanagan LE: The effect of antimicrobial agents on leukocyte chemotaxis. *J Invest Dermatol* 70:51, 1978.

[158]Plewig G, Schopf E: Anti-inflammatory effects of antimicrobial agents: an in vivo study. *J Invest Dermatol* 65:532, 1975.

[159]Webster GF: New antibiotics: A dermatologist's guide. *Adv Dermatol* 11:105, 1996.

[160]Zhang J and Ward KW: Besifloxacin, a novel fluoroquinolone antimicrobial agent, exhibits potent inhibition of pro-inflammatory cytokines in human THP-1 monocytes. *J Antimicrob Chemother* 61:111, 2008.

[161]Foster A: Immunomodulation and immunodeficiency. *Vet Dermatol* 15:115, 2004.

[162]Miller WH, Jr: Deep pyoderma in two German shepherd dogs associated with a cell-mediated immunodeficiency. *J Am Anim Hosp Assoc* 27:513, 1991.

[163]DeBoer DJ, Pukay BP: Recurrent pyoderma and immunostimulants In Ihrke PJ, Mason IS, White SD, editors: Advances in Veterinary Dermatology, Vol 2. Oxford, 1993, Pergamon Press, p 443.

[164]Thompson LA, Grieshaber TL, Glickman L: Human recombinant interferon alpha - 2b for management of idiopathic recurrent superficial pyoderma in dogs: a pilot study. *Vet Ther* 5:75, 2004.

[165]DeBoer DJ, et al: Clinical and immunological responses of dogs with recurrent pyoderma to injection of staphylococcus phage lysate. In von Tscharner C, Halliwell REW, editors: Advances in Veterinary Dermatology, Vol 1. London, 1990, Bailliáere-Tindall, p 335.

[166]DeBoer DJ: Management of chronic and recurrent pyoderma in the dog. In Bonagura JD, editor: *Kirk's Current Veterinary Therapy XII*, Philadelphia, 1995, W.B. Saunders Co., p 611.

[167]Sprucek F, et al: Therapy of canine deep pyoderma with cephalexins and immunomodulators. *ActaVet Brno* 76:469, 2007.

[168]Chambers ED, Severin GA: Staphylococcal bacterin for treatment of chronic staphylococcal blepharitis in the dog. *J Am Vet Med Assoc* 185:422, 1984.

[169]Curtis C, Lloyd D: Treatment of canine idiopathic recurrent pyoderma. *Vet Rec* 140:587, 1997.

[170]Becker AM, Janik TA, Smith EK, et al: *Propionibacterium acnes* immunotherapy in chronic recurrent canine pyoderma. *J Vet Intern Med* 3:26, 1989.

[171]Rosser EJ: German shepherd dog pyoderma: A prospective study of 12 dogs. *J Am Anim Hosp Assoc* 33:355, 1997.

[172]Bell A: Prophylaxis of German shepherd recurrent furunculosis (German shepherd dog pyoderma) using cephalexin pulse therapy. *Aust Vet Pract* 25:30, 1995.

[173]Carlotto DN, et al: Evaluation of cephalexin intermittent therapy (weekend therapy) in the control of recurrent idiopathic pyoderma in dogs: a randomised, double-blinded, placebo-controlled study. In Hillier A, Foster AP, Kwochka K, editors: Advances in Veterinary Dermatology, Volume 5. Oxford, 2005, Blackwell Publications, p. 137.

[174]Caprile KA: Maintenance antibacterial agents in recurrent pyoderma. *Vet Med Rep* 2:297, 1990.

[175]Soares Magalhaes RJ, et al: Methicillin-resistant *Staphylococcus aureus* (MRSA) carriage by owners and attending veterinary staff as risk factors for clinical infection in dogs and cats. Emerg Infect Dis. In preparation.

[175a]Scott DW and Miller WH, Jr: Juvenile impetigo in dogs: A retrospective study of 65 cases (1976-2005). *JVCS* 1:5, 2008.

[176]Ihrke PJ, Gross TL: Canine mucocutaneous pyoderma. In Bonagura JD, editor: *Kirk's Current Veterinary Therapy XII*, Philadelphia, 1995, W.B. Saunders Co., p 618.

[177]Gross TL, et al: Lichenoid diseases of the dermis. In Gross TL, Ihrke PJ, Walder EJ, et al, editors: *Skin Diseases of the Dog and Cat. Clinical and Histopathologic Diagnosis*, ed 2, Oxford, 2005, Blackwell Publishing, p. 261.

[178]Halliwell REW, Gorman NT: *Veterinary Clinical Immunology*. Philadelphia, 1989, W.B. Saunders Co., p 253.

[179]Morales CA, Schultz KT, DeBoer DJ: Antistaphylococcal antibodies in dogs with recurrent staphylococcal pyoderma. *Vet Immunol Immunopathol* 42:137, 1994.

[180]Ihrke PJ, Gross TL: Conference in Dermatology, No. 1. *Vet Dermatol* 4:33, 1993.

[181]Medleau LM, Rakich PM, Latimer KS, et al: Superficial pyoderma in the cat: Diagnosing an uncommon skin disorder. *Vet Med* 86:807, 1991.

[182]Patel A, Lloyd D, Lamport A: Antimicrobial resistance of feline staphylococci in south-eastern England. *Vet Dermatol* 10:257, 1999.

[183]Scott DW: Feline dermatology 1986 to 1988: Looking to the 1990s through the eyes of many counselors. *J Am Anim Hosp Assoc* 26:515, 1990.

[184]White SD: Pyoderma in 5 cats. *J Am Anim Hosp Assoc* 27:141, 1991.

[185]Carakostas MC, Miller RI, Woodward MG: Subcutaneous dermatophilosis in a cat. *J Am Vet Med Assoc* 185:675, 1984.

[186]Chastain CB, Carithers RW, Hogle RM, et al: Dermatophilosis in two dogs. *J Am Vet Med Assoc* 169:1079, 1976.

[187]Miller RI, Ladds PW: Probable dermatophilosis in two cats. *Aust Vet J* 60:155, 1983.

[188]Ambrose NC, Mijinyawa MS, Hermoso de Mendoza J: Preliminary characterization of extracellular serine proteases of *Dermatophilus congolensis* isolates from cattle, sheep, and horses. *Vet Micro* 62:321, 1998.

[189]Lloyd DH, Jenkinson DM: The effect of climate on experimental infection of bovine skin with *Dermatophilus congolensis*. *Br Vet J* 136:122, 1980.

[190]Richard JL, Pier AC, Cysewski SJ: Experimentally induced canine dermatophilosis. *Am J Vet Res* 34:797, 1973.

[191]Zaria LT: *Dermatophilus congolensis* infection (Dermatophilosis) in animals and man! An update. *Comp Immunol Microbiol Infect Dis* 1993 Jul;16(3):179, 1993.

[192]Reinke SI, Stannard AA, Ihrke PJ, et al: Histopathologic features of pyotraumatic dermatitis. *J Am Vet Med Assoc* 190:57, 1987.

[193]Manning TO: Canine pododermatitis. *Dermatol Rep* 2:1, 1983.

[194]Scott DW: Canine pododermatitis. In Kirk RW, editor: *Current Veterinary Therapy VII*, Philadelphia, 1980, W.B. Saunders Co.

[195]White SD: Pododermatitis. *Vet Dermatol* 1:1, 1989.

[196]Whitney JC: Some aspects of interdigital cysts in the dog. *J Small Anim Pract* 11:83, 1970.

[196a]Duclos DD, Hargis AM, and Hanley PW: Pathogenesis of canine interdigital palmar and plantar comedones and follicular cysts, and their response to laser surgery. *Veterinary Dermatology* 19(3):134–141, 2008.

[197]Breathnach RM, Fanning S, Mulcahy G, et al: Canine pododermatitis and idiopathic disease. *Vet J* 176:146, 2008.

[198]Swaim SF, Lee AH, MacDonald JM, et al: Fusion podoplasty for the treatment of chronic fibrosing interdigital pyoderma in the dog. *J Am Anim Hosp Assoc* 27:264, 1991.

[199]Denerolle P, Bourdoiseau G, Magnol JP, et al: German shepherd dog pyoderma: A prospective study of 23 cases. *Vet Dermatol* 9:243, 1998.

[200]Krick SA, Scott DW: Bacterial folliculitis, furunculosis, and cellulitis in the German shepherd: A retrospective analysis of 17 cases. *J Am Anim Hosp Assoc* 25:23, 1989.

[201]Wisselink MA, Bernadina WE, Willemse A, et al: Immunologic aspects of German shepherd pyoderma. *Vet Immunol Immunopathol* 19:67, 1988.

[202]Wisselink MA, et al: Deep pyoderma in the German shepherd dog. *J Am Anim Hosp Assoc* 21:773, 1985.

[203]Chabanne L, Marchal T, Denerolle P, et al: Lymphocyte subset abnormalities in German shepherd dog pyoderma (GSP). *Vet Immunol Immunopathol* 49:189, 1995.

[204]Benard P, et al: Diffusion cutanée de la lincomycine: Observations chez un chien par autohistoradiograhie. *Prat Méd Chir Anim Comp* 30:415, 1995.

[205]Day MJ, Penhale WJ: Serum immunoglobulin A concentrations in normal and diseased dogs. *Res Vet Sci* 45:36, 1988.

[206]Felsburg PJ: Primary immunodeficiencies. In Kirk RW, Bonagura JD, editors: *Kirk's Current Veterinary Therapy XI*, Philadelphia, 1992, W.B. Saunders Co., p 448.

[207]Day MJ: An immunopathological study of deep pyoderma in the dog. *Res Vet Sci* 56:18, 1994.

[208]Day MJ: Expression of major histocompatibility complex class II molecules by dermal inflammatory cells, epidermal Langerhans' cells and keratinocytes in canine dermatological disease. *J Comp Pathol* 115:317, 1996.

[209]Ihrke PJ, DeManuelle TC: German Shepherd dog pyoderma: An overview and antimicrobial management. *Compend Contin Educ Pract Vet* 21 (Suppl):44, 1999.

[210]Koch HJ, Peters S: Antimicrobial therapy in German shepherd dog pyoderma (GSP): An open clinical study. *Vet Dermatol* 7:177, 1996.

[211]Hillier A, Alcorn JR, Cole LK, et al: Pyoderma caused by *Pseudomonas aeruginosa* infection in dogs: 20 cases. *Vet Dermatol* 432, 2006.

[211a]Hillier A, Alcorn JR, Cole LK, et al: Pyoderma caused by Pseudomonas aeruginosa infection in dogs: 20 cases. *Vet Dermatol* 17(6):432–439, 2006.

[212]Papadogiannakis E, Perimeni D, Velonakis E, et al: *Providencia stuartii* infection in a dog with severe skin ulceration and cellulitis. *J Small Anim Pract* 48:343, 2007.

[213]Crowe DT, Kowalski JJ: Clostridial cellulitis with localized gas formation in a dog. *J Am Vet Med Assoc* 169:1094, 1976.

[214]Armstrong JP: Systemic *Serratia marcescens* infections in a dog and a cat. *J Am Vet Med Assoc* 184:1143, 1984.

[215]Feingold DS: Gangrenous and crepitant cellulitis. *J Am Acad Dermatol* 6:289, 1982.

[216]Elkins AD: Hyperbaric oxygen therapy: Potential veterinary applications. *Compend Contin Educ* 19:607, 1997.

[217]Jenkins CM, Winkler K, Rudloff E, et al: Necrotizing fasciitis in a dog. *J Vet Emerg Crit Care* 11:299, 2001.

[218]Pickler ME: Gaseous gangrene in a dog: Successful treatment using hyperbaric oxygen and conventional treatment. *J Am Anim Hosp Assoc* 18:807, 1982.

[219]Davidson EB: Managing bite wounds in dogs and cats: Part I. *Compend Contin Educ* 20:811, 1998.

[220]Hoskuyama S, Kanoe M, Amimoto A: Isolation of obligate and facultative bacteria from subcutaneous abscesses. *J Vet Med Sci* 58:273, 1996.

[221]Kennis RA, Wolf AM: Chronic bacterial skin infections in cats. *Compend Cont Educ Pract Vet* 21:1108, 1999.

[222]Norris JM, Love DN: The isolation and enumeration of three feline oral *Porphyromonas* species from subcutaneous abscesses in cats. *Vet Microbiol* 65:115, 1999.

[223]Fairley RA, Fairley NM: *Rhodococcus equi* infection in cats. *Vet Dermatol* 10:43, 1999.

[224]Higgins R, Paradis M: Abscess caused by *Corynebacterium equi* in a cat. *Can Vet J* 21:63, 1980.

[225]Kristensen F, Aalbaek B: Sårinfektian med Rhodococcus equi hos en kat. *Dansk Vet* 75:969, 1993.

[226]Malik R, Martin P, Davis PE, et al: Localised *Corynebacterium pseudotuberculosis* infection in a cat. *Aust Vet Pract* 26:27, 1996.

[227]Hylton PK, Rizzi TE, Allison RW. Intracellular success: cytologic findings in an ulcerated submandibular mass from a cat. *Vet Clin Pathol* 35:345, 2006.

[228]Walton DK, et al: Cutaneous bacterial granuloma (botryomycosis) in a dog and cat. *J Am Anim Hosp Assoc* 19:537, 1983.

[229]Etter E, Donado P, Jori F, et al: Risk analysis and bovine tuberculosis, a re-emerging zoonosis. *Ann N Y Acad Sci* 1081:61, 2006.

[230]Snider WR: Tuberculosis in canine and feline populations: Review of the literature. *Am Rev Respir Dis* 104:877, 1971.

[231]Carpenter JL, Myers AM, Conner MW, et al: Tuberculosis in five basset hounds. *J Am Vet Med Assoc* 192:1563, 1988.

[232]Clerex C, et al: Tuberculosis in dogs: A case report and review of the literature. *J Am Anim Hosp Assoc* 28:207, 1992.

[233]deLisle GW, Collins DM, Loveday AS, et al: A report of tuberculosis in cats in New Zealand, and the examination of strains of *Mycobacterium bovis* by DNA restriction endonuclease analysis. *N Z Vet J* 38:10, 1990.

[234]Liu S, et al: Canine tuberculosis. *J Am Vet Med Assoc* 177:164, 1980.

[235]Gunn-Moore DA, Jenkins PA, Lucke VM: Feline tuberculosis: A literature review and discussion of 19 cases caused by an unusual mycobacterial variant. *Vet Rec* 138:53, 1996.

[236]Rhodes SG, Gruffydd-Jones T, Funn-Moore D, et al: Adaptation of IFN-gamma ELISA and ELISPOT tests for feline tuberculosis. *Vet Immunol Immunopathol* 124:379, 2008.

[237]Emmanuel FX, Seagar AL, Doig C, et al: Human and animal infections with Mycobacterium microti. Scotland. *Emerg Infect Dis* 13:1924, 2007.

[238]Malik R: Mycobacterial diseases of cats and dogs. In Hillier A, Foster AP, Kwochka K editors: Advances in Veterinary Dermatology, Volume 5. Oxford, 2005, Blackwell Publications, p. 219.

[239]Kramer TT: Immunity to bacterial infections. *Vet Clin North Am Small Anim Pract* 8:683, 1978.

[240]Jordon HL, Cohn LA, Armstrong PJ, et al: Disseminated *Mycobacterium avium* complex infection in three Siamese cats. *J Am Vet Med Assoc* 204:90, 1994.

[241]Eidson M, Thilsted JP, Rollag OJ, et al: Clinical, clinicopathologic, and pathologic features of plague in cats: 119 cases (1979-1988). *J Am Vet Med Assoc* 199:1191, 1991.

[242]Latimer KS, Jameson PH, Crowell WA, et al: Disseminated *Mycobacterium avium* complex infection in a cat: Presumptive diagnosis by blood smear examination. *Vet Clin Pathol* 26:85, 1997.

[243]Stewart LJ, White SD, Kennedy FA, et al: Cutaneous *Mycobacterium avium* infection in a cat. *Vet Dermatol* 4:87, 1993.

[244]Gunn-Moore DA, Shaw S: Mycobacterial disease in the cat. *In Pract* 17:493, 1997.

[245]Foley JE, et al: Clinical, pathological and molecular characterization of feline leprosy syndrome in the western USA. In Hillier A, Foster AP, Kwochka K editors: Advances in Veterinary Dermatology, Volume 5. Oxford, 2005, Blackwell Publications, p. 238.

[246]Fyfe JA, et al: Molecular Characterization of a novel fastidious *Mycobacterium* causing lepromatous lesions of the skin, subcutis, cornea, and conjunctiva of cats living in Victoria, Australia. *J Clin Microbiol* 46:618, 2008.

[247]McIntosh DW: Feline leprosy: A review of forty-four cases from western Canada. *Can Vet J* 23:291, 1982.

[248]Roccabianca P, et al: Feline leprosy: Spontaneous remission in a cat. *J Am Anim Hosp Assoc* 32:189, 1996.

[249]Malik R, et al: Mycobacterial nodular granulomas affecting the subcutis and skin of dogs (canine leproid granuloma syndrome). *Aust Vet J* 76:403, 1998.

[250]Charles J, et al: Cytology and histopathology of canine leproid granuloma syndrome. *Aust Vet J* 77:799, 1999.

[251]Brown-Elliot BA, Wallace RJ, Jr: Clinical and taxonomic status of pathogenic nonpigmented or late-pigmenting rapidly growing mycobacterial. *Clin Microbiol Rev* 15:716, 2002.

[252]Lotti T, Hartmann G: Atypical mycobacterial infections: A difficult and emerging group of infectious dermatoses. *Int J Dermatol* 32:499, 1993.

[253]Donnelly TM, et al: Diffuse cutaneous granulomatous lesions associated with acid-fast bacilli in a cat. *J Small Anim Pract* 23:99, 1982.

[254]Gross TL, Connelly MR: Nontuberculous mycobacterial skin infections in two dogs. *Vet Pathol* 20:117, 1983.

[255]Kunkle GA, et al: Rapidly growing mycobacteria as a cause of cutaneous

granulomas: Report of five cases. *J Am Anim Hosp Assoc* 19:513, 1983.

[256]Malik R, et al: Diagnosis and treatment of pyogranulomatous panniculitis due to *Mycobacterium smegmatis* in cats. *J Small Anim Pract* 35:524, 1994.

[257]Mason KV, Wilkinson GT: Results of treatment of atypical mycobacteriosis. In von Tscharner C, Halliwell REW, editors: Advances in Veterinary Dermatology, Vol 1. London, 1990, Bailliére-Tindall, p 452.

[258]Monroe WE, Chickering WR: Atypical mycobacterial infections in cats. *Compend Contin Educ* 10:1043, 1988.

[259]Studdert VP, Hughes KL: Treatment of opportunistic mycobacterial infections with enrofloxacin in cats. *J Am Vet Med Assoc* 201:1300, 1992.

[260]Tredten HW, et al: Mycobacterium bacteremia in a dog: Diagnosis of septicemia by microscopic evaluation of blood. *J Am Anim Hosp Assoc* 26:359, 1990.

[261]van Dongen AM, et al: Atypical mycobacteriosis in a cat. *Vet Q* 18:347, 1996.

[262]White SD, et al: Cutaneous atypical mycobacteriosis in cats. *J Am Vet Med Assoc* 182:1218, 1983.

[263]Willemse T, et al: *Mycobacterium thermoresistible*: Extrapulmonary infection in a cat. *J Clin Microbiol* 21:854, 1985.

[264]Fox LE, et al: Disseminated subcutaneous *Mycobacterium fortuitum* infection in a dog. *J Am Vet Med Assoc* 206:53, 1995.

[265]Grooters AM, et al: Systemic *Mycobacterium smegmatis* infection in a dog. *J Am Vet Med Assoc* 207:457, 1995.

[266]Lewis DT, et al: Experimental reproduction of feline *Mycobacterium fortuitum* panniculitis. *Vet Dermatol* 5:189, 1994.

[267]Hughes MS, et al: Disseminated *Mycobacterium genavense* infection in an FIV-positive cat. *J Feline Med Surg* 1:23, 1999.

[268]Foster SF, et al: Chronic pneumonia caused by *Mycobacterium thermoresistible* in a cat. *J Small Anim Pract* 40:433, 1999.

[269]Mealey K, et al: Hypercalcemia associated with granulomatous disease in a cat. *J Am Vet Med Assoc* 215:959, 1999.

[270]Horne KS, Kunkle GA: Clinical outcome of cutaneous rapidly growing mycobacterial infections in cats in the south-eastern United States: a review of 10 cases (1996-2006). *J Feline Med Surg* 2009 Feb 5. [Epub ahead of print].

[271]Aucoin DP: Intracellular-intraphagocytic dynamics of fluoroquinolone antibiotics: A comparative review. *Compend Contin Educ* 18:9, 1996.

[272]Buchanan AM, Scott JL: *Actinomyces hordeovulneris*, a canine pathogen that produces L-phase variants spontaneously with coincident calcium deposition. *Am J Vet Res* 54:2552, 1984.

[273]Donohue DE, Brightman AH: Cervicofacial *Actinomyces viscosus* infection in a Brazilian fila: A case report and literature review. *J Am Anim Hosp Assoc* 31:501, 1995.

[274]Hoyles L, et al: *Actinomyces canis sp.* nov., isolated from dogs. *Int Syst Evol Micr* 50:1547, 2000.

[275]Paradis M, et al: Efficacy of enrofloxacin in the treatment of canine bacterial pyoderma. *Vet Dermatol* 1:123, 1990.

[276]Buchanan AM, et al: *Nocardia asteroides* recovery from a dog with steroid- and antibiotic-unresponsive idiopathic polyarthritis. *J Clin Microbiol* 18:702, 1983.

[277]Kirpensteijn J, Fingland RB: Cutaneous actinomycosis and nocardiosis in dogs: 48 cases (1980-1990). *J Am Vet Med Assoc* 201:917, 1992.

[278]Hardie EM, Barsanti JA: Treatment of canine actinomycosis. *J Am Vet Med Assoc* 180:537, 1982.

[279]Yovich JC, Read RA: Nasal actinomyces infection in a cat. *Aust Vet Pract* 25:114, 1995.

[280]Welsh O, et al: Amikacin alone and in combination with trimethoprim-sulfamethoxazole in the treatment of actinomycotic mycetoma. *J Am Acad Dermatol* 17:443, 1987.

[281]Carb AV, Liu SK: *Actinobacillus lignieresii* infection in a dog. *J Am Vet Med Assoc* 154:1062, 1969.

[282]Fadok VA: Granulomatous dermatitis in dogs and cats. *Semin Vet Med Surg Small Anim* 2:186, 1987.

[283]Malik R, et al: *Nocardia* infections in cats: a retrospective multi-institutional study of 17 cases. *Aust Vet J* 84:235, 2006.

[284]Marino DJ, Jaggy A: Nocardiosis: A literature review with selected case reports in two dogs. *J Vet Int Med* 7:4, 1993.

[285]Ribeiro MG, et al: Nocardiosis: an overview and additional report of 28 cases in cattle and dogs. *Rev. Inst. Med. trop. S. Paulo* 50(3):177, 2008.

[286]Hirsh DC, Jang SS: Antimicrobial susceptibility of *Nocardia nova* isolated from five cats with nocardiosis. *J Am Vet Med Assoc* 215:815, 1999.

[287]Davenport DJ, Johnson GC: Cutaneous nocardiosis in a cat. *J Am Vet Med Assoc* 188:728, 1986.

[288]DeWinter LM, Prescott JF: Relatedness of *Streptococcus canis* from streptococcal toxic shock syndrome and necrotizing fasciitis. *Can J Vet Res* 63:90, 1999.

[289]Miller CW, et al: Streptococcal toxic shock syndrome in dogs. *J Am Vet Med Assoc* 209:1427, 1996.

[290]DeWinter LM, et al: Virulence of *Streptococcus canis* from canine streptococcal toxic shock syndrome and necrotizing fasciitis. *Vet Microbiol* 70:95, 1999.

[291]Girard C, Higgins R: *Staphylococcus intermedius* cellulitis and toxic shock in a dog. *Can Vet J* 40:501, 1999.

[292]Hirooka FY, et al: Enterotoxigenicity of *Staphylococcus intermedius* of canine origin. *Int J Food Microbiol* 7:185, 1988.

[293]Brachelente C, et al: A case of necrotizing fasciitis with septic shock in a cat caused by *Acinetobacter baumannii*. *Vet Dermatol* 18:432, 2007.

[294]Schoeb TR, Morton R: Scrotal and testicular changes in canine brucellosis. *J Am Vet Med Assoc* 172:598, 1978.

[295]Dawkins BG, et al: Pyogranulomatous dermatitis associated with *Brucella canis* infection in a dog. *J Am Vet Med Assoc* 181:1432, 1982.

[296]Baldi PC, et al: Diagnosis of canine brucellosis by detection of serum antibodies against and 18kDa cytoplasmic protein of *Brucella* spp. *Vet Microbiol* 57:273, 1997.

[297]Emerson JK: Plague. *Canine Pract* 12:43, 1985.

[298]Girard JM, et al: Differential plague-transmission dynamics determine *Yersinia pestis* population genetic structure on local, regional, and global scales. *PNAS* 101:8408, 2004.

[299]Ryan CP: Selected arthropod-borne diseases: Plague, Lyme disease, babesiosis. *Vet Clin North Am Small Anim Pract* 17:179, 1987.

[300]Gould LH, et al: Dog-associated risk factors for human plague. *Zoonoses Public Health* 55:448, 2008.

[301]Rosser WW: Bubonic plague. *J Am Vet Med Assoc* 191:406, 1987.

[302]Orloski KA, Eidson M: *Yersina pestis* infection in three dogs. *J Am Vet Med Assoc* 207:316, 1995.

[303]Davis RM: Use of orally administered chitin inhibitor (lufenuron) to control flea vectors of plague on ground squirrels in California. *J Med Entomol* 30:562, 1999.

[304]Appel MJG: Lyme disease in dogs and cats. *Comp Cont Educ* 12:617, 1990.

[305]Appel MJG, et al: Experimental Lyme disease in dogs produces arthritis and persistent infection. *J Infect Dis* 167:651, 1993.

[306]Cohen ND, et al: Clinical and epizootiologic characteristics of dogs seropositive for *Borrelia burgdorferi* in Texas: 110 cases (1988). *J Am Vet Med Assoc* 197:893, 1990.

[307]Von Tscharner C: *Personal communication*. Germany, 1988, Bad Kreuznach.

[308]Barthold SW, et al: Serologic response of dogs naturally exposed to or vaccinated against *Borrelia burgdorferi* infection. *J Am Vet Med Assoc* 207:1435, 1995.

[309]Littman MP, et al: ACVIM small animal consensus statement on Lyme disease in dogs: diagnosis, treatment, and prevention. *J Vet Intern Med* 20:422, 2006.

[310]Buck GE, et al: Isolation of a corynebacterium from beagle dogs affected with alopecia. *Am J Vet Res* 35:297, 1974.

[311]Walker RD, et al: Recovery of two mycoplasma species from abscesses in a cat following bite wounds from a dog. *J Vet Diag Invest* 7:154, 1995.

[312]Davidson EB: Managing bite wounds in dogs and cats: Part II. *Compend Contin Educ* 20:974, 1998.

[313]Carro T, et al: Subcutaneous abscesses and arthritis caused by a probable bacterial L-form in cats. *J Am Vet Med Assoc* 194:1583, 1989.

[314]Keane DP: Chronic abscesses in cats associated with an organism resembling mycoplasma. *Can Vet J* 24–289, 1983.

第五章　真菌及藻类皮肤疾病 5

真菌在我们的环境中是普遍存在的，已知的真菌种类超过100 000种。大部分真菌属于土壤生物或植物病原体；而只有大约300种属于动物病原菌[1-20]。然而真菌并不是想象中的引起皮肤病的普遍病因；有许多皮肤病在基本的临床表现中就被误诊为"真菌感染"。换句话说，由于临床表现的多样性，许多真正的真菌感染的病例可能并没有被诊断出来。

真菌病是指由真菌引起的疾病。而皮肤癣菌病是指角化组织（如爪、毛发以及角质层）被小孢子菌属（Microsporum）、毛癣菌属（Trichophyton）或表皮癣菌属（Epidermophyton）感染引发的疾病。这些引起皮肤癣菌的微生物是一类独特的真菌，他们可以侵入角化组织，并在其中生存。皮肤真菌病是一种由非皮肤癣菌性真菌引发的毛发、爪或皮肤感染，即其病原菌并没有归类于小孢子菌属（Microsporum）、毛癣菌属（Trichophyton）或表皮癣菌属（Epidermophyton）中。

卵菌是一个约有超过500种属的类真菌样微生物，其主要在水中和湿地中栖息。这些微生物最初被归为真菌主要是由于其丝状的生长，但是经现代分子学和生化分析表明卵菌更接近于藻类[15]。其中2个属即腐霉属（Pythium）和链壶菌属（Lagenidium）是动物的主要病原菌。而卵菌中最"臭名昭著"的一个就是致病疫霉（Phytophthora infestans），它是一种马铃薯的病原菌，并引发了爱尔兰大饥荒[15]。卵菌家族的其他一些成员都是一些有益的腐生菌，可以用于一些有机材料的分解和再利用。

一、真菌的一般特征

（一）分类学和命名法

真菌包括酵母菌和霉菌，真菌界公认为是生物五界说中的其中一个。另外4个分别为原核生物界（包括细菌、蓝藻和螺旋体）、原生生物界（包括原虫和一些种类的藻类）、植物界（包括植物、藓类和蕨类）以及动物界（包括各种动物）[6-11,18,19]。真菌是一种真核生物，以酵母样（单细胞）、霉菌样（多细胞丝状）或双相形式生长，真菌的细胞壁由几丁质、壳聚糖、葡聚糖以及甘露聚糖组成。由于真菌缺乏叶绿素，因此真菌需要从其他生物体中获取碳源，真菌从外部消化食物，并通过细胞壁吸收营养。真菌界又包括5个门，分别为：壶菌门（壶菌类）、接合菌门（面包霉）、担子菌门（担子菌）、子囊菌门（子囊菌和一些酵母菌）以及真菌子囊半知菌或半知菌门（包括皮肤癣菌和一些酵母菌）。

真菌在传统上按以下几种方式进行分类鉴别：①产孢方式；②分生孢子的大小、形状及颜色；③菌丝的种类和外观（如菌落的颜色、质地和一些生理特性）。正因如此，了解这些描述真菌特征的术语是十分必要的。

某一真菌上呈单一、营养型丝状体称为菌丝，许多呈营养菌丝称为菌丝（复），而大量的菌丝（复）生长的形态称为菌丝体。如果细胞之间有分隔，称为有隔菌丝（图5-1，A）；如果许多细胞核在一个细胞中，称为无隔菌丝（图5-1，B）。后者也称为多核体。分生孢子仅用作无性生殖的繁殖体或使基因相同生物体生长的单位。分生孢子梗是指单一或分支的无隔菌丝，其上可以孕育分生孢子或产孢细胞。产孢细胞是任何可以产生分生孢子的细胞。分生孢子主要分为6个大类：芽生孢子、关节孢子、环痕孢子、瓶梗孢子、孔出孢子、砂状孢子[6-11,18,19]。

现代的分类学家通过有性生殖特征和生物化学及免疫学方法对真菌进行鉴定。大部分的真菌都包括有性和无性两种状态；无性状态称为无性型，而有性状态称为有性型。同一真菌的无性型和有性型分别有不同的名称（表5-1）。皮肤癣菌最初在其无性型的状态时被发现，因此在本章均使用其无性型状态的名称。更多的关于真菌分类学的详细信息请参考更多文献[6-11,18,19,21]。

真菌也可以通过其普遍的宿主进行分类。亲土性菌种的生长在土壤中，只在极少的情况下感染人或动物。亲动物性菌种通常在动物上常见，且可偶发的传染给人。亲人性菌种一般只能在人类上发现，也可以在一些条件下传染给动物。

卵菌有很多特性可以与真菌进行区分。他们的细胞壁主要由 β-1,3-葡聚糖聚合物和纤维素组成，几丁质的含量非常少（与此相反，真菌的细胞壁主要是由几丁质和麦角固醇组成）。另外，卵菌可以利用昆布多糖（一种 β-1,3葡聚糖）用于能量储存；在营养生长阶段呈二倍体生长（真菌是单倍体）；有包括有性生殖和无性生殖的复杂生活史。无性生殖包括孢子囊的形成，其可以产生带有2个鞭毛的活动性的游动孢子，这些游动孢子黏附在植物或动物

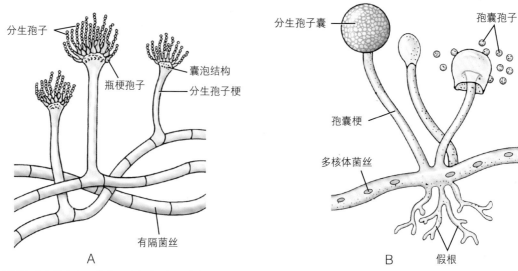

图5-1　**A.** 曲霉属真菌是具有有隔菌丝、分生孢子梗、囊疱结构、瓶梗结构、分生孢子的真菌举例　**B.** 根霉属真菌是具有多核体菌丝、分生孢子囊、孢囊柄、孢子囊孢子、假根的真菌举例

表5-1　一些致病性真菌的无性型及有性型的命名法

无性型	有性型
链格孢菌属 *Alternaria* spp.	*Comoclathris permunda* *Lewia* spp.
曲霉菌属 *Aspergillus* spp.	翘孢霉属*Emericella* spp. 毛萨托菌属*Chaetosartorya* spp.
芽生菌属 *Blastomyces* spp.	组织胞浆菌属*Ajellomyces* spp.
念珠菌属 *Candida* spp.	*Debaryozyma* spp.
荚膜组织胞浆菌 *Histoplasma capsulatum*	荚膜组织胞浆菌 *Ajellomyces capsulatus* *Emmonsiella capsulta*
犬小孢子菌 *Microsporum canis*	皮肤分节真菌 *Arthroderma otae*
石膏样小孢子菌 *Microsporum gypseum*	石膏样节皮菌 *Arthroderma gypseum* 内弯节皮菌 *Arthroderma incurvatum*
红酵母菌 *Rhodotorula* spp.	外囊菌属 *Taphrina* spp.
足放线病菌属 *Scedosporium* spp.	假埃希氏菌*Pseudallescheria* spp. 彼得壳属*Petriella* spp.
孢子丝菌属 *Sporothrix* spp.	头鞘菌属*Cephalotheca* spp. *Ceratocystiopsis* spp. 长喙壳属*Ceratocystis* spp.
毛癣菌属 *Trichophyton* spp.	皮肤分节真菌（*Arthroderma* spp） 包括皮肤癣霉菌*Arthroderma benedekii*、苯海明皮肤分节真菌*Arthroderma behamiae*、奥拉海皮肤分节真菌*Arthroderma olahii*、万博节皮菌*Arthroderma vanbreuseghemi*

框5-1　从正常犬、猫毛发和皮肤上分离到的腐生性真菌

犁头霉菌*Absidia*	地霉菌*Geotrichum*
支顶孢属*Acremonium*	胶枝霉属*Gliocladium*
链格孢属*Alternaria*	*Gymnascella*
无脊麻孢壳属*Anixiopsis*	马拉色菌属*Malassezia*
孢霉属*Arthrinium*	畸枝霉属*Malbranchea*
皮肤分节真菌*Arthroderma*	毛霉属*Mucor*
曲霉属真菌*Aspergillus*	拟青霉属*Paecilomyces*
短梗霉属*Aureobasidium*	青霉属*Penicillium*
白僵菌属*Beauveria*	盘多毛孢属*Pestalotia*
葡萄孢属*Botrytis*	茎点霉属*Phoma*
假丝酵母属*Candida*	根霉属*Rhizopus*
头孢霉属*Cephalosporium*	红酵母属*Rhodotorula*
毛壳菌属*Chaetomium*	帚霉属*Scopulariopsis*
金孢子菌属*Chrysosporium*	葡柄霉属*Stemphylium*
枝孢菌属*Cladosporium*	短梗蠕孢属*Trichocladium*
二异孢属*Diheterospora*	木霉属*Trichoderma*
长囊头孢霉属*Doratomyces*	毛孢子菌属*Trichosporon*
内脐蠕孢属*Drechslera*	单端孢霉属*Trichothecium*
附球菌属*Epicoccum*	单格孢属*Ulocladium*
镰刀菌属*Fusarium*	轮枝孢属*Verticillium*
地丝霉菌*Geomyces*	

疾病的名字是基于地理分布或是将不同的疾病任意的叠放在一起而创建的。我们倾向于基于病因命名疾病。霉菌病传统上被分为3个类型：表皮霉菌病、皮下霉菌病和系统霉菌病。另外将一些较少见的霉菌病和霉菌样皮肤病放在第4类即"其他"中。

（二）正常真菌菌群

体表，发芽生长，随后渗入宿主组织[15]。

最近的分类学研究建议使用的双名法使命名发生一些改变，这引起了一些致病真菌和卵菌的命名的混淆。一些

犬、猫毛发和皮肤上会寄居许多种的寄生霉菌和

酵母菌（框5-1）。犬身上分离到的最常见的菌种是链格孢属（*Alternaria*）、曲霉属（*Aspergillus*）、短梗霉属（*Aureobasidium*）、金孢子菌属（*Chrysosporium*）、枝孢菌属（*Cladosporium*）、毛霉属（*Mucor*）、青霉属（*Penicillium*）和根霉属（*Rhizopus*）[1-6,13,18,22-26]。对于猫，最常分离到的真菌是链格孢属（*Alternaria*）、曲霉属（*Aspergillus*）、金孢子菌属（*Chrysosporium*）、枝孢属（*Cladosporium*）、毛霉属（*Mucor*）、青霉属（*Penicillium*）、红酵母菌属（*Rhodotorula*）和帚霉属（*Scopulariopsis*）[1,3,4,6,13,23,25-27]。这些分离到的寄生真菌大多数是一些空气中或土壤中的真菌所造成的短暂的污染。感染了猫白血病病毒（FeLV）和/或猫免疫缺陷病毒（FIV）的猫，在其皮肤和黏膜表面可以分离到更多种类的真菌[25]。一些皮肤癣菌也同样可以从正常犬、猫的毛发和皮肤中分离出来[3-6,11,13,20,22,26-31]。这些从正常犬、猫身上分离到的皮肤癣菌，例如石膏样小孢子菌（*Microsporum gypseum*）、须癣毛癣菌（*Trichophyton Mentagrophytes*）、红色毛癣菌（*Trichophyton rubrum*）、土发癣菌（*Trichophyton terrestre*）可能仅仅是从近期环境中污染所得，而不是犬、猫身上正常菌群的一部分。有时，某种亲土性皮肤癣菌例如石膏样小孢子菌（*M. gypseum*）可以从正常犬或患有某种皮肤病（足皮炎）的犬上分离培养出来，而这些皮肤癣菌并不是引起该皮肤病的病原菌，这对于那些户外活动的动物是十分合理的。皮肤癣菌，特别是石膏样小孢子菌，可以从希腊城乡区域的大部分土壤样品中分离到[2]，一项研究表明，在各类动物收容所中，约可以从10%的流浪猫身上分离到亲人性的皮肤癣菌，这表明猫一般都携带有人的病原菌[29]。从临床表现正常的家养猫毛发上曾分离到红色毛癣菌（*T. rubrum*）[11]，而红色毛癣菌（*T. rubrum*）是引起人类趾间皮炎的病原菌，因此猫可以作为该类菌的带菌生物。犬小孢子菌，可以在一些无症状或症状不显著的猫身上持续感染，且一般当其有人畜共患的可能时才被发现而治疗。

（三）病原性真菌

下列标准对于病原菌和污染性真菌的鉴别十分有帮助：①来源；②分离的菌落数量；③种类；④该真菌是否可以重复分离出来；⑤最重要的是，该真菌是否在组织中存在。

真菌需要克服很多阻碍才能够在皮肤上种植。一些环境因素例如紫外线、湿度、温度等都会影响孢子的存活。孢子一旦与皮肤接触，就会在机体自身清除机制即脱皮前定植并穿透进入毛干或角质层，除此之外，真菌孢子还需要与皮肤正常菌群竞争，对抗由角质细胞产生的具有抗真菌作用的脂肪酸和神经胺。在穿透上皮或深层组织后，真菌必须逃避掉宿主机体的免疫系统[10]。可观察到的与真菌反应相关的主要组织反应包括：①急性的化脓性炎症和微小脓肿形成；②慢性炎症——可能是肉芽脓肿或肉芽肿；③坏死，当真菌侵染血管可导致血管梗塞和组织死亡[19]。

（四）实验室诊断

对于真菌和藻类感染的特殊诊断基于细胞学检查、培养、组织病理学、血清学分析及其他免疫诊断法的检测结果。恰当的样本采集、分离、培养和鉴别对于真菌感染的病因确诊十分必要。有关这些重要技术的详细信息请参考第二章。

表5-2　一些致病性真菌的无性型及有性型的命名法

产品	品牌（厂商）	适应证*
点治疗		
3%两性霉素B乳膏，洗液	二性霉素B（Apothecin）	C, M
4%双氯苯双胍己烷喷剂	葡萄糖酸氯己定（DVM）	C, D, M
1%克霉唑乳膏，洗液	克霉唑（Bayer Schering Pharma AG）	C, D, M
1%克霉唑/0.3%倍他米松/庆大霉素药膏	耳特净（Intervet/Schering-Plough AnimalHealth）	C, D, M
2%咪康唑乳膏、1%咪康唑洗液，1%咪康唑喷剂	硝酸双氯苯咪唑（Schering-Plough）	C, D, M
1%Naltifine乳膏、凝胶	萘替芬（Allergan）	C, D
制霉菌素粉剂，乳膏	Nystop（非专利药）	C, M
制霉菌素/氟羟氢化泼尼松乳膏，药膏	Panalog（Fort Dodge）Animax（Dechra）	C, M
1%特比萘芬乳膏	疗霉舒（Novartis）	C, D, M
4%噻苯咪唑，地塞米松	Tresaderm（Merial）	C, D, M
香波†		
2%氯己定	Nolvasan Scrub（Fort Dodge富道），葡萄糖酸氯己定（DVM）	C, M
4%氯己定	葡萄糖酸氯己定（DVM）	C, M
4%氯己定，TrizEDTA	TrizChlor 4（Dechra）	C, M
酮康唑/氯己定	KetoChlor（Virbac）	C, M
酮康唑/醋酸/氯己定	Mal-a-Ket（Dechra）	C, M
2%咪康唑	Dermazole（Virbac）	C, M
2%硫黄，2.5%苯甲酰	Sulf/OxyDex（DVM）	C, M
冲洗剂		
2.5%醋酸	（醋/水）	C, M
2.5%醋酸/2.5%硼酸	MalAcetic（Dechra）	C, M
0.2%恩康唑	Imaverol（Janssen）	C, D, M
2%石灰硫黄合剂	LymDyp（DVM），LimePlus Dip（Dechra）	C, D, M

*C，念珠菌病；D，皮肤癣菌病；M，马拉色性皮炎。

†注意：使用香波可能会向毛发和环境中散布更多的关节孢子，因此不推荐其应用于皮肤癣菌病。

二、抗真菌治疗

（一）局部治疗

局部治疗（表5-2）通常对于浅表真菌感染如马拉色菌（*Malassezia*）、念珠菌（*Candida*）等是比较有效的，且其通常用于皮肤癣病的治疗或辅助疗法[32]。皮肤癣菌感染相对来说治疗比较困难，主要原因是生长在毛干和毛囊中的真菌受到了一定的保护。局部抗真菌药可以迅速地杀灭未受保护的皮肤癣菌菌丝和孢子，但是不能杀灭在毛发中生长的菌丝和孢子[32-39]。

局部抗真菌药对于那些短毛动物的脱毛的区域更为有效，而长毛动物的话则需要去除毛发后使用。那些主要基于其历史价值的局部抗真菌药就不在此讨论了，包括聚乙烯吡咯酮碘、次氯酸钠、托萘酯、惠特菲尔德膏（复方苯甲酸软膏）、结晶紫、高锰酸钾等等[40]。有兴趣的读者可以参考本书的前版本。

1. 点治疗

对于犬和短毛猫来说，局灶性应用抗真菌药可以有效地治疗念珠菌病、马拉色性皮炎以及局部的皮肤癣病。

制霉菌素和3%的两性霉素B属于多烯类抗真菌药，其可以与真菌细胞膜上的麦角固醇相结合，改变细胞膜的渗透压从而使细胞死亡[40,41]。这两种药均可以用来治疗念珠菌（*Candida*）病和马拉色菌（*Malassezia*）感染，使用方法是每12小时涂抹一次，但它们对于皮肤癣菌是无效的。制霉菌素也可以与氟羟氢化泼尼松联合使用以治疗某些较为严重的炎性损伤病灶。

唑类抗真菌药可以抑制麦角固醇、甘油三酸酯、磷脂、几丁质和氧化酶、过氧化酶的合成[34,40,42-47]。咪唑类药物包括1%的克霉唑、1%益康唑、0.2%的恩康唑、1%或2%的酮康唑以及1%~2%的咪康唑。这些药物的使用方法是每12h涂抹1次，用以治疗皮肤癣菌病、念珠菌病以及马拉色菌性皮炎[34,40-46]。4%的噻苯咪唑与0.1%的地塞米松联合使用，每12h涂抹1次，可以有效地治疗较为严重的皮肤癣菌炎性病灶（脓癣）或炎性的马拉色（*Malassezia*）病灶（皮肤或耳）。

1%的萘替芬（萘替芬霜或凝胶）和1%的特比萘酚（疗霉舒乳膏）是烯丙胺类药物，其可以与角质层结合并进入毛囊[46]。他们可以抑制麦角固醇和鲨烯环氧酶的生物合成作用，每12h涂抹1次用以治疗皮肤癣菌病和念珠菌病。萘替芬同时具有抗炎作用，对于较为严重的皮肤癣菌炎性病灶十分有效。

4%的氯己定（ChlorhexiDerm Maximum喷雾）是一种双胍类药物（详见第三章），使用方法是每12h涂抹1次，用以治疗马拉色菌（*Malassezia*）和念珠菌（*Candida*）感染，以及皮肤癣菌病。该药含有双氯苯双胍己烷，是和咪康唑联合使用，达到的效果比这两种药单独使用要好［Malaseb Pledgets（麻辣洗擦剂），Malaseb Flush（麻辣洗洗剂）[DVM公司产品]）。

醋酸和硼酸在治疗马拉色（*Malassezia*）性皮炎也可能有效（Malacetic Wipes, Malacetic Conditioner[Dechra兽医产品]）。

2. 香波

抗真菌香波对于马拉色（*Malassezia*）性皮炎的治疗十分有帮助，但由于缺乏其对皮肤癣菌治疗有效性的具体说明，以及其使用时可能将关节孢子散布到皮毛和环境中的危险，香波很少被推荐用于治疗皮肤癣菌。有一项研究表明，对一只患有犬小孢子菌感染的波斯猫采取口服灰黄霉素和使用2%氯己定/2%咪康唑香波联合治疗，获得了比单独口服灰黄霉素更好的疗效，表现为临床症状消失的更快，且环境污染更少[37]。

香波含有2%~4%的氯己定、1%~2%的酮康唑、2%的咪康唑，和/或2%醋酸/2%硼酸，可用于马拉色（*Malassezia*）性皮炎的治疗。每天使用效果最好，但由于具有刺激性，这种使用方法对于大多数动物主人是不切实际的，因此，每周2次（每3日1次）的使用方法在大多数病例中也是可以达到疗效的。

对于那些皮肤和毛发油脂分泌较多或蜡样的动物，1%的硫化硒或2%的硫黄配合2.5%的过氧化苯甲酰可以有效地起到"脱脂"作用，这两种药物可以使皮毛干燥，但比氯己定或咪康唑更易于引发对皮肤的刺激。

3. 冲洗

抗真菌冲剂是治疗大范围的、浅表性真菌感染的最有效的局部药物[48,49]。其残余活性要比香波好。首选的冲洗产品是2%的石灰硫黄合剂（详见第3章），咪康唑/0.2%氯己定［Malaseb麻辣洗冲剂（DVM公司产品）］，或0.2%的恩康唑[39,48,50-53]。恩康唑是咪唑类药物，目前其在美国不允许用于伴侣动物，使用不将此药成分列于标签上的产品（其实含有该成分）在美国是违反美国环境保护署（EPA）条例的，因此不推荐使用恩康唑。尽管有传闻说猫不能很好地耐受恩康唑[54]，但是有一个在波斯猫上的研究表明使用恩康唑并未引起任何临床症状、血液学及生化毒性[51]。在法国，有报道称恩康唑对于猫是安全有效的[55,56]。而许多人都是因为恩康唑的气味令人反感才对其有偏见的。石灰硫黄合剂用于治疗马拉色（*Malassezia*）性皮炎时每周使用1~2次，用于治疗皮肤癣菌时5~7日使用1次（详见第三章）。咪康唑/氯己定和恩康唑冲剂也是每周使用1~2次。

另外一个对于治疗马拉色（*Malassezia*）性皮炎很有帮助的冲剂是2.5%的醋酸（详见第三章）。该溶液可以通过将等量的醋（5%的醋酸）和水进行混合制成，并具有很好的耐受性，特别是可以通过蹄浸泡（每日5~10min）来治疗马拉色性蹄皮炎。商业化产品是包括醋酸和硼酸的喷剂［Malacetic Conditioner（Dechra Veterinary Products）］。

将家用漂白剂（次氯酸钠）与水进行1∶10稀释后可以作为一种很有效的抗真菌药，但很少被推荐应用于宠物。由于漂白剂对人和动物均有刺激性，因此不允许应用于宠物。

（二）全身治疗

全身治疗（表5-3）对于治疗皮下和深部真菌感染十分重要，并可以促进一些浅表真菌感染的恢复[50,57,58]。对于真菌感染的全身用药，有很多抗真菌药可供选择[34,40,41,43-46,59-62]。对于患畜合理用药选择应基于感染真菌的类型，患畜品种，安全性（可能的毒性）以及用药和用药后监护毒副作用的相关费用。不幸的是，关于针对于真菌的药物敏感性试验还没有广泛普及（相关信息请联系田纳西大学健康科学中心的真菌检测实验室，Health Science Center, 7703 Floyd Care Dr., San Antonio, TX 78284, 210-567-4131）。

1. 灰黄霉素

（1）类别

抗真菌性抗菌素；由灰黄青霉（*Penicillium griseofulvum*）发酵生成。

（2）作用机制

抑制真菌的作用，通过与角蛋白结合从而抑制了细胞壁的生物合成、核苷酸生物合成以及有丝分裂。灰黄霉素通过中断有丝分裂中期，干扰纺锤体微管的功能，使真菌细胞发生形态学变化，并阻止真菌细胞壁几丁质的合成从而抑制核苷酸的生物合成以及细胞的有丝分裂。这类药物主要作用于生长中的细胞，不过静止细胞的复制也可能会被抑制[40,63]。

（3）药代动力学

多种吸收方式在进食脂类后吸收增加。药物颗粒的大小影响吸收率，进而影响用药剂量。目前有两种常用的剂型，微粒晶体，灰黄霉素-U/F（先灵医药），其在聚乙烯乙二醇中的生物学效应是Gris-PEG超微颗粒的2～4倍（赫伯特实验室）。这一点需要被重视，否则会引发毒副作用。该药物由新生成的角质化上皮吸收并分布在真皮及其附属物中，最后由肝脏代谢为无活性成分。

（4）适应证

只限于皮肤癣菌感染（毛癣菌属*Trichophyton*、小孢子菌属*Microsporum*）。

（5）禁忌证

肝功能不全、怀孕[64]，猫反转录病毒感染[65]，贫血，白细胞减少症。

（6）剂量

犬：微粒剂型：25mg/kg 每12h1次，超微粒剂型：5~10mg/kg每24h1次。

猫：微粒剂型：50mg/kg 每24h1次或25mg/kg 每12h1次；超微粒剂型：5~10mg/kg 每24h1次。给予脂类饲料或玉米油以增加吸收率，减少胃肠道刺激。

（7）不良反应

恶心、呕吐、腹泻、肝毒性、致畸[64]、干扰精子形成、瘙痒、皮肤水肿、神经毒性（共济失调[66]、定向障碍、通常与用药过量相关）、特异性骨髓毒性（贫血、白细胞减少和/或血小板减少；特异质反应的发生，与剂量无关）[67-69]。

（8）监护

禁用于感染有FIV和FeLV的猫[65]。在用药期间每2周需要评价全血细胞计数指数（CBC）[70]。

（9）附加信息

口服药物后8h～3d内，该药物可在角质层中检测到。该药在角质层中达到最高的药物浓度，在基底层中最低。药物经扩散、出汗、体表体液丢失达到角质层，储存在角蛋白前体细胞中，且分化过程中该药物保持稳定。因此，新生成的毛发或爪是健康的。灰黄霉素在皮肤中不稳定，因此，需要每天1次或每天2次用药来维持恒定的血药浓度。由于灰黄霉素并不是与角蛋白紧密结合，因此停药后组织中药物浓度迅速降低。停药后，角质层中药物水平在2~3d后消失。当治疗爪部的皮肤癣菌感染时，需要持续用药直到被感染的爪全部新生（通常需要持续治疗5～6个月）[70]。

灰黄霉素还有抗炎作用和免疫调节作用，众所周知，灰黄霉素可以用于抑制迟发型过敏反应，并对皮肤有刺激反应[69,71,72]。这些药物属性可能导致一些临床上的误解：我们常见的一些患有炎症性皮肤病（如细菌性脓皮病，落叶型天疱疮）的犬、猫被误诊为皮肤癣菌病后，接受大剂量的灰黄霉素治疗后症状会有明显的改善。

2. 唑类衍生物

全身性用唑类药物包括咪唑类（例如酮康唑）和三唑类（如伊曲康唑、氟康唑、伏立康唑、泊沙康唑和雷夫康唑）[11,34,40,41,43-46,56,59,60,73-76]。它们抑制细胞色素P450酶羊毛甾醇14-脱甲基酶，使羊毛甾醇转化为麦角固醇受阻，并引发C14甲基甾醇的累积。其他的反应包括细胞内甘油三酸酯和磷脂的生物合成受抑制，细胞壁几丁质合成受抑制，以及氧化酶和过氧化酶作用抑制。每种唑类药物的效力与它们和细胞色素P450的结合能力紧密相关。相对的，每种唑

表5-3　一些致病性真菌的无性型及有性型的命名法

产品	剂量（mg/kg）	用药间隔
灰黄霉素：微粒*	25～60	每12h1次
超微粒†	2.5～15	每12h1次
氟康唑‡	10～20	每12h1次
伊曲康唑§	10	每24h1次
酮康唑¶	10	每24h1次

*Fulvicin U/F (Schering)。
†Gris-PEG (Herbert)。
‡Diflucan (Roerig)。
§Sporanox (Janssen)。
¶Nizoral (Janssen)。

类药物的毒性也与其选择性的作用于真菌及哺乳动物的酶相关。使用酮康唑治疗时有10%的犬和25%的猫产生药物不良反应，不良反应的发生频率和严重程度相较于伊曲康唑和氟康唑时要低很多。

由于三唑和烯丙胺是亲脂性和亲角质性的，停药后药物水平在人的皮肤和趾甲中可以维持几天至几周的治疗水平，因此推荐使用该药时疗程较短且强度较低（例如一周1次或每个月使用1周）[77-79]。对于唑类药物的药物相互作用需要认真对待[34,36,80]。某些抗组胺药（特非那定、阿司咪唑）、胃肠道蠕动药物（西沙比利）、苯二氮，钙离子通道阻滞剂、抗痉挛药、抗分枝杆菌药、环孢霉素与唑类药物会有相互作用，需要特别注意。

（1）酮康唑（KCZ）

1）类别

咪唑类抗真菌药。

2）作用机制

抗真菌作用；通过抑制细胞色素P450 14α-脱甲基酶而干扰真菌细胞壁麦角固醇的生物合成作用。同时作用于膜磷脂，并抑制酵母样真菌到丝状真菌形式的转化。酮康唑另一个抗真菌作用是抑制嘌呤的摄取、干扰甘油三酸酯和/或磷脂的生物合成[81]。当酮康唑的药物浓度达到很高时，其会对真菌细胞膜有直接的生化作用，引发杀真菌的效果。酮康唑还抑制11-羟化酶从而阻断去氧皮质酮转化为皮质酮的作用[82]。而线粒体P450酶有抑制黄体酮转化为孕烯醇酮的作用。这些均表明酮康唑的功能是通过抑制线粒体P450酶而实现的[83]。酮康唑还有抗炎作用[84,85]。

3）药代动力学

禁食犬对于片剂的吸收率不等（4%～89%）[70]。当给予动物脂类和少量食物可以提高药物吸收。酮康唑易与蛋白相结合（>84%），并广泛分布，在肝脏、肾脏、垂体和肾上腺达到最高浓度。酮康唑可以分泌至尿液、汗液、皮脂、耵聍、唾液和乳汁中。其通过肝脏分解代谢为无活性的代谢物，随后通过胆汁排出和粪便排泄。一般情况需要10～14d的疗程才可以使药物在皮肤上达到稳定的有效药物浓度。

4）适应证

抗真菌作用：犬皮肤癣菌病[86]，马拉色性皮炎，局部或侵入性的念珠菌病、酵母菌病、组织胞浆菌病、球孢子菌病、隐球菌病[40,54,74]。对于曲霉菌病和孢子丝菌病不太有效。不推荐应用于猫的皮肤癣菌病（灰黄霉素、伊曲康唑或氟康唑更为有效）。酮康唑还可以用于治疗利什曼病、犬皮质醇增多症（减少类固醇生成），与环孢菌素同时使用会降低清除率，且需要提高用药剂量，从而降低治疗效果。与两性霉素B联合使用可以治疗快速地进行性系统性真菌病。对于患有中枢系统（CNS）和眼病的动物不是首选药物。

5）禁忌证

怀孕或哺乳期、肝功能不全、血小板减少症、对该药

有过敏史。许多药物相互作用——通过P450酶提高药物代谢浓度。避免使用米托坦、利福平和茶碱。改变苯妥英、利福平、巴比妥类药物以及环孢霉素的代谢（这些药物也会改变酮康唑的代谢）。当同时给予H2阻断剂、抗酸药、质子泵阻断剂时会降低药物吸收率[70]。

6）剂量

犬：皮肤癣菌病：10mg/kg每24h1次；马拉色性皮炎：5～10mg/kg每24h1次；系统性真菌病：10～20mg/kg每12h1次或15～30mg/kg每24h1次。

猫：由于使用该药有很高的概率会发生不良反应（食欲不振、体重减轻、肝毒性），因此并不推荐猫使用该药。

7）不良反应

厌食、呕吐、腹泻、腹痛、体重减轻、发热、精神沉郁、肝毒性（肝细胞坏死）、血小板减少、非再生性贫血、致畸、降低犬皮质醇和睾酮的合成、降低性欲、雄性动物乳房增大症、精子缺乏、阳痿、乏情期、瘙痒、毛发减少、外层粗毛丢失致毛发覆盖减少、犬延长疗程会致白内障[70]。

8）监护

在用药前和用药期间（每2～4周）需要评价血清肝酶[丙氨酸转氨酶（ALT），碱性磷酸酶（ALP）]，胆红素、胆酸指标[70]。

9）其他信息

酮康唑主要通过发汗、皮脂和与基质角质细胞结合的途径进入角质层。在美国，酮康唑不被允许应用于犬和猫[70]。

约有10%的犬会出现药物不良反应，包括食欲不振、呕吐、瘙痒、脱毛以及可逆的毛发减少[24,63,87]。当使用剂量超过每天10mg/kg时通常更容易出现不良反应，将每日的剂量分3～4次摄入会有效减轻症状。

酮康唑还有免疫调节和抗炎作用，包括抑制中性粒细胞趋化性和促淋巴细胞生成反应，抑制5-脂氧合酶活性和白三烯的生成[84,85]。

（2）伊曲康唑

1）类别

人工合成的三唑类抗真菌药[70,88]。

2）作用机制

抑制细胞色素P450 14α-脱甲基酶，阻碍真菌细胞膜麦角固醇的合成；与哺乳动物P450结合较弱[70]。

3）药代动力学

胶囊在胃肠道吸收率不一，禁食时生物利用率约为40%，随着进食和胃酸升高而增加。口服混悬剂生物利用率较高，且其在禁食时吸收率更高（70%）[89]。伊曲康唑与蛋白紧密结合（99%），集中在亲脂性组织和角蛋白中[77]。伊曲康唑在皮肤中分泌；皮肤中药物浓度是血浆中的3～10倍；停药后在皮肤上可残留2～4周。伊曲康唑不能很好地渗入中枢神经系统或眼组织（氟康唑更佳）。犬和猫口服

药物需要14~21d才能达到稳定的药物浓度。伊曲康唑通过肝脏代谢为无活性代谢物，随后由胆汁和尿液排出[70,89]。

4）适应证

皮肤癣菌病[35,54,63,88,90-92]，马拉色菌（*Malassezia*）感染、念珠菌病、芽生菌病、组织胞浆菌病[63,93]、曲霉病（对鼻曲霉菌病疗效较差）、隐球菌病[54,92]、孢子丝菌病[94]、接合菌病、着色性真菌病、甲真菌病以及原生动物利什曼原虫（*Leishmania*）和锥虫（*Trypanosoma*）感染[58,95-97]。对腐霉属（*Pythium*）作用不一[70]。相较于酮康唑，伊曲康唑的药效更强、毒性更小且更为广谱[34,46,63,90,91]。

5）禁忌证

肝病或肝功能不全。肾功能不全者不需要调整剂量。不能用于怀孕和哺乳期动物。不能与酮康唑、西沙比利、特非那定同时使用，否则会发生致命的心律失常。与苯二氮（咪达唑仑）、环孢霉素、糖皮质激素、抗组胺药、奎尼丁、地高辛、长春新碱、杀鼠灵、磺酰脲类药物同用会延长其药效，增加毒性。不允许与抗酸药、H2受体阻断剂以及抗胆碱能药物同时使用[70]。

6）剂量

犬：5~10mg/kg 每12~24h1次。

猫：5mg/kg每12h1次或10mg/kg每24h1次。对于皮肤暗丝孢霉菌，20mg/kg每24h1次。对于猫和小型犬，可以将胶囊打开把其中的微粒与食物混合后使用。使用口服混悬剂时，如果不与食物共同进食，需要将用量降低25%~50%。冲击剂量可以用于治疗浅表的真菌感染[77,78,98]。5mg/kg连用7d，每隔一周一个疗程的治疗方法可以用于治疗皮肤癣菌。另外，5mg/kg剂量，每周连续使用2d，连续治疗3周的方法可以有效地治疗马拉色（*Malassezia*）性皮炎[78]。

7）不良反应

呕吐、腹泻、腹痛、食欲不振、血清肝酶升高（ALT，ALP）、血清尿素氮升高、外周水肿、发热、高血压、皮疹、由皮肤血管炎引发的外周水肿溃疡（多见于接受每日使用双倍剂量（≥10mg/kg的犬）[96,99,100]。相较于哺乳动物，伊曲康唑对于真菌的细胞色素P450更具有特异性，因此其不干扰皮质醇的合成，但其具有致畸性，不能用于怀孕和哺乳期的动物[70]。

8）监护

每2周评价肝酶指标，如有监测到不利指标立即停药。不良征象消失后可恢复治疗，治疗剂量降低50%[70]。

9）其他信息

类似于酮康唑，伊曲康唑同样具有多方面的免疫调节和抗炎作用[79]。犬的药物毒性研究表明，即使使用剂量达到每天40mg/kg连续使用90d，也没有出现不良反应[87]。由于高剂量的伊曲康唑具有致畸作用，不推荐应用于怀孕期，但每天10mg/kg的使用剂量并没有观察到致畸反应。对于猫，每天50~100mg/kg的使用剂量会产生一些不良反

应，并且其具有剂量依赖性。厌食、恶心、肝毒性是最先出现的不良反应，一般在停药后会自愈。有7.5%的犬使用每天10mg/kg剂量治疗后会发生血管炎和皮肤损伤[99]，而将剂量降低为每天5mg/kg时不会发生。对于人，间歇性（冲击）疗法（如每个月使用标准剂量治疗1周）是很有效的[77]。

（3）氟康唑（FCZ）

1）类别

双苯三唑。

2）作用机制

抗真菌作用；抑制甾醇和细胞色素P450合成。对真菌酶的亲和力高于酮康唑和伊曲康唑[70]。

3）药代动力学

高生物利用率（>90%），胃肠道的吸收率不受进食或胃pH改变的影响[101]。可以很好地穿透进入中枢神经系统和眼组织，且不依赖于是否有炎症[63,102,103]。不能广泛的代谢，其首先是通过肾排泄而代谢一些活性物质[70]。

4）适应证

对于一些酵母菌包括隐球菌（*Cryptococcus*）[104,105]、芽生菌（*Blastomyces*）、组织胞浆菌（*Histoplasma*）、球孢子菌属（*Coccidioides*）、马拉色菌属（*Malassezia*）、念珠菌属（*Candida*）效果非常好。对于丝状真菌如曲霉菌和皮肤癣菌的效果不一[34,40,43,46,70,97]。

5）禁忌证

在肾功能不全动物需要降低用量，不能用于怀孕动物。甲氰咪胍会干扰其吸收[106]。氟康唑可以加强抗凝血剂、噻嗪化物、利福平、环孢霉素、格列吡嗪、抗组胺药、苯妥英（*diphenyldantoin*）和茶碱的药物活性[70,80]。

6）剂量

犬：2.5~5mg/kg每12~24h1次（治疗脑膜炎时，增加至5~8mg/kg每12h1次）。

猫：5~10mg/kg每12~24h1次（治疗脑膜炎时，每只猫增至50~100mg，每12h1次）。治疗首日使用剂量加倍[11]。两个药代动力学研究表明，每24h每只猫使用氟康唑50mg的治疗方法疗效良好[101,103]。对于人，间歇疗法（如每隔1天或每周1次）对一些类型的感染是有效的[79]。

7）不良反应

呕吐、腹泻、腹部不适、皮疹、肝毒性（比酮康唑和伊曲康唑发生率低）。不抑制肾上腺激素或性激素。据报道人还有脱发、皮肤干燥和晕眩发生。

8）监护

在用药前和用药期间每个月评价肝酶指标。

9）其他信息

氟康唑主要通过发汗、皮脂与基底角质细胞结合的方式进入角质层。皮肤、爪、脑脊液（CSF）中药物浓度较高。停药后角质层药物可保持治疗水平约10d左右。对于人，停药后氟康唑可以在趾甲中残留3~6个月[79,102]。

在这三种全身性唑类药物中，氟康唑对真菌酶最具特异性，所以几乎没有不良反应[105]。只有在特别高剂量时会有胚胎毒性和致畸性，几乎不产生内分泌相关毒性。但是，有一个30株分离犬小孢子菌的体外试验表明，这30株犬小孢子菌对氟康唑均是具有耐药性的[107]。

（4）特比萘芬

1）类别

烯丙胺[70]。

2）作用机制

抑制麦角固醇的生物合成作用和鲨烯环氧酶活性，导致真菌细胞壁麦角固醇缺乏，鲨烯在细胞内累积。特比萘芬具有抑制真菌和杀真菌作用。由于其并不抑制细胞色素P450系统，因此比唑类药物更具有特异性[34,36]。其杀真菌作用主要针对皮肤癣菌、曲霉菌（Aspergillus）、孢子丝菌（Sporothrix）；虽然对酵母菌和双相型真菌效果不好，但研究表明其仍可以作用于马拉色菌（Malassezia）和念珠菌（Candida）[70,97]。

3）药代动力学

当给予高脂食物时吸收率增加。高度亲脂和亲角质[108]。角质层/血浆比例约在13：1到73：1之间不等。特比萘芬主要通过皮脂途径进入角质层，在汗液、皮脂、皮肤、爪床及毛发中浓度最高。该药主要通过肝脏代谢，随尿液排出。局部用制剂吸收率最低（≤5%）。对于人，特比萘芬可以在皮肤中维持治疗水平浓度2~3周，在趾甲中维持2~3个月[70]。

4）适应证

皮肤癣菌病[59,97,109-112]、曲霉菌病、对孢子丝菌（Sporothrix）（常与伊曲康唑合用）、腐霉属（Pythium）（常与伊曲康唑合用）以及系统真菌有一定作用。同样对厚皮马拉色菌（Malassezia pachydermatis）有效[44]。

5）禁忌证

对于肾和/或肝功能不全的动物应该降低用量。可以用于怀孕动物，几乎没有药物相互作用（甲氰咪胍可以增加其血药浓度，而利福平可以降低其血药浓度）[46]。

6）剂量

犬：皮肤癣菌、鼻曲霉病：20~30mg/kg每12~24h1次；马拉色性皮炎：30mg/kg每24h1次。

猫：皮肤癣菌：20~40mg/kg每24~48h1次；皮肤癣菌携带者：8.25mg/kg每24h1次；孢子丝菌病：30mg/kg每24h1次[11]。

7）不良反应

食欲不振、呕吐、腹泻、腹痛、肝毒性（胆汁淤积、ALP、ALT升高）、中性粒细胞减少症、全血细胞减少症[70]。

8）监护

用药前和用药期间每2~4周评价一次肝酶指标[70]。

9）其他信息

有很多关于使用特比萘芬治疗犬、猫皮肤癣菌病的报道[40,87,109]。特比萘芬（20mg/kg口服，每48h1次）对于猫的皮肤癣菌病很有效，且没有毒性反应[40]。特比萘芬（20~30mg/kg口服，每24小时1次）同样对于犬的皮肤癣菌病有效且安全[113]。另外还有报道称，对于皮肤感染厚皮马拉色菌（Malassezia pachydermatis）的巴吉度猎犬，特比萘芬的治疗效果与酮康唑类似[44]。

（5）氟胞嘧啶

1）类别

氟嘧啶[70]。

2）作用机制

当真菌细胞内含有胞嘧啶通透酶时会变得不稳定，因为其可以使5-氟胞嘧啶进入真菌细胞内，从而导致胞嘧啶脱氨酶发生脱氨基作用变为5-氟-21脱氧尿苷酸。这些物质抑制胸苷酸合成酶作用，以及DNA的合成[70]。

3）药代动力学

药物可以由胃肠道很好地吸收并广泛地分布到组织中，包括中枢神经系统和眼内组织。其排泄主要通过尿液排出，仅仅有4%的药物通过代谢排出[70]。

4）适应证

与两性霉素B联合使用治疗念珠菌病（Candida）、隐球菌病（Cryptococcus）、曲霉菌病（Aspergillus）以及皮肤暗丝孢霉菌相关的真菌感染[31,40,63]。对于皮肤癣菌和其他丝状真菌无效。

5）禁忌证

肾功能不全、初生幼畜、怀孕及先天骨髓抑制动物。

6）剂量

25~50mg/kg，口服，每6h1次，或与两性霉素B合用，60mg/kg每8h1次。

7）不良反应

骨髓抑制（白细胞减少、血小板减少）、致畸、肾毒性、结晶尿、呕吐、腹泻、腹痛、肝毒性、中枢神经反应。药物会引发犬的阴囊药疹和出现中毒性表皮坏死松解症[114]。

8）监护

用药前和用药期间每2周评价血常规和生化指标。当与两性霉素B合用时至少1周评价2次肾指标。

9）其他信息

当使用药物时，耐药突变株会定期且快速地出现，因此该药需要与两性霉素B联用。当无法提供更有效的药物（例如咪唑类和噻唑类衍生物）或对这些药物不耐受时，氟胞嘧啶多作为二线药物使用[70]。

（6）两性霉素B（AMB）和其他多烯类化合物

1）类别

多烯类抗真菌药，最早是由含有结节链霉菌（Streptomyces nodosus）的土壤样本中分离到的[70]。

2）作用机制

其属于抑制真菌的多烯类抗生素，通过不可逆的与麦角固醇结合从而破坏真菌（和细菌）细胞膜[31,40,63]。这改变了细胞渗透性，细胞内容物漏出，细胞死亡。两性霉素B还与某些固醇类结合，例如哺乳动物细胞膜的胆固醇，因此其相对来说是有毒性的。其他的作用机制包括破坏氧化细胞膜和增强细胞介导免疫。两性霉素B刺激淋巴细胞、吞噬细胞和中性粒细胞功能且诱导肿瘤坏死因子的生成[85]。

3）药代动力学

常见的两性霉素B不能溶于水，因此常见的是含有脱氧胆酸盐的胶态分散体（ABD；二性霉素B）。在一些新的药剂型中，两性霉素B多与脂类一起合成[40,41,60,115]。这些药剂型包括：①Amphocil（ABCD）－两性霉素B与胆固醇硫酸酯复合；②AmBisome（L-AMB）－与单层脂质体一起封入胶囊内[116]；③Abelcet（ABLC）－与脂类复合。脂类剂型可以由巨噬细胞识别并携带药物到达真菌引发炎症的部位。所有剂型口服吸收效果均不佳，通常采用静脉输注的给药方式（IV）。ABD与蛋白结合力强，很难进入中枢神经系统、骨组织和脑组织。ABD在肝脏、肾脏和肺脏中积累。L-AMB在血清和脑脊液中可以达到最高的药物水平[70]。

4）适应证

组织胞浆菌属（*Histoplasma*）、隐球菌（*Cryptococcus*）、球孢子菌属（*Coccidioides*）、副球孢子菌属（*Paracoccidioides*）、芽生菌（*Blastomyces*）、念珠菌属（*Candida*）、孢子丝菌（*Sporothrix*）、毛霉菌（*Mucor*）、曲霉菌属（*Aspergillus*）、根霉属菌（*Rhizopus*）、犁头霉属（*Absidia*）、蛙粪霉属（*Basidiobolus*）、虫霉属（*Entomophthora*）、利什曼原虫（*Leishmania*）。该药对皮肤癣菌无效。两性霉素B是治疗严重的系统性真菌感染的首选药物[35,58,117]。

5）禁忌证

肾衰竭、肝衰竭[70]。

6）剂量

该药的使用比较复杂，具有一定的风险，临床医师建议根据需要参考一些其他的具体的指南[11,63,118]。

ABD-犬（真菌病和利什曼病），测试剂量为0.1～0.25mg/kg药物溶于300～500mL的5%右旋糖酐中静脉输注，或者5～10min内静脉推注完成；推荐在静脉输注的同时给予利尿剂以减小药物的肾毒性。如果犬可以耐受该剂量，可以增加剂量至0.5mg/kg静脉输注，每48h1次，以达到治疗真菌感染和利什曼病的累积剂量（真菌感染4～8mg/kg，利什曼病15mg/kg）。需要持续监测肾毒性和肝毒性。

ABD-猫（真菌病），测试剂量为0.1mg/kg静脉输注，随后使用0.1～0.25mg/kg，每48h1次。也可以通过皮下注射的方法给药[119]。通常使用剂量为0.5mg/kg药物稀释于400mL的0.45%生理盐水/2.5%葡萄糖中[11]。每周重复该剂量2～3次，直到达到8～26mg/kg的累积剂量。

ABCD-犬（真菌病），测试剂量为0.5mg/kg缓慢静脉滴注；随后剂量升高至1～2.5mg/kg，每48h1次。

L-AMB-犬（真菌病和利什曼病），测试剂量为0.5mg/kg，在60～120min（或更久）的时间内静脉滴注，为溶于5%的葡萄糖中的，稀释为终浓度1～2mg/ml的液体。随后的剂量调整为1～3mg/kg静脉输注，每48小时1次。

ABLC-犬（真菌病），测试剂量为0.5mg/kg，在60～120分钟（或更久）的时间内静脉滴注，随后剂量升高至1～2.5mg/kg静脉输注，每48小时1次[70]。

7）不良反应

输注相关不良反应包括发热、呕吐、肌痛、肌颤、静脉炎、过敏。脂类复合物的剂型更容易引起输注相关的不良反应。肾毒性十分常见。两性霉素B使血管平滑肌细胞的细胞内钙离子水平增加，刺激类十二烷酸合成，导致肾血流量减少。除此之外，两性霉素B还可以引发低血钾、体重减轻以及非再生性贫血[70]。

8）监护

用药前评价CBC、生化指标和尿液分析。用药期间每周2次监测尿液分析指标和血液尿素氮（BUN），而CBC和生化全项应该每2周评价1次[70]。

9）其他信息

两性霉素B对于酵母菌病、组织胞浆菌病、球孢子菌病、隐球菌病和念珠菌病是最有效的药物。对于前三种疾病，可以与酮康唑联合使用；对于后两种疾病，可以与氟胞嘧啶联合使用。这些联合用药的原则是充分利用两性霉素B作用迅速的优点，并通过交替使用另一种抗真菌药而延长疗程来降低毒性。两性霉素B对于曲霉菌属、毛孢子菌属、接合菌目和侵袭性孢子丝菌属也是有一定疗效的[70]。

避免同时使用其他肾毒性药物（如氨基糖苷类抗生素、环孢霉素、万古霉素、铂化合物）和降血钾的利尿剂[70]。

（7）碘化物

1）类别

卤素无机物[70]。

2）作用机制

其确切的作用机制尚无定论。可能是通过促进吞噬细胞杀死真菌细胞。体外试验表明其对真菌生物体没有效果。碘化物提高吞噬细胞中卤化物过氧化酶杀灭作用。碘化物还具有一定的抗炎作用，其可以中断氧代谢物的中毒作用，抑制中性粒细胞趋化作用[70]。

3）药代动力学

不明，碘化物在各组织中均有分布[70]。

4）适应证

孢子丝菌（*Sporothrix*）、蛙粪霉属（*Basi-diobolus*），还可用于治疗皮下藻菌病和鼻孢子虫病[70]。

5）禁忌证

甲状腺病、碘化物过敏症、肾衰竭、脱水和妊娠期[70]。

6）剂量

碘化物通常制成饱和溶液后口服[10,11,31,40,68]。

犬：40mg/kg，口服，每8h1次。

猫：20mg/kg，每12～24h1次。与食物一起服用可以降低胃肠道刺激。在临床症状治愈消失之后仍需要持续用药最少1个月。制剂可以是将碘化钾或碘化钠溶于水制成（不可以使用祛痰剂来治疗真菌感染）。

7）不良反应

厌食、唾液分泌过多、呕吐、肌肉震颤、精神沉郁、低体温症、心肌病、心脏衰竭、死亡。长期使用可导致眼和鼻分泌物增多，结痂和毛发干燥。肠溶片会引发人的胃肠道溃疡。长期使用会导致甲状腺功能减退和甲状腺肿和/或甲状腺瘤[70]。

8）监护

注意观察是否有碘中毒的征象。长期使用需要评价甲状腺功能、CBC和电解质水平[70]。

9）其他信息

碘化物用于治疗皮肤和皮下淋巴结孢子丝菌病是十分有效的。可以使用碘化钾的过饱和溶液当碘化物与脂类液体（例如奶油或全脂牛奶）共同服用时，其耐受性良好[11,46]。与食物共同服用时，犬可以按40mg/kg，口服，每12h1次；猫可以按10～20mg/kg，每12～24h口服1次。相较于碘化钾，猫更能接受碘化钠的味道[11,63]。

3. 几丁质合成和细胞壁合成抑制剂

（1）氯芬奴隆

1）类别

灭幼脲类，一种昆虫生长调节剂，抑制几丁质的合成，聚合作用和沉积[45,70]。

2）作用机制

干扰真菌细胞壁和昆虫外骨骼的形成[120]。

3）药代动力学

具有高度亲脂性，当药物与食物共同给予时，药物可以快速地由胃肠道吸收，并储存在脂肪组织中。一般用药后大约30d，其重新分布进入血液[70]。

4）适应证

尚存在争议——可以与多烯类或唑类抗真菌药合用来治疗霉菌感染。

5）禁忌证

目前没有关于安全性的建议，不推荐单独用药用于治疗真菌感染。

6）剂量

犬：［皮肤癣菌病（存在争议）］每14～30d使用80～100mg/kg。

猫：［皮肤癣菌病（存在争议）］每14～30d使用80～100mg/kg[120,121]。

7）不良反应

没有相关报道。

8）监护

没有必须的监测项目。

9）其他信息

以色列的一个没有对照组的回顾性研究表明，犬按照54～68mg/kg口服1次氯芬奴隆后，真菌培养的平均转阴时间是14.5d，肉眼损伤的平均好转时间是21d[120]。同样地，家猫按照51～266mg/kg，口服1次氯芬奴隆后，真菌培养的平均转阴时间是8.3d，肉眼损伤的平均好转时间是12d[120,121]。其他关于猫皮肤癣菌的治疗或预防的相关研究并没有表现出有效性[73,122-124]。

（2）卡泊芬净

1）类别

棘白霉素（纽莫康定B的水溶性衍生物）[56,70]。

2）作用机制

属于一种环形六胜肽，可以抑制$1,3-\beta-D$多糖的合成，从而阻碍真菌细胞壁的合成。抑制菌丝的生长和分化、菌丝体到小型菌落的转变。在体外是杀真菌作用而对于曲霉属真菌是抑制作用。对于皮肤癣菌、孢子丝菌和一些酵母菌有效[70]。

3）药代动力学

几乎不被胃肠道吸收，需要通过静脉输注才能有效地给药。肝脏代谢[70]。

4）适应证

在人类中，通常作为对两性霉素B和唑类药物无反应时治疗曲霉菌病的药物。

5）禁忌证

对于肝功能不全的病患，需要减少用药量。尚缺其他的相关意见[70]。

6）剂量

治疗犬的侵袭性曲霉菌病的推荐剂量是50mg/kg，静脉缓慢输注，每24h 1次（将药物溶于普通生理盐水中稀释为5～7mg/mL的使用浓度，输注时间应该≥1h）[70]。

7）不良反应

输液相关性荨麻疹、瘙痒、注射部位刺激反应、呕吐、腹泻，还可能引发肝毒性[70]。

8）监护

在用药前和用药期间评价肝功能。

9）其他信息

该药用于治疗犬和猫的皮肤真菌感染的相关评价数据目前尚缺。

（3）真菌感染的免疫治疗

当动物使用糖皮质激素、环孢霉素和其他一些免疫抑制药时，真菌感染的患病概率会增加。糖皮质激素主要通过抑制非氧化过程和损伤溶酶体活性而抑制巨噬细胞的作用。常使用细胞毒性的化疗药物会减少中性粒细胞数量和功能。真菌感染本身也会抑制免疫应答[125]。造血性的细胞因子重组体如G-CSF、M-CSF和GM-CSF可以帮助维持中性粒细胞的正常数量，降低化疗过程中系统性真菌感染的发生概率[41,49,126,127]。体外和实验室啮齿动物活体实验均证明

γ–干扰素（IFN–γ）可以提高吞噬细胞对真菌的活性。静脉注射免疫球蛋白对于那些免疫功能不全的病患也很有帮助，但仍需进一步的研究。使用隐袭腐霉制作的疫苗可以用于治疗犬和马的腐皮病；该疫苗对马的效果更优[128]。针对犬和猫皮肤癣菌的预防和/或治疗的疫苗效果不佳，而这类疫苗的研发仍在继续[129-131]。

三、浅部真菌病

浅部真菌病是指皮肤、毛发和爪部表层的真菌感染。病原菌通常为皮肤癣菌［如小孢子菌属（*Microsporum*）、毛癣菌属（*Trichophyton*）］，均有嗜角质性，并将角蛋白作为营养源。然而，其他一些真菌如念珠菌属［念珠菌（*Candida*）］、马拉色菌属［糠疹癣菌属（*Pityrosporum*）］和毛孢子菌属（*Trichosporon*）（发结节病）也同样会引发浅部真菌病。

（一）皮肤癣菌病

1. 病因和发病机制

最易感染动物的皮肤癣菌是小孢子菌属和毛癣菌属。感染以下三种真菌的犬、猫占皮肤癣菌病例的很大一部分：犬小孢子菌、石膏样小孢子菌、须癣毛癣菌[31,132-136]。一般来说，犬小孢子菌是引起犬、猫皮肤癣菌病的最常见的病原[31,132-135]。而根据地域不同，这3种病原菌的比例也会有所不同[3-5,26,31,132,135-137]。皮肤癣菌病的发病率和流行程度随当地气候和自然宿主的变化而变化。皮肤癣菌病的发病率在炎热潮湿气候时较高，而在寒冷干燥的气候时较低。有一项研究证实，犬小孢子菌的分离率与相对湿度呈显著的正相关[26]。美国东南部（佛罗里达）的动物收养所中，可以从约4%的猫身上分离出犬小孢子菌，而在美国北部（威斯康星）的动物收养所中，几乎没有从猫身上分离出犬小孢子菌[29]。

动物收养所的猫身上分离犬小孢子菌的分离率与房屋构造呈显著地相关性[138]。在希腊，犬小孢子菌是可以在市区的正常犬毛发中分离出来的唯一一种皮肤癣菌；而石膏样小孢子菌（*M. gypseum*）、须癣毛癣菌（*T. mentagrophytes*）和土发癣菌（*T. terrestre*）通常可以在农村地区的正常犬毛发中分离出来[3]。有报道称美国犬、猫皮肤癣菌病的季节性发病率伴随着菌种的变化[135,139]，但是西班牙[5]和英国[132]并没有显著地季节性变化。发病率还与气候和动物在外活动时间相关，因为这使动物更易于暴露一些亲土性菌种；当然也与在室内活动时是否与病原携带者或其他已感染动物有亲密接触相关。在新西兰，犬小孢子菌的分离频率在冬季显著升高[26]。

一般情况下，北半球的犬皮肤癣菌病的发病率可以总结为如下几条：①犬小孢子菌（*M. canis*）从10月到来年2月较高，而从3月到9月较低；②石膏样小孢子菌（*M. gypseum*）从7月到11月较高，而从12月到来年6月较低；③

须癣毛癣菌（*T. mentagrophytes*）全年流行，在11月和12月达到顶峰。而猫的皮肤癣菌病的发病率可以总结为如下几条：①犬小孢子菌（*M. canis*）全年流行；②石膏样小孢子菌（*M. gypseum*）和须癣毛癣菌（*T. mentagrophytes*）感染猫的病例很少见，但在夏季和秋季会略有增加。其他可能引起犬、猫皮肤癣菌病的真菌列在表5-4中。犬、猫的皮肤癣菌病很少由两种不同的真菌同时感染引发[140-142]。

DNA指纹图谱技术已证实不同的皮肤癣菌菌种之间的

表5-4 从犬、猫身上分离出的皮肤癣菌

皮肤癣菌	宿主*	来源†
絮状表皮癣菌	B	A
奥氏小孢子菌（*Microsporum audouinii*）（*M. langeronii, M. rivalierii*）	B	A
犬小孢子菌（*M. canis*）（*M. equinum, M. felineum, M.lanosum, M. obesum*）	B	Z
曲霉小孢子菌（*M. cookie*）	B	G
扭曲小孢子菌（*M. distortum*）	B	Z
马类小孢子菌（*M. equinum*）	D	Z
铁锈色小孢子菌（*M. ferrugineum*）	D	A
黄褐色小孢子菌（*M. fulvum*）	B	Z
石膏样小孢子菌（*M. gypseum*）（*M. fulvum, M. duboisii, Achorion gypseum*）	B	G
矮小孢子菌（*M. nanum*）	B	Z
桃色小孢子菌（*M. persicolor*）	B	Z
范布瑞西米（氏）小孢子菌（*M. vanbreuseghemii*）	B	G
艾吉士发癣菌（*Trichophyton ajelloi*）（*Keratinomyces ajelloi*）	B	G
马发癣菌（*T. equinum*）	B	G
意瑞奈斯（氏）发癣菌（*T. erinacei*）（*T. mentagrophytes var. erinacei*）	B	Z
鸡毛癣菌（*T. gallinae*）（*M. gallinae, A. gallinae*）	B	A
美氏毛癣菌（*T. megninii*）	B	A
须癣毛癣菌（*T. mentagrophytes*）（*T. asteroides, T. caninum,T. felineum, T. granulosum, T. gypseum, T. quinckeanum*）	B	Z
红色毛癣菌（*T. multicolor, T. purpureum*）	B	A
舍尼毛癣菌（*schoenleinii*）（*A. schoenleinii*）	B	A
断发毛癣菌（*T. tonsurans*）（*T. accuminatum, T. cerebriforme, T. crateriforme, T. epilans, T. fumatum, T. plicate, T. sabouraudi, T. sulfureum*）	B	A
疣状毛癣菌（*T. verrucosum*）（*T. album, T. discoides, T. faviforme, T. ochraceum*）	B	Z
紫色毛癣菌（*T. violaceum*）（*T. glabrum, T. kagewaense, T. vinosum*）	B	A

*B，犬和猫；D，犬。
†A，亲人性；G，亲土性；Z，亲动物性。
M，小孢子菌属；T，毛癣菌属；A，头癣菌属。

基因型有所不同[143-147]。其表型的不同也被认可，使得表现出不同的菌落形态和临床症状[107]。

皮肤癣菌是通过接触感染的毛发和鳞屑或动物体上、环境中或污染物中的真菌体而传播的[25,134,148]。动物的梳子、刷子、钳子、寝具、笼具以及其他美容、运输、居住相关用具均是可能的传染源和二次传染源。犬小孢子菌（M. canis）可以由灰尘、散热口、暖气炉的过滤板中培养出来[148]。来访者在猫舍和猫收容所活动也可能成为病原的带入者[148]。犬小孢子菌（M. canis）的感染源通常是已感染的猫。毛癣菌属（Trichophyton spp.）的感染通常需要直接或间接地暴露于典型的储存宿主。例如，大部分须癣毛癣菌的感染者均曾与啮齿动物或其直接环境接触相关。石膏样小孢子菌（M. gypseum）是一种亲土型皮肤癣菌，主要栖息于肥沃的土壤中。犬、猫经常在刨土时被感染。在希腊，分别在7.2%的患有皮肤癣菌病的犬身上、4%临床正常犬身上（特别是爪）、32.6%的土壤样品中可以分离出石膏样小孢子菌（M. gypseum）[3]。而土壤并不是污染犬鼻梁的主要原因[30]。桃色小孢子菌是老鼠和田鼠的天然寄生菌和条件致病菌，如果与这些啮齿动物（打猎、乡村动物）接触会变为传染源。感染亲人型真菌的病例目前很少见，作为人源性人畜共患病其需要与感染的人类接触。

带有感染了关节孢子的毛干可以在环境中保持传染性几个月之久——有一个感染犬小孢子菌（M. canis）的病例达到了18个月[25,134,148,149]。有一项研究针对50家私人动物诊所的地板进行了真菌培养，结果显示犬小孢子菌（M. canis）、土发癣菌（T. terrestre）、石膏样小孢子菌（M. gypseum）和须癣毛癣菌（T. mentagrophytes）的生长率分别是30%、22%、10%和4%[150]。这样看来，兽医诊所也是一个传染源！

针对无症状的犬小孢子菌携带猫的研究总是会出现一些相悖的结果，送诊到兽医诊所的猫其培养的阳性率从0%到36%不等，健康宠物猫的培养阳性率从0%到27%不等，参加猫展的宠物猫的培养阳性率从6%到35%不等，流浪猫的培养阳性率从0%到88%不等[4,5,26,29,31,149,151-153]。这些差异可能是由于环境和饲养条件不同所导致的。从一个无症状的猫身上分离到犬小孢子菌可能只是代表该猫的毛发是一个关节孢子或菌丝的被动携带者，其可能是直接接触了感染的猫或间接从被污染的环境中获得。

当一个动物被暴露于皮肤癣菌环境中，那么很可能发生感染。最具有传染性的部分是关节孢子，关节孢子是真菌菌丝细胞分裂产生，可以由粉尘、气流、污染物、外寄生虫包括跳蚤等携带传播。角质层的机械破坏作用对于促进关节孢子在毛囊生长期的渗透和入侵十分重要[31,148,154]。关节孢子与角蛋白的结合力很强，与皮肤接触后6h内就能发芽生长。湿度增加和皮肤与水接触后的浸渍作用更利于感染的发生。宿主的天然屏障包括角质层的干燥和脱屑作用，以及皮脂腺和顶泌腺分泌物所产生的抑制真菌作用。皮肤和皮肤分泌物（特别是油脂），毛发的生长和替换，

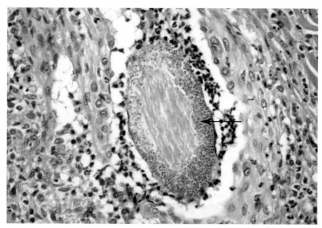

图5-2 毛干被真菌菌丝侵袭，并被大量的发外癣菌孢子包围（箭头所示）

以及宿主的生理特点如年龄等这些生化特性的不同可能与年幼动物感染概率的增加有关。

毛发可以被发外癣菌和发内癣菌侵害感染。发外癣菌在毛干表面产生大量的关节孢子（图5-2），而发内癣菌不会。真菌菌丝侵害毛囊，在毛发表面增殖，并向下移殖至（最近的）毛球处，与此同时，真菌会产生其自己的促角蛋白溶解酶（角蛋白酶、弹性蛋白酶、胶原蛋白酶）以使真菌渗透进入毛发角质层，在毛干中生长直到达到角质增生层（艾德森边缘）。此时，真菌需要在其向下生长和产角蛋白之间进行平衡，否则就要被清除。

当受感染的毛发进入静止期或是引发了炎性反应，真菌会出现自发分解。当毛发进入静止期，角蛋白的产生会变慢甚至停止；而由于皮肤癣菌的存活需要有活性的、生长中的毛发，因此真菌的生长也会减缓和停止。有感染性的关节孢子仍附着在毛干上，但该部位的毛囊不会发生二次感染，直到再次进入毛发生长期。

在犬小孢子菌（M. canis）感染猫的实验模型中[155,156]，潜伏期即在接种和发展为临床损伤之间的时间通常为7～14d。在接种后6～8周，损伤开始扩大；随后，在接种后12～14周，损伤面积开始缩小并自愈。在临床症状消失之后1～2周内，毛刷刷拭分离培养，培养结果仍然可以保持阳性。因此，2.5～3个月感染会自愈。有趣的是，那些有自洁习惯的猫通常只在头部和耳郭部位有损伤，而给猫带上颈圈后，其损伤的部位范围更广，提示猫的自洁行为可以限制损伤的发展[152]。患猫剃毛后的7～10d有时会出现更为严重的临床症状[36]，提示我们皮肤外伤对于感染扩散的重要性。

皮肤的炎症反应多是由于角质层所产生的毒素引发的，而其也会激发一种生物接触性皮肤病。宿主的因素很少被提及，而宿主对于炎症的应答反应在临床损伤的产生和感染的终结方式上有着决定性的作用。对于那些健康的犬、猫来说，皮肤癣菌的感染通常是自限的。感染通常更容易在那些年幼、年老或免疫缺陷的动物身上发生[132,134,135,157,158]。

有研究表明，红色毛癣菌（T. rubrum）和须癣毛癣

菌（*T. mentagrophytes*）会产生一种物质（尤其是甘露聚糖），该物质会降低细胞免疫反应，并间接抑制角质层的更新[159]。这种反应使得动物更易于发生持续感染或二次感染。犬小孢子菌具有分泌多种酶的性能，这些酶会因菌株不同而不同[160,161]。犬小孢子菌分泌的角蛋白酶是一种u-胰凝乳蛋白酶性质的丝氨酸蛋白酶[160]，犬小孢子菌的这种u-胰凝乳蛋白酶活性可能与炎症和瘙痒有关[160]。而通过体内和体外实验证实，毛癣菌属所产生蛋白水解酶会引发角质细胞皮肤棘层的松解[162]。

真菌的自然和人为感染实验均已证实其会引发宿主的多种形式的过敏反应[31,134,156,163-165]。真菌的某些成分，包括细胞壁碳水化合物（几丁质和甘露聚糖），细胞壁蛋白质（糖蛋白）和分泌型角蛋白酶等会引起机体的免疫反应[166-169]。大多数感染的个体会出现针对真菌糖蛋白和角蛋白酶的体液和细胞免疫应答反应。将犬小孢子菌（*M. canis*）的糖蛋白抗原物或菌丝混悬液通过皮内注射或刮皮法分别接种正常猫和曾患有犬小孢子菌（*M. canis*）性皮肤癣菌病且已经痊愈的猫，所有曾患病的猫均经历了速发型和迟发型的过敏反应。相较之下，对照组的猫并没有发生迟发型过敏反应，且小部分猫（20%的动物）发生速发型过敏反应[155,156]。

循环抗体和对感染的保护力之间没有必然的联系。相较于那些没有感染过犬小孢子菌（*M. canis*）的猫来说，在面对感染源时，曾被犬小孢子菌（*M. canis*）感染并已痊愈的猫均没有任何临床症状或仅仅是炎性的、短暂的损伤（25d）[156]。目前已经确认的是，细胞介导的免疫应答是机体对抗真菌感染的中坚力量，那些患有获得性或先天性免疫抑制病（如FeLV感染、FIV感染及癌症等）的患者真菌的感染率增高证实了这一点。营养不良和抗炎药或免疫抑制治疗药物（如糖皮质激素）同样也会导致真菌感染的发生率增高[31,48,134,170]。妊娠期和哺乳期的压力也会使真菌感染的概率增加[48,148]。外寄生虫的感染，尤其是跳蚤和姬螯螨，在猫收容所和多猫家庭中，是一个获得和传播皮肤癣菌的重要途径[48,148]。

遗传的影响在皮肤癣菌病的传播和临床病程上可能有着重要的作用[151]。一般来说，长毛猫比短毛猫更易感，但这条常识并不能很有效表明被毛自洁和品种易感性（如波斯猫）[151]。约克夏和曼彻斯特犬同样存在品种易感性，它们在感染了须癣毛癣菌（*T. mentagrophytes*）后很容易发展为肉芽肿性皮肤癣菌病[171,172]。

2. 临床症状

当兽医师仅仅根据一些临床表现如环癣、甲癣等来诊断皮肤癣菌病时，很容易造成诊断过度，特别是对于犬来说。在大多数犬、猫的皮肤病研究中，皮肤癣菌病的发生率很低，仅仅占所有监测病例的0.26% ~ 5.6%[55,188,185,134,152,158,173,174]。有一个特例曾于巴西圣保罗大学的皮肤病中心中报道，其皮肤癣菌病占所有猫皮肤病病例的30%[157]。犬、猫

疑似皮肤癣菌病病例的分离培养结果显示约有2.1% ~ 40%（平均15% ~ 25%）为阳性[5,26,31,57,133,135,157,175]。另外一些皮肤病，特别是葡萄球菌性毛囊炎和蠕形螨病，都和典型的皮癣损伤很相像。从另一个方面来讲，皮肤癣菌病也很容易被漏诊，因为其多变的临床表现[31,50,55,134,152,175]。只有14%的皮肤癣菌培养阳性的猫在其皮肤有病损时被人们发现并送检，分离培养确诊[175]。

由于犬、猫的感染通常发生在毛囊处，比较多见的临床症状是单一（图5-3）或多发性（图5-4）的、圆形片状的脱毛，并伴有皮屑[31,134]。有一些病患会经历典型的环形损伤，伴有中心区域开始的痊愈和边缘的泡状丘疹、结痂过程。然而，临床表现和症状通常会根据宿主-真菌之间的相互作用而有所不同，进而炎症的程度也会有所不同。很少或几乎没有瘙痒的症状；而如果发生瘙痒，那么就提示同时患有外寄生虫或过敏。这对于患有犬小孢子菌（*M. canis*）感染的猫（图5-5）和毛癣菌（*Trichophyton*）、桃色小孢子菌感染的犬来说，当其表现出"粟粒状皮炎"症状时尤为正确。除此之外，当继发细菌感染（通常为葡萄球菌）时，皮肤癣菌病会变得更为复杂。体外实验表明，皮肤癣菌会产生某些抗性物质，并促进葡萄球菌对青霉素产生抗性[176,177]。

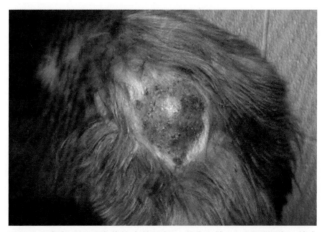

图5-3 感染了须毛癣菌的犬的股部，表现为单一、圆形损伤，伴有脱毛和皮屑

图5-4 感染了犬小孢子菌的犬的前肢，表现为多病灶性环形损伤，伴有脱毛和皮屑

（1）犬

犬更容易呈现典型的外周环形病灶区，表现为脱毛、皮屑、结痂、泡状丘疹和脓疹（图5-6）。当然，还会有其他一些疾病会有这样的表现，但当出现环形、丘疹或脓疹破溃时，皮肤癣菌病也应当在鉴别诊断的行列中。对称性鼻面部毛囊炎和疖病，与自体免疫性皮肤病（如红斑狼疮或落叶型天疱疮）很相像，其也有可能是由皮肤癣菌引起的，特别是须毛癣菌（T.mentagrophytes）（图5-7）和桃色小孢子菌。毛癣菌属（Trichophyton）的感染还会伴发毛发和足部的毛囊炎和疖病（图5-8）。这种感染通常会留有疤痕。

大多数的感染都会发生皮脂溢样的出疹，并伴有脂屑（图5-9）。皮肤癣菌引起的脓癣通常表现为似沼泽样的、渗出性的、不规则且边界清楚的、结节状的疖病，随后发展为多发性脓癣。其多与石膏样小孢子菌（M. gypseum）和须毛癣菌（T. mentagrophytes）感染相关，并以单一病变形式常发于面部和四肢末端。甲真菌病很少见[178]，其通常与须毛癣菌（T. mentagrophytes）相关，且是非对称性的（在一个爪部有一个或多个病灶）甲沟炎或甲营养不良（图5-11）。犬大范围的睑状区红疹和皮屑（不包括毛囊）可能是由艾吉士发癣（Trichophyton ajelloi）菌感染引起的[179]。一些皮肤癣菌病和皮肤寄生虫的假足菌肿病会出现明显的淋巴结转移，其在感染有犬小孢子菌和须毛癣菌的约克夏犬中有过报道[171,180]。

一般来说，皮肤癣菌的性质很难依靠临床症状推断。皮肤癣菌的感染多是局部的，最常发的部位是面部、耳郭、爪和尾部。

皮肤癣菌病是一种年幼动物（<1岁）常患的疾病[5,31,132,134,135]，某些丛林癣菌病（从野生动物获得）更常发于成年动物[31,132]。在欧洲，桃色小孢子菌越来越多地被认为是皮肤癣菌病的病原菌[132,140,158,181,182]，其会引发面部的典型病损（图5-12），如鳞屑或丘疹脓疱和痂皮；除此之外，还会引发鼻面和鼻孔的褪色。大部分患有皮肤癣菌病的老年犬通常并发有免疫抑制性疾病（如癌症、库欣综合征等）或接受了不当的系统性糖皮质激素疗法[31,134,158]。任何年龄段的约克夏犬对犬小孢子菌（M. canis）和须毛癣菌（T. mentagrophytes）性的皮肤癣菌病都易感。在欧洲，有报道称易患皮肤癣菌病的犬种分别是罗塞尔狸［特别是须毛癣菌（T. mentagrophytes）］，约克夏犬（特别是犬小孢子菌M. canis）和北京犬［特别是犬小孢子菌（M. canis）][5,31,132]。有一个研究提示德国短毛指示犬更易于感染石膏样小孢子菌（M. gypseum）[137]。

（2）猫

猫的皮肤癣菌病常表现为一个或多个不规则或环形病灶，伴有脱毛和/或鳞屑（图5-13）[31,55,134,151]。该区域的毛发通常表现为折损。毛囊角化过度会导致毛囊过度张开或粉刺形成（图5-14）。脱毛可能会严重和广泛，很少伴有炎症。猫偶尔会发生炎症性的毛囊炎，表现为脱毛、红

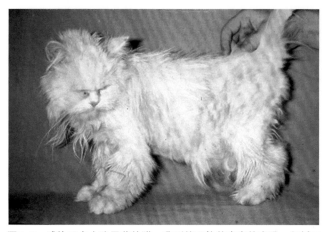

图5-5 感染了犬小孢子菌的猫，典型的粟粒状皮炎的表现，包括丘疹、结痂和不完全脱毛

疹、皮屑、结痂和泡状丘疹（图5-15）。所谓的粟粒状皮炎，表现为经常性的瘙痒、大范围的、丘疹性皮炎，是一种不常见的犬小孢子菌性皮肤癣菌病的表现（图5-5）。常发性下颌毛囊炎和猫粉刺症十分相似，一种类似于"马尾"症的尾背部皮肤病也可能发生[31,48]。甲真菌病很少见[188]；其一般是由犬小孢子菌引发的，且表现为非对称性的（在一个爪有一个或多个病灶）甲沟炎或甲营养不良（图5-16）。全身性的皮脂溢性出疹是很明显可见的，其中突出有干或油脂性的鳞屑。这取决于犬小孢子菌（M. canis）。有些感染了犬小孢子菌（M. canis）的猫，其临床症状表现为鼻背部、耳郭的皮屑和痂皮、甲沟炎等，这和落叶型天疱疮很相似（见图5-16）[11]。

广泛性的瘙痒性表皮剥落性红斑病偶尔会与犬小孢子菌（M. canis）感染相关（图5-17）。有些猫会粗暴地抓挠病灶（可能病灶瘙痒），在48h内产生红斑、硬化的、腐蚀样病灶，这与嗜酸性肉芽肿十分相似[155]。单侧或双侧耳郭瘙痒也很常见，有时，犬小孢子菌（M. canis）感染也可能是常发性外耳炎的一个病因[11,175]。皮肤癣菌性脓癣反应有时也会发生在猫身上[31]；皮肤癣菌性假足菌肿病只在波斯猫上有过报道，其特征表现为一个或多个皮下结节，常发生溃烂和流脓。这些结节多发于躯干背部和尾根部（图5-18）。这些猫身体的其他部位也可能会有更多典型的浅表性皮肤癣菌病病灶，或者除了这些结节，它们也可能临床表现正常[158,180,184-186]。有一只毛发稀少的雷克斯猫感染了犬小孢子菌（M. canis），引起的损伤表现为环形病灶处毛发较正常来说变暗和变长[187]。

一般来说，皮肤癣菌的性质很难依靠临床症状推断。皮肤癣菌的病灶常发于面部、耳郭和爪部[130,133,134,183]。相对于犬来说，皮肤癣菌的全身性感染更常见于猫[31,135]。同犬一样，皮肤癣菌病多发生于幼年猫（小于1岁）[5,31,132,135,157]，而一些野生菌株更多见于成年动物[31,132]。长毛猫，特别是波斯猫，更易于感染皮肤癣菌[5,55,132,135,174]。全身感染皮肤癣菌的猫通常具有自洁过度的行为，且伴有吐毛球和/或便秘的病史[11]。

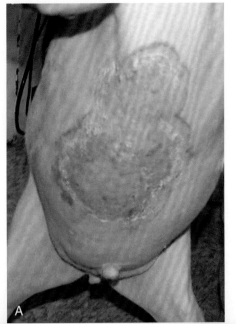

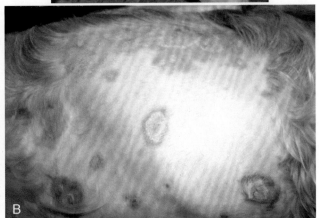

图5-6　**A.** 感染了犬小孢子菌的犬，环形损伤的外围表现为脱毛、红疹、皮屑　**B.** 感染了犬小孢子菌的犬，多发性环形损伤，病灶外围表现为脱毛、红疹、皮屑。受感染区域都已经剃毛以使病灶更易于观察　**C.** 感染了须毛癣菌的犬，多发性环形损伤，病灶外围表现为脱毛、红疹、皮屑

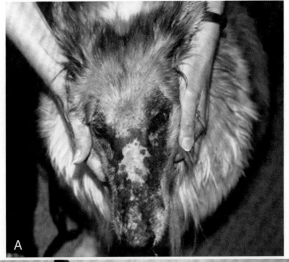

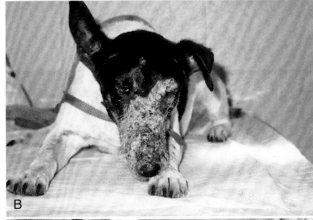

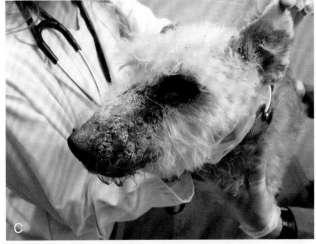

图5-7　**A.** 感染了须毛癣菌的犬，表现为对称性面部脱毛和色素沉着过度　**B.** 感染了须毛癣菌的犬，表现为非对称性面部脱毛和色素沉着过度　**C.** 感染了须毛癣菌的犬，表现为鼻和耳郭部位结痂、脱毛和色素沉着过度

3. 动物源性传染病和公共健康

皮肤癣菌是动物源性生物，需要提高警惕以防止其传染给其他动物和人类。有一项关于意大利50家兽医诊所的研究表明，有15家动物诊所的候诊室地板、检查室地板、放射室地板和病房地板上可以培养出犬小孢子菌（*M.*

canis）[150]。易感染的人群包括儿童、器官移植和癌症病患、体弱或患有免疫抑制病的人，以及老年人[11]。

在1990年之前，人感染犬小孢子菌（*M. canis*）的病例约占所有小孢子菌属（*Microsporum*）感染病例的30%和所有皮肤癣菌（甲癣）感染病例的15%（图5-19），而其中大多数感染者都是通过与猫接触而感染的[31,188]。而在1998年有一项研究表明，在美国患有皮肤癣菌病的人类病例

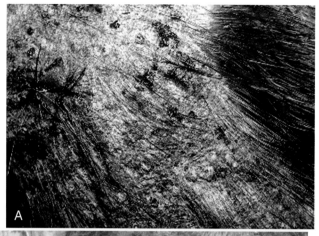

图5-8 **A**. 感染了须毛癣菌的犬，表现为背部有多个破溃点的疖病。
B. 感染了须毛癣菌的犬，表现为蹄皮炎

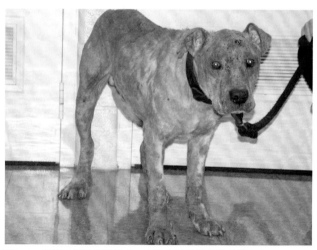

图5-9 感染了须毛癣菌的犬，表现为泛发性皮脂溢样皮炎

图5-10 感染了犬小孢子菌的犬，表现为头部的真菌性脓癣（箭头所示）

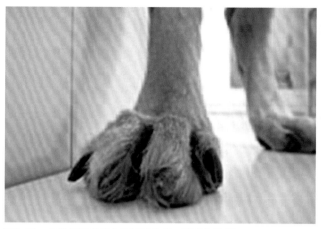

图5-11 感染了石膏样小孢子菌的犬，表现为甲癣

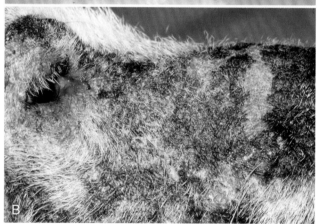

图5-12 **A**. 感染了桃色小孢子菌（*Microsporum persicolor*）的罗塞尔㹴，表现为面部损伤 **B**. 感染了桃色小孢子菌（*M. persicolor*）的罗塞尔㹴，面部病灶的近照（由Didier-Noël Carlotti医生提供）

中，犬小孢子菌（*M. canis*）的感染仅占3.3%[189]。而犬小孢子菌（*M. canis*）成为意大利人皮肤癣菌病的最常见病原[190]。约有50%的人类是通过暴露于有症状或无症状的受感染的猫而被传染的[31]。在30%～70%的患病猫家中，至少有一个人会被传染[31,152,188]。而最具有传染性的环境污染物是来源于家中受感染的幼猫。当家养的猫感染了犬小孢子菌（*M. canis*）后，每平方米空间中约可以存在高达1 000个关节孢子[191]。而关节孢子在环境中可以保持传染性达12～24个月[191]。

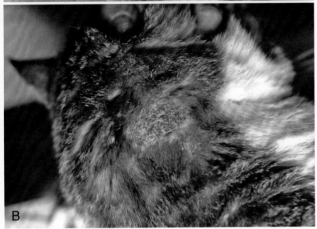

图5-13　A. 感染了犬小孢子菌的猫，其耳郭有皮屑和脱毛的症状　B. 感染了犬小孢子菌的猫，其颈背部有皮屑和脱毛的症状（由Warren Anderson医生提供）

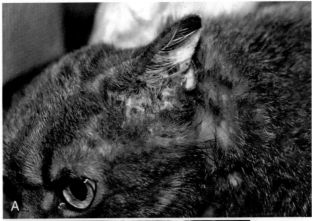

图5-15　A. 患有犬小孢子菌性毛囊炎的猫，伴有脱毛、红疹、皮屑和结痂的症状　B. 感染了犬小孢子菌的猫，有泡状丘疹和黑头粉刺的症状

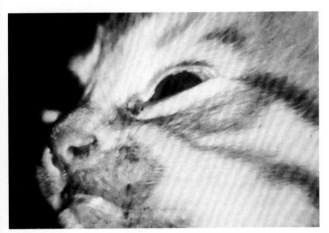

图5-14　感染了犬小孢子菌的幼猫，其口唇部有脱毛和黑头粉刺的症状

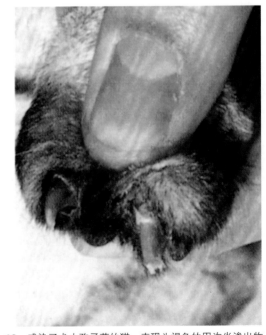

图5-16　感染了犬小孢子菌的猫，表现为褐色的甲沟炎渗出物、白甲病和脆甲症（由G. Wilkinson提供）

　　感染了动物源性皮肤癣菌的人其皮肤的症状很多，病灶最常见于那些与动物接触的身体部位，例如手臂、头皮和躯干[31,188]。其他一些皮肤癣菌（石膏样小孢子菌、桃色小孢子菌和须毛癣菌）很少见，除非是由犬和猫传染给人类。相反地，人畜共患病也可以通过人类传染给犬、猫，例如红色毛癣菌（*T. rubrum*）（引起人足癣病）[11]。

4. 诊断

　　因为皮肤癣菌病的临床表现多样，因此该病的鉴别诊断也十分多。大多数感染的结果是引起多病灶的、块状的脱毛，因此首先要对其和葡萄球菌性毛囊炎、蠕形螨感染进行鉴别诊断。对于犬来说，葡萄球菌性毛囊炎比皮肤癣

图5-17 感染了犬小孢子菌的幼猫，表现为包括眼周区域的瘙痒性红斑病

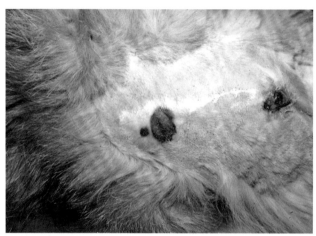

图5-18 感染了犬小孢子菌的猫，表现为背部的假足菌肿病

菌病更为常见[31,134,174]，实际上，下面的描述对于犬来说十分形象："如果它看起来像癣，那很可能不是癣！而可能是葡萄球菌性毛囊炎"。而对于猫来说，皮肤癣菌病比蠕形螨感染和葡萄球菌性毛囊炎更常见。其他可以引起环形脱毛、结痂和炎症的疾病包括落叶型天疱疮、全身性红斑狼疮、小杆线虫属皮肤病、蚤咬型过敏症、食物过敏、脂溢性皮炎和多样性无菌性脓疱/结节性毛囊炎。尽管簇状脱毛和假秃斑症也会造成环状脱毛，但其脱毛区域的皮肤是完好的。皮肤癣菌引起的脓癣症和一些感染或异体肉芽肿、舔舐性肢端皮炎或肿瘤（如组织细胞瘤、肥大细胞瘤、淋巴瘤）等十分相似。皮肤寄生虫性假足菌肿病需要与其他一些感染或异体肉芽肿、无菌性脂膜炎和多种肿瘤进行鉴别诊断。

由于皮肤癣菌的潜伏期跨度很大（一般来说，从4d到4周不等），除非确认曾暴露于感染源，否则调查病史的作用十分有限[31,55,155]。应该确认的是接触动物的数量、种类及来源。对于就诊检查的幼猫幼犬的来源应予以确认；一些来源于育种中心、宠物商店、动物救护所的动物应予以重视，因为其感染率很高。与其他患有传染性皮肤癣菌病的动物或人的接触的信息也需要多多采集。

真菌检测对于诊断来说十分有帮助。这些检测方法在第二章中有详细的描述。伍德氏等检查法说明一些菌株如犬小孢子菌、奥杜安氏小孢子菌、歪斜形小孢子菌和许兰毛癣菌可以产生荧光，表现为受感染的毛发显示出黄绿色光（图5-20）[29]。只有约50%的犬小孢子菌感染能发荧光[18,21,50,55,132,148,158]，还有很多关于伍德氏灯结果的运用和解析存在误区（详见第二章）。

约有40%~70%的病例可以通过拔下毛发和刮取皮屑的显微镜检查证实菌丝和关节孢子的存在，且可以作为皮肤癣菌病的确诊证据（图5-21）（详见第二章）[5,31,55,134,148]。桃色小孢子菌和絮状表皮癣菌不侵袭毛发，但其在皮屑中可见（确实是表皮癣菌）[31,140,181,182]。

感染毛发和皮屑的真菌培养是最可靠的皮肤癣菌病的诊断方法，且其是唯一可以鉴别皮肤癣菌属性的方法[31,55,133,134,148]。不过需要特别注意的是，皮肤癣菌也可以从那些正常犬猫和患非真菌性皮肤病的犬、猫的毛发和皮肤上培养出来。这些分离出来的皮肤癣菌可以反映带菌的真实状态，或是近期可能暴露于哪些受污染的环境（如狩猎犬和石膏样小孢子菌）。

可能会出现假阳性和假阴性的结果[4,5,26,132]。当显微镜下的毛发检查为阳性时，其培养结果可能为阴性[132]。尽管皮肤癣菌检测培养基应用很广泛，并被推荐用于培养皮肤癣菌[133,148,158,160]，但是一些真菌学家称其效果并不如沙氏葡萄糖培养基[5,31]。除此之外，有些犬小孢子菌分离株在皮肤癣菌检测培养基上并不产红色素使培养基颜色发生改变[5,29,192]。在对无症状犬、猫进行真菌培养时，需要用到刷子（牙刷、毛刷、手术擦洗刷）或纱布或方形地毯法（详见第二章）[28,31,26,55,148,151]。如果要培养桃色小孢子菌，需要丰富的表层角蛋白。

活组织检查和临床症状一样，十分多变，并不如做真菌培养灵敏[12,31,134]。但从另外一个方面说，当分离培养结果受到质疑时，就需要进行活组织检查来对真正的感染源进行确认。组织病理学检查对于结节形式的皮肤癣菌病的诊断十分有帮助，例如脓癣和假足菌肿病。对于这种病例来说，拔毛和刮皮进行真菌培养几乎是不可能的。最常见的皮肤癣菌病的组织病理学检查结果包括：①毛囊周炎、毛囊炎和疖病；②增生性的或皮肤棘细胞层水肿性的、浅表性的、血管周性或间质性皮炎，伴有表皮和毛囊典型的角化不全或正角化病的角化过度；③表皮内脓疱性皮炎（化脓性的、嗜中性的表皮炎）。当毛囊表现为连续的坏死和脓肉芽肿性炎症（"多米诺效应"）损伤时，皮肤癣菌病是最可能的病因，应该检查每个毛干，确认是否有菌丝和关节孢子的存在，一般情况下其数量很少，不易被发现。

对于猫来说，犬小孢子菌（*M. canis*）的感染通常表现为水肿接触性毛囊炎/皮炎，而在其中几乎检测不到真菌。而对于桃色小孢子菌感染，真菌菌丝只可能在表皮角蛋白

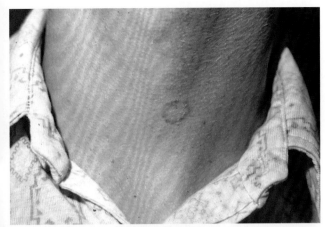

图5-19 感染了犬小孢子菌的人的皮肤癣菌病（癣病）

图5-20 感染了犬小孢子菌的毛发呈现出黄绿荧光色

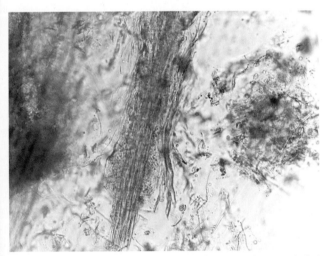

图5-21 感染了石膏样小孢子菌的毛发，表现为发内菌丝和毛发外关节孢子

中发现[133,137]。皮肤寄生虫性假足菌肿病表现为典型的扩散性结节、肉芽肿性或脓肉芽肿性脂膜炎以及皮炎中真菌呈宽大的（2.5～4.5μm）、透明的、有隔菌丝、链状假菌丝和大的（12μm）、厚壁孢子样的细胞，细胞中有颗粒（假颗粒细胞）。

对于感染了毛癣菌属（*Trichophyton* spp.）的犬，其症状包括典型的皮肤表皮和/或毛囊棘层松解，伴有或不伴有苔癣样皮炎，因此其与全身性红斑狼疮或落叶型红斑狼

疮极易混淆[179,162,193]。对于这样的病例，真菌只可能在表面或毛囊角蛋白中存在，而不存在于毛干中。对于患有脱毛症的猫，其没有炎症的临床表现，毛发活组织检查通常会显示为大量的关节孢子和菌丝，轻度的淋巴腺型血管周皮炎，或不明显的炎症及轻度的正角化性的角化过度。受感染的毛发中或毛发周围、毛囊中和表皮角质层中会发现有隔菌丝和圆形至卵圆形关节孢子，其数量通常与炎症反应的严重程度成反比。

免疫组化分析法对于皮肤癣菌病的诊断方面的帮助正在被广泛开发。现已发现，几丁质合成酶基因1（CHS1）是皮肤癣菌快速而特异的诊断标准[146]。分子学方法不仅仅对于诊断十分有帮助，还对于皮肤癣菌不同菌株的流行病学调查有着重要作用。有一项研究是通过随机扩增微卫星内单一重复序列PCR（聚合酶链式反应）原理，发现了在24株分离到的犬小孢子菌（*M. canis*）中有21种不同的基因型[143]。这表明不同的犬小孢子菌株间存在极大程度的多态性。通过商业化的MicroSeq2 LSU-rRNA真菌测序试剂盒对23S核糖体DNA的测序工作已经完成。将分离到的菌株的测序结果与欧洲分子生物试验室（EMBL）的GENEBANK数据库进行比较，对于追溯真菌爆发的来源十分有帮助[147]。通过对一起爆发型儿童犬小孢子菌（*M. canis*）性头癣进行随机引物扩增多态DNA的分子分型结果显示，其病菌来源于学校的地毯和枕套[194]。

对于感染了犬小孢子菌（*M. canis*）的犬，对其真菌的提取物进行ELISA检测，结果表明其对犬小孢子菌（*M. canis*）的灵敏性达83.3%，特异性达95.2%[195]。用2株犬小孢子菌（*M. canis*）的粗提物做皮内检测表明，速发型过敏反应会发生于5%的痊愈后健康、真菌培养阴性的动物；16%的痊愈后健康、真菌培养阳性的动物；以及17%的仍有活性感染病灶、真菌培养阳性的动物。迟发型过敏反应会发生于87%的痊愈后健康、真菌培养阴性的动物；74%的痊愈后健康、真菌培养阳性的动物；以及50%的仍有活性感染病灶、真菌培养阳性的动物[196]。

5. 临床管理

健康犬和短毛猫的皮肤癣菌病通常在3个月内会自发性缓解[31,36,134,197]。然而，患有全身性皮肤癣菌病的动物一般（但不总是）[148,197,198]需要积极治疗。实际上长毛猫的癣菌病也可自行缓解，但需要1.5～4年[148,197]。一般来说，犬的森林型癣菌病（特别是桃子小孢子菌和毛癣菌属）不会自愈，需要积极治疗[31,134,181]。但是，几例猫须发癣菌感染的病例报道是自愈的[31]。

治疗的目的有：①最大化患畜对皮肤癣菌感染的应答能力（改善所有的营养不均衡和并发的疾病，以及终止使用全身性抗炎药和免疫抑制剂）；②降低扩散（在环境、其他动物和人类的蔓延）；③加速传染问题的解决[31,55,50]。临床管理的要点包括所有接触感染动物的犬和猫的处理，以及环境消毒[31,48,50,55,36,134,148,199]。

6. 局部治疗

每个皮肤癣菌确诊病例都需要接受局部治疗[31,36,50,55,134,175,197,199]。所有病变周围广泛性剃毛，达边缘外6cm（图5-22）[31,134,200]。

剃毛动作要温和（使用剪刀或10号推子刀头）以避免损伤皮肤和扩大感染[36]。长毛动物应全身剃毛[48,55,134,148,197]。尽管剃毛可扩大病变范围，但去除感染毛发更重要[36,50,55,201]。应告知主人，剪毛后7～10d内病变可能加重[36,199]。剃毛前使用多硫化钙将动物毛发浸泡两次可减少剃毛过程中孢子的扩散[202]。收集并处理剃下的毛发以避免使用设施的污染。强烈建议不要在兽医诊所和美容室内进行感染动物的广泛性剃毛，因为可能对这些房间造成污染[50,55]。建议宠物主人在家剃毛，因为家里的环境已经污染了。剃毛地点要选择家里/猫窝/狗窝中易于清扫、消毒的地方。

霜剂和乳剂可在局灶病变处使用，通常每12h使用1次，如果可能，涂抹面积包括临床正常皮肤边界外的6cm。可用的局部抗真菌药品种类繁多，产品间无明显优劣（见表5-2）。对于严重的炎性病变，含有糖皮质激素的产品结合抗真菌药物使用可加速临床疾病的愈合。但由于糖皮质激素可吸收至全身，因此不推荐幼犬、幼猫或孕犬、孕猫使用。患犬进行剃毛和局灶病变的治疗有治愈的可能。

对于多病灶或广泛皮肤感染的犬和猫，推荐使用抗真菌洗液（浴液）。有局灶病变的猫也要进行这种治疗，因为它们不可避免地会有或将会有大范围感染的毛发[36,134,148,197]。推荐洗液是因为这样可以处理整个体表，并减少被毛的摩擦，可使抗真菌药直接在皮肤上阴干。洗液应每周使用两次。2%多硫化钙、2%咪康唑加2%氯己定、0.2%恩康唑最有效[33,36,39,50,52,55,137]。不推荐香波是因为：①它们没有残留作用，②使用和去除香波的物理动作可浸软脆弱的毛发并增加感染性孢子释放和扩散到毛发中，因此增加了感染扩散和人类暴露于孢子环境的可能性[36,203]。局部用药需持续使用，直到2次、最好是3次真菌培养结果为阴性时停药，真菌培养的时间为隔周1次[36]。具体抗真菌药物详见227页。

据报道，犬和猫的局部癣菌病变使用局部热疗法可有效治疗[204]，但此类治疗不易操作，需要化学保定，而且对于多处或大范围病灶的治疗是不切实际的。

7. 全身性疗法

患有多处病变的犬和猫、所有毛发长的动物和动物较多的家庭均应进行全身性的抗真菌治疗。局部治疗2～4周无效的动物也应进行全身性的治疗（见表5-3）[134,137,197]。抗真菌药物敏感性试验还无法广泛应用，所以选择使用何种药物主要是根据用药成本和安全性考虑的。灰黄霉素有效但其应用正在减少，因为它的成本相对较高并且存在潜在的消化道紊乱及骨髓抑制作用。有例子报道显示波斯猫、暹罗猫和阿比西尼亚猫对不良反应可能有易感倾向[55,148,199]，但本书的作者们未见相关实例。感染FIV（猫

图5-22 患猫使用10号刀片剃毛以减少犬小孢子菌感染毛发的脱落

免疫缺陷病毒）的猫不良反应尤其严重，所以这些患猫应避免使用灰黄霉素[50,148,197,199]。灰黄霉素是一种致畸剂，因此妊娠期的前2/3期间禁止使用此药。雄性动物配种近期不推荐使用此药[50]。犬、猫灰黄霉素的使用详见第228页。

酮康唑治疗犬、猫皮肤癣菌有效[31,55,86,134,197,201]。该药很少用于猫，因为猫发生呕吐、腹泻和肝脏毒性的概率较高。此外，有些研究显示犬小孢子菌对酮康唑有体外耐药性[59,134]，一篇报道[205]中从猫分离出的犬小孢子菌约有50%对酮康唑有体外耐药性，另一篇[107]中分离的犬小孢子菌体外耐药性为24/30。犬、猫酮康唑的使用详见第228页。

伊曲康唑治疗犬和猫的皮肤癣菌病也有效[55,91,197,203]。使用灰黄霉素出现耐药性或毒性反应，或者动物对酮康唑耐药时可使用伊曲康唑。许多临床医生选择伊曲康唑作为治疗猫皮肤癣菌病的全身用药，因为伊曲康唑的药效高、投药方便以及毒性发生率低[11]。犬、猫伊曲康唑的使用详见第229页。

氟康唑是另一种三唑类药物，作为未注册的药物使用比伊曲康唑便宜。遗憾的是药效也略差。氟康唑体外最低抑菌浓度（MIC）的研究显示对于不同种类的皮肤癣菌，氟康唑的MIC比伊曲康唑的MIC高10～100倍[90,205-207]。临床实践也显示氟康唑治疗犬、猫皮肤癣菌病较其他唑类药物效果略差[11]。

特比萘芬是一种烯丙胺类抗真菌制剂，抑制角鲨烯环氧化酶，是皮肤癣菌和一些其他真菌的杀菌剂[61,109-112]。关于该药在犬、猫的使用详见第230页。

氯芬奴隆是苯甲酰基脲类药物，抑制几丁质的合成[11,70]。几丁质是真菌细胞壁的组成成分，且被认为有抗真菌活性[45,120,121]。遗憾的是，对照研究显示使用氯芬奴隆治疗或预防皮肤癣菌的感染没有益处[122-124]。

猫皮肤癣菌中皮肤寄生性假足菌肿病通常很难治疗。皮肤寄生性假足菌肿病的病灶通常在广泛切除后复发，通常对灰黄霉素和酮康唑治疗无效或仅部分有效[31,134,180,186,187]。

一只患有皮肤寄生性假足菌肿病的猫使用伊曲康唑治疗10个月后痊愈，而另一只患猫在用药18个月后得到了控制[185,197]。一只年轻约克夏㹴患有犬小孢子菌病，并伴有多淋巴结受累的皮肤寄生性假足菌肿病，对灰黄霉素、酮康唑和伊曲康唑均无应答[180]。

切记全身性抗真菌治疗不会快速减少传染性，应结合剃毛和局部抗真菌治疗。另外，临床治愈后两周真菌培养依然为阳性，有时时间会更长[36,50,130,155,203]。建议治疗应持续到连续3次真菌培养阴性时才停止，真菌培养应隔周1次，使用刷拭采样的方法[36,130]。

8. 环境控制

不要过分强调提前在猫舍或室内进行消毒以消灭犬小孢子菌的重要作用[36,50,202]。即使已经进行了常规消毒，环境仍可能有严重的污染（地板、墙壁、室内所有物品）[33]。这也许可以解释为什么多只猫的家庭和猫舍中所有的猫的真菌培养均为阳性，因为它们处于持续污染的环境当中。这些猫是否真的感染或仅携带犬小孢子菌都不重要，因为被毛上出现真菌元素就对人类健康有潜在威胁。

犬小孢子菌孢子在环境中可存活长达18个月。孢子可通过气流、污染的尘埃、清洁柜和室内活动而轻易地传播。环境污染程度因动物品种、年龄和家庭中感染动物的数量各不相同。家庭中有许多感染犬小孢子菌的幼猫对环境的污染程度最高，仅饲养一只感染犬小孢子菌的成年犬环境污染程度低[191]。

应遵循以下程序减少环境污染：

· 进入真菌培养阳性的动物房间时，进入者应穿着防护服，离开该房间时应换衣服。在不同房间之间走动时，应使用一次性鞋套，洗手并消毒。

· 所有无孔表面都应彻底用吸尘器清扫并消毒。这一步包括所有的地板、墙面、工作台面、窗台和运输工具。静电清洁布［如速易洁（宝洁）］对于拾取毛发十分有效。在犬小孢子菌的分节孢子混悬液中加入0.5%次氯酸钠处理5min，可阻止其在培养基上生长[208]。将脱落的感染了犬小孢子菌的猫毛用0.5%次氯酸钠处理，1周2次，每次5min，处理8次后可阻止其在猫毛上的生长[39]。使用10种消毒剂的不同浓度进行单一测试，用于感染了犬小孢子菌的猫毛污染的表面和孢子污染的表面，只有未稀释的漂白剂（5.25%次氯酸钠）或1%的福尔马林溶液可在2h内灭活感染性的猫毛[38]。恩康唑8h内有效[38]。14种消毒剂重复此试验，作用于分离出的犬小孢子菌感染的猫毛，稳定态二氧化氯［Oxygene（Oxyfresh USA, Spokane, Wash）］，戊二醛和氯型季安碱［GPC8（Solomon Industries, Cocoa, Fl）］，过氧单磺酸钾［卫可（S. Durvet, Blue Springs, Mo.）］和一种0.525%次氯酸钠最有效[38]。未稀释的漂白剂具有腐蚀性和刺激性，用于室内和猫舍是不安全的。福尔

马林不推荐用于室内和猫舍的常规消毒，因其对人类健康有危害。欧洲已经成功应用恩康唑的喷雾和"雾化器"[50,55,199,202]。

· 销毁所有床上用品、猫抓垫、毯子、刷子、梳子和其他不易消毒的物品。

· 不能销毁和撤掉的垫子应使用抗真菌消毒剂清洗。推荐客户在清洗前必须做不褪色测试。推荐用蒸汽清洁地毯的方式消除污染。为了杀死真菌孢子，地毯上的水温至少达到43.3℃（110℉）。五种自制的机器用于测试上述方法是否可行。为了在地毯上达到43.3℃（110℉），水箱必须加入76.6℃（170℉）以上的热水。在家养环境，为达到这个温度需要使用开水。遗憾的是，清水容器中水温下降迅速，充满容器15min后喷嘴处的水温便低于37.7℃（100℉）。因此使用蒸汽清洁地毯杀灭犬小孢子菌并不可靠，还需在水中加入抗真菌消毒剂如氯己定或次氯酸钠。

· 所有热气和冷气的通风口应使用吸尘器除尘并消毒。壁炉需请商业公司用高功率抽吸设备进行清洁。每周更换壁炉过滤器。理想情况下，真菌培养阳性的动物房间应有单独的通风系统。这可以通过关闭屋内所有的通风孔并安装一个窗口风扇来完成，从而直接向室外排风。

· 真菌培养阳性的动物房间应每天用吸尘器清理。地板和墙壁也需使用速易洁抹布进行清洁；推荐收集脱落的毛发，并去除体表松脱的毛发，每天2次。

· 每天将笼具使用1：10的漂白剂进行消毒。

· 消毒所有便携式笼具、车辆等。

· 不要让感染的动物在室内或舍内漫步。治疗期间感染动物应控制在易于清洁的小房间内，建议房间的空气循环装置与建筑内其他房间分开。

· 通过每周培养清洁过房间所用的速易洁抹布来监测环境污染水平（培养方法为将速易洁抹布在真菌培养基表面轻拍3次）。折叠的10.16cm×10.16cm（4in×4in）纱布块也可用于擦拭房间内其他物品表面；将每块纱布用于真菌培养[175,202]。对速易洁抹布和纱布块来源的培养菌落形成单位进行计数，提示房间内皮肤癣菌的孢子数量。病原评分（P）规则如下[175]。

P-0：培养结果为阴性

P-1：每个培养基平板1~4菌落形成单位

P-2：每个培养基平板5~9菌落形成单位

P-3：每个培养基平板菌落形成单位大于10个

我们的目标是P-0房间，并绝对避免出现P-3房间。需要培养的区域包括笼子、墙壁、地板、工作台面、风扇、通风管道、记录表或房间内使用的其他物品。绘制所有房间的地图并记录每周培养的结果以发现难处理的区域，这

些区域在清扫和消毒时需额外注意[175,202]。

9. 治疗持续时间

患有皮肤癣菌病的犬和猫需要长期治疗以消除感染，并将疾病复发或扩散到其他动物或人的风险降到最低。治疗应持续到临床症状完全消除（临床治愈），且动物被毛真菌培养不再发现真菌。由于临床治愈后真菌培养持续数周为阳性[33,36,50,155,203]，因此建议持续治疗到至少连续2次真菌培养（推荐多猫家庭或猫舍至少连续培养3次）均为阴性时停止，培养为隔周1次，刷拭采样[33,36]。这通常需要4~20周的治疗时间。成功治疗感染的爪部通常需要全身使用抗真菌药（一般约6~12个月）或采取甲切除术[31,134,197]。

10. 接种疫苗

在欧洲已经成功使用真菌疫苗（冻干弱毒活菌）管理牛和狐狸的地方性皮肤癣菌病[31,129]。1994年曾发布一种犬小孢子菌灭活苗［Fel-O-Vax MC-K（Fort Dodge实验室）］用于治疗及预防猫的皮肤癣菌病的。临床试验显示使用该疫苗效果有限，且该疫苗已撤出市场。

DeBoer，Moriello及其同事们[129-131]用实验猫对灭活犬小孢子菌疫苗进行了深入的研究。处于犬小孢子菌感染活动期的猫和感染已痊愈的猫皮内注射该疫苗会出现速发型或迟发型过敏反应，但正常未接触犬小孢子菌的猫不发生过敏反应[129-131]。在安慰剂对照研究中，接种灭活犬小孢子菌疫苗的猫有高滴度的抗犬小孢子菌免疫球蛋白G（IgG）（与自然感染的猫相似），且猫对犬小孢子菌抗原的淋巴细胞增殖反应增强（低于自然感染的猫）[129,130]。然而，在接种犬小孢子菌疫苗的猫群或对照组的猫群引入犬小孢子菌感染的猫，实验猫均发生了皮肤癣菌病。慢性皮肤癣菌病和复发的病例通常与以下情况相关：①不恰当治疗（包括用药种类不当或药物剂量不当、治疗持续时间短、局部用药失败、未剃毛、未治疗室内其他动物以及未进行环境管理）；②潜在疾病影响（如皮质类固醇增多症、糖尿病、FeLV感染、FIV感染或肿瘤）；③使用免疫抑制药物治疗，或④与患病动物的基因遗传背景有关[31,50,137,134,170,199]。可能有皮肤癣菌的耐药菌株，但很少有记载。酮康唑和氟康唑的犬小孢子菌耐药菌种已有报道[107]。使用灰黄霉素可能难以治愈犬毛癣菌的感染[162]。

11. 猫舍和多猫家庭的室内管理

消除猫舍或其他多猫场所的皮肤癣菌病需要隔离带菌者和不带菌者，治疗或迁出感染的动物，并采取措施防止上述房屋再次感染[48,55,148]。成功地消除皮肤癣菌病需要积极的全身治疗和局部治疗、中断育种程序并停止参展活动、隔离种群、净化环境、检测并隔离未来的猫舍或家养成员。这种控制程序非常复杂，包括医药费花销、销售猫和幼猫的收益损失、需要投入大量时间和精力，以及害怕猫舍名誉永久性损害等。名誉受损往往是最难克服的障碍。

几乎所有的猫舍和多猫家庭均有犬小孢子菌的感染，特别是长毛品种的猫[31,50,134,148]。然而，猫舍设立在建筑物隐蔽的门廊内或户外活动的猫有时也发生石膏样小孢子菌和须癣毛癣菌感染的皮肤癣菌病[48]。犬小孢子菌感染发生超过60d的猫舍，所有猫刷拭被毛均可分离出皮肤癣菌，不论它们是否有临床病变[132,134,148]。

猫舍或室内的皮肤癣菌病控制方式一般包括三种方法[50,55,148]。第一种需要完全迁出猫舍或室内，净化饲养设施，并迁入连续3次刷拭培养阴性的动物，真菌培养采样时间间隔2周。许多繁育者拒绝使用这种方法，因为这样会使繁育基因库受损。第二种方法需要对整个群体进行适当的局部药物治疗、全身治疗，并对饲养设施和环境彻底清扫。种群需要隔离，中断配种和参展活动。第三种方法是仅对幼猫进行治疗。这种方法适用于猫舍、宠物店或为宠物猫市场提供幼猫的饲养场所。以下建议来源于Moriello的优秀文章，并稍加修改[148,175]。

处理感染猫舍的具体建议

1）整体处理建议

- 猫舍内所有猫和室内所有动物均进行刷拭真菌培养。

- 将未感染犬小孢子菌的所有动物隔离（未感染指没病变且培养阴性）。这些动物浸泡多硫化钙后使用咪康唑-氯己定或KTZ-氯己定香波进行洗浴，并用单独的设施进行隔离。对这些动物进行重复培养，因为再次培养仍可能发现这些动物感染了犬小孢子菌。

- 隔离猫舍。猫舍内的猫禁止出售、参展或外出配种。禁止引进新猫，并且中断繁育程序。

- 所有真菌培养阳性的猫、有皮肤病变的猫，特别是长毛猫均需全身剃毛。确保剃掉所有的胡须。在易于消毒的房间剃毛。感染的毛发应烧毁或装入生物危害的塑料袋，并在清理前进行高压蒸汽灭菌[50]。剃毛的操作人员应穿着一次性衣物。每月重复剃毛直至感染情况消除。

- 局部使用多硫化钙（每加仑溶液8盎司（1盎司=0.03千克）溶质，即每升溶液7.5g溶质）积极治疗。理论上每周进行2次局部治疗[6]。所有未怀孕的母猫和12周龄以上幼猫都开始口服灰黄霉素或伊曲康唑进行治疗。使用灰黄霉素治疗时强烈推荐监测所有猫的全血细胞计数及血小板计数，尤其是波斯猫、阿比西尼亚猫和暹罗猫。许多动物主人由于花费问题拒绝进行预防性血液检查。必须明确告知动物主人药物的潜在毒性，并坚持检测猫的FIV和FeLV（猫免疫缺陷病毒和猫白血病病毒）。

- 治疗持续时间从数周到数月不等（最少12~16周）[50]。所有猫真菌培养均为阴性时停止治疗。每2周进行1次刷拭真菌培养。没有病变且连续2次培养阴性的猫转移到清洁的房间。清洁房间内饲养1周后进行第3次培养。污染室内的猫继续治疗直到所有猫都治愈并转移到清洁房间为止。此时，污染室应进行彻底的刷拭和消毒。

· 所有引进的猫必须进行彻底检查，使用刷拭培养筛查、使用抗真菌香波洗澡并浸泡多硫化钙，否则不允许新猫进入猫舍。理论上新引进的猫需在等候室或引进室饲养，直到真菌培养结果确定为阴性方可引进。所有新猫、猫展归来猫和外出配种的猫均应遵循此流程。

2）仅治疗幼猫

有时候猫舍主人不能或不愿治疗所有的猫。如果猫舍主人只重视未感染犬小孢子菌的新生猫，可使用这种方法。尽管这种方法不够理想，但可以合理替代全群迁出和向公众售卖感染犬小孢子菌的幼猫。

· 隔离猫舍中种母猫和妊娠母猫。

· 这些母猫全部剃毛。

· 使用多硫化钙浸泡对这些母猫进行局部治疗，每周2次。

· 幼猫出生后，母猫开始口服伊曲康唑治疗。

· 幼猫尽快断奶，推荐为4周龄，将他们与其他猫隔离。有些猫舍主人选择出生时将母猫和幼猫分开，并将幼猫隔离饲养。

· 幼猫4周龄时，使用无菌毛刷刷拭被毛进行真菌培养。在等待真菌培养结果期间，对它们进行局部治疗。据报道多硫化钙和恩康唑用于幼猫是安全的。如果真菌培养结果显示幼猫被感染，则开始口服伊曲康唑治疗。

· 至少获得1次（推荐最好为2次）真菌培养为阴性的幼猫可以出售，否则禁止出售。

3）监测治疗反应

最好通过真菌培养来监测成年猫和幼猫的治疗反应。推荐使用刷拭培养技术。保证充分刷拭很重要。治疗期间，具有感染性的孢子数量会减少，如果个别采样使用不充分的梳毛法，真菌培养会获得假阴性结果。监测治疗不依赖伍德氏灯，因为这种装置不如真菌培养可信。

4）预防措施

为防止引入或再次将犬小孢子菌引入猫舍，猫舍需要隔离所有新引进的猫、展示归来的猫、外出配种的猫，并定期对全群进行真菌培养。引进的猫或重新归来的猫进入猫舍前应进行犬小孢子菌的培养，并在获得检测结果之前将其隔离。建议隔离期的猫使用前述产品进行浸浴或洗澡，尤其是曾经感染犬小孢子菌的猫，以此将猫舍的污染程度降到最低。理论上，为了防止通过衣物或其他污染物引入病原菌，猫舍谢绝参观、探视人员。

猫展使无犬小孢子菌的猫舍受到了极大的威胁，因为无法避免暴露于真菌孢子和再次感染[50]。如若可能，参展猫应在无其他猫的区域进行赛前修饰，并且不使用其他参展猫的美容工具。裁判检查猫之外的时间，应覆盖遮挡猫的笼具。

（二）马拉色菌性皮炎（*Malassezia* Dermatitis）

1. 病因与发病机理

马拉色菌包含通常寄居在表皮浅层的共生性酵母样菌。厚皮马拉色菌*Malassezia pachydermatis*（也称为犬马拉色菌*Malassezia canis*，厚皮糠疹癣菌*Pityrosporum pachydermatis*，犬糠疹癣菌*Pityrosporum canis*）是唯一一种体外培养不需要添加脂质的真菌。厚皮马拉色菌被划分为亲脂质的、非脂质依赖性的、非菌丝腐生酵母菌，通常存在于正常犬和猫的皮肤、耳道、黏膜表面（口腔、肛门）、肛囊以及阴道中[31,209-218]。3日龄幼犬的皮肤即可分离出厚皮马拉色菌[219]。通过舔舐和美容造成的感染和马拉色菌在皮肤上的定植中，黏膜带菌可能扮演着重要的角色。患有马拉色菌性皮炎的巴吉度犬进行局部治疗可明显减少皮肤和口腔中分离出马拉色菌的频率和数量[220]。这一结果表明口腔黏膜携带的马拉色菌反应了口腔黏膜的污染程度，这种污染是通过皮肤的酵母菌库不断播种带来的。或者，口腔酵母菌数量的减少可由舔舐导致的局部抗真菌药从皮肤转到口腔，产生了直接的抗真菌作用。

有6种脂质依赖的菌株：秕糠马拉色菌*Malassezia furfur*（又名皮屑芽孢菌*Pityrosporum ovale*），球形马拉色菌*Malassezia globosa*，钝角马拉色菌*Malassezia obtusa*，限制性马拉色菌*Malassezia restricta*，斯洛菲马拉色菌*Malassezia slooffae*，合轴马拉色菌*Malassezia sympodialis*[212,221-224]。健康猫的皮肤、外耳道已分离出合轴马拉色菌、球形马拉色菌和秕糠马拉色菌[11,225-228]。合轴马拉色菌与2例猫外耳炎有关[229]。外耳炎患犬已分离出秕糠马拉色菌和钝角马拉色菌的非典型菌株[230]。一项研究中，感染FeLV和/或FIV（猫白血病病毒和/或猫免疫缺陷病病毒）的猫分离出马拉色菌的频率更高[26]。

调查了多种寄主分离出的马拉色菌的多样性，已鉴定出7种或7个菌株（序列变种sequevars），从Ia至Ig7种[213,231-233]。主要的序列变种Ia无处不在，而Id型仅在犬上发现。7种变种的分离均与健康皮肤或特定病变（外耳炎或皮炎）来源不相关。此外，这项研究显示特定动物的皮肤定植的厚皮马拉色菌不止一种。最近的一项研究显示鉴定出一种与上述7种不同的菌株，且2个分离株与秕糠马拉色菌极其相似[231]。

厚皮马拉色菌是犬、猫皮肤和外耳道的共生菌。认为马拉色菌与葡萄球菌属有共生关系，二者产生互利性生长因子和微环境变化[213,216]。因此，犬皮肤上有马拉色菌者中间型葡萄球菌或伪中间型葡萄球菌数量会上升[234,235]而且频繁并发葡萄球菌性脓皮症[211,236]。厚皮马拉色菌细胞壁上的胰蛋白酶敏感性蛋白或糖蛋白对犬角质细胞的黏附十分重要[237]，而且犬角质细胞上含有甘露糖基（mannosyl-bearing）的碳水化合物残基是马拉色菌表达的黏附素的配体[238]。然而，菌株之间存在变异[238,239]。厚皮马拉色菌对角质细胞的黏附性增强在巴吉度犬马拉色菌性皮炎的发病机制中似乎并不重要[240]。

因为厚皮马拉色菌不侵袭角质层下，所以皮炎假定是由炎症和/或酵母菌产物和抗原引起的过敏反应造成的[213,216,241]。厚皮马拉色菌表达很多种蛋白和糖蛋白黏附分子，与犬角质细胞的碳水化合物配体结合[242]。厚皮马拉色菌分泌的毒力因子包括多种蛋白酶、脂酶、磷脂酶、脂肪氧合酶、磷酸酯酶、磷酸水解酶、葡糖苷酶、半乳糖苷酶、亮氨酸芳基酰胺酶、脲酶和酵母聚糖[213,216,241,243-246]。这些因子的蛋白水解作用、脂肪分解作用、局部pH改变、类二十烷酸释放和激活补体系统为马拉色菌性皮炎、炎症和瘙痒提供动力[243]。

马拉色菌可引起多种免疫反应。通过蛋白免疫印迹法已经鉴定出14种不同的蛋白抗原[243,247]。患有马拉色菌性皮炎的犬比健康犬对这些抗原的抗体更多，但已经证明这些抗体与抗原识别模式、与特定的马拉色菌菌株无相关性[224,242,248-253]。据报道，从耳朵或皮肤分离到的蛋白质条带的数量和相应蛋白的分子质量值没有统计学差异。特定蛋白的表达和马拉色菌菌株的来源（如正常犬与受感染犬）之间也没有任何明显的相关性[243]。患有马拉色菌性皮炎的巴吉度犬识别出的蛋白比健康的巴吉度犬识别出的蛋白多，并且也比患有马拉色菌性皮炎的比格犬和爱尔兰雪达犬识别出的蛋白多[243,254]。患有马拉色菌性皮炎的犬与正常犬相比，血清IgA和IgG的浓度升高，但这种升高不能保护犬不被感染[248,254]。患有马拉色菌性皮炎的巴吉度犬对马拉色菌的淋巴细胞应答比健康犬减弱，这提示马拉色菌性皮炎中细胞免疫可能比体液免疫更重要[248]。

组织学上，马拉色菌性皮炎以淋巴细胞（CD3-阳性）的胞外分泌和上皮下肥大细胞聚集为特征，这些变化提示发生过敏反应[233]。46只患有脂溢性皮炎[255]和所有伴有马拉色菌性皮炎的特应性皮炎患犬中有30%的比例会对厚皮马拉色菌抗原的皮内试验产生阳性反应[256,257]，而健康犬以及特应性皮炎但无马拉色菌感染的犬中，皮内试验为阴性。在人类，大家提高了对尘螨过敏原商业化的提取物和秕糠孢子菌间的体外交叉反应的关注[258]。由于房间尘螨培养基载体通常含有人类皮肤鳞屑，所以尘螨培养基中可能含有秕糠孢子菌。然而，没有发现厚皮马拉色菌抗原和尘螨或霉菌抗原间的交叉反应[257]。

马拉色菌抗原的过敏性对于人类的特应性皮炎也很重要[216,259]。患有马拉色菌性皮炎的犬血清中厚皮马拉色菌的特异性IgG水平［通过酶联免疫吸附试验（ELISA）检测］显著高于正常犬[248]。一个研究人员发现特应性皮炎的犬（有或没有伴发马拉色菌性皮炎）比患有马拉色菌性皮炎而非特应性皮炎犬或正常犬的特异性水平IgG（通过ELISA）显著性升高[260]。人们还发现特应性皮炎的犬的马拉色菌特异性IgE水平比健康犬要高，这表明马拉色菌可能

是特应性皮炎患犬的一种过敏原[261]。

已假定许多易感因素可使共生性厚皮马拉色菌变为病因[211,213,216,236,262,263]。湿度升高可能十分重要，因为马拉色菌在潮湿的季节（如夏季）和特定解剖位置（如耳道、皮褶）更常见。在两项研究中认为16%~28%的患犬的易感因素是皮褶[211,236]。酵母菌营养物质和生长因子适宜性的增加可能也很重要，并且与激素改变引起的皮脂的量与质量的变化，"皮脂溢性"皮肤（角质化障碍），以及共生性葡萄球菌数量的增加相关。马拉色菌生长的最佳pH为4.0~8.0[264]。

免疫功能障碍，特别是涉及细胞免疫和IgA的分泌，可能在厚皮马拉色菌感染致病机理中发挥作用[211,216,236,263]。患有致死性肢皮炎的牛头梗犬的爪子和足垫通常有大量马拉色菌和念珠菌，这可能与这些犬T-细胞功能障碍相关[265]。健康巴吉度犬和比格犬对厚皮马拉色菌抗原的体外淋巴细胞增殖反应明显高于患有马拉色菌性皮炎的巴吉度犬[248]。患有马拉色菌性皮炎的巴吉度犬和其他品种的患犬，血清中厚皮马拉色菌特异性IgG和IgA（通过ELISA测量）的滴度比健康的巴吉度犬和比格犬要高，这表明血清抗体反应无法保护宿主免受马拉色菌感染[248]。长期使用糖皮质激素治疗可能是一些犬发展为马拉色菌性皮炎的诱因。猫的广泛性马拉色菌皮炎与并发FIV（猫免疫缺陷病病毒）[11,31,266]、胸腺瘤[267]和胰腺癌[268]相关。正如前面提到过的，对厚皮马拉色菌抗原的过敏性可能在许多过敏犬中发挥着重要的作用。

基因易感性很重要，因为有些特定品种，特别是西高地白狷、巴吉度犬、美国可卡犬、西施犬、英国雪达犬、玩具和迷你贵宾犬、拳师犬、查理士王小猎犬、澳洲丝毛狷、德国牧羊犬和腊肠犬感染马拉色菌性皮炎的危险显著增加[11,213,216,234,269]。推测西高地白狷的表皮发育不良是马拉色菌严重感染的一种反应[270]。

一般认为犬马拉色菌性皮炎通常继发于一种进行性的皮肤病，主要是过敏性疾病（特别是特应性皮炎）、角化缺陷（"皮脂溢"）、复发性细菌性脓皮病和内分泌疾病（特别是甲状腺功能减退）[11,31,213,216,263]。事实上，两项大型研究显示，马拉色菌性皮炎的患犬中72%至83%的患犬在酵母菌感染之前发生过皮肤病[211,216]。然而，这些"潜在"疾病的意义依然待定[216]。一项研究中，患有马拉色菌性皮炎的犬对于特应性皮炎、原发性角化缺陷和内分泌疾病的易感性与一般的皮肤病患犬相类似[234]。

数据显示，皮肤厚皮马拉色菌数量在特应性皮炎患犬的腹股沟、趾间、耳道和尾根腹侧明显多于正常犬[210,258,271-273]。不仅如此，正常犬厚皮马拉色菌培养的阴性结果显著多于特应性皮炎的患犬[274]。伴有趾间红疹的特应性皮炎患犬趾间刮屑的酵母菌数量明显高于没有趾间红疹的特应性皮炎患犬[258]。很有可能任何导致角质层屏障破坏的皮肤病-机械性应答为瘙痒或生化上导致角质化异常、内分泌异常或

免疫异常——可使皮下免疫系统和炎症级联反应接触马拉色菌抗原及其产物。

有研究表明犬马拉色菌性皮炎通常与之前的抗生素治疗相关[11,31,213,216,263,269]。此观点尚未得到证实。事实上，不像念珠菌那样，马拉色菌菌群不会受制于细菌的抑制作用，并且当皮肤共生假中间型葡萄球菌时，马拉色菌的生长明显增强。

2. 临床表现

（1）犬

马拉色菌性皮炎常见于犬[9,211,213,233,236,263,266,275-277]。病变可为局部的或广泛的。感染部位通常包括唇部、耳道[278]、腋下（图5-23，A）、腹股沟（图5-23，B）、颈部腹侧（图5-23，C和D）、股内侧、趾间皮肤（图5-23，E）、肛周和温暖湿润的皮肤相互摩擦的区域。

皮炎通常从夏季或湿度高的月份开始，并持续到冬季，开始时间与过敏季节（花粉、霉菌）一致。超过70%的犬伴发皮肤病，特别是过敏、角化缺陷、内分泌疾病和细菌性脓皮症[211,216]。如前所讨论的，多个品种有品种易感性。

瘙痒是主要症状，且几乎是持续性瘙痒。患有广泛性皮肤病（剥脱性红皮病）的犬皮肤表现有红斑、油腻或蜡样的、有鳞屑（黄色或石板灰色）以及硬壳结痂（图5-24）。它们通常有刺激性腐臭味或酵母样气味。慢性病例有明显的苔藓样硬化和色素沉着（图5-25）。局部鳞状斑块与红色斑疹和斑块可聚集成不规则的片状。有些犬可能伴有接触性皮炎样的表现，可见明显的有清楚界限的腹侧分布（"水线病"）。另一些丘疹硬皮性皮炎与浅表葡萄球菌感染或趾间疖肿（"囊肿"）类似。马拉色菌性甲沟炎和/或爪部感染会出现甲沟炎部位毛发或爪部的由红色变为棕色（图5-26）[279]。偶尔有犬表现为用前爪疯狂地抓挠鼻部和唇部。与马拉色菌感染相关的外耳炎在第十九章有所讨论。

谨记大部分马拉色菌性皮炎的患犬有并发的皮肤疾病[211,216,236,263,266,277]。不仅如此，大约40%的马拉色菌性皮炎的患犬伴发葡萄球菌性脓皮症[211,236]。

（2）猫

猫的马拉色菌性皮炎不常见；每当发现时，已经表现有黑色蜡状外耳炎（见第十九章），猫下巴的顽固性痤疮（图5-27），伴有大量黑色、紧密附着的鳞屑和圆柱状滤泡的面部皮炎，顽固性甲沟炎（图5-28）以及广泛的鳞斑状到蜡状红斑性皮炎（剥脱性红皮病）（图5-29）[11,31,213,242,263]。已经有与FIV（猫免疫缺陷病病毒）感染相关的广泛性马拉色菌性皮炎复发的报道[11,31,263]，也有一只患有胸腺瘤的猫[267]和一只患有胰腺癌附瘤性脱毛的猫报道了广泛性马拉色菌性皮炎的复发[268]。有些猫表现为爪部甲沟炎和蜡状红-棕色变色；德文莱克斯猫对厚皮马拉色菌性甲沟炎可能有品种易感性[242]。也有德文莱克斯

猫发生油腻的脂溢性皮炎的报道，涉及部位包括腋下、腹股沟、颈腹侧、爪部皮褶和趾间皮肤[280]。在患有广泛性皮炎的猫的皮肤上发现了合轴马拉色菌[11,281]，也在轻度耳瘙痒和轻度到中度黄色至棕色耳垢的猫的外耳道分离出合轴马拉色菌[225]。未出现炎症征象的33只正常猫的耳道中有一只从耳道分离出糠秕马拉色菌[227]。

3. 人畜共患方面

人们已经在重症监护室接受静脉输注脂肪乳治疗的低体重新生儿的血液、尿液和脑脊液中分离出厚皮马拉色菌[282]。从一名健康工人身上分离培养得到的厚皮马拉色菌和宠物犬分离到的为同一菌株。在进入新生儿监护室需强制实行洗手制度后，新生儿的感染会减轻。由于厚皮马拉色菌可以暂时定植于人类皮肤上，所以接触动物时遵守卫生预防制度很重要[283]。免疫功能低下的人群感染的风险会增高。

4. 诊断

马拉色菌性皮炎的鉴别诊断非常多，包括特应性皮炎、食物过敏、跳蚤叮咬过敏、接触性皮炎、药物性皮疹、浅表葡萄球菌性毛囊炎、蠕形螨病、皮肤真菌病、猫痤疮、疥螨病、黑色棘皮症、接触性皮炎、脂溢性皮炎和亲上皮性皮肤淋巴瘤。临床医师的诊断可以更复杂，因为马拉色菌性皮炎通常需与相关的一种或几种潜在疾病进行鉴别诊断。任何一种有鳞屑、红斑、油腻至蜡状、瘙痒的皮炎中，其他鉴别诊断已经通过诊断性检测和对治疗缺乏反应（例如糖皮质激素、抗生素、抗皮脂溢香波、杀虫剂、杀螨剂）而排除之后，马拉色菌性皮炎都是要考虑的因素之一。

对于门诊医生怀疑马拉色菌性皮炎的病例最有效和方便的诊断方法是细胞学检查[211,213,233,236,263,266,277,284,285]。表层或油腻部位的样本可以通过以下几种方式收集，刮皮、在皮肤表面用力摩擦棉拭子、用一块透明玻璃纸或醋酸纤维胶带在病变的皮肤上按压几次，或用清洁的载玻片在皮肤上按压[31,211,216,263,286]。很难分清这些方法哪种最好，每一种都有其独特的优点和缺点。浅表刮皮可信但在特定区域难以实施（趾间隙、面褶）。胶带用于没有过度蜡状或油腻的皮肤，且便于趾间和皮褶采样。非常油腻或蜡质很多，且皮肤表面平整的使用载玻片直接按压采样较好。棉拭子抹片用于耳部、趾间隙和面褶最好。正常犬使用按压抹片、皮肤刮屑和棉拭子采样得到的结果相似[215]。另一些研究者发现刮皮和胶带黏附效果优于棉拭子[210,258]。也有研究者发现胶带黏附的效果并不令人满意[211]。一项对马拉色菌性爪部皮炎患犬的研究结果显示在浅层刮皮、胶带黏附和直接压片获得的马拉色菌数量统计学上差异不显著[287]。然而，棉拭子采样获得的马拉色菌数量与其他三种方法相比明显较少[287]。

不论使用哪种方法，所有病料均转到载玻片上、热固定（如果是醋酸纤维胶带就不需要此步骤）、染色，以便

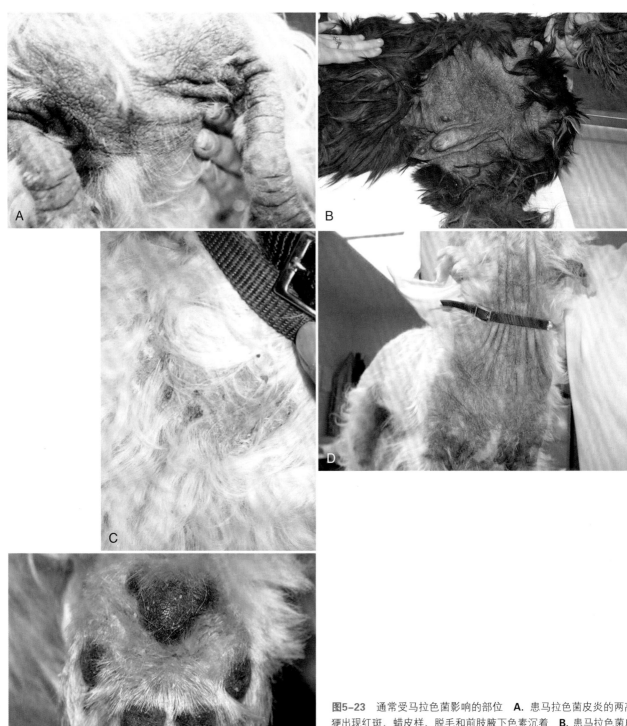

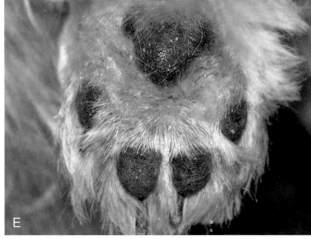

图5-23　通常受马拉色菌影响的部位　**A.** 患马拉色菌皮炎的两高地白㹴出现红斑、蜡皮样、脱毛和前肢腋下色素沉着　**B.** 患马拉色菌皮炎的平毛寻回犬腹沟处严重的苔癣样变、色素沉着和脱毛　**C.** 患马拉色菌皮炎的西施犬颈部有红斑、蜡皮样和脱毛　**D.** 患马拉色菌的西部高地白㹴颈部出现大面积的脱毛，伴有红斑、蜡皮样、苔藓、苔藓样变和色素沉着　**E.** 患马拉色菌皮炎的西施犬趾间皮肤出现红斑、水肿、鳞屑

进行细胞学检查。使用胶带时，在载玻片的胶带下滴一滴diff-quick紫色染液或新亚甲蓝染液，在胶带上滴镜油进行显微镜检查。酵母型真菌镜下为圆形或椭圆形，或典型的花生样（图5-30）。厚皮马拉色菌特征性的子细胞从细胞壁一侧单极出芽，在子细胞生长一侧形成突出芽疤痕或颈圈，花生样，直径3~8μm[213]。酵母型真菌通常成簇可见或

侵袭角质细胞。合轴马拉色菌（*M. Sympodialis*）有更圆的球形外观和窄基的单极出芽，并且它比厚皮马拉色菌小。

完整细胞学检查的诊断价值有待确定。一项针对正常犬的研究通过压迫抹片、皮肤刮屑和棉拭子广泛收集样本后显示，大多数情况为一个样本含有的微生物少于10个/1.25cm²（0.5 in²）（中值为每个样本1个微生物）[215]。另

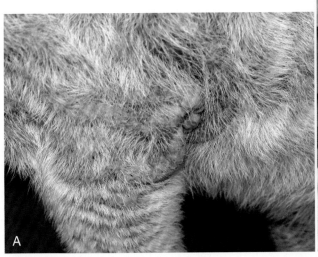
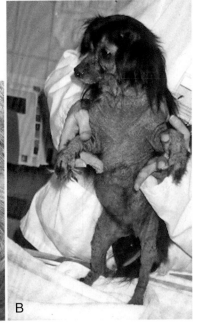

图5-24　**A**. 患有严重马拉色菌性皮炎的巴哥犬肘部表现蜡状结痂　**B**. 患有马拉色菌性皮炎的杂种犬面部、腹部、腿部表现广泛性脱毛、红斑、色素沉着和苔藓样硬化

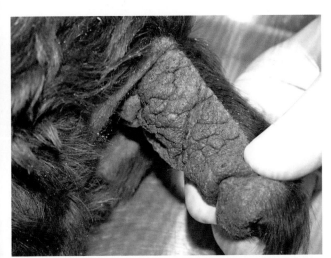

图5-25　患有马拉色菌性皮炎的杂种犬尾腹侧表现广泛性脱毛、色素沉着和苔藓样硬化

图5-27　由厚皮马拉色菌引起的猫痤疮

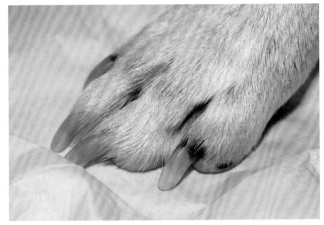

图5-26　犬爪部厚皮马拉色菌感染。感染导致的红色至棕色的变色

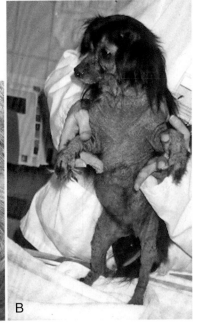

一项针对患各类皮肤病的犬的研究显示，通过压迫抹片方法，正常和感染皮肤相比，正常皮肤有少于1个/高倍视野（HPF）的微生物，同时感染皮肤为少于1个/高倍视野（HPF）（80%样本）或1~3个微生物/高倍视野（HPF）（20%样本）[269]。

　　这不是确诊马拉色菌性皮炎需要的微生物数量。马拉色菌的数量在身体不同部位的数量不同，同时不同品种正常菌体数量亦有差别，这导致了临床正常犬与患病犬样本的菌体密度值有重叠。有些研究者认为马拉色菌性皮炎在使用胶带检测样本时，15个随机选取的油镜视野（1 000μ）中有大于10个微生物可见[210]，或当每个油镜视野平均有4个或更多菌体可见时[211]，才更可能确认。在使用任何常规取样技术取样时，当10个油镜视野平均有1个或多个菌体可见[236]，或每个高倍视野大于2个菌体（400μ）出现时才可能确认[216]。

从爪床采取的棉拭子显示如下：正常犬平均0.44个微生物/油镜视野；脚底瘙痒犬平均0.44个微生物/油镜视野；患有特应性皮炎、脚底瘙痒和爪部红棕色和/或甲沟炎的犬平均7.9个微生物/油镜视野[279]。以下发现令大家更容易困惑：关于厚皮马拉色菌：①健康巴吉度犬的厚皮马拉色菌数量显著多于健康爱尔兰雪达犬[240]；②实验用比格犬耳内的厚皮马拉色菌数量显著多于几种宠物犬[258]；③宠物比格犬的厚皮马拉色菌数量显著多于其他宠物犬[209]；④健康比格犬的厚皮马拉色菌数量显著多于其他健康混血犬[288]。不仅如此，不同身体部位菌体数量和分离出厚皮马拉色菌的频率都不相同[209,288]。无疑，使用的诊断标准有很大可变性并且诊断标准在身体部位和品种间差异明显。找到更小数量的微生物这一现象可能在对酵母衍生抗原过敏的动物上更明显。确诊马拉色菌性皮炎可能需要治疗性诊断[11,242]。

犬的皮肤活组织检查发现特征性浅表血管间质皮炎伴有不规则增生、弥漫性海绵样结构及表皮和毛囊漏斗部弥漫性淋巴细胞外分泌[211,216]。角化不全显著。真皮炎症细胞由淋巴细胞、组织细胞、浆细胞组成。嗜酸性粒细胞、中性粒细胞和肥大细胞常见。酵母样菌在有表面和/或漏斗样

图5-28　厚皮马拉色菌导致的猫的甲沟炎

角蛋白的病例可见，比例大约为70%。许多表面定居酵母菌在皮肤活检进程中伴随角蛋白丢失。嗜酸性表皮微脓肿在大约14%的病例可见，约47%的病例肥大细胞在真皮表皮连接处线性对齐。常见伴发细菌感染（化脓性皮炎和毛囊炎）[211,216]。

不常见的，马拉色菌可在与表皮毛囊炎和脓性肉芽肿疖病（特别是下颌和脚部）相关的情况下可见。在猫，可见浮肿接触面皮炎，淋巴细胞和嗜酸性粒细胞是其中主要炎症细胞。应记得，酵母样菌可从大量犬、猫皮炎活检表面偶见，并且，它们的发病机理和治疗中的角色仍未知[289,290]。酵母样菌可在毛囊出现，应被认为是可能致病的。

大多数患有马拉色菌性皮炎的犬的上皮和真皮淋巴结内是CD3+T细胞[216]。免疫检验显示免疫球蛋白沉积在细胞间隙或基底膜带的分别为10%和23%（针对已检查过此项的病例）[216]。

厚皮马拉色菌通常很容易培养[212,213,244,271,291]。因为其不是脂质依赖，它在常规沙氏培养基32～37℃上生长良好。但厚皮马拉色菌有些菌系确实在未补充脂质的培养基上表现出生长不良[292]。空气中含有5%~10%二氧化碳明显提高马拉色菌在沙氏培养基上分离和计数的概率，但在改良迪克森琼脂并不会这样[244]。脂质依赖马拉色菌种（*The lipid-dependent Malassezia* spp.）在沙氏培养基不生长，需要其他培养基[213,225]。改良迪克森琼脂和 Leeming 培养基能够培养所有品种的马拉色菌并且在分离猫的马拉色菌时更优先使用，它们更经常有脂质依赖菌系[11,213,225,244,271,291,293]。因为马拉色菌是共生微生物，培养中它们的分离很少或没有实际诊断价值[216,287]。在使用接触板或培养基洗板的方法时也可进行定量培养[11,242,271,293]。接触板紧贴皮肤持续4~10s然后32~37℃培养3~7d[242]。

最终诊断马拉色菌性皮炎取决于抗酵母菌治疗的反馈[11,31,211,213,216,236,263,277]。我们见过有经典病史和临床表现的犬通过各种表面取样技术采样均发现很少或没有酵母样菌，但这些犬对特异性抗酵母菌治疗完全应答。这些病例强调了过敏环境。皮内变态反应测试使用1 000 PNu（蛋白

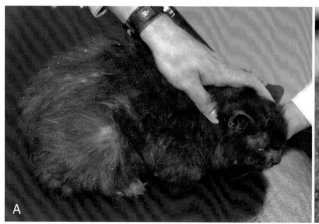

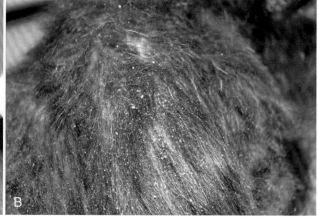

图5-29　**A.** 一只厚皮马拉色菌感染的猫表现片状脱毛和脱屑　**B.** 一只厚皮马拉色菌感染的猫表现剥脱性红皮病

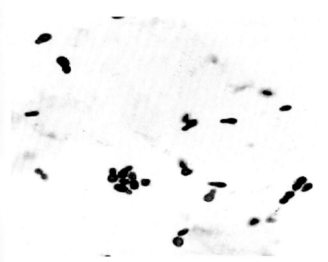

图5-30 厚皮马拉色菌为特征性单极芽殖酵母菌

氮单位）/mL并在第15分钟（立刻）和24~48h（迟发）观察反应，这可以记录过敏反应。

5. 临床试验管理

由于犬的严重程度和主人情况各有不同，马拉色菌性皮炎的治疗是个体化的。尽管局部治疗通常有效，但这可能在巨型犬、有长或厚毛的犬、难管束的犬以及主人较年长或身体不便的情况下很难实现。局部治疗和系统治疗相结合通常能快速缓解临床症状。不仅如此，经常会并发葡萄球菌感染，因此需要特定的抗生素治疗。

马拉色菌性皮炎病灶部位（如皮肤褶皱）易通过每日局部使用抗真菌乳、油膏、洗剂或喷雾（见227页）治疗[216,263,294]。多病灶或更广发的病例通过香波和/或冲洗进行全身治疗（见227页）[211,213,216,235,236,263,295~297]。2%咪康唑（Dermazole，咪康唑香波）、3%氯己定（Hexadene）或4%（最高浓度）、2%咪康唑加2%氯己定（Malaseb）和酮康唑加氯己定（Ketochlor）是最好的香波。如果动物皮肤十分油腻、蜡状、有鳞屑，这些香波可优于角质软化去脂香波。或者，1%硫化硒（Selsun Blue, Head & Shoulders Intensive Care）香波是集角质软化、脱脂、抗酵母菌集作用于一身的香波，但此香波会对某些狗具有刺激性并且不可用于猫。局部治疗应每3天重复1次。对于顽固病例，用过香波后可使用乳液或漂洗剂如咪康唑（Resizole）、2%硫石灰（LymDyp）、咪康唑/氯己定（Malaseb Rinse）、乙酸/硼酸（Malacetic Spray）、2.5%乙酸（一部分水一部分醋）或0.2%恩康唑（Imaverol）[211,213,216,236,263,296,297]。恩康唑在美国没有获得许可证。

当局部治疗不可用或无效时，可口服唑类药物。最常用的药物是酮康唑（Nizoral），每24h口服5~10mg/kg[11,31,211,213,216,266,277,279]。伊曲康唑比酮康唑贵，但有更好的组织渗透性和更长的半衰期，当需要长期治疗时可使用脉冲剂量。伊曲康唑每24h口服5~10mg/kg，或每周头两天口服5~10mg/kg，作为脉冲剂量[11]。特比萘芬在每24h口服30mg/kg剂量时也是有效的[44]。本章回顾了潜在不良反应和

监测指导方案。灰黄霉素治疗马拉色菌感染无效。

明显临床改善发生在同时使用全身治疗和局部治疗的7日内、仅使用全身治疗的7~14d，和仅使用局部治疗的14d内。临床治愈后治疗应持续7~10d。治疗的平均持续时间应为4周。

以生态学发展为基础的治疗形式和预防办法如使用体内附着过程抑制剂是十分令人满意的[239]。然而，考虑到厚皮马拉色菌不同菌系的明显可变性，发现一种广泛的附着抑制剂很困难[213,239,298]。

有马拉色菌性皮炎的特应性皮炎患犬显示出在皮肤检测反应中对厚皮马拉色菌抗原的速发型反应，然而没有患有马拉色菌性皮炎的特应性皮炎患犬对皮肤测试有阴性反应[248,257,299,300]。与缺少霉菌和室内尘埃抗原交差反应的结合显示出了厚皮马拉色菌抗原免疫治疗可能在将来会成为有效治疗方式[257]。然而，患有马拉色菌性皮炎的巴吉度猎犬表现出对马拉色菌抗原的迟发型而非速发的皮肤检测反应，这显示出了在犬上免疫学反应的多样性，这与免疫治疗在所有感染动物都有效是不同的[248,262,300,301]。不仅如此，马拉色菌悬浮液中含有蛋白酶可降解混合物中其他过敏原。

马拉色菌性皮炎复发常见。如果复发是零星的，可用前述方法治疗。频繁复发可能需要局部维护来控制（香波和/或漂洗），每周1次或2次，有些病例可口服酮康唑或伊曲康唑进行脉冲疗法。要努力识别和纠正可诱发动物复发的因素如潜在过敏原、内分泌疾病、瘤、皮肤褶皱、角化异常或免疫缺陷。

四、皮下真菌病

皮下（中间体）真菌病Subcutaneous〔（intermediate）mycoses〕是入侵皮肤和毛囊之外的真菌感染[6~11,18,302]。这些感染需要病原菌的创伤植入，这些病原菌通常为腐生，存在于土壤或植物。这种损伤是慢性的并且在大多数病灶是局限性的。这些真菌可导致显著组织破坏和炎症；许多是侵入性的并可导致较高的发病率和死亡率。在免疫不全动物可发展为传播性疾病。

关于皮下真菌病的术语是矛盾的、混乱的、并经常改变的。例如，术语色素性真菌病（chromomycosis）被用于在宿主组织以暗壁真菌元素形式（着色的，暗色的）发展出的皮下或系统性疾病[89,11,302]。色素性真菌病可基于组织中真菌的形态进一步分成两种形式。在皮肤暗丝孢霉菌（phaeohyphomycosis），真菌表现为有隔膜的菌丝和酵母样细胞。在着色芽生菌（chromoblastomycosis），真菌表现为大（直径4~15μm）、圆、暗壁细胞（硬化小体、染色小体、Medlar bodies）。

术语透明丝孢霉病（hyalohyphomycosis）〔（又名单芽孢囊菌病（adiaspiromycosis）〕被提议用来包括所有由非暗色真菌引起的机会性感染（至少19个属）。这些的基本组织构成元素是透明菌丝，有隔膜的、支链或

无支链的，并在组织中无色素的[9,302,303]。引起透明丝孢霉病的微生物样本包括镰刀菌属（*Fusarium*）、青霉菌属（*Penicillium*）、足放线病菌属（*Scedosporium*）、地霉属（*Geotrichum*）和拟青霉属（*Paecilomyces* spp.）和*Monocillium indicum*。拟青霉属感染，也被称为拟青霉素。

另一个易产生混淆的术语是藻菌病[89,11,302]。此术语用于形容出现在组织的作为被脓性肉芽肿性和嗜酸性粒细胞炎症包围的广泛的、稀疏隔膜的菌丝的微生物。这些微生物以前归于藻菌目；但此目现在经深思熟虑后已弃用。卵菌（包括腐霉菌和链壶菌）和接合菌病这两个术语是最近比较偏好使用的，形容由这些微生物引起的感染。卵菌纲成员都已在原生生物界正确地分类了。接合菌门包括最古老的毛霉菌目和虫霉目。术语接合菌病包括毛霉菌目和虫霉目。接合菌目微生物都会引发原发性血管内淋巴瘤，他们的血管侵袭性会导致周围组织的栓塞和坏死。

足菌肿病（图5-31）是一种独特的感染性疾病，该菌存在于伴有肿胀和渗水瘘管颗粒的组织内[8,9,11,302]。足菌肿病可为真菌性或由放线菌病引起的。部分足菌肿病的病因是真菌，部分足菌肿病是由放线菌目的成员引起，如放线菌和诺卡氏菌属，它们是细菌（见第四章）。足菌肿病可由暗色真菌（黑色颗粒状足菌肿病）或无色素真菌（白色颗粒状足菌肿病）引起。假足菌肿病在颗粒形成与足菌肿病有不同，可由皮肤癣菌（假足菌肿病）或细菌如葡萄球菌（细菌性假足菌肿病或葡萄状菌病）引起。

（一）孢子丝菌病（Sporotrichosis）

1. 病因及发病机理

孢子丝菌病由无处不在的双向真菌申克孢子丝菌引起，此菌作为腐生菌存在于土壤和有机残片中[6,304-309]。该菌感染通常是由病原微生物接种到皮下组织引起的。在环境中，孢子丝菌在活的和腐烂植物组织以菌丝形态存在[310]。此菌经常在富含腐殖质的土壤中发现，也可在伏牛花和玫瑰刺丛、树皮和泥炭藓、稻草、发霉干草中发现[308,310-314]。犬感染该菌通常与荆棘或碎片的穿刺伤或伤口被土壤或其他有机物污染相关[305-307,309,315]。猫的感染在未去势室外活动的公猫最常见，可在打斗时通过污染的爪子或牙获得感染[305-307,316-319]。在人，感染也会继发于火蚁叮咬和猫与松鼠的咬伤或抓伤[304,309,314,318-328]。

接种于组织后，孢子丝菌转变到酵母形态。该菌可在接种后立刻增殖，引起局部或定点皮肤感染，蔓延到局部淋巴结，产生淋巴管炎和淋巴结炎（皮肤淋巴瘤？），或进行血源性传播，在其他皮肤位点和其他器官如肺和肝产生损伤[11,310,329]。感染性传播会发生在接受免疫抑制剂和TNF-α拮抗剂治疗的人和在进行类固醇治疗的猫[330,331]。

2. 临床发现

（1）犬

孢子丝菌病在犬不常见；但猎犬有被荆棘和碎片引起

的穿刺伤污染的可能，因此有相对较高的感染概率。皮肤损伤通常表现为出现多个纤维结节、有突起边界的溃烂斑块或环形结痂并有脱毛区；最常发部位在头部、耳郭和躯干（图5-32）。有些损伤有疣状外观。结节可形成溃疡或发展为湿性区域（图5-33）。

损伤为既不疼也不痒，感染犬通常在其他方面很健康。皮肤淋巴感染形式为一肢远端的结节伴有淋巴上行感染[11,304-307]。伴随淋巴管的次级结节可为纤维化的或游离的（被称为淋巴结的系带）；这些结节通常会溃烂并有棕红色渗出物，与区域淋巴结疾病相关。溃烂和结节会出现在鼻翼、黏膜皮肤接合处以及阴囊，也会有丘疹结节性外耳炎[29]。全身性孢子丝菌病在犬罕见[11,304-307]。

图5-31 伴有肿胀和渗水瘘管的足菌肿病犬的脚

（2）猫

孢子丝菌病在猫不常见，尽管有流行的可能[317,319,329,332]。此病最常发生于接触其他猫受感染的爪子和牙齿从而获得微生物接种[11,304-307,318]。这可能解释了为什么此病通常在有户外活动史的未绝育公猫常见[11,304-307,318]。损伤通常在头部（图5-34，A），肢体远端（图5-34，B）或尾根处[11,304-307]。感染猫可最初表现为打斗伤脓肿、瘘管或蜂窝织炎。感染区域会溃烂、流出化脓性分泌物并形成结痂结节。可能会发生大面积伴有肌肉和骨骼暴露的坏死。此病可能通过常规梳毛行为自体接种，进而散播到身体其他区域（其他四肢、脸部、耳郭）。有些猫出现嗜睡、沉郁厌食发热等病史，这提示了潜在的全身性疾病[11,304-307,316,317,329,332]。尽管感染猫在临床症状上经常仅表现出皮肤病症状，但这些猫尸体剖检大多有淋巴结淋巴管感染，申克孢子丝菌常在许多内在器官和粪便培养中分离出来[11,304-307,316,317,329,332]。大多数

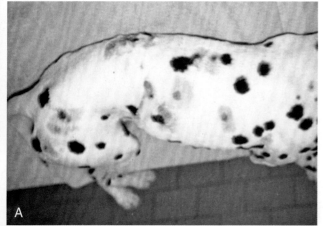

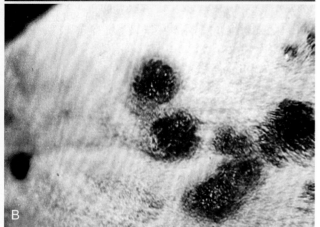

图5-32 孢子丝菌病。**A.** 大麦町犬广泛散布结痂斑块（每处损伤周围的毛都已被清除） **B.** 犬头部特写，显示多个结痂斑块

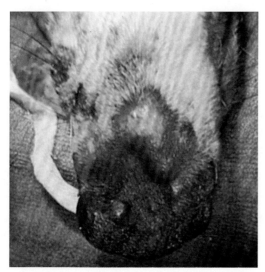

图5-33 柯利犬鼻镜，可见鼻梁处孢子丝菌病表现为大量丘疹和结节

感染猫FeLV和FIV检测结果为阴性[317]。

1998-2001年孢子丝菌病在环里约热内卢周边区域流行，导致数百猫感染[316,317,329,332]。临床症状多样，可从亚临床症状到局部症状再到致命的全身性疾病；347只暗中有10只表现打喷嚏的温和呼吸道疾病，申克孢子丝菌曾在鼻拭子中分离出，114只猫有一处皮肤损伤，86只有两处皮肤损伤，137只有三处及以上的损伤。154只猫出现呼吸道症状

是最常见的非皮肤症状。在临床病理最常见的是贫血、低白蛋白血症和高球蛋白血症[317]。

3. 人兽共患方面

孢子丝菌病潜在人兽共患倾向，尤其是在猫上需要认真考虑和重视[11,188,304,-307,309,319-323]。有几篇文章报道了人通过接触感染猫溃烂伤口或分泌物而感染的现象[188,304-307,320-322]。在人即使没有已知创伤或穿刺伤的情况下依然可能发病[309,320-322]。在1998-2001年巴西流行孢子丝菌病时期，154/178患者曾接触过猫但仅97人是曾被猫抓伤或咬伤过的[321]。从动物传播到人主要与感染猫相关，大概是由于大量微生物可在含菌组织、分泌物和粪便发现[304-307,323]。孢子丝菌可在感染猫的皮肤损伤、鼻腔、口腔和爪部分离[316-318,329,332]。兽医、兽医技术人员、兽医学生和感染猫的主人有较高的感染风险[188,304-307,309]。巴西最近爆发的病例显示，这几百位患者是被猫传染的[321,322]。

孢子丝菌病在人最常见的是皮肤淋巴感染[10,188,304-308]。主要病变可能是在受伤部位发展而成的丘疹、脓包、结节、脓肿。此病变可能有痛感。大多的损伤在肢体末端（手指、手掌、足部）（图5-35）或面部。次级病变可通过淋巴管道上行。皮肤损伤（固定的）较少见。

4. 诊断

鉴别诊断包括其他感染性肉芽肿、异物性肉芽肿和肿瘤。在猫打斗伤脓肿久不愈合时需要怀疑孢子丝菌病。因孢子丝菌病为潜在的人畜共患病，所以一定要采取防范措施。抓持疑似有孢子丝菌病的猫时应戴手套。在收取渗出液或组织时也应戴手套。用过的手套应小心摘除并处理掉。抓持感染猫后，前臂、腕部、手掌应用氯己定或碘伏彻底清洗[310]。

抽出物细胞学检查或直接涂片能直接显示是化脓性的、肉芽肿性的还是炎性肉芽肿病变。病原微生物在犬的渗出液很难发现，但通常在猫很容易发现（图5-36）。申克孢子丝菌是一种多形酵母，圆形、椭圆形或雪茄形，3~5 μm宽，5~9 μm长。活检发现包括结节样病变到弥散性侵袭不等，症状从化脓到肉芽肿性皮炎不等。细胞学检查发现，在猫中，存在大量真菌并可通过活检发现，但在狗中真菌罕见。真菌有可折射的细胞壁，细胞质皱缩时微生物给外界有荚膜的印象。这时，菌体可能跟新型隐球菌混淆。真菌染色如PAS或戈莫里六胺银染色（GSM）可促进微生物的检测。申克孢子丝菌在沙氏培养基上30℃生长，呈递来培养的样本应包括一份渗出物（从瘘管深处获得）和一份组织（手术获取），培养方式为浸泡组织培养。荧光抗体试验（孢子丝菌抗原特异性直接FA试验）在犬最有效，因为培养阴性时此试验可能为阳性[11,31,304-307]。抗体血清学检测也可以，但阳性结果不一定是由病原菌暴露史和致病性感染而产生的。也可取感染组织进行分子基因检测。在猫，已有获取感染组织提取DNA，进行PCR检测几丁质合成酶1基因的方法[11,333]。

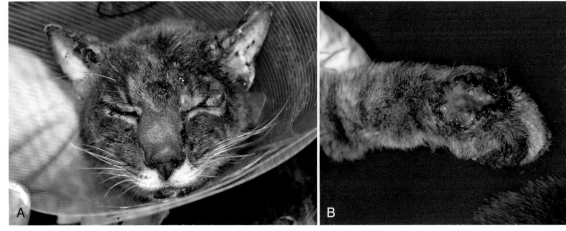

图5-34 **A.** 孢子丝菌病表现为猫面部多结节和溃烂 **B.** 图**A**猫由申克孢子丝菌引起的前爪溃烂损伤

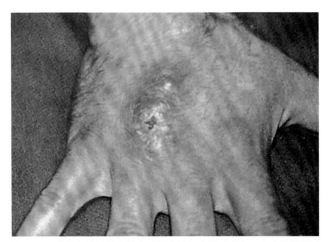

图5-35 感染孢子丝菌病的人手部多量红斑样丘疹和一个大的溃烂结痂。（由R Goltz.提供）

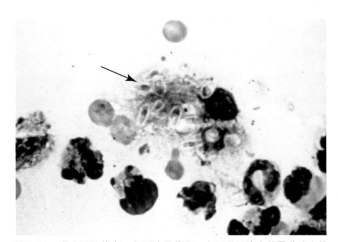

图5-36 猫孢子丝菌病，大量酵母菌和一个巨噬细胞内的雪茄式小体（箭头处）

5. 临床管理

糖皮质激素及其他免疫抑制药物对于患有孢子丝菌病的犬、猫是禁用药[304-307,331]。此病治疗期间及治疗后都应避免使用这些药品，因为报道称糖皮质激素的免疫抑制剂量会引起临床治愈后4~6个月时间内孢子丝菌病复发[305]。对于并发的细菌感染，应基于培养结果和药敏试验结果使用合适的抗生素治疗。因为孢子丝菌对热敏感，故局部热疗作为辅助治疗可能是有用的。

（1）犬

孢子丝菌病传统治疗是伴随食物口服碘化钾过饱和溶液，剂量为40mg/kg每8~12h1次[9,11,31,304-308]。临床治愈后治疗仍需持续30d（通常是4~8周）。毒性症状（碘中毒）包括眼鼻有分泌物，皮肤松弛，被毛干燥，呕吐，沉郁和衰竭[11,304-307,334]。如果观察到碘中毒，应停药1周。之后的药物剂量应重新设置为同等剂量或更低的剂量。如果碘中毒成为反复出现的问题或不良反应严重，应考虑更换其他治疗方案。

咪唑类和三唑类药物也用来治疗孢子丝菌病[11,335,336]。酮康唑（15mg/kg每12h，口服）或伊曲康唑（5mg/kg每12~24h，口服）有效，临床治愈后应继续治疗30d。不

良反应通常轻轻但也需要保持监测（见229页）。特比萘芬对人类治疗孢子丝菌病有效，并也可用于犬[11,337,338]。推荐使用两性霉素B配合伊曲康唑来治疗全身性孢子丝菌病[338,339]。

（2）猫

猫对毒副作用更敏感，如碘（呕吐、厌食、沉郁、抽搐、体温降低和心衰）、酮康唑（厌食、沉郁、呕吐、腹泻、发热、神经症状、肝毒性），所以治疗应选伊曲康唑。伊曲康唑的治疗方案更优是由于其更高的生物利用率和1.5~5mg/kg每24h口服的剂量。胶囊剂量为每12~24h口服5~10mg/kg。应在临床治愈后坚持治疗最少30d。应每月检测1次血清肝酶（见230页）。可使用特比萘芬（每24h口服30mg/kg）作为不能耐伊曲康唑或对伊曲康唑无反应的猫的治疗方案，此方案可能有效[11,317]。预后慎重。1998~2001年巴西流行孢子丝菌病时，仅68/266的猫治愈。治愈的猫中，33.8%使用的是伊曲康唑，38.2%使用的碘化钠，10.3%使用伊曲康唑和氟康唑，5.9%使用伊曲康唑和特比萘芬，4.4%使用伊曲康唑和酮康唑。治疗周期从16~80周不等[317]。

（二）足菌肿病（Eumycotic mycetoma）

1. 病因和发病机理

足菌肿病mycetoma是脓性肉芽肿性结节，结节内包含组织颗粒或微生物致密菌落以及坏死碎片。引起犬、猫足菌肿病的真菌是普遍存在的土壤腐生菌，感染方式为通过伤口污染而感染[8,9,302,340]。损伤可从被污染的碎片扎伤或打斗伤的伤口发展而来。发病最频繁的区域在热带北纬10°~30°之间，包括非洲、中南美洲、印度和南亚。此病在美国和欧洲罕见。一些真菌是有色素的，可以将组织颗粒染上深色，这些叫作黑色颗粒或深色颗粒样足菌肿。真菌种类叫作黑色颗粒足菌肿，包括Cladophialophora，弯孢酶（Curvularia）、外瓶酶属（Exophiala）、小球腔菌（Leptosphaeria）、马杜拉菌（Madurella）、棘壳孢属（Pyrenochaeta）、圆孢霉属（Staphylotrichum）和圆酵母属（Torula）。感染未染色真菌如支顶孢属（Acremonium）和假阿利什菌Pseudallescheria，会导致白色颗粒足菌肿病。在美国最常报道的引起足菌肿病的真菌是波氏假阿利什菌（Pseudallescheria boydii）。波氏假阿利什菌无性生殖形态为尖端赛多孢子菌（Scedosporium apiospermum）。两种形态对免疫不全的人和动物都是病原体[11,341,342]。

2. 临床发现

足菌肿三种主要的特性是肿胀（图5-37A）、瘘管（图5-37B）和排出颗粒样物体[8,9,302,340]。病变通常是单独存在的，最常发生在肢端和面部。早期丘疹结节通常有痛感。随着病变长大，会发展成瘘管，流出浆液性、脓性、血性分泌物。随着瘘管治愈，瘢痕组织发展会形成硬的、瘤样肿块即足菌肿。排出颗粒的颜色、大小、形状和质地都很多变，这取决于涉及的真菌种类（图5-38）。黑色-暗色颗粒足菌肿通常与膝弯孢霉（Curvularia geniculata）相关，偶尔与斑替枝孢霉Cladophialophora bantiana），甄氏外瓶霉（Exophiala jeanselmei）、壳球孢属（Macrophomina spp）、回马杜拉分枝菌（Madurella grisea）、祖玛杜拉分枝菌（Madurella mycetomatis）、圆孢霉属（Staphylotrichum）和圆酵母属（Torula spp）[343,344]。白颗粒足菌肿通常由波氏假阿利什菌Pseudallescheria（霉样真菌属Alescheria，霉样真霉属Petriellidium，足放线菌属Scedosporium）引起，偶尔由透明支顶孢霉（Acremonium hyalinum）引起[340,345-350]。慢性感染可侵入到底层肌肉、关节或骨骼。其他病变可能包含鼻窦炎、角膜炎、淋巴结炎、肺炎、骨髓炎和传播性疾病。犬脓性肉芽肿性脂膜炎由弯曲单瓶瓶霉（Phialemonium curvatum）引起[351]。由波氏假阿利什菌引起的腹膜炎和腹部肉芽肿可能会由以前此部位手术打开腹腔的污染发展而来[11]。

3. 诊断

鉴别诊断包括感染性和异物性肉芽肿和瘤。抽吸物或

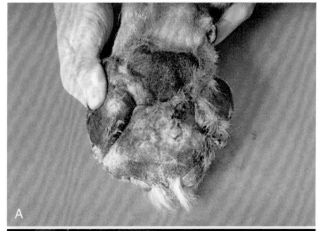
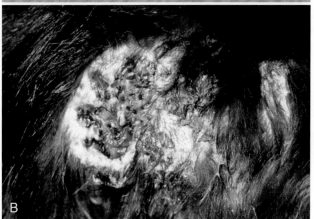

图5-37　A. 犬足部足菌肿　**B.** 猫由圆酵母菌引起的足菌肿　注意多个臀部上的与瘘管相关的黑色组织块（A由D. Chester提供；B由K. Thoday提供）

图5-38　猫由圆酵母菌引起的足菌肿。载玻片上右侧是拔下的毛发和痂皮，左侧是脓性渗出物和黑色组织粒（由K. Thoday提供）

直接抹片细胞学检测显示脓性肉芽肿性炎症伴有偶发真菌因素。挤压并检查颗粒很容易发现真菌。活检发现结节性病变到全身性感染，脓性肉芽肿性到肉芽肿性皮炎和脂膜炎。真菌成分作为颗粒（颗粒体、叶状体）存在于炎性反应区。颗粒（0.2mm到几毫米的直径）形状不规则，通常有扇形或卷筒样外观，并有宽的（2~6μm直径）有隔膜的分枝菌丝，菌丝经常形成厚垣孢子和胶结物质[3]。真菌成分可为有色或无色。这些真菌大多数在25℃的沙氏培养基生长。组织颗粒或组织活检物可用于培养（见第二章）。

4. 临床管理

治疗可选择广泛切除[340,346,347]。在几例病例中，感染肢

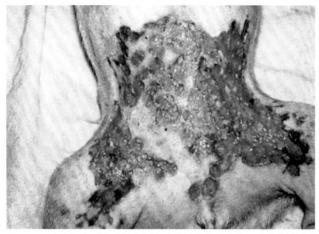

图5-39 犬腹部腹侧和后肢内侧皮肤暗丝胞菌霉感染导致溃疡性结节和瘘管

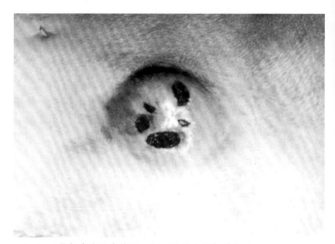

图5-40 猫皮肤暗丝胞菌霉。躯干结节大多都溃烂了

截肢是必要的。任何抗真菌化疗的尝试都应基于分离物的体外药敏试验[10,340]。药物治疗通常无效。酮康唑和伊曲康唑偶尔有效[10,340]。手术治疗结合伊曲康唑和氟康唑的斑替枝孢菌对治疗肋部由斑替枝孢霉引起的足菌肿病的哈士奇是有效的[349]。有报道称特比萘芬对一部分感染的人类有效[352]。临床治愈后应继续治疗2~3个月[11]。

（三）色素性真菌病（皮肤暗丝孢霉菌和黄色酵母菌病）

1. 病因与发病机理

皮肤暗丝孢霉菌病（Phaeohyphomycosis）（色素性真菌病chromomycosis）是由一系列腐生真菌引起的，这些菌在各种土壤和有机物中广泛存在[6,353]。该病由伤口污染引起，特别是通过木头碎片和咬伤。免疫抑制的动物感染该病后有发展为全身性疾病的危险。这些真菌具有在组织内构成产色（硅藻的）菌丝成分（不是颗粒）的特性。产色的颜色可从淡黄到深棕色不等。产色的是黑色素（通过Masson-Fontana着色），这可能是一个毒力因子。涉及此病的真菌都在半知菌纲，并被认为是导致人类发病的主要族群。其中足放线菌属是人类全身性皮肤暗丝孢霉菌病的最主要病因[354]。这些病原菌的菌丝有厚壁和球形酵母样肿胀[11]，为免疫抑制人群的新兴致病菌。该病的一次医院内爆发是由甄氏外瓶霉菌暗丝孢（Exophiala jeanselmei），污染水源所致[355]。

2. 临床特点

（1）犬

犬皮肤暗丝孢霉菌病罕见。德国牧羊犬可能有感染机会致病真菌的倾向[11]。从病变处分离的真菌包括链隔孢属（Alternaria spp.）、辣双极菌（Bipolaris spiciferum）（Brachycladium spiciferum和Drechslera spiciferum是这个菌属的曾用名）、斑替友孢瓶霉（Cladophialophora bantiana）［毛样枝孢霉（Cladosporium trichoides），脑分枝孢子菌（Cladosporium bantianum）和木丝霉菌（Xylohypha bantianum）是该菌属曾用名］弯孢霉属

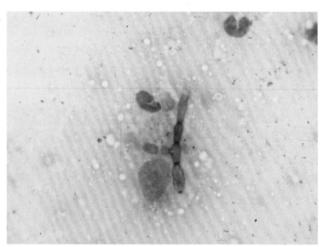

图5-41 从猫脓性肉芽肿性直接抹片，一个巨噬细胞内的着色真菌菌丝

（Curvularia spp.），外瓶霉属（Exophiala spp.），倒卵单胞瓶霉（Phialemonium obovatum），瓶霉属（Phialophora spp.），苏同假小托菌（Pseudomicrodochium suttonii），足放线病菌属（Scedosporium spp.）和万吉拉菌属（Wangiella spp.）[302,353,356-358]。单个或多个包被不佳的可能溃烂或发展成瘘管的结节被定义为皮肤暗丝孢霉菌病（图5-39）[357,359]。1例感染弯孢属菌的拳师犬表现出躯干侧面和背部丘疹、结节、溃烂、结痂。曾在毛囊、真皮和皮下组织鉴定出此类病原菌[360]。曾有连续的骨骼感染或全身感染的报道[353,358,359]。

（2）猫

皮肤暗丝孢霉菌在猫不常见。分离出的真菌包括交链孢霉属（Alternaria spp.）、辣双极菌（B. spiciferum）（B. spiciferum, D. spiciferum），斑替枝孢瓶霉（C. bantiana），斑枝孢霉［毛样枝孢菌（C. trichoides），木丝霉菌（X. bantianum）和伊蒙木丝霉菌（Xylohypha emmonsii）是此菌属曾用名，甄氏外瓶霉（Exophiala jeanselmei）高氏瓶霉（Phialophora gougerotii），棘状外瓶酶（Exophiala spinifera），裴氏着色真菌（Fonsecaea pedrosoi），暗色丝孢霉菌（Microsphaeropsis arundinis），香甜小丛梗孢（Moniliella suaveolens），壳球孢属（Macrophomina spp.），疣状瓶霉（*Phialophora verrucosa*），互隔交链孢霉（*Alternaria alternata*），瓶霉菌属（*Cladophialophora spp.*），*Dissitimurus exudrus*，人类线状担子菌（*Scolecobasidium humicola*）和匍柄霉属（*Stemphylium spp.*）[353,361-373]。在大多数病例中，病变是单一存在并侵袭面部（特别是鼻子、面颊、耳郭）、远端肢体（爪子或腿部），或躯干（图5-40）。生长缓慢、固定的到游离的、真皮的到皮下的结节均可见。生长在鼻部的病变可导致上呼吸道症状[374]。病变可像慢性细菌脓肿或厚壁囊肿[11]。病变可为蓝灰色，这可能是真菌色素生成的性质导致的。可能发生溃烂和瘘管。此病蔓延到全身的罕见[353]。

3. 诊断

鉴别诊断包括感染性肉芽肿、无菌性肉芽肿、异物性肉芽肿和瘤。在伴有广泛皮肤黏膜交界处病变和足垫病变的犬[357]，鉴别诊断包括免疫性疾病（寻常天疱疮、类天疱疮、犬胞性表皮松解症、系统性红斑狼疮、多形性红斑）、药疹、坏死松解性游走性红斑、铊中毒、亲上皮性淋巴瘤和其他不常见感染（利什曼病、原藻病、念珠菌病）。

抽取物细胞学检查或直接抹片显示肉芽肿到脓性肉芽肿炎症。着色真菌菌丝可见（图5-41）。活检发现包括结节到弥散、肉芽肿到脓性肉芽肿炎和脂膜炎。许多真菌元素以宽的（直径2~6μm）、通常不规则的、着色的、有隔膜的、分枝的或不分枝的菌丝出现，偶尔有厚垣孢子和多量圆的到椭圆的酵母样菌（Medlar小体、所谓铜硬币样体）[8]。这些藻类真菌，不总是在HE染色可见，并且已经证明使用Masson-Fontana染色最好。PCR可用于鉴别组织样本里的真菌微生物。真菌在沙士培养基上25℃~35℃生长，但专门的琼脂可用来产生需要的子实体。穿刺活检物是最好的培养原材料。专业实验室如圣安东尼奥市田纳西大学健康科学中心的真菌检测实验室如有需要可提供菌株具体识别、药敏检测[11]。

4. 临床管理

治疗上，单一病变广泛切除可能有效，但同部位或新部位复发会常见[353,365,366,368]。化疗可能有效，但效果取决于病原体，治疗效果也不可预估。效果不可预知这种情况可能是由于不同的真菌敏感性不同以及使用治疗方案不同而导致的。选择药物应基于体外药敏试验。推荐治疗方案是手术切除后使用化疗[41]。不同使用剂量酮康唑均有成功案例，此药可单一使用也可配合氟康唑使用[353,362,363,366,371]。不同剂量氟康唑单独使用或配合酮康唑或两性霉素B使用也有成功案例[353,365,367,371]。不同剂量两性霉素B单一使用或配合氟康唑使用，也可获得成功[353,365,367]。一只猫用伊曲康唑成功治疗该病，（治愈后持续用药6周）但2个月后复发[361]。在人，伊曲康唑、冷冻术或局部热疗在某些病例有效[10]。一个由壳球孢属引起一只猫尾根病变的病例，局部使用氟康唑、酮康唑、伊曲康唑、碘伏、二甲亚砜和尿素后成功治愈[375]。特比萘芬在一些患有皮肤暗丝孢霉菌的人

类病例上获得了成功应用[354,376]。

（四）透明丝孢霉病（Hyalohyphomycosis）

1. 病因与发病机理

透明丝孢霉病Hyalohyphomycosis（单芽孢囊菌病adiaspiromycosis）是由非着色真菌机会性感染引起的，会在组织内形成菌丝结构。曲霉菌属引起的感染不包括在内（有时也被作为单一综合征被分类为拟青霉病（paecilomycosis）和青霉素（penicillinosis）。大量真菌处与透明丝孢霉病的病因有关，但最常在犬、猫皮肤病变分离出来的菌属是支顶孢属（*Acremonium*）（也称为头孢霉属*Cephalosporium*）、镰刀菌属（*Fusarium*）、地丝菌属（*Geotrichum*）、拟青霉属（*Paecilomyce*）、青霉属（*Penicillium*）和假霉样真菌属（*Pseudallescheria*）（也称作子囊菌霉样纲皮特里霉属、霉样真菌属、足防线病菌属）。这些真菌大多是在土壤和水中找到的腐生霉菌。白地霉（*Geotrichum candidum*）是一种广泛存在的土壤腐生菌，是小部分正常存在于口腔外、胃肠道和皮肤菌[6,377,378]。拟青霉属（*Paecilomyces spp.*）是广泛存在的机会致病酵母样腐生菌，存在于自然界土壤和腐烂植物中[6,7,18,302]。引起透明丝孢霉病的病原菌通常经伤口植入或通过入侵黏膜表面侵入组织，但也可在其他部位通过扩散方式进入（如鼻腔和肺）。其被认为是机会致病，但在猫犬相关诱发条件下少有确认。德国牧羊犬可能易感于腐生真菌感染[11]。

2. 临床发现

常见接种部位包括爪垫、皮肤（图5-42），眼部（角膜）和关节[379]。病原菌在上皮表面增殖，导致伤口部位（皮肤或黏膜）化脓性肉芽肿炎症，然而，在免疫不全的动物，疾病可扩散到肺部、肾脏和肝脏，导致肺炎、肾炎和肝炎[11,380]。支顶孢属和假阿利什菌也可产生足菌肿病（见足菌肿病的部分）。

地丝菌属可从猫持久不愈的背部伤口和其主人（一个有皮肤、皮下肉芽肿感染的人）身上培养出来[14]。一只犬就曾有耳郭和眼周皮炎并"扩散"到了主人身上（人没有进行培养）[380]。另一只有对称性甲营养不良的犬，可反复分离到地丝菌[381]。一只健康的5个月大的罗威纳犬有两处结节，一处在头部一处在臀部[378]。报道过3例犬致命扩散性疾病[378]。

拟青霉（大孢子菌病）罕见。大部分犬有不表现皮肤病变的扩散感染[11,31,382]。有一只犬有严重慢性双侧外耳炎，表现严重增生、溃烂、疼痛和黑棕色恶臭分泌物[383]。另一只犬在左侧末端乳腺处有陈旧溃疡性结节[384]。两只犬均有全身扩散。在猫此疾病极罕见[377]。一只猫的爪都有玫烟色拟青霉（*Paecilomyces fumosoroseus*）导致的不愈合的溃疡性结节[385]。此猫随后接受了酮康唑（10~40mg/kg每天口服）治疗，但仍有其他皮肤的、鼻的、全身性的病变。

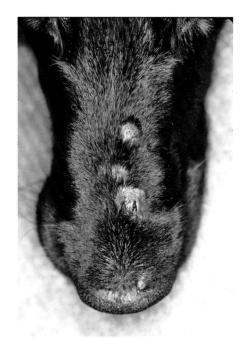

图5-42 鼻梁上伴有溃疡性结节的透明丝孢霉病的犬。在此病变分离出了真菌

另一只猫有从趾部连续到掌和上唇的软组织肿胀，也分离出了淡紫拟青霉[386]。手术切除和口服伊曲康唑有效。

厚垣镰孢霉（*Fusarium chlamydosporum*）从一只猫右后跗骨漏液的病变分离出来，也发展成了由青霉菌（暗色丝孢属病）引起的左前足病变[379]。使用酮康唑后，左前足状况改善但右后跗骨没有改善。此猫进行了右后跗骨截肢术作为治疗[379]。曾有报道说，一只5岁的罗威纳被报道患有毡毛霉菌引起的淋巴结炎和脾炎[11]。

3. 诊断

鉴别诊断包括大量感染性肉芽肿和瘤。可在感染组织的细胞学和组织病理学检查中发现非着色酵母样细胞和有隔膜的菌丝。大多数在25℃沙氏培养基上迅速生长。由于引起透明丝孢霉病的病原菌可作为部分正常菌群或作为实验室污染物被发现，因此，疾病的记录需要呈递培养物和组织病理学活检物。活检将显示组织内非着色菌丝。免疫组织化学也可用于确定涉病真菌的鉴定。

从感染地丝菌属的动物取抽吸物或直接抹片细胞学检测显示化脓到化脓性肉芽肿炎症，伴有宽的（直径3~6μm）、有隔膜的、非着色的、很少分支的菌丝、球形的酵母样细胞和矩形或圆柱样关节孢子（直径4~10μm），有圆的或椭圆的边界[6,7,14,18,302]。活检发现包括结节样的到全身性的、伴有大量真菌的化脓性皮炎到化脓性肉芽肿皮炎。在一只犬，活检样本被认为是化脓表皮炎和毛囊炎并且有脓性肉芽肿性疖病，在疖内仅有少量真菌菌丝可见，大部分会导致毛囊和毛干角化[378]。地丝菌属生长在25℃沙氏琼脂上，穿刺活检获得的材料优先用于培养。

拟青霉患者的抽吸物或直接涂片的细胞学检查显示出脓性肉芽肿炎症和许多多形性真菌，包括厚的、分支的、隔膜假菌丝和圆形列椭圆形，通常是单极的、广泛出芽的

酵母样结构（直径2~15μm）[302,317,378,384,385]。取患畜感染的活组织进行细胞学检查，可见有真菌感染的结节性至弥漫性多发性肉芽肿性皮炎。拟青霉属（*Paecilomyces* spp.）25℃时在萨布罗右旋糖琼脂上生长。穿孔活检所得的组织是培养的首选材料。

4. 临床管理

很少有犬被报道在全身性透明丝孢霉病中存活下来。当疾病局限时，推荐手术切除然后使用抗真菌唑类药物和/或两性霉素B。不同真菌有不同的药物敏感性，因此推荐进行体外药敏试验。

镰刀菌属据报道对两性霉素B、特比萘芬、伊曲康唑或伏立康唑有良好反应。酮康唑在治疗感染厚垣镰孢霉的猫时无效[379]。理想治疗方式是手术切除后进行系统性抗真菌治疗。

很少有治疗地丝菌属皮炎的报道。一只猫曾和它的畜主使用两性霉素B治愈此病[14]。一只狗曾使用咪康唑局部治疗而获得治愈。一只在临床发现中讨论过的罗威纳幼犬在手术切除两个结节后痊愈[378]。

拟青霉属通常抗两性霉素B，但可能对唑类混合药有敏感性，如酮康唑和伊曲康唑的混合物[377,384]。酮康唑在患有拟青霉菌的一只犬[384]和一只猫[385]的病例无效。目前病例太少无法获得详尽的治疗和预后建议信息。

（五）接合菌病（Zygomycosis）

1. 病因与发病机理

接合菌是一群广泛存在在土壤和腐烂的植物的腐生菌，被认为是正常皮肤和皮毛的组成部分[387-389]。这些病原菌也可在昆虫和两栖动物、爬行动物的粪便中分离到[11]。进入途径可为经消化道、呼吸道或被污染的皮肤创伤。昆虫叮咬也可作为病原菌接种到组织的原因。在人类，免疫系统功能低下通常是感染病原菌所必须的。但，在犬、猫，此类病原菌很少被分离到。

这些包括三类：毛霉菌目、背孢霉目、虫霉目。这些分类顺序包含一系列真菌。毛霉菌目包括根霉属（*Rhizopus*）、毛霉属（*Mucor*）、瓶霉属（*Saksenaea*）和犁头霉属（*Absidia*）。背孢霉目包括被孢霉属（*Mortierella*）。虫霉目包括耳霉属（*Conidiobolus*）和蛙粪霉属（*Basidiobolus*）[11]。由毛霉菌引起的真菌感染以前被称为毛霉菌病（*mucormycosis*），其他涉及虫霉目的叫作虫媒病（*entomophthoromycosis*）。不仅如此，许多先前报告认为犬、猫藻菌病的更可能是接合菌病[388]。

2. 临床发现

接合菌病罕见于犬、猫，感染动物大多伴有致命性消化道疾病[388]。皮肤病变可为单一的或多处的，通常为结节样、溃烂的、湿润的并且多在四肢处（图5-43）[31,388,389]。耳霉属（*Conidiobolus*）典型的症状为感染皮肤黏膜接合处并引起鼻窦炎[390]。一只犬有由耳霉属引起的迅速增大的突

起的硬腭溃烂病变[387]。另一只犬有持久不愈的颈部咬伤，是由伞枝犁头霉（*Absidia corymbifera*）引起的[391]。有些感染动物有致命性消化道疾病[388]。蛙粪霉属通常在躯干和四肢的皮肤病变处发现，通常罕有侵入血管或全身性感染[390]。

3. 诊断

鉴别诊断包括大量感染性肉芽肿、异物性肉芽肿和瘤。抽吸物和直接抹片的细胞学活检显示化脓性肉芽肿到伴有大量嗜酸性粒细胞的肉芽肿性炎症不等，其中可能会直接看到真菌。活检发现结节性的到弥散的、化脓性肉芽肿到肉芽肿性皮炎和包括大量嗜酸性粒细胞的脂膜炎。炎症周围有无定型嗜酸性粒细胞物质，偶尔含有无染色空白［为染色不佳的菌丝（菌丝"幽灵"）］或代表菌丝原生质的略多嗜碱性颗粒物质。在GMS染色部分，菌丝显示为宽的、薄壁的，偶尔有分隔。

在毛霉菌病血管入侵和血源性扩散比虫霉菌病更常见。菌丝宽（直径6~25μm），偶尔有隔膜并在非平行边有不规则分支[8,387,389]。菌丝通常被嗜酸性粒细胞"筒"包围（Splendore-Hoeppli 现象）。真菌在病源坏死部位最常被发现并且数量最丰富。真菌GMS染色良好，但PAS染色不确定。接合菌在25℃沙氏培养基上生长，穿刺或楔形活检是最好的培养材料。马铃薯琼脂培养基含有氨苄青霉素和链霉素，是此菌最好的培养基[11]。进行培养的活检样本不应磨碎或浸渍，因为这种行为可能会毁掉病原菌。PCR可用来检测真菌基因并确定组织样本中出现的病原菌。

4. 临床管理

接合菌对抗真菌药物的敏感性变化很大[10]。单发性病变应手术清除。其他病例中先进行手术清除或减瘤术，之后可在术后使用系统性抗真菌药物，药物选择要遵照体外药敏试验（两性霉素B、唑类药物、碘化钾）[10]。一只犬使用2个月伊曲康唑（10mg/kg每12h）治愈，但另一只犬使用伊曲康唑（4mg/kg每12h）无效[389]。

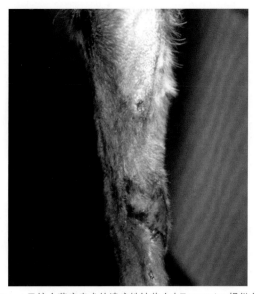

图5-43 一只接合菌病患犬的溃疡性结节（由T.manning提供）

（六）腐霉病（Pythiosis）

1. 病因与发病机理

腐霉菌属（*Pythium* spp.）是依附于水生植物和其他有机物正常生命周期的水生病原菌[6,7,392,393]。它们与其他真菌不同，会产运动型有鞭毛的游走孢子，并且细胞壁含有纤维素和β葡聚糖，没有几丁质，含有极少麦角固醇[11]。

游动孢子时损伤植物、动物组织及毛发有趋化性。一旦在宿主附近，游动孢子会变迟钝，去掉鞭毛并被组织包被。病原菌继而朝感染组织方向发展为萌发管，这促进了菌丝对组织的突破和侵袭[394]。病原菌产生抑制蛋白，抑制宿主的防御反应[395]。动物通过接触或饮用污浊的水而感染，并且皮肤损伤是感染的先决条件。环境因素可能是控制腐霉病出现的最有影响力的因素。因此，大多数病例出现在夏天和秋天，热带和亚热带地区（特别是澳大利亚、印度、泰国、印度尼西亚和哥斯达黎加）。腐霉病在新西兰、南美、韩国、日本和加勒比地区也有报道。在北美，

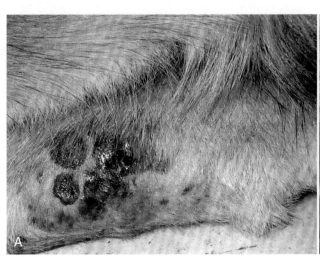

图5-44 **A.** 一只德国牧羊犬由隐匿腐霉菌引起的前肢血疱和溃疡性结节 **B.** 同一只犬由于A图病变处病原菌侵袭到前肢肌肉层而进展形成的大面积溃烂病变

病例最常发生在墨西哥湾沿岸地区，但也有报道称发生在北达新泽西州、弗吉尼亚州、肯塔基州、印第安纳州和伊利诺伊州，西至密苏里州、堪萨斯州、俄克拉荷马州和亚利桑那州[11]，消化道型腐霉病在加利福尼亚州被报道过[11]。

隐匿腐霉菌（*Pythium gracile*，*Hyphomyces destruens*）是从犬、猫、人、马身上分离出的菌种[393,396,397]。腐霉病在文献中有其他名称：藻菌病、丝菌病和卵菌病。

2. 临床发现

（1）犬

犬可感染皮肤或消化道腐霉病。大型犬、雄性、年轻犬常通过打猎感染，户外活动犬感染风险较高[393,396,397]。拉布拉多和德国牧羊犬特别易感[11,393,397,398]。通常有近期暴露在温暖水域的历史。比起晚春和夏天，感染更常在秋冬早春出现[11,392,399]。

皮肤病变可为单一的或多处的，经常局限在身体一个区域，特别是腿部（图5-44）、面部或尾根。溃疡性结节通常迅速发展为有溃烂和瘘管的大片湿润区域（图5-45）。分泌物通常是脓和血的混合物。病变通常会瘙痒，自咬行为可能会很严重。四肢早期病变可像肢端舔舐性皮炎。有些腿部病变会发展到围绕全腿一周。皮肤病变可含有"霉菌结节"，形似淡黄色珊瑚样小体，直径0.5~1.5cm（见图5-45，C）。霉菌结节由腐霉菌构成。菌丝由坏死组织和炎症细胞包围。犬罕有发展成局限性侵袭性骨病变或全身性感染的[393,397]。

消化道腐霉病可导致体重下降、呕吐、腹泻和便血。通常有严重的部分胃壁、小肠、结肠和/或直肠全壁变厚。肠系膜淋巴结通常陷入中腹部明显的、大的、纤维化的、肉芽肿的肿块中[11,400]。同时，皮肤和消化道腐霉病的情况在犬中罕见。

（2）猫

腐霉病在猫罕见。有些猫在腿部和腹侧腹部有典型的溃疡性结节和瘘管（图5-46）。其他猫在肢体远端有大的皮下肿物，但没有覆盖物。也有报道涉及肢体远端、足垫、腹股沟、尾根和眼眶周围等处的病变[11]。有报道说一个病例有鼻咽病变和双侧眼球后肿物[11]。

3. 诊断

鉴别诊断包括感染性肉芽肿，异物性肉芽肿、舔舐性皮炎和瘤。抽吸物和直接抹片的细胞学检查显示其中有嗜酸性粒细胞的肉芽肿和脓性肉芽肿炎症常较多并且偶尔可见真菌元素。活检发现结节性到扩散性的，肉芽肿到脓性肉芽肿性皮炎，伴有大量嗜酸性粒细胞的脂膜炎。炎症集中在坏死病灶和无定形嗜酸性物质上。菌丝在HE染色很难见到，经常是作为空白区域（菌丝"幽灵"）或轻微嗜碱性颗粒物质出现。菌丝直径为4~6μm，偶尔有隔膜和不平行侧的不规则分支（图5-47）。菌丝元素常见并且常大量集中在坏死处。菌丝通常被嗜酸性"筒"环绕（Splendore-Hoeppli现象）。菌丝元素GMS染色良好但PAS染色不良。

菌丝偶尔侵袭血管（特别是动脉），因此可形成显著的血栓。腐霉菌可通过间接免疫过氧化物酶技术在福尔马林固定、石蜡包被组织染色时显示出来。

腐霉菌在25~37℃血琼脂平板和沙氏平板生长迅速，楔形活检切片最适宜培养。特殊的水培养技术（包括游动孢子形成诊断）是费时的，并且是有点不现实的[393,396,397]。但使用选择培养基如含有链霉素和氨苄青霉素的蔬菜提取琼脂或Campy血琼脂（Remel Inc., Lenexa, Kan.）将提高分离到隐匿腐霉菌（*P. insidiosum*）的概率。为了获得最佳结果，新鲜获得的组织样本应保持常温，使用灭菌生理盐水湿纱布海绵包裹并在1d内送到实验室。如果无法执行，那么组织应冷冻并冷冻运输，在运输中使用冰袋可减少污染菌的生长；冷冻可以杀灭微生物[11,401]。将病料送到兽医诊

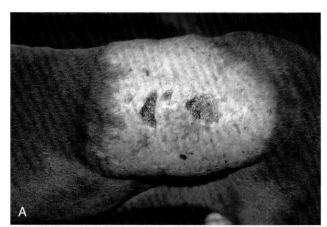

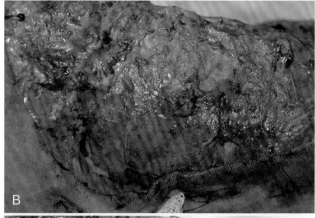

图5-45 **A.** 拳师犬由隐匿腐霉病菌引起的伴有坏死点的大片脱毛肿物 **B.** A中病变的手术清创显示了病原菌的侵袭力 **C.** 病变B更近的视野显示淡黄色霉菌结节（卵菌病菌丝被坏死碎片和炎症细胞包围）

断实验室是明智的，因为微生物学家对腐霉菌更熟悉。特异性PCR扩增或核糖体RNA基因序列可用于确定微生物类型[11,402]。

感染犬做探测血清中沉淀抗体的琼脂凝胶免疫扩散试验，结果会是阴性[393]。一项近期优化的ELISA试验显示敏感性和特异性均可证明这将是未来有用的血清学试验[393,403]。除提供原始诊断之外，这种ELISA在监测治疗反应亦有效。抗体水平的戏剧性减少可在成功治疗后2~3月内出现，但在持续性感染的患者，抗体水平可依然保持高水平[11]。

4. 临床管理

广泛手术切除是一种治疗选择，但可能会出现复发[393,397]。有可能需要感染肢截肢。截肢端近端动脉和区域淋巴结应检查有无病变。因为腐霉菌不与真性真菌共享细胞壁特点，抗真菌化疗药（两性霉素B、酮康唑、氟康唑）治疗此病疗效不佳[393,397]。但由于局部术后复发常见，伊曲康唑（每24h，5~15mg/kg，口服）和特比萘芬（每24h，20~30mg/kg，口服）联合用药推荐在术后最少使用2~3个月。仅使用药物治疗犬的治愈率（伊曲康唑和特比萘芬联合用药）大约为10%[404]。血清ELISA应在术前进行，并且在2~3个月后重复1次。如果手术成功切除了全部感染组织，抗体水平应在3个月内明显下降。如果出现此情况，药物治疗可以中断并在3个月后呈递血清样本进行ELISA滴度复查。如果ELISA滴度维持高水平，应继续进行药物治

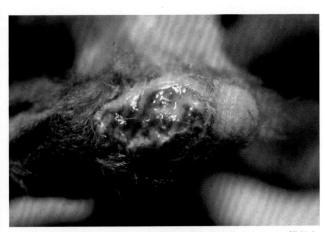

图5-46 猫腐霉病。肘关节上有瘘管的溃疡性结节（由C. Foil提供）

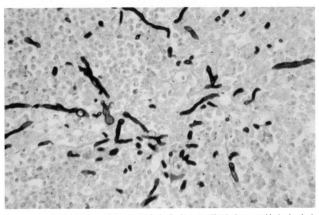

图5-47 犬腐霉病。脓性肉芽肿皮炎中大量菌丝（GMS染色）（由C. Foil提供）

疗直到滴度出现明显下降[11]。联合治疗优于单一伊曲康唑或单一特比萘芬，也优于两性霉素B[11]。卡泊芬净可能更有效，因为其为β-葡聚糖合成酶蛋白抑制剂，但它极贵[11]。

甲霜灵，这种杀真菌剂曾用在几只犬上但没成功，该杀菌剂用于对植物致病的卵菌纲[393]。治疗犬出现明显消化道不良反应（恶心、呕吐、厌食）。

自发的腐霉菌疫苗和转移因子在犬的实验没有获得成功（在马部分成功）[393,397,398]近段时间，一个腐霉菌疫苗发展为同时含有表面抗原和细胞质抗原的疫苗。表面抗原触发器，一个T$_H$2应答吸引嗜酸性粒细胞和肥大细胞（这两种细胞可加重炎症反应）。细胞质抗原刺激，一个T$_H$1应答，巨噬细胞和淋巴细胞的补充可导致病原体死亡和临床缓解。据报道，泛美兽医实验室（166Brushy Creek Trail, Hutto, TX 78634; www.pavlab.com; 800-856-9655）获美国食品药品监督管理局（FDA）认证的腐霉菌疫苗据报道治愈了约72%的感染腐霉菌的马和33%的感染犬。但对患有慢性疾病的犬（>2个月）不太可能有效[405-407]。一种更新的实验室疫苗似乎效果更好，其在55%~60%的犬有效[408]。

（七）链壶菌病（Lagenidiosis）

1. 病因与发病机理

链壶菌（*Lagenidium* spp.）最近被认为是类卵菌纲的病原菌，可感染动物。链壶菌属内重要菌可寄生感染藻、真菌、灌木、轮虫、线虫、甲壳虫和昆虫幼虫。犬链壶菌（*Lagenidium giganteum*）以蚊子幼虫为食并用于蚊子的生物学控制[409]。感染犬的链壶菌生物链未知。报告病例中的大部分犬有湖泊和池塘内嬉戏或游泳的经历，提示有可能是另一种水上真菌[11]。

2. 临床发现

报告病例中的大部分犬为生活在美国东南方的青年到中年犬（佛罗里达州和路易斯安那州）。感染动物也在得克萨斯州、田纳西州、弗吉尼亚州和印第安纳州。病变通常是多病灶的、纤维化的、在真皮层或皮下的溃疡性结节并可发展成瘘管。局部淋巴结问题通常会出现并先于皮肤病变发展。系统性疾病通常会出现，并伴有脓性肉芽肿血管炎和大血管（例如腔静脉）、腰下和腹股沟淋巴结、肺部、肺门和前纵隔的感染。下颌唾液腺炎也有报道。链壶菌病在猫没有报道[11]。

3. 诊断

瘘管分泌物和淋巴结抽吸物的细胞学检查显示了脓性肉芽肿性到嗜酸性粒细胞炎症，并也可显示广泛的、不良的分隔菌丝。菌丝比腐霉菌属（*Pythium*）的要大，直径7~25μm（平均12μm）。应进行组织学检查、培养、PCR分析和皮肤活检取样。组织学发现包括脓性肉芽肿、嗜酸性粒细胞炎症和大、厚壁、不常分隔的菌丝。菌丝通常HE染色可见，并在GMS染色可见。较好的培养基是含有氨苄西林和链霉素的蛋白胨-酵母葡糖琼脂培养基。培养分离

产物DNA或组织样本可用于PCR扩增，以此对链壶菌和腐霉属进行区分[11,410]。

4. 临床管理

感染组织的积极手术切除是一种治疗选择。如果为单一处肢体远端感染，建议截肢。由于经常出现全身性感染，术前要进行胸腹部的影像学检查来确定病变边界。药物治疗上使用伊曲康唑和特比萘芬联合用药作为积极手术切除的辅助是有效的。全身性链壶菌病的犬预后不良。由于尚无证据表明宿主之间的传播方式，所以在抓持感染动物或组织时要使用手套并彻底洗手。

五、全身性真菌病

全身性（深部）真菌病［Systemic (deep) mycoses］是内部器官真菌感染，这可以通过血液传播进而扩散到皮肤。引起深部真菌病的真菌是存在于土壤或植物的腐生菌。这些菌的感染通常不是传染性的，而是动物在特定生态小环境下吸入分生孢子引起的。通过原发性皮肤接种引起的皮肤病变罕见，由这些病原菌导致皮肤病变的动物应先假定有全身性感染。这里只简单讨论深部真菌病。读者可以参考真菌和传染病文献的附加信息。

（一）芽生菌病［吉尔克里斯特病，芝加哥病（北美芽生菌病）］

1. 病因与发病机理

皮炎芽生菌（Blastomyces dermatitidis）是双态性腐生真菌[6,7,18,118,302,411]。基因bys-1控制其菌丝体和酵母菌体间的变化[412]。此菌生长环境需要潮湿、富含有机物的酸性土壤。腐烂的木材和动物排泄物适宜真菌生长［如海狸水坝，是芽生菌（Blastomyces）生长的理想环境］[413-421]。下雨、丰沛的露水和土壤的翻动有利于侵袭孢子的释放[418,422]。人与犬的感染数与水源接触史不成比例[415]。四种元素——湿度、土壤类型（沙地、酸性）、野生动植物的存在和土壤破坏，构成"微焦点模型"，可用来预测哪里是皮炎芽生菌（B. dermatitidis）最可能被找到的地方[419,423,424]。即使在流行区域，这种真菌似乎也不会广泛分布。从环境中成功分离出此真菌的情况罕见。通过血清学和皮肤测试，大多数居住在流行区域的人和犬没有该菌暴露史。即使大多数动物可能有暴露史，但仅有少量发展成了明显疾病。芽生菌（又名吉尔吉斯特或芝加哥病）是北美主要疾病，但曾在非洲和中美洲发现过。在北美，芽生菌的区域分布很明确，包括密西西比州、密苏里州、纽约、俄亥俄州和圣劳伦斯河谷地及中大西洋洲[302,425-428]。

感染通常是动物在菌丝的生长环境中吸入孢子所致[302,429,430]。孢子会定植在气道终端并转换成酵母样菌进而建立最初的肺部感染[431]。BAD1和WⅠ-1抗原是重要的毒力因子，功能是对宿主细胞的黏附，同时也有抑制炎症反应的免疫调节功能[432-438]。芽生菌（Blastomyces）可通过血液

和淋巴管扩散到全身并在皮肤、眼睛、骨骼、淋巴结、皮下组织、外鼻孔、脑部和睾丸处生长[439-441]。有时，穿刺伤处的孢子的原始接种可发展为局灶性病变[11,442-445]。

2. 临床发现

（1）犬

与人相比，犬有十倍于人的感染概率，并可作为一个重要的流行病学标记[11,427,429]。年轻的（2~4岁）、未去势雄性大型犬或运动型犬（特别是杜宾犬、拉布拉多猎犬、布鲁泰克浣熊猎犬、树丛浣熊猎犬、波音达犬、威玛犬）具有易感倾向性[411,413,418,420,423,425,426]。大量病例发生在秋季[413,418,423,426]。微生物污染水域对于受感染犬是一个典型的致感染因素，生活在水域周边400m范围内的犬有10倍感染风险[413,419,423]。临床症状通常包括厌食、体重减轻、咳嗽、呼吸困难、眼病、跛行和皮肤疾病[411,420,423]。大部分（85%）患有芽生菌病的犬有肺部病变。20%~50%芽生菌病犬有皮肤病变。病变包括纤维化丘疹、结节和斑块、溃疡、瘘管和皮下脓肿[411,431]。病变通常有多处并可出现在任何地方，但鼻镜（图5-48，A）、面部（图5-48，B）和爪垫（图5-48，C）是最常见部位。有3只全身性芽生菌病犬使用两性霉素B治疗后出现皮肤钙化[446]。眼部病变在多达40%病例中出现并可包括葡萄膜炎、脉络膜炎、视神经炎、视网膜剥离、视网膜肉芽肿、玻璃体炎和角膜炎[11,411,431,447]。骨病变在多达30%的感染犬出现，有些病例跛行是最初的临床症状[11]。

（2）猫

芽生菌病在猫罕见。呼吸困难、湿性皮肤病变（特别是指端）（图5-49）、眼病（葡萄膜炎）和体重减轻是最突出的临床症状[11,14,440,441,448]。暹罗猫可能有品种倾向性。假定由局部芽生菌接种引起的局部病变也有报道[442]。

3. 诊断

临床兽医师更应注意在流行区域居住或有旅行史的动物应提高临床医师怀疑指数。抽吸物或直接抹片的细胞学检查通常具有诊断意义，显示化脓性到脓性肉芽肿性到含有圆的到椭圆的酵母样真菌性肉芽肿性炎症（大多是8~15μm，直径从5~35μm不等）[449]，这显示有广泛出芽可能和有厚的折光的双层细胞壁（图5-50）[11,302,441,449]。活检发现包括结节到散在的，化脓的到脓性肉芽肿性的到通常可发现真菌的肉芽肿性皮炎[11,302]。病原菌在使用特殊染色如PAS、GMS或格里德利真菌染色时最容易看到。细胞学样本培养不建议在医院实验室进行，因为会有菌丝体感染的危险[302,430]。仅在病原体已被广泛寻找确定时进行血清学试验（琼脂凝胶免疫扩散AGID）来帮助确诊[411,423,450-459]。近期酶免疫测定被用来检测尿、血清、脑脊液和支气管肺泡灌洗液（BALF）中的皮炎芽生菌抗原。尿液是对动物全身性疾病最敏感的物质，但在有肺部芽生菌病的犬，BALF是最敏感的。由于与荚膜组织胞浆菌（Histoplasma capsulatum）、曲霉菌属（Aspergillus spp.）、新型隐球菌

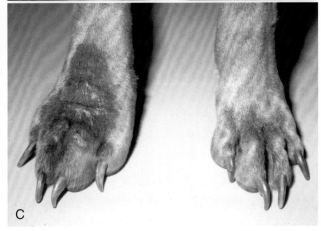

图5-48　**A.** 患有芽生菌病犬鼻部溃疡性结节　**B.** 芽生菌病犬头部溃疡性结节　**C.** 芽生菌病犬右前肢结节（A由J. Brace.提供）

图5-49　猫右前肢表现出芽生菌病

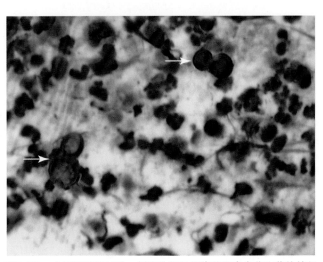

图5-50　广泛出芽和厚的、折光的双层细胞壁是皮炎芽生菌的特征（箭头）

（*Cryptococcus neoformans*）的交叉反应性，检查可出现假阳性结果[458,459]。抗原水平的检测可对监测治疗反应和诊断复发有帮助。治疗时抗原水平下降，复发时会再上升[458]。

4. 临床管理

由于自行缓解现象罕见，所以所有临床上患有芽生菌病的动物都应进行治疗[11,118,411,423]。尽管可能单一使用两性霉素B（83%应答率）或酮康唑（62%应答率）就有疗效，但依然应优先考虑顺序给予这两种药物[11,118,411,423,460]。使用两性霉素B时，推荐使用脂质复合物，其毒性较低[461]。在犬，药物选择首选伊曲康唑[96,423]。这比酮康唑有效得多，其与两性霉素B有效性相同，易于在家给予，不良反应小，成本同两性霉素B相当。剂量为每24h5mg/kg比每24h10mg/kg有同样的成功率和更小的不良反应[96]。氟康唑

（中值剂量为10mg/kg）与伊曲康唑比没那么贵，在犬治疗芽生菌病时同样有效[461a]。影响预后的两项因素是大脑感染与否（如果出现预后不良）和肺部病灶的严重性。治疗前7天多达50%患有严重肺部疾病的犬会出现死亡。在有危及生命的呼吸窘迫的犬，在用药前几天使用地塞米松或强的松（0.5mg/kg）与伊曲康唑联合用药可减轻由濒死病原菌引起的炎症反应[462]。大约20%治疗犬在6个月到3年内复发，但通常第二个疗程反应良好。评估治疗反应时监测尿液芽生菌抗原可能有效。

5. 公共卫生方面的考量

相比人，犬有十倍的芽生菌感染风险并可作为人类芽生菌病研究的模型[423,429]。被病原菌污染的穿透伤在人会产生感染[411,443,445,463]。抓持感染动物时要注意不要被咬到。要注意，在尸体剖检或细针抽吸活检时不要被污染的刀或针扎到而造成人的机会性感染。病原菌培养仅限于在有合适条件的实验室进行[430,463]。酵母相不会通过气溶胶从动物传

（二）球孢子菌病（山谷热、圣华金河山谷热）

1. 病因与发病机理

球孢子菌病（*Coccidioides*）是一种双向腐生土壤真菌[6,7,11,18,118,302,464]。这种真菌的生态环境被定义为沙性碱性土壤，高环境温度，低降雨量和低海拔。地理学上这种区域被称为低索诺兰生活区（Lower Sonoran Life Zone），包括西南美洲、墨西哥和中南美洲。球孢子菌病从沙漠样地区啮齿动物巢穴中分离出来。降雨和活动扰乱土壤释放关节孢子，这些孢子进而会随风而逝。在沙尘暴、地震和雨季情况下此病会流行[11,465]。粗球霉菌（*Coccidioides immitis*）从加利福尼亚州圣华金河谷处发现，球孢子菌病又名圣华金河山谷热（San Joaquin Valley Fever）。球孢子菌在其他区域被发现，这些区域包括亚利桑那州、得克萨斯州、新墨西哥州、内华达州、犹他州和加拿大[464,466-470]。

血清学检测显示流行区域内的大部分人类和犬类定居者出现感染，许多感染是亚临床的或仅引起温和的、短暂的呼吸道疾病[11,464,471]。感染主要路径是吸入，关节孢子进入细支气管和肺泡，进而侵入细支气管周围组织。在肺部，关节孢子会转化成大的圆的厚壁的球形细胞（直径10~80μm），其中充满芽孢（直径2~5μm），叫作子实体（spherules）。病原菌可通过血液途径扩散到骨、皮肤、眼、心脏和心包、睾丸、脑、脊髓、脾、肝和肾[11,302,464]。

2. 临床发现

（1）犬

球孢子菌病在流行区域并不是常见疾病[11,118,464]。年轻的（1~4岁）、雄性犬是易感动物。拳师犬和杜宾犬更容易全身性感染。临床症状包括咳嗽、呼吸困难、持续热或波动热、厌食、体重减轻、跛行、皮肤疾病和眼部疾病[11,118,464,472-474]。皮肤病变通常有多处并包括丘疹、结节、脓肿、瘘管和溃疡。皮肤病变通常出现在感染骨骼处（特别是骨干末梢、干骺端、长骨的骺后区域）（图5-51）。慢性疾病可涉及广泛的非特异性呼吸道表现和肌肉骨骼发育异常等[472]。

（2）猫

球孢子菌病在猫罕见[11,118,464,475]。临床症状包括厌食、体重减轻、发热、咳嗽、呼吸困难、跛行、眼部疾病和皮肤病变。在一项研究中，半数感染猫有皮肤表现，特别是瘘管、皮下肉芽肿和脓肿[475]。在另一项48只猫的研究中，67%是5~12月份确诊的[475]。

3. 诊断

流行区域旅行史应引起临床医生的怀疑指数。抽吸物或直接抹片的细胞学检测提示化脓性的到脓性肉芽肿的到肉芽肿性炎症。真菌元素可能以子实体（直径20~200μm）或芽孢（直径2~5μm）出现，但可能很难被发现（图5-52）[11,118,464,475,476]。活检发现包括结节性的到全身性的、化脓的到脓性肉芽肿性的到肉芽肿性皮炎和脂膜炎。如果用PAS染色或GrocottGMS染色，真菌元素可能更容易被发现[6,7,18,464]。

不应在普通诊室尝试培养粗球霉菌，因为这可能会导致人类感染[464,477]。病原菌的培养应限制在有适当条件的实验室。血清学检测（试管沉淀和补体结合试验）可用于诊断[464]。琼脂凝胶免疫扩散试验（AGID）和ELISA试验也可用于检测球孢子菌病抗体，并且在监测治疗效果时此两种方法也可能有效[478-480]。

4. 临床管理

所有患有球孢子菌病的动物都应进行治疗，因为不太可能会自行缓解[464,481,482]。涉及骨和中枢神经系统的动物预后谨慎。其他动物预后良好，90%患病动物治疗后有临床症状的缓解。可选择的药物为唑类抗真菌药：酮康唑、伊曲康唑和氟康唑[11,118,464,483-488]。治疗全身性疾病的动物应持续最少1年，临床症状缓解后持续3~6个月。15%~30%病例会复发。两性霉素B可用于治疗无法耐受或对唑类药物无应答的动物[118,464,489,490]。

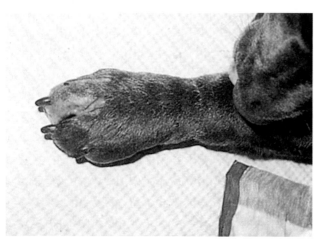

图5-51 球孢子菌病患犬趾端脱毛、红斑结节（由D. Chester提供）

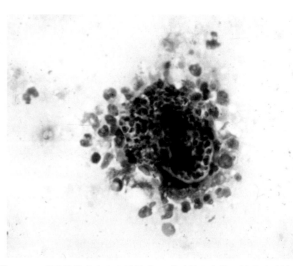

图5-52 球孢子菌病患犬直接抹片。破裂的子实体释放芽孢并被退变的中性粒细胞包围（由t. French提供）

（三）隐球菌病（肺隐球菌病、欧洲芽生菌病）

1. 病因与发病机理

隐球菌病（*Cryptococcosis*）是猫最常见的全身真菌病，也会引起人类和一系列动物包括犬、雪貂、马、山羊、绵羊、牛、海豚、鸟、考拉和其他有袋类动物发病[11,118]。隐球菌属有37种菌，致病的最常见品种是新型隐球菌和 *C. gattii*。根据基因荚膜多糖的不同，新型隐球菌已经被分为5种血清型（A、B、C、D、AD）[11,118]。分子生物学将它们重新定义为3种亚型：*C. neoformans* var. *Neoformans*（血清型D）、*C. neoformans* var. *gattii*（血清型B、C）、*C. neoformans* var. *grubii*（血清型A）[491-501]。更深入的研究表明 *C. gattii* 是一个可感染有免疫活性宿主的独特的菌种，*C. Neoformans* 主要感染免疫抑制个体[501-501d]。*C. Neoformans* 是一种广泛存在的腐生酵母样真菌，最常在鸟兽粪便、污物和鸽子窝碎屑中被发现，且可在世界各地发现[11,14,302,502,503]。与鸽子粪便相关的富含氮的碱性环境促进隐球菌生长，因此隐球菌可在废弃鸽舍保持感染性长达两年。桉树和其他树种与 *C. gattii* 在热带、亚热带环境的微环境相关；考拉可作为这些地区的标志性宿主[11,495,504]。*C. gattii* 最近被标示为引起英属哥伦比亚温哥华岛人类和哺乳动物，包括犬、猫在内的隐球菌病暴发的致病物种[501d,501e]。隐球菌病有几种致病因子包括其多糖、荚膜、黑色素、甘露醇、乳糖酶、酚氧化酶和其他酶[494,505-510]。黑色素可保护真菌细胞不被毒性羟基自由基和氧化应激损伤[510]。荚膜由酸性多糖组成，两种荚膜基因——CAP59和CAP64与毒力相关。随着侵袭宿主过程，荚膜会变厚，保护菌体不被阻断性炎症反应和细胞吞噬作用影响[11,510-513]。

隐球菌感染的主要途径是吸入菌体，猫有时在穿透伤处发展为局部病变。多数犬和猫的隐球菌病开始于病菌在鼻黏膜的定植，之后经血液循环扩散到淋巴结、皮肤和骨骼。感染也可扩散至筛板，引起脑膜脑炎[11,514-518]。隐球菌性脑膜炎是人类隐球菌病最常见临床表现[11,508,510,519]。感染的发生与扩散很大程度取决于宿主的免疫力，但潜在的患有隐球菌病的犬和猫通常检测不到[118,491,503,520-523]。在实验条件和自然状态下，糖皮质激素治疗均会使犬和猫隐球菌病加剧或恶化[503]。猫隐球菌感染偶尔与FeLV或FIV感染相关[14,503,524-528]。隐球菌病也称为欧洲芽生菌病和肺隐球菌病。

2. 临床症状

（1）犬

犬隐球菌病是罕见疾病[118,503,478,529]。大型青年（平均年龄3岁）犬易感报道杜宾犬、德国牧羊犬、大丹犬和美国可卡犬有较高的发病率[529]。该病没有性别倾向性。临床症状包括鼻窦炎和各类中枢神经系统和眼部异常[118,503,530]。感染可扩散到内部器官[531]。大约20%的病例表现皮肤病变；这些病变以丘疹、结节、溃疡（图5-53）、脓肿和瘘管为特征。鼻、唇、爪垫经常感染[178,503]。皮肤病变通常是全身病

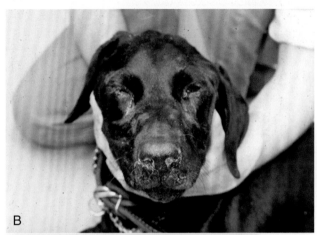

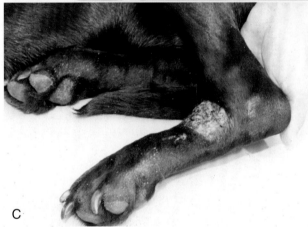

图5-53　A. 犬隐球菌病　**B.** 新型隐球菌引起的鼻肿胀和分泌物　**C.** 新型隐球菌病患犬后肢结节近观

变的标志[11]。

（2）猫

猫的隐球菌病不常见，但它是猫最常见的深部真菌病[14,118,503,532-536]。青年猫（平均年龄2~3岁）感染风险较高。有些研究报道公猫感染风险更高，同时其他研究报道该病没有性别倾向[11,104,534]。暹罗猫有较高感染风险[104]。临床症状包括上呼吸道、皮肤、中枢神经以及眼部系统的异常[14,118,503,533,534,537-578]。大约70%的病例有上呼吸道症状，鼻孔内可见的肉色息肉样肿块，或横跨鼻梁的硬质至糊状的皮下肿胀（图5-54）。患有鼻咽部隐球菌病的猫有吸气鼾声并张口呼吸。通常会发生下颌淋巴结问题，且淋巴结可能出现脓肿（图5-55）。视神经炎、脉络膜视网膜炎和视网膜脱落会导致失明[11]。大约40%的病例表现皮肤和皮下

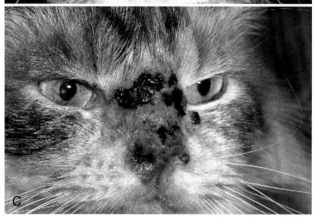

图5-54 **A.** 隐球菌病患猫鼻镜的结节 **B.** 隐球菌病患猫鼻部大的溃疡性肉芽肿 **C.** 隐球菌病患猫鼻梁肿胀且伴有大量瘘管

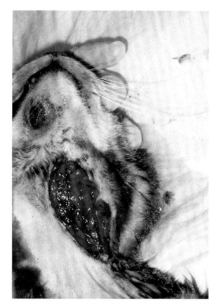

图5-55 患隐球菌病的猫下颌腹侧淋巴结和颌下淋巴结脓肿

细胞学诊断[11]。

活检结果包括囊性变性或真皮和皮下组织空泡形成，这些非细胞组织（有时被比作为浸泡的肥皂泡）或结节性到弥散性、脓性肉芽肿性到肉芽肿性皮炎和有含大量病原菌的脂膜炎等病变是非常惊人的。MAYER氏黏液素卡红是一种有用的特殊染色方式，因为它染出的病原菌荚膜（carminophilic）是红色的[8,503]。病原菌也可通过使用PAS、GMS、氨根银染色显色。

使用乳胶凝集试验可在血清和脑脊液中检测到隐球菌的荚膜抗原[503,552]。报道称这些试验有90%~100%敏感性和97%~100%的特异性[11]。患猫皮肤分离病原菌可出现阴性结果[503,523,552]。据报道，由于对消毒液和肥皂的交叉反应会出现假阳性[553]。推荐这些试验用于监测治疗反应[503,527,523,552,554-556]。然而，患猫针对隐球菌抗原的血清抗体滴度在有或没有临床症状的情况下都会保持，可在最初的诊断和治疗后长年累月的存在[527,543]。

隐球菌可通过抽吸样本、渗出液、脑脊液、尿液和活检样本进行培养，而且在沙氏培养基上生长良好（生长被放线菌酮抑制）。有严重细菌污染的培养样本，如鼻腔的样本，推荐使用含有抗生素的鸟饵琼脂培养。在25 ~ 37℃环境进行培养。

4. 临床管理

当手术切除大块真菌感染的组织可行时，应在手术前或手术后短时间内开始进行药物治疗[567,558]。手术解决了抗真菌药物难以渗透到病变组织的问题，从而提高治疗效果。有些鼻部肿块的病例，可通过有效地冲洗鼻腔将肿物冲出[11]。两性霉素B是最有效的抗隐球菌药物，推荐联合氟康唑用于患有中枢神经系统病变的猫[549,559,560]。唑类抗真菌药（氟康唑、伊曲康唑和酮康唑）选用于感染不严重的动物[11,92,104,554,561]。氟康唑对隐球菌有效，可渗透进入中枢神经系统和眼部组织[104,562]，但已有抗药性的报道[563]。伊曲

组织的病变[11,14,503,533,543]。病变通常为多处的，包括丘疹、结节（图5-56）、脓肿、溃疡和瘘管[18,503,523,544,545]。皮肤病变可出现在任何部位但最常见的部位是面部、外耳郭和爪部。多病灶皮肤病变是血源性扩散的结果，且通常累及其他器官[503,546]。局部病灶罕见，但也可能发生于穿刺伤部位直接接触病原菌的猫[544,547]。

3. 诊断

抽吸或直接抹片细胞学检查显示化脓性肉芽肿至肉芽肿性炎症，伴有大量多形性（圆到椭圆，直径2~20μm）酵母菌样的病原菌。细胞学检查表现基部窄小的出芽，由不同厚度的黏液性荚膜环绕，形成清晰的或折射的光环[6-8,18,302,503,548-551]。通常推荐使用印度墨水染色，因为病原菌不会被染色，表现为与黑色背景相反的阴影（图5-57）。Diff-Quik、革兰氏染色、新亚甲蓝染色都可用于

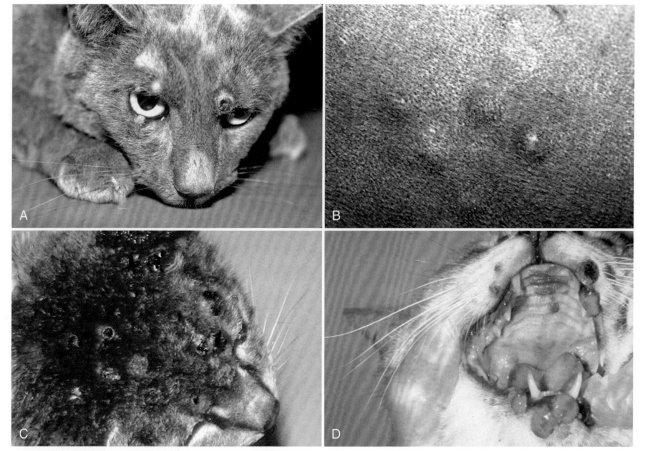

图5-56 **A.** 隐球菌病患猫面部的大量结节 **B.** A图中患猫躯干上的大量结节 **C.** 隐球菌病患猫头部的大量溃疡性结节 **D.** C图中患猫唇部和口腔也发现大量结节

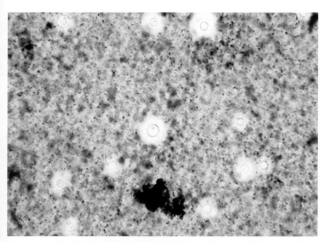

图5-57 感染新型隐球菌患猫的直接抹片。印度墨水染色显示由包围病原菌的荚膜形成的清晰光圈

康唑有良好的治疗指数，选择用于治疗大部分隐球菌病患猫[11,54,92,527,564]。酮康唑是可获得药物中最便宜的，在某些病例中效果较好，但猫可能无法耐受此药（胃肠道不良反应）[11,54,545,556,565]。

治疗应持续足够长时间以保证患病动物已经消除感染。在某些病例，治疗可持续2年甚至更长。持续治疗直到动物完全健康，并经细胞学检查或培养无病原菌。连续监测血清抗原滴度是有用的，因为患病动物在临床症状改善很长时间之后感染才被彻底清除。如果经过几个月的治疗后滴度没有降低，应使用强度较高的治疗方案（如使用两性

霉素B）。抗真菌治疗应持续到抗原滴度为0。滴度应在停止治疗后6个月复查1次来监测任何感染复发的可能[11]。

（四）组织胞浆菌病（北美组织胞浆菌病）

1. 病因与发病机理

荚膜组织胞浆菌是一种双态性土壤腐生性真菌[6,7,18,118, 302,566]。此病原菌喜欢温暖、潮湿和含氮有机物富集的土壤，如鸟和蝙蝠的排泄物[567]。腐败的木头可为另一种该病菌的生长环境[568]。已发现两种：荚膜组织胞质菌荚膜变种和荚膜组织胞质菌杜波氏变种[11,569-571]。其有性型是荚膜阿耶罗菌[19]。大部分组织胞浆菌病病例出现在美国中部，俄亥俄州、密苏里州和密西西比河谷。调查显示大部分流行地区居住的人和犬均会感染，但大部分是亚临床感染[567,572-575]。组织胞浆菌病呈世界性分布，在日本已有犬感染的报道[573,575,576]。荚膜组织胞质菌杜波氏变种是非洲组织胞浆菌病的致病媒介[577]。

通常暴露途径是吸入感染性小分生孢子。一旦进入肺脏，小分生孢子会转换成酵母相。酵母相被细胞溶酶体吞噬进入巨噬细胞，可通过淋巴管、血管扩散到富含单核吞噬细胞的器官[578-582]。仅出现消化道组织胞浆菌病，没有涉及呼吸道表明经口摄入可能是另一种感染途径，但研究实验口服组织荚膜胞浆菌孢子无法确实地产生消化道疾病[11]。直接污染伤口可偶尔导致局部皮肤感染[58]。

图5-58 猫组织胞浆菌病。耳郭外表面的结节（由J. macDonald.提供）

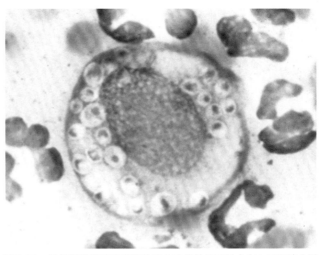

图5-59 从组织胞浆菌病患猫的患处直接抹片可见含有大量细胞内酵母菌样的巨噬细胞

2. 临床症状

（1）犬

犬组织胞浆菌是一种在流行区域内不常见的疾病[118,566]。青年犬（<4岁）通常会感染，波音达犬、威玛犬和布列塔尼猎犬可能有品种易感性[118,566]。没有明显的性别倾向。临床症状包括厌食、体重减轻、发热（对抗生素治疗没有反应）、咳嗽、呼吸困难、消化道疾病、眼睛疾病和皮肤病[118,566,578,583-586]。最常见的临床表现是伴有里急后重、黏液样、血性的大肠型腹泻。肝肿大、脾肿大、内脏淋巴病变、黄疸、腹水也可出现。皮肤病变通常由疾病扩散所致，可出现多个丘疹、结节、溃疡和瘘管，可出现在身体的任何部位。小分生孢子接种进入伤口导致局部皮肤病变的病例很罕见[58]。

（2）猫

猫组织胞浆菌病在流行地区是一种不常见的疾病[118,566,587,588]。多数感染猫小于4岁，大部分都有扩散性疾病。雌性可能具有易感倾向，但没有明显的品种易感性[11]。临床症状包括沉郁、体重减轻、发热、厌食、呼吸困难、眼病和皮肤疾病[118,441,566,579,587-591]。皮肤病变通常为多处的，身体任何部位均可出现（特别是面部、鼻子和外耳郭）并且以丘疹、结节、溃疡和瘘管（图5-58）为特征。偶尔有眼睛感染，导致结膜炎、睑炎、脉络膜视网膜炎、视网膜脱落和视神经炎[11]。小分生孢子接种到伤口导致局部皮肤病变的情况很罕见[58]。

3. 诊断

有流行区域旅行史更应引起临床医师的怀疑。抽吸物或直接抹片的细胞学检查显示脓性肉芽肿性到肉芽肿炎症，含有大量小的（2~4μm直径）圆、酵母样菌体，有嗜碱性中心和由于染色导致的菌体皱缩出现的轻微光环（图5~59）[6,7,18,305,566,592]。活检结果包括结节性到弥散性的脓性肉芽肿性到肉芽肿皮炎，伴有大量细胞内菌体。DNA探针可用于确认病原菌[11,569,575]。

患有肺部组织胞浆菌病的犬猫胸部X线片显示线性至弥散性间质型及肺门淋巴结肿大[591]。在患有呼吸道疾病的动物，支气管肺泡灌洗可用于确诊组织胞浆菌病[591,593]。腹部超声可显示肝实质回声增强且肿大、脾肿大和内脏淋巴结肿大。有消化道症状的患犬进行结肠镜检查通常显示黏膜增厚、颗粒样、易碎、溃疡样变化。直肠拭子是很好的组织来源，用于评估组织胞浆菌的出现[11]。

对血清、脑脊液、支气管肺泡灌洗液或尿液中组织荚膜胞浆菌进行一个多糖抗原的检测，对于诊断急性肺部或弥散性组织胞浆菌病进行一种敏感检测[594-596]。但是已有与其他真菌出现交叉反应的报道（如芽生菌病和球孢子菌病）[596,597]。抗原检测试验推荐用于监测治疗；有效治疗抗原水平会下降，抗原水平升高表示治疗失败或感染复发[595]。

大多数患病动物血清中抗组织胞浆菌抗体检测是阳性的[11]。在感染和抗体反应发展期间有一个2~6周的滞后期，所以在急性感染中可出现阴性的检查结果。感染消除后抗体可长期保持高水平，因此阳性滴度可表示既往感染史并且可能不是患病动物当前疾病所导致的[11]。

不建议常规条件下尝试培养组织荚膜胞浆菌，因为此病原菌有潜在的致病性[566]。

4. 临床管理

患有临床组织胞浆菌病的所有动物均应治疗，因为其有潜在病原菌扩散的可能[566]。目前的药物选择是伊曲康唑[11]。对于严重的或爆发性的疾病，推荐使用伊曲康唑和两性霉素B联合用药[11,89,587,598-605]。不推荐使用氟康唑治疗组织胞浆菌病，因为它没有伊曲康唑和/或两性霉素B有效[11,606,607]。同样地，由于酮康唑抗组织荚膜胞浆菌的低效性，也不推荐酮康唑治疗。伏立康唑作为一种新的三唑类药物显示出对中枢神经系统感染的有效性[123]。

大多数患有组织胞浆菌病的犬、猫预后一般至良好；但需要进行长期治疗而完全治愈。中枢神经系统、眼睛、骨骼和睾丸感染该病原后难以清除，如果发生附睾的感染，建议进行睾丸切除术[11]。患有慢性组织胞浆菌病的犬会发生肺门淋巴结肿大继发的气道阻塞，使用皮质类固醇

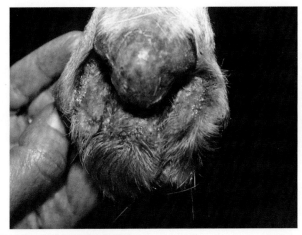

图5-60　犬趾间皮肤念珠菌病

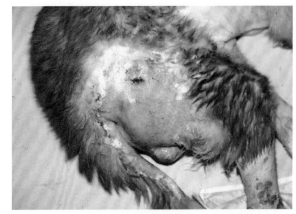

图5-61　念珠菌病患犬皮肤表现渗出、溃烂、红斑样病变

配合伊曲康唑治疗更好[608]。检测尿液、血清中的抗原水平对于监测治疗效果很有益处。抗原血症和抗原尿症被清除之前需持续治疗。坚持2年内每3~6个月监测1次，保证该病复发时可以作出早期诊断[595]。

六、其他真菌病

（一）念珠菌病（Candidiasis）

1. 病因与发病机理

念珠菌种（Candida spp.）中的酵母菌是隐球酵母科内的双向真菌。念珠菌酵母相是哺乳动物消化道、上呼吸道和生殖器黏膜的常在菌[1-3,9,609-611]。念珠菌，特别是白色念珠菌和近平滑念珠菌，在临床上的正常犬和念珠菌病患犬的耳朵、鼻子、口腔、肛门上可以分离得到[609-618]。偶尔可分离到热带念珠菌、伪热带念珠菌、克柔念珠菌、类星形念珠菌和吉利蒙念珠菌。念珠菌会引起皮肤、皮肤黏膜结合处、外耳道、爪部的机会性感染。导致正常内源性微生物菌群混乱（长期抗生素治疗）或破坏正常皮肤或黏膜屏障（浸泡、烧伤、留置导尿管）的因素提供了念珠菌进入机体的通路[610,611]。一旦进入体内，感染的进一步扩散与细胞介质的免疫活性及中性粒细胞的功能相关[610,611]。机体处于免疫抑制状态（糖尿病、皮质醇增多症、甲状腺功能减退症、病毒性感染、肿瘤、遗传性免疫缺陷症）或免疫抑制药物治疗使某些动物易感念珠菌病[610,611]。念珠菌可产生酸性蛋白酶、角蛋白酶（消化角质层）和磷脂酶（促进组织渗透）[611]。

在早期的文献报道中，念珠菌的曾用名有candidosis，moniliasis，thrush。

2. 临床发现

（1）犬

念珠菌病是一种罕见的疾病，明显侵向于侵袭黏膜、皮肤黏膜结合处或某些持续湿润并浸软的皮肤，如外耳道和耳郭外侧、易摩擦的部位、甲床和趾间（图5-60）[610-612,615]。可能会有剧烈的瘙痒感[611]。在黏膜上的病变为恶臭的、不愈合的溃疡，覆盖有较厚的灰白色的斑块，边缘为红斑样[13,611]。在皮肤上的病变最初为丘疹和脓疱，之后发展为有渗出的红斑斑块和溃疡（图5-61）[112,611,615,617]。生殖道黏膜感染的动物可见白色的阴道或包皮腔分泌物。耳部感染以红斑、渗出和瘙痒为特点[11]。患犬表现一只或两只爪部红疹或渗出，对抗生素和糖皮质激素治疗无效的病变，应怀疑有念珠菌的感染[614]。单独的或局部的成片病变可并发脓性创伤性皮炎或葡萄球菌感染[615,618]。报道有两只犬的病变是严重的角质化和结痂，涉及部位有鼻子、面部、耳郭、生殖器和脚垫[612,617]。报道有一只犬在注射葡萄糖酸钙后，在颈部和大腿外侧出现了与涎沫念珠菌相关的三处结节病变[616]。在甲床分离到念珠菌的情况罕见[11]。念珠菌病表现皮肤黏膜结合处活动性溃疡的病变很罕见[13]。

（2）猫

猫的皮肤念珠菌病极其罕见。病变包括在皮肤摩擦部位、爪部和皮肤黏膜结合处的红斑、糜烂、溃疡（图5-62，A,B）、结痂和渗出（图5-62，C,D）[613]。双侧溃疡性外耳炎也有报道[611]。报道一只猫在四环素治疗上呼吸道感染2周，之后出现鼻子、唇部、包皮、肛门和口腔的皮肤黏膜结合处的小水泡和溃疡性病变[8]。

3. 诊断

局部念珠菌感染的鉴别诊断包括脓性创伤性皮炎、葡萄球菌感染和皮肤间擦烂。皮肤黏膜结合处念珠菌病的鉴别诊断包括免疫性疾病（如慢性天疱疮、类天疱疮、获得性大疱的表皮松解症、全身性红斑狼疮、多形性红斑）、药疹、坏死松解性游走性红斑、铊中毒、趋上皮性淋巴瘤和其他不常见感染（利什曼原虫病、原藻病、皮肤暗丝孢子菌病）。直接抹片细胞学检查显示化脓性炎症和大量酵母样细胞（直径2~6μm）和出芽孢子（出芽细胞）[1-3,9,10,610,611]。假丝菌偶尔会出现。与厚皮马拉色菌相比，念珠菌为窄基多边出芽[611]。活检结果包括化脓性表皮炎、角化不全性角化过度及偶尔出现的化脓性浅表毛囊炎。大量酵母样菌和出芽孢子出现在表皮的角质层和毛囊漏斗部。假菌丝和真菌丝也可出现。念珠菌在沙氏培养

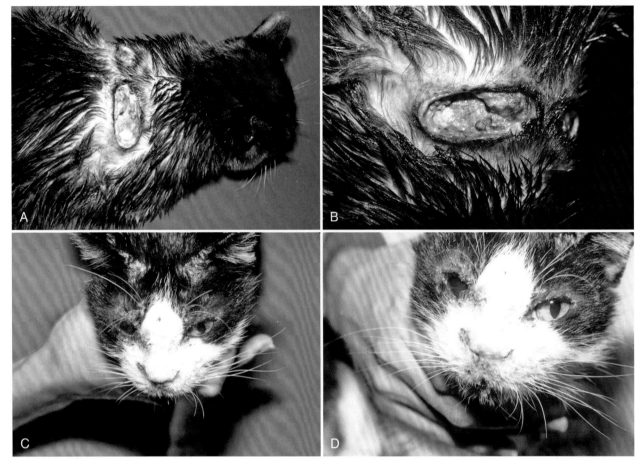

图5-62 **A.** 念珠菌病患猫出现肩部的溃疡 **B.** A图中溃疡的近照 **C.** 念珠菌病患猫的面部病变 **D.** C图中患猫的眼周、口周病变的近照

基上25~30℃生长。API20C系统是一种方便有效的鉴别系统。PCR、ELISA和乳汁凝集实验也可用于检测血液和尿液中的念珠菌[11]。

4. 临床管理

最基本的方式是改善易感因素，避免过度潮湿。局部病变处的剪毛、干燥和使用局部抗真菌药物通常有效。有效的局部药物包括制霉菌素（100 000U/g）、唑类药物（2%咪康唑、1%克霉唑）、3%两性霉素B、特比萘芬、结晶紫（1:10 000稀释于10%酒精）和高锰酸钾（1：3 000稀释于水）[13,42,610,611]。这些药物每日使用2~3次直到病变完全治愈（1~4周）。

口腔、大面积的皮肤黏膜结合和广泛性病变需要全身性抗真菌药物治疗[610,611]。尽管静脉注射两性霉素B有效，但是通常仍选择酮康唑或伊曲康唑口服[610,611]。治疗在临床治愈（2~4周）后应持续7~10d。氯芬奴隆也用于治疗皮肤感染[11]。口服补充维生素A有益于治疗，因为这可以提高对念珠菌感染的抵抗力[11]。

（二）毛孢子菌病（Piedra）

1. 病因与发病机理

Piedra在西班牙语中的意思是"石头"，是一种由结节菌（黑色毛孢子菌）和百吉得（贝吉尔毛孢子菌）（白色毛孢子菌病）引起的毛囊外毛干的无症状真菌感染[4]。

有一例犬感染白色毛孢子菌的报道[619]。白色毛孢子菌最常见于温带气候的南美洲、欧洲、亚洲、日本和美国南部。感染源未知，且认为直接传播很罕见。白色毛孢子菌也称为结节性毛癣菌病[620]。黑色毛孢子菌病通常见于热带地区[620]。

2. 临床发现

有一只11岁黑色可卡犬患有白色毛孢子菌病的报道[159]。患犬唇周的毛干及其周围有灰白色凝固物（图5-63，A,B）。"结节"触感是软的。动物其他方面表现正常。

3. 诊断

鉴别诊断包括结节性脆发病、黄菌毛症、管型毛发和毛干的各种发育缺陷。感染毛发的显微镜检查显示在毛干上和包围毛干周围的结节可大到直径几毫米（图5-63，C）。这些结节可导致感染毛干弱化和破损。感染毛发显微镜检查显示毛发外和毛发内菌丝垂直于毛发排列。可见有隔菌丝和关节孢子（直径3~7μm）。百吉得毛孢子菌（皮肤毛孢子菌）在沙氏培养基上25℃易于生长，且可被放线菌酮抑制。

4. 临床管理

患病的人类剃掉头发即可治愈[4]。疾病自愈常见。白色毛孢子菌也可使用局部抗真菌药物治疗，包括1%~2.5%硫化硒洗液、氯己定溶液、吡啶硫酮锌、咪唑类和两性霉素B治疗。黑色毛孢子菌病口服特比萘芬有效。

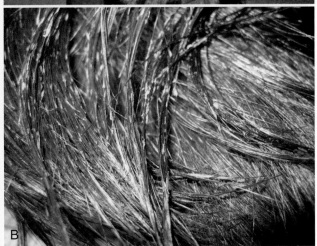

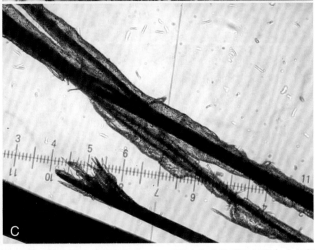

图5-63 白色毛孢子菌病患犬 **B.** A图中患犬的毛干周围灰白色凝固物的近照 **C.** A图中患犬的毛发显微镜检查显示包围毛干的结节。（由Belova医生提供）

（三）鼻孢子菌病（Rhinosporidiosis）

1. 病因与发病机理

鼻孢子菌病是一种由鼻孢子菌（*Rhinosporidium seeberi*）引起的慢性肉芽肿病，其分类不明确[1,621]。使用常规真菌培养基培养的方式不成功，但该真菌可在组织培养中生长[621]。进化分析显示鼻孢子菌是一种新认定的人和动物的病原菌，称为中黏菌门（介于真菌和动物之间）[11]。这种病在印度和阿根廷地方性流行，但北美关于该病的报道几乎都集中在美国南部。这种分布与水生环境有关，并且感染单位是小的圆形孢子（7~15μm），孢子在组织会发育为球形体（100~450μm），即孢子囊[11]。由于黏膜接触了污水或尘埃而发生感染，并且创伤是易感因素。感染通常涉及鼻腔黏膜，但也可涉及耳、咽、喉、气管、食管、尿生殖道黏膜以及皮肤。一旦植入，病原体会引起严重的局灶性化脓性肉芽肿反应[11]。

2. 临床发现

鼻孢子菌病很罕见。已有犬、猫患病报道[1,11,621]。该病在大型雄性犬更常见。患犬的典型表现有气喘、打喷嚏、单边浆液性脓性鼻分泌物和鼻出血。鼻孔内可见鼻息肉或使用鼻窥器检查时发现鼻息肉。单个或多个息肉大小不等，可从几毫米到3cm，息肉为粉色、红色或浅灰色并覆盖大量针尖样白色小点（孢子囊）。息肉可能是黏附的或有蒂的息肉，可突出鼻孔或累及鼻孔皮肤黏膜交界处。

3. 诊断

鉴别诊断包括大量感染性肉芽肿到肿瘤。应用鼻分泌物细胞学检测或息肉的组织学检查来进行诊断。病原菌可通过几种染色显现：H&E、赖特（Wright）、格里德利（Gridley）、甲苯胺蓝（Grocott）、PAS和格罗科特[11]。活检结果包括含有大量孢子囊（内孢囊）、有较厚双层外膜的纤维血管性息肉。孢子囊直径从100～400μm不等，含有大量孢囊孢子（芽孢）[1,621]。当孢囊孢子（直径2~10μm）释放到周围的结缔组织时，该处通常出现不同数量的淋巴细胞、浆细胞和中性粒细胞。

4. 临床管理

手术切除是治疗的一种选择，尽管报道有的病例术后6~12个月会复发[621]。已有口服氨苯砜或酮康唑治疗成功的报道，然而，药物治疗犬鼻孢子菌病的通用性仍需要进一步评估。

（四）红酵母菌性皮炎（Rhodotorula Dermatitis）

1. 病因与发病机理

红酵母菌是环境中的腐生菌，也发现其为皮肤、耳道和消化道的常在菌[1,2,622]。这种酵母样真菌是患有免疫抑制疾病动物的条件致病菌。

2. 临床发现

红酵母菌性皮炎极其罕见。报道有一只患有红酵母菌性皮炎的猫，在鼻镜、鼻孔、鼻梁、眼周和一只脚趾（图5-64）上黏附着红棕色柔软的痂皮[622]。病料分离培养出胶红酵母，同时该猫FeLV和FIV检测阳性。

3. 诊断

活检结果可见伴有皮肤上卵圆形酵母样病原菌的间质性皮炎[622]。红酵母在沙氏培养基上生长。

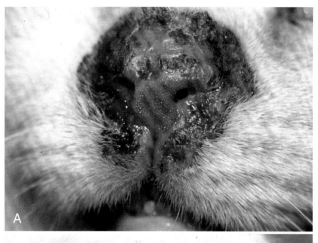

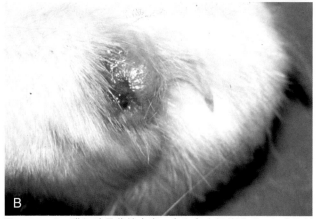

图5-64 A. 猫红酵母菌性皮炎：鼻和鼻吻部的脱毛、红疹和结痂 B. 猫红酵母菌性皮炎：一只脚趾外侧脱毛和红疹

图5-65 曲霉菌病患犬表现的结痂、脱色素和鼻分泌物

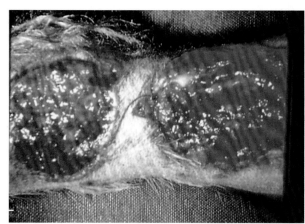

图5-66 曲霉菌病患犬的腿部溃疡（由R Halliwell.提供）

4. 临床管理

报道有一只患猫口服酮康唑治疗4个月，18个月后仍在缓解期[622]。其他系统性抗真菌药也有效。

（五）曲霉菌皮炎（Aspergillus Dermatitis）

1. 病因与发病机理

曲霉菌（*Aspergillus* spp.）作为土壤和植物腐生菌广泛存在于自然界的真菌，是人和动物皮肤、被毛和黏膜的正常菌群[13,623]。许多人类的曲霉菌病病例与免疫抑制相关；然而，犬相关的易感因素通常不易发现[623]。病原菌侵入黏膜或皮肤表面可发生机会性感染。烟曲霉（*Aspergillus fumigatus*）是鼻曲霉菌病中最常见的一种，偶尔可见黑曲霉、构巢曲霉和黄曲霉的感染[623]。发生感染的扩散性曲霉菌病中，感染频率降序排列依次为土曲霉、弯头曲霉、黄柄曲霉和烟曲霉[623]。

2. 临床发现

迄今为止仅有犬皮肤和皮肤黏膜结合处曲霉菌感染的报道[13,624]。仅有几例猫鼻腔鼻窦曲霉菌病的报道[11]。长头和中头品种犬感染鼻曲霉菌病的风险较高，但没有明显的年龄或性别倾向[623]。外鼻孔可见炎症、脱色素、溃疡和结痂，偶尔病变也可见于鼻平面，并继发出现鼻分泌物（图5-65）。多数扩散性曲霉菌病的病例是德国牧羊犬（平均

年龄2~8岁），在澳大利亚或加利福尼亚地区报道的[13,623]。这些犬可表现皮肤结节、脓肿、窦道以及口腔溃疡。曲霉菌与其他健康犬的皮肤结节和溃疡（图5-66）或睑炎（图5-67）相关性很少见[13]。

3. 诊断

鉴别诊断包括其他传染性疾病、肿瘤性疾病，并且在鼻曲霉病病例中，还包括多种免疫介导性疾病如盘状和系统性红斑狼疮、落叶型天疱疮和全身性红斑狼疮以及药物性皮炎。抽吸物或直接抹片细胞学检查显示化脓至脓性肉芽肿性炎症，偶尔可见真菌性元素。活检结果包括结节样到弥漫性化脓或脓性肉芽肿性皮炎或伴有最小炎症的坏死性皮炎。通常包含大量的病原菌，以宽的（直径3~6μm）、有隔膜的、二分叉菌丝为特征。曲霉菌可在25℃沙氏培养基上生长。

在鼻曲霉病中，分泌物的盲目培养或细胞学检查通常是没有提示性的，并且可能误认为疾病是细菌起源的[623]。常见的细菌有假单胞菌或其他肠杆菌科的细菌。另外，超过40%的正常犬或鼻肿瘤患犬的鼻拭子可培养出曲霉菌或青霉菌。使用鼻窥器检查可直接看到真菌斑块（白色、黄色或微绿的菌块），并可直接进行采样，用于细胞学检查、组织病理学检查和真菌培养。血清学诊断可使用免疫琼脂扩散试验、对流免疫电泳或ELISA等方法进行诊

图5-67 一只由黑曲霉引起的有黏稠黑色渗出物的慢性睑炎的松狮犬

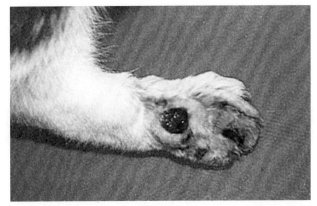

图5-68 猫后肢爪部由交链孢霉真菌导致的大结节，结节中央有溃疡

断[623]。在人类PCR检测用于曲霉菌病感染的监测，PCR检测也确诊了一只患有扩散性曲霉菌病的犬[11]。

4. 临床管理

噻苯咪唑（10~20mg/kg 每12h1次，或50mg/kg 每24h1次）和酮康唑（5~10mg/kg每12h1次）用于犬的效果不同[13,623]。迄今为止最有效的两种药物是两性霉素B和伊曲康唑[11]。临床治愈后要坚持给药3~4周，即最少需要6~8周的治疗。一项研究中，4只犬每日给予伊曲康唑，持续1 095d达到临床治愈[11]。特比萘芬、卡泊芬净和新的三唑类药物包括伏立康唑、泊沙康唑和雷夫康唑在犬的有效性尚无报道[11]。

对于鼻曲霉菌病，最成功的治疗方案是局部给予恩康唑（10mg/kg；通常5~10mL），一日2次，使用7~10d，通过额窦将导管植入到达每个鼻室[90,623]。另一种选择是使用1%克霉唑或恩康唑进行一次性1h的灌洗，如果仍然存在鼻分泌物则可在2周内重复灌洗1次[11]。

（六）交链孢霉皮炎（Alternaria Dermatitis）

1. 病因和致病机理

交链孢霉属真菌是一种广泛存在于土壤和有机碎屑中的腐生真菌，并且是犬、猫体表常在菌群的常见成分[3,9,13]。交链孢霉属真菌会导致伤口机会性感染。

2. 临床发现

交链孢霉真菌引起犬、猫皮肤疾病的报道很少。交链孢霉真菌致使犬的皮肤病学的异常包括：①不限定区域的局限性脱毛、红疹、鳞片，特别是皮肤相互摩擦的部位和创伤处的皮肤[624,625]；②结节性、溃疡性的鼻部皮肤脱色素性炎症［细极链隔孢菌（*Alternaria tenuissima*）］[626]。猫的交链孢霉真菌与皮肤暗丝孢霉病［互隔交链孢霉（*Alternaria alternata*）］相关，并表现为爪部的溃疡性结节（图5-68）。

3. 诊断

皮肤浅表炎症疾病的鉴别诊断包括葡萄球菌毛囊炎、蠕形螨病、皮肤癣菌病和马拉色菌性皮炎。结节的鉴别诊断包括感染性肉芽肿和异物性肉芽肿以及肿瘤。结节病变

处抽吸物或直接抹片的细胞学检查可见化脓性肉芽肿炎症和大量真菌元素。活组织检查结果包括结节样到扩散性化脓性肉芽肿性皮炎和脂膜炎，伴有宽的（直径3~6μm）、有分隔的、有分支或无分支的菌丝。交链孢霉真菌可在沙氏培养基上生长。穿刺活组织检查取样是真菌培养的最佳病料。

4. 临床管理

手术切除结节可能是有效的治疗方式。抗真菌药物化疗需根据体外药敏试验进行。报道有一只犬口服酮康唑8周后治愈[626]。

（七）毛孢子菌性皮炎（Trichosporum Dermatitis）

1. 病因及致病机理

毛孢子菌属真菌是隐球菌科土壤腐生菌，是皮肤和黏膜常在菌群的一个小组成部分[11]，可导致皮肤或系统性疾病。病原菌早前被归类为皮肤丝孢酵母（*Trichosporon cutaneum*）；然而，基因组分析显示有六种真菌：阿是丝孢酵母（*Trichosporon asahii*），星状丝孢酵母（*Trichosporon asteroides*），白及利丝孢酵母（*Trichosporon beigelii*），墨色丝孢酵母（*Trichosporon inkin*），黏性丝孢酵母（*Trichosporon mucoides*）和卵圆形丝孢酵母（*Trichosporon ovoides*）是人类感染的重要原因。白及利丝孢酵母可引起人类、猴子和马的须部孢子菌病。白及利丝孢酵母感染和苗牙丝孢酵母菌感染与猫黏膜、黏膜下层、皮下组织的化脓性炎症和肉芽肿性炎症混合感染相关。

2. 临床发现

人类毛孢子菌病最常见的症状有皮肤病变、脉络膜视网膜炎和散播到肺脏和肾脏的相关症状。报道一只患有毛孢子菌病的猫在其单侧鼻孔内出现突出的肿块，并伴有吸气喘鸣音[11]。另一只患猫在咬伤处出现慢性溃疡性皮下病变[11]。两只猫都有由酵母样菌引起的慢性膀胱炎，出现血尿和排尿困难的症状[11]。

3. 诊断

确诊毛孢子菌病需要组织病理学检查确认组织中的病原菌及宿主对病原菌的反应。组织病理学检查结果包括真

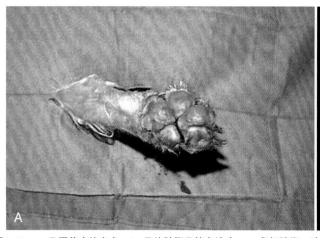

图5-69 一只原藻病的患犬。**A.** 足垫肿胀且伴有溃疡 **B.** 鼻部肿胀、溃疡、脱色素（由J. Perrier提供）

菌侵入血管形成血栓出现的结节性梗死和脓肿。组织切片和压片可见球形至椭圆形的酵母样菌体（分生孢子），直径3~8μm，关节孢子和分节菌丝。真菌需用PAS染色及GMS染色。毛孢子菌属真菌可在沙氏培养基或海藻糖琼脂培养基上25℃培养。显微镜下看到特征性关节孢子或使用PCR检测致病性毛孢子菌病进行确诊[11]。

4. 临床管理

猫使用伊曲康唑治疗，起始用量为5~10mg/kg，口服，每12~24h1次。如果出现鼻肉芽肿应进行手术切除或减积手术。与感染动物接触的人应注意戴手套和洗手以防止菌落的附植，已经有牛场奶牛间病原菌传播的报道[11]。

（八）原藻病（Protothecosis）

1. 病因与发病机理

无绿藻属真菌，即原藻病致病菌（*Prototheca* spp.）是普遍存在的腐生无叶绿素藻类，可在土壤、生水和处理过的污水、树木黏液、动物排泄物、自来水、淡水溪流、游泳池和污染水以及死水中发现[627,628]。在北美，报道的大部分病例都来自于美国东南部。这些致病菌可致机会性感染，并且常常在宿主免疫功能紊乱时发生散播。扩散性感染的入侵通道是结肠和伤口皮下组织的污染。无绿藻属菌的毒力强弱不同，仅在犬、猫皮肤感染中分离得到了魏氏原藻菌（小型无绿藻）（*Prototheca wickerhamii*）。最近传播性感染的犬中总能分离到小型原藻（*Prototheca zopfii*）[628]。

典型的含有大量病原菌的病变很少有周围炎症，而随着治疗开始后单核细胞浸润增加，组织内病原菌数量减少[11]。这些结果显示原藻菌抑制炎症细胞的移行浸润或增殖，或只有死的原藻菌可介导有效的局部免疫反应。

2. 临床发现

（1）犬

原藻病是一种罕见疾病。柯利犬有品种易感性，且大部分为雌性犬发生无绿藻属菌的感染[628-630]。最常见的临床症状是血性腹泻，这种腹泻通常是间歇性的[11]。感染扩散

常常涉及肾脏、肝脏、心脏、大脑和眼睛[11]。大约67%的病例累及眼睛感染，玻璃体混浊导致的白瞳症常见[11]。患有扩散性原藻病的犬通常发生结肠炎、眼部感染和中枢神经系统感染，但皮肤病变罕见[628]。扩散性疾病几乎总是与小型原藻相关。

患有皮肤或黏膜原藻病的犬通常没有系统性临床症状，并且感染不总是由魏氏原藻菌引起[631-633]。皮肤学的病变可包括多处丘疹和结节，通常跨越压力点或在皮肤黏膜结合处（特别是鼻孔）、阴囊、脚垫（图5-69，A）等部位发生结节和溃疡。鼻平面的脱色素很明显（图5-69，B）[631]。病变可扩散到关节、淋巴结、心脏和肺脏[11]。

（2）猫

原藻菌病是一种罕见的疾病。仅有皮肤感染的报道，并且所有患猫都处于良好的身体状况。皮肤病变为1处至多处，表现为坚实的丘疹到结节性肿块或波动性的皮下生长物[628,634]。病变最常见于爪部和腿部，但也会出现在鼻子、头部、耳郭和尾根。仅分离出魏氏原藻菌。

3. 诊断

鉴别诊断包括感染、异物、无菌性肉芽肿、脓肿和肿瘤。抽吸物、直接抹片或直肠拭子的细胞学检查显示化脓性肉芽肿到伴有大量细胞内子实体的肉芽肿性炎症，细胞内子实体为圆行、椭圆形或多面体，无出芽，是直径2~30μm的球形物[1-3,9,10,628]。真菌通过形成细胞内孢子进行复制，在大的子实体可见内部劈裂面，这种劈裂面可有2~20个内孢子。原藻菌的特征性形态学表现像桑葚胚，子实体中内部分隔形成多个孢子，表现为车轮状或菊花状外形。

活检结果包括结节到扩散性的、化脓性肉芽肿到肉芽肿性的皮炎和含有大量真菌性元素的脂膜炎。患猫的活组织检查通常可见上皮样巨噬细胞和多核巨细胞的出现[11]。原藻菌在25℃沙氏培养基上生长（被放线菌酮抑制），也可在37℃血平板上生长，穿刺的活组织检查样本是最好的培养材料。API20C系统可用于菌种鉴定的培养，也可在福尔马林固定的组织上应用荧光抗体技术进行鉴别[1,3,627,628]。

尿沉渣出现菌体是发生扩散性疾病的指征[11]。

4. 临床管理

　　仅出现单独病变而其他方面健康的患病动物，尤其是猫，可进行手术切除，且动物可被治愈[632,634]。应用多种抗菌剂（包括两性霉素B和碘化钠）进行了尝试性治疗，但大多数情况下均未成功。抗菌剂的临床反应通常与体外药敏实验结果无法一一对应[627]。体外实验中，两性霉素B和四环素对抑制魏氏原藻菌的生长表现出协同作用，这种联合用药在治疗人类原藻病上取得了成功[627,628]。在一些犬和人类的病例中口服酮康唑是有疗效的[628,632,633]。患有扩散性疾病的犬预后谨慎或预后不良。两性霉素B和伊曲康唑联合用药是目前推荐的治疗方法。氨基糖苷类和四环素类药物可作为备选药物[11]。治疗通常持续时间较长（2~4个月），且应在临床治愈后持续3~4周。有一只患犬皮肤病变不断复发，每次使用酮康唑后即可好转，甚至在持续治疗10个月后依旧如此[631]。魏氏原藻菌引起的皮肤病变局部使用克霉唑可作为一种有效的辅助治疗[11]。

参考文献

[1] Aho R: Studies on fungal flora in hair from domestic and laboratory animals suspected of dermatophytosis. I. Dermatophytes. *Acta Pathol Microbiol Scand [B]* 88(2):79–83, 1980.

[2] Aho R: Saprophytic fungi isolated from the hair of domestic and laboratory animals with suspected dermatophytosis. *Mycopathologia* 83(2):65–73, 1983.

[3] Bourdzi HE: Study of canine ringworm epidemiology in Thessaloniki area. *Bull Hellenic Vet Med Soc* 48:87, 1997.

[4] Cabanes FJ, Abarca ML, Bragulat MR: Dermatophytes isolated from domestic animals in Barcelona, Spain. *Mycopathologia* 137(2):107–113, 1997.

[5] Cabañes FJ, et al: Seasonal study of the fungal biota of the fur of dogs. *Mycopathologia* 133:1, 1996.

[6] Carter GR, Cole JR Jr: *Diagnostic Procedures in Veterinary Bacteriology and Mycology V*, New York, 1990, Academic Press.

[7] Carter GR, Wise DJ: *Essentials of Veterinary Bacteriology and Mycology*, ed 6, Ames IA, 2004, Iowa State Press.

[8] Chandler FW, Watts JC: *Pathologic Diagnosis of Fungal Infections*, Chicago, 1987, ASCP Press.

[9] Foil CS: Fungal diseases. *Clin Dermatol* 12:529, 1994.

[10] Freedberg IM, Eisen AZ, Wolff K, et al: *Fitzpatrick's Dermatology in General Medicine*, ed 6, New York, 2003, McGraw-Hill Book Co..

[11] Greene CE. *Infectious Diseases of the Dog and Cat*, ed 3, Philadelphia, 2006, W.B. Saunders Co..

[12] Gross TL, Ihrke PJ, Walder EJ: *Skin Diseases of the Dog and Cat: Clinical and Histopathologic Diagnosis*, Ames IA, 2005, Blackwell Science.

[13] Guzman-Chavez RE, Segundo-Zaragoza C, Cervantes-Olivares RA, et al: Presence of keratinophilic fungi with special reference to dermatophytes on the haircoat of dogs and cats in Mexico and Nezahualcoyotl cities. *Rev Latinoam Microbiol* 42(1):41–44, 2000.

[14] Holzworth J: Mycotic diseases. In Holzworth J, editor: Diseases of the Cat. Medicine and Surgery, Vol 1, Philadelphia, 1987, W.B. Saunders Co., p 320.

[15] Kamoun S: Molecular genetics of pathogenic oomycetes. *Eukaroyt Cell* 2:191–199, 2003.

[16] Kern ME, Blevins KS: *Medical Mycology a Self-Instructional Text*, ed 2, Philadelphia, 1985, F.A. Davis Company.

[17] Kozak M, Bilek J, Beladicova V, et al: Study of the dermatophytes in dogs and the risk of human infection. *Bratisl Lek Listy* 104(7–8):211–217, 2003.

[18] Kwon-Chung KJ, Bennett JE: *Medical Mycology*, Philadelphia, 1992, Lea & Febiger.

[19] Larone DH: *Medically Important Fungi a Guide to Identification*, ed 4, Washington DC, 2002, ASM Press.

[20] Moriello KA, DeBoer DJ: Fungal flora of the coat of pet cats. *Am J Vet Res* 52:602–606, 1991.

[21] Kac G: Molecular approaches to the study of dermatophytes. *Med Mycol* 38:329–362, 2000.

[22] Philpot CM, Perry AP: The normal fungal flora of dogs. *Mycopathologica* 87:155–157, 1984.

[23] Romano C, Valenti L, Barbara R: Dermatophytes isolated from asymptomatic stray cats. *Mycoses* 40(11–12):471–472, 1997.

[24] Sidhu RK, et al: Incidence of mycotic dermatitis in dogs. *Indian Vet J* 70:885, 1993.

[25] Sierra P, et al: Fungal flora on cutaneous and mucosal surfaces of cats infected with feline immunodeficiency virus or feline leukemia immunodeficiency virus or feline leukemia virus. *Am J Vet Res* 61:158, 2000.

[26] Simpanya MF, Baxter M: Isolation of fungi from the pelage of cats and dogs using the hairbrush technique. *Mycopathologia* 134:129, 1996.

[27] Patel A, Lloyd DH, Lamport AI: Survey of dermatophytes on clinically normal cats in the southeast of England. *J Small Anim Pract* 46(9):436–439, 2005.

[28] Moriello KA, DeBoer DJ: Fungal flora of the haircoat of cats with and without dermatophytosis. *J Med Vet Mycol* 29:285–292, 1991.

[29] Moriello KA, Kunkle GA, DeBoer DJ: Isolation of dermatophytes from the haircoats of stray cats from selected animal shelters in two different geographic regions in the United States. *Vet Dermatol* 5:57–62, 1994.

[30] Saridomichelakis MN, et al: Recovery of *Microsporum gypseum* and *Malassezia pachydermatis* from the nasal bridge in various dog groups. *Vet Rec* 145:171, 1999.

[31] Scott DW, Miller WH, Griffin CE: Muller and Kirk's Small Animal Dermatology, ed 6, Philadelphia, 2001, W.B. Saunders Co.

[32] Sparkes A, Robinson A, MacKay A, et al: A study of the efficacy of topical and systemic therapy for the treatment of *Microsporum canis* infection. *J Feline Med Surg* 2:135–142, 2000.

[33] DeBoer DJ, Moriello KA: Inability of two topical treatments to influence the course of experimentally induced dermatophytosis in cats. *J Am Vet Med Assoc* 207:52, 1995.

[34] Gupta AK, et al: Antifungal agents: An overview: Part II. *J Am Acad Dermatol* 30:911, 1994.

[35] Kerl ME: Update on canine and feline fungal diseases. *Vet Clin North Am Small Anim Pract* 33:721–747, 2003.

[36] Moriello KA: Treatment of feline dermatophytosis: Revised recommendations. *Feline Pract* 24(3):32, 1996.

[37] Paterson S: Miconazole/chlorhexidine shampoo as an adjunct to systemic therapy in controlling dermatophytosis in cats. *J Small Anim Pract* 40:163, 1999.

[38] Moriello KA, DeBoer DJ: Environmental decontamination of *Microsporum canis*: In vitro studies using isolated infected cat hair. In Kwochka KW, et al, editors: *Advances in Veterinary Dermatology III*, Boston, 1998, Butterworth-Heinemann, p 309.

[39] White-Weithers N, Medleau L: Evaluation of topical therapies for the treatment of dermatophyte infected hairs from dogs and cats. *J Am Anim Hosp Assoc* 31:250–253, 1995.

[40] Grooters AM, Taboada J: Update on antifungal therapy. *Vet Clin North Am Small Anim Pract* 33:749–758, 2003.

[41] Groll AH, Walsh TJ: Antifungal chemotherapy: advances and perspectives. *Swiss Med Weekly* 132:303–311, 2002.

[42] Davidson AP, Pappagianis D: Treatment of nasal aspergillosis with topical clotrimazole. In Bonagura JD, editor: *Kirk's Current Veterinary Therapy XII*, Philadelphia PA, 1995, WB Saunders, pp 899–901.

[43] Guillot J, Chermette R: Le traitment des mycoses des carnivores domestiques. *Point Vét* 28:51, 1997.

[44] Guillot J, Bensignor E, Jankowski F, et al: Comparative efficacies of oral ketoconazole and terbinafine for reducing *Malassezia* population sizes on the skin of basset hounds. *Vet Dermatol* 14:153–157, 2003.

[45] Guillot J, Malandain E, Jankowski F, et al. Evaluation of the efficacy of oral lufenuron combined with topical enilconazole for the management of dermatophytosis in catteries. *Vet Rec* 150:714–718, 2002.

[46] Gupta AK, et al: Antifungal agents: An overview: Part I. *J Am Acad Dermatol* 30:677, 1994.

[47] Schmidt A: In vitro activity of clemizole, clotrimazole, and silver-sulfadiazine against isolates of *Malassezia pachydermatis*. *J Vet Med B* 44:193, 1997.

[48] Carney HC, Moriello KA: Dermatophytosis: Cattery management plan. In Griffin CE, et al, editors: *Current Veterinary Dermatology*, St. Louis, 1993, Mosby-Year Book, p 34.

[49] Casadevall A, Pirofski L-A: Adjunctive immune therapy for fungal infections. *Clin Infect Dis* 33:1048–1056, 2001.

[50] DeBoer DJ, Moriello KA: Clinical update on feline dermatophytosis—part II. *Compend Contin Educ* 17:1471, 1995.

[51] De Jaham C, et al: Enilconazole emulsion in the treatment of dermatophytosis in Persian cats: Tolerance and suitability. In Kwochka KW, et al, editors: *Advances in Veterinary Dermatology III*, Boston, 1998, Butterworth-Heinemann, p 299.

[52] Hnilica KA, Medleau L: Evaluation of topically applied enilconazole for the treatment of dermatophytosis in a Persian cattery. *Vet Dermatol* 13:23–28, 2002.

[53] Moriello KA, Varbrugge M: Use of isolated infected spores to determine sporicidal efficacy of two commercial antifungal rinses against *Microsporum canis*. *Vet Dermatol* 18:55–58, 2007.

[54] Medleau L, Greene C, Rakich P: Evaluation of ketoconazole and

itraconazole for treatment of disseminated cryptococcosis in cats. *Am J Vet Res* 51:1454–1458, 1990.

[55] Carlotti DN: Traitement des teignes chez le chat. *Point Vét* 29:681, 1998.

[56] Dismukes WE: Introduction to antifungal drugs. *Clin Infect Dis* 30:653–657, 2000.

[57] Bernard EM, Armstrong D: Treatment of opportunistic fungal infections: clinical overview and perspective. *Int J Infect Dis* 1(Suppl 1):528–531, 1997.

[58] Krohne SG: Canine systemic fungal infections. *Vet Clin North Am Small Anim Pract* 30:1063–1090, 2000.

[59] Fernandez-Torres B, Carrillo AJ, Martin E, et al: In vitro activities of 10 antifungal drugs against 508 dermatophyte strains. *Antimicrob Agents Chemother* 45:2524–2538, 2001.

[60] Fielding RM, Singer AW, Wang LH: Relationship of pharmacokinetics and drug distribution in tissue to increased safety of amphotericin B colloidal dispersion in dogs. *Antimicrob Agents Chemother* 36:299–307, 1992.

[61] Mancianti F, Pedonese F, Millanta F, et al: Efficacy of oral terbinafine in feline dermatophytosis due to Microsporum canis. *J Feline Med Surg* 1:37–41, 1999.

[62] Rochette F, Engelen M, Vanden Bossche H: Antifungal agents of use in animal health-practical applications. *J Vet Pharmacol Therap* 26:31–53, 2003.

[63] Hill PB, et al: A review of systemic antifungal agents. *Vet Dermatol* 6:59, 1995.

[64] Scott DW, et al: Teratogenesis in cats associated with griseofulvin therapy. *Teratology* 11:79, 1975.

[65] Shelton GH, et al: Severe neutropenia associated with griseofulvin therapy in cats with feline immunodeficiency virus infection. *J Vet Int Med* 4:317, 1990.

[66] Levy JK: Ataxia in a kitten treated with griseofulvin. *J Am Vet Med Assoc* 198:105–106, 1991.

[67] Helton KA, et al: Griseofulvin toxicity in cats: Literature review and report of seven cases. *J Am Anim Hosp Assoc* 22:453, 1986.

[68] Kunkle GA, Meyer DJ: Toxicity of high doses of griseofulvin in cats. *J Am Vet Med Assoc* 191:322, 1987.

[69] Mitchell F, et al: Griseofulvin: Immunosuppressive action. *Proc Soc Exp Biol Med* 143:165, 1973.

[70] Boothe DM: *Small Animal Clinical Pharmacology and Therapeutics*, Philadelphia, 2001, W. B. Saunders Company.

[71] D'Arcy P, et al: The anti-inflammatory action of griseofulvin in experimental animals. *J Pharm Pharmacol* 12:659, 1960.

[72] Tamaki K, et al: Differential effect of griseofulvin on interferon-induced HLA-DR and intercellular adhesion molecule-1 expression of human keratinocytes. *Br J Dermatol* 127:258, 1992.

[73] de Jaham C, Paradis M, Papich MG: Antifungal dermatologic agents: azoles and allylamines. *Compend Contin Educ Pract Vet* 22:548–566, 2000.

[74] De Keyser H, Van Den Brande M: Ketoconazole in the treatment of dermatomycosis in cats and dogs. *Vet Quart* 5:142–144, 1983.

[75] Perfect JR, Marr KA, Walsh TJ, et al: Voriconazole treatment for less-common emerging or refractory fungal infections. *Clin Infect Dis* 36:1122–1131, 2003.

[76] Roffey SJ, Cole S, Comby P, et al: The disposition of voriconazole in mouse, rat, rabbit, guinea pig, dog, and human. *Drug Metab Dispos* 31:731–741, 2003.

[77] deDoncker P, et al: Antifungal pulse therapy for onychomycosis. *Arch Dermatol* 132:34–41, 1996.

[78] Pinchbeck LR, Hillier A, Kowalski JJ, et al: Comparison of pulse administration versus once daily administration of itraconazole for the treatment of Malassezia pachydermatis dermatitis and otitis in dogs. *J Am Vet Med Assoc* 220:1807–1812, 2002.

[79] Scher RK: Onychomycosis: Therapeutic update. *J Am Acad Dermatol* 40:S21, 1999.

[80] Gupta AK, et al: Drug interactions with intraconazole, fluconazole, and terbinafine and their management. *J Am Acad Dermatol* 41:237, 1999.

[81] Borgers M, Van den Bossche H, De Brabander M: The mechanisms of action of the new antimycotic ketoconazole. *Am J Med* 74(1B):2–8, 1983.

[82] Willard MD, et al: Ketoconazole-induced changes in selected canine hormone concentrations. *Am J Vet Res* 47:2504, 1986.

[83] Loose DS, Kan PB, Hirst MA, et al: Ketoconaozle blocks adrenal sterioidogenesis by inhibiting cytochrome P450-dependent enzymes. *J Clin Invest* 71:1495–1499, 1983.

[84] Van Cutsem J, et al: The anti-inflammatory effects of ketoconazole. *J Am Acad Dermatol* 25:257, 1991.

[85] Yamaguchi H, et al: Immunomodulatory activity of antifungal drugs. *Ann N Y Acad Sci* 685:447, 1993.

[86] Angarano D, Scott D: Use of ketoconazole in treatment of dermatophytosis in a dog. *J Am Vet Med Assoc* 190:1433–1434, 1987.

[87] Heit MC, Riviere JE: Antifungal therapy: Ketoconazole and other azole derivatives. *Compend Contin Educ* 21, 1995.

[88] Martin S. Itraconazole. *Compend Contin Educ Pract Vet* 21:145–147, 1999.

[89] Boothe DM, et al: Itraconazole disposition after single oral and intravenous and multiple oral dosing in healthy cats. *Am J Vet Res* 58:872, 1997.

[90] Mancianti F, et al: Itraconazole susceptibility of feline isolates of Microsporum canis. *Mycoses* 40:313, 1997.

[91] Mancianti F, Pedonese F, Zullino C: Efficacy of oral administration of itraconazole to cats with dermatophytosis caused by Microsporum canis. *J Am Vet Med Assoc* 213:993–995, 1998.

[92] Medleau L, Jacobs GJ, Marks MA: Itraconazole for the treatment of cryptococcosis in cats. *J Vet Intern Med* 9:39–42, 1995.

[93] Ward H: Itraconazole for the treatment of histoplasmosis in cats. *J Vet Intern Med* 9:39–42, 1994.

[94] Werner AH, Werner BE. Feline sporotrichosis. *Compend Contin Educ Pract Vet* 15:1189–1225, 1993.

[95] Kumar B, Kaur I, Chakrabarti A, et al: Treatment of deep mycoses with itraconazole. *Mycopathologia* 115:169–174, 1991.

[96] Legendre AM, Rohrbach BW, Toal RI, et al: Treatment of blastomycosis with itraconazole in 112 dogs. *J Vet Int Med* 10:365–371, 1996.

[97] Leitner MI, Meingassner JG: The efficacy of orally applied terbinafine, itraconazole and fluconazole in models of experimental trichophytoses. *J Med Vet Mycol* 32:181–188, 1994.

[98] Colombo S, Cornegliani L, Verecelli A: Efficacy of itraconazole as a combined continuous/pulse therapy in feline dermatophytosis: preliminary results in nine cases. *Vet Dermatol* 12:347–350, 2001.

[99] Nichols PR, Morris DO, Beale KM: A retrospective study of canine and feline cutaneous vasculitis. *Vet Dermatol* 12:255–264, 2001.

[100] Plotnick AN, Boshoven EW, Rosychuk RAW: Primary and cutaneous coccidioidomycosis and subsequent drug eruption to itraconazole in a dog. *J Am Anim Hosp Assoc* 33:139–143, 1997.

[101] Craig AJ, et al: Pharmacokinetics of fluconazole in cats after intravenous and oral administration. *Res Vet Sci* 57:372, 1994.

[102] Faergemann J: Pharmacokinetics of fluconazole in skin and nails. *J Am Acad Dermatol* 40:S14, 1999.

[103] Vaden SL, Heit MC, Manaugh C, et al: Fluconazole in cats: Pharmacokinetics following intravenous and oral administration and penetration into cerebrospinal fluid, aqueous humour, and pulmonary epithelial lining fluid. *J Vet Pharmacol Therap* 20:181–186, 1997.

[104] Malik R, Wigney DI, Muir DB, et al: Cryptococcosis in cats: clinical and mycological assessment of 29 cases and evaluation of treatment using orally administered fluconazole. *J Med Vet Mycol* 30:133–134, 1992.

[105] Tiches D, Vite C, Dayrell-Har TB, et al: A case of canine central nervous system cryptococcosis: management with fluconazole. *J Am Anim Hosp Assoc* 34:145–151, 1998.

[106] Thorpe JE, Baker N, Bromet-Petit M: Effect of oral antacid administration on the pharmacokinetics of oral fluconazole. *Antimicrob Agents Chemother* 34:2032–2033, 1990.

[107] Maia ML, Dos Santos JI, Viani FC, et al: Phenotypic characterization of Microsporum canis isolated from cats and dogs. *Mycoses* 44:480–486, 2001.

[108] Sparkes AH: Terbinafine in cats: a pharmacokinetic study. In *Proceedings of the Third World Congress of Veterinary Dermatology*, Edinburgh, Scotland, UK, 1996, pp 37–43.

[109] Castanon-Olivares LR, Manzano-Gayosso P, Lopez-Martinez R, et al: Effectiveness of terbinafine in the eradication of Microsporum canis from laboratory cats. *Mycoses* 44:95–97, 2001.

[110] Hofbauer B, Leitner I, Ryder NS: In vitro susceptibility of Microsporum canis and other dermatophyte isolates from veterinary infections during therapy with terbinafine or griseofulvin. *Med Mycol* 40:179–183, 2002.

[111] Kotnik T: Drug efficacy of terbinafine hydrochloride (Lamisil) during oral treatment of cats, experimentally infected with Microsporum canis. *J Vet Med B Infect Dis Vet Public Health* 49:120–122, 2002.

[112] Kotnik T, Kozuh Erzen N, Kuzner J, et al: Terbinafine hydrochloride treatment of Microsporum canis experimentally-induced ringworm in cats. *Vet Microbiol* 83:161–168, 2001.

[113] Chen C: Personal communication, 1997.

[114] Malik R, Medeiros C, Wigney DI: Suspected drug eruption in 7 dogs during administration of flucytosine. *Aust Vet J* 74:285–288, 1996.

[115] Plotnick AN: Lipid-based formulations of amphotericin B. *J Am Vet Med Assoc* 216:838, 2000.

[116] Bekersky I, Boswell GW, Hiles R, et al: Safety and toxicokinetics of intravenous liposomal amphotericin B (AmBisome) in beagle dogs. *Pharm Res* 16:1694–1701, 1999.

[117] Krawiec DR, McKiernan BC, Twardock AR, et al: Use of amphotericin B lipid complex for treatment of blastomycosis in dogs. *J Am Vet Med Assoc* 209:2073–2075, 1996.

[118] Wolf AM, Troy GC: Deep mycotic diseases. In Ettinger SJ, Feldman EC, editors: *Textbook of Internal Medicine IV*, Philadelphia, 1995, W.B. Saunders Co., p 439.

[119] Malik R, Craig AJ, Wigney DI, et al: Combination chemotherapy of canine and feline cryptococcosis using subcutaneously administered amphotericin B. *Aust Vet J* 73:124–128, 1996.

[120] Ben-Ziony Y, Arzi B: Use of lufenuron for treating fungal infections of dogs and cats: 297 cases (1997-1999). *J Am Vet Med Assoc* 217:1510–1513, 2000.

[121] Ben-Ziony Y, Arzi B: Updated information for treatment of fungal infections in cats and dogs. *J Am Vet Med Assoc* 218:1718, 2001.

[122] DeBoer D, Moriello K: Efficacy of pre-treatment with lufenuron for prevention of Microsporum canis infection in a feline cohabitant challenge model. *Vet Dermatol* 13:215, 2002.

小动物皮肤病学 （第7版）

[123]Moriello KA, DeBoer DJ, Schenker R, et al: Efficacy of pre-treatment with lufenuron for the prevention of *Microsporum canis* infection in a feline direct topical challenge model. *Vet Dermatol* 15:357–362, 2004.

[124]Zur G, Elad D: In vitro and in vivo effects of lufenuron on dermatophytes isolated from cases of canine and feline dermatophytosis. *J Vet Med B Infect Dis Public Health* 53:122–125, 2006.

[125]Chaparas SD, Morgan PA, Holobaugh P, et al: Inhibition of cellular immunity by products of Aspergillus fumigatus. *J Med Vet Mycol* 24:67–76, 1986.

[126]Nemunaitis J: Use of macrophage colony-stimulating factor in the treatment of fungal infections. *Clin Infect Dis* 26:1279–1281, 1998.

[127]Stevens DA: Combination immunotherapy and antifungal chemotherapy. *Clin Infect Dis* 26:1266–1269, 1998.

[128]Hensel P, Greene CE, Medleau L, et al: Immunotherapy for treatment of multicentric cutaneous pythiosis in a dog. *J Am Vet Med Assoc* 223:197, 215–218, 2003.

[129]DeBoer DJ, Moriello KA: The immune response to *Microsporum canis* induced by a fungal cell wall vaccine. *Vet Dermatol* 5:47, 1994.

[130]DeBoer DJ, Moriello KA: Investigations of a killed dermatophyte cell-wall vaccine against infection with *Microsporum canis* in cats. *Res Vet Sci* 59:1100, 1995.

[131]DeBoer DJ, Moriello KA, Blum JF, et al: Safety and immunologic effects after inoculation of inactivated and combined live-inactivated dermatophytosis vaccines in cats. *Am J Vet Res* 63:1532–1537, 2002.

[132]Sparkes AH, et al: Epidemiological and diagnostic features of canine and feline dermatophytosis in the United Kingdom. *Vet Rec* 133:57, 1993.

[133]Blakemore JC: Dermatomycosis. In Kirk RW, editor: *Current Veterinary Therapy V*, Philadelphia, 1974, W.B. Saunders Co., p 422.

[134]Foil CS: Dermatophytosis. In Griffin CE, et al, editors: *Current Veterinary Dermatology*, St. Louis, 1993, Mosby-Year Book, p 22.

[135]Lewis DT, et al: Epidemiology and clinical features of dermatophytosis in dogs and cats at Louisiana State University: 1981–1990. *Vet Dermatol* 2:51, 1991.

[136]Sidhu RK, et al: Incidence of mycotic dermatitis in dogs. *Indian Vet J* 70:885, 1993.

[137]Carlotti DN, Bensigner E: Dermatophytosis due to *Microsporum persicolor* (13 cases) or *Microsporum gypseum* (20 cases) in dogs. *Vet Dermatol* 10:17, 1999.

[138]Reberg SR, et al: Dermatophytosis in shelter cats in northeastern Indiana: A survey of disease prevalence and the influence of shelter management practices. *Proc Annu Memb Meet Am Acad Vet Dermatol Am Coll Vet Dermatol* 15:39, 1999.

[139]Kaplan W, Ivens MS: Observations on seasonal variations in incidence of ringworm in dogs and cats in the U.S.A. *Sabouraudia* 1:91, 1961.

[140]Bourdeau P, et al: Quelques formes rares de dermatomycoses des carnivores domestiques. 2e cas: Dermatite généralisée du chien due à une infection mixte par *Microsporum persicolor* et à *Microsporum gypseum*. *Point Vét* 14:69, 1983.

[141]Bourdeau P, Chermette R: Formes rares de dermatomycoses des carnivores. IIle cas: Dermatite localisée du chien due à une infection mixte par *Trichophyton mentagrophytes* et *Trichophyton erinacei*. *Point Vét* 19:619, 1987.

[142]Bussieras J, et al: Quelques formes rares de dermatomycoses des carnivores domestiques. 1er cas: Dermatite généralisée du chien, due à une infection mixte par *Microsporum canis* et par *Trichophyton mentagrophytes*. *Point Vét* 13:43, 1982.

[143]Cano J, Rezusta A, Sole M, et al: Inter-single-repeat-PCR typing as a new tool for identification of *Microsporum canis* strains. *J Dermatol Sci* 39:17–21, 2005.

[144]Graser Y, Kuijpers AFA, El Fari M, et al: Molecular and conventional taxonomy of the Microsporum canis complex. *Med Mycol* 38:143–153, 2000.

[145]Kac G, Bougnoux ME, Feuilhade de Chauvin M, et al: Genetic diversity among Trichophyton mentagrophytes isolates using random amplified polymorphic DNA method. *Brit J Dermatol* 140:839–844, 1999.

[146]Kano R, Hirai A, Muramatsu M, et al: Direct detection of dermatophytes in skin samples based on sequences of the chitin synthase 1 (CHS1) gene. *J Vet Med Sci* 65:267–270, 2003.

[147]Ninet B, Jan I, Bontems O, et al: Identification of dermatophyte species by 28S ribosomal DNA sequencing with a commercial kit. *J Clin Microbiol* 41:826–830, 2003.

[148]Moriello KA: Management of dermatophyte infections in catteries and multiple-cat households. *Vet Clin North Am Small Anim Pract* 20:1457, 1990.

[149]Sparkes AH, et al: *Microsporum canis*: Inapparent carriage by cats and the viability of arthrospores. *J Small Anim Pract* 35:397, 1994.

[150]Mancianti F, Papini R: Isolation of keratinophilic fungi from the floors of private veterinary clinics in Italy. *Vet Res Commun* 20:161, 1996.

[151]DeBoer DJ, Moriello KA: Clinical update on feline dermatophytosis—part I. *Compend Contin Educ* 17:1197, 1995.

[152]DeJaham C, Paradis M: La dermatophyte féline I: Étiopathogénie, aspects cliniques et principes diagnostiques. *Méd Vét Québec* 27:141, 1997.

[153]Mignon BR, Losson BJ: Prevalence and characterization of *Microsporum*

canis carriage in cats. *J Med Vet Mycol* 35:249, 1997.

[154]Okuda C, et al: Fungus invasion of human hair tissue in tinea capitis caused by *Microsporum canis:* Light and electron microscopic study. *Arch Dermatol Res* 281:238, 1989.

[155]DeBoer DJ, Moriello KA: Development of an experimental model of *Microsporum canis* infection in cats. *Vet Microbiol* 42:289, 1994.

[156]Sparkes AH, et al: Acquired immunity in experimental feline *Microsporum canis* infection. *Res Vet Sci* 61:165, 1996.

[157]Larsson CE, et al: Ringworm in domestic cats in São Paulo, Brazil, between 1981-1990. *Feline Pract* 22(3):11, 1994.

[158]Medleau L, Ristic Z: Diagnosing dermatophytosis in dogs and cats. *Vet Med* 87:1086, 1992.

[159]Dahl MV: Suppression of immunity and inflammation by products produced by dermatophytes. *J Am Acad Dermatol* 28:S19, 1993.

[160]Ferreiro L, et al: Relations between canine and feline dermatophytosis and enzymatic activity of *Microsporum canis* strains. In Kwochka KW, et al, editors: *Advances in Veterinary Dermatology III*, Boston, 1998, Butterworth-Heinemann, p 470.

[161]Papini R, Mancianti F: Extracellular enzymatic activity of *Microsporum canis* isolates. *Mycopathologia* 132:129, 1996.

[162]Parker WM, Yager JA: *Trichophyton* dermatophytosis—a disease easily confused with pemphigus erythematosus. *Can Vet J* 38:502, 1997.

[163]Jones HE: Immune response and host resistance of humans to dermatophyte infection. *J Am Acad Dermatol* 28:S12, 1993.

[164]Pinter L, et al: The value of enzyme-linked immunosorbent assay (ELISA) in the sero-diagnosis of canine dermatophytosis due to *Microsporum canis*. *Vet Dermatol* 3:65, 1992.

[165]Sparkes AH, et al: Humoral immune responses in cats with dermatophytosis. *Am J Vet Res* 54:1869, 1993.

[166]Mignon B, Boruta F, Descamps F, et al: *Microsporum canis* virulence factors and immunogens: first purification and characterization of a 43. 5 kDa keratinolytic protease (abstract). *Vet Dermatol* 11(Suppl 1):39, 2000.

[167]Mignon BR, Coignoul F, Leclipteux T, et al: Histopathological pattern and humoral immune response to a crude exo-antigen and purified keratinase of *Microsporum canis* in symptomatic and asymptomatic infected cats. *Med Mycol* 37:1–9, 1999.

[168]Mignon BR, Leclipteux T, Focant C, et al: Humoral and cellular immune response to a crude exo-antigen and purified keratinase of *Microsporum canis* in experimentally infected guinea pigs. *Med Mycol* 37:123–129, 1999.

[169]Sparkes AH, et al: SDS-PAGE separation of dermatophyte antigens, and Western immunoblotting in feline dermatophytosis. *Mycopathologia* 128:91, 1994.

[170]Medleau L, Kuhl KA: Dealing with chronic recurring dermatophytosis. *Vet Med* 87:1101, 1992.

[171]Bergman RL, Medleau L, Hnilica K: Dermatophyte granulomas caused by *Trichophyton mentagrophytes* in a dog. *Vet Dermatol* 13:49–52, 2002.

[172]Cerundolo R: Generalized *Microsporum canis* dermatophytosis in six Yorkshire terrier dogs. *Vet Dermatol* 15:181–187, 2004.

[173]Borikar ST, Singh BA: A note on clinical ringworm in domestic animals. *Indian Vet J* 71:98, 1994.

[174]Scott DW, Paradis M: A survey of canine and feline skin disorders seen in a university practice: Small Animal Clinic, University of Montreal, St. Hyacinthe, Québec (1987-1988). *Can Vet J* 31:830, 1990.

[175]Moriello KA, Newbury S: Recommendations for the management and treatment of dermatophytosis in animal shelters. *Vet Clinics North Am Sm Anim Pract* 89–114, 2006.

[176]Bibel DJ, Smiljanic RJ: Interactions of *Trichophyton mentagrophytes* and micrococci in skin culture. *J Invest Dermatol* 72:133, 1979.

[177]Leyden JJ: Progression of interdigital infections from simplex to complex. *J Am Acad Dermatol* 28:S7, 1993.

[178]Scott DW, Miller WH Jr: Disorders of the claws and clawbed in dogs. *Compend Contin Educ* 14:1448, 1992.

[179]Bourdeau P, et al: *Trichophyton ajelloi* in a dog. *Proc Annu Cong Eur Soc Vet Dermatol Eur Coll Vet Dermatol* 14:188, 1997.

[180]MacKay BM, et al: Severe dermatophyte infections in a dog and cat. *Aust Vet Pract* 27:86, 1997.

[181]Bond R, Middleton DJ, Scarff DH, et al: Chronic dermatophytosis due to *Microsporum persicolor* infection in three dogs. *J Small Anim Pract* 33:571–576, 1992.

[182]Bourdeau P: Quel est votre diagnostic? *Point Vét* 19:665, 1987.

[183]Scott DW, Miller WH Jr: Disorders of the claws and clawbed in cats. *Compend Contin Educ* 14:449, 1992.

[184]Flaig K, et al: *Microsporum canis* als Ursache eines Dermatophyten—Pseudomyzetoms bei einer Katze. *Prak Tierärztl* 80:398, 1999.

[185]Medleau L, Rakich PM: *Microsporum canis* pseudomycetomas in a cat. *J Am Anim Hosp Assoc* 30:573, 1994.

[186]Miller WH Jr, Goldschmidt MH: Mycetoma in a cat caused by a dermatophyte: A case report. *J Am Anim Hosp Assoc* 22:255, 1986.

[187]Reedy LM: An unusual presentation of feline dermatophytosis. *Feline Pract* 23(6):25, 1995.

[188]Scott DW, Horn RT Jr: Zoonotic dermatoses of dogs and cats. *Vet Clin North Am Small Anim Pract* 17:117, 1987.

[189]Weitzman I, et al: A survey of dermatophytes isolated from human patients

in the United States from 1993 to 1995. *J Am Acad Dermatol* 39:255, 1998.

[190]Mercantini R, et al: Epidemiology of dermatophytoses observed in Rome, Italy between 1985 and 1993. *Mycoses* 38:415, 1995.

[191]Mancianti F, Nardoni S, Corazza M, et al: Environmental detection of *Microsporum canis* arthrospores in the households of infected cats and dogs. *J Feline Med Surg* 5:323–328, 2003.

[192]Philpot CM, et al: Preliminary report on the isolation of a dysgonic variety of *Microsporum canis* together with the normal variety from a cattery. *Mycopathologia* 120:73, 1992.

[193]Poisson L, et al: Subcorneal neutrophilic acantholytic pustular dermatitis: An unusual manifestation of dermatophytosis resembling canine pemphigus foliaceus. In Kwochka KW, et al, editors: *Advances in Veterinary Dermatology III*, Boston, 1998, Butterworth-Heinemann, p 456.

[194]Yu J, Wau Z, Chen W, et al: Molecular typing study of the *Microsporum canis* strains isolated from an outbreak of tinea capitis in a school. *Mycopathologia* 157:37–41, 2004.

[195]Peano A, Rambozzi L, Gallo MG: Development of an enzyme-linked immunosorbent assay (ELISA) for the serodiagnosis of canine dermatophytosis caused by *Microsporum canis*. *Vet Dermatol* 16:102–107, 2005.

[196]Moriello KA, DeBoer DJ, Greek J, et al: The prevalence of immediate and delayed type hypersensitivity reactions to *Microsporum canis* antigens in cats. *J Feline Med Surg* 5:161–166, 2003.

[197]Medleau L, White-Weithers NE: Treating and preventing the various forms of dermatophytosis. *Vet Med* 87:1096, 1992.

[198]Medleau L, Chalmers SA: Resolution of generalized dermatophytosis without treatment in dogs. *J Am Vet Med Assoc* 201:1891, 1992.

[199]DeJaham C, Paradis M: La dermatophyte féline II: Modalités thérapeutiques. *Méd Vét Québec* 27:147, 1997.

[200]Knudsen EA: The areal extent of dermatophyte infection. *Br J Dermatol* 92:413, 1975.

[201]Medleau L, Chalmers SA: Ketoconazole for treatment of dermatophytosis in cats. *J Am Vet Med Assoc* 200:77, 1992.

[202]Hnilica KA, May ER, Sargent S, et al: Dermatophytosis: decontaminating multianimal facilities. *Compendium* 28:564–579, 2006.

[203]Moriello KA, DeBoer DJ: Efficacy griseofulvin and itraconazole in the treatment of experimentally induced dermatophytosis in cats. *J Am Vet Med Assoc* 207:439–444, 1995.

[204]Lueker DC, Kainer RA: Hyperthermia for the treatment of dermatomycosis in dogs and cats. *Vet Med Small Anim Clin* 76:658, 1981.

[205]Puccini S, et al: In vitro susceptibility to antimycotics of *Microsporum canis* isolates from cats. *J Am Vet Med Assoc* 201:1375, 1992.

[206]Jezequel SG: Fluconazole: interspecies scaling and allometric relationships of pharmacokinetic properties. *J Pharm Pharmacol* 46:196–199, 1994.

[207]Perea S, Fothergill AW, Sutton DA, et al: Comparison of in vitro activities of voriconazole and five established antifungal agents against different species of dermatophytes using a broth macrodilution method. *J Clin Microbiol* 39:385–388, 2001.

[208]Rycroft AN, McLay C: Disinfectants in the control of small animal ringworm due to *Microsporum canis*. *Vet Rec* 129:239, 1991.

[209]Bond R, Saijonmaa-Koulumies LEM, Lloyd DH: Population sizes and frequency of Malassezia pachydermatis at skin and mucosal sites of healthy dogs. *J Small Anim Pract* 36:147–150, 1995.

[210]Bond R, Sant RE: The recovery of *Malassezia pachydermatis* from canine skin. *Vet Dermatol Newsl* 15:25, 1993.

[211]Guaguère E, Prélaud P: Etude rétrospective de 54 cas de dermite à *Malassezia pachydermatis* chez *le chien: Résultats épidémiologiques, cliniques, cytologiques et histopathologiques. Prat Méd Chir Anim Comp* 31:309, 1996.

[212]Guillot J, et al: Prévalence du genre *Malassezia* chez les mammiferes. *J Mycol Méd* 4:72, 1994.

[213]Guillot J, et al: Importance des levures du genre *Malassezia*. *Point Vét* 29:691, 1998.

[214]Guillot I, Bond R: *Malassezia pachydermatis*: A review. *Med Mycol* 37:295, 1999.

[215]Kennis RA, Rosser EJ, Olivier NB, et al: Quantity and distribution of *Malassezia* organisms on the skin of clinically normal dogs. *J Am Vet Med Assoc* 208:1048–1051, 1996.

[216]Mauldin EA, et al: *Malassezia* dermatitis in the dog: A retrospective histopathological and immunopathological study of 86 cases (1990-1995). *Vet Dermatol* 8:191, 1997.

[217]Nardoni S, Mancianti F, Corazza M, et al: Occurrence of *Malassezia* species in healthy and dermatologically diseased dogs, *Mycopathologia* 157:383–388, 2004.

[218]Nardoni S, Mancianti F, Rum A, et al: Isolation of *Malassezia* species from healthy cats and cats with otitis. *J Feline Med Surg* 7:141–145, 2005.

[219]Wagner R, Schadle S: *Malassezia* in 3 days old puppies. *Proc Annu Memb Meet Am Acad Vet Dermatol Am Coll Vet Dermatol* 15:45, 1999.

[220]Bond R, Lloyd DH: The effect of topical therapy on *Malassezia pachydermatis*-associated seborrhoeic dermatitis on oral carriage of *Malassezia pachydermatis* in basset hounds. *Vet Rec* 142:725–726, 1998.

[221]Anthony RM, et al: The application of DNA typing methods to the study of the epidemiology of *Malassezia pachydermatis*. *Microb Ecol Hlth Dis* 7:161, 1994.

[222]Boekhout T, Bosboom RW: Karyotyping of *Malassezia* yeasts: Taxonomic and epidemiological implications. *System Appl Microbiol* 7:146, 1994.

[223]Gueho E, Midgley G, Guillot J: The genus *Malassezia* with description of four new species. *Antonie van Leeuwenhoek* 69:337–355, 1996.

[224]Guillot J, Guého J: The diversity of *Malassezia* yeasts confirmed by rRNA sequence and nuclear DNA comparisons. *Antonie van Leeuwenhoek* 67:297, 1995.

[225]Bond R, Howell SA, Haywood PJ, et al: Isolation of *Malassezia sympodialis* and *Malassezia globosa* from healthy pet cats. *Vet Rec* 141:200–201, 1997.

[226]Cafarchia C, Gallo S, Capelli G, et al: Occurrence and population size of *Malassezia* spp. in the external ear canal of dogs and cats both healthy and with otitis. *Mycopathologia* 160:143–149, 2005.

[227]Crespo MJ, Abarca ML, Cabañes FJ: Isolation of *Malassezia furfur* from a cat. *J Clin Microbiol* 37:1573–1574, 1999.

[228]Hirai A, Kano R, Makimura K, et al: A unique isolate of *Malassezia* from a cat. *J Vet Med Sci* 64:957–959, 2002.

[229]Crespo MJ, Abarca ML, Cabañes FJ: Otitis externa associated with *Malassezia sympodialis* in two cats. *J Clin Microbiol* 38:1263–1266, 2000.

[230]Crespo MJ, Abarca ML, Cabañes FJ: Atypical lipid-dependent *Malassezia* species isolates from dogs with otitis externa. *J Clin Microbiol* 38:2383–2385, 2000.

[231]Aizawa T, et al: Molecular heterogeneity in clinical isolates of *Malassezia pachydermatis* from dogs. *Vet Microbiol* 70:67, 1999.

[232]Guillot J, et al: Epidemiological analysis of *Malassezia pachydermatis* isolates by partial sequencing of the large subunit ribosomal RNA. *Res Vet Sci* 62:22, 1997.

[233]Midreuil F, et al: Genetic diversity in the yeast species *Malassezia pachydermatis* analysed by multilocus enzyme electrophoresis. *Int J Syst Bacteriol* 49:1287, 1999.

[234]Bond R, Ferguson EA, Curtis CF, et al: Factors associated with elevated cutaneous *Malassezia pachydermatis* populations in dogs with pruritic skin disease. *J Small Anim Pract* 37:103–107, 1996.

[235]Bond R, Rose JF, Ellis JW, et al: Comparison of two shampoos for treatment of *Malassezia pachydermatis* associated seborrheic dermatitis in basset hounds. *J Sm Anim Pract* 36:99–104, 1995.

[236]Carlotti DN, Laffort-Dassot C: Dermatite à *Malassezia* chez le chien: Étude bibliographique et rétrospective de 12 cas généralisés traités par des dérivés azolés. *Prat Méd Chir Anim Comp* 31:297, 1996.

[237]Bond R, Lloyd DH: Factors affecting the adherence of *Malassezia pachydermatis* to canine corneocytes in vitro. *Vet Dermatol* 7:49, 1996.

[238]Bond R, Lloyd DH: Evidence for carbohydrate-mediated adherence of *Malassezia pachydermatis* to canine corneocytes in vitro. In Kwochka KW, et al, editors: *Advances in Veterinary Dermatology III*, Boston, 1998, Butterworth-Heinemann, p 530.

[239]Bond R, Lloyd DH: Studies on the role of carbohydrates in the adherence of *Malassezia pachydermatis* to canine corneocytes in vitro. *Vet Dermatol* 9:105–109, 1998.

[240]Bond R, Lloyd DH: The relationship between population sizes of *Malassezia pachydermatis* in healthy dogs and in basset hounds with *M. pachydermatis*–associated seborrhoeic dermatitis and adherence to canine corneocytes in vitro. In Kwochka KW, et al, editors: *Advances in Veterinary Dermatology III*, Boston, 1998, Butterworth-Heinemann, p 283.

[241]Coutinho SD, Paula CR: Proteinase, phospholipase, hyaluronidase and chondroitin-sulphatase production by *Malassezia pachydermatis*. *Med Mycol* 38:73–76, 2000.

[242]Nuttal T: Malassezia dermatitis. In Foster A, Foil C, editor: *BSAVA Manual of Small Animal Dermatology*, ed 2, Gloucester, 2003, British Small Animal Veterinary Association, Quedgeley, pp 175–180.

[243]Bond R: *How might Malassezia pachydermatis cause canine skin diseases? Proc Br Vet Dermatol Study Group*, Autumn 1999, p 41.

[244]Bond R, Lloyd DH: Comparison of media and conditions of incubation for the quantitative culture of *Malassezia pachydermatis* from canine skin. *Res Vet Sci* 61:273, 1996.

[245]Dworecka-Kaszak B, et al: Evaluation of selected physiological and morphological characteristics of *Pityrosporum pachydermatis* isolated from clinical cases of otitis externa and dermatitis in dogs and cats. *Arch Vet Polon* 34:3, 1994.

[246]Mathieson I, et al: Enzymatic activity of *Malassezia pachydermatis*. In Kwochka KW, et al, editors: *Advances in Veterinary Dermatology III*, Boston, 1998, Butterworth-Heinemann, p 532.

[247]Coutinto SD, et al: Protein profiles of *Malassezia pachydermatis* isolated from dogs. *Mycopathologia* 139:129, 1997.

[248]Bond R, Elwood CM, Littler RM, et al: Humoral and cell-mediated immune responses to *Malassezia pachydermatis* in healthy dogs and dogs with *Malassezia* dermatitis. *Vet Rec* 143:381–384, 1998.

[249]Chen TA, Halliwell REW, Hill PB: IgG responses to *Malassezia pachydermatis* antigens in atopic and normal dogs. *Vet Dermatol* 11(Suppl 1):13, 2000.

[250]Chen TA, Halliwell REW, Hill PB: Immunoglobulin G responses to *Malassezia*

小动物皮肤病学 （第 7 版）

pachydermatis antigens in atopic and normal dogs. In Thoday KL, Foil CS, Bond R, editors: Advances in Veterinary Dermatology, vol 4, Oxford, UK, 2002, Blackwell Science, pp 202–209.

[251]Chen TA, Halliwell REW, Pemberton AD, et al: Identification of major allergens of Malassezia pachydermatis antigens in dogs with atopic dermatitis and Malassezia overgrowth. Vet Dermatol 13:141–150, 2002.

[252]Guillot J, Deville M, Berthelemy M, et al: A single PCR-restriction endonuclease analysis for rapid identification of Malassezia species. Lett Appl Microbiol 31:400–403, 2000.

[253]Guillot J, Gueho E, Chevrier G, et al: Epidemiological analysis of Malassezia pachydermatis isolates by partial sequencing of the large subunit ribosomal RNA. Res Vet Sci 62:22–25, 1997.

[254]Bond R, Lloyd DH: Immunoglobulin G responses to Malassezia pachydermatis in healthy dogs and dogs with Malassezia dermatitis. Vet Rec 150:509–512, 2002.

[255]Nagata M, Ishidu T: Cutaneous reactivity to Malassezia pachydermatis in dogs with seborrheic dermatitis. Proc Annu Memb Meet Am Acad Vet Dermatol Am Coll Vet Dermatol 11:11, 1995.

[256]Morris DO, Rosser EJ: Immunologic aspects of Malassezia dermatitis in patients with canine atopic dermatitis. Proc Annu Memb Meet Am Acad Vet Dermatol Am Coll Vet Dermatol 11:16, 1995.

[257]Morris DO, Olivier DO, Rosser EJ: Type-1 hypersensitivity reactions to Malassezia pachydermatis extracts in atopic dogs. Am J Vet Res 59:836–841, 1998.

[258]White SD, et al: Comparison via cytology and culture of carriage of Malassezia pachydermatis in atopic and healthy dogs. In Kwochka KW, et al, editors: Advances in Veterinary Dermatology III, Boston, 1998, Butterworth-Heinemann, p 291.

[259]Kieffer M, et al: Immunological reactions to Pityrosporum ovale in adult patients with atopic and seborrheic dermatitis. J Am Acad Dermatol 22:739, 1990.

[260]Nuttall TJ: Serum specific IgG levels to cutaneous Malassezia in normal and atopic dogs. Proc Annu Cong Eur Soc Vet Dermatol Eur Coll Vet Dermatol 14:166, 1997.

[261]Nuttal TJ, Halliwell REW: Serum antibodies to Malassezia yeasts in canine atopic dermatitis. Vet Dermatol 12:327–332, 2001.

[262]Bond R: Pathogenesis of Malassezia dermatitis. In Thoday KL, Foil CS, Bond R, editors: Advances in Veterinary Dermatology, vol 4, Oxford, UK, 2002, Blackwell Science, pp 69–75

[263]Mason KV, Stewart LJ: Malassezia and canine dermatitis. In Ihrke PJ, et al, editors: Advances in Veterinary Dermatology II, New York, 1993, Pergamon Press, p 399.

[264]Matousek JL, Campbell KL, Kakoma I, et al: Evaluation of the effect of pH on in vitro growth of Malassezia pachydermatis. Can J Vet Res 67:56–59, 2003.

[265]McEwan NA: Malassezia and Candida infections in bull terriers with lethal acrodermatitis. J Small Anim Pract 42:291–297, 2001.

[266]Matousek JL, Campbell KL: Malassezia dermatitis. Compendium 24:224–232, 2002.

[267]Forster van Hijfte MA, Curtis CF, White RN: Resolution of exfoliative dermatitis and Malassezia pachydermatis overgrowth in a cat after surgical thymoma resection. J Small Anim Pract 38:451–454, 1997.

[268]Godfrey DR: A case of feline paraneoplastic alopecia with secondary Malassezia-associated dermatitis. J Small Anim Pract 39:394, 1998.

[269]Plant JD, Rosenkrantz WS, Griffin CE: Factors associated with and prevalence of high Malassezia pachydermatis numbers on dog skin. J Am Vet Med Assoc 201:879, 1992.

[270]Nett CS, Reichler I, Grest P, et al: Epidermal dysplasia and Malassezia infection in two West Highland white terrier siblings: an inherited skin disorder or reaction to severe Malassezia infection? Vet Dermatol 12:285–290, 2001.

[271]Bond R, Collin NS, Lloyd DH: Use of contact plates for the quantitative culture of Malassezia pachydermatis from canine skin. J Small Anim Pract 35:68–72, 1994.

[272]Bond R, Lloyd DH: Colonisation status of Malassezia pachydermatis on the hair and in the hair follicle of healthy beagle dogs. Res Vet Sci 63:291–293, 2000.

[273]Nardoni S, Dini M, Taccini F, et al: Occurrence, distribution and population size of Malasssezia pachydermatis on skin and mucosae of atopic dogs. Vet Microbiol 122:172–177, 2007.

[274]Vitale C, et al: Quantification of Malassezia pachydermatis obtained from skin of normal and atopic dogs. Proc Annu Memb Meet Am Acad Vet Dermatol Am Coll Vet Dermatol 11:14, 1995.

[275]Dufait R: Pityrosporum canis as the cause of canine chronic dermatitis. Vet Med Small Anim Clin 78:1055, 1983.

[276]Mason KV, Evans AG: Dermatitis associated with Malassezia pachydermatis in 11 dogs. J Am Anim Hosp Assoc 27:13, 1991.

[277]Patterson AP, Frank LA: How to diagnose and treat Malassezia dermatitis in dogs. Vet Med 97:612–623, 2002.

[278]Crespo MJ, Abarca ML, Cabanes FJ: Occurrence of Malassezia spp in the external ear canals of dogs and cats with otitis externa. Med Mycol 40:115–121, 2002.

[279]Griffin CE: Malassezia paronychia in atopic dogs. Proc Annu Memb Meet Am

Acad Vet Dermatol Am Coll Vet Dermatol 12:51, 1996.

[280]Ahman S, Perrins N, Bond R: Treatment of Malassezia pachydermatis-associated seborrheic dermatitis in Devon Rex cats with itraconazole—a pilot study. Vet Dermatol 18:171–174, 2007.

[281]Raabe P, Mayser P, Weiss R: Demonstration of Malassezia furfur and M. sympodialis together with M. pachydermatis in veterinary specimens. Mycoses 41:673–675, 1998.

[282]Chang HJ, Miller HL, Watkins N, et al: An epidemic of Malassezia pachydermatis in an intensive care nursery associated with colonization of health care workers' pet dogs. N Engl J Med 338:706–711, 1998.

[283]Morris DO, O'Shea K, Shofer FS, et al: Malassezia pachydermatis carriage in dog owners, Emerg Infect Dis 11:83–88, 2005.

[284]Bruner SR, Blakemore JC: Malassezia dermatitis in dogs. Vet Med 94:613–620, 1999.

[285]Charach M: Malassezia dermatitis. Can Vet J 38:311–314, 1997.

[286]Omodo-Eluk AJ, Baker KP, Fuller H: Comparison of two sampling techniques for the detection of Malassezia pachydermatis on the skin of dogs with chronic dermatitis. Vet J 165:119–124, 2003.

[287]Bensignor E, Jankowski F, Seewald W, et al: Comparaison de quatre techniques cytologiques pour la mise en évidence de Malassezia pachydermatis sur la peau du chien. Prat Méd Chir Anim Comp 34:33, 1999.

[288]Bond R, Lloyd DH: Skin and mucosal populations of Malassezia pachydermatis in healthy and seborrhoeic basset hounds. Vet Dermatol 8:101, 1997.

[289]Scott DW: Bacteria and yeast on the surface and within noninflamed hair follicles of skin biopsies from dogs with nonneoplastic dermatoses. Cornell Vet 82:379, 1992.

[290]Scott DW: Bacteria and yeast on the surface and within noninflamed hair follicles of skin biopsies from cats with nonneoplastic dermatoses. Cornell Vet 82:371, 1992.

[291]Bond R, Lloyd DH, Plummer JM: Evaluation of a detergent scrub technique for the quantitative culture of Malassezia pachydermatis from canine skin. Res Vet Sci 58:133–137, 1995.

[292]Bond R, Anthony RM: Characterization of markedly lipid-dependent Malassezia pachydermatis isolates from healthy dogs. J Appl Bacteriol 78:537, 1995.

[293]Guillot J, Breugnot C, de Barros M, et al: Usefulness of modified Dixon's medium for quantitative culture of Malassezia species from canine skin. J Vet Diagn Invest 10:384–386, 1998.

[294]Lorenzini R, et al: In vitro sensitivity of Malassezia spp. to various antimycotics. Drugs Exp Clin Res 11:393, 1985.

[295]Lloyd DH, Lamport AI: Activity of chlorhexidine shampoos in vitro against Staphylococcus intermedius, Pseudomonas aeruginosa, and Malassezia pachydermatis. Vet Rec 144:536, 1999.

[296]Marsella R, Nicklin CF, Nerbonne J: Double-blind, placebo-controlled study to evaluate two miconazole conditioners for the treatment of Malassezia dermatitis in dogs. Vet Ther 1:141–149, 2000.

[297]Mason KV: Treatment of a Microsporum canis infection in a colony of Persian cats with griseofulvin and a shampoo containing 2% miconazole, 2% chlorhexidine, 2% miconazole and 2% chlorhexidine or placebo (abstract). Vet Dermatol 12(Suppl 1):55, 2000.

[298]Bond R, Wren L, Lloyd DH: Adherence of Malassezia pachydermatis and Malassezia sympodialis to canine, feline and human corneocytes in vitro. Vet Rec 148:454–455, 2000.

[299]Bond R, Curtis CF, Hendricks A, et al: Intradermal test reactivity to Malassezia pachydermatis in atopic dogs. Vet Rec 150:448–449, 2002.

[300]Bond R, Patterson-Kane JC, Lloyd DH: Intradermal test reactivity to Malassezia pachydermatis in healthy basset hounds and bassets with Malassezia dermatitis. Vet Rec 151:105–109, 2002.

[301]Morris DO, Clayton DJ, Drobatz KJ, et al: Response to Malassezia pachydermatis by peripheral blood mononuclear cells from clinically normal and atopic dogs. Am J Vet Res 63:358–362, 2002.

[302]Rippon JW: Medical Mycology III, Philadelphia, 1988, W.B. Saunders Co.

[303]Foil CS: Hyalohyphomycosis. In Greene CE, editor: Infectious Diseases of Dogs and Cats, Philadelphia, 1990, W.B. Saunders Co., p 735.

[304]Rosser EJ: Sporotrichosis and public health. In Kirk RW, editor: Current veterinary therapy X, Philadelphia, PA, 1990, WB Saunders, pp 633–634.

[305]Rosser EJ: Sporotrichosis. In Griffin CE, Kwochka KW, MacDonald JM, editors: Current veterinary dermatology: the science and art of therapy, St Louis, MO, 1993, Mosby, pp 49–53.

[306]Rosser EJ, Dunstan RW: Sporotrichosis. In Greene CE, editor: Infectious diseases of the dog and cat, ed 1, Philadelphia, PA, 1990, WB Saunders, pp 707–710.

[307]Rosser EJ, Dunstan RW: Sporotrichosis. In Greene CE, editor: Infectious diseases of the dog and cat, ed 2, Philadelphia, PA, 1998, WB Saunders, pp 399–402.

[308]Shadomy HJ, Utz JP: Sporotrichosis. In Fitzpatrick TB, Eisen AZ, Wolff K, et al, editors: Dermatology in general medicine, New York, NY, 1993, McGraw-Hill, pp 2492–2494.

[309]Werner AH, Werner BE: Sporotrichosis in man and animals. Int J Dermatol 33:692, 1994.

[310]Welsh RD: Sporotrichosis. J Am Vet Med Assoc 223:1123–1126, 2003.

[311]Conias S, Wilson P: Epidemic cutaneous Sporotrichosis: report of 16 cases

in Queensland due to mouldy hay. *Australas J Dermatol* 39:34–37, 1998.

[312]Dixon DM, Salkin IF, Duncan RA, et al: Isolation and characterization of Sporothrix schenckii from clinical and environmental sources associated with the largest U. S epidemic of sporotrichosis. *J Clin Microbiol* 29:1106–1113, 1991.

[313]Dooley DP, Bostic PS, Beckius ML: Spook house sporotrichosis: a point-source outbreak of sporotrichosis associated with hay bale props in a Halloween haunted house. *Arch Intern Med* 157:1885–1887, 1997.

[314]Lyon GM, Zurita S, Casquero J, et al: Population-based surveillance and a case-control study of risk factors for endemic lymphocutaneous sporotrichosis in Peru. *Clin Infect Dis* 36:34–39, 2003.

[315]Shany M: A mixed fungal infection in a dog: sporotrichosis and cryptococcosis. *Can Vet J* 41:799–800, 2000.

[316]Schubach TM, de-Oliveira-Schubach A, dos-Reis RS, et al: *Sporothrix schenckii* isolated from domestic cats with and without sporotrichosis in Rio de Janeiro, Brazil. *Mycopathologia* 153:83–86, 2002.

[317]Schubach TMP, Schubach AO, Okamoto T, et al: Evaluation of an epidemic of sporotrichosis in cats:347 cases (1998-2001). *J Am Vet Med Assoc* 224:1623–1629, 2004.

[318]Schubach TM, Valle AC, Gutierrez-Galhardo MC, et al: Isolation of *Sporothrix schenckii* from the nails of domestic cats (Felis catus). *Med Mycol* 39:147–149, 2001.

[319]Zamri-Saad M, Salmiyah TS, Jasni S, et al: Feline sporotrichosis: an increasingly important zoonotic disease in Malaysia. *Vet Rec* 127:480, 1990.

[320]Barros MB, de Oliveira Schubach A, Galhardo MC, et al: Sporotrichosis with widespread cutaneous lesions: report of 24 cases related to transmission by domestic cats in Rio de Janeiro, Brazil. *Int J Dermatol* 42:677–681, 2003.

[321]Barros MB, Schubach TM, Galhardo MC, et al: Sporotrichosis: an emergent zoonosis in Rio de Janeiro. *Mem Inst Oswaldo Cruz* 96:777–779, 2001.

[322]Barros MBL, Schubach AO, Valle ACF, et al: Cat-transmitted sporotrichosis epidemic in Rio de Janeiro, Brazil: description of a series of cases. *Clin Infect Dis* 38:529–535, 2004.

[323]Dunstan RW, et al: Feline sporotrichosis: A report of five cases with transmission to humans. *J Am Acad Dermatol* 15:37, 1986.

[324]Fleury RN, Taborda PR, Gupta AK, et al: Zoonotic sporotrichosis Transmission to humans by infected domestic cat scratching: report of four cases in Sao Paulo, Brazil. *Int J Dermatol* 40:318–322, 2001.

[325]Miller SD, Keeling JH: Ant sting sporotrichosis. *Cutis* 69:439–442, 2002.

[326]Nogueira RHG, et al: Relato de esporotricose felina (*Sporothrix schenckii*) com transmissão para o homem: Aspectos clínicos, microbiológicos e anatomopatológicos. *Arq Bras Med Vet Zootec* 47:43, 1995.

[327]Oliveira-Neto MP, Mattos M, Lazera M, et al: Zoonotic sporotrichosis transmitted by cats in Rio de Janeiro, Brazil A case report. *Dermatol Online J* 8:5, 2002.

[328]Saravanakumar PS, Eslami P, Zar FA: Lymphocutaneous sporotrichosis associated with a squirrel bite: case report and review. *Clin Infect Dis* 23:394–395, 1996.

[329]Schubach TMP, Schubach A, Okamoto T, et al: Haematogenous spread of *Sporothrix schenckii* in cats with naturally acquired sporotrichosis. *J Small Anim Pract* 44:395–398, 2003.

[330]Gottlieb GS, Lesser CF, Holmes KK, et al: Disseminated sporotrichosis associated with treatment with immunosuppressants and tumor necrosis factor—a antagonists. *Clin Infect Dis* 37:838–840, 2003.

[331]Macdonald E, et al: Reappearance of *Sporothrix schenckii* lesions after administration of Solu-Medrol to infected cats. *Sabouraudia* 18:295, 1980.

[332]Schubach TM, Schubach AO, Cuzzi-Maya T, et al: Pathology of sporotrichosis in 10 cats in Rio de Janeiro. *Vet Rec* 156:172–175, 2003.

[333]Kano R, Wantanabe K, Murakami M, et al: Molecular diagnosis of feline sporotrichosis, *Vet Rec* 156:484–485, 2005.

[334]Sandhu K, Gupta S: Potassium iodide remains the most effective therapy for cutaneous sporotrichosis. *J Dermatolog Treat* 14:200–202, 2003.

[335]Sykes JE, Torres SM, Armstrong PJ, et al: Itraconazole for treatment of sporotrichosis in a dog residing on a Christmas tree farm. *J Am Vet Med Assoc* 9:1440–1443, 2001.

[336]Winn RE, Anderson J, Piper J, et al: Systemic sporotrichosis treated with itraconazole. *Clin Infect Dis* 17:210–217, 1993.

[337]Hull PR, Vismer HF: Treatment of cutaneous sporotrichosis with terbinafine. *Br J Dermatol* 126(Suppl 39):51–55, 1992.

[338]Kauffman CA, Hajjeh R, Chapman SW: Practice guidelines for the management of patients with sporotrichosis. *Clin Infect Dis* 30:684–687, 2000.

[339]Mercurio MG, Elewski BE: Therapy of sporotrichosis. *Semin Dermatol* 12:285–289, 1993.

[340]Foil CS: Eumycotic mycetoma. In Greene CE, editor: *Infectious Diseases of Dogs and Cats*, Philadelphia, 1990, W.B. Saunders Co., p 738.

[341]Tadros TS, Workowski KA, Siegel RJ, et al: Pathology of hyalohyphomycosis caused by *Scedosporium apiospermum* (*Pseudallescheria boydii*):an emerging mycosis. *Hum Pathol* 29:1266–1272, 1998.

[342]Wedde M, Muller D, Tintelnot K, et al: PCR-based identification of clinically relevant *Pseudallescheria/Scedosporium* strains. *Med Mycol* 36:61–67, 1998.

[343]Beale KM, Pinson D: Phaeohyphomycosis caused by two different species of *Curvularia* in two animals from the same household. *J Am Anim Hosp Assoc* 26:67, 1990.

[344]van den Broek AHM, Thoday KL: *Eumycetoma* in a British cat. *J Small Anim Pract* 28:827, 1987.

[345]Allison N, et al: Eumycotic mycetoma caused by *Pseudoallescheria boydii* in a dog. *J Am Vet Med Assoc* 194:797, 1989.

[346]Coyle V, et al: Canine mycetoma: A case report and review of the literature. *J Small Anim Pract* 25:261, 1984.

[347]Elad D, Orgad U, Yakobson B, et al: Eumycetoma caused by *Curvularia lunata* in a dog. *Mycopathologia* 116:113–118, 1991.

[348]Fuchs A, Breuer R, Axman H, et al: Subcutaneous mycosis in a cat due to *Staphylotrichum coccosporum*. *Mycoses* 39:381–385, 1996.

[349]Guillot J, Garcia-Hermoso D, Degorce F, et al: Eumycetoma caused by *Cladophialophora bantiana* in a dog, *J Clin Microbiol* 42:4902–4903, 2004.

[350]Mezza LE, Harvey HJ: Osteomyelitis associated with maduromycotic mycetoma in the foot of a dog. *J Am Anim Hosp Assoc* 21:215, 1985.

[351]Bourdeau P, et al: Pyogranulomatous panniculitis due to *Phialemonium curvatum* in the dog. In Kwochka KW, et al, editors: *Advances in Veterinary Dermatology III*, Boston, 1998, Butterworth-Heinemann, p 447.

[352]Hay RJ: Therapeutic potential of terbinafine in subcutaneous and systemic mycoses. *Br J Dermatol* 141(Suppl 56):36–40, 1999.

[353]Foil CS: Phaeohyphomycosis. In Greene CE, editor: *Infectious Diseases of Dogs and Cats*, Philadelphia, 1990, W.B. Saunders Co., p 737.

[354]Revankar SG, Patterson JE, Sutton DA, et al: Disseminated phaeohyphomycosis: review of an emerging mycosis. *Clin Infect Dis* 34:467–476, 2002.

[355]Nucci M, Akiti T, Barreiros G, et al: Nosocomial outbreak of *Exophiala jeanselmei* fungemia associated with contamination of hospital water. *Clin Infect Dis* 34:1475–1480, 2002.

[356]Ajello L, et al: Phaeohyphomycosis in a dog caused by *Pseudomicrodochium suttonii*. *Mycotaxon* 12:131, 1980.

[357]Kwochka KW, et al: Canine phaeohyphomycosis caused by *Drechslera spicifera*: A case report and literature review. *J Am Anim Hosp Assoc* 20:625, 1984.

[358]Lomax LG, et al: Osteolytic phaeohyphomycosis in a German shepherd dog caused by *Phialemonium obovatum*. *J Clin Microbiol* 23:987, 1986.

[359]Waurzyniak BJ, et al: Dual systemic mycosis caused by *Bipolaris spicifera* and *Torulopsis glabrata* in a dog. *Vet Pathol* 29:566, 1992.

[360]Herraez P, Rees C, Dunstan R: Invasive phaeohyphomycosis caused by *Curvularia* species in a dog. *Vet Pathol* 38:456–459, 2001.

[361]Bond R: *Phaeohyphomycosis in two cats*, Proc Br Vet Dermatol Study Group, Autumn 1999, p 47.

[362]Bostock DE, et al: Phaeohyphomycosis caused by *Exophiala jeanselmei* in a domestic cat. *J Comp Pathol* 92:479, 1982.

[363]Dhein CR, et al: Phaeohyphomycosis caused by *Alternaria alternata* in a cat. *J Am Vet Med Assoc* 193:1101, 1988.

[364]Jang SS, et al: Feline abscesses due to *Cladosporium trichoides*. *Sabouraudia* 15:115, 1977.

[365]Kettlewell P, McGinnis MR, Wilkinson GT: Phaeohyphomycosis caused by *Exophiala spinifera* in two cats. *J Med Vet Mycol* 27:257, 1989.

[366]Malik R, et al: Phaeohyphomycosis caused by *Exophiala jeanselmei* in a cat. *Aust Vet Practit* 24:27, 1994.

[367]McKeever PJ, Caywood DD, Perman V: Chromomycosis in a cat: Successful medical therapy. *J Am Anim Hosp Assoc* 19:533–536, 1983.

[368]McKenzie RA, et al: Subcutaneous phaeohyphomycosis caused by *Moniliella suaveolens* in two cats. *Vet Pathol* 21:582, 1984.

[369]Outerbridge CA, et al: Phaeohyphomycosis in a cat. *Can Vet J* 36:629, 1995.

[370]Padhye AA, et al: *Xylohypha emmonsii* sp. nov., a new agent of phaeohyphomycosis. *J Clin Microbiol* 26:702, 1988.

[371]Pukay BP, Dion WW: Feline phaeohyphomycosis: Treatment with ketoconazole and 5-FC. *Can Vet J* 25:130, 1984.

[372]Sousa CA, et al: Subcutaneous phaeohyphomycosis (*Stemphyllium* sp. and *Cladosporium* sp. infections) in a cat. *J Am Vet Med Assoc* 185:673, 1984.

[373]Van Steenhouse JL, et al: Subcutaneous phaeohyphomycosis caused by *Scolecobasidium humicola* in a cat. *Mycopathologia* 102:123, 1988.

[374]Tennant K, Patterson-Kane J, Boag AK, et al: Nasal mycosis in two cats caused by *Alternaria* species, *Vet Rec* 155:368–370, 2004.

[375]Hasegawa T, Yoshida Y, Kosuge J, et al: Subcutaneous granuloma associated with *Macrophomina* species infection in a cat, *Vet Rec* 156:23–24, 2005.

[376]Esterre P, Inzan CK, Ramarcel ER, et al: Treatment of chromomycosis with terbinafine: preliminary results of an open pilot study. *Br J Dermatol* 134:33–36, 1996.

[377]Foil CS: Hyalohyphomycosis. In Greene CE, editor: *Infectious Diseases of Dogs and Cats*, Philadelphia, 1990, W.B. Saunders Co., p 735.

[378]Reppas GP, Snoeck TD: Cutaneous geotrichosis in a dog. *Aust Vet J* 77:567–569, 1999.

[379]Kluger EK, Della Torre PK, Martin P, et al: Concurrent *Fusarium chlamydosporum* and *Microsphaeropsis arundinis* infections in a cat, *J Feline Med Surg* 6:271–277, 2004.

[380]Rhyan JC, Stackhouse LL, Davis EG: Disseminated geotrichosis in two dogs.

小动物皮肤病学（第7版）

J Am Vet Med Assoc 197:358–360, 1990.

[381]Scott DW, Miller WH: Disorders of the claw and clawbed in dogs. Compend Contin Educ Pract Vet 14:1448–1458, 1992.

[382]Nakagawa Y, et al: A canine case of profound granulomatosis due to Paecilomyces fungus. J Vet Med Sci 58:157, 1996.

[383]Patterson JM, et al: A case of disseminated paecilomycosis in the dog. J Am Anim Hosp Assoc 19:569, 1983.

[384]Littman MP, Goldschmidt MH: Systemic paecilomycosis in a dog. J Am Vet Med Assoc 191:445, 1987.

[385]Elliott GS, et al: Antemortem diagnosis of paecilomycosis in a cat. J Am Vet Med Assoc 184:93, 1984.

[386]Rosser EJ: Cutaneous paecilomycosis in a cat. Proc Annu Memb Meet Am Acad Vet Dermatol Am Coll Vet Dermatol 15:37, 1999.

[387]Bauer RW, et al: Oral conidiobolomycosis in a dog. Vet Dermatol 8:115, 1997.

[388]Foil CS: Zygomycosis. In Greene CE, editor: Infectious Diseases of Dogs and Cats, Philadelphia, 1990, W.B. Saunders Co., p 734.

[389]Hillier A, Kunkle GA, Ginn PE, et al: Canine subcutaneous zygomycosis caused by Conidiobolus sp. :a case report and review of Conidiobolus infections in other species. Vet Dermatol 5:205–213, 1994.

[390]Ribes JA, Vanover-Sams CL, Baker DJ: Zygomycetes in human disease. Clin Microbiol Rev 13:236–301, 2000.

[391]English MP, Lucke VM: Phycomycosis in a dog caused by unusual strains of Absidia corymbifera. Sabouraudia 8:126, 1970.

[392]Dykstra MJ, et al: A description of cutaneous-subcutaneous pythiosis in fifteen dogs. Med Mycol 37:427, 1999.

[393]Thomas RC, Lewis DT: Pythiosis in dogs and cats. Compend Contin Educ Pract Vet 20:63–74, 1998.

[394]Mendoza L, Hernandez F, Ajello L: Life cycle of the human and animal oomycete pathogen Pythium insidiosum. J Clin Microbiol 31:2967–2973, 1993.

[395]Kamoun S: Molecular genetics of pathogenic oomycetes. Eukaryot Cell 2:191–199, 2003.

[396]Bentinck-Smith J, Padhye AA, Maslin WR, et al: Canine pythiosis—isolation and identification of Pythium insidiosum. J Vet Diagn Invest 1:295–298.1989.

[397]Foil CS: Oömycosis (pythiosis). In Greene CE, editor: Infectious Diseases of Dogs and Cats, Philadelphia, 1990, W.B. Saunders Co., p 731.

[398]Foil CSO, Short BG, Fadok VA, et al: A report of subcutaneous pythiosis in five dogs and a review of the etiologic agent Pythium spp. J Am Anim Hosp Assoc 20:959–966, 1984.

[399]Grooters AM: Pythiosis, lagenidiosis, and zygomycosis in small animals. Vet Clin North Am Small Anim Pract 33:695–720, 2003.

[400]Fischer JR, Pace LW, Turk JR, et al: Gastrointestinal pythiosis in Missouri dogs: eleven cases. J Vet Diagn Invest 6:380–382, 1994.

[401]Helman RG, Oliver J: Pythiosis of the digestive tract in dogs from Oklahoma. J Am Anim Hosp Assoc 35:111–114, 1999.

[402]Grooters AM, Gee MK: Development of a nested PCR assay for the detection and identification of Pythium insidiosum. J Vet Intern Med 16:147–152, 2002.

[403]Grooters AM, Leise BS, Lopez MK, et al: Development and evaluation of an enzyme-linked immunosorbent assay for the serodiagnosis of pythiosis in dogs. J Vet Intern Med 16:142–146, 2002.

[404]Gooters AM: Personal communication, February, 2007.

[405]Mendoza L, Mandy W, Glass R: An improved Pythium insidiosum-vaccine formulation with enhanced immunotherapeutic properties in horses and dogs with pythiosis. Vaccine 21:2797–2804, 2003.

[406]Hensel P, Greene CE, Medleau L, et al: Immunotherapy for treatment of multicentric pythiosis in a dog. J Am Vet Med Assoc 223:215–218, 2003.

[407]Mendoza L, Nicholson V, Prescott JF: Immunoblot analysis of the humoral immune response to Pythium insidiosum in horses with pythiosis. J Clin Microbiol 30:2980–2983,1992.

[408]Znajda NR, Grooters AM, Marsella R: PCR-based detection of Pythium and Lagenidium DNA in frozen and ethanol-fixed animal tissues. Vet Dermatol 13:187–194, 2002.

[409]Kerwin JL, Dritz DA, Washino RK: Confirmation of the safety of Lagenidium giganteum (Oomycetes: Lagenidiales) to mammals. J Econ Entomol 83:374–376, 1990.

[410]Grooters AM, Lopez MK, Boroughs MN: Development of a genus-specific PCR assay for the identification of a canine pathogenic Lagenidium species. Focus on fungal infections, ed 11, Washington, DC, 2001.

[411]Legendre AM: Blastomycosis. In Greene CE, editor: Infectious Diseases of Dogs and Cats, Philadelphia, 1990, W.B. Saunders Co., pp 669–678.

[412]Burg EF III, Smith LH Jr: Cloning and characterization of bys1, a temperature-dependent cDNA specific to the yeast phase of the pathogenic dimorphic fungus Blastomyces dermatitidis. Infect Immun 62:2521–2528, 1994.

[413]Baumgardner DJ, Buggy BP, Mattson BJ, et al: Epidemiology of blastomycosis in a region of high endemicity in north central Wisconsin. Clin Infect Dis 15:629–635, 1992.

[414]Baumgardner DJ, Burdick JS: An outbreak of humans and canine blastomycosis. Rev Infect Dis 13:898–905, 1991.

[415]Baumgardner DJ, Laundre B: Studies on the molecular ecology of Blastomyces dermatitidis. Mycopathologia 152:51–58, 2000.

[416]Baumgardner DJ, Paretsky DP: Identification of Blastomyces dermatitidis in the stool of a dog with acute pulmonary blastomycosis. J Med Vet Mycol 35:419–421, 1997.

[417]Baumgardner DJ, Paretsky DP: Blastomycosis: more evidence for exposure near one's domicile. WMJ 100:43–45, 2001.

[418]Baumgardner DJ, Paretsky DP, Yopp AC: The epidemiology of blastomycosis in dogs: north central Wisconsin, USA. J Med Vet Mycol 33:171–176, 1995.

[419]Baumgardner DJ, Steber D, Glazier R, et al: Geographic information system analysis of blastomycosis in northern Wisconsin USA waterways and soil. Med Mycol 43:117–125, 2005.

[420]Baumgardner DJ, Turkal NW, Paretsky DP: Blastomycosis in dogs A 15 year survey in a very highly endemic area near Eagle River, Wisconsin. Wild Environ Med 7:1–8, 1996.

[421]Klein BS, Vergeront JM, Weeks RJ, et al: Isolation of Blastomyces dermatitidis in soil associated with a large outbreak of blastomycosis in Wisconsin. N Engl J Med 314:529–534, 1986.

[422]Proctor ME, Klein BS, Jones JM, et al: Cluster of pulmonary blastomycosis in a rural community: evidence for multiple high-risk environmental foci following a sustained period of diminished precipitation. Mycopathologia 153:113–120, 2002.

[423]Arceneaux KA, Taboada J, Hosgood G: Blastomycosis in dogs: 115 cases (1980-1995). J Am Vet Med Assoc 213:658–664, 1998.

[424]Côté E, Barr SC, Allen C, et al: Blastomycosis in six dogs in New York State. J Am Vet Med Assoc 210:502–504, 1997.

[425]Archer JR, Trainer DO, Schell RF: Epidemiologic study of canine blastomycosis in Wisconsin. J Am Vet Med Assoc 190:1292–1295, 1987.

[426]Rudmann DG, Coolman BR, Perez CM, et al: 1992. Evaluation of risk factors for blastomycosis in dogs:857 cases (1980-1990). J Am Vet Med Assoc 201:1754–1759.

[427]Sarosi GA, Eckman MR, Davies SF, et al: Canine blastomycosis as a harbinger of human disease. Ann Intern Med 91:733–735, 1979.

[428]Turner C, Smith CD, Furcolow ML: Frequency of isolation of Histoplasma capsulatum and Blastomyces dermatitidis from dogs in Kentucky. Am J Vet Res 33:137–141, 1972.

[429]Armstrong CW, Jenkins SR, Kaufman L, et al: Common-source outbreak of blastomycosis in hunters and their dogs. J Infect Dis 155:568–570, 1987.

[430]Baum GL, Lerner PI: Primary pulmonary blastomycosis: a laboratory-acquired infection. Ann Intern Med 73:263–265, 1970.

[431]Legendre AM: Systemic mycotic infections of dogs and cats. In Scott FW, editor: Infectious diseases, New York, NY, 1986, Churchill Livingstone, pp 29–53.

[432]Brandhorst T, Wuthrich M, Finkel-Jimenez B, et al: A C-terminal EGF-like domain governs BAD1 localization to the yeast surface and fungal adherence to phagocytes, but is dispensable in immune modulation and pathogenicity of Blastomyces dermatitidis. Mol Microbiol 48:53–65, 2003.

[433]Finkel-Jiminez B, Wuthrich M, Klein B: BAD1, an essential virulence factor of Blastomyces dermatitidis, suppresses host TNF-alpha production through TGF-beta dependent and independent mechanisms. J Immunol 168:5746–5755, 2002.

[434]Klein BS: Role of cell surface molecules of Blastomyces dermatitidis in the pathogenesis and immunobiology of blastomycosis. Semin Respir Infect 12:198–205, 1997.

[435]Klein BS: Molecular basis of pathogenicity in Blastomyces dermatitidis: the importance of adhesion. Curr Opin Microbiol 3:339–343, 2000.

[436]Klein BS, Squires RA, Lloyd JKF, et al: Canine antibody response to Blastomyces dermatitidis WI-1 antigen. Am J Vet Res 61:554–558, 2000.

[437]Wuthrich M, Filutowicz HI, Klein BS: Mutation of the WI-1 gene yields an attenuated Blastomyces dermatitidis strain than induces host resistance. J Clin Invest 106:1381–1389, 2000.

[438]Wuthrich M, Klein BS: Investigation of anti-WI-1 adhesin antibody-mediated protection in experimental pulmonary blastomycosis. J Infect Dis 181:1720–1728, 2000.

[439]Garma-Avina A: Cytologic findings in 43 cases of blastomycosis diagnosed ante-mortem in naturally-infected dogs. Mycopathologia 131:87–91, 1995.

[440]Gilor C, Graves TK, Barger AM, et al: Clinical aspects of natural infection with Blastomyces dermatitidis in cats: 8 cases (1991-2005). J Am Vet Med Assoc 229:96–99, 2006.

[441]Gionfriddo JR: Feline systemic fungal infections. Vet Clin North Am Small Anim Pract 30:1029–1050, 2000.

[442]Campbell KL, Humphrey JA, Ramsey GH: Cutaneous blastomycosis. Feline Practice 10:28–32, 1980.

[443]Gnann JW, Bressler GS, Bodet CA: Human blastomycosis after a dog bite. Ann Intern Med 98:48–49, 1983.

[444]Gray NA, Baddour LM: Cutaneous inoculation blastomycosis. Clin Infect Dis 34:44–49, 2002.

[445]Ramsey DT: Blastomycosis in a veterinarian. J Am Vet Med Assoc 205:968, 1994.

[446]Gortel K, McKiernan BC, Johnson JK, et al: Calcinosis cutis associated with systemic blastomycosis in three dogs. J Am Anim Hosp Assoc 35:368–474, 1999.

[447]Brooks DE, Legendre AM, Gum GG, et al: The treatment of ocular blastomycosis with systemically administered itraconazole. *Prog Vet Comp Ophthalmol* 4:263–268, 1991.

[448]Miller PE, Miller LM, Schoster JV: Feline blastomycosis: a report of three cases and literature review (1961 to 1988). *J Am Anim Hosp Assoc* 26:417–424, 1990.

[449]Hussain Z, Martin A, Youngberg GA: *Blastomyces dermatitidis* with large yeast forms. *Arch Pathol Lab Med* 125:663–664, 2001.

[450]Chester EM, Axtell RC, Scalarone GM: *Blastomyces dermatitidis* lysate antigens: antibody detection in serial serum specimens from dogs with blastomycosis. *Mycopathologia* 156:289–294, 2003.

[451]Fisher MA, Bono JL, Abuodeh RO, et al: Sensitivity and specificity of an isoelectric focusing fraction of *Blastomyces dermatitidis* yeast lysate antigen for the detection of canine blastomycosis. *Mycoses* 38:177–182, 1995.

[452]Legendre AM, Becker RU: Evaluation of the agar-gel immunodiffusion test in the diagnosis of canine blastomycosis. *Am J Vet Res* 41:2109–2111, 1980.

[453]McCullough MJ, DiSalvo AF, Clemons KV, et al: Molecular epidemiology of *Blastomyces dermatitidis*. *Clin Infect Dis* 30:328–335, 2000.

[454]Roomiany PL, Axtell RC, Scalarone GM: Comparison of seven *Blastomyces dermatitidis* antigens for the detection of antibodies in humans with occupationally acquired blastomycosis. *Mycoses* 45:282–286, 2002.

[455]Scalarone GM, Legendre AM, Clark KA, et al: Evaluation of a commercial DNA probe assay for the identification of *Blastomyces dermatitidis* from dogs. *J Med Vet Mycol* 30:43–49, 1992.

[456]Seawell BW, Legendre AM, Scalarone GM: Enzyme immunoassay detection of antibodies in canine blastomycosis using *Blastomyces dermatitidis* lysate antigens. *Mycoses* 33:483–489, 1990.

[457]Seawell BW, Scalarone GM: Comparison of enzyme immunoassay and immunodiffusion for the detection of canine blastomycosis. *Mycoses* 33:375–381, 1990.

[458]Shurley JF, Legendre AM, Scalarone GM: *Blastomyces dermatitidis* antigen detection in urine specimens from dogs with blastomycosis using a competitive binding inhibition ELISA. *Mycopathologia* 160:137–142, 2005.

[459]Wheat LJ: Blastomycosis: update on diagnosis and management. http://www.miravistalabs.com/refLibrary_reviews_page.php?id=85.

[460]Legendre AM, Selcer BA, Edwards DF, et al: Treatment of canine blastomycosis with amphotericin B and ketoconazole. *J Am Vet Med Assoc* 184:1249–1254, 1984.

[461]Krawiec DR, McKiernan BC, Twardock AR, et al: Use of an amphotericin B lipid complex for treatment of blastomycosis in dogs. *J Am Vet Med Assoc* 209:2073–2075, 1996.

[461a]Mazepa ASW, Trepanier LA, Foy DS: Retrospective comparison of the efficacy of fluconazole or itraconazole for the treatment of systemic blastomycosis in dogs. *J Vet Int Med* 25:440–445, 2011.

[462]Legendre AM: *ACVIM Listserve*, August 11, 2006.

[463]Côté E, Barr SC, Allen C, et al: Possible transmission of *Blastomyces dermatitidis* via culture specimen. *J Am Vet Med Assoc* 210:479–480, 1997.

[464]Barsanti JA, Jeffery KL: Coccidioidomycosis. In Greene CE, editor: *Infectious diseases of the dog and cat*, ed 1, Philadelphia, PA, 1990, WB Saunders, pp 687–695.

[465]Schneider E, Hajjeh RA, Spiegel RA, et al: A coccidioidomycosis outbreak following the Northridge California earthquake. *J Am Med Assoc* 277:904–908, 1997.

[466]Chaturvedi V, Ramani R, Gromadzki S, et al: 2000. Coccidioidomycosis in New York State. *Emerg Infect Dis* 6:25–29, 1997.

[467]Chiller TM, Galgiani JN, Stevens DA: Coccidioidomycosis. *Infect Dis Clin North Am* 17:41–57, 2003.

[468]Fisher MC, Koenig GL, White TJ, et al: Molecular and phenotypic description of Coccicidoes posadasii sp nov., previously recognized as the non-California population of Coccidioides immitis. *Mycologica* 94:73–84, 2002.

[469]Kirkland TN, Fierer J: Coccidioidomycosis: a re-emerging infectious disease. *Emerging Infect Dis* 2:192–199, 1996.

[470]Sekhon AS, Issac-Renton J, Dixon JM, et al: Review of human and animal cases of coccidioidomycosis diagnosed in Canada. *Mycopathologia* 113:1–10, 1991.

[471]Gade W, Ledman DW, Wethington R, et al: Serological responses to various *Coccidioides* antigen preparations in a new enzyme immunoassay. *J Clin Microbiol* 30:1907–1912, 1992.

[472]Johnson LR, Herrgesell EJ, Davidson AP, et al: Clinical, clinicopathologic, and radiographic findings in dogs with coccidioidomycosis:24 cases (1995-2000). *J Am Vet Med Assoc* 222:461–466, 2003.

[473]Rubensohn M, Stack S: Coccidiomycosis in a dog. *Can Vet J* 44:159–160, 2003.

[474]Sinke JD, Sjollema BE: Coccidioidomycosis in a dog. *Vet Q* 16(Suppl 1):64S, 1994.

[475]Greene RT, Troy GC: Coccidioidomycosis in 48 cats: A retrospective study (1984-1993). *J Vet Int Med* 9:86–91, 1995.

[476]Stevens DA: Coccidioidomycosis. *N Engl J Med* 332:1077–1082, 1995.

[477]Kohn GJ, Linne SR, Smith CM, et al: Acquisition of coccidioidomycosis at necropsy by inhalation of coccidioidal endospores. *Diagn Microbiol Infect Dis* 15:527–530, 1992.

[478]Martins TB, Jaskowski TD, Mouritsen CL, et al: Comparison of commercially available enzyme immunoassay with traditional serological tests for detection of antibodies to Coccidioides immitis. *J Clin Microbiol* 33:940–943, 1995.

[479]Oldfield EC, Bone WD, Martin CR, et al: Prediction of relapse after treatment of coccidioidomycosis. *Clin Infect Dis* 25:1205–1210, 1997.

[480]Orsborn KI, Galgiani JN: Detecting serum antibodies to a purified recombinant proline-rich antigen of *Coccidioides immitis* in patients with coccidioidomycosis. *Clin Infect Dis* 27:1475–1478, 1998.

[481]Mirels LF, Stevens DA: Update on treatment of coccidioidomycosis. *West J Med* 166:58–59, 1997.

[482]Stevens DA: Editorial response: adequacy of therapy for coccidioidomycosis. *Clin Infect Dis* 25:1211–1212, 1997.

[483]Antony S, Dominguez DC, Sotelo E: Use of liposomal amphotericin B in the treatment of disseminated coccidioidomycosis. *J Natl Med Assoc* 95:982–985, 2003.

[484]Bartsch R, Greene R: New treatment of coccidioidomycosis. *Vet Forum* Apr:50–52, 1997.

[485]Galgiani JN, Ampel NM, Catanzaro A, et al: Practice guidelines for the treatment of coccidioidomycosis. *Clin Infect Dis* 30:658–661, 2000.

[486]Galgiani JN, Catanzaro A, Cloud GA, et al: Comparison of oral fluconazole and itraconazole for progressive, non-meningeal coccidioidomycosis: a randomized, double-blind trial. *Ann Intern Med* 133:676–686, 2000.

[487]Graybill JR, Stevens DA, Galgiani JN, et al: Itraconazole treatment of coccidioidomycosis. *Am J Med* 89:282–290, 1990.

[488]Tucker RM, Denning DW, Arathoon EG, et al: Itraconazole therapy for non-meningeal coccidioidomycosis: clinical and laboratory observations. *J Am Acad Dermatol* 23:593–601, 1990.

[489]Koehler AP, Cheng AFB, Chu KC, et al: Successful treatment of disseminated coccidioidomycosis with amphotericin B lipid complex. *J Infect* 36:113–115, 1998.

[490]Kuberski TT, Servi RJ, Rubin PJ: Successful treatment of a critically ill patient with disseminated coccidioidomycosis, using adjunctive interferon-gamma. *Clin Infect Dis* 38:910–912, 2004.

[491]Brandt ME, Pfaller MA, Hajjeh RA, et al: The Cryptococcal Disease Active Surveillance Group. Molecular subtypes and antifungal susceptibilities of serial *Cryptococcus neoformans* isolates in human immunodeficiency virus-associated cryptococcosis. *J Infect Dis* 174:812–820, 1996.

[492]Krockenberger MB, Canfield PJ, Kozel TR, et al: An immunohistochemical method that differentiates *Cryptococcus neoformans* varieties and serotypes in formalin-fixed paraffin-embedded tissues. *Med Mycol* 39:523–533, 2001.

[493]Bartlett KH, Fyfe MW, MacDougall LA: Environmental *Cryptococcus neoformans* var gattii in British Columbia, Canada. *Am J Respir Crit Care Med* 167:A499, 2003.

[494]Ellis DH, Pfeiffer TJ: Ecology, life cycle and infectious propagule of *Cryptococcus neoformans*. *Lancet* 336:923–925, 1990.

[495]Ellis DH, Pfeiffer TJ: Natural habitat of *Cryptococcus neoformans* var *gattii*. *J Clin Microbiol* 28:1642–1644, 1990.

[496]Franzot SP, Hamdan JS, Currie BP, et al: Molecular epidemiology of *Cryptococcus neoformans* in Brazil and the United States: evidence for both local genetic differences and a global clonal population structure. *J Clin Microbiol* 35:2243–2251, 1997.

[497]Halliday CL, Bui T, Krockenberger M, et al: Presence of a and a mating types in environmental and clinical collections of *Cryptococcus neoformans* var *gattii* from Australia. *J Clin Microbiol* 37:2920–2926, 1999.

[498]Krockenberger MB, Malik R, Canfield PJ: *Cryptococcus neoformans* in the koala (*Phascolarctos cinereus*):colonisation by variety gattii and investigation of environmental sources. *Med Mycol* 40:263–272, 2002.

[499]Kwon-Chung KJ: Morphogenesis of *Filobasidiella neoformans*, the sexual state of Cryptococcus neoformans. *Mycol* 68:821–833, 1976.

[500]Kwon-Chung KJ, Polacheck I, Bennett JE: Improved diagnostic medium for separation of *Cryptococcus neoformans* var *neoformans* (serotypes A & D) and *Cryptococcus neoformans* var *gattii* (serotypes B & C). *J Clin Microbiol* 15:535–537, 1982.

[501]Wilkes BL, Mayorga ME, Edman U, et al: Dimorphism and haploid fruiting in *Cryptococcus neoformans*: association with the alpha-mating type. *Proc Nat Acad Sci* 93:7327–7331, 1996.

[501a]Byrnes EJ, Bartlett KH, Perfect JR, et al: Cryptococcus gattii: an emerging fungal pathogen infecting humans and animals. *Microbes and Infection* 13:895-907, 2011.

[501b]Bovers M, Hagen F, Boekhout T: Diversity of the Cryptococcus neoformans-Cryptococcus gattii species complex. *Rev Iberoam Micol* 25:S4-S12, 2008.

[501c]Duncan CG, Stephen C, Campbell J: Evaluation of risk factors for Cryptococcus gattii infection in dogs and cats. *J Am Vet Med Assoc* 228:377-382, 2006.

[501d]Harris J, Lockhart S, Chiller T: Cryptococcus gattii: where do we go from here? *Medical Mycology* 50:113-129, 2012.

[501e]Hoang LMN, Philips P, Galanis E, et al: Cryptococcus gattii: a review of the epidemiology, clinical presentation, diagnosis, and management of this endemic yeast in the Pacific Northwest. *Clin Microbiol Newsletter* 33:187-195, 2011.

[502]Malik R, Krockenberger MB, Cross G, et al: Avian cryptococcosis. *Med Mycol* 41:115–124, 2003.

[503]Medleau L, Barsanti JB. Cryptococcosis. In Greene CE, editor: *Infectious diseases of the dog and cat*, ed 1, Philadelphia, PA, 1990, WB Saunders, pp 687–695.

[504]Lazera MS, Pires FDA, Camillo-Coura L, et al: Natural habitat of *Cryptococcus neoformans* var neoformans in decaying wood forming hollows in living trees. *J Med Vet Mycol* 34:127–131, 1996.

[505]Buchanan KL, Murphy JW: What makes *Cryptococcus neoformans* a pathogen? *Emerg Infect Dis* 4:71–83, 1998.

[506]Chen SCA, Muller M, Zhou JZ, et al: Phospholipase activity in *Cryptococcus neoformans*: a new virulence factor? *J Infect Dis* 175:414–420, 1997.

[507]Dong ZM, Murphy JW: Intravascular cryptococcal culture filtrate (cneF) and its major component glucuronoxylomannan (Gxm) are potent inhibitors of leukocyte accumulation. *Infect Immun* 63:770–778, 1995.

[508]Kwon-Chung KJ, Sorrell TC, Dromer F, et al: Cryptococcosis: clinical and biological aspects. *Med Mycol* 38(Suppl 1):205–213, 2000.

[509]Megson GM, Stevens DA, Hamilton JR, et al: D-Mannitol in cerebrospinal fluid of patients with AIDS and cryptococcal meningitis. *J Clin Microbiol* 34:218–221, 1996.

[510]Rodrigues ML, Alviano CS, Travassos LR: Pathogenicity of *Cryptococcus neoformans*: virulence factors and immunological mechanisms. *Microbes Infect* 1:293–301, 1999.

[511]Garcia-Hermoso D, Janbon G, Dromer F: Epidemiological evidence for dormant Cryptococcus neoformans infection. *J Clin Microbiol* 37:3204–3209, 1999.

[512]Kano R, Fujino Y, Takamoto N, et al: PCR detection of the *Cryptococcus neoformans* CAP59 gene from a biopsy specimen from a case of feline cryptococcosis. *J Vet Diagn Invest* 13:439–442, 2001.

[513]Okabayashi K, Kano R, Sirouzu K, et al: Detection of CAP59 gene in 2 feline cases of systemic cryptococcosis. *J Vet Med Sci* 65:953–955, 2003.

[514]Beatty JA, Barrs VB, Swinney GR, et al: Peripheral vestibular disease associated with cryptococcosis in three cats. *J Feline Med Surg* 2:29–34, 2000.

[515]Berthelin CF, Bailey CS, Kass PH, et al: Cryptococcosis of the nervous system in dogs: part 1 Epidemiologic, clinical, and neuropathologic features. *Prog Vet Neurol* 5:88–97, 1994.

[516]Berthelin CF, Legendre AM, Bailey CS, et al: Cryptococcosis of the nervous system in dogs: part 2 Diagnosis, treatment, monitoring, and prognosis. *Prog Vet Neurol* 5:136–146, 1994.

[517]Hunt GB, Perkins M, Foster SF, et al: Nasopharyngeal disease: a review of 60 cases. *Compend Contin Educ Pract Vet* 24:184–200, 2002.

[518]Malik R, Martin P, Wigney DI, et al: Nasopharyngeal cryptococcosis. *Aust Vet J* 75:483–488, 1997.

[519]Chrétien F, Lortholary O, Kansau I, et al: Pathogenesis of cerebral *Cryptococcus neoformans* infection after fungemia. *J Infect Dis* 186:522–530, 2002.

[520]Malik R, Wigney DI, Muir DB, et al: Asymptomatic carriage of *Cryptococcus neoformans* in the nasal cavity of dogs and cats. *J Med Vet Mycol* 35:27–31, 1997.

[521]Mitchell DH, Sorrell TC, Allworth AM, et al: Cryptococcal disease of the CNS in immunocompetent hosts: influence of cryptococcal variety on clinical manifestations and outcome. *Clin Infect Dis* 20:611–616, 1995.

[522]Nosanchuk JD, Shoham S, Fries BC, et al: Evidence of zoonotic transmission of *Cryptococcus neoformans* from a pet cockatoo to an immunocompromised patient. *Ann Intern Med* 132:205–208, 2000.

[523]Shaw SE: Successful treatment of 11 cases of feline cryptococcosis. *Aust Vet Pract* 18:135–139, 1988.

[524]Barrs VR, Martin P, Nicoll RG, et al: Pulmonary cryptococcosis and *Capillaria aerophila* infection in an FIV-positive cat. *Aust Vet J* 78:154–158, 2000.

[525]Hubert B, Magnol J-P: Cutaneous cryptococcosis in a cat infected with the leukaemogenic virus. *Pratique Medicale Chirurgicale L'Animal de Compagnie* 20:253–256, 1985.

[526]Jacobs GJ, Greene CE, Medleau L: Feline and canine cryptococcosis. *Waltham Focus* 8:21–27, 1998.

[527]Jacobs GJ, Medleau L, Calvert CC, et al: Cryptococcal infection in cats: factors influencing treatment outcome, and results of sequential serum antigen titers in 35 cats. *J Vet Intern Med* 11:1–4, 1997.

[528]Madewell BR, Holmberg CA, Ackerman N: Lymphosarcoma and cryptococcosis in a cat. *J Am Vet Med Assoc* 175:65–68, 1979.

[529]Malik R, Dill-Macky E, Martin P, et al: Cryptococcosis in dogs: a retrospective study of 20 consecutive cases. *J Vet Med Mycol* 33:291–297, 1995.

[530]O'Toole TE, Sato AF, Rozanski EA: Cryptococcosis of the central nervous system in a dog. *J Am Vet Med Assoc* 222:1722–1725, 2003.

[531]Malik R, Hunt GB, Bellenger CR, et al: Intra-abdominal cryptococcosis in two dogs. *J Small Anim Pract* 40:387–391, 1999.

[532]Buergelt DD. Cryptococcosis in cats. *Vet Med* Mar:187–194, 2001.

[533]Davies C, Troy GC: Deep mycotic infections in cats. *J Am Anim Hosp Assoc* 32:38, 1996.

[534]Gerdes-Grogan S, Dayrell-Hurt B: Feline cryptococcosis: A retrospective evaluation. *J Am Anim Hosp Assoc* 33:118, 1997.

[535]O'Brien CR, Krockenberger MB, Wigney DI, et al: Retrospective study of feline and canine cryptococcosis in Australia from. 1981 to 2001:195 cases. *Med Mycol* 42:449–460, 2004.

[536]Zaisser A, Kresken JG, Weber A, et al: A case report of cryptococcosis in

cat. *Kleintierpraxis* 46:581–586, 2001.

[537]Bemis DA, Krahwinkel DJ, Bowman LA, et al: Temperature-sensitive strain of Cryptococcus neoformans producing hyphal elements in a feline nasal granuloma. *J Clin Microbiol* 38:926–928, 2000.

[538]Foster SF, Charles JA, Parker G, et al: Cerebral cryptococcal granuloma in a cat. *J Feline Med Surg* 2:201–206, 2000.

[539]Foster SF, Parker G, Churcher RM, et al: Intracranial cryptococcal granuloma in a cat. *J Feline Med Surg* 3:39–44, 2001.

[540]Glass E, De Lahunta A, Kent M: A cryptococcal granuloma in the brain of a cat causing focal signs. *Prog Vet Neurol* 7:141–144, 1996.

[541]Malik R, Vogelnest L, O'Brien CR, et al: Infections and some other conditions affecting the skin and subcutis of the naso-ocular region of cats, *J Feline Med Surg* 6:383–390, 2004.

[542]Martin CL, Stiles J, Willis M: Ocular adnexal cryptococcosis in a cat. *Vet Comp Ophthalmol* 6:225–229, 1996.

[543]Flatland B, Greene RT, Lappin MR: Clinical and serologic evaluation of cats with cryptococcosis. *J Am Vet Med Assoc* 209:1110–1113, 1996.

[544]Medleau L, et al: Cutaneous cryptococcosis in three cats. *J Am Vet Med Assoc* 187:169, 1985.

[545]Pentlarge VW, Martin RA: Treatment of cryptococcosis in three cats using ketoconazole. *J Am Vet Med Assoc* 188:536, 1986.

[546]Meadows RL, MacWilliams PS, Dzata G, et al: Chylothorax associated with cryptococcal mediastinal granuloma in a cat. *Vet Clin Pathol* 22:109–116, 1993.

[547]Neuville S, Dromer F, Morin O, et al: The French Cryptococcosis Study Group. Primary cutaneous cryptococcosis: a distinct clinical entity. *Clin Infect Dis* 36:337–347, 2003.

[548]Dimech WJ: Diagnosis, identification and epidemiology of *Cryptococcosis neoformans* infection. *Aust J Med Lab Sci* 12:13–21, 1990.

[549]Jacobs GJ, Medleau L: Cryptococcosis. In Greene CE, editor: *Infectious diseases of the dog and cat*, ed 2, Philadelphia, PA, 1998, WB Saunders, pp 383–390.

[550]Kano R, Hosaka S, Hasegawa A: First isolation of *Cryptococcus magnus* from a cat, *Mycopathologia* 157:263–264, 2004.

[551]Lester SJ, Kowalewich NJ, Bartlett KH, et al: Clinicopathologic features of an unusual outbreak of cryptococcosis in dogs, cats, ferrets and a bird:38 cases (January. 2003. to July 2003). *J Am Vet Med Assoc* 225:1716–1722, 2004.

[552]Medleau L, Marks MA, Brown J, et al: Clinical evaluation of a cryptococcal antigen latex agglutination test for diagnosis of cryptococcosis in cats. *J Am Vet Med Assoc* 196:1470–1473, 1990.

[553]Blevins LB, Fenn J, Segal H, et al: False-positive cryptococcal antigen latex agglutination caused by disinfectants and soaps. *J Clin Microbiol* 33:1674–1675, 1995.

[554]Malik R, McPetrie R, Wigney D, et al: A latex cryptococcal antigen agglutination test for diagnosis and monitoring of therapy for cryptococcosis. *Aust Vet J* 74:358–364, 1996.

[555]Malik R, Speed B, Kaldor J, et al: Serum antibody response to *Cryptococcus neoformans* in cats, dogs and koalas with and without active infection. *Med Mycol* 37:43–51, 1999.

[556]Noxon JO, et al: Ketoconazole therapy in canine and feline cryptococcosis. *J Am Anim Hosp Assoc* 22:179, 1986.

[557]Kerwin SC, McCarthy RJ, VanSteenhouse JL, et al: Cervical spinal cord compression caused by cryptococcosis in a dog: successful treatment with surgery and fluconazole. *J Am Anim Hosp Assoc* 34:523–526, 1998.

[558]Kitchen LW: Adjunctive immunologic therapy for Cryptococcus neoformans infections. *Clin Infect Dis* 23:209, 1996.

[559]Hospenthal DR, Bennett JE: Flucytosine monotherapy for cryptococcosis. *Clin Infect Dis* 27:260–264, 1998.

[560]Mikiciuk MG, Fales WH, Schmidt D: 1990. Successful treatment of feline cryptococcosis with ketoconazole and flucytosine. *J Am Anim Hosp Assoc* 26:199–201, 1990.

[561]O'Brien CR, Krochenberger MB, Martin P, et al: Long-term outcome of therapy for 59 cats and 11 dogs with cryptococcosis. *Aust Vet J* 84:384–392, 2006.

[562]Moncino MD, Gutman LT: Severe systemic cryptococcal disease in a child: review of prognostic indicators predicting treatment failure and an approach to maintenance therapy with oral fluconazole. *Pediatr Infect Dis J* 9:363–368, 1990.

[563]Armengou A, Porcar C, Mascaro J, et al: Possible development of resistance to fluconazole during suppressive therapy for AIDS-associated cryptococcal meningitis. *Clin Infect Dis* 23:1337–1338, 1996.

[564]Denning DW, Tucker RM, Hanson LH, et al: Itraconazole therapy for cryptococcal meningitis and cryptococcosis. *Arch Intern Med* 149:2301–2308, 1989.

[565]Hansen BL: Successful treatment of severe feline cryptococcosis with long-term high doses of ketoconazole. *J Am Anim Hosp Assoc* 23:193, 1987.

[566]Wolf AM: Histoplasmosis. In Greene CE, editor: *Infectious diseases of the dog and cat*, ed 1, Philadelphia, PA, 1990, WB Saunders, pp 679–686.

[567]Deepe GS: Histoplasma capsulatum: darling of the river valleys. *ASM News* 63:599–604, 1997.

[568]Davies SF, Colbert RL: Concurrent human and canine histoplasmosis from

cutting decayed wood. *Ann Intern Med* 113:252–253, 1990.

[569]de Medeiros Muniz M, Pizzini CV, Peralta JM, et al: Genetic diversity of *Histoplasma capsulatum* strains isolated from soil, animals, and clinical specimens in Rio de Janeiro State, Brazil, by a PCR-based random amplified polymorphic DNA assay. *J Clin Microbiol* 39:4487–4494, 2001.

[570]Wolf AM: Systemic mycoses. *J Am Vet Med Assoc* 194:1192–1196, 1989.

[571]Wolf AM, Troy GC: Deep mycotic diseases. In Ettinger SJ, editor: *Textbook of veterinary internal medicine*, ed 3, Philadelphia, PA, 1989, WB Saunders, pp 351–354.

[572]Barsanti JA: Histoplasmosis. In Greene CE, editor: *Clinical microbiology and infectious diseases of the dog and cat*, Philadelphia, PA, 1984, WB Saunders, pp 687–699.

[573]Mackie JT, Kaufman L, Ellis D: Confirmed histoplasmosis in an Australian dog. *Aust Vet J* 75:362–363, 1997.

[574]Sano A, Ueda Y, Inomata T, et al: Two cases of canine histoplasmosis in Japan. *Jap J Med Mycol* 32:229–235, 2001.

[575]Ueda Y, Sano A, Tamura M, et al: Diagnosis of histoplasmosis by detection of the internal transcribed spacer region of fungal rRNA gene from a paraffin-embedded skin sample from a dog in Japan. *Vet Microbiol* 94:219–224, 2003.

[576]Costa EO, Diniz LSM, Netto CF, et al: Epidemiological study of sporotrichosis and histoplasmosis in captive Latin American wild mammals, Sao Paulo, Brazil. *Mycopathologica* 125:19–22, 1994.

[577]Gugani HC, Muotoe-Okafor F: African histoplasmosis: a review. *Rev Iberoam Micol* 14:155–159, 1998.

[578]Clinkenbeard KD, Wolf AM, Cowell RL, et al: Canine disseminated histoplasmosis. *Compend Contin Educ Pract Vet* 11:1347–1360, 1989.

[579]Clinkenbeard KD, Wolf AM, Cowell RL, et al: Feline disseminated histoplasmosis. *Compend Contin Educ Pract Vet* 11:1223–1233, 1989.

[580]Nosanchuk JD, Gomez BL, Youngchim S, et al: Histoplasma capsulatum synthesizes melanin-like pigments in vitro and during mammalian infection. *Infect Immun* 70:5124–5131, 2002.

[581]Rosychuk RA, White SD: Systemic infectious diseases and infestations that cause cutaneous lesions. *Vet Med* 86:164–181, 1991.

[582]Sanford SE: Disseminated histoplasmosis in a young dog. *Can Vet J* 32:692, 1991.

[583]Chapman BL, Hendrick MJ, Washabau RJ: Granulomatous hepatitis in dogs: nine cases (1987-1990). *J Am Vet Med Assoc* 203:680–684, 1993.

[584]Huss BT, Collier LL, Collins BK, et al: Polyarthropathy and chorioretinitis with retinal detachment in a dog with systemic histoplasmosis. *J Am Anim Hosp Assoc* 30:217–224, 1994.

[585]Kagawa Y, Aoki S, Iwatomi T, et al: Histoplasmosis in the skin and gingiva in a dog. *J Vet Med Sci* 60:863–865, 1998.

[586]Kowalewich N, Hawkins EC, Skrowronek AJ, et al: Identification of *Histoplasma capsulatum* organisms in the pleural and peritoneal effusions of a dog. *J Am Vet Med Assoc* 202:423–426, 1993.

[587]Hodges RD, Legendre AM, Adams LG, et al: Itraconazole for the treatment of histoplasmosis in cats. *J Vet Intern Med* 8:409–413, 1994.

[588]Blischok D, Bender H: What is your diagnosis? 15-year-old male domestic shorthair cat. *J Vet Clin Pathol* 25:114, 1996.

[589]Johnson LR, Fry MM, Anez KL, et al: 2004. *Histoplasma* infection in two cats form California, *J Am Anim Hosp Assoc* 40:165–169.

[590]McCalla T, Collier L, Wigton D, et al: Ocular histoplasmosis in the cat (abstract). *Vet Pathol* 29:470, 1992.

[591]Wolf AM: Diagnosing and treating the four most common pulmonary mycoses in cats. *Vet Med* 85:994–1001, 1990.

[592]Meadows RL, MacWilliams PS, Dzata G, et al: Diagnosis of histoplasmosis in a dog by cytologic examination of CSF. *Vet Clin Pathol* 21:122–125, 1992.

[593]Hawkins EC, DeNicola DB: Cytologic analysis of tracheal wash specimens and bronchoalveolar lavage fluid in the diagnosis of mycotic infections in dogs. *J Am Vet Med Assoc* 197:79–83, 1990.

[594]Wheat LJ, Garringer T, Brizendine E, et al: Diagnosis of histoplasmosis by antigen detection based upon experience at the histoplasmosis reference laboratory. *Diagn Microbiol Infect Dis* 43:29–37, 2002.

[595]Wheat J, Sarosi G, McKinsey D, et al: Practice guidelines for the management of patients with histoplasmosis. *Clin Infect Dis* 30:688–695, 2000.

[596]Wheat J, Wheat H, Connolly P, et al: Cross-reactivity in *Histoplasma capsulatum* variety capsulatum antigen assays of urine samples from patients with endemic mycoses. *Clin Infect Dis* 24:1169–1171, 1997.

[597]Wakamoto A, Fryer BM, Fisher MA, et al: Detection of antibodies and delayed hypersensitivity with different lots of *Blastomyces dermatitidis* yeast lysate antigen: stability and specificity evaluations. *Mycoses* 40:303–308, 1997.

[598]Bamberger DM: Successful treatment of multiple cerebral histoplasmomas with Itraconazole. *Clin Infect Dis* 28:915–916, 1999.

[599]Clemons KV, Lutz JE, Stevens DA: Efficacy of interferon-gamma and amphotericin B for the treatment of systemic murine histoplasmosis.

Microbes Infect 3:3–10, 2001.

[600]Como JA, Dismukes WE: Oral azole drugs as systemic antifungal therapy. *N Engl J Med* 330:263–272, 1994.

[601]Connolly P, Wheat LJ, Schnizlein-Bick C, et al: Comparison of a new triazole, posaconazole with itraconazole and amphotericin B for treatment of histoplasmosis following pulmonary challenge in immunocompromised mice. *Antimicrob Agents Chemother* 44:2604–2608, 2000.

[602]Dismukes WE, Bradsher RW Jr, Cloud GC, et al: Itraconazole therapy for blastomycosis and histoplasmosis. *Am J Med* 93:489–497, 1992.

[603]Kauffman CA: Newer developments in therapy for endemic mycoses. *Clin Infect Dis* 19(Suppl 1):s28–s32, 1994.

[604]Van Cauteren H, Heykants J, De Coster R, et al: Itraconazole: pharmacokinetic studies in animals and humans. *Rev Infect Dis* 9(Suppl 1):s43–s46, 1987.

[605]Zuckerman JM, Tunkel AR: Itraconazole: a new triazole antifungal agent. *Infect Control Hosp Epidemiol* 15:397–410, 1994.

[606]McKinsey DS, Kauffman CA, Pappas PG, et al: Fluconazole therapy for histoplasmosis. *Clin Infect Dis* 23:996–1001, 1996.

[607]Sarosi GA, Davies SF: Therapy for fungal infections. *Mayo Clin Proc* 69:1111–1117, 1994.

[608]Schulman RL, McKiernan BC, Schaeffer DJ: Use of corticosteroids for treating dogs with airway obstruction secondary to hilar lymphadenopathy caused by chronic histoplasmosis: 16 cases (1979-1997). *J Am Vet Med Assoc* 214:1345–1348, 1999.

[609]Barnett JA, et al: *Yeasts: Characteristics and Identification*. Cambridge, 1990, Cambridge University Press.

[610]Greene CE, Chandler FW: Candidiasis. In Greene CE, editor: *Infectious Diseases of Dogs and Cats*, Philadelphia, 1990, W.B. Saunders Co., p 723.

[611]Guillot J, et al: Les Candidoses des carnivores domestiques: Actualisation à propos de 10 cas. *Point Vét* 28:51, 1996.

[612]Bourdeau P, et al: Hyperkératose et candidose cutanée chez un chien. *Etude d'un cas Rec Méd Vét* 160:803, 1984.

[613]Carlotti DN, et al: Les mycoses superficielles chez le chat. *Prat Méd Chir Anim Comp* 28:241, 1993.

[614]Carlotti DN, Pin D: *Candida* pododermatitis in the dog: A report of 5 cases. *Proc Annu Memb Meet Am Acad Vet Dermatol Am Coll Vet Dermatol* 15:55, 1999.

[615]Dale JE: Canine dermatosis caused by *Candida parapsilosis*. *Vet Med Small Anim Clin* 67:548, 1972.

[616]Ichijo S, et al: A canine case of cutaneous phyma caused by *Candida zeylanoides*. *Jpn J Vet Med Assoc* 37:773, 1984.

[617]Kral F, Uscavage JP: Cutaneous candidiasis in a dog. *J Am Vet Med Assoc* 136:612, 1960.

[618]Schwartzman RM, et al: Experimentally induced cutaneous moniliasis (*Candida albicans*) in the dog. *J Small Anim Pract* 6:327, 1965.

[619]Miguens MP, Ferreiros MP: Un caso de piedra blanca en un perro. *Rev Ibér Micol* 4:69, 1987.

[620]Schwartz RA: Superficial fungal infections. *Lancet* 364(9440):1173-1182, 2004.

[621]Breitschwerdt E: Rhinosporidiosis. In Griffin CE, et al, editors: *Current Veterinary Dermatology*, St. Louis, 1993, Mosby-Year Book, p 711.

[622]Bourdeau P, et al: Suspicion de dermatomycose à *Rhodotorula mucilaginosa* chez un chat infecté par le FeLV et le FIV. *Rec Méd Vét* 168:91, 1992.

[623]Sharp NJH, et al: Canine nasal aspergillosis and penicilliosis. *Compend Contin Educ* 13:41, 1991.

[624]Nooruddin M, et al: Cutaneous alternariosis and aspergillosis in humans, dogs, and goats in Punjab. *Indian J Vet Med* 6:65, 1986.

[625]Baumgärtner W, Posselt HJ: Kutane Alternariose bei Hunden mit unspezifischen Dermatitiden. *Kleinterpraxis* 28:353, 1983.

[626]Weiss R, et al: Schimmelpilzmykose beim Hund durch *Alternaria tenuissima*. *Kleintierpraxis* 33:293, 1988.

[627]Boyd AS, et al: Cutaneous manifestations of *Prototheca* infections. *J Am Acad Dermatol* 32:758, 1995.

[628]Tyler DE: Prototothecosis. In Greene CE, editor: *Infectious Diseases of Dogs and Cats*, Philadelphia, 1990, W.B. Saunders Co., p 742.

[629]Macartney L, et al: Cutaneous protothecosis in the dog: First confirmed case in Britain. *Vet Rec* 123:494, 1988.

[630]Sudman MS, et al: Primary mucocutaneous protothecosis in a dog. *J Am Vet Med Assoc* 163:1372, 1973.

[631]Dechervois I, Plassiart G: Protothécose cutanéo-nasale chez un chien. *Prat Méd Chir Anim Comp* 33:145, 1998.

[632]Ginel P, et al: Cutaneous protothecosis in a dog. *Vet Rec* 140:651, 1997.

[633]Wilkinson GT, Leong G: Protothecosis in a dog. *Aust Vet Pract* 18:147, 1988.

[634]Dillberger JE, et al: Protothecosis in two cats. *J Am Vet Med Assoc* 192:1557, 1988.

第六章　寄生虫皮肤病

6

动物的皮肤会受到各种动物寄生虫的感染[1-10]，每种寄生虫都会引起特定的皮肤症状，例如蚊虫叮咬引起的症状比较轻微，而蠕形螨或犬疥螨感染引起的症状会很严重。即使皮肤感染的症状比较轻微，也要考虑到常见的寄生虫感染，因为体外寄生虫感染的病例通常需要皮肤科医师来进行诊断。

当体外寄生虫携带细菌，如立克次氏体或其他病原，则比单独作用时所产生的后果更为严重。当毒素进入皮肤后会引起严重的局部或全身反应（例如，蜱瘫痪）。一些幼虫会寄生在伤口或免疫低下的皮肤中，并引起蝇蛆病。当寄生于皮肤的寄生虫引起的皮肤病变对机体产生刺激和致敏作用时就会出现极为严重的皮肤症状。

有些寄生虫（姬螯螨、羽虱）是寄生在皮肤表面，以皮肤碎屑和渗出液为食。但也有一些寄生在皮肤表面的寄生虫（吸虱、跳蚤、蜱），可以刺透表皮，从血液和组织液中汲取营养。还有一些寄生虫（蠕形螨、疥螨），其生活史的某些阶段是寄生在皮肤内的，这些寄生虫会引起更为严重的皮肤病变。这些刺激引起的皮肤反应有的轻微，有的严重甚至是致命的，但通常包括炎症、水肿，或者异物、毒素或寄生虫排泄物的局部聚集。这些分泌物经常引起过敏，导致皮肤瘙痒和烧灼感。

一、抗寄生虫药

多年来，已有大量的治疗或预防体外寄生虫感染的杀虫药进入市场，尤其是针对伴侣动物跳蚤感染的药物。其中，有些化合物（例如氯代烃）对环境和野生动植物危害很大，所以不再使用；而其他的杀虫药在市场压力下有的被保留下来，有的则被淘汰掉。总之，与过去相比，我们现在使用的产品对动物和环境更安全，功效也大大增强，但给药方式会对功效产生很大影响。

抗寄生虫药可通过项圈、香波、粉剂、喷雾、浸液或局部应用等方式进行给药，有些药剂还能通过口服、注射或经皮吸收等方式给药。赋形剂对药物应用的难易程度及安全性有直接影响。许多抗寄生虫药使用了促进皮肤吸收的赋形剂或者让动物能够舔舐到而增加了药物的摄取量，从而引起严重的中毒。由于猫具有舔舐的生活习性，所以特别容易对拟除虫菊酯药物产生中毒反应。

临床医师在开局部用药和环境抗寄生虫药的处方时，应严格遵守说明书所标示的使用范围，这一点很重要。大多数局部应用的杀虫剂都在美国环境保护局（EPA）进行登记注册，并且无论是给药对象，还是药物浓度、给药方式或给药频率，凡是不按照说明给药的均违法。我们不允许也不能容忍执业医师不按说明给药的行为，强烈谴责这种不可接受的非标准化行为。大多数这类药品如果使用不当，就会造成环境污染。1996年，食品质量保护法案对杀虫药的管理规定进行了重复调整，同时对杀虫药的处理也进行了规范。

口服药（美贝霉素、多杀菌素、伊维菌素、烯啶虫胺）或经皮吸收的局部药（莫西菌素、司拉克丁）由美国食品和药物管理局（FDA）管制。例如，药浴形式的双甲脒（双虫脒）由FDA管制，而防蜱项圈（如Preventic）是由EPA管制的。所有由FDA和EPA管制的药品都有特定的标签说明和使用说明。根据规定，所有的标签外使用都是违法的。然而，FDA意识到，药物的标签外使用在伴侣动物用药时是不可避免的，并且美国兽药协会也制定出了药物标签外使用的指导方针。最首要的是，兽医、畜主与病畜之间必须存在合法的关系，这种关系对家庭中和患疥疮、姬螯螨病、耳恙螨病的动物有过接触的其他动物的治疗有很大的影响。伊维菌素或美贝霉素，通常为这些疾病的常用药物，而在法律上是不能应用在非患病动物身上的。除了合理的关系之外，指导方针还指出如果某种兽药可以制成适当的剂型，已标明适用于这种病症，并且在临床上是有效的，那么就可以使用该产品。如果没有获得许可的药物，或无法满足以上的一个或几个前提条件，那么可以进行药物的标签外使用。

（一）局部治疗

抗寄生虫的局部治疗主要是针对寄生在犬和猫身上的体外寄生虫。在治疗皮肤病时，关键是要清楚寄生虫的生活史、流行病学、生活习性以及发病机制。局部治疗可以只是整个治疗方案的一部分，也可以是一个单独的治疗处方。如果将局部治疗作为一个单独处方，那么选择适当的治疗方案是至关重要的。

应用在动物身上的常规杀虫剂，通常是黏附在角化细胞和毛发上的[11-15]，并且这些药物经口服可以透过皮脂到达皮肤表面[16]。这些药物在家庭环境中可以维持很长一段时间[11,12]。在制定任何寄生虫控制方案之前，都应当询问动物主人其家庭成员对化学物质的过敏情况。

1. 氯化烃

氯化烃是一类非常危险的杀虫剂，而且会在环境和动物组织中存留很长时间（有的长达几年），目前已被其他更安全的产品所替代。

2. 胆碱酯酶抑制剂

胆碱酯酶型抑制剂有两种：氨基甲酸酯和有机磷酸酯，它们曾是用于控制昆虫的主要产品。然而，随着更安全的产品和更佳的治疗方案的出现，它们在宠物身上的使用正在不断减少。不过，对于跳蚤和其他昆虫或蜘蛛纲类引起感染的情况，此类药物仍然可以用来进行环境处理。

（1）氨基甲酸酯

西维因是典型的氨基甲酸酯类药，以浓度为3%~5%的粉剂或浓度为0.5%~2%的雾剂或药浴形式应用于犬、猫是安全的[17]。应避免在白色被毛的宠物身上使用西维因，因为这会使动物的被毛变成金黄色。虽然低浓度的剂量可用于6周以上的幼龄犬、猫，但是这些动物几个月龄之前只使用除虫菊酯类药物更为安全。

（2）有机磷酸酯

有机磷酸酯是毒性最大的一类杀虫剂，它是一种高效的胆碱酯酶抑制剂，如果动物接触过含药的制剂或者在使用类似驱虫药的场所（草坪、园林）活动，则会出现累积效应。这类药物不能应用在幼猫身上，而且大多数对成年猫也很危险。马拉硫磷是一种快速有效的杀虫剂，可以在成年猫身上使用，但必须谨慎。

3. 呋虫胺

呋虫胺是第三代新烟碱类驱虫药，可以与神经突触中的烟碱受体结合，引起持续的神经刺激并导致昆虫死亡。由它合成的有两种滴剂产品，第一种是Vectra（诗华动物保健有限公司），由呋虫胺和吡丙醚合成，用于控制犬、猫身上的跳蚤；第二种是Vectra 3D（诗华），仅用于犬，因为这种制剂中添加了苯氯菊酯。其标签说明指出可以用于跳蚤、蚊子、虱子、沙蝇和螨的防控，但没有说明应用于哪种螨虫。

4. d-柠檬烯

d-柠檬烯是从挥发性柑橘油中提取出的一种物质，用来控制一些跳蚤的植物性产品。其杀虫性能类似天然干燥剂，因为它能除去角质层的油脂。其疗效还不完全清楚，在犬、猫身上可见不良反应[18]。

5. 氟虫腈

氟虫腈是苯基拉唑类的杀虫剂和杀螨剂[19]，是昆虫γ-氨基丁酸受体的一种拮抗剂。市场上的氟虫腈是喷雾或滴剂的产品，用于控制犬、猫身上的跳蚤和蜱感染，对于非毛囊螨和虱虫感染也有疗效，但是对兔子有剧毒。

6. 甲脒类

甲脒类杀螨剂通过抑制单胺氧化酶来发挥作用，它们

也是前列腺素合成抑制剂和α-肾上腺素激动剂。双甲脒可以通过药浴［Mitaban（辉瑞）］，非泼罗尼［赛蜱特（梅里亚）］，以及项圈［Preventic（维克）］等形式应用。在美国和加拿大，这类药浴剂仅仅被用来治疗犬的泛发性蠕形螨病，其浓度为250mg/kg，以14d为1个疗程。对于猫蠕形螨、姬螯螨、耳螨、疥螨病的治疗也有效果。此类药的性质不稳定，如果暴露在空气和阳光中会迅速氧化。因此，不要使用过期产品，或将产品长时间暴露在空气中。氧化后的产品毒性会增强。药物项圈对于治疗蠕形螨病是没有效果的[20]。

双甲脒的不良反应包括短期镇静、瘙痒、低温、心动过缓、血压过低以及高血糖（糖尿病动物要谨慎使用）。其赋形剂二甲苯具有毒性作用[21,22]。双甲脒的药浴剂在世界各地都有不同频率和程度的使用，在不同国家所标明的适应证和禁忌证也有所不同，所以在使用前应咨询清楚。例如，在某些国家，吉娃娃和其他小型犬发育过程中禁止使用该药。

9. 昆虫生长调节剂

昆虫生长调节剂（IGRs）分为两类：一类是保幼激素类似物，另一类是几丁质合成抑制剂。前者是纯天然的化学调节剂，能控制昆虫代谢、发育和繁殖的早期阶段[23]。跳蚤幼虫只有在幼虫阶段获得合适水平的保幼激素，并在恰当的时候激素消失，才能发育为成虫和成蛹。烯虫酯、苯氧威和吡丙醚是局部应用型制剂（保幼激素类似物），其生化活性类似于天然保幼激素。表皮脂质层的完整性对于药物在皮肤内的扩散和疗效起关键作用[24]，跳蚤一旦接触到喷洒于动物体表的上述药物，成蛹会被抑制。药物的作用时间因所用药物的种类及浓度而异，但通常可以达到6~12个月的控制期[25]。烯虫酯对紫外线敏感，所以它在户外几乎没有治疗效果。这些产品都存在一个问题，就是很难扩散到皮肤缝隙和凹陷的部位，即幼虫寄生的部位。在环境中应用保幼激素类似物不会影响成年跳蚤，所以会延后几周才能达到其最终清除跳蚤的结果。不过，通过喷洒或混合一些杀跳蚤成虫的杀虫剂可以改善这种情况。保幼激素类似物可直接应用于环境当中，也可以通过动物间接作用于环境。在借助动物的间接模式中，保幼激素类似物通过项圈、喷雾、滴剂等形式扩散到动物全身。在动物采食过程中，跳蚤与药物接触，而跳蚤所产的卵在离开宿主进入环境之前也接触到了高剂量的药物，所以这些卵并不会孵化[26,27]。成年跳蚤持续接触吡丙醚5~10d后会因内脏器官损伤而死亡[26]。

10. 吡虫啉

吡虫啉是烟碱硝基胍类杀虫剂[28]，可以与跳蚤的突触后神经元中的烟碱受体结合，并阻断神经冲动的传输。目前，用于控制犬、猫寄生虫感染的此类药物有滴剂产品［Advantage（拜耳）］。最近出现的产品（Advantage II）为生长调节剂吡丙醚。还有一种产品（K9 Advantix II）可

以杀死蜱和蚊虫并驱除蚊蝇的叮咬，但是该产品含有苄氯菊酯，所以只能在犬上使用。

目前，市场上已有应用于犬、猫的、具有吡虫啉杀虫活性和抗蛛形纲、抗螨虫活性的双重作用产品［在美国有Advantage Multi，其他地区有Advocate（拜耳）］。其中莫西菌素可以增强药效。在美国，本产品只被批准用于心丝虫、消化道蠕虫以及跳蚤和虱子的控制和治疗。而在欧洲，相同配方的产品还可以用于肺丝虫、耳螨、疥疮和蠕形螨病的治疗。

11. 氰氟虫腙

氰氟虫腙是缩氨基脲类杀虫剂，能够阻滞昆虫的钠通道，从而产生神经麻痹作用。在本书中，唯一一种含有这种分子的产品［ProMeris（道奇堡）］会促进落叶型天疱疮的发生，因此该产品已经撤出市场[29]。

12. 除虫菊酯

除虫菊酯是从菊花中提取出的一种油性易挥发物质。它含有6种活性除虫菊酯，具有接触毒性，能迅速消灭昆虫，但药效短暂，在紫外线的照射下会迅速失活。由于低毒性，失活迅速以及无组织残留和积累效应，除虫菊酯对环境是相对安全的，不过对蜜蜂和鱼类是有毒的。了解化学药品的动物主人更容易接受除虫菊酯类药物，因为它们是有机天然杀虫剂。

除虫菊酯没有胆碱酯酶抑制活性，杀虫快速而毒性很低，如果与 0.1%~2% 的胡椒基丁醚联合使用，其浓度在0.06%~0.4%时就能达到杀虫效果，因为胡椒基丁醚能与细胞色素P450形成稳定的混合物，从而抑制除虫菊酯在寄生虫体内的代谢。胡椒基丁醚会引起猫的中枢神经系统症状，但毒性低。除虫菊酯能有效驱除跳蚤、耳螨、苍蝇、虱子以及蚊子。要想达到驱虫效果，通常需要每日进行喷雾或沐浴给药，除非药剂中添加了微型胶囊或紫外线稳定剂。

13. 吡啶醇

吡啶醇是在非美国地区销售的一种杀虫剂和杀螨剂。它与氯离子通道配体相互作用（尤其是 γ-氨基丁酸通道）相互作用。吡啶醇具有接触毒性。

14. 拟除虫菊酯类

它是模拟除虫菊酯的一类化合物，包括右旋-反式-烯丙菊酯、烯丙菊酯、灭虫菊、胺菊酯、溴氰菊酯、氰戊菊酯以及氯菊酯。其半数致死量因药剂种类而异[30]。其作用和毒性虽然与除虫菊酯并不完全相同，但还是比较类似的。通过添加增效剂和除虫菊酯能增强其迅速杀虫作用。早期的一些拟除虫菊酯在紫外线下会发生降解，所以药效时间很短。而新型拟除虫菊酯与除虫菊酯相比还是相对稳定的。

应用最广泛的一种拟除虫菊酯是氯菊酯，在许多递送系统多样的药物产品中都含有氯菊酯。氯菊酯的优势包括低毒性（猫除外，因此只有有限的低浓度方案在这个物种的使用是被批准的）。在紫外线下相对稳定，还可以作为驱虫药使用等。溴氰菊酯浸渍项圈［Scalibor（默克动物保

健）］对于犬的跳蚤和蜱感染具有显著的长期控制效果。

15. 驱虫剂

这些化学物质虽然能够驱除动物身上的寄生虫，但是需要频繁使用，由于温度、湿度、昆虫密度、动物活动和风干效果的影响，通常需要每隔几个小时使用1次[31]。有些产品只需每日或隔日使用1次就能有效地控制跳蚤。喷雾驱虫剂是控制跳蚤的主要剂型，因为需要频繁的进行大面积治疗。具有驱虫作用的化合物包括除虫菊酯、氯菊酯、香茅、避蚊胺（DEET）、驱蚊醇、邻苯二甲酸二甲酯、聚丙二醇单丁醚、增效胺，及使Skin-So-Soft（雅芳）中的成分（一些人认为其有效成分是香料）[32,33]。双甲脒可有效地驱除蜱虫，可以通过驱蜱项圈和滴剂形式应用。

16. 鱼藤酮

鱼藤酮是天然有机化合物，来源于鱼藤属植物的根。它的作用类似除虫菊酯，具有毒性低、作用迅速、快速降解的特性。它可以与除虫菊酯混合后对犬、猫进行药浴或冲洗。

17. 乙基多杀菌素

乙基多杀菌素能刺激昆虫的神经系统，引起瘫痪和死亡。它可以改变烟碱型和 γ-氨基丁酸型门控离子通道的功能，其结合位点与其他的杀虫剂不同。在这本书中，它仅仅被用在控制猫跳蚤感染的滴剂产品中［Assurity（礼来动物保健）］。

18. 硫黄

由于过于关注更有效的新型药物，人们有时会忽略硫黄及其衍生物这类安全有效的驱虫剂。它是优质、安全的驱虫剂。商品化的石灰硫黄合剂药水是一种安全有效的廉价产品，能够有效控制犬、猫的非毛囊螨感染，并能起到杀菌、止痒和蜕皮作用。28%洗剂［快乐杰克疥癣药（Happly Jack Inc.）］和10%硫黄软膏USP是其他形式的硫黄药物。这些高浓度的产品可产生刺激作用。

硫黄是一种天然的驱虫剂，具有相对无毒性和环境安全性，其主要缺点是气味刺鼻。硫黄还会污染珠宝饰品，并使毛发短期变色，尤其是白色毛发。将硫黄干燥剂以2%的浓度使用时几乎没有刺激性。2%~5%的石灰硫黄溶液可以有效驱除疥螨、背肛螨、姬螯螨、恙螨、皮毛螨和虱子。与普遍观点不同的是，无论局部使用还是全身应用，硫黄都不能有效地驱除跳蚤。

（二）全身性抗寄生虫药

有许多口服型、局部应用型或肠道外给药型产品可以在血液或皮肤中产生活性成分。这些产品的优点是给药方便并且能够到达全身。这类产品所具有的扩散和分布特点对于驱除长毛动物身上的寄生虫尤为有效。其缺点是通过在体内产生寄生虫毒性物质来消除外寄生虫感染，有一定的风险性。如果宠物接触其他的局部杀虫剂，毒性可能会增加。另一个潜在的问题是有效血药浓度的维持时间。不

过，新型驱虫药要比以前使用的药更安全。

使用全身性药物应该彻底掌握有关寄生虫的知识，其中最重要的就是寄生虫的生物学特性。例如，其饮食习惯会影响药物的疗效。雌性跳蚤会吸食大量血液，所以与雄性跳蚤相比，它们更容易被口服性药物杀死。全身性药物对于治疗疥螨、背肛螨、姬螯螨和蠕形螨等寄生虫感染尤其有效。由于单独使用它们治疗某些非专一性寄生虫时通常不会起效，因此可以将其作为辅助治疗。当使用全身性抗寄生虫药时，必须考虑到药物的作用机制、寄生虫的接触途径、药物有效浓度的维持时间以及寄生虫的生物学特性。

1. 全身性有机磷杀虫剂

在跳蚤的防治中，使用最广泛的两种有机磷杀虫剂是赛灭磷和倍硫磷。赛灭磷在犬和猫上的使用剂量分别为3mg/kg和1.5 mg/kg，均为口服，每周2次。倍硫磷在犬上为局部用药，8 mg/kg，每14d 1次。虽然是局部用药，但倍硫磷可经皮肤被吸收，当跳蚤吸入含倍硫磷的血液时即被杀死。但这两种有机磷农药在美国市场已停止销售。

2. 全身性驱虫剂

这些驱虫剂是由各种放线菌发酵所产生的大环内酯类衍生而来[5,7,34]。这类药物包括阿维菌素（伊维菌素、多拉菌素、阿维菌素、米尔贝霉素）和米尔贝霉素（米尔贝、莫西菌素）。目前在美国，伊维菌素、米尔贝、司拉克丁和莫西菌素可用于犬、猫的治疗。伊维菌素和米尔贝的口服制剂只能用于心丝虫和各种肠道寄生虫的防治。这两种药物均可制成滴耳混悬剂［Acarexx（勃林格殷格翰）和耳螨灭（诺华）］用于治疗猫的耳螨。此类药物在其他国家也被用于犬的治疗。目前在美国，司拉克丁和莫西菌素可以用于局部治疗。在其他国家还有其他剂型的莫西菌素。

这些药物都至少是部分通过增强γ-氨基丁酸的释放和功能来发挥作用的。γ-氨基丁酸是线虫、昆虫和蛛形纲动物体内的外周神经递质。阿维菌素和米尔贝霉素也是谷氨酸门控氯离子通道的激动剂。在哺乳动物中，γ-氨基丁酸被限制在中枢神经系统内。由于这些药物在大多数成年动物体内不能透过血脑屏障，所以对哺乳动物而言，药物毒性和疗效的药物浓度差较大，相对比较安全。一般来说，这些药物对线虫、微丝蚴、虱子、苔螨、耳螨、疥螨、背肛螨、姬螯螨和蠕形螨都是有效的。

伊维菌素和米尔贝可被用于预防心丝虫，其剂量分别为 0.625μg/kg和0.5mg/kg，口服，每30d 1次。这个剂量对任何品种的犬都不会产生不良反应。治疗体外寄生虫时，伊维菌素以200～600μg/kg的剂量每日、每周或每2个月给药1次，均会出现不良反应。美贝霉素以1~2mg/kg的剂量每日或每周给药1次也会出现不良反应，但比较少见。司拉克丁是阿维菌素类药物，可以有效治疗跳蚤[35]、耳螨、蜱、疥疮和一些肠道线虫疾病，并能预防心丝虫感染。局部用药后可被全身吸收，每月给药1次，可有效防控犬、猫的跳蚤和心丝虫感染。对于疥疮和耳螨感染，并不是所有病例

都能治愈。莫西菌素（一种美贝霉素）在大多数国家都是滴剂（Advantage Multi, Advocate）。在美国这种药并不用于治疗体外寄生虫（跳蚤除外）感染。

高剂量的伊维菌素可引起3月龄以下幼犬的神经毒性，尤其是大剂量给药或用在各种牧羊犬（柯利犬最常见）身上时[36-46]。症状包括瞳孔散大，唾液分泌过多，嗜睡，共济失调，震颤，昏迷以及死亡。这些严重的中毒症状与P-糖蛋白（PGP）的功能改变有关。

P-糖蛋白由多耐药基因MDR1或ABCB1编码[37,38,43]，它能阻止药物渗透到中枢神经系统、睾丸和胎盘，同时也限制了肠道对各种药物的吸收。随着PGP活性的降低，药物能自由进入中枢神经系统，并发挥其所具有的正向或负向作用。例如，高剂量的阿维菌素和米尔贝霉素会引起神经毒性反应。

众所周知，nt230（del4）基因的突变在各种牧羊犬以及其杂交品种很普遍[37-46]。当伊维菌素的剂量大于 0.1mg/kg时，这些犬就会出现神经症状。犬的纯合子突变对中毒很敏感，然而犬的杂合子突变则是中度敏感的[38]。商业性基因测试可以检测这种突变。目前还无法检测到影响PGP功能的其他突变。

有许多品种的犬都携带MDR1突变基因，其中包括牧羊犬、澳大利亚牧羊犬、喜乐蒂牧羊犬、迷你澳大利亚牧羊犬、丝毛猎风犬、长毛惠比特犬、德国牧羊犬、边境牧羊犬、古代牧羊犬、英国牧羊犬、麦克纳布以及它们的杂交品种。某一品种的犬在不同国家和不同研究中的发病率不尽相同。在非牧羊犬品种中，比如西高地白㹴和萨摩耶，也有出现中毒症状的报道[47,48]。

对于任何一种对伊维菌素过敏的犬，在进行高剂量给药（大于0.1 mg/kg）前都要做基因突变测试。然而，一些主人认为费用过高，并且此测试会将治疗推迟1周以上，而且，一些杂种犬并不像牧羊犬那样携带突变基因和具有敏感性。为了鉴定不同个体对高剂量伊维菌素的敏感性，有人提出增强剂量进行刺激[47]。这一种刺激测试要求对犬进行5d或更长时间的几乎不间断的观察，并且一旦出现嗜睡或共济失调等早期迹象就应立即停止测试。所提出的给药方案为每日分别给药0.05 mg/kg、0.1 mg/kg、0.15 mg/kg、0.2 mg/kg以及0.3 mg/kg。第1天给药 0.05 mg/kg，第2天给药 0.1mg/kg，以此类推。研究人员发现动物个体接受连续给药2d或更长时间时，动物主人就难以对其进行监护。如果犬对高剂量的伊维菌素过敏，那么较低剂量用药则会引起犬出现轻度的神经症状（例如，唾液分泌过多，瞳孔散大，嗜睡，沉郁或共济失调）。如果立即停止给药，那么这些症状也会逐渐消失，并在48h内恢复正常。而有些犬，无论什么原因，用药几周都不会出现这些症状，所以对所有接受高剂量阿维菌素的犬都应该进行连续观察[49]。

所有对高剂量伊维菌素过敏的犬很可能对所有的伊维菌素和米尔贝霉素过敏。问题是治疗体外寄生虫的剂量是

高于还是低于中毒剂量。据估计，赛拉菌素、莫西菌素和美贝霉素的中毒剂量分别是标签剂量的10倍、30倍和10~20倍[43]。美贝霉素可以以0.5mg/kg的剂量每月给药1次。当以2mg/kg的剂量每日给药1次时，1次所用剂量超过标记剂量的4倍，而1个月以上可超过120倍。

剂量为1~2mg/kg的美贝霉素已经被用于许多患犬，即使对伊维菌素敏感的犬，也很少有不良反应的报道。然而，一些研究表明，以 0.5~1.5mg/kg 剂量给药时，有少数犬会出现轻度神经症状（嗜睡、共济失调）[50,51]。这表明，任何一种阿维菌素或米尔贝霉素对任何犬的影响都是不可预测的。

3. 伊维菌素

伊维菌素是链霉菌发酵产物阿维菌素B的衍生物[52]。它具有抗线虫、微丝蚴、疥螨、姬螯螨、蠕形螨、背肛螨和抗耳螨活性。伊维菌素对吸虫和绦虫没有作用，因为在这些寄生虫体内的γ-氨基丁酸并不参与神经传递。伊维菌素的主要作用是麻痹寄生虫，不过也能抑制其繁殖。伊维菌素并不能将蜱杀死，但是能抑制其产卵和蜕皮。

伊维菌素经肠道外、口服或局部给药都能被有效吸收。伊维菌素经口服给药，吸收迅速并能长期存留在组织中。这一点很重要，因为伊维菌素对易感性寄生虫没有快速杀灭作用。用于治疗非毛囊螨虫的剂量为 0.2~0.5mg/kg。如果经注射或局部给药，间隔14d给药2次应该足以起效。口服伊维菌素需每周给药1次，总共3次，对于少数病例，可能需要额外增加给药剂量。

伊维菌素还具有明显的抗炎效果。作者发现许多被诊断为过敏性疾病，食物过敏或细菌性脓皮病的皮肤病患犬，在服用伊维菌素3~7d后其瘙痒或炎症会明显减轻。伊维菌素对小鼠具有免疫调节作用，特别是对T细胞水平的调节，但是对犬并无此调节作用[5,53]。

有极少数猫在服用伊维菌素1~12h内会出现中毒反应（通常见于幼猫），其症状包括行为异常，共济失调，嗜睡，虚弱，失明，昏迷以及死亡。

4. 米尔贝霉素

美尔贝霉素来源于吸水链霉菌的发酵产物[36,54]。它的功能活性与伊维菌素类似，能有效控制各种肠道寄生虫。美贝霉素被可用于治疗犬的鼻螨、疥疮和全身性蠕形螨病。当以1~2mg/kg的剂量给药时，在对伊维菌素过敏的犬身上几乎不会出现不良反应，因此在这些犬中得到广泛应用。对于蠕形螨病，需每日给药；而对于其他疾病，可每周给药1次，总共3~5次即可。对于某些患犬，治疗3次后仍可发现活的疥螨，这说明对于某些病例可能需要增加给药频率。米尔贝结合多杀菌素［Trifexis（礼来动保）］可增强其杀虫的活性。

5. 莫西菌素

莫西菌素来源于一种链霉菌（*Streptomyces cyaneogriseus subsp. noncyanogenus*）的发酵产物[55]。其滴剂可用于犬、猫以及（欧洲）雪貂。在美国，跳蚤病是该药标签适应证中唯一的体外寄生虫病。该产品在其他地区也可以被用于治疗犬的跳蚤、虱子、穗螨、疥螨疥癣和蠕形螨病。该药可以每4周使用1次，但在治疗螨虫，尤其是蠕形螨时，需要增加给药频率。莫西菌素也能控制和治疗牛体内的线虫、牛皮蝇属、螨虫、虱子和角蝇。以0.2~0.4mg/kg的剂量口服或皮下注射莫西菌素可有效治疗耳螨感染和犬的全身性蠕形螨病，不过这种应用还未获得许可。

6. 多拉菌素

多拉菌素是阿维链霉菌选育菌株的发酵产物[42,52]。在美国，该药被用于控制和治疗牛和猪身上的各种线虫，螨虫和虱子。多拉菌素以0.2~0.3mg/kg的剂量皮下注射可有效治疗犬、猫的疥疮，但是这个范围的剂量可引起神经症状，因此这种应用并未获得批准[42]。

7. 塞拉菌素

塞拉菌素［改进（辉瑞）］是一种滴剂，可预防心蠕虫病，杀死跳蚤成虫，阻止跳蚤卵的孵化，并能治疗和控制犬、猫的耳螨[35,56]。同时也可以治疗和控制犬疥螨和犬变异革蜱感染[56]。赛拉菌素是由阿维链霉菌（*S.avermitilis*）的新型菌株产生的一种新型半合成型阿维菌素。局部用药后，可在皮脂腺、毛囊和基底层上皮细胞中检测到赛拉菌素。局部用药剂量为6~12mg/kg，用药部位在肩胛骨前面的颈基部，每30d用药1次。当按生产商的标签说明使用时，赛拉菌素对于对伊维菌素敏感的犬、育种动物、6周龄或以上的幼犬和幼猫是安全的[57]。局部应用赛拉菌素后，偶尔会出现局部反应（炎症、脱发）。

8. 昆虫生长抑制剂

这些产品基本都是口服或注射型的昆虫生长调节剂。跳蚤吸食含有药物的血液后，其所产的卵就无法孵化或孵化后的幼虫不能继续发育。幼虫吸食这些跳蚤的粪便后也不能发育。虱螨脲［Program, Sentinel（诺华）］是应用的最广泛的商品化产品，在犬上可以每月口服给药1次，在猫上也可以每月口服给药1次或每6个月进行1次注射给药[58-61]。虱螨脲是一种酚脲化合物，可以抑制几丁质的合成。几丁质是跳蚤外骨骼的主要成分，但在哺乳动物中还未被发现。由于几丁质的合成发生改变，跳蚤就无法进行胚胎发育和孵化。

环丙氨嗪是另一种口服型跳蚤发育抑制剂。它属于三嗪类化合物。它不能抑制几丁质的合成，但能增强其硬度从而导致外骨骼无法伸展。幼虫的体内压增大，造成体壁的致命性缺损[62]。因为必须每日给药，所以该药没有得到广泛的应用。

9. 新烟碱类

此类药物作用于烟碱型乙酰胆碱受体。烯啶虫胺是一种新型口服药，被用于杀灭跳蚤成虫[63]。它作用于昆虫的突触后烟碱型乙酰胆碱受体。与吡虫啉（有麻痹作用）不同，烯啶虫胺会使昆虫过度兴奋。在3~4h内几乎可以达到100%的迅速吸收效果。可以被迅速消除，48h后几乎没有任何有效活性。

10. 多杀菌素

多杀菌素源于土栖菌刺糖多孢菌，具有抑制昆虫的活性。它在烟碱型乙酰胆碱受体中发挥活性作用，但不能与其他烟碱型或γ-氨基丁酸型杀虫剂的结合位点相互作用。它能导致昆虫过度兴奋、麻痹以及死亡。在高剂量的伊维菌素环境下会出现神经系统的不良反应。数据表明，多杀菌素是一种PGP抑制剂，会导致血液和脑脊液中的伊维菌素水平升高。

二、蠕虫类寄生虫

（一）钩虫及钩虫皮炎

巴西钩虫（*Ancylostoma braziliense*）、犬钩虫（*Ancylostoma caninum*）和狭头刺口钩虫（*Uncinaria stenocephala*）的幼虫可引起人类特征性的皮肤病变，即匐行疹。这些幼虫在犬、猫身上引起的皮肤病变并不严重，因为犬、猫是它们的特定宿主[64]。皮肤病变通常伴随寄生虫正常生命周期的完成而发生，幼虫很快离开皮肤，然后继续寄生在宿主身体的其他部位。虽然经皮进入宿主体内也可以完成整个生命周期过程，但经这种途径进入宿主体内的幼虫很难发育成熟。幼虫存在于牧场的草地和土壤中，尤其是在凉爽的春季和夏季，动物接触它们后就会被感染。本病基本是由于犬在卫生条件差的草地或土壤上活动引起的。在环境卫生的公园遛狗也是感染的一种途径。每月进行一次常规的心丝虫预防性给药能明显降低该病的发病率。

在狭头刺口钩虫（*U. stenocephala*）流行的地区（爱尔兰，英国部分地区和美国），感染病例似乎更易出现皮肤病变，即使动物感染的是钩虫病但也有可能出现皮肤病变。美国狭头刺口钩虫通过穿透皮肤能引起明显皮炎，但通过此途径几乎不能完成其生命周期。与巴西钩口线虫或犬钩口线虫相比，其吸血程度是比较轻的[64]。犬钩口线虫经皮渗透能够完成其生命周期。

在自然状态或实验易感条件下发生的狭头刺口钩虫感染都会引起钩虫皮炎。这两种感染类型具有相似的临床症状和组织学病变。第三期幼虫在犬身上经常接触地面的部位进入皮肤。它们主要通过皮肤的脱皮区进入体内，不过也有少数幼虫可以通过毛囊进入体内。幼虫进入皮肤表面的角质层，没有证据显示其具有酶活性。一般认为，幼虫只是通过抵抗刚性角质化细胞获得的起伏和前进运动来产生皮肤压力。幼虫在穿过阻力最小的皮肤外层后进入该环节[65]。当幼虫穿透表皮后，真皮会对它们的移行造成一定的阻力。当幼虫穿过组织后，细胞重新聚合，所以这种通道不会持续存在[65]。有些其他种类的钩虫幼虫在穿透表皮时会破坏其完整性。

钩虫皮炎的临床症状最初是在皮肤经常接触地面的部位出现红色丘疹，之后发展为红斑，最后出现皮肤增厚、

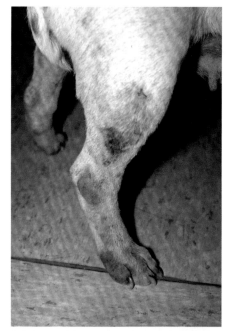

图6-1 钩虫皮炎。在肢体末端出现脱毛、红斑、肿胀和结痂

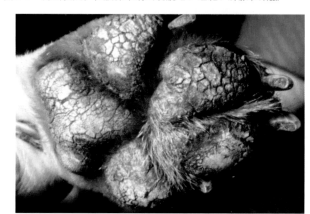

图6-2 钩虫皮炎。狭头刺口钩虫侵入皮肤造成足垫过度角化（由K. Thoday提供）

脱毛等症状，尤其是四肢末端和趾部（图6-1）。不过胸骨部，腹侧腹部，大腿中后部，会阴和尾部的皮肤也会被感染。在肘部、跗关节和坐骨结节处皮肤的增厚和脱毛症状会更明显。趾间皮肤会出现红斑，足部可能出现肿胀、疼痛和发热症状。脚垫会变得松软，尤其是脚垫边缘的组织很容易开裂并经常会脱离真皮。而慢性炎症容易使足垫出现角化过度（图6-2）。慢性炎症会引起动物爪子生长过速并出现畸形。而且动物爪子易脆易断，形成粗厚的锥形残端，同时也会并发趾骨间关节炎。此外，还会一直出现不同程度的瘙痒。

组织病理学检查会显示不同程度的血管周围皮炎（增生或水肿），并伴有嗜酸性粒细胞和中性粒细胞。表皮可能会留有近期的幼虫移行痕迹，偶尔幼虫也会达到真皮形成一条由中性粒细胞和嗜酸性粒细胞组成的线性条带。如果幼虫不是被中性粒细胞、嗜酸性粒细胞和单核细胞簇所包围，则很难被发现。过敏反应是该病变的诱因之一。

根据临床症状，粪便检查发现钩虫卵，以及畜舍环境和卫生条件差等情况可以对该病作出合理的诊断。如果患其他疾病的动物恰巧也感染了钩虫，则会使鉴别诊断更为

图6-3 刮皮样本中的类圆小杆线虫幼虫

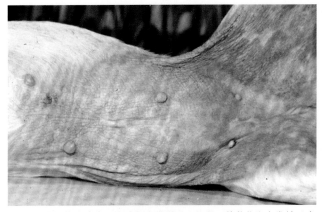

图6-4 小杆线虫皮炎。在腹部出现脱毛、红斑、苔藓化和多发性丘疹

复杂。鉴别诊断包括蠕形螨、接触性皮炎、类圆小杆线虫性皮炎，以及寄生虫（类圆线虫或血吸虫）引起的皮内穿透性破坏。

治疗应注重屋舍的清洁，及时清除粪便，改善卫生条件的同时也要对犬舍的所有犬进行适当的常规驱虫治疗和预防。进行心丝虫的常规预防可以减少该病的发病率。干燥铺砌的地面或定期用硼砂对泥土或沙砾地面进行处理（每30m[2]使用4.5kg硼砂）可以起到预防作用，但同时硼砂或盐也能杀死植被。应该将爪子的趾甲剪短，这样可以改善足部结构，而且有助于减轻关节压力。爪子也要保持清洁干燥，在干净的草地上活动也有助于该病的治疗。

（二）类圆小杆线虫性皮炎

类圆小杆线虫性皮炎（小杆线虫性皮炎）是类圆小杆线虫（*Pelodera strongyloides*）的幼虫感染皮肤而引起的一种局部红斑性非季节性瘙痒性皮炎[2,10]。

在卫生条件差的环境中，这种自生性线虫（类圆小杆线虫）的幼虫会侵袭犬的皮肤，成虫具有直接型生活史，生活在潮湿的土壤或贮藏在地面数月已发生腐烂的有机物中，如稻壳、稻草、沼泽草。动物的皮肤接触被污染的土壤或饲草时会受到幼虫的侵袭[10,66]。类圆小杆线虫的幼虫长约600μm（图6-3），在被感染的皮肤或垫料上刮取的样本中可以发现幼虫。可能会在组织切片的毛囊中发现幼虫和一些孤雌生殖线虫，出现典型的毛囊炎。

Pasyk[67]描述了一个11岁女孩和犬一起睡，从而感染泥土性皮炎的例子。幼虫能侵入表皮和毛囊，在坏死毛囊的周围出现单核细胞和嗜酸性粒细胞型炎性浸润并会扩展到上层真皮的毛细血管和小静脉中。当然，该女孩有可能是被犬感染的，但似乎更合理的是，二者都是被同一环境中的病原所感染的。Smith[68]等人报道，人类皮肤感染的线虫幼虫来源于犬身上的巴西钩口线虫（*A. braziliense*）、犬复孔绦虫（*A. caninum*）、狭头刺口钩虫（*U. stenocephala*）、棘颚口线虫（*Gnathostoma spinigerum*）、粪类圆线虫（*strongyloides stercoralis*）以及类圆小杆线虫。

类圆小杆线虫性皮炎的临床表现为通常分布在与地面

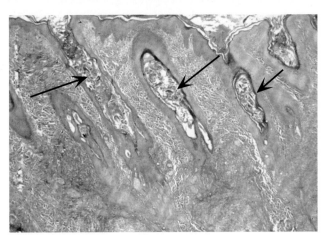

图6-5 小杆线虫皮炎。在毛囊内存在大量线虫

接触部位（足、腿、会阴、下腹部和胸部以及尾部）的皮肤病变（图6-4）[69,70]。感染的皮肤出现红斑，部分或完全脱毛。多发性丘疹继而发展为结痂、鳞片，以及不断抓搔引起的继发感染。会出现轻微或严重的瘙痒。

在皮肤刮样检查中很容易发现运动的线虫幼虫（长度为625~650μm），从而可作出诊断。利用贝尔曼漏斗法可以在污染的垫料中鉴定出幼虫和成虫[69]。可以根据被污染的垫料，皮肤的瘙痒症状，以及皮肤刮样检查的结果进行诊断，其鉴别诊断包括钩虫皮炎，犬心丝虫和类圆线虫感染（都是以发现幼虫为前提）。总之，皮肤病变可能是接触性皮炎、细菌性毛囊炎、蠕形螨病或疥疮。

皮肤活检会显示出不同程度的毛囊周围炎、毛囊炎、疖病（图6-5）。在毛囊和真皮脓性肉芽肿中会发现线虫片段，有大量的嗜酸性粒细胞浸润。

治疗方法简单而有效，必须彻底清除和销毁垫料。应对犬窝或犬笼进行彻底清洗并喷洒杀虫剂。用雪松或其他树的木屑、布料或碎纸将垫料替换掉。患犬应使用温水香波洗浴，以软化和清除痂皮，然后再用伊维菌素或杀虫剂浸洗液进行治疗[66]，这和治疗疥疮一样。这种治疗程序通常能迅速缓解瘙痒，使动物尽快康复。虽然可以重复进行驱虫治疗，但是基本没有必要[69]。可以连续使用泼尼松龙以抑制瘙痒。继发性脓皮病需要全身性抗生素治疗。这种感染具有自限性，当动物远离污染源后，感染就会自愈。

（三）粪类圆线虫感染

在一篇报告中，同一犬舍内的10只犬中有5只出现了非常罕见的粪类圆线虫（*S. stercoralis*）感染性皮肤症状[71]。一只外来的幼犬被放到该犬舍3周后，6月龄大的幼犬出现了黏液样血便、贫血、全身性淋巴结病和局灶性皮炎症状。幼犬的毛发粗糙、暗淡、干燥，在尾巴、后肢末端、腹部以及其他与地面接触的部位出现直径1cm的结痂性病变。有些幼犬还出现严重的出血性蹄皮炎。这些犬被圈在户外阴凉处用混凝土修砌的草地上。粪便样本里含有大量的胚胎化和非胚胎化的卵细胞（80μm×35μm）和一期幼虫（200μm）。卵细胞的体积比粪类圆线虫的一般为（55μm×32μm）大，这种寄生虫在粪便中通常只会出现一期幼虫。如果将粪便样本进行培养，18h后会出现自生性成虫和三期幼虫。

治疗药物为噻苯咪唑，11.4mg/kg，每日1次，连续口服给药5d[71]，或口服伊维菌素，200~500μg/kg[72]，这些都有效，不过可能需要二次治疗。

（四）猿猴线虫病

猿猴线虫病是由猿猴皮肤线虫（*Anatrichosoma cutaneum*）引起的一类幼虫移行症，在非洲被感染的人和猴子的手和脚上会出现水疱。已有报道猫感染猿猴皮肤线虫的病例，一例在南非[8]，另一例在佛罗里达州[73a]。这2只猫均出现跛行，而且四肢的足垫也都出现坏死、脱落和溃疡。其中1例被实施了安乐术，另1例经过4周的伊维菌素治疗（0.3mg/kg）后得以痊愈。组织病理学检查显示为表层血管周皮炎，而且在表皮的坏死迁移束中含有大量虫体和双盖卵，平均长度为42mm的雌虫即是猿猴线虫[8]。

曾发现1只5个月大的母拳师犬排泄的粪便中含有双盖虫卵，在该犬腰部背中线上凸起的脱屑红斑性结节上刮取的皮肤样本中也发现了类似的虫卵。兽医师将结节进行了手术切除，并且在刮皮样本中的虫卵和组织学切片中发现的线虫片段经鉴定均为猿猴线虫[73]。

（五）血吸虫病

鸭子、滨鸟、田鼠、大鼠或麝鼠（自然宿主）身上的血吸虫尾蚴能穿透人或其他恒温动物（异常宿主）的皮肤，并引起瘙痒性皮炎（血吸虫皮炎）[74,75]。

血吸虫虫卵随着粪便的排泄而脱离自然宿主。毛蚴会在20min内孵化，并且必须在12h内找到一个软体动物（螺类）作为宿主，否则就会死亡。它们在软体宿主中形成孢子囊，4周后孵化成尾蚴，脱落到水中，如果在24h内不能找到恒温动物作为自然宿主，它们就会死亡。在自然宿主中，它们到达肝脏和肠壁，然后产卵，卵随粪便排出[76]。这些都是吸虫类寄生虫；其中，眼点毛毕吸虫（*Trichobilharzia ocellata*）、沼栖毛毕吸虫（*Trichobilharzia*

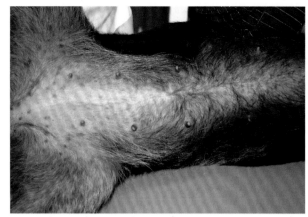

图6-6 尾蚴皮炎。在血吸虫病患犬的腹部出现瘙痒性丘疹样皮疹（由J. Declerq提供）

图6-7 麦地那龙线虫病。在腋下出现结节性病变，还可见一条成虫

stagnicolae）和瓶螺毛毕吸虫（*Trichobilharzia physellae*）寄生在五大湖地区的水鸟身上，而瓦格拉蒂澳毕吸虫（*Austrobilharzia variglandis*）会感染佛罗里达州和夏威夷的鸭子和燕鸥[77]。在人上，此症状被称为游泳痒（*swimmer's itch*）、挖蛤痒（*clam digger's itch*）和稻田痒（*rice paddy itch*）。这些症状是由于尾蚴穿透异常宿主的皮肤所产生的临床病症。虽然从春季到秋季，皮肤都有可能接触被污染的水域而被感染，但是在暖热的盛夏时期动物更喜欢在水里游动，而此时水中的尾蚴也更多，所以，感染也最为普遍。

尾蚴在穿透皮肤时会刺激机体产生斑疹和风疹块，并且会持续15~20h；之后发展成丘疹（图6-6），而2~4d后就会形成水疱。此过程会引起严重的瘙痒，而且这些症状通常会与蚊子、恙螨或跳蚤的叮咬引起的症状相混淆。病灶在5~7d后发生愈合，因为尾蚴已被急性炎症反应所隔离，并伴有中性粒细胞、淋巴细胞和嗜酸性粒细胞侵润。有些人只会出现一次强烈的反应，再次感染时就会出现免疫反应；不过，大多数人每感染一次其症状就会加重一次。

除了缓解性止痒洗剂之外，其他的局部皮肤治疗均无效果。防控措施主要是远离水域。而清除水生植被或向池塘中添加低浓度硫酸铜溶液以杀死软体动物等方法的效果有限。

（六）麦地那龙线虫病

标志龙线虫（*Dracunculus insignis*）是北美的一种寄生在犬和野生食肉动物身上的寄生虫[78,79]。在亚洲和非洲，

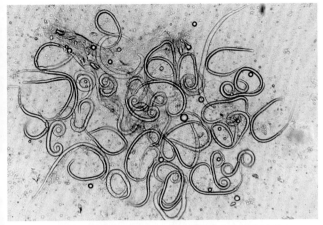

图6-8 麦地那龙线虫病。在图6-7中的结节中收集到大量幼虫

麦地那龙线虫（*Dracunculus medinensis*）（几内亚线虫）能感染人、猫和其他动物[80]。在报道中，标志龙线虫会感染犬、浣熊、狐狸、水貂、水獭和臭鼬[78]。其中间宿主是剑水蚤（*Cyclops*）（甲壳纲动物），宿主从被污染的水中摄入剑水蚤。幼虫在宿主体内的发育时间是8~12个月。成虫在宿主腹部和四肢的皮下组织中发育，通常形成结节，而最终形成瘘管（图6-7）。在瘘管开放之前，宿主可能会出现荨麻疹、瘙痒和轻微的发热症状。当宿主进入冷水中时，雌性线虫受到刺激而释放出幼虫（图6-8），而后幼虫通过皮肤瘘管脱离宿主。有些幼虫可能会进入血液，不过由于其带有长锥形的尾巴，因此可以与恶丝虫属及棘唇线虫相区分开。也可用冷水冲洗瘘管以刺激雌虫，然后用流出液做涂片，从而鉴别出幼虫。

临床表现为在四肢、头部，或腹部出现慢性单个或多发性结节，并最终形成溃疡，难以愈合。病变通常引起疼痛和瘙痒感。偶尔会在瘘管内发现成年寄生虫（雌性：1.7mm×70cm；雄性：1.7mm×22cm）。在脱落的细胞中会发现中性粒细胞，数量不等的嗜酸性粒细胞，巨噬细胞以及幼虫（长度约为500μm）。对切除的病灶进行组织学检查会发现结节或弥散性皮炎，其中含有被纤维性和嗜酸性脓性肉芽肿炎症所包围的线虫成虫和幼虫[79,81]。

单发性病灶可以手术切除；或者将蠕虫轻轻地卷在木棒上然后清除，不过这得需要几天的时间。对于多发性病变，治疗更为困难，而且可能会没有效果。虽然有人对乙胺嗪、噻菌灵、甲硝唑、甲硝唑和伊维菌素治疗麦地那龙线虫病的效果进行过报道，但这些药物并不是都有疗效[10,79,81-83]。

控制措施主要是对供应水的净化。随着时间的推移，该病的发病率会降低直至消失。只饮用精细过滤器过滤后的水也能预防麦地那龙线虫病。

（七）心丝虫病

心丝虫病在犬中常见，气候变化增加了潜在感染的概率。此病不常见于猫[84]。犬心丝虫（*Dirofilaria immitis*）的成虫寄生在心脏，幼虫可在血管中的异常位点上被发现，偶尔也见于皮下组织。在犬、猫皮肤的脓肿样病灶内（尤

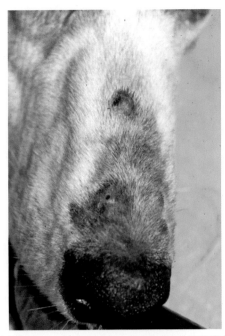

图6-9 心丝虫病。1例心丝虫病患犬出现的瘙痒性结节性皮肤病变

其是腿部的）很难发现成虫[8,85,86]。已有研究表明，异位寄生更常见于猫[87]。虽然犬心丝虫会引起脓疱疹、溃疡性皮炎和疥疮样皮炎，但是其微丝蚴很少能引起皮肤病[88,89]，这些情况下的因果关系还不能完全确定。现已证明瘙痒性丘疹结节性皮炎与这些幼虫有关，不过也有可能是由过敏反应所致（见第八章）[90-92]。

皮肤心丝虫病（心丝虫性皮炎）患犬通常会出现慢性瘙痒性皮炎，并伴有溃疡性丘疹、结节和斑块（图6-9）。病变最常出现的部位是头部或四肢，不过也会出现在全身的任何部位。该病使用抗生素、局部应用药、镇静剂和糖皮质激素的效果较差。

外周血嗜酸性细胞增多和微丝蚴knott测试阳性是常见的结果，隐性丝虫病患犬也会发生病变[92,93]。组织病理学检查揭示了不同程度血管中心化脓性肉芽肿皮炎。微丝蚴片段存在于肉芽肿性皮肤结节内的血管中和血管外。嗜酸性粒细胞数量由少变多。病变中心的许多血管都含有微丝蚴，但皮肤深层和病灶外的皮下血管均未出现细胞浸润或微丝蚴。使用抗免疫球蛋白G（IgG抗体）血清进行免疫组化染色显示出微丝蚴阳性反应结果[90]。

对心丝虫进行标准治疗，在2周内瘙痒就会消失，8周内病灶完全愈合。

（八）其他丝虫感染

在世界各地分布有大量的丝虫类线虫。成虫寄生在皮下组织，而微丝蚴在血液中循环，皮肤病也很罕见。在全世界，匍行恶丝虫是最有可能引起犬皮肤病的寄生虫[89,94-103]，而在猫中却很少见[98]。动物通常会在腰骶会阴区和后腿部出现瘙痒性丘疹性皮炎，同时也会发现坚硬的皮下肿块[102]。常见巴贝斯虫和其他传染原的并发感染[97-99]。用美拉索明、伊维菌素进行治疗，或者局部应用或注射莫

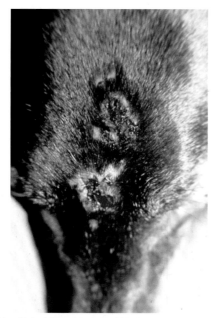

图6-10 棘唇线虫感染。头部出现溃疡性结节（由A. Hargis提供）

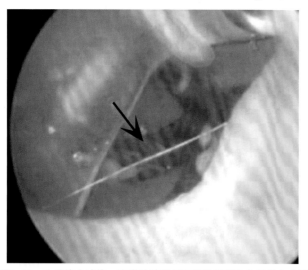

图6-11 比翼线虫感染。在猫的鼓膜后面出现细长的白色线虫（箭头）（由D. Bowman提供）

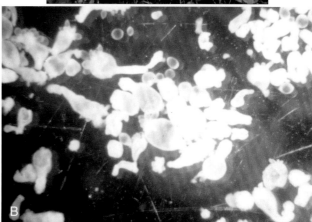

图6-12 A. 肥头绦虫感染，在犬的体壁上出现两个大脓肿 B. 肥头绦虫感染，在图A中的肿块中流出的液体含有大量卵圆形小水疱，直径为 1~5 mm（由R. Chermette提供）

西菌素能有效地彻底清除成虫和微丝蚴[97,100,101,103,104]。采取心丝虫预防措施可以防止再次感染。

眼盘尾丝虫病已在美国西部[105]和希腊[106]的患犬身上有过报道。

据报道，在美国西部有10只犬感染了一种新的丝虫[107]。所有犬都出现一个或多个典型的瘙痒性丘疹或斑块，并伴有脱毛、疤痕、红斑、溃疡和结痂。头部（图6-10）、颈部、肩部和背部的感染最常见。活检可发现血管周性或间质性皮炎，并伴有浆细胞和嗜酸性粒细胞浸润。在大多数患犬中，可观察到真皮层微肉芽肿包围着微丝蚴。在1例患犬中分离到了棘唇线虫（Acanthocheilonema）的成虫，并且这种线虫被认为是引起所有犬患病的病原。每2周使用3次伊维菌素（0.2 ~ 0.3mg/kg）能迅速改善临床症状。

（九）耳比翼线虫感染

猫的中耳感染耳比翼线虫的情况在西北太平洋国家并

不罕见[108]。目前还不清楚这种寄生虫的生命周期。在进行常规体格检查时会在猫的鼓膜后面发现这种寄生虫（图6-11），而当猫摇头时就很难发现。感染为单侧或双侧感染，由于这种寄生虫会沿耳咽管上下游动，因此可能在所有检查中都不会发现该寄生虫。

无临床症状的猫，不需要治疗。对于出现症状的猫，可进行鼓膜切开术并将寄生虫吸出。

（十）各种蠕虫感染

寄生虫学教材中列举了各种吸虫、绦虫、家养动物线虫和野生动物线虫。由于宠物经常被各种寄生虫的媒介昆虫叮咬或者因采食其天然宿主或中期虫体（例如麦地那龙线虫）而将寄生虫摄入体内，因此非正常感染可能比报道中的更常见。如果新的宿主和其天然宿主（例如犬和狐狸）相似，那么，寄生虫中可能会在非天然宿主中完成其生命周期，也可能会在一些不常见的部位（通常是皮肤）发生死亡或被包囊包裹。肥头绦虫（Taenia crassiceps）和其他拟囊状幼虫可见于流浪犬、猫[109]，而且可见于犬的皮肤病灶（图6-12）[110-112]。据报道，使用吡喹酮连续治疗15d，每日 100mg/kg，可以有效治疗多发性病变。在感染克氏并殖吸虫（*Paragonimus kellicotti*）[113]，柔线虫（*Habronema* spp.）[114]，棘颚口线虫（*Habronema* spp.）[115]，主要兔唇蛔虫（*Lagochilascaris major*）[116]的患犬和感染主要兔唇蛔虫（图6-13）[117-119]或粗大铁线虫的患猫中有出现皮下脓肿的报道[120]。

在一篇报道中，生活在佛罗里达州的一只犬感染了增殖裂头蚴病（由裂头蚴绦虫的幼虫感染造成）[121]。最初的病变是在腋窝处出现深红色、褪色的疼痛性结节。尽管应用各种治疗方法，但寄生虫还会转移到内脏器官。如果出现全身感染，就要鉴定出寄生虫的种类，以便于选择合适的驱虫药。当寄生虫被包在皮肤或皮下组织中时，清除寄生虫后并细心护理，伤口会逐渐愈合。

三、节肢动物类寄生虫

（一）蛛形纲

蜘蛛与昆虫不同，因为蜘蛛没有翅膀，其成虫有四对腿，头部和胸部融为一体[1,10]。然而蜱和螨，其头部、胸部和腹部的融合使它们失去了外部的分节标志。它们的口器和口器基部一起被称为颚体（gnathostoma）或假头（capitulum）。其他寄生虫的头部连同胸部和腹部融合在

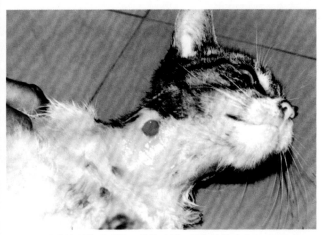

图6-13 主要兔唇蛔虫感染。脓肿破裂，流出液体（由A. Dell'Porto提供）

一起称为躯体（idiosoma）。这些寄生虫是雌雄异体的。

1. 寄生蜱

蜱和螨的不同之处在于蜱的个体大，无毛或短毛，身体似皮革，口下板外露有刺突，并且在第4对足的基节附近存在1对气门。大多数蜱没有特定的宿主。蜱分为软蜱和硬蜱。软蜱更原生，并很少寄生，产生的后代较少，滋生于宿主的居室。硬蜱更具特化性和高度寄生性，能产生更多的后代，滋生于宿主经常出入的空旷地带。

（1）软蜱

软蜱更常寄生在鸟类身上，并且在气候温暖的季节比较常见。在软蜱病流行的地区，它们可以感染所有不同种类的野生动物和家养动物。软蜱没有背板，雌雄相似，在背侧看不见颚体，气门位于第3对无足刺基节的前部。这类蜱很少远离它们的巢穴，通常在夜间采食。只有一种软蜱会感染犬、猫。

棘状耳蜱

棘状耳蜱（*Otobius megnini*）可被发现于犬猫的外耳道，它的分布范围只限于美国南部和西部。幼虫和若虫寄生在宿主的耳道，会引起急性外耳炎和疼痛，偶尔引起痉挛。也会发现无症状感染[122]。通常，耳道内会挤满幼蜱，但有时，只能发现少量幼蜱。成虫的身体中部向内收缩，形成提琴状，它们不带刺，也不摄食，因为它们不是寄生性的。成虫在适宜的环境下可存活6~12个月，并产出500~600个卵。几天后蜱卵孵化，幼虫通常需要立即进食，但在不进食的情况下也能存活2~4个月。幼虫可布满宿主耳道的淋巴，呈现出黄色或粉红色。它们约为0.3cm大小的球体状，有3对短足。采食5~10d后，它们发育成为若虫。若虫同样寄生在宿主耳道里，为蓝灰色，有4对足，为黄色。若虫的身体中部最宽，并且皮肤上有大量的尖刺。若虫在蜕皮发育成成虫之前要采食1~7个月。

棘突耳蜱造成的损伤来自于血液和淋巴液的流失。此外，严重的刺激和继发性中耳炎会引起动物激烈的摇头和抓挠。治疗主要是将蜱清除，可以用镊子将蜱摘除，也可以使用驱虫药（例如拟除虫菊酯和马拉息昂）喷洒或浸浴动物的皮毛，同时对外耳道炎进行治疗。此外，用油剂治

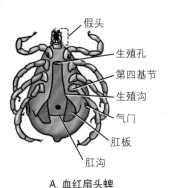

A. 血红扇头蜱

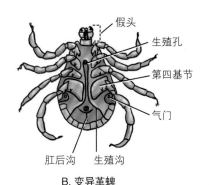

B. 变异革蜱

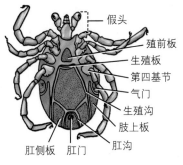

C. 安氏革蜱

图6-14 不同品种雄性硬蜱的腹侧观，可以看到生殖沟和肛沟、基节和骨板。鉴别特征由粗线和虚线标出（摘自 Belding DL: Textbook of parasitology, New York, 1965, Appleton-Century-Crofts; redrawn 摘自 Hegner RW, Root FM, Augustine DL, Huff CG: Parasitology, New York, 1938, Appleton-Century.）

疗耳炎可以使一些蜱虫窒息并将其杀死[121]。

该病容易发生再次感染，所以彻底清除相当重要。在畜舍、地面、柴堆以及其他蜱虫出没的地点喷洒环保局批准的驱虫药可以起到作用。使用驱蜱的滴剂产品或驱蜱项圈可以防止再次感染。

（2）硬蜱

硬蜱具有几丁质甲壳，和覆盖在雄性蜱虫背侧面和雌性蜱虫前背部的盾板。在背侧前端可以看见颚体，而颚基是重要分类学依据。尽管都是吸血动物，但硬蜱还是有性别差异的。对蜱进行具体鉴定的内容已超出了本书的范围，但由于血红扇头蜱（*Rhipicephalus sanguineus*）与革蜱（*Dermacentor*）相比容易在室内繁殖，造成难以控制的问题，因此本书列出了鉴定种属的几个关键特征（图6-14）。

可以通过雄蜱的花瓶状颚基、拉长的气门及三角形的肛侧板识别扇头蜱。它的第四对基节不如其他三对基节大。革蜱的特点是第四对基节大，颚基呈矩形，并具有纹饰的盾板。

虽然每一种属在某些细节上略微不同，但硬蜱的生命周期大体上是相似的。蜱卵在2~7周内孵化，幼虫采食3~12d后脱离宿主，再过6~90d后开始蜕皮。若虫在离开宿主进行休眠（17~100d）之前也要进行短期的采食（3~10d），成虫的生命力强（寿命长达19个月），繁殖力强，一生能产2000~8000个卵。一般来说，其生命周期的完成需要三个宿主，幼虫、若虫和成虫通常选择3种不同的动物，不过也有些品种的这三个阶段是在同一哺乳动物中完成的。如果其生活周期被中断，蜱能在冬天长期生存或冬眠。虽然生命周期通常在1年内完成，但也可延长到2年或3年。当离开宿主时，这些蜱会寄生在覆盖着杂草和灌木的地面上。它们能抵御寒冷，但对强烈的阳光、干燥环境和强降雨敏感。它们需要的是潮湿的环境。

1）感染犬、猫的常见硬蜱种类

血红扇头蜱（*Rhipicephalus sanguineus*）　这种棕色犬蜱广泛分布于北美，是美国许多地区蜱虫感染的主要种类。血红扇头蜱对水分的要求较低，能在室内生存，可在同一宿主体内完成其生命周期。虽然其主要宿主是犬，但在其他的犬科动物、猫、兔、马和人身上也有发现。它可在生命周期的三个时期都能感染宿主，但每个时期都有可能感染同一动物。它能传播巴贝斯虫病和无形体病、犬埃立克体（*Ehrlichia canis*）和土拉热弗朗西斯（氏）菌（*Francisella tularensis*），并能引起蜱瘫痪症。

变异革蜱（*Dermacentor variabilis*）　这种美国犬蜱也广泛分布于北美，但是在大西洋沿海地区的灌木和海滩草中尤为常见。成蜱的主要宿主为犬，但人、家畜和大型皮毛动物也可能被感染。幼蜱的主要宿主是田鼠，但其他小啮齿类动物或大型哺乳动物也可能被感染。它能传播落基山斑疹热、圣路易斯脑炎、土拉菌病、无形体病，并能引起

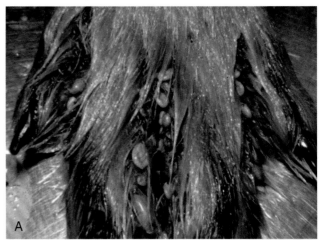

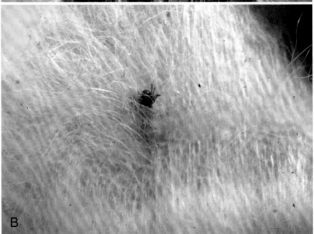

图6-15　**A**. 蜱感染，趾间寄生大量蜱的患犬出现爪部皮炎　**B**. 蜱叮咬，在蜱附着的部位出现红斑性结节

蜱瘫痪症。

2）可能感染犬、猫的其他蜱种

这些蜱种包括安氏革蜱（巨头蜱，洛基山林蜱），西方革蜱（*Dermacentor occidentalis*，太平洋和西海岸蜱），肩突硬蜱（*Ixodes scapularis*，黑腿蜱），丹明尼硬蜱（*Ixodes dammini*，鹿蜱）和斑点钝眼蜱（*Amblyomma maculatum*，美洲钝眼蜱）。

（3）蜱引起的损伤

蜱通过叮咬产生刺激（图6-15）；产生过敏反应（见第八章）；作为细菌、利克次氏体、病毒和原生动物疾病的载体以及通过分泌有毒物质引起蜱瘫痪症等方式来伤害动物。有12种硬蜱（包括变异革蜱）可以引起瘫痪症，并且在许多宿主（包括犬和猫）中都有发现。蜱瘫痪是由蜱的唾液腺产生的一种蛋白毒素导致的。这种毒素可能是卵巢分泌的，因为它与产卵有关。不同个体的蜱产毒能力不同，不过那些附着在脊柱和颈部的蜱似乎能产生毒性更强的毒素。毒素能影响脊髓和脑神经的下运动神经元，并能产生逐步严重的弛缓性麻痹。对于出现蜱瘫痪的病例，用器械将蜱完全清除后可讯速恢复。一项全国性的兽医行业中蜱感染的记录调查显示，从5月到7月是蜱感染最严重的时期。感染率最高的地区依次是俄克拉荷马州、阿肯色州、康涅狄格州、西弗吉尼亚州、罗德岛。当地的条件也

会影响这些地区以及其他州的感染率。年轻未去势的公犬感染风险高，而玩具犬最不容易受到感染。

（4）蜱的治疗和控制

当感染动物的蜱数量很少时，用手就能将蜱从宿主身上摘除，简单易行。一个有效的方法是用12.7cm（5in）的Crile蚊式弯止血钳或商品化的除蜱器轻轻地抓住头部表面皮肤，并慢慢将其牵拉开。蜱常见于耳朵以及脚趾之间。应将收集的蜱浸泡在酒精或杀虫剂里将其杀死。

在过去，有大量的研究表明了双甲脒、氟虫腈、伊维菌素和氯菊酯对蜱虫控制的效果[32,56,125-131]。这些研究通常主要专注于单个产品以及评估这一产品的杀蜱有效率和有效作用的持续时间。

现在的研究有些也采用类似的方式[132-137]，然而其他的研究会将它们与已知药效的产品进行对比[138-141]。在这里列出所有现存的数据是不切实际的，因为研究条件的差别很大，而且结果也各不相同。在一般情况下，所有滴剂（除蜱产品中最普遍的应用形式）除蜱效果都不错，但是在其推荐的药效持续时间内可能达不到100%的疗效。在临床工作中，动物经常出现再次感染，所以产品的效果可能更差。在蜱感染严重的地区，动物主人会抱怨他们的犬在治疗后很短时间内又会出现新的蜱，所以认为这些产品没有效果。这些产品也有可能是有作用的，只是对于处于感染状态的犬效果不是很好。因此，需要对现行的蜱虫控制方案进行修改，可以使用新型产品或与其他产品联合应用。

对于滋生在住宅和犬舍中的血红扇头蜱，通过在木制品、管道和线路穿行的空隙以及屋舍间隙中反复喷洒环保杀虫剂可以控制和清除蜱虫。对于蜱患严重的情况，应雇用专业灭虫人员进行处理。

室外控制措施通常是不切实际的，但可以帮助控制蜱虫的数量。通过切割及燃烧灌木丛和草地、耕犁土地和翻松牧草可破坏其栖息的巢穴。在城市地区，草坪和灌木带可用已注册的杀虫剂进行适当处理。在春天使用一次，并在盛夏时节再使用一次。

2. 寄生螨

螨属于蜱螨目，比蜱小，并且没有皮革样的外壳覆盖，口下板无刺突，一些螨在头胸部有气门。寄生螨是皮肤、黏膜或被毛上主要的外寄生虫，也有少数为体内寄生虫，它们分布在世界各地，寄生在动植物体上，可造成动物的直接损伤并传播疾病。由于螨虫的流行度及其对临床的重要性，本节重点对四种寄生螨——姬鳌螨（*Cheyletiella* spp.）、蠕形螨（*Demodex* spp.）、（犬）疥螨（*Sarcoptes scabiei*）、猫背肛螨（*Notoedres cati*），以及它们引起的疾病进行深入讨论。

本节所讨论的大多数疾病使用局部杀虫剂或者口服、静脉或经皮使用阿维菌素都能得到有效的治疗[142]。目前，阿维菌素可以在犬、猫身上每月使用1次。通常，这些药物杀螨所需剂量比较高，或需要更高的使用频率才能有效

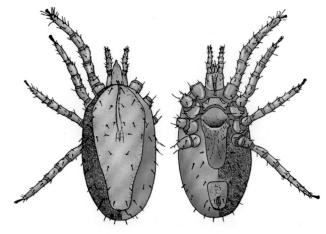

图6-16 鸡皮刺螨（De Geer）。左侧，雌性背侧观；右侧，雌性腹侧观（改自Lapage G: Monnig's veterinary helminthology and entomology, ed 5, Baltimore, 1962, Williams & Wilkins.）

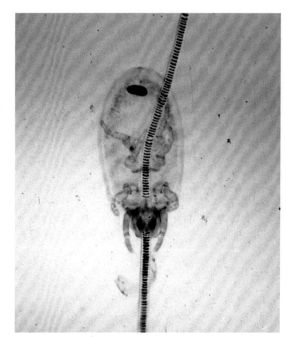

图6-17 附着在猫毛干上的猫皮毛螨

抵抗螨虫。由于这些剂量属于标签外使用范围，所以一般不考虑使用，除非没有获批的产品可用，或是因为动物的体质特性而不能使用获批产品，又或者是获批产品没有效果。随意使用这些剂量可能会使兽医受到法律诉讼，尤其是对于动物出现不良反应的情况。

（1）鸡皮刺螨

该螨感染家禽（禽螨）、野生和笼养的鸟、犬、猫以及人类。鸡皮刺螨也被称为红螨，但只有在其吸饱血时才呈红色，其他时候呈白色、灰色或黑色。吸饱血的成虫体积最大，但也只有1.1mm（图6-16）。它们生活在笼子或房屋的裂缝和巢穴中。吸饱血后，它们能一次产7个卵。虫卵孵化成具有6条腿的蛹，并且不进食。（24±12）h后，蛹蜕变成具有8条腿的第一若虫并开始采食，（30±15）h后蜕变成第二若虫。它们继续采食并同样经过（30±15）h后蜕变为成虫。整个周期在理想的条件下只需8d，但是如果没有机会进食，它能持续5个月[143]。在

图6-18 猫皮毛螨感染。在患猫身上梳理下来的毛发，明显可见大量的螨虫（由L. Conceicao提供）

图6-19 阿氏真恙螨成虫

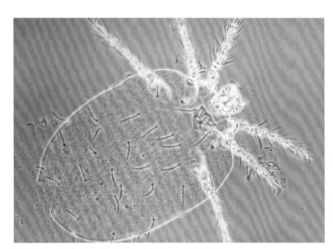

图6-20 秋收新恙螨成虫（由J. Georgi提供）

5~25℃条件下，螨可以在没有食物的情况下存活9个月[144]。

这类螨几乎不感染犬、猫，即使有也是非常偶然的[145,146]。筑巢在屋檐上的野生鸟类身上有螨虫，这些螨虫可以通过打开的窗户进入室内，感染人和动物。拉姆塞（Ramsay）和梅森（Mason）[147]发现有一只犬的身上布满了大量的螨虫，这些灰白色的螨虫在毛发上蠕动，就像是姬螯螨引起的皮屑在"移动"一样。在这种情况下，瘙痒症状并不严重。大多数病例都发生在接触过鸡舍或生活在最近转移到家禽地区的宠物身上。临床症状包括红斑、丘疹及强烈的瘙痒性皮疹，特别是在背部和四肢。通过皮肤刮样检查发现螨虫即可作出诊断。几乎任何杀虫剂洗液、浸液和喷雾剂都能除去螨虫。对引起螨虫感染的原发场所应进行及时处理，以防再次引起感染。由于-20℃和45℃以上高温可以杀死鸡皮刺螨，所以使用冷冻、加热，或两者同时使用可以代替化学消毒[144]。

（2）猫毛螨

小猫皮毛螨在澳大利亚、夏威夷和巴西都很常见[148,149]，而且在佛罗里达[150]和得克萨斯[151]都有过报道。它们身体细长，为430~520μm，有皮瓣样伸展的胸骨。胸骨上有两条前足，用来抓附宿主的毛发（图6-17）。所有的足都有末端吸盘。由于所有的皮毛螨一般都很相似，所以要准确鉴定不同种还得依靠寄生虫学家。这些螨虫的传染性并不高，感染一般是通过直接接触发生的，但是污染物会加重感染的传播[151]。Bowman[148]有报道称一组14只猫进行研究，只有1只受到感染。临床症状的严重程度与感染的持续时间和程度有关。症状轻微的病例几乎不会出现瘙痒，附着在毛发上的螨虫使被毛看起来颜色不一、黯淡无光、杂乱无章（图6-18）[152]。因为患病动物容易脱毛，所以可以发现一些斑片状脱毛区。病情严重的病例，会出现全身性斑丘疹样或脱皮性皮炎，严重感染的猫很容易出现瘙痒。螨虫通常沿背中线区黏附在毛发末端，然而偶尔也会发现于全身各部。从刮皮样本上或醋酸胶带粘贴样本分离到螨虫后即可作出诊断。使用杀虫喷剂或浸泡液进行治疗，每周用石灰硫黄合剂进行药浴，或应用伊维菌素治疗通常都

能治愈[149,150]。

（3）恙螨病

虽然在大约700种恙螨（秋螨）中有20种能引起疾病，不过在本节只介绍三种。

（4）阿氏真恙螨（Eutrombicula Alfreddugesi）（恙螨属，真恙螨亚属，北美恙螨）和秋收新恙螨（Neotrombicula Autumnalis）（恙螨属）

成虫为食腐动物，生活在腐烂的植物里。虫体呈橙红色，约针尖大小，可存活10个月，大概每年产一代。成虫将卵产在潮湿的地上并孵化成有六条足的红色幼虫，幼虫寄生在动物身上。它们掉在地上后发育成若虫，最终变成成虫（图6-19和图6-20）。其整个周期在50~70d内完成，但成年雌螨可存活1年以上。它们通常被发现于皮肤和地面接触的部位，如腿、脚、头、耳朵和胸腹部。其症状变化不一。螨虫叮咬通常会产生强烈的刺激和严重的瘙痒性结痂性丘疹（图6-21），但也会引起非瘙痒性丘疹、脓疱和皮炎。也可能会出现继发性脱屑和脱毛。在猫的耳内和耳周围可能会发现这类螨虫，不过由于其虫体呈深橙红色（图6-22）而且与皮肤的黏附牢固[153,154]，所以很容易和耳螨属相区分（耳螨）开。它们约为500μm大小，当将其从

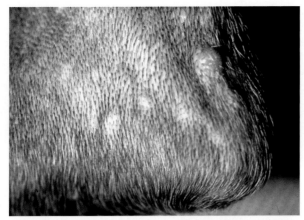

图6-21　阿氏真恙螨引起的恙螨皮炎。在犬的肘部内侧出现大量丘疹

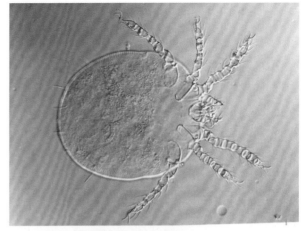

图6-23　美国无前恙螨（由J. Georgi提供）

图6-22　阿氏真恙螨引起的恙螨皮炎。在猫的颞部有橙色的恙螨（由T. Manning提供）

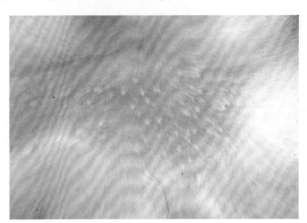

图6-24　美国无前恙螨引起的恙螨皮炎。在猫的腹部出现大量红斑样丘疹（由K. Kallaher提供）

宿主身上摘除并放在显微镜下观察时，应立即将其放置在矿物油中，否则它们就会逃掉。

恙螨主要出现在夏末和秋季，流行具有季节性。被感染的病例通常都去过树林和田野。皮肤活检显示不同程度的表层血管周皮炎（棘细胞层水肿性或增生性），并伴有大量的嗜酸性粒细胞浸润。

使用杀虫剂滴剂[155,156]、杀虫剂药浴液，或耳部的局部用药［Tresaderm（默克）][157]进行1~2次治疗通常可以治愈。用一种或两种用途的多点施驱虫剂可治疗成功。全身性皮质类固醇激素治疗2~3d，有助于缓解瘙痒（如果存在瘙痒的话）。只有禁止农村动物的活动才可阻止恙螨的蔓延，否则还可能出现再次感染。在一项研究中，使用0.25%的氟虫腈喷雾剂对18只犬进行治疗，其中有15只未出现再次感染。有3只接受治疗的猫在7~10d内被再次感染。其他的滴剂产品也同样有效。

（5）美国无前恙螨

据报道，这种恙螨（图6-23）在美国西南和东部的松鼠和小老鼠身上很常见，并在猫中也有报道[158]。其幼虫寄生在皮肤表面。它们分泌的唾液使其能够吸食宿主的组织液。当宿主产生反应以试图隔离寄生虫时，在皮肤表面会形成一条隔离通道。幼虫脱离宿主，进入腐烂的木头中沉寂一段时间。若虫出现后开始觅食，而在化蛹阶段又变得安静，然后变成成虫。这些成虫主要以弹尾目昆虫

（跳虫）为食。成虫可产大量卵，并孵化出寄生性幼虫，一些恙螨对宿主某些特定的身体部位有特殊的偏好。螨虫通常选择胸腹部寄生，但也能在耳朵和后背被发现。在Lowenstine等人的报道中，患猫的病变出现在腹侧躯干，腿内侧表面及趾间。可触诊到病变，但必须将毛发仔细分开才能容易看到恙螨。皮肤出现结节性增厚，表面皲裂并出现鳞屑，还伴有黄色浆液性渗出液。脚掌肿胀，脚爪皲裂。猫像踩到毒物一样来回摆脚。详细检查可发现丘疹（0.1cm），以及少量的风疹和红肿（图6-24）。刮皮样本中有少量螨虫，但皮肤活检样本中含有大量螨虫。

组织病理学检查显示不同程度的表皮内脓疱性或水疱性皮炎。表皮角化明显，还可发现螨虫片段。此外，还有大量嗜酸性粒细胞和肥大细胞浸润。

用杀虫剂治疗螨虫，广谱抗生素治疗继发感染，10d内就会出现良好反应。

（6）Straelensia Cynotis

对于这种恙螨的感染在西班牙、葡萄牙和法国[159-162]报道的较多，在夏末至秋初这段时间内，在户外活动的犬最容易被感染。一项研究表明，母犬的发病率较高[161]。

感染的动物出现丘疹性或结节性皮炎，这在头部和背部最常见。然而病变有可能是全身性的[162]。在大多数情况下，病变不会出现瘙痒，触诊柔软。皮肤刮样检查很难发现这种寄生虫。

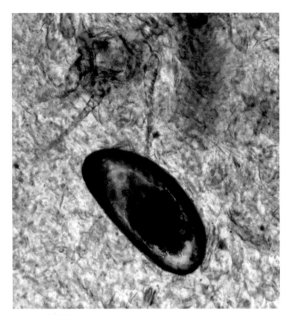

图6-25　耳恙螨卵

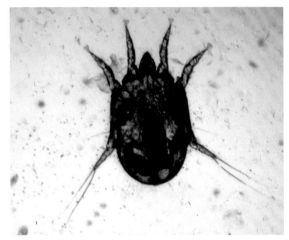

图6-26　耳恙螨成虫

图6-27　耳恙螨病　**A.** 在犬的耳道有大量黑色干燥的碎屑，耳部总体症状轻微　**B.** 中度至重度的面部及耳部瘙痒，耳道有少量分泌物

S. cynotis寄生在毛囊口，并向毛囊注入唾液，可破坏毛囊。通常在活检样本的毛囊内可发现幼螨。感染会引起特征性组织病理学变化，即假性上皮瘤性毛囊增生和毛囊周真皮黏蛋白增多[161,162]。

所有的恙螨皮炎病例都不需要治疗，因为这类寄生虫不能在犬身上完成其生命周期。然而，自愈比较缓慢，需要2~12个月[160-162]。用伊维菌素和氟虫腈进行治疗可以减少螨虫数量，但不能治愈。

（7）耳恙螨

耳恙螨（耳螨）是一种均属痒螨科恙螨，不会挖洞而寄生在皮肤表面[163]。成年螨体积大，呈白色并能自由移动。肛门在后端，有四对足，除了雌螨未成熟的第四对足之外，其他足都伸到了体缘外。雄螨的所有腿都有不相连的短柄（腹柄）并带吸盘，雌螨的前两对足也是如此。

耳恙螨的生命周期为3周，卵带有黏液，可黏在基质上（图6-25）。4d后，虫卵便会孵化成具有6条足的幼虫。此时，幼虫活跃进食3~10d，然后休息10~30h再孵化成具有8条足的第一若虫，最后一对足很小。在简单的活动和休息之后，第一若虫蜕皮成第二若虫。通常由雄性成虫接近第

二若虫，两者通过蛹背后部的吸盘和雄性成虫后足上的吸盘进行（端端）接合。如果第二若虫产生的是雄性成虫，那么这种接合就没有生理意义；但是如果产生的是雌虫，它们就会立即发生交配，雌虫（图6-26）成为带卵者。未进行接合的雌性螨虫，蜕皮时无法交配，也就不能产卵。只有成虫才会出现两性异形。在所有分期中，前4条腿都带有不相连的短柄和吸盘，而只有成年雄性螨虫在后腿上有吸盘。成年螨虫的寿命大约为2个月，脱离宿主后的存活时间取决于环境温度和相对湿度，从5~17d。在实际环境中，最长可存活12d[164]。

耳恙螨以表皮的皮屑和组织液为食。因此，宿主可接触到螨虫抗原并产生免疫[165,166]。机体不会出现迟发型过敏，但是在病程早期会产生反应素抗体，后期出现沉淀抗体。耳恙螨的进食引起耳道上皮发炎，耳道内塞满耳垢、血液和螨虫残骸。这些耳道分泌物呈现出典型的咖啡渣样外观（图6-27，A）。患病动物（尤其是猫）的临床症状变化不一。有些猫有大量的耳分泌物，但未表现临床症状；而另一些猫的耳分泌物极少，却伴有严重的耳部瘙痒（图6-27，B）。犬的耳分泌物通常很少，但常会严重瘙痒。病变可局限于外耳道，也可出现在身体的其他部位，尤其是在颈部、臀部和尾巴上[7,167]。这些"异位"耳恙螨通常不会引起疾病，但是有些动物会出现瘙痒性皮炎，类似于蚤咬过

图6-28 耳恙螨病。耳恙螨异位寄生引起猫腹部外伤性脱毛

敏症、特应性过敏或食物过敏（图6-28）。被耳恙螨（*O. cynotis*）感染的犬、猫，常常也会对其他的螨虫出现阳性皮内测试反应，包括粉尘螨（*Dermatophagoidesfarinae*）、屋尘螨（*Dermatophagoidespteronyssinus*）以及粗脚粉螨（*Acarussiro*）[168,169]。清除耳恙螨（*O.cynotis*）感染后，这些反应结果就会变为阴性。鉴别诊断包括虱病、类圆小杆线虫性（*Pelodera*）皮炎、疥疮和恙螨。耳恙螨具有高传染性，最易感染青年动物。没有宿主特异性[9]，所以所有接触到耳恙螨的动物都有可能被感染[170]，耳恙螨在人身上会引起短暂的丘疹样皮炎[171]，极少寄生在耳内[172]。

治疗方法多种，依据动物的数量、动物的性格、病情的严重程度以及动物主人可投入的精力制定不同的方案。如果只有一个或几个动物，可考虑经耳治疗。如果耳道塞满皮屑，那么在进行任何治疗之前，都应使用合适的耵聍溶剂清洗耳道。矿物油、含有除虫菊酯的耳部驱虫剂，以及耳部复方药物都可治疗耳恙螨感染[173-175]。矿物油和不含杀虫剂产品的除螨剂原理是使螨虫窒息[175]。为了发挥最大的药效，缩短传染的时间，应同时辅以全身治疗，清除"异位"螨虫[176]。但是通常不会使用这种方法，除非继发了严重的外耳炎。滴剂形式的芬普尼也有效。其他证据显示，在每只耳朵上滴2～4滴芬普尼滴剂，连续使用10～30d，同样有效[157,177,178]。

当多个动物被感染或出现皮肤症状时，以及在不能进行耳部治疗的情况下，阿维菌素可以有效地清除耳恙螨[6,167]。伊维菌素和美倍霉素可以混在耳部用药配方中，而且非常有效。如果耳道塞满皮屑，应将皮屑清理干净，以免影响药物吸收[179]。口服（每周3次）或者皮下注射（2次，间隔14d）伊维菌素几乎能达到100%的有效率。

塞拉菌素已被批准用于犬、猫耳恙螨的治疗，在皮肤上每月使用1次。在某些情况下，1次给药就能有效地清除螨虫[180]；但是大多数研究显示，需要间隔30d进行2次给

药[56,181]许多临床兽医把第二剂药开在第14天。

每月使用1次莫西霉素滴剂[181,182]，或者口腔注射（0.2 mg/kg，2次，间隔10d）[169]也是非常有效的。毫无疑问，其他的阿维菌素类药物也同样有效。

（8）犬类肺刺螨（Pneumonyssoidescaninum）

犬类肺刺螨的发病率尚不清楚[183]。在一项研究中，因其他原因尸检时发现7%的犬存在这种螨虫[184]。最近的一项针对瑞典的474只表现正常的犬和145只表现正常的猫的研究显示，有20%（95/474）的犬被感染，而没有猫被感染[185]。大多数被感染的犬是大型犬并且年龄在3岁以上。螨虫的平均数量为13只，从1只到250只不等。它们寄生在犬的鼻腔和鼻窦中，大多数被感染的犬没有临床症状。但浆液性或卡他性鼻窦炎、打喷嚏、倒打喷嚏、过度流泪等症状都可能与呼吸道过敏相混淆[186]。与呼吸道症状有关的吞气症会使犬出现胃扩张、肠扭转[187]。有些犬发生面部瘙痒[188,189]。目前采用鼻镜检查或者鼻腔冲洗来鉴别螨虫，作出诊断[188]，不过现在正在研发抗体检测方法[190]。有时没能在犬身上发现螨虫，可以根据对除螨治疗的反应，作出推定诊断。有效的治疗方法包括伊维菌素、美倍霉素、塞拉菌素[50,191,192]。

（9）环境中的螨虫

在谷物、干草、秸秆以及房屋中会发现许多营自生生活的螨虫。这些螨虫会偶然寄生在哺乳动物身上[193]，有时螨虫的外骨骼、躯干或分泌物被动物食入、吸入或经皮肤吸收进入体内[3,194]，导致过敏反应而引起皮肤病。屋尘螨（*D. pteronyssinus*）和粉尘螨（*D. farinae*）是两类最常见的屋尘螨。有类特应性症状的犬（见第八章）常对这种螨虫出现阳性反应。但是目前还不清楚这些反应的真正意义。

环境中的螨虫可能对防治跳蚤的杀虫剂比较敏感，但是这些螨虫的自然生存环境使其很难被根除。移走干草和秸秆，或者用螨虫的天然食物新鲜秸秆把螨虫引诱走，就可以除去干草和秸秆中的螨[183]。只要毁掉食物就可以消除存储食品中的螨。撤走地毯并经常用吸尘器彻底地打扫地板、家具和床，可以减少屋尘螨。这些清洁方法有一定效果，但不能完全解决宠物的感染问题，因为皮炎的根本原因是过敏，而不是螨虫的直接作用。

（10）姬螯螨

姬螯螨（*Cheyletiella*）皮炎（"漫步"皮屑）通常是由姬螯螨（*Cheyletiella*）引起的轻度非化脓性皮炎，姬螯螨生活在皮肤的表面。

1）病因和发病机理

姬螯螨（*Cheyletiella*）属于大型螨虫，可以感染猫、犬、兔以及人[195]。目前还不清楚这种疾病的发病率，因为其症状多种多样，但是由于现在跳蚤防治产品（也能杀死螨虫）的广泛使用，姬螯螨病很可能已经不如以前流行了。有三种螨可以在许多种不同宿主间自由传播[9,196-198]。一般认为，牙氏姬螯螨（*Cheyletiella yasguri*）感染犬[199]，

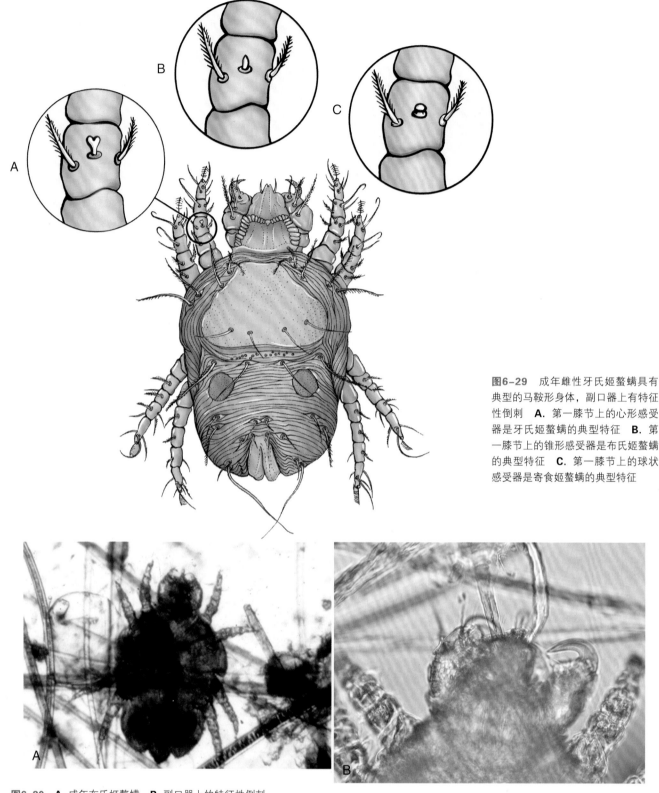

图6-29 成年雌性牙氏姬螯螨具有典型的马鞍形身体，副口器上有特征性倒刺 **A.** 第一膝节上的心形感受器是牙氏姬螯螨的典型特征 **B.** 第一膝节上的锥形感受器是布氏姬螯螨的典型特征 **C.** 第一膝节上的球状感受器是寄食姬螯螨的典型特征

图6-30 **A.** 成年布氏姬螯螨 **B.** 副口器上的特征性倒刺

布氏姬螯螨（*Cheyletiella blakei*）感染猫[200]，寄食姬螯螨（*Cheyletiella parasitivorax*）感染兔。实验条件下，牙式姬螯螨（*C. yasguri*）在犬和兔之间的传播，显示各种类之间没有严格的宿主特异性[199]。所有种类的螨都可以感染与之接触的人[201]。

这种大型螨（385μm）有四对足，足上有栉而非螯（图6-29）。姬螯螨属（*Cheyletiella* spp.）的最明显的特征是末端带倒刺的附口器和触须（图6-30）。在第一膝节上

的心形感觉器是牙式姬螯螨（*C. yasguri*）的特征性结构，锥形感觉器是布式姬螯螨（*C. blakei*）的典型特征，球形感觉器是寄食姬螯螨（*C. parasitivorax*）的典型特征。

营自生生活的肉食螨（例如普通肉食螨，*Cheyletus eruditus*）也能感染于犬、猫[202]。报道中的这些螨虫不会引起临床症状。应注意区分营自生生活的肉食螨与姬螯螨，它们非常相似。在营自生生活的肉食螨身上，（螨）须肢附节带有一个或两个栉[202]。

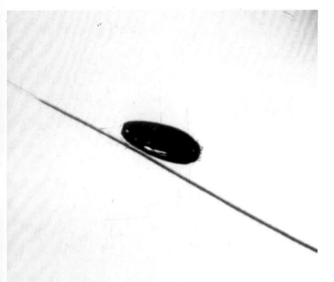

图6-31 黏附于毛干上的布氏姬螯螨

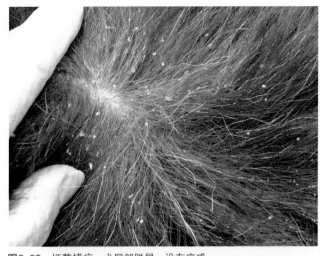

图6-33 姬螯螨病。犬尾部脱屑，没有痒感

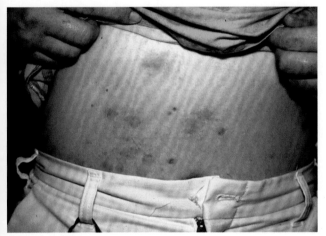

图6-32 检查患猫后，人的腹部被姬螯螨叮咬

图6-34 姬螯螨病。尾背侧弥散性脱屑的犬，伴有痒感，骨盆处的脱毛由外伤所致

这类螨虫通常不打洞，而是生活在表皮的角蛋白层中，不会进入毛囊。它们在表皮碎屑形成的假隧道中快速移动，但是会定期用它们的螯针刺入皮肤，从而将身体牢牢地固定在表皮上，吸满无色透明的液体。虫卵无卵盖，比幼虱小，靠细纤维束附着于毛发上（图6-31）。相反，虱子卵与宿主的毛发黏合牢固。

姬螯螨（*Cheyletiella*）不以其他螨虫为食。整个生命周期都在同一宿主上完成，经历典型的虫卵、幼虫、蛹、成虫期，总共大约21d。螨虫是专性寄生虫，因为一旦幼虫、蛹或成虫离开宿主，就会马上死亡。成年雌虫的生命力稍强，在离开宿主后可以继续存活10d或更长时间[6,197,198]。随宠物的毛发掉落到环境中的虫卵可能是再次感染的重要原因[196]。Stein[203]曾报道发现姬螯螨（*Cheyletiella*）在猫的鼻孔中爬进爬出，这就使得这种疾病的流行病学更为复杂，治疗更加困难。

姬螯螨具有高度传染性，尤其是在年轻动物宿主之间，人类也会被传染。犬和猫都是人感染螨虫的来源[201]。一项调查显示，在41个出现瘙痒性皮炎问题的猫场中，有27个猫场存在感染姬螯螨病的猫[204]。而其中有20%的猫场还出现了人感染姬螯螨（*C. blakei*）病的情况。在所有的

样本中，都分离出了布氏姬螯螨。毫无疑问，搞好公共卫生对预防这类螨虫是很重要的，因为经常与被感染的患畜接触，也会使人类患上皮肤病。人类感染的严重程度有所不同，但是一旦与感染动物直接接触后，会在手臂、身体和臀部出现红疹（图6-32）。这些丘疹很快发展成水疱，继而是脓疱，最后破裂变成黄色的陈旧性病灶，由于剧烈的瘙痒，这些病灶经常被擦破。尽管病灶会严重发炎，但是与周围的皮肤有明显的界线。较陈旧的病灶中心是坏死区，非常容易诊断。经常与动物接触会使人持续被感染。如果未出现进一步的感染，病变会在3周内消退。

犬、猫的临床症状复杂多样，有的表现为严重的瘙痒性皮炎，而有的完全不会出现瘙痒。任何品种的动物都会被感染，但是可卡犬的感染率偏高[198]。初期，大多数患动物背侧产生干燥的皮屑，稍有或没有痒感（图6-33）。这些最初的症状很有可能是由螨虫咬食引起的炎症反应所致。由于猫天生具有梳理毛发的习性，所以会将皮屑、螨虫和虫卵（都会出现在面部）清除，致使初期症状不是很明显，而且病情的发展速度通常比犬（犬没有梳理毛发的习性）的慢。随着时间的推移，皮屑越来越多，范围更广，逐渐出现脱毛及瘙痒加重（图6-34）。在某些动物身

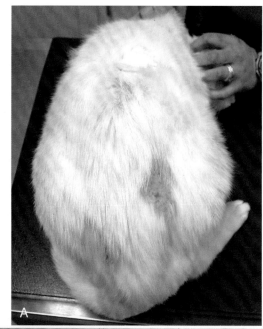

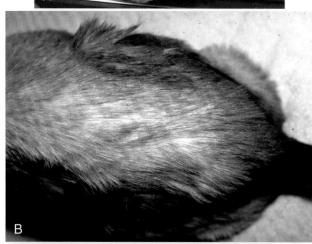

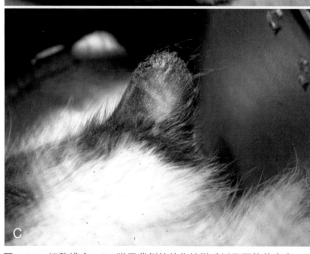

图6-35 姬螯螨病 **A.** 猫尾背侧的外伤性脱毛以及粟粒状皮炎 **B.** 猫尾背侧的外伤性少毛 **C.** 猫耳郭顶部的结痂性丘疹

上，瘙痒程度与螨虫数量不成比例，说明动物可能对螨虫过敏[196]。之所以认为存在过敏，是因为在一项研究中大约有50%的姬螯螨（*Cheyletiella*）病患犬对屋尘螨出现阳性皮试反应[205]。这些动物的脱屑性红皮病或疥螨样症状与瘙痒部位、程度相同。有些猫表现为广泛的丘疹结痂性皮炎（粟粒状皮炎）（图6-35，A）[9,198]。其他的猫会出现自发性背侧脱毛（"割毛"），伴有轻微的皮肤损伤或无皮肤

损伤（图6-35，B）。有些犬、猫会在耳郭尖端出现结痂性病变，与疥螨类似（图6-35，C）。

2）诊断

鉴别出螨虫或虫卵后就能作出确诊。这个过程比较困难，特别是对猫而言。鉴别螨虫的方法包括：直接用高倍放大镜检查动物体表，用手术刀、醋酸透明胶带、真空吸尘器或者虱梳收集毛发和皮屑样本[206]。由于出现瘙痒的动物，尤其是猫，会在舔毛的时候把螨虫或者虫卵吞下，因此可能会在粪便中发现螨虫或虫卵。在粪便中的姬螯螨（*Cheyletiella*）虫卵与钩虫虫卵类似，但是它们是钩虫虫卵的4倍大（230μm×100μm）并且经常是已经是胚胎化的。每种方法的成功率取决于动物被毛的长度、取样区域的大小，以及最重要的一点——螨虫的数量。

最可靠的收集方法是真空吸尘器法和虱梳收集法，但是这两种方法在15%的犬[207]和58%的猫[206,208]身上会出现阴性结果。用这些方法收集的毛发和皮屑有两种检查方式。第一种是将毛发和皮屑转移到有盖培养皿里，用矿物油覆盖，再用解剖显微镜检查内容物。第二种方法是把毛发和皮屑放入10%的氢氧化钾溶液中，温水浴约30min。之后加入粪便浮集液，1 500r离心10min。用低倍镜检查表层中的螨虫和虫卵。每种方法各有其利弊，目前还没有研究对两种方法进行过比较。如果螨虫鉴定没有出现阳性结果，则需要进行治疗性试验来肯定或否定诊断结果。

根据临床表现鉴别诊断。如果犬出现脱皮现象，则鉴别诊断应包括：原发性皮脂溢、肠道寄生虫、营养不良、蠕形螨病、耳恙螨病、虱病以及跳蚤感染。如果瘙痒非常严重，也应该考虑到疥螨病、蚤咬过敏症、食物过敏。对于猫而言，如果出现皮脂溢，则必须将糖尿病和肝脏疾病考虑在内；但是如果出现瘙痒，则需要考虑到猫疥疮和粟粒状皮炎的其他可能病因。

组织病理学研究显示不同程度的表皮血管周围皮炎（增生性或棘细胞层水肿性）。在一些病例中，可见界面苔藓样淋巴浆细胞性皮炎。在角化过度的角质层中，偶尔可见螨虫片段。嗜酸性粒细胞的数量不等。

3）治疗

在许多病例中，对接触过姬螯螨（*Cheyletiella*）的犬、猫每周使用1次杀虫剂，可控制螨虫感染。药物的选择和给药途径取决于动物的品种、年龄、被毛特性以及有无皮炎。使用石灰硫黄合剂滴剂或者有杀螨活性的除蚤产品，每周给药1次，通常3~4周就能起效[142]。使用芬普尼喷剂或滴剂治疗1次就会起效[157,177,209,210]。隔14d或30d使用1次塞拉菌素对犬、猫也是有效的[211,212]。通常不推荐对环境进行处理。

许多兽医已经发现对于某些病例，这些治疗方法没有效果或者日后又出现复发。其中的原因包括杀虫剂使用不当、螨虫对杀虫剂产生耐药性、鼻部对螨虫的隔离保护，或者再次感染环境中的螨虫。有一名研究人员曾报道某些

常用除蚤药没有杀螨作用，需要对某些动物进行长期治疗，她还在家具上发现了螨虫[196]。她建议每隔1周对环境中的跳蚤进行1次处理，而对动物的治疗需要持续6~8周。

以200~300μg/kg的剂量间隔14d注射2次伊维菌素，或者每周口服3次都是有效的[6,207]。美倍菌素以2mg/kg的剂量每周给药3次，也是有效的。

（11）犬蠕形螨病

蠕形螨病（蠕形螨疥癣、毛囊疥癣或红色疥癣）是发生于犬的炎性寄生虫病，特征是蠕形螨的数量超出正常水平。螨虫最初的增殖可能是因为基因或免疫异常。

1）病因及发病机理

A. 寄生虫　蠕形螨病通常被认为是由犬蠕形螨（*Demodexcanis*）的无节制繁殖引起的疾病，蠕形螨属于犬皮肤的常在寄生虫[213-215]。在蠕形螨患犬身上已鉴定出隐在蠕形螨（*Demodexinjai*）和角质蠕形螨（*Demodexcornei*）[216-222]。这种寄生虫一般寄生在毛囊，少数寄生在皮脂腺，它们以细胞、皮脂、表皮碎屑为食。

四个分期的犬蠕形螨（*D. canis*）都有可能在刮皮样本中被发现（图6-36）。梭形的卵（图6-37，A）孵化成具有6条足的小幼虫，幼虫蜕皮成为具有8条足的若虫，最后变成具有8条足的成虫（图6-37，B）[215]。雄性成虫大小为40μm×250μm，雌性成虫为40μm×300μm。可在淋巴结、肠壁、脾、肝、肾、膀胱、肺、甲状腺、血液、尿液、粪便中发现（所有分期的）螨虫。然而，这些在真皮以外的部位发现的螨虫通常已经死亡或者退化，这些螨虫是通过血液或淋巴液到达这些部位的。

20世纪80年代末，在犬身上发现了一种短尾的角质蠕形螨（*D. cornei*），这种蠕形螨现在正越来越多[216,223-226]。螨虫的长度为90~148μm[224]，为普通犬蠕形螨（*D. canis*）长度的1/3~1/2（图6-38）。除了大小以外，这种螨虫与犬蠕形螨（*D. canis*）有共同的结构。在某些犬的刮皮样本中这两种螨虫都存在。

在20世纪90年代，在犬身上发现了一种长体形的蠕形螨，即隐在蠕形螨（*D. injai*）[217,218,227,228]。这种螨虫的长度为334~368μm（图6-39）。组织学检查时，可在毛囊、皮脂腺和皮脂腺管中发现这种螨虫。

B. 传播　犬蠕形螨（*D. canis*）是犬皮肤和耳道里的常在寄生虫。传染发生在幼犬出生后2~3d后，通过与母犬的直接接触产生[229]。在幼犬出生后16h，可在其毛囊中检出螨虫。螨虫最先发现于幼犬的鼻口，说明与母犬直接接触对蠕形螨传播的重要性。如果幼犬是经剖腹产出的，并且不由被感染的母犬抚养，就不会携带螨虫，这说明不存在子宫内传染[213,230]。同样，在产出的死胎中也检测不出螨虫[231]。虽然将含有螨虫的溶液涂在皮肤上或者与全身性蠕形螨病患犬圈养在一起都能使正常犬发生感染[232,233]，但不会发生进行性病变，任何病变都会自行消退。

对蠕形螨最早的研究是在20世纪60年代，当时对犬的护理比现在困难得多，所以有些数据，尤其是在正常犬身上发现螨虫概率的数据，现在看来并不准确[221,234,235]。

Sako[236]发现犬蠕形螨的适宜环境温度为16~41℃，当

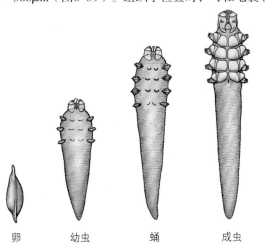

卵　　幼虫　　蛹　　成虫

图6-36　犬蠕形螨生活史

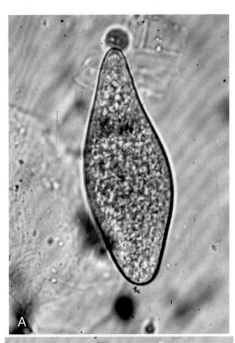

图6-37　犬蠕形螨　**A.** 虫卵　**B.** 成年螨虫

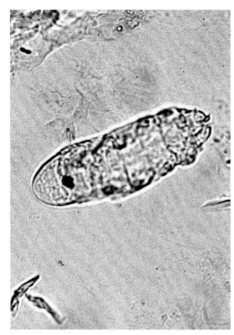

图6-38 角质蠕形螨。成年螨虫

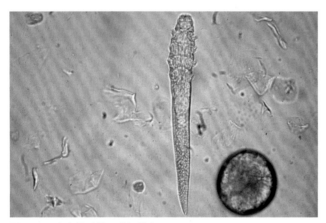

图6-39 隐在蠕形螨。成年螨虫

温度低于15℃时，蠕形螨就会停止活动。在各种实验和人为条件下，螨虫离开宿主后可以存活 37d之久[236]。不过，这些螨虫失去了感染犬（侵入毛囊）的能力。更值得注意的是，皮肤表面的螨虫在温度为20℃、相对湿度为40%的条件下会被迅速杀死。

由于无法在实验室中使蠕形螨存活，所以研究这种螨虫的工作都无法进行。将犬的皮肤移植到裸鼠身上可以维持犬蠕形螨的生长和发育，进而可以对蠕形螨病的病理学和免疫学特征进行深入研究[237]。

C. 蠕形螨病的类型　公认的蠕形螨病有两种：局部性蠕形螨病和全身性蠕形螨病。这两种疾病的病程和预后截然不同。局部性蠕形螨病的病灶较小，为一个或几个局限性、红斑性、鳞状非瘙痒性或瘙痒性脱毛，常见于面部和前肢。病程缓和，而且大多数病例会自愈。在少数病例中，只在耳道内发生局部的螨虫繁殖[238,239]。患耵聍外耳炎的犬只会出现瘙痒，通常需要治疗。全身性蠕形螨病通常发生于身体的大片区域，但是在发病初期较为局限。如果犬的全身有许多局部的损伤，身体某一区域全部损伤（例如，面部区域），或者两只脚的整个面积或更多区域

出现损伤，就是全身性蠕形螨病。目前还没有一个公认的标准来界定局部性损伤的数量达到多少才能被诊断为全身性疾病。6个或更少的损伤通常被认为是局部性疾病，而12个或更多的病变则被认为是全身性疾病。只有在单独个体的基础上才能评价中间群。蠕形螨可能仅发生在局限性范围内，也有可能发生更广泛的扩散。即使相对局部性的损伤，其发病机理、预后、治疗方法也和犬的泛发性蠕形螨相同。

全身性蠕形螨通常开始于幼犬时期（3～18个月）。如果创伤没有自愈或者没有接受彻底的治疗，那么这种疾病会伴随幼犬进入成年。在2岁以上的犬上诊断出全身性蠕形螨的情况并不少见。大多数患犬的年龄为2～5岁，其中绝大部分患有慢性的皮肤病。这些犬一般都从幼犬时就患有蠕形螨病，但是未被诊断出来。4岁以上才患蠕形螨病的犬患的是真正的成年型蠕形螨病。

真正的成年型全身性蠕形螨病是很少见的，但是一旦发病，则比幼年型的更加严重。在这种情况下，犬已经产生耐受力并能够控制住蠕形螨，将其作为皮肤正常生物群的一部分。如果宿主的抵抗力下降，螨虫数量会突然大量增加。我们可以推断，当某些内科病引起免疫抑制或者使犬控制螨虫数量的能力降低时，就会发生成年型蠕形螨病。作者每年都会见到许多成年型蠕形螨病病例，尤其是出现在面部或足部的，它们没有进行过皮肤刮样检查。如果不对患有脓皮病或其他皮肤病的犬做皮肤刮样检查，诊断时会遗漏掉蠕形螨病。

在成年型蠕形螨病患犬身上发现的疾病包括：甲状腺功能减退，自发性或医源性的皮质醇增多症、利什曼病、恶性肿瘤，尤其是无痛淋巴瘤，以及对癌症和自身免疫性疾病进行的免疫抑制治疗[240-244]。在超过50%的病例中，诊断出蠕形螨病的同时，没有发现原发性疾病[245]。对于这些病例，应密切监护患犬的情况，因为当治疗进行到几周或几个月时，这种恶性或全身性疾病可能会更加严重。尽管对于感染不是很严重的犬，随着原发性疾病的消除其症状会自行消退，但是在大多数情况下都是需要治疗的。如果没有发现引起蠕形螨病的诱因，治愈率则会大大降低[241]。

对于蠕形螨足皮炎病例，其病变只局限于爪部，即使有些犬临床表现正常的皮肤上存在的螨虫也超过了正常数量。当全身性蠕形螨病例身上的病变除了爪部之外都已痊愈，就会出现蠕形螨足皮炎。足部也有可能出现病变，尤其是英国古代牧羊犬，但不会出现明显的全身性病变。趾部、趾间（图6-40，A）和足底（图6-40，B）的病变区通常会继发细菌感染。

纯种犬更容易患蠕形螨病，某些品种的犬比另一些品种的患病率高。在一篇回顾性报道中，对美国全国范围内的兽医临床实践中所记录的一百多万只犬进行了调查，结果显示蠕形螨病的发病率为0.58%，发病率最高的地区是得克萨斯州和美国东南部各州[246]。发病率最高的品种为

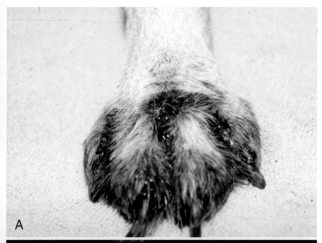

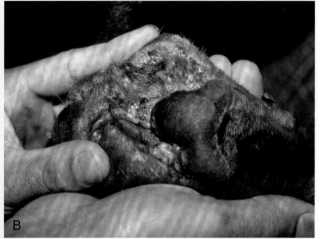

图6-40 A. 慢性蠕形螨足皮炎并伴有趾间感染 **B.** 足垫间有许多疖和痈

美国斯达福德猂、斯塔福斗牛猂以及沙皮犬。以前，在康奈尔地区蠕形螨发病率最高的品种是沙皮犬、西部高地白猂、苏格兰猂、英国斗牛犬、波士顿犬、大丹犬、威玛猎犬、艾尔古犬、阿拉斯加雪橇犬以及阿富汗猎犬。现在，只有西部高地白猂、英国斗牛犬和波士顿犬的发病率高，而另外的一些品种，特别是西施犬和杂种犬的发病率在不断升高。当地的品种选育对任何品种犬的发病率都有影响[247]。

毫无疑问，蠕形螨病具有遗传性。某些品种发病率会升高，在育种程序中淘汰被感染或携带病原的犬可以降低发病率，饲养环境和身体状况不同犬的发病率也不同。

对于人，一般认为蠕形螨病是由T细胞的遗传缺陷引起的原发性免疫抑制性疾病[248-250]。螨虫产生的物质或者继发的细菌感染加重了免疫抑制。携带Cw_2或者Cw_4表型的个体患蠕形螨的概率最高，而携带A_2表型的个体对蠕形螨病有抵抗力[249,250]。

蠕形螨发病的可能诱因包括年龄、短毛、营养不良、发情期、分娩、应激、体内寄生虫，以及引起动物虚弱的疾病。在两项研究中，使用伊维菌素或美倍菌素治疗后出现复发或者对治疗没有反应的犬均为未节育的母犬[251,252]。这些因素中的大多数都无法进行评估，而且有的还极有可能不是发病诱因。被毛的长度、皮脂腺的大小和活跃程度、性别以及生物素缺乏对蠕形螨病的发展和进程没有影

响[230]。实际上，最常见的临床病例是那些饮食条件极佳和整体状态良好的纯种犬。

如果许多犬可以将蠕形螨（*Demodex*）作为其正常生物群的一部分，那为什么有些犬会发生蠕形螨病，而有些犬却不会。有人认为也许不同类型的蠕形螨（*Demodex*）毒力不同，但似乎不大可能。在出现蠕形螨病的同一窝幼犬中，有的症状很严重，有的却表现正常。因为表现正常的犬也接触到了同一种群的螨虫，所以蠕形螨病不可能只与这一类螨虫有关。在接受抗淋巴细胞血清治疗的犬身上诱发蠕形螨病的研究[253]显示了免疫缺陷在这种疾病中的作用。在接受免疫抑制治疗[244]或者患有癌症或严重代谢病[241,254]的成年犬身上发生蠕形螨病的现象支持了以上理论。然而，广泛性的免疫抑制并不能解释大多数的蠕形螨病例。因为，如果全身性蠕形螨病患犬患有广泛性免疫抑制，应该会发生病毒病、肺炎或其他的全身性感染，但是它们并未发生这些疾病[230,255]。同样，大多数患有癌症（尤其是淋巴网状系统的癌症）或者因为自身免疫病或癌症而接受免疫抑制治疗的成年犬也应患蠕形螨病，但是它们也没患此病。不同程度的螨虫特异性免疫缺陷有助于解释这些差异。支持这一理论的免疫学研究将在下文进行描述。

D. 非特异性免疫 研究者已对犬蠕形螨病例的中性粒细胞和补体系统的非特异性免疫进行过研究。没有发现中性粒细胞的绝对缺陷，也未发现中性粒细胞形态特征的异常[230,255]。此外，患有中性粒细胞功能障碍的犬并没有发生蠕形螨病。补体系统的研究也很有限，目前还没发现补体系统缺陷与蠕形螨病之间的相关性[256,257]。

E. 体液免疫 对于患有全身性蠕形螨病的犬通常会在它们的皮肤、骨髓、淋巴结以及脾脏发现数量正常或增多的浆细胞[230,255]。如果这些犬接种了阿留申水貂病病毒疫苗，或者犬瘟热/犬传染性肝炎疫苗，正常的抗体反应会增强[253]。蠕形螨病患犬的皮肤中含IgE抗体的肥大细胞的数量与没有感染病原体的犬的是相同的[258]。大多数患有全身性蠕形螨病的犬会出现血球蛋白过多，并且血清蛋白电泳出现反应性[230]。患有IgM或IgA缺陷的犬并不具有蠕形螨病易感性[256]。所有的这些研究都证明体液免疫缺陷不是蠕形螨病的病因，这些犬大多表现出B细胞的过度反应。B细胞的这种过度反应可能是由T细胞过度反应引起的。

F. 细胞免疫 经过体外淋巴细胞原始转化（IVLB）测试[230,253,255,259,260]，或者使用植物凝集素、伴刀豆球蛋白A或二硝基氯苯进行的皮肤测试发现，慢性全身性蠕形螨病患犬的T细胞功能受到抑制[259,261,262]。由于这些犬很少会发生淋巴细胞减少，并且淋巴结和脾脏的T细胞区也未出现细胞减少，因此这种缺陷似乎是功能的缺陷而不是数量上的减少。

有多种方法可以进行IVLB测试，但是不同的方法会遇到不同种的技术问题，并且对于相同品种、相同年龄的犬，得出的结果并不一致[240]。因此，在研究中用到这种方法时，犬的数量一定要足够多，而且需要用适合的分析方

法来分析结果。在检测蠕形螨时，IVLB的大部分程序并不严格，所得出的结论可能没有意义。

最初的研究显示，在蠕形螨病中发现的IVLB抑制大部分是由一种体液免疫抑制因子引起的[255,260]。这种因子可能是免疫球蛋白或者免疫复合体[263]，会抑制正常犬淋巴细胞的转化增殖，而用牛胎儿血清或其他方法稀释后可以降低其活性，当螨虫的数量随着治疗而减少时，这一因子也就消失了[255,260]。根据这些数据以及在局部性蠕形螨病或者早期的全身性蠕形螨病患犬身上得出的IVLB正常结果[240,253,255]，我们提出一个假设，即蠕形螨病的免疫抑制是由寄生虫诱发的。当螨虫开始繁殖时，它们会产生（或者更像是诱发）这种体液因子，而这种体液因子会抑制机体对寄生虫的免疫应答，使螨虫可以不受抑制而继续繁殖。

Barta等的研究[264]似乎反驳了这种理论。在他们的研究中，患有蠕形螨病而没有细菌性脓皮病的犬，IVLB测试结果是正常的；但是既患有蠕形螨病又患有脓皮病或仅患有脓皮病的犬出现了IVLB抑制，而且其抑制程度与脓皮病的严重程度一致。所以结论是，免疫抑制是由细菌性脓皮病（这在蠕形螨病例中很常见）引起的，而不是由螨虫本身所致的。

后续的研究表明患有蠕形螨病的犬对脓皮病的免疫功能越来越低，或者螨虫的数量越来越多[20,240,265,266]，但是在脓皮病和蠕形螨病消退之后免疫异常依然存在[267-269]。最近的研究大都比较关注于蠕形螨病例的淋巴细胞亚群[267,268,270,271]。虽然这些研究很有限，但是研究数据表明全身性蠕形螨病患犬的T_H1应答减弱，T_H2应答增强[268,270,272-274]。与正常犬及局部性蠕形螨病患犬相比，全身性蠕形螨病患犬的$CD8^+$细胞数量增多，$CD4^+$细胞数量减少[275]。

如果蠕形螨病是一种免疫缺陷病，那么为何有些犬能够自愈，又为何同窝患病仔畜所表现出来的临床症状有很大的差异？不同程度的遗传性蠕形螨特异性T细胞缺陷是一个不错的答案，可以解释很多问题。某些品种具有更高的患病率，而且在比格犬身上蠕形螨病还和另一种遗传性疾病相关，这些都支持以上的遗传性观点[276]。蠕形螨抗原的研究证实了蠕形螨特异性T细胞缺陷的观点。正常犬和蠕形螨病自愈患犬在接受皮肤测试时会表现出完全的迟发型过敏反应，但是患有慢性疾病的犬却不会[253,259]。

如果犬患有严重的蠕形螨特异性缺陷，就会发生全身性蠕形螨病，并会继发免疫抑制。这些犬需要进行积极治疗。如果没有明显的缺陷，犬一般不会患泛发性蠕形螨病，除非有其他的免疫抑制反应同时存在。一旦将继发病治愈，蠕形螨病会自愈，或者经过简单治疗后会迅速痊愈。对于幼犬而言，应激能引起免疫抑制，而在成年犬身上需要更严重的疾病才能引起免疫抑制。

2）临床特征

A. 局部性蠕形螨病 这种蠕形螨病会在皮肤上的某一

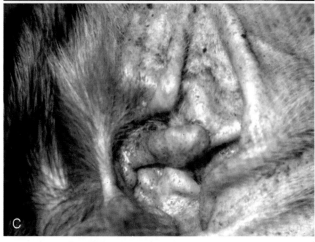

图6-41　局部蠕形螨病　A. 幼犬眼周非炎性脱毛　**B.** 幼犬嘴唇附近的炎性脱毛　**C.** 犬耳道周围的轻度耵聍性外耳炎

部位出现轻微的红疹和局部脱毛，可能会出现瘙痒。病变部位可覆有皮屑，出现一个或多个鳞状斑块。最常见的部位是面部，尤其是眼周（图6-41，A）以及嘴角周围（图6-41，B），其次为前肢，较少出现在躯干和后肢，也极少出现双侧外耳炎症状（图6-41，C）。大多数犬是在3~6月龄的时候患病，之后自愈。在犬身上，真正的局部性蠕形螨病极少会发展成全身性蠕形螨病。一旦病情得到控制，毛发会在30d内开始再生。在几个月的时间内，仍会时不时地出现损伤。其实复发很少见，因为皮肤已经变得不太适合螨虫大量繁殖，而且宿主的免疫能力也已恢复正常。在极少数情况下，蠕形螨患犬只出现外耳炎症状[238,239]。

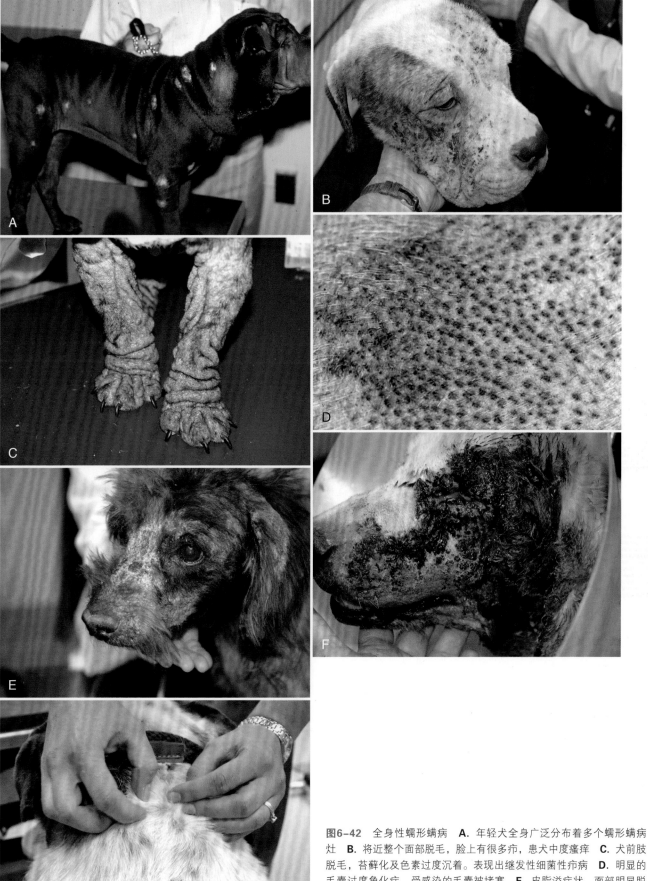

图6-42 全身性蠕形螨病 A. 年轻犬全身广泛分布着多个蠕形螨病灶 **B.** 将近整个面部脱毛，脸上有很多疖，患犬中度瘙痒 **C.** 犬前肢脱毛，苔藓化及色素过度沉着。表现出继发性细菌性疖病 **D.** 明显的毛囊过度角化症，受感染的毛囊被堵塞 **E.** 皮脂溢症状，面部明显脱毛、脱皮和结痂 **F.** 广泛的面部肿胀、溃疡以及由继发性细菌性蜂窝织炎引起的结痂。可预见以后会形成瘢痕 **G.** 英国斗牛犬蠕形螨病导致两处脱毛性结节性损伤，其他病变在被毛的蓬松部分

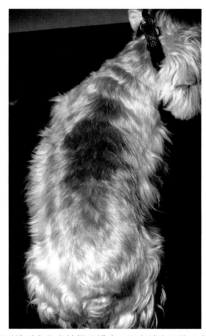

图6-43 蠕形螨引发全身性蠕形螨病。西高地白㹴的毛发变色，但是背部仅轻微脱毛。变色是因为毛干黏着油腻的皮脂颗粒

图6-44 蠕形螨患犬的毛发镜检结果。可以看到多量的成年螨虫

B. 全身性蠕形螨病　虽然局部性蠕形螨病的临床症状很轻微，但是全身性蠕形螨病却是一种极为严重的皮肤病，可引起死亡。患病动物可能一开始就大面积发病，但通常都是在多个部位同时发病（图6-42，A），随着时间的推移而不断恶化（不是好转）。在头部（图6-42，B），腿部（图6-42，C），以及躯干出现许多病灶。耳道的染病通常伴随着其他的面部病变。每个病灶都会逐渐变大，有些还会融合成鳞屑斑。毛囊经常出现明显的角化过度，仔细检查后可发现毛囊过度开放，并且被圆锥性角质堵塞（图6-42，D），毛干上的毛囊管型在各个层次上都很明显。尽管某些蠕形螨病患犬只会出现皮脂溢（图6-42，E)，但是在毛囊中的螨虫通常会引起毛囊炎。外周淋巴结痃是很明显的。当病灶出现继发性脓皮病时，水肿与结痂会使鳞屑斑变为斑块。深层毛囊炎出现后会流出渗出液并形成厚厚的痂皮（图6-42，F）。某些犬会出现非典型病变，例如结节，所以要时刻警惕蠕形螨病[277]。英国斗牛犬易发生这种结节性病变（图6-42，G）。

在痂皮下面和毛囊中会滋生大量细菌。全身性蠕形螨病最常并发的细菌感染是葡萄球菌（*Staphylococcus* spp.）。这是并发于蠕形螨病的最常见微生物。绿脓杆菌（*Pseudomonas aeruginosa*）会引起严重的化脓并发症，当与蠕形螨引起的蹄皮炎并发时很难治愈。变形杆菌（*Proteus mirabilis*）是全身性蠕形螨病中出现的另一种严重的继发性感染细菌。

几个月后，慢性感染的皮肤会被结痂性、化脓性、出血性和毛囊疖性病灶所覆盖。腹部最不易被感染，可能是因为这一部位的毛囊较少。大量病灶集中在头颈部，而且可能会很严重。许多动物主人选择在这一时期对爱宠实施安乐术。

隐在蠕形螨（*D. injai*）引起的疾病与犬蠕形螨（*D. canis*）或角质蠕形螨（*D. cornei*）引起的疾病不同。这些患犬通常会出现油腻的皮脂溢，特别是在面部和背线部（图6-43）[217,218,220]。㹴犬更容易发病，尤其是西高地白㹴和西施犬[219,222]。由于螨虫数量偏少[219]，所以脱毛现象并不严重，而继发性细菌感染也不常见。有些犬，尤其是面部感染的犬，会出现瘙痒，因此有可能会被误诊为过敏[222]。

虽然角质蠕形螨（*D. cornei*）寄生在犬皮肤的浅表层，但是它引起的疾病与其他更传统的蠕形螨病是难以区分开的。

C. 蠕形螨病足皮炎　有的蠕形螨病只发生在犬的足部而无全身病变。病史显示有的犬曾经患有全身性蠕形螨病，而除了足部其他部位都痊愈了，而还有的犬只有足部曾出现过病变。趾部以及趾间的病灶更容易继发脓皮病。对于一些动物而言，蠕形螨病足皮炎经常是慢性的，而且极其难治。疼痛和水肿对于大型犬来说格外难受，例如大丹犬、纽芬兰犬、圣伯纳德犬，以及英国古代牧羊犬。

总之，犬蠕形螨病的发展会经历以下过程：局部性蠕形螨、全身性蠕形螨、全身性化脓性蠕形螨、慢性化脓性蠕形螨病足皮炎。

诊断恰当的皮肤刮样检测和正确解读，可以作为蠕形螨病的诊断依据。用力挤压被感染的皮肤，将螨虫从毛囊中挤出，刮皮范围应足够深入和广泛。避免在特别脆弱的部位刮皮，因为一旦出血就会对结果的判读带来困难。如果发现了大量的成年螨虫或者未成年螨虫（卵、幼虫、若虫）与成年螨虫的比率上升，即可作出诊断。偶尔在皮肤刮样检查中发现成年螨虫也许并不能确诊为蠕形螨病。但是，由于在健康犬的刮皮样本中是很少会发现蠕形螨（*Demodex*）的，所以即使只发现单个螨虫也不能忽视。为了防止误诊，需要在多个部位进行皮肤刮样检查后再作出诊断。

在某些情况下，拔毛镜检可以作为蠕形螨病的诊断依据（图6-44）。可选取带有表皮和毛囊过度角化的皮毛作为样本[278]。严重感染的动物，会在移植的毛囊角蛋白中发

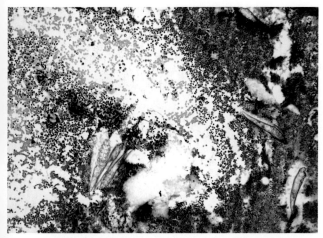

图6-45 采集自蠕形螨患犬疖中的细胞学样本，Diff-Quik染色。可见红细胞，炎性细胞，以及大量蠕形螨

现大量的螨虫。有许多蠕形螨病患犬的拔毛镜检结果为阴性。如果患畜有严重的毛囊炎或者疖病，在病灶渗出的细胞中会发现螨虫（图6-45）[278]。笔者曾为数百只蠕形螨病患犬做过细胞学检查，并不是在每一只患犬的样本中都能发现螨虫，所以细胞学检查结果为阴性并不能排除蠕形螨病的可能。不过，在细胞学样本中检查出蠕形螨时，通常都与蠕形螨病相关。一旦开始进行治疗，拔毛镜检和渗出液细胞学检查就没有任何意义了。只有皮肤刮样检查可以用于治疗效果的监测。实时聚合酶链式反应（PCR）在蠕形螨病的诊断和治疗效果监测中作用不一定可靠[248]。

皮肤刮样检查是一种比较直接、简单的实验室检查手段，但是每年笔者都会接收一些转诊病例，它们是因皮肤刮样检查结果呈阴性而被误诊的病例。对于脓皮病和皮脂溢综合征病例而言，必须进行充分的皮肤刮样检查。如果皮肤刮样检查的阴性结果是来自沙皮犬或出现纤维化病变的犬，尤其是病变出现在趾间的犬，则需要在做完皮肤活检之后才能排除蠕形螨病。

蠕形螨患病幼犬的临床实验室检测通常出现不相同的异常结果。很多患犬会出现慢性疾病型贫血、白细胞数量升高、甲状腺激素降低的症状。甲状腺激素降低通常是蠕形螨病（见第十章，甲状腺功能正常的病态综合征）的结果而非原因。对于成年型蠕形螨病例而言，常规测试对于蠕形螨病病因的检测很重要。如果甲状腺激素降低，那么应该进行甲状腺测试，因为甲状腺功能减退会引发成年犬患蠕形螨病[241,279]。如果出现不明原因的肝酶活性升高，则需要进行肾上腺功能检测（见第十章），以判别是否是皮质醇增多症，这种病是成年型蠕形螨病的常见病因[241,254]。

3）组织病理学

在局部或全身性蠕形螨病患犬的皮肤活检标本中可以发现毛囊中含有螨虫和角质皮屑。蠕形螨病患犬会出现局部皮肤反应，而且会随着临床症状的加重而增强[271,280]。最常出现的三种炎症类型为界面腔壁毛囊炎、结节状蠕形螨病、化脓性毛囊炎和疖病[280]。在界面腔壁毛囊炎中，毛囊

周围会出现浆细胞、淋巴细胞、巨噬细胞、肥大细胞、嗜酸性粒细胞，而且在上皮组织会发现淋巴细胞浸润，并且为CD3⁺和CD8⁺淋巴细胞[270]。在25%的病例中，可以看到螨虫片段被毛囊周肉芽肿所包围，20%的病例的主要炎症类型是化脓性疖病。在全身性蠕形螨病患犬的皮肤活检样本中，毛囊周黑变病也是一种常见病变[280,281]。

目前，皮肤活检还不是用来区分局部性蠕形螨病和全身性蠕形螨病的可靠方法，也很难用它来推测能否出现自愈。但是如果螨虫数量巨大，并且几乎没有细胞反应或嗜酸性粒细胞（尤其是出现疖病的时候），该犬则很有可能患有严重的免疫抑制或者皮质醇增多症。

4）鉴别诊断

对于绝大多数蠕形螨病例而言，皮肤刮样检查可以轻易地发现螨虫，所以应该不难与其他疾病区分。全身性脓皮病可能与蠕形螨病比较相似，对于任何出现毛囊炎的病例，都要考虑到蠕形螨病。皮肤癣菌病与局部性蠕形螨病的斑块类似。幼犬的表皮擦伤有时类似于局部性蠕形螨病的红斑。同样，蠕形螨病也有可能被误诊为皮肤擦伤。鼻口毛囊炎或疖病（粉刺）或幼犬面部蜂窝织炎的发病早期，有时与脓疱型蠕形螨病类似，在犬的腹部和大腿内侧的某些蠕形螨脓疱与犬脓疱病相似。根据渗出液的细胞学检查和皮肤刮样检查，可以进行鉴别诊断。接触性皮炎偶尔会出现与鳞状蠕形螨病类似的红斑性丘疹。天疱疮、红斑狼疮、皮肌炎的面部损伤有时也类似于蠕形螨病。

5）临床护理

A. 局部性蠕形螨病 该病的病症较轻，通常在患病6~8周后自愈，但是可能会在局部反复发作长达几个月。经过治疗和未经过治疗的病例都一样，没有区别。并没有证据表明局部性蠕形螨病经过治疗之后就一定不会发展成全身性蠕形螨病。如果医生认为有必要进行一些治疗，可以用温和的局部驱虫剂治疗耳恙螨，或者将过氧化苯甲酰凝胶涂抹在脱毛部位并给以轻柔按摩，每天1次。一种含有鱼藤酮成分的药膏〔Goodwinol（Goodwinol Products Group）〕已经被批准上市，用于治疗蠕形螨病。在用药的时候，应沿着毛发生长的方向涂抹药膏，可以减少脱毛。应告知动物主人药物和揉擦会在2~3周内使症状恶化。这对疾病的治疗没有多大影响，因为药物和揉擦只是单纯的使伤口面积变大了。这时，及时检查患犬的整体健康状况尤为重要，要特别关注动物的饮食、体内寄生虫、疫苗接种情况等。双甲脒不能用于局部性蠕形螨病的治疗。

4周后应复诊，医生可以确定是否出现全身性蠕形螨病的迹象。在局部性蠕形螨病的初期，进行皮肤刮样检查时会发现大量的蠕形螨活体成虫和未成熟个体。经过4周的治疗，预后良好犬的螨虫和未成熟个体的数量会减少，有时甚至都没有活体螨虫了。如果损伤扩大，螨虫数量（包括未成年/成年螨虫数量比）很多，那么很可能会发展成全身性蠕形螨病。

B. 全身性蠕形螨病 对于兽医而言，这种疾病可能是除肿瘤之外最难治的皮肤病。尽管在20世纪90年代中期以后，全身性蠕形螨病的预后已有极大改善，但是它仍旧难以治疗，所以应该从一开始就把这种情况告知主人。如果接受积极治疗，绝大多数病例（将近90%）可以被治愈，但是治疗时间可能会长达1年。不同的患犬、不同的用药，最终的治疗费用可能会很高，需要主人照料的时间也会很长。因为主人不能很好地理解该病的整个进程，在治疗过程中常常会出现过早停止治疗的情况。为避免这种事情发生，在治疗前一定要将该病的治疗要求和所需费用给动物主人交代清楚。

不是所有的患犬都需要进行除螨治疗。在不满1岁的全身性蠕形螨患犬中，有30%～50%以上的病例会自行恢复。对于那些有家族蠕形螨病史的患犬而言，虽然也有自愈的可能，但是其概率要远远低于没有家族病史的患犬。未绝育的母犬可能会在发情期出现病情恶化或者复发的情况，而且更难治疗[251,252]，所以强烈建议为母犬做卵巢子宫切除术。没有任何数据显示治疗是否会加快患犬自愈，而且该病这种极高的自愈率会干扰治疗性的研究。没有说明患犬年龄或疾病程度的研究是不能进行准确评估的。如果因为发生全身性蠕形螨病就对6～12月龄的患犬进行安乐术是完全站不住脚的，因为如果控制住继发性脓皮病和皮脂溢，并且患犬的整体健康状况良好的话，有些病例可以自愈。年龄大于1～2岁的犬，或者患有成年型泛发性蠕形螨病的犬需要接受治疗。

在对蠕形螨病进行任何的治疗之前，都需要根据患犬的情况改善其整体的健康状况和饲养状况。对于成年型蠕形螨病患犬而言，这一点尤为重要。它们的疾病是由系统性疾病诱发的，消除潜在的病因，可以使蠕形螨病自愈，或者更容易治疗。

应该定期（通常间隔2～4周）对蠕形螨患犬进行检查和刮皮检测。为了评估治疗效果，每次都应在相同的部位采集刮皮样本，以表格形式记录检查结果。准备一张标记刮皮样本采集位置的图纸和一个记录检查结果的表格通常很有帮助。

与蠕形螨病同时伴发的脓皮病和皮脂溢是由螨虫感染引起的，只有螨虫被完全清除后才有可能治愈。但是在进行局部的除螨治疗前，应着手处理脓皮病和皮脂溢，这样做可以降低皮肤的敏感度，而且有利于药物穿透皮肤。根据不同的病例选择不同的抗生素，但是一定要选杀菌剂，因为患犬可能处于免疫抑制状态。由于全身性蠕形螨病患犬出现深部脓皮病的概率很高，所以治疗时间长达6～8周也很正常。由于长期治疗的费用较高，因此有人会选择减少用药剂量，或者会缩短治疗时间。这两种做法都会导致更严重的感染，所以应该避免。

一般多长时间之后患犬会自愈？如果患犬在12个月龄时仍然有临床症状，那么自愈的可能性就很小了。对于大多数患犬来说，发病后不久就能确定是否需要进行治疗。观察4～6周后，大多数患犬的病情会出现恶化，临床症状由不明显而变得明显，而那些最终会自愈的患犬所表现出来的是临床症状不断改善，并且螨虫的数量也会减少。如果螨虫数量保持不变亦或增加，那基本上就没有自愈的可能了。

多年以来，蠕形螨病的治疗方法层出不穷。许多治疗方法是根本没有效果的，而有些曾经有效的方法现在也不起作用了[230]。我们一直在研究新的治疗方法来提高治愈率（约90%）[282-284]。即使皮肤药物浓度已达到血液药物浓度的10倍，氯芬奴隆也无法改善全身性蠕形螨病患犬的临床症状、减少螨虫的数量[284]。

可以通过口服给药，或者外敷用药来治疗螨虫。当刮皮检测结果显示为阴性时，也要继续给药30d甚至更久。因为在患犬真正痊愈之前的几周，它们的临床症状往往就已经消失了。真正的痊愈是指犬经皮肤刮样检查已经不能发现任何各个分期的活的或死的螨虫。蠕形螨的躯体是透明的，如果光照过强，有可能会将其遗漏。应关闭聚光器的光圈，从而增加螨虫躯体的对比度与可见度。至少在6个不同的部位进行皮肤刮样检查，结果均为阴性才能称为痊愈。

在美国和加拿大，双甲脒是唯一被批准用于治疗全身性蠕形螨病的药物。这种药是二酰胺，N'-（2,4-二甲苯基）-N-［（2,4-二甲苯基）亚氨基］甲基］-无水N-二甲基甲酰胺[232]。在美国和加拿大的商品名叫Mitaban。与双甲脒的配方稍有不同的两种产品是狗狗浴液（双甲脒）特敌克（Taktic）[285]。Mitaban还可以9%的浓度用于驱蜱项圈，有人认为这种方法也可以治疗蠕形螨病[286]。然而，这种简单的方法对蠕形螨病是没有效果的[20]。

在美国和加拿大，Mitaban被允许的使用剂量为250mg/kg，每14d使用1次。为了达到最大的药效，必须按照下列程序用药：

- 对长毛犬或中毛犬进行剃毛，以便于水溶液能更有效地与皮肤接触并渗透到毛囊中。
- 把所有的痂皮都揭掉。在某些病例中，痂皮与皮肤黏的很牢，清除痂皮前需要进行镇静或麻醉，否则会引起疼痛。应避免使用α-肾上腺素激动药（例如苯二氮卓类药物和甲苯噻嗪），它们会引起协同毒性。
- 用专用的药物香波清洗犬的全身，可以杀死细菌、洗去皮屑和渗出液。有条件的话可以使用漩涡浴，或者在缓和的水流中清洗患犬。尽管在清洗过程时，患犬的皮肤可能会出现擦伤，但是这些药物可以与被感染的皮肤进行最佳的接触。用毛巾轻柔地将患犬擦干，或者可以在治疗的前1d进行药浴清洗。
- 双甲脒溶液需要在润湿后用海绵擦拭在皮肤上，确保溶液覆盖全身皮肤（包括正常部位和感染部位）。虽然双甲脒溶液没有刺激性，但是操作人员仍然要在通风良好的环境中进行处理，并且戴好保护手套。双甲脒会在12～14h内显现出短暂的镇静作用，特别是在第一次用药之后，而且有些犬在前几次用药后会出现瘙痒症状。其他的不良反应很少见，但有时也会出现过敏反应（荨麻疹和水肿）、皮肤刺激以及各种各样的全身症状（例如体温降低、低血压、心动过缓、高血糖）。严重的反应或中毒可以用育亨宾、阿替美唑，以及其他适当的支持疗法进行处理[287,288]。不良反应出现的频率和程度会随着后续的治疗而降低。在极少数情况下，患犬会对双甲脒浸洗液出现逐渐加重的不良反应：体质虚弱、共济失调和嗜睡。如果双甲脒的疗效还不错，可以提前给予育亨宾，可预防或明显减少不良反应。有些人接触双甲脒后会引起接触性皮炎、偏头痛、哮喘样发作。如果动物患有蠕形螨性足皮炎，可将患足放在一个装有双甲脒溶液的小盘里，轻轻按摩促进渗透。不应冲洗足部和身体，因为药物需要在皮肤上保留2周的时间。大约有一半的药可以在皮肤上存留2周，有些药在犬淋湿或游泳后会流失。对于这种情况，在下次治疗时间之前，需再给药1次。

· 不需要每次治疗前都进行剃毛与洗澡，但是必须揭掉痂皮。

在报道中，使用以上方法的临床治愈率为0～90%[233,289,290]。提高给药频率或用药浓度可以提高治愈率[291,292]。曾有报道称以500mg/kg或1 000mg/kg的浓度每周应用1次，病例治愈率为100%[285,293,294]。这些改进的疗法均属于标签外用药，不但提高了治疗频率，还增加了治疗费用。双甲脒水溶液可能对耳朵或足部无效。对于这种情况，可以将双甲脒与矿物油按1∶9的比例混匀后使用。

尽管根据双甲脒治疗规程医治，还是有一些全身性蠕形螨病患犬无法治愈。当无法达到治疗预期时，有四个选择：进行安乐死，每2～4周进行1次常规药物浸洗、Mitaban的标签外用药，或者使用阿维菌素或伊维菌素。

对于双甲脒治疗失败的病例，有些人会增加给药频率（每7d 1次），使用许可浓度（250mg/kg）或者更高浓度（500mg/kg，750mg/kg，或1 000mg/kg）的双甲脒进行再次治疗[295]。正如前文所讲，这些改进过的治疗方法可以治愈一些初步治疗失败的病例。双虫脒的产品说明上显示随着局部用药浓度增加，不良反应出现的概率也会增加。不过，浓度在1 250mg/kg以下时，大多数的不良反应都是暂时的，而且出现的概率也比较低。如果1只犬可以耐受双虫脒以250mg/kg的剂量每14d给药1次，那么一般以500mg/kg剂量每7d给药1次也不会出现临床不良反应。对于更高浓度的双虫脒，目前还没有公布的数据可以参考，但与欧洲市场上的产品一样，可能在750mg/kg或1 000mg/kg的浓度下使用都是安全的[285]。虽然双甲脒的标签外使用可以提高治愈率，但是在结束治疗后，仍有一些犬（大约20%）的刮屑

皮测试结果呈阳性或者又出现复发[291]。在极少数犬身上，高剂量伊维菌素和双甲脒的联合用药会导致神经毒性[292]。

有一种含氰氟虫腙和双甲脒（ProMeris [道奇堡]）的滴剂产品，可以治疗跳蚤、扁虱、虱子以及蠕形螨病。它在EPA注册的使用频率为28d 1次。在这种应用下，治愈率大约只有43%[296]。如果每14d用1次，治愈率可提高至62.5%。在另一项研究中，每14d用1次可以使幼年型蠕形螨病患犬的皮肤刮样检查阴性率达到90%[222]。这种产品最近已经退出了美国市场。

在20世纪90年代早期，人们曾对口服伊维菌素或美倍菌素的效果进行过初步研究，以期替代双甲脒[54,297,298]。研究的结果很不错，所以现在用其中任何一种药来治疗全身性蠕形螨病都已经变得很普遍了。读者应注意的是，这种用法属于标签外用药，所以在没有完全保证的情况下，不应使用。这些药简单易用，而且很快就能使患犬恢复至临床正常状态，因此有必要将疾病以及治疗情况全面地告知主人。因为治疗很简单，所以有些动物主人就不能理解为什么他们的爱犬不应再孕育后代。更加普遍的问题是，有些主人看到患犬恢复至所谓的正常状态，就会要求中断治疗。其实在刮皮测试结果呈现出阴性之前，患犬就会表现出"正常"，但是通常在半个月至6个月后，寄生虫病才能被完全地治愈[299-302]。如果畜主过早地停止治疗，患犬可能会出现复发。

目前大约有500只接受过美倍菌素治疗的犬的记录数据可以查到[51,303-305]。这500只患犬囊括了所有的品种，包括对高剂量伊维菌素敏感的品种，雌雄都有，各个发病的年龄都有，每天的给药剂量为0.5～2mg/kg。治疗时长为60～300d。由于剂量不同，发病年龄也不同，临床治愈率为15%～92%。患成年型蠕形螨病的犬对伊维菌素的应答效应比患幼年型蠕形螨病的犬弱[303,306]。治愈率随着用药剂量的增加而提高。在所有的研究中，有一小部分患犬对治疗没有反应。如果开始使用剂量较小，之后增加剂量，通常能达到临床痊愈状态，但是也有一些犬即使在2mg/kg的剂量下也无法痊愈。还不清楚具体多高的剂量会治愈这些犬。在给牧羊犬使用美倍菌素后，有2只存在ABCB1纯合子突变的犬在1.5mg/kg剂量下出现了共济失调[51]。

目前，对于能够耐受伊维菌素的全身性蠕形螨病患犬，使用大剂量的伊维菌素已经成为标准治疗方案[252,298,300,301,304,307,308]。给药剂量为每天0.3～0.6mg/kg，口服，疗程为35～210d。常用的给药程序为逐步增加药量，特别是当最终的给药剂量为每天0.6mg/kg时，这样可以保证患犬的耐受。采用初始剂量为每天0.1mg/kg，之后每3d增加0.1mg/kg的方案，其临床治愈率为83%～100%。还有一个关于隔天给药（即以0.45～0.6mg/kg的剂量1d给药1次）的研究表明，可能不需要每天都用药[309]。以1.5mg/kg的剂量隔天使用1次倾注配方的效果并不理想[310]。

滴剂形式的阿维菌素［塞拉菌素；Revolution

（Pfizer）］和美倍菌素［莫昔克丁；Advantage Multi/Advocate（Bayer）］治疗犬、猫的非毛囊螨感染是非常有效的。在最初的研究中，每14d或28d使用1次塞拉菌素治疗蠕形螨，但其结果令人失望。也曾有人研究过将使用外用药熏蒸过的面包口服给予患畜来消除传播媒介[311]。以24～48mg/kg的剂量每7d或14d口服1次，大约有80%的患犬刮皮测试呈阴性。不良反应主要发生于胃肠道，大约占30%。这些数据表明外用药的剂量和用药频率在高于6～12mg/kg这一规定剂量时，效果较佳。

正如前文所述，吡虫啉结合莫昔克丁的局部溶液［Advocated（Bayer）］在美国之外的市场用于蠕形螨病的治疗。生产商对犬恶丝虫和肠内寄生虫的规定剂量为2.5mg/kg，每月1次。由于对于不同体重的犬所用的针剂都是一定量的，所以在体重范围下限的犬所用剂量会达到7mg/kg。

有大量的研究对生产商所建议的剂量进行了预实验，只不过给药频率改为每7d、14d，或28d 1次[305,312-314]，皮肤刮样检查的阴性率为36.1%～97.4%。每7d给药1次的使用效果最明显。

每天以0.2～0.4mg/kg的剂量口服莫昔克丁也是有效果的[299,315,316]。报道中有的动物出现短暂的不良反应，包括嗜睡、厌食、共济失调和昏迷。由于误食会导致严重的不良反应，生产商提醒动物主人不要让犬或任何宠物舔舐此药，所以对于标签外用药产品应避免口服给药。

另一种阿维菌素[317]或多拉菌素[318]，在治疗犬泛发性蠕形螨病时可以口服，也可以皮下注射。这两种给药途径的剂量都是每周0.6mg/kg。在一项针对皮下注射的研究中，全部23只犬的刮皮测试结果在5～20周内都变为阴性。而在口服给药的研究中，29只犬中只有72%的刮皮测试结果呈阴性。在这两项研究中，都有出现复发的病例。在美国，这种产品的标签上特别注明了不可将此药用于犬。

在已经发表的研究报道中，这类疾病的临床治愈率高于真正的治愈率，其中有10%～45%的病例会出现复发。虽然终生都有复发的可能，但是在停止治疗后的3个月内复发率最高。这类的复发可能是由于停药过早所致的。刮皮片检查是唯一能够判定寄生虫病是否痊愈的方法，但是这一技术比较粗糙，所以可能会由于兽医师的操作水平，采样位置的不同而导致截然不同的检查结果。即便在刮皮样本中未发现螨虫，这也只能体现皮肤上4～6个采样区域的寄生虫状况，而螨虫很有可能就存在于邻近的其他部位。对某些病例，尤其是足部顽固性疾病，常采用皮肤活检对治疗效果进行评估。很明显，这类检查对于多数病例是不实用的。

出于各种原因，即使刮皮镜结果为阴性也不能停止治疗，还需要将治疗延长一段时间（通常为2～4周）。皮肤刮样检查结果呈阴性后的用药延长时间应根据治疗期长度决定，作者认为最少是4周或更长的时间。在皮肤刮样检查结果呈阴性后继续治疗30～60d可以提高治愈率[252]。

若犬在治疗后3个月内复发，使用同样的药物进行更激进的治疗仍可能治愈该病。若第二次治疗后仍复发，或第一次治疗结束后的9个月或更长时间内出现复发，使用相同药物可能就不能治愈该病了。此时应选用其他的药物进行治疗。

若以上所述所有治疗方案在治疗患犬时均以失败告终，而动物主人仍希望患犬康复时，兽医可以建议主人使用高浓度双甲脒[295,319]。1.25‰的双甲脒溶液可用于动物体表，每次涂抹体表的1/2，与体表的另外1/2相互交替涂擦。若脚部发生感染，应每天进行治疗。在按此方案进行治疗的71只犬中，有56只（79%）被治愈，平均治疗时长为3.7个月，而且未出现严重的不良反应。

皮肤刮样检查结果呈阴性的犬在治疗停止后12个月以上未复发才能算得上治愈。在这段时间内，对皮肤各处的损伤均应进行皮肤刮样检查，并避免使用免疫抑制性药物。曾有2只被认为治愈的犬，分别在第13个月及第18个月时出现复发[252]。

以目前的治疗方法而言，并非所有的蠕形螨病患犬均能被治愈。免疫刺激药左旋咪唑、噻苯咪唑、痤疮丙酸杆菌（Propionibacterium acnes）（ImmunoRegulin，ImmunoVet生产）、维生素E、胞壁酰二肽-副痘病毒属复合物等对提

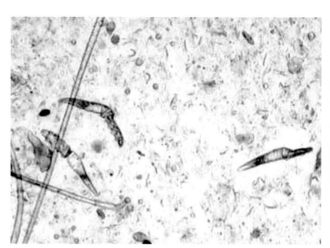

图6-46 猫蠕形螨

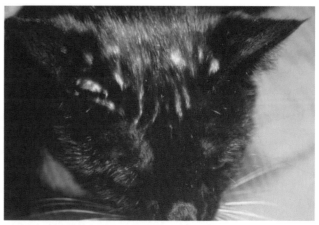

图6-47 猫蠕形螨引起的局部猫蠕形螨病。患猫的耳部及额面部多处出现脱毛及鳞屑

图6-48　由猫蠕形螨引起的全身性蠕形螨病　**A.** 暹罗猫耳郭及耳前部的自发性脱毛　**B.** 图A中患猫的前肢远端。脱毛区正逐渐开始出现色素沉着

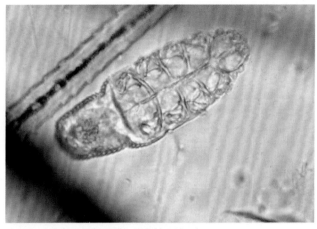

图6-49　成年gatoi蠕形螨。注意钝圆的尾部

几只出现感染症状，就应将这一窝犬全部淘汰，不能再进行繁殖。如果知道全身性蠕形螨病的患犬是作繁殖用的，皮肤科医生就不应给予治疗。当这种认知已经成为共识之日，便是该疾病的终结之时。

（12）猫蠕形螨病

猫蠕形螨病是由：①猫蠕形螨（*Demodex cati*）[323,324]，②戈托伊蠕形螨（*Demodex gatoi*）[325,326]，③未命名蠕形螨属引起[326,327]。除这三种螨虫外报道中还提到了另一种不同大小的螨虫，但其意义尚不清楚[328]。猫蠕形螨和犬蠕形螨的外形非常相似，二者在生物分类学上的差异很小（图6-46）。猫蠕形螨的卵呈细长而椭圆的纺锤形，其所有不成熟的生命阶段均比犬蠕形螨短。与犬相同，猫可以发生局部蠕形螨病或全身蠕形螨病。局部蠕形螨病较罕见，可发生于眼睑、眼周区域，头颈部（图6-47）[329]。对于猫，特别是感染猫免疫缺陷病毒的猫可能因此发生盯聍性外耳炎[323,330]。皮肤的症状包括不同程度的瘙痒及分布不均的秃毛、红疹、皮屑及结痂。局部的蠕形螨病通常具有自限性，且使用石硫合剂、含除虫菊酯类的耳药、溶于矿物油的双甲脒（1∶9）通常可以治愈。

泛发性猫蠕形螨病也十分罕见，并且不会引起犬泛发性蠕形螨病那样严重的后果[331-333]。纯种暹罗猫及缅甸猫的泛发性蠕形螨病发生率似乎更高一些[333]。头面部是最容易被侵害的部位（图6-48，A），颈部、躯干及四肢也可能会发生（6-48，B）[334]。被侵害部位可能出现局部或弥散性脱毛、皮屑、红斑、过度色素化及结痂。某些猫可能出现全身症状。瘙痒的程度不同，但有可能是剧烈的。曾有猫蠕形螨与戈托伊蠕形螨或未知类型蠕形螨混合感染的报道[328,335]。泛发性猫蠕形螨病的发生通常和以下疾病有关：糖尿病[331]，猫白血病病毒感染，全身性红斑狼疮，皮质醇增多症，猫免疫缺陷病毒感染或鳞状细胞原位癌[214,328,331,334,336-339]。此外还有一些病例难以发现病因[340]。临床兽医师应注意泛发性猫蠕形螨病和其他严重的全身性疾病之间可能存在的联系。组织学检查可发现不同程度的毛囊炎和毛囊周炎以及存在于毛囊中的螨虫。

高治愈率没有帮助[320,321]。一名研究者建议使用草本免疫刺激物T11TS，可能会有帮助[322]。治疗的失败率可能因采取治疗的方法及主人治愈的意愿而变化，但是无论哪种方法，大概总有10%的犬是无法治愈的。对于这类犬，动物主人只能选择安乐死或长期维持治疗。目前对长期使用美贝霉素或伊维菌素治疗的成功率和安全性还缺乏数据，但作者曾遇到过一些病例在4年内未出现不良反应。对于这些病例，每2~3d应用1次美贝霉素或伊维菌素，也可以每1~2周使用1次吡虫啉-莫昔克丁溶液进行治疗。

偶尔会出现蠕形螨病和过敏性皮肤病（比如特应症）并发的现象，这种情况对临床兽医而言比较棘手。毫无疑问，如果可能的话，最好避免使用糖皮质激素。目前还不清楚服用环孢菌素对蠕形螨病有何影响。由于环孢菌素是一种免疫调节剂，所以应避免使用。对于过敏性瘙痒，应使用抗组胺药或Ω-3/Ω-6进行对症治疗。此外，杂环类抗抑郁药也是单胺氧化酶抑制剂，应避免与双甲脒同时使用。

幼犬的全身性蠕形螨病是可遗传的。如果继续用染病犬及其同窝出生的仔畜来进行繁殖，那么在把其遗传机制弄清楚之前，任何预防措施都是无效的。如果疾病的遗传是隐形的，那看起来健康的幼犬有些可能是真正健康的，但还有一些其实是疾病携带者，会将疾病传播下去。由于没有能区分健康犬与携带者的方法，一窝中如果有一只或

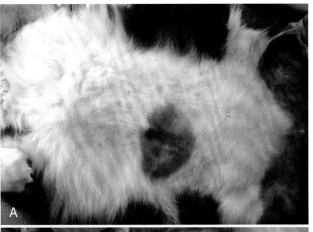

图6-50 gatoi蠕形螨引起的猫泛发性蠕形螨病 **A.** 胸腹部外伤性脱毛及红斑 **B.** 腹部及躯干后部泛发性非炎症性外伤性脱毛（B图由M.bagladi提供）

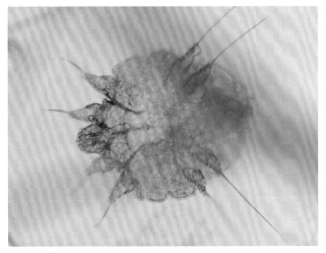

图6-51 成年犬疥螨

除非上述疾病能得到有效治疗，否则猫蠕形螨病只能控制而不能治愈。使用多硫化钙或双甲脒（125mg/kg或250mg/kg）每周涂擦或药浴通常可以治疗蠕形螨引起的皮炎，但治疗结束后很可能复发。有报道尝试采取每天口服伊维菌素（0.3mg/kg）或每周皮下注射多拉菌素（0.6mg/kg）治疗猫蠕形螨病，但其疗效究竟如何还需更多资料予以证明[318,328]。

第二类引起猫蠕形螨病的品种为戈托伊蠕形螨（D.gatoi），D. gatoi的生物学分类和仓鼠蠕形螨（Demodex criceti）相近，后者寄生于仓鼠表皮凹陷处的皮肤角质层内[326,341,342]。猫易感的蠕形螨体型短小，且腹部不像猫蠕形螨那样细长，而是呈宽而钝的圆形（图6-49）[325,341]。它们存在的部位较浅且只寄生于角质层内。未出现瘙痒的猫，皮肤刮片检查可见大量螨虫及虫卵，卵的出现表明其正处于快速增殖期[326]。由于其体型小且呈半透明，在4倍物镜下镜检时若光线过强、检查不细致很容易被遗漏。镜检时应使用10倍物镜，且应将可变光圈关闭以增加对比度。对出现瘙痒的猫，特别是经常舔舐皮肤的猫，在皮肤刮片中可能观察不到螨虫[343]。因螨虫具有的传染性，对于这类病例，家中与患猫有过接触的猫都应该进行检查[332,344]，或开始采取治疗措施。

D. gatoi引起的猫蠕形螨病比猫蠕形螨引起的蠕形螨病更加普遍，且更具有区域性。虽然蠕形螨具有传染性，但并非所有暴露于该病原的猫都会成为螨虫的宿主或出现任何瘙痒症状[345,346]。发生皮肤病的猫，通常表现为突然出现症状，而追溯病史则会发现它们携带蠕形螨已有较长一段时间了[345]。65%的猫在同时存在严重瘙痒及皮质类固醇应用无效时，已处于对蠕形螨过敏的状态。

患猫常在胸壁侧面、腹下、腹侧（图6-50，A）、四肢内侧（图6-50，B）出现外伤性脱毛[345]。据病程的长短以及瘙痒的程度，暴露的皮肤可能出现红斑及鳞屑或色素沉着。

组织学检查显示，患病处皮肤存在轻度炎症。蠕形螨侵入角质层时，表皮可能出现不规则的棘皮症及角化过度。毛囊中未发现蠕形螨。

D. gatoi病的鉴别诊断应包括所有可能使猫出现过度梳毛现象的疾病，包括心理性脱毛，特应性、食物性过敏、猫疥疮、接触性皮炎，以及蚤咬过敏症等。仔细刮皮采样是作出正确诊断前最重要的步骤。因在过度梳毛的猫身上很难发现螨虫，在进行各类复杂测试（如饮食限制）前应进行短期的治疗性试验。若猫存在蠕形螨病，在3个疗程后应见到明显的效果。

各种抗其他猫螨虫的滴剂产品对患gatoi蠕形螨病的猫没有治疗效果。每周使用多硫化钙[338,343,344,346]或双甲脒（125~250mg/kg）[157,346]涂擦或药浴是最常见的疗法。通常需要6次或更多次治疗。隔天应用伊维菌素也可能有效[324]。由于D. gatoi具有传染性且猫可以带虫而不表现症状，所有接触患猫的猫均应同时进行治疗。

第三种蠕形螨（Demodex），即尚未被命名的蠕形螨，表面上看起来与D. gatoi非常相似，但体型比D. gatoi大且有一些解剖学差异[326,327]。目前尚没有该品种所能引起特异性病变的资料。

（13）犬疥疮

犬疥疮（疥螨病）是一种由犬疥螨（Sarcoptes scabiei var. canis）引起的侵害犬皮肤的非季节性传染性疾病，患犬患处会发生剧烈瘙痒的症状（图6-51）。这种螨虫可以

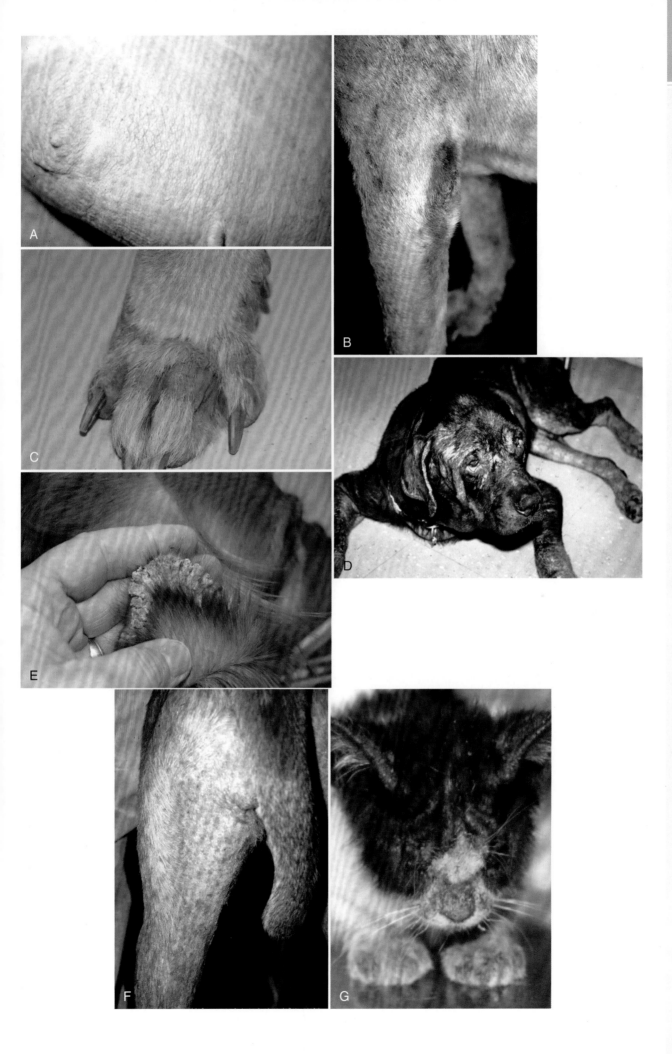

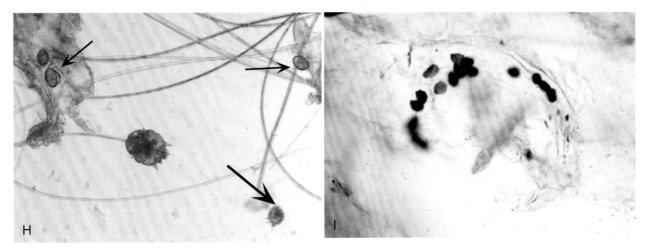

图6-52 犬疥螨病 **A.** 犬腹部慢性疥螨感染引起的丘疹及苔藓化 **B.** 左侧肩部及肘部瘙痒性丘疹 **C.** 犬爪部趾间疥螨感染引起的创伤性脱毛及红斑 **D.** 犬慢性疥螨感染引起的面部皮炎。注意耳郭边缘的病变 **E.** 耳郭尖端严重的脱毛及结痂 **F.** 腹部及大腿后侧的嗜酸性丘疹 **G.** 感染犬疥螨的猫面部及足部的结痂性皮炎 **H.** 图E中犬的皮肤刮片，其中有1成年疥螨，1若虫（大箭头）及3个卵（小箭头） **I.** 皮肤刮片中大量的疥螨粪便（scybala）

跨物种传播[347,348]。分子生物学分析及基因流行病学调查的结果显示了疥螨（*Sarcoptes*）的同种性，且表明在动物中，疥螨这一属仅存在一个种[77,349]。但是，在动物身上发现的螨虫和人类身上发现的螨虫不同。

1）病因及发病机理

引起该病的螨虫属于疥螨科，如猫背肛螨（*Notoedres cati*），可引起猫的疥螨病。由于这些螨虫非常相似，所以将它们17~21d的生活史一并进行描述。成螨在皮肤表面的蜕皮穴中交配后，受精的雌螨在皮肤角质层内以每天2~3mm的速度挖掘隧道，并在隧道内产卵。卵孵化成幼虫后，一边向皮肤表面挖掘一边进食，最终在蜕皮穴内休眠。若虫也会在皮肤上游走，但在它们成熟之前都会寄生于蜕皮穴内。螨虫偏好皮肤表面有少量毛发的位置，因此在耳部、肘部、腹部及附关节处最常见。随着疾病发展，毛发脱落，它们侵害宿主体表的面积可能会更大。疥螨完整的生命周期仅需3周即能完成。

疥螨成虫体型小（200~400μm），呈椭圆形，白色，有两对较短的足向前伸出，足上连有末端带吸垫的长柄。猫背肛螨（*N. cati*）具有中等长度的柄。身后两对足发生退化，长度不超过身体边缘。后足上连有长长的刚毛，无吸垫，但雄性螨虫第四对足有吸垫。犬疥螨（*S. scabiei var. canis*）的肛门位于末端，而猫背肛螨（*N. cati*）的肛门位于背侧，这是鉴别二者的关键点之一。

疥螨具有宿主选择性，但也可引起其他物种发病。如犬疥螨（*S. scabiei var. canis*）可引起猫、狐狸及人发病[6,72,76,350,351]。同样，犬也可被来自狐狸甚至人的疥螨所传染[352]。人与疥螨短暂直接接触后24h内便会出现反应，其特征是躯干和四肢出现瘙痒的丘疹。瘙痒在皮肤温暖时尤其严重，如夜晚在床上或刚洗完热水澡时。螨虫在皮肤上挖洞，但通常它们在非习惯性的宿主上仅寄生数天。被叮咬的人不再接触感染犬，且仅被少量螨虫感染时，12~14d内损伤便可自愈。然而当螨虫较多或持续与感染犬接触时，人身上的损伤也可能

持续较长时间。犬疥螨（Canine *Sarcoptes* mites）在人身上可以至少生存6d，并在这段时间产卵[353]。曾有儿童感染犬疥螨（*S. scabiei var. canis*）而引起挪威疥疮的报道[354]。在该儿童家中饲养的3只犬及全部家庭成员中均检测到同样的螨虫。

疥螨离开宿主后的生存时间取决于环境的温度和湿度。雌螨及若虫通常比雄螨或幼虫生存时间长，且低温高湿可以延长疥螨的存活时间[355]。在10~15℃时，雌螨及若虫可依湿度的不同存活4~21d[356]。在室温环境中（20~25℃），所有生命阶段的螨虫生存期为2~6d。这些离体存活的螨虫是引起其他动物患病的重要传染源[196,198]。

2）临床症状

通常来说，疥螨病容易发生于青年犬（小于2岁）[357,358]。经常去犬公园或幼犬托管中心的犬被感染的风险更大。美容店或兽医院候诊室也是传染源存在的重要场所。在乡村饲养的犬，通常因直接接触了被感染狐狸的死尸或狐狸窝而遭到感染。

疥螨侵害的典型部位包括腹部（图6-52，A）、胸部、肘部（图6-52，B）、附关节及爪部（图6-52，C）[348,357,359]，70%的病例会发生面部和耳郭的感染（图6-52，D）[357]。疥螨引起的耳郭瘙痒常从耳郭尖部开始，向头部蔓延，这特征和其他各种耳郭部瘙痒不同（图6-52，E）；大多数其他耳郭瘙痒与此蔓延方向相反。多数患犬出现广泛的皮肤损伤，但某些犬发生的感染仅局限在一定范围内[360]。发生于面部和/或耳郭的损伤最为常见，不过也有其他部位单独发生损伤的病例。在大多数病例中犬的背部不会发生疥螨病。

最初的损伤为表面结痂的丘疹，这常常被人们忽略。随着这种丘疹的数量和范围增大（图6-52，F），瘙痒症状开始出现，这一时期疥螨病很容易与过敏性皮肤病相混淆。与过敏性瘙痒不同，这些犬的瘙痒程度加剧的非常迅速，且感染较重的犬大多瘙痒非常剧烈。携带螨虫但不表现症状的犬也存在，某些局部发病的犬瘙痒程度较低[360]。当犬在温水中洗澡后，瘙痒会加剧，并持续整个晚上。对

于过敏的犬，每个晚上瘙痒通常会停止几个小时。

在某些严重病例，感染部皮肤脱毛，出现红斑，在犬难以触及的部位可观察到覆盖有一层厚厚的黄色痂皮。在表皮受损区域，可见抓痕，脱皮及弥散性丘疹。若犬未进行糖皮质激素治疗，丘疹细胞学检查呈显著的嗜伊红特征。对于病程较长的病例，尤其是治疗无效的患犬，患处皮肤呈高度色素化及苔藓化。大多数患犬会出现广泛的外周淋巴结病变。

疥螨的孵化期长短未知。当狐狸的体表疥螨传染给犬时，在症状出现前会有6~11d的潜伏期，且症状较轻[352]。自然状况下，感染犬会在感染后数天内出现瘙痒的症状。瘙痒的程度较轻且和螨虫的数量呈正相关。当螨虫数量增加时，瘙痒程度也会随之加重，但剧烈的瘙痒会在某个时间点突然爆发。通常，最严重的瘙痒发生于暴露后的21~30d。试验研究表明，被感染犬会在感染后2~5周，即出现临床症状后1~3周出现血清抗体转阳[361]。如果血清转阳的时间比上述数据早，且犬处于自愈后再次受到感染的情况，则剧烈的瘙痒很明显是由于犬对疥螨虫体过敏而引起的[361-364]。

一些犬感染疥螨后出现的皮肤损伤并不典型。它们不停抓挠且除了轻度红斑及偶尔的表皮脱落以外，很少出现其他可见损伤。这种情况常被误诊为过敏，并使用在疥螨感染时没有任何益处的糖皮质激素进行治疗。这些犬在与被感染犬或环境中的疥螨接触后即发生疥螨病，但在皮肤刮片中可能检查不到疥螨虫体。彻底的梳理清洁可能会把皮肤表层的疥螨及结痂除去，而仅剩余少量疥螨——这些疥螨足够引起瘙痒的症状，但因为数量太少而难以检出。适当的抗疥螨治疗对这些犬起效迅速且疗效显著。

对于猫，疥螨（S. scabiei）的感染非常罕见且临床症状差异很大[330,351]。因为猫是一种很爱干净的动物并且有舔毛的习性，感染疥螨后出现临床症状可能需要数月而不是像犬那样几周就会出现[365,366]。出现的症状包括耳郭瘙痒及面部结痂性丘疹性皮炎（图6-52，G）；严重的趾间皮炎，可能会出现爪部异常；大面积结痂，皮屑及瘙痒；还有无皮肤损伤的自发性脱毛。一只患猫可以将螨虫传染给其他同屋居住的猫，也有报道称猫身上的螨虫能够暂时性地传染给人类。

3）诊断

当患病动物的瘙痒程度非常剧烈，病程很长，或进行过多种药浴或滴剂的治疗后，也许很难发现疥螨的踪迹。对于所有出现非季节性剧烈瘙痒的犬均应怀疑疥螨病，特别是对于按1.1mg/kg使用泼尼松龙后瘙痒仍得不到缓解的犬。不过，使用类固醇类药物治疗对近30%的犬有效[359]。当将疥螨列入鉴别诊断的可能病因中后，只有在采取适当的治疗后仍无效时才能将其排除。

耳-足部反射是一种用于诊断疥螨的有效测试方法，尽管这种测试是非特异性的。即用手揉捏犬耳郭尖端，若犬尝试用后肢挠抓耳部，则判定测试结果阳性。一些报道指出近50%的感染犬耳-足部反射结果为阳性[357]，其他报道的结果则显示该比率为75%~90%[367,368]。在一项对588只皮肤病患犬的研究中，588只犬中有78只（13.3%）测试结果阳性。在55只患疥螨病的犬中有45只（82%）的耳-足部反射测试结果为阳性，该测试方法总的特异性为93.8%，敏感性为81.8%[368]。若耳部外观正常无损伤，这项测试结果可能是阴性。

因为疥螨引起的过敏反应可能是引起疥螨病剧烈瘙痒的重要原因，而不同种类的螨虫可能具有一些共同的角质或粪便抗原，曾有文献报道使用家庭尘螨抗原对患疥螨病的犬做皮肤反应测验[306,364,367]，阳性反应率为30%~75%。在一项研究中，患犬对猪疥螨提取物（Sarcoptes suis）的反应率约为30%[369]。ELISA诊断疥螨的敏感性为84%~92%，特异性为90%~96%[363,370]。一些文献报道的比例较上述比例低[369]。血清学检测转阳可能发生于接种约5周后，因此测试时间不宜过早。可检测到的抗体在成功治疗后30d内消失[370]。

疥螨的确诊要求在皮肤刮片中发现生命周期中任何阶段的疥螨虫体或粪便。多次采样是必要的。采样时，操作者应选择未出现表皮脱落的皮肤位点。在这些区域中寻找发红、凸起且其上覆盖黄色结痂的丘疹。耳缘、肘部或跗部应是首选的采样位点，因为疥螨似乎倾向于寄生在这些部位。采集大量样本后，将这些皮屑在载玻片上涂开并滴加少量矿物油，镜下每个视野都应仔细检查。一只疥螨虫体、一枚卵（图6-52，H），或暗褐色粪球（图6-52，I）都是具有诊断意义的。根据所采刮片数量，只有20%~50%的患病动物身上的疥螨能被检查出来[367]。少数患病动物的粪便中可以检查到疥螨。

组织学检查可能会有效，但除非在活组织样本中看到螨虫虫体，否则难以确诊。检查者应总是选择急性期的丘疹，将未出现表皮脱落的皮肤作为活组织检查的样本。通常很难在表皮及角质层中发现疥螨虫体。在早期，皮肤的组织学变化是很轻微的。随着病情发展，约50%的患病动物活组织样本出现明显的海绵层水肿、血管周及间质组织严重的嗜酸性皮炎[371]。活组织检查中出现局灶性的表皮水肿、渗出、变性和坏死是一项极具提示性的组织病理学线索（表皮"咬痕"）。嗜酸性粒细胞的数量或多或少，这可能与近期使用糖皮质激素治疗有关。灶性角化不全性角化过度的现象通常非常显著。

鉴别诊断包括接触性皮炎、特应性皮炎、食物过敏、马拉色菌（Malassezia）性皮炎、小杆线虫（Pelodera）性皮炎、姬螯螨病、耳螨性皮炎以及犬恶丝虫病。所有这些皮肤病的某一阶段都可能和疥螨病症状相似。未发现疥螨并不能排除疥螨感染，这是个非常常见的错误。许多情况下，疥螨被误诊为过敏症。仔细地了解病史，进行临床检查，或适当的培养及活检、镜下观察刮片、对杀螨药物的反应，这些方法的综合使用足够对疥螨病作出诊断。

4）治疗

虽然犬或许可以对疥螨产生免疫力并自愈，但通常这种情况不会发生，因此采取措施根治疥螨就非常必要[372]。在作出诊断或怀疑为疥螨病时，应立即开始治疗。这种疾病在犬舍或动物医院内传播非常迅速。

在过去，使用抗寄生虫药局部涂擦对患有疥螨病的犬进行治疗。过去曾使用氯化烃类、有机磷酸酯类药物，不过近来使用的药物已经变为多硫化钙、双甲脒或苄氯菊酯。虽然这些药物会弄脏皮肤并且主人操作起来非常繁琐，尤其对于大型犬或被毛非常密集的犬，但目前这些药物仍有应用的价值。中长毛的犬在治疗前应剪毛。所有患犬均应使用温和的抗皮脂溢香波进行洗浴以软化或除去痂皮以及其他碎屑。首次治疗可能仅需进行1次洗浴，有些病情严重的犬可能需要数次洗浴。洗浴后应将被毛吹干，否则残留于皮肤表面的水会将药物稀释。药物应涂擦每一块皮肤表面，并等待药物自然风干。目前，应用最广泛的是2%～4%的多硫化钙及浓度为250mg/kg的双甲脒[295,373]。需每周使用1次药物，持续4~6周。

局部治疗非常耗时，特别是家中饲养了较多只犬时[142]。动物主人的动手能力，或犬每天的生活方式（如有些犬每天游泳）对治疗效果影响很大。目前对疥螨的治疗常使用口服、注射或使用含透皮剂的阿维菌素。在多数情况下，这些产品的应用并未得到许可，且对携带有多重抗药基因ABCB1（旧称MDR1）变异的犬非常危险。人们已经非常清楚哪些品种的犬携带这种基因，且已经可以对这种基因进行检测。然而，还可能存在着其他影响Pgp功能的突变[38]。

初次使用阿维菌素进行治疗时，常按0.2~0.4mg/kg的剂量皮下注射伊维菌素，每14d注射1次，共2次；或每7d口服1次，共3次[6,196]。这个剂量会引起携带ABCB1基因突变的犬发生急性中毒，并出现神经症状。而对于没有基因突变的犬，因其价格便宜，已成为最主要的治疗方法。最近有文献称[374]，存在伊维菌素对疥螨治疗无效的情况。这是由于寄生虫真的产生了耐药性还是犬本身对药物代谢及分布的问题引起的还有待查实。

对于对高剂量伊维菌素敏感的犬来说，可使用其他阿维菌素类药物包括美倍菌素、塞拉菌素、莫昔克丁或多拉菌素。治疗时的使用剂量应在安全剂量之下，这样便可显著降低神经性不良反应的发生率[50]。在美国，只有塞拉菌素被允许按每30d 1次的间隔用于治疗疥螨。这些产品在各个国家的标示均不同。美倍霉素可按2mg/kg的剂量以7d或14d为间隔口服直到治愈[36,375]。通常3次便可治愈，但约25%的犬需追加1次或更多次用药[375]。

多项研究表明，塞拉菌素按每30d间隔给药1次，2次后即可见到疗效[56,378]。约5%的犬在30d时仍携带螨虫[377]，所以有人建议以14d为间隔加速犬的恢复[360,379]。该药品标识上标明每月使用1次可以防止复发。

作者曾观察到塞拉菌素治疗失败的犬疥螨病病例。所

有这些治疗失败的病例均是体型庞大、被毛浓密、体重达到给药上限的犬。大多治疗失败的情况都是因用药不当，而非寄生虫对药物产生了耐药性。

在美国，并建议将局部使用的吡虫啉/莫昔克丁用于螨虫病的治疗，但在欧洲和其他国家则建议这样使用。研究显示以30d为间隔使用2次对螨虫病是100%有效的[376,378]。其他有效的治疗方法包括多拉菌素（0.2mg/kg，皮下注射），多拉菌素（0.2~0.25mg/kg，口服或皮下注射，每周1次）[316]，或氟虫氰喷雾（按3mg/kg剂量，14d为间隔使用）[374,380]有限的资料表明以30d为间隔使用氯虫晴喷雾不能防止复发[360]。初步研究表明以14d或28d为间隔局部使用氰氟虫腙/双甲脒效果不佳[381]。

除上述杀螨虫药物外，对患疥螨病的犬使用5～7d的糖皮质激素也会有一定好处。以前对糖皮质激素类药物反应较差的犬，在螨虫开始死亡时往往对糖皮质激素类药物反应会变好。此外还应及时对继发的细菌感染采取适当的治疗措施。

在大多数仅饲养一只宠物的家庭中，单独对感染疥螨的动物进行治疗便可以解决问题。在饲养多只犬的家庭，所有接触犬即使未出现症状，也应同时进行治疗，因为可能存在无症状的携带者。因为疥螨可在环境中生存长达21d，应当保持环境清洁并在环境中应用杀虫剂[196]。当刮片中螨虫非常多，尤其是家中有多只犬都遭到感染时这点更为重要。

在开始对犬进行治疗时没有出现损伤的人，之后也不应出现任何损伤。若出现皮肤损伤，该损伤可能会持续7~14d，但不应出现新的损伤部位。新损伤出现表明对犬的治疗不到位、环境中存在螨虫传染源，或是真正的人疥螨病，后者可以传染给犬。动物主人应前往人类皮肤病医师处寻求帮助。

（14）猫疥螨病

猫疥螨病是一种由猫背肛螨（*N. cati*）引起的猫的接触性传染性寄生虫病。

1）病因及发病机理

猫疥螨（猫背肛螨*N.cati*，图6-53）主要侵袭猫，但

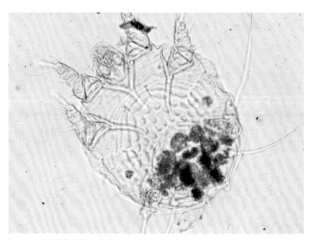

图6-53 猫背肛螨。成螨

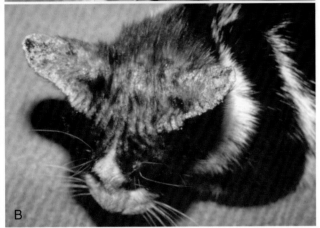

图6-54 猫疥螨 **A.** 面部瘙痒性皮炎。注意耳郭前部 **B.** 耳郭及面部的慢性损伤，可见明显的痂皮

也能感染狐狸、犬和兔[2,373,382]。可引起人类的短暂症状。这种螨虫是一种专性寄生虫，离开宿主后可能只能存活数天。该病通过直接接触具有高度的传染性，并特征性地波及整窝幼崽以及雌雄成年猫。患病动物身上存在大量螨虫，可在刮片中很容易检测到[373]。猫疥螨是一种动物流行病；对于一个国家来说，在其部分地区极少发生而在另一些地区则流行极为普遍。

猫疥螨属于疥螨科，因为生命周期及结构和犬疥螨相似，这两种寄生虫病的病因及发病机理已在犬疥螨病中有所讨论。它们主要的形态学分类依据为猫疥螨（*N. cati*）比犬疥螨（*S. canis*）体型小，且猫疥螨的足上长有中等长度的具吸盘的柄。猫疥螨体表有更多条纹，最重要的一点是，猫疥螨的肛门位于背部，不同于肛门位于虫体末端的犬疥螨（*Sarcoptes*）[1]。猫疥螨数量庞大，在刮片中比犬疥螨更容易观察得到。

2）临床症状

猫疥螨病的发病部位非常典型。病变首先出现于中间偏近端的耳郭边缘。迅速传播至耳上部、面部、眼睑及颈部（图6-54，A）。还可发展到足部及会阴部。这可能和猫的自洁习惯和蜷缩的睡觉姿势有关。

雌螨在毛囊间的表皮角质层内挖掘隧道。这些隧道在体表位于微小丘疹的中央。受损皮肤逐渐增厚，形成褶皱、折叠，随后会被浓稠、黏附致密的黄灰色痂皮所覆盖

（图6-54，B）。受损部可能出现局部脱毛。由于瘙痒，动物抓挠引起的表皮脱落可能会造成继发感染。随着疾病发展，可能会逐渐出现大范围脱毛和皮肤损伤。常出现外周淋巴结肿大。

3）诊断

损伤的分布和瘙痒的强烈程度具有很高的提示价值。检查到虫体（图6-53），卵或粪便均可确诊。应使用10倍物镜，较弱的光线检查刮片，因为虫体较小且在强光下更难被发现。鉴别诊断包括：耳螨、姬螯螨、特应性皮炎、食物过敏、落叶型天疱疮或红斑狼疮，或全身性红斑狼疮。

通过组织病理学检查揭示了不同程度的表层血管周或间质皮炎（增生或皮肤棘细胞层水肿）。在皮肤表层可能发现螨虫片段。嗜酸性粒细胞或多或少，可能反映了最近糖皮质激素的使用情况。病灶处常有明显的角化不全或角化过度。

4）治疗

许多抗寄生虫药因对猫毒性过大而禁止使用。各种形式的硫黄制剂通常较为安全。将多硫化钙溶于温水制成2%~3%的溶液，使用时应使其在皮肤表面自然干燥。每7d重复用药直到症状消失。可能需要6~8次治疗。已证实伊维菌素（0.2~0.3mg/kg，皮下注射，每14d使用1次）、赛拉菌素（每14d或30d使用1次，共使用1次或2次），或皮下注射多拉菌素（0.2~0.3mg/kg，仅用1次）是有效的[382-386]。其他产品如芬普尼或莫昔克丁等标示出对疥螨有效的药物也应具有一定作用。对与患猫生活在同一屋内所有猫均应进行治疗，因为猫在出现临床症状前即可能携带螨虫。如果对所有猫均进行了彻底的治疗且有效避免了二次暴露，治疗效果应是快而完全的。

3. 蜘蛛

蜘蛛是生活于柴堆，旧房子或废弃物堆放处的蛛形纲动物。在美国，医学上重要的蜘蛛种有黑寡妇蜘蛛（*Latrodectus mactans*），红腿寡妇蜘蛛（*Latrodectus bishopi*），褐皮隐居蛛（*Loxosceles reclusa*），普通棕蜘蛛（*Loxosceles unicolor*）[387,388]。

蜘蛛咬伤最常见的部位为前肢及面部。被寡妇蜘蛛属

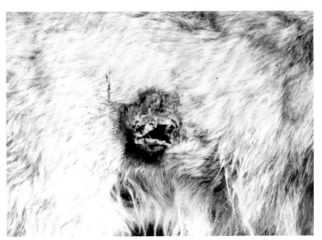

图6-55 蜘蛛咬伤。犬躯体一侧局部坏死和结痂脱落

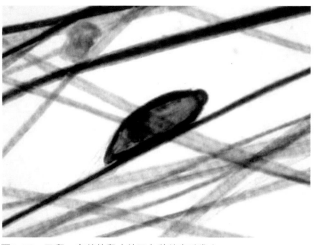

图6-56 虱卵。有盖的卵（幼虱）黏着在毛发上

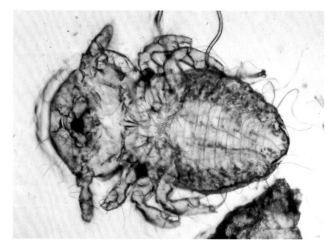

图6-58 犬毛虱。成年咀嚼虱

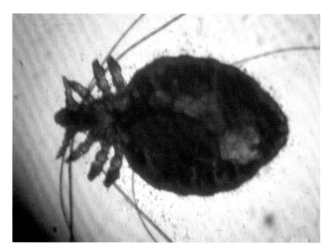

图6-57 犬颚虱。成年吸吮虱。注意吸吮虱典型的锥形头部

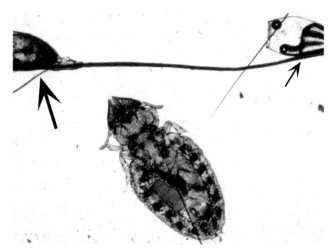

图6-59 猫虱。带卵的雌虫，以及完整的卵（大箭头所指）和空卵囊（小箭头所指）

（寡妇蛛）的蜘蛛咬伤后，最初表现为两个微小的刺穿性咬痕并伴有局部红疹。红疹在几天内可发展为肉芽肿结节。被平甲蛛属（棕蜘蛛）咬伤后最初表现也是刺穿性咬痕及周围局部红疹[389]。几小时后会出现水疱并十分疼痛。第二天，咬伤位置变黑并开始坏死，并逐渐出现大片的无痛性溃疡灶（见图6-55）。皮肤活组织检查可见结节状或弥散性坏死性皮炎及脂膜炎。

蜘蛛咬伤后的全身反应有可能非常严重。可能包括流涎、呕吐及腹泻、共济失调及抽搐或麻痹，这些症状在咬伤后6~48h内出现。若被毒性较弱的蜘蛛咬伤，或动物吞食了毒性较弱的蜘蛛，可能会出现全身性荨麻疹。

尽管蜘蛛咬伤很少发生或被报道，但这可能是由于它在兽医临床中没有得到应有的重视[390]。蜘蛛咬伤的诊断应根据病史及身体检查的结果进行综合判断。对于极度疼痛的局部肿胀，更应考虑蜘蛛咬伤的可能性[391]。对咬伤早期的推荐疗法包括局部注射2%的利多卡因及曲安奈德[392]。全身性支持疗法包括使用镇痛药、葡萄糖酸钙，有时可能要使用肾上腺素及糖皮质激素。被寡妇属蜘蛛（Latrodectus spp.）咬伤的动物，建议局部注射1mL抗毒素血清[392]。若发生慢性溃疡则可能需要数月的治疗才能恢复，此时最好的治疗办法可能是采取手术切除。

为控制蜘蛛的数量，可以清理柴堆及室外场地、清除散乱的碎屑，并在家具下面、壁橱内、裂缝、地下室和阁楼地面、室外屋檐下以及窗井、柴堆处喷洒杀虫药。

（二）昆虫

许多种类的昆虫都可能作为带菌者或皮肤刺激物对动物的皮肤健康造成严重影响[2,10]。昆虫的头部长有附属器官及感觉器官，如触须、单眼或复眼。昆虫的口器结构和昆虫的食性有关。昆虫的胸部通常包括2对翅和3对足。腹部分节，终止于雄性尾器或雌性产卵器。昆虫的躯体被坚硬的几丁质包围，通过有弹性的薄膜相连。

昆虫的生命周期包括三类：直接发育型，不完全变态发育型，完全变态发育型。直接发育型，新孵出的幼虫和成虫完全一样，不完全变态型常存在于原始昆虫中，幼虫和成虫在大小、比例上不同，且幼虫缺少翅；完全变态型见于一些专门的种。蠕虫状幼虫摄食习性和成虫完全不同。经数次蜕皮后，幼虫化蛹，继而羽化变为成虫。幼虫和蛹具有特征性的毛、刚毛以及在分类学上具有重要意义的附属器官。幼虫期、化蛹期及成虫期的时间长短依种属和环境的不同而不同。

昆虫可对皮肤造成损伤，且它们的叮、咬，或虫体的一部分可成为过敏原（见第八章），因此在医学中具有一定的意义。除蚤咬过敏外的昆虫过敏引起了人们更多的关注，这可以帮助解释为何有时咬伤看来微不足道，却引起了非常严重的皮肤反应[3]。同样重要的是，昆虫还可能作为一些犬、猫的吸入性过敏源，引起犬、猫的异位样症状。这类患病动物会出现特应性反应的经典症状，但对常见吸入性过敏原的皮内反应或血清学反应均为阴性，或采取免疫治疗没有效果。蚂蚁、飞蛾、家蝇、蝴蝶、蟑螂作为严格的吸入性过敏原可能非常重要。蚊子、螫蝇及蜜蜂的叮咬，或动物吸入虫体的一部分均可能引发疾病。对这些昆虫的过敏反应可通过皮试进行检测[3,393]。免疫疗法是否有效仍需要进行观察。

1. 虱病

虱病（Pediculosis）是虱子引起的感染。

（1）病因及发病机理

虱子是一种体型较小、退化、背腹扁平、无翅的昆虫，不经历真正的变态发育过程。眼退化或缺失，每只足上长有1或2个爪。在胸中段有1对气孔，腹部则通常有6对。虱子是一种具有宿主专一性的寄生虫，它们的整个生命周期均在宿主身上度过。离开宿主的虱子只能存活数天。虱子通过直接接触或借助被污染的刷子、梳子或床褥

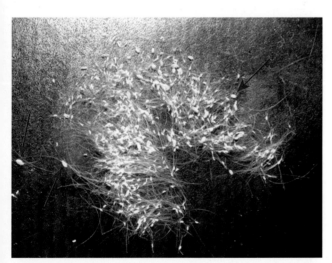

图6-60 虱病。本例为使用跳蚤梳从患病猫身上梳下的毛发。可见大量成虫（箭头）及卵

图6-61 虱病。患猫出现背部毛发凌乱及大量脱落的皮屑

进行传播。带卵盖的白色卵（幼虱）可以紧紧地黏在宿主的毛发上（图6-56）。相比之下，姬螯螨（Cheyletiella）的卵无卵盖，更小，且较为疏松地黏结在毛干上。由卵孵出的幼虫，经三次蜕皮发育为成虫。完整的生命周期为14～21d。

虱子可分为两个亚目：虱，或吸吮虱；禽虱，或咀嚼虱。

1）虱目

这类亚目的虱子长有为适应吸吮宿主血液而进化出的口器。大量感染时会发生严重的贫血并使患病动物虚弱，有些动物由于长期慢性刺激而变得非常狂躁。在犬仅发现一个种——颚虱（Linognathus setosus）（图6-57）。

2）食毛目

禽虱这类虱子即以上皮碎屑及毛发为食的咀嚼虱，但有些种也长有用于吸食宿主血液的口器。因为这类虱子往往更加活跃，它们可能比吸吮虱更容易引起宿主的不适感，而患病动物抓挠患处的行为可能会引起脱毛。犬毛虱（Trichodectes）是一种在犬最常见的咀嚼虱（图6-58）。它们可以作为犬绦虫（犬复孔绦虫，Dipylidium caninum）的中间宿主。猫虱（Felicola subrostratus）感染猫（图6-59）或不表现症状，或引起严重的瘙痒和皮炎以及背部脱毛。袋鼠虱（Heterodoxus spiniger）可能只能见于生活在气候温暖地区的犬。有报道提及了1例犬感染人阴虱（Phthirus pubis）的病例。该犬并未表现临床症状，仅由于和携带虱子的主人在床上睡觉而被感染[394]。

（2）临床特征

虱子对宿主的刺激性很强，并可引起剧痒。它们会在毛发根部、耳部和其他身体开口处聚集。吸吮虱可引起严重贫血及虚弱，尤其对于年幼动物。吸吮虱移动速度并不快，很容易被发现和捕捉（图6-60）。咀嚼虱移动速度较快，较难被发现及捕捉。

虱子引起的直接损伤较小，但由于抓挠而继发的皮肤脱落和皮炎可能会非常严重。虱病在猫可能看起来非常像粟粒状皮炎，在犬则像跳蚤叮咬过敏症。还有可能出现的症状是丘疹及结痂。虚弱、贫血和沉郁的患病动物常常情

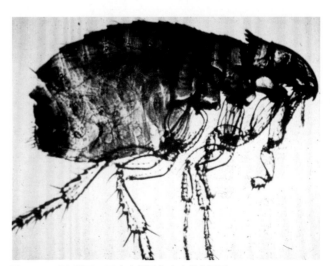

图6-62 成年猫蚤。虱病在兽医临床中较为罕见

绪暴躁，处理起来比较棘手。患病动物的皮毛状况通常比较脏，缺乏光泽，且非常凌乱（图6-61）；这类疾病通常和动物密度过大或较差的饲养环境有关。患病动物可能散发出鼠或鼠尿的气味，尤其是在环境潮湿的情况。

某些病例，可能是不表现症状的携带者，或仅有干性皮脂溢及不同程度的瘙痒。虱病在冬季发生率更高，这也许和动物冬季被毛更长和动物之间的接触更密切有关。此外，夏季较高的环境和皮肤表面温度对虱子来说可能是致命的。

一般除蚤产品都可以轻易杀灭虱子，所以动物主人通过对动物的日常护理即可清除这种寄生虫。

（3）诊断

皮肤检查发现虱子即可确诊本病。用醋酸布胶带印记法固定虫体以便对虫体进行识别的检查方法已在第二章进行了介绍。

虱病的鉴别诊断应包括皮脂溢、疥螨、跳蚤叮咬引起的过敏、姬螯螨、皮刺螨（*Dermanyssus*）、猫皮虱（*Lynxacarus*）、恙螨（*Trombicula*）感染。皮肤刮片，跳蚤梳和醋酸布胶带印记法即可解决该病的任何诊断问题。组织病理学检查显示不同程度的表皮血管周皮炎（增生或棘细胞层水肿）。嗜酸性粒细胞通常会明显增多。

（4）治疗

所有的患病动物及与其密切接触的动物均应同时进行治疗。厚毛或毛球应剪掉。在梳毛后，应使用有效的除虫剂对动物进行药浴或喷洒。虱子对几乎所有局部杀虫

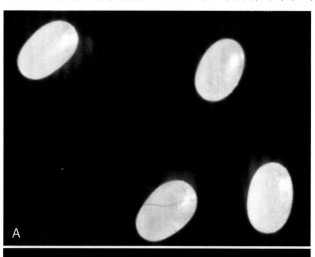

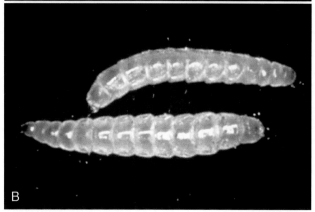

图6-63　猫蚤　**A.** 卵　**B.** 幼虫

剂都敏感。目前使用最广泛的药物为芬普尼[157,177,395-399]。当难以局部用药时，也可以使用吡虫啉、塞拉菌素或伊维菌素[400-403]。

虽然虱子在离开宿主后生存时间不会很长，仍建议至少清理动物床铺、住所和梳毛工具1次。

2. 跳蚤

跳蚤是一种小型棕色无翅昆虫，身体侧方扁平（图6-62）。雄跳蚤比雌跳蚤体型要小，几丁质构成的头部长有触须、眼、吸吮口器及硬毛。前胸及颊部的硬毛具有分类学意义。胸部分为三段，每段长有1对粗壮的足，足末端有2只弯曲的爪。这种结构使得跳蚤具有很强的跳跃力，使其可以从一个宿主跳至另一宿主。由于跳蚤需要藏于宿主身上以获得保护和食物，因此跳蚤的整个成年生命阶段均生存于宿主或与宿主接触的动物身上[404]。

世界上跳蚤的种类和亚种数量在2 000以上。虽然犬或猫可以成为几乎任何种类跳蚤的临时宿主，但实际上对于大多数宠物都只考虑猫蚤（*Ctenocephalides felis felis*）、犬栉首蚤（*Ctenocephalides canis, Pulex* spp.）及禽角头蚤（*Echidnophaga gallinacea*）。兔蚤（*Spilopsyllus cuniculi*）在欧洲及澳大利亚的部分地区可能出现[405,406]。皮潜蚤（*Tunga pentians*）在巴西较为严重[407]。当难以局部用药时，使用塞拉菌素、吡虫啉或伊维菌素进行治疗是有效的[400,401,403,408]。

蚤属（*Ctenocephalides* spp.）的跳蚤在世界范围内具有最重要的医学意义。对感染跳蚤的犬、猫进行的调查显示，猫蚤（*C. felis felis*）是最常见的种，占犬感染跳蚤的92%及猫感染跳蚤的97%[409-417]。犬蚤（*C. canis*）感染相对较少，但也是引起跳蚤感染的主要种[418]。禽角头蚤，又称禽吸着蚤，偶尔也会感染宠物，尤其在气候温暖的地区[419]。这种跳蚤传染的发生，通常是因宠物生活环境中有过鸟类。人蚤（*Pulex irritans*）感染犬的情形非常罕见。当人和犬同时存在时，人蚤（*P. irritans*）更倾向于感染犬，但也会经由犬传播给予犬接触的人类。由于人蚤（*P. irritans*）可能成为某些传染病的携带者，因此动物感染人蚤可能具有一定的公共卫生重要性。

图6-64　猫蚤。空卵囊（箭头所指）及红色粪便

跳蚤从卵（图6-63，A）到成虫需经历三个幼虫阶段（图6-63，B）和一个化蛹阶段，属于完全变态发育。目前只有对猫蚤的完整生物学描述，且与发育相关的数据可能并不适用于其他种。雌性跳蚤常在宿主犬、猫睡觉时在其身上产卵。卵呈卵圆形，白色，长0.5mm。因为卵没有黏性，所以会从宿主身上掉落至环境中，这些卵便在环境中完成它们的生命周期。

跳蚤的生长发育与是否存在宿主无关，但依赖宏观环境及微观环境。环境温度及相对湿度对跳蚤生长发育及其所需时间起着决定性的作用。由于它们具有避光习性及趋地习性，跳蚤的幼虫喜欢向毯子、木地板裂缝或室外土地及存在有机物碎片的深处爬行[420]。在这些受保护的环境中，局部温度及湿度区别于环境的总体水平，跳蚤可以更快更好地完成其生命周期。

各个生命阶段的跳蚤均对环境变化敏感[421]。通常温度在20~30℃、相对湿度低于70%的环境对跳蚤来说是适宜的。除温度很高（大于35℃）或很低（小于8℃）的情况外，适宜的相对湿度对跳蚤的生存更加重要。例如，

50%的跳蚤卵能在温度为35℃、相对湿度为75%的环境中孵化，但湿度降至33%或50%时，所有的跳蚤卵均无法孵化。假设温度在跳蚤生存可以承受的范围内变动，温度的变化能够减缓或加快跳蚤的发育。例如，在相对湿度为75%时，若温度为13℃，50%的幼虫可在34d内化蛹；而如果温度是32℃，则80%的幼虫可在8d内化蛹。在气候温暖的地区，如佛罗里达中北部，猫蚤在室外全年均能生存，即便在轻微霜冻时，跳蚤也可在犬窝或活动房屋的保护下生存[422]。

跳蚤卵的孵化时间通常为1.5~10d[404,421]。持续24~36h的低温（小于0℃）可使大多数卵死亡。新孵化的幼虫会寻找可以保护自己的幽暗处，以有机物碎屑、其他幼虫或成年跳蚤的粪便为食（图6-64）。跳蚤幼虫可在地毯上爬行40cm以上。在三龄幼虫化蛹前会经历2次蜕皮。当食物充足且气候适宜时，幼虫用5~10d便可完成。幼虫期是跳蚤最脆弱的时期，在实验室外，仅有不到25%的跳蚤能存活下来[421]。干燥（相对湿度低于33%）、高温（温度高于35℃），以及极度低温（温度低于8℃）均可在短时间内使跳蚤幼虫死亡。食物不足对跳蚤幼虫来说也是致命的。

幼虫期结束时，3龄幼虫会制作一个丝质的茧，并在茧内化蛹。如果幼虫在作茧时受到干扰，幼虫会生成一个存活概率稍偏低的"裸蛹"。在相对湿度80%、温度27℃时，5d内成年猫蚤便可开始羽化。羽化高峰出现在第8~9d。化蛹期的跳蚤对干燥环境的耐受性强于其他时期，但在温度条件极度恶劣时仍会死亡（低于3℃或高于35℃）。跳蚤的羽化并不是自发的，而是依赖于适当的刺激，尤其是温度变化或压力变化的刺激。如果未出现适当的刺激，跳蚤成虫可在茧内生存长达140d。当适当的刺激出现时，这些羽化前的跳蚤可以快速羽化，导致跳蚤的数量激增。

在大多数家庭中，猫蚤（C. felis）需要3~4周来完成其生命周期，极限记录为12~174d[409,410,423]。新羽化的成虫需要一个借以长期生存的宿主。在标准的家庭环境中，许多未能找到宿主寄生而没有食物的跳蚤活不过12d。温度升高或湿度降低会加快未能找到宿主的跳蚤死亡。若跳蚤在吸食宿主血液数天后与宿主分开，它们在环境中死亡的速度更快。若未离开宿主，它们能生存长达100d以上。

成年猫蚤在接触到宿主的几分钟内便开始吸血[424]。雌性跳蚤在首次吸血后24~36h便可开始产卵。只要雌跳蚤不离开宿主，它们可以持续产卵超过100d，虽然繁殖力会随时间的推移逐渐下降。产卵量变化较大，峰值可达每天40~50枚卵。在允许21d内完成生命周期的环境条件下，1只交配后的雌蚤每天产20枚卵，按其中有50%可孵化为雌性跳蚤的比例计算，在60d时可以造成20 000余只成年跳蚤及160 000余只未成年跳蚤的感染。

禽角头蚤的生物学特征略有不同。在交配后，雌性跳蚤在皮肤内掘洞，并在洞内产卵。卵在宿主身体上孵化，

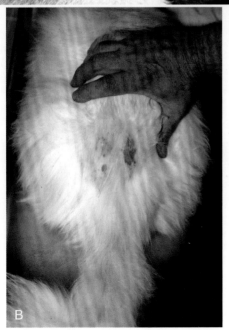

图6-65　A. 犬被跳蚤叮咬后出现的过敏症状。注意臀部及近尾部的"圣诞树样"典型特征　B. 猫被跳蚤叮咬后的过敏症状。注意臀背侧多处脱皮及脱毛

而幼虫会掉落到环境中，完成剩余的生命周期[419]。

犬蚤（C. canis）常见于欧洲的犬[414,416-418,425]。适宜犬蚤生长发育的理想温度和相对湿度分别为25℃及75%。犬蚤在猫体表孵化时，最多只能生长到第一期幼虫。

多数跳蚤会在宿主体表自由活动，且几乎在宿主身上的任何部位都能发现它们。一般猫蚤（C. felis）喜爱生活于尾部和腹股沟处（图6-65）。禽角头蚤喜欢生活于面部（图6-66）。进食时，跳蚤会向真皮层内释放某种物质防止血液凝固。S. cuniculi，即兔蚤，喜欢生活于耳郭及耳周部位（图6-67）。穿皮潜蚤向皮内掘洞时会对皮肤相应部位造成严重的损伤（图6-68）[426,427]。

跳蚤的唾液含有多种刺激性及可引起过敏的物质（图6-69）。跳蚤叮咬引起的症状差异很大，症状取决于跳蚤的数量、宿主对皮肤刺激的耐受能力，以及最重要的一点，即宿主皮肤是否出现对跳蚤唾液的过敏反应（详见第八章）。不产生过敏症状的宿主可能携带大量跳蚤而并不表现症状或只有轻微反应。这些宿主由于血液的大量流失可能会发生贫血。雌性猫蚤每天可以吸食多达其体重10~15倍的血液[428]。72只雌性跳蚤每天可以吸食1mL的血液。在发生跳蚤的严重感染时，所有的动物，尤其

对于那些体型较小的动物来说，每天会损失相当多的血液。不过在某种意义上来说，被跳蚤叮咬后的刺痒感有时对动物反而具有保护作用。随着跳蚤数量的增加，动物理毛行为或抓挠行为也有所增多，这样可以逐出一部分跳蚤且减少在同一时间吸食血液的跳蚤数量。除了会引起失血及皮肤损伤外，跳蚤还是犬绦虫（D. caninum）的中间宿主，同时还是猫立克次体（Rickettsia felis）、伤寒立克次体（Rickettsia typhi）、巴尔通体（Bartonella henselae, Bartonella clarridgeiae）、支原体属（hemoplasma Mycoplasma spp.），及利什曼原虫（Leishimania spp.）前鞭毛体阶段的携带者[415,428-431]。严重感染时，跳蚤还会叮咬动物主人。

3. 跳蚤的防控

跳蚤无处不在，且根据气候环境的不同，跳蚤可能会引起动物或动物主人的季节性或非季节性感染。若饲养的宠物有以下状况：接触其他犬、猫，经常在室内或犬舍中理毛、在可接触到其他宠物或野生动物的环境内活动均可认为有宠物患病可能。对环境或对动物进行预防性用药可以减少损害。接下来将讨论的方法可以是预防性的也可以是治疗性的，但当动物患病或环境中存在大量跳蚤时必须更加频繁地使用。对于跳蚤的控制，预防是关键[424]。

虽然跳蚤生命周期有限，且经常被动物自发清理或

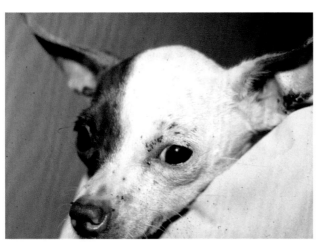

图6-66 犬面部吸着蚤（禽角头蚤）叮咬的症状（由G. Kunkle提供）

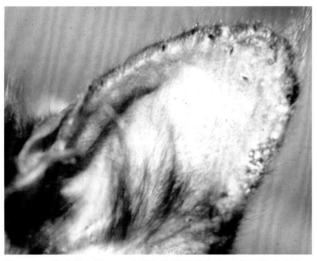

图6-67 由欧洲兔跳蚤叮咬引起的猫耳缘多处丘疹及结痂（由R. Harvey提供）

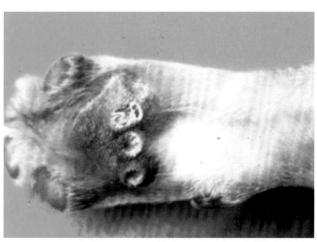

图6-68 犬被穿皮潜蚤（Tunga penetrans）叮咬后掌部足垫多处溃疡（由J. King提供）

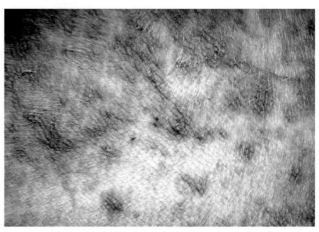

图6-69 犬被蚤叮咬后过敏，腹部多处出现大小不一的红斑及丘疹

吞食（特别是猫），而且在患病动物过敏时繁殖能力减弱[432,433]，但跳蚤感染不可能自愈，因此绝不能忽视。对跳蚤数量的控制必须做到例行的常规治疗，囊括对屋内的所有动物、屋子和院子。只要对患病动物进行的治疗有效且彻底，且其他未治疗的动物不再进入治疗区域，环境中的跳蚤是可以被清除干净的[434]。对任何区域进行的处理若不彻底，尤其是对屋子的清理这一步骤，都可能导致治疗的最终结果不那么令人满意。大多数治疗程序包括对动物及周围环境使用杀虫剂。

由于世界范围的气候环境各异，每个区域的不同国家，每个国家的不同州、乡村和城镇的环境均不同，跳蚤的承载量在不同地区差异很大。地区内野生动物的数量和种类，以及对宠物跳蚤防控采取措施的力度影响着该地区跳蚤的承载量。除上述因素外，各区域的跳蚤对不同药物产品的敏感性不同，使得跳蚤的防控难度大增[407,435]。

大多数杀虫剂具有一定的残留活性，并可通过重复使用在动物体内及生存环境中蓄积。兽医应留意所有对动物及环境曾使用过的杀虫剂[409,410,423]。若对患病动物和环境使用同一种杀虫剂，动物可能会因同时从体内外摄入药物而发生中毒。

（1）外部环境

由于跳蚤卵会落到地面，流浪犬、猫、野生动物或患病动物自身都可能向庭院内播撒跳蚤卵[404,421]。野生动物，尤其负鼠及浣熊，是最常见将跳蚤卵散播于院内的动物。跳蚤可以在动物的巢穴内过冬[436]。春季和夏季，由于动物在夜间的活动范围增大，跳蚤的繁殖率也随之增加。当动物在垃圾桶旁或甲板下停留时，可能会从身上掉落一些跳蚤卵，同时还可能有环境中的成年跳蚤跳到动物身上而加重感染。掉落到的庭院中的卵有一定概率可以孵化。跳蚤幼虫对热及干燥较为敏感。低于50%的相对湿度及高于35℃的温度对跳蚤幼虫是致命的。因此，成年跳蚤很难在砖石铺砌的区域、甲板表面，以及被修剪得很短且暴露在阳光下的草坪上生长发育。跳蚤卵落至有保护作用的区域时（如桌下、狭小空间、高的灌木）则能生长发育。所有的林地和闲置地均可能存在跳蚤卵。

显而易见，最有效的室外防治跳蚤的方法便是防止动物进入，但一旦未经治疗的宠物或野生动物进入，这片区域便需要进行处理。第一步，也是看来最环保的一步，是限制宠物进入有危险的区域。在狭小空间，板子下和花园周围设立围栏，禁止动物进入灌木丛和旷野。可以允许动物在阳光直射的矮草坪上活动。对于难以阻止动物进入的区域，应经常将有机碎片清理干净，并使用外环境用杀虫剂进行处理。可用的药物形式包括粉末、液体、细粒的氨基甲酸酯或有机磷酸酯类药物[409,410,423]。非微胶囊化液体比粉末或剂型配方的药物残留作用时间短。新型的用于室外跳蚤防控的生物杀虫剂已在市场上售卖（Fleabusters Nematodes）。这种产品包含对动物无害的小卷蛾斯氏线虫

（*Steinernema carpocapsae*），这种线虫可以杀死土壤或草地中的跳蚤幼虫及蛹[437]。不过这种防治系统的有效性尚不清楚[438]。

私家车内是一个很容易被忽视的传播关键点。若宠物经常坐车随家庭出游，车内可能会散播有虫卵。在车内使用高残留的杀虫剂是不明智的。车辆在窗户关闭的情况下被阳光直射时，挥发的杀虫剂烟气可能会使车内乘客中毒。正确的处理方式是经常使用吸尘器彻底清理车内各个角落。若必须使用杀虫剂，只能选用低毒、短效的杀虫剂（如除虫菊酯）。使用杀虫剂后应使车辆充分通风。

（2）内部环境

房屋是跳蚤防控中最困难的环节，特别是屋内宠物数量较多时。虽然在动物休息的位置跳蚤数量最多，但其他动物途经或偶尔造访的地方也必须进行处理。若患病动物是猫，几乎屋内所有的空间都有可能被虫卵污染。

彻底清洁是必须的。使用装有打浆刀的强力吸尘器，可以移除一些卵、幼虫、成虫，同时刺激羽化前的成年跳蚤羽化，从而显著减少环境中的跳蚤承载量。所有的区域均应吸到，但应尤其注意家具、家具下的毯子、暖气片区域，以及所有的地毯，特别是长细毛的毯子。吸尘后，储尘盒应及时清空。清理毯子很重要。蒸汽可以杀死幼虫，但很多非专业的蒸汽设备并不产生真的蒸汽。这些机器产生的温度可能过低而不足以杀死幼虫，但可以清除有机物碎片和跳蚤粪便，即幼虫的食物。清理地毯的缺点是，在之后的几天到几周，毯子内的湿度会升高到适合跳蚤生存的水平。任何新掉落的卵或遗漏的羽化前阶段的跳蚤可能因此而加速发育。因此，处理后的毯子应喷洒杀虫剂。在清理过程中，还应清洁或更换动物的床铺。捕蚤器可能有作用，但环境超声设备是没用的[439]。

只要室内有带软垫的家具或毯子，就必须使用杀虫剂。动物主人可以自己使用杀虫剂或聘请专业人员。专业公司虽然收费，却大大降低了动物主人的劳动强度，且更为专业。专业服务的效果也能持续更长时间[440]。专业服务的花销大，但如果动物主人能综合考虑自己处理所需花费的时间，同时意识到专业服务所用的药品一般是买不到的，且首次报价中即包括了回访的价格，则会发现专业服务在花销上似乎更划算。另一个好处是专业处理效果更持久[440]。若聘请专业人员，动物主人应向兽医人员提供已使用过的除虫药物，以防和兽医开具的处方药物相同而造成药物过量。

考虑健康因素和环境因素是使用各种非传统杀虫剂的主要原因，例如硼酸钠。硼酸化合物可以快速杀灭卵及幼虫，这可能是由于其强烈的脱水作用。摄入晶体也会致死幼虫。该杀虫剂有适合专业人士使用的，也有适合普通人群使用的。专业产品（Rx for Fleas, Inc.）在不清洗地毯的情况下能保证1年的效力，且据报道其对跳蚤的杀灭率高于99%[409,410,423]，许多含有硼酸盐的产品都被取消了在美国的

注册。

跳蚤具有趋光性，特别是在光源不时被突然遮蔽的情况（模仿宿主经过时造成的阴影）[441]。猫蚤对波长为510~550nm（绿光）的光最为敏感。闪烁捕蚤器可在20h内捕获释放在3m×3m米地毯房间内86%的跳蚤。无闪烁的捕蚤器仅能捕获释放跳蚤数量的14%[441]。

许多动物主人希望可以自己处理跳蚤的问题，实际上市场上也有很多除蚤产品可供选择。一个成功的除蚤计划，必须包括对成年跳蚤、未破茧的成年跳蚤、及所有形式未成年跳蚤的驱除。具有较低残留作用的杀虫剂，又称为"快杀"产品，并不应在除蚤时单独应用，除非是处理某一个独立区域时，如宠物睡觉的区域。选择产品时应该将具有残留性的杀虫剂或短效无残留产品配合昆虫生长调节剂一并使用。出于对健康和环境的考虑，且各州各国实施的控虫力度不同，家用杀虫剂的数量和种类也会逐年发生变化。总体来说，多数环境产品现在都包含除虫菊酯或拟除虫菊酯，这些杀虫剂均含有昆虫生长调节剂。

昆虫生长调节剂能阻止跳蚤幼虫化蛹[409,442-447]。若在跳蚤进入房屋之前使用这些产品，感染根本不会发生。甲氧普林（Methoprene）会在日光下分解，因此应至少每30周重复使用1次。苯氧威（Fenoxycarb）及吡丙醚（pyriproxyfen）在日光下稳定，药效可持续6~12个月。当屋内已经有大量跳蚤时，单独使用生长调节剂是不够的。

兽医，宠物店及其他商店中有种类繁多的含生长调节剂的杀虫剂可供选择。杀虫剂可杀灭成虫，且如果茧已完成发育，也可以杀死一些羽化前的成虫，而生长调节剂则可阻止幼虫化蛹。不过，没有杀虫剂成分可以杀灭刚刚化蛹的虫体，且在使用杀虫剂的过程中，可能会有一些未破茧的成虫未发生羽化而存活下来，因此在用药后的短时间内，房屋内仍可能出现跳蚤。若房屋内的跳蚤数量庞大，那么在处理后的5~14d都可能会出现跳蚤[409,410,423]，此时应使用快杀杀虫剂。若房屋内跳蚤数量不多，可能就不需要再次用药了。

主人经常抱怨产品不起作用，因为他们总能在家里发现跳蚤的踪影。虽然这可能是跳蚤对杀虫剂产生了抗性[448]，但引起持续感染最可能的原因还是杀虫剂的使用方法不对，而非产品效果不佳。彻底的家庭除蚤工作需要耗费大量的时间和精力，而大多数未经训练的动物主人往往不能正确使用这些产品。

喷雾式杀虫剂的发展可能是跳蚤控制工作中最大的退步。这类产品的广告往往只强调了使用它们的便利性，而不提它们的缺点。这类空间气溶胶只清洁到非必要的地方（如桌面）而作用不到真正关键的位点（如家具下、房屋的角落、壁橱内）。这些问题在主人仅使用大量喷雾剂喷洒屋内的大片区域，而忽视区域之间的过道、墙体时尤其突出，因为这种使用方法会干扰气溶胶的扩散。

室内除蚤最有效的方法包括人工喷洒杀虫剂。产品有

气溶胶罐、手控喷雾及通过手压喷壶稀释后使用的浓缩液。若要处理大片区域，手控喷雾是最耗费体力的选择。喷洒应从屋子中心开始，向墙进行喷洒。所有的关键位点（如家具下）均应仔细喷到。对于较大的房间，使用喷雾器可减少喷洒次数。当对屋内角落及关键点完成手动洒药后，可卸下精心设计的喷雾器以喷洒其他无物体的开阔区域。

使用者应仔细阅读药品生产商提供的说明书。应建立非常详细的用药日程并严格遵循计划行事。这常常是除蚤程序中的薄弱环节。许多动物主人在再次发现跳蚤的踪影时才重复用药。而此时，跳蚤感染已经卷土重来，治疗及重复用药需要耗费更多的人力和财力。

（3）动物

现在市场上的除蚤药物比过去优化了许多。虽然很多产品号称其药效可以持续到下次用药之前，但临床实践常常并非如此。此外，某些跳蚤在被药物杀死前仍能进食[424]。因此，对环境进行良好控制以减少跳到动物身上跳蚤的数量非常重要。使用这些产品的另一个问题是，它们在临床应用时的有效时间比实验室中的要短得多。对于经常游泳的犬，很多局部外用产品的效果有限。因此，最佳的除虫药物应该足够安全，且使用限制很少。那些给出了建议的使用频率且在必要时也可以使用的产品给了兽医最大程度的灵活性。

即使只有一只动物出现了问题，也最好对屋内所有犬、猫进行同等程度的治疗。若未治疗其他动物或治疗失败，尤其是允许这些未经治疗的动物出门活动，可能会造成这些动物通过向环境中播撒跳蚤卵而成为感染源。在饲养大量宠物的家庭，大多数主人对待症状相对较轻的动物往往不像对待过敏动物那么细心。兽医应鼓励这些主人在条件允许的情况下，使用最有效的方法加强对正常动物的防控。

所有动物跳蚤控制计划均应能阻止所有种类跳蚤的叮咬。环境中跳蚤的数量和动物主人的决心与执行能力决定着该目标是否能够达成。成功的关键是坚持定期重复用药。无计划地随意使用优良除虫产品不会获得好效果。在量身制定防治计划之前，动物主人应仔细思考自己能如何有规律地控制用药。产品的选择应基于动物主人受到的限制。尽管将某些除蚤计划使用得当，但仍不能达到人们期待的效果，特别是对于饲养了大量宠物的家庭。在开始进行任何一项除蚤计划时，建议使用跳蚤梳对治疗效果进行评价，如果所用的药物有效，则进一步确定最佳用药频率。应每周用跳蚤梳对动物进行1~2次检查，如果在第2次使用产品前发现了跳蚤虫体或排泄物，则应该调整用药间隔。在调整间隔后，若仍能发现跳蚤，则证明治疗计划存在严重的问题，应整体重新制定。经常使用跳蚤梳也可以减少短毛动物身上跳蚤的数量。10min彻底的梳毛可以减少短毛犬身上81%的跳蚤[449]。

自从"长效残留滴剂"型产品出现后跳蚤控制就有了革命性的飞跃。其安全性、易用性及有效性之高甚至让传统产品的使用显得像错误治疗一般。但是，在饲养了大量犬、猫的家庭中，若对每只动物都使用滴剂产品，对于一些主人来说是非常昂贵的，因此应设计一种更为传统的治疗程序。对传统产品的讨论在新产品后面进行。

1）滴剂

滴剂产品包含一种或多种杀虫药物，其中可能添加或不添加生长调节剂，由一种适宜的媒介混合而成。使用这种产品时，在动物难以舔到的背部最高线处于一点或分多点使用。某些产品通过在表皮脂质层扩散至动物全身。另一些产品从使用点经透皮吸收，通过血液分布到全身。一种产品通过在表皮分布控制昆虫，而另一些成分通过皮肤吸收，控制蜱、螨、心丝虫及小肠寄生虫。

在过去，仅单独检测某一种跳蚤控制产品在不同实验环境或临床环境中的作用。现在，多数研究是通过将一种已知效力的产品与新产品相比较的形式进行检测。如此便可以检出跳蚤对药物是否出现细微的敏感性变化。

吡虫啉［Advantage line（拜耳）］以三种产品进行销售。Advantage Ⅱ含有9.1%的w/w吡虫啉及吡丙醚溶液，可应用于犬、猫。商标上注明，每30d应用1次就足够了，但最多可7d用1次。K9 Advantix Ⅱ由8.8% w/w吡虫啉，44%苄氯菊酯及吡丙醚溶液构成，只能应用于犬。增加的苄氯菊酯使它可以防治蜱、蝇类及蚊。标签上注明，只可30d使用1次。最后一种产品，Advantage Multi（Advocate）含10% w/w吡虫啉及莫昔克丁。对于犬，使用浓度为2.5%的莫昔克丁溶液，而猫用的浓度是1%。该产品标注的适应证是跳蚤、心丝虫及多种小肠内寄生虫，每个月使用1次。国际化产品（Advocate）在犬、猫的配方完全相同，但标签上标明该产品还可治疗螨虫（S. scabiei, O. cynotis, Demodex spp.）及虱子。

数据显示，在用药后6~12h开始产生药效，可持续30d[450]。有效率根据物种和使用后周数的不同，从95%~100%不等。随着重复用药指定时间的到来，药效逐渐降低。生产厂商称，自使用后4d起，每周给动物洗澡几乎不会影响药物的持续效果。犬和猫在用药位点都会偶见接触性皮炎。沾有吡虫啉的皮屑落至地面，对幼虫有杀灭作用[451]。因此，局部使用吡虫啉对环境中的寄生虫控制也有一定效果[449,452]。

在犬[28,428,453-457]和猫[455,458-462]上已经有很多文献证实了厂商所述的有效性。但是，也有严重感染的动物在用药14d后仍出现跳蚤的记录。这些跳蚤本应死亡，但因为时间不足没有死亡，或者说在这种情况下药效的持续时间远远达不到30d所以跳蚤没有死亡。吡虫啉在使用后即到达最高浓度，且吸附于毛发及角质层上。如果表皮更新速度过快或大量掉毛，表皮的药物浓度将会下降。同样的，每日游泳，或过度的舔毛，经常洗澡，特别是进行药浴，将会使

药物浓度降低。由于药效和作用持续时间是剂量依赖性的[28]，某些动物需要更频繁的用药也就不奇怪了。某些兽医告诉每一名患皮肤病动物的主人，他们的犬应该每14d使用1次吡虫啉。这样用药会增加防治的成本，因此作者建议还是应根据个体情况使用。兽医建议动物主人每周用跳蚤梳梳理动物毛发1~2次，如有必要，可持续数月。研究显示：①吡虫啉比塞拉菌素在6h、12h、24h时杀灭跳蚤的作用要强[463]，②在对犬使用吡虫啉3~5min后跳蚤即停止进食，而使用芬普尼或塞拉菌素后的1h内跳蚤还能进食[464]。

芬普尼（Fipronil）有0.25%喷剂或10%滴剂型的药物。到目前，唯一的滴剂产品为Frontline Plus（Merial），是9.8%的芬普尼及甲氧普林［（S）-methoprene］溶液的混合液。对犬，甲氧普林的使用浓度为8.8%，对猫为11.8%。每个月仅限使用1次。对犬和猫，说明上都标注了该药可用于治疗跳蚤、蜱及虱子；对于犬还注明了可治疗疥螨（S.scabiei）。在很多地方都能买到芬普尼，市场上有多种滴剂产品可供选择。芬普尼相对原来的产品是否更有效仍需进一步观察。芬普尼会在皮脂腺存储，并随皮脂分泌至体表[19]。建议根据环境中跳蚤的严重程度、动物对跳蚤叮咬的敏感性，以及控制蜱的需求来调整使用频率。通常每月使用1次的效率最高。数据显示药物经12~18h的停滞期达峰值[465]，在第30天的有效性为93%~95%。因为皮脂腺的不断分泌会补足表皮上损失的药物，因此30d内浸水或洗澡对药物效果的影响不大。芬普尼喷雾过量时可能会造成动物中毒（尤其是对于幼猫、幼犬或小型品种动物），有时滴剂产品的使用部位会产生局部刺激症状。芬普尼对兔毒性较大。

产品的有效性会依用药的动物、选用的配方和家中环境的不同而不同。在模拟的房间环境中，对猫每月使用1次滴剂产品后，可完全杀灭猫身上携带的跳蚤[466,467]。在临床环境中，30d时的有效性为70%~97%[27,408,457,460,468,469-474]。若将评价的时间点延长至60d，有效性降至60%[475]。对于吡虫啉，即使最近使用过滴剂的芬普尼产品，也可能会发生跳蚤感染。

有一点需要特别强调，即无论是芬普尼还是吡虫啉，均不能在大部分跳蚤吸血前将其杀灭，也不能产生明显的驱跳蚤作用[464,476,477]。

氰氟虫腙［Metaflumizone，Promeris（美国富道）］被批准用于犬、猫临床。在犬的滴剂产品中含有14.34%的氰氟虫腙及14.34%的双甲脒成分，而用于猫的产品仅含18.53%的氰氟虫腙成分。这个产品每月仅限使用1次。说明书上标明产品可用于防治猫的跳蚤，而犬用产品还可用于防治虱子、蜱及各类蠕形螨（Demodex spp.）。试验研究表明其对跳蚤的有效性达84%~99.6%[478-484]。Promeris最近退出了美国市场。

呋虫胺（Dinotefuran）有可用于防治犬、猫跳蚤的滴

剂产品［Vectra（Summit Vet Pharm）］。含22%的呋虫胺及3%的吡丙醚，建议每月使用1次或在兽医指导下使用。另外一种严格用于犬的产品（Vectra 3D）商标上标明可用于防治蜱、蚊、虱子、黑蝇及螨。这个产品含4.95%呋虫胺、0.44%吡丙醚及36.08%苄氯菊酯，说明书上标明2次用药间至少应间隔30d。提及这种药物疗效的文献较少，但这类药物的效果应该较好[461]。

吡啶醇［Prac-tic（诺华制药）］是一种在美国以外市场销售的滴剂，用于清除犬跳蚤及蜱。它被批准按月使用，并且起效很快[485]。但报道其效果的文献数量非常少[435]。

乙基多杀菌素［Spinetoram，Assurity（Elanco）］是一种仅用于猫的新型滴剂除蚤产品。本品含39.65%乙基多杀菌素，建议每月使用1次。厂家的数据显示，本品作用迅速，且其作用效果能持续1个月以上。本书出版时，尚无关于该产品的专门文献。

塞拉菌素［Selamectin，Revolution（辉瑞制药）］是一种半合成的阿维菌素，每30d使用1次可以防治心丝虫、蜱、跳蚤、特定的小肠寄生虫及部分非毛囊寄生的螨虫。药物透皮吸收后经由血液循环分布至全身皮脂腺，药物贮存于皮脂腺并被不断分泌至皮肤表面。对于跳蚤的防控，使用后36~42h效果达到峰值[450]。本产品可杀死成年跳蚤，减少未被杀死跳蚤的产卵量，还有杀灭环境中幼虫的能力。资料显示本品杀灭跳蚤的有效性为90%~98%[108,457,460,473,486-489]。

用于防控跳蚤和蜱的含拟除虫菊酯的滴剂产品多种多样。猫对这一系列的杀虫药物非常敏感，除非包装说明书上有特别的许可，否则不应用于猫，且刚用完药的犬在药物完全干燥前，应与家中的猫分开。苄氯菊酯是应用最广泛的除虫药物，常同（S）-甲氧普林或吡丙醚混合制成[446]。目前也有和生长调节剂、不同种类的拟除虫菊酯或其他成分共同使用的制剂。截至2009年5月，EPA注册的滴剂除蚤产品已有200余种。这类产品多数都是同一种成分针对不同体重的不同剂量规格，或不同厂家生产相同药物。但是，其中也有一些药物是比较独特而笔者不知道或不了解的。在苄氯菊酯类产品中，有每周使用1次、有效性为81%~90%的产品可供选择[490]，但其他产品的有效性和安全性大多未知。

2）除蚤项圈

除蚤项圈可以杀灭跳蚤（如杀虫项圈）、驱除跳蚤（如某些超声设备），或杀灭动物身上的跳蚤卵（如释放生长调节剂的项圈）。超声项圈是没有作用的[491]。理想状况下，除虫项圈可减少动物身上50%~90%的跳蚤，但并不能将其根除[492,493]。对于某些对跳蚤过敏的动物，减少跳蚤的数量可能是不够的，而项圈中的某些杀虫药物可能会对其他类似产品的效果产生影响。除蚤项圈应给常接触病原的动物进行佩戴，尤其是那些经常在街道自由活动，而主人又不能采取其他办法为其定期驱虫的猫。含甲氧普林或

吡丙醚的项圈，有含杀虫剂和无杀虫剂两种可供选择。这些是用在动物身上的环境控制药物。吡丙醚可杀灭成年跳蚤，但两种药物的主要目的均是阻止跳蚤卵的孵化[26]。甲氧普林项圈可以持续130d以上抑制94%~99.5%的跳蚤卵发育[494,495]。根据厂家的资料，吡丙醚项圈可持续1年以上保持100%的有效性[496]。

3）除蚤浴液

杀虫浴液是很好的美容清洁用品，但对控制严重跳蚤感染的作用有限。正确使用时（如保证15min的接触时间），浴液可以杀灭动物体表的跳蚤。在一项研究中，一种溴氰菊酯浴液可以分别杀灭100%的跳蚤及95%的蜱，并能持续2~3周保持95%的有效率[497]。在临床中是否也能有类似的持续效果仍有待探究。由于药浴后往往应用了其他杀虫药物，所以多数除蚤浴液的功能值得怀疑。由于这些浴液通常比其他清洁用品昂贵，并可能引起某些皮肤反应，所以不能认为这些浴液全然没有害处。

4）全身性除蚤产品

目前仅有三种系统性除蚤产品可供选择。氯酚奴隆［Program，Sentinel（诺华制药）］，对犬、猫每月经口给药1次，猫还可以每6个月进行1次注射。药物会在动物的脂肪中蓄积并由此释放，因此口服药物后，有效血液浓度维持30d[58,60,61]。跳蚤进食后会将动物血液中的药物吸收，并经粪便排泄。在雌性跳蚤体内，氯酚奴隆会使跳蚤卵丧失活性。刚孵化的幼虫进食含有药物的跳蚤粪便后会引起内皮缺陷并死亡[58]。氯酚奴隆能对未孵化跳蚤卵的内皮、上皮细胞、绒毛膜和卵黄膜造成毒性作用[498]。虽然氯酚奴隆会引起成年跳蚤的死亡（弱化内表皮，降低吸血及产卵时表皮的扩张弹性），但这只是在以跳蚤连续7d吸食含药物浓度超过2 mg/kg的血液后才会发生的事情[499]。这种情况在按建议剂量使用氯酚奴隆时很难发生。报道的氯酚奴隆的有效性在各项研究中有所不同，但整体都在95%以上[59,61,500-505]。

氯酚奴隆在跳蚤防控计划中主要被用于室内及室外的环境控制。若动物已经携带少量跳蚤，并且已经产卵，单独使用氯酚奴隆或许就足以持续控制跳蚤30d以上了，但多数操作者为了加快跳蚤消失的速度，常合并使用一些杀成蚤药物。因为本章介绍的杀成虫药有效性常常不是100%，所以建议合并使用氯酚奴隆或其他高效生长调节剂从而阻止耐杀虫药跳蚤的产生。

烯啶虫胺［Nitenpyram，Capstar（诺华制药）］只被批准用于治疗跳蚤，不过临床上有时也被用于治疗其他一些与昆虫相关的疾病，如蝇蛆感染。14kg以下的犬或猫应使用11.4mg，体重超过该值的犬应使用57mg。药物可在使用后30min内发挥作用，4~6h有效率可达100%。烯啶虫胺代谢速度非常快，在用药后48h内几乎清除完毕，仅有少量的药物残留。在1个月内重复用药的防治计划效果良好，但这类产品的价格较高，限制了该药的使用。

多杀菌素［Spinosad，Comfortis（Elanco）］被批准每月口服以控制犬的跳蚤感染。目标剂量是30mg/kg，药物应随食物经口给予，每月1次。关于该药物有效性的数据有限，有效率99%~100%[488,506]。之前曾提到过，本产品禁止和高剂量伊维菌素合用。

过去数年中，曾有多种含有大蒜、硫胺素、啤酒酵母、硫黄及其他天然成分的产品被吹捧可用于防治全身性跳蚤感染[409,410,423]。但是并没有任何临床资料证实它们的有效性。

5）液体产品

有多种专利、非专利或自制的除蚤液可以使用。虽然自制产品［如Skin-So-Soft（Avon）］会有一定效果，而其他常用产品（如薄荷油）就不一定会有效，而像茶树油一类的产品则会有毒性[507]。这类专利产品通常由多种成分构成，通常都包含杀虫剂、驱虫剂及增效剂。每种产品均标明了可使用的动物种类、年龄范围、及其使用说明书。若不遵循使用说明或动物对某种成分过于敏感则可能导致中毒[33,409]。这些产品通常为气溶胶喷雾，手动泵喷剂，泡沫及滴剂。与其他产品一样，产品的有效性取决于其配方及使用方法是否正确。

气溶胶喷雾实际上没什么用处；其他类型的产品可用于不同的情况中。滴剂，或更恰当的洗剂通常是最有效的，可以将一致浓度的这种产品轻松地施用于皮肤，而不必在意皮毛的特性。其缺点包括：产品的气味较大、干燥时间较长、药液可能会使皮肤和被毛干燥、被批准可用于猫的产品很少等。由于大多数猫对反复药浴非常反感，因此产品很少这一点基本可以忽略。

手动泵喷剂是一种预稀释的滴剂，通常比较美观，也更加昂贵[508]。这些喷雾对大多数动物的治疗效果与传统药液相同，但需使用次数明显增多。这种方法对被毛较厚的动物并不实用，且许多猫对喷雾非常抗拒。若主人希望使用喷雾，但定期使用预先包装好的产品又太过昂贵，可以推荐其使用浓缩滴剂自己配制所需的喷剂溶液（除非该产品标明禁止这样使用）。动物主人可以自行购买喷雾器，并用永久记号笔清楚注明瓶中药物成分。应根据滴剂稀释要求进行配置，只配制或向贮存瓶中倒入治疗所需的药量。某些药液可以经乳化稀释后重新使用，有些则没有注明或严格禁止。对于不能重复利用的药物，更要按治疗需要进行配制。自制喷雾的气味较大，且使动物毛发干燥，但其较低的价格也许可以弥补这些缺陷。

之前曾提到，芬普尼有滴剂和喷雾剂型。喷雾剂型与传统产品一样难于使用，但其较长的作用持续时间非常有价值[509]。

除蚤泡沫（摩丝）是一种用于毛发的特殊液体，以泡沫的形式从容器中挤出。通过按摩使泡沫进入毛发中，泡沫破裂，随后液体到达皮肤表面。若正确使用泡沫，毛发会较为潮湿。这种特殊剂型对小型动物来说非常合适，特

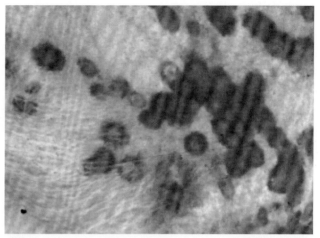

图6-70 犬腹部多处蝇类叮咬。注意中央出血点及外周红斑

别是猫这种对传统剂型非常反感的动物。每周使用2次时，80%猫身上的跳蚤可以得到有效控制[510]。

（三）双翅目（蝇）

从医学角度来说，蝇组成节肢动物中非常重要的一个目，因为蝇能传播某些病原，或作为这些病原的中间宿主（细菌、病毒、原虫及某些肠道寄生虫）。然而，蝇对皮肤的损害并不大，可以造成的损伤包括叮咬（蚊、厩螫蝇、墨蚊及鹿虻）及蝇蛆病。被昆虫叮咬后动物的症状各异，因为某些动物可能不那么吸引某些特定的蚊蝇，或不容易遭到叮咬。局部损伤为刺激反应，被多次叮咬后反应会逐渐减弱。而由于抗原注入体内引起的全身反应则会随叮咬次数的增加而逐渐加重（如蜜蜂及蚊的抗原），且可能发生严重的局部水肿或过敏反应。

主要的损伤是叮咬出血点周围的水疱及丘疹（图6-70）。这些不良反应可能是暂时的或可持续数周。上述症状出现之后，有1例出现了表皮假癌性增生（Pseudocarcinomatous hyperplasia）、脱皮和脱毛。表层及深部血管周或真皮弥散性嗜酸性粒细胞、浆细胞及淋巴细胞浸润可能出现。

1. 蝇皮炎

成年雄性和雌性厩螫蝇（Stomoxys calcitrans）特别适应于攻击宿主的皮肤并吸血[2,10]。锉刀样的齿及刀刃一样的唇可将皮肤切开，舌及吻部插入伤口以吸食血液。整个过程对宿主的刺激性非常大，也非常容易造成疾病的传播。

蝇经常叮咬犬面部及耳部。耳尖部（图6-71，A）或耳部外翻犬的皮肤褶皱边缘（图6-71，B）处是最常发现有多处叮咬痕迹的部位。由于血清和血浆渗出引起的红斑及出血性结痂是非常典型的症状。瘙痒可轻可重，这或许能反映动物是否发生了过敏。大多数患犬每天有很多时间都在室外，且活动范围较狭窄，因此难以躲避蝇的侵袭。

可将普通的驱蝇药物、含苄氯菊酯的驱蚤产品，或混于凡士林的香茅油涂擦于受侵袭的皮肤表面以防止二次叮咬[32,127,511]。吡虫啉/苄氯菊酯滴剂产品可在使用后15d内

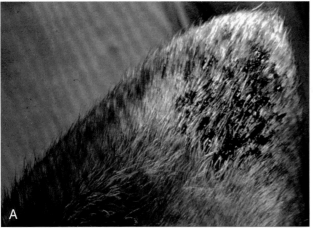

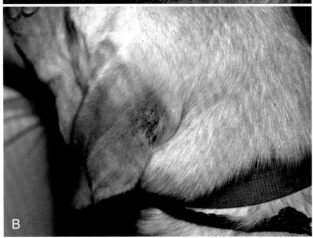

图6-71　**A.** 耳缘蝇皮炎。被厩螫蝇锉状口器叮咬后渗出血浆和血清而形成的血痂　**B.** 耳下垂部蝇皮炎。可见多处叮咬和一处血痂

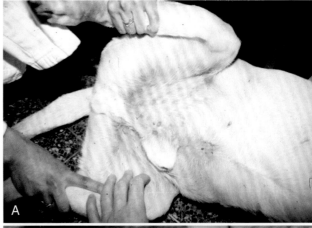

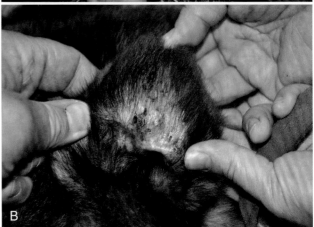

6-72　黑蝇皮炎　**A.** 犬被毛稀疏的腹部有多处典型的蝇叮咬伤　**B.** 立耳的犬耳内表面被叮咬后的损伤

防止蝇的叮咬[512]。患病动物在损伤痊愈前应尽量饲养在室内。局部使用抗生素–皮质类固醇油膏对恢复有一定益处。受损皮肤应保持清洁及干燥，同时还应寻找蝇的源头，清理秸秆堆、粪便堆等可能滋生蚊蝇的场所。

黑蝇（*Simuliidae* spp.）是一种在流动水边阴凉处繁殖的微小叮咬型蝇类。在早春及夏季，这种昆虫会给人类和动物带来很大烦恼。黑蝇的叮咬主要集中于少毛部位，如腹部（图6-72，A）、头部、耳部（图6-72，B）及腿部。叮咬后的损伤为瘙痒剧烈的丘疹、鳞屑和溃疡，同时伴有出血及严重的表皮脱落，导致局限性皮肤坏死。某些动物可出现特征性的环形斑损伤，其特点为一个极小的针尖样叮痕，外周有大面积白色水肿区及红色边缘。瘙痒的程度不同，但通常都是轻微的。黑蝇经常一大群集在一起，被大量黑蝇叮咬的动物可能会死亡（图6-73）。被黑蝇叮咬后的病灶组织病理学表现为血管周严重的嗜酸性皮炎及明显的表皮水肿和紫癜。马蝇（虻，*Tabanus*），鹿虻（斑虻，*Chrysops*）及蚊叮咬后的症状比黑蝇叮咬后的症状轻，但被它们叮咬后的诊断、处理及预防方式均和厩螫蝇叮咬后的处理方式相同。

2. 蚊皮炎

多数动物在被蚊叮咬后仅在叮咬区出现瘙痒症状（图6-74）。有些猫对某些蚊的唾液过敏原过敏（详见第八章），在鼻梁上出现瘙痒性、侵袭性及结痂性的皮炎；耳

图6-73　黑蝇皮炎。犬死于腹部被大群黑蝇叮咬（由E.Clark提供）

郭主要表现为丘疹或结节样损伤；耳缘结痂；或足垫角化过度及肿胀[511,513,514]。即便不经治疗，患猫在与蚊隔离后也可很快康复，再次被叮咬后24h内又会出现症状。

组织学上可见弥散的嗜酸性皮炎，可能有皮内嗜酸性脓肿或嗜酸性肉芽肿（火焰状胶原纤维）。常可见浸润性坏死性嗜酸性毛囊炎。

患猫在使用蚊提取物进行皮试时显示阳性结果。

使用皮质类固醇可以加速损伤的恢复，但在动物持续被蚊叮咬时效果并不明显。除非猫可以耐受反复使用驱虫剂，否则应不断改变治疗方法。因为蚊多数在黄昏至黎明时叮咬动物，所以这段时间应将猫置于带屏障的笼中或室内。

图6-74　蚊叮咬猫面部引起多处结痂及丘疹

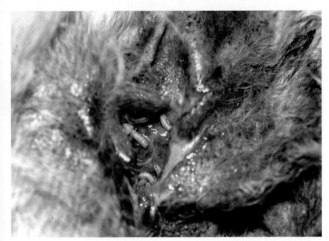

图6-75　犬外耳炎并发蛆病

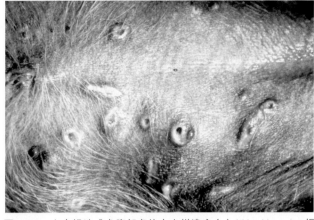

图6-76　人皮蝇造成犬腹部多处火山样溃疡（由J.VanHeerden提供）

某些犬在气候温暖时，裸露的无毛区可能会发生嗜酸性肉芽肿。推测这些症状可能是由蚊子叮咬引起的。另外一种可能和蚊子叮咬有关的皮炎是发生于温暖偏远地区的犬耳缘丘疹性皮炎。这是一种瘙痒性疾病且于该地区人或马被库螺（Culicoides）叮咬时发生。丘疹的细胞学检查结果显示强嗜酸性。皮质类固醇可减轻皮炎症状，而除蚤喷剂可防止复发。这究竟是否由库螺（Culicoides）叮咬引起尚需证实。当怀疑犬被蚊叮咬时，使用65%苄氯菊酯滴剂产品可显著降低蚊停落和叮咬的概率[515]。

3. 蛆病

虽然蛆在医疗上有其应用价值[516]，但自然状况下蛆感染对动物健康有害。许多双翅目蝇类成虫喜欢趁动物极其虚弱时，在其温暖潮湿的皮肤伤口，或被尿液浸湿的被毛上产卵（图6-75）[517]。不同生命阶段的不同蝇类所喜好的动物并不完全相同。溶解液化的皮肤逐渐变为蝇类的良好培养基，会吸引更多种类的蝇。丽蝇（Blowflies）仅食用坏死组织，而果蝇（Flesh flies）则食用活组织[517]。旧称为Chrysomyia bezziana，现称为Cochliomyia hominivorax的旋丽蝇，其幼虫的地理分布非常广泛[518-520]。在北美已将它们消灭。它们是必须寄生于活组织的专性寄生虫，在犬、猫非常罕见[521]。丽线虫（Habronema）幼虫很少引起马周围的

动物患病[114]。鉴别种属在大多数蛆病的治疗中并不重要。如果必要，可以将幼虫培养至成虫，或使用显微镜检查幼虫后部的通气孔和斑盘这些具有分类学意义的形态特征。

皮下蛆病造成的损伤是非常严重的，蛆会造成皮肤大面积损伤并在皮肤内啃噬出圆孔（图6-76）[7,517,522]。这些圆孔可能相连通，形成扇形创缘。有时能在皮下或组织中发现幼虫。蛆最喜爱生长于鼻部、眼部、嘴部、肛门、生殖器周围或邻近未经处理的伤口区域。严重感染的动物可能因休克、中毒或感染而死亡[517]。蛆病往往是因疏于管理而发生的。

蛆病的治疗需要剪除患病区域被毛，并使用含抗生素的浴液进行洗浴或对伤口进行冲洗。若患病动物情况较稳定，损伤区域应通过手术进行清理。若蛆数量不多，可用工具清除。严重感染时，根据标签建议的剂量使用伊维菌素（0.2~0.4mg/kg 皮下注射）[523]或烯啶虫胺可以杀死100%的幼虫[519,520]。也可使用除蚤喷剂[517]。应将患病动物饲养于带屏障而无蝇类的室内，并每天进行清创。通常蛆病的恢复是很快的，但要考虑原发病因。当患病动物发生排便或排尿失禁、被毛持续潮湿、皮褶多的皮炎、持续的唾液或泪液分泌过多，同时卫生条件又比较差时，易于发生蛆病。这些因素的纠正是蛆病治疗方案中非常重要的部分。

某些幼虫，特别是盾波蝇（Cordylobia anthropophaga）（见图6-76），人肤蝇（Dermatobia hominis），黄蝇属（Cuterebra）和污蝇属（Wohlfahrtia）的某些蝇类，及丽线虫属（Habronema spp.）可刺穿正常皮肤，造成单个或多个结节或坏死灶[524-530]。犬、猫可携带蝇类（未孵化的幼虫）至其他国家地区。对单个损伤处的治疗和之前提及的方法相同。当重复发生瘤蝇属（Cordylobia）感染时，可使用高剂量伊维菌素（0.4mg/kg，每3周1次）阻止感染[531]。

4. 黄蝇属感染

成年黄蝇体型较大，形似蜜蜂，并有着退化的口器，它们并不吸血或叮咬动物。它们并不直接寻找宿主产卵，而是在宿主巢穴或窝洞入口旁的石头或植物上产卵，而宿主在晚上可能会碰到这些物体。动物在途经被黄蝇

（*Cuterebra* spp.）卵污染的区域时发生感染。幼虫可通过皮肤破损处、天然孔，或在动物舔毛时被摄入而进到动物体内[2,10,532]。它们的自然宿主为兔子或其他啮齿类动物，对于这些动物，这些寄生虫表现出了宿主及部位的特异性[533]。兔黄蝇（*Cuterebra* spp.）的宿主选择性较差，有时会感染犬、猫。有报道显示，猫对感染啮齿类动物的蝇类有一定抵抗力[534]。

因为犬、猫并不是黄蝇的正常宿主，幼虫的移行路线也与兔不同。曾有文献报道幼虫移行至脑、咽、鼻孔、眼及眼睑[534,535-537]。典型病例中，主要是头部、颈部（图6-77，A）及躯干（图6-77，B）的皮肤受影响。病例常在夏末及秋天出现，因为此时幼虫的体型增大，随之引起的肿胀直径超过1cm，并最终形成瘘管。

治疗方式包括切开及扩张形成的瘘管，并用蚊式止血钳夹出虫体。必须非常谨慎以防夹碎虫体，因为残留的虫体可能会引起宿主的过敏或刺激反应。按开放性创口的处理方法处理残留的伤口，伤口愈合速度较慢。有资料显示每月使用预防心丝虫的药物可防止新的损伤产生。

此病的诊断较为容易，因为二期幼虫的长度为5~10mm，颜色呈乳白色或灰色，可看到身体分为10~12个节段，其中前8~10节上环绕着3~4行暗色体刺和微刺。头侧口周长有发达的倒钩，无头壳或腿。幼虫会发生蜕皮，三期幼虫颜色较暗，强壮且有较大的尖刺，常可在皮下或黏膜下层小袋内被发现。

四、膜翅目（蜜蜂、黄蜂、马蜂）

这些有毒昆虫并非寄生虫。它们有着膜样的翅，以及能咀嚼、吸吮或叮咬的口器。雌虫的产卵器特化成刺状。雌虫在刺击敌人时，一对毒液腺会将毒液输送至敌人体内。当蜜蜂及黄蜂蛰咬动物时，腹部尖端及所有的毒液器官会脱出并遗留在伤口内。毒液腺可以在短期内持续输送毒液，因此应尽快除掉皮肤表面的尾刺。其余的黄蜂或虎头蜂在叮咬后毒液腺还是完整的，因此可以再次进行叮咬。被叮咬后局部红、肿，炎症症状随即发生，某些动物还会出现血管性水肿，过敏或继发免疫介导性溶血性贫血。当动物多处被叮咬时可能会出现中毒[538,539]。若造成心脏或呼吸系统损伤，患病动物可能会死亡。

曾有犬发生面部嗜酸性毛囊炎（*Facial eosinophilic folliculitis*）及疖病（*furunculosis*）（详见第八章），这可能是由如蜜蜂、黄蜂、蝇类和蚁这些有毒昆虫引起的[3,511,540]。犬出现急性瘙痒症，或面部结节性皮炎[541]。损伤可能单独或成片、结痂，若动物经常抓挠还可能发生溃疡（图6-78）。一般来说很难将有毒昆虫叮咬引起的毛囊炎或疖病和其他原因引起的毛囊炎或疖病相区别，但对前者的渗出液进行细胞学检查可发现大量的嗜酸性粒细胞而无感染迹象。组织学检查可见嗜酸性毛囊炎或疖病，通常伴有火焰状胶原及黏蛋白增多症[540]。若不治疗，损伤恢复缓慢。若患病动物十分瘙痒，可局部使用或口服皮质类固醇帮助损伤的恢复。如果能找到尾刺，应尽快将其拔除。对于出现严重过敏反应的病例，应肌内注射肾上腺素并静脉注射皮质类固醇。若出现荨麻疹，应给予肾上腺素或大剂量的泼尼松龙，然后全身应用短效抗组胺药物。局部冷敷可稍

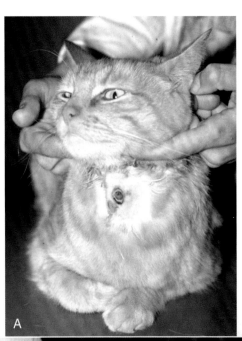

图6-77　**A**．黄蝇属幼虫从患猫颈部腹侧瘘管中被挤出　**B**．黄蝇幼虫在犬皮肤表面的呼吸孔

图6-78　面部嗜酸性毛囊炎及疖病。可见患犬鼻部多处大小不一的嗜酸性丘疹

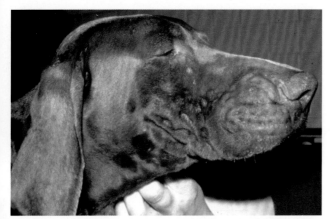

图6-79　毛虫性皮炎。犬面部出现荨麻疹及血管周水肿（由L. Poisson提供）

许减轻疼痛。多次或多处叮咬都会加重皮肤反应。

五、蚁类

南美及美国东南部的城市或乡村有一种火蚁（*Solenopsis invicta*）。它们栖息于城市和农村。当它们的巢穴被干扰时，它们会从巢内涌出，叮咬附近的物体。火蚁会用其有力的大颚叮咬于动物的皮肤上；而后弯曲身体使用腹部的尾刺进行钉刺并注入毒液。毒液主要由一种特殊的生物碱（Solenopsin A）构成，具有细胞毒性及溶血性。

对于犬，火蚁的叮咬开始时并不疼痛，但在15min后会引起局部肿胀形成直径小于1cm的红疹，瘙痒程度不一[542]。某些犬会形成许多外围环绕红圈的脓疱性皮疹[543]。损伤在叮咬后会扩张，并通常在48h内消失。

组织病理学症状各异。脓疱通常为不同程度的表皮内中性粒细胞性脓疱，以及中性粒细胞浸润性皮炎，而斑块型则为垂直的全层真皮坏死，周围出现水肿及大量嗜酸性粒细胞浸润[542]。

六、毛虫

某些特定种类的鳞翅目幼虫（*Lepidoptera*，如某些蝴蝶或飞蛾）会引起皮肤的反应[544,545]。这些症状在犬常见，在猫罕见（在欧洲地中海区域）。松树及橡树毛虫（*Thaumetopoea* spp.）是最常见的病因。这些毛虫的刺毛中含有会引起肥大细胞脱颗粒及组胺释放的物质。

动物（或人）可能会通过直接接触毛虫或它们的巢穴，或是接触空气中的刺毛而被刺伤。春天是最容易发生毛虫刺伤的季节，尤其对于那些好奇心旺盛的犬。临床症状包括突然的面部瘙痒、荨麻疹或血管性水肿（图6-79）。唇部及口鼻部是受影响最为严重的部位。另外，会发生舌头肿胀及大量流涎。严重病例会发生部分皮肤的坏死，舌侧及舌远端的坏死。

治疗方法包括：皮质类固醇及抗组胺药物，严重病例需要使用肾上腺素。

参考文献

[1] Bowman DD: *Georgis' Parasitology for Veterinarians*, ed 7, Philadelphia, 1999, W.B. Saunders Co..

[2] Foley RH: Parasitic mites of dogs and cats. *Compend Contin Educ* 13:783, 1991.

[3] Griffin CE: Insect and arachnid hypersensitivity. In Kwochka KW, MacDonald JM, editors: *Current Veterinary Dermatology*, St. Louis, 1993, Mosby-Year Book, p 133.

[4] Moriello KA: Common ectoparasites of the dog. Part I, Fleas and ticks. *Canine Pract* 14:7, 1987.

[5] Paradis M: Ivermectin in small animal dermatology. Part I. Pharmacology and toxicology. *Comp Cont Ed* 20:193, 1998.

[6] Paradis M: Ivermectin in small animal dermatology. Part II. Extralabel applications. *Comp Cont Ed* 20:459, 1998.

[7] Scott DW, Miller WH Jr, Griffin CE: *Muller and Kirk's Small Animal Dermatology*, ed 5, Philadelphia, 1995, W. B. Saunders, Co..

[8] Scott DW: Feline dermatology 1972-1982: Introspective retrospections. *J Am Anim Hosp Assoc* 20:537, 1984.

[9] Sosna CB, Medleau L: Symposium on external parasites. *Vet Med* 87:537, 1992.

[10] Soulsby EJL: *Helminths, Arthropods, and Protozoa of Domesticated Animals*, ed 7, Philadelphia, 1982, Lea & Febiger.

[11] Jennings KA, Canerdy TD, Keller RJ, et al: Human exposure to fipronil from dogs treated with Frontline. *Vet Hum Toxicol* 44:301, 2002.

[12] Obendorf SK, Lemley AT, Hedge A, et al: Distribution of pesticide residues within hormones in central New York State. *Arch Environ Contam Toxicol* 50:31, 2006.

[13] DeLay RL, Lacoste E, Mezzasalma T, et al: Pharmacokinetics of metaflumizone and amitraz in the plasma and hair of dogs following topical application. *Vet Parasitol* 150:251, 2007.

[14] DeLay RL, Lacoste E, Delprat S, et al: Pharmacokinetics of metaflumizone in the plasma and hair of cats following topical application. *Vet Parasitol* 150:258, 2007.

[15] Hempel K, Hess FG, Bögi C, et al: Toxicological properties of metaflumizone. *Vet Parasitol* 150:190, 2007.

[16] Haas N, Lindemann U, Frank K, et al: Rapid and preferential sebum secretion of ivermectin: a new factor that may determine drug responsiveness in patients with scabies. *Arch Dermatol* 138:1618, 2002.

[17] Bossard RL, et al: Review of insecticide resistance in cat fleas. *J Med Entomol* 35:415, 1998.

[18] Rosenbaum MR, Kerlin RL: Erythema multiforme major and disseminated intravascular coagulation in a dog following application of a d-limonene-based insecticidal dip. *J Am Vet Med Assoc* 207:1315, 1995.

[19] Birckel P, et al: Skin and hair distribution of 14c-fipronil by microautoradiography following topical administration to the Beagle dog. *J Vet Pharmacol Ther* 20:155, 1997.

[20] Havrileck B, et al: Suivi immunitaire individuel de chiens démodéciques par intradermoréactions à la phytohemagglutinin. Applications au prognostic. *Rev Méd Vét* 140:599, 1989.

[21] Hsu WH, Schaffer DD: Effects of topical application of amitraz on plasma glucose and insulin concentrations in dogs. *Am J Vet Res* 49:139, 1988.

[22] Turnbull GJ: Animal studies in the treatment of poisoning by amitraz and xylene. *Hum Toxicol* 2:579, 1983.

[23] Halliwell REW, Carlotti DN: Insect growth regulators: New products and new approaches for flea control on dogs. *Prat Méd Chir Anim Comp* 33:293, 1998.

[24] Stanneck D, Larsen KS, Mencke N: Pyriproxyfen concentration in the coat of cats and dogs after topical treatment with a 1.0% w/v spot on formulation. *J Vet Pharmacol Therap* 26:233, 2003.

[25] Kawada H, Hirano M: Insecticidal effects of insect growth regulators methoprene and pyriproxyfen on the cat flea. *J Med Entomol* 33:819, 1996.

[26] Meola R, et al: Toxicity and histopathology of the growth regulator pyriproxyfen to adults and eggs of the cat flea. *J Med Entomol* 33:670, 1996.

[27] Postal JM, et al: Field efficacy of a 10 per cent fipronil spot-on formulation in the treatment and control of flea infestation. In Kwochka KW, et al, editor: *Advances in Veterinary Dermatology III*, Oxford, 1998, Butterworth Heinemann, p 568.

[28] Arther RG, et al: Efficacy of imidacloprid for removal and control of fleas (*Ctenocephalides felis*) on dogs. *Am J Vet Res* 58:848, 1997.

[29] Oberkirchner U, Linder KE, Dunston S, et al: Metaflumizone-amitraz (Promeris)-associated pustular acantholytic dermatitis in 22 dogs: evidence suggests contact drug-triggered pemphigus foliaceus. *Vet Dermatol* E-pub ahead of print, 2011.

[30] Franc M, Cadiergues MC: Susceptibility of the cat flea, *Ctenocephalides felis*, to four pyrethroids. *Parasite* 4:91, 1997.

[31] Katz TM, Miller JH, Hebert AA: Insect repellents: historical perspectives and new developments. *J Am Acad Dermatol* 58:865, 2008.

[32] Brown M, Hebert AA: Insect repellents: An overview. *J Am Acad Dermatol*

36:243, 1997.

[33] Dorman DC, et al: Fenvalerate/N, N-diethyl-m-toluamide (Deet) toxicosis in two cats. J Am Vet Med Assoc 196:100, 1990.

[34] Tranquilli JW, et al: Assessment of toxicosis induced by high-dose administration of milbemycin oxime in collies. Am J Vet Res 52:1170, 1993.

[35] Sture GH, et al: Dose selection of VK-124-114, a novel avermectin for efficacy against fleas (Ctenocephalides felis) on dogs and cats. Proc Br Small Anim Vet Assoc 42:316, 1999.

[36] Miller WH Jr, et al: Treatment of canine scabies with milbemycin oxime. Can Vet J 37:219, 1996.

[37] Geyer J, Döring B, Godoy JR, et al: Frequency of the nt230 (de14) MDR1 mutation in collies and related dog breeds in Germany. J Vet Pharmacol Therap 28:545, 2005.

[38] Mealey KL, Meurs KM: Breed distribution of the ABCB1-1Δ (multidrug sensitivity polymorphism among dogs undergoing ABCB1 genotyping. J Am Vet Med Assoc 233:921, 2008.

[39] Griffin J, Fletcher N, Clemence R, et al: Selamectin is a potent substrate and inhibitor of human and canine P-glycoprotein. J Vet Pharmacol Therap 28:257, 2005.

[40] Hopper K, Aldrich J, Haskins SC: Ivermectin toxicity in 17 collies. J Vet Intern Med 16:89, 2002.

[41] Mealey KL, Bentjen SA, Waiting DK: Frequency of the mutant MDR1 allele associated with ivermectin sensitivity in a sample population of collies from the northwestern United States. Am J Vet Res 63:479, 2002.

[42] Yas-Natan E, Shamir M, Kleinbart S, et al: Doramectin toxicity in a collie. Vet Rec 153:718, 2003.

[43] Mealey KL: Adverse drug reactions in herding-breed dogs: the role of P-glycoprotein. Compend Contin Educ Pract Vet 28:23, 2006.

[44] Mealey KL, Munyard KA, Bentjen SA: Frequency of the mutant MDR1 allele associated with multidrug sensitivity in a sample of herding breed dogs living in Australia. Vet Parasitol 131:193, 2005.

[45] Kawabata A, Momoi Y, Inoue-Murayama M, et al: Canine mdr1 gene mutation in Japan. J Vet Med Sci 67:1103, 2005.

[46] Hugnet C, Bentjen SA, Mealey KL: Frequency of the mutant MDR1 allele associated with multidrug sensitivity in a sample of collies from France. J Vet Pharmacol Therap 27:227, 2004.

[47] Mueller RS, Bettenay SV: A proposed new therapeutic protocol for the treatment of canine mange with ivermectin. J Am Anim Hosp Assoc 35:77, 1999.

[48] Bissonnette S, Paradis M, Daneau I, et al: The ABCB1-1Δ mutation is not responsible for subchronic neurotoxicity seen in dogs of non-collie breeds following macrocyclic lactone treatment for generalized demodicosis. Vet Dermatol 20:60, 2008.

[49] Kenny PJ, Vernau KM, Puschner B, et al: Retinopathy associated with ivermectin toxicosis in two dogs. J Am Vet Med Assoc 233:279, 2008.

[50] Gunnarsson LK, et al: Clinical efficacy of milbemycin oxime in the treatment of nasal mite infection in dogs. J Am Anim Hosp Assoc 35:81, 1999.

[51] Barbet JL, Snook T, Gay JM, et al: ABCB1-1Δ (MDR1-1Δ) genotype is associated with adverse reactions in dogs treated with milbemycin oxime for generalized demodicosis. Vet Dermatol 20:111, 2008.

[52] Gokbulut C, Karademir U, Boyacioglu M, et al: Comparative plasma dispositions of ivermectin and doramectin following subcutaneous and oral administration in dogs. Vet Parasitol 135:347, 2006.

[53] Frank LA, Kania SA: The effect of ivermectin on lymphocyte blastogenesis and T-cell subset ratios in healthy dogs. J Vet Allergy Clin Immunol 5:27, 1997.

[54] Miller WH Jr, et al: Efficacy of milbemycin oxime in the treatment of generalized demodicosis in adult dogs. J Am Vet Med Assoc 203:1426, 1993.

[55] Beal MW, et al: Respiratory failure attributable to moxidectin intoxication in a dog. J Am Vet Med Assoc 215:1813, 1999.

[56] Thomas CA: Revolution: A unique endectocide providing comprehensive convenient protection. Compend Contin Educ Pract Vet 21(Suppl):2, 1999.

[57] Thomas CA: Revolution safety profile. Compend Contin Educ Pract Vet 21(Suppl):26, 1999.

[58] Dean SR, et al: Mode of action of lufenuron on larval cat fleas. J Med Entomol 35:720, 1998.

[59] Franc M, et al: Pharmacokinetics of a new long-acting formulation of lufenuron and dose-activity relationship using experimental infestation by Ctenocephalides felis. J Vet Pharmacol Ther 20:80, 1997.

[60] Hink WF, et al: Evaluation of a single oral dose of lufenuron to control flea infestations in dogs. Am J Vet Res 55:822, 1994.

[61] Stansfielf DG: A review of the safety and efficacy of lufenuron in dogs and cats. Canine Pract 22:34, 1997.

[62] Shipstone MA, Masson KV: The use of insect development inhibitors as an oral medication for control of the fleas Ctenocephalides felis, Ct. canis in the dog and cat. Vet Dermatol 6:131, 1995.

[63] Cadiergues MC, et al: Efficacy of an adulticide used alone or in combination with an insect growth regulator in simulated home environments. Am J Vet Res 60:1122, 1999.

[64] Bowman DD: Hookworm parasites of dogs and cats. Compend Contin Educ 14:585, 1992.

[65] Matthews BE: Mechanics of skin penetration by hookworm larvae. Vet Dermatol Newsl 6:75, 1981.

[66] Saari SAM, Nikander SE: Pelodera (syn. Rhabditis) strongyloides as a cause of dermatitis–a report of 11 dogs from Finland. Acta Vet Scand 48:18, 2006.

[67] Pasyk K: Dermatitis rhabditidosa in an 11-year-old girl. Br J Dermatol 98:107, 1978.

[68] Smith JD, et al: Larva currens; cutaneous strongyloides. Arch Dermatol 112:1161, 1976.

[69] Bourdeau P: Cas de dermatite à rhabitides (Pelodera strongyloides) chez un chien. Point Vét 16:5, 1984.

[70] Horton ML: Rhabditic dermatitis in dogs. Mod Vet Pract 61:158, 1980.

[71] Malone JB, et al: Strongyloides stercoralis-like infection in a dog. J Am Vet Med Assoc 176:130, 1980.

[72] Mansfield LS, et al: Ivermectin treatment of naturally acquired and experimentally induced Strongyloides stercoralis infections in dogs. J Am Vet Med Assoc 20:726, 1992.

[73] Hendrix CM, et al: Anatrichosoma sp. infection in a dog. J Am Vet Med Assoc 191:984, 1987.

[73a] Ramiro-Ibañez F, Winston J, O'Donnell E, et al: Ulcerative pododermatitis in a cat associated with Anatrichosoma sp. J Vet Diagn Invest 14:80, 2002.

[74] Fabrick C, Bugbee A, Fosgate G: Clinical features and outcome of Heterobilharzia americana infection in dogs. J Vet Intern Med 24:140, 2010.

[75] Flowers JR, Hammerberg B, Wood SL, et al: Heterobilharzia americana infection in a dog. J Am Vet Med Assoc 15:193, 2002.

[76] Hoeffler DF: Swimmer's itch. Cutis 19:461, 1977.

[77] Harmon RRM: Parasites, worms, and protozoa. In Rook A, et al, editors: Textbook of Dermatology, Oxford, 1979, Blackwell Scientific Publications.

[78] Giovengo SL: Canine dracunculiasis. Compend Contin Educ 15:726, 1993.

[79] Panciera DL, Stockham SL: Dracunculus insignis infection in a dog. J Am Vet Med Assoc 192:78, 1988.

[80] Muhammad G: Dracunculus medinensis in a bull terrier (a case report). Indian Vet J 67:967, 1990.

[81] Beyer TA, et al: Massive Dracunculus insignis infection in a dog. J Am Vet Med Assoc 214:366, 1999.

[82] Langlas L: Dracunculosis in a German shepherd dog. Can Vet J 44:682, 2003.

[83] Muhammad G, Khan MZ, Athar M, et al: Dracunculus infection in a dog during the "post-eradication" period: the need for a longer period of surveillance. Ann Trop Med Parasitol 99:105, 2005.

[84] Genchi C, Rinaldi L, Cascone C, et al: Is heartworm disease really spreading in Europe? Vet Parasitol 133:137, 2005.

[85] Coles LD, et al: Adult Dirofilaria immitis in hind leg abscesses of a dog. J Am Anim Hosp Assoc 24:363, 1988.

[86] Elkins AD, et al: Interdigital cyst in the dog caused by an adult Dirofilaria immitis. J Am Anim Hosp Assoc 26:71, 1990.

[87] Cornegliani L, Vercelli A, Bo S, et al: Two cases of cutaneous nodular dirofilariasis in the cat. J Small Anim Pract 44:316, 2003.

[88] Seavers A: Cutaneous syndrome possibly caused by heartworm infestation in a dog. Aust Vet J 76:18, 1997.

[89] Carmichael J, Bell FR: Filariasis in dogs in Uganda. J S Afr Vet Assoc 14:12, 1943.

[90] Mozos E, et al: Cutaneous lesions associated with canine heartworm infection. Vet Dermatol 3:191, 1992.

[91] Scott DW: Nodular skin disease associated with Dirofilaria immitis infection in the dog. Cornell Vet 59:233, 1979.

[92] Scott DW, Vaughn TC: Papulonodular dermatitis in a dog with occult filariasis. Comp Anim Pract 1:31, 1987.

[93] Casiraghi M, Bazzocchi C, Mortarino M, et al: A simple molecular method for discriminating common filarial nematodes of dogs (Canis familiaris). Vet Parasitol 141:368, 2006.

[94] Bredal WP, et al: Adult Dirofilaria repens in a subcutaneous granuloma on the chest of a dog. J Small Anim Pract 39:595, 1998.

[95] Cazelles C, Montagner C: Deux cas de filariose cutanée associée à une leishmaniose. Point Vét 27:343, 1995.

[96] Kamalu BP: Canine filariasis caused by Dirofilaria repens in southeastern Nigeria. Vet Parasitol 40:335, 1991.

[97] Tarello W: Cutaneous lesions in dogs with Dirofilaria (Nochtiella) repens infestation and concurrent tick-borne transmitted diseases. Vet Dermatol 13:267, 2002.

[98] Tarello W: Retrospective study on the presence and pathogenicity of Dirofilaria repens in 5 dogs and 1 cat from Aosta Vally. Schweiz Arch Tierheilkd 145:465, 2003.

[99] Tarello W: Dermatitis associated with Dirofilaria repens microfilariae in three dogs in Saudi Arabia. J Small Anim Pract 44:132, 2003.

[100] Fok E, Jacsó O, Szebeni Z, et al: Elimination of Dirofilaria (syn. Nochtiella) repens microfilariae in dogs with monthly treatments of moxidectin 2.5%/imidacloprid 10% (Advocate, Bayer) spot-on. Parasitol Res 106:1141, 2010.

[101] Genchi M, Pengo G, Genchi C: Efficacy of moxidectin microsphere sustained release formulation for the prevention of subcutaneous filarial (Dirofilaria repens) infection in dogs. Vet Parasitol 170:167, 2010.

[102] Giori L, Garbagnoli V, Venco L, et al: What is your diagnosis? Fine-needle

aspirate from a subcutaneous mass in a dog. *Vet Clin Pathol* 39:255, 2010.

[103] Lok JB, Knight DH, Wang GT, et al: Activity of an injectable, sustained-release formulation of moxidectin administered prophylactically to mixed-breed dogs to prevent infection with *Dirofilaria immitis*. *Am J Vet Res* 62:1721, 2001.

[104] Gardiner CH, et al: Onchocerciasis in two dogs. *J Am Vet Med Assoc* 203:828, 1993.

[105] Tarello W: La dirofilariose sous-cutanée à *Dirofilaria* (Nochtiella) *repens* chez le chien. Revue bibliographique et cas clinique. *Rec Méd Vét* 150:691, 1999.

[106] Komnenou A, Egyed Z, Sréter T, et al: Canine onchocercosis in Greece: report of further 20 cases and molecular characterization of the parasite and its *Wolbachia* endosymbiont. *Vet Parasitol* 118:151, 2003.

[107] Hargis AM, et al: Dermatitis associated with microfilariae (*Filioidea*) in 10 dogs. *Vet Dermatol* 10:95, 1999.

[108] Tudor EG, Lee ACY, Armato DG, et al: *Mammomonogamus auris* infection in the middle ear of a domestic cat in Saipan, Northern Mariana Islands, USA. *J Feline Med Surg* 10:501, 2008.

[109] Hovorka I, Dubinsky P: Helminths of domestic dogs and cats in the urban area of Kosice and the National Park in the year 1992. *Folia Vena* 25:195, 1995.

[110] Bauer C, et al: *Taenia crassiceps* metacestodes in the subcutis of a dog. *Kleintierprax* 43:37, 1998.

[111] Chermette R, et al: Subcutaneous *Taenia crassiceps* cysticercosis in a dog. *J Am Vet Med Assoc* 203:263, 1993.

[112] Chermette R, et al: Quelques parasitoses canines exceptionnelles en France: III—cysticercose proliferative du chien à *Taenia crassiceps*: À propo de trois cas. *Prat Méd Chir Anim Comp* 31:125, 1996.

[113] Mog S, et al: Subcutaneous migration of an adult *Paragonimus kellicoti* in a dog from Wisconsin. *Vet Pathol* 34:5, 1997.

[114] Sanderson TP, et al: Cutaneous habronemiasis in a dog. *Vet Pathol* 27:208, 1991.

[115] Bate M, et al: *Gnathostoma spinigerum* in a dog's leg. *Aust Vet J* 60:285, 1983.

[116] Craig TM, et al: Parasitic nematode (*Lagochilascaris major*) associated with a purulent draining tract in a dog. *J Am Vet Med Assoc* 181:69, 1982.

[117] Amato JF, et al: Two cases of fistulated abscesses caused by *Lagochilascaris major* in the domestic cat. *Mem Inst Oswaldo Cruz* 85:471, 1990.

[118] Dell'Porto A, et al: Ocorrencia de *Lagochilascaris major* Leiper, 1910 em Gato (Felis catus domesticus L) no estado de Sao Paulo, Brasil. *Rev Fac Med Vet Zootec* 25:173, 1988.

[119] Sakamoto T, Cabrera PA: Subcutaneous infection of *Lagochilascaris minor* in domestic cats from Uruguay. *Vet Parasitol* 108:145, 2002.

[120] Moisan PG, et al: Incidental subcutaneous gordiid parasitism in a cat. *J Vet Diagn Invest* 8:270, 1996.

[121] Drake DA, Carreño AD, Blagburn BL, et al: Proliferative sparganosis in a dog. *J Am Vet Med Assoc* 11:1756, 2008.

[122] White SD, et al: *Otobius megnini* infestation in three dogs. *Vet Dermatol* 6:33, 1995.

[123] Troughton DR, Levin ML: Life cycles of seven ixodid tick species (Acari: Ixodidae) under standardized laboratory conditions. *J Med Entomol* 44:732, 2007.

[124] Dryden MW: Biology and epidemiology of ticks in North America. *Compend Contin Educ Pract Vet* 28:6, 2006.

[125] Barsanti JA: Botulism, tick paralysis and acute polyradiculoneuritis. In Kirk RW, editor: *Current Veterinary Therapy VII*, Philadelphia, 1980, W.B. Saunders Co., p 773.

[126] Raghavan M, Glickman N, Moore G, et al: Prevalence of and risk factors for canine tick infestation in the United States. *Vector Borne Zoonotic Dis* 7:65, 2007.

[127] Ross DH, et al: Efficacy of a permethrin and pyriproxyfen product for control of fleas, ticks, and mosquitos on dogs. *Canine Pract* 22:53, 1997.

[128] Atwell R, et al: The effect of fipronil on *Ixodes holocyclus* on dogs in Northern NSW. *Aust Vet Pract* 26:155, 1996.

[129] Estrada-Peña A, Ascher F: Comparision of amitraz-impregnated collar with topical administration of fipronil for prevention of experimental and natural infestations by the brown dog tick (*Rhipicephalus sanguineus*). *J Am Vet Med Assoc* 214:1799, 1999.

[130] Rodriguez JM, Perez M: Use of ivermectin against a heavy *Ixodes ricinus* infestation in a cat. *Vet Rec* 135:140, 1994.

[131] Searle A, et al: Results of a trial of fipronil as an adulticide on ticks (*Ixodes holocyclus*) naturally attached to animals in the Brisbane area. *Aust Vet Pract* 25:157, 1995.

[132] Elfassy OJ, Goodman FW, Levy SA, et al: Efficacy of an amitraz-impregnated collar in preventing transmission of *Borrelia burgdorferi* by adult *Ixodes scapularis* to dogs. *J Am Vet Med Assoc* 219:185, 2001.

[133] Estrada-Peña A, Rème C: Efficacy of a collar impregnated with amitraz and pyriproxyfen for prevention of experimental tick infestations by *Rhipicephalus sanguineus, Ixodes ricinus,* and *Ixodes scapularis* in dogs. *J Am Vet Med Assoc* 226:221, 2005.

[134] Jernigan AD, McTier TL, Chieffo C, et al: Efficacy of selamectin against experimentally induced tick (*Rhipicephalus sanguineus* and *Dermacentor*

variabilis) infestations on dogs. *Vet Parasitol* 91:359, 2000.

[135] Dryden MW, Payne PA, Smith V, et al: Efficacy of imidacloprid (8.8% w/w) plus permethrin (44% w/w) spot-on topical solution against *Amblyomma americanum* infesting dogs using a natural tick exposure model. *Vet Ther* 7:99, 2006.

[136] Schuele G, Barnett S, Bapst B, et al: The effect of water and shampooing on the efficacy of a pyriprole 12.5% topical solution against brown dog tick (*Rhipicephalus sanguineus*) and cat flea (*Ctenocephalides felis*) infestations on dogs. *Vet Parasitol* 151:300, 2008.

[137] Coyne MJ: Efficacy of a topical ectoparasiticide containing dinotefuran, pyriproxygen, and permethrin against *Amblyomma americanum* (Lone Star tick) and *Amblyomma maculatum* (Gulf Coast tick) on dogs. *Vet Ther* 10:17, 2009.

[138] Doyle V, Beugnet F, Carithers D: Comparative efficacy of the combination fipronil-(S)-methoprene and the combination permethrin-imidacloprid against *Dermacentor reticulatus*, the European dog tick, applied topically to dogs. *Vet Ther* 6:303, 2005.

[139] Otranto D, Lia RP, Cantacessi C, et al: Efficacy of a combination of imidacloprid 10%/permethrin 50% versus fipronil 10%-(S)-methoprene 12%, against ticks in naturally infected dogs. *Vet Parasitol* 130:293, 2005.

[140] Tielemans E, Manavella C, Pollmeier M, et al: Comparative acaricidal efficacy of the topically applied combinations fipronil/(S)-methoprene, permethrin/imidacloprid and metaflumizone/amitraz against *Dermacentor reticulatus*, the European dog tick (ornate dog tick, Fabricius, 1794) in dogs. *Parasite* 17:343, 2010.

[141] Dryden MW, Payne PA, McBride A, et al: Efficacy of fipronil (9.8% w/w) + (S)-methoprene (8.8% w/w) and imidaclopid (8.8% w/w) + permethrin (44% w/w) against *Dermacentor variabilis* (American dog tick) on dogs. *Vet Ther* 9:15, 2008.

[142] Curtis CF: Current trends in the treatment of *Sarcoptes, Cheyletiella* and *Otodectes* mite infestations in dogs and cats. *Vet Dermatol* 15:108, 2004.

[143] Tucci EC, Guimaraes JH: Biology of *Dermanyssus gallinae* (DeGeer, 1778). *Rev Brasil Parasitol Vet* 7:27, 1998.

[144] Nordenfors H, et al: Effects of temperature and humidity on oviposition, molting, and longevity of Dermanyssus gallinae (Acari: Dermanyssidae). *J Med Entomol* 36:68, 1999.

[145] DeClerg J, Nachtegaele L: *Dermanyssus gallinae* infestation in a dog. *Canine Pract* 18:34, 1993.

[146] Leone F, Albanese F: *Dermanyssus gallinae* infestation in two kittens. *Vet Dermatol* 19:382, 2008.

[147] Ramsay GW, Mason PC: Chicken mite (*D gallinae*) infesting a dog. *N Z Vet J* 23:155, 1975.

[148] Bowman WL: The cat fur mite (*Lynxacarus rhadovsky*) in Australia. *Aust Vet J* 54:403, 1978.

[149] Pereira M: The cat fur mite (*Lynxacarus radovskyi*) in Brazil. *Feline Pract* 24:24, 1996.

[150] Foley RH: An epizootic of a rare fur mite in an island's cat population. *Feline Pract* 19:17, 1991.

[151] Craig TM, et al: *Lynxacarus rhadovsky* infestation in a cat. *J Am Vet Med Assoc* 202:613, 1993.

[152] Clare F, Mello RMLC: Use of fipronil for treatment of *Lynxacarus radovskyi* in outdoor cats in Rio de Janeiro (Brazil). *Vet Dermatol* 15:50, 2004.

[153] Fleming EJ, et al: Miliary dermatitis associated with *Eutrombicula* infestation in a cat. *J Am Anim Hosp Assoc* 27:529, 1991.

[154] Greene RT, et al: Trombiculiasis in a cat. *J Am Vet Med Assoc* 188:1054, 1986.

[155] Smal D, Jasmin P, Mercier P: Treatment of *Neotrombicula autumnalis* dermatitis in dogs using two topical permethrin-pyriproxyfen combinations. *J Small Anim Pract* 45:98, 2004.

[156] Leone F, Albanese F: Efficacy of selamectin spot-on formulation against *Neotrombicula autumnalis* in eight cats. *Vet Dermatol* 15:49, 2004.

[157] Beugnet F, Bourdeau P: Les ectoparasites du chat. *Prat Méd Chir Anim Comp* 34:427, 1999.

[158] Lowenstine LJ, et al: Trombiculosis in a cat. *J Am Vet Med Assoc* 175:289, 1979.

[159] Seixas F, Travassos PJ, Pinto ML, et al: Dermatitis in a dog induced by *Straelensia cynotis*: a case report and review of the literature. *Vet Dermatol* 17:81, 2006.

[160] Front A: Letter to the editor: straelensiosis in a dog in Spain. *Vet Dermatol* 18:67, 2007.

[161] Ramirez GA, Altimira J, Garcia B, et al: Clinical, histopathological and epidemiological study of canine straelensiosis in the Iberian Peninsula (2003-2007). *Vet Dermatol* 20:35, 2009.

[162] Le Net JL, Fain A, George C, et al: Straelensiosis in dogs: a newly described nodular dermatitis induced by *Straelensia cynotis*. *Vet Rec* 150:205, 2002.

[163] Lohse J, Rinder H, Gothe R, et al: Validity of species status of the parasitic mite *Otodectes cynotis*. *Med Vet Entomol* 16:133, 2002.

[164] Otranto D, Milillo P, Mesto P, et al: *Otodectes cynotis* (Acari: Psoroptidae): examination of survival off-the-host under natural and laboratory conditions. *Exp Appl Acarol* 32:171, 2004.

[165] Powell MB, et al: Reaginic hypersensitivity in *Otodectes cynotis* infestation of cats and mode of mite feeding. *Am J Vet Res* 41:877, 1980.

[166] Weisbroth SH, et al: Immunopathology of naturally-occurring otodectic otoacariasis in the domestic cat. *J Am Vet Med Assoc* 165:1088, 1974.

[167]Bensignor E: Dermatite feline à *Otodectes cynotis*. *Point Vét* 28:85, 1996.

[168]Bourdeau P, et al: The probable role of environmental conditions in the efficacy of treatment of *Otodectes* cynotis infestation in dogs? An example with moxidectin (Cydectin) in 50 dogs. *Proc Annu Cong Eur Soc Vet Dermatol Eur Coll Vet Dermatol* 15:149, 1998.

[169]Saridomichelakis MN, et al: Sensitization to dust mites in cats with *Otodectes cynotis* infestation. *Vet Dermatol* 10:89, 1999.

[170]Sotiraki ST, Koutinas AF, Leontides LS, et al: Factors affecting the frequency of ear canal and face infestation by *Otodectes cynotis* in the cat. *Vet Parasitol* 96:309, 2001.

[171]Harwick RP: Lesions caused by canine ear mites. *Arch Dermatol* 114:130, 1978.

[172]Lopez RA: Of mites and man. *J Am Vet Med Assoc* 203:606, 1993.

[173]Faulk RH, et al: Effect of Tresaderm against otoacariasis: A clinical trial. *Vet Med (SAC)* 73:307, 1978.

[174]Pappas C, Jr, Katz TL: Evaluation of a treatment for the ear mite, *Otodectes cynotis*, in kittens. *Feline Pract* 23:21, 1995.

[175]Scherk-Nixon M, et al: Treatment of feline otoacariasis with 2 otic preparations not containing miticidal active ingredients. *Can Vet J* 38:229, 1997.

[176]Vincenti P, Genchi C: Efficacité du fipronil (Frontline spot on) dans le traitement de la gale des oreilles (*Otodectes cynotis*) chez le chien et le chat. *Proc GEDAC* 13:5, 1998.

[177]Bourdeau P, Lecanu JM: *Treatment of multiple infestations with Otodectes cynotis, Cheyletiella yasguri, and Trichodectes canis with fipronil (Frontline Spot-On; Merial)*. Proc Br Vet Dermatol Study Group, Autumn 1999, p 35.

[178]Coleman GT, Atwell RB: Use of fipronil to treat ear mites in cats. *Aust Vet Pract* 29:166, 1999.

[179]Gram DB, et al: Treating ear mites in cats: A comparison of subcutaneous and topical ivermectin. *Vet Med* 89:1122, 1994.

[180]Blot C, Kodjo A, Reynaud MC, et al: Efficacy of selamectin administered topically in the treatment of feline otoacariosis. *Vet Parasitol* 112:241, 2003.

[181]Davis WL, Arther RG, Settje TS: Clinical evaluation of the efficacy and safety of topically applied imidacloprid plus moxidectin against ear mites (*Otodectes cynotis*) in client-owned cats. *Parasitol Res* 101:S19, 2007.

[182]Fourie LJ, Kok DJ, Heine J: Evaluation of the efficacy of an imidacloprid 10%/moxidectin 1% spot-on against *Otodectes cynotis* in cats. *Parasitol Res* 90:S112, 2003.

[183]Marks SI, et al: *Pneumonyssoides caninum*: The canine nasal mite. *Compend Contin Educ* 16:577, 1994.

[184]Bredal WP: The prevalence of nasal mite (*Pneumonyssoides caninum*) infection in Norwegian dogs. *Vet Parasitol* 76:233, 1998.

[185]Gunnarsson LK, Zakrisson G, Egenvall A, et al: Prevalence of *Pneumonyssoides caninum* infection in dogs in Sweden. *J Am Anim Hosp Assoc* 37:331, 2001.

[186]Gunnarsson L, et al: Experimental infection of dogs with the nasal mite *Pneumonyssoides caninum*. *Vet Parasitol* 77:179, 1998.

[187]Bredal WP: *Pneumonyssoides caninum* infection: A risk factor for gastric dilatation-volvulus in dogs. *Vet Res Commun* 22:225, 1998.

[188]Bussieras J, Chermette R: Quelques parasitoses canines exceptionnelles en France: I—infestation par *Pneumonyssoides caninum*. *Prat Méd Chir Anim Comp* 30:427, 1995.

[189]Mundell AC, et al: Ivermectin in the treatment of *Pneumonyssoides caninum*. A case report. *J Am Anim Hosp Assoc* 26:393, 1990.

[190]Gunnarsson L, Zakrisson G: Demonstration of circulating antibodies to *Pneumonyssoides caninum* in experimentally and naturally infected dogs. *Vet Parasitol* 94:107, 2000.

[191]Bredal W, Vollset I: Use of milbemycin oxime in the treatment of dogs with nasal mites (*Pneumonyssoides caninum*) infection. *J Small Anim Pract* 39:126, 1998.

[192]Gunnarsson L, Zakrisson G, Christensson D: Efficacy of selamectin in the treatment of nasal mite (*Pneumonyssoides caninum*) infection in dogs. *J Am Anim Hosp Assoc* 40:400, 2004.

[193]Kunkle GA, et al: Dermatitis in horses and man caused by the straw itch mite. *J Am Vet Med Assoc* 181:467, 1982.

[194]Vollset I: Immediate type hypersensitivity in dogs induced by storage mites. *Res Vet Sci* 40:123, 1986.

[195]Smiley RL: A review of the family Cheyletiellidae (Acarina). *Ann Entomol Soc Am* 63:1056, 1970.

[196]Moriello KA: Treatment of *Sarcoptes* and *Cheyletiella* infestations. In Kirk RW, Bonagura JD, editors: *Kirk's Current Veterinary Therapy XI: Small Animal Practice*, Philadelphia, 1992, W.B. Saunders Co., p 558.

[197]Cohen SR: *Cheyletiella* dermatitis (in rabbit, cat, dog, man). *Arch Dermatol* 116:435, 1980.

[198]Moriello KA: Cheyletiellosis. In Griffin CE, et al, editors: *Current Veterinary Dermatology*, St. Louis, 1993, Mosby-Year Book, p 90.

[199]Foxx TS, Ewing SA: Morphologic features, behavior, and life history of *Cheyletiella yasguri*. *Am J Vet Res* 30:269, 1969.

[200]McKeever PJ, Allen SK: Dermatitis associated with *Cheyletiella* infestation in cats. *J Am Vet Med Assoc* 174:718, 1979.

[201]Lee BW: *Cheyletiella* dermatitis: A report of 14 cases. *Cutis* 47:111, 1991.

[202]McGarry JW: Recurrent infestation of a cat by *Cheyletus eruditus* (Shrank 1781). *Vet Rec* 125:18, 1989.

[203]Stein B: Personal communication, 1982.

[204]Ottenshot TRF, Gil D: Cheyletiellosis in long-haired cats. *Tijdsch Diergeneeskd* 103:1104, 1978.

[205]White SD, Rosychuk RAW, Fieseler KV: Clinicopathologic findings, sensitivity to house dust mites and efficacy of milbemycin oxime treatment of dogs with *Cheyletiella* sp. infestation. *Vet Dermatol* 12:13, 2001.

[206]Paradis M, et al: Efficacy of ivermectin against *Cheyletiella blakei* infestation in cats. *J Am Anim Hosp Assoc* 26:125, 1990.

[207]Paradis M, Vileneuve A: Efficacy of ivermectin against *Cheyletiella yasguri* infestation in dogs. *Can Vet J* 29:633, 1988.

[208]Saevik BK, Bredal W, Ulstein TL: *Cheyletiella* infestation in the dog: observations on diagnostic methods and clinical signs. *J Small Anim Pract* 45:495, 2004.

[209]Chadwick AJ: Use of 0.25 per cent fipronil pump spray formulation to treat canine cheyletiellosis. *J Small Anim Pract* 38:261, 1997.

[210]Scarampella F, Pollmeier M, Visser M, et al: Efficacy of fipronil in the treatment of feline cheyletiellosis. *Vet Parasitol* 129:333, 2005.

[211]Mueller RS, Bettenay SV: Efficacy of selamectin in the treatment of canine cheyletiellosis. *Vet Rec* 151:773, 2002.

[212]Chailleux N, Paradis M: Efficacy of selamectin in the treatment of naturally acquired cheyletiellosis in cats. *Can Vet J* 43:767, 2002.

[213]Nutting WB: Hair follicle mites (Acari: Demodicidae) of man. *Int J Dermatol* 15:79, 1976.

[214]Nutting WB: Hair follicle mites (*Demodex* spp.) of medical and veterinary concern. *Cornell Vet* 66:214, 1976.

[215]Nutting WB, Desch CE: *Demodex canis*: Redescription and reevaluation. *Cornell Vet* 68:139, 1978.

[216]Tamura Y, Kawamura Y, Inoue I, et al: Scanning electron microscopy description of a new species of *Demodex canis* spp. *Vet Dermatol* 12:275, 2001.

[217]Hillier A, Desch CE: Large-bodied *Demodex* mite infestation in 4 dogs. *J Am Vet Med Assoc* 220:623, 2002.

[218]Desch CE, Hillier A: *Demodex injai*: a new species of hair follicle mite (Acari: Demodecidae) from the domestic dog (Canidae). *J Med Entomol* 40:146, 2003.

[219]Robson DC, Burton GG, Bassett R, et al: Eight cases of demodicosis caused by a long-bodied *Demodex* species (1997-2002). *Aust Vet Pract* 33:64, 2003.

[220]Ordeix L, Bardagi M, Scarampella F, et al: *Demodex injai* infestation and dorsal greasy skin and hair in eight wirehaired fox terrier dogs. *Vet Dermatol* 20:267, 2009.

[221]Bourdeau P, Bruit V, Travers F: Information on *Demodex* mites isolated from the dorsal area in dogs: carriage and morphology. *Vet Dermatol* 19:45, 2008.

[222]Forsythe PJ, Auxilia ST, Jackson HA: Intense facial pruritus associated with *Demodex injai* infestation: a report of ten cases. *Proc 24th N Am Vet Dermatol Forum* 20:248, 2009.

[223]Chen C: A short-tailed demodectic mite and *Demodex canis* infestation in a Chihuahua dog. *Vet Dermatol* 6:227, 1995.

[224]Chesney CJ: Short form of *Demodex* species mite in the dog: Occurrence and measurements. *J Small Anim Pract* 40:58, 1999.

[225]Mason KV: A new species of *Demodex* mite with *D. canis* causing canine demodicosis: A case report. *Proc Annu Memb Meet Am Acad Vet Dermatol Am Coll Vet Dermatol* 9:92, 1993.

[226]Saridomichelakis M, et al: Adult-onset demodicosis in two dogs due to *Demodex canis* and a short-bodied demodectic mite. *J Small Anim Pract* 40:529, 1999.

[227]Hiller A, Desch CE: A new species of *Demodex* mite in the dog: Case report. *Proc Annu Memb Meet Am Acad Vet Dermatol Am Coll Vet Dermatol* 13:118, 1997.

[228]Mueller RS, Bettenay SV: An unusual presentation of canine demodicosis caused by a long-bodied *Demodex* mite in a Lakeland terrier. *Aust Vet Pract* 29:128, 1999.

[229]Gaafer SM, Greeve J: Natural transmission of *Demodex canis* in dogs. *J Am Vet Med Assoc* 148:1043, 1966.

[230]Scott DW, et al: Studies on the therapeutic and immunologic aspects of generalized demodectic mange in the dog. *J Am Anim Hosp Assoc* 10:233, 1974.

[231]Sako S, Yamane O: Studies on the canine demodicosis. III. Examination of the oral-internal infection, intrauterine infection, and infection through respiratory tract. *Jpn J Parasitol* 11:499, 1962.

[232]Folz SD, et al: Evaluation of a new treatment for canine scabies and demodicosis. *J Vet Pharmacol Ther* 1:199, 1978.

[233]Folz SD: Demodicosis (*Demodex canis*). *Compend Contin Educ* 5:116, 1983.

[234]Fondati A, De Lucia M, Furiani N, et al: Prevalence of *Demodex canis*-positive healthy dogs at trichoscopic examination. *Vet Dermatol* 21:146, 2009.

[235]Rodriguez-Vivas RI, Ortega-Pacheco A, Rosado-Aguilar JA, et al: Factors affecting the prevalence of mange-mite infestations in stray dogs of Yucatán, Mexico. *Vet Parasitol* 115:61, 2003.

[236]Sako S: Studies on the canine demodicosis. IV. Experimental infection of *Demodex folliculorum var. canis* to dogs. *Trans Tottori Soc Agric Sci* 17:45,

1964.

[237]Caswell JL, et al: Establishment of *Demodex canis* on canine skin engrafted onto scid-beige mice. *J Parasitol* 82:911, 1996.

[238]Brockis DC: Otitis externa due to *Demodex canis*. *Vet Rec* 135:464, 1994.

[239]Bourdeau P, Bruit V: Is demodectic otoacariosis a true entity? *Vet Dermatol* 19:45, 2008.

[240]Barriga OO, et al: Evidence of immunosuppression by *Demodex canis*. *Vet Immunol Immunopathol* 32:37, 1992.

[241]Duclos DD, et al: Prognosis for treatment of adult-onset demodicosis in dogs: 34 cases (1979-1990). *J Am Vet Med Assoc* 204:616, 1994.

[242]Lemarie SL: Canine demodicosis. *Compend Contin Educ* 18:354, 1996.

[243]Mozos E, et al: Leishmaniosis and generalized demodicosis in three dogs: A clinicopathological and immunohistochemical study. *J Comp Pathol* 120:257, 1999.

[244]Owen LN: Transplantation of canine osteosarcoma. *Eur J Cancer* 5:615, 1969.

[245]Lemarie SL, et al: A retrospective study of juvenile- and adult-onset generalized demodicosis in dogs (1986:91). *Vet Dermatol* 7:3, 1996.

[246]Plant JD, Lund EM, Yang M: A case-control study of the risk factors for canine juvenile-onset generalized demodicosis in the USA. *Vet Dermatol* 22:95, 2010.

[247]Nayak DC, et al: Prevalence of canine demodicosis in Orissa (India). *Vet Parasitol* 73:347, 1997.

[248]Akilov OE, Mumcuoglu KY: Immune response in demodicosis. *J Eur Acad Dermatol Venerol* 18:440, 2004.

[249]Akilov OE, Mumcuoglu KY: Association between human demodicosis and HLA class I. *Clin Exper Derm* 28:70, 2003.

[250]Mumcuoglu KY, Akilov OE: The role of HLA A2 and Cw2 in the pathogenesis of human demodicosis. *Dermatol* 210:109, 2005.

[251]Mueller RS, Bettenay SV: Milbemycin oxime in the treatment of canine demodicosis. *Aust Vet Pract* 25:122, 1995.

[252]Mueller RS, et al: Daily oral ivermectin for treatment of generalised demodicosis in 23 dogs. *Aust Vet Pract* 29:132, 1999.

[253]Corbett R, et al: Cellular immune responsiveness in dogs with demodectic mange. *Transplant Proc* 7:557, 1975.

[254]Guaguère E: La démodécie du chien adulte. A propos de 22 cas. *Prat Méd Chir Anim Comp* 26:411, 1991.

[255]Scott DW, et al: Further studies on the therapeutic and immunologic aspects of generalized demodectic mange in the dog. *J Am Anim Hosp Assoc* 12:203, 1976.

[256]Totman M, et al: Secondary immunodeficiency in dogs with enteric, dermatologic, infectious, or parasitic diseases. *J Vet Med B* 45:321, 1998.

[257]Wolfe JH, Halliwell REW: Total hemolytic complement values in normal and diseased dog populations. *Vet Immunol Immunopathol* 1:287, 1980.

[258]Healy MC, Gaafar SM: Demonstration of reaginic antibody (IgE) in canine demodectic mange: An immunofluorescent study. *Vet Parasitol* 3:107, 1977.

[259]Corbett RB, et al: The cell-mediated immune response: Its inhibition and *in vitro* reversal in dogs with demodectic mange. *Fed Proc* 35:589, 1976.

[260]Hirsch DC, et al: Suppression of *in vitro* lymphocyte transformation by serum from dogs with generalized demodicosis. *Am J Vet Res* 36:195, 1975.

[261]Healy MC, Gaafar SM: Immunodeficiency in canine demodectic mange. II. Skin reactions to phytohemagglutinin and concanavalin A. *Vet Parasitol* 3:133, 1977.

[262]Wilkie BN, et al: Deficient cutaneous response to PHA-P in healthy puppies from a kennel with a high prevalence of demodicosis. *Can J Comp Med* 43:415, 1979.

[263]Krawiec DR, Gaafar SM: Studies on immunology of demodicosis. *J Am Anim Hosp Assoc* 16:669, 1980.

[264]Barta O, et al: Lymphocyte transformation suppression caused by pyoderma—failure to demonstrate it in uncomplicated demodectic mange. *Comp Immunol Microbiol Infect Dis* 6:9, 1983.

[265]Mojzisova S, et al: Studies on the immunology of canine demodicosis. In Kwochka KW, et al, editors: *Advances in Veterinary Dermatology III*, Oxford, 1998, Butterworth Heinemann, p 498.

[266]Paulik S, et al: Lymphocyte blastogenesis to concanavalin A in dogs with localized demodicosis according to duration of disease. *Vet Med (Praha)* 41:245, 1996.

[267]Burkett G, et al: Immunology of dogs with juvenile-onset generalized demodicosis as determined by lymphoblastogenesis and CD4:CD8 ratios. *J Vet All Clin Immunol* 4:46, 1996.

[268]Lemarie SL, Horohov DW: Evaluation of interleukin-2 production and interleukin-2 receptor expression in dogs with generalized demodicosis. *Vet Dermatol* 7:213, 1996.

[269]Paulik S, et al: Evaluation of canine lymphocyte blastogenesis prior and after *in vitro* suppression by dog demodicosis serum using ethidium bromide fluorescence assay. *Vet Med (Praha)* 41:7, 1996.

[270]Caswell JL, et al: A prospective study on the immunophenotype and temporal changes in the histologic lesions of canine demodicosis. *Vet Pathol* 34:279, 1997.

[271]Day MJ: An immunohistochemical study of the lesions of demodicosis in the dog. *J Comp Path* 116:203, 1997.

[272]Huisinga M, Failing K, Reinacher M: MHC class II expression by follicular keratinocytes in canine demodicosis - an immunohistochemical study. *Vet Immunol Immunopathol* 118:210, 2007.

[273]Tani K, Morimoto M, Hayashi T, et al: Evaluation of cytokine messenger RNA expression in peripheral blood mononuclear cells from dogs with canine demodicosis. *J Vet Med Sci* 64:513, 2002.

[274]It V, Barrientos L, Gappa JL, et al: Association of canine juvenile generalized demodicosis with the dog leukocyte antigen system. *Tissue Antigens* 76:67, 2010.

[275]Singh SK, Dimri U, Sharma MC, et al: Determination of CD4+ and CD8+ T cells in the peripheral blood of dogs with demodicosis. *Parasitol* 137:1921, 2010.

[276]Dodds J: Bleeding disorders: Their importance in everyday practice. *Proc Am Anim Hosp Assoc* 44:147, 1977.

[277]Muse R, Walder EJ: Nodular granulomatous dermatitis and generalized demodicosis in a dog. *Proc Annu Memb Meet Am Acad Vet Dermatol Am Coll Vet Dermatol* 14:75, 1998.

[278]Saridomichelakis MN, Koutinas AF, Farmaki R, et al: Relative sensitivity of hair pluckings and exudate microscopy for the diagnosis of canine demodicosis. *Vet Dermatol* 18:138, 2007.

[279]Reedy NR, et al: Serum thyroxine levels in canine demodicosis. *Indian J Anim Sci* 61:1300, 1991.

[280]Caswell JL, et al: Canine demodicosis: A reexamination of the histopathologic lesions and description of the immunophenotype of infiltrating cells. *Vet Dermatol* 6:9, 1995.

[281]Cayatte SM, et al: Perifollicular melanosis in the dog. *Vet Dermatol* 3:165, 1992.

[282]Nayak DC, et al: Therapeutic efficacy of some homeopathic preparations against experimentally produced demodicosis in canines. *Indian Vet J* 75:342, 1998.

[283]Roy S, et al: Therapeutic evaluation of herbal ectoparasiticides against canine demodicosis. *Indian Vet J* 73:871, 1996.

[284]Schwassmann M, et al: Use of lufenuron for treatment of generalized demodicosis in dogs. *Vet Dermatol* 8:11, 1997.

[285]Bussieras J, Chermette R: Amitraz and canine demodicosis. *J Am Anim Hosp Assoc* 22:779, 1986.

[286]Franc M, Soubeyroux H: Le traitement de la démodécie du chien par un collier à 9 pourcent amitraz. *Rev Méd Vét* 137:583, 1986.

[287]Duncan KL: Treatment of amitraz toxicosis. *J Am Vet Med Assoc* 203:1115, 1993.

[288]Hugnet C, et al: Toxicity and kinetics of amitraz in dogs. *Am J Vet Res* 57:1506, 1996.

[289]Muller GH: Demodicosis treatment with Mitaban liquid concentrate (amitraz). *J Am Anim Hosp Assoc* 19:435, 1983.

[290]Scott DW, Walton DK: Experiences with the use of amitraz and ivermectin for the treatments of generalized demodicosis in dogs. *J Am Anim Hosp Assoc* 21:535, 1985.

[291]Kwochka KW, et al: The efficacy of amitraz for generalized demodicosis in dogs: A study of two concentrations and frequencies of application. *Compend Contin Educ* 2:234, 1980.

[292]Kwochka KW: Demodicosis. In Griffin CE, et al, editors: *Current Veterinary Dermatology*, St. Louis, 1993, Mosby-Year Book, p 72.

[293]Chen C: A review of canine demodicosis. *Proc Annu Memb Meet Am Acad Vet Dermatol Am Coll Vet Dermatol* 14:13, 1998.

[294]Hamann F, et al: Canine demodicosis. *Kleintierpraxis* 42:745, 1997.

[295]Hugnet C, Bruchon-Hugnet C, Royer H, et al: Efficacy of 1.25% amitraz solution in the treatment of generalized demodicosis (eight cases) and sarcoptic mange (five cases) in dogs. *Vet Dermatol* 12:89, 2001.

[296]Fourie LJ, Kok DJ, de Plessis A, et al: Efficacy of a novel formulation of metaflumizone plus amitraz for the treatment of demodectic mange in dogs. *Vet Parasitol* 150:268, 2007.

[297]Garfield RA, Reedy LM: The use of oral milbemycin oxime (Interceptor) in the treatment of chronic generalized demodicosis. *Vet Dermatol* 3:231, 1992.

[298]Paradis M, et al: Efficacy of daily ivermectin treatment in a dog with amitraz-resistant, generalized demodicosis. *Vet Dermatol* 3:85, 1992.

[299]Bensignor E, Carlotti DN: Moxidectine in the treatment of generalized demodicosis in dogs: A pilot study: 8 cases. In Kwochka KW, et al, editors: *Advances in Veterinary Dermatology III*, Oxford, 1998, Butterworth Heinemann, p 554.

[300]Fondati A: The efficacy of daily oral ivermectin in the treatment of 10 cases of generalized demodicosis in adult dogs. *Vet Dermatol* 7:99, 1996.

[301]Guaguère E: Efficacy of daily oral ivermectin treatment in 38 dogs with generalized demodicosis: A study of relapse rates. In Kwochka KW, et al, editors: *Advances in Veterinary Dermatology III*, Oxford, 1998, Butterworth Heinemann, p 453.

[302]Guaguère E: La démodecie canine; stratégie thérapeutique. *Prat Méd Chir Anim Comp* 30:295, 1995.

[303]Holm BR: Efficacy of milbemycin oxime in the treatment of canine generalized demodicosis: a retrospective study of 99 dogs (1995-2000). *Vet*

Dermatol 14:189, 2003.

[304]Mueller RS: Treatment protocols for demodicosis: an evidence-based review. Vet Dermatol 15:75, 2004.

[305]Heine J, Krieger K, Dumont P, et al: Evaluation of the efficacy and safety of imidacloprid 10% plus moxidectin 2.5% spot-on in the treatment of generalized demodicosis in dogs: results of a European field study. Parasitol Res 97:S89, 2005.

[306]Miller WH Jr, et al: Clinical efficacy of increased dosages of milbemycin oxime for treatment of generalized demodicosis in adult dogs. J Am Vet Med Assoc 207:1581, 1995.

[307]Medleau L, et al: Daily ivermectin for treatment of generalized demodicosis in dogs. Vet Dermatol 7:209, 1996.

[308]Ristic Z, et al: Ivermectin for treatment of generalized demodicosis in dogs. J Am Vet Med Assoc 207:1308, 1995.

[309]Tapp T, et al: Efficacy of alternate day oral ivermectin in the treatment of generalized demodicosis. Proc Annu Memb Meet Am Acad Vet Dermatol Am Coll Vet Dermatol 14:25, 1998.

[310]Paradis M, Page N: Topical (pour-on) ivermectin in the treatment of canine generalized demodicosis. Vet Dermatol 9:55, 1998.

[311]Schnabl B, Bettenay S, Glos N, et al: Oral selamectin in the treatment of canine generalised demodicosis. Vet Rec 166:710, 2010.

[312]Paterson TE, Halliwell RE, Fields PJ, et al: Treatment of canine-generalized demodicosis: a blind, randomized clinical trial comparing the efficacy of Advocate7 (Bayer Animal Health) with ivermectin. Vet Dermatol 20:447, 2009.

[313]Mueller RS, Meyer D, Bensignor E, et al: Treatment of canine generalized demodicosis with a "spot-on" formulation containing 10% moxidectin and 2.5% imidacloprid (Advocate,7 Bayer Healthcare). Vet Dermatol 20:441, 2009.

[314]Fourie JJ, Delport PC, Fourie LJ, et al: Comparative efficacy and safety of two treatment regimens with a topically applied combination of imidacloprid and moxidectin (Advocate7) against generalised demodicosis in dogs. Parasitol Res 105:S115, 2009.

[315]Burrows M: Evaluation of the clinical efficacy of moxidectin in the treatment of generalized demodicosis in the dog. Proc Aust Coll Vet Sci, 1997.

[316]Wagner R, Wendiberger U: Field efficacy of moxidectin in dogs and rabbits naturally infested with Sarcoptes spp., Demodex, spp. and Psoroptes spp. mites. Vet Parasitol 93:149, 2000.

[317]Murayama N, Shibata K, Nagata M: Efficacy of weekly oral doramectin treatment in canine demodicosis. Vet Rec 167:63, 2010.

[318]Johnstone IP: Doramectin as a treatment for canine and feline demodicosis. Aust Vet Pract 32:98, 2002.

[319]Medleau LM, et al: Efficacy of daily amitraz therapy for generalized demodicosis in dogs: Two independent studies. J Am Anim Hosp Assoc 31:246, 1995.

[320]Mojzisova J, et al: The immunomodulatory effect of levamisole with the use of amitraz in dogs with uncomplicated generalized demodicosis. Vet Med (Praha) 42:307, 1997.

[321]Scott DW: Treatment of canine demodicosis: Then and now. Proc Annu Memb Meet Am Acad Vet Dermatol Am Coll Vet Dermatol 15:111, 1999.

[322]Sarkar P, Mukherjee J, Ghosh A, et al: A comparative analysis of immunorestoration and recovery with conventional and immunotherapeutic protocols in canine generalized demodicosis: a newer insight of immunotherapeutic efficacy of T11TS. Immunol Invest 33:453, 2004.

[323]Desch C, Nutting WB: Demodex cati, Hirst, 1919: A redescription. Cornell Vet 69:280, 1989.

[324]Foley RH: Feline demodicosis. Compen Contin Educ 17:481, 1995.

[325]Conroy JD, et al: New Demodex sp. infesting a cat: A case report. J Am Anim Hosp Assoc 18:405, 1982.

[326]Desch CE Jr, Stewart TB: Demodex gatoi: new species of hair follicle mite (Acari: Demodecidae) from the domestic cat (Carnivora: Felidae). J Med Entomol 36:167, 1999.

[327]Chesney CJ: An unusual species of demodex mite in a cat. Vet Rec 123:671, 1988.

[328]Löwenstein C, Beck W, Bessmann K, et al: Feline demodicosis caused by concurrent infestation with Demodex cati and an unnamed species of mite. Vet Rec 157:290, 2005.

[329]Gabbert N, Feldman BF: A case report—Feline Demodex. Feline Pract 6:32, 1976.

[330]Kontos V, et al: Two rare disorders in the cat: Demodectic otitis externa and Sarcoptic mange. Feline Pract 26:18, 1998.

[331]Chesney CJ: Demodicosis in the cat. J Small Anim Pract 30:689, 1989.

[332]Medleau L, et al: Demodicosis in cats. J Am Anim Hosp Assoc 24:85, 1988.

[333]Stogdale L, Moore DJ: Feline demodicosis. J Am Anim Hosp Assoc 18:427, 1982.

[334]Guaguere E, Muller A, Degorce-Rubiales F: Feline demodicosis: a retrospective study of 12 cases. Vet Dermatol 15(Suppl 1):34, 2004.

[335]Neel JA, Tarigo J, Taker KC, et al: Deep and superficial skin scrapings from a feline immunodeficiency virus-positive cat. Vet Clin Pathol 36:101, 2007.

[336]Chalmers S, et al: Demodicosis in two cats seropositive for feline immunodeficiency virus. J Am Vet Med Assoc 194:256, 1989.

[337]Guaguère E, et al: Demodex cati infestation in association with feline cutaneous squamous cell carcinoma in situ: A report of five cases. Vet Dermatol 10:61, 1999.

[338]Morris DO, Beale KM: Feline demodicosis—a retrospective of 15 cases. Proc Annu Memb Meet Am Acad Vet Dermatol Am Coll Vet Dermatol 13:127, 1997.

[339]White SD, et al: Generalized demodicosis associated with diabetes mellitus in two cats. J Am Vet Med Assoc 191:448, 1987.

[340]Bailey RG, Thompson RC: Demodectic mange in a cat. Aust Vet J 57:49, 1981.

[341]McDougal BJ, Novak CP: Feline demodicosis caused by an unnamed Demodex mite. Compend Contin Educ (SAC) 8:820, 1986.

[342]Nutting WB: Demodex crecti, notes on its biology. J Parasitol 44:328, 1958.

[343]Beale KM: Contagion and occult demodicosis in a family of 2 cats. Proc Annu Memb Meet Am Acad Vet Dermatol Am Coll Vet Dermatol 14:99, 1998.

[344]Morris DO: Contagious demodicosis in three cats residing in the same household. J Am Anim Hosp Assoc 32:350, 1996.

[345]Ferrer-Cañals GF, Beale KM, Fadok V: Demodex gatoi infestation in cats presenting with non-inflammatory alopecia. Proc 24th N Am Vet Dermatol Forum 20:224, 2009.

[346]Saari SAM, Juuti KH, Palojärvi JH, et al: Demodex gatoi-associated contagious pruritic dermatosis in cats - a report from six households in Finland. Acta Vet Scand 51:40, 2009.

[347]Arlian LG, et al: Cross infestivity of Sarcoptes scabiei. J Am Acad Dermatol 10:979, 1984.

[348]Folz SD: Canine scabies (Sarcoptes scabiei infestation). Compend Contin Educ 6:176, 1984.

[349]Zahler M, et al: Molecular analyses suggest monospecificity of the genus Sarcoptes (Acari: Sarcophidae). Int J Parasitol 29:759, 1999.

[350]Charlesworth EN, Johnson JL: An epidemic of canine scabies in man. Arch Dermatol 110:574, 1974.

[351]Huang HP, et al: Sarcoptes scabiei infestation in a cat. Feline Pract 26:10, 1998.

[352]Bornstein S: Experimental infection of dogs with Sarcoptes scabiei derived from naturally infected wild red foxes (Vulpes vulpes): Clinical observations. Vet Dermatol 2:151, 1991.

[353]Estes SA, et al: Experimental canine scabies in humans. J Am Acad Dermatol 9:397, 1983.

[354]Maldonado RR, et al: Norwegian scabies due to Sarcoptes scabiei var. canis. Arch Dermatol 113:1733, 1977.

[355]Arlian LG, et al: Survival of adults and developmental stages of Sarcoptes scabiei var. canis when off the host. Exp Appl Acarol 6:181, 1989.

[356]Paradis M: Scabies and Cheyletiella. Proc Annu Memb Meet Am Acad Vet Dermatol Am Coll Vet Dermatol 13:48, 1997.

[357]Bourdeau P, Armando L, Marchand A: Clinical and epidemiological characteristics of 153 cases of sarcoptic acariosis in dogs. Vet Dermatol 15:48, 2004.

[358]Feather L, Gough K, Flynn RJ, et al: A retrospective investigation into risk factors of sarcoptic mange in dogs. Parasitol Res 107:279, 2010.

[359]Carlotti DN, Bensignor E: La gale sarcoptique du chien: étude retrospective de 38 cas. Prat Méd Chir Anim Comp 32:117, 1997.

[360]Pin D, Bensignor E, Carlotti DN, et al: Localised sarcoptic mange in dogs: a retrospective study of 10 cases. J Small Anim Pract 47:611, 2006.

[361]Bornstein S, Zakrisson G: Humoral antibody response to experimental Sarcoptes scabiei var. vulpes infection in the dog. Vet Dermatol 4:107, 1993.

[362]Arlian LG, et al: Characterization of lymphocyte subtypes in scabietic skin lesions of naive and sensitized dogs. Vet Parasitol 68:347, 1997.

[363]Bornstein S, et al: Evaluation of an enzyme-linked immunosorbent assay (ELISA) for the serological diagnosis of canine sarcoptic mange. Vet Dermatol 7:21, 1996.

[364]Prélaud P, Guaguère E: Sensitization to the house dust mite, Dermatophagoides farinae, in dogs with sarcoptic mange. Vet Dermatol 6:205, 1995.

[365]Bornstein S, Gidlund K, Karlstam E, et al: Parasites and ear disease. Vet Dermatol 15:34, 2004.

[366]Malik R, Stewart KM, Sousa CA, et al: Crusted scabies (sarcoptic mange) in four cats due to Sarcoptes scabiei infestation. J Feline Med Surg 8:327, 2006.

[367]Griffin CE: Scabies. In Griffin CE, et al, editors: Current Veterinary Dermatology, St. Louis, 1993, Mosby-Year Book, p 85.

[368]Mueller RS, Bettenay SV, Shipstone M: Value of the pinnal-pedal reflex in the diagnosis of canine scabies. Vet Rec 148:621, 2001.

[369]Beck W, Hiepe TH: Untersuchungen zu einem intrakutantest mit einer Sarcoptes-milbenextrakt-lösung (Acari: Sarcoptidae) als methode zum nachweis an Sarcoptes—räude erkrankter hunde. Tierärztl Wschr 111:174, 1998.

[370]Lower KS, Medleau LM, Hnilica K, et al: Evaluation of an enzyme-linked immunosorbant assay (ELISA) for the serological diagnosis of sarcoptic mange in dogs. Vet Dermatol 12:315, 2001.

[371]Morris DO, Dunstan RW: A histomorphological study of sarcoptic acariasis in the dog: 19 cases. J Am Anim Hosp Assoc 32:119, 1996.

[372]Arlian LG, et al: The development of protective immunity in canine scabies. Vet Parasitol 62:133, 1996.

[373]Foley RH: A notoedric manage epizootic in an island's cat population. Feline Pract 19:8, 1991.

[374]Terada Y, Murayamaa N, Ikemura H, et al: *Sarcoptes scabiei* var. *canis* refractory to ivermectin treatment in two dogs. *Vet Dermatol* 21:608, 2010.

[375]Bergvall K: Clinical efficacy of milbemycin oxime in the treatment of canine scabies: A study of 56 cases. *Vet Dermatol* 9:231, 1998.

[376]Fourie LJ, Heine J, Horak IG: The efficacy of an imidacloprid/moxidectin combination against naturally acquired *Sarcoptes scabiei* infestations on dogs. *Aust Vet J* 84:17, 2006.

[377]Oh TH, Oh WS, Kim SR, et al: Efficacy of selamectin in canine scabies and ear mite infestation in Korea. *Vet Dermatol* 15:48, 2004.

[378]Krieger K, Heine J, Dumont P, et al: Efficacy and safety of imidacloprid 10% plus moxidectin 2.5% spot-on in the treatment of sarcoptic mange and otoacariosis in dogs: results of a European field study. *Parasitol Res* 97:S81, 2005.

[379]Albanese F, Leone F, Ghibaudo G: The therapeutic effect of selamectin and ivermectin regimens in canine sarcoptic mange. *Vet Dermatol* 15:34, 2004.

[380]Curtis CF: Use of 0.25 per cent fipronil spray to treat sarcoptic mange in a litter of five-week-old puppies. *Vet Rec* 139:43, 1996.

[381]Fourie LJ, Kok DJ, de Plessis A, et al: Efficacy of a novel formulation of metaflumizone plus amitraz for the treatment of sarcoptic mange in dogs. *Vet Parasitol* 150:275, 2007.

[382]Leone F: Canine notoedric mange: a case report. *Vet Dermatol* 18:127, 2007.

[383]Delucchi L, Castro E: Use of doramectin for treatment of notoedric mange in five cats. *J Am Vet Med Assoc* 216:215, 2000.

[384]Ferrero O, et al: Doramectina en el tratamiento de la sarna notoedrica del gato. *Rev Med Vet (Argent)* 77:106, 1996.

[385]Itoh N, Muraoka N, Aoki M, et al: Treatment of *Notoedres cati* infestation in cats. *Vet Rec* 154:409, 2004.

[386]Delucchi L, Castro E: Use of doramectin for treatment of notoedric mange in five cats. *J Am Vet Med Assoc* 216:215, 2000.

[387]King KE: Spider bites. *Arch Dermatol* 123:41, 1987.

[388]Wong RC, et al: Spider bites (in depth review). *Arch Dermatol* 123:98, 1987.

[389]Berger RS: The unremarkable brown recluse spider bite. *J Am Med Assoc* 225:1109, 1973.

[390]Meerdink GL: Bites and stings of venomous animals. In Kirk RW, editor: *Current Veterinary Therapy VIII*, Philadelphia, 1983, W.B. Saunders Co..

[391]Muir G: Red back spider bite in a cat. *Cont Ther Ser* 191:56, 1996.

[392]Northway RB: A therapeutic approach to venomous spider bites. *Vet Med (SAC)* 80:38, 1985.

[393]Pucheu-Haston CM, et al: Allergic cross-reactivities in flea-reactive canine serum samples. *Am J Vet Res* 57:1000, 1996.

[394]Frye FL, Furman DP: Phthiriasis in a dog. *J Am Vet Med Assoc* 152:1113, 1968.

[395]Bordeau W: Traitement d'un cas de phtiriose à Trichodectes canis par le fipronyl chez un chat. *Point Vét* 30:655, 1999.

[396]Cooper PR, Penaliggon J: Use of fipronil to eliminate recurrent infestation by *Tricodectes canis* in a pack of bloodhounds. *Vet Rec* 139:95, 1996.

[397]Majumder P, et al: Control of lice infestation in dog with Butox (Deltamethrin) in South Tripura. *Indian J Anim Health* 33:65, 1994.

[398]Pollmeier M, Pengo G, Jeannin P, et al: Evaluation of the efficacy of fipronil formulations in the treatment and control of biting lice, *Trichodectes canis* (De Geer, 1778) on dogs. *Vet Parasitol* 107:127, 2002.

[399]Polllmeier M, Pengo G, Longo M, et al: Effective treatment and control of biting lice, *Felicola subrostratus* (Nitzsch in Burmeister, 1838), on cats using fipronil formulations. *Vet Parasitol* 121:157, 2004.

[400]Mencke N: Efficacy of Advantage against natural infestations of dogs with lice: a field study from Norway. *Compend Contin Educ Pract Vet* 22(Suppl):18, 2000.

[401]Shastri UV: Efficacy of ivermectin against lice infestation in cattle, buffaloes, goats, and dogs. *Indian Vet J* 68:191, 1991.

[402]Gunnarsson L, Christensson D, Palmér E: Clinical efficacy of selamectin in the treatment of naturally acquired infection of sucking lice (*Linognathus setosus*) in dogs. *J Am Anim Hosp Assoc* 41:388, 2005.

[403]Shanks DJ, Gautier P, McTier TL, et al: Efficacy of selamectin against biting lice on dogs and cats. *Vet Rec* 152:234, 2003.

[404]Dryden MW: Host association, on-host longevity and egg production of *Ctenocephalides felis felis*. *Vet Parasitol* 34:117, 1989.

[405]Harvey RG: Dermatitis in a cat associated with *Spilopsyllus cuniculi*. *Vet Rec* 126:89, 1990.

[406]Studdert VP, et al: Dermatitis of the pinnae of cats in Australia associated with European rabbit flea. *Vet Rec* 123:624, 1988.

[407]Bossard RL, Dryden MW, Broce AB: Insecticide susceptibilities of cat fleas (Siphonaptera: Pulicidae) from several regions of the United States. *J Med Entomol* 39:742, 2002.

[408]Ritzhaupt LK, Rowan TG, Jones RL: Evaluation of efficacy of selamectin and fipronil against *Ctenocephalides felis* in cats. *J Am Vet Med Assoc* 217:1666, 2000.

[409]MacDonald JM, Miller TA: Parasiticide therapy in small animal dermatology. In Kirk RW, editor: *Current Veterinary Therapy 9*, Philadelphia, 1986, W.B. Saunders Co., p 571.

[410]MacDonald JM: Flea allergy dermatitis and flea control. In Griffin CE, et al, editors: *Current Veterinary Dermatology*, St. Louis, 1993, Mosby-Year Book, p 57.

[411]Chesney CJ: Species of flea found on cats and dogs in south west England: Further evidence of their polyxenous state and implications for flea control. *Vet Rec* 136:356, 1995.

[412]Franc M, et al: Répartition des espèces de puces rencontrées chez le chien en France. *Rev Méd Vét* 149:135, 1998.

[413]Imai S, et al: Species distribution of flea infested to dogs and cats in Japan. *J Jpn Vet Med Assoc* 48:775, 1995.

[414]Rinaldi L, Spera G, Musella V, et al: A survey of fleas on dogs in southern Italy. *Vet Parasitol* 148:375, 2007.

[415]Coutinho MT, Linardi PM: Can fleas from dogs infected with canine visceral leishmaniasis transfer the infection to other mammals? *Vet Parasitol* 147:320, 2007.

[416]Bond R, Riddle A, Mottram L, et al: Survey of flea infestation in dogs and cats in the United Kingdom during 2005. *Vet Rec* 150:503, 2007.

[417]Gracia MJ, Calvete C, Estrada R, et al: Fleas parasitizing domestic dogs in Spain. *Vet Parasitol* 151:312, 2008.

[418]Koutinas A, et al: Flea species from dogs and cats in northern Greece: Environmental and clinical implications. *Vet Parasitol* 58:109, 1995.

[419]Kalkofen UP, Greenberg J: *Echidnophaga gallinacea* infestations in dogs. *J Am Vet Med Assoc* 165:447, 1974.

[420]Robinson WH: Distribution of cat flea larvae in the carpeted household environment. *Vet Dermatol* 6:145, 1995.

[421]Rust MK, Dryden MW: The biology, ecology, and management of the cat flea. *Ann Rev Entomol* 42:451, 1997.

[422]Kern WH, et al: Outdoor survival and development of immature cat fleas (*Siphonaptera: Pulicidae*) in Florida. *J Med Entomol* 36:207, 1999.

[423]MacDonald JM: Flea control: An overview of treatment concepts for North America. *Vet Dermatol* 6:121, 1995.

[424]Dryden MW: Flea and atick control in the 21st century: challenges and opportunities. *Vet Dermatol* 20:435, 2009.

[425]Baker KP, Elharam S: The biology of *Ctenocephalides canis* in Ireland. *Vet Parasitol* 45:141, 1992.

[426]Hastriter MW: Establishment of the tungid flea, *Tunga monositus*, in the United States. *Great Basin Naturalist* 57:281, 1997.

[427]Pampiglione S, et al: *Tunga penetrans* (Insecta: *Siphonaptera*) in pigs in São Tomé (Equatorial Africa): Epidemiological, clinical, morphological, and histopathological aspects. *Rev Elev Méd Vét Pays Trop* 51:201, 1998.

[428]Kelly P, Rolain JM, Raoult D: Prevalence of human pathogens in cat and dog fleas in New Zealand. *N Z Med J* 118:U1754, 2005.

[429]Foley JE, et al: Seroprevalence of *Bartonella henselae* in cattery cats: Association with cattery hygiene and flea infestation. *Vet Quart* 20:1, 1998.

[430]Noden BH, et al: Molecular identification of *Rickettsia typhi* and *R. felis* in co-infected *Ctenocephalides felis*. *J Med Entomol* 35:410, 1998.

[431]Shaw SE, Kenny MJ, Tasker S, et al: Pathogen carriage by the cat flea *Ctenocephalides felis* (Bouché) in the United Kingdom. *Vet Microbiol* 102:183, 2004.

[432]Hinkle NC, et al: Host grooming efficacy for regulation of cat flea populations. *J Med Entomol* 35:266, 1998.

[433]McDonald BJ, et al: An investigation on the influence of feline flea allergy on the fecundity of the cat flea. *Vet Dermatol* 9:75, 1998.

[434]Dryden MW, et al: Control of fleas on pets and in homes by use of imidacloprid or lufenuron and a pyrethrin spray. *J Am Vet Med Assoc* 215:36, 1999.

[435]Barnett S, Luempert L, Schuele G, et al: Efficacy of pyriprole topical solution against the cat flea, *Ctenocephalides felis*, on dogs. *Vet Ther* 9:4, 2008.

[436]Metzger ME, Rust MK: Effect of temperature on cat flea development and overwintering. *J Med Entomol* 34:173, 1997.

[437]Silverman J, et al: Infection of cat flea, *Ctenocephalides felis* (Bouche) by *Neoaplectana carpocapsai* Weiser. *J Nematol* 14:394, 1982.

[438]Henderson G, et al: The effects of *Steinernema carpocapsea* (Weiser) application to different life stages on adult emergence of the cat flea *Ctenocephalides felis* (Bouche). *Vet Dermatol* 6:159, 1995.

[439]Brown CR, et al: The efficacy of ultrasonic pest controllers for fleas and ticks. *J S Afr Vet Assoc* 62:110, 1991.

[440]Bourdeau P: Indoor control of *Ctenocephalides felis*: Comparison of three products (foggers, fumigation) in a replicated room. In Kwochka KW, et al, editors: *Advances in Veterinary Dermatology III*, Oxford, 1998, Butterworth Heinemann, p 575.

[441]Dryden MW, Broce AB: Development of a flea trap for collecting newly emerged *Ctenocephalides felis* (*Siphonaptera: Pulicidae*) in homes. *J Med Entomol* 30:901, 1993.

[442]Garg RC, et al: Pharmacologic profile of methoprene, an insect growth regulator, in cattle, dogs, and cats. *J Am Vet Med Assoc* 194:410, 1989.

[443]Palma KG, et al: Mode of action of pyriproxyfen and methoprene on eggs of *Ctenocephalides felis* (Siphonaptera: Pulicidae). *J Med Entomol* 30:421, 1993.

[444]Shaaya E: Interference of the insect growth regulator methoprene in the process of larval-pupal differentiation. *Arch Insect Biochem Physiol* 22:233, 1993.

[445]Guerrini VH, Kriticos CM: Effects of azadirachtin on *Ctenocephalides felis* in the dog and cat. *Vet Parasitol* 74:289, 1998.

[446]Jacobs DE, et al: A novel approach to flea control on cats, using pyriproxyfen. *Vet Rec* 139:559, 1996.

[447]Ross DH, et al: Topical pyriproxyfen for control of the cat flea and management of insecticide resistance. *Feline Pract* 26:18, 1998.

[448]Schwinghammer KA, et al: Comparative toxicity of ten insecticides against the cat flea, *Ctenocephalides felis*. *J Med Entomol* 22:512, 1985.

[449]Dryden MW, et al: Techniques for estimating on-animal populations of *Ctenocephalides felis (Siphonaptera: Pulicidae)*. *J Med Entomol* 31:631, 1994.

[450]Everett R, Cunningham J, Arther R, et al: Comparative evaluation of the speed of flea kill of imidacloprid and selamectin on dogs. *Vet Ther* 1:229, 2000.

[451]Hopkins T: Imidacloprid topical formulation: larvicidal effects against *Ctenocephalides felis* in the surroundings of treated dogs. *Compend Contin Educ Pract Vet* 19:410, 1997.

[452]Guaguère E, et al: Efficacité de l'imidaclopride dans le traitement de la dermatite par allergie aux piqûres de puces chez le chien. *Prat Méd Chir Anim Comp* 34:231, 1999.

[453]Franc M, Cadiergues MC: Antifeeding effect of several insecticidal formulations against *Ctenocephalides felis* on cats. *Parasite* 5:83, 1998.

[454]Hopkins T: Imidacloprid and resolution of signs of flea allergy dermatitis in dogs. *Canine Pract* 23:18, 1998.

[455]Hopkins TJ, et al: Efficacy of imidacloprid to remove and prevent *Ctenocephalides felis* infestations on dogs and cats. *Aust Vet Pract* 26:150, 1996.

[456]Liebisch A, Reimann U: The efficacy of imidacloprid against flea infestation on dogs compared with three other topical preparations. *Canine Pract* 25:8, 2000.

[457]Cadiergues MC, Caubet C, Franc M: Comparison of the activity of selamectin, imidacloprid and fipronil for the treatment of dogs infested experimentally with *Ctenocephalides canis* and *Ctenocephalides felis felis*. *Vet Rec* 149:704, 2001.

[458]Jacobs DE, et al: Comparison of flea control strategies using imidacloprid or lufenuron on cats in a controlled simulated home environment. *Am J Vet Res* 58:1260, 1997.

[459]Jacobs DE, et al: Duration of activity of imidacloprid, a novel adulticide for flea control, against *Ctenocephalides felis* on cats. *Vet Rec* 140:259, 1997.

[460]Ritzhaupt LK, Rowan TG, Jones RL: Evaluation of efficacy of selamectin, fipronil, and imidacloprid against *Ctenocephalides felis* in dogs. *J Am Vet Med Assoc* 217:1669, 2000.

[461]Murphy M, Ball CA, Gross S: Comparative *in vivo* adulticidal activity of a topical dinotefuran versus an imidacloprid-based formulation against cat fleas (*Ctenocephalides felis*) on cats. *Vet Ther* 10:9, 2009.

[462]Bradbury CA, Lapping MR: Evaluation of topical application of 10% imidacloprid-1% moxidectin to prevent *Bartonella henselae* transmission from cat fleas. *J Am Vet Med Assoc* 236:869, 2010.

[463]Everett R, et al: Comparative evaluation of the speed of flea kill of Advantage (imidacloprid) and Revolution (selamectin) on dogs. *Compend Contin Educ Pract Vet* 22(Suppl):9, 2000.

[464]Mehlhorn H: Mode of action of imidacloprid and comparison with other insecticides (i.e., fipronil and selamectin) during in vivo and in vitro experiments. *Compend Contin Educ Pract Vet* 22(Suppl):4, 2000.

[465]Cruthers L, Slone RL, Guerrero J, et al: Evaluation of the speed of kill of fleas and ticks with Frontline7 Top Spot7 in dogs. *Vet Ther* 2:170, 2001.

[466]Harvey RG, et al: Prospective study comparing fipronil with dichlorvos/fenitrothin and methoprene/pyrethrins in control of flea bite hypersensitivity in cats. *Vet Rec* 141:628, 1997.

[467]Hutchinson MJ, et al: Evaluation of flea control strategies using fipronil on cats in a controlled simulated home environment. *Vet Rec* 142:356, 1998.

[468]Atwell R, et al: The use of topical fipronil in field studies for flea control in domestic dogs. *Aust Vet Pract* 27:175, 1997.

[469]Le Nain S, et al: Efficacy of a 0.25 per cent fipronil formulation in the control of flea allergy dermatitis in the dog. In Kwochka KW, et al, editors: *Advances in Veterinary Dermatology III*, Oxford, 1998, Butterworth Heinemann, p 570.

[470]Medleau L, Hnilica KA, Lower K, et al: Effect of topical application of fipronil in cats with flea allergic dermatitis. *J Am Vet Med Assoc* 221:254, 2002.

[471]Young DR, Jeannin PC, Boeckh A: Efficacy of fipronil/(S)-methoprene combination spot-on for dogs against shed eggs, emerging and existing adult cat fleas (*Ctenocephalides felis*, Bouché). *Vet Parasitol* 125:397, 2004.

[472]Franc M, Beugnet F, Vermot S: Efficacy of fipronil-(S)-methoprene on fleas, flea egg collection, and flea egg development following transplantation of gravid fleas onto treated cats. *Vet Ther* 8:285, 2007.

[473]Dryden M, Payne P, Smith V: Efficacy of selamectin and fipronil-(S)-methoprene spot-on formulations applied to cats against adult cat fleas (*Ctenocephalides felis*), flea eggs, and adult flea emergence. *Vet Ther* 8:255, 2007.

[474]Chin A, Lunn P, Dryden MW: Persistent flea infestations in dogs and cats controlled with monthly topical applications of fipronil and methoprene. *Aust Vet Pract* 35:89, 2005.

[475]Postal JM, et al: Field efficacy of a mechanical pump spray formulation containing 0.25 per cent fipronil in the treatment and control of flea infestation and associated dermatologic signs in dogs and cats. *Vet Dermatol* 6:153, 1995.

[476]Ascher F, et al: *Antifeeding effect of modern insecticides*. Proc Br Vet Dermatol Study Group, Spring 1998, p 20.

[477]Dryden MW: *Laboratory evaluations of topical flea control products*. Proc Br Vet Dermatol Study Group, Spring 1998, p 14.

[478]Hellmann K, Adler K, Parker L, et al: Evaluation of the efficacy and safety of a novel formulation of metaflumizone in cats naturally infested with fleas in Europe. *Vet Parasitol* 150:246, 2007.

[479]Holzmer S, Hair JA, Dryden MW, et al: Efficacy of a novel formulation of metaflumizone for the control of fleas (*Ctenocephalides felis*) on cats. *Vet Parasitol* 150:219, 2007.

[480]Rugg D, Hair JA, Everett RE, et al: Confirmation of the efficacy of a novel formulation of metaflumizone plus amitraz for the treatment and control of fleas and ticks on dogs. *Vet Parasitol* 150:209, 2007.

[481]Dryden M, Payne P, Lowe A, et al: Efficacy of a topically applied formulation of metaflumizone on cats against the adult cat flea, flea egg production and hatch, and adult flea emergence. *Vet Parasitol* 150:263, 2007.

[482]Dryden M, Payne P, Lowe A, et al: Efficacy of a topically applied spot-on formulation of a novel insecticide, metaflumizone, applied to cats against a flea strain (KS1) with documented reduced susceptibility to various insecticides. *Vet Parasitol* 151:74, 2008.

[483]DeLay RL, Lacoste E, Mezzasalma T, et al: Pharmacokinetics of metaflumizone and amitraz in the plasma and hair of dogs following topical application. *Vet Parasitol* 150:251, 2007.

[484]Hellmann K, Adler K, Parker L, et al: Evaluation of the efficacy and safety of a novel formulation of metaflumizone plus amitraz in dogs naturally infected with fleas and ticks in Europe. *Vet Parasitol* 150:239, 2007.

[485]Barnett S, Luempert L, Schuele G: Efficacy of pyriprole topical solution against the cat flea, *Ctenocephalides felis*, on dogs. *Vet Ther* 9:4, 2008.

[486]Ritzhaupt LK, Rowan TG, Jones RL, et al: Evaluation of the comparative efficacy of selamectin against flea (*Ctenocephalides felis felis*) infestations on dogs and cats in simulated home environments. *Vet Parasitol* 106:165, 2002.

[487]Kwochka KW, Gram D, Kunkle GA, et al: Clinical efficacy of selamectin for the control of fleas on dogs and cats. *Vet Ther* 1:252, 2000.

[488]Robertson-Plouch C, Baker KA, Hozak RR, et al: Clinical field study of the safety and efficacy of spinosad chewable tablets for controlling fleas on dogs. *Vet Ther* 9:26, 2008.

[489]Franc M, Yao KP: Comparison of the activity of selamectin, imidacloprid and fipronil for the treatment of cats infested experimentally with *Ctenocephalides felis felis* and *Ctenocephalides felis strongylus*. *Vet Parasitol* 143:131, 2007.

[490]Carlotti DN, et al: Intéret d'une formulation de permethrine en spot-on dans le traitement de la dermatite par allergie aux piqûres de puce chez le chien: Une étude prospective de 24 cas. *Prat Méd Chir Anim Comp* 32:83, 1997.

[491]Dryden MW, et al: Effects of ultrasonic flea collars on *Ctenocephalides felis* on cats. *J Am Vet Med Assoc* 195:1717, 1989.

[492]Franc M, Cadieurques MC: Comparative activity in dogs of deltamethrin- and diazinon-impregnated collars against *Ctenocephalides felis*. *Am J Vet Res* 59:59, 1998.

[493]Lebreux B, et al: Evaluation of the efficacy of a diazinon+pyriproxyfen collar in the treatment and control of flea infestation in cats. *J Vet Pharm Therap* 20:157, 1997.

[494]Donahue WA, Young R: Assessing the efficacy of (S)-methoprene collars against flea egg hatch on pets. *Vet Med* 91:1000, 1996.

[495]Maskiell G: Clinical impressions of s-methoprene-impregnated collars and lufenuron for flea control in dogs and cats. *Aust Vet Pract* 25:142, 1995.

[496]Miller TA, Blagburn BL: Ovisterilant efficacy of pyriproxyfen collars on dogs and cats. *Proc Annu Memb Meet Am Acad Vet Dermatol Am Coll Vet Dermatol* 12:63, 1996.

[497]Franc M, Cadiergues MC: Activity of deltamethrin shampoo against *Ctenocephalides felis* and *Rhipicephalus sanguineus* in dogs. *Vet Parasitol* 81:341, 1999.

[498]Meola RW, et al: Effect of lufenuron on chorionic and cuticular structure of unhatched larval *Ctenocephalides felis (Siphonaptera: Pulicidae)*. *J Med Entomol* 36:92, 1999.

[499]Dean SR, et al: Mode of action of lufenuron in adult *Ctenocephalides felis (Siphonaptera: Pulicidae)*. *J Med Entomol* 36:486, 1999.

[500]Blagburn BL, et al: Efficacy of lufenuron against developmental stages of fleas (*Ctenocephalides felis felis*) in dogs housed in simulated home environments. *Am J Vet Res* 56:464, 1995.

[501]Blagburn BL, et al: Dose titration of an injectable formulation of lufenuron in cats experimentally infested with fleas. *Am J Vet Res* 60:1513, 1999.

[502]Fisher MA, et al: Evaluation of flea control programmes for cats using fenthion and lufenuron. *Vet Rec* 138:79, 1996.

[503]Franc M, Cadiergues M: Use of injectable lufenuron for treatment of infestations of *Ctenocephalides felis* in cats. *Am J Vet Res* 58:140, 1997.

[504]Nishida Y, et al: Disinfestation of experimentally infested cat fleas,

Ctenocephalides felis, on cats and dogs by oral lufenuron. *J Vet Med Sci* 57:655, 1995.

[505]Smith RD, et al: Impact of an orally administered insect growth regulator (lufenuron) on flea infestations of dogs in a controlled simulated home environment. *Am J Vet Res* 57:502, 1996.

[506]Snyder DE, Meyer J, Zimmermann AG, et al: Preliminary studies on the effectiveness of the novel pulicide, spinosad, for the treatment and control of fleas on dogs. *Vet Parasitol* 150:345, 2007.

[507]Bischoff K, Guale F: Australian tea tree (*Melaleuca alternifolia*) oil poisoning in three purebred cats. *J Vet Diagn Invest* 10:208, 1998.

[508]Ascher F, et al: Knock-down effect of a 2 per cent permethrin spray used for flea allergy dermatitis therapy. In Kwochka KW, et al, editors: *Advances in Veterinary Dermatology III*, Oxford, 1998, Butterworth Heinemann, p 566.

[509]Herrmann R, et al: Efficacy of a 0.25 per cent fipronil spray in the control of flea allergy dermatitis in the dog. *Kleintierpraxis* 43:199, 1998.

[510]Carlotti DN, et al: Therapy and prevention of flea allergy dermatitis with a new permethrin formulation (foam) in 12 cats. In Kwochka KW, et al, editors: *Advances in Veterinary Dermatology III*, Oxford, 1998, Butterworth Heinemann, p 574.

[511]White SD, Bourdeau P: Hypersensibilités aux piqûres de diptères chez les carnivores. *Point Vét* 27:203, 1995.

[512]Stanneck D, Fourie LJ, Emslie R, et al: Repellent efficacy of imidacloprid 10%/permethrin 50%/spot-on (Advantix 7;) against stable flies (*Stomoxys calcitrans*) on dogs. Hannover, May 2005, Int Symp Ectoparasites Pets.

[513]Mason KV, et al: Mosquito bite-caused eosinophilic dermatitis in cats. *J Am Vet Med Assoc* 198:2086, 1991.

[514]Nagata M, Ishida T: Cutaneous reactivity to mosquito bites and its antigens in cats. *Vet Dermatol* 8:19, 1997.

[515]Meyer JA, Disch D, Cruthers LR, et al: Repellency and efficacy of a 65% permethrin spot-on formulation for dogs against *Aedes aegypti* (Diptera: Culicidae) mosquitoes. *Vet Ther* 1:135, 2000.

[516]Mulder JB: The medical marvels of maggots. *J Am Vet Med Assoc* 195:1497, 1989.

[517]Hendrix CM: Facultative myiasis in dogs and cats. *Compend Contin Educ* 13:86, 1991.

[518]McNae JC, Lewis SJ: Retrospective study of Old World screwworm fly (*Chrysomya bezziana*) myiasis in 59 dogs in Hong Kong over a one year period. *Aust Vet J* 82:211, 2004.

[519]Correia TR, Scott FB, Verocai GG, et al: Larvicidal efficacy of nitenpyram on the treatment of myiasis caused by *Cochliomyia hominivorax* (Diptera: Calliphoridae) in dogs. *Vet Parasitol* 173:169, 2010.

[520]de Souza CP, Verocai GG, Ramadinha RHR: Myiasis caused by the New World screwworm fly *Cochliomyia hominivorax* (Diptera: Calliphoridae) in cats from Brazil: report of five cases. *J Feline Med Surg* 12:166, 2010.

[521]Chermette R: A case of canine otitis due to screwworm, *Cochliomyia hominivorax*, in France. *Vet Rec* 124:641, 1989.

[522]Penny DS: Fly strike in a dog. *Vet Rec* 125:79, 1989.

[523]Jayagopala R, et al: Ivermectin in cutaneous myiasis of dogs. *Indian Vet J* 70:557, 1993.

[524]Bourdeau P, et al: Myiase à Dermatobia hominis. *Rec Méd Vét* 164:901, 1988.

[525]Bragagna P, et al: Furuncular myiasis in a dog: Case report. *Praxis Vet* 18:20, 1997.

[526]Dongus H, et al: *Cordylobia anthropophaga* als erreger einer Hautmyiasis bei einem Hund in Deutschland. *Tierartztl Prax* 24:493, 1996.

[527]Fox MT, et al: Tumbu fly (*Cordylobia anthropophaga*) myiasis in a quarantine dog in England. *Vet Rec* 130:100, 1992.

[528]Hendrix CM, et al: Furunculoid myiasis in a dog caused by *Cordylobia anthropophaga*. *J Am Vet Med Assoc* 207:1187, 1995.

[529]Roosje PJ, et al: A case of Dermatobia hominis in a dog in the Netherlands. *Vet Dermatol* 3:183, 1992.

[530]Ferroglio E, Rossi L, Trisciuoglio A: *Cordylobia anthropophaga* myiasis in a dog returning to Italy from a tropical country. *Vet Rec* 153:330, 2003.

[531]Nivoix R, Chermette R: Use of ivermectin for prevention of cutaneous tumbu fly (*Cordylobia anthropophaga*) myiasis in dogs. In Kwochka KW, et al, editors: *Advances in Veterinary Dermatology III*, Oxford, 1998, Butterworth Heinemann, p 471.

[532]Baird CR: Development of *Cuterebra ruficrus* (Diptera: Cuterebridae) in six species of rabbits and rodents with a morphological comparison of *C. ruficrus* and *C. jellisoni* third instars. *J Med Entomol* 9:81, 1972.

[533]Kazocos KR, et al: *Cuterebra* species as a cause of pharyngeal myiasis in cats. *J Am Anim Hosp Assoc* 16:773, 1980.

[534]Slansky F: Feline cuterebrosis caused by a lagomorph-infesting *Cuterebra* spp. lava. *J Parasitol* 93:959, 2007.

[535]Fitzgerald SD, et al: A fatal case of intrathoracic cuterebriasis in a cat. *J Am Anim Hosp Assoc* 32:353, 1996.

[536]Tieber LM, Auxlund TW, Simpson ST, et al: Survival of a suspected case of central nervous system cuterebrosis in a dog: clinical and magnetic resonance imaging findings. *J Am Anim Hosp Assoc* 42:238, 2006.

[537]Wyman M, Starkey R, Weisbrode S, et al: Ophthalmomyiasis (interna posterior) of the posterior segment and central nervous system myiasis: *Cuterebra* spp. in a cat. *Vet Ophthalmol* 8:77, 2005.

[538]Cowell AK, et al: Severe systemic reactions to Hymenoptera stings in three dogs. *J Am Vet Med Assoc* 198:1014, 1991.

[539]Noble SJ, Armstrong PJ: Bee sting envenomation resulting in secondary immune-mediated hemolytic anemia in two dogs. *J Am Vet Med Assoc* 214:1026, 1999.

[540]Gross TL: Canine eosinophilic furunculosis of the face. In Ihrke PJ, Mason IS, White SD, editors: *Advances in Veterinary Dermatology*, Vol 2. Oxford, 1993, Pergamon Press, p 211.

[541]Holtz CS: Eosinophilic dermatitis in a Siberian husky cross. *Calif Vet* 44:11, 1990.

[542]Rakich PM, et al: Clinical and histologic characterization of cutaneous reactions to stings of the imported fire ant (*Solenopsis invicta*) in dogs. *Vet Pathol* 30:555, 1993.

[543]Conceição LG, Haddard V Jr, Loures FH: Pustular dermatosis caused by fire ant (*Solenopsis invicta*) stings in a dog. *Vet Dermatol* 17:453, 2006.

[544]Chermette R, Chareyre G: A propos des chenilles processionnaires. *Point Vét* 26:9, 1993.

[545]Poisson L, et al: Quatre cas d'envenimation par les chenilles processionnaires du pin chez le chien. *Point Vét* 25:992, 1994.

7

第七章 病毒、立克次体和原虫性皮肤病

本章是对已证实和怀疑为病毒、立克次体和原虫来源的犬、猫皮肤病的简短概述。这些皮肤病很少见，且有些在本质上相关，少数具人畜共患意义。

一、病毒性疾病

（一）猫白血病病毒感染

猫白血病病毒（FeLV）是一种致癌的、免疫抑制性的逆转录病毒[1-3]。尽管该病毒可诱发皮肤肿瘤（淋巴瘤、纤维肉瘤，见图20-29），但其对皮肤最常见的影响是细胞抑制作用。临床症状可能包括慢性或复发性齿龈炎或脓皮病（毛囊炎、脓肿、甲沟炎）、伤口愈合不良、皮脂溢、剥脱性皮炎以及全身瘙痒。感染FeLV的猫对全身性真菌病、蠕形螨病、马拉色菌性皮炎以及原位退行性发育病变的易感性升高[4-7]。另外两种与FeLV感染相关的皮肤症状是皮角和巨细胞皮肤病[8]。

皮角（见图20-27）是呈圆锥形或圆柱形的非细胞角蛋白性包块，最常发生于指（趾）中央、足垫中央或掌/跖部足垫。类似病变罕见于鼻镜和眼睑[9]。鉴别诊断包括病毒性乳头状瘤相关皮角、日光性角化症、原位退行性发育病变、鳞状上皮癌、毛孔扩张以及漏斗形角化棘皮瘤。对FeLV相关皮角进行活组织检查，可见有散的、鲜亮的嗜酸性角质细胞，有些细胞表现为凋亡、多核和/或有空泡化[4-6,9]。可用免疫组织化学法检测患部gp70FeLV抗原的存在[10]。

FeLV相关巨细胞皮肤病是一种罕见的瘙痒性结痂性皮炎。皮肤病变表现为鳞状、侵蚀样、有痂皮，且分布位置各异。一些病例涉及到脸部（图7-1，A）或头部皮肤，一些病例也涉及唇周围或口周围皮肤、耳郭或耳前皮肤。其他常见的病变部位包括足或足垫、肛门或包皮的黏膜皮肤结合处、四肢或躯干[11]（图7-1，B）。猫在就诊时的其他方面通常表现健康。鉴别诊断取决于病变的分布和范围，以及主人评估皮肤病变是否先于瘙痒的能力。如果首先出现瘙痒，那么应该考虑过敏性疾病、猫疥螨病、姬螯螨病以及蠕形螨病。首先出现痂皮时，必须考虑药物反应、天疱疮、系统性红斑狼疮（SLE），以及与胸腺瘤相关的剥脱性皮炎。所有患巨细胞性皮肤病的猫血清学表现为FeLV阳性[12]，但还必须进行皮肤活组织检查证明皮肤病变是病

毒源性的。组织学表现为表皮不规则性增生，且通常有严重的结痂。典型的特征是在表皮层内形成合胞体型巨细胞和直达峡部的毛囊外根鞘。巨细胞内或周围的角质细胞通常出现凋亡。病变皮肤可见gp70染色阳性，但是这些猫的非病变皮肤或其他FeLV阳性而没有皮肤病变的猫的皮肤为gp70染色阴性。皮肤病变对抗生素、糖皮质激素，或其他药物的治疗反应较差。随着时间推移，猫通常会有内科病的症状（例如厌食、嗜睡），但在尸体剖检中其他器官病变很少见。

迄今为止，尚无消除FeLV感染的有效治疗方案。对感染FeLV的猫的管理包括：将病猫限制在室内以免其暴露于其他传染性病原中，并且积极治疗所有继发感染。可用的疫苗有很多种。只有临床健康且FeLV阴性的猫应该接种疫苗。推荐有被传染风险的幼猫接种疫苗，在9～11周龄进行首次接种，并在之后的2～3周进行第二次接种[2,13]。

（二）猫免疫缺陷病毒感染

猫免疫缺陷病毒（FIV）是另一种逆转录病毒，可导致猫不同程度的细胞抑制性疾病[1,2,12,14]。最常见的临床症状是慢性或复发性的口腔疾病（齿龈炎、牙周病、口腔炎）[15-17]。已报道的皮肤病症状包括慢性或复发性的脓肿；皮肤和耳部的慢性细菌感染；新型隐球菌、白色念珠菌，或犬小孢子菌的感染频率增加；蠕形螨病[14,18-20]。另外，感染FIV的猫发生原位退行性发育病变和多发性肥大细胞瘤的风险增大[9,21]。

有一篇关于3只FIV阳性猫均有泛发性皮肤病的报道[22]。3只猫均有泛发性的皮炎，伴有脱毛和脱皮，且头部和四肢最严重（图7-2和图7-3）。3只猫均未表现瘙痒。皮肤活组织检查表现为水肿界面性皮炎。偶见巨大角质细胞。另外，可见基底上皮细胞特有的苍白。这一结果的原因和意义仍在研究中。对于这些猫没有有效的治疗方法。

FIV和FeLV的临床症状有重叠性，因此这两种疾病不能单独根据症状进行鉴别诊断。两种病毒可以发生共同感染，可协同产生显著的免疫抑制[14]。FIV感染是通过血清学检测诊断的。

（三）猫肉瘤病毒感染

猫肉瘤病毒（FeSV）可导致青年猫的多中心纤维肉

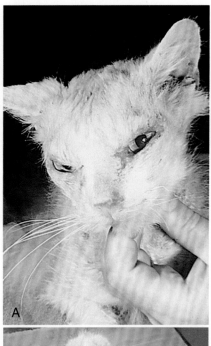

图7-1　**A.** 猫白血病病毒皮炎导致的面部脱皮及黏膜形成溃疡　**B.** 猫白血病病毒皮炎导致的泛发性脱毛和脱皮

图7-2　猫免疫缺陷病毒性皮炎。头部的粟粒状皮炎病变

图7-3　猫免疫缺陷病毒性皮炎。部分脱毛及脱皮，同时也出现了丘疹至斑块样病变，但是图片上看不到

瘤，也可促进幼猫脂肪肉瘤的发展[23-25]。有报道称自然发生的猫葡萄膜黑色素瘤可能和FeLV/FeSV的存在有联系[26]。

（四）猫痘病毒感染

痘病毒因其可形成坑样皮肤病变（痘疱）而得名。20世纪70年代末，欧洲第一次命名关于猫的痘病毒感染[1,27]。这种感染大多数是由牛痘引起的，牛痘病毒属于正痘病毒属。这一疾病在欧洲和西亚呈地方性流行。啮齿类动物是痘病毒的天然宿主，该病毒偶尔感染猫，很少感染牛和人。血清学研究显示在英国堤岸田鼠和鼷鼠以及木鼠是牛痘病毒主要的贮存宿主。牛痘病毒也可在猫-猫、猫-人、或猫-犬之间传播[28-39]。

猫痘病毒感染最常发生在夏季和秋季，与啮齿类宿主数量增多相一致。通常是猫在树林中捕猎啮齿类时受伤

而感染的[1,2,40-43]。最初病变通常是头部、颈部或前肢出现单个溃疡性结节，痘病毒感染可能继发细菌感染，导致脓肿或局部蜂窝织炎。感染开始的1～3周会发生周期性的白细胞相关性病毒血症。继发性皮肤病变包括小的表皮结节（3～5d会增大）和溃疡、形成痘疱和痂皮（图7-4）。瘙痒程度不同，感染的猫约20%会出现口腔痘疱或口腔溃疡[1,2,40,44]。有些动物在病毒血症期间出现发热、厌食、沉郁和腹泻等全身症状[44]。野生的猫科动物，尤其是印度豹，在病毒血症期间有很高的风险，疾病进程迅速，可发展为致死性肺炎。皮肤病变愈合缓慢，愈合的时间超过4～5周，且可能留有永久性瘢痕[45]。

鉴别诊断包括细菌和真菌感染、嗜酸性肉芽肿和肿瘤（尤其是肥大细胞瘤和淋巴瘤）。需要通过皮肤活组织检查、血清学检测、PCR、免疫组化法和病毒分离进行确诊[46]。皮肤组织病理学结果包括增生、气球样变性、网状变性、微泡形成以及表皮和毛囊外根鞘坏死。可在表皮的角质细胞内、毛囊和皮脂腺内发现嗜酸性的胞内包含体。

牛痘的诊断依赖于诊断性检测的结果。血清样本和病毒感染区的新鲜活组织检查样本或结痂物应分别送往适当的诊断实验室，分别做血清学检查和病毒分离。血清学检测不能将牛痘病毒和其他正痘病毒属的病毒相区分[47]。继

345

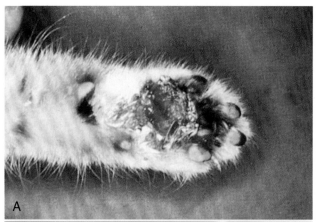

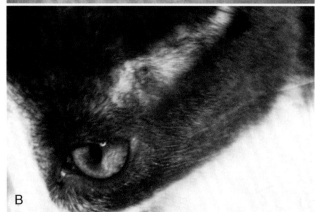

图7-4 **A.** 猫痘病毒感染病例出现的足垫溃疡 **B.** 猫痘病毒感染在颞区出现局灶性渗出和结痂（由R. Gaskell.提供）

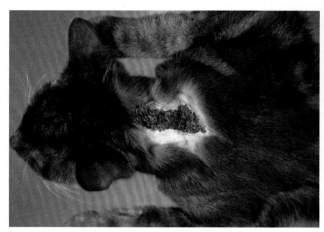

图7-5 患有猫传染性腹膜炎的猫在颈部背侧出现界限清楚的坏死和溃疡面

发皮肤病变的组织病理学检查通常能支持诊断，涉及正痘病毒属的鉴别需通过免疫组化技术或电子显微镜的观察来证明[40]。病毒分离或PCR分析是作出准确诊断的推荐方法。

牛痘病毒感染没有特异性治疗方法。如果皮肤或其他器官发生继发性细菌感染，则需进行适当的抗生素治疗。严重的患病动物，尤其是患有潜在的免疫抑制性疾病的动物，需要加强支持治疗，但仍可能不得不进行安乐术。禁用糖皮质激素类药物。

牛痘对猫具有潜在传染性，可通过猫、犬和人间的互相接触而传播[39,48-52]。在人类接触传染不常见，然而如果个体缺乏免疫力则感染将会很严重。典型的皮肤病变是结节性病变，且最常见于手部和臂部。有1例关于病人因接受糖皮质激素药物治疗而死亡的记载[51]。因此，所有感染的猫均应隔离并谨慎处理。牛痘病毒在干燥温度条件下可存活多年，但对多种消毒剂敏感，尤其是次氯酸盐溶液[40]。犬会发生单个、无症状、自愈性、溃烂的结节[39,53]。

尚无资料显示动物感染后是否可产生长期免疫力。为了防止再次感染，需禁止捕猎。

浣熊痘病毒是正痘病毒属的另一个成员，可导致加拿大猫爪部出现局部的皮肤病变[54]。北美洲还有其他痘病毒感染的记录，但并未记载病原病毒[55]。

（五）猫传染性腹膜炎

猫传染性腹膜炎（FIP）是一种由冠状病毒引起的全身

性病毒病。渗出性和非渗出性两种形式均常见[1,2]。人工感染的几只猫的头部和颈部周围发生了溃疡性病变（图7-5）[22,27]。组织病理学检查显示病灶呈典型的浅层血管炎变化，免疫组化技术显示血管壁内有病毒抗原。

1只1岁的家养短毛猫同时感染FIP和FIV，颈部和前肢发生了多处红斑性皮肤结节。结节的直径大约为2mm、无痛感、无瘙痒、轻微凸起，且伴有局部脱毛。皮肤活组织检查显示多中心的血管周围脓性肉芽肿性渗出，伴有真皮中间和深部血管丛的静脉炎。应用鼠抗猫冠状病毒（FCoV）抗原的单克隆抗体进行免疫组化检查，显示渗出中含有大量FCoV抗原阳性的巨噬细胞。该猫同时还发生了脓性肉芽肿性肾炎、严重的虹膜炎、葡萄膜炎、视网膜脱落，两侧眼鼻均有浆液性分泌物。患猫对姑息治疗（抗生素和免疫抑制剂量的甲基强的松龙）没有反应，之后进行安乐术[56]。相似的病例还有1只7月龄雄性家养短毛猫，该猫表现发热、前葡萄膜炎以及呼吸抑制，其颈背部和胸部侧面存在无瘙痒性凸起的皮肤丘疹。皮肤的组织病理学检查显示真皮中层至深层有以静脉为中心的脓性肉芽肿性渗出，且伴有皮肤坏死和出血。在巨噬细胞的胞浆中检测到猫冠状病毒的抗原[57]。当猫发生红斑性结节的皮肤病变且同时发生全身症状（如葡萄膜炎、呼吸抑制或腹膜炎）时，鉴别诊断中应考虑FIP。皮肤病变活检组织检查有助于确诊。

一只6岁雌性家养短毛猫前来就诊，病史为厌食3周、体重减轻且开始出现躲藏现象。检查发现左侧齿面部有较小的皮肤撕裂，触诊腹部有波动感。在静脉穿刺的保定过程中，颈背部皮肤撕裂，造成15cm×7cm的皮瓣。动物主人要求对该猫进行安乐术。尸体剖检结果包括肝脏脂质沉积、多中心慢性脓性肉芽肿性腹膜炎和盲肠炎以及皮肤脆弱。颈背部和胸部的表皮及真皮已严重萎缩。在小肠、肠系膜淋巴结和网膜的巨噬细胞中检测到大量的FCoV抗原，但在皮肤中未检测到。这一病例中皮肤脆弱是否直接与FIP有关，或者是否与皮肤分解代谢状态相关尚不清楚[58]。

（六）犬瘟热

犬瘟热是由副黏病毒引起的[1,2]。除了严重的呼吸系统、胃肠道及神经系统紊乱，某些动物感染该病毒后还会发生皮肤病变。因为患病动物全身虚弱，一些犬，尤其是日龄小的幼犬，会出现泛发性脓疱病（图7-6）。犬瘟热经典的皮肤表现是所谓的硬足垫病，通常表现为犬的鼻部（图7-7，A）和足垫部（图7-7，B）不同程度的过度角化。尽管多种疾病（如落叶天疱疮、SLE、药物性皮炎）可导致鼻尖角化过度，但这些疾病的患犬通常不像犬瘟热的患犬有全身性不适，而是有更广泛的皮肤病变。犬瘟热、利什曼病、坏死性表皮松解性红斑（见第十章）、泛发性犬食物性皮肤病（见第十七章）均可发生鼻尖病变和相似的全身性症状。当足垫触感比角化过度的程度更硬时，应高度怀疑犬瘟热，尤其是当患犬疫苗接种史不详时。

组织学上，皮肤或足垫表面有明显的正角化病性和角化不全性过度角化，且通常在角质细胞内可见嗜酸性胞内包含体[59]。包含体大小不一，轮廓从圆形到不规则形。细胞核内包含体很少见。偶尔在表皮内可见到多核的合胞体巨细胞。报道称，对犬瘟热患犬用免疫组化法检测有毛皮肤和足垫上皮细胞中的犬瘟热病毒的临死前诊断是非常可靠的[60,61]。

另一些少见的临床表现与免疫介导性疾病类似，如眼、鼻、口周围的小水疱、脓疱和结痂。一只表现这些症状的3岁雄性马尔济斯犬的皮肤活组织检查结果显示，表皮内出现多核的合胞体巨细胞和含有核内及胞浆内包含体的上皮细胞，包含体内有犬瘟热病毒粒子和抗原[59]。

（七）接触传染性病毒性脓疱性皮炎

接触传染性病毒性脓疱性皮炎（羊痘疮、传染性脓疱）是最初发现于绵羊和山羊的由副痘病毒引起的一种疾病[62]。曾报道过一群采食绵羊尸体的猎犬发生传染性病毒性化脓性皮炎[63]。病变由圆形的急性湿性皮炎、溃疡和痂皮组成，通常发生在头部。皮肤活组织检查显示表皮增

生、气球样变性、棘细胞层细胞松解以及明显的中性粒细胞浸润。皮肤活组织检查样本的生理盐水悬浮物可用于正常绵羊做皮肤划痕。对接种点的痂皮进行电子显微镜扫描，很容易看到副病毒颗粒。有1例猫感染副病毒的记载[64]，患猫脸部和背部有多处大的结痂病变，但该报道未提供其他细节。

治疗接触传染性病毒性脓疱性皮炎需局部用药，且根据症状进行不同的治疗。动物的病程通常是1~4周。当人的皮肤破损且暴露于病变材料或污染的物体时，该病可能传给人类。接触传染性病毒性脓疱性皮炎是人类的良性疾病，通常形成单个病灶，常见于手部。人类病变以通过丘疹、结节和乳头状瘤阶段发展而来的斑疹为特征。病变中心通常呈脐状，偶尔呈大疱状。人类接触传染性病毒性脓疱性皮炎的并发症包括局部淋巴结病、淋巴管炎、继发性细菌感染以及少见的泛发性或系统性疾病。

（八）伪狂犬病

伪狂犬病是一种由 α-疱疹病毒引起的急性致命性病毒病[1,2]。猪是该病毒感染的主要宿主。犬和猫是通过接触已经感染的动物而感染的，或者更典型的是，通过进食生的猪肉或内脏感染的。潜伏期为2~10d[65,66]，病例在临床症状出现后48h内死亡[67]。

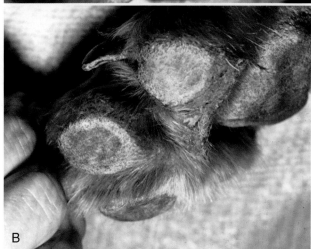

图7-7 A. 患有犬瘟热的犬，鼻角化过度 B. 犬瘟热患犬的指尖角化过度

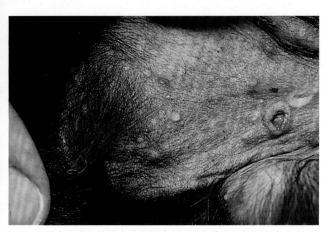

图7-6 患有犬瘟热的幼犬出现的脓疱。注意脓疱周围没有炎症表现

早期的研究显示剧烈而疯狂的上体瘙痒是犬感染该病的主要特征[18]。然而近期的研究表明仅有52%的患犬会发生这一症状[68]。流涎是普遍症状，随后相继出现坐立不安、厌食、共济失调和多种其他神经学异常。当瘙痒很严重时可导致自残，尤其是当瘙痒发生于头部和耳部时。猫主要表现神经学症状，瘙痒很少见[1,2,65]。

通过病毒分离可确诊。发生该病时，通常不尝试治疗，应通过严格的卫生消毒程序预防此病。

（九）流行性腮腺炎

流行性腮腺炎是由副黏病毒引起的人类病毒性疾病，且有关于患有流行性腮腺炎患者的家庭中犬出现临床症状的报道[1,2]。作者（WHM）对一只腮腺肿大、水泡性唇炎、腮腺炎抗体阳性的犬进行了检查。表皮环形脱屑仅出现在唇部，所以未进行活组织检查。皮肤病变随着唾液腺恢复正常而自然消失。

（十）猫鼻气管炎感染

猫鼻气管炎（猫α-疱疹病毒-1）是一个有糖蛋白脂质包膜的双链DNA病毒。迄今为止，毒株变异很小，且只有一种血清型与猫的临床疾病相关[69]。感染主要导致上呼吸道疾病，伴有喷嚏和结膜炎[32]。据估计80%康复的猫是隐性感染的携带者，病毒存在于其三叉神经节处[69,70]。应激或给予糖皮质激素可导致病毒再次活化并排毒。猫偶尔出现口腔和皮肤溃疡[1,2,71,72]。皮肤溃疡通常是浅层的、多灶性的，且可发生于包括足垫在内的身体的任何部位。应激或皮肤创伤可促使溃疡发生。皮肤活组织检查显示表皮溃疡伴有深层真皮坏死，且存在混合性炎性细胞浸润。可在角质细胞或真皮组织细胞中见到嗜碱性核内包含体。可以培养源于皮肤的疱疹病毒，更具诊断意义的是可通过电子显微镜看到角质细胞内的病毒[10,73,74]。

猫的面部溃疡性和坏死性皮炎或口炎与疱疹病毒-1有关[75-77]。感染的猫可能有也可能没有现存的或历史性眼部或呼吸道症状。疾病多发生于成年猫，但是幼猫可被感染。典型的皮肤病变是鼻镜部（图7-8，A）、鼻桥（图7-8，B）和眼周皮肤（图7-9，A）形成痂皮。当去除痂皮后，暴露出的皮肤发炎溃烂（图7-9，B）。在身体的其他部位也可发现类似的病变。炎症的特征通常是以嗜酸性粒细胞为主的，但某些病例是以中性粒细胞为主的。

随着猫的上呼吸道感染可能发生表皮剥脱的多形性红斑。一般性表皮剥脱和侵蚀的组织学检查显示为单纯细胞凋亡和淋巴细胞上皮向性。感染清除后，皮肤病变自然消失[78]。

并发呼吸道症状的猫可直接确诊。不表现呼吸道症状的猫，鉴别诊断包括蚊虫叮咬性过敏、嗜酸性斑块、杯状病毒相关性皮炎、FeLV皮炎、药物反应、多形性红斑、落叶天疱疮和SLE。可通过皮肤活组织检查确诊。血清学检

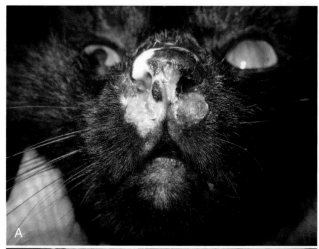

图7-8 **A.** 猫疱疹性皮炎时，鼻镜部褪色、受侵蚀、出现溃疡及结痂 **B.** 疱疹性皮炎患猫的鼻桥和上唇出现结痂及溃疡

测既不能确定病毒的活动性感染，也不能确定皮肤病是由病毒引起的。皮肤活组织检查，可见溃疡性（通常是坏死性）皮炎，以及化脓性毛囊炎和疖病。在有些猫的毛囊腔内可见猫蠕形螨[77]。有血管周围至间质的炎性细胞混合型性皮炎，伴有多量嗜酸性粒细胞。表面和滤泡上皮内可见多核的角质巨细胞，且巨细胞和其他角质细胞中可见双染性（Cowdry A型）核内包含体。该病唯一的特征是汗腺上皮层坏死。超微结构研究证明核内病毒粒子是疱疹病毒。患猫疱疹病毒-1的PCR检测为强阳性[75,76,79]。据报道，PCR鉴定在确诊疱疹性皮炎方面有100%的敏感性和95%的特异性[80]。如果皮肤活组织检查样本由于接触结膜或鼻黏膜污染，则PCR结果会出现假阳性。据报道免疫组化检测也是准确的方法[76,81]。病毒分离可用于确定病毒的存在。

成年猫可由于应激或使用皮质类固醇类药物而诱发该疾病。使用抗生素和其他对症治疗的方法改善机体状态会使该病自愈。其他治疗方法包括赖氨酸（250mg不含丙二醇的制剂，每24h口服1次）、α-干扰素（1×10⁶U/m²，皮下注射，1周3次，或者0.01~1MU/kg，皮下注射，每日1次，使用3周）、重组的猫Ω-干扰素（1.5MU/kg，在病变周围皮下注射）、口服法昔洛韦（Famciclovir）（90mg/kg）和

唇部以及足部，被称为"口爪病"[91]。

有2只猫在例行卵巢切除术后出现了一种不常见的杯状病毒性皮炎的感染形式。2只猫腹部的剃毛区在术后大约10d时均出现了脓疱病变。组织学诊断为平面表皮脓疱病和坏死性皮炎。脓疱的上皮细胞经免疫组化染色检测到了FCV抗原。其中1只猫还出现了口腔溃疡和呼吸困难，并且进行了安乐术。尸体剖检结果包括化脓性肺炎和胰腺周围脂肪坏死，对皮肤和肺脏进行免疫组化分析，结果为FCV阳性。第2只猫开腹探查见镰状韧带和大网膜脂肪的泛发性坏死。切除病变的脂肪组织，并对原来的切口进行清创。术后患猫使用抗生素和泼尼松龙进行治疗，状况好转，皮肤病变在25d内愈合。成熟很可能是患猫在术后舔舐术部皮肤将唾液中的FCV传播到了腹部皮肤造成的。虽然全身使用糖皮质激素类药物治疗病毒性疾病存在争议，但是糖皮质激素类药物似乎促进了FCV相关溃疡的愈合[68,92]。

最近，FCV出现了一种具严重出血性和强毒力的生物型。出血性毒力表现为患猫面部和爪部水肿（50%的病例）、发热（90%）、眼和鼻分泌物（50%）、黄疸（20%）以及出血性腹泻（30%）。另外还表现口腔溃疡，一些感染的猫还表现鼻、唇、耳郭、眼周和四肢末端皮肤的溃疡和结痂。死亡率为30%～50%，死亡原因为细菌性败血症和/或弥散性血管内凝血。成年猫对这一毒株比幼年猫更易感（比值为9.56）[93]。尸体剖检结果包括肺炎、肝病、胰腺炎和心包炎[2,94]。

可根据与其他猫接触的病史、典型的临床症状（口腔囊疱和溃疡，结合打喷嚏、鼻眼分泌物或急性跛行和发热）对急性FCV感染作出假设性诊断。提示慢性FCV感染的临床症状包括伴有口臭的增生性齿龈炎和口炎、吞咽困难、过度流涎、厌食以及体重减轻。病毒分离、PCR检测和荧光抗体检测可用于鉴定口咽拭子或结膜拭子上的病毒抗原。皮肤活组织检查显示表皮坏死以及角质细胞和上皮细胞的气球样变性。也可能出现浅层的皮肤水肿和血管炎。免疫组化可用于鉴定FCV抗原。

传统的抗病毒药物对于FCV感染的治疗没有效果。大多数急性病例经过一般的支持治疗预后良好。抗生素有助于控制继发的细菌感染。对于慢性病例，治疗较难，且慢性淋巴浆细胞性齿龈炎和口炎对全身性糖皮质激素类药物和其他治疗的反应各不相同。尽管最近的研究使用了特异性抗病毒的磷酸二酰胺吗啉低聚物（PMO）效果极好，但出血性毒株感染的病例预后谨慎；与未治疗的患猫存活比例3/31相比，经PMO治疗的猫存活比例为47/59[94]。

疫苗接种有助于减轻FCV感染的相关症状。然而疫苗不能抵抗所有的基因型的毒株，且对防止出血性强毒株的传播无效。1∶32稀释的漂白剂是良好的消毒剂，且可与清洁剂联合使用进行食盆、猫砂、笼具和其他物体的表面消毒[2]。

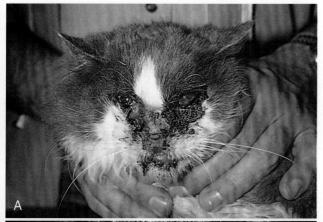

图7-9　A. 患有疱疹性皮炎的猫，表现面部皮肤结痂、睑炎以及角膜溃疡　B. A图中的猫去除痂皮后可见严重的溃疡性皮炎

阿昔洛韦[72,77,82]。局部可使用咪喹莫特（Imiquimod），1周连续使用2～3d。局部使用抗病毒药，例如0.5%西多福韦（Cidofovir），12h1次，也可用于溃疡性角膜炎。这些治疗可能有效也可能无效。接种疫苗有利于预防该病，但是不能保护感染者或防止携带者的病情发展[69,83]。

（十一）猫杯状病毒感染

猫杯状病毒（FCV）是一种很小的、无囊膜的、单链RNA病毒，属于疱疹病毒属。FCV有很多不同的毒株，这些毒株的抗原性和致病性不同。猫可以连续感染不同的毒株，表现不同程度的临床病症[2,84,85]。生活于多猫的家庭的猫更易感。病毒通过眼、鼻和口腔的分泌物散播，且主要通过直接接触患猫进行传播。接种疫苗可预防最常见的毒株（FCV-F9、FCV-255和其他毒株）引起的疾病，但是不能保护感染者或长期带毒者。据调查显示，20%～30%的猫存在扁桃体和口咽部的持续感染，并且定期排毒[2,86]。

与FCV感染相关的最常见的临床症状包括口腔水疱和溃疡、沉郁、发热、打喷嚏以及伴有眼鼻分泌物的结膜炎[2,87]。溃疡常见于舌部，也可能出现在唇部、齿龈黏膜和鼻部。长期慢性感染的猫可发展为淋巴浆细胞性齿龈炎和口炎；尤其常见于共感染FIV的猫[88-90]。有些毒株和关节关系密切，可导致跛行，而跛行在几天后消失（称为短暂发热性跛行综合征）。幼猫的溃疡出现在舌部、上腭、

(十二) 犬乳头状瘤病毒感染

乳头状瘤病毒是一种小的双链DNA病毒，可以感染多种动物；这种病毒通常具有种特异性，属于乳头多瘤空泡病毒科。与犬乳头状瘤病毒感染相关的症状包括六种不同症候群：口腔乳头状瘤病、性病乳头状瘤、外生性皮肤乳头状瘤、皮肤内翻性乳头状瘤、足垫多发性乳头状瘤和犬病毒性色素沉着斑 (见第二十章)。这些症候群通过解剖分布、组织学特征、IHC、PCR和/或DNA原位杂交技术进行鉴别[2,9,95]。该病毒在犬至少有4个变种 (可能更多)[96-98]。

乳头状瘤病毒感染基底层的角质细胞，在棘细胞层和颗粒层进行基因复制，并经角质化的鳞屑释放新的感染性病毒[99]。乳头状瘤病毒导致的细胞病变包括有丝分裂率增加导致的棘皮症和过度角化，棘细胞层上部形成凹空细胞，以及在颗粒层出现巨大的透明角质蛋白颗粒。凹空细胞是细胞质透明、细胞核固缩的角质细胞。在棘细胞层上部或颗粒层可能发现呈灰白色的嗜碱性核内包含体[9]。

犬口腔乳头状瘤病毒 (COPV) 可导致口腔黏膜病变，病变也可出现在舌头、硬腭和会厌部。病变最常见于幼年犬 (平均年龄1岁)，病程初期病灶表现为白色、光滑、扁平的、有光泽的斑块 (图7-10)，经过4～8周变为有蒂的菜花样肿块 (图7-11)，再过4～8周可消退。尽管可以产生抗体，但细胞免疫对于消退更重要，CD4+细胞产生细胞因子激活巨噬细胞，抑制病毒复制并杀死感染的角质细胞[95,100,101]。

阿奇霉素、大环内酯类抗生素有时对犬的口腔和皮肤乳头状瘤病有效，10mg/kg，口服，每日1次，使用10d。阿奇霉素治疗乳头状瘤病的作用模式尚未阐明[102]。手术切除、冷冻手术、电手术以及激光手术可用于切除恢复慢的或妨碍进食的乳头状瘤。另外，手术切除、冷冻或挤压多个乳头状瘤可诱导抗原激活而介导剩余乳头状瘤的消退[2]。重组疫苗也已用于介导消退，且也可用于预防COPV的感染[103]。一些犬低剂量口服干扰素 (例如α干扰素，每只犬按1 000～2 000U口服，每12～24h 1次) 和高剂量病变内给药 (例如α干扰素，1×10⁷U/mL 注射到5个瘤内，每周3次，直到瘤开始消退) 可介导瘤的消退。口腔乳头状瘤康复的犬对再次感染有免疫力。

外生性皮肤乳头状瘤 (见图20-1，C) 常发生于老年犬。凯利蓝㹴和可卡犬发病率较高，且雄性比雌性更常见[2]。这些病变可持续6～12个月，之后开始自然消退。有时病变持续时间不确定，尤其是免疫抑制的犬。局部使用4-氟尿嘧啶 (5%溶液) 或咪喹莫特，每周3次，对介导病变消退可能有效。口服依曲替酯 (1mg/kg，口服，24h1次) 对某些犬也有效[104]。有报道称经环孢菌素A治疗的犬会发生皮肤乳头状瘤病，然而，一项研究中9只环孢菌素介导发生疣性增生病变的犬中仅有2只分离到病毒[105,106]。

皮肤内翻性乳头状瘤是小的、坚实的、突起的肿块，病变呈杯状，在皮肤表面有小孔开口 (见图20-1，D)。患犬的腹侧可能存在多处病变。这些病变最常见于年龄小于3岁的犬，尽管老年动物也可感染。高发病率的品种包括比格犬、伯尔尼山犬、可卡犬、大丹犬、爱尔兰赛特犬、凯利蓝㹴和惠比特犬。免疫组化已经证明病变是由乳头状瘤病毒所致的，这是与COPV不同的一种病毒[21,107]。

足垫的多发性乳头状瘤见于年轻的成年犬。患犬1～2岁开始出现症状。多发性乳头状瘤发生于两个或多个爪的多个足垫，表现为分散的、坚实的、角化过度的、通常呈

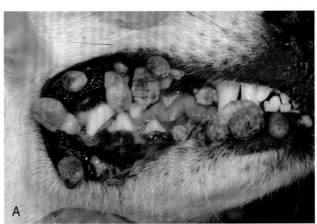

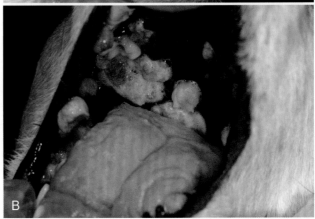

图7-11 **A.** 感染犬病毒性乳头状瘤病的犬，唇和口腔黏膜有大量的疣样病变 **B.** A图中患犬在口腔黏膜和硬腭上也出现疣状的病毒性乳头状瘤病变

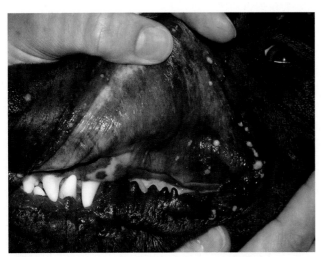

图7-10 幼犬口腔乳头状瘤病早期的扁平样至结节样病变

图7-12 幼犬足垫边缘分散的疣状病变

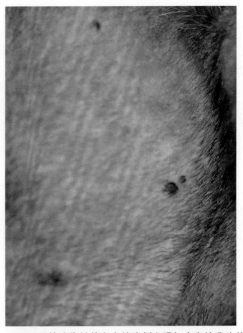

图7-13 一只3月龄迷你杜伯文犬的腹侧出现与病毒性乳头状瘤病相关的色素性病变

角状的病变（图7-12）。关于犬的研究发现，未在其他部位发现病变。如果病变较大或累及承重的足垫表面，犬会发生跛行。病变严重时会增大或出现缺损；单个病变可自然消退，但仍会出现新的病变。然而迄今为止，组织学上检测乳头状瘤病毒的特征性病变仍是徒劳无功的。局部使用角质溶解剂或软化剂（例如水和石蜡油）进行治疗，可去除角化后的碎屑、软化病变，并减轻犬的不适感；但是这不能改变感染的进程。对少数犬局部使用二甲基亚砜（DMSO）和口服依曲替酯，治疗无效。可以进行手术切除，笔者用过CO_2激光切除病灶。未见报道自然消退及免疫治疗成功的先例[108]。

犬病毒性色素沉着斑包括多处分散的色素丘疹、斑块或结节（图7-13），位于腹侧、胸侧部以及四肢近端内侧。多数病变直径小于1cm，且呈鳞状、不规则、表面呈轻度乳突样，偶尔可见单独的病变。斑块在一个时期内呈进行性发展，之后变得稳定。病变很少会转变成恶性的鳞状细胞癌。犬病毒性色素沉着斑最常见于年轻的成年犬，好发的品种有巴哥犬和迷你雪纳瑞犬。波士顿狻和法国斗牛犬也是该病的易感品种。在巴哥犬上，此病可能是常染色体显性遗传的疾病[79]。其他品种患犬可并发皮质类固醇增多症、甲状腺功能减退或由低球蛋白血症导致免疫抑制。组织学上，病变部位边界清晰，以其表面和漏斗形滤泡上皮出现假癌性增生及发育不良为特征。凹空细胞和病毒包含体罕见。在病变中处发现一种新的乳头状瘤病毒[96,109-114]。

（十三）猫乳头状瘤病毒感染

猫有四种疾病症候群与乳头状瘤病毒相关。第一种症候群是原来的病毒性"猫皮肤乳头状瘤"。1990年报道了2只老年波斯猫的泛发性角质过度斑块（图7-14）[33,97,115]。病变大小不同，主要位于躯干部位，其中一只猫表现色素沉着过度。该猫被认定为免疫功能不全。随后有其他相似特征的病例报道[10,116]。组织学研究显示表皮和滤泡漏斗形

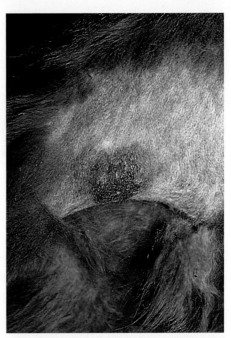

图7-14 与猫乳头状瘤病毒感染相关的局部色素沉着过度和结痂病变。注意色素变化的区域超出了结痂的范围

上皮增生及发育不良，并伴有凹空细胞。可见胞浆内包含体，电镜可见乳头状瘤病毒样颗粒。免疫组化染色证明有乳头状瘤病毒的抗原，该抗原表现新的猫乳头状瘤病毒特征，并被命名为家猫乳头状瘤病毒（FdPV）。FdPV最接近于COPV。在1只12岁家养短毛猫外观类似的病变中发现了一种病毒，该病毒与人的乳头状瘤病毒9型的相似度为98%相似[97,98,117-120]。

第二症候群是猫皮肤纤维乳头状瘤，也叫猫结节病（Feline sarcoids）。该症候群表现为结节性肿块（图7-15），最常见于年轻猫（多数小于5岁）的头部、颈部和

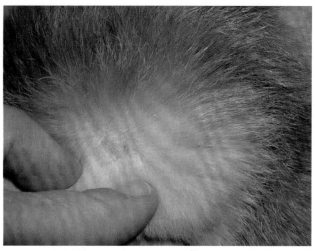

图7-15 幼猫颈部皮肤纤维乳头状瘤（猫结节病）

图7-17 猫前肢的原位Bowenoid癌（退行性原位癌——译者注）

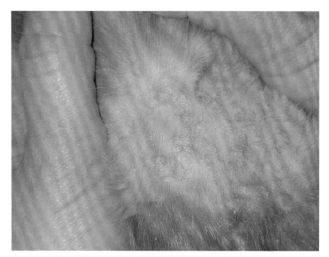

图7-16 这只猫的病毒性斑内含有蠕形螨，表明有潜在的免疫抑制

指尖。患猫通常有户外活动，且一项研究中11/20的猫接触过牛群。这些肿块的临床表现为有蒂的外生性肿块，且多数会破溃。组织学上，病变由密集的纺锤形至星形成纤维细胞组成，并覆盖有增生的上皮细胞，像柱状栅栏一样，与马肉瘤极为相似。大多数病变的乳头状瘤病毒PCR检测为阳性，与牛的乳头状瘤病毒1型及其相似[121,122]。

第三种症候群是猫病毒斑，通常是泛发性的卵圆形至细长形、轻微突起的病变，长度小于8mm。斑块呈鳞状，表面略不规则，可能有色素或无色素沉着。尽管报道的年龄范围是7月龄至15岁，但大多数患猫是较老的成年猫。很多患猫有潜在的免疫抑制疾病，例如FIV、FIP或长期使用皮质类固醇药物治疗。部分病变中可发现蠕形螨（图7-16）。组织学上，猫的病毒斑有轻度至中度的棘皮症和分层的角化过度。颗粒层变厚，含有增大的角质透明蛋白颗粒和少量的中空细胞。部分病变可转变为猫的退行性原位癌[123,124]。

在猫原位Bowenoid癌（图7-17）和皮肤侵入性鳞状细胞癌中可检测到乳头状瘤病毒的多种类型，这些成为了猫

乳头状瘤病毒感染的第四种症候群。实际上，从1990年开始就已经发现很多猫多中心原位鳞状细胞癌的病例[4,6,11,125]（见第二十章）。这些猫的病变为伴有细胞异形性和少量凹空细胞的表皮和滤泡增生及发育不良。对63个病例使用兔抗牛乳头状瘤病毒的抗血清进行免疫组化染色，结果显示有30例皮肤的颗粒层内细胞核染色呈阳性[125]。对6只猫病变的超微结构研究显示细胞核内的粒子与乳头状瘤病毒相匹配。这些数据可表明猫乳头状瘤病毒可介导长期的发育不良性病变，最终变为肿瘤[6,126]。

治疗选择很有限。由于病变的数量、病变的位置及术后会出现新的病变，因此手术切除通常不切实际的局部使用5-氟尿嘧啶治疗在人和犬均有效，但对猫来说由于其神经毒性而禁止使用。初步的研究表明γ射线（锶-90敷贴）治疗早期病变有效[6]；但是，同时手术治疗并不能阻止新的病变出现。个例报道显示α干扰素（每只猫30U，口服，每24h 1次）治疗可能有效（见第二十章）。

（十四）肿瘤

乳头多瘤空泡病毒引起犬的皮肤和黏膜的乳头状淋瘤（疣），有些病例中这些病毒导致的病变可发展为鳞状细胞癌或基底细胞癌（见前文和第二十章）。猫肉瘤病毒导致年轻猫的皮肤纤维肉瘤（见第二十章）。FeLV和猫肉瘤病毒与猫的淋巴肉瘤、脂肪肉瘤、黑素瘤、血管瘤以及多发性皮角的发生有关（见第二十章）。

二、立克次体性疾病

（一）犬落基山斑疹热

落基山斑疹热（RMSF）是由经蜱（最常见的是安氏革蜱和变异革蜱）[1,2,127-129]传播的立氏立克次体*Rickettsia rickettsii*引起的。该病在美国是一种季节性疾病，病例多发生于3月-10月。尽管根据病名，RMSF是美国大陆的一种地方性疾病，但是目前美国东部每年人的发病率最高。

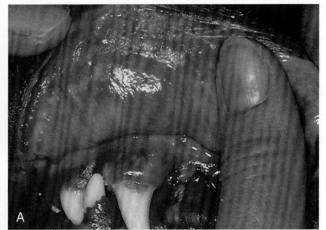

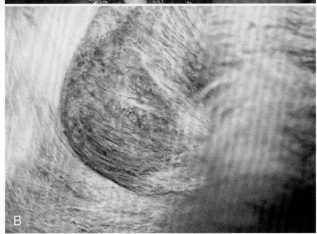

图7-18 A. 犬落基山斑疹热病例出现的口腔溃疡 B. 落基山斑疹热患犬出现多中心阴囊溃疡（A由C. Foil提供）

患犬会表现发热、厌食、昏睡、外周淋巴结病以及神经功能障碍的症状。大约20%的病例会出现红疹、瘀点、水肿的皮肤病变，偶尔出现口腔（图7-18，A）、眼睛、生殖道的黏膜溃疡和坏死，以及鼻部、耳郭、腹部、阴囊（图7-18，B）、指尖和趾部的皮肤坏死和溃疡[129,130]。常见肢端水肿，这可能是皮肤最早的症状。公犬的附睾可能疼痛且肿胀。血液学变化可包括贫血、白细胞减少症或白细胞增多症以及血小板减少症。皮肤活组织检查显示坏死性血管炎。

RMSF患犬血清中会有4倍立氏立克次体的抗体滴度（与初始和康复时的血清样本滴度相比）。直接免疫荧光检测福尔马林固定的皮肤活检样本中立氏立克次体抗原通常是阳性的（可在血管内皮中看到抗原）[1,2]。

治疗包括四环素（22～30mg/kg，口服，每8h 1次）、多西环素（5～10mg/kg，口服，每12h 1次）或恩诺沙星（5mg/kg，口服，每8h 1次）用药1～2周，同时进行支持治疗[1,2,131,132]。同时使用高剂量皮质类固醇治疗皮肤病变会延长立克次体血症和治疗的进程，但是无不利反应[133]。当犬感染携带立氏立克次体的蜱时，该犬存在潜在的公共健康危险；当立克次体患犬的血液和组织没有被适当保存时也存在危险。对动物主人危害最大的是移除蜱的过程中接触了蜱的排泄物或血淋巴，所以和主人说明在给犬去除蜱

的时候使用镊子是非常重要的，且之后要用肥皂和水彻底地洗手。最好的预防方式是避免去有感染的蜱的地方，并且定期使用双甲脒、氟虫腈，或含苄氯菊酯的杀虫项圈、点剂或喷雾（也见第六章"蜱的控制"部分）[133-138]。

（二）犬埃里希体病

埃里希体病是由经蜱传播的革兰阴性专性细胞内微生物犬艾里希体（*Ehrlichia canis*）引起的[1,2]。之前该病原被归类为立克次体类，最近分子分析显示埃里希体属于无浆体属[139]。疾病主要表现全身症状，包括发热、体重减轻、沉郁、昏睡以及厌食。也可见血液学和凝血异常、血管炎以及单个或多个关节病。皮肤病变非常少见，包括面部皮炎结痂并波及鼻梁[140]、血管炎导致的脓疱和紫癜以及丘疹结痂皮炎的剧烈瘙痒[130]。由于免疫抑制的特性，一些德国牧羊犬在埃里希体病愈合后还会复发脓皮病（见第四章）。据报道，患病动物面部皮炎有SLE所见的组织学特征，但是犬的抗核抗体（ANA）检测呈阴性而犬艾里希体抗体检测呈阳性。多西环素介导皮肤病变的愈合[140]。需要强调的是，当皮肤病变的临床症状和组织学特征与红斑狼疮相似时，需要考虑传染性病原体。

诊断依据包括血小板减少症（82%）、贫血（82%）、白细胞减少症（32%）、高蛋白血症（33%）、高球蛋白血症（39%）等结果，以及白细胞内桑葚样变化或血清学结果为阳性（IgG滴度≥1∶80），以及对治疗的反应。The American College of Veterinary Internal Medicine（美国兽医内科协会）推荐用多西环素治疗，10mg/kg口服，每24h 1次，至少连用28d。米诺环素（10mg/kg，每12h 1次）、四环素（22-30mg/kg每8h 1次）也可能有效。节肢动物媒介是血红扇头蜱，故蜱的控制对于预防该病的传染非常重要[141]。

（三）猫血液营养支原体病

猫血液营养支原体病（猫传染性贫血）是一种急性或慢性的家猫疾病。疾病以发热、沉郁、厌食和巨红细胞性溶血性贫血为特征[1,2]，由血液营养生物支原体血红蛋白引起。先前根据16S rRNA基因序列和微生物分类，该病原属于支原体属，目前病原体被认定为猫的血液巴尔通体（大转变）[142-144]。有猫急性和慢性感染时发生皮肤过敏和簇状脱毛的报道[145]，但没有提供图片、显微照片或其他细节证实这些皮肤病变的诊断。

三、原虫性皮肤病

（一）弓形虫病

弓形虫病是由一种专性细胞内寄生的寄生性原虫*Toxoplasma gondii*引起的多系统疾病[1,2,146]。猫是终末宿主，并在其粪便中存在感染性的卵囊。大多数猫和犬通过摄食

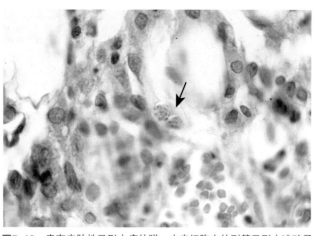

图7-19 患有皮肤性弓形虫病的猫，内皮细胞内的刚第弓形虫速殖子（箭头）

含有包囊裂殖子的中间宿主（例如小的哺乳动物）而被感染。弓形虫病的临床症状包括发热、厌食、昏睡、体重减轻、过敏、呕吐、腹泻、呼吸道疾病、黄疸、腹水、关节炎、神经疾病、眼病、淋巴结肿大、脾肿大、心脏节律不齐、脓性肉芽肿性皮炎和猝死[2]。由弓形虫病导致的人[147]和猫[22,27,148-151]的皮肤病变的报道很少见。报道的猫的皮肤组织病理学结果包括脓性肉芽肿性或坏死性皮炎和血管炎，且可见弓形虫病原（图7-19）。曾有报道称犬和猫发生弥散性的弓形虫病会发生结节性脓性肉芽肿性皮炎[148]。

结节经细针抽吸进行细胞学分析可证明巨噬细胞内或细胞外含有原虫病原。PCR技术可用于快速而准确地诊断弓形虫病[152,153]。双份血清样本在2～3周之后显示抗体滴度升高4倍可诊断为活动性感染。可选用克林霉素（10mg/kg，口服，每8h 1次，连用4周）治疗犬和猫的弓形虫病[2]。免疫抑制动物发生弓形虫病的风险很高，在进行免疫抑制治疗期间禁止饲喂生肉或进行捕猎活动。

（二）犬核孢子虫病

核孢子虫属球虫有复杂的生活史，包括啮齿类动物、爬行动物以及猛禽类[1,2,154]。动物由于摄食感染的宿主而发生感染，主要导致腹泻。在躯干部皮肤发现脓疱、斑块或结节的幼犬可怀疑[155,156]或认定[154]是这类病原感染。组织的反应包括伴有嗜酸性粒细胞的脓性肉芽肿，以及在巨噬细胞和结缔组织细胞中可见大量不同生活阶段的虫体[154,157]。

（三）犬新孢子虫病

新孢子虫病是由犬新孢子虫引起的[1,2,158-168]。由于其速殖子和组织包囊与刚地弓形虫相似，所以该病原无疑可以存活很多年而不被识别。家养犬和土狼是终末宿主，且在摄食犬新孢子虫感染的组织后排出卵囊的时间达几个月[169,170]。中间宿主包括牛、鹿、犬、山羊、马和绵羊[164,171]。妊娠动

物感染通常导致流产，流产的组织包含大量感染性的速殖子和缓殖子。小鼠、大鼠、猪和家猫在人工感染后均表现临床症状[172]。任何年龄的犬均可感染，但是幼年犬的临床症状更严重。主要症状是神经和肌肉的症状，但也可见到肺炎、肝炎、心肌炎或皮炎[164,167,171,173-175]。少部分犬出现皮肤病，大部分犬普遍有消退性的结节[163,176-180]，但1例在眼睑、颈部、胸部和会阴部出现迅速扩散的溃疡性皮炎[160]。病变可能出现瘙痒。通过皮肤病变的细针抽吸或活组织检查识别病原即可确诊。

组织学上，结节病变是以脓性肉芽肿性皮炎为特征的。可在角质细胞、巨噬细胞、中性粒细胞以及内皮细胞（罕见）中看到速殖子。溃疡性病变的犬有嗜酸性粒细胞坏死性皮炎，伴有严重的充血、血栓和梗死[160]。鉴别新孢子虫病和弓形虫病，需要进行免疫组化法、超微结构或PCR的研究。可使用血清学检测确定感染率[181]。间接荧光抗体检测滴度大于1：800时，可强有力地表明患犬处于感染的活动期[163]。在一项研究中，正常犬中大约15%的犬血清学检测呈阳性。据报道，感染更常见于中型到大型的纯种犬，包括德国短毛波音达犬、拉布拉多猎犬、拳师犬、金毛寻回猎犬、巴吉度猎犬以及灵缇[182]。野生的、农村的或流浪的犬和饲喂生肉的犬有很高的感染率。已经发现牛群的感染和农场上犬的密度间有很强的统计学相关性[183,184]。有报道指出患有免疫抑制疾病和注射弱毒疫苗或给予免疫抑制药物后的成年犬可复发该病。

有效治疗的信息很有限[185]。据报道，皮炎和肌炎对克林霉素（5～11mg/kg，口服，每12h 1次，连用4～8周）有反应。当出现神经症状时推荐使用磺胺甲氧苄啶（15～30mg/kg，口服，每12h 1次，连用4～8周）治疗，因为该药物可更好地渗透到中枢神经系统。幼年动物和那些患有严重肌肉或神经系统疾病的动物预后不良。感染后的母犬可通过垂直传播将疾病传播给胎儿，因此禁止将感染的母犬用于育种[186]。禁止给犬饲喂生肉，尤其是牛肉，禁止给犬饲喂流产的组织。如果可能的话，也要阻止犬去牛群排便的区域[2,161,164,182,187-190]。

（四）犬肉孢子虫病

肉孢子虫病在自然界很普遍，尤其常见于牛和绵羊[1,2]。犬和猫的感染是由于摄食了组织包囊（肉孢子囊）。肉孢子虫对犬和猫通常是不致病的，虽然有一个罗威纳犬慢性腹泻的报道，其中该犬全身出现了多处的皮肤脓肿，尤其是后肢[191]。活组织检查显示严重的坏死性纤维蛋白化脓性皮炎，伴有大量的中性粒细胞和少量的嗜酸性粒细胞和巨噬细胞。血管充血并阻塞，巨噬细胞内可见大量的原虫性病原，病原偶尔见于血管内皮细胞内。另外两个犬肉孢子虫病例的文献报道也发生于罗威纳犬，说明可能有品种好发性。其他的研究需要阐明该病原体的生活史[192-195]。

（五）犬巴贝斯虫病

犬巴贝斯虫病（梨形虫病）是一种蜱传疾病，由血液寄生虫巴贝斯虫引起[1,2,196]。这种病原体主要导致红细胞破坏和贫血，但是也报道过很多其他症状。主要有两种引起犬感染的巴贝斯虫，分别是犬巴贝斯虫和吉氏巴贝斯虫。在美国，犬巴贝斯虫在墨西哥湾沿岸各州最常见，灵缇的发病率最高（佛罗里达州的一项研究，393只灵缇中46%为血清学阳性）[197,198]。吉氏巴贝斯虫感染最常发生于美国斯塔福德犭和美国比特牛头犭，或者与这两种犬打斗的犬[147,199]。打斗可以传播病原体，病原体通过血液和唾液接种，食入含病原体的血液或唾液也可以使得病原体传播。然而最常见的传播模式是被感染的蜱叮咬。

除了与血小板减少症或弥散性血管内凝血相关的口腔或皮肤上的瘀点和瘀斑以外，皮肤的病变很少见。皮肤病变是由于相邻的白细胞碎裂性血管炎导致的，伴有或不伴有血管坏死[200]。临床症状包括水肿、瘀斑、溃疡和坏死，这些皮肤病变可出现在耳郭、腋下、腹股沟、四肢或阴囊等部位[200-202]。像埃里希体病一样，患有巴贝斯虫病的犬有一些和SLE相似的临床特征，且抗核抗体（ANA）滴度可能呈阳性。滴度1：80或更高一般考虑诊断为犬巴贝斯虫感染，而吉氏巴贝斯虫的滴度为1：320或更高则可作出诊断。通过PCR可鉴定巴贝斯虫种属。

有一病例报道，使用羟乙磺酸戊氯苯脒治疗皮肤病变[200]。其他巴贝斯虫杀虫剂也可能有效。据报道多西环素（10mg/kg，口服，每12h 1次，连用7～10d）、克林霉素（12.5～25mg/kg，口服，每12h 1次，连用7～10d）以及阿奇霉素（10mg/kg，口服，每24h 1次，连用10d）有利于犬巴贝斯虫病的管理，但是不能去除该寄生虫。

（六）利什曼病

利什曼病是一种由多种利什曼原虫引起的、严重的原虫感染[1,2,196,203-206]。已经鉴定出30多种利什曼虫，且大多数是人畜共患的。该病在人和犬最常见，但也见于猫和其他家养动物。该病呈世界性分布。在东半球，大多数犬的病例发生在地中海盆地和葡萄牙，但是这些报道源于法国、德国、瑞士、荷兰和其他国家[207]。在新大陆，该病在美国南部和中部流行，报道集中的流行地区有得克萨斯州、俄克拉荷马州、俄亥俄州、密歇根州和阿拉巴马州[208-210]。从流行区引入犬后几个月或几年后有可能会发生该病，因而在其他任何地方都会有该病病例的报道。在新大陆，传播本病的吸血白蛉为罗蛉属，而在旧大陆为白蛉属。温暖时节，因白蛉数量多而导致感染频率增加[211]。家犬、野犬、啮齿类动物，以及其他野生动物是利什曼原虫的储存宿主。血清学检测阳性但无症状的犬尽管皮肤临床检查为正常，但从其中20%的犬皮肤组织中分离到了利什曼原虫[212]。由于开放性损伤的发生，一些研究者已经在关注

犬和犬之间或者犬和人之间的直接传播或机械传播的可能性。在HIV感染阳性的病人中，利什曼原虫病是一种新发传染病[213]。通常来说，利什曼原虫病造成的组织损伤是由肉芽肿炎性反应和免疫复合物沉积造成的。因为血细胞中的利什曼原虫无鞭毛体可被转运至炎症部位，故有假说认为有亚临床感染或者显性利什曼原虫病的犬会在外创部位产生皮肤病变，进而造成炎性过程[214]。这种机制可部分解释利什曼原虫患犬常见的压迫部位的炎症分布和溃疡性病变[215,216]。

本病的潜伏期从数周到几年不等，患病动物会逐渐出现症状且呈进行性发展。各龄犬都可感染该病，但其流行率呈现出双峰分布，即3岁以下的犬和8～10岁的犬分别出现感染高峰[217]。德国牧羊犬和拳师犬感染本病的风险更高。农村地区的犬，尤其是那些夜晚在户外活动的犬的感染风险也较高[104]。德国牧羊犬和拳师犬感染本病的风险更高[104]。农村地区的犬，尤其是那些夜晚还户外活动的犬的感染风险也较高[218]。10%到超过50%血清学阳性但无临床症状的犬会在较长时间内保持健康状态，但却不是终生健康的[212,219,220]。

患内脏型利什曼原虫病的犬超过80%都出现皮肤病变[1,2,221-225]。最常见的病变表现为伴有银白色石棉样鳞屑的剥落性皮炎（图7-20，A）。头部、耳郭和四肢的皮肤剥落最为明显。鼻指（趾）过度角化症可能伴有鳞屑，病变部位的皮肤少毛或变秃。眼周秃毛（似护目镜）很常见。溃疡性皮炎也比较常见（图7-20，B和C）。其他病理变化包括趾甲弯曲（图7-20，D）、甲沟炎、无菌性脓疱性皮炎、鼻部色素消退（图7-20，E）并伴有侵蚀和溃疡，以及结节性皮炎（图7-20，F）[219,226]。25%感染本病的犬可出现继发性脓皮病[219]。由于利什曼原虫可诱导细胞介导的免疫抑制，患犬很容易患各种类型的毛囊虫病[227]。

利什曼原虫病的全身症状多样且多变。超过50%的患犬耐力降低，体重减轻，并出现嗜睡[1,2,219,221,222,228-231]。寄生虫血症及宿主对利什曼原虫免疫应答的不同使得机体的异常表现也不一样。通常情况下患犬会出现淋巴结病和肝脾肿大。其他异常包括肌肉萎缩、恶病质、间歇热、角膜结膜炎、鼻出血和跛行。由于进行性肾衰而致的多尿、烦渴和其他症状较为常见。在北美地区，犬的地方性内脏型利什曼原虫病被划分为新发传染病。1980—2001年，报道过4例内脏型利什曼原虫病，但这些犬无国外旅行经历；其中的2只犬是猎狐犬。随后对超过一万只猎狐犬进行了筛查，发现美国21个州及加拿大2个州的69个养犬俱乐部的犬为血清学阳性[210,232,233]。大部分犬感染后无临床症状，但余者表现出慢性消耗、结膜炎、前葡萄膜炎、视网膜炎、面部脱毛、淋巴结病、多发性关节炎、肌肉萎缩及蛋白丢失性肾病/肾衰。猫对利什曼原虫人工感染具有抗性，猫的自发性病例罕见[132,234-236]。所见报道大部分的猫出现唇部、鼻、眼睑、耳郭或爪垫的结节性或结痂性皮炎，剥落性皮

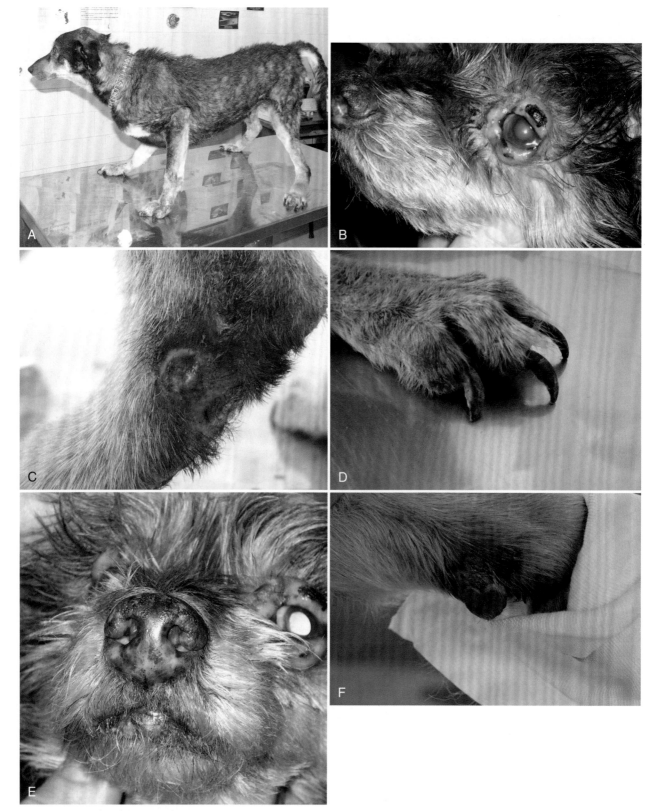

图7-20　**A.** 利什曼病患犬的剥脱性皮炎　**B.** 患利什曼病的约克夏㹴出现的眼周溃疡性皮炎　**C.** 利什曼病患犬后腿的溃疡性结节　**D.** 利什曼病患犬出现的甲弯曲　**E.** 患利什曼病的约克夏㹴出现的鼻及眼周色素消退　**F.** 利什曼病患犬出现的溃疡性结节（由Domenico Santoro博士供图）

炎也比较常见。

　　由于免疫缺陷不是感染的先决条件，患犬对利什曼原虫会产生免疫应答。对利什曼原虫病不易感与激发T_H1型细胞应答相关，而对其易感则与激发T_H2型细胞应答相关[219,237]。白介素2（IL-2）和α肿瘤坏死因子（TNF-α）可能提供保护作用[219]。感染后，血清中的抗利什曼原虫IgG、IgM、IgA和循环免疫复合物都会增加至较高滴度，从而易发肾脏病症[238-240]。感染后，CD21⁺、CD5⁺、CD4⁺和CD8⁺细胞的数量减少，且免疫细胞反应无能的程度可影响临床症状的严重性[241-244]。人工感染早期，犬产生针对利什曼原虫的细胞免疫应答，但这种应答在开始出现临床症状后便会消失[245]。如果细胞免疫应答持续存在，则感染犬的临床症状轻微甚至无症状，其组织内可检测到的虫体数量也更少[243,246,247]。

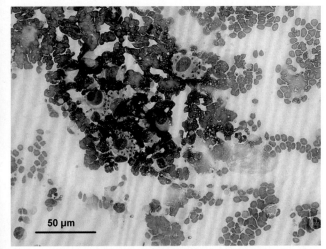

图7-21 含有大量杜氏利什曼小体的巨噬细胞，来自利什曼病患犬皮肤病变部位的抹片（由Mar Bardagi博士供图）

本病需与落叶型天疱疮、系统性红斑狼疮、锌反应性皮肤病、坏死松解性游走性红斑、皮脂腺炎和淋巴瘤进行鉴别诊断。实验室辅助检查通常可见再生障碍性贫血、血球蛋白过多、低白蛋白血症和蛋白尿。

在利什曼原虫病患犬中，免疫相关疾病的测试，如抗球蛋白试验、抗核抗体、红斑性狼疮细胞制备、类风湿因子等可呈现阳性结果[208,219]。抗核抗体指标与临床症状相关性不大，被检测的犬中抗核抗体阳性的比率在16%～80%[204,221,248]。因为利什曼原虫病与系统性红斑狼疮的临床症状经常有重叠，所以当患犬来自疫区时需对免疫学检测的结果谨慎解读[249]。

本病可通过细胞学或组织病理学寻找组织存在的虫体、PCR检测、虫体培养、动物接种试验，或通过检测抗体及阳性皮肤测试反应来诊断[217,250]。尽管患犬在无临床症状时血清学检测为阳性，但极少出现虫体的自身清除，因此测试结果为阳性即意味着感染[1,2]。

1. 细胞学

在被感染组织的巨噬细胞中可检测到利什曼无鞭毛体（图7-21）。需从有丘疹、结节及溃疡的病损皮肤处，以及骨髓，淋巴结，脾脏及外周血沉棕黄层涂片中取样。使用姬姆萨染色最易检测到无鞭毛体，也较容易从淋巴结肿大病犬的淋巴结，或者贫血患犬的骨髓中检测到无鞭毛体[217]。

2. 组织病理学

通过组织病理学研究难以检查出该病原，受侵害的组织可能有淋巴浆细胞样、脓样肉芽肿或伴有脉管炎的肉芽肿炎症。皮肤活组织检查结果变化极多。正角化病性及角化不全的过度角化最为常见。炎症侵润部位通常含有巨噬细胞及少量的淋巴细胞和浆细胞。利什曼原虫病有9种已被公认的炎症，包括肉芽肿性毛囊周炎、间质性皮炎、浅表和深层血管周皮炎、苔藓样界面皮炎、结节性皮炎、小叶脂膜炎、化脓性毛囊炎、以及表皮内脓疱皮炎，如此多的症状也反映了本病临床表现的多变性[204]。其中最常见的3种症状为肉芽肿性毛囊周炎、浅表和深层血管周皮炎和间

质性皮炎。患犬通常出现上述炎症症状的几种。毛囊周炎型病犬中大约有45%的毛囊全部闭塞。这种对皮脂分泌的破坏无疑会造成临床上皮肤剥落的高发。在约50%的患犬的细胞内或细胞外发现了利什曼虫体。虫体呈圆形到卵圆形，大小为2～4μm，有个圆形的嗜碱性细胞核，以及一个小的棒状动基体。常规染色即可见利什曼原虫，而使用姬姆萨染色最好。免疫组织化学技术的应用促进了本病病原体的鉴定[251-253]。

3. 培养

专业实验室使用血琼脂培养基培养来显示利什曼原虫前鞭毛体，这是最为特异的检测手段。但虫体培养法不易开展及卵化时间长（需30d）限制了本法的使用[253]。

4. 聚合酶链式反应检测

分子生物学的方法，包括传统的PCR法，巢式PCR法及定量PCR法（real-time），用小亚基rRNA或动基体DNA小环作为扩增的靶分子时敏感度尤其高[254,255]。定量PCR特异性最好，其在监测治疗有效性时也很有用[256]。依照敏感程度降序排列，能得到阳性结果的样品依次为骨髓、淋巴结、皮肤、结膜、血沉棕黄层和外周血全血。相对于福尔马林固定的组织，新鲜样品或者冻存样品更容易获得阳性结果[254,255]。

5. 动物接种试验

这一方法需用实验室繁殖的白蛉媒介在犬体吸血，然后检查白蛉肠道内是否出现前鞭毛体。此法高度敏感和特异，但很少被实际运用[253]。

6. 血清学方法

对自然感染来说，检测到针对利什曼原虫的抗体所需时间从1个月到22个月不等（平均5个月）[217]。现有多种可用的血清学检测方法（免疫荧光抗体检测，ELISA，免疫层析试纸条快速检测），它们的敏感性和特异性因研究者及被检测的群体的不同而有所不同[204,257-261]。世界动物健康组织现推荐使用免疫荧光抗体检测作为利什曼原虫检测的血清学参考方法[253,262,263]，但没有检查法是100%准确的，有报道表明超过10%的被试犬表现为假阴性。假阳性主要是因为有针对枯氏锥虫抗体的交叉反应[264,265]。ELISA和免疫层析试纸条检测法使用利什曼原虫的特异性重组抗原，能区分针对利什曼原虫和枯氏锥虫的血清学反应，但这两种方法的敏感性低于免疫荧光抗体检测法[217,266,267]。高抗体滴度通常出现于临床发病的患犬，除非是极为局限的病变，或者是在感染早期临床症状先于特异性抗体应答出现[217]。

目前，认为绝大部分的利什曼原虫病患犬不可治愈。治疗可缓解临床症状，但治疗后数月至数年会复发。复发主要是因为没有完全清除体内的虫体，但也可能是再次感染。

治疗利什曼原虫病的目的是降低机体的虫体数量，治疗虫体感染引起的器官损伤，改善患犬对虫体的免疫应答。N-甲基-D-葡萄糖胺（葡甲胺）虽然未被美国食品和

药品管理局（FDA）批准用于犬，但其通常作为人及犬利什曼原虫病的治疗药物[268]。虽然根据葡甲胺在犬的药物动力学，每12h皮下注射剂量为50mg/kg的药物更为有效，最常用的疗法为每天皮下注射葡甲胺1次，剂量为100mg/kg，连用4周。治疗的第一周通常就可见临床症状的改善，但此时应继续治疗至少4周，以降低复发的频率。葡甲胺的不良反应包括注射部位的疼痛、发烧、厌食和腹泻。血清丙氨酸转氨酶和淀粉酶也可能会短暂升高[269,270]。葡甲胺治疗可降低虫体含量，增强机体的特异性IgG抗体应答及改善细胞免疫应答[243]。

别嘌呤醇是FDA批准的犬用药物，每12h口服10mg/kg的别嘌呤醇、连用2~24个月对犬利什曼病有一定效果[268]。犬对别嘌呤醇的耐受性很好。有报道称，相对于单独使用，联用葡甲胺锑酸盐和别嘌呤醇（前者每天皮下注射1次、每次100mg/kg，持续1~2个月；后者每12h口服1次、每次10mg/kg，至少连用6个月）的临床缓解期更长[271]。

氨基杀菌素（又称巴龙霉素）是FDA批准用于犬的氨基糖苷类药物，其同时有抗菌及抗原虫作用。本药的不良反应包括肾脏和前庭损伤[272]。有关于犬单独使用氨苷菌素或该药与葡甲胺联用的报道。最常用的疗法为每天皮下注射5mg/kg的氨基杀菌素1次、连用3周，同时每12h肌内注射葡甲胺锑酸盐，连用4周[272]。

有一个研究显示，每天口服2.75mg/kg第三代的氟喹诺酮类合成药马波沙星，连用28d，可改善利什曼原虫病的临床症状[273]。马波沙星对利什曼原虫有直接（α肿瘤坏死因子）和间接（产生一氧化氮）的杀伤效果[274]。恩诺沙星也能通过促使巨噬细胞产生一氧化氮而增强对利什曼原虫的杀伤作用[268]。

其他用于犬利什曼原虫病治疗的药物包括两性霉素B[275]、米替福星[276,277]、戊烷脒[259]、多潘立酮[278]、螺旋霉素[279]、甲硝唑[279]和酮康唑[280]。

在一个研究中，采用了含有利什曼原虫抗原的重组疫苗（Leish-100f + MPF-SE作为佐剂）与葡甲胺联合使用的免疫化疗方案，取得了令人振奋的研究结果[281-286]。治疗或者非治疗犬的血清学滴度与临床症状无相关性[219]。临床治愈的犬往往存在高血清滴度，因而测量血清滴度不能用于监测治疗进程及确认是否完全治愈[219]。成功治愈的犬可再次出现抗原特异性的淋巴组织增生性反应[259]。而用细胞学方法、体外培养法或者PCR，都可以从治愈犬中发现利什曼原虫虫体[213,287]。因此，这些治愈犬仍然是该病原的携带者及储存宿主[288-290]。在巴西，一种含有杜氏利什曼原虫前鞭毛体糖蛋白富集物的海藻糖-甘露糖配体（FML）-皂苷疫苗已经获得上市许可。尽管在一次研究中，36只免疫犬有3只被感染并表现出轻度临床症状，但该疫苗仍能避免犬出现严重病症及死亡[291]。由于用血清学方法难以区分自然感染犬与免疫接种犬，这可能会阻碍该疫苗的推广[292]。

在本病流行国家，控制利什曼原虫病的努力基本上不

成功。比如巴西的一项研究发现，剔除3岁以上的感染犬会导致血清学阳性犬的比例从26.6%升高至42.2%。这很可能是因为替换的幼龄犬更为易感[293,294]。

为保护个体犬只免受利什曼原虫感染，可采取在白蛉吸血时节将犬控制在室内（从太阳落下前1h到黎明）及在犬舍外安装阻蝇网等措施。在流行区，虫害防治措施的应用会降低白蛉吸血及感染的概率[295]。尽管从药物使用到产生完全保护效果有多达1周的延迟期，但单独使用苄氯菊酯或联合吡虫啉的点滴剂，以及缓释的溴氰菊酯项圈都可提供很好的保护以阻止白蛉叮咬[292,296]。值得注意的是，一些杀虫剂如吡啶氟虫腈和氰氟虫腙（单独使用或者与双甲脒联用）对白蛉无效或者效用有限[297]。其他对白蛉有药效的杀虫剂包括有机磷酸酯类（甲基氯蜱硫磷）、氨基甲酸盐（残杀威）及一些拟除虫菊酯[292]。

在非流行区对感染犬进行安乐术可阻止本病的传播。美国的一些猎狐犬俱乐部已经采纳了检测-淘汰程序来控制本病。巴西卫生部也在施行筛查和淘汰感染犬的措施[292]。

目前几乎没有治疗猫利什曼原虫病的公开信息。在采用如下4周1个疗程的治疗方案后，治好了1只患猫的皮肤损伤：每天皮下注射5 mg/kg葡甲胺及口服10 mg/kg酮康唑，间隔10d后再治疗4周[298]。

参考文献

[1] Greene CE: *Infectious Diseases of the Dog and Cat*, ed 2, Philadelphia, 1998, W. B. Saunders Co.

[2] Greene CE: *Infectious Diseases of the Dog and Cat*, ed 3, Philadelphia, 2006, W.B. Saunders Co..

[3] Hoover EA, Mullins JI: Feline leukemia virus infection and diseases. *J Am Vet Med Assoc* 199:1287, 1991.

[4] Baer KE, Helton K: Multicentric squamous cell carcinoma in situ resembling Bowen's disease in cats. *Vet Pathol* 30:535, 1993.

[5] Guaguere E, Olivery T, Delverdier-Poujade A, et al: *Demodex cati* infestation in association with feline cutaneous squamous cell carcinoma in situ: a report of five cases. *Vet Dermatol* 10:61–67, 1999.

[6] Miller WH Jr, et al: Multicentric squamous cell carcinomas in situ resembling Bowen's disease in five cats. *Vet Dermatol* 3:177, 1992.

[7] Scott DW: Feline dermatology 1900-1978: A monograph. *J Am Anim Hosp Assoc* 6:331, 1980.

[8] Favrot C, Wilhelm S, Grest P, et al: Two cases of FeLV-associated dermatoses. *Vet Dermatol* 16:407–412, 2005.

[9] Gross TL, Ihrke PJ, Walder EJ: *Skin Diseases of the Dog and Cat: Clinical and Histopathologic Diagnosis*. Ames IA, 2005, Blackwell Science.

[10] Clark EG, et al: Primary viral skin disease in three cats caused by three different viruses and confirmed by immunohistochemical and/or electron microscopic techniques on formalin-fixed tissue. *Proc Annu Memb Meet Am Acad Vet Dermatol Am Coll Vet Dermatol* 9:56, 1993.

[11] Gross TL, et al: Giant cell dermatosis in FeLV-positive cats. *Vet Dermatol* 4:117, 1993.

[12] Zenger E: FIP, FELV, FIV: Making a diagnosis. *Proc Am Coll Vet Int Med* 16:407, 1998.

[13] Clark N, Kushner NN, Barrett CB, et al: Efficacy and safety field trials of a recombinant DNA vaccine against feline leukemia virus infection. *J Am Vet Med Assoc* 199:1433–1443, 1991.

[14] Yamamoto JK, et al: Epidemiologic and clinical aspects of feline immunodeficiency virus infection in cats from the continental United States and Canada and possible mode of transmission. *J Am Vet Med Assoc* 194:213, 1989.

[15] Sato R, et al: Oral administration of bovine lactoferrin for treatment of intractable stomatitis in feline immunodeficiency virus (FIV)-positive and FIV-negative cats. *Am J Vet Res* 57(10):1443, 1996.

[16] Setsuko TOI, et al: Histopathological features of stomatitis in cats

spontaneously infected with feline immunodeficiency virus. *J Jpn Vet Med Assoc* 47:331, 1994.

[17] Waters L, Hopper CD, Gruffydd-Jones TJ, et al: Chronic gingivitis in a colony of cats infected with feline immunodeficiency virus and feline calicivirus. *Vet Rec* 132:340–342, 1993.

[18] Chalmers S, et al: Demodicosis in two cats seropositive for feline immunodeficiency virus. *J Am Vet Med Assoc* 194:256, 1989.

[19] Mancianti F, et al: Mycological findings in feline immunodeficiency virus-infected cats. *J Med Vet Mycol* 30:257, 1992.

[20] Neel JA, Tarigo J, Tater KC, et al: Deep and superficial skin scrapings from a feline immunodeficiency virus-positive cat. *Vet Clin Pathol* 31:101–104, 2007.

[21] Goldschmidt MH, Shofer FS: *Skin Tumors in the Dog and Cat*, Oxford, 1992, Pergamon Press, pp 2–3, 231–251.

[22] Scott DW, Miller WH, Griffin CE: *Small Animal Dermatology*, ed 6, Philadelphia, 2001, WB Saunders Co, p 519.

[23] Hardy WDJ: The feline sarcoma virus. *J Am Anim Hosp Assoc* 17:981–987, 1981.

[24] Snyder HW Jr, Dutta-Choudhury M, Hardy WD Jr: Relationship of the feline oncornavirus associated cell membrane antigen to a feline sarcoma virus encoded polyprotein. *Haematol Blood Transfus* 26:488–491, 1981.

[25] Stephens LC, Tsai CC, Raulston GL, et al: Virus-associated liposarcoma and malignant lymphoma in a kitten. *J Am Vet Med Assoc* 183:123–125, 1983.

[26] Stiles J, Bienzle D, Render JA, et al: Use of nested polymerase chain reaction for detection of retroviruses from formalin-fixed, paraffin-embedded uveal melanomas in cats. *Vet Ophthalmol* 2:113–116, 1999.

[27] Scott DW, et al: *Muller and Kirk's Small Animal Dermatology*, ed 5, Co, Philadelphia, 1995, W. B. Saunders.

[28] Begon M, et al: The population dynamics of cowpox virus infection in bank voles: Testing fundamental assumptions. *Ecology Lett* 1:82, 1998.

[29] Begon M, Hazel SM, Baxby D, et al: Transmission dynamics of a zoonotic pathogen within and between wildlife host species. *Proc R Soc Lond B* 266:1939–1945, 1999.

[30] Bennett M, Baxby D: Feline and human cowpox. *Vet Ann* 35:229, 1995.

[31] Chantrey J, Meyer H, Baxby D, et al: Cowpox: reservoir hosts and geographic range. *Epidemiol Infect* 122:455–460, 1999.

[32] Crouch AC, Baxby D, McCracken CM, et al: Serological evidence for the reservoir hosts of cowpox virus in British wildlife. *Epidemiol Infect* 115:185–191, 1995.

[33] Czerny CP, Eis-Hubinger AM, Mayr A, et al: Animal poxvirus transmitted from cat to man: current event with lethal end. *Zentralbl Veterinarmed B* 38:421–431, 1991.

[34] Haenssle HA, Kiessling J, Kempf VAJ, et al: Orthopoxvirus infection transmitted by a domestic cat. *J Am Acad Dermatol* 54S1:S1–S4, 2006.

[35] Hawranek T, Tritscher M, Muss WH, et al: Feline orthopoxvirus infection transmitted from cat to human. *J Am Acad Dermatol* 49:513–518, 2003.

[36] Naidoo J, et al: Characterization of orthopoxviruses isolated from feline infections in Britain. *Arch Virol* 125:261, 1992.

[37] Nowotny N, et al: Poxvirus infection in the domestic cat: Clinical, histopathological, virological, and epidemiological studies. *Wien Tierärztl Mschr* 81:362, 1994.

[38] Schulze C, Alex M, Schirrmeier H et al: Generalized fatal cowpox virus infection in a cat with transmission to a human contact case. *Zoonoses Public Health* 54:31–37, 2007.

[39] von Bomhard D, et al: Zur Epidemiologie, Klink, Pathologie und Virologie der Katzen-Pocken-Infektion. *Kleintierpraxis* 37:219, 1992.

[40] Bennett M, et al: Feline cowpox virus infection. *J Small Anim Pract* 31:167, 1990.

[41] Canese MG, et al: Feline poxvirus infection. A case report. *Schweizer Archiv fur Tierheilkunde* 139:454, 1997.

[42] Coras B, Ebauer SE, Pfeffer M, et al: Cowpox and a cat. *Lancet* 365:446, 2005.

[43] Schaudien D, Meyer H, Grunwald D, et al: Concurrent infection of a cat with cowpox virus and feline parvovirus. *J Comp Path* 137:151–154, 2007.

[44] Godfrey DR, Blundell CJ, Essbauer S, et al: Unusual presentations of cowpox infection in cats. *J Sm Anim Pract* 45:202–205, 2004.

[45] Thomsett LR: Feline poxvirus infection. In: Kirk RW, editor: *Current Veterinary Therapy IX*, Philadelphia, 1986, W. B. Saunders Co, p 605.

[46] Bennett M, et al: The laboratory diagnosis of orthopoxvirus infection in the domestic cat. *J Small Anim Pract* 26:653, 1985.

[47] Czerny CP, Wagner K, Gessler K, et al: A monoclonal blocking-ELISA for detection of orthopoxvirus antibodies in feline sera. *Vet Microbiol* 52:185–200, 1996.

[48] Baxby D, Bennett M: Cowpox: A re-evaluation of the risks of human infection based on new epidemiological information. *Arch Virol* 13:1, 1997.

[49] Egberink HF, et al: Isolation and identification of a poxvirus from a domestic cat and a human contact case. *J Vet Med* 33:237, 1986.

[50] Groux D, et al: La poxvirose féline: À propos de deux cas. *Prat Méd Chir Anim Comp* 34:215, 1999.

[51] Vestey JP, et al: What is human catpox/cowpox infection *Int J Dermatol* 30:696, 1991.

[52] Wienecke R, et al: Cowpox virus infection in an 11-year-old girl. *J Am Acad Dermatol* 42:892, 2000.

[53] Smith KC, et al: Skin lesions caused by orthopoxvirus infection in a dog. *J Small Anim Pract* 40:495, 1999.

[54] Yager JA, Hutchison L, Barrett JW: Raccoonpox in a Canadian cat. *Vet Dermatol* 17:443–448, 2006.

[55] Fairley RA, Whelan EM, Pesavento PA, et al: Recurrent localised cutaneous parapoxvirus infection in three cats. *N Z Vet J* 56:196–201, 2008.

[56] Cannon MJ, Silkstone MA, Kipar AM: Cutaneous lesions associated with coronavirus-induced vasculitis in a cat with feline infectious peritonitis and concurrent feline immunodeficiency virus infection. *J Fel Med Surg* 7:233–236, 2005.

[57] Declercq J, De Bosschere H, Schwartzkrof I, et al: Papular cutaneous lesions in a cat associated with feline infectious peritonitis. *Vet Dermatol* 19:255–258, 2008.

[58] Trotman TT, Mauldin E, Hoffman V, et al: Skin fragility syndrome in a cat with feline infectious peritonitis and hepatic lipidosis. *Vet Dermatol* 18:365–369, 2007.

[59] Maeda H, et al: Distemper skin lesions in a dog. *J Vet Med A* 42:247, 1994.

[60] Grone A, Doherr MG, Zurbriggen A: Canine distemper virus infection of canine footpad epidermis. *Vet Dermatol* 15:159–167, 2004.

[61] Haines DM, et al: Immunohistochemical detection of canine distemper virus in haired skin, nasal mucosa, and footpad epithelium: A method for antemortem diagnosis of infection. *J Vet Diagn Invest* 11:396, 1999.

[62] Shields RP, Gaskin JM: Fatal generalized feline viral rhinotracheitis in a young adult cat. *J Am Vet Med Assoc* 170:439–441, 1977.

[63] Wilkinson GT, et al: Possible "orf" (contagious pustular dermatitis, contagious ecthyma of sheep) infection in the dog. *Vet Rec* 87:766, 1970.

[64] Hamblet CN: Parapoxvirus in a cat. *Vet Rec* 132:144, 1993.

[65] Hara M, et al: A natural case of Aujeszky's disease in the cat in Japan. *J Vet Med Sci* 53:947, 1991.

[66] Howard DR: Pseudorabies in dogs and cats. In: Kirk RW, editor: *Current Veterinary Therapy IX*, Philadelphia, 1986, W. B. Saunders Co, p 1071.

[67] Monroe WE: Clinical signs associated with pseudorabies in dogs. *J Am Vet Med Assoc* 195:599, 1989.

[68] Declercq J: Case report. Pustular calicivirus dermatitis on the abdomen of two cats following routine ovariectomy. *Vet Dermatol* 16:395–400, 2005.

[69] Gaskell R, Dawson S, Radford A, et al: Feline herpesvirus. *Vet Res* 38:337–354, 2007.

[70] Gaskell RM, Povey RC: Experimental induction of feline viral rhinotracheitis virus re-excretion in FVR-recovered cats. *Vet Rec* 100:128–133, 1977.

[71] Flecknell PA, et al: Skin ulceration associated with herpesvirus infection in cats. *Vet Rec* 104:313, 1979.

[72] Power HT: Newly recognized feline skin diseases. *Proc Annu Memb Meet Am Acad Vet Dermatol Am Coll Vet Dermatol* 14:31, 1998.

[73] Maggs DJ, et al: Evaluation of serologic and viral detection methods for diagnosing feline herpesvirus-1 infection in cats with acute respiratory tract or chronic ocular disease. *J Am Vet Med Assoc* 214:502, 1999.

[74] Moise NS: Viral respiratory diseases. *Vet Clin North Am Small Anim Pract* 15:919–928, 1985.

[75] Hargis AM, et al: Ulcerative facial and nasal dermatitis and stomatitis in cats associated with feline herpes 1. *Vet Dermatol* 10:267, 1999.

[76] Suchy A, et al: Diagnosis of feline herpesvirus infection by immunohistochemistry, polymerase chain reaction, and in situ hybridization. *J Vet Diagn Invest* 12:186, 2000.

[77] Wojciechowski J, et al: *Herpesvirus dermatitis in a cat*. Proc 14th Am Acad Vet Dermatol Am Coll Vet Dermatol, 1998, p 85.

[78] Olivry T: *Newly recognized feline dermatoses: selected topics*. Keywest, 1997, Proc DVM Fall Seminar, p 29.

[79] Briggs OM: Lentiginosis profuse in the pug: three case reports. *J Small Animal Pract* 26:675–680, 1985.

[80] Holland JL, Outerbridge CA, Affolter VK, et al: Detection of feline herpesvirus 1 DNA in skin biopsy specimens from cats with or without dermatitis. *J Am Vet Med Assoc* 229:1442–1446, 2006.

[81] Burgesser KM, et al: Comparison of PCR, virus isolation, and indirect fluorescent antibody staining in the detection of naturally occurring feline herpesvirus infections. *J Vet Diagn Invest* 11:122, 1999.

[82] Gutzwiller ME, Brachelente C, Taglinger K, et al: Feline herpes dermatitis treated with interferon omega. *Vet Dermatol* 18:50–54, 2007.

[83] Gaskell RM, Gettinby G, Graham SJ, et al: Veterinary Products Committee working group report on feline and canine vaccination. *Vet Rec* 150:126–134, 2002.

[84] Ghubash R. Feline viral skin disease. In: Bonagura JD, Twedt CD, editors: *Kirk's Current Veterinary Therapy XIV*, Philadelphia, 2009, Saunders Elsevier, pp 441–443

[85] Radford AD, Coyne KP, Dawson S, et al: Feline calicivirus. *Vet Res* 38:319–335, 2007.

[86] Johnson RP, Povey RC: Feline calicivirus infection in kittens borne by cats persistently infected with the virus. *Res Vet Sci* 37:114–119, 1984.

[87] Love DN, et al: Feline calicivirus associated with pyrexia, profound anorexia, and oral and perineal ulceration in a cat. *Aust Vet Pract* 17:136, 1987.

[88] Hooper SW, Gruffyadd-Jones TJ, Harbour DA: Chronic gingivitis in a colony of cats infected with feline immunodeficiency virus and feline calicivirus. *Vet Rec* 132:340–342, 1993.

[89] Quimby JM, Elston T, Hawley J, et al: Evaluation of the association of *Bartonella* species, feline herpesvirus 1, feline calicivirus, feline leukemia virus and feline immunodeficiency virus with chronic feline gingivostomatitis. *J Feline Med Surg* 10(1):66–72, 2008 Feb.

[90] Tenorio AP, Franti CE, Madewell BR, et al: Chronic oral infections of cats and their relationship to persistent oral carriage of feline calici-, immunodeficiency, or leukemia viruses. *Vet Immunol Immunopathol* 29:1–14, 1991.

[91] Cooper LM, Sabine M: Paw and mouth disease in a cat. *Aust Vet J* 48:644, 1972.

[92] Povey RC, Jarrett JO: Viral diseases and diseases associated with feline leukaemia virus infection. In: Wilkinson GT, editor: *Diseases of the Cat and Their Management*, ed 2, Oxford, 1984, Blackwell Scientific Publications, pp 398–401.

[93] Hurley KE, Pesavento PA, Pedersen NC, et al: An outbreak of virulent systemic feline calicivirus disease. *J Am Vet Med Assoc* .224:241–249, 2004.

[94] Smith AW, Iversen PL, O'Hanley PD, et al: Virus-specific antiviral treatment for controlling severe and fatal outbreaks of feline calicivirus infection. *Am J Vet Res* 69:23–32, 2008.

[95] Nicholls PK, Stanley MA: Canine papillomavirus—a centenary review. *J Comp Pathol* 120:219–233, 1999.

[96] LeNet JL, et al: Multiple pigmented cutaneous papules associated with a novel canine papillomavirus in an immunosuppressed dog. *Vet Pathol* 34:8, 1997.

[97] Sundberg JP, van Ranst M, Montali R, et al: Feline papillomas and papillomaviruses. *Vet Pathol* 37:1–10, 2000.

[98] Anis EA, O'Neill SH, Newkirk KM, et al: Molecular characterization of the L1 gene of papillomaviruses in epithelial lesions of cats and comparative analysis with corresponding gene sequences of human and feline papillomaviruses. *Am J Vet Res* 71:1457–1461, 2010.

[99] Campo MS: Papillomavirus and disease in humans and animals. *Vet Comp Oncol* 1:3–14, 2003.

[100] Nicholls PK, et al: Naturally occurring, nonregressing canine oral papillomavirus infection: Host immunity, virus characterization, and experimental infection. *Virol* 265:365, 1999.

[101] Nicholls PE, Stanley MA: The immunology of animal papillomaviruses. *Vet Immunol Immunopathol* 73:101–127, 2000.

[102] Yagci BB, Ural K, Ocal N, et al: Azithromycin therapy of papillomatosis in dogs: a prospective, randomized, double-blinded, placebo-controlled clinical trial. *Vet Dermatol* 19:194–198, 2008.

[103] Alvar J, Canavate C, Molina R, et al: Canine leishmaniasis. *Adv Parasitol* 57:1–88, 2004.

[104] Abranches P, Silva-Pereira MCD, Conceicao-Silva F, et al: Canine leishmaniasis: pathological and ecological factors influencing transmission of infection. *J Parasitol* 77:557–561, 1991.

[105] Favrot C, Olivry T, Werner AH, et al: Evaluation of papillomaviruses associated with cyclosporine-induced hyperplastic verrucous lesions in dogs. *Am J Vet Res* 66:1764–1769, 2005.

[106] Seibel W, Sundberg JP, Lesko LJ, et al: Cutaneous papillomatous hyperplasia in cyclosporine-A treated beagles. *J Invest Dermatol* 93:224–230, 1989.

[107] Campbell KL, Sunberg JP, Goldschmidt MH, et al: Cutaneous inverted papillomas in dogs. *Vet Pathol* 25:67–71, 1988.

[108] Agut M, et al: Autovaccination as a treatment in canine papillomavirus dermatological disease: A study of nine cases. *Biomed Lett* 54(213):23, 1996.

[109] Gross TL, et al: Multifocal intraepidermal carcinoma in a dog histologically resembling Bowen's disease. *Am J Dermatopathol* 8:509, 1986.

[110] Nagata M, et al: Pigmented plaques associated with papillomavirus infections in dogs: is this epidermodysplasia verruciformis? *Vet Dermatol* 6:179–181, 1995.

[111] Narama I, Kobayashi Y, Yamagami T, et al: Pigmented cutaneous papillomatosis (pigmented epidermal nevus) in three pug dogs; histopathology, electron microscopy and analysis of viral DNA by the polymerase chain reaction. *J Comp Pathol* 132:132–138, 2005.

[112] Orth G, et al: Multiple pigmented cutaneous papules associated with a novel canine papillomavirus in an immunosuppressed dog. *Vet Pathol* 34:8, 1997.

[113] Stokking LB, Campbell KL, Lichtensteiger CA, et al: Pigmented plaques in three dogs. *J Am Anim Hosp Assoc* 40:411–417, 2004.

[114] Tobler K, Lange C, Carlotti DN, et al: Detection of a novel papillomavirus in pigmented plaques of four pugs. *Vet Dermatol* 19:21–25, 2008.

[115] Carpenter JL, et al: Cutaneous xanthogranuloma and viral papilloma on an eyelid of a cat. *Vet Dermatol* 3:187, 1992.

[116] Egberink HE, et al: Papillomavirus associated skin lesions in a cat seropositive for feline immunodeficiency virus. *Vet Microbiol* 31:117, 1992.

[117] Lozano-Alarcon F, Lewis TP, et al: Persistent papillomavirus infection in a cat. *J Am Anim Hosp Assoc* 32:392–396, 1996.

[118] Munday JS, Hanlon EM, Howe L, et al: Feline cutaneous viral papilloma associated with human papillomavirus type 9. *Vet Pathol* 44:924–927, 2007.

[119] Rachezy R, Duson G, Rector A, et al: Cloning and genomic characterization of *Felis domesticus* papillomavirus type 1. *Virology* 301:313–321, 2002.

[120] Terai M, Burk RD: *Felis domesticus* papillomavirus, isolated from a skin lesion, is related to canine oral papillomavirus and contains a 1.3 Kb non-coding region between E2 and L2 open reading frames. *J Gen Virol* 83:2303–2307, 2002.

[121] Hanna PE, Dunn D: Cutaneous fibropapilloma in a cat (feline sarcoid). *Can Vet J* 44:601–602, 2003.

[122] Schulman FY, Krafft AE, Janczewski T: Feline cutaneous fibropapillomas: clinicopathologic findings and association with papillomavirus infection. *Vet Pathol* 38:291–296, 2001.

[123] Munday JS, Willis KA, Kiupel M, et al: Amplification of three different papillomaviral DNA sequences from a cat with viral plaques. *Vet Dermatol* 19:400–404, 2008.

[124] Wilhelm S, Degorce-Rubiales F, Godson D, et al: Clinical, histological and immunohistochemical study of feline viral plaques and bowenoid in situ carcinomas. *Vet Dermatol* 17:424–431, 2006.

[125] LeClerc SM, et al: Papillomavirus infection in association with feline cutaneous squamous cell carcinoma in situ. *Proc Annu Memb Meet Am Acad Vet Dermatol Am Coll Vet Dermatol* 13:125, 1997.

[126] Nespeca G, Grest P, Rosenkrantz WS, et al: Detection of novel papillomavirus-like sequences in paraffin-embedded specimens of invasive and in situ squamous cell carcinomas from cats. *Am J Vet Res* 67:2036–2041, 2006.

[127] Greene CE, et al: Rocky Mountain spotted fever in dogs and its differentiation from canine ehrlichiosis. *J Am Vet Med Assoc* 186:465, 1985.

[128] Rutgers C, et al: Severe Rocky Mountain spotted fever in five dogs. *J Am Anim Hosp Assoc* 21:361, 1985.

[129] Weiser ID, et al: Dermal necrosis associated with Rocky Mountain spotted fever in four dogs. *J Am Vet Med Assoc* 195:1756, 1989.

[130] Carlotti DN, Bensingnor E: Manifestations dermatologiques de l'ehrlichiose canine. *Prat Méd Chir Anim Comp* 31:325, 1996.

[131] Breitschwerdt EB, Davidson MG, Aucoin DP, et al: Efficacy of chloramphenicol, enrofloxacin, and tetracycline for treatment of experimental Rocky Mountain spotted fever in dogs. *Antimicrob Agents Chemother* 35:2375–2381, 1991.

[132] Barnes JC, et al: Diffuse cutaneous leishmaniasis in a cat. *J Am Vet Med Assoc* 202:416, 1993.

[133] Breitschwerdt EB, et al: Prednisolone at anti-inflammatory or immunosuppressive dosages in conjunction with doxycycline does not potentiate the severity of *Rickettsia rickettsii* infection in dogs. *Antimicrob Agents Chemother* 41:141, 1997.

[134] Elchos BN, Goddard J: Implications of presumptive fatal Rocky Mountain spotted fever in two dogs and their owner. *J Am Vet Med Assoc* 223:1450–1452, 2003.

[135] Masters EJ, Olson GS, Weiner SJ, et al: Rocky Mountain spotted fever. *Arch Intern Med* 163:769–774, 2003.

[136] Sexton DJ, Kaye KS: Rocky Mountain spotted fever. *Med Clin North Am* 86:351–360, 2002.

[137] Shaw SE, Day MJ, Birtles RJ, et al: Tick-borne infectious diseases of dogs. *Trends Parasitol* 17:74–80, 2001.

[138] Warner RD, Marsh WW: Rocky Mountain spotted fever. *J Am Vet Med Assoc* 221:1413–1417, 2002.

[139] Dumler JS, Barbet AF, Bekker CPJ, et al: Reorganization of genera in the families Rickettsiaceae and Anaplasmataceae in the order Rickettsiales: unification of some species of *Ehrlichia* with *Anaplasma*, *Cowdria* and *Ehrlichia*, and *Ehrlichia* with *Neorickettsia*, descriptions of six new species combinations and designation of *Ehrlichia equi*, and "HGE agent" as subjective synonyms of *Ehrlichia phagocytophila*. *Int J Syst Evol Microbiol* 51:2145–2165, 2001.

[140] Frank LA: Cutaneous lesions associated with ehrlichiosis in a dog. *Vet Allergy Clin Immunol* 4:90, 1997.

[141] Neer TM, Breitschwerst EB, Greene RT, et al: Consensus statement on ehrlichial disease of small animals from the Infectious Disease Study Group of the ACVIM. *J Vet Intern Med* 16:309–315, 2002.

[142] Neimark H, Johansson KE, Rikihisa Y, et al: Revision of haemotrophic *Mycoplasma* species names. *Int J Syst Evol Microbiol* 52:683, 2002.

[143] Rikihisa Y, Kawahara M, Wen BH, et al: Western immunoblot analysis of *Haemobartonella muris* and comparison of 16S rRNA gene sequences of *H. muris*, *H. felis*, and *Eperythrozoon suis*. *J Clin Microbiol* 35:823–829, 1997.

[144] Tasker S, Lappin MR: *Haemobartonella felis*: recent developments in diagnosis and treatment. *J Feline Med Surg* 4:3–11, 2002.

[145] Gretillati S: Feline haemobartonellosis. *Feline Pract* 14:22, 1984.

[146] Lindsay DS, et al: Feline toxoplasmosis and the importance of the *Toxoplasma gondii* oocyst. *Comp Cont Educ Pract Vet* 19:488, 1997.

[147] Binazzi M: Profile of cutaneous toxoplasmosis. *Int J Dermatol* 25:357, 1986.

[148] Anfray P, Bonetti C, Fabbrini F, et al: Feline cutaneous toxoplasmosis: a case report. *Vet Dermatol* 16:131–136, 2005.

[149] Dubey JP, Carpenter JL: Histologically confirmed clinical toxoplasmosis in cats: 100 cases (1952-1990).*J Am Vet Med Assoc* 203:1556, 1993.

[150] Little L, Shokek A, Dubey JP, et al: *Toxoplasma gondii*-like organisms in skin aspirates from a cat with disseminated protozoal infection. *Vet Clin Pathol*

小动物皮肤病学 （第7版）

34:156–160, 2005.

[151]Park CH, Ikadai H, Yoshida E, et al: Cutaneous toxoplasmosis in a female Japanese cat. *Vet Pathol* 44:683–687, 2007.

[152]Greig B, et al: *Neospora caninum* pneumonia in an adult dog. *J Am Vet Med Assoc* 206:1000, 1995.

[153]Hyman JA, et al: Specificity of polymerase chain reaction identification of *Toxoplasma gondii* infection in paraffin-embedded animal tissues. *J Vet Diagn Invest* 7–275, 1995.

[154]Dubey JP, et al: Caryospora-associated dermatitis in dogs. *J Parasitol* 76:552–556, 1990.

[155]Sangster LT, et al: Coccidia associated with cutaneous nodules in a dog. *Vet Pathol* 22:186, 1985.

[156]Shelton GC, et al: A coccidia-like organism associated with subcutaneous granulomata in a dog. *J Am Vet Med Assoc* 152:263, 1968.

[157]Euzeby J. A potential zoonotic parasitosis: Coccidial dermatitis due to *Caryospora. Bull Acad Natl Med* 175:1367–1375, 1991.

[158]Barber JS, Trees AJ: Naturally occurring vertical transmission of *Neospora caninum* in dogs. *Int J Parasitol* 28:57, 1998.

[159]Basso W, Venturini L, Venturini MC, et al: First isolation of *Neospora caninum* from the feces of a naturally infected dog. *J Parasitol* 87:612–618, 2001.

[160]Dubey JP, et al: Newly recognized fatal protozoan disease of dogs. *J Am Vet Med Assoc* 192:1296, 1989.

[161]Dubey JP: Review of *Neospora caninum* and neosporosis in animals. *Korean J Parasitol* 41:1–16, 2003b.

[162]Dubey JP, Lindsay DS: A review of *Neospora caninum* and neosporosis. *Vet Parasitol* 67:1, 1996.

[163]Lindsay DS, et al: *Neospora caninum* and the potential for parasite transmission. *Compend Contin Educ Pract Vet* 21:317, 1999.

[164]Lindsay DS, Dubey JP: Canine neosporosis. *J Vet Parasitol* 14:1–11, 2000.

[165]Nishikawa Y, Claveria FG, Fujisaki K, et al: Studies on serological cross-reaction of Neospora caninum with *Toxoplasma gondii* and *Hammondia heydorni. J Vet Med Sci* 64:161–164, 2002.

[166]Odin M, Dubey JP: Sudden death associated with *Neospora caninum* myocarditis in a dog. *J Am Vet Med Assoc* 203:831, 1993.

[167]Ruehlmann D, et al: Canine neosporosis: a case report and literature review. *J Am Anim Hosp Assoc* 31:174, 1995.

[168]Sawada CP, Kondo H, Morita T, et al: Serological survey of antibody to *Neospora caninum* in Japanese dogs. *J Vet Med Sci* 60:853–854, 1998.

[169]Lindsay DS, Dubey JP, Duncan RB: Confirmation that the dog is a definitive host for *Neospora caninum. Vet Parasitol* 82:327–333, 1999a.

[170]Lindsay DS, Kelly JE, McKown R, et al: Prevalence of *Neospora caninum* and *Toxoplasma gondii* antibodies in coyotes (*Canis latrans*) and experimental infections of coyotes with *Neospora caninum. J Parasitol* 82:657–659, 1996d.

[171]Lindsay DS, Dubey JP, Blagburn BL: Canine neosporosis. *Small Anim Med Diag* 2:7–12, 1996.

[172]Dubey JP, Lindsay DS, Lipscomb TP: Neosporosis in cats. *Vet Pathol* 27:335–339, 1990d.

[173]Ginel PJ, et al: Use of allopurinol for maintenance of remission in dogs with leishmaniasis. *J Small Anim Pract* 39:271, 1998.

[174]McGarry JW, Stockton CM, Williams DJL, et al:. Protracted shedding of oocysts of *Neospora caninum* by a naturally infected foxhound. *J Parasitol* 89:628–630, 2003

[175]Munday BL, Dubey JP, Mason RW: *Neospora caninum* infection in dogs. *Aust Vet J* 67:76, 1990.

[176]Dubey JP, et al: Canine cutaneous neosporosis: clinical improvement with clindamycin. *Vet Dermatol* 6:37, 1995.

[177]Fritz D, et al: *Neospora caninum*: Associated nodular dermatitis in a middle-aged dog. *Can Pract* 22:21, 1997.

[178]Perl S, et al: Pyogranulomatous dermatitis associated with *Neospora caninum* in a dog. *World Small Anim Vet Assoc* 21:417, 1996.

[179]Perl S, et al: Cutaneous neosporosis in a dog in Israel. *Vet Parasitol* 79:257, 1998.

[180]Poli A, et al: *Neospora caninum* infection in a Bernese cattle dog from Italy. *Vet Parasitol* 79:79, 1998.

[181]Romand S, et al: Direct agglutination test for serologic diagnosis of *Neospora caninum* infection. *Parasitol Res* 84:50, 1998.

[182]Barber JS, Trees AJ: Clinical aspects of 27 cases of canine neosporosis. *Vet Rec* 139:439–443, 1996.

[183]Rasmussen K, Jensen AL: Some epidemiologic features of canine neosporosis in Denmark. *Vet Parasitol* 6:345, 1996.

[184]Sánchez GF, Morales SE, Martínez MJ, et al: Determination and correlation of anti-*Neospora caninum* antibodies in dogs and cattle from Mexico. *Can J Vet Res* 67:142–145, 2003.

[185]Lindsay DS, et al: Examination of the activities of 43 chemotherapeutic agents against *Neospora caninum* tachyzoites in cultures cells. *Am J Vet Res* 55:976, 1994.

[186]Dubey JP, Koestner A, Piper RC: Repeated transplacental transmission of *Neospora caninum* in dogs. *J Am Vet Med Assoc* 197:857–860, 1990c.

[187]Cañón-Franco WA, Bergamaschi DP, Labruna MB, et al: Prevalence of antibodies to *Neospora caninum* in dogs from Amazon, Brazil. *Vet Parasitol* 115:71–74, 2003.

[188]Gondim LF, Gao L, McAllister MM: Improved production of *Neospora caninum* oocysts, cyclical oral transmission between dogs and cattle, and in vitro isolation from oocysts. *J Parasitol* 88:1159–1163, 2002.

[189]Kramer L, De Riso L, Tranquillo VM, et al: Analysis of risk factors associated with seropositivity to *Neospora caninum* in dogs. *Vet Rec* 154:692–693, 2004.

[190]Lindsay DS, Dubey JP, Upton SJ, et al: Serological prevalence of Neospora caninum and Toxoplasma gondii in dogs from Kansas. *J Helminthol Soc Wash* 57:86–87, 1990.

[191]Dubey JP, et al: Fatal cutaneous and visceral infection in a rottweiler dog associated with a *Sarcocystis*-like protozoan. *J Vet Diagn Invest* 3:72, 1991.

[192]Berrocal A, López A: Pulmonary sarcocystosis in a puppy with canine distemper in Costa Rica. *J Vet Diagn Invest* 15:292–294, 2003.

[193]Dubey JP, Chapman JL, Rosenthal BM, et al: Clinical *Sarcocystis neurona, Sarcocystis canis, Toxoplasma gondii*, and *Neospora caninum* infections in dogs. *Vet Parasitol* 137:36–49, 2006.

[194]Dubey JP, Cosenza SF, Lipscomb TP, et al: Acute sarcocystosis-like disease in a dog. *J Am Vet Med Assoc* 198:439–443, 1991.

[195]Dubey JP, Slife LN, Speer CA, et al: Fatal cutaneous and visceral infection in a rottweiler dog associated with a *Sarcocystis*-like protozoon. *J Vet Diagn Invest* 3:72–75, 1991.

[196]Lobetti RG: Canine babesiosis. *Compend Contin Educ Pract Vet* 20:418, 1998.

[197]Macintire DK, Boudreaux MK, West GD, et al: *Babesia gibsoni* infection among dogs in the southeastern United States. *J Am Vet Med Assoc* 220:325–329, 2002.

[198]Taboada J, Harvey JW, Levy MG, et al: Seroprevalence of babesiosis in greyhounds in Florida. *J Am Vet Med Assoc* 200:47–50, 1992.

[199]Jefferies R, Ryan UM, Jardine J, et al: Blood, Bull terriers and babesiosis: further evidence for direct transmission of *Babesia gibsoni* in dogs. *Aust Vet J* 85:459–463, 2007.

[200]Capelli JL, et al: La babésiose canine, maladie à complexes immuns: À propos d'un cas de vascularite à manifestations cutanées. *Prat Méd Chir Anim Comp* 31:231, 1996.

[201]Abdullahi SU, Mohammed AA, Trimnell AR, et al: Clinical and haematological findings in 70 naturally occurring cases of canine babesiosis. *J Small Anim Pract* 31:145–147, 1990.

[202]Carlotti DN, et al: Skin lesions in canine babesiosis. In: Ihrke PJ, et al, editors: *Advances in Veterinary Dermatology*, Vol 2. Oxford, 1993, Pergamon Press, p 229.

[203]Ferrer L: Leishmaniasis. In: Kirk RW, Bonagura JD, editors: *Kirk's Current Veterinary Therapy XI*, Philadelphia, 1992, W. B. Saunders Co, p 266.

[204]Koutinas AF, et al: Skin lesions in canine Leishmaniasis (Kala-Azar): A clinical and histopathologic study on 22 spontaneous cases in Greece. *Vet Dermatol* 3:121, 1993.

[205]Sapierzyński R: Canine leishmaniosis. *Pol J Vet Sci* 11:151–158, 2008.

[206]Sellon R: Leishmaniasis in the United States. In: Kirk GW, Bonagura JD, editors: *Current Veterinary Therapy XI*, Philadelphia, 1992, W. B. Saunders Co, p 271.

[207]Rüfenacht S, Sager H, Müller N, et al: Two cases of feline leishmaniosis in Switzerland. *Vet Rec* 156:542–545, 2005.

[208]Bravo L, et al: Canine leishmaniasis in the United States. *Compend Contin Educ* 15:699, 1993.

[209]Miró G, Cardoso L, Pennisi MG, et al: Canine leishmaniosis—new concepts and insights on an expanding zoonosis: part two. *Trends Parasitol* 24:371–377, 2008.

[210]Rosypal AC, Troy GC, Zajac AM, et al: Emergence of zoonotic canine leishmaniasis in the United States: isolation and immunohistochemical detection of *Leishmania infantum* from foxhounds from Virginia. *J Eukaryot Microbiol* 50(Suppl):691–693, 2003.

[211]Acedo-Sanchez C, et al: Changes in antibody titres against *Leishmania infantum* in naturally infected dogs in southern Spain. *Vet Parasitol* 75:1, 1998.

[212]Fisa R, et al: Epidemiology of canine leishmaniasis in Catalonia (Spain). The example of the priorat focus. *Vet Parasitol* 83:87, 1999.

[213]Riera C, et al: Serological and parasitological follow-up in dogs experimentally infected with *Leishmania infantum* and treated with meglumine antimoniate. *Vet Parasitol* 84:33, 1999.

[214]Prats N, Ferrer L: A possible mechanism in the pathogenesis of cutaneous lesions in canine leishmaniasis. *Vet Rec* 137:103, 1995.

[215]Baneth G, Koutinas AF, Solano-Gallego L, et al: Canine leishmaniosis—new concepts and insights on an expanding zoonosis: part one. *Trends Parasitol* 24:324–330, 2008.

[216]Saridomichelakis MN, Koutinas AF, Olivry T, et al: Regional parasite density in the skin of dogs with symptomatic canine leishmaniosis. *Vet Dermatol* 18:227–233, 2007.

[217]Paltrinieri S, Solano-Gallego L, Fondati A, et al: Guidelines for diagnosis and clinical classification of leishmaniasis in dogs. *J Am Vet Med Assoc* 236:1184–1191, 2010.

[218]Zaffaroni E, et al: Epidemiological patterns of canine leishmaniosis in Western Liguria (Italy). *Vet Parasitol* 81:11, 1999.

[219]Koutinas AF, et al: Clinical considerations on canine visceral leishmaniasis in Greece: A retrospective study of 158 cases (1989-1996). *J Am Anim Hosp Assoc* 35:376, 1999.

[220]Sideris V, et al: Asymptomatic canine leishmaniasis in greater Athens area, Greece. *Eur J Epidemiol* 15:271, 1999.

[221]Ciaramella P, et al: A retrospective clinical study of canine leishmaniasis in 150 dogs naturally infection by *Leishmania infantum*. *Vet Rec* 141:539, 1997.

[222]Denerolle P: Leishmaniose canine: difficultés du diagnostic et du traitement (125 cas). *Prat Méd Chir Anim Comp* 31:137, 1996.

[223]Opitz M: Hautmanifestationen bei der Leishmaniose des Hudes. *Tierärztl Prax* 24:284, 1996.

[224]Ordeix L, Solano-Gallego L, Fondevila D, et al: Papular dermatitis due to *Leishmania* spp. infection in dogs with parasite-specific cellular immune responses. *Vet Dermatol* 16:187–191, 2005.

[225]Pumarola M, et al: Canine leishmaniasis associated with systemic vasculitis in two dogs. *J Comp Pathol* 105:279, 1991.

[226]Font A, et al: Canine mucosal leishmaniasis. *J Am Anim Hosp Assoc* 32:131, 1996.

[227]Mozos E, et al: Leishmaniasis and generalized demodicosis in three dogs: A clinicopathological and immunohistochemical study. *J Comp Pathol* 120:257, 1999.

[228]Chatterjee M, et al: Diagnostic and prognostic potential of antibodies against O-acetylated sialic acids in canine visceral leishmaniasis. *Vet Immunol Immunopathol* 70:55, 1999.

[229]Duprey ZH, Steurer FJ, Rooney JA, et al: Canine visceral leishmaniasis, United States and Canada, 2000-2003. *Emerg Infect Dis* 12:440–446, 2006.

[230]Eddlestone SM: Visceral leishmaniasis in a dog from Maryland. *J Am Vet Med Assoc* 217:1686–1688, 1659, 2000.

[231]Edelhofer VR, et al: Importierte Leishmaniose-fälle bei Hunden in Österreich—eine retrospektive studie von 1985-1994. *Wien Tierärztl Mschr* 82:90, 1995.

[232]Gaskin AA, Schantz P, Jackson J, et al: Visceral leishmaniasis in a New York foxhound kennel. *J Vet Intern Med* 16:34–44, 2002.

[233]Monti DJ: Hunters hounded as leishmaniasis is diagnosed in foxhounds. *J Am Vet Med Assoc* 216:1887, 1890, 2000.

[234]Kirkpatrick CE, et al: *Leishmania chagasi* and *L. donovani*: Experimental infections in domestic cats. *Exp Parasitol* 58:125, 1984.

[235]Laruelle-Magalon C, Toga I: Un cas de leishmaniose féline. *Prat Méd Chir Anim Comp* 31:255, 1996.

[236]Ozon C, et al: Disseminated feline leishmaniasis due to *Leishmania infantum* in southern France. *Vet Parasitol* 75:273, 1998.

[237]Rosypal AC, Gogal RM Jr, Zajac AM, et al: Flow cytometric analysis of cellular immune responses in dogs experimentally infected with a North American isolate of *Leishmania infantum*. *Vet Parasitol* 131:45–51, 2005.

[238]Lopez R, et al: Circulating immune complexes and renal function in canine leishmaniasis. *J Vet Med B* 43:469, 1996.

[239]Lucena R, et al: Third component of complement serum levels in dogs with leishmaniasis. *J Vet Med* 41:48, 1994.

[240]Margarito JM, et al: Levels of IgM and IgA circulating immune complexes in dogs with leishmaniasis. *J Vet Med B* 45:263, 1998.

[241]Birkenheuer AJ, Correa MT, Levy MG, et al: Geographic distribution of babesiosis among dogs in the United States and association with dog bites: 150 cases (2000-2003). *J Am Vet Med Assoc* 227:942–947, 2005.

[242]Bourdoisea G, et al: Lymphocyte subset abnormalities in canine leishmaniasis. *Vet Immunol Immunopathol* 56:345, 1997.

[243]Cabral M, et al: The immunology of canine leishmaniasis: Strong evidence for a developing spectrum from asymptomatic dogs. *Vet Parasitol* 76:173, 1998.

[244]Martínez-Moreno A, et al: Humoral and cell-mediated immunity in natural and experimental canine leishmaniasis. *Vet Immunol Immunopathol* 48:209, 1995.

[245]Rhalem A, et al: Immune response against *Leishmania* antigens in dogs naturally and experimentally infection with *Leishmania infantum*. *Vet Parasitol* 81:173, 1999.

[246]Bourdoiseau G, et al: Specific IgG1 and IgG2 antibody and lymphocyte subset levels in naturally *Leishmania infantum*-infected treated and untreated dogs. *Vet Immunol Immunopathol* 59:21–30, 1997.

[247]Fondevila D, et al: Epidermal immunocompetence in canine leishmaniasis. *Vet Immunol Immunopathol* 56:319, 1997.

[248]Lucena R, et al: Antinuclear antibodies in dogs with leishmaniasis. *J Vet Med A* 43:255, 1996.

[249]Rosypal AC, Troy GC, Duncan RB, et al: Utility of diagnostic tests used in diagnosis of infection in dogs experimentally inoculated with a North American isolate of *Leishmania infantum infantum*. *J Vet Intern Med* 19:802–809, 2005.

[250]Cardoso L, et al: Use of a leishmanin skin test in the detection of canine *Leishmania*-specific cellular immunity. *Vet Parasitol* 79:213, 1998.

[251]Bourdoiseau G, et al: Immunohistochemical detection of *Leishmania infantum* in formalin-fixed, paraffin-embedded sections of canine skin and lymph nodes. *J Vet Diagn Invest* 9:439, 1997.

[252]Maia C, Campino L: Methods for diagnosis of canine leishmaniasis and immune response to infection. *Vet Parasitol* 158:274–287, 2008.

[253]Gradoni L, Gramiccia M. Leishmaniasis. In: *OIE Manual of Standards for Diagnostic Tests and Vaccine*, ed 4, Paris, 2000, Office International des Epizooties, pp 803–812.

[254]Muller N, zimmermann V, Forster U, et al: PCR-based detection of canine *Leishmania* infections in formalin-fixed and paraffin-embedded skin biopsies: elaboration of a protocol for quality assessment of the diagnostic amplification reaction. *Vet Parasitol* 114:223–229, 2009.

[255]Cortes S, Rolao N, Ramada J, et al: PCR as a rapid and sensitive tool in the diagnosis of human and canine leishmaniasis using *Leishmania donovani* SL-specific kinetoplastid primers. *Trans R Soc Trop Med Hyg* 98:12–17, 2004.

[256]Francino O, Altet L, Sanchez-Robert E, et al: Advantages of real-time PCR assay for diagnosis and monitoring of canine leishmaniasis. *Vet Parasitol* 137:214–221, 2006.

[257]Bernadina WE, et al: An immunodiffusion assay for the detection of canine leishmaniasis due to infection with *Leishmania infantum*. *Vet Parasitol* 73:207, 1997.

[258]Fisa R, et al: Serological diagnosis of canine leishmaniasis by dot-ELISA. *J Vet Diagn Invest* 9:50, 1997.

[259]Rhalem A, Sahibi H, Lasri S, et al: Analysis of immune responses in dogs with canine visceral leishmaniasis before, and after, drug treatment. *Vet Immunol Immunopathol* 71:69–76, 1999.

[260]Vercammen F, et al: Development of a slide ELISA for canine leishmaniasis and comparison with four serological tests. *Vet Rec* 141:328, 1997.

[261]Vercammen F, et al: A sensitive and specific 30-min Dot-ELISA for the detection of anti-*Leishmania* antibodies in the dog. *Vet Parasitol* 79:221, 1998.

[262]Ferrer L, et al: Serological diagnosis and treatment of canine leishmaniasis. *Vet Rec* 136:514, 1995.

[263]Vercammen F, De Deken R: Antibody kinetics during allopurinol treatment in canine leishmaniasis. *Vet Rec* 138:264, 1996.

[264]Camargo ME, Rebonato C: Cross-reactivity in fluorescence tests for *Trypanosoma* and *Leishmania* antibodies. A simple inhibition procedure to ensure specific results. *Am J Trop Med Hyg* 18:500–505, 1969.

[265]Kjos SA, Snowden KF, Craig TM, et al: Distribution and characterization of canine Chagas disease in Texas. *Vet Parasitol* 152;249–256, 2008.

[266]Gradoni L: The diagnosis of canine leishmaniasis. In *Proceedings 2nd Int Canine Leishmaniasis Forum*; 2002, pp 7–14.

[267]da Costa RT, Franca JC, Mayrink W, et al: Standardization of a rapid immunochromatographic test with the recombinant antigens K39 and K26 for the diagnosis of canine visceral leishmaniasis. *Trans R Soc Trop Med Hyg* 97:678–682, 2003.

[268]Olivera G, Roura X, Crotti A, et al: Guidelines for treatment of leishmaniasis in dogs. *J Am Vet Med Assoc* 236;1192–1999, 2010.

[269]Slappendel RJ, Teske E: The effect of intravenous or subcutaneous administration of meglumine antimonate (Glucantime) in dogs with leishmaniasis. A randomized clinical trial. *Vet Quart* 19:10–13, 1997.

[270]Ikeda-Garcia FA, Lopes RS, Ciarlini PC, et al: Evaluation of renal and hepatic functions in dogs naturally infected by visceral leishmaniasis submitted to treatment with meglumine antimoniate. *Res Vet Sci* 83:105–108, 2007.

[271]Denerolle P, Bourdoiseau G: Combination allopurinol and antimony treatment versus antimony alone and allopurinol alone in the treatment of canine leishmaniasis (96 cases). *J Vet Intern Med* 13:413–415, 1999.

[272]Oliva G, Grandoni L, Cortese L, et al: Comparative efficacy of meglumine antimoniate and aminosidine sulphate, alone or in combination, in canine leishmaniasis. *Ann Trop Med Parasitol* 92:165–171, 1998.

[273]Rougier S, Vouldoukis I, Fournell S, et al: Efficacy of different treatment regimens of marbofloxacin in canine visceral leishmaniasis: a pilot study. *Vet Parasitol* 153:244–254, 2005.

[274]Vouldoukis I, Rougier S, Dugas B, et al: Canine visceral leishmaniasis: comparison of in vitro leishmanicidal activity of marbofloxacin, meglumine antimoniate and sodium stibogluconate. *Vet Parasitol* 135:137–146, 2006.

[275]Lamothe J: Essai de traitement de la leishmaniose canine par l'amphotéricine B (39 cas). *Prat Méd Chir Anim Comp* 32:133, 1997.

[276]Gradoni L, Gramiccia M, Scalone A: Visceral leishmaniasis treatment, Italy. *Emerg Infect Dis* 9:1617–1620, 2003.

[277]Sundar S, Chatteryee M: Visceral leishmaniaisis-current therapeutic modalities. *Indian J Med Res* 123:345–352, 2006.

[278]Gomez-Ochoa P, Castillo JA, Gascon M, et al: Use of domperidone in the treatment of canine visceral leishmaniasis: a clinical trial. *Vet J* 179:259–263, 2009.

[279]Pennisi MG, De Major M, Masucci M, et al: Efficacy of the treatment of dogs with leishmaniosis with a combination of metronidazole and spiramycin. *Vet Rec* 156:346–349, 2005.

[280]Mishra J, Saxena A, Singh S: Chemotherapy of leishmaniasis: past, present and future. *Cur Med Chem* 14:1153–1169, 2007.

[281]Lemesre JL, Holzmuller P, Gonçalves RB, et al: Long-lasting protection against canine visceral leishmaniasis using the LiESAp-MDP vaccine in endemic areas of France: double-blind randomised efficacy field trial. *Vaccine* 25:4223–4234, 2007.

[282]Miret J, Nascimento E, Sampaio W, et al: Evaluation of an immunochemotherapeutic protocol constituted of N-methyl meglumine antimoniate (Glucantime) and the recombinant Leish-110f + MPL-SE vaccine to treat canine visceral leishmaniasis. *Vaccine* 26:1585–1594, 2008.

[283]Neogy AB, et al: Exploitation of parasite-derived antigen in therapeutic success against canine visceral leishmaniasis. *Vet Parasitol* 54:367, 1994.

[284]Oliva G, Foglia Manzillo V, Pagano A: Canine leishmaniasis: evolution of the

chemotherapeutic protocols. *Parasitologia* 46:231–234, 2004.

[285]Palatnik-de-Sousa CB: Vaccines for leishmaniasis in the fore coming 25 years. *Vaccine* 26:1709–1724, 2008.

[286]Saldarriaga OA, Travi BL, Park W, et al: Immunogenicity of a multicomponent DNA vaccine against visceral leishmaniasis in dogs. *Vaccine* 24:1928–1940, 2006.

[287]Cavaliero T, et al: Clinical, serologic, and parasitologic follow-up after long-term allopurinol therapy of dogs naturally infected with *Leishmania infantum*. *J Vet Intern Med* 13:330, 1999.

[288]Noli C, Auxilia ST: Treatment of canine Old World visceral leishmaniasis: a systematic review. *Vet Dermatol* 16:213–232, 2005.

[289]Travi BL, Ferro C, Cadena H, et al: Canine visceral leishmaniasis: dog infectivity to sand flies from non-endemic areas. *Res Vet Sci* 72:83–86, 2002.

[290]Verçosa BL, Lemos CM, Mendonça IL, et al: Transmission potential, skin inflammatory response, and parasitism of symptomatic and asymptomatic dogs with visceral leishmaniasis. *BMC Vet Res* 4:45, 2008.

[291]Palanik-de-sousa CB, Barbosa AF, Oliveira SM, et al: FML vaccine against canine visceral leishmaniasis: from second-generation to synthetic vaccine. *Expert Rev Vaccines* 7:833–851, 2008.

[292]Maroli M, Gradoni L, Oliva G, et al: Guidelines for prevention of leishmaniasis in dogs. *J Am Vet Med Assoc* 236:1200–1206, 2010.

[293]Dietze R, et al: Effect of eliminating seropositive canines on the transmission of visceral leishmaniasis in Brazil. *Clin Infect Dis* 25:1240, 1997.

[294]Nunes CM, Lima VM, Paula HB, et al: Dog culling and replacement in an area endemic for visceral leishmaniasis in Brazil. *Vet Parasitol* 153:19–23, 2008.

[295]Killick KR, et al: Protection of dogs from bites of phlebotomine sandflies by deltamethrin collars for control of canine leishmaniasis. *Med Vet Entomol* 22:105, 1997.

[296]Ferroglio E, Poggi M, Trisciuoglio A: Evaluation of 65% permethrin spot-on and deltamethrin-impregnated collars for canine *Leishmania infantum* infection prevention. *Zoonoses Public Health* 55:145–148, 2008.

[297]Thomas C, Roques M, Franc M: The effectiveness of a pyriprole and a metaflumizone combined with amitraz spot-on treatment in preventing *Phlebotomus perniciosus* from feeding on dogs. *Parasite* 15:93–96, 2008.

[298]Hervas J, Chacon-M De Lara F, Sanchez-Isarria MA, et al: Two cases of feline visceral and cutaneous leishmaniosis in Spain. *J Feline Med Surg* 1:101–105, 1999.

第八章　过敏性疾病

一、荨麻疹和血管性水肿

小动物荨麻疹和血管性水肿较罕见。作用机制可以是免疫介导性的，也可以是非免疫介导性的。犬荨麻疹和血管性水肿似乎比猫常见，尤其是患有潜在特应性疾病的犬。尽管在小动物中，还没有发现荨麻疹与过敏性疾病之间存在确切的联系，但该问题近年来一直是人类医感兴趣的课题之一[1]。

（一）病因和发病机制

荨麻疹和血管性水肿的临床表现为，局部肥大细胞或嗜碱性粒细胞脱颗粒，导致血管扩张和炎症细胞聚集。免疫介导性和非免疫介导性机制都可引发脱颗粒。主要的免疫介导性机制包括Ⅰ型过敏反应和出现针对先前接触过的过敏原的免疫球蛋白IgE（Immunoglobulin，Ig），以及Ⅲ型过敏反应。荨麻疹性血管炎在人类很常见，有趣的是在犬也有报道。许多非免疫性因素可以导致肥大细胞脱颗粒：如压力、阳光、热、冷、运动、应激和各种化学物质等。据报道，人类的一些慢性特发性病例，与功能活跃的自身抗体和高亲和性IgE受体的结合或功能活跃的自身抗体和IgE的结合有关，它们能够诱导嗜碱性粒细胞和肥大细胞释放组胺[2]。最近新发现的机制也包括，凝血级联反应的活化，可导致凝血酶的产生[3]。凝血酶是一种丝氨酸蛋白酶，在荨麻疹的形成中可能起着关键作用，包括增加血管的通透性，诱发水肿产生，肥大细胞的活化和脱颗粒，以及过敏毒素C5a的释放。该机制似乎在大多数人类慢性荨麻疹患者中很常见[4]，这种机制高亲和性IgE受体或IgE的抗体之间的关系，仍在调查之中。作者认为，自身免疫性荨麻疹的这种机制，目前在小动物中还没有被报道。

据报道由于许多不同的因素都可引起荨麻疹和血管性水肿（框8-1），因此有必要进行彻底的病史调查，以试图确诊每个病例的诱发因素。病史应该包括，出现临床症状前几周接触的所有过敏原（如药物[5]、疫苗[6]、感染[7]），使用特定药物和症状形成的时间间隔，是否存在季节性，以及对之前治疗的反应。接触荨麻〔荨麻属（Urtica）的一种〕可导致猎犬产生接触性荨麻疹[8]。

值得注意的是，尽管目前没有关于特定药物或疫苗可诱发荨麻疹的报道，但并不能排除它们是一种触发因素的

可能性。反复接触过敏原是过敏反应形成的必要条件。一旦致敏，临床症状一般会在几分钟至数小时内出现，临床症状出现的速度取决于致病机制和患病动物的过敏程度。确诊病因和纠正致病因素是成功治愈该疾病的基础。

（二）临床特征

尚没有年龄和性别易感性的描述。虽然目前还没有易感品种的报道，但短毛犬，尤其是患有特应性皮炎的斗牛犬和拳师犬，患荨麻疹的风险似乎较高。在人类，35%的荨麻疹患者存在家族病史，24%的患者有个人过敏病史[3]。可惜的是，在小动物中没有类似信息。

临床症状可以分为急性和慢性[9]。在人医中，疾病持续时间少于6周的是急性，超过6周的是慢性。要注意的是，单个病变消失而新病变的形成，可导致疾病的总体状况不变。因此为了更好地跟踪个体病变随着时间的变化状况，最好将这些病变标记出来。单个病变的持续时间通常不超过24h。对于短毛犬，荨麻疹可能导致毛发隆起（图8-1，A），从尾部向前看更容易观察。荨麻疹以红斑性水泡为特征（图8-1，B），由于病变是由血管扩张而非炎性浸润引起的，因此用玻片压诊法检查时病变消失。无毛区更容易观察到病变，为更好地观察发病范围有时需要剪毛。多个病变聚合在一起可形成波形的拱状形态（图8-1，C）。也可能出现红色的斑点和斑块。血管性水肿的症状通常表现为面部和颈腹侧水肿（图8-2）。重症病例可出现血清渗漏。

荨麻疹和血管性水肿的瘙痒程度均不等。是否存在瘙痒不能用于判断疾病的发病机制（例如瘙痒不一定与Ⅰ型过敏反应相关，没有瘙痒症状也不一定与非免疫性机制相关）。

（三）诊断

可根据临床症状、玻片压诊时病变消失来进行诊断，必要时还可进行组织病理学分析来帮助诊断。荨麻疹的鉴别诊断包括细菌性毛囊炎、血管炎、多形性红斑、皮肤淋巴瘤、淀粉样变、肥大细胞瘤。在这些疾病中，细菌性毛囊炎是最常见的，与荨麻疹相似，短毛犬的毛发可能隆

本章由Rosanna Marsella修订更新。

食物

药物：

- 青霉素、头孢氨苄、氨苄西林、四环素、维生素K、丙基硫氧嘧啶、双甲脒、伊维菌素、莫西菌素、显影剂、Hylyt*efa香波、长春新碱、咪唑硫嘌呤

抗血清、菌苗和疫苗：

- 猫传染性粒细胞缺乏症、钩端螺旋体病、犬瘟热–肝炎、狂犬病、猫白血病

昆虫叮咬：

- 蜜蜂、大黄蜂、蚊子、黑蝇、蜘蛛、蚂蚁

列队

毛虫的毛发

过敏原提取物

输血

植物：

- 荨麻、毛茛属植物

肠道寄生虫：

- 蛔虫、十二指肠虫、绦虫

感染：

- 葡萄球菌脓皮症、犬瘟*

阳光*

高热或过冷*

发情期*

皮肤划痕症*

特应性疾病*

精神性因素*

食物过敏诱导的血管炎*

*表示只有关于犬报道

起，常规检查可发现小丘疹。脓皮病病灶经玻片压诊时不褪色。血管炎诱发的病变，玻片压诊法病变不消失，且易于进行组织病理学活检。

血管性水肿的鉴别诊断包括幼年性蜂窝织炎、传染性蜂窝织炎、肥大细胞瘤和皮肤淋巴瘤。细胞学检查、细针抽吸和组织病理学分析可能是鉴别诊断这些疾病所必需的。在温暖气候下出现的急性病例，也应将蛇或蜘蛛的咬伤作为血管性水肿的病因之一，并给予恰当的治疗。

组织病理学

急性无并发症的病例表现为血管扩张和轻度炎性浸润。在慢性病例中，可能出现浅表的外周血管炎症，并提示潜在病因。在极少数情况下，血管炎可以与荨麻疹并存。嗜酸性粒细胞的血管炎在食物诱导的荨麻疹中有描述过[10]，也在潜在的特应性疾病患病动物中出现过。

（四）治疗

及时确诊和纠正诱发因素是成功治愈荨麻疹的关键。对症治疗取决于症状的严重程度。对于重症病例，肾上腺素［1∶1 000按0.1～0.5mL的剂量皮下注射（SQ）或肌内注射（IM）］，糖皮质激素［氢化泼尼松或泼尼松按2mg/kg，口服（PO）、肌内注射或静脉注射（IV）］，或可能需要两种药物联合使用。

对于慢性病例，尽管抗组胺药对已经存在的病变疗效不好，但却有利于防止新病变的形成。H$_1$和H$_2$类阻断剂

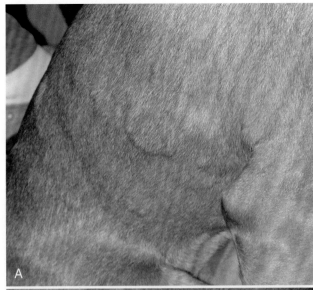

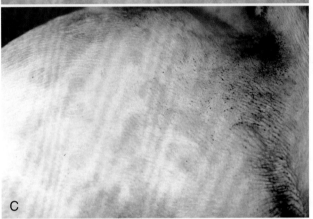

图8-1 荨麻疹。**A.** 短毛犬出现毛发突起 **B.** 在无毛区很容易观察到红斑性水泡 **C.** 由于血管扩张，按压后病变消失。水疱、斑点和斑块聚集在一起形成波形病变

联合用药对难治的病例可能是有益的。对于特应性患病动物或患有血管炎的患病动物，乙酮可可碱可能是有用的（10～20 mg/kg每日2～3次）。

二、特应性疾病

区分特应性个体和特应性疾病是很重要的[11]。特应性的个体在接触环境中常见的过敏原后，会产生特异性的IgE抗体，据说是动物对该过敏原敏感。特应性皮炎、哮喘和鼻炎都是临床综合征，也被称为特应性疾病。虽然出现这些临床症状的大多数患病动物是特应性个体体质，但是有

图8-2 疫苗反应引起的犬血管性水肿

些不是，相反，一些特应性个体（即过敏试验中可检测到IgE）可能不存在特应性疾病。

（一）犬特应性皮炎

1. 定义

特应性皮炎和异位样皮炎

特应性皮炎（Atopic dermatitis，AD）是犬特应性疾病最常见的表现形式。多年来犬特应性皮炎的定义一直在修订。最经典的定义指犬对环境中的过敏原产生的 I 型过敏反应。2001年，美国大学的兽医皮肤病专题小组将犬特应性皮炎定义为"一种具有典型临床特征的遗传易感性炎症和瘙痒过敏性皮肤病。最常与针对环境过敏原的IgE抗体相关"[12]。这个定义强调了临床特征是特应性皮炎的关键，大多数病例与针对环境过敏原的IgE相关，但并不是所有病例都与IgE相关。这说明在一些具有特应性皮炎典型临床特征的犬，并不能检测出针对环境过敏原的IgE抗体。2006年再次修订了特应性皮炎的定义[13]。新定义为"一种具有典型临床特征的遗传易感性炎症和瘙痒过敏性皮肤疾病，IgE最常针对环境中的过敏原"。新定义表明，除了环境过敏原外，其他过敏原也能产生与特应性皮炎临床症状难以区分的皮炎。定义的这种变化说明，一些个体的皮炎可能是由其他过敏原如食物引发或加重的，也说明一般方法很难确切地区分食物过敏和特应性皮炎。AD和食物过敏很难通过临床症状相区分，对于一些特应性患病动物，食物可能是其促发因素。最后，将临床上表现出特应性皮炎症状，但检测不到IgE的疾病称为异位样皮炎。这种类型皮炎的定义是"临床特征与犬特应性皮炎相似的一种炎症和瘙痒性皮肤病，但检测不到针对环境或其他过敏原的IgE反应"。该定义说明IgE不能用于诊断该病，该病的致病机制可能与特应性皮炎不同，但临床症状却很难与特应性皮炎相区

分。或者，用于检测的过敏原选择错误，或是异位样皮炎可能是特应性皮炎的早期阶段，之后随着皮炎的发展，现存的检测方法可检测到针对特定过敏原的IgE。关于兽医过敏的其他定义的更详细的介绍，请参阅2006年出版的兽医免疫学和免疫病理学[13]。

2. 发病率和流行率

犬AD的流行率可能受地理因素、调查方法和诊断标准的影响[14]。在兽医文献中，犬AD的发病率最低为1971年报道的3.3%[15]，最高为美国最近报道的27%[16]和英国报道的5%[17]。人类AD的流行率在升高，尤其是工业化国家，据估计工业化国家10%～20%的儿童患有AD[18,19]。为解释这一现象，出现了所谓的卫生理论。根据该理论，与细菌和寄生虫的接触减少，加上过度洗澡和使用抗菌清洁剂，可严重影响皮肤的屏障功能，这可能是AD发病率升高的原因。

目前还不清楚犬AD的流行率是否也有增加。初步报告显示，与人类相似，犬接触内毒素与特应性皮炎的形成之间存在负相关，提示室内内毒素的暴露对特应性皮炎的形成有保护作用[20]。另一项研究报道，犬较低的发病率与以下因素有关：生活在农村环境、与其他动物共同生活在一个家庭中和在森林中散步[21]。作者总结到，虽然这些相关性并不能说明存在因果关系，但确实支持了最初的假设——某些环境因素可以影响犬AD的形成。

近年来兽医诊断AD的意识和能力不断提高，可能导致更多的病例被诊断出来。关于这一方面应设计实验进一步探究。

3. 发病机制

犬AD与人AD存在很多相似之处[22,23]。目前一致认为，AD是一种多因素疾病，很可能由机体与环境之间复杂的相互作用导致[24]。

4. 遗传因素

在人医中，许多调查研究了与AD相关的基因。在5号，7号，11号染色体上发现了几个重要的相关等位基因。AD基因邻近11号染色体的FcεRIβ基因，5号染色体的白介素（Interleukin，IL）4基因簇，和7号染色体的T细胞受体（T-cell receptor，TCR）γ基因[25]。AD这些候选基因的分布与特应性基因的分布非常相似，这意味着AD的形成在遗传上与特应性特征相关。此外，已发现下调角质化包膜基因的表达和上调角化旁路的建立与人的AD相关，提示表皮分化异常和防御缺陷是AD形成的关键因素[26,27]。最近发现的突变包括丝聚合基因的两个丧失功能的突变（R501X和2282derl4）。这些突变已被证明是早发性外源性AD的易感因素，可用于判断AD的预后不良，对湿疹的易感性从婴儿早期持续到成年[28-30]。丝聚合基因的突变是发现的第一个与人AD非常相关的遗传因素[31]。

兽医上犬AD的大多数研究集中在产生IgE基因的遗传性上，也探究过其他方面[32]。然而，IgE的产生并不总能导

致犬AD的形成。先前试图证实特定的白细胞抗原类型[33]或IgE应答特征与AD之间存在确切关系的研究，最终以失败告终[34]。研究人员未能通过监测IgE水平来预测临床疾病的发生[35]，也未能通过筛选高IgE水平诱导出AD的试验模型[36]。高IgE水平是一种显性遗传特性[37]，并不能通过预测IgE水平来预测临床疾病的形成。因此，尽管AD是一种基因倾向性疾病[38]，但基因易感性是由多基因共同作用的结果，而非仅与单个基因有关。

最近调查了与犬AD相关的另一个基因——激肽释放酶。然而通过与微卫星相关的测序分析，并没有发现该基因与AD之间存在显著相关性[39]。最近一项关于西高地白㹴的研究中，未能发现任何与犬AD显著相关的染色体区域[40]。另一项研究发现，丝聚合蛋白、DPP4、MS4A2、INPPL1上的5个单核苷酸多态性（Single-nucleotide Polymorphisms，SNPs）与犬AD相关，但仅存在于某些品种的不同位点。因此，不同的基因突变可能与不同的品种相关，且只存在于某些地理区域中[41]。最近的一项研究还发现，蛋白酪氨酸磷酸酶非受体型22（PTPN22）也是犬AD的一个潜在相关基因。该基因编码一种淋巴特定信号介质，可调节T细胞和B细胞的活性，此外，PTPN22的18个基因变异体可能与西高地白㹴的AD相关[42]。

5. 屏障功能

文献记载无论是人还是犬的AD，都能影响皮肤的屏障功能[43-45]。在人医，与人AD相关的症状包括经表皮水分丢失增加[46]，出现降解角质层的酶[47]以及神经酰胺减少[48]。在犬，通过四氧化钌电子显微镜的形态学研究提示，犬特应性皮炎可出现表皮屏障缺陷[49]。该研究表明，特应性犬的无病变皮肤中的表皮脂质屏障被破坏。此外，AD患犬的皮肤角质层中的细胞间脂质存在许多结构缺陷。神经酰胺的减少在自发AD的患犬上也有记载[50-51]，初步证据显示，口服必需脂肪酸可改善这些异常[52]。

屏障功能在临床上可以通过测定经表皮失水量（Transepidermal water loss，TEWL）来评估。如果屏障功能损伤，其结果是失水量增加和TEWL值升高。最近一项犬AD试验模型的研究表明，致敏犬TEWL增加，尤其在特应性部位，即使在无病变部位TEWL也增加[53]。在相同的试验模型中，经透射电子显微镜观察发现，角质层以及与颗粒层的连接处有超微结构的缺陷[54]。这些异常出现在接触致敏原之前（无病变部位），之后在过敏原的刺激下加重。致敏犬的结构变化包括细胞间隙一致性增宽、脂质层疏松和脂质层结构不规则。和脂质层（池）增宽一样，脂质层分层或聚集在一起也是常见的（图8-3）。目前还不清楚犬试验模型中的这些结构变化是否与人类的相似，即也与脂质异常相关。然而，当健康犬与自然发病犬进行对比时，初步证据表明特应性犬皮肤角质层的神经酰胺减少[55]。

与人AD的研究类似，研究者在犬的试验模型中发现，特应性比格犬的丝聚合蛋白表达量比正常对照组显著减

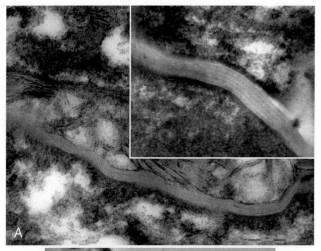
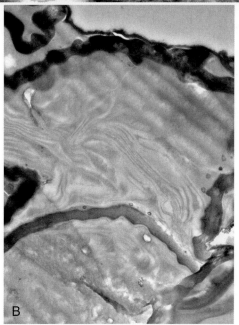

图8-3　**A.** 健康犬正常脂质小片的电子显微镜照片　**B.** 而特应性比格犬的角质细胞之间出现脂质分层和数量异常

少，接触室内尘螨可调节丝聚合蛋白的表达水平[56]。形态学上，不同组间丝聚合蛋白染色似乎有所不同：特应性犬的样本颗粒小且染色浅，而健康组的样本颗粒呈离散形分布且染色较深（图8-4）。因此，试验模型犬中的丝聚合蛋白表达减少。另一项研究评估了自然发病犬，发现无病变的特应性皮肤的丝聚合蛋白mRNA表达量比无病变非特应性皮肤的表达量低（后者为前者的2倍）。然而，这种差异只在西高地白㹴的一个亚群中有明显的统计学意义[57]。另一项研究表明，在不同亚群的AD犬中，可检测到的丝蛋白免疫标记具有不同的模式，可以通过使用直接针对蛋白质N端与C端的抗体来检测[58]。作者总结到，缺失丝聚合蛋白C端的一组强烈提示所有接受分析的AD犬中约22%存在功能缺失性突变。人AD丝聚合蛋白的C端有一个功能缺失性突变，所以一些AD犬可能也存在类似的情况。目前还不清楚特应性患病动物的丝聚合蛋白的表达是否有增加，以及这种增加是否能导致产生临床症状。

6. 免疫学畸变

AD患犬存在许多免疫学畸变[59]。免疫学畸变在AD中是

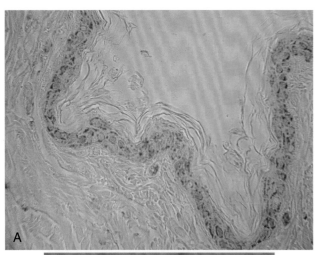

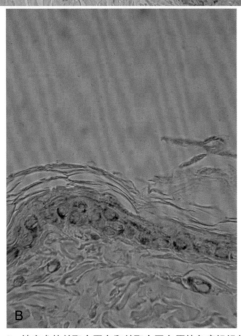

图8-4　**A.** 健康犬的丝聚合蛋白和丝聚合蛋白原的免疫组织化学染色结果。可见离散分布的透明角质颗粒，染色深　**B.** 特应性比格犬的角质颗粒较小且离散度小，总体染色深度降低

否扮演重要角色，以及是否是其他缺陷的结果，目前还是未知的。

（1）体液变化

健康犬和特应性犬的血液IgEs总量没有显著差异性[60]。缺乏差异的可能原因是，与人不同，犬本身IgE水平就非常高，可能与寄生虫的感染有关。大量犬的临床证据提示，AD是过敏原介导性疾病，最近的研究表明IgE不仅是疾病诱发的产物，而且还参与抗原捕获[61,62]。AD犬的IgG反应常伴随一个IgE反应，这提示IgGd亚型中的一种反应性抗体可能具有重要作用[63,64]。然而，关于这一抗体的作用还存在一些争议，因为健康犬和特应性犬都存在过敏原特异性IgGs[65]，而最近的研究未能支持他们的致病作用[66]。

尽管缺乏IgE的致病性和重要性的确切证据，但许多研究都报道了过敏原特异性IgE在犬AD中的作用[67]。大多数AD犬的过敏原特异性IgE的确有升高，但一些符合AD临床表现和排除了其他瘙痒性疾病的犬，却没有过敏原特异性IgE的升高。此外，临床表现正常的犬也可能表现有过敏原

特异性IgE升高。这些犬是否代表还未表现出临床症状的AD疾病早期，是否存在一种不会诱发疾病的其他类型的IgE，或者是否它们只是缺少形成临床疾病的其他必要的重要方面，目前还没有定论。人和犬都有IgE异质性的报道[68,69]，假设有两种类型的IgE存在：IgE +和IgE-，前者可引发疾病，后者不具致病性。也可以想象到，临床患病犬和健康犬之间靶细胞的敏感性也存在不同[70]。最终，需要纵向研究来帮助解决这些问题和监测AD之后是否伴有过敏原特异性IgE（如屏障功能缺陷是主要变化，过敏原接触增加导致过敏原致敏）或AD之前出现过敏原特异性IgE（临床表现正常的犬并没有建立能引起皮炎的过敏原特异性IgEs的阈值）。同样重要的是，要考虑不同品种或亚型犬的AD可能具有不同的疾病致病机制，这使得研究透彻这一复杂的疾病非常具有挑战性。

（2）T细胞、细胞因子、趋化因子

过去几年研究者们对AD中T_H1和T_H2淋巴细胞产生的细胞因子，产生了浓厚的兴趣[71]，因为在人类和小鼠模型中局部细胞因子似乎是AD病变的一个关键决定因素[72,73]。人类AD的形成证实了双相细胞因子的表达方式[74]。急性皮肤病变以$CD4^+T_H2$淋巴细胞和嗜酸性粒细胞、IL-4和IL-13的释放为特征[75]。这些细胞因子在形成高IgE水平、增加嗜酸性粒细胞的存活和成熟中发挥着重要作用。慢性病变以巨噬细胞为主并伴有T_H1型细胞因子［IL-2、IL-12、干扰素（Interferon，IFN）-γ、IL-18］[76]。在人类，这种双相的细胞因子表达模式，也在皮肤过敏或特应性斑贴试验（Atopy Patch Test，APT）引起的皮肤反应中得到了证实[77]。

趋化因子是白细胞定向迁移的关键调节因子。最近的研究强调了趋化因子在AD发病机制中的作用。在AD皮肤病变处和患病动物的血清中发现了RANTES（调节活化正常T细胞的表达和分泌）、嗜酸细胞活化趋化因子、单核细胞化学趋化蛋白（Monocyte chemoattractant protein，MCP）4、巨噬细胞分泌的趋化因子（Macrophage-derivedchemokine，MDC），胸腺和可调节趋化因子（Thymus and activation-regulated chemokine，TARC）的表达有增加[78]。在人类，TARC的水平与疾病的严重程度相关，被认为是疾病活动性的标记物[79]。T_H1细胞主要表达趋化因子受体CCR5和CXCR3，而T_H2细胞主要表达CCR3、CCR4和CCR8。因为CCR4在T_H2细胞中大量表达，而这些细胞通过CCR4与TARC和MDC等配体结合。在人AD中，CCR4 $CD4^+$记忆T细胞在外周血单核细胞中的比例增加[80]。这些发现表明，TARC诱导产生表达CCR4的趋化性细胞，导致T_H2细胞定向迁移到人AD的病变皮肤部位。

犬AD皮肤的细胞因子表达模式的研究结果比较复杂。研究者发现了一些与人类的相似性，但是在某种程度上关于犬的研究结果与人类有所不同。应用反转录聚合酶链反应（Reverse transcriptase polymerase chain reaction，RT-PCR）发现，特应性犬皮肤的IL-4和IL-5细胞因子基因的

表达比正常对照的组高，而IL-2 mRNA的表达在正常对照组中较高[81]。同一研究中，只有1/4的过敏性样本表现出明显的2型细胞因子模式，而其余的样本没有这种倾向性。在另一项研究中发现，与对照组相比，特应性犬的IL-4 mRNA过表达和转化生长因子（Transforming growing factor，TGF）-β减少[82]。与无病变和健康的皮肤相比，病变皮肤的IFN-γ，α肿瘤坏死因子（Tumor necrosis factor-α，TNF-α）和IL-2 mRNA显著升高。这说明犬AD可能与IL-4的过表达相关，而健康个体可能含有较高水平的TGF-β。研究者也评估了AD犬的趋化因子和趋化因子受体，发现TARC mRNA[83]和编码CCR4的基因[17,84]在特应性犬的病变皮肤部位选择性表达，而在无病变皮肤或健康对照犬的皮肤中无表达。

另一项研究使用半定量RT-PCR技术，检测了特应性犬和健康犬外周血单核细胞（Peripheral blood mononuclear cells，PBMCs）中的IFN-γ、IL-4、IL-5和IL-10，也证实了T_H2细胞因子高表达的模式[85]。在这项研究中，特应性犬的平均IL-5 mRNA的表达水平明显高于对照组，IL-4 mRNA的表达水平在特应性犬中也较高。特应性犬IFN-γ mRNA的表达水平显著低于对照组，但IL-10的表达水平没有组间差异性。进一步研究对日本雪松花粉致敏试验犬的PBMCs细胞因子，抗原致敏后显示T_H2倾向性和PBMC数量增加[86]。应用实时RT-PCR系统检测细胞因子IL-1β、IL-2、IL-4、IL-6、IL-10、IL-18、IFN-γ、TGF-β和TNF-α的表达水平发现，与对照组相比，抗原刺激前人工致敏组的PBMCs中TNF-α和IL-8的表达水平显著增加，但试验组的IFN-γ的表达水平却有减少。日本雪松花粉刺激PBMCs后，细胞因子的表达发生变化；对照组的IL-6和TNF-α的表达量显著高于人工致敏组，而人工致敏组PBMCs的IL-2 mRNA水平明显高于对照组。抗原刺激前对照组和人工致敏组PBMCs中的IL-4mRNA表达量都低于最低检出量，而抗原刺激PBMC致敏后，IL-4mRNA的表达数量显著增加。

最近的一项研究调查了对室内尘螨致敏的高IgE实验比格犬的14种T_H1、T_H2促炎细胞因子和趋化因子[87]。应用实时RT-PCR分析了特应性斑贴试验前和之后6h，24h，48h和98 h的细胞因子表达情况。结果显示，IL-6在早期反应中发挥作用，其次增加的是IL-13和TARC，最后IL-18才逐渐增加。这一结果支持了犬皮肤表达各种细胞因子的水平取决于病变形成的时间这一假设，与人AD类似。综上所述，这些研究显示犬AD呈现T_H型细胞因子模式，但在AD中T_H2型和T_H1型细胞因子的同时表达并没有被排除，这意味着两种T_H细胞类型在犬AD的发病机制中都起着一定作用。因此可以认为，对于人和犬，T_H2型和T_H1型细胞因子在AD皮肤病变发展的不同阶段起作用。在这种模型中，关键因素在于，由于起始阶段炎症的持续存在，T_H2型细胞在T_H1型细胞之后活化。最近的一项研究还发现AD犬的非病

变组织表现为T_H1、T_H2以及T调节细胞的混合反应模式[88]。

处于同一室内由尘螨致敏的比格犬，它们全血细胞因子表达的动力学，也在抗原激发过程中进行评估[89]。临床症状在致敏前、致敏过程中和致敏后（0d、2d、4d和17d）进行了评估，此外每个时间点还采集血样，应用实时RT-PCR分析了T_H2（IL-4和IL-13）和调节（IL-10和TGF-β）细胞因子的mRNA表达情况。应用多重比较检测，临床评分和细胞因子mRNA的表达水平是否存在显著差异，发现2d和4d的临床评分显著低于0d和17d，而IL-4和IL-13mRNA的表达水平却没有时间差异性。然而，4d时TGF-β mRNA的表达水平显著降低，IL-10mRNA在4d和17d的表达水平显著低于0d和2d。结果表明，经过敏原刺激后全血中的调节细胞因子mRNA的表达水平降低，而T_H2细胞因子mRNA的表达水平并没有升高，这提示在该AD的免疫致病机制的实验动物模型中，调节T细胞的功能存在异常。

对特应性人皮内注射相关的过敏原或抗IgE抗体可诱导产生IgE介导的后期反应。其组织学反应与自然产生的特应性皮炎类似。在犬，也可诱导出与人极其相似的组织学反应。在一项研究中，对健康比格犬皮内注射抗IgE抗体后，观察细胞、细胞因子和趋化因子的反应特性。研究者发现，注射兔抗犬IgE后6h内，真皮嗜酸性粒细胞和中性粒细胞数量显著增加，并在48h内保持适度升高[90]。CD1c+和CD3+单核细胞的数量在6h内也有增加。实时定量PCR表明IL-13、CCL2、CCL5和CCL17mRNA的表达明显增加。

调查无细菌感染的特应性犬的病变皮肤和非病变皮肤中的P-选择蛋白、胞内黏附分子（Intercellular adhesion molecule，ICAM）-1和TNF-α的蛋白表达水平显示，尽管存在轻度到中度的炎症反应，但与非病变皮肤相比，病变皮肤的P-选择蛋白表达明显上调[91]。P-选择蛋白的上调伴随着一些功能变化，如细胞着边和膜相关蛋白表达增加。尽管与非病变皮肤相比，病变皮肤的ICAM-1和TNF-α表达并没有增加，但两种分子都有相应上调的趋势。

7. 各种炎性介质的作用

这个话题的深度综述在其他地方有发表[92]。有报告指出，人AD皮肤[93]和血浆[94,95]中组胺的浓度升高，尤其是在疾病恶化时[96,97]。体外试验也有报道，经各种物质刺激后，外周白细胞的组胺释放量增加[98,99]。组胺释放和IgE的水平之间是否存在相关性仍有争议，一些作者没有发现相关性[100]，而另一些作者却发现了相关性[101]。组胺是犬AD形成的主要介质，这一观点是有争议的。研究发现，AD犬血清组胺浓度水平与正常对照组犬的水平相当[102]或偏低[103]。AD犬、蛔虫敏感犬和健康犬的皮肤肥大细胞释放的组胺也没有显著差异性[104]。然而，AD犬的每个皮肤肥大细胞中组胺的总含量比对照组的高[105]。在另一项研究中，测定了AD犬、正常对照犬和通过粉尘螨（Dermatophagoides farinae）抗原和抗IgE人工致敏犬的外周白细胞组胺释放水平[106]。结果显示，AD犬和正常对照组犬的相似白细胞中，

组胺的总含量没有显著差异性。

白三烯（Leukotrienes，LT）在人AD的致病机制中具有一定的作用[107,108]。特异性过敏原致敏后，AD患者的皮肤的LT表达增加[109]。在兽医皮肤病方面，测定皮肤LT浓度的研究寥寥无几[110]。在一项对巴辛吉-灰猎犬模型的研究中，报道了致敏后组胺和Sulphido-LT的释放[111,112]。还有一项试验初步评估了刺激AD犬和正常对照犬的皮肤后，Sulphido-LT的表达情况[113]，结果显示组间差异不显著。

5-羟色胺可介导肥大细胞脱颗粒，被认为在人的过敏反应中发挥着重要作用[114]。皮内注射5-羟色胺引起的瘙痒程度比组胺引起的瘙痒弱得多[115]。对人AD的皮肤样本中的P物质、神经肽Y、血管活性肠肽、β-脑内啡、生长激素抑制素和5-羟色胺进行染色[116]。结果发现，与正常对照组相比，AD患者的皮肤中，游离神经末梢数量大大增加。此外，由于每个神经纤维轴突的数量较多，所以这些纤维的直径似乎也有扩大。

其他评估AD患病动物组胺和5-羟色胺释放情况的研究发现，即使无免疫性刺激，患病动物释放血管活性介质的趋势也较高[117,118]。有趣的是，对AD人类患者使用新型抗5-羟色胺药物氮卓斯汀后，具有良好的临床反应[119]。5-羟色胺在犬AD中的作用目前还是未知的，没有评估AD犬皮肤或血清5-羟色胺浓度的研究报道。应用各种抑制5-羟色胺释放的药物，治疗AD患犬的疗效差异较大。更具体地说，给16只过敏性瘙痒犬，每日按0.1～0.2mg/kg口服赛庚啶（具有抗组胺特性的5-羟色胺拮抗剂），患犬症状没有改善[120]。按1mg/kg，每日口服2次阿米替林（一种具有抗组胺特性的三环抗抑郁药），16%的犬瘙痒症状完全消除，另外16%的病例中大约50%的患犬症状有减轻[121]。

8. 过敏原的作用

（1）环境过敏原及其暴露途径

令人信服的证据表明，环境过敏原引起的过敏反应在AD的发病机制中具有一定的作用[122,123]。例如，AD的组织学特征与典型的过敏接触性迟发型过敏反应具有许多相似的特征，包括主要分布在皮肤或更小范围的表皮中的海绵状结构和以T细胞为主的炎性浸润。在大约80% AD患病动物的循环系统中，发现了识别一种或多种室内尘螨、草和其他普遍存在的环境过敏原的特异性IgE[124]。

目前普遍认为，环境过敏原至少在一种犬的AD的发病机制中起着重要的作用[125]。该结论已经被特应性斑贴试验[126,127]和环境过敏原刺激试验[128]诱发的反应所证实。在组织病理学上，这些反应与AD病变相似，都是免疫反应，过程大致为过敏原经皮被表皮朗格汉斯细胞捕获，进而引发淋巴细胞和粒细胞的逐步浸润。在犬的特应性病变皮肤处，发现表皮嗜酸性粒细胞聚集成团和朗格汉斯细胞增加[51-52,129]。即使临床表现正常的特应性皮肤的朗格汉斯细胞数量也有增加。与特应性人相似的发现是，犬内皮细胞表达ICAM-1的水平有增加，但MHC Ⅱ没有增加。特应性犬的病变皮肤中的T细胞数量有增加，以及CD4：CD8 T细胞比例升高和αβT细胞（2型）的数量增加，这与特应性人相似[130]。此外，特应性犬的病变皮肤与人相比，CD8+细胞和γδT细胞（1型）数量相对较高。这些观测结果支持了经皮过敏原可引发特应性疾病的观点，以及犬和人具有相似的发病机制[131,132]。

多年来研究者们也对过敏原的接触途径进行了调查，但却一直存在争议[133]。早期研究强调了过敏原的吸入途径[134]。最近，犬特应性病变皮肤的组织病理学研究[51]和特应性斑贴试验的研究强调了过敏原的经皮途径[135]。人医详细记载了经皮途径[136,137]，对于犬，经皮接触途径可有助于解释病变的分布（接触部位如口鼻、脚和耳郭）。最近一项对室内尘螨致敏的比格犬的研究发现，所有的接触途径（吸入、呼吸道和口腔）都能引发皮炎，但经皮途径似乎是最简单和最重要的接触途径[138]。

另一个关于过敏原经皮暴露途径对引起Ⅰ型过敏反应的作用的有趣报道，来自于最近一篇关于香露草（Callisia fragrans）叶提取物引起的急性过敏反应的研究[139]。接触鸭跖草科家族的成员，包括白花紫露草［鸭跖草类（Commelina spp.），以前称为正水竹草类（Tradescantia spp.）］和吊竹梅（C. frgrans），会引起犬的细胞介导性接触性皮炎[140]。然而，之前没有关于这些植物可引起犬IgE介导的过敏反应的报道。在报告中，作者描述了一只犬在接触植物后和C. frgrans叶汁的皮肤斑贴试验后，出现了过敏性休克。通过血清IgEs检测发现了针对叶子中分子质量为51～83kD的分子。有趣的是，花的提取物没有过敏反应。

（2）食物过敏原

兽医皮肤病学，已经将经典的皮肤性食物不良反应与AD分开，但这种分开经常是争论的对象[141]。目前普遍认为，食物是犬AD形成的促发因素，而且这些患病动物的症状可能与花粉或其他环境因素引发的症状相似。在人医中，由于对某些食物过敏原敏感，食物过敏原通常是促使儿童AD形成的第一大因素[142-144]，此外，食物还通常导致这些敏感患者复发AD[145]。食物过敏是一部分患者AD的致病机制，33%～38.7%的婴儿和儿童AD存在食物过敏[146,147]。在兽医方面，早期的报告表明，多达30%的AD患犬同时存在食物不良反应[148]，不过，最近的研究发现没有之前报道的那么高（相应数据分别为2%[149]，4%[150]和5.7%[150a]）。相比之下，13%～30%的犬被诊断为皮肤性食物不良反应同时并发AD[151-153]。

最近证实，已致敏的高IgE比格犬口服尘螨［Dermato-phagoides（D）］提取物可产生AD的症状[127]。此外，一些像储藏螨（如腐食螨属、粉螨属、螨属）之类的、可引发IgE反应的过敏原[154]可以视为环境过敏原，如果摄入存放不当的食物中的储藏螨时，也可将之视为食物过敏原。另一项研究使用最初对粉尘螨（D. farinae）过敏的比格犬，研究发现这些犬对多种储藏螨也具有交叉过敏性，这证实摄入过敏原储藏螨也可引发临床症状与AD相似的皮炎，与环境过敏原引发的皮炎也相似[155]。根据这些发现，犬AD的国际专题小组认为皮肤性食物不良反应在一些患犬中可表现为AD的症状，或者换句话说，食物中的某些成分可促发对这些过敏原敏感的犬形成AD[156]。

（3）自身抗原

人类AD患者通常对皮肤的自身抗原表现为IgE反应性[157]。血清中出现的IgE自身抗体可能与疾病的严重程度相关，这些IgG可能可以反映组织损伤程度或是组织损害的诱因。然而最近一项对中等或重度AD患犬的研究，并没有发现IgE自身抗体，这表明IgE自身抗体不是犬AD疾病的一部分，或者检测方法不够灵敏，不能检测出IgE自身抗体[158]。

（4）细菌抗原和毒素

葡萄球菌超抗原在AD致病机制中的作用在人医上进行了广泛的研究。金黄色葡萄球菌在特应性患者的皮肤上克隆，可产生具有超抗原活性的毒素[159]。毒素促使AD形成的免疫学机制包括：与将超抗原在上皮细胞将过敏原递呈给T$_H$2细胞的过程相关[160]、促进产生T$_H$2型皮肤炎症、产生IgE[161]、破坏T调节细胞、皮肤型T细胞的扩增和迁移、调节趋化因子[162]和产生抗-超抗原IgE。这些毒素和AD的严重程度之间具有直接相关性[148]。

AD患犬葡萄球菌感染的高复发率，可能与大量葡萄球菌黏附在患病动物皮肤上有一定的关系[163]。过敏犬的皮肤表面葡萄球菌数量显著高于健康犬，而病原菌主要集中在皮肤的上层[164]。此外，葡萄球菌黏附在AD患犬角化细胞的数量也比健康犬高[165]。最近的一项研究表明，与人医上报道的相似，对于犬，葡萄球菌黏附在炎性特应性皮肤角化细胞中的数量最多[166]。这些发现表明，伪中间型葡萄球菌（Staphylococcus pseudintermedius）广泛地黏附在犬的炎性和非炎性特应性皮肤上，这可能对该病原菌在特应性皮肤的定殖具有重要意义。另一项研究发现，伪中间型葡萄球菌（S. pseudintermedius）在特应性犬的角化细胞的黏附数量明显多于健康犬，瘙痒程度高的犬黏附数量也较多[167]。在无脓皮症病史的特应性犬、有脓皮症病史的特应性犬和取样时有脓皮症存在的特应性犬之间，病原菌黏附数量上没有显著差异性，提示黏附以外的其他因素才是临床上脓皮症形成的必要条件。此外，治疗通常不能影响伪中间型葡萄球菌（S. pseudintermedius）对特应性犬角化细胞的黏附。

为了调查"细菌性过敏反应"是否存在，研究者调查了在特发性复发脓皮症犬、继发于特应性疾病的复发脓皮症犬、无复发脓皮症的犬以及健康身上葡萄球菌抗原的体液免疫反应[168]。结果显示，之前有葡萄球菌皮肤感染的所有组中，犬平均血浆抗葡萄球菌IgG的水平明显高于健康犬，其中复发深层脓皮症的犬的平均抗葡萄球菌IgG水平最高。特发性复发浅表脓皮症和那些继发于异位的复发脓皮症犬的平均血浆抗葡萄球菌IgE水平明显高于其他检测组。

作者从这些研究结果中总结到，伪中间型葡萄球菌（S. pseudintermedius）是一些犬的过敏原，可引发IgE反应。这些结果支持了细菌性过敏反应可能是部分动物皮肤病变的引发或促进因素。最后，研究还证实了葡萄球菌抗原可侵袭犬，以及和AD患犬相似，葡萄球菌抗原的侵袭可增加肥大细胞脱颗粒[169]。因此，证实了犬皮肤急性过敏反应的两个必要条件（特异性的反应抗体和相应的抗原）。然而，葡萄球菌抗原能引发皮肤急性过敏反应的确切因果关系（例如可能在被动接种试验中证实）还没有在犬上确立。

（5）酵母菌抗原

亲脂酵母菌马拉色菌属（Malassezia）［以前称为糠秕孢子菌（Pityrosporum）］是能引起人和犬AD临床症状的另一个研究得比较清楚的病因。尽管不同解剖部位酵母菌的数量有所不同，但厚皮马拉色菌（Malassezia pachydermatis）是犬正常皮肤微生物的组成部分，已是不争的事实。在最近的一项研究中[170]，通过半定量拭子技术评估了马拉色（Malassezia）酵母菌在特应性犬皮肤上的分布和数量。研究者调查了临床症状、发病率和酵母菌的数量之间是否存在关系。菌株分离频率较高的几个部位是指间（70.7%）、耳（63.4%）、甲襞（35.7%）、口（33.3%）、腹股沟（30.9%）、结膜和腋窝（23.8%）、会阴和肛门（19%）、肛周腺（9.5%）。耳朵、肛门、指间、肛周腺、腹股沟处，数量最多的厚皮马拉色菌（M. pachydermatis）都是同一个种属的，马拉色菌（Malassezia）分离株的类型和皮肤病变之间没有相关性。有趣的是，数量最多的马拉色菌不仅存在于病变部位，也存在于非病变部位，说明马拉色菌也可在特应性动物的看似健康的皮肤部位大量繁殖。

目前已经证实，马拉色菌可引起特应性犬的过敏反应[171]。通过厚皮马拉色菌的天然提取物刺激健康犬和特应性犬的PBMC，以调查细胞免疫反应程度，结果发现，与临床表现正常的犬和马拉色菌性耳炎的患犬相比，细胞学证实具有马拉色菌性皮炎的异位犬的淋巴细胞转化反应增强[172]。特应性对照犬的过敏反应和马拉色菌性皮炎或耳炎的特应性犬的过敏反应差异不显著。所有组中都没有发现淋巴细胞转化反应与厚皮马拉色菌引起的Ⅰ型过敏反应之间存在显著相关性。因此，作者认为，厚皮马拉色菌引起的细胞和体液免疫反应在犬AD发病机制中具有一定的作用，但却没有直接相关性。与健康犬的免疫反应不同的是，AD犬形成了急性过敏反应，而健康犬的免疫反应可能是由迟发型过敏反应介导的[173]。

另一项关于特应性犬的研究，调查了犬对各种浓度的马拉色菌提取物的血清学反应和皮肤皮内检测反应性，结果表明马拉色菌过度生长的特应性犬和无马拉色菌过度生长的特应性犬的皮内反应具有显著差异性，前者的阳性率为93%，而后者的阳性率只有31%[174]。Greer酶联免疫吸附技术（Enzyme-linked immunosorbent assay，ELISA）测定的血清IgE水平却没有明显差异性。可以认为具有马拉色菌性皮炎的特应性比没有马拉色菌性皮炎的特应性更有可能是I型过敏反应。这些研究结果与另一个研究结果相似，该研究发现，细胞学证实对马拉色菌性皮炎的特应性犬皮内注射天然厚皮马拉色菌提取物后，荨麻疹反应明显强于无马拉色菌性皮炎的特应性犬[175]。相比之下，较早的研究报道了，特应性犬的血清IgG和IgE水平明显高于健康犬和临床上确实有马拉色菌性皮炎或耳炎的非特应性犬，但有马拉色菌性皮炎或耳炎的特应性犬和无马拉色菌性皮炎或耳炎的特应性犬之间的IgG和IgE水平无显著差异性[176]。两种结果存在差异性的原因目前还不清楚。

P-K测试结果分析支持了抗马拉色菌IgE的被动转移皮肤过敏反应，说明IgE在具有马拉色菌性皮炎的特应性犬上表现为I型过敏反应。因此，减少或阻断具有马拉色菌性皮炎的特应性犬的抗马拉色菌IgE，可帮助控制疾病的临床症状[177]。目前发现了几个对犬重要的马拉色菌抗原。在超过50%的特异反应性犬血清中发现了45kD、52kD、56kD和63kD的蛋白质，因此这几种蛋白质代表了主要的过敏原[178]。只有少数正常犬的少量IgE能和这些蛋白质结合。结果表明，大多数具有马拉色菌性皮炎的特应性IgE反应强于健康犬，提示IgE介导的免疫反应在AD的发病机制中具有十分重要的临床意义。

9. 其他因素在犬AD发病机制中的作用

其他可能影响AD形成的因素包括出生月份、母犬的饮食和益生菌的使用。出生在过敏季节的幼犬，在生命最初几个月接触了花粉，似乎可增加AD的患病风险[179]。这符合IgE介导的过敏需要早期过敏原接触和致敏后，才能形成持续的IgE水平这一理论。该理论在一项从7窝幼犬中选育的32只高IgE水平的比格犬的研究中得到证实，通过皮下注射鸡蛋卵清蛋白（Ovalbumin，OVA），花生提取物和重组桦树花粉过敏原（Bet v 1）致敏后，这些幼犬表现为高IgE水平[180]。每窝犬中，一半幼犬从出生后第1天开始注射致敏；另一半幼犬4个月龄时开始注射致敏。结果表明，早期致敏的犬血清OVA特异性IgE水平显著高于4月龄开始致敏的犬，与之相反的是，早期致敏犬的IgG水平较低。致敏后，两组血清特异性IgE和IgG的增加水平在一年多的时间里都存在差异性。之后注射一种新的过敏原致敏后，血清特异性IgE和IgG也存在差异。这说明，生命早期接触过敏原在持续性高水平IgE的形成中和在之后接触新的过敏原引起的IgE反应的形成中起着决定性作用。因此生命早期尽可能地避免接触过敏原，对犬IgE介导的过敏反应具有一定的预防作用。

最近一项病例对照研究具体调查了在拳狮犬、斗牛㹴和西高地白㹴中促使AD形成的其他环境和饮食风险因素[181]。在这项研究中，没有发现性别、出生季节、环境、疫苗接种或驱虫对形成AD的影响。主要的发现是，哺乳期给母犬饲喂非商品化的食物，对避免后代AD的形成具有保护作用；母犬未食用家制或非商品化的食物，可使后代患AD的概率高2倍。这一发现很有趣，它反映了这样一个事实：肠道微生物的调节作用可能发挥重要作用。

人医的许多研究调查了产妇的饮食和益生菌在防止或延缓儿童AD发生的作用，而这些儿童具有形成AD的基因倾向性[182,183]。益生菌可定义为活的微生物，当摄入适量益生菌时，除提供一些固有的营养外，还能促进健康。合格的益生菌应具备以下几个条件，即具有抗酸和抗胆汁能力、能黏附在肠道上皮细胞、长期存在于消化道能产生足够的抗菌剂和调节免疫反应。最后，益生菌必须能够耐受加工处理。在人医，益生菌的有益作用仍存在争论。许多研究支持它们有益于健康[184]，另外一些却没有发现它们的有益作用[185]。益生菌可改善AD的严重程度似乎与T_H1 IFN-γ反应能力的显著增加、皮肤和肠道菌群的改变相关。停止补充益生菌后效应会持续数月。而特异性过敏原反应缺乏持续效应，这提示益生菌的作用可能是通过其他独立的途径介导的。

调查人用和兽用"益生菌"产品标签的准确度显示，很少有产品的标签是准确的，确保标签准确的监管和质量控制也很少[186]。就目前我们所能获得的资料来看，只有一项研究[187]评估了益生菌在防止遗传易感性犬发生AD的作用。该研究培育了患有严重AD的高IgE水平的比格犬实验模型，这些比格犬经益生菌治疗后具有很好的疗效[188]。试验中，每只患犬都繁育2次。第1次怀孕时，不服用益生菌。第2次怀孕时，从妊娠第3周开始服用益生菌直到哺乳结束。两窝幼犬都在第8周断奶。第2窝幼犬从第3周开始服用益生菌，一直持续到6月龄。所有的幼犬在3周龄到6月龄之间，都经皮下对室内尘螨致病。第1窝幼犬在6月龄时，所有的幼犬（7/7）都产生高粉尘螨的IgE，6/7的犬皮肤检测为阳性，过敏原刺激后7/7的犬表现严重的临床症状。在第2窝犬中，7/9的犬血清学为阳性，3/9的犬皮肤检测为阳性，过敏原刺激后6/9的犬表现有皮炎和瘙痒症状。第2窝的IgE水平和皮肤检测反应明显较低，虽然临床得分也较低，但没有统计学差异性。本研究进一步强调了，临床症状与IgE无相关性，其他因素在疾病的发生中具有重要作用。得出的结论是，益生菌可以调节过敏原特异性IgE，但不能完全阻止疾病的形成。

10. 临床过程和症状

目前报道的发病年龄差异较大，最早为4月龄，最晚为7岁[189]。国际专题小组报道的典型发病年龄一般在6月龄至3岁之间[190]。一项研究试图预测导盲犬AD的患病风险，发现犬15个月龄时若患有4次及以上异位型皮肤疾病，则AD的患病风险会增加[191]。有许多决定发病年龄的因素，包括品种和地理区域。生活在温暖气候的高易感犬，一年四季接触花粉，可增加早发临床症状的风险。临床症状可能从开始就呈季节性发作，因为全年都可作为疾病的进程。然而，一些犬的早期临床症状可能是非季节性的，这取决于过敏原的类型。老龄犬偶尔也会形成AD。大多数情况下，这些犬形成AD是由于从寒冷地理区域迁移到温暖的地方，由接触了更多花粉引起的。症状通常在迁移后1~3年内出现。

普遍认为，遗传影响该疾病的形成，因此也有关于品种易感性的报道。不幸的是，大多数之前评估品种易感性的报道，没有考虑当地犬的总数量，从而影响品种易感性的准确性时有发生。很少有根据犬的总数量来评估患病风险的研究[192-195]，据报道，法国狼犬、波士顿梗、拳师犬、凯安梗、中国沙皮犬、可卡犬、达尔马西亚犬、英国斗牛犬、英国赛特犬、狐狸犬、爱尔兰赛特犬、拉布拉多寻回猎犬、大白熊犬、拉萨犬、迷你雪纳瑞、哈巴狗、苏格兰梗、锡利哈姆犬、西高地白梗、硬毛狐狸梗、约克夏梗为易感品种。关于性别易感性的报道结论不一，一些研究提示公犬[196]具有易感性，而另一些却认为母犬[197]具有易感性或不存在性别易感性[182]。

AD患犬的临床病变最常影响腹侧无毛区（腋下、腹股沟和趾间），类似于接触过敏性皮炎的病变。典型的病变部位还包括口角、眼周、耳郭、肘部弯曲表面（图8-5）。

早期症状可能只表现为瘙痒，而没有明显的病变或只有轻度红斑。瘙痒通常是典型的主要症状，若无继发感染，一些轻度的特应性犬可能无瘙痒症状。可想而知，这些犬的瘙痒程度可能低于临床瘙痒症状的阈值。而这通常是疾病

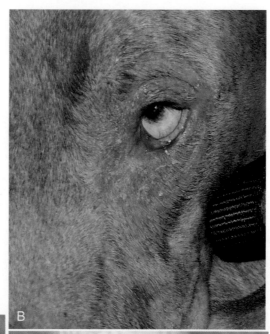

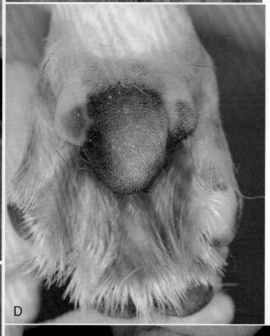

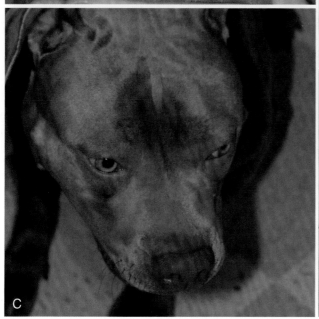

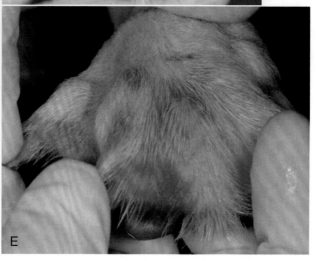

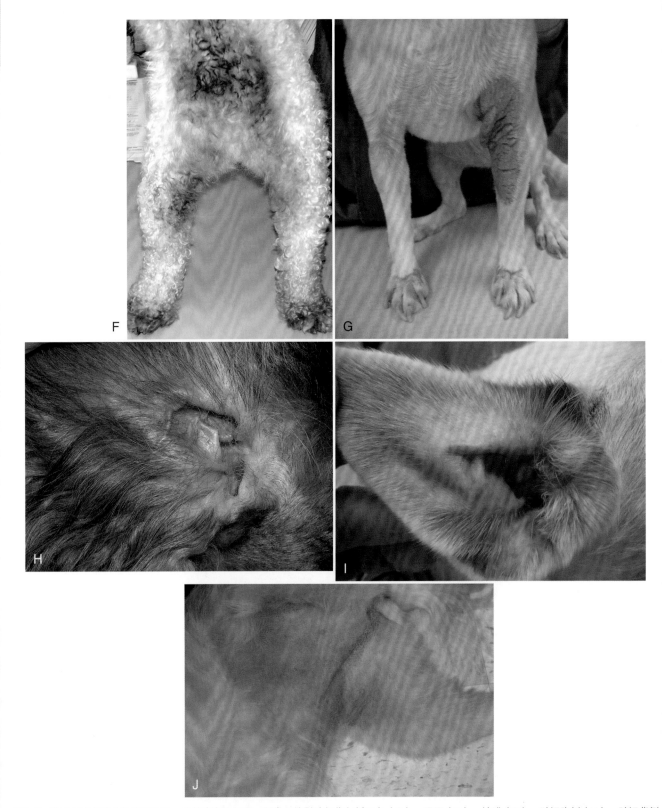

图8-5 特应性皮炎患犬的临床图片。急性病变为红斑。最常见的影响部位包括口角（**A**）、眼周（**B**）、结膜（**C**）、趾间腹侧（**D**）、趾间背侧（**E**） **F**. 浅色犬可见唾液染色 **G**. 肘部屈肌表面是常见的病变部位，本病例可见慢性创伤和继发感染导致的苔藓样硬化部位。请注意病变在两前肢呈不对称分布 **H**. 耳郭是常见的病变部位。在这张照片上，无并发症的特应性皮炎主要表现为红斑 **I**. 随着时间的推移，外耳道的炎症导致形成外耳炎 **J**. 自我损伤导致红斑增加，随着时间的推移，出现色素沉着，苔藓样硬化和脱毛。患有特应性皮炎几年后的犬，出现了一些色素沉着

的早期阶段，无论是否存在感染，之后都会表现出瘙痒症状。在绝大多数情况下，可见瘙痒症状，感染可进一步加剧瘙痒程度。

从历史观点上说，AD被描述为一种瘙痒性疾病，并且没有主要的爆发期。一些作者报道了从斑点到斑块的爆发或到丘疹的爆发[178]。丘疹似乎比脓皮症或接触性过敏的

丘疹小，在室内尘螨天然过敏的犬或人工建立的模型犬都可见丘疹[52]。通过观察室内尘螨致敏的实验模型犬发现，似乎主要的丘疹爆发特别容易发生在年轻个体的前几次过敏原过敏时，之后持续接触或随着疾病的进程或年龄的增长，红疹成为最常见的症状。因此，AD似乎是一种动态疾病，不仅个体之间存在高度差异性，而且在个体生命的不

同阶段也存在动态变化。国际专题小组一致认为，临床患病动物最常见的主要病变是红斑。可想而知，临床患病动物的症状说明，患病动物重复接触过敏原，这可以解释为什么在一些报道中存在差异性。

已报道的AD患犬的其他症状包括结膜炎、耳炎、多汗和瘙痒引起的慢性变化，如唾液染色、苔藓样硬化和色素沉着。急性湿性皮炎、肢端瘙痒性结节和肢端舔咬肉芽肿是AD潜在的其他继发症状。值得注意的是，AD患犬容易发生其他过敏性疾病[198,199]，比如食物、跳蚤、接触性过敏和继发感染[200]。在同一患畜身上观察到多种过敏反应和感染，是不常见的。这对临床症状和治疗都有重要意义。瘙痒可引起自我损伤、脱毛、表皮脱落和溃疡，以及形成继发感染导致化脓性皮炎、结痂、皮屑和脱毛。据报道AD患犬也可形成皮脂溢[178]。无论是细菌感染还是马拉色菌感染，皮脂溢是继发感染最常见的表现形式。偶尔，也可在皮肤之外的其他地方表现出临床症状，包括鼻炎、打喷嚏、胃肠道（Gastrointestinal，GI）功能失调，发情周期异常[178]。可想而知，一些报道的症状可能是治疗的结果，而不是AD主要的症状，或者一些个体可能同时存在食物不良反应，只是没有被诊断出来而已。对于人类来说，性激素和AD之间的关系仍存在争议，关于犬的一些研究提示AD和性激素之间有一定的关系，但另一些研究却不支持这些观点[201-203]。

11. 诊断

由于没有明确诊断AD的方法，所以只能基于病史、临床症状和通过排除其他有相似表现的瘙痒性疾病来诊断。目前制定了一些试图建立确切诊断AD的临床诊断标准，但没有一个方案是完美的。经过深入评估人和犬的AD诊断标准，作者推荐参考国际专题小组设立的标准[204]。在人医，没有诊断AD的实验室标准流程，所以建立了几种不同的帮助诊断的临床标准。最常用的是Hanifin和Rajka的诊断流程，含有诊断AD的主要和次要的临床标准[205]。最近建议除了两三个主要的标准（瘙痒、典型的形态和分布、慢性或慢性复发）外，特异性的IgE也应该作为诊断AD的强制性标准。幼龄儿童（小于2岁）常见的提示AD的症状包括皮肤干燥症（100%）、病情受环境因素的影响（87%）、面部红斑（54%）、食物过敏引起的皮肤反应（39%）、出汗时瘙痒（34%）、阳性皮肤针刺试验（29%）和手部湿疹（28%）。

在兽医，Willemse修订了一些人医诊断AD的标准[206]。不幸的是，他并没有评估这些标准诊断犬AD的灵敏性、特异性和准确性。

Willemse认为AD至少应有以下主要特征中的三种：

· 瘙痒。
· 影响面部和/或趾间。
· 跗骨屈肌表面或手腕外表面出现苔藓样硬化。
· 慢性皮炎或慢性复发性皮炎。

· 个体或家族特应性病史。
· 品种倾向性。

至少出现以下次要特征中的三种：

· 3岁前开始出现临床症状。
· 面部红斑和唇炎。
· 细菌性结膜炎。
· 浅表葡萄球菌性脓皮症。
· 多汗。
· 对吸入性过敏原表现为急性皮试反应。
· 过敏原特异性IgGd升高。
· 过敏原特异性IgE升高。

Prelaud评估了以上标准，并推荐使用修订的犬AD诊断标准[207]：

· 3岁前开始出现临床症状。
· 犬大部分时间生活在室内。
· 糖皮质激素反应性瘙痒。
· 早期症状表现为瘙痒。
· 影响前足。
· 影响耳郭。
· 不影响耳缘。
· 不影响腰背部。

Favrot等最近的研究推荐了两种可以增加Willemse标准灵敏性和特异性的新标准。根据这项研究，建议的标准如下[207a]：

· 3岁前开始出现临床症状。
· 糖皮质激素反应性瘙痒。
· 影响前足。
· 影响耳郭。
· 唇炎。

在这项研究中，Willemse标准的灵敏性和特异性分别为49.3%和80.2%；Prelaud标准的灵敏性和特异性分别为74.3%和68.4%。Favrot标准的灵敏性为85%、5/8的患畜表现出标准症状，特异性为79%。若特异性增加到89%，则6/8的患畜表现出标准症状。因此，根据这项研究，Favrot标准具有最高的灵敏性和特异性。第二项标准去除了糖皮质激素和马拉色菌的问题以及增加了"早期症状表现为瘙痒但无其他病变（瘙痒正相关原料）"的问题，如果6/7的患畜表现出标准症状，就可使特异性增加到94%。

其中的一些标准与以前推荐的标准相似（如3岁前出现临床症状、糖皮质激素反应性瘙痒、影响前足、影响耳郭），但是其他部分不同（如犬大部分时间生活在室内）。这些标准强调了AD似乎更常影响室内犬，证实了人医的观察，提示接触室内尘螨（例如室内环境）和形成AD之间存在一定的关系。这可能是因为室内尘螨存在许多可损伤皮肤的酶（如通过破坏紧密连接），从而增加了经皮渗透的过敏原和过敏性致敏的风险。

不管使用的标准有多详尽，一般认为，在考虑AD的临床标准前必须进行鉴别诊断，以排除其他疾病（如其他瘙痒性皮肤病）。因为AD主要的症状是瘙痒，以及犬AD的其他并发症（如继发感染、外耳炎、皮脂溢）都是常见和可变的，因此需要鉴别诊断的疾病很多。鉴别诊断因个体临床症状的表现不同而存在差异。非季节性病例，无论是否存在免疫反应，瘙痒性疾病都应排除疥疮、蠕形螨、脚气病和食物不良反应。调查食物过敏原在皮炎和瘙痒中的作用是非常重要的，因为避免这些食物可以显著减轻临床症状的严重程度。也应考虑是否常年接触过敏原（如地毯纤维），尤其是短毛犬，因为临床症状可能与AD相似。过敏原可因地理区域不同而异，热带气候条件下植物接触性过敏是非常重要的鉴别诊断。对于季节性病例，应主要排除跳蚤性过敏和植物接触性过敏。其他不太常见的鉴别诊断包括肠道寄生虫性过敏反应、原发性皮脂溢、蕈样真菌病、药物性过敏。感染常引起瘙痒，因此排除所有继发感染因素对正确评估疾病很重要。

基本的初步检查应包括细胞学检查、深部和浅表皮肤刮皮和真菌培养。细胞学检查旨在帮助诊断是否存在继发感染，因为正确的诊断和治疗继发感染，可以减轻特应性犬临床症状的严重程度，因此，应作为常规检查方法之一。细胞学检测结果可帮助识别犬的瘙痒是否是仅由继发感染引起和原发病是否为无瘙痒性疾病。过敏检测可用于帮助筛选免疫治疗中的过敏原，但不应作为诊断标准。虽然皮内皮肤检测表明正常犬对大多数花粉无反应，但没有研究评估多种阳性花粉反应在正常犬和特应性犬的灵敏性和特异性[207b]。无论是血清还是皮肤检测，都不能检测过敏原特异性IgE，因此当过敏原特异性IgE存在时，并不能代表临床症状的病因。重要的是要明白，任何形式的过敏检测都不应作为寻找病因的方法。相反，应在确诊AD后检测过敏原，以减少过敏原接触或用于选择免疫治疗中的过敏原。

12. 过敏检测

过敏检测只用于当畜主对免疫治疗感兴趣时，不应作为一种诊断性检测。可以用它尝试减少过敏原接触，但一般不将其作为唯一的治疗方法单独使用。关于什么是"最好"的过敏测试，一直存在争议。支持血清学和皮内皮肤检测的数据将用于评估，但最终确保免疫治疗成功的最重要的因素似乎是正确的解释检测结果，而不是所选择的过敏检测方法。

13. 皮内皮肤检测

在人医，刺痛检测是诊断IgE介导性疾病的主要诊断方法。在兽医，这项检测没有被真正使用过，最有可能的原因是，动物在必须使用该项检测时仍未排除过敏原检测以及该检测结果不太令人满意[208]。在兽医，皮肤检测就是皮内皮肤检测，即在皮内注射少量（通常为0.05mL）过敏原。水溶性过敏原提取物是皮内皮肤检测的常规试剂。提取物可以浓缩的形式购买，皮肤检测时只需稀释一下。稀

释形式的过敏原也可购买到，这样的皮内皮肤检测无须进行稀释，使用更方便，但稀释形式的过敏原保质期短。稀释过的过敏原应在8周内使用完。一些作者（RM，WM）推荐每4周更换1次用于皮内皮肤检测的稀释液。过敏原的选择应当根据地理位置而定。虽然咨询当地人医过敏学专家具有一定的帮助，但应记住，一些对人重要的过敏原不一定对犬也重要。因此，评估常规过敏原检测的结果和筛除阳性率低的过敏原是很重要的。

不推荐使用混合过敏原检测，因为混合检测中的单个过敏原的数量存在差异性，与单个过敏原检测相比，可能出现反应率低或假阴性反应。在一项旨在比较皮内注射粉尘螨、欧洲室尘螨、混合室内尘螨和室内灰尘提取物在疑似特应性皮炎患犬皮肤上的反应性的回顾性研究中，发现使用天然混合室内尘螨和天然室内灰尘提取物的犬的皮内皮肤检测结果不如使用纯粉尘螨、欧洲室尘螨提取物诊断室内尘螨过敏反应的结果准确，主要原因在于存在较高的假阴性结果[209]。若过敏原混合物的皮内皮肤检测结果为阳性，而动物只对其中一种过敏原过敏，那么结果可能包括不会导致患病动物过敏的过敏原。一项研究表明，根据常见的脱敏原则（也称为过敏原特异性免疫治疗）治疗无相关过敏原过敏的正常犬，这些犬出现了皮肤检测阳性或过敏的临床症状。需要注意的是，这是在正常犬进行的试验，在特应性犬可能会产生不同的结果，可能形成新的过敏反应[210]。许多作者目前认为室内尘螨过敏原比室内灰尘好，因为后者含有人和动物的皮屑、霉菌、室内尘螨、昆虫碎片、细菌、食物微粒、衣服分解产物和无机物，每次检测的样本之间的抗原性和过敏性可能存在差异性。

不推荐同时进行食物过敏原检查，因为皮内皮肤检测不灵敏[211,212]。关于食物过敏原检测的其他信息将在食物过敏中讨论。

过敏原是由抗原成分组成的复杂混合物。正如前面所讨论的，在人医，为确保所有重要的过敏原都包括在内、为量化具体的过敏原、确保各种过敏原的比率保持不变和确保总的过敏性一致，许多过敏原提取物成为检测过敏成分的标准。在兽医，没有这些标准化的提取物，因为在犬还未检测出每种过敏物的主要过敏原，所以标准提取物的检测结果是不确定的。目前，犬主要的过敏原中只有粉尘螨是确认的[213]，但却没有标准化的提取物。

据报道，犬重要的过敏原主要有室内尘螨、室内灰尘、人头皮屑、羽毛、木棉、真菌、杂草、草坪和树木。在美国，大多数动物对多种物质都存在过敏性[214]。在欧洲，最初报道的多物质过敏较罕见[215]。事实上，据报道欧洲的犬通常只对室内尘螨过敏，即使还存在其他过敏原，室内尘螨的检测通常是低过敏性的，1年后重新检测也是低过敏性的。然而，最近发表的文章表明欧洲的一些国家也存在多物质过敏[216,217]。据报道，欧洲最重要的过敏原是室内灰尘、室内尘螨和人类的头皮屑。室内尘螨也是美国

和日本最重要的过敏原[112,198]。

常检测的两种室内尘螨是粉尘螨和欧洲室尘螨。尽管这两种螨虫都是尘螨家族的成员，但它们每一种都含有多个针对人的过敏原性抗原表位。对人而言，主要有两类主要的过敏原，其种属内存在部分交叉反应。在犬也发现欧洲室尘螨和热带无爪螨（*Blomia tropicalis*）存在交叉反应[218]。研究显示犬和人识别欧洲室尘螨的不同过敏原，这些抗原之间无交叉反应[219,220]。目前已证实，室内尘螨之间、室内尘螨和储藏螨之间以及疥螨（*Sarcoptes*）存在交叉反应[221-225]。

其他螨虫也是室内灰尘中蛛形纲动物的重要组成部分。埋内欧螨（*Euroglyphus maynei*）在许多国家都有发现，据报道它是许多欧洲家庭中主要的螨虫种类。尽管它通常和欧洲室尘螨共存，二者也是同一个种属的成员，但它确实对人有多种独特的过敏原表位。在犬，还没有相关的报道。热带无爪螨是一种在热带和亚热带气候地区发现的 *glyciphagid* 室内尘螨。所检查的圣地亚哥房屋中有44%发现了该螨虫，它还是巴西主要的室内尘螨。一些研究表明，它与欧洲室尘螨具有一些交叉反应性，但也发现了它有多种种属特异性过敏原。这些其他类型的室内尘螨，在一些地区数量较多，可能是某些地区特应性患犬的重要过敏原。

蟑螂（*Blattella germanica*，*Blattella orientalis*，*Supella supellectilium*，*Periplaneta americana*）已被证明是人重要的过敏原，与室内灰尘具有交叉反应性，这可能与蟑螂微粒存在于室内灰尘中有关。对25只特应性犬的蟑螂过敏性皮肤检测结果显示，4只犬是阳性的，但这4只犬对室内尘螨的检测也显示为阳性[226]。

兽医可用于皮肤检测的提取物中，不同厂商和不同批次产品之间的差异性很大。使用最高浓度的提取物检测皮肤不引起过敏反应，可解释为假阳性反应。几项研究试图确定各种过敏原的阈值浓度，总是认为正常犬应为阴性。然而，一些正常犬可能是阳性的，说明这些犬存在亚临床过敏反应[227,228]。

目前还没有彻底的评估皮内皮肤检测所使用的过敏原的最佳浓度。大多数皮肤专家的皮肤检测中，花粉和霉菌使用1 000PNU（蛋白质氮单元）/mL的稀释浓度[229,230]，室内尘螨使用 1/50 000w/v的稀释浓度[231]，昆虫使用1 000 PNU/mL的稀释浓度[220]。一些作者（RM和WM）不再测试羊毛或羽毛，但这些过敏原推荐的稀释浓度为250～500 PNU/mL。然而，最近的一项研究发现，这些稀释浓度并不是最合适的皮肤检测浓度[232]。在这项研究中，研究者调查了犬皮内皮肤检测的最佳组胺浓度和过敏原阈值浓度，为此评估了组胺的两种不同浓度和每种过敏原的四种不同浓度。最佳组胺浓度确定为1∶10 000w/v。检测的草坪、杂草、树木、霉菌、昆虫的阈值浓度至少为1 750PNU/mL，跳蚤的阈值浓度至少为1∶500w/v。另一项研究显示，花粉的阈值浓度可能高得多[207b]。欧洲室尘螨最佳的阈值浓

度为250PNU/mL，而粉尘螨和腐食酪螨的最佳阈值浓度为100PNU/mL。除人头皮屑之外的上皮细胞的最佳阈值浓度至少为1 250PNU/mL。人头皮屑的最佳阈值浓度是300PNU/mL。作者认为，目前使用1∶100 000w/v的组胺浓度和对于大多数草坪、杂草、树木、真菌、上皮细胞和昆虫使用1 000 PNU/mL的浓度可能并不适合犬的皮内皮肤检测。

许多因素都可影响皮内皮肤检测的反应性。除了提取物（如浓度、混合物、长时间失效、存储不当）和与注射技术相关的因素外，患者内在的许多因素也可影响皮内皮肤检测的反应性。有些因素是外源性的（如药物），有些是内源性的（如压力、年龄、激素）。这些因素更详细的列表，请参阅框8-2和框8-3。

14. 药物对皮内皮肤检测的影响

最常见的影响皮内皮肤检测的药物是糖皮质激素和抗组胺药。糖皮质激素对皮内皮肤检测反应的影响取决于皮质类固醇的配方和效力、治疗的剂量、频率、疗程和患病动物的个体因素。一些研究评估了糖皮质激素对皮内皮肤

框8-2　造成假阴性皮内皮肤检测反应的因素

皮下注射

过敏原太少：

- 检测的混合物
- 过敏原过期
- 过敏原被过度稀释（推荐使用1 000 PNU/mL）
- 过敏原注射剂量太小

药物干扰：

- 糖皮质激素
- 抗组胺药
- 镇静剂
- 促孕化合物
- 任何具有显著降血压效果的药物

无力（检测时过敏反应处于高峰期）

患畜内在因素：

- 发情，假孕
- 严重应激（系统性疾病、恐惧、挣扎）

体内寄生虫或体外寄生虫（"阻止"肥大细胞产生抗寄生虫的IgE？）

非季节检测（症状消失后1～2个月后检测）

组胺"低反应性"

框8-3　造成假阳性皮内皮肤检测反应的因素

过敏原刺激性检测（尤其是含有甘油的物质；也包括一些室内灰尘、羽毛、木头、霉菌和所有的食物制品）

过敏原被污染（细菌、真菌）

只对皮肤过敏的抗体（出现临床症状前或亚临床过敏）

检测技术差（针头引起的创伤针钝或有毛刺、注射体积太大、注入空气）

可引起非免疫性组胺释放的物质（麻醉剂）

"敏感"皮肤（对所有注射物质反应都较大，包括生理盐水）

皮肤划痕症

促有丝分裂的过敏原

检测的影响。正常犬和特应性犬每2周使用1次1%的氢化可的松护毛素，不会影响皮肤组胺的反应性，但研究者没有对过敏原的影响进行评估[233]。研究者也评估了耳倍他米松对正常犬皮内皮肤检测的影响，结果发现，尽管耳倍他米松不抑制肾上腺，但它可轻度抑制皮内反应，使组胺、粉尘螨和铁线草的阈值浓度变为1：100 000w/v[234]。最近报道了一项通过皮内注射抗IgE抗体建立的反应模型显示，使用1%的氢化可的松免洗护毛素可显著减小水疱直径[235]。因此皮内皮肤检测前，应尽量避免使用局部或全身皮质类固醇，以减少其对皮内皮肤检测的抑制作用。目前皮内皮肤检测前皮质类固醇的最佳停药时间还没有确定，不同临床情况可能存在差异性。在缺乏明确指导方针的前提下，目前建议口服的糖皮质激素应在停药至少3周后才能进行皮内皮肤检测，注射的糖皮质激素应至少停药8周，局部用药应至少停药2周。

很多皮肤科专家在存在疑惑时，都会检测组胺的反应性。然而，值得注意的是，虽然组胺的反应性可能已恢复，但这并不代表过敏原的反应性也恢复了[236]。因此，需要根据临床特征进行判断。另外，值得注意的是，其他参数（例如肾上腺抑制）不一定与皮肤检测的反应性相关，因为在检测不到肾上腺素抑制时皮肤检测反应也可能出现[223]。

唯一经评估的一个影响犬皮肤检测反应性的抗组胺药是羟嗪[237]。将该药按3mg/kg口服、每日2次的剂量最多连用9d后，皮肤对组胺和跳蚤抗原的反应受到明显抑制。目前还没有关于抗组胺药对其他过敏原皮内皮肤检测反应性的影响的报道，在这种情况下，最好在抗组胺停药14d后再进行皮内皮肤检测。

目前还没有评估三环类抗抑郁药对犬皮内皮肤检测反应性的影响。

研究者评估了一些其他药物对犬皮内皮肤检测反应的影响。按5mg/kg口服、每日2次的剂量连用酮康唑3周，对特应性犬的急性反应没有影响[238]。按10mg/kg的剂量连用己酮可可碱4周，对特应性犬的急性反应也没有显著影响[239]。补充必需脂肪酸（一组按每天16mg/kg补充γ-亚麻酸和8.1mg/kg补充二十碳五烯酸；另一组按每天20.9mg/kg补充γ-亚麻酸和3.7mg/kg补充二十碳五烯酸）连用7～26周，不影响特应性犬的皮内皮肤检测反应性，但长期补充（超过50周）可以抑制一些个体的一些过敏原的反应性[240]。虽然缺乏专门评估环孢菌素对犬皮内皮肤检测反应的报道，但在人医，环孢菌素似乎的确能增加室内尘螨的急性和迟发型皮肤反应，而血清IgE浓度保持不变。笔者得出的结论是，治疗效果和检测的过敏反应没有相关性，吸入性过敏原的过敏反应没有降低[241]。

进行皮内皮肤检测时可以镇静也可以不镇静。一些镇静剂和麻醉剂不影响皮肤的反应性，因此可用于皮内皮肤检测，这些药物包括盐酸赛拉嗪、美托咪啶、替来他明/唑

拉西泮、硫戊巴比妥、氟烷、异氟烷和甲氧氟烷[242-245]。不应使用一些会影响皮试反应的镇静剂和麻醉剂，包括羟吗啡酮、氯胺酮/安定、乙酰丙嗪和异丙酚。在一项丙泊酚对正常犬皮内注射磷酸组胺的作用的研究中，作者认为未使用麻醉剂的犬和使用丙泊酚麻醉犬的平均水疱大小之间的差异没有太大的临床意义。然而，使用丙泊酚麻醉犬的平均水疱大小明显小于未使用麻醉剂的犬，笔者认为在推荐使用丙泊酚麻醉犬之前，需要进一步地研究气源性致敏原对皮肤检测的影响。

15. 其他可影响皮内皮肤检测反应的因素

目前还没有完全阐明季节对皮内皮肤检测的影响。似乎季节对血清检测的影响大于对皮内皮肤检测的影响，但为尽量降低其对皮内皮肤检测的影响，应在过敏季节结束后2月内进行过敏检测[246,247]。此外，年龄也可能影响皮内皮肤检测。这适用于非常年轻的动物[248]和老年动物。

研究者通过研究正常犬的皮内皮肤检测反应，得到了以下结果：①无品种差异性，②无年龄差异性或随年龄增长反应性下降，③无性别差异性或雌性动物对某些过敏原的反应性增强，④随着毛发色素沉着，过敏原反应性下降，⑤与健康家养犬相比，住院犬对组胺反应性下降（可能与压力相关），⑥每周皮内注射过敏原，导致对先前检测呈阴性的过敏原表现为多种阳性反应（通常在每周注射，连用8周后出现），⑦早期过敏原治疗不产生阳性反应[249-251]。尽管许多商品化皮肤检测抗原中含有能检测到的组胺，但其数量还不足以引起假阳性皮肤检测反应[252]。

皮内皮肤检测需要临床实践，临床医生如果不能每周或每2周进行1次皮肤检测，那么检测结果可能不会太令人满意。然而，对有经验的临床医生来说，皮内皮肤检测是一种治疗犬AD的强大的工具。如果可能做皮内皮肤检测时，应咨询这方面的专家。如果不能做皮内皮肤检测时，只要特应性疾病的诊断是根据临床症状合理诊断的以及检测结果是经仔细分析的，那么就可以使用血清体外检测（表8-1）。然后使用这些数据去筛选低过敏性过敏原的成功率与皮内皮肤检测的相似（参见后文）。

16. 皮内过敏检测操作规程

常用的皮内过敏检测操作规程如下：

· 如果不确定患病动物的反应性，应至少确保患病动物对组胺有反应。通常皮内注射1/20（0.05）mL 1：100 000的磷酸组胺。注射后15～20min应出现直径10～20mm的水疱。如果水疱很小（直径小于10mm）或没有，则应推迟皮内皮肤检测时间，并每周进行一次组胺检测直至看到预期的反应为止。组胺的阳性反应并不总能说明皮内皮肤检测不再受药物的影响。有时，过敏原的皮肤反应性在组胺的反应性之后才恢复。

· 化学保定有助于减少内源性糖皮质激素的释放和使

表8-1　犬皮内过敏检测和体外过敏检测的比较

特征	皮内过敏检测	体外过敏检测
反应性抗体	有	有
血清反应性抗体	无	有
皮肤肥大细胞及其反应性抗体	有	无
对接触的抗体是否能诱导产生皮肤的Ⅰ型过敏反应	是	否
糖皮质激素是否影响检测结果	是	？
抗组胺药是否影响检测结果	是	未研究
灵敏性（%）	70～90	70～100
特异性（%）	>90	0～90（不同的实验室和设备存在差异性）
患病动物风险	罕见，但可能存在过敏反应或镇静剂的反应	只需采集血清样本
实用性	有局限性，通常需要对照	优秀
检测单价	便宜	相对较贵
诊所开销	花费不多	相对贵
操作方便性和检测所需时间	操作较复杂，需几个小时	操作方便，只需几分钟
获得结果的时间	几分钟	几天至数周

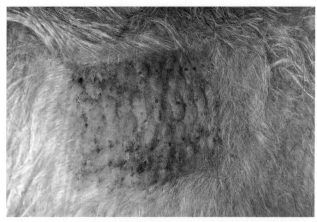

图8-6 特应性犬的皮内皮肤检测。对皮内注射的过敏原反应的评价，最常见主观评分，应将其与空白对照、阳性和阴性对照进行比较，根据反应的大小、红斑、硬结进行评分

操作更方便。一项研究表明，未镇静的犬进行皮内皮肤检测会引起高类固醇血症，而经镇静的犬就不会[253]。然而，未镇静犬的高皮质醇血症并不改变皮内皮肤检测的结果。盐酸赛拉嗪（隆朋，0.25～0.5mg/kg静脉注射）和硫酸阿托品合用对皮内皮肤检测的效果较好，是最常见的化学保定药。其他可接受的药物包括替来他明–唑拉西泮（4mg/kg静脉注射）；和美托咪啶（Dormitor，10μg/kg静脉注射）。检查时动物应侧卧。

· 胸部外侧是首选的皮肤检测部位。由于不同皮肤部位的反应性不同，因此不同患病动物之间应尽量使用同一个部位。用40号刀片轻轻减去被毛，不要使用含化学药物的清洁剂清洗待检部位。用毡尖笔标记每个注射部位。每个注射部位之间的距离应至少大于2cm，同时应避开皮炎部位。

· 使用26～27号，0.9cm的针头和1mL一次性注射器，小心翼翼地经皮内注入0.05mL的生理盐水或稀释的对照（阴性对照）、0.05mL 1∶100 000的磷酸组胺（阳性对照）和其他所有准备好的过敏原。用于皮肤检测的抗原应在稀释后8周内使用完毕。注射后15～30min内判读结果。避免动物损伤检测部位。

· 按照惯例，规定注射生理盐水的反应为0分，阳性

对照的反应为4+。可以主观评分，也可以根据阳性和阴性对照进行客观评分。如果采用主观评分，一般认为2+及其以上的反应可能为阳性，必须小心地与病人的病史相联系。随着经验的积累，阳性反应可以通过视诊和触诊进行评估。主要根据病变的大小、红斑、肿胀程度进行评分。但是，强烈建议新手评估时，测量每一个水疱的直径。阳性皮肤检测反应可客观地定义为，水疱的直径大于等于组胺和生理盐水对照组水疱直径的差值（图8-6）。重要的是要注意，阳性皮肤检测反应并不一定与临床意义相关。急性反应的后期（6h）和迟发性皮肤检测反应（注射后24～48h）偶尔出现反应或反应不明显。一些阳性反应部位有时会出现瘙痒，可采用冷敷或使用局部类固醇药治疗。犬很少见皮内皮肤检测引起的系统性反应（过敏反应）。在拳师犬、比特犬和其他少数品种中发生过一些严重的不良反应。

17. 血清学检测

血清学检测是从业人员和兽医皮肤病专家检测过敏原特异性IgE最广泛使用和最方便的检测方法。正如前面所讨论的那样，通过总IgE不能确切地诊断过敏状态，不应该将其作为区分患病动物过敏和正常的标准。过敏原特异性IgE的检测特异性差且阳性预测性低，对犬AD的诊断没有多少诊断价值[254]。国际专题小组详细评估了血清学检测[255]。

最常用的血清学检测包括放射变应原吸附试验（Radioallergosorbent test，RAST）、ELISA和液相免疫酶测定。这些过敏原特异性IgE检测试剂盒的基本原理是相同的。所有试剂盒中，血清都可与过敏原提取物反应。冲洗掉没有结合的抗体后，通过使用一种IgE特异性试剂来检测与过敏原相结合的IgE。这种IgE特异性试剂已耦合了酶或放射性同位素。之后通过比色、荧光或辐射等方法就可量化结合IgE的特异性试剂，检测方法取决于所使用的试剂盒。产生的信号强度与IgE特异性试剂的数量成正比，即也与过敏原特异性IgE的数量成正比。RAST和ELISA中吸

附的过敏原固定在固相载体上，如磁盘或聚苯乙烯孔中。液相免疫酶测定［兽医过敏诊断实验室（Veterinary Allergy Reference Laboratory，VARL），加利福尼亚州帕萨迪纳市］最初不使用固相载体，只是将过敏原和患病动物的血清样本相混合。

重要的是要记住，过敏原特异性IgE的血清学检测并不是十分灵敏和特异的。很少有评估这些检测效果的研究，目前实验室的标准化和质量控制措施还不够充分。由于不同检测试剂盒的过敏源提取物存在差异性，因此比较不同的血清学检测结果是不可能的。检测结果的差异性很大，一种试剂盒检测结果为阳性，同一样本用另一种试剂盒检测可能是阴性的。人医使用的是标准化提取物或主要的过敏原决定簇。不幸的是，目前还不清楚哪些过敏原是犬的主要过敏原决定簇。

IgE特异性检测试剂及其特性对防止与IgG的不必要结合也是非常重要的。由于IgE和IgG之间存在交叉反应[256]，因此这是一个非常难的问题。IgE和IgG的轻链和重链具有很多相似之处。因此血清学检测使用的是单克隆[257,258]或多克隆[259]抗犬IgE试剂或人类高亲和性IgE受体α细胞外部分的重组片段[260]。

值得注意的是，阳性检测结果并不总是与过敏的临床表现相一致，所以应根据临床症状解释检测结果。多年来许多研究都试图评估皮肤检测和过敏检测的相关性，所有灵敏性和特异性的评估都是在假设皮肤检测是金标准的基础上进行的，但这并不适合所有的情况，判断一个动物是否真正过敏的唯一方法是，过敏原刺激引发的临床症状。由于这在临床上可行性差，因此最好的近似评估方法是，假设皮肤检测的结果是"正确的"，并基于此计算灵敏性和特异性。根据这些计算来看，血清学检测和皮肤检测之间的相关性通常很差。由于检测方法之间的差异性，以及缺乏通用的标准和报告程序，造成研究结果变化多样，不同调查者的研究也无法进行对比。造成皮内皮肤检测结果和血清学检测之间差异性的原因是多种多样的，包括过敏原提取物的可变性和一些试剂盒检测血液中的IgE而另一些检测皮肤中的IgE之间的差异性。关于不同调查者皮肤检测结果的解释存在差异性，虽然很少有研究报道[209]，但是这在判读反应程度中等（如2+）时是很重要的。当考虑血清学检测结果和皮肤检测结果相关性差时，也应考虑这些其他因素。

多年来许多调查者评估了不同类型的血清学检测。在一项研究中，ELISA的灵敏性为72.23%，特异性为41.6%。阳性和阴性预测值分别为76.47%和35.71%[261]。ELISA试剂盒的结果和皮内皮肤检测结果之间的差异性取决于过敏原，差异范围为47.1%～80.4%，而阳性对照（即每个检测试剂盒中的阳性过敏原）的差异性为2.7%～19.4%。虽然不能使用相同的过敏原提取物检测阻碍了相关研究的发展，但皮内皮肤检测和血清学检测相关性的研究清楚地表

明，两种检测结果是不可互换的。

在另一项研究中，比较了过敏原特异性IgE的ELISA结果和皮内皮肤检测的结果发现，ELISA的灵敏性为100%、特异性为0%[262]。皮内皮肤检测和ELISA检测阳性和阴性结果之间的一致性范围是，花粉为44%～56%、室内粉尘/室内尘螨为39%、真菌为22%、跳蚤为54%。所有花粉的皮内过敏原检测和ELISA检测结果的一致性仅为10%，只比随机概率事件高一点。结果差异最大的是，一只犬皮内皮肤检测结果为阴性而ELISA结果呈阳性。临床正常犬和跳蚤过敏性犬之间，或临床正常犬和任何过敏原组的特应性犬之间的平均ELISA结果没有显著差异性。尽管可疑特应性犬对真菌过敏原的ELISA吸光值显著高于临床正常犬，但其他组别的平均ELISA吸光值之间没有显著差异性。作者得出的结论是，皮内皮肤检测和ELISA结果之间差异性的原因主要在于ELISA的假阳性反应而不是ELISA较高的灵敏性。

在最近的一项研究中，对犬进行Greer过敏原皮内皮肤检测，其血液样本用一种商业ELISA试剂盒检测，该试剂盒采用的是生物素化的高亲和性Fcε受体α链蛋白（FcεRIα）的重组细胞外区域[263]。两种检测所使用的过敏原包括草、树木和杂草花粉、霉菌、跳蚤唾液/整个跳蚤提取物和室内尘螨。结果发现，几乎所有的过敏原检测中，ELISA的阳性检测率与皮内皮肤检测相当或大于皮内皮肤检测，但室内粉尘螨和欧洲室尘螨是两个明显的例外。这两种过敏原是皮内皮肤检测最常见的阳性反应（粉尘螨阳性检出率为78.9%、欧洲室尘螨为66.4%）。在用两种检测方法检测22个过敏原的结果中，有16个存在显著差异。ELISA和皮内皮肤检测的灵敏性之间的差异性（其中超过3只犬的两项检测都表现为阳性反应）为19.3%～77.1%（欧洲室尘螨为19.3%、粉尘螨为67.9%），特异性的差异性为64.2%～96.6%（欧洲室尘螨为96.6%、粉尘螨为89.3%）。另一项研究中，ELISA和皮内皮肤检测结果的一致性，取决于所检测的过敏原，一致性范围为43%～64%[264]。

在不同的研究中，对于临床确诊为特应性的犬，ELISA检测显示灵敏性为53.6%，特异性为84.4%[265]。ELISA和皮内皮肤检测之间的相关性较差，因此作者质疑ELISA的阳性检测结果，认为ELISA不能检测到功能性过敏原特异性IgE。最近的一项研究，评估了过敏原特异性免疫斑点试剂盒［Allercept E-Screen（Heska Corp.，Ft. Collins，Colo）］的诊断水平，以预测特应性犬的皮内或Allercept full-panel血清学检测结果，结果发现，如果只对E-Screen检测阳性的犬使用皮肤或血清学检测，相应的阳性检出率分别从70%增加到95%，和从67%增加到90%[266]。笔者得出的结论是，对于研究的众多特应性犬，E-Screen免疫斑点检测的结果通常与过敏原特异性皮内检测或Allercept检测中过敏原组的检测结果相一致。

在另一项研究中，总的ELISA血清学检测的灵敏性是

90.4%[267]。当评估每个过敏原组时，尘螨过敏反应的灵敏性为95.1%、跳蚤为85.4%、树木花粉为84.3%、草的花粉为95.1%和杂草花粉为96.4%。总的ELISA血清学检测的特异性为91.6%、粉尘螨为96.3%、跳蚤为92.7%、树木花粉为95.2%、草的花粉为94%、杂草花粉为80.7%。

很少有比较两种不同商品化血清学检测的研究报道，一般来说，都是将商品化血清学检测与皮内皮肤检测结果的比较。商业公司也没有就各种不同的技术对脱敏的有效性进行研究。然而，大量研究表明，特应性犬的血清学检测得到的脱敏结果与皮内皮肤检测得到的结果相似，其中包括一个双盲比较[268-272]。这些研究使用了目前存在的各种商业检测方法，所有结果都差不多。有趣的是，不同检测工艺之间的差异性对脱敏的结果似乎不具有显著影响，因为不同的公司所使用的报告的反应率都差不多。一些公司提供了组间检测，但没有必要这么做，因为组间检测可能会导致不恰当的治疗建议。

其他方面研究非常有限，包括一些外在因素的作用，如季节对结果的影响和皮质类固醇治疗对检测结果的影响。少数报告显示血清的过敏原特异性IgE存在季节性变化[273]，但在过敏季节结束后2个月内，IgE的水平较稳定[274]。为明确推荐治疗方法，更大规模的研究与更长时间的随访是必要的。糖皮质激素对血清学检测的影响，也没有得到充分研究。初步的研究发现，糖皮质激素似乎不影响血清学检测[263]。这可能是因为，临床使用糖皮质激素治疗的反应存在个体差异性。在一个报告中，体外检测结果为阴性犬，停止使用糖皮质激素至少1个月后再检测，50%的犬显示为阳性[275]。

总之，血清学过敏检测比皮内皮肤检测有许多优点，包括：①患病动物无风险（不需镇静、无过敏反应的风险）；②方便（无须剪毛、化学约束、准备、检测和评估时也无须患病动物停留在诊所里）；③之前或当前使用的药物对结果的影响性低；④可广泛用于各种皮炎或皮肤划痕症的患病动物；⑤与临床上仔细诊断出的特应性犬的脱敏结果相似。

尽管皮肤专家有各自的偏好，皮内皮肤检测仍是一些专家的首选，因为皮内皮肤检测直接检测的是病变皮肤。特别是在皮肤IgE与血液IgE不相关的情况下。此外，在大多数情况下，皮内皮肤检测比血清学检测能检测更多的过敏原。当不能进行皮肤检测时，血清学检测可代替它。

18. 组织病理学

在急性AD的病变处发现，皮肤棘细胞层水肿性皮炎伴有嗜酸性胞外分泌（图8-7，A）。在特应性皮肤中也描述过浅表性外周血管皮炎与淋巴细胞胞外分泌（图8-7，B和C）。在犬有病变的特应性皮肤上发现，CD4+和CD8+T细胞的数量增加，表皮主要表达CD4+ T细胞[276]。在非病变的特应性皮肤上也发现了CD4+和CD8+T细胞的浸润，但CD4+ T细胞不是主要的细胞。特应性皮肤病变处的表皮朗格汉

斯细胞数量显著高于非病变部位。此外，在特应性犬的病变皮肤的角质层下方，发现了完整和脱颗粒的嗜酸性粒细胞，这一发现与在人特应性皮肤过敏原斑贴试验中所观察到的结果相似。IgE+树突细胞可在特应性病变的表皮和真皮以及特应性无病变的真皮处被发现，但没有在正常对照犬的皮肤样本中发现。当动物接触过敏原后，研究者发现CD1c+抗原递呈细胞在特应性皮肤聚集，这说明皮肤在捕捉过敏原中的重要作用（图8-8）。

研究者总结了犬IgE介导性迟发型反应的特征，并发现早期迁移到真皮的细胞主要由中性粒细胞和活化的嗜酸性粒细胞组成，而αβT淋巴细胞和真皮树突细胞的大量涌入发生在后期反应的后期阶段。在犬，中性粒细胞和嗜酸性粒细胞在真皮出现的时间为1h，最晚在6h出现，24h开始减少，类似于人类的后期反应[277]。单核细胞于动物接触过敏原6h时显著增加，24h成为主要的细胞。由于组织固定和染色的影响，肥大细胞在特应性犬皮肤中的组成是异质性的。接触抗原后，24h内组织切片中的"典型"肥大细胞数量逐渐减少，而"非典型"肥大细胞的数量在1 h时是最低的，24h时开始增加。"非典型"肥大细胞主要参与抗原的早期急性反应，而"典型"肥大细胞可能与后期反应的形成有关。

19. 治疗

在长期治疗AD的过程中，畜主的教育是必不可少的。畜主应了解该病是慢性的且无法治愈的。有效的治疗可减少患病动物的临床症状，可改善患病动物和畜主的生活质量，但该病是无法治愈的。尽管有报道发现，随着年龄的增长该病可治愈，然而对于一些动物，随年龄的增长病情可能会加重。因此，治疗前必须征得畜主同意。治疗不满意和持续的高费用很常见，所以沟通是至关重要的。犬AD通常很少只存在AD，尤其是在刚开始治疗时。临床上常见并发过敏和继发感染，增加了患病动物的瘙痒程度。这些症状以及特应性疾病都必须得到治疗。与非特应性个体相比，特应性犬也面临较高的跳蚤过敏[278]和食物过敏[279]风险，但在同一患病动物并不常见多种过敏。在这些情况下，消除或控制一种过敏后，可导致其他过敏成为亚临床疾病。因此，对这些动物治疗的重要组成部分还包括，控制患病动物所有并发的过敏疾病。

管理特应性患病动物时，应考虑两个重要的概念。一个是"瘙痒阈值"，另一个是"效果累加原则"。首先，值得注意的是，瘙痒阈值的概念不同于引发特应性疾病的阈值。形成特应性疾病的阈值与接触的过敏原有关，而瘙痒阈值与存在的多种刺激（如细菌、酵母）有关，这些刺激可影响患病动物的瘙痒水平。根据瘙痒阈值的理论，假设每个患病动物在表现出临床症状前都能忍受一些瘙痒刺激。然而，当瘙痒程度超过阈值后，就会表现出瘙痒的临床症状。这可能发生在一种刺激增强时或多种刺激同时存在时。一旦达到瘙痒阈值，动物就会表现出瘙痒。个体之

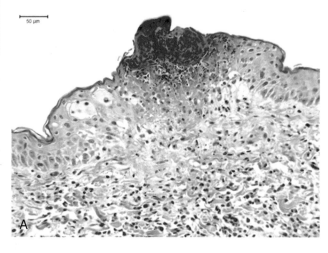

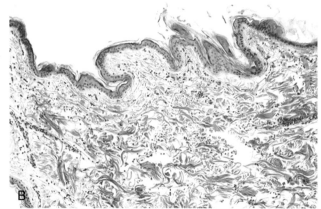

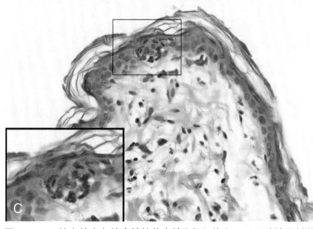

图8-7 **A.** 特应性犬急性病灶的苏木精和伊红染色，显示过敏原刺激后，出现皮肤棘细胞层水肿性皮炎和嗜酸性胞外分泌 **B.** 临床上无病变的部位也存在浅表性外周血管性皮炎 **C.** 也可观察到淋巴细胞胞外分泌（来自于Marsella等人编著的Vet Dermatol. 2006 2 Feb；17（1）：24-35）

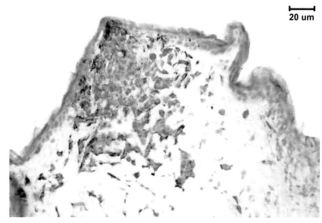

图8-8 特应性犬经过敏原刺激的部位出现CD1c+细胞的聚集，证实了皮肤在捕获过敏原过程中的重要作用

犬，通过消除继发感染和减少过敏的影响，可直接和显著地改善临床症状，因为这些措施可能足以将瘙痒降低到阈值以下。

治疗应根据个体差异适当修订。应考虑地理位置、AD的严重程度、症状的持续时间、患病动物的年龄和畜主的支出和财务状况等情况，采取适当的治疗方法。一般而言，作者（RM）认为免疫治疗是所有年轻患病动物的首选方法，适于发病无季节性的患病动物和畜主在不久的将来没有打算搬迁的情况。免疫治疗疗程长，也需要其他的治疗，根据症状的严重程度和个体的耐受情况，可能包括口服抗瘙痒药（如糖皮质激素、环孢菌素、抗组胺药）和局部治疗。局部治疗有多种疗效，包括减少被毛中的过敏原数量，改善皮肤屏障，协助治疗继发感染。

大多数情况下，成功管理特应性患病动物需采取多模式综合法，可同时进行多种治疗。一些疗法可用于长期治疗（如免疫治疗），而另一些则用于疾病的急性期发作（如短效糖皮质激素）或继发感染的复发（如全身性抗生素和/或抗真菌治疗）。在所有情况下，全身性治疗应与局部治疗相结合，因此在绝大多数情况下可进行长期药浴。短期治疗取决于当前的病情（如为减少瘙痒程度的增加，是选择治疗继发感染还是抗炎治疗）。治疗成功的关键在于，控制所有导致瘙痒的因素和采取多种方法减少炎症（如使用必需脂肪酸和抗组胺药）。一种治疗可能不足以控制病情，但与其他治疗合用会有很大不同。每个患病动物都存在个体差异性，最好的治疗方法是，尝试各种方法，以找到适合患病动物的最有效的方法。同时应尽可能地避免接触过敏原。不幸的是，对于对花粉过敏的动物，避免接触过敏原并不容易实施。虽然频繁的洗澡可以减少皮肤接触过敏原，但对于吸入性过敏原却无法避免。最少应在割草时，减少对草过敏犬的外出；告诉畜主在有风的日子，花粉可传播很远，这也是非常重要的。因此尽管畜主家中不存在特定的植物或已经将这些植物从院子里移除，但是当社区邻居院子里常见该植物时，动物的情况也

间的瘙痒阈值存在差异性，应激[280]和环境因素[281]可降低瘙痒阈值。

阈值的概念，在AD犬的治疗中还有许多其他重要意义。如果动物只患有AD，当过敏原接触量较低时，不出现临床症状，但过敏原接触量大时，临床疾病会随之而来。该概念的一个结论是，对多种过敏原过敏的动物通过脱敏可成功消除过敏，脱敏不需要包括所有的过敏原，只要包括足够数量的与临床症状相关的过敏原即可，以将瘙痒程度降低到动物的阈值以下。同样，对于继发感染的特应性

基本上没有改善。对于室内灰尘和霉菌而言，通过移除地毯或限制宠物接触地毯，以及用空调降低室内温度和调节室内湿度，可有效减少动物过敏原的接触。经常更换过滤器和当用吸尘器清洁地毯时让宠物远离，对减少室内尘螨与宠物的接触也有所帮助。使用不透性毯子盖住宠物的床上用品和经常用滚烫的热水清洗床上用品，也可大大减少宠物与室内尘螨的接触。一项研究中借助60只室内尘螨过敏的犬，评估了杀螨剂苯甲酸苄酯控制室内尘螨的效果[282]。重复用苯甲酸苄酯治疗，直到在室内灰尘样本中未发现室内尘螨鸟嘌呤为止。治疗后，60只患病动物中有29只（48%）没有皮肤病变或瘙痒。22只犬（36%）有中等程度的症状，包括瘙痒程度减轻和皮肤病变减小，但仍需要药物治疗。笔者得出的结论是，消除室内尘螨能有效治疗对室内尘螨过敏的犬。

20. 局部治疗

特应性犬的局部治疗应至少持续1周。局部疗法对特应性犬有多种疗效，包括去除被毛中的过敏原、一些保湿配方具有潜在的改善皮肤屏障的功能、一些抗炎成分可减少炎症和瘙痒程度，而没有全身治疗的一些系统性不良反应。

对于一些病毒，每天用冷水和燕麦提取物洗澡，可以极大地改善临床症状。可使用的产品包括抗瘙痒剂（如普莫卡因和燕麦提取物）、抗菌剂和抗真菌剂。香波通常和护毛素一起使用，护毛素可以是免洗型的，以增加最大残留效应，也有需清洗的护毛素。关于局部治疗可用的各种成分和产品的更详细信息，请读者参见第三章。

局部应用糖皮质激素可显著减少动物的不适程度，如果不是长期滥用，这种药是相对安全的。当与其他治疗AD的方法合用时，局部类固醇是非常有效的。局部类固醇使用的主要问题是，长期使用和存在继发感染时也使用。在这些情况下，可观察到不良反应和缺乏疗效。含低浓度曲安奈德的喷雾或氢化可的松免洗护毛素有助于治疗急性发作也可长期使用。这些产品都是很安全的，具有很小的不良反应，甚至没有不良反应，特别是在用于急性发作时的短期治疗。显然，不管使用哪种形式的糖皮质激素，长期或过度使用都会增加不良反应的风险。

考虑到可能出现皮肤萎缩，可局部使用他克莫司代替局部糖皮质激素。药物的费用和油性配方使得该药成为治疗局部疾病最好的治疗方式。除了不诱导皮肤萎缩外，使用他克莫司的另一个优点是不增加继发感染的风险。人医的研究表明，经常使用他克莫司有助于减少葡萄球菌的感染。开始治疗时，病变部位应每日使用局部他克莫司，症状好转后（通常是在7~10d内），应减少使用频率。对于一些个体，他克莫司最初可能会导致瘙痒增加或刺痛，但治疗几天后这种现象会逐渐消失。尽管他克莫司外包装上有黑框警告，但目前还没有确定人或犬使用该产品能促使癌症形成。事实上，他克莫司很少通过皮肤吸收，因此使

用他克莫司进行局部治疗是非常安全的，能有效减轻瘙痒和炎症程度。

局部治疗也可以用于耳道，作为减少炎症和减少使用类固醇的长期维持治疗，有助于减少耳炎的患病风险和减少继发感染。通常与局部糖皮质激素合用，糖皮质激素每周只需使用2~3次。一些皮肤病专家也在耳道局部应用他克莫司。一项研究表明，在特应性比格犬耳道局部应用他克莫司的耐受性很好，而且没有影响听觉和产生神经症状的不良反应[283]。

直到最近，大多数局部治疗AD的药物主要被用于减少炎症和瘙痒，很少有产品试图解决屏障功能的问题。一种含有植物鞘氨醇的喷雾和洗发水可用于减少特应性犬的炎症和瘙痒。植物鞘氨醇具有抗菌特性并有助于恢复皮肤的脂质屏障。目前，没有任何公布的数据支持或反驳这一概念。考虑到最近的研究强调皮肤屏障对特应性犬的重要影响，这种类型的局部治疗具有很大的前景。

局部应用神经酰胺类的产品的调查结果发现，其不仅能扭转特应性犬角质层超微结构的异常，还能促使脂质含量正常化[283a,283b]。最近发表的一项公开研究也显示，临床应用其他局部治疗6周后，慢性复发性AD犬的症状得到改善[283c]。

人医证明，局部应用神经酰胺也是有益的，所以这种形式的治疗非常有前景[283d,283e]。因此犬AD治疗的这一领域需要更深入清楚的研究。

21. 过敏原特异性免疫治疗

在人医和兽医，过敏原特异性免疫治疗（Allergen-specific immunotherapy，ASIT）已成功被用于特应性疾病的长期治疗中[284-287]，可潜在预防人类该疾病的进程[288,289]。专业术语免疫治疗（或"过敏疫苗"或脱敏）指的是皮下注射混合型过敏原并逐步增加剂量。免疫治疗应该根据个体情况而定，根据过敏测试的结果和包括季节性发作在内的宠物病史来制定治疗方案。

ASIT的确切机制还不清楚。最近发表的比较综述阐明了当前最新的假说[290]。

ASIT可显著改变免疫反应的许多方面，包括抗体产量、细胞因子的分泌量、肥大细胞脱粒[291]和T细胞的活化[292]。尤其是，ASIT似乎可调节细胞因子的反应模式，从特应性患者典型的T_H2主导的反应（如IL-4表达增加）[293-295]转变为T_H1反应（如IFN-γ增加）[296]。虽然不同研究的T_H1、T_H2细胞因子的绝对值似乎差异很大，但人医和兽医上T_H1与T_H2细胞因子（如IFN-γ/IL-4）的比值增加却是相当一致的[297-301]。在关于犬的研究中观察到的一些差异，可以通过自然发病犬的研究部分解释，包括过敏患犬的数量、持续时间和疾病的严重程度、年龄和品种等差异性[302,303]。

最近的研究强调了T调控细胞（T regulatory cell，T-reg）的诱导在ASIT中的重要性[304]。T-reg细胞具有多种

抑制机制，如分泌IL-10、TGF-β和调节同型抗体（例如抑制同型IgE）[305]。特应性犬和人中，这些"抑制性"细胞因子的表达都有减少[306-308]，而健康个体的耐受性似乎更取决于抑制细胞因子，而非T$_H$1倾向性[309,310]。可诱导出过敏原特异性IL-10分泌型T-reg细胞，似乎是ASIT成功的关键[311,312]。目前，没有研究评估ASIT后 AD犬TGF-β的表达情况。一项研究评估了ASIT和免疫刺激性脂质体-质粒-DNA复合物结合后，IL-10的表达情况[313]，结果发现试验结束后IL-4比治疗前显著减少，但IL-10并没有显著差异性。几乎没有尝试制定的脱敏标准化方案或科学的比较各种方案的优点。因此，发表的脱敏方案存在很多不同，包括过敏原的剂型（水溶性、明矾沉淀、丙二醇悬浊液、甘油酸盐）、诱导期注射的数量和频率、过敏原剂量、过敏原提取物的效力和给药途径（皮下注射、肌内注射、皮内注射）。AD脱敏时，绝大多数临床医生只使用皮下注射给药途径。

已报道的免疫治疗成功率差异很大。一项盲性对照研究证实，过敏原特异性免疫治疗对犬是有效的[314]。该研究显示，超过59%的过敏原治疗犬临床症状的改善程度大于50%，只有21%的对照犬的临床症状改善大于50%。许多公开研究证实了相似的结果，大多数显示具有大约60%（50%~80%）的病例好到极好的结果[315-318]。一些研究显示了较低[304]或更高的结果。已报告了超过90%的结果，特别是当ASIT的方案根据患病动物的反应情况适当调整时[319-321]。

治疗成功与否似乎取决于，过敏原是根据皮内皮肤检测还是血清学检测所选择的。在一项研究中，117只犬中有18只有极好的反应效果（仅使用免疫治疗就可缓解症状），57只反应效果较好（临床药物减少量和临床症状改善程度大于50%），24只有中等反应效果，只有18只反应效果不好[320]。使用前，将真菌过敏原提取物单独存储在一个小瓶中，包括霉菌抗原在内的免疫治疗成功率远远高于早期的研究，而早期研究将霉菌和花粉抗原存储在了同一个小瓶中。犬表现疾病的年龄、表现出临床症状并开始治疗的年龄和时期，对成功率没有显著影响。此外，无论使用的过敏原是花粉、霉菌还是尘螨，以及无论过敏原是通过皮内皮肤检测还是过敏原特异性IgE血清学检测诊断的，对成功率的影响也都不显著。

ASIT的疗效所需的时间存在个体差异，一些个体在治疗后几个月内就可显现出疗效。一般而言，畜主应坚持ASIT治疗整整1年，才能完全评估这种疗法的效果。对于一些个体，效果较慢且显著低于预期疗效，疗效也可在不经意间消失。

已有三种剂型的过敏原可用于特应性犬的脱敏。水溶性过敏原，吸收迅速，只需较小剂量，但需要多次注射，是迄今为止最常用的类型。有许多脱敏剂量使用方案，但是大多数修订的水溶性方案见表8-2所示。一些专家使用

不同的方案，可能有两个小瓶，甚至只是一个小瓶，也可能根据犬的大小采用不同的方案；当给予较大剂量时，玩具犬似乎更倾向于发生不良反应。因此，在这些情况下，最好采用小剂量多次注射。但是，每只犬都存在个体差异性，所以应根据个体反应适当调整方案。帮助调整剂量和注射频率的依据是，注射后出现瘙痒或瘙痒加重，和再次注射后瘙痒逐渐加重。前者通常提示应使用低剂量，后者通常提示小剂量多次注射可能会有帮助。笔者使用水溶性过敏原，但采用不同的方案。如果使用的是血清学体外检测，那么可以按照该公司提供的初始方案进行治疗；如果医生选择自己配制的水溶性过敏原，那么可以按表8-2的方案进行。与畜主交流是至关重要的，这有助于发现治疗的问题和进行必要的改进。通常让畜主自己在家皮下注射进行ASIT是最简单的方式。有些兽医和畜主不情愿这么做，但对大多数畜主来说这是很容易的，大多数犬、猫很容易接受这种治疗。由于大多数方案开始时每隔1天注射1次，结束时每7~30d注射1次，这比治疗犬、猫的糖尿病简单得多。应向畜主展示和介绍不同瓶子的用途，然后教会畜主如何准确地抽取适当的抗原溶液。将皮肤提起并折叠，形成袋状，使用27号针头和1 mL注射器将液体注入皮下组织。只要采取这种注射方法和该型号的针头，就不必要回抽注射器看针头是否扎进血管，液体渗透进血管是不可能的。

表8-2　常见的水溶性脱敏推荐方案

天	剂量		
	1号瓶 100~200 PNU	2号瓶 1 000~2 000 PNU	3号瓶 10 000~20 000 PNU
0	0.1 mL SQ		
3	0.2		
6	0.4		
9	0.8		
12		0.1	
15		0.2	
18		0.4	
21		0.8	
23			0.1
27			0.2
30			0.4
33			0.8
36			1.0
46			1.0
56			1.0
76			1.0

注：PNU，蛋白氮单位（Protein nitrogen unit）；SQ，皮下注射（subcutaneously）。

也应告知畜主如何观察。注射后30min，最好1h内，畜主应在宠物周围并能观察到宠物。记录出现的任何反应并与兽医沟通。可报告的反应包括荨麻疹、面部肿胀、呕吐、腹泻、虚弱或昏迷。最后的三个症状可能提示速发型过敏反应，这是潜在威胁生命的情况。速发型过敏反应是非常罕见的，一般来说，不太严重的反应会先于它出现。出现中等过敏反应时应首先告知兽医，不要给予更多的注射，以免出现瘙痒程度增加、精神萎靡、嗜睡和焦虑。只要注射技术正确，注射部位的疼痛或肿胀是罕见且很小的，动物可通过训练接受注射，将注射作为一种奖励。在极少数情况下，有些动物注射后可能出现皮下或真皮肿胀，这时轻揉注射部位可以缓解这一现象。其他可能出现的反应有，喘息、多动症、肠蠕动声音增大、排尿习惯改变和频繁吞咽。大多数反应在注射后出现较快，但活动量和瘙痒程度的变化可能在1d或2d后出现。注射后应注意观察瘙痒情况，因为通常依此调整治疗方案。畜主能够对瘙痒进行分级和记录瘙痒部位是很有帮助的。例如将瘙痒程度按视觉程度分类或从1（没有瘙痒）~ 10（与脱敏前相比该犬最严重的瘙痒程度）进行评分，瘙痒等级应在治疗前制定，前几个月的治疗应经常进行等级评定[320a]。如果畜主每日记录，这将对调整过敏原的用量非常有帮助。

以下情况建议治疗前使用抗组胺药，严重过敏的动物或ASIT治疗过程中动物出现瘙痒或荨麻疹加重。在这种情况下，减少剂量和在治疗前30 ~ 60min给予苯海拉明（2.2 mg/kg）可能是有益的。对于其他情况，不建议在治疗前给药，但建议减少剂量，直到不出现反应为止，因为苯海拉明对免疫治疗的作用还不清楚[319]。ASIT治疗后1h内出现任何呕吐症状，可视为不良反应的征兆。也发现存在治疗后2d或3d食欲下降的情况。

为获得过敏原特异性免疫治疗最好结果的最重要因素是，有效地管理患病动物。在大多数情况下，并不遵循标准方案治疗，大多数预定治疗方案一般在前4个月内需要调整。在一项报告中，48%的犬在进行过敏原特异性免疫治疗后的前6个月放弃了治疗，只有2%的犬是由于持续的不良反应而放弃的[321]。在坚持治疗6个月以上犬中，50%的犬治疗方案与标准方案相比都有适当调整。对调整后的方案，96%的犬反应良好，而一直坚持标准治疗的犬只有77%反应良好。本研究表明，密切监控和适当调整治疗方案可影响治疗结果。

当出现不良反应时，应评估ASIT风险/受益情况，当决定继续治疗时，只能在兽医诊所里进行注射，且注射前应放置静脉留置针导管，以方便出现紧急情况时能及时治疗。对ASIT的严重不良反应是罕见的。在某些情况下，尽管不可能使用全部维持剂量，但缓慢增加剂量是可以的。比特犬和斗牛犬的治疗可能尤其具有挑战性。

为减少不良反应和提高疗效，可能不得不对ASIT进行调整。当动物没有任何不良反应，症状改善程度轻微但不明显时，治疗4个月后注射间隔应改为10 ~ 14d。如果6个月时仍没有反应，注射体积应降低到0.7mL，如果仍没有反应，应每隔5 ~ 7d注射0.5mL。当这些过敏原快用完时，如果仍然没有反应，需考虑一种新的配方或两种配方的组合。更常见的是注射后动物的症状得到改善，但在下次注射前会出现症状的复发。有时，注射后症状加重，之后有所改善，直到再次注射后症状又开始加重。同样，对于这种情况应缩短注射间隔和减少每次注射剂量。一般来说，治疗的目标是找到不会导致症状增加的最高剂量，然后调整注射间隔以持续改善症状。在一些情况下，甚至在最高耐受剂量下，注射间隔也不能延长，所以将宠物症状保持改善的时间作为注射间隔，注射体积调整到配方中的0.1mL/d。

对于一些特殊的情况也可考虑使用紧急治疗，以缩短达到维持剂量的时间。在一项试验中，借助30只诊断有AD的犬上，评估了缩短过敏原提取物注射疗程（紧急治疗）的安全性[322]。过敏原提取物的注射剂量每30min增加1次，6h时使浓度维持在20 000PNU/mL。73%的犬，紧急治疗可安全地代替长期的诱导阶段（15周），即每周逐渐增加注射的过敏原提取物的浓度。7（23%）只犬的诱导阶段缩短为4周。在8只紧急治疗出现问题的犬中，7只犬的瘙痒程度增加需过早停止紧急治疗，1只犬出现了常见的水疱。因此，训练有素的人员进行紧急治疗是安全的，但是没有评估其疗效，目前尚不清楚这种治疗方法对疗效有无影响。该治疗方法可用于需要快速脱敏的患病动物，适用于特别严重或危及生命的过敏反应，如有毒的昆虫叮咬。

明矾沉淀过敏原反应介于水溶性和乳剂过敏原之间，吸收比水溶性过敏原慢，因此，可使用大剂量、低频率注射，其脱敏所需时间较快。由于明胶沉淀可能的致癌作用，所以目前用的越来越少。在美国，明胶沉淀剂型的免疫治疗只用于一小部分过敏原。在欧洲，它们仍在使用中。

乳剂过敏原（水溶性过敏原与丙烯、乙二醇、甘油或矿物油的混合）是吸收最缓慢的，允许使用的剂量最大，注射次数最少，脱敏所需时间最短。

传统上，脱敏一次使用的过敏原最多不得超过10种。近年越来越多的研究人员使用了较多的过敏原，甚至多达30种，这似乎是临床医生使用疫苗的个人偏好和所接受的培训导致的。对特应性犬使用多达30种或更多的水溶性过敏原，已证实是安全的。在一项报告中[323]，使用多达40种过敏原治疗犬，其中72%的犬对1 ~ 10种过敏原有反应，86%的犬对11 ~ 20种过敏原有反应，78%的犬对21或更多种过敏原有反应。然而，在另外两项研究中，没有发现疫苗中过敏原的数量对疗效有任何影响[324,325]。据一些传闻，使用比生产商推荐的疫苗剂量更低的剂量治疗，犬ASIT的疗效增加。然而，没有进行相应的对照研究。在一项前瞻性双盲研究中，没有证据表明与标准方案相比，低剂量

ASIT可增加疗效[326]。

据报道，对12种以上过敏原产生阳性反应的动物，当一组过敏原治疗失败时，包含更多可引起动物过敏的过敏原的第二组治疗，可能会有疗效。对多种物质过敏的动物（如20~30种或更多），过敏原应根据以下方面进行选择，包括病史、环境中是否存在过敏原、当地过敏原出现的频率和持续时间。

过敏原的交叉反应和过敏原是否可用于免疫治疗，是一些实验的研究对象。一般而言，草的种属较少，因此交叉反应最多，但有三个种属的草却不同。白慕大草是画眉草亚科的一种，与北方牧场最常见的羊茅亚科草无交叉反应。黍亚科包括石茅高粱和巴哈雀稗，与其他两个属有一些交叉反应。杂草的交叉反应比草少，树木的交叉反应是最少的。所有这些信息都是根据人类常见的过敏原得出的，犬可能不同，就像之前讨论的室内尘螨过敏原。一项研究评估了科罗拉多州和周边州的气源性过敏原，结果发现，与草、杂草和树木过敏原相关的并发阳性反应数目和不相关的并发阳性反应数目之间，没有显著差异性[327]。不同群体的植物过敏原之间（如草、杂草和树木）、同一群体的植物过敏原之间，以及植物来源的和非植物来源的过敏原之间，并发阳性反应数目存在显著差异性。许多对特定过敏原有反应的犬，对另一个与之密切相关的过敏原却没有反应。作者的研究结论是，没有证据支持临床相关的交叉反应性，建议过敏原特异性免疫治疗应根据单个过敏原检测结果来制定。

在同一研究人员最近的一项研究中，发现了相互冲突的结果：相关的过敏原组和不相关的过敏原组之间，平均对数差异比有显著差异性[328]。然而，其他大多数含有不相关过敏原的组也有显著差异性。笔者仍认为，过敏原特异性免疫治疗应根据单个过敏原检测结果来制定，以避免接触不是犬特应性疾病中的过敏原。

除了交叉反应的问题外，另一个问题是混合使用可能对过敏原有影响。研究表明，霉菌及一些昆虫过敏原，可能包含能破坏其他过敏原（尤其是花粉）的蛋白酶。兽医的一项研究显示，尽管存在蛋白酶降解，但笔者指出，与霉菌过敏原和其他过敏原混合的其他发表的研究相比，脱敏的效果似乎没有受到影响[329]。建议配制脱敏疫苗时，每次都应将室内尘螨和霉菌与其他过敏原分开。例如，如果配方中一半是霉菌和螨虫，另一半是花粉，畜主应从一瓶中抽取一半，再从另一瓶中抽取一半，这样注射的还是一次的剂量。

目前，在兽医上ASIT是通过皮下注射给药的。在人医上，口腔和舌下给药方式逐渐流行，特别是在欧洲，大多数ASIT都是经舌下给药的。这种途径对人类似乎是安全和有效的[330,331]。报道的不良反应较罕见，主要是口腔瘙痒。评估犬口服ASIT的研究正在进行，这一方面的信息将来就会有用。人医的这种治疗方式需要较大剂量的过敏原和更

频繁的给药（例如需每天给药），免疫治疗的花费可能会更高。然而，对于一些畜主来说这仍是有吸引力的，因为这种途径不需要注射。

一般来说，特应性犬需要终生使用疫苗。没有明确的证据表明，性别、年龄或症状持续时间可影响脱敏的疗效，但越来越多的证据显示，年龄可能影响疗效。动物的年龄不仅在免疫方面是重要的，而且在大多数情况下，它也与疾病的持续时间相关。随着疾病发展为慢性疾病和皮肤出现变化（如苔藓样硬化），这些变化可能会阻碍皮肤痊愈的能力，从而影响疗效。因此，治疗延迟的时间越长，皮肤不能痊愈的风险越高。患有哮喘和鼻炎的低敏患者就是这样[332]。似乎慢性疾病（临床症状出现5年及以上）和发病年龄较大（大于5岁），可能导致脱敏的疗效较差。

兽医无法鉴别许多重要的差异性，反映了缺乏足够数量的能发现这些组间差异性的研究。另外值得注意的是，由于许多研究使用的是不同的方案和过敏原，所以对比研究是困难的。一项研究评估了144只脱敏1年的犬，并按犬的品种分为四组：寻回猎犬、西班牙猎犬、狸类和其他品种[324]。寻回猎犬的脱敏疗效（46%中等或显著地改善）显著低于西班牙猎犬（69%）、狸（76%）和其他品种（70%）。过敏原的数量对ASIT临床症状的改善也存在相互矛盾的报道。一项研究表明，过敏原数量少的（弱到中度阳性反应小于8个）总体疗效比过敏原数量多的（强阳性反应大于8个）疗效好，但使用过敏原数量少的犬疗效良好的比例较低[333]。

免疫治疗的疗效是过敏原特异性的[334,335]。因此，以过敏原检测结果为依据的脱敏效果（70%好到良好的效果）比未进行过敏原检测而直接使用标准过敏原治疗的脱敏效果好（18%，与对照组效果相同）[336]。特定过敏原类型对疗效的影响还没有得到充分的研究。尽管存在争议，但据报道，对花粉过敏的犬比其他类型的过敏犬的疗效好。一项研究专门报道了霉菌过敏犬的疗效不好[337]。然而，另一项研究中报道了只对霉菌过敏的犬和对多种物质过敏的犬有相似的疗效比率[338]。最近的一项研究也报道，对储藏螨和室内尘螨过敏的犬只接受粉尘螨的ASIT，其结果与对照组相似，这表明尽管储藏螨和室内尘螨存在大量交叉反应，但是ASIT必须使用包含动物过敏的过敏原治疗[339]。

随访和畜主依从性是获得最大疗效至关重要的因素，对畜主的教育也很关键。畜主应能分辨瘙痒的整体水平和模式、注射后相关的症状和所需观察的不良反应。

犬一般都能接受ASIT。不良反应通常较轻微和少见。包括注射后几小时到几天内出现少量临床症状、注射部位的局部反应（水肿伴有或不伴有疼痛或瘙痒）和罕见过敏反应。据报道，严重的反应少于犬总数的1%~1.25%[306]。应根据临床症状治疗不良反应，轻微临床症状是最常见的不良反应。这表明，动物注射的过敏原剂量已超过最大耐

受剂量，需降低剂量才能达到脱敏的最终剂量。在人医，大多数关于脱敏可能引起的慢性不良反应的研究，没有发现任何临床或免疫方面的异常。非季节性的严重特应性犬，在脱敏治疗时，可能需要其他的治疗[340]。最近的一项研究显示，74%的犬同时治疗了浅表细菌性脓皮病，由于马拉色菌或细菌感染，66.6%的犬在一种或多种情况下需要治疗马拉色菌性皮炎，29.6%的犬需要治疗外耳炎，8只犬需要糖皮质激素来控制它们的临床症状。在这项研究中，18.5%的犬ASIT时出现了不良反应，为继续治疗2只犬需要使用抗组胺药（H₁受体拮抗剂）。有趣的是，注射前20~30min给予抗组胺是有效的。此外，尽管没有对照研究评估糖皮质激素和环孢菌素对ASIT疗效的影响，也应尽量少使用这些药物，但在ASIT显现出疗效之前，又必须能足够缓解这些症状。

22. 其他形式的"免疫治疗"

在比格犬的试验中，评估了疫苗对降低IgE水平的效果。所有犬都被诱导出高水平的抗IgE抗体，之后IgE水平逐渐降低到平均值的65%。IgE的降低是否能改善AD的临床症状，目前仍是未知的[341]。

使用复发AD的犬评估了免疫刺激性脂质体-质粒-DNA复合物和特定过敏原对免疫治疗的影响，结果发现治疗有效果。对于大量处于疾病早期阶段的犬，进行进一步的研究是必要的。

其他尝试的试验性AD治疗包括，从人类过敏患者的尿液中提取的抗过敏肽（MS-抗原）的非特异性免疫治疗[342]。这项治疗只在2只犬中进行了评估。出现的第1个临床变化是，3个月内瘙痒程度似乎显著减少，大约出现在2只犬第15次注射左右。5个月后临床症状稳定下来，可以逐步取消同时治疗法增加注射间隔。治疗前后皮内皮肤检测结果之间的相关性和临床症状的改善并不明显。

23. 全身性止痒剂

最常用的治疗犬AD的处方药包括抗组胺药、必需脂肪酸、糖皮质激素和环孢菌素。在1980—2002年间发表的前瞻性临床试验的系统性回顾中，评估了药物干预在治疗犬AD的效果，这些药不包括脂肪酸补充剂和过敏原特异性免疫治疗[343]。就药物干预研究的试验设计（对研究对象进行随机分组和治疗、屏蔽、配对分析和评估）、疗效（皮肤病变或瘙痒程度改善）和不良反应（类型、严重程度和药物不良的出现频率）等方面进行了对比。由于评估的药物不同，所以汇总结果的元分析是不可能的。40项研究中共有1 607只犬，发现了推荐使用口服糖皮质激素和环孢菌素治疗犬AD的充足证据，和使用局部曲安奈德喷剂、外用他克莫司乳液、口服己酮可可碱或口服米索前列醇的有效证据。有趣的是，没有足够的证据支持或反对口服第一代和第二代1型组胺受体拮抗剂、三环类抗抑郁药、赛庚啶、阿司匹林、中药疗法、复杂的顺势疗法补救措施、抗坏血酸、AHR-13268、罂粟碱、免疫调节抗生素、曲尼司特和

局部普莫卡因或辣椒素。最后，有充足的证据不推荐使用口服阿罗茶碱、白三烯合成抑制剂和半胱氨酰白三烯受体拮抗剂。

Olivry等在最近发表的综述中[344]，发现了支持口服使用糖皮质激素（泼尼松、氢化泼尼松、甲基氢化泼尼松）和口服环孢菌素的证据。该综述也发现了一些支持注射过敏原特异性免疫治疗与γ干扰素联合用药以及外用他克莫司软膏治疗特应性皮肤病变的证据。尽管1型抗组胺药经常使用，但其口服对AD的疗效不好。最后，没有足够的证据支持单独使用必需脂肪酸补充剂和中药治疗能改善犬特应性皮炎的临床症状。该综述的引文选自于三个数据库（MEDLINE、ISI /Thomson's Science Citation Index Expanded和CAB的摘要）从2005年1月到2007年12月的数据。笔者做了随机对照试验，1980年1月至2007年12月发表的这些文章讲述了局部或系统干预对犬AD的治疗或预防的疗效。笔者考虑了那些试验中评价了瘙痒或皮肤病变，或者两者兼有的研究，以获得主要的评估结果。最后，筛选出49个RCTs，共计2 126只犬。有趣的发现是，有效的治疗都是广谱治疗，而更多的靶向疗法没能满足推荐治疗的标准。尽管本研究的结果是这样，但在个别情况下可能仍可从这些治疗中受益，原因可能在于AD是一种临床综合征，而不是一种单一的疾病。不同的疾病致病机制可能与不同个体的临床表现相关。本研究评估了个人治疗和如前所述的最有价值的多通道方法。一些疗法联合应用时可能会更有效，因此应考虑各种治疗方案。

24. 治疗的一般原则

对AD治疗中使用抗瘙痒剂的综述，没有发现支持使用抗组胺药的证据。然而畜主和兽医在临床上许多病例中都发现，作为辅助治疗它是有效的。由于抗组胺药相对便宜和安全，因此畜主愿意尝试单独使用或和其他治疗相结合使用，来确定他们的犬是否从中受益。

由于对抗组胺药的反应存在个体差异性，因此试验中使用不同的药物可能是必要的。抗组胺药的尝试治疗见表8-3。患者通常对抗组胺药耐受良好，似乎不需要或只需少量镇静剂。在与抗组胺药联合用药时以及在犬没有进行食物试验时，建议补充必需脂肪酸。虽然存在各种各样的配方以及就临床疗效方面，Ω-3和Ω-6脂肪酸之间的最佳比例并没有达成共识，但是发现二十碳五烯酸按40mg/kg给药时，具有临床疗效。抗组胺药和必需脂肪酸通常可作为长期维持治疗。

在没有并发感染或蠕形螨病时，为快速缓解犬的临床症状，可使用短效糖皮质激素。短效口服泼尼松或氢化泼尼松（0.5mg/kg，每日2次），或甲基氢化泼尼松（0.4mg/kg，每日2次）。服药前几天坚持每日2次，之后每日1次、连用3~5d适合于大多数病例。一旦瘙痒得到控制，则只需每2日1次使用糖皮质激素。为减少口服糖皮质激素，可使用局部类固醇。糖皮质激素也可长期使用，但风险较大，在这

种情况下，剂量应尽可能的低（见第三章）。因为糖皮质激素有许多问题，包括存在不良反应和随着时间的推移疗效降低，以及易引起皮肤和尿道继发感染。

对于中等到严重不能耐受糖皮质激素的病例，可口服环孢菌素。环孢菌素的效果没有糖皮质激素快和明显，但两种药物都不建议长期单独使用治疗AD。糖皮质激素和环孢菌素应作为ASIT的辅助治疗，以等待其显现疗效，或对老年患病动物其他治疗失败或无其他合理的选择时使用。最重要的是，这两种形式的治疗不应完全代替主要治疗也不能用于未确诊瘙痒病因的犬。

环孢菌素A是环孢菌群的一种真菌代谢物，通过抑制IL-2、IL-1、IL-6和TNF-α等细胞因子的合成，阻断T细胞的增殖[345]（见第三章）。它还会抑制组胺的释放[346,347]和表皮细胞的增殖[348]。最近的一项研究评估了环孢菌素和磷酸二酯酶4抑制剂西洛司特在活化犬、小鼠和人类角质细胞的作用[349]，结果发现环孢菌素和西洛司特能减少犬和小鼠角质细胞脂多糖诱导的前列腺素E2的合成。两种免疫调节剂也抑制小鼠角化细胞MSC-P5细胞系产生CXC化学趋化因子KC和CCL2。两种免疫调节剂也能显著降低人角质细胞IFN-γ诱导的可诱导蛋白10（人永生化角质形成细胞）。

有人全面评估和元分析了环孢菌素治疗AD犬的疗效和安全性，并研究了2001—2005年发表的预期临床试验[350]，包括10项试验设计充分的研究。这些研究共调查了799只犬，其中672（84%）只使用了环孢菌素治疗，160（20%）只作为对照，74（9%）只口服了糖皮质激素，23（3%）只使用了抗组胺药。治疗持续时间从2周至6个月不等。为了安全分析，得到了660只犬的数据。治疗4周、6周、16周后，病变得分与基线比较分别从30%提高到了52%、从53%到84%和从52%到69%。只有轻微瘙痒程度的犬从0%提高到了13%，治疗4周和12周后，分别从32%提高到59%和从46%提高到90%。在大多数研究中，治疗4周

表8-3 使用抗组胺药治疗特应性皮炎的试验方案

药物	犬的使用剂量	猫的使用剂量
阿米替林	1~2mg/kg，每日2次	0.5~1mg/kg，每12h 1次
西替利嗪	1mg/kg，每日1次	5mg/只，每日1次
扑尔敏	0.4mg/kg，每8~12h 1次	2~4mg/只，每12h 1次
克立马丁	0.05~0.1mg/kg，每12h 1次	0.68mg/只，每12h 1次
赛庚啶	0.3~2mg/kg，每12h 1次	2mg/只，每12h 1次
苯海拉明	2.2mg/kg，每12h 1次	2.2mg/kg，每12h 1次
氯雷他定	1mg/kg，每12h 1次	

后，对于40%~50%的患病动物，环孢菌素的使用频率可减少为每2日1次；治疗12~16周后，20%~26%的患病动物可降低到每周2次。元分析证实了环孢菌素与对照组相比具有非常明显的效果，但是口服环孢菌素和糖皮质激素之间却没有显著差异性。患病动物最初的疾病严重程度、年龄和体重对治疗效果没有影响。病变得分比基线改善50%以上，则预测维持治疗阶段的反应良好。研究发现，呕吐和软便/腹泻是最常见的不良反应，至少出现过1次。相应患病动物的发生概率为25%和15%。其他类型的不良反应发生频率低于2.1%。

环孢菌素微乳液配方与食物一起口服，会使生物利用度降低22%，增加药物吸收的个体差异性，但没有发现临床改善程度和环孢菌素血药浓度之间存在相关性。由于血药浓度与临床表现之间缺乏相关性，因此可能不必常规监测AD患犬的血液环孢菌素[351]。在多项研究中发现，按5 mg/kg、每日1次的剂量，与食物一起口服环孢菌素[352] 6周，能有效减少AD的临床症状。在一项研究中，4只犬［4/41（9.7%）］出现呕吐、腹泻、软便的不良反应，9%的病例出现了细菌性脓皮病[353]。长期的临床试验也表明，一些AD犬不需要每天或持续使用环孢菌素来控制临床症状[354,355]。在13只（25%）使用环孢菌素治疗的犬中，发现了异常表现。一些犬出现牙龈增生和口腔肿物，3只犬出现了多毛症。

最后，在一项研究中评估了停止环孢菌素和甲基氢化泼尼松治疗后AD患犬临床症状的缓解程度，结果发现使用甲基泼尼松治疗犬的皮肤病变和瘙痒程度比使用环孢菌素治疗的明显增加[356]。此外，87%用甲基泼尼松治疗的犬出现临床症状复发，平均复发时间为27.9d，而只有62%的使用环孢菌素治疗的犬出现复发，平均复发时间为40.7 d。瘙痒控制良好的犬没有复发，但是瘙痒程度达到阈值或接近阈值的犬，出现了复发。

在一项治疗犬AD的综述中[344]，评估了各种试验数据，结果发现如果使用环孢菌素治疗3个月或更长时间，尽管减少使用剂量，也能维持疗效。事实上，从长远来看，这些效果与按5mg/kg、每日1次的剂量使用4周和6周的结果相似。两个减少剂量方案（减少剂量或增加给药间隔）的试验结果发现，组间没有显著差异性。因此，环孢菌素可根据不同的方案和个体差异，适当地减少剂量，而不影响药物的疗效。

25. 其他治疗方法

米索前列醇是一种PGE1类似物[357]，具有抗过敏作用[358,359]。米索前列醇也是潜在治疗急性和慢性哮喘的有效药物[360]。据报道，在一项公开研究中，按3~6μg/kg、每日3次的剂量使用30d，能有效治疗AD[361]。不良反应是，一些患病动物出现轻度呕吐和腹泻。使用米索前列醇治疗过敏性疾病的机制是，PGE增加环磷酸腺苷（Cyclic adenosine monophosphate，cAMP）的水平，进而选择性阻断T_H1细胞

分泌细胞因子[362]。它还能抑制淋巴细胞的增殖、粒细胞的活化，促炎细胞因子的合成（IL-1、TNF-α），而这些在过敏反应的形成中都具有一定的作用[363]。

由于报道了特应性犬[364]和人[365]出现磷酸二酯酶（Phosphodiesterase，PDE）活性的增加，所以磷酸二酯酶抑制剂也已被用于治疗犬AD。PDE活性增加似乎是特应性犬[366]和人[367,368]cAMP反应不足的主要原因。与健康对照组相比，人特应性PDE对多种酶抑制剂都敏感[369-371]，提示具有较好的治疗优势。对于特应性犬，研究者评估了口服PDE-4抑制剂阿罗茶碱的疗效[372]。按1mg/kg、每日2次的剂量连用阿罗茶碱4周，与氢化泼尼松（按0.5mg/kg的剂量，第1周每日2次，第2周每日1次，后两周每2日1次）的效果进行比较。服药前和服药后每周对瘙痒和皮肤病变进行了评估，并从0到3进行了分级。在所有情况下，临床症状都有改善，治疗组间没有显著差异性。然而，许多犬出现了不良反应，包括呕吐、腹泻和厌食。另一项双盲对照的交叉临床试验中，评估了另一种DE抑制剂己酮可可碱对治疗犬AD的疗效，给药剂量为10mg/kg、每日2次，连用4周[373]。在己酮可可碱治疗期间，瘙痒和红斑评分显著下降。室内尘螨的皮内皮肤检测前15min使用己酮可可碱（本研究的对照过敏原），不影响皮内皮肤检测的结果。药物耐受性很好，而且没有不良反应的报道。在一项无对照的研究中，给37只AD患犬按25 mg/kg、每日2次的剂量使用己酮可可碱，结果发现16只犬症状改善[373a]，7只犬的疾病得到完全控制。偶尔有报道人的不良反应，包括呕吐、腹泻、恶心和一些罕见的不良反应，包括心绞痛、焦虑、头晕、头痛和战栗。不良反应通常与剂量相关，所有不良反应通过减少剂量而改善。己酮可可碱已被成功用于主要对草过敏的犬、并发AD和接触过敏的犬，但该药应作为辅助治疗。有趣的是，服用己酮可可碱，老年犬的认知功能和整体行为也得到改善。

最近尝试的治疗方法还包括氨蝶呤[374]和咪唑硫嘌呤[375]。当传统治疗无效果时一般考虑这些治疗，但目前，关于其疗效的证据仍不充分。

（二）猫特应性皮炎

几十年来，诊断出猫的瘙痒性皮肤病，与针对环境过敏原的皮肤抗体或血液特异性IgE抗体有关。各种各样的临床综合征已被列为猫特应性疾病或猫AD。这些综合征是否真正与人和犬的AD相关，需要进一步评估；日益增加的证据显示，它们之间存在一定的相关性。

1. 病因和发病机制

与人和犬的AD相似，猫AD似乎也存在遗传因素和家族病史，但记载得没有犬的详细[376]。猫AD确切的发病率还是未知的，但有些研究人员报告，它是继跳蚤过敏之后的第二个最常见的过敏[377]。猫AD似乎是由环境过敏原引起的IgE和IgG过度的反应引起的[378,379]。最近克隆出了猫IgE的重

链，研究人员发现其与犬的IgE具有许多相似性[380,381]。与犬一样，通过测定过敏原特异性IgE并不能帮助区分正常猫与特应性猫[97,382]。过敏原特异性IgE可经诱导产生，但其血清水平似乎不与阳性皮内皮肤检测以及临床症状的形成相一致，这提示，与犬相似，猫的IgE抗体也是异质性的[365]。

树突细胞在病变的形成中具有一定作用。在一项研究中，评估了病变猫皮肤和正常对照猫表皮和真皮中的CD1a⁺细胞和MHC Ⅱ⁺型细胞[383]。免疫组化结果显示，正常猫皮肤中的CD1a⁺细胞就是MHC Ⅱ⁺型树突细胞，病变皮肤的表皮和真皮CD1a⁺细胞和MHC Ⅱ⁺型细胞数量显著增加。这些数据首次表明，猫CD1a的表达由包含Birbeck颗粒的树突细胞产生。

最近详细研究了猫AD的组织病理学结果[384]。研究者检查了16只过敏性皮炎的猫和6只无皮肤病的对照猫。通过免疫组化检查了淋巴细胞和组织细胞，通过甲苯胺蓝染色鉴定出了肥大细胞。16只过敏猫还发现了一个或多个其他特性（脱毛、嗜酸性斑块或肉芽肿、结痂），组织病理学结果也有不同。在对照猫没有表达IgM或MAC387的细胞，存在少量经兑度标记为IgG、IgA或CD3的细胞，和中等数量的肥大细胞。在过敏猫中，与非病变皮肤相比，病变的皮肤切片中存在大量的炎症细胞，尤其是在浅表的真皮和毛囊周区域。浆细胞表达的胞质免疫球蛋白数量较少；存在中等数量的MHC Ⅱ⁻、MAC387⁻和CD3阳性细胞；存在中等至大量的肥大细胞。表达MHC Ⅱ型的炎症细胞的形态，与皮肤树突细胞、巨噬细胞和表皮朗格汉斯细胞相似。表达MHC Ⅱ型的树突细胞通常与CD3淋巴细胞的浸润有关，提示这些细胞通过将过敏原递呈给T淋巴细胞，参与维护局部免疫。这些发现证实猫过敏性皮肤病的特点是，活化的抗原呈递细胞和T淋巴细胞的浸润，以及皮肤肥大细胞的数量增加。这与犬和人AD的真皮炎症的慢性阶段相似。

最近研究者也研究了猫T细胞的作用。与健康对照组相比，患过敏性皮炎的家养短毛猫的病变皮肤处，T细胞数量明显增多[385]。在10只过敏性皮炎患猫的病变皮肤处发现，主要增加的是CD4⁺细胞以及和CD4⁺：CD8⁺的值升高。在正常对照动物中，由于无CD8⁺细胞，所以CD4⁺：CD8⁺无法测定。10只过敏性皮炎猫外周血中的CD4⁺：CD8⁺，与10只健康对照组动物无显著差异性。过敏性皮炎猫病变皮肤处CD4⁺：CD8⁺和以CD4⁺为主的细胞模式，与人AD的病变皮肤相似。此外，与健康猫的皮肤相比，过敏性皮炎患猫的非病变皮肤处的CD4⁺T细胞数量较多，这也与在人的发现相似。目前，还没有评价AD猫的细胞因子表达情况的研究。

目前认为，环境过敏原在猫AD的形成中具有一定作用。在一项研究中，在50%的AD猫可检测到与季节性过敏原反应的IgE，48%的猫季节性和非季节性过敏原检测都为阳性[386]。室内尘螨是猫常见的过敏原之一，通常在超过

80%的特应性猫可检测到针对D. farinae的IgE[387,388]。食品过敏原在猫AD中的作用没有研究，但报道了同时对环境和食物过敏原过敏的情况[389]。在一项研究中，25%的AD猫并发食物过敏、跳蚤过敏或两者都有[390]。在临床上，猫AD和食物过敏似乎无法区分。

2. 临床特征

与人相似，年轻的猫似乎易患AD，大多数（大于75%的病例）猫在6～24月龄时出现临床症状[391]。最常见和最一致的临床症状是瘙痒，通常出现在面部和颈部（图8-9）[392]。瘙痒的分布可能与皮肤中肥大细胞的分布有关。在一项研究中，肥大细胞数量最多的部位是耳郭和下颌的远端[393]。除了瘙痒和由此引起的脱毛外，AD猫可能发展成特有的皮肤病变，这种病变被定义为"嗜酸性肉芽肿复合体"（无痛性溃疡、嗜酸性肉芽肿和嗜酸性斑块）[394,395]。这种综合征与人和犬的AD不同。

在临床上，腹部腹侧、腹股沟、胸侧部和后腿处常见斑疹、丘疹、斑块和皮屑，也可见复发性耳炎。此外，猫AD可能形成结壳皮炎，称为粟粒状皮炎。这也是猫过敏与犬和人不同的独特特征。与嗜酸性肉芽肿复合体相似，粟

粒状皮炎不是AD所特有的，而是猫的一般过敏表现。跳蚤过敏和食物过敏的猫也可形成类似的临床病变。与人和犬的AD相比，猫AD很少有形成继发感染的报道。然而，感染在猫AD中的作用还有待彻底的调查研究。一些嗜酸性斑块可能代表脓皮症（见第十八章）。最近的一份报告描述18只过敏猫出现多菌落马拉色菌的过度生长[396]。其中16只猫被诊断为特应性皮炎，另2只为食物性过敏反应。所有的猫在其他方面都是健康的。皮肤检测结果发现，多病灶脱毛、红斑、结壳和附着油腻性褐色鳞片，在所有猫的分布不同。细胞学检查显示面部皮肤/颈腹侧、腹部、耳道、下颌、耳郭、趾间、爪的皮肤皱褶处的马拉色菌过度生长，有的还伴有细菌感染，有的不伴有细菌感染。笔者得出的结论是，马拉色菌过度生长可能代表过敏猫的一个次要皮肤问题，尤其是那些皮肤检查显示为附着油腻性褐色鳞片的猫。与犬相似，单独使用抗真菌药治疗具有很好的疗效，提示马拉色菌过度生长是导致过敏猫瘙痒和皮肤病变的病因之一。

也可观察到皮肤之外的症状。一项研究报道，50%的患病动物出现打喷嚏，也可能出现结膜炎[397]。多达7.4%的

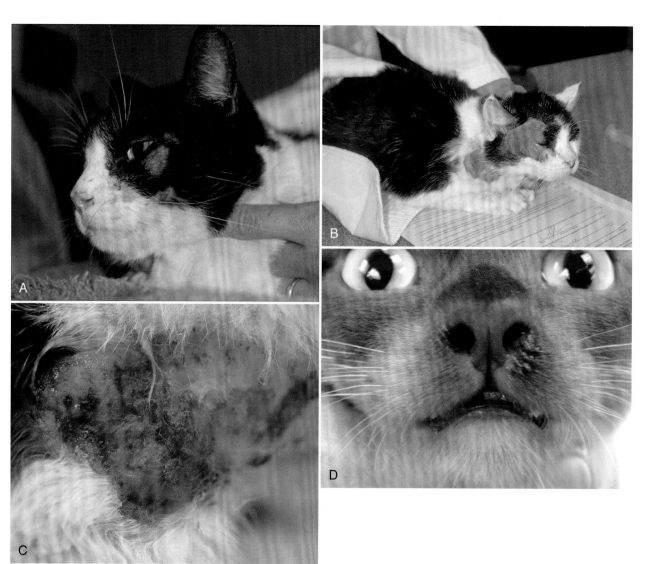

图8-9 **A.** 猫AD经常表现为面部瘙痒症 **B、C.** 有些动物可能出现嗜酸性肉芽肿复合体的病变，例如这两个病例中，猫在过敏季节形成了广泛的斑块 **D.** 在少数病例中也可看到鼻涕

特应性猫出现了慢性咳嗽和猫哮喘，可能并发皮肤疾病，也可能没有[398,399]。另一项研究提及42只患哮喘的猫，其中50%并发瘙痒性皮肤病[400]。最近的研究调查了支气管疾病猫阳性过敏原反应的发病率（如猫哮喘、猫过敏性支气管炎、猫支气管疾病），结果发现，两项检测中患病猫的阳性过敏原反应都明显高于未患病的猫[401]。皮内皮肤检测和血清IgE检测结果都显示，患病猫比正常猫对杂草、树、草和/或霉菌的阳性过敏原反应多。该研究故意将猫过敏性皮肤病排除在外。本研究遇到的一个意想不到的障碍是，许多患病猫目前有过敏性皮肤病或病史中有疑似的或确定存在的过敏性皮肤病。并发过敏性皮肤病没有在猫支气管疾病中被报道过，但它似乎比原本想象的更常见。淋巴结病也是常见的慢性疾病，症状包括粟粒状皮炎、皮屑或嗜酸性斑块[402]。

3. 诊断

与关于犬和人的报道相似，没有用于诊断猫AD的完美检测。诊断需根据病史、临床症状，并排除其他原因引起的瘙痒。由于存在各种临床表现和缺乏特异性，因此需要鉴别诊断的疾病是相当广泛的。应考虑跳蚤过敏、食物不良反应、姬螯螨病、耳螨（Otodectic mange）、皮肤癣菌病和心源性脱毛，并充分地进行排除。由于过敏测试是根据经验和个人观点进行解释的，所以确切诊断是很困难的。血清学检测过敏原特异性IgE不能区分正常猫和特应性猫，禁止皮下试验，可能的原因是大多数猫都很紧张或选择的过敏原浓度不适合皮肤反应试验，这与最近的一项研究所提示的相似[374]。虽然内源性AD（如非过敏性AD）的可能性还没有在猫中进行研究，一旦其他瘙痒性疾病已适当地排除，可想而知，一小部分具有皮炎临床症状的AD猫，过敏检测可能不显示阳性。应控制跳蚤8周，以排除跳蚤在引发皮炎和瘙痒中的作用。如果是非季节性瘙痒，则也应排除食品的不良反应。一种新型蛋白质和碳水化合物来源的食物试验应进行9～12周。这对室外猫尤其困难，生活方式的改变足以引起瘙痒并且需要进行可靠的食物试验。

与犬AD相似，不应使用过敏检测诊断AD，但过敏检测可为免疫治疗等筛选过敏原。应根据临床症状并排除其他临床上相似的瘙痒性疾病而作出诊断。皮肤病变处的细胞学检查通常显示嗜酸性粒细胞和一些嗜碱性粒细胞，但这并不是AD特有的，食物和蚤咬性过敏反应有时也会出现。出现中性粒细胞和胞内细菌说明继发了细菌性脓皮病。其余患病动物除患病动物最近服用了糖皮质激素外，外周血中常有嗜酸性粒细胞。

4. 皮内皮肤检测

年龄、过敏原、被毛颜色和性别对皮肤检测的反应性只有轻微影响[403]。一些正常猫对低浓度的过敏原有反应，特别是室内灰尘、灌木和跳蚤。然而，研究表明，正常猫的一些反应是非刺激性的但很可能是由反应性抗体所介导，因为它们可以被动转移[404]。最近的一项研究，评估了

正常猫皮内皮肤检测的最佳组胺浓度和过敏原"刺激"的阈值浓度，结果发现超过10%的猫对每个浓度的粉尘螨、欧洲室尘螨、室内苍蝇、蚊子和蛾子都显示阳性反应[405]。笔者得出的结论是，这些过敏原的刺激阈值浓度低于1 000 PNU/mL，是本试验检测的最低浓度。最佳的组胺浓度确定为1∶50 000w/v（0.05mg/mL），测定的跳蚤抗原的刺激阈值浓度为1∶750w/v。这项研究的笔者得出的结论是，猫皮内皮肤检测所使用的过敏原和组胺浓度可能需要修改。目前，大多数皮肤病专家对猫使用的浓度与犬不同。

操作规程　猫皮内皮肤检测的方法与犬的检测方法类似，但要注意以下几个方面：

- ·常用于化学保定的方法包括，镇静剂与氯胺酮、氯胺酮和安定、替来他明-唑拉西泮或常规麻醉气体[406]。
- ·猫皮肤特别薄，所以应格外小心，确保所有的注射是皮内注射而不是皮下注射。
- ·注射后，应最早从5min开始观察注射部位，因为猫的反应有时出现的快，消退的也快。
- ·猫的反应，包括对组胺的反应，往往比犬轻微许多（较少的红斑和浮肿）。

一项研究表明，不论猫皮内皮肤检测前是否使用镇静剂，都能显著增加血浆皮质醇、皮质激素和α-促黑素激素的产生[407]。这也许可以解释，与犬相比，为什么猫皮内皮肤检测的结果常为弱反应。有趣的是，一些特应性猫的反应和犬相似。这是否反映了不同组的特应性猫以及是否对预后具有重要意义，还有待确定。据报道，停止口服泼尼松2周后和停止注射醋酸甲基氢化泼尼松4周后，猫会复发急性皮肤检测反应[408]。

5. 体外血清检测

可以使用能检测过敏原特异性IgE的商业化血清过敏检测（RAST、ELISA）。与犬相似，粉尘螨特异性IgE不能区分健康猫和特应性猫[370,387]。一项研究比较了特应性猫皮内皮肤检测和商业化血清过敏检测（ELISA）的结果，结论是ELISA不是一个有用的诊断性检测[409]。总的来说，这些商业化检测对猫的评估没有对犬的详细，不应该将这些检测用于诊断猫的AD，只能用于筛选脱敏的过敏原。

只有一个研究报道了基于体外检测的脱敏结果，其成功率与基于皮内皮肤检测的成功率相似[410]。猫皮内皮肤检测的结果往往难以解释，与体外检测相比，这是一个缺点。如果使用通常较难解释的皮内皮肤检测结果作为诊断标准，那么也有助于判断体外检测的敏感性和特异性。此外，还没有关于猫皮内皮肤检测再现性的盲性研究报道。

6. 组织病理学

特应性猫的皮肤活检本身可能不能用于诊断，但可以帮助排除或归入一些鉴别诊断。重要的是要注意，由于临床病变样本的差异性，组织病理结果可能会有所不同。猫

AD的组织病理学特征是活化的抗原呈递细胞和T淋巴细胞的浸润，以及真皮层肥大细胞的数量增多。临床上无炎症的脱毛部位的活检样本，通常有正常或略增生的表皮和轻度浅表外周血管性皮炎，其中淋巴细胞或肥大细胞为主要细胞。炎性病变（面部和耳郭瘙痒、粟粒状皮炎）显示为，中等至严重的表皮增生、海绵层水肿、浆膜细胞结痂、糜烂或溃疡和不同程度的浅表或深层外周血管性皮炎，其中嗜酸性粒细胞通常是主要的炎性细胞。表皮内的肥大细胞在嗜酸性斑块猫的活检样本中尤其可见。具有嗜酸性肉芽肿复合体的特应性猫的样本具有这些典型病变（见第十八章）。

7. 治疗

治疗是终身的，根据疾病的严重程度、患病动物的个体差异和畜主的经济情况，可能涉及许多治疗方法。与犬相比，给猫口服药物可能更具有挑战性，且治疗需根据患病动物的个体情况量身定制。同样，局部治疗虽然有效，但与犬相比，较少用于猫。如果猫可以耐受局部治疗，则应每周使用燕麦型安抚产品。由于猫有梳毛的习惯，因此不建议使用免洗产品。局部糖皮质激素可减少使用全身性治疗的必要性，推荐使用伊丽莎白圈以使产品干燥，减少猫摄入该产品。

对症治疗瘙痒症，通常考虑免疫治疗与口服或注射糖皮质激素、抗组胺药、5-羟色胺拮抗剂和/或必需脂肪酸联合用药[411]。猫似乎更能耐受糖皮质激素治疗的不良反应，所以糖皮质激素比犬使用得更频繁（见第三章）。泼尼松对猫的效果不好，所以氢化泼尼松或甲基氢化泼尼松是首选。环孢菌素可按7mg/kg、每日1次的剂量给药，可对症治疗猫AD。对不能耐受糖皮质激素的猫或诊断出患有糖尿病的猫而言，环孢菌素尤其有效。在最近的一项回顾性研究中，描述了环孢菌素在治疗嗜酸性肉芽肿、嗜酸性斑块、无痛性溃疡、线性肉芽肿、特发性瘙痒和口炎中的效果[412]。一项研究用电脑筛查了1999—2004年间使用环孢菌素治疗猫皮肤病的病例。研究者根据病史、临床症状和实验室诊断性检测结果，将病例分为三组，共筛选出了23只猫。7只猫患有一种或多种以下疾病：嗜酸性肉芽肿、嗜酸性斑块、无痛性溃疡和/或线性肉芽肿（A组），8只猫患有特发性瘙痒（B组），8只猫患有浆细胞性口炎（C组）。环孢菌素的剂量范围为5.8 ~ 13.3mg/kg。所有猫每月进行完整的血清学分析和物理检查，至少持续6个月，然后对治疗的反应进行评分。6个月结束时，A组和B组的所有猫都已治愈，并每2d进行1次维持治疗。C组中，4/8的患病动物症状缓解，而其他猫都有良好到较好的改善。常规血液和生化检查未能发现与使用环孢菌素治疗相关的异常变化。

在另一项前瞻性公开研究中，对10只具有过敏性皮肤病症状的猫使用环孢菌素治疗1个月，按3.6 ~ 8.3mg/kg、每日1次的剂量给药[413]。40%的瘙痒性猫、57%的脱毛猫和60%的红斑猫，症状都有较好或良好的改善。只有瘙痒组

猫的平均分减少程度具有显著差异，而红斑和脱毛组的猫的平均分减少程度接近显著性差异。对特应性猫开具环孢菌素处方时，应考虑形成弓形虫的风险。一些文献描述了3只患有严重弓形虫病的猫，其中2只死亡[414,415]。这可能是由于环孢菌素抑制T淋巴细胞的功能，使得这些猫易感急性刚地弓形虫病，因此应尽量避免喂食生肉。

ASIT也可作为一种长期治疗猫AD的方法。研究者认为这是一种安全有效的治疗方法。报道的特应性患猫的治疗成功率为60% ~ 78%[416]。此外，报道的ASIT治疗特应性猫的不良反应也很低，而且主要是传闻。紧急免疫治疗也在少量病例中被报道过[417]。4只异位猫接受了紧急免疫治疗，方法是皮下注射过敏原，5h内每30min增加一次PNU，之后维持的剂量为15 000PNU/mL。猫首次注射前24h和2h，口服曲安奈德1.5mg，首次注射前24h、12h和2h口服羟嗪10mg。2只猫有轻微的瘙痒，随后注射延迟了30min。猫的生命体征和进一步的瘙痒程度都没有变化。4只猫都成功完成了紧急免疫治疗。笔者得出的结论是，该方法应该是安全的。为进一步评估这种方法诱导的ASIT的疗效，需要更大规模的研究。

最后，研究者对患有哮喘猫的紧急免疫治疗也进行了试验，试验中紧急免疫治疗还与过敏原和辅助CpG寡脱氧核苷酸联合用药，发现与常规ASIT相比，不良反应没有那么严重[418]。然而，该方法是否可用于AD的患病动物，是否能提高疗效，仍需要评估。

三、接触性过敏反应（过敏性接触性皮炎）

接触性过敏反应是一种出现斑疹和丘疹的瘙痒性皮炎，通常发生在动物被毛稀疏的部位。

（一）病因和发病机制

过敏性接触性皮炎是一种IV型过敏反应[419]。研究者已经对实验动物和人的接触性过敏反应这种常见病的发病机理和免疫学机理做了大量的研究[420]。据报道，从1966—2007年在北美和西欧所有国家的所有年龄段患者身上得到的数据显示，至少对一种过敏原产生接触性过敏反应的发病率的中位数为21.2%（12.5% ~ 40.6%），加权平均发病率为19.5%[421]。

与刺激反应相比，接触性过敏反应是一种针对半抗原（通常为具有化学活性的脂溶性小分子）的免疫反应。过敏性接触性皮炎是细胞介导的过敏反应，也被称为半抗原型迟发型过敏反应。人类免疫学家认为过敏性接触性皮炎是皮肤免疫系统的过度反应[422]。目前针对过敏性接触性皮炎的观点认为，个体在出生时就对环境中的半抗原型过敏原具有耐受性。但是在日常生活中，任何半抗原都有可能对机体产生致敏作用；随后导致致敏个体发生皮炎，并经常伴有严重的瘙痒。

表皮朗格汉斯细胞在致敏阶段具有关键作用。这些承

载着环境半抗原的树突状抗原递呈细胞不断地脱离表皮并进入淋巴管，一旦到达皮肤引流淋巴结的副皮质T细胞区就会分化成交错突细胞。任意特定的半抗原都可以通过这种途径对任何可能的个体产生致敏作用。经过朗格汉斯细胞处理后，半抗原会与相关蛋白结合而变成完全抗原。半抗原这种从皮肤向淋巴结的迁移过程可能是由TNF-α启动的。T细胞受到刺激后所产生的皮肤归巢配体会引导它们向皮肤运动。过敏性接触性皮炎是一种皮肤特有的疾病，因为在该过敏反应中诱导幼稚T细胞转化为记忆T细胞所需的这种朗格汉斯/交错突细胞只存在于皮肤中。半抗原的致敏作用会诱导产生两种不同类型的半抗原反应活性T细胞：CD8⁺T细胞可以产生IFN-γ来介导这种反应，而CD4⁺T细胞所产生的IL-4和IL-10则会限制这种反应的强度和持续时间。

已被致敏的动物一旦再次接触相同的半抗原后就会进入输出阶段或诱发阶段。在这一时期发挥主要作用的似乎并不是朗格汉斯细胞。在诱发期，血管内皮上所表达的黏附因子，例如VCAM-1（血管细胞黏附分子-1）、E-selectin（内皮细胞选择素）和ICAM-1（细胞间黏附分子-1），将活化的记忆性T细胞吸引到半抗原暴露位点。活化的肥大细胞所产生的血清素和细胞因子（例如TNF-α）等物质会增强黏附因子的表达，从而增强皮肤中T细胞的转运。像IFN-γ、IL-1或者IL-12这样的细胞因子在T_H1细胞的激活中具有重要作用。ICAM-1在角质细胞上也有表达，并且会造成淋巴细胞渗出[423]。半抗原暴露后，朗格汉斯细胞和角化细胞就会迅速释放出TNF-α，从而激活内皮细胞上E-selectin和ICAM-1的表达[424]。在对P物质（一种在朗格汉斯细胞和神经纤维的相互作用下而被释放出来的神经肽）的应答反应中，细胞也会释放TNF-α[425]。其他相关的表皮细胞因子包括IL-6和MIP等。具体有哪些细胞因子与过敏性接触性皮炎而非刺激性接触性皮炎有关，这还需要进行深入的研究。IL-1β，IL-6，IL-12和IFN-γ之间的差异可能是该过程的关键因素。IL-12的产生可能是T_H1细胞反应的重要因素。

在小鼠模型中，不同的抗原会诱发不同的细胞因子释放模式，有些模式在不同的反应阶段会同时诱发T_H1细胞因子和T_H2细胞因子的释放[426,427]。皮肤致敏原能够诱发多种细胞因子反应模式，这些模式并不一定是绝对单一的T_H1型细胞因子反应或T_H2型细胞因子反应。根据诱导或刺激方式的不同，接触性过敏原会使皮肤产生不同动力学的细胞因子分泌模式。无论使用的是何种接触性过敏原，在激发阶段，IL-4和IL-10的释放均会有所升高，但是IFN-γ的释放并不会出现明显的上调或下调。研究发现，不同的接触性过敏原所引起的IL-4的定量表达是不同的。接触性过敏源作用于敏感小鼠的皮肤后通常会引起T_H1和T_H2型细胞因子的共表达。接触性过敏反应中T_H1和T_H2型细胞因子的共表达是接触性过敏敏感小鼠的一个重要特征，而且不同的化

学物质在诱导这些细胞因子表达上的能力是不同的。通过应用细胞因子来影响过敏患者的免疫反应也可以调节过敏原所诱导的细胞因子的释放[428]。

近期的大量研究都强调了自然杀伤性T（NKT）细胞在过敏性接触性皮炎的诱发期所起到的作用[429]。首先在斑贴试验呈阳性反应的患者身上获取皮肤活检样本，然后通过免疫组化、实时定量PCR、巢式PCR以及原位杂交技术对这些样本进行研究以鉴定出NKT细胞以及与此类细胞相关的细胞因子。研究中，在所有的皮肤活检样本中均检测到了一定量的NKT细胞，细胞的浸润范围为1.72%～33%。在所用的病例样本中，这些NKT细胞均被激活并表达IFN-γ和IL-4的细胞因子转录子。无论激活反应的是何种过敏原，在特应性皮炎（Atopic dermatitis，AD）反应中也都存在NKT细胞，并且是处于激活的状态的。因此，固有免疫在Ⅳ型过敏性反应的后期阶段中也起到了一定的作用，而且可能是对过敏性炎症中自身脂质释放的一种应答。在之前的研究中有人认为，在过敏原引起的原发性免疫反应的细胞反应早期，NKT细胞具有重要作用；而以上数据对此做了补充。在人的Ⅳ型过敏性反应的后期诱发阶段，NKT细胞是持续存在的。

已经有研究从临床和组织学上对刺激性反应和过敏性反应之间的相同之处进行过描述[430]。朗格汉斯细胞在刺激性反应和过敏性反应两者中的情况相同（数量减少，与淋巴细胞附着）。事实上，在过敏性反应中鉴定出的所有细胞因子同样存在于刺激性反应中（ICAM-1，IL-2，TNF-α，LFA-1）。两者在T-细胞亚型、朗格汉斯细胞、巨噬细胞以及活性抗原的比例上并没有明显的差异，甚至两者的斑贴试验结果都显示出相同的细胞因子表达特征。有些研究人员认为刺激性反应和过敏性反应之间的差异更倾向于理论性，很难得到证实。

自然发生的接触性过敏反应的最后一个阶段是消退阶段（Resolution phase）。目前对这一阶段的了解还比较少，不过IL-10可能发挥着重要作用，因为它会干扰T_H2型细胞因子的产生。在接触性过敏反应的最后阶段，角化细胞中的IL-10水平是上调的。

过敏性接触性皮炎中的趋化因子是如何吸引皮肤中的效应细胞的，人们对此也进行了相关研究。CCR10（CC趋化因子受体-10）靶向配体CCL27（CC趋化因子配体-27）的表达不仅在炎症反应中是升高的，而且在对斑贴试验出现临床反应后的几周内也一直保持在高水平状态[431]。除了CCL27的表达升高之外，在做完斑贴试验的21d后，在临床上已经恢复正常的皮肤中仍能检测到数量升高的浸润性细胞。这些持续存在的细胞是能够表达CCR10的CD4⁺细胞，而并不能检测到CD8⁺和CCR10⁺细胞。这些细胞的存在极有可能是一种过敏原介导作用，因为在发生刺激性接触性皮炎反应的21d后就检测不到CCL27和CCR10水平的升高。与CCL27相比，CXCL9、CXCL10和CXCL11只能在过敏性接触

性皮炎（ACD）的临床炎症期检测得到。研究人员认为，在之前的激发位点中局部CCL27所介导的CCR10⁺CD4⁺T细胞滞留作用可以解释在重测反应（Retest reactions）和红斑反应（Flare-up reactions）中观察到的局部皮肤记忆现象。当皮肤再次受到过敏原刺激后，这些持续存在的T细胞就会加快炎症反应。

在过敏性接触性皮炎反应中会特异性表达趋化因子IP-10[432]。趋化因子的mRNA表达量与临床评分、组织学变化以及免疫组化数据有关，包括表达CXCR3［即CXC趋化因子受体3，CXCR3是IP-10（α-干扰素诱导的10 kD 蛋白）］、Mig（α-干扰素诱导的单核因子）和IP-9的受体]的炎性细胞比例，角化细胞中ICAM-1（细胞间黏附分子-1）和HLA-DR（人类白细胞抗原DR）的表达情况。在9例过敏性接触性皮炎反应中，有7例可以在24～72h后检测到IP-10、Mig以及IP-9的mRNA，而在刺激性接触性皮炎中并未检测到。角化细胞中ICAM-1的表达仅被发现于过敏性接触性皮炎反应中，而且与趋化因子的表达有关。此外，在过敏性接触性皮炎反应中，有50%的浸润性细胞会表达CXCR3，而在接触性刺激性皮炎中这一数值只有20%。因此，虽然在过敏性和刺激性反应之间存在某些相同之处，但是这两种疾病在趋化因子的表达上还是存在差异的，这也许反映了它们在调控机制上的不同。

已有人对自发性过敏性接触性皮炎患犬身上过敏性斑贴试验反应的组织病理学进行过研究。在早期的一项研究中发现，有一半的活检组织出现表皮坏死，而且在这些坏死的活检组织表皮和一些非坏死的活检组织的表皮中都存在中性粒细胞[433]。偶见棘细胞层水肿。在所有的活检组织中均发现真皮层存在中性粒细胞浸润和水肿，但淋巴细胞的数量很少。这些结果表明，在犬的过敏性接触性皮炎中细胞因子的分泌模式或所引起的反应应答与人是不同的。在人的过敏性接触性皮炎中，表皮坏死并不是典型特征而且主要的炎性细胞为淋巴细胞。

关于犬的几项研究还发现接触性过敏反应中也存在嗜酸性粒细胞[434-438]。这些不同的发现最有可能反映出的问题是如何将真正的Ⅳ型半抗原诱导型接触性过敏反应与接触诱导型特应性疾病及刺激性皮炎相区分开。近期有关特应性皮炎的研究显示，特应性皮炎和接触性过敏反应之间也存在许多相同之处，而且特应性皮炎具有Ⅳ型过敏反应的一些特征。

现已发现在大约20%的接触性过敏患犬身上存在特应性皮炎[439]。本章节的作者（Rosanna Marsella，RM）也报道过类似的发现。虽然在一般的报道中，接触性过敏很少引起瘙痒性皮肤病，但这种情况在短毛犬（例如波士顿㹴、比特犬、拳师犬、腊肠犬、威玛猎犬）身上较为常见，这主要取决于地域差异以及引发过敏性接触性皮炎的植被的存在情况。由于一般认为接触性过敏反应极为少

见，同时宠物的活动通常受到限制，而且也很少进行斑贴试验，因此该病有时会诊断不出来。事实上，一些过敏性病例通过洗澡和限制活动范围可以使其病情得到改善，这些改善可能是因为清除了动物被毛上的过敏原（例如表皮的暴露）。

目前还不清楚AD和接触性过敏之间是如何相互关联的。是潜在的AD所引起的屏障功能异常增加了接触性过敏的发病风险，还是接触性过敏所导致的皮肤损伤加重了遗传性过敏体质个体对过敏原的敏感性，这一问题仍不清楚。对于这一问题的另一解释则是这些品种的犬对这两种疾病都具有易感性。在人医上有人报道了类似的发现，近期的研究显示接触性过敏在AD病例中也并不少见[440-442]。这与早前的报道[443]形成对比，而且可能反映出遗传性过敏体质个体的屏障功能受损增加了其对过敏原的敏感性。

在犬身上进行的接触性过敏反应诱导试验发现，研究人员可以成功地诱导犬对二硝基氯苯产生过敏反应[444,445]。这种致敏作用可以通过胸导管淋巴细胞转移到正常犬身上，而且可以被抗淋巴细胞血清所抑制。在兽医文献中有关自发性接触性过敏反应病例的记载很少。虽然，毒葛和毒橡木会从被毛中含有树脂油的犬身上传到人身上，但是在犬身上相关疾病的记载仍然很少。

在报道中，能诱发犬的接触性过敏反应的植物（图8-10）有白花紫露草［Tradescantia fluminensis，（白花紫露草蔓延）］[129]、白竹仔菜（鸭跖草蔓延）、裸花水竹叶［Murdannianudiflora，（鸽草）］[446]、亚洲茉莉花（Asian jasmine）[419]、朱顶红［Hippeastrum，（石蒜科）］的叶和茎[447]以及蒲公英[419]。引起接触性过敏反应的其他过敏原包括香柏木[417]、地毯除臭剂[448]以及水泥[422]。在丹麦的一项研究中已经确定接触性过敏与以下物质有关：秋兰姆混合物、氯化钴、硫酸镍、喹啉混合物、树脂、黑橡胶混合物、甲醇、环氧树脂、秘鲁香脂、卡巴混合物、甲醛、复合香精、乙二胺、樱草素、木焦油以及萘基混合物[449,450]。新霉素似乎会经常诱发接触性过敏，不过相关的记载资料比较少[451]。另一种经常引起接触性过敏的可疑物质是丙二醇。此外，在一只遗传性过敏体质犬身上还发现对烟草和羽毛过敏的现象。在人身上，吸烟是诱发接触性过敏的危险因素[452]，但是目前还不清楚生活在吸烟环境中的犬患接触性过敏的风险是否会增加。有一个未曾公开的特殊病例，患犬的主人吸烟很严重，斑贴试验检测结果呈阳性，并且在限制患犬与主人的接触后其症状得到改善。在人身上会发生多种接触性过敏[453]，在犬上也有类似情况，尤其是对鸭跖草科的各类植物。目前还不清楚为什么有的个体会发生多种过敏反应，而有的个体只对一种过敏原产生过敏反应。报道中能诱发犬接触性过敏反应的物质请参考表8-4。

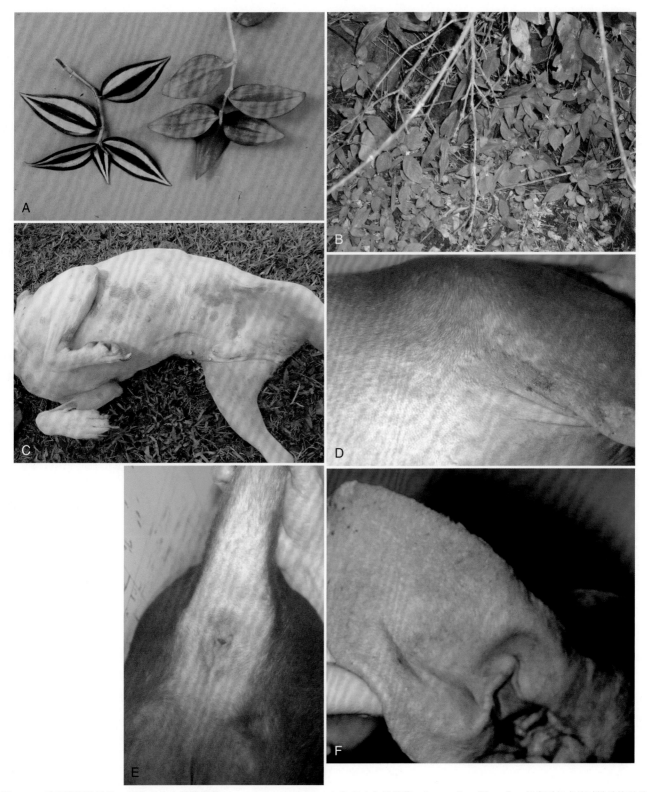

图8-10 鸭跖草科的植物，例如 **A**（白花紫露草，wandering Jew plant）和 **B**（白竹仔菜，Commelinadiffusa），经常引起犬的过敏性接触性皮炎 **C**. 该图显示的是丘疹，通常发生于腹侧部位，尤其是毛发稀疏的部位 **D.** 短毛犬的患病风险较高，病变通常发生于腋窝 **E**. 会阴部 **F.** 耳郭也通常会发生病变

（二）临床症状

接触性过敏的临床症状包括不同程度的斑疹丘疹性皮炎，且多发生于皮肤上无被毛或被毛稀少的部位（图8-10）：趾间腹侧区、腹部和胸部腹侧、尾部和颈部腹侧、阴囊和会阴部、口鼻区以及耳郭内侧面[454]。然而，有些慢性病变可能范围较大，会扩散到正常毛发区，不过这

种情况在接触性过敏中比较少见。重要的是，对于这些病例而言，随着瘙痒性红斑病灶边缘毛发的脱落，其病变范围会逐渐向周围的邻近部位扩散。如果过敏原是液态、气雾或粉末形式的局部药剂，那在有毛发的部位也可以观察到皮肤反应。橡胶或塑料餐具以及皮质咀嚼玩具引起的过敏反应一般只局限于唇部和鼻部。围绕颈部形成的环形病变极有可能是由颈圈引起的。虽然颈圈引起的接触性过敏

表8-4 诱发犬接触性过敏的物质

物质	举例
植物	花粉和树脂（草、树、种子）、茉莉花、毒葛、毒橡木、白花紫露草、蒲公英叶、亚洲茉莉、香柏木、朱顶红
药物	大量的局部用药（尤其是新霉素、杆菌肽、噻苯咪唑、维甲酸、咪康唑、多聚羟嗪、丁卡因以及其他的"卡因"） 大量的耳部用品、肥皂、香波（尤其是那些含有焦油、甲氧甲酚和过氧苯甲酰的产品）、凡士林、羊毛脂、消毒液、杀虫剂（香波、药浴、喷雾剂、防跳蚤和防蜱项圈，尤其是右旋柠檬烯、鱼藤酮）
含氯过高的水	
家庭陈设	纤维（毛绒、尼龙、合成纤维）、染料、涂饰、抛光剂、清洁剂、橡胶和塑料产品、洗涤剂、猫砂、颈圈（皮革、金属）、除臭剂、水泥、镍、重铬酸盐
犬粮（包括处方罐头和干粮d/d）	大米和大米粉

比以前少见，但是仍会发生，尤其多发于墨西哥无毛犬。

刺激性接触性皮炎引起的急性皮肤病变包括红疹、斑疹、丘疹，以及偶尔出现的水疱。虽然水疱在大多数物种身上是典型病变，但是在犬、猫身上却很少见，并且通常是在急性病变时以显微镜下才能观察到的微观病灶形式出现。慢性病变通常是脱毛性斑块，并且可能会出现色素沉着过度或衰减、皮肤擦伤以及苔藓化。此外，还会继发细菌性脓皮病、马拉色菌（*Malassezia*）性皮炎、皮脂溢性皮肤病，或者是这些症状同时并发。瘙痒症状通常会比较严重。由于过敏原的不同，有些临床症状为季节性的，还有些是非季节性的。对臭茉莉（*C. fragrans*）叶提取物的致敏性研究也显示这种植物反应活性的变化与其收获季节有关[128]。在过敏性反应中一般只有一例动物患病，而刺激性过敏反应则会引起同一畜舍中的多个动物发病，这一临床发病特点有助于区分刺激性过敏和接触性过敏。此外，过敏反应的发生一般需要多次接触过敏原，而刺激性反应在动物第一次接触刺激物时就可以发生。

（三）诊断

该病需要进行的鉴别诊断包括原发性刺激性接触性皮炎、特应性皮炎、食物过敏、犬疥疮、昆虫过敏、类圆小杆线虫（*Pelodera*）性皮炎、钩虫性皮炎、葡萄球菌毛囊炎、蠕形螨病、皮肤真菌病以及马拉色菌（*Malassezia*）性皮炎。根据病史、身体检查、限制活动范围后临床症状的缓解、再次暴露过敏原引起的病变或斑贴试验出现的组织病理学变化等进行最终诊断。刺激物暴露试验需要至少在14d内避免接触可疑的致敏性物质。最基本的皮肤学检查至少应包括细胞学分析和感染部位的皮肤刮样检查。由于经常出现继发感染，因此消除继发性感染有助于准确地评估限制动物活动范围所起的作用。为了使限制活动范围所

产生的效果最大化，首先应使用非刺激性低致敏性香波给动物洗澡以清除皮肤和毛发中潜在的致敏性物质，然后在一个新环境中饲养14d。根据潜在过敏原的不同，可以将动物限制在室内环境中或饲养在室外选定的环境中并佩戴保护性外套（例如T恤衫和靴子）。（对于对多种过敏原过敏的动物）一旦病变出现缓解或好转，就将其暴露于正常环境中或接触潜在致敏物质，一次只接触一种，并观察其皮炎症状是否恶化。如果患病动物反应强烈，症状一般在24h内会出现恶化。极少数情况下，可能需要几天时间才能观察到症状。刺激物暴露试验对于病情的诊断以及鉴定并避免接触过敏原尤为重要。一旦刺激物检测确定了接触性过敏原的存在，就可以对过敏原逐个进行斑贴试验，从而有针对性地鉴定出致敏物质。

斑贴试验是用于检测接触性过敏反应的方法[455]。在经典的封闭式斑贴试验中（图8-11），将待测物质涂在一块布料或柔软的纸片上，然后直接敷在健康皮肤表面，再覆盖一层非渗透性物质，最后用胶带和绷带将其固定在皮肤上。48h之后，将斑贴取下并检查其所覆盖部位的皮肤状况。要将斑贴固定住比较困难，可能需要住院护理。进行封闭式斑贴试验的部位通常为胸部背外侧。小心地剃除毛发，将可疑过敏原敷在皮肤上，然后用胶带固定，再用体绷带加以强固。为了降低修剪毛发所产生的刺激，最好在进行斑贴试验的前一天将测试部位的毛发剪除。将测试部位的毛发剪除后，立即用T恤衫将其覆盖以减少与过敏原的接触并降低损伤。此外，一定要同时进行阴性对照。本章节的作者（RM）用KY胶来混合所测试的过敏原，所以就用KY胶作为阴性对照。植物材料应尽量切碎以便获取更多的植物汁液，然后将其敷在芬兰小室（Finn Chambers）上或放置在一块5.08cm×5.08cm（2in×2in）的纱布垫上。可以要求动物主人将患病动物生活环境中的样本（地毯纤维、玩具以及院子里的植物等）带来检测，这有助于病情的诊断。测试材料在48h内摘除，并在随后的3～5d内对测试部位进行观察。为了减少皮肤外伤以及与其他过敏原的接触，应轻柔地对剪毛部位进行绷带包扎并用T恤衫覆盖。此外，最好对测试部位进行活检。不过，需要注意的是，虽然以前是用组织病理学检测对特应性皮炎和接触性过敏反应进行最终的鉴别，但是这两种情况的组织病理学特征有很多相同之处。接触性过敏的病灶通常是淋巴细胞性的，而特应性皮炎斑贴试验的阳性结果除了皮肤的单核细胞浸润之外通常还会出现嗜酸性细胞性小脓肿。如果斑贴试验阳性结果所测试的植物/过敏原在之前未曾有过诱发疾病的相关报道，那么就需要将这种物质在正常动物身上进行测试以确保其不是刺激性物质。最后，由于这两种情况的处理方式都是避免再次接触刺激物，所以对这两种情况进行区分似乎也没有什么意义。

也可以进行开放式斑贴试验，以降低封闭式斑贴试验的复杂性[438]。在开放式斑贴试验中，仅仅是将过敏原涂抹

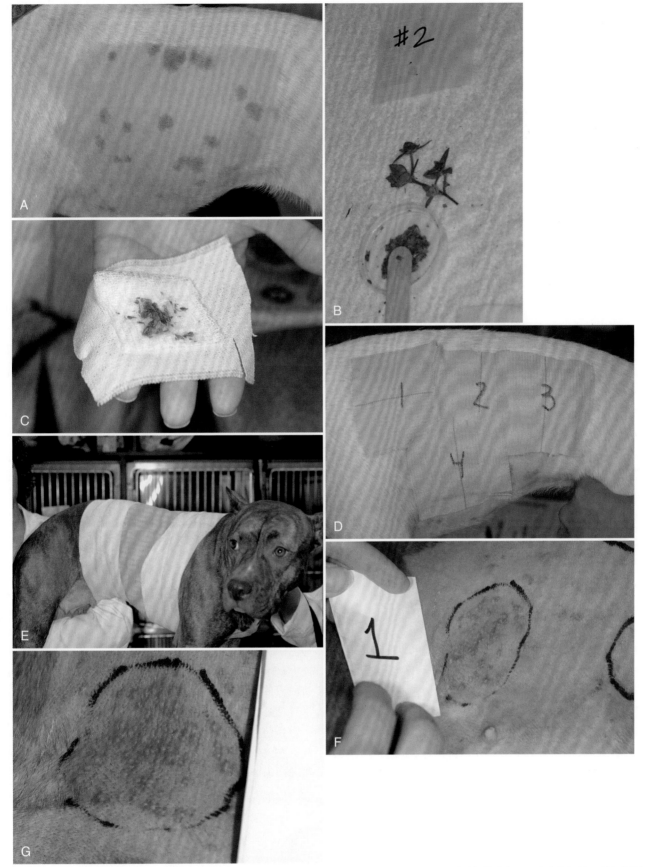

图8-11 **A.** 在封闭型斑贴试验中，尽量在试验前24h将动物胸侧部的皮毛修剪掉 **B.** 将可疑植物切碎并与煤油或 KY 胶（这也用于阴性对照）混匀 **C.** 将混好的材料涂在纱布上，然后敷在皮肤上 **D.** 用自粘型绷带固定纱布 **E.** 用绑定材料将动物的胸部包裹好 **F.** 48h后将斑贴摘除 **G.** 如果出现丘疹和脓疱则为一级阳性反应

在测试部位，即适合做标记的正常皮肤区域（通常是耳郭内侧面），然后每天对测试部位进行检查，连续进行5d以上。Walton曾报道，犬的斑贴试验阳性反应所产生的炎症

比人和豚鼠的轻，通常包括轻度的红疹和水肿以及不同程度的瘙痒。除了能避免封闭式斑贴试验的复杂性之外，开放式斑贴试验还可以提高阳性反应率并且可以同时检测多

种过敏原。

人用的试剂盒不能应用在动物身上；已有文献报道它们在犬身上能引起阳性过敏反应。在一篇报道中，83.3%的正常犬会对一种或多种过敏原产生反应，说明人的试剂盒在推荐剂量下并不适用于犬的检测[456]。在其能应用于犬之前，还需要对不同的剂量做进一步的研究；而对猫还未做过类似的评估。此外，接触性过敏反应的许多过敏原在这种测试中是检测不到的，因为有些过敏原是当地的区域性植物或是有些材料并未包含在标准测试组合中。因此，一套完整的诊断程序除了标准组合的检测，还应该对来自患犬当地生活环境中的样本进行检测。

组织病理学

对于人和犬、猫身上自然发生的接触性过敏反应，皮肤活检通常会显示出不同程度的浅表性血管周皮炎（棘细胞层水肿性、增生性），并且可能会出现中性粒细胞、单核细胞或嗜酸性粒细胞浸润，但这并不具有诊断性。在自发性接触性过敏反应患犬身上的斑贴试验阳性反应位点采集的样本显示，皮肤中主要的炎性细胞是中性粒细胞，而且通常还会出现中性粒细胞的胞外分泌，甚至是病灶表皮的坏死[433]。这些变化是刺激性接触性过敏的特征。组织病理学诊断结果可能会显示继发细菌性脓皮病、马拉色菌性皮炎、皮脂溢性皮肤病，或是这些症状同时出现。据报道，在过敏性反应中发生棘细胞层囊性水肿的概率比在刺激性反应中的高[457]。接触性皮炎的这种组织病理学变化还未在小动物身上进行过详细评估。

（四）临床管理

在人上，接触性过敏是终身性的。目前对接触性过敏在患病动物身上的持续性进行评估的纵向研究还比较缺乏。在临床上，建议所有病例都应该避免接触过敏原。当过敏原为鸭跖草科类植物时，应当在动物活动区域使用特异性除草剂（这类植物极其顽固，只能被极少数的几种除草剂除掉），然后对死亡的植物进行物理清除，因为这些死亡的植物仍有可能具有反应活性。如果这样没有疗效的话，可以使用糖皮质激素经口服或局部用药进行对症治疗。如果动物还持续接触过敏原，那么糖皮质激素的疗效就会降低。对于慢性病例，可能需要逐渐提高用药剂量或使用不同的糖皮质激素。对于重症病例，糖皮质激素可能会没有疗效，唯一的治疗方案就是完全避免接触过敏原，同时对皮肤创伤和炎症所引起的继发感染进行治疗。

对于暂时的过敏原接触，可以对动物在接触前的48h给以己酮可可碱以降低过敏反应的诱发率。曾有报道，对有接触性过敏病史的3只犬在接触过敏原之前2d给以10mg/kg剂量的己酮可可碱，结果起到了保护作用[429]。己酮可可碱对于已经发生过敏反应的病例作用有限。对于接触性过敏反应，己酮可可碱的作用原理是抑制TNF-α的释放，TNF-α在过敏反应的诱发阶段具有重要作用[458,459]。如果采

用避免接触过敏原的这种治疗有效，但又不能一直采用避免接触过敏原这样的方法进行治疗的病例，可以在出现治疗效果之后使用己酮可可碱来代替糖皮质激素作为长期的治疗药物。在人已有报道，口服己酮可可碱能够有效地治疗接触性过敏[460]和抑制斑贴试验反应[461]，但是当局部应用己酮可可碱时却没有效果[462]。

据报道，人医使用钙调磷酸酶抑制剂（例如环孢霉素）治疗接触性过敏是有效的[463,464]。当该病对糖皮质激素的治疗产生抗性时，使用钙调磷酸酶抑制剂尤为有效[465]。然而，在接触性过敏的小鼠模型身上，其抑制作用发生在过敏反应的诱发期，而不是在致敏期[466]。本章节的作者（RM）在接触性过敏患犬身上按5mg/kg的剂量给以环孢霉素，每日1次，结果取得了不错的效果。近期在人医上的研究也显示，对金属镍所引起的接触性过敏患者进行口服免疫治疗是有效的[467,468]。目前在兽医上还没有相关研究对接触性过敏的这种治疗方式的效果和安全性进行评估。

四、食物过敏

人们使用了多种名称（例如食物不良反应、食物过敏、食物不耐受）来指代食物过敏反应。在本文中，我们所指的是引起皮肤瘙痒的食物不良反应（AFR）。它们当中有些具有免疫学特性因而是真正的过敏反应，而其他的一些可能并不是免疫介导性的（如食物不耐受）。食物不耐受具有个体特异性，包括药理学、新陈代谢相关机制，又或者与特异反应相关。食物中毒反应通常是剂量相关性的而且可能与毒素或组胺的释放有关。免疫介导性的 I 型、III型和IV型过敏反应是食物不良反应最有可能具有的免疫学机制。其中，在人医和兽医中 I 型过敏反应的研究最为深入。

（一）病因和发病机制

动物出生后，其胃肠道黏膜会接触到各种外来抗原。抗原通常都会在肠道中的胃酸酶、胰酶和肠酶的催化作用下以及肠道细胞的溶酶体活性作用下被分解掉。肠道蠕动可以通过移除肠黏液中的潜在过敏原来减少过敏原的吸收。肠道的黏膜屏障是由一层覆盖在上皮细胞上的保护性黏液层构成的，上皮细胞通过紧密连接结合在一起。黏液和上皮细胞共同阻止了大多数大分子物质的通行。来自固有层浆细胞中的分泌型 IgA 所产生的免疫学反应支持了以上观点。

肠道的免疫系统必须能够区分致病性和非致病性抗原（例如食物蛋白和肠道正常菌群）并作出相应的反应。虽然动物会接触到大量的食物抗原，但是只有少数个体会因为食物而产生不良免疫反应。这是因为机体对食物蛋白的正常免疫反应与口服耐受感应有关，口服耐受是对食物抗原的免疫无反应状态。口服耐受性的消失或诱导失败会引起食物过敏反应的产生。胃肠道的屏障结构及其功能的

完整性保证了机体对食物的正常消化和吸收以及对各种蛋白，尤其是对潜在过敏原蛋白的耐受性[469]。研究认为过敏反应（而非过敏耐受）产生的机制与上皮细胞、细胞间渗透性、树突状细胞功能（抗原呈递）、源于派尔集合淋巴结的M细胞以及参与免疫防御的各种因子（T$_H$3，Tr1，或CD4$^+$CD25$^+$细胞[470]）的变化有关。

自然耐受状态是由多种机制共同维持的，例如克隆缺失、免疫失活以及调节性T细胞（T-reg）的产生。自然产生的CD4$^+$ CD25$^+$T-reg细胞在自身耐受性的维持中具有决定性的作用，而且人们认为这些T-reg细胞与抑制过敏性疾病有关。T-reg细胞也被称为T$_H$3细胞，它们主要是通过分泌IL-10和TGF-β来介导免疫抑制的。已有许多研究证明了免疫抑制型细胞因子TGF-β在T细胞调节稳态中的重要性。TGF-β对抗原特异性T细胞的增殖有明显的抑制作用，但不会影响它们产生细胞因子[471]。CD4$^+$ CD25$^+$ T-reg细胞在调解机体对黏膜抗原过敏反应中的具体作用还有待研究。在一项研究食物过敏的小鼠模型中发现，CD4$^+$ CD25$^+$ T-reg细胞参与了机体对口服抗原的耐受性的维持以及IgE介导的食物过敏反应强度的调节，但并不是抑制致敏作用的关键因素[472]。

细菌、细菌成分以及免疫细胞（例如肠道黏膜上的抗原呈递细胞和T细胞）的产物在诱导和维持机体对食物以及其他非致病性肠道抗原的免疫耐受中具有重要作用。树突状细胞是一类异质性抗原呈递细胞，存在于肠道相关淋巴组织（例如派尔集合淋巴结和固有层）中，并且参与机体的主动免疫和口服耐受性的诱导。来自各种微生物成分的信号被树突状细胞转化为T细胞的刺激信号，从而引起功能性的T细胞反应。最近，在细菌调节食物过敏产生的机制中发现有一种机制是通过调节T细胞免疫球蛋白域和黏蛋白域（TIM）蛋白来实现的。这些蛋白是细胞表面的跨膜蛋白，胞外为免疫球蛋白和黏蛋白域，胞内为不同长度的结构域。此类蛋白可表达于多种细胞，例如T细胞、巨噬细胞和树突状细胞。TIM蛋白有选择性地表达于CD4$^+$ T细胞亚群（T$_H$1和T$_H$2）和树突状细胞。近期在实验模型上的研究显示，在体外和体内试验中接触葡萄球菌（*Staphylococcus*）肠毒素B后，肠道黏膜树突状细胞中的TIM-4和共刺激因子表达水平都是上调的[473,474]。阻断T细胞上的TIM-4或其配体TIM-1之后，T$_H$2的极化和过敏反应就会消失，这说明肠道细菌超抗原在诱导食物过敏反应中存在新的机制。

任何对肠道屏障功能有害的损伤都会增加免疫不耐受的风险。受损的肠道会造成食物抗原的过度渗透，导致肠道单核巨噬细胞系统的负荷超载。这种情况在易产生IgE型反应的遗传性过敏体质个体身上会引起机体对食物抗原产生Ⅰ型过敏反应。

体内寄生虫也会诱导机体产生IgE型免疫反应[475]。肠道寄生虫感染会辅助机体对典型的耐受性食物抗原产生T$_H$2介导的免疫反应。然而，寄生虫感染并不会引发过敏反应。最近有研究显示，寄生虫感染实际上可以起到保护作用[476]。其原因可能是寄生虫诱导产生的T-reg细胞反应或者是寄生虫特异性IgE的缺失。此外，由寄生虫诱发的非特异性IgE可以通过饱和IgE结合位点来保护机体避免发生肥大细胞或嗜碱性粒细胞的脱颗粒化。这两种机制都参与了寄生虫诱发的保护作用以避免机体产生过敏反应[477,478]。

人们针对食物过敏原引起的过敏反应也进行过疫苗接种的研究。在近期的一项研究中，研究人员在对玉米过敏的犬身上进行了常规的预防性疫苗接种或单独注射铝佐剂，以评估它们对抗原特异性血清IgE和IgG的影响[479]。结果发现，过敏体质犬在接种疫苗后的第1周和第3周其血清中谷物特异性IgE和IgG的水平明显升高，而在接种后的第8周和第9周并非如此。对照组的犬在接种疫苗后，其血清中免疫球蛋白的水平并无明显变化。过敏性犬在注射铝佐剂后，其血清免疫球蛋白水平无明显变化，也无临床症状。因此研究人员认为，过敏体质犬在接种预防性疫苗后其体内的过敏原特异性IgE和IgG的水平会升高，而临床正常犬在接种后则不会。如果在食物过敏性犬接种预防性疫苗后的8周内对其血清中的特异性免疫球蛋白进行检测，其结果会出现变化。

原发性食物过敏可能不仅仅是通过胃肠道黏膜引起的，皮肤屏障受损后，机体一旦接触蛋白过敏原也会引起强烈的T$_H$2型免疫反应。此外，人们还发现机体表皮接触食物抗原后会抑制机体口服耐受性的产生，甚至还会改变机体对某些食物已有的耐受性[480]。表皮接触蛋白过敏原后会选择性地激活T$_H$2型免疫反应，从而促进胃肠道接触食物蛋白后的致敏作用。这对于那些与食物过敏原有交叉反应性的环境过敏原而言，可能具有临床意义。

目前研究人员已经通过不同的试验方法对过敏表型的犬进行了过敏反应的诱导，例如在幼崽新生期使用明矾佐剂型食物过敏原反复进行皮下注射[481,482]。目前已鉴定出一种马尔济斯-比格犬品系，它们会对之前已经食用过的食物材料产生自发性过敏反应[483]。在这一模型中，犬在进行食物刺激后的48h内就会出现临床症状[484]。报道中，接受刺激的犬在出现这种过敏性临床症状的同时还会伴有血清中过敏原特异性IgE水平的升高；而血清中和粪便中的总IgE水平并未发生变化。虽然在这两组犬的粪便中都检测到了过敏原特异性IgE，但是由于试验中的可变因素太多，所以很难对结果进行解释。

食物过敏原

虽然目前还不完全清楚引起食物过敏反应的蛋白的结构特性，但是已知的食物过敏原通常都是分子量在10～70 kD的糖蛋白。它们能激活免疫反应（诱导产生过敏原特异性IgE），并且是对加工、烹饪和消化具有抵抗力的稳定分子。虽然任何食物都具有潜在的过敏原性，但是人类食物的过敏原主要来自一小部分食物（牛奶、坚果、豆类、蛋类、海鲜）。食物自身之间以及食物和看似不相关的蛋白之间都可能会发生交叉反应。

分子生物学和生物化学技术使我们对植物性食物过敏原的认识有了极大的提高。研究发现，对于人，许多已知的植物性食物过敏原和致病相关性（PR）蛋白（如病原体、创伤引起的变性机体蛋白或特定的环境应激诱导产生的蛋白）具有同源性。人们将致病相关性蛋白分成 14 类。与致病相关性蛋白同源的过敏原有鳄梨、香蕉和栗子中的几丁质酶（PR-3 家族），抗真菌蛋白［例如樱桃和苹果中的索默坦样蛋白（PR-5）］，蔬菜和水果中的桦树花粉主要过敏原Betv1的同源蛋白（PR-10），以及水果和谷类中的脂质转移蛋白（PR-14）。PR 同系物之外的过敏原可以归类到其他的蛋白家族，例如谷类种子中的 α-淀粉酶和胰蛋白酶抑制因子、水果和蔬菜中的组装抑制蛋白（Profilins）、坚果和芥菜种子中的种子贮藏蛋白以及水果中的蛋白酶。

在人医中，食物过敏原和其他过敏原之间的交叉反应是一个主要研究热点。它们包括桦木科和菊科花粉之间，以及水果和蔬菜（李亚科和伞形科）之间的交叉反应。动物过敏原之间的交叉过敏包括螨、蟑螂和甲壳类，奶类和肉类，动物上皮细胞，以及肉类和蛋类之间的交叉反应。交叉反应的活性源于蛋白序列之间的相似性，相似度达到70%左右时就极有可能发生交叉反应。所有物种之间都会出现种系进化相似性蛋白，这些蛋白被称为泛过敏原（Panallergens）。组装抑制蛋白（Betv1同系物和脂质转移蛋白）都有不同程度的临床相关性。吸入性过敏原和食物抗原的抗原表位之间的交叉反应会引起过敏性疾病持续存在和加剧。目前还不清楚过敏原和自体蛋白之间的交叉反应有何影响。花粉食物过敏综合征中的食物过敏原与甲壳类或奶类交叉过敏中的食物过敏原不同，它们不能通过口腔途径引起患者的过敏反应。人们已在花粉中分离出多种分子家族。PR-10和组装抑制蛋白在诱导水果和蔬菜引起的临床食物反应中具有非常明确的作用。脂质转移蛋白是广泛存在于植物性食物（例如桃子）中的过敏原，这些蛋白能够直接通过口腔途径引起患者的过敏反应。不过，近期的研究显示，（艾蒿、橄榄、墙草属植物）花粉中的一些脂质转移蛋白还会产生其他的作用。利用结合位点特异性突变诱导等方法对T细胞结合位点进行精细调节可以降低过敏原的免疫原性。

人们已经使用过不同的研究方法对新的食物蛋白能否引起过敏反应进行了鉴定和分析。这些方法包括与已知过敏原进行结构相似性或氨基酸序列同源性分析；与已知过敏原进行免疫（通常为血清学的）交叉反应；在模拟的胃液条件下进行抗蛋白水解消化能力的检测[485]。在实验模型中，含有难消化蛋白的食物更容易引起过敏反应，说明食物致敏能力的高低与其被消化的难易程度有关[486]。幼年个体的肠道黏膜屏障发育不成熟，所以消化和吸收食物蛋白

的能力较低。在出生后的1个月内，婴儿体内的免疫机制主要是IgM反应，该反应并不能像分泌型IgA那样有效地阻止和清除过敏原，这就导致婴儿体内的保护机制有所滞后，从而增加了发生过敏反应的风险[487]。

与已知的人类食物过敏原相比，我们对引起小动物过敏的食物过敏原知之甚少。最常见的过敏原是食物中的水溶性糖蛋白，这种糖蛋白只有在食物被加热或消化之后才能够被识别。在小动物上最常见的食物过敏原见表8-5。

人的过敏原性糖蛋白通常比较大，分子量在12 000 D以上。这一点在犬上还不确定，但是有人曾使用水解后的低分子量食物在69%的临床可疑病例中诊断出食物过敏[488]。在另一研究中，有7只过敏性患犬采食水解后的日粮（其中98.8%的蛋白的分子量低于1 400D），结果未观察到过敏症状的恶化[489]。在 3 只对酪蛋白过敏的犬中，检测到的刺激性过敏原的分子量为1 100～4 500D。该结论是通过以下现象得到的：使用所含蛋白的分子量有98%在4 500D 以下的日粮水解产物进行饲喂，患犬有反应；而使用所含蛋白的分子量有99.7%在1 100D以下的酪蛋白水解产物进行饲喂，患犬无反应。

在小动物身上对引起食物不良反应的食物过敏原进行准确的鉴定还十分困难。许多宠物或许可以通过食物控制试验对食物过敏源进行粗略评估，但是由于再刺激试验和空白对照组的缺乏很难进行准确的诊断。食物试验需要动物主人的配合，并且同意使用不同的材料对动物进行再次刺激。牛肉是最常见的反应剂（60% 的犬），不过大豆（32%）、鸡肉（28%）、奶类（28%）、玉米（25%）、小麦（24%）和蛋类（20%）也能检测到过敏反应[490]。这与其他报道中的结果相似，即引起过敏的食物通常是饮食中最常见的物质：牛肉、奶制品、鸡肉、奶类、小麦、鸡蛋、鱼类、玉米和大豆[491-494]。另一项研究也发现，在8只食物过敏性犬中有 4 只（50%）对鱼类（鲱和鲶）过敏，所以鱼类并不能作为犬饮食中的限制性抗原的理想食材[495]。

在一项鉴定是什么蛋白导致机体对羊肉、牛肉和牛奶产生皮肤不良反应的研究中，所有接受检测的食物过敏性患犬都含有抗牛IgG的特异性IgE，而且血清学研究显示，在牛奶提取物中，牛IgG是唯一一种与 IgE 结合的蛋白[496]。在羊肉和牛肉提取物中，被大多数血清中的特异性IgE所识别的主要过敏原的分子量为51～58kD，结果证实这些过敏原是葡萄糖磷酸变位酶和 IgG 的重链。在一些血清中也检测到了其他的IgE结合蛋白，分子量分别为27kD、31kD、33kD、37kD和42kD。研究人员认为，牛IgG是牛奶中的主要过敏原，因此它可能是导致牛肉产生交叉反应的原因；而且由于牛IgG与绵羊免疫球蛋白具有高度同源性，所以也有可能与羊肉产生交叉反应。这些结果与在人的肉类过敏原中的发现类似；对于人，牛IgG也是主要的肉类交叉反应过敏原，可以预测出牛肉过敏以及牛肉与其他脊椎动物肉类之间的交叉反应[497]。此外，羊肉、鹿肉和牛奶可以完全

表8-5 引起犬、猫食物过敏反应的日粮

动物	引起过敏反应的日粮
犬	人工食物添加剂（树胶、卡拉胶） 马肉 牛肉 芸豆 罐头食品 羔羊肉和羊肉 鸡肉 燕麦 玉米 通心粉 牛奶 猪肉 乳制品（乳清） 土豆 犬饼干 兔肉 犬粮（包括处方罐头和干粮d/d） 大米粉和大米 蛋类 大豆 （各种）鱼类 火鸡 食物防腐剂 小麦 乳制品（奶、奶酪） 所有商品化日粮（各种蛋白以及防腐剂和染色剂）
猫	乳制品（奶、奶酪） 羔羊肉和羊肉 鱼类 蛋类 牛肉 所有商品化日粮（各种蛋白以及防腐剂和染色剂） 猪肉 蛤蜊汁 鸡肉 鱼肝油 兔肉 苯甲酸 马肉

抑制IgE对牛IgG的反应活性。还有研究发现，在对牛肉过敏的患犬中，牛血清白蛋白是重要的过敏原[498]。

此外，有研究对来源于同一动物或不同植物产品的蛋白进行了交叉反应的检测；结果发现，虽然在检测中所有的食材都会至少引起一只犬产生临床症状，但是牛肉和大豆是最常引起皮肤不良反应的食物[499]。在检测中，每一只犬的过敏原平均数量为2.4种，其中有80%的犬对1种或2种蛋白过敏，64%的犬对2种或多种蛋白过敏。对牛肉和对牛奶过敏的患犬之间以及对大豆和对小麦过敏的患犬之间均存在显著的差异；因此，来源于同一动物或不同植物产品的食材之间产生交叉反应的假设并未得到支持。在鸡肉和鸡蛋之间并未发现类似的差异。研究人员认为，由于无法证实交叉反应的存在，所以在检测过敏原时应对每一种蛋白都分别进行食物刺激试验。因此，不同肉类之间交叉反应的这一问题仍未得到解决，也没有什么可用的推断方法对食物不良反应进行预测。研究人员在一只口服过敏综合征患犬身上发现了番茄与香松木花粉之间的交叉反应[499a]。

（二）犬临床疾病

患犬的临床病症通常为非季节性的瘙痒性皮肤病。食物不良反应的确切发病率很难估测，部分原因是它通常与其他疾病同时发生（所以控制住并发的过敏反应会改善临床症状），还有部分原因是难以对它进行诊断。在一篇报道中，研究人员指出大约有1%的犬会发生IgE介导的食物过敏反应[500]，而在一项以一所英国的皮肤科转诊诊所的病例为对象进行的为期1年的研究中发现，被诊断为食物不良反应的病例在所有就诊的患犬中占7.6%，在出现特应性皮炎症状的患犬中占1/3（32.7%）[501]。在另一项研究报道中，犬、猫的食物过敏反应在所有皮肤病中占5%，在过敏性皮肤病中占15%[502]。近期，在一项针对非季节性瘙痒症患犬中食物不良反应发生率的评估研究中，报道的发生率为40%～52%[503]。可想而知，由于食物过敏在诊断上的困难性以及与遗传过敏性疾病的并发性等特点，有许多病例并未被诊断出来，因此在过敏症患犬中食物性过敏因素可能占的比例会更大。在报道中，有20%～30%甚至高达75%的食物过敏病例与跳蚤过敏反应或特应性皮炎有关[475,489,490]。

该病没有品种或性别倾向性。虽然也没有年龄倾向性，不过有1/3～1/2的患犬年龄在1岁以下[472,485,504]。此外，发生瘙痒性皮肤病的年龄较大（>7岁）的患犬，如果没有过敏性疾病既往病史，应该仔细检查其是否发生食物不良反应。

该病虽然没有品种倾向性，但是由于食物不良反应通常发生于具有遗传性过敏倾向的个体中，所以在报道中该病多发生于一些特定的品种（例如美国可卡犬、英国史宾格犬、拉布拉多猎犬、柯利犬、迷你雪纳瑞狸、中国沙皮犬、贵宾犬、西高地白狸、麦色狸、拳师犬、达克斯猎犬、达尔马西亚犬、拉萨狮子犬、德国牧羊犬以及金毛寻回猎犬）。

犬的食物不良反应会表现出各种症状。就皮肤出现的病症而言，食物不良反应通常会产生瘙痒，但也发现有些出现食物不良反应的犬只表现出反复发作的毛囊炎而不出现瘙痒。瘙痒程度的变化很大，有时会很严重，对于出现严重的非季节性瘙痒症状的个体，尤其是那些对糖皮质激素反应效果差的病例应该考虑它们是否患有食物不良反应。对于那些偶尔食用过敏性食物的病例，其临床症状可能只是间歇性的出现，这就会给诊断带来困难。

然而，食物不良反应并没有特征性的临床症状。原发症状可能会出现红斑性风疹块、丘疹、斑疹、斑块等（图8-12）[505]。继发病变通常是由瘙痒引起的自我损伤，包括皮肤擦伤、溃疡、脱毛、苔藓化和色素过度沉着等。至于皮肤瘙痒以及病变的分布范围，从单纯的耳炎到全身性的病变都有可能出现。臀部、会阴部、腋下以及腹股沟处是最常见的病变部位[506]。病例经常会继发复发性的细菌性或真菌性耳炎。食物不良反应可能引起的其他症状包括细菌

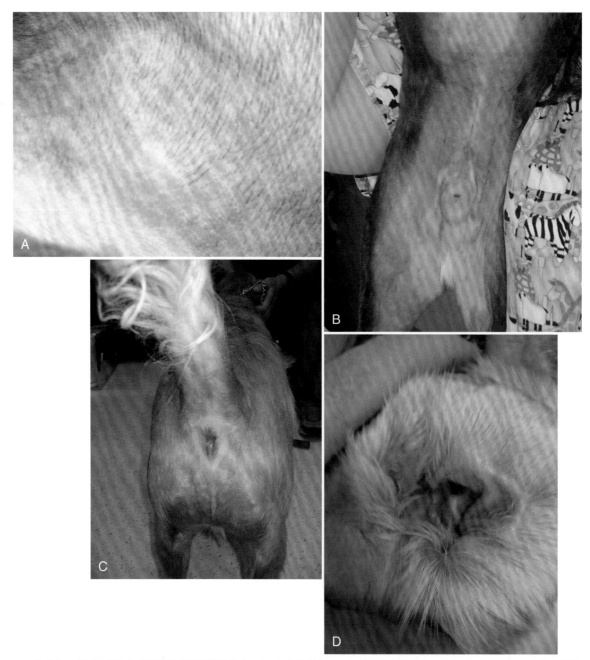

图8-12 **A.** 在食物不良反应患犬身上可能会出现原发性斑疹 **B.** 也会发现凸起的斑块。病变的分布因病例不同而异 **C.** 有的病例会在会阴部出现病变 **D.** 有的病例会在耳郭出现红斑和瘙痒

性毛囊炎、马拉色菌（*Malassezia*）性皮炎、皮脂溢性皮炎、四肢远端由于长期舔咬引起的肉芽肿以及脓性创伤性皮炎[507]。

据报道，有10%~15%的食物不良反应患犬会并发胃肠道失调[508]。在一项研究中，出现皮肤和胃肠道症状的食物不良反应患犬中有60%的病例在1d内的排便次数达到6次甚至更多[509]。其他的临床症状包括呕吐、腹泻、肠道蠕动频率升高、肠胃胀气、排便带血和黏液，以及里急后重等。在报道中，食物过敏原也会引起多形性红斑[510]。对于这一病例，通过使用咪唑硫嘌呤、氢化泼尼松和低敏饮食进行治疗后，病情得以缓解。最终，在不使用药物治疗的情况下就控制了皮肤病变，但是一旦使用商品化日粮而不是低敏日粮时，病情就会复发，这说明该过敏反应是由食物中所含的某些成分引起的。食物不良反应也会引起脉管炎和荨麻疹[511,512]。食物不良反应很少会引起动物行为的变化（例如精神沉郁、过度兴奋）[513,514]。此外，在兽医和人医领域都有出现呼吸系统症状的报道[515]。

1. 犬食物不良反应的诊断

犬食物不良反应的鉴别诊断十分复杂，包括特应性皮炎、药物反应、接触性过敏、跳蚤叮咬性过敏、虱病、肠道寄生虫过敏、疥螨病、马拉色菌性皮炎、皮脂溢性皮肤病以及细菌性毛囊炎等。目前，只能依靠饮食排除法和过敏原刺激试验对犬的食物过敏进行最终诊断。日常饮食的一次改变并不一定能诱发食物不良反应，而且大多数病例在临床症状出现之前就已经食用了至少2年时间的含有刺激性成分的食物。虽然人们在低敏饮食试验所必需的持续时间上仍存在争议性，不过通常建议将食物试验延长至12周。在一项病例研究中，有51只犬被确诊为食物过敏，从饮食排除试验开始到临床症状消除之间的持续时间都被记录了下来[516]。在临床症状消除前，患犬进行饮食排除试验的持续时间如下：有13只犬为1~3周，有25只犬为4~6周，有10只犬为7~8周，有3只犬为9~10周。研究人员得出结论，如果饮食排除试验只持续3周的话，只能检测出25%的食物过敏患犬，因此，饮食测试的持续时间至少达到10周才能排除食物过敏。虽然临床症状的完全消退可能需要10周甚至更长的时间，不过在饮食测试进行到第6周的时候，大多数患犬（并非全部）会出现阳性反应。如果在第6周的时候瘙痒症状完全没有改善，那么在这之后也不太可能有希望了。

食物试验应该因不同的个体而异，同时需根据患病动物以往的食谱选择一种新的蛋白和碳水化合物的来源途径。限制性饮食的目的是饲喂给动物未曾接触过的日粮原料，并且日粮中不能含有添加剂（色素、调味剂、防腐剂）。将原来饲喂的商品化日粮改成另一种商品化日粮或饲喂商品化的"低敏"日粮进行食物试验通常不会得到理想的效果。根据饮食习惯的不同，可以选择不同的含新型蛋白成分的日粮，包括羊肉、白鲑、金枪鱼罐头、兔肉、鹿肉、火鸡、大米、土豆、鸵鸟肉、甘薯以及斑豆。为了能够长期使用，合理地平衡膳食是很重要的。

虽然早前的研究认为食物不良反应的诊断需要使用家庭自制日粮[517]，不过在对出现瘙痒症状的食物不良反应患犬给予三种选择性蛋白来源的商品化日粮作为维持日粮时，发现至少有一种日粮使患犬的病情得到成功控制的比例达95%[518]。在食用鸡肉-大米日粮的患犬中有52.5%的病例出现瘙痒症状的复发，食用鲶鱼-大米日粮的患犬中有47.5%出现复发，食用鹿肉-大米日粮的患犬中有85%出现复发。研究结果表明，使用选择性蛋白来源的商品化限制过敏原性日粮可以对食物不良反应引起的瘙痒进行适当的长期控制。此外，通常需要对各种来源的蛋白进行检测。为什么家庭自制日粮更适合进行食物测试，其原因如下：家庭自制日粮可以避免在生产设备中加工时被其他的食物污染，而商品化日粮中含有多种来源的动物脂肪，这可能会造成其被限制性蛋白来源以外的动物蛋白污染。如果在食物试验中使用家庭自制日粮，要特别注意平衡营养和充足的矿物质供给以避免营养缺乏。这对处于快速生长期的幼犬以及这种饮食的长期食用尤为重要。

目前有几家公司正在生产一些新型限制性蛋白日粮，而且由于其方便易得和营养全面，因此很受欢迎。爱慕斯（Iams）生产鱼/土豆日粮（即f/p）和袋鼠/燕麦日粮（即k/o）。皇家（Royal Canin）生产以土豆为主要原料外加几种新型蛋白（例如鸭肉、羊肉、鹿肉、兔肉和白鲑）的日粮。希尔斯（Hills Pet Products Science Diets）生产含有蛋类、羊肉、鲑或鸭肉的犬用大米干粮。莱恩（Rayne Nutrition）生产几种含独特限制性原料（袋鼠、鱿、香蕉）的冷冻日粮。尽管许多公司生产的是限制性原料的日粮，

但有一项研究显示，在原料标签上未列出的其他的食物过敏原可能会对其造成污染[518a]。其他的公司也在不断地生产"低敏"日粮，临床兽医应该周期性地通过会议、电话或网站对犬粮公司的生产进行查核。不过，需要注意的是，没有任何一种日粮对食物不良反应是100%有效的，所以要根据不同病例的个体差异作出适当的选择。

几年前在兽医学上开始出现水解性日粮，并且现在也有供应于犬、猫的水解性日粮[519]。水解性日粮中的蛋白由于被水解成较小的蛋白而获得低致敏性，从而降低了IgE的交叉链反应能力和肥大细胞的脱颗粒作用。由于并不是所有的食物不良反应患犬都是I型过敏反应，所以这些水解性日粮并不一定能适用于所有的病例。有几项研究已经对临床上使用水解性日粮的有效性进行了检测[520]。在近期的一项回顾性研究中，研究人员评估了家庭自制日粮和鸡肉水解性日粮在犬食物不良反应的诊断中的作用[486]。其中，有72只犬食用家庭自制日粮，109只犬食用水解性日粮。在这一研究中，家庭自制日粮的试验淘汰率较低，不过并无统计学意义（家庭自制日粮为18.1%，水解性日粮为24.7%）。食用家庭自制日粮的犬中有10只（17%）被诊断出食物不良反应，而食用水解性日粮的犬中有15只（18.3%）被诊断出食物不良反应。两组中的食物不良反应诊断率相似，这说明在犬食物不良反应的诊断中可以用鸡肉水解性日粮代替家庭自制日粮。在试验中也发现大豆蛋白水解性日粮可能有助于食物不良反应的治疗，因为由大豆蛋白引起I型过敏反应的患犬对于口服性大豆水解蛋白不会产生过敏反应[521]。

水解性日粮可能存在的问题包括适口性差、容易引起低渗性腹泻以及营养价值低等，不过最主要的问题还是持续存在的致敏性。水解性蛋白日粮最初是应用于诊断食物不良反应的食物排除试验以及炎性肠道疾病的初步治疗上。目前对于水解性日粮功效的初步研究进展不错。在食物排除试验中使用水解性蛋白日粮时应考虑到食物材料的来源，因为有可能抗原位点并未被全部破坏。

无论选择哪种日粮，都有必要告知动物主人要严格遵守食物试验的要求。在试验期间不能再给予动物其他的食物、加了香料的玩具或进行治疗。而且应该停止使用预防心丝虫的咀嚼药或其他的咀嚼药，而改用无气味药片或局部用药。需要注意的是，患犬应该只摄取规定的日粮和饮水。动物主人的所有家庭成员都应自觉地协同配合以最大化地满足食物试验的要求并尽可能减少干扰因素。有些动物主人更愿意选择简单的皮肤测试而不是严格的食物试验，因此，诊断食物不良反应的最大障碍可能就是动物主人的配合程度。

在食物试验期间需要检测的参数主要包括皮肤和胃肠道的症状。由于不同个体会出现不同的症状，所以也要对瘙痒和感染的复发进行监测。为了降低监测的难度，一定要控制住其他的干扰因素以及并发的过敏反应（例如跳蚤

叮咬性过敏）。将感染的复发率（如果知道的话）考虑进去也是有意义的，这有助于对食物试验的效果进行恰当的评估，并根据需要对试验的持续时间进行最终的调整。例如，已知某只犬每3~4个月就复发1次细菌性毛囊炎，那么食物试验持续12周的时间就不足以评估日粮改变对感染复发的影响。如果这一病例不存在其他的症状，那么就有必要延长试验时间使其长于感染复发的间隔时间。对于出现瘙痒症状的患犬，食物试验效果的评估需要动物主人对其瘙痒症状进行密切的观察。

一旦临床症状消退或改善或不再复发，就有必要使用以前食用的"旧"日粮再次刺激患犬以便对食物不良反应进行确诊。再次刺激试验是非常重要的；因为对于遗传性过敏症患犬而言，有许多病例病情的改善是因为其他的治疗、日粮中的脂肪酸、感染的消退、驱除跳蚤或者季节的改变等因素而产生的。食物试验期间（不进行再次刺激）临床症状的改善以及再次食用旧日粮引起的症状恶化都不足以作为诊断食物不良反应的标准。

一旦确诊，就应该使用单一性食物原料再次刺激患犬以鉴定出哪种食物原料需要避免，这是非常有效的。因为这样可以使动物主人知道不能使用哪种日粮，从而作出灵活的选择，而不是被迫地只使用某一种日粮。在使用旧日粮再次刺激之前不建议进行单一性食物原料刺激，因为单一性食物原料刺激比较耗时，而且只应该在必要时才进行。一般来说，旧日粮再次刺激患犬后，其临床症状会在1~2d内复发，也有的可长达7~10d。在使用食物试验中的日粮作为主要日粮时，可以每2周加1次新的食物原料。一旦症状出现恶化就要立即停止这种刺激，直到症状再次缓解。需要注意的是，有些动物可能会对多种物质过敏，因此对某一过敏原出现阳性反应并不能说明这是唯一的病因，应不断进行单一性食物原料刺激直到找出所有的过敏原。对病例进行的食物刺激试验应该从"旧"日粮中的单一性肉类原料开始，其次是碳水化合物，然后是口味添加剂或其他的食物处理方法中涉及的物质。这一整个过程需要几周或几个月的时间，而且要求动物主人的积极配合与良好的沟通技巧。

由于动物主人并不愿意选择食物试验，所以研究人员在近些年也评估了几种其他的测试方法在诊断食物不良反应中的效果，但是还没有发现能够替代食物试验的方法。目前检测血清中过敏原特异性IgE和IgG的方法非常方便，然而在小动物上这些检测的结果与临床症状及食物试验的结果相关性很差。在人的食物过敏反应中，无论是否并发特异性反应，血清中过敏原特异性IgE都会明显升高。虽然在犬的食物不良反应诊断上也尝试过血清学检测方法，但是目前不建议将其用于对可疑性食物过敏患犬的最终诊断。研究人员也检测了犬对食物抗原的体液免疫反应，结果发现在所有的抗原测试中，正常犬和过敏症或胃肠道疾病患犬之间在IgE水平上具有统计学上的显著差异性[522]。

在所有的抗原测试中（蛋类和酵母除外），正常犬和过敏症或胃肠道疾病患犬之间在IgG的平均水平上也具有统计学上的显著差异性。与其他组相比，过敏症患犬体内的食物抗原特异性IgE的水平较高，这与针对食物抗原产生的T_H2介导的体液反应相一致。与其他组相比，胃肠道疾病患犬体内含有更多的食物抗原特异性IgG。这也许反映出了一种现象，即黏膜渗透性的升高（这是犬肠道疾病的典型特征）会增加抗原的暴露。

在犬食物不良反应的诊断中还未证实皮肤刺激试验的有效性[200]。当采用9种食物提取物对100只疑似过敏症患犬进行皮肤刺激试验时，其中有48只犬对1种或多种食物提取物产生+2级或更高级的皮内反应，而在这48例阳性反应患犬中有30只犬食用的是原料限制性低敏日粮。在这30只犬中，只有3只犬在食物试验中有所改善，并且当使用旧日粮进行刺激后又会恶化。在其余的52只对任何一种食物提取物都未出现皮肤刺激试验阳性反应的犬中，有35只进行了食物试验，其中有6只得到了改善。因此，在鉴定食物过敏性患犬和预测患犬对食物试验的反应时，使用选择的特定的致敏性食物提取物进行的皮肤刺激试验并无任何意义。同样，血清学测试也不能用于诊断犬的食物过敏反应[201]。皮肤刺激试验和ELISA会出现低敏感性和高特异性，这表明其缺乏真阳性反应和假阳性反应。在这两种测试中，阳性或阴性结果都不足以用来预测相应的阳性或阴性反应。

近期的研究已报道了食物过敏反应中血液淋巴细胞的增殖反应，发现在82%的被诊断为食物过敏的病例中，淋巴细胞增殖反应和口服食物刺激试验这两者在阳性过敏原的检测结果上具有高度的一致性[523]。然而，在对阳性过敏原的检测结果中，皮内试验及IgE测试与口服食物刺激试验之间的一致性极低（分别为11%和31%）。接受测试的9只犬，进行食物刺激测试时的淋巴细胞增殖反应指数升高到2.0~10.1，而进行饮食排除试验时它们的反应指数极为显著地降低到0.7~1.4，直到临床症状消失。这些结果说明对于食物过敏性患犬，淋巴细胞增殖反应可能会因为刺激性食物过敏原的暴露而出现浮动。

人们研究的另一种可应用于犬食物过敏临床检测的技术是胃镜检查[524]。进行这类检查时，需要在内镜的引导下通过塑料饲管将食物提取物送到胃体侧壁。在食物提取物到达胃壁后的2~3min内就会出现变化，包括局部黏膜肿胀和红斑，广泛性的黏膜红斑以及蠕动增强。人们也进行了口服刺激试验，用于鉴定哪只犬在临床上具有明显的急性食物过敏反应。口服测试阳性反应最经常出现的症状是局部肿胀。在提取物阴性对照组，没有出现阳性反应。虽然这种检测的效果不错，但并不是诊断食物不良反应的常规方法，而且繁琐的程序也限制了其在临床的应用。

也有研究人员使用结肠镜检查过敏原刺激（Colonoscopic allergen provocation，COLAP）试验作为一种新的技术来诊断 IgE 介导的食物过敏反应[525]。与口服刺激试验相比，

COLAP 可以准确地判定出73%（18/23）的口服刺激试验阳性反应病例（口服刺激试验在食物过敏性患犬中的阳性反应率为73%）。这种新方法的准确率也许高于胃镜过敏检测。研究人员认为COLAP作为一种新的检测方法用于疑似IgE介导性食物过敏反应患犬的确诊还是很不错的，但这种检测更有可能应用于科学研究而非临床诊断。

研究人员也评估了斑贴试验对于食物过敏的预测效果[525a]。斑贴试验的敏感性和特异性分别为96.7%和89.0%，阴性和阳性的可预测性分别为99.3%和63.0%。研究人员认为，在这些试验中犬的阳性反应并不是十分有意义，但是阴性反应则表明犬对该过敏原具有很好的耐受性；而且在对疑似食物不良反应患犬进行饮食排除试验时，斑贴试验有助于食物原料的挑选。

2. 组织病理学

皮肤活检反映的是皮肤病灶在形态学上的总体变化。其特征通常为不同程度的浅表性血管周皮炎（单纯性、棘细胞层水肿性、增生性），单核细胞或中性粒细胞增多。一般会出现与继发性细菌性脓皮病、马拉色菌（*Malassezia*）性皮炎相一致的组织病理学变化。偶尔会出现嗜酸性粒细胞，还有极少数病例会发生嗜酸性粒细胞性脉管炎[526]。曾有一只食物过敏症患犬表现出趋上皮性淋巴细胞浸润，其在免疫表型上与趋上皮型淋巴瘤（蕈样真菌病）类似[527]。这就证实了其在组织病理学上和临床上同样具有多样性，同时强调了在作出趋上皮型淋巴瘤这一诊断之前需要进行低敏性测试。

3. 食物不良反应患犬的临床管理

只要能检测出刺激性过敏原，食物不良反应患犬的预后通常良好。该病的治疗包括避免接触刺激性过敏原，复发时应用止痒药或抗感染药以控制临床症状。有些文献报道糖皮质激素的治疗效果不佳[478,485,499,528]，而且在一项最大规模的研究中具有统计学意义[207a]。人们还在几例食物过敏症患犬身上发现环孢菌素的疗效较差。目前还不清楚抗炎治疗在某些食物过敏症患犬身上效果较差的原因，不过也许与犬食物不良反应的不同发病机制或抗原暴露水平有关。

选择一种平衡日粮对于患犬的长期护理十分重要。对于大多数病例而言，含有限制性新型蛋白的商品化日粮是一种不错的选择。然而，可能是因为商品化日粮中防腐剂的缘故，大约有20%的食物过敏症患犬不能食用任何的商品化日粮，而必须选择家庭自制日粮[485,491,499]。此外，对于

这样的病例，保证日粮中营养成分的平衡和充足是非常重要的。低敏日粮是通过向日粮中添加单一性食材，每次一种，同时对每一种食材进行10~14d的食物刺激试验评估这样的方法配制出来的。通过这种方法，一般经过4~6个月的时间就能获得一种可耐受的多样化日粮。在进行这样的长期食物刺激试验之前需要先补充维生素、矿物质和脂肪酸。除了补钙之外，也应该补充适口性差的不含动植物蛋白的维生素。如果蛋白的量与碳水化合物相当，那么就需要补充碳酸钙（每只犬每日补充2g/15kg）。

偶尔，有些动物在使用家庭自制日粮时会发生进一步的食物过敏，此时则需要通过饮食排除试验和所用食材的检测来进行重新评估。此外对采食后出现腹泻反应的患犬使用益生菌也是有帮助的[529]。研究人员也配制出了用于犬的含氨基酸成分的日粮，并且在1例对玉米过敏的实验犬模型中进行了测试[530]。过敏性患犬对这种日粮的耐受性极好而且不会诱发临床症状，但是在美国，这并不是常规的日粮。对人而言，氨基酸日粮所存在的问题是适口性差。在犬上的相关报道只描述了对这类日粮的短期使用，并未提到其适口性的问题。

（三）猫食物过敏

猫食物过敏（食物不耐受）是猫的一种非季节性瘙痒性皮肤病。目前还不清楚这类疾病确切的发病率。有关这一疾病的报道也并不一致，有的人认为该病并不常见，有的人认为该病是猫的第三大常见过敏症。在报道中，猫食物过敏性皮肤病的发病率在猫所有的皮肤病中所占的比例为1%~6%[475,476,485]。而在极少数报道中，该病在猫上比在犬上更为常见。在一项前瞻性研究中，对出现瘙痒、慢性呕吐或腹泻症状的患猫进行了食物过敏发病率的检测，发现有17%的患猫其临床症状是由食物过敏引起的[531]。与其他报道[532]中的发病率相比，这一比例相对偏高，而研究人员认为这种差异是由地域上的差异性造成的。在另一项前瞻性研究中，对因为怀疑皮肤过敏而转诊的25只猫进行了检测，其中有20只猫完成了食物刺激试验，而未发现任何一只对某一限制性蛋白（鸡肉和大米）商品化日粮刺激试验出现反应[377]。这些猫中有14只进行了肠道渗透性的检测，其中有13只是正常的。此外，其中有35%的猫只是出现跳蚤叮咬性过敏，还有35%的猫同时并发跳蚤叮咬性过敏和特异性反应。

图8-13 A. 牛奶引起的猫食物过敏。在耳前部位出现严重的皮肤损伤 **B.** 鱼肉引起的猫食物过敏。在颈部出现严重的皮肤损伤

在另一项前瞻性研究中，有61例出现瘙痒症状的患猫和12例同时并发瘙痒和呕吐或腹泻的患猫，使用大米/鸡肉或大米/鹿肉食物试验和刺激物暴露试验进行了食物过敏检测[533]。其中，在16%的瘙痒症患猫以及42%的同时并发瘙痒和胃肠道症状的患猫中确诊出了食物过敏反应。研究人员也在70例表现出慢性胃肠道症状的慢性特发性胃肠道疾病患猫中检测了食物过敏反应的发病率[534]。其中，有29%的慢性特发性胃肠道疾病患猫被诊断为食物过敏。而在这些食物过敏患猫中，有50%的病例对一种以上的食物原料过敏。因此最能够提示食物过敏反应的临床特征是同时出现胃肠道症状和皮肤症状。

不同的研究之所以有不同的发现，部分原因是所使用的日粮及评判标准的不同产生的，也有可能是因为地域上的差异所致。因此，需要进行更大规模地进一步研究以确定猫食物不良反应的发病率。

1. 病因和发病机理

在该病的大多数临床病例中，并不清楚其症状是由过敏反应引起的还是由非免疫介导性疾病导致的。在大多数临床病例中也并不能确定该病的发病机制，而实际上能确定的也只是饮食和瘙痒或皮炎之间存在联系。正如在犬上一样，猫的食物不耐受可能是发病机理之一。针对食物中引起皮炎的刺激性原料或过敏原的研究，相关工作做得还很少。已有关于猫Ⅰ型过敏反应的记录，而且猫弓首线虫（Toxocara cati）感染会增强口服抗原后的 IgE 反应[535]。因此，对于遗传易感性过敏个体而言，体内寄生虫的感染可能是诱发食物过敏反应的重要因素。其他的过敏反应都很可能与食物过敏有关，但是还缺乏这一领域的相关研究。

有几项相对大型的研究对猫饮食过敏的病因进行过调查。在已经完成的研究中，发现牛肉、奶制品和鱼是最为常见的引发食物过敏的食物[519,536,537]。

相关文章对于多过敏原性过敏和新致敏作用的产生都有过报道[517]。在一项研究中，有3只猫对两种食物过敏，其中有1只对含有色素、防腐剂、树胶和组胺等添加剂的混合性食物过敏，但对其中任何一种单独的添加剂都不过敏[517]。在一篇报道中，有1只猫发生羊肉过敏，而该猫在之前2年的时间里只食用羊肉日粮[538]，而且该猫此前已被诊断出对鱼肉过敏。据报道，对30%的没有瘙痒和皮炎症状的食物过敏性患猫而言，并不是任何商品化日粮都能食用[539]。其他的研究已表明，有些猫不能食用含有蛤蜊汁和羔羊肉的幼崽日粮[475,519,521]。含有羊肉或其他罕见蛋白来源的商品化日粮的频繁使用可能会诱发某些过敏反应，而且会使食物试验中日粮的选择更为困难。表8-5列出了目前一些能引起猫食物过敏的食物。

2. 临床症状

目前虽然还没有证实该病的年龄倾向性，不过有些研究人员报道患猫的平均发病年龄为4～5岁，而在其他的报道中有超过一半的病例是在2岁之前就已发病[522,527]。在报道中，暹罗猫[522]多发该病，但还未发现其性别倾向性。

在临床报道中，该病最为常见的皮肤症状是瘙痒，有时会非常严重而且无季节性[540]。瘙痒一般发生于脸部、耳部和颈部，但也会出现全身性瘙痒（图8-13）。在一些病例中，脱毛是唯一的症状，因而容易被误诊为精神性脱毛。在近期一项针对假定为精神性脱毛病例的回顾性研究中，有57%的猫确实发生了食物过敏反应[541]。该病也会经常出现嗜酸性肉芽肿复合体以及粟粒状皮炎。在临床上，很难将食物过敏反应与其他过敏（尤其是跳蚤过敏）相区分开。食物过敏的猫也会出现继发感染，但并不像犬那样常见。有些病例会出现细菌性毛囊炎，极少数情况下也会出现马拉色菌（Malassezia）性皮炎。有些患猫还会出现反复发作的耳炎。在相关报道中，其他的非瘙痒性症状包括血管性水肿、荨麻疹以及结膜炎[522]。

除了皮肤症状之外，在报道中也有10%～15%的食物过敏病例会出现胃肠道症状[542,543]。动物在极少数情况下可能还会出现呼吸道和神经系统症状[544]。也有出现打喷嚏、不安和反应迟钝的相关报道[475]。此外，还有可能会出现外周淋巴结病[545]。有高达25%的食物过敏性患猫会并发其他的过敏症，尤其是特异反应性过敏或跳蚤过敏[475,522]。多发性过敏极大地增加了诊断工作的复杂性。大约有50%的食物过敏性患猫在进行全身性糖皮质激素治疗后其症状并不能完全缓解[475,522]。

3. 诊断

根据不同临床症状的具体表现，该病的鉴别诊断也各有差异。瘙痒性皮肤病，例如特应性皮炎、跳蚤叮咬性过敏、皮肤真菌病、耳痒螨病、姬螯螨病和猫疥螨病，这些都应该考虑到。精神性脱毛和皮炎应该通过排除法进行鉴别诊断。最基本的检查应该包括皮肤刮样检查、细胞学检查以及真菌培养。对于出现脱毛症状的病例应进行毛发镜检以确定其是原发性的，还是因创伤继发所致。为了评估跳蚤的影响以及在进行其他的鉴别诊断时避免跳蚤的暴露，需要对跳蚤进行严格防控。

通过食物排除试验中临床症状的明显改善可以对食物不良反应作出相应的诊断。如果患猫食用先前的日粮后临床症状出现复发，那么就能得到确诊。如果在不进行再次刺激的情况下临床症状不会出现恶化，那也只能作出初步诊断。在食物试验中要根据病例的饮食习惯和偏好选择合适的日粮。在改用新的日粮时，猫的适应性比犬差，并且可能需要进行多种尝试才能找到最合适的日粮。和犬一样，如果只是将猫的饮食简单地从一种商品化日粮换成另一种商品化日粮，这并不符合食物试验的要求。最重要的是，食物试验中所用的食材对于病患来讲必须是新的，或者是极少接触到的。在食物试验期间要将养在户外的猫移入室内以避免其自己捕食或接触其他来源的食物。

理论上，在诊断食物不良反应时，家庭自制日粮仍是比较可靠的，但是难点在于如何说服动物主人以及如何平衡日粮的营养。猫喜爱吃的一些常见的食物包括羔羊肉或火腿幼崽食物、火腿、鸵鸟肉、兔肉、龙虾和鹿肉。应避免使用含有洋葱的幼崽食粮，以避免诱发海因茨小体溶血性贫血。对于比较挑食的猫而言，要找到适合食物试验的日粮尤为困难。因为如果猫长时间不进食的话，就会出现肝脂肪沉积症，这样就不能靠长时间的饥饿来诱导猫更换食物。通过与动物主人的沟通和进行不同的食物试验也有助于解决诸如此类问题。

有研究人员在出现皮肤症状的食物不良反应患猫身上应用了2种选择性蛋白来源的商品化日粮作为维持日粮并进行了评估[546]。研究人员使用2种商品化低敏日粮以双盲试验方式对20只确诊为食物不良反应的患猫进行了检测。食用羊肉/大米日粮后有8只猫（40%）出现临床症状的复发，食用鸡肉/大米后有13只猫（65%）出现复发。这两种商品日粮中的任何一种都不能像家庭自制日粮那样有效地控制皮肤症状，不过研究人员认为，可以将商品化低敏日粮作为维持日粮。

目前在市场上有几种商品化的限制性蛋白日粮可以买到。其中有些限制性蛋白日粮是皇家生产的以羊肉、兔肉、鸭肉、鹿肉和青豌豆为主料的日粮。希尔斯也生产限制性蛋白日粮和水解性日粮，例如 z/d 日粮。随着商品化日粮的日益增多，临床兽医应定期检查它们的组分，因为它们的成分会发生轻微的变化，而生产商并不会进行标注和说明。由于商品化日粮中会添加各种油类，因此定期检查它们的组分是十分关键的。虽然可以忽略蛋白污染，但是如果食物试验没有效果，那么在已经排除其他鉴别诊断的情况下可以进行二次试验。常规来讲，罐头食品可能更适合食物试验，不仅可以增加适口性，还可以减少动物与防腐剂的接触。

目前还未证实检测食物过敏的其他方法（例如血清学检测、皮肤试验以及胃镜检查）的有效性，因此不建议使用[517]。

4. 组织病理学

皮肤活检对该病并不具有诊断性，但对于其他病症的排除尤为重要。组织病理学检查结果也因临床病变的不同而各异。最常见的病理特征是浅表或深层的血管周皮炎，其中嗜酸性粒细胞是最主要的炎性浸润细胞。有些病例缺少嗜酸性粒细胞，而还有一些病例主要是肥大细胞浸润，因而容易被误诊为肥大细胞瘤。食物过敏的猫偶尔也会出现嗜酸性毛囊炎和疖病[547]。从嗜酸性肉芽肿复合体病灶中获取的活检切片上可以发现这些病变典型的组织病理学变化。

5. 临床管理

该病的临床管理包括刺激性食物的鉴定以及如何避免这些刺激性食物。使用商品化的营养均衡的日粮对于病患的长期护理非常重要。猫和犬一样，一旦确诊为食物不良反应就应该使用各种单一性饲料进行再次刺激试验来确认过敏原，以便更有效地选择出可长期食用的日粮。此外，

对特异性过敏的鉴定也很重要，有些病例随着时间的推移可能会出现新的过敏反应。应该尽量避免接触新来源的蛋白，这是为了保证以后如果需要的话可以将其用于食物试验。

然而，有多达1/3的病例不能食用商品化日粮，这就需要长期食用家庭自制日粮[522]。此外，适当添加一些矿物质和维生素用于平衡家庭日粮中的营养是十分有必要的。

如果无法避免接触过敏原的话，可能需要应用全身性止痒药。虽然有的猫对抗炎剂量的糖皮质激素没有反应，但有些猫的症状却能得到良好的控制，至少可以暂时控制症状。

五、犬跳蚤叮咬性过敏

由于地域上的差异，跳蚤叮咬性过敏的发病情况也有很大差异。根据地域的不同，跳蚤叮咬性过敏在有些地方是犬、猫最常见的过敏性疾病，在另一些地方其发病率仅次于特应性皮炎，而还有些地方却从未发生过。

（一）病因和发病机理

目前已在跳蚤的唾液中鉴定出多种过敏原。在整个跳蚤提取物中来源于跳蚤唾液的过敏原非常少。在一项研究中，研究人员将来自成年雌跳蚤的2 000多个唾液腺进行剖解、提取和分馏，并通过皮内注射检测了唾液腺提取物组分的过敏原性。结果发现，过敏症患犬对表观分子量为40kD和分子量为12~8kD的蛋白成分产生了明显的反应，这说明了这些成分在跳蚤叮咬性过敏发病机理中的重要性[548]。在另一研究中，通过犬IgE抗体的化学发光检测法在20只跳蚤过敏症患犬的血清中鉴定出了跳蚤过敏原[549]。与 IgE 结合的跳蚤组分至少有15种，分子量 为14~150kD，并且每一种血清均显示出一种不同的结合方式。其中，有3种分子量分别为25kD、40kD和58kD的组分，每一种都至少能与40%的血清样本结合，而在检测正常犬的血清时没有发现反应活性。这些结果说明存在更多的跳蚤过敏原。

在最近的一项研究中，从猫跳蚤（猫栉首蚤，*Ctenocephalides felis*）唾液腺分离出的一种18kD的蛋白，分别在跳蚤过敏试验犬和临床患犬中进行皮内试验，其阳性率分别为100%和80%[550]。通过固相ELISA，这种蛋白分别在100%的试验犬和80%的跳蚤过敏性临床患犬的血清中检测到了相应的IgE抗体 。这种蛋白，被命名为Ctef1，是在犬跳蚤过敏反应中发现的第一种新型主要过敏原。使用Ctef1重组抗原进行 ELISA抑制可以移除90%的抗跳蚤唾液性 IgE 。

在20世纪90年代，出现了一种采集和研究跳蚤唾液的新技术。采用这种技术可以对跳蚤唾液主要抗原进行提纯、定性和克隆[551,552]，并使用这种抗原进行初步的皮内测试、血清学测试和免疫治疗研究[553-555]。大多数对跳蚤过敏的犬在进行这种跳蚤抗原的皮内注射时会出现速发型皮试

反应，并且这种反应与临床病症有关。

在其他研究中并未发现正常犬和过敏症患犬之间存在跳蚤特异性IgE水平上的差异[556]，这与以上结果不同。当将存在于过敏症患犬血清中的抗猫跳蚤抗原的IgG和IgE抗体与非过敏性个体的相应抗体进行比较时，发现在跳蚤过敏症患犬和非过敏犬的血清中存在的抗体都可以识别多种抗原。每一组内的反应特性均有很大的差异，而且也没有什么反应模式可以将跳蚤过敏症患犬与非过敏犬区分开。这两组犬中的IgG和IgE抗体并无明显差异。因此，研究人员认为犬产生的跳蚤特异性抗体反应和存在跳蚤过敏反应之间的相关性极小。这种不一致性可能是由于所用试剂的不同或试验对象的不同所致。

虽然间歇性或连续性接触跳蚤均能引起过敏反应，但是在跳蚤过敏的实验犬模型中，似乎间歇性暴露引起的临床症状更为严重[557]。持续性暴露的犬不会产生免疫耐受，但是会产生最高水平的跳蚤抗原特异性IgE抗体。有意思的是，与连续暴露组相比，间歇性暴露组跳蚤特异性IgE效价测试呈阴性或皮内抗原刺激测试呈阴性的犬所占的比例更大。IgE效价测试与临床反应病例的一致性稍微高于皮肤测试与临床反应病例的一致性，但是IgE效价测试与皮肤测试之间具有很好的一致性。不过，在非过敏性犬身上的慢性跳蚤感染似乎会使犬产生部分或完全的耐受，因为其IgE水平与对照组的差异极小，IgG抗体水平也比跳蚤过敏组的低得多[558]。

对跳蚤过敏的啮齿类动物模型在近几年也得到了发展。在近期建立的一个模型中，发现跳蚤抗原特异性IgE水平与过敏反应的强烈程度有关[559]。与C57BL/6鼠出现临床过敏症状相关的主要因子为CD4+ T淋巴细胞和IL-4，而不是IL-10或IFN-γ。进一步的组织病理学分析显示，在皮肤的病灶区出现肥大细胞浸润，并且肥大细胞还发生脱颗粒现象，这就造成了局部病变的严重恶化。

在豚鼠身上出现的那种有序化的跳蚤过敏反应在犬、猫身上则不会发生；而且即使犬、猫能达到自然脱敏，这种情况也是极少见的[560,561]。许多跳蚤过敏症患犬也会出现迟发型皮试反应，而且有高达30%的病例只发生一种迟发型过敏反应[562]。引起迟发型过敏反应的过敏原与引起速发型过敏反应的唾液过敏原是否为同一物质目前还不确定。在跳蚤流行地区，有40%的正常犬会对跳蚤抗原皮内测试产生阳性反应；而同一地区的过敏症患犬中有80%会出现阳性反应[543,544]。因此，患犬的过敏状态以及和跳蚤的过度接触共同导致了特应性皮炎和跳蚤叮咬性过敏的并发。

在组织学上，跳蚤叮咬性过敏引起的速发型反应包括水肿和嗜酸性粒细胞浸润，有时还会同时发生由血管周淋巴细胞浸润和少量组织细胞浸润构成的迟发型炎症反应[563]。这些炎性特征与Ⅰ型（速发型）以及Ⅳ型（细胞型）过敏反应有关。犬对跳蚤产生的这种速发型和迟发型反

应并发的现象与在人和豚鼠上所得的研究结果是一致的。

在跳蚤过敏反应的发病机理中，人们也对嗜碱性粒细胞的作用做过具体研究，结果发现在注射跳蚤过敏原后的1~48h这个时间段中所采集的活检组织样本中，大多数都含有嗜碱性粒细胞[564,565]。并且，在4~18h这个时间段之间所采集的活检组织样本中所含有的嗜碱性粒细胞比例最高，而在这之后至48h这段时间，其比例会大大降低。嗜碱性粒细胞在炎性浸润细胞中所占比例的最高纪录为22.1%，并且这10只试验犬中有7只的活检组织样本中嗜碱性粒细胞所占的比例在某些时间点上会超过10%，这说明在犬的跳蚤叮咬性过敏反应中皮肤嗜碱性粒细胞性过敏反应发挥着免疫致病作用。

为了评估肥大细胞在犬跳蚤过敏反应中发挥的作用，有一项研究采用了针对肥大细胞的类糜蛋白酶和类胰蛋白酶以及抗IgE蛋白进行的双标技术，结果发现无论是否接触跳蚤，在跳蚤过敏性犬中检测到的双染肥大细胞数量远远多于甲苯胺蓝染的肥大细胞。相比之下，在非过敏性犬，甲苯胺蓝染的肥大细胞数量与双染的肥大细胞并无差别[566]。跳蚤过敏性犬在接触跳蚤后的第1天和第3天，其体内的类糜蛋白酶阳性肥大细胞的比例明显升高，而类胰蛋白酶/胃促胰酶阳性肥大细胞的比例明显降低。这些数据为过敏反应期间肥大细胞蛋白酶水平的上调以及过敏原暴露后肥大细胞胰蛋白酶的选择性释放提供了有力证据。

对跳蚤过敏症患犬所表达的细胞因子进行评估已成为近期研究的重点。近期的一项研究对跳蚤过敏性患犬的皮肤活检组织中和外周血单核细胞中的细胞因子mRNA的表达进行了定量检测[567]。在这一研究中，过敏性和非过敏性犬都与跳蚤进行接触。在与跳蚤接触之前的4d和之后的4d，从犬的活检组织中和外周血单核细胞中提取mRNA。通过实时（RT）PCR检测类糜蛋白酶、类胰蛋白酶、IL-4、IL-5、IL-13、TNF-α和IFN-γ的mRNA表达量，采用半定量法评价皮肤的炎性浸润情况。此外，该研究还对嗜酸性粒细胞、肥大细胞和IgE+细胞的水平进行了评估，结果发现，与非过敏性犬相比，跳蚤过敏症患犬在接触跳蚤前的肥大细胞水平较高，而在接触跳蚤后的嗜酸性粒细胞水平明显升高。而不管是在接触跳蚤之前还是之后，过敏症患犬的IgE+细胞水平都比较高。在过敏症患犬中，所检测的大多数细胞因子和蛋白酶的mRNA水平在接触跳蚤前比接触跳蚤后高。在接触跳蚤后mRNA水平升高的现象只在非过敏犬中检测到。对于接触跳蚤前的过敏症患犬，使用跳蚤抗原进行体外刺激试验后发现，大多数细胞因子的表达水平均有所下降。其中，只检测到了外周血单核细胞中IL-4和IL-5mRNA水平的升高。然而对于接触跳蚤后的过敏症患犬，在进行跳蚤抗原刺激试验之后的检测中，所有细胞因子的mRNA表达水平均明显升高。因此，可以看出跳蚤叮咬性过敏反应与T$_H$2型反应有关。

（二）临床症状

犬的跳蚤叮咬性过敏没有品种和性别倾向性。易患跳蚤过敏症且生活在跳蚤病流行地区的犬一般会在 5 岁前表现出临床症状。不过，任何年龄段的犬都有可能表现出临床症状，尤其是那些从跳蚤较少的地区转移到跳蚤流行地区的动物。跳蚤过敏的典型临床症状为瘙痒性丘疹性皮炎，多发生于臀部、胸背部、肋部、尾巴和会阴部（图 8-14）。不过，严重的病例也会出现全身性症状。瘙痒症状通常发生在臀部和尾部，不过有些犬也会出现全身性瘙痒。脐部出现的丘疹也极有可能是由跳蚤过敏引起的。前肢上的"啃咬痕迹"（Corn cobbing）是跳蚤过敏症患犬可能出现的另一典型症状。有些过敏的犬还会出现肢端舔舐性肉芽肿或脓性创伤性皮炎，通常发生于臀部或脸部，这些损伤发展迅速而且会非常严重。由于许多跳蚤过敏性犬也是遗传性过敏体质，所以也会经常出现特应性皮炎和跳蚤过敏并发的症状。创伤会引起表皮脱落、结痂、苔藓化

以及色素过度沉着。此外，皮肤的继发感染，例如细菌性毛囊炎和马拉色菌（Malassezia）性皮炎，经常会使患犬的临床症状变得更为复杂。由于感染会进一步加重瘙痒症状，因此我们应该对原发性跳蚤过敏和继发感染给予同样的重视。

患耳炎的犬可能会并发过敏反应[568,569]，例如特应性皮炎或食物不良反应。不过，若能做好跳蚤的预防工作就能够很好地避免其他的潜在性过敏所引发的临床症状。由于地域差异的影响，跳蚤过敏在有的地区是季节性的，而有的地区则全年均可发生。跳蚤可以生活在室内，所以即使在气候寒冷的地区也可能全年所有季节均可引发犬跳蚤过敏的临床症状。在温暖的热带气候地区，对跳蚤而言，一年中最艰难的时期是春季和秋季。

（三）诊断

该病的鉴别诊断包括其他的瘙痒性皮肤病，例如食物不良反应、特应性皮炎、药物反应、虱病、姬螯螨病、肠

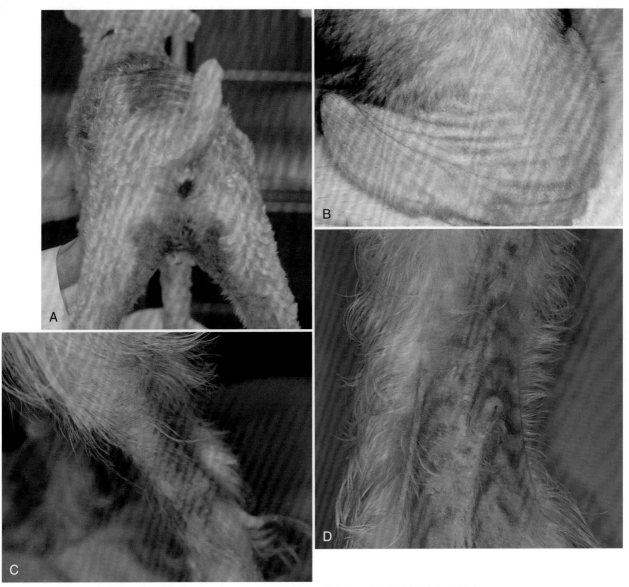

图8-14 **A、B.** 犬的跳蚤过敏通常影响背部和会阴部 **C、D.** 原发病变为发生在后肢和腹侧腹部的红斑性丘疹

道寄生虫过敏、马拉色菌性皮炎以及细菌性毛囊炎。需要综合患犬的病史、临床症状以及临床治疗效果来对跳蚤叮咬性过敏进行诊断。跳蚤和跳蚤粪的发现或许对诊断有一定的帮助，但是并不能因此确诊为跳蚤叮咬性过敏，因为许多过敏症患犬并无跳蚤感染的迹象，而非过敏犬即使感染跳蚤也可能无临床病症。跳蚤过敏犬对跳蚤的耐受能力极低，而有的动物主人并未意识到这一点，因此很难说服他们相信患犬的瘙痒症状是由跳蚤叮咬性过敏引起的。皮内测试可以用于诊断，不过皮试反应的阴性结果并不能排除跳蚤叮咬性过敏的可能性。

1. 皮内试验和血清学检测

在早前的一项研究中，使用不同的提取物（例如整个跳蚤的可溶性提取物，将这种提取物进行层析后所得到的各种组分以及商品化的跳蚤抗原提取物）进行了皮内刺激试验，评估其对 I 型和 IV 型过敏反应的检测效果，结果发现，不同的提取物会产生不同的皮内测试结果[570]。使用整个跳蚤（最有效的抗原制品）进行的皮内试验鉴定出了94%的对食用跳蚤抗原产生过敏反应的犬，如果在接受注射后的15min或30min后，在抗原注射位点出现的风疹块的平均直径比阴性对照位点的风疹直径多出5mm，那么就认为结果为阳性。

最近的一项研究评估了体内试验和体外试验在诊断跳蚤过敏性皮炎中的准确性，同时将其与犬的病史、临床症状以及驱除跳蚤后的反应进行了比较[571]。在这一研究中，对15只跳蚤过敏性犬、15只遗传性过敏体质犬和15只感染跳蚤但未表现出临床皮肤病症状的犬进行了皮内试验（使用4种不同来源的跳蚤过敏原）和FcεRIα型IgE检测试验。在这5种试验中均进行了敏感性、特异性、阴性预测值、阳性预测值和准确性的评估，而结果却存在很大的差异。对其中一种提取物（Isotec）而言，其敏感性、特异性和总体的准确性分别为27%、83%和64%；而另一提取物（Greer）相对应的值分别为67%、90%和82%；跳蚤唾液的这三项指标则分别为93%、90%和91%；重组Ctef1（均由Heska公司生产）的指标分别为40%、90%和73%；FcεRIα型IgE检测试验的指标分别为87%、53%和64%。这些结果表明，在跳蚤过敏性皮炎的诊断中，使用跳蚤提取物进行的皮内试验比体外试验更为准确。而且，就敏感性、特异性和总体的准确性而言，使用跳蚤唾液纯品作为皮内试验的试剂进行检测能够得到最好的结果；同样地，使用Greer提取物（即整个跳蚤的提取物）进行皮内试验来诊断跳蚤过敏性皮炎也是不错的选择。

在美国，来自Greer实验室的跳蚤抗原被皮肤病专家广泛应用于皮内试验（按1∶1 000的w/v比稀释成水溶液后取0.05mL），同时使用阳性（组胺）和阴性（生理盐水）对照；在 15min和 30min后以及12h、24h和48h后检测皮肤试验反应结果。在大部分跳蚤过敏症患犬中，速发型反应和迟发型反应均会出现。大约有30%的犬出现迟发型反应。

与经典的速发型反应相比，迟发型反应通常是非常轻微的。唯一的变化可能就是轻微的红斑或皮肤增厚。不过，阳性试验结果只能说明病例体内含有针对跳蚤抗原的皮肤敏感性抗体或对跳蚤抗原产生了细胞反应，但是并不一定表示病例患有临床过敏症。因此，虽然几乎所有患跳蚤敏感症的犬、猫都会对跳蚤抗原皮试出现阳性反应，但是有一部分正常犬以及一些患有其他皮肤病的犬也会出现阳性反应。即使有些犬仍保持着反应活性，但是如果在试验期间或近期服用某些药物（尤其是糖皮质激素），则会造成皮内测试出现假阴性反应。不过，如果出现阴性反应，那么需要在停用类固醇一段时间后重新进行测试。按照常规程序，跳蚤过敏症患犬所需的停药时间应该与特应性皮炎患犬相同（注射型糖皮质激素停药2个月、口服型糖皮质激素停药2周、抗组胺剂停药2周）。有少数报道显示，跳蚤过敏反应比环境过敏原过敏反应复发的速度更快。

也可以用血清学的方法对该病进行诊断，而检测结果在很大程度上依赖于所选择的检测公司，部分原因是由检测中所用过敏原的不同所致。当使用同一种跳蚤唾液抗原时，与皮内试验结果相比，Heska血清学检测的敏感性为78%，特异性为91%，总体准确率为88%[537]。由此可见，与体外试验相比，皮内试验具有较高的敏感性、相似的准确率，并且更加快速和廉价。这些差异是否说明皮内测试检测到的不仅仅是IgE介导的疾病，亦或反映的是整个跳蚤的提取物与跳蚤唾液提取物之间存在明显的不同，这些都有待进一步的确定。

2. 组织病理学

对于该病，皮肤活检并不具有诊断性，通常会显示出不同程度的浅表血管周型（单纯性、棘细胞层水肿性、增生性）或间质型皮炎，主要的炎性细胞类型为嗜酸性粒细胞[546]。此外，还可能会发现与表皮水肿和坏死相关的嗜酸性粒细胞型表皮内微脓肿。此外，与继发性细菌性脓皮病（化脓性毛囊炎、表皮内脓疱性皮炎）相一致的组织病理学变化也很常见。

（四）临床管理

该病的患犬很少出现自发性的脱敏或耐受现象，最常见的情况是随着年龄的增长，患犬的临床症状会越来越严重。需要识别所有的影响因素并进行系统性的处理才能使患犬得到有效的护理。由于跳蚤叮咬性过敏经常与其他过敏症一起发生，因此除了对跳蚤进行严格控制外，对其他过敏症的控制也同样重要。给予抗炎剂量的糖皮质激素并结合局部治疗可以缓解症状。同时应该控制继发感染以便最大化地缓解症状。应该使用不同作用机制的药物对环境中和动物身上的跳蚤进行驱杀从而降低其毒性作用。随着近十年里特效成虫杀虫药（例如吡虫啉和芬普尼）的出现，跳蚤的控制已基本集中在局部用药产品的使用上，而错误地将环境中跳蚤的控制忽略掉了。近些年，局部成虫杀虫药的过度频繁使用以及在同一动物身上的多重用药已给一些地区带来了杀虫药药效降低的问题。这究竟是因为跳蚤对药物产生了真正的抗性，还是仅仅是由于药效的降低所致，人们在这一点上仍存在争议。

还有一点非常重要，就是杀死跳蚤的速度对于跳蚤过敏性个体临床症状的控制极为关键，因为对于严重的过敏体质动物而言，即使极少量跳蚤的叮咬也会造成瘙痒症状的持续。因此，除了选择单纯的跳蚤成虫杀虫剂之外，还应该使用驱虫药（除非驱虫药的效果不明显）。同样，为了尽可能地保持一个无跳蚤的环境，也需要改变一下患犬的生活方式。在室外自由活动的犬要改为室内饲养，或者尽量避免让犬在高风险区（例如犬的公共活动区和表演场所）逗留，这样便于控制跳蚤叮咬以及避免将跳蚤带入宠物的生活环境。

近期，有几种控制跳蚤的新产品已经进入市场。关于跳蚤的控制措施已在第六章进行具体讨论，表8-6列出了目前在美国市场上出售的一些产品的目录。

多杀菌素［Comfortis（Lilly）］是一种新型杀虫剂，是由一种放射菌，即刺糖多胞菌（*Saccharopolyspora spinosa*）发酵后的天然产物加工而成，现已作为犬的口服药进入市场。研究人员在独立的随机单盲试验中通过口服给药的方式检测了多杀菌素在治疗试验诱导性跳蚤感染患犬时的最低有效剂量，并对给药时食用的罐头食品或干粮所存

在的潜在影响进行了评估[572]。结果发现，只有30mg/kg和40mg/kg这两种剂量能在治疗后的30d内仍保持较高的疗效（97.2%～100%），而且由于这两种剂量在疗效上并无显著差异，所以在美国选择使用30mg/kg这一标准作为最佳的最低有效剂量。研究人员认为使用多杀菌素以30mg/kg的剂量每月进行1次口服治疗可以长期控制患犬的猫栉首蚤（*C. felis*）感染，并且不受进食的影响。此外，在任何一项研究中均未出现与治疗相关的不良反应，这说明多杀菌素可以作为一种安全有效的跳蚤成虫杀虫剂每月使用1次，并且能够与目前所使用的局部用药产品保持同样持久的活性。但是，在欧洲这一产品所标明的使用剂量范围为45～70mg/kg，每月1次。

氰氟虫腙（Metaflumizone）是一种新型缩氨基脲类（Semicarbazone）杀虫剂，它通过阻断昆虫的电压依赖型离子通道发挥作用[573]。这是开发出来的用于控制犬、猫跳蚤的第一种钠离子通道阻断剂型杀虫剂［即ProMeris（道奇堡动物保健）］，它代表的是一种控制跳蚤的新型作用模式。氰氟虫腙靶向阻断突触前神经和突触后神经元的钠离子通道，从而阻断神经冲动沿神经元传播所需的离子流通。这些神经元的紊乱会引起跳蚤的食量下降，失去协调性，麻痹和死亡。近期发表的一项研究对一种含有氰氟虫腙和双甲脒（Amitraz）（ProMeris/ProMeris Duo）的新型滴剂（Spot-on formulation）在犬身上驱除跳蚤和蜱的效果进

表8-6　目前在美国常见的犬跳蚤产品

商品名	化学成分	化学类别	作用模式	用药方式
Comfortis	多杀菌素	新型 新烟碱类	烟碱乙酰胆碱受体激动剂 GABA增效剂→钙离子通道	口服
Promeris	氰氟虫腙+阿米曲士	缩氨基脲	钠离子通道阻断剂	局部
Vectra D	呋虫胺+苄氯菊酯	新烟碱类	烟碱乙酰胆碱受体激动剂	局部
Advantage Multi, Advocate（欧洲）	莫昔克丁 吡虫啉	大环内酯类杀虫剂 氯烟酰硝基胍 （Chloronicotinyl nitroguanidine）	绑定谷氨酸门控氯离子通道，GABA激动剂 烟碱乙酰胆碱受体激动剂	局部 局部
Revolution	塞拉菌素	阿维菌素类	GABA增效剂/谷氨酸门控通道	局部
Frontline Plus	芬普尼 甲氧普林	苯拉唑（Phenylprazole） 保幼激素类似物	GABA抑制剂 保幼激素类似物	局部
Advantage II	吡虫啉	氯烟酰硝基胍	烟碱乙酰胆碱受体激动剂	局部
K9 Advantix	吡虫啉 苄氯菊酯	氯烟酰硝基胍 合成型除虫菊酯	烟碱乙酰胆碱受体激动剂 细胞色素氧化酶抑制剂	局部
Sentinel	美倍霉素 氯芬新	阿维菌素 苄基苯酚脲衍生物	GABA增效剂/谷氨酸门控通道 几丁质抑制剂	口服
Program	氯芬新	苄基苯酚脲衍生物	几丁质抑制剂	口服
Precor	甲氧普林 苄氯菊酯	保幼激素类似物 合成的除虫菊酯	保幼激素类似物 细胞色素氧化酶抑制剂	局部
Capstar	烯啶虫胺	氯烟酰硝基胍	烟碱乙酰胆碱受体激动剂	口服
Nylar	吡丙醚	保幼激素类似物	保幼激素类似物	局部
	苯氧威	保幼激素类似物	保幼激素类似物	局部
Mitaban	阿米曲士	甲脒	抑制氧化酶，抑制前列腺素合成，α-肾上腺素受体激动剂	局部

行了一个月的评估[574]。在治疗前用跳蚤或蜱[血红扇头蜱（*Rhipicephalus sanguineus*）、变异矩头蜱（*Dermacentor variabilis*）、肩突硬蜱（*Ixodes scapularis*）和美洲花蜱（*Amblyomma americanum*）]感染犬，在治疗后重新感染，每周1次，连续6周，并且在治疗和每次感染后的第1天或第2天进行药效评价。结果发现这种药物治疗能够控制跳蚤的再次感染长达6周，而对蜱的感染至少可以控制4周。局部用药后，氰氟虫腙和双甲脒在犬的毛发和血液中的药物动力学显示，一般在血液中能够检测到氰氟虫腙的浓度（>1.0ng/mL），但是难以量化（<50ng/mL）[575]。在对不同的犬进行治疗后的第1天和第2天所收集的血清样本中只有2例能检测到双甲脒（>3.2ng/mL），但是也无法量化（<50ng/mL）。毛发样本分析结果显示，在用药后的1d内，氰氟虫腙和双甲脒以基本相同的浓度分布于其中，在治疗后的第2～7d达到最高水平。在这为期56d的研究结束时，这两种成分在毛发中仍能保持较低但可以量化的水平。这些研究表明，氰氟虫腙和双甲脒对体表寄生虫活动的影响是通过宿主的体表（毛发和皮肤）发挥作用的，而不是通过宿主的血液循环。ProMeris在美国市场已经停止销售。

此外，还有一种含有呋虫胺（Vectra3D）的新型局部用药产品，这是一种新型的第三代新烟碱类产品。新烟碱类是最新型的杀虫剂，具有显著的系统性功效，可以保护农作物免受刺吸式害虫的破坏，同时对犬、猫身上的跳蚤的控制效果极佳[576]。常见产品的名字有啶虫脒（Acetamiprid）、噻虫胺（Clothianidin）、呋虫胺（Dinotefuran）、吡虫啉（Imidacloprid）、烯啶虫胺（Nitenpyram）、噻虫啉（Thiacloprid）和噻虫嗪（Thiamethoxam）。它们一般对哺乳动物（急性和慢性毒性）、鸟类和鱼类的毒性作用小。它们这种毒理学特征的优势主要是因为新烟碱类与脊椎动物烟碱受体的亲和力低，而与昆虫烟碱受体的亲和力高。

由于关于这几类新产品的研究还很有限，所以对这些产品的安全性和有效性进行概括还比较困难。总之，无论是用什么产品，一定要按照推荐剂量使用以避免产生抗药性。将不同作用机制的药物交替使用或联合应用也许可以降低抗药性的产生。

虽然人们采用各种不同的配方和方案对跳蚤过敏的脱敏化进行了多年研究[538,577-580]，但是目前还没有找到有效的方法。究其原因，应该与所使用的提取物、持续时间、治疗方案以及给药途径有关。很明显，我们还需要进行更多的研究以便更有效地克服跳蚤过敏脱敏化中的障碍。

六、猫跳蚤叮咬性过敏

一般认为在跳蚤流行地区跳蚤叮咬性过敏是猫最常见的过敏性疾病。在一项研究中，根据猫对跳蚤驱除后的反应发现，在因怀疑食物过敏而被送诊的患猫中有70%的病例实际上只患有跳蚤过敏或同时患有其他疾病[515]。然而，

在一项针对88只过敏性皮肤病患猫的研究中，有9%的病例只患有跳蚤过敏，但是有高达47%的病例同时患有跳蚤过敏和其他皮肤病，而其中最主要的问题是特应性皮炎[581]。近期在英国的一项调查显示，猫的跳蚤感染率为21.09%，明显高于犬的感染率（6.28%）[582]。对于猫，与跳蚤过敏同时出现的皮肤损伤的发生率（8.02%）也明显比犬的（3.32%）高。可见跳蚤感染在养猫的家庭以及宠物较多的家庭中更为常见。跳蚤感染或与跳蚤过敏相关的皮肤损伤的总体发生率在犬为7.46%，而在猫为22.28%。在报道中，猫跳蚤过敏的发生率虽然也受地域差异的影响，但它肯定是猫最常见的过敏性疾病之一。

（一）病因和发病机理

由于跳蚤过敏如此常见，因此也有一些研究人员对猫跳蚤过敏的发病机理进行了研究。在一项试验性研究中，对幼猫提前进行口腔跳蚤暴露并不能避免其发生跳蚤过敏反应[583]。跳蚤过敏的发生与是否存在抗跳蚤唾液IgE无关。跳蚤叮咬性迟发型反应的发生与感染跳蚤后的症状有关。虽然没有统计学意义，但是口腔暴露组的临床评分的确比对照组的低。

大多数跳蚤过敏性患猫都会对跳蚤抗原产生速发型阳性皮内测试反应。通过试验方法使猫产生跳蚤叮咬性过敏反应的相关研究发现，在接受持续性跳蚤暴露的猫身上均发现了病变，而在接受间歇性跳蚤暴露的猫身上却没有发现病变，这与在犬上的发现大不相同[584]。所有接受间歇性暴露的猫均产生了阳性皮内测试反应，但在使用相同跳蚤唾液过敏原进行的体外实验中只有60%的猫出现阳性反应。总之，当使用跳蚤唾液过敏原进行检测时，皮内测试的阳性率为88%，而血清体外试验中的阳性率也为88%。当以皮内测试结果为标准时，血清学检测的总体准确率为82%。该研究还对一例跳蚤过敏性患猫的阳性血清样本进行了热稳定性的评估。在57℃时高温失活作用可使血清反应终止，而在56℃时高温失活效应却大大减弱，这表明其为IgE介导的反应。另一项研究发现，在7只跳蚤过敏性患猫中有3只猫在24h和48h这两个时间点均出现了迟发型皮肤测试反应[585]。最近的一项研究显示，持续性和间歇性跳蚤暴露都会引起过敏反应，而且在过敏性患猫中有60%以上的病例出现唇部溃疡[586]。此外，并未发现临床症状和阳性皮内测试反应之间的相关性。

（二）临床症状

在报道中未发现该病具有年龄、品种和性别倾向性。猫跳蚤过敏的典型症状是在头部和颈部出现极度瘙痒的丘疹性皮炎。这种丘疹通常外表包有痂皮，当用手触摸动物时可以感觉到。这种皮肤症状被称为粟粒状皮炎。虽然跳蚤过敏是粟粒状皮炎最常见的一种诱因，但并不具有诊断性，许多其他的疾病在临床上也可以表现为粟粒状皮炎症

状。由于瘙痒会很严重，所以患猫经常会出现表皮破损和脱毛。有些猫会出现更为广泛的病变，例如背腰部、大腿内侧、腹部、腹侧壁和颈部（图8-15）。患猫病程的拖延和自我损伤会引起皮肤感染，不过并不如在犬那样常见。有的患猫还会出现嗜酸性肉芽肿复合体病变。有些猫只会发生一种类型的病变，而还有些猫会出现多发性的嗜酸性肉芽肿复合体病变。使用实验方法诱导的跳蚤过敏性患猫中有60%以上的病例会出现无痛性溃疡[569]。跳蚤过敏性患猫可能会出现轻度到重度的浅表淋巴结病。随着患猫年龄的增长，病症会越来越严重。跳蚤过敏性患猫可能还会发

生特应症和食物过敏反应，这会大大增加诊断检查和治疗方案的复杂性。

（三）诊断

该病的鉴别诊断因个体临床症状的不同而异。对于粟粒状皮炎病例，鉴别诊断应包括特应性皮炎、食物不良反应和皮肤真菌病（框8-4）。在没有进行常规跳蚤防治的地区也要考虑到姬螯螨（*Cheyletiella*）感染。和犬一样，也要根据临床症状和病史对患猫进行诊断。跳蚤、跳蚤粪或绦虫的发现只能说明环境中存在跳蚤，并不一定代表患

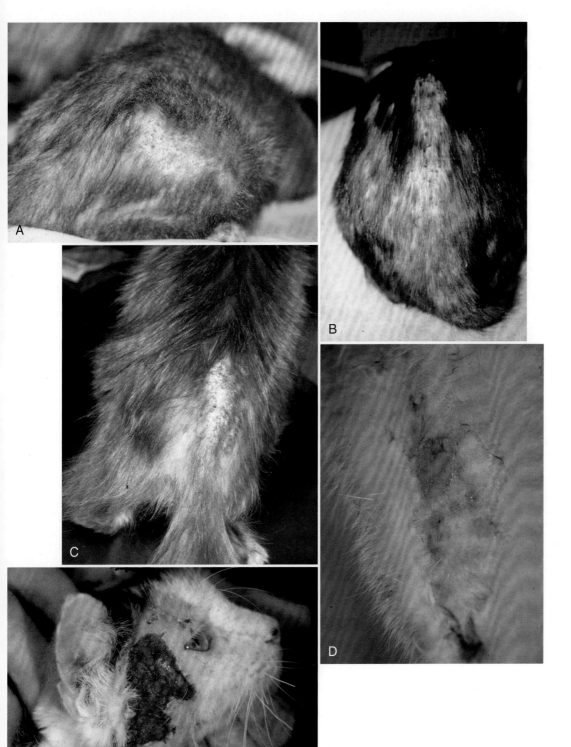

图8-15　A至C. 猫的跳蚤过敏反应表现为粟粒状皮炎（感染背尾部）　D. 嗜酸性斑块　E. 严重的面部瘙痒

猫的临床症状是由跳蚤过敏引起的。不过，洗澡或梳理毛发可能会清除所有的跳蚤痕迹，这会给诊断带来一定的难度。对于出现嗜酸性肉芽肿复合体症状的患猫，请参考第十八章有关鉴别诊断的详细描述。此外，对于不同年龄的患猫而言，非常重要的一点就是排除肿瘤性疾病的可能性，例如对于出现无痛性溃疡的病例要排除鳞状细胞癌，对于出现斑块的病例要排除肥大细胞瘤。

可以对患猫进行过敏反应检测，但是必须要明确一点，即阳性反应只能提示抗跳蚤过敏原性IgE抗体的存在，并不能说明它就是引起临床症状的原因。由于正常猫也能产生阳性反应，因此将检测结果与病例的临床症状及病史结合起来进行诊断是非常重要的。在近期的一项将跳蚤刺激试验的结果作为跳蚤过敏诊断金标准的研究中，血清学检测的敏感性和特异性分别为0.88和0.77 [587]。在4个不同的时间点进行皮内测试的敏感性为0 ~ 0.33，而特异性为 0.78 ~ 1.0。因此该研究认为，对于猫跳蚤过敏的检测而言，活体跳蚤刺激试验比皮内测试和血清学检测的效果都要好。使用犬FcεRIα受体对患猫进行血清学检测的研究显示，其总体的预测值为82%，与使用同一抗原进行的皮内测试相比，其与临床症状的相关性更高[568]。

为了寻求一种敏感而可靠的猫跳蚤过敏的检测方法，有人对敏化嗜碱性粒细胞和肥大细胞（Ⅰ型过敏反应的主要引发因子）的抗体进行了体外功能试验的监测研究[588]。结果发现，栉首蚤（*Ctenocephalides* spp.）的过敏原制剂在受测浓度下产生的反应具有剂量依赖性和个体差异性。因此，我们还需要进一步的研究以获得与临床相关的结果。

框8-4　猫全身丘疹结痂性皮炎（"粟粒状皮炎"）的鉴别诊断

过敏反应：跳蚤叮咬性过敏

特应性皮炎

食物过敏

药物反应

肠道寄生虫过敏

落叶型天疱疮

猫嗜酸性粒细胞增多综合征

体外寄生虫病：莎拉堤拉恙虫

耳痒螨病

恙螨皮炎

猫皮毛疥螨

虱病

传染病：皮肤真菌病

葡萄球菌性毛囊炎

饮食不平衡：生物素缺乏

脂肪酸缺乏

（四）组织病理学

对患猫进行的皮肤活检通常会显示出不同程度的浅表或深层血管周及间质性皮炎并伴有嗜酸性粒细胞和肥大细胞浸润等典型变化，但这并不具有诊断性[566,589]。患猫在跳蚤叮咬的部位可能会出现浸润性嗜酸性毛囊炎和迟发型皮试反应[568]。发生无痛性溃疡、嗜酸性斑块和嗜酸性肉芽肿的患猫会出现与症状相一致的皮肤组织病理学变化。

（五）临床管理

跳蚤叮咬性过敏的治疗中最主要的环节就是严格控制跳蚤。通常包括环境中跳蚤的处理和在动物身上应用杀成虫药。为了达到最佳效果，家中所有的动物都必须进行除虫。为了减轻炎症和瘙痒，可以应用抗炎剂量的糖皮质激素。猫对糖皮质激素的耐受性比犬好，可以适当使用注射型制剂。对于过敏的短期缓解，最常使用的是长效甲强的松龙（20mg/只或5mg/kg，皮下注射，每12周1次）或口服强的松龙（2.2mg/kg，口服，每天1次，连续5 ~ 7d，然后隔天服用1次）。抗组胺剂和必需脂肪酸对病情的缓解效果较差。

由于猫对苄氯菊酯过敏，因此还没有适用于猫的跳蚤驱虫剂。所有的局部用药产品都是杀虫剂而不是真正的驱虫剂。根据具体地区的跳蚤过敏流行情况，可以每月应用1次吡虫啉或芬普尼。氰氟虫腙是一种较新的产品，也可以对猫每月使用1次。在近期发表的一项研究中，研究人员对一种含有氰氟虫腙的局部应用型滴剂对跳蚤（KS1，一种跳蚤品系，有记录表明其对各种杀虫剂的敏感性已有所降低）感染猫的治疗效果进行了评估[590]。在治疗后的3周，氰氟虫腙仍能保持99.3%或更高的效价，而在治疗后的第 4 周、5周、6周其效价分别为97.4%、91.4%、86.2%。芬普尼-(S)-甲氧普林在治疗后1周的效价为99.6%，在第2周、3周、4周、5周、6周的效价分别为97.6%、96.4%、71.3%、22%、13.1%。在治疗后的第3 ~ 6周，使用氰氟虫腙的患猫跳蚤减少的数量明显比使用芬普尼-(S)-甲氧普林的患猫跳蚤减少的数量多。不过，目前这种产品在临床上的应用还是有限的。

人们也研究过猫的脱敏化治疗，但到目前为止还未成功过。在一个临床双盲试验中，研究人员使用跳蚤抗原对跳蚤叮咬性过敏性皮炎患猫进行皮下或皮内注射[591]。在20周的时间内，研究人员或动物主人在抗原处理组和对照组均未发现患猫临床症状的明显改善。

七、蜱叮咬性过敏

研究人员在人和啮齿类动物身上对蜱叮咬引起的皮肤过敏反应已进行了大量的研究[592]。也有少数关于犬研究，并且发现患犬只会产生强烈的速发型反应（这一点与豚鼠不同），致使其耳壁厚度增加了80% [593]。这些数据说明迟发型反应的消失与自然宿主（犬）对血红扇头蜱

（*Rhipicephalus sanguineus*）抵抗力的消失有关。蜱叮咬性过敏的发病机理可能是嗜碱性粒细胞型过敏、Ⅲ型过敏和Ⅳ型过敏的综合反应[575,576,594,595]。对蜱有抵抗力的动物在蜱附着部位除了发生嗜碱性粒细胞和单核细胞浸润还会发生迟发型过敏反应，而易感动物却不会发生此反应。

犬、猫对蜱叮咬产生的皮肤过敏反应有以下特征：①病灶出现坏死和溃疡；②病灶结节可能会出现红斑、瘙痒和溃疡；③瘙痒性爪部皮炎。该病需根据病史和体格检查进行诊断。皮肤活检会显示白细胞破碎性脉管炎并伴有出血、坏死和溃疡（Ⅲ型反应），或者因为肉芽肿性或脓性肉芽肿性炎症而出现结节型或弥散型皮炎（Ⅳ型反应），还经常会出现嗜酸性粒细胞和淋巴细胞性增生。在活检样本中很少能发现蜱的口器。该病的治疗包括蜱的清除和控制。糖皮质激素可以有效治疗严重性或持久性过敏反应。

八、猫蚊子过敏症

猫蚊子过敏症是一种与蚊子叮咬性Ⅰ型过敏反应有关的季节瘙痒性皮炎。它在20世纪90年代早期被划分为过敏症的一个独立分支，而且是一种会出现嗜酸性肉芽肿复合体症状的过敏症[596,597]。

（一）病因和发病机理

现已明确证实蚊子是该病的致病因素[598,599]。在接触蚊子后，动物身上就会出现病变，而在没有蚊子的环境中病症就会消退。动物被蚊子叮咬后，首先在20min内会出现风疹块，接着在12~24h后会出现丘疹。然后，在48h之内会出现痂皮。由于皮内试验会出现阳性反应并且普-科二氏试验（Prausnitz–Küstner，PK）反应也呈阳性，因此该病至少有一部分是由Ⅰ型过敏反应介导的[582]。

（二）临床症状

目前的报道中还未发现该病的品种、年龄及性别倾向性。报道中患猫的中位发病年龄大约为3岁。蚊子叮咬更倾向于耳郭上有深色毛发的猫。不过，目前还不清楚这是蚊子叮咬的倾向性因素，亦或仅仅是一个偶然发现。对于人，蚊子似乎也倾向于选择深肤色而不是浅肤色的人，并且对某种特定的气味有偏好[600]。

被感染的猫通常是生活在室外或接触过室外环境的猫。虽然这种疾病在热带气候地区全年可见，但在大多数地区是具有季节性的[601]。临床病变因病程长短的不同而异，但是所有病例都会出现瘙痒症状。早期病变包括风疹块、丘疹和斑块，而慢性病例会出现结节、痂皮、表皮脱落，以及因慢性炎症而引起的色素改变（图8-16）[602]。病灶通常会发生在鼻尖、鼻梁和耳郭。有时也会出现在眼睑、足垫、下巴和唇部。鼻部的病灶可能会蔓延到鼻镜和鼻唇间纵沟。病情严重的病例可能会出现足垫过度角化以及全身症状（例如发热）。

图8-16　猫对蚊子过敏产生的病变通常见于面部（**A**）和足部（**B**）

（三）诊断

该病的鉴别诊断因感染部位的不同而异，但通常都包括落叶型或红斑型天疱疮、特应性皮炎、食物不良反应、跳蚤过敏反应、皮肤真菌病、蠕形螨病、肿瘤（例如鳞状细胞癌和肥大细胞瘤）、盘状红斑狼疮、光化性皮炎、隐球菌感染、接触性皮炎以及先天性嗜酸性肉芽肿复合体。需要根据临床症状、病史以及疾病排除法进行诊断。需要进行真菌培养以排除皮肤真菌病，进行皮肤刮样检查以排除蠕形螨病。细胞学检查通常会发现大量的嗜酸性粒细胞，不过在慢性病例或继发感染的病例中也会发现中性粒细胞和巨噬细胞。也可能会出现外周血嗜酸性粒细胞增多症，但这并不具有诊断性，因为这不是该病的特异性病变。

（四）组织病理学

皮肤活检病变为嗜酸性血管周弥散性皮炎。在表皮层可能会出现棘皮症、海绵层水肿和坏死。经常会出现嗜酸

415

性毛囊炎和疖病，而且与其他引起过敏的原因相比，这对昆虫叮咬或蜇伤引起的过敏更具提示意义。可能还会发现呈火焰状的病变。如果未发现包含体，则很难将蚊子过敏和溃疡性疱疹皮炎区分开[603]。

（五）临床管理

驱虫剂通常对猫并不安全，所以最好的管理方式就是将猫限制在室内，不过这不一定适合所有的病例[604]。可以通过口服或针剂形式（例如Depo-Medrol）给予糖皮质激素以减轻瘙痒和炎症。最近有报道显示猫薄荷（Nepeta cateria）中的精油（对猫有很强的吸引力）的驱蚊效果是DEET（大多数商品化驱虫剂中的化学成分）的10倍[605]。猫薄荷中起到驱蚊作用的活性成分为荆芥内酯[606,607]。虽然没有用猫薄荷对猫做过临床试验，但是仍可以考虑将其作为一种驱虫剂使用。此外，从地中海植物穗花牡荆（Vitex agnus castus）的种子（Monk's pepper）中提取的物质可以以喷剂形式用于驱蚊，其药效能保持6h[608]。

九、昆虫纲和蛛形纲过敏及叮咬

有许多昆虫纲和蛛形纲动物能引起犬、猫的过敏反应。引起过敏的物质可以存在于唾液、粪便或身体的组成部分中。除了昆虫叮咬外，过敏原也可以经皮肤被吸入体内。已知的能引起过敏反应的叮咬类昆虫属于膜翅目，其中包括蜜蜂科（蜜蜂）、胡蜂科（胡蜂、小黄蜂、大黄蜂）和蚁科（蚂蚁），它们在少数情况下会在敏感性个体身上引起致命性的过敏反应[609]。这些昆虫通过叮咬动物来释放毒液。膜翅目和蚁科昆虫叮咬造成的最致命的反应通常是速发型过敏反应[610,611]。膜翅目叮咬引起的过敏反应与毒液的剂量和叮咬的次数无关。有理论认为特应性皮炎患犬容易对膜翅目过敏原产生这种严重的过敏反应，但目前还没有证据支持这一理论。

根据毒液类型和剂量的不同，毒液除了引起过敏反应之外，还会产生毒性作用，这有时是致命性的[612]。平甲蛛属（Loxosceles）蜘蛛（例如隐居褐蛛）的毒液会引起动物的严重中毒[613]。

（一）病因和发病机理

犬对各种昆虫过敏原都会产生过敏原特异性IgE，而且许多皮肤科兽医师自己就备有一些昆虫过敏原，因为对一部分遗传性过敏体质犬而言昆虫也是临床相关性过敏原[614]。然而，人类的特应性皮炎和昆虫过敏反应之间的关系仍存在争议，不同的研究中有不同的发现。虽然一些遗传性过敏体质犬在昆虫过敏测试中产生阳性反应[615-617]，但是在一项前瞻性对照研究中发现，来自美国东南部的过敏性患犬和正常犬对昆虫产生的阳性反应率是相同的[618]。在该研究中，将13种昆虫和蛛形纲过敏原进行不同浓度的稀释后先在对照组的犬进行皮内试验以确定皮肤对抗原的反

应浓度阈值（使少于25%的犬产生阳性反应的浓度）。然后，使用阈值浓度的过敏原对过敏性犬进行测试。然而，结果发现只有跳蚤过敏原是唯一能够使过敏性犬的阳性反应率明显高于对照犬的一种过敏原。因此，研究人员认为，除了跳蚤过敏原之外，只有在特定地区对照犬的阳性反应率已经确定的情况下才能确定昆虫和蛛形纲过敏原反应活性的重要性。

一项前瞻性研究在美国东南部的遗传性过敏体质犬身上评估了昆虫过敏的重要性，此项研究中使用除了跳蚤之外的7种昆虫过敏原对过敏体质犬进行检测，结果发现，有63%的犬对一种或多种昆虫产生了阳性反应[598]。在该研究中没有犬仅仅只对昆虫产生阳性反应，也没有使用正常犬进行皮肤测试。当对所选择的犬进行免疫治疗时，使用昆虫抗原进行治疗的犬和使用环境中常规过敏原进行治疗的犬在缓解率上并无统计学差异。因此，研究人员认为，使用昆虫过敏原进行测试并不能减少皮肤试验阴性反应犬的数量，而含有昆虫过敏原的免疫治疗处方也不能提高缓解率。因此，虽然阳性皮内试验反应可能会提示当遗传性过敏体质犬在暴露在节肢动物过敏原环境中时可能会发生特应性皮炎，但是所检测到的抗昆虫过敏原性特异性IgE也有可能与患犬临床所表现的特应性皮炎症状无关。

据报道，大多数对昆虫过敏原产生皮内反应的犬都会表现出与特应性皮炎相似的临床症状，并且所有对昆虫产生皮内反应的犬也会对尘螨或其他与特应性皮炎相关的过敏原产生阳性反应。在美国西南部，对常规过敏原（花粉、霉菌、上皮细胞、跳蚤和屋尘螨）产生阴性皮内试验反应的可疑性遗传性过敏体质犬中，有50%的犬会对一种或多种昆虫或蛛形纲产生阳性皮内反应[599]。

人们也研究过昆虫（家蝇、马蝇、鹿蝇、石蛾、黑蝇、黑蚁、火蚁、蛾子、蚊子、蟑螂和跳蚤）之间的交叉反应[619]。黑蝇、黑蚁、蟑螂和跳蚤之间具有明显的交叉反应。可以引发过敏反应的耳螨及疥螨会和尘螨产生交叉反应[620,621]。目前还不清楚这些交叉反应是否具有临床相关性，也不知道它们能否有助于减少免疫治疗中所需过敏原的数量。虽然初步研究显示昆虫过敏原的使用并无临床改善效果[598]，这也就反驳了这些交叉反应的临床意义，但是我们还需要对昆虫过敏及其在遗传性过敏体质病例身上的作用进行深入的研究。

除了Ⅰ型过敏反应，病患在感染昆虫后也会发生Ⅲ型过敏反应。被蜘蛛或其他昆虫叮咬后发生脉管炎的病例在兽医中也偶有报道，而在人医上相关的报道有很多[622,623]。

（二）临床症状

昆虫过敏反应引起的临床症状有多种表现。由于引起过敏反应的昆虫不同，有的患犬会表现出与特应性皮炎相似的症状，也有些患犬则会出现各种皮肤病变。该病没有年龄、品种和性别倾向性。该病通常发病突然，偶尔会与

动物所生活的环境中昆虫或蛛形纲动物数量的增多有关。

该病的主要症状是瘙痒，但是如果过敏反应是由叮咬而非其他暴露途径引起的，则会出现红色斑丘疹性皮炎。由于致病过敏原的不同，有些病例的症状会是季节性的，并且在温暖气候下最为严重。慢性瘙痒会引起皮肤脱毛、结痂、苔藓化以及继发性细菌性脓皮病。慢性病例偶尔也会出现结节或坚硬斑块。最常见的感染部位有面部、腹部、腹股沟、腋下、四肢末端和耳郭。

人们已对火蚁（*Solenopsis invicta*）叮咬引起犬的临床症状和组织病理学变化进行了详细研究[624]。在该研究中4只成年犬在试验条件下被火蚁叮咬，然后在不同的时间点（从15min一直到72h）对叮咬部位进行肉眼观察，并在叮咬后的15min以及6h、24h、48h、72h进行组织学检查。在15min时的眼观变化为肿胀和红斑，而显微镜下的变化为血管充血和真皮表层水肿。至第6h发生的病变有红斑性丘疹，镜下显示为真皮层坏死和炎症。从第24h至第72h，（肉眼观察）叮咬部位完全恢复正常。在整个试验期间患犬一直存在瘙痒症状但程度有所变化。曾有1只犬在自然状态下被火蚁叮咬后出现了脓疱性皮肤病[625]。其病变是在腹部出现成片的非囊性脓疱。

被蜜蜂和胡蜂叮咬后出现的临床症状有红斑、水肿以及被叮咬部位产生疼痛。被叮咬动物偶尔也会出现局部反应。如果发生致命性的过敏症状，一般会在动物被叮咬后的10min内出现。动物被昆虫叮咬后可能出现的反应有4种：局部反应、区域性反应、全身性过敏反应以及并不常见的迟发型过敏反应。

被蜘蛛叮咬的动物皮肤通常会出现典型的"靶心"型损伤，即在一个红斑区的内部出现一块白色缺血区，随着病灶的成熟这一白色缺血区会变成黑色的坏死点。该病的全身症状并不常见，而一旦出现就有可能是致命性的。最常见的症状为溶血性贫血并伴有严重的血红蛋白尿。

有人将捕鸟蛛科蜘蛛叮咬后的犬和人作为一个系列进行了样本收集和研究[626]。这些蜘蛛由一位蜘蛛学专家进行鉴定到属和种这两个等级。在人上确定了9例是被捕鸟蛛科蜘蛛叮咬的，而在犬上确定了7例。所鉴定的蜘蛛中包括2种捕鸟蛛属（*Selenocosmia* spp.）的蜘蛛和2种 *Phlogiellus* 属（*Phlogiellus* spp.）的蜘蛛。人类的9例蜘蛛叮咬病例均未出现严重症状。最常见的症状就是疼痛，在疼痛程度被记录了下来的7例中有4例出现严重疼痛。其他常见的症状包括皮肤出现叮咬痕迹或出血。在9例中有1例出现轻微的全身症状。在犬上有7例蜘蛛[捕鸟蛛属（*Selenocosmia* spp）和*Phlogiellus*属（*Phlogiellus* spp）叮咬疾病，而其中有2例，当犬被叮咬后其主人也被叮咬了。在全部7例中，犬被叮咬后的0.5~2h内就全部死亡了。这一小部分由澳大利亚捕鸟蛛科蜘蛛叮咬的病例为这些蜘蛛对人产生的毒性作用给予了提示。这些蜘蛛的叮咬对人没有严重影响，但对犬却有剧毒性。

（三）组织病理学

大多数昆虫过敏反应都与皮肤的嗜酸性粒细胞浸润有关，这通常发生在血管周，也会发生浅表血管周增生性皮炎，并伴有单核细胞、肥大细胞以及嗜酸性粒细胞浸润。结节或斑块样病变会表现出多结节淋巴细胞型或肉芽肿型皮炎，并伴有大量嗜酸性粒细胞。火蚁叮咬后的组织病理学变化包括表皮内中性粒细胞性脓疱和中性粒细胞性间质性皮炎[608]。此外，也会出现大面积的胶原蛋白变性。

（四）诊断

该病的鉴别诊断包括特应性皮炎、疥疮、食物不良反应、细菌性毛囊炎和疖病以及接触性过敏。昆虫过敏和其他环境过敏原引起的特应性皮炎之间的区别性特征就是昆虫过敏病例会出现丘疹。该病需根据动物的病史和体格检查进行诊断，而当动物对昆虫或蛛形纲过敏原出现阳性皮内试验反应时才能确诊。

对于出现脉管炎型病变（例如红斑、紫色斑疹、局部坏死）的犬，查找引起脉管炎的其他原因并排除药物性皮炎的可能性是非常重要的。对于这些病例，鉴别诊断包括多形性红斑和毒性表皮坏死松解症。对于老年病例还应考虑到蕈样真菌病。

对于蜜蜂和胡蜂的叮咬需要根据临床症状以及可能的接触史进行诊断。血清学检查有助于昆虫过敏原特异性IgE的鉴定[627,628]，但是对于非常严重的Ⅰ型过敏反应病例禁止使用皮内试验检测。对从丘疹中采集的样本进行细胞学检查会显示出嗜碱性和嗜酸性粒细胞的混合型浸润。

（五）治疗

该病的治疗包括避免接触过敏原，严格控制昆虫接触以及对症治疗。及时辨别疾病并进行初步治疗对于膜翅目昆虫叮咬引起的过敏反应病例的有效护理非常重要[629]。大多数膜翅目昆虫叮咬引起的都是自限性过敏反应，不经治疗就可在几小时内消退。不过，致命性的过敏反应发病迅速，因此所有被叮咬的动物都要接受密切监测和观察。对普通叮咬的治疗主要是保守治疗（应用抗组胺药，冰敷或冷敷，局部应用利多卡因或皮质类固醇洗液）。

如果可能的话，最好的治疗方法就是避免接触过敏原，但是有些昆虫和蛛形纲动物过敏原在高峰季节是雾化的，所以动物不可能不接触它们。避免接触抗原的最好方法就是尽可能地将动物限制在室内并像控制跳蚤那样对昆虫进行严格控制。使用抗炎剂量的糖皮质激素进行药物治疗通常是有效的。最常用的是泼尼松，1mg/kg，每天1次，直到症状得到控制（3~7d），然后按隔天1次的方案进行给药。对于无法避免接触过敏原的病例可以尝试免疫治疗，而且有一小型研究评估了终点滴定（End point titration）的效果并且对于有些病例效果还是不错的[629a]。使用毒液进行的免疫治疗方法在兽医上的应用还有待进一步的研究。

十、储藏螨过敏

螨虫大体上可分为两类：屋尘螨（Pyroglyphid mites）和非屋尘螨（Nonpyroglyphidmites）。屋尘螨是指室内尘螨（House dust mites），非屋尘螨是指储藏螨（Storage mites）。储藏螨包括寄生在储存的食物（包括储存粮）中的粗脚粉螨（Acarus siro）、腐食酪螨（T. putrescentiae）以及嗜鳞螨属（Lepidoglyphus）、无爪螨属（Blomia）、食粉螨属（Aleuroglyphus）、嗜甜螨属（Glycyphagus）和皱皮螨属（Suidasia）的各种螨虫。储藏螨主要存在于农业环境中，它们会造成农民和农作物加工人员等相关职业人员的过敏，但是现在也被认为是城市住宅室内尘埃中的一种重要过敏原[630-632]。在人医中的研究显示，不同的地区所存在的储藏螨的种类及其严重程度是不同的，例如，在欧洲主要的螨虫为害嗜鳞螨（Lepidoglyphus destructor），而在南美洲最流行的是热带螨（B. tropicalis）[633,634]。此外，在这些研究报道中，经常出现对屋尘螨和储藏螨都具有高IgE活性的复合物，这说明存在共致敏作用或交叉反应，或者两者都存在。

据报道，在特应性皮炎患犬身上，储藏螨是一种潜在的临床相关性过敏原。在一项研究中，对特应性皮炎患犬血清中抗粗脚粉螨、热带螨和腐食酪螨IgE的存在情况进行了检测，发现有94%的犬其血清中的IgE能够抵抗一种或几种储藏螨提取物中的蛋白成分[635]。在储藏螨过敏性犬中，血清中含有抗粗脚粉螨、热带螨和腐食酪螨提取物中蛋白质IgE的犬的比例分别为95%、92%和89%，有82%的犬含有的血清IgE至少能抵抗这三个物种中的一种蛋白。该过敏症中多数主要过敏原的分子量都在80kD以上。其中，血清中含有抗储藏螨蛋白IgE的犬比含有抗屋尘螨[粉尘螨（D. farinae）和欧洲屋尘螨（D. pteronyssinus）]蛋白IgE的犬的比例高。因此，研究人员认为，许多特应性皮炎患犬的血清中都含有抗多种储藏螨过敏原的IgE，犬的储藏螨过敏至少与尘螨过敏同样重要。

在另一研究中，使用储藏螨提取物作为过敏原，对53只犬进行皮内试验，结果显示储藏螨过敏十分常见[636]。在29例犬中只有4例的皮肤反应显示对最常见的储藏螨即粗脚粉螨（Acarus siro）无过敏症状；而在出现过敏反应相关症状的24例犬中，有18例产生了相应的皮肤反应。

在最近的一项研究中，在健康犬和特应性皮炎患犬身上专门研究了腐食酪螨（T. putrescentiae）提取物的致敏反应。此研究中的犬为生活在科罗拉多州（屋尘螨在此并不流行）的犬，研究发现对于任何浓度的腐食酪螨提取物，健康犬和特应性皮炎患犬所产生的阳性反应率之间并无差异[637]。

储藏螨过敏能否作为一种独立的疾病发生，目前仍存在争议。储藏螨过敏的临床症状看上去与特应性皮炎的类似。在体内和体外研究中都已发现储藏螨和屋尘螨之间的交叉反应[144,210]。在屋尘螨和储藏螨各自及相互之间广泛存在的交叉反应可以对患有特应性皮炎的尘螨敏感性犬进行过敏检测（皮内试验和血清学检测）所出现的假阳性结果给予解释。在一实验模型中，研究者对储藏螨过敏引起的临床症状以及储藏螨过敏和屋尘螨过敏之间交叉反应产生的临床症状之间的相关性进行了研究。当屋尘螨敏感性犬经口腔或皮肤途径与储藏螨接触时，就会表现出特应性皮炎的临床症状[144]。

目前还比较缺乏专门针对储藏螨的脱敏化研究，同时也不清楚靶向屋尘螨的免疫治疗能否减轻储藏螨所引起的过敏反应。在个别报道中，犬食用罐头日粮可以改善症状，而食用干粮后就会复发。这种改善是否是因为清除了储藏螨，抑或存在其他未诊断出的食物不良反应，这些目前都不清楚。由于已经发现储藏螨是室内尘埃的重要组成部分，因此仅仅不使用干粮并非避免接触储藏螨的有效方法。如果皮内试验反应显示的唯一结果还是螨虫感染，那么在对螨虫进行免疫治疗之前应先对疥疮进行治疗。

十一、耳螨过敏

已有研究表明猫的耳螨感染中存在过敏反应。由于被动皮肤过敏反应中，72h内就能检测到反应素（IgE）抗体，所以现已证实反应素（IgE）抗体是机体在试验条件下被感染后最早期的免疫表达形式[638]。在临床上，耳螨过敏表现为广泛的瘙痒性丘疹性皮炎，可以使用伊维菌素进行治疗。由于过敏反应的发展过程不同，因此在耳拭子或皮肤刮擦检查中可能无法发现螨虫。

十二、犬嗜酸性疖病

犬嗜酸性疖病主要发生在犬的面部，通常发病急，对糖皮质激素治疗有较好的反应效果[639]。

（一）病因和发病机理

虽然目前还不完全清楚该病的确切病因和发病机理，但在大多数病例中，节肢动物或昆虫叮咬是诱发因素。虽然有些病例可能没有明显的昆虫接触史，也可能是发生在没有昆虫的冬季，但是在大多数报道中的病例都接触过火蚁、蜜蜂或胡蜂。

（二）临床症状

该病的典型病史和临床症状是突发丘疹、结节、痂皮和渗出性病灶[640]。早期的病灶可能是囊疱性的。瘙痒可能会很严重，但是有些病例表现的不是瘙痒而是疼痛。而且，有些动物看起来是健康无病症的，而有些动物则会表现出全身性症状，例如发热、厌食和不安。虽然目前还不确定该病的年龄和品种倾向性，但是似乎大型青年犬多发此病，这可能与它们的生活方式和天生好奇的行为（例如室外活动较多）有关。通常病变的部位包括鼻梁和口鼻部（图8-17）。在有些病例中，眼周部位、四肢和躯干的无毛区也会出现病变。该病很少出现复发，这说明犬学会了如何避免接触刺激性昆虫或过敏原。

（三）诊断

该病需要进行的鉴别诊断包括鼻部葡萄球菌毛囊炎和疖病。如果病变持续不退，还应考虑到皮肤真菌病。不过，面部的嗜酸性疖病具有明显的病史和症状，这就使得临床诊断相当简单。细胞学检查会发现大量的嗜酸性粒细胞。偶尔也会出现胞内含有细菌的退化性中性粒细胞，此时就有可能说明出现了继发性细菌性脓皮症。在报道中接受检查的9只犬中，有7只犬出现嗜酸性粒细胞增多症[622,641]。

（四）组织病理学

该病的皮肤活检会显示嗜酸性粒细胞浸润性壁型毛囊炎、嗜酸性粒细胞性腔型毛囊炎以及嗜酸性疖病[642]。在少数病例中也会出现中性粒细胞、淋巴细胞和巨噬细胞。真皮层及皮下黏蛋白增多和溃疡也很常见。此外，真皮还会经常出现一处或多处出血或火焰状图形。

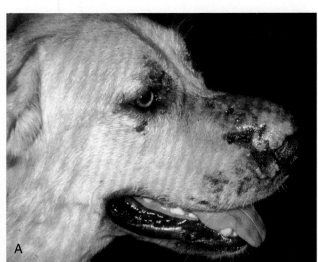

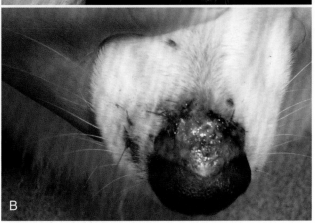

图8-17 A、B. 具有挖掘习性的2只犬身上的犬嗜酸性疖病。在鼻部迅速出现严重瘙痒性红斑

（五）临床管理

该病预后良好。应用糖皮质激素进行全身性治疗是非常有效的，大多数犬症状会在24~48h内出现缓解，而在10~14d内病变会完全消退。口服泼尼松进行治疗通常是有效的，按照剂量1~2mg/kg，每天使用1次，直到症状基本消退，然后隔天使用1次。

十三、肠道寄生虫过敏

犬、猫以及人的各种肠道寄生虫（蛔虫、球虫、钩虫、绦虫和鞭虫）感染极少会引起瘙痒性皮肤病[643-645]。目前还不清楚这一类皮肤病的发病机理，但有人认为可能是Ⅰ型过敏反应。虽然还不清楚其发病机理，但是将寄生虫清除后，临床症状就会消退。临床症状通常包括瘙痒性丘疹结痂性皮炎、皮脂溢，偶尔也会出现荨麻疹。有些病例在没有皮肤损伤的情况下可能也会出现瘙痒。该病没有年龄、品种和性别倾向性的相关报道。

根据病史、体格检查、粪便检查和治疗效果进行诊断。皮肤活检会显示不同程度的浅表血管周皮炎（单纯性、棘细胞层水肿性、增生性）同时伴有或多或少的嗜酸性粒细胞，但这并不具有诊断性。

该病的治疗包括寄生虫的驱除和局部对症治疗（用香波清洗），以及全身性药物（糖皮质激素）治疗。

（一）Straelensia Cynotis诱发性皮炎

近期在犬上报道了Straelensia cynotis诱发的严重瘙痒性丘疹结节性皮炎[646,647]。目前还不清楚这是否真的是由这种寄生虫引起的过敏反应。Straelensiosis是由S. cynotis幼虫引起的一种恙螨病，是新近发现的一种犬结节性皮炎病因。Straelensiosis最初是由Le Net及其同事在法国犬身上鉴定出来的，能引起犬的结节性皮炎。Fain和Le Net公布了这些螨虫的形态特征，并将其划定为一个新品种：S. cynotis，绒螨总科，列恙螨科。

（二）心丝虫病

在犬上已发现了许多与心丝虫（Dirofilaria immitis）感染（心丝虫病）相关的罕见皮肤病[648]。目前还不清楚这些皮肤病的发病机制，不过有人推测是由心丝虫微丝蚴（D. immitis microfilaria）引起的过敏反应所致。该病没有年龄、品种和性别倾向性的相关报道。在意大利西北部的一个流行匐行恶丝虫（Dirofilaria repens）微丝蚴感染的地区，有28只感染犬身上出现了伴有红斑、丘疹、脱毛、结痂和结节的瘙痒性皮炎[649]。对这些犬所进行的心丝虫（D. immitis）和棘唇线虫（Acanthocheilonema reconditum）的Knott试验和抗原检测结果都呈阴性。使用杀丝虫药进行宏观和微观治疗后，这些犬的皮肤症状完全消退。

微丝蚴会引起瘙痒性丘疹结节性或斑块样皮炎以及身

体外周部位（尤其是头和四肢）的溃疡。有些病例的症状类似犬的疥疮，而有的却主要表现为结节和囊肿，尤其是在指（趾）间。临床上也可能会出现弥散性皮脂溢。根据患犬的病史、体格检查、外周血和皮肤样本中的心丝虫微丝蚴检查结果（排除引起皮炎的其他病因）以及进行心丝虫病治疗后产生的反应对该病进行诊断。大多数心丝虫病患犬会出现外周血嗜酸性粒细胞增多以及高丙种球蛋白血症。大约有50%的患犬也会出现外周血嗜碱性粒细胞增多症。由于患犬会产生抗微丝蚴抗原的免疫介导反应，大约在20%的心丝虫病患犬的外周血中检测不到微丝蚴（隐蔽型心丝虫病）。对心丝虫病引起的皮肤结节进行组织学检查结果显示为浅表和深层的血管周性和结节性皮炎，并伴有大量嗜酸性粒细胞。可以使用杀成虫药和杀微丝蚴药物进行治疗。皮肤病变会在杀微丝蚴药物治疗结束后的5～8周内痊愈。

（三）丝虫性皮炎

与盘尾丝虫科线虫相关的皮炎在犬上很少见，通常都是由心丝虫（*D. immitis*）引起的。在不同的地区也报道了丝虫总科的其他几种线虫所引起的犬皮炎[650]。然而，很少能发现皮肤病变。在一篇公布的报道中，在10只犬的皮肤中发现了一种丝虫类线虫而非心丝虫（*Dirofilaria*）或双瓣线虫（*Dipetalonema*）[651]。所有的患犬都来自美国西南部。患犬身上出现一处或多处脱毛性丘疹或斑块以及不同程度的红斑、痂皮、瘢痕和溃疡。有80%的患犬出现瘙痒症状。所有患犬的背部均出现病变。对这些犬进行的心丝虫抗原检测呈阴性，而组织病理学结果为阳性（在微肉芽肿中含有丝虫片段，或者在真皮或皮下组织中存在游离片段）。其中有1例病例，在其皮肤组织中发现了一种丝虫成虫，经鉴定这种丝虫为棘唇线虫（*Acanthocheilonema* spp.）。在接受治疗和随访的患犬中，伊维菌素或手术切除联合类固醇和抗生素进行的治疗均产生了疗效。

十四、激素过敏

对于犬和人，激素过敏是与性激素过敏反应相关的一种非常罕见的瘙痒性丘疹结痂性皮炎[652,653]。在美国，由于动物都会进行常规去势或绝育，因此这种疾病比以前更为罕见。

虽然在犬上还不清楚这种皮炎的发病机理，但是皮内过敏试验结果和对孕酮进行的嗜碱性粒细胞脱颗粒检测结果显示可能存在针对内源性孕酮、雌激素或睾酮的 I 型和 Ⅳ 型过敏反应[654,655]。人会产生各种皮肤病变，包括荨麻疹、多形性细胞瘤、口腔炎、瘙痒性红斑性皮炎以及水泡。产生的反应主要由孕酮诱导的，不过雌激素也可能参与其中。对于人孕酮诱导的自身免疫性皮炎是一种罕见的激素过敏反应，通常表现为湿疹或荨麻疹的周期性复发，这与人月经黄体期所现出的孕酮峰值相一致[656-658]。患该病的

病例会产生抗孕酮抗体（通常为IgG），皮肤斑贴和点刺试验结果呈阳性，针对孕酮的嗜碱性粒细胞脱颗粒检测呈阳性，皮肤被动转移试验呈阳性（PK试验阳性结果）[659]。

该病在犬上没有年龄和品种倾向性的相关报道，但存在性别倾向性，据报道有90%以上的病例为未绝育的母犬。患病母犬通常都有反复假孕或发情周期紊乱的病史。皮肤症状包括瘙痒、红斑、结痂性丘疹，一般起始于臀背部、会阴部、外阴部和大腿中下部，并且是双侧对称性的，逐渐向身体前部蔓延。在慢性病例中，出现病变的部位通常为足部、面部和耳部。外阴和乳头肿大也很常见。母犬的皮肤症状通常与发情或假孕同时发生，且以后每发生1次，症状就更加严重，持续时间也更长，直到母犬出现一定程度的持续性瘙痒性皮炎。在公犬身上，皮肤症状没有季节性。

该病的鉴别诊断包括跳蚤叮咬性过敏、食物过敏、特应性皮炎、药疹以及葡萄球菌性毛囊炎。应根据动物的病史、体格检查、皮内过敏试验结果以及病例对治疗的反应进行确诊。有研究人员使用孕酮（0.025mg）、雌激素（0.0125mg）和睾酮（0.05mg）的水溶剂做过皮内过敏试验，并且观察到了皮肤的速发型和迟发型过敏反应。但是，目前很难获得这些激素的水溶液形式，所以最终还是依靠临床症状以及症状与发情周期之间的时间关系进行诊断。

该病的组织病理学检查会显示不同程度的浅表血管周皮炎（单纯性、棘细胞层水肿性、增生性），炎性细胞主要为中性粒细胞或单核细胞。如果能进行去势或绝育，激素过敏病例则预后良好。该病的治疗包括卵巢子宫切除术或去势术以及局部对症治疗和全身性药物治疗。去势或绝育后的疗效是显著的，在5～10d内就能出现明显改善。全身应用糖皮质激素治疗的效果通常并不理想。对于母犬而言，睾酮注射反应检测（1mg/kg，肌内注射）可以有效地辅助术前诊断，在7d内瘙痒症状会明显缓解。公犬通过口服雌激素也可以产生相似的效果。

十五、细菌过敏

对于犬，细菌过敏（葡萄球菌过敏）是一种罕见的严重瘙痒性脓疱性皮炎，可能是一种与葡萄球菌抗原有关的过敏反应。以前也研究针对细菌过敏进行过治疗[660]，但是就目前来看，针对细菌过敏的治疗并不是皮肤病学的常规治疗手段。

细菌作为抗原可以诱发遗传性过敏体质个体的过敏反应，这一点在前文的犬特应性皮炎章节中已经讨论过。目前已证实葡萄球菌抗原，无论单独存在还是与抗体结合，都能刺激中性粒细胞（分叶核）并抑制单核细胞的功能[661]。这种机制可能在犬的葡萄球菌反复感染中起到一定的作用，不过文献中也报道过抗生素敏感性瘙痒[662]，但是在无特应性疾病的情况下是否存在真正的细菌过敏反应，这仍需要进一步的研究。

在近期的一项前瞻性研究中，将出现皮肤病变、临床症状，并且在细胞学检查中发现细菌过度生长的8只犬与4只正常犬进行了比较，结果发现伪中间型葡萄球菌（*S. pseudintermedius*）过度生长的患犬在身体腹部出现明显的瘙痒、油腻性皮脂溢、恶臭、红斑、皮肤苔藓化、色素过度沉着、脱皮和脱毛症状，但未出现丘疹、脓疱、表皮环形脱屑或结痂症状[663]。被感染患犬体内的抗葡萄球菌IgG水平较高，但抗葡萄球菌IgE的水平较低，这说明葡萄球菌过敏并不是本质上的病理过程。抗生素治疗对所有的患犬都有一定效果，而在8只患犬中有5只患有潜在的过敏性疾病。

在另一项研究中，对具有先天复发性脓皮症的犬、由遗传过敏性疾病引起复发性脓皮症的犬、非复发性脓皮症患犬和健康犬进行了抗葡萄球菌IgG和IgE抗体的检测，结果发现，与正常犬相比，皮肤感染葡萄球菌的所有患犬的血清中抗葡萄球菌IgG的平均水平明显升高[664]。复发性深层脓皮症患犬血清中的抗葡萄球菌IgG的平均水平最高。由先天过敏性疾病引起复发性脓皮症的患犬和先天复发性浅表脓皮症患犬的血清中抗葡萄球菌IgE的平均水平明显比其他几组的高。这些结果支持了细菌过敏在某些动物身上会引发或至少维持皮肤病变这一理论。目前还不清楚这种免疫反应是原发性的（从而引发该病），还是仅仅只是感染后的一种表现（即该病引发的结果）。

还有一研究在临床表现正常的犬、患复发性脓皮症的遗传过敏性犬以及单发性脓皮症患犬身上进行了伪中间型葡萄球菌外毒素的研究，结果也未发现病变类型及瘙痒程度与外毒素之间的相关性[665]。因此，研究人员认为，伪中间型葡萄球菌产生的外毒素与遗传过敏性犬脓皮症的复发本质、病变的类型以及脓皮症引起的瘙痒程度没有关系。

目前还不清楚犬细菌过敏的发病机理，不过有研究显示存在Ⅲ型过敏反应，可能还存在Ⅰ型过敏反应[666]。复发细菌性脓皮症的患犬含有高水平的循环免疫复合物，而且这些免疫复合物可能含有刺激犬中性粒细胞的葡萄球菌抗原。这种葡萄球菌免疫复合物能引起脉管炎。由细菌性脓皮症引起脉管炎的病例已有报道，但是还未确定其确切的致病原因。

与犬细菌过敏相关的临床症状为严重的瘙痒并伴有浅表或深层的脓疱性和皮脂溢性皮炎。细菌过敏症患犬会出现红斑性脓疱和血疱。以环形或弓形的中心红斑区或色素过度沉着区、脱毛区以及脱皮区向周围蔓延并经常汇合成一片的情况也很常见，但这并不具有诊断性。有些病变会出现明显的紫癜。曾有1例患犬对抗生素产生过敏反应，造成了大面积的非损伤性瘙痒，不过这样的病例极为罕见[645]。大多数患犬伴有复发性疾病，这使得它们易发生细菌过敏或者强化细菌过敏反应，就像一种潜在的过敏或慢性感染源。

该病的鉴别诊断包括细菌性毛囊炎、蠕形螨病、皮肤真菌病、皮脂溢性皮肤病、角膜下脓疱性皮肤病、无菌性嗜酸性脓疱、落叶型天疱疮、特应性皮炎、食物不良反应、疥疮和跳蚤过敏。主要根据患犬的病史、体格检查、细菌培养结果和皮肤活检结果进行确诊。组织病理学检查显示为不同程度的脉管炎和表皮内脓疱性皮炎或毛囊炎和疖病[649]。脉管炎通常为混合性的（中性粒细胞和单核细胞），而且经常出现白细胞破碎。虽然以前用葡萄球菌细胞壁类毒素产品进行皮内过敏试验作为诊断检测手段，但是由于这种产品的作用有限而且会产生不良反应（有时会很严重），所以现在已经不再使用。其不良反应包括进行试验部位的皮肤坏死、溃疡和严重的瘙痒。

犬细菌过敏的治疗通常包括潜在病因的鉴定和（大多数病例中）对潜在特应性疾病的控制。有些病例可能需要长期的抗生素治疗。本章的作者（RM）曾开过含菌苗产品的处方，但随后发现真正的先天性病例极少。所以在大多数病例，可以鉴定出潜在病因并能将其纠正过来，因此不需要采用生物免疫治疗。不过，部分临床医师仍在使用一些生物免疫疗法。

十六、真菌过敏

对于人，真菌引起的皮肤过敏反应是很重要的，但这种反应在犬、猫上的重要性仍在研究中。研究人员已经在遗传性过敏个体身上对马拉色菌（*Malassezia*）过敏进行了大量研究（见特应性皮炎章节中的讨论）。真菌脓癣是由皮肤真菌引起的过敏反应。被犬小孢子菌（*Microsporum canis*）感染的患猫身上出现的全身瘙痒性结痂性丘疹（粟粒状皮炎）可能就是由过敏反应所致的，而且在皮肤真菌病患猫身上能检测到（速发型和迟发型）过敏反应，并可以将其用于评估患猫的免疫反应[667]。

参考文献

[1] Nassif A: Is chronic urticaria an atopic condition? *Eur J Dermatol* 17(6):545–546, 2007.
[2] Asero R, Riboldi P, Tedeschi A, et al: Chronic urticaria: A disease at a crossroad between autoimmunity and coagulation. *Autoimmun Rev* 7(1):71–76, 2007.
[3] Nettis E, Pannofino A, D'Aprile C, et al: Clinical and aetiological aspects in urticaria and angio-oedema. *Br J Dermatol* 148(3):501–506, 2003.
[4] Marsland AM: Autoimmunity and complement in the pathogenesis of chronic urticaria. *Curr Allergy Asthma Rep* 6(4):265–269, 2006 Jul.
[5] Vitale CB, et al: Putative diethylcarbamazine-induced urticaria with eosinophilic dermatitis in a dog. *Vet Dermatol* 5:197, 1994.
[6] Moore GE, Guptill LF, Ward MP, et al: Adverse events diagnosed within three days of vaccine administration in dogs. *J Am Vet Med Assoc* 227(7):1102–1108, 2005 Oct 1.
[7] Wolfrom E, Chêne G, Lejoly-Boisseau H, et al: Chronic urticaria and *Toxocara canis* infection: A case-study. *Ann Dermatol Venereol* 123:240, 1996.
[8] Edom G: The uncertainty of the toxic effect of stings from the Urtica nettle on hunting dogs. *Vet Hum Toxicol* 44(1):42–44, 2002.
[9] Noxon JO: Anaphylaxis, urticaria, and angioedema. *Semin Vet Med Surg* 6:265, 1991.
[10] Nichols PR, Morris DO, Beale KM, et al: A retrospective study of canine and feline cutaneous vasculitis. *Proc Annu Memb Meet Am Acad Vet Dermatol Am Coll Vet Dermatol* 14:27, 1998.
[11] Michael SG, Andrew SK: Atopic disease in childhood. *The Medical Journal of Australia Practice Essentials – Paediatrics* 182(6):298–304, 2005.

[12] Olivry T, DeBoer DJ, Griffin CE, et al: The ACVD task force on canine atopic dermatitis: forewords and lexicon. *Vet Immunol Immunopathol* 81(3-4):143–146, 2001 Sep 20.

[13] Halliwell R: Revised nomenclature for veterinary allergy. *Vet Immunol Immunopathol* 114(3-4):207–208, 2006 Dec 15.

[14] Hillier A, Griffin CE: The ACVD task force on canine atopic dermatitis (I): incidence and prevalence. *Vet Immunol Immunopathol* 81(3-4):147–151, 2001.

[15] Halliwell REW, Schwatrzman RM: Atopic disease in the dog. *Vet Record* 89:209–213, 1971.

[16] DeBoer DJ: Survey of intradermal skin testing practices in North America. *J Am Vet Med Assoc* 15; 195(10):1357–1363, 1989.

[17] Hill PB, Lo A, Eden CA, et al: Survey of the prevalence, diagnosis and treatment of dermatological conditions in small animals in general practice. *Vet Rec* 158(16):533–539, 2006.

[18] Guttman-Yassky E: Atopic dermatitis1. *Curr Probl Dermatol* 35:154–172, 2007.

[19] McNally NJ, Phillips DR, Williams HC: The problem of atopic eczema: aetiological clues from the environment and lifestyles. *Soc Sci Med* 46(6):729–741, 1998.

[20] Looringh van Beeck FA, Hoekstra H, Brunekreef B, et al: Inverse association between endotoxin exposure and canine atopic dermatitis. *Vet J* 190(2):215–219, 2011.

[21] Meury S, Molitor V, Doherr MG, et al: Role of the environment in the development of canine atopic dermatitis in Labrador and golden retrievers. *Vet Dermatol* 22(4):327–334, 2011.

[22] Willemse T: Comparative aspects of canine and human atopic dermatitis. *Semin Vet Med Surg Small Anim* 3(4):255, 1988.

[23] Marsella R, Olivry T: Animal models of atopic dermatitis. *Clin Dermatol* 21(2):122–133, 2003.

[24] Olesen AB: Role of the early environment for expression of atopic dermatitis. *J Am Acad Dermatol* 45(1 Suppl):S37–S40, 2001.

[25] Iizuka M, Katsuyama Y, Mabuchi T, et al: Genetic association analysis using microsatellite markers in atopic dermatitis. *Tokai J Exp Clin Med* 27(2):51–56, 2002.

[26] Vasilopoulos Y, Cork MJ, Murphy R, et al: Genetic association between an AACC insertion in the 3'UTR of the stratum corneum chymotryptic enzyme gene and atopic dermatitis. *J Invest Dermatol* 123(1):62–66, 2004 Jul.

[27] Sugiura H, Ebise H, Tazawa T, et al: Large-scale DNA microarray analysis of atopic skin lesions shows overexpression of an epidermal differentiation gene cluster in the alternative pathway and lack of protective gene expression in the cornified envelope. *Br J Dermatol* 152(1):146–149, 2005.

[28] Barker JN, Palmer CN, Zhao Y, et al: Null mutations in the filaggrin gene (FLG) determine major susceptibility to early-onset atopic dermatitis that persists into adulthood. *J Invest Dermatol* 127(3):564–567, 2007.

[29] Weidinger S, Illig T, Baurecht H, et al: Loss-of-function variations within the filaggrin gene predispose to atopic dermatitis with allergic sensitizations. *J Allergy Clin Immunol* 118(1):214–219, 2006.

[30] Rogers AJ, Celedón JC, Lasky-Su JA, et al: Filaggrin mutations confer susceptibility to atopic dermatitis but not to asthma. *J Allergy Clin Immunol* 120(6):1332–1337, 2007.

[31] Zirwas MJ: The role of filaggrin mutations as an etiologic factor in atopic dermatitis. *Arch Dermatol* 143(11):1437–1438, 2007.

[32] Sousa CA, Marsella R: The ACVD task force on canine atopic dermatitis (II): genetic factors. *Vet Immunol Immunopathol* 81(3-4):53–57, 2001.

[33] Vriesendorp HM, Smid-Mercx BM, Visser TP, et al: Serological DL-A typing of normal and atopic dogs. *Transplant Proc* 7(3):375–377, 1975.

[34] Schwartzman RM: Immunologic studies of progeny of atopic dogs. *Am J Vet Res* 45(2):375–378, 1984.

[35] DeBoer DJ, Hill P: Serum immunologlubulin E concentraions in West Highland White Terrier puppies do not predict the development of atopic dermatitis. *Vet Dermatol* 10:275–281, 1999.

[36] Egli KS, Schiessl B, Roosje PJ, et al: Evaluation of the usefulness of sensitization to aeroallergens as a model for canine atopic dermatitis in genetically predisposed Beagles. *Am J Vet Res* 63(9):1329–1336, 2002.

[37] de Weck AL, Mayer P, Stumper B, et al: Dog allergy, a model for allergy genetics. *Int Arch Allergy Immunol* 113(1-3):55–57, 1997.

[38] Shaw SC, Wood JL, Freeman J, et al: Estimation of heritability of atopic dermatitis in Labrador and Golden Retrievers. *Am J Vet Res* 65(7):1014–1020, 2004.

[39] Stenshamn K, Bongcam-Rudloff E, Salmon Hillbertz N, et al: Evaluation of kallikrein 7 as a disease-causing gene for canine atopic dermatitis using microsatellite-based association mapping. *Anim Genet* 37(6):601–603, 2006.

[40] Salzmann CA, Olivry TJ, Nielsen DM, et al: Genome-wide linkage study of atopic dermatitis in West Highland White Terriers. *BMC Genet* 12:37, 2011 Apr 21.

[41] Wood SH, Ollier WE, Nuttall T, et al: Despite identifying some shared gene associations with human atopic dermatitis the use of multiple dog breeds from various locations limits detection of gene associations in canine atopic dermatitis. *Vet Immunol Immunopathol* 138(3):193–197, 2010 Dec 1.

[42] Barros Roque J, O'Leary CA, Kyaw-Tanner M, et al: PTPN22 polymorphisms may indicate a role for this gene in atopic dermatitis in West Highland white terriers. *BMC Res Notes* 4(1):571, 2011 Dec 30.

[43] Vickery BP: Skin barrier function in atopic dermatitis. *Curr Opin Pediatr* 19(1):89–93, 2007.

[44] Pilgram GS, Vissers DC, van der Meulen H, et al: Aberrant lipid organization in stratum corneum of patients with atopic dermatitis and lamellar ichthyosis. *J Invest Dermatol* 117(3):710–717, 2001 Sep.

[45] Marsella R, Olivry T, Carlotti DN; International Task Force on Canine Atopic Dermatitis: Current evidence of skin barrier dysfunction in human and canine atopic dermatitis. *Vet Dermatol* 22(3):239–248, 2011.

[46] Werner Y, Lindberg M: Transepidermal water loss in dry and clinically normal skin in patients with atopic dermatitis. *Acta Derm Venereol* 65:102–105, 1985.

[47] Hara J, Higuchi K, Okamoto R, et al: High-expression of sphingomyelin deacylase is an important determinant of ceramide deficiency leading to barrier disruption in atopic dermatitis. *J Invest Dermatol* 115:406–413, 2000.

[48] Macheleidt O, Kaiser HW, Sandhoff K: Deficiency of epidermal protein-bound omega-hydroxyceramides in atopic dermatitis. *J Invest Dermatol* 119:166–173, 2002.

[49] Inman AO, Olivry T, Dunston SM, et al: Electron microscopic observations of stratum corneum intercellular lipids in normal and atopic dogs. *Vet Pathol* 38(6):720–723, 2001.

[50] Yoon JS, Nishifuji K, Sasaki A, et al: Alteration of stratum corneum ceramide profiles in spontaneous canine model of atopic dermatitis. *Exp Dermatol* 20(9):732–736, 2011 Sep.

[51] Popa I, Thuy LH, Colsch B, et al: Analysis of free and protein-bound ceramides by tape stripping of stratum corneum from dogs. *J Arch Dermatol Res* 302(9):639–644, 2010 Nov.

[52] Popa I, Pin D, Remoué N, et al: Analysis of epidermal lipids in normal and atopic dogs, before and after administration of an oral omega-6/omega-3 fatty acid feed supplement. A pilot study. *Vet Res Commun* 35(8):501–509, 2011 Dec.

[53] Hightower K, Marsella R, Creary E, et al: *Evaluation of transepidermal water loss in canine atopic dermatitis: a pilot study in Beagle dogs sensitized to house dust mites*. The 23rd Proceedings of the North American Vet Dermatol Forum, Palm Springs, Calif., April 2008.

[54] Marsella R, Samuelson D: *Unraveling the skin barrier: a new paradigm for atopic dermatitis and house dust mites*, Advances in Veterinary dermatology. 6th World Congress, 2008, Hong Kong.

[55] Shimada K, Yoshihara T, Konno K, et al: Increase in Transepidermal Water Loss and decrease in ceramide content in the lesional and non lesional skin of canine atopic dermatitis. *Vet Dermatol* 19(1):19, 2008.

[56] Marsella R, Samuelson D, Harrington L: *Evaluation of filaggrin expression in sensitized atopic Beagles and in normal controls before and after allergen exposure*, Advances in Veterinary dermatology. 6th World Congress, 2008, Hong Kong.

[57] Roque JB, O'Leary CA, Kyaw-Tanner M, et al: Real-time PCR quantification of the canine filaggrin orthologue in the skin of atopic and non-atopic dogs: a pilot study. *BMC Res Notes* 4(1):554, 2011 Dec 21.

[58] Chervet L, Galichet A, McLean WH, et al: Missing C-terminal filaggrin expression, NFkappaB activation and hyperproliferation identify the dog as a putative model to study epidermal dysfunction in atopic dermatitis. *Exp Dermatol* 19(8):e343–6, 2010.

[59] Nimmo Wilkie JS, Yager JA, Wilkie BN, et al: Abnormal cutaneous response to mitogens and a contact allergen in dogs with atopic dermatitis. *Vet Immunol Immunopathol* 28(2):97–106, 1991.

[60] Hill PB, Moriello KA, DeBoer DJ: Concentrations of total serum IgE, IgA, and IgG in atopic and parasitized dogs. *Vet Immunol Immunopathol* 44(2):105–113, 1995.

[61] Olivry T, Moore PF, Affolter VK, et al: Langerhans cells hyperplasia and IgE expression in canine atopic dermatitis. *Arch Dermatol Res* 288:579–585, 1996.

[62] Marsella R, Olivry T, Nicklin C, et al: Pilot investigation of a model for canine atopic dermatitis: environmental house dust mite challenge of high-IgE-producing beagles, mite hypersensitive dogs with atopic dermatitis and normal dogs. *Vet Dermatol* 17(1):24–35, 2006.

[63] Willemse A, Noordzij A, Van den Brom WE, et al: Allergen specific IgGd antibodies in dogs with atopic dermatitis as determined by the enzyme linked immunosorbent assay (ELISA). *Clin Exp Immunol* 59(2):359–363, 1985.

[64] Fraser MA, McNeil PE, Gettinby G: Examination of serum total IgG1 concentration in atopic and non-atopic dogs. *J Small Anim Pract* 45(4):186–190,, 2004.

[65] Hou CC, Day MJ, Nuttall TJ, et al: Evaluation of IgG subclass responses against Dermatophagoides farinae allergens in healthy and atopic dogs. *Vet Dermatol* 17(2):103–110, 2006.

[66] Lian TM, Halliwell RE: Allergen-specific IgE and IgGd antibodies in atopic and normal dogs. *Vet Immunol Immunopathol* 66(3-4):203–223, 1998.

[67] Halliwell RE, DeBoer DJ: The ACVD task force on canine atopic dermatitis (III): the role of antibodies in canine atopic dermatitis. *Vet Immunol Immunopathol* 81(3-4):159–167, 2001 20.

[68] Halliwell REW, Gilbert SM, Lian TM: Induced and spontaneous antibodies to Dermatophagoides farinae in dogs and cats: evidence of functional heterogeneity of IgE *Vet Dermatol* 9:179–184, 1998.

[69] Peng Z, Arthur G, Rector ES, et al: 1997. Heterogeneity of polyclonal IgE characterized by differential charge, affinity to protein A, and antigenicity.

J Allergy Clin Immunol 100:87–95, 1997.

[70] Jackson HA, Miller HRP, Halliwell REW: 1996. Canine leucocyte histamine release: response to antigen and to anti-IgE. Vet Immunol Immunopathol 53:195–206, 1996.

[71] Grewe M, Bruijnzeel-Koomen CA, Schopf E, et al: A role for Th1 and Th2 cells in the immunopathogenesis of atopic dermatitis. Immunology Today 19:359–361, 1998.

[72] Spergel JM, Mizoguchi E, Oettgen H, et al: Roles of TH1 and TH2 cytokines in a murine model of allergic dermatitis. J Clin Invest 103:1103–1111, 1999.

[73] Vestergaard C, Yoneyama H, Murai M, et al: Overproduction of Th2-specific chemokines in NC/Nga mice exhibiting atopic dermatitis-like lesions. J Clin Invest 104:1097–1105, 1999.

[74] Thepen T, Langeveld-Wildschut EG, Bihari IC, et al: Biphasic response against aeroallergen in atopic dermatitis showing a switch from an initial TH2 response to a TH1 response in situ: an immunocytochemical study. J Allergy Clin Immunol 97(3):828–837, 1996.

[75] Akdis M, Trautmann A, Klunker S, et al: Cytokine network and dysregulated apoptosis in atopic dermatitis. Acta Odontol Scand 59(3):178–182, 2001.

[76] Grewe M, Gyufko K, Schopf E, et al: Lesional expression of interferon-gamma in atopic eczema. Lancet 343:25–26, 1994.

[77] Grewe M, Walther S, Gyufko K, et al: Analysis of the cytokine pattern expressed in situ in inhalant allergen patch test reactions of atopic dermatitis patients. J Invest Dermatol 105(3):407–410, 1995.

[78] Kaburagi Y, Shimada Y, Nagaoka T, et al: Enhanced production of CC-chemokines (RANTES, MCP-1, MIP-1alpha, MIP-1beta, and eotaxin) in patients with atopic dermatitis. Arch Dermatol Res 293(7):350–355, 2001.

[79] Kakinuma T, Nakamura K, Wakugawa M, et al: Thymus and activation-regulated chemokine in atopic dermatitis: serum thymus and activation-regulated chemokine level is closely related with disease activity. J Allergy Clin Immunol 107:535–541, 2001.

[80] Nakatani T, Kaburagi Y, Shimada Y, et al: CCR4 memory CD4+ T lymphocytes are increased in peripheral blood and lesional skin from patients with atopic dermatitis. J Allergy Clin Immunol 107:353–358, 2001.

[81] Olivry T, Dean GA, Tompkins MB, et al: Toward a canine model of atopic dermatitis: amplification of cytokine-gene transcripts in the skin of atopic dogs. Exp Dermatol 8(3):204–211, 1999.

[82] Nuttall TJ, Knight PA, McAleese SM, et al: Expression of Th1, Th2 and immunosuppressive cytokine gene transcripts in canine atopic dermatitis. Clin Exp Allergy 32(5):789–795, 2002.

[83] Maeda S, Fujiwara S, Omori K, et al: Lesional expression of thymus and activation-regulated chemokine in canine atopic dermatitis. Vet Immunol Immunopathol 88(1-2):79–87, 2002.

[84] Maeda S, Okayama T, Omori K, et al: Expression of CC chemokine receptor 4 (CCR4) mRNA in canine atopic skin lesion. Vet Immunol Immunopathol 90(3-4):145–154, 2002.

[85] Hayashiya S, Tani K, Morimoto M, et al: Expression of T helper 1 and T helper 2 cytokine mRNAs in freshly isolated peripheral blood mononuclear cells from dogs with atopic dermatitis. J Vet Med 49:27–31, 2002.

[86] Fujiwara S, Yasunaga S, Iwabuchi S, et al: Cytokine profiles of peripheral blood mononuclear cells from dogs experimentally sensitized to Japanese cedar pollen. Vet Immunol Immunopathol 93:9–20, 2003.

[87] Marsella R, Olivry T, Maeda S: Cellular and cytokine kinetics after epicutaneous allergen challenge (atopy patch testing) with house dust mites in high-IgE beagles. Vet Dermatol 17:111–120, 2006.

[88] Schlotter YM, Rutten VP, Riemers FM, et al: Lesional skin in atopic dogs shows a mixed Type-1 and Type-2 immune responsiveness. Vet Immunol Immunopathol 143(1-2):20–26, 2011 Sep 15.

[89] Maeda S, Tsuchida H, Marsella R: Allergen challenge decreases mRNA expression of regulatory cytokines in whole blood of high-IgE beagles. Vet Dermatol 18(6):422–426, 2007.

[90] Pucheu-Haston CM, Shuster D, Olivry T, et al: A canine model of cutaneous late-phase reactions: prednisolone inhibition of cellular and cytokine responses. Immunology 117(2):177–187, 2006.

[91] de Mora F, de la Fuente C, Jasmin P, et al: Evaluation of the expression of P-selectin, ICAM-1, and TNF-alpha in bacteria-free lesional skin of atopic dogs with low-to-mild inflammation. Vet Immunol Immunopathol 115(3-4):223–229, 2007.

[92] Marsella R, Olivry T: The ACVD task force on canine atopic dermatitis (VII): mediators of cutaneous inflammation Vet Immunol Immunopathol 81(3-4):205–213, 2001.

[93] Ruzicka T, Gluck S: Cutaneous histamine levels and histamine releasability from the skin in atopic dermatitis and hyper-IgE-syndrome. Arch Dermatol Res 275(1):41–44, 1983.

[94] Sanz ML, Ferrer M, Prieto I, et al: Sulphidoleukotriene and histamine releasability in atopic patients. Int Arch Allergy Immunol 113(1-3):305–306, 1997.

[95] Ring J: Plasma histamine concentrations in atopic eczema. Clin Allergy 13(6):545–552, 1983.

[96] Ring J, Thomas P: Histamine and atopic eczema. Acta Dermato-Venereologica Supplementum (Stockholm) 144:70–77, 1989.

[97] Marone G, Giugliano R, Lembo G, et al: Human basophil releasability. II. Changes in basophil releasability in patients with atopic dermatitis. J Invest Dermatol 87(1):19–23, 1986.

[98] Sampson HA, Broadbent KR, Bernhisel-Broadbent J: Spontaneous release of histamine from basophils and histamine-releasing factor in patients with atopic dermatitis and food hypersensitivity. N Engl J Med 321(4):228–232, 1989.

[99] Butler JM, Chan SC, Stevens S, et al: Increased leukocyte histamine release with elevated cyclic AMP-phosphodiesterase activity in atopic dermatitis. J Allergy Clin Immunol 71(5):490–497, 1983.

[100] Bischoff SC, Zwahlen R, Stucki M, et al: Basophil histamine release and leukotriene production in response to anti-IgE and anti-IgE receptor antibodies. Comparison of normal subjects and patients with urticaria, atopic dermatitis or bronchial asthma. Int Arch Allergy Immunol 110(3):261–271, 1996.

[101] Ring J, Sedlmeier F, Dorsch W, et al: In vitro IgE eluation and histamine releasability from peripheral leukocytes of atopics and normals. J Dermatol Sci 2(6):413–421, 1991.

[102] Wilkie NJS, Yager JA, Eyre P, et al: Morphometric analyses of the skin of dogs with atopic dermatitis and correlations with cutaneous and plasma histamine and total serum IgE. Vet Pathol 27:179–186, 1990.

[103] Rhodes KH, Kerdel F, Soter NA, et al: Investigation into the immunopathogenesis of canine atopy. Semin Vet Med Surg Small Anim 2(3):199–201, 1987.

[104] Brazis P, Queralt M, de Mora F, et al: Comparative study of histamine release from skin mast cells dispersed from atopic, ascaris-sensitive and healthy dogs. Vet Immunol Pathol 66(1):43–51, 1998.

[105] DeMora F, Garcia G, Puigdemont A, et al: Skin mast cell releasability in dogs with atopic dermatitis. Inflamm Res 45(8):424–427, 1996.

[106] Jackson HA, Miller HR, Halliwell RE: Canine leukocyte histamine release: response to antigen and to anti-IgE. Vet Immunol Pathol 53(3-4):195–206, 1996.

[107] Talbot SF, Atkins PC: Accumulation of LTC$_4$ and histamine in human allergic skin reactions. J Clin Invest 76(2):650–656, 1985.

[108] Bisgaard H, Ford Hutchinson AW: Production of leukotrienes in human skin and conjunctival mucosa after specific allergen challenge. Allergy 40(6):417–423, 1985.

[109] Small P, Biskin N, Barrett D: Effects of intensity of early response to allergen on the late phase of both the nose and skin. Ann Allergy 73(3):252–258, 1994.

[110] Vaughn DM, Reinhart GA, Swaim SF, et al: Evaluation of effects of dietary n-6 to n-3 fatty acid ratios on leukotriene B synthesis in dog skin and neutrophils. Vet Dermatol 5(4):163–173, 1994.

[111] Butler JM, Peters JE, Hirshman CA, et al: Pruritic dermatitis in asthmatic basenji-greyhound dogs: a model for human atopic dermatitis. J Am Acad Dermatol 8(1):33–38, 1983.

[112] Hirshman CA, Peters J, Butler J, et al: Role of mediators in allergic and non allergic asthma in dogs with hyperreactive airways. J Applied Physiol 54(4):1108–1114, 1983.

[113] Marsella R, Nicklin CF: Sulphido-leukotriene production from peripheral leukocytes and skin in clinically normal dogs and house dust mite positive atopic dogs. Vet Dermatol 12(1):3–12, 2001.

[114] Cibas P, Padegimas B, Kondrotas A: Peculiarities of serotonin metabolism during allergic reactions. Allergology and Immunopathology 10(1):17–24, 1982.

[115] Hagermark O: Peripheral and central mediators of itch. Skin Pharmacol 5(1):1–8, 1992.

[116] Urashima R, Mihara M: Cutaneous nerves in atopic dermatitis. A histological, immunohistochemical and electron microscopic study. Virchows Archiv 432(4):363–370, 1998.

[117] Ring J, O'Connor R: In vitro histamine and serotonin release studies in atopic dermatitis. Int Arch Allergy Appl Immunol 58(3):322–330, 1979.

[118] Ring J, Allen DH, Mathison DA, et al: In vitro releasability of histamine and serotonin: studies of atopic patients. J Clin Lab Immunol 3(2):85–91, 1980.

[119] Kashirskii IM, Kaminka ME, Nogaller AM, et al: Clinico-immunologic evaluation of the efficacy of bikarfen in allergic dermatoses. Vrachebnoe Delo 10:88–90, 1989.

[120] Scott DW, Miller WH Jr, Decker GA, et al: Failure of cyproheptadine hydrochloride as an antipruritic agent in allergic dogs: results of a double-blinded, placebo-controlled study. Cornell Vet 82(3):247–251, 1992.

[121] Miller WH Jr, Scott DW, Wellington JR: Nonsteroidal management of canine pruritus with amitriptyline. Cornell Vet 82(1):53–57, 1992.

[122] Youn HY, Kang HS, Bhang DH, et al: Allergens causing atopic diseases in canine. J Vet Sci 3(4):335–341, 2002.

[123] Masuda K, Sakaguchi M, Fujiwara S, et al: Positive reactions to common allergens in 42 atopic dogs in Japan. Vet Immunol Immunopathol 73(2):193–204, 2000.

[124] Youn HY, Kang HS, Bhang DH, et al: Allergens causing atopic diseases in canine. J Vet Sci 3(4):335–341, 2002.

[125] Hill PB, DeBoer DJ: The ACVD task force on canine atopic dermatitis (IV): environmental allergens. Vet Immunol Immunopathol 81(3-4):169–186, 2001 Sep 20.

[126] Olivry T, Deangelo KB, Dunston SM, et al: Patch testing of experimentally sensitized beagle dogs: development of a model for skin lesions of atopic dermatitis. Vet Dermatol 17(2):95–102, 2006.

[127] Marsella R, Nicklin C, Lopez J: Atopy patch test reactions in high-IgE beagles to different sources and concentrations of house dust mites. Vet Dermatol 16(5):308–314, 2005.

[128] Marsella R, Olivry T, Nicklin C, et al: Pilot investigation of a model for canine

atopic dermatitis: environmental house dust mite challenge of high-IgE-producing beagles, mite hypersensitive dogs with atopic dermatitis and normal dogs. *Vet Dermatol* 17(1):24–35, 2006.

[129]Bonkobara M, Miyake F, Yagihara H, et al: Canine epidermal langerhans cells express alpha and gamma but not beta chains of high-affinity IgE receptor. *Vet Res Commun* 29(6):499–505, 2005.

[130]Olivry T, Naydan DK, Moore PF: Characterization of the cutaneous inflammatory infiltrate in canine atopic dermatitis. *Am J Dermatopathol* 19(5):477–486, 1997.

[131]Kerschenlohr K, Decard S, Przybilla B, et al: Atopy patch test reactions show a rapid influx of inflammatory dendritic epidermal cells in patients with extrinsic atopic dermatitis and patients with intrinsic atopic dermatitis. *J Allergy Clin Immunol* 111(4):869–874, 2003.

[132]Yamada N, Wakugawa M, Kuwata S, et al: Changes in eosinophil and leukocyte infiltration and expression of IL-6 and IL-7 messenger RNA in mite allergen patch test reactions in atopic dermatitis. *J Allergy Clin Immunol* 98(6 Pt 2):S201–S206, 1996.

[133]Olivry T, Hill PB: The ACVD task force on canine atopic dermatitis (IX): the controversy surrounding the route of allergen challenge in canine atopic dermatitis. *Vet Immunol Pathol* 81(3-4) 219–225, 2001.

[134]Helton-Rhodes K, Kerdel F, Soter NA, et al: Investigation into the immunopathogenesis of canine atopy. *Semin Vet Med Surg Small Anim* 2:199–201, 1987.

[135]Olivry T, Buckler KE, Dunston SM, et al: Positive 'atopy patch tests' reactions in IgE-hyperresponsive beagle dogs are dependent upon elevated allergen-specific IgE serum levels and are associated with IgE-expressing dendritic cells. *Vet Dermatol* 13:219, 2002.

[136]Mudde GC, van Reijsen FC, Boland GJ, et al: Allergen presentation by epidermal Langerhans' cells from patients with atopic dermatitis is mediated by IgE. *Immunology* 69:335–341, 1990.

137] Mudde GC, van Reijsen FC, Bruijnzeel-Koomen CA: IgE-positive Langerhans cells and Th2 allergen-specific T cells in atopic dermatitis. *J Invest Dermatol* 99:103S, 1992.

[138]Marsella R, Nicklin C, Lopez J: Studies on the role of routes of allergen exposure in high IgE-producing beagle dogs sensitized to house dust mites. *Vet Dermatol* 17(5):306–312, 2006.

[139]Lee SE, Mason KV: Immediate hypersensitivity to leaf extracts of *Callisia fragrans* (inch plant) in a dog. *Vet Dermatol* 17(1):70–80 2006.

[140]Kunkle GA, Gross TL: Allergic contact dermatitis to *Tradescantia fluminensis* (wandering Jew) in a dog. *Compend Contin Educ* 5:925–930, 1983.

[141]Hillier A, Griffin CE: The ACVD task force on canine atopic dermatitis (X): is there a relationship between canine atopic dermatitis and cutaneous adverse food reactions? *Vet Immunol Immunopathol* 81(3-4):227–231, 2001.

[142]Gustafsson D, Sjoberg O, Foucard T: Development of allergies and asthma in infants and young children with atopic dermatitis – a prospective follow-up to 7 years of age. *Allergy* 55:240–245, 2000.

[143]Gustafsson D, Sjoberg O, Foucard T: Sensitization to food and airborne allergens in children with atopic dermatitis followed up to 7 years of age. *Pediatr Allergy Immunol* 14:448–452, 2003.

[144]Leung DY, Boguniewicz M, Howell MD, et al: New insights into atopic dermatitis. *J Clin Invest* 113:651–657, 2004.

[145]Pourpak Z, Farhoudi A, Mahmoudi M, et al: The role of cow milk allergy in increasing the severity of atopic dermatitis. *Immunol Invest* 33:69–79, 2004.

[146]Burks AW, Mallory SB, Williams LB, et al: Atopic dermatitis: clinical relevance of food hypersensitivity reactions. *J Pediatr* 113:447–451, 1988.

[147]Burks AW, James JM, Hiegel A, et al: Atopic dermatitis and food hypersensitivity reactions. *J Pediatr* 132:132–136, 1998.

[148]Chamberlain KW: Clinical signs and diagnosis of atopic disease in the dog. *J Sm Anim Pract* 19:493–505, 1978.

[149]Carlotti DN, Costargent F: Analysis of positive skin tests in 449 dogs with allergic dermatitis. *Eur J Comp Anim Pract* 4:42–59, 1994.

[150]Hillier A, Kwochka KW, Pinchbeck LR: Reactivity to intradermal injection of *Dermatophagoides farinae, D. pteronyssinus*, house dust mite mix, and house dust in dogs suspected to have atopic dermatitis: 115 cases (1996-1998). *J Am Vet Med Assoc* 217:536–540, 2000.

[150a] Picco F, Zini E, Nett C, et al: A prospective study on canine atopic dermatitis and food-induced allergic dermatitis in Switzerland. *Vet Dermatol* 19(3):150–155, 2008.

[151]White SD: Food hypersensitivity in the dog: 30 cases. *J Am Vet Med Assoc* 188:695–698, 1986.

[152]Carlotti DN, Remy I, Prost C: Food allergy in dogs and cats: a review of 43 cases. *Vet Dermatol* 1:55–62, 1990.

[153]Rosser EJ: Diagnosis of food allergy in dogs. *J Am Vet Med Assoc* 203:259–262, 1993.

[154]Nuttall TJ, Hill PB, Bensignor E, et al: House dust and forage mite allergens and their role in human and canine atopic dermatitis. *Vet Dermatol* 17:223–235, 2006.

[155]Marsella R, Creary E: Environmental and oral challenge with storage mites in *Dermatophagoides farinae* sensitized high IgE beagles.*Vet Dermatol* 18(3):186, 2007.

[156]Olivry T, Deboer DJ, Prélaud P, et al; International Task Force on Canine Atopic Dermatitis: Food for thought: pondering the relationship between canine atopic dermatitis and cutaneous adverse food reactions. *Vet Dermatol* 18(6):390–391, 2007.

[157]Mittermann I, Aichberger KJ, Bünder R, et al: Autoimmunity and atopic dermatitis. *Curr Opin Allergy Clin Immunol* 4(5):367–371, 2004.

[158]Olivry T, Dunston SM, Pluchino K, et al: Lack of detection of circulating skin-specific IgE autoantibodies in dogs with moderate or severe atopic dermatitis. *Vet Immunol Immunopathol* 2007 (volume not available yet).

[159]Zollner TM, Wichelhaus TA, Hartung A, et al: Colonization with superantigen-producing *Staphylococcus aureus* is associated with increased severity of atopic dermatitis. *Clin Exp Allergy* 30(7):994–1000, 2000 Jul.

[160]Ardern-Jones MR, Black AP, Bateman EA, et al: Bacterial superantigen facilitates epithelial presentation of allergen to T helper 2 cells. *Proc Natl Acad Sci USA* 27;104(13):5557–5562, 2007.

[161]Ide F, Matsubara T, Kaneko M, et al: Staphylococcal enterotoxin-specific IgE antibodies in atopic dermatitis. *Pediatr Int* 46(3):337–341, 2004.

[162]Homey B, Meller S, Savinko T, et al: Modulation of chemokines by staphylococcal superantigen in atopic dermatitis. *Chem Immunol Allergy* 93:181–194, 2007.

[163]DeBoer DJ, Marsella R: The ACVD task force on canine atopic dermatitis (XII): the relationship of cutaneous infections to the pathogenesis and clinical course of canine atopic dermatitis. *Vet Immunol Immunopathol* 81(3-4):239–249, 2001.

[164]Mason IS, Lloyd DH: The role of allergy in the development of canine pyoderma. *J Small Anim Pract* 30:216–218, 1989.

[165]MacEwan NA: Adherence by *Staphylococcus intermedius* to canine keratinocytes in atopic dermatitis. *Res Vet Sci* 68:279–283, 2000.

[166]McEwan NA, Mellor D, Kalna G: Adherence by *Staphylococcus intermedius* to canine corneocytes: a preliminary study comparing noninflamed and inflamed atopic canine skin. *Vet Dermatol* 17(2):151–154, 2006.

[167]Simou C, Thoday KL, Forsythe PJ, et al: Adherence of Staphylococcus intermedius to corneocytes of healthy and atopic dogs: effect of pyoderma, pruritus score, treatment and gender. *Vet Dermatol* 16(6):385–391, 2005.

[168]Morales CA, Schultz KT, DeBoer DJ: Antistaphylococcal antibodies in dogs with recurrent staphylococcal pyoderma. *Vet Immunol Immunopathol* 42(2):137–147, 1994.

[169]Mason IS, Lloyd DH: Factors influencing the penetration of bacterial antigens through canine skin. In von Tscharner C, Halliwell REW, editors: *Advances in Veterinary Dermatology*, Volume I, Philadelphia, 1990, Bailliere-Tindall, pp 360–366.

[170]Nardoni S, Dini M, Taccini F, et al: Occurrence, distribution and population size of *Malassezia pachydermatis* on skin and mucosae of atopic dogs. *Vet Microbiol* 122(1-2):172–177, 2007.

[171]Bond R, Curtis CF, Hendricks A, et al: Intradermal test reactivity to *Malassezia pachydermatis* in atopic dogs. *Vet Rec* 150(14):448–449, 2002.

[172]Morris DO, Clayton DJ, Drobatz KJ, et al: Response to *Malassezia pachydermatis* by peripheral blood mononuclear cells from clinically normal and atopic dogs. *Am J Vet Res* 63(3):358–362, 2002.

[173]Bond R, Patterson-Kane JC, Lloyd DH: Clinical, histopathological and immunological effects of exposure of canine skin to *Malassezia pachydermatis*. *Med Mycol* 42(2):165–175, 2004.

[174]Farver K, Morris DO, Shofer F, et al: Humoral measurement of type-1 hypersensitivity reactions to a commercial *Malassezia* allergen. *Vet Dermatol* 16(4):261–268, 2005.

[175]Morris DO, Olivier NB, Rosser EJ: Type-1 hypersensitivity reactions to *Malassezia pachydermatis* extracts in atopic dogs. *Am J Vet Res* 59(7):836–841, 1998.

[176]Nuttall TJ, Halliwell RE: Serum antibodies to *Malassezia* yeasts in canine atopic dermatitis. *Vet Dermatol* 12(6):327–332, 2001.

[177]Morris DO, DeBoer DJ: Evaluation of serum obtained from atopic dogs with dermatitis attributable to *Malassezia pachydermatis* for passive transfer of immediate hypersensitivity to that organism. *Am J Vet Res* 64(3):262–266, 2003.

[178]Chen TA, Halliwell RE, Pemberton AD, et al: Identification of major allergens of *Malassezia pachydermatis* in dogs with atopic dermatitis and *Malassezia* overgrowth. *Vet Dermatol* 13(3):141–150, 2002.

[179]Van Stee EW: Risk factors of canine atopy. *Calif Vet* 37:8, 1983.

[180]Schiessl B, Zemann B, Hodgin-Pickart LA, et al: Importance of early allergen contact for the development of a sustained immunoglobulin E response in a dog model. *Int Arch Allergy Immunol* 130(2):125–134, 2003.

[181]Nødtvedt A, Bergvall K, Sallander M, et al: A case-control study of risk factors for canine atopic dermatitis among boxer, bullterrier and West Highland white terrier dogs in Sweden. *Vet Dermatol* 18(5):309–315, 2007.

[182]Passeron T, Lacour JP, Fontas E, et al: Prebiotics and synbiotics: two promising approaches for the treatment of atopic dermatitis in children above 2 years. *Allergy* 61(4):431–437, 2006.

[183]Shaw L: Effects of probiotics on atopic dermatitis. *Arch Dis Child* 91(4):373, 2006.

[184]McClean K: Probiotics help reduce severity of atopic dermatitis. *J Pediatr* 148(1):143–144, 2006 Jan.

[185]Hoekstra MO, Niers LE: Effects of probiotics on atopic dermatitis? Additional studies are still needed! *Arch Dis Child* 91(3):276, 2006.

[186]Weese JS: Evaluation of deficiencies in labeling of commercial probiotics. *Can Vet J* 44(12):982–983, 2003.

[187]Marsella R, Creary E: Investigation on the effects of pre-natal and post-natal

exposure to probiotics in Beagle puppies genetically predisposed to the development of atopic disease: A controlled, clinical and immunological study. *Vet Dermatol* 18(3):186, 2007.

[188]Weese JS, Maureen EC: Anderson. Preliminary evaluation of Lactobacillus rhamnosus strain GG, a potential probiotic in dogs. *Can Vet J* 43(10):771–774, 2002 October.

[189]Griffin CE: Canine atopic disease. In Griffin CE, Kwotchka K, MacDonald J, editors: *Current Vet Dermatol: The Science and Art of Therapy*, St. Louis, 1993, Mosby Year Book, 99–120.

[190]Griffin CE, DeBoer DJ: The ACVD task force on canine atopic dermatitis (XIV): clinical manifestations of canine atopic dermatitis. *Vet Immunol Immunopathol* 81(3-4):255–269, 2001.

[191]Fraser MA, McNeil PE, Girling SJ: Prediction of future development of canine atopic dermatitis based on examination of clinical history. *J Small Anim Pract* 2007 Nov 13.

[192]Halliwell REW, Schwartzman RM: Atopic disease in the dog. *Vet Rec* 89:209–214, 1971.

[193]Saridomichelakis MN, Koutinas AF, Gioulekas D, Leontidis L: Canine atopic dermatitis in Greece: clinical observations and the prevalence of positive intradermal test reactions in 91 spontaneous cases. *Vet Immunol Immunopathol* 69:61–73 1999.

[194]Carlotti DN, Costargent F: Analysis of positive skin tests in 449 dogs with allergic dermatitis. *Eur J Comp Anim Pract* 4:42–59, 1994.

[195]Halliwell REW, Gorman NT: Atopic diseases. In: *Veterinary Clinical Immunology*, Philadelphia, 1989, Saunders, pp 232–252.

[196]Nesbitt GH: Canine allergic inhalant dermatitis: a review of 230 cases. *J Am Vet Med Assn* 172:55–60, 1978.

[197]Nesbitt GH, Kedan GS, Caciolo P: Canine atopy, part I. Etiology and diagnosis. Compend Contin Educ. *Pract Vet* 6:73–84 1984.

[198]Halliwell REW, Preston JF, Nesbit JG: Aspects of the immunopathogenesis of flea allergy dermatitis in dogs. *Vet Immunol Pathol* 17:483–494, 1987.

[199]Rosser EJ Jr: Diagnosis of food allergy in dogs. *JAMA* 15;203(2):259–262, 1993.

[200]Bevier DE: Long-term management of atopic disease in the dog. *Vet Clin North Am Small Anim Pract* 20(6):1487–1507, 1990.

[201]Kasperska-Zajac A, Brzoza Z, Rogala B: Serum concentration of dehydroepiandrosterone sulfate and testosterone in women with severe atopic eczema/dermatitis syndrome. *J Invest Allergy Clin Immunol* 17(3):160–163, 2007.

[202]Ebata T, Itamura R, Aizawa H, et al: Serum sex hormone levels in adult patients with atopic dermatitis. *J Dermatol* 23(9):603–605, 1996 Sep.

[203]Tabata N, Tagami H, Terui T: Dehydroepiandrosterone may be one of the regulators of cytokine production in atopic dermatitis. *Arch Dermatol Res* 289(7):410–414, 1997 Jun.

[204]DeBoer DJ, Hillier A: The ACVD task force on canine atopic dermatitis (XV): fundamental concepts in clinical diagnosis. *Vet Immunol Immunopathol* 81(3-4):271–276, 2001 Sep 20.

[205]Bos JD, Van Leent EJ, Sillevis Smitt JH: The millennium criteria for the diagnosis of atopic dermatitis. *Exp Dermatol* 7(4):132–138, 1998.

[206]Willemse T: Atopic skin disease: a review and reconsideration of diagnostic criteria. *J Small Anim Pract* 27:771–778, 1986.

[207]Prélaud P, Guagère E, Alhaidari Z, et al: Reevaluation of diagnostic criteria of canine atopic dermatitis. *Rev Med Vet* 149:1057–1064, 1998.

[207a]Favrot C, Steffan J, Seewald W, et al: A prospective study on the clinical features of chronic canine atopic dermatitis and its diagnosis. *Vet Dermatol* 21:23–31, 2010.

[207b]Bauer CL, Hensel P, Austel M, et al: Determination of irritant threshold concentrations to weeds, trees and grasses through serial dilutions in intradermal testing on healthy clinically nonallergic dogs. *Vet Dermatol* 21(2):192–197, 2010.

[208]Ballauf B: Comparison of the intradermal and prick tests for diagnosis of allergy in the dog. *Tierarztl Prax* 19(4):428–430, 1991.

[209]Hillier A, Kwochka KW, Riester LR: Reactivity to intradermal injection of extracts of Dermatophagoides farinae, Dermatophagoides pteronyssinus, house dust mite mix and house dust in dogs suspected to have AD: 115 cases (1996–1998). *J Am Vet Med Assoc* 217:536–540 2000.

[210]Codner EC, Lessard P: Effect of hyposensitization with irrelevant antigens on subsequent allergy skin test results in normal dogs. *Vet Dermatol* 3:209, 1992.

[211]Kunkle G, Horner S: Validity of skin testing for diagnosis of food allergy in dogs. *J Am Vet Med Assoc* 200:677–680, 1992.

[212]Jeffers JG, Shanley KJ, Meyer EK: Diagnostic testing of dogs for food hypersensitivity. *J Am Vet Med Assoc* 198:245–250, 1991.

[213]McCall C, Hunter S, Stedman K, et al: Characterization and cloning of a major high molecular weight house dust mite allergen (Der f 15) for dogs. *Vet Immunol Immunopathol* 78:231–247, 2001.

[214]Schick RO, Fadok VA: Responses of atopic dogs to regional allergens: 268 cases (1981–1984). *J Am Vet Med Assoc* 189:1493, 1986.

[215]Prélaud P: Tests cutanés d'allergie immédiate chez le chien: Minimiser erreurs et deceptions. *Prat Méd Chir Anim Comp* 27:529, 1992.

[216]Chandoga P, et al: The incidence of atopic diseases in dogs in the Košice region (Slovakia): Anamnestic and clinical aspects. *Folia Vet* 42:159, 1998.

[217]Saridomichelakis MN, Koutinas AF, Gioulekas D, et al: Canine atopic dermatitis in Greece: Clinical observations and the prevalence of

positive intradermal test reactions in 91 spontaneous cases. *Vet Immunol Immunopathol* 69:61, 1999.

[218]Bourdeau P, Blumstein P: Nonspecific sensitization to house dust mites in dogs: A study of 170 intradermal skin testing to Blomia tropicalis in France. *Proc Annu Memb Meet Am Acad Vet Dermatol Am Coll Vet Dermatol* 15:19, 1999.

[219]Noli C, Bernadina WE, Willemse T, et al: The significance of reactions to purified fractions of Dermatophagoides pteronyssinus and Dermatophagoides farinae in canine atopic dermatitis. *Vet Immunol Immunopathol* 52:147, 1996.

[220]Esch RE, et al: Isolation and characterization of a major dust mite (Dermatophagoides farinae) allergenic fraction in dogs. *Proc Annu Memb Meet Am Acad Vet Dermatol Am Coll Vet Dermatol* 13:87, 1997.

[221]Saridomichelakis M, Marsella R, Lee K, et al: Assessment of cross-reactivity among five species of house dust and storage mites based on the results of intradermal testing, serology for allergen-specific IgE and enzyme-linked immunosorbent assay cross-inhibition. *Vet Dermatol* 19(2):67–76, 2008.

[222]Walton SF, Currie BJ: Problems in diagnosing scabies, a global disease in human and animal populations. *Clin Microbiol Rev* 20(2):268–279, 2007 Apr.

[223]Taşkapan O, Harmanyeri Y: Atopy patch test reactions to house dust mites in patients with scabies. *Acta Derm Venereol* 85(2):123–125, 2005.

[224]Arlian LG, Vyszenski-Moher DL, Ahmed SG, et al: Cross-antigenicity between the scabies mite, Sarcoptes scabiei, and the house dust mite, Dermatophagoides pteronyssinus. *J Invest Dermatol* 96(3):349–354, 1991.

[225]Falk ES, Dale S, Bolle R, et al: Antigens Common to Scabies and House dust Mites. *Allergy* 36(4):233–238, 1981.

[226]Magalono-Laruelle C: Sensibilisation à la blatte chez le chien atopique. *Prat Méd Chir Anim Comp* 30:331, 1995.

[227]Pastorello EA: Skin tests for diagnosis of IgE-mediated allergy. *Allergy* 14(Suppl.)14:57–62, 1993.

[228]Dreborg S: Standardization of allergenic preparations by in vitro and in vivo methods. *Allergy* 14(48 Suppl.):63–70, 1993.

[229]Ackerman L: Diagnosing inhalant allergies: intradermal or in vitro testing? *Vet Med* 83:779–788, 1988.

[230]Reedy LM, Miller WH, et al, editors: *Allergic Skin Diseases of the Dog and Cat*, ed 2, London, UK, 1997, W.B. Saunders, pp 83–115.

[231]Willis EL, Kunkle GA, Esch RE, et al: Intradermal reactivity to various insect and arachnid allergens among dogs from the southeastern United States. *J Am Vet Med Assoc* 209:1431–1434, 1996.

[232]Hensel P, Austel M, Medleau L, et al: Determination of threshold concentrations of allergens and evaluation of two different histamine concentrations in canine intradermal testing. *Vet Dermatol* 15(5):304–308, 2004 Oct.

[233]Thomas RC, Logas D, Radosta L, et al: Effects of a 1% hydrocortisone conditioner on hematological and biochemical parameters, adrenal function testing and cutaneous reactivity to histamine in normal and pruritic dogs. *Vet Dermatol* 10:109–116 1999.

[234]Ginel PJ, Garrido C, Lucena R: Effects of otic betamethasone on intradermal testing in normal dogs. *Vet Dermatol* 18(4):205–210, 2007.

[235]Rivierre C, Dunston SM, Olivry T: Effects of a 1% hydrocortisone leave-on conditioner on the prevention of immediate and late phase reactions in canine skin. *Vet Rec* 147:739–742, 2000.

[236]Kunkle G, Hillier, Beale K, et al: Steroid effects on intradermal skin testing in sensitized dogs. In: Proc Ann Meeting Amer Acad, Vet Dermatol and Amer Coll Vet Dermatol Charleston, SC: 1994, 54-55.

[237]Barbet JL, Halliwell REW: Duration of inhibition of immediate skin test reactivity by hydroxyzine hydrochloride in dogs. *J Am Vet Med Assoc* 11:1565–1569, 1989.

[238]Marsella R, Kunkle GA, Vaughn DM, et al: Double-blind pilot study on the effects of ketoconazole on intradermal skin test and leukotriene C4 concentration in the skin of atopic dogs. *Vet Dermatol* 8:3–10, 1997.

[239]Marsella R, Nicklin CF: Double blind placebo-controlled, crossover clinical trial on the efficacy of pentoxifylline in canine atopy. *Vet Dermatol* 11:255–260, 2000.

[240]Bond R, Lloyd DH,, Craig M: The effects of essential fatty acid supplementation on intradermal test reactivity in atopic dogs: a preliminary study. *Vet Dermatol* 4:191–197, 1993.

[241]Munro CS, Higgins EM, Marks JM, et al: [Cyclosporin A in atopic dermatitis: therapeutic effect and effect on allergic reactions are dissociated from each other] *Wien Med Wochenschr* 141(18-19):419–423, 1991.

[242]Codner EC, Lessard P, McGrath CJ: Effect of tiletamine/zolazepam on intradermal allergy testing in atopic dogs. *J Am Vet Med Assoc* 201:1857–1860, 1992.

[243]Beale KM, Kunkle GA, Chalker L, et al: Effects of sedation on intradermal skin testing in flea-allergic dogs. *J Am Vet Med Assoc* 197:861–864, 1990.

[244]Moriello KA, Eicker SE: Influence of sedative and anesthetic agents on intradermal skin test reactions in dogs. *Am J Vet Res* 52:1484–1488, 1991.

[245]Kennis RA, Robertson SA, Rosser EJ, et al: Effects of propofol anesthesia on intradermally injected histamine phosphate in clinically normal dogs. *Am J Vet Res* 59:7–9, 1998.

[246]Nesbitt GH, Kedan GS, Caciolo P: Canine atopy. Part I. Etiology and diagnosis. *Comp Cont Ed Sm Anim Pract* 6:73–84, 1984.

[247]De Weck AI, Mayer P, Schiesssl B: Genetics and regulation of the IgE response leading to experimentally induced atopic-like dermatitis in beagle dogs. In Proc Ann Meeting Amer Acad Vet Dermatol and Amer Coll

Vet Dermatol Las Vegas NV: 1997, 76-77.

[248]Sousa CA: Absence of allergen-specific IgE antibodies and skin test reactivity in dogs less than 6 weeks of age in Proc Ann Meeting Eur Soc Vet Dermatol Pisa, Italy 176, 1997.

[249]August JR: The reaction of canine skin to the intradermal injection of allergenic extracts. J Am Anim Hosp Assoc 18:157, 1982.

[250]August JR: The intradermal test as a diagnostic aid for canine atopic disease. J Am Anim Hosp Assoc 18:164, 1982.

[251]Scott DW, et al: La dermatite miliaire féline: Une modalité de réaction cutanée. Point Vét 19:284, 1987.

[252]Phillips MK, Manning TO, Nolte H, et al: Cutaneous histamine reactivity, histamine content of commercial allergens, and potential for false-positive skin test reactions in dogs. J Am Vet Med Assoc 203:1288, 1993.

[253]Frank LA, Kunkle GA, Beale KM, et al: Comparison of serum cortisol concentration before and after intradermal testing in sedated and nonsedated dogs. J Am Vet Med Assoc 200:507, 1992.

[254]Bond R, Thorogood SC, Lloyd DH: Evaluation of two enzyme-linked immunosorbent assays for the diagnosis of canine atopy. Vet Rec 135(6):130–133, 1994 Aug 6.

[255]DeBoer DJ, Hillier A: The ACVD task force on canine atopic dermatitis (XVI): laboratory evaluation of dogs with atopic dermatitis with serum-based "allergy" tests. Vet Immunol Immunopathol 81(3-4):277–287, 2001.

[256]Patel M, Selinger D, Mark GE, et al: Sequence of the dog immunoglobulin alpha and epsilon constant region genes. Immunogenetics 41:282–286, 1995.

[257]Derer M, Morrison-Smith G, de Weck AL: Monoclonal anti-IgE antibodies in the diagnosis of dog allergy. Vet Dermatol 9:185–190, 1998.

[258]Hämmerling R, de Weck AL: Comparison of two diagnostic tests for canine atopy using monoclonal anti-canine IgE antibodies. Vet Dermatol 9:191–199, 1998.

[259]Peng Z, Simons FE, Becker AB: Measurement of ragweed-specific IgE in canine serum by use of enzyme-linked immunosorbent assays, containing polyclonal and monoclonal antibodies. Am J Vet Res 54(2):239–243, 1993.

[260]Stedman K, Lee K, Hunter S, et al: Measurement of canine IgE using the alpha chain of the human high affinity IgE receptor. Vet Immunol Immunopathol 78(3-4):349–355, 2001.

[261]Ginel PJ, Riaño C, Lucena R: Evaluation of a commercial ELISA test for the detection of allergen-specific IgE antibodies in atopic dogs. Zentralbl Veterinarmed B 45(7):421–425, 1998.

[262]Codner EC, Lessard P: Comparison of intradermal allergy test and enzyme-linked immunosorbent assay in dogs with allergic skin disease. J Am Vet Med Assoc 202(5):739–743, 1993.

[263]Foster AP, Littlewood JD, Webb P, et al: Comparison of intradermal and serum testing for allergen-specific IgE using a Fcepsilon RIalpha-based assay in atopic dogs in the UK. Vet Immunol Immunopathol 93(1-2):51–60, 2003.

[264]Kleinbeck ML, Hites MJ, Loker JL, et al: Enzyme-linked immunosorbent assay for measurement of allergen-specific IgE antibodies in canine serum. Am J Vet Res 50(11):1831–1839, 1989.

[265]Saevik BK, Ulstein TL, Larsen HJ: Evaluation of a commercially available enzyme-linked immunosorbent assay for the detection of allergen-specific IgE antibodies in dogs. Res Vet Sci 74(1):37–45, 2003.

[266]Olivry T, Jackson HA, Murphy KM, et al: Evaluation of a point-of-care immunodot assay for predicting results of allergen-specific intradermal and immunoglobulin E serological tests. Vet Dermatol 16(2):117–120 2005.

[267]Mueller RS, Burrows A, Tsohalis J: Comparison of intradermal testing and serum testing for allergen-specific IgE using monoclonal IgE antibodies in 84 atopic dogs. Aust Vet J 77(5):290–294, 1999 May.

[268]Zur G, White SD, Ihrke PJ, et al: Canine atopic dermatitis: a retrospective study of 169 cases examined at the University of California, Davis, 1992-1998. Part II. Response to hyposensitization. Vet Dermatol 13(2):103–111, 2002 Apr.

[269]Park S, Ohya F, Yamashita K, et al: Comparison of response to immunotherapy by intradermal skin test and antigen-specific IgE in canine atopy. J Vet Med Sci 62(9):983–988, 2000 Sep.

[270]Scott KA, Rosychuk RAW, et al: Hyposensitization: The Colorado State University experience with emphasis on efficacy by breed. Proc Annu Memb Meet Am Acad Vet Dermatol Am Coll Vet Dermatol 15:107, 1999.

[271]Scott KV, et al: A retrospective study of hyposensitization in atopic dogs in a flea-scarce environment. In Ihrke PJ, et al, editors: Advances in Veterinary Dermatology II, New York, 1993, Pergamon Press, p 79.

[272]Schwartzman RM, Mathis L: Immunotherapy for canine atopic dermatitis: Efficacy in 125 atopic dogs with vaccine formulations based on ELISA allergy testing. Vet Allergy Clin Immunol 5:123, 1997.

[273]Masuda K, Sakaguchi M, Saito S, et al: 2001. Seasonal atopic dermatitis in a dog sensitive to a major allergen of Japanese cedar (Cryptomeria japonica) pollen. Vet Dermatol 13(1):55–61, 2002.

[274]Miller Jr WH, Scott DW, Cayatte SM, et al: The influence or oral corticosteroids or declining allergen exposure on serologic allergy test results. Vet Dermatol 3:237–244, 1992.

[275]McCall C: One years experience with IgE Fc RI testing. Proc Annu Memb Meet Am Acad Vet Dermatol Am Coll Vet Dermatol 14:51, 1998.

[276]Sinke JD, Thepen T, Bihari IC, et al: Immunophenotyping of skin-infiltrating T-cell subsets in dogs with atopic dermatitis. Vet Immunol Immunopathol 57(1-2):13–23, 1997.

[277]Becker AB, Chung F, McDonald DM, et al: Cutaneous allergic response in atopic dogs: relationship of cellular and histamine responses. J Allergy Clin Immunol 81(2):441–448, 1988.

[278]Halliwell REW, Preston JF, Nesbit JG: Aspects of the immunopathogenesis of flea allergy dermatitis in dogs. Vet Immunol Pathol 17:483–494, 1987.

[279]Rosser EJ Jr: Diagnosis of food allergy in dogs. J Am Vet Med Assoc 15; 203(2):259–262, 1993.

[280]Gupta MA, Gupta AK, Schork NJ, et al: Depression modulates pruritus perception: a study of pruritus in psoriasis, atopic dermatitis, and chronic idiopathic urticaria. Psychosom Med 56(1):36–40, 1994.

[281]Gil KM, Sampson HA: Psychological and social factors of atopic dermatitis. Allergy 44(Suppl 9):84–89, 1989.

[282]Swinnen C, Vroom M: The clinical effect of environmental control of house dust mites in 60 house dust mite-sensitive dogs. Vet Dermatol 15(1):31–36, 2004 Feb.

[283]Kelley L, Flynn-Lurie A, House R, et al: Safety and tolerability of 0.1% tacrolimus suspension applied to the external ear canals of high IgE beagle dogs without otitis. Vet Dermatol 21:554–565, 2010.

[283a]Piekutowska A, Pin D, Rème CA, et al: Effects of a topically applied preparation of epidermal lipids on the stratum corneum barrier of atopic dogs. J Comp Pathol 138:197–203, 2008.

[283b]Popa I, Remoue N, Osta B, et al: The lipid alterations in the stratum corneum of dogs with atopic dermatitis are alleviated by topical application of a sphingolipid-containing emulsion. Clin Exp Dermatol 2012 Feb 23. doi: 10.1111/j.1365-2230.2011.04313.x. [Epub ahead of print.

[283c]Fujimura M, Nakatsuji Y, Fujiwara S, et al: Spot-on skin lipid complex as an adjunct therapy in dogs with atopic dermatitis: an open pilot study. Vet Med Int 2011:281846, Epub 2011 Sep 29, 2011.

[283d]Sugarman JL, Parish LC: Efficacy of a lipid-based barrier repair formulation in moderate-to-severe pediatric atopic dermatitis. J Drugs Dermatol 8:1106–1111, 2009.

[283e]Kircik LH, Del Rosso JQ: Nonsteroidal treatment of atopic dermatitis in pediatric patients with a ceramide-dominant topical emulsion formulated with an optimized ratio of physiological lipids. J Clin Aesthet Dermatol 4:25–31, 2011.

[284]Mamessier E, Botturi K, Vervloet D, et al: T regulatory lymphocytes, atopy and asthma: a new concept in three dimensions. Rev Mal Respir 22(2 Pt 1):305–311, 2005.

[285]Verhagen J, Taylor A, Akdis CA, et al: Advances in allergen-specific immunotherapy. Expert Opin Biol Ther 5(4):537–544, 2005.

[286]Zur G, White SD, Ihrke PJ, et al: Canine atopic dermatitis: a retrospective study of 169 cases examined at the University of California, Davis, 1992-1998. Part II. Response to hyposensitization. Vet Dermatol 13(2):103–111, 2002.

[287]Park S, Ohya F, Yamashita K, et al: Comparison of response to immunotherapy by intradermal skin test and antigen-specific IgE in canine atopy. J Vet Med Sci 62(9):983–988, 2000.

[288]Yang X: Does allergen immunotherapy alter the natural course of allergic disorders? Drugs 61(3):365–374, 2001.

[289]Walker C, Zuany-Amorim C: New trends in immunotherapy to prevent atopic diseases. Trends Pharmacol Sci 22(2):84–90, 2001.

[290]Christine L, Ralf S: Mueller A review of allergen-specific immunotherapy in human and veterinary medicine. Vet Dermatol 20(2) 84–98, 2009.

[291]Masuda K: DNA vaccination against Japanese cedar pollinosis in dogs suppresses type I hypersensitivity by controlling lesional mast cells. Vet Immunol Immunopathol 108(1-2):185–187, 2005.

[292]Taylor A, Verhagen J, Akdis CA, et al: T regulatory cells in allergy and health: a question of allergen specificity and balance. Int Arch Allergy Immunol 135(1):73–82, 2004.

[293]Neumann C, Gutgesell C, Fliegert F, et al: Comparative analysis of the frequency of house dust mite specific and non-specific Th1 and Th2 cells in skin lesions and peripheral blood of patients with atopic dermatitis. J Mol Med 74:401–406, 1996.

[294]Koning H, Neijens HJ, Beart HJ, et al: T-cell subsets and cytokines in allergic and non-allergic children. I. Analysis of IL-4 and IL-13 mRNA expression and protein production. Cytokine 9:416–426, 1997.

[295]Olivry T, Dean GA, Tompkins MB, et al: Toward a canine model of atopic dermatitis: amplification of cytokine-gene transcripts in the skin of atopic dogs. Exp Dermatol 8(3):204–211, 1999.

[296]Moverare R: Immunological mechanisms of specific immunotherapy with pollen vaccines: implications for diagnostics and the development of improved vaccination strategies. Exp Rev Vaccines 2(1):85–97, 2003.

[297]Bohle B: Allergen-specific T lymphocytes as targets for specific immunotherapy: striking at the roots of type I allergy. Arch Immunol Ther Exp 50(4):233–241, 2002.

[298]Majori M, Caminati A, Corradi M, et al: T-cell cytokine pattern at three time points during specific immunotherapy for mite-sensitive asthma. Clin Exp Allergy 30(3):341–347, 2000.

[299]Sato MN, Carvalho AF, Silva AO, et al: Low dose of orally administered antigen down-regulates the T helper type 2-response in a murine model of dust mite hypersensitivity. Immunology 98(3):338–344, 1999.

[300]Shida M, Kadoya M, Park SJ, et al: Allergen-specific immunotherapy induces Th1 shift in dogs with atopic dermatitis. Vet Immunol Immunopathol

102(1-2):19–31, 2004.

[301]Mueller RS, Veir J, Fieseler KV, et al: Use of immunostimulatory liposome-nucleic acid complexes in allergen-specific immunotherapy of dogs with refractory atopic dermatitis - a pilot study. *Vet Dermatol* 16(1):61–68, 2005.

[302]Hayashiya S, Tani K, Morimoto M, et al: Expression of T helper 1 and T helper 2 cytokine mRNAs in freshly isolated peripheral blood mononuclear cells from dogs with atopic dermatitis. *J Vet Med A Physiol Pathol Clin Med* 49(1):27–31, 2002.

[303]Nuttall TJ, Knight PA, McAleese SM, et al: T-helper 1, T-helper 2 and immunosuppressive cytokines in canine atopic dermatitis. *Vet Immunol Immunopathol* 87(3-4):379–384, 2002.

[304]Verhagen J, Taylor A, Blaser K, et al: T regulatory cells in allergen-specific immunotherapy. *Int Rev Immunol* 24(5):533–548, 2005.

[305]Hawrylowicz CM, O'Garra A: Potential role of interleukin-10-secreting regulatory T cells in allergy and asthma. *Nat Rev Immunol* 5(4):271–283, 2005.

[306]Nuttall TJ, Knight PA, McAleese SM, et al: Expression of Th1, Th2 and immunosuppressive cytokine gene transcripts in canine atopic dermatitis. *Clin Exp Allergy* 32(5):789–795, 2002.

[307]Dunstan JA, Hale J, Breckler L, et al: Atopic dermatitis in young children is associated with impaired interleukin-10 and interferon-gamma responses to allergens, vaccines and colonizing skin and gut bacteria. *Clin Exp Allergy* 35:1309–1317, 2005.

[308]Ou LS, Goleva E, Hall C, et al: T regulatory cells in atopic dermatitis and subversion of their activity by superantigens. *J Allergy Clin Immunol* 113(4):756–763, 2004.

[309]Muraille E, Leo O: Revisiting the Th1/Th2 paradigm. *Scand J Immunol* 47:1–9 1999.

[310]Koulis A, Robinson DS: The anti-inflammatory effects of interleukin-10 in allergic disease. *Clin Exp Allergy* 30:747–750, 2000.

[311]Akdis M, Blaser K, Akdis CA: T regulatory cells in allergy: Novel concepts in the pathogenesis, prevention, and treatment of allergic diseases. *J Allergy Clin Immunol* 116:961–968, 2005.

[312]Woodfolk JA: High-dose allergen exposure leads to tolerance. *Clin Rev Allergy Immunol* 28(1):43–58, 2005.

[313]Mueller RS, Veir J, Fieseler KV, et al: Use of immunostimulatory liposome-nucleic acid complexes in allergen-specific immunotherapy of dogs with refractory atopic dermatitis - a pilot study. *Vet Dermatol* 16(1):61–68, 2005.

[314]Willemse A, van den Brom W, et al: Effect of hyposensitization on atopic dermatitis in dogs. *J Am Vet Med Assoc* 184:1277–1280, 1984.

[315]Nuttal T, Thoday K, et al: Retrospective survey of allergen immunotherapy in canine atopy. *Vet Rec* 143(5):139–142, 1998.

[316]Park S, Ohya F, et al: Comparison of response to immunotherapy by intradermal skin test and antigen-specific IgE in canine atopy. *J Vet Med Sci* 62(9):983–988, 2000.

[317]Griffin CE, Hillier A: The ACVD task force on canine atopic dermatitis (XXIV): allergen-specific immunotherapy. *Vet Immunol Immunopathol* 81(3-4):363–383, 2001.

[318]Zur G, White SD, et al: Canine atopic dermatitis: a retrospective study of 169 cases examined at the University of California, Davis, 1992-1998. Part II. Response to hyposensitization." *Vet Dermatol* 13(2):103–111, 2002.

[319]Griffin CE: Allergen specific immunotherapy for canine atopic dermatitis: making it work. *Vet Med* 590–605, 2006.

[320]Schnabl B, Bettenay SV, Dow K, et al: Results of allergen-specific immunotherapy in 117 dogs with atopic dermatitis. *Vet Rec* 158(3):81–85, 2006.

[320a]Hill PB, Lau P, Rybnicek J: Development of an owner-assessed scale to measure the severity of pruritus in dogs. *Vet Dermatol* 18(5):301–308, 2007.

[321]Rosser E: *Aqueous hyposensitization in the treatment of canine atopic dermatitis: a retrospective study of 100 cases. In Advances in Veterinary Dermatology. K. K. Kwochka, T. Willemse and C. vonTscharner*, Boston, 1998, Butterworth Heinemann. 3:169–176.

[322]Mueller RS, Bettenay SV: Evaluation of the safety of an abbreviated course of injections of allergen extracts (rush immunotherapy) for the treatment of dogs with atopic dermatitis. *Am J Vet Res* 62(3):307–310, 2001.

[323]Angarano DW, MacDonald JM: Immunotherapy in canine atopy. In Kirk RW, Bonagura JD, editors: *Current Veterinary Therapy XI*, Philadelphia, 1991, W.B. Saunders, p 505.

[324]Scott KA, Rosychuk RAW, et al: Hyposensitization: The Colorado State University experience with emphasis on efficacy by breed. *Proc Annu Memb Meet Am Acad Vet Dermatol Am Coll Vet Dermatol* 15:107, 1999.

[325]Nuttal TJ: A retrospective survey of hyposensitization therapy. In Kwochka KW, et al, editors: *Advances in Veterinary Dermatology III*, Boston, 1998, Butterworth Heinemann, p 507.

[326]Colombo S, Hill PB, Shaw DJ, et al: Effectiveness of low dose immunotherapy in the treatment of canine atopic dermatitis: a prospective, double-blinded, clinical study. *Vet Dermatol* 16(3):162–170, 2005 Jun.

[327]Mueller RS, Chapman PL, Rosychuk RE, et al: Evaluation of cross-reactivity of allergens by use of intradermal testing in atopic dogs. *Am J Vet Res* 63(6):874–879, 2002.

[328]Mueller RS, Chapman PL: Cross reactivity of airborne allergens based on 1000 intradermal test results. : *Aust Vet J* 82(6):351–354, 2004 Jun.

[329]Rosenbaum MR, et al: Effects of mold proteases on the biological activity of allergenic pollen extracts. *Am J Vet Res* 57:1447, 1996.

[330]Wiedermann U: Prophylaxis and therapy of allergy by mucosal tolerance induction with recombinant allergens or allergen constructs. *Curr Drug Targets Inflamm Allergy* 4(5):577–583, 2005.

[331]Mastrandrea F: The potential role of allergen-specific sublingual immunotherapy in atopic dermatitis. *Am J Clin Dermatol* 5(5):281–294, 2004.

[332]Nelson HS: Immunotherapy for inhalant allergens. In Middleton E, et al, editors: *Allergy Principles and Practice V*. C.V, St. Louis, 1998, Mosby, p 1050.

[333]Schwartzman RM, Mathis L: Immunotherapy for canine atopic dermatitis: Efficacy in 125 atopic dogs with vaccine formulations based on ELISA allergy testing. *Vet Allergy Clin Immunol* 5:123, 1997.

[334]Ferguson EA: A retrospective comparison of the success of two different hyposensitization protocols in the management of canine atopy. *Proc Br Vet Dermatol Study Grp* 16:26, 1994.

[335]Willemse T: Hyposensitization of dogs with atopic dermatitis based on the results of *in vivo* and *in vitro* (IgGd ELISA) diagnostic tests. *Proc Annu Memb Meet Am Acad Vet Dermatol Am Coll Vet Dermatol* 10:61, 1994.

[336]Anderson RK, Sousa CA: *In vitro* versus *in vivo* testing for canine atopy. In Ihrke PJ, et al, editors: *Advances in Veterinary Dermatology II*, New York, 1993, Pergamon Press, p 425.

[337]Mueller RS, Bettenay SV: Long-term immunotherapy in 146 dogs with atopic dermatitis—a retrospective study. *Aust Vet Pract* 26:128, 1996.

[338]Schwartzman RM, Mathis L: Immunotherapy for canine atopic dermatitis: Efficacy in 125 atopic dogs with vaccine formulations based on ELISA allergy testing. *Vet Allergy Clin Immunol* 5:123, 1997.

[339]Willemse T, Bardagi M, Carlotti DN, et al: Dermatophagoides farinae-specific immunotherapy in atopic dogs with hypersensitivity to multiple allergens: A randomised, double blind, placebo-controlled study. *Vet J* 180:337–342, 2009.

[340]Colombo S, Hill PB, Shaw DJ, et al: Requirement for additional treatment for dogs with atopic dermatitis undergoing allergen-specific immunotherapy. *Vet Rec* 160(25):861–864, 2007.

[341]Ledin A, Bergvall K, Hillbertz NS, et al: Generation of therapeutic antibody responses against IgE in dogs, an animal species with exceptionally high plasma IgE levels. *Vaccine* 24(1):66–74, 2006.

[342]Park SJ, Yoshida N, Nishifuji K, et al: Successful treatment of two dogs with allergic dermatitis by anti-allergic peptides (MS-antigen). *J Vet Med Sci* 64(1):63–65 2002.

[343]Olivry T, Mueller RS; The International Task Force on Canine Atopic Dermatitis: Evidence-based vet dermatol: a systematic review of the pharmacotherapy of canine atopic dermatitis. *Vet Dermatol* 14(3):121–146, 2003 Jun.

[344]Olivry T, Foster AP, Mueller RF, et al: Interventions for atopic dermatitis in dogs: a systematic review of randomized controlled trials. *Vet Dermatol* 21:4–22, 2010.

[345]Rostaing L, Puyoo O, Tkaczuk J, et al: Differences in Type 1 and Type 2 intracytoplasmic cytokines, detected by flow cytometry, according to immunosuppression (cyclosporine A vs. tacrolimus) in stable renal allograft recipients. *Clin Transplant* 13(5):400–409, 1999.

[346]L'Ubica D: Cyclosporine A inhibits rats' mast cell activation. *Eur J Immunol* 20:1469–1473, 1990.

[347]Brazís P, Barandica L, García F, et al: Dermal microdialysis in the dog: in vivo assessment of the effect of cyclosporin A on cutaneous histamine and prostaglandin D2 release. *Vet Dermatol* 17(3):169–174 2006.

[348]Furue M, Gaspari AA, Katz SI: The effect of cyclosporine A on epidermal cells. *J Invest Dermatol* 90:796–800, 1988.

[349]Bäumer W, Kietzmann M: Effects of cyclosporin A and cilomilast on activated canine, murine and human keratinocytes. *Vet Dermatol* 18(2):107–114, 2007 Apr.

[350]Steffan J, Favrot C, Mueller R: A systematic review and meta-analysis of the efficacy and safety of cyclosporin for the treatment of atopic dermatitis in dogs. *Vet Dermatol* 17(1):3–16, 2006.

[351]Steffan J, Strehlau G, Maurer M, et al: Cyclosporin A pharmacokinetics and efficacy in the treatment of atopic dermatitis in dogs. *J Vet Pharmacol Ther* 27(4):231–238, 2004 Aug.

[352]Thelen A, Mueller RS, Linek M, et al: Influence of food intake on the clinical response to cyclosporin A in canine atopic dermatitis. *Vet Rec* 159(25):854–856, 2006 Dec 16.

[353]Burton G, Burrows A, Walker R, et al: Efficacy of cyclosporin in the treatment of atopic dermatitis in dogs–combined results from two Vet Dermatol referral centres. *Aust Vet J* 82(11):681–685, 2004.

[354]Radowicz SN, Power HT: Long-term use of cyclosporine in the treatment of canine atopic dermatitis. *Vet Dermatol* 16(2):81–86, 2005 Apr.

[355]Steffan J, Parks C, Seewald W; North American Veterinary Dermatology Cyclosporine Study Group: Clinical trial evaluating the efficacy and safety of cyclosporine in dogs with atopic dermatitis. *J Am Vet Med Assoc* 226(11):1855–1863, 2005 Jun 1.

[356]Steffan J, Horn J, Gruet P, et al: Remission of the clinical signs of atopic dermatitis in dogs after cessation of treatment with cyclosporin A or methylprednisolone. *Vet Rec* 154(22):681–684, 2004 May 29.

[357]Moore JR: Misoprostol and nonsteroidal anti-inflammatory drugs. *Ann Intern Med* 123(4):309–310, 1995 Aug 15.

[358]Smith WG, Thompson JM, Kowalski DL, et al: Inhaled misoprostol blocks guinea pig antigen-induced bronchoconstriction and airway inflammation. *Am J Resp Crit Care Med* 154(2 Pt 1):295–299, 1996.

[359]Alam R, Dejarnatt A, Stafford S, et al: Selective inhibition of the cutaneous late but not immediate allergic response to antigens by misoprostol, a PGE analog. Results of a double-blind, placebo-controlled randomized study. *Am Rev Resp Dis* 148(4 Pt 1):1066–1070, 1993.

[360]Szmidt M, Wasiak W: The influence of misoprostol (synthetic analogue of prostaglandin E1) on aspirin-induced bronchoconstriction in aspirin-sensitive asthma. *J Invest Allergy Clin Immunol* 6(2):121–125, 1996.

[361]Olivry T, Guaguere E, Herriret D: Treatment of atopic dermatitis with misoprostol, a prostaglanding E-1 analogue-an open study. *J Dermatol Treat* 8:243–247, 1997.

[362]Reder AT, Thapar M, Sapugay AM, et al: Prostaglandins and inhibitors of arachidonate metabolism suppress experimental allergic encephalomyelitis. *J Neuroimmunol* 54(1-2):117–127, 1994.

[363]DeJarnatt AC, Grant JA, Alam R: Misoprostol, a PGE analogue, inhibits the late but not the immediate cutaneous reaction to dust mite antigens. *J Allergy Clin Immunol* 89:200, 1992.

[364]Chan SC, Hanifin JM, Holden CA, et al: Elevated leukocyte phosphodiesterase as a basis for depressed cyclic adenosine monophosphate responses in the Basenji greyhound dog model of asthma. *J Allergy Clin Immunol* 76(2 Pt 1):148–158, 1985.

[365]Hanifin JM, Lloyd R, Okubo K, et al: Relationship between increased cyclic AMP-phosphodiesterase activity and abnormal adenylyl cyclase regulation in leukocytes from patients with atopic dermatitis. *J Invest Dermatol* 98(6 Suppl):100S–105S, 1992.

[366]Butler JM, Chan SC, Stevens S, et al: Increased leukocyte histamine release with elevated cyclic AMP-phosphodiesterase activity in atopic dermatitis. *J Allergy Clin Immunol* 71(5):490–497, 1983.

[367]Butler JM, Peters JE, Hirshman CA, et al: Pruritic dermatitis in asthmatic basenji-greyhound dogs: a model for human atopic dermatitis. *J Am Acad Dermatol* 8(1):33–38, 1983.

[368]Emala CW, Levine MA, Aryana A, et al: Reduced adenylyl cyclase activation with no decrease in beta-adrenergic receptors in basenji greyhound leukocytes: relevance to beta-adrenergic responses in airway smooth muscle. *J Allergy Clin Immunol* 95(4):860–867, 1995.

[369]Crocker IC, Ohia SE, Church MK, et al: Phosphodiesterase type 4 inhibitors, but not glucocorticoids, are more potent in suppression of cytokine secretion by mononuclear cells from atopic than nonatopic donors. *J Allergy Clin Immunol* 102(5):797–804, 1998.

[370]Banner KH, Roberts NM, Page CP: Differential effect of phosphodiesterase 4 inhibitors on the proliferation of human peripheral blood mononuclear cells from normals and subjects with atopic dermatitis. *Br J Pharmacol* 116(8):3169–3174, 1995.

[371]Ostlere LS, Mallett RB, Kaminski A, et al: Gamma-interferon production in atopic dermatitis shows differential modification by phosphodiesterase and prostaglandin inhibition. *Br J Dermatol* 133(1):1–5, 1995.

[372]Ferrer L, Alberola J, Queralt M, et al: Clinical anti-inflammatory efficacy of arofylline, a new selective phosphodiesterase-4 inhibitor, in dogs with atopic dermatitis. *Vet Rec* 145:191–194, 1999.

[373]Marsella R, Nicklin CF: Double blind placebo-controlled, crossover clinical trial on the efficacy of pentoxifylline in canine atopy. *Vet Dermatol* 11:255–260, 2000.

[373a]Scott DW, Miller WH Jr: Pentoxifylline for the management of pruritus in canine atopic dermatitis: an open clinical trial with 37 dogs. *Jpn J Vet Dermatol* 13:5, 2007.

[374]Olivry T, Paps JS, Bizikova P, et al: A pilot open trial evaluating the efficacy of low-dose aminopterin in the canine homologue of human atopic dermatitis. *Br J Dermatol* 157(5):1040–1042, 2007.

[375]Favrot C, Reichmuth P, Olivry T: Treatment of canine atopic dermatitis with azathioprine: a pilot study. *Vet Rec* 160(15):520–521, 2007 Apr 14.

[376]Moriello KA: Feline atopy in three littermates. *Vet Dermatol* 12(3):177–181, 2001.

[377]O'Dair H, Markwell PJ, Maskell IE: An open investigation into the etiology in a group of cats with suspected allergic skin disease. *Vet Dermatol* 7(4):193–202, 1996.

[378]Gilbert S, Halliwell RE: Feline immunoglobulin E: induction of antigen-specific antibody in normal cats and levels in spontaneously allergic cats. *Vet Immunol Immunopathol* 63(3):235–252, 1998.

[379]Foster AP, O'Dair HA, DeBoer DJ: Allergen-specific IgG antibodies in cats with allergic skin disease. *Res Vet Sci* 63(3):239–243, 1997.

[380]Griot-Wenk ME, Obexer-Ruff G, Fluri A, et al: Partial sequences of feline and caprine immunoglobulin epsilon heavy chain cDNA and comparative binding studies of recombinant IgE fragment-specific antibodies across different species. *Vet Immunol Immunopathol* 75(1-2):59–69, 2000.

[381]Weber ER, Helps CR, Foster AP, et al: Molecular cloning and phylogenetic analysis of a cDNA encoding the cat (Felis domesticus) Ig epsilon constant region. *Vet Immunol Immunopathol* 76(3-4):299–308, 2000.

[382]Halliwell REW, Gilbert SM, Lian TM: Induced and spontaneous IgE antibodies to Dermatophagoides farinae in dogs and cats: evidence of functional heterogeneity of IgE. *Vet Dermatol* 9(3):179–184, 1998.

[383]Roosje PJ, Whitaker-Menezes D, Goldschmidt MH, et al: Feline atopic dermatitis. A model for Langerhans cell participation in disease pathogenesis. *Am J Pathol* 151(4):927–932, 1997.

[384]Taglinger K, Day MJ, Foster AP: Characterization of inflammatory cell infiltration in feline allergic skin disease. *J Comp Pathol* 137(4):211–223, 2007 Nov.

[385]Roosje PJ, van Kooten PJ, Thepen T, et al: Increased numbers of CD4+ and CD8+ T cells in lesional skin of cats with allergic dermatitis. *Vet Pathol* 35(4):268–273, 1998.

[386]Prost C: Les dermatoses allergiques du chat. *Prat Méd Chir Anim Comp* 28:151–153, 1993.

[387]Gilbert S: L'atopie feline. *Prat Méd Chir Anim Comp* 34:15–17, 1999.

[388]Carlotti D, Prost C: L'atopie feline. *Point Vét* 20:777–779, 1988.

[389]White SD, Sequoia D: Food hypersensitivity in cats: 14 cases (1982-1987). *J Am Vet Med Assoc* 194(5):692–695, 1989.

[390]Halliwell RE: Efficacy of hyposensitization in feline allergic diseases based upon results of in vitro testing for allergen-specific immunoglobulin E. *J Am Anim Hosp Assoc* 33(3):282–288, 1997.

[391]Roosje PJ, Thepen TH, Rutten VPMG, Willemse T: Feline atopic dermatitis: a review. *Vet Dermatol* 11(Supplement 1):12, 2000.

[392]Foil CS: Differential diagnosis of feline pruritus. *Vet Clin North Am Small Anim Pract* 18(5):999–1011, 1988.

[393]Foster A: A study of the number and distribution of cutaneous mast cells in cats with disease not affecting the skin. *Vet Dermatol* 5(1):17–20, 1994.

[394]Langford LW, Selby LA: Feline eosinophilic granuloma complex: a clinico-epidemiologic study of 32 cases. *Vet Med Small Anim Clin* 74(5):665–667, 1979.

[395]Power HT, Ihrke PJ: Selected feline eosinophilic skin diseases. *Vet Clin North Am Small Anim Pract* 25(4):833–850, 1995.

[396]Ordeix L, Galeotti F, Scarampella F, et al: *Malassezia* spp. overgrowth in allergic cats. *Vet Dermatol* 18(5):316–323, 2007.

[397]Carlotti D, Prost C: L'atopie feline. *Point Vét* 20:777, 1988.

[398]Gilbert S, et al: L'atopie féline. *Prat Méd Chir Anim Comp* 34:15, 1999.

[399]Halliwell REW: Efficacy of hyposensitization in feline allergic diseases based upon results of in vitro testing for allergen-specific immunoglobulin E. *J Am Anim Hosp Assoc* 33:3, 1997.

[400]Trimmer A, Griffin, CE, Boord MJ, et al: Response of feline asthmatics to allergen specific immunotherapy: A prospective double-blinded placebo controlled study. Proceedings of the Nt Am Vet Derm Forum 2005. Sarasota, 168.

[401]Moriello KA, Stepien RL, Henik RA, et al: Pilot study: prevalence of positive aeroallergen reactions in 10 cats with small-airway disease without concurrent skin disease. *Vet Dermatol* 18(2):94–100, 2007 Apr.

[402]Scott DW, et al: Miliary dermatitis: A feline cutaneous reaction pattern. *Proc Annu Kal Kan Semin* 2:11, 1986.

[403]Bevier DE: The reaction of feline skin to the intradermal injection of allergenic extracts and passive cutaneous anaphylaxis using the serum from skin test positive cats. In von Tscharner C, Halliwell REW, editors: *Advances in Veterinary Dermatology I*, Philadelphia, 1990, Ballière-Tindall, p 126.

[404]Gilbert S, Halliwell REW: Assessment of an ELISA for the detection of allergen-specific IgE in cats experimentally sensitized against house dust mites. In Kwochka KW, et al, editors: *Advances in Veterinary Dermatology III*, Boston, 1998, Butterworth Heinemann, p 520.

[405]Austel M, Hensel P, Jackson D, et al: Evaluation of three different histamine concentrations in intradermal testing of normal cats and attempted determination of 'irritant' threshold concentrations for 48 allergens. *Vet Dermatol* 17(3):189–194, 2006 Jun.

[406]Mueller RS, et al: Effect of tiletamine-zolazepam anesthesia on the response to intradermally injected histamine in cats. *Vet Dermatol* 2:119, 1991.

[407]Willemse T, et al: Changes in plasma cortisol, corticotropin, and α-melanocyte-stimulating hormone concentrations in cats before and after physical restraint and intradermal testing. *Am J Vet Res* 54:69, 1993.

[408]Bevier DE: Effect of methylprednisolone acetate and oral prednisone on immediate skin test reactivity in cats. *Proc Annu Memb Meet Am Acad Vet Dermatol Am Coll Vet Dermatol* 10:45, 1994.

[409]Foster AP, O'Dair H: Allergy testing for skin disease in the cat: In vivo versus in vitro tests. *Vet Dermatol* 4:111, 1993.

[410]Halliwell REW: Efficacy of hyposensitization in feline allergic diseases based upon results of in vitro testing for allergen-specific immunoglobulin E. *J Am Anim Hosp Assoc* 33:3, 1997.

[411]Scott DW, Miller WH Jr: Medical management of allergic pruritus in the cat, with emphasis on feline atopy. *J S Afr Vet Assoc* 64(2):103–108, 1993.

[412]Vercelli A, Raviri G, Cornegliani L: The use of oral cyclosporin to treat feline dermatoses: a retrospective analysis of 23 cases. *Vet Dermatol* 17(3):201–206, 2006.

[413]Noli C, Scarampella F: Prospective open pilot study on the use of ciclosporin for feline allergic skin disease. *J Small Anim Pract* 47(8):434–438, 2006.

[414]Last RD, Suzuki Y, Manning T, et al: A case of fatal systemic toxoplasmosis in a cat being treated with cyclosporin A for feline atopy. *Vet Dermatol* 15(3):194–198, 2004.

[415]Barrs VR, Martin P, Beatty JA: Antemortem diagnosis and treatment of toxoplasmosis in two cats on cyclosporin therapy. *Aust Vet J* 84(1-2):30–35, 2006.

[416]Trimmer AM, Griffin CE, Rosenkrantz WS: Feline immunotherapy. *Clin Tech Small Anim Pract* 21(3):157–161 2006 Aug.

[417]Trimmer AM, Griffin CE, Boord MJ, et al: Rush allergen specific immunotherapy protocol in feline atopic dermatitis: a pilot study of four cats. *Vet Dermatol* 16(5):324–329, 2005.

[418]Reinero CR, Cohn LA, Delgado C, et al: Adjuvanted rush immunotherapy using CpG oligodeoxynucleotides in experimental feline allergic asthma. *Vet Immunol Immunopathol* 2007 Oct 2.

[419]Schultz KT: Type I and type IV hypersensitivity in animals. *J Am Vet Med Assoc* 181(10):1083–1087, 1982.

[420]Fyhrquist-Vanni N, Alenius H, Lauerma A: Contact dermatitis. *Dermatol Clin* 25(4):613–623, 2007.

[421]Thyssen JP, Linneberg A, Menné T, et al: The epidemiology of contact allergy in the general population – prevalence and main findings. *Contact Dermatitis* 57(5):287–299, 2007.

[422]Bos JD, Teunissen MB, Kapsenberg ML: Immunology of contact dermatitis. *Acta Derm Venereol Suppl (Stockh)* 151:84–87; 1989.

[423]Saint-Mezard P, Krasteva M, Chavagnac C, et al: Afferent and efferent phases of allergic contact dermatitis (ACD) can be induced after a single skin contact with haptens: evidence using a mouse model of primary ACD. *J Invest Dermatol* 120(4):641–647, 2003.

[424]Mydlarski PR, et al: Contact dermatitis. In Middleton E, et al, editors: *Allergy Principles and Practice V.* C.V, St Louis, 1998, Mosby, p 1135.

[425]Belisto DV: Allergic contact dermatitis In Freedberg IM, et al, editors: *Fitzpatrick's Dermatology in General Medicine V*, New York, 1999, McGraw-Hill, p 1447.

[426]Ulrich P, Grenet O, Bluemel J, et al: Cytokine expression profiles during murine contact allergy: T helper 2 cytokines are expressed irrespective of the type of contact allergen. *Arch Toxicol* 75(8):470–479, 2001.

[427]Xu H, Banerjee A, Dilulio NA, et al: Development of effector CD8+ T cells in contact hypersensitivity occurs independently of CD4+ T cells. *J Immunol* 158(10):4721–4728, 1997.

[428]Moed H, von Blomberg M, Bruynzeel DP, et al: Improved detection of allergen-specific T-cell responses in allergic contact dermatitis through the addition of "cytokine cocktails". *Exp Dermatol* 14(8):634–640, 2005.

[429]Gober MD, Fishelevich R, Zhao Y, et al: Human Natural Killer T Cells Infiltrate into the Skin at Elicitation Sites of Allergic Contact Dermatitis. *J Invest Dermatol* 2007 Dec 13 E pub so far.

[430]Rietschel RL: Irritant contact dermatitis. Mechanisms in irritant contact dermatitis. *Clin Dermatol* 15:557, 1997.

[431]Moed H, Boorsma DM, Tensen CP, et al: Increased CCL27-CCR10 expression in allergic contact dermatitis: implications for local skin memory. *J Pathol* 204(1):39–46, 2004.

[432]Flier J, Boorsma DM, Bruynzeel DP, et al: The CXCR3 activating chemokines IP-10, Mig, and IP-9 are expressed in allergic but not in irritant patch test reactions. *J Invest Dermatol* 113(4):574–578, 1999.

[433]Thomsen MK, Thomsen HK: Histopathological changes in canine allergic contact dermatitis patch test reactions. A study on spontaneously hypersensitive dogs. *Acta Vet Scand* 30(4):379–384, 1989.

[434]Clark EG, et al: Cedar wood-induced allergic contact dermatitis in a dog. *Proc Annu Memb Meet Am Acad Vet Dermatol Am Coll Vet Dermatol* 9:68, 1993.

[435]Calderwood-Mays MB, et al: Carpet deodorant contact dermatitis in a cat. *Proc Annu Memb Meet Am Acad Vet Dermatol Am Coll Vet Dermatol* 9:67, 1993.

[436]Dunstan RW, et al: Histologic features of allergic contact dermatitis in four dogs. *Proc Annu Memb Meet Am Acad Vet Dermatol Am Coll Vet Dermatol* 9:69, 1993.

[437]Merchant SR, et al: Eosinophilic pustules and eosinophilic dermatitis secondary to patch testing a dog with Asian jasmine. *Proc Annu Memb Meet Am Acad Vet Dermatol Am Coll Vet Dermatol* 9:64, 1993.

[438]Olivry T: Allergic contact dermatitis to cement: A delayed hypersensitivity to dichromates and nickel. *Proc Annu Memb Meet Am Acad Vet Dermatol Am Coll Vet Dermatol* 9:63, 1993.

[439]Olivry T, Prélaud P, Héripret D, et al: Allergic contact dermatitis in the dog. Principles and diagnosis. *Vet Clin North Am Small Anim Pract* 20(6):1443–1456, 1990 Nov.

[440]De Groot AC: The frequency of contact allergy in atopic patients with dermatitis. *Contact Dermatitis* 22:273–277, 1990.

[441]Cronin E, McFadden JP: Patients with atopic eczema do become sensitized to contact allergens. *Contact Dermatitis* 28:225–228 1993.

[442]Lammintausta K, Kalimo K, Fagerlund V-L: Patch test reactions in atopic patients. *Contact Dermatitis* 26:234–240, 1992.

[443]Belisto DV: Allergic contact dermatitis In Freedberg IM, et al, editors: *Fitzpatrick's Dermatology in General Medicine V*, New York, 1999, McGraw-Hill, p 1447.

[444]Nobreus N, et al: Induction of dinitrochlorobenzene contact sensitivity in dogs. *Monogr Allergy* 8:100, 1974.

[445]Krawiec DR, Gaafar SM: A comparative study of allergic and primary irritant contact dermatitis with dinitrochlorobenzene (DNCB) in dogs. *J Invest Dermatol* 65:248, 1975.

[446]Marsella R, Kunkle GA, Lewis DT: Pentoxifylline inhibits contact hypersensitivity reactions to plants of the Commelinceae family in dogs. *Vet Dermatol* 8(2):121–126, 1997.

[447]Willemse T, Vroom MA: Allergic dermatitis in a Great Dane due to contact with hippeastrum. *Vet Rec* 122:490, 1988.

[448]Comer KM: Carpet deodorizer as a contact allergen in a dog. *J Am Vet Med Assoc* 193(12):1553–1554, 1988 Dec 15.

[449]Thomsen MK, Kristensen F: Contact dermatitis in the dog: A review and clinical study. *Nord Vet Med* 38:129, 1986.

[450]Thomsen MK, Thomsen HK: Histopathological changes in canine allergic contact dermatitis patch test reactions: A study on spontaneously hypersensitive dogs. *Acta Vet Scand* 30:379, 1989.

[451]White PD: Contact dermatitis in the dog and cat. *Semin Vet Med Surg* 6:303, 1991.

[452]Linneberg A, Nielsen NH, Menné T, et al: Smoking might be a risk factor for contact allergy. *J Allergy Clin Immunol* 111(5):980–984, 2003 May.

[453]Carlsen BC, Andersen KE, Menné T, et al: Patients with multiple contact allergies: a review. *Contact Dermatitis* 58(1):1–8, 2008.

[454]Grant DI, Thoday KL: Canine allergic contact dermatitis: a clinical review. *J Small Anim Pract* 21(1):17–27, 1980 Jan.

[455]Walton GS: Allergic contact dermatitis. In Kirk RW, editor: *Current Veterinary Therapy VI*, Philadelphia, 1977, W.B. Saunders, p 571.

[456]Bourdeau P, et al: Positive reactions to allergenic challenge in healthy dogs. Part 2—Patch test. In Kwochka KW, et al, editors: *Advances in Veterinary Dermatology III*, Boston, 1998, Butterworth Heinemann, p 445.

[457]Vestergaard L, Clemmensen OJ, Sørensen FB, et al: Histological distinction between early allergic and irritant patch test reactions: follicular spongiosis may be characteristic of early allergic contact dermatitis. *Contact Dermatitis* 41(4):207–210, 1999.

[458]Sosroseno W: The immunology of nickel-induced allergic contact dermatitis. *Asian Pac J Allergy Immunol* 13(2):173–181, 1995.

[459]Becke FM, Hehlgans T, Brockhoff G, et al: Development of allergic contact dermatitis requires activation of both tumor necrosis factor-receptors. *Eur Cytokine Netw* 12(1):45–50, 2001 Mar.

[460]Saricaoğlu H, Tunali S, Bülbül E, et al: Prevention of nickel-induced allergic contact reactions with pentoxifylline. *Contact Dermatitis* 39(5):244–247, 1998 Nov.

[461]Schwarz T, Schwarz A, Krone C, et al: Pentoxifylline suppresses allergic patch test reactions in humans. *Arch Dermatol* 129(4):513–514, 1993 Apr.

[462]Brehler R, Maurer O, Grabbe S, et al: Topically applied pentoxifylline has no effect on allergic patch responses. *J Am Acad Dermatol* 39(6):1017–1021, 1998 Dec.

[463]Saripalli YV, Gadzia JE, Belsito DV: Tacrolimus ointment 0.1% in the treatment of nickel-induced allergic contact dermatitis. *J Am Acad Dermatol* 49(3):477–482, 2003 Sep.

[464]Queille-Roussel C, Graeber M, Thurston M, et al: SDZ ASM 981 is the first non-steroid that suppresses established nickel contact dermatitis elicited by allergen challenge. *Contact Dermatitis* 42(6):349–350, 2000 Jun.

[465]Pacor ML, Di Lorenzo G, Martinelli N, et al: Tacrolimus ointment in nickel sulphate-induced steroid-resistant allergic contact dermatitis. *Allergy Asthma Proc* 27(6):527–531, 2006.

[466]Meingassner JG, Fahrngruber H, Bavandi A: Pimecrolimus inhibits the elicitation phase but does not suppress the sensitization phase in murine contact hypersensitivity, in contrast to tacrolimus and cyclosporine A. *J Invest Dermatol* 121(1):77–80, 2003.

[467]Schiavino D, Nucera E, Alonzi C, et al: A clinical trial of oral hyposensitization in systemic allergy to nickel. *Int J Immunopathol Pharmacol* 19(3):593–600, 2006.

[468]Sjövall P, Christensen OB, Möller H: Oral hyposensitization in nickel allergy. *J Am Acad Dermatol* 17(5 Pt 1):774–778, 1987.

[469]Kaminogawa S: Food allergy, oral tolerance and immunomodulation–their molecular and cellular mechanisms. *Biosci Biotechnol Biochem* 60(11):1749–1756, 1996.

[470]van Wijk F, Knippels L: Initiating mechanisms of food allergy: Oral tolerance versus allergic sensitization. *Biomed Pharmacother* 61(1):8–20, 2007 Jan.

[471]Tiemessen MM, Kunzmann S, Schmidt-Weber CB, et al: Transforming growth factor-beta inhibits human antigen-specific CD4+ T cell proliferation without modulating the cytokine response. *Int Immunol* 15(12):1495–1504, 2003 Dec.

[472]van Wijk F, Wehrens EJ, Nierkens S, et al: CD4+CD25+ T cells regulate the intensity of hypersensitivity responses to peanut, but are not decisive in the induction of oral sensitization. *Clin Exp Allergy* 37(4):572–581, 2007.

[473]Shi HN, Walker WA: The role of TIM-4 in food allergy. *Gastroenterology* 133(5):1723–1726, 2007.

[474]Yang PC, Xing Z, Berin CM, et al: TIM-4 expressed by mucosal dendritic cells plays a critical role in food antigen-specific Th2 differentiation and intestinal allergy. *Gastroenterology* 133(5):1522–1533, 2007.

[475]Nagler-Anderson C: Helminth-induced immunoregulation of an allergic response to food. *Chem Immunol Allergy* 90:1–13, 2006.

[476]Erb KJ: Helminths, allergic disorders and IgE-mediated immune responses: where do we stand? *Eur J Immunol* 37(5):1170–1173, 2007.

[477]Fallon PG, Mangan NE: Suppression of TH2-type allergic reactions by helminth infection. *Nat Rev Immunol* 7(3):220–230, 2007.

[478]Bell RG: IgE, allergies and helminth parasites: a new perspective on an old conundrum. *Immunol Cell Biol* 74(4):337–345 1996.

[479]Tater KC, Jackson HA, Paps J, et al: Effects of routine prophylactic vaccination or administration of aluminum adjuvant alone on allergen-specific serum IgE and IgG responses in allergic dogs. *Am J Vet Res* 66(9):1572–1577, 2005.

[480]Strid J, Hourihane J, Kimber I, et al: Epicutaneous exposure to peanut protein prevents oral tolerance and enhances allergic sensitization. *Clin Exp Allergy* 35(6):757–766, 2005.

[481]Helm RM, Burks AW: Animal models of food allergy. *Curr Opin Allergy Clin Immunol* 2(6):541–546, 2002 Dec.

[482]Helm RM, Ermel RW, Frick OL: Nonmurine animal models of food allergy. *Environ Health Perspect* 111(2):239–244, 2003.

[483]Jackson HA, Hammerberg B: Evaluation of a spontaneous canine model of immunoglobulin E-mediated food hypersensitivity: dynamic changes in serum and fecal allergen-specific immunoglobulin E values relative to dietary change. *Comp Med* 52(4):316–321, 2002 Aug.

[484]Jackson HA, Jackson MW, Coblentz L, et al: Evaluation of the clinical and allergen specific serum immunoglobulin E responses to oral challenge with cornstarch, corn, soy and a soy hydrolysate diet in dogs with spontaneous food allergy. *Vet Dermatol* 14(4):181–187, 2003.

[485]Atherton KT, Dearman RJ, Kimber I: Protein allergenicity in mice: a potential approach for hazard identification. *Ann N Y Acad Sci* 964:163–171, 2002 May.

[486]Bowman CC, Selgrade MK: Differences in allergenic potential of food extracts following oral exposure in mice reflect differences in digestibility: Potential approaches to safety assessment. *Toxicol Sci* 102:100–109, 2007.

[487]Sampson HA: Adverse reactions to foods. In Middleton E, et al, editors: *Allergy Principles and Practice V. C.V*, St Louis, 1998, Mosby, p 1162.

[488]Groh M, Moser E: Diagnosis of food allergy in the nonseasonally symptomatic dog using a novel antigen, low molecular weight diet: A prospective study of 29 cases. *Vet Allergy Clin Immunol* 6:5, 1998.

[489]Rosser EJ: *Protein hydrolysates in canine diets to diagnose and prevent food allergy*, Monograph, 1999, Allergy Concepts, Inc.

[490]Jeffers JG, et al: Responses of dogs with food allergies to single-ingredient dietary provocation. *J Am Vet Med Assoc* 209:608, 1996.

[491]August JR: Dietary hypersensitivity in dogs: Cutaneous manifestations, diagnosis, and treatment. *Compend Contin Educ* 7:469, 1985.

[492]Carlotti DN, et al: Food allergy in dogs and cats: A review and report of 43 cases. *Vet Dermatol* 1:55, 1990.

[493]Walton GS: Skin responses in the dog and cat to ingested allergens: Observations of 100 confirmed cases. *Vet Rec* 81:709, 1967.

[494]Roudebush P, et al: Protein characteristics of commercial canine and feline hypoallergenic diets. *Vet Dermatol* 5:69, 1994.

[495]Tapp T, Griffin C, Rosenkrantz W, et al: Comparison of a commercial limited-antigen diet versus home-prepared diets in the diagnosis of canine adverse food reaction. *Vet Ther* 3(3):244–251, 2002 Fall.

[496]Martín A, Sierra MP, González JL, et al: Identification of allergens responsible for canine cutaneous adverse food reactions to lamb, beef and cow's milk. *Vet Dermatol* 15(6):349–356, 2004 Dec.

[497]Ayuso R, Lehrer SB, Lopez M, et al: Identification of bovine IgG as a major cross-reactive vertebrate meat allergen. *Allergy* 55(4):348–354, 2000.

[498]Ohmori K, Masuda K, Kawarai S, et al: Identification of bovine serum albumin as an IgE-reactive beef component in a dog with food hypersensitivity against beef. *J Vet Med Sci* 69(8):865–867, 2007.

[499]Jeffers JG, Meyer EK, Sosis EJ: Responses of dogs with food allergies to single-ingredient dietary provocation. *J Am Vet Med Assoc* 209(3):608–611, 1996 Aug 1.

[499a]Fujimura M, Ohmori K, Masuda K, et al: Oral allergy syndrome induced by tomato in a dog with Japanese cedar (*Cryptomeria japonica*) pollinosis. *J Vet Med Sci* 64(11):1069–1070, 2002 Nov.

[500]Day MJ: The canine model of dietary hypersensitivity. *Proc Nutr Soc* 64(4):458–464, 2005 Nov.

[501]Chesney CJ: Food sensitivity in the dog: a quantitative study. *J Small Anim Pract* 43(5):203–207, 2002 May.

[502]Denis S, Paradis M: L'allergie alimentaire chez le chien et le chat. I: Revue de la literature. *Méd Vét Québec* 24:11, 1994.

[503]Loeffler A, Soares-Magalhaes R, Bond R, et al: A retrospective analysis of case series using home-prepared and chicken hydrolysate diets in the diagnosis of adverse food reactions in 181 pruritic dogs. *Vet Dermatol* 17(4):273–279, 2006.

[504]Harvey RG: Food allergy and dietary intolerance in dogs: A report of 25 cases. *J Small Anim Pract* 33:22, 1993.

[505]Verlinden A, Hesta M, Millet S, et al: Food allergy in dogs and cats: a review. *Crit Rev Food Sci Nutr* 46(3):259–273, 2006.

[506]White SD: Food allergy in dogs. *Comp Cont Educ Pract Vet* 20:261, 1998.

[507]Fadok VA: Diagnosing and managing the food-allergic dog. *Compend Contin Educ Pract Vet* 16:1541, 1994.

[508]Merchant SR, Taboada J: Food allergy and immunologic diseases of the gastrointestinal tract. *Semin Vet Med Surg* 6:316, 1991.

[509]Paterson S: Food hypersensitivity in 20 dogs with skin and gastrointestinal signs. *J Small Anim Pract* 36(12):529–534, 1995 Dec.

[510]Itoh T, Nibe K, Kojimoto A, et al: Erythema multiforme possibly triggered by food substances in a dog. *J Vet Med Sci* 68(8):869–871, 2006.

[511]Rachofsky MA, Chester DK, Read WK, et al: Probable hypersensitivity vasculitis in a dog. *J Am Vet Med Assoc* 194(11):1592–1594, 1989.

[512]Nichols PR, Morris DO, Beale KM: A retrospective study of canine and feline cutaneous vasculitis. *Vet Dermatol* 12(5):255–264, 2001 Oct.

[513]Mukherjee A, Bandyopadhyay S, Basu PK: Seizures due to food allergy. *J Assoc Physicians India* 42(8):662–663, 1994.

[514]Egger J, Carter CM, Soothill JF, et al: Oligoantigenic diet treatment of children with epilepsy and migraine. *J Pediatr* 114(1):51–58, 1989 Jan.

[515]Ostblom E, Wickman M, van Hage M, et al: Reported symptoms of food hypersensitivity and sensitization to common foods in 4-year-old children. *Acta Paediatr* 97:85–90, 2007.

[516]Rosser EJ Jr: Diagnosis of food allergy in dogs. *J Am Vet Med Assoc* 203(2):259–262, 1993.

[517]Brown CM, et al: Nutritional management of food allergy in dogs and cats. *Compend Contin Educ* 17:637, 1995.

[518]Leistra MH, Markwell PJ, Willemse T: Evaluation of selected-protein-source diets for management of dogs with adverse reactions to foods. *J Am Vet Med Assoc* 219(10):1411–1414, 2001.

[518a]Raditic DM, emillard RL, Tater KC: ELISA testing for common food antigens in four dry dog foods used in dietary elimination trials. *J Anim Physiol Anim Nutr (Berl)* 95(1)90–97, 2011 Feb.

[519]Cave NJ: Hydrolyzed protein diets for dogs and cats. *Vet Clin North Am Small Anim Pract* 36(6):1251–1268, 2006.

[520]Loeffler A, Lloyd DH, Bond R, et al: Dietary trials with a commercial chicken hydrolysate diet in 63 pruritic dogs. *Vet Rec* 154(17):519–522, 2004.

[521]Puigdemont A, Brazís P, Serra M, et al: Immunologic responses against hydrolyzed soy protein in dogs with experimentally induced soy hypersensitivity. *Am J Vet Res* 67(3):484–488, 2006.

[522]Foster AP, Knowles TG, Moore AH, et al: Serum IgE and IgG responses to food antigens in normal and atopic dogs, and dogs with gastrointestinal disease. *Vet Immunol Immunopathol* 92(3-4):113–124, 2003.

[523]Ishida R, Masuda K, Kurata K, et al: Lymphocyte blastogenic responses to inciting food allergens in dogs with food hypersensitivity. *J Vet Intern Med* 18(1):25–30, 2004.

[524]Guilford WG, Strombeck DR, Rogers Q, et al: Development of gastroscopic food sensitivity testing in dogs. *J Vet Intern Med* 8(6):414–422, 1994.

[525]Allenspach K, Vaden SL, Harris TS, et al: Evaluation of colonoscopic allergen provocation as a diagnostic tool in dogs with proven food hypersensitivity reactions. *J Small Anim Pract* 47(1):21–26, 2006.

[525a. Bethlehem S, Bexley J, Mueller RS: Patch testing and allergen-specific serum IgE and IgG antibodies in the diagnosis of canine adverse food reactions. *Vet Immunol Immunopathol* 145(3-4):582–589 2012 Feb 15.

[526]Nichols PR, et al: A retrospective study of canine and feline cutaneous vasculitis. *Proc Annu Memb Meet Am Acad Vet Dermatol Am Coll Vet Dermatol* 14:27, 1998.

[527]Ghernati I, et al: A case of food allergy immunohistopathologically mimicking mycosis fungoides. In Kwochka KW, et al, editors: *Advances in Veterinary Dermatology III*, Boston, 1998, Butterworth Heinemann, p 432.

[528]Harvey RG: Food allergy and dietary intolerance in dogs: A report of 25 cases. *J Small Anim Pract* 33:22, 1993.

[529]Sauter SN, Benyacoub J, Allenspach K, et al: Effects of probiotic bacteria in dogs with food responsive diarrhoea treated with an elimination diet. *J Anim Physiol Anim Nutr (Berl)* 90(7-8):269–277, 2006.

[530]Olivry T, Kurata K, Paps JS, et al: A blinded randomized controlled trial evaluating the usefulness of a novel diet (aminoprotect care) in dogs with spontaneous food allergy. *J Vet Med Sci* 69(10):1025–1031, 2007.

[531]Guilford WG, Markwell PJ, Jones BR, et al: Prevalence and causes of food sensitivity in cats with chronic pruritus, vomiting or diarrhea. *J Nutr* 128(12 Suppl):2790S–2791S, 1998 Dec.

[532]O'Dair HA, Markwell PJ, Maskell IE: An open prospective investigation into aetiology in a group of cats with suspected allergic skin disease. *Vet Derm* 7:193–202, 1996.

[533]Markwell PJ, et al: Prevalence of food sensitivity in cats with chronic pruritus, vomiting or diarrhea. In Kwochka KW, et al, editors: *Advances in Veterinary Dermatology III*, Boston, 1998, Butterworth Heinemann, p 493.

[534]Guilford WG, Jones BR, Markwell PJ, et al: Food sensitivity in cats with chronic idiopathic gastrointestinal problems. *J Vet Intern Med* 15(1):7–13, 2001.

[535]Gilbert S, Halliwell RE: The effects of endoparasitism on the immune response to orally administered antigen in cats. *Vet Immunol Immunopathol* 106(1-2):113–120, 2005.

[536]White SD, Sequoia D: Food hypersensitivity in cats: 14 cases (1982-1987). *J Am Vet Med Assoc* 194:692–695 1989.

[537]Guaguère E: Intolérance alimentaire à manifestations cutanées: À propos de 17 cas chez le chat. *Prat Méd Chir Anim Comp* 28:451, 1993.

[538]Reedy LM: Food hypersensitivity to lamb in a cat. *J Am Vet Med Assoc* 204(7):1039–1040, 1994 Apr 1.

[539]Rosser EJ: Food allergy in the cat: A prospective study of 13 cats. In Ihrke PJ, et al, editors: *Advances in Veterinary Dermatology II*, New York, 1993, Pergamon Press, p 33.

[540]White SD: Difficult dermatologic diagnosis. Pruritus caused by food hypersensitivity in a cat. *J Am Vet Med Assoc* 196(2):225, 1990.

[541]Waisglass SE, Landsberg GM, Yager JA, et al: Underlying medical conditions in cats with presumptive psychogenic alopecia. *J Am Vet Med Assoc* 228(11):1705–1709, 2006.

[542]Nelson RW, Dimperio ME, Long GG: Lymphocytic-plasmacytic colitis in the cat. *J Am Vet Med Assoc* 184:1133–1135 1984.

[543]Stogdale L, Bomzom L, Bland P, et al: Food allergy in cats. *J Am Anim Hosp Assoc* 18:188–194 1982.

[544]Scott DW: Feline dermatology 1900-1978: a monograph of food allergy. *J*

Am Anim Hosp Assoc 16:380–381, 1980.

[545]Scott DW, et al: Miliary dermatitis: A feline cutaneous reaction pattern. Proc Annu Kal Kan Semin 2:11, 1986.

[546]Leistra M, Willemse T: Double-blind evaluation of two commercial hypoallergenic diets in cats with adverse food reactions. J Feline Med Surg 4(4):185–188, 2002.

[547]Scott DW: Analyse du type de réaction histopathologique dans le diagnostic des dermatoses inflammatoires chez le chat: Étude sur 394 cas. Point Vét 26:57, 1994.

[548]Lee SE, Johnstone IP, Lee RP, et al: Putative salivary allergens of the cat flea, Ctenocephalides felis felis. Vet Immunol Immunopathol 69(2-4):229–237, 1999 Aug 2.

[549]Greene WK, Carnegie RL, Shaw SE, et al: Characterization of allergens of the cat flea, Ctenocephalides felis: detection and frequency of IgE antibodies in canine sera. Parasite Immunol 15(2):69–74, 1993.

[550]McDermott MJ, Weber E, Hunter S, et al: Identification, cloning, and characterization of a major cat flea salivary allergen (Cte f 1). Mol Immunol 37(7):361–375, 2000.

[551]Frank GR, et al: Salivary allergens of Ctenocephalides felis: Collection, purification, and evaluation by intradermal skin testing in dogs. Compend Contin Educ Pract Vet 19(Suppl):20, 1997.

[552]Frank GR, et al: Salivary allergens of Ctenocephalides felis: Collection, purification, and evaluation by intradermal skin testing in dogs. In Kwochka KW, et al, editors: Advances in Veterinary Dermatology III, Boston, 1998, Butterworth Heinemann, p 201.

[553]McCall CA: Cloning, expression, and characterization of a major allergen associated with flea bite hypersensitivity in the dog. Proc Annu Memb Meet Eur Soc Vet Dermatol Eur Coll Vet Dermatol 15:156, 1998.

[554]McCall CA, et al: Fcε RIα-based measurement of anti-flea saliva IgE in dogs. Comp Cont Educ Pract Vet 19(Suppl):24, 1997.

[555]Kwochka KW, et al: Flea salivary antigen rush immunotherapy for flea allergy dermatitis in dogs: A double-blinded, placebo-controlled clinical study. Proc Annu Memb Meet Am Acad Vet Dermatol Am Coll Vet Dermatol 14:107, 1998.

[556]McKeon SE, Opdebeeck JP: IgG and IgE antibodies against antigens of the cat flea, Ctenocephalides felis felis, in sera of allergic and non-allergic dogs. Int J Parasitol 24(2):259–263, 1994 Apr.

[557]Wilkerson MJ, Bagladi-Swanson M, Wheeler DW, et al: The immunopathogenesis of flea allergy dermatitis in dogs, an experimental study. Vet Immunol Immunopathol 99(3-4):179–192, 2004.

[558]Halliwell RE, Longino SJ: IgE and IgG antibodies to flea antigen in differing dog populations. Vet Immunol Immunopathol 8(3):215–223, 1985.

[559]Zhao L, Jin H, She R, et al: A rodent model for allergic dermatitis induced by flea antigens. Vet Immunol Immunopathol 114(3-4):285–296, 2006.

[560]Halliwell REW: Clinical and immunological aspects of allergic skin diseases in domestic animals: In von Tscharner C, Halliwell REW, editors: Advances in Veterinary Dermatology I, Philadelphia, 1990, Ballière-Tindall, p 91.

[561]Halliwell REW, Gorman NT: Veterinary Clinical Immunology, Philadelphia, 1989, W.B. Saunders.

[562]Carlotti D: Diagnostic de la dermatite par allergie aux piqûres de puce (DAPP) chez le chien. L'intérêt des intradermoréactions. Prat Méd Chir Anim Comp 20:41, 1985.

[563]Gross TL, Halliwell RE: Lesions of experimental flea bite hypersensitivity in the dog. Vet Pathol 22(1):78–81, 1985.

[564]Halliwell RE, Schemmer KR: The role of basophils in the immunopathogenesis of hypersensitivity to fleas (Ctenocephalides felis) in dogs. Vet Immunol Immunopathol 15(3):203–213, 1987.

[565]Halliwell RE, Preston JF, Nesbitt JG: Aspects of the immunopathogenesis of flea allergy dermatitis in dogs. Vet Immunol Immunopathol 17(1-4):483–494, 1987.

[566]von Ruedorffer U, Fisch R, Peel J, et al: Flea bite hypersensitivity: new aspects on the involvement of mast cells. Vet J 165(2):149–156, 2003.

[567]Wuersch K, Brachelente C, Doherr M, et al: Immune dysregulation in flea allergy dermatitis–a model for the immunopathogenesis of allergic dermatitis. Vet Immunol Immunopathol 110(3-4):311–323, 2006.

[568]Bourdeau P, et al: Relationships between the distribution of lesions and positive intradermal reactions in 307 dogs suspected of atopy and/or flea bite hypersensitivity. Proc Annu Memb Meet Eur Soc Vet Dermatol Eur Coll Vet Dermatol 15:157, 1998.

[569]Muse R, et al: The prevalence of otic manifestations and otitis externa in allergic dogs. Proc Annu Memb Meet Am Acad Vet Dermatol Am Coll Vet Dermatol 12:33, 1996.

[570]Stolper R, Opdebeeck JP: Flea allergy dermatitis in dogs diagnosed by intradermal skin tests. Res Vet Sci 57(1):21–27, 1994.

[571]Laffort-Dassot C, Carlotti DN, Pin D, et al: Diagnosis of flea allergy dermatitis: comparison of intradermal testing with flea allergens and a FcepsilonRI alpha-based IgE assay in response to flea control. Vet Dermatol 15(5):321–330, 2004.

[572]Snyder DE, Meyer J, Zimmermann AG, et al: Preliminary studies on the effectiveness of the novel pulicide, spinosad, for the treatment and control of fleas on dogs. Vet Parasitol 150(4):345–351, 2007.

[573]Klein CD, Oloumi H: Metaflumizone: a new insecticide for urban insect control from BASF, Proceedings of the 5th International Conference in Urban Pests (2005), pp 101–105.

[574]Rugg D, Hair JA, Everett RE, et al: Confirmation of the efficacy of a novel formulation of metaflumizone plus amitraz for the treatment and control of fleas and ticks on dogs. Vet Parasitol 150(3):209–218, 2007.

[575]Delay RL, Lacoste E, Mezzasalma T, et al: Pharmacokinetics of metaflumizone and amitraz in the plasma and hair of dogs following topical application. Vet Parasitol 150(3):251–257, 2007 Dec 15.

[576]Tomizawa M, Casida JE: Neonicotinoid insecticide toxicology: mechanisms of selective action. Annu Rev Pharmacol Toxicol 45:247–268,C 2005.

[577]Halliwell REW: Clinical and immunological response to alum-precipitated flea antigen in immunotherapy of flea-allergy dogs. In Ihrke PJ, et al, editors: Advances in Veterinary Dermatology II, New York, 1993, Pergamon Press, p 41.

[578]Schemmer KR, Halliwell REW: Efficacy of alumprecipitated flea antigen for hyposensitization of fleaallergic dogs. Semin Vet Med Surg 2:195, 1987.

[579]Saunders EB: Hyposensitization for flea-bite hypersensitivity. Vet Med Small Anim Clin 72(5):879–881, 1977.

[580]Michaeli D, Goldfarb S: Clinical studies on the hyposensitisation of dogs and cats to flea bites. Aust Vet J 44(4):161–165, 1968.

[581]Prost C: Diagnosis of feline allergic diseases: A study of 90 cats. In Kwochka KW, et al, editors: Advances in Veterinary Dermatology III, Boston, 1998, Butterworth Heinemann, p 516.

[582]Bond R, Riddle A, Mottram L, et al: Survey of flea infestation in dogs and cats in the United Kingdom during 2005. Vet Rec 160(15):503–506, 2007.

[583]Kunkle GA, McCall CA, Stedman KE, et al: Pilot study to assess the effects of early flea exposure on the development of flea hypersensitivity in cats. J Feline Med Surg 5(5):287–294, 2003.

[584]McCall CA, et al: Correlation of feline IgE, determined by Fcε RIα-based ELISA technology, and IDST to Ctenocephalides felis salivary antigens in a feline model of flea bite allergic dermatitis. Compend Contin Educ Pract Vet 19(Suppl):29, 1997.

[585]Lewis DT, et al: Clinical and histological evaluation of immediate and delayed flea antigen intradermal skin test and flea sites in normal and flea-allergic cats. Vet Dermatol 10:29, 1999.

[586]Colombini S, Hodgin EC, Foil CS, et al: Induction of feline flea allergy dermatitis and the incidence and histopathological characteristics of concurrent indolent lip ulcers. Vet Dermatol 12(3):155–161, 2001.

[587]Bond R, Hutchinson MJ, Loeffler A: Serological, intradermal and live flea challenge tests in the assessment of hypersensitivity to flea antigens in cats (Felis domesticus). Parasitol Res 99(4):392–397, 2006.

[588]Stuke K, von Samson-Himmelstjerna G, Mencke N, et al: Flea allergy dermatitis in the cat: establishment of a functional in vitro test. Parasitol Res 90 Suppl 3:S129–S131, 2003.

[589]Scott DW: Analyse du type de réaction histopathologique dans le diagnostic des dermatoses inflammatoires chez le chat: Étude sur 394 cas. Point Vét 26:57, 1994.

[590]Dryden M, Payne P, Lowe A, et al: Efficacy of a topically applied spot-on formulation of a novel insecticide, metaflumizone, applied to cats against a flea strain (KS1) with documented reduced susceptibility to various insecticides. Vet Parasitol 151(1):74–79, 2008 Jan 25.

[591]Kunkle GA, Milcarsky J: Double-blind flea hyposensitization trial in cats. J Am Vet Med Assoc 186(7):677–680, 1985 Apr 1.

[592]Ferreira BR, Szabó MJ, Cavassani KA, et al: Antigens from Rhipicephalus sanguineus ticks elicit potent cell-mediated immune responses in resistant but not in susceptible animals. Vet Parasitol 115(1):35–48, 2003.

[593]Szabó MP, Morelli J Jr, Bechara GH: Cutaneous hypersensitivity induced in dogs and guinea-pigs by extracts of the tick Rhipicephalus sanguineus (Acari: Ixodidae). Exp Appl Acarol 19(12):723–730, 1995.

[594]Brown SJ, Askenase PW: Rejection of ticks from guinea pigs by anti-hapten-antibody-mediated degranulation of basophils at cutaneous basophil hypersensitivity sites: role of mediators other than histamine. J Immunol 134(2):1160–1165, 1985.

[595]Brown SJ, Askenase PW: Cutaneous basophil responses and immune resistance of guinea pigs to ticks: passive transfer with peritoneal exudate cells or serum. J Immunol 127(5):2163–2167, 1981.

[596]Bloom PB: Canine and Feline Eosinophilic Skin Diseases. Veterinary Clinics of North America: Small Animal Practice 36(1):141–160, 2006.

[597]Mason K, Burton G: Eosinophilic granuloma complex. In Guaguere E, Prelaud P, editors: A Practical Guide to Feline Dermatology, Paris, 2000, Merial Limited, pp 12.1–12.9.

[598]Mason KV, Evans AG: Mosquito bite caused eosinophilic dermatitis in cats. J Am Vet Med Assoc 198:2086, 1991.

[599]Nagata M, Ishida T: Cutaneous reactivity to mosquito bites and its antigen in cats. Vet Dermatol 8:19–26, 1997.

[600]Wilson RI: Neurobiology: scent secrets of insects. Nature 445(7123):30–31, 2007 Jan 4.

[601]Johnstone AC, et al: A seasonal eosinophilic dermatitis in cats. N Z Vet J 40:168, 1992.

[602]Power HT, Ihrke PJ: Selected feline eosinophilic skin diseases. Vet Clin North Am Small Anim Pract 25(4):833–850, 1995.

[603]Gross TL: Ulcerative and crusting diseases of the epidermis. In Skin Diseases of the Dog and Cat: Clinical and Histopathologic Diagnosis. 2005. Blackwell publishing, pp 122–124.

[604]Foster AP. New feline skin diseases—frustrating feline eosinophilic skin diseases. In: Clinical Programme Proceedings of the Fifth World Congress.

[605]Webb CE, Russell RC: Is the extract from the plant catmint (Nepeta

cataria) repellent to mosquitoes in Australia? *J Am Mosq Control Assoc* 23(3):351–354, 2007 Sep.

[606]Gkinis G, Tzakou O, Iliopoulou D, et al: Chemical composition and biological activity of *Nepeta parnassica* oils and isolated nepetalactones. *Z Naturforsch* 58(9-10):681–686, 2003.

[607]Wang M, Cheng KW, Wu Q, Simon JE: Quantification of nepetalactones in catnip (*Nepeta cataria L.*) by HPLC coupled with ultraviolet and mass spectrometric detection. *Phytochem Anal* 18(2):157–160, 2007.

[608]Mehlhorn H, Schmahl G, Schmidt J: Extract of the seeds of the plant Vitex agnus castus proven to be highly efficacious as a repellent against ticks, fleas, mosquitoes and biting flies. *Parasitol Res* 95(5):363–365, 2005.

[609]Cowell AK, Cowell RL, Tyler RD, et al: Severe systemic reactions to Hymenoptera stings in three dogs. *J Am Vet Med Assoc* 198:1014–1016, 1991.

[610]Stafford CT: Fire ant allergy. *Allergy Proc* 13(1):11–16, 1992.

[611]Waddell LS, Drobatz KJ: Massive envenomation by Vespula spp. in two dogs. *J Vet Emerg Crit Care* 9:67–71, 1999.

[612]O'Hagan BJ, Raven RJ, McCormick KM: Death of two pups from spider envenomation. *Aust Vet J* 84(8):291, 2006.

[613]Peterson ME: Brown spider envenomation. *Clin Tech Small Anim Pract* 21(4):191–193, 2006 Nov.

[614]Bevier DE: Insect and arachnid hypersensitivity. *Vet Clin North Am Small Anim Pract* 29(6):1385–1405, 1999.

[615]Rothstein E, Miller WH Jr, Scott DW, et al: Retrospective study of clinical observations on insect hypersensitivity and response to immunotherapy in allergic dogs. : *Can Vet J* 42(5):361–363, 2001.

[616]Griffin CE: Insect hypersensitivity. In Griffin CE, Kwochka KK, MacDonald JM, editors: *Current Veterinary Dermatology, The Science and Art of Therapy*. Mosby Year Book, St. Louis, 1992, pp 133–137.

[617]Sousa CA: Allergic reactions to stinging insects: testing and immunotherapy. *Calif Vet* 50:7–8, 1996.

[618]Willis EL, Kunkle GA, Esch RE, et al: Intradermal reactivity to various insect and arachnid allergens among dogs from the southeastern United States. *J Am Vet Med Assoc* 209(8):1431–1434, 1996.

[619]Pucheu-Haston CM, et al: Allergenic cross reactivities in flea-reactive canine serum samples. *Am J Vet Res* 57:1000, 1996.

[620]Saridomichelakis MN, et al: Sensitization to dust mites in cats with *Otodectes cynotis* infestation. *Vet Dermatol* 10:89, 1999.

[621]Prélaud P, Guaguère E: Sensitization to the house dust mite *Dermatophagoides farinae* in dogs with sarcoptic mange. *Vet Dermatol* 6:205, 1995.

[622]Reisman RE: Unusual reactions to insect stings. *Curr Opin Allergy Clin Immunol* 5(4):355–358, 2005.

[623]Schoen EJ: Temporal arteritis after Hymenoptera sting. *J Rheumatol* 25(10):2040–2042, 1998 Oct.

[624]Rakich PM, Latimer KS, Mispagel ME, et al: Clinical and histologic characterization of cutaneous reactions to stings of the imported fire ant (Solenopsis invicta) in dogs. *Vet Pathol* 30(6):555–559, 1993.

[625]Conceição LG, Haddad V Jr, Loures FH: Pustular dermatosis caused by fire ant (Solenopsis invicta) stings in a dog. *Vet Dermatol* 17(6):453–455, 2006.

[626]Isbister GK, Seymour JE, Gray MR, et al: Bites by spiders of the family Theraphosidae in humans and canines. *Toxicon* 41(4):519–524, 2003.

[627]Grier TJ, Hazelhurst DM, Duncan EA, et al: Major allergen measurements: sources of variability, validation, quality assurance, and utility for laboratories, manufacturers, and clinics. *Allergy Asthma Proc* 23(2):125–131, 2002.

[628]Griffin CE, Rosenkrantz WS, Alaba A: Detection of insect/arachnid specific IgE in dogs: comparison of two techniques using western blots as the standard. In Ihrke PJ, Mason IS, White SD, editors: *Advances in Veterinary Dermatology*, Vol. 2, Oxford, 1993, Pergamon Press, pp 263–269.

[629]Fitzgerald KT, Flood AA: Hymenoptera stings. *Clin Tech Small Anim Pract* 21(4):194–204, 2006 Nov.

[629a]Boord, MJ, Griffin, CE, Rosenkrantz, WS: Sensitivity to hymenoptera venom before and after hymenoptera immunotherapy. Proceedings Nt Am Vet Derm Forum. 2005, Sarasota, 197.

[630]Olsson S, van Hage-Hamsten M: Allergens from house dust and storage mites: similarities and differences, with emphasis on the storage mite Lepidoglyphus destructor. *Clin Exp Allergy* 30(7):912–919, 2000 Jul.

[631]Eaton KK, Downing FS, Griffiths DA, et al: Storage mites culturing, sampling technique, identification and their role in housedust allergy in rural areas in the United Kingdom. *Ann Allergy* 55(1):62–67, 1985 Jul.

[632]Warner A, Boström S, Möller C, et al: Mite fauna in the home and sensitivity to house-dust and storage mites. *Allergy* 54(7):681–690, 1999 Jul.

[633]Vidal C, Boquete O, Gude F, et al: High prevalence of storage mite sensitization in a general adult population. *Allergy* 59(4):401–405, 2004 Apr.

[634]Terra SA, Silva DA, Sopelete MC, et al: Mite allergen levels and acarologic analysis in house dust samples in Uberaba, Brazil. *J Investig Allergol Clin Immunol* 14(3):232–237, 2004.

[635]Arlian LG, Schumann RJ, Morgan MS, et al: Serum immunoglobulin E against storage mite allergens in dogs with atopic dermatitis. *Am J Vet Res* 64(1):32–36, 2003 Jan.

[636]Vollset I, Larsen HJ, Mehl R: Immediate type hypersensitivity in dogs induced by storage mites. *Res Vet Sci* 40(1):123–127, 1986 Jan.

[637]Mueller RS, Fieseler KV, Rosychuk RA, et al: Intradermal testing with the storage mite Tyrophagus putrescentiae in normal dogs and dogs with atopic dermatitis in Colorado. *Vet Dermatol* 16(1):27–31, 2005 Feb.

[638]Powell MB, Weisbroth SH, Roth L, et al: Reaginic hypersensitivity in Otodectes cynotis infestation of cats and mode of mite feeding. *Am J Vet Res* 41(6):877–882, 1980 Jun.

[639]Curtis CF, Bond R, Blunden AS, et al: Canine eosinophilic folliculitis and furunculosis in three cases. *J Small Anim Pract* 36(3):119–123, 1995 Mar.

[640]Fraser M: What is your diagnosis? Eosinophilic folliculitis and furunculosis. *J Small Anim Pract* 43(4):150, 187, 2002.

[641]Guaguère E, et al: Furonculose éosinophilique chez le chien: Étude rétrospective de 12 cas. *Prat Méd Chir Anim Comp* 31:413, 1996.

[642]Gross TL: Canine eosinophilic furunculosis of the face. In Ihrke PJ, et al, editors: *Advances in Veterinary Dermatology II*, New York, 1993, Pergamon Press, p 239.

[643]Buelke DL: Hookworm dermatitis. *J Am Vet Med Assoc* 158(6):735–739, 1971 Mar 15.

[644]Moriello KA: Parasitic hypersensitivity. *Semin Vet Med Surg* 6:286, 1991.

[645]Carroll SM, Grove DI: Parasitological, hematologic, and immunologic responses in acute and chronic infections of dogs with *Ancylostoma ceylanicum*: a model of human hookworm infection. *J Infect Dis* 150(2):284–294, 1984 Aug.

[646]Seixas F, Travassos P, Pinto M, et al: Dermatitis in a dog induced by *Straelensia cynotis*: a case report and review of the literature. *Vet Dermatol* 17:81–84, 2006.

[647]Le Net JL, Fain A, George C, et al: Straelensiosis in dogs: a newly described nodular dermatitis induced by *Straelensia cynotis*. *Vet Rec* 150(7):205–209, 2002 Feb 16.

[648]Mozos E, et al: Cutaneous lesions associated with canine heartworm infection. *Vet Dermatol* 3:191, 1992.

[649]Tarello W: Cutaneous lesions in dogs with *Dirofilaria (Nochtiella) repens* infestation and concurrent tick-borne transmitted diseases. *Vet Dermatol* 13(5):267–274, 2002 Oct.

[650]Rothstein N, Kinnamon KE, Brown ML, et al: Canine microfilariasis in Eastern United States. *J Parasitol* 47:661 665, 1961.

[651]Hargis AM, et al: Dermatitis associated with microfilariae (Filarioidea) in 10 dogs. *Vet Dermatol* 10:95, 1999.

[652]Chamberlain KW: Hormonal hypersensitivity in canines. *Canine Pract* 1:18, 1974.

[653]Coustou D, et al: Dermatitis caused by estrogens. *Ann Dermatol Venerol* 125:505, 1998.

[654]Prost C, et al: Hypersensibilité hormonale et allergie alimentaire chez une chienne Labrador. *Prat Méd Chir Anim Comp* 30:411, 1995.

[655]Scott DW, Miller WH Jr: Probable hormonal hypersensitivity in two male dogs. *Canine Pract* 17:14, 1992.

[656]Jenkins J, Geng A, Robinson-Bostom L: Autoimmune progesterone dermatitis associated with infertility treatment. *J Am Acad Dermatol* 58(2):353–355, 2008 Feb.

[657]Teelucksingh S, Edwards CR: Autoimmune progesterone dermatitis. *J Intern Med* 227(2):143–144, 1990 Feb.

[658]Cocuroccia B, Gisondi P, Gubinelli E, et al: Autoimmune progesterone dermatitis. *Gynecol Endocrinol* 22(1):54–56, 2006 Jan.

[659]Lee CW, Yoon KB, Yi JU, et al: Autoimmune progesterone dermatitis. *J Dermatol* 19(10):629–631, 1992 Oct.

[660]Pukay BP: Treatment of bacterial hypersensitivity by hyposensitization with Staphylococcus aureus bacterin-toxoid. *J Am Anim Hosp Assoc* 21:479, 1985.

[661]DeBoer DJ: Immunomodulatory effects of staphylococcal antigen and antigen-antibody complexes on canine mononuclear and polymorphonuclear leukocytes. *Am J Vet Res* 55(12):1690–1696, 1994 Dec.

[662]Miller WH Jr: Antibiotic-responsive generalized nonlesional pruritus in a dog. *Cornell Vet* 81:389, 1991.

[663]Pin D, Carlotti DN, Jasmin P, et al: Prospective study of bacterial overgrowth syndrome in eight dogs. *Vet Rec* 158(13):437–441, 2006 Apr 1.

[664]Morales CA, Schultz KT, DeBoer DJ: Antistaphylococcal antibodies in dogs with recurrent staphylococcal pyoderma. *Vet Immunol Immunopathol* 42(2):137–147, 1994 Aug.

[665]Burkett G, Frank LA: Comparison of production of *Staphylococcus intermedius* exotoxin among clinically normal dogs, atopic dogs with recurrent pyoderma, and dogs with a single episode of pyoderma. *J Am Vet Med Assoc* 213(2):232–234, 1998 Jul 15.

[666]Scott DW, et al: Staphylococcal hypersensitivity in the dog. *J Am Anim Hosp Assoc* 14:666, 1978.

[667]Moriello KA, DeBoer DJ, Greek J, et al: The prevalence of immediate and delayed type hypersensitivity reactions to *Microsporum canis* antigens in cats. *J Feline Med Surg* 5(3):161–166, 2003 Jun.

第九章　自身免疫和免疫介导性皮肤病

9

免疫介导性皮肤病是公认但不常见的犬、猫皮肤疾病。所有在大学动物医院小动物临床接受皮肤病检查的病例中，该皮肤病分别占犬、猫皮肤病的1.4%和1.3%[1]。免疫介导的皮肤病可以细分为自身免疫性和免疫介导性皮肤病。自身免疫是指免疫系统不能耐受自身（亦称免疫耐受）并对正常身体结构或功能产生免疫反应的疾病。在自身免疫疾病中，抗体或活化的淋巴细胞攻击正常机体结构而造成损伤。继发性免疫介导疾病中，抗原对机体来说是异物。通常认为，常见的刺激抗原为外来蛋白，如药物、细菌及病毒等，可刺激免疫反应导致宿主组织损伤。

一、自身免疫和免疫介导性皮肤病的诊断

临床通过实验室检查进行这类疾病的诊断，如皮肤病理学分析和免疫荧光试验。根据人医中现代免疫学检查技术的发展水平，疾病的确诊需要明确特异性抗原或免疫目标的表型，但这些检测在兽医学上并不十分准确[2]。在兽医皮肤病学中，某些自身免疫疾病需要特异性抗体的表达，而这在私人诊所通常无法做到，所以一些临床医生对某些疾病只能作暂时的初步诊断。对于某些这类疾病，检查仍不够准确，确诊则需基于皮肤的特征性病理变化造成免疫损伤的自身抗体、免疫复合体或介质（如细胞毒性T细胞）。如今有多种技术可以使用，包括用于皮肤病理学评估的皮肤活检技术、直接荧光免疫检测法、间接荧光免疫检测法、抗原映像、电子显微镜和基因分析等。

某些用于人医上的检测并不常用于兽医。这些检测大部分涉及用特异性抗体或用特异性抗原检测病原抗体或目标抗原。明确这些检测的结果是否与犬、猫疾病有关并确定人与犬、猫特异性试剂的反应是否有差异，这一点很重要[3,4]，因为，某些病例可能与人类的不同[3]。因此，现阶段兽医最常用的是皮肤病理学分析及直接或间接荧光免疫检测。这些疾病最重要的原始样本是皮肤活检，进行组织病理学检查可说明皮肤的特征性病理学变化。可以将样本对半切开或另行取样保存在特殊的介质中，从而在进行组织病理学检查的同时进行直接免疫荧光监测。一般来说，皮肤活检的观察应遵守以下准则。

- 应做多次活检。
- 对最具免疫介导疾病代表性的病灶取样。很多用于诊断的病灶都会与皮肤病理性改变息息相关。例

如，色素沉积和基底细胞退化是红斑狼疮的两个最主要特点，因此选择在既有炎症，亦有皮肤由黑转灰的部分褪色区域取样，比在无色素或溃疡病灶上取样更能说明其特征性变化（图9-1）。

- 活组织取样的操作应尽量轻柔。
- 可用刀片或激光切开病灶做楔形或椭圆形活组织取样。这样可以完整地移除病灶（如囊疱、大疱）或确保样本包含病灶转变阶段或病灶的边缘。
- 采取活检样本时，应尽可能地在动物没有受到糖皮质激素类或免疫抑制类药物的影响时进行[1,5,6]。
- 皮肤病理学检查应由皮肤病理专业的兽医病理学家或接受过皮肤病理学教育的皮肤科兽医执行。

活组织免疫病理学检查，应根据所需的检查方法，对新鲜组织、冰冻组织或特殊固定样本利用特殊方法进行处理，应参考兽医免疫病理实验室操作规范。用于检测皮肤病灶中自身抗原或多种免疫反应物（如免疫球蛋白、补体成分、微生物抗原）的检测有免疫荧光试验和免疫组化（免疫过氧化物酶）试验[7-10]（图9-2）。随着检测水平的发展，很多特异性抗体和抗原可供检测，但并非所有商业性或大学的实验室都可以提供。如果临床兽医想要明确识别自身抗体或抗原，则需咨询相关实验室专家或大学或兽医皮肤学家，能否提供相关检测。一般来说，活检取样应遵守以下规程。

- 进行直接抗体检测的活检样品应在非继发性病灶及能典型代表此疾病的最早期病灶中采集，但盘状红斑狼疮除外，可能更建议在时间更久的病灶取该病例的样品。小于24h的血管炎病灶是最佳的。对于疱性疾病，除疱本身需要取样外，周边健康组织或红斑皮肤亦应包括在内，或第二次样本应在该区域采取。
- 不应在常有免疫球蛋白出现的正常组织（如犬、猫的鼻平面，犬的足垫）取样或应正确评估该组织（见第一章）[11,12]。
- 直接荧光免疫检查的样本通常要固定并浸泡在米歇尔固定液中。直接免疫过氧化物酶检测样本可用福尔马林固定。快速冷冻法比米歇尔固定法处理后组织要多保存2周[13]。对犬、猫样本研究显示，米歇尔固定法可有效地保存7~14d。在某些情况下，其样本可以成功保存4~8年[14]。此外，米歇尔固定液的

433

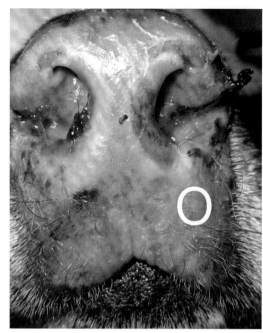

图9-1　盘状红斑狼疮（DLE）的病例出现板状蓝色斑疹，周围有炎症。白圈的地方可能是色素失禁，是很好的采样点，可用于诊断DLE的特征；在该区域采样可以提高诊断概率

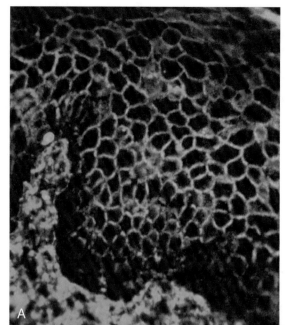

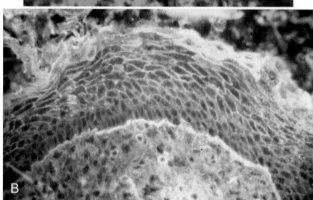

图9-2　**A.** 犬的普通天疱疮。直接免疫荧光法检测显示表皮的细胞间隙存在宿主免疫球蛋白（Ig）G　**B.** 犬大疱性类天疱疮。直接免疫荧光法检测显示宿主IgG沉积于BMZ带（**A**来自*Scott DW, Lewis RM: Pemphigus and pemphigoid in a dog and man: Comparative aspects.* J Am Acad Dermatol5:148, 1981. **B**来自*Scott DW, et al: Observations on the end therapy of canine pemphigus and pemphi-goid.* J Am Vet Med Assoc180:48, 1982.)

pH要维持在7.0～7.2，以确保结果准确[1]。

· 需要进行直接抗体检测的样本应送往兽医免疫病理实验室检测。

在很多人类免疫介导性皮肤病中，检测异常抗体或免疫复合沉积物有很高的诊断价值。但在类似的犬、猫疾病中，其价值不高。兽医免疫病理研究所提供的报告，在技术和结果方面都在改善[15-21]。然而这些检测在解读和步骤上都存在着缺陷，包括样本的处理方法、作用底物的选择、底物的处理方法、复合体的特异性、荧光素蛋白抗体的浓度以及复合体的单位量等。犬疾病的直接免疫荧光法检测阳性发生率范围在25%～90%。获得的阳性结果可能来自免疫过氧化物酶技术[7]，但是该方法的假阳性的结果也很高[22-23]。事实上，细胞间隙和基底膜区（BMZ）沉积的免疫球蛋白或补体可能在多种炎性皮肤病中检测到[1,24,25]。

为能更好地解读这些检测结果，需要有良好的活检样本做组织病理学检查。可根据免疫攻击的特异性自身过敏原对自身免疫性皮肤病进行分类。常规的荧光免疫或免疫组化检查无法进行这类皮肤病的分类。需要免疫沉淀反应或免疫印迹法来对这些特异性抗原进行识别。这些技术在兽医诊断实验室中很少使用，只有少数兽医免疫研究所才有。所以我们可能混淆有相同临床症状、组织病理学传染和常规免疫病理学特征的不同疾病或相关疾病。由于结果的矛盾性及效果不理想，不建议将曾使用的间接免疫荧光试验（检测血清中的循环自身抗体）再作为常规检查。新的研究显示，优化的试剂和检测系统对很多疾病有很好的诊断价值。

根据疾病的程度及实验室技术其结果会是多样的[4,7,15,17,18,26-29]。因此，检测方法决定了诊断、病例阳性结果的价值以及实验室检测循环抗体的准确性。

在检测之前，可能需要与商业化实验室协商或与该领域相关的专家联系。皮肤病理学的结论需要以恰当解读抗体结果为依据，并选择具体的抗体检测试验[30]。怀疑有自身免疫或免疫介导性疾病时的正确方法是小心选取具有代表性的皮肤样本并请资深皮肤病理学专家帮助解读。建议在犬、猫初诊时采集血清并冻存。参考其他检查结果，根据专家建议，仍可在合适的商业性实验室或研究所进行间接免疫荧光试验。该样本还可在后续治疗时作为血清生化参考的样本。如果能准确地识别此类疾病，我们便能确定人类的相关疾病是否存在于犬、猫中，以及疾病的差异所产生的预后和治疗价值是否有所不同。

二、免疫介导性皮肤病的临床管理

总体来说，所有免疫介导性皮肤病的征象均表现为不适当的免疫应答，要充分控制，就需要有效的免疫抑制和免疫调节药物。在过去，这主要是指高浓度的糖皮质激素，治疗无效时便添加其他药物如环磷酰胺或硫唑嘌呤。这些早期疗法，虽然多数时候能成功，但有不良反应（见第三章）。针对治疗落叶天疱疮的最新研究显示，治疗结果差异很大，有的很成功，而有的由于不良反应而选择安乐术[31,32]。然而，近些年评估各种不同的治疗方法后，对于这些疾病，临床医生有了更多的选择。治疗目标亦有改进，除了疾病自身反应不良外，临床医生尝试减少动物因多种原因被施行安乐术的概率来改善结果。表9-1列举了改编自治疗落叶天疱疮推荐规范的关键原则和基本原理[33,33a]。

（一）免疫介导性皮肤病的治疗阶段

不同类型免疫介导性疾病并非用同种方法治疗，一些疾病对某些药物有部分或更多的反应，如四环素/尼克酰胺。例如，将四环素/尼克酰胺应用在盘状红斑狼疮中比应用在落叶天疱疮中更有效[34]。免疫介导性皮肤病亦有不同的预后，所以临床医生尽可能作出特异性诊断，这一点很重要。用于治疗免疫介导的皮肤病的药物一般被称为免疫抑制剂，但其中某些药物的作用机制尚不清楚。它们可能与经典的免疫抑制剂作用方法不同。这些药物也包括在内是因为不管作用机制如何，它们都对免疫介导性皮肤病的管理有共同的优点。大部分免疫介导性皮肤病需要更多、更强的药物或联合用药来缓解疾病，减少疾病处于缓解的时间。长期治疗目标是让动物在不用药的情况下没有新病灶产生。免疫介导性皮肤病的典型经过有4个阶段[33,33a]：①诱导缓解期，②过渡期，③维持期，④确定治愈期（表9-2）。

1. 诱导期

免疫介导性皮肤病治疗的关键是控制炎症和抑制对皮肤的免疫反应。该期的治疗需要的药量较大。如果诱导期选择的药物对疾病不能适时地起效，则应立即更改治疗。例如，使用泼尼松龙每12h按1.1mg/kg或每24h按2.2mg/kg治疗犬落叶天疱疮7~10d内没有效果，应选择其他的方法进行诱导治疗。4周内，若单独使用咪唑硫嘌呤则可能会出现很好的疗效。一些临床医生会直接静脉注射或皮下注射糖皮质激素直接进入过渡期。

2. 过渡期

过渡期是逐渐减少药量来减少长期的不良反应、不良反应的风险及治疗费用。联合用药时，首先要逐渐减量的是最可能带来不良反应的药物。当控制了疾病的不良反应，达到主人及临床兽医能接受的水平时，便可开始逐渐减少昂贵的药物或需要更多监测费用的药物。所有药物应

逐渐减量直至再出现临床症状。如果没有再复发，则疾病可能已痊愈。

3. 维持期

当疾病于过渡期复发或疾病恶化时便到达维持期。一旦发现复发，应再增加足够的药量以重新诱导缓解，然后维持在复发前的药量水平。因此，维持量是使疾病稳定到主人和临床兽医可接受的最低量。经过1年的维持期，可再次减量，即使曾在过渡期未复发，一些病例也可能治愈。

4. 确定治愈期

经过维持期的治疗，免疫介导性皮肤病已经缓解，在不使用药物的情况下没有再复发便视为"治愈"。治愈可能发生在过渡期末或在维持期持续一段时间之后。经维持期治疗了8~12个月的病例应停止用药。如果明显复发且更难缓解，则不应再尝试中断维持期。

（二）免疫介导性皮肤病的药物

如上所述，用于治疗免疫介导性皮肤病的药物一般被称为免疫抑制剂，其中某些药物的作用机制尚不清楚。某些常用的药物会单独讨论，但除了糖皮质激素，最常用的是联合用药。一些药物只对某些疾病或在固定组合下才有

表9-1 治疗自身免疫和免疫介导性皮肤病的关键原则

关键原则	原因
尽可能作特异性诊断	对预后可提供更好的数据 不同疾病对药物使用或疗效各有不同
对主人实事求是地为动物预后提供建议	很多疾病的预后缺少相关资料 很多免疫介导疾病被认为是恶性疾病，其预后差或大多不良 大部分上是可以治愈的
限制或控制药物剂量会出现不可接受的不良反应	不良反应是进行安乐术的主要原因，这是可以避免的
由主人及其家人决定不可接受的不良反应	某些主人或在某些情况下不良反应可以被主人接受（多尿症对于户外和高楼公寓饲养的宠物来说是不同的）
联合用药一般比单独给药治疗效果更有效、更易被主人接受	抑制免疫反应优势在于作用是叠加的或协同的 不良反应一般不会叠加，当联合用药时反而减少
如果知道诱发因素，（如UVL、药物或创伤），应使这些因素尽量减少	一些已知的诱发因素，如果不加以控制，会妨碍或限制治疗效果
轻微或局部病灶可以缓和或使主人以能接受的方式进行治疗	局部用药可能减少其他治疗的用药量和不良反应 轻微疾病对主人和患病动物来说可以接受，不需治疗或因为这些治疗可能导致不良反应和更高的花费 一些病例可能会随时间而缓解，轻微的疾病可以暂缓处理

表9-2　自身免疫和免疫介导性疾病的治疗阶段

阶段	特异性持续时间	关键目标
诱导期	数天至数周	避免不良反应
过渡期	几周至几月	药量减至最低
维持期	6个月至几年	该期使用维持剂量，并随时监护，避免不良反应
确定治愈期	1次或数次尝试	在完全缓解后停止用药，观察疾病的复发情况

效。其他治疗如抗疟药、金疗法、氨苯砜、静注免疫球蛋白、以免疫调节因子为目标的单克隆抗体、血浆取出法和柳氮磺胺吡啶都较少用，试验性质的或目前用于一般治疗的药物均过于昂贵。如果我们谈到的常规治疗方法对犬、猫没有疗效，可以试用其他不常用或较新的疗法。在此情况下应转诊或咨询专家。

糖皮质激素为最常用的免疫抑制剂。在第三章有讨论。使用特异性的糖皮质激素初次治疗严重的免疫介导性皮肤病时，通常采用脉冲治疗，用于诱导缓解；对于犬落叶犬疱病例口服糖皮质激素无效，以11mg/kg甲氢泼尼松琥珀酸钠静脉注射1h连用3d诱导缓解[35]。这种方法昂贵且可能存在并发症（见第三章）。

环孢菌素［阿托皮卡（Novartis）］亦在第三章讨论过，是免疫介导性疾病的常用药。可以单独用于治疗，但联合用药疗效更佳。它常常与全身性糖皮质激素合用，亦可与糖皮质激素和硫唑嘌呤合用[36]。

1. 硫唑嘌呤

硫唑嘌呤［有类似物和Imuran®（Prometheus）］可供选择），是6-巯嘌呤的合成改良产品，可以经口服或注射给药。该药物可以抑制嘌呤的代谢，从而阻止DNA和RNA合成。皮肤疾病常采用口服（PO）途径。肝脏可以将硫唑嘌呤代谢为6-巯嘌呤及其他活性代谢产物，6-巯嘌呤被三种酶系统代谢。黄嘌呤氧化酶和巯基嘌呤甲基转移酶（TPMT）产生非活性代谢产物。人类和犬没有TPMT（纯合子）或TPMT活性低（杂合子）者更有可能出现骨髓抑制；由于猫TPMT水平时更低，因此更易中毒[37]。来自正常犬的样本中，有10%低（杂合子）TPMT活性（9～1.3U/mL RBC；正常15.1～26.6U/mL）。

硫唑嘌呤主要影响快速增殖的细胞，对细胞介导的免疫反应和T淋巴细胞依赖性抗体合成过程作用最大。初级抗体合成较次级抗体合成受到的影响更大。硫唑嘌呤优于6-巯嘌呤是因为其具有更好的治疗效果，而且口服6-巯嘌呤疗效较差。

即使如此，硫唑嘌呤也是强有效的药物，可能产生的毒性作用，包括贫血、白细胞减少症、血小板减少症、呕吐、过敏反应（特别是肝）、胰腺炎、血清碱性磷酸酶升高、皮疹、脱毛症等。最常见的不良反应是腹泻，可能是出血性的。这些不良反应常可以通过减小剂量或暂时停药来缓解[38]。多达90%的患病动物会出现贫血和低淋巴细胞血症，但一般未达到停药的程度。此外亦有患病动物对治疗无反应，未出现低淋巴细胞血症，或对药物耐受的动物应增加硫唑嘌呤的剂量[38]。长期用药时，至少有10%的病例会出现蠕形螨病、细菌性脓皮病复发、皮肤真菌病[38]。动物可能会发生胰腺炎，但主要见于接受糖皮质激素治疗的犬的报道[39]。试验状态下，单独使用硫唑嘌呤确实会影响胰腺，但未见诱发炎症[40]。某些犬被诊断出胰腺炎后，有些病例可以停用糖皮质激素但可继续使用硫唑嘌呤，其胰腺炎未见进一步发展。犬糖皮质激素及硫唑嘌呤合用，可能对犬产生肝脏毒性；某些病例如果不停用硫唑嘌呤则无法缓解。

在治疗初期，应每2周监测患病动物的全血细胞计数（CBC）和血小板数[41]。由于药物及其剂量的改变取决于检查结果改变趋势而非绝对的血液指标，因此将检查结果统一起来评估，则更容易看到变化趋势。图9-3是一个用于跟踪免疫介导性疾病三个治疗阶段检查结果的简易表格。患病动物的病况稳定后，便可以逐渐减少至每4个月复查1次。如果出现其他症状，8～12周后至少应每半年进行1次生化检查。肝脏和胰腺指标是主要监测的生化项目。

硫唑嘌呤是治疗小动物任何免疫或自身免疫疾病最好的免疫抑制药物之一[41-47]。硫唑嘌呤一般不单独使用，而是与全身性糖皮质激素联合使用。与糖皮质激素合用被视为治疗犬落叶天疱疮的首选[33]。人医临床显示，作为节制激素的药物，硫唑嘌呤比环磷酰胺和霉酚酸酯治疗普通天疱疮效果更好[48]。临床症状好转3～6周后常出现一个滞后阶段。当达到缓解后，两种药物的剂量都会逐渐减少，但糖皮质激素的剂量首先（除非不良反应很严重）减少接近每48h 1mg/kg或更少。犬口服硫唑嘌呤的剂量是50mg/m²但有时也可按每24h 1.5～2.5mg/kg给药（一般低于23kg的动物可使用较高剂量范围而较重动物则使用较低剂量范围）直至达到临床反应，接着隔天给药并持续一个月或更久。可继续慢慢减量至每72h 1mg/kg。慢慢降低最低剂量可减不良反应及治疗费用。如果没有使用硫唑嘌呤，则糖皮质激素可以隔日给予。如果这组合用药没有疗效，添加环孢菌素可能使用[36]。另一方法是，如果CBC正常，特别是患病动物没有出现低淋巴细胞血症，则可继续增加硫唑嘌呤的用量。

猫容易发生硫唑嘌呤中毒（包括严重的白细胞减少症和血小板减少症），因此给猫使用该药物时必须十分谨慎[44,49]。

2. 苯丁酸氮芥

苯丁酸氮芥［Leukeran瘤可宁®（GlaxoSmithKline）］

是源自氮芥的口服烷化剂。其细胞毒性在于可使DNA交联。与其他烷化剂相比，它药效缓慢且毒性小。虽然在常用剂量下出现严重毒性较少，但可能出现骨髓抑制。因此，在最初治疗阶段，患病动物应每2～4周监测1次血象。有报道称，每日用药会出现厌食、呕吐和腹泻等症状，但隔日用药则可缓解[50]。据报道有的犬称剃毛后出现毛发延迟生长或不生长，其中贵宾犬和凯利蓝㹴风险更大[51]。在人类中出现过神经毒性，但仅有一例报道猫出现肌阵挛[52]。苯丁酸氮芥有2mg和5mg的片剂，更适用于大多数犬和猫。

苯丁酸氮芥在天疱疮综合征、大疱性天疱疮、盘状和系统性红斑狼疮、免疫介导性血管炎、冷凝集素病以及淋

血液检查
日期（Date）
白细胞（WBC）
红细胞（RBC）
红细胞比容（HCT）
中性粒细胞（Neuts）
淋巴细胞（Lymphs）
单核细胞（Mono）
嗜酸性粒细胞（Eosin）
血小板（Plt）
总蛋白（TP）
白蛋白（Albumin）
球蛋白（Globulin）
天冬氨酸基转移酶（AST）
丙氨酸氨基转移酶（ALT）
碱性磷酸酶（Alk Phos）
丙氨酰转移酶（GGT）
总胆红素（T. Bili）
尿素氮（BUN）
肌酐（Creat）
蛋白（Phos）
葡萄糖（Glucose）
钙（Calcium）
钠（Na）
钾（K）
总胆固醇（Chol）
淀粉酶（Amylase）
脂肪酶（Lipase）
磷酸肌酸激酶（CPK）
甲状腺素（T4/T4ed）
促甲状腺素（TSH）
服药后T4（PPT4）
ACTH刺激前的激素水平（ACTH Pre）
ACTH刺激后的激素水平（ACTH Post）
心丝虫检测（HWT）
猫白血病病毒（FELV）
猫免疫缺陷病毒（FIV）

图9-3 免疫介导疾病的三个治疗阶段中检测检查结果表

巴细胞和浆细胞恶性肿瘤等疾病中可能均有效[41]。该药物在猫特别有效，因为猫对硫唑嘌呤的耐受性不如犬好；猫的落叶天疱疮用苯丁酸氮芥治疗也很有效[53]。苯丁酸氮芥最常与糖皮质激素合用，有时与硫唑嘌呤合用（只用于犬！）。如果使用环磷酰胺出现出血性膀胱炎亦可使用苯丁酸氮芥代替。犬、猫的口服剂量是每24～48h 0.1~0.2mg/kg，至少在诱导期时常与糖皮质激素合用效果显著。但需数周才会出现效果，一旦出现效果，便可以在维持期把苯丁酸氮芥减少至隔日给药1次或更少。

3. 秋水仙素

秋水仙素［网上有Colcrys®（URL Pharma）］以及其他商品名）是一种古老的植物提取物，多年来被用于治疗痛风。据报道其有多种抗炎及抗纤维特性。是一种生物碱，能够通过干扰微管聚集和延伸、增加细胞环腺苷酸（cAMP）水平及抑制溶酶体的脱颗粒作用从而抑制中性粒细胞的趋化作用和噬菌作用。秋水仙素还可抑制免疫球蛋白的分泌、白介素（IL）-1生成、组胺释放和人白细胞抗原（HLA）-DR的表达[54]。它通过在细胞分裂中期干扰溶胶凝胶的形成和有丝分裂的纺锤体，抑制细胞的分裂[54]。

秋水仙素对于治疗人的白细胞破碎性脉管炎、获得性大疱性表皮松解症、IgA大疱性皮肤病、疱疹样皮炎、复发性多软骨炎和落叶天疱疮有效[54,55]。在犬中通常采取联合用药治疗获得性大疱性表皮松解症、紧密连接性大疱性表皮松解、淀粉样变性和沙皮犬热综合征[10,46,51,56]。主要不良反应为胃肠道症状。最近秋水仙素获得FDA的许可，可用于治疗痛风和地中海热，药物在获得专利保护的3年内，价格明显上涨[57]。通常按照每24h 0.03mg/kg的剂量给予，与非甾体消炎药（NSAIDs）合用时需谨慎，要注意药物的骨髓抑制作用[51]。秋水仙素不应与咪唑嘌呤和苯丁酸氮芥合用[51]。在人医中，该药物与细胞色素P450酶抑制剂及P-糖蛋白泵抑制剂合用时存在配伍禁忌，因而需谨慎使用[58]。市面上只有0.6mg的片剂，药物的使用剂型上还存在问题。

4. 环磷酰胺

环磷酰胺［Cytoxan癌得星（Bristol-Myers Squib）］另有其他商品名）是一种氮芥烷化剂，可以代谢为抑制有丝分裂的物质，通过干扰DNA复制和RNA转录及复制来发挥抑制作用。淋巴细胞对环磷酰胺特别敏感。它对体液及细胞介导的免疫系统都有抑制作用，对B细胞的作用较T细胞更强烈。环磷酰胺可抑制抗体的生成。在给予抗原刺激后短时间内能达到最大效应，并可抑制初级和次级免疫反应。主要的不良反应包括无菌出血性膀胱炎（用呋塞米治疗可以减低）、膀胱纤维化、致畸、不孕、无毛症及毛发生长缓慢、恶心、胃肠道炎症、传染病易感性增加、骨髓和造血系统抑制等疾病[59]。猫可能会发生胡须脱落。对于长期治疗达2月以上的犬，有高达30%的动物出现出血性膀胱炎[51]。

环磷酰胺可以单独使用或与其他化疗药物合用来治疗

不同的肿瘤，以及非恶性肿瘤疾病和器官移植性的免疫抑制疾病[60]。在过去，该药物推荐用于免疫介导性皮肤病，但现在很少使用；免疫介导性皮肤病一般需要数月的治疗，而环磷酰胺则会出现更多不良反应，长期使用会有更高的风险。另外其有效性也受到质疑[59,61,62]。一般该药在治疗的诱导期使用。

5. 霉酚酸酯

霉酚酸酯（网上有CellCept [Genentech]非专利药物）是一种抑制嘌呤合成、抑制T和B淋巴细胞的药物[63]。该药在人医中用于预防器官移植的排异反应以及各种自身免疫和免疫介导性疾病。该药在犬、猫使用有限，大部分研究是关于预防同种异体移植物的排异反应；亦有报告用于犬自身免疫疾病[64-67]。据报道霉酚酸酯对于50%的犬落叶天疱疮有效，一些犬可以完全停用强的松，而其他犬仍需同时使用糖皮质激素。犬重症肌无力的治疗对比研究显示，霉酚酸酯相比于标准治疗组没有优势[68]。

霉酚酸酯是抗增殖剂霉酚酸（MPA）的前体药物。能特异性和可逆性地抑制黄嘌呤单核苷酸脱氢酶，因而抑制鸟嘌呤核苷酸的合成，阻止嘌呤合成和T、B淋巴细胞的成熟。此外该药物还有其他效果例如诱导T淋巴细胞的凋亡和树突细胞的成熟，还可诱导人的单核-巨噬细胞系的分化，降低IL-1的表达并增加IL-1拮抗剂的表达[69,70]。

市售有250mg和500mg片剂；有非专利的药物使其更具有成本效益。使用剂量范围大，由每24h 2mg/kg至每8h 13mg/kg。虽然有证据显示，每8h是最佳剂量，但最常用的剂量是每12h 10～20mg/kg。对于人和犬，该药都可协同环孢菌素用于预防移植物抗宿主病（GVHD），从而达到节制激素疗法的效果，其联合用药还需进一步研究[71-73]。当联合使用时通常是每12h使用1次并降低剂量。主要不良反应是骨髓抑制、恶心、呕吐、腹泻以及增加感染概率。其他不良反应较少，但常见的包括脓皮病、马拉色菌感染、腹泻和白细胞增多[65]。当服用此药的钠肠溶片时，胃肠道反应更为常见[74]。

6. 四环素和烟酰胺

四环素和烟酰胺单独或联合使用，对多达20种皮肤病有效或达到减少激素用量的效果[75]。有报告称，其对人的免疫介导性疾病有效，特别是大疱性类天疱疮和天疱疮[75-78]。因此人们在犬中尝试联合使用该类药物[34]。分别使用或联合使用两种药治疗炎症或免疫介导疾病的作用机制尚未明确[51,75]。四环素拥有多种抗炎和免疫调节效果，包括抑制体外淋巴细胞母细胞分化和抗体生成，抑制基质金属蛋白酶，下调细胞因子水平，抑制体内白细胞趋化的反应，抑制补体成分3的活性，抑制脂酶和胶原酶，以及抑制前列腺素的合成[75,79,80]。烟酰胺或尼克酰胺显示在体内外都可以阻断抗原IgE诱导的组胺释放，阻止肥大细胞脱颗粒，在免疫损伤中作为光保护剂，以及起到保护细胞的作用，阻止炎症细胞激活和细胞凋亡，抑制磷酸二酯酶，并可降低蛋白酶释放[34,75,81,82]。然而，对于这两种药联合使用的作用及其附加或协同效果仍缺乏文献报道。

推荐联合使用四环素和烟酰胺来治疗犬的盘状红斑狼疮、红斑型天疱疮和落叶天疱疮，有些犬只用这些药物治疗便能长期缓解[31,34,34a,65,83]。虽然报道不一，但25%～65%的病例显示有很好的疗效。目前该药已用于多种疾病的治疗，特别是与免疫机制相关但发病机制不明的疾病。报道过的疾病包括无菌性组织细胞增生症、自发性甲变形、水疱性皮肤红斑狼疮、类狼疮甲床炎（趾甲营养不良）、德国牧羊犬的跖骨瘘、无菌性脂膜炎、无菌性肉芽肿/脓肉芽肿性皮炎和血管炎。

犬的初始剂量为，10kg以上体重每8h给予四环素500mg和烟酰胺500mg。如果效果良好，可减少剂量至每12h直至每24h用药1次。有病例报告显示与维生素E或糖皮质激素以及泼尼松龙和咪唑嘌呤合用效果更好。亦有报告使用四环素对于治疗盘状红斑狼疮有好处。有人推荐使用多西环素代替四环素，但未提供相关研究或报告证明其有效性。由于药物半衰期较长，可用较小剂量和较长时间间隔（每12h 5mg/kg）[51]。药物不良反应不常见，但亦有报告称用药后出现呕吐、厌食、嗜睡和腹泻的症状。有2例病例出现厌食和肝酶上升，停药后症状缓解。一些病例连续使用四环素，显示出烟酰胺与不良反应相关。另一作者（KLC）发现对癫痫患犬使用烟酰胺会增加其癫痫发作的频率，对患有癫痫的患犬不应再给予烟酰胺。

三、自身免疫疾病

（一）天疱疮

天疱疮是一类不常见的自身免疫性皮肤疾病，可见于犬、猫、马及部分羊[19]。其典型特点是皮肤棘层松解，即上皮细胞间的桥粒连接被破坏，分离的角质细胞聚集形成黑色的皮肤棘层松解细胞。动物天疱疮最主要的两类变形相当于人的落叶天疱疮（红斑型天疱疮）和普通天疱疮（pemphigus vulgaris, PV），后者在动物上少见。不常见或罕见的变形是增生性天疱疮（PVeg）、副肿瘤天疱疮（paraneoplastic pemphigus, PNP）和红斑型天疱疮（pemphigus erythematosus, PE）。在人类，药物性皮炎可能是引起天疱疮的原因，且认为与某些犬、猫病例相关。然而，药物与疾病之间的因果关系很难确立，详见后段讨论。对于出现中性粒细胞和/或嗜酸性粒细胞浸润的全层表皮和皮肤棘层松解的病例，包括犬掌部表皮脓性天疱疮病例，某些PVeg和PE的病例中均被报道过[84]。然而，这些名称并不常用，很多病例都描述为PE的变形[19]。

1. 天疱疮的自身免疫

人类天疱疮的绝大部分病例的表皮层细胞间沉积抗体，在培养的角化细胞或正常皮肤切片中，使用间接免疫荧光可找到循环的自身抗体[85]。抗体位于桥粒的细胞膜间

及桥粒本身[86,87]。事实上，临床兽医很难确诊，因为很大程度上缺乏足够的诊断信息，而在人类，90%的天疱疮是通过测定自身抗体情况确诊的[87,88]。研究显示，桥粒的抗原在PF中以桥粒芯蛋白1（Dsg1）为攻击目标，在PV为Dsg3，并以黏膜为主，有明显涉及皮肤的还会对Dsg1攻击[87]。总的来说，病灶的位置与表皮层中相应抗原的超微结构分布相对应[89]。然而，其他桥粒抗原可能会成为目标，包括PV的Dsg3[90]，PNP中的血小皮溶素族抗原外被斑蛋白和斑周蛋白[91]。

虽然天疱疮在临床和病理分型上已有比较准确的定义，但并非总会出现典型的免疫性异常。因此在早期的研究中，根据临床症状、直接荧光免疫、组织病理学及临床经过，可确诊为天疱疮的45例病例中仅有56%有可见的免疫球蛋白沉积[92]。近期研究分别涉及37和18个PF病例，其中66%和88%可见胞间沉积[93,94]。后者1/3的病例中沉积主要限制在表皮的外层。在另一研究中，亚型特异性染色揭示了某些病例的沉积成分限制在IgG2和/或IgG4亚型[95]。其他免疫球蛋白或补体成分沉积的病例罕见[95]。然而，表皮内免疫球蛋白沉积在天疱疮并非特异性，多达20%的混杂型皮肤病中都可见免疫球蛋白沉积[92]。

过去兽医学认为间接免疫荧光试验不可信，很少能出现阳性结果，试验敏感性依据反应底物的不同而不同。某研究显示，使用14例PF患病动物的血清，使用牛食管作为底物时，9/14为阳性结果，使用牛舌则为1/8阳性结果，使用牛鼻则为0/11，而使用猴的食管时结果的4/8为阳性[96]。另一研究中，4/4使用了PF病例的血清及2只有PV的犬在新鲜培养的犬角化细胞中都显示有细胞间沉积[97]。

最近的研究指出，使用27只PF犬的血清进行间接免疫荧光检测，其中15/17显示直接荧光免疫阳性。底物包括犬口腔棘皮瘤性龈瘤（MCA-B1）细胞株、犬乳腺肿瘤细胞株（CF33-MT）以及培养的角化细胞[98]。后两者得出阴性结果或结果不一致。只有使用了MCA-B1的结果4/27是阳性，但似乎特异性较强，因为其他皮肤病血清测定结果为0/29阳性。犬唇部有5/27为阳性反应（1/29为假阳性），而牛食管的阳性结果为8/27，但4/29为假阳性。最近的研究中使用了新生鼠的皮肤[99]。结果一致为阳性，因此相互稀释很有必要。当使用完全抗IgG抗体时，其结果是一致的，PF病例（84%）的血清大多有相同的比例，滴度较高，患其他皮肤病（80%）犬的血清亦是如此。用具体亚型的抗血清结果更好，35/44的血清（80%）使用抗IgG4为强阳性，而其他皮肤病的血清则只有2/20。再者，在一些动物，IgG4抗体滴度与疾病活性有关，而使用抗IgG或其他子类抗血清则没有发现上述状况。这说明IgG4可能有重要的致病作用，13年前发现直接荧光免疫有明显的IgG4沉积作用，可以印证这一观点[95]。

总的来说，犬PF的间接免疫荧光使用的底物除新生鼠皮肤外一般都不敏感，结果也不相一致。在对比不同研究

结果时要谨慎，因为荧光结合抗体的敏感性和特异性会随着底物的不同而有所变化。因此还需对新生鼠皮肤和子类抗血清做进一步研究，如在其他底物使用这些抗血清等。

对于犬的PV，使用犬牙龈黏膜的结果比较可信，其中一项研究中10/11的血清阳性滴度达1/1000，但使用培养角化细胞时只有5个阳性[100]。

2. 自身抗体在疾病发病机制中的作用

尽管可以确定假定的自身靶抗原，但对于如何发挥其作用以及是否已识别全部自身抗原，仍存在很大争议。事实上，将人普通犬疱疹患者的血清皮内注射到新生小鼠体内时，会诱导棘层松解，这一事实明显地证明了抗体的致病性[101]。血清自身反应性似乎直接针对Dsg1和/或Dsg3，因此随着重组抗原的预吸收，其致病效应也随之消失[102]。另外，该血清可导致培养的角化细胞现出细胞致病作用[103]，并且已知不需要交联抗原；使用单价Fab或2价F（ab）2片段均有相似的致病作用[104]。再者，在没有补体的情况下亦可以产生病变[104,105]。

有3种可能的免疫病理学通路。第一，抗体可能通过空间位阻发挥作用[104]。第二，抗体绑定触发了许多细胞内信号作用，最终导致异常的Dsg3磷酸化和桥粒耗尽[106,107]。蛋白激酶可能参与这个过程，但蛋白激酶抑制剂也可调节这一过程[108]。通常认为尿激酶纤溶酶原激活物（uPA）的释放以及随后的血纤维蛋白溶酶蛋白水解活性的激活，在这一过程中发挥了关键作用[109]。然而，最近的研究对以上推测产生了怀疑，因为天疱疮患者的IgG仍然可以诱导缺乏uPA的新生小鼠自我损伤[110]。在进一步实验中，尽管该抗体对角质细胞有致病性。但在培养的鳞状细胞癌细胞株中添加抗Dsg3单克隆抗体并未引起uPA活性增强，然而矛盾的是，添加PV患者的血清可导致uPA剧增[111]。综上所述，uPA在激活皮肤棘层松解中不发挥关键作用。

有实验进一步质疑抗Dsg3抗体的关联性，当Dsg3基因缺失的小鼠注射人源性PV血清时已证实能产生皮肤棘层松解[112]。因此，第三种机制与细胞间黏性取决于胆碱能作用机制这一理论有关，乙酰胆碱受体在控制黏性分子的磷酸化过程中发挥着重要的作用。这一机制的可能性在人PV和PF患者的血清中发现沉淀胆碱能受体而得到支持[113]。再者，阿托品和其他毒蕈碱类等乙酰胆碱拮抗剂能增加Dsg磷酸化，再次形成异常细胞桥粒[114]。类似的碳酰胆碱，乙酰胆碱酯酶抑制剂，均对体外PV血清和新生小鼠的PF血清皮肤棘层松解效果有抑制作用[115]。最终证实该途径毛果芸香碱与烟酰胺——另一种类胆碱，成功地作为人PV治疗的固醇激发剂[116,117]。

人和犬的PV中原癌基因c-Myc表达上调，这可为药物介入提供参考价值[118]。

3. 犬天疱疮的自身抗体特异性

过去20年，用于检查的技术已由相对粗糙且仅具有参考性的技术变成高精尖且具良好特异性的技术。早期研究用免疫印迹分析，使用分子量标记指示可能的蛋白质，从而证明抗体表皮蛋白提取物的反应性。因此在一项研究中，两例PF犬血清与人类PF血清经蛋白质反应显示有相同分子量，这意味着存在与Dsg1的反应[119]；最新研究显示，8/16的PF患犬能识别相同的160kD蛋白[97]，这进一步表明Dsg1是PF目标的自身抗原。抗血小板溶素抗体亦参与到一例PV病例[120]和一例副肿瘤天疱疮的疾病的过程中[121]。

证明Dsg3是PV的自身靶抗原更有力的证据，源于采用犬细胞均匀混合物的研究。在此研究中，匀浆的Dsg3被预先去除。去除方法是：使用抗人类Dsg3多克隆抗体与犬的同系物进行交叉反应，将Dsg3进行免疫特异性沉淀；也可以通过使用重组人Dsg1和Dsg3，ELISAs方法去除匀浆中的Dsg3[120]。这两种方法得到的结论都推定Dsg3是犬PV的有身靶抗原。

通过制备重组Dsg1[122]和Dsg3[123]可以得到明确的数据。前者可在人类角化细胞的细胞系表面表达，使用细胞外附有Dsg1的新生鼠皮肤或犬爪垫，仅有5/68的血清在间接免疫荧光试验中显示阳性[124]。综上所述，Dsg1最多只是犬PF的次要自身抗原。进一步研究使用3例犬PF的血清，但仅有1例血清识别重组犬的Dsg1。然而在免疫电子显微镜中，3例都与人类PF抗体共处于正常犬皮肤细胞的内、外区域[125]。使用犬MCA-B1细胞系，未见抗体处于完整细胞桥粒形成的地方，而是在相邻细胞之间的胞质排出部位[125]。作者假定自身抗原在细胞桥粒形成的早期阶段是桥粒蛋白或其他抗原，自身抗原的表达能够被这些血清识别。

近期研究显示，桥粒胶蛋白1参与犬PF的主要自身抗原。在48例犬PF病例中，68%使用犬爪垫作底物，表现为间接荧光免疫阳性，从而识别重组的犬抗原[126]。

第一项研究采用克隆犬Dsg3来评估识别该抗原的PV犬血清的自身反应性，但细胞间表皮抗原并未被Dsg3免疫吸收而完全去除，提示血清能识别一个或多个其他自身抗原[123]（可能是Dsg1）。另一项研究调查了5只PV犬和一只患副肿瘤天疱疮的犬的血清自身抗体[127]。2例病例的黏膜和皮肤有抗Dsg1和Dsg3抗体，而1只犬只在黏膜中及血清中检测到Dsg3。值得注意的是，有例病例的血清对角化细胞的细胞株MCA-B1细胞间的抗原反应有很高的滴度，但对Dsg1和Dsg3没有反应性。再最近，使用杆状病毒表达Dsg3通过ELISA检测抗Dsg3抗体。14例PV犬血清中有78.5%，37例PF犬血清有37.8%和约50%皮下大疱自身免疫性皮肤病犬的血清中，其抗体水平高于1/25。使用MCA-B1细胞，直接荧光免疫PF血清未能实现细胞间着染，这意味着检测缺乏特异性。

总的来说，为解决人医的问题，研究者先以犬为研究对象，犬的PF和PV的血清自身抗体特异性仍然未知。提出犬PV和PF的各种临床病理迹象可通过Dsg1和Dsg3[128]在不同区域的表达来解释的假设，但这过于简单。这进一步说明桥粒胶蛋白1的角色依然未知；自身反应的光谱可能是异构的，也可能涉及多个自身抗原。

4. 天疱疮犬血清的致病性

体外和体内的研究可用来说明天疱疮患犬血清为致病性，但研究中使用血清的数量有限。使用正常的人角质细胞发展中性蛋白酶分离试验犬的PV血清能识别Dsg3，因而造成细胞培养物的分解，而人重组Dsg3血清的吸收效果消失试验证实该反应的抗Dsg3特异性[127]。这与某副肿瘤天疱疮病例的血清结果相似。新生鼠皮内注射试验也得到相似结果[99]。4只小鼠注射汇集的PF血清IgG，易患此病的另外4只注射非汇集血清。颗粒下层起疱导致皮肤棘层松解，并且没有出现中性粒细胞。做光学电子显微镜研究时，意外发现自发性疾病显示皮肤棘层松解过程与中性粒细胞有密切联系[129]。

5. 药物在犬、猫天疱疮的作用

在人医，药疹诱发天疱疮的作用已被证实。药物引起皮肤棘层松解或引起疾病危象（药物引起和药物激发引起）[130]。在药物引起的疾病中，症状通常随着停药而缓解，而在药物激发的疾病中，假设药物所诱发的疾病已经潜伏其中，症状通常在停药后仍然存在。药物引起犬天疱疮的理论一直受到质疑[19]。理想情况下，药物和疾病的因果关系可通过以下依据进行判断：①停药后症状有好转，②再用药后恶化。然而，对怀疑有药物不良反应的患病动物再用药会十分危险，若再次使用药物，不良反应可能会更严重。尽管如此，文献报道过再用药后加重的病例。有份报道称，4只犬患类PF药疹[131]，而其他报道有1只或1只以上[31,132-134]。1例类PV药疹的病例使用了多黏菌素B[135]。有5只猫也疑似发生了类PF药疹[53,136,137]。4只犬患类PF药疹病例，通过再次使用有关的药物（西米替丁）而确诊，而在其余的病例中，或为伊曲康唑，或为石硫合剂，病灶在停止治疗用药后自动缓解[53]。

最近发表的一篇可信性高的报道〔Promeris Duo（Fort Dodge）〕记录了22例病例在使用含阿米曲士和氰氟虫腙的杀外寄生虫药后出现PF药疹[138]。虽然未进行数据的统计分析，大部分病例为大型犬。1/3的病例，在用药的部位周围出现了脓肿，而2/3的病例，病灶出现在离用药处较远的部位。5例病例在首次用药后便出现药疹，但在其他病例中，使用药物超过10次才能引起药疹。大部分病例都需免疫抑制治疗，但并非全部，有些则需长期维持治疗以防止复发，特别是对于在距离用药处较远部位发病的病例。因而作者认为药物激发多于药物引起。在较远部位发病的病例比原发部位的病例发病出现全身症状的概率要高，包括高热、嗜睡、厌食和跛行。免疫学研究显示胞内IgG沉积的占病例的2/3，6例病例出现循环抗角化细胞抗体，而大部分为Dsg1减少或缺失[138]，这是自发性PF的常见特征[139]。

上述研究提供了有力证据证明药物相关天疱疮的存在且强调了用药史在诊断天疱疮病例的必要性。

（二）犬落叶型天疱疮

自1977年报道了第一例犬PF（落叶型天疱疮）病例后报道[140]，出现过很多病例报道[31,32,34a,93,141,142]，该病似乎是最常见的犬自身免疫性皮肤病，虽然作者（KCL）认为更常见的是盘状红斑性狼疮。虽然该疾病在犬群体中的发病率不明，但在转诊中心PF病例占了2%[65]。报道没有记录性别倾向性，只有宾夕法尼亚大学记录显示有雄性偏向性[32]。此疾病常发于中年至老年犬，但其他任何年龄犬也可发病。偶见1岁或更小年龄的动物发病，有病例在3月龄时出现了病灶[142]。虽然品种发病率并不总是与相关基础群体比较而得出，但报道称秋田犬和松狮犬发病多[32,93]，而可卡犬、腊肠犬和金毛寻回猎犬为大多数研究中常见的品种。路易斯安那州报道过英国斗牛犬是最近病例中最易感的品种[142]。有报道称两只雌性同胞喜乐蒂牧羊犬在6月龄时发病，这同样提示该病存在遗传特异性[143]。

多数病例都是先天性，但诱因不明。其用药可能的相关性已做讨论。通常部分病例会发展为慢性皮肤病，而这部分动物通常为过敏性质的动物。加利福尼亚州的研究显示，跳蚤过敏性皮肤炎常先于天疱疮而确诊，但在研究期间前者却为常见病[93]。宾夕法尼亚州研究称，11.6%的犬并发过敏性皮肤炎[32]。路易斯安那州在近期的研究中发现，15/40只犬（37.5%）有过敏性皮炎病史，值得注意的是，该病例组织病理样本中出现嗜酸细胞浸润的概率明显增多[14]。但该论点缺乏确实证据，数据很难获得。另一因素是这些过敏动物可能用过大量药物治疗，因而很难排除药物不良反应的可能性。紫外线照射可能加速疾病恶化，这已成为很多传染病学和实验室的研究目标，但结果仍具争议性[19]。

1. 临床症状

PF是一种脓疱病，原发病灶最开始可表现为丘疹开始随后很快发展为脓疱，导致广泛的溃疡和黄色结痂（图9-4）。特征是大的脓疱会跨越多个囊单位，且会发展为炎症后的无毛区，范围较大。有些病例的丘疹期维持时间较长，临床可见丘疹混杂着脓疱（图9-5）。临床症状起初发展迅速，在1～2周内出现广泛性病灶，在1个月或更长时间内处于潜伏状态或继续发展[53]。瘙痒程度各有不同，但某研究发现[31,134]，17%为中度至重度，但在另一报道[141]中出现中度到严重瘙痒的比例为36%。急性发作时，动物精神沉郁、厌食和发热，有时还伴有淋巴结病。

头部、面部、耳部为易发部位，80%以上的病例在这些部位有病变，且病灶显示出明显的双侧对称性（图9-6，A和B）。最初检查时，病灶的分布并非很明显，但剃毛后易暴露出来。（图9-6，C）耳郭易被感染，病灶边界清晰而非弥漫性的炎症（图9-6，D）。鼻部可能褪色（图9-6，E），但发生较迟，而盘状红斑狼疮常先出现该病变。病灶分布于头部和面部，这与葡萄球菌性脓皮病有显著区别。（图9-6，F）腹侧和躯干是葡萄球脓皮病的易发部位；面部和头部的病变并不常见。爪垫亦常出现病变（9-6，G），可见龟裂和结痂的形成，有时只发生于爪垫[144]。黏膜病变极其罕见[31]，分布于黏膜皮肤并非特征病变。该疾病的进程不明，大部分病例的病变持续发展且速度很快，（图9-7）有些病例则病情反复。患PF的犬常患继发性葡萄球菌感染，部分病例对抗生素的治疗反应会使病情复杂化。

2. 诊断

如果症状很典型，则很容易作出诊断。脓疱是本病的特征性病变，但区别于葡萄球菌性脓皮病。细菌性脓皮病不会先于面部或耳部出现病变，亦不会导致爪垫出现结痂。鉴别蠕形螨病和真菌病时需谨慎，特别是由毛癣菌属引起的真菌病[145,146]，它与PF的临床症状和组织病理学表现很相似。其他鉴别诊断包括红斑型天疱疮、全身性和盘状红斑狼疮、皮肌炎以及在某些地区流行的利什曼病。角层下脓疱性皮肤病罕见，应考虑其他脓疱性疾病，但后者少见广泛性结痂，也没有对皮质类固醇的反应[147]。需要仔细考虑全身或局部用药史，排除药物不良反应引发疾病的可能性。

对完好的脓疱进行细胞学检查和活检对疾病的确诊提供了希望。如果完好的脓疱不明显或动物患病不严重时，则最好等待疾病进一步发展长出脓疱，而非对旧的病变进行活检。若细胞学检出棘层松解细胞，则应引起高度怀疑，它是一种圆形深染的独立角化细胞（图9-8，A）。这些细胞可能成团分布，并有中性粒细胞依附于细胞壁（图9-8，B和C）。葡萄球菌感染，脓疱基部偶见分离的角化细胞，但很少以典型结构出现。继发性的细菌感染可能导致细胞外和细胞内出现球菌[31]。角质层下脓疱典型组织病理学变化是棘层松解细胞混杂于中性粒细胞（图9-9）。嗜酸性粒细胞常与中性粒细胞一同出现，报道称，有1/3的病例是由嗜酸性粒细胞与炎症细胞组成[142]。角质层下的脓疱可能跨越数个毛囊，亦有可能涉及毛囊本身。应使用真菌染色以排除棘层松解真菌病[145]。如果原发性脓疱不明显，亦可用新形成的结痂作诊断。活检样本亦可用于直接免疫荧光法检测（可将新鲜组织送至实验室或用米歇尔溶液保存）或用福尔马林保存用于间接荧光免疫试验。研究显示两者都具有同等的敏感性[7]。出现胞间抗体沉积，特别是局限于表皮层外层时，则强烈提示该疾病但还不能确诊（图9-10）。此时不建议用间接荧光免疫作为常规诊断途径。

常规血液学和生化检查可获得基础值，有助于后续治疗，还能监控动物潜在的疾病和不良反应的出现。常见中性粒细胞增多，且较严重。因此需对完整脓疱进行细菌培养。合理使用抗生素治疗，得到的分离菌便可获得有用的信息，对诊断有潜在意义。试验结果可能为没有（表示分离菌不相关）至20%～30%（表示分离菌与疾病进程相

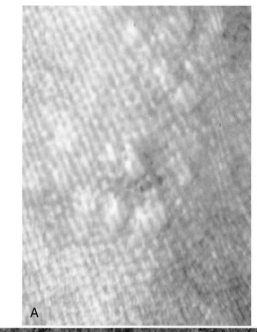

图9-4 **A**. 一例天疱疮（PF）患畜的脓疱性病灶 **B**. 一例天疱疮（PF）患畜腹部脓疱性病灶。其原发性脓疱已经破裂，此红斑狼疮，周围出现多个继发脓疱

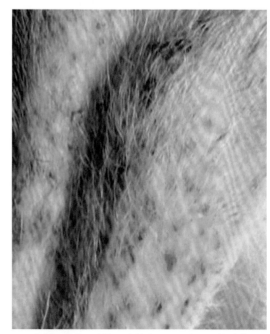

图9-5 天疱疮病灶的丘疹期，有结痂以及不太明显的脓疱形成

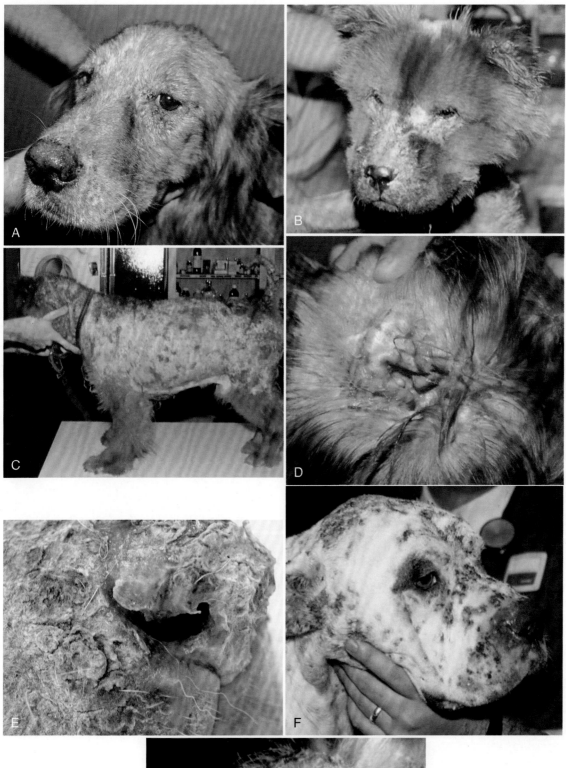

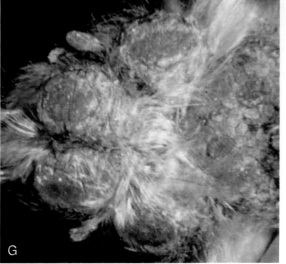

图9-6　天疱疮的临床症状　**A**. 患有天疱疮的金毛寻回猎犬的早期病灶　**B**. 松狮犬的面部的典型对称性病灶　**C**. 跟A情况相同，脱毛提示躯干有广泛性病灶　**D**. 局部性耳郭病灶　**E**. 鼻部褪色未被结痂覆盖的病灶　**F**. 患有天疱疮的拳师犬的头部严重的脓疱性病灶　**G**. 天疱疮患犬的脚垫病灶

关）或有明显改善等三个部分，在上述情况下，细菌性脓皮病才能最后确诊。

3. 治疗

皮质类固醇是治疗的基础，泼尼松或泼尼松龙初始量为每天2～6mg/kg，或分成每天给药2次[19,65]。有的临床医师喜欢用甲基泼尼松龙，其盐皮质激素诱导的不良反应可能较少[65]。大部分病例用该疗法在10～14d内有所改善，接下来的30～40天用药剂量应逐渐减量。单药疗法的目标要达到约1mg/kg的剂量，隔日用药。有两组报道称[31,65]，有35%和38%的病例单使用皮质类固醇便能达到完全控制。在严重的病例中，1倍或2倍剂量的泼尼松龙琥珀酸钠（10mg/kg）或地塞米松（1mg/kg）与胃保护剂合用可能比口服给药疗效显著[65]。

如果单用皮质类固醇未能达到足够的病情控制程度，通常会增加1.5～2.5mg/kg的咪唑硫嘌呤。事实上，某些兽医偏好初始治疗时便联合用药。一旦控制病情，两种药都逐渐减量，达到隔日用药的目的，即皮质类固醇用1d，次日改用咪唑硫嘌呤。后者理想的维持量为0.5mg/kg。目前对于联合用药与使用皮质类固醇，何种途径的不良反应略低，尚不清楚，但有报道称，两例急性胰腺炎病例采用联合用药方法使疾病得到治愈[39]。进一步研究显示，联合用药未见快速的治疗效果，亦无良好的治疗结果[31]。但这方面还没有做合理的对照设置和随机研究处理，且很多皮肤科医生更倾向于联合用药。另一免疫抑制剂是苯丁酸氮芥，能够减少皮质类固醇制剂的用量。0.1mg/kg每天用药或以0.2mg/kg隔日用药。首选是环磷酰胺，因为后者有导致化学性膀胱炎的倾向。当使用咪唑硫嘌呤和苯丁酸氮芥时要谨慎监测骨髓抑制的现象。四环素与类胆碱烟酰胺（烟酰胺）合用的成功率低，8例病例中仅1例成功[34]。另

图9-7 患有PF的松狮犬的严重病灶区，病变十分迅速

一研究中，在34个浅表天疱疮的病例（包括系统性红斑狼疮和落叶天疱疮）中，62%的病例有效[34a]。其他报道指出，药物疗效对系统性红斑狼疮比落叶型天疱疮更有效，这有助于解释不同报道之间的部分差异[65]。然而，由于诱导期长期处于停滞阶段，一般是4周或更长，瘙痒或有更广泛病灶的犬来说，单独治疗可能不合适。推荐剂量10kg以上犬每种药用量为500mg，每天3次，小型犬用量减半[34]。

有限的研究对最新研制药物的药效作了评估。一项病例报道称，环孢菌素有效[148]，但有5例病例单独用药诱导无效[149]。有3例病例较为棘手，联合使用糖皮质激素和咪唑硫嘌呤再加环孢菌素或酮康唑时（分别为7.5mg/kg和2.5～5mg/kg）效果显著，提示环孢菌素，无论是单独使用或与酮康唑合用都能延长药物的活性，而皮质类固醇制剂的药理作用仍需作进一步评估[36]。同样，使用霉酚酸酯的报道指出，该药物的有效性各有不同，其中作者声称成功率有50%[64,65]。将人用的静脉注射用免疫球蛋白（intravenous immunoglobulin IVIG）作为严重PF患犬的初始治疗药物，取得了明显疗效[150]。该犬随后经咪唑硫嘌呤和泼尼松龙治疗，进一步对IVIG反应良好，但随后复发。

局部皮质类固醇治疗局部病灶非常有益。有相似的报道称，局部使用0.1%他克莫司，效果相当不错[65]。

虽然有研究表明，全身使用抗生素作用明显，效果良好，但仍存争议[32]。当细菌学检查见到有球菌或培养结果呈阳性时强烈建议全身使用抗生素。另外，使用抗生素可避免因免疫抑制治疗导致免疫力严重障碍的动物受到感染。

最后需要注意的是，临床医生必须确保治疗不会比疾病本身更糟糕。虽然能达到完全缓解，但宁可有轻微的疾病状态，也不增加机体的免疫抑制，因为免疫抑制的不良反应风险更高，且能损害免疫系统。每一病例都不一样，且针对每个病例的决定都是独立的。

4. 预后

某研究报道，在31例病例中，有71%仍然存活，其平均调查时间约2.7年[65]。这31例病例中，2例因病患不配合治疗，最终选择安乐术，5例为其他不相关的因素。因此治疗满意度达到93%。另一研究报道称，在88例病例中，46例（52%）治疗达完全缓解，31例（35%）部分缓解[31]。然而在第3份报告中，最后只有17/43是仍然存活的，大部分在用药后的第1年中死亡，18只犬因治疗失败、不被接受的不良反应以及生活质量差而选择安乐术[32]。尽管尽可能地使用最低剂量，但免疫抑制治疗的效果仍然不确定。对于某些病例可以减至很低的剂量甚至停用。有报告称，6例病例接受治疗在1.5～6个月得到缓解后逐渐停止治疗，并在以后的1.5～6年内没有复发[151]。但没有数据显示这部分病例已经成功治愈。

总体来说，诊断出PF绝不是被判死刑，即使是严重患病的动物，通常都能成功治愈。熟悉药物的使用，发生不

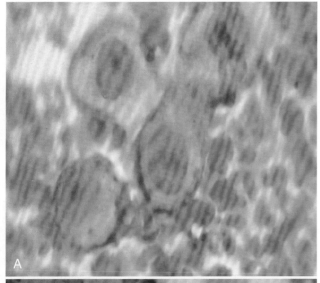

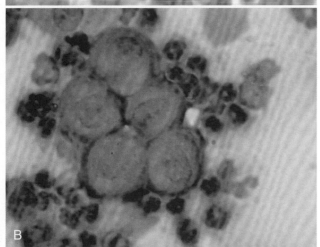

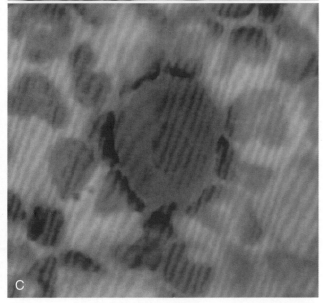

图9-8 **A.** 一例PF患畜脓疱的细胞学标本，可见典型的棘层松解细胞 **B.** 一群来自天疱疮性脓疱的棘层松解细胞，同时应注意到嗜酸性粒细胞和中性粒细胞的存在 **C.** 中性粒细胞环绕并黏附在棘细胞周围，形成一个花环（由Chiara Tieghi博士提供）

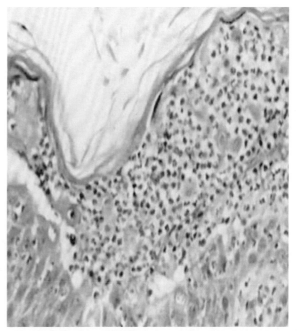

图9-9 一例PF患畜的组织病理学切片，角质层下有一个脓疱，脓疱内混有棘层松解细胞和中性粒细胞

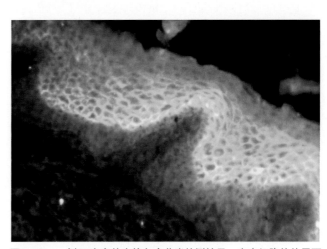

图9-10 一例PF患畜的直接免疫荧光检测结果，表皮细胞的外层可见沉积物

良反应时及时处理和检测都是成功的关键。但是，即使是最有经验的医师，也会出现治疗无效的病例，此外也已证实药物相关的不良反应难以检测。

（三）普通天疱疮

PV比PF更严重亦更罕见，转诊病例及一般临床病例中PV的发生率约占0.1%[152]。PV的首次报道是在1975年，分别涉及3只和5只犬[153,154]。随后，大部分的报道均包含了单例或数例病例[120,155,156]。品种或性别发生率未见报道，疾病可在任何时候发生，多数临床症状在中年或老年出现。

该病表现为突发或渐进性发病，起初病灶为水疱性，然后快速发展为糜烂和溃疡。该疾病通常发生于口腔黏膜与皮肤的连接处（图9-11），而大部分动物在诊断时存在口腔病灶。有时病灶可能在这些部位开始蔓延，随后延伸至皮肤的其他区域[120]。可能会出现棘层细胞松解的现象，由于缺乏表皮凝聚力，表皮可以被钝性剥离。病变也可能涉及爪垫及爪床，导致爪的脱落；某些时候这可能是唯一的临床表现[154]。某些病例不涉及黏膜[157]，只涉及黏膜[158]或在糜烂灶周围出现广泛性脱毛[159]。根据组织病理学及免疫学标准诊断，有两例严重的鼻皮炎病例满足PV标准[160]。其中第一例在口腔黏膜、阴囊及足部有病灶，而第二例病灶只限于鼻部。患病动物常出现发热及厌食，特别是当病灶广泛存在及涉及到口腔时。

最主要的鉴别诊断包括皮下水疱疾病、大疱性类天疱疮、获得性大疱性表皮松解症，以及各种导致口腔溃疡的疾病。对疑似副肿瘤天疱疮的任何肿瘤疾病都应积极的翻阅文献，彻查疾病，调查用药史以评估药物引起类天疱疮的可能性。与PF相比，PV的病灶位于皮下更深处，不需做细胞学检查，且很少能见到皮肤棘层松解细胞。通过组织病理学分析，发现基底上表皮内裂缝，及残余的墓碑状基底细胞可确诊。直接荧光染色和免疫组化结果通常是阳性[156]，总的来说，PV的间接荧光免疫比PF病例的阳性率高。或能辨别到Dsg3 ± Dsg1的抗体，以及抗血小板溶菌素的抗体[4,120,127]。

这是一种急性的、严重的疾病，需要结合皮质类固醇和硫唑嘌呤或苯丁酸氮芥治疗。同时必需使用抗生素治疗。尽管有这样的治疗，但预后仍然很差，报道称，只有25%的病例可以存活1年[152]。

（四）副肿瘤天疱疮

文献中仅有2例犬PNP病例是确诊的且出现过完全的症状，而第三例疑似病例包含在第1份犬PV病例中[153]。一项完整的病例曾报道过一只7岁的弗兰德斯牧羊犬有广泛性的口腔溃疡，其后溃疡蔓延至身体其他部位。免疫抑制治疗对动物无效，畜主最终选择进行安乐术，剖检时发现该犬有胸腺淋巴瘤[161]。随后进行免疫学检查，检测到斑蛋白家族的两个家族蛋白的自身抗体、周斑蛋白和包斑蛋白，它们都与人类PNP有关[162]。第二例病例是一只7岁的金毛寻回猎犬，该犬有相似的广泛性病灶[121]。通过超声探查发现脾脏肿物并进行手术摘除。但动物在12h后因心脏并发症而死亡。肿物经组织病理学检查诊断确定为梭细胞肉瘤。同样，血清对斑蛋白家族的自身抗体存在自身反应性[121]。组织学在基底层可见裂缝，此为PV的特征，提示红斑多形性细胞瘤，特征为伴凋亡角质细胞的界面性皮炎。人类的PNP预后极差，即使逐渐移除肿瘤，皮肤上的病灶也不会消退，胸腺瘤除外，其预后较好[163]。

（五）增殖型天疱疮

人类有2种PVeg：诺伊曼型（Neumann type）和持续型

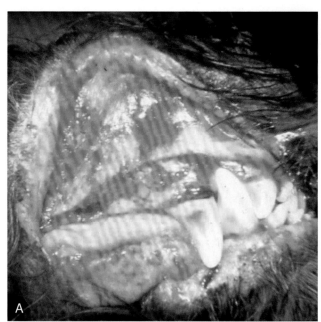

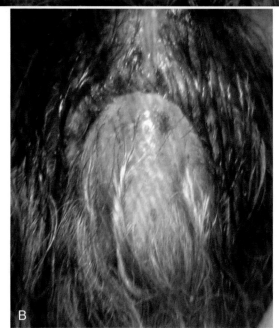

图9-11 患有寻常型天疱疮的斯凯㹴的口腔黏膜病灶（A）和口腔皮肤黏膜结合处病灶（B）

（Hallopeau type）[164]。后者出现脓疱后有增生性疣状病灶和斑块，随后病变呈良性经过。而诺伊曼型，先出现小囊疱和大疱，再出现广泛分布的溃疡灶，且通常很难治疗。两者均可能出现口腔黏膜病灶。文献中记录了3例犬的病例[165-167]，仅有一例真正与人类的情况相似。4岁的大瑞士山地犬表现为结痂的丘疹、脓疱和疣疹投影（Verrucose projections）[167]。组织病理学可发现基底上皮肤棘层松解并伴有多个表皮层内中性粒细胞和嗜酸性粒细胞脓疱。直接和间接荧光免疫均为阳性，可检测到抗Dsg1抗体。与人类PVeg不同，动物通常伴有抗Dsg3抗体。用硫唑嘌呤和泼尼松龙控制该病效果明显，作者认为该病最可能是轻型的。

（六）红斑型天疱疮

红斑型天疱疮（PE）被视为PF和盘状红斑狼疮的交叉，具有两者的特点。将该病作为完全独立的一种疾病存在而不为PF的一种变化形式，这一观点受到质疑[19]。有病例报道指出，犬逐渐在鼻部、面部和耳部出现对称性结痂病灶[168]。这些病灶最终在鼻平面形成糜烂和溃疡，且色素减退。最主要的鉴别诊断是盘状狼疮，后者只限于早期出现在鼻平面和较早前的色素缺失。组织病理学显示颗粒层内和角质层下的脓疱中包含各种各样中性粒细胞和嗜酸性粒细胞组合，并伴有皮肤苔藓化症状。直接荧光免疫可见典型的、与PF类似的细胞间表皮沉积及BMZ沉积[1]（图9-12）。间接荧光免疫曾报道为阴性，有些犬虽然抗核抗体（ANA）[1]滴度低但可能有重大诊断意义。

该疾病一般并不严重，通过免疫抑制剂或与四环素和烟酰胺[34]合用通常都能得到稳定控制[168,169]。最近有报道称，局部应用他克莫司有疗效[170]。该疾病是因日晒而加重，所以控制日晒或使用防晒品可能会使病情有所缓解（图9-13）。

（七）猫科类天疱疮

猫的天疱疮类疾病比犬少见得多。有报道过单例PV和PF的病例[171,172]，但PF更常见。曾报道的相关病例中[172,173]，有57例病例提到过该类疾病[53]。

猫的PF没有品种及性别倾向的记录。这类疾病可在任何时候发病，从小于1岁至17岁，平均发病年龄为5岁[53]。与犬相比脓疱病灶并不常见，最常见的症状为局部病灶结痂。与犬类似，最常受影响的部位是头部、面部和耳部（这3处受影响的概率约为80%）[53]。且与犬相同，病灶呈明显的双侧对称性。（图9-14，A）在很多病例中病灶扩散至身体其他部位（图9-14，B）。腿部病灶占病

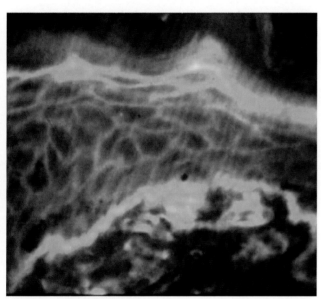

图9-12 天疱疮的直接免疫荧光检测。可见免疫球蛋白沉积于表皮层和真皮表皮连接处的细胞间

图9-13 红斑型天疱疮患犬。病灶受日晒后会加重

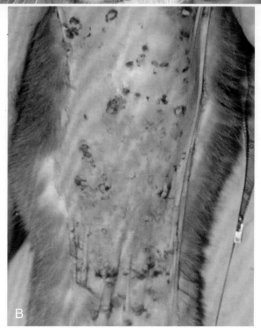

图9-14 **A.** 1岁岁龄患落叶天疱疮（PF）的暹罗猫典型的全身性病灶 **B.** 猫腹部的PF病灶

例总数的10%，而猫的明显特点是病灶涉及爪部皱褶（约30%病例[53]；图9-15），常表现为难治的甲沟炎。80%的病例有轻度至重度的瘙痒症[53]，而动物通常表现为嗜睡、发热和食欲减退。

该病可通过组织病理学确诊，角质层下和角质层内发现脓疱最具特征性。其中多数为中性粒细胞，少数含有相当比例的嗜酸性粒细胞。1/3病例的外毛根鞘会发生损伤，可见脓疱包含1～15个毛囊滤泡单位。皮肤棘层松解细胞是非常重要的诊断依据，以上39例病例中，高倍视野下可见多于20个皮肤棘层松解细胞[53]。一个重要的发现是，曾接受过免疫抑制疗法的动物会更加难诊断，其特征性病变不明显。由于没有进行定期免疫学研究，因此没有该诊断手段的数据效用性。

对于猫这种疾病的预后相当好。尽管在早前的报告中，硫唑嘌呤能成功地用于诱导治疗[173]，如果这种药物在猫有

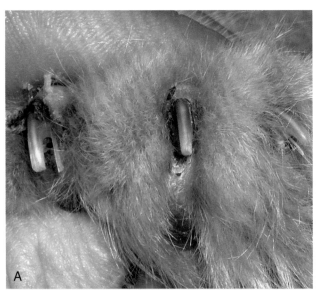

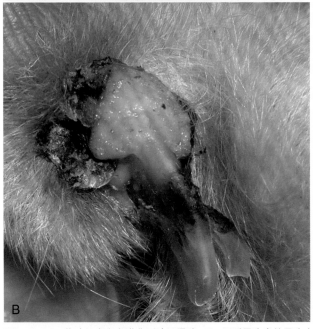

图9-15 **A.** 落叶天疱疮患猫典型涉及甲襞 **B.** 近看甲沟炎的甲沟中可见干酪样渗出物和结痂

骨髓抑制的效果，则意味着应谨慎地在短时间内使用[44]。最常使用的药物是泼尼松龙（4～5mg/kg），该药可单独使用或与苯丁酸氮芥或氟羟氢化泼尼松（0.6～2mg/kg）合用。后者似乎是最有效的糖皮质激素，不良反应发生率也较低。氟羟氢化泼尼松维持量是按0.6～1mg/kg隔日或每周使用，或泼尼松龙2.5～5mg/kg 每2～3d 1次。对44例病例进行跟踪调查，为期1～54个月（中值为9个月）。仅有4/44只猫死于该病或由于与治疗相关的因素而导致死亡[53]。对于猫，最常见的治疗不良反应是长时间使用高剂量类固醇而继发糖尿病。建议监测血清果糖胺水平，从而在糖尿病的早期及时发现。环孢菌素剂量为7.5～10mg/kg，可单独使用或与泼尼松龙合用，这在治疗某些猫时很有效。

四、自身免疫性表皮下水疱病

水疱指在表皮下聚积液体，这是一个广义的定义，因为液体种类不一，而且对病灶的大小也没有限制。大疱病灶在犬中并不常见，可引起糜烂或溃疡，这是常见的临床表现。虽然在人类有很多原因可导致水疱，但导致犬出现大疱的原因则较少。很多疾病的特征为自身抗体组成BMZ（基底膜），结果相邻结构发生分离。其缝隙被血清或清亮渗出物填满，形成小囊疱和/或大疱。因此这类疾病被称作自身免疫性表皮下水疱病（autoimmune subepidermal blistering diseases, AISBDs）。最典型的病灶是产生小囊疱，同时有清亮、充满液体、小的（<1cm）水疱产生。这类疾病在犬和猫中被称为获得性大疱性结合性表皮松解症（acquired junctional epidermolysis bullosa, AJEB）、大疱性类天疱疮（bullous pemphigoid, BP）、后天性大疱性表皮松解（epidermolysis bullosa acquisita, EBA）、线状IgA大疱病（linear IgA bullous disease, LAD）、混合型AISBD、黏膜类天疱疮（mucus membrane pemphigoid, MMP）和I型大疱性系统性红斑狼疮[3]。这些疾病的确诊，需确定自身抗体能否攻击特定的BMZ抗原能否被自身抗体所定位。其他表皮下水疱病是由于遗传缺陷或BMZ结构功能异常所导致（见第十二章）。其他疾病可能会引起表皮下小囊疱，不管是肉眼可见还是组织学检查，均会影响皮肤的其他部位，如上皮和毛囊（多形性红斑、中毒性表皮坏死松弛症、皮肌炎及水疱性皮肤红斑狼疮），此内容将会在本书对应章节提及。

AISBDs是非常罕见的疾病，人们对该病仍知之甚少[3]。这是因为很少有病例以检测目标抗原作为诊断依据。1995年前，很多病例都被称为大疱性类天疱疮，因此我们只能用批判性眼光看待过去15年间的这些疾病。不幸的是，检测这些自身抗体并不容易做到，而这些疾病的确诊并不经常在临床实践中实现。因此，我们仍在研究完整的临床表现，出现交叉结果的时间，以及疾病的预后是否良好，可能诱发疾病的因素，首选的治疗方案等等。我们只有根据

最佳途径获取信息作出诊断，才能确定这些问题的答案。

根据临床表现和组织病理学显示皮下形成囊疱。随着对疾病了解的深入以及越来越多的病例被确诊，临床表型差异就越来越明显。一些可以帮助确诊AISBD的测试包括组织病理学检查、盐分离皮肤间接免疫荧光和胶原IV免疫染色[3,10,15,56,174-177]。盐分离犬唇部或齿龈皮肤与患病动物的血清曾用于间接免疫荧光检测。用1mol的NaCl溶液在透明层分离皮肤，可以识别出自身抗体是黏附在上层（表皮层和透明层）、中层（真皮层和致密层）或分离的两侧，这意味着可能出现了多种抗体。表9-3为根据对这些检测的研究，比较了几种AIBDs。如上所述，确诊需要检测自身抗体是否以自身抗原为目标，需要将样本送至相关的研究机构，目前该研究机构在美国北卡罗来纳州立大学动物医学院的Dr.Olivry实验室。

（一）AISBD的预后及治疗

对于犬和猫来说，该类疾病的预后尚不清楚，因为我们治疗这种疾病的经验尚缺。根据本书前几个版本的注解，一些关于免疫介导性皮肤病治疗的条件和一些病例报告的不良反应，得出这些疾病是严重的且难以治疗[41,178-180]。这些假设主要基于病例报告及被选取的个别病例，大部分都使用了高剂量的糖皮质激素治疗，从而导致这些动物死亡或被施行安乐术。某研究指出，在9只患表皮下大疱疾病的犬

上，观察到以下现象[181]：每12h口服1mg/kg泼尼松龙对控制疾病没有效果，而每12h口服3mg/kg泼尼松龙可有效控制病情。但其中2只需使用更大剂量，因为出现不可接受的不良反应则可能会对动物施行安乐死；另外2只犬在治疗的第7天和第10天死亡（死于急性胰腺炎）。因此9只犬中有4只经系统性糖皮质激素治疗，效果不理想（44%）。

很多兽医认为AISBDs大多预后不良，但尚未被证实。有报告显示对于大联合使用糖皮质激素和硫唑嘌呤常能缓解这些疾病。亦有报道称，完全缓解且停止用药后未出现复发，所以对该疾病的消极诊疗态度是没有根据的检测[3,46,174]。单独报道的病例值得单独关注，如果动物主人愿意，应尝试可能治愈的治疗方法。

（二）大疱性类天疱疮

BP是一种已有报道的犬、猫罕见的自身免疫性水疱性溃疡性疾病[182-185]。在20世纪90年代早期有数例病例报告第一次报道了犬的AISBD。早期诊断是根据临床和组织病理学的结果以及免疫病理学显示BMZ抗体来确诊的。这些早期报告没有确定确切的抗原靶位，且认为这些病例中很多可能属于其他AISBDs[174]。有研究对57只AISBD患犬进行了跟踪，发现BP只占了12%[174]。

1. 病因和发病机制

BP的组织学特征是表皮下层囊疱的形成和免疫学反应

表9-3 AISBDs的关键诊断特征[†]

疾病	目标抗原	皮肤病理学特征[†]	临床特征	胶原IV位置[‡]	盐分离免疫荧光[§]自身抗体沉积部位
获得性大疱性结合性表皮松解症（AJEB）	层粘连蛋白332	可能无细胞	耳、口腔、爪垫、鼻或鼻孔缘	100%在水疱底部 N=4	都有或底部
大疱性类天疱疮（BP）	胶原XVII	嗜酸性粒细胞完好，或脱颗粒经常数量多	有毛的皮肤经常受影响偶尔出现在黏膜区域，比如悬趾爪垫	都有 N=1	上层
I型大疱性系统性红斑狼疮（BSLE-I）	胶原VII	中性粒细胞和组织细胞	只有一例病例需要其他LE病例作评价	没有报道但有怀疑（像EBA）	底部
后天性大疱性表皮松解（EBA）	胶原VII	中性粒细胞±嗜酸性粒细胞±表皮下微下脓肿	凹耳郭、口腔和爪垫和摩擦部位；通常指多个病灶发展成全身性疾病，并且发展迅速	43%位于上层29%位于底部29%位于都有 N=14	底部
线状IgA大疱病（LAD）	散布胶原XVII	没有或轻微炎症	只有1例病例报告	底部 N=1	上层
混合型AISBD	层粘连蛋白332和胶原VII	细胞囊疱和皮肤中性粒细胞和嗜酸性粒细胞	侵入有毛皮肤和黏膜区；2/3的红斑囊疱为基底	100%位于底部 N=2	底部
黏膜类天疱疮（MMP）	多个目标：BPAG1，胶原XVII，层粘连蛋白332	多种多样；无细胞或可能有中性粒细胞和嗜酸性粒细胞β-苔癣样	影响皮肤毛发稀疏的区域大部分为黏膜或皮肤黏膜连接处爪垫	91%位于底部9%都有 N=11	上层更多但有些在底部或都有

[†]所有的这些疾病均为表皮下层小囊疱或水疱的皮肤病理学特征。
[‡]胶原IV的染色在患畜皮肤出现水疱时完成的。
[§]使用患犬盐分离唇部或齿龈皮肤的血清所做的间接免疫荧光和染色均指分离的上层或底部。
AISBDs，自身免疫性表皮下水疱病。

中出现基底细胞半桥粒抗原的抗体。自身抗体主要为IgG，以G1和G4亚型为主，但亦有检测到低滴度的IgG和IgM[16]。最初被诊断为人类自身抗体目标的典型抗原是BP抗原1（BPAG1，BP230），它们是230kD的细胞内抗原，也是桥粒斑蛋白1的同系物。该抗原的血清抗体在动物中未有记录。第二BP抗原（BPAG2，BP180），亦称胶原XVII，是半桥粒的跨膜分子[186]。在人类，循环IgE和IgG4自身抗体主要的是免疫球蛋白，倾向BP180的两个不同表位，虽然亦有显示多表位；这些自身抗体的水平与疾病活动度相关[187,188]。犬、猫的BP病例显示出抗体对NC16A胶原XVII分子有多个表位[174,184-186,189]。产生抗体的原因尚未清楚，但对于人和犬，已确定基因因素可导致抗体产生。

有人提出了BP形成水疱的病理机制：①与补体混合的类天疱疮抗体与胶原XVII非胶原区NC16A结合；②补体固定和激活；③肥大细胞的激活和趋化细胞因子的释放，自身抗体由IgE部分介导或激发；④中性粒细胞和嗜酸性粒细胞的趋向性；⑤白细胞浸润型释放的蛋白水解酶，破坏皮肤表皮的结合力，导致皮肤表皮的分离和水疱形成[190-192]。在人类BP的患者的水疱液中可以检测到嗜酸性粒细胞阳离子蛋白浓度升高（主要为基础蛋白）和中性粒细胞衍生的过氧物酶及弹性蛋白酶增多，这意味着被激活的粒细胞释放的物质可能是水疱形成的重要发病因素[193,194]。对于犬，嗜酸性粒细胞、脱颗粒嗜酸性粒细胞和脱颗粒肥大细胞常见于病灶前期和早期，但有2例猫的病例中没有该现象的描述[174,185]。粒性白细胞衍生酶、弹性蛋白酶和白明胶酶，或在分裂XVII型胶原中起重要作用[195,196]。某些BP病例的发病机制涉及的其他因素包括药物诱导（特别是磺胺类药、青霉素和呋塞米）和紫外线照射[5,18,157,187,197-200]。药物引发的BP已在犬中有报道，虽然缺乏确诊依据，且未能确定确切的抗原目标[201,202]。

2. 临床症状

犬BP没有性别倾向性，有人认为中年犬更易发病[174]。以前在使用自身抗体识别技术确诊疾病时没有观察到品种的倾向性。优质犬BP病例是7例以自身抗体确定胶原XVII的病例；另一好的记录是关于2只猫的报道[174,185]。按有限的病例来看，病灶均表现为红斑斑疹、斑块（patches或plaque）开始，然后这些病灶可发展为囊疱，并最后溃疡或结痂。病灶主要在皮肤、口腔和皮肤黏膜连接处；未有只发生口腔病变的报道（图9-16）。病变通常不涉及爪垫，这与获得性大疱性表皮松解症相反。7例病例中只有3例涉及口腔，这与犬黏膜类天疱疮相反，后者在34例病例中有20例涉及黏膜[175]。口腔的病灶一般在皮肤症状之后或同时出现，很少发生在病灶初期。真正的BP囊疱和水疱并没有那么脆弱，而且持续时间比发生在柯利犬和牧羊犬的水疱性皮肤红斑狼疮的都要短暂[183]。与PV的弛缓性水疱相反，BP的水疱更紧绷。瘙痒不常见，但会有不同程度的疼痛，继发性细菌脓皮病很常见，特别是对于有结痂的病灶。

3. 诊断

鉴别诊断包括所有能导致明显皮肤囊疱和溃疡的疾病。可能也包括涉及口腔黏膜的疾病。最明显的是系统性红斑狼疮、获得性大疱性表皮松解症、线性IgA大疱性皮肤病、多形性红斑、中毒性表皮坏死松解症、皮肤红斑狼疮、药物反应和上皮淋巴瘤。需根据病史、体况检查、皮肤（或黏膜）活检、基膜存在自身抗体以及攻击BP抗原的循环抗体来确诊BP。用完好的囊疱、水疱或最近形成的溃疡灶直接涂片做显微检查，未见皮肤棘层松解的角化细胞。

BP的组织病理学有表皮下层的出现裂隙和囊疱形成（图9-17）。不会出现皮肤棘层松解。炎症浸润程度不等，可表现为轻微、血管周围、显著及苔藓状。组织嗜酸粒性细胞血症在犬BP中很常见，而病灶发展时可见早期的嗜酸性粒细胞脱颗粒现象。相反，黏膜类天疱疮的病例包括非炎性水疱，而获得性大疱性表皮松解症的水疱含丰富的中性粒细胞。猫的BP只有少量嗜酸性粒细胞[185]。电镜检查类天疱疮的病灶可见以下特点：模糊、增厚、有BMZ的干扰；锚原纤维、锚定丝和半桥粒破碎或消失；基底细胞变性；透明层出现分离[181]。

直接免疫荧光检测/免疫组化检测显示出免疫蛋白的线性沉积物，而且通常50%~90%的患病动物皮肤或黏膜的BMZ包含补体[1,174,181]，但是这不是BP的特征。通常都能发现IgG和IgM，也可能被发现C3[174]。采集完整的囊疱和水疱以及病灶周围采样组织也很重要，因循环自身抗体定位BP抗原。间接免疫荧光检测到有80%的病例为阳性。某研究显示，IgG亚型主要是IgG2或IgG4[95]。另一研究没有发现IgG2而主要是IgG1，其次是IgG4，IgE，IgM[16]。

4. 临床管理

无法治愈的原发因素依然不明，但据报道7例病例当中有1例在无治疗的情况下症状减轻[174]。最大的纪录系列报道称，6只犬经治疗后症状缓解，其中有一半的犬在治疗停止后依然维持缓解症状。缓解可能是彻底的，且BP病变一般不会导致疤痕。对于病变轻的犬，其血压可通过局部应用糖皮质激素或全身应用低剂量糖皮质激素［每天2.2mg/（kg·d）泼尼松龙或强的松口服诱导］成功地控制。据报道，四环素和红霉素有利于治疗人类的BP，也有报道称对四环素和烟酰胺或多西环素对犬有效[34,77,174,198,203]。即使是更严重的病例也可能单独使用2mg/（kg·d）的泼尼松龙的诱导剂量或与诱导剂量2mg/（kg·d）硫唑嘌呤联合使用。如果病灶顽固，尝试三组药物或更多的药物组合使用，这可能对疾病是有益的。

犬或猫确诊的BP病例中，尚未见光敏性报道。然而，由于人类BP皮肤病变可通过紫外线照射诱发，因此上午8点至下午5点间应避免患畜直接暴露于阳光，对药物治疗反应差的严重病例尤需谨慎。

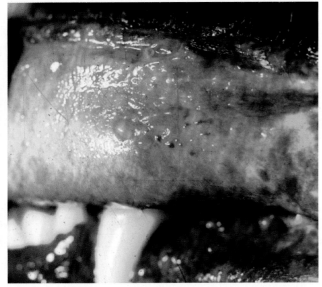

图9-16 大疱性类天疱疮病例中口腔黏膜上完整水疱和唇缘的溃疡灶

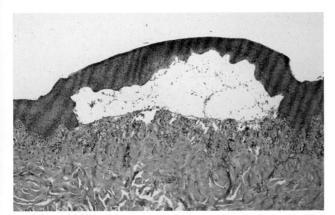

图9-17 大疱性类天疱疮患犬的组织病理学切片，显示表皮下分裂以及浅表的嗜酸性粒细胞炎性浸润

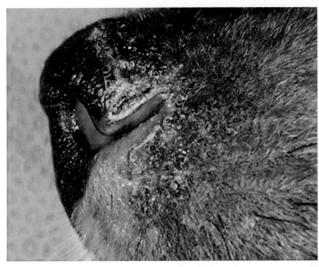

图9-18 黏膜类天疱疮患犬的鼻部与鼻周损伤（由Thierry Olivvy提供）

（三）黏膜类天疱疮

黏膜类天疱疮是种罕见的表皮下水疱性疾病，虽然之前也有报道BP病例，但直到2001年才正式确认该病[204]。在人类，该病最初被称为瘢痕性天疱疮。主要侵犯机体黏膜和黏膜周围区域，攻击BMZ多个表位，但主要是胶原蛋白XVII的表位。该病是犬最常见的AISBD，影响大约50%的AISBD病例，有报道称其也见于猫[175,205]。

1. 病因和发病机制

胶原蛋白XVII的NC16A区是犬基质金属蛋白酶的主要目标，多数犬对180kD的BPAG2和230kD的BPAG1均有应答反应[175,205]。此外，每只犬显示出对核纤层蛋白332（5）的三个链和胶原蛋白XVII的C-末端有应答[175]。某病例报道过猫有靶向层粘连蛋白332的自身抗体[205]。因该抗体在德国牧羊犬的表达过量，因而怀疑遗传因素可能也会影响其作用的发挥，但目前尚无检测和论证的报道。自身抗体的靶向目标类似于BP，并且BMZ抗原均可能是其靶向目标，但这种疾病比BP更具体化。而临床差异尚不得而失，但其发病机制可能不同。

2. 临床特征

对犬基质金属蛋白酶的最佳分析是基于42例病例的综合分析[175]。发病年龄为1.5～15岁，但本病通常影响成年犬（平均年龄为5岁），而43%的病例是在7岁后发病的。德国牧羊犬占病例总数的29%，西伯利亚哈士奇占7%，由于品种群体基线无法获得，因此，明确的好发品种还没有得出。对34例病例进行了临床病汇总，包括红斑（59%），紧张囊疱（47%），色素减退（44%），以及糜烂或溃疡（97%）。18%的病例主要病变是疤痕，在这些病例中，囊疱只出现在组织病理学的结果中。

28病例中有27例出现明显的双侧对称性病变。最常见的病变包括口腔（38%），鼻部周围（38%），外耳（21%），副生殖器区（18%），唇部（12%）以及眼眶区域（9%）（图9-18）。一般情况下病程进展缓慢，31只犬从发病到确诊需2周～5年。据报道，疾病损伤黏膜的中位数为3例，涉及口腔和鼻腔/鼻周区域的病例约有59%。很少见有严重口腔病变及全身症状而导致厌食的情况。爪垫与远离黏膜的有毛皮肤黏膜损伤病例占总病例数的12%，6%的病例有可见的爪部病变。

3. 诊断

本病的临床表现与其他AISBDs的表现不同，故可根据临床特征作初步诊断，临床症状包括，成年动物发病、病程进展缓慢、对称性黏膜脱落以及紧张性囊疱和爪垫病变。完整囊疱的皮肤病理学诊断显示，特征性的表皮下囊疱最为常见（52%），表现轻微炎症或没有炎症。当炎症存在于囊疱时，20%的囊疱内含有嗜酸性粒细胞和12%的中性粒细胞或单核细胞[175]。真皮浅层，尤其是黏膜部位，可见淋巴细胞浸润带[204]。囊疱经胶原IV染色显示分裂上层的着染占病例的91%，分裂两侧占9%[10]。97%的病例BMZ直接免疫荧光是阳性的。IgG是最常见的抗体，比例占92%，但另外还发现C3（72%），IgM（42%）和IgA（39%）[175]。犬齿龈的盐分离间接免疫荧光检测IgG的阳性的有74%～100%[16,175]。虽然有少量病例的着染区在分裂的两侧或真皮层，但更常见的是着染区在分裂的表皮层中。犬的目标基膜抗原为BPAG 1或BPAG2，或是层粘连蛋白332（5）和胶原ⅩⅦ的C-末端区域，或它们的组合。因此，主要依据特征性的临床病变，组织病理学可见表皮下水疱和BMZ自身抗体作出诊断[175]。

4. 临床管理

预后大多良好。即使不进行治疗，有些犬也能耐受该病很多年。据报道，很多免疫抑制治疗对治疗MMP有效。也有称全身使用糖皮质激素、四环素和烟酰胺、氨苯砜和合用咪唑硫嘌呤或苯丁酸氮芥对犬有效[175]。

（四）获得性大疱性表皮松解症

获得性大疱性表皮松解症（Epidermolysis bullosa acquisita）是种针对胶原Ⅶ的表皮下水疱性疾病，胶原Ⅶ是一种黏着分子，也是锚原纤维的主要成分[206]。目前只有关于犬的病历记录，而仍未报道过猫的病例。该病虽然罕见，但它是犬第二常见的AISBDs疾病，一项研究显示，本病在AISBDs疾病中占了25%[20]。在人类，本病有炎性型和非炎性型，但犬只有炎性型。病变特征为表皮下水疱迅速发展，这可能由创伤或易损的皮肤诱发。据报道，一只对泼尼松龙［2mg/（kg·d）］有完全反应的犬出现了局部的变化（主要在头部区域），因此这与人的Brunsting-Perry获得性大疱性表皮松解症相似[207]。

1. 病因和发病机制

胶原Ⅶ的NC1区域受自身抗体的攻击，当将其注射至小鼠身上时能引发疾病。有些小鼠模型对重组NC1胶原Ⅶ非常敏感，能发生这种疾病。这表明，粒细胞和补体的激活是水疱形成的必需条件。这些炎症介质导致酶和氧化代谢物的产生，与随后水疱的形成关系密切[208]。有报道称，UVA和UVB光可以诱导EBA患者出现病灶[209]。但未有报告称犬在日晒环境下疾病会恶化。水疱形成的机制可能与BP的相似，但这两种病都是实验动物最主要的研究对象。另外有研究BP的粒细胞衍生物还原型辅酶Ⅱ（NADPH）、氧化酶都与EBA小鼠模型中水疱的形成有关[210]。小鼠模型显示了基因对疾病的表达和严重程度起着至关重要的作用[211]。

2. 临床症状

EBA病例的确诊，最好采纳以下由Olivry以评论的形式发表于某书相关章节中的方法为参照[56]。该病主要发生于青年犬（0.5～8岁）；75%的犬在15月龄时开始发病。大丹犬或有倾向性，因为在确诊记录中12例病例占了6例。性别比例为2∶1，显示雄性倾向。病变包括红斑、红斑性

荨麻疹性斑、囊疱、出血性囊疱、脓疱和溃疡。病灶最常出现在面部、口腔、凹耳郭、腋窝和腹股沟（图9-19）。通常在数周内迅速发展，因而全身的多个部位会受影响。按症状出现频率来看，该病经常涉及口腔，75%病例出现爪垫脱皮或溃疡（图9-20）。口腔情况甚为严重，经常出现口臭。愈合的病灶会出现瘢痕和无毛。全身症状包括发热、沉郁和嗜睡，可能会出现贫血和血小板减少症。

3. 诊断

由于临床症状与其他AISBDs完全不同，所以根据特征性的临床症状，如全身性疾病并波及黏膜和肉垫、疾病发展迅速、易发于年轻大丹犬等特征便可作假设性诊断。通过完整囊疱的皮肤病理学检查可以发现特征性的表皮下囊疱，但多为无细胞或含有红细胞的囊疱。浅表皮肤有中性粒细胞浸润，或者会有中性粒细胞微脓肿。1/3病例的病灶有少量嗜酸性粒细胞浸润。囊疱的胶原Ⅳ染色会发现分离上层着染占病例的43%，分离下层着染占29%，分离两侧着染占29%[10]。80%的病例BMZ直接免疫荧光试验为阳性[56]。IgG最常见，但对于有些病例，IgA、IgM或C3亦为阳性。盐裂犬齿龈样本用间接免疫荧光法检测IgG，阳性的病例为100%，而最常见的着染是在分离的真皮层；极少数病例会在分离的两侧都出现着色[56]。通过检测到抗胶原Ⅶ的自身抗体时才能确诊。

4. 临床管理

在人类，EBA是很难进行临床管理的，而且通常不仅仅需要全身糖皮质激素治疗。秋水仙素是最初与糖皮质激素合用的治疗药物，对于顽固性病例IVIG为一不错的选择[208]。某只患EBA的犬使用糖皮质激素、硫唑嘌呤、秋水仙素和IVIG治疗后有缓解[46]。停药后病畜的情况得到维持，后完全康复。另有10例病例，其中5例施行被安乐术，有4例在单独使用了泼尼松龙（每12h 1～2mg/kg）或与硫唑嘌呤或秋水仙素合用后病情得到缓解。药量随时间而减量，3只犬停止了治疗并在随后一年的跟进中都没有复发。发展迅速、严重口腔问题和全身性疾病可以解释为什么有很多病例都被施行安乐术。但结果表明积极联合治疗可能有效，与很多皮肤病相比，该病最终都能治愈。

（五）获得性大疱性结合性表皮松解症

据最新报道，5只犬的病例为AISBD的变体[3]。这些犬都针对层粘连蛋白332有IgG自身抗体。层粘连蛋白332，以前被称作层粘连蛋白[5]、表皮整联配体蛋白和缰蛋白，是基底膜的主要黏附分子。犬的临床症状类似EBA，但却没有大丹犬发病。发病年龄为0.8～8岁，少部分病例并没有明显的品种或年龄倾向。但都有溃疡灶和囊疱，所有病例都有口腔或耳缘病灶，4只犬有爪垫病灶，3只有鼻部或鼻孔缘病灶。

这5只犬都有包含红细胞的非细胞性囊疱，3只犬有表皮下中性粒细胞浸润。2只有表皮下浸润的犬有嗜酸性粒细

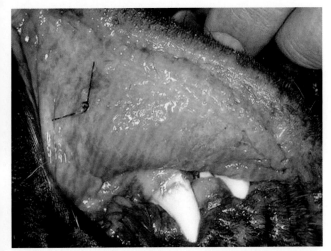

图9-19 获得性大疱性表皮松解症患犬的口腔溃疡（由Thierry Olirry提供）

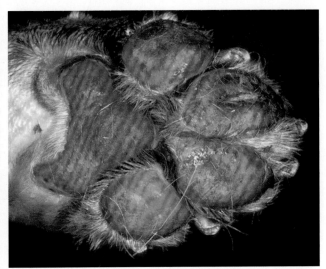

图9-20 获得性大疱性表皮松解症患犬的足垫病灶（由Thierry Olivry提供）

胞出现。如果犬的临床症状与BP相似而又有抗层粘连蛋白332的自身抗体，则建议为疾病命名为混合性自身免疫皮下水疱性皮肤病[3]。

（六）线性免疫球蛋白A病

线性免疫球蛋白A病（Linear LgA disease, LAD），也称为线状IgA大疱性皮肤病，是人类自身免疫性水疱性皮肤病的一类。其特点是自身抗体IgA和IgG攻击胶原蛋白ⅩⅦ的细胞外成分，包括命名为LAD-1的120kD蛋白和一个较小的97kD部分。病变涉及皮肤及黏膜。据报道，有两只犬符合人类LAD的诊断条件；它们都有抗LAD-1的IgA抗体[29]。1只3岁的绝育雌性拉布拉多猎犬和4岁的去势雄性布里犬表现的溃疡灶主要位于口腔和爪垫。病灶可见糜烂和结痂，但囊疱和大疱未见报道。另外，有些皮肤区域容易受损伤形成皮肤病灶，如腋下、胸骨、腹股沟和肢端。组织学检查可发现混合性炎症、出血、无嗜酸性粒细胞表皮下水疱。直接免疫荧光显示，囊疱出现在Ⅳ型胶原上面。犬盐裂皮肤显示IgG或IgA自身抗体标记抗原位于人工裂隙表皮

侧的基底面。循环自身抗体IgA和IgG的靶位是120kD的线状IgA大疱性皮肤病抗原（LAD-1）的胶原蛋白ⅩⅦ的胞外加工部分。目前未有治疗结果的报道。

五、红斑性狼疮

（一）人红斑性狼疮

人红斑狼疮涵盖的疾病谱较广，是一系列免疫异常疾病的集合体。该病经典的原型是系统性红斑狼疮或SLE，这也是该病最严重的表现形式并与多种潜在致命性内科疾病相关。据报道，不同国家总的患病率为每100 000人中有12~50.8例[212]。另外，这些数据中有很多变体，有些已被定义的，有些则没有，该病的发病率和死亡率很高。下面病因和发病机制的讨论主要基于人的系统性红斑狼疮的研究结果，以此为依据，再对犬和猫当前的认识进行比较。

通常而言，狼疮可以视为有来自三个不同方面的三类因素引起，称之为"三驾马车"（three troikas），根据俄国三驾马车[213]而命名，每匹马单独拉，但每匹马均可对最终的结果造成影响。三驾马车影响因素列在框9-1中。

1. 人与动物病因的比较

SLE的病因包括遗传、激素和环境因素。对同卵和异卵双胞胎的研究中表明，遗传因素是人发病的首要因素，同卵双胞胎比异卵双胞胎疾病的一致性大8倍[214]。疾病一致性是同一种病症不同人身上的表现是一致论。环境因素会诱发变异，这就可以解释为什么遗传因素不能100%地决定该病的发生。然而，遗传方式似乎极其复杂，有多个不同的相连位点改变疾病易感性[215-218]。

在对犬遗传的研究中，一般首先寻找品种易感性，有两个研究已证实德国牧羊犬有品种倾向[219,220]。现多次尝试开发繁殖群体。这种繁殖群体首次由美国的Lewis和Schwartz把两只自发性红斑狼疮犬进行交配而建立。尽管ANA滴度高的犬发病率较高，但在10年中前5代自交系才出现患有SLE的病例[221]。另一比较成功的尝试是由Monier等人在法国建立的，将患病的德国牧羊犬与比利时牧羊犬交配而建立[222]。每代自交系的ANA发病率和临床体征均会升高和增强，而第三代犬中，有5/6的犬有阳性ANA滴度，4/6的犬有与SLE患者相一致的临床症状（Hubert等人研究）。另一调查对用于表演和销售的德国牧羊犬繁殖群进行研究。在这些调查研究中，刻意尝试远系繁殖，而ANA的发病率和临床症状随代数增加逐渐下降[223]。SLE患犬的一项研究表明，DLA-A7与该病关系密切[224]，另一个有趣的研究检查了新斯科舍猎鸭寻猎犬的主要组织相容性复合体（major histocompatibility complex, MHC）的Ⅱ型多态性，犬患有SLE样疾病，特点是多发性关节炎，脑膜炎/动脉炎和经常性ANA测试阳性。人们发现SLE与某些单体型显著相关[225]。最近关于这种高度近交品种的研究使用了全基因组关联分析法，确定了染色体的5个位点（3、8、11、24和

32）与该疾病有紧密联系[226]。虽然本病不能单独归因于遗传的影响，但可见遗传因素与犬SLE有很大的联系。

在人类红斑狼疮中激素的影响是显而易见的，该病主要发生在年轻成年女性，根据年龄分组，女性与男性发病率之比为8：1～15：1[227]，有关激素的影响进一步的研究来自于以新西兰黑/新西兰白色杂种F1小鼠为模型（NZB/NZW）研究自发性SLE疾病。疾病的发病和伴随的免疫异常由雌激素促进而由雄激素与抗雌激素药物延缓[228,229]。

性别偏好性是否存在于犬SLE中是有争议的。许多母犬已绝育，而研究报告中有时不会说明动物是否绝育。此外，一些公犬可能已经去势。事实上，这两项研究表明有雄性的倾向性[220,221]。但有一项研究指出雌性的倾向性，该报告指出，受影响的动物23/30是雌性[230]。这些数据的有效性仍存在些疑虑，因为一些动物达不到目前公认的诊断标准。

关于病因的第三个因素是环境。紫外线可明显引发并加重人的临床症状。据推测在遗传易感个体中，UVA和UVB易导致基底细胞的核损害，造成核抗原在细胞表面上表达。进而导致抗体和细胞介导的表皮细胞破坏，造成细胞凋亡和细胞死亡。这导致淋巴组织细胞渗透和免疫球蛋白沉积在表皮真皮交界处。这种情况可能也适用于药物源性红斑狼疮。许多已知的药物可导致人类狼疮样症状，包括异烟肼、苯妥英钠、普鲁卡因胺、氯丙嗪和降压药肼苯哒嗪，后者是最能诱导产生SLE症状的药物[232]。

最后，还要考虑感染的因素。年轻的SLE患者有显著高水平的Epstein-Barr病毒[233]，也考虑其他病毒可能发挥作用。能证明感染作用的试验是，科学家处理SLE患者与正常人的血清的实验室工作时，他们发现SLE患者的血清中DNA结合水平要远远高于正常人[234]。

在动物中，紫外线照射可能会引起疾病发作。SLE、盘状红斑狼疮中的皮肤损伤部位更倾向分布于太阳暴露区域，虽然缺乏对照研究，但限制阳光暴露有利于治疗，这也证明了紫外线损伤的作用。同样，虽然犬的药物不良反应有时与SLE的皮肤病变相像，但大多未被证实，虽然肼苯哒嗪已显示出能够诱导比格犬出现ANA，但却不表现不

框9-1　系统性红斑狼疮的发病机制："三驾马车"

病因

遗传因素

激素因素

环境因素

发病机制

T细胞功能障碍

多克隆B细胞活化

细胞因子

发病机制

免疫复合物介导的损伤

自身抗体的直接破坏作用

自身抗体的功能效应

良反应[235]。然而，有趣的是，经丙基硫氧嘧啶治疗甲亢猫后能够产生狼疮样综合征[236]。在试验研究中，53%的猫每天使用150mg该药后出现不良反应。临床症状包括体重减轻、嗜睡、淋巴结肿大、库姆斯试验阳性和ANA滴度阳性[237]。有趣的是，丙基尿嘧啶没有效果，这意味着硫原子是这一现象的关键。由此看来，引起狼疮样综合征的所有药品在人与动物有一共同的特点：DNA或核蛋白可在体外进行相互作用，从而使它们更具抗原性[232]。

对犬的研究也涉及传染物的潜在作用。将SLE犬子代脾脏的无细胞提取物注射到幼犬、小鼠和大鼠中[238]。幼犬和小鼠（不是大鼠）随后发展为ANA滴度阳性。一些小鼠发展为淋巴瘤，将淋巴瘤的无细胞提取物注射幼犬后能够诱导ANA阳性，然而这些动物没有出现明显的SLE。偶然发现具有高滴度ANA的正常动物，连同报告中犬群和猫群存在高滴度的情况，也支持传染物的存在。

传染物是否可以跨越物种屏障在人、犬之间传染的争议已存在多年。许多涉及经犬传播传染物的研究尽管已刊登在权威杂志中，但很多都是局限于轶文或对照结果不理想[239-241]。例如，某报道描述了2只犬住在风湿病医师的家中，该医师的岳母患有超过35年的SLE。而其中1只出现了类似SLE的临床症状和ANA阳性的现象。另1只也有ANA阳性，并称有干燥综合征，这是一种已有完整定义的免疫介导性疾病，且伴有眼角结膜炎症状[241]。在一些有限的但对照良好的狼疮相关血清学检测自身抗体的研究中，未能检测出红斑狼疮患者的家养犬和一般民众的家犬有显著性差异[242-244]。台湾方面的某项研究对该问题进行重新研究，但其提供的证据证明传染病可以从人传给犬[245]。研究者对参与临床研究的37名SLE患者家的59只犬进行血清学检测，另有187只随机选择的健康人的犬，并有650只在大学教学医院门诊就诊的犬。这三组犬的ANA阳性率分别为18.64%、4.81%和5.23%。若严格按照最新的标准确诊SLE患犬，在59只住在狼疮患者家中的犬中确诊了3例（5.08%），来自非狼疮患者家中的187只犬没有发现，650例门诊犬中有6只犬（0.92%）被确诊。狼疮患者的犬的ANA发病率比其他两个组显著更高（$P=0.001$，x^2），临床SLE发病率也是（Fisher精确检验结果为$P=0.013$和0.032）。系统性红斑狼疮宠物犬的患病率估计为每10 000只犬中有508只，相对而言，在美国的发病情况为100 000人中发病人数估计在27人[246]。统计数据能够证明，该病可以从人传染到犬。至于是否能从犬传染到人的问题有待进一步的研究。

2. 发病机制

根据SLE免疫紊乱的标志，可将该病分为T细胞功能紊乱、多克隆B细胞激活和细胞因子谱功能异常等，这被认为是第二个"三巨头"。

低淋巴细胞血症是SLE的特点与疾病发展同步[247]。T细胞特别是细胞毒性/抑制CD8+细胞主要受其影响，辅助

性CD4⁺活性[248]相对正常。能够依次将不同特异性的自身抗体淋巴细胞毒作用关联起来[249]。可能由于该因素，SLE患者的淋巴细胞会出现加强的自发性细胞凋亡，转而释放更多核抗原，然后上调抗核抗原反应[250]。最近研究者们认识到T细胞亚群CD4⁻和CD8⁻的作用是能特异性加强致病性自身抗体的产生[251]。由NK[252]和抗体依赖性细胞介导的细胞毒作用[253]一是SLE的缺陷，这一缺陷会导致抗病药物被清除。从识别到T细胞（调节T细胞）的调控，即CD4⁺、CD25⁺和表达叉头转录因子P3（Foxp3），有很多研究针对该病在SLE中的作用但结果却不相同[254]。大部分研究显示，相比于不活跃的疾病而言，虽然在使用类固醇类治疗会恢复到正常，但在未治疗的疾病中调节性T细胞数量和抑制功能减少[255,256]。其他的则未能在SLE患病动物和正常动物之间找到明显的不同，或者显示出亚群的增多[257]。另一研究显示其水平正常，但在抗原提呈细胞干扰素（IFN）-α的影响下会表现出功能异常的现象[258]，因此该领域备受争议。结果不一致可能反应了患病动物的选择与试验方法之间的差异。

争议较少的是B细胞的功能。事实上主要的问题是B细胞的过度活跃，并伴有自发性分泌B细胞数量显著高于正常值[259]。易导致特征性的高丙种球蛋白血症，多克隆系激活剂造成与该疾病相关的自身抗体产生过多。TH2的免疫反应亦多于Tᴴ1的反应。这可能反映了SLE患病动物产生了过量的IL-10，同时抑制了IL-1和IL-2及有利于TH2的极化[260]。

研究者通过对犬的T细胞亚群进行深入研究后发现，这些T细胞亚群表现出明显的异常性[261]。在疾病活跃期的动物出现明显的低淋巴细胞血症，与对照组2 013×10⁶个/L相比，病毒的平均数目为1 050×10⁶个/L。CD4⁺和CD8⁺在患病动物中分别占T细胞总量的56.7%和10.9%，而对照组分别为40.5%和18%。这说明CD8⁺细胞显著减少。用泼尼松龙和左旋咪唑治疗不但能缓解临床症状，而且能使CD4⁺∶CD8⁺正常化；但至今作用仍未报道。

发病机制中讨论的免疫调节异常的结果，反过来又会受到基因、激素、环境因素等的影响，造成过量自身抗体的生成。这些自身抗体的多样性，以及能与其他自身抗原在不同程度上表现出交叉反应的现象，这恰恰解释了SLE临床表现的多样性，即没有两例病例是完全一样的。这些自身抗体能够引起组织损伤，刺激自身抗原或与自身抗原的交叉反应；或者自身抗体造成的损伤可导致免疫复合体的沉积和补体的激活。

人源性SLE标志是双链DNA（dsDNA）抗体的出现，即有抗体针对其他多种核蛋白。抗-dsDNA不但通过正常滤过作用集聚在肾小球内，而且亦有一些病例显示其能够与肾小球BMZ发生交叉反应，包括硫酸乙酰肝素[262]和层粘连蛋白[263]。后者亦可解释优先沉积于皮肤的BMZ。游离的循环DNA可能与组织结合因而吸收抗DNA抗体。层粘连蛋

白易与DNA结合[263]，这也解释了为什么抗体沉积于皮肤的BMZ。

其他与人SLE相关的自身抗体包括异构狼疮抗凝物和抗磷脂抗体。狼疮抗凝物是一种能够干扰体外磷脂依赖凝结测试的免疫球蛋白。它们最初在有出血倾向的SLE患者中被发现[264]。然而自相矛盾的是，异常情况常与血栓形成有关[265]，这与抗磷脂抗体的出现相关。后者往往是多形性的，且大多能直接有抗血浆蛋白质的磷脂复合体，特别是β2-糖蛋白1。这些抗体在SLE中常见，能引起血小板减少症和溶血性贫血，同时也可能造成白细胞的减少。

犬的SLE抗核抗体会在随后的诊断中进行讨论。兽医不会检查患病动物抗磷脂抗体和/或狼疮抗凝物，仅各有一例犬和猫的报告[266,267]。肝素的自身抗体具有潜在的致病性，在佐剂作用下，从8只犬肾中获取硫酸乙酰肝素，从而证实了肝素的致病性。所有犬的SLE皮肤病，会出现免疫球蛋白沉积在线性BMZ、血管性肾小球肾炎以及3/8的病例会发展为关节疾病[268]。

另一最新研究表明，SLE患犬的自身抗体，能够直接作用于T细胞协同刺激分子CTLA-4，作者认为这是疾病中调节免疫反应的一种驱动力[269]。

3. 临床表现

Sontheimer重新定义了与人红斑狼疮相关的皮肤病灶谱[270]。虽然很多动物的病例描述还未明确，但他建议在报告各种症状时可采用这些标准。

（二）犬系统性红斑狼疮

系统性红斑狼疮是一种多系统疾病，病畜在不同的时间可表现不同的症状。当动物同时表现出多种症状时，可能意味着预后不良[271]。如前所述，该疾病没有年龄和性别的差异。但在品种方面，德国牧羊犬是比较易感的品种[220,221]，虽然可能出现急性血液性症状，但本病通常呈隐性发病，这可能导致临床医生忽视轻微的和慢性的症状。不同临床症状的出现率出入较大，这可能与临床医生的个人观点有关。

1. 临床特征
（1）皮肤病症状

40%～50%的病例会出现皮肤损伤[246,271]。而且其表现是变化多变的，例如，可表现为轻微的秃毛疤痕病，甚至广泛的溃疡灶（图9-21）。对称性病变往往是该病显著性的特征。某些病例表现为瘙痒性脂溢性皮炎，有些病例可见黏膜溃疡，进而会蔓延至身体其他部位。此外，鼻部或眼周区域常出现色素缺失、红斑、溃疡、鼻部结痂等典型的盘状红斑狼疮症状[246]。常见头部局部区域脱毛，且常可以延伸至体表的大范围脱毛。在某些情况下，出现病变的部位常常只限于无毛的暴露部位，同时会出现光现象。此外，结节性脉管炎常提示发生了爪垫局灶性溃疡及弥散的结痂性病变（图9-22）[246]。

最近，两组报告提出了新颖的见解。虽然水疱和溃疡均不是主要的病变特征，是因为一只4岁雄性已绝育的比熊犬表现为右肘关节、腋下和胸壁严重的糜烂性病变[272]。组织病理学检查发现一种非炎性皮下裂，同时免疫学研究发现循环抗BMZ抗体能够结合到人重组Ⅶ型胶原蛋白的NC1区域。其他临床症状为库姆斯试验阳性贫血、血小板减少症、胸膜炎、肝炎和持续性蛋白尿（提示肾小球肾炎）。作者认为这是Ⅰ型人大疱性系统性红斑狼疮的表现。在另一种情况下，患畜表现出库姆斯阳性贫血，血小板减少和多关节炎，ANA滴度为12 240[273]。但其临床症状，组织学检查和免疫学结果均提示落叶天疱疮的征象，而不是SLE的皮肤症状。该犬属于系统性红斑狼疮同天疱疮同时发作，这种情况偶见于人。该犬后来发展为淋巴瘤。

（2）关节疾病

总的来说，上述症状是犬SLE最常表现的症状，能够影响40%～90%的患犬[274-276]。这与其他的类型的免疫介导性关节炎区别不明显。来自加拿大西部的一项研究显示，17/83的病例呈现出免疫性多发型关节炎，最终被诊断为SLE[277]。关节炎通常表现是呈对称性的、多关节的、不变形的以及非糜烂性的。其发病具有突发性或潜伏性的特点，虽然受影响的关节会表现出肿胀和疼痛，但X线检查显示只有小部分软组织肿胀。在严重的病例中，可能出现颞下颌关节病变。

（3）血液学变化

30%～60%的病例会出现贫血症状[22,246,278]。这些病例既包括免疫介导性疾病（库姆斯试验阳性）也包括慢性疾病导致的贫血，它们所占的比例大致相同。其中，血小板减少症，表现为点状出血或瘀斑，10%～25%的病例表现为天然孔出血或术后出血过多的症状[276]。白细胞减少症或白细胞增多的发生大致相同，为20%～30%，但只有前者有一定的诊断意义[220]。在大多数情况下，白细胞减少症均是由于严重的低淋巴细胞血症所造成的[261]。

（4）肾小球肾炎

50%的病例会出现大量的蛋白尿，继而发展为氮质血症或肾功能衰竭[220,245,278]。肾脏组织活检通常能够显示出增生的膜性肾小球肾炎，而直接免疫荧光或免疫组化试验能够显示出免疫球蛋白和补体的沉积。

（5）溃疡性口炎

10%～20%的病例可见活溃疡性口炎[220]，该病可能损伤到颊黏膜、硬腭或软腭，罕见舌受损。病理组织学结果与患者的皮肤症状相一致。

（6）浆膜炎

5%～10%的病例表现出胸膜炎或心包炎的症状[220]，但如果病情轻微，则病变可能不会被发现，因此浆膜的发生率可能偏低。

（7）神经学异常

病例出现抽搐，行为改变或出现多发性神经性病变

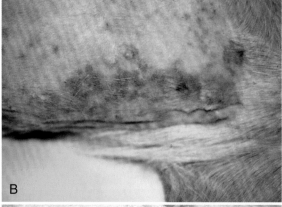
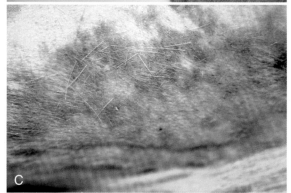

图9-21　系统性红斑狼疮患犬全身多处可见病损

（如感觉过敏）。

（8）其他非特征性症状

60%～90%的病例有高热的症状[274,279]，尽管这种情况可能因周期性发热而被掩盖。该症状的特征是应用抗生素无效，但使用类固醇类药物后能迅速起效。同时还经常发现有对称性的淋巴结肿大或脾肿大。

（9）血清学发现

SLE与核抗原的自身抗体有特异性关联，很多临床医生认为没有这样的征象则不能确诊。目前，有多种技术可以检测，检测的特异性不同，则意义不同。

（10）LE细胞现象

在早期研究中，该检测通常使用肝素或凝结血。该试验利用抗核抗体的作用，催化游离核，继而游离核被中性粒细胞吞噬，产生典型的LE细胞，即含有被吞噬的单核细胞核。事实上，在患有SLE关节炎的犬中，偶尔在关节能够找到自然产生的LE细胞，甚至也可在与SLE无关的疾病

图9-22 系统性红斑狼疮患犬爪垫的病变，与血管炎病变相似

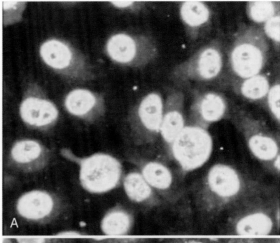

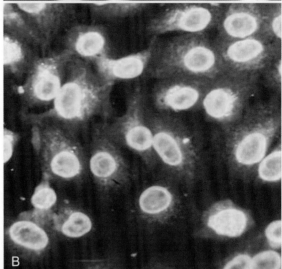

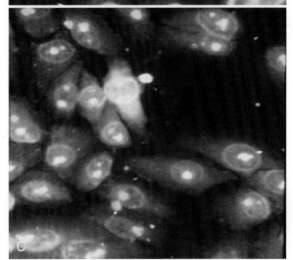

图9-23 使用不同组织培养底物所得到的不同的抗核抗体活性的形态 **A.** 均质型/斑点型 **B.** 膜型 **C.** 核仁型

中发现这种细胞，例如深层脓皮病的病灶。但由于缺乏敏感性因而放弃了该项测试。

（11）抗核抗体免疫荧光

这是常规试验的首选试验。基本材料包括小鼠白细胞、小鼠和大鼠肝脏以及多种组织培养的细胞系，包括是HeLa细胞和Hep-2细胞（图9-23）。其敏感度因不同实验室使用的底物不同而各异。在报告结论中，必须将滴度和染色模式记录下来。

在正常犬和患病犬的血清均可能得到阳性结果甚至更高滴度。一项研究对100只做过心丝虫预防的正常犬的血清样品中进行了研究，有4例血清滴度阳性并且大于1/40，有2例滴度为1/320[280]。有报告指出，某正常犬的ANA滴度也很高。某些选育的英国可卡犬，因有1只犬被检测出SLE而被研究。据报道有58只正常犬的犬舍中，有46.5%的犬为阳性滴度而对照犬舍的犬是0/25[281]。某些微生物或寄生虫的慢性疾病中亦有相当高的ANA阳性发病率。在一项调查中发现，10%～20%的动物血清对文森巴尔通体、犬埃立克体和利什曼原虫的血清反应为ANA阳性[282]。后者很重要，因为与利什曼原虫相关的皮肤病灶与在SLE中所见到的病灶相似度很高。

该病的抗核抗体活性的形态种类很多，有均质粗糙型或细斑点型（图9-23，A）、均质/斑点型，膜型（图9-23，B）和核仁型（图9-23，C），后者在SLC中较常见，更倾向于未分类的免疫介导性疾病。一项研究显示，均质型更常见于多器官疾病，例如血液学异常，而斑点状常伴发于狼疮关节炎[283]。

（12）抗核抗体的特异性

典型的人源性ANA有拮抗dsDNA的活性。早期犬的研究指出，犬与人类似，但后来的研究表明，人的抗dsDNA的标准沉淀试验（Farr试验）通常显示为假阳性结果。这说明犬（和猫）的血清中有含有酸性的β-球蛋白，它能够非特异性地与DNA结合[284]。随后的研究又用高度提纯的DNA结合ELSIA技术以及使用绿蝇短膜虫做间接荧光免疫，均证明了很少有典型的SLE病例出现明显的抗dsDNA抗体[285,286]，因而不再检测抗dsDNA。测量单链DNA抗体亦没有意义，因为在多种疾病的血清中都能出现这种单链

DNA抗体[285]。

组蛋白是与DNA相关的核蛋白，抗组蛋白抗体的存在与SLE的阳性诊断高度相关。在一项研究中，符合系统性红斑狼疮标准中4项或2项以上的犬，它们的血清检测结果的71/100为阳性，相比之下，正常犬血清检测只有6.7%结果为阳性。大多数血清能识别出H4和/或H3，仅有较小部分可识别出H2A和H2B[285]。这恰恰与人的情况相反，H1和H2B是人主要的自身抗原[287]。其他血清可检测出核糖核蛋白，或细胞质抗原Ro/SSA及与La/SSB相关的Sm抗原[288]，

并且最重要的是异质核糖核蛋白G（HnRNP G）。在早期的资料中，抗组蛋白的抗体被称为1型，或T1[285,288]。这种抗体似乎是犬所特有的，是犬SLE最具特异性的标记物，且抗原已以重组形式重新编码[289]。

2. 诊断

组织病理学显示，典型的苔藓样或水肿接触性皮炎包绕真皮表皮结合部，此外还可能延伸到毛囊处和外毛根鞘。可能并发BMZ或基底层细胞凋亡，出现表皮下液泡性病变、BMZ局部增厚以及色素增多[246,290-292]。此外，还可能伴发表皮下水疱、白细胞性血管炎、偶发狼疮性脂膜炎[246]。

大多数情况下，直接免疫荧光或免疫组化的结果显示了免疫球蛋白和补体以线型积存在真皮表皮交界处（图9-24）。

SLE的发病通常很隐秘，临床症状在数月或数年中可随机组合并随机出现。SLE的诊断比较困难。

不同的临床症状反映的病因很多，因而相应的鉴别诊断也很多。因此首先应作排除诊断，并对每个病例的体况进行深入检查，排除其他可能的病因。经过多年发展，研究者针对人和动物，对该病提出了许多诊断方案。1982年Chabanne提出的评判标准被美国风湿病协会采纳并不断修改完善，在1996年人们又进行了调整，从而更好地适合犬的病况（表9-4）。报告指出，在观察期数个病例至少满足四个系统性红斑狼疮的标准即可作出明确诊断。当达到三个标准时或伴有多发性关节炎的病例伴有ANA阳性时，可作出疑似SLE的诊断。但在许多情况下，临床医生往往在得出明确诊断之前就根据部分症状进行治疗。试验数据表明，血清学异常的发生可能先于临床症状的发作，甚至多达数年之久[222]。

3. 临床管理

该疾病各种不同的临床表现意味着不存在相同的病例，因此需采用个体化治疗方案。口服类固醇是主要方法，首次应给予高剂量药物，如2～4mg/kg的泼尼松龙或等剂量的其他糖皮质激素。在急性病例中，同时给予具有细胞毒性的药物如咪唑硫嘌呤或瘤可宁时，糖皮质激素的剂量可以减半。如果出现了免疫性贫血，则可以静脉注射环磷酰胺随后口服环磷酰胺。如果出现免疫介导的血小板减少症，有些临床医生提倡使用长春新碱。这个疾病预后不可预计，可能会时好时坏。要注意避免过度治疗。

有4只犬经传统治疗无效后使用血浆去除法治疗，其中3只犬有良好的治疗效果，维持了1~6个月，且ANA滴度明显降低[179]。溶血补充能量提高，表明免疫复合体减少，这也指出了这些病例的发展因素。

令人印象最深刻的是来自法国的报道：即联合使用泼尼松龙和左旋咪唑，这种结合似乎是自相矛盾的[219]。在对比研究中，对一组患犬单独给予1~2mg/kg泼尼松龙，一旦有效则逐渐减少剂量。另一组除了给予同等剂量的泼尼松龙外，还增补3~7mg/kg的左旋咪唑，隔日使用。第一组继续给予泼尼松龙以维持病情，当临床症状复发时，第二组则停止使用泼尼松龙，只给予左旋咪唑。第一组总是反应良好，但一旦停止用药则出现复发。然而，使用联合治

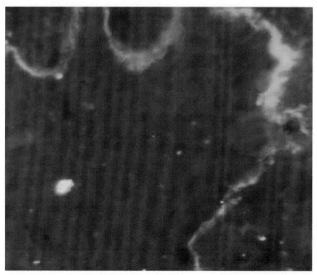

图9-24 系统性红斑狼疮患畜的表皮真皮结合部积存的线型免疫球蛋白（Ig）G

表9-4 犬系统性红斑狼疮的诊断标准*

标准	定义
红斑	薄或毛发保护欠佳的皮肤区域（尤其是脸部）发红
盘状红斑	色素缺失、红斑、糜烂、溃疡、痂皮和角化结垢选择性地影响面部（例如鼻部、额头、嘴唇和眼周区域）
光敏性	阳光过度照射导致皮疹
口腔溃疡	口腔或鼻咽部溃疡，通常无痛
关节炎	非侵蚀性关节炎，累及两个或两个以上外周关节，主要表现为运动时疼痛（渐进性被迫屈伸）；肿胀或有渗出液往往不是很显著
浆膜炎	非脓毒性的炎症腔积液（胸膜炎或心包炎）
肾脏疾病	持续性蛋白尿 [（>0.5g/L或>3g/L如果不进行量化）] 或细胞管型（红细胞，血红蛋白，或混合）
神经系统疾病	在没有药物或已知的代谢病（例如尿毒症、酮症酸中毒，或电解质失衡）的情况下出现癫痫或精神病
血液系统疾病	溶血性贫血（伴有网状细胞增多）或白细胞减少症（<3000/mm³出现2次以上）或低淋巴细胞血症（<1000/mm³总为两个或两个以上）或血小板减少症（在没有违法药品下<100 000个/mm³）
免疫障碍	抗组（抗组蛋白异常滴度）或抗Sm（抗SM核抗原抗体）或抗1型（抗43kD核抗原抗体）或T细胞亚群 [在CD8+明显减少（<200/mm³）或CD4+：CD8+比值>4.0的出现]
抗核抗体（ANA）	在没有已知的药物与他们相关的药物配方下，通过免疫荧光或等价测定显示ANA滴度异常

注：*改编自1982年修订的美国风湿病协会标准。Chm2banne L, et al: Canine systemic lupus erythematosus. Part II: Diagnosis and treatment. Compend Contin Educ Pract Vet 21；402，1999.

疗，超过50%的病例的症状可延长缓解状态，当复发时，单用左旋咪唑，其诱导作用能有效缓解症状[219]。该治疗同时能清除低淋巴细胞血症以及使CD4+：CD8+正常化。

尽管给予一些病例低剂量的合适药物能维持病情多年，但长期的预后存活率仍不乐观。在法国研究中，多数患畜出现关节疾病，随后出现大量血液系统症状，需要联合治疗来评估长期疗效。在韩国的研究中，CTLA-4的基因疗法针对CTLA-4配体激活的T细胞配体用于治疗由硫酸乙酰肝素免疫反应引起的红斑狼疮类疾病[293]。结果有显著的改善，如果能在自发性疾病中得到类似的结果则非常理想。

（三）猫的系统性红斑狼疮

虽然红斑狼疮疾病会发生在猫身上，但缺乏像犬一样的深入调查的病例报告。除了一份11个病例的报告[294]，大部分病例报告只详细记录了1个或2个不同程度上满足诊断标准的病例[295-301]。最后病猫会出现对称性皮炎、血小板减少症和1：160的ANA滴度[301]。一病猫随后在硬腭出现溃疡。确诊为系统性红斑狼疮。另一种值得关注的病例为，患畜含有狼疮抗凝物，除了可能是溶血性贫血、血小板减少，还可能是神经系统疾病和1：4 096的ANA滴度，但只要满足以上3个标准即可诊断为疑似狼疮[267]。在佛罗里达大学有进一步的研究报道，通过分析筛选ANA，确诊了3例红斑狼疮病例[302]。

1. 临床表现

大约50%的病例会出现与皮肤反光有关的临床症状，包括普遍的脂溢性皮肤病、剥脱性红皮病、红斑性结痂和剥落性病灶，病变通常对称，最常见于面部和耳部。病例报道，约50%病例出现明显的肾小球性肾炎和溶血性贫血。但犬的神经症状并不普遍，其发生率可能为50%。有时病畜会出现发热，但发热症状在犬中并不常见，同时还可出现淋巴结病，血小板减少，口腔、黏膜、皮肤溃疡。

2. 诊断

用于诊断犬系统性红斑狼疮疾病的标准用于猫，但还缺乏相关的证据。没有数据显示ANA活性的特异性，但是值得注意的是，已有报道，患有病毒性疾病的猫显示有高的滴度[302]。猫SLE典型的皮肤病灶组织病理学显示：发生皮炎的皮肤区域有基底细胞凋亡和色素沉着，在犬中也值得注意[301]。

3. 临床治疗

皮质类固醇是治疗猫SLE的主要方法，如果需要可增补苯丁酸氮芥或环磷酰胺。后者通常是短期使用的药物。

（四）盘状红斑狼疮

1. 犬

盘状红斑狼疮（Discoid lupus erythematosus，DLE），亦称皮肤红斑狼疮，是相对良性的疾病，不存在全身症

状[303,304]。在一项研究中，康奈尔大学皮肤科诊所提出，0.3%的犬符合此病的诊断标准[303]。该数据可能被低估了，因为该疾病在阳光充足条件下更为常见。事实反应出大多数病例在阳光照射下会恶化，其诱导因子可能是紫外线。绝大多数病例曾诊断为"牧羊犬鼻子"或"鼻部日光性皮炎"，实际上是DLE或红斑型天疱疮，现在很多临床医生质疑前两者是否为临床疾病。

（1）临床特征

患畜的临床症状最初表现为鼻部脱色，呈蓝灰色或蓝色（图9-1）。失去正常鹅卵石结构，随后出现红斑并剥落（图9-25，A）。慢性病例会出现糜烂、溃疡和结痂[305]（图9-25，B）。病变通常始于鼻平面之间的连接和有毛发的皮肤或沿翼状襞的腹侧或内侧。随着时间的推移，病变通常延伸至鼻部，偶尔波及暴露下的耳朵部分[306]和眼周

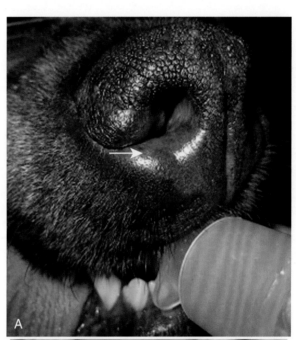

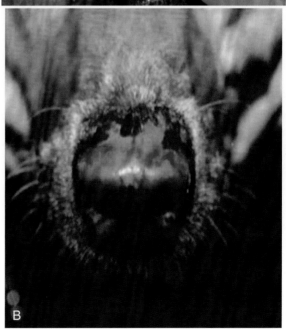

图9-25　A. 盘状红斑狼疮（DLE），白色箭头指着鼻部红斑性的褪色。同时注意正常鼻部结构缺失　B. 明显红斑，褪色和溃疡的DLE

区域。病畜的耳朵部分可能异常，比如四肢远端、爪垫、肛周区域[307,308]。有一例报道称慢性DLE会发展为鳞状细胞癌[309]。

（2）诊断

基于详细的病史和临床检查，同时组织病理学结果与观察到的SLE症状一致，可作出诊断。直接免疫荧光或免疫组化检查通常会发现免疫球蛋白沉积于真皮表皮连接处。ANA检测通常是阴性，其他循环自身抗体的检测也通常是阴性。然而，有报道称年仅9岁的患DLE的喜乐蒂牧羊犬，ANA检测为阴性，但用盐分离皮肤检测到循环自身抗体[310]。在裂隙的底部发现抗原，Western blot分析表明两个目标蛋白（120kD和85kD）定位没有与任何已知的BMZ抗原相应。重要的鉴别诊断包括皮肌炎、紫外光电皮肤综合征、接触性皮炎和SLE。临床症状与红斑型天疱疮的症状相似，但二者之间的区别在临床上并不是关键，因为二者的治疗方法相似。

（3）临床治疗

DLE的预后良好，对大部分病例不使用有效的免疫抑制剂仍能有效控制疾病。应该强调的是，治疗有效性的报道大部分是轶闻，并且没有对照试验。避免阳光直射是非常重要的。有些病例便得到了控制。建议使用防晒剂，但大部分动物都会随即将防晒剂舔掉，这限制了防晒剂的有效性。有些临床医生建议使用一个月的强的松或泼尼松龙，首次给药时使用高剂量，使情况得到控制。与四环素烟酰胺的联用，对50%～70%的病例有效，但效果缓慢，需要2个月才能完全起效[34,311]。建议剂量：小于10kg的犬为1次250mg，每日3次，大于10kg的犬为每次500mg。需要使用高剂量维生素E（每12～24h 400IU）以及必需脂肪酸。有报道显示局部使用0.1%他卡莫司有良好效果，而局部糖皮质激素为辅助治疗药物。对于一些病例，旋转皮瓣植皮术可能有效[312]。

2. 猫

猫的DLE很少见[313,314]。相对于犬，鼻部病变并不多见，而病灶通常涉及面部及耳部。最近报道，两只急性发病的表皮剥落性皮炎患猫，其组织病理学显示含丰富的淋巴细胞界面性皮炎并伴有壁间面部皮炎以及角化细胞的凋亡[315]。诊断为皮肤红斑狼疮，而且这些猫对环孢菌素有反应。它被认为是DLE的一种变异型或者就是典型的DLE是存在争议的。

猫DLE的诊断和治疗方法与犬的相同，糖皮质激素可能是治疗的首选。

（五）囊状皮肤红斑狼疮

溃疡灶主要发生于喜乐蒂牧羊犬和粗毛柯利牧羊犬的腹部，该病在很多年前已经被认为是一个独立的疾病。起初认为溃疡灶是坏疽性脓皮病的表现，即葡萄球菌感染顶泌汗腺[316]。后来认为这个情况更常见于BP[317,318]

或者皮肌炎的变种[319]，它们都可发生于这些品种犬。一系列病例研究表明：它与皮肌炎截然不同，主要的判断标准：界面性皮炎含丰富的细胞而非缺乏细胞，这是后者的特征[320]。文献作者认为本病应该定义为水疱性皮肤红斑狼疮，它与人类的亚急性皮肤红斑狼疮（subacute cutaneous lupus erythematosus）相似[320]。

通常中老年犬易发此病，在夏季的几个月中动物不仅会发病，而且有些动物的情况会恶化，这表示紫外线具有致病作用[45,320]。腹侧、腹股沟和大腿内侧是主要区域，特征是局部至汇合性波形溃疡灶（图9-26）。另外病变常常涉及黏膜与皮肤的连接处，而耳郭凹面和口腔黏膜亦常被涉及[45]。虽然有明显痛感，但通常是非瘙痒性的。与SLE相反，临床症状通常局限于皮肤，虽然一只犬伴有关节炎，另一只患有甲状腺功能减退，而有一些犬则在尿液中有颗粒管型[45,320]。

组织病理学检查出，在真皮表皮连接处有以富含细胞并伴有水疱为特征的皮炎[45,320]。常发现凋亡的角化细胞[318]。免疫组化显示主要为T细胞浸润，在表皮层的T细胞主要为CD8[+]，而真皮层主要为CD4[+][321]。直接荧光免疫测试显示：一半病例的BMZ有局部或广泛性的IgG沉积，但在间接试验荧光免疫中没发现针对皮肤抗原的循环自身抗体[321]。用Hep-2检测ANA结果为阴性，但使用ELISA针对纯化的核抗原和使用Hep-2细胞提取免疫印迹法，都能证明大部分病例有针对可提取核抗原的抗体。值得关注的是55%的病例有针对血清中Ro/SSA和/或La/SSB的抗体[321]。该发现为人类SCLE的特征[322]，这意味着这种现象可能由紫外线损伤导致核抗原迁移至细胞质和细胞膜所造成[323]。

病畜对治疗的反应及临床进程表现不一。皮质类固醇首次给药时应使用高剂量，可能需要咪唑硫嘌呤[113]。对于有明显广泛性溃疡灶的病例需要给予抗生素治疗。11例病例中有4例病例痊愈，其中有2例病例停药后，在后续观察期内没有再复发（2.5年和9个月）[45]。进一步研究报告中，病毒对环孢菌素A有良好的效果[324]。

（六）脱剥性皮肤红斑狼疮

1992年首次报道[325]，该病发生于德国短毛猎犬。此后，出现了大量的类似报道，最近，研究者对来自不同地理位置的25例病例，进行了临床、病理学和免疫特征的报道[43,326,327]。所有病例的临床表现一致，并且该药最可能是常染色体隐性遗传病[327]。

青年犬常发，据报道最早发病年龄为10周龄。特征性病灶处脱毛和无毛，始于鼻口、耳郭和背部躯干，随后发展到四肢及腹部躯干[327]（图9-27）。偶尔伴发溃疡和结痂，并且十分严重。可能出现全身性淋巴结肿大和间歇性高热。另一特征是出现疼痛症状：如僵硬和/或跛行、不愿走动、有时动物因疼痛而鸣叫。虽然疼痛可能明显局限于一个或多个关节，但关节液的细胞学检查无作用，可排除

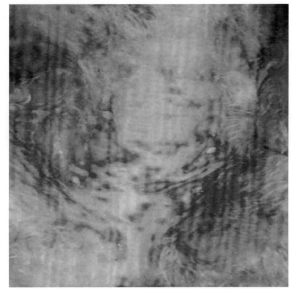

图9-26 水疱性皮肤红斑狼疮（由DHilary A. Jackson博士提供）

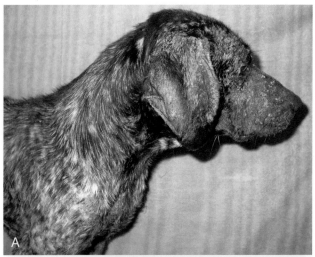

图9-27 **A.** 剥落性皮肤红斑狼疮患犬的广泛性脱皮脱毛 **B.** 表皮剥脱的皮肤红斑狼疮患犬的病变波及面部，有轻微的结痂（由Elizabeth Mauldin提供）

狼疮关节炎的可能性[327]。实验室检查通常无异，只有25%的病例会出现血小板减少的现象。在免疫病因学方面，没有报道后者进一步的特征。

组织病理学显示皮炎界面主要由T淋巴细胞组成并蔓延至毛囊的漏斗管，如壁画毛囊炎[327]。经常可见基底角质细胞凋亡[327]。另一明显特征是病变涉及汗腺和皮脂腺，经常导致后者破损而出现疑似皮脂腺炎的特征。在这些情况下，ANA检测基本阴性，但都出现免疫球蛋白沉积于真皮表皮连接处和一些病例的滤泡基膜[327]。间接荧光免疫反应显示：有针对毛囊和皮脂腺基膜的自身抗体，但没有出现真皮表皮连接处的抗体[327]。因此本病有很多红斑狼疮的特征，但并不满足SLE的标准。

在免疫调节治疗方面，许多犬在使用香波和局部用药进行对症治疗后有所好转，但总体疗效有限。通常认为使用大剂量的皮质类固醇非常有效，但是一旦减少剂量则病情容易反复。最近一项研究对环孢菌素、羟化氯喹以及TNF-α拮抗剂阿达木单抗的效果进行了评估。试验时对其他条件进行了严格控制，但结果显示这三种药物在最终治疗上均无显著效果，不过在使用环孢菌素后短时间内症状确有改善，羟化氯喹有减缓疾病发展的可能性[328]。而长期控制用药较为困难，预后谨慎[327,329]。

有IVIG治疗对人有效的报道，其机制可能是通过阻断凋亡相关因子Fas（CD95）而起效。

（七）斑秃

斑秃对犬而言是一种很少见的疾病，在猫中也极少发生。其特征性病变为斑块形的非瘢痕性脱毛，几乎没有炎症反应[330-332]。该疾病在犬与人的同源性很高，虽被认为是常见疾病，但在美国其终生发病率约为1.7%[333]。除了遗传学和发病率不同外，犬和人的斑秃在临床症状和免疫学特征上有许多相似之处[334]。

1. 病因和发病机制

斑秃在人和犬上的发病机制都非常复杂。正常的毛发生长涉及多种激素、受体及细胞因子在毛囊和毛基质中的相互作用和变化，并且在不同的生长阶段不断重复循环（详见第一章）。而在发生斑秃时，正常循环被破坏。人有三种不同的毛发生长循环异常，包括：生长期营养不良，循环缩短以及静止期延长[335,336]。通常认为这三种异常是由基因和激素调控的免疫介导机制诱发的[335-337]。环境因素（如应激及由应激激素、疫苗和感染产生的终产物）将影响疾病的发生和发展[335,338,339]。在笔者（CEG）所接触的一个病例中，畜主反映犬在发生应激后病情急剧加重。饮食也是发病的原因之一。在一项研究中，对斑秃模型的小鼠饲喂高剂量植物性雌激素异黄酮后，可以看到异黄酮对疾病的发生和发展都有影响[338]。无论在犬还是在人，都已用直接或间接荧光免疫检验法证实存在异源性抗毛囊自身抗体（IgG类）。

使用免疫沉淀物，免疫印迹以及免疫沉淀反应都可证实抗体存在于毛囊的球状部和基部，而犬毛透明蛋白似乎是主要的抗原物质[330,334]，并且靶向毛球黑色素细胞，而临床上有些病例只有特定颜色或深色的毛发才会损伤，这也同样支持这一发现，因此白毛病是本病的常见后遗症[334]。除此之外，病灶周围发现的CD4⁺和CD8⁺细胞会影响毛囊球基部，CD8⁺细胞还会导致人类和实验模型的脱毛[334]。在犬的毛囊中存在较多的CD8⁺细胞，说明犬与人的此病相似[334,335,340]。除此之外，毛囊周的真皮层中还存在许多CD1⁺树突状抗原呈递细胞[341]。

在人医方面该疾病的免疫学基础为：①偶尔会发现斑秃与其他免疫介导性疾病有关，尤其是自身免疫性甲状腺疾病；②在斑秃病例中发现多种抗体；③循环中T淋巴细胞数量下降；④毛囊球部出现表现异常的朗格汉斯细胞；⑤Ⅰ型和Ⅱ型MHC抗原表达增多；⑥使用直接荧光免疫方法可以检测到在病损和正常皮肤毛囊的基底膜区有C3或IgG和IgM（也可能同时存在）沉积物；⑦治疗的效果和细胞因子的改变都与机体对迟发型变态反应的应答有关；⑧应用免疫抑制治疗有效[335,336,339,341,342]。

2. 临床特征

对于犬和猫来说，斑秃是非炎性、无其他症状的局灶性或多发性斑块脱毛，最常发生于头部和面部[332,334]。本病在猫上曾有一例报道[331]。在犬上仅有一项有25个病例的大型研究，研究对象的年龄为1～11岁，平均年龄为5岁[334]。目前还没有基于群体调查评估品种特发性的研究，因此任何治疗结果都不一定准确。根据文献和笔者的经验，推测德国牧羊犬、腊肠犬以及比格犬可能为本病的易发品种[332,334,343]。在这项25个病例的研究中，患犬的雄-雌比为0.79[334]。

在这25个病例中最初表现为脱毛的有92%，畜主发现有白毛症症状的病例约为8%[334]。病灶最初边界清晰（70%）且没有红疹或鳞屑。有28%的犬出现白毛病，而黑皮病的比例约为20%。慢性脱毛的区域可能出现色素沉着（图9-28，A）。最常见（72%）的发病部位是头部和面部，其中口角和眼周的发病率超过50%（图9-28，B）。其他面部区域和腿部也可能被波及。16%的病例，可能出现广泛的病灶[334]。病灶多呈多发性，并且有80%呈现对称性趋势。可能发生自发性的毛发再生，最初生长的毛发可能为白色，之后逐渐长出色素化的毛发（图9-29A，B）。75%的病例会长出白色毛发，通过长期随访，发现一半的病例出现白色毛发持续存在于多个毛发生长周期的情况[334]。有时斑秃也会局限在彩色毛发的暗色区域。在一例病犬上发现抓挠导致的急性爪床炎（皮肤粗糙、有痕印和垂直条纹），这在人的斑秃病例中也偶尔可见[344]。

3. 诊断

鉴别诊断包括牵拉性脱毛、注射反应、获得性脱毛、局部应用类固醇反应、毛囊发育不良、皮肤真菌病、蠕形螨病、葡萄球菌性毛囊炎、假性斑秃、精神性脱毛以及内分泌疾病。拔取增大的病灶边缘的毛发进行显微镜镜检，可发现混杂有正常的静止期毛发、发育不良的毛发以及"感叹号"形的毛发——毛发短而粗，带有磨损或断裂

的痕迹，波浪形的或近端变细的毛发远端发生色素化（图9-30）。最终是根据边界清晰的非炎性、无其他症状的脱毛以及皮肤活组织检查确诊。

4. 组织病理学

该疾病早期组织病理学特点包括毛囊球周和下部聚集淋巴细胞、巨噬细胞或树突状细胞，有时也可出现浆细胞[332,334]。少于一半的犬可出现球周中性粒细胞，16%的病犬可见嗜酸性粒细胞[344]。球周也可见黏蛋白沉积以及色素沉积[332]。毛囊的外形可能发生扭曲，毛囊和毛干也可能发育不良。另外，组织病理学可见大量处于退行期及静止期的毛囊，也可见毛囊萎缩；但这些表现有时不太明显，难以确诊，因此推荐进行多处组织活检，并且应当在新发病灶处采样。

5. 临床管理

斑秃患犬的治疗和预后信息是基于少量的病例得出的，并且没有对照研究。笔者有限的临床经验认为斑秃患犬的预后良好，其中60%为自发性斑秃且最终可恢复到完整的毛发生长周期。如果在数月内没有自愈，使用免疫抑制剂量的泼尼松或者每日给予5mg/kg的环孢菌素治疗通常有效[334,344,345]。尽管经治疗后生长的毛发大多为白色，但有的病畜会在一段时间后恢复深色毛发（毛黑变）。

即便在人医临床病例中，对照研究也非常有限，Cochrane对人斑秃的治疗进行回顾，发现并没有经过科学验证的治疗方法[346]。在人医中，全身治疗是用于困难病例或泛发病例的[342]。最常使用的是局部疗法；最常推荐的药物包括米诺地尔，糖皮质激素，刺激性接触剂或是含蒽敏化剂以及二苯环丙烯酮（DPCP）[342]。为避免全身治疗也可在病灶内注射曲安奈德。全身使用糖皮质激素、光化学疗法、环孢菌素以及甲氨蝶呤治疗也常用于本病，可取得一定疗效。

（八）线状IgA脓疱性皮肤病

线状IgA脓疱性皮肤病是发生于腊肠犬的一种非常罕见的特发性、无菌性、浅表脓疱性皮肤病，鲜有报道[25,318]。该疾病与人医上名称类似的疾病并不相同，也不同于犬的线性IgA大疱性疾病[29]。

临床上，线性IgA脓疱皮肤病的典型表现为多发性或全身性化脓性皮炎。疾病将明显波及毛发。继发的皮肤损伤包括环状脱毛、皮肤糜烂、表皮环形脱屑、色素沉着、脱皮和结痂（图9-31）。本病导致的瘙痒感轻或无瘙痒感，并且患犬在其他方面表现健康。在所有记录的病例资料中患犬都为雄性或雌性的成年腊肠犬。

该疾病的鉴别诊断包括细菌性毛囊炎、皮肤真菌病、蠕形螨病、落叶型天疱疮、角质层下脓疱皮肤病。脓汁经细胞学检查可发现非退化型的中性粒细胞，无微生物，没有或偶见棘层松解细胞。皮肤活组织检查可以确诊表皮内的脓疱皮肤病，没有非退化型中性粒细胞，皮肤棘层松解

图9-28 **A.** 斑秃患犬可出现局部脱毛和不同程度的色素沉着 **B.** 斑秃患犬典型的面部病灶

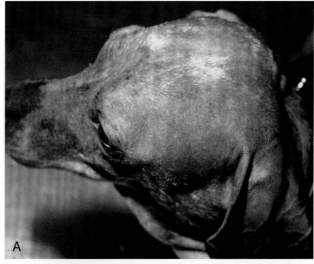

图9-29 **A.** 腊肠犬发生大面积斑秃，波及头部、面部以及全身 **B.** 有的病例自愈后长出白色毛发

图9-30 斑秃患犬经拔毛检查可见其毛干部的锥形末端（"感叹号"形）

程度较轻。直接免疫荧光或免疫组化检测可以在基底膜区检测到IgA呈阳性。脓疱的细菌培养证实为无菌。

治疗方法包括大剂量使用泼尼松龙或泼尼松（2.2～4.4mg/kg，口服，每24h 1次，之后每隔1d口服）或氨苯砜［1mg/kg，口服，每8h 1次，之后视情况调整（见第三章）］。有的犬只对其中的一种治疗方法有反应，因此如果最初的治疗方法无效，应尝试进行第二种治疗方法。

（九）冷球蛋白血症和冷纤维蛋白原血症

1. 病因和发病机制

冷球蛋白和冷纤维蛋白原，是将血清和血浆分别进行冷却和复温溶解所得到的蛋白质[347,348]。根据冷球蛋白的特征可以将其分为三种类型。Ⅰ型冷球蛋白由单克隆免疫球蛋白或游离轻链免疫球蛋白（本周氏蛋白）组成，并且多与淋巴增生性疾病有关。Ⅱ型冷球蛋白由单克隆和多克隆免疫球蛋白组成，并且多与自身免疫及结缔组织疾病有关。Ⅲ型冷球蛋白由多克隆抗体免疫球蛋白组成，见于感染、自身免疫性疾病、结缔组织疾病。有时即便没有明显的病因也会出现这几种类型的冷球蛋白。当冷球蛋白成为抗自身红细胞抗体时（冷凝集素疾病、冷血凝素疾病、冷致病性溶血性贫血），就会形成由于冷反应（通常为IgM）而导致的抗红细胞的自身免疫性疾病。这些冷致病抗体在较低的温度（0~4℃）下活性最强，且在很大的温度范围（0~37℃）内都有活性。在犬上已发现了两类冷致病抗体[349]。第一类与冷凝素有关，为IgM抗体；第二类为非凝集型，通常与IgG有关。第二类非常少见，且未见其导致皮肤病的案例报道。在犬，冷凝集素疾病与特发病、感染以及铅中毒有关。在猫，则与上呼吸道感染、铅中毒以及特发病有关[350-354]。冷球蛋白和冷纤维蛋白原导致的皮肤症状通常是因为微血栓和脉管炎而造成血管功能不全（阻塞、血瘀、痉挛、形成血栓）。

2. 临床特征

在犬和猫，很少有关于冷球蛋白血症和冷纤维蛋白原血症引发皮肤病的报道[348,350-353,355-358]。

冷球蛋白血症和冷纤维蛋白原血症的临床症状是多变的，常与贫血和/或毛细血管内冷血凝反应相关。皮肤损伤包括疼痛、红疹、紫癜、手足发绀、坏死以及溃疡。损伤通常涉及四肢末端（爪部、耳尖、鼻部、尾尖）（图9-32），在低温环境下损伤加重。可能出现血红蛋白血症及血尿。

曾有报道一雌性缅甸猫（Birman）产下的两只幼猫出现尾尖坏死[355]。对该母猫和其中一只幼仔进行血型分析后，推定诊断为由冷凝集素导致的新生仔畜溶血性疾病。新生仔畜在出生一周内发生尾尖坏死。而其耳郭、爪部以及鼻部因为与母猫密切接触而免受寒冷侵袭。

3. 诊断

鉴别诊断包括脉管炎、全身性红斑狼疮、皮肌炎、弥散性血管内凝血以及冻伤。

冷凝集素疾病需要结合病史、临床检查以及冷凝集素含量的显著增加来确诊。在体外，室温下的自体血细胞凝集可确诊冷反应自身抗体。可使用经过肝素或乙二胺四乙酸（EDTA）抗凝的血在载玻片上降温，随后直接观察自体凝集反应。可以降温至0℃加剧该反应，也可以升温至37℃逆转该反应。疑似病例可以通过库姆斯试验（Coombs test）确诊，但整个试验过程需要在4℃环境下进行。库姆斯试验中使用的试剂有抗IgM活性。判读库姆斯试验时要

谨慎，因为正常犬、猫的滴度为1：100[354]。

可以使用温热的注射器静脉采血后将血液样本置于37℃等待凝集，之后将收集到的血清和枸橼酸盐血浆冷却至4℃，就可以得到胶样沉淀物。这样得到的冷凝球蛋白为粗提取物，当复温至37℃时会溶解[348]。去除沉淀物后，含有或不含有该沉淀物的血清或血浆的球蛋白与纤维素蛋白原都可以与冷球蛋白或冷纤维蛋白原水平进行对比。在10只正常犬中，冷球蛋白平均水平为0.106g/L，冷凝纤维蛋白原平均水平为0.16g/L，而患病犬的平均水平分别为0.669g/L和0.3g/L。

4. 组织病理学

皮肤活组织检查有助于诊断该疾病，但不能确诊该血管疾病是由冷凝蛋白质引起的。Yager认为病灶可能非常微小，并不推荐使用组织病理学检查[359]。另外，如果活检部位周围没有良好的血液供应，很有可能难以愈合[359]。由冷球蛋白或冷纤维蛋白原引起的典型血管疾病的组织病理学基础为血栓形成，并且血管中含有异形性嗜酸性物质[348,356,359]。其他病变与血管损伤有关，包括坏死、溃疡、继发性化脓性变化。还可能发生弥漫性水肿、红细胞外渗以及真皮层胶原同质化。

5. 临床管理

冷球蛋白血症和冷纤维蛋白原血症的预后随潜在病因不同而不同。治疗包括：①尽量治疗潜在病因；②为动物保温；③给予免疫抑制剂，有的病例只需要全身使用糖皮质激素，但有的病例可能需要联合用药治疗。Tater的一个

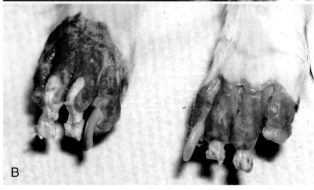

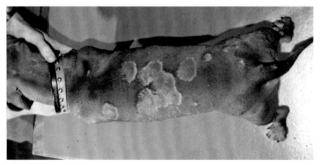

图9-31　犬线性免疫球蛋白（Ig）A脓疱皮肤病，表现出环状融合脱毛、脱屑、结痂及色素沉着

图9-32　A. 猫冷球蛋白血症。图示耳缘坏死　B. 犬冷球蛋白血症，可见严重的皮肤及爪尖的脱皮，爪前部暴露出趾骨

病例使用己酮可可碱有效，并且他推荐在疾病的初期和寒冷季节将其作为预防性用药。

（十）移植物抗宿主病

移植物抗宿主病（Graft-versus-host disease, GVHD）是犬和人在进行骨髓移植后出现的并发症，犬可作为这一疾病模型以寻找潜在的治疗方法[72,360,361]。当具有免疫活性的供体的淋巴细胞进入到不含有组织相容性抗原的受体时，供体的T细胞针对受体的移植抗原发生免疫反应。向免疫功能不全的小鼠注射犬的淋巴细胞能够引发GVHD[362]。

在犬和人，当骨髓移植供体的MHC抗原基因与受体的完全相同时，尽管在移植后进行了免疫抑制治疗，但受体发生GVHD的概率仍为50%。因此，次要组织相容性抗原对于该疾病的发生至关重要。该疾病主要的靶器官为皮肤、肝脏以及胃肠道。犬通常在骨髓移植2周后发生急性GVHD，主要症状包括红皮病、黄疸、腹泻以及革兰阴性菌感染。犬骨髓移植后约3~4月发生慢性GVHD，主要症状为剥脱性红皮病、溃疡性皮炎、腹水以及革兰阳性菌感染。

该疾病的诊断主要根据病史、临床检查以及皮肤活组织检查。急性GVHD的组织病理学变化包括不同程度的皮肤淋巴细胞浸润，发生细胞凋亡和卫星现象的界面性皮炎（呈水肿样或苔藓样）。淋巴细胞的外分泌以及细胞凋亡的靶向细胞也可能为滤泡上皮细胞[363,364]。这些病理变化与多形性红斑相似，因此常将二者做对比研究[360]。对慢性GVHD的研究表明，可能出现不同程度的硬皮病样或异色样病变。

在现已进行的6只犬急性GVHD的免疫组化的研究中，其结果与该疾病在人类的结果相似[360]。患病动物的表皮和毛囊角质细胞中ICAM-1、CD44以及MHC II增多，这种情况与多形性红斑相似。但是，在这两种疾病中浸润的淋巴细胞总数是不同的。虽然两者都含有CD3+，CD8αβ+以及TCR-αβ+T细胞，但在GVHD患病动物中表皮层的CD4 T细胞、CD1+以及CD11+树突细胞的数量更少，并且不含有CD21+B细胞（在多形性红斑病例中存在）。这些结果表明两种疾病的病理机制相似，但多形性红斑有其他致病途径[360]。然而这一致病途径与疾病的哪一阶段有关尚不清楚，因为多形性红斑病的患犬比GVDH犬实验模型存在更多的慢性疾病。

表皮和毛囊的ICAM-1表达可能在限制CD8+T细胞上发挥关键作用，使T细胞和角质细胞发生相互作用[360,365]。被激活的T细胞释放一系列细胞因子，包括IL-2, IL-3, IL-4, IFN-α以及TNF-α。这些介质集合并激活效应细胞，淋巴细胞，巨噬细胞以及NK细胞，这些细胞通过接触-依赖性机制（如穿孔素）或分泌可溶性介质（如TNF-α）攻击受体和供体组织。

GVHD的治疗包括全身使用糖皮质激素、咪唑硫嘌

吟、环孢菌素、甲氨蝶呤以及抗胸腺细胞血清的不同联合应用，但效果有限[72,365]。霉酚酸酯和环孢菌素具有协同作用，但效果仍然有限[72]。来氟米特与泼尼松和环孢菌素联合使用，基本上可以消除同种异体移植物的排斥反应[366]。

（十一）犬眼色素层皮肤综合征

眼色素层皮肤综合征（沃格特-小柳-原田综合征）是一种罕见的综合征，患犬并发肉芽肿性葡萄膜炎和褪色性皮炎，典型的组织学病变为苔藓样皮肤病。普遍认为该疾病与人类的沃格特-小柳-原田综合征相似，该疾病是一种多系统自体免疫性疾病，波及眼部、耳部、神经系统、皮肤以及毛发等含有色素的组织。

1. 病因和发病机制

在人类及秋田犬上发现该疾病似乎与遗传因素有关[367-369]。在秋田犬上发现此病与DLA-DQA1*00201有关，秋田犬的眼色素层皮肤综合征较其他DLA II类等位基因含有更高的相对危险性（RR=15.3）或比值比（OR=15.99）[369]。人医认为TH1细胞因子、T细胞TH17亚型以及血清中抗酪氨酸酶抗体都是引起该疾病的重要原因[367,368,370-372]。试验使用酪氨酸相关蛋白[1]（Tyrosinase related protein1）免疫两只秋田犬，从而模拟出了攻击视网膜和皮肤的类似综合征[372]。在该疾病中发现抗视网膜抗体，该抗体在其他葡萄膜炎病例中也有发现[373,374]。组织病理学研究提示存在主动免疫反应，眼部病变多由TH2引起，而皮肤病变则多由TH1引起。但只有两个病例证实这些结果[375]。

2. 临床特征

该病多发于幼年和中年犬，没有明显的性别倾向[376,377]。除秋田犬以外，其他品种包括阿拉斯加雪橇犬、澳大利亚牧羊犬、巴吉度猎犬、巴西非拉犬、松狮犬、腊肠犬、德国牧羊犬、爱尔兰猎犬、英国古代牧羊犬、萨摩耶犬、喜乐帝牧羊犬、日本柴犬以及西伯利亚哈士奇犬也有相关病例报道[376-383]。笔者也知道有关于伯恩山犬和拉布拉多寻回猎犬的病例报道。通常该综合征的特点是患犬会出现双侧急性葡萄膜炎，但有虹膜异色的患犬也可能出现单侧葡萄膜炎[378]。通常在这之后（也有可能同时发生，极少在之前发生）会发生毛发褪色，通常发生于面部、鼻部、唇部、眼睑等部位，偶发于爪垫、阴囊、肛门以及硬腭（图9-33，A）。1只腊肠犬发生过泛发性色素脱失这种眼部病灶[379]。极少发现口腔溃疡[376,383]。有1病例并发脱甲病[382]。多数病例皮肤病变表现为脱色部位边界清晰，可能有轻微的红斑与鳞屑（图9-33，B）。但有的病例发生渐进性或突然出现严重的皮肤炎症，脱色区域出现不同程度的糜烂、溃疡和结痂。这些皮炎的发生可能与暴露于阳光下有关（光照性皮肤病）[384]。脱色区周围可能出现成片的白毛，但极少出现广泛性的白斑或白毛病变[379,385]。与葡萄膜炎（前葡萄膜炎和后葡萄膜炎）有关的临床症状包括畏光、眼睑痉挛、

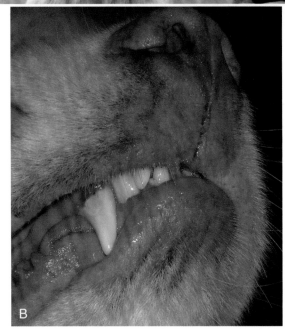

图9-33　A. 秋田犬的眼色素层皮肤综合征　**B.** 犬眼色素层皮肤综合征的特写照片显示了褪色以及鼻、嘴、唇部的红斑（A来自 *MacDonald JM: Uveodermatologic syndrome in the dog. In: Griffin CE, et al: Current Veterinary Dermatology, St. Louis, 1993, Mosby‑Year Book.*）

流泪、结膜充血、角膜水肿、视网膜脱离、青光眼、白内障以及失明[381,386]。临床病理学极少发现在该疾病中出现脑膜炎阶段的犬，但确有一例患犬出现第二脑神经缺损[387]。一只罗素㹴在继眼色素层皮肤病变综合征后出现多肌炎的症状[388]。

3. 诊断

应基于病史、临床检查以及皮肤活组织检查作出确诊。早期皮肤病变的组织病理学特点为存在具有苔癣样表面的肉芽肿皮炎，有大间质细胞[367,377]。具有明显的色素失禁症，但表皮基底细胞却少有水肿样变性[377]。眼房水的细胞学特点为大量巨噬细胞浸润[387]。眼部组织病理学变化包括肉芽肿性全葡萄膜炎及视网膜炎，视神经或视路的退行性病变[387]。直接或间接免疫荧光测试通常为阴性[25]。

4. 临床管理

如果无法控制葡萄膜炎，则很容易发生粘连，继发青光眼、白内障甚至失明。另外，可能存在皮肤病变好转而

眼部疾病仍然存在的现象，因此做好对眼部和视网膜的常规监测是很重要的。如果眼部疾病没有控制好，可能导致失明，因此在疾病早期进行积极有效的治疗非常重要。局部或结膜下应用糖皮质激素并局部使用睫状肌麻痹剂（如阿托品）对于前葡萄膜炎患犬有效。全身性使用糖皮质激素和咪唑硫嘌呤或环孢菌素可以治疗后葡萄膜炎及皮肤症状。人医应用玻璃体腔内注射曲安奈德和贝伐单抗，这取得了很好的治疗效果[367]。如果疾病早期及时治疗，可能出现局部皮肤（甚至全部皮肤）的复色。有的病例单独经全身性糖皮质激素治疗即可痊愈，但考虑到延误治疗的危害以及积极治疗的必要性，笔者建议结合免疫抑制剂进行治疗。已报道四环素和烟酰胺在某些情况下对该疾病是有效的[389]。该疾病通常需要长期治疗，并且单独的皮肤病变好转并不能作为疗效的评估依据。即使皮肤症状缓解且机体在治疗后有所好转，也需要定期进行眼常规检查。

六、免疫介导性皮肤病

（一）皮肤药物不良反应

不良药物反应（Adverse drug reaction, ADR）是指使用药物进行治疗、滥用药物时，或两种（或多种）具有药理活性的药物同时使用时产生的非预期效果[390]。皮肤药物不良反应（Cutaneous adverse drug reaction, CADR）是指这种药物的不良反应主要表现在皮肤上。其他用于描述CADR的名词包括皮肤药物疹、药物疹、药物过敏以及药物性皮炎。这些名词都表明这种反应是由免疫引起的，但在兽医病例中极少有记录。在人医上，约有25%的ADRs是由于免疫介导或特异性反应引起的[391]。虽然还没有足够的证据表明免疫系统问题是引起药疹的主要原因，但免疫系统至少参与了病变的发展，因此我们决定将这部分内容归纳到免疫性疾病中来。

人医认为，CADRs是药物不良反应的最常见形式，在住院病例中的发生率为1%～3%[392]。一所大学在调查了其门诊的所有皮肤病患犬/猫后发现，犬CADRs的发病率为2%，而猫为1.6%[393,394]。在人医和兽医领域的确切发病率尚不得知，但在已发表的病例来看，该病在犬、猫中较为罕见[202,395]。根据FDA管制药物的不良反应报告来看，最常见的为胃肠道反应。一项关于犬、猫经抗生素治疗后不良反应的调查显示，即使是最可能引起皮肤反应的磺胺类药物，也极少在使用后引起皮肤不良反应[396]。许多CADR的病例都未经报道，因为人们通常认为这是使用药物后的正常现象，或者认为这是一种ADRs，与犬使用糖皮质激素后出现皮肤干燥或局部脱毛的现象一样。

1. 病因和致病机制

任何药物都可能引起发疹（表9-5和表9-6），但有些特定的药物引起皮肤CADRs的概率更大。这些药物可能通过口服、局部使用药或注射、吸入而进入机体。对于犬，

表9-5　犬皮肤药物不良反应

反应类型	发生率	药物
荨麻疹–血管神经性水肿	R	青霉素、氨苄西林、头孢菌素类、磺胺类药物、四环素、伊维菌素、莫西菌素、左旋咪唑、巴比妥类药物、依托泊苷、新斯的明、甲苯噻嗪、氧二苯脒、环孢霉素、双甲脒、聚羟基喹啉、疫苗、菌苗、抗血清、输血反应、造影剂、过敏原提取物、维生素K、低敏香波
斑丘疹（麻疹样）	U	青霉素类、磺胺类药物、阿莫西林克拉维酸、灰黄霉素、5–氟胞嘧啶、乙胺嗪、羟嗪、普鲁卡因胺、西咪替丁、各种香波、双甲脒
红斑/剥脱性皮炎	C	各种局部用药、磺胺类药物、奎尼丁、左旋咪唑、林可霉素、伊曲康唑、羟嗪、氯苯那敏、乙酰丙嗪
自身免疫性：	R	
落叶型天疱疮		磺胺类药物、氨苄西林、青霉素、头孢菌素、乙胺嗪、氰氟虫腙（美氟综）/双甲脒
寻常型天疱疮		普鲁卡因胺、噻苯咪唑、苯妥英
大疱性类天疱疮		曲安奈德
系统性红斑狼疮		磺胺类药物、肼苯哒嗪、扑米酮、疫苗
多形性红斑	U	磺胺类药物、阿莫西林、阿莫西林克拉维酸、头孢氨苄、恩诺沙星、红霉素、庆大霉素、林可霉素、四环素、硫金代葡萄糖、乙胺嗪、伊维菌素、左旋咪唑、L–甲状腺素、苯巴比妥、氯吡硫磷、D–柠檬烯、耳用滴剂、伊曲康唑
中毒性表皮坏死松解症	R	磺胺类药物、氨苄西林、青霉素、头孢氨苄、灰黄霉素、左旋咪唑、5–氟胞嘧啶、D–柠檬烯、硫金代葡萄糖
瘙痒导致的自我损伤（类过敏样损伤）	U	磺胺类药物、灰黄霉素、乙酰丙嗪、扑米酮、左旋咪唑、乙胺嗪、庆大霉素、甲状腺提取物、林可霉素、阿司咪唑、苯巴比妥、头孢氨苄、各种局部用药
注射部位反应：	U	
脂膜炎		狂犬病疫苗，其他
血管炎		狂犬病疫苗，其他
萎缩		糖皮质激素
接触性皮炎/外耳炎	C	各种局部用药（包括皮肤用药和耳用药）
血管炎：	U	
局部		注射剂（尤其是狂犬病疫苗）
多发性		磺胺类药物、氨苄西林、红霉素、青霉素、阿莫西林、恩诺沙星、庆大霉素、伊维菌素、甲硝唑、苯巴比妥、呋塞米、伊曲康唑、洛派丁胺（易蒙停）、胃复安、疫苗、依那普利、保泰松
固定性药疹	R	乙胺嗪、氨苄西林、阿莫西林克拉维酸、头孢氨苄、5–氟胞嘧啶、硫金代葡萄糖、硫代乙酰胺（thiacetarsemide）、L–甲状腺素
肉芽肿性毛囊炎	R	头孢羟氨苄、双甲脒、香波、L–甲状腺素
苔癣样病变	VR	联合用药
其他：		
皮肤黏膜性皮炎		类视黄醇
压力点溃疡、脱甲病		博来霉素
脱毛和易感染		糖皮质激素、各种免疫抑制剂
潮红和瘙痒		多柔比星
多毛症、乳头状瘤、淋巴浆细胞样皮炎		环孢菌素
浅表化脓坏死性皮炎		香波
亲上皮性类淋巴瘤		酮康唑、药物联合应用
角质层下滤泡中性脓疱病		磺胺类药物、卡洛芬
荨麻疹性嗜酸性皮炎		乙胺嗪
无菌性脓肿		磺胺类药物
类疥疮		阿莫西林克拉维酸
毛囊坏死和萎缩		磺胺类药物、左旋咪唑

C，常见；R，罕见；U，不常见；VR，极罕见。

资料来源：Matus RE, et al: Plasmapheresis in five dogs with systemic immune–mediated disease. *J Am Vet Med Assoc* 187:595‐599, 1985; Mason KV: Fixed drug eruption in two dogs caused by diethylcarbamazine. *J Am Anim Hosp Assoc* 24:301‐303, 1988; and Fritsch PO, Ruiz–Maldonado R: Erythema multiforme. In Freedberg IM, et al, editors: *Fitzpatrick's dermatology in general medicine*, ed 5, New York, 1999, McGraw–Hill, p 644.

表9-6　猫皮肤药物不良反应

反应类型	发生率	药物
荨麻疹-血管神经性水肿	VR	四环素、青霉素、氨苄西林、疫苗
斑丘疹（麻疹样）	R	头孢氨苄、磺胺类药物、青霉素、氨苄西林、灰黄霉素
红皮病/剥脱性皮炎	U	各种局部用药、青霉素
自身免疫性落叶型天疱疮	R	氨苄西林、西米替丁、多西环素、头孢氨苄、磺胺类药物
多形性红斑	R	头孢氨苄、青霉素、硫金代葡萄糖、阿莫西林、磺胺类药物、灰黄霉素、丙基硫氧嘧啶
中毒性表皮坏死松解症	R	头孢菌素、海他西林、氨苄西林、灰黄霉素、青霉素、硫金代葡萄糖、头孢氨苄、猫白血病病毒抗血清
瘙痒导致的自我损伤（类过敏样损伤）	U	甲巯咪唑、阿莫西林克拉维酸、丙基硫氧嘧啶、氨苄西林、海他西林、庆大霉素
注射部位反应： 脂膜炎 血管炎 萎缩	U	 疫苗、糖皮质激素 疫苗、伊维菌素、抗生素 糖皮质激素、孕激素
接触性皮炎/外耳炎	C	多种局部用药（皮肤用或耳用药物）
血管炎： 局部 多发性	R	 注射用药 青霉素、芬苯达唑
固定性药疹	VR	克立马定、恩诺沙星
苔癣样病变	VR	联合用药
其他： 耳郭红斑 广泛的萎缩和变脆		 环丙沙星、恩诺沙星 糖皮质激素、孕激素、苯妥英

C，常见；FeLV，猫白血病病毒；R，罕见；U，不常见；VR，极罕见。

资料来源：Matus RE, et al: Plasmapheresis in five dogs with systemic immune-mediated disease. *J Am Vet Med Assoc* 187:595–599, 1985; and Mason KV, Rosser E: Cutaneous drug eruptions. In *Advances in veterinary dermatology*, von Tscharner C, Halliwell REW, editors: *Philadelphia*, 1990, Baillière-Tindall, p 426.

最常引起CADRs的药物为局部用药，磺胺类药物（尤其是甲氧苄啶，如Tribrissen）、青霉素类、头孢菌素类、左旋咪唑以及乙胺嗪都是易致病的药物[394]。对于猫，最常引起CADRs的药物包括局部用药，青霉素类、头孢菌素类以及磺胺类药物[28,393]。

不良药物反应有多种病理机制。CADR可由免疫性和非免疫性病因引起[397]。非免疫学机制包括可预知的药物不良反应、药物过量的不良反应、药物之间的相互作用以及未知的药物反应[397]。而未知的药物反应可能为特异性反应、假性变态反应或是对药物不耐受。

在人医上，有许多因素可能导致药物反应[398]。遗传在药物反应中起着一定的作用，因其与人类白细胞抗原及特定的药物反应有关。如果同时使用多种药物则更容易发生反应，这证明药物的作用也是影响因素之一。病毒感染也可能改变机体对药物的敏感性。虽然目前普遍认为免疫系统因素是引起大多数药物反应的原因，但具体致病机制尚不明确[398]。可能发生多种免疫反应，包括Ⅰ型到Ⅳ型变态反应和FAS配体激活导致细胞凋亡等其他反应[391,392,397,399]。人医研究最多的两种类型是由IgE介导的Ⅰ型变态反应和迟发型变态反应。由于药物多为小分子物质，它们对机体而言是半抗原，在引起Ⅰ型变态反应之前需要与蛋白质结合。药物不良反应可分为两类：①可预知的不良反应，这类不良反应通常与药物剂量及药理作用相关；②不可预知或特异性反应，这类反应通常与药物剂量无关，而与机体免疫反应以及患者对药物敏感性（特异性或不耐受）的遗传易感性差异有关，常表现为代谢差异或酶类缺失。药物代谢需要细胞色素P450混合功能氧化酶（第一阶段酶）和其他氧化代谢酶，其中一些氧化酶存在于皮肤中[400]。而药物代谢后的活性产物需要第二阶段酶如环氧化物酶或谷胱甘肽-s-转移酶处理后消除其毒性。

因此，反应中有两个过程可能产生和/或积累比母体化合物毒性更强的药物产物。人医发现，机体对磺胺药物的慢乙酰化反应以及家族遗传性抗痉挛药物反应都与这种解毒缺陷有关[400]。与磺胺类药物和抗痉挛药物的不良反应有关的假设包括：①细胞色素P450氧化产生有化学活性的代谢产物（无论是在肝脏中由肝细胞色素P450氧化后转运至皮肤，还是由角质细胞的表皮细胞色素P450氧化代谢产生），以及②减少带代谢产物毒性时需要与蛋白质结合，由此引发免疫反应。

某些药物对于皮肤的不良反应是可预知的。例如，许多抗癌药物或免疫抑制药物通过对细胞的生物学影响引起脱毛、紫癜、伤口愈合不良以及易受感染等。多柔比星引起的典型表现为：从头部开始到颈部腹侧、胸部及腹部的脱毛[401,402]。同时可能发生色素沉着和瘙痒。糖皮质激素可能引起的皮肤不良反应（详见第三章）包括局部使用时引起水疱[403]。

2. 临床特征

CADRs的临床表现可能与所有的皮肤病相似（见表9-5及表9-6）。人类最常见的形态特征为麻疹样病变（聚集、融合的粉色斑疹和丘诊）、脓疱、大疱、结节（甚至出现假瘤性或假性淋巴瘤）、荨麻疹、血管性水肿、药物性皮炎、苔癣样病变、血管炎、多形性红斑以及斯蒂芬约翰逊综合征（Stevens-Johnson syndrome）/中毒性表皮坏死松解症[392,398]。对于犬，最常发生的反应为接触性皮炎、剥脱性皮炎、瘙痒导致的自我损伤、丘疹及多形性红斑[394]（图9-34）。在猫中，最常见的反应为接触性皮炎和瘙痒导致

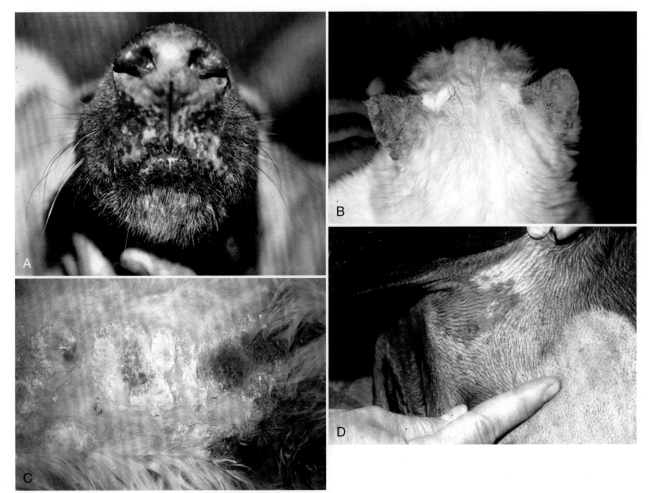

图9-34 **A.** 使用三磺嘧啶导致的皮肤黏膜脱色和溃疡 **B.** 使用新霉素–地塞米松合剂（Tresaderm）导致的耳郭红斑，结痂及脱毛 **C.** 使用甲氧苄氨嘧啶–磺胺嘧啶合剂（Tribrissen）导致的剥脱性红皮病 **D.** 使用氯霉素导致的脉管炎性紫癜

的自我损伤[393]。犬、猫可能发生的其他病变包括多形性红斑、跳蚤过敏样反应、结节样病变、脱甲病、脓疱（无菌性或落叶天疱疮）、中毒性表皮坏死松解症、血栓、血管炎以及水疱[133,134,404-414]。犬的药物反应也包括犬无菌性嗜中性皮肤炎（Sweet 综合征）以及类似于韦尔斯综合征的犬嗜酸性皮炎，这两个综合征都会导致严重的皮肤疾病及全身症状[413,415-418]。

犬、猫药物性皮肤反应并没有年龄和性别倾向，但幼年犬和绝育犬在注射疫苗后3d内极易发生ADR[419]。CADR的易发品种包括喜乐蒂牧羊犬、大麦町犬、约克夏㹴、迷你贵宾犬、迷你雪纳瑞、澳大利亚牧羊犬、英国古代牧羊犬、苏格兰㹴、刚毛猎狐㹴以及灵缇犬[394]。除此之外，特定类型的CADR也有品种倾向。贵宾犬、比熊犬、约克夏㹴、丝毛㹴、北京犬、以及马耳他㹴（绒毛）都更易发生局部注射反应（尤其是对狂犬病疫苗）[410,420]，杜宾犬对磺胺类药物容易出现药物反应[421]，迷你雪纳瑞对磺胺类药物、黄金及香波可能出现药物反应（浅表化脓坏死性皮炎）[394,422]。

当人感染人免疫缺陷病病毒（Human immunodeficiency virus）时发生药物反应的可能性增加，但在患有CADRs的猫却没有发现猫免疫缺陷病病毒（Feline immunodefiiency

virus）阳性或猫白血病病毒（Feline leukemia virus）阳性[393]。

每种药物反应并不只与一种药物有关，但是某种特定的药物反应常总与某种特定的药物有关。迷你雪纳瑞发生的浅表化脓性坏死性皮炎综合征就与香波有关，有1病例就是进行香波皮肤过敏试验后发病的[422,423]。但也有1只患此疾病的雪纳瑞却与香波无关[409]。成年迷你雪纳瑞在使用香波（通常是具有杀虫效果的香波）后的48～72h。病灶可能是广泛的或主要在腹部，包括红斑状丘疹和斑块，可能会发展为脓疱病，出现疼痛、坏死、溃疡（如图9-35）。对症治疗1～2周后病变消退。全身性症状包括发热、精神沉郁以及中性粒细胞增多症。

据报道，有2例犬在使用卡洛芬（力莫敌）后出现药疹的报道[293,415]，其皮肤病变包括小脓疱、红斑、结痂、糜烂（组织学检查发现真皮有中性粒细胞浸润）。尽管使用免疫抑制疗法，2只犬最终不治死亡。两犬的呼吸道有中性粒细胞浸润。因此推论2只犬使用卡洛芬后导致的药物反应与人类Sweet综合征相似。另有1病例并发血管炎，最终在治疗后康复[413]。

据报道，有12只犬发生药物诱导的落叶型天疱疮，其中有8例是使用磺胺类药物后出现病症的[132-134,418,424]。同样

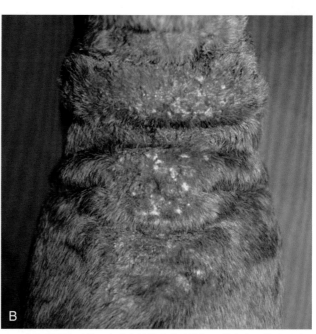

图9-35　**A.** 患有早期浅表坏死性皮炎的雪纳瑞，可见全身红斑和鳞屑。**B.** 在使用香波后数日内发生的浅表化脓性坏死性皮炎，伴随严重的坏死和溃疡病灶（B由N Murayama提供）

图9-36　**A.** 一只猫在使用甲氧苄氨嘧啶-磺胺嘧啶后爪垫出现的落叶型天疱疮症状。**B.** 该犬在使用乙胺嗪阴囊出现固定性药疹，表现为边界清晰的溃疡灶和脱色

还存在于1例猫使用甲氧苄氨嘧啶-磺胺嘧啶后诱发该病症[389]（图9-36，A）。血管炎和缺血性皮肤病多和疫苗反应有关（将在本章后部的"血管性疾病"中论述），但是杜宾犬出现血管炎症状却可能是由于使用磺胺药后发生的Ⅲ型变态反应[421,425,426]。26例患多形性红斑的病例中有13例为使用甲氧苄氨嘧啶联合任意一种磺胺类药物治疗造成的[47]。最常发生于人的药疹是固定性药疹，但这在犬上很少见，在猫中未有报道。固定性药疹与硫金葡萄糖、乙胺嗪、硫代乙酰胺（thiacetarsemide）以及5-氟胞嘧啶有关；5例病例中有2例阴囊发生病变（图9-36，B）[427-430]。现已确定有几种局部药物反应。对于猫，疫苗诱导产生的肉瘤可分为良性和恶性肿瘤，这将在第二十章详述。有时动物也会有皮下注射疫苗的病史，发生局灶性血管炎和脂膜炎（详见本章讲述的血管炎和第十八章讲述的脂膜炎），最常见的是狂犬病疫苗。

有报道称环孢菌素会引起淋巴浆细胞样皮炎，有恶性倾向（通常呈斑块状或结节状），并且在人和犬中都能引起牙龈增生（图9-37）[431-434]。甲硫咪唑可引起猫出现严重的面部及颈部的瘙痒和表皮脱落，这种症状和食物过敏相似，使用糖皮质激素药物治疗不完全有效[435]。酮康唑极少引起瘙痒和红斑[436]（在1病例中由单独使用酮康唑引起，在其他病例中为联合用药所致）。已有报道称在临床症状和组织学上与亲上皮性淋巴瘤难以区分的报道，也有关于人的报道[394,398]。停止使用药物后病变自行消退。肉芽肿性腔壁毛囊炎相当罕见，可能与给药方式有关（双甲脒、头孢羟氨苄、局部用药、L-甲状腺素）[437]。病变包括大面积

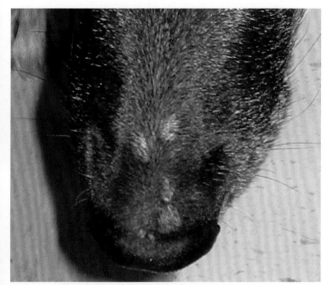

图9-37　犬使用环孢菌素后发生的淋巴浆细胞样斑块

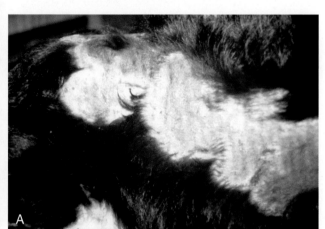

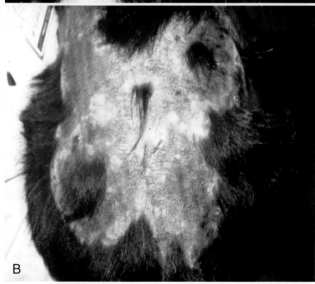

图9-38　犬肉芽肿性毛囊炎，与使用 L-甲状腺素有关　**A**. 边界清晰的脱毛、鳞屑及胸廓背外侧轻度的色素沉着　**B**. 在腰骶部背侧也有过度角化区域

互相融合的脱毛区域，边界清晰，产生鳞屑或有角化过度现象（图9-38）。可能出现丘疹、斑块、糜烂及结痂。慢性损伤大多表现为平滑、光亮、有瘢痕的表面。

药疹可在使用药物数天甚至数年后发生，也可能在停止药物治疗的几天内发生。首次使用药物时没有出现药物

反应的情况也很常见，因为这需要一个致敏过程。尤其是药物的过敏反应和免疫介导反应，更有可能在再次用药时才发生[397]。对于有的病例，药物只能引起一次药物反应，或者是继续使用药物的情况下反应也自行消退。这种情况更可能发生于非免疫性反应，并且有其他刺激因素同时存在时，如药物或病毒感染。年龄和恶病质同样会改变药物反应的性质[398]。有时重复注射狂犬病疫苗，药物反应的发生率反而减少了，但这也可能是由于初次注射疫苗时多是数种疫苗同时注射，而后却是单一注射狂犬病疫苗所致。药疹最常发生于初次用药治疗后的1~3周内[393,394]。有的药物反应（血管炎、萎缩性皮炎、结节、狂犬病疫苗反应）可能于用药的数周或数月后发生[420]。出疹也会在停止用药的1~2周后消失[397]。但有时在停止用药后的数周至数月内，药疹依旧存在（如疫苗及其他注射剂反应、苔癣样反应）[420,430]。

3. 诊断

如讨论中所述，某些特定的病症，如多形性红斑及疫苗注射部位的局灶性结节和脱毛，能很明显地指示药物反应，而许多其他皮肤病变也有可能是由药物反应引起的。因为CADR几乎与所有的皮肤病相似。所以需与该病进行鉴别诊断的疾病非常多，我们对于给予药物可能引起的皮肤反应应该有较为准确的认识，在所有皮肤异常的表现中必须首先考虑到药物反应的可能性，尤其当该皮肤病处于早期或呈急性发作时。这不仅仅在初诊中重要，事实上后续的诊断中疾病的表现都在逐渐变化。在有些病例中，患有皮肤病的犬、猫在进行了药物治疗后，可能就会出现药疹。因此对于后继出现的皮肤病变就需要考虑是否使用药物所致。用药史是初步诊断药物反应的关键。有助于诊断的几点包括：

- 使用患病动物从未用过的药物超过7d后引起，如果继续使用该药物，病变会更快出现。
- 病变出现时，动物正在使用某种药物或刚停止使用某种药物。
- 停止使用药物后，病变迅速消失，或在7~14d内消失。
- 再次使用药物时发生与之前相似的症状（只有在药物反应轻微时才能再次尝试使用药物，如果本身病变严重，则应当避免再次使用药物。这种方法同样适用于某药物反应未知的情况，重复使用可引起相同反应）。
- 已排除其他可能导致该种皮肤病变的疾病。

除此之外，在人医上用于试验性诊断还有一条标准：

- 应始终考虑特征性药疹与药物反应相关，并且有引起该病变的药物。

然而，兽医较于人医对于药物反应类型的经验较少。因此，上述的最后一条标准的适用范围非常有限。对于疑似病

例，可以同人医的标准进行对比，可能对诊断有所帮助。

一般情况下，没有明确的或有特征性的实验室检查可以确诊药物性皮炎。人医应用了基于发病机制的体内和体外免疫试验[392,397]。免疫试验包括皮内试验、斑贴试验、淋巴细胞转变（淋巴细胞胚细胞样转变）、毒性试验及皮肤病理学分析。虽然有迹象表明这些试验在诊断某些CADR时有一定价值，但其敏感性和特异性还不明确[438,439]。因此其对兽医领域的作用有多少也未有评估。曾报道有1只Sweet综合征患犬接受了淋巴细胞转换（淋巴细胞胚细胞转换）试验，结果提示使用卡洛芬时同时使用2种抗生素引起药物反应的可能性很小[413]。由于这些测试极少使用，并且难以明确其在犬、猫上的特异性和敏感性，因此CADR的诊断多基于临床症状和用药史，以及参考之前提到的药疹类型。

由于诊断多基于病史进行，因此人医常应用大量的诊断法则和药物评分系统诊断CADR[440-443]，目前这些法则和系统都被改良并应用于犬[416,444]。下列为近期用于评估29只犬药物引起的严重嗜酸性皮肤炎的药物评分标准。

4. 药物评分

该评分系统通过以下标准逐一计分（+3到-3）：

· 如果给药7d后或再次给药后1d内出现病变，则记+1分（支持）。

· 如果只停止使用药物而未进行任何治疗，病变就消失，则记+1分，如果同时给予其他药物则记0分（不确定）。如果停药后病变也持续存在，或者没有停药病变也消失，则记-1分（不支持）。

· 如果重新给予药物同时动物再次发病，则记+1分，如果没有进行激发试验则记0分，如果激发试验后病情没有复发则记-1分。

· 计分为正数则提示与药物有关。零分表示不太确定。负分表示不太可能同药物有关。

目前人医对于这些药物评分系统的作用仍存在疑虑，且其准确性的波动范围很大，有研究显示其敏感性范围为0~50%，特异性范围为53%~100%[439,445]。由于人们对犬如何应用这种药物评分知之甚少，因此该系统更适用于辅助诊断，不能以此确诊。

和药物反应的临床症状一样，其病理学变化也多种多样。组织病理学检查是诊断药疹引起的特征性综合征以及初步诊断具有特征性变化的病变时最有用的方法。这些综合征包括多形性红斑、中毒性表皮坏死松解症、无菌性中性粒细胞性皮炎、嗜酸性蜂窝织炎、浅表化脓性坏死性皮炎以及血管炎。组织病理学支持诊断皮肤药物反应最重要的一点是，当病理学家收到活组织申请时，也会得到动物的用药史，这会提醒他们考虑是否存在药物反应。

5. 临床管理

药物反应的预后大多良好，除非波及其他脏器或是表皮坏死面积非常大。药物反应的治疗包括：①停止使用该药物；②如文中所述给予局部或全身用药进行对症治疗；③避免相关药物的化学反应。糖皮质激素治疗对于药物反应可能无效，只有部分免疫介导反应经糖皮质激素、环孢菌素、己酮可可碱或免疫抑制剂治疗有效。对于严重或上述治疗无效的病例可以应用IVIG，这在两个危重病例中取得了很好的效果[446]。

（二）多形性红斑

多形性红斑不常发生于犬，极少发生于猫，是一种以表皮细胞凋亡和淋巴细胞卫星现象为特征的急性皮肤炎性反应[447]。人类发生的多形性红斑通常表现为急性的轻度自限性病变（靶样病变），但是常发皮肤黏膜疹，这种皮疹通常与感染有关，最常见的为疱疹病毒感染[448-450]。这些临床表现通常不会出现在犬或猫身上，如果出现该症状，则首先要考虑是药物反应而不是感染性疾病[444,447]。目前人们对多形性红斑和Stevens-Johnson综合征之间有什么样的关系仍存疑惑。中毒性表皮坏死松解症在人医和兽医上均已报道多年，并时常被认为与多形性红斑相似。而目前人医已承认二者为独立的两种疾病[449-452]。但在兽医上还存在争议，因为这两种疾病只有部分不同[447]而其他部分相似[444,453]。之所以在兽医领域会存在这些差异，主要是因为兽医对于该病的诊断主要依靠组织病理学检查，而人医上的临床判断标准还很少应用于犬和猫。如果能够将这些临床标准应用于犬和猫，那么多形性红斑极有可能更为罕见，因为许多相似病例更可能被诊断为Stevens-Johnson综合征或中毒性表皮坏死松解症。在兽医临床上这三种疾病非常相似，相互关联。

1. 病因和致病机制

符合典型靶样病变标准的多形性红斑在人上多与疱疹病毒感染有关，也存在其他病毒感染（如细小病毒）的可能性，细菌感染及支原体感染也可能导致相应病变[452]。药物反应很少引起这种严格符合典型靶样病变标准的病灶[450,452,454,455]。有报道称，引起犬发生该疾病的诱因包括药物、自发性、细菌感染、卡氏肺囊虫病、细小病毒、食物、肿瘤以及疱疹病毒[47,133,407,444,447,453,456-459]。在一调查了44只多形性红斑患犬的报道中，药物致病的患犬有26只（占59%）[47]。另一项关于34只犬的报道中只有7只（19%）可能与药物反应有关，可能引起药物反应的剂量是根据人医应用标准判定的[444]。最常诱发该疾病的药物包括甲氧苄氨嘧啶联合磺胺嘧啶、青霉素类以及头孢菌素类药物。引起猫多形性红斑最常见的原因是药物反应，有的病例也与疱疹病毒有关；有被疱疹病毒感染的患猫在使用药物治疗后出现多形性红斑症状[47,133,460-462]。

多形性红斑的确切致病机制尚不明确，但在与疱疹病毒有关的患者中发现了存在于角质细胞内的非复制型病毒颗粒，这些颗粒会吸引疱疹病毒特异性$CD4^+T_H1$淋巴细胞，激发IFN-γ介导的免疫应答，最终导致角质细胞的凋亡[463]。疱疹病毒相关的多形性红斑患者体内TNF-α的量不会改变，而药物反应性多形性红斑患者体内TNF-α增多而IFN-γ不变，这说明二者的发病机制是不同的[463,464]。

目前还未对存在于犬、猫表皮细胞中的病毒颗粒进行检测。已知细小病毒可引起犬的多形性红斑，疱疹病毒可引起猫和犬的病变[447,458,462]。患犬发生的多形性红斑被认为是一种直接受到抗原刺激导致的宿主特异性、细胞介导性过敏反应[47,360]。有研究表明多形性红斑患犬皮肤病变的免疫组化结果与急性移植物抗宿主病患犬相似[360]。表皮和毛囊中的角化细胞大量表达ICAM-1、MHC II，少量表达CD1a。这些分子的表达似乎是为了吸引白细胞持续存在于上皮中。同时存在的MHC II和CD1a能够使角质细胞变异产生抗原递呈能力。病灶周围未发生炎症反应的上皮中角质细胞也表达ICAM-1和MHC II，这提示这两种分子的增多可能存在于多形性红斑病程的早期阶段。CD44在角质细胞和浸润细胞中表达增多，这与T淋巴细胞激活和淋巴细胞从转移位点进入组织有关。上皮内浸润细胞的主要类型为CD3+、CD8-αβ+、TCR-αβ T淋巴细胞，以及少量CD4+T淋巴细胞。CD1+和CD11c+朗格汉斯细胞增多。真皮层浸润的细胞主要为CD3+、CD8-αβ+及TCR-αβ T淋巴细胞。真皮层中CD1+、CD11c+的数量也增多。

多形性红斑患犬的角质细胞表型改变提示，角质细胞的转变（无论是药物作用还是感染导致）可能是发病的主要因素[360]。可能是由CD8+（细胞毒性T淋巴细胞）和CD4+（辅助T细胞）T细胞产生的IFN-γ和TNF-α增加了ICAM-1和MHC II的数量，最终导致角质细胞凋亡，但该病在犬上的确切发病机制仍不明确[292,360]。

2. 分类

多年来，多形性红斑的病例分类，尤其是重症病例，存在混淆。这使得人们将多形性红斑分为轻度亚型和重度亚型。多形性红斑轻度型相对温和，病变呈多急性发作，呈典型的靶样病变，通常波及四肢，没有发热或前驱症状。如果波及黏膜，则通常症状轻微且病灶局限于口腔[450,452]。这些病例通常呈自限性，可在数周内痊愈。重度型病例通常更为严重，涉及更多的黏膜病变，且经常发生诸如精神沉郁或发热等症状。将该病归为靶样病变或非典型靶样病变的分类也更为常用，而开始发病时也容易将Stevens-Johnson综合征与重度型多形性红斑相混淆。人医有一项对多形性红斑或Stevens-Johnson综合征/中毒性表皮坏死松解症并发症（SJS/TEN）的研究提出了一种临床分类方法，其主要研究对象为病情严重，需要住院护理的患者[454]。这些病例分为四种类型：

- 典型的靶样病灶呈圆形的、有三圈分界良好的颜色带。其中心是红斑或紫癜且可能带有大疱；外面一圈为颜色较淡的红斑，并且由于水肿而轻微隆起；最外层为另一个红斑环。

- 隆起的非典型靶样病变难以分辨，只有两条红斑颜色带，其中一条因水肿而隆起。
- 平坦的非典型靶样病变也难以分辨，且有两条红斑颜色带；可能在中心存在大疱；没有隆起的水肿带。
- 斑疹有可能伴有也有可能不伴有水疱，后者可能是紫癜或红斑。

该研究也强调应严格定义典型的靶样病变及图9-39所列举的病变[452]。有两个主要特征可区分这些疾病：病变种类的特点以及表皮脱落的程度或所占体表的面积。最初的研究和之后的两项随访研究中发现，这种分类方法有效，皮肤科医生将这些方法准确应用可有助于诊断疾病和找到病因[455,465]。典型的靶样病变和隆起的非典型靶样病变通常与疱疹病毒引起的多形性红斑有关，而平坦的病变则通常与SJS/TEN的药物反应有关。最近的研究显示平坦病变型增多了近1/5。鉴别SJS/TEN与多形性红斑的主要特征是多形性红斑的病变多为隆起型，而SJS/TEN即使出现了有三条环状带的典型靶样病变，外圈两条环状带一定是平坦的，只有靶中部可能由于囊疱或大疱而隆起[466]。这是最明显的用来归纳这些病例属于哪种皮肤病变类型的方法。现在人医推荐应用典型靶样病变或隆起的非典型靶样病变来帮助诊断多形性红斑，而不使用重度型或轻度型来描述，SJS及中毒性表皮坏死松解症则被称为Stevens-Jdnnson综合征/中毒性表皮坏死松解症[450,452,467]。

由于兽医领域主要依靠病理学进行诊断，并且没有严格的靶样病变定义，因此这些分型仍然被混淆[444,447,468]。即便在治疗犬时使用临床分级（表9-7），临床上始终没有严格的关于靶样病变的定义[444]。研究入选标准，定义多形性红斑的病变为"皮肤存在斑点状或多环形的靶样病变"，但并被没有关于靶样病变的进一步描述。兽医相关研究中没有看到如人医教材上典型的三条环状带的靶样病变。由于缺乏临床靶样病变的定义并且使用组织病理学诊断作为兽医诊断多形性红斑的依据，导致许多更可能是Stevens-Johnson综合征的病例被诊断为多形性红斑。在兽医临床上药物诱导为主的多形性红斑支持了这一观点。在评估了16个病例后，一篇报道[47]将典型的靶样病变描述如下：

"早期病变为环形、红斑、丘疹以及出现斑块。这些病变逐渐向外圈扩大融合，形成奇异的多环图案。这时病变很少或表面没有表现出病变（鳞屑、结痂、糜烂、渗出、脱毛等）。病变的边缘相对较硬且有红斑，但中心的硬化和红斑均逐渐消失。中心通常呈青紫色或成为紫癜。这些是典型的'靶样病变'或'虹膜样'或'甜甜圈'样病变（图9-40）。"

这种"典型靶样病变"在16个患有多形性红斑的病例中有6例（37.5%），其中有2例为自发性的、1例为食物诱导的、3例由药物导致的[47]。

另一项研究根据建议标准来区分犬平坦的或隆起的病

表9-7　多形性红斑和Stevens-Johnson 综合征/中毒性表皮坏死松解症临床分类

临床病变	EM min	EM maj	SJS	Overlap	TEN
平坦或隆起，局灶性或多发性，靶形或多环形病变	是	是	不是	不是	不是
波及黏膜表面	无或1	>1	>1	>1	>1
红斑或紫癜，出现斑或疹（占体表的百分比）	<50	<50	>50	>50	>50
表皮脱落（占体表的百分比）	<10	<10	<10	10-30	>30

EM maj，重度型多形性红斑；EM min，轻度型多形性红斑；Overlap：SJS/TEN并发综合征；SJS：Stevens-Johnson 综合征；TEN：中毒性表皮坏死松解症。
表格来源：Hinn A, Olivry T, Luther P: Erythema multiforme, Stevens-Johnson syndrome, and toxic epidermal necrolysis in the dog: Clinical classification, drug exposure, and histopathologic correlations. *J Vet Allergy Clin Immunol* 6:13–20, 1998.

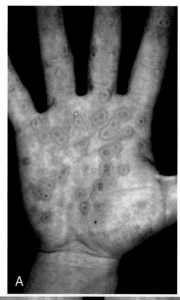

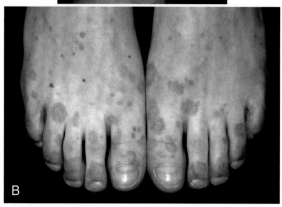

图9-39　手掌和脚掌典型的多形性红斑的靶样病变。开始时病变为暗红色斑点，中心逐渐形成小疱，周围呈青紫色（引自Habif TP. Clinical Dermatology, ed 5, St. Louis, 2010, Elsevier）

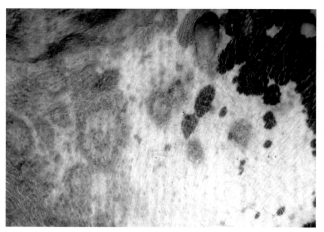

图9-40　使用Tribrissen引起犬的轻度型多形性红斑。注意侧边环形的红斑靶样病变

3. 临床特征

　　下面的描述是根据兽医公认的多形性红斑的病例得出的，如上述，最多只有38%的病例发生了典型的靶样病变。多形性红斑在犬和猫均罕见，调查了一所大学动物医院的所有患皮肤病的犬和猫，其发生率分别为0.4%和0.11%[47]。前驱症状或并发的临床症状可能反映出潜在病因，但也应当考虑到Stevens-Johnson综合征的可能性，因为人发生多形性红斑时不表现其他症状。

　　犬、猫的皮肤病变多种多样，但通常会呈急性、对称性发病。最常见的病变为红斑（图9-41）或轻微隆起的丘疹，丘疹向外延逐步发展并且明显可见，可能产生环形或弓形的病变。其他病变包括荨麻疹样斑块、小疱和大疱，最后可能出现溃疡。"靶样病变"这样的名词只能用于定义人医公认的病变。黏膜损伤在发病初期相似，均为对称性病变，但黏膜损伤通常为红斑且逐步发展为囊状、泡样或溃疡性病变（图9-42，A和B）。常见的出血性口腔溃疡，其上覆盖有灰白色的伪膜，成分为坏死的上皮细胞和纤维素。斑丘疹类的多形性红斑，最初表面并没有表面病理变化（没有发生鳞屑、结痂、渗出或脱毛）。荨麻疹性多形性红斑患部通常没有皮毛的病变，而与真正的荨麻疹

　　灶、多发性靶样病变或多环形病变，其中有少于50%的病例有体表红斑、紫斑或成片出疹，少于10%的病例有体表皮脱落[444]。根据当前的人医标准来看，病变标准不应当有大范围的波动，但是仍可以使用其他两种标准作为辅助诊断的依据。应当使用严格的靶样病变/隆起的非典型靶样病变判定标准重新评估这种分类的标准，以更好地诊断多形性红斑。

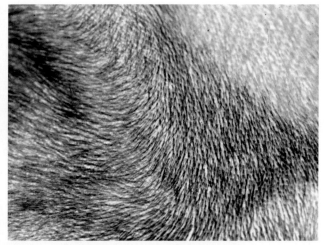

图9-41 犬多形性红斑由头孢氨苄引发的游走性红斑

病变不同的是，这种荨麻疹样病变会持续一段时间，而真正荨麻疹则易消散。也可能见到黏附有角质硬壳的红斑病变（图9-42，B和C）。

在最大规模的回顾性研究中，斑丘疹的患犬通常无明显临床症状，只占到调查总数的13.6%[47]。重度型多形性红斑会表现出全身症状（包括发热、精神沉郁及厌食等），并且有广泛的水疱或溃疡病灶。犬最常见的发病部位包括腹部（图9-43）（尤其是腋下和腹股沟，约占总病例的65.9%）、黏膜与皮肤交界处（47.7%）、口腔（31.8%）、耳郭（25%）以及爪垫（20.5%）[47]。皮肤病变偶尔会表现疼痛（22.7%），但极少有瘙痒感（4.5%）。偶尔发生靶样病变（15.9%），棘层细胞松解现象（11.4%）以及肢体远端发生凹陷性水肿（11.4%）[47]。老年犬的自发性多形性红斑通常波及面部和耳部[447]。

猫的病变主要是溃疡和结痂；也有报道称会发生囊疱性病变（图9-44）。病变区域主要为躯干和皮肤黏膜交界处[47]。

4. 诊断

在兽医临床上，典型的靶样病变非常罕见，其外观只有极小的差别，由于没有任何研究真正发现了这种典型病变，所以必须使用活组织检查进行细胞凋亡紊乱的确诊。平坦型多环状多形性红斑病变或"非典型"靶样病变的鉴别诊断包括：细菌性毛囊炎，皮肤真菌病，蠕形螨病，荨麻疹和其他囊状或脓疱状病变。隆起型非典型靶样病变必须首先与荨麻疹相鉴别。只有出现典型靶样病变，或出现隆起型非典型靶样病变并进行穿刺检查，才能确诊该病。穿刺还可以排除其他疾病，如毛囊炎。单独使用活组织穿刺检查不足以确诊多形性红斑，因为它无法鉴别所有以细胞凋亡为特征的疾病[444,450]。无论是否有可疑的诱发因素（如自发性疾病），这些病例都没有明显的组织病理学差异[47]。多形性红斑的最典型病变为凋亡的角质细胞周围聚集淋巴细胞，这种现象可能发生于单个细胞，也有可能发

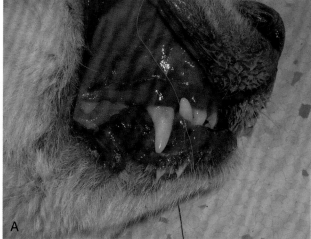

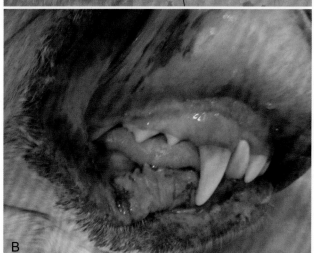

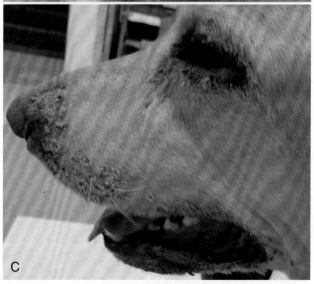

图9-42 **A.** 犬口腔黏膜发生的多形性红斑 **B.** 口腔多形性红斑，口周同样可见结痂硬壳 **C.** 犬多形性红斑及糜烂，在红斑周围出现角化过度的硬壳

生于融合的表皮区域，并导致溃疡[469,470]。该病通常伴有界面性皮炎，只有极少的病例主要为毛囊受侵害[469]。

必须通过全面的病史调查才能获得该疾病的可能诱发因素，包括有无药物使用史、感染或肿瘤。通过聚合酶链式反应（PCR）检测存在于皮肤中的病毒，尤其是疱疹病毒或细小病毒，提示感染引发的可能性；识别这些诱发因

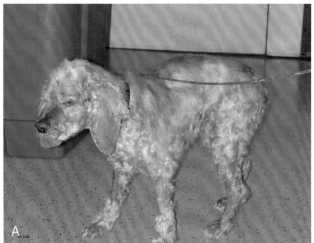

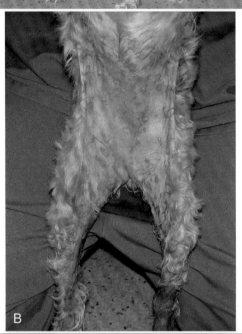

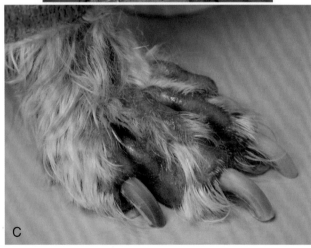

图9-43 严重多形性红斑的典型病例，面部、耳郭、腹部和四肢有红斑、糜烂和溃疡。注意非典型样病变的存在

图9-44 **A.** 多样性红斑患猫，侧脸有结痂的红斑和溃疡性病变 **B.** 病变扩展到颈部和背部

周围，或与皮肤血管的管壁有关[47,411]。

5. 临床管理

多形性红斑可能病症轻微，并且能在几周内自然消退。若能检查出潜在病因则必须立即纠正，介入治疗可能会使疾病自愈[47]。严重的水疱性多形性红斑病例需要应用支持疗法，并且积极找到潜在病因。只要确认诱因并且应对应治疗，通常患病动物可在3周内好转[47]。可以使用免疫抑制剂如糖皮质激素、咪唑硫嘌呤和环孢菌素来治疗某些疾病。IVIG这种针对免疫介导性疾病的有效但昂贵的治疗方法，可以用于救治生命垂危病例[460,471]。目前仅有1例病例经己酮可可碱治疗有效。

（三）中毒性表皮坏死松解症

中毒性表皮坏死松解症（Toxic Epidermal Necrolysis，TEN）是极为罕见的，以大面积皮肤、口腔黏膜发生水疱和溃疡为特征，是能够危及犬、猫、人类生命的一类疾病。如前所述，TEN和人的Stevens-Johnson综合征是同种疾病，只是后者的病变范围和严重程度较低。这两种疾病与多形性红斑不同[472,473]。

1. 病因和致病机制

在人，TEN通常被认为是一种药物不良反应，但也有

素能更好地制定治疗方案。自发型通常发生于患多形性红斑的老龄犬。在确诊前首先应考虑饮食试验，因为食物也是报道的诱发因素之一[47]。

直接免疫荧光试验通常为阴性结果，但其能发现角化细胞中的IgG、IgM或C3，它们围绕在浅表真皮层的球状体

少部分病例同其他病因相关，比如疫苗反应、肿瘤、感染和怀孕[472-475]。这些病因同样可以导致犬、猫发病。遗传因素也是引起人类发生该疾病的原因之一，已有报道证明人类对卡马西平的药物反应同HLAB1502基因有关[476]。人类的TEN病与超过200种药物相关，但大部分病例与14种高危药物有关[472,474]。犬TEN与多种药物和发病原因有关，最可能引起发病的药物包括抗生素磺胺甲氧苄氨嘧啶、头孢菌素类和青霉素类药物（框9-2）[25,133,430,477-480]。跳蚤叮咬也与犬、猫TEN相关[481]。有的病例与其他疾病有关，如假单胞菌性耳炎和肛门腺炎。目前这些因素与该疾病的确切关系尚不明确。有些病例应用过药物治疗，但由于局部用药也有可能引起该病，因此病因很难确定。有的病例则是自发性的。

TEN的发病机制尚不明确，但大多数观点认为这主要是角化细胞的细胞免疫反应；其中T细胞和巨噬细胞可能起到了一定作用。在人，主要发生的是大量的角化细胞凋亡[472]。细胞凋亡是细胞的一种程序性死亡方式，会导致细胞皱缩、核浓缩、核破裂及形成细胞膜-凋亡小体[482]。凋亡主要通过两条途径启动。其一是穿孔素颗粒酶途径包括在细胞膜上形成穿孔通道，允许颗粒酶进入细胞并且活化细胞内的半胱天冬酶系统引起细胞凋亡。其二是通过结合TNF家族的坏死因子（大部分为TNF-α和Fas配基）[474,483,484]，可活化细胞表面的死亡受体，激活细胞内半胱天冬酶系统从而引发细胞凋亡[473,482]。

发生该疾病时多种细胞因子水平上升；发生TEN时IL-13的水平上升，这在多形性红斑病例是不会发生的[483,485]。在病变处的角质细胞内谷胱甘肽-S转移酶水平上升，提示药物反应产生的细胞内物质接受氧化反应，且造成了角质细胞损伤[473]。在一项关于犬细胞凋亡的组织病理学标记物的调查中发现，7例TEN病例都显示凋亡细胞呈阴性，但却在多形性红斑的病例中发现了凋亡的细胞[292]。这种矛盾目前无法解释，并且引发犬的发病机制是否与人的发病机制相同的疑问。当然，目前这在犬上是未知的。

2. 临床特征

该病没有明显的年龄、品种或性别的差异性。在临床上，TEN常以急性全身症状（发热、厌食、嗜睡和精神沉郁）、多发性或全身性红斑、波及全身及黏膜表面的斑块为特点[430,444,469,480]。有学者认为可以使用皮肤表面溃疡或上皮脱落面积占总体表面积的比例来区分Stevens-Johnson综合征（＜10%）与TEN（＞30%）或两病同时发生（10%~30%）的情况[444]。并没有关于犬的典型靶样病变的报道，该种病变在人上也未见，但在人类患者中可见平坦型的非典型靶样病变。这种特殊的非典型病变并没有在犬、猫上有所区分，有的病变快速发展成为水疱、坏死以及溃疡病变（图9-45，A和B）。Nikolsky征象通常为阳性，即使是常规的接触或皮肤处理就可能导致脱皮（图9-45，C）。身体的各个部分都可能受到波及，但最常见

的是口腔黏膜和爪垫的损伤。其他黏膜也可能发生病变，包括直肠、食道、眼结膜以及气管黏膜。若出现出血性腹泻，提示更为严重的肠道黏膜病变[469]。皮肤疼痛通常为中度至重度。

3. 诊断

对于症状严重、发病急且进展快速的严重病例，其鉴别诊断较少，包括烧伤、无靶样病变的多形性红斑、浅表化脓性坏死性皮炎、中毒性休克综合征以及血管炎。需要基于急性发展的病史、临床检查以及皮肤活检确诊。TEN主要的组织病理学变化包括表皮全层失活，典型细胞形态为细胞质嗜酸性，细胞核苍白或深染，以及非常轻微的皮肤炎症[469,470]。与多形性红斑病例的大量细胞产生的炎性反应相反，该病的炎性反应较轻。人类患者早期出现T淋巴细胞，而随着疾病发展会出现更多的巨噬细胞和树突状间质细胞，但细胞量仍然较少，这又与含有大量T淋巴细胞

框9-2　引起犬发生TEN/EM的原因
抗生素
阿莫西林
阿莫西林克拉维酸
头孢氨苄
恩诺沙星
红霉素
庆大霉素
林可霉素
奥普美林-磺胺地索辛
青霉素
四环素
甲氧苄氨嘧啶-磺胺嘧啶
甲氧氨苄嘧啶-磺胺甲噁唑
感染
假单胞菌性外耳炎
葡萄球菌性皮炎
肛门腺炎
多种原因
麻醉剂
硫金代葡萄糖
氯吡硫磷
牛肉和/或大豆（食物中含有或预防心丝虫咀嚼片中含有）
乙胺嗪
D-柠檬烯
呋虫胺/二氯苯醚菊酯
自发性
伊维菌素
左旋咪唑
L-甲状腺素
莫昔克丁
耳用滴剂
苯巴比妥类

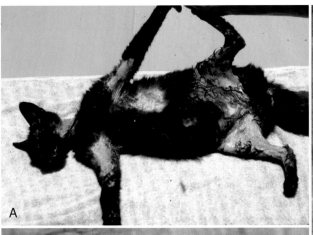

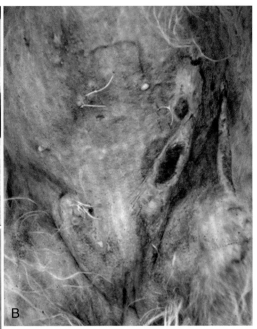

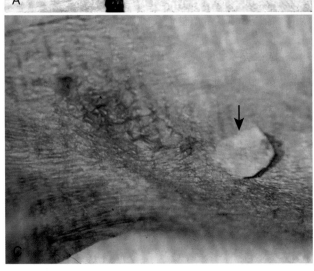

图9-45 **A.** 猫中毒性表皮坏死松解症 **B.** 犬中毒性表皮坏死松解症，可见红斑、水疱、糜烂、溃疡以及坏死 **C.** 与图B为同一只犬；黑色箭头所指为在皮肤表面施加切向压力后，表皮沿病变右缘翻开，Nikolsky阳性征象

浸润的多形性红斑不同。毛囊外根鞘的漏斗部也可能受波及。表皮坏死后，真皮—表皮分离导致形成皮下囊疱或大疱。过碘酸-希夫氏（PAS）-BMZ染色阳性区通常位于囊疱下方的区域。无论是人还是犬，该疾病并不以抗体介导性疾病为特点，因此并不推荐直接或间接免疫荧光试验，因此如果出现溃疡性大疱状疾病时使用该检测方法结果多为阴性。

TEN是一种严重危及生命的疾病，对所有物种的致死率都非常高。确诊的病例死亡率为30%～50%。因TEN而住院的患者中，研究者通过特殊的计分系统对162名病例进行了线性回归统计，确诊了75个病例[486]。这一系统评估了7种该病的特征，单项阳性则记1分，总分与死亡率相关。结果显示0～1分的，死亡率只有3.2%；5分左右者死亡率则有90%。因此诊断只是第一步，评分系统对预后才是真正重要的。在犬、猫的评估中，对有的指标如心动过速和血清尿素、葡萄糖以及碳酸氢盐水平等等并没有进行评估。在犬猫，病变面积越大预后越差。在人，败血症是主要致死原因。

4. 临床管理

犬、猫发生TEN的预后很差，但还没有与死亡率相关的报道。回顾兽医临床病例可知，该病通常会与"重度型多形性红斑"同时发生。自发性病例的死亡率较高，其诱因很难确定，也难以预防[487]。其预后和后遗症与大面积二级液体烧伤、电解质灼伤、胶质损失以及继发感染和败血症（多由于缺乏表皮屏障引起）相似。人医有专业的烧伤治疗中心，该疾病经治疗后死亡率降低[488;489]。

疾病发生前期，治疗应当包括：①停止使用任何可能引发疾病的药物或纠正潜在病因；②补充液体和电解质；③进行溃疡创伤管理以防止感染和败血症。除此之外，直接针对免疫机制采取的治疗方法同样适用于人和动物，但目前还没有相关治疗方法效果的对照或前瞻性研究报道。目前针对是否应全身使用糖皮质激素仍存争议，有的学者认为这种药物药效一般，而不良反应相当大，但大量的回顾性研究并没有明确指出其有害的因素[472;474;490]。总之这类药物一般不用作主要的免疫抑制药物，因为它有引发败血症的可能性。由于环孢菌素可作用于T淋巴细胞和细胞凋亡途径，因此可推荐使用[474;491]。少有关于犬、猫使用环孢菌素治疗该疾病的相关报道，一般用于初始免疫抑制的剂量为5～7mg/kg，每24h使用1次。有血浆分离置换法应用于人医治疗的报道，效果良好，但由于该方法有造成败血症的风险，因此其使用也存在争议[472;474]。人、犬和猫使用IVIG都非常有效[399;471;490;492;493]。IVIG治疗可能是通过阻断

Fas（CD95）而生效的[494]。抗TNF抗体有时也被用于治疗人TEN，但使用这类药物需要非常谨慎，因为目前有一种抗TNF药物沙利度胺，因其致死率较高现已停止该药物的试验[474]。没有任何一种单独治疗方法有效，因此多需要联合用药治疗。目前推荐使用血浆分离置换法联合IVIG，同时应用抗-TNF-α抗体及N-乙酰半胱氨酸来中和药物导致的氧化反应[473,474]。通常患病动物在治疗（即已识别和纠正潜在病因）后2~3周痊愈。

（四）血管疾病

大部分犬、猫疾病都会引起皮肤血管的异常并导致皮肤损伤，有的病症非常典型。皮肤血管炎是指血管壁的炎性反应。需要通过组织病理学检查发现炎症已危及血管壁从而确诊。然而，组织病理学诊断标准有几点需要注意：

- 组织病理学检查的样本是临床医生选取的。选择部位和疾病的阶段会影响诊断的准确性。
- 病理学家需要充足的证据才能进行诊断。这就需要识别病变是真正的血管炎症，还是其他部位的皮肤炎症导致炎性细胞从血管中向皮肤中迁移[470]。如果在猫的血管壁上发现嗜酸性粒细胞则提示病情严重[495]。
- 细胞缺乏性血管炎只有非常轻微的变化，比如血管壁增厚导致边界不清，内皮细胞缺失以及透明化改变，还可能观察到其他病变（如血栓等）[359,470]。

血管炎还可能导致其他皮肤病变，包括胶原蛋白淡染，毛囊萎缩以及细胞缺乏性皮炎，因此如果没有出现血管壁的改变或是炎症反应症状，也可以通过其他病变确诊。

通常发生皮肤炎症时，炎性细胞会移行到毛细血管后微静脉[470,496]。因此在其他血管（尤其是大血管和动脉）中有炎性细胞出现时，更可能提示有血管靶向作用。想要证明毛细血管后微静脉是炎性反应的靶向组织就需要有其他组织病理学证据支持，比如在血管壁上出现白细胞碎片，以及存在于血管壁上的细胞，其数量相比于位于真皮的细胞不成比例得多[470]。毛细血管后微静脉的内皮细胞中含特殊的分子标记物比如Toll样受体，这可能引发炎性反应（见第一章）[496]。犬、猫容易受到波及的血管主要是小血管[359]。

血管炎这一名词是在诊断时使用的，但它并不是一个明确的诊断，因为皮肤反应的类型与多种原因有关。本章会描述有血管病变的其他疾病，比如增生或血栓、缺血性皮肤病，但这些都不是真正意义上的血管炎。有人认为，皮肌炎是一种血管疾病，它有着非常强的品种遗传性，最常见于喜乐蒂和柯利牧羊犬（见第十二章）。这些血管疾病或综合征都有相似的临床症状，这让大多数临床医生在处理血管疾病时感到困惑。表9-8罗列了犬、猫血管综合征/疾病的主要表现。但总的来说，在犬、猫上极少见到关于血管的疾病。

1. 病因和发病机制

由于血管疾病由多种疾病或综合征组成，其发生原因多种多样。总的来说，多数综合征都与免疫反应相关，因此可能损伤到皮肤或皮下组织的血管。皮肤血管炎症还与其他疾病有关，比如食物过敏、昆虫叮咬、恶性肿瘤以及结缔组织病，如红斑狼疮[290,359,426,497]。许多药物也可能是引发血管炎的潜在病因[133,358,359,399,404-406,410,413,426,430,497-502]。Rosser和Merchant研究发现地塞米松和强的松能引起药物性血管炎[358]。药物剂量在某些反应中非常重要；每日按10mg/（kg·d）使用7.5%伊曲康唑的动物会出现皮肤血管炎（出现一只或多只肢体的淋巴水肿和/或坏死），然而每日按5mg/（kg·d）用药却不会出现这种现象[503]。疫苗也会引起血管炎，并且有两个综合征主要与疫苗有关。细菌、原虫以及病毒等感染也会导致血管炎[359,497,504-507]。多数患有血管炎的犬、猫与患该病的人相似，研究者都无法查出潜在病因，这种疾病大多为自发性疾病。嗜酸性血管炎与节肢动物反应、犬嗜酸性皮炎、食物过敏症及肥大细胞瘤相关[416,426,470]。有报道称，猫的嗜酸性肉芽肿及犬的嗜酸性皮炎会造成血管中的嗜酸性粒细胞增多，但这种病变却不是原发性的嗜酸性血管炎[417,495]。典型的坏死性血管型病变可见于较严重的嗜酸性皮炎和血管炎（图9-46）。有观点认为肉芽肿性血管炎与间隔性脂膜炎、韦格纳

表9-8 血管综合征

综合征名	主要特点
狼疮性血管炎	狼疮性病变的一种，通常与系统性或皮肤红斑狼疮有关
冷球蛋白血症/冷纤维蛋白原血症	与冷反应免疫球蛋白或免疫复合物沉积有关
疫苗相关性血管炎	接种疫苗后才发生病变；耳尖通常为非注射病变区
败血性血管炎	由于细菌严重感染而发病，或是继发于严重的全身蠕形螨感染造成的蜂窝织炎
中性粒细胞性血管炎	主要特点为中性粒细胞浸润血管壁，伴随白细胞破裂等
嗜酸性粒细胞血管炎	与节肢动物反应、食物不良反应或犬嗜酸性皮炎有关
肉芽肿性血管炎	主要特征为伴有血管炎并波及膜层或（一个病例中）齿龈形成的肉芽肿
德国牧羊犬的家族性皮肤血管病	主要发病品种为德国牧羊犬，主要病变部位为爪垫
灵缇的血管病变	有时伴发肾脏疾病
日光性血管病变	病变部位多为无/少色素或无毛发区域，通常为腹部或面部
鼻中部的增生性血管炎	最早被报道的是圣伯纳犬鼻中部区域出现的溃疡性病变
耳郭血栓性血管坏死性疾病	耳尖部楔形病变
缺血性皮肤病	非炎性的脱毛、鳞屑和瘢痕化

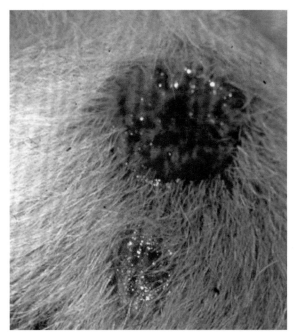

图9-46 嗜酸性皮炎和血管炎病例，有两个颗粒性杯状溃疡病灶

肉芽肿病（在犬表现为牙龈炎）、使用环孢菌素后发生的眼周水肿和脱毛相关[470,508,509]。

血管炎可能由烧伤或创伤等非免疫机制导致[417,510]。此外，它通常由免疫介导性机制导致药物相互作用或感染发展诱发皮肤病导致的[349]。最常见的皮肤血管炎的发病机制是Ⅲ型变态反应[349,358,499]。过多的抗原形成免疫复合物沉积于血管壁。其实有多种机制会导致这种疾病，有迹象表明如果血流出现改变（湍流增强）、血管渗透性改变、小静脉内皮细胞的免疫受体被激活、免疫复合物无法清除以及出现自身抗体都有可能导致该疾病的发生[496,511-513]。

即便是其他的皮肤内细胞，比如肥大细胞和神经细胞，通过产生和释放神经肽也可能导致皮肤坏死性静脉炎[513]。该病可能遗传；HLA-A11，Bw35以及遗传相关组织疾病都可能导致人发生该病[513]。对于犬，品种倾向性和品种特异性表现明显，多发生于中国沙皮犬、德国牧羊犬、灵缇、罗素㹴、苏格兰㹴及圣伯纳犬，这提示该病可能确实与遗传相关[514-519]。在贵宾犬、丝毛㹴、约克夏㹴、北京犬及马尔济斯犬，通常都存在疫苗反应的品种特异性，这种情况可能与品种、小体型、疫苗剂量及毛发生长期偏长和模糊的毛发表型有关[358,394,504]。

2. 临床特征

犬、猫发病时大多只有皮肤受到波及，其他器官偶见病变，在灵缇常出现肾脏病变[514]。在这些情况下，皮肤病变可能是全身性疾病的最初表现，或是先于其他器官病变发生。典型的皮肤病变发生于机体的一些连接部位，就是身体承重和磨损严重的部位（如耳郭、尾尖、爪垫、肘后）。目前对于为什么这些位置较易发还不得而知，但推测可能与这些部位容易损伤、对低温易感性高，并且血管供应较少有关。

较为急性或严重的皮肤血管炎表现为明显的紫癜、红斑、血疱、焦痂、漏斗状溃疡、浮肿，并且偶有四肢发绀的现象（图9-47）。其他病变包括红斑性荨麻疹、斑块、丘疹、脓疱和与缺血性皮肤病相关的症状（详见本章后部分"血管疾病"）。通常病变部位发生于四肢（前爪、小腿、爪垫等）、耳郭、嘴唇、尾部、阴囊及口腔黏膜（图9-47，B、C和D；图9-48）。病变寻血管走向发展，之后会形成线形纹路（见图9-47，B和C；图9-48，A和B；图9-49和图9-50）。

耳郭的病变通常发生在耳尖和耳郭内侧面（图9-51和图9-49）。爪部病变通常表现为瘀点、趾甲营养不良或脱甲病及爪部渗出（图9-52和图9-48，C）。爪垫可能出现溃疡、凹陷型瘢痕或陈旧性角化过度的病变，发生白斑病、爪垫变薄且平滑（图9-53）。通常会波及多只爪，在某些病例中趾端或掌、跖面也会发生病变。爪的边缘和中心都可能有病变存在。根据作者的经验和一项研究结果，食物过敏可能是发生全身性荨麻疹的潜在病因[426]。四肢和腹股沟还可能出现水肿斑、凹陷型水肿或淋巴水肿（图9-47，E）。病变有轻微或中度的痛感。有的患病动物可发生全身性红斑或紫癜。但这种红斑不会因为指压而发白，说明是紫癜性质的红斑（图9-54）。少数情况下会发生皮下结节，这是血管炎导致的脂膜炎的表现[497,500]。该病的原发表现为厌食、精神沉郁和发热，可能会累及多个器官，同时多发性关节炎、肌病、神经病变、肝病、血小板减少症和贫血在犬、猫临床上都有发生。任何年龄、品种、性别的犬都有可能发病。

增生性血栓性耳郭血管坏死见于犬[520]。该疾病的病因尚不明确，但一项报告显示，芬苯达唑产生的药物反应和该病有关[405]。该病没有明显的年龄、品种或性别倾向。病变开始于耳郭边缘，向耳郭内侧发展（图9-51）。在病变中央通常为一个细长的坏死性溃疡灶。溃疡灶周围通常会有增厚、鳞屑、色素沉着（图9-55）。病变呈楔形，较宽的一边位于耳尖。随着溃疡的增大，最先病变的部位逐渐坏死，导致耳缘的畸形。

犬鼻镜增生性动脉炎因其典型的症状而常见于犬。有报道的病例包括5只圣伯纳犬、1只巨型雪纳瑞和1只巴吉度猎犬[519,521]。而在杜宾犬、拉布拉多寻回猎犬、纽芬兰犬、萨摩耶也有报道[358,359]。作者之前也有见到过多只圣伯纳犬发生该疾病的情况，与报道相似。因此可推论，有遗传相关性的圣伯纳犬易感。一般来说，犬在青壮年时（2~6岁）首次发病，公犬与母犬的发病率相当，因此没有性别倾向性。病变非常明显，并且病变部位停留在鼻镜；鼻孔很少受到波及（图9-56）。病变通常为边缘清晰的溃疡灶，通常呈线形或卵圆形，其长轴与嘴唇平行。鼻镜部病变通常对称，但也有只一侧发病的病例。病变部位有时会间断性出血。

日光性皮肤病通常与无/少色素区域皮肤受到日光损

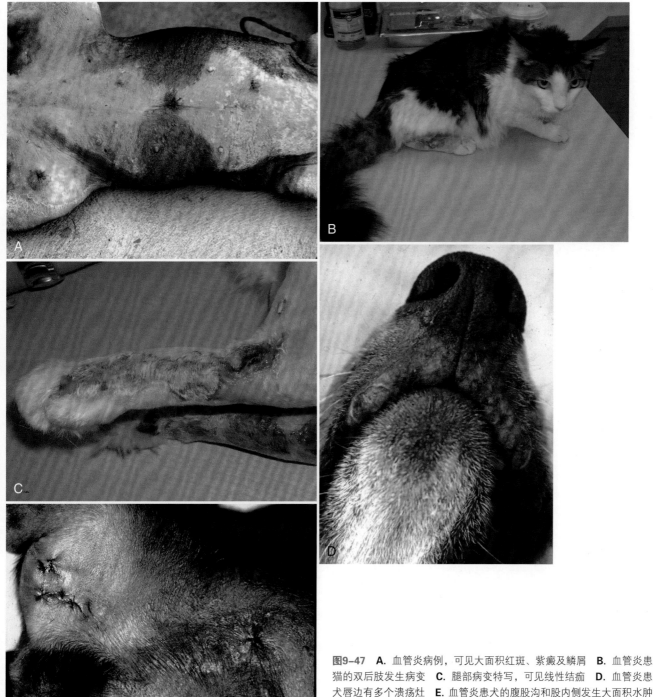

图9-47 **A.** 血管炎病例，可见大面积红斑、紫癜及鳞屑 **B.** 血管炎患猫的双后肢发生病变 **C.** 腿部病变特写，可见线性结痂 **D.** 血管炎患犬唇边有多个溃疡灶 **E.** 血管炎患犬的腹股沟和股内侧发生大面积水肿斑，指压留痕

伤有关[359]。它的发生与盘状红斑狼疮和白斑病有关，这些疾病导致的皮肤病变部位可能发生日光性皮肤损伤。该疾病没有年龄、品种及性别倾向。病变通常为边界清晰的红斑、肿胀、糜烂、溃疡，慢性常表现脱毛和疤痕。由于该病是日光穿透皮肤导致的损伤，因此发病部位多为鼻部、面部等易脱毛部位或无色素部位。病变通常向外周延伸，直至有色素皮肤；炎性病变导致脱毛甚至色素缺失，使病情进一步恶化。

狂犬病疫苗注射部位的局灶性皮肤血管炎和脱毛在犬

上也有报道[358,420,522,523]。贵宾犬、约克夏㹴以及丝毛㹴有品种倾向性。病变主要为粗糙的圆形脱毛、过度色素沉着及较少见的鳞屑或红斑、硬化的皮肤和皮下组织。大腿尾侧或外侧及肩部突出部分易发（图9-57）。病变多在皮下注射疫苗后2～6个月出现，通常会持续数月或数年。Mendelsohn研究认为病变也可能发生于典型血管炎发生的部位，与典型局部病变相似（图9-57，C和D）[358]。通常局部病变先于其他病变出现，这种病变可以通过手术切除疫苗注射部位治愈[358]。

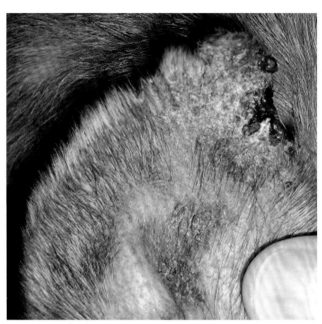

图9-49　血管炎病变常发生于耳郭，这一慢性病例显示了多种血管性病变、脱毛、线性色素沉着、疤痕、鳞屑、溃疡、结痂和坏死，这些病变导致了组织缺失和耳尖变形

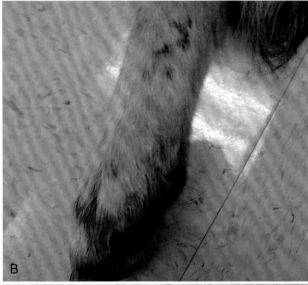

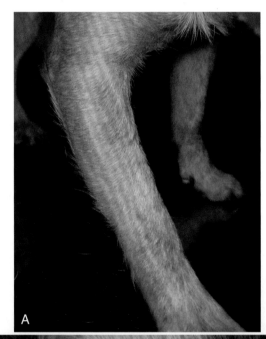

图9-48　**A.** 血管病变最常波及的部位为尾尖，图示为缺血性皮肤病导致的脱毛　**B.** 血管炎造成四肢远端的线性病灶　**C.** 与B同一病例，显示的是该犬出现趾甲营养不良

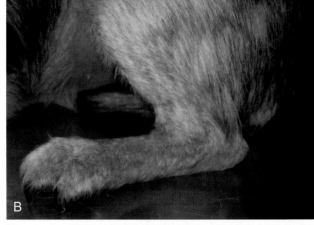

图9-50　**A.** 显示的是前肢线性脱毛及红斑，病变部位从肘后延伸至爪部　**B.** 与A为同一病例，后肢也出现相同的病变

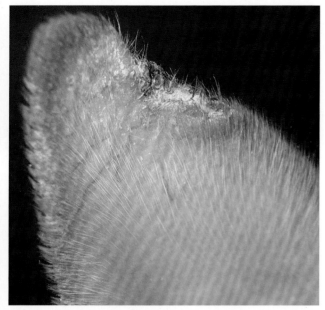

图9-51 犬耳尖增生性血栓性血管坏死。注意明显的中央血管坏死和红斑样病变

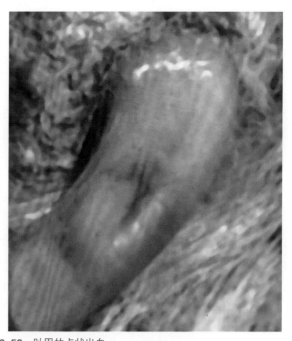

图9-52 趾甲的点状出血

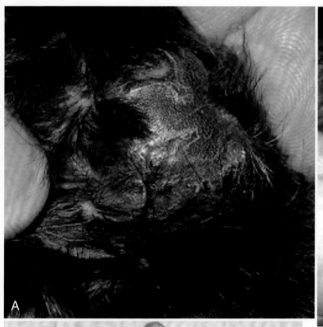

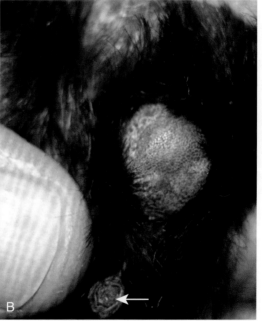

图9-53 **A.** 血管炎病例，显示多个溃疡灶或红斑，多数发生于掌部边缘区域 **B.** 爪垫边缘角化过度。白色箭头所示的趾甲中也出现干燥质脆的物质，这种物质充满了趾甲腔中，提示病变不仅限于爪垫，还波及趾甲 **C.** 血管炎患犬趾垫中央色素减退。注意有一个趾垫上有两个病灶融合

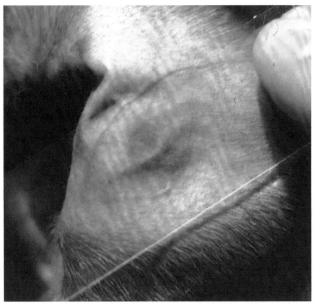

图9-56 患有鼻动脉炎的圣伯纳犬接受局部他克莫司治疗后的愈合病灶。可见两鼻孔中央的鼻镜部位出现的典型病变

图9-54 血管炎患犬的耳郭玻片压片检查。在对玻片施压的过程中红斑并没有消失，说明血液已经透过血管渗入真皮层

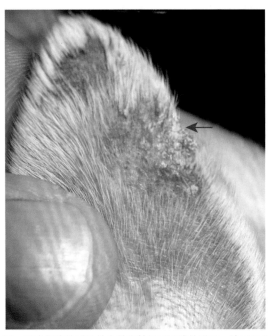

图9-55 耳尖部位的增生性血栓血管坏死造成的脱毛、鳞屑以及色素沉着。红色箭头所示的区域为最早发生病变的部位，坏死最后导致缺失

皮肤和肾小球血管病变（"Alabama 疾病"、"Greenetrack 疾病"）通常发生于笼养或比赛用的灵缇（详见第十二章）[514,524]。类似的综合征也见于大丹犬[525]。通常发生于少年至中年犬（6月龄到6岁），没有性别倾向性。病变出现典型的紫癜，刚开始时呈直径为10cm的圆形皮肤泛红区域，之后迅速发展呈暗红色、紫色甚至黑色，随后结痂脱落。四肢为常发病部位，较少发生于腹股沟和躯干部（图9-58）。1～2d后病变形成溃疡并有血清血液渗出。病变边界明显并常波及皮下组织。病变部位愈合缓

慢，在1～2月内形成瘢痕。患病犬表现为凹陷性水肿，尤其在膝关节和肘关节背侧及四肢，多有溃疡灶。多数犬在最初的病灶愈合前不会产生新的病灶。有些患犬表现出发热、嗜睡、多饮、多尿、呕吐、排黑便或柏油样便，并且可能发生急性肾衰。该疾病可能是生牛肉中的大肠杆菌产生的志贺样毒素导致的（类似人类的溶血性尿毒症）[524]。灵缇的易感性说明该疾病有遗传倾向性[524]。

德国牧羊犬家族性（常染色体隐性遗传）皮肤血管病变可见于幼年犬，通常发生于7周龄大[518]。幼年猎狐㹴和迷你雪纳瑞也发生过相同的病变[359]。临床症状包括发热、嗜睡、爪垫褪色、肿胀。也可能在耳郭、尾部和鼻镜部发生脱毛、结痂和溃疡。爪垫经活组织检查可发现不同级别的结节样皮炎、胶原溶解、血管退化、血管炎以及细胞缺乏性基底细胞坏死性皮炎。这些病变能部分反映出进行活检时疾病的发展程度。发病原因暂不明确，各种免疫测试的结果均为阴性。有人认为该病变与疫苗诱导产生的血管炎病变相似，因此认为这两种疾病的发病机理相似[359]。

缺血性皮肤病是由于血管炎或血管疾病而使血液供应不足导致的综合征。皮肤病理学家将这种综合征和其他几种血管综合征统称为细胞缺失性血管炎[359,470]。在一些病例中会表现出血管炎和血管疾病，组织病理学检查可发现取样时病变的程度和发展情况[470]。在注射狂犬病疫苗后发生的结痂、脱毛以及皮肌炎是最典型的缺血性皮肤病表现[425,526,527]。德国牧羊犬家族血管病变，灵缇的皮肤病及一些"类狼疮"样病变的组织病理学同该疾病相似[470]。

缺血性皮肤病的临床表现有五种形式[359]。有两种形式是皮肌炎，第一种有品种家族遗传倾向（第十二章），第二种是非品种家族遗传的幼年型皮肌炎。第三种形式是狂犬病疫苗接种后发生的脂膜炎；第四种是疫苗诱导产生的

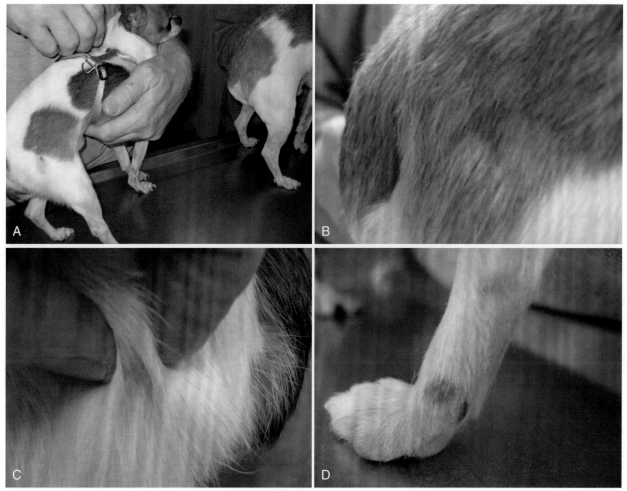

图9-57　**A.** 有血缘关系的2只吉娃娃，其父母相同但二者年龄相差1岁。2只犬均在右臀部出现了狂犬病疫苗免疫反应　**B.** 近观病情稍轻微的那只吉娃娃，可以看到脱毛区域的毛发已经开始新生　**C.** 稍严重的那只吉娃娃可看到增厚的结节以及红斑出现　**D.** 稍严重的那只已波及后肢，可见红斑出现

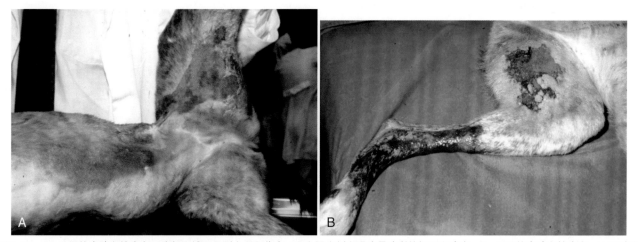

图9-58　**A.** 灵缇的皮肤血管病变。腹部区域可见到大面积紫癜，左大腿内侧出现边界清晰的坏死和溃疡　**B.** 灵缇的皮肤血管病变。左后肢出现严重的淋巴水肿，右后肢出现大面积多发性坏死和溃疡（由B. Fenwick提供）

缺血性皮肤病；第五种是成年动物发病出现的缺血性皮肤病病变，但与接种疫苗无关。普遍认为血管疾病病患的病情相对较轻，会导致组织缺氧。组织缺氧产生滤泡，使真皮和表皮结构改变，但不发生典型的出血、水肿和坏死等血管病变[359,470]。这种病变类型"较不严重"或血管病变发

展缓慢可能导致瘢痕性脱毛、光泽的鳞屑和黑头粉刺（图9-59）。

疫苗相关的病变通常在注射疫苗后2～8个月出现。病变表现为红斑、结节、脱毛、鳞屑、糜烂、溃疡、结痂以及色素沉着和瘢痕化。病变部位位于接种疫苗区域，以及

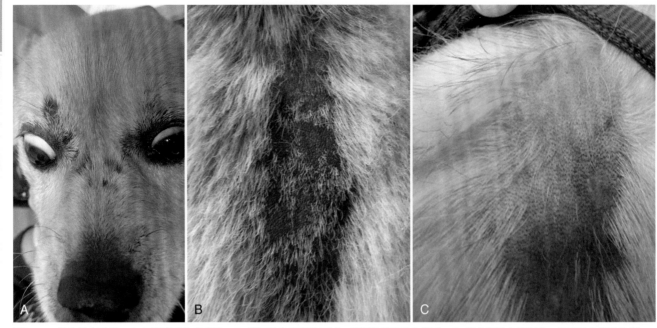

图9-59　缺血性皮肤病　**A.** 面部脱毛和瘢痕化　**B.** 增厚的色素沉着区域，表现为瘢痕化和脱毛　**C.** 病变部位色素沉着，脱毛且有黑头粉刺

耳郭（通常发生于耳尖和内耳郭，耳缘处特别易发）、面部、爪垫、尾尖、眼周以及身体突出的部位（见图9-57）。舌部可能发生破溃和溃疡。可能出现相关的缺血性肌肉萎缩。

3. 诊断

由于主要病变不同，该疾病的鉴别诊断较多。典型的线性血管型病变（出现瘀血或瘀斑）需要同凝血障碍、全身性红斑狼疮、冷凝集素病、冻伤、弥散性血管内凝血以及淋巴瘤相鉴别。急性坏死和溃疡需要同其他疾病如表皮下大疱性疾病、烧伤以及深层脓皮病相鉴别。当出现典型荨麻疹病变时，没有血管病变的过敏症也是鉴别诊断之一。缺血性皮肤病早期出现的局灶性病变，一定要与蠕形螨病和皮肤真菌感染、盘状红斑狼疮以及皮肌炎相鉴别。主要鉴别诊断方法包括病史调查、临床检查和皮肤活组织检查。

对所有的血管炎病例都应当尽力找到其发病原因；完整的用药情况和疫苗免疫史是非常重要的。需要注意疫苗免疫引起的病症通常是在注射疫苗后2～6个月出现。导致败血症型血管炎主要的疾病包括深层脓皮病、蜂窝织炎以及细菌性心内膜炎。同时需要检测是否发生节肢动物传播的疾病，包括巴贝斯虫、埃利希体/无形体、巴尔通体、立克次体、伯氏疏螺旋体和利什曼原虫，这类感染可以通过PCR或抗体试验检测。诊断出的这些病原可能与血管炎并无关系，但可以指导临床治疗方案。

血管疾病的类型、采样时血管损伤的程度不同以及继发感染等原因，使得组织病理学检查结果有所不同。如前所述，血管的病变可能严重也可能轻微，因此病变部位可能存在不同的炎性细胞，也可能出现缺少细胞的现象。考

虑到血管病变的程度不同，以及由于缺氧导致毛囊、真皮层及表皮层改变，所以临床医生在进行活组织检查时必须进行其他全面的检测。在提交皮肤样品时需要详细地描述患犬的病变形态和可能的鉴别诊断项目。病理学家在被告知可能的鉴别诊断后更容易发现到细微的病变。如果有条件，还可以将样本交送给有皮肤病理学专长的兽医病理学家进行诊断。

大部分血管炎病例都会形成血栓，之后血栓内的纤维蛋白降解产生D-二聚体。现在可通过单克隆抗体活性筛选检查检测血液中的D-二聚体。有研究曾用这种方式筛查出10只过敏性皮肤病患犬和26只皮肤血管炎患犬[528]。通过皮肤活组织检查证实15只血管炎患犬存在血栓，而在另外11只的血管中则没有发现血栓。在存在血栓的15只患犬体内均检测到D-二聚体的含量大于500ng/mL。而没有血栓的患犬中，有4只D-二聚体含量低于250ng/mL，3只为250～500ng/mL，还有4只超过500ng/mL。因此如果以D-二聚体的含量超过500ng/mL为诊断标准，那么其特异性为100%而敏感性为64%。这项研究还测定了纤维蛋白原水平，所有26只患犬体内的纤维蛋白原水平均高于正常水平（287mg/dL）。

直接免疫荧光检测和免疫组化试验可检测是否有免疫球蛋白和/或免疫复合物存在于血管壁上，在嗜中性型和淋巴细胞型皮肤血管炎病例中，这些免疫物可能存在于基底膜区[25]。但通常不需要通过这类试验确诊。如果需要进行这类试验，那么检测时间最好是病变发生后的4h内，最晚不能超过24h[529]。

人们可能会考虑是否可以通过测量动物体内免疫复合物的水平来诊断该疾病。虽然还没有相关的对照研究报

道，但有研究发现其他皮肤疾病（包括葡萄球菌性脓皮病和蠕形螨病）中免疫复合物的水平有所上升，因此该检测的特异性很低[530]。

4. 临床管理

该疾病的临床特点因其不同的发病原因而有所不同。疾病发展可能只持续数周，也可能成为慢性疾病、持续终生，也有可能复发。是否波及内脏器官（尤其是肾脏或神经系统）和疾病的潜在病因/诱因将决定预后。当然，一旦找到原发病因，则必须立即针对原发病因进行治疗。但是，一旦免疫复合物形成，免疫系统受到刺激，即便控制原发病因（如传染源等）可能也无法制止血管炎的发生，此时就需要采取其他的治疗措施。

治疗血管炎可能需要药物调节免疫。对于少数严重病例，推荐使用多西环素或己酮可可碱。在等待活组织检查结果和感染性疾病的PCR或抗体检测结果期间，可以使用多西环素进行治疗。因为该药物的不良反应较小，并且有一些该药物治疗有效的报道（见第三章），所以在病情较轻微或初次治疗时推荐使用己酮可可碱。使用己酮可可碱治疗7例狂犬病疫苗相关性血管炎（需要2~5个月的治疗期）后，有4例有效，但该药对于白细胞分裂性血管炎没有效果[425,426]。该药物在治疗血管炎导致的牵引性脱毛时有一定疗效[510]。在更多的严重病例中，尤其是对于中性型血管炎病例，通常会使用强的松或强的松龙（2~4mg/kg，口服，每日1次），有时会同己酮可可碱联合用药。糖皮质激素对有的病例没有效果，此时多使用免疫抑制剂如咪唑硫嘌呤或环胞菌素进行治疗。对于单独使用糖皮质激素未能控制病情的病例，就需要联合咪唑硫嘌呤或环胞菌素，或联合更多药物一起治疗。作者和其他临床工作者在治疗非常严重的病例时，曾将糖皮质激素、咪唑硫嘌呤、环胞菌素和己酮可可碱联合使用[358]。过去的报道认为使用砜类药物如氨苯砜（犬：1mg/kg，口服，每8h 1次；猫：1mg/kg，口服，每24h 1次，谨慎使用）或柳氮磺胺吡啶（犬：20~40mg/kg，口服，每8h 1次）有效[515,531]。糖皮质激素和氨苯砜联合使用有协同作用[515]。给予大剂量的维生素E、四环素或烟酰胺是有效的辅助治疗方式[515,532]。有的病例在治疗4~6个月后就可以停止治疗。而有的病例则需要降低药物剂量和使用次数，以长期维持用药（见第三章）。

耳郭增生性血栓坏死通常病程较长，并且大多数药物治疗均无效，只有少数病例在使用己酮可可碱后有效。如果己酮可可碱无效，就需要进行手术切除耳郭。如果保留过多的耳郭组织，则疾病极可能复发。

己酮可可碱对治疗局灶性皮肤血管炎和注射部位脱毛有效（大于75%的病例病变体积减小），也可采用手术方法切除病变部位，有的情况下也会自行愈合。局部使用他克莫司（0.1%）也是有效的方法。除非法律要求，最好不要重复注射之前的疫苗，因为确实有复发的可能性[358]。

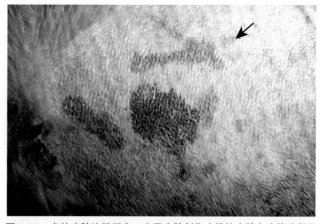

图9-60 犬的皮肤淀粉样变。由于皮肤创伤（轻拧皮肤）（箭头所示处）造成的瘀斑（由R．M．Schwartzman提供）

日光性皮肤病患病动物应当减少在紫外线辐射中暴露。虽然目前认为必须避免的是UVB，但UVA是否是发生病理变化的诱因还不得而知，因此最好二者都避免。减少日光辐射就需要将动物限制在室内活动，并且在白天也需要减少透过玻璃窗的光照。可以使用含有阻断UVA的防晒霜（SPF30或更高指数）或防晒服来避免日晒（见十六章）。

（五）淀粉样变性

淀粉样变性是指存在于细胞外的异常沉积物，这类沉积物是低分子蛋白纤维，有共同的染色特性和超微结构[533-535]。淀粉样变性不是一种疾病，并且多种病理机制都有可能产生并沉积这种淀粉样蛋白。犬、猫的淀粉样变主要是由免疫球蛋白的轻链沉积导致的，可发生于机体的任何部位，而并不波及皮肤[349,536]；也可能发生皮肤病变，且皮肤是唯一病变部位情况极少[537]。

1. 病因和发病机制

可能会发生由不同氨基酸组成的淀粉样蛋白沉积[534,538]。淀粉样蛋白沉积物包含一种非纤维蛋白，这在正常的循环血浆中也会出现，称为血清淀粉样蛋白-P（一种弹性蛋白酶抑制剂，可避免淀粉样沉积物被降解和吞噬）。作为淀粉样蛋白原纤维蛋白的前体，主要的与骨髓瘤相关的全身性淀粉样变性的免疫球蛋白轻链（最常见λ链），被称为淀粉样蛋白-L。在继发性的全身性淀粉样变（通常与慢性炎症有关）中，血清前体蛋白，即血清淀粉样蛋白-A（一种高密度脂蛋白和急性期反应物），会形成淀粉样蛋白沉积物中的纤维。有学者认为血清淀粉样蛋白-A是蛋白质经巨噬细胞水解后分泌出的淀粉样蛋白-A。

虽然淀粉样病变的发病机制尚不明确，但其可能与单核吞噬系统、浆细胞以及角化细胞有关。功能性研究认为这些细胞在淀粉样变病程中发挥了一定作用。最终，淀粉样蛋白沉积导致组织结构和功能的变化。犬、猫发生淀粉样变性与慢性炎症性疾病、肿瘤生成和浆细胞聚集有关[349,533,536]。也可能与血管炎综合征有关[539]。中国沙皮犬、比格犬、阿比西尼亚猫及暹罗猫有品种倾向性[533,538-540]。也有研究认为可卡犬易发原发性皮肤淀粉样变性和髓外浆细胞瘤导致的继发性皮肤淀粉样变性[537]。

2. 临床特征

最常见的淀粉样变性是一种内科疾病，常见于肾脏、脾脏和肝脏，肾脏病变可能会危及生命[349,533]。犬的全身性淀粉样病变可能表现出皮肤病变，皮肤很少是唯一的病变部位[537]。犬、猫最常见的皮肤淀粉样变主要是结节型[537]。表皮或皮下可能形成丘疹或结节，可发生于机体的任何部位，最常发生于耳部。有的结节坏死后破溃。也可能出现紫癜[541]。有报道称成年雌性可卡犬发生全身性淀粉样病变与单克隆丙种球蛋白病有关[542]。较为用力地按压病变皮肤或拔出病变部位毛发可能导致皮肤出血（图9-60）。如果皮肤严重受损，血液会迅速渗出皮肤并凝结。皮肤活组织检查发现表皮为不定型的、均质的、嗜酸性结构。病变部位的血管壁由于沉积这种均质的嗜酸性物质而增厚。该物质经刚果红染色呈阳性，刚果红染色的切片在偏振光下观察呈现绿色的折光性。存在单克隆血清IgG副蛋白。如果不给予治疗，动物的病变保持14个月不发生变化。

有1例10周龄德国牧羊犬发生全身性淀粉样变性的报道[543]。患犬临床表现为爪垫肿胀，有红斑，且无法正常行走。尸检发现了全身性的淀粉样变，但活组织检查爪垫时只发现了慢性渗出性炎症。

3. 诊断

该疾病的鉴别诊断包括肿瘤、囊肿和感染性/无菌性肉芽肿。可通过活组织检查确定淀粉样变性。光学显微镜检查发现有嗜酸性无定形的沉积物，经刚果红染色和在偏振光下观察可现双折光性[534]。继发性淀粉样变（非原发性和骨髓瘤相关的淀粉样变性）在使用高锰酸钾预先处理后会失去其刚果红染色阳性的特点。电子显微镜观察可见7.5～10nm宽的呈线状、无分支的管状纤维，每条纤维由数条细丝呈β折叠形排列[534]。

4. 临床管理

非全身性的单纯皮肤结节病患可以通过手术切除痊愈。目前对于多发性病灶还没有良好的治疗方法。在人医上，无论是原发性皮肤病变还是继发于骨髓瘤相关的淀粉样变，使用DMSO治疗效果良好，可能是由于其能抑制淀粉合成或加速淀粉样物质降解[534]。

（六）耳软骨炎

耳软骨炎（"复发性多软骨炎"）是一种极少见于犬、猫的疾病，以耳软骨的炎症和结构破坏为特点[544-548]。人类有一种类似的疾病被称为复发性多软骨炎，对于犬、猫主要感染耳软骨。在人医上，尽管耳软骨也是常见的发病部位，不过若要确诊该疾病，必须还有两处以上的其他

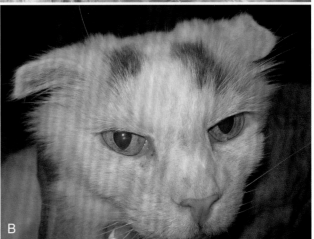

图9-61　**A.** 耳软骨炎患畜可见肿胀的耳郭呈紫罗兰色　**B.** 慢性耳软骨炎导致耳郭畸形

软骨发病[549-551]。除此之外，30%的患者还存在免疫介导性疾病，如血管炎、全身性红斑狼疮、干燥综合征及其他疾病。但在13只患猫中，有11只仅有耳软骨发病，并没有发现任何自体免疫性疾病[552]。因此，在猫上使用复发性多软骨炎这个名词命名该疾病是不合适的。

1. 病因和发病机制

对于人医而言，复发性多软骨病通常是一类免疫介导性疾病，因为在大多数病例中可发现抗自身胶原蛋白（尤其是Ⅱ型胶原蛋白——软骨的一种组成物质）抗体，并且这种抗体有一定的遗传相关性[549,550]。此外，严重的病例需要使用免疫抑制类药物如咪唑硫嘌呤、环磷酰胺和环孢素缓解症状[549]。

也有假设认为软骨的创伤或结构破坏促进了疾病的发展[549,553]。有研究者观察到在使用铜或铁的耳标后小鼠的耳软骨可能会发生免疫介导性炎性反应[554]。在一篇关于1只犬和2只猫的报道中，虽然没有确定真实病因，但它们确实

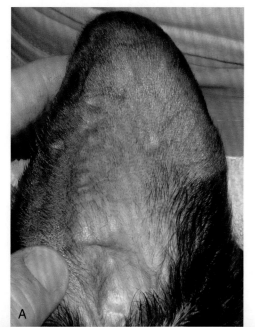

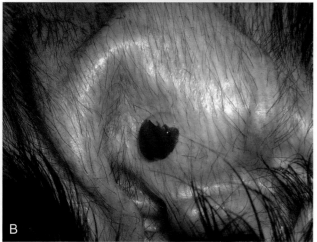

图9-62 **A.** 犬耳软骨炎时发生的耳郭丘疹 **B.** 与**A**为同一只犬，刺破丘疹后流出混有血液的清亮液体

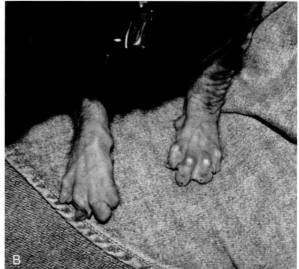

图9-63 **A.** 猫的假性脱毛。面部出现或多或少的对称性脱毛 **B.** 与**A**为同一只猫。可见前肢脱毛。注意四个爪都有脱毛

从慢性耳炎发展为耳软骨炎[547,548]。更进一步的猫的免疫介导性病因尚不明确。

2. 临床特征

据报道，患猫和1例患犬有耳部肿胀、红斑、畸形及疼痛的表现[547,548,552,555]。另1例患犬除了多发性丘疹外没有其他症状[548]。大多数病变的耳郭呈红色或紫罗兰色，并且肿胀（图9-61，A）。慢性病患的耳部卷曲、畸形（图9-61，B）。疾病可能为双侧性的，严重程度不一，也有单侧性的，也有从单侧性发展为双侧性的。猫通常没有其他病变，但13个病例中有2例出现发热，其中有1例并发关节炎，只有左膝关节受到波及，导致髌骨脱位，同时还伴有心脏病[552]。另一只猫有心脏和角膜病变，内脏病变同人类的复发性多关节炎相似[545]。

患猫年龄为1.5～14.5岁，平均年龄为3岁[552]。没有足够的病例来判定本病是否有品种或性别的倾向性。患犬多有非侵袭多发性关节炎和指韧带及腕关节的病变，或

先于耳软骨炎出现的耳炎[547]。另1只幼犬则表现出不一样的病变特点，该犬有多发性的丘疹，丘疹内充满液体（图9-62，A）[548]。患犬没有表现疼痛，在细胞学和组织学上也没有炎症现象。如果用针挑破丘疹，可见先流出清亮液体而后流出血液（图9-62，B）。数年后病变可能仍然存在但没有临床症状。

3. 诊断

活组织检查可以发现浆细胞性炎症，软骨嗜碱性缺失，以及软骨坏死。1只犬出现中央软骨形成，其耳软骨内有囊疱形成[548]。血液学、血清生物化学及实验室的检查结果不一致。2只猫的直接免疫荧光试验均为阴性[552]。在人医上若要将疾病确诊为复发性多软骨炎，则需要病变波及其他至少两处器官（双耳软骨炎、非侵蚀性的血清阴性多发性关节炎、鼻软骨炎、眼部炎症、呼吸道炎、耳蜗和/或前庭功能障碍）和/或至少两个不同的解剖学部位发生组织结构上的软骨炎[552]。

4. 临床管理

没有表现出疼痛或系统性症状的患猫有时不需要治疗就可以痊愈[544,552]。有1例切除耳郭后治愈的报道[552]。全身使用糖皮质激素对多数人类患者无效[552]。4只猫经氨苯砜（1mg/kg，每日1次）治疗后症状缓解，治疗停止后没有复发[545,552]。无论是否接受治疗，猫都会发生永久性的耳郭畸形。有1只犬在接受手术切除后症状缓解，其他犬在之后的2年随访中仍不表现症状。

（七）假性斑秃

假性斑秃是犬、猫临床上极为少见的一种疾病，目前认为该病与免疫介导有关，以永久性的非炎症性脱毛为特点[332,340,556]。

1. 病因和致病机制

人的假性斑秃是一个仍然存在争议的疾病，但极有可能与遗传相关[557,558]。目前其病因学和致病机制仍存争议，虽然有人认为免疫机制起到了非常重要的作用，但该疾病还是一个特发性疾病。主要特征为淋巴细胞攻击毛囊内的隆突细胞（毛发生长的主要细胞）[557]。这类细胞的缺失导致永久的瘢痕性脱毛。1只犬和2只猫的皮肤病理学检查发现，在毛囊上皮细胞中最主要的细胞为$\alpha\beta$ CD8+淋巴细胞[340,556]。毛囊周围的皮肤富含CD4+和CD8+淋巴细胞，此处，还含有CD1+树突状抗原递呈细胞。针对4只犬的研究发现，血液循环中含有抗毛囊蛋白（包括毛发角质蛋白）和毛透明蛋白的自身抗体（IgG群），但以上发现在猫上并没有被证实。与斑秃不同的是该疾病没有毛发再生。

2. 临床特征

由于没有大量犬、猫的临床病例报道，因此是否存在年龄、品种和性别的倾向性仍不清楚。病变的特点为直径为2~8cm的边界清晰的非炎性脱毛区域，在机体上有一个或多个病灶，较少发生弥散性脱毛，脱毛只在头颈部出现。有的病变有鳞屑和/或色素沉着。没有瘙痒和原发性病症。

猫多表现为对称性的非炎性脱毛，脱毛现象从面部开始蔓延至腹部、腿部及爪垫（图9-63，A）[331],[559]。可能发生脱甲症（图9-63，B）。

3. 诊断

该病需要与斑秃进行鉴别诊断。鉴别诊断的基础是皮肤活组织检查。而在组织病理学上需要与所有以淋巴细胞浸润毛囊为特点的疾病进行鉴别（详见十一章）。

早期组织病理学检查发现有不同程度的淋巴细胞、组织细胞以及少量的浆细胞浸润，特别是在毛囊峡部。在猫可能还会有少量的中性粒细胞和嗜酸性粒细胞聚集。病变初期炎症反应剧烈，不存在或存在轻微的萎缩性病变，皮脂腺仍存在。病变后期，萎缩性病变越发严重，炎症反应轻微，皮脂腺可能消失。

4. 临床管理

在这种情况下，多数病例经局部或全身使用糖皮质激

素和苯丁酸氮芥治疗无效[556],[559]。有报道称，使用环孢菌素或联合使用环孢菌素和曲安西龙有一定作用。

参考文献

[1] Scott DW, et al: Immune-mediated dermatoses in domestic animals: Ten years after. *Part I. Compend Contin Educ Small Anim Pract* 9:423, 1987.

[2] Hnilica K: Determinations of clinical outcome compared with histopathology and direct immunofluorescence, a practitioner's perspective. In *Proceedings of the 19th AAVD/ACVD annual meeting*, Kansas City, MO, 2004, Hill's Pet Nutrition.

[3] Olivry T, Bizikova P, Dunston SM, et al: Clinical and immunological heterogeneity of canine subepidermal blistering dermatoses with anti-laminin-332 (laminin-5) auto-antibodies. *Vet Dermatol* 21(4):345–357, 2010.

[4] Nishifuji K, Tamura K, Konno H, et al: Development of an enzyme-linked immunosorbent assay for detection of circulating IgG autoantibodies against canine desmoglein 3 in dogs with pemphigus. *Vet Dermatol* 20(5-6)331–337, 2009.

[5] Griffin CE: Diagnosis and management of primary autoimmune skin diseases: a review. *Semin Vet Med Surg Small Anim* 2(3)173–185, 1987.

[6] Griffin CE, Rosenkrantz WS: Direct immunofluorescent testing: a comparison of two laboratories in the diagnosis of canine immune-mediated skin disease. *Semin Vet Med Surg Small Anim* 2(3):202–205, 1987.

[7] Bradley GA, Mays MB: Immunoperoxidase staining for the detection of autoantibodies in canine autoimmune skin disease; comparison to immunofluorescence results. *Vet Immunol Immunopathol* 26(2):105–113, 1990.

[8] Morrison LH: Direct immunofluorescence microscopy in the diagnosis of autoimmune bullous dermatoses. *Clin Dermatol* 19(5):607–613, 2001.

[9] Mihai S, Sitaru C: Immunopathology and molecular diagnosis of autoimmune bullous diseases. *J Cell Mol Med* 11(3):462–481, 2007.

[10] Olivry T, Dunston SM: Usefulness of collagen IV immunostaining for diagnosis of canine epidermolysis bullosa acquisita. *Vet Pathol* 47(3):565–568, 2010.

[11] Kalaher K: The value of immunofluorescence testing. In Kirk R, editor: *Current veterinary therapy XI*, Philadelphia, 1992, WB Saunders Co, p 503.

[12] Scott DW, et al: *Muller and Kirk's small animal Dermatology 5th ed*, ed 5, Philadelphia, 1995, W. B. Saunders Co.

[13] Caciolo PL, Hurvitz AI, Nesbitt GH: Michel's medium as a preservative for immunofluorescent staining of cutaneous biopsy specimens in dogs and cats. *Am J Vet Res* 45(1):128–130, 1984.

[14] Ihrke PJ, Stannard AA, Ardans AA, et al: The longevity of immunoglobulin preservation in canine skin utilizing Michel's fixative. *Vet Immunol Immunopathol* 9(2):161–170, 1985.

[15] Favrot C, Dunston S, Deslandes J, et al: Effect of substrate selection on indirect immunofluorescence testing of canine autoimmune subepidermal blistering diseases. *Can J Vet Res* 66(1):26–30, 2002.

[16] Favrot C, Dunston SM, Paradis M, et al: Isotype determination of circulating autoantibodies in canine autoimmune subepidermal blistering dermatoses. *Vet Dermatol* 14(1):23–30, 2003.

[17] Hogan R, et al: Immunofluorescent determination of the isotype of serum antikeratinocyte autoantibodies in dogs with Pemphigus foliaceus. *Vet Dermatol* 13(4):228, 2002.

[18] Iwasaki T, Olivry T, Lapiere JC, et al: Canine bullous pemphigoid (BP): identification of the 180-kd canine BP antigen by circulating autoantibodies. *Vet Pathol* 32(4):387–393, 1995.

[19] Olivry T: A review of autoimmune skin diseases in domestic animals: I—Superficial pemphigus. *Vet Dermatol* 17(5):291–305, 2006.

[20] Olivry T, Chan L: Autoimmune blistering dermatoses in domestic animals. *Clin Dermatol* 19(6):750–760, 2001.

[21] Suter M, et al: Autoimmune diseases of domestic animals: An update. In Kwochka K, et al, editors: *Advances in Veterinary Dermatology III*, Boston, 1998, Butterworth-Heinemann, p 321.

[22] Haines DM, Cooke EM, Clark EG: Avidin-biotin-peroxidase complex immunohistochemistry to detect immunoglobulin in formalin fixed skin biopsies in canine autoimmune skin disease. *Can J Vet Res* 51(1):104–109, 1987.

[23] Moore FM, White SD, Carpernter JL, et al: Localization of immunoglobulins and complement by the peroxidase antiperoxidase method in autoimmune and non-autoimmune canine dermatopathies. *Vet Immunol Immunopathol* 14(1):1–9, 1987.

[24] Zipfel W, Hewicker-Trautwein M, Trautwein G: Demonstration of immunoglobulins and complement in canine and feline autoimmune and non-autoimmune skin diseases with the direct immunofluorescence

and indirect immunoperoxidase method. *Zentralbl Veterinarmed A* 39(7):494–501, 1992.

[25] Scott DW, et al: Immune-mediated dermatoses in domestic animals: Ten years after. *Part II. Compend Contin Educ Small Anim Pract* 9:539, 1987.

[26] Aoki-Ota M, et al: Autoantibodies against extracellular domains of desmocollin 1 are not involved in canine pemphigus foliaceus. *Vet Dermatol* 15(s):26, 2004.

[27] Bekou V, Thoma-Uszynski S, Wendler O, et al: Detection of laminin 5-specific auto-antibodies in mucous membrane and bullous pemphigoid sera by ELISA. *J Invest Dermatol* 124(4):732–740, 2005.

[28] Iwasaki T, Yamakita-Yoshida K: Time coarse of autoantibodies and clinical signs in canine pemphigus foliaceus. *Vet Dermatol* 14(4):225, 2003.

[29] Olivry T, Dunston S, Fahey M, et al: Autoantibodies against the processed ectodomain of collagen XVII (BPAG2, BP180) define a canine homologue of linear IgA disease of humans. *Vet Pathol* 37(4):302–309, 2000.

[30] Mottier S, von Tscharner C: Immunohistochemistry in skin disease: Diagnostic value? In von Tscharner C, Halliwell REW, editors: *Advances in veterinary dermatology I*, London, 1990, Bailliere-Tindall, p 479.

[31] Mueller RS, Krebs I, Power HT, et al: Pemphigus foliaceus in 91 dogs. *J Am Anim Hosp Assoc* 42(3):189–196, 2006.

[32] Gomez SM, Morris DO, Rosenbaum MR, et al: Outcome and complications associated with treatment of pemphigus foliaceus in dogs: 43 cases (1994-2000). *J Am Vet Med Assoc* 224(8):1312–1316, 2004.

[33] Griffin CE, Newton H: Therapeutic approach to Pemphigus complex. *Small Animal Dermatology* 1(5):362–369, 2010.

[33a] Griffin CE: Approach to therapy of immune mediated skin diseases. In *Proceedings BVDSG Fall Meeting*, Manchester, 2011.

[34] White SD, Rosychuk RA, Reinke SI, et al: Use of tetracycline and niacinamide for treatment of autoimmune skin disease in 31 dogs. *J Am Vet Med Assoc* 200(10):1497–1500, 1992.

[34a] Edginton HD, Scott DW, Miller WH, Jr, et al: Efficacy of tetracycline and niacinamide for the treatment of superficial pemphigus (pemphigus foliaceous, pemphigus erythematosus) in 34 dogs (1995-2010). *Jpn J Vet Dermatol* 17:241–246, 2011.

[35] White SD, Stewart LJ, Bernstein M: Corticosteroid (methylprednisolone sodium succinate) pulse therapy in five dogs with autoimmune skin disease. *J Am Vet Med Assoc* 191(9):1121–1124, 1987.

[36] Rosenkrantz WS, Aniya JS: Cyclosporine, ketoconazole and azathioprine combination therapy in three cases of refractory canine pemphigus foliaceus in North American Veterinary Dermatology Forum. 2007. Kauai, Hawaii.

[37] White S, Rosychuk RA, Outerbridge CA, et al: Thiopurine methyltransferase in red blood cells of dogs, cats, and horses. *J Vet Intern Med* 14(5):499–502, 2000.

[38] Griffin CE: Pemphigus foliaceus: Recent findings on the pathophysiology and results of treatment. In Proceedings of the University of Edinburgh. 1993. Edinburgh.

[39] Moriello KA, Bowen D, Meyer DJ: Acute pancreatitis in two dogs given azathioprine and prednisone. *J Am Vet Med Assoc* 191(6):695–696, 1987.

[40] Broe PJ, Cameron JL: Azathioprine and acute pancreatitis: studies with an isolated perfused canine pancreas. *J Surg Res* 34(2):159–163, 1983.

[41] Rosenkrantz WS: Immunomodulating drugs in dermatology. In *Current Veterinary Therapy X: Small Animal Practice*, Philadelphia, 1989, W. B. Saunders Co, p 570.

[42] Mueller RS, Rosychuk RA, Jonas LD: A retrospective study regarding the treatment of lupoid onychodystrophy in 30 dogs and literature review. *J Am Anim Hosp Assoc* 39(2):139–150, 2003.

[43] Bryden S, Burrows A: Successful management of exfoliative cutaneous lupus erythematosus in three German shorthaired pointer siblings. *Vet Dermatol* 14(5):253, 2003.

[44] Beale KM: Azathioprine for treatment of immune-mediated diseases of dogs and cats. *J Am Vet Med Assoc* 53:1236, 1992.

[45] Jackson HA: Eleven cases of vesicular cutaneous lupus erythematosus in Shetland sheepdogs and rough collies: clinical management and prognosis. *Vet Dermatol* 15(1):37–41, 2004.

[46] Hill PB, Boyer P, Lau P, et al: Epidermolysis bullosa acquisita in a great Dane. *J Small Anim Pract* 49(2):89–94, 2008.

[47] Scott DW, Miller WH: Erythema multiforme in dogs and cats: Literature review and case material from the Cornell University College of Veterinary Medicine (1988-96). *Vet Dermatol* 10:297–309, 1999.

[48] Chams-Davatchi C, Esmaili N, Daneshpazhooh M, et al: Randomized controlled open-label trial of four treatment regimens for pemphigus vulgaris. *J Am Acad Dermatol* 57(4):622–628, 2007.

[49] Beale KM: Azathioprine toxicity in the domestic cat. In von Tscharner C, Halliwell REW, editors: *Advances in Veterinary dermatology I*, London, 1990, Baillière, p 457.

[50] White S, et al: Nonsteroidal immunosuppressive therapy. In Bonagura J, editor: *Kirk's Current Veterinary Therapy XIV*, Philadelphia, 1999, WB Saunders Co, p 536.

[51] Plumb DC: *Plumb's veterinary drug handbook, desk edition*, ed 6. 2008, Wiley-Blackwell.

[52] Benitah N, de Lorimier LP, Gaspar M, et al: Chlorambucil-induced myoclonus in a cat with lymphoma. *J Am Anim Hosp Assoc* 39(3):283–287, 2003.

[53] Preziosi DE, Goldschmidt MH, Greek JS, et al: Feline pemphigus foliaceus: a retrospective analysis of 57 cases. *Vet Dermatol* 14(6):313–321, 2003.

[54] Sullivan TP, King LE, Jr, Boyd AS: Colchicine in dermatology. *J Am Acad Dermatol* 39(6):993–999, 1998.

[55] Takahashi A, Nishijima C, Umehara K, et al: Pemphigus foliaceus successfully treated with colchicine and topical corticosteroid. *Eur J Dermatol* 20(6):825–826, 2010.

[56] Olivry T: Spontaneous canine model of epidermolysis bullosa acquisita. In Chan LS, editor: *Animal models of human inflammatory skin disease*, Boca Raton, 2004, CRC Press, pp 227–237.

[57] Kesselheim AS, Solomon DH: Incentives for drug development–the curious case of colchicine. *N Engl J Med* 362(22):2045–2047, 2010.

[58] Cocco G, Chu DC, Pandolfi S: Colchicine in clinical medicine. A guide for internists. *Eur J Intern Med* 21(6):503–508, 2010.

[59] Charney SC, Bergman PJ, Hohenhaus AE, et al: Risk factors for sterile hemorrhagic cystitis in dogs with lymphoma receiving cyclophosphamide with or without concurrent administration of furosemide: 216 cases (1990-1996). *J Am Vet Med Assoc* 222(10):1388–1393, 2003.

[60] Miller E: Immunosuppression–an overview. *Semin Vet Med Surg Small Anim* 12(3):144–149, 1997.

[61] Grundy SA, Barton C: Influence of drug treatment on survival of dogs with immune-mediated hemolytic anemia: 88 cases (1989-1999). *J Am Vet Med Assoc* 218(4):543–546, 2001.

[62] Mason N, Duval D, Shofer FS, et al: Cyclophosphamide exerts no beneficial effect over prednisone alone in the initial treatment of acute immune-mediated hemolytic anemia in dogs: a randomized controlled clinical trial. *J Vet Intern Med* 17(2):206–212, 2003.

[63] Sollinger HW: Mycophenolate mofetil. *Kidney Int Suppl* 52:S14–S17, 1995.

[64] Byrne KP, Morris DO: Study to determine the usefulness of mycophenolate mofetil (MMF) for the treatment of pemphigus foliaceous in the dog. *Vet Dermatol* 12:226, 2001.

[65] Rosenkrantz WS: Pemphigus: current therapy. *Vet Dermatol* 15(2):90–98, 2004.

[66] Whitley NT, Day MJ: Immunomodulatory drugs and their application to the management of canine immune-mediated disease. *J Small Anim Pract* 52(2):70–85, 2011.

[67] Ginel PJ, Blanco B, Lucena R, et al: Steroid-sparing effect of mycophenolate mofetil in the treatment of a subepidermal blistering autoimmune disease in a dog. *J S Afr Vet Assoc* 81(4):253–257, 2011.

[68] Dewey CW, Cerda-Gonzalez S, Fletcher DJ, et al: Mycophenolate mofetil treatment in dogs with serologically diagnosed acquired myasthenia gravis: 27 cases (1999-2008). *J Am Vet Med Assoc* 236(6):664–668, 2010.

[69] He X, Smeets RL, Koenen HJ, et al: Mycophenolic acid-mediated suppression of human CD4+ T cells: more than mere guanine nucleotide deprivation. *Am J Transplant* 11(3):439–449, 2011.

[70] Vegso G, Sebestyén A, Paku S, et al: Antiproliferative and apoptotic effects of mycophenolic acid in human B-cell non-Hodgkin lymphomas. *Leuk Res* 31(7):1003–1008, 2007.

[71] Allison AC, Eugui EM: Mechanisms of action of mycophenolate mofetil in preventing acute and chronic allograft rejection. *Transplantation* 80(2 Suppl):S181–S190, 2005.

[72] Yu C, Seidel K, Nash RA, et al: Synergism between mycophenolate mofetil and cyclosporine in preventing graft-versus-host disease among lethally irradiated dogs given DLA-nonidentical unrelated marrow grafts. *Blood* 91(7):2581–2587, 1998.

[73] Broaddus KD, Tillson DM, Lenz SD, et al: Renal allograft histopathology in dog leukocyte antigen mismatched dogs after renal transplantation. *Vet Surg* 35(2):125–135, 2006.

[74] Chanda SM, Sellin JH, Torres CM, et al: Comparative gastrointestinal effects of mycophenolate mofetil capsules and enteric-coated tablets of sodium-mycophenolic acid in beagle dogs. *Transplant Proc* 34(8):3387–3392, 2002.

[75] Chaidemenos GC: Tetracycline and niacinamide in the treatment of blistering skin diseases. *Clin Dermatol* 19(6):781–785, 2001.

[76] Tirado-Sanchez A, Leon-Dorantes G: Treatment of pemphigus vulgaris. *An overview in Mexico. Allergol Immunopathol (Madr)* 34(1):10–16, 2006.

[77] Berk MA, Lorincz AL: The treatment of bullous pemphigoid with tetracycline and niacinamide. *Arch Dermatol* 122:670–674, 1986.

[78] Khumalo NP, Murrell DF, Wojnarowska F, et al: A systematic review of treatments for bullous pemphigoid. *Arch Dermatol* 138(3):385–389, 2002.

[79] Humbert P, Treffel P, Chapuis JF, et al: The tetracyclines in dermatology. *J Am Acad Dermatol* 25(4):691–697, 1991.

[80] Korting HC, Schollmann C: Tetracycline actions relevant to rosacea treatment. *Skin Pharmacol Physiol* 22(6):287–294, 2009.

[81] Damian DL: Photoprotective effects of nicotinamide. *Photochem Photobiol Sci* 9(4):578–585, 2010.

[82] Maiese K, Chong ZZ, Hou J, et al: The vitamin nicotinamide: translating nutrition into clinical care. *Molecules* 14(9):3446–3485, 2009.

[83] Mueller RS, Fieseler KV, Bettenay SV, et al: Influence of long-term treatment with tetracycline and niacinamide on antibody production in dogs with discoid lupus erythematosus. *Am J Vet Res* 63(4):491–494, 2002.

[84] Wurm S, Mattise AW, Dunstan RW: Comparative pathology of pemphigus in dogs and humans. *Clin Dermatol* 12(4):515–524, 1994.

[85] Anhalt GJ: Making sense of antigens and antibodies in pemphigus. *J Am Acad Dermatol* 40(5 Pt 1):763–766, 1999.

[86] Suter MM, Wilkinson JE, Dougherty EP, et al: Ultrastructural localization of pemphigus vulgaris antigen on canine keratinocytes in vivo and in vitro. *Am J Vet Res* 51(4):507–511, 1990.

[87] Amagai M, Klaus-Kovtun V, Stanley JR: Autoantibodies against a novel epithelial cadherin in pemphigus vulgaris, a disease of cell adhesion. *Cell* 67(5):869–877, 1991.

[88] Schmidt E, Zillikens D: Modern diagnosis of autoimmune blistering skin diseases. *Autoimmun Rev* 10(2):84–89, 2010.

[89] Amagai M, Tsunoda K, Zillikens D, et al: The clinical phenotype of pemphigus is defined by the anti-desmoglein autoantibody profile. *J Am Acad Dermatol* 40(2 Pt 1):167–170, 1999.

[90] Muller R, Heber B, Hashimoto T, et al: Autoantibodies against desmocollins in European patients with pemphigus. *Clin Exp Dermatol* 34(8):898–903, 2009.

[91] Probst C, Schlumberger W, Stöcker W, et al: Development of ELISA for the specific determination of autoantibodies against envoplakin and periplakin in paraneoplastic pemphigus. *Clin Chim Acta* 410(1-2):13–18, 2009.

[92] Werner LL, Brown KA, Halliwell RE: Diagnosis of autoimmune skin disease in the dog: correlation between histopathologic, direct immunofluorescent and clinical findings. *Vet Immunol Immunopathol* 5(1):47–64, 1983.

[93] Ihrke PJ, Stannard AA, Ardans AA, et al: Pemphigus foliaceus in dogs: a review of 37 cases. *J Am Vet Med Assoc* 186(1):59–66, 1985.

[94] Scott DW, Walton DK, Slater MR: Immune-mediated dermatoses in domestic animals ten years after—Part I. *Compend Contin Educ Pract Vet* 9:424–435, 1987.

[95] Day MJ, Mazza G: Tissue immunoglobulin G subclasses observed in immune-mediated dermatopathy, deep pyoderma and hypersensitivity dermatitis in dogs. *Res Vet Sci* 58(1):82–89, 1995.

[96] Iwasaki T, Shimizu M, Obata H, et al: Effect of substrate on indirect immunofluorescence test for canine Pemphigus foliaceus. *Vet Pathol* 33:332, 1996.

[97] Iwasaki T, Shimizu M, Obata H, et al: Detection of canine pemphigus foliaceus autoantigen by immunoblotting. *Vet Immunol Immunopathol* 59(1-2):1–10, 1997.

[98] Honda R, Nishifuji K, Olivry T, et al: Detection of circulating autoantibodies using living keratinocyte staining on MCA-B1 method in dogs with pemphigus foliaceus. *Res Vet Sci* 77(2):105–113, 2004.

[99] Olivry T, Dunston SM, Walker RH, et al: Investigations on the nature and pathogenicity of circulating antikeratinocyte antibodies in dogs with pemphigus foliaceus. *Vet Dermatol* 20(1):42–50, 2009.

[100] Olivry T, Joubeh S, Dunston SM, et al: Desmoglein-3 is a target autoantigen in spontaneous canine pemphigus vulgaris. *Exp Dermatol* 12(2):198–203, 2003.

[101] Amagai M, Hashimoto T, Shimizu N, et al: Absorption of pathogenic autoantibodies by the extracellular domain of pemphigus vulgaris antigen (Dsg3) produced by baculovirus. *J Clin Invest* 94(1):59–67, 1994.

[102] Amagai M, Hashimoto T, Green KJ, et al: Antigen-specific immunoadsorption of pathogenic autoantibodies in pemphigus foliaceus. *J Invest Dermatol* 104(6):895–901, 1995.

[103] Ishii K, Harada R, Matsuo I, et al: In vitro keratinocyte dissociation assay for evaluation of the pathogenicity of anti-desmoglein 3 IgG autoantibodies in pemphigus vulgaris. *J Invest Dermatol* 124(5):939–946, 2005.

[104] España A, Diaz LA, Mascaró JM, Jr, et al: Mechanisms of acantholysis in pemphigus foliaceus. *Clin Immunol Immunopathol* 85(1):83–89, 1997.

[105] Anhalt GJ, Till GO, Diaz LA, et al: Defining the role of complement in experimental pemphigus vulgaris in mice. *J Immunol* 137(9):2835–2840, 1986.

[106] Mahoney MG, Wang Z, Rothenberger K, et al: Explanations for the clinical and microscopic localization of lesions in pemphigus foliaceus and vulgaris. *J Clin Invest* 103(4):461–468, 1999.

[107] Aoyama Y, Kitajima Y: Pemphigus vulgaris-IgG causes a rapid depletion of desmoglein 3 (Dsg3) from the Triton X-100 soluble pools, leading to the formation of Dsg3-depleted desmosomes in a human squamous carcinoma cell line, DJM-1 cells. *J Invest Dermatol* 112(1):67–71, 1999.

[108] Rubenstein DS, Diaz LA: Pemphigus antibody induced phosphorylation of keratinocyte proteins. *Autoimmunity* 39(7):577–586, 2006.

[109] Wilkinson JE, Smith CA, Suter MM, et al: Role of plasminogen activator in pemphigus vulgaris. *Am J Pathol* 134(3):561–569, 1989.

[110] Mahoney MG, Wang ZH, Stanley JR: Pemphigus vulgaris and pemphigus foliaceus antibodies are pathogenic in plasminogen activator knockout mice. *J Invest Dermatol* 113(1):22–25, 1999.

[111] Yamamoto Y, Aoyama Y, Shu E, et al: No activation of urokinase plasminogen activator by anti-desmoglein 3 monoclonal IgG antibodies in cultured human keratinocytes. *J Dermatol Sci* 47(2):119–125, 2007.

[112] Vu TN, Lee TX, Ndoye A, et al: The pathophysiological significance of nondesmoglein targets of pemphigus autoimmunity. Development of antibodies against keratinocyte cholinergic receptors in patients with pemphigus vulgaris and pemphigus foliaceus. *Arch Dermatol* 134(8):971–980, 1998.

[113] Grando SA, Pittelkow MR, Schallreuter KU: Adrenergic and cholinergic control in the biology of epidermis: physiological and clinical significance. *J Invest Dermatol* 126(9):1948–1965, 2006.

[114] Chernyavsky AI, Arrendondo J, Piser T, et al: Differential coupling of M1 muscarinic and alpha7 nicotinic receptors to inhibition of pemphigus acantholysis. *J Biol Chem* 283(6):3401–3408, 2008.

[115] Nguyen VT, Arredondo J, Chernyavsky AI, et al: Pemphigus vulgaris acantholysis ameliorated by cholinergic agonists. *Arch Dermatol* 140(3):327–334, 2004.

[116] Iraji F, Yoosefi A: Healing effect of Pilocarpine gel 4% on skin lesions of pemphigus vulgaris. *Int J Dermatol* 45(6):743–746, 2006.

[117] Chaffins ML, Collison D, Fivenson DP: Treatment of pemphigus and linear IgA dermatosis with nicotinamide and tetracycline: a review of 13 cases. *J Am Acad Dermatol* 28(6):998–1000, 1993.

[118] Williamson L, Suter MM, Olivry T, et al: Upregulation of c-Myc may contribute to the pathogenesis of canine pemphigus vulgaris. *Vet Dermatol* 18(1):12–17, 2007.

[119] Suter MM, et al: Identification of canine Pemphigus antigens. In Ihrke PJ, et al, editors: *Advances in veterinary dermatology II*, New York, 1993, Pergamon Press, p 367.

[120] Olivry T, Alhaidari Z, Ghohestani RF: Anti-plakin and desmoglein autoantibodies in a dog with pemphigus vulgaris. *Vet Pathol* 37(5):496–499, 2000.

[121] Elmore SA, Basseches J, Anhalt GJ, et al: Paraneoplastic pemphigus in a dog with splenic sarcoma. *Vet Pathol* 42(1):88–91, 2005.

[122] Nishifuji K, Amagai M, Nishikawa T, et al: Production of recombinant extracellular domains of canine desmoglein 1 (Dsg1) by baculovirus expression. *Vet Immunol Immunopathol* 95(3-4):177–182, 2003.

[123] Nishifuji K, Nishifuji K, Amagai M, et al: Cloning of canine desmoglein 3 and immunoreactivity of serum antibodies in human and canine pemphigus vulgaris with its extracellular domains. *J Dermatol Sci* 32(3):181–191, 2003.

[124] Olivry T, LaVoy A, Dunston SM, et al: Desmoglein-1 is a minor autoantigen in dogs with pemphigus foliaceus. *Vet Immunol Immunopathol* 110(3-4):245–255, 2006.

[125] Yabuzoe A, Shimizu A, Nishifuji K, et al: Canine pemphigus foliaceus antigen is localized within desmosomes of keratinocyte. *Vet Immunol Immunopathol* 127(1-2):57–64, 2009.

[126] Bizikova P, et al: Desmocollin-1 is a major autoantigen in canine pemphigus foliaceus. In Proceedings of the North American Veterinary Dermatology Forum, 2011, Galveston. .

[127] Nishifuji K, Olivry T, Ishii K, et al: IgG autoantibodies directed against desmoglein 3 cause dissociation of keratinocytes in canine pemphigus vulgaris and paraneoplastic pemphigus. *Vet Immunol Immunopathol* 117(3-4):209–221, 2007.

[128] Aoki V: Desmocollin-1 is a major autoantigen in canine pemphigus foliaceus. In Thoday KL, Foil CS, Bond R, editors: *Advances in Veterinary Dermatology*, Oxford, 2002, Blackwell, p 30.

[129] Yabuzoe A, Nishifuji K, Sekiguchi M, et al: Neutrophils contact to plasma membrane of keratinocytes including desmosomal structures in canine pemphigus foliaceus. *J Vet Med Sci* 70(8):807–812, 2008.

[130] Wolf R, Tamir A, Brenner S: Drug-induced versus drug-triggered pemphigus. *Dermatologica* 182(4):207–210, 1991.

[131] White SD, Carlotti DN, Pin D, et al: Putative drug-related pemphigus foliaceus in four dogs. *Vet Dermatol* 13(4):195–202, 2002.

[132] Medleau L, et al: Trimethoprim-sulfonamide- associated drug eruptions in dogs. *J Am Anim Hosp Assoc* 26:305–311, 1990.

[133] Noli C, Koeman JP, Willemse T: A retrospective evaluation of adverse reactions to trimethoprim-sulphonamide combinations in dogs and cats. *Vet Q* 17(4):123–128, 1995.

[134] Horvath C, Neuber A, Litschauer B: Pemphigus foliaceus-like drug reaction in a 3-month-old crossbreed dog treated for juvenile cellulitis. *Vet Dermatol* 18(5):353–359, 2007.

[135] Rybnicek J, Hill PB: Suspected polymyxin B-induced pemphigus vulgaris in a dog. *Vet Dermatol* 18(3):165–170, 2007.

[136] McEwan N: Drug eruption in a cat resembling pemphigus foliaceus. *J Small Anim Pract* 28:713, 1987.

[137] Mason KV, Day MJ: A pemphigus foliaceus-like eruption associated with

the use of ampicillin in a cat. *Aust Vet J* 64(7):223–224, 1987.

[138]Oberkirchner U, Linder KE, Dunston S, et al: Metaflumizone/Amitraz (Promeris)-associated pustular acantholytic dermatitis in 22 doga: Evidence suggests contact drug-triggered pemphigus foliaceus. *Vet Dermatol* 22(5):436–448, 2011.

[139]Steeves EB, Chelack BJ, Clark EG, et al: Altered immunohistochemical staining for desmoglein in skin biopsies in canine pemphigus foliaceus. *J Vet Diagn Invest* 14(1):53–56, 2002.

[140]Halliwell REW, Goldschmidt M: Pemphigus foliaceus in the canine: A case report and discussion. *J Am Anim Hosp Assoc* 13:431, 1977.

[141]Carlotti DN, Germain PA, Laffort-Dassot C: Le pemphigus foliace chez le chien: etude retrospective de 44 cas (1983–2003). *Prat Med Chir Anim Comp* 44:45, 2009.

[142]Vaughan DF, Clay Hodgin E, Hosgood GL, et al: Clinical and histopathological features of pemphigus foliaceus with and without eosinophilic infiltrates: a retrospective evaluation of 40 dogs. *Vet Dermatol* 21(2):166–174, 2010.

[143]Noxon JO, Myers RK: Pemphigus foliaceus in two Shetland sheepdog littermates. *J Am Vet Med Assoc* 194(4):545–546, 1989.

[144]Ihrke PJ, Stannard AA, Ardans AA, et al: Pemphigus foliaceus of the footpads in three dogs. *J Am Vet Med Assoc* 186(1):67–69, 1985.

[145]Parker WM, Yager JA: Trichophyton dermatophytosis–a disease easily confused with pemphigus erythematosus. *Can Vet J* 38(8):502–505, 1997.

[146]Peters J, Scott DW, Erb HN, et al: Comparative analysis of canine dermatophytosis and superficial pemphigus for the prevalence of dermatophytes and acantholytic keratinocytes: a histopathological and clinical retrospective study. *Vet Dermatol* 18(4):234–240, 2007.

[147]Halliwell RE, Schwartzman RM, Ihrke PJ, et al: Dapsone for treatment of pruritic dermatitis (dermatitis herpetiformis and subcorneal pustular dermatosis) in dogs. *J Am Vet Med Assoc* 170(7):697–703, 1977.

[148]Kim J-H, et al: Therapeutic administration of cyclosporine in a dog with pemphigus foliaceus. *J Vet Clin* 26(4):340–343, 2009.

[149]Olivry T, Rivierre C, Murphy KM: Efficacy of cyclosporine for treatment induction of canine pemphigus foliaceus. *Vet Rec* 152(2):53–54, 2003.

[150]Rahilly LJ, Keating JH, O'Toole TE: The use of intravenous human immunoglobulin in treatment of severe pemphigus foliaceus in a dog. *J Vet Intern Med* 20(6):1483–1486, 2006.

[151]Olivry T, Bergvall KE, Atlee BA: Prolonged remission after immunosuppressive therapy in six dogs with pemphigus foliaceus. *Vet Dermatol* 15(4):245–252, 2004.

[152]Carlotti DN, et al: Pemphigus vulgaris in the dog: A report of 8 cases. *Prat Med Chir Anim Comp* 35(4):309–315, 2000.

[153]Stannard AA, Gribble DH, Baker BB: A mucocutaneous disease in the dog, resembling pemphigus vulgaris in man. *J Am Vet Med Assoc* 166(6):575–582, 1975.

[154]Hurvitz AI, Feldman E: A disease in dogs resembling human pemphigus vulgaris: case reports. *J Am Vet Med Assoc* 166(6):585–590, 1975.

[155]Scott DW: Pemphigus in domestic animals. *Clin Dermatol* 1(2):141–152, 1983.

[156]Olivry T: Spontaneous model of pemphigus vulgaris. In Chan LS, editor: *Animal models of human inflammatory skin disease*, Boca Raton, 2004, CRC Press, pp 263–273.

[157]Scott DW, et al: Pemphigus vulagaris without mucosal or mucocutaneous involvement in two dogs. *J Am Anim Hosp Assoc* 18(3):401–404, 1982.

[158]Olivry T, Ihrke PJ, Atlee BA: Pemphigus vulgaris lacking mucosal involvement in a German Shepherd Dog: Possible response to heparin therapy. *Vet Dermatol* 3(2):79–84, 1992.

[159]Olivry T, Jackson HA: An alopecic phenotype of canine pemphigus vulgaris? *Br J Dermatol* 145(1):176–178, 2001.

[160]Foster AP, Olivry T: Nasal dermatitis as a manifestation of canine pemphigus vulgaris. *Vet Rec* 148(14):450–451, 2001.

[161]Lemmens P, et al: Paraneoplastic pemphigus in a dog. *Vet Dermatol* 9(2):127–134, 1998.

[162]de Bruin A, Müller E, Wyder M, et al: Periplakin and envoplakin are target antigens in canine and human paraneoplastic pemphigus. *J Am Acad Dermatol* 40(5 Pt 1):682–685, 1999.

[163]Allen CM, Camisa C: Paraneoplastic pemphigus: a review of the literature. *Oral Dis* 6(4):208–214, 2000.

[164]Becker BA, Gaspari AA: Pemphigus vulgaris and vegetans. *Dermatol Clin* 11(3):429–452, 1993.

[165]Scott DW: Pemphigus vegetans in a dog. *Cornell Vet* 67(3):374–384, 1977.

[166]Schultz KT, Goldschmidt MH: Pemphigus vegetans in a dog: a case report. *J Am Anim Hosp Assoc* 16:579, 1980.

[167]Heimann M, Beco L, Petein M, et al: Canine hyperplastic intraepidermal pustular and suprabasal acantholytic dermatosis with features of human pemphigus vegetans. *Vet Pathol* 44(4):550–555, 2007.

[168]Scott DW, Miller WH, Jr: Pemphigus erythematosus in the dog and cat. *J Am Anim Hosp Assoc* 16:815, 1980.

[169]Gonsalves-Hubers T: Pemphigus erythematosus in a chow chow. *Can Vet J* 46(10):925–927, 2005.

[170]Griffies JD, Mendelsohn CL, Rosenkrantz WS, et al: Topical 0.1% tacrolimus for the treatment of discoid lupus erythematosus and pemphigus erythematosus in dogs. *J Am Anim Hosp Assoc* 40(1):29–41, 2004.

[171]Brown NA, Hurvitz AI: A mucocutaneous disease in a cat resembling human pemphigus. *J Am Anim Hosp Assoc* 15:25, 1979.

[172]Manning T, et al: Pemphigus diseases in the feline: Seven case reports and discussion. *J Am Anim Hosp Assoc* 18:433, 1982.

[173]Caciolo PL, et al: Pemphigus foliaceus in 8 cats and results of induction therapy using azathioprine. *J Am Anim Hosp Assoc* 20:571, 1984.

[174]Olivry T: Natural bullous pemphigoid in companion animals. In Chan LS, editor: *Animal models of human inflammatory skin disease*, Boca Raton, 2004, CRC Press, pp 201–211.

[175]Olivry T: Spontaneous canine model of mucus membrane pemphigoid. In Chan LS, editor: *Animal models of human inflammatory skin disease*, Boca Raton, 2004, CRC Press, pp 242–249.

[176]Iwasaki T, Isaji M, Yanai T, et al: Immunomapping of basement membrane zone macromolecules in canine salt-split skin. *J Vet Med Sci* 59(5):391–393, 1997.

[177]Gross TL, et al: Bullous and acantholytic diseases of the epidermis and dermo-epidermal junction. In *Skin Diseases of the Dog and Cat, Clinical and Histopathologic Diagnosis*, Ames, Iowa, 2005, Blackwell Science, pp 27–48.

[178]Fadok VA, Janney EH: Thrombocytopenia and hemorrhage associated with gold salt therapy for bullous pemphigoid in a dog. *J Am Vet Med Assoc* 181(3):261–262, 1982.

[179]Matus RE, Gordon BR, Leifer CE, et al: Plasmapheresis in five dogs with systemic immune-mediated disease. *J Am Vet Med Assoc* 187(6):595–599, 1985.

[180]Turnwald GH, Ochoa R, Barta O: Bullous pemphigoid refractory to recommended dosage of prednisolone in a dog. *J Am Vet Med Assoc* 179(6):587–591, 1981.

[181]Scott DW: Pemphigoid in domestic animals. *Clin Dermatol* 5(1):155–162, 1987.

[182]Olivry T, et al: Canine bullous pemphigoid IgG autobodies target antigenic epitopes in the NC16A ectodomain of type XVII collagen (BP180/BPAg2). *Proc Annu Memb Meet Am Acad Vet Dermatol Am Coll Vet Dermatol* 14:115, 1998.

[183]Iwasaki T, Olivry T, Lapiere JC, et al: Canine bullous pemphigoid (BP)-identification of the 180 kd canine BP antigen by circulation autoantibodies. *Vet Pathol* 32:387, 1995.

[184]Chan LS, et al: Cloning of the cDNA encoding canine skin basement membrane bullous pemphigoid antigen 2 reveals molecular and immunologic identity in the human and canine NC16A domain. *J Invest Dermatol* 110:509A, 1998.

[185]Olivry T, Chan LS, Xu L, et al: Novel feline autoimmune blistering disease resembling bullous pemphigoid in humans: IgG autoantibodies target the NC16A ectodomain of type XVII collagen (BP180/BPAG2). *Vet Pathol* 36(4):328–335, 1999.

[186]Jackson H, Olivry T: Canine bullous pemphigoid IgG autobodies target antigenic epitopes in the NC16A ectodomain of type XVII collagen (BP180 BPAg2). *Proc Annu Memb Meet Am Acad Vet Dermatol Am Coll Vet Dermatol* 14:115, 1998.

[187]Di Zenzo G, Grosso F, Terracina M, et al: Characterization of the anti-BP180 autoantibody reactivity profile and epitope mapping in bullous pemphigoid patients. *J Invest Dermatol* 122(1):103–110, 2004.

[188]Döpp R, Schmidt E, Chimanovitch I, et al: IgG4 and IgE are the major immunoglobulins targeting the NC16A domain of BP180 in Bullous pemphigoid: serum levels of these immunoglobulins reflect disease activity. *J Am Acad Dermatol* 42(4):577–583, 2000.

[189]Xu L, O'Toole EA, Olivry T, et al: Molecular cloning of canine bullous pemphigoid antigen 2 cDNA and immunomapping of NC16A domain by canine bullous pemphigoid autoantibodies. *Biochim Biophys Acta* 1500(1):97–107, 2000.

[190]Ujiie H, Shibaki A, Nishie W, et al: What's new in bullous pemphigoid. *J Dermatol* 37(3):194–204, 2010.

[191]Kasperkiewicz M, Zillikens D: The pathophysiology of bullous pemphigoid. *Clin Rev Allergy Immunol* 33(1-2):67–77, 2007.

[192]Mihai S, Chiriac MT, Takahashi K, et al: The alternative pathway of complement activation is critical for blister induction in experimental epidermolysis bullosa acquisita. *J Immunol* 178(10):6514–6521, 2007.

[193]Borrego L, Maynard B, Peterson EA, et al: Deposition of eosinophil granule proteins precedes blister formation in bullous pemphigoid. Comparison with neutrophil and mast cell granule proteins. *Am J Pathol* 148(3):897–909, 1996.

[194]Czech W, Schaller J, Schöpf E, et al: Granulocyte activation in bullous diseases: release of granular proteins in bullous pemphigoid and pemphigus vulgaris. *J Am Acad Dermatol* 29(2 Pt 1):210–215, 1993.

[195]Shimanovich I, Mihai S, Oostingh GJ, et al: Granulocyte-derived elastase and gelatinase B are required for dermal-epidermal separation induced by autoantibodies from patients with epidermolysis bullosa acquisita and bullous pemphigoid. J Pathol 204(5):519–527, 2004.

[196]Ståhle-Bäckdahl M, Inoue M, Guidice GJ, et al: 92-kD gelatinase is produced by eosinophils at the site of blister formation in bullous pemphigoid and cleaves the extracellular domain of recombinant 180-kD bullous pemphigoid autoantigen. J Clin Invest 93(5):2022–2030, 1994.

[197]Lee JJ, Downham TF, 2nd: Furosemide-induced bullous pemphigoid: case report and review of literature. J Drugs Dermatol 5(6):562–564, 2006.

[198]Walsh SR, Hogg D, Mydlarski PR: Bullous pemphigoid: from bench to bedside. Drugs 65(7):905–926, 2005.

[199]Kayashima K, Koji T, Nozawa M, et al: Activation of bullous pemphigoid antigen gene in mouse ear epidermis by ultraviolet radiation. Cell Biochem Funct 16(2):107–116, 1998.

[200]Pfau A, Hohenleutner U, Hohenleutner S, et al: Landthaler MUV-A-provoked localized bullous pemphigoid. Acta Derm Venereol 74(4):314–316, 1994.

[201]Mason KV: Subepidermal bullous drug eruption resembling bullous pemphigoid in a dog. J Am Vet Med Assoc 190(7):881–883, 1987.

[202]Mason KV: Cutaneous drug eruptions. Vet Clin North Am Small Anim Pract 20(6):1633–1653, 1990.

[203]Thomas I, Khorenian S, Arbesfeld DM: Treatment of generalized bullous pemphigoid with oral tetracycline. J Am Acad Dermatol 28(1):74–77, 1993.

[204]Olivry T, Dunston SM, Schachter M, et al: A spontaneous canine model of mucous membrane (cicatricial) pemphigoid, an autoimmune blistering disease affecting mucosae and mucocutaneous junctions. J Autoimmun 16(4):411–421, 2001.

[205]Olivry T, Dunston SM, Zhang G, et al: Laminin-5 is targeted by autoantibodies in feline mucous membrane (cicatricial) pemphigoid. Vet Immunol Immunopathol 88(3-4):123–129, 2002.

[206]Olivry T, et al: Canine epidermolysis bullosa acquisita: Circulating autoantibodies target the aminoterminal noncollagenous (NC1) domain of collagen VII in anchoring fibrils. Vet Dermatol 9(1):19–31, 1998.

[207]Olivry T, Petersen A, Dunston SM, et al: Novel localized variant of canine epidermolysis bullosa acquisita. Vet Rec 146:193, 2000.

[208]Ishii N, Hamada T, Dainichi T, et al: Epidermolysis bullosa acquisita: what's new? J Dermatol 37(3):220–230, 2010.

[209]Jappe U, Zillikens D, Bonnekoh B, et al: Epidermolysis bullosa acquisita with ultraviolet radiation sensitivity. Br J Dermatol 142(3):517–520, 2000.

[210]Chiriac MT, Roesler J, Sindrilaru A, et al: NADPH oxidase is required for neutrophil-dependent autoantibody-induced tissue damage. J Pathol 212(1):56–65, 2007.

[211]Ludwig RJ, Recke A, Bieber K, et al: Generation of antibodies of distinct subclasses and specificity is linked to H2s in an active mouse model of epidermolysis bullosa acquisita. J Invest Dermatol 2010.

[212]Jiménez S, Cervera R, Font J, et al: The epidemiology of systemic lupus erythematosus. Clin Rev Allergy Immunol 25(1):3–12, 2003.

[213]Alarcon-Segovia D: The pathogenesis of immune dysregulation in systemic lupus erythematosus. A troika. J Rheumatol 11(5):588–590, 1984.

[214]Deapen D, Escalante A, Weinrib L, et al: A revised estimate of twin concordance in systemic lupus erythematosus. Arthritis Rheum 35(3):311–318, 1992.

[215]Lindqvist AK, Steinsson K, Johanneson B, et al: A susceptibility locus for human systemic lupus erythematosus (hSLE1) on chromosome 2q. J Autoimmun 14(2):169–178, 2000.

[216]Gaffney PM, Kearns GM, Shark KB, et al: A genome-wide search for susceptibility genes in human systemic lupus erythematosus sib-pair families. Proc Natl Acad Sci U S A 95(25):14875–14879, 1998.

[217]Gaffney PM, Ortmann WA, Selby SA, et al: Genome screening in human systemic lupus erythematosus: results from a second Minnesota cohort and combined analyses of 187 sib-pair families. Am J Hum Genet 66(2):547–556, 2000.

[218]Shai R, Quismorio FP, Jr, Li L, et al: Genome-wide screen for systemic lupus erythematosus susceptibility genes in multiplex families. Hum Mol Genet 8(4):639–644, 1999.

[219]Fournel C, Chabanne L, Caux C, et al: Canine systemic lupus erythematosus. I: A study of 75 cases. Lupus 1(3):133–139, 1992.

[220]Kass PH, Farver TB, Strombeck DR, et al: Application of the log-linear and logistic regression models in the prediction of systemic lupus erythematosus in the dog. Am J Vet Res 46(11):2340–2345, 1985.

[221]Schwartz RS: Canine systemic lupus erythematosus: Phenotypic expression of autoimmunity in a closed colony. In Rose NR, editor: Genetic control of autoimmune disease, Amsterdam, 1978, Elsevier, p 287.

[222]Monier JC, Fournel C, Lapras M, et al: Systemic lupus erythematosus in a colony of dogs. Am J Vet Res 49(1):46–51, 1988.

[223]Hubert B, Teichner M, Fournel C, et al: Spontaneous familial systemic lupus erythematosus in a canine breeding colony. J Comp Pathol 98(1):81–89, 1988.

[224]Teichner M, Krumbacher K, Doxiadis I, et al: Systemic lupus erythematosus in dogs: association to the major histocompatibility complex class I antigen DLA-A7. Clin Immunol Immunopathol 55(2):255–262, 1990.

[225]Wilbe M, Jokinen P, Hermanrud C, et al: MHC class II polymorphism is associated with a canine SLE-related disease complex. Immunogenetics 61(8):557–564, 2009.

[226]Wilbe M, Jokinen P, Truvé K, et al: Genome-wide association mapping identifies multiple loci for a canine SLE-related disease complex. Nat Genet 42(3):250–254, 2010.

[227]Ballou SP, Khan MA, Kushner I: Clinical features of systemic lupus erythematosus: differences related to race and age of onset. Arthritis Rheum 25(1):55–60, 1982.

[228]Carlsten H, Holmdahl R, Tarkowski A: Analysis of the genetic encoding of oestradiol suppression of delayed-type hypersensitivity in (NZB x NZW) F1 mice. Immunology 73(2):186–190, 1991.

[229]Melez KA, Reeves JP, Steinberg AD: Modification of murine lupus by sex hormones. Ann Immunol (Paris), 129C(5):707–714, 1978.

[230]Drazner FH: Systemic lupus erythematosus in the dog. Compend Contin Educ Pract Vet 3:243, 1980.

[231]Alarcon Segovia AD, Worthingto NJW, War DLE, et al: Lupus Diathesis and the Hydralazine Syndrome. N Engl J Med 272:462–466, 1965.

[232]Alcarcón-Segovia D: Drug-induced lupus erythematosus and related syndromes. Clin Rheum Dis 1:573, 1975.

[233]James JA, Kaufman KM, Farris AD, et al: An increased prevalence of Epstein-Barr virus infection in young patients suggests a possible etiology for systemic lupus erythematosus. J Clin Invest 100(12):3019–3026, 1997.

[234]Carr RI, Hoffmann AA, Harbeck RJ: Comparison of DNA binding in normal population, general hospital laboratory personnel, and personnel from laboratories studying SLE. J Rheumatol 2(2):178–183, 1975.

[235]Balazs T,Robinson CJ, Balter N: Hydralazine-induced antinuclear antibodies in beagle dogs. Toxicol Appl Pharmacol 57(3):452–456, 1981.

[236]Peterson ME, Hurvitz AI, Leib MS, et al: Propylthiouracil-associated hemolytic anemia, thrombocytopenia, and antinuclear antibodies in cats with hyperthyroidism. J Am Vet Med Assoc 184(7):806–808, 1984.

[237]Aucoin DP, Peterson ME, Hurvitz AI, et al: Propylthiouracil-induced immune-mediated disease in the cat. J Pharmacol Exp Ther 234(1):13–18, 1985.

[238]Lewis RM, et al: Canine SLE, transmission of serological abnormalities by cell-free extracts. J Clin Invest 52, 1983.

[239]Beaucher WN, Garman RH, Condemi JJ: Familial lupus erythematosus. Antibodies to DNA in household dogs. N Engl J Med 296(17):982–984, 1977.

[240]Jones DR, Hopkinson ND, Powell RJ: Autoantibodies in pet dogs owned by patients with systemic lupus erythematosus. Lancet 339(8806):1378–1380, 1992.

[241]Panush RS, Levine ML, Reichlin M: Do I need an ANA? Some thoughts about man's best friend and the transmissibility of lupus. J Rheumatol 27(2):287–291, 2000.

[242]Clair D, DeHoratius RJ, Wolfe J, et al:.Autoantibodies in human contacts of SLE dogs. Arthritis Rheum 23(2):251–253, 1980.

[243]Kristensen S, Flagstad A, Jansen H, et al: The absence of evidence suggesting that systemic lupus erythematosus is a zoonosis of dogs. Vet Rec 105:422, 1979.

[244]Reinertsen JL, Kaslow RA, Klippel JH, et al: An epidemiologic study of households exposed to canine systemic lupus erythematosus. Arthritis Rheum 23(5):564–568, 1980.

[245]Chiou SH, Lan JL, Lin SL, et al: Pet dogs owned by lupus patients are at a higher risk of developing lupus. Lupus 13(6):442–449, 2004.

[246]Scott DW, et al: Canine lupus erythematosus I: Systemic lupus erythematosus. J Am Anim Hosp Assoc 19:461, 1983.

[247]Glinski W, Gershwin ME, Budman DR, et al: Study of lymphocyte subpopulations in normal humans and patients with systemic lupus erythematosus by fractionation of peripheral blood lymphocytes on a discontinuous Ficoll gradient. Clin Exp Immunol 26(2):228–238, 1976.

[248]Filaci G, Bacilieri S, Fravega M, et al: Impairment of CD8+ T suppressor cell function in patients with active systemic lupus erythematosus. J Immunol 166(10):6452–6457, 2001.

[249]Sakane T, Steinberg AD, Reeves JP, et al: Studies of immune functions of patients with systemic lupus erythematosus. T-cell subsets and antibodies to T-cell subsets. J Clin Invest 64(5):1260–1269, 1979.

[250]Emlen W, Niebur J, Kadera R: Accelerated in vitro apoptosis of lymphocytes from patients with systemic lupus erythematosus. J Immunol 152(7):3685–3692, 1994.

[251]Shivakumar S, Tsokos GC, Datta SK: T cell receptor alpha/beta expressing double-negative (CD4-/CD8-) and CD4+ T helper cells in humans augment the production of pathogenic anti-DNA autoantibodies associated with

lupus nephritis. *J Immunol* 143(1):103–112, 1989.

[252]Tsokos GC, Rook AH, Djeu JY, et al: Natural killer cells and interferon responses in patients with systemic lupus erythematosus. *Clin Exp Immunol* 50(2):239–245, 1982.

[253]Schneider J, Chin W, Friou GJ, et al: Reduced antibody-dependent cell-mediated cytotoxicity in systemic lupus erythematosus. *Clin Exp Immunol* 20(2):187–192, 1975.

[254]Kuhn A, Beissert S, Krammer PH: CD4(+)CD25 (+) regulatory T cells in human lupus erythematosus. *Arch Dermatol Res* 301(1):71–81, 2009.

[255]Bonelli M, Savitskaya A, von Dalwigk K, et al: Quantitative and qualitative deficiencies of regulatory T cells in patients with systemic lupus erythematosus (SLE). *Int Immunol* 20(7):861–868, 2008.

[256]Zhang B, Zhang X, Tang F, et al: Reduction of forkhead box P3 levels in CD4+CD25high T cells in patients with new-onset systemic lupus erythematosus. *Clin Exp Immunol* 153(2):182–187, 2008.

[257]Zhang B, Zhang X, Tang FL, et al: Clinical significance of increased CD4+CD25-Foxp3+ T cells in patients with new-onset systemic lupus erythematosus. *Ann Rheum Dis* 67(7):1037–1040, 2008.

[258]Yan B, Ye S, Chen G, et al: Dysfunctional CD4+,CD25+ regulatory T cells in untreated active systemic lupus erythematosus secondary to interferon-alpha-producing antigen-presenting cells. *Arthritis Rheum* 58(3):801–812, 2008.

[259]Lipsky PE: Systemic lupus erythematosus: an autoimmune disease of B cell hyperactivity. *Nat Immunol* 2(9):764–766, 2001.

[260]Llorente L, Zou W, Levy Y, et al: Role of interleukin 10 in the B lymphocyte hyperactivity and autoantibody production of human systemic lupus erythematosus. *J Exp Med* 181(3):839–844, 1995.

[261]Chabanne L, Fournel C, Caux C, et al: Abnormalities of lymphocyte subsets in canine systemic lupus erythematosus. *Autoimmunity* 22(1):1–8, 1995.

[262]Faaber P, Rijke TP, van de Putte LB, et al: Cross-reactivity of human and murine anti-DNA antibodies with heparan sulfate. The major glycosaminoglycan in glomerular basement membranes. *J Clin Invest* 77(6):1824–1830, 1986.

[263]Sabbaga J, Line SR, Potocnjak P, et al: A murine nephritogenic monoclonal anti-DNA autoantibody binds directly to mouse laminin, the major non-collagenous protein component of the glomerular basement membrane. *Eur J Immunol* 19(1):137–143, 1989.

[264]Conley CL, Hatrmann RC: A hemorrhagic disorder caused by circulating anticoagulants in patients with disseminated lupus erythematosus. *J Lab Clin Med* 31:621, 1952.

[265]Rosove MH, Brewer PM: Antiphospholipid thrombosis: clinical course after the first thrombotic event in 70 patients. *Ann Intern Med* 117(4):303–308, 1992.

[266]Stone MS, Johnstone IB, Brooks M, et al: Lupus-type "anticoagulant" in a dog with hemolysis and thrombosis. *J Vet Intern Med* 8(1):57–61, 1994.

[267]Lusson D, Billiemaz B, Chabanne JL: Circulating lupus anticoagulant and probable systemic lupus erythematosus in a cat. *J Feline Med Surg* 1(3):193–196, 1999.

[268]Choi E, Shin I, Youn H, et al: Development of canine systemic lupus erythematosus model. *J Vet Med A Physiol Pathol Clin Med* 51(7-8):375–383, 2004.

[269]Khatlani TS, Ma Z, Okuda M, et al: Autoantibodies against T-Cell costimulatory molecules are produced in canine autoimmune diseases. *J Immunother* 26(1):12–20, 2003.

[270]Sontheimer RD: The lexicon of cutaneous lupus erythematosus–a review and personal perspective on the nomenclature and classification of the cutaneous manifestations of lupus erythematosus. *Lupus* 6(2):84–95, 1997.

[271]Chabanne L, et al: Canine systemic lupus erythematosus. Part I: Clinical and biologic aspects. *Compend Contin Educ Pract Vet* 21:135, 1999.

[272]Olivry T, Savary KC, Murphy KM, et al: Bullous systemic lupus erythematosus (type I) in a dog. *Vet Rec* 145(6):165–169, 1999.

[273]Foster AP, Sturgess CP, Gould DJ, et al: Pemphigus foliaceus in association with systemic lupus erythematosus, and subsequent lymphoma in a cocker spaniel. *J Small Anim Pract* 41(6):266–270, 2000.

[274]Pedersen NC, Weisner K, Castles JJ, et al: Noninfectious canine arthritis: the inflammatory, nonerosive arthritides. *J Am Vet Med Assoc* 169(3):304–310, 1976.

[275]Bennett D: Immune-based non-erosive inflammatory joint disease of the dog. 1. Canine systemic lupus erythematosus. *J Small Anim Pract* 28:871, 1987.

[276]Smee NM, Harkin KR, Wilkerson MJ: Measurement of serum antinuclear antibody titer in dogs with and without systemic lupus erythematosus: 120 cases (1997–2005). *J Am Vet Med Assoc* 230(8):1180–1183, 2007.

[277]Stull JW, Evason M, Carr AP, et al: Canine immune-mediated polyarthritis: clinical and laboratory findings in 83 cases in western Canada (1991–2001). *Can Vet J* 49(12):1195–1203, 2008.

[278]Grindem CB, Johnson KH: Systemic lupus erythematosus: Literature review and report of 43 new canine cases. *J Am Anim Hosp Assoc* 19:489, 1983.

[279]Thoren-Tolling K, Ryden L: Serum auto antibodies and clinical/pathological features in German shepherd dogs with a lupuslike syndrome. *Acta Vet Scand* 32(1):15–26, 1991.

[280]Halliwell REW: Skin diseases associated with autoimmunity. 11. The non-bullous autoimmune skin diseases. *Compend Contin Educ Pract Vet* 3:156, 1981.

[281]Immunologic diseases. *Vet Dermatol* 11(3):163–178, 2000.

[282]Smith BE, Tompkins MB, Breitschwerdt EB: Antinuclear antibodies can be detected in dog sera reactive to *Bartonella vinsonii* subsp. *berkhoffi, Ehrlichia canis,* or *Leishmania infantum* antigens. *J Vet Intern Med* 18(1):47–51, 2004.

[283]Hansson-Hamlin H, Lilliehook I, Trowald-Wigh G: Subgroups of canine antinuclear antibodies in relation to laboratory and clinical findings in immune-mediated disease. *Vet Clin Pathol* 35(4):397–404, 2006.

[284]Thoburn R, Hurvitz AI, Kunkel HG: A DNA-binding protein in the serum of certain mammalian species. *Proc Natl Acad Sci* 69:3327, 1972.

[285]Monier JC, Ritter J, Caux C, et al: Canine systemic lupus erythematosus. II: Antinuclear antibodies. *Lupus* 1(5):287–293, 1992.

[286]Monestier M, Novick KE, Karam ET, et al: Autoantibodies to histone, DNA and nucleosome antigens in canine systemic lupus erythematosus. *Clin Exp Immunol* 99(1):37–41, 1995.

[287]Costa O, Monier JC: Antihistone antibodies detected by ELISA and immunoblotting in systemic lupus erythematosus and rheumatoid arthritis. *J Rheumatol* 13(4):722–725, 1986.

[288]Costa O, Fournel C, Lotchouang E, et al: Specificities of antinuclear antibodies detected in dogs with systemic lupus erythematosus. *Vet Immunol Immunopathol* 7(3-4):369–382, 1984.

[289]Lin TY, Chan LC, Fan YH, et al: Use of a recombinant protein containing major epitopes of hnRNP G to detect anti-hnRNP G antibodies in dogs with systemic lupus erythematosus. *Res Vet Sci* 81(3):335–339, 2006.

[290]Yager J, Wolcock BP: Systemic lupus erythematosus. In *Color Atlas and Text of Surgical Pathology of the Dog and Cat*, London, 1994, Wolfe.

[291]Gross T, Ihrke P, Walder E: Systemic lupus erythematosus. In *Veterinary Dermatopathology: Gross and microscopic pathology of skin diseases*, St Louis, 1992, Mosby-Year book, p 22.

[292]Noli C, Von Tscharner C, Suter MM: Apoptosis in selected skin diseases. *Vet Dermatol* 9(4):221–229, 1998.

[293]Choi EW, Shin IS, Youn HY, et al: Gene therapy using non-viral peptide vector in a canine systemic lupus erythematosus model. *Vet Immunol Immunopathol* 103(3-4):223–233, 2005.

[294]Pedersen NC, Barlough J: Systemic lupus erythematosus in the cat. *Feline Pract* 19:5, 1991.

[295]Slauson DO, Russell SW, Schechter RD: Naturally occurring immune-complex glomerulonephritis in the cat. *J Pathol* 103(2):131–133, 1971.

[296]Heise SC, et al: Lupus erythematosus with haemolytic anemia in a cat. *Feline Pract* 3:14, 1973.

[297]Gabbert NH: Systemic lupus erythematosus in a cat with thrombocytopenia. *Vet Med Small Anim Clin* 78:77, 1983.

[298]Scott DW, et al: A glucocorticoid responsive dermatitis in cats resembling systemic lupus erythematosus in man. *J Am Anim Hosp Assoc* 15:157, 1979.

[299]Person JM: Systemic lupus erythematosus in a cat. *Rev Med Vet* 149:1125, 1998.

[300]Pericard P, Plasslart G: Suspicion of systemic lupus erythematosus in a female cat. *Prat Vet* 2:7, 2004.

[301]Vitale C, et al: Systemic lupus erythematosus in a cat: Fulfillment of the American Rheumatism Association criteria with suppurative skin histopathology. *Vet Dermatol* 8(2):133, 1997.

[302]Werner LL, Gorman NT: Immune-mediated disorders of cats. *Vet Clin North Am Small Anim Pract* 14(5):1039–1064, 1984.

[303]Scott DW, et al: Canine lupus erythematosus. II: Discoid lupus erythematosus. *J Am Anim Hosp Assoc* 20:579, 1983.

[304]Olivry T, et al: Discoid lupus erythematosus in the dog. 22:205, 1987.

[305]Griffin CE, Stannard AA, Ihrke PJ, et al: Canine discoid lupus erythematosus. *Vet Immunol Immunopathol* 1(1):79–87, 1979.

[306]Guaguère E, Magnol JP: Discoid lupus erythematosus involving the ear in the dog. *Prat Méd Chir Anim Comp* 24:101, 1989.

[307]Scott DW, et al: Unusual findings in canine Pemphigus erythematosus and discoid lupus erythematosus. *J Am Anim Hosp Assoc* 20:579, 1984.

[308]Gerhauser I, Strothmann-Luerssen A, Baumgartner W: A case of interface perianal dermatitis in a dog: is this an unusual manifestation of lupus erythematosus. *Vet Pathol* 43(5):761–764, 2006.

[309]Scott DW, Miller WH: Squamous cell carcinoma arising in chronic discoid lupus erythematosus nasal lesion in two German shepherd dogs. *Vet Dermatol* 6:99, 1995.

[310]Iwasaki T, Shimizu M, Obata H, et al: A canine case of discoid

lupus erythematosus with circulating autoantibody. *J Vet Med Sci* 57(6):1097–1099, 1995.

[311]Rosenkrantz WS: Discoid lupus erythematosus. In Griffin CE, et al, editors: *Current Veterinary dermatology*, St. Louis, 1993, Mosby-Year Book, p 149.

[312]Stanely B: Bilateral rotation flaps for the treatment of chronic nasal dermatitis in four dogs. *J Am Anim Hosp Assoc* 27:295, 1991.

[313]Kalaher K, Scott DW: Discoid lupus erythematosus in a cat. *Feline Pract* 19:7, 1991.

[314]Willemse T, et al: Discoid lupus erythematosus in cats. *Vet Dermatol* 1:19, 1989.

[315]Wilhelm S: Two cases of feline exfoliative dermatitis and folliculitis with histological features of cutaneous lupus erythematosus. *Tierartzliche Praxis Ausgabe* 33:364, 2005.

[316]Schwartzman RM, Maguire HG: Staphylococcal apocrine gland infections in the dog (canine hidradenitis suppurativa). *Br Vet J* 125(3):121–127, 1969.

[317]White SD, Rosser EJ, Jr, Ihrke PJ, et al: Bullous pemphigoid in a dog: treatment with six-mercaptopurine. *J Am Vet Med Assoc* 185(6):683–686, 1984.

[318]Scott DW, Manning TO, Lewis RM: Linear IgA dermatoses in the dog: bullous pemphigoid, discoid lupus erythematosus and a subcorneal pustular dermatitis. *Cornell Vet* 72(4):394–402, 1982.

[319]Gross T, Ihrke P, Walder E: *Veterinary Dermatopathology: Gross and microscopic pathology of skin diseases*, St Louis, 1992, Mosby- year book.

[320]Jackson H, Olivry T: Ulcerative dermatosis of the Shetland sheepdog and rough collie dog may represent a novel vesicular variant of cutaneous lupus erythematosus. *Vet Dermatol* 12(1):19–27, 2001.

[321]Jackson HA, Olivry T, Berget F, et al: Immunopathology of vesicular cutaneous lupus erythematosus in the rough collie and Shetland sheepdog: a canine homologue of subacute cutaneous lupus erythematosus in humans. *Vet Dermatol* 15(4):230–239, 2004.

[322]Wenzel J, Gerdsen R, Uerlich M, et al: Antibodies targeting extractable nuclear antigens: historical development and current knowledge. *Br J Dermatol* 145(6):859–867, 2001.

[323]Furukawa F, Itoh T, Wakita H, et al: Keratinocytes from patients with lupus erythematosus show enhanced cytotoxicity to ultraviolet radiation and to antibody-mediated cytotoxicity. *Clin Exp Immunol* 118(1):164–170, 1999.

[324]Font A, Bardagi M, Mascort J, et al: Treatment with oral cyclosporine A of a case of vesicular cutaneous lupus erythematosus in a rough collie. *Vet Dermatol* 17(6):440–442, 2006.

[325]Theaker AJ, Rest JR: Lupoid dermatosis in a German short-haired pointer. *Vet Rec* 21:495, 1992.

[326]Vroom MW, et al: Lupoid dermatosis in the German Short-haired Pointer. *Vet Dermatol* 6(2):93–98, 1995.

[327]Bryden SL, White SD, Dunston SM, et al: Clinical, histopathological and immunological characteristics of exfoliative cutaneous lupus erythematosus in 25 German short-haired pointers. *Vet Dermatol* 16(4):239–252, 2005.

[328]Mauldin EA, Morris DO, Brown DC, et al: Management trials of exfoliative cutaneous lupus erythematosus in German short-haired pointers with cyclosporine, hydroxychloroquine and adalimumab, in North American Veterinary Dermatology Forum. 2008: Denver, Colorado. p 194.

[329]Mauldin EA, Morris DO, Brown DC, et al: Exfoliative cutaneous lupus erythematosus in German shorthaired pointer dogs: disease development, progression and evaluation of three immunomodulatory drugs (ciclosporin, hydroxychloroquine, and adalimumab) in a controlled environment. *Vet Dermatol* 2010.

[330]Olivry T, et al: Antifollicular cell-mediated and humoral immunity in canine alopecia areata. *Vet Dermatol* 7(2):67–79, 1996.

[331]Power HT, et al: Novel feline alopecia areata-like dermatosis: Cytotoxic T lymphocytes target the follicular isthmus. In Kwochka KK, Willemse T, vonTscharner C, editors: *Advances in veterinary dermatology*, Boston, 1998, Butterworth-Heinemann, p 538.

[332]Gross TL, et al: Mural diseases of the hair follicle. In *Skin Diseases of the Dog and Cat, Clinical and Histopathologic Diagnosis*, Ames, Iowa, 2005, Blackwell Science. pp 460–479.

[333]Safavi KH, Muller SA, Suman VJ, et al: Incidence of alopecia areata in Olmsted County, Minnesota, 1975 through 1989. *Mayo Clin Proc* 70:628–633, 1995.

[334]Tobin DJ, Gardner SH, Luther PB, et al: A natural canine homologue of alopecia areata in humans. *Br J Dermatol* 149(5):938–950, 2003.

[335]Alkhalifah A, Alsantali A, Wang E, et al: Alopecia areata update: part I. Clinical picture, histopathology, and pathogenesis. *J Am Acad Dermatol* 62(2):177–188, quiz 189–90, 2010.

[336]Paus R, Olsen EA, Messenger AG: Hair growth disorders. In Wolff K, et al, editors: *Fitzpatrick's Dermatology in General Medicine*, New York, 2008, McGraw Medical, pp 753–777.

[337]Cetin ED, Savk E, Uslu M, et al: Investigation of the inflammatory mechanisms in alopecia areata. *Am J Dermatopathol* 31(1):53–60, 2009.

[338]McElwee KJ, Niiyama S, Freyschmidt-Paul P, et al: Dietary soy oil content

and soy-derived phytoestrogen genistein increase resistance to alopecia areata onset in C3H/HeJ mice. *Exp Dermatol* 12(1):30–36, 2003.

[339]Gregoriou S, et al: Cytokines and other mediators in alopecia areata. *Mediators Inflamm* 2010:928030, 2010.

[340]Olivry T, et al: Anti-isthmus autoimmunity in a novel feline acquired alopecia resembling pseudopelade of humans *. *Vet Dermatol* 11(4):261–270, 2000.

[341]McElwee K, Hoffmann R: Alopecia areata—animal models. *Clin Exp Dermatol* 27(5):410–417, 2002.

[342]Alkhalifah A, et al: Alopecia areata update: part II. Treatment. *J Am Acad Dermatol* 62(2):191–202, quiz 203–4, 2010.

[343]McElwee K, Boggess D, Olivry T: Comparison of alopecia areata in human and nonhuman mammalian species. *Pathobiology* 66:90–107, 1998.

[344]De Jonghe S, Ducatelle R, Mattheeuws D: Trachyonychia associated with alopecia areata in a Rhodesian Ridgeback. *Vet Dermatol* 10(2):123–126, 1999.

[345]Noli C, Toma S: Three cases of immune-mediated adnexal skin disease treated with cyclosporin. *Vet Dermatol* 17(1):85–92, 2006.

[346]Delamere FM, Sladden MM, Dobbins HM, et al: Interventions for alopecia areata. *Cochrane Database Syst Rev* 2008.

[347]Sargur R, White P, Egner W: Cryoglobulin evaluation: best practice? *Ann Clin Biochem* 47(Pt 1):8–16, 2010.

[348]Nagata M, et al: Cryoglobulinaemia and cryofibrinogenaemia: a comparison of canine and human cases. *Vet Dermatol* 9(4):277–281, 1998.

[349]Halliwell R, Gorman NT: *Veterinary Clinical Immunology*, Philadelphia, 1989, W.B. Saunders.

[350]Bellamy JE, MacWilliams PS, Searcy GP: Cold-agglutinin hemolytic anemia and Haemobartonella canis infection in a dog. *J Am Vet Med Assoc* 173(4):397–401, 1978.

[351]Dickson N: Cold agglutinin disease in a puppy associated with lead intoxication. *J Small Anim Pract* 31:105, 1990.

[352]Godfrey D, Anderson R: Cold agglutinin disease in a cat. *J Small Anim Pract* 35(5):267–270, 1994.

[353]Slappendel RJ, van Erp CL, Goudswaard J, et al: Cold hemagglutinin disease in a toy Pinscher dog. *Tijdschr Diergeneeskd* 100(8):445–460, 1975.

[354]Zulty JC, Kociba GJ: Cold agglutinins in cats with haemobartonellosis. *J Am Vet Med Assoc* 196(6):907–910, 1990.

[355]Bridle KH, Littlewood JD: Tail tip necrosis in two litters of Birman kittens. *J Small Anim Pract* 39(2):88–89, 1998.

[356]Cohen SJ, Pittelkow MR, Su WP: Cutaneous manifestations of cryoglobulinemia: clinical and histopathologic study of seventy-two patients. *J Am Acad Dermatol* 25(1 Pt 1):21–27, 1991.

[357]Greene CE, Kristensen F, Hoff EJ, et al: Cold hemagglutinin disease in a dog. *J Am Vet Med Assoc* 170(5):505–510, 1977.

[358]Campbell KL, Metry CA: Variabilities of vasculitis. In DeBoer DJ, Affolter VK, Hill PB, editors: *Advances in Veterinary Dermatology*, Ames, 2010, Wiley-Blackwell, pp 408–416.

[359]Gross TL, et al: Vascular diseases of the dermis. In *Skin Diseases of the Dog and Cat, Clinical and Histopathologic Diagnosis*, Ames, Iowa, 2005, Blackwell Science, pp 238–260.

[360]Affolter V, Moore P, Sandmaier B: Immunohistochemical characterization of canine acute graft-versus-host disease and erythema multiforme. In Kwochka K, Willemse T, von Scharner C, editors: *Advances in Dermatology III*, Boston, 1998, Butterworth-Heinemann, pp 103–115.

[361]Graves SS, Ryoo HM, Sale G, et al: Pegylated TNF-alpha receptor does not prevent acute graft-versus-host disease in the dog leukocyte antigen-nonidentical unrelated canine model. *Biol Blood Marrow Transplant* 12(11):1198–1200, 2006.

[362]Caswell JL, Yager JA: Graft-versus-host disease in severe combined immunodeficiency/beige mice administered canine leukocytes. *Can J Vet Res* 69(4):246–252, 2005.

[363]Langley RG, Walsh N, Nevill T, et al: Apoptosis is the mode of keratinocyte death in cutaneous graft-versus-host disease. *J Am Acad Dermatol* 35(2 Pt 1):187–190, 1996.

[364]Horn TD, Bauer DJ, Vogelsang GB, et al: Reappraisal of histologic features of the acute cutaneous graft-versus-host reaction based on an allogeneic rodent model. *J Invest Dermatol* 103(2):206–210, 1994.

[365]Johnson ML, Farmer ER: Graft-versus-host reactions in dermatology. *J Am Acad Dermatol* 38(3):369–392; quiz 393–6, 1998.

[366]Pedersen NC: A review of immunologic diseases of the dog. *Vet Immunol Immunopathol* 69(2-4):251–342, 1999.

[367]Bordaberry MF: Vogt-Koyanagi-Harada disease: diagnosis and treatments update. *Curr Opin Ophthalmol* 21(6):430–435, 2010.

[368]Damico FM, Bezerra FT, Silva GC, et al: New insights into Vogt-Koyanagi-Harada disease. *Arq Bras Oftalmol* 72(3):413–420, 2009.

[369]Angles JM, Famula TR, Pedersen NC: Uveodermatologic (VKH-like) syndrome in American Akita dogs is associated with an increased frequency of DQA1*00201. *Tissue Antigens* 66(6):656–665, 2005.

[370]Fang W, Yang P: Vogt-Koyanagi-Harada syndrome. *Curr Eye Res* 33(7):517–523, 2008.

[371]Yamaki K, Ohono S: Animal models of Vogt-Koyanagi-Harada disease (sympathetic ophthalmia). *Ophthal Res* 40(3-4):129–135, 2008.

[372]Yamaki K, Takiyama N, Itho N, et al: Experimentally induced Vogt-Koyanagi-Harada disease in two Akita dogs. *Exp Eye Res* 80(2):273–280, 2005.

[373]Bellhorn R, Murphy C, Thirkill C: Anti-retinal immunoglobulins in canine ocular diseases. *Semin Vet Med Surg (Small Anim)* 3(1):28–32, 19883(1), February 1988.

[374]Murphy C, et al: Antirenal antibodies associated with Vogt-Koyanagi-Harada-like syndrome in a dog. *J Am Anim Hosp Assoc* 27:399, 1991.

[375]Carter WJ, Crispin SM, Gould DJ, et al: An immunohistochemical study of uveodermatologic syndrome in two Japanese Akita dogs. *Vet Ophthalmol* 8(1):17–24, 2005.

[376]Macdonald JM: Uveodermatologic syndrome in the dog. In Griffin CE, et al, editors: *Current Veterinary Dermatology*, St Louis, 1993, Mosby-Yeak Book, p 217.

[377]Gross TL, et al: Lichenoid diseases of the dermis. In *Skin Diseases of the Dog and Cat, Clinical and Histopathologic Diagnosis*, Ames, Iowa, 2005, Blackwell Science.

[378]Sigle KJ, McLellan GJ, Haynes JS, et al: Unilateral uveitis in a dog with uveodermatologic syndrome. *J Am Vet Med Assoc* 228(4):543–558, 2006.

[379]Herrera HD, Duchene AG: Uveodermatological syndrome (Vogt-Koyanagi-Harada-like syndrome) with generalized depigmentation in a Dachshund. *Vet Ophthalmol* 1(1):47–51, 1998.

[380]Laus JL, Sousa MG, Cabral VP, et al: Uveodermatologic syndrome in a Brazilian Fila dog. *Vet Ophthalmol* 7(3):193–196, 2004.

[381]Berent A, Riis R: Sudden Blindness and Panuveitis in an Adult Basset Hound. *Vet Med* 99(2):118–132, 2004.

[382]Tachikawa S, Tachikawa T, Nagata M: Uveodermatologic (Vogt-Koyanagi-Harada-like) syndrome with sloughing of the nails in a Siberian husky. *J Vet Med (Tokyo)* 48:559, 1995.

[383]Vercelli A, Taraglio S: Canine Vogt-Koyanagi-Harada-like syndrome in two Siberian husky dogs. *Vet. Dermatol* 1(3):151–158, 1990.

[384]Nickoloff B: *Dermal Immune System*, Boca Raton, FL, 1993, CRC Press.

[385]Campbell KL, et al: Generalized leukoderma and poliosis following uveitis in a dog. *J Am Anim Hosp Assoc* 22:121, 1986.

[386]Morgan R: Vogt-Koyanagi-Harada syndrome in humans and dogs. *Compend Contin Educ* 11:1211, 1989.

[387]Lindley DM, Boosinger TR, Cox NR: Ocular histopathology of Vogt-Koyanagi-Harada-like syndrome in an Akita dog. *Vet Pathol* 27(4):294–296, 1990.

[388]Baiker K, Scurrell E, Wagner T, et al: Polymyositis following Vogt-Koyanagi-Harada-like Syndrome in a Jack Russell Terrier. *J Comp Pathol* 2010.

[389]Scott DW, Miller WH, Jr, Griffin CE: *Muller and Kirk's Small Animal Dermatology*, ed 6, Philadelphia, 2001, W.B. Saunders.

[390]Mosby's Medical Dictionary, ed 8, 2008, Elsevier.

[391]Executive summary of disease management of drug hypersensitivity: a practice parameter. Joint Task Force on Practice Parameters, the American Academy of Allergy, Asthma and Immunology, the American Academy of Allergy, Asthma and Immunology, and the Joint Council of Allergy, Asthma and Immunology. *Ann Allergy Asthma Immunol* 83(6 Pt 3):665–700, 1999.

[392]Svensson CK, Cowen EW, Gaspari AA: Cutaneous drug reactions. *Pharmacol Rev* 53(3):357–379, 2001.

[393]Scott DW, Miller WHJ: Idiosyncratic cutaneous adverse drug reactions in the cat: Literature review and report of 14 cases (1990-1996). *Feline Pract* 26(4):10–14, 1998.

[394]Scott DW, Miller WHJ: Idiosyncratic cutaneous adverse drug reactions in the dog: Literature review and report of 101 cases (1990-1996). *Canine Pract* 24(5):16–22, 1999.

[395]Affolter VK, Shaw S: Cutaneous drug eruptions. In Ihrke PJ, Mason IS, White SD, editors: *Advances in veterinary dermatology II*, New York, 1993, Pergamon press, p 447.

[396]Kunkle G, Sundlof S, Keisling K: Adverse side effects of oral antibacterial therapy in dogs and cats: An epidemiologic study of pet owners observations. *J Am Anim Hosp Assoc* 31:46–55, 1995.

[397]Riedl MA, Casillas AM: Adverse drug reactions: types and treatment options. *Am Fam Physician* 68(9):1781–1790, 2003.

[398]Shear NH, Knowles SR, Shapiro L: Cutaneous reactions to drugs. In Wolf K, et al, editors: *Fitzpatrick's Dermatology in General Medicine*, San Francisco, 2008, McGraw Hill Medical. pp 355–362.

[399]Morris D, Mauldin E: Adverse cutaneous drug reactions in the age of polypharmacy: choose your poison. In *Proceedings of the 19th AAVD/ACVD annual meeting*, Hill's Pet Nutrition, 2004, Kansas City, Mo.

[400]Wolkenstein P, Charue D, Laurent P, et al: Metabolic predisposition to cutaneous adverse drug reactions. Role in toxic epidermal necrolysis caused by sulfonamides and anticonvulsants. *Arch Dermatol* 131(5):544–551, 1995.

[401]Ogilvie GK, Richardson RC, Curtis CR, et al: Acute and short-term toxicoses associated with the administration of doxorubicin to dogs with malignant tumors. *J Am Vet Med Assoc* 195(11):1584–1587, 1989.

[402]Mauldin GN, Matus RE, Patnaik AK, et al: Efficacy and toxicity of doxorubicin and cyclophosphamide used in the treatment of selected malignant tumors in 23 cats. *J Vet Intern Med* 2(2):60–65, 1988.

[403]Gross T, Walder E, Ihrke P: Subepidermal bullous dermatosis due to topical corticosteroid therapy in dogs. *Vet Dermatol* 8(2):127–131, 1997.

[404]Ochoa PG, Arribas MT, Mena JM, et al: Cutaneous adverse reaction to furosemide treatment: new clinical findings. *Can Vet J* 47(6):576–578, 2006.

[405]Nuttall TJ, Burrow R, Fraser I, et al: Thrombo-ischaemic pinnal necrosis associated with fenbendazole treatment in a dog. *J Small Anim Pract* 46(5):243–246, 2005.

[406]Jasani S, Boag AK, Smith KC: Systemic vasculitis with severe cutaneous manifestation as a suspected idiosyncratic hypersensitivity reaction to fenbendazole in a cat. *J Vet Intern Med* 22(3):666–670, 2008.

[407]Guaguere E, Degorce-Rubiales F: Drug-induced erythema multiforme or drug-induced pemphigus foliaceus: a case report. *Vet Dermatol* 15(s):57, 2004.

[408]White SD, Carlotti DN, Pin D, et al: Putative drug-related pemphigus foliaceus in four dogs. *Vet Dermatol* 13(4):195–202, 2002.

[409]Gross T, et al: Pustular diseases of the epidermis. In *Skin diseases of the dog and cat, clinical and histopathologic diagnosis*, Ames, 2005, Blackwell Science, pp 4–26.

[410]Berrocal A: Nodular and non-nodular focal alopecia related to drug injections: a retrospective study of 32 dogs. *Vet Dermatol* 156(s):38, 2004.

[411]Mason KV: Blistering drug eruptions in animals. *Clin Dermatol* 11(4):567–574, 1993.

[412]Mauldin E, Morris DO, Goldschmidt M: Clinical associations with severe eosinophilic dermatitis in dogs: a retrospective analysis. Proceedings of the North American Veterinary Dermatology Forum, 2006, Palm Springs.

[413]Mellor PJ, Roulois AJ, Day MJ, et al: Neutrophilic dermatitis and immune-mediated haematological disorders in a dog: suspected adverse reaction to carprofen. *J Small Anim Pract* 46(5):237–242, 2005.

[414]Marconato L, Bonfanti U, Fileccia I: Unusual dermatological toxicity of hydroxyurea in two dogs with spontaneously occurring tumours. *J Small Anim Pract* 48(9):514–517, 2007.

[415]Vitale C, Ihrke PJ, Gross TL: Putative diethylcarbamazine-induced urticaria with eosinophilic dermatitis in a dog. *Vet Dermatol* 5:197–203, 1994.

[416]Mauldin EA, Palmeiro BS, Goldschmidt MH, et al: Comparison of clinical history and dermatologic findings in 29 dogs with severe eosinophilic dermatitis: a retrospective analysis. *Vet Dermatol* 17(5):338–347, 2006.

[417]Gross T, et al: Nodular and diffuse diseases of the dermis with prominent eosinophils, neutrophils or plasma cells. In *Skin Diseases of the Dog and Cat, Clinical and Histopathologic Diagnosis*, Ames, 2005, Blackwell Science, pp 342–372.

[418]Vitale CB, et al: Putataive Rimadyl-induced neutrophilic dermatosis resembling Sweet's syndrome in 2 dogs. *Proc Annu Memb Meet Am Acad Vet Dermatol Am Coll Vet Dermatol* 15:69, 1999.

[419]Moore GE, Guptill LF, Ward MP, et al: Adverse events diagnosed within three days of vaccine administration in dogs. *J Am Vet Med Assoc* 227(7):1102–1108, 2005.

[420]Mason KV, Rosser E: Cutaneous drug eruptions. In von Tscharner C, Halliwell REW, editors: *Advances in veterinary dermatology I*, Philadelphia, 1990, Balliere-Tindall, p 426.

[421]Giger U, Werner LL, Millichamp NJ, et al: Sulfadiazine-induced allergy in six Doberman pinschers. *J Am Vet Med Assoc* 186(5):479–484, 1985.

[422]Walder EJ: Superficial suppurative necrolytic deramtitis in miniature schnauzers. In Ihrke PJ, Mason IS, editors: *Advances in veterinary dermatology II*, New York, 1993, Pergamon Press, p 419.

[423]Murayama N, Midorikawa K, Nagata M: A case of superficial suppurative necrolytic dermatitis of miniature schnauzers with identification of a causative agent using patch testing. *Vet Dermatol* 19(6):395–399, 2008.

[424]Carlotti DN, et al: Drug-related superficial pemphigus in the dog: A report of 3 cases. *Proc Annu Memb Meet Am Acad Vet Dermatol Am Coll Vet Dermatol* 15:23, 1999.

[425]Vitale C, Gross T, Magro C: Vaccine-induced ischemic dermatopathy in the dog. *Vet Dermatol* 10(2):131–142, 1999.

[426]Nichols PR, Morris DO, Beale KM: A retrospective study of canine and feline cutaneous vasculitis. *Vet Dermatol* 12(5):255–264, 2001.

[427]Roche E, Mason K: Periocular alopecia caused by a fixed drug eruption. *Aust Vet Pract* 21:80, 1991.

[428]Mason KV: Fixed drug eruption in two dogs caused diethylcarbamazine. *J Am Anim Hosp Assoc* 24(3):301–303, 1988.

[429]Carrig CB: Fixed drug eruption in a dog. *J Small Anim Pract* 12(3):185–192,

1971.

[430] Rosenkrantz WS: Cutaneous drug reactions. In Griffin CE, KW K, MacDonald JM, editors: *Current Veterinary dermatology, the science and art of therapy*, St Louis, 1993, Mosby- Year Book, pp 154–164.

[431] Gupta AK, et al: Lymphocytic infiltrates of the skin in association with cyclosporine therapy. *J Am Acad Dermatol* 23(6 Pt 1):1137–1141, 1990.

[432] Rosenkrantz WS, Barr RJ: Clinical evaluation of cyclosporine in animal models with cutaneous immune-mediated disease and epitheliotropic lymphoma. *J Am Anim Hosp Assoc* 25:377, 1989.

[433] Steffan J, Parks C, Seewald W: Clinical trial evaluating the efficacy and safety of cyclosporine in dogs with atopic dermatitis. *J Am Vet Med Assoc* 226(11):1855–1863, 2005.

[434] Argani H, et al: Treatment of cyclosporine-induced gingival overgrowth with azithromycin-containing toothpaste. *Exp Clin Transplant* 4(1):420–424, 2006.

[435] Kunkle G: Adverse cutaneous reactions in cats given methimazole. *Dermatol Rep* Spring/ Summer:4, 1993.

[436] Mayer UK, Glos K, Schmid M, et al: Adverse effects of ketoconazole in dogs—a retrospective study. *Vet Dermatol* 19(4):199–208, 2008.

[437] Scott DW: Folliculite murale granulomateuse chez le chien: manifestation d'un accident medicamenteus cutane? *Med Vet Quebec* 29:154–156, 1999.

[438] Barbaud A, et al: Guidelines for performing skin tests with drugs in the investigation of cutaneous adverse drug reactions. *Contact Dermatitis* 45(6):321–328, 2001.

[439] Benahmed S, Picot MC, et al: Accuracy of a pharmacovigilance algorithm in diagnosing drug hypersensitivity reactions. *Arch Intern Med* 165(13):1500–1505, 2005.

[440] Moore N, Biour M, Paux G, et al: Adverse drug reaction monitoring: doing it the French way. *Lancet* 2(8463):1056–1058, 1985.

[441] Perez T, Dayer E, Girard JP: Hypersensitivity reactions to drugs: correlation between clinical probability score and laboratory diagnostic procedures. *J Invest Allergy Clin Immunol* 5(5):276–282, 1995.

[442] Jones JK: Criteria for journal reports of suspected drug reactions. *Clin Pharm* 1(6):554–555, 1982.

[443] Naranjo CA, Busto U, Sellers EM, et al: A method for estimating the probability of adverse drug reactions. *Clin Pharmacol Ther* 30(2):239–245, 1981.

[444] Hinn A, Olivry T, Luther P: Erythema multiforme, Stevens-Johnson syndrome, and toxic epidermal necrolysis in the dog: Clinical classification, drug exposure, and histopathologic correlations. *J Vet Allergy Clin Immunol* 6:13–20, 1998.

[445] Benahmed S, Picot MC, Hillaire-Buys D, et al: Comparison of pharmacovigilance algorithms in drug hypersensitivity reactions. *Eur J Clin Pharmacol* 61(7):537–541, 2005.

[446] Trotman TK, Phillips H, Fordyce H, et al: Treatment of severe adverse cutaneous drug reactions with human intravenous immunoglobulin in two dogs. *J Am Anim Hosp Assoc* 42(4):312–320, 2006.

[447] Gross TL, et al: Interface diseases of the dermal-epidermal junction. In *Skin Diseases of the Dog and Cat, Clinical and Histopathologic Diagnosis*, Ames, Iowa, 2005, Blackwell Science, pp 49–74.

[448] Wetter DA, Davis MD: Recurrent erythema multiforme: Clinical characteristics, etiologic associations, and treatment in a series of 48 patients at Mayo Clinic, 2000 to 2007. *J Am Acad Dermatol*, 2009.

[449] Lamoreux MR, Sternbach MR, Hsu WT: Erythema multiforme. *Am Fam Physician* 74(11):1883–1888, 2006.

[450] Roujeau JC: Erythema Multiforme. In Wolff K, et al, editors: *Fitzpatrick's Dermatology in General Medicine*, New York, 2008, McGraw Medical, pp 343–349.

[451] Al-Johani KA, Fedele S, Porter SR: Erythema multiforme and related disorders. *Oral Surg Oral Med Oral Pathol Oral Radiol Endod* 103(5):642–654, 2007.

[452] Hughey LC: Approach to the hospitalized patient with targetoid lesions. *Dermatol Ther* 24:196–206, 2011.

[453] Tepper LC, Spiegel IB, Davis GJ: Diagnosis of erythema multiforme associated with thymoma in a dog and treated with thymectomy. *J Am Anim Hosp Assoc* 47(2):e19–25, 2011.

[454] Bastuji-Garin S, Rzany B, Stern RS, et al: Clinical classification of cases of toxic epidermal necrolysis, Stevens-Johnson syndrome, and erythema multiforme. *Arch Dermatol* 129(1):92–96, 1993.

[455] Auquier-Dunant A, Mockenhaupt M, Naldi L, et al: Severe Cutaneous Adverse Reactions., Correlations between clinical patterns and causes of erythema multiforme majus, Stevens-Johnson syndrome, and toxic epidermal necrolysis: results of an international prospective study. *Arch Dermatol* 138(8):1019–1024, 2002.

[456] Walder EJ, Werner A: A possible case of paraneoplastic skin disease with features of erythema multiforme and pemphigus foliaceus in a dog. *Proc Annu Memb Meet Am Acad Vet Dermatol Am Coll Vet Dermatol* 12:70, 1996.

[457] Scott DW, et al: Erythema multiforme in the dog. *J Am Anim Hosp Assoc*

[458] Favrot C, Olivry T, Dunston SM, et al: Parvovirus infection of keratinocytes as a cause of canine erythema multiforme. *Vet Pathol* 37(6):647–649, 2000.

[459] Itoh T, Nibe K, Kojimoto A, et al: Erythema multiforme possibly triggered by food substances in a dog. *J Vet Med Sci* 68(8):869–871, 2006.

[460] Byrne KP, Giger U: Use of human immunoglobulin for the treatment of severe erythema multiforme in a cat. *J Am Vet Med Assoc* 220:197–201, 2002.

[461] Prost C: A case of exfoliative erythema multiforme associated with herpesvirus 1 infection in a European cat. *Vet Dermatol* 15(s):51, 2004.

[462] Prost C: Exfoliative erythema multiforme associated with herpesvirus 1 infection in two European cats. *Vet Derm* 17(5):360, 2006.

[463] Aurelian L, Ono F, Burnett J: Herpes simplex virus (HSV)-associated erythema multiforme (HAEM): a viral disease with an autoimmune component. *Dermatol Online J* 9(1):1, 2003.

[464] Kokuba H, Aurelian L, Burnett J: Herpes simplex virus associated erythema multiforme (HAEM) is mechanistically distinct from drug-induced erythema multiforme: interferon-gamma is expressed in HAEM lesions and tumor necrosis factor-alpha in drug-induced erythema multiforme lesions. *J Invest Dermatol* 113(5):808–815, 1999.

[465] Assier H, et al: Erythema multiforme with mucous membrane involvement and Stevens-Johnson syndrome are clinically different disorders with distinct causes. *Arch Dermatol* 131(5):539–543, 1995.

[466] Wolf R, Wolf D, Davidovici B: In the pursuit of classifying severe cutaneous adverse reactions. *Clin Dermatol* 25(3):348–349, 2007.

[467] Roujeau JC: The spectrum of Stevens-Johnson syndrome and toxic epidermal necrolysis: a clinical classification. *J Invest Dermatol* 102(6):28S–30S, 1994.

[468] Yager J, Wilcock B: *Color Atlas and text of Surgical Pathology of the Dog and Cat*, London, 1994, Wolfe Publishing.

[469] Gross TL, et al: Necrotzing diseases of the epidermis. In *Skin Diseases of the Dog and Cat, Clinical and Histopathologic Diagnosis*, Ames, Iowa, 2005, Blackwell Science, pp 75–104.

[470] Yager JA, Wilcock BP: *Color atlas and text of surgical pathology of the dog and cat. Dermatopathology and skin tumors*, London, 1994, Wolfe Publishing.

[471] Nuttall T, Malham T: Successful intravenous human immunoglobulin treatment of drug-induced Stevens-Johnson syndrome in a dog. *J Small Anim Pract* 45(7):357–361, 2004.

[472] Valeyrie-Allanore L, Roujeau JC: Epidermal necrolysis (Stevens-Johnson syndrome and toxic epidermal necrolysis). In Wolff K, et al, editors: *Fitzpatrick's Dermatology in General Medicine*, San Francisco, 2008, McGraw-Hill, pp 349–355.

[473] Paquet P, Pierard GE: New insights in toxic epidermal necrolysis (Lyell's syndrome): clinical considerations, pathobiology and targeted treatments revisited. *Drug Saf* 33(3):189–212, 2010.

[474] Lissia M, Mulas P, Bulla A, et al: Toxic epidermal necrolysis (Lyell's disease). *Burns* 36(2):152–163, 2010.

[475] Struck MF, Illert T, Liss Y, et al: Toxic epidermal necrolysis in pregnancy: case report and review of the literature. *J Burn Care Res* 31(5):816–821, 2010.

[476] Lee MT, Hung SI, Wei CY, et al: Pharmacogenetics of toxic epidermal necrolysis. *Expert Opin Pharmacother* 11(13):2153–2162, 2010.

[477] Scott DW, et al: Toxic epidermal necrolysis in two dogs and a cat. *J Am Anim Hosp Assoc* 15:271, 1979.

[478] Van Hees J, et al: Levamisole-induced drug eruptions in the dog. *J Am Anim Hosp Assoc* 21:255–261, 1985.

[479] Rachofsky M, et al: Toxic epidermal necrolysis. *Compend Contin Educ* 11:840, 1989.

[480] Mason KV, Fadok VA: Cutaneous drug eruptions with epidermal necrosis: a discussion of pathophysiologic and comparative aspects. *Clin Dermatol* 12(4):525–528, 1994.

[481] Frank AA, Ross JL, Sawvell BK: Toxic epidermal necrolysis associated with flea dips. *Vet Hum Toxicol* 34(1):57–61, 1992.

[482] Zutterman N, Maes H, Claerhout S, et al: Deregulation of cell-death pathways as the cornerstone of skin diseases. *Clin Exp Dermatol* 35(6):569–575, 2010.

[483] Marzano AV, Frezzolini A, Caproni M, et al: Immunohistochemical expression of apoptotic markers in drug-induced erythema multiforme, Stevens-Johnson syndrome and toxic epidermal necrolysis. *Int J Immunopathol Pharmacol* 20(3):557–566, 2007.

[484] Murata J, Abe R: Soluble Fas ligand: is it a critical mediator of toxic epidermal necrolysis and Stevens-Johnson syndrome. *J Invest Dermatol* 127(4):802–807, 2007.

[485] Quaglino P, Caproni M, Osella-Abate S, et al: Serum interleukin-13 levels are increased in patients with Stevens-Johnson syndrome/ toxic epidermal necrolysis but not in those with erythema multiforme. *Br J Dermatol* 158(1):184–186, 2008.

[486] Bastuji-Garin S, Fouchard N, Bertocchi M, et al: SCORTEN: a severity-of-

19:453, 1983.

illness score for toxic epidermal necrolysis. *J Invest Dermatol* 115(2):149–153, 2000.

[487]Scott DW, Miller WH, Jr, Griffin CE: *Muller and Kirk's Small Animal Dermatology*, ed 6, St Louis, 2001, W.B. Saunders Company.

[488]Côté B, Wechsler J, Bastuji-Garin S, et al: Clinicopathologic correlation in erythema multiforme and Stevens-Johnson syndrome. *Arch Dermatol* 131(11):1268–1272, 1995.

[489]Pereira FA, Mudgil AV, Rosmarin DM: Toxic epidermal necrolysis. *J Am Acad Dermatol* 56(2):181–200, 2007.

[490]Schneck J, Fagot JP, Sekula P, et al: Effects of treatments on the mortality of Stevens-Johnson syndrome and toxic epidermal necrolysis: A retrospective study on patients included in the prospective EuroSCAR Study. *J Am Acad Dermatol* 58(1):33–40, 2008.

[491]Reese D, Henning JS, Rockers K, et al: Cyclosporine for SJS/TEN: a case series and review of the literature. *Cutis* 87(1):24–29, 2011.

[492]Foster R, Suri A, Filate W, et al: Use of intravenous immune globulin in the ICU: a retrospective review of prescribing practices and patient outcomes. *Transfus Med* 20(6):403–408, 2010.

[493]Rutter A, Luger TA: High-dose intravenous immunoglobulins: An approach to treat severe immune-mediated and autoimmune diseases of the skin. *J Am Acad Dermatol* 44(6):1010–1024, 2001.

[494]Viard I, Wehrli P, Bullani R, et al: French LEInhibition of toxic epidermal necrolysis by blockade of CD95 with human intravenous immunoglobulin. *Science* 282(5388):490–493, 1998.

[495]Scott DW: Eosinophils in the walls of large dermal and subcutaneous blood vessels in biopsy specimens from cats with eosinophilic granuloma or eosinophilic plaque. *Vet Dermatol* 10(1):77–78, 1999.

[496]Petzelbauer P, Peng LS, Pober JS: Endothelium in inflammation and angiogenesis. In Wolff K, et al, editors, *Fitzpatrick's Dermatology in General Medicine*, San Francisco, 2008, McGraw-Hill, pp 1585–1598.

[497]Crawford M, Foil C: Vasculitis: Clinical syndromes in small animals. *Compend Contin Educ* 11(4):400–415, 1989.

[498]Bloom P: Recurrent cutaneous vasculitis in a dog putatively due to herbicide exposure. *Vet Dermatol* 15(3):205, 2004.

[499]Francis AH, Martin LG, Haldorson GJ, et al: Adverse reactions suggestive of type III hypersensitivity in six healthy dogs given human albumin. *J Am Vet Med Assoc* 230(6):873–879, 2007.

[500]Rachofsky MA, Chester DK, Read WK, et al: Probable hypersensitivity vasculitis in a dog. *J Am Vet Med Assoc* 194(11):1592–1594, 1989.

[501]Niza MM, Félix N, Vilela CL, et al: Cutaneous and ocular adverse reactions in a dog following meloxicam administration. *Vet Dermatol* 18(1):45–49, 2007.

[502]Hanton G, Sobry C, Daguès N, et al: Characterisation of the vascular and inflammatory lesions induced by the PDE4 inhibitor CI-1044 in the dog. *Toxicol Lett* 179(1):15–22, 2008.

[503]Legendre AM, Rohrbach BW, Toal RL, et al: Treatment of blastomycosis with itraconazole in 112 dogs. *J Vet Intern Med* 10(6):365–371, 1996.

[504]Alton K, et al: Poxvirus infection in two cats. *Vet Dermatol* 15(s):51, 2004.

[505]Anfray P, Bonetti C, Fabbrini F, et al: Feline cutaneous toxoplasmosis: a case report. *Vet Dermatol* 16(2):131–136, 2005.

[506]Breitschwerdt EB, Blann KR, Stebbins ME, et al: Clinicopathological abnormalities and treatment response in 24 dogs seroreactive to *Bartonella vinsonii* (*berkhoffi*) antigens. *J Am Anim Hosp Assoc* 40(2):92–101, 2004.

[507]Cannon MJ, Silkstone MA, Kipar AM: Cutaneous lesions associated with coronavirus-induced vasculitis in a cat with feline infectious peritonitis and concurrent feline immunodeficiency virus infection. *J Feline Med Surg* 7(4):233–236, 2005.

[508]Krug W, Marretta SM, de Lorimier LP, et al: Diagnosis and management of Wegener's granulomatosis in a dog. *J Vet Dent* 23(4):231–236, 2006.

[509]von Tscharner C, Haemmerling R: Granulomatous vasculitis in a West Highland white terrier. *Proc Acad Vet Dermatol Am Coll Vet Dermatol* 14:85, 1998.

[510]Ordeix L, Fondevila MD, Ferrer L, et al: Traction alopecia with vasculitis in an Old English sheepdog. *J Small Anim Pract* 42(6):304–305, 2001.

[511]Enerson BE, Lin A, Lu B, et al: Acute drug-induced vascular injury in beagle dogs: pathology and correlating genomic expression. *Toxicol Pathol* 34(1):27–32, 2006.

[512]Sunderkötter C, Seeliger S, Schönlau F, et al: Different pathways leading to cutaneous leukocytoclastic vasculitis in mice. *Exp Dermatol*, 10(6):391–404, 2001.

[513]Soter NA, Diaz-Perez JL: Cutaneous necrotizing venulitis. In Wolff K, et al, editors: *Fitzpatrick's Dermatology in General Medicine*, San Francisco, 2008, McGraw-Hill, pp 1599–1606.

[514]CarpenterJL, et al: Idiopathic cutaneous and renal glomerular vasculopathy of greyhounds. *Vet Pathol* 25(5):401–407, 1988.

[515]Parker W, Foster R: Cutaneous vasculitis in five Jack Russell terriers. *Vet Dermatol* 7:109, 1996.

[516]Pedersen K, Scott DW: Idiopathic pyogranulomatous inflammation and leukocytoclastic vasculitis of the nasal planum, nostrils and nasal mucosa in Scottitish terriers in Denmark. *Vet Dermatol* 2:85, 1991.

[517]Malik R, Foster SF, Martin P, et al: Acute febrile neutrophilic vasculitis of the skin of young Shar-Pei dogs. *Aust Vet J* 80(4):200–206, 2002.

[518]Weir JA, Yager JA, Caswell JL, et al: Familial cutaneous vasculopathy of German shepherds: clinical, genetic and preliminary pathological and immunological studies. *Can Vet J* 35(12):763–769, 1994.

[519]Torres SM, Brien TO, Scott DW: Dermal arteritis of the nasal philtrum in a Giant Schnauzer and three Saint Bernard dogs. *Vet Dermatol* 13(5):275–281, 2002.

[520]Griffin CE: Pinnal Diseases. *Vet Clin North Am Small Anim Pract* 24:897, 1994.

[521]Pratschke KM, Hill PB: Dermal arteritis of the nasal philtrum: surgery as an alternative to long-term medical therapy in two dogs. *J Small Anim Pract* 50(2):99–103, 2009.

[522]Wilcock BP, Yager JA: Focal cutaneous vasculitis and alopecia at sites of rabies vaccination in dogs. *J Am Vet Med Assoc* 188(10):1174–1177, 1986.

[523]Bensignor E: What is your diagnosis? Post-rabies-vaccination alopecia. *J Small Anim Pract* 40(4):151, 189, 1999.

[524]Cowan LA, Hertzke DM, Fenwick BW, et al: Clinical and clinicopathologic abnormalities in greyhounds with cutaneous and renal glomerular vasculopathy: 18 cases (1992–1994). *J Am Vet Med Assoc* 210(6):789–793, 1997.

[525]Rotermund A, Peters M, Hewicker-Trautwein M, et al: Cutaneous and renal glomerular vasculopathy in a great dane resembling "Alabama rot" of greyhounds. *Vet Rec* 151(17):510–512, 2002.

[526]Frank L: Rabies vaccine-induced ischemic dermatitis in a dog. *Vet Allergy Clin Immunol* 6:9, 1998.

[527]Hargis AM, Prieur DJ, Haupt KH, et al: Postmortem findings in four litters of dogs with familial canine dermatomyositis. *Am J Pathol* 123(3):480–496, 1986.

[528]Rosser EJ, Jr: Use of the D-dimer assay for diagnosing thrombosis in cases of canine cutaneous vasculitis. *Vet Dermatol* 20(5-6):586–590, 2009.

[529]Morris D: Cutaneous vasculitides. *Proc Am Coll Vet Intern Med Forum* 16:452, 1999.

[530]DeBoer DJ, Ihrke PJ, Stannard AA: Circulating immune complex concentrations in selected cases of skin disease in dogs. *Am J Vet Res* 49(2):143–146, 1988.

[531]Fadok V, Barrie J: Sulfasalazine-responsive vasculitis in the dog : a case report. *J Am Anim Hosp Assoc* 20:161, 1984.

[532]Morris DO, Beale KM: Cutaneous vasculitis and vasculopathy *Vet Clin North Am* 29(6):1325–1335, 1999.

[533]DiBartola SP, Benson MD: The pathogenesis of reactive systemic amyloidosis. *J Vet Intern Med* 3(1):31–41, 1989.

[534]Touart DM, Sau P: Cutaneous deposition diseases. Part I. *J Am Acad Dermatol* 39(2 Pt 1):149–171; quiz 172–4, 1998.

[535]Bhat A, Selmi C, Naguwa SM, et al: Currents concepts on the immunopathology of amyloidosis. *Clin Rev Allergy Immunol* 38(2-3):97–106, 2010.

[536]Platz SJ, Breuer W, Geisel O, et al: Identification of lambda light chain amyloid in eight canine and two feline extramedullary plasmacytomas. *J Comp Pathol* 116(1):45–54, 1997.

[537]Gross TL, et al: Degenerative, dysplastic and depositional diseases of dermal connective tissue. In *Skin Diseases of the Dog and Cat, Clinical and Histopathologic Diagnosis*, Ames, Iowa, 2005, Blackwell Science. pp 373–403.

[538]Van der Linde-Sipman J, et al: Generalized AA-amyloidosis in Siamese and Oriental cats. *Vet Immunol Immunopathol* 56:1, 1997.

[539]Snyder PW, Kazacos EA, Scott-Moncrieff JC, et al: Pathologic features of naturally occurring juvenile polyarteritis in beagle dogs. *Vet Pathol* 32(4):337–345, 1995.

[540]DiBartola SP, Tarr MJ, Webb DM, et al: Familial renal amyloidosis in Chinese Shar-Pei dogs. *J Am Vet Med Assoc* 197(4):483–487, 1990.

[541]Muller A, Guaguere E, Degorce-Rubiales F: Three cases of pathological dermal deposits associated with internal diseases in dogs (xanthomatosis, calcinosis and amyloidosis). *Vet Dermatol* 15(s 1):59, 2004.

[542]Schwartzman RM: Cutaneous amyloidosis associated with a monoclonal gammopathy in a dog. *J Am Vet Med Assoc* 185:102, 1984.

[543]Gelens H, et al: Reactive amyloidosis in a puppy, associated with a chronic inflammatory syndrome. *J Am Anim Hosp Assoc* 30:529, 1994.

[544]Scott DW: Feline dermatology 1979–1982: Introspective retrospections. *J Am Anim Hosp Assoc* 20:537, 1984.

[545]Bunge M, et al: Relapsing polychondritis in a cat. *J Am Anim Hosp Assoc* 28:203, 1992.

[546]Lemmens P, Schrauwen E: Feline relapsing polychondritis: A case report. *Vlaams Diergeneeskd Tijdschr* 62:183, 1993.

[547]Boord MJ, Griffin CE: Aural chondritis or polychondritis dessicans in a dog. *Proc Acad Vet Dermatol Am Coll Vet Dermatol* 14:65, 1998.

[548]Griffin C, Trimmer A: Two unusual cases of auricular cartilage disease. Proceedings of the North American Veterinary Dermatology Forum, 2006, Palm Springs.

[549]Lahmer T, Treiber M, von Werder A, et al: Relapsing polychondritis: An autoimmune disease with many faces. *Autoimmun Rev* 9(8):540–546, 2010.

[550]Rapini RP, Warner NB: Relapsing polychondritis. *Clin Dermatol* 24(6):482–485, 2006.

[551]Bachor E, Blevins NH, Karmody C, et al: Otologic manifestations of relapsing polychondritis. Review of literature and report of nine cases. *Auris Nasus Larynx* 33(2):135–141, 2006.

[552]Gerber B, Crottaz M, von Tscharner C, et al: Feline relapsing polychondritis: two cases and a review of the literature. *J Feline Med Surg* 4(4):189–194, 2002.

[553]Stabler T, Piette J-C, Chevalier X, et al: Serum cytokine profiles in relapsing polychondritis suggest monocyte/macrophage activation. *Arthritis Rheum* 50:3663–3667, 2004.

[554]Kitagaki M, Hirota M: Auricular chondritis caused by metal ear tagging in C57BL/6 mice. *Vet Pathol* 44:458–466, 2007.

[555]Delmage D, Kelly D: Auricular chondritis in a cat. *J Small Anim Pract* 42(10):499–501, 2001.

[556]Gross TL, Olivry T, Tobin D: Morphologic and immunologic characterization of a canine isthmus mural folliculitis resembling pseudopelade of humans. *Vet Dermatol* 11(1):17–24, 2000.

[557]Alzolibani AA, Kang H, Otberg N, et al: Pseudopelade of Brocq. *Dermatol Ther* 21(4):257–263, 2008.

[558]Yu M, Bell RH, Ross EK, et al: Lichen planopilaris and pseudopelade of Brocq involve distinct disease associated gene expression patterns by microarray. *J Dermatol Sci* 57(1):27–36, 2010.

[559]Power HT: Newly recognized feline skin diseases. *Proc Annu Memb Meeting Am Acad Vet Dermatol Am Coll Vet Dermatol* 14:27, 1998.

小动物皮肤病学 （第7版）

第十章 内分泌和代谢性疾病

很多激素都会影响皮肤及其附属结构[1-3]。虽然本章仅限于讨论内分泌对皮肤的影响，但是激素也同样会影响身体的其他部分。我们对许多经证实和发表的皮肤激素紊乱的特异性作用都知之甚少。此外，①品种特异性，②缺乏丰富的、标准的或目前可行的诊断技术，③文章中数据有冲突，④在内分泌腺及其产生的激素之间的复杂的生理性和病理生理性的相互关系，都增加了人们对于该类疾病的困惑。由于皮肤是很多类固醇代谢和交换的主要位置，所以皮肤也有内分泌功能。

除了性激素皮肤病，有内分泌或代谢性皮肤病的患病动物既有皮肤病的症状又有该疾病的原发性症状。若能将该疾病列入诊断范围内，同时结合主人的观察，在出现原发性症状之前的几个月可能就会观察到皮肤病变。其中最典型的是与内分泌疾病相关的非瘙痒性对称性脱毛。然而动物在病程初期可能没有脱毛现象，但却有局部（比如耵聍腺外耳炎）或广泛的皮脂溢状况，反复的细菌感染或者其他的皮肤异常现象（比如皮肤的黏蛋白增多症）。

由于被毛改变，受侵袭区域的毛发是无光泽而且干枯的。脱落的毛发可能不会再生长，生长缓慢或生长异常。在患有甲状腺功能低下、皮质醇增多症或性激素皮肤病的病例中，躯干上的所有毛囊都会受到影响，并且严重的病例经常会出现躯干双侧对称性脱毛。但是，这种类型的脱毛在其他非内分泌原因引起的脱毛中也会见到。

一、下丘脑和垂体的内分泌功能解剖学

从解剖学和功能上来说，下丘脑和垂体（脑垂体）通常合称为"主腺"或"内分泌性脑"[1,2]。垂体中与小动物皮肤病相关的重要部分称为腺性垂体（垂体前叶或垂体的远侧部）。

下丘脑有许多连接神经和具有分泌性活动的特异性细胞，这些细胞称为内分泌神经元。内分泌下丘脑产生激素（促垂体腺释放或抑制激素），这些激素作为不可着染的神经分泌物被运输到垂体门脉系统，然后运输到腺垂体。控制腺垂体的重要的下丘脑释放和抑制激素包括以下几种：

- 促肾上腺皮质激素释放激素（Corticotropin-releasing hormone，CRH）。
- 促甲状腺激素释放激素（Thyrotropin-releasing hormone，TRH）。

- 生长激素释放激素（Growth hormone-releasing hormone，GHRH）。
- 生长抑素（生长激素抑制激素）。
- 促性腺素释放激素（Gonadotropin-releasing hormone，GnRH）。
- 多巴胺（主要的催乳素抑制因子）。

目前认为这些促垂体因子受更高级的大脑中枢，即腺垂体激素（"短环路"反馈系统）和靶内分泌腺激素（"长环路"系统）的调节。

借助光学显微镜及腺垂体对酸性或碱性染料着染的特性，研究者观察到腺垂体由三种类型的细胞组成：嗜酸性粒细胞［产生生长激素（Growth hormone，GH）或催乳素］，嗜碱性粒细胞［产生卵泡刺激素（Follicle-stimulating hormone，FSH）、促黄体激素（Luteinizing hormone，LH）、促甲状腺素（Thyrotropin，TSH）、β-促脂解素和促肾上腺皮质激素］以及嫌色细胞（产生促肾上腺皮质激素和β-促脂解素）[2]。当使用电子显微镜和免疫组织化学检查时，可以观察到腺垂体由5类细胞组成：促甲状腺激素分泌细胞（产生TSH），促肾上腺皮质激素分泌细胞［产生促皮质（Proopiomelanocortin，POMC），它可以分化为促肾上腺皮质激素和小的生物活性片段，包括β-促脂解素（β-lipotropin，β-LPH）、α-促黑激素（α-melanocyte-stimulating hormone，α-MSH）和其他激素］，促性腺激素细胞（产生FSH和LH），生长激素细胞（产生GH）和催乳素细胞（产生催乳素）[1,2]。除了催乳素受下丘脑抑制以外，腺垂体激素的释放还受下丘脑释放的促垂体激素调节，并且受靶内分泌腺激素的负反馈调节。

总的来说，以下三个因素决定了内分泌腺的内分泌速度：①体液反馈循环；②神经的刺激或抑制；③基因影响。这些激素的影响取决于很多因素，包括化学结构、在血液中的浓度、在血液中的运输方式、未结合靶细胞受体的数量、靶细胞受体后机制的完整性以及激素降解和消除的速率。

大多数多肽类激素（如促肾上腺皮质激素、TSH、FSH、LH和TRH）通过激活细胞膜的腺苷酸环化酶和环磷酸腺苷（Cyclic adenosine monophosphate，cAMP）系统开始发挥作用。类固醇激素（如糖皮质激素和性激素）穿过靶细胞细胞膜并和胞质受体结合[4]；最后通过类固醇受体复

合物和核染色质的结合发挥作用。甲状腺激素进入靶细胞质到达细胞核，在细胞核上和染色质受体结合发挥作用。

引起内分泌疾病的基本原因包括：①原发性功能亢进（如由于功能性垂体和肾上腺肿瘤引起的皮质醇增多症，由于功能性卵巢或睾丸肿瘤引起的高雌激素血症）；②继发性功能亢进（如由于双侧肾上腺皮质增生引起的皮质醇增多症）；③原发性功能减退（如先天或获得性的甲状腺功能低下和由于垂体胶样囊肿引起的垂体功能减退）；④继发性功能减退（如由于垂体功能减退继发的甲状腺功能低下）；⑤特应性分泌亢进（如特应性促肾上腺皮质激素综合征）；⑥靶细胞无反应；⑦激素的异常降解（如由于慢性肝脏疾病引起的雌性化）；⑧激素的相互作用（如孕酮的抗雄激素作用）；⑨医源性激素水平过量（糖皮质激素、孕酮或雌激素过量）[1,2]。

二、内分泌疾病的诊断

临床内分泌疾病的诊断通常是建立在发现血液中激素浓度异常的基础之上的。目前还没有一个理想的内分泌分析方法。虽然在测定激素时，放射免疫测定（RIA）和酶联免疫吸附试验（ELISA）是最具敏感性、特异性、准确性以及可行性的方法，但是这些技术通常具有种属特异性，并且对于犬和猫需要特异性的验证。任何实验室都不愿意提供验证信息，因此最好避免使用这些方法。

通常血清和血浆激素的基础水平（静息水平）并不能将正常个体和患有内分泌疾病的个体区分开来。在任何一个时间点，患有内分泌疾病的犬的激素水平都可以在正常范围内。相反，一只正常犬的激素水平可能会低于或高于基础水平。血液基础激素水平会随着环境、精神状态、昼夜节律和药物介导的影响而波动，同时它们也会因为年龄、品种、性别等不同而不一样[1,2,5-13]。因此，为了克服血液激素基础水平的不可靠性，需要做各种各样常规的刺激或抑制试验。

内分泌系统非常活跃，而且激素之间的相互作用很复杂。一种激素的不足或过量影响另一种激素的水平的现象很常见。常见的例子包括皮质醇增多症患犬的假性甲状腺功能低下[14]，甲状腺功能低下[15]或肾上腺疾病患犬生长激素水平降低[16]。原发性内分泌疾病一旦解决，异常的实验室检查结果也通常会消失。如果该异常持续存在或仍然有相关临床症状，那么该犬可能患有全垂体功能减退症[17,18]或多腺体综合征[19,20]。在这些综合征中，多个腺体同时出现功能紊乱，并且需要单独治疗。当一个病例中同时存在广泛的临床病理和内分泌异常时，为了对患者进行全面评估需要进行多项实验室检查。

三、甲状腺生理学和疾病

（一）甲状腺生理学

犬甲状腺生理学是一个复杂的但已被充分总结的学科[1,22l]。

研究表明犬会产生3,5,3′,5′-四碘甲状腺氨酸（甲状腺素T$_4$），3,5,3′-三碘甲状腺氨酸（T3），3,3′,5′-三碘甲状腺氨酸（逆转T3），3,3′-二碘甲状腺氨酸（3,3′-T2）和3′,5′-二碘甲状腺氨酸（3′,5′-T2）[1,22-24]。

甲状腺分泌所有的T$_4$，但是每天需要的T$_3$中超过60%是通过外周组织的T$_4$脱碘（甲状腺素5′-脱碘酶）而得到的。犬甲状腺分泌的T$_3$比T$_4$更容易受TSH影响而增加。T$_3$比T$_4$作用更强，并且它能够更加快速地渗透到间质或细胞内。碘缺乏患犬血清T$_4$水平可下降80%，但是其血清T$_3$水平仍然正常，而且这些犬的新陈代谢状况仍然良好。此外，甲状腺功能低下，且只通过口服T$_3$来保证足够维持量的患犬的血清中无法检测出T$_4$，然而只通过口服T$_4$来维持的话，其血清T$_3$、T$_4$含量正常。但是，T$_3$是犬主要的代谢活性甲状腺素，而T$_4$只作为它的激素前体。关于猫甲状腺的信息很少，并且原发性的猫甲状腺功能低下的记载很少[25]。我们也知道猫可以同时产生T$_3$、T$_4$[1,2,26]。

TSH是一个由垂体前叶产生的分子量大约为28 000Da的具有种属特异性的糖蛋白[27]。下丘脑的TRH可以刺激TSH的分泌，而下丘脑生长抑素、甲状腺素、糖皮质激素、多巴胺和应激都会抑制TSH的分泌。

TRH是下丘脑产生的多肽类化合物[1,2]。TRH刺激TSH和催乳素的释放[28]。去甲肾上腺素、组胺、五羟色胺和多巴胺会增加TRH的分泌，而甲状腺素可能会抑制其分泌。

（二）甲状腺素和皮肤

甲状腺素对控制代谢具有很重要的作用，而且其对正常生长和发育是必须的[1,2]。甲状腺素作用的原发性机制是刺激细胞质的蛋白合成并增加组织耗氧量。这些影响是通过甲状腺素和核染色质结合开始的，并且通过基因信息表达的增强而实现。有可靠数据表明甲状腺素在哺乳动物皮肤的分化和成熟以及保持正常的表皮结构中起关键作用。

甲状腺素对于激活毛囊周期的生长期是必须的[29]。甲状腺功能低下犬不能开始生长期，这就使得毛囊停滞在静止期，影响毛发生长甚至脱毛。口服或局部给予正常犬T4会使其毛发生长速度和处于生长期的毛囊数量增加，这种现象在腹部尤其明显[30]。受损部位的局部甲状腺素脱碘作用可能对躯干脱毛患犬起重要作用[31]。

甲状腺素在创伤愈合上具有重要作用[32,33]。T3在通过刺激创伤愈合的角蛋白基因来进行角质细胞增殖上是十分必要的[32]。毫无疑问，甲状腺功能低下患犬和患者的皮肤创口愈合能力差，并且容易出现擦伤。甲状腺素对人类皮肤成纤维细胞中的聚集糖胺聚糖有抑制作用[34]。因此甲状腺功能低下应该会引起这些物质在真皮的聚集。

犬甲状腺功能低下常见的并发症是细菌性脓皮病[11,21,35]。在各种动物模型中，已经有报道指出：①淋巴组织的发育取决于甲状腺的完整性；②甲状腺切除会导致淋巴器官和胸腺发育不良；③甲状腺素耗尽会导致中性粒细胞和B淋巴细胞、T淋巴细胞功能受损。

（三）犬甲状腺功能低下

甲状腺功能低下是犬最常见的内分泌疾病，它以表现出和甲状腺素活性降低有关的大量皮肤和非皮肤性临床症状为特征[1,2,6,7,11,21,35-37]。同时它也是最常见的易被误诊的内分泌疾病。

1. 病因和发病机理

犬甲状腺功能低下可能是自发性或医源性的[1,2,21]。自发性的原发性甲状腺功能低下和功能性甲状腺组织数量不足有关。这种情况一般由先天性的甲状腺发育不全，发育不良或内分泌功能障碍导致，并且通常会早期死亡[2]。囊肿性和非囊肿性先天性甲状腺功能低下曾发生于牛头獒、德国牧羊犬和苏格兰猎鹿犬上[15,38-40]。另外杂种犬也会被感染[39]。

在所有甲状腺功能低下患犬中超过90%的病例是获得性甲状腺功能低下。引起获得性原发性甲状腺功能低下的两个主要原因是淋巴细胞性甲状腺炎和特发性甲状腺坏死或萎缩，其中特发性甲状腺坏死或萎缩会导致甲状腺功能在几个月或几年内逐渐下降。

淋巴细胞性甲状腺炎（桥本甲状腺炎）是犬甲状腺功能低下常见的原因[22,41-47]。鉴于该病在几个品种中的流行情况，我们可以认为该病具有遗传易感性。在疾病的早期可能检测出甲状腺球蛋白的抗体[48]。淋巴细胞性甲状腺炎早已被确认为群养比格犬多基因遗传的家族性遗传病[49]。在一个封闭的群体里，有接近10%的犬会患病[50]。甲状腺炎患犬患甲状腺肿瘤的风险会增加，但这是否是由甲状腺炎或一些其他基因影响而引起的还尚未明确[51]。淋巴细胞性甲状腺炎被认为是一种自身免疫性疾病，其发病机制是体液和细胞介导的自身免疫反应。

给健康犬注射含有佐剂的甲状腺球蛋白或甲状腺抗原，对甲状内软骨注射抗甲状腺球蛋白抗体，或对甲状内软骨注射外源性淋巴细胞可引发淋巴细胞性甲状腺炎[44,47]。自发性淋巴细胞性甲状腺炎患犬的甲状腺病变的特征是：与淋巴滤泡破坏有关的淋巴细胞、浆细胞和巨噬细胞的多灶性弥漫性间质浸润，同时也会在基底膜出现类似于抗原-抗体复合物的电子致密沉积物。实验室检查异常出现的频率和严重程度因病变的程度不同而有差异。甲状腺有轻度病变的患犬经常会表现出正常甲状腺剖面[49]。由于淋巴细胞性甲状腺炎是一种局灶性疾病，并且在后期很少有炎症，因此所谓的特发性甲状腺坏死和萎缩可能是淋巴细胞性甲状腺炎的晚期表现。

自发性的继发性甲状腺功能低下症〔腺垂体不能分泌促甲状腺素（TSH）〕在所有犬甲状腺功能低下病例中占比不到10%。在巨型雪纳瑞[52]和拳师犬[53]中已经有先天性甲状腺功能低下病例的报道。继发性甲状腺功能低下经常和异常身体生长以及其他垂体激素（如生长激素或促肾上腺皮质激素）缺乏有关，并且有报道称其和垂体性侏儒症和垂体肿瘤相关[1,2]。犬继发性甲状腺功能低下最常见的病因是给予糖皮质激素[54,55]或自发性皮质类固醇增多症[56]。犬甲状腺功能低下的其他病因很少。

2. 临床表现

获得性甲状腺功能低下可以在任何品种的犬中发生。该病的高发品种有金毛寻回猎犬、杜宾犬和拉布拉多猎犬[2]。康奈尔大学指出，在甲状腺功能低下的风险品种中，相对风险由高到低分别是中国沙皮犬、松狮犬、拳师犬、大丹犬、爱尔兰猎狼犬、英国斗牛犬、腊肠犬、阿富汗犬、纽芬兰犬、阿拉斯加、杜宾犬、布列塔尼犬、贵宾犬、金毛寻回猎犬和迷你雪纳瑞[57]。其他研究结果还包括万能梗、可卡犬、爱尔兰雪达犬、喜乐蒂牧羊犬、英国古代牧羊犬以及博美犬[21,36]。研究者怀疑大丹犬、杜宾犬和德国短毛猎犬有家族性甲状腺功能低下症。

犬甲状腺功能低下没有性别倾向，但是去势公犬和绝育母犬比未去势或绝育的犬患病率更高[36,58]。虽然任何年龄的犬都可能患病，但是6～10岁的犬患病风险会更高。大型和巨型品种犬甲状腺功能低下发病时间会更早（2～3岁），并且这些品种（如金毛寻回猎犬和杜宾犬）对这种病有倾向性。

和甲状腺功能低下症有关的临床症状很多而且各不相同，并且甲状腺激素对机体的广泛影响使该病会累及多个器官系统[6,7,11,21,35-37,59,60]。该病的表现形式有：患全身性疾病时皮肤正常，患皮肤病的同时有全身性疾病症状或只有皮肤病症状。由于犬的衰老，后一种情况的全身症状可能难以被确认或者没有全身症状。如果没有全身症状，皮肤病变可能是由于毛囊受体不敏感或局部脱碘而造成的[31]。因为这种情况，甲状腺功能低下被公认为是"最伟大的演员"。

虽然嗜睡、精神沉郁、肥胖、体温低、嗜热是甲状腺功能减退症的典型表现[61]，但是许多甲状腺功能低下患犬看起来活泼机警，体况评分正常，而且没有表现出嗜热行为[58]。一般情况下，如果一只犬肥胖明显，它可能不是甲状腺功能低下。大多数甲状腺功能低下患犬的直肠温度在正常范围内。

犬甲状腺功能低下典型的皮肤病症状有：①磨损区域被毛脱落，包括鼻子边缘、肘部、整个尾巴和躯干等部位（图10-1，A至E）；②被毛无光泽、干枯、脆弱并且在修剪之后不再生长；③皮肤厚、浮肿、没有凹陷（黏液水肿），触诊皮温低（图10-2，A，B）；④不同程度的色素过度沉着（图10-1，D）；⑤皮脂溢（图10-3，A，B）；⑥怀疑有皮肤感染（图10-4，A至D）；⑦无瘙痒表现。但是临床症状不同于这些典型症状的情况很多。

由于皮脂腺细胞、外毛根鞘和真皮乳头细胞中有甲状腺激素受体[62]，因此在大多数甲状腺功能低下患犬都可以观察到被毛异常。生长的被毛直径变小并且由于毛发生长期被抑制，所以被毛停留在静止期[63]。虽然部分实验犬没

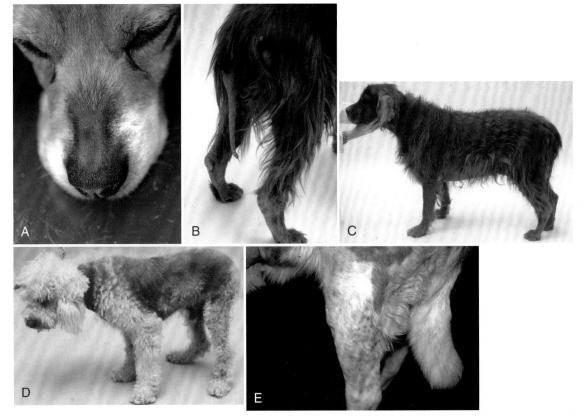

图10-1 犬甲状腺功能低下　**A.** 鼻部脱毛和色素沉着过度。触诊该区域皮温低　**B.** 尾部脱毛（鼠尾）肢体远端脱毛　**C.** 被毛无光泽、干燥、凌乱且有早期脱毛的表现　**D.** 进一步的躯干脱毛，暴露的皮肤色素沉着过度　**E.** 圣伯纳犬四肢远端由于摩擦而导致的脱毛

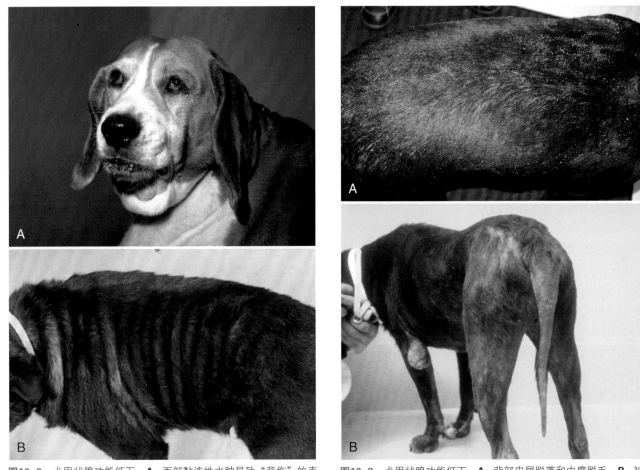

图10-2 犬甲状腺功能低下　**A.** 面部黏液性水肿导致"悲伤"的表情。这只比格犬体重为35kg　**B.** 广泛性黏液性水肿

图10-3 犬甲状腺功能低下　**A.** 背部皮屑脱落和中度脱毛　**B.** 被毛无光泽、干性皮脂溢，尾部脱毛并且肘部有明显的老茧

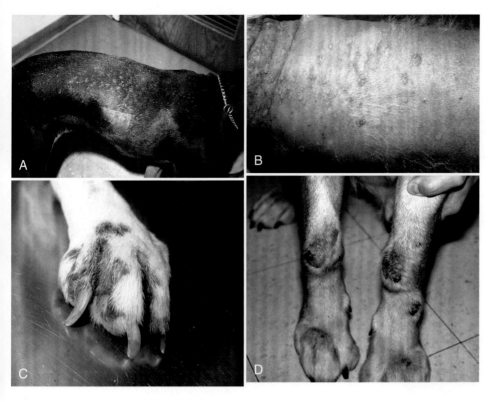

图10-4　犬甲状腺功能低下　**A.** 和浅表毛囊炎有关的背部陈旧性脱毛　**B.** 背部有许多脓疱、丘疹和表皮红疹　**C.** 慢性趾间疖病　**D.** 由于舔舐造成指端皮炎的对称性疖病

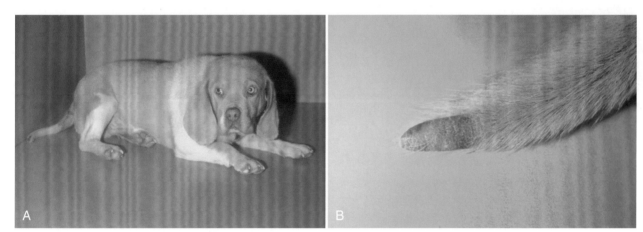

图10-5　犬甲状腺功能低下　**A.** 精神沉郁和被毛无光泽的先天性患犬　**B.** 图A中的犬尾尖脱毛

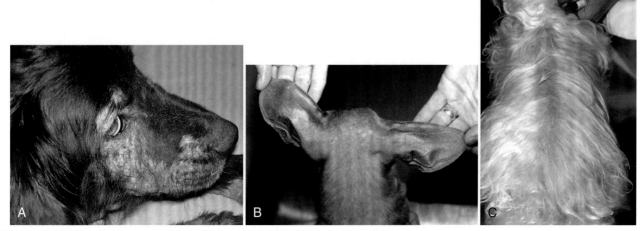

图10-6　犬甲状腺功能低下　**A.** 面部脱毛和鳞屑　**B.** 头部和耳部脱毛　**C.** 尾背部脱毛

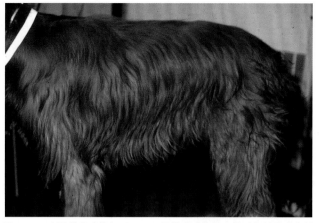

图10-7 犬甲状腺功能低下：一只甲状腺功能低下的爱尔兰雪达犬的多毛症

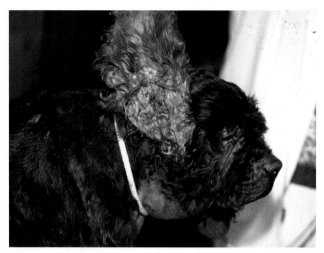

图10-8 犬甲状腺功能低下：可卡犬明显的耵聍外耳炎，该症状在给予甲状腺素后得到了彻底的解决

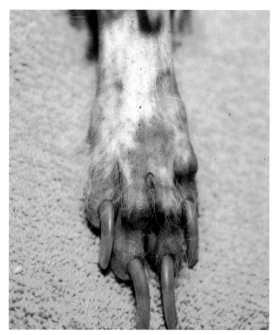

图10-9 犬甲状腺功能低下：继发于轻微创伤的擦伤

于保留的被毛更容易受到环境的漂白，所以其被毛颜色会变浅，尤其是毛发的尖端部位。这种被毛的颜色改变也可以发生在那些由于缺乏正常换毛而导致陈旧性静止期毛发增多的非多毛性甲状腺功能低下患犬身上。

对于犬和人，蛋白质合成、核分裂能力和耗氧量都减少，所以甲状腺功能低下会导致角质化异常[1,2]。缺乏甲状腺激素的动物表皮以异常的脂质生成和角化细胞甾醇合成减少为特征[65]。甲状腺功能低下会发生和皮脂分泌减少有关的皮脂腺萎缩[66]。由于甲状腺激素会影响血清和皮肤脂肪酸浓度[65-67]并影响皮脂腺功能[62]，所以甲状腺功能低下患犬常表现皮脂溢病变。血脂改变会导致干燥、油腻或脂溢性皮炎。这些病变经常发生在耳内（中耳炎）（图10-8）、躯干上或以上两个部位。在躯干上，脂溢性病变可以是局部的、多病灶的或全身性的。在一些病例中，它们可能只局限于滤泡上皮并表现为黑头粉刺。脂溢性病变容易继发葡萄球菌和马拉色菌感染，而这些继发感染会加重皮脂溢症状（图10-4，A）。

甲状腺功能低下患犬经常发生细菌性脓皮病[35]。该细菌感染可能是局部的（如爪部皮炎或外耳炎）、多病灶的或全身性的，而且也可以是浅层（毛囊炎）（图10-4，A）或者（疖病）深层的（图10-4，C、D）。该病使细菌性脓皮病发生频率增加的病理机制可能与皮肤菌群改变、免疫反应性低或上述两者之和有关。由于甲状腺功能低下患犬并不受非皮肤性感染的威胁，因此大多数犬的皮肤感染可能是由于皮肤缺损或局部皮肤免疫力改变而造成的[60]。一些甲状腺功能低下患犬在其脂溢性区域，如摩擦破损区域广泛性地分布，会继发马拉色菌性皮炎，或者患马拉色菌性外耳炎[35]。一些成年型的全身蠕形螨病例和甲状腺功能低下有关[35]。当由于犬甲状腺功能低下而发生皮脂溢、细菌性脓皮病或马拉色菌性皮炎的时候，可能会像疥螨病

有脱毛表现，但是在家养犬脱毛仍然是一种常见的症状。刚开始的时候，被毛会变得无光泽、干燥和脆弱。在非脱毛期有明显的脱毛现象，并且脱落后的毛发再生长较正常慢或没有毛发再生长。另外，主人可能会注意到他们的犬由于毛发生长停留在静止期或没有新的毛发生长而有不脱毛的现象。

明显的少毛症和脱毛首先见于易受摩擦的区域，尤其是压力点和腹部，会阴部和尾部（图10-5，B）。不像其他的内分泌疾病，甲状腺功能低下病患的脱毛不会典型地表现为除了头部和四肢的两侧对称性脱毛，它也可能出现鼻部边缘（见图10-1，A）[64]、耳郭和头部（图10-6，A、B）。大型和巨型犬刚开始经常会有四肢侧面的脱毛（图10-1，E）。随着时间推移，脱毛面积会越来越广泛并且出现涉及整个躯干对称性分布的脱毛（图10-1，D）。大多数病例在疾病早期会有表现，并且可能会出现少毛症或脱毛，其中这些病变可能是单一的、多中心的、对称性或不对称性的（图10-6，C）。刚开始的时候外层粗毛可能会先脱落，这样可以看到更多的细的下层绒毛，使得其呈现出"幼犬被毛"外观。甲状腺功能低下患犬中偶然会由于换毛障碍而出现多毛症的情况，这种情况下患犬的被毛厚而且像地毯一样（图10-7）。多毛症在拳师犬和爱尔兰雪达犬上最常见。由

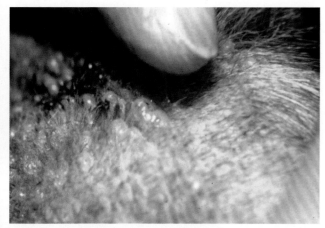

图10-10　犬甲状腺功能低下：黏液性囊疱形成

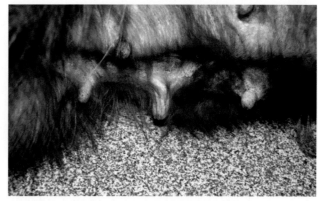

图10-11　犬甲状腺功能低下：绝育母犬的乳房发育

一样伴有瘙痒症状。

伤口愈合不良可能和成纤维细胞功能和胶原代谢缺陷有关。伤口愈合能力改变可以通过外伤或手术创延迟愈合或者小的创伤点上纤维组织过度生长而表现出来。对于后者，犬深层毛囊感染区域可以产生过度的瘢痕组织，或者在常见着力点（如肘部；图10-3，B）和其他不常发生感染的区域（如坐骨结节）有过度的皮肤硬结产生[37]。患犬容易被擦伤可能和之前提到过的胶原代谢缺陷有关，或者与甲状腺激素治疗导致的血小板功能不全或凝血因子缺陷有关（图10-9）[21,36,39]。

其他和甲状腺功能低下有关的常见皮肤症状包括色素沉着过度、苔藓化、黑头粉刺和黏蛋白聚集[6,11,35]，色素沉着过度和苔藓化在甲状腺功能低下的患犬中没有特异性，但是这些症状可以反映病程的长期性。在甲状腺功能低下患犬的腹侧有很多黑头粉刺，通常伴有躯干部的脂溢性病变。在没有其他脂溢性病变的情况下，与皮质醇增多症或蠕形螨有关的大量黑头粉刺的发生频率会更高。由于甲状腺素帮助调节真皮层黏多糖的生成，因此甲状腺功能低下患犬在真皮层会集聚透明质酸[68,69]。该黏蛋白的聚集会导致黏液性水肿，使得皮肤增厚、肿胀（图10-2，A，B）并且触诊皮温低或者偶尔会出现黏液性结节或形成囊肿（图10-10）[35]。黏液性水肿病变经常会发生在脸部的前额、眼睑和唇部，从而出现悲伤的表情（图10-2，A）。

兽医相关文献中包含了大量和甲状腺功能低下有关的非皮肤性病变的文献。除了精神沉郁以外，在原发性甲状腺功能低下病例中有少数会表现中枢神经系统（CNS）症状，而且动脉粥样硬化或黏液性水肿病变也可以引起该症状[37,60,70-73]。动脉粥样硬化继发于高脂血症，同时它也会影响心脏、肾脏和胃肠道的血管[60,74]。相关的症状包括癫痫发作、方向障碍、转圈和昏迷。由于黏液水肿性昏迷会导致迅速死亡，所以它是最值得注意的症状[3,39,75]。大多数病例都是与杜宾犬有关，而且其昏迷前症状包括严重的沉郁、肺换气不足、心动过缓和体温低。昏迷的进程可以是自发的或者也可以被各种药物、疾病或麻醉加速。

该病可以发生伴有或不伴有皮肤症状的神经系统疾病。这些异常情况都由于部分脱髓鞘作用导致的外周和中枢神经症状而引起[2]。可能和甲状腺功能低下有关的CNS症状有共济失调、癫痫、转圈和颅神经功能障碍（头部倾斜、面神经瘫痪）[76]。单侧跛行、后肢轻瘫、四肢轻瘫、肌无力和肌萎缩也都和甲状腺功能低下有关[21,36,77,78]。在该病病因和病程长的基础上，这些病变在治疗后可能是可逆的，也可能不可逆。关于喉头麻痹和/或食道扩张症状是否由甲状腺功能低下引起，或者它们是否会在有这两种症状倾向的品种中同时出现，还存在争议[2]。

人甲状腺功能低下最常见的胃肠道症状是便秘，但犬不是这样。甲状腺功能低下患犬的胃肠道症状较少，其中最常见的是腹泻、呕吐或两者同时存在[36]。

犬甲状腺功能低下症的心血管并发症可能包括心动过缓、心尖搏动弱、心电图上可见低压波形、超声心动图上可见室短轴缩短率降低、动脉粥样硬化、血栓形成以及和心肌病有关的心律不齐[1,2,21,58,59,79]。

可能和甲状腺功能低下有关的眼部病变很少，而且通常是继发于高脂血症的。这些临床表现包括角膜脂质沉积、角膜溃疡和前葡萄膜炎。也有关于角膜结膜炎和视网膜病的介绍[1,2,21,36,60]。

甲状腺功能低下患犬会有轻度的非再生性贫血或者由于血小板功能障碍[80]或凝血酶原缺乏（图10-9）而导致的出血倾向增加。由于T4放大了Ⅷ因子和Ⅷ因子相关抗原的产物，因此甲状腺功能低下会使血管性血友病患犬的凝血情况更加糟糕[21,36,39]。甲状腺功能低下介导的获得性血管性血友病综合征的理论在很大程度上被打折扣[81,82]。

和甲状腺功能低下有关的典型生殖系统病变包括不孕症、发情周期缺乏或消失、流产、幼犬死亡率高、精子形成减少以及睾丸萎缩[2,83]。这包括公犬乳腺异常以及发情期母犬高达25%的异常乳溢发生率，而在绝育和去势的动物上这些情况很少见（图10-11）[1,2,28]。在这些病例中，乳腺疾病是由于TRH水平增加介导的高泌乳素血症引起的[84]。

甲状腺功能低下和肾脏灌注量减少有关[85,86]。甲状腺功能低下患者和甲状腺功能亢进患者相比，其肌酐清除率明显降低，但是这些病变和自身抗体的出现没有关系[87]。

最近关于犬甲状腺功能低下和其攻击性行为增加是否

有关存在大量争议[2,88]。攻击性行为是一个很严重的问题，而且调查其行为的任何改变都很重要。患犬行为可能会在用甲状腺素替代治疗后有所改善，但是补充甲状腺素后动物的攻击性行为得到完全改变的报道很少。

甲状腺功能低下可单一存在，不与其他内分泌疾病（如糖尿病）同时发生，也可继发于其他内分泌疾病（如皮质醇增多症），或与其他疾病构成多腺体综合征。当构成多腺体综合征时，糖尿病、肾上腺皮质功能减退和甲状腺炎同时发生，并且它们被认为是由于自身免疫进程引起的。一般情况下肾上腺皮质功能减退的症状会占优势。由于肾上腺皮质功能减退和糖尿病在甲状腺功能正常的犬上是导致甲状腺形态异常的原因，因此对于这些犬的甲状腺检查应该往后延期直到其他病情得到了控制。要想使一个问题（如糖尿病）得到的令人满意的控制，经常需要纠正其他并发的疾病[89]。

先天性甲状腺功能低下在纯种和杂种犬上都有报道[38,39,30,52,53,90]。这种先天性甲状腺功能低下可能是甲状腺肿或非甲状腺肿。幼犬出生第一个月表现很正常，但是之后很快就会出现异常。这些犬表现嗜睡、智力障碍、不成比例的身材矮小以及跛行，也可能出现其他症状。脱毛不明显，但是被毛通常和同窝其他正常犬不一样（图10-5，A）。需要早期诊断和治疗以防止发生不可逆病变。

3. 诊断

由于犬甲状腺功能低下有很多临床症状，因此将症状如此多的疾病进行鉴别诊断的程序是非常繁琐的[91]。最终确诊需要进行甲状腺活检，但是由于这种检查方法是不易实现的，由此大多数临床医生都依靠病史、临床检查结果、血液学、血清生化结果、尿液分析、皮肤活检和甲状腺功能检查进行确诊。这些检查方法对于原发性甲状腺功能低下都没有特异性，而且都有一些误差。由于没有一种检查方法是诊断性的，因此结合病史和体格检查结果评价所有的检查结果很重要。

病患典型的血象为正常血细胞正常色素的非再生性贫血（红细胞压积为25%～36%）[1,2,21]。但是这种情况只见于接近30%的病例[58]。另外，甲状腺功能低下患犬可能会发生大红细胞性或小红细胞性低色素性贫血，这可能分别是VB_{12}和叶酸代谢或铁代谢缺陷的结果。甲状腺功能低下的贫血患犬的薄红细胞增多症可能会比较明显，这是由于红细胞细胞膜胆固醇负荷增加而导致的[2]。

甲状腺功能低下的另一个经典实验室结果是高胆固醇血症（260～1000mg/dL）[1,2,21,61]。但是血清胆固醇水平受饮食影响很大，该指标在其他非甲状腺疾病中也会升高，而且只有50%～75%的病例在禁食24h后血清胆固醇显著地升高。重度甲状腺功能衰竭病例的血清胆固醇水平会升高。在有脂血症的甲状腺功能低下患犬经血脂分析可能会表现高胆固醇血症、高甘油三酯血症和在起始位点、β1脂蛋白位点和α2脂蛋白位点出现强电泳条带[65-67]。甲状腺功能低

下患犬由于血浆清除能力被破坏，其甘油三酯水平会升高[67]。血清脂肪酸水平也会出现改变，表现为油酸、亚麻酸的增加和γ-亚麻酸、花生四烯酸和其他延伸酸的减少[66]。没有高胆固醇血症的甘油三酯血症不太可能是由于甲状腺功能低下引起的，因此必须要找出其他会使甘油三酯升高的原因。

在并发或不并发临床肌病的甲状腺功能低下病例中，血清肌酸激酶活性中度到显著升高的比例不到50%[21,58]。甲状腺功能低下患病动物可能会出现中度到明显升高的血清酶，包括乳酸脱氢酶、天冬氨酸转移酶、丙氨酸氨基转移酶和碱性磷酸酶。这些酶的升高可能是由甲状腺功能减退性肌病和退行性肝病（脂肪浸润和肝硬化）引起的，退行性肝病可能伴发犬的甲状腺功能减退。甲状腺功能低下可能和糖尿病患犬的胰岛素抵抗有关[89]。

甲状腺功能低下患犬的尿液检查结果通常是正常的。有少数淋巴细胞性甲状腺炎患犬或继发脓皮病的患犬可能会有免疫复合物性肾小球肾炎和尿蛋白[2]。

甲状腺功能低下患犬经心电图检查可能会表现出心动过缓、所有导联电压都低、T波变平以及心律不齐[1,2,21]。心电图可能会出现左心室短轴缩短指数降低。

先天性甲状腺功能低下患犬的影像学检查显示甲状腺发育不全[1,2]。

犬甲状腺功能低下患犬的皮肤进行活检可能会发现很多非诊断性的病变，包括内分泌失调（表皮黑色素沉着过度、角化过度、毛囊角化、毛囊扩张、毛囊萎缩、毛囊静止期化、外毛根鞘过度角质化和皮脂腺萎缩）[11,92,93]。组织病理学结果高度提示甲状腺功能低下的表现包括空泡化、立毛肌增生（虽然不是所有的病理学家都同意这个结果）、真皮黏多糖增加（黏蛋白增多症或黏液性水肿）以及真皮增厚。虽然表皮层的萎缩在其他内分泌性疾病中更常见，但是甲状腺功能低下病患可能会出现增生而不是萎缩。从甲状腺功能低下患犬皮肤得到的活检样本中大约有50%存在不同程度的炎症，这是由于继发的皮脂溢、细菌性脓皮病或两者共同作用产生的。

4. 甲状腺检查

尽管从20世纪70年代早期开始就有关于兽医临床甲状腺检查的程序和规则，但到现在临床从业者仍然被为得到一个精确而便宜的甲状腺功能低下结果而困扰。除了甲状腺活检以外，没有其他甲状腺检查可以用来诊断原发性甲状腺功能低下[7,94-96]。由于外周激素浓度取决于甲状腺素的产生量、蛋白结合量和代谢率，所以该指标的基础值会有一个很大的误差范围。用动力学功能研究方法（TSH刺激试验）检查甲状腺分泌能力是最有诊断意义的，但是由于价格昂贵而且难以获得TSH，所以不常用。对于所有的检测结果，包括刺激试验，都要进行客观的评价，如果这些结果和病史以及临床检查结果不相符，则需要重新进行检测[97]。

（1）甲状腺素的基础值和促甲状腺素浓度

对于甲状腺功能低下，需检测的主要指标是TT$_4$（Total T$_4$）、fT$_4$和cTSH的基础值。TT$_3$（Total T$_3$）和fT$_3$的测量在诊断甲状腺功能低下时有限制值[94,97,98]。由于大多数TT$_3$是由T$_4$在外周转化而得来的，只有很少一部分T$_3$是由甲状腺本身产生的，所以T$_3$对于甲状腺功能评价来说不是一个很好的指标[2]。在早期甲状腺功能障碍的时候T$_3$也会被转化，这就导致T$_4$降低的时候T$_3$还处于正常浓度。

RIA或ELISA法可以用来检测总TT$_4$、总TT$_3$和游离T$_3$的血清水平。血清样本可以在室温下保存1周以上而不发生明显变质[99]。各种方法（RIA、化学发光法和ELISA）测得的总T$_4$浓度是相似且一致的[100]。检测fT$_4$的标准方法有RIA、化学发光法和平衡透析。平衡透析比化学发光法更好[101]，但是有一个报告指出化学发光法的精确度和平衡透析法是一样的[102]。大多数兽医内分泌学实验室都采用改良的平衡透析法。据报道犬甲状腺激素的基础血清学水平分别是：TT$_4$是1.0～4.0μg/dL；fT$_4$是0.3～1.7ng/dL；TT$_3$是75～160ng/dL；fT$_3$是0.3～0.6ng/dL。然而由于不是所有实验室都会使用同样的试剂盒或技术来获得结果，因此每个实验室的正常范围也不一样。

TT$_4$基础值可以用来评价疑似患有甲状腺功能低下的犬，但是这些结果很少是确定的，尤其是患犬的健康水平和用药史被忽视的时候（见后文）。即使把疾病和用药史考虑在内，在正常范围的低限，甲状腺功能低下患犬和甲状腺功能正常犬会有大量的重叠。对甲状腺功能下降的定义越严格（如小于1.0μg/dL或者小于两个离均差），TT$_4$的特异性越强。然而有一些正常犬的TT$_4$值在它们更严格的范围内，而且有一些甲状腺功能低下患犬的TT$_4$值也在正常范围内。为了解读犬甲状腺激素的浓度，把获得的值想成一个范围是很重要的。可接受的分析变化接近10%，因此浓度为1.5μg/dL的时候可以当作范围为1.3～1.7μg/dL。甲状腺功能低下病患的总T$_4$浓度应该为1.8μg/dL或更低。诊断1只犬没有甲状腺功能低下比诊断一只犬患有甲状腺功能低下更容易。

游离T$_4$是T$_4$的未结合部分，并且它更不易受外界因素影响。早期用RIA的方法检测fT$_4$，有11%～20%的单纯甲状腺功能低下患犬的fT$_4$水平正常，而有0%～8%的甲状腺功能正常犬的fT$_4$水平低下[27,98,103,104]。通过透析或化学发光法检测游离T$_4$会更准确。在两个使用大量犬的独立性研究中，通过检测fT$_4$来诊断甲状腺功能低下的敏感性高达98%，然而其特异性分别为92%和93%[105,106]。还有研究者和其他人员[102,107,108]指出fT$_4$的检测可能是在犬甲状腺功能测试中唯一最为准确的检测。然而其他研究表明在中度到重度疾病病患的fT$_4$浓度会降低到参考范围以下，因此fT$_4$和TT$_4$浓度相比没有明显的优势[101,103,106,109,110]。

原发性甲状腺功能低下患病动物的TSH水平会增加以刺激腺体产生更多的激素[111]。在继发性或三期疾病中，

TSH水平会降低。对于人，将通过RIA来检测TSH的血清水平作为甲状腺功能低下的指标是最敏感和可信的，通常情况下该检测结果会在血清TT$_4$值和TSH刺激试验出现异常之前的几个月就出现异常[85]。由于大多数甲状腺功能低下患犬有原发性的疾病，所以对大多数犬我们都希望进行cTSH水平检测。一只甲状腺功能低下患犬的cTSH浓度可能会在正常范围内。另外，cTSH浓度可能只在发生甲状腺功能低下症的某段时间内可以被检测到[112]。

TSH是一个种特异性蛋白，它可以和FSH和LH发生交叉反应[113]。用人的试剂盒进行分析是不准确的[1,2]，而且用于犬的检测方法（cTSH）由于所使用抗体的特异性不同而有所不同。目前大多数可行的检测方法都是使用同一种抗体。不同实验室的正常值范围也是不一样的，通常小于0.5ng/mL。TSH水平不受1d内时间的影响，但是会发生随机的波动，因此一个测量值可能不足以代表犬的甲状腺功能状态[114]。在一个研究中，可能需要对1只犬进行接近40次采样才能获得有意义的结果[115]。cTSH的早期评价分析是令人失望的，而且和借助TT$_4$检查甲状腺功能低下效果相比没有更好的预测性[116,117]。虽然有一些研究表明用cTSH进行最终诊断正确率达100%[118,119]，但是也有24%～38%的甲状腺功能低下患犬的cTSH浓度在正常范围内[103,120]，而有10%～30%的正常犬的TSH浓度在参考范围之上[121]。为了增加cTSH的判别值，建议结合TT$_4$和fT$_4$进行分析[103,105,122]。TT$_4$或fT$_4$应该会很低，然而在诊断甲状腺功能低下之前对cTSH含量进行评估是可以被接受的。

为了比较诊断甲状腺功能低下的检测值，目前大多数论文在讨论中给出了检测数据的敏感性和特异性。在区分正常与否以及疾病等级时，高敏感性（如98%）而低特异性（如75%）的检测方法的评估是有问题的，正常个体有不正常值的比例很大，这里为25%。关于TT$_4$水平的已经出版的灵敏度图表有89%～90%的不同；特异性有75%～82%的不同[103,106]。关于fT$_3$的敏感性和特异性图表分别是80%～98%和92%～94%[103,105,106]。最近cTSH敏感性和特异性的数据分别为63%～87%和75%～93%[103,105,106,120,122]。当TT$_4$和cTSH浓度联合应用的时候，特异性会增加到100%，而敏感性仍然只有63%[120]。据报道当TT$_4$和fT$_4$一起评价时其特异性也会有相似的增加[23]。显然，没有一个检测方法是完美的，因此建议联合使用TT$_4$、fT$_4$和cTSH检测以显著地增加特异性[105,120]。

解读甲状腺结果的使用方法是把TT$_4$或fT$_4$低下或在正常值低限的犬当作是可能患有甲状腺功能低下的犬。检测TSH会为诊断提供依据。临床医生接下来需要确定临床症状是否为诊断甲状腺功能低下提供了足够的支持。对于TT$_4$或fT$_4$在正常值低限但没有检测cTSH值的犬，可以给予甲状腺补充剂以进行治疗性诊断，或者过一段时间再进行一次检测看这些值是否仍然在正常值最低限。在那个时候可以再考虑治疗性试验。

影响甲状腺激素基础值和促甲状腺素浓度的因素

TT₄的基础血清水平受到和甲状腺疾病和甲状腺功能低下症无关的多种因素的显著影响。TT_4血清水平可以因为季节[1,2]、一天的时间[8,59]、品种[1,2,5,21,36,123]、体型[10]、年龄[5,10]和母犬生殖状况[9,124]不同而发生变化。锐目猎犬（如灵缇）惠比特犬和萨卢基猎犬，TT_4浓度都低于正常范围[125,126]。小于6周龄的新生幼犬比6周龄到1岁犬的甲状腺素浓度会更高[10]。另外，药物和疾病会影响甲状腺素浓度。在甲状腺素不足的典型病史、临床症状和临床病理学证据的时候，必须要注意解读TT_4的低血清基础值；有接近20%的正常犬在检测的时候该指标表现为低水平。

（1）甲状腺病态综合征

在人类和啮齿类动物中，很多情况（慢性和急性疾病、外科损伤、禁食、饥饿、发热和糖皮质激素治疗）都会使血清T_3水平和血清T_4水平有中度到重度的减少，以及血清rT_3水平明显的升高[21,36,127-129]。在中度到重度疾病中游离T_4浓度也会降低[130]。在这些情况下，患者甲状腺功能是正常的并且不需要给予甲状腺素。这种情况称作甲状腺病态综合征（euthyroid sick syndrom），当使用血清T_4和T_4基础水平诊断甲状腺功能低下时，它是一个常见的误诊原因。犬和猫都会发生甲状腺病态综合征[1,2,21,36,55,104,131-133]。该病患者的代谢阈是通过中和在T_3分解代谢过程中产生的过量的热效应而被保护，并且它是被抑制一个或多个碘化甲状腺原氨酸脱碘酶而引起的，这导致了从T_4到T_3的产生减少以及rT_3的降解减少。

低水平可以发生在各种急性和慢性疾病（甲状腺病态综合征）中，包括皮质类固醇增多症、糖尿病、肾上腺皮质功能减退、肝脏疾病、肾衰、各种皮肤和非皮肤感染性疾病和各种其他疾病。与人不同，犬的逆-T_3（reverse T_3，rT_3）没有增加，这点可以用来区别真性甲状腺功能低下和甲状腺病态综合征[2]。

（2）药物

药物可以通过改变TT_4的产生、结合或代谢来降低或假性降低TT_4水平。抗痉挛药（苯巴比妥、苯妥因和安定）以及糖皮质激素是最常见的病因，不过少数其他药物：如水杨酸盐、保泰松、磺胺类抗菌剂、显影剂、米托坦（o,p'-DDD）、呋塞米、各种心脏用药、雄激素和雌激素也与TT_4的降低有关联[21,36,94,134-138]。据报道糖皮质激素、保泰松、水杨酸、安定、普里米酮、苯妥因、雄激素和苯巴比妥可能会通过干扰蛋白结合而降低TT_4的血清水平，而且TT_4的血清水平在动物伴有怀孕和假孕、公犬睾丸功能性支持细胞瘤和雌激素治疗反应时可能会通过增加蛋白结合能力而增加[1,2,9,36,124]。苯巴比妥同时也会增加肝脏对TT_4的代谢，然而TT_4和fT_4可能会由于TSH增加而下降或在低限，这就使得诊断一只使用苯巴比妥的犬是否为甲状腺功能低下变得很困难[134]。对非甾体类抗炎药的检测数据显示，对于犬，只有阿司匹林会大幅度抑制甲状腺素浓度[95,91,139]。

对皮肤病患犬尤其要注意的是糖皮质激素[55,132]和磺胺类药物[135,138,140-143]的使用。糖皮质激素会通过降低蛋白结合率、减少T_4向T_3转化以及减少垂体分泌TSH而引起TT_4和fT_4的降低[144]。然而检测TSH浓度是不受影响的。磺胺类药物会通过抑制碘转换、减少甲状腺球蛋白结合率和减少碘化酪氨酸的结合而导致甲状腺增生（甲状腺肿）从而引起T_4浓度降低。这些作用的结果是TT_4和fT_4降低以及TSH增加，类似真正的甲状腺功能低下。使用磺胺类药物的犬可以发展为明显的甲状腺功能低下，但一旦停药便可恢复。磺胺类药物的甲状腺功能低下效应可以在用药后最短2周内出现，而且在停药以后可能需要3周或更长的时间来恢复。

对于人，血清甲状腺素蛋白结合的水平受到血清甲状腺素水平的明显影响[85]。犬甲状腺素结合蛋白通过电泳鉴定可以分为甲状腺素结合球蛋白、甲状腺素结合前白蛋白、白蛋白、中间α球蛋白和两个β球蛋白区域[1,2,21]。甲状腺结合蛋白水平的变化或这些蛋白上结合位点的有效性都会影响TT_4的检测。如果蛋白不足或受体被其他激素或药物占领，则T_4不会发生结合并且很快被肾脏代谢。由于大多数引起蛋白质水平或受体有效性改变的紊乱并不能立即影响fT_4的水平，因此在正常犬的fT_4水平应该是正常的。不幸的是，通常都不是这么回事。

（3）刺激性功能检测

1）TSH刺激试验

在诊断甲状腺功能低下时TSH刺激试验比检测TT_4、fT_4或cTSH血清水平更好[1,2,27,94,97,98,145]。不幸的是，在该检测中用到的牛源性TSH在世界上很多地方都无法获得。当静脉给予剂量为50μg或更多的重组的人TSH时会刺激犬的甲状腺[146,147]。有其他疾病或接受过药物治疗的犬可能需要更高的剂量（高达150μg）[148]。但是，由于这个产品太贵，因此一般检测特别少。

进行犬TSH刺激试验的常用程序如下。在静脉（IV）注射0.1IU/kg或1~2U/只[149]的牛TSH之前和之后的6h这两个时间点立即采集血清样本检测TT_4。由于TSH可以在传统的冰箱里［-20℃（-4℃）］保存200d以上而不会丧失其生物学活性，因此每次使用剂量小时，可以几只犬共用一瓶试剂进行检测[150]。单次或重复的静脉输注极少数引起过敏[90]，因此一些研究者采用皮下注射途径。

传统意义上，当使用TSH刺激后TT_4值至少为基础值的2倍则可以诊断为甲状腺功能正常。用这个系统，有接近30%的甲状腺功能正常犬会被诊断为甲状腺功能低下，而有50%的甲状腺功能低下患犬会被漏诊[27]。将正常状态建立在TSH刺激后TT_4升高至预定值或有预定数量的增加的基础上会更合适。常态终点的特定值或正常犬的预期值升高会因为实验室不同和使用TSH量的不同而有差异。当一个研究者使用另一个研究[151]推荐的1.4μg/dL剂量而不使用检测实验室推荐的1.9μg/dL的剂量时，在75只犬中有4只被误诊[27]。很多实验室对于TSH刺激试验合理的解读是TSH刺激后血清T4浓度大于3μg/dL表示甲状腺功能正常，而TSH刺激后血清T4浓度小于1.5μg/dL表示甲状腺功能低下[2]。

在给予TSH之前和之后检测血清T3水平是不可靠的，而且也是不推荐的。对于fT4的研究还很少[102]。

在甲状腺病态综合征患犬和很多药物相关的低TT4血清基础水平犬中，TSH刺激试验得到的刺激后TT4血清水平通常是正常的[1,2,59,108]。在一些病例中，尤其是皮质类固醇增多症或接受糖皮质激素治疗的犬，TSH刺激前后其血清TT4水平都低于正常范围[35,132,152,153]。但是其反应的斜率和正常犬平行。据报道糖皮质激素会抑制TSH的分泌，抑制垂体对TRH的反应，抑制TRH的分泌，抑制血清甲状腺素的蛋白结合水平，抑制TT4和TT3的血清基础水平，抑制TT4向TT3的转化以及增加血清rT3水平。磺胺类药物会阻断所有甲状腺素的产生，因此TT4、fT4和TT3都会被抑制并且在TSH刺激之后不会增加。

对接受甲状腺素治疗的犬进行TSH刺激试验会得到假性结果。由于外源性的T4会抑制甲状腺的功能[1,2,105]，所以为了进行准确的检测必须要停药。大多数犬在停药30d后可以进行准确的检测，但是也有接近20%的犬仍然会受药物的影响[154]。对于所有的犬停药8周是最令人满意的。

TSH刺激试验可以和促甲状腺素刺激试验或地塞米松抑制试验同时进行，这对于它们各自结果的准确性没有任何影响[155,156]。

2）TRH刺激试验

对于人，已经可以用血清TT4和TSH对外源性TRH的反应来鉴别原发性、继发性和三发性甲状腺功能低下症[85]。原发性甲状腺功能低下患者血清TT4水平低而血清TSH水平高，并且它们都对TRH刺激无反应。继发性甲状腺功能低下患者TT4和TSH血清基础水平低，并且它们对TRH刺激都没有反应。三发性甲状腺功能低下患者的血清TT4和TSH基础水平低，但是它们都会对TRH刺激有反应。

有很多关于用TRH刺激试验区分甲状腺正常犬和甲状腺功能低下患犬准确性的不同研究已经出版[28,94,97,157-164]。在该方法的早期评价中，仅仅检测了TT4水平。正常犬的TT4基础水平至少是刺激前的2倍，然而这个结果在甲状腺功能低下患犬上不应该出现。对于同一只犬，当将TRH刺激试验的结果和TSH刺激试验结果相比较时，TRH的刺激结果对甲状腺功能低下的预测性更差。现在的观点是标准的TRH刺激试验对于诊断甲状腺功能低下是不可靠的[158,163]。最近的研究都专注于在给予TRH后检测cTSH的反应。正常犬在给予TRH后，其cTSH水平应该增加150%以上，然而对于甲状腺功能低下患犬其cTSH应该只会发生很小的变化[159,162]。在人类已经可以通过TRH刺激下丘脑从而释放TSH，但是在犬上这种反应还没有被证明有效[162]。除非进行进一步地改进提高TRH刺激试验的准确性，否则该试验的作用很小或者没有作用。

（4）淋巴细胞性甲状腺炎检测方法

已经对犬和人类淋巴细胞性甲状腺炎患者进行了很多免疫学的检测，包括血清抗甲状腺球蛋白抗体水平检测、血清抗微粒体抗体和抗胶体抗体水平检测、应用甲状腺剂时的体外淋巴细胞转化率、甲状腺提取物的过敏性皮试反应和循环免疫复合物水平[1,2,22,42,44,165,166]。在淋巴细胞性甲状腺炎患犬体内可以检测到甲状腺球蛋白抗体、T3、T4或它们的结合物[167]。对100 000个作为甲状腺档案的血清样本的评价表明，有接近6%的样本有自身抗体[167]。大约5%有针对T3的抗体，0.3%有针对T4的抗体以及0.9%既有针对T3的抗体又有针对T4的抗体。

用ELISA、红细胞凝集、间接免疫荧光法检测抗甲状腺球蛋白抗体，在多于50%的自然发生的甲状腺功能低下病例中可以检测到[41,44-47,168]。在大丹犬、俄罗斯猎狼犬、爱尔兰雪达犬、英国古代牧羊犬和杜宾犬体内经常出现抗甲状腺球蛋白抗体[36,41,169]。没有抗甲状腺球蛋白抗体的甲状腺功能低下患犬是因为病程长以及可能处于疾病的末期[48]。抗甲状腺球蛋白抗体的出现对甲状腺炎的诊断具有敏感性和特异性，但对于甲状腺功能低下的诊断却没有敏感性和特异性。在正常犬或非甲状腺内分泌疾病犬中也可以发现抗甲状腺球蛋白抗体[170-172]。近期接种疫苗可能也会导致抗甲状腺球蛋白抗体增加[173]。该抗体已经在大约50%的临床表现正常的甲状腺功能低下患犬中测出。抗甲状腺球蛋白抗体的发生率在患有各种皮肤病的犬上可能也会增加[41]。有25%~35%的甲状腺功能正常犬其该抗体水平也会增加，并且大约有50%的甲状腺功能低下患犬该抗体水平正常，因此这种检测方法不能被用于证明甲状腺功能低下。在诊断上当甲状腺球蛋白自身抗体和T4和TSH基础浓度相结合时，是最有用的诊断方法。

在甲状腺炎患犬的血清中也可以检测到抗T3抗体和（很少）抗T4抗体[22,42,43,167]。不变的是有抗T3抗体或抗T4抗体的犬也有抗甲状腺球蛋白抗体，但是反之是不成立的[43]。现在，这些自身抗体会引起RIA检测TT4或TT3时出现指标的假性升高[24,107]。患者看起来要么正常要么有甲状腺功能低下，但是其TT4或TT3水平和甲状腺功能亢进的TT4或TT3水平相一致。如果对这些犬使用平衡透析法检测其fT4水平可能会有用。比格犬、大丹犬、爱尔兰雪达犬、俄罗斯猎狼犬、杜宾犬和英国古代牧羊犬可能有一定倾向性。

5. 甲状腺活检

通过对甲状腺活检样本的组织学检查可以很容易鉴别原发性或继发性甲状腺功能低下患犬[1,2]。原发性甲状腺功能低下患犬的甲状腺有大量滤泡上皮缺失，这通常和淋巴细胞性甲状腺炎有关[174]。在继发性甲状腺功能低下中，其中包括由磺胺类药物引起的表现为淋巴结胶质膨胀、滤泡上皮扁平以及胶质中没有空泡形成。正常犬经全身糖皮质激素治疗可以增加每个淋巴滤泡的胶质滴数量[175]。在这些犬中，TT_3和TT_4基础血清水平会降低，但是TSH和TRH刺激试验结果是正常的。

6. 影像学检查

超声检查法可以测量甲状腺的尺寸、形状和回声反射性。功能减退的甲状腺尺寸会减小，并伴有回声反射性改变[176]。这个操作可能对于鉴别甲状腺功能低下的甲状腺病态综合征患犬有用[177]。犬体型大小和甲状腺大小似乎有直接关系，因此必须建立品种特异性参考范围。放射碘和锝-99m的摄取检查结果可能在甲状腺功能低下、甲状腺功能正常和甲状腺病态综合征方面有区别，但是这些研究对甲状腺癌会更有用。磺胺类药物介导的甲状腺功能低下患犬锝-99m的摄入量会增加，这将有助于与自然发生的甲状腺功能低下患犬相区分。

7. 对补充甲状腺素的反应

监测治疗反应作为一个诊断工具是有争议的，但是假如有可靠的临床症状可以监测，我们是支持这项技术的。当使用补充甲状腺素作为一种诊断甲状腺功能低下的方法时，如果临床症状不支持补充，不太可能是甲状腺功能低下时则应该中断补充，牢记这点是很重要的。还必须要记住的一点是甲状腺素的代谢效应可能会引起临床症状（如嗜睡、沉郁和不明肥胖）不同程度的加重。另外，正常犬给予甲状腺素后可能会引起不同程度的毛发生长，而给予许多与甲状腺功能低下相关患犬以甲状腺素后毛发会再生长[30]。一些人认为如果补充甲状腺素会导致甲状腺素超生理浓度，则犬更不太可能患有甲状腺功能低下[57]。给药后TT_4水平显著提高并不能保证甲状腺功能正常，但是这应该会提示临床医生在继续治疗该病例之前进行仔细评估。

8. 临床治疗

口服左旋甲状腺素（T_4）是甲状腺功能低下患畜的可选药物，而且患畜的余生都要持续用药。在兽医文献中可以发现各种治疗规范，但是大多数都建议每日用药1次或2次，每次0.02mg/kg，最大剂量为每12h 1次，每次0.8mg[94,178-182]。由于它是终身服用的，而且当患犬每天需要多种治疗的时候，主人的依从性就会降低，所以最理想的给予T_4的方式是每日1次。12只甲状腺被切除的犬的用药剂量为0.04mg/kg、0.02mg/kg或0.01mg/kg的左旋甲状腺素每天1次或分2次给药，在这些犬上药物吸收和消除的变异性显著[181]。每日2次给药会使得药物浓度接近生理范围。但是大多数犬对更方便的每日1次给药方式反应更积极[178-180,182,183]，并且一些每日给药2次的犬有毒性症状。由于T_4代谢转换较快（犬10～16h，人为7d）、小肠吸收不完全以及粪便内有显著的排泄，因此在典型的治疗剂量下经常出现药物剂量过多的症状；并存在包括焦虑、喘息、多饮、多尿、多食、腹泻、心动过速、热耐受不良、瘙痒和发热的症状[184]。当剂量作适当修改之后，这些甲状腺功能低下的症状会立即消失。

最后，任何临床诊断的准确性都可以通过对特异性治疗的阳性反应来证明。虽然有一些甲状腺功能正常的犬在

给予T_4后它们的被毛和皮肤情况会暂时改善，但是对于甲状腺功能低下患犬所有代谢性和皮肤症状永久的解决方法是保证诊断的准确性。如果甲状腺功能低下的诊断是建立在敏感性和特异性接近100%的前提下的话，那么就可以在每日1次的基础上开始治疗，并且可能会有临床效果。对于这些病例最好的治疗方案来说，其问题仍然是甲状腺检查不确定或可能有并发疾病或药物治疗会令人困惑。如果已经开始每日给药1次的治疗但这只犬需要每日2次的治疗，那么对治疗的反应会不完全，并且诊断的准确性也会受到质疑。1996年8月关于犬甲状腺功能低下的国际座谈会在加州戴维斯分校大学举办，他们一致推荐使用0.02mg/kg的初始剂量，每12h 1次。如果诊断是正确的，在补充T_4后患犬会恢复正常。一旦发生了期望的反应，给药频率减少到每日1次，然后观察犬的状况是否可以维持。如果在修改给药频率后临床症状开始复发，则仍然需要每日给药2次。

虽然没有关于在一只犬上使用不同厂家生产的左旋甲状腺素的研究，有相关数据表明使用的产品不同其生物利用度也不同[24]。因此，兽医临床医生应该选择一个有效的产品，并且用它去排除其他所有产品。由于临床医生对于药房为服务人类分配而提供给病患哪种产品没有控制权，因此不应该开含有左旋甲状腺素的处方。空腹给药其吸收可能会更好，并且当药物和食物、日粮一起给予时可能对吸收会有不同的影响。

甲状腺功能低下患犬的大多数皮肤和代谢性疾病经过治疗都是可恢复的。一些病灶（如压力点的结痂）不能完全消失，但是不会再有新的病灶出现。精神异常（如嗜睡、沉郁）的犬对左旋甲状腺素治疗反应迅速（在2～4周内）。皮肤的反应比较缓慢，而且必须告知主人至少要给药3个月。最初大约4周时间内皮肤的改变通常不会表面化。除非被告知这个漫长的反应时间，否则因为在他们治疗宠物所有其他疾病的时候在这段时间内都会有反应，所以很多主人在治疗一个月没有变化之后会终止治疗。大多数犬在接受3～4个月的治疗会恢复正常或接近正常，但是有一些品种的被毛需要更长的时间才能再长，如阿富汗猎犬。一些甲状腺功能低下患犬有过度脱毛的现象，有的甚至无毛了，而当开始补充左旋甲状腺素的时候其被毛的情况会更糟糕。这个变化是暂时的，并且被认为是一个新的毛发生长期开始、静止期毛发脱落而引起的。

心脏病患犬在接受治疗后其心脏功能会发生改变，因此在开始时应使用低剂量的左旋甲状腺素，否则可能会加速心脏衰竭[185]。推荐的左旋甲状腺素给药方案如下：开始两周0.005mg/kg，每12h 1次，第二个两周0.01mg/kg，每12h 1次，第三个两周0.015mg/kg，每12h 1次，然后保持在常规维持剂量。另外，对伴有肾上腺皮质功能减退的患犬在用药物进行纠正和稳定其肾上腺功能不全之前，不应该对甲状腺功能低下治疗。甲状腺素治疗时也有必要改变胰岛素的剂量[182]并且用这些药物治疗的病例也要给予合适的抗痉

挛药（苯妥英和苯巴比妥）[36]。

三碘甲状腺氨酸（T$_3$）也可以用于治疗犬甲状腺功能低下，但是由于没有关于犬转化缺陷的介绍，所以很少有结果[1,2,94]。它应该口服4~6μg/kg，每8h 1次，因此需要更频繁的给药和更高的花费。

治疗黏液水肿性昏迷属于医疗急救范畴[1,2,39,60,70,75]。治疗包括：静脉给予左旋甲状腺素或经胃管口服三碘甲状腺氨酸，物理辅助呼吸，静脉给予糖皮质激素和广谱抗菌药物并且被动复温[75,186]。

用甲状腺素治疗失败的原因很多。最常见的原因是误诊，没有发现其他并发的内分泌病（如有库欣综合征的甲状腺功能低下犬），以及治疗不到位（如疗程不足、剂量错误、给药频率错误、使用的药物生物利用度低和主人配合度不够）。在临床医生确定药物的给药剂量合适，并且主人给药正确的情况下，为了确诊为什么犬会反应不良要进行的下一步工作是给药后检测。

对于犬，TT$_4$水平高峰在口服左旋甲状腺素后4~6h出现，并在这之后开始下降[24]。随着给予一个符合要求的剂量的可吸收产品，TT$_4$水平在4~6h时应该在正常范围内。TT$_4$水平在正常值上限或轻微超过正常值上限都是可以预期的[180]。每日给药1次的犬的峰值比分2等份给药的犬的峰值更高[24]。如果TT$_4$的峰值太高或太低，则需要调整剂量。新剂量的适当性必须通过额外给药2~4周后检测来评估。由于T$_4$的半期不同因犬而异，接受每日1次治疗剂量的犬的合适的峰值并不一定能保证在整个24h内都维持正常水平。如果这只犬反应不好或者没有反应，那么就应该评价给药24h后的TT$_4$值。如果该TT$_4$值远远低于正常值，则单次剂量必须增加或者该犬应该每日给药2次。

理论上有自身抗T$_4$抗体的犬因为自身抗体会干扰TT$_4$的分析，所以不能通过传统的给药后检测进行监测。在这些病例中，可以用fT$_4$进行监测[128]。给药后4~6h其fT$_4$水平应该刚好或轻微高于正常值的上限。然而作者（LAF）已经成功用TT$_4$浓度监测有自身抗体的犬的T$_4$。在补充治疗后TT$_4$浓度会降低至正常范围。据推理补充会导致垂体TSH分泌减少，降低对甲状腺的刺激以及之后腺体在免疫系统中的暴露。也可以监测TSH浓度，但是在犬的低浓度下其分析不敏感。TSH浓度会在正常范围内，而且当使用合适的T$_4$替代疗法时其经常为0。由于一些甲状腺功能低下患犬TSH水平不会升高，而且尽管TSH水平正常TT$_4$水平也可能会过高，经TSH水平监测是最不令人满意的。

虽然有的人认为在没有药物过量的临床症状并且对治疗反应良好的犬不需要进行给药后检测，但是该检测对于确认补充甲状腺素是否合适是很有用的[57]。每日使用抗炎药强的松可能会降低给药后甲状腺素浓度（未发表数据），然而任何剂量的调整都应该建立在临床结果而不仅是实验室结果上。如果在犬的后半生临床症状再次出现，在此时检测具有指示性。当按0.02mg/kg给予甲状腺功能低下患犬左旋甲状腺素，每日2次时，犬很少会表现药物过量的临床症状。如果有相应症状出现，则应该立即进行给药后检测。超过正常水平的中度升高表明药物过量并且左旋甲状腺素在该犬体内的半衰期可能更长。一些调查者减少剂量但仍保持每日2次的给药频率，然而其他研究者减少至每日1次。不过有很少的犬会被建议使用这种特殊剂量。

当给予正常犬左旋甲状腺素时，在给药4周后有持续TSH降低的反应，并且继续给药会导致无反应性增加和甲状腺静止的组织学迹象[154,187]。虽然长期给予不必要的左旋甲状腺素最终会导致继发性甲状腺功能低下，最终需要终身替代治疗的情况不太可能发生，但这没有得到证实，也不是完全不可能发生[57]。

继发性甲状腺功能低下的治疗基本上和前面介绍的原发性甲状腺功能低下相同。

（四）猫的甲状腺功能低下

与先天性甲状腺功能低下不同，自然发生的原发性甲状腺功能低下很少见，而且只有一只猫有相关记载[25,188]。

1. 临床特点

猫先天性甲状腺功能低下的症状和犬的症状是相似的[189-193]。患病的幼猫出生时正常，但是在4~6周龄时它明显和同窝的小猫不一样。患猫由于发育障碍而生长速度慢，并且成为不成比例的侏儒（图10-12，A）。它们嗜睡、精神迟钝而且食欲减退。虽然被毛完整，但是被毛无

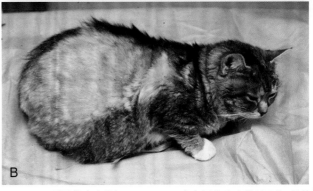

图10-12　猫甲状腺功能低下　**A.** 一只患有甲状腺功能低下的9月龄侏儒幼猫，其面部构造酷似贮积病　**B.** 自发性甲状腺功能低下的成年猫毛发脱落和剥落

光泽干枯而且比正常猫的发毛要少。除非在症状出现就开始治疗，否则在2周之内就会发生死亡。在猫的群体内，自身免疫性甲状腺炎是常染色体隐性遗传病。

对使用放射方法切除甲状腺后的成年实验猫跟踪96周的研究表明，患猫全身性和皮肤的症状与甲状腺功能低下患犬大不相同[194]。在临床上，猫最初会嗜睡但会自发地恢复正常，食欲和体重都没有变化。这些猫的理毛行为较正常少，这会导致背部毛发纠缠在一起并有皮脂溢，而且耳部、受力点和背部以及尾侧基部都会脱毛。由于猫甲状腺轴对于碘水平很敏感[195]，所以碘的消耗会引起临床症状。人工限制食物的猫的皮肤病变较犬更典型[196]：这些猫被毛变干并容易脱毛，而且有颈侧部、胸部和腹部的全身性脱毛，皮肤干燥、有鳞屑并增厚。

继发性成年型甲状腺功能低下患猫类似于患该病的犬[188]。患猫昏睡、嗜热、食欲缺乏和肥胖。患猫的脸是肿胀的，而且其被毛无光泽、干枯、有皮脂溢而且比正常猫毛色浅（图10-12，B）。经剪毛后毛发再生不良。可通过TSH反应试验和甲状腺活检确诊该病。

2. 诊断

由于自然发生的获得性甲状腺功能低下在猫很少见，因此没有数据表明用于犬的血象、生化分析和其他检测对猫是否有诊断价值。与幼犬不同，幼猫从出生开始，其TT_4和fT_4水平和成年猫一样。直到5周龄以前，TT_3和fT_3水平都很低[197]。和犬一样，诊断猫甲状腺功能低下时不应单独检测TT_4值。患有其他常见非甲状腺疾病的猫，比如糖尿病、肝脏疾病或肾脏疾病，其TT_4值会远远低于正常值或等于正常值[198-201]。检测甲状腺功能低下时测量fT_4可能会更可靠。在一个研究中，患非甲状腺疾病猫的fT_4值没有降低[198]。对于正常猫，据报道用RIA方法检测的TT_3和TT_4基础血清水平分别为15~60ng/dL、1.5~5μg/dL[1,2]。对于猫没有T_4血清结合蛋白[1,2]。目前还没有猫的TSH分析，并且犬的TSH分析和猫的TSH分析没有交叉性。

对于猫，已经报道的精确测量甲状腺功能方案有2个：①按1IU或1IU/kg剂量静脉注射牛TSH[141,202]之前和6h之后进行血清TT_4测定；②按2.5IU剂量肌内注射牛TSH之前和10h之后血清TT_4水平[26]。可能也要使用TRH反应试验。对于正常猫，血清TT_4水平在静脉注射0.1mg/kg TRH 4h后会呈现一个重复性加倍[191,202]。0.1mg/kg或更大剂量的TRH经常会导致恶心呕吐等胆碱能不良反应。用于诊断自然获得性甲状腺功能低下症，这些检测实际的判别值还没有确定。

3. 临床治疗

对猫合适的甲状腺素剂量还没有具体研究。切除双侧甲状腺的甲状腺功能亢进患猫通常需每24h给予1次0.05~2.0mg的左旋甲状腺素或每8h给予1次30μg的三碘甲状腺氨酸[193,203]。这些剂量对于先天性或获得性甲状腺功能低下患猫应该是足够的。对于自发的成年型疾病患猫症每24h给予1次0.1mg的左旋甲状腺素，经3个月的治疗后会恢复正常[188]。典型的犬在治疗1周后会有组分转变，然而在治疗6周后才开始有皮肤的变化。

（五）猫甲状腺功能亢进

甲状腺功能亢进和糖尿病是猫最常见的内分泌病[1,2,204]。猫甲状腺功能亢进的原因通常是单纯的甲状腺腺瘤或甲状腺多结节瘤样增生。甲状腺肿很少见。临床症状是由于基础代谢率加快和对儿茶酚胺敏感性增加。

猫的甲状腺功能亢进发生在6~20岁的中老年猫，没有明显的品种和性别倾向性。常见临床症状包括多食、多饮、多尿、体重下降、多动症、心动过速、呕吐和腹泻[204]。有大约30%的病例会出现皮肤病变，包括过度脱毛和被毛无光泽和过度理毛有关的局灶性或对称性脱毛（图10-13，A），趾甲生长速度增加（图10-13，B），干性或油性的皮脂溢，皮肤变薄以及外周动静脉瘘[1,2,204]。慢性病例的症状类似于胆固醇增多症，其皮块变薄而低渗，躯干完全脱毛（图10-13，C）。

应根据病史，临床检查，TT_4、fT_4或TT_3基础水平升高以及放射性核素显象，而作出诊断。甲状腺功能亢进患猫常见的生物化学异常包括血清丙氨酸氨基转移酶、血清碱性磷酸酶和血清天冬氨酸转移酶水平升高。超过50%的甲状腺功能亢进患猫的TT_4水平与正常猫会重叠[205]。在这些病例中，甲状腺功能亢进可以通过检测fT_4进行诊断。检测

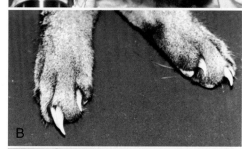

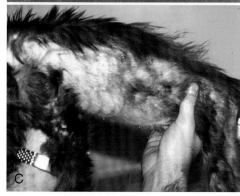

图10-13 猫甲状腺功能亢进 **A.** 背部创伤性少毛症 **B.** 爪部毛发过度生长 **C.** 一个慢性病例的躯干脱毛和皮肤脆性增加

fT$_4$比检测TT$_4$敏感性好但特异性差，并且非甲状腺疾病患猫的fT$_4$也可能升高[206]。因此fT$_4$通常应该和TT$_4$一起评价[207,208]。T$_3$抑制试验是指每8h口服15～25μg的三碘甲状腺氨酸，共计7次[205,209]。在开始给药之前进行1次TT$_4$和fT$_4$的检测，然后在第7次给药后2～4h进行TT$_4$和fT$_4$检测。甲状腺功能亢进猫的TT$_4$或fT$_4$水平没有变化或只有很小的变化，然而甲状腺功能正常猫的TT$_4$和fT$_4$值会降低50%。在给予TRH后甲状腺功能亢进猫的TT$_4$水平没有变化[205]。甲状腺的放射性核素显象可提供关于甲状腺功能亢进的病理生理学的有用信息，并可帮助制定一个治疗计划。甲状腺扫描需要专业的设备，因此该检查通常不太可行。

治疗包括外科手术切除、放射性碘治疗[210]，以及给予抗甲状腺药物（甲硫咪唑、甲亢平、丙基硫氧嘧啶）[203,206,211]。若日粮中碘含量少于0.32mg/kg，甲状腺功能亢进猫在3周之内血清TT$_4$会显著降低。因此限制日粮含碘量可能是一个使甲状腺功能亢进猫恢复到正常的安全有效的方法[211]，现在希尔斯猫甲状腺处方粮碘含量为0.2mg/kg。

四、肾上腺皮质生理学和疾病

（一）肾上腺生理学

肾上腺皮质是由球状带、束状带和网状带组成的。糖皮质激素由束状带产生，并且它可能是兽医临床上最常用的药物[1,2,212]。糖皮质激素主要和高亲和性的皮质类固醇结合蛋白（80%）以及血清白蛋白（10%）结合[213]。剩余的10%是游离的，而且有代谢活性。由于大多数皮质类固醇结合蛋白的受体位点都是开放的，所以皮质醇的产生量在游离部分增加前可以增加5倍。促肾上腺皮质激素是一个含39个氨基酸的多肽激素，其分子量大约为4 500D。作为一种广泛性激素原的一部分，促肾上腺皮质激素是由腺垂体分泌的，另外β-脂肪酸释放激素、β-内啡肽、脑啡肽和α-促黑激素也包含在它的序列内[1,2,214]。促肾上腺皮质激素的主要功能是刺激肾上腺皮质分泌糖皮质激素。它以脉冲的形式被分泌出来，而且应激会刺激它的分泌。糖皮质激素为促肾上腺皮质激素提供负反馈。CRH（促肾上腺激素释放激素）是下丘脑以脉冲形式分泌的多肽[1,2,215]。CRH的分泌是由于肾上腺素和5-羟色胺刺激引起的，而且它会被糖皮质激素和5-羟色胺拮抗剂（如赛庚啶）抑制。

皮质醇增多症可能是由促肾上腺皮质激素或促肾上腺皮质激素类似物分泌过多（特应性的、先天性的、功能性垂体肿瘤），内源性糖皮质激素分泌过多（功能性肾上腺垂体肿瘤）以及外源性糖皮质激素药物的给予（医源性）而引起。

（二）糖皮质激素和皮肤

皮肤是皮质醇增多症敏感和特异性的指标，它反映了内在的疾病和不当的治疗方法[1,2]。在犬和猫的皮肤上糖皮质激素的蛋白分解代谢、抗酶和抗有丝分裂效应已经通过许多方法得到了证实：①表皮层变薄和角化过度（继发于抑制DNA合成、有丝分裂减少和角化作用异常）；②基底膜区域变薄并被破坏；③毛囊皮脂开始明显萎缩；④真皮变薄而且皮肤脉管系统变得脆弱（由于纤维母细胞增殖、胶原和基质产生受到抑制）；⑤创口延迟愈合。犬所特有的，据推测通过改变蛋白结构，胶原和弹性纤维变成矿化作用高发部位，这就导致了营养不良性钙化[1,2]。在慢性病例中会出现皮肤骨化[216]。此外，由于过度的糖皮质激素的广泛性抗炎和免疫抑制作用过度，患病动物对细菌和真菌性皮肤感染的敏感性增加[1,2]。

（三）犬皮质醇增多症

皮质醇增多症（库欣病、库欣综合征）是犬常见的一种疾病。它和过度的内源性或外源性糖皮质激素有关，该病的典型症状是多食、多尿和多饮、双侧对称性脱毛、皮肤薄且张力下降以及骨骼肌萎缩。超过50%的病例有非典型的临床症状[3,6,14,217]。

1. 病因和发病机理

犬皮质醇增多症可能是自发的或医源性的[1,2,218-220]。自发性的皮质醇增多症和双侧肾上腺皮质增生有关此种增生由于功能性促肾上腺皮质激素分泌型垂体肿瘤或肾上腺肿瘤引起，后者很少见。在一部分犬中，皮质醇增多症是由于垂体和肾上腺疾病同时造成的[221]。医源性的犬皮质醇增多症是由于滥用外源性的糖皮质激素造成的[222]。

80%～85%的自发性皮质醇增多症是由于垂体促肾上腺皮质激素分泌过量，以及因此导致的双侧肾上腺皮质增生而引起的。过量的促肾上腺皮质激素分泌是由垂体前叶微腺瘤或巨腺瘤引起的[214,218,219,223-225]。尽管该病在特定品种发病率很高（腊肠和波士顿狸），但是垂体肿瘤的发生是自发的，没有基因编码的倾向性[226]。大约有90%的垂体肿瘤是功能性的，并且在50%的患犬中，大的肿瘤会引起神经症状[227]。该肿瘤最常发生的部位是远侧部，但是也可以发生在中间部[214,223,228,229]。远侧部分泌促肾上腺皮质激素是通过CRH和皮质醇来调节的，然而垂体中叶的分泌功能主要是通过多巴胺紧张性抑制来调节的。据估计超过30%的垂体肿瘤位于中间部[223,228,230,231]。大的垂体肿瘤比小肿瘤分泌的促肾上腺皮质激素更多，并且大肿瘤尤其是垂体中叶的大肿瘤，可能会更加抵抗CRH的刺激或地塞米松的抑制[227,232-234]。犬垂体依赖性皮质醇增多症和垂体腺癌也有关。

除了大的肿瘤之外，垂体肿瘤大小、双侧肾上腺增生程度和临床症状的严重程度之间似乎没有直接关系。促肾上腺皮质激素分泌过多会导致双侧肾上腺弥散性、结节性或两者均有的增生。球状带在宽度和组织学外观上通常都是正常的，而肾上腺增大是由于束状带和网状带增生。在一些病例中，肾上腺大体解剖结构没有增大。肾上腺皮质可能在大体解剖和组织学上都是正常的，但是其功能异常。

功能性（产皮质醇的）肾上腺皮质肿瘤占犬自发性皮质醇增多病例的15%~20%。一项研究指出雌性肾上腺肿瘤的发病率比雄性高3倍[235]。它们可能是腺癌或腺瘤，而且可以发生在任何一个腺体上。以前的数据指出右侧肾上腺发生率更高，但是更新的研究表明两个腺体的左右没有明显的倾向性[236-239]。这些肿瘤的功能是独立的，能产生过量的皮质醇，这会导致CRH（下丘脑）和促肾上腺皮质激素（垂体）的负反馈受到抑制，并导致对侧肾上腺萎缩。肾上腺皮质腺癌一般很大，经常侵袭到肾上腺静脉和后静脉，它们通常会转移到肝脏、肺脏、肾脏和淋巴结。很少报道有双侧肾上腺腺瘤或腺癌的患犬[240]。可以发现并发的嗜铬细胞瘤，并且这些犬对治疗反应很差[241,242]。

目前为止，犬皮质醇增多症最令人担忧的病因是糖皮质激素的不合理使用[212,222]。虽然医源性皮质醇增多症较以前的50%发病率有所减少，但它对于临床医生和宠物主人仍然是一个问题。长期使用类固醇，无论是口服[212,243]、注射[212,244,245]或局部使用（眼部[245-250]、耳部[248,251]或皮肤[252]），都会产生肾上腺皮质抑制作用，会导致肝药酶水平升高和犬医源性皮质醇增多症。

2. 临床特征

自然发生的犬皮质醇增多症是中年和老年犬的疾病，但青年犬也会发生该病。本病没有明显的性别倾向，但很多研究表明雌性犬的发病率略高[14,219,253]。一般来说拳师犬、波士顿㹴、贵妇犬和腊肠犬更易发病，但所有的犬甚至是杂种犬也可以患病。腊肠犬[14]、丹迪丁蒙㹴[254]和约克夏㹴[255]的自发性皮质醇增多症的发病率加强了品种倾向性的概念。医源性犬皮质醇增多症在年龄、性别或品种无倾向性。由于慢性全身性疾病患犬更有可能接受长期全身皮质类固醇激素治疗，因此对于这些犬最常发生医源性皮质醇增多症。

皮质醇增多症的临床症状很多并且各种各样。虽然垂体或肾上腺肿瘤的压迫或侵袭会引起一些症状，但是大多数症状是皮质醇和可能存在的其他肾上腺类固醇水平过量而直接导致的。呈现出来的症状取决于犬的年龄和体型，主人的观察能力以及皮质醇增多症的原因。小型犬比大型犬有更多的、更典型的症状[256]。老龄犬对糖皮质激素的分解代谢作用更敏感，并且和青年犬相比症状表现得更快且更明显。对犬的皮肤比较敏感的畜主可能会发现犬被毛细微的变化，并且在其他症状出现之前将犬带去就诊。另一个极端就是主人很少关注犬，直到犬生病了才带犬来就诊，因此犬的临床症状也更严重，较其他早发现的犬疾病进一步发展。犬垂体依赖性皮质醇增多症是由于垂体肿瘤或反馈控制缺失而引起的，其症状会逐渐发展，然而其发病可以更快并且垂体腺癌或肾上腺肿瘤是不可预知的。

多尿和多饮（每天摄入水多于100mL/kg）是皮质醇增多症初期的表现，它会在皮肤病变出现之前的6~12个月出现。发生率为32%~82%[219,257]。伴随着多尿和多饮，有大约50%的患犬有不同程度的多食症。在一些慢性病例中可以看到，皮质醇增多症最早的症状是犬的过敏情况有明显的自发性改善[57]。

大多数皮质醇增多症患犬都会发生皮肤病变，但并非都可以通过不定期皮肤检查发现。最常见的病变发生在被毛。早期的时候，被毛失去光泽、健康的外观而且更难疏理（图10-14，A）。一些贵妇犬的主人表示，由于毛发没有正常时生长迅速所以可以不用预约美容。随着时间的推移，毛发脱落导致少毛症甚至无毛（图10-14，B、C）。在大多数病例中，脱毛是全身性并涉及除了头和四肢末梢的躯干部位，但有时被毛脱落不一致或只有侧面脱毛[6]（图10-15，A），也可能发生面部[217]脱毛。在一项对60只犬的研究中，8只犬（13.3%）的脱毛并非发生于躯干，而发生于四肢（图10-15，B）或面部脱毛[14]。短毛犬会出现变薄或呈虫蛀样。

一些犬最初的皮肤症状是被毛颜色改变。黑色的被毛变成赤褐色或铁锈色，而棕色的被毛变浅呈黄褐色或亚麻色（图10-16）。这种色素沉着的改变可以发生于整个毛

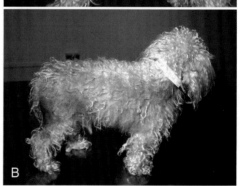

图10-14 犬皮质醇增多症 **A.** 一只很难管理被毛的爱尔兰软毛㹴 **B.** 躯干有明显少毛症但没有色素过度沉着的迷你贵妇犬 **C.** 躯干完全脱毛和色素过度沉着的迷你贵妇犬

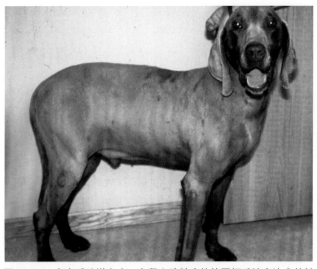

图10-16　犬皮质醇增多症：有肾上腺肿瘤的德国短毛波音达犬的被毛颜色明显改变（由R. Long提供）

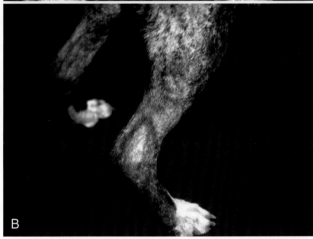

图10-15　犬皮质醇增多症　**A.** 一只肾上腺肿瘤患犬表现出皮质醇增多症的典型侧面脱毛　**B.** 远端脱毛

干，或只发生在远端部分。后者颜色的改变是由于毛发比正常脱落慢而导致日光漂白所引起的。均匀的毛色改变可能是由性激素调节的。一些人的经验表明，被毛颜色的改变结合一些其他的皮质醇增多症症状对性腺性激素紊乱或肾上腺肿瘤具有指征性，尤其是腺癌[57]。阴蒂肥大（图10-17）是肾上腺肿瘤的另一个明显指征。

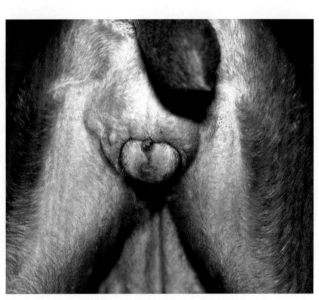

图10-17　犬皮质醇增多症：和肾上腺肿瘤有关的阴蒂肥大

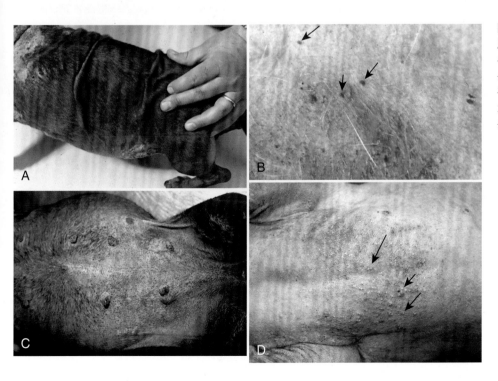

图10-18　犬皮质醇增多症　**A.** 腊肠犬皮肤变薄、张力下降而且少毛　**B.** 犬腹侧多处静脉扩张（箭头）　**C.** 腊肠犬患有少毛症，而且在变大的腹部上有大量黑头粉刺　**D.** 犬腹侧有多处黑头粉刺和丘疹（箭头）

其他皮肤症状，包括皮肤变薄、张力下降（类似于脱水，常常起皱）（图10-18，A）、色素沉着过度、容易擦伤（出血点和瘀斑）、静脉扩张（图10-18，B）、皮脂溢（干性或油性）、黑头粉刺（图10-18，C）、丘疹（图10-18，D）、伤口愈合不良、细菌性脓皮病（图10-19）、皮肤钙质沉着（图10-20，A和B）以及条纹（图10-21）。细纹可能是自发性的，也可能是由之前的伤痕发展而来的。丘疹是白色的角蛋白在真皮层聚集产生的，类似于黑头粉刺，但是丘疹在表面没有开口。它们的出现总是表明类固醇的存在：自发的获得性库欣综合征或口服给药或局部使用类固醇药物。在慢性病例中，皮肤钙质沉着持续存在而且会发生皮肤骨化（图10-20，C）[216]。作者（LAF）已经见到两只迷你雪纳瑞的脚垫呈叶状而且过度角化，而且这是它们表现出来的唯一症状。在5%的病例中，蠕形螨病（图10-22）可能会继发混杂的问题[14]。以前

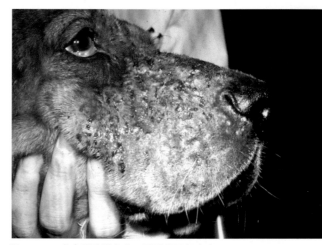

图10-19 犬皮质醇增多症：严重的面部疖病

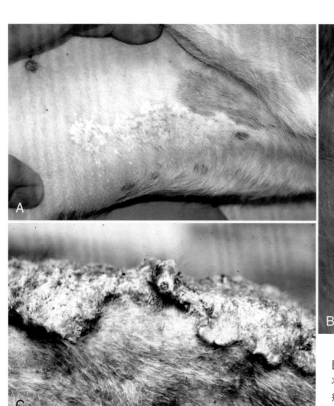

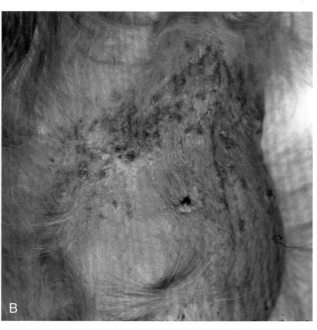

图10-20 犬皮质醇增多症 **A.** 皮肤钙质沉着症：犬腹部白色坚固的斑状病灶的早期病变 **B.** 皮肤钙质沉着症：早期白色斑状和系统性红斑狼疮，腹部丘疹和斑块混合的慢性病例 **C.** 慢性医源性皮质醇增多症患犬背部皮肤骨化。从病灶取样需要骨锯

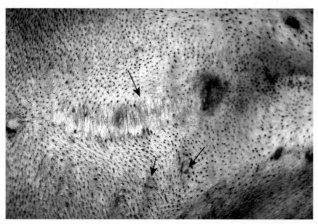

图10-21 犬皮质醇增多症：腹部多处有黑头粉刺和擦痕（箭头）

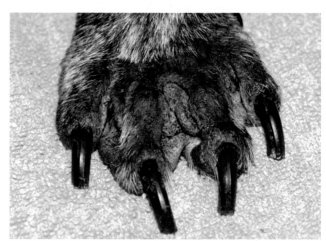

图10-22 犬皮质醇增多症：成年型脚垫蠕形螨

的兽医文献给出了这些症状的发生率，这些数据和目前得到的数据不同。比如一个在1980年对300只犬做的研究表明34%的犬有黑头粉刺，然而最近一项对60只犬的研究表明黑头粉刺的发生率只有5%[14]。这些不相符的结果并不意味着皮质醇增多症的症状是变化的，只是表明在出现典型病变之前大多数病例就已经接受了诊断和治疗[258]。

皮质醇增多症的皮肤感染通常发生在少毛或脱毛区域，但是也有一些犬没有其他皮肤病变。除了典型的毛囊感染，还会出现大的非毛囊的并伴有轻微炎症的表皮脓疱（大疱性脓疱病）。这些感染的治疗效果不好或在停止治疗后短时间内会复发。对于抗生素疗效不好的病例，应该进行多处深层皮肤的刮样检查以确定是否有蠕形螨。同时由于免疫抑制会导致机会致病菌（如假单胞杆菌属）的感染，因此应该进行皮肤培养。

超过40%的病例都有皮肤钙质沉着的现象，但是病程早期的病例出现这种现象的概率很低（1.7%～8%）[14]。颈背侧、臀部、腋下和腹股沟等区域最常发生。早期病变是坚硬的粉红色白点的真皮丘疹或斑块（图10-20，A）。随着时间的推移，上层皮肤发红、溃疡并结痂（图10-20，B）。陈旧性病灶类似于脓皮病或脓性创伤性皮炎，并且经常会瘙痒。当出现严重皮肤钙质沉着时，治疗可以用DMSO凝胶加速病灶的溶解[259]。可在病灶表面覆盖一层薄薄的凝胶，每日1次或2次直到钙化灶溶解。在治疗期间应该监测血清钙水平。皮质醇增多症引起瘙痒的其他原因是细菌性脓皮病、马拉色菌性皮炎、皮脂溢和蠕形螨病。

超过40%的皮质醇增多症患犬都有皮肤静脉扩张的现象，尤其是在腹侧和大腿内侧[260]。这些血管损伤包括出血点、直径超过6mm的瘀斑，它们是无症状的，而且通常采用玻片压诊法不会使其变白（图10-18，B）。这些病变在经过有效的治疗后不会恢复。褥疮（褥疮性溃疡）常见于皮质醇增多症的大型患犬[2]。

皮质醇增多症患犬常表现肌肉骨骼异常[1,2,253,261]。常见嗜睡和运动耐受性下降。发生骨骼肌萎缩和虚弱，头部、肩部、大腿和骨盆肌肉萎缩最明显。腹部增大（大肚皮）也很常见（图10-18，C），表现为腹部肌肉缺乏张力，患犬不能正常收紧腹部。另外，也可能发生库欣肌肉强直或假性肌肉强直，其主要特点是肌肉僵硬以及附近的附属肌肉肥大。跛行与骨质疏松和骨软化有关，极少情况下伴有或没有病理性骨折。慢性皮质醇增多症可以加重常见问题，比如前十字韧带断裂和髌骨脱位[2]。

患有皮质醇增多症的未绝育母犬经常会有持续性的乏情期[2,218,219,262]。另外，阴蒂肥大不常见，这可能是由于肾上腺雄激素过量分泌导致的[263]。医源性皮质醇增多症患犬也不会发生阴蒂肥大。未去势的雄性犬常表现睾丸萎缩。

据报道犬皮质醇增多症病患的呼吸系统并发症包括过度喘气、支气管肺炎、营养不良性矿化和纤维化，并且肺脏有血栓的形成[3,264,265]。

可能会发生行为改变（攻击性、沉郁、精神病和自我损伤）。神经症状包括共济失调、失明、头抵墙、嗜睡、霍纳氏综合征、瞳孔大小不等、转圈、感觉过敏和癫痫，这些症状在自然发生皮质醇增多症的患犬上偶尔会很明显，垂体肿瘤或转移性肾上腺皮质肿瘤会引起这些症状[230,266-268]。先天性功能障碍的老龄犬下丘脑-垂体-肾上腺（Chypothalamus-Pituitary-adrenal，HPA）调节异常时这些症状的发生率更高，并且一些犬经肾上腺功能检查可能会发现异常[269]。已经有和犬皮质醇增多症有关的眼球突出、无痛性角膜溃疡和角膜病变的报道[1,2,270]。

犬皮质醇增多症的共同特征是明显的肝肿大。这些病例中有40%～60%在空腹时会出现高血糖症，据记载其中有大约15%的犬有明显的糖尿病[271-273]。和皮质醇增多症有关的其他并发症包括高血压[274]、复发性尿路感染、肾小球性肾炎、肾盂肾炎、尿结石（草酸钙和磷酸钙），急性胰腺炎和肺脏的血栓栓塞性疾病[2,2,264,271,274,275]。伴有或不伴有腹腔积血的急腹症是肾上腺皮质出血的一个罕见表现[276]。

在控制住皮质醇增多症后，皮肤可能会开始表现出皮屑和色素沉积增多以及再生长出的毛发与正常毛发的颜色（如灰色被毛变黑，黑色被毛变红）和质地可能都不一样。成功治疗后，包括皮肤钙质沉着及皮质醇增多等皮肤症状通常会在3～4个月内缓解。对于很少一部分已经发展为皮肤钙质沉着的病例，除非经外科手术切除，否则皮肤病变一直都会存在。同时患有细菌性脓皮病的犬在皮质醇增多症得到控制后，感染恢复期要超过1年。非皮肤症状可以慢慢缓解，但是由于生理学变化，一些症状可能会持续存在[216,277]。

3. 诊断

在皮肤症状发作之前，皮质醇增多症的鉴别诊断主要是多尿和多饮、慢性肾病、慢性肝病、糖尿病、尿崩症（垂体性和肾性）、精神性多饮、甲状腺功能亢进、高钠血症、低钾血症、肾上腺皮质功能减退、真性红细胞增多症和发热[1,2]。在有躯干脱毛而没有多尿和多饮症状的时候，其鉴别诊断包括甲状腺功能低下、促性腺激素紊乱或毛发周期阻滞。血象、尿检或血液生化检查结果可能会支持皮质醇增多症的诊断。皮质醇增多症的明确诊断应建立在肾上腺产生过度糖皮质激素的基础上。通常需要超过一种检测方法来确诊和决定主要的问题是垂体依赖性皮质醇增多症或肾上腺肿瘤。如果犬有一些其他疾病（如糖尿病），在可能的情况下进行肾上腺功能检测之前应该先控制这些疾病[278]。一些慢性疾病会使解读结果变得很困难。

典型的血象显示白细胞增多症（17 000～68 000个/μL）、中性粒细胞增多症（11 500～65 000个/μL）、淋巴细胞减少症（0～1 000个/μL）和嗜酸性粒细胞减少症（0～1 000个/μL）[1,2,14,57,218,219,253]。可能还会出现红细胞增多症（红细胞增多症）、有核红细胞、血小板增多症和中性粒细胞细胞核分叶过度。尿检通常显示尿比重低（通常<1.020）。

另外50%的犬有尿路感染，通常只有细菌感染。常见尿蛋白。皮质醇增多症患犬尿蛋白/肌酐比升高，但这个升高并不是特异的[279]。由于这些犬患尿石症的概率比正常犬高10倍，所以可能会出现钙结晶[275]。这些犬中大约有15%的病例由于并发糖尿病而有糖尿。

血清生化检查的异常可能包括胆固醇和甘油三酯[280]、血清丙氨酸氨基转移酶、血清天冬氨酸氨基转移酶和葡萄糖轻度到重度的升高，以及血液尿素氮（BUN）水平下降。在自发性皮质醇增多症患犬中大约有33%会发生低磷酸血症。常见葡萄糖耐量试验结果异常以及血清胰岛素水平升高。

在犬皮质醇增多症病例（80%～95%）中血清碱性磷酸酶水平通常会升高，并且这主要是由于类固醇诱导同工酶引起的[258,281-283]。由于抗痉挛药或者糖尿病、肝脏疾病和其他非肾上腺疾病也可以使血清碱性磷酸酶升高，因此该项检查的结果没有诊断意义[284-286]。类固醇介导的碱性磷酸酶没有升高可能会帮助排除犬患皮质醇增多症导致的碱性磷酸酶水平升高的可能，但皮质类固醇介导的碱性磷酸酶升高几乎没有诊断价值[2]。一些皮质醇增多症患犬的碱性磷酸酶浓度是正常的。

皮质醇增多症患犬经常会有收缩压（180～280mmHg；正常值应小于或等于170mmHg）和舒张压（110～180mmHg；正常值应小于或等于100mmHg）的升高，这会使犬易患血栓栓塞、肾小球硬化症、左心室肥大、充血性心力衰竭和视网膜脱落等疾病[218,219,253]。经过治疗后血压不一定能恢复正常[274]。对患有库欣症候群肌病的犬进行肌电图研究，发现了与骨骼肌（萎缩、变性和坏死）和外周神经（节段性脱髓鞘）病理性结果有关的异常高频放电。

皮质醇增多症患犬的凝血因子Ⅱ、Ⅴ、Ⅶ、Ⅸ、Ⅹ、Ⅻ和纤维蛋白原可能会明显地升高，同时抗凝血酶复合物水平也会降低[287]。这些异常可能会使患犬更容易发生凝血过快或血栓栓塞。

在一些病例尤其是慢性病例中，皮质醇增多症的初步诊断是直接的，而且常规实验室检查就可以很容易地支持诊断。另一个极端就是，犬躯干脱毛、有复发性脓皮症或有不表现皮肤症状的皮脂溢。这些犬的常规实验室检查结果通常提示诊断结果皮质醇增多症，但其中有30%的犬没有令人信服的血液学和生化学检查结果[14]。

4. 影像学诊断

放射学可能会显示：①肝肿大；②伴有或不伴有病理性骨折的骨质疏松症和骨软化症（尤其是椎骨、肋骨和扁骨）；③软组织营养不良性矿化作用（尤其是肺脏、肾脏和皮肤）；④肾上腺皮质肿瘤。常规影像学技术显示肾上腺肿瘤的成功率是27%～57%[236,239,258,288]。肾上腺区域的矿化提示了肿瘤的存在，但是由于腺癌和腺瘤会发生相似的矿化作用，因此不能对这两者进行区分。据报道，特殊影像学技术（肾断层检查和计算机断层扫描）在检测肾上腺

肿瘤方面是近乎完美的[237,239,258,267,288,289]。这种检测并不能区分腺瘤和腺癌，而且不适合日常使用。腹部超声在帮助鉴别诊断垂体依赖性皮质醇增多症和肾上腺肿瘤是很有用的。当垂体依赖性疾病并发嗜铬细胞瘤或者怀疑有其他相同症状的非肾上腺疾病（如肝性脑病、类固醇原性黄体瘤[290]）的时候，腹部超声对患病动物来说也具有重大诊断意义[237,239]。对于后面一种情况，需要检查双侧肾上腺并相互比较，确立犬的正常值[291-293]。由于双侧肾上腺肿瘤[230]、并发的肾上腺肿瘤和垂体依赖性疾病[221,241,242]都已经有记载，因此如果一侧腺体内有肿块检出，则应该继续进行评估。容易获得敏感的成像技术（超声检查、计算机断层扫描、核磁共振）大大增加了临床医生发现并定位肾上腺皮质肿瘤以及评估垂体区域的能力[291,292,294]。虽然大脑成像可能会成为皮质醇增多症患病动物最初诊断检查的常规部分，但是对于没有神经症状的患畜，则要仔细评估其风险和成本效应[227]。两项对34只没有神经症状的垂体依赖性疾病患犬的研究表明，有19只（56%）犬被检查出垂体内有肿块[295,296]。当出现中枢神经症状后该比例达到了100%[297]。13只犬中，8只犬在初次检查时为阳性，1年后又重新进行了评估[296]。在最初为阴性的5只犬中有2只犬检测出了肿块，并且之前有肿块的8只犬中有4只犬的肿块增大。这些数据表明最初的垂体成像在没有对垂体切除的犬而言几乎没有预后价值。垂体成像研究的原始位置是在有神经症状的犬上，尤其是只在开始药物治疗之后才出现神经症状的时候[297]。如果这些神经症状是由于药物中毒引起的，则无法检测到肿块。

5. 组织病理学

对皮质醇增多症患犬进行皮肤活检可能会发现很多与内分泌疾病一致的非诊断性病变（如正角化型角化过度、表皮萎缩、表皮黑变病、毛囊角化、毛囊扩张、毛囊萎缩、毛囊休止期化、毛根鞘角化过度）[92,93]。组织病理学检查结果高度提示皮质醇增多症的指征包括营养不良性钙化（胶原纤维、表皮基底膜区域和毛囊），皮肤变薄以及缺乏立毛肌。组织病理学结果与继发性脓皮病一致，并且可能会发现异物性肉芽肿（和营养不良性矿化有关）。皮肤静脉扩张的组织病理学特点表现为从明显的扩张、皮肤表面毛细血管瘀血（黄斑阶段）到表现正常的真皮浅层血管小叶增生，它可能被表皮环形脱屑包裹（丘疹性阶段）[260]。

6. 肾上腺功能测试

一旦怀疑有自发性皮质醇增多症，诊断由两个阶段的流程得到证实。第一个或筛选阶段的目标是确定或排除皮质醇增多症[298]。用于筛选库欣综合征患犬的常用试验包括促肾上腺皮质激素刺激试验、低剂量地塞米松抑制试验（LDDS）和尿液中皮质醇和肌酐的比值。确诊之后，第二阶段的目的是区别垂体依赖性皮质醇增多症和由肾上腺肿瘤引起的皮质醇增多症[299]。鉴别皮质醇增多症两个病因的主要方法包括4h LDDS试验的取样，高剂量地塞米松抑制试验（HDDS），超声检查和检测内源性皮质醇浓度。

（1）皮质醇和促肾上腺皮质激素测定的基础值

血液皮质醇水平可以通过三个方法进行检测：荧光分析法、竞争性蛋白结合和RIA[1,2]。RIA是最常用的方法。正常犬血液皮质醇基础水平是1.5～6.0μg/dL，但是为实验室建立的正常值应该能始终用于进行试验。该试验可以用血清或血浆，如果提供的样本在8d内到达实验室并且保持低温（<20℃），就不需要冷冻[99]。大多数研究者会尽快分离血清或血浆，并在进行该分析之前将样品冷冻保存。

当解读血液皮质醇水平的时候需着重考虑的因素包括以下几个方面：①不同的实验室可能会有他们自己的正常和异常值；②应激和非肾上腺疾病也可以显著地提高血液皮质醇水平；③皮质醇水平可随犬年龄不同而变化；④正常犬和皮质醇增多症患犬可以发生节段性皮质醇分泌；⑤诊断皮质醇增多症时单次测量血液皮质醇水平的价值有限[1,2,5,12,13,300,301]。虽然早期数据表明犬、猫的皮质醇分泌有节律性变化[1,2]，但是现在普遍认为这些物种的促肾上腺皮质激素或皮质醇的血浆浓度很少或根本没有昼夜变化[214]。这些激素似乎是以每天8～16个峰的节段性基准而分泌的。

肾上腺功能检测基本上有两种类型：单次测量血液或尿液糖皮质基础水平，以及血液糖皮质激素水平的刺激反应性试验。除了尿液皮质醇/肌酐比值检测以外，目前所有的皮质醇评估都是用血清或血浆进行的。虽然单次测量糖皮质激素基础水平既便宜又容易进行，但是单次测量的结果是不准确的[1,2,219,298]。正常犬、非肾上腺疾病患犬、住院犬以及应激犬的皮质醇水平都可以高于正常值，然而超过50%的皮质醇增多症患犬的皮质醇水平可以在正常范围内[12,13,219,300,302,303]。

1）内源性促肾上腺皮质激素

内源性血浆皮质醇水平在确定自发性犬皮质醇增多症的病因（垂体依赖性皮质醇增多症或肾上腺肿瘤）的时候很有用，但是在区分正常犬和皮质醇增多症患犬时几乎没有价值[299]。研究者已通过RIA对正常犬和自发性皮质醇增多症患犬的血浆皮质醇水平进行了测量[1,2,14,219,238,253,257,258,299]。垂体依赖性皮质醇增多症患犬的血浆皮质醇水平范围是正常到偏高（>40pg/mL），功能性肾上腺皮质肿瘤患犬的血浆皮质醇水平范围是较低至无法检测（<20pg/mL）[219,304,305]。但是，不是所有的皮质醇增多症患犬都有异常的皮质醇水平，有一个针对41只肾上腺肿瘤患犬的研究表明，30%的患犬皮质醇水平在正常范围内[14]。由于血浆皮质醇水平是随着血浆促肾上腺皮质激素水平在一天中呈现出节段性波动而变化的，所以这就导致正常犬和自发性皮质醇增多症患犬的值有一些重叠。重复采样可能会增加这个检测的敏感性，但是成本太高。应该只在和其他试验结合的时候才评估血浆促肾上腺皮质激素水平。

要准确地检测血浆促肾上腺皮质激素就必须正确收集和处理样本并仔细实施操作困难的RIA技术。促肾上腺皮质激素不稳定，当样本解冻的时候其血浆浓度会急剧减少。通常，进行促肾上腺皮质激素分析的血液需用含冷冻肝素或EDTA的塑料管收集，并在4℃条件下离心90min。收集的血浆必须及时分装入塑料或聚丙烯管中，并在分析之前进行冷冻保存。如果收集管中加入了抑肽酶、蛋白酶抑制剂，可保持低温，在分离和冷藏（不是解冻）时血浆肾上腺皮质激素浓度不会有任何的减少，需在4d之内送到实验室[306]。在-20℃条件下，样本的肾上腺皮质激素浓度只能保持30d，因此必须尽快进行分析[304]。

2）尿皮质醇/肌酐比值

目前唯一一个有诊断意义的单次评估皮质醇的方法是尿皮质醇和肌酐比。对于犬，尿中主要的皮质醇代谢产物是皮五醇、3-表异皮质醇、皮固醇四醇、3-表异四氢皮质醇和四氢皮质醇[12]。这些代谢产物主要以葡萄糖醛酸形式排泄，并且该物质的主要部分是以类固醇的形式在C-20上减少。因此，类固醇分析方法只用于那些有二羟基酮侧链的类固醇，例如波-西二氏反应，而不用于检测犬的皮质醇代谢产物。对于猫，几乎所有的代谢产物都通过胆汁排泄（99%），只有一小部分波-西二氏色原以游离化合物的形式存在于尿液中（1%）[1,2,196]。尿液类固醇分析（17-酮类固醇和17-羟基皮质醇）需要24h的尿液样本、排泄笼子和收集设备；并且很容易被污染；在给予刺激试验药物之前和之后都必须要收集样本。现在很少使用这种方法。

尿皮质醇和肌酐的比值是为了避免进行24h尿液收集以筛选皮质醇增多症患畜而建立的[258,307-309]。正常犬的比值很低（5.7±0.9），然而皮质醇增多症患犬的比值会很高（337.6±72）[307,309]。但是由于在应激状态下接受检查、患有肾病以及有其他疾病的犬的比值与皮质醇增多症患犬的比值会有重叠，因此这个检测对皮质醇增多症的诊断不是特异的（阳性预测值为87%），而且最好在排除（阴性预测值接近100%）多尿、多饮的诊断后进行[310]。由于就诊时一个微不足道的应激就可以导致皮质醇/肌酐比值的假性升高，因此主人应该在家收集尿液样本[310]。由于该检测既会出现假阳性又会出现假阴性，因此它并不是一个完美的筛选方法[298]。动态应答检测诊断是肾上腺皮质分泌过多的更可靠指标。动态应答检测对于诊断皮质醇增多症克服了血液皮质醇基础水平的不可靠性，并开发了各种激发试验[1,2,219,298]。由于一些皮质醇增多症患犬的促肾上腺皮质激素和地塞米松[311]的清除率改变，或者循环皮质醇水平低[312]，因此没有一个检测可以进行彻底的诊断，所有的结果都必须根据患畜的体征进行评估。为了减少动物在一天中遇到的其他刺激，一般在上午8～10点进行皮质醇反应试验。

3）促肾上腺皮质激素刺激试验

促肾上腺皮质激素刺激试验是一个可靠的诊断皮质醇增多症或犬猫医源性皮质醇增多症的方法。血液皮质醇基础水平是正常或略低的，而且对促肾上腺皮质激素反应很小或没有反应。此外，促肾上腺皮质激素刺激试验对于监测肾上腺抑制疗法的疗效上很有用[261,313]。在皮质醇增多症病例中，垂体依赖性双侧肾上腺皮质增生患犬在给予促肾上腺皮质激素后应该会表现出放大反应[219,298]。功能性肾上腺肿瘤会由于促肾上腺皮质激素的刺激而合成和分泌过量皮质醇。

促肾上腺皮质激素刺激试验常用的两个程序是：①在肌内注射2.2IU/kg促肾上腺皮质激素凝胶之前和之后的2h收集血浆或血清皮质醇样本；②在静脉注射或肌内注射合成的促肾上腺皮质激素（替可克肽）之前和之后的1h收集血清或血浆皮质醇样本[314-316]。现在促肾上腺皮质激素凝胶很难获得。最近研究者对复合凝胶制剂进行了检测，发现有一些和商业用品是等效的[317,318]。由于对于不同复合制剂的质量控制可能不同，因此不能盲目接受复合促肾上腺皮质激素凝胶的合适度，仍然需要对其进行检测。合成产品被包装成单剂量为0.25mg的小瓶，通常情况下采用整瓶给药。对于很多动物，0.25mg的剂量远远高于最大程度刺激犬肾上腺所需要的剂量（5μg/kg）[319-321]。由于保存在冰箱中的产品的生物利用度可以维持4个月，在常规冷冻（−20℃）情况下可以保持6个月，所以很多研究者将小瓶中的试剂进行分装并只取所需要的部分[320,322,323]。该产品应该在塑料注射器里冷冻贮存，避免反复冻融。促肾上腺皮质激素刺激试验和TSH刺激试验可以在保持二者各自精确性的情况下同时进行[155,156]。

很多比较老的文献认为在诊断犬自发性皮质醇增多症时，促肾上腺皮质激素刺激试验没有低剂量地塞米松抑制试验好[122-14,218,219,253,258,261,298]。该评估是建立在有大约15%垂体依赖性皮质醇增多症病例在给予促肾上腺皮质激素后没有放大反应，而大约50%肾上腺皮质肿瘤病例有放大反应这一事实上。长期患病或应激动物的皮质醇基础水平可能会升高并可能对促肾上腺皮质激素有放大反应的作用。正如在甲状腺检测部分所讨论的一样，有更多现代的方法给出了原始数据、敏感性、特异性和检测的阳性预测值的可能性。阳性预测值是指得到正确的阳性检测结果的概率。

一个对40只皮质醇增多症患犬（30只患有垂体依赖性疾病，10只患有肾上腺肿瘤）和41只正常犬进行促肾上腺皮质激素刺激试验和低剂量地塞米松抑制试验的比较研究表明，两种试验的敏感性几乎是一样的，分别是95%和96%，但低剂量地塞米松抑制试验的特异性只有76%，这就导致了76%的阳性预测值。促肾上腺皮质激素刺激试验相对更特异（91%），其阳性预测值为91%[324]。另一个针对20只垂体依赖性疾病患犬、59只非肾上腺疾病患犬和21只正常犬的研究表明，促肾上腺皮质激素刺激试验和低剂量地塞米松抑制试验的阳性预测值更低，分别是67%和38%，但是促肾上腺皮质激素刺激试验会更好[303]。数据的敏感性和特异性较差。两项试验的性能较差是由于纳入了59只有非肾上腺疾病的犬。大约有35%的犬皮质醇基础水平有明显的升高，并且在给予地塞米松4h和8h后分别有38%和56%的犬没有表现出足够的抑制。有8只犬（14%）的促肾上腺皮质激素反应试验结果异常。这些试验和其他

研究不仅证实了促肾上腺皮质激素刺激试验有可用性，而且强调了需要仔细评估结果。

4）低剂量地塞米松抑制试验

低剂量地塞米松抑制试验可用于诊断犬的自发性皮质醇增多症[1,2,14,218,219,258,298,325]。该试验为在静脉注射0.01mg/kg的地塞米松前和之后的第8个小时检测血浆或血清皮质醇浓度。大多数研究者也会在给药后4h时收集样本。对于正常的犬，在检测阶段低剂量的地塞米松会一致地将皮质醇水平抑制在1.4μg/dL以下。正如上文讨论的促肾上腺皮质激素刺激试验一样，低剂量地塞米松抑制试验与促肾上腺皮质激素刺激试验相比差不多或者会更好，但是对于正常和非肾上腺疾病患犬上低剂量地塞米松抑制试验具有更低的特异性和阳性预测值[12,303,324,326-328]。该试验在非肾上腺疾病患犬上效果较差，因为：①它们对地塞米松的清除率加快；②它们的受体不敏感；③或者慢性疾病导致了明显的肾上腺皮质增生。如同其他试验，低剂量地塞米松抑制试验的结果必须根据患者的临床症状进行分析，而不仅仅是从表面上接受[1,2]。该试验不能解释医源性皮质醇增多症。在同时保留地塞米松抑制试验和TSH刺激试验的准确性的前提下，两个试验可以同时进行[155,156]。

一个针对216只皮质醇增多症患犬的研究，对所有犬使用低剂量地塞米松抑制试验来证明皮质醇增多症并区别垂体依赖性疾病和肾上腺肿瘤[326]。其中35只犬有肾上腺肿瘤，而181只犬有垂体依赖性疾病。根据定义，如果皮质醇水平在8h的时候高于1.4μg/dL，那么就证明该犬有皮质醇增多症。根据这些标准，在216只犬中有213只犬（99%）的诊断是正确的。为了区别垂体依赖性疾病和肾上腺肿瘤，如果4h或8h的时候样本的皮质醇水平低于基础值的50%或者在4h的时候低于1.4μg/dL时，则确诊为垂体依赖性疾病。没有肾上腺肿瘤的患犬能满足垂体依赖性疾病的标准，但是在很多垂体依赖性疾病患犬中，根据该定义肾上腺肿瘤可能会被误诊。在这项研究中，高剂量地塞米松抑制试验只在12%的犬中提供了附加信息。

（2）区分皮质醇增多症原因的试验

由于垂体依赖性皮质醇增多症和肾上腺肿瘤患病动物的治疗方法不同，因此要尽一切努力来确定皮质醇增多症的原因。除非低剂量地塞米松抑制试验显示了垂体依赖型的诊断，否则必须进行进一步检测。可以通过成像技术（X线、超声检查等），内源性促肾上腺皮质激素（见前面）和/或高剂量地塞米松抑制试验进行进一步检测。一个研究显示当肾上腺超声检查和内源性促肾上腺皮质激素检测同时使用的时候，诊断垂体依赖性疾病的敏感性为100%、特异性为95%[329]。

1）高剂量地塞米松抑制试验

高剂量地塞米松抑制试验被用于区别犬垂体依赖性皮质醇增多症和肾上腺肿瘤引起的皮质醇增多症[1,2,218,219,253,258,298]。由于高剂量地塞米松抑制试验会引起正常犬和垂体依赖性

疾病患犬的抑制作用，因此这个试验不能用于确诊皮质醇增多症。高剂量地塞米松抑制试验通过静脉注射0.1mg/kg的地塞米松，并在第0h、4h、8h的时候取样[14,218,253]。一些研究者建议使用1mg/kg的剂量[219]，但是没有明确并令人信服的证据证明该剂量可以提高大多数试验的准确性[330]。实际上，有人指出1mg/kg不如0.1mg/kg的剂量可靠[330]。一些研究者将抑制定义为皮质醇降低到第0h水平的50%以下，然而其他研究者使用的是小于1.4μg/dL这一标准。理论上来说，垂体依赖性患犬在第4h的时候会表现出完全抑制，并且在第8h保持或逃避抑制。但是对于15%~30%的垂体依赖性患犬该抑制是不完全的[219,289,330]，肾上腺肿瘤患犬会出现部分抑制或没有抑制。在一个对181只垂体依赖性疾病患犬和35只肾上腺肿瘤患犬的研究中，有46只垂体依赖性患犬（25%）没有出现抑制，有2只肾上腺肿瘤患犬（6%）没有出现抑制[326]。没有出现抑制的垂体依赖性患犬可能是由于垂体中叶通常对血源性促肾上腺皮质激素和地塞米松没有反应的区域长有肿瘤[331]。

2）促肾上腺皮质激素释放激素刺激试验

检测CRH的分析与合成可能是一个附加的诊断试验。CRH刺激试验在区分自然发生的肾上腺皮质功能减退和医源性肾上腺皮质功能减退[215,257,332]，以及区分垂体依赖性皮质醇增多症和肾上腺肿瘤方面很有用[1,2,219,257,299,332]。健康犬静脉注射（0.1μg/kg，1μg/kg或10μg/kg）合成的绵羊CRH，在30~60min内会产生一个血清促肾上腺皮质激素和皮质醇水平的峰值[257]。初步资料表明CRH刺激试验对于鉴别犬垂体依赖性皮质醇增多症（促肾上腺皮质激素和皮质醇水平增加）和肾上腺皮质肿瘤（无反应）很有用[219]。但是该试验昂贵、缺乏可用的CRH而且促肾上腺皮质激素测量困难，这些原因都限制了该试验的使用。

（3）其他肾上腺功能检测

研究者为设计更简单、便宜和省时高效的犬、猫肾上腺功能检测方法已经做了很多尝试。评估的试验包括：①美替拉酮反应试验；②赖氨酸抗利尿激素试验；③胰岛素反应试验；④胰高血糖素应答试验；⑤联合应用促肾上腺皮质激素反应试验和地塞米松抑制试验[1,2,333-335]。然而这些试验还是不如标准的促肾上腺皮质激素刺激试验和地塞米松抑制试验，并且是不建议使用的。

目前大家评估使用促肾上腺皮质激素刺激前后的肾上腺性激素水平，尤其评估17-羟孕酮水平，来诊断犬是否患有库欣综合征很值得关注，因为库欣综合征患犬的皮质醇水平不会升高[336-338]。这也被称为非典型的库欣综合征。两只确认患有肾上腺皮质肿瘤犬的17-羟孕酮明显升高，但是在用促肾上腺皮质激素刺激后皮质醇水平仍然正常[338]。17-羟孕酮的升高也见于一些垂体依赖性皮质醇增多症患犬[336,337]。由于肾上腺源性性激素是皮质醇的前体，皮质醇增多症患犬的肾上腺性激素预计也会升高[339]。非肾上腺肿瘤患犬和没有皮质醇增多症征象的犬，在接受促肾上

腺皮质激素刺激后，其17-羟孕酮可能和皮质醇一样也会升高[340]。对于健康的未绝育母犬，当其处于发情期、间情期和怀孕期时，其血清17-羟孕酮浓度会升高[341]。这些数值虽然超出了皮质醇增多症患犬的数值，但是这些未绝育母犬并不表现出库欣综合征的临床症状，研究人员怀疑这可能是自然产生的糖皮质激素的影响，因此应该谨慎地解读该试验的结果。

7. 临床治疗

未经治疗的自然发病的皮质醇增多症患犬预后不良，常于2年内死亡（由于败血症、糖尿病、心脏衰竭、胰腺炎、肾盂肾炎和血栓栓塞等原因）[313,261]。虽然库欣综合征患犬在控制良好的情况下可能会存活很多年，但是仍没有明确且令人信服的证据表明，无并发症的病例经治疗会延长存活时间。成功的治疗会同时提高患犬及其主人的生活质量。死亡可能和肾上腺切除、垂体切除、o,p'-DDD（米托坦，米托坦片剂）治疗或并发症有关。另外死亡可能会发生在和垂体肿瘤生长或转移有关的治疗中或治疗后的任何时候。由于老龄犬易患皮质醇增多症，因此很多犬会死亡或者在诊断出该病的2年内被实施安乐术。几个对大量犬的独立研究指出其中位存活时间大约为2年，从10d到8.2年不等[219,313]。

皮质醇增多症的病因决定了其治疗方法。如果可能的话应该对肾上腺肿瘤进行手术切除[238,342]。当不能确诊为肿瘤、肿瘤有转移或由于患病动物的健康状况而无法摘除肿瘤的时候，应该进行药物治疗，但是治疗效果和结果可能与垂体依赖性疾病的治疗结果不一样[343,344]。在进行任何特定治疗之前，应该对所有的并发症进行鉴别诊断（如尿路感染和糖尿病）并对这些疾病进行治疗[3,265]。虽然在解决皮质醇增多症之前发现的问题可能不会对治疗完全有反应，但是如果不尝试对并发症进行控制，它们可能危及患畜的生命。

当存在严重钙化表皮，可使用DMSO凝胶加速病变的溶解[259]，每日1次或2次将凝胶薄薄地覆盖在病变处直到其完全吸收。在进行治疗期间应该监测血清钙水平。

8. 垂体依赖性皮质醇增多症

o,p'-DDD是一种经得起时间考验的治疗犬垂体依赖性皮质醇增多症的药物[219,235,261,313]。该药物是一种氯化烃衍生物，可以引起肾上腺皮质束状带和网状带的选择性坏死和萎缩，而球状带（盐皮质激素生成区域）是相对耐受的。少数犬，在接受治疗时这个区域就被破坏了，并且犬患有终生的阿迪森综合征[295]。开始7~10d使用o,p'-DDD的剂量是每日25~50mg/kg。每日剂量应该一分为二，每12h和食物一起给药1次[345]。如果患犬食欲下降或有呕吐、腹泻的情况，应该停止用药[2]。在使用o,p'-DDD开始治疗的7~10d可以给予小剂量[0.2mg/（kg·d）]的糖皮质激素口服强的松或强的松龙；或每日按1mg/kg剂量口服氢化可的松来减少和急性糖皮质激素减少有关的不良反应。由于对糖皮质激素早期应答的评价困难而且只对5%的病例是必要的，所以一

些学者不建议使用糖皮质激素[2]。对于并发糖尿病的犬，o,p'-DDD的治疗会降低每日胰岛素的需要量，而且可能会诱发胰岛素过量和低血糖[271]。较低的初始o,p'-DDD剂量（每日25mg/kg）和每日更高的强的松（0.4mg/kg）或强的松龙（2mg/kg）维持量防止了循环的糖皮质激素水平的迅速减少和每日胰岛素需要量，并使得糖尿病患者更容易调节。

在开始o,p'-DDD初始治疗期间观察到的最常见不良反应包括嗜睡、呕吐、腹泻、厌食和虚弱[313]。不太常见的不良反应包括定向障碍、共济失调和用头抵墙。o,p'-DDD也会引起少数犬出现急性肝炎[346]。在治疗期间大约有25%的犬有一种或多种不良反应，但是大多数犬的不良反应都相对较轻。当血浆皮质醇水平低于正常范围（<1μg/dL）或在正常范围内下降得太快（糖皮质激素下降综合征）的时候会发生不良反应，并且在补充糖皮质激素后会得到及时解决。如果在开始o,p'-DDD初始治疗期间发现不良反应症状，那么应该停止给药并给予糖皮质激素或将糖皮质激素剂量加倍（如果已经补充过糖皮质激素），一直到该犬可以被评估。如果在给予双倍糖皮质激素后临床症状仍然持续3d以上，那么应该考虑其他医疗问题。评价o,p'-DDD治疗效果有很多方法，在开始治疗阶段主人应该监测食物和水的消耗量。一些兽医让主人给患犬1/3的日粮、每日2次，这样犬会很饥饿[2]，从而使得患犬在开始用药期间食欲减退的现象会很容易被发现。在给药后预订的时间周期，一般5～7d的时候或当发现饮食量下降的时候，要进行促肾上腺皮质激素刺激试验检测皮质醇的水平。尿液皮质醇与肌酐比值不能被用于监测[347]。由于泼尼松、泼尼松龙和氢化可的松在大多数皮质醇分析中都会发生交叉反应，所以在进行促肾上腺皮质激素刺激试验监测时不应该补充糖皮质激素。为了保证o,p'-DDD能很好地控制皮质醇增多症，促肾上腺皮质激素刺激前后皮质醇水平应该在正常范围内（基础值）[228]。在o,p'-DDD介入治疗后，促肾上腺皮质激素刺激试验结果可用之前，都应该停止给予o,p'-DDD。大约有15%的犬在开始o,p'-DDD治疗后皮质醇产量仍然会增加[313]。在这些犬中，应该继续每天的o,p'-DDD治疗并每5～7d重复1次促肾上腺皮质激素刺激试验，直到促肾上腺皮质激素刺激前后皮质醇水平都在正常范围内。这在某些犬上可能需要长达30～50d的时间[313]。相反，大约有40%在接受o,p'-DDD治疗后其皮质激素刺激前后皮质醇水平低于正常范围。对于这些犬，应该停止给予o,p'-DDD，而且如果不要的话需要补充糖皮质激素，直到皮质醇基础水平恢复正常。这通常需要2～6周时间。在记录正常皮质醇水平后，继续以每周的维持剂量给予o,p'-DDD。每周的维持剂量是用于负荷，应该一分为二，每周分2次给予。在使用o,p'-DDD维持治疗期间，很少需要补充糖皮质激素。少数犬即使皮质醇水平正常也会表现出食欲不振、沉郁、虚弱和轻度体重减轻的症状，使用强的松或强的松龙的晨间交替剂量是有利的。

大约有5%接受o,p'-DDD维持治疗的犬会经历以促肾上腺皮质激素刺激前后皮质醇水平低和高血钾、低血钠为特征的医源性皮质醇增多症。这些变化可以发生在治疗几周或几年后，但是一般会发生在治疗5个月的时候[313]。停止o,p'-DDD治疗并补充合适剂量的糖皮质激素和盐皮质激素后不良反应的临床症状会消失。医源性皮质醇增多症可能是暂时或永久的，而且不建议进一步的o,p'-DDD治疗，除非皮质醇增多症得到解决以及促肾上腺皮质激素刺激前后皮质醇升高到正常值以上。

大约有60%使用初始负荷剂量和维持剂量o,p'-DDD的犬在治疗的12个月内复发，并出现临床症状以及促肾上腺皮质激素刺激前后皮质醇水平升高[313,348]。这些犬通过5～14d的每天治疗可以再次得到控制，然后重新建立更大的维持剂量，通常其维持剂量会比之前的维持量高25%～50%。接近40%的复发犬会这样重复一次到几次[313]。调整剂量可以再次控制疾病。在一个对200只犬使用o,p'-DDD治疗的研究中，184只犬使用每周26.8～330mg/kg的维持剂量控制了疾病[313]。为了保证治疗期间继续控制疾病并防止更严重的复发，在维持治疗期间应该每隔6个月重复1次促肾上腺皮质激素刺激试验。通过仔细的监测，预期患犬的生存时间可以超过3年[235]。

为了减少复发的概率和皮质醇增多症以外的疾病发生，o,p'-DDD已经建立了多个使用标准。长时间使用高剂量o,p'-DDD会人为地破坏肾上腺皮质，解决皮质醇增多症，但是会引起永久性的肾上腺功能减退[348-350]。对于中型到大型犬给予o,p'-DDD的剂量为每日50～75mg/kg，连用25d。对于玩具型品种推荐剂量可以高达每天100mg/kg。每天的剂量可以分为3～4等份，和食物一起给予。在开始治疗的第3天起，使用糖皮质激素和盐皮质激素替代疗法。每12h给予1mg/kg的醋酸可的松，直到o,p'-DDD治疗方案完成1周以后其剂量开始减至每12h给予0.5mg/kg。建议使用氟氢可的松（0.0125mg/kg）和氯化钠（每日0.1mg/kg，每日分成3～4份）治疗皮质醇增多症。应根据动物的需要调整治疗方案。虽然这个程序的设计是为了破坏肾上腺皮质，但是据报道经这种方法治疗的动物在1年之内的复发率接近30%，所以该治疗方法也不是完全成功的[348,349]。使用初始剂量进行治疗25d，然后在接下来5～6周每周给药1次，这样应该会产生另一个缓解期。由于一些犬在接受标准的o,p'-DDD治疗时需要进行接近70d的调整，与该程序有关的一些复发可能是由于疗程的不足导致的，为了保证肾上腺抑制作用，在治疗后的25d应该进行促肾上腺皮质激素刺激试验。额外的调整时间表明肾上腺对促肾上腺皮质激素有高反应性。

（1）曲洛司坦

曲洛司坦是一个3-β-羟基类固醇抑制剂，它被用于抑制皮质类固醇。早期对于5只皮质醇增多症患犬的研究表明，所有犬都对治疗有反应，甚至有一只没有进行肾上腺切除的肿瘤患犬也没有出现不良反应[351]。最近，大量的研究指出曲洛司坦对于治疗垂体依赖性皮质醇增多症是很有效的[352-355]。美国在2008年批准了名为Vetoryl的治疗皮质醇增多症的药物。该药推荐剂量建立在药片大小的基础上。一项研究指出，体重小于5kg的犬每日用药30mg，5～20kg的犬每日用药60mg，大于等于20kg的犬每日120mg/次的剂量用药[354]。一般的药物剂量为1～2mg/kg，每日2次。在30d以后很多犬需要更高剂量来进行维持治疗。每日2次比每日1次的给药频率对疾病的控制会更好[352]。

大多数犬能很好地耐受曲洛司坦。报道的不良反应包括嗜睡、食欲下降、厌食和呕吐。在一项研究中，进行曲洛司坦治疗时，30只犬中有4只出现肾上腺皮质功能减退的临床症状[354]。在这4只犬中，治疗期间至少有12个月它们的症状是没有发展的。继续以低剂量进行治疗是没有问题的。有一个关于一只双侧肾上腺坏死犬接受曲洛司坦为期21d的治疗的报告[356]。患犬在就诊的时候有肾上腺皮质功能减退的临床症状，而且在剖腹探查的过程中发现其肾上腺坏死。对7只经曲洛司坦治疗的皮质醇增多症患犬的肾上腺进行组织学评价，发现有5只犬有不同程度的肾上腺坏死[357]。该不良反应不能通过曲洛司坦已知的药理来进行简单的解释，而且它表明至少对于某些个体，曲洛司坦可能也有其他行为机制。

对使用o,p'-DDD和曲洛司坦治疗垂体依赖性皮质醇增多症患犬的存活率进行比较，结果表明这2种药之间没有显著差异[353]。在使用o,p'-DDD治疗的25只犬中，有17只在作者撰写文章时就已经死亡，有5只存活并在随后死去3只，它们的中位存活时间是708d（33～1 399d）。在使用曲洛司坦治疗的123只犬中，有65只在作者撰写文章时死亡，有54只存活并由4只在随后死亡，这些犬的中位存活时间是662d（8～1 971d不等）。

（2）视黄酸

视黄酸是维生素A的生物活性代谢产物。已经证实视黄酸有降低人工导致的库欣综合征的促上腺皮质激素合成作用[358]。最近证实9-顺式视黄酸有降低垂体前叶和中叶垂体腺瘤引起的垂体依赖性皮质醇增多症患犬的促肾上腺皮质激素合成作用[359]。对22只犬使用剂量为每天2mg/kg的视黄酸治疗，对20只犬使用剂量为每天20mg/kg的酮康唑治疗180d。使用视黄酸治疗的犬的促肾上腺皮质激素和皮质醇都降低，而使用酮康唑治疗的犬只有皮质醇有下降。视黄酸治疗组有2只犬因为并发皮质醇增多症而死亡，而酮康唑治疗组有11只出现上述情况。视黄酸治疗组除了其中1只犬以外其他犬的垂体腺瘤都有减小。虽然视黄酸的昂贵和难以获得可能会妨碍其发展，但是该药物的使用提供了一个直接针对垂体腺瘤本身的药物治疗方法。

（3）酮康唑

酮康唑是一种抗真菌的咪唑类药物，同时它也能抑制犬和人的肾上腺皮质类固醇生成[2,360]。给予正常犬剂量为每天10～30mg/kg的酮康唑，会导致其皮质醇水平明显下降，并有外源性促肾上腺皮质激素产生[360]。当治疗患有垂体依赖性皮质醇增多症或肾上腺肿瘤的犬时也会有类似的反应[361,362]。当使用剂量为每12h给予15mg/kg的酮康唑治疗9只肾上腺肿瘤患犬和11只垂体依赖性皮质醇增多症患犬，并持续12～15个月时，其中18只犬的临床症状消失[362]。2只垂体依赖性疾病患犬对治疗没有反应。在另一项对11只犬做的研究中，有9只垂体依赖性疾病患犬对治疗都有反应，但是在1年内都有复发[363]。两只肾上腺肿瘤患犬对治疗无反应。推荐的酮康唑的治疗流程为每12h给予1次剂量为5mg/kg的酮康唑，连续用药7d，然后确定患犬对于给药是否有任何特异质反应。如果没有发生特异质反应，则将剂量调至每12h给予10mg/kg，连续用药14d。用药后反应由促肾上腺皮质激素刺激试验测定。尿皮质醇/肌酐比值不能用于进行监测[364,365]。由于酮康唑是一种酶抑制剂，而且不是抗肾上腺素药物，因此药物必须在检测前的1～3h给予。如果该试验表明刺激后皮质醇水平高于正常值，酮康唑剂量应该调至每12h按15mg/kg给药，连续用药14d。如果该剂量产生了预期的抑制效果，那么必须每天保持用药方案。该药的主要适应证是不能进行手术或已经发生转移的肾上腺肿瘤病例，或者不能耐受其他药物治疗的患犬。

（4）L-丙炔苯丙胺药物

L-丙炔苯丙胺［Anipryl（辉瑞动物卫生）］是选择性单胺氧化酶-B（MAO-B）的不可逆抑制剂。由于MAO-B用于多巴胺代谢，所以它的抑制会增加多巴胺的中枢浓度。L-丙炔苯丙胺用于治疗老年犬和皮质醇增多症患犬的认知功能障碍[223,229,366]。大多数有认知功能障碍的老龄犬和并发的下丘脑垂体肾上腺轴失调有关[269]。L-丙炔苯禁用于使用MAO抑制剂的患犬，其中包括双甲脒和三环类抗抑郁药。在开始治疗之前这些药物应该停药14d以上[229]。

如前面所讨论的，垂体中间部释放的促肾上腺皮质激素由各种神经递质补充抑制，尤其是多巴胺[366,367]。多巴胺抑制促肾上腺皮质激素分泌。据估计有30%或更少的垂体依赖性皮质醇增多症患犬的垂体中间部影响原发性多巴胺耗竭，从而引起促肾上腺皮质激素过度分泌以及三级的双侧肾上腺增生。据推测L-丙炔苯丙胺通过恢复多巴胺浓度治疗垂体依赖性皮质醇增多症患犬，从而减少促肾上腺皮质激素分泌。而对于继发于CRH介导的促肾上腺皮质激素分泌的皮质醇增多症，L-丙炔苯丙胺效果不明显或没有效果。由于没有现成可行的试验去确定患畜的垂体中间部是否参与皮质醇分泌，因此确定疗效的唯一方法是进行治疗性诊断。由于至少有70%的垂体依赖性疾病患犬对该药物没有反应，而且有反应的犬见效也非常慢，因此可以考虑对轻度到重度患犬使用L-丙炔苯丙胺。对于重症患者，应该使用其他治疗方法。在开始的30～60d每日给予L-丙炔苯丙胺的剂量是1mg/kg。如果没有疗效，则应该再进行一个额外试验阶段，将剂量增加到2mg/kg。在一项对90只犬的研究中，有38只犬需要更高的剂量[223]。其他方案从2mg/kg开始[368,369]。药效是渐进并且累积的。由于药物很安全而且不是肾上腺素，因此药效取决于临床症状的改变，而且不需要实验室监测。大约有5%的患犬会出现不良反应，包括腹泻、呕吐、精神萎靡、神志不清、听力下降和坐立不安[229]。在一项90只犬的研究中，有大约80%的主人和兽医认为他们的犬在治疗后有好转。在另一项10只犬的研究中，只有2只犬有好转[369]。最近对11只犬的研究表明，没有犬的疾病得到了令人满意的控制[368]。

（5）其他治疗方法

目前已经有报道用作用于中枢神经系统、腺垂体和肾上腺的药物来治疗垂体依赖性皮质醇增多症[1,2,219]。盐酸赛庚啶（Periactin）是一种抗5-羟色胺药物，它可以阻断血清素介导的CRH和促肾上腺皮质激素的释放。该药物已经用于治疗自发性犬皮质醇增多症（每日0.3～3mg/kg，口服），但是对大多数犬没有帮助[231]。甲磺酸溴隐亭（溴隐亭）是一种有效的多巴胺受体激动剂，它可以抑制促肾上腺皮质激素的分泌。该药物也已经用于治疗自发性犬皮质醇增多症［0.1mg/（kg·d）］，其作用也很小[1,2]。这些药物的不良反应包括呕吐、沉郁、行为改变和食欲改变。由于频繁的不良反应和效果不明显，所以在治疗皮质醇增多症患病动物这些药物似乎作用有限[2]。

（6）外科

可以进行双侧肾上腺切除或垂体切除术[1,2,370-373]。两个选择都需要熟练的外科医生、术中术后密切监护、支持治疗、终身的激素替代治疗和相当大的花费。由于有时会留有一些残余细胞，所以患畜的临床症状可能会持续存在或在后期再次出现。

（7）放射治疗

放射治疗为垂体依赖性疾病患犬提供了一个可选择的非药物治疗方法[227,266,267,297,374]。由于需要专门的设备，所以治疗地点有限而且治疗费用很昂贵。虽然放射治疗可以应用于任何犬，但是研究发现它对于继发于巨腺瘤的有神经系统症状的犬有很大作用。该方法的不良反应很小，但是出现效果需要的时间会很长，一些犬在完成治疗之前就发生了恶化。放射治疗对小肿瘤的效果较大肿瘤好[227]。虽然大多数接受治疗的犬病情有改善，但是这些改善不足以使犬恢复它们的正常生活，并且有超过50%的犬出现了复发[297]。

除了视黄酸、垂体辐照和垂体切除，没有关于垂体肿瘤的其他治疗方法的介绍，并且这些肿瘤可能会继续生长，其生长缓慢但有侵袭性。大的肿瘤会导致神经功能紊乱，最常见的症状包括昏迷、厌食和头部压迫[268]。其他症状包括跛步、转圈、行为改变、虚弱、抽搐、共济失调和渴感缺乏。如果这些症状继续发展，则必须要继续进行垂体放射治疗。

9. 肾上腺皮质肿瘤

可通过肾上腺切除治疗肾上腺皮质肿瘤[238,342,375]。大多

数犬有皮质醇增多症临床症状并且非抑制性肾上腺功能检测可发现单侧肾上腺皮质肿瘤。由于已经有双侧肾上腺皮质肿瘤的记载[375,376]，在进行手术之前应该用超声或其他成像技术仔细地评估肾上腺。在评价过程中，应该比较肾上腺的大小以及两者之间和它们与正常犬之间的一致性。除了普遍的肿瘤对侧腺体会萎缩的概念以外，腺体大小通常是正常的[376]，对于具有对称且大小正常腺体的犬，应该对该犬其他器官系统（如黄体瘤、由于分流产生的严重肝脏疾病或者特应性促肾上腺皮质激素分泌肿瘤）的类固醇产生性肿瘤进行评价。更重要的问题是当在腺体内有明显的肿块的时候而对侧腺体大小正常或轻微增大时，该犬是患有垂体依赖性疾病并发嗜铬细胞瘤[241,242]还是患有单侧肾上腺皮质肿瘤？由于嗜铬细胞瘤患犬在麻醉的时候风险增加，因此要仔细地审查临床和实验室数据。如果发现有任何不一致的地方，在麻醉该犬之前应该进行嗜铬细胞瘤的附加检验。

在一项报告中，37只肾上腺肿瘤患犬中有22只的血管内有肿瘤细胞，而且在手术后存活的26只犬中有8只出现了临床症状复发[377]。因此，在手术前或手术中应该全面评价所有手术候选者的血管侵袭性和转移性病变的证据。在手术过程中，对内脏尤其是胰腺应该仔细处理，因为这些犬很容易有潜在的致命的胰腺炎。如果对侧肾上腺发生了萎缩，那么该犬必须作为糖皮质激素不足患犬给予2个月或更长时间的维持或应激剂量的糖皮质激素。可以每2～4周进行一次促肾上腺皮质激素刺激试验来检测肾上腺是否已经恢复正常功能。

如果肾上腺肿瘤是恶性的，或者主人拒绝为犬做手术，或者如果患犬不适合进行外科手术，那么进行药物治疗可能是有利的。虽然公布的数据有限，但是酮康唑和曲洛司坦对于腺瘤和腺癌似乎都是有效的[362,363]。由于酮康唑和曲洛司坦都是酶阻断剂并且都不是抗肾上腺素药物，所以肿瘤会继续生长，并且可能会出现其后遗症的转移。由于o,p'-DDD是一种抗肾上腺素药物，它对一些肾上腺肿瘤患犬是有效的。采用标准的和肾上腺皮质醇分析流程都有成功的报道[343,348]，使用标准流程，调整时间经常会更长而且需要剂量高达每日150mg/kg。该病常见复发，并且一般情况下，维持剂量比垂体依赖性疾病的需要量要高很多。在一项32只犬的研究中，o,p'-DDD对66%的犬效果好或很好，这些犬的中位生存期为16.4个月，而且最后平均维持剂量为每周35.3～1 273mg/kg[344]。

10. 医源性皮质醇增多症

治疗犬医源性皮质醇增多症必须不再给予过多的外源性糖皮质激素。当终止糖皮质激素治疗时，患犬可能会有3～12个月内受到HPA不足的影响，而且犬可能会在正常体况或应激情况下表现出糖皮质激素不足的临床症状。一些研究者预测到了这些问题并计划用氢化可的松（每日0.2～0.5mg/kg）或强的松龙（每日0.1～0.2mg/kg）进行替代

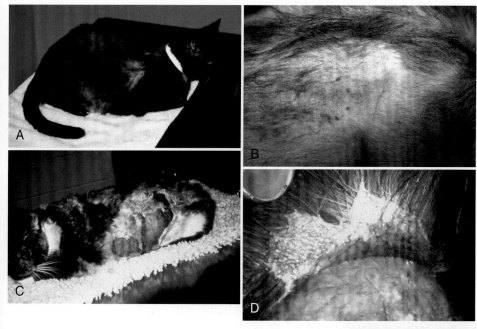

图10-23 猫皮质醇增多症 **A.** 躯干脱毛和膨大的腹部，黑色的被毛变浅 **B.** 腹侧面脱毛，由于皮肤变薄因此可以看到皮肤血管，可见多处静脉扩张 **C.** 高度脆弱的猫的大创伤（由R. Rosychunk提供） **D.** C图的皮肤薄而脆弱皮肤的特写（由R. Rosychunk提供）

疗法。在7～14d期间逐渐停止给予糖皮质激素，除非有手术或其他抑制的应激刺激，如果患犬需要使用糖皮质激素，则应将糖皮质激素分配给主人并指导他们使用药物，但大多数犬是不需要的[222]，一般情况下患犬在用药3～4个月的时候开始恢复。在犬患有医源性皮质醇增多症情况下不应该使用外源性肾上腺皮质激素。经过长时间糖皮质激素治疗后，阻断作用不在对促肾上腺皮质激素反应的肾上腺皮质水平上，但是却在下丘脑-垂体单位恢复释放CRH和皮质醇的能力水平上。因此，补充皮质醇实际上可能会使问题更严重[1,2]。

（四）猫皮质醇增多症

　　自然发生的和医源性的皮质醇增多症都很少发生于猫。类固醇性糖尿病是一个经常被关注的问题。

1. 原因和发病机制

　　自然发生的皮质醇增多症在猫中是一个罕见的疾病，只有不到100例的病例报道[378-387]。由于数据有限，所以对于不同诊断方法的价值以及最好的治疗方法很难进行精确的陈述。大约有80%的猫有垂体腺瘤或腺癌引起的垂体依赖性皮质醇增多症，而剩余的20%是功能性肾上腺皮质肿瘤引起的皮质醇增多症[220,379]。肾上腺皮质腺瘤和腺癌都有报道，而且在一些病例中，孕酮的分泌对临床症状有一定的作用[367,388,389]。一只患有肾上腺皮质腺瘤的猫同时还有高孕酮血症和醛固酮增多症[388]。一只患有功能性肾上腺皮质腺瘤的猫在接受一侧肾上腺切除1年后对侧肾上腺复发类似肿瘤物。引起猫的医源性皮质醇增多症是很难发生的[390-392]，这可能是由于猫的低容量、高亲和性地塞米松结合受体数量少[393]。

2. 临床特征

　　自然发生的皮质醇增多症通常发生在中年和老年猫[394]。该病没有品种倾向性。雌性似乎有较高的风险[379,380]。与犬不同，猫的临床综合征是不可以预测的。常见的主述是明显

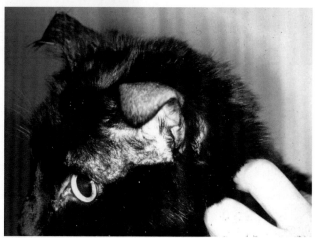

图10-24 猫皮质醇增多症。由于过度使用糖皮质激素而导致的耳郭卷曲

的多尿和多饮、体重下降、食欲减退、多食，可能会出现精神沉郁。临床检查最常见的是肌肉萎缩和腹部变大。大约有一半的病例会有皮肤病变，包括脱毛（图10-23，A）、皮肤变薄（图10-23，B）、皮肤脆弱（图10-23，C，D）、易擦伤（图10-23，B）、复发性脓肿、粉刺、脂溢性皮炎和色素沉着[380,384,385]。脱毛可以是部分或完全的而且涉及整个躯干，包括腹侧或背侧[380]。皮肤脆弱性增加可能会发生在50%的病例中，而且在梳理毛发或日常处理的时候表现出撕裂。虽然数据有限，但是肾上腺肿瘤患猫比垂体依赖性皮质醇增多症患猫更常见这种极度脆弱[380]。

　　关于猫医源性皮质醇增多症的报道很少[390-392]。这些病例有自发性皮质醇增多症的所有临床症状（如肌肉萎缩、多尿、多饮、激素性糖尿病）。皮肤病症状包括脱毛、低张性薄皮肤、耳缘向内侧卷曲（图10-24）、易擦伤、轻微干燥性皮脂溢和皮肤的自发性撕裂。由于耳郭向内侧卷曲还未见于自然发生的病例，所以这可能是特征性的诊断。

3. 诊断

　　在缺乏皮肤症状的情况下，主要的鉴别诊断为糖尿

病。由于大约有90%的自发性皮质醇增多症是糖尿病的前期表现或由于皮质类固醇的胰岛素抵抗作用而导致糖尿病，因此猫对胰岛素的反应是关键[382]。糖尿病患猫伴发皮质醇增多症时很难或不能在不治疗皮质醇增多症的情况下得到纠正。成功地治疗皮质醇增多症后，糖尿病对于胰岛素的反应可达到预期或可能自愈。

脱毛的鉴别诊断包括外伤性脱毛、静止期脱毛、糖尿病和晚期皮质醇增多症的所有原因。当出现皮肤极度脆弱的时候还必须考虑脆皮病、胰腺肿瘤、糖尿病、肝脏疾病、孕酮的使用[395]和其他疾病（见第十八章获得性皮肤脆性综合征的讨论）。

对于猫，血象、血清生化学和尿液分析很少有特异性诊断[380,384,385,396]。由于类固醇肝病使得肝脏酶测量结果不一致，而且糖尿病生化结果产生明显改变[284,303,391]。

4. 组织病理学

皮肤活检结果可能不一样。在一些病例中，毛囊处在休止期早期而表皮或毛囊皮脂腺没有萎缩病变。而另有一些患猫表现出明显的萎缩病变。最常见的异常是真皮胶原蛋白数量减少。在真皮浅层或深层的胶原束比正常的更薄、广泛分离且没有正常组织结构[92,93,380]。在电子显微镜下，可见胶原纤维直径大小不一。

5. 肾上腺功能检测

所有用于犬的各种检测都已经用于猫，但是由于数据有限，所以评估各个试验的可靠性很困难[298,299,394,370,397]。

猫会通过尿液排泄少量的皮质醇[398]。在皮质醇增多症中，尿液皮质醇/肌酐比值会比正常值高。但是皮质醇/肌酐比值在一些非肾上腺疾病（如肾衰[399]）中也会有升高，因此该试验在诊断猫皮质醇增多症上可能有和犬一样的地位。当尿液皮质醇/肌酐比正常的时候，可以排除皮质醇增多症，但是如果该比值升高仍不能确诊。研究者对正常猫和少数自发性皮质醇增多症患猫进行了促肾上腺皮质激素刺激试验[1,2,298,386,396,397,400-402]。对于猫建议使用的两个流程如下：①在肌内注射2.2IU/kg的促肾上腺皮质激素凝胶之前和之后的90min时检测血浆或血清皮质醇水平，②在静脉注射0.125mg合成的促肾上腺皮质激素之前和之后30min的时候检测血浆或血清皮质醇水平[298,400-403]。健康猫对于肌内注射0.125mg或0.250mg的合成促肾上腺皮质激素的反应没有差异（皮质醇峰值在注射后30min时出现）[402]。据报道有糖尿病的猫可能对促肾上腺皮质激素反应过大[386]，但是另一项关于糖尿病和非糖尿病的研究没有出现这样的结果[397]。大多数皮质醇增多症患猫都表现出对促肾上腺皮质激素反应放大的现象，但是在正常值边缘或在正常值内也是有可能出现的[284,381,384]。黄体酮分泌性的肾上腺肿瘤患猫皮质醇浓度没有异常[367,388,389]。

研究者已经对一些正常猫和自发性皮质醇在增多症患猫做了地塞米松抑制试验的研究[263,298,382,384-386,394,402,404]。在静脉给药前的4小时和给药后的第8小时收集皮质醇样本。

一组研究表明正常猫在静脉注射剂量分别为0.01mg/kg、0.1mg/kg和1mg/kg的地塞米松后，它们的血浆皮质醇浓度是相似的（峰值抑制出现在注射后的6~10h）[402]。由于有大于20%的正常猫在给予0.01mg/kg的地塞米松后不会表现肾上腺抑制[367,404]，因此大多数作者建议使用0.1mg/kg的剂量进行低剂量试验。在试验阶段正常猫的皮质醇水平应该被抑制在1μg/dL以下。在研究中，所有的皮质醇增多症患猫的皮质醇水平在8h的时候都没有被抑制在正常水平。这点与犬不同，在区别垂体依赖性皮质醇增多症和肾上腺肿瘤上4h的样本不是很有效。据报道地塞米松抑制试验的结果对于正常猫、糖尿病和非糖尿病患猫是不一样的[397]。

高剂量地塞米松抑制试验作为鉴别试验来区分垂体依赖性皮质醇增多症和肾上腺肿瘤。高剂量试验通过静脉注射1mg/kg的地塞米松进行试验。垂体依赖性皮质醇增多症患病动物一般产生50%或以下基础值的抑制，但对肾上腺肿瘤患畜没有抑制作用也不具有完全的指示性[404]。由于只研究了很少的病例，因此该方法的准确度有待商榷。另一种可在宠物家里的高剂量进行试验的流程已经完成，并且可能比医院的流程更好[2]。主人常在连续两个早上收集猫的尿液，然后经口给予3倍剂量的地塞米松（每隔8h给予0.1mg/kg的地塞米松）。在第三个早上收集猫的尿液，并检测三个尿液样本的尿液皮质醇/肌酐比值。如果第三个早上的尿液皮质醇/肌酐比值小于基础值的50%（由前两个早上检测结果的平均值得到），则认为该猫对地塞米松有反应并且患有垂体依赖性皮质醇增多症。

据报道正常猫的血浆促肾上腺皮质激素水平可以通过RIA进行检测，该指标的正常范围为20~100pg/mL[1,2,219,225,236,253,261,265,268,274,299,312,384-386,396,400]。在23只垂体依赖性疾病患猫中，内源性血浆促肾上腺皮质激素水平升高，而且在3只肾上腺肿瘤患猫中，其水平降低[284,378,386,402]。肾上腺肿瘤患猫皮质醇水平可以正常或降低[390]。

猫的肾上腺的超声诊断很困难[394]。可发现单侧或双侧肾上腺肿大，后者可能作为垂体依赖性皮质醇增多症的指示性症状。特殊的影像学技术可能有额外的诊断价值，但是这在猫中还未被证明[26]。

6. 临床管理

皮质醇增多症患猫经常到疾病晚期才诊断。在这一点上，由于大多数猫有胰岛素抵抗性糖尿病、皮肤脆弱性高或其他退行性病变，因此其预后不良。目前还没有可用于垂体依赖性皮质醇增多症患猫长期管理中的药物治疗方案。当把o,p'-DDD（每天25~50mg/kg）经口给予4只正常猫的时候，2只猫表现进行性肾上腺抑制而2只猫对促肾上腺皮质激素没有反应[396]。其中1只猫有呕吐、腹泻和厌食的症状。患猫对o,p'-DDD的反应普遍较差[384]，虽然有传闻指出该药对一些猫的治疗取得了成功[394]。用o,p'-DDD成功地进行长期管理的细节只在1只猫上实现了[405]。每天给予37.5mg/kg的o,p'-DDD，连续用药2个月后，改为每周给予

50mg/kg的维持剂量。经过治疗，患猫所有的临床症状都消失，但是停止用药后又出现复发。

前面所提到了，曲洛司坦是一种3-β-羟基类固醇抑制剂，该药已经成功应用于控制犬皮质醇增多症的临床症状。一项研究介绍了5只垂体依赖性皮质醇增多症患猫使用曲洛司坦的情况[406]。虽然胰岛素需要量没有改变，但是所有猫的临床症状都有改善。有2只猫在16~140d后死亡或被实施了安乐术，然而其他3只猫分别在6个月、11个月和20个月后仍然存活。为了确定治疗的真正疗效还需要更多的研究。

酮康唑也具有不确定的价值[394]。正常猫即使接受1个月的治疗后也没有表现皮质醇抑制[407]，然而一些患病猫在治疗后有升高。当每天给予7只猫20~30mg/kg的酮康唑时，有4只猫有反应，2只猫没有反应，并且有1只猫表现血小板减少症[383,385,408]。美替拉酮是一种阻断11-脱氧皮质醇转化为皮质醇的肾上腺阻断剂。有研究者将该药用于5只猫，其中有3只有反应[378,385,409]。在每天每12h给予65mg/kg的剂量下，在5d时会有肾上腺抑制的情况出现。超过30d的治疗还没有被报道。虽然据报道L-丙炔苯丙胺对猫是安全的[229]，但是没有其使用情况的报告。因为猫的垂体中叶激素由多巴胺控制[410,411]，因此L-丙炔苯丙胺可能会有一些用处。

由于药物治疗成功率有限，所以大多数研究者建议将肾上腺切除作为治疗的选择。对患有肾上腺肿瘤的猫，不需要维持治疗的手术应该很有效。对于垂体依赖性疾病患猫，必须进行双侧肾上腺切除并且必须对肾上腺功能减退进行终身药物治疗。对于大多数皮质醇增多症患猫，由于它们的糖尿病且这些猫皮肤脆弱，经过曲洛司坦、酮康唑或美替拉酮的药物治疗后，手术风险会更高。如果任何一种药物有效，则应该继续给予该药物，直到皮肤愈合和糖尿病得到控制为止。在猫的健康状况好转以后，应该进行手术。在一项大型研究中，10只猫都有术后并发症[412]。最常见的是电解质紊乱，但是也有皮肤裂伤、胰腺炎、低血糖、肺炎和静脉血栓的报道。如果患猫在术后阶段存活下来，那么所有的临床症状会在2~4个月内消失。对于大多数猫而言，糖尿病呈亚临床状态并且不再需要胰岛素。

目前还没有关于突然停止治疗后引起糖皮质激素和盐皮质激素缺乏的猫出现医源性皮质醇增多症的报道。除非该猫在糖皮质激素停药期间接受了手术，否则不需要进行替代疗法。

已经证明维甲酸因皮质类固醇可以促进难愈创面的愈合[413]。对于表现出继发于糖皮质激素的皮肤脆弱症状的猫可以用维生素A进行治疗，剂量为800IU/kg，每日1次。

五、生长激素和疾病

（一）生长激素的调控

GH（生长激素）是一种由垂体产生的多肽（分子量约22 000D）[1,2]。它在体内的合成代谢和分解代谢活性完全相反。它的分解代谢活性（由胰岛素抵抗引起的脂质分解增强和葡糖糖转运限制）是由GH多肽直接引起的，然而其合成代谢由促生长因子（胰岛素样生长因子）介导，促生长因子主要由肝脏产生并由GH控制[414-416]。GH主要的功能是激素控制生长（和甲状腺激素、胰岛素、皮质醇和性激素协同）。GH对胸腺发育和T细胞的功能也很重要[417,418]。

GH的分泌是间歇性且不稳定的；它受睡眠/苏醒周期、生理活动、动物营养状态、身体和情绪压力以及怀孕的影响[1,2]。一项对500只正常犬的研究，在24h阶段内发现了GH的搏动性分泌[419]。大约有30%的犬对可乐定和甲苯噻嗪刺激有反应，这可能是由于在分泌后不应期垂体不能对进一步的刺激做出反应的时候给予药物造成的。各种神经递质（去甲肾上腺素、多巴胺和5-羟色胺）以及低血糖、多种氨基酸和孕酮都会刺激GH的分泌。GH分泌的调节由GHRH和生长抑素调节，两者都由下丘脑产生[2]。

已经可以用特殊的RIA技术测量犬GH，但是该技术还不能投入到日常使用[416,420]。正常犬的GH基础值为1~4.5ng/mL[1,2,416,419,420]。体格大小和年龄使GH的正常范围不一样，但性别不会[421,422]。小于1岁的犬大约是大于1岁的正常犬的2倍[419]。青年大丹犬的GH浓度明显高于相似年龄比格犬的GH浓度[421]。年轻犬的刺激后GH水平是成熟犬的2~4倍。垂体性侏儒和垂体切除犬的GH基础值可能也接近这些值。因此GH基础水平不足以为GH缺乏的诊断提供参考。

室温（20~22℃）和冷藏（4℃）保存24h的全血、室温或冷藏保存8h的血浆或者通过4次反复冻融的血浆的GH浓度不会有明显的变化[423]。

生长调节素是一种可以用RIA直接定量评估GH状态的多肽[1,2,17,415,416,421,424-429]。胰岛素样生长因子（IGF）-1是最常分析的。IGF-1血浆水平和犬的体型呈正相关，可卡犬的正常值是5~90ng/mL，而德国牧羊犬的正常值是230~330ng/mL。IGF-1的产生会被糖皮质激素和雌激素损伤，并且在GH缺乏状态下其预期值会降低或检测不到，而在肢端肥大患病动物中值会升高。

（二）生长激素和皮肤

过量的GH分泌会引起肢端肥大症[415,430-432]。动物的皮肤会增厚，出现黏液性水肿，并且产生夸张的皱褶。这些变化在面部和四肢特别明显。另外多毛症是很常见的。对于犬，青年犬GH缺乏会导致滞留幼犬被毛，并伴有双侧对称性脱毛、色素沉着以及皮肤变薄并且张力下降[416]。

（三）垂体功能减退症

垂体功能减退症可以由一个或多个垂体激素功能故障或缺失引起[1,2,433]。垂体功能减退症的内分泌表现与激素缺乏的类型和程度以及缺乏发生的生命阶段有关。

垂体功能减退症可能是由于垂体或下丘脑缺陷导致的。垂体缺陷可能是由于先天性发育不良、破坏性疾病

（感染、淋巴细胞性垂体炎、浸润性疾病、创伤和肿瘤）、血管病变或德国牧羊犬和玛瑙熊犬的遗传性疾病引起。下丘脑缺陷可能是由于创伤、脑炎、寄生虫异常迁移、错构瘤、肿瘤和神经内分泌功能障碍引起。垂体功能减退症是基于各种临床症状、各种靶器官和垂体激素对垂体和下丘脑激素及释放因子的反应，以及各种先进的影像学技术来诊断的[1,2]。

（四）垂体性侏儒症

犬垂体性侏儒症是一种和对称性侏儒症、双侧对称性脱毛和皮肤色素沉着以及各种各样的甲状腺、肾上腺皮质和性腺发育异常有关的遗传性垂体功能减退症。

1. 病因和发病机制

对于德国牧羊犬和玛瑙熊犬，垂体性侏儒症是一种简单常染色体隐性遗传疾病[1,2,6,416]。大多数患犬的脑垂体似乎都有大小不一的胶样囊肿，这就导致了不同程度的垂体前叶功能不良。正常犬也会有胶样囊肿，而一些侏儒症的缺陷可能是由于不正常的细胞导致[18,425,434]。无论伴有或不伴有并发的甲状腺、肾上腺皮质和性腺发育异常，垂体性侏儒症以及其临床症状和GH缺乏有关。德国牧羊犬侏儒症会和GH、TSH和催乳素缺乏联合发生，而且正常促肾上腺皮质激素诱导的促性腺激素释放受损[429]。

据报道，自交的有GH缺乏和先天性胸腺皮质缺失的威玛猎犬群体中可发生免疫缺陷性侏儒症[417,418]。

2. 临床特点

据报道犬垂体性侏儒症，见于很多品种，但是德国牧羊犬和玛瑙熊犬具有易感性[1,2,435]。该药没有明显的性别倾向。

在出生后的2~3个月，犬表现正常而且和正常同窝犬没有区别。之后，患犬不能生长，被毛短并且没有主发生长（图10-25，A）。幼犬的二层被毛持续存在。这种被毛质软、呈茸毛样并且容易脱毛（图10-25，B）。原发性脱毛通常在面部和四肢远端出现。继而发展成为双侧对称性脱毛，尤其是颈部和大腿内侧有磨损的区域。脱毛的皮肤最初色素正常，后来发展成色素过度沉着（图10-25，C）。皮肤变薄、张力下降并且有鳞屑。可能会有很多黑头。这些犬可能有行为异常，比如因恐惧而具有攻击性。性腺状态可能因为睾丸萎缩或发情不正常而表现得和正常不一样。如果并发TSH或促肾上腺皮质激素缺乏，犬可能会有甲状腺功能低下或肾上腺功能不足的现象。随着侏儒犬变老，它们经常会变得更加无精打采、呆滞和不活跃，而且大多数侏儒犬由于感染、退行性疾病或神经功能障碍在3~8岁的时候死亡[2]。

威玛猎犬免疫缺陷性侏儒症的特点是幼犬出生时正常，在几周龄的时候表现消耗性综合征[417,418]。临床症状包括瘦弱、消瘦、嗜睡和持续性感染，通常会死亡。有德国牧羊犬出现生长缓慢的报道[436]。2只犬已经有出现功能减退的组织学证据，并且2只犬的血清GH、T4和皮质醇浓度

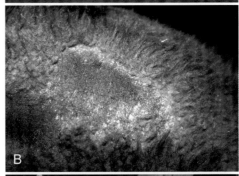

图10-25 垂体性侏儒症 **A.** 一只有幼犬样被毛的侏儒犬，旁边是与其同窝正常的犬 **B.** 侏儒症的脱毛，色素沉着和原发性被毛缺失 **C.** 1只成年侏儒症患犬表现严重的脱毛和色素过度沉着

均正常。和患有垂体性侏儒症的德国牧羊犬相比较，这些犬没有皮肤病变，并且最终体格大小是正常的。

3. 诊断

鉴别诊断包括先天性甲状腺功能低下引起的侏儒症、青年糖尿病、性腺发育不全、营养不良、严重的代谢性疾病（门体分流、先天性肾脏疾病和先天性心脏缺陷）以及骨骼发育异常（阿拉斯加雪橇犬的软骨发育异常、迷你贵宾犬的假性软骨发育不良和黏多糖病）[1,2]。确诊应基于病史、临床检查、实验室检查结果、皮肤活检、放射学检查、胰岛素诱发的低血糖和GH刺激试验的结果的基础之上作出诊断。根据垂体前叶功能不足的程度，患犬可能有和甲状腺功能低下和继发性肾上腺皮质功能不全一致的实验室检查结果。威玛猎犬的免疫缺陷性侏儒症有淋巴细胞对植物促细胞分裂剂的母细胞反应性缺陷[417,418]。皮肤的组织病理学检查显示的病变和内分泌失调（角化过度、毛囊角化病、滤泡扩张、毛囊萎缩、毛囊休止期化、毛囊角化过度、皮脂腺萎缩、表皮黑变病和皮肤变薄）相一致[93]。有些人认为，高度提示性的结果是皮肤弹性纤维蛋白的大小

和数量降低[57]，但是临床正常的犬表皮没有足够的弹性纤维[17]，在并发甲状腺功能低下的病例中，组织病理学结果可能包括空泡化或肥厚性立毛肌。

造影可能会出现长骨生长板的延迟闭合、恒齿迟萌、在1岁的时候阴茎骨矿化不全、头骨囟门开放以及心脏、肝脏和肾脏尺寸小于正常尺寸[1,2,435]。GH缺乏患犬的一个特征性的代谢异常是对胰岛素降血糖作用的高敏感性[1,2,416]。向GH缺乏患犬体内静脉注射0.025U/kg的正常胰岛素，会产生严重的、长时间的低血糖。在大多数报道中正常犬的基础血浆GH水平（RIA测量）为1~4.5ng/kg[1,2]。但是垂体性侏儒症和垂体切除犬的基础GH水平可能和这些值接近。因此，基础GH水平不能够证明GH缺乏。可乐定（一种α-肾上腺抗高血压药物）、甲苯噻嗪和GHRH已经被用于刺激犬GH的释放，并且证明患病动物出现了GH缺乏[1,2,416,419,437,438]。正常犬在静脉注射10~30μg/kg的可乐定或100~300μg/kg甲苯噻嗪后15~30min，血浆GH和胰岛素样生长因子1（IGF-1）水平会有显著的升高，然而垂体性侏儒症和垂体切除的患犬没有反应[439]。因为一些正常犬对可乐定或甲苯噻嗪也没有反应[419]，所以该试验不能用于GH缺乏的诊断。可乐定可能会引起严重的低血压和休克。甲苯噻嗪是一种镇静催眠药，当静脉注射100~300μg/kg时和可乐定效果相似。300μg/kg的甲苯噻嗪可能会引起玩具犬和迷你品种犬严重的低血压和休克。最近，建议用合成的人或牛的GHRH进行检测[1,429,440]。以上两种产品的任何一种以1μg/kg剂量静脉注射，分别在1、15和30min时采样。没有不良反应的报道。当给正常犬按1μg/kg剂量给予GHRH时，GHRH会产生2~4倍的GH水平，然而生长激素过少症患犬就没有反应。

GH水平的合适解读也必须要评估甲状腺和肾上腺的功能[1,2,416,420,441,442]。皮质醇增多症和甲状腺功能低下症都会影响GH分泌。另外，假孕、孕酮治疗和性激素失衡可以引起血浆GH水平升高，并对甲苯噻嗪反应不良。残留的皮质类固醇可能会影响GH刺激结果。对于人，在进行生长激素刺激试验前的60min经口给予1倍剂量可的松可以明显地降低生长激素的反应[424]。这些激素很少可以被评估，或可以通过快速顺序注射刺激或释放激素来评估[29,157,425]。目前还不能确定GH浓度。

测量血浆IGF-1水平也可以作为生长激素缺乏的诊断（<5ng/mL），但是在评估检测结果时，必须再考虑犬的大小[1,2,416]。与侏儒症以及正常犬相比处垂体性侏儒症的杂合性携带者的血浆IGF-1浓度在中间水平。在某些情况下，这可能对于评估GH和IGF-1水平是有价值的[1,2,439]。

4. 临床管理

宠物主人应该意识到这种慢性自发性疾病，生长激素治疗一般无效，而且会缩短动物的寿命。如果主人愿意接受这些可能性的话，那么侏儒症患犬才可以作为宠物。并发的甲状腺功能减退症[443]或继发性肾上腺皮质功能减退必须

分别使用甲状腺素或糖皮质激素进行额外的特殊治疗。如果患犬存在继发性肾上腺皮质功能减退，那么应该先对其进行治疗。

牛GH（每隔3d皮下注射30IU）和猪GH（每隔1d皮下注射2IU或每周3次皮下注射0.1IU/kg，连续使用4~6周）试验性地用于治疗犬垂体性侏儒症[1,2,57,416,435]。在6~8周的时候皮肤和被毛对GH反应良好，但是会出现生长板快速闭合并且体格没有明显的增加。虽然在治疗犬垂体性侏儒症期间没有报道，但是重复注射牛和猪的GH会引起过敏反应[444]、糖尿病或肢端肥大症样的骨变化[445]。由于会产生牛GH的抗体使得牛GH的活性受到阻断[446]。

对于正常犬，给予孕酮会增加其血液生长激素和IGF-1的浓度（见肢端肥大症）[443,447,448]。这些激素由乳腺导管上皮细胞产生。当给予4只没有去势或绝育的侏儒症德国牧羊犬（2只雌性犬、2只雄性犬）醋酸甲羟孕酮（每3周5mg/kg或10mg/kg，皮下注射）时，所有犬都长出正常被毛[427,449]。正如预期的那样，给予孕酮会增加血浆生长激素和IGF-1水平。后者可能对于被毛再生长有效果[450]。研究者对两只犬进行了长期跟踪数据调查。对这些犬每6周按5mg/kg的维持剂量给药。这些犬不仅能保持被毛正常而且在治疗开始后的3~4年是健康的。它们都有反复发作的脓皮病，雄性有肢端肥大症特点，而且雌性必须进行绝育以避免孕酮介导的脓皮病[427]。正确的治疗流程可能会消除一些不良反应。

（五）肢端肥大症

肢端肥大症是由于成年动物GH过度分泌引起的。在犬猫上这是一种罕见的疾病。

1. 病因和发病机制

肢端肥大症是由于成年动物（骨骺闭合以后）GH过度分泌引起的。GH过度分泌会导致结缔组织、骨骼和内脏生长过度。据报道犬的肢端肥大症和注射垂体前叶提取物、嗜酸性细胞增生或垂体前叶瘤、未绝育犬处于发情周期以及给予孕酮化合物有关[1,2,415,426,430-432,445,447]。一些肢端肥大症病变是由于使用醋酸甲基孕酮治疗两侧垂体性侏儒症引起的[427]。在这些犬中，生长激素是由乳腺组织产生[451]。对于猫，肢端肥大症和垂体肿瘤有关[1,2,430,452]。

2. 临床特点

（1）犬肢端肥大症

该病没有明显的品种或年龄倾向性，但是大多数病例见于中年至老年犬。由于孕酮刺激是引起犬肢端肥大症最常见的原因，因此大多数病例见于未绝育的母犬。接受孕酮治疗的雄性或雌性犬风险高。最常见的症状包括吸气性喘鸣（由于舌咽口咽部软组织增生）、体型增大（尤其是爪子和颅骨）（图10-26，A）、腹部肿大、多尿、多饮、多食、疲劳、频繁喘气、下颌前突、齿间隙扩大（图10-26，B）和乳溢[430]。皮肤病变包括过度褶皱的增厚性黏液性水肿性皮肤（图10-26，C）、被毛增多和爪垫增厚。

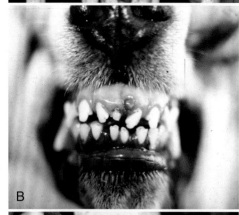

图10-26 肢端肥大症 **A.** 同窝出生的3只母犬。右边的犬是正常的，而其他2只犬患有不同程度的肢端肥大症。患犬有骨骼和皮肤病变 **B.** 随着面部骨骼的生长，牙齿间隙不断扩大 **C.** 患有肢端肥大症的杜宾犬面部皮肤过度皱褶

（2）猫的肢端肥大症

据报道该病没有品种或年龄倾向性，但是大于90%的病例发生于公猫。临床症状包括体格增大（尤其是爪部和颅骨）、下颌前突、齿间有空隙、器官巨大症、心衰导致的呼吸困难、心脏肥大、大肿瘤导致的神经症状以及伴有或不伴有多饮多尿肾衰竭[430]。皮肤病变和前面所介绍的犬的症状是一样的，但是通常都不明显。

患有肢端肥大症的犬、猫可能会有胰岛素抵抗性糖尿病[453]。即使糖尿病会晚于其他症状发生，但它可能是表现出来的唯一疾病。皮肤病变或身体病变可能是微小的，也可能是明显的，但因为它们是呈渐近性发展的，因此会被忽视。

3. 诊断

肢端肥大症的鉴别诊断应建立在病史、体格检查结果、血清生化、皮肤活检、血浆GH水平在11～1476ng/mL的持续的评估以及给予可乐定、GHRH或静脉给予葡萄糖刺激后GH水平的反应改变[1,2,415,430-432]。很多肢端肥大症患犬有轻度到中度的高血糖并且血清碱性磷酸酶水平有轻度

到重度的升高。在静脉给予负荷剂量的葡萄糖之后对血清GH水平没有抑制作用被认为是肢端肥大症的一个特点。对于肢端肥大症患犬，通过静脉给予1g/kg的葡萄糖后不会抑制血浆GH水平[1,2,415]。

血浆GH水平不总是和肢端肥大症的程度一致的。GH水平也可能因为应激、急性疾病、慢性肾脏和肝脏疾病、糖尿病和饥饿而升高[1,2]。血浆IGF-1水平的检测（肢端肥大症患犬平均为679±116ng/mL；正常德国牧羊犬平均为（280±23）ng/mL也可以作为诊断方法，但是在评估结果时必须考虑犬的大小[1,2,415]。

对于犬和人类，肢端肥大症患犬/者皮肤的组织学检查可显示胶原增生、黏液性水肿和表皮及附属结构增生[431]。

4. 临床管理

子宫卵巢切除术和停止孕酮治疗对与孕酮合成物治疗有关的肢端肥大症效果很好[426]。软组织病变会慢慢缓解，但是骨骼病变可能是永久性的。对于猫除了对嗜酸性细胞肿瘤进行垂体辐照，没有关于成功治疗该病的方法[454]。

六、性激素和皮肤

（一）雌激素

雌激素存在于雄性和雌性动物体内，并由卵泡、肾上腺皮质网状带、睾丸支持细胞和间质细胞产生[1,2,455]。雌激素也可能由雄激素进行外周芳香化而产生。垂体FSH可以刺激雌性动物卵泡的生长，以及雌激素的产生和雄性动物精子的形成[1,2]。下丘脑GnRH刺激垂体释放FSH。反过来，雌激素会抑制GnRH的释放，并且抑制素（由卵泡和睾丸支持细胞产生）会抑制FSH的释放。

据报道雌激素会刺激表皮的有丝分裂并增加小鼠和人类表皮的厚度[456]。但是有报道表明长期给药会减少大鼠表皮的厚度[456]。同样，对犬连续400d每天肌内注射1mg的己烯雌酚会导致其表皮萎缩[457]。

对豚鼠，雌激素通过增加游离的黑色素和黑素细胞里的黑色素而加强皮肤的色素沉着，然而卵巢切除术会有相反的影响[456]。皮肤色素过度沉着是与犬高雌激素血症有关的皮肤病临床特征。

雌激素会降低大鼠和人类皮脂腺的大小及皮脂的生成量[456]。这些影响似乎是由于皮脂腺的局部效应而不是内源性雄激素抑制的反馈调节导致的。对于犬连续400d每天肌内注射1mg的己烯雌酚会产生明显的皮脂腺萎缩现象[457]。

雌激素在大鼠毛发生长期对毛发生长有抑制作用，然而卵巢切除术会有相反的效果[456]。另外，绝育雌性大鼠的毛发生长率比未绝育的雌性大鼠要高很多，而且给予绝育雌性大鼠和去势雄性大鼠雌二醇会减缓其生长。对于犬，经口、皮下、肌内给予雌激素会产生典型的脱毛症[458,459]。双侧对称性脱毛是与犬高雌激素血症有关的典型皮肤病临床特征。也有证据表明雌激素敏感区域的皮肤雌激素受体数量

可能会有增加[460]。

据报道雌激素会增加小鼠和人类皮肤基质的数量。但是对犬连续400d每天肌内注射1mg的己烯雌酚会降低皮下组织的厚度[457]。

雌激素也会影响胸腺的功能，增加抗体产生并抑制T细胞的功能[461]。

绝大多数的肾上腺切除和卵巢切除犬只保留了盐皮质激素而有正常的皮肤和被毛，这表明雌激素或者其他性类固醇激素对于犬正常皮肤和被毛不是必须的。

血浆或血清雌激素检测（RIA）可以通过商业途径进行[1,2]。大多数可行的检测只能测定一种雌激素（如雌二醇和雌素酮）。由于大量雌激素物质在体内产生，所以这样的分析可能并不令人满意。因此，人们很容易理解为什么只有50%的由于支持细胞瘤而雌性化的犬会表现出雌激素过量（只测量雌二醇）。另外，血液雌激素水平和血液其他性类固醇水平，在一天中会明显波动，需要多个样本且需要大量资金[462,463]。已经有证据表明没有高雌素血症的犬也可能有皮肤的高雌激素血症表现（皮肤雌激素受体增加）[460]。根据实验室检测的结果，犬猫血液雌二醇的记录值可能会因为动物的性别（无论是否绝育/去势）和处于不同的发情周期阶段不同而不一样[455,464]。

（二）雄激素

雄性和雌性动物都有雄激素，雄激素由睾丸间质细胞、肾上腺皮质网状带和通过其他性类固醇转化而产生[1,2,465]。垂体LH刺激睾丸间质细胞分泌雄激素，同时促进排卵与黄体的形成和维持[1,2]。下丘脑GnRH刺激垂体释放LH。雄激素和孕酮又反过来抑制LH的释放，同时雌激素和雄激素（通过下丘脑芳香化成为雌激素）会抑制GnRH的释放。

对于人，已经有报道雄激素会增加表皮细胞分裂活性和细胞更新时间和表皮厚度[466]。雄激素对小鼠胶原基因转录率起正调节作用[467]。对于人，雄激素引起皮肤胶原含量增加而表现真皮增厚现象[466]。在试验用哺乳动物和人，雄激素会使皮脂腺增大并增加皮脂的产量[466,468]。雄激素还影响新的皮脂腺细胞生成率增加和成熟细胞大小的增加。

对于大鼠，雌二醇、雄激素和肾上腺皮质类固醇会阻止生长期的开始，然而性腺切除术或肾上腺切除术会促进生长期的开始。但是，无论是去势还是用睾酮治疗，都对大鼠毛发生长率有影响。对于人，雄激素过度会导致在雄激素依赖区域（如胡须）出现毛发生长加快的现象，然而人类在雄激素缺乏的时候，毛发会变稀少[4,469]。人类头皮的毛囊与之相反，因为雄激素过度会导致男性型脱发[466]。

雄激素也会抑制各种T细胞功能[461]。

对于豚鼠，雄激素对色素沉着没有作用，但是有报道称它会刺激皮肤特定区域的色素沉着，比如发情前叙利亚地鼠的肋椎部位和阴囊皮肤[470]。对于人，雄激素会增加皮肤色素沉着，尤其是在生殖器处的皮肤，这显然是属于黑

色素合成增加和黑素体包装改变。缺乏雄激素的人会由于皮肤恢复正常颜色的能力受损而导致皮肤苍白[471]。

血浆或血清雄激素分析（RIA）可以通过商业途径进行，但这些检测与上文提到的雌激素检测一样，在评判结果、资金和实际应用等方面还不完善。

（三）黄体酮

雌性和雄性动物都有黄体酮，它由卵巢黄体素和肾上腺皮质的网状带产生[1,2,262,455]。黄体酮化合物对皮肤和毛发的影响还没有被很好地研究。但是使用这些化合物（如甲地孕酮和醋酸甲羟孕酮）治疗犬、猫皮肤病的时候，临床医生必须要对一些可能的皮肤不良反应有所警觉。

黄体酮有免疫抑制作用，而且各种黄体酮类似物有糖皮质激素活性[1,2,395,461,472]。据报道，犬的黄体酮化合物和糖皮质激素受体结合会引起肾上腺皮质功能的抑制、类固醇性肝病和乳腺肿瘤[473,474]。黄体酮化合物还能与二氢睾酮胞质受体结合，并抑制将睾酮转变为二氢睾酮的5-α-还原酶。通过和多个组织内的雄激素受体结合，黄体酮化合物可能产生雄性征、合成雄激素或抗雄激素，这取决于化合物本身以及它的剂量[475]。对于猫，使用黄体酮化合物的不良反应包括肾上腺抑制、乳腺增生、乳腺肿瘤、子宫蓄脓、行为改变和胰岛素抵抗。

（四）性激素功能检测

与其他内分泌检测一样，基础的血清性激素水平检测会得出错误的结果，尤其是在未绝育/去势的犬上。虽然人绒膜促性腺激素（human chorionic gonadotropin, hCG）[476]或GnRH[463]的刺激试验可以用于评估生产行为，但是它们在犬的性腺或肾上腺性激素性皮肤病上的价值很大程度上还是未知的。迄今为止，在这些疾病当中最受关注的检测方法是田纳西大学的内分泌学实验室提供的性激素促肾上腺皮质激素反应（College of Veterinary Medicine, Knoxville, TN 37901-1071）[477]。给予促肾上腺皮质激素（0.5IU/kg，IV）或储藏的促肾上腺皮质激素（2.2mg/kg，IM），并且在注射前和注射后的1h（合成的促肾上腺皮质激素）或2h（促肾上腺皮质激素凝胶）收集血清样本。样本要很快地进行分离，冷冻并以冷冻状态运送至实验室进行过夜表达。除了检测皮质醇，实验室还检测刺激前和刺激后的黄体酮、17-羟孕酮、脱氢表雄酮、雄烯二酮、17β-雌二醇和醛固酮的水平。对于未绝育和已绝育的母犬去势的公犬，所有的激素值都是正常值。应该在试验之前联系实验室以确定流程没有更改。

（五）性激素性皮肤病

和性激素有关的皮肤病不常见，这些皮肤病可能是性腺或肾上腺起源的[1,2,6]。典型的临床症状包括缺乏系统性的症状，并表现广泛的或非广泛的躯干脱毛。

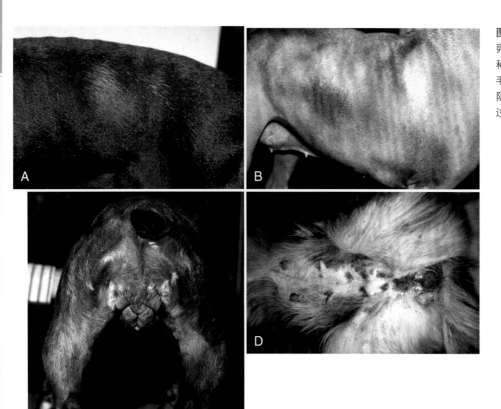

图10-27 高雌激素血症 **A**. 患卵巢肿瘤的杜宾犬躯干侧面背毛稀少 **B**. 拳师犬躯干侧面片状脱毛 **C**. 患卵巢肿瘤的法国斗牛犬会阴部少毛、外阴发生变化 **D**. 乳头过度生长、外阴肿胀、色素过度沉着

1. 高雌激素血症

高雌激素血症被认为是犬两种特征性皮肤病的病因：睾丸功能性肿瘤的雄性犬雌性化和未绝育母犬的高雌激素血症。母犬高雌激素血症是少见的以双侧对称性脱毛、阴门和乳头增大以及发情周期异常为特征的疾病[478-481]。只有1例猫高雌激素血症的报道[482]。

（1）病因和发病机制

对于母犬，该疾病通常和卵巢囊肿有关，并和功能性卵巢肿瘤有一定关系[479,483]。大多数卵巢肿瘤产生雌激素都是粒层细胞起源的，并且有10%~20%是恶性的[1,2]。这些肿瘤也可能产生卵子，引起乳腺增生。卵巢囊肿和高雌激素血症也见于患有假两性体的雌性玩具贵宾犬[481,484]。已经在肾上腺功能正常的绝育母犬发现该病[485]。高雌激素血症的原因未知，但是它可能是由于性激素的外周转化异常或产生部位异常而引起的。由于雌激素浓度波动明显，因此在解读单次测量结果的时候必须要谨慎[462,463]。

一些研究者已经将雌激素应用于犬，导致了和自然发生高雌激素血症一样的皮肤综合征。相同的综合征可能也会引起由雌激素治疗食物的药物使用过量和子宫卵巢切除术而导致的尿失禁[458,459]。由于皮肤雌激素受体增多，一些犬可能有皮肤雌激素过量（血液雌激素水平正常）的症状[460]。

对于公犬，雌激素过量通常和睾丸功能性肿瘤有关，最常见的是支持细胞瘤[486]。虽然很少见支持细胞瘤分泌雌激素，但也存在这种情况。精细胞瘤很少和激素分泌有关[486,487]，但是在睾丸中可能会同时出现多于一种类型的肿瘤，而且双侧睾丸肿瘤不常见。隐睾发生肿瘤的风险至少是正常犬的10倍以上，尤其是支持细胞瘤或精细胞瘤。除

了间质细胞瘤以外，其他的睾丸肿瘤无论在正常犬还是在隐睾患犬上都更常发生在右侧睾丸[1,2,488]。另外，在迷你雪纳瑞上已经有雄性假两性畸形遗传综合征、隐睾症、支持细胞瘤和雌性化的报道[112,484,489]。

（2）临床特点

和多囊卵巢有关的高雌激素血症通常都发生在中年未绝育母犬。英国斗牛犬对该病可能有倾向性[1,2]。和卵巢或睾丸的功能性肿瘤有关的高雌激素血症通常发生在更老的未绝育母犬，并且据报道该病没有品种倾向性。该病以会阴、腹股沟和腹侧壁双侧对称性脱毛为特征（图10-27，A至D），类似于其他的内分泌性脱毛。在一些犬中，腹侧壁的脱毛和脱毛程度会因为发情周期不同而不一样。

患犬乳头和阴门增大（见图10-27，D）以及会阴部和腹侧皮肤出现大量黑头粉刺。额外的孕酮刺激会使乳腺增大。可能会继发皮脂溢，但是皮肤感染不常见。经常会发生发情周期异常（周期不规律、发情期延长和慕雄狂），并且可能会出现子宫内膜炎或子宫蓄脓。猫的躯干脱毛和持续发情有关[482]。

雄性患犬的临床症状和之前介绍的雌性患犬的症状很相似（图10-28，A至C）。另外还有乳头增大和吸引其他雄性、雌性化（可能包括性欲下降和精子生成减少）的症状。该肿瘤可能在隐睾处或阴囊内触诊到。非肿瘤化的睾丸通常会萎缩。由于功能性肿瘤可能发生在可以触诊到的睾丸阴囊部位，所以在这里必须要注意。前列腺通常会增大（雌激素介导的鳞状化生）和感染，可能会有由于前列腺增大或前列腺炎以及两者都存在的临床症状。在少数情况下，腹内隐睾的支持细胞瘤会伴发精索扭转，导致急腹症[490]。

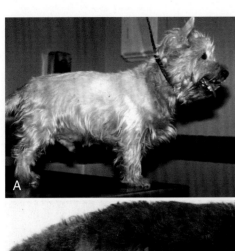

图10-28 高雌激素血症 **A.** 患支持细胞瘤的犬颈部和胸腹脱毛、乳腺增大、阴茎下垂 **B.** 患支持细胞瘤的万能㹴体侧脱毛 **C.** 患支持细胞瘤的贵宾犬几乎全身脱毛

高度提示高雌激素血症的临床特征是雄性犬包皮线性皮肤病。包皮线性皮肤病（linear preputial dermatosis）是指包皮口沿着包皮腹侧面到阴囊的线性窄的色素病变（图10-29）[477]。病变发展的准确机制目前还不清楚，但是它和创伤没有关系，并且似乎是支持细胞瘤的特征性的皮肤标记物，尤其是产生雌激素的肿瘤。如果一只犬患有包皮线状皮肤病但它的睾丸触诊正常或在腹内，则需要对患犬做一个全面的超声检查来定位肿瘤位置[491]。

该病会出现不同程度的色素沉着，从脱毛区散在的色素沉着到腹部会阴部皮肤出现黑色素斑。后者在雄性犬中可能会更常见，并经常和支持细胞瘤的高雌激素血症和高睾酮血症有关。患斑点型黑变病的犬在肛门、会阴、尾基部腹侧、腹股沟区域和阴囊部有多处黑色斑点（图10-30，A～C）。一般来说，这些部位会突然出现并大量产生。这些病灶必须和雀斑样痣相区分。后者有典型的临床外观，但是分布会更广泛。另外，雀斑样痣发病更缓慢。引起斑点型黑变病的病因还未知。

雌激素介导的骨髓抑制（血小板减少症、中性粒细胞减少症和贫血）不常见或很少发生，但是这是一个致命的并发症[492,493]。

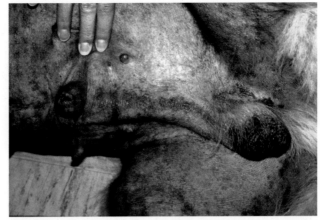

图10-29 高雌激素血症：患支持细胞瘤的德国牧羊犬包皮有线性红斑，腹部毛发稀少，乳腺增大

迷你雪纳瑞的假两性畸形包括单侧或双侧的隐睾症、阴茎和包皮小、雌性化和内分泌性脱毛[1,2,489]。这些犬可能也有厌食、精神沉郁、发热并发子宫蓄脓。

（3）诊断

在未绝育母犬中，如果犬有发情和皮肤病变，那么其诊断是很简单明确的。对于有发情期紊乱病史的患犬应该调查其肿瘤、卵巢组织切除不完全或给予雌激素的情况。没有病史支持，诊断会更加困难，而且初始鉴别诊断应该包括甲状腺功能低下、皮质醇增多症、毛囊周期阻滞和卵泡发育异常。对于雄性犬，可能触诊到异常的睾丸或触诊无异常。确诊应基于病史、临床检查结果、排除其他疾病的实验室检查结果以及对治疗的反应。皮肤活检能鉴别高雌激素血症和炎症引起的脱毛，但是不能和引起毛囊周期阻滞的其他病因相区别。病变包括皮肤角化过度、毛囊角化病、毛囊扩张、毛囊萎缩、毛囊休止期化、毛根鞘角化过度、表皮黑变病和皮脂腺萎缩[93]。血液雌激素水平增加可能会支持诊断。hCG反应试验在鉴别肿瘤引起的不太大的激素变化方面是有效的。超声波检查法和内视镜检查对诊断睾丸和卵巢肿瘤是有用的[1,2,479]。雄性犬的诊断是通过对睾丸肿瘤进行组织病理学检查而确定的。

（4）临床管理

对未去势公犬或未绝育母犬的高雌激素血症的治疗分别是去势或卵巢子宫切除术。患病动物在3个月内明显好转，但是偶尔也会有6个月仍然没有好转的现象。对症治疗可能需要局部使用抗皮脂溢药物。如果怀疑有卵巢肿瘤，那么在手术前需要拍摄胸部X线片。虽然支持细胞瘤的转移率很低，但是所有犬在手术前都应该经过仔细检查。如果精索增厚或腰下淋巴结增大，那么可能已经发生了转移。复发后缓解提示功能性转移。由于高雌激素血症引起的再生障碍性贫血或血小板减少症经常在术后持续存在，因此这些症状提示预后谨慎[494]。

2. 高雄激素血症

关于犬高雄激素血症的记载很少。犬的支持细胞瘤会引起肛周腺和尾腺增生，伴有或不伴有油性皮脂溢[495,496]。高

535

雄激素血症可能是由未去势雄犬的油性皮脂溢或躯干内分泌脱毛引起的[57]。

肛周腺和尾腺增生是由于雄激素刺激肛周腺引起的（见图10-30，A，B），这是支持细胞瘤最常见的症状[496]。黑头粉刺不是性激素失衡的特异性表现，但它是这些疾病最常见的症状。

双侧肾上腺增大的雌性猫伴随睾酮和雌二醇升高[497]。

（1）病因和发病机制

犬的肛周腺和尾腺由相同的腺组织（"肝样的"）组成。该组织和皮脂腺都对性激素有反应。犬的高雄激素血症通常和睾丸肿瘤（尤其是支持细胞瘤）有关[455]，导致腺体高反应性增生和分泌增加。

（2）临床特征

先天性高雄激素血症患犬有严重的皮脂溢疾病或（少数）有躯干对称性脱毛[498]。皮脂溢是油性的并且最常发生在面部、耳部和易摩擦的区域（脚、腋下和腹股沟）。患处常见感染和瘙痒，并且会加重疾病。一些犬的脱毛和其他内分泌性疾病相似。所有先天性高雄激素血症患犬都表现性欲亢进、对其他犬或人有攻击性，或者两者都有。

高雄激素血症是由于支持细胞瘤引起的肛周腺增生。肛门周围的腺体全部增大，导致炸面包圈样外观（见图10-30，B）。尾腺增生表现为在尾基部的腹侧面有一个卵圆形的增大（见图10-30，A）。在晚期病例中，该区域脱毛并油腻，而且会有严重腺状增生，在该区域有多个结节或囊肿或两者都有。由于肛周腺增生也可以发生在会阴和腹股沟部位，所以在别处也可以发现结节病变。在肛周腺和尾腺增生发生之前、同时或者之后，一些犬的尾基部、肛周区域、阴囊、尾腹侧和腹部有斑点型黑变病（见图10-30，C）。在这些犬通常可以触诊到睾丸肿块，但是当皮肤病变先被注意到的时候可能触诊不到肿块。

猫睾酮和肾上腺起源的雌二醇升高时，会表现出明显的阴门增生，同时猫的攻击性增加[497]。患猫被毛粗乱，但是没有明显的脱毛、黑头粉刺或皮肤脆弱。

（3）诊断

诊断基于病史、临床检查结果、血液睾酮水平结果和去势后的反应。睾丸超声检查可能对诊断小的无法触诊的肿瘤有帮助[491,499]。睾丸肿瘤的组织病理学检查结果通常显示支持细胞瘤。如果是雌性或去势的雄性动物，则应该检测肾上腺类固醇。

（4）临床管理

这些患犬都需要进行去势。在2～4个月内皮肤会逐渐恢复正常，但是其行为改变会持续更长时间并且可能需要进行行为矫正。对于皮脂溢患犬，用合适的抗皮脂溢香波洗澡会加速患犬的好转。对腺体增生犬进行去势会阻止体重的增加，但是可能无法使犬恢复到原来的样子。一些腺体增生是不可逆的，患犬会持续脱毛。

参见前面关于肾上腺疾病治疗的部分。

3. 高孕酮血症

对于猫，皮下注射醋酸甲地孕酮可能会导致局部脱毛、皮肤萎缩和色素紊乱，而且口服醋酸甲地孕酮会导致全身皮肤萎缩、脱毛、黄疸和伤口愈合不良。对患有肾腺皮质醇腺瘤的猫，高孕酮血症和皮质醇增多症的临床症状有关[367,389]。有1只高孕酮血症和睾丸支持细胞瘤患犬出现躯干双侧脱毛的报道[500]。

4. 与未绝育雌性动物生殖周期不规律有关的脱毛

无论生殖周期规律或不规律，都会导致脱毛。正常阿尔萨斯丹犬表现出其周期性脱毛和发情周期有关[501]。也可以看到被毛完全脱落。迷你雪纳瑞、猿类犬和腊肠犬有遗传倾向性[482]。如果该犬在多年正常发情后出现发情周期紊乱，那么这可能是由于一些全身性疾病导致的，典型的是内分泌系统疾病。甲状腺功能低下和皮质醇增多症是最常见的病因[1,2]。

所有非妊娠母犬在间情期都会经历假孕。一些犬的假孕有临床症状，会出现分娩前行为和乳腺活跃。有临床症状的假孕患犬的间情期激素异常是正常的，但是出于一些不明原因，其对这些激素很敏感[1,2]。脱毛可能在发情期开

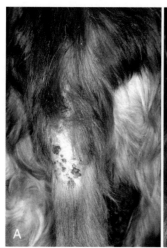
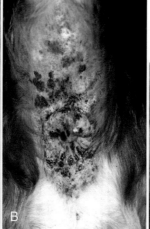
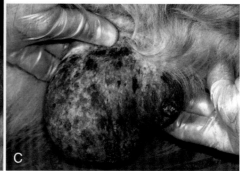

图10-30 高雄激素血症：一只患睾丸间质细胞瘤的金毛寻回猎犬 **A.** 脱毛、黄斑黑变病和尾部腺体增生 **B.** 黄斑黑变病和肛周腺增生 **C.** 阴囊黄斑黑变病，图片的右侧为正常大小的睾丸

始，并随着周期推移逐渐恶化，最终在周期完成后的几个月内自行痊愈[482]。由于发情期内的间隔时间增加，脱毛周期的长度也会增加。如果是完全的乏情期，则会持续脱毛。

短毛到中等长度被毛的犬，和周期异常有关的脱毛发生在腹侧区域（见图10-27，B），偶尔也发生在会阴部。对一些犬的脱毛局限于上述区域，甚至整个乏情期都在持续脱毛，然而有的犬会发展到躯干脱毛。躯干脱毛是一种晚期表现，并且会有多个脱毛和再生长周期，皮肤表现的周期异常通常是被毛质量的改变，该现象会在脱毛的很长一段时间前就出现。患犬躯干的原发性被毛逐渐脱落，而且有像幼犬一样的被毛。脱毛通常会最先在颈部区域、体侧和大腿后部发生，发展成整个躯干脱毛是很缓慢的。

有假孕症状的患犬，脱毛通常是在发情后4~6周出现，而且会累及到颈部和臀部（图10-31）以及乳腺区域[495]。有的犬会有躯干脱毛。在发情周期后脱毛会更加严重。行为和临床检查（乳腺发育和溢乳）可发现假孕。

（1）诊断

当脱毛是周期性的并和发情周期有时间关系或发生在未绝育但处于乏情期的母犬时，可诊断为卵巢介导的脱毛。其他鉴别诊断可能包括过度脱毛和季节性侧面脱毛。当脱毛是非周期性时，必须考虑甲状腺功能低下、皮质醇增多症、毛囊周期阻滞和毛囊发育异常。皮肤活检可以排除炎症原因引起的脱毛，但是不能表明是卵巢引起的。

由于成年犬周期紊乱通常继发于潜在的内分泌失调，所以对于所有发情期间隔时间增加的犬都要检测甲状腺功能低下和皮质醇增多症。如果这些检测的结果是正常的，那么才考虑卵巢功能障碍。检测性激素水平（雌激素、黄体酮或睾酮水平的异常[482,502]）或者患犬对绝育的反应可以支持初诊的结果。

（2）临床管理

患有该疾病的犬在绝育之后被毛会再生长，或者如果脱毛是周期性的，那么患犬不会再脱毛。如果主人不希望对犬进行绝育，而且该犬没有其他并发的内分泌疾病，那么该将病例移交动物生殖学家进行评估和治疗。虽然有关给予患犬GnRH（2μg/kg，IM，每10d给药2次）、FSH

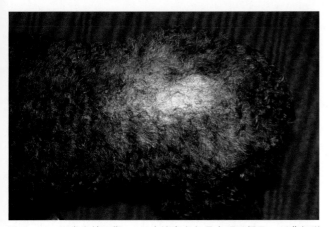

图10-31 异常发情周期：1只未绝育老年母犬明显假孕，后背部脱毛

（0.75~2IU/kg，IM，每日1次，直到出现发情前期症状）以及每周注射1次人绒毛膜促性腺激素（35IU/kg）后使用FSH（20 IU/kg,IM，连用10d可使患犬的被毛再生长，并恢复发情功能），但这些治疗的长期疗效是未知的[470,482]。如果有关于甲状腺功能低下或皮质醇增多症的记录，那么该疾病的纠正会使患犬恢复正常生殖功能并使其毛发再生长。一些犬的卵巢功能障碍持续存在，则这些犬必须进行绝育。

5. 少见的性激素性皮肤病

本书的早期版本的这个和其他皮肤病检查把猫内分泌脱毛和性激素引起的特发性雄性雌性化综合征联系起来[57]，同时还包括"反应性皮肤病"。猫的疾病在第十一章已经讨论过了，是由于在绝大部分的病例当中是没有内分泌基础的。偶尔猫会对给予的雌激素或睾酮有反应，但是由于猫的肝脏对性激素具有敏感性并且这种疾病很少见，所以对于所有引起脱毛的其他病因都应该先进行调查。

特发性雄性雌性化综合征患犬会有臀部、会阴部和腹部侧面脱毛，可以发展并累及到整个腹部、颈部和面部[57]。暴露的皮肤可出现色素沉着过度并伴发皮脂溢。患病动物一致的表现是中度到重度的瘙痒、耵聍腺炎和乳头增大。这些犬的检查结果和性激素水平都是正常的。皮肤活检不能显示有内分泌疾病；相反，会显示大多数和过敏症一致的病变[503]。

通过对假性特发性雄性雌性化综合征病例进行仔细的回顾发现，瘙痒会在皮肤损伤之前发生。在早期病例中，瘙痒只涉及腹股沟乳头部位，这和内分泌性病因不符。瘙痒引起的损伤是乳头增生可能的原因。大多数特发性雄性雌性化综合征患犬有过敏症，最可能的是食物过敏、马拉色菌过敏和激素性过敏。若去势后这些症状消失则支持后者的诊断。如果脱毛、色素过度沉着以及皮脂溢在瘙痒和所有腺体的乳头均增大之前出现的话，必须考虑内分泌性疾病。甲状腺功能低下和雌激素介导的睾丸肿瘤是要考虑的主要鉴别诊断。

由于雌激素是一个已知的生长期抑制剂，所以以雌激素反应性皮肤病不太可能是导致双侧对称性脱毛的原因。对毛发生长周期停滞的犬使用雌激素治疗可能会加速它们的脱毛。由于还没有关于雄激素缺乏的文献，因此睾酮反应性皮肤病也是不太可能的。应该调查引起脱毛的其他原因。一些北欧品种的毛发生长周期停滞的病例对给予睾酮有反应。

6. 毛发生长周期停滞

多年来，饲养有双层被毛和浓密底毛的犬（如博美犬、阿拉斯加雪橇犬、松狮犬、凯斯犬）的饲养员已经意识到了犬的皮肤可能会在非甲状腺功能低下或皮质醇增多症的情况下出现双侧对称性脱毛并伴有色素过度沉着的现象。这种情况在迷你或玩具贵宾犬上也有介绍。在兽医文献中该病有很多名字，包括成年型生长激素缺乏症（生长激素过少症）（adult-onset growth hormone deficiency, hyposomatotropism）生长激素反应性脱毛（growth hormone-responsive alopecia）、绝育反应性脱毛（castration-responsive alopecia）、活检反应性脱毛（biopsy-responsive alopecia）、先天性肾上腺皮质增生症样综合征（congenital adrenal hyperplasia-like syndrome）以及最近的X型脱毛（alopecia X）。最近已经发表了关于这种疾病的完整的综述[503]，然而还没有潜在的内分泌性疾病的介绍，这种疾病会在本书的内分泌部分讨论。

（1）病因和发病机制

引起这些犬毛发生长周期停滞的病因未知。脱毛的一个理论是成年型生长激素缺乏症[420,504,505]。该理论在各种研究都表明很多患有该疾病的犬，包括14/19的松狮犬和3/4的荷兰狮毛犬，都有正常的生长激素反应和正常的IGF-1浓度后，该理论被否定[506,507]。另外对6只未去势的毛发生长周期停滞的患犬进行去势，研究者发现即使其中4只犬的生长激素浓度仍然很低，但是它们的毛发都有再生长的现象[508]。即使患有该病的犬没有真正的GH缺乏，但是给予GH会导致很多患犬的毛发生长[507]。理论上来说，GH仅诱导静止的毛囊开始再生长，然而其准确的机制还未知。

在1990年，Schmeitael和Lothrop[438]指出脱毛可能是由于肾上腺类固醇激素中间体失衡引起的。在7只双侧对称性脱毛和色素过度沉着的博美犬和12只被毛正常的未绝育博美犬中，他们对这些犬进行促肾上腺皮质激素刺激试验之前和之后评估了肾上腺类固醇激素。和19只杂种犬的对照组相比，2组犬的肾上腺类固醇激素中间体和性激素血清学浓度都异常；大多数的17-羟孕酮明显偏高。笔者推测认为这些犬有21-羟化酶（如同先天性肾上腺皮质增生患者）的部分缺乏，这可能就对其实验室结果和临床症状作出了解释。这种酶的缺乏会导致血清17-羟孕酮的增加，其中17-羟孕酮会为制造更多的雄烯二酮和雌二醇提供基本物质。人类迟发型先天性肾上腺皮质增生的临床症状和高雄激素血症有关，并且可能包括儿童的睾酮激素依赖性头发的早期发展、女性的多毛症、骨骺生长板的早期融合和严重的痤疮[509]；此外，男性型脱发可能是年轻女性唯一的临床症状。然而这对于犬是一个似是而非的解释，犬毛发生长周期停滞的原因不太可能是高雄激素血症，这主要是由于犬没有雄激素依赖性毛囊，而且给予甲基睾酮会导致一些该疾病的患犬毛发出现再生长[508]。此外，犬除了和该病有关的被毛异常之外没有其他临床症状，这和患有该病的人类是相反的。为进一步调查肾上腺类固醇中间体和性激素的影响，研究者对毛发生长周期停滞患犬的激素浓度进行了回顾性研究[510]。该研究的结论是，不是所有毛发生长周期停滞患犬的性激素和类固醇激素中间体的血清浓度都有可检测到的异常，而且很少有检测值会远远超过参考范围的上限。在一项评估处于褪黑激素和米托坦治疗期间的毛发生长周期停滞患犬的肾上腺皮质类固醇激素血清浓度的前瞻性研究[511]中，毛发再生长和肾上腺皮质醇激素血清浓度的下降没有关系，而且很多毛发再生长的犬的激素仍然是异常的。最后，毛发生长周期停滞的博美犬的21-羟化酶基因已经被克隆并测序，研究者没有检测出该基因的突变[512]。

作为引起毛发生长周期停滞患犬脱毛的病因，高皮质醇血症再一次被检测[513]。虽然在对毛发生长周期停滞的迷你贵宾犬和博美犬进行肾上腺皮质激素刺激试验后发现，这些犬的血清皮质醇浓度尚在正常范围内，但是它们的尿皮质醇/肌酐比值是增加的。由于高皮质醇血症和其他临床症状有关，比如除了被毛异常之外还有低比重尿、多尿症、多饮、尿路感染和多食症，因此这个理论似乎不太可能。此外，毛发生长周期停滞患犬的唯一的特点是在受伤部位发生毛发再生长，如活检或手术部位。创伤引起的毛发生长是已知的毛囊现象[514]，但是它会被皮质类固醇抑制[515]。

毛发生长周期停滞患犬受伤部位的毛发再生长意味着在毛囊水平上生长期的局部抑制，而不是全身性的激素抑制。毛发生长周期病因的新理论集中于遗传学和毛囊受体。外源性（激素）和内源性（细胞因子、生长因子和受体）因素都会影响毛发的毛囊周期[515,516]。除此之外生长期开始涉及雌激素受体、骨形态生成蛋白4、刺猬信号、Noggin蛋白之间的复杂交互作用[516]。使用单纯的雌激素受体拮抗剂对于毛发生长周期停滞的博美犬的毛发再生长是无效的[517]。考虑到毛发生长开始时复杂的相互作用，毛发生长周期停滞患犬毛发的毛囊可能需要其他分子的刺激，比如noggin蛋白或胰岛素样生长因子，同时阻断雌激素受体。

（2）临床特征

很多品种都有该疾病，然而博美犬、松狮犬、荷兰卷尾狮毛犬、阿拉斯加雪橇犬、萨摩耶犬、迷你贵宾犬以及玩具贵宾犬更易患该病（图10-32，A至C）[510]。被毛改变可能会发生在1～10岁[511]。除了绝育动物以外，两种性别的犬都可能患病。脱毛会在绝育前或者绝育后发生。如果脱毛发生在未绝育犬上，则该犬在绝育后可能会出现被毛再生长，但是预期在1～2年内脱毛会复发。

这些犬的皮肤病变类似于内分泌性脱毛。开始的（并且经常被忽视）临床症状是被毛逐渐灰暗、干燥，并且很多主要毛发脱落（图10-33，A）。头部和四肢远端无一幸免。颈部、尾根部和大腿内侧等受摩擦的区域是最严重的，而且是最先脱毛的。由于开始的时候被毛变化通常是很细微，因此很难确定脱毛的时间范围。一些犬的脱毛发生在被毛开始改变之后的至少1年内（图10-33，B）。随着受摩擦区域脱毛的发展，躯干上更多的原发性毛发会脱落，剩余的被毛像幼犬的被毛（图10-34）。保留的二级被毛脱落缓慢，所有暴露的皮肤都会很快发生色素过度沉着（图10-35，A）。不是所有的犬都会出现色素过度沉着（图10-35，B）。这些犬常常会在进行皮肤活检损伤处或割伤处出现被毛再生长现象（图10-36）。

这些犬的被毛发生变化，但患犬的其他方面是健康的。如果出现了全身疾病症状，检查其他内分泌性的疾病史是很重要的，比如皮质醇增多症、甲状腺功能低下或糖尿病。

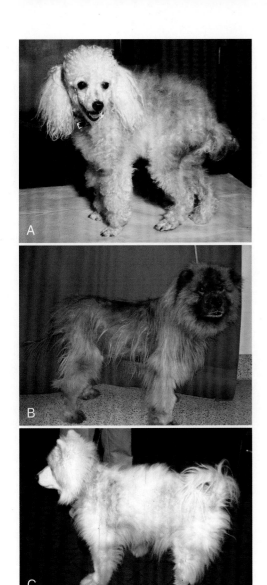

图10-33 毛发生长周期停滞 A.外层粗毛脱落的早期变化，被毛无光泽、粗糙、容易打结 B.3年后图A中的犬体侧区域脱毛

图10-32 毛发生长周期停滞 A.1只迷你贵宾犬有躯干脱毛和少量色素沉着 B.松狮犬体侧脱毛和色素过度沉着 C.萨摩耶犬主要毛发脱落并有图样脱毛

（3）诊断

毛发生长周期停滞是通过排除法进行诊断的。主要的鉴别诊断的可能性是，如果躯干上残留的次级毛发有持续性的模式化脱毛，包括库欣综合征、周期性侧面脱毛和毛囊发育异常。另外，对于萨摩耶犬，皮脂腺炎会导致相似的临床症状并可以通过皮肤活检进行诊断。

常规实验室检查结果通常是正常的，包括那些甲状腺检测方法以及低剂量地塞米松抑制试验或促肾上腺皮质激素刺激试验的结果。一旦排除了全身性疾病，活检可有助于诊断，而且活检可以排除炎症性疾病。

患犬的皮肤活检显示内分泌疾病（正角化病外观和毛囊角化过度、毛囊扩张、毛根鞘过度角化、表皮黑变病和毛囊休止期化）的典型病变，而且也可以显示毛囊发育异常（有触角或章鱼样外观的毛囊发育异常以及毛发、毛囊上皮和皮脂腺的黑化异常）的一些特点[518]。

（4）临床管理

由于很多犬在手术后的一段时间都会经历毛发再生长，因此对于未绝育犬，尤其是雄性犬，绝

图10-34 毛发生长周期停滞：1只西伯利亚哈士奇犬外层粗毛脱落，毛发颜色改变，质地变得柔软，像幼犬的被毛

育是最初的治疗选择。如果脱毛在绝育后才开始发生，那么在手术后毛发再生长后会复发脱毛，或者在手术后病情没有改善，可还治疗包括褪黑激素、甲基睾丸素、生长激素、o,p'-DDD、曲洛司坦或保持观察。这些不同的治疗方法不总是都有效的。此外，根据报道和我们的经验，尽管持续治疗，但是新生的毛发很少是永久性的，而且通常会在几个月或几年内脱落。

褪黑激素可以帮助接近40%的病例的毛发再生长，并且非常安全（图10-37，A，B）。它唯一的禁忌是不能用于糖

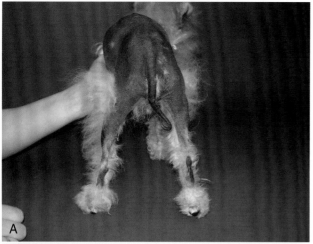

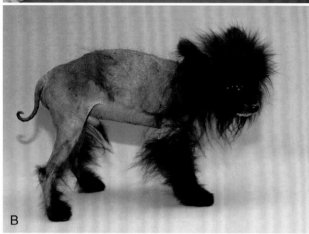

图10-35 毛发生长周期停滞 **A.** 1只博美犬脱毛、色素过度沉着 **B.** 伴有轻微色素改变的完全体侧脱毛

图10-37 毛发生长周期停滞 **A.** 毛发生长停滞的京巴犬 **B.** 同一只犬经褪黑素治疗

止治疗。

虽然生长激素对很多犬的毛发再生长都有效果[444,524]，但它可能会诱导糖尿病，而且并不一定可行。使用甲基睾丸素治疗可能对毛发再生长有益[426,507,508]，但是也可能引起不必要的不良反应，比如攻击性提高以及发生胆管肝炎。

目前o,p′-DDD（米托坦）的推荐剂量是每日15～25mg/kg[417,511]。为了避免产生严重的抑制要进行肾上腺皮质激素刺激试验。对治疗的反应和皮质醇或肾上腺类固醇激素浓度没有关系[511]。尽管激素控制得很好，但是一些犬仍然会在之后出现脱毛。

曲洛司坦也被成功地用于治疗一些毛发生长周期停滞的患犬[525,526]。用药剂量和治疗皮质醇增多症的推荐剂量相似，3只阿拉斯加雪橇犬的用药剂量为3.0～3.6mg/kg，每日1次；16只博美犬和8只迷你贵宾犬的用药剂量为10.8mg/kg，每日1次[525]。据报道，曲洛司坦会引起犬出现肾上腺肿瘤[356]。

（六）糖尿病

对于人类，糖尿病和一些皮肤病有关，包括血管性并发症（微血管病和动脉粥样硬化）、脂质渐进性坏死、环形肉芽肿、硬肿病、纤维血管瘤、黄趾甲、皮肤发红、细菌和真菌感染、糖尿病性神经病变、皮肤瘙痒、特发性肺大疱、脱发、黄瘤病和伤口愈合不良[527]。无论是未诊断的

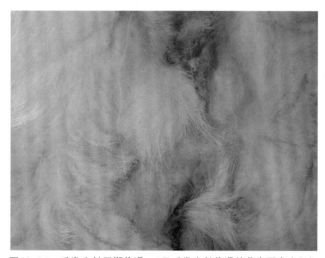

图10-36 毛发生长周期停滞。1只毛发生长停滞的萨摩耶犬在肛门的外科手术部位有毛发再生

尿病患犬，高剂量的褪黑色素会引起胰岛素抵抗。褪黑素作用的准确机制还不清楚。毛囊没有褪黑素受体[519]。褪黑激素可以阻断人类乳腺肿瘤细胞的雌激素受体[520,521]，而且雌激素受体会在毛囊休止期的时候出现并在毛发生长周期中起调节作用[516,522,523]。褪黑激素的推荐剂量是小型犬每2d 3mg，大型犬每2d 6～12mg[511]。其他的使用剂量是0.5mg/kg，每2d 1次。由于很多犬即使在维持现在的治疗方案的情况下，之后还是会发生脱毛，所以建议一旦出现了毛发再生长就停

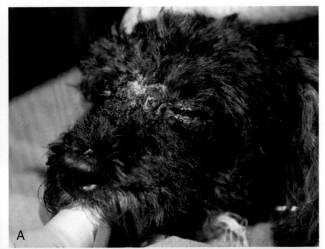

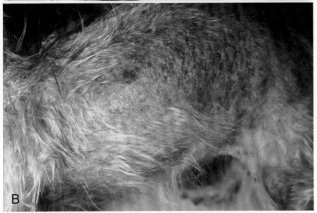

图10-38　糖尿病　**A**. 由免疫介导的面部严重葡萄球菌感染　**B**. 伴有皮脂溢的躯干少毛症，控制糖尿病后毛发完全再生

糖尿病的早期表现或已知糖尿病的并发症，有超过30%的人类糖尿病患者会有皮肤病。对于犬、猫，据报道很少或有1/3的病例会有皮肤损伤[1,2,25,453,528–530]。

犬、猫糖尿病最常见的皮肤病临床表现似乎是细菌性脓皮症（图10-38，A）、皮脂溢性皮肤病（图10-38，B）、薄而低张的皮肤和不同程度的脱毛（图10-38，B）。伴有或不伴有脱毛的薄而低张力的皮肤可能是由于蛋白分解代谢异常引起的。皮脂溢性皮肤病（通常是全身性的皮脂溢）可能是由于蛋白分解代谢和脂质代谢异常引起的。

糖尿病患病动物有受到感染的倾向，尤其是凝固酶阳性葡萄球菌和念珠菌属引起的感染[527,531]。这种倾向可能是由于中性粒细胞趋化性异常、吞噬作用、细胞内杀伤和细胞介导（T细胞）的免疫反应而引起的。这些异常通过用胰岛素治疗法恢复正常血糖浓度可能可以完全纠正这些异常，也可能不能完全纠正。

据报道，少数情况下犬的外阴部瘙痒、黄瘤病和脂质渐进性坏死和糖尿病有关[1,2,529,530]。已经有报道指出猫黄瘤病是自然发生的，或者是由醋酸甲地孕酮介导的糖尿病引起的。

（七）坏死性表皮松解性红斑（肝皮综合征、代谢性表皮坏死、浅表坏死松解性皮炎）

坏死性表皮松解性红斑是一个用来表述人类患胰高血糖

素分泌性胰腺肿瘤（高血糖素瘤）或少数的肝硬化和其他混杂的胃肠疾病时出现的皮疹术语。这种皮疹已经在犬、猫上得到了证实，通常和肝脏疾病有关。肝皮综合征[532–534]、浅表坏死松解性皮炎[92,535]和代谢性表皮坏死[536,537]是最常用于介绍这种疾病的术语。

1. 病因和发病机制

坏死性表皮松解性红斑的皮肤病灶是由于角化细胞变性引起的，其中角化细胞变性会引起层状的高水平表皮水肿和变性。这种变性的特殊原因是未知的，但也可能是由于细胞饥饿或一些其他的营养失衡造成的。皮肤血液中氨基酸过少或生物素、必需脂肪酸或锌的缺乏都有报道[533–535]。这些营养缺乏是由于高血糖素过多症、肝功能不全、吸收障碍或所有这些因素同时造成的。

对于人类，坏死性表皮松解性红斑是胰腺的 α_2-胰高血糖素生成胰岛细胞肿瘤的皮肤标志物。对肿瘤的成功切除会纠正和胰高血糖素症有关的代谢不规律，并使出疹部位自发地痊愈。在以下部分患犬中，坏死性表皮松解性红斑和肝硬化联合发生，并且和胰高血糖素症、胰腺炎、口炎性腹泻或锌缺乏有关[538]。另一方面在患有肝脏疾病的犬鉴别出该病的犬的概率比其他潜在原因引起该病的概率更高，这一结论似乎是对的。兽医文献报道了大约75例坏死性表皮松解性红斑病例，而且其中只有6例（8%）有胰腺肿瘤，其余的患犬都有肝脏疾病，其超声波检查联合组织病理学检查结果有显著的特征。虽然肝脏疾病偶尔和摄入霉菌毒素或抗惊厥药物有关[539]，但是对于大多数患犬，其病因仍然是未知的[538]。高血糖素瘤患犬血浆胰高血糖素水平会升高[540–544]，而那些肝脏疾病患犬的血浆胰高血糖素水平通常都不升高。在肝脏组中不能一致地记载高血糖素症可能是和血浆胰高血糖素被肝脏高效率地清除有关[538]。高血糖素症是可靠的最终临床表现[545,546]。目前已经有一个相关病例的报道，该病例是1只和胰腺肿瘤有关的猫[537]，而另一个病例和慢性肝脏疾病有关[547]。

2. 临床特点

坏死性表皮松解性红斑常见于老年犬[533–535,548]。研究者没有一致认定该病有遗传倾向性。虽然皮肤病变偶尔会在全身性疾病确诊之后出现，尤其是和糖尿病有关的多尿和多饮，但是对大多数犬来说，皮肤疾病是现病史[543]。皮肤病变发生在创伤部位，尤其是口鼻、面部的黏膜皮肤区域（图10-39，A）、肘部和跗关节，以及沿着腹部等位置。大多数损伤表面的结痂下有糜烂或溃疡，但是偶尔也会发生完整的囊性病变（图10-40）。

大多数犬经常规实验室检查表明其为红细胞正常的正常色素性非再生性贫血；血糖水平在高血糖症的边界或有高血糖症；肝脏酶活性升高，尤其是血清碱性磷酸酶和丙氨酸氨基转移酶，以及低蛋白血症[534]。患有肝脏疾病的犬进食后胆汁酸会增加，触诊可发现异常的肝脏结构，而且在超声波检查评估肝脏的时候可发现独特的"蜂巢样"或

"瑞典奶酪样"结构[538,549]。抗核抗体滴度阳性[534,542]。相反，胰腺肿瘤患犬的血清生化学除了低蛋白血症以外通常没有异常。触诊结果和超声检查肝脏是正常的。超声波检查很少能识别出胰腺团块。特殊实验室检查表明血氨基酸过少、血浆胰高血糖素浓度波动和胰岛素浓度升高[535]。

1例关于胰腺肿瘤患猫的病例报道指出，患猫11岁，有短暂的厌食、沉郁和皮肤病病史[537]。初期皮肤病病灶在腋窝、四肢近端和背部。随着时间的推移，病变蔓延到腹部、胸部侧面和腹股沟部位。背部皮肤增厚并覆有白色鳞片，而其他地方的病灶有渗出性病变、脱毛和皮肤发红的症状。临床生化异常是非特异性的，而且这些改变在犬上没有典型性。在尸检的时候，肝脏增大，而且在左右肝叶交界处有一个很大的胰腺癌。患有慢性肝脏疾病的猫有全身性的少毛症，而且脚和尾巴有硬皮[547]。氨基酸浓度有降低。

3. 诊断

犬的鉴别诊断应该考虑落叶型天疱疮、系统性红斑狼疮、锌缺乏和一般的食物性皮肤病。由于犬的落叶型天疱疮、锌缺乏和一般的食物性皮肤病很少有实验室检查的异常结果，因此如果在皮肤活检之前进行实验室检查，那么除了系统性红斑狼疮以外，其他所有考虑的鉴别诊断都可以排除。对于猫，鉴别诊断应该包括和胸腺瘤有关的剥落性皮炎、胰腺癌性脱毛、猫白血病病毒（FeLV）或猫免疫缺陷病毒（FIV）相关的皮炎、天疱疮或获得性皮肤脆性综合征继发的细菌性毛囊炎。

对囊疱内液体进行细胞学检查显示该疾病中的液体是完全无细胞的，而在其他鉴别诊断的疾病中会出现炎性细胞。早期病灶的皮肤活检显示弥散性角化过度、高水平的角化细胞融合空泡致使一系列上层表皮水肿（"红色、白色和蓝色"）（图10-41）[92,535]。皮肤的变化通常最小并且包括浅层水肿和血管周围淋巴细胞和浆细胞的聚集。慢性病变很少表现表皮水肿和有明显的角化过度、表皮增生和表面结痂。慢性病变可能有表面间质的苔藓样炎症渗透。在角质层表面可能可以看到细菌、真菌或酵母菌。

4. 临床管理

坏死性表皮松解性红斑是一系列存活时间较短的内科疾病的皮肤标志物。一项研究表明大多数犬在皮肤病变发展5个月内死亡或被施行安乐术[534]。当确诊病例是由胰高血糖素瘤引起时应该进行手术治疗。由于坏死性表皮松解性红斑患犬经常有亚临床的胰腺炎，所以术后发现并发症的风险很高，使得手术变得困难[550]。虽然很少有病例报道，但是胰高血糖素瘤患犬似乎很快出现转移[540,542-544]。在这些病例中，原发肿瘤的切除可以使犬恢复正常并持续长时间，但是不能永久维持。其中一个作者（WHM）给予已经出现转移的患犬生长激素抑制素（6μg/kg，皮下注射，每8h 1次），患犬的皮肤病变在14d内有极大的改善。由于肾功能障碍和生长激素抑制素的成本高，所以没有对该犬继续进行治疗，最后实施了安乐术。

患有肝脏疾病的犬更是一个问题。使用皮质类固醇进行治疗通常会改善皮肤病变，但是最终会引发糖尿病[548]。除非肝脏疾病和摄入霉菌毒素、抗癫痫药物或一些其他可解决的疾病有关，否则动物不能痊愈。由于皮肤病变具有营养基础，因此补充营养会有一些好处。运用最广泛的配方是加利福尼亚大学提出的[535]，由优质蛋白质（每4.5kg一个蛋黄），锌（如蛋氨酸锌，2mg/kg，每日1次）和脂肪酸组成。如有任何临床或生化证据表明有胰腺炎，则可以添加胰

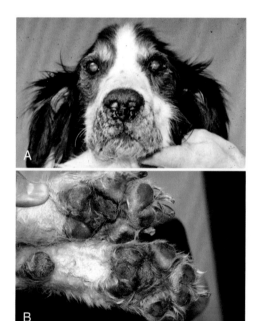
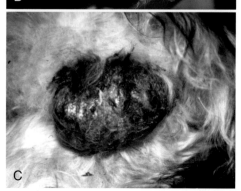

图10-39　坏死性表皮松解性红斑　A. 颞部肌肉萎缩，口周和眼周区域有结痂性皮炎　B. 角化过度，溃疡和足垫裂开　C. 阴囊溃疡和结痂

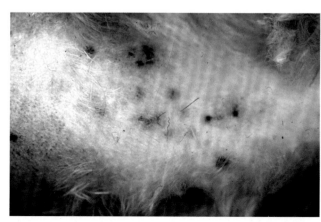

图10-40　坏死性表皮松解性红斑：沿胸骨的完好或结痂的水疱

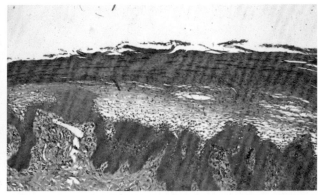

图10-41 坏死性表皮松解性红斑：表皮上半部分的水肿表现为弥漫性角化不全的角化过度，高水平的表皮水肿造成如图10-40所示的水泡性病变

酶。虽然静脉输入氨基酸是有益的，但是它太贵而且可能没有明显的效果[538]。如果氨基酸谱是可用的，那么可以对患犬给予特殊配方。一些研究者使用市售产品［美乐欣的10%结晶氨基酸溶液（雅培）］并每6~8h给予每只犬500mL或按25mg/kg的剂量使用该产品[545,551]。由于补充剂量不能够治疗潜在的肝脏疾病，所以疾病继续发展而且最后会导致动物的死亡。据报道，一只有肝硬化的患犬接受了肝脏支持饮食、秋水仙碱、脂肪酸和生蛋黄治疗，其无临床症状期超过22个月[552]。

（八）黄瘤

黄瘤是一个和脂质代谢异常有关的良性肉芽肿病变。推测患有遗传性高脂蛋白血症的猫有黄瘤的报道[553-555]。患有高脂血症的迷你雪纳瑞未见有黄瘤的报道。在猫上已经有明显的特发性黄瘤的报道[553,556]。大多数犬[557]和猫[25,558,559]的黄瘤与饲喂高脂肪食物和零食[560]有关，或者自然发生，或者和药物介导（甲地孕酮）的糖尿病有关[67]。

病变包括多个白色或黄色丘疹、结节或斑块，这些病变可能会溃烂（见图10-42，A，B），周围皮肤出现红斑性病变，而且病变有疼痛或瘙痒。通常会累及头部、四肢远端、脚和骨突起部。

组织病理学检查显示有泡沫状巨噬细胞和多核组织细胞的巨细胞呈弥散性浸润的结节（图10-43）。在整片被感染的真皮中经常是突出的。可能会出现肉芽肿性炎症和纤维组织增生。

和糖尿病或高脂蛋白血症有关的病变在潜在问题得到解决之后会自行消除。没有纠正原发病因的外科切除通常会导致复发[556]。给患有先天性高甘油三酯血症和黄瘤的猫[554]，饲喂低脂肪的市售日粮［犬处方粮r/d（希尔斯）］，结果在30d内患猫的临床症状完全缓解。新的病变每次都发生在给予商品化猫粮之后，即使是短时间地给予也会出现新的病变。

（九）米诺地尔用于犬脱毛

米诺地尔是一种局部使用或口服的用于治疗人模型斑

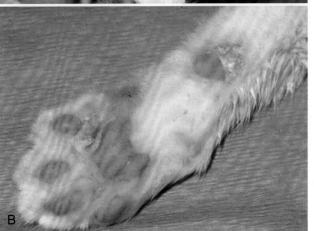

图10-42 黄瘤 **A.** 猫腿部的压力点有多处黄瘤 **B.** 猫足垫上的黄瘤

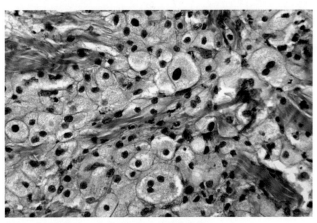

图10-43 黄瘤：一只猫活检所见的黄瘤细胞

秃和秃头症的血管扩张剂[561]。米诺地尔可增加皮肤血流量，对角化细胞有直接影响（在培养基中增加其寿命，刺激分化，并增加基质细胞的有丝分裂活动），而且抑制淋巴细胞介导的免疫现象。

对墨西哥无毛犬的新生幼犬局部使用3%米诺地尔，每日1次，连续使用1个月，所有的犬都有被毛生长[562]。对该品种的成年犬使用该药不会引起被毛生长。由于其他未知原因脱毛的犬也可使用米诺地尔治疗[563,564]。在大多数详细的研究中[564]，所有犬都有侧面和背腰区域的双侧对称性脱毛，并且所有犬都是有毛囊发育异常倾向的品种（拳狮犬、杜宾犬、斯塔福郡斗牛㹴和万能㹴犬），一些病例是呈季节性复发的（见第十一章）。对患犬使用剂量0.1～0.5mg/kg的米诺地尔，每24h口服1次。对12只犬进行研究，其中4只犬有很好的反应，2只犬部分缓解，4只犬没有反应，2只犬在治疗开始之前出现了自发性长毛。这些数据很难分析解读，但所有都可以通过自发性毛囊发育不良状态的变化来解释。此外，接受治疗的50%的患犬都有中度到重度的不良反应，包括虚弱、嗜睡和衰竭。据报道，短期给药对犬有心血管毒性[565,566]。2只使用局部米诺地尔治疗的猫发生了威胁生命的肺水肿、胸腔积液和心脏功能障碍[567]。目前，我们不推荐对宠物口服或外用米诺地尔。

参考文献

[1] Chastain CB, Ganjam VK: *Clinical Endocrinology of Companion Animals*, Philadelphia, 1986, Lea & Febiger.

[2] Feldman EC, Nelson RW: *Canine and Feline Endocrinology and Reproduction*, ed 3, Philadelphia, 2004, W.B. Saunders Co.

[3] Greco DS: Endocrine emergencies. Part II: Adrenal, thyroid, and parathyroid disorders. *Compend Contin Educ* 19:27, 1997.

[4] Feldman SR: Androgen insensitivity syndrome (testicular feminization): A model for understanding steroid hormone receptors. *J Am Acad Dermatol* 27:615, 1992.

[5] Quadri SK, Palazzolo DL: How aging affects the canine endocrine system. *Vet Med* 86:692, 1991.

[6] Rosychuk RAW: Cutaneous manifestations of endocrine disease in dogs. *Compend Contin Educ Pract Vet* 20:287, 1998.

[7] Héripret D: Diagnostic biologique de l'hypothyroïdie canine. *Prat Méd Chir Anim Comp* 32:31, 1997.

[8] Miller AB, Nelson RW, Scott-Moncrieff JC, et al: Serial thyroid hormone concentrations in healthy euthyroid dogs, dogs with hypothyroidism, and euthyroid dogs with atopic dermatitis. *Br Vet J* 148:451, 1992.

[9] Reimers TJ, Mummery LK, McCann JP, et al: Effects of reproductive state on concentrations of thyroxine, 3,5,3'-triiodothyronine and cortisol in serum of dogs. *Biol Reprod* 31:148, 1984.

[10] Reimers TJ, Lawler DF, Sutaria PM, et al: Effects of age, sex, and body size on serum concentrations of thyroid and adrenocortical hormones in dogs. *Am J Vet Res* 51:454, 1990.

[11] Rosychuk RAW: Dermatologic manifestations of canine hypothyroidism and the usefulness of dermatopathology in establishing a diagnosis. *Canine Pract* 22:25, 1997.

[12] Chastain CB, et al: Evaluation of the hypothalamic-pituitary-adrenal axis in clinically stressed dogs. *J Am Anim Hosp Assoc* 22:435, 1986.

[13] Garnier F, Benoit E, Virat M, et al: Adrenal cortical response in clinically normal dogs before and after adaptation to a housing environment. *Lab Anim* 24:40, 1990.

[14] White SD, et al: Cutaneous markers of canine hyperadrenocorticism. *Compend Contin Educ* 11:446, 1989.

[15] Medleau L, et al: Congenital hypothyroidism in a dog. *J Am Anim Hosp Assoc* 21:341, 1985.

[16] Hanson JM, Kooistra HS, et al: Plasma profiles of adrenocorticotropic hormone, cortisol, alpha-melanocyte-stimulating hormone and growth hormone in dogs with pituitary-dependent hyperadrenocorticism before and after hypophysectomy. *J Endocrinol* 190:601, 2006.

[17] Frank LA, Calderwood-Mays MB, Kunkle GA: Distribution and appearance of elastic fibers in the dermis of clinically normal dogs and dogs with solar dermatitis and other dermatoses. *Am J Vet Res* 57:178, 1996.

[18] Lund-Larsen TR, Grondalen J: Ateliotic dwarfism in the German shepherd dog: Low somatomedin activity associated with apparently normal pituitary function (two cases) and with panadenopituitary dysfunction (one case). *Acta Vet Scand* 17:298, 1976.

[19] Hess RS, Ward CR: Diabetes mellitus, hyperadrenocorticism, and hypothyroidism in a dog. *J Am Anim Hosp Assoc* 34:204, 1998.

[20] Kooistra HS, Rijnberk A, van den Ingh TS: Polyglandular deficiency syndrome in a boxer dog: Thyroid hormone and glucocorticoid deficiency. *Vet Q* 17:59, 1995.

[21] Panciera DL: Canine hypothyroidism. Part I. Clinical findings and control of thyroid hormone secretion and metabolism. *Compend Contin Educ* 12:689, 1990.

[22] Kemppainen RJ, Young DW: Canine triiodothyronine autoantibodies. In Kirk RW, Bonagura JD, editors: *Kirk's Current Veterinary Therapy XI*, Philadelphia, 1992, W.B. Saunders Co, p 327.

[23] Laurberg P: Iodothyronine deiodination in the canine thyroid. *Domest Anim Endocrinol* 1:1, 1984.

[24] Nachreiner RF, Refsal KR: Radioimmunoassay monitoring with thyroid hormone concentrations in dogs on thyroid replacement therapy: 2674 cases (1985-1987). *J Am Vet Med Assoc* 201:623, 1992.

[25] Scott DW: Feline dermatology 1979-1982: Introspective retrospections. *J Am Anim Hosp Assoc* 20:537, 1984.

[26] Kemppainen RJ, et al: Endocrine responses of normal cats to TSH and synthetic ACTH administration. *J Am Anim Hosp Assoc* 20:737, 1984.

[27] Paradis M, et al: Studies of various diagnostic methods for canine hypothyroidism. *Vet Dermatol* 2:125, 1991.

[28] Kaufman J, Olson PN, Reimers TJ, et al: Serum concentrations of thyroxine, 3,5,3'-triiodothyronine, thyrotropin, and prolactin in dogs before and after thyrotropin-releasing hormone administration. *Am J Vet Res* 46:486, 1985.

[29] Messinger AG: The control of hair growth: An overview. *J Inv Dermatol* 101:4S, 1993.

[30] Gunaratnam P: The effect of thyroxine on hair growth on the dog. *J Small Anim Pract* 27:17, 1986.

[31] Rudas P, Bartha T, Toth J, et al: Impaired local deiodination of thyroxine to triiodothyronine in dogs with symmetrical truncal alopecia. *Vet Res Commun* 18:175, 1994.

[32] Safer JD, Crawford TM, Holick MF: A role for thyroid hormone in wound healing through keratin gene expression. *Endocrinology* 145:2347, 2004.

[33] Safer JD, Crawford TM, Holick MF: Topical thyroid hormone accelerates wound healing in mice. *Endocrinology* 146:4425, 2005.

[34] Smith TJ, Horwitz AL, Refetoff S: The effect of thyroid hormone on glycosaminoglycan accumulation in human skin fibroblasts. *Endocrinology* 108:2397, 1981.

[35] Beale KM: Dermatologic manifestations of hypothyroidism. In *Hypothyroidism: Diagnosis and Clinical Manifestations. Daniels Pharmaceuticals*, St. Petersburg, 1993, p 16.

[36] Ferguson DC: An internal medical perspective of hypothyroidism. In *Hypothyroidism: Diagnosis and Clinical Manifestations. Daniels Pharmaceuticals*, St. Petersburg, 1993, p 2.

[37] Panciera DL: Clinical manifestations of canine hypothyroidism. *Vet Med* 92:44, 1997.

[38] Chastain CB, McNeel SV, Graham CL, et al: Congenital hypothyroidism in a dog due to an iodide organification defect. *Am J Vet Res* 44:1257, 1983.

[39] Chastain CB: Unusual manifestations of hypothyroidism in dogs. In Kirk RW, Bonagura JD, editors: *Kirk's Current Veterinary Therapy XI*, Philadelphia, 1992, W.B. Saunders Co, p 327.

[40] Robinson WF, Shaw SE, Stanley B, et al: Congenital hypothyroidism in Scottish deerhound puppies. *Aust Vet J* 65:386, 1988.

[41] Beale KM, Halliwell RE, Chen CL: Prevalence of antithyroglobulin antibodies detected by enzyme-linked immunosorbent assay of canine serum. *J Am Vet Med Assoc* 196:745, 1990.

[42] Chastain CB, Young DW, Kemppainen RJ: Anti-triiodothyronine antibodies associated with hypothyroidism and lymphocytic thyroiditis in a dog. *J Am Vet Med Assoc* 194:531, 1989.

[43] Gaschen F, Thompson J, Beale K, et al: Recognition of triiodothyronine-containing epitopes in canine thyroglobulin by circulating thyroglobulin autoantibodies. *Am J Vet Res* 54:244, 1993.

[44] Gosselin SJ, Capen CC, Martin SL, et al: Autoimmune lymphocytic thyroiditis in dogs. *Vet Immunol Immunopathol* 3:185, 1982.

[45] Haines DM, Lording PM, Penhale WJ: Survey of thyroglobulin autoantibodies in dogs. *Am J Vet Res* 45:1493, 1984.

[46] Haines DM, et al: The detection of canine autoantibodies to thyroid antigens by enzyme-linked immunosorbent assay, hemagglutination, and indirect immunofluorescence. *Can J Comp Med* 48:262, 1984.

[47] Haines DM, Penhale WJ: Experimental thyroid autoimmunity in the dog. *Vet Immunol Immunopathol* 9:221, 1985.

[48] Breyer U, et al: Diagnostische und pradiktive wertigkeit von thyreoglobulinspezifischen autoantikorpern (TgAAk) beim hund. *Tierarztl Prax* 32:207,2004.

[49] Graham PA, et al: Heterogeneity of thyroid function in beagles with lymphocytic thyroiditis. *Proc Annu Meet Am Coll Vet Intern Med* 15:667, 1997.

[50] Vajner L: Lymphocytic thyroiditis in beagle dogs in a breeding colony: Findings of serum autoantibodies. *Vet Med Czech* 11:333, 1997.

[51] Benjamin SA, Stephens LC, Hamilton BF, et al: Association between lymphocytic thyroiditis, hypothyroidism, and thyroid neoplasia in beagles. *Vet Pathol* 33:486, 1996.

[52] Greco DS, et al: Congenital hypothyroid dwarfism in a family of giant schnauzers. *J Vet Intern Med* 5:57, 1991.

[53] Mooney CT, Anderson TJ: Congenital hypothyroidism in a boxer dog. *J Small Anim Pract* 34:31, 1993.

[54] Kaptein EM, Moore GE, Ferguson DC, et al: Effects of prednisone on thyroxine and 3,5,3'-triiodothyronine metabolism in normal dogs. *Endocrinology* 130:1669, 1992.

[55] Torres SM, McKeever PJ, Johnston SD: Effect of oral administration of prednisolone on thyroid function in dogs. *Am J Vet Res* 52:416, 1991.

[56] Ferguson DC, Peterson ME: Serum free and total iodothyronine

concentrations in dogs with hyperadrenocorticism. *Am J Vet Res* 53:1636, 1992.

[57] Muller and Kirk's Small Animal Dermatology, ed 6, Philadelphia, 2001, W.B. Saunders Co..

[58] Panciera DL: Hypothyroidism in dogs: 66 cases (1987-1992). *J Am Vet Med Assoc* 204:761, 1994.

[59] Nelson RW, Ihle SL: Hypothyroidism in dogs and cats: A difficult deficiency to diagnose. *Vet Med* 82:60, 1987.

[60] Panciera DL: Complications and concurrent conditions associated with hypothyroidism in dogs. In Bonagura JD, editor: *Kirk's Current Veterinary Therapy XIII*, Philadelphia, 1999, W.B. Saunders Co., p 327.

[61] Dixon RM, Reid SW, Mooney CT: Epidemiological, clinical, haematological and biochemical characteristics of canine hypothyroidism. *Vet Rec* 145:481, 1999.

[62] Ahsan MK, Urano Y, Kato S, et al: Immunohistochemical localization of thyroid hormone nuclear receptors in human hair follicles and *in vitro* effect of l-triiodothyronine on cultured cell of hair follicles and skin. *J Med Invest* 44:179, 1998.

[63] Credille KM, et al: Clinical, morphologic, morphometric, and cell proliferation assessment of hair follicles in canine hypothyroidism. *J Invest Dermatol* 110:581, 1998.

[64] Credille KM, Slater MR, Moriello KA, et al: The effects of thyroid hormones on the skin of beagle dogs. *J Vet Intern Med* 15:539,2001.

[65] Rosenberg RM, Isseroff RR, Ziboh VA, et al: Abnormal lipogenesis in thyroid hormone-deficient epidermis. *J Invest Dermatol* 86:244, 1986.

[66] Campbell KL, Davis CA: Effects of thyroid hormones on serum and cutaneous fatty acid concentrations in dogs. *Am J Vet Res* 51:752, 1990.

[67] Simpson JW, van den Broek AHM: Fat absorption in dogs with diabetes mellitus or hypothyroidism. *Res Vet Sci* 50:346, 1991.

[68] Delverdier M, et al: Les mucinoses cutanées du chien et du chat: Étude histologique et histochimique à partir de 106 cas. *Rev Méd Vét* 146:33, 1995.

[69] Doliger S, Delverdier M, Moré J, et al: Histochemical study of cutaneous mucins in hypothyroid dogs. *Vet Pathol* 32:628, 1995.

[70] Kelly MJ, Hill JR: Canine myxedema stupor and coma. *Compend Contin Educ* 6:1049, 1984.

[71] Liu SK, Tilley LP, Tappe JP, et al: Clinical and pathologic findings in dogs with atherosclerosis: 21 cases (1970-1983). *J Am Vet Med Assoc* 189:227, 1986.

[72] Patterson JS, Rusley MS, Zachary JF: Neurologic manifestations of cerebrovascular atherosclerosis associated with primary hypothyroidism in a dog. *J Am Vet Med Assoc* 186:499, 1985.

[73] Wheatley T, Edwards OM: Mild hypothyroidism and oedema: Evidence for increased capillary permeability to protein. *Clin Endocrinol* 18:627, 1983.

[74] Zeiss CJ, Waddle G: Hypothyroidism and atherosclerosis in dogs. *Compend Contin Educ* 17:1117, 1995.

[75] Henik RA, Dixon RM: Intravenous administration of levothyroxine for treatment of suspected myxedema coma complicated by severe hypothermia in a dog. *J Am Vet Med Assoc* 216:713, 2000.

[76] Jaggy A, Oliver JE, Ferguson DC, et al: Neurological manifestations of hypothyroidism: a retrospective study of 29 dogs. *J Vet Intern Med* 8:328, 1994.

[77] Bichsel P, Jacobs G, Oliver JE, Jr: Neurologic manifestations associated with hypothyroidism in four dogs. *J Am Vet Med Assoc* 192:1745, 1989.

[78] Budsberg SC, Moore GE, Klappenbach K: Thyroxin-responsive unilateral forelimb lameness and generalized neuromuscular disease in four hypothyroid dogs. *J Am Vet Med Assoc* 202:1859, 1993.

[79] Phillips DE, Harkin KR: Hypothyroidism and myocardial failure in two Great Danes. *J Am Anim Hosp Assoc* 39:133, 2003.

[80] Sullivan P, Gompf R, Schmeitzel L, et al: Altered platelet indices in dogs with hypothyroidism and cats with hyperthyroidism. *Am J Vet Res* 54:2004, 1993.

[81] Panciera DL, Johnson GS: Plasma von Willebrand factor antigen concentration in dogs with hypothyroidism. *J Am Vet Med Assoc* 205:1550, 1994.

[82] Panciera DL, Johnson GS: Plasma von Willebrand factor antigen concentration and buccal mucosal bleeding time in dogs with experimental hypothyroidism. *J Vet Intern Med* 10:60, 1996.

[83] Beale KM, et al: Correlation of racing and reproductive performance in Greyhounds with response to thyroid function testing. *J Am Anim Hosp Assoc* 28:263, 1992.

[84] Cortese L, Oliva G, Verstegen J, et al: Hyperprolactinemia and galactorrhea associated with primary hypothyroidism in a bitch. *J Small Anim Pract* 38:572, 1997.

[85] Braverman LE, Utiger RD: *The Thyroid: A Fundamental and Clinical Text*, ed 9, Philadelphia, 2005, Lippincott Williams & Wilkins.

[86] Vargas F, Moreno JM, Rodríguez-Gómez I, et al: Vascular and renal function in experimental thyroid disorders. *Eur J Endocrinol* 154:197, 2006.

[87] Suher M, Koc E, Ata N, et al: Relation of thyroid disfunction, thyroid autoantibodies, and renal function. *Ren Fail* 27:739, 2005.

[88] Fatjó J, Stub C, Manteca X: Four cases of aggression and hypothyroidism in dogs. *Vet Rec* 151:547, 2002.

[89] Ford SL, Nelson RW, Feldman EC, et al: Insulin resistance in three dogs with hypothyroidism and diabetes mellitus. *J Am Vet Med Assoc* 202:1478, 1993.

[90] Hasler A, Rohner K: Schwerwiegende Reaktionen nach TSH-Stimulationstest beim Hund. *Schweiz Arch Tierheilkd* 134:423, 1992.

[91] Panciera DL, Refsal KR, Sennello KA, et al: Effects of deracoxib and aspirin on serum concentrations of thyroxine, 3,5,3'-triiodothyronine, free thyroxine, and thyroid-stimulating hormone in healthy dogs. *Am J Vet Res* 67:599, 2006.

[92] Gross TL, et al: *Veterinary Dermatopathology*, ed 2, St. Louis, 2005, Mosby Year Book.

[93] Scott DW: Histopathologic findings in the endocrine skin disorders of the dog. *J Am Anim Hosp Assoc* 18:73, 1982.

[94] Panciera DL: Canine hypothyroidism. Part II: Thyroid function tests and treatment. *Compend Contin Educ* 12:943, 1990.

[95] Panciera DL, Johnston SA: Results of thyroid function tests and concentrations of plasma proteins in dogs administered etodolac. *Am J Vet Res* 63:1492, 2002.

[96] Panciera DL: Is it possible to diagnose canine hypothyroidism? *J Small Anim Pract* 40:152, 1999.

[97] Kemppainen RJ: Laboratory diagnosis of hypothyroidism. In *Hypothyroidism: Diagnosis and Clinical Manifestations. Daniels Pharmaceuticals*, St. Petersburg, 1993, p 10.

[98] Beale KM, Keisling K, Forster-Blouin S: Serum thyroid hormone concentrations and thyrotropin responsiveness in dogs with generalized dermatologic disease. *J Am Vet Med Assoc* 201:1715, 1992.

[99] Behrend EN, Kemppainen RJ, Young DW: Effect of storage conditions on cortisol, total thyroxine, and free thyroxine concentrations in serum and plasma of dogs. *J Am Vet Med Assoc* 212:1564, 1998.

[100] Kemppainen RJ, Birchfield JR: Measurement of total thyroxine concentration in serum from dogs and cats by use of various methods. *Am J Vet Res* 67:259, 2006.

[101] Schachter S, Nelson RW, Scott-Moncrieff C, et al: Comparison of serum-free thyroxine concentrations determined by standard equilibrium dialysis, modified equilibrium dialysis, and 5 radioimmunoassays in dogs. *J Vet Intern Med* 18:259, 2004.

[102] Paradis M, Pagé N, Larivière N, et al: Serum-free thyroxine concentrations, measured by chemiluminescence assay before and after thyrotropin administration in healthy dogs, hypothyroid dogs, and euthyroid dogs with dermatopathies. *Can Vet J* 37:289, 1996.

[103] Dixon RM, Mooney CT: Evaluation of serum free thyroxine and thyrotropin concentrations in the diagnosis of canine hypothyroidism. *J Small Anim Pract* 40:72, 1999.

[104] Nelson RW, Ihle SL, Feldman EC, et al: Serum free thyroxine concentration in healthy dogs, dogs with hypothyroidism, and euthyroid dogs with concurrent illness. *J Am Vet Med Assoc* 198:1401, 1991.

[105] Melian C, et al: Evaluation of free T_4 and endogenous TSH as diagnostic tests for hypothyroidism in dogs. *Proc Annu Meet Am Coll Vet Intern Med* 15:667, 1997.

[106] Peterson ME, Melián C, Nichols R: Measurement of serum total thyroxine, triiodothyronine, free thyroxine, and thyrotropin concentrations for diagnosis of hypothyroidism in dogs. *J Am Vet Med Assoc* 211:1396, 1997.

[107] Kemppainen RJ, Young DW, Behrend EN, et al: Autoantibodies to triiodothyronine and thyroxine in a golden retriever. *J Am Anim Hosp Assoc* 32:195, 1996.

[108] Yu AA, Kemppainen RJ, MacDonald JM: Effect of endotoxin on hormonal responses to thyrotropin and thyrotropin-releasing hormone in dogs. *Am J Vet Res* 59:186, 1998.

[109] Torres SM, Feeney DA, Lekcharoensuk C, et al: Comparison of colloid, thyroid follicular epithelium, and thyroid hormone concentrations in healthy and severely sick dogs. *J Am Vet Med Assoc* 222:1079, 2003.

[110] Yilmaz Z, et al: T3, T4 and TSH concentrations in dogs with non-thyroidal illness. *Indian Vet J* 80:49, 2003.

[111] Dixon RM, Graham PA, Mooney CT: Serum thyrotropin concentrations: A new diagnostic test for canine hypothyroidism. *Vet Rec* 138:594, 1996.

[112] Diaz-Espiñeira MM, et al: Functional and morphological changes in the adenohypophysis of dogs with induced primary hypothyroidism: Loss of TSH hypersecretion, hypersomatotropism, hypoprolactinemia, and pituitary enlargement with transdifferentiation. *Dom Anim Endocrinol* 35:98, 2008.

[113] Williams DA, Scott-Moncrieff C, Bruner J, et al: Validation of an immunoassay for canine thyroid stimulating hormone and changes in serum concentration following induction of hypothyroidism in dogs. *J Am Vet Med Assoc* 209:1730, 1996.

[114] Bruner JM, Scott-Moncrieff JC, Williams DA: Effect of time of sample collection in serum thyroid-stimulating hormone concentrations in euthyroid and hypothyroid dogs. *J Am Vet Med Assoc* 212:1572, 1998.

[115] Iversen L, Jensen AL, Høier R, et al: Biological variation of canine serum thyrotropin (TSH) concentration. *Vet Clin Pathol* 28:16, 1999.

[116] Rachofsky MA: Clinical relevance of results from the new canine specific endogenous TSH assay: A review of 79 cases. *Proc Annu Memb Meet Am*

Acad Vet Dermatol Am Coll Vet Dermatol 4, 1988.

[117]Richardson HW: Evaluation of endogenous cTSH assay RIA test kit in clinically normal and suspect hypothyroid dogs. Proc Annu Memb Meet Am Acad Vet Dermatol Am Coll Vet Dermatol 4, 1988.

[118]Iversen L, Høier R, Jensen AL, et al: Evaluation of the analytical performance of an enzyme immunometric assay (EIA) designed to measure endogenous thyroid-stimulating hormone (TSH) in canine serum samples. J Vet Med Assoc 45:93, 1998.

[119]Jensen AL, Iversen L, Høier R, et al: Evaluation of an immunoradiometric assay for thyrotropin in serum and plasma samples of dogs with primary hypothyroidism. J Comp Pathol 114:339, 1996.

[120]Scott-Moncrieff JC, Nelson RW, Bruner JM, et al: Comparison of serum concentrations of thyroid-stimulating hormone in healthy dogs, hypothyroid dogs, and euthyroid dogs with concurrent disease. J Am Vet Med Assoc 212:387, 1998.

[121]Ramsey IK, Evans H, Herrtage ME: Thyroid-stimulating hormone and total thyroxine concentrations in euthyroid, sick euthyroid and hypothyroid dogs. J Small Anim Pract 38:540, 1997.

[122]Dixon RM, et al: Comparison of endogenous serum thyrotropin (cTSH) concentrations with bovine TSH response test results in euthyroid and hypothyroid dogs. Proc Annu Meet Am Coll Vet Intern Med 15:668, 1997.

[123]Sauvé F, et al: Evaluation de la function thyroidienne chez les chiens de race Terre-Neuve. Méd Vét Québec 27:77, 1997.

[124]Van der Walt JA, Van der Walt LA, Le Roux PH: Functional endocrine modification of the thyroid following ovariectomy in the canine. J S Afr Vet Assoc 54:225, 1983.

[125]Gaughan KR, Bruyette DS: Thyroid function testing in greyhounds. Am J Vet Res 62:1130, 2001.

[126]Shiel RE, Sist M, Nachreiner RF, et al: Assessment of criteria used by veterinary practitioners to diagnose hypothyroidism in sighthounds and investigation of serum thyroid hormone concentrations in healthy Salukis. J Am Vet Med Assoc 236:302, 2010.

[127]Brent BA, Hershman JM: Thyroxine therapy in patients with severe nonthyroidal illnesses and low thyroxine concentration. J Clin Endocrinol Metab 63:1, 1986.

[128]Engler D, Burger AG: The deiodination of the iodothyronines and of their derivatives in man. Endocrinol Rev 5:151, 1984.

[129]Wartofsky L, Burman KD: Alterations in thyroid function in patients with systemic illness: The "euthyroid sick syndrome." Endocrinol Rev 3:164, 1982.

[130]Kantrowitz LB, Peterson ME, Melián C, et al: Serum total thyroxine, total triiodothyronine, free thyroxine, and thyrotropin concentrations in dogs with nonthyroidal disease. J Am Vet Med Assoc 219:765, 2001.

[131]Hall IA, Campbell KL, Chambers MD, et al: Effect of trimethoprim/ sulfamethoxazole on thyroid function in dogs with pyoderma. J Am Vet Med Assoc 202:1159, 1993.

[132]Moore GE, Ferguson DC, Hoenig M: Effects of oral administration of anti-inflammatory doses of prednisolone on thyroid hormone response to thyrotropin-releasing hormone and thyrotropin in clinically normal dogs. Am J Vet Res 54, 1993.

[133]Reimers TJ, McGarrity MS, Strickland D: Effect of fasting on thyroxine, 3,5,3'-triiodothyronine, and cortisol concentrations in serum of dogs. Am J Vet Res 47:2485, 1986.

[134]Daminet S, Ferguson DC: Influence of drugs on thyroid function in dogs. J Vet Intern Med 17:463,2003.

[135]Gookin JL, Trepanier LA, Bunch SE: Clinical hypothyroidism associated with trimethoprim-sulfadiazine administration in a dog. J Am Vet Med Assoc 214:1028, 1999.

[136]Gulikers KP, Panciera DL: Influence of various medications on canine thyroid function. Compend Contin Educ Pract Vet 24:511, 2002.

[137]Kantrowitz LB, Peterson ME, Trepanier LA, et al: Serum total thyroxine, total triiodothyronine, free thyroxine, and thyrotropin concentrations in epileptic dogs treated with anticonvulsants. J Am Vet Med Assoc 214:1804, 1999.

[138]Torres SMF, et al: Hypothyroidism in a dog associated with trimethoprim-sulfadiazine therapy. Vet Dermatol 7:105, 1996.

[139]Sauvé F, Paradis M, Refsal KR, et al: Effects of oral administration of meloxicam, carprofen, and a nutraceutical on thyroid function in dogs with osteoarthritis. Can Vet J 44:474, 2003.

[140]Frank LA, Hnilica KA, May ER, et al: Effects of sulfamethoxazole-trimethoprim on thyroid function in dogs. Am J Vet Res 66:256, 2005.

[141]Hoenig M, Ferguson DC: Assessment of thyroid functional reserve in the cat by the thyrotropin-stimulation test. Am J Vet Res 44:1229, 1983.

[142]Panciera DL, Post K: Effect of oral administration of sulfadiazine and trimethoprim in combination on thyroid function in dogs. Can J Vet Res 56:349, 1992.

[143]Williamson NL, Frank LA, Hnilica KA: Effects of short-term trimethoprim-sulfamethoxazole administration on thyroid function in dogs. J Am Vet Med Assoc 221:802, 2002.

[144]Daminet S, Paradis M, Refsal KR, et al: Short-term influence of prednisone and phenobarbital on thyroid function in euthyroid dogs. Can Vet J 40:411, 1999.

[145]Beale KM, Helm LJ, Keisling K: Comparison of two doses of aqueous bovine thyrotropin for thyroid function testing in dogs. J Am Vet Med Assoc

197:865, 1990.

[146]Boretti FS, Sieber-Ruckstuhl NS, Willi B, et al: Comparison of the biological activity of recombinant human thyroid-stimulating hormone with bovine thyroid-stimulating hormone and evaluation of recombinant human thyroid-stimulating hormone in healthy dogs of different breeds. Am J Vet Res 67:1169, 2006.

[147]Sauvé F, Paradis M: Use of recombinant human thyroid-stimulating hormone for thyrotropin stimulation test in euthyroid dogs. Can Vet J 41:215, 2000.

[148]Boretti FS, Sieber-Ruckstuhl NS, Wenger-Riggenbach B, et al: Comparison of 2 doses of recombinant human thyrotropin for thyroid function testing in healthy and suspected hypothyroid dogs. J Vet Intern Med 23:856, 2009.

[149]Paradis M, Laperrière E, Larivière N: Effects of administration of low dose of frozen thyrotropin on serum total thyroxine concentrations in clinically normal dogs. Can Vet J 35:367, 1994.

[150]Kobayashi DL, et al: Serum thyroid hormone concentrations in clinically normal dogs after administration of freshly reconstituted versus previously frozen and stored thyrotropin. J Am Vet Med Assoc 197:597, 1990.

[151]Larsson MG: Determination of free thyroxine and cholesterol as a new screening test for canine hypothyroidism. J Am Anim Hosp Assoc 24:209, 1988.

[152]Peterson ME, Ferguson DC, Kintzer PP, et al: Effects of spontaneous hyperadrenocorticism on serum thyroid hormone concentrations in the dog. Am J Vet Res 45:2034, 1984.

[153]Ferguson DC, Peterson ME: Serum free and total iodothyronine concentrations in dogs with hyperadrenocorticism. Am J Vet Res 53:1636, 1992.

[154]Panciera DL, Atkins CE, Bosu WT, et al: Quantitative morphologic study on the pituitary and thyroid glands of dogs administered L-thyroxine. Am J Vet Res 51:27, 1990.

[155]Moriello KA, Halliwell RE, Oakes M: Determination of thyroxine, triiodothyronine, and cortisol changes during simultaneous adrenal and thyroid function tests in healthy dogs. Am J Vet Res 48:458, 1987.

[156]Reimers TJ, et al: Changes in serum thyroxine and cortisol in dogs after simultaneous injection of TSH and ACTH. J Am Anim Hosp Assoc 18:923, 1982.

[157]Meij BP, Mol JA, Hazewinkel HA, et al: Assessment of a combined anterior pituitary function test in beagle dogs: Rapid sequential intravenous administration of four hypothalamic releasing hormones. Domest Anim Endocrinol 13:161, 1996.

[158]Frank LA: Comparison of thyrotropin-releasing hormone (TRH) to thyrotropin (TSH) simulation for evaluating thyroid function in dogs. J Am Anim Hosp Assoc 32:481, 1996.

[159]Hoenig M, Ferguson DC: Comparison of TRH-stimulated thyrotropin (cTSH) to TRH- and TSH-stimulated T4 in euthyroid, hypothyroid, and sick dogs. Proc Annu Meet Am Coll Vet Intern Med 15:668, 1997.

[160]Li WI, Chen CL, Tiller AA, et al: Effects of thyrotropin-releasing hormone on serum concentrations of thyroxine and triiodothyronine in healthy, thyroidectomized, thyroxine-treated, and propylthiouracil-treated dogs. Am J Vet Res 47:163, 1986.

[161]Meij BP, Mol JA, Rijnberk A: Thyroid-stimulating hormone responses after single administration of thyroid-releasing hormone and combined administration of four hypothalamic releasing hormones in beagle dogs. Domest Anim Endocrinol 13:465, 1996.

[162]Scott-Moncrieff JCR, Nelson RW: Change in serum thyroid-stimulating hormone concentration in response to administration of thyrotropin-releasing hormone to healthy dogs, hypothyroid dogs, and euthyroid dogs with concurrent diseases. J Am Vet Med Assoc 213:1435, 1998.

[163]Sparkes AH, Gruffydd-Jones TJ, Wotton PR, et al: Assessment of dose and time responses to TRH and thyrotropin in healthy dogs. J Small Anim Pract 36:245, 1995.

[164]Stolp R, Croughs RJ, Meijer JC, et al: Plasma cortisol response to thyrotropin releasing hormone and luteinizing hormone releasing hormone in healthy kennel dogs and in dogs with pituitary-dependent hyperadrenocorticism. J Endocrinol 93:365, 1982.

[165]Bruyette DS, Nelson RW, Bottoms GD: Effect of thyrotropin storage on thyroid-stimulating hormone response testing in normal dogs. J Vet Intern Med 1:91, 1987.

[166]Wall JR, Kuroki T: Immunologic factors in thyroid disease. Med Clin North Am 69:913, 1985.

[167]Refsal KR, et al: Thyroid hormone autoantibodies in the dog: Distribution with serum concentrations of thyroxine and thyrotropin in a laboratory survey. Proc Annu Meet Am Coll Vet Intern Med 16:700, 1998.

[168]Conaway DH, Padgett GA, Bunton TE, et al: Clinical and histological features of primary progressive, familial thyroiditis in a colony of borzoi dogs. Vet Pathol 22:439, 1985.

[169]Dixon RM, Mooney CT: Canine serum thyroglobulin autoantibodies in health, hypothyroidism, and nonthyroidal illness. Res Vet Sci 66:243, 1999.

[170]Deeg C, Kaspers A, Hartmann K, 2nd, et al: Canine Hypothyreose: Nachweis von Autoantikörpern gegen Thyreoglobulin. Tierarztl Prax 25:170, 1997.

[171]Iversen L, Jensen AL, Høier R, et al: Development and validation of an improved enzyme-linked immunosorbent assay for the detection of

thyroglobulin autoantibodies in canine serum samples. *Domest Anim Endocrinol* 15:525, 1998.

[172]Nachreiner RF, Refsal KR, Graham PA, et al: Prevalence of autoantibodies to thyroglobulin in dogs with nonthyroidal illness. *Am J Vet Res* 59:951, 1998.

[173]Scott-Moncrieff JC, Azcona-Olivera J, Glickman NW, et al: Evaluation of antithyroglobulin antibodies after routine vaccination in pet and research dogs. *J Am Vet Med Assoc* 221:515, 2002.

[174]Lucke VM, Gaskell CJ, Wotton PR.

[175]Woltz HH, Thompson FN, Kemppainen RJ, et al: Effect of prednisone on thyroid gland morphology and plasma thyroxine and triiodothyronine concentrations in the dog. *Am J Vet Res* 44:2000, 1983.

[176]Brömel C, Pollard RE, Kass PH, et al: Ultrasonographic evaluation of the thyroid gland in healthy, hypothyroid, and euthyroid golden retrievers with nonthyroidal illness. *J Vet Intern Med* 19:499,2005.

[177]Reese S, Breyer U, Deeg C, et al: Thyroid sonography as an effective tool to discriminate between euthyroid sick and hypothyroid dogs. *J Vet Intern Med* 19:491, 2005.

[178]Ferguson DC, Hoenig M: Reexamination of dosage regimens for l-thyroxine (T₄) in the dog: Bioavailability and persistence of TSH suppression. *Proc Annu Meet Am Coll Vet Intern Med* 15:668, 1997.

[179]Greco DS, Rosychuk RA, Ogilvie GK, et al: The effect of levothyroxine treatment on resting energy expenditure of hypothyroid dogs. *J Vet Intern Med* 12:7, 1998.

[180]Greco D: Use of endogenous thyrotropin and free thyroxine determinations for monitoring thyroid replacement treatment in dogs with hypothyroidism. In Bonagura JD, editor: *Kirk's Current Veterinary Therapy XIII*, Philadelphia, 1999, W.B. Saunders Co., p 330.

[181]Nachreiner RF, Refsal KR, Ravis WR, et al: Pharmacokinetics of L-thyroxine after its oral administration in dogs. *Am J Vet Res* 54:2091, 1993.

[182]Panciera DL: Treating hypothyroidism. *Vet Med* 92:58, 1997.

[183]Dixon RM, Reid SW, Mooney CT: Treatment and therapeutic monitoring of canine hypothyroidism. *J Small Anim Pract* 43:334, 2002.

[184]Hansen SR, Timmons SP, Dorman DC: Acute overdose of levothyroxine in a dog. *J Am Vet Med Assoc* 200:1512, 1992.

[185]Panciera DL: An echocardiographic and electrocardiographic study of cardiovascular function in hypothyroid dogs. *J Am Vet Med Assoc* 205:996, 1994.

[186]Finora K, Greco D: Hypothyroidism and myxedema coma. *Compend Contin Educ Vet* 29:19,2007.

[187]Panciera DL, MacEwen EG, Atkins CE, et al: Thyroid function tests in euthyroid dogs treated with L-thyroxine. *Am J Vet Res* 51:22, 1989.

[188]Rand JS, Levine J, Best SJ, et al: Spontaneous adult-onset hypothyroidism in a cat. *J Vet Intern Med* 7:272, 1993.

[189]Arnold U, et al: Goitrous hypothyroidism and dwarfism in a kitten. *J Am Anim Hosp Assoc* 20:735, 1984.

[190]Jones BR, Gruffydd-Jones TJ, Sparkes AH, et al: Preliminary studies on congenital hypothyroidism in a family of Abyssinian cats. *Vet Rec* 131:145, 1992.

[191]Peterson ME: Feline hypothyroidism. In Kirk RW, editor: *Current Veterinary Therapy X*, Philadelphia, 1989, W.B. Saunders Co., p 1000.

[192]Schumm-Draeger PM, Fortmeyer HP: Autoimmune thyroiditis—spontaneous disease models—cats. *Exp Clin Endocrinol Diabetes* 104:12, 1996.

[193]Stephan I, Schutt-Mast I: Kongenitale Hypothyreose mit disproportioniertem Zwergwuchs bei einer Katze. *Kleintierpraxis* 40:701, 1995.

[194]Thoday KL: Feline hypothyroidism: An experimental study. *Vet Dermatol Newsl* 12(1), 1989.

[195]Tarttelin MF, Johnson LA, Cooke RR, et al: Serum free thyroxine levels respond inversely to changes in levels of dietary iodine in the domestic cat. *N Z Vet J* 40:66, 1992.

[196]Scott DW: Feline dermatology 1900-1978: A monograph. *J Am Anim Hosp Assoc* 16:331, 1980.

[197]Zerbe CA, et al: Thyroid profiles in healthy kittens from birth to 12 weeks of age. *Proc Annu Meet Am Coll Vet Intern Med* 16:702, 1998.

[198]Mooney CT, Little CJ, Macrae AW: Effect of illness not associated with the thyroid gland on serum total and free thyroxine concentrations in cats. *J Am Vet Med Assoc* 208:2004, 1996.

[199]Peterson ME, Camble DA: Effect of nonthyroidal illness on serum thyroxine concentrations in cats: 494 cases (1988). *J Am Vet Med Assoc* 197:1203, 1990.

[200]Thoday KL, et al: Radioimmunoassay of serum total thyroxine and triiodothyronine in cats: Assay methodology and effects of age, sex, breed, heredity, and environment. *J Small Anim Pract* 25:457, 1984.

[201]Thorneloe C, et al: Evaluation de la thyroxine totale par ELISA chez des chats normanx, hyperthyroïdiens et euthyroïdiens souffrant de maladies systemiques. *Méd Vét Québec* 27:119, 1997.

[202]Sparks AH, et al: Thyroid function in the cat: Assessment by the TRH response test and thyrotropin stimulation test. *J Small Anim Pract* 32:59, 1991.

[203]Thoday KL, Mooney CT: Medical management of feline hyperthyroidism. In Kirk RW, Bonagura JD, editors: *Kirk's Current Veterinary Therapy XI*, Philadelphia, 1992, W.B. Saunders Co., p 338.

[204]Thoday KL, Mooney CT: Historical, clinical and laboratory features of 126 hyperthyroid cats. *Vet Rec* 131:257, 1992.

[205]Graves TK, Peterson ME: Occult hyperthyroidism in cats. In Kirk RW, Bonagura JD, editors: *Kirk's Current Veterinary Therapy XI*, Philadelphia, 1992, W.B. Saunders Co., p 334.

[206]Meeking SA: Thyroid disorders in the geriatric patient. *Vet Clin Small Anim* 35:635, 2005.

[207]Paradis M, Page N: Serum free thyroxine concentrations measured by chemiluminescence in hyperthyroid and euthyroid cats. *J Am Anim Hosp Assoc* 32:489, 1996.

[208]Peterson ME, et al: Measurement of serum concentrations of total and free T₄ in hyperthyroid cats and cats with nonthyroidal disease. *Proc Am Coll Vet Intern Med* 16:701, 1998.

[209]Refsal KR, Nachreiner RF, Stein BE, et al: Use of triiodothyronine suppression test for diagnosis of hyperthyroidism in ill cats that have serum concentrations of iodothyronines within normal range. *J Am Vet Med Assoc* 199:1594, 1991.

[210]Meric SM, Rubin SI: Serum thyroxine concentrations following fixed-dose radioactive iodine treatment in hyperthyroid cats: 62 cases (1986-1989). *J Am Vet Med Assoc* 197:621, 1990.

[211]Mooney CT, Thoday KL: CVT update: Medical treatment of hyperthyroidism in cats. In Bonagura JD, editor: *Kirk's Current Veterinary Therapy XIII*, Philadelphia, 1999, W.B. Saunders Co., p 333.

[211a]Melendez LD, Yamika RM, Forrester SD, et al: Titration of dietary iodine for reducing serum thyroxine concentrations in newly diagnosed hyperthyroid cats. *J Vet Intern Med* 25:683 (abstract), 2011.

[212]Scott DW: Dermatologic use of glucocorticoids: Systemic and topical. *Vet Clin North Am* 12:19, 1982.

[213]Gayrard V, Alvinerie M, Toutain PL: Interspecies variations of corticosteroid-binding globulin parameters. *Domest Anim Endocrinol* 13:35, 1996.

[214]Kemppainen RJ, Boehrend E: Adrenal physiology. *Vet Clin North Am* 27:173, 1997.

[215]Chrousos GP, Schuermeyer TH, Doppman J, et al: Clinical applications of corticotropin-releasing factor. *Ann Intern Med* 102:344, 1985.

[216]Frazier KS, Hullinger GA, Liggett AD, et al: Multiple cutaneous metaplastic ossification associated with iatrogenic hyperglucocorticoidism. *J Vet Diagn Invest* 10:303, 1998.

[217]White SD: Facial dermatosis in four dogs with hyperadrenocorticism. *J Am Vet Med Assoc* 188:1441, 1986.

[218]Jensen RB, DuFort RM: Hyperadrenocorticism in dogs. *Compend Contin Educ* 13:615, 1991.

[219]Peterson ME: Canine hyperadrenocorticism. In Kirk RW, editor: *Current Veterinary Therapy IX*, Philadelphia, 1986, W.B. Saunders Co., p 963.

[220]Zerbe CA: The hypothalamic-pituitary-adrenal axis and pathophysiology of hyperadrenocorticism. *Compend Contin Educ Pract Vet* 21:1134, 1999.

[221]Greco DS, Peterson ME, Davidson AP, et al: Concurrent pituitary and adrenal tumors in dogs with hyperadrenocorticism: 17 cases (1978-1995). *J Am Vet Med Assoc* 214:1349, 1999.

[222]Huang HP, Yang HL, Liang SL, et al: Iatrogenic hyperadrenocorticism in 28 dogs. *J Am Anim Hosp Assoc* 35:200, 1999.

[223]Bruyette DS, Ruehl WW, Entriken T, et al: Management of canine pituitary-dependent hyperadrenocorticism with l-deprenyl (Anipryl). *Vet Clin North Am* 27:273, 1997.

[224]El Etreby MF, Müller-Peddinghaus R, Bhargava AS, et al: Functional morphology of spontaneous hyperplastic and neoplastic lesions in the canine pituitary gland. *Vet Pathol* 17:109, 1980.

[225]Peterson ME, Krieger DT, Drucker WD, et al: Immunocytochemical study of the hypophysis in 25 dogs with pituitary-dependent hyperadrenocorticism. *Acta Endocrinol* 101:15, 1982.

[226]van Wijk PA, Rijnberk A, Croughs RJ, et al: Molecular screening for somatic mutations in corticotropic adenomas of dogs with pituitary-dependent hyperadrenocorticism. *J Endocrinol Invest* 20:1, 1997.

[227]Theon AP, Feldman EC: Megavolt irradiation of pituitary macrotumors in dogs with neurologic signs. *J Am Vet Med Assoc* 213:225, 1998.

[228]Behrend EN, Kemppainen RJ: Medical therapy of canine Cushing's syndrome. *Compend Contin Educ* 20:679, 1998.

[229]Bruyette DS, Ruehl WW, Entriken T, et al: Treating canine pituitary-dependent hyperadrenocorticism with l-deprenyl. *Vet Med* 92:711, 1997.

[230]Sarfaty D, Carrillo JM, Peterson ME: Neurologic, endocrinologic, and pathologic findings associated with large pituitary tumors in dogs: Eight cases (1976-1984). *J Am Vet Med Assoc* 193:854, 1988.

[231]Stolp R, Croughs RJ, Rijnberk A: Results of cyproheptadine treatment in dogs with pituitary-dependent hyperadrenocorticism. *J Endocrinol* 101:311, 1984.

[232]Kipperman BS, Feldman EC, Dybdal NO, et al: Pituitary tumor size, neurologic signs, and relation to endocrine test results in dogs with pituitary-dependent hyperadrenocorticism: 43 cases (1980-1990). *J Am Vet Med Assoc* 201:762, 1992.

[233]Kooistra HS, Voorhout G, Mol JA, et al: Correlation between impairment of glucocorticoid feedback and the size of the pituitary gland in dogs with pituitary-dependent hyperadrenocorticism. *J Endocrinol* 152:387, 1997.

[234]van Wijk PA, Rijnberk A, Croughs RJ, et al: Effects of corticotropin-releasing hormone, vasopressin and insulin-like growth factor-I on proliferation of and adrenocorticotropic hormone secretion by canine corticotropic adenoma. Eur J Endocrinol 138:309, 1998.

[235]Dunn KJ, Herrtage ME, Dunn JK: Use of ACTH stimulation tests to monitor the treatment of canine hyperadrenocorticism. Vet Rec 137:161, 1995.

[236]Penninck DG, Feldman EC, Nyland TG: Radiographic features of canine hyperadrenocorticism caused by autonomously functioning adrenocortical tumors: 23 cases (1978-1986). J Am Vet Med Assoc 192:1604, 1988.

[237]Poffenbarger EM, Feeney DA, Hayden DW: Gray-scale ultrasonography in the diagnosis of adrenal neoplasia in dogs: Six cases (1981-1986). J Am Vet Med Assoc 192:228, 1988.

[238]Reusch CE, Feldman EC: Canine hyperadrenocorticism due to adrenocortical neoplasia. J Vet Intern Med 5:3, 1991.

[239]Voorhout G, Rijnberk A, Sjollema BE, et al: Nephrotomography and ultrasonography for the localization of hyperfunctioning adrenocortical tumors in dogs. Am J Vet Res 51:1280, 1990.

[240]Ford SL, Feldman EC, Nelson RW: Hyperadrenocorticism caused by bilateral adrenocortical neoplasia in dogs. Four cases (1983-1988). J Am Vet Med Assoc 202:789, 1993.

[241]Bennett PF, Norman EJ: Mitotane (o,p'DDD) resistance in a dog with pituitary-dependent hyperadrenocorticism and pheochromocytoma. Aust Vet J 76:101, 1998.

[242 von Dehn BJ, Nelson RW, Feldman EC, et al: Pheochromocytoma and hyperadrenocorticism in dogs: Six cases (1982-1992). J Am Vet Med Assoc 207:322, 1995.

[243]Moore GE, Hoenig M: Duration of pituitary and adrenocortical suppression after long-term administration of anti-inflammatory doses of prednisone in dogs. Am J Vet Res 53:716, 1992.

[244]Kemppainen RJ, Sartin JL, Peterson ME: Effects of single intravenously administered doses of dexamethasone on response to the adrenocorticotropic hormone stimulation test in dogs. Am J Vet Res 50:1914, 1989.

[245]Mbugua SW, Skoglund LA, Djøseland O, et al: Adrenocortical suppression by a glucocorticoid: Effect of a single I. M. injection of betamethasone depot versus placebo given prior to orthopaedic surgery in dogs. Acta Vet Scand 29:415, 1988.

[246]Eichenbaum JD, et al: Effect in large dogs of ophthalmic prednisolone acetate on adrenal gland and hepatic function. J Am Anim Hosp Assoc 24:705, 1988.

[247]Glaze MB, Crawford MA, Nachreiner RF, et al: Ophthalmic corticosteroid therapy: Systemic effects in the dog. J Am Vet Med Assoc 192:73, 1988.

[248]Meyer DJ, Moriello KA, Feder BM, et al: Effect of otic medications containing glucocorticoids in liver function tests in healthy dogs. J Am Vet Med Assoc 196:743, 1990.

[249]Murphy CJ, et al: Iatrogenic Cushing's syndrome in a dog caused by topical ophthalmic medication. J Am Anim Hosp Assoc 26:640, 1990.

[250]Roberts SM, Lavach JD, Macy DW, et al: Effect of ophthalmic prednisolone acetate on the canine adrenal gland and hepatic function. Am J Vet Res 45:1711, 1984.

[251]Ghubash R, Marsella R, Kunkle G: Evaluation of adrenal function in small-breed dogs receiving otic glucocorticoids. Vet Dermatol 15:363, 2004.

[252]Zenoble RD, Kemppainen RJ: Adrenocortical suppression by topically applied corticosteroids in healthy dogs. J Am Vet Med Assoc 191:685, 1987.

[253]Nelson RW, et al: Topics in the diagnosis and treatment of canine hyperadrenocorticism. Compend Contin Educ 13:1797, 1991.

[254]Scholten-Sloof BE, Knol BW, Rijnberk A, et al: Pituitary-dependent hyperadrenocorticism in a family of Dandie-Dinmont terriers. J Endocrinol 135:535, 1992.

[255]Schulman J, Johnston SD: Hyperadrenocorticism in two related Yorkshire terriers. J Am Vet Med Assoc 182:524, 1983.

[256]Dunn KJ: Complications associated with the diagnosis and management of canine hyperadrenocorticism. In Practice 24:246, 1997.

[257]Kemppainen RJ, Filer DV, Sartin JL, et al: Ovine corticotrophin-releasing factor in dogs: Dose-response relationships and effects of dexamethasone. Acta Endocrinol 112:12, 1986.

[258]Mack RE, et al: Diagnosis of hyperadrenocorticism in dogs. Compend Contin Educ 16:311, 1994.

[259]Beale KM, Morris DO: Treatment of canine calcinosis cutis with dimethylsulfoxide gel. Proc Annu Memb Meet Am Acad Vet Dermatol Am Coll Vet Dermatol 14:97, 1998.

[260]Scott DW: Cutaneous phlebectasias in cushingoid dogs. J Am Anim Hosp Assoc 21:351, 1985.

[261]Nichols R: Problems associated with medical therapy of canine hyperadrenocorticism. Probl Vet Med 2:551, 1990.

[262]Leyva-Ocariz H: Effect of hyperadrenocorticism and diabetes mellitus on serum progesterone concentrations during early metoestrus of pregnant and nonpregnant cycles induced by pregnant mares' serum gonadotrophin in domestic dogs. J Reprod Fertil Suppl 47:371, 1993.

[263]Dow SW, Olson PN, Rosychuk RA, et al: Perianal adenomas and hypertestosteronemia in a spayed bitch with pituitary-dependent hyperadrenocorticism. J Am Vet Med Assoc 192:1439, 1988.

[264]LaRue MJ, Murtaugh RJ: Pulmonary thromboembolism in dogs: 47 cases (1986-1987). J Am Vet Med Assoc 197:1368, 1990.

[265]Nichols R: Concurrent illness and complications associated with hyperadrenocorticism. Probl Vet Med 2:565, 1990.

[266]Dow SW, et al: Response of dogs with functional pituitary macroadenomas and macrocarcinomas to irradiation. J Small Anim Pract 31:287, 1990.

[267]Mauldin GN, Burk RL: The use of diagnostic computerized tomography and radiation therapy in canine and feline hyperadrenocorticism. Probl Vet Med 2:557, 1990.

[268]Nelson RW, Ihle SL, Feldman EC: Pituitary macroadenomas and macroadenocarcinomas in dogs treated with mitotane for pituitary-dependent hyperadrenocorticism: 13 cases (1981-1986). J Am Vet Med Assoc 194:1612, 1989.

[269]Ruehl WW, et al: Adrenal axis dysfunction in geriatric dogs with cognitive dysfunction. Proc Annu Meet Am Coll Vet Intern Med 15:119, 1997

[270]Ward DA, et al: Band keratopathy associated with hyperadrenocorticism in the dog. J Am Anim Hosp Assoc 25:583, 1989.

[271]Blaxter AC, Gruffydd-Jones TJ: Concurrent diabetes mellitus and hyperadrenocorticism in the dog: Diagnosis and management of eight cases. J Small Anim Pract 31:117, 1990.

[272]Moore GE, Hoenig M: Effect of orally administered prednisone on glucose tolerance and insulin secretion in clinically normal dogs. Am J Vet Res 54:126, 1993.

[273]Peterson ME, et al: Effect of spontaneous hyperadrenocorticism in endogenous production and utilization of glucose in the dog. Domest Anim Endocrinol 3:117, 1986.

[274]Ortega TM, Feldman EC, Nelson RW, et al: Systemic arterial blood pressure and urine protein/creatinine ratio in dogs with hyperadrenocorticism. J Am Vet Med Assoc 209:1724, 1996.

[275]Hess RS, Kass PH, Ward CR: Association between hyperadrenocorticism and development of calcium-containing uroliths in dogs with urolithiasis. J Am Vet Med Assoc 212:1889, 1998.

[276]Vandenbergh AG, Voorhout G, van Sluijs FJ, et al: Haemorrhage from a canine adrenocortical tumour: A clinical emergency. Vet Rec 131:539, 1992.

[277]Biewenga WJ, Rijnberk A, Mol JA: Persistent polyuria in two dogs following adrenocorticolysis for pituitary-dependent hyperadrenocorticism. Vet Q 11:193, 1989.

[278]Hess RS, Ward CR: Concurrent canine hyperadrenocorticism and diabetes mellitus: Diagnosis and treatment. Compend Contin Educ 20:701, 1998.

[279]Hurley KJ, Vaden SL: Evaluation of urine protein content in dogs with pituitary-dependent hyperadrenocorticism. J Am Vet Med Assoc 212:369, 1998.

[280]Simpson JW, van den Brock AHM: Assessment of fat absorption in normal dogs and dogs with hyperadrenocorticalism. Res Vet Sci 48:38, 1990.

[281]Solter PF, Hoffmann WE, Hungerford LL, et al: Assessment of corticosteroid-induced alkaline phosphatase isoenzyme as a screening test for hyperadrenocorticism in dogs. J Am Vet Med Assoc 203:534, 1993.

[282]Syakalima M, Takiguchi M, Yasuda J, et al: The age dependent levels of serum ALP isoenzymes and the diagnostic significance of corticosteroid-induced ALP during long-term glucocorticoid treatment. J Vet Med Sci 59:905, 1997.

[283]Wilson SM, Feldman EC: Diagnostic value of the steroid-induced isoenzyme of alkaline phosphatase in the dog. J Am Anim Hosp Assoc 28:245, 1992.

[284]Chauvet AE, Feldman EC, Kass PH: Effects of phenobarbital administration on results of serum biochemical analyses and adrenocortical function tests in epileptic dogs. J Am Vet Med Assoc 207:1305, 1995.

[285]Müller PB, Wolfsheimer KJ, Taboada J, et al: Effects of phenobarbital treatment on adrenal function tests in dogs. Proc Annu Meet Am Coll Vet Intern Med 16:700, 1998.

[286]Rothuizen J, de Kok Y, Slob A, et al: GABAergic inhibition of the pituitary release of adrenocorticotropin and the alpha-melanotropin is impaired in dogs with hepatic encephalopathy. Domest Anim Endocrinol 13:59, 1996.

[287]Jacoby RC, Owings JT, Ortega T, et al: Biochemical basis for the hypercoagulable state seen in Cushing syndrome. Arch Surg 136:1003, 2001.

[288]Voorhout G, Stolp R, Rijnberk A, et al: Assessment of survey radiography and comparison with x-ray computed tomography for detection of hyperfunctioning adrenocortical tumors in dogs. J Am Vet Med Assoc 196:1799, 1990.

[289]Voorhout G, et al: Computed tomography in the diagnosis of canine hyperadrenocorticism not suppressible by dexamethasone. J Am Vet Med Assoc 192:641, 1988.

[290]Yamini B, VanDenBrink PL, Refsal KR: Ovarian steroid tumor resembling luteoma associated with hyperadrenocorticism (Cushing's disease) in a dog. Vet Pathol 34:57, 1997.

[291]Barthez PY, Nyland TG, Feldman EC: Ultrasonographic evaluation of the adrenal glands in dogs. J Am Vet Med Assoc 207:1180, 1995.

[292]Grooters AM, Biller DS, Theisen SK, et al: Ultrasonographic characteristics of the adrenal glands in dogs with pituitary-dependent hyperadrenocorticism: Comparison with normal dogs. J Vet Intern Med 10:110, 1996.

[293]Hörauf A, Reusch C: Darstellung der nebennieren mittels Ultraschall:

Untersuchungen bei gesunden Hunden, Hunden mit nicht-endokrinen Erkrankungen sowie mit Cushing-syndrom. *Kleintier Praxis* 40:351, 1995.

[294]Widmer WR, Guptill, L: Imaging techniques for facilitating diagnosis of hyperadrenocorticism in dogs and cats. *J Am Vet Med Assoc* 206:1857, 1995.

[295]Bertoy EH, Feldman EC, Nelson RW, et al: Magnetic resonance imaging of the brain in dogs with recently diagnosed but untreated pituitary-dependent hyperadrenocorticism. *J Am Vet Med Assoc* 206:651, 1995.

[296]Bertoy EH, Feldman EC, Nelson RW, et al: One-year follow-up evaluation of magnetic resonance imaging of the brain in dogs with pituitary-dependent hyperadrenocorticism. *J Am Vet Med Assoc* 208:1268, 1996.

[297]Duesberg CA, et al: Magnetic resonance imaging for diagnosis of pituitary macrotumors in dogs. *J Am Vet Med Assoc* 206:657, 1995.

[298]Zerbe CA: Screening tests to diagnose hyperadrenocorticism in cats and dogs. *Compend Contin Educ Pract Vet* 22:17, 2000.

[299]Zerbe CA: Differentiating tests to evaluate hyperadrenocorticism in dogs and cats. *Compend Contin Educ Pract Vet* 22:149, 2000.

[300]Church DB, Nicholson AI, Ilkiw JE, et al: Effect of nonadrenal illness, anaesthesia and surgery on plasma cortisol concentrations in dogs. *Res Vet Sci* 56:129, 1994.

[301]Rothuizen J, Reul JM, Rijnberk A, et al: Aging and the hypothalamus-pituitary-adrenocortical axis, with special reference to the dog. *Acta Endocrinol (Copenh)* 125:73, 1991.

[302]Frank LA, Kunkle GA, Beale KM: Comparison of serum cortisol concentration before and after intradermal testing in sedated and nonsedated dogs. *J Am Vet Med Assoc* 200:507, 1992.

[303]Kaplan AJ, Peterson ME, Kemppainen RJ: Effects of disease on the results of diagnostic tests for use in detecting hyperadrenocorticism in dogs. *J Am Vet Med Assoc* 207:445, 1995.

[304]Hegstad RL, Johnston SD, Pasternak DM: Effect of sample handling on adrenocorticotropin concentration measured in canine plasma, using a commercially available radioimmunoassay kit. *Am J Vet Res* 51:1941, 1990.

[305]Peterson ME, Orth DN, Halmi NS, et al: Plasma immunoreactive ACTH peptides and cortisol in normal dogs and dogs with Addison's disease and Cushing's syndrome: Basal concentrations. *Endocrinology* 119:720, 1986.

[306]Kemppainen RJ, Clark TP, Peterson ME: Preservative effect of aprotinin on canine plasma immunoreactive adrenocorticotropin concentrations. *Domest Anim Endocrinol* 11:355, 1994.

[307]Feldman EC, Mack RE: Urine cortisol:creatinine ratio as a screening test for hyperadrenocorticism in dogs. *J Am Vet Med Assoc* 200:1637, 1992.

[308]Jensen AL, Iversen L, Koch J, et al: Evaluation of the urinary cortisol:creatinine ratio in the diagnosis of hyperadrenocorticism in dogs. *J Small Anim Pract* 38:99, 1997.

[309]Jones CA, Refsal KR, Lippert AC, et al: Changes in adrenal cortisol secretion as reflected in the urinary cortisol/creatinine ratio in dogs. *Domest Anim Endocrinol* 7:559, 1990.

[310]van Vonderen IK, Kooistra HS, Rijnberk A: Influence of veterinary care on the urinary corticoid:creatinine ratio in dogs. *J Vet Intern Med* 12:431, 1998.

[311]Greco DS, Behrend EN, Brown SA, et al: Pharmacokinetics of exogenous corticotropin in normal dogs, hospitalized dogs with nonadrenal illness and adrenopathic dogs. *J Vet Pharmacol Ther* 21:369, 1998.

[312]Norman EJ, Thompson H, Mooney CT: Dynamic adrenal function testing in eight dogs with hyperadrenocorticism associated with adrenocortical neoplasia. *Vet Rec* 144:551, 1999.

[313]Kintzer PP, Peterson ME: Mitotane (o,p'-DDD) treatment of 200 dogs with pituitary-dependent hyperadrenocorticism. *J Vet Intern Med* 5:102, 1991.

[314]Behrend EN, Kemppainen RJ, Bruyette DS, et al: Intramuscular administration of a low dose of ACTH for ACTH stimulation testing in dogs. *J Am Vet Med Assoc* 229:528, 2006.

[315]Hansen BL, et al: Synthetic ACTH (cosyntropin) stimulation tests in normal dogs: Comparison of intravenous and intramuscular administration. *J Am Anim Hosp Assoc* 30:38, 1994.

[316]Kemppainen RJ, Behrend EN, Busch KA: Use of compounded adrenocorticotropic hormone (ACTH) for adrenal function testing in dogs. *J Am Anim Hosp Assoc* 41:368, 2005.

[317]Hill K, et al: ACTH stimulation testing: a review and a study comparing synthetic and compounded ACTH products. *Vet Med* 134, February 2004.

[318]Reeder CJ: A comparison of adrenocorticotrophic hormone (ACTH) stimulation tests in normal dogs using a compounded ACTH gel vs. Cortrosyn™ (corticotrophin)–a pilot study. *Proc N Am Vet Dermatol Forum* 22:183, 2007.

[319]Frank LA, DeNovo RC, Kraje AC, et al: Cortisol concentrations following stimulation of healthy and adrenopathic dogs with two doses of tetracosactrin. *J Small Anim Pract* 41:308,2000.

[320]Kerl ME, Peterson ME, Wallace MS, et al: Evaluation of a low-dose synthetic adrenocorticotropic hormone stimulation test in clinically normal dogs and dogs with naturally developing hyperadrenocorticism. *J Am Vet Med Assoc* 214:1497, 1999.

[321]Watson AD, Church DB, Emslie DR, et al: Plasma cortisol responses to three corticotropic preparations in normal dogs. *Aust Vet J* 76:255, 1998.

[322]Behrend EN, Kemppainen RJ, Young DW: Effect of storage conditions on cortisol, total thyroxine, and free thyroxine concentrations in serum and plasma of dogs. *J Am Vet Med Assoc* 212:1564, 1998.

[323]Frank LA, Oliver JW: Comparison of serum cortisol concentrations in clinically normal dogs after administration of freshly reconstituted versus reconstituted and stored frozen cosyntropin. *J Am Vet Med Assoc* 212:1569, 1998.

[324]Van Liew CH, Greco DS, Salman MD: Comparison of results of adrenocorticotropic hormone stimulation and low-dose dexamethasone suppression tests with necropsy findings in dogs: 81 cases (1985-1995). *J Am Vet Med Assoc* 211:322, 1997.

[325]Mack RE, Feldman EC: Comparison of two low-dose dexamethasone suppression protocols as screening and discriminating tests in dogs with hyperadrenocorticism. *J Am Vet Med Assoc* 197:1603, 1990.

[326]Feldman EC, Nelson RW, Feldman MS: Use of low- and high-dose dexamethasone tests for distinguishing pituitary-dependent from adrenal tumor hyperadrenocorticism in dogs. *J Am Vet Med Assoc* 209:772, 1996.

[327]Greco DS, Brown SA, Gauze JJ, et al: Dexamethasone pharmacokinetics in clinically normal dogs during low- and high-dose dexamethasone suppression testing. *Am J Vet Res* 54:580, 1992.

[328]Kemppainen RJ, Peterson ME: Circulating concentration of dexamethasone in healthy dogs, dogs with hyperadrenocorticism and dogs with nonadrenal illness during dexamethasone suppression testing. *Am J Vet Res* 54:1765, 1993.

[329]Gould SM, Baines EA, Mannion PA, et al: Use of endogenous ACTH concentration and adrenal ultrasonography to distinguish the cause of canine hyperadrenocorticism. *J Small Anim Pract* 42:113, 2001.

[330]Kemppainen RJ, Zenoble RD: Nondexamethasone-suppressible, pituitary-dependent hyperadrenocorticism in a dog. *J Am Vet Med Assoc* 187:276, 1985.

[331]Young DW, Kemppainen RJ: Molecular forms of β-endorphin in the canine pituitary gland. *Am J Vet Res* 55:567, 1994.

[332]Peterson ME, Kemppainen RJ, Orth DN: Effects of synthetic ovine corticotropin-releasing hormone on plasma concentrations of immunoreactive adrenocorticotropic, α-melanocyte-stimulating hormone and cortisol in dogs with naturally acquired adrenocortical insufficiency. *Am J Vet Res* 53:1636, 1992.

[333]Eiler H, Oliver JW, Legendre AM: Stages of hyperadrenocorticism: response of hyperadrenocorticoid dogs to the combined dexamethasone suppression/ACTH stimulation test. *J Am Vet Med Assoc* 185:289, 1984.

[334]Feldman EC: Evaluation of a combined dexamethasone suppression/ACTH stimulation test in dogs with hyperadrenocorticism. *J Am Vet Med Assoc* 187:49, 1985.

[335]Feldman EC: Evaluation of a six-hour combined dexamethasone suppression/ACTH stimulation test in dogs with hyperadrenocorticism. *J Am Vet Med Assoc* 189:1562, 1986.

[336]Benitah N, Feldman EC, Kass PH, et al: Evaluation of serum 17-hydroxyprogesterone concentration after administration of ACTH in dogs with hyperadrenocorticism. *J Am Vet Med Assoc* 227:1095, 2005.

[337]Ristic JM, Ramsey IK, Heath EM, et al: The use of 17-hydroxyprogesterone in the diagnosis of canine hyperadrenocorticism. *J Vet Intern Med* 16:433, 2002.

[338]Syme HM, Scott-Moncrieff JC, Treadwell NG, et al: Hyperadrenocorticism associated with excessive sex hormone production by an adrenocortical tumor in two dogs. *J Am Vet Med Assoc* 219:1725, 2001.

[339]Frank LA, Schmeitzel LP, Oliver JW: Steroidogenic response of adrenal tissues after administration of ACTH to dogs with hypercortisolemia. *J Am Vet Med Assoc* 218:214, 2001.

[340]Behrend EN, Kemppainen RJ, Boozer AL, et al: Serum 17-α-hydroxyprogesterone and corticosterone concentrations in dogs with nonadrenal neoplasia and dogs with suspected hyperadrenocorticism. *J Am Vet Med Assoc* 227:1762, 2005.

[341]Brömel C, Feldman EC, Davidson AP, et al: Serum 17α-hydroxyprogesterone concentrations during the reproductive cycle in healthy dogs and dogs with hyperadrenocorticism. *J Am Vet Med Assoc* 236:1208, 2010.

[342]Scavelli TD, Peterson ME, Matthiesen DT: Results of surgical treatment for hyperadrenocorticism caused by adrenocortical neoplasia in the dog: 25 cases (1980-1984). *J Am Vet Med Assoc* 189:1360, 1986.

[343]Feldman EC, et al: Comparison of mitotane treatment for adrenal tumor versus pituitary-dependent hyperadrenocorticism in dogs. *J Am Vet Med Assoc* 200:1642, 1992.

[344]Kintzer PP, Peterson ME: Mitotane treatment of 32 dogs with cortisol-secreting adrenocortical neoplasms. *J Am Vet Med Assoc* 205:54, 1994.

[345]Watson AD, Rijnberk A, Moolenaar AJ: Systemic availability of o,p'-DDD in normal dogs, fasted and fed, and in dogs with hyperadrenocorticism. *Res Vet Sci* 43:160, 1987.

[346]Webb CB, Twedt DC: Acute hepatopathy associated with mitotane administration in a dog. *J Am Anim Hosp Assoc* 42:298, 2006.

[347]Randolph JF, Toomey J, Center SA, et al: Use of urine cortisol-to-creatinine ratio for monitoring dogs with pituitary-dependent hyperadrenocorticism during induction treatment with mitotane (o,p'-

DDD). *Am J Vet Res* 59:258, 1998.

[348]Rijnberk A, Belshaw BE: An alternative protocol for the medical management of canine pituitary-dependent hyperadrenocorticism. *Vet Rec* 122:406, 1988.

[349]den Hertog E, Braakman JC, Teske E, et al: Results of nonselective adrenocorticolysis by o,p'-DDD in 129 dogs with pituitary-dependent hyperadrenocorticism. *Vet Rec* 144:12, 1999.

[350]Rijnberk AD, Belshaw BE: o,p'-DDD treatment of canine hyperadrenocorticism: An alternative protocol. In Kirk RW, Bonagura JD, editors: *Kirk's Current Veterinary Therapy XI*, Philadelphia, 1992, W.B. Saunders Co., p 345.

[351]Hurley K, et al: The use of Trilostane for the treatment of hyperadrenocorticism in dogs. *Proc Annu Meet Am Coll Vet Intern Med* 16:700, 1998.

[352]Alenza DP, Arenas C, Lopez ML, et al: Long-term efficacy of trilostane administered twice daily in dogs with pituitary-dependent hyperadrenocorticism. *J Am Anim Hosp Assoc* 42:269, 2006.

[353]Barker EN, Campbell S, Tebb AJ, et al: A comparison of the survival times of dogs treated with mitotane or trilostane for pituitary-dependent hyperadrenocorticism. *J Vet Intern Med* 19:810,2005.

[354]Braddock JA, Church DB, Robertson ID, et al: Trilostane treatment in dogs with pituitary-dependent hyperadrenocorticism. *Aust Vet J* 81:600, 2003.

[355]Ruckstuhl NS, Nett CS, Reusch CE: Results of clinical examinations, laboratory tests, and ultrasonography in dogs with pituitary-dependent hyperadrenocortism treated with trilostane. *Am J Vet Res* 63:506, 2002.

[356]Chapman PS, Kelly DF, Archer J, et al: Adrenal necrosis in a dog receiving trilostane for the treatment of hyperadrenocorticism. *J Small Anim Pract* 45:307, 2004.

[357]Reusch CE, Sieber-Ruckstuhl N, Wenger M, et al: Histological evaluation of the adrenal glands of seven dogs with hyperadrenocorticism treated with trilostane. *Vet Rec* 160:219, 2007.

[358]Páez-Pereda M, Kovalovsky D, Hopfner U, et al: Retinoic acid prevents experimental Cushing syndrome. *J Clin Invest* 108:1123, 2001.

[359]Castillo V, Giacomini D, Páez-Pereda M, et al: Retinoic acid as a novel medical therapy for Cushing's disease in dogs. *Endocrinology* 147:4438, 2006.

[360]Willard MD, Nachreiner R, McDonald R, et al: Ketoconazole-induced changes in selected canine hormone concentrations. *Am J Vet Res* 47:2504, 1986.

[361]Feldman EC, Nelson RW: Use of ketoconazole for control of canine hyperadrenocorticism. In Kirk RW, Bonagura JD, editors: *Kirk's Current Veterinary Therapy XI*, Philadelphia, 1992, W.B. Saunders Co., p 349.

[362]Feldman EC, Bruyette DS, Nelson RW, et al: Plasma cortisol response to ketoconazole administration in dogs with hyperadrenocorticism. *J Am Vet Med Assoc* 197:71, 1990.

[363]Pinard SA, et al: Traitement de hypercorticisme spontane du chien par le kétoconazole: A propos de treize cas. *Prat Méd Chirurg Anim Cie* 30:319, 1995.

[364]Angles JM, Feldman EC, Nelson RW, et al: Use of urine cortisol:creatinine ratio versus adrenocorticotropic hormone stimulation testing for monitoring mitotane treatment of pituitary-dependent hyperadrenocorticism in dogs. *J Am Vet Med Assoc* 211:1002, 1997.

[365]Guptill L, Scott-Moncrieff JC, Bottoms G, et al: Use of urine cortisol:creatinine ratio to monitor treatment response in dogs with pituitary-dependent hyperadrenocorticism. *J Am Vet Med Assoc* 210:1158, 1997.

[366]Bruyette DS: Anipryl versus lysodren. *Proc Am Coll Vet Intern Med* 16:525, 1998.

[367]Boord M, Griffin C: Progesterone secreting adrenal mass in a cat with clinical signs of hyperadrenocorticism. *J Am Vet Med Assoc* 214:666, 1999.

[368]Braddock JA, Church DB, Robertson ID, et al: Inefficacy of selegiline in treatment of canine pituitary-dependent hyperadrenocorticism. *Aust Vet J* 82:272, 2004.

[369]Reusch CE, Steffen T, Hoerauf A: The efficacy of l-deprenyl in dogs with pituitary-dependent hyperadrenocorticism. *J Vet Intern Med* 13:291, 1999.

[370]Emms SG, et al: Adrenalectomy in the management of canine hyperadrenocorticism. *J Am Vet Med Assoc* 23:557, 1987.

[371]Meij BP, Mol JA, van den Ingh TS, et al: Assessment of pituitary function after transsphenoidal hypophysectomy in beagle dogs. *Domest Anim Endocrinol* 14:81, 1997.

[372]Meij BP, Mol JA, Bevers MM, et al: Residual pituitary function after transsphenoidal hypophysectomy in dogs with pituitary-dependent hyperadrenocorticism. *J Endocrinol* 155:531, 1997.

[373]Meij BP, Voorhout G, van den Ingh TS, et al: Results of transsphenoidal hypophysectomy in 52 dogs with pituitary-dependent hyperadrenocorticism. *Vet Surg* 27:246, 1998.

[374]Goossens MM, Feldman EC, Theon AP, et al: Efficacy of cobalt 60 radiotherapy in dogs with pituitary-dependent hyperadrenocorticism. *J Am Vet Med Assoc* 212:374, 1998.

[375]Anderson CR, Birchard SJ, Powers BE, et al: Surgical treatment of adrenocortical tumors: 21 cases (1990-1996). *J Am Anim Hosp Assoc*

37:93,2001.

[376]Hoerauf A, Reusch C: Ultrasonographic characteristics of both adrenal glands in 15 dogs with functional adrenocortical tumors. *J Am Anim Hosp Assoc* 35:193, 1999.

[377]van Sluijs FJ, Sjollema BE, Voorhout G, et al: Results of adrenalectomy in 36 dogs with hyperadrenocorticism caused by adrenocortical tumour. *Vet Q* 17:113, 1995.

[378]Daley CA, Zerbe CA, Schick RO, et al: Use of metyrapone to treat pituitary-dependent hyperadrenocorticism in a cat with large cutaneous wounds. *J Am Vet Med Assoc* 202:956, 1993.

[379]Duesberg C, Peterson ME: Adrenal disorders of the cat. *Vet Clin North Am* 27:321, 1997.

[380]Helton-Rhodes K, et al: Cutaneous manifestations of feline hyperadrenocorticism. In Ihrke PJ, et al, editors: Advances in Veterinary Dermatology, Vol 2, New York, 1993, Pergamon Press, p 391.

[381]Jones CA, et al: Adrenocortical adenocarcinoma in a cat. *J Am Anim Hosp Assoc* 28:59, 1992.

[382]Kipperman BS, et al: Diabetes mellitus and exocrine pancreatic neoplasia in two cats with hyperadrenocorticism. *J Am Anim Hosp Assoc* 28:415, 1992.

[383]Lusson D, Billiemaz B: Un cas d'hypercorticisme spontané chez un chat. *Point Vét* 31:57, 2000.

[384]Nelson RW, Feldman EC, Smith MC: Hyperadrenocorticism in cats. Seven cases (1978-1987). *J Am Vet Med Assoc* 193:245, 1988.

[385]Nelson RW, Feldman EC: Hyperadrenocorticism. In August JR, editor: *Consultations in Feline Internal Medicine*, Philadelphia, 1991, W.B. Saunders Co., p 267.

[386]Peterson ME, Steele P: Pituitary-dependent hyperadrenocorticism in a cat. *J Am Vet Med Assoc* 189:680, 1986.

[387]Watson PJ, Herrtage ME: Hyperadrenocorticism in six cats. *J Small Anim Pract* 39:175, 1998.

[388]DeClue AE, Breshears LA, Pardo ID, et al: Hyperaldosteronism and hyperprogesteronism in a cat with an adrenal cortical carcinoma. *J Vet Intern Med* 19:355, 2005.

[389]Rossmeisl JH, Jr, Scott-Moncrieff JC, Siems J, et al: Hyperadrenocorticism and hyperprogesteronism in a cat with an adrenocortical adenocarcinoma. *J Am Anim Hosp Assoc* 36:512, 2000.

[390]Greene CE, et al: Iatrogenic hyperadrenocorticism in a cat. *Feline Pract* 23:7, 1995.

[391]Schaer M, Ginn PE: Iatrogenic Cushing's syndrome and steroid hepatopathy in a cat. *J Am Anim Hosp Assoc* 35:48, 1999.

[392]Scott DW, et al: Iatrogenic Cushing's syndrome in the cat. *Feline Pract* 12:30, 1982.

[393]van den Broek AHM, Stafford WL: Epidermal and hepatic glucocorticoid receptors in cats and dogs. *Res Vet Sci* 52:312, 1992.

[394]Bruyette DS: An approach to diagnosing and treating feline hyperadrenocorticism. *Vet Med* 95:142, 2000.

[395]Vollset I, Jakobsen G: Feline endocrine alopecia-like disease probably induced by medroxyprogesterone acetate. *Feline Pract* 16:16, 1986.

[396]Zerbe CA, Nachreiner RF, Dunstan RW, et al: Hyperadrenocorticism in a cat. *J Am Vet Med Assoc* 190:559, 1987.

[397]Zerbe CA, Refsal KR, Peterson ME, et al: Effect of nonadrenal illness on adrenal function in the cat. *Am J Vet Res* 48:451, 1987.

[398]Goossens MM, Meyer HP, Voorhout G, et al: Urinary excretion of glucocorticoids in the diagnosis of hyperadrenocorticism in cats. *Domest Anim Endocrinol* 12:355, 1995.

[399]Henry CJ, Clark TP, Young DW, et al: Urine cortisol:creatinine ratio in healthy and sick cats. *J Vet Intern Med* 10:123, 1996.

[400 Peterson ME, Kintzer PP, Foodman MS, et al: Adrenal function in the cat: comparison of the effects of cosyntropin (synthetic ACTH) and corticotropin gel stimulation. *Res Vet Sci* 37:331, 1984.

[401]Peterson ME, Kemppainen RS: Comparison of immunoreactive plasma corticotropin and cortisol response to two synthetic corticotropin preparations (tetracosactrin and cosyntropin) in healthy cats. *Am J Vet Res* 53:1752, 1992.

[402]Smith MC, Feldman EC: Plasma endogenous ACTH concentrations and plasma cortisol responses to synthetic ACTH and dexamethasone sodium phosphate in healthy cats. *Am J Vet Res* 48:1719, 1987.

[403]Peterson ME, Kemppainen RJ: Dose-response relationship between plasma concentrations of corticotropin and cortisol after administration of incremental doses of cosyntropin for corticotropin stimulation testing in cats. *Am J Vet Res* 54:300, 1983.

[404]Robson M, et al: Adrenal gland function in the cat. *Compend Contin Educ* 17:1205, 1995.

[405]Schwedes CS: Mitotane (o,p'DDD) treatment in a cat with hyperadrenocorticism. *J Small Anim Pract* 38:520, 1997.

[406]Neiger R, Witt AL, Noble A, et al: Trilostane therapy for treatment of pituitary-dependent hyperadrenocorticism in 5 cats. *J Vet Intern Med* 18:160, 2004.

[407]Willard MD, Nachreiner RF, Howard VC, et al: Effects of long-term administration of ketoconazole in cats. *Am J Vet Res* 47:2510, 1986.

[408]Valentine RW, Silber A: Feline hyperadrenocorticism: A rare case. *Feline Pract* 24:6, 1996.

小动物皮肤病学 （第7版）

[409]Mackedanz R, Struckmann B: Bericht über einem Fall von Hypercortisolismus bei einer Katze. *Kleintier Praxis* 37:843, 1992.

[410]Kemppainen RJ, Peterson ME: Regulation of α-melanocyte-stimulating hormone secretion from the pars intermedia of domestic cats. *Am J Vet Res* 60:245, 1999.

[411]Willemse T, Mol JA: Comparison of in vivo and in vitro corticotropin releasing hormone-stimulated release of proopiomelanocortin derived peptides in cats. *Am J Vet Res* 55:1677, 1994.

[412]Duesberg CA, Nelson RW, Feldman EC, et al: Adrenalectomy for treatment of hyperadrenocorticism in cats: 10 cases (1900-1992). *J Am Vet Med Assoc* 207:1066, 1995.

[413]Wicke C, Halliday B, Allen D, et al: Effects of steroid and retinoids on wound healing. *Arch Surg* 135:1265, 2000.

[414]Bercu BB, Diamond FB: Growth hormone neurosecretory dysfunction. *Clin Endocrinol Metab* 15:537, 1986.

[415]Eigenmann JE: Disorders associated with growth hormone oversecretion: Diabetes mellitus and acromegaly. In Kirk RW, editor: *Current Veterinary Therapy IX*, Philadelphia, 1986, W.B. Saunders Co., p 1006.

[416]Eigenmann JE: Growth hormone-deficient disorders associated with alopecia in the dog. In Kirk RW, editor: *Current Veterinary Therapy IX*, Philadelphia, 1986, W.B. Saunders Co., p 1015.

[417]Roth JA, Lomax LG, Altszuler N, et al: Thymic abnormalities and growth hormone deficiency in dogs. *Am J Vet Res* 41:1256, 1980.

[418]Roth JA, Kaeberle ML, Grier RL, et al: Improvement in clinical condition and thymus morphologic features associated with growth hormone treatment of immunodeficient dwarf dogs. *Am J Vet Res* 45:1151, 1984.

[419]Bourdin M, et al: Exploration functionnelle biochimique des troubles de la sécrétion de GH. *Proc Gr Etud Dermatol Anim Comp* 7:20, 1991.

[420]Scott DW, Walton DK: Hyposomatotropism in the mature dog: A discussion of 22 cases. *J Am Anim Hosp Assoc* 22:467, 1986.

[421]Favier RP, Mol JA, Kooistra HS, et al: Large body size in the dog is associated with transient GH excess at a young age. *Endocrinology* 170:479, 2001.

[422]Nap RC, Mol JA, Hazewinkel HA: Growth and growth hormone in the dog. *Vet Q Suppl* 1:31S, 1994.

[423]Trotot V, et al: Effets des conditions de conservation du sang total et du plasma de chien sur la concentration plasmatique en hormone de croissance. *Rev Méd Vét* 144:909, 1993.

[424]Giustina A, Doga M, Bodini C, et al: Acute effects of cortisone acetate on growth hormone response to growth hormone-releasing hormone in normal adult subjects. *Acta Endocrinol (Copenh)* 122:206, 1990.

[425]Hamann F, Kooistra HS, Mol JA, et al: Pituitary function and morphology in two German shepherd dogs with congenital dwarfism. *Vet Rec* 144:644, 1999.

[426]Klesty C, et al: Ein ungewöhnlicher Fall von extremen Hautwuchserungen bei einer jungen Rauhhaardackel-hundin während des Diöstrus ein Fall von Akromegalie. *Kleintier Praxis* 40:527, 1995.

[427]Kooistra HS, Voorhout G, Selman PJ, et al: Progestin-induced growth hormone (GH) production in the treatment of dogs with congenital GH deficiency. *Domest Anim Endocrinol* 15:93, 1998.

[428]Kooistra HS, et al: Combined pituitary hormone deficiency in German shepherd dogs with dwarfism. *Dom Anim Endocrinol* 19:177, 2000.

[429]Lothrop CD, Schmeitzel LP: Growth hormone-responsive alopecia in dogs. *Vet Med Rep* 2:82, 1990.

[430]Randolph JF, Peterson ME: Acromegaly (growth hormone excess) syndromes in dogs and cats. In Kirk RW, Bonagura JD, editors: *Kirk's Current Veterinary Therapy XI*, Philadelphia, 1992, W.B. Saunders Co., p 322.

[431]Scott DW, Concannon PW: Gross and microscopic changes in the skin of dogs with progestogen-induced acromegaly and elevated growth hormone levels. *J Am Anim Hosp Assoc* 19:523, 1983.

[432]Selman PJ, Mol JA, Rutteman GR, et al: Progestins and growth hormone excess in the dog. *Acta Endocrinol* 125:42, 1991.

[433]Eigenmann JE, et al: Panhypopituitarism caused by a suprasellar tumor in a dog. *J Am Anim Hosp Assoc* 19:377, 1983.

[434]Ramsey IK, Dennis R, Herrtage ME: Concurrent central diabetes insipidus and panhypopituitarism in a German shepherd dog. *J Small Anim Pract* 40:271, 1999.

[435]DeBowes LJ: Pituitary dwarfism in a German shepherd puppy. *Compend Contin Educ* 9:931, 1987.

[436]Randolph JF, Miller CL, Cummings JF, et al: Delayed growth in two German shepherd dog littermates with normal serum concentrations of growth hormone, thyroxine, and cortisol. *J Am Vet Med Assoc* 196:77, 1990.

[437]Morrison WB, Goff BL, Stewart-Brown B, et al: Orally administered clonidine as a secretagogue of growth hormone and as a thymotropic agent in dogs of various ages. *Am J Vet Res* 51:65, 1990.

[438]Schmeitzel LP, Lothrop CD: Hormonal abnormalities in Pomeranians with normal coat and in Pomeranians with growth hormone-responsive dermatosis. *J Am Vet Med Assoc* 197:1333, 1990.

[439]Rijnberk A, van Herpen H, Mol JA, et al: Disturbed release of growth hormone in mature dogs: A comparison with congenital growth hormone deficiency. *Vet Rec* 133:542, 1993.

[440]Abribat T, Regnier A, Morre M: Growth hormone response induced by synthetic human growth hormone-releasing factor (1-44) in healthy dogs. *J Am Vet Med Assoc* 36:367, 1989.

[441]Meij BP, Mol JA, Bevers MM, et al: Alterations in anterior pituitary function of dogs with pituitary-dependent hyperadrenocorticism. *J Endocrinol* 154:505, 1997.

[442]Regnier A, Garnier F: Growth hormone responses to growth hormone-releasing hormone and clonidine in dogs with Cushing's syndrome. *Res Vet Sci* 58:169, 1995.

[443]Cornegliani L, Fabbrini F: Use of l-thyroxine and medicated shampoo in three cases of canine pituitary dwarfism. In Kwochka KW, et al, editors: *Advances in Veterinary Dermatology III*, Oxford, 1998, Butterworth-Heinemann, p 483.

[444]Bell AG, Jones BR, Scott MF: Growth hormone responsive dermatosis in three dogs. *N Z Vet J* 41:195, 1993.

[445]Dubreuil P, Abribat T, Broxup B, et al: Long-term growth hormone-releasing factor administration on growth hormone, insulin-like growth factor-1 concentrations, and bone healing in the beagle. *Can J Vet Res* 60:7, 1996.

[446]Randolph JF, Peterson ME: Growth hormone therapy in the dog. In Bonagura JD, editor: *Kirk's Current Veterinary Therapy XIII*, Philadelphia, 1999, W.B. Saunders Co., p 376.

[447]Selman PJ, Mol JA, Rutteman GR, et al: Progestin treatment in the dog 1. Effects on growth hormone, insulin like growth factor 1 and glucose homeostasis. *Eur J Endocrinol* 131:413, 1994.

[448]Selman PJ: Progestins and mammary growth hormone production in the dog. *Vet Q* 19:S39, 1997.

[449]Herrtage ME, Evans, H: The effect of progestogen administration on insulin-like growth factor concentrations in two pituitary dwarfs. *Proc Am Coll Vet Intern Med* 16:702, 1998.

[450]Nixon AJ, Ford CA, Oldham JM, et al: Localization of insulin-like growth factor receptors in the skin follicles of sheep (*Ovis aries*) and changes during an induced growth cycle. *Comp Biochem Physiol A Physiol* 118:1247, 1997.

[451]van Garderen E, de Wit M, Voorhout WF, et al: Expression of growth hormone in canine mammary tissue and mammary tumors: Evidence for a potential autocrine/paracrine stimulatory loop. *Am J Pathol* 150:1037, 1997.

[452]Eigenmann JE, et al: Elevated growth hormone levels and diabetes mellitus in a cat with acromegalic features. *J Am Anim Hosp Assoc* 20:747, 1984.

[453]Bruskiewicz KA, Nelson RW, Feldman EC, et al: Diabetic ketosis and ketoacidosis in cats: 42 cases (1980-1995). *J Am Vet Med Assoc* 211:188, 1997.

[454]Goossens MM, Feldman EC, Nelson RW, et al: Cobalt 60 irradiation of pituitary gland tumors in three cats with acromegaly. *J Am Vet Med Assoc* 231:374, 1998.

[455]Schmeitzel LP, Lothrop CD: Sex hormones and skin disease. *Vet Med Rep* 2:28, 1990.

[456]Thornton MJ: The biological actions of estrogens on skin. *Exp Dermatol* 11:487, 2002.

[457]Dow C: Oestrogen-induced atrophy of the skin in dogs. *J Pathol Bacteriol* 80:434, 1960.

[458]Barsanti JA, Medleau L, Latimer K: Diethylstilbestrol-induced alopecia in a dog. *J Am Vet Med Assoc* 182:63, 1983.

[459]Watson ADJ: Oestrogen-induced alopecia in a bitch. *J Small Anim Pract* 26:17, 1985.

[460]Eigenmann JE: Estrogen-induced flank alopecia in the female dog: Evidence for local rather than systemic hyperestrogenism. *J Am Anim Hosp Assoc* 20:621, 1984.

[461]Grossman CJ: Regulation of the immune system by sex steroids. *Endocrinol Rev* 5:435, 1984.

[462]Frank LA et al: Variability of estradiol concentration in normal dogs. *Vet Dermatol* May 4, 2010. DOI:10.1111/j.1365-3164.2010.00896.x.

[463]Hammerling R, et al: Is there a role for estradiol in the etiology of dermatoses in the male dog? *Proc Annu Memb Meet Am Acad Vet Dermatol Am Coll Vet Dermatol* 10:82, 1994.

[464]Frank LA, Rohrbach BW, Bailey EM, et al: Steroid hormone concentration profiles in healthy intact and neutered dogs before and after cosyntropin administration. *Domest Anim Endocrinol* 24:43, 2003.

[465]McKenna TJ, Fearon U, Clarke D, et al: A critical review of the origin and control of adrenal androgens. *Bailliere's Clin Obst Gynecol* 11:229, 1997.

[466]Zouboulis CC, Chen WC, Thornton MJ, et al: Sexual hormones in human skin. *Horm Metab Res* 39:85, 2007.

[467]Markiewicz M, Asano Y, Znoyko S, et al: Distinct effects of gonadectomy in male and female mice on collagen fibrillogenesis in the skin. *J Dermatol Sci* 47:217, 2007.

[468]Lucky AW, McGuire J, Nydorf E, et al: Hair follicle response of the golden Syrian hamster flank organ to continuous testosterone stimulation using Silastic capsules. *J Invest Dermatol* 86:83, 1986.

[469]Randall VA: Androgens and human hair growth. *Clin Endocrinol* 40:439, 1994.

[470]Diaz LC, Das Gupta TK, Beattie CW: Effects of gonadal steroids on melanocytes in developing hamsters. *Pediatr Dermatol* 3:247,

1986.

[471]Friedmann PS: Hypomelanosis associated with endocrine disorders. In Nordlund JJ, et al, editors: *The Pigmentary System*, ed 2, Malden, 2006, Blackwell Publishing, p 667.

[472]Selman PJ, Mol JA, Rutteman GR, et al: Effects of progestin administration on the hypothalamic-pituitary-adrenal axis and glucose homeostasis in dogs. *J Repro Fertil Suppl* 51:345, 1997.

[473]Selman PJ, van Garderen E, Mol JA, et al: Comparison of the histological changes in the dog after treatment with the progestins medroxyprogesterone acetate and proligestone. *Vet Q* 17:128, 1995.

[474]Selman PJ, Wolfswinkel J, Mol JA: Binding specificity of medroxyprogesterone acetate and proligestone for the progesterone and glucocorticoid receptor in the dog. *Steroids* 61:133, 1996.

[475]Grando SA: Physiology of endocrine skin interrelations. *J Am Acad Dermatol* 28:981, 1993.

[476]England GCW, et al: Evaluation of the testosterone response to hCG and the identification of a presumed anorchid dog. *J Small Anim Pract* 30:441, 1989.

[477]Griffin C: Linear prepucial erythema. *Proc Annu Memb Meet Am Acad Vet Dermatol Am Coll Vet Dermatol* 2:35, 1986.

[478]Fayrer-Hosken RA, Durham DH, Allen S, et al: Follicular cystic ovaries and cystic endometrial hyperplasia in a bitch. *J Am Vet Med Assoc* 201:107, 1992.

[479]Fiorito DA: Hyperestrogenism in bitches. *Compend Contin Educ* 14:727, 1992.

[480]Lecomte R: Hyperoestrogenisme spontané ou iatrogène et ses répercussions cliniques et hématologiques. *Prat Méd Chir Anim Comp* 24:73, 1989.

[481]Nemzek JA, et al: Cystic ovaries and hyperestrogenism in a canine female pseudohermaphrodite. *J Am Anim Hosp Assoc* 28:402, 1992.

[482]Hubert B, Olivry T: Dermatologie et hormones sexuelles chez les carnivores domestiques 2e partie: Étude clinique. *Prat Méd Chir Anim Comp* 25:483, 1990.

[483]Pluhar GE, Memon MA, Wheaton LG: Granulosa cell tumor in an ovariohysterectomized dog. *J Am Vet Med Assoc* 207:1063, 1995.

[484]Medleau L: Sex hormone-associated endocrine alopecias in dogs. *J Am Anim Hosp Assoc* 25:689, 1989.

[485]Schmeitzel LP, Parker W: Growth hormone and sex hormone alopecia. In Ihrke PI, et al, editors: Advances in Veterinary Dermatology, Vol 2, New York, 1993, Pergamon Press, p 451.

[486]Peters MA, de Jong FH, Teerds KJ, et al: Ageing, testicular tumours and the pituitary-testis axis in dogs. *J Endocrinol* 166:153, 2000.

[487]Kim O, Kim K: Seminoma with hyperestrogenemia in a Yorkshire Terrier. *J Vet Med Sci* 67:121, 2005.

[488]Ladds PW: The male genital system. In Jubb KV, et al, editors: Pathology of Domestic Animals, Vol 3, ed 4, New York, 1993, Academic Press, p 471.

[489]Bruinsma DL, Ackerman LA: Male pseudohermaphroditism in a miniature schnauzer. *Vet Med Small Anim Clin* 78:1568, 1983.

[490]Laing EJ, Harari J, Smith CW: Spermatic cord torsion and Sertoli cell tumor in a dog. *J Am Vet Med Assoc* 183:879, 1983.

[491]England GCW: Ultrasonographic diagnosis of nonpalpable Sertoli cell tumors in infertile dogs. *J Small Anim Pract* 36:476, 1995.

[492]Morris BJ: Fatal bone marrow suppression as a result of Sertoli cell tumor. *Vet Med Small Anim Clin* 78:1070, 1983.

[493]Suess RP, et al: Bone marrow hypoplasia in a feminized dog with an interstitial cell tumor. *J Am Vet Med Assoc* 200:1346, 1992.

[494]Randolph JF: Personal communication, 1999.

[495]Miller WH, Jr: Sex hormone-related dermatoses in dogs. In Kirk RW, editor: *Current Veterinary Therapy X*, 1989, W.B. Saunders Co., p 595.

[496]Scott DW, Reimers TJ: Tail gland and perianal gland hyperplasia associated with testicular neoplasia and hypertestosteronemia in a dog. *Canine Pract* 13:15, 1986.

[497]Boag AK, Neiger R, Church DB: Trilostane treatment of bilateral adrenal enlargement and excessive sex steroid hormone production in a cat. *J Small Anim Pract* 45:263, 2004.

[498]Allan FJ, Jones BR, Purdie EC: Endocrine alopecia in a miniature poodle. *N Z Vet J* 43:110, 1995.

[499]Johnston GR, Feeney DA, Johnston SD, et al: Ultrasonographic features of testicular neoplasia in dogs: 16 cases (1980-1988). *J Am Vet Med Assoc* 198:1779, 1991.

[500]Fadok VA, Lothrop CD, Jr, Coulson P: Hyperprogesteronemia associated with Sertoli cell tumor and alopecia in a dog. *J Am Vet Med Assoc* 188:1058, 1986.

[501]Hale PA: Periodic hair shedding by a normal bitch. *J Small Anim Pract* 23:345, 1982.

[502]Hubert B, Olivry T: Dermatologie et hormones sexuelles chez les carnivores domestiques 1re partie: physiopathologie. *Prat Méd Chir Anim Comp* 25:477, 1990.

[503]Frank LA: Growth hormone-responsive alopecia in dogs. *J Am Vet Med Assoc* 226:1494, 2005.

[504]Eigenmann JE, Patterson DF: Growth hormone deficiency in the mature

dog. *J Am Anim Hosp Assoc* 20:741,1984.

[505]Shanley KJ, Miller WH: Adult-onset growth hormone deficiency in sibling Airedale terriers. *Compend Contin Educ* 9:1076, 1987.

[506]Eigenmann JE, Patterson DF, Froesch ER: Body size parallels insulin-like growth factor 1 levels but not growth hormone secretory capacity. *Acta Endocrinol* 106:448, 1984.

[507]Lothrop CD: Pathophysiology of canine growth hormone-responsive alopecia. *Comp Small Anim Pract* 10:1346, 1988.

[508]Rosser EJ: Castration responsive dermatosis in the dog. In von Tscharner C, Halliwell REW, editors: Advances in Veterinary Dermatology, Vol 1, Philadelphia, 1990, Baillière Tindall, p 34.

[509]Speiser PW, et al: Congenital adrenal hyperplasia. In James VHT, editor: *The Adrenal Gland*, ed 2, New York, 1992, Raven Press, p 327.

[510]Frank LA, Hnilica KA, Rohrbach BW, et al: Retrospective evaluation of sex hormones and steroid hormone intermediates in dogs with alopecia. *Vet Dermatol* 14:91, 2003.

[511]Frank LA, Hnilica KA, Oliver JW: Adrenal steroid hormone concentrations in dogs with hair cycle arrest (Alopecia X) before and during treatment with melatonin and mitotane. *Vet Dermatol* 15:278, 2004.

[512]Takada K, Kitamura H, Takiguchi M, et al: Cloning of canine 21-hydroxylase gene and its polymorphic analysis as a candidate gene for congenital adrenal hyperplasia-like syndrome in Pomeranians. *Res Vet Sci* 73:159, 2002.

[513]Paradis M: Alopecia X. *Am Acad Vet Dermatol Newsl* summer:12, 2002.

[514]Argyris TS: Hair growth induced by damage. *Adv Biol Skin* 9:339, 1967.

[515]Stenn KS, Paus R: Controls of hair follicle cycling. *Physiol Rev* 81:449, 2001.

[516]Botchkarev VA, Kishimoto J: Molecular control of epithelial-mesenchymal interactions during hair follicle cycling. *J Invest Dermatol Symp Proc* 8:46, 2003.

[517]Frank LA: Oestrogen receptor antagonist and hair regrowth in dogs with hair cycle arrest (alopecia X). *Vet Dermatol* 18:63, 2007.

[518]Frank LA, Donnell RL, Kania SA: Oestrogen receptor evaluation in Pomeranian dogs with hair cycle arrest (Alopecia X) on melatonin supplementation. *Vet Dermatol* 17:252, 2006.

[519]Dicks P, Morgan CJ, Morgan PJ, et al: The localization and characterization of insulin-like growth factor-1 receptors and the investigation of melatonin receptors on the hair follicles of seasonal and nonseasonal fibre-producing goats. *J Endocrinol* 151:55, 1996.

[520]Rato AG, Pedrero JG, Martinez MA, et al: Melatonin blocks the activation of estrogen receptor for DNA binding. *FASEB J* 13:857, 1999.

[521]Kiefer T, Ram PT, Yuan L, et al: Melatonin inhibits estrogen receptor transactivation and cAMP levels in breast cancer cells. *Breast Cancer Res Treat* 71:37, 2002.

[522]Oh HS, Smart RC: An estrogen receptor pathway regulates the telogen-anagen hair follicle transition and influences epidermal cell proliferation. *Proc Natl Acad Sci U S A* 93:12525, 1996.

[523]Smart RC, Oh HS, Chanda S, et al: Effects of 17-β-estradiol and ICI 182 780 on hair growth in various strains of mice. *J Invest Dermatol Symp Proc* 4:285, 1999.

[524]Schmeitzel LP: Sex hormone-related and growth hormone related alopecias. *Vet Clin North Am Small Anim Pract* 20:1579, 1990.

[525]Cerundolo R, Lloyd DH, Persechino A, et al: Treatment of canine Alopecia X with trilostane. *Vet Dermatol* 15:285, 2004.

[526]Leone F, Cerundolo R, Vercelli A, et al: The use of trilostane for the treatment of alopecia X in Alaskan malamutes. *J Am Anim Hosp Assoc* 41:336, 2005.

[527]Huntley AC: The cutaneous manifestations of diabetes mellitus. *J Am Acad Dermatol* 7:427, 1982.

[528]Camy G: Alopécie endocrinienne associée à un diabète chez un chien. *Point Vét* 20:501, 1988.

[529]Niemand HG: *Bildbericht. Kleintierpraxis* 16:193, 1971.

[530]Wilkinson JS: Spontaneous diabetes mellitus. *Vet Rec* 72:548, 1960.

[531]Latimer KS, Mahaffey EA: Neutrophil adherence and movement in poorly and well-controlled diabetic dogs. *Am J Vet Res* 45:1498, 1984.

[532]Foster AP, et al: Recognizing canine hepatocutaneous syndrome. *Vet Med* 92:1050, 1997.

[533]McNeil PE: The underlying pathology of the hepatocutaneous syndrome: A report of 18 cases. In Ihrke PJ, et al, editors: Advances in Veterinary Dermatology, Vol 2, New York, 1993, Pergamon Press, p 113.

[534]Miller WH, Jr, et al: Necrolytic migratory erythema in dogs: A hepatocutaneous syndrome. *J Am Anim Hosp Assoc* 26:573, 1990.

[535]Gross TL, Song MD, Havel PJ, et al: Superficial necrolytic dermatitis (necrolytic migratory erythema) in dogs. *Vet Pathol* 30:75, 1993.

[536]Haitjema H: Metabolic epidermal necrosis associated with hepatopathy in a dog. *Aust Vet Practit* 25:20, 1995.

[537]Patel A, et al: A case of metabolic epidermal necrosis in a cat. *Vet Dermatol* 7:221, 1996.

[538]Taboada J, Merchant SR: Superficial necrolytic dermatitis and the liver. *Proc Am Coll Vet Intern Med* 15:534, 1997.

[539]March PA, Hillier A, Weisbrode SE, et al: Superficial necrolytic dermatitis in 11 dogs with a history of phenobarbital administration (1995-2002).

J Vet Intern Med 18:65, 2004.

[540]Bond R, McNeil PE, Evans H, et al: Metabolic epidermal necrosis in two dogs with different underlying diseases. Vet Rec 136:466, 1995.

[541]Cave TA, Evans H, Hargreaves J, et al: Metabolic epidermal necrosis in a dog associated with pancreatic adenocarcinoma, hyperglucagonaemia, hyperinsulinaemia and hypoaminoacidaemia. J Small Anim Pract 48:522, 2007.

[542]Miller WH, Jr, et al: Necrolytic migratory erythema in a dog with a glucagon-secreting endocrine tumor. Vet Dermatol 2:179, 1991.

[543]Torres SM, Caywood DD, O'Brien TD, et al: Resolution of superficial necrolytic dermatitis following excision of a glucagon-secreting pancreatic neoplasm in a dog. J Am Anim Hosp Assoc 33:313, 1997.

[544]Torres S, Johnson K, McKeever P, et al: Superficial necrolytic dermatitis and a pancreatic endocrine tumor in a dog. J Small Anim Pract 38:246, 1997.

[545]Cellio LM, Dennis J: Canine superficial necrolytic dermatitis. Compend Contin Educ Pract Vet 27:820, 2005.

[546]Outerbridge CA, Marks SL, Rogers QR: Plasma amino acid concentrations in 36 dogs with histologically confirmed superficial necrolytic dermatitis. Vet Dermatol 13:177, 2002.

[547]Godfrey DR, Rest JR: Suspected necrolytic migratory erythema associated with chronic hepatopathy in a cat. J Small Anim Pract 41:324, 2000.

[548]Walton DK, et al: Ulcerative dermatosis associated with diabetes mellitus in the dog: A report of four cases. J Am Anim Hosp Assoc 22:79, 1986.

[549]Nyland TG, et al: Hepatic ultrasonographic and pathologic findings in dogs with canine superficial necrolytic dermatitis. Vet Radiol Ultrasound 37:200, 1996.

[550]Gross TL, O'Brien TD, Davies AP, et al: Glucagon-producing pancreatic endocrine tumors in two dogs with superficial necrolytic dermatitis. J Am Vet Med Assoc 197:1619, 1990.

[551]Power HT: What's up about the hepatocutaneous syndrome? Dermatology Dialogue 13, Winter 1999.

[552]Hill PB, Auxilia ST, Munro E, et al: Resolution of skin lesions and long-term survival in a dog with superficial necrolytic dermatitis and liver cirrhosis. J Small Anim Pract 41:519, 2000.

[553]Denerolle PJ: Three cases of feline cutaneous xanthomas. Proc World Cong Vet Dermatol 2:84, 1992.

[554]Grieshaber TL, et al: Spontaneous cutaneous (eruptive) xanthomatosis in two cats. J Am Anim Hosp Assoc 27:509, 1991.

[555]Jones BR, et al: Inherited hyperchylomicronemia in the cat. Feline Pract 16:7, 1986.

[556]Carpenter JL, et al: Cutaneous xanthogranuloma and viral papilloma on an eyelid of a cat. Vet Dermatol 3:1987, 1992.

[557]Chastain CB, Graham CL: Xanthomatosis secondary to diabetes mellitus in a dog. J Am Vet Med Assoc 172:1209, 1978.

[558]Jones BR, et al: Cutaneous xanthomata associated with diabetes mellitus in a cat. J Small Anim Pract 26:33, 1985.

[559]Kwochka KW, Short BG: Cutaneous xanthomatosis and diabetes mellitus following long-term therapy with megestrol acetate in a cat. Compend Contin Educ 6:185, 1984.

[560]Vitale CB, et al: Diet induced alterations in lipid metabolism and associated cutaneous xanthoma formation in 5 cats. In Kwochka KW, et al, editors: Advances in Veterinary Dermatology III, Oxford, 1998, Butterworth-Heinemann, p 243.

[561]Price VH, editor: Rogaine (topical minoxidil, 2%) in the management of male pattern baldness and alopecia areata. J Am Acad Dermatol 16(3 Part 2), 1987.

[562]Kimura T, Doi K: The effect of topical minoxidil treatment on hair follicular growth of neonatal hairless descendants of Mexican hairless dogs. Vet Dermatol 8:107, 1997.

[563]Bussiéras J, et al: Intérêt possible du minoxidil dans le traitement de certaines alopécies canines. Prat Méd Chir Anim Comp 22:25, 1987.

[564]Harvey RG: The use of minoxidil (Loniten, Upjohn), in selected cases of canine alopecia: A report of an open trial. Vet Dermatol Newsl 12:36, 1990.

[565]Hanton G, Gautier M, Bonnet P: Use of M-mode and Doppler echocardiography to investigate the cardiotoxicity of minoxidil in beagle dogs. Arch Toxicol 78:40, 2004.

[566]Mesfin GM, Robinson FG, Higgins MJ, et al: The pharmacologic basis of the cardiovascular toxicity of minoxidil in the dog. Toxicol Pathol 23:498, 1995.

[567]DeClementi C, et al: Suspected toxicoses after topical administration of minoxidil in 2 cats. J Vet Emerg Crit Care 14:287, 2004.

11

第十一章　脱毛症

后天性脱毛症是指动物在生命周期中的一段时间内出现脱毛，临床中绝大多数的脱毛症都属于此范畴。脱毛十分常见，诊断和治疗通常是根据有无瘙痒、炎症、其他原发病灶，或品种特异性症状来确定的。皮肤瘙痒可能诱发脱毛，因为动物在抓挠的过程中，往往会对自身产生伤害，一般来说，这些病例都与过敏性寄生性疾病或传染性疾病相关。毛囊的炎症（称为毛囊炎）常常导致脱毛。引起毛囊炎的比较常见的原因是脓皮症、蠕形螨病和皮肤真菌病，还有可能是罕见的无菌非感染性原因。内分泌疾病常常会影响毛发生长，但这种情况导致脱毛的确切机制尚未明确。据推测，激素是通过在毛发生长的各个周期内诱导毛发生长停止或毛囊同步化来影响毛发生长的。

鉴于临床兽医实践中的大多数脱毛症主要是由本书其他章节提到过的疾病所引起，故本章主要阐述包括以非炎症性脱毛为主要特征的紊乱性疾病。大多数情况下，我们对这些疾病的发病机制知之甚少，而相关资料和病例的研究十分有限。

本书第6版中包含的一种疾病——软毛品种的短毛综合征，在第7版中已经被删除，因为20年来这种疾病未被任何学者研究，也未出现在已发表的出版物中。

一、犬的脱毛症

（一）典型脱毛

典型脱毛，也称为图样脱毛症，是主要出现在文献中的一种症状或一类综合征。没有相关研究报道发表，且其病因不明。有人怀疑该病与遗传相关，因为曾有某些特定品种发病。其以非炎症性、非瘙痒性、发病区毛发小型化为特征。由于毛发小型化，曾有文章将典型脱毛与人类男性秃发相比较[1]。对男性而言，遗传学、毛囊受体和雄激素代谢的影响均有详细的研究；在女性，尚不确定雄激素对女性秃发的影响[2]。患病男性和女性均表现出渐进性的毛囊退化（终极毛囊被较细的毛发干取代，这个过程由毛囊萎缩造成），以及毛发生长周期进入长时间的静止期。在犬中没有开展类似的研究工作，但其共同的特点是毛囊

缩小，从而导致脱毛。尚未有研究表明犬有相关激素异常，且尚未有关于毛囊激素代谢的研究开展。

该病在犬与人中有一个显著的区别，没有研究表明犬有性别倾向，虽然雄性和雌性都会发病，但雄性有更高的发病率[2]。对于人类，结扎手术能减少或预防疾病的发生。虽然女性发病率接近男性，但临床表现不同。通常，可见局部脱毛和毛发长度变短，但是由于睾酮水平的相对差异，表现并不明显。

1. 临床研究

典型脱毛患犬一般为年轻犬，有一篇文献称很少有小于1岁的犬患病，而另一篇文献表明约在6月龄时发病，还有一篇文献报道犬在青春期后期发病[3-6]。这些差异可能与动物主人注意到的是异常脱毛时间而不是实际发病时间有关，或者可能由于不同地区的品种差异造成。作者见过1岁以下犬发病的病例。好发品种为短毛品种，如波士顿㹴、拳师犬、吉娃娃、腊肠犬、意大利灵缇、曼彻斯特㹴、迷你杜宾犬和惠比特犬，1项报道还提到威玛猎犬[7]。腊肠犬是最常发病的品种。尚无研究表明该病有性别倾向或基于性别有不同的临床表现。

细心的动物主人可观察到，疾病初期病斑是相对稀疏的脱毛，直至完全脱毛，期间没有其他症状。早期病灶中，毛发变得更细更短。这些细毛准确来说称为由毛囊萎缩造成的变细的毛发，虽然有人将其称为毫毛，但这个词是不准确的。当拎起、揉捏发病区域的皮肤时可见这些细毛出现在病灶边缘（图11-1）。在发病区域内，无论由毛囊萎缩造成的变细的毛发还是看起来正常的毛发均无异常脱落。随着时间的推移，不断有由毛囊萎缩造成的变细的毛发，随后无法生长，最严重的病例可完全脱毛。皮肤一般表现无异，但某些病例可能出现皮屑或皮肤变薄。耳郭和耳周的皮肤厚度难以评估，因为正常情况下耳郭厚度也会有所变化。

该病主要有三种脱毛方式，一般病变部位是对称的。最常见的病变部位是耳郭凸起面和耳周围区域、腹部以及后肢根部，这些部位的病变会有些许的不同。耳郭病变通常始于凸起面，但也可能会起始于耳基部或耳尖（图11-2）。

图11-1 耳郭脱毛的腊肠犬。可注意到由毛囊萎缩造成的变细的毛发还存在于皮肤褶皱的边缘

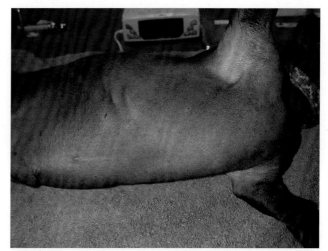

图11-3 这只腊肠犬的腹部出现典型脱毛，耳郭和后肢根部也出现病变

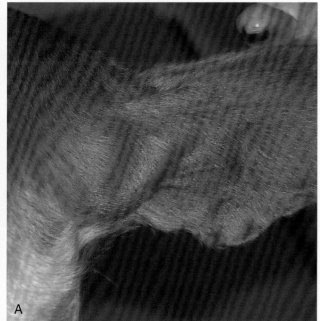

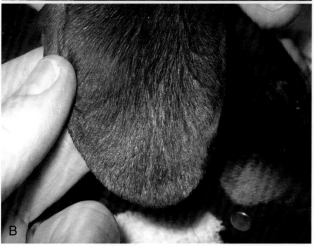

图11-2 **A.** 耳郭凸面的典型脱毛。可注意到病变在耳郭基部和耳周围区域更加明显 **B.** 耳郭的典型脱毛，这一病例耳尖部位病变更明显

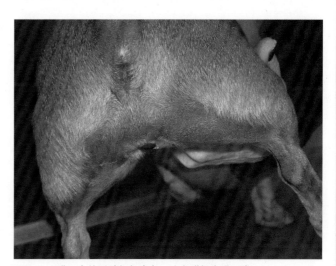

图11-4 腊肠犬的后肢根部病变，注意跗部表现正常

能也会受影响（图11-4）。脱毛可能会发生在这三个部位中的任何一个或多个部位。耳郭最易发病，且通常为始发部位。大腿根部发病常伴有耳郭发病，被称为尾耳郭脱毛（caudal pinnal alopecia）。毛发的变化可能会始于一个区域，且停留在局部，或在数月或数年后影响至其他区域。

患犬感觉良好，且没有其他症状表明有内分泌疾病。然而，给图样脱毛患犬使用糖皮质激素，以及当患犬有库欣综合征或甲状腺功能减退时会出现更严重的毛发变化。当根本病因被成功诊断和治疗后，这些变化可缓解，但仍然会脱毛。

2. 诊断

可根据典型的临床表现作出诊断，即没有其他症状的正常脱毛。对幼龄犬的主要的鉴别诊断是先天性秃毛综合征和内分泌疾病。然而，需要注意的是耳郭脱毛不是最典型的内分泌疾病表现，而是脱毛发病的最常见部位。小型化毛发对诊断有高度提示。

斑秃常表现为非炎性、非瘙痒性的脱毛，可发生于耳郭，但通常是不对称的，且为较小的脱毛斑块。此外，斑秃部位没有由毛囊萎缩造成的变细的毛发。

腹部病变通常会从颈部的腹侧至胸部再发展至腹部，但也可能会只出现在颈部或胸部、腹部（图11-3）。后肢根部的脱毛通常止于跗部，但在一些病例中阴部及尾部腹侧可

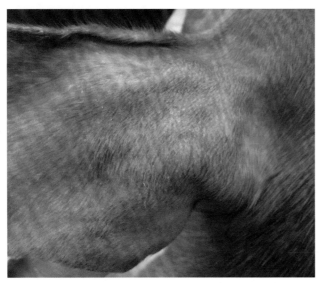

图11-5 腊肠犬的耳郭脱毛，在局部外用含糖皮质激素和氯倍他索后，症状加重

含有糖皮质激素的药只在耳郭的凹面或耳道用过（图11-5），但局部使用类固醇引发的脱毛可见于耳郭的凸面。作者曾见过腊肠犬出现这样的情况，如此用药也加剧了之前存在的耳郭脱毛症状。其他需鉴别诊断的疾病并不以出现毛发和毛囊的小型化为特征。

皮肤病理学检查有助于排除其他疾病。图样脱毛的特点是毛囊小而浅，一般有毛干及正常的表皮和真皮[1]。内分泌性皮肤病，如生长周期停滞、表皮萎缩、粉刺或明显的毛囊角化、皮脂腺萎缩及黏液性水肿，并不会引起前述的变化。

3. 临床管理

这种疾病不会引起大问题，故无须治疗。但是，一些动物主人依然希望尝试治疗。褪黑激素可能对某些病例有用。在包含6个不同的品种的共11个经褪黑激素治疗的病例中，可见不同程度的毛发生长[7]。作者在腊肠犬上的经验来源于一些不完整的病例，故无法知道治疗的结果，但考虑到成本和安全性，这种方法可能值得一试，即便疗效是有限的。

有报道称外用米诺地尔可有效地刺激基因性脱毛患犬的毛发生长（见第十二章）[8]。

（二）犬毛囊发育不良

这一类疾病的特征为被毛变化，包括组织学上以毛囊发育不良为特征的脱毛[9,10]。其通常被称为毛囊发育不良，许多品种的犬都会发病。然而经研究统计，这种病征一般发生于特定的品种，在本书第十二章将进行讨论。非易感品种偶尔会出现类似表现。因此，只要见到被毛营养不良、干枯、卷曲、毛色改变、初生毛脱落而次生毛保留、毛发卷曲生长以及不同程度的脱毛时，都应怀疑毛囊发育不良。

部分犬在剪毛后被毛无法再长长。这些犬通常是由于被毛质量不佳或色泽暗淡而被剪毛，其主人希望剪毛后再生的新毛能够改善。一般情况下，身体的躯干部变化最

显著，颈部和四肢近端变化也常较大。

该病依据病理组织学检查可作出诊断。不同品种的犬可出现不同的病理特征，这说明存在多种异常情况，以及在不同品种和不同的症状中组织学变化会有所不同。组织学变化包括巨型黑色素体、异常沉积物、发干或毛囊的形状畸变、毛囊角化、生长期毛球变形、毛根鞘异常角化以及退行期和休止期毛囊比例占优势[10-14]。具体治疗方法将在第十二章中讨论。

（三）犬体侧脱毛

在以前的文献中，犬体侧脱毛（CFA）被称为季节性体侧脱毛，也被称为周期性体侧脱毛和经常性体侧脱毛。但称为犬体侧脱毛更合适，因为脱毛可能出现在一年中的不同时间，患犬的发病时间和持续时间不同，连续的或间断的都有可能，并可能与犬居住位置的纬度有关[3,10,13,15,16,16a]。所以其他术语并不总是恰当的，但患病部位都是在体侧，故称为犬体侧脱毛更合适。

犬体侧脱毛的病因不明，但通常认为是局部的、周期性的毛囊发育不良。日光照射的持续时间或光照时间的变化可能是引发该病理变化的一个重要诱因。有几种观点支持光照在病程中的作用。这一疾病在北半球和南半球皆发生在日照持续时间较短的几个月中[15,17]。在北半球，北纬45°以北的患病率较高[15]。有报道患此病的猴獠，只有在冬天被关在没有人工光源和热源的温室内时才发生脱毛[13]。一只夏天被关在室内的拳师犬复发此病，伴有与健康时不同的临床症状和病理变化[18]。作者曾听过一些个案报告报道犬暴露在日光灯下能刺激毛发的生长。这里光起到的重要作用似乎是显而易见的，但究竟其发病机制是什么，以及缺乏光照会引起何种物质缺乏或导致何种物质减少尚未查明。

我们知道，在已完成的有关这种疾病的研究工作中，似乎并没有包括甲状腺[19]。一项研究评估了生殖激素和生长激素对赛拉嗪的反应，除了由于促肾上腺皮质激素刺激孕激素浓度升高以外其他结果正常，在光照时间最短的实验组中该组激素反应最大[20]。可能是激素在其中起了一定的作用，但是仅在局部的受体发生改变的情况下才可能发生，这与高雌激素血症的情况类似[21]。这一研究表明患犬血液的雌激素浓度与正常犬相似，但脱毛区域内雌激素受体的数量增加。雌激素和皮肤上的雌激素受体在调节毛发生长中十分重要，但是想要在这个领域研究透彻则十分困难[22]。众所周知，小鼠体内的催乳素受体是周期性存在的，并且催乳素的产生和其浓度升高与毛囊细胞凋亡和毛发退行期相关[9]。由于褪黑激素在一些病例中有效，并且病情与光照相关，因此人们推测松果体和催乳素水平可能也很重要，但是，没有相关研究对此作出证明[6,17,23]。

1. 临床研究

从1岁左右的青年犬至11岁的老年犬皆可发病，但大

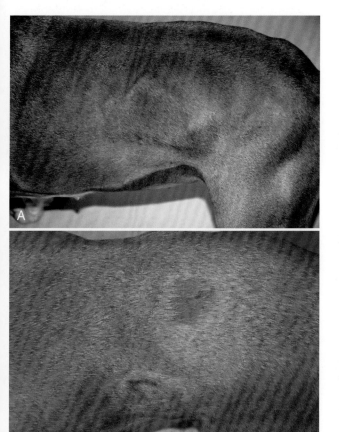

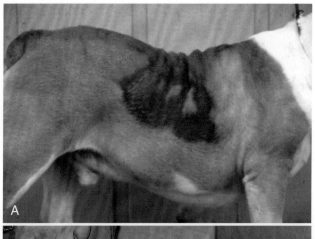

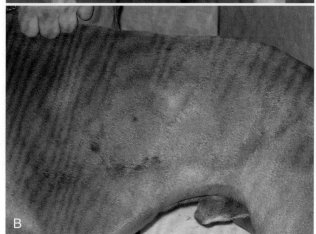

图11-6 典型病变 **A.** 注意这只拳师犬的脱毛及色素沉着，拳师犬是最易发生体侧脱毛的品种。病变呈线性和圆齿形边缘的环形 **B.** 这只拳师犬有两处脱毛的斑块。后背侧的脱毛区开始重新长出毛发，注意其颜色比其他正常的毛发更暗，其腹侧的斑块有色素沉着和脱毛的特征性病变

图11-7 **A.** 这只英国斗牛犬有脱毛及色素沉着的斑块。注意脱毛斑块内相对正常的未脱毛区域，以及曲线形到扇形的病灶边缘 **B.** 这只拳师犬有更大的波形病变，其中有未脱毛区域。注意体侧脱毛时仍有一些区域有相对平直的边缘及典型的齿状边缘

多数患犬在3~6岁之间发病。有报道称平均发病年龄为3.8岁[17]。许多品种都可能患此病，但拳师犬是最好发的品种。其他可能存在高发风险的品种包括万能梗、英国斗牛犬以及各种体型的雪纳瑞犬[6,15,16]。虽然之前认为其多见于雌性绝育犬，但现在无论公犬、母犬，以及是否接受去势或绝育的犬，都有发病的可能[24]。

这种病有其独特的症状，诊断非常简单。典型病变为非炎性斑块、非瘢痕性脱毛以及患处的色素沉着，这种色素沉着甚至可能蔓延到周围有毛的皮肤（图11-6，A）。患处可能表现出加剧或正常脱毛，毛发可能正常或者晦暗、干燥；颜色也可能发生变化，且重新长出的毛发可能会变暗或与正常的毛发颜色不同（图11-6，B）。毛发岛偶尔会出现在脱毛区域内（图11-7，A）。其他病例中，病灶周围有大片岛状未感染皮肤，形成大片的波形病变区域（图11-7，B）。患病时，若没有继发毛囊炎，通常仅有少量细小的皮屑脱落。若继发毛囊炎，则会诱发丘疹、痂皮以及鳞屑（图11-8）。病灶边界清晰，常呈线形或圆齿形（见图11-6至图11-8）。在一些病例中，所有边界近乎直线，类似菱形，但边长不等。患犬病变部位周围的毛发和皮肤通常是正常的，这与大多数内分泌性脱毛不同，但万能梗

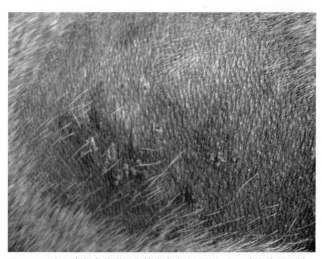

图11-8 这只拳师犬的脱毛斑块内有多个小的红色丘疹和皮屑区域。病变部位继发毛囊炎，经细胞学检查可见球菌、中性粒细胞和单核细胞。全身性抗生素治疗对此病有效果

例外，该犬可能发生躯干广泛性或整个躯干皮毛质量不良，被毛干燥（图11-9）。

病变的部位也具有特征性，最常见的感染部位是腰部和胸部侧面至背外侧区域。病变区域一般从肩部至臀部，可能发生在背部或横跨背中线，但更多情况下发生在体侧

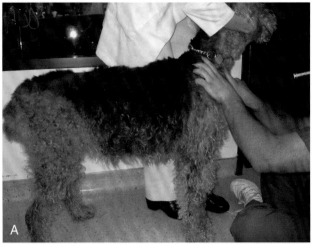

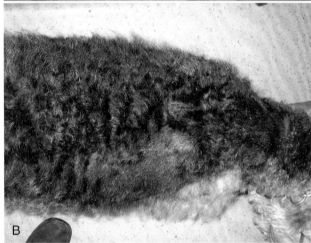

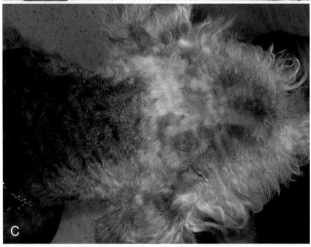

图11-9 **A.** 1只体侧脱毛的万能㹴的侧面观。仍有毛发，但是质量差，且发病部位毛发长度变短，卷曲 **B.** 胸部侧面和颈部背面脱毛的背侧观 **C.** 脱毛不只发生在颈背部，头顶也有

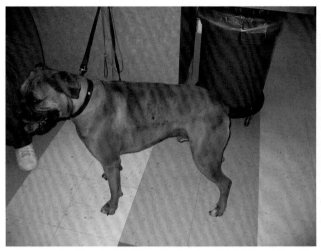

图11-10 这只体侧脱毛的拳师犬表明了在一些病例中，病变可从臀部外侧延伸到肩部且局限在体侧。病变的特征形状仍然存在，具有直线和圆齿形边缘，病灶内有不受影响的岛状区域

3~8个月内，毛发自发再生，可能是完全正常的毛发或不同颜色、纹理的毛发，也可能两者兼有。有报道称毛发再生长的时间为脱毛后1~14个月内[3]。其他病例可能会每年有所发展，最终持续脱毛。根据笔者的经验，这在万能㹴比较常见。对这种犬而言，脱毛可能意味着其他的或并发的疾病，因为这类脱毛的特点与毛囊发育不良和毛发周期性阻滞相同[10]。

2. 诊断

体侧脱毛具有显著的特点，根据临床症状便可作出初步的诊断。如果没有其他的症状表明其为内分泌失调，患犬不是容易出现毛囊发育不良的品种，又正处青年，且第一次发病时间是11月至次年4月，那么作出的初步诊断基本上就是正确的。在没有化验或治疗的情况下，犬在之后几个月内重新生长出毛发，则可确诊。如果动物主人不希望等待或因为动物在几个月后没有重新长毛而感到焦虑，可以进行活组织切片检查和组织病理学评估。

组织学上，发展完全的病变可见显著的毛囊萎缩以及延伸到次级毛囊的开口和皮脂腺导管漏斗部的角化过度。这些毛囊的基部萎缩，毛球畸形[10,16]。这两个变化共同形成了被形容为畸形足或"女巫脚"、章鱼状或水母状（过度角化、扩张的漏斗部是身体，而近表面次级毛囊是触须）的发育异常的特征性外观[6,16,25]。皮脂腺变暗，因为含黑色素的皮脂腺细胞进行正常的蜕变过程，黑色素栓塞在皮脂腺导管内形成，然后挤压成管型进入扩张的毛囊漏斗部[24]。

3. 临床管理

尚未有研究表明这种病与其他代谢或内科问题有关，即使毛发不再生，患犬似乎也能正常地生活。大多数患犬会自发地长出新毛，预后良好。这种疾病对所有犬来说都是不可预测的。部分犬多年脱毛具有复发性和季节性；部分犬可能某一年不复发脱毛；还有一些犬最终发展为永久性脱毛；约20%的患犬只有短暂的脱毛。基于前面的论

（图11-10）。部分犬偶发鼻梁脱毛和色素沉着。在部分病例中，病灶呈两边对称的形状，但并不完全对称，一侧发病严重，而另一侧可能只是相对轻微的脱毛。

此病的另一个显著特点是周期性和复发性。大多数病例于11月至次年4月发病，然后在春季或夏季重新长出毛发[6,15,16,23,24,24a]。在南方地区，循环周期可能不同或没有[10]。据报道，在北方高纬度地区，约20%的病例只在1年内脱毛，而大多数病例会复发[17]。几年内，犬可不发病或发病的程度不同，许多犬轻微脱毛或脱毛持续时间较短。之后

述，选择性忽视往往是首选的治疗方法。如果动物主人要求治疗其宠物，我们认为褪黑激素是初步治疗的较好选择，它相对安全、便宜。有报道称，9只患有复发性体侧脱毛的犬均通过皮下埋植或注射褪黑激素而被治愈[26]。这9只分别是有4只万能㹴，4只拳师犬和1只巨型雪纳瑞，它们都曾多次复发脱毛。其中6只犬经过了3次皮下埋植12mg（总剂量36mg）的褪黑激素治疗。3只犬间隔2周2次皮下注射12.5mg褪黑激素。目前，有零星的报道称口服褪黑素也有效，并给出多种推荐剂量。目前的建议是每8～12h口服3～6mg，持续1～2个月，这一治疗方法应该在观察到脱毛症状时尽快采用，或在复发性病例固定的复发时间之前采用[3]。

（四）伴发界面性皮炎的体侧脱毛

两篇关于界面性皮炎引发的体侧脱毛且伴随组织病理变化的报道[27,28]说，这种脱毛看起来与前述的体侧脱毛非常相似，但几乎只有拳师犬患病。两篇报道的病例都来自于美国东北部（纽约、宾夕法尼亚州、西弗吉尼亚州和马萨诸塞州）和加拿大。其中有一个病例来自布维尔[27]。这些病例的临床症状与体侧脱毛的区别是，其脱毛区域中，有环形的结痂和鳞屑（图11–11）。这些区域最开始被动物主人描述为丘疹、脓疱或水疱，但是当兽医检查时，这些病变并不明显[28]。应对结痂、有鳞屑的部位进行活检以确诊是否为界面性皮炎。其组织病理学检查结果与体侧脱毛的变化相似，此外，还会发现表皮层水肿变性、空泡样变性、表皮真皮交界处模糊以及基底层中的角质形成细胞凋亡。真皮浅层将出现色素异常，且可见淋巴细胞、浆细胞和巨噬细胞。这种炎症的确切病因不明，但是在人类，基底角质细胞1型干扰素的细胞毒作用可能是一个刺激因子[29]。这种干扰素模式与病毒性皮肤病以及药物反应以及一些自身免疫机制有关。在一个相关的报道中，患犬没有与药物、疫苗或使用丝虫防治措施有关的病史。对所有病例进行免疫组化染色[28]，研究血管内的免疫球蛋白，

结果没有一例出现基底层或真皮表皮交界处染色。说明，这些病例发生了免疫系统的活化，但与红斑狼疮的模式不同。有报道称，该病和红斑狼疮一样，以四环素和烟酰胺治疗硬皮、鳞屑性损害是有效的。

（五）毛发生长期和毛发生长休止期脱毛（掉毛）

脱毛（Effluvium）和掉毛（Defluxion）这两个术语都用来描述这种发生在犬身上的疾病。在人医中，主要用脱毛（*Effluvium*）这一术语，意思是每日脱落的毛干量逐渐增加[2]。在毛发生长期脱毛这一病症中，一些特殊的情况（例如抗有丝分裂药物、感染性疾病、内分泌失调或代谢性疾病）与干扰毛发生长期，导致毛囊及毛干的异常。在患病期间，随着毛发生长期的持续，会突然脱毛（图11–12）[6,30]。这在犬中很少见，多数犬的病例为毛发生长休止期脱毛。这一病症中，经常是一些紧张性的情况（如高热、妊娠、休克、病情严重、手术、药物、麻醉）导致许多生长期毛囊的活动突然提前结束，这导致这些毛囊的退行期同步化，即进入休止期[11,25,31,31a]。由于激素或药物影响，当毛发停留在生长期时，也可能会发生有些药物所致的或产后的毛发生长休止期脱毛。一旦刺激消除，所有毛发周期将一起进入退行期和休止期[32]。压力可能会导致神经介质的释放，所以也会诱导细胞凋亡和进入退行期，这已被小鼠的P物质证明[2,33,34]。不论何种机制，其被毛的丢失通常都发生在患病初期的1～3个月内。产后毛发生长休

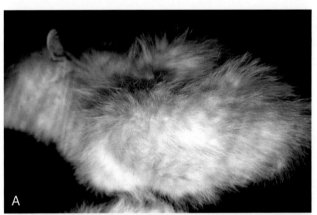

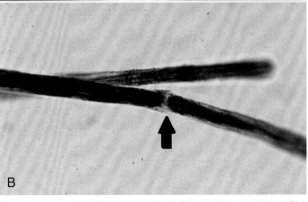

图11–12 **A.** 一只急性病毒性上呼吸道感染的小猫，在毛发生长期发生脱毛。注意大面积的毛发蓬乱、暗哑，并有毛发折断 **B.** 毛发生长期脱毛患犬的毛发。注意容易折断的中心区域（箭头所示），其有短暂的代谢停滞和结构缺陷

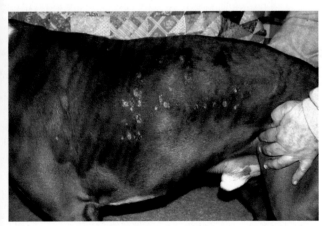

图11–11 一只拳师犬伴发界面性皮炎的体侧脱毛。注意从臀部外侧到肩部侧面脱毛的典型病变，即在脱毛斑块上有圆形和环状鳞屑斑。活检后，组织病理学结果显示为界面性皮炎

图11-13　1只哺乳期拉布拉多猎犬休止期脱毛，胸部侧面和体侧的脱毛区域变薄。在没有进行治疗的情况下，哺育幼犬的母犬数周后重新生长出毛发，再生出的毛发正常

止期脱毛是本综合征一个比较常见的形式，通常会影响躯干区域（图11-13）。

阿霉素是引起毛发生长休止期脱毛最常见的化疗药物，在对照试验中，18只每周用药的比格犬在6周内全部出现脱毛，最初是头部脱毛[1,35]。在临床应用中，脱毛的类型（全部或特定的毛发以及脱毛的方式）都是可变的[36]。毛发生长周期长的犬可能会倾向于受到这种不良反应的影响[1]。

对于人类，有人提出毛发生长休止期脱毛有五种功能性类型[37]：①生长期即刻解除，是最常见的类型，其生长期毛囊过早进入休止期，并在3~5周内开始脱毛（例如，药物作用、生理性紧张时期）；②生长期延迟解除，是一种常见的形式，毛囊处于延长的生长期状态，其"解除"导致毛发在2~3个月内逐渐脱落（如产后脱毛）；③生长期缩短，这种形式目前只是推测出来的，指的是毛发生长期先天较短，导致脱毛增多以及毛发长度变短；④休止期即刻解除，其正常休止期缩短，在数天或数周内开始脱毛〔例如，药物作用（米诺地尔）〕；⑤休止期延迟解除，即休止期延长（例如，光周期不规律）。对于犬，目前没有相似的分类，但可能有助于解释不同病例从开始发病到脱毛的不同时间段。

依据病史、体格检查以及直接的毛发检查作出诊断。休止期毛发的特点是毛干呈直径均匀的细长棒状，根端缺少根鞘且无色素（见第二章，图2-29，B）。生长期脱毛，毛发的特点是不规则和不典型的增生变化，毛干的直径可能不规则地变窄和变形，这种脆弱的部位通常会发生断裂，造成粗糙点（见第二章，图2-29，F）。皮肤活检帮助甚微。若脱毛发生于休止期开始后，组织病理学检查结果会显示皮肤是正常的。在生长期脱毛，特征性的变化最明显，但切取皮肤进行活检时这些特征性的变化通常会丢失。生长期脱毛的典型病理变化包括细胞凋亡、生长期毛囊基质的角质细胞核碎裂，以及毛干的毛发管内嗜酸性

粒细胞异常发育[12]。

当刺激因素消除后，生长期和休止期脱毛都可自行痊愈。

（六）毛发过度脱落

动物主人经常会问："为什么我的犬（或猫）掉毛这么多？"他们很容易注意到掉落到地毯、家具和衣服上的大量毛发。据报道，掉毛是动物主人最大的烦心事[38]。当动物主人察觉到宠物毛发脱落过多时，这种感觉会加剧。虽然这一状况可能会造成动物主人的不便，但如果掉毛过多与病理性脱毛无关，那它应该是正常的，或者至少不会对动物造成影响。毛发生长周期由若干因素（参见第一章）控制，故动物主人提出的关于掉毛的问题往往难以回答。而文献中很少能查到有关掉毛的信息。在北半球，许多户外饲养的犬和猫在春季和秋季都有不同程度的掉毛；室内的宠物可能一整年都在掉毛。

当动物被毛过度脱落时，许多毛发变得容易脱离，但不会形成脱毛区域。而有时医生轻轻拔一拔掉动物的毛发，就会出现脱毛区域，这是由于这些动物患有内分泌疾病或者毛囊发育不良。当没有明显的临床疾病时，治疗可以从改变行为、饮食、光照或温度入手。相比平静时，动物似乎在过度兴奋或紧张时掉毛更严重。最近的研究阐明了应激、神经系统和脱毛之间的关系，因此其他因素也有可能影响毛发的脱落[33,34]。行为矫正方案或抗焦虑治疗可能有益。如果没有发现异常情况，则唯一的治疗方法是通过梳理、刷拭，或对某些病例进行真空抽吸以除去动物身上没有生命的休止期毛发。市面上有多种外用产品，宣称可减少毛发脱落但是没有一种产品能证明它们可影响毛发的生长，这些产品最有可能是通过增加梳理来梳掉休止期毛发而发挥其作用的。

（七）周期性毛囊发育不良

犬偶发一过性脱毛[6]，通常情况下为躯干脱毛或被毛显著变薄，但不伴有皮屑和炎症。最常见的发病部位为躯干，体侧区域尤其好发。某些病例季节性地出现这一问题，脱毛主要发生在冬季或春季脱毛。这种脱毛似乎对于阿拉斯加犬是一个较严重的问题，在拉布拉多猎犬、杂种犬、约克夏犬和万能㹴也曾发现此病，因此，光照时间可能很重要。有些犬可能只发病1~2次，而其他犬每年都会有某种程度的脱毛。从某种意义上说，这种情况可以被认为是不正常的毛发脱落。

（八）牵引和压迫性脱毛

有报道称，用发夹、橡皮筋或其他方式将犬的毛发系起，可造成牵引性脱毛[39,40]。当捆绑太紧或时间过长，可能会导致脱毛。压迫性脱毛，也称为先令氏脱毛（shilling alopecia），好发于被养在盒子里的短毛幼犬。

该病确切的发病机制未知，但可能与缺血性皮炎有关，包括整个表皮与真皮层的缺血，或只是毛囊的缺血。在牵引性脱毛的病例中，一篇报道提出有血管炎和局部己酮可可碱反应，这进一步支持了血管损伤引起发病的机制[40]。报道还提出，一些脱毛可能直接与毛干损伤有关，类似于结节性脆发症[1]。

牵引性脱毛目前没有被认可的年龄或性别倾向，发病的品种是那些典型的易被主人绑"小辫"的品种。最初，可能会出现炎性斑块，有皮屑或结痂（图11-14）。如果在炎症早期阶段确诊治疗，可能不会出现完全、永久性的脱毛。大多数病例表现为，以边界清晰的萎缩性瘢痕性小块脱毛为特征的慢性病灶。相比周围皮肤，病灶处真皮层可显著变薄。这些病变是永久性的，除非经手术切除。病变都无一例外地出现在颅骨的顶部或侧面。

该病可基于特征性病史和体检结果作出诊断。在后期阶段，病症因脱毛的萎缩性质和位置而有一些不同。早期病变应与斑秃、假性秃斑、真菌性皮肤病鉴别诊断。活检结果取决于所采样部位的病变阶段[11,39,40]。病变早期可能会出现多形单核细胞浸润、水肿和血管扩张。还可见表皮基底细胞的水样变性和角质形成细胞的细胞凋亡，以及交界处毛囊炎[40]。慢性病例的特征是毛囊和皮脂腺萎缩或毛囊极度缩小，只留下一些上皮细胞[1]。病情严重的患犬可能最终出现瘢痕性秃毛，其附属器官被破坏，只有结缔组织仍然存在。治疗方案包括指导动物主人妥当地使用毛发固定物件，己酮可可碱按12h 15～50mg/kg的剂量给药可能有助于治疗，尤其当该疾病处于发展的早期阶段且有炎症存在时。药物一般对治疗萎缩性瘢痕无效；如果以美容为治疗目的，则手术切除是必须的。

压迫性脱毛症可发生在任何短毛品种出生后第一年内，不限性别。通常情况下，脱毛发生在颅骨顶端（图11-15）。犬的睡眠习惯不同，故脱毛也可出现在身体的其他区域。病程进展很慢，且慢性损伤是永久性的。

一旦明确患犬的睡觉习惯，那么诊断是非常容易的。由于脱毛发生在幼犬，应由相应的检测排除蠕形螨病或真菌性皮肤病。治疗方案是改善患犬的居住环境，不再把犬装在箱子里，或者给箱子垫上垫子。一旦解除压迫，部分毛发将会再生，但可能不是所有的毛发都可再生。仍脱毛的部分可借助手术切除。

（九）结节性脆发症

结节性脆发症沿着毛干出现，为小串珠样膨起，毛发缺少角质。在猫已有相关报道，但在犬只见于早期教科书，并且曾在过去20年中作为阿米替林的不良反应进行治疗[41,42]。因此，该病将只在后文中与其他猫科动物的脱毛一起进行论述。

（十）注射反应

注射反应可能诱发注射中心区域的脱毛[41,43]。根据不同的注射药物和组织病理学，出现了几种不同的类型，而这些类型均出现脂膜炎[44]。在疾病后期，慢性病灶可能表现类似。无论病因如何，都可能残留低/高色素性脱毛斑或疤痕。病变最常见于肩、背和大腿外侧，在注射处呈斑点状。因为治疗方案的选择和反应可能不同，故确定疾病的类型是重要的。病史记录十分重要，因为引起病变的注射类型与最有可能发生的反应是相关联的。

1. 接种狂犬病疫苗后的脂膜炎

这种疾病被认为是由狂犬病毒及相关的免疫应答引起的局部抗原刺激所致。研究者对3只犬进行试验，3只犬都在病变处的血管壁和滤泡上皮内出现狂犬病抗原[31]。该疫苗引发的脂膜炎表现为血管炎或局部的缺血性损伤[6,44]。皮下注射的狂犬病疫苗最常引起此种反应[31,44-46]。根据本书一位作者（CEG）的经验，注射Fort Dodge牌狂犬疫苗后最易出现反应，但是注射这种疫苗后发病率是否真的有所升高，以及这种疫苗在当地是否很普遍，目前还没有得到证实。由于

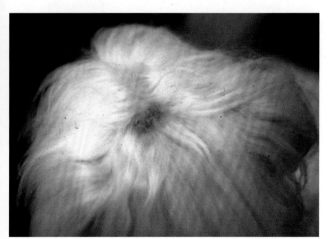

图11-14 一只马尔济斯犬的牵引性脱毛。注意椭圆形的脱毛红斑，这是发生向前牵拉毛发引起的

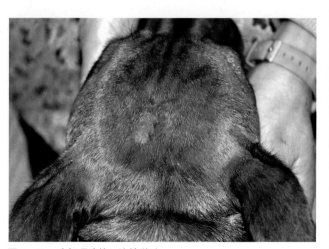

图11-15 头部顶端的压迫性脱毛

好发品种为小型犬，它们的毛发生长期较长，所以有观点认为这可能是一个有遗传相关性的疾病[44]。遗传易感性与免疫应答、给予的抗原负载量相对于犬体型的大小，以及毛发是否以生长期毛发为主有关。在身体的其他部位有缺血性皮炎的其他病例中也可发现这些病变（见第九章）。

未证明该病有与年龄相关的高发倾向，中年犬相比幼犬似乎更易发病。报道的患病品种大多数是玩具贵宾犬和迷你贵宾犬，但许多马尔济斯犬也曾发病；任何小型、长毛品种都可能会受到影响。而这种情况很少会出现在小型、短毛品种的犬，如吉娃娃。未见有性别倾向。

有报道指出，初期病变斑块的发现取决于动物主人的细心程度，大多数动物主人在宠物的病情发展到晚期时才发现异常。早期病变为一些红斑和皮屑的结节斑块。在这个阶段，脱毛可轻可重。早期阶段罕见瘙痒（图11-16）。不过，即使是早期阶段，也通常在注射后的1~3个月才出现。随后通常在这一部位出现完全脱毛，且病变发展成非红斑状，甚至有可能成为一个斑疹，而不是一个斑（图11-17）。病变大小通常有几厘米，部分大至10cm[44]。病变的晚期通常有色素沉着，但也可能发生色素减退（图11-18）。病变最常见于距注射部位不远处：肩侧、肩胛

骨背部和大腿侧面或后外侧。病变偶尔可能会在通常实施注射部位的腹侧，这可能由于重力迁移导致[44]。还必须考虑针尖实际刺入的部位，因为进行皮下注射时皮肤会被提起。

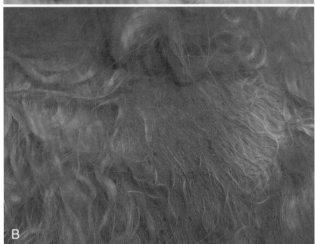

图11-17　狂犬病疫苗反应。**A.** 肩部侧面的脱毛。注意由于重力或注射疫苗时提起皮肤而导致病灶位置的下降　**B.** 脱毛病变的特写视图，显现慢性病灶的表现。触诊时可发现这处病变是一个增厚的坚实斑块

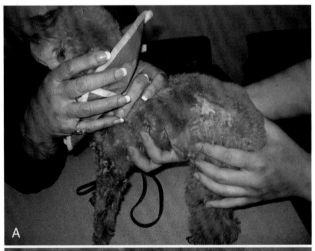
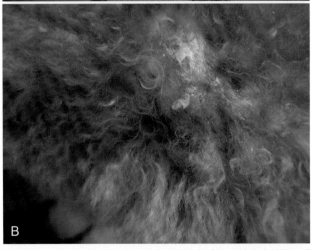

图11-16　**A.** 大腿外侧注射狂犬疫苗部位的病变。给患犬佩戴了项圈，因为这种病变瘙痒，患犬试图啃咬　**B.** 红斑和脱屑的脱毛斑块特写镜头，可见浅黄色的角化不全的鳞屑。注意色素沉着和色素减退的区域

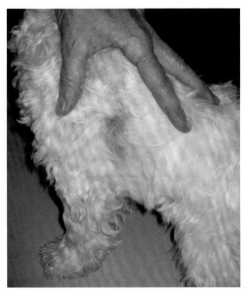

图11-18　狂犬病疫苗反应，发生在结节性病变表面的脱毛及色素沉着

在接种狂犬病疫苗2~4个月后出现的特征性病变，可作为最初的诊断依据。注意病历所记录的注射部位，可以更好地找出病因。初始的炎症病变的鉴别诊断包括：可能由原发病因导致的局灶性脂膜炎或蜂窝（组）织炎，创伤和无菌注射导致的脓肿，或先前的穿刺感染、异物或昆虫咬伤。病变晚期的鉴别诊断包括真菌性皮肤病、毛囊炎、浅表性脓皮病、局部类固醇反应、蜂窝（组）织炎、蠕形螨病、斑秃、假性秃斑和局限性硬皮病。组织病理学检查可发现缺血性变化与脂膜炎、（通常也有）淋巴细胞、组织细胞以及血管切片中常见的一些浆细胞。虽然大家认为组织病理学检查总能起到一定诊断作用，但实际中血管炎可能并不明显。

本病预后良好。通常这些病变会对治疗产生反应，如果疤痕并不是很明显，随着时间的推移，一些病变会自行消失。建议最初用己酮可可碱进行治疗（每12h用药1次10~25mg/kg），并可作为单一疗法起到疗效。如果无效，增加1~2个月疗程的泼尼松/强的松龙通常有效（见第三章）口服剂量渐减至免疫介导剂量。己酮可可碱在某些病例中可能要持续使用数月到1年。手术切除也有治疗效果，但重要的是要除去受到病变影响的膜。据报道，在一些病例中其他的有效选择包括四环素烟酰胺、必需脂肪酸（每5kg体重使用180mg必需脂肪酸）、皮质类固醇和他克莫司[23,45]。

2. 注射后脂膜炎

在这种类型的注射反应中，最常见的是一种无菌性脂膜炎，这可能是一种异物反应或过敏反应[44]。该反应最常出现在疫苗注射后，但与狂犬病疫苗的免疫反应在组织学上是不一样的。它偶尔可能由其他类型（通常是贮藏性）注射导致。这种类型没有年龄、品种或性别倾向。皮下肿胀通常可发展到3cm大小。肿胀部位可能会发生脱毛、色素减少或色素沉着，如有可能两者皆发生（图11-19）。在肿胀内通常可触及一个小结节（图11-19，C），需与典型的局灶性皮下无症状结节、囊肿、肿瘤或无菌脓肿进行鉴别诊断。手术切除后进行活检具有诊断意义，因为组织学方法具有独特性和特征性[44]。手术切除该固有结节是一种有效的治疗方法，但可能需要几个月毛发才会重新生长。对于某些病例糖皮质激素治疗可加强治疗效果。

3. 存储性注射的无菌脓肿

第三类注射反应通常与存储的糖皮质激素或孕激素注射有关，另外伊维菌素也会引起这种病变[43,44]。病变为局灶性脱毛，色素正常或色素沉着不足最常见，并且没有严重的炎症；毛发轻微脱落。该区域皮肤厚度正常或变薄（图11-20），没有肿胀或较大的结节。可能可触及类似于在注射后脂膜炎中发现的小的、坚硬的、局灶性皮下肿块，但是这一结果有可变性。与周围未受病变影响的皮肤相比，该区域可能有真皮和表皮的萎缩。这些病变通常表现出特征性的毛囊萎缩，并可能在膜层中出现存储性注射反应。

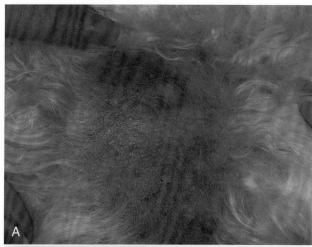
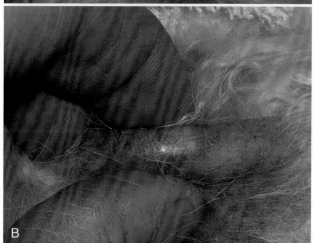
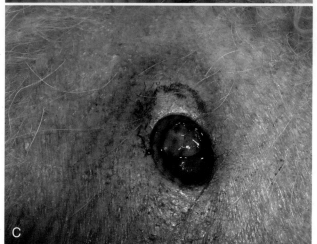

图11-19 **A.** 非狂犬病疫苗注射性脂膜炎表现高色素沉着的脱毛斑块，中心部位色素减退，其表层可触及一个包裹着膜的坚实的结节 **B.** 捏起皮肤，可以看到肿胀以及皮肤厚度增加 **C.** 在色素减退的部位切开活检，展示可触及结节的坏死脂肪区域。这些物质应该被切除，用作组织病理学的检查样品

典型的病变和相应的病史使得注射反应的诊断很容易确立。若没有注射史，则需鉴别诊断可能会造成局部脱毛的其他疾病（如蠕形螨病、真菌性皮肤病、后脓皮病、斑秃）。如果发现皮下有坚硬的肿物，则鉴别诊断更可能局限在异物反应或一些贯穿性伤害的反应，如咬伤。如果没有确切地证实该病变与某种类型的注射反应相关，则活检可能有助于区分病变。并不一定要实施治疗，但可能需要

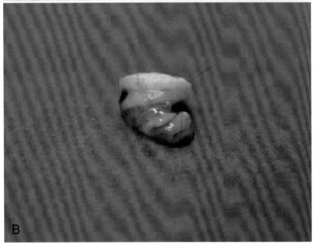

图11-20　A. 中央色素减退的脱毛斑块。皮肤薄，并可触及一个坚实的皮下肿块。这一病变发生在曲安奈德注射后　B. 该色素减退部位及相关皮下肿块活检显示在膜内的结节变成白色

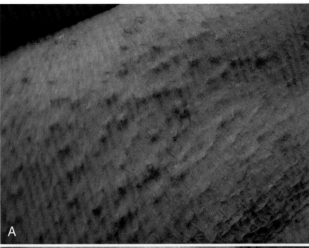

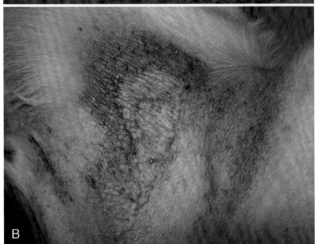

图11-21　A. 由于局部类固醇反应而发生粉刺、毛囊性丘疹，且皱褶与皮肤萎缩有关　B. 局部类固醇反应表现为粉刺，部分较大，大多数呈囊状，皮肤萎缩、起皱褶，有红斑，以及色素沉着（B由H. newton提供）

几个月到1年的时间才能重新长出毛发。如果动物主人不希望等待或已经不想继续等待，则手术切除是有效的。

（十一）外用药物反应

各种外用药物被证实偶尔会引起脱毛，最常见的反应是含有强效糖皮质激素的外用产品。症状为局灶性脱毛，可能并发皮肤萎缩、脓皮病，以及弛缓性表皮下大疱[47]。随着时间的推移，常出现浅表性的、白色的、在闭塞毛囊内的粉刺（图11-21）。极少情况下可能会发生表皮的钙质沉着。最常见的病史是从使用含糖皮质激素的外用产品治疗局部瘙痒或丘疹性皮炎开始。随着时间的推移，局部的类固醇反应开始诱发病变，而动物主人并不将其归因于外用产品，相反，却更频繁地长时间使用该产品，且长时间地用于治疗病变，有时使用的皮肤区域还越来越大。病变最常见于腹股沟或耳郭突起的基部。

外用的除跳蚤产品很少会引起局灶性刺激而脱毛。有报道显示，含氰氟虫腙和双甲脒的外用产品可以同时诱导局部性病变以及一些病例中的广泛性伪天疱疮样病变[47a]。这是因伴有滤泡棘层松解的红斑和结痂导致脱毛（图11-22）。

（十二）剪毛后脱毛

剪毛后毛发无法再生被定义为剪毛后脱毛，在各种教科书和专业书的章节中已有相关描述[1,6,47b]。由于没有对照研究，甚至没有已出版的回顾性系列病例，因此我们的资料都是未经证实的和非对照的。剪毛后脱毛发生于因任何原因将毛发剃光（一般是紧贴皮肤）后，毛发几乎不是立即开始生长，而脱毛面积几乎保持不变，观察了数月都没有生长出毛发。部分犬在剪毛后会长毛，但随即很快停止。在这些病例中，没有可见的毛发生长，或长出非常细的毛发，摸起来类似桃子的绒毛。诊断也需要排除可能影响毛发生长的内分泌疾病，患本病的犬在其他方面是健康的。具体多长时间没有长毛即考虑诊断为本病还没有说法。一项关于拉布拉多猎犬手术剃毛后的毛发生长的研究表明，其被毛平均在15.4周内长回至剪毛前的长度[48]，这一研究显示无季节差异。另一项研究（样本只有4只犬）表明毛发的生长速度有个体差异，且身体的不同部位有差别，但在数周内都能生长[49]。作者未查到长毛品种犬正常毛发生长的相关研究。

根据有限的报道，3个月内出现明显的毛发再生障碍应

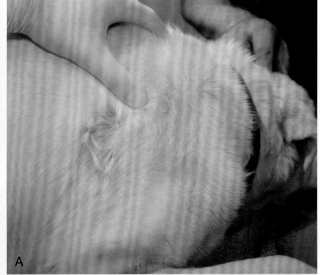

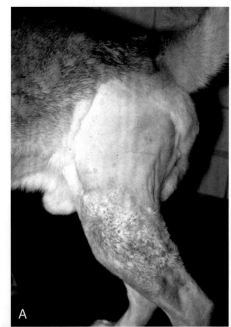

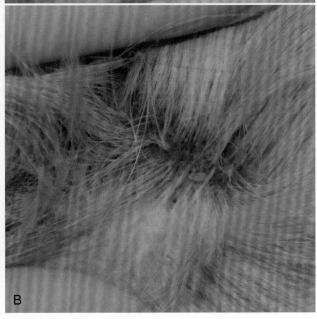

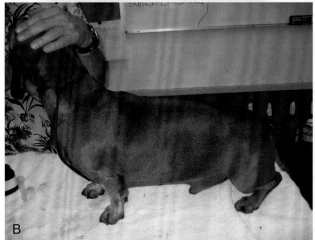

图11-22 **A.** 局部使用氰氟虫腙和双甲脒治疗的犬的局部叶状天疱疮样疹 **B.** 特写镜头可见病变表现为红斑、结痂和些许脱毛（由J Angus提供）

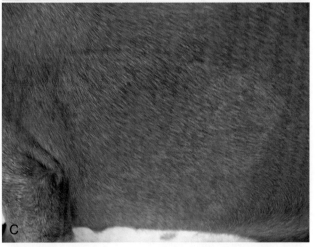

图11-23 **A.** 1只秋田犬的剪毛后脱毛。骨折修复手术13个月后手术部位的毛发再生缺失 **B.** 一只腊肠犬6个月前的皮内敏感试验部位发生剪毛后脱毛 **C.** 6个月前剃毛部位的特写镜头，部分毛发生长的密度较小，且比周围的毛发短。动物主人称该犬在约9个月后毛发恢复正常

视为异常。由于该综合征在长毛品种越来越普遍，已有学者提出了几种关于其病因的假说。其中最有优势的假说是可能与遗传有关，但该病在任何品种都可见，且书中的图片上也包括短毛品种。也有人猜测剪毛可能引起了该区域内的皮肤温度变化，导致区域内所有毛发进入休止期[1]。因为休止期才能进入新毛生长期，所以生长期延迟。

　　没有研究表明该病有年龄或性别倾向。具有高发风险的品种是长毛品种，也被称为绒毛被毛品种。已有报道说阿拉斯加雪橇犬、美洲爱斯基摩犬、松狮犬、荷兰卷尾狮毛犬、博美犬、萨摩耶和哈士奇有患病风险[1,5]。任何品种，甚至短毛品种，都可能会患病（图11-23）[5]。临床研究结果局限于剪毛性脱毛的斑块或已长时间脱毛的、已剪毛的皮肤区域（参见图11-23）。这些犬其他方面都健康，且一段时间后具有正常外观的毛发或其他部位的毛发生长正常。可能不超过24个月毛发就能重新长回正常长度，通

常剪毛区域会在1年内恢复正常。据报道，端部黑化品种的犬新长出来的毛发有时比正常颜色更深[1]。虽然这种病相对常见，但笔者认为美容师和外科医生对此病的临床经验和讨论甚少。

应根据临床检查结果和身体无其他异常犬的毛发的最终再生情况作出诊断。因为毛发往往需要1年甚至2年才能生长，这让一些动物主人变得焦虑，在这种情况下，可能有必要排除其他影响毛发生长的疾病。最常见的内分泌原因是甲状腺功能减退、库欣综合征和孕酮亢进，排除早期毛囊发育不良和其他毛囊萎缩性疾病同样重要，所以活检是必需的。组织病理学评价表明，所有的毛囊都在毛发生长休止期，在不脱毛的长毛绒品种不常见。如果可以的话，为了确定仅有剪毛部位出现变化，需要对病灶对侧的正常皮肤，或至少病灶周围的正常皮肤进行活检。

如果不发生其他疾病的话，这只是一个暂时性的情况，不必要进行治疗，毛发自会再生。

（十三）慢性热辐射烧伤皮炎

这种综合征也称为热激红斑，在犬和猫中都已有报道[50,51]。在人类，热激红斑因长期和反复接触一定热度的热源，导致红斑和色素沉着。在中老年人中更常见，可能与血液灌注不良有关。

在兽医的病例中，发病通常与火炉、取暖灯、散热器、加热垫、电热毯、加热犬窝垫，以及运作时常产生热量的电子设备有关。就连日光照射下变热的车道也可作为慢性热源[52]。未报道有品种或性别倾向。在犬中，主要发现的病症是脱毛，脱毛处可能会结痂，围绕中央色素沉着不足的区域会看到红斑和色素沉着。常见皮屑，可能在脱毛病变区有结痂或溃疡，病变倾向于线状和格状。该病变边界清晰，形态不规则、不对称（图11-24）。最初的病例报道称，胸部背外侧受影响最严重，而病变的位置一定程度上反映了辐射或对流热的来源，以及犬喜欢如何靠近热源。

根据活组织检查的阶段性，病理结果有所不同。不一定会发生特征性改变，如真皮浅层的嗜酸性粒细胞弹性波浪形纤维[52]。通常发生浅表真皮层状纤维化，以及萎缩或毛囊进入毛发生长静止期。应防止患病动物进一步暴露于热源中。结疤的病变可以不进行治疗或可手术切除。

（十四）黏蛋白性脱毛

现已有报道描述了2例黏蛋白性脱毛。第1个病例为一只10岁的拉布拉多寻回猎犬发生病史为11个月的渐进性脱毛，从头部开始，发展到涉及四肢和躯干的斑块脱毛。该病会发生周期性的斑片状毛发生长间断，且有广泛性的皮屑。出现正常红细胞正常色素性贫血、高球蛋白血症和抗核抗体试验阳性（ANA>1∶32）。血清总甲状腺素正常。病理组织学显示正角化角病的角化过度、棘层肥厚，以及基底细胞水样变性、角质形成细胞稀疏凋亡、色素合成失调，还有血管周围的单核细胞性皮炎。值得注意的变化是毛囊和皮脂腺上皮内的淋巴细胞浸润引起的毛囊周围淋巴组织细胞炎症、上皮变性以及毛囊上皮的囊腔。这些囊腔使用黏蛋白染色呈阳性。第2个病例与第1个病例的临床表现相似，但发生在1只较老的金毛寻回猎犬身上[53]。

（十五）嗜酸性腔壁毛囊炎

据报道该病最近有发生，在犬描述为十分罕见的综合征，其病因不明[53]。人们认为它是对多种抗原刺激的免疫反应，有蠕形螨病、淋巴结的T细胞淋巴瘤以及先天性患病的相关描述。该病没有年龄或性别倾向。可能猎犬发病的比例较高，但确切的品种倾向未知。主要的临床病变是脱毛，但是脱毛病灶内可能偶尔会发生溃疡。某些病例也可能出现红斑、结痂、色素沉着。虽然任何区域都可能受影响，但面部发病占主导地位，并且病变可能呈对称性分布。

需要在多个部位进行活组织检查以作出诊断，且病理结果与黏蛋白性脱毛相似，但在毛囊中可见嗜酸性粒细胞，以及显示有淋巴细胞与黏蛋白浸润腔壁。

二、猫获得性脱毛

（一）猫耳郭脱毛

这是偶尔在暹罗猫发生的一种自发的十分罕见的综合征[23,54]。患猫耳朵出现通常只持续几个月的周期性脱毛，一般两侧耳郭都出现病变。脱毛可能呈斑块状或涉及大部分耳郭表面，并且受影响的皮肤临床表现正常。几个月后，毛发即可生长而无须治疗。病因未知，未见报道组织病理学发现。

（二）猫耳前脱毛

猫的耳朵和眼睛之间的颞部区域比头部其他区域的毛发更稀疏[54]。这是一种生理现象，而不是病理现象（图

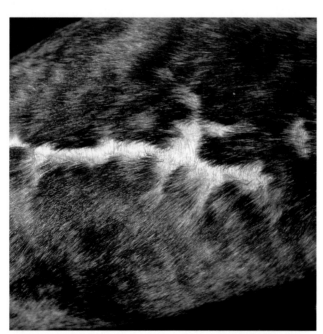

图11-24 辐射热烧伤皮炎患病动物呈线性格状图样的疤痕

图11-25 正常的生理性耳前脱毛

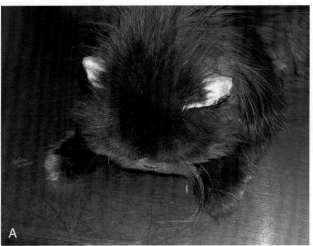

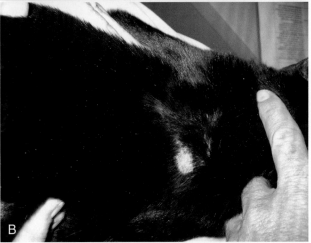

图11-26 A. 外用激素引起1只波斯猫的耳郭脱毛 **B.** 外用氟虫腈引起的脱毛反应。这只猫也在吡虫啉使用处发生脱毛，可见在同一区域生长出较短的毛发

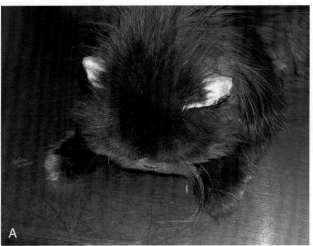

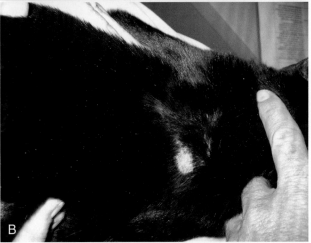

11-25）。对于长毛猫或被毛浓密的猫，这个区域并不明显，但在短毛猫或被毛稀少的猫，这种现象可能类似脱毛。若猫的主人询问兽医相关问题，则可以告知他们这种情况是正常的，既不需要治疗，治疗也无效。对于典型的病例，完全不必要皮肤采样、真菌培养及活组织检查。如果出现炎症、皮屑过多，或出现毛囊囊肿，则应该考虑其他疾病的诊断。

（三）猫获得性对称性脱毛

猫获得性对称性脱毛（原称猫内分泌性脱毛）是一种可疑的症状，若发生则是一种非常罕见的获得性双侧对称性毛发稀少症。该症的特点是渐进性脱毛毛发弥散性稀疏、双侧对称性毛发稀少。该症影响生殖器和会阴区、腹部腹侧、尾巴近端、后腿股部的尾内侧。有报道发病时间长的病例胸部侧面和侧腹面的毛发稀缺，但是背部并无发病。受影响部位的毛发很容易脱落。确切的病因及发病机制尚不明确，而且很少有与此综合征相关的研究报道，但有文献称其与甲状腺的状态有某种程度的矛盾[55,56]。有时候猫被交予宠物美容师进行美容，动物主人可能并不知道它们掉毛是因为舔舐毛发还是毛发过度牵拉引起的。笔者认为，过去得出这一诊断的大多数病例可能是心理性脱毛或过敏性疾病。这些猫与性激素或甲状腺激素相关的毛发再生可能是由于心理性的，或与缺乏症治疗无关的其他变化。在这种综合征中，于猫的头部安置伊丽莎白圈几个星期将可证明脱毛是否由猫自身造成。如果毛发不再生，则可以排除创伤性原因，考虑这种综合征。毛发不重新长出时，应考虑蠕形螨病、皮质醇增多症、黄体酮增高症以及副肿瘤性脱毛。

（四）注射反应

猫也可能发生各种皮下注射引起的皮炎，但显然比犬

少发[57]。已有报道称该病类似于犬的狂犬病疫苗的反应[46]。许多病例涉及吡喹酮（Droncit），还有其他含有糖皮质激素的注射剂[23]。已报道的各种反应包括，伴有或不伴有炎症的脱毛、毛发白化，以及瘙痒的溃疡性皮炎。这些溃疡性反应非常难以管理，而且受影响的猫往往出现需要全身治疗的继发性感染。因为这些病变大多数发生在颈背部或肩部区域，所以应主要与猫溃疡性线性纤维化性皮炎（见第十八章）和食物过敏进行鉴别诊断。疫苗反应也被认为是引起肿瘤的一个原因，尤其是猫的纤维肉瘤（见第二十章）。

（五）外用药物反应

在给猫使用含糖皮质激素的外用产品可引起局部反应——局灶性脱毛。外耳郭和外耳郭的基部最常受到耳产品的影响（图11-26，A）。外用的除跳蚤产品也可能导致伴有或不伴有明显炎症反应的脱毛，这提示这一症状可能有多种机制，而不只是刺激性或变应性接触反应。有些猫可能会对单一的外用产品或多种产品发生反应。一位学者分享了1个病例，1只猫连续多年每月使用福来恩，当替换成拜宠爽1周后使用拜宠爽的部位表现出脱毛斑块；接下来的1个月，再次使用福来恩，1个星期后用药的部位产生其

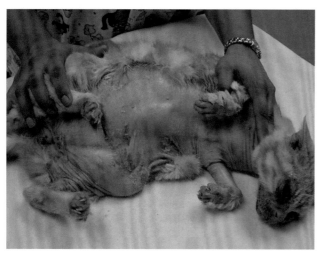

图11-27 副肿瘤性脱毛的广泛性腹部脱毛，且累及四肢远端和面部。注意腹部有光泽的皮肤，这是这种疾病常见和显著的特征

他的脱毛斑块（图11-26，B）。停药后，毛发将在几周内开始生长，所以不需要治疗。不应使用有问题的产品，并且必须要谨慎，因为如果产品中含有有问题的成分，则其他部位也可能会由相似的成分引起反应。

（六）副肿瘤性脱毛

这种罕见的综合征一直被认为与恶性肿瘤有关，最常见的是胰腺癌。副肿瘤的皮肤综合征是继发于癌症的皮肤病，在恶性肿瘤发生之后产生，与其平行发展[58]。在1个病例中，肿瘤切除手术后皮肤疾病得以解决，但癌细胞转移性病灶生长后皮肤疾病再次复发，根据这一病例，这种猫的皮肤综合征符合真正的副肿瘤性皮肤疾病的基本标准[14]。与许多人类皮肤副肿瘤性疾病的病例一样，这种综合征的病理生理学特点尚未知。类似的情况在人类或犬皮肤科还没有报道，这使之成为一种独特的猫的综合征。

脱毛一般出现在猫10岁以后，但也有报道称猫在年仅7岁时发病[59]。没有报道表明该病有性别或品种的高发性倾向。这种脱毛症发生在患有恶性内脏肿瘤的猫，最常见的是胰腺癌或胆管癌。在诊断时往往出现肝转移。还有人提出，所有的病例可能都有已经确诊的胰腺癌[1]。有报道1例除了胰腺癌外还有多发性内分泌肿瘤的皮肤相容组织病理学的病例[60]。出现肿瘤时患猫皮肤发生病变，并且病例在肿瘤切除后治愈，肿瘤复发时复发[14]。肿瘤不涉及皮肤，一般不发生内分泌的变化。

临床上，猫发生病史为2周到10个月的脱毛。该病在大多数病例中一般发展迅速，病变在几周内而不是几个月内发生和蔓延到身体的许多部位。多数已报道的病例最终死亡或者在初期开始发生脱毛的8周内被实施安乐术。脱毛呈急性发生，通常从躯干团块性脱毛开始，然后蔓延到腿，最终发展到面部（图11-27）。耳郭和头顶一般都能够幸免，或在病变发展的后期受到影响。虽然罕见背部完全脱毛，但可能会出现毛发贫瘠、干燥和稀疏暗哑。中心部位可能出现红斑，并且往往在猫过度清洁的部位有特征性的

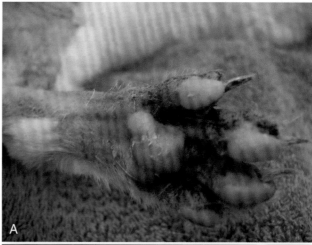

图11-28 A. 副肿瘤性脱毛表现爪垫光滑和腹侧趾间与马拉色菌相关的褐色蜡状碎片 B. 同一病例的脸部鼻腔蝶骨平台光滑以及与马拉色菌相关的棕色蜡状结痂

光泽皮肤（见图11-27）。可能在许多猫身上能见到大片出现的皮屑，也可能见到一些局灶性痂皮。

结痂和棕黑色蜡质碎片往往与继发性马拉色菌性皮炎有关（图11-28）。在一项550只猫的皮肤标本活检的回顾性组织病理学研究中，15例有马拉色菌，其中11例患有全身性或多发性疾病；7例有与此综合征一致的变化，并在2个月内死亡[61]。学者们建议当在猫的皮肤活组织切片检查中发现马拉色菌，特别是多灶性病变的病例，应考虑副肿瘤性脱毛。患病动物全身的毛发可能都很容易脱落。脚垫和少数情况下鼻梁可能受到影响（见图11-28）。正常增厚的表皮变得有光泽、光滑、柔软，偶尔爪垫结痂并出现裂隙，从而导致疼痛，动物不愿行走（图11-29）。黑色的蜡状物质通常与马拉色菌性皮炎有关。

血液学和生化结果并不能反映出潜在的肿瘤。皮肤活检是首选的诊断测试，通常会显露出高度提示该综合征的变化，以及与肾上腺糖皮质激素亢进的主要差别[1]。副肿瘤性脱毛可能与皮质醇增多症有不同的特征，包括棘皮症和角化不全，以及外毛根鞘角质的缺乏。X线和超声检查可能对诊断有所帮助，但通常不能显露腹部的肿块。

通常通过剖腹探查作出诊断。大多数猫可发生起源于

图11-29 1只患有副肿瘤性脱毛的跛行猫的爪垫结痂、表皮剥落和红斑

腺泡细胞或胰腺导管的胰腺癌，并经常发生肝转移，但如果没有发生肝转移，切除肿块则是首选的治疗方法。该病预后不良，因为虽然早期手术治疗可能有疗效，但在作出诊断的时候也通常同时发现肝转移或肺转移。该病可由于肿瘤转移而复发，到目前为止，未见有文献报道治愈的病例。

（七）剥脱性皮炎和胸腺瘤

剥脱性皮炎是另一种副肿瘤综合征，但是皮肤特征往往会在瘤形成之前就有迹象。然而，进一步检查就会发现肿瘤。另一篇报道提到，在移除胸腺瘤后，皮肤损伤和相关的马拉色菌感染都会自愈[62,63,64a]。这些发现与皮肤副肿瘤综合征完全吻合[58]。两篇文章详细地介绍了3只并发马拉色菌性炎、胸腺瘤和表皮脱落的猫[62,63]。另外的研究中提到了其他3个存在胸腺瘤但没有证实有马拉色菌性皮炎的病例。在猫的皮肤检查中并没有发现猫的免疫球蛋白（Ig）G，但是5个病例中有4个在表皮内存在CD3+淋巴细胞，由此推测发病机制可能包含T细胞介导反应过程的刺激[63]。

人们注意到，这种综合征与移植物抗宿主疾病和多形性红斑在组织结构上是很相似的，并且有两个很典型的患剥脱性皮炎却不发生腺瘤[52]的病例。这些观察结果表明，这种猫的综合征或许是一种T细胞介导反应过程的反应模式，而胸腺瘤或许是原因之一。关于猫胸腺瘤的文章中另外几种副肿瘤性疾病是重症肌无力和食管扩张[64,64b]。一些猫伴随着胸腺瘤的移除和剥落性皮炎的恢复而发生重症肌无力[64]a。

至今为止，该病是一种罕见的疾病，没有性别和品种相关的高发倾向。通常情况下会影响中老年猫，但是也有发现年仅4岁的青年猫发病[59,62,65]。通常在肿瘤症状之前先注意到皮肤损伤，还有咳嗽、呼吸困难、厌食和消瘦[62]。1个病例提到流泪、流涕，同时有烦渴、多食并消瘦的情况，激动时胸廓的纵向肿瘤通常会容易呈现出来。除非伴

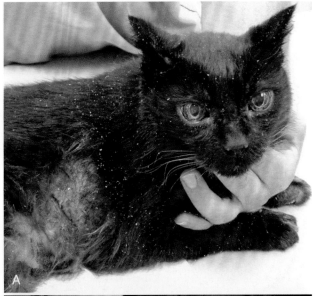

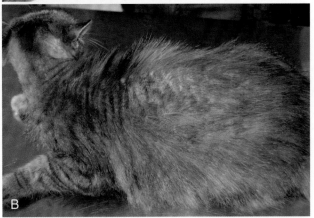

图11-30 **A.** 一只胸腺瘤患猫的皮屑，以及毛发蓬乱暗哑（由W. rosenkrantz提供） **B.** 猫的胸腺瘤表现显著的脱毛，但只有轻度的皮屑（由C. noli提供）

发马拉色菌感染，否则患猫通常不表现瘙痒或者只表现轻微瘙痒。患猫出现明显的广泛性皮屑和表皮脱落（图11-30，A）。在疾病的后期，发生皮屑剥落的皮肤区域可能会扩大。在一些病例中常见病变为红斑、皮肤增厚、显著的痂皮[65a]。常见斑块性脱毛，尤其是在病程出现，有些更是会成为主要的病症表现（图11-30，B）；在斑点或者斑块上也会出现红斑，还会传播扩散[59]。棕色的角化皮质性碎屑会出现在眼周、嘴周和趾间区域，也会出现在耳朵的外部和爪的褶皱处[65]。可能会出现痂皮和溃疡，以及继发中度脓皮病。病灶通常会从头部、耳郭、脖子开始，然后延伸扩散。

组织病理学显示存在部分细胞凋亡的水肿性界面皮炎，且无法与移植物抗宿主和多形性红斑区分开来，除非后两种病会出现更多的细胞死亡[52]。红斑狼疮看起来与该病十分相似并且很难通过组织病理学来区分，但是这个综合征会发生皮脂腺萎缩。从临床上看，趋上皮性淋巴瘤（蕈样肉芽肿）和皮肤癣菌病为主要的鉴别诊断。放射学和超声检查法可以检查出纵向肿瘤，在组织结构上表现为胸腺瘤。外科手术移除胸腺瘤可以减轻症状，是一个可选

的治疗方法，该病3年的存活率为74%[64b]。放射治疗也会对胸腺瘤有一些效果。

（八）结节性脆发症

这种疾病在猫非常罕见，仅在一本经过同行评议的出版物上有过一次报道[66]。通常认为结节性脆发症是后天性疾病，最大的可能是由于猫对跳蚤过敏而过度抓挠，最终出现自我损伤。猫有时由于对跳蚤过敏，会出现除头部及趾端外其他部位的对称性脱毛，脱毛区毛干有时还会出现白色结节。借助光学显微镜和扫描电子显微镜可见，该结节均与毛干肿胀相关，由表皮细胞角质层的损伤和开张引起。结节的病理学检验结果可得出结节性脆发症的结论。据推测，本病为后天发生，继发于因跳蚤过敏而过度梳理的自我损伤，这种罕见的猫的脆性毛发可能还和毛发角蛋白缺陷有关。毛发形态检查可确诊本病，可见结节处毛发沿长轴发生折断，具有典型的两端压在一起，如两个扫帚

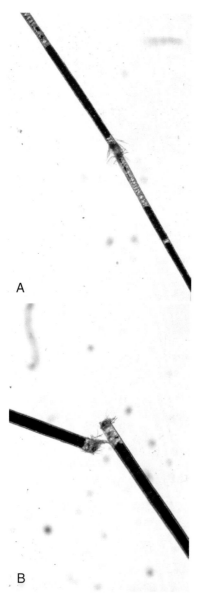

A

B

图11-31　A. 结节性脆发症。注意毛干中心的结节区，该处会发生断裂　**B.** 结节性脆发症。这根毛发已经在结节处断裂，留下两个扫帚尾部形端对端的外观

尾部对端相接样的外观（图11-31）。本书第5版中另一只猫的病例可能与长期使用抗蚤香波有关。停止使用抗蚤香波并对跳蚤叮咬引起的过敏进行治疗后，患猫被治愈。

（九）体壁毛囊炎

体壁毛囊炎是一种以毛囊外根鞘上皮细胞为靶向的炎症反应[12,53,67]。根据主要的细胞浸润类型（例如淋巴细胞型）和涉及的毛囊的部位对其进一步细分。体壁漏斗部往往涉及表皮炎症，以体壁为靶点的疾病更容易影响漏斗部或球状区域[53]。此反应模式可以见于各种疾病，包括皮肤癣菌病、蠕形螨病、早期前驱趋皮性T细胞淋巴瘤、假性斑秃、皮脂腺炎、食物过敏症、提示环境过敏的季节性疾病，以及药物反应等[12,53,67]。一项评估354个淋巴细胞体壁毛囊炎病例的研究发现，过敏的猫出现这种组织学变化的可能性超出未过敏猫4倍之多[67a]。有时，可能未能确定病例的原发疾病，这种情况可以被称为特发性，在这些病例中，细胞浸润的类型可以被用于疾病分类。

临床兽医应考虑所有已知的刺激反应模式，并作出综合诊断，这点很重要。除了组织病理学检查外，可使用多部位细胞学检查，应用牙刷技术进行广泛真菌培养，以及多部位浅表表层和深部皮肤刮片（见第二章和第五章）。一个关于如何诊断这种模式从而发现原发病的优秀案例已出版，且过去曾被称为猫的黏蛋白性脱毛症，其中2例的病理学结果显示表皮黏蛋白增多及黏蛋白性体壁毛囊炎。在几个月内，猫出现了更多的病变，这些病变也经活组织检查后，显示出现趋上皮性淋巴瘤的特点[68,69]。

对于猫，还有一种较为严重的体壁性毛囊炎，可表现其特有症状，被称为退行性黏蛋白体壁性毛囊炎。

（十）退行性黏蛋白性胸壁/腹壁毛囊炎

这种罕见的疾病最初见于7只猫[53,70]。自此出现更多症状极为相似的病例。潜在的发病原因仍不能确定，其中3只猫发病1~2年后，未发展为趋上皮性淋巴瘤。3只猫的猫免疫缺陷病毒（feline immunodeficiency virus，FIV）检测结果呈阳性，全部7只猫的猫白血病病毒测试（feline leukemia virus，FeLV）检测结果呈阴性，7只猫中有6只出现嗜睡的症状。6只猫未进行死后剖检。1只患有慢性肝炎、胰腺炎和肺炎。所有猫均有不同程度的全身性脱毛，其中面部受累严重。面部出现浮肿和皮肤增厚的症状（图11-32）。睑裂狭窄，眼睑增厚。总体来讲，患猫对糖皮质激素治疗无反应或仅有轻微的反应。本书的一位作者（CEG）曾对一只被收养的患病时间为2~3年的中年猫进行过治疗。该病例接受了3年的治疗，然后失去了后续联系。经曲安奈德和环孢菌素联合用药后，该猫的局部毛发状况发生过改善。预后良好的病例较少，但明显看出有些猫可以带病长期生存。

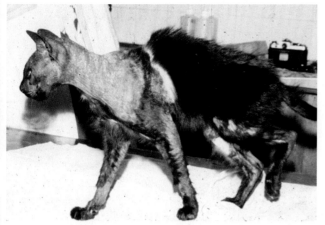

图11-32 猫的黏蛋白性脱毛。可见脱毛，头部、颈部、前肢皮屑（由V Studdert提供）

（十一）创伤后脱毛

这是猫的一种继发于最初不影响皮肤的外伤的罕见综合征[71,72]。有学者提出脱毛和由此产生的疤痕是由于急性血管损伤所致的，这一理论得到了一些类似于牵引性脱毛和缺血性皮肤病的病理结果的支持[1]。据推测，血管损伤可能发生在皮肤受损时与更深层组织由于剪切力而分离的时刻[71]。有趣的是，这种病变仅见于猫的腰部背侧，而剪切损伤似乎不太可能只发生在这个区域。更完整的讨论请参见第十六章。

参考文献

[1] Gross TL, et al: *Atrophic diseases of the adnexa. In Skin Diseases of the Dog and Cat, Clinical and Histopathologic Diagnosis*, Ames, Iowa, 2005, Blackwell Science, pp 480–517.

[2] Paus R, Olsen EA, Messenger AG: Hair growth disorders. In Wolff K, et al, editors: *Fitzpatrick's Dermatology in General Medicine*, New York, 2008, McGraw Medical, pp 753–777.

[3] Paradis M: Miscellaneous hormone-responsive alopecias. In Campbell KL, editor: *Small Animal Dermatology Secrets*, Philadelphia, 2004, Hanley and Belfus, pp 288–296.

[4] Medleau L, Hnilica KA: *Small Animal Dermatology, A Color Atlas and Therapeutic Guide*, St Louis, 2001, W.B. Saunders Company.

[5] Scott DW, Miller WH, Jr, Griffin CE: *Muller & Kirk's Small Animal Dermatology*, ed 6, St Louis, 2001, W.B. Saunders Company.

[6] Scott DW, Miller WH, Jr, Griffin CE: Miscellaneous acquired alopecia. *Muller & Kirk's Small Animal Dermatology*, ed 6, Philadelphia, 2001, Saunders, p 893.

[7] Paradis M: Melatonin in the treatment of canine pattern baldness. In Kwochka KW, Willemse T, von Tscharner C, editors: *Advances in Veterinary Dermatology*, Boston, 1998, Butterworth-Heinemann, pp 511–512.

[8] Kimura T, Kunio D: The effect of topical minoxidil treatment on hair follicular growth of neonatal hairless descendants of Mexican hairless dogs. *Vet Dermatol* 8(2):107, 1997.

[9] Foitzik K, et al: Prolactin and its receptor are expressed in murine hair follicle epithelium, show hair cycle-dependent expression, and induce catagen. *Am J Pathol* 162(5):1611–1621, 2003.

[10] Gross TL, et al: *Dysplastic diseases of the adnexa. In Skin Diseases of the Dog and Cat, Clinical and Histopathologic Diagnosis*. 2005, Blackwell Science: Ames, Iowa. pp 518–536.

[11] Gross T, Ihrke P, Walder E: *Veterinary Dermatopathology: Gross and microscopic pathology of skin diseases*, St Louis, 1992, Mosby-Year Book.

[12] Yager JA, Wilcock BP: *Color atlas and text of surgical pathology of the dog and cat. Dermatopathology and skin tumors*, London, 1994, Wolfe Publishing.

[13] Waldman L: Seasonal flank alopecia in affenpinschers. *J Small Anim Pract* 36(6):271–273, 1995.

[14] Tasker S, Griffon DJ, Nuttall TJ, et al: Resolution of paraneoplastic alopecia following surgical removal of a pancreatic carcinoma in a cat. *J Small Anim Pract* 40(1):16–19, 1999.

[15] Paradis M, Cerundolo R: An approach to symmetrical alopecia in the dog. In Foster AP, Foil CS, editors: *BSAVA manual of small animal dermatology*, Gloucester, 2003, British Small Animal Veterinary Association, pp 83–93.

[16] Miller MA, Dunstan RW: Seasonal flank alopecia in boxers and Airedale terriers: 24 cases (1985-1992). *J Am Vet Med Assoc* 203(11):1567–1572, 1993.

[16a] Paradis M: Canine recurrent flank alopecia. In Mecklenberg L, Linek M, Tobin DJ, editors: *Hair Loss Disorders in Domestic Animals*, Ames, 2009, Wiley-Blackwell, pp 155–160.

[17] Paradis M: Melatonin therapy for canine alopecia. In Bonagura J, editor: *Current Veterinary Therapy XIII*, Philadelphia, 2000, W.B. Saunders Company, pp 546–549.

[18] Ando J, Nagata M: Seasonal flank alopecia in a boxer. *Japan J Vet Dermatol* 6:17–20, 2000.

[19] Daminet S, Paradis M: Evaluation of thyroid function in dogs suffering from recurrent flank alopecia. *Can Vet J* 41(9):699–703, 2000.

[20] Curtis CF, Evans H, Lloyd DH: Investigation of the reproductive and growth hormone status of dogs affected by idiopathic recurrent flank alopecia. *J Small Anim Pract* 37(9):417–422, 1996.

[21] Eigenmann J, Poortman J, Koeman J: Estrogen induced flank alopecia in the female dog, evidence for local rather than systemic hyperestrogenism. *J Am Anim Hosp Assoc* 20:621–624, 1984.

[22] Ohnemus U, Uenalan M, Inzunza J, et al: The hair follicle as an estrogen target and source. *Endocr Rev* 6:677–706, 2006.

[23] Medleau L, Hnilica KA: *Small Animal Dermatology, A color atlas and therapeutic guide*, ed 2, St Louis, 2006, Saunders Elsevier.

[24] Scott DW: Seasonal flank alopecia in ovariohysterectomized dogs. *Cornell Vet* 80(2):187–195, 1990.

[24a] Bassett RJ, et al: Recurrent flank alopecia in a Tibetan terrier. *Aust Vet J* 83(5):276–279, 2005.

[25] Rothstein E, et al: A retrospective study of dysplastic hair follicles and abnormal melanization in dogs with follicular dysplasia syndromes or endocrine skin disease. *Vet Dermatol* 9(4):235–241, 1998.

[26] Paradis M: Canine recurrent flank alopecia: treatment with melatonin. *Proc Am Acad Vet Dermatol Am Coll Vet Dermatol* 11:49, 1995.

[27] Mauldin E: New developments in canine alopecia: cyclic flank alopecia with interface dermatitis. In Hillier A, Foster AP, Kwochka KW, editors: *Advances in Veterinary Dermatology*, Ames, 2005, Blackwell Publishing, pp 321–323.

[28] Rachid MA, Demaula CD, Scott DW, et al: Concurrent follicular dysplasia and interface dermatitis in boxer dogs. *Vet Dermatol* 14(3):159–166, 2003.

[29] Wenzel J, Tuting T: An IFN-associated cytotoxic cellular immune response against viral, self, or tumor antigens is a common pathogenetic feature in "interface dermatitis." *J Invest Dermatol* 128(10):2392–2402, 2008.

[30] Miller W: Symmetrical truncal hair loss in cats. *Compend Contin Educ* 12(4):461–464, 466–467, 470, 1990.

[31] Wilcock BP, Yager JA: Focal cutaneous vasculitis and alopecia at sites of rabies vaccination in dogs. *J Am Vet Med Assoc* 188(10):1174–1177, 1986.

[31a] Cerundolo R: Telogen effluvium. In Mecklenberg L, Linek M, Tobin DJ, editors: *Hair Loss Disorders in Domestic Animals*, Ames, 2009, Wiley-Blackwell, pp 161–162.

[32] Piraccini B, Iorizzo M, Rech G, et al: Drug-induced hair disorders. *Curr Drug Saf* 1(3):301–305, 2006.

[33] Peters E, Arck P, Paus R: Hair growth inhibition by psychoemotional stress: a mouse model for neural mechanisms in hair growth control. *Exp Dermatol* 15(1):1–13, 2006.

[34] Peters E, Handijiski B, Kuhlmei A, et al: Neurogenic inflammation in stress-induced termination of murine hair growth is promoted by nerve growth factor. *Am J Pathol* 165(1):259–271, 2004.

[35] Van Vleet JF, Ferrans VJ: Clinical observations, cutaneous lesions, and hematologic alterations in chronic adriamycin intoxication in dogs with and without vitamin E and selenium supplementation. *Am J Vet Res* 41(5):691–699, 1980.

[36] Kisseberth WC, MacEwan EG: Complications of cancer and its treatment. In Withrow SJ, MacEwan EG, editors: *Small Animal Clinical Oncology*, Philadelphia, 2001, W. B. Saunders Company, pp 208–210.

[37] Headington JT: Telogen effluvium. New concepts and review. *Arch Dermatol* 129(3):356–363, 1993.

[38] Endenburg N, Knol BW: Behavioural, household, and social problems associated with companion animals: opinions of owners and non-owners. *Vet Q* 16(2):130–134, 1994.

[39] Rosenkrantz W, Griffin C, Walder E: Traction alopecia in the canine: four case reports. *Calif Vet* 43(3):7–18, 12, 1989.

[40] Ordeix L, Fondevila MD, Ferrer L, et al: Traction alopecia with vasculitis in an Old English sheepdog. *J Small Anim Pract* 42(6):304–305, 2001.

[41] Scott DW: Idiosyncratic cutaneous adverse drug reactions in the dog: Literature review and report of 101 cases (1900-1996). *Canine Pract* 24:16, 1999.

[42] Kral F, Schwartzman RM: *Veterinary and Comparative Dermatology*,

Philadelphia, 1964, JB Lippincott Co.

[43] Berrocal A: Nodular and non nodular focal alopecia related to drug injections: a retrospective study of 32 cases. *Abst Vet Derm* 15(S):38, 2004.

[44] Gross TL, et al: Diseases of the panniculus. In *Skin Diseases of the Dog and Cat, Clinical and Histopathologic Diagnosis*, Ames, Iowa, 2005, Blackwell Science, pp 538–558.

[45] Nichols PR, Morris DO, Beale KM: A retrospective study of canine and feline cutaneous vasculitis. *Vet Dermatol* 12(5):255–264, 2001.

[46] Schmeitzel L: Focal cutaneous reactions at vaccination sites in a cat and four dogs. *Proc Annu Member Meeting Am Acad Vet Dermatol Am Coll Vet Dermatol* 2:39, 1986.

[47] Gross T, Walder E, Ihrke P: Subepidermal bullous dermatosis due to topical corticosteroid therapy in dogs. *Vet Dermatol* 8(2):127–131, 1997.

[47a] Oberkirchner U, Linder KE, Dunston S, et al: Metaflumizone-amitraz (Promeris)-associated pustular acantholytic dermatitis in 22 dogs: evidence suggests contact drug-triggered pemphigus foliaceus. *Vet Dermatol* 22(5):436–448, 2011.

[47b] Cerundolo R: Canine post clipping alopecia. In Mecklenburg L, Linek M, Tobin DJ, editors: *Hair Loss Disorders in Domestic Animals*, Ames, 2009, Wiley-Blackwell, pp 163–164.

[48] Diaz SF, Torres SM, Dunstan RW, et al: An analysis of canine hair re-growth after clipping for a surgical procedure. *Vet Dermatol* 15(1):25–30, 2004.

[49] Gunaratnam P, Wilkinson G: A study of normal hair growth in the dog. *J Small Anim Pract* 24:445–453, 1983.

[50] Declercq J, Vanstapel M: Chronic radiant heat dermatitis (Erythema an igne) in two dogs. *Vet Dermatol* 9:269, 1998.

[51] Walder EJ, Hargis AM: Chronic moderate heat dermatitis (erythema ab igne) in five dogs, three cats and one silvered langur. *Vet Dermatol* 13(5):283–292, 2002.

[52] Gross TL, et al: Interface diseases of the dermal-epidermal junction. In *Skin Diseases of the Dog and Cat, Clinical and Histopathologic Diagnosis*, Ames, Iowa, 2005, Blackwell Science, pp 49–74.

[53] Gross TL, et al: Mural diseases of the hair follicle. In *Skin Diseases of the Dog and Cat, Clinical and Histopathologic Diagnosis*, Ames, Iowa, 2005, Blackwell Science, pp 460–479.

[54] Scott DW: Feline dermatology 1900-1978: A monograph. *J Am Anim Hosp Assoc* 16:331, 1980.

[55] Scott DW: Thyroid function in feline endocrine alopecia. *J Am Anim Hosp Assoc* 11:98, 1975.

[56] Thoday K: Aspects of feline symmetric alopecia. In von Tscharner C, Halliwell RE, editors: *Advances in Veterinary Dermatology I*, London, 1990, Baillieres Tindall, pp 47.

[57] Scott DW: Idiopathic cutaneous adverse drug reactions in the cat: Literature review and report of 14 cases (1900-1996). *Feline Pract* 26:10, 1998.

[58] DeWitt CA, Buescher LS, Stone SP: Cutaneous Manifestations of Internal Malignant Disease: Cutaneous Paraneoplastic Syndromes. In Wolff K, et al, editors: *Fitzpatrick's Dermatology in General Medicine*, New York, 2008, McGraw Medical, pp 1493–1507.

[59] Turek M: Cutaneous paraneoplastic syndromes in dogs and cats: a review of the literature. *Vet Dermatol* 14(6):279–296, 2003.

[60] Roccabianca P, Rondena M, Paltrineri S, et al: Multiple endocrine neoplasia type-I-like syndrome in two cats. *Vet Pathol* 43(3):345–352, 2006.

[61] Mauldin-Daniel EA, Morris DO, Goldschmidt MH: Retrospective study: the presence of Malassezia in feline skin biopsies. A clinicopathological study. *Vet Dermatol* 13(1):7–13, 2002.

[62] Forster-van Hijfte MA, Curtis CF, White RN: Resolution of exfoliative dermatitis and Malassezia pachydermatis overgrowth in a cat after surgical thymoma resection. *J Small Anim Pract* 38(10):451–454, 1997.

[63] Rottenberg S, von Tscharner C, Roosje PJ: Thymoma-associated exfoliative dermatitis in cats. *Vet Pathol* 41(4):429–433, 2004.

[64] Smith A, Wright JC, Brawner WR, Jr, et al: Radiation Therapy in the Treatment of Canine and Feline Thymomas: A Retrospective Study (1985-1999). *J Am Anim Hosp Assoc* 37(5):489–496, 2001.

[64a] Singh A, et al: Thymoma-associated exfoliative dermatitis with post-thymectomy myasthenia gravis in a cat. *Can Vet J* 51(7):757–760, 2010.

[64b] Zitz JC, et al: Results of excision of thymoma in cats and dogs: 20 cases (1984-2005). *J Am Vet Med Assoc* 232(8):1186–1192, 2008.

[65] Scott DW, et al: Exfoliative dermatitis in association with thymoma in 3 cats. *Feline Pract* 23:8, 1995.

[65a] Smits B, Reid M: Feline paraneoplastic syndrome associated with thymoma. *N Z Vet J* 51(5):244–247, 2003.

[66] Alhaidari Z, Olivry T, Ortonne J: Acquired feline hair shaft abnormality resembling trichorrhexis nodosa in humans. *Vet Dermatol* 7(4):235–238, 1996.

[67] Gross TL, Stannard AA, Yager JA: An anatomical classification of folliculitis. *Vet Dermatol* 8(3):147–156, 1997.

[67a] Rosenberg AS, Scott DW, Erb HN, et al: Infiltrative lymphocytic mural folliculitis: a histopathological reaction pattern in skin-biopsy specimens from cats with allergic skin disease. *J Feline Med Surg* 12(2):80–85, 2010.

[68] Scott D: Feline dermatology 1983-1985: The secret Sits. *J Am Anim Hosp Assoc* 23:255, 1987.

[69] Scott DW, Miller WH, Jr, Griffin CE: *Muller & Kirk's Small Animal Dermatology*, ed 6, Philadelphia, 2001, W.B. Saunders.

[70] Gross TL, Olivry T, Vitale CB, et al: Degenerative mucinotic mural folliculitis in cats. *Vet Dermatol* 12(5):279–283, 2001.

[71] Declercq J: Alopecia and dermatopathy of the lower back following pelvic fractures in three cats. *Vet Dermatol* 15(1):42–46, 2004.

[72] Noli C: Localized atrophic alopecia on the dorsum following pelvic fracture in a cat. In Proceedings of the 15th Annual AAVD/ACVD Meeting, 1999, Maui.

第十二章 先天性和遗传性缺陷 12

先天性和遗传性缺陷疾病在犬、猫中相当常见。许多已讨论的疾病以某种未经证实的方式遗传或隐性遗传。通常情况下，繁育明显正常的父母或兄弟姐妹可将基因广泛性扩散，并最终会产生新的病例。而对于疑似或确诊遗传性皮肤病的犬、猫应避免近亲繁育。在基因组学时代，基因检测技术毫无疑问将成为筛选各种已知基因缺陷疾病的有效手段。

一、表皮和毛囊上皮失常

在犬、猫有很多角质化和角质化障碍疾病。本章会讨论其疑似遗传性基础，余下部分会在第十四章有所涉及。同时本章还会讨论发育缺陷和炎症性紊乱的遗传基础。

（一）犬原发性皮脂溢

原发性皮脂溢指动物患遗传角质化或角质化障碍。可以发生在表皮、毛囊上皮、毛干角质和趾甲。

1. 病因和发病机制

原发性皮脂溢常见于美国可卡犬、英国史宾格犬、西高地白㹴和巴吉度猎犬[1-5]。其他可见品种有爱尔兰赛特犬、德国牧羊犬、腊肠犬、杜宾犬、中国沙皮犬和拉布拉多猎犬[1,6-8]。其他易患皮脂溢的品种（例如英国斗牛犬）[1]由于周边的饲养习惯而在某些医院群体中可以被发现。该疾病在美国可卡犬[9-13]和西高地白㹴[4,14,15]中研究最深入，但对这些犬研究所得的数据可能适用于其他品种，也可能不适用于其他品种。

在正常比格犬、正常可卡犬和患有原发性皮脂溢可卡犬中进行了各种细胞动力学研究[9-13]。研究显示皮脂溢可卡犬的皮肤基底细胞标记指数比正常犬高3~4倍，表皮、毛囊漏斗部和皮脂腺都过度增生，但毛根基质正常[9,10]。皮脂溢可卡犬表皮细胞的更新时间是8d[10]，而正常可卡犬是21d[11]。在患有皮脂溢的爱尔兰赛特犬中也有类似的细胞动力学研究结果[8]。可卡犬皮肤的过度增殖似乎是由某些未知的原发性细胞缺陷所导致的，因为在细胞培养和将皮脂溢皮肤移植到正常犬时依然保持过度增殖现象[10,12,13]。

一项对100只跨越12代的西高地白㹴的大型研究证明，原发性皮脂溢具有遗传性，并符合常染色体隐性遗传特征[14]。该遗传模式也可能适用于其他品种，因为在临床上正常的父母其一窝幼崽中会表现出只有一只患病。尽管

在该研究中没有进行标记指数研究，但组织学和超微结构研究表明患有皮脂溢的西高地白㹴表皮过度增生。

2. 临床特征

因为该病的遗传性，通常在早期就表现出临床症状，并随着年龄的增加而严重。西高地白㹴患犬在10周龄时显示临床变化[14]。对于大多数犬，早期的临床变化如轻度被毛脱落或暗淡经常被忽视或者归因于肠道寄生虫、营养不足或其他幼犬问题。通常在12~18月龄时，患犬才表现皮脂溢。

不同犬临床症状表现不同。常见的症状包括耵聍腺增生性外耳炎（图12-1，A）；被毛暗淡且皮肤过度脱落（图12-1，B）；皮肤油腻恶臭，在皮褶处或摩擦部位严重（图12-1，C）；毛囊脱落；离散或连成片的鳞状皮肤或硬皮瘙痒斑块（脂溢性皮炎）；趾部过度角质化（图12-1，D）；以及趾甲干燥易碎裂（图12-1，E）。皮脂溢性皮炎倾向于在眼周、嘴周、耳郭或摩擦较多的部位，如足部、腋下和腹股沟处发生最严重的病变。

大多数皮脂溢患犬会表现上述异常，但严重程度不一。爱尔兰赛特犬和杜宾犬倾向于皮肤发生干燥片状脱落，而可卡犬、史宾格猎犬、西高地白㹴、巴吉度猎犬、中国沙皮犬和拉布拉多猎犬通常表现耳炎、油性皮脂溢、脂溢性皮炎或这些典型症状的组合。油腻性皮肤和脂溢性皮炎可发生在全身，但最显著部位是面部、颈部腹侧、足部（尤其是趾间）、会阴部和身体腹侧。巴吉度猎犬和中国沙皮犬会在皮褶处表现症状。这些油腻性皮肤犬的尾背部往往是干燥的皮肤和成片状的鳞屑。

除了眼观和可嗅的临床特征，大多数病犬都会发生皮肤瘙痒。尤其是当患犬表现皮肤油腻或发生脂溢性皮炎时。瘙痒在皮肤病变后发生，但在复发性皮脂溢中瘙痒早于皮肤病变。皮脂溢患犬易继发细菌感染和马拉色菌性皮炎。当原发性皮脂溢患犬两种情况都发生时，皮肤病变迅速恶化，瘙痒加剧，尤其是发生马拉色菌性皮炎时。在一些病例中，继发感染严重和感染面积大以至于只有根治由金黄色葡萄球菌或马拉色菌引起的感染后才能治疗脂溢性皮炎。

3. 诊断

原发性皮脂溢和继发性皮脂溢的（见第十四章）临床病变相同，因此对于原发性皮脂溢的诊断要靠排除法。对于小于1岁龄犬的鉴别诊断疾病类别较少，包括犬蠕形螨、

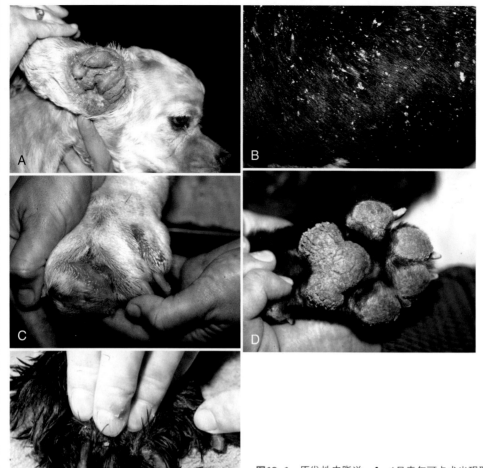

图12-1 原发性皮脂溢 **A.** 1只青年可卡犬出现耵聍腺增生性外耳炎 **B.** 1只皮脂溢性英国史宾格犬的侧胸部出现鳞状皮肤 **C.** 1只皮脂溢性英国斗牛犬趾间表现为红斑和油腻 **D.** 1只皮脂溢性拉布拉多猎犬表现为趾部角化过度 **E.** 蜡状物质积累在脚趾和甲沟炎处。注意甲分裂（箭头所示）

姬鳌螨皮肤炎、营养缺乏症、鱼鳞病和食物过敏症。而对于成年犬，鉴别诊断更复杂。

可通过活检诊断原发性皮脂溢。在未被感染的易脱落和油腻皮肤区域，可见浅表增生性血管周炎。通常会出现以过度角化或角化不全、毛囊角化以及角化细胞凋亡变异为特征的显著角质化缺陷。在很多情况下，表皮厚度正常或有轻度增厚。在发生轻度炎症的病变部位，血管周细胞间有轻度的淋巴细胞和浆细胞浸润。在发生明显炎症病变的部位，血管周围炎症反应强烈，乳头瘤样增生和角化不全（角化不全"帽"）的主要区域覆盖在水肿的真皮层乳头上面（乳头"喷"）。该帽化结构在毛囊口常见[7]。毛囊通常呈典型的过度角化，除非发生了继发感染。皮肤表面有大量细菌，也可能有毛囊碎片和酵母菌。常见继发感染症状（例如表皮内脓疱性皮炎或毛囊炎）。

4. 临床管理

原发性皮脂溢不能完全治愈，并且病情控制的程度在犬和犬之间有差异。患犬的脂溢性变化在饮食结构不合理、外寄生虫感染、内分泌或代谢性疾病发生时显著恶化，因此对于皮脂溢患犬应仔细监测以防止并发症。脂溢性皮炎患犬易继发葡萄球菌感染和马拉色菌性皮炎。当对

抗皮脂溢治疗时有必要先给予抗生素或抗真菌药物，以治疗存在的感染。在治疗期间，患犬皮脂溢炎突然恶化可能表明感染复发，应对患犬进行检查。

皮脂溢炎的主要治疗手段涉及抗皮脂溢药品和润肤剂。香波的选择和治疗效果取决于皮脂溢的性质[16]。干燥非炎性皮肤比油腻皮肤更易于管理。而许多犬是干燥和油腻的情况并存，并且易摩擦的部位和趾间、足垫处油腻更严重。较长的被毛阻碍了对皮肤的彻底清洁，尤其是油腻的情况下，因此应建议畜主将被毛剪短。

干性皮肤的患犬会有轻度到中度的皮屑，通常需要每周洗澡1次或2次以恢复正常状态。严重皮屑患犬需要每周洗澡2次或3次。这种强度的洗浴程度需要2~3周以减少皮屑至恢复正常[17]，然后逐渐减少洗澡次数到维持水平。一些研究者设定了洗澡频率（例如每周1次），但有的临床医生让畜主根据患犬个体的需要来决定。只要患犬不发生细菌继发感染，后一方法更合适。过度洗浴，特别是对于干性皮脂溢患犬，皮屑现象会更加严重。

有很多适合干性皮脂溢患犬的被毛梳理方式或抗皮脂溢的香波，如何选择取决于畜主和兽医的偏好。最好是从性质柔和的香波开始使用，如果不能满足需要再使用

程度更强的香波。对于症状较轻的皮肤，常用的香波是低敏保湿香波［HyLyt*必需脂肪酸保湿防过敏香波（DVM制药）］、Allergroom香波（维克）、MPA-水润珍珠香波（威隆）、DermaLyte香波（Dechra）、胶体燕麦香波［DermAllay（Dechra），Epi-Soothe（维克）］，或者以润肤剂为基础的洗必泰产品［醋酸氯己定香波（DVM制药）］、Hexadene香波（维克）。若皮肤脱落程度更严重，则使用硫黄和水杨酸产品［MPA Aeba-Hex保湿香波（维克）］、Sebolux香波（维克）和SebaLyt香波（DVM制药）。

特应性过敏症患犬和角化缺陷的动物都会有表皮屏障缺陷。许多外用产品的市场定位正是在于重建该屏障。应用最广泛的是法国苏吉华公司的多可泰产品线（见第十四章）。该公司销售皮毛护理、过敏、脓皮病和脂溢性皮炎四组类型产品，每组中包含香波、喷雾和滴剂产品。这些产品的核心成分是植物鞘氨醇，这是一种组成角质层的鞘脂成分。使用香波获得缓解后，再使用微乳液喷雾每周2～3次维持缓解。有很多关于该产品线疗效的单个病例报告，但临床数据有限。

市场上有三种修复上皮脂屏障的"脂肪酸"滴剂，Essential 6 Spot-on Skin Care（LDCA），皮脂溢多可泰（苏吉华），爱乐滴（维克）对修复表皮脂质屏障有显著疗效。尽管这些产品可以广泛应用于治疗各种皮脂溢，但其疗效数据有限。

当继发马拉色菌性皮炎时，使用包含抗皮脂溢和抗真菌活性产品［KetoChlor（维克）、Mal-A-Ket（Dechra）、MPA Seba-Hex香波（Vetoquinol）、麻辣洗（DVM制药）］是有效的。即使脂溢性皮炎患犬皮肤是油性的，也很容易受到刺激，因此应谨慎使用强效香波（例如苯甲酰基过氧化物，硫化物硒）。

如果患犬被毛比较脏，应在抗皮脂溢药浴前使用非药物性美容香波快速冲洗。犬使用抗皮脂溢产品并打起皂沫后，应保持香波和皮肤接触10～15min以发挥最大药效。在等待的时间应轻揉患犬，以保证患犬舒适而提高香波的清洁作用。在10～15min后，彻底冲洗患犬。冲洗时间应比起泡时间长2～3min。较长时间冲洗不仅会去除皮肤碎片和香波，还会有助于皮肤水合作用。干性皮肤患犬在洗浴后很快皮肤会再次脱落，尤其环境湿度较低时。洗澡后使用护毛素或皮肤滴剂产品，可有助于形成防止水分经皮肤流失的屏障并防止皮肤干燥。许多制造商推广的每个香波都有配套的冲洗乳液，而且是一种专门与香波相匹配的冲洗剂。尽管任何形式的冲洗剂都是有效的，但研究表明，那些含有油脂，尤其是亚油酸的冲洗剂最能有效减少经皮肤水分流失[18]。畜主也可将一些稀释的产品放入喷雾瓶，在犬需要的时候进行喷雾，可减少洗澡的次数。多可泰微乳剂喷剂就广泛用作此目的。

对于油性皮肤患犬，香波药效要更强并且需要经常使用。这些患犬易继发细菌或酵母菌感染并且需要经常使用抗生素和抗真菌来控制继发性疾病。若患犬皮肤是轻度到中度油腻，可以使用硫黄和水杨酸或轻度焦油产品进行处理。若患犬皮肤非常油腻，则可经常使用硒硫化物［硫化去屑香波（Abbott）］或者过氧苯甲酰［OxyDex香波（DVM制药）、Pyoben香波（维克）、DermaBenSs（Dechra）来洗浴。所有这些产品都是很好的脱脂剂，若过度使用会产生干性皮脂溢。当皮肤油腻问题解决后，很多研究者转换使用药效稍弱的产品或在强效和弱效之间选择产品。皮肤油腻的患犬常常需要冲洗沐浴，尤其是患犬所处环境湿度比较低时。大多数强效香波可以破坏表皮屏障并增加表皮水分丢失，从而导致皮脂溢恶化[19]。冲洗沐浴或采用药物滴剂可以避免这一点，但是也会使犬太油腻，因此需要个体化治疗方案。

皮脂溢患犬通常会有耵聍腺外耳炎，必须经常定期处理。除了使用抗皮脂溢香波，耳道冲洗也是必须的（见第十九章）。护理频率最好根据畜主嗅闻耳道的情况而决定。当察觉到蜡状气味时，应立即对耳道进行清洁。但尽管用心清洗，患犬还是会复发细菌或酵母菌的继发感染。如果突然需要经常清洁耳道、耳朵瘙痒、耳朵恶臭或这些现象组合通常预示着继发感染。应立即使用适当的药物2～3周。对感染频繁复发的患犬应考虑耳道手术。

如果畜主不愿意给皮脂溢患犬洗澡，那么患犬将会复发感染。一些患犬尤其是皮肤油腻的患犬即使主人尽了最大努力仍然复发细菌感染。这些患犬应当进行系统治疗。尽管Ω-3和Ω-6补剂对患犬有效[1]，但是仍不能够完全控制疾病，只能用于辅助治疗。由于原发性皮脂溢属于过度增生障碍，所以抑制细胞复制的药物可能有效。在这种情况下，糖皮质激素和细胞毒性药物也是适用的。但因为这些药物具有严重不良反应，属于救命药物，应该在其他手段无效的情况下考虑使用。

类维生素A广泛应用于脂溢性患犬，不同研究者和不同患犬之间结果不同。虽然异维甲酸在一些情况下（1～3mg/kg，口服，每12h 1次）有效，但结果不乐观[20]。阿维A酯效果较好。16只重度脂溢性皮炎可卡患犬每24h口服1次阿维A酯，120d后，其中15只犬对病情有中度或极好的缓解[21]。对中度感染患犬，治疗60d后会有显著改善。重度感染患犬需要更长的治疗时间以获得最大疗效。阿维A酯对增生性中耳炎无效，需采取其他治疗方式[21]。对5只西高地白㹴和4只巴吉度猎犬的研究也显示无效[4]。25只试验犬中有10只发生不良反应，包括皮肤瘙痒、不愿意摄入硬质食物、呕吐、步态僵硬、结膜炎和剥脱性皮炎。在停药后不良反应消失并且隔日给药后未再出现。

如果患犬对维生素A和类维生素A的治疗有反应，则应终生进行治疗。隔日治疗效果通常不理想，建议方案包括：7d内5d给药；给药1周，停药1周；或者隔月每日用药[21]。随着长期服用药物，一些患犬可能会发生干燥性角膜炎，应对该症状进行监控。若出现该症状，则停药后患犬会恢复分泌泪液的功能。如果不能停用阿维A酯则通常可以局部使用环孢菌素能有效恢复泪液产生[21]。异维甲酸和阿维A酯都会改变脂肪代谢和肝功能，但这种改变通常在治疗早期出现程度轻微且具有暂时性的特点[21]。对正常犬长期使用阿维A酯不会导致代谢的严重改变，但应定期进行血液学检查。

类维生素A具有高度致畸性并可能在人类克罗恩病的发生发展中发挥作用。自2006年开始，异维甲酸在美国等国家成了最难获得的药品。若要获得该药品，需要皮肤科医生和患者分别在FDA授权的网站IPLEDGE注册。在这个项目中，兽医是否可以注册并开具处方仍存在一些争议。为了避免这些监管问题，笔者听说，在互联网药店里，兽医开具的处方中类维生素A与其他药物一样可以方便地购买。与此相关的责任问题，在开具处方前应与这些不规范的药店讨论清楚。

维生素D类似物在银屑病的（见第十五章）治疗中很重要。这些药物能够改变表皮增殖和终末分化并显著改变银屑病患者的皮肤病变。给予患皮脂溢的可卡犬骨化三醇（1，25-二羟基维生素D$_3$）每24h 10mg/kg，超过60%的患犬症状的到显著改善[22]，并且所有犬在标记的研究中显示细胞增殖性降低。因为骨化三醇会降低甲状旁腺激素（PTH）浓度，因此需对包括钙在内的电解质水平进行检查。

采用药浴或者类维生素A治疗无效的皮脂溢患犬通常会被主人处以安乐术。这些犬中的大多数都是油性皮脂溢，使得它们不停地继发细菌或酵母菌感染。使用抗生素或抗真菌药物维持治疗后会使患犬更容易被主人接受同时恶臭减少。最后的治疗手段是长期给予皮质类固醇药物或细胞毒性药物。因为皮质类固醇药物可使油性皮脂溢患犬的表皮和皮脂腺发生萎缩，所以这类药物的使用是有好处的。每天给予氢化泼尼松1～2mg/kg直到油腻性得到控制，然后慢慢调整至有效的隔天给药最低剂量，但仍有一些患犬需要每天给药。

因为这些患犬本身易于继发感染，皮质类固醇激素会加重这种易感性，因此必须经常对患犬定期检查。大多数患犬在治疗时会表现医源性库欣综合征。若停止给予皮质类固醇，患犬会发生严重的皮脂溢反弹。虽然我们了解到甲氨喋呤在一些情况下对病情控制良好[1]，但具体方案、疗效和不良反应还未知。因为该药在人类过度增生紊乱时使用[23]，推测也会对犬有疗效。其他药物比如硫唑嘌呤（2.2mg/kg）和环孢菌素（5mg/kg）也应该有效但还未对其进行研究。

（二）猫原发性皮脂溢

猫皮脂溢罕见，原发性皮脂溢可见于波斯猫、喜马拉雅猫和异国短毛猫[3,24]。该病在波斯猫以常染色体隐性方式

图12-2 原发性皮脂溢 **A.** 一只6月龄喜马拉雅幼猫被毛被油腻的皮脂溢性分泌物黏在一起 **B.** 波斯猫幼猫耳郭堆积大量脂溢性碎屑

遗传。任何猫无论性别和被毛颜色都可发生该病。在这些感染的猫中，皮脂溢症状严重程度各不相同。2～3日龄幼猫皮脂溢症状严重，因为其被毛黏在一起且外表较脏（图12-2，A）。育种员通常对这些动物处以安乐术。随着时间的推移，患猫全身皮肤呈鳞状和油腻状、掉毛。蜡状碎片积累在皮肤折叠处和耳朵（图12-2，B），并且患猫发散腐臭的蜡样气味。轻度感染患猫有相似症状，但程度很轻并且直到6周龄才表现出来。

对未被感染的皮肤进行活检显示以角化过度和乳头瘤样增生为特征的角质化缺陷显著。血管周轻度细胞浸润并且以淋巴细胞为主。

对严重感染患猫还没有有效治疗方法。类维生素A可在猫安全使用[21]，但未在原发性皮脂溢患猫中使用。一个包含Ω-3和Ω-6脂肪酸的商品化产品在2只患猫中的使用显示无效[1]。对于症状轻的患猫进行良好的梳理、周期性剪毛和偶尔使用抗皮脂溢香波药浴可以使其保持良好的状态。

（三）波斯猫和喜马拉雅猫特发性面部皮炎

目前已经有对波斯猫幼猫和喜马拉雅猫幼猫面部皮炎特发性和遗传可能性的报道[25,26]。该病无性别偏好性，中位发病年龄是12月龄。皮肤典型病变局限在头部，尤其是眼周、口周、下巴区域（图12-3，A，B）和颈部，并不是由猫抓挠等引起的自体损伤。同样的病变出现在身体褶皱处，但是较为罕见。随着时间的推移，病变部位常变得瘙痒、严重程度进一步增加且病变分布广。细菌和马拉色菌的继发感染也加重症状和病变程度。

患猫面部皮肤的黑色渗出液使毛干远端粘连，显得面部很脏。皮下发炎，并且随着时间的推移、瘙痒的加重或

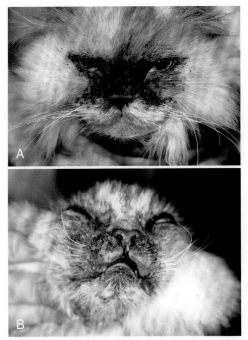

图12-4 孟加拉猫溃疡性鼻皮炎。1只孟加拉猫鼻子角化过度和开裂（由K. Beningo提供）

图12-3 特发性面部皮炎 **A.** 眼睛和面部堆积角化皮脂性碎屑。该猫不瘙痒 **B.** 嘴唇和下颚表现为慢性脱毛和结痂。该猫表现瘙痒

继发感染使炎症加重。大多数患猫在耳朵会有黑色蜡状物质累积，组织病理结果不具有诊断性，包括角化过度、结痂、表皮增生和浅表血管周到界面性混合细胞皮炎。嗜酸性粒细胞、中性粒细胞和肥大细胞可能大量存在，通常存在色素失常。偶尔可见包含嗜酸性粒细胞的表皮微脓肿。

对继发细菌或酵母菌感染的患猫使用全身性抗生素或抗真菌药物治疗均可以消除瘙痒和改善患猫临床特征。抗皮脂溢产品，尤其是柔软的湿巾可以改善患猫外观，但必须持续使用。笔者曾经通过给予患猫泼尼松龙（每24h 2.2mg/kg）来治疗其他皮肤问题，发现可以显著改善面部病变。给予3只患猫环孢菌素（每日6~7mg/kg，口服）可使其症状改善显著，但是停药后症状会复发。

（四）孟加拉猫溃疡性鼻炎

这种鼻炎罕见并且仅局限于孟加拉猫[27,28]。大多数病例在瑞典、意大利和英国确诊，但美国也发生过该病。疾病发生的特征是发病年龄为4~12月龄，无性别偏好。一旦发病，鼻部变得干燥并呈鳞状。随着时间的推移，鼻部会出现角化过度（图12-4）、结痂和皲裂。色素沉着会缺失。该疾病通常发展缓慢。

除了明显的基因因素外，造成该疾病的其他因素还未知。在有些猫该病会持续发展，但有些猫会自愈。一些孟加拉猫主人认为该病与疫苗接种有关。

据报道口服强的松或局部使用水杨酸对治疗该病有效[27,28]。非处方药物保湿剂、氢化可的松或抗生素药膏也有治疗效果。他克莫司软膏可快速缓解症状。

（五）鱼鳞癣

鱼鳞癣（鱼鳞病）是一种先天性皮肤病，在犬和猫中都会发生。该病的特征是全身所有皮肤表面过度角化，包括趾部、腕骨和跗骨垫处。

1. 病因和发病机制

动物鱼鳞病与人的相似但不完全相同[1,6,29-34]。人有超过21种鱼鳞癣样皮肤病[35-42]。大多数具有遗传性并在出生时或出生不久便发病，但一些是儿童时期或成年期发病。皮肤病可能伴随其他发育缺陷比如智力低下和身材矮小。已有很多对鱼鳞癣样皮肤病进行分类的方法，但都不理想。侧重于临床、遗传和生化数据的分类方法忽视了病理变化，而涉及超微结构改变的分类方法（例如表皮松解和非表皮松解）又可能太狭隘。虽然动物还未有合适的分类方法，但大量研究失调现象的病理学家采用表皮松解/非表皮松解方案进行分类[43]。

鱼鳞癣在各种品种的犬中都出现，但在猫罕见。犬的常发品种是帕森拉塞尔㹴[41]、西高地白㹴[1]、金毛寻回猎犬[36-38]、诺福克㹴[39,40]和骑士查理士王小猎犬[29,42]。也发生于爱尔兰软毛㹴[1]、美国斗牛犬和其他各品种犬。所有的病例疑似常染色体隐性遗传。从帕森拉塞尔㹴[2]和3只西高地白㹴[1]幼崽获得的表皮动力学数据显示，表皮更新速度大约为3.6d。分别是正常犬（23.4d）和皮脂溢患犬（7.9d）的6倍和2倍。

超微结构和基因组结果显示不同犬品种之间有很大差别。在金毛寻回猎犬角膜锁链蛋白（corneodesmosomes）局限在表皮层，提示了疾病的发生与退化延迟有关[36-38]。诺福克㹴患犬[39]编码角蛋白10（K10）的基因突变影响K10在表皮表达而导致色素沉着不足[40]。帕森拉塞尔㹴角质化薄膜与谷氨酰胺转移酶1（TGM1）基因突变有关[41]。这些患犬角质层的自由脂肪酸和神经酰胺酰基水平降低而神经酰胺Ⅲ水平增加[32]。该病在骑士查理士王小猎犬还未有深入研究，但初步研究显示表皮角质层透明颗粒数量增加和发生形态学非典型改变，角质层结构缺陷和内角细胞空间改

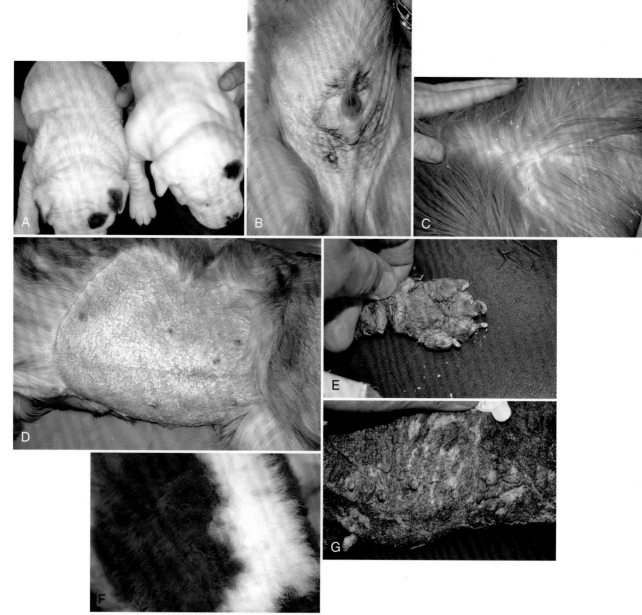

图12-5　鱼鳞癣　A. 左侧为美国斗牛犬患病幼犬，右侧是其同窝健康幼犬。注意患犬皮肤皱纹和异常被毛　**B.** 2月龄大小患病金毛寻回猎犬。注意该犬腹部皮肤出现皱纹和皮肤色素过度沉着　**C.** 被毛存在大量皮屑的金毛寻回猎犬。这是至今所见病情最严重的患犬　**D.** 1只金毛寻回猎犬腹部黏附了大量皮屑。该区域的被毛已被剪掉　**E.** 一只慢性帕森（杰克）拉塞尔㹴患犬趾部角化过度和结痂　**F.** 1只骑士查理士王小猎犬被毛表面粗糙和皱缩　**G.** 一只慢性帕森（杰克）拉塞尔㹴患犬皮肤出现大量角化皮脂性皮屑堆积（**A**图由M. Casal提供）

变[29,31,32,43]。猫皮肤的超微结构研究显示透明角质颗粒有间隔和角质层张力微丝异常[43]。

2. 临床特征

　　许多品种都会发生鱼鳞病[36-42]，但不同品种间和同一品种不同个体间临床特征差异很大。该病没有性别偏好性，除了金毛寻回猎犬外所有患犬在出生时或出生后不久就显现异常（图12-5，A）。金毛寻回猎犬幼犬可能看起来正常，但仔细检查腹侧皮肤会发现皮肤色素过度沉着和粗糙（图12-5，B）[38]。该皮肤变化可能会被忽视，并且躯干病变可能直到3月龄或数月龄之后才明显。在3个针对大型金毛寻回猎犬的研究中发现，患犬多为3岁龄或4岁龄，

偶见12岁龄[36-38]。西高地白㹴或约克夏㹴患犬出生时皮肤趋于黑色并约在2周龄时发生皲裂和脱落。

　　鱼鳞癣的患病动物表现为表皮异常，形成各种大小不一、颜色不同并且吸附在皮肤表面的鳞屑（图12-5，C）。脱皮倾向发生于被毛稀少的部位（图12-5，D）。在有被毛的皮肤处，大片鳞屑附着在毛干上。大量鳞状皮脂溢样气味的碎片堆积在皮肤表面。鳞状、干燥的红斑在弯曲的褶皱和擦破的皮肤部位尤为突出。鼻镜和足垫的表皮角质层常增厚（图12-5，E）。硬角蛋白在足垫边缘处聚集，并经常呈翼状向上延伸。在一些犬上可见柔软、畸形的趾甲。耵聍腺外耳炎可伴有皮肤损伤。一些犬可出现严

重的红皮病或脱毛[34]。

诺诺克狸和骑士查理士王小猎犬的疾病表现不同。诺福克狸表现鳞状皮肤色素沉着，即典型的鱼鳞状皮肤，但在皮肤轻度创伤的部位会发生水疱和糜烂[39,40]。骑士查理士王小猎犬表面粗糙的皱缩被皮（图12-5，F），在疾病早期少见或未见鳞屑[42]。触须也会受到影响。随着年龄的增加，皮肤异常和鳞屑变得明显。趾甲表现异常，脱落后再生困难。患犬在出生前几周也会发生干眼症，因此必须对其进行适当管理以防止失明。

在猫中确诊的鱼鳞病较少。关于患猫的具体疾病信息不足，但在出生时会表现显著的角化不全[1,44]。据报道曾有一只仔猫表现为眼睑和唇外翻[1]。

3. 诊断

如果症状出现在幼犬病程的早期，则不需要鉴别诊断。如果症状出现在成犬时期且无病史，则需要对其他原发性疾病、继发性皮脂溢或脱落性皮炎进行鉴别诊断（见第十四章），可以通过活组织检查确诊。表皮通常正常或有轻度增生，但在某些情况下，尤其是慢性感染的病例，增生显著。表皮色素过度沉着的程度也是多变的。常见显著的致密性正角化性的角化过度与毛囊正角化性的角化过度和堵塞。最具有特征性的组织病理学变化之一是颗粒层增厚，但也可能正常[7]、变薄[34]或不规则[29]。可能存在很多核分裂象。诺福克狸的表皮颗粒层和肌细胞层可见表皮松解[39,40]。商业化的基因检测可以对已知犬种进行个体确诊和判定基因携带者。

4. 临床管理

畜主应了解鱼鳞病是一种不能治愈且难以治疗的慢性疾病。虽然患犬整体健康状况看上去良好，但皮肤病是长久的并且随着年龄的增长病情加重（图12-5）。大多数病情严重的患犬在生命早期就被施行安乐术。金毛寻回猎犬病情较轻，其主人常常接受爱犬外观缺陷并容易通过常规梳理和洗浴控制病情。一些品种繁育者告诉买犬的畜主，鱼鳞病不是什么大问题，而且将患犬以全价卖给畜主。

像其他角质化缺陷的患犬一样，该类犬继发细菌性或马拉色菌性皮炎的风险也较高。应经常对患犬的皮肤进行检查，并在发现症状后立即治疗。

对于金毛寻回猎犬这类长毛犬，梳理掉可见的鳞屑就足够了，但不能将梳子触碰到皮肤，否则会产生更多鳞屑。经常洗浴和使用柔顺剂冲洗对患犬有益。为了便于皮肤清洁和保湿，应该保持短被毛。应谨慎使用刺激性香波（硒硫化合物、过氧化苯甲酰），因为这会加重皮肤症状。在人医常用软膏剂或3%~12%乳酸、60%丙二醇溶液或者联合使用，尤其是在使用这些药剂前皮肤经过水合作用的效果更佳[23]。商品化保湿剂［Humilac（维克）、Hylyt*必需脂肪酸（DVM制药），HydraPearls保湿护肤霜（威隆）］、5%乳酸喷雾[1]，或50%丙二醇溶液[34]对犬

有效。

由于局部的高强度用药很不方便，大多数患犬最后被施行安乐术。类维生素A对鱼鳞病治疗非常有效，但要长达6个月才能见效[32]，一些患犬对该药不耐受。据报道异维A酸（每12h 1~2mg/kg）和依曲替酯（每24h 2.5mg/kg）都对该病有效，也必须每天给药以维持疗效。

（六）毛囊角化不全

在多只罗威纳幼犬、一只西伯利亚哈士奇幼犬和几只拉布拉多幼犬中发现先天遗传性角化障碍[45,46]。其他品种也可能发生。所有发病犬都是雌性，提示X染色体连锁遗传。除了皮肤病变外，患犬和同窝犬可能发育不良，并有其他非皮肤先天性缺陷。

1. 临床特征

像鱼鳞病患犬一样，毛囊角化不全患犬在出生时或出生后不久发生皮脂溢现象，并且症状随着年龄增加而严重。与鱼鳞病不同的是，患犬鼻镜和足垫处正常（图

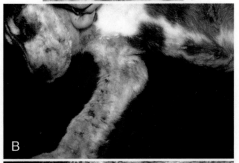

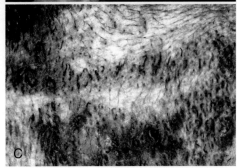

图12-6　毛囊角化不全　A. 1只罗威纳幼犬鼻梁和鼻孔处堆积了角化皮脂性碎屑。注意鼻镜出现脱毛　B. 1只西伯利亚哈士奇幼犬皮肤多数有被毛部位堆积了黄色蜡状碎屑　C. 罗威纳幼犬腹部皮肤，沿着Blaschko线出现带状角化过度和毛囊管型

12-6，A），腹部无毛处、腹股沟和大腿内侧仅有少部分发生病变。除非继发细菌或马拉色菌感染，否则皮肤瘙痒症状少见。早期病变皮肤有鳞屑，但是随着时间推移而增厚和结痂，产生许多粉刺。被毛常缠绕在一起形成棕色至黄色至黑色蜡状的异物（图12-6，B）。在2只罗威纳犬中可见过度角质化条带、色素沉着，常沿着Blaschko线有疣状丘疹和斑块（图12-6，C）。晚期患犬体臭严重。

2. 诊断

因患犬出生后出现大面积皮脂溢病变，很容易诊断出先天性角质化不全。因鼻镜处和足垫处皮肤正常，可能忽视其他部位的病变，需要通过皮肤活检进行确诊。皮肤活检显示皮肤表面不平整和毛囊角质化障碍，伴随轻度到中度的浅表血管周炎。表面上皮轻度病变和增生，并覆盖篮网样正角化性的角化过度。漏斗部上皮增生，毛囊腔内充满了浓密的角化不全性角化过度，皮肤表面呈圆锥形。在角化不全碎片中可见很多脂肪空泡。可见化脓性细菌毛囊炎或者马拉色菌性皮炎。1只犬的皮肤超微结构研究显示只有滤泡上皮角化异常。病变毛囊细胞核扁平，均质性差，张力微丝束粗糙。角质细胞中有很多脂肪空泡。

3. 临床管理

针对上述病症患犬无有效疗法。采用强效抗皮脂溢香波洗浴只会在短期内改善疾病。口服补充锌、类维生素A或者骨化三醇效果甚微。

（七）西高地白㹴表皮发育不良

表皮发育不良在西高地白㹴中不常见，往往倾向于家族性发病[47,48]。其遗传方式还未知，可能是以常染色体隐性方式遗传。

1. 病因和发病机制

该病患犬表现出表皮发育不良和与马拉色菌感染有关的炎性血管周皮炎。患病初期患犬不表现过敏症状[47]。治疗马拉色菌感染可消除炎症和瘙痒，但对油性皮脂溢和表皮发育不良的犬无效。最近一项研究认为表皮发育不良继发于对酵母菌和环境/食物中过敏原的超敏反应[48]。在两个病例中治疗马拉色菌性皮炎后，患犬恢复正常，并且表皮发育不良的组织学特征消失。虽然西高地白㹴易患过敏性皮肤病和原发性皮脂溢，但原发性表皮发育不良不常见。

2. 临床特征

该病无性别倾向性，症状通常在6~12月龄出现，也有成年犬发病的报道[47]。典型症状是患犬在瘙痒和原发性表皮发育不良症状发生之前出现被毛油腻。瘙痒症状初期出现在面部、耳部（图12-7，A）、腿部（图12-7，B）、足部和胸腹部（图12-7，C，D），程度从轻度到中度不等。病变皮肤红肿、油腻且表面有大量角化脂碎屑。随着时间推移，瘙痒加重且皮肤病变扩大。晚期患犬皮肤油腻、被毛几乎脱光、苔藓样皮肤且常见色素沉着。在早期使用

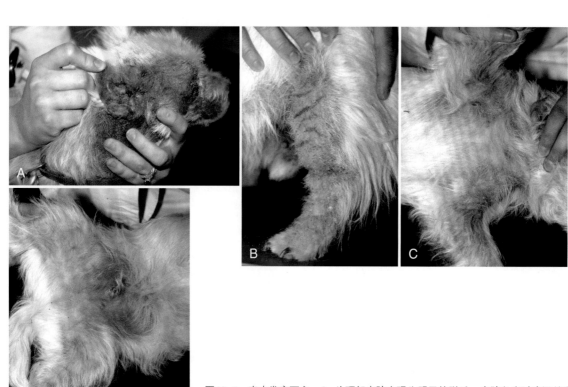

图12-7 表皮发育不良 **A.** 头颈部皮肤表现为明显的脱毛、皮肤色素过度沉着和苔藓样硬化，并伴有耵聍外耳炎 **B.** 后肢皮肤出现红斑性脱毛，且皮肤显著增厚和折叠 **C.** 皮肤蜡质堆积并伴有腋窝脱毛和色素过度沉着 **D.** 与C图为同一只犬。腹股沟脱毛和色素过度沉着并伴有蜡质堆积

大剂量类固醇药物有一定疗效但很快失效。抗组胺药、抗生素和抗脂溢香波治疗无效。

3. 诊断

在细胞学诊断确定未继发马拉色菌性皮炎的情况下，主要的鉴别诊断包括食物过敏症、疥螨病和姬螯螨病。当出现酵母菌感染的，还要考虑特应性皮炎、原发性皮脂溢和鱼鳞病。即使通过细胞学手段确定角质化皮脂溢碎片上有马拉色酵母菌，也不能确诊表皮发育不良，因为酵母菌在西高地白㹴中常见[49]，可通过活检确诊。采样区域不应包括紧贴皮肤梳下来的或术前清理产生的碎屑。

组织病理学检查结果包括表皮发育不良伴随不同程度的增生性血管周炎[7,47]。镜下显示表皮层不同程度过度着色，过度核分裂象，基底层角质细胞聚集，表皮"芽"样增生，表皮下肥大细胞呈线形排列和细胞极性消失。淋巴细胞胞吐作用和弥散性海绵状结构显著。在正确取样的样品上，可见表面显著角化不全和毛囊角质化。在大多数情况下，表面可见很多圆形或卵圆形单芽酵母菌和浅表毛囊角蛋白。有时未见酵母菌[7]。所有上述变化可出现在任何发生瘙痒性马拉色菌性皮炎患犬中。治疗酵母菌感染后可消除炎症，若未患有表皮发育不良则表皮的病变也会完全恢复。而对于患有表皮发育不良的患犬，表皮病变会长期存在。

4. 临床管理

很难对该疾病进行临床管理。治疗马拉色菌性皮炎后可消除瘙痒并且患犬几乎恢复正常状态，但仍然有轻度角质化缺陷（鳞屑、小结痂）存在，最终会再次复发马拉色菌性皮炎。

尽管有很多香波对马拉色菌性皮炎患犬有效（见第五章），但患犬对治疗的反应不良。口服唑类药物（酮康唑，伊曲康唑，氟康唑）对缓解症状是必需的。在可购买到恩康唑［Imaverol（Jannsen）］的国家使用这种药冲洗患犬很有效。因为表皮发育不良持续存在，马拉色菌性皮炎和相关症状会复发。不推荐通过频繁使用抗皮脂溢和抗真菌香波来防止再次感染。使用该类香波或50%白醋和水每周冲洗1次或2次能降低严重感染的频率，但是有必要偶尔或经常使用唑类药物或恩康唑。

在几个病例中研究者尝试使用脂肪酸补充剂或者类维生素A（异维A酸或阿维A酯）来治疗表皮发育不良但疗效不显著[1,47]。目前发现唯一有效的控制手段是每天或隔天使用唑类药物。本治疗方法在2只犬长达3年的治疗中显示有效。

（八）英国史宾格猎犬牛皮癣样–苔藓样皮肤病

牛皮癣样–苔藓样皮肤病罕见，并且只在英国史宾格猎犬中发生过[50,51]。该病在犬青年时（4～18月龄）发生，无性别偏好性。初期在病变耳郭处（图12-8，A）、外耳道和腹股沟区（图12-8，B）可见无症状型、大体对称性

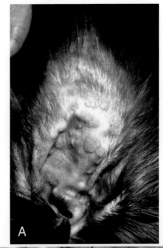
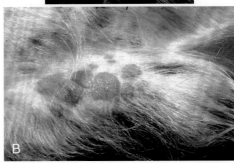

图12-8 牛皮癣样–苔藓样皮肤病 **A.** 耳郭上的苔藓样红斑 **B.** 包皮上的苔藓样红斑和丘疹（图片由Courtesy K. Mason提供）

红斑样、苔藓样丘疹或斑块。随着时间的推移，病变处角质化（有时几乎呈乳头瘤状）逐渐过渡，并累及到脸部、躯干腹侧和会阴部。慢性病例类似于严重皮脂溢。该皮肤病特发于英国史宾格猎犬表明其有遗传倾向。有学者认为患此病的犬对浅表葡萄球菌感染反应强烈[52]。

皮肤活检显示皮肤浅表血管周和间质性皮炎，伴随银屑样表皮发育不良和苔藓样皮肤炎，表皮内有微小脓肿（包括嗜酸性粒细胞和中性粒细胞）和微脓肿[7]。慢性角质化病变处经常显示表皮增生和乳头瘤状增生。

该皮肤病以在患犬1～3岁之间的反复发作、愈合为特征，但未有自发性缓解的报道。各种药物包括抗炎剂量糖的皮质激素、口服维生素A、左旋咪唑、氨苯砜、自体疫苗和抗皮脂溢香波疗效甚微或无任何疗效。对4只患犬使用头孢氨苄（每12h 20mg/kg）治疗，反应极好并完全缓解。

（九）雪纳瑞粉刺综合征

雪纳瑞粉刺综合征发生在迷你雪纳瑞犬的背部，典型特征是多个粉刺有可能变成结痂和无痛性丘疹。

1. 原因与发病机制

该情况只在迷你雪纳瑞犬中出现，似乎是只发生于易感个体中的一种皮脂溢或痤疮样紊乱。这种专门发生在迷你雪纳瑞犬的疾病与人黑头粉刺痣的临床病理相似[23]，表

明该综合征可能是从毛囊发育不良发展而来的，具有一定遗传基础。一旦确诊，该病很容易治疗和控制，但复发也常见。然而，对该病的治疗有很大的可变性，一些患犬对治疗的反应优于其他个体。

2. 临床特征

在易感个体上，粉刺倾向于在背部形成。皮肤触诊呈尖锐、结痂样、突出丘疹样。部分粉刺是柔软的和呈蜡状的。

大多数病变位于背部脊柱周围，并以扇形从颈部延伸到荐骨（图12-9，A）。雪纳瑞犬粉刺综合征在粉刺被从毛囊中挤压出来之前的早期阶段很难被发现。在该阶段，患犬不会感觉到疼痛和不适。在一些个体，粉刺转变为柔软、小型的痤疮样脓疱并导致轻微刺激性（图12-9，B）。患犬通常不表现可见疼痛或瘙痒。一些患犬堵塞的毛囊会发生感染。在这样的病例中，丘疹样病变迅速扩大，变得更加广泛并有可能扩展到整个躯干。如果继发金黄色葡萄球菌感染，特别是范围广的时候，病变处会发生瘙痒和疼痛。

3. 诊断

剔除背部一小块被毛，可暴露单个粉刺和丘疹。该区域应选在雪纳瑞尾背侧并且不具有可确诊的其他疾病。诊断可以通过活组织检查证实，未感染的黑头粉刺部位的皮肤切片表现为毛囊和皮脂腺角化和堵塞。形成小的囊性空腔，腔内表面为细长的滤泡上皮，腔内充满角蛋白和皮脂

腺。毛囊堵塞后，分泌的皮脂累积，囊肿进一步扩张。如果囊疱破裂，毛囊周围会出现炎性浸润。如果继发细菌感染，可见毛囊周炎、毛囊炎和疖病。

4. 临床管理

应告知畜主该疾病可以控制但不能治愈。轻度病例不需要治疗，并且只有当修剪被毛时症状才会明显。但如果畜主发现病变处令人不能忍受或令患犬感到不适，或者反复感染，应开始采用外用抗皮脂溢疗法。如果出现继发感染，应使用全身抗生素3～4周。

对于症状轻的病例，每天或隔天使用各种兽用或人用痤疮清洁垫、酒精或者李斯德林防腐剂（含有0.06%百里香酚、0.09%桉叶油素、0.06%水杨酸甲酯和0.04%薄荷醇）松脱或溶解粉刺，也可使用过氧苯甲酰凝胶，但反复使用有刺激性。对于较为严重的病例，可使用抗皮脂溢香波，因为毛囊堵塞后很容易对刺激性药物产生反应而红肿，开始时应使用温和型香波，若无效后才更换效果更强烈的香波。常用香波包括含硫、过氧化苯甲酰和过氧化苯甲酰加硫香波。每周使用香波清洗患犬背部2次，持续1～3周来移除粉刺，然后根据病情调整使用频率。极少病例对传统治疗方法无效，但对异维A酸按照每12h 1mg/kg给药有效[21]。据报道，1个病例在缓解后采取隔天治疗，持续4个月，然后终止治疗[53]。1年后随访病情未复发。

（十）足垫角化过度

在爱尔兰犬[54-56]和波尔多犬[57-59]有发生家族性足垫角化过度的报道。单个病例也曾发生在凯利蓝㹴[1]、拉布拉多猎犬、金毛寻回猎犬和杂种犬。在爱尔兰犬和波尔多犬的研究确定该病为常染色体隐性遗传病[54,58]。目前正在研究该病的超微结构和基因基础。在爱尔兰犬，排除了由编码角蛋白2、角蛋白9和桥粒蛋白的基因发生突变而引起该病的可能性[56]。

大多数患犬6月龄时严重角化过度，所有足垫都发病。病变波及整个足垫，同时在某些特定区域角蛋白聚集会更加紧密并形成犄角样物质（图12-10）[1,57]。在一些情况下角化过度严重，发生龟裂，并继发细菌感染，可引起跛

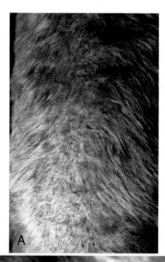
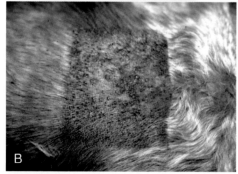

图12-9 雪纳瑞犬粉刺综合征 **A.** 迷你雪纳瑞沿着尾背侧的脱毛和丘疹 **B.** 雪纳瑞背部突出的柔软粉刺

图12-10 足垫角化过度。波尔多犬足垫显著角化过度和角形成

行。爱尔兰犬趾甲生长很快，它们的横切面呈圆形而非U形[54]。不会出现其他皮肤病变。

组织病理学显示足垫中度到重度增生，伴随显著的乳头状和弥散性正角化性的过度角化[57]。可能出现角蛋白圆锥乳头融合。患病的爱尔兰犬足垫的电镜研究结果显示正常[54]。

治疗主要是对症治疗。每天使用50%丙烯乙二醇溶液浸泡，在5d内会有显著改善，但需要持续治疗以保持效果[54,57]。一些波尔多犬会随着年龄增长而自发改善。

（十一）拉布拉多猎犬遗传性鼻部角化过度

已有对拉布拉多猎犬或拉布拉多猎犬混种犬鼻镜背面角化过度的报道[60,61]。该情况不常见，任何被毛颜色或性别的拉布拉多猎犬都可能发病。该病疑似以常染色体隐性方式遗传。

1. 临床特征

典型症状发作开始于6~12月龄，但因为患犬常被认为是外观问题，直到成年早期才就诊。患犬在鼻镜背面紧密附着着一团角蛋白（图12-11，A）。也表现在正常鼻结构上有鼻镜局灶性或弥散性褪色。不同患犬角蛋白厚度不同，但都会随着年龄增长而增厚。在一些患犬中可见龟裂、糜烂和溃疡（图12-11，B）。一些患犬因角质化缺陷症状顺着鼻梁延伸到头部皮肤而被发现患病，其中1只患犬发生趾部角质化过度[60]。该病不会引起瘙痒，但当角蛋白较厚或龟裂时患犬可能会表现出想要碰触病变处。

2. 诊断

如果发生在幼犬并没有其他皮肤问题或全身疾病时，该病很容易确诊。若病变扩张到头部皮肤，则需要与慢性皮肤型红斑狼疮或者浅表性天疱疮（见第九章）鉴别诊断。因病变在足垫处，需要考虑原发性或继发性皮脂溢，可通过活检确诊。组织病理学结果包括轻度到重度的角化不全或角化过度，中度淋巴细胞和中性粒细胞外分泌及上表皮内多中心浆液性溶血，还有浅表间质界面性皮炎存在。

3. 治疗

应告知畜主该病是终身性的并且疾病进程有个体差异。只要患犬未感不适，则不需治疗。但大多数情况下，因龟裂和不适需要治疗。口服或外用类固醇药物有效但因其各自的全身性影响和萎缩作用而不能长期使用。水化和保湿疗法是有效的。每天外用60%丙二醇2~3次，该法安全并可长期使用。对于严重病例，水化和保湿只能起到部分作用，而类固醇软膏或0.1%他克莫司软膏非常有效。

（十二）皮肤发育不全

皮肤发育不全（上皮细胞生成不全）是一种先天性鳞状上皮不连续性疾病[62-64]。该病在牛、马、羊和猪中以常染色体隐性方式遗传，但在犬和猫中的遗传性所知甚少。该病的典型特征是上皮不连续并有溃疡。组织学显示溃疡处明显缺少上皮、毛囊和腺体。新生幼犬皮肤发育不全，病变发展迅速并发生感染，发生败血症后很快导致死亡。通过支持疗法，轻微病变在愈合时会形成瘢痕组织，植皮可能是有效的治疗手段。

（十三）皮肤发育不良

曾报道有1只杂种青年犬患上广义的皮肤发育不良疾病[65]。该犬身上有多个表皮和毛囊异常的丘疹结节。增生性表皮呈不规则角化，一些区域缺少基底细胞。在表皮或毛囊基底膜区域存在不成熟的上皮细胞群，毛囊变性并被黏蛋白包围。

（十四）皮样窦

皮样窦是在胚胎发育过程中皮肤和神经管分离导致的一种神经管缺陷。皮样窦是皮肤管状凹陷，从背中线向下延伸到各种深度。已有分类方案：1型病变结束在棘上韧带和相韧带；2型比1型更加浅表，通过纤维束与棘上韧带相连；3型不延伸到棘上韧带；4型延伸到椎管并附着到硬脑膜上；5型是皮样囊肿[66]。随着病例研究增多，也产生新的分型[66a]。管腔充满皮脂、角质碎屑和被毛。有可能发展成囊状并经常发炎。4型皮样窦感染后可能产生脊膜脊髓炎和神经系统的临床异常。皮样窦患犬极少发生脊柱分裂、半椎体和椎体融合病变[66a,67]。

大多数皮样窦见于罗德西亚脊背犬和泰国脊背犬及它

图12-11 鼻部角化不全 **A.** 拉布拉多猎犬带状角化过度伴随鼻部结构改变。出现局灶性褪色和开裂 **B.** 拉布拉多猎犬显著褪色和鼻部结构改变。出现开裂（由M. Frantz提供）

们的混种犬[6,66,68-75]。也有拳师犬、英国斗牛犬、西施犬、松狮犬、南非葵犬、约克夏㹴犬、大白熊犬、英国史宾格犬、牛头㹴、可卡犬、布列塔尼猎犬、金毛寻回猎犬、中国冠毛犬、瑞典瓦汉德犬和西伯利亚哈士奇犬发生该病的报道[1,66a,67,73,76-86]。涉及三种成纤维细胞生长因子（FGF3，FGF4，FGF19）的常染色体显性遗传方式使得背部皮肤有脊的罗德西亚脊背犬和泰国脊背犬更容易发生该病[74,75]。在瑞典5%~6%的脊背犬背部皮肤无脊[64]。而在背部皮肤有脊的脊背犬中，8%~10%的犬会发生不同深度的皮样窦[75]。

猫中罕见该病，但缅甸猫似乎多发[66a,86a,86b,86c]。

1. 临床特征

病变在幼年时明显。沿着背线可能见到螺旋状被毛（在罗德西亚脊背犬或泰国脊背犬中正常），或者在背中线的颈胸部或胸腰联合部的可能出现孤立的螺旋状被毛。一簇被毛可能来源于一个或多个皮肤窦的开口，可能可以摸到从皮肤往深处延伸到脊椎的一束组织（图12-12）。在被毛浓密的患犬，病变会被忽视直到发生窦内感染或破裂，产生排液体性肉芽肿性炎[76,78]。畜主试图挤压患犬窦内物质时会诱发神经系统疾病[80]；另一个非脊背处发病部位是两眼之间的鼻部[81-84]。

有青年猫发病的报道，病变大多数出现在胸腰部[66a,86a,86c]，也见于颈部[86a]。在患犬可见区域性涡旋被毛和皮肤开放口，患猫可能不会发生。所有患该病的缅甸猫都有后肢无力、共济失调和尿失禁等神经功能缺损[66a,86a,86c]。

根据既往病史和临床特征进行的诊断有可能不准确，但确诊需要瘘管造影。造影可见一条从背部皮肤至胸椎的通道。腰椎脊髓造影可能显示蛛网膜下腔在瘘管结尾处缩小。磁共振成像（MRI）也可诊断该病，但不能显示瘘管终止位置[66]。

2. 临床管理

当皮样窦处于静息状态并不恶化时，只需观察而不需采取治疗。如果出现流脓或神经症状，则手术切除是首选治疗方法，但完全切除需要根据附着深度而定。基底组织通常是纤维组织，因此需要小心地进行钝性分离。有并发脑膜炎的风险，成功的手术结果是完全康复。患犬不能留做种用。

（十五）大疱性表皮松解症

术语大疱性表皮松解症是指一组机械性大疱性疾病[23,87,88]。其中大多数都是遗传性疾病，并且是由皮肤锚定复合物结构不规则导致。其中大疱性表皮松解症是非家族性自身免疫性疾病，锚定纤维胶原蛋白Ⅶ型异常（见第九章）。遗传形式主要分为三类：单纯型大疱性表皮松解症、交联型大疱性表皮松解症和营养不良性表皮松解症。所有类型都有动物发病的报道[87,89]。

单纯性大疱性表皮松解症是最浅表的皮肤病变，伴随表皮基底层细胞分裂。对该病最早的报道见于柯利犬[90]和喜乐蒂牧羊犬[91]。患犬可能患有皮肌炎，因为患犬皮肤病变与皮肌炎相仿。我们和其他学者[92]曾对多只患有典型皮肌炎特征病变的柯利犬和喜乐蒂牧羊犬进行肌电图（EMG）和多点活组织检查，结果未发现肌肉病变。这可能是因动物患有皮肌炎但病变尚未累及肌肉或是患有单纯性大疱性表皮松解症[93,94]。

交联型大疱性表皮松解症在真皮基底膜透明层内形成水疱。在人医分为很多临床亚型，在犬中分为致命型和非致命型。该病发病于非常年幼的动物（例如从出生到6周龄的动物），曾有关于杂种犬、一只玩具贵宾犬、多只法国牧羊犬、德国短毛波音达犬[43,95-103]、家养短毛猫和暹罗猫[104,105]发病的报道。患犬面部、耳郭部、起支撑作用的四肢骨和足垫部骨突部位的侵袭性和溃疡性病变显著（图12-13）。在口腔、趾甲可能发生营养不良性钙化。在德国短毛波音达犬中，该病呈常染色体隐性遗传，表现为层粘连蛋白332（层粘连蛋白5）表达减少[101,102]。曾在意大利

图12-12 皮样窦。手术暴露罗德西亚脊背犬4型皮样窦

图12-13 大疱性结合性表皮松解症。爪垫和主悬趾垫全层溃疡（由T. Olivry提供）

对309只波音达犬进行检测，其中22%是该致病基因的携带者，1%患病[102]。在一些患病的德国短毛波音达犬中无胶原蛋白XVII的表达[106]。1只患病杂种犬的层粘连蛋白332、胶原蛋白VI、胶原蛋白XVII和整合素α表达异常。

交联型大疱性表皮松解症患猫早期出现口腔炎，伴随或不伴随细菌性甲沟炎的趾甲发生脱落，足垫溃疡或者皮肤其他部位出现破损[104,105]。免疫组织化学研究也显示患猫层粘连蛋白332表达减少[105]。该病疑似呈常染色体隐性遗传。

组织病理学显示交联型大疱性表皮松解症发生皮下分离，伴随或不伴随皮下炎症。

营养不良性（皮肤溶解性）大疱性表皮松解症曾在一只家养短毛猫[107]、1只波斯猫[108]、1只秋田犬[109]、多只法国牧羊犬[110]和金毛寻回猎犬[111,112]中被报道过。家养短毛猫从3月龄开始发病，症状包括甲沟炎和全部趾甲脱落；牙龈、舌、腭和口咽部溃疡（图12-14，A）；掌骨、跖骨和趾垫溃疡或结痂（图12-14，B）。青年波斯猫发病时有口腔黏膜溃疡和足垫溃疡、趾甲脱落、机械性创伤部位皮肤脆弱等病变特点。秋田犬在1岁龄时发生皮肤病变。最先出现的病症是足垫开裂和溃疡，随后趾甲发生营养不良性病变，并在耳朵边缘、尾尖和四肢远端承重部发生脱毛并形

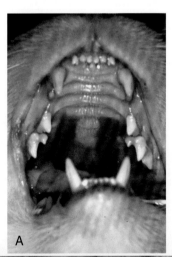
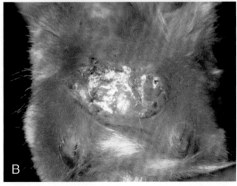

图12-14 营养不良性大疱性表皮松解症 **A.** 患病幼猫口腔溃疡 **B.** 患病幼猫腕垫溃疡（由S. White.提供）

成疤痕组织。多只来自不同窝的法国牧羊犬幼犬在皮肤与黏膜连接处和承重部位出现早期硬皮糜烂性病变和趾甲脱落。患犬表现为牙釉质缺陷、生长停滞和站姿异常。金毛寻回猎犬患犬在创伤部位、口腔和沿着食管黏膜产生溃疡性水疱。随着患犬年龄增加，病变可以自愈[111]。该病是常染色体隐性遗传病，COL7A1基因发生突变而胶原蛋白VII表达减少[108,111,112]。所有患病动物皮肤经活检显示真皮亚基底层分离。超微结构显示分离发生在致密层，固定原纤维减少。

已有学者研究基因治疗对德国短毛波音达犬和金毛寻回猎犬的益处[112-114]。在这两个犬的种群中插入正常DNA后细胞都变得正常。这种治疗方式在人医中已应用但在动物中还未采用。除了治疗继发感染外应尽可能创造非创伤环境，目前无有效治疗方法。

（十六）犬家族性皮肌炎

犬家族性皮肌炎是柯利犬、喜乐蒂牧羊犬、法国牧羊犬、比利时长耳犬和葡萄牙水犬的青年犬特发的遗传性皮肤炎症病变[93,115-120]。也有杂种犬、威尔士柯基犬、湖畔㹴、松狮犬、德国牧羊犬和白警犬[7,103,121,122]及其他纯种犬发病的报道。该病的遗传基础还未知。

1. 病因和发病机制

人类和犬皮肌炎的病因不明[6,93,123-125]。因为患犬免疫检测结果异常，所以怀疑该病是基因决定的免疫介导性疾病[126]。但不清楚免疫反应是病因还是对肌肉或皮肤损伤的持续反应。虽然药物、疫苗、感染（尤其是病毒感染）、毒素或内部恶性肿瘤可诱导皮肌炎，但与皮肌炎的因果关系还未知[23]。

家族病史在人类罕见，但在柯利犬和喜乐蒂牧羊犬常见。柯利犬育种研究显示该病为常染色体显性遗传并且多种表型[93]。在喜乐蒂犬中同样的研究也显示出相同的遗传方式[127]。目前正在详细深入研究该病在喜乐蒂牧羊犬中的基因和病理机制基础。一项研究表明影响皮肌炎表型的基因位于35号染色体的FH3570标记物附近[124]。最近的一项研究不能证实这些研究结果[125]。

2. 临床特征

柯利犬和喜乐蒂牧羊犬的被毛颜色与被毛长度与皮肌炎发病无关，无性别偏好性。因为有家族倾向性，病变出现在生命早期，尤其是6月龄前，一些患犬在7~11周龄时出现症状。病变进程各异，一些症状轻的患犬几乎没有病变，即使有也迅速痊愈无疤痕形成。大多数患犬在病变出现后会陆续发生新的病变，但是恶化速度不一。通常病变程度在1岁龄时确定，如果不采用治疗时病变的发生情况有所改变，病变通常在患犬1岁龄以后开始数量减少且程度降低。

皮肤病变在机械性损伤部位和面部（图12-15，A）比较常见，尤其是眼周和口角（图12-15，B）、耳尖（图

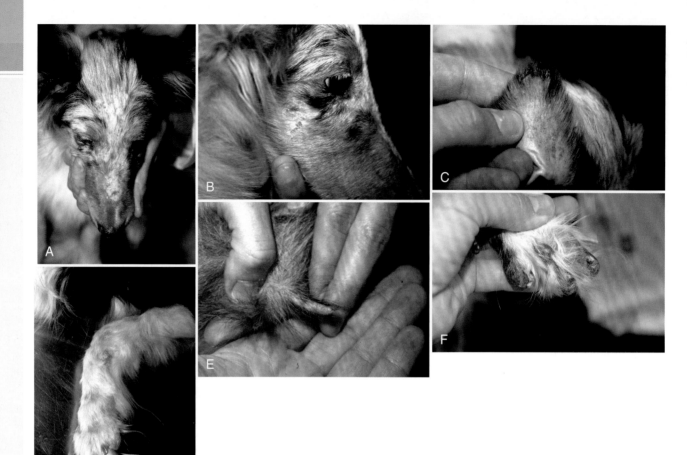

图12-15　皮肌炎　**A.** 青年喜乐蒂牧羊犬面部受累。注意鼻梁和前额脱毛、脱皮和轻度结痂　**B.** 与**A**图是同一只犬，突起的眶骨受累　**C.** 图中同只犬耳尖受累并破损　**D.** 喜乐蒂牧羊犬斑块性脱毛和远端肢体骨突出部位结痂　**E.** 喜乐蒂牧羊犬尾尖脱毛　**F.** 所有趾甲患脆甲症

12-15，C）、腕部和跗部（图12-15，D）、趾部、尾尖（图12-15，E）。一些患犬有脆甲症（图12-15，F）、甲分裂或趾甲脱落。法国牧羊犬更多见口腔和足垫病变。尽管一些患犬会出现完整的小水疱，但这在原发性病变中少见。典型的皮肤病变包括脱毛、红斑、鳞屑和轻度结痂，重度病患可发生溃疡。破损的皮肤通常不表现瘙痒，除非继发葡萄球菌感染。皮肤疼痛在法国牧羊犬中常见，轻度到中度感染的患犬，仍有大面积正常皮肤，但重度感染的患犬，整个脸部、四肢和尾部皮肤都会被累及。

肌肉发炎通常在皮肤病变发生数月后出现，并与皮肤病变严重程度相关联。轻度患犬没有表现临床的肌肉疾病，也没有令人信服的肌电图或肌肉活检结果。这类患犬可能患有单纯性大疱性表皮松解症、局部皮肌炎但无可检测的肌肉炎，或是无肌肉炎症的皮肌炎[94]。在人医只有当皮肤病变出现4年或更长的时间后仍无可检测的肌肉病变才能确诊为非肌肉性皮肌炎。据我们所知，还未对该病型患犬进行随访。肌肉肌电图发生改变但无皮肤病变的典型皮肌炎患犬少见。这些研究的研究意义还未知。

肌肉炎的临床症状有很多种。常见的一种现象是患犬饮水器具很脏并包含有漂浮的食物颗粒。患犬可以咀嚼食物，但不能完全吞咽，所以口中残留的食物在饮水时流出。重度患犬在饮水、咀嚼和吞咽时都有困难，患有巨食道症，并且常继发吸入性肺炎。一些患犬表现特殊的高抬步、步态僵硬。最常见的肌肉炎症状是无症状型萎缩，特别是咀嚼肌和四肢远端肌肉。极少的患犬皮肤病变仅出现在成年期[93,116,122]。

3. 诊断

鉴别诊断应考虑的疾病包括蠕行螨、金黄色葡萄球菌性毛囊炎、皮肤真菌病、盘状红斑狼疮和单纯性大疱性皮肤松解症。当无肌肉症状或病变，且出现小水疱时可能考虑到后者。

根据病史、物理检查、病变皮肤活检、肌肉活检、肌电图和实验室检测排除其他疾病后确诊。活检显示皮肤表面和毛囊基底样细胞散在的水疱样变性[7]，可见凋亡的基底细胞（胶样小体）。随着水疱样变性的细胞融合，基底细胞间或表皮细胞间缝隙明显。可能不会有皮肤炎症。大多数情况显示轻度的血管周皮炎，细胞浸润以淋巴细胞、浆细胞和组织细胞为主。真皮浅层可能表现轻度的色素失

586

调。常见毛囊萎缩和毛囊周围纤维化，并可能是唯一的慢性病变，皮肤偶见脉管炎。肌肉活检可能显示混合的炎症渗出液伴随肌肉纤维化坏死和萎缩[93]。异常的针极肌电图包括头部和四肢远端肌肉出现正向锐波和纤颤电位。

血象和血清生化检测结果变化通常不显著，但是肌酸激酶水平可能会升高。神经系统检查和神经传导检查结果通常正常。发病时免疫球蛋白G浓度增加且出现循环免疫复合体[32]。免疫球蛋白G和循环免疫复合体增加的水平与皮肤疾病的严重程度相关[126]。

4. 临床管理

皮肌炎皮肤病变在创伤存在和长期日光照射下会加重，应避免这样的二次损伤。病情轻的患犬能够自愈，不需要额外的治疗。其中有些犬会发生永久性脱毛、色素沉着和在最严重的病变区域形成疤痕。病情严重的患犬很难护理，这些重症患犬有大面积的皮肤损伤和全身性肌肉病变，会导致跛行和饮水、进食困难。它们往往患有吸入性肺炎。虽然大剂量的泼尼松（每24h 1~2mg/kg）可以改善皮肤病变，但很难维持在安全药物水平，并且也可能发生与类固醇相关的肌肉病变。建议对患畜进行安乐术。

轻度到中度病情的患犬通常可以长期维持饲养。一些皮肤病变和肌肉萎缩仍然存在，特别是咀嚼肌的萎缩很明显。口服剂量维生素E（200~800IU/d）和Ω-3补充剂对皮肤有益但对肌肉病变无效。即使合理的改变护理方法和使用上述补充剂，患犬通常也会有一些皮肤病变[127]。如果病变只引起外观问题，除了防晒以外不需要进一步治疗。大多数患犬会经历周期性耀斑和发生炎症。如果耀斑不严重并且很少发生，则可短期口服泼尼松龙（每24h 1mg/kg）。若耀斑严重并且经常发生，则单独使用己酮可可碱（每12h 25mg/kg，随食物服用）或与强的松联合使用[93,117,121,128,129]。在4~10周内己酮可可碱显示不出最大疗效且对大约50%的病例无效。

如果单独使用己酮可可碱疗效不满意，则可合用泼尼松龙或四环素（每8h 250mg或500mg）和烟酰胺（每8h 250mg或500mg）。每天2次局部使用0.1%他克莫司软膏能治愈或显著减少皮肤损伤范围[130]，并且可以与上面提及的所有方法一起使用。

这些治疗可以帮助减少新的皮肤病变产生，减轻已经出现的病变。随着肌肉病变的发展，老年患犬表现头部、四肢远端肌肉甚至躯干肌肉深度萎缩（图12-16）。严重萎缩的动物其饮食能力可能受影响，因此需要对饮食进行调控。四肢和身体萎缩可能导致步态异常，但仍然可以运动。一些慢性患犬出现淀粉样病变[131]。

（十七）水疱性皮肤型红斑狼疮

该病为喜乐蒂牧羊犬和柯利犬的一种溃疡性皮肤病（图12-17）。该病最初被假设为皮肌炎亚型[128]。学者根据患有该病的5只喜乐蒂牧羊犬和2只柯利犬的临床病理研

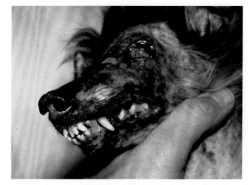

图12-16　皮肌炎。12岁龄的喜乐蒂牧羊犬患慢性皮肌炎。皮肤永久性疤痕及面部肌肉萎缩严重，患犬不能眨眼、动唇或吞咽

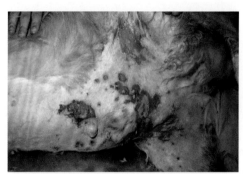

图12-17　水疱性皮肤型红斑狼疮。柯利犬胸腹部多个分离和联合的溃疡性病灶

究结果断定该病与皮肌炎不同，应改名为水疱性皮肤型红斑狼疮[132]，见第九章对该病的讨论。

（十八）犬毛囊角化病

在人类，良性毛囊角化病是一种角质细胞间黏附障碍的常染色体显性遗传病[23]。该病是由于编码钙泵的基因发生突变，这影响了桥粒的功能和表皮分化[87,133]。由于该缺陷，表皮不能承受由于摩擦和感染而引起创伤和水疱。类似的疾病在英国赛特犬和它们的混种犬中有过报道，并与由SERCA2门控钙泵的损耗引起的钙离子体内稳态异常有关[87,134,135]。这样的紊乱在杜宾犬中发生过[1]。该病在英国赛特犬和它们混种犬中以常染色体显性方式遗传[135]。

1. 临床特征

在犬该病大约在6月龄时发病，病变通常在四肢承重点[134]、腹胸部[135]、外耳郭（图12-18）出现[1]。病变的首要特征是脱毛、红斑和轻微的鳞屑。随后病变发展成斑块状，鳞屑和结痂增多。罕见脓性水疱。病变呈局部性并且不能够被轻易诱发。

2. 诊断

鉴别诊断比较局限，包括承重点刺激和浅表细菌性毛囊炎。皮肤活检显示棘皮层肥厚伴有角化过度和角化不

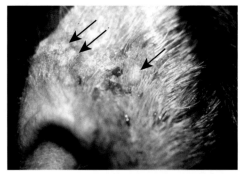

图12-18 毛囊角化病。杜宾犬耳郭内表面多处囊状病灶（箭头所示）

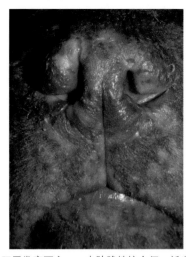

图12-20 外胚层发育不良——皮肤脆性综合征。新生切萨皮克湾寻回猎犬口鼻部离散性糜烂（由T. Olivry提供）

图12-19 剥落性皮肤落叶型红斑狼疮。德国短毛波音达犬面部、头部和耳郭脱毛、红斑和脱皮

全，表皮低中层和毛囊鞘呈现显著的弥散性多中心棘皮层松解[134]。棘皮层松解非常显著，使得患犬的表皮看上去如同破旧的砖墙一样。可见棘皮层松解的角化不良角质化细胞（圆形双边细胞）。免疫荧光检测呈阴性。

3. 临床管理

对于人类患者，治疗时应注意对感染部位进行治疗、局部使用或不使用皮质类固醇并同时避免创伤通常会有一个较好的疗效[23]。对于病情严重的患犬可全身使用糖皮质激素、氨甲喋呤、氨苯砜、环孢霉素和类维生素。可能因为患犬无症状或表现局部性症状，所以未曾尝试治疗。

（十九）剥落性皮肤落叶型红斑狼疮

德国短毛波音达犬的剥脱性皮肤病是一种罕见疾病（图12-19）。全世界范围内都有该疾病发生[136-141]。除了家族倾向性，未确定诱发该病的其他原因。免疫病理学研究结果使得学者将此病更名为剥落性皮肤落叶型红斑狼疮[142]。见第九章的详细讨论。

（二十）外胚层发育不良——皮肤脆性综合征

该病是一种最近在乞沙比克猎犬发现的与人[143]相似的先天性水疱性皮肤病，该病为是常染色体隐性遗传病[144,144a]。有

9只来自四对不同的临床表现正常的亲本犬，对这9只犬的研究显示，患犬出生后立即在鼻部（图12-20）、足垫和耳尖的创伤部位出现浅表水疱和糜烂。几天后出现更大范围的病变，且会继续扩大。皮肤活检显示基底层角质细胞棘皮层广泛松懈，超微结构显示部分成形的桥粒数量减少，聚合的角蛋白中间丝分离。免疫组织化学显示血小板亲和蛋白-1染色完全缺失，桥粒斑蛋白、角蛋白10和角蛋白14分布异常。无有效治疗方法。

二、被毛异常和被毛生长异常

在犬和猫有各种遗传性被毛异常和被毛生长异常的报道[6,145,146]。先天性疾病很容易被识别，因为患病动物通常在出生时发病，很容易与内分泌性和其他后天性脱毛相区分。迟发性先天性疾病较少，可能与很多其他疾病相似。可通过拔毛检查或皮肤活检鉴别先天性和后天性疾病。当动物发生被毛异常、脱毛或者非典型区域的脱毛的都应该进行上述的检查。

对遗传性被毛疾病无特异性治疗。补充营养和特殊饮食（被一些饲养者所信奉）似乎效果甚微。良好的轻微梳理对减少继发感染和皮脂溢很有必要。由于患病动物缺少被毛的正常保护，很容易冻伤、晒伤、受低环境湿度和其他环境因素的影响。经过适当的管理，患病动物可以生活良好。

（一）毛干结构缺陷

人类各种遗传性或后天性因素可以影响毛干形状、组分和强度[23]。且由于被毛很难打理、表现出外观异常或被毛在日常梳理时容易折断，可依情况根据这些特点来判断被毛结构缺陷。可通过光学和扫描电子显微镜检查损伤的被毛确诊。

在兽医临床，被毛异常较常见，但目前只有6例毛干结构缺陷的病例报道。毫无疑问，实际病例比这个数量要大得多。因为当患病动物由于被毛异常就诊时，毛干显微镜检查不作为常规检查项目。

1. 结节性脆发症

结节性脆发症是最常见的一种后天性疾病，最终会损害角质层并使毛干脆弱（见第十一章）。在人类，该病具有一定遗传基础[2]。几只金毛寻回猎犬发生持续性结节性脆发症，没有可鉴别的引起发病的原因（图12-21）[1]。这表明该病在动物也具有遗传性。

2. 裂毛

裂毛，即被毛远端末端纵向裂开（"开叉"，"卷曲"），在那些不断洗澡、使用喷雾剂，或局部使用"温和"产品或受到粗暴治疗的犬、猫常见。如果动物被毛因为某些先天性或后天性结构缺陷而比正常脆弱，则发生轻微的开裂现象或不发生纵向开裂。因为毛干断裂发生在发尖，所以发病部位的特征不是无毛而是被毛长短不等。无其他可见的异常现象。

曾报道过3只雄性金毛寻回猎犬的裂毛病例[147]，其中2只是同窝。1只犬没有采用过局部治疗；另2只曾通过局部给药治疗跳蚤。所有患犬病变广泛，四肢被毛羽化不良（图12-22，A）和躯干被毛稀疏（图12-22，B）。因为其中1只犬是自发性的，另外2只犬病情严重程度相同，因此提出该病是一种遗传性毛干高脆症。

只能通过拔毛检查确诊裂毛（图12-22，C）。应仔细检查毛干远端到破裂处以寻找毛干破裂原因。如果破裂点上方和下方的毛干正常，则应获得详细的局部治疗史，应停止可疑的治疗。一旦去除了诱发因素，被毛会恢复正常。如果未能发现原因，则被毛的情况不能改善。

3. 毛髓质软化

毛髓质软化是一种不常见的毛干疾病，在毛干之中的毛髓会自发形成空泡。曾在6只德国牧羊犬中对该病进行了详细研究[148]，该品种被怀疑有一种继发于角质化紊乱的家族性被毛高脆性疾病。因为该病也在其他犬种和猫中发生，所以更可能是后天性而非先天性疾病，但是病因未知。

德国牧羊犬在病变累及的背部有多个斑块。在被毛脱落之前，能够鉴别出这些斑块，因为斑块处的被毛失去弹性并且树立起来与其他正常被毛远离（图12-23，A）。经过仔细检查发现病变处被毛比正常的粗厚，手感坚硬，很容易折断。在其他犬种被毛的缺失也是呈斑块样分布的，但是病变不局限在背部。

拔毛检查显示病变被毛在毛干中间纵向破裂，髓质色素沉着减少且产生空泡（图12-23，B）。皮肤活检显示大多数毛囊退化，其中一些包含的凋亡外毛根鞘细胞数量增加。正常区域或恢复正常的病变区域活检结果无异常。

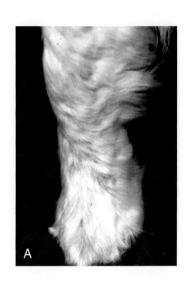

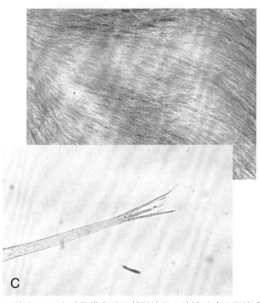

图12-21 结节性脆发症。金毛寻回猎犬毛干断裂使得被毛凌乱而外观蓬乱

图12-22 裂毛　**A.** 金毛寻猎犬毛干断裂使得四肢被毛凌乱而外观蓬乱　**B.** 与A图是同一只犬，躯干被毛蓬乱　**C.** 拔毛检查确认毛干断裂（开叉）

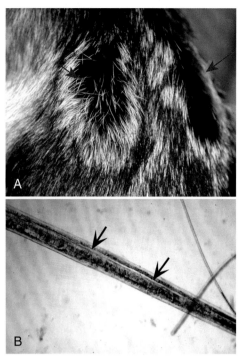

图12-23 毛髓质软化 **A.** 德国牧羊犬背部有两处明显的斑块（箭头所示） **B.** 毛干纵向分叉（箭头所示）（由C. Tieghi提供）

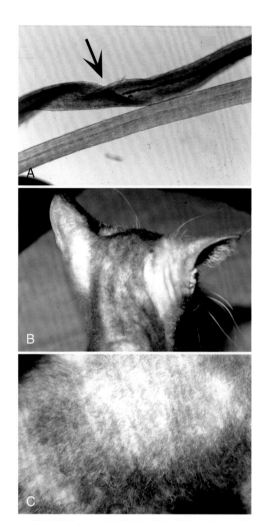

图12-24 被毛扭曲 **A.** 注意毛干沿着长轴360°扭转（箭头所示） **B.** 患猫被毛稀少，被毛卷缩

在所有病例中，正常被毛在下个生毛周期时自发重新生长。该病的复发不常见，如果复发，则新的斑块可能更多或更少，病变出现在相同的区域但不在同样的位置。

4. 被毛扭曲

被毛扭曲是指毛囊弯曲导致毛干的压扁和旋转（图12-24，A）。在人类大多数病例具有遗传基础，患者通常有其他皮肤疾病和全身性异常[23]。局部的后天性被毛扭曲可能由毛囊炎导致。

曾报道有一窝幼猫发生被毛扭曲[149]，一些患该病的牛头狸同时患有肢端皮炎[150]。若患犬大多数被毛正常则提示是毛囊炎导致的被毛扭曲。患猫在10日龄时所有被毛发生病变（图12-24，B和C）。除了普遍脱毛，幼猫还患有眼周皮炎、足垫皮炎和甲沟炎。所有次级毛显示扁平和旋转即为典型的被毛扭曲，但主毛未被累及。活检仅仅可以观察到毛囊角化过度，偶尔伴有囊性扩张。

5. 阿比西尼亚猫毛干失调

毛干失调在阿比西尼亚猫中不常见，甚至罕见[151]。只有胡须和主毛会发生异常。这些病变被毛粗糙，无光泽，出现肉眼可见的洋葱样肿胀，病变通常在发尖（图12-25）。在肿胀处被毛可能折断，皮肤活检显示毛囊无异常。该病病因未知，但因为仅局限在阿比西尼亚猫中发生，因此被认为是一种遗传病。无有效、详细的治疗方案。

6. 针状被毛增多症

针状被毛增多症是未绝育青年雄性凯利蓝狸的一种罕见疾病[152]。患犬有多个坚硬且脆弱的、起源于毛囊的针状结构（图12-26），其直径为1~1.25mm，长度为

图12-25 阿比西尼亚猫毛干异常。注意被毛尖洋葱样肿胀

0.5~3cm。针状结构可以在任何被毛区域出现，但常见于肘关节侧面。尽管针状结构可能无症状表现，但大多数犬会舔咬。

活检显示毛囊发育不良伴随角质化不成熟[152]。该缺陷导致大量无定形的角蛋白根据外根鞘和毛囊壁塑造成针状结构。

对无症状的患犬，不需要治疗，可以让针状结构一直存在。对于发生瘙痒的动物，唯一有效的治疗方法是服用

图12-26　凯利蓝㹴针状被毛增多症（由H. Raue提供）

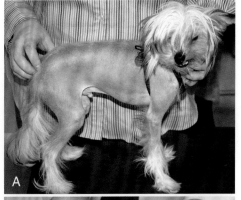

图12-27　无毛品种　**A.** 正常中国冠毛犬。注意异常齿式　**B.** 正常斯芬克斯猫

异维A酸（每24h 1mg/kg，口服）。经过3～4个月治疗后，针状结构消失。停止药物治疗后，犬可能保持正常或者复发。若复发，建议采用异维A酸维持治疗。

（二）先天性少毛症或脱毛

先天性脱毛、少毛症或脱毛症动物在出生时表现明显或者在2～4周龄时发展明显。一些动物只有毛囊疾病，但是另一些动物还表现出在表皮上层、无毛汗腺、泪腺、皮脂腺、支气管腺、趾甲或牙齿这些组织结构中，其中的一种或多种组织异常。

1. 秃毛品种

最有名的无毛犬种是墨西哥无毛犬和中国冠毛犬（图12-27，A）。其他无毛品种包括印加无毛犬、秘鲁印加兰花犬和美国无毛㹴[6,153-155]。无毛猫有猫斯克斯猫（图12-27，B）、俄罗斯无毛猫、布兰布尔猫、道索猫（Dossow）和彼得秃猫[156]。

这些无毛品种是由人为选择无毛突变个体繁育而来。除了作为宠物，这些动物还可以用于防晒霜（见第十六章）、外用糖皮质激素[157]和外用被毛生长刺激因子，例如米诺地尔等的研究[158]。有趣的是米诺地尔仅可刺激新生幼犬的被毛生长。墨西哥无毛犬和中国冠毛犬已确定为常染色体显性遗传[146,154]。这些品种不仅无毛而且具有外胚层发育不良的特点。这些犬的基因组在FOXI3编码序列处发生移码突变，但并不是由于EDAR基因突变造成的[159,160]。美国无毛㹴（图12-28）是从美国捕鼠㹴的常染色体隐性性状的无毛个体培育而来[6]。墨西哥无毛犬比其有亲缘关系的有毛犬寿命短[153,155]。这可能与无毛相关的家族性免疫缺陷有关[152,161]。

2. 先天性少毛症

先天性少毛症是指动物在出生时无正常被毛或在刚出生数月内发生与被毛颜色变化无关的被毛减少。

（1）犬

先天性脱毛曾在美国可卡犬、比利时牧羊犬、德国牧羊犬、玩具和迷你贵宾犬、惠比特猎犬、法国斗牛犬、罗威纳犬、约克夏㹴、拉布拉多猎犬、比熊犬、拉萨犬以

图12-28　美国无毛㹴和正常的有毛同窝幼崽，1只美国捕鼠㹴（由C. Foil提供）

及巴吉度猎犬中报道过。在杂种犬和吉娃娃犬中也有发生[1]。这些病例中很多都没有得到充分的评估从判定缺陷是否仅局限在毛囊，是否是真正的少毛症或者是否还存在其他外胚层缺陷。真正的少毛症患犬无性别偏好性，在出生时发生局部性（图12-29，A）、区域性（图12-29，B）或全身性（图12-29，C）脱毛，病程大约在1个月内发展到最严重的程度。一些犬在出生时有被毛但出生后被毛迅速脱落[162-164]。无毛的皮肤受到各种环境因素影响，会逐渐发生色素沉着。

（2）猫

先天性少毛症在猫不常见，曾有柏曼猫[165]、缅甸猫[166]、德文卷毛猫[167]和暹罗猫[168]发病的报道，我们在家养短毛猫中也发现了该病。同窝中多只幼猫患病，无性别偏好性。该病在柏曼猫和暹罗猫是常染色体隐性遗传病。

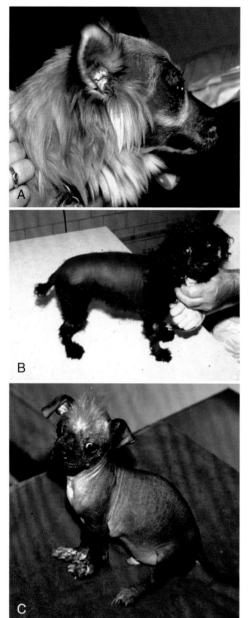

图12-30 先天性少毛症患猫 **A.** 患猫出生时鼻梁脱毛 **B.** 患猫出生时即出现广泛性脱毛但从未发展到完全无毛 **C.** 伯曼猫和它的脱毛幼猫（由Courtesy J. King.提供）

图12-29 先天性少毛症患犬 **A.** 无其他外表皮异常的混种犬面部脱毛 **B.** 患犬在出生时所示区域无毛 **C.** 患广义脱毛的拉萨犬幼犬无其他外胚叶发育异常

患猫出生时出现局部性（图12-30，A）或区域性被毛异常。如果它们有被毛，通常为稀薄的绒毛，并且在早期就会脱落（图12-30，B）。患病的缅甸猫没有胡须、趾甲或舌乳头（图12-30，C）[166]。对1只柏曼猫患猫尸检显示该猫无胸腺[165]。

易于对犬、猫先天性少毛症进行试验性诊断，可通过皮肤活检确诊。在所有的病例中，毛囊受病变牵连显著。一些病例则完全缺少毛囊[165,169]。另有一些病例出现毛囊发育不良以及毛囊数量减少[168,170]。

3. 外胚层发育不良症

患有外胚层发育不良的犬完全可预测其出生时对称性脱毛[146,171,172]。额骨处（图12-31，A）、荐背部、腹部（图12-31，B）和肢体近端区域无毛，其他部位也有不同程度的无毛区域。该疾病的这些病变特征似乎是呈X染色体

相关的隐性遗传。除了脱毛以外，患犬还会有齿列和腺体（皮上层和无毛汗腺、皮脂腺、泪腺、气管和支气管）的结构和功能异常[171,173-176]。该病是由编码外部发育不良的EDA基因突变导致[175,177]。

一位笔者（WHM）在2只没有血缘关系的杂种猫中确诊了该病。2只患猫有不同程度的脱毛（图12-31，C和D）、趾甲异常、齿列异常和泪液生成减少。2只猫都在幼龄时发生心脏瓣膜病。

因为腺体分泌减少，患病动物不能正常调节体温，易患呼吸道感染。泪液分泌减少也使其易患角膜病。

该病可通过皮肤活检和牙齿、趾甲以及各种腺体的功能检查确诊。活检会显示毛囊、立毛肌、皮脂腺和皮上层汗腺数量减少，发育不良或缺失。

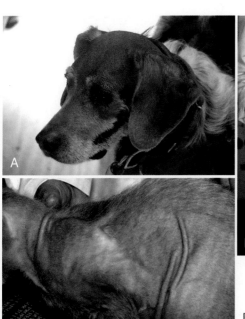

图12-31　X染色体相关的外胚层发育不良　**A.** 患犬典型的额颞部掉毛　**B.** 2只同窝幼崽腹部完全脱毛。患犬同时在齿和趾甲发育异常　**C.** 该猫齿、趾甲和被毛异常。因干燥性角膜炎无法控制而2只眼球被摘除　**D.** 该猫齿、趾甲和被毛异常（由M. Casal提供）

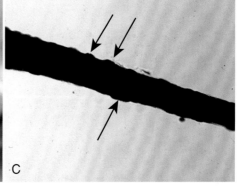

图12-32　黑毛毛囊发育不良　**A.** 杂色可卡犬黑色被毛区域刚开始脱毛　**B.** 当红褐色被毛正常时同区域黑色被毛还是脱毛　**C.** 拔毛检查显示不规则毛干及皮质多处凸起（箭头所示）

4. 黑毛毛囊发育不良

黑毛毛囊发育不良是发生在双色或三色犬中不常见的一种疾病，患犬幼龄时黑色被毛区域脱毛[178]。

（1）病因和发病机制

黑毛毛囊发育不良是一种黑色被毛或多色被毛幼犬的家族性疾病。该病以及毛色淡化性脱毛都与被毛黑化作用的异常有关[146,179]。色素改变是由于MLPH基因内或附近的一个或多个位点发生变异[146,180-182]。但是，这些改变不足以引起脱毛[180]。该病被认为是常染色体隐性遗传病[183,184]。组织学和超微研究显示病变的被毛和一些正常的被毛存在色素转移和角质层的异常[185]。患病动物在幼龄时发病表明被毛形成障碍对脱毛起到重要作用。随着被毛基质细胞增殖紊乱，色素不能转移到生长中的被毛，被毛会变得更加稀薄。

（2）临床特征

黑毛毛囊发育不良在杂种犬和许多品种的纯种犬中都发生过，包括古代长须牧羊犬、边境牧羊犬、巴吉度猎犬、蝴蝶犬、萨卢基犬、比格犬、帕森拉塞尔梗、美国可卡犬、西帕基犬、骑士查理士王小猎犬、腊肠犬、戈登长毛犬、大型明斯特兰德犬、新西兰牧羊犬和波音达犬[184,186,187]。曾有1篇关于7只患有黑毛毛囊发育不良的哥顿塞特犬的报道，其中2只患有对称性狼疮性甲沟炎（见第十八章），有6只抗核抗体检测（ANA）呈阳性[186]。这些研究结果的意义还未知。

患犬在出生时表现正常，但在4周龄时表现被毛异常，只有黑色被毛发生病变（图12-32，A和B）。最先出现的显著变化是黑色被毛失去光泽，随后被毛逐渐脱落直到黑毛掉光。在大型明斯特兰德犬，出生时是灰色与白色双色被毛的幼犬被毛一定会脱落，而不是那些黑色与白色双色被毛的幼犬[183]。因为这些患犬出生时是灰色被毛，也可称该病为毛色淡化性脱毛。因为被毛脱落是由于毛干折损，所以仍会有残毛存在。病变区域会出现过多的鳞屑。虽然脱毛时间不同，但几乎所有的脱毛症状都出现在6~9月龄。

（3）诊断

由于被毛颜色的相关特性和脱毛发生在幼龄患病动物使得诊断比较容易。拔毛检查可见毛干波浪起伏样外观（图12-32，C）。对于所有犬来说皮肤活检都具有诊断性。非黑色被毛区域的活检样本正常，而黑色被毛区域活检样本显示表皮细胞、毛囊基底细胞和被毛基质细胞中聚集黑色素[7,185]。毛干可见大黑色素颗粒（巨黑色素体），毛囊不规则，发生扩张并充满角蛋白、毛干碎片和大量游离黑色素团块。毛干的正常结构模糊，角质层、皮质和髓质界限不清。毛干轮廓不规则且局部膨胀，严重病变的被毛形成无定形的嗜酸性结构，其中包含不规则的黑色素团块。许多球周噬黑色素细胞出现在真皮，色素改变没有毛色淡化性脱毛明显。

（三）迟发性少毛症或脱毛

患有迟发性少毛症或脱毛的动物在出生时被毛正常。当幼年被毛更换成年被毛时会出现局部或广泛性的脱毛，或者在成年后出现被毛脱落。

1. 斑秃

斑秃在犬中最常见，有四种综合征。第一种是腊肠犬耳郭脱毛。患犬在6~9月龄时慢慢从两侧耳郭脱毛，并渐渐延伸到整个耳部（图12-33，A）。被毛在患犬8~9岁时完全脱光。随着被毛逐渐缺失，暴露的皮肤出现过度色素沉着。除了耳郭脱毛外，其他部位被毛正常。我们也在其他品种的犬以及猫中发现了此病的发生。

第二种综合征出现在美国水猎犬。患犬约在6月龄时发生脱毛。常见病变部位包括颈腹侧和外侧（图12-34，A）、躯干、臀部和股后（图12-34，B）[188]。母犬随着发情开始出现脱毛或以后脱毛症状加重。活检结果显示大约50%的病例存在发育不良性变化，因此该病更适合称为毛囊发育不良。

第三种综合征出现在灵缇，并且患犬会发生类似早期内分泌性脱毛中可能会出现的大腿近尾根处脱毛（图12-35）。甲状腺激素和性激素检测显示该种类型的脱毛并

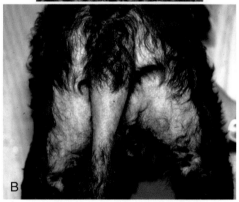

图12-34 美国水猎犬斑块性脱毛 **A.** 颈部周围脱毛。**B.** 股后和尾巴脱毛

图12-33 耳郭斑块性脱毛 **A.** 腊肠犬耳郭几乎全部脱毛和皮肤色素过度沉着 **B.** 12岁龄患猫耳郭永久性脱毛

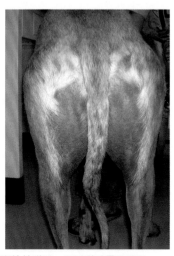

图12-35 灵缇斑块性脱毛。股后脱毛界限明显

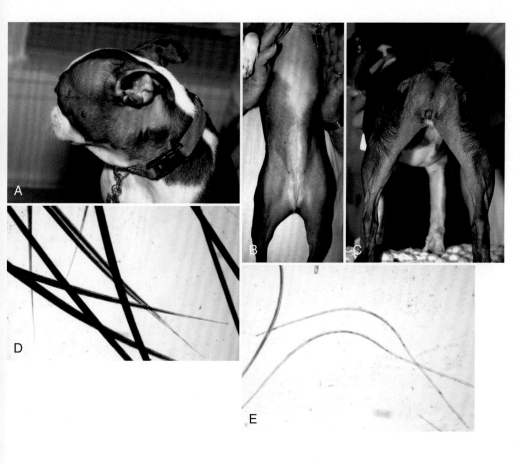

图12-36 广泛性斑块性脱毛 **A.** 波士顿患犬耳前和耳后脱毛 **B.** 与A图为同一只犬，沿着整个胸腹部脱毛。仔细检查发现该区域有被毛，但很微小 **C.** 与A图为同一只犬，后侧大腿受累及 **D.** 斑块性脱毛患犬被毛正常区拔毛镜检 **E.** D图"脱毛"区拔毛镜检。注意被毛显著变细

没有内分泌基础，且脱毛仅局限在大腿近尾根处[189]。该情况需与灵缇腿部秃毛综合征相鉴别[190]。在腿部秃毛综合征中发生在大腿外侧的脱毛很可能具有内分泌基础。

最后一种也是最常见的综合征主要出现在腊肠犬，也出现在波士顿狸、吉娃娃、惠比特犬、曼彻斯特狸、灵缇和意大利灵缇[6,7]。该病在雌性犬常见。在大约6月龄时，患犬逐渐在耳前部、耳后部（图12-36，A）、颈部腹侧、整个胸腹部（图12-36，B）和后肢内侧（图12-36，C）出现脱毛症状。在接下来的12个月被毛逐渐脱落但仍局限在上述区域内，仔细检查被毛稀少的部位会发现很多细小的被毛。该综合征主要的鉴别诊断是雌激素反应性皮肤病（见第十章）。在雌激素反应性皮肤病中，脱毛发生在生命后期并且无被毛残留。

组织学显示斑秃以毛囊以及毛干正常附属结构变小为特征[7]。毛囊变短、变薄，毛球变小，并生成细被毛。某些患犬毛发显微像显示毛囊小型化（图12-36，D和E）。

几只犬在侧腹部反复发生脱毛，并发斑秃，在给予褪黑激素后，在所有部位重新有被毛生长。根据这些结果进行了更多更大型的研究，在这些研究中对11只患犬经口服给予褪黑激素（每24h 5mg）或1~3个12mg剂量的缓释植入体。所有患犬在45d后被毛显著生长[191]。在治疗3~4个月后作用达到高峰。犬经口服或注射褪黑激素的半衰期较短，其生物利用度具有剂量依赖性[191-193]，所以建议口服剂量为每12h 0.5mg/kg[192]。因为在美国口服制剂是非处方药，不同产品的效价和生物利用度可能不同。如果在治疗30d后无改变，则建议增加药量。

2. 颜色淡化性脱毛

颜色淡化性脱毛（颜色变异脱毛）出现在蓝色或浅黄褐色被毛的犬。毛色基因D位点或其他位点的影响，分别导致黑色被毛淡化或棕色被毛淡化[194,195]。并不是所有蓝色或浅黄褐色被毛的犬都会出现颜色淡化性脱毛，可能患病的品种很多。

（1）病因和发病机制

颜色淡化性脱毛的病因还未知，但是毛色基因发挥着重要作用。在D位点基因和其他可能位点的影响下，颜色变淡的被毛与其他被毛相比有较大的色素颗粒（噬黑色素体）。色素的改变与MLPH基因内或其附近的一个或多个基因位点的变异有关[180,182]。尽管被毛颜色变淡，但包含的黑色素比未变淡的黑色或棕色被毛更多。在犬只发现D位点的一个等位基因d[194,195]。如果该基因是导致颜色淡化性脱毛的唯一一个基因，则所有患犬都会脱毛，但是并非如此。可能在某些品种中存在未被发现的有害等位基因而导致色素变化和脱毛。

在正常犬，被毛基质内的黑色素细胞树突延伸到胞间并插入角质细胞[196]，细胞吞噬作用是头发色素转移的重要方式。在颜色变淡的被毛，黑色素细胞树突延伸异常，并且所有患犬黑色素转移和贮藏异常。成熟期或IV期黑色素小体在被毛中的贮藏不规则，且毛球中的表皮角质化细胞

和空泡化的黑色素细胞都表明了退行性进程的存在[197]。已有各种超微结构研究方法被用来探究是否存在结构缺陷，已发表了一些确定的结果。在患病杜宾犬的角质层被毛除了色素聚集外其他都表现正常，但在约克夏㹴和腊肠犬病变的和正常的被毛中都检查到了角质层的异常[170,198,199]。所有的研究数据表明褪色基因在不同品种中可能表达不同，并且在某些特定品种中可能存在结构性缺陷。

（2）临床特征

颜色淡化性脱毛在蓝色或浅黄褐色杜宾犬中报道最多[194,197]。也有腊肠犬、大丹犬、惠比特犬、意大利灵缇、松狮犬、贵宾犬、迷你贵宾犬、约克夏㹴、丝毛㹴、吉娃娃、波士顿㹴、萨卢基犬、纽芬兰犬、德国牧羊犬、喜乐蒂犬、西帕基犬、伯恩山犬和杂种犬患病的报道[200]。也有奶油色松狮犬和金色爱尔兰赛特犬发病的报道，但有可能是其他疾病[1]。该病在蓝色杜宾犬的发病率高达93%，在浅黄褐色杜宾犬的发病率达到75%[194]。其他品种的发病率未知，但是可能比杜宾犬低。

颜色淡化性脱毛首先的表现可能是在背部特定部位发生反复性的细菌性毛囊炎（图12-37，A）或少毛症。只有褪色部位的被毛和毛囊受到影响。症状的出现表现为迟发性，病变开始出现的时间取决于管理因素和被毛颜色的深度。淡蓝色被毛（例如灰色）患犬通常在6月龄时发病，被

毛颜色更浅（例如钢青色）的患犬可能在2～3年后或更晚才出现可见的症状。过多的梳理和对被毛的美容可能加快发病的进程。

当患犬表现为毛囊炎型复发时，出现的丘疹和脓疱经适当的抗生素治疗可消除。病变毛囊倾向于无毛或被毛再生缓慢。随着感染的反复发作，少毛症变得更加广泛和持久。当患犬表现为脱毛型时，也可能继发脓皮病，但是病史和临床检查结果会表明脱毛发生在感染前。脱毛型患犬的典型症状是首先从背部开始脱毛，而后是其他部位（图12-37，B）。脱毛速度不定，但是大多数浅色被毛患犬在2～3岁龄时被毛完全脱尽。颜色未变淡的被毛不受影响（图12-37，C）。

患犬被毛刚开始脱落时是由于毛干折断，一些断毛重新生长。随着时间的推移，被毛再生趋势降低。暴露的皮肤容易受到环境的影响，常见鳞屑。曾有一篇报道认为这些患犬更易患皮肤肿瘤[201]。因为患犬没有被毛来保护皮肤使其免遭日晒等诱发突变效应的因素影响。

蓝色或奶油色被毛的猫携带马尔济斯毛色淡化基因。在犬中当该基因表达时会在毛囊上皮和毛干形成黑色素聚集，但很少与毛囊发育不良和被毛本身相关[202]。我们已经确诊几只患猫颜色淡化性脱毛症的病理组织学改变。患猫有自发性躯干对称性脱毛，没有患病史，拔毛检查也显示

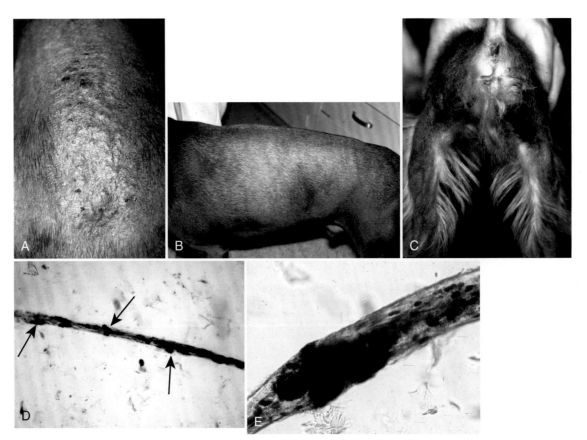

图12-37 颜色淡化性脱毛症 A. 蓝色杜宾犬背部多发性疹 B. 黄褐色杜宾犬躯干少毛到脱毛 C. 约克夏㹴幼犬蓝色被毛脱落，但红褐色被毛正常 D. 拔毛检查显示沿着毛干有大量巨噬黑色素体（箭头所示） E. 拔毛检查显示显著的黑色素团块聚集伴随毛干失真。在该点被毛会折断

没有过度梳理以及强烈局部治疗的证据。

（3）诊断

鉴别诊断根据发病年龄不同而不同。对于青年动物只需鉴别诊断其他遗传性被毛缺陷和蠕形螨病。对于2～3岁龄发病或更晚发病的病例，仅仅当患犬只有脱毛症状时需要与内分泌紊乱进行鉴别诊断，尤其是甲状腺功能减退症。所有浅表毛囊病因都需要鉴别。对于猫应该考虑过度梳理这一原因。

拔毛显微镜检查显示沿着粗细不均匀的毛干分布有很多形状和大小不规则的噬黑色素体（图12-37，D）。在一些病例中，噬黑色素体巨大并使毛干扭曲（图12-37，E）。在巨大的色素团块上方的角质层可能缺乏或产生裂缝。组织病理学研究初步表明脂质黑变，黑色素聚集在表皮、毛囊基底细胞以及被毛基质中，毛干上有很多噬黑色素体，很多球旁噬黑色素细胞和毛囊处于不同的生长期并发生毛囊角化过度，出现折断的毛干和游离的黑色素团块[7,194,203,204]。如前所述，黑色素团块的存在表明颜色淡化基因活跃，但并不意味着动物患有颜色淡化脱毛症。患犬和换毛的正常被毛经镜检显示存在黑色素团块，但仍然保持正常的毛干结构。必须存在毛囊发育不良引起的其他变化，尤其是毛干发育不良时，才能确诊该病[204]。随着时间推移，所有毛囊活动终止，并发生囊性扩张。

（4）临床管理

早期的脱毛是由于毛干断裂，因此应该尽量避免使用烈性香波、局部用药和进行过多的被毛梳理。虽然这些措施会减缓病程发展但不会防止脱毛。有零星的报道表明口服类维生素A对该病治疗有一定好处，但具体的治疗细节不清楚[21,205]。

3. 毛囊发育不良

非颜色相关性毛囊发育不良在兽医皮肤病中已经研究几十年，但一直未明确。该病患犬的典型诊断特征是该病为自发性或非内分泌性疾病，但会发生自发性、对称性和无症状的躯干脱毛。该发育异常最早是1988年在西伯利亚哈士奇犬中报道的[206]。然后陆续在不同品种中有报道。因该病在特定品种具有高发性，因此很可能有遗传倾向。根据品种的不同发病特点有一定不同。

该病分为周期性毛囊发育不良和结构性发育不良。顾名思义，周期性毛囊发育不良是指被毛的正常生长周期中断，患病动物发生脱毛现象，但这种现象在接下来的1～4个脱毛周期内又会自发的消失。周期性发育不良最常导致犬侧面脱毛，患犬会在体侧面或鞍区发生脱毛，并且出现皮肤色素沉着（图12-38，A）。脱毛通常出现在晚秋或早春，被毛完全再生是在晚春或早秋[207-214]。在一些犬中，尤其是拳师犬和英国斗牛犬，脱毛是永久性的（图12-38，B）。其他不常见周期性发育不良症状表现为剃毛后，会再次生长的生长中期脱毛，但具有不可预测性。在所有这些疾病中，皮肤活检显示被毛生长周期改变、皮脂腺性黑

变病和毛囊发育不良[203]。在其他章节（见第十一章）有关于这些疾病的详细描述。

结构性发育不良的临床特征（例如发病年龄、脱毛区域的分布）因犬品种不同而异。除了皮脂腺性黑变病和毛囊发育不良外，患犬还有其他导致被毛脆弱的结构性改变。这些脆弱的被毛折断是最先引起脱毛的原因，常出现在梳理过度或被毛受创部位（例如颈圈部）。因为结构性改变在初期时程度轻，所以被毛会继续生长，脱毛症状会自发停止，但重新生长的被毛比脱落的被毛更加脆弱，如果不能避免被毛受创，还会再次发生脱毛。随着不断的脱毛，被毛的结构性改变更加明显，最终脱毛症或多或少都表现为永久性的。

（1）西伯利亚哈士奇犬和雪橇犬

同窝中多只幼犬会患病[206,215]。3～4月龄时躯干的外层粗毛会以渐进性方式脱落，且被毛变成微红色（图12-38，C）。该病在雪橇犬中可能直到3～4岁龄时才发病。头部和四肢不会发生病变。因活检而剃掉的被毛不会重新生长，一般不会累及次级被毛。

（2）杜宾犬、迷你杜宾犬和曼彻斯特狸

这些犬种的黑色或红色个体会患病，脱毛发生在1～4岁龄[216]。脱毛最开始出现在腹侧部并渐渐发展到尾背部和整个腹侧部（图12-38，D）。未见躯干完全脱毛的病例。

（3）万能狸、拳师犬、英国斗牛犬、斯塔福德郡狸、硬毛格里芬犬和猴面狸

这些犬种脱毛发生在2～4岁龄并且病变局限在腹侧部或背部[217]。一些犬的脱毛持续存在，而另一些犬则发生周期性脱毛和再生（见第十一章）。

（4）爱尔兰水猎犬、葡萄牙水犬和卷毛寻回猎犬

这些犬种脱毛的原因是被毛断裂[7,218,219]。一般直到2～4岁龄时秃毛，但是早期梳理被毛时会发现有大量被毛脱落。脱毛开始于尾背部而后几乎累及到整个躯干。在早期，被毛会自发性再生，但是新生被毛的质量和质地不正常。最终这些被毛会和其他被毛一起脱落，并且脱毛是持续性的（图12-38，E）。有研究认为，在爱尔兰水猎犬该病的遗传方式为显性遗传[218]。R-spondin 2基因突变可能是导致葡萄牙水犬患病的原因[220]。

（5）威玛犬

曾在五只威玛犬中报道毛囊发育不良[221]。脱毛开始于1～3岁龄并且表现为持续性。所有犬都表现为躯干的弥散性脱毛症，以及伴有反复性脓皮症（图12-38，F）。所有犬的头部和四肢都发生病变。组织学和超微结构研究显示在颜色淡化性脱毛症中可见的变化，但是色素沉着的改变较轻微。因为不是所有患犬颜色变淡的被毛都发生病变，所以可能是其他发育不良性过程而不是颜色淡化性秃毛。

（6）其他犬

近几年，我们和其他研究者分别在喜乐蒂牧羊犬、拉布拉多猎犬、吉娃娃、德国牧羊犬、牛头獒、狮子犬、澳

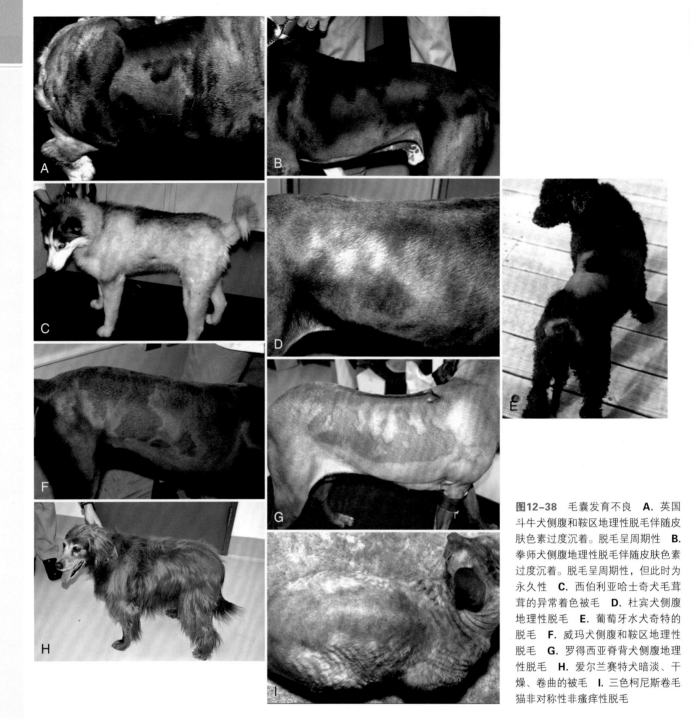

图12-38 毛囊发育不良 **A.** 英国斗牛犬侧腹和鞍区地理性脱毛伴随皮肤色素过度沉着。脱毛呈周期性 **B.** 拳师犬侧腹地理性脱毛伴随皮肤色素过度沉着。脱毛呈周期性，但此时为永久性 **C.** 西伯利亚哈士奇犬毛茸茸的异常着色被毛 **D.** 杜宾犬侧腹地理性脱毛 **E.** 葡萄牙水犬奇特的脱毛 **F.** 威玛犬侧腹和鞍区地理性脱毛 **G.** 罗得西亚脊背犬侧腹地理性脱毛 **H.** 爱尔兰赛特犬暗淡、干燥、卷曲的被毛 **I.** 三色柯尼斯卷毛猫非对称性非瘙痒性脱毛

大利亚牧羊犬、罗得西亚脊背犬（图12-38，G）、英国史宾格犬、德国短毛和刚毛波音达犬、罗威纳犬、乞沙比克猎犬、迷你雪纳瑞、佛兰德牧羊犬和法国斗牛犬中发现1只或几只患有毛囊发育不良的犬。如果再仔细查看病理学家的记录，毫无疑问还有许多其他品种犬发生过毛囊发育不良。因为在一个特定品种中病例很少，无法确定临床发病模式的特征。这些患犬的脱毛区通常边界清楚。脱毛通常呈区域性和非扩张性的，或者扩张很缓慢，但是永远不会发展为全身性脱毛。一些病例的脱毛发生在创伤部位，但是脱毛范围会超过创伤的范围。拔毛检查会显示毛干折断，而且被毛残留的部分异常。可见多发性管状毛鞘（多个毛团）。

毛囊发育不良也发生在爱尔兰赛特犬。尽管患犬可能只是在皮肤的某一些位点发生脱毛，但是其全身的被毛通常暗淡、干燥、无光泽、卷曲（图12-38，H）。这种难以打理的被毛也见于内分泌性疾病。患有毛囊发育不良的犬经拔毛检查显示毛干结构异常和管状毛鞘。

也在三色柯尼斯卷毛猫中发现毛囊发育不良的病例[202]。蓝色、米黄色和奶油色的患猫会发生对称性脱毛（图12-38，I）。

（7）诊断

首先需要与内分泌疾病鉴别诊断，尤其是性激素相关

的疾病。患病区域经拔毛检查通常显示毛干异常，同时在很多病例中可见多个管状毛鞘。组织病理学检查显示表面和毛囊不同程度的过度角化，生长中期阻滞的毛囊活性发生改变的频率很高，毛干和毛球有黑色素聚集，毛囊腔内有断裂的被毛伴随游离的黑色素聚集，会出现球周噬黑色素细胞，并且常常会有发育异常的毛干[7,203,204]。但并不是每一个病例都会出现这些变化，而且表现程度不一。在上述病变中，除了大量被毛发育异常外，其他的病变也会出现在内分泌性皮肤病中。爱斯基摩犬还会出现透明膜扭曲和毛囊上皮细胞排列紊乱[206]。葡萄牙水犬也出现毛囊内根鞘和毛囊基质的空泡变性，毛基质最终溶解[219]。

（8）治疗 因为毛囊发育不良在犬有遗传基础，对于脱毛无有效疗法。若再患营养不良或内分泌疾病会进一步削弱本已很脆弱的被毛，因此需要尽一切努力来保证动物的健康。应避免剧烈的梳理（例如剔除被毛）或使用强烈刺激性的皮肤产品（例如过氧化苯甲酰香波），尽量减少太阳照射。因为这些患犬在病变区域常发生皮脂溢，所以局部使用抗皮脂溢产品对疾病的治疗可能有帮助。

4. 毛囊脂沉积症

毛囊脂沉积症是毛囊发育不良的一种变化形式，在罗威纳犬中广泛存在[222,223]。

（1）临床特征

雄性犬和雌性犬都会患病，临床症状在9月龄内出现。症状表现是在面部（图12-39）和足部红褐色部位出现脱毛（见第十一章）。所有黑色被毛和其他部位的红褐色被毛均正常。

（2）诊断

脱毛局限在面部和足部红褐色区域是该病特异性诊断特征。该病可以通过皮肤活检确诊，活检显示生长期毛囊基质细胞严重肿胀，该肿胀是由于细胞质脂肪堆积导致的（见第十一章）。临床显示正常的红褐色部位活检显示散在的生长期毛囊球轻度肿胀。

（3）治疗

脱毛症状可以被治愈或持续存在，但脱毛仍然局限在脸部和足部的红褐色部位。

图12-39 毛囊脂沉积症。患少毛症的罗威纳幼犬面部红褐色区域脱毛。黑色被毛区域正常

（四）约克夏㹴黑皮病和脱毛

约克夏㹴黑皮病和脱毛综合征很容易诊断，但对其研究很少[1,224,225]，该病发病率呈下降趋势。很可能为遗传性皮肤病。病因未知，但一位研究者通过对8只犬的研究发现，这些犬的真皮弹性蛋白含量降低且给予可乐定的患犬生长激素反应异常[225]。该综合征在约克夏㹴中无性别偏好性，发病时间在6月龄到3岁龄之间。

患犬对称性脱毛且鼻梁（图12-40，A）、耳郭（图12-40，B）发生显著的皮肤色素过度沉着，偶见于尾巴和足部。病变处皮肤表面光滑，有光泽。患犬不表现瘙痒或疼痛，同时其他方面表现健康。

皮肤活检显示表皮和毛囊过度角化以及表皮黑色素沉着。

一些病情较轻的犬可能会自愈，但大部分患犬的病变会伴随终生。曾有3只经生长激素治疗的患犬出现被毛再生现象，但随后新生的被毛再次脱落[225]。

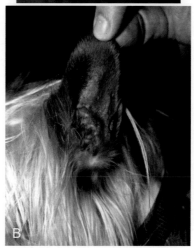

图12-40 约克夏㹴黑皮病和脱毛 **A.** 注意沿着患犬鼻梁出现脱毛和皮肤色素过度沉着 **B.** 外耳郭表面双侧对称性脱毛和皮肤色素过度沉着

三、色素沉着异常

（一）低色素性异常

皮肤色素缺失（白斑病）和被毛色素缺失（白毛病）有很多炎性或代谢性原因。自发性病例的发生呈现一定的规律性，而且在各种犬种中都有过报道[7]。该病在比利时坦比连犬、德国牧羊犬、罗威纳犬和杜宾犬（图12-41）中发生率较高，表明该病在这些犬种中有一定遗传性（见第十三章）。

（二）高色素性异常

除了雀斑样痣（见第三章）或与睾丸肿瘤（见第十章）相关的斑点状黑色素沉着症外，犬、猫高色素异常沉积区的界限不清，且累及面积大，并有多种炎性和内分泌原因。在一些腊肠犬中发生的黑棘皮症可能具有遗传基础。

1. 黑棘皮症

犬黑棘皮症是一种不常见的皮肤反应形式，以腋窝皮肤色素沉着、苔藓样变和未知原因的脱毛为特征。

（1）病因和发病机制

黑棘皮症被认为是皮肤对多种原因的一种反应模式[1,6,226-228]，该反应模式的发病机制还未知。犬黑棘皮症可分为原发性（自发性）和继发性。

原发性（自发性）黑棘皮症几乎只在腊肠犬中发生。其品种倾向性和幼龄发病的特点表明该病是一种遗传性皮肤病。事实上在人类有一种黑棘皮症已被确认为是遗传性的。

继发性黑棘皮症与潜在的疾病有关，包括：①摩擦或擦伤（结构异常、肥胖或两者共同导致腋下过度摩擦和皮炎）而继发细菌性或马拉色菌感染；②内分泌疾病（例如潜在的甲状腺功能减退症、皮质醇增多症、性激素失衡）；③过敏反应（过敏性疾病、食物过敏或与接触性皮炎相关的腋下慢性瘙痒和皮炎）。

（2）临床特征

尽管有其他犬种发生原发性黑棘皮症的报道，但腊肠犬仍然占绝对的主导地位。犬原发性黑棘皮症无性别倾向性，且在不到1岁龄时发病。犬继发性黑棘皮症在任何犬种都可能发生，最有可能继发于前文所提到的潜在性疾病。其性别偏好和发病年龄与潜在的相关疾病相似。

犬原发性黑棘皮症最早的症状通常是双侧腋窝皮肤色素沉着（图12-42，A）。随着时间的推移，继而发生苔藓样病变、脱毛和皮脂溢（图12-42，B）。在严重情况下，病变会蔓延到前肢、颈部腹侧、胸部、腹部、腹股沟、会阴区、跗关节、眼周和耳郭。脂溢性皮肤病（油腻并伴有腐臭气味）和继发细菌性脓皮病或马拉色菌性皮炎是最常见的并发症。瘙痒程度不一，通常在皮脂溢改变、细菌性脓皮病或马拉色菌性皮炎发生时瘙痒最严重。

（3）诊断

犬黑棘皮症的鉴别诊断包括上述潜在疾病。根据病史、临床检查、排除其他疾病的实验室检查、皮肤活检和治疗反应确诊该病。青年腊肠犬发生该病最有可能是原发性和遗传性的。患病腊肠犬的甲状腺功能通常正常。组织病理学显示浅表血管周皮炎伴随局部角质化过度，表皮黑色素沉着、色素失调和毛囊角质化，这些组织学病变无诊断价值。血管周炎症浸润通常是单核细胞和中性粒细胞混合浸润。可能与慢性炎症的组织病理学模式相似[7]。

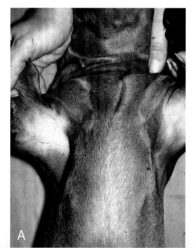

图12-42　黑棘皮症　**A**. 青年腊肠犬轻度腋窝局灶性色素沉着过度　**B**. 腊肠犬腋窝区域显著皮肤色素沉着过度和苔藓化，及前肢中间部分慢性感染

图12-41　白斑病。杜宾犬鼻子和眼睑完全褪色，以及全身各处出现白色被毛

（4）临床管理

犬黑棘皮症的预后根据潜在病因不同而不同。若是明确的和可纠正的异常，则不需对病变进行特异性治疗，原发疾病被治疗后就可痊愈，但是疗效可能很低。腊肠犬的原发性黑棘皮症可控制但不可治愈。

早期病例不需治疗。随着病变扩大和增多，导致皮脂溢后需要治疗。抗皮脂溢药浴和经常在擦伤部位使用滑石粉是有效的，但是只起到短期的改善效果。若病变局限在小范围内，局部强效糖皮质激素（例如戊酸倍他米松软膏）在一段时间内有效，但最终因为需要维持安全用药致使病变不能控制而扩大。晚期病例可以使用褪黑激素[229]、全身性糖皮质激素或维生素E治疗。

全身性糖皮质激素可能是通过抗炎、抗皮脂溢和抗MSH作用达到对犬黑棘皮症治疗的效果[226]。按照上午给药的原则，每24h 1mg/kg口服强的松龙或强的松7～10d。在8例原发性黑棘皮症病例中将醋酸维生素E（DL-醋酸维生素E）作为唯一的治疗药物，每12h口服200IU，在30～60d内病症得到改善[228]。色素沉着未减少，但是炎症、苔藓样变、瘙痒、油腻和异味全部消退。无不良反应，整个治疗期间能够维持改善状态持续。

（三）非典型着色异常

被毛颜色由含有多种已知的或假设的等位基因的多个基因控制（图12-43）[178]。小鼠控制被毛颜色的基因被了解得最清楚，特定的被毛颜色是重要内源性疾病的表观标记。特定被毛颜色与相关皮肤病或全身性疾病的关系在宠物中越来越受到重视。

1. 先天性疾病

若动物出生时毛色变淡（例如蓝色或褐色）则有患颜色淡化性脱毛症风险。被毛颜色与内部疾病联系最有名的例子是周期性血球生成和Chédiak-Higashi综合征。

（1）Chédiak-Higashi综合征

Chédiak-Higashi综合征是波斯猫、白虎、海福牛、阿留申水貂和人类的一种遗传病[43,230]。该病在猫是常染色体隐性遗传疾病，只发生在具有烟熏蓝被毛和黄眼的波斯猫。镜检未染色被毛显示多个大而细长的不规则黑色素团块（噬黑色素体）[231]。患猫各种细胞（包括中性粒细胞和巨噬细胞）中有巨大的溶酶体[232]。血涂片中溶酶体类似嗜酸性颗粒。

Chédiak-Higashi综合征的特征是使发生感染的概率增加、部分眼睑白化、畏光和机体出血性异常。患猫眼底反射红光而非黄绿色光。由于免疫缺陷，患猫感染风险增加。大多数烟色波斯猫发生寄生性假足菌肿病。

该病无特异性治疗方法。患病动物不能做种用。

（2）犬周期性造血

周期性造血（灰色柯利牧羊犬综合征或犬周期性中性粒细胞减少症）是一种致命的常染色体隐性遗传疾病，出生时银灰色被毛的柯利牧羊犬幼犬与正常的貂或三色幼犬不同[230,233]。其中一些幼犬，可能出现浅黄色色素沉着而产生浅米色和浅灰色混合的被毛。浅色的鼻部是特征和诊断依据（图12-44）。在人类该病与中性粒细胞弹性蛋白酶基因（ELA2）突变有关[234]。在犬与编码衔接蛋白复合体3（APB3）的基因突变有关[235,236]。

除了被毛颜色改变，灰色柯利牧羊犬幼犬通常比同窝幼犬小且虚弱，在1周龄时可观察到这样的现象。在8～12周龄时临床疾病症状显现，包括发热、腹泻、淋巴结肿大、感染、结膜炎和关节痛。术语周期性中性粒细胞减少症是指中性粒细胞减少和增多交替进行。每次间隔周期持续10～12d直到死亡。其他血液学异常包括非再生性贫血如循环网状细胞增多症、单核细胞增多症和血小板增多症[1,233]。其他临床病理学异常包括高球蛋白血症、淋巴细胞分裂抑制和周期性的激素生成[21]。

除了骨髓移植无有效治疗方法，亲本和同窝仔畜不能做种用。患病动物若无支持治疗通常在6月龄前死亡。即使经最优治疗，由于肝脏淀粉样相关变性和肾脏衰竭，大多数患犬也会在2岁龄前死亡。虽然骨髓移植有效但难以实现[233]。对该病进行鉴别诊断时应注意切勿误诊为马耳他灰色柯利牧羊犬显性遗传的一种短暂性毛色淡化表型，叫作粉扑样变化。

图12-43 非典型毛色异常。该被毛颜色异常是通过正常黑色和黄色拉布拉多猎犬杂交而来的。该犬无细菌感染

图12-44 周期性造血病。1只灰色柯利牧羊犬幼犬

图12-45 罗德西亚脊背犬毛色淡化症。幼犬神经系统异常并伴随蓝色被毛

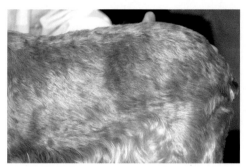

图12-46 亚金基因毛菌病。注意迷你雪纳瑞背部的"金色"被毛

（3）罗得西亚脊背犬毛色淡化症和小脑退化

曾对罗得西亚脊背犬一家族的常染色体隐性遗传进行描述[237]。患病幼犬出生时被毛颜色变淡（图12-45），在2岁龄时神经系统出现异常。患病幼犬被毛颜色微蓝和混乱，爬行和哺乳困难，比同窝其他正常幼犬睁眼晚且不会正常成长。大多数患犬在4～6周龄时被施行安乐术。尸体剖检显示浦肯野细胞退化和典型的颜色淡化性脱毛性皮肤异常。

2. 获得性疾病

成犬被毛颜色改变可以是局部性的、区域性的或全身性的。这种改变可能是由于在创伤或内分泌紊乱、温度影响、局部损伤（例如阳光和漂白香波）、营养障碍、药物和内分泌疾病（尤其是皮质醇增多症和性激素失衡）后幼犬毛色逆转。上述大多数情况会发生在任何品种。对于迷你雪纳瑞特有镀金综合征。

迷你雪纳瑞获得性亚金基团毛菌病

该综合征最早在1991年被报道但似乎不常见[238]。该病无性别偏好性，常在青年犬中发病，尤其以2～3岁龄犬常见。报道的病例超过一半发生在温暖的季节，但是该病也会发生在日照最少的时期。被毛颜色改变的原因未知，但是因为局限在迷你雪纳瑞，肯定有一定基因的影响。

患犬胸背部和腹部被毛发生斑驳样颜色改变（图12-46）（见第十三章）[238]，病变被毛颜色变成金黄色。少数患犬被毛改变呈弥散性分布这些区域内并可能累及到眼周或耳部。随着被毛变成金黄色，发病区域次级被毛也减少。患犬除了外层粗毛色素改变外很健康，对于此病没有组织学方面的解释。

无明确或有效的治疗方法。患病动物在6～24月龄时自愈，颜色和绒毛密度恢复正常。罕见复发。

四、胶原蛋白病

最为人所熟悉的先天性胶原蛋白病是脆皮综合征，原因是胶原蛋白生成和降解异常导致皮肤异常脆弱，其他原因还未知。在某些特定品种中该病发病率较高，表明有遗传倾向性，活检显示真皮胶原蛋白异常。但目前还不清楚胶原蛋白改变是否是原发病因，还是继发于某些未知原因。因为其显著的品种易感性，所以品种被认为是影响因素。

（一）脆皮病

Ehlers-Danlos综合征、脆皮症和皮肤脆裂症是一组形容以皮肤过度脆性和皮肤伸展过度为特点的遗传性结缔组织疾病[43,239,240]。在人类脆皮症是指胶原蛋白和弹性蛋白（皮肤松弛）都存在异常的情况。皮肤松弛症不包括Ehlers-Danlos综合征，且在动物中还未有明确记录。皮肤脆裂症的字面意思是"皮肤撕裂"，以描述皮肤极具脆性的Ehlers-Danlos综合征的特定亚型，ⅦC型患畜。

1. 病因和发病机制

对于人的Ehlers-Danlos综合征各种临床病例，会在确定其分子学基础后再分类。目前分类方案包括七种：经典型（D）、过动性（D）、血管型（D）、脊柱后侧凸型（R）、关节活动型（R）、皮肤脆裂症型（R）和肌腱蛋白缺陷型（R）[23,241,242]。亚型的分子学基础未知。已明确编码纤维状胶原蛋白或催化翻译后产物修饰的酶的基因发生突变[23]。该病所有的形式都有遗传基础，上面列出类型的遗传方式如下。

因为胶原蛋白缺陷，患畜皮肤往往很容易撕裂，导致大的开张的"鱼嘴"样伤口（图12-47，A）。这些撕裂口愈合迅速但会遗留纤细且高度明显的"卷烟纸"样疤痕（图12-47，B）。患犬皮肤抗张力度降低40倍，而猫降低10倍[243,244]。脆皮综合征在羊、牛、貂、犬和猫中都曾报道[243-248]。已报道各种纯种和杂种的犬、猫发生该病，且有不同的遗传方式[249]。

隐性脆皮症只在猫中得到过确诊[92,245,250-254]，但亲本明显正常的发病杂种犬也被认为是隐性方式遗传[255]。病变胶原蛋白形成扭曲的带状而非圆柱形纤维和纤维束[256,257]。

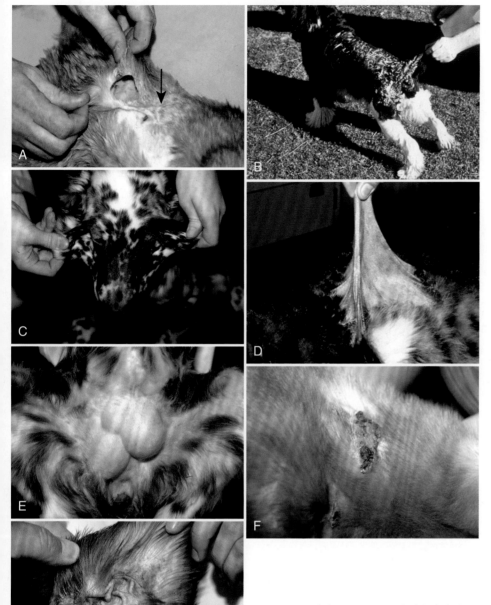

图12-47 脆皮症 A. 由于皮肤高度脆性而形成的洞样伤口。箭头所指为之前伤口形成的疤痕 B. 英国史宾格犬背部多个伤疤 C. 英国赛特犬幼犬面部皮肤伸展过度 D. 猫躯干皮肤过度伸展 E. H图中的英国赛特犬多个腹股沟疝 F. 缅甸猫背部的自发性溃疡并累及血管 G. 爱尔兰赛特犬耳郭非白化丘疹性病灶并累及血管（B图由G.A.Hegreberg提供；D图由P. McKeever提供；F图由K. Mason和G. Burton提供）

这些结构改变是由胶原蛋白纤维和纤维束形成或维护异常导致的[251,253,258]。生化研究表明原骨胶原形成缺陷，其中胶原肽酶活性降低且未完成加工的、包含-N末端前肽的Ⅰ型原骨胶原发生累积[253]。患畜胶原酶活性通常高于正常水平的2.5倍[253]。

显性脆皮症在犬、猫是简单常染色体遗传。在胎儿时期就可识别出病变，且致病基因为纯合子时是致命的[259,260]。该病会引起真皮胶原蛋白局灶性或弥漫性改变，这些改变是由于结构蛋白的改变导致了胶原蛋白形成胶原纤维时出现异常。与直径均一、圆柱形、排列均匀平行的正常纤维不同，异常的纤维结构紊乱并且比正常的大[253]。基因为杂

合子的动物会出现异常纤维和正常纤维混合。生物化学研究表明硫酸蛋白水解度水平降低，透明质酸水平升高和艾杜糖醛酸与葡萄醛酸的比例改变[253]。

患犬的皮肤厚度（1.21mm）小于正常犬的皮肤厚度（1.71mm）[243]或正常[241]。患猫的皮肤厚度（0.25mm）也会小于正常猫的皮肤厚度（1.71mm）[241]或正常[1]。皮肤厚度正常通常是因为个体胶原蛋白束增厚。

脆皮综合征曾在比格犬、腊肠犬、拳师犬、圣伯纳犬、德国牧羊犬、约克夏狸、阿拉斯加雪橇犬、英国史宾格犬、灵缇、曼彻斯特犬、威尔士柯基犬、澳大利亚卡尔比犬、软毛麦狸、加拉菲亚诺牧羊犬、巴西菲拉犬和杂

种犬中报道[6,247,255-257,261-264]。作者也在爱尔兰赛特犬、荷兰狮毛犬、玩具贵宾犬和英国赛特犬[1]中发现过该病。对于猫，该病常见于短毛猫或长毛猫、波斯猫或缅甸猫[265,266]。

2. 临床特征

患病动物的皮肤柔软、可弯曲度高，并且变薄，可能会与皮下组织连接松散或过度伸展。皮肤弹性降低且外观苍白湿润。皮肤通常可以被极度拉长（图12-47，C和D），且可能在松弛后出现皱褶，尤其是腿部和喉咙部的皮肤。对于长毛犬可能只有脸部皮肤皱褶过多时才会被注意到，可能导致需要重复的眼睑手术。因牵引或刮擦导致的小伤口可能会引起皮肤出现裂口，少量出血或者不出血。伤口愈合很快，但会形成明显且不美观的不规则纤细白色疤痕。患病幼犬出现鼻梁加宽、皮下血肿、肘部水囊瘤、脐疝和腹股沟疝（图12-47，E），在一些患畜中还会发生内眦赘皮。一些动物表现为皮肤过度伸展或皮肤脆性，而另一些动物两种症状都出现。一些患畜可能并发关节松弛和眼部变化（小角膜、巩角膜、晶状体脱位和白内障）[255,267]。

对一组发生自发性溃疡、萎缩性脱毛和紫癜的缅甸猫[266]的研究显示，所有患猫皮肤都过度伸展，但未发生皮肤撕裂。组织学和超微结构研究表明存在脆皮症的典型特征，但溃疡（图12-47，F）是因皮肤梗死而不是皮肤撕裂造成的。一位作者（WHM）对1只爱尔兰赛特犬的自发性出血、耳郭皮肤溃疡（图12-47，G）和肘部、胸骨和跗关节压力点进行检查，发现组织学和超微结构都提示为血管受累的脆皮症。在这些病例的病变中会发生血管生成。

3. 诊断

若无严重创伤史的青年动物出现皮肤过度皱褶、拉伸、容易撕裂或过度疤痕组织形成的临床综合征则高度提示脆皮症。完整的诊疗记录可能需要活检取组织来做超微结构和生物化学研究。Patterson和Minor[268]所设计的皮肤延展性指数有助于诊断。通过用手拉伸腰背部皱褶远离脊柱测量延展性，该过程不会造成疼痛且易于操作。然后测量拉伸的距离和尾根到枕骨的长度。延展性按照下列公式计算：

延展指数=（皮肤皱褶垂直高度/体长）×100%

患犬的皮肤延展指数超过14.5%，而患猫超过19%[243]。

皮肤活检可能显示显著的皮肤异常或正常。在猫一般不能检测到组织学异常[269]。组织学异常表现为胶原纤维比正常的更具嗜酸性，且外观模糊、支离破碎、缩短、排列杂乱。此外，胶原纤维束表现为大小不一、交错不良，并且被沉积的黏蛋白包围[244]。也有可能胶原蛋白在光镜下表现正常[268]。

马森三色染色法有助于光镜下观察胶原蛋白异常。在一项研究中正常猫组织染色后未显示异常，而12只先天性或后天性脆皮症患猫中11只猫的组织经三色染色显示不同程度的异常[269]。即使有6只先天性脆皮症患猫的组织经苏木精伊红染色后光镜下检查未见异常，所有8只患猫组织经三色染色均显示异常。组织无三色染色异常的患猫为后天性脆皮症。但该检测手段并非万无一失的，因为一只先天性脆皮症患猫组织三色染色未显示异常[245]。

4. 临床管理

临床医师应该告知畜主该病的特质及其遗传性，且是不可治愈的慢性疾病。患病动物不能用作繁育犬。大多数患病动物被施行安乐术。

对于未发生关节松弛的患犬，通过适当的改善患犬生活习惯和犬舍条件，以及及时对其伤口和并发的皮肤病进行治疗，可以延长其存活时间。应去除患猫的趾甲以防止其在梳理被毛时将自己抓伤。不能让患病动物和其他动物玩耍，应使用绳带牵制动物防止其靠近树林和灌木丛。所有的访客应被告知宠物的情况，以免访客突然抓住宠物造成大面积皮肤创伤。对于生活环境内任何会撕裂宠物皮肤的包含尖锐转角或粗糙表面的物体应移除或进行衬垫。因为患病动物易患水囊瘤，地板和其他休息场所应加以衬垫。对于任何皮肤病尤其是导致瘙痒的皮肤病应加以重视并尽快治愈。对伤口应适当缝合，宠物衣服对保护皮肤有益。

因为维生素C对胶原蛋白合成是必需的，因此维生素C补充剂对治疗疾病是有益的。猫每天2次给予50mg，犬每天2次给予500mg。通常患猫无反应，而患犬皮肤的延展性和脆弱性减弱。

（二）德国牧羊犬足垫疾病

该病的病因未知。症状出现在病程早期，典型特点是同窝幼犬中有多只幼犬患病。该病在临床上和组织学上显示出德国牧羊犬家族性血管病变的特征，这表明该病存在普遍的发病机制。

1. 临床特征

雌性和雄性德国牧羊犬都会在几周龄或几月龄内发病[1,270,271]，曾有1只11月龄犬患病的报道[270]。通常同窝中多只幼犬患病。患犬的所有足垫比正常的柔软，单个足垫或多个足垫会发生肿胀、脱色素、溃疡和结痂（图12-48），尤其是掌骨和跖骨足垫。当足垫发生溃疡、变软时会引起跛行。患犬的其他方面表现健康。

2. 诊断

该病的临床症状很典型，可能因缺乏药物史而引发药疹或各处皮肤损伤。通过活检确诊显示多中心胶原蛋白溶解周围深度弥漫性皮炎。炎症可能是中性粒细胞性或淋巴细胞性的[270]。

3. 临床管理

抗生素、糖皮质激素和局部用药疗效一般。若对足部进行保护并对伤口良好的护理，溃疡会在1岁龄时自愈，但足垫会一直柔软。大多数患犬的预后未有报道，但是进行一些犬发展为肾脏淀粉样变性并在2～3岁龄时死亡[1,271]。

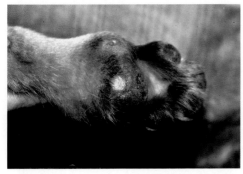

图12-48 德国牧羊犬足垫疾病。主要腕垫溃疡。其他足的足垫也受累

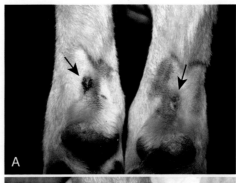

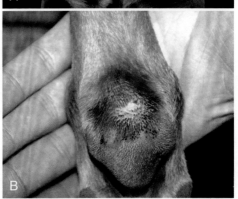

图12-49 局部跖骨瘘 **A.** 德国牧羊犬双侧跖骨瘘（箭头所示）。右侧病变新开放，双侧都未发生感染 **B.** 发生在一只威玛犬上的、非开放的波动性肿胀

（三）德国牧羊犬局灶性跖骨瘘

跖骨瘘（深跖骨/掌骨炎、无菌性足垫脂膜炎）是德国牧羊犬和威玛犬的一种罕见疾病[272-276]。该病在德国牧羊犬直系血统中最常见[1]。

1. 临床特征

大多数德国牧羊犬病例于2～8岁发病[1,272,273]。曾有两个报道，一共55只患犬中有44只犬是雄性[272,275]。我们诊断的患犬都有德国牧羊犬直系血统，腕骨和跗骨低（平足）。发生在威玛犬中的病例太少以致于未有任何定论。病变初期无症状，畜主通常是因为患犬舔舐患处或在地面看到血迹而发现犬患病。

病变出现在近跖骨足垫的中央（图12-49，A）。大多数患犬都累及后肢，偶见在1个或2个掌骨垫以上出现相似病变的患犬[272,273]。检查时可见瘘边界清楚且有血清血液流出。触诊确定其延伸到深部的纤维管道。早期病变，上皮细胞完整，液体积聚在表面以下，呈现圆形光滑的囊性结构（图12-49，B）。未见其他皮肤病变，但德国牧羊犬可能并发脓皮病（见第四章）或其他感染[272]。

2. 诊断

若病变单一，鉴别诊断包括异物、局部细菌或真菌感染。对于德国牧羊犬，双侧对称性病变是典型病症。

对流出液进行细胞学评估显示化脓性肉芽肿性炎症，内部伴随或不伴随细菌感染。闭合性病变可能无细菌感染，而开放性病变可能继发细菌感染。活检显示纤维化的结节性和弥漫性皮炎和瘘管。浸润的细胞主要是化脓性肉芽肿。常见毛囊破裂伴随毛囊角蛋白和毛干内源性异物反应。

常规实验室检查没有帮助，且抗核抗体滴度检查为阴性。抗Ⅰ型和Ⅱ型胶原蛋白的循环抗体滴度在11只患犬中显著升高[274]。因为未对健康的德国牧羊犬进行检测，所以显著升高的抗胶原蛋白抗体的临床意义还未知。

3. 临床管理

如果患犬患有其他皮肤病变，为得到良好的结果应同时对这些皮肤病进行治疗。手术切除瘘和深部组织会短暂改善病情，但数周或数月后病症会复发。全身给予抗生素能够改善继发的细菌感染，但是对早期病症无效。如果每24h给予1.1～2.2mg/kg强的松龙，大多数患犬会痊愈。曾对1只患犬每12h给予维生素E 200～300IU，该犬病愈；并且在另外2只犬中采用同样的方法使得在使用犬糖皮质激素维持治疗的剂量降低[276]。据报道曾有1只患犬自愈[273]。

对于复发病例或病情几乎不变的病例，禁止长期口服糖皮质激素。大多数患犬外用含0.01%氟轻松醋酸酯的二甲基亚砜（DMSO）或0.1%他克莫司，每日2次会改善或治愈病变[1,277]。应该剪除病变区域的被毛以便给药。对于不能使用外用药或使用外用药无效的病例，可使用四环素（每8h 500mg）和烟酰胺（每8h 500mg）或环孢菌素（每24h 5mg/kg）[278]。由于后述的治疗方法发挥最大疗效需要数月，因此可能需要较早提及其他治疗方案。

（四）多发性胶原痣

独发性胶原痣（见第二十章）可以发生在任何犬。某些德国牧羊犬的多发性胶原蛋白痣在3～5岁龄时发生（图12-50）。这种情况被认为是结节性皮肤纤维变性以及发生肾囊腺癌和子宫平滑肌瘤时在皮肤发生的病变标志。该病可能是因BHD基因突变引起的常染色体显性遗传疾病[278a,278b]。

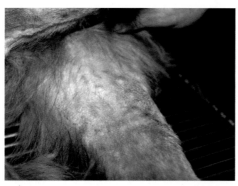

图12-50　胶原痣。德国牧羊犬前肢内侧多发性的丘疹性到结节性病灶。该区域已剪毛

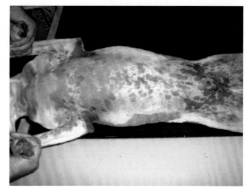

图12-51　比格犬家族性血管病变。患坏死性动脉炎比格犬的非白化融合性丘疹/斑

五、弹性蛋白疾病

皮肤松弛症

皮肤松弛症（皮肤松垂、弹性组织离解）是一种遗传性弹性纤维疾病，在人类典型的临床症状是皮肤下垂、松弛、皱褶悬垂和皮肤尺寸超过身体大小，皮肤无脆性。该病的组织学特点是弹性纤维渐进性缺失。

据称皮肤松弛见于法国的那不勒斯獒犬[239]，但无组织病理学诊断记录。

六、血管疾病

除了先天性血管瘤或动静脉瘘罕见外，其他遗传性血管疾病也极少见。大多数血管疾病是由后天性血管炎引发的（见第九章），但也在6个品种的犬中发现先天性或显著的家族性血管病变。

（一）家族性血管病变

1. 比格犬

封闭群繁殖的比格犬患有的中小型动脉的系统性坏死血管炎有很详细的概述[279]。该病无明显性别偏好性，症状可以出现在生命早期（4~10月龄）。症状表现为周期性发作，包括发热、嗜睡、不愿意挪动和蜷缩。皮肤病变罕见，但偶见明显皮肤紫斑（图12-51）。

2. 德国牧羊犬

患犬4~10周龄发病，常在首次免疫后7~10d出现症状[280-282]。发病无明显性别偏好性。患犬表现嗜睡和发热并且外周淋巴结肿大和发生皮肤病变；鼻梁肿胀和结痂、耳郭边缘、鼻镜出现溃疡；所有的足垫柔软、肿胀并且有不同程度的褪色（图12-52）。严重的患犬足垫中间会发生溃疡。对1只患犬进行尸体剖检，显示该犬还患蠕形螨病[280]。

皮肤活检显示退化胶原纤维束周围有结节性至弥漫性的淋巴组织浆细胞性皮炎和微血管变化，尤其是毛细血管

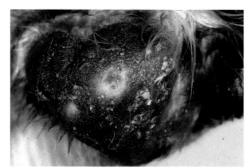

图12-52　德国牧羊犬家族性血管病变。幼犬足垫出现局灶性褪色和溃疡。棕色物质是犬粮（由W.Parker提供）

后微静脉[282]。失色素性病区发生分界明显的水肿性皮炎并伴随色素失禁。尸检显示足垫、肌腱鞘、肢体远端和胸腹部深筋膜胶原蛋白酶溶解。

患犬在5~6月龄时会自愈，在溃疡处会残留疤痕。足垫仍然柔软。在以后的每一次免疫接种后都会出现发热、嗜睡或者全骨炎。

到目前为止该病未被明确定义。目前不清楚是否会因为例如疫苗接种这样的全身免疫损伤导致血管炎或导致血管的异常。该病可能是常染色体隐性遗传病。

3. 灵缇

很多竞速灵缇都表现出脉管炎的临床症状（见第九章）[283]。该病无明显性别偏好性，症状在6~72月龄时出现。大约75%的病例只有皮肤病变，其他的犬可能肾脏和皮肤病变并存。对于后一种情况，在发现皮肤症状的时候往往肾脏疾病的症状已经十分明显，但是也可能是在皮肤发生病变的前后出现。

皮肤病变通常首先出现跗部、膝关节部或大腿内侧，偶尔会累及到前肢。最初症状是肿胀和触诊疼痛，随后出现边界清晰的深部溃疡。病变直径从1~10cm不等。只需进行常规伤口护理，病变会慢慢地自愈。

图12-53 苏格兰㹴家族性血管病变。苏格兰㹴幼犬鼻子深层溃疡。褪色区域是发展中的病变最早的迹象

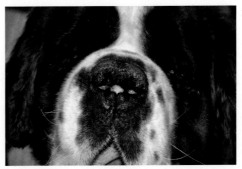

图12-54 鼻部动脉炎。患鼻部动脉炎的圣伯纳犬深层血管梗死并伴随组织损伤

皮肤活检显示皮肤浅层和深层的动脉、静脉和毛细血管出现血栓。有人猜测这与人类溶血性尿毒综合征类似[284,285]。其症状是由维罗毒素（志贺样毒素）损害血管内皮细胞导致的。大多数竞速灵缇饲喂生肉，生肉中极可能包含产毒素大肠杆菌。还需要考证的是该病是否存在家族遗传性倾向。

4. 苏格兰㹴

该病在7只苏格兰㹴幼犬中有报道[286,287]。患犬在3～4周龄时首先表现双侧鼻部流涕，随后发生渐进性溃疡和鼻镜、鼻黏膜破坏（图12-53）。皮肤活检显示结节性到弥散性不等的化脓性肉芽肿性皮炎和白细胞破碎性血管炎。该病可能是常染色体显性遗传病。

积极采用口服泼尼松龙和环孢霉素治疗可以阻止病程发展[287]，但是结构性损伤将是持久性的。因为该病发生在非常小的幼犬中，患犬常被施以安乐术。对该病最早的报道见于1991年，直到2009年时再无新的发病报道。繁育时必须警惕患病犬，以防止新的病例产生。

5. 帕森拉塞尔㹴

曾有5只帕森拉塞尔㹴发生皮肤血管炎的报道，作者和其他学者也在该犬种中发现新病例[288]。尽管成年犬的病例被认为有一定的家族遗传基础，但1岁龄以下犬患病会更有信服力。

典型病变是出现小型血管炎，患犬在头部和四肢骨突部位出现脱毛和离散性溃疡和结痂病变，出现耳郭V型坏死和足垫点状溃疡。据报道有5例是在常规免疫后2～3周发病时。使用氨苯砜（每8h 1mg/kg）、泼尼松龙（每24h 1mg/kg）、维生素E（每24h 200～400IU）或联合用药治疗可治愈这些病变，但停药后会随即复发。

不同病例的皮肤活检结果不同，但典型特征是表皮基底细胞凋亡、色素失调、白细胞破碎性血管炎和毛囊缺血变性。与原发性血管炎相比这些改变更可能是犬全身性红斑狼疮或者皮肌炎的典型特征。如果病变发生在接种后，应优先考虑遗传异常以外的病因。

6. 圣伯纳犬

目前对鼻部动脉炎有一定研究[289,290]，虽然曾有巨型雪纳瑞犬和巴吉度猎犬发病的报道，但该病多发于圣伯纳犬。笔者也在拉布拉多猎犬和杂种犬中发现该病。患犬表现鼻部出血性溃疡（图12-54），皮肤活检显示原发性增生性动脉炎。

该病在圣伯纳犬即使是非终生性的也会持续很长时间。口服泼尼松龙治疗（每24h 1.1mg/kg）或外用0.01%氟轻松DMSO会有一定缓解作用，但是会留下疤痕，停药后会复发。患犬口服四环素和烟酰胺或每日2次外用0.1%他克莫司可以长期缓解症状。目前已经可以对用药无效或无法使用药物治疗的病例实施手术。

（二）淋巴水肿

淋巴水肿是由于淋巴流通异常导致机体某些部位肿胀。

1. 病因和发病机制

淋巴水肿分为原发性和继发性[291-294]。原发性淋巴水肿是因淋巴管和淋巴结发育异常；继发性淋巴水肿是因炎症、坏死性疾病、手术或创伤导致淋巴管或淋巴回流不畅导致的。在一些犬中原发性淋巴水肿显示为不同表型的常染色体显性遗传疾病[291,293,295,296]。犬原发性淋巴水肿根据淋巴管造影和组织病理学分为两种基本结构缺陷：①淋巴管发育不良，伴随或不伴随局部淋巴结的发育不良或缺失；②淋巴增生或膨大[291,295,297]。

淋巴系统转运能力下降导致富蛋白的间质液体增加[298]。这样的淋巴淤滞也影响了皮肤的另外两个微循环，因此动脉和静脉受损（lymphostatic hemangiopathy）。组织中炎性细胞浸润；活化的血管内皮细胞和真皮炎症细胞释放的介质作用于表皮和真皮结构；真皮结缔组织成分、基质、微丝、胶原蛋白和弹性纤维损伤；血管内皮细胞的促血管生成因子和炎症细胞促进血管增殖。

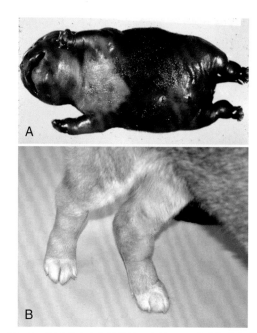

图12-55 A. 英国斗牛犬先天性淋巴水肿 B. 米克斯布雷德犬的先天性淋巴外渗。后肢肿胀、水肿且指压留痕（A图由J. King.提供）

2. 临床特征

原发性淋巴水肿曾见于猫[292]和几个品种的犬，包括英国斗牛犬（图12-55，A）、德国牧羊犬、波尔瑞犬、比利时坦比连犬、英国古代牧羊犬、拉布拉多猎犬、大丹犬、贵宾犬、迷你腊肠犬和英国古代牧羊犬与拉布拉多猎犬的杂交犬[291,294,299]。发病似乎无性别偏好性。患犬通常在12周龄内发病。

尽管后肢是最常见的患病部位，但也可能累及前肢、腹部、包皮、尾部和耳郭[297]。患处皮肤通常外观正常但会增厚且呈海绵状，指压时凹陷（图12-55，B）。肿胀的皮肤不出现温热感，柔软质感或炎症。局部淋巴结不明显，患病动物没有其他异常。病变会干扰抗原识别和淋巴管通路导致免疫监视功能改变，从而诱发感染和恶性肿瘤[298]。因此淋巴水肿可诱发感染并使愈合延迟，并发症的临床特征可能很显著。

3. 诊断

鉴别诊断包括其他引起淋巴阻塞、炎症和低蛋白血症的病因。根据病史、临床检查结果、实验室检查排查、皮肤活检、Patent blue viole试验和淋巴管造影术确诊[297]。染色试验时将溶液注射入患犬足部皮下。原发性水肿淋巴结在较长一段时间内变为紫色[292]。超声检查也具有诊断意义。皮肤活检显示不同程度的皮下和真皮水肿[300]，淋巴管可能扩大和增生，或发育不全。淋巴管周围成纤维细胞增加，可见渗出的红细胞和其残余物，以及发生慢性淋巴水肿时伴随胶原蛋白和弹性纤维的碎片以及退化物。慢性病例可能表现不同程度的纤维化和表皮增生。炎症细胞通常很少，主要有淋巴细胞、巨噬细胞（常包含脂滴）、浆细胞和肥大细胞。可能表现继发感染症状。

4. 临床管理

根据淋巴水肿严重程度不同，预后及治疗方法也不同[297]。轻度病例可能会变化不定，比如可能自发性消退或者无其他不良反应地无限期持续。较严重的病例可能需要：①经常包扎（例如改良Robert Jones夹板）以减轻淋巴水肿[300]；②手术摘除淋巴组织；③置换手术；④患病部分截肢。4只腊肠犬单独或同时给予生育酚-烟酸盐（每12～24h使用50～100mg）和磺酸钠水合物（每12h使用7.5～10mg）[294]。必须对皮肤好好护理、保持卫生，并控制感染。严重淋巴水肿患犬常因胸膜和腹部胸腔积液而在出生后很快死亡[299]。

七、内分泌、代谢和免疫紊乱

任何动物都可能发生内分泌性、代谢性或者免疫性疾病。特定品种或某一品种中特定家族会有罹患某种疾病的较高风险，表明该疾病受遗传影响。请读者参考第八章、第九章和第十章的详细探讨。接下来所讨论的疾病都只是在单一犬种中发现，因此只在本章讨论。

（一）肢皮炎

据报道肢皮炎具有常染色体隐性遗传的特点，是在牛头狸中具有致命性的综合征[301-307]。在法老王猎犬中也发现了类似的综合征[308]，该病的临床特征、病理学特征和基因特征与人类的肠病性肢皮炎[309]、丹麦黑斑牛致命特征A46和犬缺锌实验模型的临床、病理学和基因特征相似。尽管牛头狸患犬的血清和肝脏锌和铜水平显著降低，但对补充高剂量锌无治疗反应[301,303,310]。该病的特异性病因还未明确，但患犬都有锌和铜代谢异常[303,311]，而且13种肝脏蛋白的表达发生改变[307]。其中结合珠蛋白、谷氨酰胺合成酶、血抗增殖蛋白和角蛋白10的表达提高4倍。

1. 临床特征

患病幼犬出生时皮肤色素沉着比正常犬颜色浅，一些犬的被毛暗淡、脆弱且蓬松[149]。患病幼犬比同窝其他正常幼犬体弱，因为高拱形硬腭导致咀嚼或吞咽困难。患犬发育迟缓[293]。6周龄时患犬脚外张、足垫裂开，脚趾间出现结痂性病变。在耳部和口角（图12-56，A）也出现溃疡性、渗出性结痂病变。在身体所有窍孔可能出现丘疹或脓疱性皮炎，但是主要发生在头部。足部病变（图12-56，B）会迅速发展为趾间脓皮病和甲沟炎。后期趾甲营养不良[312]并在足垫非接触区出现叶状角化。可能发生全身毛囊感染，在摩擦性损伤部位（比如肘关节）严重。患病动物可能出现腹泻和呼吸道感染并伴有慢性鼻分泌物。在断奶时，幼犬可能比较活泼，但在14～16周龄时，患犬变得不活跃，对外界刺激反应迟钝，睡眠增多，许多患犬出现眼部异常。中位生存期是7个月，但传统治疗方法可以延长生存时间。

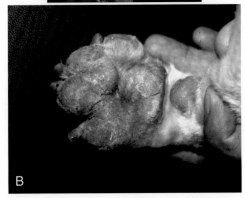

图12-56 肢皮炎 **A.** 牛头㹴幼犬面部丘疹性到脓疱性病灶。**B.** 牛头㹴幼犬足部红斑和趾角化过度

2. 诊断

如果同时多只幼犬患病，无须鉴别诊断。在个别情况下，需要与药疹、天疱疮、继发于先天性免疫缺陷的马拉色菌感染和金黄色葡萄球菌感染相区别[149,313]。继发酵母菌感染率较高（75%～100%），包括马拉色菌和假丝酵母菌[308]。所有的病例都应通过皮肤活检来确诊。

组织病理学检查显示弥漫性角化过度并伴有局灶性结痂和表皮内脓疱[7]。表皮浅层可能出现类似于在坏死松解性游走性红斑中出现的层状灰白色（见第十章），但是可见角质细胞而且未退化。淋巴组织中T细胞区域淋巴细胞严重减少。

常规实验室检查显示无该病特异性的异常指标[301,303]。血清或肝脏锌和铜可能降低或正常[301,303,311]。大多数病例通过醋酸胶带刮片或活检可以分离到马拉色菌和假丝酵母菌[149,313]。

3. 临床管理

口服或注射锌补充剂对犬恢复正常状态无太大用处[301,303]。使用全身抗生素可以解决皮肤和全身感染，但不会有长期效果，因为会再次感染。若患犬感染酵母菌，给予抗真菌药物会显著改善[219]。1例使用酮康唑治疗的患犬维持良好状况达到2年。

患犬亲本是该病的携带者，患犬的同窝犬中超过一半临床上表现正常。但任何与患犬有血缘关系的犬都不应继续繁育后代。一些表面正常的患犬的同窝犬会患锌反应性皮肤病（见第十七章）。

（二）酪氨酸血症

据报道1只青年德国牧羊犬发生先天性酪氨酸血症[314]。该病与人类酪氨酸血症Ⅱ型和水貂伪犬瘟热类似。酪氨酸血症属于常染色体隐性遗传病，是一组不同的代谢病，在人医中有五种类型[23]。该病例发病的特征是眼睛和皮肤早发性损伤和不同程度的智力低下。

1. 病因和发病机制

犬酪氨酸血症显然是遗传病，因为亲本血清酪氨酸水平升高。血清酪氨酸水平升高是由于缺乏细胞质酪氨酸氨基转移酶。病理变化是对组织累积的酪氨酸产生炎症反应，这与角膜病变情况相似，但是很多皮肤病变无晶体形成。相反，可能会有高浓度的张力原纤维数量和颗粒层角质颗粒数量增加。已知酪氨酸可以影响张力原纤维管数量。

2. 临床特征

7周龄德国牧羊犬幼犬会第一次发生结膜炎和结膜云翳。眼球体很小，存在白内障和角膜颗粒化，但是无溃疡；在鼻部（图12-57，A）、舌和脚垫中间部分有溃疡（图12-57，B），随着病程发展，溃疡累及跖骨垫和趾甲皱褶，且趾甲发生断裂。在腹部可发现红斑水疱，鼻镜发生红斑、局灶性溃疡和边缘结痂及褪色。

3. 诊断

经病史和临床检查结果及代谢检验筛查后怀疑为新陈代谢缺陷。血清和尿液检测出高水平的酪氨酸。

溃疡处皮肤经组织病理学检查显示为脓性肉芽肿炎症，这与酪氨酸被嗜酸性无定形物质包围而形成的大的黑棕色颗粒（直径110～170mm）相关，与Splendore-Hoeppli反应相似。这些颗粒对酪氨酸米伦反应呈阳性橙色反应。

4. 临床管理

治疗的预后是不良的。在人类，皮肤和眼睛病变的患者摄入含酪氨酸和苯丙氨酸低的饮食后，血浆酪氨酸水平显著降低，但饮食恢复后症状复发，饮食的改变也会使得犬的皮肤病变改善。

（三）黏多糖病

黏多糖病是一组糖胺聚糖分解代谢障碍的遗传性疾病[315,316]。患病动物在生命早期出现骨骼、心血管、神经和眼睛异常。该病在猫中更常见，尤其是暹罗猫及其杂交种。皮肤病变罕见，但是在犬、猫中都可发生耳尖部下垂。

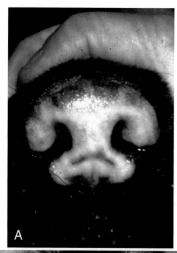

图12-58　肢端残缺综合征。英国古代牧羊犬对趾极度自残

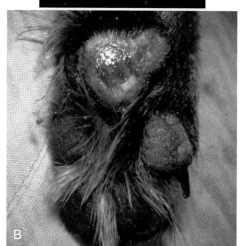

图12-57　酪氨酸血症　**A**. 德国牧羊犬幼犬鼻部褪色和溃疡　**B**. 同只犬的足垫溃疡

八、其他疾病

（一）肢端残缺综合征

肢端残缺和痛觉缺失是犬的一种不常见的神经感觉异常遗传性疾病，该病会导致肢端远端渐进性残缺。

1. 病因和发病机制

该病曾见于德国短毛波音达犬[317]、英国史宾犬[318]、英国波音达犬[1]、法国西班牙猎犬[319]和迷你杜宾犬[319a]。该病可能是常染色体隐性遗传病[318,320]。初级感觉神经元发生病理性损伤，尸检显示脊椎神经节和脊椎神经背根显著减少，包膜套层神经细胞体数量减少（减少22%～50%），神经套层厚度降低。患病神经节中的小神经元（小于或等于20μm）数量不同比例的增加。背外侧束髓质改变，纤维束密度降低而使临床痛感明显减少。光镜和电镜检查脊髓根、神经节、末梢神经显示有鞘和无鞘纤维变性。神经元退化不会导致感觉神经元胞体缺陷。四肢残缺是一种感觉神经病，其中神经元缺陷是由于发育缺陷和动物出生后缓慢的渐进性退化引起的[317]。

2. 临床特征

患病幼犬首次发病出现在3～12月龄。无论何种性别都可患病，如果患病，每窝中都不止1只幼犬患病。患病幼犬可能比同窝出生的仔畜体型小。它们开始咬和舔自己的趾甲。患犬趾、有时也会在四肢近端及躯干出现痛觉和体温缺失。通常后肢症状最严重，偶尔只有趾出现症状，而腿不受影响。

脚趾和足部变得肿胀，脚垫皮肤、趾面和根骨结节表面可能出现溃疡。存在甲沟炎，脚趾可能自行断离。患病幼犬的残肢可能毫不影响行走（图12-58）。肌体运动神经元正常，肌腱反射完整，无运动或自主神经障碍存在。EMG研究显示无去神经诱发电位。

3. 诊断

基于易感幼犬病史和完整的临床检查能够作出初步诊断。尸检时通过对神经组织进行组织病理学检查可以确诊。

4. 临床管理

尝试通过绷带、脖圈或者镇静剂进一步控制损伤的效果甚微，畜主通常要求对患犬进行安乐术。

不应再使用患病幼犬的亲本做种用。同窝幼崽也不应留作种用，除非确定了遗传方式。也不鼓励同窝幼崽繁殖，除非有检测手段确定携带者。

（二）骑士查理士王小猎犬失调

骑士查理士王小猎犬有各种基因疾病，包括二尖瓣病、髋关节发育不良、鱼鳞病、嗜酸性疾病倾向，原发性分泌性中耳炎和尾枕骨畸形综合征。

（三）原发性分泌性中耳炎

这是一种特发性疾病，可以单独发病或与枕骨畸形联合发生。患犬就诊时表现头部和颈部中度到重度疼痛，伴随或不伴随神经异常[321]。耳镜检查时发现鼓膜向外凸出，鼓膜切开后有高浓度黏液栓塞。栓塞移除后症状消失，但中耳会再次充满黏液。

（四）嗜酸性疾病

口腔嗜酸性肉芽肿是最常见于西伯利亚哈士奇犬和查理士王小猎犬的特发性疾病[321,322]。详细讨论见第十八章。

其他犬可患有嗜酸性肠炎或嗜酸性胃炎和支气管肺炎[323]。

（五）尾枕骨畸形综合征

该综合征与尾枕骨先天性异常引发延髓压迫和脑脊液流动改变有关[324-329]。可见多种神经缺陷，一些患犬表现颈部和肩部顽固性瘙痒。

该病可见于很多玩具犬种包括约克夏㹴、迷你或玩具贵宾犬、比熊犬、巴哥犬、吉娃娃和西高地白㹴[327]。发病年龄不一，从幼年期到13岁龄具有过发病的报道。在一项关于30个病例的报告中，有2只犬表现颈部瘙痒。抗炎剂量的泼尼松龙（1.1mg/kg）疗效甚微。

手术治疗可以有效缓解疝形成。药物可能会减少脑脊液的产生，一些患犬对地塞米松（每24h 0.25mg/kg）和乙酰唑胺（每8h 3mg/kg）治疗有反应，临床症状得到改善但未消失。所有患犬在不治疗的情况下可长期存活[326]。

（六）皮肤黏蛋白增多症

黏蛋白是正常皮肤基质的组分[23]。在甲状腺功能减退症、肢端肥大症、黏液性脱毛、皮肌炎或盘状红斑狼疮[330]或自发的[331]发生黏蛋白局部性、区域性或全身性过度累积。中国沙皮犬倾向于后者（见第十八章）[332,333]。

沙皮犬比其他犬皮肤含更多表皮黏蛋白[162,332,334,335]。一些沙皮犬有相当数量的黏蛋白和明显的皮肤皱褶（图12-59，A）、黏液囊疱（图12-59，B）或两者都有。夸张的皱褶主要表现在头部、腹部和肢体远端，且一些犬因口腔也有皱褶而打鼾。水疱大小不一，并可在正常皮肤或浮肿皮肤上出现。

最近对沙皮犬自发性黏蛋白增多症的研究显示，发生淋巴管扭曲、透明质酸大量累积、出现促胰酶-羟肽酶亚型肥大细胞是该病的特征（见第十八章）。在一项研究中，正常沙皮犬透明质酸血清水平范围为106.7～251.8μg/L，有严重黏蛋白增多症患犬的透明质酸血清水平范围为843.5～2 330.0μg/L。

1. 诊断

根据夸张的皮肤皱褶可以假设性地初步诊断弥散性黏蛋白增多症，通过活检确诊，其中皮肤包含过多黏蛋白而无其他异常[162,330,331]。肉眼上囊疱与自身免疫性或免疫介导性紊乱相似，但是经临床评估囊疱内容物后可迅速确定为黏液性质。细针穿刺囊疱后不会有黏液流出。指压时黏液增多并清楚显现和黏厚。活检病变显示真皮浅层局部黏蛋白累积。目前有甲状腺功能正常的沙皮犬发生黏蛋白增多。因为该犬种易患甲状腺功能减退[333]，所以并发的甲状

图12-59 皮肤黏蛋白增多症 **A.** 1只皮肤极端皱纹的沙皮犬 **B.** 沙皮犬皮肤多发性囊疱。附着在手指上的一缕黏液（箭头所示）

腺异常会导致严重的黏蛋白增多症。

2. 临床管理

在大多数情况下沙皮犬的黏蛋白增多症仅会导致外观问题。且大多数患犬在2～5岁时摆脱该病[332]。口咽部受累的患犬在治疗时需警惕，因为麻醉时易导致呼吸骤停[333]。给予高剂量泼尼松龙（2.2mg/kg）6d后，症状会在接下来不给药的30d内慢慢缓解[332]。大多数动物在一个疗程后会维持正常状态，但一些犬需要重复和持续治疗。应对该类犬进行甲状腺功能评估。

（七）荨麻疹样色斑

人类肥大细胞增多综合征包括皮肤和其他器官系统肥大细胞增多[23]。荨麻疹样色斑是皮肤型肥大细胞增多症最常见的表现，并以出现易变小、黄褐色至红褐色的斑疹或丘疹为特征。该病见于犬和斯芬克斯猫[336,337]、喜马拉雅猫[1]、德文郡雷克斯猫[338,339]，笔者也曾在幼年暹罗猫中发现该病。

1. 临床特征

患猫在头部和颈部有黄色和结痂样丘疹（图12-60，A）。斯芬克斯猫因为无毛而致病变更广泛，包括腹部（图12-60，B）、尾部和四肢。患病动物表现中度到重度瘙痒。一些患猫会发生色素沉着。任何猫都不会因为皮肤划痕而诱导产生荨麻疹。

2. 诊断

该病缺少家族病史，应考虑所有引发猫结痂丘疹的病

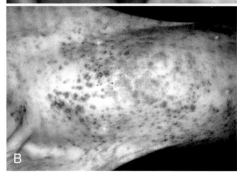

图12-60 色素性荨麻疹 **A.** 斯芬克斯猫轻度面部受累。丘疹性荨麻疹是对皮肤最小的损伤 **B.** 斯芬克斯猫腹部突然出现大量丘疹（B图由C. Vitale.提供）

因［例如粟粒性皮炎（见第八章）］。皮肤活检显示皮肤和皮下血管周良好，分化的肥大细胞呈弥散性中度到重度的浸润，伴有少量嗜酸性粒细胞和中性粒细胞。表皮黑色素沉着可能明显。可见外周嗜酸性粒细胞和嗜碱性粒细胞，但到目前为止没有器官受影响的报道。

3. 临床管理

因为发生荨麻疹样色斑的肥大细胞增多症只能是家族性或自发性的，所以不一定能治愈。联合或不联合抗组胺药的糖皮质激素治疗都能够控制疾病。环孢菌素（每24h 7.5mg/kg）有一定长期疗效且不良反应比较少[338]。

参考文献

[1] Scott DW, et al: *Muller and Kirk's Small Animal Dermatology*, ed 5, Philadelphia, 1995, W.B. Saunders Co.

[2] Kwochka KW, Rademakers AM: Cell proliferation kinetics of epidermis, hair follicles, and sebaceous glands of cocker spaniels with idiopathic seborrhea. *Am J Vet Res* 50:1918, 1989.

[3] Paradis M: Les séborrhées primaires héréditaires. *Point Vét* 28:559, 1996.

[4] Power HT, Ihrke PJ, Stannard AA, et al: Use of etretinate for treatment of primary keratinization disorders (idiopathic seborrhea) in cocker spaniels, West Highland white terriers, and basset hounds. *J Am Vet Med Assoc* 201:419, 1992.

[5] Scott DW, Miller WH: Primary seborrhoea in English springer spaniels: A retrospective study of 14 cases. *J Small Anim Pract* 37:173, 1996.

[6] Foil CS: The skin. In Hoskins JD, editor: *Veterinary Pediatrics*, ed 2, Philadelphia, 1995, W.B. Saunders Co.

[7] Gross TL, et al: *Veterinary Dermatopathology*, St. Louis, 1992, Mosby Year Book.

[8] Baker BB, Maibach HI: Epidermal cell renewal in seborrheic skin of dogs. *Am J Vet Res* 48:726, 1987.

[9] Kwochka KW: Cell proliferation kinetics in the hair root matrix of dogs with healthy skin and dogs with idiopathic seborrhea. *Am J Vet Res* 51:1570, 1990.

[10] Kwochka KW: In vivo and in vitro examination of cell proliferation kinetics in the normal and seborrheic canine epidermis. *Proc Annu Memb Meet Am Acad Vet Dermatol Am Coll Vet Dermatol* 7:46, 1991.

[11] Kwochka KW, Rademakers AM: Cell proliferation of epidermis, hair follicles, and sebaceous glands of beagles and cocker spaniels with healthy skin. *Am J Vet Res* 50:587, 1989.

[12] Kwochka KW, Smeak DD: The cellular defect in idiopathic seborrhea of cocker spaniels. In von Tscharner C, Halliwell REW, editors: *Advances in Veterinary Dermatology*, Vol 1, Philadelphia, 1990, Ballière Tindall, p 265.

[13] Kwochka KW, et al: Development and characterization of an in vitro cell culture system for the canine epidermis. *Proc Annu Memb Meet Am Acad Vet Dermatol Am Coll Vet Dermatol* 3:9, 1987.

[14] Raczkowski JJ: *Pathogenetic Studies of Canine Seborrheic Skin Disease in the West Highland White Terrier Breed*, 1984, Masters thesis, Kansas State University.

15] Vroom MW: A retrospective study of 43 West Highland white terriers. *Proc World Cong Vet Dermatol* 2:70, 1992.

[16] Kwochka KW: Shampoos and moisturizing rinses in veterinary dermatology. In Bonagura JD, editor: *Kirk's Current Veterinary Therapy XII*, Philadelphia, 1995, W.B. Saunders Co, p 590.

[17] Gordon JG, Kwochka KW: Corneocyte counts for evaluation of antiseborrheic shampoos in dogs. *Vet Dermatol* 4:57, 1993.

[18] Campbell KL, Kirkwood AR: Effect of topical oils on transepidermal water loss with seborrhea sicca. In Ihrke PJ, et al, editors: *Advances in Veterinary Dermatology*, Vol 2, New York, 1993, Pergamon Press, p 157.

[19] Campbell KL, et al: Effects of four anti-seborrheic shampoos on transepidermal water losses, hydration of the stratum corneum, skin surface lipid concentration, skin surface pH, and corneocyte counts in dogs. *Proc Annu Memb Meet Am Acad Vet Dermatol Am Coll Vet Dermatol* 10:85, 1994.

[20] Fadok VA: Treatment of canine idiopathic seborrhea with isotretinoin. *Am J Vet Res* 47:1730, 1986.

[21] Power HT, Ihrke PJ: The use of synthetic retinoids in veterinary medicine. In Bonagura JD, editor: *Kirk's Current Veterinary Therapy XII*, Philadelphia, 1995, W.B. Saunders Co, p 585.

[22] Kwochka KW: Advances in the management of canine scaling. *Proceedings of the Third World Congress of Veterinary Dermatology*, 1996, p 69.

[23] Freedberg IM, et al: *Fitzpatrick's Dermatology in General Medicine*, ed 5, New York, 1999, McGraw Hill Book Co.

[24] Paradis M, Scott DW: Hereditary primary seborrhea oleosa in Persian cats. *Feline Pract* 19:17, 1990.

[25] Bond R, et al: An idiopathic facial dermatitis of Persian cats. *Vet Dermatol* 11:35, 2000.

[26] Power HT: Newly recognized feline skin diseases. *Proc Annu Meet Am Acad Vet Dermatol Am Coll Vet Dermatol* 14:27, 1998.

[27] Bergvall K: A novel ulcerative nasal dermatitis of Bengal cats. *Vet Dermatol* 15:28, 2004.

[28] Auxilia ST, Abramo FS, Ficker C, et al: Juvenile idiopathic nasal scaling in three Bengal cats. *Vet Dermatol* 15:52, 2004.

[29] Alhaidari Z, et al: Congenital ichthyosis in two Cavalier King Charles spaniel littermates. *Vet Dermatol* 5:117, 1994.

[30] August JR, et al: Congenital ichthyosis in a dog: Comparison with the human ichthyosiform dermatoses. *Compend Contin Educ* 10:40, 1988.

[31] Helman RG, et al: Ichthyosiform dermatosis in a soft-coated wheaten terrier. *Vet Dermatol* 8:53, 1997.

[32] Lewis DT, et al: Characterization and management of a Jack Russell terrier with congenital ichthyosis. *Vet Dermatol* 9:111, 1998.

[33] Muller GH: Ichthyosis in two dogs. *J Am Vet Med Assoc* 169:1313, 1976.

[34] Scott DW: Congenital ichthyosis in a dog. *Comp Anim Pract* 19:7, 1987.

[35] DiGisvanna JJ: Ichthyosiform dermatoses. In *Fitzpatrick's Dermatology in General Medicine*, ed 6, New York, 2003, McGraw Hill Book Co, pp 481-505.

[36] Cadiergues MC, Patel A, Shearer DH, et al: Cornification defect in the golden retriever: clinical, histopathological, ultrastructural and genetic characterisation. *Vet Dermatol* 19:120-129, 2008.

[37] Mauldin EA, Credille KM, Dunstan RW, et al: The clinical and morphologic features of nonepidermolytic ichthyosis in the golden retriever. *Vet Pathol* 45:174-180, 2008.

[38] Guaguere E, Bensignor E, Küry S, et al: Clinical, histopathological and genetic data of ichthyosis in the golden retriever: a prospective study. *J Small Anim Pract* 50:227-235, 2009.

[39] Barnhart KF, Credille KM, Ambrus A, et al: A heritable keratinization defect of the superficial epidermis in Norfolk terriers. *J Comp Pathol* 130:246-254, 2004.

[40] Credille KM, Barnhart KF, Minor JS, et al: Mild recessive epidermolytic hyperkeratosis associated with a novel keratin 10 donor splice-site mutation in a family of Norfolk terrier dogs. *Br J Dermatol* 153:51-58, 2005.

[41] Credille KM, Minor JS, Barnhart KF, et al: Transglutaminase 1-deficient recessive lamellar ichthyosis associated with a LINE-1 insertion in Jack Russell terrier dogs. *Br Assoc Dermatol* 161:265-272, 2009.

[42] Barnett KC: Congenital keratoconjunctivitis sicca and ichthyosiform dermatosis in the cavalier King Charles spaniel. *J Small Anim Pract* 47:524-528, 2006.

[43] Olivry T, Mason IS: Genodermatoses: inheritance and management. In Kwochka KW, et al, editors: *Advances in Veterinary Dermatology III*, Boston,

1998, Butterworth-Heinemann, p 365.

[44] Credille KM, et al: Heterogeneity in nonepidermolytic ichthyosis in a cat and two dogs. In Kwochka KW, et al, editors: *Advances in Veterinary Dermatology III*, Boston, 1998, Butterworth-Heinemann, p 529.

[45] Lewis DT, et al: A hereditary disorder of cornification and multiple congenital defects in 5 Rottweiler dogs. *Vet Dermatol* 9:61, 1998.

[46] Scott DW, Miller WH, Jr: Congenital follicular parakeratosis in a rottweiler and Siberian husky. *Canine Pract* 25:16–19, 2000.

[47] Scott DW, Miller WH, Jr: Epidermal dysplasia and *Malassezia pachydermatis* infection in West Highland white terriers. *Vet Dermatol* 1:25, 1989.

[48] Nett CS, Reichler I, Grest P, et al: Epidermal dysplasia and *Malassezia* infection in two West Highland white terrier siblings: an inherited skin disorder or reaction to severe *Malassezia* infection? *Vet Dermatol* 12:285–290, 2001.

[49] Palshof P, Christoffersen E: *Malassezia pachydermatis* on the skin of normal and seborrheic West Highland white terriers. *Proc Eur Soc Vet Dermatol* 10:269, 1993.

[50] Gross TL, Halliwell RE, McDougal BJ, et al: Psoriasiform lichenoid dermatitis in the springer spaniel. *Vet Pathol* 23:76, 1986.

[51] Mason KV, Halliwell RE, McDougal BJ: Characterization of lichenoid-psoriasiform dermatosis of springer spaniels. *J Am Vet Med Assoc* 189:897, 1986.

[52] Burrows A, Mason KV: Observations of the pathogenesis and treatment of lichenoid-psoriasiform dermatitis of springer spaniels. *Proc Annu Memb Meet Am Acad Vet Dermatol Am Coll Vet Dermatol* 10:81, 1994.

[53] Hannigan MM: A refractory case of schnauzer comedo syndrome. *Can Vet J* 38:238, 1997.

[54] Binder H, Arnold S, Schelling C, et al: Palmoplantar hyperkeratosis in Irish terriers: Evidence of autosomal recessive inheritance. *J Small Anim Pract* 41:52, 2000.

[55] Kral F, Schwartzman RM: *Veterinary and Comparative Dermatology*, Philadelphia, 1964, J.B. Lippincott Co.

[56] Schleifer SG, Versteeg SA, van Oost B, et al: Familial footpad hyperkeratosis and inheritance of keratin 2, keratin 9, and desmoglein 1 in two pedigrees of Irish terriers. *Am J Vet Res* 64:715–720, 2003.

[57] Paradis M: Footpad hyperkeratosis in a family of Dogues de Bordeaux. *Vet Dermatol* 3:75, 1992.

[58] Kury S, Heuze M, Thomas A, et al: Search for the genetic causes of naso-plantar keratoderma in the Dogue de Bordeaux. *Vet Dermatol* 19:69, 2008.

[59] Guaguere E, Bensignor E, Muller A, et al: Epidemiological, clinical, histopathological, and therapeutic aspects of naso-plantar keratoderma in 18 Dogues de Bordeaux. *Vet Dermatol* 19:69, 2008.

[60] Pagé N, Paradis M, LaPointe JM, et al: Hereditary nasal parakeratosis in Labrador retrievers. *Vet Dermatol* 14:103–110, 2003.

[61] Peters J, Scott DW, Erb HN, et al: Hereditary nasal parakeratosis in Labrador retrievers: 11 new cases and a retrospective study on the presence of accumulations of serum ('serum lakes') in the epidermis of parakeratotic dermatoses and inflamed nasal plana of dogs. *Vet Dermatol* 14:197–203, 2003.

[62] Gupta BN: Epitheliogenesis imperfecta in a dog. *Am J Res* 34:443, 1973.

[63] Hewitt MP, Mills JH, Hunter B: Epitheliogenesis imperfecta in a black Labrador puppy. *Can Vet J* 16:371, 1975.

[64] Munday BL: Epitheliogenesis imperfecta in lambs and kittens. *Br Vet J* 126:47, 1970.

[65] Uetsuka K, Suzuki M, Suehiro M, et al: Systemic dermal dysplasia with perifollicular mucinosis in a dog. *Vet Pathol* 34:5, 1997.

[66] Rahal A, Mortari AC, Yamashita S, et al: Magnetic resonance imaging in the diagnosis of type 1 dermoid sinus in two Rhodesian ridgeback dogs. *Can Vet J* 49:871–876, 2008.

[66a] Kiviranta AM, Lappalainen AK, Hagner K, et al: Dermoid sinus and spina bifida in three dogs and a cat. *J Sm Anim Pract* 52:319–324, 2011.

[67] Fatone G, Brunetti A, Lamagna F, et al: Dermoid sinus and spinal malformations in a Yorkshire terrier: Diagnosis and follow-up. *J Small Anim Pract* 36:178, 1995.

[68] Antin IP: Dermoid sinus in a Rhodesian ridge-back dog. *J Am Vet Med Assoc* 157:961, 1970.

[69] Gammie JS: Dermoid sinus removal in a Rhodesian ridgeback dog. *Can Vet J* 27:250, 1986.

[70] Lanore D, et al: Sinus dermoïde chez une chienne rhodesian ridgeback. *Point Vét* 30:575, 1999.

[71] Lumbrechts N: Dermoid sinus in a crossbred Rhodesian ridgeback dog involving the second cervical vertebra. *J S Afr Vet Assoc* 67:155, 1996.

[72] Mann GE, Stratton J: Dermoid sinus in the Rhodesian ridgeback. *J Small Anim Pract* 7:631, 1966.

[73] Selcer EA, et al: Dermoid sinus in a Shih tzu and a boxer. *J Am Anim Hosp Assoc* 20:634, 1984.

[74] Salmon Hillbertz NHC, Andersson G: Autosomal dominant mutation causing the dorsal ridge predisposes for dermoid sinus in Rhodesian ridgeback dogs. *J Small Anim Pract* 47:184–188, 2006.

[75] Salmon Hillbertz NHC, Isaksson M, Karlsson EK, et al: Duplication of FGF3, FGF4, FGF19 and ORAOV1 causes hair ridge and predisposition to dermoid

sinus in ridgeback dogs. *Nat Genet* 39:1318–1320, 2007.

[76] Booth MJ: Atypical dermoid sinus in a chow show dog. *Tidskr S Afr Vet Ver* 69:102, 1998.

[77] Camacho AA, et al: Dermoid sinus in a Great Pyrenees dog. *Bras J Vet Res Anim Sci* 32:170, 1995.

[78] Cornegliani L, Ghibaudo G: A dermoid sinus in a Siberian husky. *Vet Dermatol* 10:47, 1999.

[79] Penrith ML: Dermoid sinus in a Boerboel bitch. *J S Afr Vet Assoc* 65:38, 1998.

[80] Pratt JN, Knottenbelt CM, Welsh EM: Dermoid sinus at the lumbosacral junction in an English springer spaniel. *J Small Anim Pract* 41:24, 2000.

[81] Sturgeon C: Nasal dermoid sinus cyst in a shih tzu. *Vet Rec* 163P:209–210, 2008.

[82] Burrow RD: A nasal dermoid sinus in an English bull terrier. *J Small Anim Pract* 45:572–574, 2004.

[83] Anderson DM, White RA: Nasal dermoid sinus cysts in the dog. *Vet Surg* 31:303–308, 2002.

[84] Bailey TR, Holmberg DL, Yager JA: Nasal dermoid sinus in an American cocker spaniel. *Can Vet J* 42:213–215, 2001.

[85] Comegliani L, Jommi E, Vercelli A: Dermoid sinus in a golden retriever. *J Small Anim Pract* 42:514–516, 2001.

[86] Pratt JN, Knottenbelt CM, Welsh EM: Dermoid sinus at the lumbosacral junction in an English springer spaniel. *J Small Anim Pract* 41:24–26, 2000.

[86a] Fleming JM, Platt SR, Kent M, et al: Cervical dermoid sinus in a cat: case presentation and review of the literature. *J Feline Med Surg* 13:992–996, 2011.

[86b] Tong T, Simpson DJ: Spinal dermoid sinus in a Burmese cat with paraparesis. *Aust Vet J* 87:450–454, 2009.

[86c] Simpson D, Baral R, Lee D, et al: Dermoid sinus in Burmese cats. *J Sm Anim Pract* 52:616, 2011.

[87] Olivry T, Linder KE: Dermatoses affecting desmosomes in animals: a mechanistic review of acantholytic blistering skin diseases. *Vet Dermatol* 20:313–326, 2009.

[88] Has C: Molecular genetic assays for inherited epidermolysis bullosa. *Clin Dermatol* 29:420–426, 2011.

[89] Bruckner-Tuderman L, McGrath JA, Robinson EC, et al: Animal models of epidermolysis bullosa: update 2010. *J Invest Dermatol* 130:1485–1488, 2010.

[90] Scott DW, Schultz RD: Epidermolysis bullosa simplex in a collie dog. *J Am Vet Med Assoc* 171:721, 1977.

[91] Miller WH, Jr: Canine facial dermatoses. *Compend Contin Educ* 1:640, 1979.

[92] Rest JR: Pathology of two possible genodermatoses. *J Small Anim Pract* 30:230, 1989.

[93] Hargis AM, Mundell AC: Familial canine dermatomyositis. *Compend Contin Educ* 14:855, 1992.

[94] Stonecipher MR, Jorizzo JL, White WL, et al: Cutaneous changes of dermatomyositis in patients with normal muscle enzymes. Dermatomyositis sine myositis? *J Am Acad Dermatol* 28:951, 1993.

[95] Dunstan RW, Sills RC, Wilkinson JE, et al: A disease resembling junctional epidermolysis bullosa in a toy poodle. *Am J Dermatopathol* 10:442, 1988.

[96] Fontaine J, et al: Familial junctional epidermolysis bullosa in Beauceron dogs. *Vet Dermatol* (submitted for publication).

[97] Guaguère E, et al: Epidermolyse bulleuse jonctionelle familale associée à une absence d'expression de collagène XVII (BPAG2, BP180) chez le Brague Allemand: À propos de deux case. *Prat Méd Chir Anim Comp* 32:471, 1997.

[98] Nagata M, et al: Mitis junctional epidermolysis bullosa in a dog. In Kwochka KW, et al, editors: *Advances in Veterinary Dermatology III*, Boston, 1998, Butterworth-Heinemann, p 528.

[99] Olivry T, et al: Absent expression of collagen XVII (BPAG2, BP180) in canine familial localized junctional epidermolysis bullosa. *Vet Dermatol* 8:203, 1997.

[100] Nagata M, Iwasaki T, Masuda H, et al: Non-lethal junctional epidermolysis bullosa in a dog. *Brit J Dermatol* 137:445–449, 1997.

[101] Capt A, Spirito F, Guaguere E, et al: Inherited junctional epidermolysis bullosa in the German pointer: establishment of a large animal model. *J Invest Dermatol* 124:530–535, 2005.

[102] Pertica G, Riva J, Strillacci MG, et al: Prevalence of inherited junctional epidermolysis bullosa in German shorthaired pointers bred in Italy. *Vet Rec* 157:751–752, 2010.

[103] Yoon JS, Minami T, Takizawa Y, et al: Two dogs with juvenile-onset skin diseases with involvement of extremities. *J Vet Med Sci* 72:1513–1156, 2010.

[104] Johnstone I, et al: A hereditary junctional mechanobullous disease in the cat. *Proc World Cong Vet Dermatol* 2:111, 1992.

[105] Alhaidari Z, Olivry T, Spadafora A, et al: Junctional epidermolysis bullosa in two domestic shorthair kittens. *Vet Dermatol* 16:69–73, 2006.

[106] Cerquetella M, Spaterna A, Beribè F, et al: Epidermolysis bullosa in the dog: four cases. *Vet Res Comm* 29:289–291, 2005.

[107] White SD, et al: Dystrophic (dermolytic) epidermolysis bullosa in a cat. *Vet Dermatol* 4:91, 1993.

[108] Olivry T, Dunston SM, Marinkovich MP: Reduced anchoring fibril formation and collagen VII immunoreactivity in feline dystrophic epidermolysis bullosa. *Vet Pathol* 36:616, 1999.

[109]Nagata M, Shimizu H, Masunaga T, et al: Dystrophic form of inherited epidermolysis bullosa in a dog (Akita Inu). *Br J Dermatol* 133:1000, 1995.

[110]Koch H, Walder E: Epidermolysis bullosa dystrophia in Beaucerons. In von Tscharner C, Halliwell REW, editors: *Advances in Veterinary Dermatology*, Vol 1, Philadelphia, 1990, Baillière Tindall, p 441.

[111]Palazzi Z, Marchal T, Chabanne L, et al: Inherited dystrophic epidermolysis bullosa in inbred dogs: a spontaneous animal model for somatic gene therapy. *J Invest Dermatol* 115:135–137, 2000.

[112]Baldeschi C, Gache Y, Rattenholl A, et al: Genetic correction of canine dystrophic epidermolysis bullosa mediated by retroviral vectors. *Hum Mol Genet* 12:1897–1905, 2003.

[113]Spirito F, Capt A, Del Rio M, et al: Sustained phenotypic reversion of junctional epidermolysis bullosa dog keratinocytes: establishment of an immunocompetent animal model for cutaneous gene therapy. *Biochem Biophys Res Comm* 339:769–778, 2006.

[114]Gache Y, Pin D, Gagnoux-Palacios L, et al: Correction of dog dystrophic epidermolysis bullosa by transplantation of genetically modified epidermal autografts. *J Invest Dermatol* 10:1038–1048, 2011.

[115]Bensignor E: A propos d'une observation de dermatomyosite chez un beauceron. *Rec Méd Vét* 173:125, 1997.

[116]Ferguson EA, Cerundolo R, Lloyd DH, et al: Dermatomyositis in five Shetland sheepdogs in the United Kingdom. *Vet Rec* 146:214, 2000.

[117]Guaguère E, et al: Familial canine dermatomyositis in 8 Beauceron shepherds. In Kwochka KW, et al, editors: *Advances in Veterinary Dermatology III*, Boston, 1998, Butterworth-Heinemann, p 527.

[118]Hargis AM, et al: A skin disorder in three Shetland sheepdogs: Comparison with familial canine dermatomyositis of collies. *Compend Contin Educ* 7:306, 1985.

[119]Guaguere E, Degorce-Rubiales F, Muller A: Familial canine dermatomyositis in six Belgian shepherds (Tervurens). *Vet Dermatol* 19:70, 2008.

[120]Campbell KL, Lowe AD, Lichtensteiger CA: Dermatomyositis in three Portuguese water dog littermates. *Vet Dermatol* 19:69, 2008.

[121]Nuttall TJ: What is your diagnosis? *J Small Anim Pract* 39:317, 1998.

[122]White SD, et al: Dermatomyositis in an adult Pembroke Welsh corgi. *J Am Anim Hosp Assoc* 28:398, 1992.

[123]Bourdeau P: La dermataomyosite familiale canine. *Point Vét* 28:553, 1996.

[124]Clark LA, Credille KM, Murphy KE, et al: Linkage of dermatomyositis in the Shetland sheepdog to chromosome 35. *Vet Dermatol* 16:392–394, 2005.

[125]Wahl JM, Clark LA, Skalli O, et al: Analysis of gene transcript profiling and immunobiology in Shetland sheepdogs with dermatomyositis. *Vet Dermatol* 19:52–58, 2008.

[126]Hargis AM, Winkelstein JA, Moore MP, et al: Complement levels in dogs with familial canine dermatomyositis. *Vet Immunol Immunopathol* 20:95, 1985.

[127]Iwasaki T, et al: Canine familial dermatomyositis in a family of Shetland sheepdogs. *Proc Annu Memb Meet Am Acad Vet Dermatol Am Coll Vet Dermatol* 15:15, 1999.

[128]Ihrke PJ, Gross TL: Ulcerative dermatosis of Shetland sheepdogs and collies. In Bonagura JD, editor: *Kirk's Current Veterinary Therapy XII*, Philadelphia, 1995, W.B. Saunders Co, p 639.

[129]Rees CA, Boothe DM: Therapeutic response to pentoxifylline and its active metabolites in dogs with familial canine dermatomyositis. *Vet Ther* 4:234–241, 2003.

[130]Rosenkrantz WA, Aniya JS: Cyclosporine, ketoconazole and azathioprine combination therapy in three cases of refractory canine pemphigus foliaceus. *Vet Dermatol* 18:192, 2007.

[131]Hargis AM, Moore MP, Riggs CT, et al: Severe secondary amyloidosis in a dog with dermatomyositis. *J Comp Pathol* 100:427, 1989.

[132]Jackson HA, Olivry T: Cutaneous lupus erythematosus (ulcerative dermatitis) in the Shetland sheepdog and collie: A review and revelation of the clinical and histological features. *Proc Annu Memb Meet Am Acad Vet Dermatol Am Coll Vet Dermatol* 15:31, 1999.

[133]Tada J, Hashimoto K: Ultrastructural localization of cell junctional components (desmoglein, phakoglobin, E-cadherin, and β-catenin) in Hailey-Hailey disease, Darier's disease, and pemphigus vulgaris. *J Cutan Pathol* 25:106, 1998.

[134]Shanley KJ, et al: Canine benign familial chronic pemphigus. In Ihrke PJ, et al, editors: *Advances in Veterinary Dermatology*, Vol 2, New York, 1993, Pergamon Press, p 353.

[135]Sueki H, Shanley K, Goldschmidt MH, et al: Dominantly inherited epidermal acantholysis in dogs, simulating human benign familial chronic pemphigus. *Br J Dermatol* 136:190, 1996.

[136]Rest JR, Theaker AJ: Lupoid dermatosis in a German shorthaired pointer. *Proc Eur Soc Vet Dermatol* 10:271, 1993.

[137]Theaker AJ: A case of lupoid dermatosis in a German short-haired pointer. *Proc Br Vet Dermatol Study Group* 16:5, 1994.

[138]Vercelli A, Schiavi S: A case report of lupoid dermatosis in a German short-haired pointer. In Kwochka KW, et al, editors: *Advances in Veterinary Dermatology III*, Boston, 1998, Butterworth-Heinemann, p 466.

[139]Vroom MW: Three cases with hereditary lupoid dermatosis of the German shorthaired pointer. *Proc Eur Soc Vet Dermatol* 10:67, 1993.

[140]Vroom MW, et al: Lupoid dermatosis in 5 German short-haired pointers.

[141]White SD, Gross TL: Hereditary lupoid dermatosis of the German shorthaired pointer. In Bonagura JD, editor: *Kirk's Current Veterinary Therapy XII*, Philadelphia, 1995, W.B. Saunders Co.

[142]Olivry T, et al: Interface dermatitis and sebaceous adenitis in exfoliative cutaneous lupus erythematosus ("lupoid dermatosis") of German shorthaired pointers. *Proc Annu Memb Meet Am Acad Vet Dermatol Am Coll Vet Dermatol* 15:41, 1999.

[143]EDFS McGrath JA, Mellerio JE: Ectodermal dysplasia-skin fragility syndrome. *Dermatol Clin* 28:125–129, 2010.

[144]Linder KE, Olivry T, Bernstein JA, et al: Novel congenital acantholytic blistering dermatosis in Chesapeake Bay retrievers. In Proceedings of the 24th North American Veterinary Dermatology Forum, Savannah, 2009, p 219.

[144a]Olivry T, Linder KE, Wang P, et al: Deficient plakophilin-1 expression due to mutation in *PKP1* Causes ectodermal dysplasia-skin fragility syndrome in Chesapeake Bay retrievers. *PloS ONE* 7(2):e32072, doi:10.1371/journal.pone.0032072, 2012.

[145]Guaguère E: Les alopécies d'origine génétique chez le chien. *Point Vét* 28:543, 1996.

[146]Mecklenburg L: An overview of congenital alopecia in domestic animals. *Eur Soc Vet Dermatol* 17:393–410, 2006.

[147]Scott DW, Rothstein E: Trichoptilosis in three golden retrievers. *Canine Pract* 23:14, 1998.

[148]Tieghi C, et al: Medullary trichomalacia: a retrospective study of 6 cases in the German shepherd. (In preparation, 1999).

[149]Geary MR, Baker KP: The occurrence of pili torti in a litter of kittens in England. *J Small Anim Pract* 27:85, 1986.

[150]Bettenay SV: Acrodermatitis of bull terriers—long term management. *Proc World Cong Vet Dermatol* 2:69, 1992.

[151]Wilkinson GT, Kristensen TS: A hair abnormality in Abyssinian cats. *J Small Anim Pract* 30:27, 1989.

[152]McKeever PJ, et al: Spiculosis. *J Am Anim Hosp Assoc* 28:257, 1992.

[153]Hirota Y, Koizumi N, Matsubara Y, et al: Immunologic features in hairless descendants derived from Mexican hairless dogs. *Japan J Vet Sci* 52:1217, 1990.

[154]Kimura T, Ohshima S, Doi K: The inheritance and breeding results of hairless descendants of Mexican hairless dogs. *Lab Anim* 27:55, 1993.

[155]Kimura T, Doi K: Age-related changes in skin color and histologic features of hairless descendants of Mexican hairless dogs. *Am J Vet Res* 55:480, 1994.

[156]Robinson R: The Canadian hairless or sphinx cat. *J Hered* 64:47, 1973.

[157]Kimura T, Doi K: Dorsal skin reactions of hairless dogs to topical treatment with corticosteroids. *Toxicol Pathol* 27:528, 1999.

[158]Kimura T, Doi K: The effect of topical minoxidil treatment on hair follicular growth of neonatal hairless descendants of Mexican hairless dogs. *Vet Dermatol* 8:107, 1997.

[159]Sander P, Drögeüller C, Cadieu E, et al: Analysis of the canine EDAR gene and exclusion as a candidate for the hairless phenotype in the Chinese crested dog. *Anim Genet* 36:168, 2005.

[160]Drögemüller C, Karlsson EK, Hytönen MK, et al: A mutation in hairless dogs implicates FOX13 in ectodermal development. *Science* 321:1462, 2008.

[161]Fukuta K, Koizumi N, Imamura K, et al: Microscopic observation of skin and lymphoid organs in the hairless dog derived from the Mexican hairless. *Exp Anim* 40:69, 1991.

[162]Dunstan RW, Rosser EJ: Newly recognized and emerging genodermatoses in domestic animals. *Curr Probl Dermatol* 17:216, 1987.

[163]Ihrke PJ, et al: Generalized congenital hypotrichosis in a female Rottweiler. *Vet Dermatol* 4:65, 1993.

[164]Selmanowitz VJ, Kramer KM, Orentreich N: Congenital ectodermal defect in poodles. *J Hered* 61:196, 1970.

[165]Casal ML, et al: Congenital hypotrichosis with thymic aplasia in nine Birman kittens. *J Am Anim Hosp Assoc* 30:600, 1994.

[166]Bourdeau P, et al: Alopécie héréditaire généralisée féline. *Rec Med Vet* 164:17, 1988.

[167]Thoday K: Skin diseases of the cat. *In Pract* 3:21, 1981.

[168]Scott DW: Feline dermatology 1900-1978: A monograph. *J Am Anim Hosp Assoc* 16:313, 1980.

[169]Casal ML, Jezyk PF, Greek JM, et al: X-linked ectodermal dysplasia in the dog. *J Hered* 88:513, 1997.

[170]Beco L, et al: Color dilution alopecia in seven dachshunds: A clinical study and the hereditary, microscopical, and ultrastructural aspect of the disease. *Vet Dermatol* 7:91, 1996.

[171]Casal ML, Jezyk PF, Greek JM, et al: X-linked ectodermal dysplasia in the dog. *J Hered* 88:513–517, 1997.

[172]O'Brien DP, Johnson GS, Schnabel RD, et al: Genetic mapping of canine multiple system degeneration and ectodermal dysplasia loci. *J Hered* 96:727–734, 2005.

[173]Moura E, Cirio SM: Clinical and genetic aspects of X-linked ectodermal dysplasia in the dog - a review including three new spontaneous cases. *Vet Dermatol* 15:269–277, 2004.

[174]Casal ML, Mauldin EA, Ryan S, et al: Frequent respiratory tract infections in the canine model of X-linked ectodermal dysplasia are not caused

小动物皮肤病学 （第7版）

by an immune deficiency. *Vet Immunol Immunopathol* 107:95–104, 2005.

[175]Casal ML, Lewis JR, Mauldin EA, et al: Significant correction of disease after postnatal administration of recombinant ectodysplasin A in canine X-linked ectodermal dysplasia. *Am J Hum Genet* 81:1050–1056, 2007.

[176]Mauldin EA, Gaide O, Schneider P, et al: Neonatal treatment with recombinant ectodysplasin prevents respiratory disease in dogs with X-linked ectodermal dysplasia. *Am J Med Genet A* 149A:2045–2049, 2009.

[177]Casal ML, Scheidt JL, Rhodes JL, et al: Mutation identification in a canine model of X-linked ectodermal dysplasia. *Mamm Genome* 16:524–531, 2005.

[178]Cadieu E, Neff MW, Quignon P, et al: Coat variation in the domestic dog is governed by variants in three genes. *Science* 326:150–153, 2009.

[179]Carlotti DN: Canine hereditary black hair follicular dysplasia and color mutant alopecia: Clinical and histopathological aspects. In von Tscharner C, Halliwell REW, editors: *Advances in Veterinary Dermatology*, Vol 1, Philadelphia, 1990, Baillière Tindall, p 43.

[180]Welle M, Philipp U, Rüfenacht S, et al: *MLPH* genotype-melanin phenotype correlation in dilute dogs. *J Hered* 100:S75–S79, 2009.

[181]Philipp U, Hamann H, Mecklenburg L, et al: Polymorphisms within the canine *MLPH* gene are associated with dilute coat color in dogs. *BMC Genet* 6:34–49, 2005.

[182]Drögemüller C, Philipp U, Haase B, et al: A noncoding melanophilin gene (*MLPH*) SNP at the splice donor of Exon I represents a candidate causal mutation for coat color dilution in dogs. *J Hered* 98:468–473, 2007.

[183]Schmutz SM, Moker JS, Clark EG, et al: Black hair follicular dysplasia, an autosomal recessive condition in dogs. *Can Vet J* 39:644, 1998.

[184]Schmutz SM, Moker JS, Clark EG, et al: Black hair follicular dysplasia, an autosomal recessive condition in dogs. *Can Vet J* 39:644–646, 1998.

[185]Hargis AM, et al: Black hair follicular dysplasia in black and white Saluki dogs. *Vet Dermatol* 2:69, 1991.

[186]Bohnhorst JØ, Hanssen I, Moen T: Antinuclear antibodies (ANA) in Gordon setters with symmetrical lupoid onychodystrophy and black hair follicular dysplasia. *Acta Vet Scand* 42:323–329, 2001.

[187]Munday JS, French AF, McKerchar GR: Black-hair follicular dysplasia in a New Zealand huntaway dog. *N Z Vet J* 57:170–172, 2009.

[188]Cerundolo R, Lloyd DH, McNeil PE, et al: An analysis of factors underlying hypotrichosis and alopecia in Irish water spaniels in the United Kingdom. *Vet Dermatol* 11:107–122, 2000.

[189]Cowan LA, et al: Thyroid hormone and testosterone concentrations in racing greyhounds with and without bald thigh syndrome. *J Vet Int Med* 11:142, 1997.

[190]Schoning PR, Cowan LA: Bald thigh syndrome of greyhound dogs: gross and microscopic findings. *Vet Dermatol* 11:49, 2000.

[191]Paradis M: Melatonin in veterinary dermatology. *Proc Annu Meet Can Vet Med Assoc Acad Can Med Vet* 50:46, 1998.

[192]Johnson PD, Dawson BV, Dorr RT, et al: Coat color darkening in a dog in response to a potent melanotropic peptide. *Small Anim Clin Endocrinol* 5:1, 1995.

[193]Yeleswaram K, McLaughlin LG, Knipe JO, et al: Pharmacokinetics and oral bioavailability of exogenous melatonin in preclinical animal models and clinical implications. *J Pineal Res* 22:45, 1997.

[194]Miller WH, Jr: Color dilution alopecia in Doberman pinschers with blue or fawn coat colors: A study on the incidence and histopathology of this disorder. *Vet Dermatol* 1:113, 1990.

[195]Miller WH, Jr: Alopecia associated with coat color dilution in two Yorkshire terriers, one Saluki, and one mix-breed dog. *J Am Anim Hosp Assoc* 27:39, 1991.

[196]Shimizu A, Nagata M, Shibata K, et al: Ultrastructural analysis of melanin transfer mechanism in canine hair follicles: comparison between a healthy dog and a dog with color dilution alopecia. *Japan J Vet Dermatol* 13:141–147, 2007.

[197]Guaguère E: Aspects histopathologiques et ultrastructuraux de l'alopécie des robes diluées: A propos d'un cos chez un Doberman pinscher bleu. *Prat Med Chirurg Anim Cie* 26:537, 1991.

[198]Brignac M, et al: Microscopy of color mutant alopecia. In von Tscharner C, Halliwell REW, editors: *Advances in Veterinary Dermatology*, Vol 1, Philadelphia, 1990, Baillière Tindall, p 448.

[199]Roperto F, et al: Colour dilution alopecia (CDA) in ten Yorkshire terriers. *Vet Dermatol* 6:171, 1995.

[200]Kim JH, Kang KI, Sohn HJ, et al: Color-dilution alopecia in dogs. *J Vet Sci* 6:259–261, 2005.

[201]Madewell BR, et al: Multiple skin tumours in a Doberman pinscher with colour dilution alopecia. *Vet Dermatol* 8:59, 1997.

[202]Scott DW: Les agrégats de mélanine dans l'appareil pilo-sébacé: Signification en dermatohistopathologie du chat. *Méd Vét Québec* 28:38, 1998.

[203]Bagladi MS, et al: Sebaceous gland melanosis in dogs with endocrine skin disease or follicular dysplasia: A retrospective study. *Vet Dermatol* 7:85, 1996.

[204]Rothstein E, et al: A retrospective study of dysplastic hair follicles and abnormal melanization in dogs with follicular dysplasia syndromes or endocrine skin disease. *Vet Dermatol* 9:235, 1998.

[205]Griffin CE: Etretinate—how is it being used in veterinary dermatology? *Derm Dialogue* Spring/Summer:4, 1993.

[206]Post K, et al: Hair follicle dysplasia in a Siberian husky. *J Am Anim Hosp Assoc* 24:659, 1988.

[207]Curtis CF, Evans H, Lloyd DH: Investigation of the reproductive and growth hormone status of dogs affected by idiopathic recurrent flank alopecia. *J Small Anim Pract* 37:417, 1966.

[208]Fontaine J, et al: Alopécie récidivante des flances: Étude de douze cas chez le griffon "Korthals." *Point Vét* 29:445, 1998.

[209]Paradis M: Quel est votre diagnostic? *Méd Vét Québec* 26:103, 1996.

[210]Waldman L: Seasonal flank alopecia in affenpinschers. *J Small Anim Pract* 36:272, 1995.

[211]Rachid MA, DeMaula CD, Scott DW, et al: Concurrent follicular dysplasia and interface dermatitis in boxer dogs. *Vet Dermatol* 14:159–166, 2003.

[212]Murayama N, Takahashi S, Hizume T, et al: Canine recurrent flank alopecia with hair loss on the nose bridge and the pinnae in a family of Airedale terrier. *Japan J Vet Dermatol* 11:1–4, 2005.

[213]Bassett RJ, Burton GG, Robson DC: Recurrent flank alopecia in a Tibetan terrier. *Aust Vet J* 83:276–279, 2005.

[214]Daminet S, Paradis M: Evaluation of thyroid function in dogs suffering from recurrent flank alopecia. *Can Vet J* 41:699–703, 2000.

[215]Post K, et al: Clinical and histopathologic changes as seen in Siberian husky follicular dysplasia. In von Tscharner C, Halliwell REW, editors: *Advances in Veterinary Dermatology*, Vol 1, Philadelphia, 1990, Baillière-Tindall, p 446.

[216]Miller WH, Jr: Follicular dysplasia in adult black and red Doberman pinschers. *Vet Dermatol* 1:181, 1990.

[217]Miller MA, Dunstan RW: Seasonal flank alopecia in boxers and Airedale terriers: 24 cases (1985-1992). *J Am Vet Med Assoc* 203:1567, 1993.

[218]Cerundolo R, Lloyd DH, Pidduck HG: Studies on the inheritance of hair loss in the Irish water spaniel. *Proc Am Acad Vet Dermatol Am Coll Vet Dermatol* 14:95, 1998.

[219]Miller WH, Jr, Scott DW: Follicular dysplasia of the Portuguese water dog. *Vet Dermatol* 6:67, 1995.

[220]Parker HG, Chase K, Cadieu E, et al: An insertion in the *RSPO2* gene correlates with improper coat in the Portuguese water dog. *J Hered* 10:612–617, 2010.

[221]LaFort-Dassot C, Beco L, Carlotti NE: Follicular dysplasia in five Weimaraners. *Vet Dermatol* 13:253–260, 2002.

[222]Fontaine J, Olivry T: Alopécie évoquant une lipidose folliculaire chez un Rottweiler. *Prat Méd Chir Anim Comp* 34:681, 1999.

[223]Gross TL, et al: Follicular lipidosis in three Rottweilers. *Vet Dermatol* 8:33, 1997.

[224]Allen LSS: Skin condition in Yorkshire terriers. *Canine Pract* 12:29, 1985.

[225]Carlotti D: A propos des alopécies auriculaires. *Point Vet* 25:8, 1993.

[226]Anderson RK: Canine acanthosis nigricans. *Compend Contin Educ* 1:466, 1979.

[227]Schwartzman RM, Orkin M: *A Comparative Study of Skin Diseases of Dog and Man*, Springfield, IL, 1962, Charles C Thomas, pp 313-318.

[228]Scott DW, Walton DK: Clinical evaluation of oral vitamin E for the treatment of primary acanthosis nigricans. *J Am Anim Hosp Assoc* 21:345, 1985.

[229]Rickards RA: A new treatment for canine melanosis. *Mod Vet Pract* 47:38, 1966.

[230]Halliwell REW, Gorman NT: *Veterinary Clinical Immunology*, Philadelphia, 1989, W.B. Saunders Co.

[231]Prieur DJ, Collier LL: Morphologic basis of inherited coat-color dilutions of cats. *J Hered* 72:178, 1981.

[232]Colgan SP, Blancquaert AM, Thrall MA, et al: Defective in vitro motility of polymorphonuclear leukocytes of homozygote and heterozygote Chédiak-Higashi cats. *Vet Immunol Immunopathol* 31:205, 1992.

[233]Yang T: Gray collie syndrome. *J Am Vet Med Assoc* 191:390, 1987.

[234]Pacheco JM, Traulsen A, Antal T, et al: Cyclic neutropenia in mammals. *Am J Hematol* 83:920–921, 2008.

[235]Benson KF, Li FQ, Person RE, et al: Mutations associated with neutropenia in dogs and humans disrupt intracellular transport of neutrophil elastase. *Nat Genet* 35:90–96, 2003.

[236]Meng R, Bridgman R, Toivio-Kinnucan M, et al: Neutrophil elastase processing defect in cyclic hematopoietic dogs. *Exper Hematol* 38:104–115, 2010.

[237]Chieffo C, Stalis IH, Van Winkle TJ, et al: Cerebellar Purkinje's cell degeneration and coat color dilution in a family of Rhodesian Ridgeback dogs. *J Vet Intern Med* 8:112, 1994.

[238]White SD, et al: Acquired aurotrichia ("gilding syndrome") of miniature schnauzers. *Vet Dermatol* 3:37, 1991.

[239]Fontaine J, Olivry T: Les asthénies cutanées héréditaires. *Point Vét* 28:549, 1996.

[240]Olivry T: Congenital and acquired collagen degeneration in dogs and cats. *Proc Annu Meet Eur Soc Vet Dermatol Eur Coll Vet Dermatol* 14:139, 1997.

[241]Ducatelle R, et al: A morphometric classification of dermatosparaxis in the dog and cat. *Vlaams Diergeneesk Tudschr* 56:107, 1987.

[242]Wenstrep RJ, Zhao H: Heritable disorders of connective tissue with skin changes. In *Fitzpatrick's Dermatology in General Medicine*, ed 6, New York,

2003, McGraw Hill Book Co, pp 1496–1507.

[243]Freeman LJ, Hegreberg GA, Robinette JD: Ehlers-Danlos syndrome in dogs and cats. Semin Vet Med Surg 2:221, 1987.

[244]Hegreberg GA, et al: A heritable connective tissue disease of dogs and mink resembling the Ehlers-Danlos syndrome of man. III: Histopathologic changes of the skin. Arch Pathol 90:159, 1970.

[245]Colombo S, et al: Congenital collagenopathy in a kitten. Proc Annu Meet Eur Soc Vet Dermatol Eur Coll Vet Dermatol 14:190, 1997.

[246]Hegreberg GA, Padgett GA: Ehlers-Danlos syndrome in animals. Bull Pathol 8:247, 1967.

[247]Rodriguez F, Herráez P, Espinosa de los Monteros A, et al: Collagen dysplasia in a litter of Garafiano shepherd dogs. J Vet Med A 43:509, 1996.

[248]Sequeira JL, Rocha NS, Bandarra EP, et al: Collagen dysplasia (cutaneous asthenia) in a cat. Vet Pathol 36:603, 1999.

[249]Hegreberg GA, et al: A heritable connective tissue disease of dogs and mink resembling the Ehlers Danlos syndrome of man. II: Mode of inheritance. J Hered 60:249, 1969.

[250]Collier LA, et al: A clinical description of dermatosparaxis in a Himalayan cat. Feline Pract 10:25, 1980.

[251]Counts DF, et al: Dermatosparaxis in a Himalayan cat. I. Biochemical studies of dermal collagen. J Invest Dermatol 74:96, 1980.

[252]Fontaine J, et al: Anomalie du collagene dermique: Dermatosparaxie chez un chat europeén. Point Vét 24:255, 1992.

[253]Minor RR, Wootton JA, Prockop DJ, et al: Genetic diseases of connective tissues in animals. Curr Probl Dermatol 17:199, 1987.

[254]Scott DW: Cutaneous asthenia in a cat. Vet Med (SAC) 69:1256, 1974.

[255]Barnett KC, Cottrell BD: Ehlers-Danlos syndrome in a dog: Ocular, cutaneous and articular abnormalities. J Small Anim Pract 28:941, 1987.

[256]Bellini MH, Scapinelli MP, Simões MJ, et al: Increased elastic microfibrils and thickening of fibroblastic nuclear lamina in canine cutaneous asthenia. Vet Dermatol 20:139–143, 2009.

[257]Paciello O, Lamagna F, Lamagna B, et al: Ehlers-Danlos-like syndrome in 2 dogs: clinical, histologic, and ultrastructural findings. Vet Clin Pathol 32:13–18, 2003.

[258]Holbrook KA, Byers PH, Counts DF, et al: Dermatosparaxis in the Himalayan cat. II: Ultrastructural studies of dermal collagen. J Invest Dermatol 74:100, 1980.

[259]Minor RR: Animal models of heritable diseases of the skin. In Goldsmith EL, editor: Biochemistry and Physiology of Skin, New York, 1982, Oxford University Press.

[260]Scott DW: Feline dermatology: Introspective retrospections. J Am Anim Hosp Assoc 20:537, 1984.

[261]Jelínek F, Karban J: Cutaneous asthenia in one dog. Acta Vet Brno 67:109, 1998.

[262]Sousa C: Soft-coated Wheaten terriers and E.D.S. Derm Dialogue 1:3, 1982.

[263]Barrera R, Mañe C, Duran E, et al: Ehlers-Danlos syndrome in a dog. Can Vet J 45:355–356, 2004.

[264]Rodriguez F, Herráez P, Epinosa de los Monteros A, et al: Collagen dysplasia in a litter of Garafiano shepherd dogs. Zentralbl Veterinarmed A 43:509–512, 1996.

[265]Sequeira JL, Rocha NS, Bandarra EP, et al: Collagen dysplasia (cutaneous asthenia) in a cat. Vet Pathol 36:603–606, 1999.

[266]Burton G, Stenzel D, Mason KV: Cutaneous asthenia in Burmese cats: a vasculopathy? Vet Dermatol 11:31, 2000.

[267]Matthews BR, Lewis GT: Ehlers-Danlos syndrome in a dog. Can Vet J 31:389, 1990.

[268]Patterson DF, Minor RR: Hereditary fragility and hyper-extensibility of the skin of cats. Lab Invest 37:170, 1977.

[269]Fernandez CJ, et al: Staining abnormalities of dermal collagen in cats with cutaneous asthenia or acquired skin fragility as demonstrated with Masson's trichrome stain. Vet Dermatol 9:49, 1998.

[270]Affolter V: Collagen disorder of the footpads of three German shepherd dogs. In Ihrke PJ, et al, editors: Advances in Veterinary Dermatology, Vol 2, New York, 1993, Pergamon Press, p 418.

[271]Gruys E: Inflammatory syndrome of footpads in puppies and AA-amyloidosis. Vet Rec 138:264, 1996.

[272]Kristensen F: Deep metatarsal/metacarpal toritis in German shepherds. Proc Annu Meet Eur Soc Vet Dermatol Eur Coll Vet Dermatol 14:194, 1997.

[273]Kunkle GA, White SD, Calderwood-Mays M, et al: Focal metatarsal fistulas in five dogs. J Am Vet Med Assoc 202:756, 1993.

[274]Niebauer GW, Wolf B, Bashey RI, et al: Antibodies to canine collagen types I and II with spontaneous cruciate ligament rupture and osteoarthritis. Arthritis Rheum 30:319, 1987.

[275]Pagé N, Paradis M: Quel est votre diagnostic? Méd Vét Québec 26:147, 1996.

[276]Bergvall S: Sterile idiopathic pedal panniculitis in the German shepherd dog—clinical presentation and response to treatment of four cases. J Small Anim Pract 36:498, 1995.

[277]Bergvall K: Efficacy of topical tacrolimus ointment for treatment of plantar fistulae in German shepherd dogs. Vet Dermatol 15:27, 2004.

[278]Oliveira AM, Obwolo MJ, van den Broek AHM, et al: Focal metatarsal sinus tracts in a Weimaraner successfully managed with ciclosporin.

J Small Anim Pract 48:161–164, 2007.

[278a]Jonasdottir TJ, Mellersh CS, Moe L, et al: Genetic mapping of a naturally occurring hereditary renal cancer syndrome in dogs. Proc Natl Acad Sci USA 97:4132–4137, 2000.

[278b]Lingaas F, Comstock KE, Kirkness EF, et al: A mutation in the canine BHD gene is associated with hereditary multifocal renal cystadenocarcinoma and nodular dermatofibrosis in the German Shepherd dog. Hum Mol Genet 12:3043–3053, 2003.

[279]Scott-Moncrieff JC, Snyder PW, Glickman LT, et al: Systemic necrotizing vasculitis in nine young beagles. J Am Vet Med Assoc 201:1553, 1992.

[280]Fondati A, Fondevila MD, Minghelli A, et al: Familial cutaneous vasculopathy and demodicosis in a German shepherd dog. J Small Anim Pract 39:137, 1998.

[281]Rest JR, Forrester D, Hopkins JN: Familial vasculopathy of German shepherd dogs. Vet Rec 138:144, 1996.

[282]Weir JA, Yager JA, Caswell JL, et al: Familial cutaneous vasculopathy of German shepherd dogs: Clinical, genetic, and preliminary pathological and immunologic studies. Can Vet J 35:763, 1994.

[283]Carpenter JL, et al: Idiopathic cutaneous and renal glomerular vasculopathy of greyhounds. Vet Pathol 35:401, 1988.

[284]Burkett G: Skin disease in greyhounds. Vet Med 95:115, 2000.

[285]Cowan LA, Hertzke DM, Fenwick BW, et al: Clinical and clinicopathologic abnormalities in greyhounds with cutaneous and renal glomerular vasculopathy: 18 cases (1992-1994). J Am Vet Med Assoc 210:789, 1997.

[286]Pedersen K, Scott DW: Idiopathic pyogranulomatous inflammation and leukocytoclastic vasculitis of the nasal planum, nostrils, and nasal mucosa in Scottish terriers in Denmark. Vet Dermatol 2:85, 1991.

[287]Tonelli EA, Benson CJ, Scott DW, et al: Hereditary pyogranuloma and vasculitis of the nasal plane in Scottish terriers: two new cases from Argentina and the United States. Japan J Vet Dermatol 15:69–73, 2009.

[288]Parker WM, Foster RA: Cutaneous vasculitis in five Jack Russell terriers. Vet Dermatol 7:109, 1996.

[289]Torres SMF, Brien TO, Scott DW: Dermal arteritis of the nasal philtrum in a giant schnauzer and three Saint Bernard dogs. Vet Dermatol 13:275–281, 2002.

[290]Pratschke KM, Hill PB: Dermal arteritis of the nasal philtrum: surgery as an alternative to long-term medical therapy in two dogs. J Small Animal Pract 50:99–103, 2009.

[291]Fossum TW, Miller MW: Lymphedema—etiopathogenesis. J Vet Intern Med 6:238, 1992.

[292]Jacobsen JOG, Egges C: Primary lymphoedema in a kitten. J Small Anim Pract 38:18, 1997.

[293]Neu H, et al: Primäre kongenitale lymphödeme bei sieben Labarador-, einem Deutschen Schäferhund-und einem Kanadischen Wolfswelpen. Kleintierpraxis 39:S383, 1994.

[294]Mitsuda C, Oda H, Ito M, et al: Juvenile-onset, severe peripheral edema in miniature schnauzers. Jpn J Vet Dermatol 16:133–136, 2010.

[295]Luginbuhl H, et al: Congenital hereditary lymphedema in the dog, part II: Pathological studies. J Med Genet 4:153, 1967.

[296]Patterson DF, et al: Congenital hereditary lymphedema in the dog, part I: Clinical and genetic studies. J Med Genet 4:145, 1967.

[297]Fossum TW, King LA, Miller MW, et al: Lymphedema—clinical signs, diagnosis and treatment. J Vet Intern Med 6:312, 1992.

[298]Ryan T, Mortimer PS: Cutaneous lymphatic system. Clin Dermatol 13:417, 1995.

[299]Ladds PW, Dennis SM, Leipold HW: Lethal congenital edema in bulldog pups. J Am Vet Med Assoc 155:81, 1971.

[300]Takahashi JL, et al: Primary lymphedema in a dog: A case report. J Am Anim Hosp Assoc 20:849, 1984.

[301]Jezyk PF, Haskins ME, MacKay-Smith WE, et al: Lethal acrodermatitis in bull terriers. J Am Vet Med Assoc 188:833, 1986.

[302]McEwan NA: Confirmation and investigation of lethal acrodermatitis of bull terriers in Britain. In Ihrke PJ, et al, editors: Advances in Veterinary Dermatology, Vol 2, New York, 1993, Pergamon Press, p 151.

[303]Smits B, et al: Lethal acrodermatitis in bull terriers: A problem of defective zinc metabolism. Vet Dermatol 2:91, 1991.

[304]McEwan NA, Huang HP, Mellor DJ: Immunoglobulin levels in bull terriers suffering from lethal acrodermatitis. Vet Immunol Immunopathol 96:235–238, 2003.

[305]McEwan NA: Malassezia and Candida infections in bull terriers with lethal acrodermatitis. J Small Anim Pract 42:291–297, 2001.

[306]McEwan NA, McNeil PE, Thompson H, et al: Diagnostic features, confirmation and disease progression in 28 cases of lethal acrodermatitis of bull terriers. J Small Anim Pract 41:501–507, 2000.

[307]Grider A, Mouat MF, Mauldin EA, et al: Analysis of the liver soluble proteome from bull terriers affected with inherited lethal acrodermatitis. Mol Genet Metab 92:249–257, 2007.

[308]Campbell GA, Crow D: Severe zinc responsive dermatosis in a litter of Pharaoh Hounds. J Vet Daign Invest 22:663–666, 2010.

[309]Ackland ML, Michalczyk A: Zinc deficiency and its inherited disorders – review. Genes Nutr 1:41–49, 2006.

[310]Uchida Y, Moon-Fanelli AA, Dodman NH, et al: Serum concentrations of

zinc and copper in bull terriers with lethal acrodermatitis and tail-chasing behavior. *Am J Vet Res* 58:808, 1997.

[311]Mundell AC: Mineral analysis in bull terriers with lethal acrodermatitis. *Proc Annu Memb Meet Am Acad Vet Dermatol Am Coll Vet Dermatol* 4:22, 1988.

[312]McEwan NA: Nail disease, zinc deficiency and lethal acrodermatitis. *Proc Br Vet Dermatol Study Grp* Spring:29, 1999.

[313]McEwan NA: Isolation of yeasts from bull terriers suffering from lethal acrodermatitis. *Proc Eur Soc Vet Dermatol* 10:277, 1993.

[314]Kunkle GA, et al: Tyrosinemia in a dog. *J Am Anim Hosp Assoc* 20:615, 1984.

[315]Macri B, Marino F, Mazzullo G, et al: Mucopolysaccharidosis VI in a Siamese/short-haired European cat. *J Vet Med A* 49:438–442, 2002.

[316]Silverstein Dombrowski DC, Carmichael KP, Wang P, et al: Mucopolysaccharidosis type VII in a German shepherd dog. *J Am Vet Med Assoc* 224:553–557, 2004.

[317]Cummings JF, de Lahunta A, Winn SS: Acral mutilation and nociceptive loss in English pointer dogs. *Acta Neuropathol* 53:119, 1981.

[318]Mason LT: The occurrence and pedigree analysis of a hereditary sensory neuropathy in the English springer spaniel. *Proc Annu Memb Meet Am Coll Vet Dermatol Am Coll Vet Dermatol* 15:23, 1999.

[319]Paradis M, deJaham C, Page N, et al: Acral mutilation and analgesia in 13 French spaniels. *Vet Dermatol* 16:87–93, 2005

[319a]   Bardagi M, Montoliu P, Ferrer L, et al: Acral mutilation syndrome in a miniature pinscher. *J Comp Pathol* 144:235–238, 2011.

[320]Hutt FB: Necrosis of the toes. In *Genetics for Dog Breeders*, San Francisco, 1979, W.H. Freeman.

[321]Stern-Bertholtz W, Sjöström L, Håkanson NW: Primary secretory otitis media in the cavalier King Charles spaniel: a review of 61 cases. *J Small Anim Pract* 44:253–256, 2003.

[322]Bredal WP, Gunnes G, Vollset I, et al: Oral eosinophilic granuloma in three cavalier King Charles spaniels. *J Small Anim Pract* 37:499–504, 1996.

[323]German AJ, Holden DJ, Hall EJ, et al: Eosinophilic diseases in two cavalier King Charles spaniels. *J Small Anim Pract* 43:533–538, 2002.

[324]Rusbridge C: Persistent scratching in Cavalier King Charles spaniels. *Vet Rec* 140:239, 1997.

[325]Rusbridge C: Persistent scratching in Cavalier King Charles spaniels. *Vet Rec* 141:179, 1997.

[326]Rusbridge C, MacSweeny JE, Davies JV, et al: Syringohydromyelia in Cavalier King Charles spaniels. *J Am Anim Hosp Assoc* 36:34, 2000.

[327]Dewey CW, Berg JM, Stefanacci JD, et al: Caudal occipital malformation syndrome in dogs. *Compend Contin Educ Pract Vet* 26:866–896, 2004.

[328]Dewey CW, Berg JM, Barone G, et al: Foramen magnum decompression for treatment of caudal occipital malformation syndrome in dogs. *J Am Vet Med Assoc* 227:1270–1275, 2005.

[329]Gnirs K, Prélaud P: Cutaneous manifestations of neurological diseases: review of neuro-pathophysiology and diseases causing pruritus. *Vet Dermatol* 16:137–146, 2005.

[330]Miller WH, Jr, Buerger RG: Cutaneous mucinous vesiculation in a dog with hypothyroidism. *J Am Vet Med Assoc* 196:757, 1990.

[331]Beale KM, et al: Papular and plaque-like mucinosis in a puppy. *Vet Dermatol* 2:29, 1991.

[332]Griffin CE, Rosenkrantz WS: Skin disorders of the Shar-Pei. In Kirk RW, Bonagura JD, editors: *Kirk's Current Veterinary Therapy XI*, Philadelphia, 1991, W.B. Saunders Co, p 519.

[333]Miller WH, Jr, Wellington JR, et al: Dermatologic disorders of Chinese Shar-Peis: 58 cases (1981-1989). *J Am Vet Med Assoc* 200:986, 1992.

[334]Zanna G, Docampo MJ, Fondevila D, et al: Hereditary cutaneous mucinosis in Shar Pei dogs is associated with increased hyaluronan synthase-2 mRNA transcription by cultured dermal fibroblasts. *Vet Dermatol* 20:377–382, 2009.

[335]Zanna G, Fondevila D, Bardagi M, et al: Cutaneous mucinosis in Shar-Pei dogs is due to hyaluronic acid deposition and is associated with high levels of hyaluronic acid in serum. *Vet Dermatol* 19:314–318, 2008.

[336]Vitale CB, et al: Feline urticaria pigmentosa in three related Sphinx cats. *Vet Dermatol* 7:227, 1996.

[337]Guaguere E, Fontaine J: Efficacy of cyclosporin in the treatment of feline urticaria pigmentosa: two cases. *Vet Dermatol* 15:63, 2004.

[338]Noli C, Scarampella F: Feline urticaria pigmentosa-like disease in two unrelated Devon Rex cats. *Proc Annu Memb Meet Am Acad Vet Dermatol Am Coll Vet Dermatol* 15:65, 1999.

[339]Noli C, Colombo S, Abramos F, et al: Papular eosinophilic/mastocytic dermatitis (feline urticaria pigmentosa) in Devon Rex cats: a distinct disease entity or a histopathological reaction pattern? *Vet Dermatol* 15:235–259, 2004.

第十三章 色素异常

一、术语和介绍

正常皮肤的颜色主要取决于皮肤中黑色素、β-胡萝卜素、氧合血红蛋白或所含有的还原性血红蛋白的数量，及皮下组织、血管、真皮、表皮和毛发中色素的位置。色素影响皮肤颜色的一个例子是当黑色素位于真皮层时，通常皮肤表现为蓝色、蓝黑色或蓝灰色；当其存在于表皮时多为黑色（图13-1）。表皮毛发色素沉着主要源于黑色素，黑色素有2种形式和4个基础颜色[1,2]。黑色和棕色色素源于真黑色素。嗜黑色素是红色和黄色色素，且含有可形成5-S-半胱氨酸多巴的半胱氨酸巯基。中间黑色素是由真黑色素和嗜黑色素混合而成的。尽管有4种主要的黑色素，但它们的产物和颜色还是会受到一些酶的影响，尤其是酪氨酸酶和酪氨酸酶相关蛋白1和2（TYRP1，TYRP2）。TYRP1的突变可改变颜色的表达，如黑色的黑色素表现为棕色或栗色，棕色的黑色素则变为红色或肉桂色[3,4]。缺乏黑色素会导致皮肤或毛发变白。表13-1包含了在描述色素变化时所用的术语。第一章全面讨论了黑化作用的过程及其调控机理。接下来将提及黑色素局部调节的一些方面。

低等动物中，褪黑素在皮肤色素沉着的调控中发挥了巨大作用。人、猫和犬的促肾上腺皮质激素（ACTH）和垂体促脂素在一定程度上可调节黑化作用。角化细胞和黑色素细胞间的相互作用也很重要。角化细胞可以产生多种影响生长、分化、酪氨酸酶活性、树突生长、色素沉着及黑色素细胞形态的因子[2,5]。体外培养的人类角化细胞可产生基本成纤维细胞生长因子和内皮素-1[6]。这两种因子均为黑色素细胞分裂素，在体外内皮素-1也会增加酪氨酸酶的活性。肿瘤坏死因子（TNF）-α和白介素（IL）-1可刺激人类黑色素细胞上细胞间黏附因子1（ICAM-1）的表达。人类的各种细胞因子和白三烯可影响黑色素细胞的功能，包括白三烯B4（LTB4）的局部刺激作用，IL-1、IL-6和IL-7抑制黑素原的生成。这些局部因子可更好地解释动物中色素局部调节和模式的变化。

毛发色素沉着是独立于皮肤和毛囊黑色素的。毛发内的黑色素细胞存在于毛球茎中。与一直处于活跃状态的表皮黑色素细胞不同的是，毛发黑色素细胞仅在毛发生长期处于活跃状态，且在毛发生长期间毛发黑色素细胞的调控和活性是可变的。毛囊黑色素细胞产生的黑色素颗粒较大。毛发颜色的变化反映出黑色素的大小、形式、性状和分散度。遗传及其在黑色素、酶和受体参与毛发色素沉着调控中的影响，这一领域研究的较深入。已确定，至少以下7种基因决定犬的被毛颜色[7]：

- 刺鼠信号肽。
- β-防御素103。
- 黑皮质素1感受器。
- 黑素亲和素。
- 小眼症相关的转录因子。
- 酪氨酸酶相关蛋白。
- SILV（之前称为PMEL17）。

至少还有其他两种基因参与猫的被毛颜色[8-10]。我们知道很多关于毛发颜色形成过程的知识，但对许多疾病相关的毛发色素沉着的病理性变化却知之甚少。目前认为自由基的氧化损伤参与某些疾病。

可见的色素沉着依赖于黑素体的转移阶段、黑素体的大小和黑素体在角化细胞中的分布。在角化细胞中，大于 $0.5 \sim 0.7\mu m$ 的黑素体呈分散状态，较小的黑素体聚集为黑素体复合物。当角化细胞迁移至皮肤表面时，黑素体退化的速度可能不同。浅色皮肤黑素体退化的速度高于深色皮肤。如果考虑与正常色素沉着相关的所有因素，这一复杂过程的不同阶段均可能会发生缺陷。

神经组织和眼睛中黑化作用的过程也很重要。这就解释了为什么各种神经和眼部疾病与被毛颜色相关。在一些病例中，皮肤和被毛颜色可能是这些疾病的标志。自19世纪后期，发现的最经典病例为白色的犬和猫多伴有耳聋[11]。在边境柯利牧羊犬中，耳聋的发生率与摩尔基因和头部白色毛发的数量相关[12]。眼色素层皮肤疾病（见第九章）是免疫介导性获得性疾病影响皮肤和眼睛色素沉着的另一个例子。已有研究表明，缺乏苯丙氨酸的猫会出现被毛颜色变化和神经性疾病[13]。与白化病相关的先天性遗传性斜视和自发性眼球震颤不太常见，根据暹罗猫的被毛颜

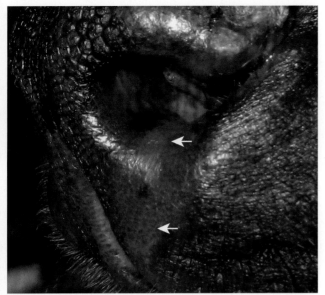

图13-1　患盘状红斑狼疮犬的鼻镜。盘状红斑狼疮起因于色素异常，黑色素颗粒被释放入浅表真皮。白色箭头所指区域为真皮色素引起的蓝灰色皮肤

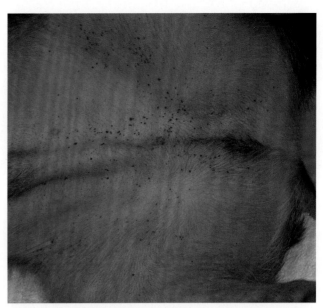

图13-2　15月龄的腊肠混血犬多处存在扁平的色素沉着斑疹（痣）

表13-1　用于描述色素变化的术语

术语	定义
毛发褪色	毛发中色素减少或缺失；可能有一定形态，如呈带状或位于发根部分
灰色	毛发中色素减少
色素沉着过度	一般指色素增加
色素沉着不足	一般指色素减少
白斑病	皮肤色素缺乏
白发病	毛发色素缺乏
黑皮病	皮肤色素增加
毛黑变	毛发色素增加
灰发症	毛发呈不成熟的灰色

色变化，可判断暹罗猫是否患有此病[14]。

二、色素沉着过度

色素沉着过度或黑皮病主要与表皮和角质细胞内黑色素的增加相关。组织结构上看，可能还有皮肤色素，但黑色皮肤上的色素定位无法确定。动物色素沉着过度可能是遗传性的、获得性的或与有色素沉着的肿瘤相关。

（一）遗传性因素

1. 雀斑

雀斑是一种黑色的斑点型黑变病，通常有多个病变部位，最常见于腹部。雀斑出现在成熟犬中。几个月内雀斑就会呈现数量和规模上的增加，随后静止，在犬一生中保持不变。病变部位有时聚集成束，有时在身体腹侧表面广泛分布。这些界限明显的斑疹并不瘙痒，且对病畜来说无明显感觉。雀斑表面不粗糙，也无明显增厚。当表面角化过度或增厚时，就要考虑其他疾病了，如表皮痣或与乳头瘤病毒相关

的病变。雀斑也被称为焦油斑点病（图13-2）。

巴哥犬中报道过的一种称为着色斑病的遗传型雀斑，该病被认为呈常染色体显性遗传模式[15]。这些犬中常见的病变表现为临床与组织学上的增生[16]，然而，实际上作者可能描述的是色素表皮痣[17]或乳头状瘤相关病变[18]。同样地，据报道在1只银猫中也发现了常见的雀斑（也可能是表皮痣），认为是单纯性雀斑痣[19]。

组织结构上，早期雀斑的特征为局部黑色素细胞和黑素体大幅增加[20,21]。因为几乎所有的角化细胞中都含有黑素体，故表皮色素沉着也大幅增加。表皮通常无结构变化或仅有轻微结构变化。随着病变发展，表皮可能会轻微增厚、轻微角化过度和轻微网脊形成。

因为目前尚未有犬、猫雀斑恶变的报道，故这种颜色性变化无明显意义。唯一的意义为这一病变需与色素瘤相区分，尤其是黑色素瘤、乳头状病毒相关病变（有癌变潜力）和色素痣。

2. 橘色猫中的单纯性雀斑痣

橘色猫中发生过单纯性雀斑痣[22,23]。其特征为无症状的斑点型黑变病，通常小于1岁龄的猫开始发病。

病变从嘴唇开始，以小的黑色无症状斑点开始；随着时间推移，病变逐渐扩大，数量也增多。除嘴唇，病变还会发生于鼻、齿龈和眼睑上。斑点型黑变病的边界分明，一般为圆形均一的结构，直径为1～9mm，偶尔几个或数个斑点会融合（图13-3），周围组织正常。多年后病变之间色素沉着情况无明显差异性，且这种病是无症状的，不发展成恶性黑色素瘤，也没有确定的原因。

由于黑色素细胞数量的增多和邻近基底层的角化细胞黑色素过度沉着，组织病理学的特征包括黑色素过度沉着明显，主要存在于上皮的基底细胞层。嗜黑色素细胞也偶尔见于表皮。

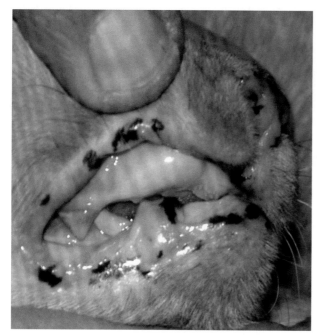

图13-3　1只存在单纯性雀斑痣的橘色猫，唇部可见明显的斑点型黑变病

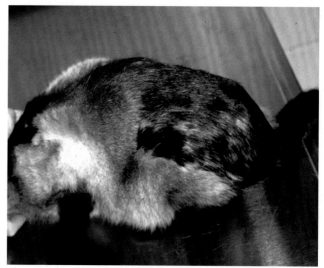

图13-4　动物不断舔舐后背毛发，导致皮温降低，使毛发变为黑色

单纯性雀斑痣是一种外观缺陷。这些病变无须治疗，但如果需要，手术切除是消除病变唯一的方法。

3. 表皮痣

痣是皮肤的发育缺陷，在一些病例中，痣有遗传性（见第二十章）。痣可能与皮肤病、皮肤发育线（Blaschko lines）或外周神经有关，且可呈线性排列[24,25]。大多表皮痣和所有黑色素痣均与色素沉着有关，但对表皮痣而言，色素沉着程度是可变的。粉刺黑痣也经常表现为色素沉着，但常表现为斑疹或斑。

尽管可能继发感染，且可能会有瘙痒或炎症反应，但这些病变通常只是颜色改变。手术切除或激光消融手术可治愈。依曲替酯（不再考虑阿维酸）对某些非手术治疗的表皮痣或粉刺黑痣有效。

4. 犬黑棘皮症

犬黑棘皮症最常见于腊肠犬，先天就有此病一般与遗传有关（见第十二章）。也可后天获得相似病变，且可在各种慢性炎症疾病中继发感染本病。因此，这一术语也用来形容与摩擦、过敏性疾病及马拉色菌性皮脂溢相关病因的疾病模式。

5. 色素性荨麻疹

色素性荨麻疹见于斯芬克斯猫，可能具有遗传性，因此一些患猫具有一定的亲属关系[26]。该病表现为多病灶的平顶丘疹和斑块，呈黑棕色，病变部位通常瘙痒，并表现为与先前创伤相关的分布。当组织病理学诊断结果显示肥大细胞浸润而无恶性特征时，可确诊本病。有报道称此病使用抗组胺药物与全身性糖皮质激素治疗有一定疗效（见第十二和第二十章）。

6. 猫端部黑化

暹罗猫、喜马拉雅猫、巴厘猫、伯曼猫、缅甸猫和新加坡猫的一种白化病为基因选择的结果[27]。这些猫拥有热敏毛球酪氨酸酶，灭活温度为35～37℃[28]。因此，如果皮肤冷到一定程度，如四肢的正常温度（耳郭、尾、腿）或其他部位剃毛时，毛发中就会产生色素（图13-4）。被毛颜色的变化多是暂时的，如果纠正了温度的影响，则在下一个毛发周期，就会恢复正常颜色。

（二）获得性

1. 炎症后性

最常见的色素沉着过度为炎症后色素沉着过度。许多犬和一些猫会在炎症区域或其附近产生较多的色素。许多以慢性红斑性丘疹为病变特征的疾病可能会引起色素沉着过度。此类炎症后色素沉着过度表现为格状外观，最常见浅表性细菌脓皮病（图13-5）[29]。许多其他类型的慢性炎症疾病也可导致色素沉着过度，如犬蠕形螨病的慢性或愈合性病变、犬疥疮、环状皮肤癣菌病的愈合中心。

慢性分散型炎症可能造成更多的分散型色素沉着度，分散型慢性炎症可能与如下事件有关：由于毛发丢失导致皮肤暴露于紫外线或由于皮肤摩擦而导致的皮肤慢性刺激。由于摩擦和炎症会导致色素沉着过度，因此大多数瘙痒性疾病可导致色素沉着过度。在过敏性疾病患犬中常会见到色素沉着过度。

深层炎症治愈后的动物也常发生毛黑变（如脂膜炎、疫苗反应、外伤）（图13-6，A）。对于一些品种，如约克夏㹴、丝毛㹴、贝德林顿㹴、英国古代牧羊犬和贵宾犬，这种现象更常见。一些犬，尤其是患皮脂腺炎的贵宾犬，可能会出现多病灶性毛黑变（图13-6，B）。有些皮脂腺炎的病变区域无毛黑变，此变化可能并非由炎症引起，而可能是由一些其他的病理机制引起的。自发性多病灶性毛黑变可见于贵宾犬，或继发于椎间盘疾病的发作。

目前炎症性疾病中色素沉着过度的确切机制尚不清楚。研究提示，角化细胞可能通过释放黑色素细胞刺激因子来

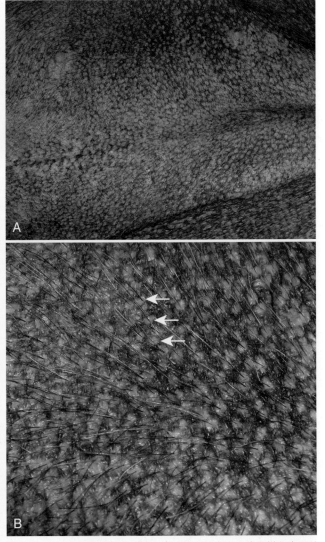

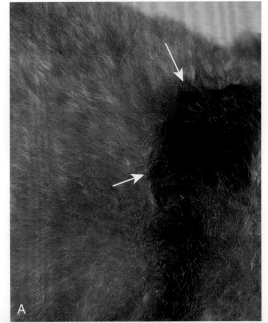

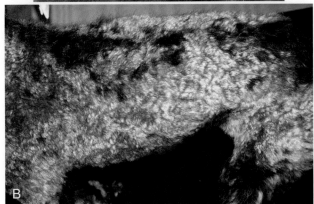

图13-5 **A.** 伴有慢性复发性脓皮病过敏犬的炎症后格子样色素沉着过度 **B.** 腹股沟特写，白色箭头显示毛囊周围区域色素沉着不足，周围区域色素沉着过度，呈格状

图13-6 **A.** 贵宾犬的咬伤部位发生的毛黑变（白色箭头） **B.** 患皮脂腺炎贵宾犬的毛黑变斑块

促进局部黑色素生成。正常上皮中这些因子浓度可能较低，但刺激或角化细胞应激会使这些因子的浓度和活性增加[6]。银色或灰色皮肤的成年犬炎症后局部毛黑变，可能是由犬灰色G基因座基因引起的毛发向幼犬毛发逆转。银色犬生来可能为黑色毛发，但成年毛发生长后即褪色。如果毛黑变是由于G基因座的影响，毛发将在下一次脱落后长成正常成年毛发的颜色。其他犬的毛黑变病可能是黑色素细胞刺激因子（如LTB4）引起的。

2. 粉刺相关性

粉刺可能会形成各种各样的疾病，如原发特发性皮脂溢、皮质醇增多症和蠕形螨病。偶尔一块色素粉刺比较像色素沉着过渡性斑块。这些斑块颜色从黑色、石蓝色到灰色不等，这就应高度怀疑蠕形螨病（图13-7，A）。慢性压力或创伤也可能形成粉刺。这些粉刺常发于胸部且呈斑点状，动物主人常会因此担忧，尤其是当粉刺有色素沉着时（图13-7，B）。

3. 激素相关性

弥漫性色素沉着过度也可能由于一些代谢和激素紊乱引起，如皮质醇增多症、甲状腺功能减退和性激素性皮肤病（见第十章）。尽管有研究称：色素沉着过度可能是由激素变化对黑色素细胞的直接影响导致的，但机理仍是未知的。皮质激素和其他垂体亲脂性激素能刺激黑色素生成，这可能是为什么一些皮质醇增多症和肾上腺性激素患病动物色素沉着过度的原因。然而，其他激素在黑色素细胞上的直接作用并未得到很好地确定。对于一些病例，紫外线暴露可能发挥着重要作用。当脱毛先于色素过度沉着出现时，皮肤暴露于光下可导致色素改变。对于一些动物，保护皮肤会减少色素沉着过度。

毛黑变也可出现在代谢或激素失调纠正后，皮质醇增多症的患犬用米托坦（o,p′-DDD）治疗后，常出现此现象（图13-8）。该现象的机理未知，但银色披毛犬的G-基因可能具有重要的作用。

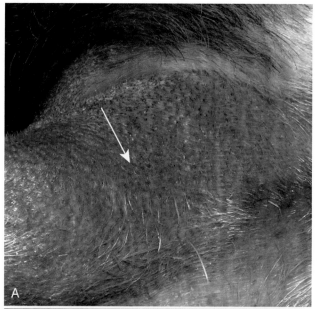

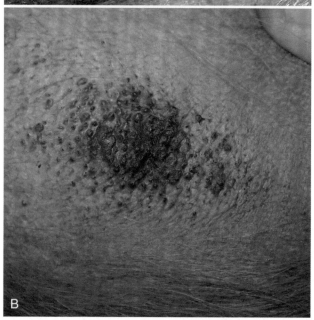

图13-7 **A.** 1例蠕形螨病患病动物黑头粉刺所致的尾巴色素沉着过度（白色箭头） **B.** 压力创伤诱导胸部黑头粉刺，导致色素沉着过度

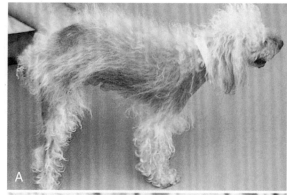

图13-8 对患有库欣疾病的杏色贵宾犬使用米托坦治疗后形成毛黑变 **A.** 治疗前 **B.** 治疗后。即使继续使用米托坦维持治疗后，正常肤色也会恢复正常

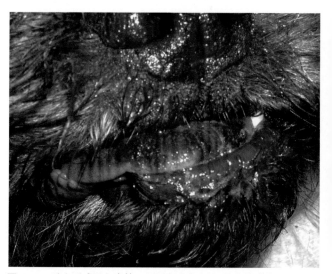

图13-9 舌上形成黑色病灶，经酮康唑治疗后2处症状改善

4. 药物诱导

由于药物使用不当引起的色素沉着过度十分罕见。使用米托坦治疗（或控制已经治疗的疾病）可能与色素沉着过度和毛黑变有关。由于此种变化通常是暂时性的，甚至当继续使用米托坦时，这可能是由于激素或其他局部变化引起的而非药物引起。试验表明，药物二甲胺四环素可引起犬色素沉着过度，这一影响可能与铁沉积有关[30]。人类各种各样的其他金属物质可能会引起皮肤色素改变，如肠外或局部吸收金属（金、银、汞）可引起皮肤色素改变[31]。阿根廷野猪猎犬经卡麦角林治疗14～45d，身上会出现黑色斑点，斑点更易见于患病动物肢端[32]。布鲁塞尔格里芬犬可出现舌头变黑，使用酮康唑治疗2周后2个部位的症状得到改善（图13-9）。氟康唑无相同药效。

5. 乳头瘤病毒相关性

犬、猫乳头状瘤病毒会诱发上皮病变，可分为几种不同的综合征（见第七章）。不同病变可能表现出各种颜色：肉色、粉红色、棕色或黑色。其共同特征为轻微增生，该特征有助于与痣相区别。一种主要表现为色素斑块的综合征，尤其必须与痣相区分[18,33]。这一疾病常见于幼年巴哥犬、迷你雪纳瑞犬和沙皮犬。日光性皮炎所见的免疫抑制或免疫抑制药物可增加其他犬的易感性（图

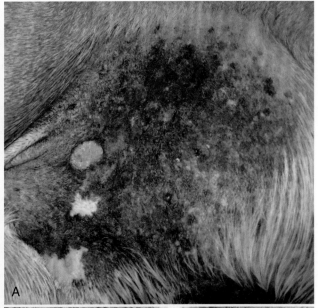

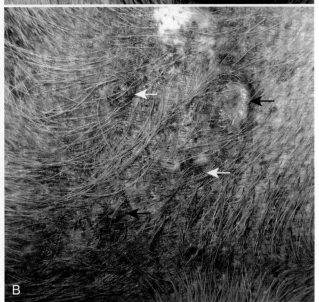

图13-10　A. 美国斯塔福德獚的腹股沟处有色素斑和多发性鳞状细胞癌。该病变部位也表现有乳头瘤病毒和日光性皮炎症状。此犬已使用硫唑嘌呤和去炎松治疗落叶型天疱疮超过6年，也有间歇性日光性皮炎病史　**B.** 外用5%咪喹莫特乳膏1个月后，仍可见色素斑（白箭头）及鳞状细胞癌（黑箭头）

13-10）。由于该病可治愈，且未经治疗可能发展为鳞状细胞癌，因此本病的鉴别诊断十分重要。

6. 存在色素沉着的肿瘤

许多肿瘤与周围皮肤的色素沉着不同。不用的颜色可能反映出组织的类型及其相关颜色或色素的类型。血管瘤可呈红色、葡萄酒色、红蓝色、黑蓝色到黑色。组织细胞瘤、淋巴细胞瘤和浆细胞瘤通常呈粉色、红色或紫色。顶浆分泌腺囊肿或肿瘤略带蓝色，尤其是猫耳的顶浆分泌囊腺瘤（见第十九章）。常见的色素沉着过渡性肿瘤有黑色素细胞瘤和黑色素瘤，然而，多种多样的肿瘤均可能出现色素沉着过度。基底细胞瘤、毛母细胞瘤、纤维瘤、表皮痣和上皮痣也常出现色素沉着过度病灶。

7. 真菌药物

由于真菌存在于真皮内，黑色素瘤可能发生深蓝色结节成斑块（见第七章）。

三、色素沉着不足

色素沉着不足（黑色素减少症）指应该有正常色素沉着的皮肤或毛发部位出现色素缺乏或减少。遗传性黑色素减少症分为melanocytopenic（缺乏黑色素细胞）和melanopenic（黑色素减少）两种类型[1]。炎症中或异常的黑素体转化所致的黑色素细胞破坏、功能障碍或黑素体异常分布均可引起色素减少；黑素体生成减少或缺失也可能是一个原因。该病可能为先天性的也可能是获得性的。

（一）遗传性

1. 先天性白细胞颗粒异常（Chédiak-Higashi）综合征

先天性白细胞颗粒异常（Chédiak-Higashi）综合征是一种常染色体隐性遗传疾病，见于黄眼睛和烟蓝色被毛的波斯猫[1]。其特征为部分眼睑皮肤白化病，在第十二章讨论。

2. 白化病

白化病是一种遗传性色素沉着缺乏，为常染色体隐性遗传病，会引起酪氨酸酶基因突变[1]。暹罗猫和缅甸猫毛发的颜色即为此基因突变的结果[27,34]。白化病个体拥有正常完整的黑色素细胞，但却缺少黑色素合成所需的酪氨酸酶，因此不能产生黑色素。所以，组织病理学研究可显示正常表皮无色素沉着，但基底细胞仍清晰可见含有黑色素细胞。皮肤、毛发和黏膜是无黑色素的。尽管人类拥有无色素（粉红色）虹膜，但犬有轻微眼部变化，包括蓝眼睛[35]。暹罗猫、白化猫和视网膜色素不足的犬不应该用于育种。

3. 斑状白化病

斑状白化病表现为基因决定的白色斑点[1]。该病常见于犬，且是完全的显性遗传病。病变区域的黑色素细胞缺失或分化不完全。

4. Waardenburg-Klein综合征

猫、牛头㹴、西里汉㹴、柯利犬和大麦町犬中可见Waardenburg-Klein综合征。除了蓝眼睛和无黑色素的皮毛外，患病动物还表现为耳聋，虹膜呈蓝色或异色[1,35]。这一缺陷在成黑素细胞的迁移和分化中产生。因此，受影响的皮肤无黑色素细胞。这一综合征表现为常染色体显性遗传，有不完全性的外显率，患病动物也不应用于育种。

5. 犬周期性造血

犬周期性造血（也称灰柯利牧羊犬综合征及犬周期性中性粒细胞减少症）是一种致死性隐性常染色体综合征，柯利犬幼犬出生后便具有银灰色皮毛，不同于正常的黑貂色或三色（见第十二章）。一些幼犬可能会出现轻微的黄色色素，生成混合的浅米色和浅灰色毛发。浅色鼻子也是此病的一个特征，可用于鉴别诊断。

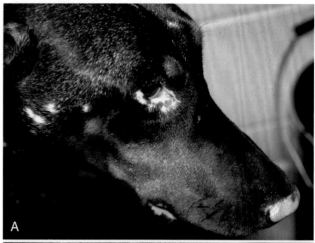

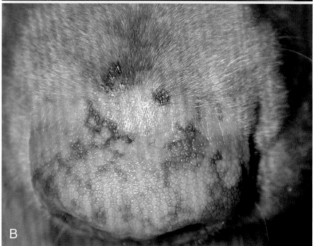

图13-11 **A.** 患白癜风的罗威纳犬。注意鼻和眼睑褪色及头部的斑状白发 **B.** 患白癜风的拉布拉多猎犬，表现为鼻孔白毛病和白斑病，鼻腔结构正常

（二）品种相关性，易感基因

1. 灰色

灰色是由于衰老引起的黑色素细胞复制减缓造成的。由于某些品种的皮毛更易变为灰色，因此灰色可能与年龄和基因相关。德国牧羊犬、爱尔兰赛特犬、拉布拉多猎犬和金毛寻回猎犬在相对幼年的时候，鼻子和下巴似乎更易变为灰色。

2. 白癜风

白癜风是一种与黑色素细胞破坏有关的获得性疾病，会引起患病部位白斑病和/或白毛病。该病在犬中不常见，在猫中更罕见。比利时特弗伦牧羊犬、罗威纳犬和英国古代牧羊犬中可能出现过遗传性白癜风[36-39]。该病也见于柯利犬、杜宾犬、大型雪纳瑞犬、牛头犬、纽芬兰犬、德国牧羊犬及患有成年型糖尿病的腊肠犬[1,35,40]。某些情况下，可将白癜风描述为特发性白毛或鼻部褪色，因此患病品种会比这多且会继续扩大[41]。患猫仅见于暹罗猫，之前所述的眼周白毛也可能患有此病[29,37-39,42-44]。患病暹罗猫中，患病母猫更常见。

导致白癜风的确切原因仍在确定中，但目前可知该病涉及多种致病机理。人类中，白癜风是一种多基因多因素疾病，涉及与疾病发展相关的多个染色体和至少16个不同的基因位点[45,46]。这些基因位点要参与免疫应答的调控和功能，一些基因位点也与其他自身免疫疾病相关[46]。TYR基因也似乎有与疾病发展相关的变化[47]。总之，这些遗传性变化使得黑色素细胞更易受到免疫系统的破坏和自由基的氧化损伤。这些遗传相关性也解释了为什么人类白癜风患者会并发其他自身免疫性疾病。分段型白癜风是白癜风一种不太常见的类型，其独特的病灶与皮节或Blaschko线相关。分段型白癜风的研究形成的理论认为，在某些情况下，神经化学物质或遗传嵌合体可能在疾病发展所涉及的遗传倾向性中起作用[48,49]。目前认为人类白癜风的发病机制为，自身免疫和遗传在疾病发展过程中扮演了重要角色。此外，氧化应激造成的黑色素细胞损伤相关的过量自由基产物和/或无效的抗氧化保护也参与白癜风的形成[49-51]。

虽然关于动物白癜风的发病机制研究的很少，但患白癜风的人、犬和猫的血清中含有抗黑色素细胞抗体已被证实[52]。抗黑色素细胞抗体存在于所有17只患白癜风的比利时特弗伦牧羊犬的血清中，而其余11只正常的比利时特弗伦牧羊犬的血清中则不含该抗体[52]。同样，3只患白癜风暹罗猫的血清中也含抗黑色素细胞抗体，4只正常暹罗猫则不含[52]。1只暹罗猫的波形蛋白免疫染色呈阴性，提示树突状细胞遭受破坏[39]。单侧眼周褪色综合征称为Aguirre综合征，这在暹罗猫中有报道。此情况与霍纳氏综合征或伴发葡萄膜炎的角膜坏死及上呼吸道感染相关[53]。

患白癜风犬、猫表现为对称性黄斑白斑病和白毛病，常见于鼻、唇、颊黏膜和面部皮肤（图13-11）。足垫、爪子和被毛也可能会受到影响。罗威纳犬在患白癜风的同时可见爪脱落和白斑病。病变部位通常无临床炎症反应，但可见一过性红斑及脱皮[54]。鼻部特征没有改变，除非继发日光性皮炎，也无结痂或腐烂发生。白癜风的发病年龄通常始于年轻的成年犬。色素丢失可能持续几个月或（罕见的）几年。在一些情况下，患病部位的色素可恢复；然而其他的褪色是永久性的。

术语异色鼻指犬的鼻部无色素，该现象一般从动物出生开始出现。美国养犬俱乐部术语表称其为"肉色"，对许多品种而言，它的出现表示不合格。无鼻色素也用于其他术语，但"从出生开始出现"，这条不适用于其他术语。这些病例是否代表黑色素细胞被破坏的局部白癜风，仍是未知的。

诊断需以病史、临床检查和组织病理学评估作为根据。完全成熟的病变部位中，表皮以完全缺乏黑色素细胞为特征。浅表或眼周真皮中可能有一些嗜黑色素细胞。一些情况下（可能是早期病变，尽管并未被评估），可能会见到轻度淋巴细胞性血管周皮炎；也可能见到少量的组织细胞、浆细胞或淋巴细胞表皮胞外分泌[53]。

尽管有一些患白癜风犬、猫的情况会自发性改善，但未见白癜风犬、猫被成功治愈的报道。有报道称，暹罗猫中有超过3年的自发性改善[39]。人类中，此病在给予表皮黑色素细胞时具有一定的疗效。新黑色素细胞受到刺激，从周围正常皮肤或毛囊黑色素细胞迁移至患病皮肤处，这可阻断疾病的发展进程[49]。钙调神经磷酸酶抑制剂、维生素D或其类似物和抗氧化剂均可局部或全身性使用[49,55]。窄谱紫外线B光单独使用或联合感光剂一起使用，也有效果[55]。氨基酸L-苯基丙氨酸可局部或全身性使用，也可与光疗联合使用。患病犬、猫只是颜色的变化，由于光疗相对便宜且安全，似乎可以作为初期治疗的选择。

3. 鼻部色素沉着不足

几乎完全褪色与轻微褪色的鼻子之间应加以区别。西伯利亚哈士奇犬、金毛寻回猎犬和伯尔尼山犬中常见季节性鼻部色素沉着不足的综合征[40]，其他品种中也可见少量报道。鼻部色素沉着不足称为"雪鼻"或"冬鼻"，特征为鼻部色素减少，尤其在冬天（图13-12）。春天或夏天时色素沉着再次变黑。一些情况下，并不存在周期性变化。临床症状并未见完全褪色。唇、足垫、眼睑、爪和毛发一般不受影响。鼻部色素沉着不足与鼻部褪色不同，但早些时候也被称为异色鼻。

4. 皮肤黏膜交界处色素沉着不足

大多数犬种中，鼻镜、唇、眼睑、舌和口腔中的色素沉着不足和白斑病是一种异常症状。澳大利亚牧羊犬、西伯利亚哈士奇犬、金毛寻回猎犬及拉布拉多猎犬特别常见鼻部异常。这些犬中的一些也会出现季节性鼻部色素沉着不足。尽管这些犬的鼻部只有轻度色素沉着，但这些色素足以防止晒伤。患完全白斑病的犬鼻镜部很容易晒伤，可发展为鼻镜日光性皮炎。

图13-12　犬雪鼻或冬鼻

先天性唇和鼻部色素沉着不足可见于德国杜伯文犬、罗威纳犬，也偶见于其他品种[56]。与白癜风相比，此病从出生开始出现且呈静止状态，而白癜风发生在成年犬，是获得性的且可随着时间的推移发展变化。先天性色素沉着不足的原因未知。许多宠物主人都不喜欢患犬的外观，但目前仍无有效治疗方法。

5. 酪氨酸酶缺乏症

酪氨酸酶缺乏症见于松狮犬，该病极为罕见[57]。患此病的幼犬表现为明显的颜色变化。正常的蓝黑色舌头变成粉色，部分毛发变为白色。颊黏膜可能也会迅速褪色。

颜色的变化是缺乏酪氨酸酶的结果，酪氨酸酶是产生黑色素的必需酶。通过皮肤活检可确诊酪氨酸酶缺乏症。将酪氨酸添加至组织后，孵化标本，组织染色后即可测定黑色素含量[57]。本病无有效治疗方法，然而，黑色素会在2~4个月内自发性再生。松狮犬使用维生素、不饱和油脂及改变饮食后临床症状改善，但这种改善可能是自发性的。

（三）获得性

许多破坏黑色素细胞或抑制黑色素细胞功能的因素都可引起正常皮肤和毛发发生获得性色素沉着不足。创伤、烧伤、感染和电离辐射具有潜在的局部作用。经常进行日光浴或在氯池中游泳且在阳光下自然晾干的犬，可能会形成浅色和粗糙的被毛（图13-13，A），这种情况也可能是特发性的（图13-13，B）。由于白斑病也可能与淋巴细胞壁毛囊炎或上皮细胞营养性淋巴瘤同时存在，故确诊为特发性色素缺乏前须至少进行活组织检查。

1. 炎症后性

炎症可能会引起色素沉着不足。炎症后色素沉着不足或白斑病较色素沉着过度少见。炎症后色素沉着不足表现最明显的部位为发生毛囊炎后的腹股沟和腹股沟部位，但任何部位都可能会发生色素沉着不足（图13-14，A），毛囊炎后出现白斑病的情况比较少见（图13-14，B）。可见多个圆形的色素沉着不足斑，这些斑也可以合并成不同形状的斑。其他感染，如芽生菌病、孢子丝菌病和利什曼病，可能会引起色素沉着不足[35,40]。利什曼病是一种传染性疾病，特别是当出现无明显肿胀或感染病变的白斑病时应着重考虑（图13-14，C）。鼻和唇的获得性色素沉着不足可见于接触塑料或橡胶食物餐具后的接触性皮炎。1只患有严重脓疱性皮炎的红色爱尔兰赛特犬幼犬，毛干呈白色带状，这可能是感染期间影响了毛球茎的色素生成导致的[21]。

一些炎症疾病早期可能会伴有鼻部色素沉着不足或鼻部（偶尔为唇）褪色，如皮肤黏膜交界处脓皮病。盘状红斑狼疮最常始于鼻镜部，但偶尔全身性红斑狼疮、红斑型天疱疮、落叶型天疱疮、眼色素层皮肤综合征、药物疹和大疱性类天疱疮可能也始见于鼻部。

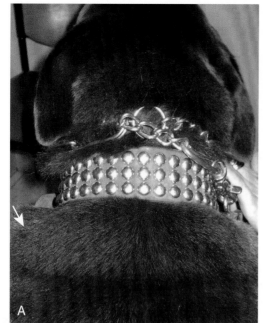

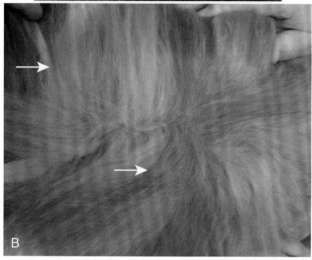

图13-13 获得性色素沉着不足 **A.** 拉布拉多猎犬，每年夏天日光浴后变"金毛"（白色箭头所指），然后每年冬天换毛后又变成黑色 **B.** 背部被毛色素沉着不足的波斯猫。白色箭头所指处为患病部位

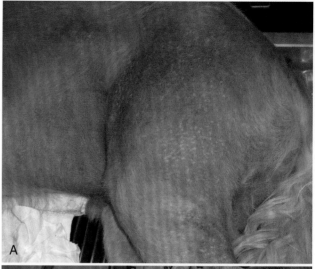

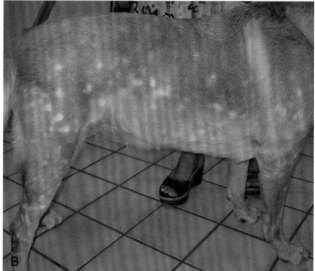

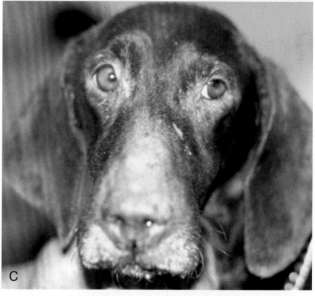

图13-14 炎症所引起的色素沉着不足 **A.** 伴发复发性细菌毛囊炎的特应性金毛寻回猎犬，可见多处白斑病斑点 **B.** 伴发复发性细菌性毛囊炎的特应性拉布拉多猎犬，可见多处圆形的白斑病 **C.** 与利什曼原虫感染相关的鼻部褪色（**C**图由A. Koutinas提供）

2. 药物相关性

药物引起的黑色素减少症见于皮下注射糖皮质激素和促孕药物以及局部使用糖皮质激素。一些使用酮康唑治疗真菌感染或普鲁卡因胺治疗心脏疾病的犬，被毛颜色可能会出现弥漫性变色。化学性色素沉着不足可出现于使用强效抗氧化剂后，如对苯二酚和苄醚[40,43]。1只患有红斑狼疮的三色柯利犬在经维生素E治疗后发展为白斑病[58]。使用卡麦角林药物超过14d，可将浅黄褐色被毛变为浅黄色被毛[29]。这一变化可能是由于卡麦角林的多巴胺受体激动剂作用引起的，可抑制促黑色素细胞激素的分泌。

3. 代谢/激素

一些慢性代谢性疾病可影响被毛颜色。这在雄性动物的性激素性皮肤病中尤其突出。缺乏锌、吡哆醇、泛酸和赖氨酸等营养物质会产生灰色毛发。15只犬在卵巢摘除术

（Ovariohysterctomy，OVH）后，2只犬在手术1年后毛发颜色变浅[59]。其中1只犬除了毛发颜色变浅外，毛发质地也变软了。作者还报道了14例OVH后使用促性腺激素治疗的犬，这些犬的被毛也发生了变化。尽管毛发质地变软更常见（13/14例），但也有5例出现了毛发颜色变浅、呈浅色、偏棕色或暗色[59]。这些变化的确切原因还不清楚。使用促性腺激素释放激素类似物德舍瑞林一次性皮下注射治疗，14只犬中的11只在16周内被毛质地改善。体重为30 kg以下的犬剂量为4.7mg，超过30kg犬使用9.4mg。

4. 肿瘤

与肿瘤条件相关的黑色素减少症也见于犬。白斑病或白毛，尤其是鼻镜、唇、面部的，可能是趋上皮性淋巴瘤（蕈样真皮病和变形性骨炎样网状细胞增多症）的早期症状（图13-15，A）[40,60]。鼻部褪色也可见于鳞状细胞癌病

例[35]。肿瘤周边无黑色素带也可见于基底细胞瘤病例[35]。白斑病或白毛也可能见于乳腺癌或胃癌病例[35]。患皮肤滤泡性淋巴细胞增多症的拳狮犬也可出现白毛，但未进一步发展为趋上皮性淋巴瘤（图13-15，B）[60]。

四、多种色素改变

（一）获得性亚金基团毛菌病

获得性亚金基团毛菌病最初见于迷你雪纳瑞，两种性别均可发病[61]。主要的外层粗毛由银色或黑色变为金色。这些金色毛发主要在胸部及腹部背侧呈块状分布，一些病例的眼周和耳郭毛发也会受影响。有时也可发现患病部位的次生毛变薄（见第十二章）。1只5岁大的卷毛比熊犬患有急性亚金基团毛菌病，但无其他皮肤或内科疾病（图13-16）。

（二）红色毛发

多种多样的原因可引起毛发变红。唾液或泪液浸润浅色毛发后，毛发可被卟啉染色。当口腔或眼睛腹侧周围以外的其他部位毛发变色时，这种变色常常提示舔舐过度。劣质蛋白日粮与红色毛发的形成有关；当饮食改善，此现象将会消失[62]。这种毛发颜色变化与尿蓝母血和尿蓝母尿相关。铜摄入不足也可能引起红色毛发。猫的饮食中缺乏芳香氨基酸，特别是苯丙氨酸或酪氨酸时，会导致黑色毛发变为红色[63,64]。已经证实，猫形成正常黑色毛发的营养需求比正常生长发育的营养需求高[65]。犬中也有类似情况[66]。

各种内分泌疾病也可引起被毛颜色变浅或导致黑色毛发变红。尽管该现象可见于甲状腺功能减退和皮质醇增多症，但这一变化似乎更常见于睾丸支持细胞瘤和雌激素过

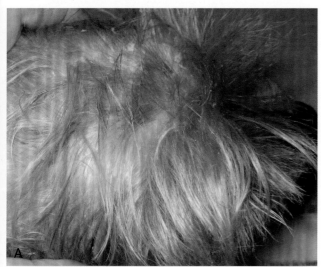

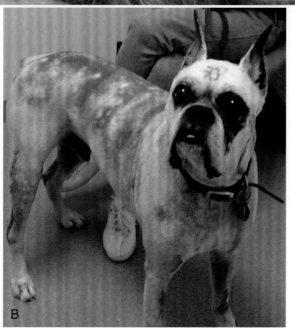

图13-15 与肿瘤相关的黑色素减少症 **A.** 患趋上皮性淋巴瘤的约克夏猎，表现为白毛和完全呈斑状和条纹状的白斑病，也存在红疹和结痂部位 **B.** 患皮肤滤泡性淋巴细胞增多症的拳师犬（**B**图由W. Rosenkrantz提供）

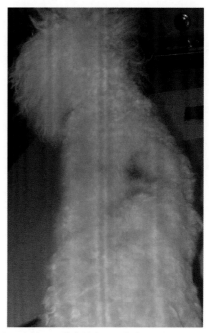

图13-16 患亚金基团毛菌病的卷毛比熊犬

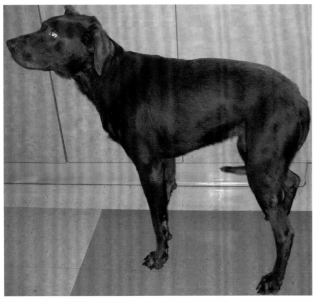

图13-17 患医源性皮质醇增多症的拉布拉多猎犬，表现为红色毛发和脱毛

多或高孕酮血症的病例中（图3-17）。一些患睾丸支持细胞瘤的犬无法正常换毛，其实是因为毛发停留在生长中期或静止期。该症状持续数年，毛发变浅、变红、变干和变卷的部分原因可能是慢性紫外线照射和接触环境因素引起的。任何时候发生毛发变色，都应将阳光、氯、洗涤剂和环境等潜在因素考虑在内。

（三）红色/棕色爪

爪的颜色可变为棕色或红色。舔舐和唾液染色可使爪变为棕色或红色。马拉色菌性皮炎也与这些变化有关，细菌性甲沟炎有时也可导致变色（见第十九章）[67]。

（四）潮红

黏膜潮红病例中，皮肤变为不同程度的红色，这是由于皮肤血管舒张造成的。潮红可以是持续性或阵发性的。精神性、自主性或内分泌因素，或血管活性物质的直接影响作用均可引起潮红[20]。人类在各种生理和病例条件下，特别是类瘤综合征、全身性肥大细胞增多症、卓-艾氏综合征或嗜铬细胞瘤均可引起广泛性潮红。对于犬，药物作用和肥大细胞瘤可引起持续性潮红。嗜铬细胞瘤和肥大细胞瘤可引起阵发性潮红[68]。

（五）药物诱导性颜色变化

一些药物可能会引起皮肤颜色的改变。对于人类，利福平、β-胡萝卜素和氯法齐明可引起皮肤变成橘红色。经氯法齐明治疗的猫，也会出现皮肤和黏膜变成橘红色，停止治疗后症状消失[69]。据报道，使用恩诺沙星或环丙沙星治疗的猫中可见耳郭红斑[70]。

参考文献

[1] Alhaidari Z, Olivry T, Ortonne JP: Melanocytogenesis and melanogenesis: genetic regulation and comparative clinical diseases. *Vet Dermatol* 10(1):3–16, 1999.

[2] Sulaimon SS, Kitchell BE: The biology of melanocytes. *Vet Dermatol* 14(2):57–65, 2003.

[3] Schmutz SM, Berryere TG, Goldfinch AD: TYRP1 and MC1R genotypes and their effects on coat color in dogs. *Mamm Genome* 13(7):380–387, 2002.

[4] Lyons LA, Foe IT, Rah HC, et al: Chocolate coated cats: TYRP1 mutations for brown color in domestic cats. *Mamm Genome* 16(5):356–366, 2005.

[5] Yaar M, Gilchrest BA: Human melanocyte growth and differentiation: a decade of new data. *J Invest Dermatol* 97(4):611–617, 1991.

[6] Yohn JJ, Morelli JG, Walchak SJ, et al: Cultured human keratinocytes synthesize and secrete endothelin-1. *J Invest Dermatol* 100(1):23–26, 1993.

[7] Schmutz SM, Berryere TG: Genes affecting coat colour and pattern in domestic dogs: a review. *Anim Genet* 38(6):539–549, 2007.

[8] Lyons LA, Bailey SJ, Baysac KC, et al: The Tabby cat locus maps to feline chromosome B1. *Anim Genet* 37(4):383–386, 2006.

[9] Menotti-Raymond M, David VA, Eizirik E, et al: Mapping of the domestic cat "SILVER" coat color locus identifies a unique genomic location for silver in mammals. *J Hered* 100(Suppl 1):S8–13, 2009.

[10] Kaelin C, Barsh G: Tabby pattern genetics - a whole new breed of cat. *Pigment Cell Melanoma Res* 23(4):514–516, 2010.

[11] Strain GM: White noise: pigment-associated deafness. *Vet J* 188(3):247–249, 2010.

[12] Platt S, Freeman J, di Stefani A, et al: Prevalence of unilateral and bilateral deafness in border collies and association with phenotype. *J Vet Intern Med* 20(6):1355–1362, 2006.

[13] Dickinson PJ, Anderson PJ, Williams DC, et al: Assessment of the neurologic effects of dietary deficiencies of phenylalanine and tyrosine in cats. *Am J Vet Res* 65(5):671–680, 2004.

[14] Webb AA, Cullen CL: Coat color and coat color pattern-related neurologic and neuro-ophthalmic diseases. *Can Vet J* 51(6):653–657, 2010.

[15] Briggs O: Lentiginosis profusa in the pug: Three case reports. *J Small Anim Pract* 26:675, 1985.

[16] Van Rensburg IB, Briggs OM: Pathology of canine lentiginosis profusa. *J S Afr Vet Assoc* 57(3):159–161, 1986.

[17] Gross TL, et al: *Veterinary Dermatopathology: Gross and microscopic pathology of skin diseases*, St. Louis, 1992, Mosby-Year Book.

[18] Nagata M, et al: Pigmented plaques associated with papillomavirus infection in dogs: Is this epidermodysplasia verruciformis? *Vet Dermatol* 6(4):179–186, 1995.

[19] Nash S, Paulsen D: Generalized lentigines in a silver cat. *J Am Vet Med Assoc* 196(9):1500–1501, 1990.

[20] Fitzpatrick TB et al: *Dermatology in General Medicine*, ed 4, New York, 1993, McGraw-Hill.

[21] Scott DW, Miller WHJ, Griffin C: *Muller and Kirk's Small Animal Dermatology*, ed 5, Philadelphia, 1995, WB Saunders Co.

[22] Scott DW: Lentigo simplex in orange cats. *Comp Anim Prac* 1:23, 1987.

[23] Scott DW: Feline dermatology 1986 to 1988 : Looking to the 1990s through the eyes of many counsellors. *J Am Anim Hosp Assoc* 26(5):515–537, 1990.

[24] White S, et al: Inflammatory linear verrucous epidermal nevus in four dogs. *Vet Dermatol* 3(2):107–113, 1993.

[25] Lewis D, et al: A hereditary disorder of cornification and multiple congenital defects in five Rottweiler dogs. *Vet Dermatol* 9(1):61–72, 1998.

[26] Vitale CB, et al: Feline urticaria pigmentosa in three related Sphinx cats. *Vet Dermatol* 7(4):227–233, 1996.

[27] Lyons LA, Imes DL, Rah HC, et al: Tyrosinase mutations associated with Siamese and Burmese patterns in the domestic cat (*Felis catus*). *Anim Genet* 36(2):119–126, 2005.

[28] King RA, Townsend D, Oetting W, et al: Temperature-sensitive tyrosinase associated with peripheral pigmentation in oculocutaneous albinism. *J Clin Invest* 87(3):1046–1053, 1991.

[29] MacDonald J: Hyperpigmentation. In Griffin C, Kwochka K, MacDonald J, editors: *Current Veterinary Dermatology - the Science and Art of Therapy*, St. Louis, 1993, Mosby Year Book, pp 234–241.

[30] Benitz KF, Roberts GK, Yusa A: Morphologic effects of minocycline in laboratory animals. *Toxicol Appl Pharmacol* 11(1):150–170, 1967.

[31] Bergfeld WF, McMahon JT: Identification of foreign metallic substances inducing hyperpigmentation of skin: light microscopy, electron microscopy and x-ray energy spectroscopic examination. *Adv Dermatol* 2:171–183, 1987.

[32] Gobello C, Castex G, Broglia G, et al: Coat colour changes associated with cabergoline administration in bitches. *J Small Anim Pract* 44(8):352–354, 2003.

[33] Narama I, Kobayashi Y, Yamagami T, et al: Pigmented cutaneous papillomatosis (pigmented epidermal nevus) in three pug dogs; histopathology, electron microscopy and analysis of viral DNA by the polymerase chain reaction. *J Comp Pathol* 132(2-3):132–138, 2005.

[34] Schmidt-Küntzel A, Eizirik E, O'Brien SJ, et al: Tyrosinase and tyrosinase

related protein 1 alleles specify domestic cat coat color phenotypes of the albino and brown loci. *J Hered* 96(4):289–301, 2005.

[35] Guaguere E, Alhaidari Z: Pigmentary disturbances, In von Scharner C, Halliwell R, editors: *Adv Vet Dermatol*, Philadelphia, 1990, Bailliere Tindall, pp 395–398.

[36] Mahaffey MB, Yarbrough KM, Munnell JF: Focal loss of pigment in the Belgian Tervuren dog. *J Am Vet Med Assoc* 173(4):390–396, 1978.

[37] Scott DW, Randolph JF: Vitiligo in two Old English Sheepdog littermates and in a Dachshund with juvenile-onset diabetes mellitus. *Comp Anim Pract* 19(3):18–22, 1989.

[38] Scott DW: Vitiligo in the rottweiler. *Canine Pract* 15:22, 1990.

[39] Lopez R, et al: A clinical, pathological and immunopathological study of vitiligo in a Siamese cat. *Vet Dermatol* 1994. 5(1):27–32.

[40] MacDonald J: Nasal depigmentation, In Griffin C, Kwochka K, MacDonald J, editors: *Current Veterinary Dermatology - the Science and Art of Therapy*, St. Louis, 1993, Mosby Year Book, pp 223–233.

[41] White SD, Batch S: Leukotrichia in a litter of Labrador retrievers. *J Am Anim Hosp Assoc* 26(3):319–321, 1990.

[42] Scott D: Feline dermatology 1983-1985: The secret Sits. *J Am Anim Hosp Assoc* 23:255, 1987.

[43] Guaguère E, Alhaidari Z: Disorders of melanin pigmentation in the skin of dogs and cats. *Proc World Small Anim Vet Assoc* 8:47, 1991.

[44] Peterson A, et al: Progressive leukotrichia and leukoderma in a Newfoundland dog. In Kwochka KW, et al, editors: *Advances in Veterinary Dermatology III*, Butterworth-Heinemann, Boston, 1998, p 443.

[45] Jin Y, Riccardi SL, Gowan K, et al: Fine-mapping of vitiligo susceptibility loci on chromosomes 7 and 9 and interactions with NLRP1 (NALP1). *J Invest Dermatol* 130(3):774–783, 2010.

[46] Spritz RA: The genetics of vitiligo. *J Invest Dermatol* 131(E1):E18–20, 2011.

[47] Jin Y, Birlea SA, Fain PR, et al: Variant of TYR and autoimmunity susceptibility loci in generalized vitiligo. *N Engl J Med* 362(18):1686–1697, 2010.

[48] Schallreuter KU, Krüger C, Rokos H, et al: Basic research confirms coexistence of acquired Blaschko linear vitiligo and acrofacial vitiligo. *Arch Dermatol Res* 299(5-6):225–230, 2007.

[49] Guerra L, Dellambra E, Brescia S, et al: Vitiligo: pathogenetic hypotheses and targets for current therapies. *Curr Drug Metab* 11(5):451–467, 2010.

[50] Alikhan A, Felsten LM, Daly M, et al: Vitiligo: a comprehensive overview Part I. Introduction, epidemiology, quality of life, diagnosis, differential diagnosis, associations, histopathology, etiology, and work-up. *J Am Acad Dermatol* 65(3):473–491, 2011.

[51] Sravani PV, Babu NK, Gopal KV, et al: Determination of oxidative stress in vitiligo by measuring superoxide dismutase and catalase levels in vitiliginous and non-vitiliginous skin. *Indian J Dermatol Venereol Leprol* 75(3):268–271, 2009.

[52] Naughton GK, Mahaffey M, Bystryn JC: Antibodies to surface antigens of pigmented cells in animals with vitiligo. *Proc Soc Exp Biol Med* 181(3):423–426, 1986.

[53] Holzworth J: *Diseases of the Cat: Medicine and Surgery*, Vol. 1, Philadelphia, 1987, W.B. Saunders Co. 971.

[54] Gross TL, et al: *Perivascular diseases of the dermis. In Skin Diseases of the Dog and Cat, Clinical and Histopathologic Diagnosis*, Ames, Iowa, 2005, Blackwell Science, pp 200–237.

[55] Felsten LM, Alikhan A, Petronic-Rosic V: Vitiligo: a comprehensive overview Part II: treatment options and approach to treatment. *J Am Acad Dermatol* 65(3):493–514, 2011.

[56] Foil CS: Comparative genodermatoses. *Clin Dermatol* 3(1):175–183, 1985.

[57] Engstrom D: Tyrosinase deficiency in the chow chow, In Kirk R, editor: *Current Veterinary Therapy II*, Philadelphia, 1966, WB Saunders Co, p 352.

[58] Scott DW, Miller WH, Jr, Griffin CE: *Muller and Kirk's Small Animal Dermatology*, ed 6, Philadelphia, 2001, W.B. Saunders.

[59] Reichler IM, Welle M, Eckrich C, et al: Spaying-induced coat changes: the role of gonadotropins, GnRH and GnRH treatment on the hair cycle of female dogs. *Vet Dermatol* 19(2):77–87, 2008.

[60] Rosenkrantz WS, Gross TL: Epitheliotropic lymphocytic adnexal infiltration with leukotrichia in a boxer dog. In Proc Annu Memb Meet Am Acad Vet Dermatol Am Coll Vet Dermatol, 2001, Norfolk.

[61] White S: Acquired aurotrichia ("gilding syndrome") of miniature schnauzers. *Vet Dermatol* 3:37, 1992.

[62] Griess D, Guaguere E: Variations de l'indicanemie et de l'indicanurie dans le syndrome rubra-pilaire du chien. *Rev Med Ve* 132(12), 1981.

[63] Morris JG, Yu S, Rogers QR: Red hair in black cats is reversed by addition of tyrosine to the diet. *J Nutr* 132(6 Suppl 2):1646S–1648S, 2002.

[64] Yu S, Rogers QR, Morris JG: Effect of low levels of dietary tyrosine on the hair colour of cats. *J Small Anim Pract* 42(4):176–180, 2001.

[65] Anderson PJ, Rogers QR, Morris JG: Cats require more dietary phenylalanine or tyrosine for melanin deposition in hair than for maximal growth. *J Nutr* 132(7):2037–2042, 2002.

[66] Biourge V, Sergheraert R: Dietary tyrosine and red hair syndrome in dogs. *Vet Dermatol* 14(5):241, 2003.

[67] Griffin CE: *Malassezia* paronychia in atopic dogs. *Proc Annu Memb Meet Am Acad Vet Dermatol Am Coll Vet Dermatol* 12:51, 1996.

[68] Miller WHJ: Cutaneous flushing associated with intrathoracic neoplasia in a dog. *J Am Anim Hosp Assoc* 28(3):217, 1992.

[69] Kaufman AC, Greene CE, Rakich PM, et al: Treatment of localized *Mycobacterium avium* complex infection with clofazimine and doxycycline in a cat. *J Am Vet Med Assoc* 207(4):457–459, 1995.

[70] Scott DW, Miller WHJ: Idiosyncratic cutaneous adverse drug reactions in the cat: Literature review and report of 14 cases (1990-1996). *Feline Pract* 26(4):10–14, 1998.

14

第十四章　角化缺陷

角化缺陷是指皮肤的表面发生了改变。动物表皮的细胞不断被生成的新细胞所替换[1]。正常犬上皮细胞的更新时间大约为22d[2]。尽管更新时间周期非常短，但是皮肤表皮仍可以保持正常的厚度和一层勉强可感觉到的表面角蛋白层，以肉眼观察不到的形式排除死亡的细胞。如果细胞死亡和新生这个微妙的平衡关系被改变，表皮的厚度就会发生改变，以致角质层变得明显，正常情况下看不见的角质层脱落细胞变得显而易见。引起角化缺陷的原因是很多的，角化缺陷通过改变细胞增殖、细胞分化、脱屑或者它们的联合作用产生一系列的临床症状[3,4]。表皮脂质形成和沉积的改变可伴随其他一些变化发生[1,5]。

角化缺陷包括角化过度、角化过少和角化不良症。角化过度在慢性皮肤病中常见。按照组织病理学分类，角化过度可进一步分为角化不全（有核上皮细胞）和正角化病（无核）两种类型[6,7]。角化过少一般不常见，但是在一些病例的组织学上可以见到，可能是由于快速脱落的表皮所致的。表皮生成过程中的另外一种缺陷是角化不良症，一般见于肿瘤性皮肤病（如鳞状细胞癌）。

角化缺陷有的是先天性的，有的是后天获得性的。先天性缺陷（例如原发性皮脂溢、鱼鳞癣、西高地白㹴的表皮发育不良，英格兰史宾格犬的牛皮癣样-苔藓样皮肤病，雪纳瑞的粉刺综合征）会在第十二章讨论。最常见的后天获得性角化缺陷是厚皮痂，这一点会在第十六章讨论。其他疾病会在本章提及。

健康皮肤的特征之一是经表皮失水和水合一直保持比例平衡[8]。随着皮肤的损坏或者皮肤防水层效率的降低，此时便发生了水合（保水能力）和经表皮失水的不平衡。发生病变的皮肤，由于皮肤屏障的破坏或/和角质化的改变，经表皮失水和角质层含水量的关系发生逆转。此时，经表皮的水分丢失增加，同时水合作用下降。

正常的皮肤含水量必须大于10%才能维持皮肤的正常状态，皮肤干燥（干燥病）是由皮肤含水量下降引起的[9]。在低湿度环境下，水分通过蒸发散失，而散失的水分必须由表皮下层和真皮层的水分来补充。患有干燥病的皮肤，角质层增厚、杂乱无章。角质层屏障的一个重要组成部分是含有三种细胞间脂类：鞘脂、游离态固醇和游离脂肪酸[10]。板层小体是角质层屏障保持水分和防止额外散失过多水分的基础。为使皮肤达到理想的柔软性，角质层最理想的含水量是20%～35%。

一、抗皮脂溢药物治疗

传统上，抗皮脂溢药剂可以做成软膏、乳膏、凝胶、洗剂和香波等[11]。喷剂和滴剂是近年来新开发的抗皮脂溢的药物剂型。在兽医临床上，皮脂溢的损害在自然条件下是普遍存在的，常发于有毛发的区域，因此应用香波、喷剂或滴剂等是最适宜的[12]。在大多数情况下，兽用香波的成分不涉及专利，完全相同的产品可以被一个或多个制造商生产销售，建议动物主人应当仔细选购。尽管有效成分的名称和浓度可能一样，但有效成分的纯度、稳定性和刺激性及无效成分可能相差很大，由此香波的作用可能会很差[13]。如果打算给动物换另外一个品牌的同类产品，最好是给动物主人提供他曾经使用过的品牌的新产品。如果他们认为新产品和以前的产品一样甚至更好，则可以继续进行更换。

在市场上可以买到很多不同的抗皮脂溢药物组合型[12,14]。临床医生应当决定哪种药物组合可以应用，还要知道每种药物的作用和浓度。尽管不同病畜存在不同情况，但最佳的治疗依靠正确的选择。对于干燥性鳞状皮脂溢（干性皮脂溢），与油性的皮脂溢（油性皮脂溢）相比，是要有不同的制剂。例如硫黄对于治疗干性皮脂溢是有用的，但是硫黄不是好的脱脂剂。另一方面，过氧化苯甲酰脱脂效果很好但可能会使干燥脆弱的皮肤更粗糙、干燥。下面的讨论可对临床医生理解这类药物的差异和应用有所帮助，且可帮助医生在市场上繁多的此类药物制剂中辨别并作出最好的选择。

抗皮脂溢药物含有角质软化剂和促角质剂类的物质。角质软化剂有助于减小角化细胞之间的内聚力，脱屑，导致角质层软化。其并不是照字面意思的溶解角蛋白。促角质剂试图使角化作用和角化紊乱的异常上皮被重新正常化。尽管一些促角质剂（特别是焦油）是通过减少DNA产量，减少上皮基底细胞的有丝分裂指数，从而使上皮细增殖正常化，但是其具体作用机制目前还不清楚。毛囊冲洗是一个术语，被用来描述可以帮助移除毛囊分泌物和细菌，并可减少毛囊角化过度症的药剂。抗皮脂溢香波最常见的主要成分包括焦油、硫黄、水杨酸、过氧化苯甲酰和二硫化硒。其他一些常见的药物有效成分有尿素、甘油和乳酸。Sogeval公司推出的一种产品含有植物鞘氨醇，这是皮肤表皮层的一种成分，此外该成分还有抑菌作用[15]。在一个超声生物显微镜观察香波去除犬鳞状上皮能力的试验中[16]，二硫化硒和燕麦胶片是最有效的；焦油和硫黄-水杨酸的作用次之，较温和；而过氧化苯甲酰、乳酸乙酯和氯己定是无效的。

硫黄既是促角质剂也是角质软化剂，可能是通过硫黄和半胱氨酸在角化细胞中的相互作用。硫黄是一种温和的毛囊冲洗剂，但不是一个好的脱脂剂。硫黄还有抗细菌、抗真菌和抗寄生虫作用，这些作用归因于五硫黄酸和硫化氢的形成。硫黄颗粒越小（胶体比沉淀的小），其效力越好。当硫黄与凡士林油合用时，便可发挥最好的角质软化剂作用。这与关于水杨酸的发现形成了鲜明对比，水杨酸在乳剂中起效更快。硫黄的角质软化剂作用归因于其对表皮角质层的浅表作用和硫化氢的形成。硫黄的促角质剂作用源于其对表皮基底层更深的作用和胱氨酸的形成。

在北美由公认的皮肤病用药制造商销售的香波中，纯的硫黄产品是买不到的。因为硫黄和水杨酸的协同作用，所有的硫黄香波都含有这两种成分。尽管世界范围内有很多兽医皮肤病药物制造厂家，Dechra Pharmaceuticals，DVM Pharmaceuticals，Sogeval Laboratories，Vetoquinol和Virbac Animal Health占有最大的市场份额。由他们生产的硫黄类香波包括Dermaseb S（Dechra），SebaLyt（DVM Pharmaceuticals），MPA SebaHex（Vetoquinol）和Sebolux（Virbac）。

水杨酸（0.1%~2%）是促角质剂，而且在角质层的形成方面发挥很有利的作用，它还有一定的止痒和抑菌作用；其更高的浓度（3%~6%）可以溶解细胞间结构，因此有角质软化剂作用，可以使角质层软化和脱落。水杨酸和硫黄合用具有协同作用。常见的联合用药中每种药浓度为2%~6%。在人医皮肤病用药实践中，含有40%水杨酸的膏药常被用来治疗厚皮痂和疣。

焦油是通过分解蒸馏沥青煤或木材获得的。桦树焦油、杜松焦油和煤焦油是粗制品，按列出的顺序其刺激过敏的能力增加。煤焦油溶液（5%、10%或20%）更温和有效。煤焦油溶液只含有20%的煤焦油提取物或精炼焦油。大部分的皮肤用药制剂都经过高度精炼以减小着色作用和强烈的气味。在这些精炼过程中，焦油的一些有益作用会流失掉，而其潜在的致癌作用也会减少。纯粹的焦油产品因为其毒性和造成局部刺激的作用，在小动物临床上没有市场。猫对煤焦油的敏感性很高。所有的焦油都有潜在的刺激性和光敏化作用，而且有致癌性。有些焦油还可能污染浅色的皮毛。焦油香波曾一度被广泛用于治疗皮脂溢。它们有角质软化作用和促角质作用，而且有温和的脱脂作用。与硫黄香波一样，焦油香波常含有其他一些成分，一般为硫黄和水杨酸。在本文中，先前提到的5家制造商中没有一家在美国销售焦油香波。如果人们需要，可去人医药店购买。

过氧化苯甲酰（2.5%~5%）有软化角质、抗菌、脱脂、止痒和毛囊冲洗作用，它可以在皮肤中被代谢为苯甲酸，苯甲酸可以在表皮角质层中溶解细胞间质，进而发挥其软化角质的作用。它不是一种稳定的成分且不能被二次包装、稀释，或者与其他产品混合。过氧化苯甲酰是干燥剂，可以引起接触性皮炎（小于10%的患者）和引起头发、衣服和家具的漂白效应。有报道称其对实验室啮齿类动物有皮肤肿瘤促进作用，但是在其他物种未见相关报道[17]。过氧化苯甲酰可以做成5%的凝胶［Pyoben（Virbac）］和2.5%~3%浓度的香波［MPA Benzoyl-plus shampoo（Vetoquinol），Pyoben（Virbac）］。有三种产品含有硫黄成分而且在市场上可以买到［DermaPet Benzoyl Peroxide Plus shampoo（Dechra），SulfOxy-Dex（DVM Pharmaceuticals），Oxiderm（Sogeval）］。但应只选用信誉好的过氧化苯甲酰产品，因为差的产品保存期限短、临床效果差或刺激作用强。由于过氧化苯甲酰有力的脱脂作用，持续使用时其会使正常皮肤过干，且一般对干燥皮肤和刺激性敏感者是禁忌使用的[13,17]。

硫化硒改变表皮的更新率，而且干扰角蛋白氢键的形成。它有角质软化作用、促角质作用和很强的脱脂作用。截至本书完成，北美还没有兽医用硫化硒香波销售。人用含有1%的硫化硒香波产品［Selsun Blue（Abbott Laboratories）和Head and Shoulders Intensive Treatment（Proctor and Gamble）］对犬是有效的，而且通常不是很刺激。

在人医上，有很多角质软化剂和促角质剂产品以乳霜、凝胶或者软膏的剂型在市场销售。只有很少的产品在兽医领域销售，而且大部分是没有专利的产品，比如10%硫黄软膏、鱼石脂软膏、氧化锌、金钟柏，或者是为了其他目的而销售的凡士林和乳房镇痛剂。

在去除过多的鳞屑和油脂的过程中，抗皮脂溢药物会损害角质层并改变上皮的水合作用[18-21]。过低的湿度会产生相似的改变。润滑剂和保湿剂被用来抵消这些改变。润滑剂可以软化和缓和皮肤，而保湿剂可以增加角质层的含水量。这两类药物对保湿和软化皮肤都很有用。很多闭合润滑剂实际上是油类（红花油、芝麻油和矿物油）或者含有羊毛脂。此类润滑剂通过减少经表皮失水而产生保湿作用，在角质层水分达到饱和时立即应用最佳。为了最大的软化，皮肤应在湿敷下水化、变干，再用闭合性疏水油覆盖。为了更进一步地保水，可以在局部受损部位的绷带下应用塑料保鲜膜。开放性润滑剂在保持水分方面相对来说是无效的。润滑剂包括植物油（橄榄、棉花籽、玉米和花生油），动物油（猪油、鲸油、无水羊毛脂和含水25%~30%的羊毛脂），聚硅酮类，烃类［石蜡和凡士林（矿物油）］和蜡类［白蜡（漂白蜂蜡），黄蜡（蜂蜡）和鲸蜡］。吸湿剂（湿润剂）的保湿作用通过其进入角质层并吸水产生。这些药物吸收表皮深层和真皮层水分，并在周围环境相对湿度大于70%时，吸收环境里的水分[9]。这些药物比如丙二醇、甘油、胶态燕麦片、尿素、乳酸钠和乳酸，可以在2次洗澡间时选用。闭合和吸湿药物的喷剂和乳霜在兽医上是很常见的，可与相应的香波搭配使用。

兽医抗皮脂溢药物添加脂质体，球粒或者植物鞘胺醇可以增加它的效力，但是减少了其治疗的强度。前面第三章提到，脂质和球粒是混入香波的微小胶囊，黏附于皮肤和毛发并在冲洗后仍能保持。作为一种时间依赖性方式，一些胶囊分解并释放水分和脂类（脂质体）或者有效成分，其中含或不含保湿剂（球粒）。在一项研究中，Micro Pearls Advantage Hydra-Pearls Cream Rinse（Vetoquinol）在治疗犬的皮肤干燥时显示出其优于一种传统的致湿性润肤剂［Humilac（Virbac）］[22]。在一项关于表皮水合作用的研究中，9只犬皮肤部分区域应用水或者Sebolux（Virbac）（即一种含有球粒的硫黄/水杨酸香波）。香波治疗组比对照组和水分治疗组的水合作用都强[23]。这些初步的数据暗示这些缓和的香波有长时间的活性，而且以乳剂来冲洗可能是很多治疗程序不需要的步骤。

很多Sogeval的产品含有植物鞘胺醇以便能够修复皮肤脂质屏障，并维持皮肤正常的菌群。Douxo Seborrhea这种产品的发泡和分散剂中主要含有植物鞘胺醇。香波、微型乳液喷剂和局部滴用的产品均可以使用。起初患犬每周进行2~3次药浴可获得一定的缓解，接下来可以每3d用1次喷剂来维持。局部滴用产品可以在病灶焦点区域每周使用1次。这种产品应用很广泛，但是对于其效果的报道有限[24,25]。

一个有关皮脂溢的试验，每组27只皮脂溢患犬，共分成3组[25]。第1组用Douxo Seborrhea香波洗浴，第2组用传统的抗皮脂溢香波［Sebmild（Virbac）］洗浴，第3组同时应用Douxo Seborrhea香波和喷剂。三组都大约有60%的病犬得到改善，但是三组治疗的效果在统计学上没有显著差异。

在对两组皮脂溢患犬分别每周应用Douxo皮脂溢局部滴剂或另一种局部滴剂［Dermoscent Essential6（动物皮肤保养品实验室）］的试验中，两组患犬的皮脂溢分别以28%和34%的效果得到缓解。Dermoscent Essential 6的效果明显更好[26]。

全身的抗皮脂溢药物主要被用来治疗先天遗传性皮脂溢紊乱（见第十二章）。由于大多数普遍的继发性皮脂溢是因为环境条件改变、缺食性营养不良、代谢异常或者其他可校正的紊乱，所以很少考虑全身用药且可能价值不大。全身应用的产品可能在一些先天性皮脂溢患畜有一定的应用价值（比如猫痤疮）。

在兽医学上，维生素A酸类是最常用的全身性抗皮脂溢药物。维生素A酸类指的是所有化学的、自然的或人工合成的药品，它们的有效成分是维生素A。人工合成的维生素A酸类主要是视黄醇、类维生素A、视黄酸衍生物或类似物。其合成的目的一般是追求放大其某一方面的生物学效应而减小其天然前体的毒性。有超过1 500种人工合成的维生素A酸类药物被生产和评估[27,28]。不同的合成药物都以人工合成维生素A酸类来分类，其可能有截然不同的药理学效应、不良反应和疾病适应证。

天然维生素A是一种酒精，全反式视黄醇。它在身体里被氧化成视黄醇和类维生素A。尽管这些化合物在角化细胞的正常生长和分化过程中有重要作用，但它们的代谢活性和生物学活性都较多变。只有视黄醇有维生素A已知的所有功能。在兽医皮肤病学上应用最广泛的两种维生素A酸类药物是异维甲酸（13-顺式类维生素A），它是人工合成的视黄醇的自然代谢物。此外还有依曲替酯，这是一种人工合成的维生素A酸类。依曲替酯由于其停药后在人体组织内具有持续数年的药物残留期，而且可能对胎儿有致缺陷作用，现在已不再使用[29]。已被替换成阿维A酸，是一种依曲替酯的代谢物。阿维A酸似乎在功效和急性毒性方面比得上依曲替酯，但是由于其具有更短的半衰期（2d对比依曲替酯的120d），它的长期应用安全性更好。到目前为止，唯一可见关于其对犬功效的信息是网络上的一篇传闻报道。以每24h 1mg/kg的剂量应用似乎是安全的，而且可以产生和依曲替酯相同的功效。

人医上，类维生素A有很高的致畸作用而且可能产生各种各样的胃肠道问题。2006年，在美国和其他一些国家很难获得异维甲酸。为了能得到这种药物，皮肤病内科医生和他（她）的病患必须分别在FDA强制执行的网站上注册。截止本书完成，兽医是不能在FDA注册为开药者的，因此也不能开这些药物。为了得到这种药物，笔者见到一些案例是通过从网上或是一些对这些药物的管理与其他药物相同的药店购买。在开具含有这些药物的处方时，要仔细考虑责任的问题。

维生素A酸类药物的生物学活性是多种多样的。但是在皮肤病学上，它们的主要作用是调节上皮组织的增殖、生长和分化。它们也影响蛋白酶、前列腺素、体液和细胞免疫以及细胞的黏附和通讯[29]。异维甲酸通常的剂量是每12~24h 1~3mg/kg。尽管对一些上皮疾病有效，但是对于一些附属结构疾病需要改变剂量或标准化使用[27]。关于异维甲酸在兽医皮肤病方面有效果的报道有雪纳瑞粉刺综合征[27]、皮脂淋巴腺炎（特别是贵宾犬、维兹拉犬或短毛品种犬疾病早期）[27,28,30]、鱼鳞癣[27]、猫痤疮[27]、趋上皮性淋巴瘤[27,28,31]、漏斗状角质化棘皮瘤（角化棘皮瘤）[27,28,30,32]、皮脂腺增生和腺瘤[28]。异维甲酸治疗无效的有巴吉度猎犬和可卡犬的原发性先天性皮脂溢和西高地白㹴的上皮发育不良[27,28,33]。异维甲酸对于猫肿瘤出现前和鳞状细胞癌损伤也是无效的[34]。

异维甲酸对犬和猫的毒性比对人类的小[27,28]。犬的不良反应有结膜炎、多动症、皮肤瘙痒、皮肤黏膜结合部红疹、皮肤发硬、呕吐、腹泻和角膜结膜炎。一般与临床症状无关的实验室检测异常包括高甘油三酯血症、高胆固醇血症、丙氨酸氨基转移酶升高、天冬氨酸氨基转移酶升高、碱性磷酸酶升高[27,28]。猫的不良反应主要有结膜炎、腹泻、厌食和呕吐[7,27,28]。随着药物剂量的减小或中止，这些不良反应可能是暂时的或自限性的。如果长期用药，骨骼会产生一定的异常，主要是骨皮层骨质增生、骨膜钙化和长骨发生去矿化作用[27-29,35]。所有的维生素A酸类都有致畸作用。

阿维A酸对于治疗上皮、毛囊发育或角化紊乱是有效的[36]。当以每24h 1mg/kg的剂量给予依曲替酯，治疗可卡犬、史宾格犬[7,27,28]、金毛寻回猎犬、爱尔兰长毛猎犬和其他一些杂交犬的原发性先天性皮脂溢时，效果是很不错的。但是对于大部分西高地白㹴、巴吉度猎犬或者柯利牧羊犬效果不是很好[27,28]，但个别有效的报道是存在的[7]。依曲替酯或阿维A酸在治疗鱼鳞癣、日光性皮炎、鳞状细胞癌、漏斗状角质化棘皮瘤（角化棘皮瘤）和皮脂淋巴腺炎时，效果也很好[7,28,32,37]。

局部（卡泊三烯或卡泊三醇）或全身应用的维生素D类似物，特别是1,25-二羟维生素D_3（骨化三醇）被用来治疗人的牛皮癣[36,38-41]，其初步的临床试验在少数患有原发性皮脂溢的可卡犬中进行[42]。这些药物维持了维生素D对角化作用的积极影响，而使其对钙和磷代谢的激素影响最小化。维生素D类似物抑制角化细胞增殖，引起角化细胞终末分化，并通过减少多种细胞因子的转录或产生、减少朗格汉斯细胞的抗原呈递作用，来减小免疫学活性[1,36,38,39]。当骨化三醇以每24h 10ng/kg的剂量给予患有皮脂溢的可卡犬时，大约有2/3的患犬有显著的改善[42]。没有见到有相关不良反应的报道，但是由于这些物质对钙代谢有影响而且偶尔过量往往是致命的[43]，因此应当至少每周检测1次患畜的甲状旁腺激素（parathyroid hormone，PTH）、钙、磷水平。这些项目未见进一步的研究报道。

在人医治疗牛皮癣的实践中，抑制细胞生长的或者细胞毒性的药物应用得很普遍[38]。近年来临床添加最多的是口服环孢霉素，它可以通过抑制促炎上皮细胞因子的释放，进而改善临床病变[40]。因为细胞毒性方法治疗犬的原发性皮脂溢有效的报道是未经证实的[7]，环孢霉素治疗严重的角化紊乱可能可以考虑选用。作者曾经看到1篇关于环孢霉素以每日5mg/kg的剂量治疗皮脂溢和增生性耵聍外耳炎疗效的报道，但是现在找不到这篇报道了。

二、犬皮脂溢

犬皮脂溢是犬的一种慢性皮肤疾病，特征是角质化缺陷，伴有鳞屑增多、皮肤和毛发过度油腻，有时继发炎症感染。由于发生部位不同，有些患犬可同时出现片状鳞屑

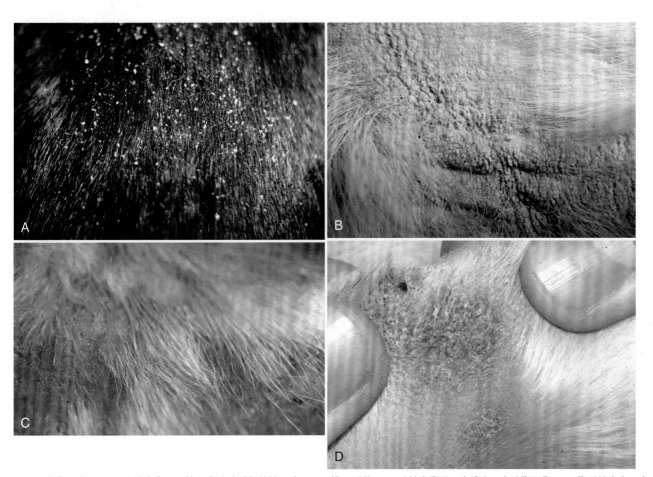

图14-1　皮脂溢类型　A. 干性皮脂溢。缺乏脂肪酸引起的被毛暗哑，干燥易剥落　**B.** 油性皮脂溢。皮肤表面有油脂聚集　**C.** 脂溢性皮炎。皮肤表面有油脂聚集，伴有显著的炎性反应　**D.** 局部脂溢性皮炎。犬皮脂溢性皮炎的局部病灶，伴有维生素A应答性皮肤病

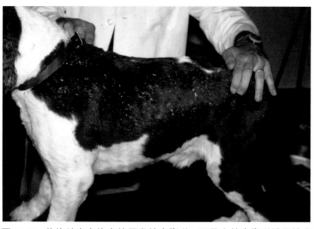

图14-2 英格兰史宾格犬的原发性皮脂溢。可见大的皮脂溢鳞屑块遍布整个躯干

和油腻症状。兽医文献中一直存在的皮脂溢有干性皮脂溢、油性皮脂溢和脂溢性皮炎。干性皮脂溢表现为皮肤和毛发干燥。皮肤有局灶性或弥散性的脱皮，从白色到灰色非粘连的鳞屑累积，毛皮无光泽且干燥（图14-1，A）。油性皮脂溢症状相反，皮肤和毛发油腻（图14-1，B），可以通过触摸和闻气味很好的鉴别油腻的角化皮脂性碎屑，严重的油性皮脂溢患犬的气味是很大的。脂溢性皮炎的特征是同时存在脱皮和油腻的情况，并还有明显的局灶性或弥散性的炎症存在（图14-1，C）。对于患有油性皮脂溢或者脂溢性皮炎的动物，应当仔细检查有无细菌或酵母菌（马拉色霉菌属或念珠菌属）过度生长[15]。这些自然情况下分解脂肪的生物会使皮肤的油腻状况更糟。此外，马拉色菌使角化细胞的增殖速率增加[44]，会产生一个恶性循环。皮脂溢最初的环境是适宜酵母菌过度生长的，进而酵母菌进一步刺激皮脂溢的发展。在一些病例，最初的皮脂溢状况可能解决了，但是患畜的临床症状只有酵母菌被完全清除才有改变。经典的局部皮脂溢性皮炎伴有圆形的损伤和脱毛、红斑、表皮边缘脱皮和后期色素沉着过度（图14-1，D）。这些必须同其他可以引起相似损伤的紊乱区分开来。

以上三种皮脂溢恰当地描述了犬皮脂溢的临床症状，并帮助初期时选择香波，但是它们不能够被用来指导对皮脂溢发生原因的诊断。患相同皮脂溢的个体的损害反应不相同。尽管大部分患有脂肪酸不足的犬皮毛枯燥，表皮易脱落，但有些是油腻的，患有早期泛发性蠕形螨病的犬可能会有鳞状屑或者油腻感。不管皮脂溢的性质，所有的引起原因都应当认真考虑而且只能通过适当检测方法排除。

在病因学上，皮脂溢分为原发性和继发性两种，在第十二章里介绍的原发性皮脂溢是一种表皮增生过度的遗传疾病。这种疾病在美国可卡犬、英格兰史宾格犬（图14-2）、西高地白梗和巴吉度猎犬中很常见，但是在爱尔兰长毛猎犬、杜宾犬、中国沙皮犬、腊肠犬、拉布拉多猎犬和德国牧羊犬中的发生风险增加[7,45]。然而，并不是这些品种的所有个体都易感这种疾病。如果这些品种的犬一出

现皮脂溢症状，兽医就将其立即定义为原发性皮脂溢，那是对畜主和动物不负责任的做法。可靠的诊断原发性皮脂溢的证据只有当患犬早年便有这些症状，而且适当的诊断测试查不出角化缺陷的原因时才成立。

继发性皮脂溢一般由一些外部的或内在的原因引起，改变了毛囊上皮和表面的增殖、分化和正常脱屑[3]。严格来讲，本书所讲的任何紊乱性疾病在急性期或愈合阶段都能导致皮脂溢症状。

（一）病因和发病机制

任何改变细胞的增殖、分化或正常脱屑的紊乱都会导致皮脂溢症状。在大多数情况下，下面这些皮脂溢诱发因素引起变化的作用机制并不是十分清楚。

1. 炎症

炎症性皮肤病的典型特征是表皮增生[6]，这可能是由于产生或释放真皮的花生四烯酸、组胺和细胞因子引起的。报道称皮脂溢患犬皮肤病变中白三烯B_4（Leukotriene B_4，LTB_4）浓度升高[46]。LTB_4和前列腺素E_2都增加了基底层DNA的合成，而且刺激表皮的增殖[4,5]。如果炎症不是很严重，则皮脂溢症状可以没有瘙痒感。比如太用力地理毛[47]、蠕形螨病、皮肤癣菌病、姬螯螨病、虱子、低级接触性皮炎和早期趋上皮性淋巴瘤。

2. 内分泌性因素

激素影响细胞的增殖[7]、血清和皮肤油脂的形成[48,49]。尽管所有的激素紊乱均可以引起皮脂溢，但自发性或医源性皮质醇增多症和甲状腺功能低下是最常见的原因（见第十章）。皮质醇增多症时，这种疾病其他的症状也经常存在；相反，一些甲状腺功能低下的患犬除皮脂溢外完全正常。

3. 营养因素

葡萄糖、蛋白质、必需脂肪酸[48,50]、各种维生素和微量元素对于正常细胞的增殖和分化是必要的。这些营养物质有一种或多种缺乏、过量或者是不平衡都会引起皮脂溢（见第十七章）。由于发达国家大多数宠物的饮食是高质量的均衡饮食，营养性皮脂溢并不多见[48]。一旦发生营养性皮脂溢，往往是继发于吸收障碍、消化不良[51]或者是代谢性疾病，特别是甲状腺功能低下[52]。

4. 环境因素

皮肤水分和脂类的含量对于维持正常的无形脱皮重要[3,18,19,48]。如果经表皮失水增加，正常的脱皮就会改变，而且鳞屑（死细胞）变得可见。过低的环境湿度、过度的洗浴（特别是应用粗劣的产品）和脂肪酸缺乏可以引起以上改变。

从以上因素可以看出，事实上，任何疾病均可以引起皮脂溢，其作用机制是多样的。

（二）临床特征

继发性皮脂溢的临床症状有片状脱屑、油腻、脂溢性

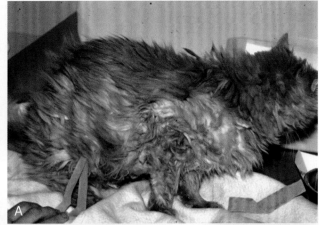

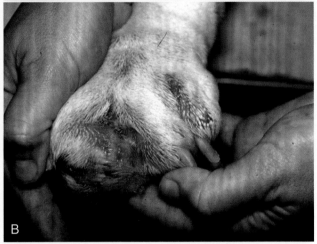

图14-3 **A.** 患有肝病的猫患油脂性皮脂溢使毛发粘连在一起 **B.** 患有皮脂溢的英国斗牛犬趾间有红斑和油脂。通常马拉色菌性皮炎会在皮脂溢之后发生

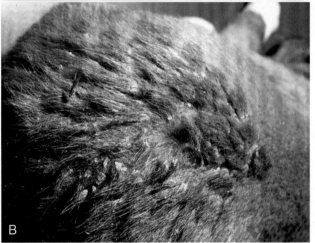

图14-4 **A.** 由于环境湿度水平太低导致猫的表皮脱落 **B.** 新生幼犬的臀部和荐部被毛脱落、蓬乱。3月龄后症状自行消失

图14-5 来自皮脂溢患病动物拔毛的多重管状毛鞘。注意毛发是如何被蜡状毛囊碎屑黏在一起的

皮炎、耵聍性外耳炎或者是它们的混合症。皮脂溢的原因和患者的个体情况决定症状的性质、分布和严重程度。总体说，全身性原因（如内分泌疾病、缺食性营养不良、肝或胃肠道疾病、原发性或继发性脂质异常）（图14-3，A）会导致一般性症状，在起始阶段一般没有瘙痒症状。但如果皮脂溢进一步加重或者继发葡萄球菌或马拉色菌过度生长，患犬便会出现瘙痒症状。一般在面部、足部（特别是趾间）（图14-3，B）、擦烂的地方和会阴部出现更明显的皮脂溢变化。过敏性疾病尽管是全身性疾病，但易造成局限性皮脂溢变化，而且往往瘙痒出现在皮脂溢变化之前。

除了较低的环境湿度（图14-4，A），和过度或不适当的局部治疗（比如过度洗浴、药浴或扑粉；香波接触性皮炎），外部原因（如姬螯螨病、蠕形螨病、皮肤癣菌病）都可导致单点、多点甚至区域性继发性皮脂溢症状（图14-4，B）。在检查时，这些患犬一般有一些正常的皮肤。皮脂淋巴腺炎一般会引起大部分甚至所有皮脂腺受破坏，而其往往最初局限在面部和背部。

（三）诊断

皮脂溢的诊断是明确的，以特征的病变症状为基础。然而确定皮脂溢的原因是很困难的。除了病史检查、饮食

回顾、皮肤刮样检查、拔毛检查、肠道寄生虫粪便检查和吸收障碍消化不良的检查，特殊的检查会因个体的不同而不同。

一些研究者在诊断早期采用皮肤活组织检查，另一些人首先采用常规的实验室检查和内分泌检测。如果皮脂溢是单点、多点或者区域性病变，且拔毛检查发现很多管状毛鞘（图14-5）、异常毛囊角化的指征，则此时可以进行早期的活组织检查。当皮脂溢已经广泛存在而且可能是由一些全身性疾病引起时，早期的活组织检查就不再是必须的了。在这种情况下，组织会出现角化缺陷的特征性改

变，比如，可能会出现一种不定的增生性浅表血管周皮炎伴有正角化病的或者角化不全的角化过度，但是活组织检查并不会发现引起这种变化的原因。

对于有泛发性皮脂溢的患犬，特别是最近才开始出现症状的老龄犬，应当进行血液检查，化学检查和尿液分析，以有助于任何全身性疾病的最初鉴定。任何异常的发现都要以适当的方式随时观察。如果检测和诊室基础检查没有价值，则应当进行甲状腺和肾上腺的评估。

如果皮脂溢的病变是单点的、多点的或者区域性的，那么很可能是外部原因造成的。如果病史检查和身体检查不能鉴别诊断，那么皮肤活组织检查在紊乱疾病的分类方面是有用的。

正如前面提到，患有皮脂溢的犬易继发葡萄球菌感染和马拉色菌性皮炎。如果通过身体检查或者渗出液的细胞学检查发现任意一种情况，此时应当先解决感染问题，再进行活组织检查。因为这些感染造成的炎症会掩盖潜在疾病的组织学特征。

（四）临床管理

继发性皮脂溢的首要治疗目标是纠正病因。通过治疗，皮脂溢症状应在30～60d内自然消失；然而对于慢性病例，即使是通过3～4个月的治疗，症状也可能不完全消失。由于皮脂溢患犬易继发葡萄球菌感染和马拉色菌性皮炎，因此如果发生继发感染，适当的治疗是必要的。解决了继发感染和皮脂溢的潜在原因，治疗会有很快的改善。

原发性皮脂溢的局部应用药物也可以用于继发性皮脂溢，但是可纠正的继发性皮脂溢的治疗方法没有那么强烈[3,12,14]。对于长毛犬和猫，剪除毛发可使疗效有很大提高。代表性的方法是对患犬每周洗2次，保湿或者不保湿，持续1～2周。出油非常严重的患犬需要隔天洗浴，坚持2～3周。不需要强制执行特别的程序，因为对潜在病因的治疗一旦确立，继发性皮脂溢患犬的治疗效果是多变的。和原发性皮脂溢相似，过度洗浴会加重继发性皮脂溢的病情。畜主是决定患犬何时需要接受治疗的决策人。如果犬在预计的洗浴日中没有很多鳞屑或者油腻感，治疗是可以推延的，直到表面碎屑发展到令人不能接受的程度。伴随着潜在疾病的治疗，洗浴的间隔时间可以延长。洗浴经常在30d后停止。这时候，患犬可能并没有完全恢复正常，但是很多畜主认为此时患犬的状况是可以接受的，尤其是当给患犬洗浴非常困难的时候。

在多数情况下，给患皮脂溢的动物进行彻底的洗浴和吹干毛发是一件煞费体力的过程，大约需要30min或者更长。尽管一些畜主会按照洗浴方案来操作，但是大部分畜主希望尽可能少地给宠物进行洗浴。在这种情况下，香波的选用很重要，不恰当的选择会对患犬产生伤害。例如，大多数过氧化苯甲酰产品对于干燥性皮肤的患犬是禁忌的，因为这些产品的潜在脱脂能力会加剧患犬的干燥程度。如果有明确的适

应证则要应用过氧化苯甲酰产品来治疗，必须仔细监控使用频率，因为如果使用得过于频繁，超过了患犬皮肤的承受能力，干燥和刺激便会发生。总的来说，越是温和的香波，起效越慢，但是安全程度也越大。

对于皮肤和毛发干燥的犬和猫，有很多产品可供选择，产品的选择依赖于畜主和兽医的个人偏爱[14]。通常使用的产品类型有低敏感性理毛产品［Derma-Lyte（Dechra），HyLyt*efa Hypoallergenic Moisturizing shampoo（DVM Pharmaceuticals），MPA Hydra-Pearls shampoo（Vetoquinol），Allergroom shampoo（Virbac）］、胶态燕麦片产品［DermaAllay（Dechra），Epi-Soothe（Virbac）］或者是以润肤剂为基础的氯己定类产品［ChlorhexiDerm Maximum shampoo（DVM Pharmaceuticals），Hexidine（Virbac）或Douxo-Chlorhexidine PS Shampoo（Sogeval）］。由于皮脂溢患犬继发细菌或马拉色菌感染的频率较高，干燥皮肤患犬（干性皮脂溢）应频繁使用润肤氯己定类香波。在多数情况下，一周1～2次的洗浴能有效地保持可见的鳞屑在最低水平。除非使用的香波含有脂质体或者球粒，营养发水应当被应用于皮肤，以增加皮肤的水合作用。在很多情况下，理毛香波有它们专门搭配的营养发水。

正如早先讨论，由于容易操作，定点滴用抗皮脂溢药物受到了广泛的关注[24,26]。先前已经讨论过两种产品［Douxo皮脂溢滴剂（Sogeval），Dermoscent Essential 6（Laboratoire de Dermo-Cosmétique Animale）］。另外一种Allerderm Spot-on皮肤脂质复合物（Virbac），显示了很好的对过敏犬的表皮屏障修复作用[10]。这种产品定位于特应性皮炎患犬，但也毫无疑问会对局部皮脂溢有一定的疗效。这种产品是否含有足够广泛分布的分散剂是未知的。这些定点滴用产品最适宜用于局部皮脂溢。笔者发现使用它们治疗由低湿度或者继发于体重减轻过程中的脂肪不足引起的情况时很有效果。

对于患有更严重的皮脂溢症状（如频繁的鳞屑脱落、严重的角化过度或者不同程度的油腻过度）的动物，必须选择替代香波，选择的依据是皮脂溢症状的严重性。油腻性皮肤犬是最困难的，经常需要强效的香波。为了省钱和增加抗皮脂溢药物的效果，患犬应当用非药用的理毛香波先进行1次快速洗浴，以除去毛发和皮肤上的灰尘和表面物质，进而会使抗皮脂溢香波与皮肤有更好的接触。一般来说，硫黄和水杨酸产品没有纯焦油产品的效果好，而它们又都没有焦油混合物产品的效果好。含有或不含有硫黄的过氧化苯甲酰和硫化硒香波是最有效的，只用1次便可以去除大量的鳞屑和油脂。除了减少表面的油脂，强焦油香波、硫化硒香波和过氧化苯甲酰香波会增加经表皮失水，因此应用的时候应谨慎[17,18,20]。

经过快速的清洁洗浴后，就应当使用抗皮脂溢药物了。畜主应当注意不要使用大量的香波于动物的背部。由于冲洗掉皮肤上所有的香波是一件困难的事，所以这样做会浪费很多香波，而且会刺激背部的皮肤。对于有一定浓

度的香波，应告知畜主取少量的香波放在一个盛有温水的容器里，然后把容器里的香波溶液少量地倾倒在患犬身上。香波的稀释应现配现用，因为有一些成分（例如过氧化苯甲酰）与水混合后会降解，且长时间放置的稀释好的香波会被细菌污染。以喷瓶销售的香波在分散香波时更均匀。

患犬在涂抹抗皮脂溢产品起泡沫后，香波必须保持与皮肤接触10～15min以便发挥最大效果。在这段等待的时间内，对犬的皮肤进行轻柔地按摩可以使患犬感到舒适，而且可以增加香波的清洁效果。10～15min后，患犬应当被彻底地冲洗干净。冲洗所花的时间应该是起泡沫时间的2～3倍。延长冲洗时间不但可以冲掉碎屑和香波，而且可以帮助皮肤的水合作用。很多干燥性皮肤的犬在洗浴后不久皮肤又呈鳞状，易起鳞屑，特别是当环境湿度太低时。此时应用浴后的营养发水或者润肤喷剂可以建立一个屏障，进而阻止经表皮失水和干燥[22]。尽管任何浴后用漂洗液都有效果，但是研究发现那些含有油类，特别是亚麻酸的产品，是最有效地减少经表皮失水的产品[19]。如果畜主将一些稀释过的产品保存在雾化瓶里，并在必要时给犬喷洒，则犬洗浴的频率可以减少。

对于油脂多的犬，使用的香波更有效[14,53]。油脂多的犬经常需要在浴后使用漂洗液，特别是当环境湿度太低时。所有强效香波都能破坏表皮屏障，增加经表皮失水，结果使皮脂溢加重[19]。浴后用漂洗液可以防止这些，但是这可能会使犬太油腻。应当区别对待每个病例。

有些病例偶尔会继发皮脂溢的原因可以被查到但是不能去除病因，常见的例子包括冬季的低湿度、蓄意为了减少体重而造成的脂肪酸缺乏、控制胰腺炎或脂类代谢异常等。在这些病例中，洗浴和保湿必须持续进行，保持某种稳定水平。对这些动物应用含有脂肪的保湿剂是有益处的[18]。

三、维生素A反应性皮肤病

维生素A反应性皮肤病主要发生在可卡犬身上，但是报道称这种病也发生于拉布拉多猎犬和迷你雪纳瑞犬[54-59]。作者曾经诊断过其他品种的犬患有此病。在这些患犬中，特征是发生在成年犬身上的难治的皮脂溢皮肤病，伴有显著毛囊堵塞（图14-6，A）和表面可见典型的角化过度形成的斑块（图14-6，B）。毛囊堵塞和角化斑块在腹侧和侧面的胸和腹部尤其明显。其他病变包括不同程度的病灶结痂、脱屑、脱毛和毛囊丘疹。耵聍性外耳炎也是常发症状（图14-6，C）。通常存在毛发干枯、暗滞、凌乱、易脱落等症状，并伴有皮肤恶臭和轻到中度的瘙痒。一般患犬除了皮肤病，其他方面都正常。

一组患有维生素A反应性皮肤病的哥顿塞特犬，其临床表现不同。这些犬没有皮脂溢表现，但是患有瘙痒症，特别是在背部瘙痒很严重，在瘙痒区域有丘疹样皮炎。经过抗生素治疗后，丘疹样皮炎得到解决，瘙痒症状有所减轻，但是一旦停止使用抗生素，又会复发。过敏检测结果

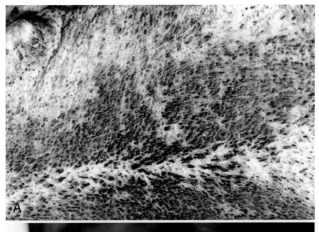

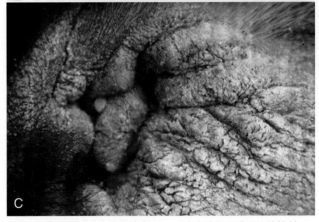

图14-6 维生素A反应性皮肤病 **A.** 可卡犬腹部形成明显的粉刺 **B.** 可卡犬耳缘叶状角化过度病灶 **C.** 严重的耵聍性外耳炎，累及耳尖

不能确诊，皮肤活组织检查显示不成比例的毛囊角化过度的维生素A反应性皮肤病。应用维生素A醇治疗后，患犬的皮疹和瘙痒症状消失，经过继续治疗，患犬恢复了正常。

出现明显的毛囊堵塞高度提示这些犬患有此病。在没有皮质醇增多症的全身症状时，只有皮脂淋巴腺炎（见第十八章）、真性维生素A缺乏或者维生素A过多（见第十七章）、非典型泛发性蠕形螨（见第六章）和毛囊发育不良（见第十一章和第十二章）可以引起这种毛囊变化。临床病变的组织病理学特征是不成比例的明显的毛囊正角化性角化过度。到目前为止，对于维生素A反应性皮肤病的最终诊断只能通过治疗反馈来确诊。

对于可卡犬的治疗包括在高脂肪食物中添加10 000 U维生素A（视黄醇），每日1次。拉布拉多和其他一些大型犬

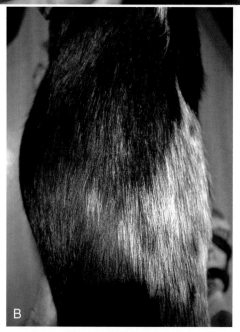

图14-7 皮脂腺发育不良 **A.** 青年犬耳尖边缘有多重管状毛鞘 **B.** 胸部背侧少毛症。患病部位有轻度皮脂溢症状

图14-8 6月龄喜马拉雅山猫患原发性皮脂溢。油脂性毛发黏在一起

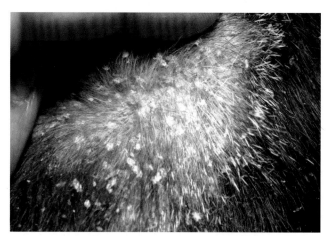

图14-9 全身性红斑狼疮成年患猫出现广泛的被毛脱落

需要更大的剂量。目前研究认为添加的最大安全上限剂量为每日1200 IU/kg[60,61]。大约3周后会有改善，临床症状的完全消失需要8～10周。治疗应当终身进行，因为一旦停药，症状和病灶可能会重新出现。

四、皮脂腺发育不良

皮脂腺发育不良是新认识的一种犬、猫异常皮脂腺发育疾病[59,59a,62]。该病很少发生，且由于其在动物生命的早期就存在，似乎与遗传有关。临床上可见动物出现渐进性皮脂溢加重，毛发质量差和躯干部位脱毛。起初病变发生在头、耳郭周围（图14-7，A）和背部（图14-7，B）。皮肤有鳞屑，毛发上可见很多管状毛鞘（见图14-5）。皮毛暗滞、干燥、没有光泽并伴有渐进性脱毛。

需要进行皮肤活组织检查来确诊。组织病理学检查可见，皮脂腺很小近乎没有，且由成熟的皮脂腺细胞和基底细胞混合组成。基底细胞一般排列杂乱而且不规则地堆积在一起。中度到重度表面和毛囊性正角化过度是突出特征。

因为临床症状是由于异常皮脂腺的形成引起的，因此完全治愈是不可能的。在2例有关治疗反馈的报道中，用抗皮脂溢香波、保湿护毛素和含有50%丙二醇喷雾治疗，角化紊乱患犬的症状有显著改善，但少毛症并没有改善[62]。在上述治疗的同时，患犬同时口服Ω-6（欧米伽6）/Ω-3（欧米伽3）脂肪酸和维他命A。

五、猫皮脂溢

猫的原发性皮脂溢很少见（图14-8）（见第十二章）。尽管猫比犬会发生更多的、可能引起皮脂溢的疾病[57]，但猫患皮脂溢的症状并不常见。由于猫挑剔的理毛习惯，它会很快地剔除身上的鳞屑，这也可能是猫很少患有皮脂溢的部分原因。

一旦猫患上皮脂溢，一般都是干性皮脂溢，毛发伴有白色或灰色的鳞片和鳞屑（图14-9）。当症状普遍发生时，该病才能与瘙痒、缺食性营养不良、肠道寄生虫、低环境湿度、糖尿病、甲状腺功能亢进、姬螯螨病和虱子等进行鉴别[7,57]。为了减轻猫的体重或控制脂肪肝，常见到给猫喂食低脂肪的食物，由此使猫的皮毛暗滞、干燥、有鳞屑。接触性皮炎或者过分洗浴或扑粉也是造成此病的原因，但是这些原因一般通过病史检查很容易被排除。存在瘙痒症或更多局部病变时，必须考虑蠕形螨病、皮肤癣菌病、淋巴细胞性腔壁毛囊炎（见第十一章）和过敏。猫很

图14-10 胰腺功能不全患猫发生油脂性皮脂溢

少有油脂性皮脂溢的症状（油性皮脂溢）（图14-10），当这种症状出现时通常表明有严重的慢性肝病、胰腺或肠道疾病、药物性丘疹或者是系统性红斑狼疮[7,57]。和犬一样，一些患有前述疾病的猫会出现干燥鳞屑皮肤的症状，因此对于皮脂溢变化的性质，任何一种疾病都不能被包括或者排除。

和犬一样，纠正引起皮脂溢的原因可以自然地解决皮脂溢的症状。洗浴可以帮助改善猫的症状，但是并不被广泛运用，因为大多数猫无法接受反复的洗浴。除了含有焦油、硒、季铵化合物或者是苯酚的产品，用在犬身上的香波也可以应用到猫身上。在应用过氧化苯甲酰时应当谨慎，因为它可以使大约25%的猫产生不同程度的刺激。局部点药是猫的理想方法，但是关于此类药物对猫的效果还未见到相关信息。

六、鼻趾过度角化症

鼻趾过度角化症的特征是源于足垫或鼻镜表皮的角质组织增加，而且紧紧黏附于足垫或鼻镜的表皮。

（一）病因和发病机制

鼻和足垫的角化过度是一种遗传性异常疾病，是多种紊乱同时伴有的特征，引起鼻或脚垫的解剖学改变或者是衰老性病变[6,7,45]。鼻趾过度角化症在很多疾病中都可以见到，特别是角化作用的遗传性畸形疾病（见第十二章）、犬瘟热或者利什曼病（见第七章）、落叶型天疱疮、药物反应、系统性红斑狼疮（见第九章）、锌反应性和一般性犬粮皮肤病（见第十七章）、坏死性表皮松解性红斑（见第十章）和皮肤淋巴瘤（见第二十章）。在这些疾病中，角化过度很致密甚至几乎是一层硬皮。如果只是鼻镜角化过度，必须考虑拉布拉多猎犬的遗传性鼻镜角化过度（见第十二章）、盘状红斑狼疮和红斑型天疱疮（见第九章）。如果病变仅局限于足垫，家族遗传性足垫角化过度[63]（见第十二章）和乳头瘤病毒感染（见第七章）应当在鉴别诊断的疾病之中。除了家族遗传性足垫角化过度和乳头瘤病毒，前面提到的所有疾病一般都在有毛的皮肤区

域有病变，而且通常会产生全身性症状。然而，有些病例的病变病程的在起始或全过程中仅局限于鼻部和足垫。角化过度的组织学变化或者在老年动物上的变化更像叶状，且显著发生于鼻子的背部和足垫的边缘。

（二）临床特征

正常犬的鼻部和足垫有乳头状突起，有很少近乎没有角蛋白黏附。当犬在吃东西、喝水和运动时，这些部位可能发生一些轻伤，进而使得角蛋白容易脱落。如果面部的结构异常，比如许多拳狮犬、波士顿㹴或者英国斗牛犬，鼻子一般碰不到食物、地面或者其他的摩擦面，角蛋白便会在鼻背部累积（图14-11，A）。如果犬患有组织结构上的先天畸形以致足垫表面不能接触地面，角蛋白会在接触不到地面的部位累积（图14-11，B）。这也见于一些长期横卧休息的犬所有足垫的整个表面。

老龄鼻趾过度角化症患犬过度增生的角蛋白会形成各种形状，这与形成位置、发展阶段和动物个体的不同有关。有时小的疣状角蛋白规则地生长。在其他时候，角蛋白呈脊状，槽型或者羽状。所有病变均普遍出现干燥的表现。正常犬的鼻镜潮湿、呈黑色、柔软且有光泽。而患犬鼻镜变硬、干燥、粗糙且角化过度，尤其在鼻背部（图14-11，C）。干燥的表皮会发生龟裂、糜烂和溃疡。

趾部角化过度会发生在所有爪垫的整个表面，但最显著的是在承重爪垫的边缘部（图14-11，D）、副腕骨部和跗骨的趾垫部。由于行走时的摩擦磨耗了角蛋白，承重爪垫的接触表面一般较少发生角化过度。硬的开裂的爪垫含有过量的角蛋白组织，这会造成行走时疼痛，特别是体重大的犬。龟裂和糜烂会显著加重这种不舒适感。有些个体因为过多的角蛋白发展为深入的圆形团块而在足部形成鸡眼[7]。这些鸡眼硬块压入周围的足垫，并会在动物行走时因压力而产生疼痛感。

（三）诊断

单纯的鼻趾过度角化症诊断起来可以是简单的也可以是非常复杂的。如果老年犬患有典型的病变而没有其他皮肤或全身问题，或者患有典型的病变的犬有解剖结构的异常，则可以通过临床症状来确诊。如果鼻趾过度角化症发生在青年或中年犬，而且伴有其他皮肤病变，或者是伴发鼻部或爪部褪色、红斑、糜烂和结痂，那么之前提到的所有疾病都应当进行鉴别诊断，并通过适当的检测予以排除。

活组织检查可以用来确诊，先天性鼻趾过度角化症有明显特征，而其他鉴别诊断的疾病没有这些特征。先天性鼻趾过度角化症的组织病理学检查可见不规则的乳头状突起的表皮增生和明显的正角化型到角化不全的角化过度。

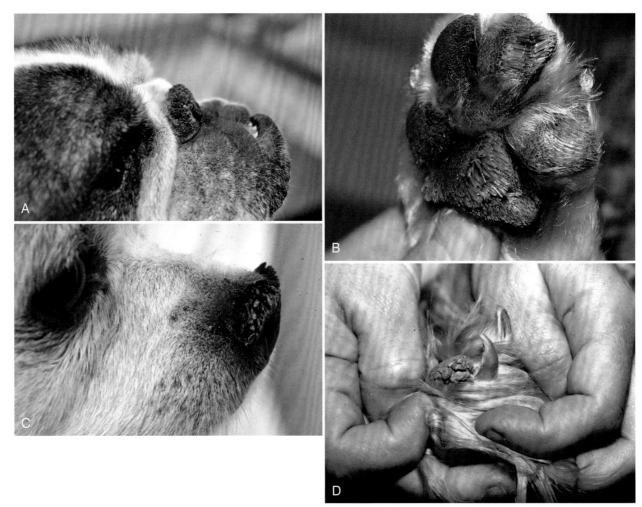

图14-11　**A**. 1只英国斗牛犬鼻部角化过度，使鼻部塌陷，阻止鼻部表面角蛋白的正常移除　**B**. 骨科疾病患犬趾部角化过度。注意角化是如何在不接触地面的爪侧边形成的　**C**. 患有鼻角化过度的高龄犬。注意鼻镜背侧叶状角化过度　**D**. 发生趾部角化过度的高龄犬。注意爪外侧角质的聚集

（四）临床管理

由于角蛋白的形成不能被阻断，治疗必须终身进行而且应当针对软化和去除过多的角蛋白。由于这些治疗措施很耗费时间且有点麻烦，所以只有当患犬的角化过度引起不舒适或者出现开裂时才会使用这些治疗措施。

对于角化过度很厚的患犬，可以用剪刀或者剃须刀片去除其过量的角蛋白。经过适当的指导，大部分畜主可以在家里进行修剪，且对于无症状的犬，畜主可以把修剪作为唯一一种处理方法。在大多数情况下，修剪只有在治疗的开始时是必要的，因为通过使用保湿和软化产品，能使深层的角蛋白累积最小化。

局部治疗必须包括促进水合作用和应用抗皮脂溢药物。促进爪垫的水合作用很容易，通过用水浸湿爪部并用一块湿的敷布盖住鼻子来完成。5~10min后，再在此区域覆盖角质软化剂。凡士林、鱼石脂软膏、多种人用干性皮肤洗液、50%丙二醇、6.6%水杨酸和维甲酸凝胶都是有效的[7,28,45,64]。如果使用了凡士林或鱼石脂，为了防止污染地板、地毯和家具，动物必须被限制在笼子里或者用绷带包住动物的脚。此时使用局部点用的抗皮脂溢药物是适宜的。当患病动物的鼻子或爪垫出现裂缝，则应该使用含有抗生素和皮质类固醇的药膏。

通常，日常的促水合作用和软化处理应当进行7~10d，以使鼻子和爪垫接近正常。畜主应当被告知不要试图去掉所有的角蛋白，因为过分的治疗会去掉正常的保护性角蛋白层，致使鼻子和爪垫更易发生撕裂和摩擦溃疡。当鼻子和爪垫接近正常时，有些畜主喜欢停止一切治疗直到角蛋白显著的堆积，另一些畜主喜欢继续按每1~2次治疗以防止角蛋白堆积。必须根据具体情况对待每个病例。

七、痤疮

犬和猫的痤疮不常见[65,66]。患有痤疮的宠物会发生异常的毛囊角化作用，但除此之外，可能与人痤疮的病理机制很少相似[67]。例如，无毛犬的粉刺脂质显示有很高的游离甾醇类、神经酰胺和游离脂肪酸[68]。这些脂类是表皮的而不是皮脂腺分泌的，这提示皮脂腺与犬痤疮关系不大。

（一）犬痤疮

尽管幼犬下颌和唇部皮肤发生病变相当常见，但是从开始就伴有毛囊角化缺陷的皮肤病是否是真正的痤疮存在疑问。对皮肤仔细检查也很难发现粉刺；无菌的或者继发感染的丘疹或疖反而是可见的原发病灶。很可能犬痤疮归

图14-12 **A.** 猫下颌痤疮与粉刺并发 **B.** 猫下颌粉刺、丘疹、疖并发

因于外伤性毛囊受损并伴有毛囊炎。相关内容在第四章动物鼻口部毛囊炎和疖病中的详细讨论。

（二）猫痤疮

猫痤疮是一种不常见的疾病，会发生在任何品种和性别的猫，并不仅限于发生在青春期。

1. 病因和发病机制

猫痤疮是一种先天性的毛囊角化紊乱性疾病[57,65,66,69,70]。尽管一些猫只在生命中的一段时间发生此病，但是大部分感染的猫几乎永久性患病，其严重程度有所不同。错误的理毛习惯、潜在皮脂溢倾向、异常皮脂的分泌、毛发周期影响、压力、直接的病毒感染和免疫抑制等都可以导致此病[66,71,72]。尽管每一种原因都是恶化因素，但是并没有发现它们之间的因果关系。激素的影响也许对于此病微乎其微，因为雄性动物和雌性动物的发病频率没有差别[7]。

2. 临床特征

任何品种、年龄和性别的猫都能感染此病，绝育并不会影响此病的发生率。最初的病变首先在下颌出现黑头粉刺，下唇常见，有时上唇也会发生（图14-12，A）[72]。在这个时期，动物一般没有症状，因此也容易被畜主忽视。许多病例停留在这个粉刺时期，但是大约有45％会发展成丘疹和脓疱。严重病例会发展成化脓性毛囊炎、疖病或蜂

窝织炎（图14-12，B）。可能会分离到多杀性巴氏杆菌，β-溶血链球菌，葡萄球菌，马拉色菌或皮肤癣菌[72]。有些严重病例，患猫的下颌和唇部发生水肿和增厚，患猫经常挠抓或在家具或粗糙的表面摩擦患病的下巴。局部淋巴结可能显著肿大。慢性病例常发生不同大小的毛囊囊肿和瘢痕形成。

3. 诊断

对于大多数病例，猫痤疮的诊断是简单的，一般以下巴和唇部出现典型病变为依据。尽管蠕形螨病、皮肤癣菌病和马拉色菌感染会引起痤疮样病变，但是这种情况几乎没有。当动物伴随有疖子的病变时，应当考虑原发或继发细菌或真菌感染，而且应当进行适当的细胞学检查和微生物培养检查。如果有明显的下巴水肿（所谓的胖下巴），那么应当与猫嗜酸性肉芽肿进行鉴别诊断（见第十八章）。

猫痤疮的组织病理学检查可见毛囊角化病、毛囊堵塞和毛囊扩张（粉刺）[6]。继续发展的病例可能会出现毛囊周炎，毛囊炎和疖病，并伴有相关脓性肉芽肿性皮炎。

4. 临床管理

对于不同的病例，治疗的必要性和治疗强度是不同的。如果畜主没有对这些无症状的黑头粉刺表示反感，则不需要治疗。如果这些病变外表上引起厌恶或者已经发展到无菌或继发感染性丘疹或疖或引起瘙痒，则需要治疗。

局部治疗对于所有病例都是有效的，并治疗黑头粉刺的脱落分解。对于很多病例，治疗前先进行剪毛可以方便操作而且可以增加治疗的效果。如果对丘疹和混有黑头粉刺的疖引流，那么这个区域应该用硫酸镁（泻盐）溶液热敷（每升温水中添加30mL）5~10min。浸湿可以促进引流并使黑头粉刺周围变得柔软。因为引流通常表明继发细菌感染，因此应适当的口服抗生素14~28d。应依据感染微生物的种类选择抗生素，但是克拉维酸阿莫西林、氟喹诺酮或者头孢菌素在以往都有不错的效果。局部应用莫匹罗星治疗可以减少全身应用抗生素的需要量。

尽管酒精和各种各样的人用痤疮清洁垫对猫的黑头粉刺是有效的，但大多数研究者采用兽用抗皮脂溢药物产品。湿巾［Mal-Acetic（Dechra），Malaseb Pledgets（DVM Pharmaceuticals）］方便而且对粉刺阶段的痤疮有效。患部应当每天或隔天进行清洗直到达到缓解，之后按需进行。

当湿巾过于刺激或者无效时，抗皮脂溢香波每天1次至每周2次使用有很大益处。可以选用硫代水杨酸、乳酸乙酯，或者过氧化苯甲酰产品[65,66]。过氧化苯甲酰有显著的毛囊冲洗效果，但是对一些猫来说可能刺激太大。下巴表面残余的药物可能会漂白地毯或家具。局部点用产品在黑头粉刺阶段的痤疮应当是有效果的，但是未见到关于它们对此病有效的报道。

对于丘疹疖子的形成，局部应用含有药物的面霜或者药膏是有益的。可能有效的产品包括含有0.05%维生素A酸的面霜、局部用克林霉素、四环素、红霉素、甲硝唑溶液

或药膏、莫匹罗星药膏[66,72,73]。每日2次应用莫匹罗星药膏是最普遍的，治愈率大约超过95%[72]。

患有痤疮的猫很可能在患病区域终身带有不同数目的黑头粉刺[70]。这些病变可能只是美观问题，畜主可以选择治疗与否，但是也可能易形成更有问题的疖子。对于后者，应当制定一些维持性的治疗方案。对于一些长期的难于控制的病例，会出现瘢痕形成和毛囊囊肿形成。

除了应用抗生素和补充脂肪[66]，很少进行全身治疗。然而，伴有严重炎症的患猫，口服泼尼松龙10～14d（每24h 1～2mg/kg）是有益的，且这样可能减少疤痕组织形成。在使用皮质类固醇之前，应当解决所有细菌感染问题。对于不允许进行局部治疗或者局部治疗效果差的患猫，口服异维甲酸（每日2mg/kg）可能是有益的[28,66]。一般在30d内应该看到效果。

八、犬耳缘皮肤病

耳郭边缘皮脂溢的特征是在耳郭内外侧缘的皮肤和毛发上附着很多小的油性栓子（毛囊管型）。最常发生于腊肠犬，也发生于别的耳下垂的犬种（图14-13，A）。在强制通风管道或木材炉旁睡觉可增加此病的发生率或加重此病。使用拇指趾甲或者平的工具可以很容易地去除毛囊管型，以取样进行诊断，毛囊管型是柔软、不规则和油腻的物质。随着时间的推移，会发现鳞屑区域更加融合，而且会发展到整个耳缘（图14-13，B），常伴有耳郭的局部脱毛。在慢性病例中，耳缘会有皮脂溢碎屑，尤其是在耳缘

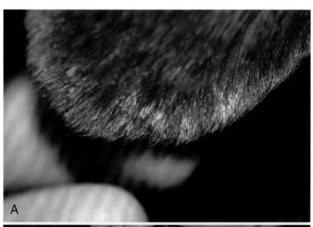

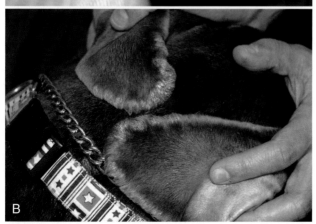

图14-13　A. 腊肠犬耳缘皮肤病早期表现为轻微的脱毛和耳尖脱皮　B. 晚期耳缘皮肤病，伴有局部脱毛，双侧耳郭边缘都发生皮脂溢

的尖端，会变得很厚而且很硬。摇头、抓挠或钝性挫伤会导致硬痂和其下面的组织开裂，最终导致耳产生裂隙（见第十九章）。裂隙的疼痛会导致动物摇头，这又进一步加剧裂隙。

在早期，对于耳缘皮肤病的诊断是简单的。皮脂溢变化往往只局限于垂耳犬的耳缘部位。并不表现瘙痒和疼痛。当病变伴有严重硬痂和龟裂时，所有能引起脉管炎的原因都应当考虑（见第九章）。组织病理学检查可见显著的表面和毛囊正角化型或角化不全的角化过度。

耳缘皮肤病是不能治愈的，可以应用抗皮脂溢药物控制治疗。在进行治疗的同时，管理也应当改变。患犬不应当在加压气流加热管道、木材炉或其他干燥热源附近睡觉[7]。此外，应当重新检查患犬的饮食而且必要时应进行改进。

由于皮脂溢的毛囊性质，硫黄水杨酸、过氧化苯甲酰或者过氧化苯甲酰硫黄香波是最普遍应用的去除累积碎屑的产品。在慢性病例中，碎屑一般很硬，这些区域一般在香波使用前，先用温水浸泡5～10min。每24～48h洗浴1次，直到碎屑完全去掉。一些严重病例，往往需要10～14d才能实现这个效果。清洗过后，应该使用保湿剂最大限度地减少经表皮失水。当耳部接近正常时，香波的洗浴频率可以减少到按需要进行。作者用局部点用产品治疗本病的经验有限，初期效果是鼓舞人心的。由于操作方便，畜主很欢迎这种治疗方式。

有些病例中，去除这些碎屑导致耳郭发生炎症。然而在大多数情况下，这些炎症是轻微的，且不需要治疗。使用1%氢化可的松乳霜或药膏治疗中度发炎的病变，效果是不错的[35]。对于严重的炎症或早期龟裂的病例，波尼松龙（1 mg/kg 口服，每24h 1次）或者局部应用强效的类固醇抗生素，大约需要7～10d。发生广泛的裂隙时，需要进行耳郭手术治疗。如果发生多种龟裂，应当进行耳部美容修整。在手术前应当进行适当的诊断性检测以确保裂隙不是由一些潜在的脉管炎引起的。

九、犬尾腺增生

所有犬在尾巴的背侧面都有一个椭圆形的点，在肛门远端约2.5～5cm处，其与其他部位皮肤是不同的。这个区域有单一的毛囊，和很多大的皮脂腺和肛周腺。

一些犬患有原发性或继发性皮脂溢，或者伴有相对的或绝对的血液雄激素升高，会发生尾腺皮脂腺和肛周腺的单一增生或全部增生。当雄激素升高时，肛门周围的肛周腺和其他地方的腺体也发生明显的增生。由于有毛发覆盖这些病变的区域，早期尾腺增生一般不易被发现。然而随着时间的推移，由于摩擦和增生腺体压迫毛囊，病变区域出现脱毛。在这个时期，畜主会注意到患畜尾巴上有呈椭圆形、凸出、无毛的区域（图14-14）。覆盖的皮肤可能会有鳞屑、油腻、色素沉着过度，或是这些现象结合在一起。更严重的病例，由于腺体不均匀的过度肥大和囊性扩

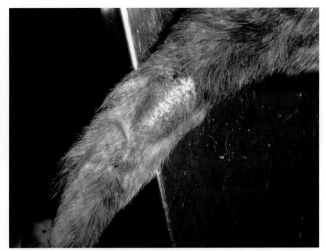

图14-14 成年雄性德国牧羊犬尾腺增生

张或继发感染，会看到此区域有结节状外观。

尽管不常见，发生尾腺增生的区域可能会发生感染。可能会发生单一或多处脓疱，每一个脓疱都表示痤疮样皮脂腺或肛周腺感染。刺穿脓疱，挤出内容物，给予全身用抗生素会减轻症状。早期每日2次局部使用莫匹罗星药膏，效果很好。对于有些病例，感染可能会复发。

尾腺增生通常只引起外观缺陷，不需要治疗。因为大多数病例都是由于雄激素过多症引起的，对犬进行去势手术治疗会防止进一步扩大。去势手术后，一般两个月内可见好转。要提醒畜主去势手术不能完全去除已经存在的病灶。腺体增生可能减轻，但是由于腺体持续压迫毛囊，脱毛可能会是永久性的。以前，建议使用雌激素或孕激素化合物，因为二者有抗雄激素的作用。然而，二者有潜在的非常严重的不良反应（如骨髓抑制、糖尿病），现在已经不建议使用这些药物。

尾腺增生偶见于绝育的公犬或母犬。这些犬通常有潜在的肾上腺疾病，通常为功能性肿瘤，这些肿瘤改变了性激素的水平，引起腺体肥大，这些犬应该接受全面的肾上腺检查和适当的治疗。

十、猫尾腺增生

猫在尾部也有额外的腺体，但这些腺体在尾部背侧呈线性排列，通常叫作尾上结构。与犬类似，此区域富含皮脂腺和上皮汗腺，表面会有蜡状分泌物的累积。

有些猫，特别是笼养或者在狭小空间饲养的猫，尾部通常会有大量的过多分泌物累积，引起毛发粘连（图14-15，A），形成鳞屑和结痂。有些猫患处的被毛变薄（图14-15，B），皮肤可能发生色素沉着过度。继发的细菌性毛囊炎和疖病极少会使病情复杂化。未去势的表演猫的主人高度重视这种情况，这就是普遍所说的"种马尾"[57]；然而，此种情况也见于母猫和去势的公猫。去势不能解决"种马尾"，但是可以防止其恶化[7]。

治疗包括患病部位剪毛，用抗皮脂溢香波清洗。过氧化苯甲酰香波非常有效。之后可以每天使用酒精、温和的

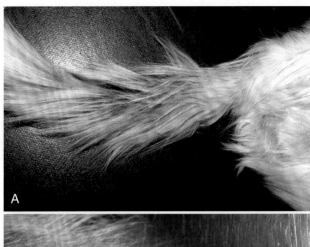

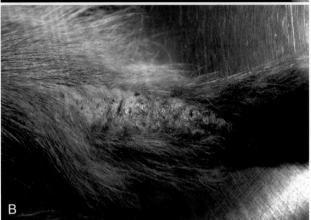

图14-15 A. 去势成年公猫尾腺增生早期，皮脂溢碎屑将毛发粘连在一起 B. 猫尾腺增生晚期。注意自发的脱毛和多个黑头

抗皮脂溢香波（如硫代水杨酸）或药物擦拭。如果可能，建议对患猫进行很少的限制，因为新鲜的空气和阳光可以预防复发。自由的猫通常会像健康的猫一样一丝不苟地清洁全身以及尾腺区域。促孕的化合物可能有效，然而，由于普遍存在不良反应，用此类药物治疗良性的无症状疾病是否合适有待商榷。如果猫自身不能解决，主人要仔细并经常对患病区域进行梳毛整理来预防复发。

十一、表皮剥落性皮肤病

实际上，任何犬、猫表面或者浅表毛囊皮肤病灶在发展、成熟或萎缩的时候都会发生表皮脱落（碎屑或者皮层脱落）。由于相邻的病灶连在一起，会发生大范围的表皮脱落，增加了可能引起表皮剥落的皮肤病种类。然而，真正的表皮剥落性皮肤病的特点是广泛而严重的脱皮，伴有或不伴有广泛的红斑（红皮病）[74]。尽管患病动物身体上有些部位不受影响，而患病部位全部患病，无可见的正常皮肤。

没有接受药物治疗的患有全身性疾病或者皮肤病的动物，发生表皮剥落性皮炎的可能病因如下：鱼鳞癣、局部制剂（香波、滴剂等）引起的接触性皮炎、落叶型天疱疮、猫白血病病毒（FeLV）或猫免疫缺陷病毒（FIV）皮炎、系统性红斑狼疮、多形性红斑或中毒性表皮坏死松解症、趋上皮性淋巴瘤、引起皮肤潮红的疾病和类牛皮癣[7,64,75,76]。当动物接受药物治疗，药物性丘疹和对药物意料之外的生理反应也会成为病因。内源的皮质类固醇（如皮质醇增多症）

或外源性皮质类固醇也会增加患病的可能性。在这些动物中，还要考虑广泛的表皮细菌性毛囊炎、皮肤癣菌病、马拉色菌皮炎、蠕形螨病、姬螯螨病和偶发的疥疮。也有先天性病例的报道[75]。

通过仔细的病史调查、临床检查和常规诊室的诊断性检查（如皮肤刮样检查、拔毛检查、细胞学检查），表皮剥落性皮炎的鉴别诊断清单就会变得相当短。通常由皮肤活组织检查确诊。本书涵盖了大部分表皮剥落性皮炎的病因。以下讨论类牛皮癣、皮肤潮红、胸腺瘤和对药物的生理反应。

十二、胸腺瘤

胸腺瘤患猫中可表现泛发性表皮剥落性皮炎[77-84]。典型的胸腺瘤位于胸腔头侧，但是有1只猫在颈部有异位的胸腺组织[83]。感染的猫的年龄从中年到老年不等，伴有多种原发性症状，可能有或者没有皮肤病。常见嗜睡、厌食和渐进性消瘦。有患猫大的胸腔肿物时，可表现呼吸困难、咳嗽、呕吐和返流。一些猫在胸腺切除术前后还有重症肌无力、多肌炎或者心肌炎等症状[82,83]。

皮肤病灶一般开始于头部和耳郭，逐渐发展到背部和躯干。脱毛可伴随表皮脱落（图14-16）。一些猫，特别是橙色猫，会患白毛病，可能是永久的也可能是暂时的。在甲床和趾间周围会有皮脂溢碎屑积聚。

鉴别诊断包括系统性红斑狼疮、FeLV或FIV皮炎、药物反应、蠕形螨病或继发于细菌感染的皮质醇增多症、皮肤癣菌或马拉色菌。胸腔肿物的一个有效指征是胸腔头侧压缩性差[81]。胸部X线可检查肿物，但是需要细胞学检查和活组织检查对胸腺瘤进行确诊。皮肤活组织检查可见乏细胞性水肿接触性皮炎，有CD3+或者CD8+淋巴细胞的分泌物侵入表面或者毛囊上皮[78,80]。凋亡的角化细胞可见于基底层，进一步缩小范围，也可见于棘层。皮脂腺可能被浸润或者消失[80]。

很多病例是由于猫的体况衰竭而选择了安乐术。因为大部分胸腺瘤都是良性的，手术切除应可以治愈患猫[81]。应当密切观察猫是否有重症肌无力的症状。

十三、类牛皮癣

对人类，类牛皮癣（与牛皮癣相似）主要分为三种，每种都有多个形态学变异[67]。目前，动物中只报道有大的板块性类牛皮癣，而且只有1只犬和1只猫[76]。皮肤病的特点是广泛的红斑，分布于头部、耳郭和四肢远端的鳞状斑块（图14-17）。患病部位出现不规则脱毛。对于犬，大多数斑块镶嵌有大的、浅表的、松散的黄色脓疱，环形糜烂以及表皮环形脱屑，这是葡萄球菌继发感染的结果。

患处皮肤经活组织检查可发现病灶角化不全、有规律的增生、表面血管周的苔藓样接触性皮炎，伴有正常淋巴细胞的扩散分泌。一个惊人的发现是淋巴细胞线状排列于表皮基底细胞层和毛囊外根鞘。

2只动物都给予高剂量皮质类固醇治疗，犬口服泼尼松龙（每24h 2.2mg/kg），对猫注射甲强龙醋酸盐（每2周5mg/kg）。8~10d后显著康复，6~10周后所有病灶完全治愈。2个病例都需要维持治疗，以防止复发。

十四、皮肤潮红

皮肤潮红由皮肤血管扩张引起，皮肤表现为多种类型发红[67]。潮红可能是局部的或广泛的、阵发的或持续的。病理性潮红是由于血管活性化合物直接作用于血管。因为有些血管活性化合物（例如组胺）会引起瘙痒，所以有些异常潮红会瘙痒，但是潮红要先发于瘙痒。

对于犬，许多疾病都有持久广泛性红斑（红皮症）的特点，包括系统性红斑狼疮、蠕形螨病、药物反应、铊中毒、肥大细胞瘤、皮肤淋巴瘤或全身性肥大细胞增多症[64,85,86]。阵发性潮红与嗜铬细胞瘤、药物反应、肥大细胞瘤和类癌综合征相关[64]。

对于人类，类癌综合征指的是一种罕见现象。与起源于肠嗜铬细胞的缓慢生长的恶性类癌肿瘤相关，此嗜铬细胞产生多种血管活性化合物[67]。多数情况下，肿瘤位于胃肠道，但也见于卵巢、睾丸、皮肤或者支气管。据报道，犬的类癌综合征与肺腺癌相关[64]，并且已经在几例患有肠道病变的犬中得到了证实[7]。

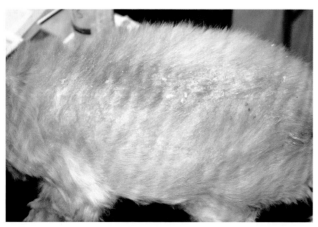

图14-16 1只患有胸腺瘤的猫表现为表皮剥落性皮炎并伴有脱毛

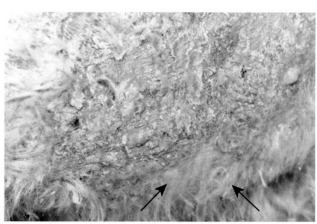

图14-17 类牛皮癣。犬腹部聚集性红斑性鳞状斑块。可见正常皮肤呈岛状分布（箭头所指）

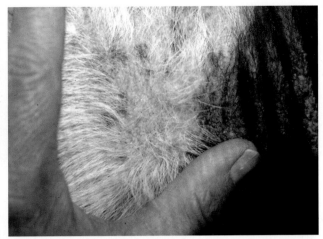

图14-18 肠道类癌肿瘤患犬的皮肤潮红。红斑为持久性的，但是强度每天有所变化

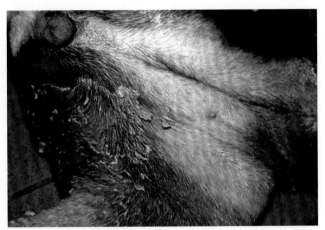

图14-19 患有表皮剥落性皮炎的犬开始接受甲状腺增补疗法。变化大约在14d内自发消失

在初期时，犬发生异常潮红时没有相关的表皮脱落。在慢性病例中，特别是持久性潮红才出现脱皮，但是红皮病还是占主要地位（图14-18）。对于所有有此表现的动物都要全面评估是否有内在的恶性肿瘤。

十五、对药物的生理反应

如前所述，事实上几乎所有的表面或浅表毛囊皮肤病灶都会在某一时刻脱落，特别是在退化的时候。因此，用药治疗病变时会引起表皮脱落的不良反应。如果皮肤病灶范围广且数量多，就会导致表皮剥落性皮炎。由于畜主注重初始病灶，大多数认为表皮脱落是愈合的过程而不予以重视。

影响皮肤更新的药物（如激素、细胞毒性制剂、类维生素A）会在药物治疗开始后不久或者停药后引起表皮剥落性皮炎。细胞抑制剂治疗终止后可能出现表皮脱落，应提示畜主这一可能性。最常见的例子就是动物在使用中等剂量到高剂量的皮质类固醇进行长期治疗之后出现的严重的脱皮。相似的情况也见于对犬自发性皮质醇增多症的治疗和用甲状腺激素治疗甲状腺功能减退患犬的前几周。更有疑问的是在使用非甾体类药物治疗后1～2周会出现表皮脱落（图14-19）。最基本的疑问是，是否表皮脱落代表了

药物性丘疹或者是皮肤更新增加的临床证据。如果药物药理学可以解释表皮脱落，且动物未表现出全身性疾病的临床或实验室证据，则继续给药并密切观察动物7～10d就会得到问题的答案。此时药理学表皮脱落会减少或停止，但是药物性丘疹会继续或加重。

参考文献

[1] Suter MM, Schulze K, Bergman W, et al: The keratinocyte in epidermal renewal and defense. *Vet Dermatol* 20:515–532, 2009

[2] Kwochka KW, Rademakers AM: Cell proliferation of epidermis, hair follicles, and sebaceous glands of beagles and cocker spaniels with healthy skin. *Am J Vet Res* 50:587, 1989.

[3] Kwochka KW: Keratinization abnormalities: Understanding the mechanism of scale formation. In Ihrke PJ, et al, editors: *Advances in Veterinary Dermatology*, Vol. 2, Oxford, 1993, Pergamon Press, p 91.

[4] Suter MM, et al: Keratinocyte biology and pathology. *Vet Dermatol* 8:67, 1997.

[5] Kwochka KW: The structure and function of epidermal lipids. *Vet Dermatol* 4:151, 1993.

[6] Gross TL, et al: *Veterinary Dermatopathology*, St. Louis, 1992, Mosby-Year Book.

[7] Scott DW, et al: *Muller and Kirk's Small Animal Dermatology*, ed 5, Philadelphia, 1995, W. B. Saunders, Co..

[8] Berardesca E, Borroni G: Instrumental evaluation of cutaneous hydration. *Clin Dermatol* 13:323, 1995.

[9] Draelos ZD: New developments in cosmetics and skin care products. *Adv Dermatol* 12:3, 1997.

[10] Piekutowska A, Pin D, Reme CA, et al: Effects of topically applied preparations of epidermal lipids on the stratum corneum barrier of atopic dogs. *J Comp Pathol* 138:197–203, 2008.

[11] Scott DW: Topical cutaneous medicine, or "Now what should I try?" *Proc Am Anim Hosp Assoc* 46:89, 1979.

[12] Curtis C: Use and abuse of topical dermatological therapy in dogs and cats. Part 1. Shampoo therapy. *In Pract* 20:244, 1996.

[13] Scott DW: Clinical assessment of topical benzoyl peroxide in treatment of canine skin diseases. *Vet Med* 74:808, 1979.

[14] Kwochka KW: Shampoos and moisturizing rinses in veterinary dermatology. In Bonagura JD, editor: *Kirk's Current Veterinary Therapy XII*, Philadelphia, 1995, W. B. Saunders Co, p 590.

[15] Yurayart C, Chindamporn A, Suradhat S, et al: Comparative analysis of the frequency, distribution and population sizes of yeasts associated with canine seborrheic dermatitis and healthy skin. *Vet Microbiol* doi:10.1016/j.vetmic.2010.09.020.

[16] Paterson S, et al: Ultrasonographic biomicroscopy to assess changes in the skin after shampoo therapy. In Kwochka KW, et al, editors: *Advances in Veterinary Dermatology*, Vol 3, Boston, 1999, Butterworth-Heinemann, p 523.

[17] Scott DW, et al: A clinical study on the effect of two commercial veterinary benzoyl peroxide shampoos in dogs. *Canine Pract* 19:7, 1994.

[18] Campbell KL, Schaeffer DJ: Effects of four veterinary shampoos on transepidermal water losses, hydration of the stratum corneum, skin surface lipid concentrations, and corneocyte counts in dogs. *Proc Annu Memb Meet Am Acad Vet Dermatol Am Coll Vet Dermatol* 9:96, 1993.

[19] Campbell KL, Kirkwood AR: Effect of topical oils on transepidermal water loss in dogs with seborrhea sicca. In Ihrke PJ, et al, editors: *Advances in Veterinary Dermatology*, Vol. 2, Oxford, 1993, Pergamon Press, p 157.

[20] Campbell KL, et al: Effects of four anti-seborrheic shampoos on transepidermal water losses, hydration of the stratum corneum, skin surface lipid concentration, skin surface pH, and corneocyte counts in dogs. *Proc Annu Memb Meet Am Acad Vet Dermatol Am Coll Vet Dermatol* 10:85, 1994.

[21] Campbell KL, et al: Effects of four topical humectant/emollient solutions on the skin of dogs. *Proc Annu Meet Am Acad Vet Dermatol Am Coll Vet Dermatol* 12:49, 1996.

[22] Scott DW, Miller WH, Jr, Wellington JR: A clinical study on the efficacy of two commercial veterinary emollients (Micro Pearls and Humilac) in the management of wintertime dry skin in dogs. *Cornell Vet* 81:419, 1991.

[23] Gardey L, et al: Hydrating effect of a shampoo on the skin of healthy dogs. *Proc Am Acad Vet Dermatol Am Coll Vet Dermatol* 15:27, 1999.

[24] Bensignor E, Fabries L: A comparative randomized blinded study to compare two spot-on products to improve hair coat and scaling in dogs with seborrhea. *Vet Dermatol* 19 (Suppl 1)19:73, 2008.

[25] Gault CR, Obeid LM, Hannun YA: An overview of sphingolipid metabolism:

from synthesis to breakdown. *Adv Exp Med Biol* 688: 1–23, 2010.

[26] Bensignor E, Sonoo Y, Asano A, et al: Open study for Dermo-cosmetic evaluation of a spot-on formulation composed of essential oils and essential fatty acids for dogs and cats in Japan. *Jpn J Vet Dermatol* 15:19–26, 2009.

[27] Kwochka KW: Retinoids and vitamin A therapy. In Griffin CE, et al, editors: *Current Veterinary Dermatology*, St. Louis, 1993, Mosby-Year Book, p 203.

[28] Power HT, Ihrke PJ: The use of synthetic retinoids in veterinary medicine. In Bonagura JD, editor: *Kirk's Current Veterinary Therapy XII*, Philadelphia, 1995, W. B. Saunders Co, p 585.

[29] Peck GL, Di Giovanna JJ: Retinoids. In Freedberg IM, et al, editors: *Fitzpatrick's Dermatology in General Medicine*, ed 5, San Francisco, 1999, McGraw-Hill Book Co..

[30] Stewart LJ, et al: Isotretinoin in the treatment of sebaceous adenitis in two vizslas. *J Am Anim Hosp Assoc* 27:65, 1991.

[31] White SD, et al: Isotretinoin and etretinate in the treatment of benign and malignant cutaneous neoplasia and in sebaceous adenitis of longhaired dogs. *Proc Annu Memb Meet Am Acad Vet Dermatol Am Coll Vet Dermatol* 7:101, 1991.

[32] Griffin CE: Open forum—Etretinate—How is it being used in veterinary dermatology? *Derm Dialogue, Spring/Summer* 4, 1993.

[33] Fadok VA: Treatment of canine idiopathic seborrhea with isotretinoin. *Am J Vet Res* 47:1730, 1986.

[34] Evans AG, Madewell BR, Stannard AA: A trial of 13-*cis*-retinoic acid for treatment of squamous cell carcinoma and preneoplastic lesions of the head in cats. *Am J Vet Res* 46:2553, 1985.

[35] Ellis CN, Voorhees JJ: Etretinate therapy. *J Am Acad Dermatol* 16:267, 1987.

[36] Gottlieb SL, et al: Cellular actions of etretinate in psoriasis: Enhanced epidermal differentiation and reduced cell-mediated inflammation are unexpected outcomes. *J Cutan Pathol* 23:404, 1996.

[37] Marks SL, Song MD, Stannard AA, et al: Clinical evaluation of etretinate for the treatment of canine solar induced squamous cell carcinoma and preneoplastic lesions. *J Am Acad Dermatol* 27:11, 1992.

[38] Christophers E, Mrowietz U: Psoriasis. In Freedberg IM, et al, editors: *Fitzpatrick's Dermatology in General Medicine*, ed 5, San Francisco, 1999, McGraw-Hill Book Co., p 495.

[39] Lu I, Gilleaudeau P, McLane JA, et al: Modulation of epidermal differentiation, tissue inflammation, and T-lymphocyte infiltration in psoriatic plaques by topical calcitriol. *J Cutan Pathol* 23:419, 1996.

[40] Prens EP, van Joost T, Hegmans JP, et al: Effects of cyclosporine on cytokines and cytokine receptors in psoriasis. *J Am Acad Dermatol* 33:947, 1995.

[41] Reichrath J, Müller SM, Kerber A, et al: Biologic effects of topical calcipotriol (MC 903) treatment in psoriatic skin. *J Am Acad Dermatol* 36:19, 1997.

[42] Kwochka KW: Advances in the management of canine scaling. *Proc 3rd World Cong Vet Dermatol* 99, 1996.

[43] Campbell A: Calcipotriol poisoning in dogs. *Vet Rec* 141:27, 1997.

[44] von Tscharner C, et al: Proliferation characteristics of canine keratinocyte cultures infected with *Malassezia* pachydermatis. *Proc Am Acad Vet Dermatol Am Coll Vet Dermatol* 15:107, 1999.

[45] Kwochka KW: *Keratinization disorders. Current Veterinary Dermatology*, St. Louis, 1993, Mosby-Year Book, p 167.

[46] Kietzmann M: Eicosanoid levels in canine inflammatory skin diseases. In von Tscharner C, Halliwell REW, editors: *Advances in Veterinary Dermatology I*, London, 1990, Baillière-Tindall, p 211.

[47] Baker BB, Maibach HI, Park RD: Epidermal cell renewal in dogs after clipping the hair. *Am J Vet Res* 35:445, 1974.

[48] Campbell KL, Dorn GP: Effects of oral sunflower oil on serum and cutaneous fatty acid concentration profiles in seborrheic dogs. *Vet Dermatol* 3:29, 1992.

[49] Simpson JW, van den Brock AHM: Fat absorption in dogs with diabetes mellitus or hypothyroidism. *Res Vet Sci* 50:346, 1991.

[50] Campbell KL, Bibus D: Effect of α-linolenic acid on the skin and plasma phospholipids of beagle puppies. Proc A*m Acad Vet Dermatol Am Coll Vet Dermatol* 15:105, 1999.

[51] Guaguère E: Quel est votre diagnostic? *Point Vét* 18:245, 1986.

[52] Campbell KL, Davis CA: Effects of thyroid hormones on serum and cutaneous fatty acid concentrations in dogs. *Am J Vet Res* 51:752, 1990.

[53] Gordon JG, Kwochka KW: Corneocyte counts for evaluation of antiseborrheic shampoos on dogs. *Vet Dermatol* 4:57, 1993.

[54] Guaguère E: Cas clinique: Séborrhée primaire répondant à l'administration

de vitamine A. *Point Vét* 16:689, 1984.

[55] Ihrke PJ, Goldschmidt MH: Vitamin A-responsive dermatosis in the dog. *J Am Vet Med Assoc* 182:682, 1983.

[56] Parker W, et al: Vitamin A-responsive seborrheic dermatitis in the dog: A case report. *J Am Anim Hosp Assoc* 19:546, 1983.

[57] Scott DW: Feline dermatology 1900-1978: A monograph. *J Am Anim Hosp Assoc* 16:331, 1980.

[58] Scott DW: Vitamin A-responsive dermatosis in the Cocker spaniel. *J Am Anim Hosp Assoc* 22:125, 1986.

[59] Gross TL, Ihrke PJ, Walder EJ, et al: *Skin Diseases of the Dog and Cat. Clinical and Histopathologic Diagnosis*, ed 2, Oxford, 2005, Blackwell Publishing Co.

[59a] Yager JA, Gross TL, Shearer D, et al: Abnormal sebaceous gland differentiation in 10 kittens ('sebaceous gland dysplasia') associated with generalized hypotrichosis and scaling. *Vet Dermatol* 23:136–144, 2012.

[60] Morris P, Salt C, Raila J: The effect of feeding vitamin A to puppies up to 52 weeks of age. *Proc Waltham Int Nut Sci Symp* 42, Sept 2010.

[61] Lam A, Affolter V, Outerbridge CA, et al: Oral vitamin A as an adjunct treatment for canine sebaceous adenitis. *Vet Dermatol* 22:305–311, 2011.

[62] Peters-Kennedy J, Scott DW: Sebaceous gland dysplasia in two dogs. Proc 2011 North Am Vet Dermatol Forum, April 2011, Galveston, p 232.

[63] Paradis M: Footpad hyperkeratosis in a family of Dogues de Bordeaux. *Vet Dermatol* 3:75, 1992.

[64] Miller WH, Jr: Cutaneous flushing associated with intrathoracic neoplasia in a dog. *J Am Anim Hosp Assoc* 28:217, 1992.

[65] Bond R: Canine and feline acne. *Vet Ann* 33:230, 1993.

[66] Rosenkrantz WS: The pathogenesis, diagnosis, and management of feline acne. *Vet Med* 86:504, 1991.

[67] Freedberg IM, et al: *Fitzpatrick's Dermatology in General Medicine*, ed 5, New York, 1999, McGraw-Hill Book Co..

[68] Bedford CJ, Young JM: A comparison of comedonal and skin surface lipids from hairless dogs showing clinical signs of acne. *J Invest Dermatol* 77:341, 1981.

[69] Jazic E, Coyner KS, Loeffler DG, et al: An evaluation of the clinical, cytological, infectious and histopathological features of feline acne. *Vet Dermatol* 17:134–140, 2006.

[70] Scott DW, Miller WH, Jr: Feline acne: A retrospective study of 74 cases (1988-2003). *Jpn J Vet Dermatol* 16:203–209, 2010.

[71] Reister M: Ask the vet: Feline acne problem. *Cat Fancy* 39:16, 1996.

[72] White SD, et al: Feline acne and results of treatment with mupirocin in an open clinical trial: 25 cases (1994-1996). *Vet Dermatol* 8:157, 1997.

[73] Breen P, Jeromin A: Practice tips. Derm Dialogue, Winter 93/94, p 7.

[74] Turek, M: Cutaneous paraneopastic syndromes in dogs and cats: a review of the literature. *Vet Dermatol* 14:279–296, 2003.

[75] Anderson RK: Exfoliative dermatitis in the dog. *Compend Contin Educ* 3:885, 1981.

[76] Scott DW: Exfoliative dermatoses in a dog and a cat resembling large plaque parapsoriasis in humans. *Comp Anim Pract* 2:22, 1986.

[77] Day MJ: Review of thymic pathology in 30 cats and 36 dogs. *J Small Anim Pract* 38:393, 1997.

[78] Rivierre C, Olivry T: Dermatite exfoliative paranéoplasique associée à un thymome chez un chat: Résolution des symptômes après thymectomie. *Prat Méd Chir Anim Comp* 34:531, 1999.

[79] Scott DW, et al: Exfoliative dermatitis in association with thymoma in three cats. *Feline Pract* 23:8, 1995.

[80] Rottenberg S, von Tscharner C, Roosje PJ: Thymoma-associated exfoliative dermatitis in cats. *Vet Pathol* 41:429–433, 2004.

[81] Zitz JC, Birchard SJ, Couto GC, et al: Results of excision of thymoma in cats and dogs: 20 cases (1984-2005). *J Am Vet Med Assoc* 232:1186–1192, 2008.

[82] Smits B, Reid MM: Feline paraneoplastic syndrome associated with thymoma. *N Z Vet J* 51:244–247, 2003.

[83] Singh A, Boston SE, Poma R: Thymoma-associated exfoliative dermatitis with post-thymectomy myasthenia gravis in a cat. *Can Vet J* 51:757–760, 2010.

[84] Lara-Garcia A, Wellman M, Burkhard MJ, et al: Cervical thymoma in ectopic thymic tissue in a cat. *Vet Clin Pathol* 37:397–402, 2008.

[85] White SD: The skin as a sensor of internal medical disorders. In Ettinger SJ, editor: *Textbook of Veterinary Internal Medicine*, ed 3, Philadelphia, 1989, W. B. Saunders Co, p 5.

[86] Kurata M, Kasuga Y, Nanba E, et al: Flush induced by fluoroquinolones in canine skin. *Inflamm Res* 44:461–465, 1995.

精神性皮肤病学，又称为精神性表皮医学（Psychoc-utaneous medicine），是一种人类常见的皮肤病[1,2]。这是一个比较新的领域——心理神经免疫学的一部分，而后者主要是研究压力和抑郁与神经和免疫系统的关系，尤其是与感染的关系。情感因素在皮肤疾病中起非常重要的作用，如果忽视情感因素，至少有40%皮肤病患者的治疗效果会打折扣。在几十年前，神经、内分泌和免疫系统的相互作用就已经得到了验证，近期也有关于神经免疫皮肤内分泌模型（NICE）的相关叙述[3,4]。这四个系统器官通过共享神经肽、细胞因子、糖皮质激素和受体的产生及应答而相互联系[4]。瘙痒是许多皮肤病的常见症状，该症状目前被认为是初级的神经感受，在皮肤表面存在多个受体。神经在表皮中，通过神经肽和细胞因子与角质细胞相互作用[5,6]。压力可能会增加神经在皮肤上的作用而加重瘙痒症状[7]。另外，瘙痒的感觉受脊髓和中枢神经系统（CNS）的调节。对实验动物和人的研究表明CNS可以通过神经激素的作用显著调节免疫反应、伤口愈合、皮肤功能和瘙痒[3,8-10]。急性应激与白细胞介素（IL）-6和C反应蛋白的增加有关，表明其是激活炎症反应的旁路[11]。下丘脑、神经系统、免疫系统和皮肤都含有多种多样的细胞因子、白介素、神经激素和神经传导物质，它们在皮肤和其他器官的多种细胞间会发生相互作用。

人医将精神性皮肤病根据最初的病因分为以下六类[12]：

· 社会心理因素引起的原发性皮肤功能紊乱。

· 原发性精神障碍表现出的皮肤症状或者不适。

· 治疗皮肤疾病所导致的继发性精神疾病。

· 同时患有精神疾病和皮肤疾病。

· 由精神病类药物引起的或导致恶化的皮肤病。

· 皮肤病药物的精神病学相关效应。

基于上面提到的六个分类和四个器官系统复杂的相互作用，对人类慢性皮肤病进行非药物性的精神治疗技术能取得良好疗效也就不足为奇了[13]。这些技术不是最初的单一治疗，而往往是和其他治疗方法相结合，这样可以减少用药剂量，或者使疗效得到改善。兽药在行为领域的使用也正快速发展，用于行为纠正和行为药物治疗。对于患有皮肤病的动物，在环境改善、互动活动加强、制造相反条件和减感的同时，使用行为矫正药物的治疗效果以及在减少用药方面的价值在犬和猫上还几乎没有研究，该类药物

首先用于精神方面的疾病，主要是强迫症（OCDs）[14,15]。我们正意识到NICE模型的相互作用也许在兽医领域广泛存在[16-19]。在犬、猫中，这种相互作用分为4类：心理生理性疾病、原发性行为失常、继发性行为失常和皮肤感觉障碍[20]。

兽医经常从主人听闻某种特定的应激情况会加重犬、猫的瘙痒性疾病。这些心理生理学反应很少用行为疗法去治疗。应尽量了解下述应激情况，并避免这些情况的发生能防止瘙痒症的恶化。

Virga[20]描述的应激因素包括以下几点：

· 不当的精神刺激。

· 有氧锻炼不足。

· 和家庭或其他宠物的交流活动不足。

· 限制使用必要的资源。

· 社会隔离。

· 与地位相关的冲突。

· 与领地相关的冲突。

· 增加或减少家庭成员或宠物。

· 家庭成员或宠物的健康状况改变。

· 家庭成员或宠物的日常生活改变。

· 新家/环境。

· 自然环境改变。

· 在船上。

· 住院。

还需要评估的是精神治疗在这些犬和猫治疗全过程中的潜在效果，包括那些没有明显压力源的动物。未来的治疗方向会在患慢性皮肤病的犬、猫上将行为治疗、药物和非药物的治疗结合使用。

继发性行为失常发生在由皮肤病导致的正常行为改变的犬上。这在兽医临床上常见于那些患有慢性瘙痒，尤其是当严重的瘙痒引起嗜睡和沉郁的犬。许多兽医应该都很熟悉，当患犬的瘙痒和皮肤疾病得到控制和解决后，犬主常说他们的犬症状得到改善，更为活跃，行为恢复正常，慢性外耳炎和中耳炎引起显著的疼痛会导致一些患犬表现烦躁不安或沉郁昏睡。而当外耳炎得到解决或者控制后，其行为就会恢复正常。一般来说，兽医并没有直接治疗这些继发性的行为改变，这个领域需要进一步地观察，尤其是那些皮肤病很难控制的病例。加巴喷丁（Gabapentin）已

经被成功用于一些慢性末期外耳炎/中耳炎的病例，使其行为得到改善。这些反射的改善是否是由于疼痛管理，或该药物影响突触前谷氨酸盐的释放从而影响CNS，还尚不明确。

皮肤感觉障碍发生于未检查到的皮肤病、神经病、药物或精神障碍时，患病动物有瘙痒或者其他皮肤敏感的表现[20,21]。猫感觉过敏综合征就是这种情况，但更常见的病例是与过敏或者寄生虫性皮肤病相关的瘙痒[20]。由于该病的诊断基于排除其他疾病，因此没有丰富的检查经验很难诊断，所以将肢端残缺综合征划入与神经系统相关的皮肤疾病（见第十二章）。对于人类，随着年龄的增长，即使皮肤表观可能是正常的，但皮肤的生理特性、结构和功能仍会改变；老年人更可能会出现无法解释的瘙痒症状[22]。不能轻易对皮肤感觉障碍进行确诊，它只是引起皮肤反应和行为变化的一个可能原因，而且该疾病的治疗不能寄希望于抗感染药物或行为治疗。

兽医应注意原发性心理障碍引起的影响皮肤的行为。我们已经意识到大部分精神型皮肤病引起的损伤都是由于自主的和伤害性行为导致的继发性损伤[14]。下面有较好的临床证据可以证实精神失调是病因[23,24]。行为不正常，包括焦虑或OCDs，固定或重复方向的行为，和以自我为中心，吸引注意力的行为。OCDs的特点是和正常的需求相比表现出过多重复的、模式化和固定的行为，而且这些行为已经干扰到正常的日常活动和运作[14,24-26]。总的来说OCDs发生在年轻到中年的犬，而某些品种更易于患该类型的疾病[27-29]。这些品种包括杜宾犬、大丹犬、爱尔兰雪达犬、拉布拉多寻回猎犬和德国牧羊犬[30-32]。东方品种的猫（阿比西尼亚猫、暹罗猫、缅甸猫和东方猫）患病风险尤其高[33,34]。生活方式和犬的个体因素对这些疾病的发展也非常重要[35]；压力、独处或不好的环境通常与该病相关。当宠物没有人和其他动物的陪伴时，它们可能会出现精神性皮肤病。长时间限制在笼子里，受链子的约束，住所很小或者主人脾气非常暴躁并具有压迫感都可能导致这些问题的发生。在同一屋子有竞争动物或者邻居的动物具有一定侵略性也可能会引起精神障碍，但是这些情况不一定会发生，有一项研究表明这与疾病的发生并没有统计学相关性[27]。

精神性皮肤病是通过排除法进行诊断的。当同时发生与压力、焦虑和模式化或强迫性相关的行为时，动物患该病的可能性很高。有时候可能可以通过观察机体对三环抗抑郁剂（TCAs）和选择性5-羟色胺再摄取抑制剂（SSRIs）的反应作为精神性皮肤病诊断的支持[36]。该诊断对于一些已进行彻底的检查、对治疗反应不佳的病例同样适用。在诊断为精神性皮肤病前必须先排除其他自身原因，例如创伤、肿瘤、局部疼痛、寄生虫、过敏、细菌或真菌感染以及内科疾病。精确的诊断由下面三个条件组成。首先，精神性因素可能只是影响疾病的一部分，完整的体检可以发现原发疾病，但是精神因素可能对疾病的影响比较显著，因此必须适当使用药物对整个病情进行控制。其次，精神障碍最初表现自我损伤的行为引起感染和继发组织损伤，导致持续发病。在这种情况下仅进行行为治疗可能效果不佳，应同时对感染和损伤的组织进行治疗。最后，如果没有原发性皮肤疾病或者行为问题，则患病动物的神经学问题可能是外周神经或CNS介导的[37]。要确定这个病因需要一些检查，这些检查在一般的私人诊所甚至一些医院都不容易做到。使用针对典型的皮肤病、过敏和行为问题的治疗对这些病例都没有任何效果。

精神性的、或由精神性因素导致的皮肤病包括肢端舔舐性皮炎（舔舐性肉芽肿）、猫精神性脱毛症和皮炎以及一些复杂的精神性临床表现如吸尾（猫）、咬尾（犬）、吸吮侧身、舔脚、自洁和舔舐肛门。

一、心理疗法

总的来说，使用非药物方法治疗行为问题是最有效的，包括环境的改变、生活方式的改变和行为调整训练[14,29,38,39]。无论使用何种药物、原发或继发疾病，都需要配合上述疗法。另外，非药物治疗结合药物治疗的疗效更优。非药物治疗通常基于动物完整的行为史以及对动物在家庭环境中行为表现录像的观察。这方面的信息已经超越了本章的范围，读者可以阅读动物行为学相关的文章和书籍。如果有对动物行为感兴趣的行为专家或者从业人员，应该推荐主人去找他们以对宠物行为问题的治疗进行相关咨询。

药物治疗

当动物的心理状况可能影响其他皮肤疾病时，有多种治疗犬、猫自我损伤的药物可供使用。这些药物绝大多数会影响CNS神经递质或内啡肽的功能，其他具有镇静、抗抑郁、抗焦虑作用的药物也对自我损伤行为、异常舔舐、啃咬和瘙痒行为有效。这些药物也可以推荐使用于具有一些特殊的行为的动物[39]。即使许多治疗行为异常的药物是有效的，但对于精神性皮肤疾病的治疗和研究首先还是推荐使用苯二氮镇静药、SSRIs和TCAS这些作用于5-羟色胺（5-HT）和γ-氨基丁酸（GABA）的药物。表15-1主要列举了用于犬、猫精神性皮肤病的药物以及推荐使用的剂量范围。

通过FDA兽药评审的作用于精神性皮肤病的药物有盐酸氯米帕明［Clomicalm（诺华动物保健）］，以及一种TCA药物和SSRI药物盐酸氟苯氧丙胺［Reconcile（礼来）］。其他用于兽医临床的TCA药物是阿米替林和多赛平。还有许多其他的TCA和SSRI类药物也有疗效，但是并没有证据证明可用于兽医临床或评估的范围并未涉及兽医领域，因此此处并未涉及。TCA主要通过阻止突触前膜对5-羟色胺和去甲肾上腺素的再吸收作用，增加5-羟色胺和去甲肾上腺素的神经递质水平，从而有效地增加其神经递质的活性[40]。阿米替林和多赛平也是有效的H_1阻断剂，对

表15-1　犬、猫精神性皮肤病中常用于控制行为的药物和剂量

药物常用名	兽药品牌	兽药厂商	犬的剂量范围	猫的剂量范围
阿米替林	无	无	每12h 1～2mg/kg	每12小时0.5～2mg/kg 起始使用低剂量
丁螺环酮	无	无	每12h 1～2mg/kg	每12h 0.5～1mg/kg
氯丙咪嗪	Clomicalm	诺华公司	每12h 1～4mg/kg 起始使用低剂量每间隔2周增加	每24h 0.5～1mg/kg* 起始使用低剂量
安定	无	无	通常不用于犬精神性皮肤病	每12h 0.5～1mg/kg 起始使用低剂量
多赛平	无	无	每8～12h 3～5mg/kg	每12h 0.5～1mg/kg 起始使用低剂量
氟苯氧丙胺	Reconcile	礼来	每12～24h 1～2mg/kg	每24h 0.5～1mg/kg*
羟嗪	无	无	每8～12h 2.2mg/kg	
苯巴比妥	无	无	每12h 2.2～6.6mg/kg	必要时应急之后每12h 2～3mg/kg

*只认可用于犬。

一些可见的症状尤其是一些潜在的过敏症状有效。然而，即使每24h以1mg/kg剂量服用盐酸氟苯氧丙胺也能对一些患过敏性瘙痒的犬产生疗效[41,42]。氯丙咪嗪和氟苯氧丙胺更容易增加突触前5-羟色胺的水平，可能对抗抑郁更有效。在治疗犬OCD时，阿米替林比氯丙咪嗪效果更好[27]。一般来说，这些药物潜在的比较严重的不良反应是心律失常，如心脏传导变缓导致的心脏阻滞和包括口干、尿潴留和泪液产生减少的胆碱能作用[39,43,44]。这些药物还会降低癫痫发作的阈值，并加强氧化酶抑制剂的毒性，以及一代抗组胺药物固有的代谢问题和不良反应。多达30%的动物可能表现出各种并发症和不同程度的呕吐、腹泻、昏睡、兴奋过度、烦渴、排尿或排便频率增加、尿潴留、有攻击性、性格改变和厌食症[40,42,45,46]。

氯丙咪嗪和SSRI类药物比TCA类药物的选择性更强，因为氯丙咪嗪和SSRI类药物的效果仅仅是对5-羟色胺的重吸收进行阻滞。另外，许多TCA类药物的不良反应，在SSRI类药物均未发现。人医更偏向于使用SSRI作为抑郁症的初始治疗，因为其不良反应要少些[47]。这些优势在犬上也有过报道[39]。SSRI，尤其是氯丙咪嗪，作为细胞色素P450酶的良好的抑制剂，当使用其他被这些酶催化的药物时要非常小心[47]。SSRI或TCA都不能与单胺氧化酶抑制剂（双甲脒，丙炔苯丙胺）或左旋色氨酸合用[14,39]，它们也不能合用，如果要更换药物，推荐清除期为2～3周[14]。

口服抗焦虑药也用于一些精神性疾病，但是不用于治疗OCD，而更适用于在发展成强迫症之前减缓压力或焦虑[20,48]。在兽医临床最常用的药物有苯二氮卓类和抗组胺类。其中有效的是苯巴比妥、地西泮、羟嗪和丁螺环酮[39,43]。这类药的作用机制尚未明确。可能包括增加GABA

的活性和抑制5-羟色胺活性的作用等。丁螺环酮抑制5-羟色胺突触前和突触后受体以及多巴胺激动活性[39,43]。不良反应包括轻微的镇静、刺激食欲、性格改变和逆转性兴奋作用。对于猫，地西泮会引起特殊的肝毒性作用，这常常会致命[49]。当猫出现过度镇静、昏睡、厌食或开始呕吐就需要停用这些药物。建议开始治疗之前和治疗3～5d后监测血液生化指标。特别需要注意丙氨酸氨基转移酶（ALT）和天冬氨酸氨基转移酶（AST）。外激素也可以作为抗焦虑作用的评估，但是它们的效果尚有争议，且对精神性皮肤病的研究也尚未完成[50]。然而在人上，由于轻度的焦虑会引起过敏性疾病，皮肤病患者也可能有必要长期使用这些药物。

内啡肽可能在启动、维持或诱发瘙痒的行为中起重要作用，如过度打理的行为。吗啡类拮抗剂竞争性结合中枢性吗啡类受体，阻滞了这些受体与由自我损伤行为产生或释放的内生性内啡肽的结合[38,40]。这避免或抑制了由内啡肽引起的愉悦感，帮助减轻自我损伤的欲望。猫精神性脱毛和犬肢端舔舐性皮炎是过度自我舔舐的两个症状。有一些使用内啡肽阻滞剂的相关研究证实其确实具有一定的效果。对患有精神性脱毛的猫进行皮下注射纳洛酮（Narcan）（1mg/kg）的治疗，结果4/5的猫症状得到改善[51]。另一项对犬肢端舔舐性皮炎的研究表明，内啡肽受体阻滞剂纳曲酮（氨克生；每24h 2.2mg/kg）对70%接受治疗的病例有效[52]。即使曾经有报道纳曲酮引发犬瘙痒，但是可以认为该药物通常不会引起不良反应[53]。由于这些是注射的药物并且要求经常使用，因此临床可操作性不强[48]。口服纳曲酮［Nemexin（在美国没有上市的品牌）］对那些施行传统疗法无效的人可以很好地抑制由各种内科和皮肤疾病引起的瘙痒症状[54]。该药物对犬、猫的疗效尚不明确。

二、犬精神性皮肤病

（一）肢端舔舐性皮炎

肢端舔舐性皮炎，也被称作舔舐性肉芽肿和舔舐性、肢端瘙痒性结节，是由于犬舔舐四肢头侧偏下的部位，导致皮肤增厚、增硬、出现椭圆形红斑。有一项研究统计了2 322例就诊的犬，该病在所有病例中的发病率为0.7%，在559例皮肤病中发病率为2.9%[55]。尽管该病不算非常普遍，但通常也很令人困扰，因为它会发展成慢性疾病或经常复发。该病可能起源于器官性或精神性损伤[32,35,56,57]。在过去，许多作者认为绝大多数表现损伤和有舔舐性皮炎病史的病例，其病因都起源于精神状态，但现在认为器官疾病引起的比较常见（见第四章）。即使是由精神因素引起，这些损伤也很容易继发细菌感染[14,58]。在特殊的皮肤疾病中先天性或精神性原因引起的占50%[59]。由精神因素引起的皮肤病在发展成舔舐性损伤前一般没有皮肤病史[35]，因此往往要排除潜在的器官因素引起的皮肤病。在诊断为单纯精神性皮肤疾病前，至少应排除细菌、真菌疾病、蠕形螨病、既往创伤、过敏（吸入剂、食物、跳蚤）和潜在关节疾病。曾有1个病例是1只犬骨头里有一根外科骨钉，当把它取出后症状随之消失[56]。神经疾病也可能导致瘙痒或舔舐肢体远端[37,60]。如果抗生素无法治愈这种损伤，建议进行活检；有些被诊断为利什曼原虫病、孢子丝菌病、肥大细胞瘤、淋巴瘤和神经瘤的病例也会表现出舔舐性皮炎的症状[37,56]。

1. 病因和发病机制

舔舐性皮炎与多种行为失常有关，在犬中最可能是OCD的表现，甚至被描述为行为失常的动物模型[25,26]。这种强迫性行为可能会引起损伤，或者在犬由于其他原因舔舐四肢后出现这种强迫性行为[61]。犬舔舐的原因多种多样，包括小伤口、感染的病灶、肿物、静脉穿刺处或导尿管处等。这些之前存在的情况可能会发展成感染并引发疖病，这种异物的不适感会进一步发展及加重舔舐和损伤。并发的过敏性疾病可能会导致病灶的感染。经常舔舐会使皮肤出现溃疡灶从而加重瘙痒。这种瘙痒舔舐的恶性循环会一直存在，直到形成严重溃烂的伤口。舔舐病灶或伤口会引起溃疡并可能波及皮肤更深层的组织。舔舐还会阻止溃疡灶的愈合和引起继发感染。表皮增生和真皮纤维化是导致具有结节、斑块症状的疾病的原因。曾经这种损伤被称为肉芽肿或肿瘤，但其实它并不是肿瘤组织或肉芽组织。这些增厚的伤口通常包括毛囊角化过度和延长、毛囊炎、疖病、扩大和破裂的汗腺以及汗腺炎[32,58]。这些改变会引发极大的排异反应，使得游离的角蛋白和腺体分泌物分布到瘢痕组织周围。这个反应一旦出现，就会刺激动物舔舐伤口，引起自身的恶性循环。

过度的舔舐可能会让机体产生并释放内啡肽，使动物感到更加舒适（愉悦）同时发挥止疼作用，减轻动物的痛感。这个过程会使动物成瘾并引发强迫性舔舐。器官性病并发过敏性疾病会发展为精神性疾病，从而使得这些病例的治疗相当困难。单单皮肤或行为相关的治疗是不够的，只有二者联合治疗才能获得成功。

厌烦或分离焦虑可能会引起犬舔舐四肢。仔细查看病史可能会发现，这些犬大多数时候都是独处的。有一项研究显示64%的患病犬生活在户外，70%从未外出过，这表明缺乏社会的作用和刺激是导致该病的重要原因[35]。过度限制犬的自由是其中一个诱因。长期关在箱子里或拴着的犬会产生厌烦情绪并通过舔舐四肢释放它们的失落感。存在这种行为或精神性疾病的犬究其原因，通常是源于另外一些行为学问题。

电生理学的研究表明一些舔舐性皮炎的病例会并发轻微的多发性末梢感觉神经病，但是这些异常可能是疾病的结果而不是疾病的原因[62]。椎旁肌的电生理学研究证明56%的病例有异常自发电位，提示可能腹侧的运动神经根有损伤，这似乎不是舔舐肢端部位造成的[57]。然而这个试验没有涉及原发性感觉神经病的病例。

2. 临床症状

品种偏向包括杜宾犬、大丹犬、拉布拉多猎犬、爱尔兰赛特犬、金毛寻回猎犬、拳师犬、威玛犬和德国牧羊犬[26,31,32,61]。其他品种包括小型犬也会出现舔舐性皮炎。任何年龄都可能发生，有一项对31只患犬的年龄调查表明，这些发病犬的年龄为1~12岁，平均年龄为4岁[58]。其他OCD通常发生在较年轻的动物，而年老的动物可能会表现出复杂的、通常是多病因引起的舔舐性皮炎[27]。且有多达70%的病例会出现由于精神性原因引起的其他类型的行为异常[14]。

损伤会转变为慢性，早期的损伤可能会长出毛发，并且在表皮长出红斑或出现侵蚀的斑块（图15-1，A）。这些损伤通常呈椭圆形或圆形，也可能沿着起始的伤口向外扩展。慢性损伤会变为硬而厚的无毛斑块或结节，通常发生一处或多处溃烂，伴有增生的瘢痕表面（图15-1，B）。慢性损伤也可能会出现色素沉着并且沿四肢上下向邻近的部位蔓延（图15-1，C）。74%的病例存在单独和单侧的损伤，其中61%是发生在腕骨和掌骨的病例。只有10%的病例四肢都出现损伤（图15-1，D）。绝大部分病例的损伤发生在跗骨和跖骨，通常这些损伤在前表面，有时侧面也会受影响。一个精神性原因的提示是，当用绷带包裹原来的损伤后，发现有新的舔舐损伤出现。关节损伤可能与潜在的关节炎或关节僵硬有关。

3. 诊断

通常通过临床检查和病史来作出假设性诊断。当患犬同时出现行为异常和焦虑，而没有患皮肤病或瘙痒性疾病的病史，则可以作出假设性诊断[14,35]。确诊需要排除其他

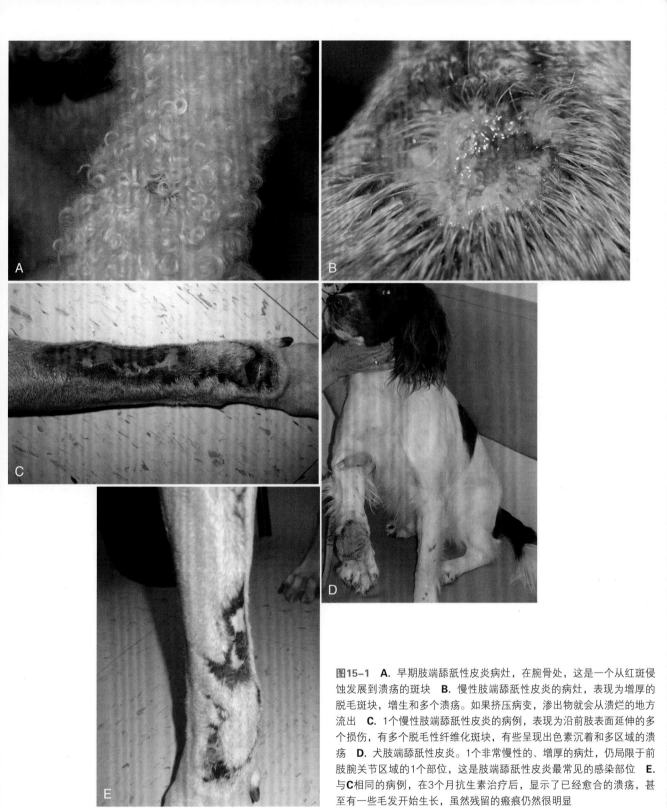

图15-1　**A.** 早期肢端舔舐性皮炎病灶，在腕骨处，这是一个从红斑侵蚀发展到溃疡的斑块　**B.** 慢性肢端舔舐性皮炎的病灶，表现为增厚的脱毛斑块，增生和多个溃疡。如果挤压病变，渗出物就会从溃烂的地方流出　**C.** 1个慢性肢端舔舐性皮炎的病例，表现为沿前肢表面延伸的多个损伤，有多个脱毛性纤维化斑块，有些呈现出色素沉着和多区域的溃疡　**D.** 犬肢端舔舐性皮炎。1个非常慢性的、增厚的病灶，仍局限于前肢腕关节区域的1个部位，这是肢端舔舐性皮炎最常见的感染部位　**E.** 与**C**相同的病例，在3个月抗生素治疗后，显示了已经愈合的溃疡，甚至有一些毛发开始生长，虽然残留的瘢痕仍然很明显

一些鉴别诊断，包括肿瘤、压力痛、局限性钙质沉着、细菌性疖病、蠕形螨、皮肤真菌病、霉菌病或分枝杆菌肉芽肿以及潜在的过敏性疾病。如果肢端舔舐性皮炎发生在四肢头侧可能会被误认为是组织细胞瘤和肥大细胞瘤。真菌培养可以确诊病灶是否为真菌诱发的损伤；脱落细胞的检查和活组织检查可以提供诊断基础，并帮助确诊是感染还是异物反应[58]。低致敏性的饮食可以观察出食物作为潜在

原因所导致的不良反应，但是至少在试验期间首先要排除或控制任何继发感染及异物，还有其他可能出现的不良反应（但不是因为食物的原因）。皮内试验可以减少假阳性（见第八章）的诊断，也可以观察到可能引发或并发的过敏性疾病。由于这些损伤可能由多种原因导致，其结果的解读十分复杂，甚至可能当确诊原发病时还会有一些精神性因素的存在。

有一项研究表明94%舔舐引起的损伤会出现深部细菌感染，因此需要进行细菌培养和药敏试验，尤其是在一些常规抗生素治疗没有效果的时候[58]。多重耐药菌大部分是耐甲氧西林的葡萄球菌，占所有病例的48%。活组织采样获取的深部组织培养的结果与表面取样培养的结果可能会有所不同，首选深部组织培养的结果进行用药。伪中间型葡萄球菌是最常分离到的菌属，且在14%的深部培养病例中发现了耐甲氧西林的葡萄球菌，而表面培养病例中出现的比率仅有4.5%[58]。如果由于价格原因而不使用活组织检查，可选择清洁病损表面，然后将从增厚的溃疡中挤出的液体进行培养。

组织病理学检查发现损伤通常表现出紊乱的特点，但这些特点通常不具有诊断意义[32,58]。溃疡灶边缘通常有不规则的表皮增生，伴有明显的表皮乳突结构。经常可见血管周围聚集中性粒细胞和单核细胞。真皮层表现不同程度的纤维组织增生，真皮乳头呈现垂直于纤维母细胞和胶原纤维分布。90%的病例在汗腺周围出现中等数量或大量的浆细胞，80%的病例出现腺体增大且内含浓缩的分泌物[58]。经常会出现汗腺炎，此外还会出现皮脂腺增生。30%的病例出现毛囊角化过度、增生和延长，同时伴有毛囊炎和疖病[32,58]。

影像结果通常显示在大的、慢性的舔舐性皮炎损伤下面的骨头出现骨膜反应[32]。关节疾病不是由舔舐引起的；如果出现关节疾病，其多是引起过度舔舐的原因，一些病例的损伤可能会在非典型的部位出现。

4. 临床管理

确定器质性病变，无论是原发性或继发性，控制这些病变通常是舔舐性皮炎病例管理的第一步。继发感染通常需要长期（数月）的治疗才能完全康复（图15-1，E）。如果所有病例的感染和舔舐都得到了控制，精神性因素则可能不是最重要的因素，而是并发症状。然而如果不能控制感染，使用行为调节和精神药物治疗可能效果不大。一旦确定或者怀疑是精神因素，必须建议主人将精神咨询列入疾病治疗的方案中。主人需要明白犬的患病原因是精神性的，而不仅仅在腿上。同时临床医生和主人必须成为心理侦探，以寻找到底是什么原因导致犬舔舐自己的四肢。例如包括：

- 犬一整天都独自在家。
- 犬长期在箱子、犬屋、笼子中或奔跑。
- 家里来了新的宠物。
- 家里最近诞生了婴儿。
- 附近有母犬发情但是不让公犬接近。
- 邻居来了新的犬。
- 家里有人死亡。
- 犬长期玩耍的同伴死亡。
- 家里的儿童或其他成员搬离。

治疗的第一步是确定病因并在可能的情况下消除它。

有时候犬生活方式的某个改变就是答案。每种情况都不一样，但下述都是有效的补救措施：

- 多散步以及主人更多的陪伴非常有帮助。一些主人如果有小商店或者自己营业，可以带着犬去工作。
- 对于屋养的犬，避免关禁在笼子及室内，出来奔跑比较有利。对于这些犬，主人可以建一座犬房即使是晚上关在笼子里，也可能会使犬有挫败感，并发展为肢端舔舐性皮炎。
- 一只新的幼犬作为同伴可以转移犬注意力从而防止更进一步舔舐。这个做法的成功率与这两只犬建立的友谊关系有关。对于一只雄犬来说，配一只已经做了绝育的母犬比较适合。主人必须知道，配了一只犬作为陪伴是不能保证治愈的。
- 让犬有外出的自由，可以让其与邻居有交流。这个建议对于农村适合但是通常对有拴犬法律的郊区或城市不适用。

一旦出现损伤，仅仅进行精神性治疗是没有作用的。需要系统、局部和手术治疗与精神治疗同步实施。使用一个或多个方案可能更有效[14,31,63]。

（1）精神性药物治疗

作用于精神状态的药物可能仅适合在短时间内使用，当通过行为调整或潜在厌倦和压力消除后即可停用。其他一些情况，可能需要进行长期的治疗。抗抑郁药物是最有效的。许多报道提到，一般情况下，开始最先使用氟苯氧丙胺或氯丙咪嗪比其他药物更有效[14,27,45,64,65]。用氯丙咪嗪做对照试验表明，即使在压力没有消除的情况下，其效果仍然良好[45,65]。最佳的方案是结合寻找并消除压力源或进行行为调整再加上药物治疗[14,27,66]。

口服抗焦虑药物（尤其是苯二氮卓类和抗组胺类）如苯巴比妥和地西泮可能有效，但是比抗抑郁药物效果差点。羟嗪（安泰乐），属于抗组胺类的哌嗪衍生物，在一些病例中还发挥其他药效，尤其是与过敏相关的病例。剂量为2.2mg/kg，每8h 1次。

内啡肽阻断剂也可能有效果。环丙甲羟二羟吗啡酮（氨克生）已经被用于治疗严重慢性肢端舔舐性皮炎[23,52]。犬的治疗剂量是2.2mg/kg，口服，每24h 1次。10只犬中有7只犬反应良好，但有4只犬复发（如果停药）。长期的治疗需要减少剂量或延长用药间隔。未见明显的不良反应。但该药物非常昂贵。

鸦片来源的外生性内啡肽替代物可以减少犬刺激内啡肽释放的需求。氢可酮（海可待）使用剂量0.25mg/kg，每8h 1次，使3只犬在3周内得到改善[67]。有2只犬在治疗16周后完全好转。

孕激素有镇静的作用，尤其是对于雄性犬。注射孕酮（狄波-普维拉，20mg/kg，每3周1次）在使用的病例中已取得成效[68]。醋酸甲地孕酮（美可治，甲地孕酮）使用剂量为1~2mg/kg，口服，每24h 1次，疗程7~14d，然后逐渐减少到最低维持剂量，频率不多于1周2次。这个药物必须持续使用数月，并且不能用于未绝育的雌性犬。潜在的不良反应（行为改变、肢端肥大、糖尿病、乳腺增生和其他疾病）需要和主人交代。

（2）治疗

之前提及的继发性毛囊和皮肤改变是由皮肤的炎症反应引起的，不管如何对精神性和原发器质性病变进行治疗，毛囊和皮肤病变都需要治疗，因此进行精神性治疗的同时，也需要治疗皮肤的损伤，直到患畜痊愈；单单治疗皮肤损伤或者精神异常的效果往往不佳。通过使用伊丽莎白圈、buckets、戴口罩、绷带包扎、圆柱体和衣服等机械方式来防止舔舐，有助于最初的愈合。LikShield™和StopLik™绷带里有金属条，连接没有毒性的电池，当犬舔绷带时电池会发出轻微的电击。防护液和软膏仅适用于早期和轻微的损伤。所有防舔的治疗通常单独使用都不成功，不能直接治愈皮肤疾病，但是可以防止更进一步由舔舐诱发的损伤，随着时间的推移，身体的反应可能会慢慢改变这个习惯。因此，治疗这些症状通常同时需要配合各种局部、系统和手术治疗。

- 局部治疗。局部使用糖皮质激素是有效的，尤其是早期轻微的损伤。有报道8mL氟喹诺酮加入到二甲基亚砜和3mL氟胺烟酸葡胺（氟尼辛葡胺）联合使用，每天2次连用3～8周，对许多病例有效[32]。还没有做过对照研究，且没有确定用于哪种类型的病例最有效。例如对某些病例的效果主要取决于其主要致病原因是OCD，还是过敏和排斥反应。镇痛的辣椒素（HEET）与苦苹果混合（异丙醇、水、苦的提取物）——1份HEET（辣椒素0.25%，水杨酸甲酯15%，樟脑3.6%，丙酮，酒精），2份苦苹果混合物——对早期的损伤有效[69]。这个混合溶液最开始需要每天使用2～3次，然后根据需要逐渐减量。也会使用局部抗菌剂，但是一般不能渗透到深层组织以及有痂皮的损伤，因此收效甚微。有报道使用局部的绷带（液体绷带）和通过味道起作用的阻碍剂也会有效果。然而，基于有很多病例会变为慢性且难以治疗，许多动物对这些局部治疗没有反应。在许多病例中，局部治疗作为辅助的治疗手段，需要同时配合其他治疗。

- 病灶药物注射。推荐注射曲安奈德（Vetalog）或者醋酸甲泼尼龙（Depo-Medrol）。这些药物对小于3cm的损伤有疗效。对于大范围的、慢性损伤治疗效果不佳。

- 手术切除。在一些病例中，整个病灶的手术切除是应选择的治疗方案。如果病灶很小，且在皮肤张力范围内，手术切除是简单快速的治疗方法。犬痊愈需要至少2～3周时间，临床医生需要在伤口痊愈前使用褥式缝合切口，并使用绷带或保护材料防止敷料

脱落及犬的自损行为。如果动物在伤口痊愈前损伤了手术区域，则该伤口会非常难处理。术后需要全身使用抗生素。对于一些比较严重的病例，可以通过切除病灶，实施全层皮肤移植的方法治疗。

- 激光治疗。一些病例可能对激光治疗有反应，激光治疗使组织汽化的同时，对病灶进行了消毒，且能封闭神经末梢可以减少术后疼痛。

- 放射治疗。放射治疗偶尔的有效性通常与损伤持续的时间及大小有关[70,71]。该方法对大的、慢性损伤效果较差。研究表明只有35%的病例对放射治疗有很好的反应[71]。

- 冷冻手术。冷冻手术是在伤口太大不能通过手术切除，不能实施全层皮肤移植以及其他治疗手段无效时，作为最后选择的治疗方法。当恰当地使用该治疗手段时，硬的组织会冷冻，几周后会蜕皮。新的健康的皮肤会在伤口边缘开始生长。冷冻会损伤神经末梢，因此阻断了痒/舔循环。该疗程需要重复2～3次。需要对冷冻手术很熟悉的人来进行此项操作。

- 针灸疗法。已经有报道说针灸是有效的，但是其效果如何需要进一步的研究证明[72]。

- 电击疗法。曾报道有小部分的犬使用远距离电击，使用发电的训练项圈精确控制瞬间电击，对舔舐性皮炎有良好的疗效[73]。StopLik™和LikShield™的绷带包有金属条，当犬用舌头舔绷带的时候会有一个电池提供轻微的电击反应。

总而言之，要彻底检查器质性疾病、继发感染和精神性因素，必须整体把握、优化治疗。告诉主人预后谨慎是比较明智的。治疗和行为调整相结合，同时主人很好的配合都是治疗成功的必要因素。

（二）多种多样的精神性皮肤病的临床表现

OCD患犬有六种精神表现，包括吸吮或舔舐特定的解剖部位[38,74]。动物一直将精力集中在某个习惯性的部位。已经发现有些表现上述症状的病例可能确实有原发性神经系统疾病，但这很难与行为疾病进行区分[37]。这些治疗手段可以在犬肢端舔舐性皮炎和猫精神性脱毛的皮肤病病例中进行尝试。有些研究证明了氟西丁和氯丙咪嗪对这些疾病疗效显著[75]。

1. 咬尾

咬尾最常见于年轻、长尾、长毛的犬。这些犬会追着自己的尾巴然后咬尾的尖部。许多患犬在年老后会停止这个行为。这些追尾的犬（偶尔是猫）（图15-2）不同于那些因感染和瘙痒，或者尾部由于腰荐狭窄、马尾综合征或断尾神经瘤导致感觉异常时出现的追尾。鉴别诊断是否有断尾神经瘤非常重要，因为这是神经性疾病。

2. 断尾神经瘤

该病表现为一些动物断尾后出现罕见的异常行为[76]。

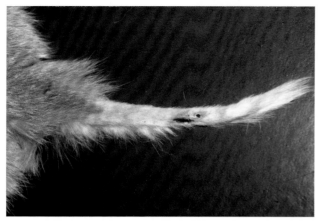

图15-2 猫尾部理毛过度导致骶骨椎骨异常

可卡犬可能有品种倾向性。神经发生随意地再生长，然后形成神经瘤。这是一个明显的像一个实质性、深部结节连接在尾部瘢痕处的肿瘤。组织学检查发现结节表现为纤维组织的特点，有厚胶原束和多个小的神经束贯穿整个结节（见第二十章）。神经瘤会出现刺痛感或一些能引起犬想去舔或咬的感觉。手术切除是治疗该神经瘤的应选方案。

3. 吸吮侧身

犬吸吮侧身即犬重复地用嘴吸吮身体侧面的部位。这种行为最常见于杜宾犬，是与营养无关的吸吮行为，发生于替代异常行为的犬[77]。尽管过去认为该病与咬尾类似，但这似乎是不同的疾病，除非同时发生于一个动物[37]。该病需要与局部毛囊炎鉴别诊断。局部毛囊炎是瘙痒性疾病，且通常与炎症和脱毛有关，表现为色素沉着和苔藓化。抗生素对细菌性毛囊炎有效。特应性皮炎和食物过敏也需要排除。要进行活组织检查后才能对吸吮侧身进行确诊，因为皮肤的病理性异常可能暗示了存在原发或者继发的潜在器质性病变。

4. 自我护理

这在很大程度上仅限于雌性的犬和猫，偶尔在雄性动物中可见。通常情况下，自洁行为仅限于一个乳头，动物反复吸吮乳头。乳头可因炎症增大并苔藓化。对动物进行绝育手术似乎可以纠正这恼人的习惯。镇静和精神性训练对于改变这个习惯也可能是有帮助的。

5. 肛门舔舐

这个行为在非正式文件的记录中被认为几乎是不可能改变的，且仅见于犬，品种倾向于贵妇犬（贵宾犬）[78]。许多犬，尤其是贵妇犬（贵宾犬），出现肛门舔舐是因为肛门腺疾病、马拉色菌性肛门腺炎，甚至是肛周的马拉色菌性皮炎。除此之外，如果要诊断为精神性肛门舔舐则还需排除特应性皮炎和食物过敏的可能。对于该疾病摘除肛门腺是无效的。需要排除肛肠疾病，尤其是感染下段结肠和直肠黏膜的疾病。神经性的贵妇犬（贵宾犬）肛门舔舐会让它们的主人非常烦恼。当该疾病发展为慢性时，则会出现肛缘皮肤增厚、色素过度沉着、出现疣状赘生物和苔

薄化。可能继发细菌性脓皮症或马拉色菌性皮炎，需要使用抗生素和抗真菌药物。详细的治疗方案需要鉴别诊断并去除病因，或给予与治疗肢端舔舐性皮炎相似的抗焦虑或抗抑郁药物。

6. 四肢舔舐

该病通常与特应性皮炎、接触过敏原或者马拉色菌性皮炎有关。如果动物只是舔一只爪子，那么过敏就不可能是单独的原因，在诊断为精神性四肢舔舐前需要先调查是否存在感染、异物、关节炎或结构畸形（图15-3）。这是一个很难改变的恶习，但应用杂环抗抑郁药物可能会有所帮助。

三、猫精神性皮肤病

（一）精神性脱毛和皮炎

精神性脱毛或皮炎（神经性皮肤炎）是一个比较不常见的脱毛诱因，它是由动物过度理毛或舔毛而引起的脱毛[33,34,79]。患病动物通常表现为脱毛或慢性瘙痒症，据报道在皮肤专科兽医师接诊的病例中有1.2%~4.7%的瘙痒症患猫为精神性脱毛和皮炎病例[80,81]。

1. 病因和发病机制

患猫的主要异常是由焦虑引发的过度理毛。它们的焦虑可能是由一些像环境改变导致的心理因素引起的（例如，与它们的主人分离，家庭中新增宠物或孩子，搬到新环境，空运，住院，失去最喜欢的窝或伙伴，与家里的其他宠物竞争在家里的地位，与闯入自己地盘的其他猫发生冲突）。大多数的患猫都是和其他猫一起生活在室内的[19,33]。该病有一定的品种倾向，易发于易激动的品种，如暹罗猫和阿比西尼亚猫，而几乎所有的东方品种猫都易发该病[33,34,36]。在1份关于3只患病暹罗猫的报告中提到该病可能存在遗传性[82]。猫的神经性脱毛被认为是一种强迫性神经官能症[33,34,38]。找到潜在的病因十分重要。在一项涉及21只疑似神经性脱毛患猫的调查中，有16只猫（76%）还并发其他疾病，大多数是食物不良反应（12只）。5只猫患有精神性脱毛症，但其中有3只还存在其他并发症，所以21只猫中仅有2只猫患有单纯的精神性脱毛症[36]。笔者认为，精神性脱毛症是一个过渡诊断的疾病，在诊断过程中对病例进行全面的检查非常重要，特别是食物试验和皮肤活检。

猫精神性脱毛和皮炎可以有很多临床表现。有些猫会极力舔舐某些特殊的区域，直到舌头上的倒刺将皮肤磨损，引起脱毛、溃疡和继发感染。有些猫会舔舐更大的范围，所以脱毛就成了该病最主要的病变。还有些猫还会咀嚼它们的毛发，并将毛发往外拔。

有研究认为，应激能诱导促肾上腺皮质激素和促黑激素水平升高，进而导致内啡肽的增多[51]。一项关于猫的研究证明猫的理毛行为能够刺激大脑内的拉斐尔核，该核与强迫性疾病密切相关[83]。这也表明其可能是发展为强迫症的早

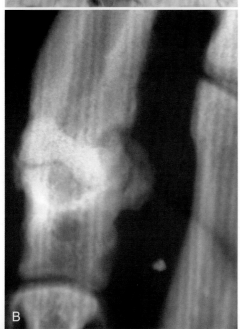

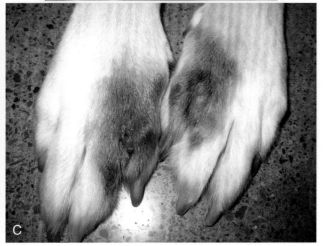

图15-3 **A、B**. 潜在性关节炎引发的慢性爪舔舐，导致脱毛、疤痕和苔藓样硬化　**C**. 患有关节炎的犬，舔舐其2只前爪，导致行动迟缓，并继发毛囊脓肿和疖病

期原因而不是所有的原因[48]。内啡肽可防止动物发生由慢性应激引发的相关异常症状。然而内啡肽也具有使动物镇静、成瘾的效果，这可能会加强异常的理毛行为。多巴胺类或阿片类的药物可能会减少过度的理毛行为[84]。

2. 临床特征

该病没有年龄或性别倾向性，而如前所述具有一定品种倾向性，暹罗猫或亚洲品种易患该病[33]。结合两项研究发现，36只患猫中有86%在室内生活[19,33]。有一项研究表明，88%的患猫生活在多猫的室内，60%有其他的行为问题，多与其他刺激例如大的噪音、其他动物或陌生人有关[19]。由过度理毛引起的损伤通常比较局限，通常几乎所有的病例都会脱毛。这种脱毛被称作剃毛后脱毛，因为过度的理毛可能会导致毛发在接近皮肤表面处断裂，使得短毛依然存在，可以看见和感觉到，尤其是当抚摸的朝向与正常的毛囊方向相反时（图15-4，A）。该皮肤病损伤的特点是出现红疹，细长、椭圆的斑块或红色条纹（图15-4，B）。还可能引起嗜酸性斑和继发性脓皮病。慢性病例可能会出现苔藓化和色素沉积。伤口可能呈蜡样或萎缩，伴有不同部位的毛发长度不齐。暹罗猫或暹罗猫的杂交猫，在皮肤缺乏毛发而变凉后会生长出黑色毛发。发生这个变化的原因是在温度依赖性蛋白酶的作用下，黑色素前体变成黑色素的过程更为活跃（高温生成白色毛发，低温生成有颜色的毛发，毛发少的地方温度较低），毛发变黑。在下次剃毛后，毛发通常会恢复正常的颜色。猫容易舔舐的部位最容易发生这种病变，即腹部尾侧最常发生（图15-4，C）。其他常发部位是后肢中部、腹股沟和腹股沟区域。前肢中部较少发生，后肢的前侧或背侧、腰背侧、骶骨或尾部位置可能发生，但是典型的仍然是在腹部（图15-4，D）。这个症状可能会使临床医生加强对跳蚤过敏的怀疑，但此病程更长且发展很慢，有时候可以持续数月。

3. 诊断

皮肤损伤形成可能会混淆或者发展成嗜酸性斑或脓皮症，需要用细胞学检查进行分辨。瘙痒性脱毛最初需要与过敏性皮炎（跳蚤、食物或特应性皮炎）相鉴别，还可能与真菌性皮肤病和蠕形螨相混淆。该症状可能会类似猫获得性对称性脱毛，但是这个症状是完全性的脱毛而不是剃毛后脱毛。

因为猫是天生的美容师，主人可能不会意识到猫的过度舔舐或啃咬。一些观察技巧可以解答猫是否存在过度打理。在猫喜欢躲藏的地方有几簇毛。此外，猫可能吐毛球或在粪便中可见毛团。主人通过使用猫砂观察猫几天的粪便，可以找到粪便中的毛。通过逆毛方向的触诊，体检时很容易发现短粗的毛发。另一个方法是卷起皮肤观察垂直折转的皮肤，就可以看见许多被修整过的毛发（见图15-4，A）。带伊丽莎白圈可以使毛发生长在无法修饰的部位。通过简单的患部拔毛和显微镜镜检就可以鉴别诊断过度整理性脱毛和自然脱毛。精神性脱毛的毛发不易拔

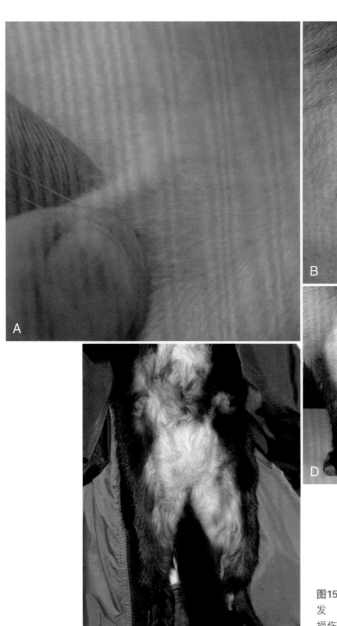

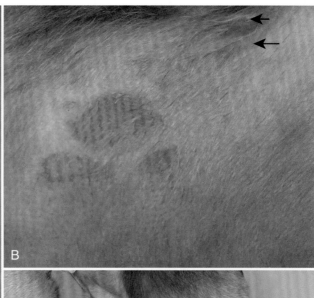

图15-4 A. 猫"剃毛后脱毛"。通过卷起皮肤依然可以看见短且折断的毛发 B. 慢性或更强烈、集中的舔舐会导致剃毛后脱毛处红疹破溃。椭圆形损伤会沿着猫舔的方向延伸。黑色箭头所指处是由唾液搅在一起的毛发，与猫舔舐的方向一致 C. 腹部和腹股沟精神性脱毛，即最常出现剃毛后脱毛的部位 D. 暹罗猫的剃毛后脱毛也出现在四肢侧面，这并不常见

出；镜检会发现毛发折断。

对于猫精神性脱毛，要先排除其他疾病才能进行诊断，因此准确的诊断包括一个完整的检查流程，即需要进行下列所有的检查：

· 精神性/行为评估。
· 多部位表皮刮片。
· 大范围的应用牙刷法进行真菌培养（详见第二章）；对表现正常的脱毛皮肤进行活组织检查，其结果应该是正常的且没有炎性反应[36]。
· 全血细胞计数。

· 给患猫进行8周严格的室内食物消除试验。
· 患猫在室内进行8周的体外寄生虫治疗。若出现戈托伊蠕形螨则可适当使用石灰硫黄合剂治疗3周。

检测结果应为阴性或在正常范围之内；除非过度理毛，这些猫一般都没有皮肤疾病。活组织检查结果具有诊断意义，过敏性皮肤疾病会有炎症但精神性皮肤病不会出现炎症[19]。不幸的是，在另一项研究中，6只猫中的4只猫正常皮肤的活检依然可发现不良的食物反应或特异性皮炎[36]。虽然炎症可以帮助作出排除诊断，但由于在活检中可能看到的是正常皮肤，因此也建议使用治疗性诊断，即

观察使用糖皮质激素和精神性药物，如氯丙咪嗪进行治疗是否有效[36]。对原发性精神性皮肤病患猫使用抗炎剂量的糖皮质激素无效，而氯丙咪嗪有效。由于特异性皮炎不能通过任何试验排除，而其与精神性脱毛在临床上很难进行区分，因此糖皮质激素是否有效可以作为治疗性诊断。

4. 临床管理

如果氯丙咪嗪在试验中有效，则应在可能的情况下实施行为调整；一些猫可能会治愈，且在停药后仍不复发。需要考虑行为和环境因素，尽量确定和除去猫的"应激源"。已证明如果除去应激源没有效果，且猫没有皮肤损伤，则不需要治疗。然而这需要与主人进行商讨，让主人意识到这是猫由于焦虑或压力而表现的行为。

氯丙咪嗪是有效的治疗方法[33,36,85]。氯丙咪嗪的剂量为口服1.25mg，每24h 1次，但是通常推荐猫的最初治疗剂量为0.5mg/kg，每24h 1次，连用4~6周，如果该剂量没有良好的效果，可以将剂量增加到1mg/kg，每24h 1次[20,33,39]。唯一一项猫的对照试验显示，氯丙咪嗪并没有比安慰剂疗效显著[19]。其他精神性药物如内啡肽阻断剂烯丙羟吗啡酮，至少在一些病例报道中有效，使用方法为1mg/kg，皮下注射，一次注射可以维持药效数周到数月[84]；氟哌啶醇2mg/kg，静脉注射，持续4个月有效[84]；氟苯氧丙胺1mg/kg，每24h 1次[86]；阿米替林0.5mg/kg，口服，每12h 1次（如果无效或效果不稳定，可以增加到2mg/kg）[33]；丁螺环酮5mg，口服，每12h 1次[33]。

（二）舔尾

舔尾最常发生于猫，尤其是暹罗猫。该病很容易被主人发现（因为其在主人面前吸吮），或在猫的尾尖2~3cm处观察到湿润（图15-5）。仔细检查皮肤发现并不可见炎症或痂皮。当猫停止舔尾且尾部毛发干燥后，该现象就消失了。当猫的注意力集中在其他有趣的事物上时，毛发就

图15-5 出现舔尾的猫，尾尖处湿润且纠缠在一起

会干燥；当猫感到无聊时，会恢复舔尾。如果猫没有出现自我损伤则无须治疗，因为这表明该行为可能是舒适的。对于出现自我损伤的猫，解闷、散心可能会使该失常行为得到解决。

参考文献

[1] Gupta MA, Gupta AK: Psychodermatology: an update. *J Am Acad Dermatol* 34(6):1030–1046, 1996.

[2] Buljan D, Buljan M, Situm M: Psychodermatology: a brief review for clinicians. *Psychiatr Danub* 17(1-2):76–83, 2005.

[3] Tausk F, Elenkov I, Moynihan J: Psychoneuroimmunology. *Dermatol Ther* 21(1):22–31, 2008.

[4] O'Sullivan RL, Lipper G, Lerner EA: The neuro-immuno-cutaneous-endocrine network: relationship of mind and skin. *Arch Dermatol* 134(11):1431–1435, 1998.

[5] Roosterman D, Goerge T, Schneider SW, et al: Neuronal control of skin function: the skin as a neuroimmunoendocrine organ. *Physiol Rev* 86(4):1309–1379, 2006.

[6] Handwerker HO: Microneurography of pruritus. *Neurosci Lett* 470(3):193–196, 2009.

[7] Oh SH, Bae BG, Park CO, et al: Association of stress with symptoms of atopic dermatitis. *Acta Dermatol Venereol* 90(6):582–588, 2010.

[8] Altemus M, et al: Stress-induced changes in skin barrier function in healthy women. *J Invest Dermatol* 117(2):309–317, 2001.

[9] Greaves MW: Pathogenesis and treatment of pruritus. *Curr Allergy Asthma Rep* 10(4):236–242, 2010.

[10] Gouin JP, Kiecolt-Glaser JK: The impact of psychological stress on wound healing: methods and mechanisms. *Immunol Allergy Clin North Am* 31(1):81–93, 2011.

[11] Gouin JP, Glaser R, Malarkey WB, et al: Chronic stress, daily stressors, and circulating inflammatory markers. *Health Psychol* 2011.

[12] Locala JA: Current concepts in psychodermatology. *Curr Psychiatry Rep* 11(3):211–218, 2009.

[13] Fried RG, Hussain SH: Nonpharmacologic management of common skin and psychocutaneous disorders. *Dermatol Ther* 21(1):60–68, 2008.

[14] Virga V: Self-directed behaviors in dogs and cats. *Vet Med* 100(3):212–222, 2005.

[15] Overall K, Dunham A: Clinical features and outcome in dogs and cats with obsessive-compulsive disorder: 126 cases (1989-2000). *J Am Vet Med Assoc* 221(10):1445–1452, 2002.

[16] Nagata M, Shibata K: Importance of psychogenic factors in canine recurrent pyoderma. *Vet Dermatol* 15(s):42, 2004.

[17] Nagata M, Shibata K, Irimajiri M, Leuescher AU, ABST Importance of psychogenic factors in canine atopic dermatitis. In ESVD and ECVD. 2002. Nice: Vet Dermatol.

[18] Dodman NH, Shuster L, Nesbitt G, et al: The use of dextromethorphan to treat repetitive self-directed scratching, biting, or chewing in dogs with allergic dermatitis. *J Vet Pharmacol Ther* 27(2):99–104, 2004.

[19] Mertens P, Torres S, Jessen C: The effects of clomipramine hydrochloride in cats with psychogenic alopecia: a prospective study. *J Am Anim Hosp Assoc* 42(5):336–343, 2006.

[20] Virga V: Behavioral dermatology. *Vet Clin North Am Small Anim Pract* 33(2):231–251, v-vi, 2003.

[21] Koo J, Gambla C: Cutaneous sensory disorder. *Dermatol Clin* 14(3):497–502, 1996.

[22] Farage MA, Miller KW, Berardesca E, et al: Clinical implications of aging skin: cutaneous disorders in the elderly. *Am J Clin Dermatol* 10(2):73–86, 2009.

[23] Dodman NH, Shuster L, White SD, et al: Use of narcotic antagonists to modify stereotypic self-licking, self-chewing, and scratching behavior in dogs. *J Am Vet Med Assoc* 193(7):815–819, 1988.

[24] Hartmann L: Cats as possible obsessive-compulsive disorder and medication models. *Am J Psychiatry* 152(8):1236, 1995.

[25] Overall R: Recognition, diagnosis, and management of obsessive-compulsive disorders: Part 1. *Canine Pract* 17:40, 1992.

[26] Rapoport JL, Ryland DH, Kriete M: Drug treatment of canine acral lick. An animal model of obsessive-compulsive disorder. *Arch Gen Psychiatry* 49(7):517–521, 1992.

[27] Overall KL, Dunham AE: Clinical features and outcome in dogs and cats with obsessive-compulsive disorder: 126 cases (1989-2000). *J Am Vet Med Assoc* 221(10):1445–1452, 2002.

[28] Evans RI, Herbold JR, Bradshaw BS, et al: Causes for discharge of military working dogs from service: 268 cases (2000-2004). *J Am Vet Med Assoc* 231(8):1215–1220, 2007.

[29] Horwitz D: Compulsive behaviors in Dogs. *Clin Brief* 49–50, 2008.

[30] Walton D: Psychodermatoses. In Therapy IX, Kirk R, editor: *Current*

Veterinary, Philadelphia, 1986, WB Saunders Co, p 557.

[31] Overall K: Recognition, diagnosis, and management of obsessive-compulsive disorders: Part 3: a rational approach. Canine Practice 17(3):39–43, 1992.

[32] Scott DW, Walton D: Clinical evaluation of a topical treatment for canine acral lick dermatitis. J Am Anim Hosp Assoc 20:562, 1984.

[33] Sawyer LS, Moon-Fanelli AA, Dodman NH: Psychogenic alopecia in cats: 11 cases (1993-1996). J Am Vet Med Assoc 214(1):71–74, 1999.

[34] Scott DW: Feline dermatology 1900-1978: A monograph. J Am Anim Hosp Assoc 16:331, 1980.

[35] Pereira T, Larsson CE, Ramos D: Abstract IVBM Environmental, individual and triggering aspects of dogs presenting with psychogenic acral lick dermatitis. J Vet Behav 5(3):165, 2010.

[36] Waisglass SE, Landsberg GM, Yager JA, et al: Underlying medical conditions in cats with presumptive psychogenic alopecia. J Am Vet Med Assoc 228(11):1705–1709, 2006.

[37] Gnirs K, Prelaud P: Cutaneous manifestations of neurological diseases: review of neuro-pathophysiology and diseases causing pruritus. Vet Dermatol 16(3):137–146, 2005.

[38] Overall K: Clinical Behavioral Medicine for Small Animals, ed 1, St. Louis, 1997, Mosby, p 544.

[39] Overall K: Pharmacological treatment in behavioural medicine: the importance of neurochemistry, molecular biology and mechanistic hypotheses. Vet J 162(1):9–23, 2001.

[40] Plumb DC: Plumb's veterinary drug handbook, desk edition, ed 6, 2008, Wiley-Blackwell.

[41] Paradis M, Bettenay S: Nonsteroidal antipruritic drugs in small animals. In Ihrke PJ, Mason IS, White SD, editors: Advances in Veterinary Dermatology, New York, 1993, Pergamon Press, pp 429–431.

[42] Shoulberg N: The efficacy of fluoxetine (Prozac) in the treatment of acral lick and allergic-inhalant dermatitis in canines. Proc Annu Member Meeting Am Acad Vet Dermatol Am Coll Vet Dermatol 6:31, 1990.

[43] Simpson B, Simpson D: Behavioral pharmacotherapy: Part II- anxiolytics and mood stabilizers. Compend Contin Educ Pract Vet 18(11):1203, 1996.

[44] Miller WH, Jr, Scott DW, Wellington JR: Nonsteroidal management of canine pruritus with amitriptyline. Cornell Vet 82(1):53–57, 1992.

[45] Hewson CJ, Luescher UA, Parent JM, et al: Efficacy of clomipramine in the treatment of canine compulsive disorder. J Am Vet Med Assoc 213(12):1760–1766, 1998.

[46] Pfeiffer E, Guy N, Cribb A: Clomipramine-induced urinary retention in a cat. Can Vet J 40(4):265–267, 1999.

[47] Shukla R, Sasseville D: Psychopharmacology in psychodermatology. J Cutan Med Surg 12(6):255–267, 2008.

[48] Luescher AU: Diagnosis and management of compulsive disorders in dogs and cats. Vet Clin North Am Small Anim Pract 33(2):253–267, vi, 2003.

[49] Center SA, Elston TH, Rowland PH, et al: Fulminant· hepatic failure associated with oral administration of diazepam in 11 cats. J Am Vet Med Assoc 209(3):618–625, 1996.

[50] Frank D, Beauchamp G, Palestrini C: Systematic review of the use of pheromones for treatment of undesirable behavior in cats and dogs. J Am Vet Med Assoc 236(12):1308–1316, 2010.

[51] Willemse T, Spruijt B, Van Oosterwyck A: Feline psychogenic alopecia and the role of the opioid system. In von Tscharner C, Halliwell R, editors: Advances in Veterinary Dermatology, London, 1990, Bailliere Tindall, p 195.

[52] White SD: Naltrexone for treatment of acral lick dermatitis in dogs. J Am Vet Med Assoc 196(7):1073–1076, 1990.

[53] Schwartz S: Naltrexone-induced pruritus in a dog with tail-chasing behavior. J Am Vet Med Assoc 202(2):278–280, 1993.

[54] Metze D, Reimann S, Beissert S, et al: Efficacy and safety of naltrexone, an oral opiate receptor antagonist, in the treatment of pruritus in internal and dermatological diseases. J Am Acad Dermatol 41(4):533–539, 1999.

[55] Hill PB, Lo A, Eden CA, et al: Survey of the prevalence, diagnosis and treatment of dermatological conditions in small animals in general practice. Vet Rec 158(16):533–539, 2006.

[56] Denerolle P, White SD, Taylor TS, et al: Organic diseases mimicking acral lick dermatitis in six dogs. J Am Anim Hosp Assoc 43(4):215–220, 2007.

[57] Steiss J, MacDonald J, Bradley D: Letters to the editor - High incidence of EMG abnormalities in canine acral lick dermatitis. Vet Dermatol 6:115, 1995.

[58] Shumaker AK, Angus JC, Coyner KS, et al: Microbiological and histopathological features of canine acral lick dermatitis. Vet Dermatol 19(5):288–298, 2008.

[59] White SD: Management of acral lick dermatitis (ALD, lick granuloma). In World Cong Vet Derm, San Francisco, 2000.

[60] Paradis M, de Jaham C, Page N, et al: Acral mutilation and analgesia in 13 French spaniels. Vet Dermatol 16(2):87–93, 2005.

[61] Rosychuk R: Canine lick granuloma. In WSAVA, Korea, 2011, Jeju.

[62] van Nes J: Electrophysiological evidence of sensory nerve dysfunction in 10 dogs with acral lick dermatitis. J Am Anim Hosp Assoc 22:157, 1986.

[63] Overall K: Recognition, diagnosis, and management of obsessive-compulsive disorders: Part 2: a rational approach. Canine Practice 17(3):25–27, 1992.

[64] Seksel K, Lindeman MJ: Use of clomipramine in treatment of obsessive-compulsive disorder, separation anxiety and noise phobia in dogs: a preliminary, clinical study. Aust Vet J 79(4):252–256, 2001.

[65] Paterson S: A placebo-controlled study to investigate clomipramine in the treatment of canine acral lick granuloma. In Kwochka K, Willemse T, Tscharner C, editors: Advances in Veterinary Dermatology III, Oxford, 1998, Butterworth-Heinemann, LTD, pp 436–437.

[66] Horwitz DF: Diagnosis and treatment of canine separation anxiety and the use of clomipramine hydrochloride (Clomicalm). J Am Anim Hosp Assoc 36(2):107–109, 2000.

[67] Brignac M: Hydrocodone treatment of acral lick dermatitis. World Congress Vet Dermatol 2:50, 1992.

[68] Pemberton P: Canine and feline behavior control: Progestin therapy. In Kirk R, editor: Current Veterinary Therapy VIII, Philadelphia, 1983, WB Saunders Co, p 62.

[69] Helton-Rhodes K: Bitter apple: HEET combination topical therapy in the dog. Dermatol Spring/Summer 5, 1993.

[70] Owen L: Canine lick granuloma treated with radiotherapy. J Small Anim Pract 30:454, 1989.

[71] Rivers B, Walters P, McKeever P: Treatment of canine acral lick dermatitis with radiation therapy - 17 cases (1979-1991). JAAHA 29:541–544, 1993.

[72] Looney AL, Rothstein E: Use of acupuncture to treat psychodermatosis in the dog. Canine Pract 23(5):18, 1998.

[73] Eckstein RA, Hart BL: Treatment of canine acral lick dermatitis by behavior modification using electronic stimulation. J Am Anim Hosp Assoc 32(3):225–230, 1996.

[74] Voith V: Behavioral disorders. In Davis L, editor: Handbook of Small Animal Therapeutics, New York, 1985, Churchill Livingstone, p 519.

[75] Irimajiri M, Luescher AU, Douglass G, et al: Randomized, controlled clinical trial of the efficacy of fluoxetine for treatment of compulsive disorders in dogs. J Am Vet Med Assoc 235(6):705–709, 2009.

[76] Gross TL, Carr SH: Amputation neuroma of docked tails in dogs. Vet Pathol 27(1):61–62, 1990.

[77] Moon-Fanelli AA, Dodman NH, Cottam N: Blanket and flank sucking in Doberman Pinschers. J Am Vet Med Assoc 231(6):907–912, 2007.

[78] Scott D, Miller W, Griffin C: Mullers and Kirk's Small Animal Dermatology, ed 6, St. Louis, 2001, WB Saunders.

[79] Holzworth J: Diseases of the Cat: Medicine and Surgery, Vol. 1, Philadelphia, 1987, W.B. Saunders Co. 971.

[80] Hobi S, Linek M, Marignac G, et al: Clinical characteristics and causes of pruritus in cats: a multicentre study on feline hypersensitivity-associated dermatoses. Vet Dermatol 22(5):406–413, 2011.

[81] Bourdeau P, Fer F: Characteristics of the 10 most frequent feline skin disease conditions seen in the dermatology clinic at the National Veterinary School of Nantes. Vet Dermatol 15(s):63, 2004.

[82] Loft K, Shearer D: Psychogenic alopecia by fur-plucking in a family of seal-point Siamese cats: three cases. Vet Dermatol 15(s):53, 2004.

[83] Fornal CA, Metzler CW, Marrosu F, et al: A subgroup of dorsal raphe serotonergic neurons in the cat is strongly activated during oral-buccal movements. Brain Res 716(1-2):123–133, 1996.

[84] Willemse T, Mudde M, Josephy M, et al: The effect of haloperidol and naloxone on excessive grooming behavior of cats. Eur Neuropsychopharmacol 4(1):39–45, 1994.

[85] Swanepoel N, Lee E, Stein DJ: Psychogenic alopecia in a cat: response to clomipramine. J S Afr Vet Assoc 69(1):22, 1998.

[86] Romatowski J: Two cases of fluoxetine-responsive behavior disorders in cats. Feline Pract 26:14, 1998.

小动物皮肤病学 （第7版）

第十六章　环境型皮肤病

一、日光性皮肤病

电磁辐射由一个连续的光谱组成，光谱波长从几埃到几千米不等[1]。UV光谱在皮肤病学中占很重要的位置[2]。紫外线C（UVC）波段，波长<290nm对细胞具有很强的损伤作用，但是，由于臭氧层的作用，UVC几乎不能到达地球表面[3,4]。UVB（290~320nm）是造成晒伤和红斑的最主要的波段，其造成晒伤和红斑的能力是UVA的1 000倍。与UVB相比，UVA（320~400nm）具有更强的穿透皮肤深层的能力，并会引起光敏反应。对皮肤具有最强损伤作用的是320~340nm波段的波谱[1,5]。

射入的紫外线（UVL）会有部分发生反射、吸收、内向传播。吸收的光线提高了光吸收分子（发色团）的能量，导致多种生化反应从而损害细胞组成部分。这种损害会引起细胞增殖、突变、细胞表面标记物的改变、细胞毒性。皮肤中的发色团包括角质蛋白、血液、血红蛋白、卟啉、胡萝卜素、核酸、黑色素、脂蛋白类、肽键以及芳香族氨基酸，如：酪氨酸、色氨酸、组氨酸[6,7]。抵抗UVL损伤的天然屏障包括角质层、黑色素、血液、胡萝卜素。在皮肤暴露的时候，黑色素可以吸收UVL和清除产生的自由基，但是，与此同时也会产生另一种自由基（产生同样的或是更严重的伤害）[3]。长期反复地暴露在太阳光下，自然屏障很容易被破坏。

日光性皮肤病在人医中处于不断发展的阶段，包括光动力机制方面的研究，以及在兽医中还没有意识到的多种特异性疾病[2,8]。兽医临床医生主要关心的是光毒性和光敏性方面[9,10]。光毒性是晒伤后出现的主要的反应，与暴露在光线下的光线剂量有关。光敏性发生于当皮肤持续受到UVL作用的损伤时，包括产生、消化、注射、与光敏试剂接触等。光敏性反应在家畜中普遍流行，也曾见于犬[11,12]。

二、日光性皮炎

日光性皮炎是一种光化学反应，发生在皮肤被毛较少的地方，如白色皮肤、浅色皮肤、受损伤的皮肤（如褪色或有疤痕的地方）[9,13,14]。当皮肤直接或间接暴露在阳光下的时候，情况会加重。症状开始的快慢和严重程度取决于多种因素，如动物本身、暴露在阳光下的时间、阳光的强度等。阳光在夏季的早上9点到下午3点是最强烈的，特别

是从早上11点到下午2点这一段时间。海拔会影响阳光的强度，高度每增加300m，阳光的强度会增加4%[2]。日光性皮炎是一种单纯的光毒性反应（皮肤晒伤），与身体的过敏状态无明显关系[15]。虽然没有完全了解光毒性的机理，但其涉及了表皮和皮肤表层血管，以及深层的血管丛。暴露在UVB和UVC中会导致表面上皮形成空泡角化细胞丛（称之为晒伤细胞），凋亡的角质细胞，血管扩张和渗漏，朗格汉斯细胞和肥大细胞衰竭，组织水平的组胺、前列腺素、白三烯增加，以及炎性细胞因子、黏附因子、活性氧等其他血管活性化合物的增加[2,13,16-18]。后面的这些变化可能是UVB直接作用的结果，也可能是由表皮细胞释放的细胞因子介导的。

氧中间体超氧自由基（O$_2^-$），过氧化氢（H$_2$O$_2$）和羟基自由基（OH·）在太阳光造成损伤的发病机理中起重要的作用[19]。这些物质能够消耗抗氧化物质，聚集中性粒细胞，破坏和降解结缔组织的所有组分。组织的天然防御能力（抗氧化剂），包括超氧化物歧化酶，过氧化氢酶，谷胱甘肽过氧化物酶，维生素E，维生素C以及辅酶Q。有可能会发生双向凋亡。由于UVA对细胞膜的直接损伤作用，一些凋亡角化细胞暴露在UVA下4h内出现，其他的凋亡细胞暴露阳光下24h内出现。这种延迟的损伤是由DNA突变引起的[3]。在伴侣动物中日光性皮炎分为犬鼻日光性皮炎，猫日光性皮炎，以及犬躯干和四肢的日光性皮炎。鼻日光性皮炎和猫的日光性皮炎最常见，下面将对此进行详细的讨论。

犬鼻日光性皮炎

犬鼻日光性皮炎是发生在鼻部皮肤色素沉积不良的犬身上的一种光化学反应[4,9,14,20,21]。患犬可能生来就没有色素沉积，或者鼻部发生自发性的非炎症性色素脱失（见第十三章）。澳大利亚牧羊犬患病概率很高[9,22]。任何犬如果发生或曾经发生过创伤或炎症性疾病而导致鼻区脱毛、色素消失、疤痕化也会增加患光照性皮炎的可能性。其患病情况根据阳光的不同而不同。

1. 临床特征

病变主要发生在鼻头皮肤的有毛和无毛的交界处（图16-1），但是鼻镜和面部的任何区域，如果被毛稀疏、轻度色素沉着等，都可能发生病变。最初，皮肤由于缺乏色

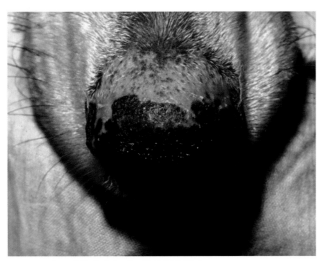

图16-1 鼻日光性皮炎有明显的分界和脱毛

素沉着而出现红斑和鳞屑。如果继续暴露在阳光中，病灶周围发生脱毛，新暴露的皮肤受到影响。随后会出现渗出和结痂，可见出现溃疡（特别是当犬抓挠患处的时候）。如果较早开始强烈的保护措施，患病区域可以痊愈。在大多数情况下，采取保护措施的时间太晚，患病区域出现疤痕愈合。愈合的区域比开始发病的区域大，并且疤痕组织更容易被阳光和创伤损伤。损伤的进展和肿大会随时间推移而更加明显，当动物长时间暴露在强烈的阳光下的时候，损伤进展很快。这些情况经常在夏季发生，也有可能受雪反射的影响而出现在冬季。在慢性病例中，深溃疡形成和鼻孔及鼻尖组织消失，会露出容易出血的、难看的鼻组织。有的情况下，鼻尖部、鼻背部和涉及的鼻孔发生垂直裂缝。一旦裂缝出现，经常是永久性的。另外，罕见发生鳞状细胞癌。

2. 诊断

鼻日光性皮炎的诊断可以是简单的，也可以是复杂的，取决于病史的精确性和发展快慢。诊断的主要特征是病变局限于阳光暴露的区域、无色素、被毛稀疏的皮肤；太阳照射后发病的迹象；在目前病程开始之前没有皮肤损伤；避免接触阳光后出现完全或接近完全的愈合。一些病例中可以出现暴露后的色素过度沉着（图16-2）。在疾病早期，受影响区域出现红色和鳞屑，但是结构正常，临近的黑色皮肤区域也是正常的。如果出现了以上提及的明显的症状，则可以确诊为日光性皮炎。

由于日光性皮炎会导致疤痕形成，慢性病例的诊断比较困难。慢性病例开始时皮肤出现不被察觉的或不能确诊的皮肤异常，经过严格的光隔离也不能完全愈合。诊断的最基本的困难是不能确定犬是否患有慢性日光性皮炎或由于鼻部其他皮肤病而引起的继发性日光性皮炎。如果动物在未受日光照射部位出现相同的病灶或同样的严重的色素沉着，那么可以诊断为后者。但是，很多患有潜在性疾病的犬病灶局限于面部。

面部皮肤病的种类（开始于、持续局限于或显著病变发生在面部的疾病）是广泛的。与其密切相关的有盘状

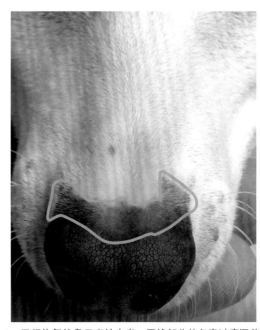

图16-2 已经恢复的鼻日光性皮炎。画线部分的色素过度沉着区在暴露于日光时会立刻出现红肿。色素沉着是短暂的

红斑狼疮、系统性红斑狼疮、皮肤炎和大疱性表皮松解症、天疱疮、红斑型天疱疮、药物反应和由于细菌、皮肤真菌、蠕形螨、酵母或利什曼原虫感染引起的毛囊炎和疖病。除了盘状红斑狼疮（参见第九章）开始发病于并局限于鼻周围区域，其他疾病往往开始于毛发上的鼻梁和朝向鼻镜的区域。这些疾病往往涉及耳郭和皮肤黏膜的交界处，无色素沉着的区域不易发。当鼻镜区域发生广泛性溃疡、龟裂、易碎、血管炎、形成瘤（特别是鳞状细胞癌，纤维肉瘤和淋巴瘤）和肉芽肿（特别是无菌性肉芽肿综合征）的时候，必须加以注意。

日光性皮炎的诊断主要为活检。早期褪色的区域含有较少的黑色素细胞，与正常皮肤相比其黑色素比较少。在暴露于阳光辐射以后，出现表皮增生和表皮内水肿。可以观察到空泡（晒伤细胞）和凋亡的角质细胞[18]。在真皮上部可见血管周围聚集炎性细胞，真皮下层可见血管扩张。一般不会出现日光性弹性组织变性（弹性蛋白的嗜碱性变性）[14,23]如果要取得最佳的视野观察，需要用特殊的着色剂染色［如过碘酸希夫（PAS）染色法］。一个最常见的变化是带形真皮浅层纤维化。溃疡可以引起表皮、真皮及相关软骨的消失。在罕见的晚期病例中，基底层细胞的活性增加，形成大的多面体肿瘤细胞侵入真皮和皮下组织。随着肿瘤细胞侵入鼻软骨区的组织，最终发展为鳞状细胞癌。

3. 临床管理

确诊以后，必须对已经存在的损伤进行治疗，并且（最重要的是）防止出现新的损伤。在早期病例中，光保护作用可以令受损的区域自行愈合。在稍晚期的病例中，皮质类固醇对于减少炎症反应是必需的。虽然局部使用药物是最有效的，但是由于很多犬抵触局部用药，因此经常使用口服途径给药。泼尼松龙（每24h 1.1mg/kg）服用7~10d即可。如果病变组织经细胞学检查显示有细菌感

染，需要应用抗生素。

最重要的是避免直接和间接的阳光照射，特别是一些对阳光特别敏感的慢性病例[9]。在夏季，光周期最危险的时间段为上午9点到下午3点，顶峰时间是上午11点至下午2点。在这一段时间里，敏感的患犬应该被关在室内或阴凉处。在室内时，患犬可以在关着的窗户处晒太阳，因为玻璃可以有效滤过波长短于320nm的射线[11]，但是打开的窗户或门将不能起到在室内保护动物的作用[2]。应该避免白色混凝土人行道或跑道地面反射的阳光照射。

严格的光线隔离通常是不可能的，动物使用防晒霜或防晒产品后可以承受少量的阳光照射[2]。防晒霜是一种透明的物质，可以反射和散射入射光。白色或有色氧化锌制剂是人类常用的防晒物质，也许对犬有用。必须小心，不要让犬舔舐这些物质，因为食入氧化锌制剂可能会出现锌中毒的情况。大多数畜主喜欢防晒霜是因为防晒霜干净并可以吸收入射光线。大多数产品只吸收UVB，但是有些商品的成分也可以滤过UVA。应该使用SPF 30或更高系数的防晒产品[9]。SPF 30的产品可以吸收96%以上的UVB，足以保护大多数的动物[18]。为得到最大的功效，防晒产品应该在被阳光照射前15~30min，轻轻地涂抹在需要的区域。当不能预测是否会受到阳光照射的时候，防晒品需要每天定时涂抹2次[9]。

额外的对目标区域使用人工色素是有益的，但是还需要其他方法，因为黑色的皮肤仍然可以吸收一部分阳光，使皮肤被灼伤[24]。可以使用毡头的马克笔将黑色墨水涂于皮肤表面或使用棉签涂药器（Q-tip）将永久性洗衣油或印油涂于皮肤表面。最常用到的是马克笔，但是其溶剂具有刺激性。永久性着色可以通过纹身来实现。在过去，纹身这种方法是非常流行的，但是因为最初的效果有限、具有设备花费、需要全身麻醉后的综合治疗[25]、偶见对纹身药水的不良反应[26]等限制了这种方法的应用。大多数早期治疗失败的原因是被纹身部位的皮肤具有活跃的免疫介导性疾病（如盘状红斑狼疮），而不是真正的日光性皮炎。在其他的光保护措施均无效的时候，可以考虑纹身。

虽然使用β-胡萝卜素后可以看到一些有益的作用[27]，但是进行全身治疗通常没有作用。相关研究证明，在照射后局部应用维生素C有助于使猪的皮肤不受UVL的损害[28]。对于犬，通过此种方法或者口服维生素C是否有效还没有定论。

当日光性皮炎发展到光化性角化病、鳞状细胞癌或导致大量的组织细胞破坏的时候，使用视黄酸治疗、热疗、冷冻疗法、手术切除、光化学疗法、化疗或放疗等方法治疗可能会有效，但是疗效数据很有限[9]。需要这些治疗的病畜一般预后不良。

（二）猫日光性皮炎

猫日光性皮炎是发生于白色耳朵处的慢性光化性皮炎，也会发生于猫的眼睑、鼻子、嘴唇。其致病原因是重复的日光照射[4,9,20,29,30]可以发展为光化性角化病或真鳞状细胞癌[31,32]。本病好发于白色的猫或是在脸部和耳朵有白色毛发的花猫身上。蓝色眼睛的白色的猫是最易发病的品种。耳朵尖部发生光化学性损害主要是由于反复暴露在UVB光线下造成的。早期的损伤常常被忽略或不可识别，但是损伤使得这些区域更容易受到日光的进一步损伤。这种病常发于温暖而阳光充裕的地方，如加利福尼亚、佛罗里达、夏威夷、澳大利亚和南非等国家和地区。研究者对16只患有日光性皮炎的猫进行了有关于血红素生物合成异常的检查，但是没有1例确诊[33]。

1. 临床特征

早期症状是红斑和耳郭边缘脱毛。炎症导致脱毛加重，使这些区域更容易暴露在日光中。在这一阶段，猫几乎感觉不到任何的不适。易感猫，最初的损伤可能会发生在其3月龄时。之后每年的夏天，损伤就会变得更加的严重。损伤发展后，耳郭会出现严重的红斑、脱皮、出现边缘性结痂（图16-3，A）。在这一阶段，许多猫出现疼痛

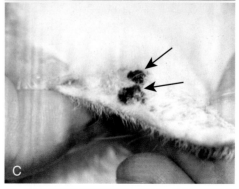

图16-3　A. 猫日光性皮炎出现脱毛、脱屑、增厚、耳郭尖端卷曲　B. 白色农场猫的日光性皮炎，可见面部和眼睑多处结痂　C. 发生多点光化性角化病的耳郭（箭头）

的表现，通过抓挠耳朵患处导致进一步的损伤。耳郭的边缘可能会发生卷曲。下眼睑边缘、鼻子边缘（图16-3，B）、嘴唇等都会受到影响，特别是对于蓝眼睛的白色品种的猫来说。光化性角质化疾病或浸润性鳞状细胞癌等会在耳朵、鼻子或其他区域发展（图16-3，C）。通常在6岁左右的时候，会发生癌变，有时在3岁的时候癌变就会出现。鳞状细胞癌表现为溃疡、出血、病灶局部浸润。疾病继续发展，出现局部结痂，破坏耳郭结构。

2. 诊断

可以根据患猫的临床表现、猫的颜色、病史等作出日光性皮炎的初诊。与犬的诊断一样，猫的诊断问题也是在于其是否有原发性或继发性日光性皮炎。对于耳郭的病变，初步鉴别诊断应该考虑的问题包括真菌性皮肤病、猫疥癣早期、打架造成的损伤、血管炎，以及是否可能是冻伤或冷球蛋白血症；也应该考虑是否可能为盘状或系统性红斑狼疮和红斑型天疱疮或天疱疮。可以通过皮肤活检排除进行鉴别诊断，活检也可以检测不典型增生或肿瘤的变化。

组织病理学研究表明在早期阶段，存在浅表血管周围皮炎（皮肤棘细胞层水肿，增生性改变）。可见空泡（晒伤细胞）或角化细胞凋亡[30]。真皮浅层结缔组织可出现日光性弹力组织变性。随着鳞状细胞癌的形成，表皮表面发生溃烂，真皮被多面上皮肿瘤细胞巢侵入。这些细胞类似于棘层细胞，排列杂乱无章。其细胞核的大小在适度的范围内变化，并且经常出现有丝分裂象。在晚期病例中，肿瘤组织团块可扩展到软骨水平。

3. 临床管理

患病猫在上午9点到下午3点的时间内应该被放在室内，并不应该在打开的门或窗户等地方被阳光晒到。在夏季，耳朵应该用具有防水作用的防晒霜保护。使用β-胡萝卜素和角黄素（25mg剂量的活化的类胡萝卜素）通过口服途径给药治疗猫的日光性皮炎成败参半[33]。只有病情特别严重的猫对治疗无反应。

当早期的病灶发生不可逆性发展的时候，应该考虑进一步的治疗措施，如对耳尖进行美容性截除。这项手术仅仅是使耳朵变得更加完美，移除毛发稀疏的耳尖，使毛发包裹并保护耳郭，其结果从美容方面来说是可以接受的。必须进行光保护以避免新的病灶的产生。

患有光化性角化病的猫并不适合手术治疗，使用视黄酸进行治疗更好[34,35]。如果视黄酸治疗不可用或没有效果，利用手持型锶探头进行皮肤浅表照射（Plesiotherapy）治疗或外用咪喹莫特治疗都是有效的[36]。咪喹莫特是一种局部应用的免疫反应调节剂，用于人类治疗多种皮肤癌症和病毒性疾病。其作用的具体机制目前还不清楚，但是已知其可以通过Toll样受体激活免疫系统[37]，随后破坏转化细胞。在兽医中，其使用更加广泛，可以用于治疗马的扁平疣（听觉斑块）或肉样瘤，在猫中用于治疗以上疾病或病毒引起的原位性鳞状细胞癌（见第二十章）。该药物要求

每周服用2~3次直到疾病消失，这个过程通常需要6周或更长的时间。经过治疗的组织往往会变成炎性过程，在有些病例中，由于炎症反应太强烈而必须停止治疗，直到当前的炎症现象得到缓解。当再次开始治疗的时候，使用药物的频率应该减少。如果上面所述的所有的治疗方法都失败了或者猫的疾病继续发展，就必须进行激进的耳郭截断手术（耳郭截除术）。

（三）犬的躯干和四肢的日光性皮炎

虽然鼻子和耳朵是最容易暴露的区域，因此也最容易受到日光的损伤，但是身体的其他部位同样也会受到影响。已经公认雪橇犬会患有日光性舌炎[38]。太阳损伤的发生需要多种因素的共同作用。首先，皮肤必须是未色素化的或者色素化异常。第二，只有稀疏的毛发覆盖在皮肤上，使得太阳发出的紫外线可以到达表皮。第三，易患病区域必须暴露在太阳光下面。这种情况发生于喜欢进行日光浴的犬，或者是在中午时候被限制在无遮挡物的地方的犬，特别是当地面反光严重的时候。由于这些也是引发其他类型日光性皮炎的因素，在夏季发生光化性疾病的概率会增加。

易患躯干日光性皮炎的品种包括达尔马提亚犬，美国斯塔福郡狸，德国短毛波音达猎犬，白色的拳师犬，小灵犬，比格犬，白色斗牛㹴[4,9,20,27,39,40]。受累及最严重的部位是身体的侧面和腹部（图16-4）。犬在以左侧卧或右侧卧享受日光浴的时候，身体的侧面和腹外侧部最容易受到损伤，同时鼻子、耳朵、尾巴尖或者是肢体远端也可受损。那些背部晒太阳的犬或者是关在放在白色混凝土地面上的笼子中的犬，整个胸腹部区域可能都会受到影响。暴露在阳光下持续的时间会影响到受伤的程度。单独一次的长时间的暴露，如果发生寒冷的季节或者是大风的季节，会导致皮肤全层的坏死[39]。起初，受损伤部位出现普通的晒伤表现，受损区域出现红斑和鳞屑；1~3d后，受损区域变软甚至坏死。如果反复地间断性暴露在阳光中，最初的晒伤区域会出现光化性毛囊炎，形成光化性滤泡囊肿，或出现皮肤纤维化[39]。如果用手触摸受损伤的皮肤区域会感觉

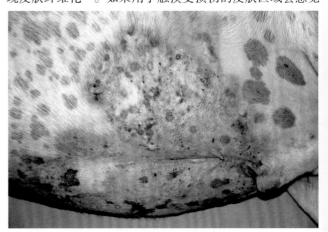

图16-4 1只美国斗牛犬躯干腹部的日光性皮炎存在较多的粉刺和毛囊性丘疹。光化性发育不良的区域存在糜烂性病灶

到皮肤凹凸不平，这是因为皮肤的白色的区域增厚，黑色的区域厚度正常。在这一阶段，活检结果显示存在不同程度的浅表血管周围炎和毛囊炎。真皮浅层纤维化可能很显著。可见日光性弹性纤维组织变性。

随着慢性暴露的增多、晒伤区域增厚、出现继发性糜烂、溃疡、结痂并形成粉刺，病变有时发展为坏死、瘘管、疤痕组织。在这一个阶段，皮肤活检结果可能显示滤泡性囊肿、脓肉芽肿性炎症和癌变前光线性角化病。特别是当犬持续地暴露在直射的阳光中的时候，最终，可能发展为鳞状细胞癌。这种鳞状细胞癌应该通过手术切除，且如果必要，需要进行多次反复的手术切除。该鳞状细胞癌有转移到区域淋巴和内部结构的危险。被阳光损伤的区域也容易患血管瘤或血管肉瘤[9,41]。

治疗的方法包括让动物不要晒到太阳、使用防晒霜和T恤衫等具有光保护作用的物品等。据报道，与抗炎剂量的泼尼松或泼尼松龙联合使用相比，β-胡萝卜素在早期阶段更加有效[27]。如果可以添加类视黄醇的话，治疗疾病是更加有效的[35]。尽早使用咪喹莫特应该是有效的，但是由于其价格较贵，限制了其在大面积皮肤处的使用。

（四）光过敏

当皮肤对非晒伤剂量UVL易感性增加时就会发生光过敏。皮肤易感性增加是因为产生（如先天或获得性卟啉症）[42,43]、摄入（如药物）[44]或接触具有光动力学的物质[45,46]。光过敏疾病在犬和猫中不多见。

不像日光性皮炎，光过敏的损伤好发于身体毛发被覆良好的区域。毛发的颜色必须是浅色的。许多病例发生在白色和黑色相间毛色的犬或猫身上的白色区域[12,47,48]，但是大部分病例发生于患有获得性卟啉症的暹罗猫和黄色拉布拉多猎犬[42]。

在具有黑白相间毛发的动物中，可以直接进行光过敏性疾病的初步诊断。白色毛发的皮肤区域通常发病，而与其相邻的黑色毛发的皮肤区域却是正常的。在早期时，受累的皮肤发红，一旦动物远离阳光，皮肤可以恢复到正常。在一些对太阳更敏感的动物中，皮肤会发生溃疡，继而发展为坏死。在患有卟啉病的动物中，全身性症状（如过高热）会伴随损伤的皮肤出现。

对于所有的日光性疾病，动物需要快速地避免太阳照射，如果怀疑存在接触性过敏原，还需要立即沐浴。应该尽一切努力确诊过敏物质，但是在多数情况下是很难完成的。

（五）光化性角化病

光化性角化病可发生于犬和猫，是癌变前上皮的异常增生（见第二十章）。

（六）影响日光暴露的各种因素

暴露于UVL下是发生色素沉着或加重皮肤损伤的重要因素，也同样会加剧全身性疾病的作用[6,8,20]。虽然UVL在一些疾病中的作用是明确的，但是对其在某些疾病中的致病作用还是知之甚少。例如，暴露在UVL中会引发或加重盘状红斑狼疮、系统性红斑狼疮、天疱疮（尤其是红斑型天疱疮）[49]、类天疱疮的病变（见第九章）。

此外，暴露于UVL中的皮肤会产生重要的局部或系统性免疫性影响（光照免疫调节性改变）[6]。例如，暴露在UVB或UVA中会改变朗格汉斯细胞的形态学特征和其功能，影响皮肤细胞因子的产生。抗原识别功能和处理过程受损、免疫应答作用受损会影响皮肤对肿瘤和感染的易感性。低剂量的UVB对于小鼠免疫系统的损害作用已经从遗传学上证明[50]。对UVB的敏感性几乎完全由肿瘤坏死因子TNF-α介导，此特征是鳞状细胞癌和基底细胞癌发生的风险因素。

三、刺激接触性皮炎

接触性皮炎是由于皮肤直接接触到刺激性物质而发生的皮肤炎症反应[2,4,7]。疾病一般分为两种类型：原发性刺激性接触性皮炎和接触性超敏反应[51,52]（见第八章）。目前，对于免疫性和非免疫性疾病的区分的信息还很模糊，使得在实际鉴别时也有很大困难。在很多病例中，皮炎与局部用药或某些固定药物可并存，为了彻底区分这些情况需要进行皮肤活检[53]。

发生于大多数犬和猫的原发性刺激性接触性皮炎会引起皮肤炎症，但不会出现前期的致敏症状。发病的速度与强度取决于接触物的性质、接触物的浓度和接触持续的时间。接触腐蚀性物质，如强酸和强碱，会立即对皮肤造成损伤，并产生不同程度的病变[54]。严重的反应应该被归类为化学灼伤。具有较小刺激性的物质需要通过长时间或反复的接触，才会产生刺激作用。一些原发性刺激物，如肥皂、洗涤剂、消毒剂、防晒霜、染毛剂、除草剂、杀虫喷雾剂、化肥、强酸、强碱、驱蚤项圈等都是潜在的致病因子[4,7,32,55-58]。大多数的原发性刺激物是化学物质，热损伤、太阳光过度照射、与生物体[59]和植物[60]接触等也会产生类似的皮肤损伤。

在人类中，刺激接触性皮炎在年轻人和具有遗传过敏性的个体中很常见[61]。作者认为，这在犬和猫中也是一样的。

（一）临床特征

刺激接触性皮炎可以发生在任何年龄段的任何动物身上。在品种方面认为，刺激接触性皮炎没有任何品种倾向性[62]。但是，有皮肤疾病的动物由于其失去了一层或多层的防御系统（如毛发），使得发病率升高，以继发性疾病出现。

肥料和地毯清洁剂等环境刺激物，通常会刺激被毛稀疏或缺失的区域，产生皮炎。腹部（图16-5，A）、胸部、腋下、身体侧面、趾间区域（图16-5，B）、腿部、

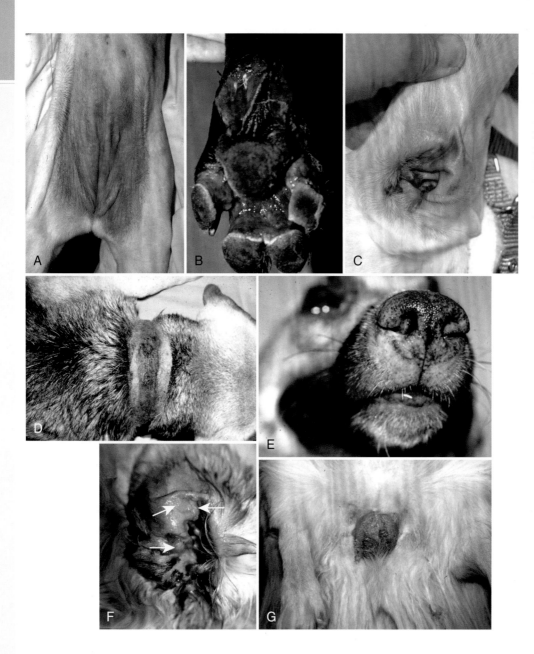

图16-5 A. 由于粉状的地毯清新剂造成的腹部接触性的皮炎 B. 由于农业肥料造成的溃疡性接触性皮炎 C. 耳道清洁剂造成的耳郭和耳道的接触性皮炎 D. 皮革项圈造成的接触性皮炎 E. 一个红色塑料饲盘造成的接触性皮炎 F. 耳用咪康唑溶液造成的囊疱状（箭头）的接触性皮炎 G. 犬窝使用的地板清洁剂引起的阴囊皮炎

肛门周围、尾巴腹侧面等是最易患病的部位。当刺激性物质是液体的时候（如洗发水和跳蚤驱除液）[63]或外用药物（图16-5，C）或附着于项圈上的物质（图16-5，D），反应发生在该物质与皮肤接触的位置。在过去，犬食用由塑料餐具盛放的食物（图16-5，E），患口鼻部的接触性皮炎的报道是非常常见的。在现在，这种病例较少了。舔舐刺激物会引起口腔损伤，并将这些物质扩散到身体的其他部位。

原发病灶特征性表现为红斑和丘疹。犬和猫身上很少有囊疱的出现（图16-5，F）。随着病程的发展，会出现痂皮、表皮脱落、色素沉着、苔藓样变等变化。强烈的瘙痒可以促进发生严重的抓伤和咬伤。脓性创伤性皮炎和溃疡的形成最终会掩盖原发病灶。

常见的原发性刺激性接触性皮炎是单独发作的，如用肥皂冲洗阴囊后没有冲洗干净（图16-5，G）。季节性复发的皮炎是由于动物接触到植物、草坪肥料、除草剂、冰融化物等造成。

（二）诊断

可根据病史和体检结果对接触性皮炎作出初步诊断。如果一个家庭中有多个动物发病，病因为原发性刺激接触性皮炎的可能性远大于接触性过敏反应。当接触物是强刺激性、引发即刻反应或有意使用的物质（如药物），就可以直接确诊了。环境接触性过敏原的刺激性较低、确诊较困难，当发生特应性反应、食物过敏、药物反应、马拉色菌性皮炎和疥疮初期的时候，必须加以考虑。

在大多数临床病例中，原发性刺激性接触性皮炎的病理变化包括非诊断性的血管周皮炎（皮肤棘细胞层水肿、增生性改变）[62]。确切的外观表现取决于接触性皮炎所处的阶段、继发性感染作用和表皮脱落的情况。在特定的病例中，中性粒细胞或单核细胞可能占主导地位。

可以通过进行刺激物暴露实验确诊刺激接触性皮炎，即用刺激物分别接触正常的皮肤和病变的皮肤。对于低刺激性的刺激物，接触到正常皮肤的刺激物可能不足以引起病变，但是发病的皮肤会因受到刺激而改变。对于可以引起溃疡和坏死的强刺激性物质，应该避免进行刺激物暴露试验。斑贴试验应用于诊断刺激性接触性皮炎是否可行还未被证实。

（三）临床管理

发现和消除刺激性物质的困难在于是否能获得相关的详细的病史资料，以及能否仔细检查犬所处的环境。肥皂、驱蚤项圈、草、花粉、杀虫剂、凡士林、油漆、羊毛、毡、橡胶和木材防腐剂等都是一些接触刺激物。如果初始炎症发生的位置是与刺激物接触的部位，便可以很容易地找到原因。去除刺激性因素以后，病灶可以自行愈合。对于瘙痒的患畜来说，使用5d或7d强的松或强的松龙（1.1mg/kg，每日1次），可能会起到作用。

当未发现刺激性物质的时候，要依靠全身治疗和局部治疗缓解症状。涉及的区域应该经常用清水或温和无刺激的香波清洗。要对发病的区域进行完全的干燥，因为潮湿的组织更容易受到刺激的影响。对于局部病灶，外用皮质类固醇类更有利于控制炎症。对于有广泛病变的动物来说，必须进行7~10d的反复处理或必要时隔日口服类固醇药。己酮可可碱（25mg/kg，每12h 1次）可以作为接触性超敏反应的治疗方法[64]。该药对于刺激性皮炎可能也是有效的。

四、烧伤

浅表的和深部的烧伤都是很疼的，往往会产生疤痕，是引起败血症的一个重要的原因。烧伤管理是长期而艰巨的[65]。烧伤可以由强烈的化学物质、电流、太阳光线、微波辐射、热能等引起[4,56,66-69]。小动物的很多烧伤病例是由火灼伤、沸腾液体、电热垫、动物用吹风机、热金属（例如消声器和燃木火炉）引起的。暴露的时间和热源的温度是决定灼伤程度的关键因素。对于猪，44℃的热水需要连续接触6h才会引起烫伤，而当温度达到70℃或更高的时候，在不到1s的时间内就会引起表皮坏死[69]。火焰、沸腾

的液体、大多数金属热源的温度都远超过70℃，短时间的暴露就会引起烧伤。

电热垫是引起小动物意外烧伤的一个常见的原因。不同电热垫的热输出不同，其温度在使用过程中会发生波动。在最低温度档，温度可以达到44℃，而中等温度档可以达到56℃[69]。这些垫子产生的灼烧感会通过填充于内的垫料，动物皮毛性质，以及其他的因素调整，但很明确的是，动物如果长时间使用这些垫子是存在着巨大风险的。腹部大量的皮下液体会增加动物被灼伤的敏感性，并会使动物在低温时被灼伤。

正如日光性皮炎部分讨论的，很多太阳光的伤害都发生在无色素或轻度色素沉着的皮肤。但是，黑色的皮肤比白色的皮肤会多吸收多于50%的太阳光线，而且强烈的日光暴露也会引起高色素化犬的热灼伤。这一理论可以由已报道的病例证明，2只大麦町犬的黑色的斑点发生溃疡、坏死、结痂等斑块状病灶[24]。病灶暴露在强烈的太阳光下4h或更久的时间后，会在7d后产生病灶。由于太阳光灼伤发生在深色皮肤的病例是很罕见的，因此需要评估动物是否有潜在的体温调节不良。

犬和猫的烧伤分为三类：浅表型、局部深层型、全层烧伤型[4]。浅表型灼伤仅涉及表皮，局部深层型烧伤涉及表皮和真皮的浅层。烧伤部位的愈合可以是疤痕很少或是无疤痕的完全愈合，这得益于从毛囊和皮脂腺开始的表皮细胞再生作用[70]。对于全层烧伤型，皮肤所有的结构都被完全的破坏。在没有手术干预的时候，愈合类型为二期愈合，会产生大量的疤痕。

引起烧伤的原因和烧伤的百分比对于患畜的存活有很大的影响。由火造成烧伤的患畜有很大的概率呼吸系统会受损，被化学物品烧伤的患畜会由于动物舔舐或主人的不正确处理而伤及动物的口腔及其他组织[68]。高温会导致烧伤部位及其远端毛细血管渗漏。当患畜为深度烧伤，烧伤区域比例超过其身体的20%的时候，将会导致体液和电解质不平衡，如果不及时进行正确的治疗，动物会迅速死亡[2,68,70]。当烧伤患畜烧伤面积大于自身体表的50%的时候，病情难

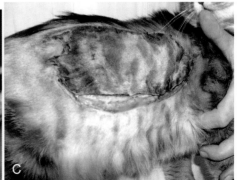

图16-6 **A.** 电炉顶造成的猫抓垫的Ⅱ度烧伤 **B.** 由于咬电线造成小猫的嘴唇和牙龈的烧伤 **C.** 1只被电热毯烧伤的猫。坚硬、干燥、坏死的皮肤从活组织上分离

以控制，尽管倾尽全力治疗通常也会死亡[65]。

皮肤作为一种保护的屏障，一旦丧失，会使皮肤下面的组织容易受到感染侵袭。虽然微循环会在48h内到达受伤组织中起到修复的作用，但是全层型烧伤的特点往往是局部血管供应完全闭塞。全层烧伤的无血管、坏死的组织，其体液及细胞防御机制会受损，为细菌增殖提供了一个良好的媒介，使其成为可引发危及生命的败血症始终存在的潜在因素。在烧伤后的第3天到第5天，由初始时烧伤伤口表面繁殖的革兰阳性菌逐渐变为侵袭性的革兰阴性菌（特别是绿脓杆菌）。

（一）临床特征

由于被火灼烧或者是接触到热的金属而造成的灼伤会很快地显现出明显的临床特征，但是要达到其最大程度要用48~72h（图16-6，A）。由于有被毛覆盖住创伤，由微波辐射、电流（图16-6，B）、化学物质、电加热垫或笼干燥机等造成的烧伤会更加隐蔽，主人可能直到动物表现出明显的疼痛和相应的行为改变后才能发现烧伤处[66,67,69]。当动物正在治疗由于加热垫或笼干机而造成的皮肤烧伤的时候，受伤的皮肤往往是坚硬且干燥的（图16-6，C）。化学物质、电、太阳能或微波烧伤会造成糜烂和坏死[56,66,67]。这些烧伤在发生后7d内可能不能达到最严重的损伤程度。感染会引起脓性分泌物，有时会产生难闻的气味。坏死的皮肤会出现大面积脱落，暴露出较深的化脓的伤口。可以通过去除腐肉和缝合的方式暂时性地闭合伤口。但是，缝合的区域总是会脱皮，留下一个大创面。

（二）诊断

如果畜主亲眼见到意外烧伤的发生，那么可以直接进行诊断。如果烧伤发生时未亲眼见到或为恶意的烧伤，诊断就较为困难，特别是当患处为浅表性烧伤的时候。如果发现表皮和深层组织有渐进性凝固性坏死等组织学变化，可确诊为热或化学烧伤。浅表性烧伤会产生表皮全层的坏死和表皮下囊疱的形成。微波烧伤会产生全层的凝固性坏死[67]。电烧伤具有诊断性的组织学特点为，脱离的基底细胞胞质突变长并伸向将表皮与真皮分离的空间。基底细胞的细胞核，以及浅层的表皮细胞，随着细胞突的延伸，也向相同的方向伸展。这使得角质细胞形成酷似"立正站好"的图像。

（三）临床管理

对于轻度烧伤和重度烧伤，在进行评估及必需的稳定后，创面的初期管理是一样的[4,68,70]。对于大面积的烧伤，及时处理病人的体液和电解质平衡是存活的关键。化学物质烧伤的病人应该进行沐浴以去除所有的残留物质。之后如果病畜的病情稳定，可以开始处理伤口。如果病畜是在烧伤后2h内被发现的，受累的区域应该用冷水（3~17℃）

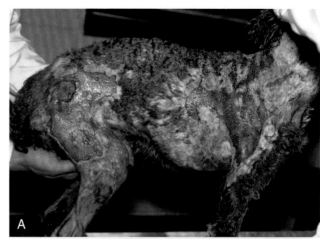

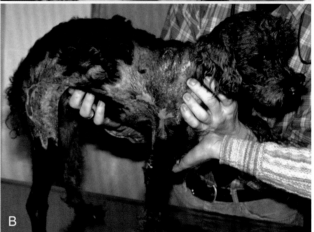

图16-7　A. 热烧伤病例首次清创和局部治疗1周后　B. 同1只犬2个月后复查。伤口挛缩至近乎完整

清理降温至少30min。烧伤后最好的治疗方法是对病变组织及时实行手术切除，用缝线缝合伤口，但是小型烧伤除外，这在宠物中不太实用。不论烧伤的位置或伤口的深度如何，必须及时清除异物、皮肤、坏死的组织。伤口要用聚维酮碘或一些其他的合适的防腐剂进行彻底清洗并去除腐肉。每日水疗治疗可用于所有烧伤创面的完全清洁。缝合很少起到作用，因为缝合区域的组织经常会腐化。在所有的烧伤组织都已经进行充分的清洗和清创以后，使用局部抗菌药物进行局部护理。在避免闭塞性创伤敷料，因为这些敷料会制造一种闭合的伤口，使细菌增殖而延缓伤口愈合。可以在某些病例中使用非阻塞性敷料，并经常更换，这可能在一些病例中有用。伤口每天应该清洁2~3次，清洁后需要重新涂抹外用药物。

人类中的烧伤患者，最常使用的是0.5%的硝酸银溶液、磺胺嘧啶银、醋酸磺胺米隆（磺胺米隆）霜和碘伏[2]。硝酸银溶液被用作湿敷料，对烧伤是有效的。由于大多数的患病动物不耐受湿敷料，磺胺嘧啶银创伤膏是最常用的[4,22]。这种创伤膏无污染、无痛、具有良好的焦痂渗透性。兽医从业者还报道过莫匹罗星软膏效果极佳[22]。这种产品的信息提示会有吸收聚乙烯二醇产生肾毒性的可能性。治疗大的深层烧伤有导致肾功能衰竭的可能性。全身应用抗生素不能够有效地防止创面感染，并可能使得抗药性的微生物侵入。

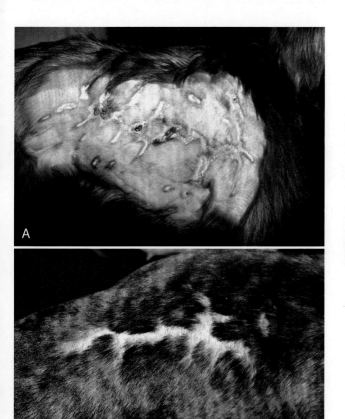

图16-8 **A.** 1只被辐射热烧伤的犬，出现滴状损伤灶，红斑、糜烂、溃疡 **B.** 辐射热烧伤的永久性伤疤愈合。这是由于孵育箱上面的热盖造成的

图16-9 **A.** 急性辐射烧伤后发生的鼻腺癌 **B.** 同1只犬，5个月后

烧伤的愈合很缓慢，需要治疗几周（图16-7，A）到几个月（图16-7，B）的时间。大多数接受兽医治疗的烧伤为全层性烧伤，其预后为受累区域无毛并结痂。在很多病例中，疤痕会影响正常的功能，必须进行各种整形外科手术。当所有这些障碍都克服了以后，大多数患者可以过上正常的生活。由于疤痕化的皮肤没有被毛覆盖，通常没有色素，应该限制阳光的照射。在犬中有报道过有烧伤疤痕的恶性肿瘤的病例，因此应该定期检查烧伤区域[71]。

五、辐射热烧伤

长时间反复地暴露在辐射热源下会导致热灼伤[28,72]。辐射热的来源包括加热垫、电热毯、红外线保温灯、燃木火炉、燃烧的煤堆、热风机盖、有线电视盒和笔记本电脑等[10,73,74]。猫喜欢躺在后两者上面很长时间。尽管在寒冷的季节经常使用燃木火炉，犬和猫也喜欢躺在离火炉很近的地方，辐射烧伤仍是一种很罕见的疾病。

不同于传导烧伤（接触到已知的高温热源后很快发生反应），辐射烧伤常在无暴露史时发生穿透背部和侧面的胸腔壁。由于烧伤不会很快发生，主人通常不会将皮肤疾病与暴露在热源下相联系，且不会想到这段病史。

辐射烧伤发生处会出现水滴样结构，伴有掉毛、红斑、溃疡（图16-8，A）。相邻被毛的皮肤可能存在色素过度沉着。当损伤出现在背侧时（如图所示），鉴别诊断

仅仅限于腐蚀和蓄意的热烧伤。鉴别诊断可以通过皮肤活检进行确诊。非溃烂性损伤伴有表面和漏斗部角化过度的增生性病变。经常会看到异型的角化细胞、巨核细胞、基底样细胞增生等现象。会发生基底细胞聚集的水样变性和色素失禁。偶尔可以在基底层中看到凋亡的细胞。相一致的病变还包括真皮浅层的黏蛋白增多症。一个细微但是特征性的变化是可以在真皮浅层发现数量不等的嗜酸性弹性蛋白纤维[10,73]。

一旦动物从暴露的地方转移，损伤灶会由疤痕组织（图16-8，B）自行愈合，为了预防疾病复发应该改变管理方式。

六、辐射损伤

放射治疗的一种可能的结果是皮肤的变化，这种变化是与剂量有关的，具有累加的特点[75,76]。治疗后，表皮、黑色素细胞、毛囊、皮脂腺等核分裂能力停止。经过一个2～3周的滞后期后，处理过的区域出现无毛、褪色、鳞屑[77,78]。

可以为辐射烧伤的发展模式进行预测。最初，治疗后

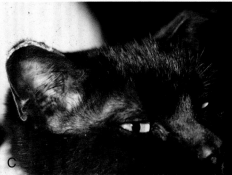

图16-10　**A**. 1只耳郭发生冻伤后3周的猫。坏死的组织正快速地从其下面有活性的组织上脱落　**B**. 尾部的冻伤。尾部的远端1/3处已经丧失　**C**. 耳郭发生冻伤后，坏死组织已经脱落。在愈合以后，重新长出的毛发会变成永久的白色

的区域出现鳞屑和脱毛现象，在这不久之后出现渗出和溃疡（图16-9，A）。造成损伤的程度取决于治疗的部位和给予的总的辐射剂量[76]。几乎所有病例都会发生继发性细菌感染，将近一半的病畜会有继发性酵母菌性皮炎。现认为服用类固醇类药物具有一些辐射保护作用，在治疗期间和治疗结束后的2周内，每日服用泼尼松（每日0.5mg/kg），似乎对损伤程度没有任何实质性的影响[76]。

根据给药的剂量和患畜的敏感性，在2～3个月的时间后，在治疗结束的时候，患畜不会出现进一步的伤害，受伤区域会愈合，但会出现典型的疤痕（图16-9，B）。继发性的白毛症可能会也可能不会是永久性的。在一些动物中，对血管造成的损伤足以导致红色水肿型肿胀甚至全层性坏死等临床症状。在大多数情况下，皮肤的变化是轻微的，不需要治疗。当出现组织的坏死时，坏死的皮肤需要被清除，但是皮肤创口的缝合应该推迟到了解血管损伤的程度以后。

七、冻伤

冻伤在已经适应了寒冷的健康动物中是十分罕见的。患病动物或那些刚刚从温暖气候中迁移到一个寒冷气候中的动物更易感。冻伤是由于长时间暴露在冰点温度或与冷冻金属物体接触造成的。如果动物具有先前存在的血管病变或冷球蛋白血症，引起坏死的外部温度不一定非常低[79]。温度越低，发生疾病的风险就越大，损伤发展的速度也越快[80]。如果动物缺乏遮蔽、被风吹、身体潮湿等会减短发生冻伤所需要的必须暴露时间。

（一）临床特征

冻伤通常会影响耳尖（图16-10，A）、足趾、阴囊和尾巴尖（图16-10，B）等的末梢位置，这是因为这些位置不能被毛发很好地隔离，其血管也不能受到很好的保护[4,29,81]。当动物被冻僵的时候，会出现皮肤苍白、感觉减退、摸起来冰凉等特征。患处解冻以后，会出现轻微的红

斑、水肿、疼痛，最终皮肤出现鳞屑。黑色素细胞对于寒冷非常敏感，受到影响的区域的毛发会变白。随后，耳郭的边缘和末端会发生卷曲。在很多病例中，皮肤出现坏死和脱皮。愈合的过程非常缓慢，但是一旦耳朵尖端损坏，剩余的耳郭部位呈圆形，如果不注意的话，从美容上讲是可以被接受的（图16-10，C）。在通常情况下，病变的部位与烧伤类似。

（二）临床管理

病畜应该被安置在温暖的保护区域。反复的受冻后又被局部或彻底解冻都是非常有害的。受冻的组织应该快速用温水轻柔、迅速地解冻[2]。对待组织必须特别轻柔。对受到冻伤的大鼠连续5d给予阿司匹林和己酮可可碱对于改善组织的功能具有明显的效果[82]。在轻微的病例中，解冻后的皮肤是红色的、鳞屑较少，很少或没有坏死组织。受累部位可以自愈。在严重的病例中，会发生坏死，受到影响的组织可能需要去除，但是不要过早去除组织，这是因为有活力的组织可能比最初认为的要多。一旦组织受了冷冻，组织对于寒冷所产生的潜在伤害就会更加敏感。耳尖和无毛区域的永久性疤痕可以通过整形手术得到有效的治疗。应该去除无毛的部分，使剩下的耳郭很好地被被毛覆盖，抵御寒冷的伤害。在冬季，应该尽一切努力保护这些患畜使之不受到寒冷的伤害。

八、坏死和脱皮的其他原因

组织坏死和脱皮典型的原因是皮肤血管供应区域发生严重损害（图16-11，A）。大多数的病变发生在鼻子、耳郭尖部、尾巴尖端和四肢部分（图16-11，B），这是因为这些部位的血管是最容易受环境影响的。当腐蚀性的物品被注入到血管外[83]（图16-11，C）或组织中，由于气体、乳糜或液体的聚集而发生膨胀，其上覆盖的组织会缺氧，发生脱皮[84,85]。在小动物中，有已知的原因会导致小动物末梢皮肤组织的坏死，包括日光性皮炎、冻伤、严重的烧

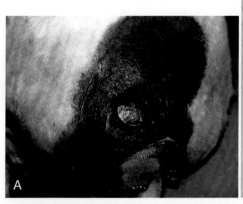

图16-11 **A.** 继发于骨盆区域钝性力外伤的坏死和蜕皮。褐色的区域出现组织失活和脱皮 **B.** 继发于弥散性血管内凝血的脚垫坏死 **C.** 化疗药物血管外漏造成的前肢血管周围坏死早期

伤、暴露于腐蚀性液体中、冷凝集素病、冷蛋白血症、药物反应、系统性红斑狼疮、脉管炎、毒蛇咬伤、败血症、由于压力（褥疮）脖圈松紧带等造成的血管功能不全等[11]。

也有一些很少见的、通常很少有记录的或很难理解的致病因素。犬很少会发生由于麦角中毒和钩端螺旋体病而发生的末梢组织坏死[86]。给猫喂食腐烂的扇贝可导致耳郭干性坏疽[4]。在犬和猫的弥散性血管内凝血疾病中有出现末梢坏死和脱皮的报道[4,87]。

在患有支气管癌或滤泡性淋巴癌的猫中分别有出现趾端和脚垫脱皮的现象[88]。据报道，肝炎后遗症出现趾端坏死和蜕皮的现象[89]。喂食含炼乳高浓缩配方的幼犬和幼猫中也有过趾端出现坏死和蜕皮[22,90]。幼猫尾尖坏死可能是猫出生时患有溶血性贫血造成的（见第九章）。坏死可能与感觉神经损伤有关，也可能是由于其会导致自体损伤（如马尾综合征和所谓的冻疮）[91,92]或其会干扰自体的功能（如足垫的营养性溃疡）[93]。

九、皮下气肿

皮下气肿的特征是在皮下组织有游离的气体存在。诱发的可能原因有气体通过皮肤处的伤口进入、肋骨骨折刺破肺脏、内部穿透伤、肺气肿的发展、气管破裂的发展、气性坏疽感染等。活动关节有深度溃疡的，气体可能会被"抽"进皮下组织。皮下气肿也可能会继发于由于正压通气[84]和放置胃管导致的肺泡破裂[94]。

皮下气肿的特点是质地柔软、具有波动感、捻发音、皮下肿胀。病变部位通常无痛感，除了气性坏疽的病例外，动物病的不是很重。

诊断的要点是根据病史和临应检查确诊。治疗要针对最直接的原因。无菌性皮下气肿不需要治疗，除非其影响部位广泛，会使组织失活，此时应通过多个皮肤切口释放气体。

十、皮下乳糜

已报道的皮下乳糜积聚病例由胸导管结扎引起[85]，继发于淋巴管扩张和淋巴管瘤[95]。皮下肿胀通常有波动感、无痛感，而且往往发生于腹股沟和/或后肢。细胞抽吸检查能发现乳糜（甘油三酯、胆固醇、蛋白质、淋巴细胞）。治疗要针对根本病因。

十一、毒蛇咬伤

美国本土存在两种亚科的毒蛇：响尾蛇科和眼镜蛇科。响尾蛇科通常叫做蝮蛇，包括铜斑蛇、棉嘴噬鱼蛇以及响尾蛇[96]。该亚科的一个或多个物种在几乎所有的48个州都有被发现。眼镜蛇亚科在美国的代表属是只产于美国东南和西南的珊瑚蛇[97]。一般情况下，普通毒蛇（蝮蛇）是最主要的问题[98]。在澳大利亚大多数咬伤是由棕色，虎皮色和黑色蛇引起的[99]。巴基斯坦刺玫蝰蛇是中东部毒蛇咬伤的罪魁祸首[100]。

蛇毒含有超过60种毒性多肽、低分子量的蛋白质和酶[101-107]。由于栖息地的不同及季节的不同，不同种的毒蛇以及同一种毒蛇不个体间的毒液毒性各不相同[108,109]。在一般情况下，毒液会影响血管的阻力和完整性，改变血液细胞和血液凝固机制，直接或间接影响心脏动力学，改变神经系统的功能，产生呼吸抑制，在毒蛇叮咬点产生坏死[110]。由蝮蛇咬伤引起的坏死比珊瑚蛇咬伤引起的坏死更常见[97,101,103]。被毒蛇咬伤的严重程度取决于毒蛇种类和体型、被咬动物的体重与毒液注入的量的关系、毒液注入的位置、注入毒液到开始药物治疗之前的时间间隔[104]。一般来说，猫对毒液比较耐受，但是死亡率也高，因为被咬伤后猫表现出症状的时间会延迟[107]。

大多数的蛇咬伤发生在春季到秋季，动物在农村地区（特别是靠近啮齿类动物的洞穴）的时候是最危险的。咬伤多发生在下午到傍晚[111,112]。年轻的中型和大型犬最容易被咬，特别是德国牧羊犬和罗威纳犬[100,111]。最常涉及的部位是脸部和腿部。如果被咬伤的部位在咬伤后的1.5h内没有疼痛感或肿胀，则咬伤的地方没有毒液注入。据统计，有20%～25%的蝮蛇咬伤部位是干燥的[111]。在脸部周围的

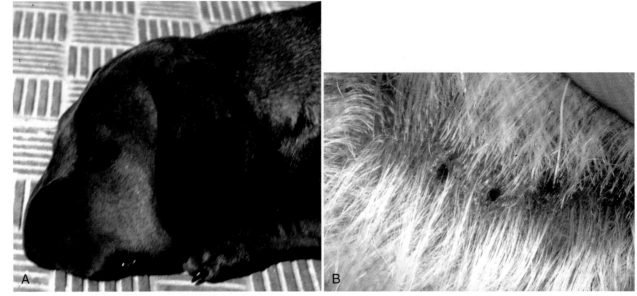

图16-12 **A.** 一个继发于鼓腹蝰蛇咬伤的明显的面部水肿蛇牙纹（**A**图由P. Bland提供；**B**图由D. Carlotti提供）

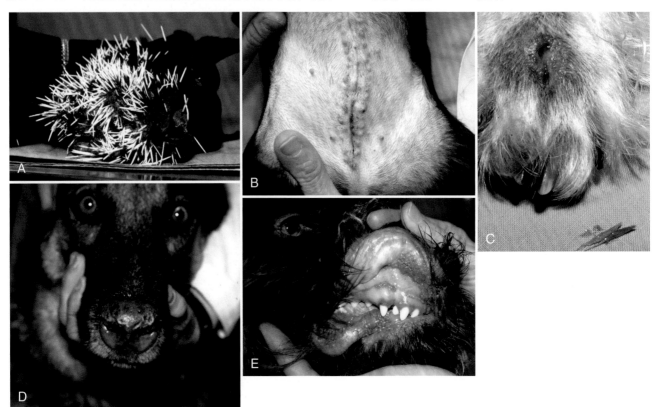

图16-13 异物 **A.** 刺入大丹脸上的数十根豪猪刺 **B.** 犬沿着绝育手术切口多缝合处的肉芽肿 **C.** 被湖尾草穿透的窦道 **D.** 刺入牛蒡片继发口角和鼻子的皮炎 **E.** 刺入牛蒡片相关的口腔肉芽肿性病变（**B**图由K. Coyner提供；**C**图由S. White提供）

咬伤可能会比较严重，原因在于会发生快速的肿胀和呼吸抑制（图16-12，A）。毒蛇毒液被注入到皮肤后会出现快速的水肿，这会使咬痕消失（图16-12，B），被咬动物出现疼痛，偶尔会出现局部出血。几个小时后出现明显的瘀斑和变色，这些区域往往会发展为坏死和脱皮。

所有的蛇咬伤都可能是致命的，特别是对于小型犬和猫来说，针对伤口的具体治疗应该推迟到病畜稳定后进行。大多数报告表明，使用抗蛇毒血清治疗能够增加成活率[96,101,103,104,111,113]，但是也有人觉得这是没有必要的[112]。为了获得最大的疗效，抗蛇毒血清应该在咬伤后4h内使用。

若抗蛇毒血清被延迟超过8h，则效果不良。因为抗血清中含有马血清，在对病畜给药之前应该先做皮肤测试。即使皮肤测试为阴性，也可能发生不良反应，所以应该小心监测患畜是否有过敏反应的迹象。由于毒蛇咬伤时也会被口腔内细菌感染，通常包括假单胞菌和破伤风杆菌[104]，大多数都推荐使用广谱抗生素，还应该使用破伤风抗毒素治疗。

被毒蛇咬伤的动物通常会继发低血容量性休克、血液恶病质和其他器官的功能紊乱[99,114]，需要使用液体和止痛药进行治疗。应该避免使用吗啡和非甾体类抗炎药，因为这些药可能会分别诱发组胺释放或诱发凝血机制障碍[107]。

是否应该使用皮质类固醇类是存在争议的[101,103,104]，但是最近的信息表明，皮质类固醇的作用不大[107]或可能增加死亡率[112]。伴随毒蛇咬伤，可能会出现组织溃烂，应该像处理烧伤部位一样处理毒蛇咬伤部位[101]。在加州，一种西部菱斑响尾蛇毒素疫苗可能有用，但是其效果未被证实[107,115]。

十二、异物

异物偶尔会引起犬和猫的皮肤损害。虽然豪猪毛[116]（图16-13，A）、缝合线[117]（图16-13，B）、气步枪的子弹以及道路中的砂石是常见的异物，但是大多数的异物是植物来源的（种子、芒、木条等）。美国的狐尾草（大麦属）是一种在这方面臭名昭彰的植物。另一个相关的植物（鼠大麦）在法国引发此类问题[118]。

一项关于草芒对182只加利福尼亚犬、猫影响的研究表明，年轻的犬（活动量较大）以及狩猎和工作犬（曝光量较多）患病风险较高[119]。草芒出现的最常见的部位是外耳道（51%的病例），其他常见的位置是趾间皮肤（图16-13，C）。损伤包括结节、脓肿、窦道。继发细菌感染也是非常常见的。如果不及时清除，草芒可能会进入深层组织，特别是进入胸腔内[120]。

在美国另一种常见的植物异物是牛蒡（牛蒡属）[121]。这些常见的杂草的芒刺会钻入毛发之间，它们往往会引发侵入部位的局部刺激并形成毛毡。犬一般不能很好地忍受芒刺，会从毛上将其咬下来或舔下来。在这样做时，会使犬产生局部的皮肤病变（图16-13，D），或更常见的是口腔损伤。典型的牛蒡引发的口腔炎表现为：①沿上颊和牙龈黏膜有多个2~3mm的、白色的、有光泽的丘疹或结节（图16-13，E）；②在舌头的背面有多种红斑、粒状丘疹和斑块。有些犬不会出现牛蒡性口腔炎的明显的症状，但是其他动物会出现明显的口腔炎症状。活检时会发现以异物性植物为中心的牛蒡和包含大量嗜酸性粒细胞的脓性弥漫性肉芽肿炎症。

对于犬，游离的毛干是一种常见的内源性异物。正常的毛发可以通过不断地被舔或当发炎的毛囊破裂的时候穿到真皮层。发炎的毛囊破裂是最常见的，这是细菌性毛囊炎和疖病的一种常见并发症。异物在毛干周围的反应使得治疗原发滤泡疾病变得复杂，这是因为很难确定哪一部分是病畜的症状，组织炎症是由于感染还是毛干组织的无菌反应。尽管存在例外，但是当病灶触感柔软的时候最好假设感染依然存在。从临床上来说，对于显著的异物性疾病应该怀疑下列情况：①在目前的感染已经被完全的控制以后，还存在持续的触感僵硬、无痛性皮肤丘疹（"BBs"）；②在这个部位出现频繁的复发性感染。易患异物损伤的皮肤区域包括下颌、趾间区域、眼周区域等。对于持续性的毛干脓性肉芽肿和其他的异物反应的治疗方法是手术切除。当不能实施手术的时候，通常使用糖皮质激素进行治疗。

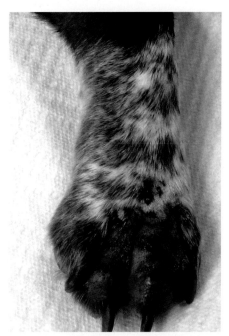

图16-14 穿透性伤口后的动静脉瘘。受影响趾部是红色肿胀和脱发的（由E. Wilcox提供）

十三、动静脉瘘

动静脉瘘是指相邻的动脉和静脉直接连通而绕过毛细血管的血管畸形[122]。动静脉瘘可能是先天性的或是后天性的，但在犬和猫很少有报道[4,122-126]。虽然动静脉瘘也可能继发于感染、肿瘤以及医源性因素（去爪手术和刺激性物质的血管外注射），大多数临床相关的皮肤动静脉瘘都是后天获得的，大部分都是穿透性或是钝器伤的结果[127]。有报道称，患甲状腺功能亢进的猫有复发性末梢动静脉瘘[125]。

后天获得性动静脉瘘最常发生在爪（在去爪术后或损伤后；图16-14）和颈部（继发于肿瘤），但是它们都会涉及颞区、耳郭、腿部、侧腹部、包皮和舌头。受影响的区域显示有持续性或反复性的水肿、疼痛，偶尔会继发感染和出血。临近于瘘管的浅表血管可能会变得明显而弯曲。动静脉瘘的特征一般是出现有搏动的血管、触诊变得兴奋和连续的机械杂音。临近于瘘管的动脉闭塞会引起心率突然降低，杂音和搏动消失[122]。

可以根据病史、临床检查结果和动静脉瘘造影作出诊断。治疗包括手术对瘘管进行根除、对病变部位进行栓塞[128]，或在某些情况下，对患部进行截肢术。

十四、肌小球体病

肌小球体病是一种罕见的肉芽肿反应，是由于药膏、抗生素、内源性脂肪，或红细胞的油性内容物引起的[129-131]。该病与充满内生小体的囊状结构（母体）有关，在人和犬中都有过报道。这种情况已经在实验动物中进行了试验。肌小球体病最常见于注射油性药剂后或在开放性伤口中使用油状药物以后。由于此并不是经常涉及肌肉，球形红细胞症和球形红细胞性疾病可能是这种病最好的名称[132]。

患畜通常呈现皮下结节或皮肤结节，结节可能会变软、破溃[22,129]。组织学检查会显示多个硬的囊状结节。囊状结构的壁和硬的区域由丰富的含有液泡的细胞质的组织细胞组成。组织细胞围绕着母体（30～50μm），后者由薄层嗜酸性粒细胞组成的壁中间填充有均匀的、3～7μm嗜酸性粒细胞球组成。母体和小球不被PAS、高二氏乌洛托品硝酸银染料、康酸染料染色，但是对内源性过氧化物酶（二氨基联苯胺反应）和血红蛋白阳性，表明该小球是红细胞[131]。

唯一有效的治疗方式是手术治疗。

十五、铊中毒

铊是一种积累性的细胞毒素，会引起皮肤损伤和全身性中毒[133-135]。

在美国，由于铊的毒性，35年前铊就禁止作为灭鼠剂和蟑螂药。在很多化学公司，铊被限制使用。尽管铊很难获得，但是铊中毒的案例在美国仍然时有发生，其原因包括蓄意投放[136]或在房屋墙壁、车库和谷仓中发现的老旧储存诱饵[134,135]。剂量超过20mg/kg的时候，铊的致死率是100%，临床症状包括对于中枢神经系统和循环系统的损害[133]。同样可以见到紧张、抽搐、震颤、唾液分泌、虚脱、瘫痪和脉搏快速而虚弱。不太严重的毒性反应的初期表现包括呕吐、出血性胃肠炎、烦渴、发热以及黏膜潮红等。经常会出现急性腹痛和呼吸困难。小剂量的铊会累积，并产生亚急性或慢性综合征。即使进行积极的治疗，死亡率也会特别的高（70%），因此，预后不良。铊通过口腔或肠黏膜、皮肤等会被很快吸收。铊主要通过尿液排泄，但是在大多数组织，铊会存留3个月以上。铊和钾一起穿过细胞壁，通过尿液排泄。因此，一种物质排泄的增加会导致另一种物质排泄的增加。

猫在铊中毒后很难被查出，因为其不引发皮肤疾病[4]。虽然涉及到皮肤损伤的综合征很典型，具有很好的提示性，但是没有皮肤损伤的中毒会导致多系统衰竭，急需详细的病情检查和特异性实验室诊断的支持。一项研究显示，即使经过良好的护理，也只有19%的患猫会恢复。因此，应告知畜主预后不良[4]。很多对于其他动物的建议给予的解毒药对猫都是有高毒性的，因此临床医生在治疗此物种时会有很多麻烦。

（一）临床特征

铊中毒可以分为两种综合征。急性中毒病例的症状开始于摄取有毒物质12～96h以后，但是从发病到死亡的持续时间只有4～5d。急性中毒病例没有皮肤损伤。如果动物的摄取量很少或耐受急性症状，经过强化的支持疗法后，随后会发生严重的胃肠道症状。摄取小剂量毒物一段时间以后，会出现慢性中毒症状。症状会在摄取后7～21d内出现，再经过21d后才会达到高峰。慢性中毒的动物可出现黏膜充血、轻度或中度的胃肠道现象，出现以红疹和脱毛为

特征的皮肤损伤。脱毛区域首先发生在与其他地方发生摩擦的位置，随后出现溃疡。病情发展后涉及面部（图16-15，A）、耳朵、脊椎、会阴、脚（图16-15，B），及黏膜与皮肤连接处。脚垫可出现角化过度和溃疡。常累及其他器官。

（二）诊断

由于铊中毒很少发生，通常人们不会想到。主要的鉴别诊断是针对系统性和皮肤的损伤，如药物性皮疹、系统性红斑狼疮、坏死松解性游走性红斑、中毒性表皮坏死松解症、重症多形性红斑、淋巴网状内皮细胞瘤以及各种立克次体和原虫性疾病。通过快速比色点试验（Gabreil-Dubin试验）或原子吸收分光光度法在尿液中发现铊即可确诊[133]。比色点试验不是最准确的方法，假阳性和假阴性现象都可能发生。皮肤活检是排除或检出铊以对上述疾病作鉴别诊断的最快速的检测方法。

铊的局部毒性作用表现为使动物表皮在分化过程形成角蛋白。在毛囊和被覆表皮的区域出现明显的退行性改变[137]。

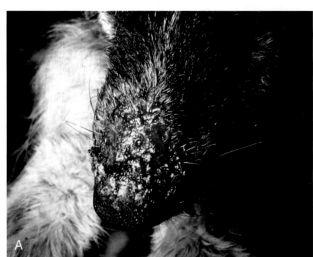

图16-15 A.铊中毒后鼻区的严重的溃疡和角质化 B.铊中毒后趾头和趾间区域的红疹、脱毛和溃疡

对毛囊的直接损害最明显的是生长期的毛发；毛干的形状变为无定型的团块状，鳞茎退化，出现脱毛。滤泡堵塞和角化不全明显。由于角质细胞空泡的退化，表层上皮出现大量的角化不全、角化过度和凋亡。表层上皮和毛囊根部外鞘出现多形性海绵组织微脓肿。表面真皮出现水肿、血管扩张、红细胞外渗。

（三）临床管理

大多数铊中毒的病例预后严重不良，大多数动物都死亡了。对于轻度铊中毒的病例，使用适当的液体、电解质、抗毒素支持治疗等等是至关重要的，甚至可能是唯一的治疗方法，这是由于铊在身体内会缓慢的通过胆汁和尿液清除。建议使用多种针对性治疗方法，但没有一种是没有风险的。除了每种药物特殊的不良反应作用以外，都可以促使铊从组织转运到血液中。由于这些作用的存在，已经不再推荐使用螯合剂[134,135]。用普鲁士蓝和活性炭来吸附胃肠道的铊可能会有一些作用，似乎木炭是更有效的。补充氯化钾（每8～12h 1～2g）通过竞争铊在远端小管的重吸收作用而促使铊从肾脏排出。动物应该进行心脏和肾脏的毒性监测。建议使用活性炭和氯化钾组合治疗[134,135]。如果动物可以耐过毒性作用，皮肤损伤可以自行愈合，毛发可以完全再生。使用温和的香波或水疗可以加速皮肤的愈合，但是可能使动物过度应激。

十六、其他中毒

兽医教科书中提到很多化合物引起的中毒都会引起皮肤病变[133]。大多数病例都是农场动物，但是宠物对那些化合物也是同样敏感的。药物作用于皮肤会导致直接的皮肤损伤，也可通过改变重要的营养素的水平，或通过改变其他器官的功能起作用。小动物中已经报道过的中毒性皮肤病的数量较少，但是可能有很多病例没有报道过。

砷是一种常见具有组织毒性的物质，可以与组织酶中的巯基结合并使其失活[138,139]。砷的来源包括除草剂、灭鼠剂、杀虫剂和含砷农药。砷化物中毒的症状与剂量、身体情况、中毒的方式和组成形式（有机物或无机物）等有关。

报道过的1只成年犬砷化物中毒后出现精神萎靡、厌食、体重减轻、皮肤粗糙、口角浮肿，以及耳郭、脚、嘴唇和阴茎包皮的坏死[138]。另有报道称1个装有杀虫剂液的（44%亚砷酸钠）容器泄漏并污染了犬舍。在犬的尿液、血液、排泄物、毛发中发现中毒剂量的砷。给犬洗澡和清理其生活环境使其在1个月内达到完全缓解。对于人类，慢性砷中毒是引起鲍文病的一种病因[2]。虽然动物（见第二十章）并没有表现出与砷中毒有关的症状，但是，特别是当动物出现间发性胃肠道症状的时候，应该加以考虑。

霉菌毒素是由霉菌产生的一种毒素。中毒发生在食用了变质的谷物和谷物制品之后。麦角中毒是第一个据报道的与霉菌毒素中毒有关的病例，可引起犬的坏死性皮损[11]。另有报道称犬吃了发霉的犬干粮而发生坏死松解性游走性红斑（见第十章）[140]。

十七、厚皮痂和水囊瘤

厚皮痂是一种在皮肤上发展的呈圆形或椭圆形的角化斑块，通常位于骨的着力点。肘（图16-16，A）和肘关节（图16-16，B）是最常见的部位，但是深胸犬可能会发生胸骨病变。大型品种的犬易发此病，特别是当犬睡在水泥地、砖，或木材上时。很多成年犬都有不同程度的厚皮痂。由于患有骨科疾病或其他潜在的代谢疾病（如甲状腺功能减退等）的犬，会用正常的姿势坐或睡觉，因此会在不常见的位置产生厚皮痂。厚皮痂是对于压力诱发的缺血和炎症反应应答的一种正常的保护性反应[4]。厚皮痂没有被毛，并具有褶皱的表面。组织学上，角化过度可出现不规则的乳头状增生和正角化病。在真皮层可见小卵泡囊肿。

虽然厚皮痂，特别是那些不常出现的地方，常常会被误认为癣、蠕形螨，或其他的炎症性疾病，但是在大多数的病例可以直接进行诊断。大多数的厚皮痂不需要进行治疗，但是有些厚皮痂的治疗是必要的，这是因为畜主会对此感到反感或是因为有的厚皮痂过度增生并会发展为溃疡或是很容易被感染。应该强制性地进行环境改造。

必须提供必要的垫料（如泡沫橡胶垫、气垫、稻草床），犬必须坚持使用这些东西。这些垫料可能会使畜主

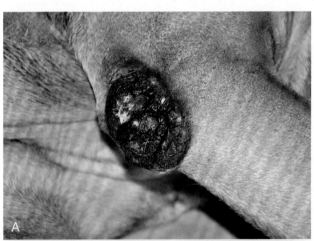

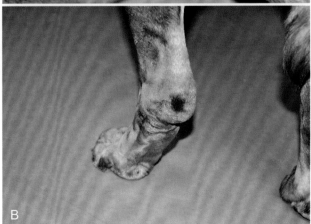

图16-16 **A.** 斗牛犬肘部的老茧 **B.** 多发小老茧覆盖于大斗牛犬的跗关节和跖骨

觉得困扰，因为犬往往会抵触这些东西或者是毁坏它们。如果所处的环境不能使用垫料，个别的损伤部位可以使用垫子保护患部（如护肘垫）。随着一些奇思妙想，几乎所有的厚皮痂的部位都可以被垫子保护。同样，犬会因为讨厌垫子而将其移除。在提供了垫料以后，厚皮痂可以使用护手霜等进行软化。对于极端的病例，厚皮痂可以通过手术移除。这种手术必须小心进行，原因是可能会出现过度出血的现象，缝合线可能很难保持不再出血。新的微血管手术技术有望矫正这种情况[141]。

水囊瘤是一种假性或后天获得性黏液囊，发生于骨突起处的皮下[4]。水囊瘤发生于受压迫点由反复的创伤介导的坏死和炎症引起。它们最初是柔软而具有波动感（充满液体），特别是当它们受到继发感染影响时，无论有或没有瘘道都可能发展为脓肿或肉芽肿。

组织学上，水囊瘤的特征是囊腔被肉芽组织形成的致密壁包围，内层为成纤维细胞组成的平滑层。早期的病变往往对宽松的敷料绷带佩戴2~3周和矫正外套反应良好。更严重的病灶就必须要进行引流、摘除，或植皮手术[142]。

十八、厚皮痂皮炎和脓皮病

厚皮痂性皮炎是厚皮痂受到反复的创伤或是仅仅软化而不强制地改变环境而造成的继发感染。厚皮痂是创伤的初步反应。持续的创伤和增生性皮肤反应随后在愈合组织产生裂缝，导致皮褶性皮炎形成。其他的外伤导致表皮破裂，压迫性溃疡，形成瘘管。损伤灶常发生于大型品种犬的跗关节和肘关节区域，如大丹犬、圣伯纳犬、纽芬兰犬和爱尔兰猎狼犬（图16-17）。对于腊肠犬、雪达犬、波音达犬、拳师犬、杜宾犬等的胸部厚皮痂，也可能会继发溃疡和感染。通常这种感染没有特异性的细菌菌群，但是常常可以分离到葡萄球菌。受压力点可能出现含有游离毛干的肉芽肿。

溃疡或瘘管病变可能会有深部感染，所有的病例都应该进行渗出物的细胞学检查。表面应该被清理干净，在取样本之前病灶应被紧紧挤压。在许多病例中，毛干会突破

露出皮肤表面。脓性肉芽肿性炎症是常见的。

临床管理

首先应该考虑减轻创伤，使组织愈合。这可以通过使用水床、特殊的床垫、在身体不同部位垫垫子，或是结合这几种方法来实现。对于严重的病例，可以使用手术切除厚皮痂的方法。这是一个困难而复杂的手术，读者在动手前应该查阅软组织手术治疗的每一个细节。

轻微的表面炎症和褶皱性皮炎可以通过每天使用温水清洗得到缓解。肢体远端的病灶可以在木桶中浸泡。在有嵌入的毛干的时候，使用温和的高渗硫酸镁（泻盐）（每升温水加入30mL）是有效的。在非感染性病灶中，水疗法通常可以治愈。如果不能治愈，使用局部用抗生素乳膏或是痔疮涂剂H是有效的，它是人用的含有活酵母提取物和鲨鱼肝油的痔疮涂剂。

感染灶需要长期使用抗生素。通常需要6周或更长的治疗时间。由于使用抗生素治疗不能使感染组织变正常，畜主不能自己确定什么时候感染得到了控制。应该每2周进行1次细胞学检查。如果没有感染的迹象存在，需要再额外持续治疗7~14d。通过改变用药预防复发。

十九、腹侧黑头粉刺综合征

这种病常见于灵缇，但是任何深胸犬或胸廓畸形的犬都可能得此病[143]。与地面的摩擦或是压力受力点都会导致胸板粉刺的形成（图16-18）。继发细菌感染会产生丘疹和脓疱。治疗包括局部治疗粉刺、局部抗菌治疗、变更管理。

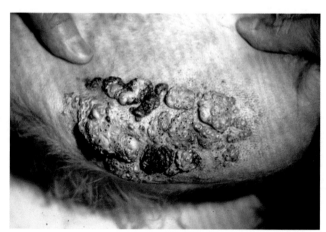

图16-18 胸骨处的厚皮痂，有较多的黑头粉刺和水疱

二十、美容后疖病

疖病在犬中是一种常见疾病，有很多的诱发原因。近年来发现洗澡和梳理毛发这种特殊情况会诱发疖病[10,144]。该病发生的概率是未知的，但可能是不上报造成的。短毛、硬毛的犬易患此病，但是任何品种的犬都可能发病。发病时会很疼，急性发病，并且进展迅速。

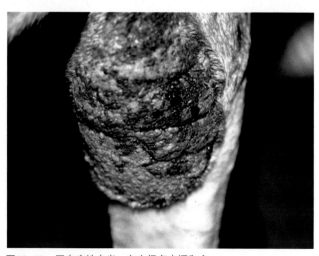

图16-17 厚皮痂性皮炎。存在很多皮褶和疖

（一）病因和病机

机械性创伤被认为是诱发短毛犬发病的病因。剧烈的美容，特别是背部刷毛，使用又粗又硬的毛刷刷毛囊，都会导致疖病。表面皮肤虚弱和患有上皮组织滤泡在洗澡的过程中都会增加犬的易感性。如果使用的香波、洗澡水[145]，或者是洗澡用具被细菌感染（特别是绿脓杆菌），会迅速发生深层的感染。这种细菌感染是诱发长毛犬发生这种病的原因。

（二）临床特征

这种情况一般在梳理后24～48h后开始出现。在短毛犬中，背部中心线是最初开始受影响的部位，也是受影响最严重的部位。涉及的区域会发红、肿胀，迅速形成脓疱、丘疹和疖，并发生溃疡和液体流出。损伤部位触诊疼痛。损伤部位的炎症引起相邻区域的皮肤脱毛，如果不进行治疗，损伤会迅速扩展到周围的区域。摩擦和翻滚等自我损伤会使情况恶化。

在长毛犬中，最初背部的红斑和水肿往往不被发现。这些犬会发展成为多个柔软的结痂丘疹性病灶，伴有背部少量脱毛（图16-19）。该病发展很快，尤其当犬的这个部位受到外伤时发展更快。

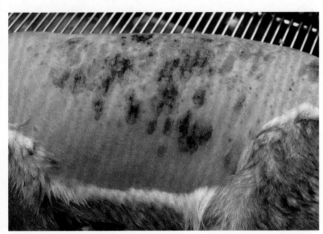

图16-19　美容后发生在犬的背部的疖病。受感染区域已经被剃毛。洗澡水被铜绿假单胞菌污染

（三）诊断

细菌性疖病可以直接通过细胞学检查、皮肤活检、细菌培养以及药敏试验确诊（见第四章）。仔细询问病史可以将这种疾病与其他的细菌性疖病进行鉴别诊断。

（四）临床管理

由于在这些病例中除了葡萄球菌外经常分离到其他细菌，就诊时应该对样品进行培养和药敏试验。应该选择使用适当的抗生素直到病情得到彻底的缓解。通常情况下需要4周或更长的治疗周期。

应该谨慎使用局部治疗，特别是对于短毛犬，这是因

为这些犬很容易发生机械性疖病。在短毛犬中应该禁止进行剪毛，但是对于长毛犬来说剪毛是有益的。在治疗最初的5～7d，建议使用非类固醇消炎药或其他止疼药。预期会产生一些瘢痕。

预防是最重要的。需要回顾整个的洗澡和美容的过程，对于不正确的地方予以纠正。如果商业机构进行美容，主人应该小心谨慎，在没有纠正其不合适的操作之前，犬不应该再去该店美容。如果美容是在家中进行的，应该及时更换和护理香波、刷子等用具，并检查这些用具是否被污染。应该检查储水系统和水的输送管道。一些犬舍关掉热水加热系统的时间应该延长。如果水箱长时间不排水或水没有被很好地氯化，细菌会在其中滋生，并在下一次美容的时候引发问题。

二十一、创伤性皮肤损伤

创伤性皮肤损伤在犬和猫中很常见，这是由多种不同的病因引起的。咬伤、擦伤（图16-20）、撕裂伤、烧伤只是其中的一部分原因[65]。由于很多外伤都有特征性的外部特征，并且损伤在受伤后很短时间内被发现，因此诊断是比较简单的。

图16-20　犬的鼻梁部由于与犬舍的门摩擦而出现的溃烂损伤

（一）创伤后脱毛

一小部分猫会出现创伤后脱毛[10,146]，这可能与钝性外伤损伤了猫的身体有关。由于损伤在创伤后3～4周内不会发展，因此引起脱毛的原因经常被忽视。

1. 病因和机理

活检的样本会呈现出典型的与缺血性皮肤病相同的组织病理学改变[10]。这种变化使得研究者猜测钝性的抓伤会对皮肤造成一种急性的剪切力，会使受外伤的皮肤的血液供应受损但不会切断血液供应。如果外伤垂直于皮肤表面，较容易造成血管阻塞或形成血栓，导致快速发展为更严重的皮肤损伤。

2. 临床特征

所有已报道的病例都出现过车祸或推测发生过车祸。

几乎所有的病例都有骨盆骨折现象。在意外发生的时候，皮肤看起来是正常的，但是在车祸后3～4周以后猫开始出现掉毛的现象。掉毛的区域没有明显的疼痛或瘙痒感，但是猫可能会舔这些区域。如果猫在刚刚开始出现掉毛的时候便就诊，该区域的毛会很容易被拔掉，但是看不到任何的皮肤损伤。随着时间的推移，脱毛的皮肤发展为苍白的、有光泽的区域（图16-21，A）。有的地方在这个时候会从这点开始愈合，但是其他的则会发展为腐烂或溃疡且愈合缓慢（图16-21，B）。根据所涉及到的组织的厚度，可能会出现永久性的疤痕。

3. 诊断

有钝性外伤的历史时，最初脱毛的鉴别诊断主要为两个静止期脱毛和周期紊乱。在这两种病例中，毛发显微镜检查结果显示毛发终止生长，但是对于这种病例，易脱毛仅仅限于躯干区域。皮肤活检显示缺血性变化伴有基底细胞空泡化，会增加或减少表皮裂缝形成的可能。也会出现囊疱和附属器官的萎缩。

4. 临床管理

严重的损伤需要特殊的、有力度的治疗方法。轻微的病例不需要进行治疗。当有深的化脓灶时，伤口的处理方法与热烧伤的处理方法一样。

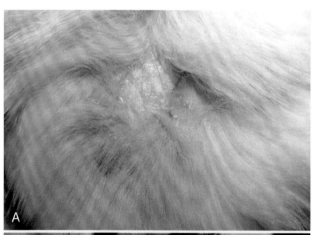

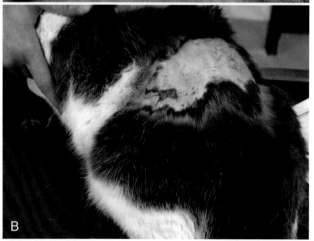

图16-21 创伤后脱毛 **A.** 脱毛和红斑的区域，皮肤外表有光泽 **B.** 大面积脱毛，在胸腔区域有愈合了的溃疡灶（A图由J. Declercq提供）

（二）风扇叶片的伤口

在美国寒冷的农村地区，风扇叶片造成的创伤曾经在猫中非常常见。在冬天，猫会趴在车子的引擎盖上来躲避寒冷并吸收有发动机缸体和水箱散发的部分热量。当车子重新启动的时候，由于猫会试图逃跑，风扇的叶片会打伤猫，形成不同程度的创伤。现在这种情况明显减少，可能是由于现在很多汽车将冷却风扇直接用螺栓固定在散热器上。

在过去的5年中，一位作者（WHM）遇到2只乡村猫被风扇叶片割伤上唇。猫发生顽固的嗜酸性溃疡（图16-22）。这2只猫都是流浪猫，在冬季被发现，所以没有其他多余的病史可循。不像顽固性嗜酸性溃疡，这些猫的伤口边缘清晰可见，并且病变延伸到了鼻子。皮肤活检显示猫的伤口有纤维化愈合，没有无痛性溃疡的组织学特征。2只猫的病灶通过手术修复后都没有复发。

图16-22 风扇的叶片造成的伤口。涉及上颌骨的牙龈、上唇和鼻子。可通过手术的方法将唇部的切口关闭

二十二、压疮

压疮（褥疮）是由于压力长时间集中在一个身体较小的骨突出的区域造成的[10]。这种压力足以使微血管循环受阻，引起组织损伤和坏死[2,4,11]。压疮的严重程度是可变的，更加严重的损伤很难治愈。Ⅰ级病变影响到表皮和真皮浅层（图16-23，A），而Ⅳ级病变扩展到深层骨组织（图16-23，B）[147]。Ⅱ级病变会停留在皮下组织，而Ⅲ级病变会累及深层筋膜。压疮基本都会受到各种致病细菌的感染。在24～48h内，溃疡区的边缘被破坏。由于溃疡基部或组织边缘会出现毛细管和静脉淤血，全身用抗生素不能使患部达到所需浓度。

那些长时间躺卧在坚硬表面的动物其患压疮的危险性升高。消瘦容易增加压疮的发病率。病变的最初特征是形成红斑或发生红紫色变色。随后可能发展为渗出、坏死、溃疡。产生的溃疡往往是深部组织的、损伤创缘、发生继发感染、愈合较慢。

此病预防是最重要的。所有的卧床的动物应该被放置在水床或孵卵用泡沫橡胶垫上，经常给予翻身，每天进行

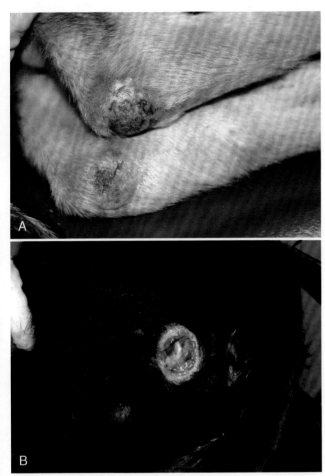

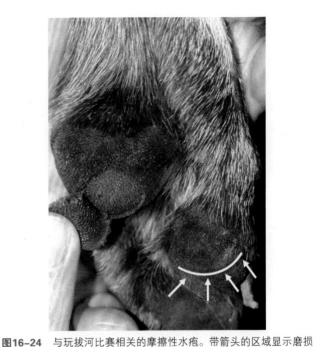

图16-24　与玩拔河比赛相关的摩擦性水疱。带箭头的区域显示磨损轻度影响脚垫部分。将一个陈旧水疱的顶端向后拉以显示它的底部

图16-23　**A.** 1只瘫痪的犬在肘关节处的Ⅰ级压疮　**B.** 犬坐骨翼处的Ⅳ级压伤。在损伤处的中心可以看到一部分骨

沐浴按摩。如果有压疮发生，应该提供更多的填充物。伤口应该经常用适当的消毒液清洗。如果患畜可以很快地从疾病中恢复，压疮会自行痊愈，但是痊愈速度缓慢。使用痔疮涂剂、新鲜蜂蜜[148]、莫匹罗星[149]，或者氧化氢可以加速愈合。虽然过氧化氢在高浓度时有细胞毒性，但是其在低浓度（1.5%~3%）时可以刺激成纤维细胞和血管的再生，并可以加快伤口的愈合[150]。Ⅱ级到Ⅳ级的损伤通常需要外科手术关闭缺损伤口[147]，直到动物可以走动以后才可以进行手术，否则伤口可能开裂。为了增加肉芽组织再生，可以使用一些手术前用药管理［如Granulex（辉瑞动物保健）］，这是有益处的。

二十三、摩擦性水疱

在炎热的季节，对犬的脚垫处过度剪毛，会在趾间和脚垫的主要区域出现水疱。这些水疱可以在热衷于拔河游戏的犬中见到，那些围着游泳池周围热的水泥地面奔跑的犬或是那些脚底毛发被反复修减而使脚垫接触地面的犬都会发生。沿着一条直线奔跑不会引发水疱。

发病的最初表现是急性的和特征性跛行。损伤灶的特性由个别脚垫受伤的程度和检查的时间有关。最初，脚垫的轻微的损伤表现为不均匀磨损的表皮，晚期病变的特征是出现水疱（图16-24）。大多数的水疱是会破裂，检查脚垫表面水疱显示脚垫上皮正常。这与有机械性大疱病患犬

的特征性脚垫溃疡（见第十二章）、免疫性疾病（见第九章）或者那些受严重的急性创伤（如拖伤）不一样。犬在患有机械性大疱病或急性创伤疾病的情况下，溃疡边缘锐利，并可见真皮。

如果有合理的病史，诊断很容易作出。在幼年犬中，需要考虑是否存在脚垫脆弱，需要使用活检来排除其他异常。治疗只是简单的缓解症状，包括切除已经分裂的脚垫和使用保护性绷带。由于在水疱的底部有完整的上皮存在，犬可以很快恢复正常功能。

二十四、脓性创伤性皮肤炎

脓性创伤性皮肤炎（急性潮湿性皮炎，或称"热疹"）是由自身诱发的创伤引起的，如患畜想通过啃咬或搔抓自己的身体，试图去缓解一些疼痛或瘙痒[4,151,152]。潜在的诱因包括外寄生虫损伤，特别是对跳蚤咬伤过敏或虱病、过敏性皮肤疾病，肛门囊疾病，炎性疾病（如外耳道炎、皮毛异物、化学刺激物、脏乱不整的皮毛、精神性疾病等，以及疼痛性骨骼肌异常等）。这些因素开始于反复的瘙痒/抓挠，但在不同个体其程度不同。根据创伤的程度不同，在几小时之内可能会出现大型的损伤灶。易患这个疾病的动物为有着厚重的被毛和浓密的下层绒毛的品种，如金毛寻回猎犬和拉布拉多猎犬、德国牧羊犬、圣伯纳犬，但是所有的犬都有可能患这种疾病。另外这种病在炎热、潮湿的季节多发，但是一年四季都可能会发生这种疾病[152]。

特征性病灶为红色的、潮湿的、渗出性的病灶（图16-25，A）。在病灶的中央有蛋白质的分泌物凝固物，被一圈红斑所包围。从这一区域开始出现脱毛现象，但是周围与正常皮肤被毛交界处的边缘整齐（图16-25，B）。如果没有很快进行正确的治疗，损伤会发展得很快，并且通常很疼痛。皮炎通常接近或位于最初的疼痛区域（如接近受

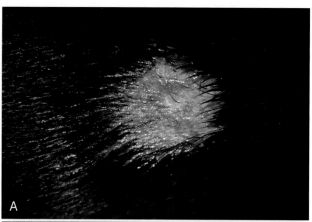

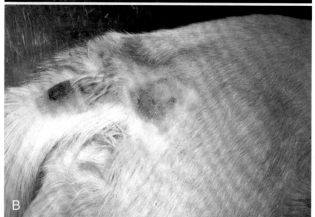

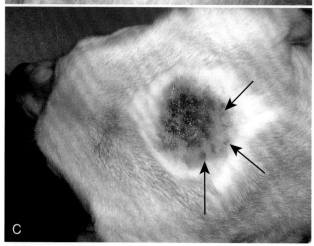

图16-25 A. 外伤后皮炎。箭头所指病变显示脱毛、红斑、渗出和糜烂 B. 创伤后皮炎。在犬的尾部出现跳蚤叮咬后的过敏症状，出现多个病灶。病灶是离散状的，触诊没有肿块 C. 损伤后毛囊炎和疖病。在1只头部经过修剪的拉布拉多猎犬触摸有团块。病变以卫星疖（箭头处）形式出现增厚且可以与创伤后皮炎相鉴别诊断

面等可以进行诊断。真性脓性创伤性皮炎是一种相对平坦的、侵蚀性、溃疡性病灶。组织学上，组织处于急性的、渗出性的反应，并且只涉及表层上皮。如果犬的创伤病灶出现增厚、斑块，并通过丘疹或囊疱（卫星灶）连接，常常预示一种急性发展过程（特别是有金黄色葡萄球菌感染时）（图16-25，C）[153]。

快速而合理的治疗是有效果的。可能需要使用普莫卡因喷雾、镇静或麻醉，以便对局部区域进行初始的清洁。如果需要继续在家进行局部治疗，可能应按需求使用非甾体抗炎药或止疼剂。局部治疗的第一步是使用碘伏或洗必泰进行清洗，这也是最重要的一步。当将被毛修剪干净的时候，清理会变得更加快速而有效，但是对于选美犬，剪毛不一定可行。在没有剪毛的区域，应该使用具有抗菌作用的香波，对于应经修剪过的损伤可以使用溶液。

在伤口被清理干净以后，需要什么样的进一步治疗取决于犬和医师。少部分犬在它们制造了病灶之后不会再对病灶进一步损伤，仅仅需要使用干燥剂进行治疗即可。局部使用2%的醋酸铝溶液（硝酸铝溶液），醋酸铝加1%的氢化可的松溶液或薄荷和金缕梅溶液［Dermacool（维克）］等是常用的产品，并且是有效的[154]。溶液每天应该使用2~3次，直到健康结痂组织出现。据报道中药提取物也是有效的，但是缺乏详细的研究[155]。由于病变部位发炎变软，大多数犬使用皮质类固醇类治疗是有益的。如果禁止口服皮质类固醇，泼尼松或泼尼松龙（每日1.1mg/kg）是最有用的。如果禁止给予口服药物或病灶没有严重到需要进行全身治疗，那么使用外用剂也是可以的。虽然很多犬已经通过单独使用强效外用类固醇（如倍他米松或去炎松）成功治愈，但是一项研究表明，使用新霉素、泼尼松龙组合比单独使用任何药物都更加有效[156]。单独使用泼尼松龙的效果最差。治疗的持续时间取决于病灶的严重程度和药物的种类，但是通常需要7~14d。

在最开始治疗时，最重要的是找到易感因素，并对易感因素进行清除和修改，以阻止患畜的反射性自我损伤。完成这一目标的治疗有多种，使用哪种取决于引发疾病的原发原因。一些犬很不幸的有反复发作的问题，没有简单的预防措施。应该时刻注意动物的美容、保健、沐浴以及寄生虫控制，定期清理耳道和肛门腺等都是有帮助的。动物主人在火热而潮湿的天气情况下应该特别注意。虽然饮食（例如蛋白质含量高的食物）经常是一个诱发因素，但是除了会导致严重的脂肪酸缺乏症或是导致食物过敏外，饮食是否会导致此类疾病没有被证实过。

二十五、擦伤

擦伤（皮肤褶皱性皮炎）是一种摩擦性炎症，发生在因紧挨着而导致摩擦的皮肤的两个表面。此病是由于人为选育特定品种的犬（如英格兰斗牛犬和中国沙皮犬）或猫（如波斯猫）导致这些动物有明显的皮肤褶皱或获得性的

影响的耳朵、肛门腺、臀部跳蚤叮咬的地方），但是过敏动物的皮炎则可能会发生在任何部位。

真性热疹在病灶的表面有细菌定殖现象，但不是皮肤感染。这一点是与外伤后的毛囊炎和疖病相区别的（见第四章），后两种病中在创伤发生后于先前存在葡萄球菌的地方会发生感染[153]。在不修剪或触诊病灶的基础上，很难（或不可能）鉴别脓性创伤性皮炎和创伤后毛囊炎、疖病。对于慢性病灶，应需用使用皮肤活检对这两种情况进行鉴别诊断[152]。

从急性发作的病史、外观表现、与原发诱因相关的方

解剖缺陷。这也可能会是由肥胖、激素影响或皮肤炎性疾病等引起真皮或皮下组织增厚引起的。皮肤之间的摩擦对皮肤有刺激性，并且发生这种情况的地方空气流通都不畅通。如果存在含有水分、皮脂腺、腺体分泌物和排泄物如眼泪、唾液、尿液等物质，这些区域的环境容易发生皮肤浸泡，有利于细菌或马拉色菌的过度增殖。虽然细菌或酵母菌是很重要的褶皱性皮炎的致病菌，但是它们很少侵入活组织，所以旧命名为"褶皱型脓皮病"是不准确的[157]。表面有机物作用于不能排除的分泌物和皮质，产生有刺激性及难闻气味的分解产物。由于刺激物在接触的皮肤表面摩擦，会产生炎性反应，诱发疾病的临床症状，从而产生更多的作用。因此建立了一个恶性循环。

要达到擦伤的满意治疗效果必须解决炎症、渗出、消除附着的组织等这些引发擦伤的原因。如果皮褶因为解剖缺陷引起而不可修复的或是清除需要破坏动物的外观时，不能清除皮褶，无法达到治疗效果，需要考虑长时间的控制方案。在一些动物，控制措施不能起作用，需要进行手术治疗[158]。如果皮褶可以被清除，仅需要进行短期治疗就可解决皮炎的问题。

利用抗皮脂溢的产品去除表面有机物和残留的碎屑是必要的，有必要使用抗皮脂溢渗出的产品。过氧化苯甲酰或硫化物的凝胶、软膏、香波制剂等是常用的药物，但是也可能有刺激性。虽然凝胶和软膏能够更好地保持与伤口处，但是如果在治疗一开始就使用它们则会产生刺激性，诱发炎性恶化反应。很多研究者使用药物湿巾〔MalaSeb（DVM制药）〕，Ketoseb+PS（SOGEVAL），MalAcetic或Malacetic（Dechra），或香波等，以达到控制的效果。

如果皮肤之间的摩擦不能被清除（如通过手术或减轻体重的方法），皮炎会反复发作，除非可以坚持保持清洁。很多动物主人发现，使用湿巾要比使用香波更加方便。对于症状轻的患畜，婴儿尿不湿可以很好地起作用。当存在显著的复发性细菌或酵母菌过度生长的时候，使用上面提到的药用湿巾是有作用的。由于一些产品含有酒精，或者由于犬已经对一种或多种化学物质敏感，很多犬不能够耐受一些商品化产品。可以使用耳部清洁用或其他的外用产品自制清洁产品，可以使用卸妆棉等进行清洁。

对于面部、身体或外阴处的褶皱，每天不加药物或仅仅用滑石粉清洁会对动物有益并且可以减少所需的清洁次数。唇部和尾部的褶皱通常不能使用滑石粉处理。将滑石粉小心地涂抹于每一处褶皱缝隙处。在下一次应用之前，必须用干净的布清除或刷洗掉之前用药的药物残留。如果该区域被冲洗过，在重新使用滑石粉之前应该使其完全干燥。在许多情况下，滑石粉的使用次数可以从每天1次变为1周1次或2次。同时，除了常规的治疗以外会有一些新的突破。使用光氧化苯甲酰凝胶、莫匹罗星软膏、外用抗真菌药、耳用复方抗菌合剂等药物5～7d可以缓解爆发的皮炎。如果皮炎变得越来越频繁，应该重新评估整个用药管理方案。

面部褶皱性擦疹见于短头品种的犬，尤其是京巴犬、英国牛头犬（图16-26）、八哥犬[4]。这种情况偶尔也会出现在波斯猫和喜马拉雅猫身上。褶皱有可能会摩擦到角膜，造成严重的角膜炎或溃疡。在某些情况下，对一些标准品种的面部有一些皮褶要求，所以尽管褶皱可能会损伤眼睛，医生也应该小心地向动物主人解释手术矫正后的后果，在进行矫正之前应该取得他们的同意。

唇部褶皱的擦伤在大多数病例中是一个美观的问题，因为它会导致严重的口臭[4]。这个问题在有大瓣唇的犬中特别普遍，如西班牙猎犬和圣伯纳犬（图16-27）。在这些

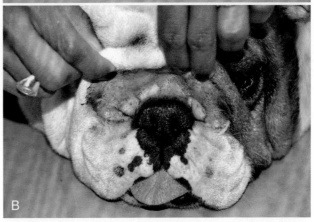

图16-26 面部褶皱性擦疹　**A.** 典型的具有面部褶皱的英国斗牛犬伴有面部恶臭　**B.** 当褶皱被掀开后，擦疹显而易见。存在葡萄球菌过度增殖

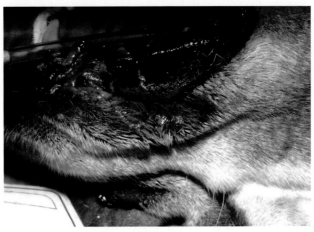

图16-27 嘴唇部擦疹。巴吉度猎犬存在慢性嘴唇部擦疹。存在马拉色菌和绿脓杆菌感染

细菌和/或马拉色菌褶皱很容易过度繁殖，使用乙酸每日进行1~2次处理是有效的。有褶皱很深的犬通常不能得到充分的清理。这些犬往往需要口服抗生素或/和口服抗真菌药物来控制治疗皮炎。唇形成术对于治疗此病是有效的。

身体间擦疹主要发生在肥胖动物，某些巴吉度猎犬和中国沙皮犬常发，但任何品种的长期卧床的犬均可发生（图16-28）。沙皮犬的幼犬具有较多的皱褶，具有发生脂溢性皮炎的趋势，会增加患擦疹的风险。当这些幼犬成熟的时候，它们的身体长大时身体有些部位的褶皱消失，但是成年沙皮犬的皮炎多集中在头部和面部，因为这些地方的褶皱是永久性的。这种情况同样也会发生在雌性犬和猫的腹中线处，通常发生在下垂的乳腺之间或体脂卷曲处。

脖子处的擦疹常见于沙皮犬、寻血猎犬、巴吉度猎犬和英国牛头犬（图16-29）。这种情况还可发生在大多数体重超重的犬中。犬仅仅具有褶皱的皮肤不需要其他的外界因素干扰就会发展为皮炎。随着开放性皮褶的增多，一些外加的因素如伴发过敏性疾病或频繁的游泳等会增加皮炎的发生率。

外阴间擦疹常见于肥胖的雌性动物，有一个婴儿状外阴（图16-30，A）[4]。外阴凹陷，阴道分泌物和尿液可能会聚集在外阴周围区域的褶皱中。这些是溃疡和细菌生长的特殊刺激物，产生的气味特别难闻。舔舐是此病的持续性特征，会加重皮炎的程度（图16-30，B）。据报道尿路

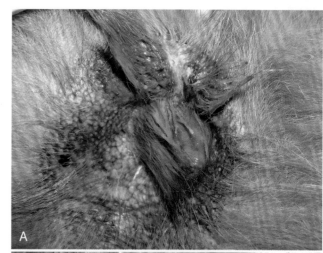

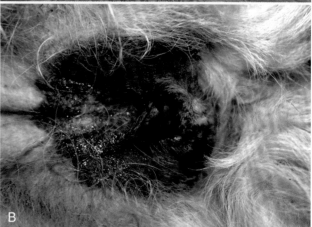

图16-30　外阴褶皱擦疹　**A.** 早期外阴褶皱擦烂。褶皱被拉回，显示出与外阴接触处褶皱及阴唇处的溃疡　**B.** 慢性外阴疾病。由于擦疹没有得到治疗而存在长期的、显著的疼痛和外阴周围细菌性皮炎

细菌感染率上升为外阴部擦疹的一个常见的并发症。多种治疗管理的方法都可能有效。由于肥胖是普遍存在的，因此需要进行减肥。雌激素治疗可以使外阴扩大，从而减少褶皱，但是必须考虑激素疗法的潜在风险。外阴成形术可将背侧外阴固定，提升外阴部缝隙加以固定，这种方法是有效的。据报道慢性外阴褶皱性皮炎会促使发生鳞状细胞癌[4]。

尾部褶皱性湿疹（螺丝状尾部皮炎）是由于螺旋状尾部压到会阴部皮肤引起的（图16-31，A）。在英国牛头犬、巴哥犬、波士顿㹴或其他品种的有这种尾部的犬身上可以看到[4]。另外，臀部皱褶处擦疹在某些曼克斯猫中可能会出现。在某些情况下，尾巴会部分地阻塞肛门，如果在这种情况下排便，肛门腺的分泌物和其他的皮肤腺分泌物就会增加皮肤被浸软的可能而发生擦疹。在所有的擦疹中，这种形式的擦疹是最难治疗的，这是由于向内生长的或是"螺旋状"的尾巴会形成一种深的口袋状结构。作者看到过超过4cm的口袋，要想彻底地清理这种口袋是不可能的。外用棉签或纱布卷海绵伸入到口袋中进行清理会磨损表层上皮，导致深层感染（图16-31，B）。犬轻度的尾部之间擦疹可以用前面提到过的各种产品控制病症。有深部皮褶症状的犬适合进行复杂的手术。

小动物皮肤病学（第7版）

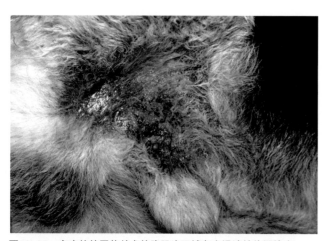

图16-28　瘫痪的德国牧羊犬的腹股沟区域存在浸渍性体褶擦疹

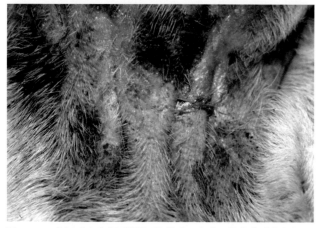

图16-29　英国斗牛犬的过敏性颈间擦疹。存在马拉色菌过度生长

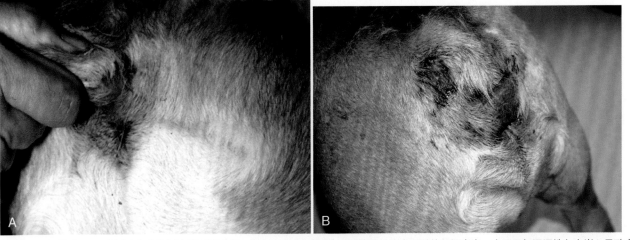

图16-31 尾部擦伤　**A.** 英国斗牛犬的轻度的尾褶皮炎。尾部上挑可见皮炎　**B.** 英国斗牛犬严重的尾褶皮炎。由于尾部深深地向内嵌入导致会阴部蜂窝组织炎

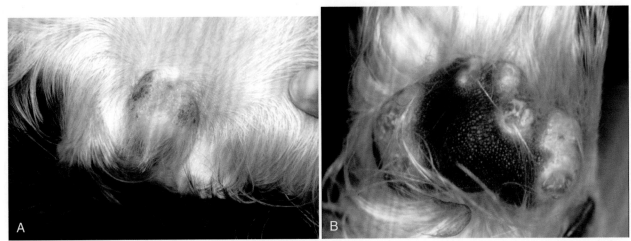

图16-32 皮肤钙质沉着　**A.** 月龄幼犬的病灶，阴唇与含有钙剂的融冰剂接触　**B.** 在与含钙的融冰剂相接触处，腕部脚垫边缘聚集的丘疹样病变

二十六、皮肤钙质沉着症

　　皮肤钙质沉着是指钙盐在皮肤组织中的沉积[142,159]。损伤可以是局部的，也可以是继发于外伤的，该病在代谢正常的或是异常的犬中（见第二十章）或广泛流行[160-162]。在犬中，广泛的皮肤钙质沉着通常是自发的或发生于医源性库欣综合征（见第十章）。腹部皮肤钙质沉着在谷仓过道清洁剂、植物肥料或含钙的融冰剂等的钙渗透进入皮内后出现[163,164]。病灶包括在腹侧的无被毛处、腹股沟处、大腿内侧、外阴区域（图16-32，A）、爪部（图16-32，B）等的皮肤发生多灶性的红斑、结痂、破溃性丘疹、斑块。

　　如果发现钙质沉着的区域无被毛，或者是其他可能接触的区域，在做肾上腺功能测试之前，应该仔细询问主人患畜是否有可能与骨粉、美化产品、谷仓灰尘、融冰剂等有过接触。一旦停止接触钙剂，病灶应该自行缓解。使用DMSO凝胶治疗可能会加速消退[165]。应该每日使用1～2次，在患处涂上薄薄的一层。

参考文献

[1] Kochevan IE, Taylor CR: Photophysics, photochemistry, and photobiology. In *Fitzpatrick's Dermatology in General Medicine*, ed 6, New York, 2003, McGraw Hill Book Co, pp 1267-1274.

[2] Freidberg IM, et al: *Fitzpatrick's Dermatology in General Medicine*, ed 5, New York, 1999, McGraw-Hill Book Co.

[3] Dunstan RW, et al: The light and the skin. In Kwochka KW, et al, editors: *Advances in Veterinary Dermatology III*, Boston, 1998, Butterworth-Heinemann, p 3.

[4] Muller GH, et al: *Small Animal Dermatology IV*, Philadelphia, 1989, W.B. Saunders Co.

[5] Ishii Y, Kimura T, Itagaki S, et al: The skin injury induced by high energy dose of ultraviolet in hairless descendants of Mexican hairless dogs. *Histol Histopathol* 12:383-389, 1997.

[6] Ledo E: Photodermatosis. Part I: Photobiology, photoimmunology, and idiopathic photodermatoses. *Int J Dermatol* 32:387, 1993.

[7] Muller GH: Contact dermatitis in animals. *Arch Dermatol* 96:423, 1967.

[8] Ledo E: Photodermatoses. Part II: Chemical photodermatoses and dermatoses that can be exacerbated, precipitated, or provoked by light. *Int J Dermatol* 32:480, 1993.

[9] Rosenkrantz WS: Solar dermatitis. In Griffin CE, et al, editors: *Current Veterinary Dermatology*, St. Louis, 1993, Mosby-Year Book, p 309.

[10] Gross TL, Ihrke PJ, Walder EJ, et al: *Skin Diseases of the Dog and Cat: Clinical and Histopathologic Diagnosis*, ed 2, Oxford, 2005, Blackwell Publishing.

[11] Fadok VW: Necrotizing skin diseases. In: Kirk RW, editor: *Current Veterinary Therapy VIII*, Philadelphia, 1983, W.B. Saunders Co, p 473.

[12] Hudson WE, Florax MJH: Photosensitization in foxhounds. *Vet Rec* 128:618, 1991.

[13] Bensignor E: Soleil et peau chez les carnivores domestiques 1—effets des

rayonnements solaires sur les structures cutanées. *Point Vét* 30:225, 1999.

[14] Frank LA, Calderwood-Mays MB: Solar dermatitis in dogs. *Compend Contin Educ* 16:465, 1994.

[15] Walker SL, Hawk JLM, Young AR: Acute and chronic effects of ultraviolet radiation on the skin. In *Fitzpatrick's Dermatology in General Medicine*, ed 6, New York, 2003, McGraw Hill Book Co, pp 1275–1281.

[16] Hruza LL, Pentland AP: Mechanisms of UV-induced inflammation. *J Invest Dermatol* 100:35S, 1993.

[17] Kimura T, Doi K: Responses of the skin over the dorsum to sunlight in hairless descendants of Mexican hairless dogs. *Am J Vet Res* 55:199, 1994.

[18] Kimura T, Doi K: Protective effects of sunscreens on sunburn and suntan reactions in cross-bred Mexican hairless dogs. *Vet Dermatol* 5:175, 1994.

[19] Darr D, Fridovich I: Free radicals in cutaneous biology. *J Invest Dermatol* 102:671, 1994.

[20] Bensignor E: Soleil et peau chez les carnivores domestiques 2—affections photoinduites et photoaggravées. *Point Vét* 30:229, 1999.

[21] Ihrke P: Nasal solar dermatitis. In Kirk RW, editor: *Current Veterinary Therapy VII*, Philadelphia, 1981, W.B. Saunders Co, p 440.

[22] Miller WJ, Jr, Scott DW: Unpublished observations, 1999.

[23] Frank LA, Calderwood-Mays MB, Kunkle GA: Distribution and appearance of elastic fibers in the dermis of clinically normal dogs and dogs with solar dermatitis and other dermatoses. *Am J Vet Res* 57:178, 1996.

[24] Hargis MM, Lewis TP, II: Full-thickness cutaneous burn in black-haired skin on the dorsum of the body of a Dalmatian puppy. *Vet Pathol* 10:39, 1999.

[25] Patterson JM: Nasal solar dermatitis in the dog—a method of tattooing. *J Am Anim Hosp Assoc* 14:370, 1978.

[26] Mills BC: Feline deaths following tattooing with Indian ink. *Univ Sydney Post-Grad Comm Vet Sci Control Therapy* 134:2355, 1987.

[27] Mason KV: The pathogenesis of solar induced skin lesions in bull terriers. *Proc Annu Memb Meet Am Acad Vet Dermatol Am Coll Vet Dermatol* 4:12, 1987.

[28] Darr D, et al: Protection against UVB damage to porcine skin with topical application of vitamin C. In von Tscharner C, Halliwell REW, editors: Advances in Veterinary Dermatology, Vol 1, London, 1990, Baillière Tindall, p 463.

[29] Scott DW: Feline dermatology, 1900-1978: A monograph. *J Am Anim Hosp Assoc* 16:331, 1980.

[30] Almeida EMP, Caraca RA, Adam RL, et al: Photodamage in feline skin: Clinical and histomorphometric analysis. *Vet Pathol* 45:327–335, 2008.

[31] Miller WH, Jr: Epidermal dysplastic disorders of dogs and cats. In Bonagura JD, editor: *Kirk's Current Veterinary Therapy XII*, Philadelphia, 1995, W.B. Saunders Co.

[32] Mulcahy J, Rand J: Oral and dermal ulceration in a cat exposed to a quaternary ammonium compound. *Aust Vet Pract* 26:194, 1996.

[33] Irving RA, Day RS, Eales L: Porphyrin values and treatment of feline solar dermatitis. *Am J Vet Res* 43:2067, 1982.

[34] Evans AG, Madewell BR, Stannard AA: A trial of 13-*cis*-retinoic acid for treatment of squamous cell carcinoma and preneoplastic lesions of the head in cats. *Am J Vet Res* 46:2553, 1985.

[35] Power HT, Ihrke PJ: The use of synthetic retinoids in veterinary medicine. In: Bonagura JD, editor: *Kirk's Current Veterinary Therapy XII*. W.B. Saunders Co, Philadelphia, 1995.

[36] Peters J, Scott DW, Miller WH, Jr: Apparent clinical resolution of pinnal actinic keratoses and squamous cell carcinoma in a cat using topical imiquimod 5% cream. *Feline Med Surg* 10:593–599, 2008.

[37] Petry V, Gaspuri AA: Toll-like receptors and dermatology. *Int J Dermatol* 48:558–570, 2009.

[38] Arnold P, Arnold S, Hauser B, et al: Solare glossitis bei Schlittenhunden. *Schweiz Arch Tierheilk* 140:328, 1998.

[39] Mason K: Actinic dermatosis in dogs and cats. *Proc Annu Meet Eur Soc Vet Dermatol Eur Coll Vet Dermatol* 12:67, 1997.

[40] Nikula KJ, Benjamin SA, Angleton GM, et al: Ultraviolet radiation, solar dermatoses, and cutaneous neoplasia in beagle dogs. *Radiat Res* 129:11, 1992.

[41] Schulteiss PC: A retrospective study of visceral and nonvisceral hemangiosarcoma and hemangiomas in domestic animals. *J Vet Diagn Invest* 16:522–526, 2004.

[42] Hubert BM: Porphyries: Cutaneous manifestations in a cat and a dog. In: Kwochka KW, et al, editors: *Advances in Veterinary Dermatology III*, Boston, 1998, Butterworth-Heinemann, p 461.

[43] Tennant BC: Lessons from the porphyrias of animals. *Clin Dermatol* 16:307, 1998.

[44] Bennett S: Photosensitization induced by clofazimine in a cat. *Aust Vet J* 85:375–380, 2007.

[45] Dolowy WC: Giant hogweed photodermatitis in two dogs in Bellevue, Washington. *J Am Vet Med Assoc* 209:722, 1996.

[46] Dolowy WC: Giant hogweed photodermatitis in two dogs in Bellevue Washington. *J Am Vet Med Assoc* 209:722, 1996.

[47] Fairley RA: Photosensitivity dermatitis in two collie working dogs. *N Z Vet J* 30:61, 1982.

[48] Fairley RA, MacKenzie IS: Photosensitivity in a kennel of Harrier hounds. *Vet Dermatol* 5:1, 1994.

[49] Iwasaki T, Maeda Y: The effect of ultraviolet (UV) on the severity of canine pemphigus erythematosus. *Proc Annu Memb Meet Am Acad Vet Dermatol Am Coll Vet Dermatol* 13:86, 1997.

[50] Streilein JW: Sunlight and skin-associated lymphoid tissues (SALT). *J Invest Dermatol* 100:47S, 1993.

[51] Day MJ: Expression of major histocompatibility complex class II molecules by dermal inflammatory cells, epidermal Langerhans' cells and keratinocytes in canine dermatological disease. *J Comp Pathol* 115:317, 1996.

[52] Rietschel RL: Irritant contact dermatitis. Mechanisms in irritant contact dermatitis. *Clin Dermatol* 15:557, 1997.

[53] Lee JA, Budgin JB, Mauldin EA: Acute necrotizing dermatitis and septicemia after application of a d-limonene-based insecticidal shampoo in a cat. *J Am Vet Med Assoc* 221(2):258, 2002.

[54] Singh A, Cullen CL, Grahn BH: Diagnostic ophthalmology. *Can Vet J* 45:777, 2004.

[55] al-Bagdadi FK, Ruhr LP, Archbald LF, et al: Hair dye effects on the hair coat and skin of the dog: A scanning electron microscopic study. *Anat Histol Embryol* 17:349, 1988.

[56] Bilbrey SA, et al: Chemical burn caused by benzalkonium chloride in eight surgical cases. *J Am Anim Hosp Assoc* 25:31, 1989.

[57] Kimura T: Contact hypersensitivity to stainless steel cages (chromium metal) in hairless descendants of Mexican hairless dogs. *Environ Toxicol* 22(2):176, 2007.

[58] Kimura T: Contact dermatitis caused by sunless tanning treatment with dihydroxyacetone in hairless descendants of Mexican hairless dogs. *Environ Toxicol* 24(5):506, 2009.

[59] Stocks IC, Lindsey DE: Acute corrosion of the oral mucosa in a dog due to ingestion of multicolored Asian lady beetles (*Harmonia axyridis*: Coccinellidae). *Toxicon* 52(2):389, 2008.

[60] Lee SE, Mason KV. Immediate hypersensitivity to leaf extracts of *Callisia fragrans* (inch plant) in a dog. *Vet Dermatol* 17(1):70, 2006.

[61] McAlvany JP, Sherertz EF: Contact dermatitis in infants, children, and adolescents. *Adv Dermatol* 9:205, 1994.

[62] Walder EJ, Conroy JD: Contact dermatitis in dogs and cats: Pathogenesis, histopathology, experimental induction, and case reports. *Vet Dermatol* 5:149, 1994.

[63] Declercq J, DeBosschere H: Diesel oil-induced alopecia in two cats. *Vet Dermatol* 20:135–138, 2009.

[64] Marsella R, et al: Use of pentoxifylline in the treatment of allergic contact reaction to plants of the *Commelinceae* family in dogs. *Vet Dermatol* 8:121, 1997.

[65] Pavietic MM, Trout NJ: Bullet, bite, and burn wounds in dog and cats. *Vet Clin North Am Small Anim Pract* 36:873–893, 2006

[66] Coyne BE, et al: Thermoelectric burns from improper grounding of electrocautery units: Two case reports. *J Am Anim Hosp Assoc* 29:7, 1993.

[67] Reedy LM, Clubb FJ: Microwave burn in a toy poodle: A case report. *J Am Anim Hosp Assoc* 27:497, 1991.

[68] Saxon WD, Kirby R: Treatment of acute burn injury and smoke inhalation. In: Kirk RW, Bonagura JD, editors: *Kirk's Current Veterinary Therapy XI*, Philadelphia, 1992, W.B. Saunders Co, p 146.

[69] Swaim SF, et al: Heating pad and thermal burns in small animals. *J Am Anim Hosp Assoc* 25:156, 1989.

[70] Fox SM: Management of thermal burns—Part I. *Compend Contin Educ* 7:631, 1985.

[71] Gourley IM, Madewell BR, Barr B, et al: Burn scar malignancy in a dog. *J Am Anim Hosp Assoc* 180:109, 1982.

[72] DeClercq J, Vanstapel M-J: Chronic radiant heat dermatitis (*Erythema ab igne*) in two dogs. *Vet Dermatol* 9:269, 1998.

[73] Walder EJ, Hargis AM: Chronic moderate heat dermatitis (erythema ab igne) in five dogs, thee cats and one silvered langur. *Vet Dermatol* 13:283, 2002.

[74] Arnold AW, Itin PH: Laptop computer-induced erythema ab igne in a child and review of the literature. *Pediatrics* 126(5):e1227, 2010.

[75] Hymes SR, Strom EA, Fife C: Radiation dermatitis: clinical presentation, pathophysiology, and treatment 2006. *J Am Acad Dermatol* 54(1):28, 2006.

[76] Flynn AK, Lurie DM, Ward J, et al: The clinical and histopathological effects of prednisone on acute radiation-induced dermatitis in dogs: a placebo-controlled, randomized, double-blind, prospective clinical trial. *Vet Dermatol* 18(4):217, 2007.

[77] Dernell WS, Wheaton LG: Surgical management of radiation injury—Part I. *Compend Contin Educ* 17:181, 1995.

[78] Dernell WS, Wheaton LG: Surgical management of radiation injury—Part II. *Compend Contin Educ* 17:499, 1995.

[79] Nagata M, et al: Cryoglobulinaemia and cryofibrinogenaemia: A comparison of canine and human cases. *Vet Dermatol* 9:277, 1998.

[80] Pierard G, Fumal I: Cold Injuries. In *Fitzpatrick's Dermatology in General Medicine*, ed 6, New York, 2003, McGraw Hill Book Co, pp 1211–1218.

[81] Bradley DM, et al: Biochemical and histopathological evaluation of changes in sled dog paw skin associated with physical stress and cold temperatures. *Vet Dermatol* 7:203, 1996.

[82] Purkayastha SS, Roy A, Chauhan SK, et al: Efficacy of pentoxifylline

小动物皮肤病学 （第7版）

with aspirin in the treatment of frostbite. *Indian J Med Res* 107:239, 1998.

[83] Spugnini EP: Use of hyaluronidase for the treatment of extravasation of chemotherapeutic agents in six dogs. *J Am Vet Med Assoc* 221:1437–1440, 2002.

[84] Brown DC, Holt D: Subcutaneous emphysema, pneumothorax, pneumomediastinum, and pneumopericardium associated with positive-pressure ventilation in a cat. *J Am Vet Med Assoc* 206:997, 1995.

[85] Farnsworth R, Birchard S: Subcutaneous accumulation of chyle after thoracic duct ligation in a dog. *J Am Vet Med Assoc* 208:2016, 1996.

[86] Kral F, Schwartzman RM: *Veterinary and Comparative Dermatology*, Philadelphia, 1964, J.B. Lippincott Co.

[87] Shakespeare AC, et al: Infarction of the digits and tail secondary to disseminated intravascular coagulation and metastatic hemangiosarcoma in a dog. *J Am Anim Hosp Assoc* 24:517, 1988.

[88] Ashley PF, Bowman LA: Symmetric cutaneous necrosis of the hind feet and multicentric follicular lymphoma in a cat. *J Am Vet Med Assoc* 214:211, 1999.

[89] Mason BJE: Necrosis of a dog's toes following hepatitis. *Vet Rec* 101:286, 1977.

[90] Israel E, et al: Microangiopathic hemolytic anemia in a puppy: Grand Rounds Conference. *J Am Anim Hosp Assoc* 14:521, 1978.

[91] Jepson PGH: Chilblain syndrome in dogs. *Vet Rec* 108:392, 1981.

[92] Komarek JV: Fallbericht: Verfolgung der Rute beim Hund-Cauda-equina-syndrome. *Kleintier-Prax* 33:25, 1988.

[93] Hunt GB, Chapman BL: "Trophic" ulceration of two digital pads. *Aust Vet Pract* 21:196, 1991.

[94] Mason NJ, Michel KE: Subcutaneous emphysema, pneumoperitoneum, and pneumoretroperitoneum after gastrostomy tube placement in a cat. *J Am Vet Med Assoc* 216:1096, 2000.

[95] Fossum TW, Hodges CC, Scruggs DW, et al: Generalized lymphangiectasis in a dog with subcutaneous chyle and lymphangioma. *J Am Vet Med Assoc* 197:231, 1991.

[96] Lervik JB, Lilliehök I, Frendin JHM: Clinical and biochemical changes in 53 Swedish dogs bitten by the European adder - Vipera berus. *Acta Vet Scand* 52:56, 2010.

[97] Peterson ME: Snake bite: coral snakes. *Clin Tech Small Anim Pract* 21(4):183, 2006.

[98] Kraft W, Reiner B, Bodner C: Schlangenbisse bei *Hunden. Tierärztl Prax* 26:104, 1998.

[99] Mirtschin PJ, Masci P, Paton DC, et al: Snake bites recorded by veterinary practices in Australia. *Aust Vet J* 76:195, 1998.

[100] Aroch I, Harrus S: Retrospective study of the epidemiological, clinical, haematological, and biochemical findings in 109 dogs poisoned by *Vipera xanthina palestinae. Vet Rec* 144:532, 1999.

[101] Kostolich M: Reconstructive surgery of a snakebite wound. *Canine Pract* 16:15, 1990.

[102] Mansfield PD: The management of snake venom poisoning in dogs. *Compend Contin Educ* 6:988, 1984.

[103] Marks SL, et al: Coral snake envenomation in the dog: Report of four cases and review of the literature. *J Am Anim Hosp Assoc* 26:629, 1990.

[104] Peterson ME, Meerdink GL: Bites and stings of venomous animals. In: Kirk RW, editor: *Current Veterinary Therapy X*, Philadelphia, 1989, W.B. Saunders Co, p 177.

[105] Schaer M: Eastern diamondback rattlesnake envenomation of 20 dogs. *Compend Contin Educ* 6:997, 1984.

[106] Springer TR, Bailey WJ: Snake bite treatment in the United States. *Int J Dermatol* 25:479, 1986.

[107] Peterson ME: Snake bite: pit vipers. *Clin Tech Small Anim Pract* 21(4):174, 2006.

[108] Hudelson S, Hudelson P: Pathophysiology of snake envenomization and evaluation of treatments—Part I. *Compend Contin Educ* 17:889, 1995.

[109] Hudelson S, Hudelson P: Pathophysiology of snake envenomization and evaluation of treatments—Part II. *Compend Contin Educ* 17:1035, 1995.

[110] Brown DE, Meyer DJ, Wingfield WE, et al: Echinocytosis associated with rattlesnake envenomation in dogs. *Vet Pathol* 31:654, 1994.

[111] Hackett TB, Wingfield WE, Mazzaferro EM, et al: Clinical findings associated with prairie rattlesnake bites in dogs: 100 cases (1989-1998). *J Am Vet Med Assoc* 220(1):1675, 2002.

[112] Segev G, Shipov A, Klement E, et al: *Vipera palestine* envenomation in 327 dogs: a retrospective cohort study and analysis of risk factors for mortality. *Toxicon* 43(6):691, 2004.

[113] Hudelson S, Hudelson P: Pathophysiology of snake envenomization and evaluation of treatments—Part III. *Compend Contin Educ* 17:1385, 1995.

[114] Aroch I, Yas-Natan E, Kuzi S, et al: Haemostatic abnormalities and clinical findings in *Vipera palaestinae*-envenomed dogs. *Vet J* 185(2):180, 2010.

[115] Najman L, Seshadri R: Rattlesnake envenomation. *Compend Contin Educ Vet* 29(3):166, 2007.

[116] Johnson MD, Magnusson KD, Shmon CL, et al: Porcupine quill injuries in dogs: A retrospective of 296 cases (1998-2002). *Can Vet J* 47:677–682, 2006.

[117] DeNardo GA, Brown NO, Trenka-Benthin S, et al: Comparison of seven different suture materials in the feline oral cavity. *J Am Anim Hosp Assoc* 32:164, 1996.

[118] Bergeaud P: Pathologies liées aux épillets. *Point Vét* 26:105, 1994.

[119] Brennan KE, Ihrke PJ: Grass awn migration in dogs and cats: A retrospective study of 182 cases. *J Am Vet Med Assoc* 182:1201, 1983.

[120] Schultz RM, Zwingenberger A: Radiographic, computed tomographic, and ultrasonographic findings with migrating intrathoracic grass awns in dogs and cats. *Vet Radiol Ultrasound* 49:249–255, 2008.

[121] Georgi ME, Harper P, Hyypio PA, et al: Pappus bristles: The cause of burdock stomatitis in dogs. *Cornell Vet* 72:43, 1982.

[122] Hosgood G: Arteriovenous fistulas: Pathophysiology, diagnosis and treatment. *Compend Contin Educ* 11:625, 1989.

[123] Bouayad H, et al: Peripheral acquired arteriovenous fistula: A report of four cases and literature review. *J Am Anim Hosp Assoc* 23:205, 1987.

[124] Butterfield AB, Hix WR, Pickrel JC, et al: Acquired peripheral arteriovenous fistula in a dog. *J Am Vet Med Assoc* 176:445, 1980.

[125] Harari J, et al: Recurrent peripheral arteriovenous fistula and hyperthyroidism in a cat. *J Am Anim Hosp Assoc* 20:759, 1984.

[126] Trower ND, White RN, Lamb CR: Arteriovenous fistula involving the prepuce of a dog. *J Small Anim Pract* 38:455, 1997.

[127] Santoro D, Pease A, Linder ME, et al: Post-traumatic peripheral arteriovenous fistula manifesting as digital hemorrhages in a cat: diagnosis with contrast-enhanced 3D CT imaging. *Vet Dermatol* 20:206–213, 2009.

[128] Saunders AB, Fabrick C, Achen SE, et al: Coil embolization of a congenital arteriovenous fistula of the saphenous artery in a dog. *J Vet Intern Med* 23:662–664, 2009.

[129] Hargis AM, Miller LM, Hunt RE, et al: Myospherulosis in the subcutis of a dog. *Vet Pathol* 21:248, 1984.

[130] Patterson JW, Kannon GA: Spherulocystic disease ("myospherulosis") arising in a lesion of steatocystoma multiplex. *J Am Acad Dermatol* 38:274, 1998.

[131] Waldman JS, Barr RJ, Espinoza FP, et al: Subcutaneous myospherulosis. *J Am Acad Dermatol* 21:400, 1989.

[132] Lazarov A, Avinoach I, Giryes H, et al: Dermal spherulosis (myospherulosis) after topical treatment for psoriasis. *J Am Acad Dermatol* 30(Part 1):265, 1994.

[133] Osweiler GD, et al: *Clinical and Diagnostic Veterinary Toxicology*, ed 3, Dubuque, IA, 1985, Kendall/Hunt Publishing Co.

[134] Thomas ML, et al: Chronic thallium toxicosis in a dog. *J Am Anim Hosp Assoc* 29:211, 1993.

[135] Waters CB, Hawkins EC, Knapp DW: Acute thallium toxicosis in a dog. *J Am Anim Hosp Assoc* 201:883, 1992.

[136] Volmer PA, Merola V, Osborne T, et al: Thallium toxicosis in a pit bull terrier. *J Vet Diagn Invest* 18:134, 2006.

[137] Schwartzman RM, Kirschbaum JO: The cutaneous histopathology of thallium poisoning. *J Invest Dermatol* 39:169, 1962.

[138] Evinger JV, Blakemore JC: Dermatitis in a dog associated with exposure to an arsenic compound. *J Am Vet Med Assoc* 184:1281, 1984.

[139] Neiger RD: Arsenic poisoning. In: Kirk RW, editor: *Current Veterinary Therapy X*, Philadelphia, 1989, W.B. Saunders Co, p 159.

[140] Little CJL, et al: Hepatopathy and dermatitis in a dog associated with the ingestion of mycotoxins. *J Small Anim Pract* 32:23, 1991.

[141] Green ML, Miller JM, Lanz OI: Surgical treatment of an elbow hygroma utilizing microvascular free muscle transfer in a Newfoundland. *J Am Anim Hosp Assoc* 44:218–223, 2008.

[142] Tafti AK, Hanna P, Bourque AC: Calcinosis circumscripta in a dog: A retrospective pathological study. *J Vet Med* 52:13–17, 2005.

[143] Burkett G: Skin diseases in greyhounds. *Vet Med* 95:115, 2000.

[144] Hillier A, Alearn JR, Cole LK, et al: Pyoderma due to Pseudomonas aeruginosa infection in dogs: 15 cases. 18th Proc AAVD/ACVD Monterey, 2003, p 222.

[145] Yu Y, Cheng AS, Wang L, et al: Hot tub folliculitis of bot hand-foot syndrome caused by *Pseudomonas aeruginosa. J Am Acad Dermatol* 57(4):596, 2007.

[146] Declercq J: Alopecia and dermatopathy of the lower back following pelvic fractures in three cats. *Vet Dermatol* 15:42, 2004.

[147] Swain SF, et al: Pressure wounds in animals. *Compend Contin Educ* 18:203, 1996.

[148] Borum T: Management of decubital ulcers with the topical application of raw honey. *Mississippi Vet J* Summer:16, 1986.

[149] Kanj LF, Wilking SV, Phillips TJ: Pressure ulcers. *J Am Acad Dermatol* 38:517, 1998.

[150] Jur E, Bolton L, Constantine BE.Topical hydrogen peroxide treatment of ischemic ulcers in the guinea pig: Blood recruitment in multiple skin sites. *J Am Acad Dermatol* 33:217, 1995.

[151] Viking HO, Frendin J: Analgesic effect of meloxicam in canine acute dermatitis - a pilot study. *Acta Vet Scand* 43(4):247, 2002.

[152] Holm BR, Rest JR, Seewald W: A prospective study of the clinical findings, treatment and histopathology of 44 cases of pyotraumatic dermatitis. *Vet Dermatol* 15:369, 2004.

[153] Reinke SI, Stannard AA, Ihrke PJ, et al: Histopathologic features of pyotraumatic dermatitis. *J Am Vet Med Assoc* 190:57, 1987.

[154] Ascher F, et al: Intérêt d'une solution topique non antibiocorticoïde dans

le traitement de la dermatite pyotraumatique du chien. *Prat Méd Chir Anim Comp* 30:345, 1995.

[155]Vedros NA, Steinberg K: In vitro and in vivo activity of plant extracts for use on canine pyotraumatic dermatitis. *Canine Pract* 19:8, 1994.

[156]Schroeder H, et al: Efficacy of a topical antimicrobial-antiinflammatory combination in the treatment of pyotraumatic dermatitis in dogs. *Vet Dermatol* 7:163, 1996.

[157]Gamy G: Cas clinique: Pyodermite des plis. *Point Vét* 18:411, 1986.

[158]Messinger LM: Treatment of skin fold dermatitis affecting a cat's perineal urethrostomy site. *J Am Anim Hosp Assoc* 30:341, 1994.

[159]Dennis MM, Ehrhart N, Duncan CG, et al: Frequency of and risk factors associated with lingual lesions in dogs: 1196 cases (1995-2004). *J Am Vet Med Assoc* 15:1533–1537, 2006.

[160]Davidson EB, Schulz KS, Wisner ER, et al: Calcinosis circumscripta of the thoracic wall in a German shepherd dog. *J Am Anim Hosp Assoc* 34:153, 1998.

[161]Gross TL: Calcinosis circumscripta and renal dysplasia in a dog. *Vet Dermatol* 8:27, 1997.

[162]O'Brien CR, Wilke JS: Calcinosis circumscripta following an injection of proligestone in a Burmese cat. *Aust Vet J* 79:187–189, 2001.

[163]Paradis M, Scott DW: Calcinosis cutis secondary to percutaneous penetration of calcium carbonate in a Dalmatian. *Can Vet J* 30:57, 1989.

[164]Schick MP, Schick RO, Richardson JA: Calcinosis cutis secondary to percutaneous penetration of calcium chloride in dogs. *J Am Vet Med Assoc* 190:207, 1987.

[165]Beale KM, Morris DO: Treatment of canine calcinosis cutis with dimethylsulfoxide gel. *Proc Annu Memb Meet Am Acad Vet Dermatol Am Coll Vet Dermatol* 14:97, 1998.

第十七章　营养和皮肤病

尽管皮肤仅有少量临床症状或损伤与营养有关，但营养缺乏、过度或不平衡均可引起皮肤病[1-4]。临床症状包括脱皮、结痂、脱毛、粉刺、红斑、瘙痒或干燥、暗淡、被毛油腻。总之，仅对皮肤进行临床检查很少能找到特定的营养性病因。表17-1和表17-2总结了维生素和矿物质在犬、猫皮肤健康中的作用。

过去10年中，营养研究的中心由通过获得营养以预防疾病转变为如何通过饮食以促进健康[5,6]。宠物主人更愿意给予伴侣宠物最佳的营养，而非仅仅满足其最少的营养需求。

最新的营养研究领域涉及到营养基因学和营养遗传学。营养基因学研究的是营养如何影响基因的转录、蛋白质代谢及新陈代谢，从而影响动物的整体健康状况及对疾病的易感性[6-11]。营养遗传学研究的是基因和遗传学差异性（单核苷酸多态性、拷贝数多态性和表观遗传现象）如何影响动物对营养和营养需求的反应[12-14]。尽管这一研究仍处于起步期，长期目标会包括提供个体化营养方案，能最大程度提高个体健康状况和预防疾病。

作者期待营养遗传学和营养基因组学能阐述营养成分如何影响皮肤及其附属物的基因表达以及调节新陈代谢的机制。影响皮肤和被毛的营养物质包括蛋白质、脂肪酸、锌、维生素A和维生素E4。益生菌可能有助于促进胃肠道健康、影响免疫应答和提高动物整体健康状况等[15,16]。

一、蛋白质缺乏

毛发中95%的物质为蛋白质，含硫氨基酸所占比例很高。正常犬的毛发平均每天生长100英尺*（所有毛囊增长总和），动物体每天蛋白质需求的25%~30%用于正常毛发生长和皮肤角化[17-19]。蛋白质缺乏的动物易出现角化过度、表皮色素沉着过度及毛发色素丢失。不完全脱毛部位毛发变得薄、粗糙、干燥及质脆。这些毛发更易折断、生长缓慢，由于毛发再生较稀疏，因此毛发脱落的持续时间延长。病变区域，以及脱皮和结痂，可能在头、背、胸和腹部及脚和腿部呈对称分布。蛋白质需求较高的年轻生长犬的病变表现更为突出。由于伤口愈合需要大量蛋白质，因此蛋白质缺乏犬伤口裂开的比例要高一些[20,21]。人类血清白蛋白浓度低于3.5g/dL时，患褥疮的风险就会增加[21,22]。人

类的发根平均直径小于0.06mm则提示蛋白质缺乏，但犬、猫中并无相似的判断标准。饮食分析及按干物质量提供蛋白质（犬25%，猫33%）具有治疗作用。补充蛋、肉或奶等中的优质蛋白质很重要。

营养不良、饥饿、给幼猫饲喂商品化犬粮或饲喂犬极低蛋白质日粮，都可能会引起蛋白质缺乏。事实上，许多商品化宠物食品均含有较高的蛋白质成分，故宠物的蛋白质缺乏症比较少见。当需要补充时，应选择优质蛋白质或含有氨基酸（如精氨酸、谷氨酰胺和半胱氨酸）的食品[22]。对于人类，补充含有水解胶原蛋白的食品可缩短褥疮愈合所需时间至一半[23,24]。

浅表坏死松解性皮炎（坏死性表皮松解性红斑、代谢性表皮坏死、肝皮综合征）是一种综合征（见第十章），此综合征可见伴有低氨基酸血症的表皮退化。患犬的血清总氨基酸水平约为正常犬的1/3，精氨酸、亮氨酸、赖氨酸、蛋氨酸、脯氨酸、苏氨酸和缬氨酸等氨基酸显著减少[25]。氨基酸缺乏可能会引起表皮细胞死亡。此综合征确切的发病机制还未被阐明。补充营养可以暂时改善皮肤病变（见第十章）。

某些芳香氨基酸可影响毛发颜色，因此日粮的改变可以引起表皮毛发颜色的改变。芳香氨基酸包括苯丙氨酸、色氨酸和酪氨酸。如果生长期幼猫的日粮所含有的苯丙氨酸和酪氨酸总量少于16g/kg，则会使本应长出黑色毛发的区域长出红色毛发[26,27]。苯丙氨酸代谢为酪氨酸，酪氨酸为黑色素合成的前体。如日粮所含有的芳香氨基酸大于18g/kg，且血浆酪氨酸浓度大于50μmol/L时，可长出黑色毛发[27,28]。

二、脂肪酸缺乏

脂肪可提高日粮的适口性，并且是很好的能量来源[29]。脂肪是脂溶性维生素吸收所必需的物质[30]。另外，某些多不饱和脂肪酸（Polyunsaturated fatty acids，PUFAs）是生长、繁殖和预防皮肤病变所必需的。犬必需的PUFAs为亚油酸和α-亚麻酸；猫还必需从饮食中获取花生四烯酸[17]。

依据分子大小（碳原子的数量）和双键的数量可对脂肪酸进行分类[31]。无双键的脂肪酸为饱和脂肪酸，存在一个双键的脂肪酸为单一不饱和脂肪酸（如油酸）。PUFAs含有多个双键。犬、猫及其他哺乳动物不能合成羧基末端3-和6-碳原子双键的PUFAs，此类脂肪酸即分别为欧米

---

*1in（英尺）=0.305m（米）。

表17-1　维生素在犬、猫皮肤健康中的作用

维生素	功能	缺乏症状	中毒症状
维生素A	对细胞代谢和眼中视紫红质的再生中起重要作用；皮肤和毛囊正常成熟所需要的；消化道、呼吸道和生殖道的正常上皮组织必不可少的；正常免疫系统功能所需要的	表皮角化过度及脱落、皮脂腺闭塞、伴有毛囊角化过度的丘疹、毛发差及脱毛；繁殖障碍、视网膜退化及夜盲症、增加感染风险	表皮脱落、毛发蓬乱、厌食、体重减轻、骨脱钙、肝脏损伤
维生素D	钙正常吸收及代谢所需要的；正常骨骼生长必不可少的；维生素D_3在调节角化细胞增殖和分化中也起重要作用	幼龄动物佝偻病，成年动物软骨病，胸腔畸形，牙齿发育不良	血钙浓度升高，软组织钙化，腹泻，肾衰，死亡
维生素E	抗氧化剂；使细胞免受氧化损伤；在正常免疫功能中起作用	全脂肪织炎（见于饲喂大量多不饱和脂肪酸日粮的猫）、皮脂溢、肌肉萎缩、繁殖障碍、肠道脂褐质沉积、免疫损伤皮肤易发生细菌感染和蠕形螨病（犬）	厌食
维生素K	凝血因子的形成和正常血液凝固所需要的	出血，凝血时间延长（凝血不良）	未见报道
维生素C	抗氧化剂；形成并维持骨基质、软骨和结缔组织	佝偻病、抑制伤口愈合、出血、贫血、增加感染风险	未见报道。注意犬和猫不需要额外补充维生素C（可合成足够的维生素C）
硫胺素（维生素B_1）	碳水化合物代谢和能量转化所必需的两种辅酶的组成成分；促进正常健康和消化及正常的神经功能	厌食、体重减轻、呕吐、脱水、颈部腹侧弯曲、麻痹、运动失调	无毒性
核黄素（维生素B_2）	蛋白质代谢和能量转化所需的两种辅酶的组成成分；上皮细胞成熟所需的黄嘌呤氧化酶的组成成分	生长阻滞、鳞状皮肤干燥症、红疹、后躯肌肉无力、贫血、眼部病变（角膜翳）、舌炎、生殖能力降低、睾丸发育不全、脂肪肝	无毒性
烟酸	能量转化所需的两种辅酶的组成成分；新陈代谢所需要的	黑舌病（糙皮病）、瘙痒性皮炎、腹泻、痴呆、厌食、贫血、消瘦、死亡	皮肤潮红、瘙痒
维生素B_6	蛋白质代谢所需酶的一部分；色氨酸正常代谢必不可少的	伴有枯燥、蜡样、蓬松毛发的皮炎，脱毛和脱皮，癫痫，贫血，高铁血清，厌食，体重减轻，生长阻滞	无毒性
泛酸	碳水化合物、脂肪和蛋白质正常代谢所必需的辅酶的组成成分	厌食、发育不良、低血糖症、尿毒症、胃肠炎、癫痫、脂肪肝、昏迷、死亡	无毒性
叶酸	正常红细胞形成和DNA合成所要需的	贫血、白细胞减少症、发育不良、舌炎	无毒性
生物素	脂肪和氨基酸代谢所需要的，皮毛健康、酶系统功能必不可少	鳞状皮炎、脱毛、厌食、虚弱、腹泻、渐进性肌肉痉挛、后驱麻痹	无毒性
钴胺素（维生素B_{12}）	核酸合成所需要的；参与嘌呤合成及碳水化合物与脂肪代谢	贫血、生长阻滞、后躯运动失调	无毒性

数据源于 anderson RW, editor: Nutrition of the dog and cat: Proceedings of an international symposium, Elmsford, N.Y., 1980, Pergamon Press, p 67; Frigg M, et al: Clinical study on the effect of biotin on skin conditions in dogs. Schweiz Arch Tierheilk 131:621, 1989; Gilbert PA, et al: Serum vitamin E levels in dogs with pyoderma and generalized demodicosis. J Am Anim Hosp Assoc 28:407, 1992; Koutinas AF, et al: Pansteatitis (steatitis, "yellow fat disease") in the cat: A review article and report of 4 spontaneous cases. Vet Dermatol 3:101, 1993; Kragballe K: The future of vitamin D in dermatology. J Am Acad Dermatol 37:S72, 1997; Kronfeld DS: Vitamin and mineral supplementation for dogs and cats, Santa Barbara, Calif., 1989, Veterinary Practice Publishing Co.; Langweiler M, et al: Effect of vitamin E deficiency on the proliferative response of canine lymphocytes. Am J Vet Res 42:1681, 1981; Leibetseder J: Ernährungsbedingte erkrankungen der haut bei hund und katze. Wien Tierärztl Mschr 83:19, 1998; Miller WH, Jr: Nutritional considerations in small animal dermatology. Vet Clin North Am 19:497, 1989; Nakamura Y, Gotoh M, Fukuo Y, et al: Severe calcification of mucocutaneous and gastrointestinal tissues induced by high dose administration of vitamin D in a puppy. J Vet Med Sci 66:1133–1135, 2004; Norton A: Skin lesions seen in cats with vitamin B (pyridoxine) deficiency. Proc Annu Memb Meet Am Acad Vet Dermatol Am Coll Vet Dermatol 3:24, 1987; Scott DW: Feline dermatology 1900–1978: A monograph. J Am Anim Hosp Assoc 17:331, 1980; Scott DW: Feline dermatology 1979–1982: Introspective retrospections. J Am Anim Hosp Assoc 20:537, 1984; Scott DW: Feline dermatology 1983–1985: "The secret sits." J Am Anim Hosp Assoc 23:255, 1987; Scott DW, Sheffy BE: Dermatosis in dogs caused by vitamin E deficiency. Comp Anim Pract 41:42, 1987; Scott DW, et al: Muller & Kirk's small animal dermatology, ed 5, Philadelphia, Saunders, 1995, p 891; Sousa CA: Nutritional dermatoses. In: Nesbit GH, editor: Dermatology: Contemporary issues in small animal practice. New York, 1987, Churchill Livingstone; and Watson TDG: Diet and skin disease in dogs and cats. J Nutr 128: 2783S–2789S, 1998.

表17-2 矿物质在犬、猫皮肤健康中的作用

矿物质	功能	缺乏症状	中毒症状
钙	骨骼和牙齿形成、血液凝固、酶激活、肌肉收缩、神经冲动传导	幼龄动物佝偻病及成年动物软骨病、跛行、僵硬、便秘、厌食、牙齿脱落、急性缺乏表现为抽搐	骨骼发育不良；继发其他矿物质缺乏，尤其是锌、磷和铜（干扰吸收）、肿胀
磷	骨骼和牙齿形成，酶系统组成成分，参与能量转化（高能键组成成分），RNA和DNA的组成成分	毛发粗糙、异食癖、厌食、生长迟缓、幼龄动物佝偻病及成年动物软骨病	骨骼发育不良；继发钙缺乏，损伤肾功能
钠	肌肉收缩，维持体液容量，胆汁、肌肉及神经功能的组成部分	盐饥、异食癖、体重减轻、疲乏、抑制泌乳、多尿症、循环功能障碍	口渴、瘙痒、便秘、厌食、癫痫、高血压（如果摄取水分足够，则都不会出现）
镁	酶激活剂，骨组织组成成分，肌肉神经功能所需的，能量代谢和蛋白质合成中起作用	软组织钙化，智力迟缓、脚趾展开、应激性亢进、癫痫，唾液分泌过度	对于猫，急性过量可引起腹泻；慢性过量可引起尿石症、膀胱炎和尿道疾病
锌	包括参与碳水化合物及蛋白质代谢等的许多酶系统的必需组成部分；皮肤细胞成熟和毛发健康所需的；正常免疫功能所需的	生长阻滞，鳞状皮肤伴有角化不全、毛发脱色、不长毛，睾丸发育不全，抑制伤口愈合，增加继发感染风险	过量可干扰钙和/或铜吸收；急性中毒可引起溶血性贫血
铜	在红细胞生成、辅酶、毛发色素沉着、生殖、胶原及弹性蛋白的合成与铁的利用中起作用	异食癖、生长阻滞、腹泻、毛发脱色、贫血、抑制骨骼生长	一些品种为遗传代谢病，会导致肝脏损伤
锰	参与碳水化合物与脂肪代谢、软骨的形成	不长毛，关节增大、僵硬，短骨骨质疏松	不长毛，部分白化病（罕见）
碘	合成甲状腺激素所需的（参与新陈代谢的调控）	甲状腺功能减退，甲状腺肿，脱毛、不长毛，嗜睡，黏液水肿	过度可引起甲状腺功能降低，症状类似于缺乏

数据来自 Bikle DD: Vitamin D: A calciotropic hormone regulating calcium–induced keratinocyte differentiation. *J Am Acad Dermatol* 37:S42, 1997; Colombini S, Dunstan RW: Zinc–responsive dermatosis in northern–breed dogs: 17 cases (1990–1996). *J Am Vet Med Assoc* 211:451, 1997; Kane E, et al: Zinc deficiency in the cat. *J Nutr* 111:488, 1981; Kronfeld DS: *Vitamin and mineral supplementation for dogs and cats*, Santa Barbara, Calif., 1989, Veterinary Practice Publishing Co.; Kunkle GA: Zinc–responsive dermatoses in dogs. In: Kirk RW, editor: *Current veterinary therapy*, ed 7, Philadelphia, 1980, Saunders, p 472; Miller WH, Jr: Nutritional considerations in small animal dermatology. *Vet Clin North Am* 19:497, 1989; Norris D: Zinc and cutaneous inflammation. *Arch Dermatol* 121:985, 1985; Russell RM, et al: Zinc and the special senses. *Ann Intern Med* 99:227, 1983; Scott DW: Feline dermatology 1900–1978: A monograph. *J Am Anim Hosp Assoc* 17:331, 1980; Scott DW: Feline dermatology 1979–1982: Introspective retrospections. *J Am Anim Hosp Assoc* 20:537, 1984; Scott DW: Feline dermatology 1983–1985: "The secret sits." *J Am Anim Hosp Assoc* 23:255, 1987; Scott DW, et al: *Muller & Kirk's small animal dermatology*, ed 5, Philadelphia, 1995, Saunders, p 891; Sousa CA: Nutritional dermatoses. In: Nesbit GH, editor: *Dermatology: Contemporary issues in small animal practice*, New York, 1987, Churchill Livingstone; and Watson TDG: Diet and skin disease in dogs and cats. *J Nutr* 128: 2783S－2789S, 1998.

伽-3（Ω-3）和欧米伽-6（Ω-6）脂肪酸。Ω-3和Ω-6脂肪酸家族是整个身体原生质细胞膜的必需成分。这些脂肪酸对维持细胞膜的完整性、流动性和渗透性十分重要。

此外，Ω-3和Ω-6脂肪酸还参与炎症反应和免疫调节。Ω-6脂肪酸中的两位成员（亚油酸和花生四烯酸）和Ω-3脂肪酸中的一位成员（α-亚麻酸）对正常健康尤为重要，被称为必需脂肪酸（Essential fatty acids，EFAs；图17-1）[31,32]。

亚油酸是表皮神经酰胺的重要成分（见第一章），也是维持表皮水分渗透性的屏障。犬可将亚油酸生物转化为花生四烯酸，但猫的Δ-6去饱和酶活性较低，不能合成足够生理需求的花生四烯酸[32]。花生四烯酸通过代谢为前列腺素E_2调节表皮增殖。花生四烯酸也可代谢为其他前列腺

素和白细胞三烯，两者在各种生理与病理进程中发挥重要作用[31]。

Ω-3脂肪酸是神经系统和视网膜正常生长所必需的。此外，Ω-3脂肪酸与Ω-6脂肪酸竞争性结合到细胞膜上，并通过环氧合酶和脂氧合酶进行了代谢[31,33]。由Ω-3脂肪酸产生的比由花生四烯酸产生的类生四烯酸（包括前列腺素、白细胞三烯、凝血噁烷等）炎性更低。经常补充含有Ω-3脂肪酸的产品可治疗炎性皮肤病（如过敏）和关节病（骨关节炎）的动物[31,34]。对于食物中Ω-3与Ω-6脂肪酸的比例或Ω-3脂肪酸的绝对剂量对调节炎症是否起重要作用存在相当大的争论[35-37]。单纯依据Ω-3与Ω-6的比例评估日粮并不能准确评估日粮的生理作用。必须考虑每类脂肪酸中单个脂肪酸代谢率和功能的不同。例如，亚油

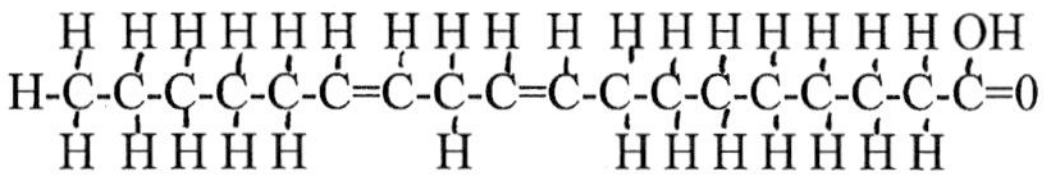

亚油酸

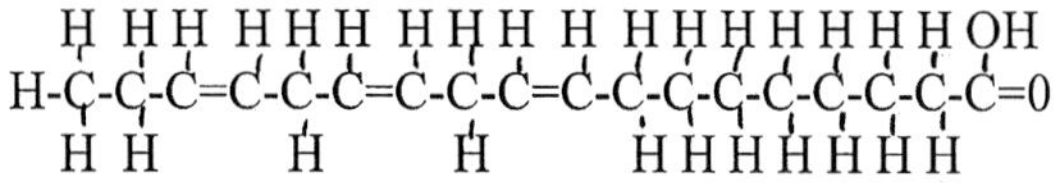

α-亚麻酸

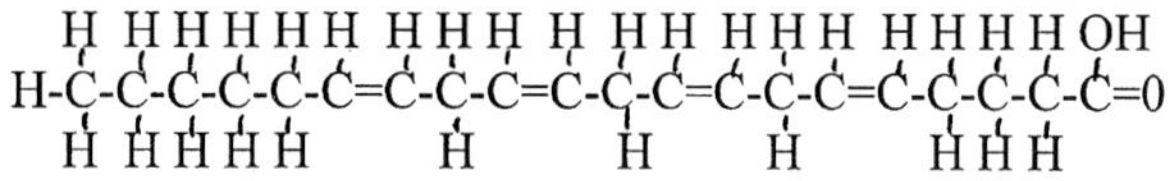

花生四烯酸

图17-1 必需脂肪酸（EFAs）的化学结构。注意：亚油酸（LA）含有18个碳分子和2个双键。第一个双键位于第六碳分子上，因此LA是一种Ω-6脂肪酸。α-亚麻酸（ALA）也含有18个碳分子，但含有3个双键，第一个双键位于第三个碳分子上，因此ALA是一种Ω-3脂肪酸。花生四烯酸含有20个碳分子和4个双键，第一个双键位于第六个碳分子上，因此花生四烯酸也是一种Ω-6脂肪酸。犬可以通过两次去饱和作用和延长酶促反应时间将LA合成为花生四烯酸。然而，猫缺乏将LA转化为花生四烯酸的去饱和酶，因此花生四烯酸是猫的必需脂肪酸

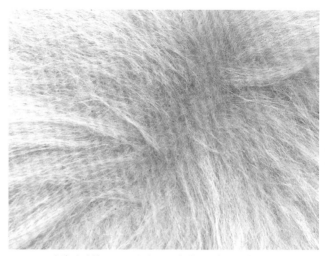

图17-2 犬脂肪酸缺乏，毛发表现为暗淡、干燥、易折断

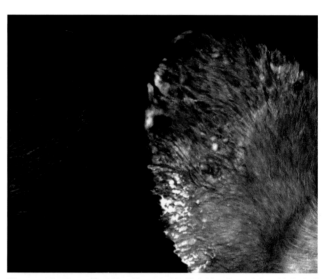

图17-3 饲喂EFA缺乏的日粮12周后比格犬的耳郭。注意耳缘的油腻结痂

酸和花生四烯酸均是Ω-6家族成员，α-亚麻酸和二十碳五烯酸都是Ω-3家族成员，但每一种脂肪酸均有不同的生理功能。一项针对比格犬的研究发现，Ω-3的剂量，而非Ω-3：Ω-6，可影响正常犬的血浆脂肪酸水平[38]。此研究中，二十二碳六烯酸（Docosahexaenoic acid，DHA）的剂量为175mg/kg时可使血浆DHA水平达到最高[35]。

脂肪酸缺乏不常见或罕见，见于饲喂保存不好（储存、温度、防腐剂的问题）的商品化干粮或自制食品的动物中[1,18,29,39]。脂肪酸缺乏也可能是由于含有脂肪的日粮未含有足够的抗氧化剂（如维生素E），导致食品酸败引起的。罐装食品自生产之日起1年后和干粮自生产之日起6个月后，尤其将它们储存于高温环境下，可能会出现氧化[4]。脂肪酸缺乏的症状也见于以低脂肪日粮限制能量摄取的犬（如日粮EFAs<1%）。肠道吸收不良，胰腺疾病和慢性肝脏疾病也可能会引起动物脂肪酸缺乏。

成年动物只有在必需脂肪酸摄入不足几个月之后才会出现明显的皮肤问题[1,17,18,30,36,40,41]。早期表现为脂质合成减少，会引起皮肤脱落及毛发光泽缺失（图17-2）。这一干燥期可持续数月，并会伴有脱毛并继发细菌感染。最后，皮肤增厚、油腻，尤其是耳朵（图17-3）、擦烂区域及指尖。皮肤由干燥变为油腻，许多动物会出现瘙痒。继发细菌或马拉色菌感染可加剧皮脂溢变化和瘙痒程度。

许多物种的脂肪酸缺乏均会引起皮肤角化异常，导致表皮增生、颗粒层增厚及正角化病或角化不全的角化过度。作者认为这种角化异常源自花生四烯酸缺乏，进而导致合成的前列腺素E_2缺乏，引起表皮环腺苷酸（cAMP）与环鸟苷酸（cGMP）比例及DNA合成异常。

可通过变换为优质日粮或额外补充EFAs来纠正脂肪酸缺乏。当不可能补充膳食脂肪，如动物患有严重的胃肠道疾病时，局部使用必需脂肪酸也可能会起到一定作用。对

小鼠的研究显示，局部使用脂肪可调整因脂肪酸缺乏引起的皮肤变化[42]。对犬的研究显示，局部使用葵花油后的第7天，干性皮脂溢患犬的经表皮水分丢失现象明显减少[43]。

三、维生素和矿物质缺乏

（一）维生素A

维生素A（视黄醇及其衍生物）的主要作用是维持皮肤和上皮细胞健康，因此，缺乏及毒性症状很相似，都表现为皮肤病变（表17-1）[1,18,19,39]。由于猫不能通过前体β-胡萝卜素合成视黄醇，因此需要在食物中添加活性视黄醇[44]。然而，犬、猫中维生素A缺乏都很少见；维生素A过多症偶见于饲喂大量肝脏的猫[4]。对一些患严重皮脂溢的可卡犬（图17-4）和个别其他品种的犬补充维生素A具有一定的疗效[45]，详细介绍请参见第十四章的"维生素A-反应性皮肤病"。

（二）维生素D

维生素D在皮肤中产生，且对钙的体内平衡有重要的影响作用。除参与钙的体内平衡调解外：1,25-二羟基维生素D$_3$还影响角化细胞的增殖和分化[2,46,47]。根据这一活性，研究者调查了各种各样的局部性或系统性类似物对牛皮癣的治疗作用。由于原发性皮脂溢（见第十二章）是一种过度增生性疾病，在犬中有维生素D类似物的研究。当人类患有各种炎性疾病（包括过敏）时，可见血清维生素D浓度低下[47a]。最近一项关于60位特应性皮炎患者的研究发现，使用维生素D治疗60d后病变明显改善[47b]。犬、猫中未见有相似的研究报道[47b]。

（三）维生素E

维生素E是一种天然的抗氧化剂，对维持细胞膜的稳定性具有重要作用。维生素E与硒共同作用，能清除体内脂质代谢产生的自由基。高含量多不饱和脂肪酸的日粮由于其代谢过程中产生的自由基增加，导致氧化应激增加。因此，维生素E的食物需要量与多不饱和脂肪酸的摄入相关，高脂肪日粮可引起维生素E的相对缺乏（图17-5）[4]。饲喂猫红金枪鱼或其他含多不饱和脂肪酸丰富的日粮，且未摄入足够的维生素E，可能会患有全脂肪织炎[48]。这些猫体内的脂质过氧化作用会引起皮下及腹腔内脂肪的坏死和炎性反应。表现的症状包括厌食、昏睡及触诊和运动时疼痛。患病脂肪的活组织检查显示，脂肪细胞、巨噬细胞及巨细胞内存在蜡样状小叶性脂膜炎（脂质过氧化作用的产物）。治疗包括改变日粮和补充维生素E（剂量为每日13.5 IU/kg）。在严重的情况下，全身糖皮质激素可用于减轻炎性反应和疼痛，然而，该病预后不良[49]。

超生理剂量的维生素E可用于抗炎和免疫刺激性作用[50]。维生素E是一种抗氧化剂，可稳定溶酶体，减少前列腺素E$_2$（PGE$_2$）的合成及增加白介素2（IL-2）[51]。单独使用或联合维生素A一起使用有协同作用，可用来治疗人类的营养不良性大疱性表皮松解症、盘状红斑狼疮、环状肉芽肿和良性家族性天疱疮。在犬，维生素E一些盘状红斑狼疮、皮肌炎和黑棘皮症的病例具有疗效，使用剂量为400~800 IU，每日1~2次[52]。大量服用维生素E也用于犬蠕形螨病的辅助治疗[53,54]。

（四）锌

锌是许多调节新陈代谢的金属酶的组成成分。它是RNA和DNA聚合酶重要的辅因子，对上皮等快速分裂的细胞尤其重要。锌也是脂肪酸生物合成所必需的物质，且参与维生素A的新陈代谢。锌也是正常免疫功能所需的，参与炎性反应[4]。

锌缺乏的临床症状包括由于味觉和嗅觉减退而导致的食欲减退，长期缺锌会引起体重减轻、伤口愈合减缓、结膜炎和角膜炎[55]。可能包括的皮肤病变有局部红斑、脱毛、结痂和脱皮（图17-6）。这些病变首先出现于经常摩擦的部位，包括黏膜与皮肤结合处、四肢末端和足

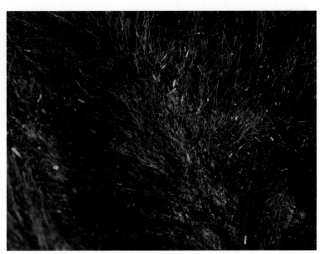

图17-4　犬维生素A缺乏。毛囊角化过度及毛囊管型明显

图17-5　犬维生素E缺乏。明显的耳郭表皮脱落性红斑病

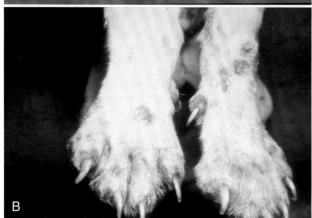

图17-6 **A.** 锌缺乏幼犬的典型特征。身体消瘦、受压部位结痂 **B.** 近观足部病变部位，注意明显地角化过度与结痂

垫[56,57]。常见毛发暗淡，继发皮肤细菌感染或马拉色菌感染。淋巴结病也很常见，尤其是年轻的动物[4]。

日粮中锌的绝对缺乏很少见。然而，当日粮中钙、铁、铜或植酸过量而导致锌的吸收减少时，可能会引起锌的相对缺乏。胃肠道疾病或动物的遗传缺陷也会影响锌的吸收。患致死性肢皮炎（见第十二章）的斗牛犬一般具有抑制锌的吸收和利用的遗传缺陷[58,59]。严重的锌反应性皮肤病也见于法老猎犬的幼崽（图17-7）[60]。也有报道过2种其他类型的锌反应性皮肤病综合征[4,61,62]。

Ⅰ型锌反应性皮肤病综合征主要发生于阿拉斯加雪橇犬和西伯利亚哈士奇犬，且似乎与肠道锌吸收减少相关。牛头梗和其他品种也可能患有此病。当饲喂这些犬营养全面且均衡的日粮时，也会出现皮肤病变。有文献报道过有些阿拉斯加雪橇犬的锌吸收减少的情况[19,63,64]。一些西伯利亚哈士奇犬中，锌的吸收减少可能会同时引起甲状腺功能减退和低血锌症，但其意义还不明确[52,64]。皮肤病变通常发生于动物成年期初期，并且在应激或发情期时恶化，也许是因为这一时期代谢需求旺盛[65]。9~11月是病变的高发期[66]。超过一半的犬病变部位出现瘙痒，"正常"皮肤的瘙痒是日后发生复发的标志。早期表现为红斑，随后脱毛、结痂、脱皮，以及唇、下巴、眼和耳周围出现化脓（图17-8）。身体其他自然孔及阴囊、包皮或阴门处均可受到感染。尽管被毛暗淡，但也会产生多余的皮脂。肘

部及其他受压迫的部位可能出现较厚结痂。厚痂导致皮肤弹性降低和四肢僵硬。继发细菌或马拉色菌感染是常见现象，尤其是当伴有瘙痒时。脚垫可能会角化过度，也可能患爪部疾病，尤其是当出现甲软化时[58]。慢性病例的病变部位可能会出现色素沉着过度。也可能会出现嗅觉（嗅觉减退）和味觉（味觉减退）的敏感性降低。

适当的调整日粮并口服补锌剂后，会迅速缓解大多数病例的症状。最初补充锌的推荐剂量为每日2~3mg/kg[65]。口服补充硫酸锌的剂量通常为每日10mg/kg（硫酸锌中含锌量为23%），但一般需要终身治疗，那么补充剂量应该适当调整以适应长期维持[52,67]。补充锌时，应将硫酸锌片剂压碎并混合入食物中以提高吸收率，降低胃部刺激。甲硫氨酸锌和葡萄糖酸锌均是含锌的有机化合物，锌的生物利用度较高，还可减少胃部刺激。服用剂量应根据各自的含锌量来决定。

口服补充锌对一些犬，尤其是西伯利亚哈士奇犬和法老猎犬不起作用，这些犬需要每周进行静脉注射硫酸锌（10~15mg/kg），持续4周，才能补充锌，随后每1~6个月还应维持注射补以防止复发[61]。静脉注射治疗价格昂贵，如果给药速度过快，则可引起心律失常。另外一种选择是在日粮中添加植酸。通过水解食物中的植酸可提高锌的生物利用度[68]。

低剂量皮质类固醇对单独使用锌治疗无效的病犬是有好处的[69]。皮质类固醇可通过诱导金属硫蛋白因来增加胃肠道对锌的吸收，对皮肤也可能有直接影响作用。这些犬中，停止使用皮质类固醇可降低血清锌浓度，引起临床症状复发。当一些犬同时使用Ω-3/Ω-6脂肪酸治疗时，似乎对锌的效果更好。患病母犬进行卵巢子宫切除术后对锌的反应可能会得到改善[65]。

Ⅱ型锌反应性皮肤病综合征常见于饲喂锌缺乏日粮、高植酸或矿物质（如钙，可干扰锌的吸收）的日粮，或饲喂其他矿物质及维生素过多日粮的生长迅速的幼犬或年轻的成年犬[59,62,65,69]。饲喂犬高钙或高谷物日粮同时含有较高的植酸，由于能与锌结合导致锌的吸收会减少。井水或除旧水管中的水里偶见铁含量高，这可能会干扰锌的吸收。长时间肠炎和腹泻可能会妨碍锌的正常吸收。

有报道称大丹犬（图17-9）、杜宾犬、比格犬、波士顿梗、德国牧羊犬、德国短毛波音达犬、拉布拉多猎犬、金毛寻回猎犬、罗德西亚脊背犬及标准贵宾犬患Ⅱ型锌反应性皮肤病的临床症状是一致的，然而，其他品种的犬也可能患此病[4,45,61,65,70-73]。病变的严重程度差异很大。反复创伤部位可能会形成斑块角化过度。足垫和鼻镜部可能会出现症状（图17-10）。许多犬会继发皮肤感染及相关淋巴结病。比较严重的患犬症状与犬瘟症状相似。

这两种综合征中，血清或毛发锌浓度可能是异常的。对锌适当的分析很难且不可靠，因为样本可能受到玻璃器皿或橡皮塞子中的锌污染，或受各种各样的环境、生理和

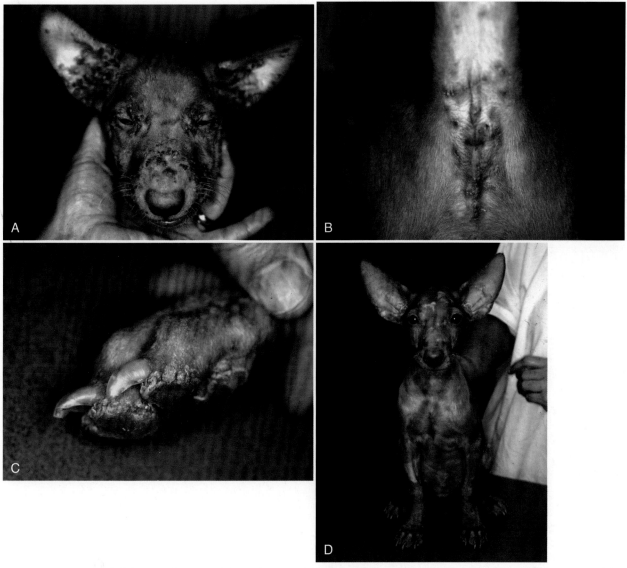

图17-7 患严重锌反应性皮肤病的法老猎犬 **A.** 脸部及耳郭部严重结痂并继发脓皮病 **B.** 伴有结痂的肛周皮炎 **C.** 足部及足垫角化过度加结痂 **D.** 使用硫酸锌（10mg/kg）静脉注射后的图片，图片显示皮肤病变有所改善（图片来自Dr. 士Dennis Crow, Dallas, TX.）

疾病相关因素的影响[62,72,74]。

应根据病史、临床检查及皮肤活组织检查进行鉴别诊断。伴有明显扩散和毛囊角化不全的角化过度的浅表增生性血管周皮炎，可提示锌缺乏。乳头瘤样增生及轻度弥漫性海绵状水肿也是常见的。嗜酸性粒细胞和淋巴细胞是最常见的血管周细胞浸润。表皮内脓疱性皮炎和化脓性毛囊炎提示继发细菌感染。可见继发马拉色菌感染的组织学特点（见第五章）。

治疗包括确定和纠正饮食中任何不足之处，给予动物的基础日粮、水及任何零食或补充物。对于继发细菌或马拉色菌感染的病例一定要进行适当的治疗。对于综合征Ⅱ型，尽管补充锌后可加速动物的疗效反应，但仅调整饮食2~6周后仍可解决皮肤病变问题。对于综合征Ⅱ型，必须补充几周才能恢复动物体内锌的储存。可通过使用湿敷料润结痂或全身使用温水浸泡5～10min后，使用抗皮脂溢香

波淋浴来改善皮肤病变。脸部或其他部位病变可通过使用凡士林或局部使用药膏来改善。

（五）益生菌

益生菌是活的微生物食品补充剂，对整体健康有益。益生菌可用于促进肠道有益菌的生长，改善肠道屏障功能及避免胃肠道异常的免疫反应与炎性疾病。肠道上皮微生物和宿主之间的相互作用是肠道内稳态的关键。肠道微生物对启动肠黏膜屏障的免疫生理调节作用具有重要作用。已证明，益生菌对调节人体免疫功能、避免过敏疾病具有很好的效果[75-78]。一项关于犬的研究显示犬的一些过敏参数下降，但并不能预防过敏性疾病[15]。

益生菌选自健康的正常肠道菌群，包括乳酸菌、双歧杆菌和肠球菌（*Lactobacillus*，*Bifidobacterium*和*Enterococcus*）。不同的益生菌菌株会引起不同的反应，

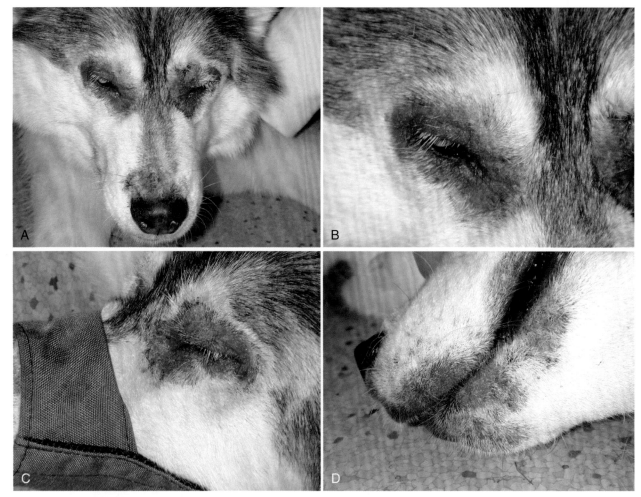

图17-8 Ⅰ型锌反应性皮肤病 **A.** 眼周结痂严重 **B.** 右眼局部特写 **C.** 左眼局部特写 **D.** 口鼻及口周区域也出现结痂和红斑

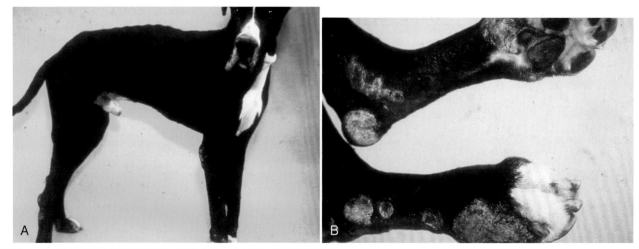

图17-9 **A.** 患Ⅱ型锌反应性皮肤病的年轻大丹犬 **B.** 腿部与足部病变近观

因此，每种菌种可能拥有降低或治疗不同疾病的功能。例如，转基因的乳酸乳球菌（*Lactococcus lactis*）可以诱导产生IL-10，IL-10是一种可提高免疫耐受的细胞因子[77]。然而，能产生新生儿免疫系统成熟信号以提高口服耐受的菌株可能对成年人没有任何效果。

一些关于小鼠的研究显示益生菌在刺激抗炎反应和抑制IgE反应及食物过敏方面有效[79]。副干酪乳杆菌

（*Lactobacillus paracasei*）可通过增加抗炎细胞因子（转化生长因子TGF-β和IL-10）的分泌，来降低炎性细胞因子T$_H$1和T$_H$2的分泌[80]。干酪乳杆菌（*Lactobacillus casei*）可抑制小鼠模型建立的食物过敏反应。在怀孕及哺乳期给予高危幼鼠的母亲GG乳酸菌（*Lactobacillus*）可显著降低儿童过敏性湿疹的发病率。一项对食源性腹泻的成年犬使用益生菌（三种乳酸菌）的研究发现，使用益生菌有明显的疗

图17-10 患Ⅱ型锌反应性皮肤病的斗牛犬鼻角化过度

效，但并未发现肠道内细胞因子发生相应的变化[78]。对一只严重的特应性母犬从怀孕第3周开始，使用鼠李糖乳杆菌，直到哺乳期（*Lactobacillus rhamnosus*），并且对其幼犬使用鼠李糖杆菌直至6月龄，均发现过敏原特异性IgE显著降低，且与其他未接受益生菌的幼犬的兄弟姐妹们相比而言，使用益生菌的幼犬皮下试验的反应更加温和[15]。

（六）补充

畜主通常会给予犬、猫零食和营养补充品[81]。许多补充品含有各种各样的维生素、矿物质和脂肪酸，其他的则包含益生菌、草药、抗氧化剂和/或其他营养物质，如葡萄糖胺和硫酸软骨素。这些产品的功效尚不知晓，还需进行必要的研究。当畜主寻求建议时，应推荐效果已被研究证实的产品。对饲喂优质商品化日粮的健康宠物进行额外的营养补充可能没有益处，然而，还需研究确定适合各种疾病的犬、猫的最佳营养方案。

参考文献

[1] Lewis LD: Cutaneous manifestations of nutritional imbalances. *Proc Am Anim Hosp Assoc* 48:263, 1981.

[2] Holick MF, Chen ML, Kong XF, et al: Clinical uses for calciotropic hormones 1,25-dihydroxyvitamin D$_3$ and parathyroid hormone-related peptide in dermatology: A new perspective. *J Invest Dermatol Symp Proc* 1:1, 1996.

[3] Sousa CA: Nutritional dermatoses. In Nesbit GH, editor: *Dermatology: Contemporary Issues in Small Animal Practice*, New York, 1987, Churchill Livingstone, Inc.

[4] Watson TDG: Diet and skin disease in dogs and cats. *J Nutr* 128:2783S–2789S, 1998.

[5] Fadok VA: Nutritional therapy in veterinary dermatology. In Kirk RW, editor: *Current Veterinary Therapy IX*, Philadelphia, 1986, W.B. Saunders Co, p 591.

[6] Fernandes G: Progress in nutritional immunology. *Immunol Res* 40:244–261, 2008.

[7] Fekete SG, Brown DL: Veterinary aspects and perspectives of nutrigenomics: A critical review. *Acta Vet Hung* 55:229–239, 2007.

[8] Ferguson LR: Nutrigenomics: integrating genomic approaches into nutritional research. *Mol Diagn Ther* 10:101–108, 2006.

[9] Kaput J, Rodriguez RL: Nutritional genomics: the next frontier in the postgenomic era. *Physiol Genomics* 16:166–177, 2004.

[10] Puskas LG, Kitajka K: Nutrigenomic approaches to study the effects of n-3 PUFA diet in the central nervous system. *Nutr Health* 18:227–232, 2006.

[11] Treloar V: Comment and opinions: nutrigenomics. *Arch Dermatol* 141:1469–1470, 2005.

[12] Caramia G: Omega-3: from cod-liver oil to nutrigenomics. *Minerva Pediatr* 60:443–455, 2008.

[13] El-Sohemy A: Nutrigenetics. *Forum Nutr* 60:25–30, 2007.

[14] Swanson KS: Nutrient-gene interactions and their role in complex diseases in dogs. *J Am Vet Med Assoc* 228:1513–1520, 2006.

[15] Marsella R: Evaluation of Lactobacillus rhamnosus strain GG for the prevention of atopic dermatitis in dogs. *Am J Vet Res* 70:735–740, 2009.

[16] Forsythe P, Bienenstock J: Immunomodulation by commensal and probiotic bacteria. *Immunol Invest* 39:429–448, 2010.

[17] Hansen AE, Weise HF: Studies with dogs maintained on diets low in fat. *Proc Soc Exp Biol Med* 52:205, 1943.

[18] Holzworth J: *Diseases of the Cat: Medicine and Surgery*, Philadelphia, 1987, W. B. Saunders Co.

[19] Lewis LD, Morris ML, Jr: *Small Animal Clinical Nutrition*, ed 2, Topeka, KS, 1984, Mark Morris Associates.

[20] Rhoads JE, et al: The mechanism of delayed wound healing in the presence of hypoproteinemia. *J Am Med Assoc* 118:21, 1942.

[21] Thompson W, et al: The effect of hypoproteinemia on wound disruption. *Arch Surg* 26:500, 1938.

[22] Langemo D, Anderson J, Hanson D, et al: Nutritional considerations in wound care. *Adv Skin Wound Care* 19:297;301, 2006.

[23] Dioguardi FS: Nutrition and skin. Collagen integrity: a dominate role for amino acids. *Clin Dermatol* 26:636–640, 2008.

[24] Lee SK, Posthauer ME, Dorner B, et al: Pressure ulcer healing with a concentrated, fortified, collagen protein hydrolysate supplement: a randomized controlled trial. *Adv Skin Wound Care* 19:92–26, 2006.

[25] Outerbridge CA, Marks SL, Rogers QR: Plasma amino acid concentrations in 36 dogs with histologically confirmed superficial necrolytic dermatitis. *Vet Dermatol* 13:177–186, 2002.

[26] Morris JG, Yu S, Rogers QR: Red hair in black cats is reversed by addition of tyrosine to the diet. *J Nutr* 132 (Suppl 2):1646S–1648S, 2002.

[27] Yu S, Rogers QR, Morris JG: Effect of low levels of dietary tyrosine on the hair colour of cats. *J Small Anim Pract* 42:176–180, 2001.

[28] Anderson JB, Rogers QR, Morris JG: Cats require more dietary phenylalanine or tyrosine for melanin deposition in hair than for maximal growth. *J Nutr* 132:2037–2042, 2002.

[29] Anderson RW, editor: *Nutrition of the Dog and Cat: Proceedings of an International Symposium*. Elmsford, New York, 1980, Pergamon Press, p 67.

[30] Hansen AE, Weise HF: Fat in the diet in relation to nutrition of the dog. I. Characteristic appearance and gross changes of animals fed diets with and without fat. *Tex Rep Biol Med* 52:205, 1951.

[31] Campbell KL: Fatty acid supplementation and skin disease. *Vet Clin North Am (Small Anim Pract)* 20:1475, 1990.

[32] Bauer JE: Metabolic basis for the essential nature of fatty acids and the unique dietary fatty acid requirements of cats. *J Am Vet Med Assoc* 229:1729–1732, 2006.

[33] Bauer JE: Responses of dogs to dietary omega-3 fatty acids. *J Am Vet Med Assoc* 231:1657–1661, 2007.

[34] Calder PC. N-E polyunsaturated fatty acids and inflammation: from molecular biology to the clinics. *Lipids* 38:343–352, 2003.

[35] Bauer JE, Waldron MK, Spencer AL, et al: Predictive equations for the quantitation of polyunsaturated fats in dog plasma and neutrophils from dietary fatty acid profiles. *J Nutr* 132:1642S–1645S, 2002.

[36] Campbell KL, Czarnecki-Maulden GL, Schaeffer DJ: Effects of animal and soy fats and proteins in the diet on fatty acid concentrations in the serum and skin of dogs. *Am J Vet Res* 56:1465, 1995.

[37] Vaughn DM, Reinhardt GA, Swaim SF, et al: Evaluation of effects of dietary n-6 to n-3 fatty acid ratios on leukotrienes B synthesis in dog skin and neutrophils. *Vet Dermatol* 5:163–173, 1994.

[38] Hall JA, Picton RA, Skinner MM, et al: The (n-3) fatty acid dose, independent of the (n-6) to (n-3) fatty acid ratio, affects the plasma fatty acid profile of normal dogs. *J Nutr* 136:2338–2344, 2006.

[39] Scott DW: Feline dermatology 1900–1978: A monograph. *J Am Anim Hosp Assoc* 17:331, 1980.

[40] Scott DW: Feline dermatology 1979–1982: Introspective retrospections. *J Am Anim Hosp Assoc* 20:537, 1984.

[41] Scott DW: Feline dermatology 1983–1985: "The secret sits." *J Am Anim Hosp Assoc*. 23:255, 1987.

[42] Miller WH, Jr: Nutritional considerations in small animal dermatology. *Vet Clin North Am* 19:497, 1989.

[43] Campbell KL, Kirkwood AR: Effect of topical oils on transepidermal water loss in dogs with seborrhea sicca. In Ihrke PJ, Mason IS, White SD: *Advances in Veterinary Dermatology Vol 2*, Oxford, 1993, Pergamon Press, pp 157–162.

[44] Brewer NR: Nutrition of the cat. *J Am Vet Med Assoc* 180(10):1179–1182, 1982.

[45] Ihrke PJ, Goldschmidt MH: Vitamin A-responsive dermatosis in the dog. *J Am Vet Med Assoc* 182:687, 1983.

[46] Bikle DD: Vitamin D: A calciotropic hormone regulating calcium-induced keratinocyte differentiation. *J Am Acad Dermatol* 37:S42, 1997.

[47] Kragballe K: The future of vitamin D in dermatology. *J Am Acad Dermatol* 37:S72, 1997.

[47a]Kanda N, Hau CS, Tada Y, et al: Decreased serum LL-37 and vitamin D3 levels in atopic dermatitis: relationship between IL-31 and oncostatin M. *Allergy* 67(6):804–812, 2012.

[47b]Amestejani M, Salehi BS, Vasigh M, et al: Vitamin D supplementation in the treatment of atopic dermatitis: a clinical trial study. *J Drugs Dermatol* 11(3):327–330, 2012.

[48] Niza M, Vilela CL, Ferreira LMA: Feline pansteatitis revisited: hazards of unbalanced home-made diets. *J Fel Med Surg* 5:271–277, 2003.

[49] Koutinas AF, et al: Pansteatitis (steatitis, "yellow fat disease") in the cat: A review article and report of 4 spontaneous cases. *Vet Dermatol* 3:101, 1993.

[50] Langweiler M, Schultz RD, Sheffy BE: Effect of vitamin E deficiency on the proliferative response of canine lymphocytes. *Am J Vet Res* 42:1681, 1981.

[51] Keller KL, Fenske NA: Use of vitamins A, C, and E and related compounds in dermatology: A review. *J Am Acad Dermatol* 39:611, 1998.

[52] Scott DW, et al: *Muller & Kirk's Small Animal Dermatology V.* W.B, Philadelphia, 1995, Saunders, p 891.

[53] Figueiredo C, et al: Clinical evaluation of the effect of vitamin E in the treatment of generalized canine demodicosis. *Adv Vet Dermatol* 2:247, 1993.

[54] Gilbert PA, et al: Serum vitamin E levels in dogs with pyoderma and generalized demodicosis. *J Am Anim Hosp Assoc* 28:407, 1992.

[55] Russell RM, Cox ME, Solomons N: Zinc and the special senses. *Ann Intern Med* 99:227, 1983.

[56] Sanecki RK, Corbin JE, Forbes RM: Tissue changes in dogs fed a zinc-deficient ration. *Am J Vet Res* 43:1642, 1982.

[57] Sanecki RK, Corbin JE, Forbes RM: Extracutaneous histologic changes accompanying zinc deficiency in pups. *Am J Vet Res* 46:2119, 1985.

[58] McEwan NA: Nail disease, zinc deficiency and lethal acrodermatitis. *Proc Br Vet Dermatol Study Group* 29, Spring 1999.

[59] Sousa CA, Stannard AA, Ihrke PJ, et al: Dermatosis associated with feeding generic dog food: 13 cases (1981–1982). *J Am Vet Med Assoc* 192:676, 1988.

[60] Campbell GA, Crow D: Severe zinc responsive dermatosis in a litter of Pharaoh hounds. *J Vet Diagn Invest* 22:663–666, 2010.

[61] Willemse T: Zinc-responsive disorders of the dog. In Kirk RW, Bonagura JD, editors: *Kirk's Current Veterinary Therapy XI*, Philadelphia, 1992, W.B. Saunders Co, p 532.

[62] Wright RP: Identification of zinc-responsive dermatoses. *Vet Med* 80:37, 1985.

[63] Brown RG, Hoag GN, Smart ME, et al. Alaskan Malamute chondrodysplasia. V. Decreased gut zinc absorption. *Growth* 42:1–6, 1978.

[64] Kunkle GA: Zinc-responsive dermatoses in dogs. In Kirk RW, editor: *Current Veterinary Therapy VII*, Philadelphia, 1980, W.B. Saunders Co, p 472.

[65] White SD, Bourdeau P, Rosychuck RAW, et al: Zinc-responsive dermatosis in dogs: 41 cases and literature review. *Vet Dermatol* 12:101–109, 2001.

[66] Colombini S, Dunstan RW: Zinc-responsive dermatosis in northern-breed dogs: 17 cases (1990–1996). *J Am Vet Med Assoc* 211:451, 1997.

[67] Roudebush P, Wedeking KJ: Letter to the editor (zinc-responsive dermatosis). *Vet Dermatol* 13:63, 2002.

[68] Oberleas D, Harland BF: Treatment of zinc deficiency without zinc fortification. *J Zhejiang Univ Sci B* 9:192–196, 2008.

[69] Burton G, Mason KV: The possible role of prednisolone in "zinc-responsive dermatosis" in the Siberian husky. *Aust Vet Pract* 28:20, 1998.

[70] Bensignor E: Dermatose améliorée par le zinc chez un caniche. *Point Vét* 28:741, 1996.

[71] Ohlen B, Scott DW: Zinc responsive dermatitis in puppies. *Canine Pract* 13:2, 1986.

[72] van den Broek AHM, Thoday KL: Skin disease in dogs associated with zinc deficiency: A report of 5 cases. *J Small Anim Pract* 27:313, 1986.

[73] Wolf AM: Zinc-responsive dermatosis in a Rhodesian ridgeback. *Vet Med* 80:37, 1985.

[74] Logas DL, et al: Comparison of serum zinc levels in healthy, systemically ill, and dermatologically diseased dogs. *Vet Dermatol* 4:61, 1993.

[75] Kalliomakie M, Salminene S, Arvilommi H, et al: Probiotics in primary prevention of atopic disease: a randomized placebo-controlled trial. *Lancet* 257:1076–1079, 2001.

[76] Kalliomakie M, Salminene S, Poussa T, et al: Probiotics in primary prevention of atopic disease:4-year follow-up of a randomized placebo-controlled trial. *Lancet* 361:1869–1871, 2003.

[77] Rautava S, Kalliomaki M, Isolauri E: New therapeutic strategy for combating the increasing burden of allergic disease: probiotics—a nutrition, allergy, mucosal immunology and intestinal microbiota research group report. *J Allergy Clin Immunol* 116:31–37, 2005.

[78] Sauter SN, Benyacoub J, Allenspach K, et al: Effects of probiotic bacteria in dogs with food responsive diarrhoea treated with an elimination diet. *J Anim Phys Anim Nutr* 90:269–277, 2006.

[79] Shida K, Takahashi R, Iwadate E, et al: *Lactobacillus casei* strain Shirota suppresses serum IgE and IgG1 responses and systemic anaphylaxis in a food allergy model. *Clin Exp Allergy* 32:563–570, 2002.

[80] Von der Weid T, Bulliard C, Schiffrin EJ: Induction by a lactic acid bacterium of a population of CD4(+) T cells with low proliferative capacity that produce TGF-β and interleukin-10. *Clin Diag Lab Immunol* 8:695–701, 2001.

[81] Thomson RM, Hammond J, Ternent HE, et al: Feeding practices and the use of supplements for dogs kept by owners in different socioeconomic groups. *Vet Rec* 163:621–624, 2008.

小动物皮肤病学 （第 7 版）

一、瘢痕样斑秃和局部硬皮病

瘢痕样斑秃是一种临床综合征，这种病变发生于瘢痕组织的形成过程，可损害毛囊，导致永久性脱毛[1]。人局部硬皮病是一种特定的功能紊乱，主要有五个类型，特点均为皮肤和中胚层来源相关组织的纤维化[2]。这种疾病先前在犬和猫身上很可能被诊断为局部硬皮病，意味着这种综合征或疾病的早期阶段可能演变为瘢痕样斑秃[3-5]。

（一）病因和发病机制

人局部硬皮病的病因不明，但是血管损伤被认为是引起这种病变的原因之一。潜在的遗传易感性和诸如辐射暴露、创伤、药物反应或感染等环境诱发因素也可能引起发病[2,6]。皮肤病变常伴随着挛缩、面部毁容和关节炎出现。这种疾病最初的早期阶段为炎症，20%的病例出现全身症状[2]。病变的进程常常持续多年，虽然这种疾病可能随着时间推移而痊愈，但是病变不会消失[7,8]。人硬皮病的这些特征和早期炎症阶段均没有在犬和猫身上出现。兽医所报道的这种病例应该诊断为瘢痕样斑秃，除了一个猫自愈的病例，但该例也不是典型的局部硬皮病。

局部硬皮病可以来源于多种皮肤损伤，这些损伤可导致纤维组织沉积，并取代毛囊单位和附属结构。局部注射反应、缺血性皮肤病、血管炎、皮肌炎、无菌结节性脂膜炎、外伤疤痕、激红斑和热烧伤或其他焦痂是犬和猫出现这些病变的最常见病因。根据病因和病变严重程度不同，在潜在病因存在的条件下仍有可能长出毛发，但是一旦发生瘢痕样斑秃，脱毛就是永久性的。

（二）临床特征

犬和猫的这种疾病没有年龄、品种和性别的倾向性。瘢痕样斑秃以无症状的、边界清晰的硬化斑块为特征，斑块秃毛、光滑并有光泽（图18-1）。这种现象部分是由于表皮缺乏一切附属结构或可见的毛囊窦口。可能会发生色素减退。由于病因的不同，病变可能趋向于发展为椭圆形或线形。发病模式也可能因病因的不同而改变。如果主要的或最初的疾病痊愈，动物的皮肤也会恢复健康。有过关于1只通过活检诊断为无任何附属结构的瘢痕性皮肤病的猫在3个月后重新长出了毛发的报道[3]。瘢痕样斑秃不会发生

这种情况，典型局部皮肤硬化也是如此，后者为晚期纤维化，且无皮肤附属结构。

（三）诊断

应基于病史、体格检查和皮肤活组织检查的结果作出诊断。病理学家将瘢痕样斑秃这个术语限定用于通过显微镜证实毛囊出现纤维性损伤的病例。即使一处损伤已经十分确定发生瘢痕化，而且活检也支持临床诊断的结果，也有极少数的瘢痕性病变上重新长出毛发的情况。组织病理学检查发现，伴有毛囊或附属腺体缺失的纤维化皮肤病与其上覆盖的表皮有关。其上的表皮常发生癣皮症，也可能是发生了溃疡或者并不明显，这取决于病变的发展阶段和病因。

（四）临床管理

瘢痕样斑秃会保持脱毛状态，除非该病灶通过手术去除。人的局部硬皮病可通过单一使用或联合使用光疗法、局部外用他克莫司以及全身应用糖皮质激素和甲氨蝶呤进行有效治疗[6-8]。

二、肉芽肿性皮脂腺炎

肉芽肿性皮脂腺炎是犬的一种不常见的特发性皮肤病，该病罕见于猫[9-12]。虽然常认为这种情况是发生在犬的，但在人上也确诊了组织病理上相似的疾病[13,14]。

（一）病因和发病机制

许多疾病会继发皮脂腺炎症，如猫痤疮、蠕形螨病、幼年蜂窝织炎、利什曼病、无菌性肉芽肿疾病和眼色素层皮肤综合征[15-17]。肉芽肿性皮脂腺炎是一种特发性疾病，病因和发病机制不明。有一种理论称皮脂腺损伤是一种发育和遗传方面的缺陷。这在对常染色体隐性遗传的贵宾犬和秋田犬模型的研究上得到了证实[18,19]。同窝的动物也受到影响[20,21]。皮脂腺损伤被认为是一种细胞介导的针对腺体某种成分的免疫反应。炎性渗出物内含有T细胞和树突状细胞，但是这些现象可能是对另一个诱导缺陷的反应[22]。环孢素对其治疗有效也支持了这种说法[23,24]。

另外一种说法是皮脂腺炎和角质化缺陷是由脂质代谢或储存异常或脂质储存出错造成的[11,25]。维生素A、维甲酸

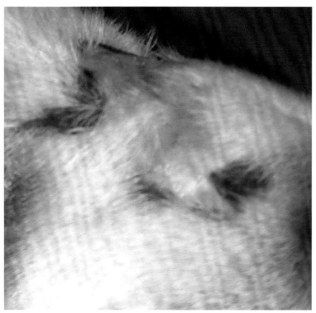

图18-1 一只犬的瘢痕样斑秃，伴有无菌性肉芽肿性皮炎，用泼尼松和咪唑硫嘌呤治疗控制了2年（见图18-19，A为治疗前照片）

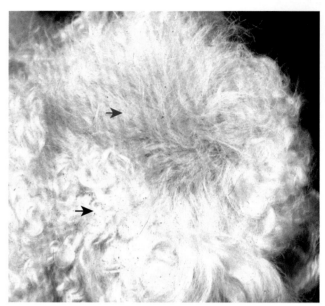

图18-2 皮脂腺炎。黑色箭头指向的是卷曲和颜色正常的毛发。红色箭头指向的是异常着色的、颜色较深的毛发和不卷曲、变直的毛发

和局部油类或甘油三酯的阳性反应可证实这一说法[11,26,27]。另一个猜想的机制是最初的缺陷是角质化异常，继而皮脂腺管堵塞，引发腺体炎症。在大多数犬，尤其是秋田犬和标准贵宾犬，皮脂腺受损后持续很长时间大都会患有毛囊角化症，这是个很突出的特点。这一发现可用于区别特发性皮脂腺炎和利什曼病继发的皮脂淋巴腺炎[16]。Dunstan观察到贵宾犬的亚临床早期组织学变化可能是皮脂腺管峡部纤维化，皮脂腺管周围或管内有少量淋巴细胞和巨噬细胞[28]。这种早期腺管疾病随后会导致皮脂腺堵塞。该病也可能是由多个病因导致或是致病因素联合作用引发的，至少在一些病例或品种中是这样的。55个品种的犬的疾病报告和一些品种的临床表现差异支持以上说法[19,29,30]。

笔者还发现了其他有趣的现象。在一项研究中，23位主人中有16位感觉到动物的疾病发生在一些应激事件后，如生病、全身麻醉或手术；较小的应激因素，如温度或环境改变也有报道[19]。一项针对51个病例，包括史宾格犬、贵宾犬和秋田犬的研究中，43%的犬同时患有并发的慢性疾病，最常见的为甲状腺功能减退症，概率为16%[29]。在所有病例中，作者并没有排除正常甲状腺病态综合征，他们确实也没有注明并发疾病在皮脂腺炎发生前是否存在。在另一份有关比利时牧羊犬的研究报告中，疾病的症状似乎是日光性皮炎，在一个人的病例中也出现类似报道[21,31]。如今这些现象与发病机制存在怎样的联系还不清楚，但是在未来研究中需要更深入地考虑这一问题。

（二）临床特征

1. 犬

该病有性别倾向性，雄性多发，研究表明雄性发病率在标准贵宾犬中为62%，哈瓦那犬为67%，史宾格犬为68%[29,32]。虽然任何年龄都可见发病，但该病更易于在青年

到中年间发生。已报道此病可以在很多品种犬中发生，但主要见于标准贵宾犬、维兹拉猎犬、秋田犬、德国牧羊犬和萨摩耶犬[9,11,19,33]。瑞典的一项针对25个不同品种犬的研究结果指出，史宾格犬和拉萨犬易患此病[29]。哈瓦那犬也容易患这种疾病[32]。已经在50个品种的犬中发现肉芽肿性皮脂腺炎[34]，而比格犬、松狮犬、腊肠犬、迷你杜宾犬和寻回犬的发病率较高。

这种疾病的发病特征有多种类型，这可能是由于品种差异。贵宾犬中可见该病的亚临床变异，表现为皮肤表观正常，仅有组织病理学变化[18,28]。还有一种局部发病、病程温和、常表现为自限性的类型。更为典型的病例通常发病更为严重，病程渐进发展，或者病情在临床症状缓解阶段出现起伏。

皮脂腺炎早期病变常较温和，可能仅限于出现鳞片化和轻度红斑。不同品种犬的临床表现确实有差异，如秋田犬和史宾格犬更常出现脓皮症，病程更严重[29,30]。意识到品种差异确实存在后，可以将该病的临床表现划分为两种主要类型，即长毛和短毛表现型。

典型的长毛犬品种为贵宾犬、秋田犬、德国牧羊犬和萨摩耶犬。长毛犬的早期疾病变化可能是毛发颜色变深或变浅，而且贵宾犬的毛发会从卷曲变成波浪形或变直（图18-2）。这可能会早于脱发或鳞片化的出现，但在一些区域可观察到轻度毛囊管型。随后，这一类型可发展成毛发枯燥、无光泽、脆弱，并伴有鳞片化和毛囊管型（图18-3）。毛囊管型为一根或一撮（更常出现）毛发出现角质鞘碎屑附在毛发的毛囊窦口上（图18-4）。脱毛进一步发展，而毛发黏着和缠结，呈现出的脱毛现象比实际脱毛更严重。

大约40%的病例可能继发细菌性毛囊炎，甚至是疥疮[27,32]。秋田犬受脓皮症影响更严重，75%主人称脓皮症

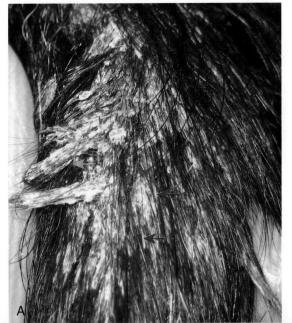

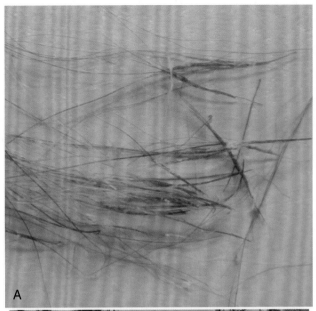

图18-3　一只混血德国牧羊犬的皮脂腺炎　**A.** 尾巴背侧脱毛、鳞片化和毛囊管型。红色箭头指向多根毛发的小部分脱落。蓝色箭头指向多个小脱落灶融合成一个更大的脱落灶　**B.** 同一个病例中耳郭顶端的毛囊管型

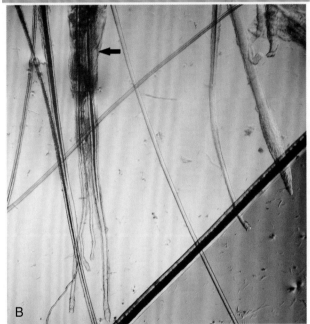

图18-4　**A.** 毛囊管型病灶中毛发缠结在一起　**B.** 40倍放大后的毛发显示一个毛囊管型中包着4根静止期毛发（黑色箭头所指）

多次发作；这导致很多病例最后只能选择安乐术[29]。可能出现外耳炎，发病率因品种不同而异，报道中秋田犬为0，贵宾犬为21%，哈瓦那犬为25%，史宾格犬为57%，而边境牧羊犬为100%[21,29,32]。皮肤瘙痒可能不出现，也可能很严重，所以这不是一个有意义的诊断依据。当继发脓皮症时，皮肤瘙痒往往更为明显[30]。

　　短毛犬，如维兹拉犬、迷你杜宾犬、比格犬、腊肠犬的病变在开始时一般为环形区域鳞片化和脱毛，往往向周围扩大，呈多环状的，偶有融合（图18-5）。这些犬也有可能出现"虫蚀样"病灶、脱毛，但与丘疹样结痂毛囊炎无关。表面鳞片常较细、白且不贴附。毛发管型程度有的轻微，有的严重。这种类型的继发性脓皮症报道很少。可能发生脓皮症，但通常较轻微，而且很可能只维持在浅表。偶尔能在这种类型出现斑块状、肿胀或结节性病变[25,30]，而

图18-5　皮脂腺炎，耳郭背面基部、头顶部和鼻梁出现脱毛和鳞片化

且也可能发展成严重的耳郭溃烂[35]。

最初背侧出现病变，主要在颈部和头部区域（见图18-5）。耳郭或耳郭基部常受到影响。一些病例报道称病变只局限在耳郭区域[19]。其他病例中最初病变位置为尾巴，且常发生感染。随着时间推移，大多数病例的病变区域蔓延至多个位置，常扩散到整个背部，波及半个躯体（图18-6）。腿和爪往往不受影响，但在一些病例中，病变也会扩散至整个身体[24,29]。贵宾犬的病变扩散很迅速。

2. 猫

病变包括多灶性环状区域的鳞片化、结痂、断毛、毛发管型和脱毛（图18-7）[12,36]。首先在头部、耳郭和颈部出现病变，然后蔓延至身体尾部。

（三）诊断

鉴别诊断包括金黄色葡萄球菌性毛囊炎、蠕形螨病、真菌病、角质化缺陷（尤其是脂溢性皮炎、维生素A-诱导性皮肤病和鱼鳞病）和毛囊发育不良。刮皮检测和微生物培养反应为阴性。严重的毛发管型最有可能与肉芽肿性

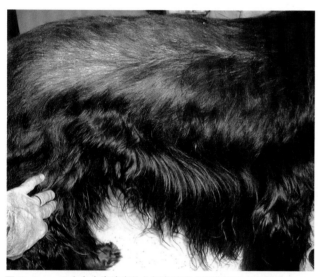

图18-6 一只患有皮脂腺炎的戈顿赛特猎犬颈背部脱毛和鳞片化

图18-7 猫皮脂腺炎。躯干上明显的毛囊角质化、断毛和脱毛

皮脂腺炎、脂溢性皮炎、维生素A-诱导性皮肤病、蠕形螨病和毛囊发育不良相关。显微镜检查发现管型或黄棕色套环状角化皮脂性物质以不同间隔围绕在毛干周围（见图18-4，B）。

皮肤组织病理学发现样本受损程度是多变的，且与所采集样本所处的病变阶段有关。尽可能采集病变早期的样本很重要，最好选择还未脱毛的区域采集样本；病变后期皮肤上常没有皮脂腺，所以组织病理学诊断不能发现发炎的皮脂腺[25,30]。后期伴有脱毛和明显鳞片化、管型和毛囊角化的病变，皮脂腺存在的可能性更小。早期病变以不同程度的皮脂腺炎为特征（肉芽肿性到化脓肉芽肿性）。不是所有肉芽肿中都可以见到皮脂腺细胞，诊断结果可能基于正常情况下皮脂腺所在区域出现离散的毛囊周围肉芽肿。其他附属结构也要检查。短毛犬（如维兹拉犬）中可能出现较大的肉芽肿性病变，有些病变延伸至皮下组织。继发金黄色葡萄球菌感染的动物可能出现中性粒细胞性表皮内脓疱性皮炎、化脓性毛囊炎、疖疮和弥漫性化脓肉芽肿皮炎或脂膜炎。

（四）临床管理

现今仍没有通用有效的治疗方法，这也使得临床上医生采用了许多不同的方法尝试治疗该疾病。甚至最有效的治疗方法也不一定能治愈，反而会加重脱毛和鳞片化的程度。患病动物的毛发甚至在用药期间仍不好转或是容易复发[29,32,34]。更令人费解的是，有些犬在没有任何治疗的情况下，病情出现自发性地好转和恶化的循环。极少数犬和猫发生自发性病情缓解[12,36,37]。没有任何临床发现（诸如品种或病变的程度）可以用于预测治疗的效果[11,27]。在该病中，控制感染很重要，因为感染常使得动物的病情、气味和瘙痒程度加重。对于这些病例的管理，适当的抗生素和局部抗菌治疗往往是必需的，至少在最初阶段很重要。向动物主人说明动物对治疗的不同反应以及感染的影响十分必要，这可以最大限度安抚动物主人的沮丧情绪而减少采取安乐术的倾向。在一项研究中，44只犬中有14只由于皮脂腺炎而被施行安乐术[29]。其中7只犬为秋田犬或史宾格犬，并在确诊后的2年内实施了安乐术。

轻症病例经去角质香波、润肤液或去油沐浴后的护理可以得到满意的控制。较顽固的病例经每天1次的50%~75%丙二醇水溶液局部喷洒或冲洗治疗，之后调整到每周2~3次，病情可有所缓解。有报道称在用香波洗去多余油脂后浸泡婴儿油对于贵宾犬有疗效（不稀释或与水按1∶1稀释；让患犬浸泡1~6h）。这一方法需要每周重复直至获得最大疗效，之后可调整到每3~4周1次。一项研究对一种局部治疗方案进行了评估，具体为先用硫黄和水杨酸或乳酸乙酯的香波洗10min，反复冲洗去油后用婴儿油浸泡2h。然后再用70%丙二醇水溶液喷洒。这一方法先每周进行1~3次，持续几周，随后逐渐降低使用频率。病变评

分平均下降47%，和单独使用环孢菌素一样有效[24]。

口服Ω-6和Ω-3脂肪酸仅对一些犬有效。考虑到安全性和成本，最初治疗方法常为口服药物和局部用药治疗[29,30,34]。许多治疗方案中也包括了口服维生素A。一个研讨会的报告指出，每日口服10 000～30 000IU的维生素A，连用3个月，对80%的犬有效[38]。但在一个评估中，只有约50%的主人认为长期使用维生素A足够有效，而没有一个主人将疗效仅仅归结于使用了维生素A[26]。一个作者（KLC）出现约75%的皮脂腺炎患病动物联合使用维生素A（口服，每日1 000IU/ kg）、四环素（每只犬每隔8h服用250～500mg）和烟酰胺（每只犬每隔8h服用250～500mg）有良好疗效。

全身使用糖皮质激素是没有效果的，但他们认为在广泛性表皮剥落的病例中，糖皮质激素能有助于减少皮肤瘙痒。糖皮质激素不能改变疾病的进程，因为皮脂腺的损坏和表皮剥落仍然发生。

对严重病例或顽固性病例，合成维甲酸（见第三章）可能有用。但是该药的成本，以及使用上的难度（严重警告和需要签署患者同意书），令其在人医使用上被拒之门外。现在异维A酸已经可从兽药厂（Diamondback Drugs）拿到，且价格合理，所以该药已开始重新应用于治疗。19个使用异维A酸（每日0.8~3.5mg/kg）的病例有47%的病例，以及17个使用阿维A酯（每日0.7~1.8 mg/kg）的病例中53%的病例，减少了50%以上的脱屑和脱发。此研究未见品种差异，有的犬首次用药时选择维甲酸（无论是异维A酸或阿维A酯）后，第二次用药后再使用维甲酸则无效。阿维A酯对比利时牧羊犬疗效甚微，但异维A酸的疗效很好[21]。阿维A酯不再可用，但是还没有任何替换合成维甲酸、阿维A酯的研究。异维A酸最初给药剂量为每日1mg/ kg，如果没有效果则增加剂量到每日2mg/kg。

每日5mg/kg的环孢菌素［阿托皮卡（诺华）］在治疗皮脂腺炎时有效[32,39-41]。一项对于12只犬的研究中，患犬的平均临床得分在经过预处理后显著减少，由约60分降到20分，并维持了超过12个月的时间[41]。12只犬中有2只尽管接受治疗，病情仍然恶化。另一项研究对比了局部治疗时仅使用环孢素和局部治疗中联合使用环孢素这两种方法[24]。目前为止，环孢素是唯一能增加皮脂腺并使该病临床症状好转的药物[24,41]。

如今没有任何一种联合治疗对于有些犬有效；有报道一只标准贵宾犬经多种药物（外用药、维生素A、异维A酸、阿维A酯、Ω-6和Ω-3脂肪酸）联合治疗后无效，使用四环素和烟酰胺可能有效[37]。在4个月的治疗期间，角化异常逐渐得到好转，复发性细菌性毛囊炎痊愈。

目前没有任何针对猫肉芽肿性皮脂腺炎治疗的报道。

三、嗜酸性粒细胞增多综合征

嗜酸性粒细胞增多综合征是一种罕见的发生于猫的疾病[42-45]。此病在犬也得到确认，但在犬并没有典型的皮肤症状[46-48]。该病特征为慢性原发性嗜酸性粒细胞增多，多个器官弥漫性浸润成熟的嗜酸性粒细胞。

（一）病因和发病机制

该病的病因和发病机制不清楚。人的外周血中嗜酸性细胞计数超过1.5×10⁹个/L时称为嗜酸性粒细胞增多症，嗜酸性粒细胞增多综合征为原发性嗜酸性粒细胞增多持续超过6个月，嗜酸性粒细胞非克隆性数量爆发，以及嗜酸性细胞引起的器官损伤[49]。它呈现了一个非肿瘤性白细胞增殖过程，伴着嗜酸性粒细胞迁移至多个器官。超过1.5×10⁹个/L的嗜酸性粒细胞增多症继发于多种疾病，但最常见的是猫的跳蚤过敏和犬疥疮[50-52]。当犬和猫的外周血嗜酸性粒细胞计数超过1.5×10⁹个/L时认为患嗜酸性粒细胞增多综合征。

（二）临床特征

这种疾病在中年母猫中更多见[37,39]。没有发现品种和性别倾向，但在犬中，罗威纳犬似乎更容易患此病[46,51]。组织浸润成熟嗜酸性粒细胞会引起多器官功能障碍。骨髓、淋巴结、肝脏、脾脏和胃肠道通常受到影响。心脏极少出现异常，仅有1只猫出现了限制性心肌病的临床症状[53]。最常见的临床症状反映出胃肠道受到影响，症状包括腹泻、体重减轻、呕吐和厌食[44]。体检常发现肠袢增厚、淋巴结肿大和脾脏肿大。极少情况下，患病猫的皮肤出现全身性红斑、剧烈瘙痒、明显表皮脱落，并可能出现风疹和四肢软组织肿胀（图18-8）[43,45,54]。

（三）诊断

应基于病史、临床检查结果作出诊断，并通过实验室检测和皮肤活检排除其他病。该综合征没有特定的检测方

图18-8 猫嗜酸性粒细胞增多综合征，面部和耳郭出现红斑和表皮脱落

法；而是通过不明原因的长期嗜酸性粒细胞增多和多器官受影响来定义。嗜酸性粒细胞白血病应该通过细胞标记物排除。白血病中的嗜酸性粒细胞通常更不成熟，且有报道指出，皮肤不会受影响[55]。

应排除跳蚤过敏、嗜酸性肉芽肿复合物、食物过敏、哮喘、嗜酸性粒细胞肠胃炎、内寄生虫感染和肥大细胞瘤。另外应该考虑的是嗜酸性粒细胞白血病，它与本病极其相似，但可能会出现异常细胞，骨髓检测中M/E比例升高，超过10∶1[44]。猫的特征为中度至明显的外周血嗜酸性粒细胞增多（平均为42.6×10^3个/mL）。皮肤直接涂片显示嗜酸性粒细胞和嗜碱性粒细胞占大部分比例。皮肤活检显示不同表层和深层血管周围间质性皮炎的程度，以嗜酸性粒细胞为主。

（四）临床管理

该病预后不良；大多数病例存活时间短，任何治疗对患病动物均没有效果。据报道，1只犬的病情缓解，而另1只经羟基脲和氢化泼尼松成功治愈[48,56]。有一只猫对羟基脲和氢化泼尼松也有反应[51]。有皮肤病变的猫病情进程缓慢，存活时间更长（2～4年）[45,54]。这些猫对于高剂量的糖皮质激素有良好的反应，但持续时间短。与氢化泼尼松联合使用，化疗药物羟基脲对犬和猫也有效。羟基脲［Hydrea（施贵宝）］是一种核苷酸还原酶抑制剂，可导致DNA合成减少。它主要对生长周期中的S期细胞有致死毒性。羟基脲可以引起脱甲病[57]。当仅使用糖皮质激素时，羟基脲和α干扰素对人无效。而在对这些治疗有抗性的病例中，T细胞抑制药物、环孢菌素或c-kit抑制剂伊马替尼甲磺酸可能有效[49]。

四、特发性弥散性脂肪瘤样病

这种情况在犬和猫身上都极其罕见[58,59]。成年动物出现皮肤褶皱逐渐扩大，尤其在颈部和躯干部明显。这种皮肤异常是对称的，但可能在身体的一侧比另一侧严重（图18-9）。皮肤褶皱下垂、厚、重，皮下多脂肪。有较大褶皱的皮肤可能薄，毛发稀少，并可能在与环境接触时受到创伤。

活检显示出现显著弥漫性增厚膜组织。增生的脂肪可能与成熟脂肪组织相似，但在小叶间隔出现黏蛋白，血管周围有少量原始间质细胞和成脂细胞。在其他病例中，正常膜结构消失于表现正常和发育异常的脂肪细胞的增生混合物中。

目前该病没有有效的治疗方法。

五、特发性油脂性被毛和毛发皮脂腺增生

我们已经看到，有少数犬和猫出现皮肤和毛发严重出油的情况（图18-10）。这些动物可能健康，或是皮肤和毛发症状不明显。易患该病的犬有几个品种，两个性别都

图18-9 特发性弥散性脂肪瘤样病。皮下脂肪显著不规则增生，导致身体畸形

图18-10 一只波斯猫毛发皮脂腺增生导致的油脂性被毛

有，它们的"出油问题"在1岁之前就显现。一些犬有难闻的气味。患此疾病的猫是1只波斯猫，也是幼年时开始发病的。

临床检查可见皮肤和毛发严重出油。长毛犬的毛发结块，且油脂过剩。脂肪过多部位的刮皮和直接涂片结果为阴性。组织学检查发现显著的皮脂腺增生，除此之外皮肤的组织学检查正常。

有许多种局部治疗方法，如除油香波（苯甲酰过氧化物、硫化硒）和冲洗（醋和水），具有短暂效果（48～72h）。对两只雄性犬进行去势后发现均没有不良反应。这些病例尝试口服异维A酸原本是有益的，但是主人由于费用和可能的不良反应而放弃了继续治疗。患病的这只猫用异维A酸治疗了6个月，出油皮肤好转并痊愈。这只猫随后被一个新的家庭收养，直至我们随访的结束，它一直保持皮肤不出油。

六、苔藓样皮肤病

苔藓样皮肤病在犬和猫是罕见的，通常是特发性的皮肤疾病[37,60-63]。一些病例也被称为苔藓样角化病[64]。

炎，或两者都有，应该怀疑这是由于金黄色葡萄球菌感染引起的苔藓样组织反应。适当的全身抗生素治疗对于该病治疗有效。如果出现嗜酸性粒细胞浸润的微脓肿，应该怀疑是由于体外寄生虫（尤其是跳蚤或姬螯螨）或马拉色菌引起的苔藓样组织反应。

（四）临床管理

犬和猫特发性苔藓样皮肤病似乎预后良好。所有病例都在6个月至2年的病程后发生自发性病情缓解。没有一种治疗方法是通用而有效的。局灶性病变可采取手术切除，激光治疗可能是有益的。抗生素治疗已经使一些病变得到改善，但有可能复发。

七、脂膜炎

脂膜炎是一种多因素所致的皮下脂肪炎症。如果考虑所有与脂膜炎有关的组织学依据，可知该病并不罕见；在一些患有脉管炎、深层脓皮症和各种全身感染疾病的病例中可见到脂膜炎。但是，犬和猫出现特征性的深部结节，可能是坚硬或是囊性的，然后附着在局部真皮上，最终发生溃疡和发展成瘘管的病例并不常见[65]。

（一）病因和发病机制

脂膜主要由分布在纤维性间隔内的脂肪细胞组成，血管主要位于间隔内。脂肪细胞尤其容易受到创伤、局部缺血，及相邻炎症疾病影响。脂肪细胞损伤导致脂质的释放，脂肪水解成甘油和脂肪酸。脂肪酸是强效的致炎物质，可进一步诱导炎症反应和肉芽肿组织反应。

犬和猫的脂膜炎涉及多种致病因素（表18-1）。始终要留意穿刺伤或外伤继发的病原体感染。应特别注意结核分枝杆菌和诺卡氏菌，它们的靶器官似乎是脂膜[66-72]。其他病原，如寄生虫、癣菌、深部真菌、巴尔通体和痘病毒也能诱发脂膜炎[73-79]。免疫介导性疾病，系统性红斑狼疮、类风湿性关节炎和钝性损伤也与脂膜炎相关[80,81]。免疫介导、感染、注射和营养性原因在其他部分有详细讨论（见第四、第五、第九、第十一和第十七章）。这里的讨论集中在无菌结节性脂膜炎上。

（二）无菌性结节性脂膜炎

无菌性结节性脂膜炎指的是无菌性炎性皮下结节，并且与其他已知特定疾病或引起脂膜炎的病原体无关。它仍有可能与其他疾病相关。

1. 病因和发病机制

脂膜炎与胰腺炎和胰腺肿瘤有关，所以应评估所有患有脂膜炎的犬和猫患胰腺疾病的可能性[82-88]。有遗传性 α_1-抗胰蛋白酶缺陷的人，容易在各种刺激因子的作用下患无菌性脂膜炎。在犬上还没有检测到该病与抗胰蛋白酶水平之间的联系[89,90]。有关于1只患犬的 α_1-蛋白酶抑制

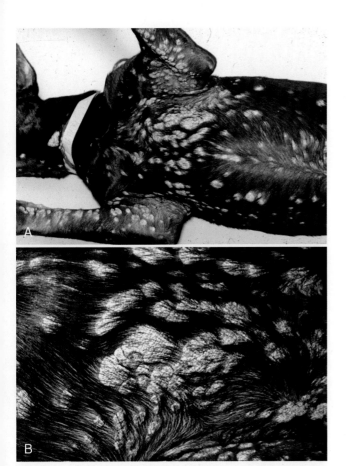

图18-11　A. 犬胸口和前肢的苔藓样皮肤病　B. 苔藓样斑块的放大特写

（一）病因和发病机制

大多数这种皮肤病的病因和发病机理不清楚，它们的临床症状和组织病理学特征显示其发病机制为免疫介导性反应[37]。

（二）临床特征

没有确定的年龄、品种或性别倾向。但是在已经报道的病例中，有数例为杜宾犬[37,62]。

苔藓样皮肤病的特点通常为无症状的对称发病，病灶在口角区域为顶端平整的丘疹，表面从鳞片状发展成过度角质化（图18-11）。病变可能融合形成角化过度脱毛的斑块，这可能发生在全身任何地方。耳郭背侧表面、胸部腹侧以及腹部常为发病部位。病变可局限于耳郭[63]。动物患病之前通常是健康的。

（三）诊断

这些病变通常可通过肉眼诊断。鉴别诊断包括英国史宾格犬的银屑样皮肤苔藓化、光化性角化病，一些乳头状瘤病毒病病变和环孢菌素引起的苔藓样斑块。确诊要基于病史、体检以及通过实验室检测和皮肤活检排除其他疾病。细菌培养结果为阴性。皮肤活检结果发现过度角质化和增生性苔藓，以及水样界面性皮炎。炎性浸润以淋巴浆细胞为特征。如果出现表皮内脓疱性皮炎或化脓性毛囊

表18-1 犬和猫脂膜炎的病因

病因类型	常见病因
异物	缝合材料
特发性	无菌性结节性脂膜炎
免疫介导性	红斑狼疮 血管炎 药物反应 类风湿性关节炎
感染	分枝杆菌 诺卡氏菌 真菌 病毒 寄生性原虫
营养性	维生素E缺乏导致的胰腺炎
胰腺疾病	腺瘤 胰腺结节性增生 胰腺炎
后期注射	除了狂犬病疫苗以外的疫苗 抗生素 溴化钾 包括糖皮质激素在内制剂的换位置重新注射
后期外科手术	缝合相关 非缝合相关
热烫伤	加热垫损伤
创伤	钝性创伤 慢性压力
疫苗	狂犬病疫苗

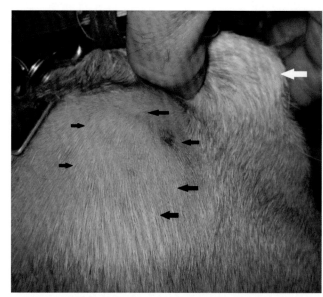

图18-12 无菌结节性脂膜炎，大的肩部结节已经形成瘘管（黑色箭头包围区域）。白色箭头指的是手指扶着的另一个皮下结节

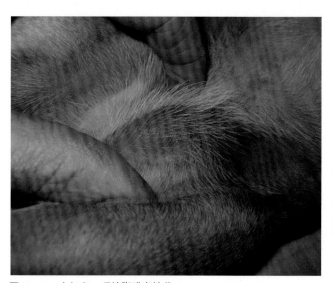

图18-13 大红斑，硬性脂膜炎结节

剂（α₁-抗胰蛋白酶）水平较低，并感染了巴尔通体的报道[74]。很多因素结合在一起导致了脂膜炎的发展，且该犬在脂膜炎发病前刚刚接受过药物治疗。

有些脂膜炎患犬可能有其他慢性疾病。一项针对10只犬的研究中，4只有特异性皮炎，2只有胰腺炎，且其中一只同时也有皮质醇增多症，另一只有肾上腺皮质功能减退。许多犬在诊断出脂膜炎之前有用药治疗其他疾病的经历[91]。一项回顾性研究评估了14只患无菌性脂膜炎，且有包括发热、食欲不良、嗜睡、皮肤病变远端明显疼痛等全身症状的犬[80]。研究发现，脂膜炎通常有多处病灶，伴有瘘管，且与胰腺疾病、系统性红斑狼疮、类风湿性关节炎和淋巴浆细胞性肠炎相关。该研究中4只犬患有肝脏疾病，但尚不能证实这与脂膜炎有关。另一项研究中，43只患病动物中有16只（37%）有过手术经历，研究人员认为这与疾病发展有关，因为脂膜炎病变会发生在手术部位，但脂膜炎可在手术实施后几年才发生[89]。

（三）临床特征

脂膜炎临床症状表现为深层皮肤结节。这些病变可为单病灶或多病灶；可分部在特定区域或全身，而病变在真皮层的范围可由几毫米到几厘米不等。结节可为坚硬、边界清晰的，或是柔软、边界不清晰的（图18-12）。病变最初发生于皮下或固定在上覆的真皮上，然后可能进一步发展使得上覆的真皮层和表皮层受影响并发生溃疡。病变

形态多样，可呈正常肤色，也可出现红斑或呈红蓝色，并出现硬结（图18-13）。病变可成为囊状，继而溃烂，之后发展成瘘管，排出一种油状、呈土黄色、带血腥味的物质（图18-14）。病变可能疼或不疼，恢复后常留下凹陷疤痕。色素沉着可能出现在病变周围或在病变痊愈处（图18-15）。一份德国牧羊犬脚掌脂膜炎的报告指出局部脂膜炎位于在跗骨和腕垫近端[92]。这很可能是趾骨瘘管的代表性病例（见第十二章）。

1. 犬

两项显著的大型犬的回顾性研究结果迥异。在57只犬的回顾性研究中，没有发现任何年龄、品种或性别倾向[65]。另一项针对43只犬的研究中，发病年龄主要集中在3~5岁。腊肠犬高度易感，发病率为51%，绝育犬也易患此病[89]。一项研究中的14只犬全部绝育[80]。另外一项研究的10只犬40%在3~5岁发病，虽然有2只犬为小型贵宾犬，但无品种倾向性。其他研究表明小型贵宾犬和牧羊犬可能易感[81]。

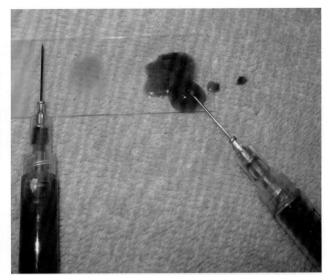

图18-14 两只史宾格犬无菌性结节性脂膜炎病灶中的出血性分泌物

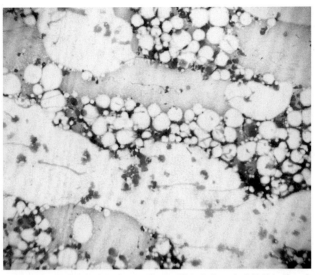

图18-16 脂膜炎细胞标本显示脂质区域空泡化，出现单核细胞，变性的DNA以及炎性细胞

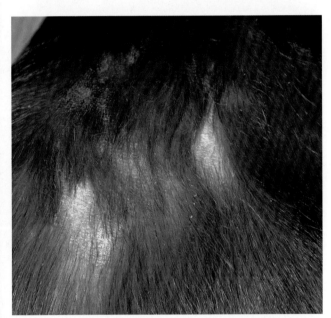

图18-15 一只患脂膜炎的腊肠犬恢复后的三个瘢痕性脱毛区域，一个为色素沉着，两个为色素减退

所观察到病变的数量和模式也存在显著差异。在一项对57只犬的研究中有80%的犬病变为单病灶，最常见于胸部腹外侧、颈部和腹部[65]。另一项对43只犬的研究中88%病变为多病灶，躯干、腹股沟、臀部、腹部、大腿和肩部最常受影响[89]。针对10只犬的研究指出，40%的犬出现多病灶。针对14只犬的研究中，脂膜炎都伴着其他全身症状，而12只（86%）出现多病灶[80]。有多病灶的犬更可能出现全身性症状，包括发热、食欲不振、精神沉郁、嗜睡。这些症状有时呈间歇性出现，预示着出现新的皮肤病变。有些犬可能会有关节痛、腹痛、呕吐或肝脾肿大[80,89,90]。当该病与胰腺炎一起发生时，常见呕吐和腹痛症状[85,86,89-91]。其他部位，包括骨、椎管和腹部，也有发生脂肪坏死的报道[84,85,93]。

2. 猫

大多数猫（95%）的病变为单病灶，最常见于腹部腹侧和胸部腹外侧。出现多病灶或患胰腺疾病的猫常与犬一样出现全身性症状[65,87,94]。没有明显的年龄、品种或性别偏向。

（四）诊断

脂膜炎的病变有时候会被误诊为深层脓皮症、皮肤囊肿、皮肤肿瘤和异物反应。完整病灶内的提取物外观多样，可能是化脓性、多肉芽肿性或肉芽肿性的，内有脂质或脂肪细胞（图18-16）。巨噬细胞可能呈特别的泡沫状，但没有发现微生物[80]。偶尔可见梭形细胞，这有可能导致在细胞学上将病变误诊为肿瘤[89]。梭形细胞和肿瘤外观在坚硬结节提取物中更为常见[91]。用于细胞学检查的标本应该从多个位置采集，如果存在软性波动性结节最好也进行采样。出现许多嗜酸性粒细胞表明病变由节肢动物或者注射诱导而引起[37]。脂膜炎只能由活检确诊，切除活检为首选，并认为这是唯一适合皮下结节活检的绝对首选。脂膜炎通常呈小叶性或弥漫性的，但有些病例中可出现隔膜。浸润可能为肉芽肿性、多肉芽肿性、化脓性、嗜酸性、坏死性或纤维化[65]。在诊断疾病为无菌结节性脂膜炎前，对结核分枝杆菌和其他感染性病因的组织病理学特殊染色检测以及好氧微生物、厌氧微生物和结核分枝杆菌的组织培养结果均为阴性。脂肪组织皂化和坏死与胰腺疾病包括无菌性结节性脂膜炎和猫的维生素E性全脂肪织炎有关[80,81]。

一旦确诊为脂膜炎，无菌性结节性脂膜炎应该仅在已知其他病因被排除的情况下确诊，特别要排除注射、疫苗反应和免疫介导性疾病，甚至在已经确诊为无菌结节性脂膜炎的情况下，也要检查同时并发的疾病，尤其是出现全身性症状时。做腹部超声和淀粉酶、脂肪酶的生化检测（例如胰脂肪酶免疫反应性这些结果是所需的最小化的数据库的内容），有多处病灶和全身性疾病的动物通常有轻度至中度的白细胞增多症和中性粒细胞增多症，以及轻度非再生性贫血。

（五）临床管理

有1个病例，当胰腺炎恢复后，脂膜炎也不治而愈了[80]。仔细切除单独的病变的手术是有治疗作用的[65,91]。一项研究表明，41例单实施了切除手术的病例，在接下来的4个月到4年时间内没有复发[65]。另一项研究结果是，5个病例中有4个发生单病灶复发，其中一个在2年内复发[89]。有多病灶无菌性结节性脂膜炎的犬和猫通常全身应用糖皮质激素治疗有效[65,80,89,91]。泼尼松龙或泼尼松可经口给药（犬每日1次，每次2mg/kg，猫每日1次，每次4mg/kg），直至病变出现好转（3~8周内）。局部或病灶内给予地塞米松或曲安奈德在有些情况下有效，且可作为不能使用全身性糖皮质激素治疗时的选择。如果没有找到病因或潜在疾病已经得到有效治疗，病情缓解后有必要尝试停止用药。许多犬，尤其是年轻的犬，可以得到长期甚至永久性缓解。复发病例中，隔日应用类固醇治疗可能需要更长时间。一些动物可能需要与其他免疫抑制药物如咪唑硫嘌呤或环孢素的联合治疗。

在少数犬、猫病例中，口服维生素E（dl-α-生育酚醋酸酯），每12h用药400IU可得到良好治疗效果[65]。为了得到最好的效果，必须在餐前或餐后2h给予维生素E。口服碘化钾已经在人的无菌性结节性脂膜炎治疗中成功使用，且Scott报道了在2只犬的治疗中也成功使用了该方法[37]。也有四环素和烟酰胺对一些犬有效的报道[37]。

八、爪垫龟裂病

爪垫龟裂病在犬上相当罕见，在猫中也只出现过1次报道[95]。该病的病因不明，但认为这种疾病与特发性脚垫角化缺陷有关。这种缺陷使动物表皮脆弱，当脚垫受到摩擦时，表皮的表面与深部组织分离。脚部潮湿似乎更容易引发这类病变。

症状发生在动物成年的早期。临床病变变化很大，且会涉及多足的多个脚垫。在一些病例中，分离基面相当宽，导致一大片表皮瓣从基部脱离开来。这种形式的病变必须要与创伤性水疱相区别（见第十六章，图16-24）。如果病变为慢性的，脚垫的表皮结构改变，创伤中心区域会发生点状溃疡和过度角质化（图18-17）。不论是以上哪种情况，动物都会出现跛行，且伴有病灶处不同程度的疼痛或瘙痒。

大囊疱型病变需要进行的鉴别诊断有限，包括创伤性摩擦水疱（见第十六章）和各种形式的水疱性表皮松解症（见第十二章）。对于慢性型病变，要考虑所有可引起脚垫角质化过度的疾病，尤其是天疱疮、药物反应及血管炎（见第九章）。皮肤活检有助于鉴别诊断出该病。收集样本时，必须采集到活性病变的边缘组织。特征性病变外观呈明亮嗜酸性、凝固状，延伸至真皮表面，类似于烧伤的凝固性坏死[95]。

图18-17 爪垫龟裂病。这只犬4只脚均受到影响。需注意其中3只脚垫有表面结构变化和结痂的溃疡组织

没有关于临床管理的详细资料。任何组织瓣或角化过度的突出物都应该切除，根据需要可给予止疼药物。在愈合过程中应该进行保护包扎，提供舒适环境，并使伤口不受感染。狩猎靴的透气性可能会降低该病复发率和严重程度。

九、无菌肉芽肿/脓性肉芽肿综合征

特发性无菌肉芽肿性至多肉芽肿性结节或斑状皮肤病变可见于名为无菌肉芽肿性/脓性肉芽肿综合征（SGPS）的疾病[96-101]。这种综合征在犬中不常见，猫中非常罕见。

（一）病因和发病机制

这种综合征的病因和发病机制不清楚。据推测，对于未识别病原体或病原体抗原的免疫功能不全或异常可能导致这种反应[102]。有一些证据支持这一观点。四环素或多西环素对于一些病例有效，尽管药物在其中只是起到了抗炎的作用[103,104]。对46个先前已被诊断为SGPS的病例研究中，利什曼原虫的PCR检测和免疫组织化学检测结果有21个（46%）为阳性[105]。该病的特征性肉芽肿组织病理学外观没有微生物病原体和异物、全身使用糖皮质激素和环孢素治疗反应良好，以上特点都暗示这是一个异常炎性组织细胞反应[39,101,104]。人的结节病是一种经典"无菌性"肉芽肿性疾病，PCR技术显示结核分枝杆菌（多种）DNA在皮肤病变中的出现率为80%[106]。在另一项研究中，结核分枝杆菌抗原的PCR检测在所有46个病例中为阴性[105]。其他感染性病原，如蜱传染性疾病，也是这些病例中应该考虑的。

（二）临床特征

1. 犬

这种疾病可发生在所有年龄、品种和性别的犬身上，

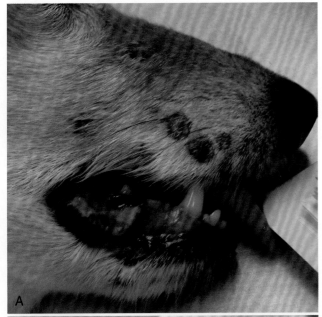

图18-18　**A.** 无菌肉芽肿性/脓性肉芽肿综合征（SGPS），口鼻部有红斑性脱毛性丘疹和结节　**B.** SGPS，鼻梁和眼周出现溃疡和结痂的结节

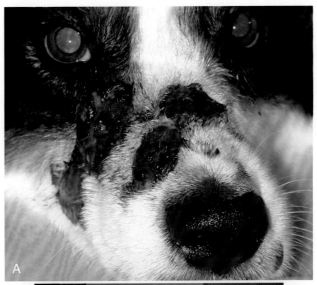

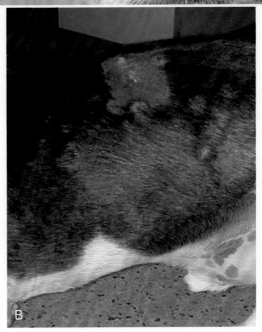

图18-19　**A.** 溃疡性肉芽肿性斑块和无菌性肉芽肿性/脓性肉芽肿综合征（SGPS）结节。这些病变导致瘢痕样斑秃（见图18-1）　**B.** SGPS，环状结节和斑块

但牧羊犬、腊肠犬、杜宾犬、英国牛头犬、威玛犬、大丹犬、拳师犬和金毛寻回猎犬可能更易患病[96,102,104]。病变为坚硬、无痛、不瘙痒的皮肤丘疹、斑块和结节（图18-18）。病变可能发展成圆形环状病灶，并且发展为脱毛、溃疡，以及继发感染（图18-19）。病变通常为多病灶的，且常常影响头面部（特别是鼻梁、口唇和眼周区域）、耳郭和爪子。一只患病动物除了有典型病变外，舌头也出现了病变[107]。病变也发生在包皮上。这些动物原本通常是健康的。有报道称一只患有无菌脓性肉芽肿综合征的犬并发高血钙症[108]。

2. 猫

猫的坚硬丘疹结节可能发展合并形成斑块（图18-20）。病变通常为红色到紫罗兰色斑块，也有一些可能为橙黄色。这些斑块触诊时变为红紫色。病变通常见于头部、口唇和耳郭，也可能见于爪，躯干上少见。一些猫的病变可能出现瘙痒。

（三）诊断

鉴别诊断包括其他肉芽肿和多肉芽肿（细菌、真菌、异物）及肿瘤性疾病。要根据病史、临床检查、微生物培养检测和活检结果来确诊。主要鉴别性诊断为感染性疾病。细胞学检测显示，多肉芽肿性或肉芽肿性炎症中无微生物感染（图18-21）。在一些结核分枝杆菌的罕见病例中，病变的直接涂片中可见分枝杆菌；福尔马林固定组织样本的检查结果通常为阴性。直接涂片的抗酸性染色检测结核分枝杆菌应该进行细胞学检测。通过无菌外科活检技术采集的组织进行微生物培养物的（需氧、厌氧、分枝杆菌和真菌）生长情况最佳，其结果为阴性。活检通常显示结节性至弥漫性、肉芽肿性至多肉芽肿性皮炎。病变中心通常为中性粒细胞，外周浸润物中更多的是巨噬细胞[102]。有1例所有肉芽肿组织中中性粒细胞最少，被诊断为无菌性瘤性肉芽肿，并由一些学者将其纳入了SGPS病例，并认为这是一种单独的无菌性肉芽肿疾病[37,99,102]。浸润物的获取位置应取决于活检时所处的阶段。特殊染色结果应呈阴

705

图18-20 患无菌性肉芽肿/脓性肉芽肿综合征的猫 A.嘴唇结节性病灶 B.同一只猫，肩部结节，并与一个结痂斑块融合

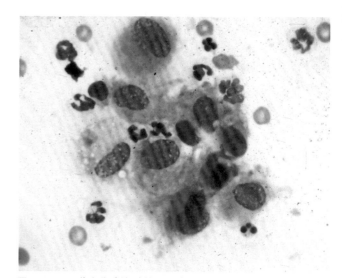

图18-21 无菌肉芽肿性/脓性肉芽肿综合征经细胞学检测显示巨噬细胞、非退化性中性粒细胞，且无微生物

7~14d。大约60%的犬还需要隔日上午应用糖皮质激素进行延长治疗[96]。

犬应用糖皮质激素治疗偶尔无效，或在变化的恢复期后产生耐受性。环孢素［阿托皮卡（诺华）］5~7mg/kg单独每日1次或与泼尼松联合用药可能有效。咪唑硫嘌呤在一些病例中也同样有效，即口服给药2.2mg/kg，每日1次，直至病情缓解，然后改为隔日给药。在一些病例中，如果病情持续好转几个月，可成功地停止治疗。而其他的则可能需要更长时间的低剂量的治疗。我们偶尔可减少咪唑硫嘌呤的剂量至0.25mg/kg，用药频率减至每星期1次。猫也可采用类似方案，不同的是用苯丁酸氮芥代替咪唑硫嘌呤。猫的病变常在9个月后自愈[97]。

十、其他类型的犬皮肤病

（一）嗜酸性皮炎和水肿综合征

已有犬发生嗜酸性皮炎和水肿综合征的报道，并与人嗜酸性蜂窝组织炎（威尔斯综合征）类似[109]。但是，一项研究中有作者认为这是一种犬的综合征，与人威尔斯综合征不同[110]。38个病例中有11个（29%）为拉布拉多猎犬[109,110]。另一份报告的病例为杂交寻回猎犬[111]。所有犬的症状都为急性发作红斑，并进一步发展和融合成弓形、蜿蜒形斑块或风疹，尤其是在腹部、耳郭和胸部（图18-22）。水肿可由脸部到全身并出现疤痕。一些病变的玻片压片检测为阴性。在一项研究中，29只犬中有17只在出现皮肤病变前1~10d出现腹泻或呕吐，通常病情严重，需要住院治疗[110]。另5只的胃肠道疾病和皮肤病变同时发作。所有犬在出现皮肤病变前都接受过药物治疗。上述17只中的6只与另外2只犬（共8只犬）的药物评分显示为阳性，验证了皮肤药物不良反应的诊断结果。除了药物和胃肠道疾病，其他诱因为：变换饮食、节肢动物和并发过敏性或免疫介导性疾病。组织病理学检查结果发现包括表面和深层血管

性，因为要确保病变是无菌的。很明显在该病的研究中人们很少采用PCR检测，但作者认为还是应该在PCR检测结果为阴性之后再作出诊断。如果在有利什曼原虫存在的地方，或犬、猫曾经在利什曼原虫流行区域生活过，在这种情况下至少应该先进行PCR检测后确诊[104,105]。

（四）临床管理

应该在使用更强的免疫抑制性药物之前，先尝试使用四环素和烟酰胺或多西环素和烟酰胺。10kg以下的犬四环素和烟酰胺的用量为每8h 250mg，超过10kg的犬为每8h 500mg。在药物治疗没有效果的情况下，需要选择手术切除单病灶。在进行一些多病灶病例治疗时，实施外科手术是不现实或是不明智的，此时可以选择全身使用糖皮质激素。对于犬，泼尼松或泼尼松龙经口给药，药量为2.2~4.4mg/kg，每日1次，直至病变出现缓解，一般需

706

小动物皮肤病学 （第7版）

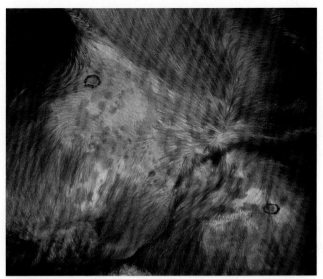

图18-22　嗜酸性蜂窝组织炎和水肿综合征呈明显的红斑性斑疹和丘疹，许多扩大或聚成圆形或蜿蜒形病变。黑色圆圈标记活检部位（由卡比协会提供）

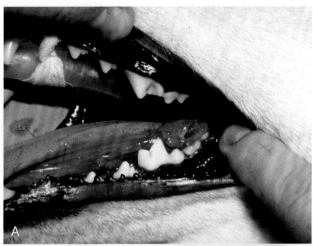

图18-23　犬嗜酸性肉芽肿　**A.** 靠近唇连合处的舌腹外侧的绿褐色系带　**B.** 足部溃疡的结节（由J.O. Noxon提供）

周围间质有炎症，伴有明显皮肤水肿和血管扩张。嗜酸性粒细胞多，可在大约一半的样本中见到火焰状图案。29个病例（均有胃肠道症状）中有14个为低白蛋白血症。

通常来说，适当地使用全身性糖皮质激素和抗阻胺类药物后，疾病的停药反应良好。大多数情况下，病情在2周内缓解，没有进一步发作，偶尔会复发或出现消长。

（二）犬嗜酸性肉芽肿

嗜酸性肉芽肿是一种罕见的特发性结节状、斑块状病变，与犬口腔和皮肤的火焰状图案病变形成相关[112-118]。有些骑士查理王猎犬的嗜酸性口腔炎也有类似病变，但是组织病理学检查没有发现肉芽肿形成[119]。

1. 病因和发病机制

皮肤嗜酸性肉芽肿的病因不清楚。类似的火焰状图案也可能发生在猫身上，这代表溶细胞性嗜酸性细胞和嗜酸性细胞脱颗粒产物的出现，但这种现象出现的原因不清楚。人偶尔有报道在昆虫叮咬、结核菌素试验和其他形式的创伤后出现这种情况的病例。对于犬，没有发现先前有过创伤或疾病，细菌、真菌和病毒的培养结果均为阴性。已经提示犬也有可能受到昆虫叮咬，而且有一个患有局部嗜酸性肉芽肿的病例与脸部嗜酸性疥疮相关[55]。西伯利亚哈士奇和骑士查理王猎犬的易感性可能提示该病具有某些遗传倾向。组织嗜酸性粒细胞增多、偶有血液嗜酸性粒细胞增多及患部对糖皮质激素的反应已经引起了关于过敏反应的猜测。西伯利亚哈士奇犬和骑士查理王猎犬患口腔疾病的趋势再一次表明了这种疾病的遗传偏向性。一些作者报道了犬的皮肤嗜酸性肉芽肿的季节反复性，暗示这可能是对于花粉、霉菌和昆虫的过敏反应。

2. 临床特征

虽然各个年龄段、各个品种或是性别的犬均可能患

嗜酸性肉芽肿，但3岁以下（80%的病例）、哈士奇犬（76%）的雄性犬（72%）最常见。嗜酸性肉芽肿最常发生在口腔中，常见溃疡的颚斑块和植物性舌系带。舌系带常呈绿褐色（图18-23，A）。骑士查理斯猎犬的病变可发生在软腭单侧或扁桃体两侧[118]。偶尔在腹部、包皮、趾部、躯干两侧和颈部出现多发性丘疹、结节和斑块（图18-23，B）。皮肤病变通常是无痒无痛的，犬是健康的。极少情况下，在外耳道出现单病灶[112]。曾有一例气管病变的报道[120]。

3. 诊断

鉴别诊断包括肉芽肿和肿瘤，诊断依据为活检结果。特征性组织病理学发现包括所形成的火焰图案大小不一、嗜酸性粒细胞和组织细胞浸润，以及栅栏样肉芽肿。适当的微生物培养结果为阴性，偶见血液嗜酸性粒细胞。

4. 临床管理

犬嗜酸性肉芽肿对糖皮质激素有良好反应性；78%的病例采取口服泼尼松龙或泼尼松（每日0.5～2.2mg/kg）的

疗法。病变在10～20d好转，不需要进一步治疗。一些病变可自行痊愈，部分病变呈季节性或慢性反复发作。

（三）特发性获得性皮肤松解症

有1例不寻常的皮肤胶原蛋白紊乱病例，1只9岁雄性英国长毛猎犬下垂的皮肤皱褶已发展到头部两侧和颈部下端[121]。皱褶由薄的皮肤构成，皮下组织呈胶冻状，而此犬的其他区域皮肤正常。尸检结果显示，受影响区域的真皮层厚度只有正常皮肤厚度的2/3，而且真皮胶原纤维的直径比正常的要小，纤维分散，广泛地分部在基质中，弹性正常。受影响的组织皮下脂肪坏死，血管内皮肿胀且管腔变小，没有观察到炎症。有人认为血管功能不全是该病的原因。

（四）先天性黏蛋白增多症

先天性黏蛋白增多症指的是犬黏蛋白产生过多。过去，中国沙皮犬被认为是患此类疾病的典型品种，但是我们现在知道这种犬有遗传性皮肤黏蛋白病[122]。除沙皮犬的品种遗传性之外，甲状腺功能减退也是犬黏蛋白病的主要病因。但是，疾病可能在没有其他明显病因的情况下发生。有报道1个病例，为松狮犬混种幼犬，症状表现为头部和耳郭瘙痒、结痂、丘疹和斑块样病变[123]。抗生素或糖皮质激素治疗没有效果，最终采取了安乐术。

1. 遗传性皮肤黏蛋白病

遗传性黏蛋白病是中国沙皮犬的一种遗传性疾病[122,124,125]。黏蛋白物质为多糖透明质酸（HA）[125]。同一批研究人员也发现，皮肤成纤维细胞在透明质酸合成酶升高作用下反应产生HA[122,124]。一个教学动物医院的数据显示，沙皮犬的发病率为4.8%～5%，而其他兽医皮肤专科诊所的数据为12.6%[126-128]。黏蛋白的异常沉积可能是局灶性的或者弥散性的，疾病程度可能是轻度的或是严重的。临床上，黏蛋白病可能表现为全身皮肤增厚、浮肿和非凹陷型皮肤。增厚皱褶常占据脸部、颈部和四肢的大部分面积（图18-24，A）。严重局灶性黏蛋白病常与某种程度上的全身黏蛋白病相关。多处水疱或大疱可伴随皮肤增厚发生，或单独发生（图18-24，B）。这些病变破裂时会产生非细胞性的、清亮的、黏性液体。患犬没有瘙痒症状，临床上没有发生炎症，其他方面健康。

这些病例的诊断简单。可由皮肤穿刺针或皮下注射针头穿刺的结果进行诊断。会有清亮的黏性液体从穿刺部位渗出[126]。由活检结果确诊，即明显的、弥漫性的皮肤黏蛋白和轻度的肥大细胞和嗜酸性粒细胞聚集于血管周围。

中国沙皮犬也同样有局部的和全身的黏蛋白病，且并发超敏反应（如过敏体质、食物过敏、蚤咬过敏）和甲状腺功能减退。原发疾病的典型征兆也很明显。

一些患特发性黏蛋白病的中国沙皮犬能随着年龄增长自行痊愈或病情减退。给予糖皮质激素后也能使病情发生

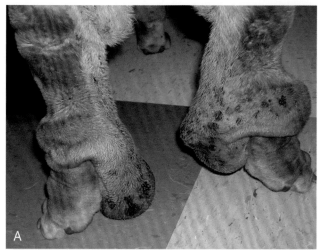

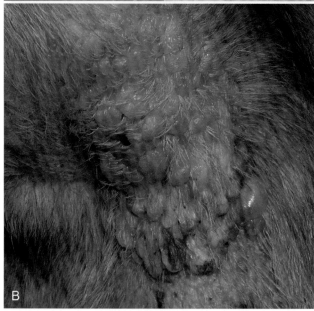

图18-24 中国沙皮犬的遗传性皮肤黏蛋白病 **A.** 跗关节透明质酸沉积肿胀过度 **B.** 同一病例，多处皮肤有透明质酸水疱

明显的好转[129,130]。曲安奈德可在一些经泼尼松治疗无效果的病例中发挥药效。使用己酮10mg/kg，每8h 1次，对一个对糖皮质激素有反应但需要长期治疗的病例有效。

（五）幼犬蜂窝织炎

幼犬蜂窝织炎（幼犬脓皮症、幼犬腺疫、幼犬无菌性肉芽肿性皮炎和淋巴结炎）是一种不常见的肉芽肿和脸部、耳郭和下颌淋巴结脓疱症，常发生于幼犬[102,131-133]。

1. 病因和发病机制

该病的病因和发病机理不明。在特定品种中发病率升高和疾病的家族病史暗示了疾病的遗传性[102,131,132,134]。组织的特殊染色和电镜检查没有发现微生物，微生物培养结果为阴性[131]。通过病变的组织传播疾病的10次尝试失败了[131]。无菌肉芽肿和脓疱的发病率显著地受到糖皮质激素的影响，这说明这种疾病是一种潜在的免疫功能障碍。植物促细胞分裂剂诱导的淋巴细胞母细胞化反应受到一个血清抑制因子的限制[37,102,135]。发病年龄和发病前接种疫苗的频率

也使人们将疫苗反应纳入考虑。所有诱发疾病的因素显然为自限性的，犬可以在1~3个月后自行痊愈[131,136]。

2. 临床特征

通常情况下，3周龄至4月龄的幼龄患犬，且在一个饲养箱中的1只或几只幼犬可能都发病[137]。有少数报告称犬的发病年龄更大一些，报告中也说明了典型病变和发现[102,136,138]。虽然许多品种的犬得过这种疾病，但是金毛寻回猎犬、腊肠犬和哥顿塞特犬似乎更容易患此疾病[132,133]。其他品种，如英国可卡犬、拉布拉多猎犬和拉萨犬也有易感性，但是需要更好的研究来验证这些品种的观察结果，因为许多品种都已经受到影响[102,134,139]。目前暂无性别倾向性的报道。

大多数主人最开始观察到的异常为急性的面部水肿，尤其是眼睑、嘴唇和口吻。此时的临床检查表明下颌淋巴结异常肿大。一些病例的病变可能局限于肿大的淋巴结，而同窝的其他幼犬则表现出典型的皮肤损伤[131]。24~48h内，丘疹和脓疱迅速发展。受影响的区域水肿，而典型病变发展为瘘管、破溃并结痂（图18-25）。病变在嘴唇、口吻、下巴、鼻梁和眼周区域最为常见。外耳炎是常见的，耳郭常常增厚和水肿（图18-26，A和B）。幼犬偶尔并发无菌性多肉芽肿性脂膜炎，伴有坚硬或波动的皮下结节，可诱发疼痛或成为瘘管。这些结节特别容易发生在躯干、包皮或肛周区域（图18-26，C和D）。受影响的皮肤常感到疼痛，但是没有瘙痒症状。

有些犬可能昏睡或精神沉郁，但没有出现明显厌食和发热，这是一个区别于全身性皮肤病和无菌性结节性脂膜炎继发的严重脓皮症的一个特征[131]。年龄稍大的犬有更多全身症状，往往出现发热[136-138]。可能见到跛行、关节炎和麻痹的症状[133,134,140]。1个病例的麻痹症状与脑脊液无菌性炎症有关[139]。2只患脂膜炎的喜乐蒂牧羊犬幼犬出现神经

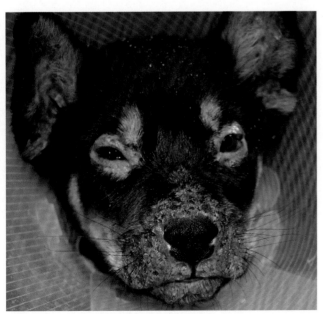

图18-25 1只罗威纳幼犬的幼犬蜂窝织炎，面部和口唇部出现红斑、水肿、渗出、结痂和脱毛（由J. Vogel提供）

症状，与脊髓病变一致[37]。1个病例在诊断为肥大性骨营养不良2周后发生了幼犬蜂窝织炎[141]。

3. 诊断

病例早期的鉴别诊断为血管神经性水肿，但血管神经性水肿并不伴有明显的区域淋巴结肿大或全身性疾病。在出现严重的炎症病变时，鉴别诊断包括金黄色葡萄球菌性皮炎、蠕形螨病和皮肤药物不良反应。

丘疹脓疱性病灶的细胞学检查显示多肉芽肿性炎症中没有微生物，除了采集到发生感染的溃疡部分区域（图18-27）。微生物培养试验结果为阴性。早期病变的活检结果显示多处分散的或融合的肉芽肿和多肉芽肿内含有集群的大上皮样细胞和巨噬细胞，这些细胞群的中央为细胞核大小不一的中性粒细胞[102,131]。皮脂腺和大汗腺可能受波及并出现坏死。后期严重的病变中，化脓性改变主要发生在破裂毛囊及其周围的真皮浅层处，也发生在脂膜下面。

4. 临床管理

应该及早地积极治疗，因为该病产生的疤痕可能很严重。所选择的治疗方案为大剂量的糖皮质激素。口服泼尼松或泼尼松龙（2mg/kg，每日1次），直至病程不再恶化（通常在14~28d内）。对于并发躯干脂膜炎的犬，要使所有病变恢复可能需要更长的治疗时间。有些犬口服地塞米松（0.2mg/kg，每日1次）能得到更好的效果。如果细胞学或临床检查证实存在继发感染，则应该同时给予抗生素（头孢菌素、头孢羟氨苄、阿莫西林克拉维酸）。环孢霉素与泼尼松联用也有效果[134]。而每12h给予14.2~34mg/kg的灰黄霉素，连续治疗3周，对于6个病例来说全都有效。笔者推测这是由于该药物的免疫调节作用[142]。局部治疗，尤其是醋酸铝或硫酸镁的湿浸泡治疗（见第三章）是有用的，但是幼犬常表现出对药物的抗性和疼痛，而这种局部治疗引起的反抗和应激可能使效果适得其反。该病罕见复发。

（六）坏疽性脓皮症

坏疽性脓皮症曾在同行审查的文献中报道过，并在一本教科书中有讲述[143,144]。被报道的病例是1只7岁的德国牧羊犬，患有特发性关节炎，发病时面部肿胀，且静脉注射糖皮质激素治疗无效[143]。病变包括疼痛的、边界清晰的、糜烂的、溃疡坏死的病变和侵蚀性结节病灶，其中有些病变位于皮下。该病例的描述中没有出现发热，但在该病病程中的确有发热的现象。其他病例已经出现特发性发作或与卵巢子宫切除术、白血病和拟淋巴瘤有关[144]。病变包括中心溃疡结节和大的沼泽样表皮下脓疱，并最终发生溃疡形成瘘管，排出浆液脓性渗出液[144]。组织病理学检查结果显示致密的中性渗出物从溃疡处的真皮下渗入相邻的膜[144]。有1个病例可见血栓和血管坏死[143]。这是人坏疽性脓皮症出现的现象，而在诊断动物疾病时，需要排除其他致血管炎症的原因，因为这些是此病主要的鉴别诊断症状[145,146]。这1例病

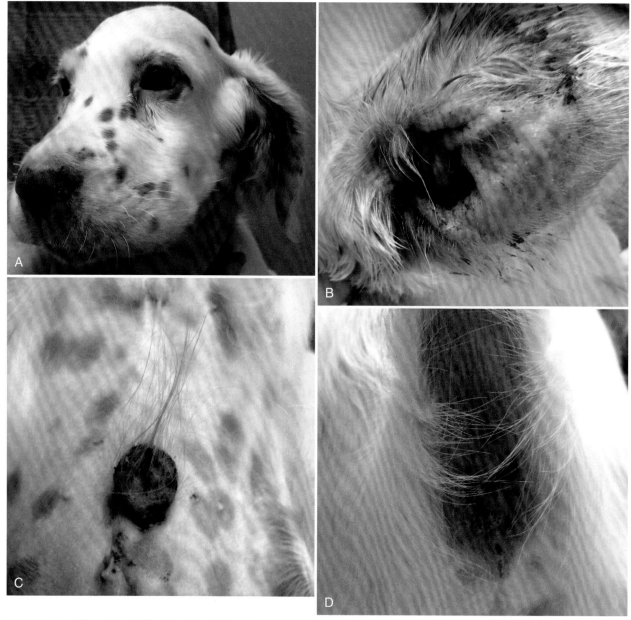

图18-26 1只11周龄，患有幼犬蜂窝组织炎的英国塞特犬 **A.** 典型病变，包括口唇、眼周和嘴唇水肿 **B.** 伴有水肿的外耳炎和耳郭红斑 **C.** 包皮红斑 **D.** 肛周和直肠红斑，伴有直肠黏膜肿胀

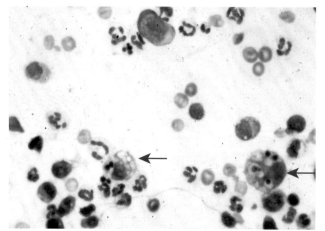

图18-27 幼犬蜂窝织炎。细胞学检查显示多肉芽肿性炎症，无微生物感染。请注意2个巨噬细胞的中性吞噬作用（红色箭头所指）

例使用环孢素和泼尼松联合治疗有效[143]。

已经根据人的坏疽性脓皮症推断出诊断要点（表18-2）[147]。

（七）无菌性嗜酸性脓疱病

无菌性嗜酸性脓疱病是一种罕见的犬先天性皮肤病[37,148-150]。

1. 病因和发病机制

病因和发病机制不清楚。这种综合征的特征为周边嗜酸性粒细胞增多、无菌性组织嗜酸性细胞增多和全身使用糖皮质激素有效，表明该病可能是免疫介导性的。但是皮内试验、低敏性饮食和免疫病理学研究对于其发病机理的阐释并没有帮助。猫也罕有临床上、病理学上的无菌性嗜

表18-2　坏疽性脓皮症的诊断要点推断（Su等，2004）

疾病	主要标准	次要标准
溃疡性坏死性脓皮症（PG，经典型）	病程发展迅速[a]，疼痛的[b]坏死性皮肤溃疡[c]，溃疡呈不规则形、紫罗兰色、边缘不规则 其他导致皮肤溃疡的原因被排除[d]	过敏反应的病史[e]或临床表现为筛状疤痕 与PG相关的全身性疾病[f] 组织病理学发现（无菌性皮肤中性粒细胞增多 ± 混合炎症，± 淋巴细胞性血管炎）
大疱性PG	疼痛、炎性大疱；迅速扩大的疼痛小疱和大疱；聚群的大疱融合 排除其他引起大疱的病因	组织病理学结果相符合（中性粒细胞浸润真皮；表皮下大疱 ± 表皮坏死）。相关血液系统恶性肿瘤多达70%。过敏反应性。对类固醇的快速反应
脓疱性PG	疼痛性脓疱（直径0.5～2cm），周围有环。排除其他诱发脓疱的病因（如感染、药疹或牛皮癣）	组织病理学检查相符（是中性粒细胞浸润角质层下/表皮下）。与炎症性肠病相关。控制炎性肠病后病情得到好转。
麻木性PG	慢性红斑，伴有窦道的形成；浅层溃疡或糜烂、不适 排除其他病因（如增殖性脓皮症、芽生菌样脓皮症、感染或增殖性天疱疮）	组织病理学检查相符（皮肤和组织细胞浸润、肉芽肿形成）。没有相关疾病。对次要治疗措施有反应

注：诊断需要满足主要标准和至少两项次要标准。
[a] 病灶边缘每天特征性扩张1～2cm，或1个月内溃疡面积增加50%。
[b] 疼痛常与溃疡大小不成比例。
[c] 一般在丘疹、脓疱或大疱之后出现。
[d] 一般需要进行皮肤活检和其他诊断措施来排除其他病因，并作为诊断依据。
[e] 溃疡出现于轻微皮肤创伤处。
[f] 炎性肠病、关节炎、IgA免疫球蛋白病或潜在恶性肿瘤。
来源于Dabade TS, Davis MD：中性皮肤病的诊断和治疗（坏疽性脓皮症、斯威特综合征）。皮肤治疗法 24：23-84,2011。

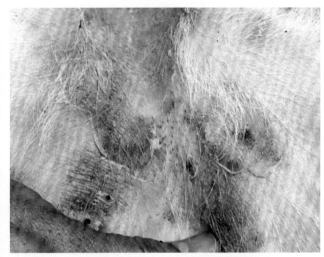

图18-28　犬无菌性嗜酸性脓疱病。腹部的脓疱和环形糜烂

酸性细胞毛囊炎，虽然与潜在过敏反应的临床表现不同，但是这些病变与其相关。如过敏性疾病、食物过敏和蚤咬过敏，以及蚊虫叮咬过敏（见第六章）[151]。

2. 临床特征

没有明显的年龄、品种或性别倾向性。发病的临床症状为急性的，且病灶为多灶性的（尤其是涉及躯干的时候）或全身性的。瘙痒、红斑、毛囊或非毛囊性丘疹和脓疱演变成环形糜烂，伴有表皮环形脱屑（图18-28）。向周围蔓延、中央愈合，且病变处色素沉着导致更多的靶病灶。虽然大多数犬在其他方面是健康的，但是也可能出现发热、厌食、精神沉郁和周边淋巴结肿大的症状。

3. 诊断

鉴别诊断包括金黄色葡萄球菌性毛囊炎、天疱疮、药物反应和角质层下脓疱病。应基于病史、临床检查结果、血液学检查、直接涂片、微生物培养和皮肤活检结果确诊。大多数犬外周血嗜酸性粒细胞增多（上升至5.6×10^3个/mL）。直接涂片结果为大量的嗜酸性粒细胞、非退行性的中性粒细胞、偶见棘层松解细胞，并未发现微生物[148]。微生物培养结果为阴性。活检显示，一个或多个角质层下、表皮内或毛囊内有融合的嗜酸性大疱[148,152]。可能发生嗜酸性毛囊炎和疖疮。火焰图案偶见于周围真皮中[37]。直接或间接免疫荧光反应结果为阴性[148]。血清 α、β 和 γ 球蛋白水平可能升高[148]。

4. 临床管理

全身使用糖皮质激素5～10d对大多数犬治疗效果良好（口服泼尼松或泼尼松龙，2.2～4.4mg/kg，每日1次）。但是，停止治疗一般会导致复发，所以推荐采取长期的隔日上午用药的治疗方法，治愈可能性不大。2只不能采用糖皮质激素治疗的犬，我们使用氨苯砜或联合使用抗组胺剂（苯海拉明）和补充Ω-6和Ω-3脂肪酸治疗成功。

（八）无菌性中性粒细胞性皮肤病

无菌性中性粒细胞性皮肤病在犬是一种非常罕见的疾病，在人类相应的病称为急性发热性中性粒细胞皮肤病（斯威特综合征）[153-157]。

1. 病因和发病机制

人的此病有四种类型[158,159]。经典型更常发生在患有上呼吸道感染、炎性肠病、怀孕的中年妇女，或为先天性的；第二种类型与恶性肿瘤有关；第三种类型是药物引起的；第四种类型与创伤后发展的病变相关，如在注射、手术切口、动物咬伤、烧伤或晒伤后。该病已经在皮肤学著作中被定义为过敏反应，但是因其反应性的改变，这个定义已经过时了[160]。如今，过敏反应性已经被更具体地定义为一种帮助诊断无菌性中性粒细胞的检测，如贝赫切特综合征，也可用于斯威特综合征和坏疽性脓皮症的检测[161]。方法是用一根针刺入皮肤，之后刺入点会形成硬结，继而发展成无菌的中性脓疱。目前在犬身上，针对创伤反应的过敏反应性测试和作为副肿瘤综合征的描述尚未报道。但是，有1个病例发生在麻醉下进行双侧眼睑内翻手术后8d，是由于药物反应引起的，这也是需要开具处方药物的原因[156]。

犬的无菌性中性粒细胞皮肤病已经报道3例病例与卡洛芬相关[156,157]。犬已经出现皮肤病变以外的症状。一只患犬起初出现跛行，后发展为免疫介导性关节炎、贫血和血小板减少症[155]。另一只出现皮肤外症状的患犬在发热和皮肤外病变出现后几天内死于肺炎和心力衰竭[154]。另外的6只患犬没有出现皮肤外症状及发热的症状[153]。发热是一个关键的特征，虽然这些病例不是100%都出现发热，但是皮肤病变出现时应该有发热表现，6只患犬中有4只出现发热[154-156]。有人认为，这种综合征与在小型雪纳瑞无菌性脓疱性红斑所观察到的药物反应相似（见第九章）[55]。有1例关于小型雪纳瑞出现该病的报道，但是并不清楚是否是药物或者洗发水促进病情的发作[155]。

该病的发病机制尚不清楚，但是可以推测这是一个抗原诱导的T细胞介导的免疫反应。由于很多病例发生在给药之后，或上呼吸道感染、胃肠道感染之后，或是作为副肿瘤综合征的表现出现，这样的疾病来源可能是抗原刺激[159,162]。内皮细胞也可能在这种类型病变的发展中起到一定作用[162]。

2. 临床特征

报道的无菌性中性粒细胞性皮肤病的病例太少，不能确定其是否有品种或性别倾向性。患犬年龄分别是10月龄、6岁、7岁、10岁和11岁。对于人，该病是一种无菌性中性粒细胞反应，发展迅速，伴有发热、中性粒细胞增多、疼痛、红斑、结节和斑块[158,159]。对于犬，病变为红斑、丘疹，并且这些斑块上可能出现脓疱。有2个病例出现水肿区域[153,155]。也有2个病例出现溃疡，1例发生在口腔，另1例为体表的广泛溃疡[155,156]。

3. 诊断

在人上，有被接受的但未被验证的用于诊断急性发热性中性粒细胞皮肤病的标准[145,163]。

诊断有3个要求：

- 临床上发现有急性的、柔软的或者疼痛的、呈红色或紫红色的斑块或结节。

- 病变的组织病理学主要表现为真皮层的中性粒细胞浸润，没有白细胞破裂性血管炎。
- 患病动物必须满足以下两个次要标准：
  - 经历过发热或受到感染。
  - 伴着发热、关节痛、结膜炎或潜在恶性病变。
  - 白细胞增多。
  - 对于全身使用糖皮质激素而不是对抗生素有良好反应性。
  - 血沉速度增快。

犬的组织病理学发现真皮有中度到重度的中性粒细胞浸润，可能扩散至浅层至深层血管周围。常有明显的水肿，白细胞破裂不常见，即使出现也是轻微的[55]。在人上，白细胞破裂是常见的，当血管壁和正常覆盖的表皮上没有看见纤维蛋白或中性粒细胞时，白细胞破裂是一个重要的特征[164]。不应该出现血管炎，除非它作为"无辜旁观者"继发产生，这就是为什么溃疡的感染性病变不应该进行活检，它们更可能有这些病变。

4. 临床管理

停止任何可能的药物诱导，并进行全身糖皮质激素的治疗，这种方式应该是有效的。对于人，糖皮质激素的反应性是此病的标志。那些出现皮肤病变以外症状并威胁到生命的病例，预后应该基于以上条件。

（九）角质层下脓疱性皮肤病

角质层下脓疱性皮肤病是一种非常罕见的先天性、无菌性、犬表层脓疱皮肤病[165-167]。这已经成为一种有争议的疾病，在过去20年内没有报道新的病例。一些人认为此病被过度诊断，且大多数病例最终被确诊为浅表脓疱性药疹或浅表脓疱性皮肤癣菌病[168]。

1. 病因和发病机制

角质层下脓疱性皮肤病的病因不明。人医推测该病的致病机制为中性粒细胞吸引机制，如肿瘤坏死因子-α；并不认为自身抗体在发病机制中起重要作用[169,170]。已经证实患角质层下脓疱性皮肤病的患者的血清和脓疱中TNF-α水平升高[171]。人的一些角质层下脓疱性皮肤病的病例与坏疽性脓皮症、IgA性骨髓瘤、丙种球蛋白病有关，但是这种情况未见于犬[167,169]。

2. 临床特征

该病没有明显的年龄或性别倾向。虽然很多品种可患此疾病，但小型雪纳瑞犬占所有病例的40%。也有报道认为腊肠犬是疑似品种[168]。患犬通常有多病灶或全身性的、脓疱性的或脂溢性样的皮炎。特别是头部和躯干，常呈对称性变化。完整的脓疱通常为非毛囊性的、呈黄绿色且透明，脓疱每次发作持续的时间只有2~4h（图18-29）。所以，常常只能见到患犬有环形区域脱毛、糜烂、鳞片化、结痂和表皮环形脱屑。病变往往向中央愈合，常伴有色素沉着，然后向周围扩散，产生环形或蜿蜒形的图案。脚垫

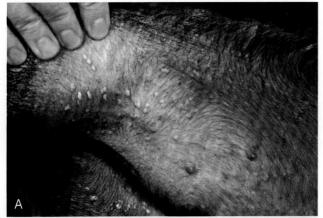

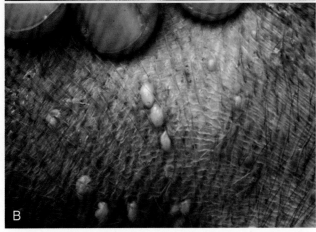

图18-29 A. 1只犬腹部患角质层下脓疱性皮肤病，多病灶性非毛囊性脓疱 **B.** A图的特写

很少受到影响，仅浅层剥落。可能不出现瘙痒或者瘙痒症状严重。疾病的过程常常是爆发然后缓解。通常情况下，这些犬其他方面健康。偶见犬有周边淋巴结肿大；很少情况下会出现发热、厌食和精神沉郁。

3. 诊断

该病的诊断需要排除其他可疑疾病，改进的诊断技术使其变得罕见。

鉴别诊断包括细菌性毛囊炎、落叶型天疱疮、线性IgA脓疱性皮肤病、全身性红斑狼疮、无菌性嗜酸性脓疱病、表层脓疱性药疹和表层脓疱性皮肤癣菌病。应基于病史、临床检查结果，并通过实验室检测以及对治疗的反应性排除其他疾病来确诊。角质层下脓疱性皮肤病对于全身使用抗生素、全身使用糖皮质激素和局部药物的反应性差。从完整的脓疱中直接涂片结果显示大量的非退行性中性粒细胞，偶见棘层松解细胞，没有发现微生物。完整脓疱的微生物培养结果常为阴性，但偶尔能分离到少数凝固酶阴性或凝固酶阳性的葡萄球菌菌落。免疫荧光反应检测结果为阴性。皮肤活检结果显示表皮下（角质层下）脓疱性皮肤病[167,168]。棘层松解通常很小，但偶尔变得明显。中性粒细胞没有出现退行性变化。毛囊极少受到影响。

一半以上的犬可有轻度到中度的成熟中性粒细胞增多症［（13.8～21.1）×10^{3}个/mL］[167]。血清蛋白电泳偶尔发现 α$_1$、α$_2$和 β 球蛋白数量升高[167]。

4. 临床管理

治疗角质层下脓疱性皮肤病所选择的药物是氨苯砜，经口给药，每8h服用1mg/kg。在1～4周内常可得到很好的疗效。部分病例停止治疗，且病情长期缓解。但更多情况下，要缩减药物剂量来进行维持，而犬与犬之间的剂量不同（1mg/kg，每天1次到每周2次）。

氨苯砜对犬的主要不良反应是影响血液和肝脏。许多犬出现轻微的非再生性贫血和白细胞减少症，血清谷丙转氨酶在诱导治疗期间出现轻度到中度升高。如果这些实验室异常不影响临床症状，则无须停止治疗；当调整到维持剂量时这些数据水平会恢复至正常。氨苯砜也引起了一只犬致命性的血小板减少症和另一只犬严重的血小板减少，偶尔引起呕吐、腹泻和全身性瘙痒、红斑和皮肤爆发斑丘疹[167]。氨苯砜不可以用于犬。

在极少情况下，犬对氨苯砜有明显的耐受性。每8h口服柳氮磺吡啶10～20mg/kg直至皮肤病得到控制，然后再根据需要用药，这种治疗方法可能有效果也可能没有。柳氮磺吡啶的长期用药可能导致干燥性角膜炎。一只对氨苯砜没有反应的患犬经过注射金盐治疗成功[172]。

（十）全身性浆细胞增多症

全身性浆细胞增多症罕见于人，特征为成熟的浆细胞浸润皮肤、多克隆高球蛋白血症、浅表淋巴结肿大和骨髓浆细胞增多症[173]。这种疾病治疗无效，病程必然是慢性的且无症状。

一只9岁的荷兰狮毛犬曾被诊断为全身浆细胞增多症，伴有病程反复的凹陷性水肿和红斑[173]。此犬的爪部生长也不正常，有轻度嗜睡和渐进性消瘦。皮肤活检显示严重的深层血管周围和附属器官周围有成熟的浆细胞聚集，以及浅表白细胞破裂性血管炎。血清蛋白电泳显示多克隆的丙种球蛋白病和IgG水平升高。使用泼尼松龙、环磷酰胺和马法兰治疗5个月没有任何效果，这种情况持续了3年。

十一、猫的其他皮肤疾病

（一）获得性反应性穿孔性胶原病

获得性反应性穿孔性胶原病（穿孔皮炎）是一种极其罕见的综合征，仅见于7只猫[174-177]。基于一定的临床特征和局部使用胶原蛋白 I 和 III 抑制剂有效的情况推测，这种疾病与在伤口愈合期间的胶原蛋白合成异常有关[174]。对于人，这种疾病通常与全身疾病相关，尤其是糖尿病[178]。猫病变为多处坚硬的、呈圆锥形的、过度角质化的、黄棕色病变，直径为2～7mm，出现在身体的各个区域（图18-30）。病变趋向于集中，并形成线形外观。病变不容易被刮伤或脱落，一旦这样了很可能出血。它们常发生在猫瘙痒或出现创伤的部位，有2只猫在缝合或活检部位发展成该病。

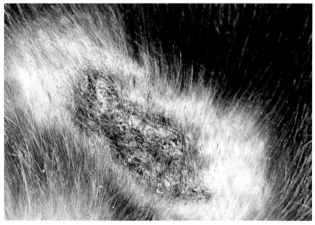

图18-30 猫臀部穿孔皮炎。需注意呈线状排列的过度角化性丘疹

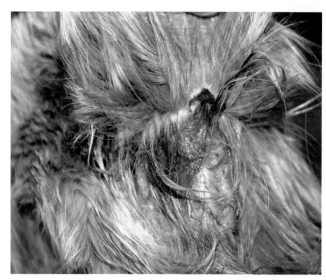

图18-31 获得性超脆性综合征。1只患胰腺癌的猫尾根皮肤上皮瓣脱落

对于该病的鉴别诊断主要在皮角（见第二十章）。活检结果为浅表间质性皮炎，皮肤表层的圆锥形外生物内富含嗜酸性粒细胞和肥大细胞。这种外生性物质包括坏死的细胞碎片、角蛋白链和变形程度不一的大量胶原蛋白纤维。这种经皮消除的胶原蛋白，常与垂直方向进入表面基底层，这是人和猫的病例的疾病特征[178]。三色胶原染色结果显示表层和真皮中层胶原纤维出现分段异常染色。通过这种染色方法，胶原纤维染色呈均质蓝色。穿孔皮炎的胶原纤维染色为分段红色带。这种染色异常已经见于患有皮肤乏力和获得性皮肤脆性的动物。这大概是指胶原蛋白代谢（合成、包装、降解）的某个阶段异常。

1. 临床管理

1只猫通过口服抗坏血酸（维生素C），每12h服用100mg，30d后痊愈[175]。但是在停止治疗8个月后复发。有3只猫，维生素C对其治疗无效。在另1只猫身上，维生素C可以起到减少类固醇用量的效果，还有1只猫对甲基泼尼松龙有反应[174,177]。1例猫要想成功治疗需要控制并发的过敏性皮肤病。局部使用倍他米松，抑制胶原蛋白Ⅰ和Ⅲ的产生，并且局部使用常山酮（一种特定的胶原蛋白Ⅰ抑制剂）治愈了该病。

（二）获得性皮肤脆性

这是一种多致病因子导致的罕见疾病。特征为皮肤明显变薄和变脆，失去过度的伸展性[1,179-182]。

1. 病因和发病机制

皮肤改变的发病机制不清楚，而且病因似乎是多因素的。大多数病例与自发性或医源性库欣综合征（见第十章）、糖尿病或过度使用孕激素化合物相关[183-185]。也有个别病例与肝脏疾病（脂肪沉积、胆管肝炎或胆管癌）、应用苯妥英钠、猫自律神经失调、肾病、组织胞浆菌病和猫传染性腹膜炎相关[180-182,186-188]。有些猫的血清生化数据和肾上腺功能检测结果正常，且没有在尸检中发现相关疾病[1,189]。

2. 临床特征

大多数患病猫为中年或老年。皮肤显著变薄，轻微碰创即可出现损伤。严重的皮肤脆性导致不规则撕裂和皮肤大块脱落（图18-31）。皮肤可变得非常薄，呈现出半透明的质感。可能发生局部脱毛。皮肤不能过度伸展。

3. 诊断

鉴别诊断包括自发性和医源性库欣综合征和糖尿病，应当进行适当的实验室检测。一些患皮肤无力的猫可能出现相似症状，然而一些病例自出生起就出现异常。而皮肤伸展指数是评估皮肤无力的有效临床工具（见第十二章），而在获得性皮肤脆性的病例中禁用这一方法。患副肿瘤样斑秃的猫，皮肤很薄，闪闪发亮，但是不会轻易被撕裂。

而该病因为皮肤功能极端衰弱，活检困难。组织常常形成皱褶，如湿纸巾似的曲折，而且真皮严重萎缩。真皮胶原蛋白非常薄，不能辨别[1,189]。在活检标本中通常不存在膜。表皮和毛囊可萎缩。三色胶原染色切片可能因皮肤无力的胶原蛋白异常而显示分段染色[189]。电镜检测可能不能鉴别严重皮肤无力的病例（见第十二章）[189]。

4. 临床管理

不论该病的潜在病因是什么，预后需慎重。在没有剥离皮肤的情况下，患猫很难处理。手术修复通常不成功，而且会导致更大范围的损伤。当自发性或医源性库欣综合征的诱因被消除后，早期病例可以治愈。

（三）猫嗜酸性肉芽肿复合物

嗜酸性肉芽肿复合物包括影响猫皮肤、皮肤黏膜交界处和口腔的一组病变。这个术语本身常用作最终诊断，而对于许多病例来说这是不合适的，因为可能存在其他主要病因。病变可能一起出现或分别出现，而且有继发于其他疾病的可能，情况很复杂。认识到嗜酸性肉芽肿复合物通常仅是猫的一种皮肤黏膜反应模式很重要，但是它可能在一些罕见病例中作为特发性起源。已经确认有三种病变：①无痛溃疡；②嗜酸性斑块；③嗜酸性肉芽肿。这些病变常见，且大多数见于对吸入物、食物或昆虫，尤其是跳蚤和蚊子过敏的猫（见第八章）[190-196]。细菌作为病因比想象中更为常见[197,198]。病毒则是该病的罕见诱因[199,200]。对于一些病例，尤其是特发性病例，这些病变可能为遗传性的，或者说猫的这种疾病具有基因倾向性[201,202]。也有人推测一些口腔嗜酸性肉芽肿是由昆虫碎片引起的，这些碎片是猫捕捉昆虫时嵌入嘴唇的[203]。

1. 猫嗜酸性肉芽肿

嗜酸性肉芽肿（线状肉芽肿）是猫的一种常见皮肤、皮肤黏膜和口腔黏膜病变。嗜酸性肉芽肿复合物的外观最为多变，更多的确定为特发性的。在各种潜在遗传相关的嗜酸性肉芽肿复合物中，这种病变最常见，且与瘙痒无关[202,204]。这种病变对于治疗的反应性最为多变。病变特征为丘疹、结节或一个凸起的椭圆形至线性斑块（图18-32，A）。它们通常坚硬，颜色多变，呈红色到橙黄色或橙红色。下巴病变可能触诊柔软，并已被称为猫胖下巴或猫下巴水肿（图18-32，B）。虽然脱毛是最常见的病变，但在早期病变中仍可能长毛发。一些病变，尤其是口腔病变，可能会腐蚀或溃疡，在溃疡内部或表面有白色至黄色的坏死灶。其他的溃疡病变，可见一种特征性微斑，内有针点状的白色病灶（与胶原火焰图案病灶相对应）[37]。偶尔可见结痂和局部的溃疡，而且当疾病影响到脚垫时，这就是一种典型病变[55]。临床上，大多数嗜酸性肉芽肿发生在大腿尾部、面部和口腔（尤其是舌头和腭）（图18-32，A和C）。偶见病变单独出现，因为这些病变常为非瘙痒性的。可能出现外周淋巴结肿大。患有嗜酸性肉芽肿的猫也可能有无痛性溃疡、嗜酸性粒细胞斑块，或者两者都有。在组织病理学上，病变与结膜偶发的嗜酸性肉芽肿相似[205]。

鉴别诊断包括感染性、细菌性或真菌性肉芽肿、昆虫叮咬反应和肿瘤。活检显示结节性弥漫性肉芽肿性皮肤病，有多处胶原蛋白被溶细胞性的嗜酸性粒细胞和挤压的颗粒状物质包围，而这被称为火焰状图案[206,207]。嗜酸性和多核巨细胞组织是常见的。可能出现表皮和毛囊外毛根鞘的黏蛋白、局部浸润性坏死性嗜酸性粒细胞毛囊炎或疖疮，以及局灶性嗜酸性脂膜炎。较旧的病变特征是火焰图案周围形成栅栏状肉芽肿。嗜酸性粒细胞在慢性病变中不多。在病变处很少能看见明显的昆虫成分。可能会出现血液嗜酸性粒细胞增多，特别是在口腔病变。微生物培养结果为阴性。

非抗生素治疗方法如猫单病灶溃疡的治疗方法一样。许多嗜酸性肉芽肿发生于小于1岁的猫，3~5个月以后自行好转。也可用激光手术去除舌部嗜酸性肉芽肿[208]。

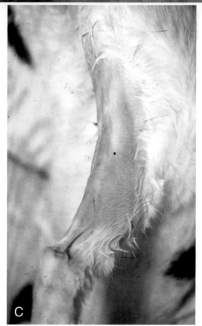

图18-32　嗜酸性肉芽肿　**A.** 注意耳前部皮肤红斑性溃疡和结痂性结节　**B.** 猫下巴上的嗜酸性肉芽肿　**C.** 1只白猫后腿剃毛后可见典型的嗜酸性肉芽肿，病灶质地坚硬，呈条索状，轻微泛红，无溃疡，不痛，不痒

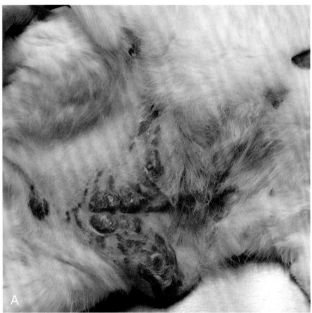

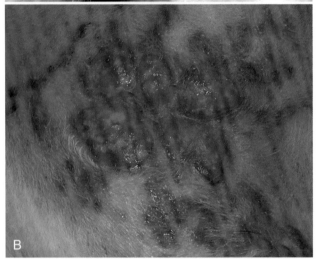

图18-33 猫腹部的嗜酸性斑 **A.** 注意线性走向，每一侧有一处方向上的改变，这与这只猫舔舐腹部的方法相一致 **B.** 病变特写

2. 猫嗜酸性斑

嗜酸性斑是猫的一种常见皮肤病变。病情严重的猫常出现瘙痒症状，而且猫舔舐很可能促进许多病变的形成。病变可能为单病灶或多病灶，边缘清晰、凸起、发红、糜烂、渗出、溃烂，斑块中也可能有白色坏死灶（图18-33）。病变形状常为椭圆形至线形，内有长轴，长度为0.5～7cm。长轴的方向常向着猫可以舔舐的身体部分。有些猫未受影响的皮肤界线会勾勒出一个斑块的部分轮廓或全部轮廓。这些界线通常会与褶皱内受压的皮肤部分相对应，这些褶皱是当猫自己变换姿势以便舔舐皮肤时产生的（见图18-33，A）。大多数嗜酸性斑发生在腹部和大腿内侧，但偶有病变发生在皮肤黏膜交界处或在皮肤的其他区域。常见继发感染，抗生素治疗在一些具有过敏体质的猫中有效，但潜在瘙痒性过敏性疾病持续存在[198]。可能出现周边淋巴结肿大。

嗜酸性斑常见于患有另一种疾病的猫上，包括皮肤瘙

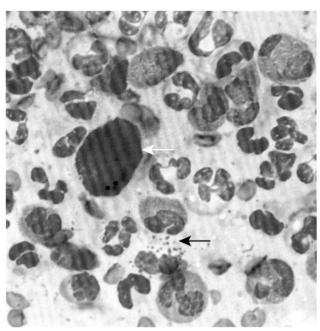

图18-34 嗜酸性斑的细胞学检测样本显示中性粒细胞、嗜酸性粒细胞、肥大细胞（白色箭头）和细胞内球菌（黑色箭头）

痒，也可能包括特发性嗜酸性肉芽肿。主要鉴别诊断为皮肤肿瘤，特别是鳞状细胞癌、淋巴瘤、肥大细胞瘤和转移性乳腺癌[209]。细胞学检查要在一开始就进行。病变内的嗜酸性粒细胞和中性粒细胞或嗜酸性粒细胞中的细菌应视为继发感染（图18-34）。如果病变持续存在或有非典型的细胞和临床特征出现，则应该进行活检。如果细胞学检查发现嗜酸性粒细胞，还应该采集斑块以外的组织材料，来帮助诊断潜在疾病。斑块中出现增生性的浅表和深层血管周炎症，并伴有嗜酸性粒细胞增多，表明发生间质性至弥漫性嗜酸性皮炎。可见毛囊外根鞘有弥漫性海绵状水肿、嗜酸性微泡和微脓肿。一些病变出现表皮和毛囊外根鞘黏蛋白增多。

3. 无痛性溃疡

无痛性溃疡（嗜酸性溃疡、侵蚀性溃疡）是一种常见的猫皮肤、皮肤黏膜和口腔黏膜病变。发生这种病变的猫常常舔舐，而这会引起初始病变的恶化。当在8只猫上人工诱导跳蚤过敏，可在其中5只猫中看到无痛性溃疡的最早期病变；与跳蚤过敏部位相比，在组织细胞学检测结果上，这些早期无痛性溃疡中中性粒细胞更多，表面出现细菌[193]。可能出现感染，应用适当的抗生素治疗可能可以完全治愈该病（图18-35）[198]。临床上，早期病变通常为结痂、红斑和嘴唇边缘压迫性溃疡。病变之后会扩大，然后变成圆形的、红棕色的光滑脱毛区域。扩大的病变有一个中心凹陷的溃疡的肉芽肿组织，组织中可能有黄色到白色的坏死组织（图18-35，A）。病变边缘突起，然后形成肿胀、坚硬和增生性的溃疡物质。一些病例可能渗出脓状的分泌物。大多数无痛性溃疡发生在靠近人中或接近猫牙齿的上

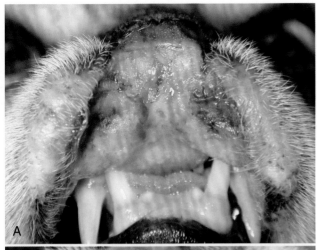

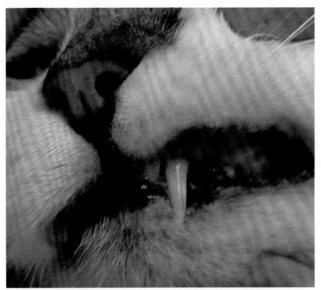

图18-36　猫上唇靠近人中和牙齿的嗜酸性溃疡病变典型部位

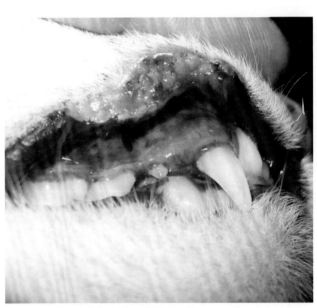

图18-37　被误诊为嗜酸性溃疡的鳞状细胞瘤

图18-35　**A.** 增厚的溃疡中上嘴唇上的嗜酸性溃疡和白色坏死灶　**B.** 同一只猫，用盐酸克林霉素治疗3周。注意病变大小是相似的，但是只留下了2个小的坏死灶，其他的是健康的肉芽组织　**C.** 同一只猫，治疗12周以后，其中有7周仅使用抗生素治疗

嘴唇上（图18-36）。病变可能是单侧或双侧的。少见瘙痒和疼痛，可能出现周边淋巴结肿大。

　　病变的鉴别诊断包括感染性（细菌性、真菌性、病毒性）溃疡、创伤和肿瘤（鳞状细胞癌、肥大细胞瘤、淋巴瘤）（图18-37）。细胞学分析，尤其是从病变中采集的组织或从表面刮下来的组织，可能出现大量嗜酸性细胞。但是，出现在中性粒细胞或嗜酸性细胞内的细菌表明存在感

染，但不能确定感染是原发的还是继发的（见图18-34）。活检结果不一，报道认为可能是原始的中性的病变或中性粒细胞和单核细胞占据主要比例的病变、嗜酸性的病变，甚至为嗜酸性肉芽肿[37,144,193,210]。血液和组织中嗜酸性粒细胞增多罕见。对所有病例都应该评估猫过度舔舐而导致病变的原始诱因。

　　根据潜在原因来采取治疗，但是如果没有发现任何病因，使用全身抗生素和糖皮质激素可能有效。阿莫西林克拉维酸钾（7kg以下的猫，每12h口服62.5mg；7kg以上的猫每12h口服125mg）、头孢维星（8mg/kg，每14d 1次）、盐酸克林霉素（11～22mg/kg，每日1次）和马波沙星（2.75～5mg/kg，每日1次）在有些猫身上均有效果[197]。泼尼松龙（4.4mg/kg，每日1次）、甲基泼尼松龙

（2～3mg/kg，每日1次），或曲安奈德（0.2～0.3mg/kg，每日1次）可口服给药直至病变开始好转，然后剂量递减至每2d 1次，持续到痊愈。另外，环孢霉素（7mg/kg，每日1次）也被证实有效[211]。

报道的其他治疗方法偶尔能成功治疗猫的无痛性溃疡，包括放射性疗法、冷冻治疗、激光疗法、手术切除、细菌多联苗治疗和免疫调节药物，如左旋咪唑、噻苯咪唑、干扰素α［每日300～1 000U，口服或皮下注射，治疗期30d（见第三章）］和金盐硫代葡萄糖（不再市售）[203,210]。

（四）猫特发性溃疡性皮炎

这是一种猫的罕见慢性皮炎，与线形表皮下纤维化相关[212,213]。

1. 病因和发病机制

这种疾病的病因和发病机制不清楚。创伤、注射反应、异物和病原体似乎不起作用。很重要的是，根据先前在此部位没有进行注射或几个月内没有注射的历史，将这种疾病与注射反应区分开；留意疫苗反应，可能在几个月之后发生。

2. 临床特征

任何年龄、品种或性别的猫均可能发病。通常来说，病变为单发，发病部位为颈背部和肩部区域（图18-38）[144,212]。1份包含了3个病例的报道中，所有患猫均有颈部病变，2只出现并发的肩部区域病变，1只出现口唇病变[213]。原始病变为结痂的溃疡，直径为0.2～1cm，在几个星期到几个月内缓慢变大，大小可能达到5cm。这些难以愈合的溃疡，通常具有一个厚的、黏附在上面的棕色结痂，周围是呈环状、坚硬的、增厚的皮肤。出现瘙痒和疼痛的情况不一，而一些猫，尤其是当病变继发感染时，瘙痒更明显。猫的其他方面健康。

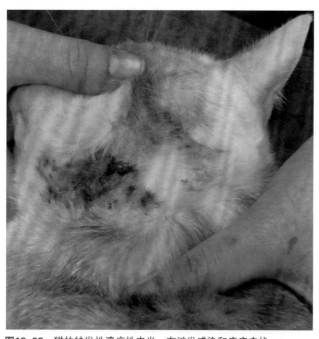

图18-38 猫的特发性溃疡性皮炎，有继发感染和瘙痒症状

3. 诊断

鉴别诊断包括创伤、注射反应、烧伤、感染、脂膜炎和肿瘤（特别是鳞状细胞瘤）。活检结果显示溃疡性皮肤炎，而且可能出现浅表皮肤坏死[144,212]。通常情况下，底层真皮出现轻微浅表血管周围到间质性皮炎。嗜酸性细胞不是主要的炎性细胞类型。检查发现皮下有特征性的线性反应带，浅表皮肤纤维从溃疡向周边延伸至其他的毛囊皮脂腺。

4. 临床管理

只要继发感染得到控制，无论是手术切除或是积极的糖皮质激素治疗通常都是有治疗效果的。推荐的糖皮质激素治疗方案为甲基泼尼松龙醋酸盐20mg皮下注射，每2周1次，直至患猫痊愈。局部使用磺胺嘧啶银乳膏可能在治疗继发感染中有效。

（五）浆细胞性趾间皮炎

浆细胞性趾间皮炎是一种罕见的皮肤疾病，主要发生在猫身上[214-216]。这种疾病也极少地在犬的临床诊断和皮肤病理学上被报道[55]。

1. 病因和发病机制

这种疾病的病因和发病机制不清楚。组织浆细胞变性、持续性高γ-球蛋白血症、猫免疫缺陷病毒（FIV）感染的频繁出现以及对强力霉素或手术切除的有益反应提示一些局部感染或抗原刺激。但是，脚垫的发病位置和手术的良好效果也表明了结构是致病因素之一。另外，一些病例为季节性发作，表明了疾病可能是一种过敏反应[217]。在另外3个研究中，FIV并发感染的概率为44%～62%，提示病毒或其对于免疫系统的影响也可能很重要[214,218,219]。

2. 临床特征

患病猫的年龄为6月龄到12岁，在2个研究中36只猫中有35只为家养短毛猫[216,219]。雄性和去势的雄性猫（67%）似乎比较易患病。临床上，浆细胞性趾间皮炎开始通常为多只足柔软且肿胀（图18-39，A）[219]。极少情况下，只有单个脚垫受到影响。掌骨中央或跖骨垫部常常发病，单趾垫部也可能受到影响，不过通常不会严重（图18-39，B）。轻微染色的脚垫可能呈现紫罗兰色。发病的垫部表面为交叉的白色鳞状条纹。病变的脚垫不肿胀，而表现为软软的或松弛的。由于病程较长，可能见到脱色甚至脚垫的结构消失。20%～35%的病例出现溃疡[214,219,220]。

一开始最常见的病症是跛行，虽然一些猫可能是无症状的[214,221]。跛行并不总与溃疡脚垫相关[220]。偶尔可见猫脚垫的溃疡或结节处反复出血[222]。可能出现淋巴结肿大。一些发病猫可能出现发热和嗜睡症状[223]。小部分患浆细胞性趾间皮炎的猫也可能患浆细胞性腹膜炎，其特征为溃疡增生性牙龈炎和上腭对称性麻木性斑块[214,215]。也可见到鼻黏膜肿胀，伴有浆细胞浸润[223]。另外，报道称有1只猫偶有免疫介导的肾小球肾炎或肾淀粉样变性[224]。一些发病猫同

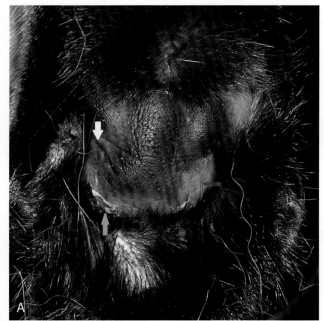

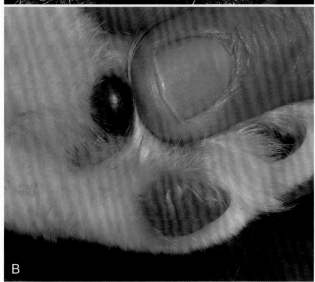

图18-39 浆细胞性趾间皮炎 **A**. 白色箭头指向的区域出现蓝灰色褪色、红斑，并且失去正常脚垫结构。蓝色箭头所指的是完全褪色、红斑，并且结构消失。绿色箭头指的是溃疡和结痂 **B**. 浆细胞性趾间皮炎，趾垫也出现红斑，结构消失，肿胀和变软

时并发无痛性溃疡或嗜酸性肉芽肿。

3. 诊断

症状通常十分明显，主要的鉴别诊断为脚垫的嗜酸性肉芽肿，常不会涉及多爪的多个脚垫，可能并发趾间的或其他身体区域的皮肤病变。一只所有脚垫均出现肿胀的猫的细胞学分析结果没有发现诺卡氏菌，多肉芽肿炎症明显[67]。多西环素对这种疾病有治疗效果。如果只有一个脚垫出现病变，则肿瘤和异物也是需要鉴别诊断的病症。初步诊断应基于病史、临床检查和出现大量浆细胞处的细胞抽吸检查。确诊依据为活检结果。如果病例表现为局限于各脚垫的典型病变，且细胞学抽吸检查结果主要为浆细胞，则可以不进行活检。可能见到中性粒细胞和淋巴细胞增多，而高球蛋白血症是典型症状。在一个报告中，10只猫中有7只出现血小板减少症[219]。大多数猫原始的报告为

猫白血病病毒（FeLV）阴性和FIV阴性。最近的更多报告显示常出现FIV感染，所以这些病例都应该检测FIV[214,218-220]。皮肤活检显示只有浅表和深层血管周围浆细胞性皮炎，但常出现弥漫性真皮层浆细胞浸润，甚至出现邻近脂肪组织的大量浆细胞浸润。可常看到鲁塞尔体（莫特细胞）。可在慢性病变中观察到纤维化。该病的皮肤组织病理学检查结果是特征性的，结合临床症状可轻易作出诊断。

4. 临床管理

最开始选择的治疗方案为多西环素，它比较便宜、安全、有效，可治疗大约1/3的病例，使得80%病例好转[219,220]。虽然在原来的报告中，每只猫的使用剂量为25mg，但多西环素应该按每日10mg/kg的剂量给药。应该给予猫液体剂型药物或随水送服（例如通过注射器口服5mL水）多西环素，并且仔细观察是否出现食管炎症状。治疗应该持续到脚垫恢复正常，这可能需要10周。只有10%～22%的病例会在4周内恢复，大约50%的病例在8周内恢复[219,220]。浆细胞性趾间皮炎可能自愈或可能在使用多西环素治疗停药后恢复。如果多西环素治疗效果差且猫出现明显的与该病相关的症状，则应该使用全身糖皮质激素治疗。口服泼尼松龙4.4mg/kg，每日1次，情况好转后逐渐减少剂量，这种方法在一些病例中有效。初始治疗方法为曲安奈德0.4～0.6mg/kg或地塞米松0.5mg，每日1次，在对于泼尼松龙有抗药性的病例中均有效果。口服环孢素7mg/kg，每日1次，直至病情缓解，然后逐渐减少药量是另外一种治疗方法。有报道称手术切除脂肪性脚垫是有用的，这可应用到对于药物治疗失效的病例中，在通过手术治疗脚垫病例中，报道称2年内病情没有复发[218,222,225]。

（六）皮下脂肪硬化

皮下脂肪硬化曾见于1岁的雄性家养短毛猫[226]。在腹部皮下肿块快速增长前5周，通过手术引流和抗生素治疗腹股沟脓肿。病变是一个坚硬、无痛性的皮下斑块，从剑突延伸至骨盆入口，然后横向进入腰椎。边缘凸起并变得明显，正常覆盖的皮肤变冷、硬化和紧贴凸起处。这个皮下肿物足够大，以至影响了腿的运动。鉴别诊断包括肿瘤、脂膜炎和营养性脂肪组织炎。血象和血液生化结果正常。细菌和真菌培养结果为阴性。口服泼尼松无效。随后，在胸壁可触诊到皮下卫星结节。

尸检时，动物腹部皮下组织增厚、纤维化，并黏附到真皮层。组织病理学检查发现广泛的皮下组织纤维化，伴有最轻微的脂肪坏死和炎症。在皮下脂肪或脂肪丰富的腹部黏膜间质组织出现室隔纤维化所致的带状结构、变大的脂肪细胞（形成脂肪微假性囊肿）和含针尖状脂肪细胞（脂肪结晶）。虽然发现少量散在的淋巴细胞、组织细胞和多核组织巨核细胞，而且出现单独的含中性粒细胞的病灶，但该病通常为非炎性的。

参考文献

[1] Gross TL, et al: Degenerative, dysplastic and depositional diseases of dermal connective tissue. In *Skin Diseases of the Dog and Cat, Clinical and Histopathologic Diagnosis*, Ames, Iowa, 2005, Blackwell Science, pp 373–403.

[2] Fett N, Werth VP: Update on morphea: part I Epidemiology, clinical presentation, and pathogenesis. *J Am Acad Dermatol* 64(2):217–228; quiz 229–30, 2011.

[3] Bensignor E, Carlotti DN, Pin D: Morphea-like lesion in a cat. *J Small Anim Pract* 39(11):538–540, 1998.

[4] Scott DW: Localized scleroderma (morphea) in two dogs. *J Am Anim Hosp Assoc* 22:207, 1986.

[5] Scarampella F, Noli C: A case of localised scleroderma (morphea). In Proceedings Resident's Seminar ESVD/ECVD Congress. 1997. Pisa.

[6] Vilela FA, Carneiro S, Ramos-e-Silva M: Treatment of morphea or localized scleroderma: review of the literature. *J Drugs Dermatol* 9(10):1213–1219, 2010.

[7] Fett N, Werth VP: Update on morphea: part II. Outcome measures and treatment. *J Am Acad Dermatol* 64(2):231–242; quiz 243–4, 2011.

[8] Zwischenberger BA, Jacobe HT: A systematic review of morphea treatments and therapeutic algorithm. *J Am Acad Dermatol* 65(5):925–941, 2011.

[9] Rosser EJ, et al: Sebaceous adenitis with hyperkeratosis in the standard poodle: A discussion of 10 cases. *J Am Anim Hosp Assoc* 23:341, 1987.

[10] Baer K, Shoulberg N, Helton K: Sebaceous adenitis-like disease in two cats (Abstract). *Vet Pathol* 30:437, 1993.

[11] Rosser E: Sebaceous adenitis, in current veterinary dermatology. In Griffin C, Kwochka K, MacDonald J, editors: *The Science and Art of Therapy*, St. Louis, 1993, Mosby Year Book.

[12] Scott DW: Sterile granulomatous sebaceous adenitis in dogs and cats. *Vet Annu* 33:236–243, 1993.

[13] Martins C, Tellechea O, Mariano A, et al: Sebaceous adenitis. *J Am Acad Dermatol* 36(5 Pt 2):845–846, 1997.

[14] Renfro L, Kopf AW, Gutterman A, et al: Neutrophilic sebaceous adenitis. *Arch Dermatol* 129(7):910–911, 1993.

[15] Jazic E, Coyner KS, Loeffler DG, et al: An evaluation of the clinical, cytological, infectious and histopathological features of feline acne. *Vet Dermatol* 17(2):134–140, 2006.

[16] Bardagí M, Fondevila D, Zanna G, et al: Histopathological differences between canine idiopathic sebaceous adenitis and canine leishmaniasis with sebaceous adenitis. *Vet Dermatol* 21(2):159–165, 2010.

[17] Angles JM, Famula TR, Pedersen NC: Uveodermatologic (VKH-like) syndrome in American Akita dogs is associated with an increased frequency of DQA1*00201. *Tissue Antigens* 66(6):656–665, 2005.

[18] Dunstan R, Hargis A: The diagnosis of sebaceous adenitis in standard poodle dogs. In Bonagura J, editor: *Kirks Veterinary Therapy XII*, Philadelphia, 1995, WB Saunders Co.

[19] Reichler IM, Hauser B, Schiller I, et al: Sebaceous adenitis in the Akita: clinical observations, histopathology and heredity. *Vet Dermatol* 12(5):243–253, 2001.

[20] Vercelli A, Cornegliani L, Tronca L: Sebaceous adenitis in three related Hovawart dogs. *Vet Dermatol* 15(s):52, 2004.

[21] Guaguère E, et al: Granulomatous sebaceous adenitis in 7 Belgian sheepdogs. In Proc Annu Congr Eur Soc Vet Dermatol Eur Coll Vet Dermatol. 1997. Pisa.

[22] Rybnicek J, Affolter V, Moore P: Sebaceous adenitis: an immunohistological examination. In Kwochka KW, Willemse T, Tscharner V, editors: *Advances in Dermatology V3*, Oxford, 1998, Butterworth Heinemann, pp 539–540.

[23] Noli C, Toma S: Three cases of immune-mediated adnexal skin disease treated with cyclosporin. *Vet Dermatol* 17(1):85–92, 2006.

[24] Lortz J, Favrot C, Mecklenburg L, et al: A multicentre placebo-controlled clinical trial on the efficacy of oral ciclosporin A in the treatment of canine idiopathic sebaceous adenitis in comparison with conventional topical treatment. *Vet Dermatol* 21(6):593–601, 2010.

[25] Gross TL, et al: Diseases with abnormal cornification. In *Skin Diseases of the Dog and Cat, Clinical and Histopathologic Diagnosis*, Ames, Iowa, 2005, Blackwell Science: pp 161–199.

[26] Lam AT, Affolter VK, Outerbridge CA, et al: Oral vitamin A as an adjunct treatment for canine sebaceous adenitis. *Vet Dermatol* 22(4):305–311, 2011.

[27] White SD, Rosychuk RA, Scott KV, et al: Sebaceous adenitis in dogs and results of treatment with isotretinoin and etretinate: 30 cases (1990–1994). *J Am Vet Med Assoc* 207(2):197–200, 1995.

[28] Dunstan R, Credille K: Why do some standard poodles with sebaceous adenitis get better? In the Genodermatosis Research Foundation newsletter. 1997. p 1.

[29] Tevell E, Bergvall K, Egenvall A: Sebaceous adenitis in Swedish, a retrospective study of 104 cases. *Acta Vet Scand* 50(11), 2008.

[30] Rosser EJ, Jr: Sebaceous adenitis. In Bonagura JD, Twedt DC, editors: *Kirk's Current Veterinary Therapy XIV*, St Louis, 2009, Saunders Elsevier, pp 451–453.

[31] Sanz Trelles A, Gomez Moyano E: A new case of neutrophilic sebaceous adenitis: A photodermatosis? *J Am Acad Dermatol* 60(5):887–888, 2009.

[32] Frazer MM, Schick AE, Lewis TP, et al: Sebaceous adenitis in Havanese dogs: a retrospective study of the clinical presentation and incidence. *Vet Dermatol* 22(3):267–274, 2011.

[33] Mueller RS, Bettenay SV, Vogelnest LJ: Sebaceous adenitis in three German shepherd dogs. *Aust Vet Pract* 31(3):110–114, 2001.

[34] Sousa CA: Sebaceous adenitis. *Vet Clin North Am Small Anim Pract* 36(1):243–249, ix, 2006.

[35] Zur G, Botero-Anug AM: Severe ulcerative and granulomatous pinnal lesions with granulomatous sebaceous adenitis in unrelated vizslas. *J Am Anim Hosp Assoc* 47(6):455–460, 2011.

[36] Power HT: Newly recognized feline skin diseases. *Proc Annu Member Meeting Am Acad Vet Dermatol Am Coll Vet Dermatol* 14:27, 1998.

[37] Scott DW, Miller WH, Jr, Griffin CE: *Muller and Kirk's Small Animal Dermatology*, ed 6, Philadelphia, 2001, WB Saunders.

[38] DeManuelle TC, Rothstein E: Food allergy and nutritionally related skin disease. In Thoday KL, Foil CS, Bond R, editors: *Advances in Veterinary Dermatology*, Ames, 2002, Blackwell Publishing, pp 224–230.

[39] Robson DC, Burton GG: Cyclosporin: applications in small animal dermatology. *Vet Dermatol* 14(1):1–9, 2003.

[40] Carothers MA, Kwochka KW, Rojko JL: Cyclosporine-responsive granulomatous sebaceous adenitis in a dog. *J Am Vet Med Assoc* 198(9):1645–1648, 1991.

[41] Linek M, Boss C, Haemmerling R, et al: Effects of cyclosporine A on clinical and histologic abnormalities in dogs with sebaceous adenitis. *J Am Vet Med Assoc* 226(1):59–64, 2005.

[42] Neer TM: Hypereosinophilic syndrome in cats. *Compend Contin Educ* 13:549, 1991.

[43] Muir P, Gruffydd-Jones TJ, Brown PJ: Hypereosinophilic syndrome in a cat. *Vet Rec* 132(14):358–359, 1993.

[44] Huibregtse BA, Turner JL: Hypereosinophilic syndrome and eosinophilic leukemia: a comparison of 22 hypereosinophilic cats. *J Am Anim Hosp Assoc* 30:591–599, 1994.

[45] Harvey R: Feline hypereosinophilia with cutaneous lesions. *J Small Anim Pract* 31:453–456, 1990.

[46] Sykes JE, Weiss DJ, Buoen LC, et al: Idiopathic hypereosinophilic syndrome in 3 Rottweilers. *J Vet Intern Med* 15(2):162–166, 2001.

[47] Aroch I, Perl A, Markovics A: Disseminated eosinophilic disease resembling idiopathic hypereosinophilic syndrome in a dog. *Vet Rec* 149:386–389, 2001.

[48] James FE, Mansfield CS: Clinical remission of idiopathic hypereosinophilic syndrome in a Rottweiler. *Aust Vet J* 87(8):330–333, 2009.

[49] Tefferi A, Gotlib J, Pardanani A: Hypereosinophilic syndrome and clonal eosinophilia: point-of-care diagnostic algorithm and treatment update. *Mayo Clin Proc* 85(2):158–164, 2010.

[50] Lilliehöök I, Gunnarsson L, Zakrisson G, et al: Diseases associated with pronounced eosinophilia: a study of 105 dogs in Sweden. *J Small Anim Pract* 41(6):248–253, 2000.

[51] Lilliehook I, Tvedten H: Investigation of hypereosinophilia and potential treatments. *Vet Clin North Am Small Anim Pract* 33(6):1359–1378, viii, 2003.

[52] Center SA, et al: Eosinophilia in the cat: a retrospective study of 312 cases (1975 to 1986). *J Am Anim Hosp Assoc* 26(4):349–358, 1990.

[53] Saxon B, Hendrick M, Waddle JR: Restrictive cardiomyopathy in a cat with hypereosinophilic syndrome. *Can Vet J* 32:367–369, 1991.

[54] Scott DW, Randolph JF, Walsh KM: Hypereosinophilic syndrome in a cat. *Feline Pract* 15:22–30, 1985.

[55] Gross T, et al: Nodular and diffuse diseases of the dermis with prominent eosinophils, neutrophils or plasma cells. In *Skin Diseases of the Dog and Cat, Clinical and Histopathologic Diagnosis*, Ames, 2005, Blackwell Science, p 342–372.

[56] Perkins MC, Watson ADJ: Successful treatment of hypereosinophilic syndrome in a dog. *Aust Vet J* 79(10):686–689, 2001.

[57] Marconato L, Bonfanti U, Fileccia I: Unusual dermatological toxicity of hydroxyurea in two dogs with spontaneously occurring tumours. *J Small Anim Pract* 48(9):514–517, 2007.

[58] Gilbert P, Griffin CE, Walder EJ: Diffuse truncal lipomatosis in a dog. *J Am Anim Hosp Assoc* 26:586–588, 1990.

[59] Carpenter JL, Andrew LK, Holzworth J: Tumors and tumor like lesions. In Holzworth J, editor: *Diseases of the Cat*, Philadelphia, 1987, W B Saunders, p 408.

[60] Scott DW: Lichenoid dermatoses in dogs and cats. In Kirk R, editor: *Current Veterinary Therapy*, Philadelphia, 1989, W B Saunders, p 614.

[61] Buerger RG, Scott DW: Lichenoid dermatitis in a cat: A case report. *J Am Anim Hosp Assoc* 24(1):55–59, 1988.

[62] Gill PA, Purvis-Smith G: Idiopathic lichenoid dermatosis in a Doberman bitch. *Aust Vet Pract* 25:144, 1995.

[63] Anderson WI, Scott DW, Luther PB: Idiopathic benign lichenoid keratosis on the pinna of the ear in four dogs. *Cornell Vet* 79(2):179–184, 1989.

[64] Gross TL, et al: Hyperplastic diseases of the epidermis. In *Skin Diseases of the Dog and Cat, Clinical and Histopathologic Diagnosis*, Ames, Iowa, 2005,

Blackwell Science, pp 136–160.

[65] Scott DW, Anderson W: Panniculitis in dogs and cats: A retrospective analysis of 78 cases. *J Am Anim Hosp Assoc* 24(5):551–559, 1988.

[66] Beccati M, Peano A, Gallo MG: Pyogranulomatous panniculitis caused by Mycobacterium alvei in a cat. *J Small Anim Pract* 48(11):664, 2007.

[67] Harada H, Endo Y, Sekiguchi M, et al: Cutaneous nocardiosis in a cat. *J Vet Med Sci* 71(6):785–787, 2009.

[68] Malik R, Krockenberger MB, O'Brien CR, et al: Nocardia infections in cats: a retrospective multi-institutional study of 17 cases. *Aust Vet J* 84(7):235–245, 2006.

[69] Alander-Damsten YK, Brander EE, Paulin LG: Panniculitis, due to Mycobacterium smegmatis, in two Finnish cats. *J Feline Med Surg* 5(1):19–26, 2003.

[70] Malik R, Shaw SE, Griffin C, et al: Infections of the subcutis and skin of dogs caused by rapidly growing mycobacteria. *J Small Anim Pract* 45(10):485–494, 2004.

[71] Krimer PM, Phillips KM, Miller DM, et al: Panniculitis attributable to Mycobacterium goodii in an immunocompetent dog in Georgia. *J Am Vet Med Assoc* 237(9):1056–1059, 2010.

[72] Youssef S, Archambault M, Parker W, et al: Pyogranulomatous panniculitis in a cat associated with infection by the Mycobacterium fortuitum/peregrinum group. *Can Vet J* 43(4):285–287, 2002.

[73] Anfray P, Bonetti C, Fabbrini F, et al: Feline cutaneous toxoplasmosis: a case report. *Vet Dermatol* 16(2):131–136, 2005.

[74] Mellor PJ, Fetz K, Maggi RG, et al: Alpha1-proteinase inhibitor deficiency and Bartonella infection in association with panniculitis, polyarthritis, and meningitis in a dog. *J Vet Intern Med* 20(4):1023–1028, 2006.

[75] Schaudien D, Meyer H, Grunwald D, et al: Concurrent infection of a cat with cowpox virus and feline parvovirus. *J Comp Pathol* 137(2–3):151–154, 2007.

[76] Madarame H, Suzuki H, Saitoh Y, et al: Ectopic (subcutaneous) Paragonimus miyazakii infection in a dog. *Vet Pathol* 46(5):945–948, 2009.

[77] Poth T, Seibold M, Werckenthin C, et al: First report of a Cryptococcus magnus infection in a cat. *Med Mycol* 48(7):1000–1004, 2010.

[78] Alton K, et al: Poxvirus infection in two cats. *Vet Dermatol* 15(s):51, 2004.

[79] Bond R, Pocknell AM, Tozet CE: Pseudomycetoma caused by Microsporum canis in a Persian cat: lack of response to oral terbinafine. *J Small Anim Pract* 42(11):557–560, 2001.

[80] O'Kell AL, Inteeworn N, Diaz SF, et al: Canine sterile nodular panniculitis: a retrospective study of 14 cases. *J Vet Intern Med* 24(2):278–284, 2010.

[81] Gross TL, et al: Diseases of the panniculus. In *Skin Diseases of the Dog and Cat, Clinical and Histopathologic Diagnosis*, Ames, Iowa, 2005, Blackwell Science, pp 538–558.

[82] Moreau PM, Fiske RA, Lees GE, et al: Disseminated necrotizing panniculitis and pancreatic nodular hyperplasia in a dog. *J Am Vet Med Assoc* 180(4):422–425, 1982.

[83] Dennis MM, O'Brien TD, Wayne T, et al: Hyalinizing pancreatic adenocarcinoma in six dogs. *Vet Pathol* 45(4):475–483, 2008.

[84] German AJ, Foster AP, Holden D, et al: Sterile nodular panniculitis and pansteatitis in three weimaraners. *J Small Anim Pract* 44(10):449–455, 2003.

[85] Gear RN, Bacon NJ, Langley-Hobbs S, et al: Panniculitis, polyarthritis and osteomyelitis associated with pancreatic neoplasia in two dogs. *J Small Anim Pract* 47(7):400–404, 2006.

[86] Mellanby RJ, Stell A, Baines E, et al: Panniculitis associated with pancreatitis in a cocker spaniel. *J Small Anim Pract* 44(1):24–28, 2003.

[87] Fabbrini F, Anfray P, Viacava P, et al: Feline cutaneous and visceral necrotizing panniculitis and steatitis associated with a pancreatic tumour. *Vet Dermatol* 16(6):413–419, 2005.

[88] Paterson S: Panniculitis associated with pancreatic necrosis in a dog. *J Small Anim Pract* 35(2):116–118, 1994.

[89] Yamagishi C, Momoi Y, Kobayashi T, et al: A retrospective study and gene analysis of canine sterile panniculitis. *J Vet Med Sci* 69(9):915–924, 2007.

[90] Hughes D, Goldschmidt MH, Washabau RJ, et al: Serum alpha 1-antitrypsin concentration in dogs with panniculitis. *J Am Vet Med Assoc* 209(9):1582–1584, 1996.

[91] Kim HJ, Kang MH, Kim JH, et al: Sterile panniculitis in dogs: new diagnostic findings and alternative treatments. *Vet Dermatol* 22(4):352–359, 2011.

[92] Paterson S: Sterile idiopathic pedal panniculitis in the German shepherd dog—clinical presentation and response to treatment of four cases. *J Small Anim Pract* 36(11):498–501, 1995.

[93] Aikawa T, Yoshigae Y, Kanazono S: Epidural idiopathic sterile pyogranulomatous inflammation causing spinal cord compressive injury in five miniature dachshunds. *Vet Surg* 37(6):594–601, 2008.

[94] Ryan C, Howard E: Systemic lipodystrophy associated with pancreatitis in a cat. *Feline Pract* 11(6):31, 1981.

[95] Gross TL, et al: Necrotizing diseases of the epidermis. In *Skin Diseases of the Dog and Cat, Clinical and Histopathologic Diagnosis*, Ames, Iowa, 2005, Blackwell Science: pp 75–104.

[96] Panich R, Scott DW, Miller WH: Canine cutaneous sterile pyogranuloma syndrome: A retrospective analysis of 29 cases (1976–1988). *J Am Anim Hosp Assoc* 27(519–528), 1991.

[97] Scott DW, Buerger RG, Miller WH: Idiopathic sterile granulomatous and pyogranulomatous dermatitis in cats. *Vet Dermatol* 1(3):129–137, 1990.

[98] Houston DM, Clark EG, Matwichuk CL, et al: A case of cutaneous sterile pyogranuloma/granuloma syndrome in a golden retriever. *Can Vet J* 34:1211–1122, 1993.

[99] Scott DW, Noxon JO: Sterile sarcoidal granulomatous skin disease. *Canine Pract* 15:11–18, 1990.

[100] Santoro D, Spaterna A, Mechelli L, et al: Cutaneous sterile pyogranuloma/granuloma syndrome in a dog. *Can Vet J* 49(12):1204–1207, 2008.

[101] Torres SM: Sterile nodular dermatitis in dogs. *Vet Clin North Am Small Anim Pract* 29(6):1311–1323, 1999.

[102] Gross TL, et al: Noninfectious nodular and diffuse granulomatous and pyogranulomatous diseases of the dermis. In *Skin Diseases of the Dog and Cat, Clinical and Histopathologic Diagnosis*, Ames, Iowa, 2005, Blackwell Science, pp 320–341.

[103] Rothstein E, Scott DW, Riis RC: Tetracycline and niacinamide for the treatment of sterile pyogranuloma/granuloma syndrome in a dog. *J Am Anim Hosp Assoc* 33(6):540–543, 1997.

[104] Santoro D, Prisco M, Ciaramella P: Cutaneous sterile granulomas/pyogranulomas, leishmaniasis and mycobacterial infections. *J Small Anim Pract* 49(11):552–561, 2008.

[105] Cornegliani L, Fondevila D, Vercelli A, et al: PCR technique detection of Leishmania spp. but not Mycobacterium spp. in canine cutaneous sterile pyogranuloma/granuloma syndrome. *Vet Dermatol* 16(4):233–238, 2005.

[106] Li N, Bajoghli A, Kubba A, et al: Identification of mycobacterial DNA in cutaneous lesions of sarcoidosis. *J Cutan Pathol* 26(6):271–278, 1999.

[107] Diaz SF, Gilbert S: Oral lesions in a case of sterile granuloma and pyogranuloma syndrome. *Vet Derm Abst* 18(3):179, 2007.

[108] Barrett SJ, et al: Challenging Cases In Internal Medicine: What's Your Diagnosis? *Vet Med* 93(1):35–44, 1998.

[109] Holm KS, Morris DO, Gomez SM, et al: Eosinophilic dermatitis with edema in nine dogs, compared with eosinophilic cellulitis in humans. *J Am Vet Med Assoc* 215(5):649–653, 1999.

[110] Mauldin EA, Palmeiro BS, Goldschmidt MH, et al: Comparison of clinical history and dermatologic findings in 29 dogs with severe eosinophilic dermatitis: a retrospective analysis. *Vet Dermatol* 17(5):338–347, 2006.

[111] Vitale C, Ihrke PJ, Gross TL: Putative diethylcarbamazine-induced urticaria with eosinophilic dermatitis in a dog. *Vet Dermatol* 5(4):197–203, 1994.

[112] Poulet FM, Valentine BA, Scott DW: Focal proliferative eosinophilic dermatitis of the external ear canal in four dogs. *Vet Pathol* 28(2):171–173, 1991.

[113] Vercelli A, Cornegliani L, Portigliotti L: Eyelid eosinophilic granuloma in a Siberian husky. *J Small Anim Pract* 46(1):31–33, 2005.

[114] Scott DW: Cutaneous eosinophilic granulomas with collagen degenerative in the dog. *J Am Anim Hosp Assoc* 19:529, 1983.

[115] da Silva Curiel JM, Kraus KH, Brown TP, et al: Eosinophilic granuloma of the nasal skin in a dog. *J Am Vet Med Assoc* 193(5):566–567, 1988.

[116] Norris J: Cutaneous eosinophilic granuloma in a crossbred dog. *Austral Vet Practit* 24:74, 1995.

[117] Madewell BR, Stannard AA, Pulley LT, et al: Oral eosinophilic granuloma in Siberian husky dogs. *J Am Vet Med Assoc* 177(8):701–703, 1980.

[118] Bredal WP, Gunnes G, Vollset I, et al: Oral eosinophilic granuloma in three Cavalier King Charles spaniels. *J Small Anim Pract* 37(10):499–504, 1996.

[119] Joffe DJ, Allen AL: Ulcerative eosinophilic stomatitis in three Cavalier King Charles spaniels. *J Am Anim Hosp Assoc* 31(1):34–37, 1995.

[120] Brovida C, Castagnaro M: Tracheal obstruction due to an eosinophilic granuloma in a dog: surgical treatment and clinicopathological observations. *J Am Anim Hosp Assoc* 28(1):8–12, 1992.

[121] Pieraggi MT, Regnier A, Bouissou H: An unusual dermal collagen disorder in a dog. *J Comp Pathol* 96(3):289–299, 1986.

[122] Docampo MJ, Zanna G, Fondevila D, et al: Increased HAS2-driven hyaluronic acid synthesis in shar-pei dogs with hereditary cutaneous hyaluronosis (mucinosis). *Vet Dermatol* 22(6):535–545, 2011.

[123] Beale K, Calderwood-Mays M, Buchanan B: Papular and plaque-like mucinosis in a puppy. *Vet Dermatol* 2(1):29–36, 1991.

[124] Zanna G, Docampo MJ, Fondevila D, et al: Hereditary cutaneous mucinosis in Shar Pei dogs is associated with increased hyaluronan synthase-2 mRNA transcription by cultured dermal fibroblasts. *Vet Dermatol* 20(5–6):377–382, 2009.

[125] Zanna G, Fondevila D, Bardagí M, et al: Cutaneous mucinosis in shar-pei dogs is due to hyaluronic acid deposition and is associated with high levels of hyaluronic acid in serum. *Vet Dermatol* 19(5):314–318, 2008.

[126] Griffin C, Rosenkrantz WS: Skin disorders of the Shar Pei. In Kirk R, Bonagura J, editors: *Kirk's Current Veterinary Therapy XI*, Philadelphia, 1992, WB Saunders, p 519.

[127] Miller WH, Jr, Wellington JR, Scott DW: Dermatologic disorders of Chinese Shar Peis: 58 cases (1981–1989). *J Am Vet Med Assoc* 200(7):986–990, 1992.

[128] Madewell B, Akita G, Vogel P: Cutaneous mastocytosis and mucinosis with gross deformity in a Shar pei dog. *Vet Dermatol* 3(4–5):171–175, 1992.

[129] Rosenkrantz W, et al: Idiopathic cutaneous mucinosis in a dog. *Comp Animal Pract* 1(3), 1987.

[130] López A, Spracklin D, McConkey S, et al: Cutaneous mucinosis and

mastocytosis in a Shar-Pei. *Can Vet J* 40(12):881–883, 1999.

[131]Reimann KA, Evans MG, Chalifoux LV, et al: Clinicopathologic characterization of canine juvenile cellulitis. *Vet Pathol* 26(6):499–504, 1989.

[132]Mason IS, Jones J: Juvenile cellulitis in Gordon setters. *Vet Rec* 124(24):642, 1989.

[133]White SD, Rosychuk RA, Stewart LJ, et al: Juvenile cellulitis in dogs: 15 cases (1979–1988). *J Am Vet Med Assoc* 195(11):1609–1611, 1989.

[134]Park C, Yoo JH, Kim HJ, et al: Combination of cyclosporin A and prednisolone for juvenile cellulitis concurrent with hindlimb paresis in 3 English cocker spaniel puppies. *Can Vet J* 51(11):1265–1268, 2010.

[135]Barta O, Oyekan PP: Lymphocyte transformation test in veterinary clinical immunology. *Comp Immunol Microbiol Infect Dis* 4(2):209–221, 1981.

[136]Jeffers JG, Duclos DD, Goldschmidt MH: A dermatosis resembling juvenile cellulitis in an adult dog. *J Am Anim Hosp Assoc* 31(3):204–208, 1995.

[137]Neuber AE, van den Broek AH, Brownstein D, et al: Dermatitis and lymphadenitis resembling juvenile cellulitis in a four-year-old dog. *J Small Anim Pract* 45(5):254–258, 2004.

[138]Bassett RJ, Burton GG, Robson DC: Juvenile cellulitis in an 8-month-old dog. *Aust Vet J* 83(5):280–282, 2005.

[139]Park C, Jung Da, Park H: A case of juvenile cellulitis concurrent with hindlimb paresis in an English cocker spaniel puppy. *Vet Dermatol* 15(s):57, 2004.

[140]Hutchings SM: Juvenile cellulitis in a puppy. *Can Vet J* 44(5):418–419, 2003.

[141]Wentzell ML: Hypertrophic osteodystrophy preceding canine juvenile cellulitis in an Australian shepherd puppy. *Can Vet J* 52(4):431–434, 2011.

[142]Shibata K, Nagata M: Efficacy of griseofulvin for juvenile cellulitis in dogs. *Vet Dermatol* 15(s):26, 2004.

[143]Bardagí M, Lloret A, Fondati A, et al: Neutrophilic dermatosis resembling pyoderma gangrenosum in a dog with polyarthritis. *J Small Anim Pract* 48(4):229–232, 2007.

[144]Gross TL, et al: Ulcerative and crusting diseases of the epidermis. In *Skin Diseases of the Dog and Cat, Clinical and Histopathologic Diagnosis*, Ames, Iowa, 2005, Blackwell Science, pp 116–135.

[145]Dabade TS, Davis MD: Diagnosis and treatment of the neutrophilic dermatoses (pyoderma gangrenosum, Sweet's syndrome). *Dermatol Ther* 24(2):273–284, 2011.

[146]Wollina U: Pyoderma gangrenosum–a review. *Orphanet J Rare Dis* 2:19, 2007.

[147]Su WP, Davis MD, Weenig RH, et al: Pyoderma gangrenosum: clinicopathologic correlation and proposed diagnostic criteria. *Int J Dermatol* 43(11):790–800, 2004.

[148]Scott DW: Sterile eosinophilic pustulosis in dog and man: comparative aspects. *J Am Acad Dermatol* 16(5 Pt 1):1022–1026, 1987.

[149]Craig JM: A case of sterile eosinophilic pustulosis in a dog. *Vet Dermatol Newsl* 15:11, 1993.

[150]Scott DW: Sterile eosinophilic pustulosis in the dog. *J Am Anim Hosp Assoc* 20:585, 1984.

[151]Scott DW, et al: Sterile eosinophilic folliculitis in the cat: An unusual manifestation of feline allergic skin disease? *Comp Anim Prac* 19(8):6, 1989.

[152]Gross TL, et al: Pustular and nodular diseases without adnexal destruction. In *Skin Diseases of the Dog and Cat, Clinical and Histopathologic Diagnosis*, Ames, Iowa, 2005, Blackwell Science, pp 406–419.

[153]Gains MJ, Morency A, Sauvé F, et al: Canine sterile neutrophilic dermatitis (resembling Sweet's syndrome) in a dachshund. *Can Vet J* 51(12):1397–1399, 2011.

[154]Johnson CS, May ER, Myers RK, et al: Extracutaneous neutrophilic inflammation in a dog with lesions resembling Sweet's syndrome. *Vet Dermatol* 20(3):200–205, 2009.

[155]Okada K, et al: Febrile neutrophilic dermatosis in a miniature schnauzer resembling Sweet's syndrome in humans. *Vet Dermatol* 15(s):58, 2004.

[156]Mellor PJ, Roulois AJ, Day MJ, et al: Neutrophilic dermatitis and immune-mediated haematological disorders in a dog: suspected adverse reaction to carprofen. *J Small Anim Pract* 46(5):237–242, 2005.

[157]Vitale C, Zenger E, Hill J: Putative Rimadyl-induced neutrophilic dermatosis resembling Sweet's syndrome in 2 dogs. In Maui, 1999, AAVD/ACVD.

[158]Cohen PR: Sweet's syndrome–a comprehensive review of an acute febrile neutrophilic dermatosis. *Orphanet J Rare Dis* 2:34, 2007.

[159]Phua YS, Al-Ani SA, She RB, et al: Sweet's syndrome triggered by scalding: a case study and review of the literature. *Burns* 36(4):e49–e52, 2010.

[160]Stedman's Medical Dictionary, 2006, Lippincott Williams and Williams.

[161]Varol A, Seifert O, Anderson CD: The skin pathergy test: innately useful? *Arch Dermatol Res* 302(3):155–168, 2009.

[162]Tabanlioğlu D, Boztepe G, Erkin G, et al: Sweet's syndrome and erythema nodosum: a companionship or a spectrum?–a case report with review of the literature. *Int J Dermatol* 49(1):62–66, 2010.

[163]Su WP, Liu HN: Diagnostic criteria for Sweet's syndrome. *Cutis* 37(3):167–174, 1986.

[164]Cohen PR, Kurzrock R: Sweet's syndrome revisited: a review of disease concepts. *Int J Dermatol* 42(10):761–778, 2003.

[165]McKeever PJ, Dahl MV: A disease in dogs resembling human subcorneal pustular dermatosis. *J Am Vet Med Assoc* 170(7):704–708, 1977.

[166]Halliwell RE, Schwartzman RM, Ihrke PJ, et al: Dapsone for treatment of pruritic dermatitis (dermatitis herpetiformis and subcorneal pustular dermatosis) in dogs. *J Am Vet Med Assoc* 170(7):697–703, 1977.

[167]Kalaher KM, Scott DW: Subcorneal pustular dermatosis in dogs and in human beings: comparative aspects. *J Am Acad Dermatol* 22(6 Pt 1):1023–1028, 1990.

[168]Gross T, et al: Pustular diseases of the epidermis. In *Skin Diseases of the Dog and Cat, Clinical and Histopathologic Diagnosis*, Ames, 2005, Blackwell Science, pp 4–26.

[169]Cheng S, Edmonds E, Ben-Gashir M, et al: Subcorneal pustular dermatosis: 50 years on. *Clin Exp Dermatol* 33(3):229–233, 2008.

[170]Bordignon M, Zattra E, Montesco MC, et al: Subcorneal pustular dermatosis (Sneddon-Wilkinson disease) with absence of desmoglein 1 and 3 antibodies: case report and literature review. *Am J Clin Dermatol* 9(1):51–55, 2008.

[171]Grob JJ, Mege JL, Capo C, et al: Role of tumor necrosis factor-alpha in Sneddon-Wilkinson subcorneal pustular dermatosis. A model of neutrophil priming in vivo. *J Am Acad Dermatol* 25(5 Pt 2):944–947, 1991.

[172]Clasper M: Successful use of gold in the treatment of a case of canine sub-corneal pustular dermatosis. *N Z Vet J* 39(2):65–66, 1991.

[173]Gookin JL, Sellon RK, McDorman KS, et al: Systemic plasmacytosis and polyclonal gammopathy in a dog. *J Vet Intern Med* 12(6):471–474, 1998.

[174]Beco L, Heimann M, Olivry T: Is feline acquired reactive perforating collagenosis a wound healing defect? Treatment with topical betamethasone and halofuginone appears beneficial. *Vet Dermatol*, 2010.

[175]Scott DW, Miller WH, Jr: An unusual perforating dermatitis in a Siamese cat. *Vet Dermatol* 2(3–4):173–177, 1991.

[176]Haugh P, Swendrowski M: Perforating dermatitis exacerbated by pruritus. *Feline Pract* 23(6):8–12, 1995.

[177]Albanese F, Tieghi C, De Rosa L, et al: Feline perforating dermatitis resembling human reactive perforating collagenosis: clinicopathological findings and outcome in four cases. *Vet Dermatol* 20(4):273–280, 2009.

[178]Karpouzis A, Giatromanolaki A, Sivridis E, et al: Acquired reactive perforating collagenosis: current status. *J Dermatol* 37(7):585–592, 2010.

[179]Butler WF: Fragility of the skin in a cat. *Res Vet Sci* 19(2):213–216, 1975.

[180]Regnier A, Pieraggi M: Abnormal skin fragility in a cat with cholangio-carcinoma. *J Small Anim Pract* 30(7):419–423, 1989.

[181]Zur G: Feline skin fragility syndrome in a cat with hepatic lipidosis. In Kwochka K, Tscharner T, Von C, editors: *Advances in Veterinary Dermatology III*, Oxford (United Kingdom), 1998, Butterworth-Heinemann Ltd, pp 495–496.

[182]Trotman TK, Mauldin E, Hoffmann V, et al: Skin fragility syndrome in a cat with feline infectious peritonitis and hepatic lipidosis. *Vet Dermatol* 18(5):365–369, 2007.

[183]Boord M, Griffin C: Progesterone secreting adrenal mass in a cat with clinical signs of hyperadrenocorticism. *J Am Vet Med Assoc* 214(5):666–669, 1999.

[184]Rossmeisl JH, Jr, Scott-Moncrieff JC, Siems J, et al: Hyperadrenocorticism and hyperprogesteronemia in a cat with an adrenocortical adenocarcinoma. *J Am Anim Hosp Assoc* 36(6):512–517, 2000.

[185]Briscoe K, Barrs VR, Foster DF, et al: Hyperaldosteronism and hyperprogesteronism in a cat. *J Feline Med Surg* 11(9):758–762, 2009.

[186]Tamulevicus AM, Harkin K, Janardhan K, et al: Disseminated histoplasmosis accompanied by cutaneous fragility in a cat. *J Am Anim Hosp Assoc* 47(3):e36–e41, 2011.

[187]Barthold SW, Kaplan BJ, Schwartz A: Reversible dermal atrophy in a cat treated with phenytoin. *Vet Pathol* 17(4):469–476, 1980.

[188]Daniel AG, Lucas SR, Júnior AR, et al: Skin fragility syndrome in a cat with cholangiohepatitis and hepatic lipidosis. *J Feline Med Surg* 12(2):151–155, 2009.

[189]Fernandez C, et al: Staining abnormalities of dermal collagen in cats with cutaneous asthenia or acquired skin fragility as demonstrated with Masson's trichrome stain. *Vet Dermatol* 9(1):49–54, 1998.

[190]Mason KV, Evans AG: Mosquito bite-caused eosinophilic dermatitis in cats. *J Am Vet Med Assoc* 198(12):2086–2088, 1991.

[191]O'Dair H, Markwell P, Maskell I: An open prospective investigation into aetiology in a group of cats with suspected allergic skin disease. *Vet Dermatol* 7(4):193–202, 1996.

[192]Bloom PB: Canine and feline eosinophilic skin diseases. *Vet Clin North Am Small Anim Pract* 36(1):141–160, vii, 2006.

[193]Colombini S, Hodgin EC, Foil CS, et al: Induction of feline flea allergy dermatitis and the incidence and histopathological characteristics of concurrent indolent lip ulcers. *Vet Dermatol* 12(3):155–161, 2001.

[194]Prost C: Diagnosis of feline allergic disease. A study of 90 cats. In Kwochka KW, editor: *Advances in Veterinary Dermatology III*, Boston, 1998, Butterworth-Heinemann, p 516.

[195]Von Tscharner C, Bigler B: The eosinophilic granuloma complex. *J Small Anim Pract* 30(4):228–229, 1989.

[196]Song M: Diagnosing and treating feline eosinophilic granuloma complex. *Vet Med* 89(12):1141, 1994.

[197]Wildermuth BE, Griffin CE, Rosenkrantz WS: Feline pyoderma therapy. *Clin*

Tech Small Anim Pract 21(3):150–156, 2006.

[198]Wildermuth BE, Griffin CE, Rosenkrantz WS: Response of feline eosinophilic plaques and lip ulcers to amoxicillin trihydrate-clavulanate potassium therapy: a randomized, double-blind placebo-controlled prospective study. *Vet Dermatol* 2011;22(6):521–527.

[199]Lee M, Bosward KL, Norris JM: Immunohistological evaluation of feline herpesvirus-1 infection in feline eosinophilic dermatoses or stomatitis. *J Feline Med Surg* 12(2):72–79, 2010.

[200]Persico P, et al: Detection of feline herpes virus 1 via polymerase chain reaction and immunohistochemistry in cats with ulcerative facial dermatitis, eosinophilic granuloma complex reaction patterns and mosquito bite hypersensitivity. *Vet Dermatol*, 2011, 22(6):521–527.

[201]Power H: Eosinophilic granuloma in a family of specific pathogen-free cats. In *Proc Annu Memb Meet Am Acad Vet Dermatol/Am Coll Vet Dermatol* 1990.

[202]Leistra WH, van Oost BA, Willemse T: Non-pruritic granuloma in Norwegian forest cats. *Vet Rec* 156(18):575–577, 2005.

[203]Moriello K: Diseases of the skin. In Sherding R, editor: *The Cat: Diseases and Clinical Management II*, New York, 1994, Churchill-Livingstone, pp 1907–1910.

[204]Power HT, Ihrke PJ: Selected feline eosinophilic skin diseases. *Vet Clin North Am Small Anim Pract* 25(4):833–850, 1995.

[205]Pentlarge V: Eosinophilic conjunctivitis in five cats. *J Am Anim Hosp Assoc* 27:21–27, 1991.

[206]Fondati A, Fondevila D, Ferrer L: Histopathological study of feline eosinophilic dermatoses. *Vet Dermatol* 12(6):333–338, 2001.

[207]Bardagí M, Fondati A, Fondevila D, et al: Ultrastructural study of cutaneous lesions in feline eosinophilic granuloma complex. *Vet Dermatol* 14(6):297–303, 2003.

[208]Kovacs K, Jakab C, Szasz AM: Laser-assisted removal of a feline eosinophilic granuloma from the back of the tongue. *Acta Vet Hung* 57(3):417–426, 2009.

[209]Gross TL, et al: Spongiotic and vesicular diseases of the epidermis. In *Skin Diseases of the Dog and Cat, Clinical and Histopathologic Diagnosis*, Ames, Iowa, 2005, Blackwell Science, pp 105–115.

[210]Rosenkrantz WS: Feline eosinophilic granuloma complex. In Griffin CE, Kwochka KW, MacDonald JM, editors: *Current Veterinary Dermatology, the Science and Art of Therapy*, St Louis, 1993, Mosby Year Book, pp 319–324.

[211]Vercelli A, Raviri G, Cornegliani L: The use of oral cyclosporin to treat feline dermatoses: a retrospective analysis of 23 cases. *Vet Dermatol* 17(3):201–206, 2006.

[212]Scott DW: An unusual ulcerative dermatitis associated with linear subepidermal fibrosis in eight cats. *Feline Pract* 18(3):8, 1990.

[213]Spaterna A, Mechelli L, Rueca F, et al: Feline idiopathic ulcerative dermatosis: three cases. *Vet Res Commun* 27(Suppl 1):795–798, 2003.

[214]Guaguere E, et al: Feline plasma cell pododermatitis: a retrospective study of 26 cases. *Vet Dermatol* 15(s):27, 2004.

[215]Scott DW: Feline dermatology 1979–1982: Introspective retrospections. *J Am Anim Hosp Assoc* 20:537, 1984.

[216]Dias Pereira P, Faustino AM: Feline plasma cell pododermatitis: a study of 8 cases. *Vet Dermatol* 14(6):333–337, 2003.

[217]Gruffydd-Jones TJ, Orr CM, Lucke VM: Foot pad swelling and ulceration in cats: a report of five cases. *J Small Anim Pract* 21:381–389, 1980.

[218]Guaguere E, Hubert B, Delabre C: Feline pododermatitis. *Vet Dermatol* 3:1–12, 1992.

[219]Scarampella F, Ordeix L: Doxycycline therapy in 10 cases of feline plasma cell pododermatitis: clinical, haematological and serological evaluations. *Vet Dermatol* 15(s):27, 2004.

[220]Bettenay SV, Mueller RS, Dow K, et al: Prospective study of the treatment of feline plasmacytic pododermatitis with doxycycline. *Vet Rec* 152(18):564–566, 2003.

[221]Foil CS: Facial, pedal, and other regional dermatoses. *Vet Clin North Am Small Anim Pract* 25(4):923–944, 1995.

[222]Taylor JE, Schmeitzel LP: Plasma cell pododermatitis with chronic footpad hemorrhage in two cats. *J Am Vet Med Assoc* 197(3):375–377, 1990.

[223]De Man M: What is your diagnosis? Plasma cell pododermatitis and plasma cell dermatitis of the nose apex in cat. *J Feline Med Surg* 5(4):245–247, 2003.

[224]Scott DW: Feline dermatology 1983–1985: "The secret sits." *J Am Anim Hosp Assoc* 23(3):255, 1987.

[225]Yamamura Y: A surgically treated case of feline plasma cell pododermatitis. *J Jpn Vet Med Assoc* 51:669–671, 1998.

[226]Buerger R, et al: Subcutaneous fat sclerosis in a cat. *Compend Contin Educ Pract Vet* 9(12):1198–1201, 1987.

第十九章 眼睑、趾甲、肛囊和耳部疾病

一、眼睑疾病

由于眼睑的主要功能是保护眼球，所以一般认为眼睑疾病是眼科学的范畴。改变眼睑结构以及泪膜的生理功能势必会影响眼睛的外观，导致眼部黏性分泌物增多，结膜刺激，角膜清晰度下降。但是眼睑主要为皮肤的褶皱，易受各种皮肤病的影响，眼科医生及皮肤病医生谁能更好地解决炎性、免疫介导性、传染性以及寄生虫性疾病呢？对于兽医而言，最重要的是建立一个诊断，根据眼睑疾病的病因，把病例交给最合适的专家。一般来说，需在眼睑周围进行手术以及涉及眼睛的疾病最好由兽医眼科医生进行治疗。当出现了皮肤损伤并且没有涉及眼部时，通常选择兽医皮肤科医生更适合。

（一）解剖

眼睑的反射性关闭可以使眼部免受外部创伤。正常的眨眼能保持眼表面的泪膜，使泪液进入鼻泪管排出以及清除眼表的异物。在正常犬，眼睑的理想状态是靠在眼球之上并且形成一个杏仁状开口。眼睑的实际大小、尺寸［或睑裂（Palpebral fissure）］以及松弛程度与品种相关。上眼睑有2～4行睫毛或纤毛，下眼睑无睫毛。邻近下眼睑边缘以外延伸出一个2mm宽的无毛区，沿上下眼睑一周至外眦，不过上眼睑的无毛区宽度为1mm。内眦有着数量不定的面部毛发。一簇有触觉作用的触须位于眼眶向背中线的边缘附近。猫的眼睑紧贴角膜，尽管其沿着上眼睑生长的发毛被认为是睫毛，但猫并没有真正的睫毛。眼睑的边缘处是无毛的且通常着色良好。

眼睑在组织学上分为四层：最外层的皮肤，眼轮匝肌，睑板以及最内层的睑结膜。眼睑的运动是由薄且柔韧的眼皮皮肤以及疏松的支持组织完成的。这些疏松的排列以及眼睑丰富的血液供应可以在出现较小损伤时缓解眼睑的肿胀。眼睑皮肤和面部皮肤之间有一层连续覆盖的密集绒毛。睫毛的根部和丰富的皮脂腺（Zeis腺）以及变异的汗腺（Moll腺）相连。眼睑肌肉和睑结膜被一个称为睑板的狭窄的致密结缔组织分隔开。在眼睑边缘同结膜面之间可以看见垂直于眼睑边缘排列的30～40个睑板腺。富含脂质的分泌物可以从可见的腺体开口处释放出来，沿着灰线通向游离睑缘。在这个凹槽外是Zeis和Moll腺的开口。

（二）结构异常

1. 眼睑内翻

眼睑内翻指的是眼睑结构上的缺陷，其边缘向眼球方向卷曲，眼睑上的毛发危害到角膜和结膜（图19-1）。一般各个品种的犬均有发生，但是猫很少发生。有报道称，可遗传眼病的100个品种的犬中，34种易患眼睑内翻[1]。眼睑内翻可能受多个决定眼睑结构的基因影响，眼球或眼眶关系以及面部的皮肤。易发生眼睑内翻的情况例如眼裂狭窄的松狮犬，眼球位置较深的金毛寻回猎犬，面部褶皱较多的中国沙皮犬。猫的眼睑内翻通常呈痉挛性，除了波斯猫具有品种相关倾向以外，通常伴随着慢性疱疹角膜结膜炎症状。随着时间的推移，痉挛的阻滞会形成瘢痕，需要进行手术治疗。

眼睑内翻通常需要手术进行治疗。对于幼犬或受影响轻微的犬，可以使用温和的高黏度的眼部润滑剂保护眼球表面，暂时推迟手术时间，但如果角膜已经受到损害，那么就应立刻进行矫形手术。术前应进行泪液测试和荧光素染色测试，仔细检查是否有其他并发的眼部疾病。可局部使用0.5%的丙美卡因来区别结构性和痉挛性的眼睑内翻。错误的诊断很可能会导致手术矫正过度。不要等到对动物进行麻醉后再建立手术计划，因为麻醉导致的眼球内陷和眼睑张力的丧失可以显著改变眼睑的位置。关于手术的细节读者可以查询眼科学书籍。

2. 眼睑外翻

眼睑外翻表现为睑缘向外翻转并且暴露球结膜。结膜凹陷处会积累异物碎片，导致慢性炎症的发生。在一些下眼睑松弛的品种上更易见眼睑内翻，例如金毛寻回猎犬、可卡犬、寻血猎犬、巴吉度猎犬和圣伯纳犬。局部应用眼科润滑剂或皮质类固醇药膏可以临时缓解临床症状。对于除了严重感染病例的所有眼睑外翻患畜都可以考虑选择矫形术进行修复。

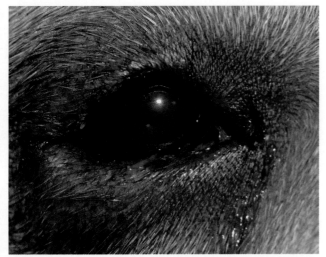

图19-1 眼睑内翻。一只患有下眼睑内翻的年轻寻回犬，由于慢性刺激和过度流泪导致眼周染色

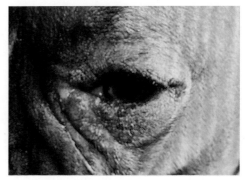

图19-2 蠕形螨引起睑炎及脱毛

（三）睫毛异常

1. 双排睫

双排睫指的是睫毛沿着眼睑边缘并突出于睑板腺的开口生长。这种问题在任何一个品种犬的幼年时期都有可能发生，但是在可卡犬、西班牙猎鹬犬、贵宾犬、金毛寻回猎犬以及西施犬上普遍发生。犬双排睫可能是常染色体显性遗传，或者可能源于慢性睑板腺炎导致腺体组织化生[2]。这种现象在猫是很罕见的，但是在阿比西尼亚曾有报道过[3]。仅仅存在双排睫并不证明要将其移除。手术治疗适用于排除了所有导致流泪、结膜炎、角膜炎的其他病因的动物。人工将毛拔除只是暂时有效，睫毛会在3~4周内再次出现。冷冻脱毛使用一氧化二氮和3mm直径冷冻器治疗双行睫，是一种安全有效的方法。冷冻手术后典型的眼睑肿胀会在几天之内消除，但是边缘组织的脱色会持续几周至几个月。电针治疗是另一个选择。因为可能形成术后瘢痕以及继发眼睑内翻，不推荐进行睑板切除术（眼睑分割）。

2. 倒睫

倒睫指的是正常的睫毛错误地朝向角膜生长。倒睫可能主要发生在幼龄犬或眼睑稳定性逐渐下降的老龄犬，并可能伴随结构上的异常，例如眼睑发育不全或眼睑内翻。并发症状包括斜视、泪液增加以及角膜溃疡或瘢痕。治疗方法取决于异常睫毛生长的位置及数量，包括定期修剪、冷冻治疗或矫正手术治疗（如眼睑内翻的治疗）。

（四）睑炎

眼睑的炎症，特别是侵犯皮肤及眼睑边缘的炎症会导致睑炎。由于眼睑的血管丰富，红斑和水肿往往是最显著的特征。脱毛、糜烂、渗出、角质化、多鳞屑以及自体损伤都是很常见的。睑炎可能作为一个单独问题发生，但更多的是全身性皮肤疾病的一个组成部分。引起睑炎的原因同引起皮肤炎症的各种原因相似。各种寄生虫、真菌、细菌、病毒、原生动物、过敏性、自身免疫及营养异常都可能影响到犬、猫的眼睑。读者可以参考本书的相关章节。

1. 寄生虫性睑炎

寄生虫性睑炎最常见的原因是感染了物种特异性寄生虫，犬蠕形螨（Demodex canis）感染犬，猫蠕形螨（Demodex cati）和戈托伊蠕形螨（Demodex gatoi）感染猫[4,5]。局部感染发生在小于10月龄的犬，会出现局部的脱毛、中度红斑以及鳞屑，可能只感染一只眼（图19-2）。整个眼周脱毛是不常见的。继发的细菌感染会导致明显的眼周肿胀和潮湿的红斑病变。诊断的初期可以做毛发的检测，这比在柔软的眼周皮肤进行深层刮皮更加容易操作，损伤也更小。检测中如果发现螨虫可诊断为阳性，通常沿着毛干检查，也有可能出现阴性结果，但深层皮肤检测阳性。对于蠕形螨（Demodex），必须在毛发检测阴性及深层刮皮都为阴性时才可以不予考虑。局部的蠕形螨病通常随着动物的成年而愈，所以治疗通常不是必要的。

疥螨病不可能只感染眼睑，但是脱屑和结痂是常见特点。疥螨（Sarcoptes scabiei）导致犬出现强烈的瘙痒症，并且伴发耳郭、头部、肘部和跗部的红斑、丘疹、角质增生和脱毛[6]。曾报道疥螨发生于猫[7]。自我损伤会加重局部病变。猫的耳疥螨［猫背肛螨（Notoedres cati）］一般首先出现在耳郭并且伴随瘙痒。眼睑处病灶局部脱毛且因附着角质增生而增厚[8]。尽管猫背肛螨属于局部地区的高传染性疾病，但在北美的大部分地区是不常见的。诊断可以依据临床症状，通过刮皮取样或者活组织检查确诊，或者同时通过诊断性治疗进行验证。

蜱倾向于吸附在皮肤黏膜交界处，例如眼睑，造成黏附部位局部的肿胀和红斑。同鸡有接触的犬、猫眼周常见禽角头蚤。在一些病例中可能将黑色小跳蚤误认为是血痂。耳缘和眼周区域的出血和结痂提示可能患蝇蛆病，因为这些区域是容易受到例如虻一类的叮咬。犬的节肢动物过敏以口鼻及眼周区域急性发病、出现界限清楚的脱毛、红斑丘疹以及囊肿为特点。病变部位通常是对称的，并伴有瘙痒和疼痛。可制定2~3周的皮质类固醇治疗方案来治疗潜在的嗜酸性毛囊炎。蚊子叮咬后猫发生过敏症的特点是两侧的对称性丘疹、囊肿以及耳郭、口鼻部背侧、耳前或者眼周部皮肤的糜烂，通常病变会由于自我损伤而加重。眼睑的局部肿胀和炎症可能由黄蝇（*Cuterebra* spp.）引起。已经确定盘尾丝虫（*Onchocerca*）能引起犬眼睑增生形成肉芽肿，但是结膜及眼窝也出现相关症状是这一类丝虫感染的典型特征[9]。在美国，被感染的犬通常位于加州或者其相邻的西部州。这个疾病也出现在地中海地区，是新兴的重要疾病。

2. 真菌性睑炎

真菌性感染相比于犬来说，更常见于猫。分离最多的真菌病原体是犬小孢子菌（*Microsporum canis*）。临床症状有时由石膏样小孢子菌（*Microsporum gypseum*）和须毛癣菌（*Trichophyton mentagrophytes*）。引起眼周病变常见的症状为多处脱毛、红斑、鳞皮以及过度角化（图19-3）。应当根据真菌培养结果来作出诊断，而不应该依据临床症状或者伍德氏灯检查结果。相对于局部治疗更加推荐进行全身治疗，以确保临床上未表现症状的区域出现感染[10]。面部真菌感染病例中面部褶皱和眼周毛发可能为病原体所在部位[11]。马拉色菌（*Malassezia*）也有可能引起眼周病变，导致瘙痒、脱毛、苔藓样硬化和鳞状皮肤。也有其他损伤，但是损伤可能仅限于眼周的皮肤。

荚膜组织胞浆菌（*Histoplasma capsulatum*）通常感染犬和猫的眼睑部位，在猫会表现为结节性睑炎（图19-4）。

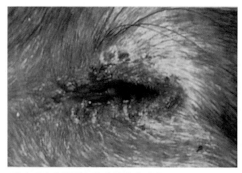

图19-3 陆生毛癣菌属引起的皮肤癣菌睑炎

3. 细菌性睑炎

在研究记录中，一般犬、猫眼部表面占据主导地位的细菌是葡萄球菌（*Staphylococcus*）和链球菌属（*Streptococcus* spp.）[12,13]。葡萄球菌睑炎中，细菌毒素直接导致的是急性的坏死，引起眼睑肿胀、红斑，睑板腺肿胀（图19-5）[14]。在一些病例中发展为边缘糜烂和纤维蛋白痂皮。由睑板腺感染导致油脂分泌减少影响泪膜质量，并且继发结膜炎和角膜炎。对于人类来说，角膜结膜炎是由于细菌酯酶引起的，细菌酯酶将睑板腺脂质水解为有毒性的游离脂肪酸[15]。幼年犬的蜂窝织炎（"幼犬腺疫"）同成年犬一样，葡萄球菌引起的毒素免疫介导性过敏反应使临床症状加剧，并且降低了单独应用抗生素治疗的效果。

通常根据临床症状，而不是细菌培养的阳性结果作出诊断。治疗包括每天2~4次轻柔的按压并且使用婴儿香波或者商品化的眼睑擦洗液清洁眼睑。全身应用头孢氨苄或克拉维酸阿莫西林的抗菌药治疗需持续3~4周，并使用局部应用的抗生素、皮质类固醇眼膏。如果初期使用抗生素治疗效果有限，建议同时全身应用皮质类固醇来减少机体对细菌的免疫反应。可以使用逐渐减量的方式持续6~8周口服强的松1~2mg/（kg·d），防止临床症状复发。佩戴伊丽莎白圈以防止自损。

感染鼠麻风分枝杆菌（*Mycobacterium lepraemurium*）的猫会在面部、眼睑和四肢末端出现单个或多个结节溃烂或形成瘘管[16]。猫麻风病的诊断是基于损伤部位耐酸菌的细胞学或组织病理学依据的。

4. 病毒性睑炎

猫疱疹病毒（FHV）-1对角膜和结膜的影响较眼睑常见，但是该病毒会引起严重的面部皮炎并影响鼻周以及眼周皮肤（图19-6）。大部分情况下，猫都会有呼吸道疾病或反复发作的眼部病史。病变可能是单侧的，并伴有急性囊疱、不定量的红斑、脱毛和剧痒。慢性疾病通常形成溃疡和过度角化[17]。

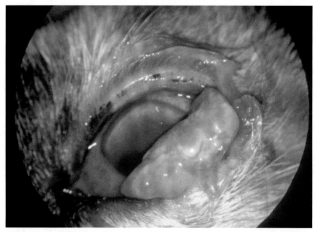

图19-4 霉菌性睑炎。成年的短毛家猫患有葡萄膜炎和脉络膜视网膜炎，通过细胞学确诊其由于组织胞浆生物体感染导致下眼睑增生

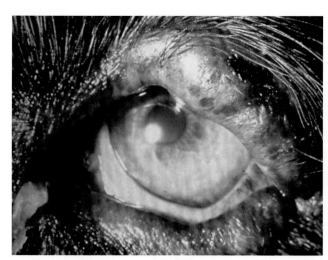

图19-5 细菌性睑炎。一只患有葡萄球菌性睑炎的史宾格犬有着明显的眼睑水肿和红斑

图19-7 特应性睑炎。这只成年腊肠犬由于结膜炎和瘙痒症季节性发作，两侧眼周部位出现红斑

图19-6 病毒性睑炎。一只曾经使用糖皮质激素治疗炎性肠病的2岁猫，其潜在的疱疹病毒再活化，导致眼周部位皮肤出现红斑和溃疡

细胞学鉴定的特征是存在大量的嗜酸性粒细胞浸润。通常基于在组织学上发现病毒包含体而作出明确的诊断，但是单项PCR试验检测对于FHV-1的敏感性和特异性分别是100%和95%[18]。

对疱疹病毒引起的睑炎进行全身治疗效果较局部治疗好。口服泛昔洛韦是有效的，但是用于猫的理想剂量还尚未确定。猫的安全剂量是每8h 90mg/kg，连续使用21d[19]，但是患有睑炎的猫临床反应剂量最低达到每12h 125mg/只。治疗需要至少持续2～3周。每日2次口服500mg赖氨酸，以抑制病毒的复制并可能减少复发的频率或程度。局部用药的选择包括每天2次的0.5%西多福韦、三氟胸苷或者疱疹净滴剂。

5. 原生动物性睑炎

尽管长期以来都认为利什曼病是局限于地中海地区的疾病，但是现在其在美国地区的猎狐犬上也有流行。在其他品种散在发生的临床病例在美国北部、中部和南部地区都有过报道[20]。婴儿利什曼原虫（*Leishmania infantum*）导致睑炎的特点为干燥的鳞屑及脱毛。常见报道的症状包括局灶性结节，弥漫性的眼睑红斑增厚和溃疡。Pena等人报道了在24%患有眼周病灶的犬中，其中一半犬被证实是由于利什曼病而出现了眼周脱毛或睑炎[21]。犬新孢子虫（*Neospora caninum*）也已被报道是导致犬眼睑溃疡和结节的病因之一[22]。

6. 过敏性睑炎

过敏性睑炎是最常见的过敏性疾病，例如过敏性皮炎或者过敏性结膜炎，以及不利的食物反应。犬从1～4岁开始出现季节性的瘙痒病史是过敏性皮炎的典型特征，根据地理位置和疾病的时间性也可以全年表现症状（图19-7）。在食物过敏时也会发生双侧对称性眼周皮肤红

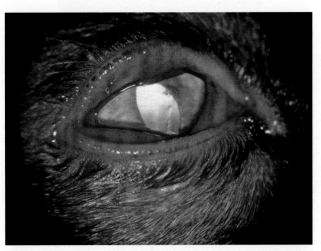

图19-8 过敏性睑炎。当局部使用三氟尿苷治疗这只年轻猫的疱疹性角膜结膜炎时，出现了眼周红斑和边缘的肿胀。在停止治疗时，其对眼睑的刺激迅速消失

斑、脱毛及过度角化，但是可能会出现并发的胃肠道症状，且症状会全年存在。当病变对类固醇药物有高反应性时，更有可能是食物过敏的情况。

眼部药物中含有活性成分、防腐剂或混合剂，这些成分可以导致眼周接触性超敏反应。临床表现可以是急性或者慢性的，出现红斑、丘疹渗出物以及睑缘和内眦皮肤过度角化（图19-8）。患病动物通常会有长期使用药物治疗结膜炎但病情恶化的病史。常见药物包括抗病毒药物（尤其是三氟尿苷）、新霉素、庆大霉素、四环素、毛果芸香碱、油基配方的环孢菌素、硫柳汞以及苯扎氯铵。诊断和治疗时，最好将所有的局部用药停药1周。患有干性角膜结膜炎的病例可以使用水基配方的环孢菌素代替。两侧眼周的红斑疹、荨麻疹斑块、囊疱和大疱可能会进一步发展，这同全身用药导致细胞凋亡有关，包括强效的磺胺类、青霉素以及头孢菌素。

7. 免疫介导性睑炎

各种免疫介导的皮肤病都有嗜黏膜与嗜皮肤性，并且眼睑是经常被涉及的区域。这些疾病中最常见的是犬的盘

图19-9　眼色素层皮肤综合征。这只年轻秋田犬患有慢性长期的全葡萄膜炎并伴随着眼周的脱毛、脱色，其自身免疫系统对皮肤和眼睛细胞内的黑色素进行攻击

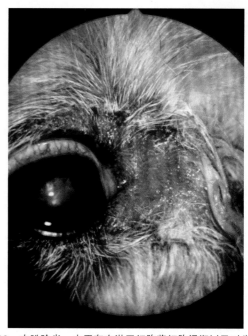

图19-10　内眦睑炎。由于存在淋巴细胞浆细胞浸润以及对类固醇治疗的反应，推测这种双侧溃疡性病灶是由于免疫原因所引起的

状红斑狼疮以及犬和猫都有的落叶型天疱疮[14]。

眼色素层皮肤综合征［也称为沃格特-小柳-原田样综合征（Vogt-Koyanagi-Harada syndrome，VKH）］是一种自身免疫性疾病，靶组织为皮肤和眼部中含有黑色素的组织（第九章）[23,24]。青年秋田犬最常受到影响，但是在许多报道中西伯利亚哈士奇和萨摩耶具有一定的倾向性。与皮肤病相关的损伤包括被毛白化、皮肤脱色（白癜风）、红斑、糜烂还有鼻面、眼睑、下巴黏膜皮肤交界处的脱毛（图19-9）。并发虹膜睫状体粘连，全葡萄膜炎，并且继发视网膜脱离、青光眼、白内障以及失明。依据临床症状和活组织检查作出诊断。治疗应针对保护视力，改善皮肤损伤这一目的。眼部使用局部皮质类固醇制剂结合全身免疫抑制药物，包括强的松、咪唑硫嘌呤或环孢菌素。建议在疾病的早期转诊至眼科医生进行治疗，因为在治疗控制皮肤问题时可能不会有效地防止眼科疾病及失明。长期治疗对视力的预后不好。

两侧溃疡性睑炎会对内眦造成影响，这种影响常见于德国牧羊犬、长毛腊肠犬、玩具贵宾犬和迷你贵宾犬（图19-10）。在所选择的病例中，淋巴浆细胞炎症反应和抗上皮细胞抗体的发现支持了免疫学的发病机制。内眦睑炎在德国牧羊犬可能伴发慢性浅表性角膜炎（血管翳），腊肠犬可能伴发浅表点状角膜炎。在这样的情况下患犬通常对局部或全身应用糖皮质激素有反应[25]。

斑秃是一种少见的自身免疫性疾病，其特点是界限清晰的病灶或者多病灶的非炎性脱毛，眼病发病有可能影响到眼睑[26]。在脱毛前后可能发生毛发的白化。确诊需要对多处皮肤进行活组织检查。对于这种局部的良性病变一般没有治疗的必要，一些病例通常会自愈。如果病变更加广

泛或疾病呈慢性发展可以考虑进行治疗（参照第九章）。

8. 代谢性/营养性睑炎

锌元素缺乏导致的皮肤病通常是因为遗传性的吸收不良或者营养不足，其好发于青年西伯利亚哈士奇和雪橇犬[27]。眼周皮肤过度角化、黏附细小鳞屑、脱毛、糜烂、溃疡以及毛发颜色改变需要通过补充锌元素和饮食来解决。与眼周相关的鳞屑、过度角化、溃疡和脱毛相关的其他营养及代谢紊乱包括一般的犬食物相关皮炎和肝性皮肤综合征（或浅表坏死溶解性皮炎）。

9. 其他种类睑炎

眼睑最初出现不成熟的蜂窝织炎，伴随着红斑、肿胀、丘疹甚至眼周皮肤的瘘管。通常下颌淋巴结伴发无菌性肉芽肿，并很快向其他位置发展，尤其是耳郭和面部。当发生在眼睛局部时，有些病例用他克莫司眼药有一定的效果。

10. 先天性睑炎

波斯猫和喜马拉雅猫的先天性面部皮炎的特点是眼周、嘴部及面部褶皱处的皮肤及毛发上黏附黑色蜡样分泌物（图19-11）。"脏脸"之后会由于瘙痒而出现并发症，继发细菌和酵母菌感染。对先天性睑炎治疗的效果有限（参考第十二章）[28]。

（五）色素紊乱

罗威纳犬常常发生白癜风，表现为眼睑皮肤及眼部周围毛发非炎性的黑色素细胞损伤。该病显著改变犬的外貌使得毛发变白。眼色素层皮肤症候群（VKH-样综合征）应该作为鉴别诊断加以排除。引起暹罗猫发生眼周毛发暂时白化，眼周颜色不协调或轻微改变的因素包括怀孕或全

图19-11 特发性面部皮炎。波斯猫和喜马拉雅猫会出现眼周及面部褶皱处黏附黑色分泌物，造成"脏脸"

图19-13 蕈样肉芽肿病。13岁的威尔士柯基犬患有上皮细胞营养性淋巴瘤，单侧的眼周脱毛、结硬壳以及溃疡

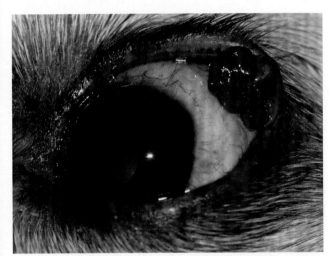

图19-12 睑板腺腺瘤。良性的、代表性的分叶状肿物起源于沿着睑缘的睑板腺，并且由于腺体分泌物进入邻近组织还可能引起复杂的炎症反应

身性疾病。幼年的黄毛猫会在眼周和牙龈边缘出现良性色素斑[29]。

（六）肿瘤

眼睑肿瘤通常见于10岁以上的犬。在两篇关于犬眼睑肿瘤的经典综述中良性肿瘤与恶性肿瘤的比率大概是3：1[30,31]。最常见的眼睑肿瘤是皮脂腺瘤，起源于睑板腺（图19-12）。这些着色改变的通常是分叶状软组织肿物，这些肿物通常长在眼睑边缘或沿着相邻睑结膜的边缘生长。明显的膨出可能会使睑板腺分泌物进入邻近的皮下组织。黑色素细胞瘤是第二常见的眼睑部肿瘤并且通常是良性的[32]。表面皮肤通常被着色的纺锤丝或多边形细胞消融或浸润，可能表现为单一的或多病灶的肿物沿着眼睑边缘生长。

犬眼睑肥大细胞瘤经常出现在非眼睑地区，范围从1级的真皮内结节到3级的扩展至皮下组织且分化度低的肿物。这种类型的肿瘤是犬眼睑肿瘤中预后最差的，因为尽管有足够的手术空间，但是很难保持眼部功能的完整性。

组织细胞瘤通常表现为幼年犬眼睑边缘迅速生长并凸起的结节。这种肿瘤通常是有包膜的、无毛、呈棕褐至粉红色并且反复溃烂。病变可能在大约几周至几个月内自愈。有必要进行全面的体检来排除其他的皮肤肿瘤或系统性组织细胞增多症[33]。幼犬发生病毒性乳头状瘤，通常会自愈。当肿瘤侵犯到眼睛时可进行切除或行外科冷冻术治疗。

犬很少出现的眼睑肿瘤包括鳞状细胞癌和纤维肉瘤。患有上皮细胞营养性T细胞淋巴瘤（蕈样肉芽肿病）的老年犬出现眼睑皮肤过度角化并伴有黏液增多（图19-13）[34]。

由于犬眼睑肿瘤多为良性的，所以通常可选择进行手术切除。对于无症状或生长缓慢的肿物可以考虑继续观察，当肿瘤体积增大刺激眼部或者威胁鼻泪管时再考虑手术切除。各种手术技术在目前的眼科书籍中都有描述[2,25,35]。当肿物影响眼睑长的1/4或更少时，全层皮肤四边切除可以更有效地保留睑缘。一些猎犬可以失去长达1/3的眼睑长度并且进行伤口的闭合。建议大部分进行全层切除的犬进行双层缝合。使用6-0的可吸收缝线进行简单连续缝合，例如polyglactin 910。睑缘的8字形图案用6-0可吸收线使用间断缝合对合肌肉和皮肤。特别注意的是要对合好睑缘，因为在这一部分缝线承受最大的张力。如果使用不可吸收的4-0至6-0材料缝合睑缘和皮肤，那么需要在术后10d拆线。如果切除的肿瘤较大，则需要进行皮瓣技术，例如H-plasty，但是一定要确保转移来的组织在结膜边。冷冻手术（最少冷冻2次/解冻周期）也是一个术后有效的减瘤治疗方法。其他辅助治疗方法包括射频治疗、化疗、近距离放疗、辐射和光动力疗法。

与犬相反的是，猫眼睑肿瘤通常是恶性的，相比于向更广泛的转移，其更可能会出现局部复发及侵袭性生长。该肿瘤更倾向发生于老龄猫，平均诊断年龄为10.4岁[36]。猫眼睑肿瘤需要尽可能早地进行治疗并做组织病理学检查。如果肿瘤范围过大，无法被完整地切除，选择其他形式的治疗

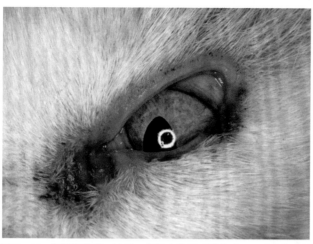

图19-14 鳞状细胞癌。这只12岁的家养短毛猫内眦及下眼睑缘内侧出现这种具有局部侵袭性的恶性肿瘤所具有的共同特征，红斑和边缘溃疡

需要依据肿瘤类型决定。

猫眼睑肿瘤最常见的是鳞状细胞癌，鳞状细胞癌在两项分别有36只和85只猫的眼睑肿物研究中各占36%和65%[37]。白色猫有着显著的倾向性，这可能是因为肿瘤结构易受到阳光诱导的损伤[38]。临床上肿瘤发生在眼睑缘上或邻近部位，出现轻微的增厚或者凹陷、红斑并且反复的溃烂（图19-14）。肿瘤可以大范围的侵入局部组织。手术切除治疗是有效的，但是通常需要重建眼睑的完整性和功能性。鳞状细胞癌对辐射敏感，远距离放射或近距离放射治疗可能对其有效[39]。冷冻手术和二氧化碳激光手术也是有效并且廉价的方式，可以在疾病的早期保留健康组织并保护其功能。肿瘤厚度抑制了射频热疗的效果，使得该方式适合于角膜病变而不是眼睑病变。一项研究结果鼓励在最初治疗时使用光动力疗法，但是有64%的肿瘤在21周之内复发[40]。肿瘤没有向远处转移的鳞状细胞癌患猫的中位生存期为7.4个月[36]。

在一篇综述中有43只患有眼睑肿瘤的猫，其中肥大细胞瘤的数量同鳞状细胞癌接近[36]。患有肥大细胞瘤的猫相较于患有其他类型肿瘤的猫，其年龄明显偏小。肿瘤凸起、呈白色到红色、光滑且没有毛发覆盖。大多数判断良恶性的依据是临床表现和组织病理学诊断结果。在一项研究中有33只患有肥大细胞瘤的猫，在随访中没有出现转移的平均时间是711d。在这一时期中，即使手术切除并不完全，仍有22/23的猫没有复发[41]。

已经报道的猫眼睑肿瘤有17种，包括黑色素瘤、血管瘤和血管内皮瘤、纤维肉瘤、外周神经鞘瘤、腺瘤和淋巴瘤。对老年猫进行了大范围切除眼睑血管内皮瘤后16个月内并未复发[42]。老年猫的纤维肉瘤通常表现为局灶性的、结节状、脱毛以及溃烂，需要进行大范围切除。预后与细胞有丝分裂指数有关。年轻猫的纤维肉瘤由猫肉瘤病毒诱导产生，不论治疗与否均预后不良，主要因为其猫白血病毒（FeLV）检测为阳性[37]。猫眼睑似乎存在发展为外周神经鞘瘤的风险[32]。纺锤形细胞肿瘤具有局部侵润性、需要进行大范围的切除，应做到全部摘除或去除内容物以预防复发。转移的可能性不大[43]。

（七）结节和囊肿

典型的睑腺炎是一种急性并伴有疼痛的睑板腺感染，通常被称作麦粒肿。有时蔡氏腺及相关联的睫毛受到影响，形成外部的睑腺炎。相关联的眼睑缘形成红斑、肿胀并且变软。感染的细菌通常是金黄色葡萄球菌（Staphylococcus aureus）。治疗局部睑腺炎的方法包括使用广谱抗生素结合皮质类固醇的眼用软膏以及每天热敷数次。如果3～5d都未有改善，可以在治疗方案中加入全身抗生素治疗，例如克拉维酸阿莫西林。

多个睑板腺感染和继发性炎症被称为睑板腺炎（meibomitis或meibomian adenitis）。弥漫性眼睑肿胀以及红斑通常也伴随着结膜充血和球结膜水肿。眼睑外翻并暴露睑板腺，睑板腺内由于灰白至黄色分泌液而非常肿胀。可以进行的操作仅限于对其进行细菌培养并做药敏试验。过度的操作可能会导致感染扩大，同时可能造成腺体分泌物进入眼睑基质层，最终恶化发展为蜂窝织炎。治疗包括热敷，全身应用克拉维酸阿莫西林、头孢菌素或者强力霉素，以及局部抗生素结合皮质类固醇眼膏。如果出现显著的脂性肉芽肿感染或者葡萄球菌抗原过敏，可能是因为患病动物对最初的抗生素治疗无应答，需要进行全身皮质类固醇治疗。在病情为中度至重度的情况下，治疗需要持续6～8周，否则很可能复发。已有报道称，使用葡萄球菌疫苗成功治疗症状严重、多次反复的病例。

睑板腺囊肿是一种睑板腺管道堵塞，分泌物蓄积肿胀的无痛性疾病。这种问题通常同睑板腺瘤一同发展。病灶表现为一个结实的微黄白色结节，可通过睑结膜看见。如果病灶较小并且为单独一个，则不必治疗。否则建议手术刮除。结节在结膜的部分以及其内容物可使用睑板腺囊肿刮匙移除。这一过程使用代马尔睑板腺囊肿镊来固定眼睑并止血，不需要进行缝合。可局部使用抗生素皮质类固醇眼膏7～10d，每天3次。

波斯猫比较容易发展为多个大小不一的沿着眼睑缘的深色囊肿，称作上皮层囊腺瘤或者汗腺囊瘤[44-46]。囊肿起源于眼睑皮肤变形的汗腺以及眼睑缘的变态汗腺。尽管该病的发病年龄是3～15岁，但老年猫（平均年龄8岁）通常是易患动物。该病没有性别倾向性。早期病变是扁平的，但是典型的囊腺瘤会发展为红褐色至黑色囊肿，分布在眼周皮肤（图19-15）。其颜色取决于囊内液体的含铁血黄素及蜡样色素，液体较浓并且缺少细胞。抽出的液体有助于区别囊肿及黑色素瘤，但是需要借助活组织检查来确诊。在病理学检查中这一病变为潴留性囊肿，主要基于其扁平的上皮细胞，纤维变性的真皮或良性的腺瘤，并根据高度增生性指数和上皮的乳突状推测为囊肿。随机的小囊肿可

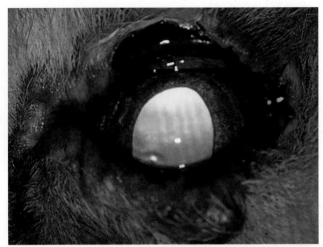

图19-15 囊腺瘤。一只10岁波斯猫眼周部位大小不等的深色囊肿经过8个月以上的发展使眼周皮肤广泛的褪色并且变形

能需要观察而不需要治疗。是否进行排除囊液，并使用三氯乙酸化学消除[47]或使用手术切除，需要考虑是否有大囊肿或多个囊肿引起了不舒适或者影响了眼睑的功能。治疗后，出现常见新的囊肿。

二、趾甲疾病

趾甲是一个犬、猫四肢末端的角质化结构，它经常被比作人的趾甲[48,49]。它们之间有很多相似的结构，但也有所不同。即使是犬和猫的趾甲也会有区别，猫的趾甲可以伸缩自如，并且有可能是通过趾甲角帽脱落来保持其尖锐的。前缀"onycho-"意思是有关趾甲的，它通常被用于和犬、猫趾甲有关的术语。趾甲可能会受到本文描述的很多疾病的影响。但是，犬、猫表现出趾甲的疾病，并且只是它们唯一的皮肤病症状的情况是很少见的。在一所大学的教学医院被检查出有皮肤病的犬、猫中，患有趾甲的疾病的犬、猫所占的比例分别大约是1.3%和2.2%[50,51]。通常患有趾甲疾病的犬也会存在其他的皮肤病变。趾甲疾病最常见的类型是非对称性的，由已知或推测的创伤导致，存在或不存在继发细菌感染及甲营养不良。

（一）解剖学和生理学

趾甲是一个由硬角蛋白和软角蛋白组成的特殊上皮结构；同表皮相比，它和头发更相似[49]。犬的趾甲至少由四个有发育能力的区域构成，这些区域覆盖了第一趾骨。在趾甲冠的背侧面进行更多的生长，它使其背侧部分较厚，而且使得趾甲向腹侧弯曲（图19-16，A和B）[49]。对猫趾甲的研究表明其形成过程比预想的要复杂得多，并且在趾骨末端有不同的上皮结构，这些上皮结构对不同层和趾甲的形成都有帮助（图19-16，C）[48]。简化图显示了组成趾甲的结构被从侧面压平，可以分为冠状带、腹底部、外侧壁和内侧壁。最软的角蛋白位于腹侧底部。目前已经对养在犬舍的比格犬群体进行了趾甲生长速率的研究[52]。从每

周0.7mm到每周2.1mm不等。一般来说，在3岁以前其生长速率会增加，而在15岁的时候其生长速率会降低至最大值的50%。一个重要的观察结果是，在犬的活动以及环境、饮食和其他管理因素改变之后，趾甲的生长会受到明显的影响。还没有评估关于品种差异、饮食、主要的饲养环境、运动因素和疾病影响的数据，但是这些因素可能影响趾甲的生长。

动物的趾甲在抓握、运动、攻击和防御中具有重要的功能。趾甲或趾甲褶也是病原马拉色菌（*Malassezia*）和韩氏巴尔通体（*Bartonella henselae*）的常发部位[53,54]。猫的趾甲会脱落并常常保持一个稳定状态，但犬的趾甲需要定期适当修剪以保持其健康和犬正常的运动。异常的趾甲会更易出现创伤、细菌感染和趾间皮炎。由于趾甲的生长周期很长，所以可能需要6~8个月的治疗来纠正异常的状况。

研究趾甲的显微解剖学是很困难的，因为骨质和各种角蛋白需要不同的程序软化后进行切片，这往往会导致伪影。处理组织的不同技术使结果的对比变得复杂。有一项关于正常犬趾甲的显微解剖学研究，其中提到在基底膜和棘细胞层的角化细胞核出现空泡[55]。此外，表层下中心区域常可看见龟裂。一项关于正常猫趾甲的评价研究显示了各种各样的伪影[56]。在皮肤和表皮的连接处以及其他各级都能看到裂隙。可以看到角化细胞胞浆内空泡（和细胞核内的相反）、伪海绵层水肿（显著的角化细胞间空隙）和凋亡角化细胞（在背侧和腹侧基质中每个高倍镜视野下有2~3个）。由于这种情况之前在关于人的文献中已有提示，因此胞浆内空泡可能是人为地吸收。也只有在骨骼和角蛋白这种组织结构之间出现，而且趾甲的特殊结构可能会被病理变化的表象所掩盖[57]。当考虑进行炎症和接触性皮肤病以及趾甲部营养障碍性疾病诊断的时候，必须牢记这些要点。

（二）术语

描述趾甲要使用特定的术语，尤其是当出现病变的时候（表19-1和图19-17）。许多种的病变都可能在同一个趾甲上见到，或者也可以见于同一个动物的不同的趾甲。人医的一些术语和趾甲的病变提示特定的疾病，如和缺铁有关的匙状甲，但兽医还没有相关描述。在兽医临床上，大多数术语还没有和特定诊断相关联。但有一个例外就是白甲病，当没有发现其他异常的时候提示有白癜风。其他可能感染趾甲的病变包括结痂或过度角质化，蜡状物沉积，趾甲着色（通常都是褐色或红色）以及趾甲异常快速生长。趾甲皱褶和趾远端的炎症（甲沟炎）通常会导致生长速率的异常，在一些病例中这和甲弯曲有关。关于一只患有红细胞增多症的猫的报道称，其所有爪伸展和跳跃到高架上均有困难，使猫很难跳得高[58]。不同程度的跛行、触摸或触诊疼痛、瘙痒和区域淋巴结疾病可能都与趾甲疾病有关。

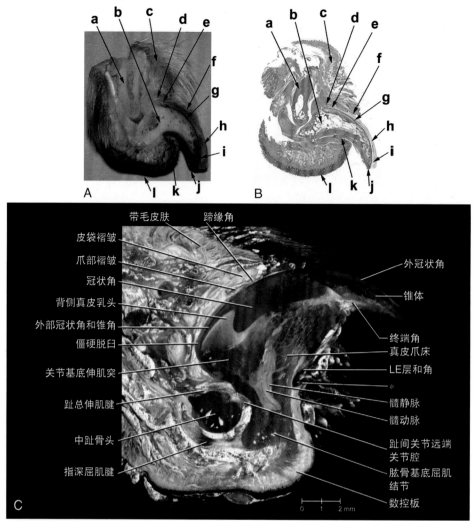

带毛皮肤　蹄缘角

皮袋褶皱

爪部褶皱

冠状角　　　　　　　　　　　　　　　　　　　外冠状角

背侧真皮乳头　　　　　　　　　　　　　　　　锥体

外部冠状角和锥角

僵硬脱臼　　　　　　　　　　　　　　　　　　终端角
　　　　　　　　　　　　　　　　　　　　　　真皮爪床
关节基底伸肌突　　　　　　　　　　　　　　　LE层和角
　　　　　　　　　　　　　　　　　　　　　　＊
趾总伸肌腱　　　　　　　　　　　　　　　　　髓静脉
　　　　　　　　　　　　　　　　　　　　　　髓动脉
中趾骨头　　　　　　　　　　　　　　　　　　趾间关节远端
　　　　　　　　　　　　　　　　　　　　　　关节腔
指深屈肌腱　　　　　　　　　　　　　　　　　肱骨基底屈肌
　　　　　　　　　　　　　　　　　　　　　　结节
　　　　　　　　　　　　　　　　　　　　　　数控板

图19-16　犬趾甲的宏观和微观图　**A.** 犬趾从中间垂直切开的宏观图　**B.** 同一个趾的显微照片。重点：a.第二趾骨；b.第一趾骨；c.有毛发的皮肤；d.趾脊；e.甲板近端（SE，SM）的生发区；f.甲褶；g.内甲板（SI）的生发区（基质远端）；h.甲板（SE，SM）；i.内甲板（SI）；j.脚底；k.脚垫结合处和（I）趾垫　**C.** 穿透整个趾头的一部分，显示出支持角质趾甲鞘的各种结构要素之间的复杂关系。由于在分离过程中，趾甲尖冠状角的一部分受损伤，因此暴露了角质趾甲鞘尖端的底层核心（图**A**、**B**引自Bowden PE, Henderson H, Reilly JD: Defining the complex epithelia that comprise the canine claw with molecular markers of differentiation. Vet Dermatol 20:347–359, 2009. 图**C**引自Homberger DG, et al: The structure of the cornified claw sheath in the domesticated cat (Feliscatus): Implications for the claw-shedding mechanism and the evolution of cornified digital end organs. J Anat 214:620–643, 2009. ）

　　由于没有严格遵循术语规范，所以当报道各种趾甲疾病的时候，文献中有很多疑问和相对无用的信息。例如甲营养不良是很多趾甲疾病（如细菌和真菌感染、自身免疫性疾病、血管炎和特发性趾甲脱落）常见的一个后遗症。把重点放在疾病的早期症状可能会更有用。比如，对称性狼疮性甲床炎患犬最终会表现为趾甲营养不良。Ω-6或Ω-3脂肪酸或四环素和烟酰胺对这些犬通常都有效。然而，这些药物对于先前没有趾甲脱落而直接发展成趾甲营养不良的患犬可能效果不大。

（三）各种各样的疾病

　　表19-2和表19-3分别列出了犬和猫与趾甲部有关的各种疾病，以及涉及趾甲病变的许多其他疾病，包括食物不

良反应、局限性脱毛、药物性皮炎、特发性甲缺失、利什曼病、线形表皮痣、马拉色菌性皮炎、表皮下大疱性皮肤病、疫苗反应、血管炎和锌反应性皮炎[56,57,59-64]。如上所述，大多数这些疾病都有其他损伤，这些都有助于诊断或是更加方便或有益于诊断检测，如细胞学检查和组织病理学活检。接下来进行的讨论主要针对只出现趾甲病变的疾病。

1. 创伤

　　创伤是引起犬趾甲疾病最常见的原因，也是引起猫趾甲疾病第二常见的原因[50,51]。通常创伤都是物理性的，然而像化肥一类的物质也可能会导致化学性创伤。创伤常常影响一个或几个趾甲［非对称性趾甲疾病］。有时在硬地面（沥青、混凝土）和砾石地面过度奔跑损伤，偶尔会有

表19-1 趾甲疾病的术语

术语	定义
无甲症	趾甲的缺失（通常是先天性的）
短甲床炎	趾甲短
白甲病	趾甲变白
巨甲病	趾甲非常大
小甲病	趾甲非常小，通常比正常的短或窄
甲痛	趾甲疼痛
甲萎缩	趾甲萎缩或逐渐减少，有时是趾甲脱落的后遗症
甲肥厚（甲肥大）	趾甲单纯性肥大
甲床炎（趾甲床炎）	单个趾甲某处的炎症
甲内生（嵌甲）	趾甲向内生长
甲营养不良	趾甲构造异常
甲弯曲［趾甲弯曲］	趾甲肥大和异常弯曲
甲脱离	肢体远端和近端的趾甲结构的分离
趾甲脱落（甲缺失）	趾甲脱落
甲软化（软甲）	趾甲软化
甲癣	趾甲的真菌感染
脆甲症	在游离缘呈碎片样或层状水平分离
甲分裂（甲折断）	趾甲裂开或分层，通常从远端开始
甲肥厚	趾甲变厚
甲沟炎（甲周炎）	趾甲皱褶部位出现炎症或感染
扁平甲	趾甲在长轴上的弯曲度增加
粗面甲	趾甲粗糙不平，没有光泽并裂开，同时也称为用砂纸擦过的趾甲
趾甲粗糙脆裂	趾甲脆性大，粗糙且分裂，也称为砂纸爪

多个趾甲受到影响［对称性趾甲疾病］。在趾甲远端嵌入的碎片可能会引起继发性细菌感染。剪趾甲（趾）过度的时候，污染的趾甲剪可能也是感染的来源，并且很多刻意的修剪可能会使多个趾甲感染。

2. 感染

感染引起的趾甲疾病是很常见的。细菌是最常见的病因，并且应该考虑细菌感染是继发的。应该对潜在病因进行诊查。如果没有发现潜在病因，尤其是当四个趾甲都有感染的时候，可能会出现复发并且预后谨慎。创伤是最常见的潜在病因。然而，皮质醇增多症、甲状腺功能减退、糖尿病、特应性疾病、免疫介导性疾病、动静脉瘘、其他感染和营养不良也是可能的病因。特发性甲变形/脱落和冠状带瘢痕或永久性损伤等其他疾病也可能会导致甲生长

缺陷，动物容易出现脆甲症和甲分裂。这些部位可能会开放并发生感染。甲内或甲下部的脓性渗出物是进行细胞学检查或培养以及药敏试验首选的样本来源。

也有可能会发生被称为甲癣（*onychomycosis*）的真菌感染（图19-18，A）。皮肤癣菌病，尤其是犬的须毛癣菌（*Trichophyton*）感染、芽生菌病、隐球菌病、霉菌病和孢子丝菌病虽然都已有相关报道，但都较少。病变通常不局限于趾甲。皮肤癣菌侵袭入甲蛋白，通常与甲软化有关。甲可能会变脆并容易受损或变成粉末。马拉色菌（*Malassezia*）感染可能只影响一个趾甲[65]。通常这些病例都有轻度的甲沟炎，趾甲附着褐色、干到轻度湿润的渗出；趾甲变成棕红色（图19-18，B）。这些病例往往是特应性疾病的犬，在成功控制特应性疾病之后，由于马拉色菌（*Malassezia*）感染而导致趾甲瘙痒或啃咬趾甲可能是它们的唯一症状[64]。

寄生虫也可能会导致趾甲疾病。蠕形螨病可能会伴有刺激趾甲异常生长的甲沟炎。已经有蛔虫感染、钩虫性皮炎、利什曼病引起趾甲疾病的报道。利什曼原虫病通常与至少30%的病例中发生的甲癣有关（图19-18，C）[63,66]。钩虫性皮炎可能会导致甲快速生长、趾甲弯曲以及甲营养不良[67]。

3. 免疫介导性

免疫介导性疾病往往都涉及甲折叠，并导致甲沟炎。在一些病例中，也可能发生其他趾甲病变［尤其是趾甲脱落］，而且只存在趾甲疾病的情况较少见。当只存在趾甲疾病的时候，对称的狼疮性甲床炎、红斑狼疮、表皮下大疱性皮肤病和慢性天疱疮是最可能的免疫介导性病因。对犬、猫来说当涉及甲沟炎或足垫的时候，落叶型天疱疮是最可能的潜在病因。已经有报道称冷球蛋白血症、药物反应和血管炎会影响到趾甲[50,68]。已经表明接种疫苗可能会引起突发性甲剥离或甲脱落，可能是由于出现了血管炎[60]。趾甲疾病在免疫后的几天或几周后出现。血管阻塞或缺血可能也会导致趾甲异常。

已报道一种类似于人类雷诺氏综合征的血管疾病（图19-19）。Carlotti报道称三只中年雌性犬就患有该病。犬表现为多个趾和甲痛、甲弯曲及间歇性肢端发绀。长时间使用血管舒张药异克舒令进行治疗，剂量为1mg/kg，口服，每日1次，对于该疾病的控制是很有帮助的[56]。

4. 肿瘤

肿瘤可能也会累及到趾甲或趾远端（见第二十章）[50,51,69,70]。通常，一个趾感染，虽然可能会累及到多个趾头，但据报道猫的趾肿瘤中累及多个趾头的病例占所有趾肿瘤病例16.5%（在14个病例中有4个病例被诊断出有转移性肺腺癌），在犬，累及多个趾头的病例占所有趾肿瘤病例的7.9%[71,72]。犬的鳞状细胞癌、黑色素瘤、软组织肉瘤和肥大细胞瘤是最常见的[72]。其他报道的上皮性肿瘤包括甲下角化棘皮瘤和开放性鳞状上皮乳头状瘤。对于猫，

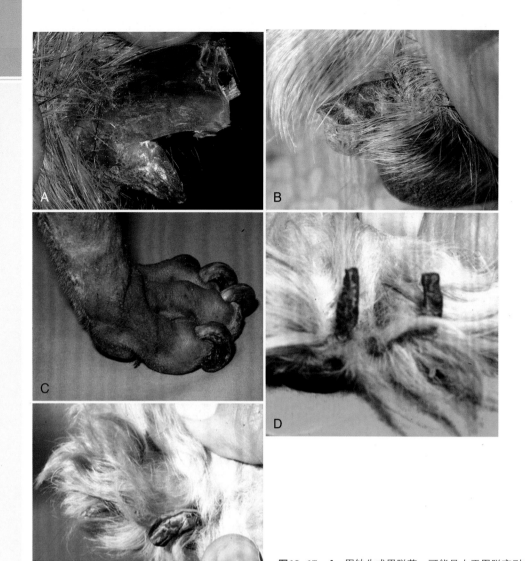

图19-17 **A.** 甲缺失或甲脱落，可能是由于甲脱离引起的，趾甲已经脱离趾头，而且这一分离在向近端发展 **B.** 脆甲症显示趾甲末端有三个不同层次，其游离边缘破裂呈小片 **C.** 甲生长回足垫的嵌甲 **D.** 甲软化时柔软的趾甲和错误的生长方向 **E.** 甲分裂时趾甲开裂和分层，有纵向的条纹，并有断甲

鳞状细胞癌是最常被诊断出来的恶性肿瘤（23.8%），接下来是纤维肉瘤（22.2%）和腺癌，比如原发性肺肿瘤转移（20.6%）[71]。由于在犬、猫趾部也有很多其他肿瘤类型的报道，因此建议对任何怀疑的趾上的团块都进行活检。

（四）对称性狼疮性甲床炎

对称性狼疮性甲床炎也被称为甲变形，在犬上已经有关于它的描述[73-76]。通常诊断的基础是典型的组织病理学病变，临床病变仅限于爪，临床特征通常是动物主人注意到动物突发的甲痛、甲脱离或甲脱落。作出该诊断存在的问题是组织病理学特征不再被认为是特征性诊断，而且它可能在各种疾病中都可以见到，如利什曼原虫病[57,63]。因此，之前文献描述的该综合征的一些方面可能不能代表相同的疾病过程。

1. 病因和发病机制

该病的病因和发病机制还未知，但是对哥顿赛特犬的

研究表明它有遗传易感性。研究发现在这个品种中DLA Ⅱ型等位基因和疾病有关，而且该等位基因和疾病的发展呈负相关[77]。有的犬抗核抗体（ANA）滴度阳性，这组试验的犬中包括10只哥顿赛特犬，阳性犬中哥顿赛特犬有3只[73,78]，这和其他自体免疫性疾病的一些等位基因有关，它表明SLE是一个可能的原因[78]。已经怀疑是否由于接种疫苗而引起趾甲脱落，一项关于趾甲疾病的研究发现它们之间没有明显的关联[57,60]。考虑到疫苗的皮肤反应是在免疫后的2~4个月出现的，而且直到动物主人发现异常之前趾甲可能必须要生长相当长的一段时间，因此有必要做进一步的调查研究。

2. 临床特征

该病可能见于幼犬或老龄犬，但是最常发生在青年到中年犬（2~6岁）。哥顿赛特犬和德国牧羊犬似乎更易感[73,77]。该病也在其他品种中有报道，包括秋田犬、长须柯利牧羊犬、拳师犬、杜宾犬、德国短毛波音达犬、金

表19-2 引起196只犬趾甲部疾病的原因

诊断	病例量
继发于趾甲破裂或撕裂的细菌性甲沟炎	49
细菌性甲沟炎，1个趾甲，先天性	13
细菌性甲沟炎，4个趾甲，继发于甲状腺功能低下	4
细菌性甲沟炎，4个趾甲，继发于皮质醇增多症	2
细菌性甲沟炎，4个趾甲，继发于特异性	1
细菌性甲沟炎，4个趾甲，复发，自发性	4
趾甲破裂或撕裂	44
肿瘤	24
蠕形螨病	3
真菌性皮肤病（须毛癣菌）	3
继发于糖尿病的念珠菌病	1
酵母菌病	1
地霉菌病	1
隐球菌病	1
对称性类狼疮甲变性（甲床炎）	7
落叶型天疱疮	2
慢性天疱疮	2
大疱性天疱疮	1
大疱性表皮松解	1
甲营养不良，先天性	18
继发于皮脂溢的甲营养不良或甲分裂	4
甲营养不良或甲分裂，先天性	9
甲脱落，四个趾甲，伴有心房纤颤	1

注：引自Scott DW, Miller WH Jr: Disorders of the claw and clawbed in dogs. *CompendContinEduc* 14:1448, 1992.

毛寻回猎犬、灵缇犬、骑士查理士王猎犬、拉布拉多犬、迷你贵宾、迷你雪纳瑞、混血波音达犬、罗威纳犬、丝毛㹴、威尔斯柯基犬和西高地白㹴[73,73,76-81]。没有关于性别倾向性的报道。

所有的犬都是因为趾甲疾病来就诊的，并且其他都是健康的，虽然有一些患犬有并发的毛囊发育不良[78]。通常主人首先会注意到犬舔趾甲、跛行（由于甲痛）或趾甲脱落。多个爪子上可见一个或多个指的甲脱离或甲脱落并伴有甲沟炎。在几周之内，每个爪子，通常是每一个趾甲都会被感染。在一些犬上会有趾甲下出血（图19-20，A）；很多在真皮层四周或在被升高的趾甲下方都会有脓性渗出物，并伴有甲沟炎（图19-20，B）；在趾甲脱落以后，其再生以短的、畸形的、干燥的、软的、脆的、经常破碎以及脱色的趾甲为特征（图19-20，C）。可能会继发细菌感染，以及局部淋巴结肿大。

3. 诊断

诊断的主要标准是临床表现，并且疾病局限于脚趾。同时出现特定的组织病理学变化对明确诊断是很重要的。

表19-3 在65只猫中引起趾甲部疾病的原因

诊断	病例数量
甲营养不良，先天性	23
继发于甲破裂或撕裂的细菌性甲沟炎	9
趾甲破裂或撕裂	8
继发于猫白血病病毒感染的细菌性甲沟炎	7
落叶型天疱疮	3
细菌性甲沟炎（复发，先天性）	2
鳞状细胞癌	2
全身性红斑狼疮	2
继发于获得性动静脉瘘的细菌性甲沟炎	1
继发于糖尿病的细菌性甲沟炎	1
继发于医源性库欣综合征的细菌性甲沟炎	1
小孢子菌属的皮肤真菌病	1
隐球菌病	1
分枝孢菌病	1
嗜酸性斑块（特应性，假定的）	1
血管肉瘤	1
转移性支气管癌	1

注：引自Scott DW, Miller WH Jr: Disorders of the claw and clawbed in cats. *CompendContinEduc* 14:449, 1992.

这些包括水肿性和苔藓样皮炎。直接免疫荧光法检测并不能显示皮肤狼疮带。趾甲组织的水肿性病变和苔藓样皮炎并不是其特征性病变。一项对常伴有狼疮性甲床炎趾甲疾病患犬的研究表明，还有其他原因导致症状的发生[57]：1只经过细胞学检查及培养的、患有细菌性疾病并使用抗生素治疗有效的犬；有2只犬经过排除食物和暴露刺激的反应后，确认有食物不良反应，另外2只犬对剔除食物试验有反应，但并未确认食物不良反应。另一项评估40只利什曼原虫病患犬趾甲组织病理学检查的研究显示，有16只犬有甲弯曲，而24只犬没有趾甲疾病[63]。有超过50%的病例有苔藓样单核细胞浸润，而它们的趾甲疾病症状没有区别。虽然有8%～50%的病例有基底细胞变性，但它们的组间差异并不显著。组织学上的类狼疮甲床炎可能是趾甲对于至少几个潜在病因（如食物过敏、药物反应、对抗生素敏感、利什曼原虫病和特发疾病）的一种反应模式，因此尽管在没有典型病变的时候组织病理学对于排除诊断可能会有帮助，但不能根据其结果进行诊断。

4. 临床管理

关于导致良好反应的原因，解读时必须慎重进行。一个报告显示，1只对于补充脂肪酸没有反应的犬，在经过一段时间，修剪趾甲和全面的照顾后有了良好的反应[79]。多个报告指出补充包含Ω-3和Ω-6（尤其是γ-亚麻酸）脂肪酸的油剂是有效的，但是一些病例可能并没有狼疮性甲床炎[73,74,81,82]。其他的病例在将脂肪酸和其他治疗（如己酮可可碱、局部糖皮质激素和四环素/烟酰胺）联合应用后

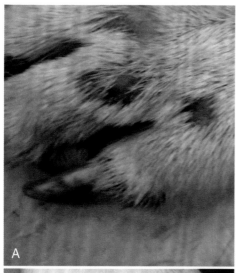

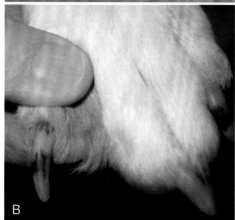

图19-19 雷诺氏综合征患犬（由D. Carlotti提供）

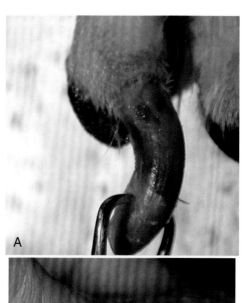

图19-18 趾甲疾病的感染原因 **A.** 毛癣菌感染的趾甲表现轻度甲营养不良的甲软化。趾甲有黄色病变 **B.** 趾甲的第2、第4和第5趾远端呈褐色，这种情况发生在所有趾甲有马拉色菌性甲沟炎的时候。患犬用酮康唑治疗3周，趾甲恢复为正常的白色。马拉色菌性甲沟炎在第2个指（趾）头的皱褶处有复发，同时这里与轻度的水肿和红斑［因在趾甲远端有甲沟炎而呈褐色］ **C.** 一只利什曼原虫病患犬的甲弯曲（图C由*Chiara Noli*提供）

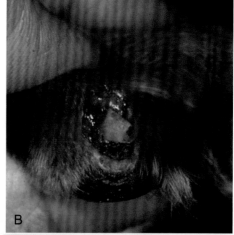

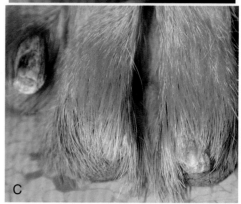

图19-20 对称性狼疮甲床炎 **A.** 趾甲出血（由M Boord提供） **B.** 移除脱离的趾甲后真皮上有脓性渗出物 **C.** 一个使用脂肪酸、四环素和烟酰胺后甲再生长的SLO病例表明甲营养不良仍然存在

有很好的效果[73,76,83]。联合给予口服的四环素或多西环素和烟酰胺可能也会有效，而且当这些更加温和的治疗方法有效的时候，其他的选择还包括全身糖皮质激素、咪唑硫嘌呤、环孢霉素和甲切除手术[60,74,76]。成功治疗后，临床症状通常会在3～4个月，最多1年之内有明显的改善。停止治疗时，该病往往会复发[73]。

（五）自发性甲变形

当多个趾甲和趾受到影响，并且无法确定有其他原因存在的时候，经常诊断为非甲脱落导致的甲变形。同样重要的是，在这类疾病中只包括那些以甲营养不良为最初症状的犬，而不是由于甲癣、甲脱落等。这些动物可能会发展为一些趾甲的继发性细菌感染，因此进行积极的抗菌药物治疗可能会有改善。然而，停止合适的抗生素治疗后复发也十分常见。某些品种具有倾向性，其中包括可卡犬、腊肠犬、罗得西亚长背猎犬、西伯利亚哈士奇犬和威尔斯㹴（图19-21）[50,68,69,84,85]。据报道，其他品种如罗威纳犬也有倾向性，但一些较老的文献在认识对称性狼疮性甲床炎之前就有关于它们的描述。该品种是否容易患病还需要进一步评价，看它们是否会发展为和甲脱落无关的甲营养不良。老龄犬可能有特发性甲营养不良。治疗类似于对称性狼疮性甲床炎，应首先尝试脂肪酸。其他建议的治疗药物包括明胶和生物素。对于腊肠犬来说，经验上可每12h给予10粒（一个胶囊）明胶[50]。另外还可以选用，诺克斯明胶囊剂量为每日每7kg 1包，具体剂量还要参照说明书[68]。这些犬应该接受高质量高蛋白的饮食。已经有一些犬缺乏生物素的报道，因此它可能是一个有效的治疗方法（5mg/kg，每日1次，口服）[85]。

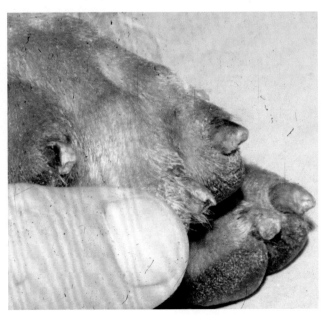

图19-21 威尔斯㹴发生的不明原因的自发性甲变形

（六）特发性甲脱落

特发性甲脱落也是一个应考虑的问题，尤其是对于德国牧羊犬、惠比特犬和英国史宾格猎犬[56,61,68,85]。这些犬大多数没有进行趾甲的活组织检查，而实际上代表了一些不同的疾病。在1个病例中，罗威纳犬有白癜风并发甲脱离。我们不知道该病的病因和发病机制，但在一些病例中疫苗被怀疑是其诱因[60]。很难去评估该病在持续多长时间以后才会达到主人能够注意到的程度，一些病例可能经过一段时间后才会出现症状。

21只特发性甲脱落患犬（包括8只德国牧羊犬）趾甲的矿物质组成同32只正常犬比较的结果表明，它们的钙、钾、钠、磷浓度有明显的增加，而铁、锰、镁浓度均降低[61]。患有特发性趾甲脱落的德国牧羊犬的铁、锰、镁浓度有明显的降低。

这些病例除了有甲脱落以外，由于近端趾甲基部会受爪垫下方炎症和可能继发的细菌感染影响，该病通常是从初次诊断的狼疮性甲床炎发展而来的。这可能会在趾甲脱落之前导致趾甲近端甲分裂，然后可能会出现整个趾甲下部的真皮层和甲脊滑脱（图19-22）。这些趾甲出现了脱落，却没有先发生甲脱离。虽然有的可能有甲脱离，但是这个特点会用于区分特发性甲脱落和对称狼疮性甲床炎。两种疾病治愈后的趾甲可能是相似的，因此在甲脱落早期描述病变是很重要的。由于笔者都知道对称性狼疮性甲床炎的组织病理学结果没有特异性，因此在区分这些疾病的时候笔者不能确定组织病理学有多大的帮助。不幸的是，还没有对早期趾甲病变进行皮肤病理学研究的报道。该疾病的治疗方法和对称性狼疮性甲床炎是相似的，而且很多病例对于治疗的反应也是相似的，该观察结果表明这些可能是相似的疾病或者它们的诊断是重叠的。

（七）各种趾甲疾病

笔者已经阐述趾甲疾病的各种病因，包括大疱性表皮松解症、皮肌炎、药物性丘疹、麦角中毒、铊中毒、线状表皮痣、营养不良、弥散性血管内凝血和浅表坏死松解性皮炎。Carlotti报道了2只患有甲沟炎和所有趾甲都有脆甲症的阿拉斯加雪橇犬，它们的组织病理学检查结果提示为锌反应性皮炎，并且用硫酸锌治疗效果很好[56]。Carlotti同时也报道了一个患线状表皮痣的患犬，该犬从出生就患病，病变从腹股沟一直延伸到趾甲的2个脚趾[56]。口服依曲替酯对病变部位有效。另一个可能发生的情况是，在生发层的基底细胞被破坏以后会发展为永久性甲营养不良。即使感染源可能已经消除，而且其潜在或原发性的疾病已经被治愈或得到控制，趾甲也会继续发生永久性的畸形生长。如果该区域容易裂开，也可能会导致感染。在黄色拉布拉多犬后爪上的多甲是先天性的（图19-23，A）。在犬的所有趾甲上都可以看到水平联合（图19-23，B）。这些水平联

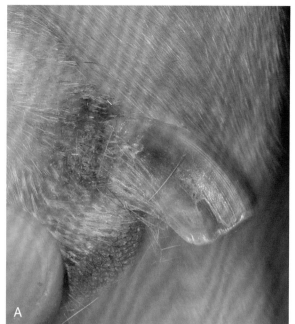

图19-22　**A.** 1只德国牧羊犬，表现出跛行、舔趾甲和急性的甲脱落。需要注意的是趾甲近基部有甲沟炎并伴有脓性渗出物　**B.** 特发性甲脱落，表现为趾甲近端分离（甲分裂）并出现脓性渗出物

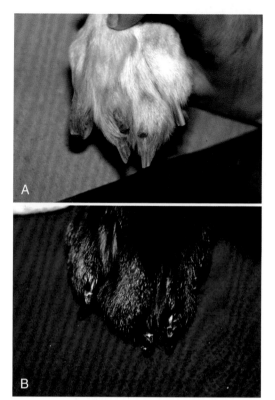

图19-23　**A.** 1只黄色拉布拉多犬后爪有先天性的多甲　**B.** 犬趾甲上没有水平联合，这和之前出现的门体分流是一致的

合在治疗门脉短路后1个月会出现，这表明对趾甲生长的影响和全身性疾病是一致的。

（八）诊断

由于引起趾甲疾病的原因很多，因此可能会需要进行各种诊断方法或程序。这些通常都是在病史和临床检查结果的基础上来决定的。病史应该包括全面的用药史和免疫情况。趾甲疾病可能会在免疫后的2周到几个月之后出现。在这些病例或怀疑有血管性病因的病例中，由于特征性病变可能只会出现在疾病发生的早期，因此应该马上进行活组织检查或诊断检查。当动物只表现出趾甲疾病的时候，可能只需要一个简单的处理。一般情况下，当只有一个或

几个不对称的趾甲被感染时，初始检查可能就局限于完整的病史、临床检查和对收集的渗出物或碎片进行细胞学检查。应在趾甲皮褶或趾甲下方收集病料并进行评估。细胞学检查在确定是否存在细菌和真菌感染（化脓性肉芽肿或肉芽肿性炎症、退化的中性粒细胞和吞噬的微生物）、天疱疮（非退化的中性粒细胞或嗜酸性粒细胞和大量的棘层松解角质细胞）和肿瘤的时候是很有帮助的。如果不确定有细菌、酵母菌或其他病因，建议进行真菌培养和皮肤刮样检查。细胞内细菌的存在证实了细菌性疾病的诊断，并且创伤是最常见的原因。如果没有肿瘤存在的证据，建议先进行抗生素的试验性治疗。如果P3特别肿胀且坚硬，可进行X线检查帮助确定是否存在骨侵袭或骨髓炎。如果没有骨侵袭，而怀疑有肿瘤的时候，建议进行细胞学检查或在可能的情况下进行活组织检查。

当多个爪及趾头都受到了对称性的影响或者当抗生素治疗无效的时候，可能要考虑安全治疗试验或对原发疾病进行进一步的检查。什么时候需要进行活组织检查以及其价值还存在疑问。这是因为发炎趾甲的病变似乎局限于几个趾，而且趾甲的组织病理学结果区分是否只有疾病的能力是有限的。因此可能要优先使用一种脂肪酸或联合使用脂肪酸、己酮可可碱、维生素E和四环素以及烟酰胺进行试验性治疗。

活组织检查可能是确诊特定趾甲疾病的唯一方法，如血管炎、天疱疮、类天疱疮和肿瘤。如果除了趾甲病变以外还有皮肤病变，除了进行趾甲活组织检查以外还应该对

病变皮肤取样。如果趾甲已经进行了趾甲活组织检查,那么对甲床组织的部分是很重要的。当第三指(趾)同趾甲整个移除,纵向剖面构造完整的时候,甲床可以清楚看见[50]。简单的趾甲撕脱或蜕皮的组织病理学检查几乎无益。当受到影响的时候,悬趾是最常优先切除的部分。已经有关于趾甲活组织检查技术的描述,具体操作是沿一个方向上使用打孔器旋转打孔,穿过趾甲进行水平和正中地切开,然后穿过远节趾骨并从侧面横向穿过侧面的正常皮肤的褶[86]。只有当对前趾进行采样的时候才会出现操作后短暂的跛行,而进行后趾甲或悬趾采样的时候不会出现跛行。笔者仍喜欢进行P3的截取。

(九)治疗

当作出特定的诊断后,就会进行准确的治疗并确定预后。细菌性感染通常是由凝固酶阳性葡萄球菌引起的,治疗则是给予全身性抗生素(可能必须要持续4~6个月)和抗菌药物药浴。对严重或难治愈的病例,建议在全身麻醉状态除去感染的趾甲。当去除趾甲的时候,试着保留其下部的真皮层("伤口的嫩肉")是很重要的。如果伤口的嫩肉被去除了,趾甲可能会出现异常再生长或缺失,并且会存在P3的缺血性坏死或骨髓炎。该技术只有在不可以通过修剪异常末端控制甲痛或出现甲脱离的情况下进行。通常进行修甲和挫甲,以便动物在行走的时候患病甲不会挤压地面,从而减少疼痛和跛行,不会产生撕脱,不需全身麻醉而去除甲。甚至有报道称这种做法在治疗狼疮性甲床炎患犬的时候也是很有效的[79]。

甲癣是由于皮肤癣菌病而导致的,甲癣可能通过长期使用氟康唑和伊曲康唑(见第五章)进行治疗。直到所有受损的趾甲重新长出来并被修剪后才能停止治疗。这可能会花长达6个月的时间。抗真菌洗液可能会使患犬感觉好一点,而且可以减少传染,但是抗真菌洗液对于治疗疾病没有效果。去除趾甲可能会稍微加速疾病的治疗。一些病例会继续复发,如果复发的话,可能要优先进行外科去甲术。

对于一些只有趾甲疾病的病例,且有多趾和多趾甲发病,通常使用一种高剂量脂肪酸或联合使用高剂量脂肪酸、维生素E、四环素和烟酰胺以及己酮可可碱进行试验性治疗。应该给予比推荐剂量更高的脂肪酸。通常每10kg体重给予1~2个含有Ω-3/Ω-6的胶囊,每日1次。维生素E的剂量通常为400IU,10kg以下的犬每日1次,10kg以上的犬每12h 1次。四环素和烟酰胺的剂量是,10kg以下的犬每8h 1次给予250mg,10kg以上的犬每8h给予500mg。己酮可可碱的剂量范围较大,但是作者喜欢按每12h每公斤体重15~20mg的剂量给药。对于这些所有的药物,一旦持续使用2~3个月有良好的效果,对于那些给药频率多于每日1次的药物可以逐渐减少为每日1次。如果这样减少给药频率之后效果仍然良好的话,往往会提高其长期依从性。在评估

这些药物的效果之前,应该使用该种药物1个月以上。在用药1个月以后,趾甲仍然会异常,但是红斑和疼痛会减弱。两个月时,通常虽然还存在甲营养不良及一些脆甲,但是会观察到一些新的趾甲的生长。

甲切除术已经被用于治疗一些犬的难治疾病,而且如果按文献描述将伸肌和屈肌的肌腱固定于第二趾骨的远端,则会有一个较好的治疗结果[60]。由于药物治疗的成本和该病复发的可能性,在一些病例中甲切除术也被作为主要治疗方法。永久畸形的患犬可能有复发感染的倾向,而且可能需要局部使用丙烯酸趾甲水泥来保护损伤区域。如果持续存在复发感染,应避免重复使用抗生素治疗,因此剩下的选择就是去甲术。

三、肛囊疾病

(一)解剖

犬、猫在肛门外括约肌和肛门内括约肌之间都有由皮肤内陷形成的成对的肛囊[87-90]。每个肛囊都通过一个小管(长度为3~10mm)开口于犬肛门的黏膜和皮肤交界处,但猫的小管开口于肛门侧面0.25cm的锥体状凸起。肛囊囊壁包括纤维结缔组织和丰富的大皮脂腺,但犬肛囊的基底部分有大量的上皮层汗腺。肛囊和它的导管内层为角化的复层鳞状上皮。这些腺体分泌的是脂肪、浆液性物质和细胞碎片的混合物。正常犬的该腺体分泌物的颜色和稠度是各不相同的,在感染动物上会有一些特征,如血腥味或红色,而有时候也会有例外[91-93]。评价这些研究的一部分问题是判定一只犬是否正常的标准有多严格。目前似乎除了血液以外,大多数肛囊分泌物的主要研究结果都表明其和疾病没有确定的关联,但这仍需要进一步的研究[91,93]。正常猫的肛囊分泌物在物理性状上也有显著的不同[94]。排出的肛囊分泌物会有特殊的令人讨厌的气味。该气味或液体在犬的社会认同上可能有一定的功能。肛囊可能是犬、猫祖先防卫机制的一种退化结构,这一点类似于臭鼬。通常排便会挤压肛囊并排出一些内容物。肛囊(anal sac)有时也被称为肛门腺(anal gland),但这是一个错误的术语,不应该再使用。然而,在肛门皮肤边界处有多个环绕肛门(肛周)的腺体,而且其内部有变态的皮脂腺和汗腺细胞以及导管。由于肛囊对于健康不是必需的,因此它们确切的功能还未知。

(二)疾病

肛囊阻塞或肛囊疾病是犬就诊的最常见的原因之一,然而这在猫是一个罕见的问题[95,96]。在去非放疗医院检查的动物中该病整体发病率为2%,而且肛瘘发病率为2.1%[96,97]。有报到称该病的发病率高达12%[98]。一般来说,肛囊疾病被分为四个问题:阻塞、感染、脓肿和肿瘤[99,100]。

1. 肛囊阻塞

肛囊阻塞是最常见的问题，据报道，英国各种普通诊所的2 322只犬中有2.1%患有肛囊阻塞[96]。其中小型犬更常见，尤其是贵宾犬和肥胖犬。同时更常见于排软便的犬[101]。该病没有性别和年龄倾向。在肛门中点的外侧和下方（4点和8点位置）经常可以触摸到膨大的肛囊。确切的病因还未知。然而分泌物性状的变化、过度分泌、肌肉张力或粪便性状的改变都可能导致肛囊过度充盈或导管阻塞。其滞留可能会继发肥胖或肠道疾病、炎症性肠病或腹泻[102]。阻塞和慢性感染可能会因为静止在一个阶段或有恶化而有一个长期的病程。随着肛囊内容物的排出，临床症状至少会暂时性地消失，而由于其他原因造成的肛门瘙痒症状不会消失。有研究报道81%的患犬会在3周内迅速复发。

2. 肛囊感染

肛囊感染可能会因为慢性或复发性阻塞而发生。同时肛囊的不完全排空、肥胖、粪便污染、尾巴位置低和慢性肠道疾病都被认为可能会导致继发感染[102]。然而，对于有肛囊临床症状的犬的肛囊分泌物细胞学检查的发现，细菌数量增加同血液或粪便内黏液呈负相关的结论与这一观察结果不相符[99]。过敏和内分泌紊乱可能是诱发肛囊感染的潜在疾病[95]。肛囊阻塞和感染表现的临床症状是相似的。正常犬肛囊的细胞学检查和其他皮肤病患犬的肛囊细胞学检查结果可能都有中性粒细胞、细菌甚至一些胞内菌[92,93]。从正常肛囊中分离出来的常见细菌包括芽孢杆菌（*Bacillus*）、大肠杆菌（*Escherichia coli*）、微球菌（*Micrococcus*）、变形杆菌（*Proteus*）、粪链球菌（*Streptococcus faecalis*）以及不太常见的葡萄球菌（*Staphylococcus*）[93,103]。马拉色菌（*Malassezia*）也可以从一些正常或异常的肛囊分离出来[92,104]。还没有准确的研究提出可确诊为感染的可行标准。一项对正常犬和有肛囊疾病症状的犬进行的盲选细胞学比较研究的结果表明它们之间差异不显著[99]。这可能会部分地反应出只有75%的感染犬肛囊有中性粒细胞，而且只有14%的感染犬肛囊有细胞内细菌，而4%的正常犬肛囊也有该菌。这些结果和报告产生了一个重要的问题，那就是除非出现了脓肿，否则还没有可以鉴别肛囊感染和肛囊阻塞的方法[92]。由于在正常动物的肛囊内中性粒细胞、细菌、甚至是细胞内细菌都很少，因此视野中有超过10%的视野中有细胞内细菌并有红细胞可能是评估存在感染的更好的标准。这个标准和其他标准都需要进行评估。

肛囊脓肿是由感染引发的，并且该感染经常和一定程度的阻塞有关。肛囊破裂会将感染和分泌物释放到周围组织，会导致蜂窝组织炎并可能形成瘘管（图19-24）。

3. 肛囊肿瘤

肛囊也可能会发生肿瘤，并且最常见的是腺癌（经常转移），但也有鳞状细胞癌的报道（见第二十章）[105,106]。一些古老的文献表明老龄母犬发病比例高，但最近的研究表明该病没有性别倾向性，而且有一篇文献指出英国可卡犬发病率高[105,107]。猫的肛囊肿瘤虽然很罕见，但也有相关的报道[108]。临床症状可能极少或不明显，除非在肛周区域出现团块或水肿。里急后重、便秘和高血钙症引起的多尿、烦渴是比肛囊阻塞或感染的典型临床症状更加常见的症状[105,109]。

（三）临床特征

肛囊阻塞和感染具有类似的症状，其典型的临床症状是蹭、舔、咬、摩擦肛门或会阴部[98,100,101]。最近的研究评估了肛囊疾病患犬的行为，发现这些症状通常都是同时出现的，并且大部分的动物主人都反应观察到该行为的频率为每周几次到每个月几次[99]。这些症状不是肛囊疾病的特殊症状，并且可能会见于所有肛门瘙痒性疾病，如特应性皮炎、食物的不良反应、神经性舔肛门、外阴皮炎尾部皱褶性皮炎、阴道炎、直肠炎和肛周瘘[98,100]。猫很少蹭肛门但通常会引起尾基部和/或尾部腹侧区域的创伤性脱毛。感染的肛囊可能会破裂，导致局部红斑、水肿和疼痛的蜂窝织炎，并且随后可能会在肛门侧面1~2cm处形成瘘管。脓肿通常是单侧性的，而且病程短（7~10d）。主人自己或在检查的时候，没有挤出肛囊内容物时都可能会有恶臭的气味。被感染的肛囊是感染的中心，有可能导致不良预后。一些兽医坚称在这些病例中舔舐肛门区域的犬会将感染转移至口中，最终使犬出现扁桃体炎、咽炎和恶心，并且只有对两个位置（肛囊和咽部）同时治疗才会得到良好的预后。在其他情况下，对于广泛的细菌过敏反应，患犬肛囊感染可能是其抗原的来源[103]。

（四）临床管理

1. 阻塞

猫的肛囊阻塞通常不会发生感染，而且在相对长的时间内进行人工排出（通过外侧按压）通常会减轻临床症状[110]。由于排软便或小硬便的猫似乎更常见，因此可能要通过改变饮食来纠正肠道的稳定性。

按需要排出肛囊内容物是最常见的治疗方法。操作时

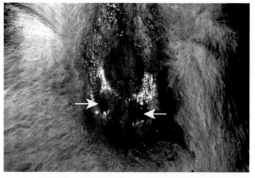

图19-24 双侧肛囊脓肿和瘘管。白色箭头指的是两个瘘管

应该轻柔但要彻底挤出内容物，戴手套后，一个手指放在直肠内和肛囊壁中间，而拇指放在肛囊侧壁的外面就可以很好地完成这一操作。犬肛囊阻塞在挤出之后有复发的趋势，有一个研究表明在挤出肛囊内容物3d后复发率为19%，而在3周内复发率为81%[99]。如果粪便软或小的话，为了减少复发应该考虑改变日常饮食。对于一些病例，饮食中添加纤维可能会有帮助。建议每周重复排出几次或对慢性肛囊感染进行灌流。没有研究将这些技术或将耵聍溶解药或抗生素、康酵母、糖皮质激素灌流对肛囊的影响进行评估。如果持续复发使动物主人不满意，建议进行手术切除。通常将各种手术方法分为开放方法和闭合方法[111-113]。该手术主要的问题是神经或肛门括约肌的损伤导致术后大便失禁。一个对95例肛囊切除病例的研究表明，接受开放方法治疗的动物术后会有更长时间的并发症，并且接受闭合疗法的57只犬中有3只犬有长期并发症，但仅限于由于肛囊的残留而进行造瘘术的犬[112]。似乎很少出现大便失禁的问题。

2. 肛囊感染

慢性肛囊感染应该和其他感染一样通过引流治疗，这不需要手术。通过灌入抗生素溶液频繁地排出血性渗出物可能会有效。然而由于该区域很敏感，会妨碍彻底的治疗，所以使用这种方法进行治疗经常会得到不好的结果。最好是对动物进行轻度麻醉，并使用钝针、公猫导尿管、3F导尿管或套管的注射器，用乳酸林格氏液对双侧肛囊进行彻底的灌洗。耵聍溶解药物如角鲨烯六甲基二十四烷〔Cerumene（Vetoquinol）〕作为灌洗液也可能会有用。在彻底冲洗肛囊以后，灌入低黏度油或膏剂为基础的抗生素或糖皮质激素是非常重要的。这个操作可能要在5~7d内重复进行。如果涉及酵母菌感染，那么可能要用抗酵母药物，如克霉唑、咪康唑或泊沙康唑。如果在初始阶段后有复发，建议进行手术摘除肛囊。

急性的肛囊感染（脓肿）的治疗方法是排尽脓汁并刮除坏死组织。因为可能会发现许多种病原，所以需要进行细胞学检查以及可能的细菌培养。需要局部使用抗生素药膏、软膏或冲洗，同时全身使用抗生素治疗。如果细胞学检查发现感染的细菌以球菌为主，那么推荐使用阿莫西林克拉维酸；氟喹诺酮类药物通常也有效，特别是在混合感染时。对病变区域保暖通常是有益的。通过生成肉芽进行愈合。如果肛囊脓肿按照治疗后并未愈合，或者频繁复发，建议进行手术摘除肛囊。

四、外耳炎

外耳炎是由多种可能的因素引起的外耳道炎症。当炎症涉及外耳口或外耳道时，通常会使用这个词。定义中同样包括耳郭的炎性疾病。然而，这章讨论的重点是典型的影响到耳道而不仅仅限于耳郭的疾病。

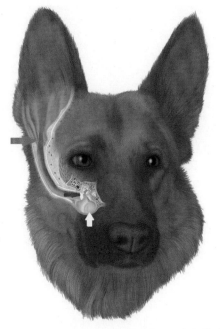

图19-25　犬耳郭，外耳道和中耳的相对位置。灰色箭头指向外耳口，蓝色箭头指向骨膜，白色箭头指向中耳腔的腹侧部分（此图经许可后引自辉瑞犬猫感染挂图，*Wilmington, Del., 2008, Gloyd Group. CopyrightPfizer Animal Health.*)

（一）解剖学与生理学

外耳道和耳郭的最初功用是收集声波并将其传递到鼓膜和听小骨。健康青年犬可以检测到空气介导的刺激为-5~10分贝（dB），而骨介导的刺激变化范围则较大，为50~60dB或者低至0dB[114-116]。对于正常犬，单侧鼓膜破裂不会影响到它们的听力[117]。耳郭，垂直耳道和部分水平耳道是由耳软骨形成的。耳郭位于眼睛的背尾外侧，鼓室和中耳却位于眼睛的近尾腹侧，但是从中间开始基本位于与眼睛相同的垂直线上，而不再位于眼睛尾侧（图19-25）。在耳朵的外耳口，耳软骨开始卷曲呈漏斗状，随着它进一步深入到耳道下部变为管状。外耳道的长度变动很大（5~10cm），且很明显地分为垂直部分和水平部分。另一项研究表明外耳道长度为3~7cm，按此分法，环状软骨的长度为0.8~1.9cm，耳软骨为2.2~5.7cm。垂直部分起源于耳郭，在中部弯曲（水平耳道）之前一直向腹侧延伸，直到到达鼓膜。垂直耳道内是一个褶皱的软骨，称为耳状突，此耳状突可以在耳镜检查时阻碍镜头进入水平耳道[118]。通过向背侧和两侧牵拉耳郭，可以将耳状突翻出。由于其接近外耳道开口，其腔的直径为0.3~0.8cm，并且随着它向背侧或两边移动，腔会变大[119]。耳朵的大小与犬的体重相关。中国沙皮犬的耳道直径比其他品种犬的小[120]。这在垂直耳道表现得更为明显。软骨结构和骨质外侧都衬有皮肤（图19-26）。

耳道内侧的皮肤与身体其他部位的一样，正常情况下具有相对平滑的表面，并且还有包含附属结构（毛囊，皮脂和耵聍腺）的薄层表皮和真皮。相对而言，垂直耳道的附属结构比水平耳道的多。皮脂腺、耵聍（顶泌）腺的数

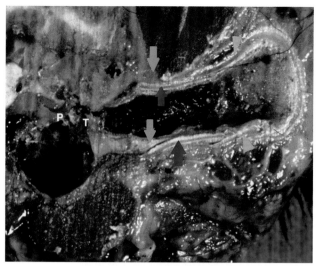

图19-26 环状软骨（蓝色箭头）被远端的耳软骨所重叠（粉红色箭头）。注意环状软骨是如何重叠或插入到外耳道骨内的（绿色箭头）。一薄层皮肤覆盖于软骨、骨以及与鼓膜的连接处。T位于鼓膜，P是一个峡，位于中耳腔的内侧壁。注意鼓室及与中耳内侧壁之间的耳道距离相对较短

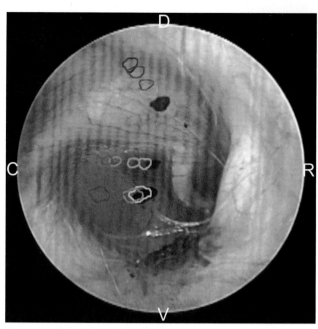

图19-28 鼓膜上皮迁移的径向路径，这在大多数犬都可看到。相同颜色的墨滴所指示的路径渐进性变暗如下：绿色，紧张部1；蓝色，紧张部2；紫色，松弛部；D，背侧；V，腹侧；C，尾侧；R，头侧（由Natalie Tabacca提供）

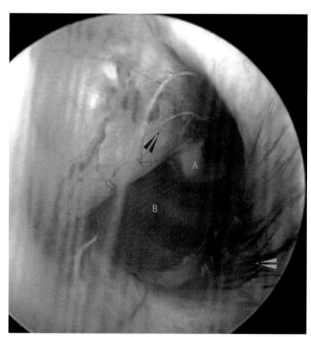

图19-27 正常犬的水平耳道终止于鼓室。可见毛发（绿色箭头）近于鼓膜的腹侧。蓝色的箭头指向扩张的松弛部，可见突出的血管。绿色的字母A在锤骨柄状体上。绿色字母B位于紧张部

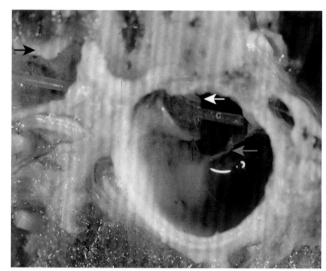

图19-29 可以看到耳道的内侧和鼓膜，一根塑料管（绿色C）穿过了鼓膜的紧张部几乎碰到了中耳腔的内侧壁。注意鼓室及其与外耳道接触的角度。白色箭头指向柄状体，红色箭头指向外耳道的内侧环，灰色箭头指向隔泡，黑色箭头指向环状软骨（图片由 Rod Rosychuk 提供）

量、毛发尺寸和密度因品种和个体不同而异，已有研究表明外耳炎的发展与耵聍腺的密度相关[119,121,122]。有时可以在一些犬的外耳道皮肤发现一些比较粗壮的毛发（图19-27）。这一簇毛发是很有用的标记，因为它的位置特别接近鼓室，在耳道中部腹侧也最显著[118,121]。

皮肤和附属结构持续产生角质细胞和腺体分泌物。这些物质形成耳垢（耵聍），能起到一定的保护作用。研究者已经在犬的耳垢中发现犬的免疫球蛋白A,G,M[123]。在健康或者发炎的耳朵中，IgG是主要的免疫球蛋白，在患病的

耳朵中，它的相对浓度会显著上升。耳道有自己的自洁机制。表皮运动，上皮的迁移都可以清除上皮细胞和腺体分泌物（耵聍）和污垢及细胞碎片[124,125]。已有研究表明，犬的鼓室上皮呈离心式迁移（图19-28）[126]。

鼓膜是一种上皮结构，它从侧面将外耳从位于中部的中耳腔中分出。当透过检耳镜从外耳道观察时，背侧有一个白色C形的区域，正常的鼓膜是凹状的半透明膜（见图19-27）。这与锤骨柄状体的连接物相一致（图19-29）。为了描述方便，我们将鼓膜分为两部分：松弛部和紧张

部。松弛部是位于柄状体旁的较小的部分。紧张部是位于鼓膜最远端的腹侧部分。常规的检耳镜检查很难看到完整的鼓室，对骑士查理士王猎犬的研究表明，通过检耳镜可以看到中耳内可能存在液体，但是却不表现出外耳或中耳炎的症状[127]。鼓膜连于外耳道中部，倾斜30°～45°（图19-29）。它距离中耳腔的内侧壁仅约0.5cm。

中耳包括鼓室腔和壁、鼓膜内侧壁、听小骨及其韧带、肌肉、神经（鼓索神经和其他更小的神经）以及咽鼓管。在正常耳朵中，中耳与外界环境唯一的联系是通过咽鼓管建立的，咽鼓管开口于鼻咽部。鼓室腔分为三部分：背部、中间部、腹部。背部鼓室腔最小，包含锤骨的头部和砧骨。中间部通常也被叫作"正鼓室腔"，与鼓膜相邻。咽鼓管开口于鼓室腔的中间部。腹侧部是鼓泡，同时也是最大的部分。位于腹泡的骨脊、隔泡使导管很难被放进腹泡（图19-29）。鼓泡形似鸡蛋，背侧部是开放的，以便与中间部联系。当发生中耳炎时，这部分可作为捕获细胞碎片和毒素的容器。这一部分同时也是最难进入的，即使是鼓室破裂时，通过检耳镜也不能进行充分的检查。猫的隔泡几乎是完整的，且将腹泡分为较小的背外侧鼓部和较大的腹正中内鼓部[118]。这两个部分之间有一个小的缝隙连接，但是任何进入到中耳到达内鼓部的物质都不容易被移除甚至是被冲洗掉。沿着中耳或与中耳并行的结构包括面神经、迷走神经、颈动脉及舌动脉。

（二）意义

外耳炎是一种相对较常见的疾病，较早的数据表明7.5%～16.5%的犬以及2%～6.2%的猫会患此病，如果诊断是基于临床检查而不是畜主主诉的话，此发病率可能会更高[128]。英国的一项研究调查了2 322只犬和1 043只猫会去看全科兽医的原因。最常见的原因是预防性保健，其中30%的犬和35%的猫是健康的。然而，无论是犬还是猫，最常出现的问题是皮肤病，耳炎在犬中占4.5%，在猫中占1.2%[96]。瑞典的一项关于猫发病率的研究显示，耳科疾病发病率相对较低，为1%，消化道疾病占14%，外皮疾病占9%[129]。相反，外耳炎对于犬的疾病索赔来讲是占首位的，2007年超过了58 000例，在猫最常见的疾病索赔中占第8位，此数据来自于VPI宠物保险公司[129a]。发病率的区域性差异可能反映的是基因及环境的差异。

（三）分类

在过去几年中，许多分类系统被用来对外耳炎进行分类和诊断。分类系统发展的重要一步是不仅只根据原发性病因进行区分，同时还考虑顽固性因素[130]。此分类系统也进一步被修改，且将外耳炎看作是病因和因素共同作用的结果[131-134]。病因指的是引起外耳炎的疾病或媒介，可以细分为原发性和继发性（表19-4和表19-5）。原发性病因指的是那些可以引起正常耳朵发病的病因。它们可以单独出

表19-4 外耳炎的原发性病因

原发性病因预后	疾病分类	特殊疾病/举例
P$_{LLRx}$	过敏性	食物不良反应
P$_{LLRx}$		特应性皮肤炎或特应性耳炎（不涉及其他皮肤疾病）
P$_C$		接触性过敏
P$_{C或LLRx}$		跳蚤过敏性皮炎
P$_{LTM或LLRx}$	自身免疫性	大疱性类天疱疮
P$_{LTM或LLRx}$		大疱性表皮松解
P$_{LTM或LLRx}$		红斑狼疮
P$_{LTM或LLRx}$		落叶状天疱疮
P$_{LLRx}$	内分泌性	库欣疾病
P$_{LLRx}$		甲状腺功能低下
P$_{C/LLRx}$		性激素异常（最典型的是肾上腺性的或性腺性的孕酮升高）
P$_{LLRx}$	上皮形成障碍	脂质反应性皮脂溢
P$_{LLRx}$		原发先天性皮脂溢
P$_{LLRx}$		皮脂腺炎
P$_{LLRx}$		维生素A反应性皮肤病
P$_{LLRx}$		锌反应性皮肤病
P$_{LLRx}$	异物性	毛发
P$_C$		植物芒，狐尾草
P$_C$		沙子，尘土
P$_{LLRx}$	腺体发育不全性	分泌功能改变（分泌率或分泌类型）
P$_{LLRx}$		皮脂腺发育亢进或不良
P$_C$	免疫介导性	药物反应（局部或全身的）
P$_{C/LTM/LLRx}$		多形性红斑
P$_{C/LTM}$		脉管炎，血管病变
P$_C$	微生虫性	真菌（罕见）：皮肤癣菌，孢子丝菌，曲霉菌
P$_{LTM/LLRx}$	混合性	耳软骨炎
P$_{C/LTM/LLRx}$		混合型嗜酸性肉芽肿
P$_{LLRx}$		可卡犬的先天性炎性/增生性耳炎
P$_C$		青年犬的蜂窝组织炎
P$_{C/LTM}$		猫增生性、坏死性耳炎
P$_C$	寄生虫性	恙螨（真恙螨亚属）
P$_C$		蠕形螨
P$_C$		耳痒螨
P$_C$		蜱（特别是耳蜱属）
P	病毒性	犬瘟热

注：C，可治愈的；LLRx，需要终身治疗；LTM，长期的管理；P，原发性病因。

现且不需要其他病因或因素即可引起外耳炎。原发性病因可能是非常微小的以至于畜主甚至兽医在出现继发病因前都意识不到。一旦原发性病因改变了耳朵的环境，通常会发生继发感染。多数的慢性病中至少含有一种原发性病因和数个其他病因或因素。

继发性病因指的是引起非健康耳朵产生疾病的病因。一般讲，外耳炎的继发性病因一旦被发现很容易去除，它们变为慢性的或反复出现的原因是原发性病因或顽固性因素处理不当。在过去，继发性病因经常被视为耳朵疾病的

表19-5　外耳炎的继发性病因

继发性病因	疾病分类	特殊疾病/举例
S_C	细菌性	球菌（葡萄球菌，链球菌，肠球菌）
S_C		杆菌（假单胞菌，变形杆菌，大肠杆菌，克雷伯菌，棒状杆菌）
S_C	真菌性	曲霉属真菌
S_C	药物反应性	仅指在炎性皮肤上出现的局部刺激（酒精，pH，丙二醇）
S_C	过度清洁性	过度湿润和浸渍
S_C		物理损伤（棉签）
S_C	酵母菌性	出芽（马拉色菌属）
S_C		念珠菌（应该含有假菌丝而不仅仅是圆形的酵母）

注：C，可治愈；S，继发性病因。

表19-6　外耳炎的顽固性因素

顽固性因素_预后	解剖学位置	病变/举例
Pe_C/LTM	上皮	过度产生皮屑
Pe_C/LTM		迁移改变
Pe_C/LTM		不能迁移
Pe_C	耳道	水肿
Pe_C/LTM		增殖性能改变
Pe_C/LTM		狭窄
Pe_C	鼓室	棘皮症
Pe_C		扩张
Pe_C		憩室或成囊
Pe_C/LTM		破裂
Pe_C/LTM	腺体	顶浆分泌阻塞及扩张
Pe_C		汗腺炎
Pe_C/LTM		脂质分泌过剩
Pe_C/LTM或surgery	环状软骨纤维组织	钙化
Pe_C/LTM或surgery	中耳	填满碎屑
Pe_C/LTM或surgery		中耳炎
Pe_C/LTM或surgery		骨髓炎

注：C，可治愈；LTM，长期管理；Pe，顽固性因素；surgery，手术。

原发性病因或"主要"诊断结果（如，假单胞菌或马拉色菌性外耳炎）。即使是在今天，很多临床医生还将其所有努力付之于诊断和治疗继发性病因中。虽然对继发性病因的治疗可能很重要，但是也必须找到其他的病因和因素。在一些病例中，如马拉色菌（*Malassezia*）中，消除并发的诱发性因素和/或原发疾病可能也就解决了继发性病因。继发性病因也通常被认为是顽固性因素，因为它们确实出现在非健康的耳中。然而，在正常的耳朵中也发现了很多被认为是顽固性因素的病因，并且总的来讲它们的治疗和预后与此处所说分类系统中的顽固性因素有很大差别。

　　因素指的是疾病或宠物中有助于或促进外耳炎发生的元素，通常是通过改变耳道的结构、功能或生理学而实现的（表19-6和表19-7）。这些因素与病因或促进因子一起产生更严重的炎症或症状。此外，因素可以抑制对耳部疾病的治疗作用，同时即使病因被完全去除也可以引起疾病复发。因素被分为诱发性（因为它们在耳部疾病发生前即存在）或顽固性（作为耳部炎症的结果出现）。诱发性因素增加外耳炎发生的风险。顽固性因素改变引起外耳炎发生的解剖和生理结构。这些因素最初可能很微小，经过一段时间后会发展成慢性耳病最严重的条件。它们不具有疾病特异性，常见于各种慢性病例。一旦存在，它们通过提供环境和微生态来促进继发性病因的发展，从而有助于它们的维持。在很多病例，当治疗只针对原发性和继发性病因时，顽固性因素阻碍疾病的治疗。它们在很多方面给临床医师带来困扰。在每次复诊时，它们可以引起动物在不同病因下重复出现相同的病。这些因素可以变成永久的，并且导致疾病恶化。它们可能变严重且最终引起很多症状，这些症状多数只见于宠物；或在兽医或畜主身上出现轻微疾病，但宠物及其耳道则表现正常。如果顽固性因素不被处理，即使原发性和继发性病因被控制或去除，也会引起临床疾病的复发。

表19-7　外耳炎的诱发性因素

诱发性因素_预后	解剖学位置	病变/举例
Pr_LTM	结构	耳道毛发过度生长
Pr_LTM		耳郭凹面多毛
Pr_LTM		耳郭下垂
Pr_LTM/surgery		耳道狭窄
Pr_LLRx	湿度过大	环境（高温且高湿）
Pr_LLRx		水（游泳，美容）
Pr_surgery	阻塞性耳病	猫大汗腺囊腺瘤
Pr_surgery		肿瘤
Pr_surgery		息肉
Pr_C/LTM/LLRx	原发性中耳炎	原发性分泌性中耳炎，肿瘤引起的中耳炎，呼吸系统疾病或败血症
Pr	全身疾病	分解代谢状态
Pr		乏力
Pr		免疫抑制
Pr_C	治疗反应	改变正常微生物群落
Pr_C		清洁引起的损伤

注：C，可治愈；LLRx，需要终生治疗；LTM，长期管理；Pr，诱发性因素。

　　对于每个病例，临床医师都应该尽可能地找出可能导致耳炎的病因和因素。不能准确认识到并纠正病因或致病因素可能导致治疗的失败。PSPP分类方法已经被进一步完善为一个系统，即PSPP系统，它可以用于帮助外耳炎病例的诊断、培训、制定治疗计划及提供预后信息[135]。图19-30来自于此系统，显示了每个外耳炎的病例都可以通

PSPP系统				
名字/日期	**细胞学诊断和评估**	**治疗 T/S AB/AF/GC/EC/ALLRx/D/Ot**		
确定的病因和因素	Cyt/Oto/CR/Ot	C	LTM	LLRx
原发性				
继发性				
顽固性因素				
诱发性因素				

图19-30 PSPP系统表格。AB，抗生素；AF，抗真菌；ALLRx，过敏治疗；C，可治愈；CR，临床反应；Cyt，细胞学；D，饮食；EC,耳朵清洁；GC，糖皮质激素；LTM，长期管理；LLRx，需要终生治疗；Ot，其他；Oto，耳镜检查；S，系统性；T，局部（引自*Griffin C: Online Animal Dermatology Clinic.*）。

过可疑或确定的病因和因素来考虑。对于每个组成部分，需要一个测试来帮助诊断或监控记录的组分。然后，基于预后的针对每个组分的治疗方法也被列出并分类。此系统的精髓在于每种病因或因素的分类都基于典型的治疗预后（见表19-4至表19-7）。这些预后包括可治愈（C），需要长期管理（LMT），或需要终生治疗（LLRx）。可治愈的意思是，针对这一组分的问题，通常情况是经过数周的治疗或手术治疗容易解决。需要长期管理表明，这一组分所引起的耳部问题是可以解决的，但是通常需要数月的治疗。需要终生治疗意思是，畜主必须终生对患宠采取针对该问题的控制或治疗措施。一些病因或因素的预后可能不定，在此并未标明。

1. 原发性病因

原发性病因直接引起外耳炎，大多数病因在表19-4中可以找到。几乎所有的皮肤疾病都会影响到耳郭和/或耳道，但是它们带来的损伤通常出现在身体其他部位而不会在耳朵中表现。一些皮肤病经常会影响到耳道，并且可能起源于或仅仅限定于耳部，最常见的是过敏性疾病和皮肤角化不良。其他常见的引起耳炎的原因是耳螨和异物，特别是植物芒刺。增生通常不被认为是原发性病因，因为开始增生的时候不会出现外耳炎，因此，增生被认为是诱发性因素，该因素将在相应的章节被提到。尽管原发性病因被认为存在于绝大多数病例中，但并不是所有时候都显而易见。对100例外耳炎病例的研究报告显示，32%的病例并未发现原发性病因[136]。对于外耳炎最好的治愈和长期控制的前提是找到原发性病因，但是在一些病例中，如小的异物甚至是耳螨中，当继发病因比较严重时，原发性病因已经不在或不可确认。对于这些病例，去除继发性病因以及因素，可能不用确定原发病因即可治愈。以下讨论将限于

外耳炎常见的主要原因，读者可以从表19-4中学到更多其他原发性疾病，它们也会在本书相应的章节中被提到。

（1）寄生虫

与外耳炎相关的寄生虫有很多，特别是耳痒螨属（*Otodectes*），还有蠕形螨属（*Demodex*）和疥螨属（*Sarcoptes*）。耳螨中的耳痒螨（*Otodectes cynotis*）特别常见（见第六章），在过去的报告中，猫的外耳炎病例中高达50%的病例为耳螨，在犬的病例中则为5%~10%。虽然动物在局部和全身使用对耳螨有一定效果的杀虫药，但最近的研究表明发病率较之前相比差别不大。在法国的802例犬外耳炎病例中，耳螨发病率为7%；在希腊的100例病例中，发病率为7%；英国的104例病例中，发病率为5%[96,136,137]。一项对流浪猫进行评估的研究结果显示，37%的猫有耳痒螨（*Otodectes*），但是它们中11%的猫耳朵外观正常[138]。英国的一项研究中，1 043只猫中只有12只被诊断为耳炎，然而这些耳炎病例中有7只（58%）有耳螨[96]。耳螨可能会诱发外耳炎，但是目前还没有确切的证据。其中一个原因是，发现耳螨是有难度的。两到三种螨虫即可引发临床上的外耳炎[139]。这种现象可以通过耳螨能引起阿蒂斯反应和速发型过敏反应的研究来解释[140,141]。另外一种解释是，螨虫引起了外耳炎然后离开了耳道或者被炎症反应或继发感染消灭。

在寄生虫性外耳炎的复发病例中，也要考虑到疾病可能是与其他无症状带虫动物的接触引起的。由于从携带者到易感动物需要传播时间，因此表现出过敏反应的症状及发展为可被畜主注意的临床症状的时间不同，疾病可能呈迅速复发或间歇性复发[142]。免疫学反应可以引起超过50%患耳痒螨（*Otodectes*）的猫表皮螨属（*Dermatophagoides*）皮内测试结果呈阳性，但经过治疗后，测试结果会变为阴

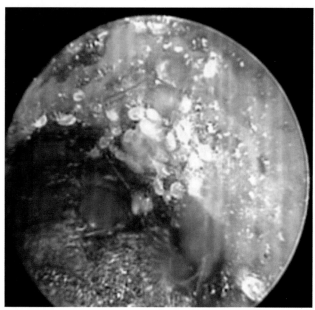

图19-31 图中可见感染耳螨后典型的渗出物（CourtesyAlberto M Cordero.）

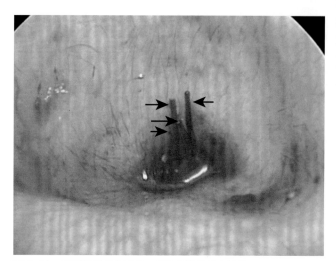

图19-32 狐尾草引起的耳炎，箭头所指的是小穗花

性，这说明螨虫间有共同的抗原或有交叉反应抗原[143]。耳螨的典型症状是暗咖啡色潮湿的分泌物。这些螨虫可以通过检耳镜检查到，当它们接触到光时会进一步向深部移动（图19-31）。螨虫可以在14℃环境下存活多达12d[144]。

在太平洋西北部的一些国家，有猫的中耳感染比翼线虫（Mammomonogamus auris）的病例[144a]。显然此病并不罕见。在正常的体检中常可看到寄生虫游动或在鼓膜后形成游走性红斑损伤，或偶见于猫摇头的时候。感染可以是单侧性的，也可以是双侧性的，由于寄生虫在咽鼓管上下移行，因此并不是任何时候检查都可以看到寄生虫。

（2）异物

异物进入耳道并被卡住后，通常会引起外耳炎。虽然从病因上讲，此种情况应该是单侧的，但是实际上很多时候都是双侧的[136]。大部分情况下，患病的犬、猫会出现急性的摇头并有抓挠单耳或双耳的症状。最初没有分泌物，然而，如果兽医没有立即进行干预，这些病例会迅速发生继发感染，然后就可以看见脓性渗出物。耳内异物的例子包括植物芒刺、沙粒、干药物。在偏远地区，植物芒刺是引起外耳炎的常见病因。在希腊，草芒所引起的耳炎占耳炎病例总数的12%，可卡犬对此原因引起的外耳炎易感[136]。狐尾草（foxtail）这个词用来指具有浓密小穗花的禾本科植物的芒，因为它们看起来像狐狸的尾巴。小穗花具有反方向的倒刺，使得其容易向前移动，而取出则困难。马德雀麦（Bromus madritensis）即狐尾雀麦草，其他可以引起耳异物的相关草属包括看麦娘属（Alopecurus），大麦属（Hordeum），狗尾草属（Setaria）。一旦它们进入机体并致病，即开始变质，小穗花聚集成簇，看起来很像毛发（图19-32）。

（3）过敏症

特应性疾病、食物过敏症、接触性过敏症都可以引起外耳炎（见第八章）。变态反应性疾病是耳炎的常见病因，特别是在慢性耳炎中，占43%[136,137]。在一个皮肤病推荐手册中，75%的慢性耳炎与特应性疾病有关[145]。外耳炎可能是继发于自我损伤，或过敏反应涉及外耳道。特应性疾病可能仅仅表现为特应性耳炎，而不伴发特应性皮炎[146]。在患特应性疾病的犬中，报道称特应性耳炎所占比例为5%[147]。特应性皮炎病例中特应性耳炎的发病率变动很大，且根据诊断标准的不同会有变化。在最大型的回顾性研究中，调查者报道的843只患特应性皮炎患犬中，58%有耳郭疾病，571只犬为非食物介导性的，在这部分犬中59%的犬有耳郭疾病[148]。在另一项特应性疾病的研究中，83%的病例有过患耳炎的迹象，24%的病例在变态反应性疾病发生时出现过耳部症状[149]。

犬特应性疾病，由于发病率高且耳炎在特应性疾病中的发病率，比食物过敏与外耳炎的关系更密切。耳郭和垂直耳道的红斑是过敏性外耳炎最常见的特征，而非继发感染（图19-33）。慢性炎症可能最终导致继发性细菌或酵母感染，这些会特别地引起渗出物或耵聍分泌。猫外耳炎很少发生的一个原因是，猫特应性疾病很少见且这些疾病也很少引起外耳炎。一项161例非跳蚤介导的过敏性皮肤病病例中，15%的病例会出现外耳炎，34%的病例会涉及耳郭[150]。

在回顾性研究报告中，65%~80%的食物过敏犬会发生外耳炎[151,152]。最近的一项前瞻性研究表明，55%~65%的食物过敏犬会出现外耳炎，耳炎出现于其他迹象之前的占34%[153]。研究者们一直强调，可卡犬和拉布拉多猎犬食物过敏的唯一症状可能就是外耳炎[131]。除了在犬的特应性皮炎中，食物过敏也可以引起犬外耳炎症状，大多数患犬会出现与特应性皮炎相符的症状。在唯一一项评估食物介导的特应性皮炎的回顾性研究中，耳炎在任何被评估的犬种中都不常见[153]。但必须注意的是，他们并不是仅仅评估

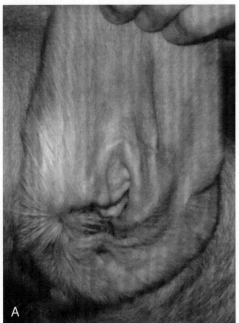

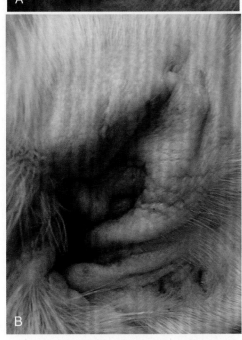

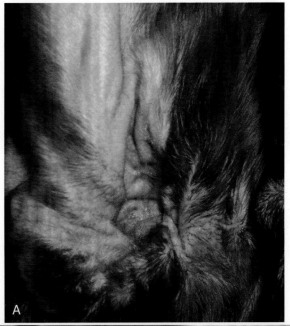

图19-34　**A.** 食物的不良反应，犬的外耳口出现红斑和肿胀，并一直向下延伸至整个耳道。注意耳郭凹面无毛区并未受累　**B.** 犬食物不良反应引起的嗜酸性脉管炎，损伤同样出现在耳郭和耳道。注意红斑是如何扩散至耳郭边缘有毛的皮肤的

图19-33　**A.** 特应性耳炎典型的损伤是红斑，及耳郭无毛的凹面和外耳口出现红斑。可以注意到，分泌物很少，也不存在继发感染　**B.** 慢性严重的特应性耳炎，除了耳道的外耳口出现红斑外，还可见苔藓化及小块的表皮脱落

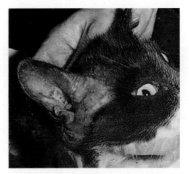

图19-35　由于局部使用含新霉素的药物而引起接触性过敏反应的猫

外耳炎患犬，而是慢性瘙痒的犬。对于有急性双侧耳炎同时小于六月龄且无耳螨或异物的犬，应该考虑其更倾向于食物过敏。食物介导的耳炎可能是犬特应性皮炎的表现，但是在一些病例，炎症可能更局限且更严重，最初涉及水平耳道，轻度损伤外耳口且不牵涉耳郭的凹面（图19-34，A）[132]。这一观察结果还需在前瞻性研究中进行验证。另一项差异是，食物的不良反应更容易引起嗜酸性脉管炎而不是特应性皮炎。在这些病例，耳道和耳郭都会被涉及，但是损伤更可能扩散到耳郭的边缘，且一些病变不易被玻片压诊法辨别（图19-34，B）。在猫中，早期的回顾性研究表明，食物过敏的猫中30%会出现外耳炎[154]。一项最近的更大样本量的回顾性研究显示，在患食物介导的过敏

性皮炎的猫中，只有7%的病例患有耳炎，但在非食物、非跳蚤介导的过敏性皮炎病例中20%的病例出现耳炎[150]。

接触性过敏症可能是通过治疗外耳炎所用的药物（如新霉素）引起的（如图19-35）。除此之外，媒介物如丙二醇也可引起耳朵的过敏或刺激性反应[142]。因此，变换药

747

物但是主要活性成分不变时，可能不能减轻治疗反应。特别是当病例有以下的历史时：①出现了短期的治疗反应，接着继续进行药物管理，症状开始变严重；②最初药物有效，但随治疗过程恶化[155,156]。另外一个临床线索是从背侧和腹侧延伸至外耳口出现红斑，因为药物通常也会接触到这些区域。药物反应也会影响到耳道和耳郭。这可能是接触性过敏或刺激性反应。在另外一些病例中，全身的药物反应，如多形性红斑，也可能会影响到耳道。

（4）角质化异常

角质化异常通常的症状是慢性耵聍性外耳炎。具有先天性皮脂溢的品种易于发生耵聍性外耳炎（见第十四章）。内分泌病如甲状腺功能低下和性激素不平衡（见第十章）可能会导致慢性耵聍性外耳炎，它们最可能是通过改变角质化及可能的腺体功能来实现的。耳炎也曾见于患甲状腺功能低下的猫[157]。甲状腺功能低下是最常遇到的涉及耳朵的内分泌病。很多时候，外耳炎的原发性病因是之前体检结果或病史为线索的疾病。

（5）腺体异常

腺体异常在犬、猫中的记录不是很多。一项研究确实证明了患耳炎的可卡犬与耳部无疾病的犬相比耳部腺体区域会增大[122]。更多的研究同时也证明可卡犬，英国史宾格犬，拉布拉多猎犬耳道中耵聍腺和毛囊的数量比灵缇犬和杂种犬多。一些耳部增生的病例会有显著的皮脂腺，当仔细检查时会注意到增生组织上小的白斑（图19-36）。

（6）其他因素

犬增生性嗜酸性外耳炎是不常见的耳道先天性炎性病变[158]。患病的犬会有慢性单侧外耳炎的病史。检耳镜检查可发现单个或多个团块通过一个细的茎连接附着于耳道内，这些团块阻塞了耳道。活检显示此为乳头状瘤，增生性嗜酸性炎或嗜酸性肉芽肿，也可以发现表皮内的嗜酸性微小脓肿。一些损伤包括多灶性的退行性和火焰形的区域，伴发或不伴发栅栏样的肉芽。患病动物经手术切除可

能会治愈也可能会在后期复发。

猫增生性坏死性外耳炎是一种病因未知的综合征[159]。它可能与T细胞介导的半胱天冬酶阳性的上皮角化细胞凋亡有关，因此该病共同的特征是多形性红斑[160]。致病因素包括猫病毒性疾病，但至今为止还未发现或显示出可引起此病[161]。最常影响的部位是耳郭的凹面和外耳口，但是也可向下波及到耳道及引起继发性细菌性或马拉色菌性耳炎。最初认为此病只感染小猫，现在人们意识到它可以感染2月龄至12岁龄的猫，最常被感染的为4岁前的猫[161,162]。此病目前并未显示出品种倾向性。在研究的22个病例中16只为公猫，因此公猫可能更易感[161]。该病的病灶是十分明显的，即在红斑上紧紧附着有角化过度的硬壳。硬壳通常呈金黄色，这是典型的角化过度，而角化不全则为深褐色（图19-37）。可能会出现出血性溃疡。病灶最常累及耳郭凹面和外口，而呈双侧对称。病灶也经常延伸至常发生继发感染的耳道内。病灶也可见于眼周或口周的面部。已经有报道过广泛性病灶。一些病例可能会自愈，但是有报道称塔罗利姆或环孢菌素有效。

先天性炎性或增生性外耳炎最早见于1只相对年龄较小的可卡犬[163]。如果不进行积极的治疗，过1年或数年后，这些犬会发展成为显著的增生性外耳炎。不经治疗的话，它们通常会进一步使耳道钙化（见图19-42）。尽管有必要排除可卡犬的特应性、原发先天性皮脂溢和食物过敏，但通常情况下这些病例没有其他的皮肤疾病。在作者的经验中，食物过敏性疾病是最常被忽视的，因为单纯的食物试验不能去除顽固性因素。一旦治疗使耳朵情况好转，食物过敏只有通过食物试验和刺激性暴露测试才能被排除。此病的病因学不清，但是考虑到组织病理学上腺体的改变，会使人们想到这可能代表着原发性腺体障碍[122]。

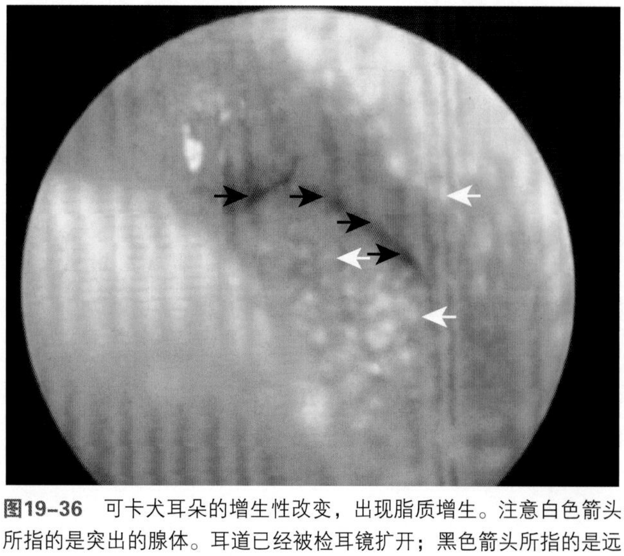

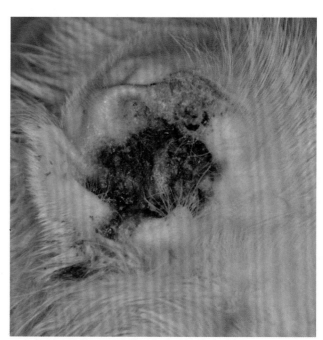

图19-37 猫增生性坏死性耳炎（此图由Peter Hill提供）

图19-36 可卡犬耳朵的增生性改变，出现脂质增生。注意白色箭头所指的是突出的腺体。耳道已经被检耳镜扩开；黑色箭头所指的是远处呈锥形、此时已关闭的耳腔

青年动物蜂窝织炎会常常波及耳道，且有时起始于外耳炎和耳郭疾病（见第十八章）。这些幼犬有显著的淋巴结肿大。这在2岁龄的拉萨狮子犬上也有过报道[164]。

2. 继发性病因

继发性病因只在非健康耳朵或与诱发性因素一起促进或引起病理反应（见表19-5）。在过去，继发感染一般被认为是顽固性因素[128,142,165,166]。已有建议要求继发性病因与顽固性因素应该被分开[133]。因为它们直接引起炎性反应并导致耳朵解剖或生理结构的改变，而这与顽固性因素的定义是不同的[133]。它们的预后和治疗也是不同的。一般，继发感染与顽固性因素相比更容易治疗且所需疗程也较短。不像治疗永久性因素那样，继发感染的治疗只需要抗微生物药物。在一些病例，消除伴发的诱发性因素或原发疾病后，可能继发性病因也同时解决了。

（1）细菌感染

细菌很少作为原发性病因；因此诊断为细菌性外耳炎不算一个完善的诊断。中间型/假中间型葡萄球菌（*Staphylococcus intermedius/pseudintermedius*），及革兰阴性菌假单胞菌（*Pseudomonas*），变形杆菌（*Proteus*），大肠杆菌（E. coli），克雷伯菌（*Klebsiella*）是最常被分离出的继发性病原[167-173]。其他葡萄菌种，如表皮葡萄球菌（*Staphylococcus epidermitis*）、施氏葡萄球菌亚种（*Staphylococcus schleiferi subsp*）、芽孢杆菌（*coagulans*）不常见[174]。尽管很少培养出纯培养的菌株，但有报道称革兰阳性棒状杆菌在外耳炎中起到一定的作用[170,175]。这很重要，因为很多微生物实验室没有报道棒状杆菌种（*Corynebacterium* spp.）的存在，通常认为它是不致病的。此四种革兰阴性菌和棒状杆菌不是从正常耳中常规培养出的。假单胞菌种（*Pseudomona* spp.）在慢性外耳炎中更常见。这可能表示此菌能很好地适应皮肤增生和耵聍腺堵塞所产生的温暖潮湿的环境[176,177]。划痕、潮湿、碱性化可以使正常犬的耳感染绿脓假单孢杆菌（*Pseudomonas aeruginosa*）[178]。

由于可能存在多种细菌感染，以及不同耳朵间和相同耳朵不同位置间的感染可能不同，需要进行多个培养来评估犬是否双耳均患病或是同时感染外耳炎和中耳炎[167,170-173]。然而一些其他的研究表明，对同一耳或相同部位重复培养或比较性培养的结果也有不同，这可能显示细菌性耳炎的继发性，且可能存在混合型菌株[179-181]。厌氧的产气荚膜梭菌在10%的正常的中耳中可以分离到[182]。其他菌株偶尔可以在患中耳炎的耳道中分离到，但是很少见于外耳炎[183,184]。虽然是继发，一旦它们形成了感染，它们会导致严重的炎症、损伤和临床症状。一些畜主仅仅在患特应性耳炎的犬被细菌或酵母菌继发感染后才将患犬带来就诊。

（2）酵母菌

厚皮马拉色菌（*Malassezia pachydermatis*）是最常见的作为继发性病因引起外耳炎的酵母菌[145,185-187]。它是一种出芽酵母，外形为花生状或保龄球瓶状，它们在50%正常犬的耳道中都存在[185]。在耳炎病例中，感染的耳中62%（有时多达76%）可发现酵母菌，且通常它们与葡萄球菌（*Staphylococcus* spp.）共同感染[185,187]。相对来讲，它在猫上更重要，因为在患外耳炎的猫中95%的病例都有马拉色菌（*Malassezia* spp.），其中超过30%为脂质依赖型的而非厚皮马拉色菌[185,186]。厚皮马拉色菌是过敏性疾病的常见并发症，可以在接受抗生素治疗后出现反复感染[145,188,189]。已经证实，当将厚皮马拉色菌或液体放入到耳道中时，厚皮马拉色菌会表现出致病性[190]。

多数复发性马拉色菌性外耳炎患犬，一般会有潜在的过敏体质，或经常游泳或两者皆有。这些病例中的一部分通过解决酵母的过度增长及停止犬的游泳活动，未来则不会复发。当不可能禁止动物游泳或对于一些轻度过敏性耳炎伴发复发性马拉色菌的病例，用白醋和水的混合液（50∶50）来酸化耳道或使用其他耳道清洁干燥的物品可以减少新感染的数量、发病率及严重程度。对于马拉色菌的更加全面的讨论可见第七章。

（3）真菌

真菌性外耳炎很少有报道。一项评估犬耳中真菌菌群的结果显示，有真菌存在但耳朵表现正常的犬为42例，患特应性皮炎而不是耳炎的病例为23例，患外耳炎为32例[191]。结果表明青霉菌（*Penicillium* spp.）和曲霉菌（*Aspergillus* spp.）是最常被分离出的两种，但是并未发现它们与细胞学检查中发现真菌的病例有关系。曲霉菌属（*Aspergillus* spp.）的外耳炎是继发病，且在潜在的过敏性疾病得到控制之前是不会被有效消除的[192]。

（4）局部获得性刺激反应

很多药物的配料都可以引起损伤的听觉上皮和真皮的炎症反应，但是对正常的皮肤无作用[131]。因此它们不是典型的局部过敏或刺激性反应。它们可能与其他局部刺激或过敏反应有相似的病史，同样，它们也经常使耳道形成溃疡。尽管很多药物的活性成分有可能完全不同，一些成分（如丙二醇）都存在于这些局部药物中。连续使用这些成分将阻碍预期的愈合和疗效的作用。

3. 顽固性因素

由于诱发因素和继发性因素，发展为外耳炎后会出现永久性病因（见表19-6）。顽固性因素出现于耳道或中耳，源于炎症或组织对炎症的反应[133]。这些反应改变了外耳道、鼓室、中耳腔的解剖或生理结构。顽固性因素会影响外耳炎或中耳炎的恢复，因为它们会促进继发感染。尽管它们通常见于慢性耳炎病例，但也可能见于急性病例。在急性外耳炎病例中，治疗原发性病因对于控制疾病可能就足够了，但是一旦出现了顽固性因素，必须同时针对顽固性因素进行治疗。在个人推荐手册中，尽管存在诱发性因素、原发性及继发性病因，但是治疗效果反应差的主要原因是没有成功地充分处理顽固性因素。

（1）渐进性病理变化

已经有人研究犬、猫耳道的显微解剖学[122,193-195]。慢性炎症刺激耳道内层皮肤经历很多变化，包括表皮角化过度和增生、真皮水肿和纤维化、耵聍腺增生、扩张。也可能出现汗腺炎或耵聍腺炎。有研究发现，皮脂腺不会像之前报道的那样出现萎缩[122]。形态测量分析表明，外耳炎易感品种的耵聍腺数量比皮脂腺数量多，且外耳炎患犬耵聍腺的区域也会更大。另一项研究表明，无论被研究的耳朵患病程度如何，患耳炎的耳朵皮脂腺和耵聍腺数量所占的比例确实比正常耳朵要多[119]。一些犬有比较突出的皮脂腺增生。这在一定程度上与品种相关，因为可卡犬患慢性耳炎的特征是有许多皮脂腺增生，而其他的品种更多的病变是发生纤维化[165]。慢性炎症可能会引起耳道显微解剖学或生理学上永久的改变[196]。

正常犬毛囊密度变动很大，报道最大范围是100倍镜下，每个视野可见0.3～27.9个毛囊。患外耳炎的犬与正常犬间毛囊的密度没有差别[119]，然而耳炎病例会出现毛囊肥厚。

对人类中耳炎的研究已经表明其与不正常的上皮细胞迁移有关[197]。关于它在犬中的作用的研究目前还没有进行，但是在炎症反应中一定会出现不正常的上皮迁移。这会导致非正常上皮分泌的耵聍和炎性分泌物增加。炎症和狭窄可能会减慢、阻止甚至反转这种迁移模式。对于犬，支持此理论的证据是，外耳炎患犬的中耳中会有附属物和层状表皮的生长，这些被认为是从外耳道中迁移来的[198]。

这种渐进性的改变引起皮肤的增厚，最终扩散至耳软骨的两侧。肿胀导致耳腔的狭窄。更重要的是，皮肤形成许多褶皱阻碍了有效的清理和局部药物的使用（图19-38）。这些褶皱成为分泌物和渗出物聚集及继发微生物保护性和永生化的位点。表皮变厚、角质化的角质层增加了进入耳腔的剥脱的角质化碎片。增加的分泌物和上皮碎片有助于细菌和酵母的增殖。

被褶皱和狭窄的耳道俘获的微生物代谢副产物，分泌物和碎片的混合物进一步加剧了此病理改变。在某种意义上，忽略最初的疾病进程，临床医生当前会发现很多区域的褶皱性皮炎。纤维化和钙化使耳道狭窄，抑制对深部感染的有效治疗，使疾病的管理复杂化。有趣的是钙化出现在耳状或环状软骨外的结缔组织处。这些变化对治疗原则起着主要的影响，应将其视作慢性疾病进行管理。

（2）鼓膜的改变

不正常的鼓膜变厚，变得不透明或轻度着色。除此之外，柄状体的附属物变得不可见。呈现出白色、灰白色、黄色、褐色或灰色。因此，当挤满渗出物或被角蛋白填塞时，外观是相似的，尤其是使用光线不是很好的检耳镜进行检查时[131,142]。这是一个常见的问题，当病例被带去给专家看时，接诊的兽医常误认为鼓膜是完整的，而实际上不是。

已有理论表明，鼓膜可以膨胀并扩张进入鼓室腔。由于鼓膜破裂后可以再上皮化，所以报道称常见患中耳炎的

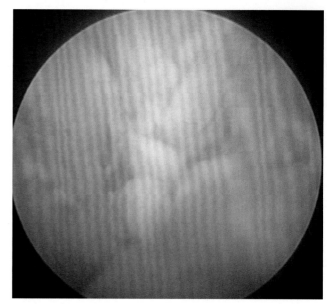

图19-38　慢性耳炎的增生性改变，白色的耵聍碎片充满耳道内腔

病例有完整的鼓膜[199]。一项研究对8只犬进行剖检，结果显示在患有外耳炎和中耳炎的14只耳朵中，只有2只耳朵被检出鼓膜破裂[200]。然而在62个被检的中耳样本中，组织学上定义的能被确认出的鼓膜只占26%。即使在鼓膜完整的情况下，组织、包括起源于外耳道的附属结构，可以在中耳腔中看到。在所有进行剖检检查的病例中，咽鼓管都是很明显的。通常，鼓膜在对炎症起反应时会变厚，也可能发展为多倍体肉芽组织进入到中耳腔，这些肉芽组织在一些病例中会黏附于中耳黏膜。破裂也可能通过创口边缘的上皮化修复，并在鼓室中留下永久的洞，此洞允许耵聍碎片和微生物进入到中耳腔（图19-39）。

耳胆脂瘤是中耳腔内充满角蛋白的表皮样囊肿（图19-40）。患慢性中耳炎的病例中11%会出现耳胆脂瘤[198]。已有假设称，当中耳腔中鼓膜呈袋样后，就会产生胆脂瘤。一个诱发性因素可能自发阻塞外耳道从慢性增生性变化直到外耳道狭窄。

鼓膜的另一个反应是发展成为袋状（假中耳）以允许局部治疗用的药物嵌塞及滞留。这就可以解释，为什么一些犬在冲洗假中耳后会迅速出现鼓膜的再生[142]。与鼓膜破裂的犬相比，这些动物不能通过咽鼓管冲洗到它们的中耳，因此不易发生耳毒性反应。

（3）中耳炎

中耳炎在犬最常出现的情况是外耳炎通过鼓膜的延伸造成，且它可以作为外耳炎复发的顽固性因素。它能够以原发疾病的形式出现，可能不会发展为外耳炎。这些不引起外耳炎的中耳炎病例，典型特征是不出现外耳炎症状而是出现呼吸或神经症状或者是听觉异常[127,201,202]。当原发性中耳炎扩散至外耳，有些人会认为此时中耳炎是原发性病因；由于在很多病例中它并非如此，因此在这个分类系统中，笔者将其归类于诱发性因素。

有报道称，在16%的急性外耳炎及52%的慢性外耳

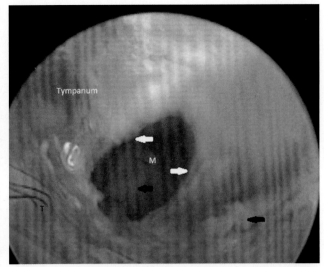

图19-39 有修复性上皮覆盖的鼓室，边缘用白色箭头标注。黑色箭头指示耵聍碎片，在中耳腔（M）和水平耳道都有。残余的鼓室已经标出，可见柄状体上的血管

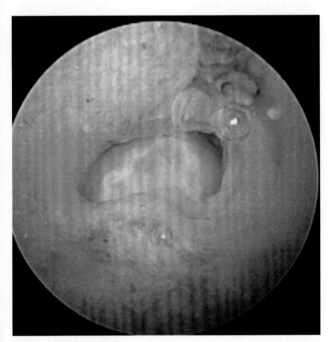

图19-40 中耳中的胆脂瘤

病例中，会出现中耳炎[203]。另一项研究表明82.6%的慢性外耳炎病例会出现中耳炎，且这些中耳炎患犬中鼓膜完整的占71%[172]。出现双侧中耳炎的犬占72.7%。他们同样发现，在89.5%的耳朵中，水平耳道和身体同侧的中耳样本中微生物群落或其易感模式存在不同。

正常的中耳腔中会存在一些细菌（葡萄球菌、链球菌、肠球菌、芽孢杆菌、支气管败血波氏杆菌及产气荚膜杆菌）[182,204]。只有在一项研究中发现酵母，但是不存在渗出液或炎性细胞[204]。鼓室腔内渗出液的存在，很难用局部药物治疗，且经常作为感染和促炎毒素及碎片达到外耳道的来源。在一些晚期的病例中，角质化的耵聍碎片填满中耳可能会形成浓缩的栓子塞进鼓室腔。角蛋白可以作为细菌的保存器和炎症的来源。最终，可以通过放射学观测到

钙化现象。一些病例的骨壁或新增生骨内会出现骨髓炎。骨髓炎很难用药物治疗，通常需要手术来缓解。中耳炎经常出现于患慢性外耳炎的病例中。尽管鼓膜可能完整，但是中耳会出现组织学上的改变[200]。这些病例中的一些附属物的存在也支持曾经出现过鼓膜破裂的观点，但是尽管还存在外耳或中耳炎，鼓膜已经被修复了。在一项研究中，38只犬的耳朵被诊断出中耳炎，鼓膜保持完整的耳朵占71%[172]。

在所提及的涉及慢性中耳炎的手术中，患胆脂瘤的病例占11%[200]。胆脂瘤可能与耳道的阻塞和上皮迁移的改变有关[200,205]。这种理论对于人是有争议的，因为其他一些研究表明上皮的迁移并未发生改变[197]。对于人而言，胆脂瘤可能作为原发疾病或者继发于和外耳道阻塞无关的其他疾病，在犬的此种类型的胆脂瘤中，上皮迁移的作用还需要进一步评估[206]。一旦出现胆脂瘤，代表着预后比较差，尤其是比较晚期的病例，如果手术进行的早结果可能会更好一点[207]。对于犬和猫，细菌性中耳炎的一个罕见并发症是脑膜炎，尽管它可能是致命的，但是通过手术或者恰当的长期治疗，预后通常较好[208-210]。

4. 诱发性因素

诱发性因素增加了患中耳炎的风险（见表19-7）[130]。它们与原发性病因、继发性病因或顽固性因素一起作用引起临床发病。对外耳炎治疗方法必须尽可能地发现并控制诱发性因素。

（1）结构

有报道称耳朵的类型与动物中耳炎的易感性有关，下垂的耳朵及耳道多毛的动物发病率会增加[130,211-213]。人们认为这是通过改变微环境造成的，有证据表明，数月内处于高湿高温的环境中，耳炎的发生率会升高[214]。尽管有人提及了温度和相对湿度的增加，但只有其中一种解释似乎是合理的。耳部多毛的犬虽然耳道温度较低但是也被列入到外耳炎易感动物中[215]。此外，正常犬与患耳炎犬的耳道内毛发密度无差别[119]。立耳犬和垂耳犬的外耳道温度没有差别[216]，但是耳郭表面皮肤的相对湿度比身体其他部位要高[217]。然而，还没有真正的证据表明将下垂的耳郭可作为易感因素，因为许多耳郭下垂的犬发病率并不高[128]。因此，增高的相对湿度可能是最重要的因素。对于那些耳道多毛、易感中耳炎的犬，移除毛发可以作为治疗的一部分。然而，在没有任何耳病或耳病史的犬，不推荐耳道毛发的移除。事实上，毛发的移除可能通过引发炎症而促进或加剧外耳炎。

有时，患慢性复发性耳炎的犬、猫最根本的病因是耵聍产生过多。大量继发的微生物或酵母感染随之出现。病情检查发现这些病例除自发性耵聍产生过多外，无其他病因。

中国沙皮犬的耳道直径比其他品种犬的小，在某些个体，特别是患黏蛋白增多症的动物，垂直耳道和外耳口都狭窄。

（2）湿度过大

似乎湿度的增加与耳病有关，且游泳也经常被提及会增加犬发展为外耳炎的风险。尽管这在人是有据可查的风险因素，但在很多病例中不仅仅是游泳同时也与水是否被污染了有关[218]。没有研究表明游泳在没有其他耳病的犬中使犬发展为耳病的意义有多大。对于人类，游泳者的耳朵患假单胞菌性耳炎的可能性会增加，这个情况一些病例与污水有关[219-221]。对于犬，耳炎通常与淋浴有关，因为很可能水中含细菌或有刺激性的洗涤剂，特别是这些被留在耳内皮肤且没有从耳中冲洗掉时。许多"游泳犬耳"在淋浴或游泳后突然发病，这其中也涉及其他问题，如存在特应性皮炎/耳炎、耳道狭窄或多毛，或随着湿度的增加马拉色菌过度生长。

（3）阻塞性耳病

阻塞性耳病经常可以引起外耳炎。猫的鼻咽息肉和犬的肿瘤是此病的最常见病因。肿物通过改变正常上皮迁移来引发外耳炎，且随后耵聍的积聚使其易发生继发性的细菌性或酵母菌性耳炎。

耵聍性囊瘤病综合征会影响到猫的耳郭凹面、外耳口，有时也会涉及耳道[128,222]。通常情况下它与外耳炎无关，除非它妨碍了正常的耳道自洁，随之积聚的耵聍可能会导致继发的细菌性或酵母菌性感染[223]。也有人认为此疾病的出现可能是外耳炎引起的[222]。此病倾向于影响中年到老年的猫，但是任何年龄的猫都可能会患病。病变很明显；通常是多发性，常常有聚结的丘疹、囊疱、结节或呈蓝色阴影的斑块，但是有时可能呈现出从深棕到黑色（图19-41）。这些病变一旦被刺破，可能会出现微黄色到棕色的液体。病变对激光疗法反应最好，并很容易迅速气化。如果它们没引起外耳炎，则不需要治疗，因为此时猫似乎并不受它们的影响。对于患耳炎的病例，用激光消除囊肿通常可以长期地解决耳炎，这表明患耳炎的病例易发生囊肿，囊肿并不是慢性耳炎所引起的。

耳部肿瘤包括可以影响到各个部位皮肤的肿瘤和原发的耵聍腺肿瘤（见第二十章）。在犬，最常见的耳郭肿瘤是皮脂腺肿瘤、组织细胞瘤及肥大细胞瘤。在猫，最常见的耳郭肿瘤是鳞状细胞癌、基底细胞瘤、血管肉瘤和黑色素细胞瘤。

耳道最常见的肿瘤起始于耵聍腺[128,224-226]。这些肿瘤在猫中比在犬中常见。在犬，肿瘤通常是良性的，然而在猫，恶性肿瘤大概占病例的50%。耵聍腺肿瘤通常见于老龄动物的单个耳朵，有双耳发病的犬，患耵聍腺肿瘤以及鳞状细胞癌鲜有报道[227]。临床症状包括不同程度的摇头和抓耳行为、耳漏以及坏死性的恶臭，频繁的继发性细菌性外耳炎，甚至是受累耳的间歇性出血。有时，耵聍腺肿瘤以出现肿胀的溃疡并在耳下部腮腺区有渗出物为特征。耳镜检查通常可见小的（直径<1cm）、边界清晰、白中带粉的凸圆状的肿物，经常伴随溃疡、出血和继发感染。最有

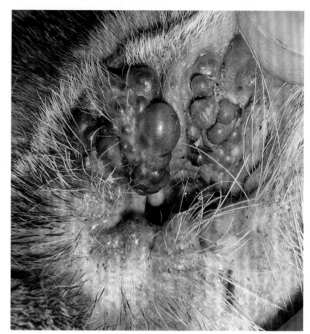

图19-41 位于猫耳郭凹面的耵聍性囊瘤病，可见特征性的充满蓝色液体的囊性肿块

效的疗法是手术切除，通常是从耳的侧部行切除术或耳道的全消融。最好的结果是通过耳道的消融和侧向大疱截骨术实现的[225,228,229]。侧向耳切除术的复发率约为70%。

猫的炎性息肉是上皮组织、成纤维细胞、巨噬细胞、淋巴细胞、浆细胞和中性粒细胞形成的非肿瘤性肿物。组成细胞的不同使得其很容易通过细针抽吸细胞学检查与肿瘤组织相区分[230]。人们认为猫的炎性息肉多数起源于中耳黏膜或咽鼓管，确切的病因不详。在一些病例，人们认为源于慢性耳炎或上呼吸道疾病引起的慢性炎症可能是众多因素之一。然而，病例经常是先前未出现过耳炎或上呼吸道症状。尽管在一项研究中没发现病毒致病的依据，但是不能排除病毒作为病因或激发因素的作用[231]。

猫患炎性息肉比犬更常见。息肉起源于一个小蒂，但是可以扩张并延伸进入外耳道或咽。这在年轻的猫上出现的更多，但是也见于从数周龄到15岁龄的猫[232]。临床症状可能涉及外耳/中耳炎或上呼吸道疾病。慢性或复发性耳炎会出现摇头、耳部瘙痒、分泌物、眼球震颤、霍纳氏综合征或可能见到头倾斜的症状。尽管单侧疾病更常见，但有些病例会出现双耳疾病或双侧息肉。有些猫会出现吞咽困难，1例猫出现了继发性肺高压[233]。在很多病例，肿物可见于耳道、耳后或软腭下。一项研究表明38%的猫的患耳会出现失聪，这可能是由于感音性听力不佳，并不是传导性耳聋[232]。

目前对于移除炎性（鼻咽）息肉有两种主要的治疗选择：牵引撕脱和手术，一般是通过腹侧鼓泡截骨术。牵引撕脱的复发率较高。尽管还没有做过正式的研究，但是复发率可能与撕脱的操作过程及撕脱后全身糖皮质激素的治疗有关。当耳道里包含肿块时，在尽可能靠近部位抓住肿物，不要将其夹碎而是将其完整取出是很重要的。当缓慢

操作时旋转基部，甚至可以用牵引来帮助完整移除。移除后，曲安奈德按0.1～0.2mg/kg口服4d，然后逐渐变为每48h用药1次，同时用含糖皮质激素的局部滴耳剂，通常是0.1%的地塞米松和基于细胞学检查结果的选择性抗菌药物。

（4）原发性中耳炎

中耳炎是中耳的炎症，最常被认为是外耳炎的顽固性因素，因为它在犬中最常出现于外耳炎通过鼓膜的延伸。然而，一些病例可能起源于原发性中耳炎，然后引起鼓室的破裂，接着导致外耳炎。因此患外耳炎的病例中可能会易感，同时也可作为顽固性因素。原发性中耳炎可能来自于鼻腔或呼吸道感染通过咽鼓管的传播，以及血液的传播。在猫，上呼吸道感染和息肉是常见的中耳炎的病因。在犬，由于中耳或咽鼓管的疾病可能会出现原发性中耳炎，如原发性分泌性中耳炎（PSOM）。这种疾病可能与软腭或鼻咽口结构的改变有关[127,234,235]。PSOM虽然也见于拳师犬，但经常见于骑士查理士王猎犬。它有时可以导致继发性外耳炎，报道的比例为14.8%[234]。然而，这个报告里面主要是晚期病例。尽管发现很多犬的中耳出现渗出物，但并不表现出明显的疾病症状，并且已经用计算机断层扫描（CT）排除其他疾病如脊髓空洞症[127,236,237]。不伴发外耳炎的中耳炎病例通常不出现摇头或抓挠的症状，而是出现呼吸道或神经症状，头或颈部疼痛，或者听觉异常[127,201,202]。在一些病例，扩张膨胀的鼓室变得异常，从而流出分泌物并导致外耳炎，然而却无鼓室破裂的证据（图19-42）。

一位兽医（WHM）已经检查了出现摇头、头倾斜和霍纳氏综合征的过敏和非过敏的犬。这些犬不发热，且具有健康却向外扩张的耳道，外观正常的鼓膜。这与我们在儿童上看到的浆液性中耳炎相似。这些犬用阿米替林治疗（1～2mg/kg，每日2次）反应良好。在多数病例中，犬经过3～4个月的治疗即可停药，但是偶尔一些犬需要终生治疗。

（四）临床表现

可能是由于带去看兽医的犬中高达15%都有外耳炎，所以外耳炎经常被说成是犬的常见情况[128,238]。有趣的是，一项研究结果显示，在一家兽医院超过5年的病例中，8 585只犬中4.8%被发现了外耳炎的症状。调查者认为是人们不愿意报道外耳炎的症状，因此他们同时评估了200例因其他疾病就诊的犬（不包括做绝育的），通过耳镜检查发现16%的犬有耳部疾病[239]。在猫，外耳炎的发病率较低，大多数是在4%左右[238,240]。然而，其他一些专门评估发病率的报告显示，犬的外耳炎发病率为6.3%～7.5%，猫为2%～6.2%[241,242]。另外一个在英国经20位普通兽医接诊的2 322只犬和1 043只猫的病例调查中，外耳炎的发病率对于犬是4.5%，对于猫是2.1%[96]。然而，

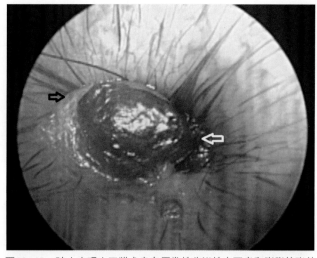

图19-42 骑士查理士王猎犬患有原发性分泌性中耳炎和膨胀扩张的鼓室松弛部（黑色箭头）。白色箭头示耵聍渗出物积聚的边缘与鼓室相邻

以上数据中，对于以什么作为诊断的标准还是未知的。另一项以对耳的临床检查而非主诉为依据的研究结果表明，一段时间内2 056个病例中有106只犬患耳炎，相似地发病率为5.2%[136]。另一个混杂的因素是，一项研究注意到5.8%经检查疑似正常无耳炎证据的犬有过耳部症状的病史[149]。正如所提到的，前文中的研究显示仅有4.8%表现出外耳炎症状，但是他们研究显示对照组16%的犬中出现了外耳炎症状[239]。全科医生经常解释到，这是一种常见的却很难处理的病。有可能是此病具有慢性和复发性的特质，导致了同一畜主带同一只犬多次就诊，造成发病率很高。猫发病率低的原因并没有得到解释，有人认为可能与猫耳的体态和类型有关[134]。也有人提到其他疾病是引起犬外耳炎的重要病因，如过敏，甲状腺功能低下和角质化异常，然而这些病在猫上鲜有发生，且即使猫患有这些疾病，患猫耳部疾病的发病率也较低[223]。

1. 特征描述

有报道称年轻犬更易感外耳炎，一项研究显示2岁龄或更大的犬的发病率为35%，另一项研究显示大于1岁的犬的发病率为15%，另一项研究显示平均发病年龄的中位数为4.75岁[136,211,241]。这两项研究显示发病率没有性别倾向性[136,241]。与基本群体相比，可卡犬（$P<0.001$，OR:8.991），汝拉阿尔卑斯犬（$P=0.006$，OR:41.939），布列塔尼猎犬（$P=0.042$，OR:3.385），金毛寻回猎犬（$P=0.000\ 6$），西高地白㹴（$P=0.012\ 3$），在统计学上存在显著的品种倾向性[136,213]。其他的报道称在一些品种犬的发病率比总的发病率高，如可卡犬、迷你贵宾、拉布拉多猎犬、阿富汗猎犬、苏格兰㹴、猎狐犬、玛尔济斯犬和德国牧羊犬[128,211,239,241,242]。很多兽医认为既然耳病在一些品种如此常见，尤其是可卡犬和拉布拉多猎犬，因此推荐对这些犬从小就进行耳道的清洁，以此来试着预防该问题。在一些犬，这种方法确实预防了此问题，但也会影响到耳道总体发病率以及这些品种易感的其他疾病中耳病发病率的

调研。在猫，喜马拉雅猫和波斯猫是被报道的发病率最高的（分别是40%和14%），这可能也与此研究中总体发病率高达6.2%有关，但他们本土猫的发病率只有3%[242]。

2. 病史

外耳炎最常见的征象就是耳朵瘙痒或甩头。随着外耳炎的发展，会出现轻度到显著的渗出，或发展为恶臭。这在畜主带宠物看兽医时经常出现。至关重要的是要了解包括全身的和皮肤疾病的完整病史。如果不能获得病史，很多病例很可能被误诊。病史询问应该包括关于诱发性因素的问题。此外，多数患慢性耳炎的病例具有原发病的病史或临床表现。常见问题是过敏性疾病的常见迹象，是其他身体部位的季节性瘙痒。角化异常可以改变表皮的质量、颜色、密度或皮屑产生。失聪也可能出现且应该通过询问畜主犬的听力来评估，同时在临床检查时观察动物对声音的反应。一项利用脑干听觉诱发反应（BAER）测试的研究表明，患耳炎的听力丧失病例最常见的是由于外耳或中耳的病理反应引起的传导性失聪，且仅仅只有2%的病例出现耳聋[243]。

中耳炎的临床症状变化很大且没有特异性。通常情况下症状相似或出现特有症状是因为伴发外耳炎，症状包括甩头，耳分泌物或臭味。当随着病程的发展导致内耳疾病时，也可能出现听力不佳。在犬疾病严重时或在中耳炎已经侵袭到动物的颞颌关节时，动物在吃东西时会有疼痛表现[244]。

3. 临床检查发现

对外耳炎患病动物的临床检查发现包括红斑、肿胀、脱皮、结痂、脱毛、毛发折断、低头、耳分泌物（耳漏）、恶臭、触诊耳软骨时疼痛。一些动物在触诊耳道时或触诊后会用身体同侧的前肢爪部抓耳朵或甩头。病灶可能涉及耳郭和耳郭尖部尾侧、侧脸及垂直耳道周围的皮肤。尽管临床的外耳炎症状不太显著，侧脸的创伤性皮炎和耳血肿是最常见的由于耳部瘙痒引起的损伤。无论是外耳炎或是中耳炎都可以看到头倾斜。然而，尽管面神经麻痹也可能在患病动物甲状腺功能低下且伴发耵聍性耳炎时出现，但并发面神经异常（如面神经麻痹和面肌痉挛）或霍纳氏综合征通常标志着存在中耳炎。

对外耳道和鼓泡的触诊可能会提供其他额外的信息。应该评估垂直耳道和水平耳道的厚度、硬度和柔韧性。耳道变厚、变硬、柔韧性下降可能与增生性改变有关，且预后更谨慎。矿化的耳道像石头一样坚硬且很难恢复正常或成功进行药物治疗（图19-43）[142]。疼痛及对鼓泡触诊的异常暗示着存在中耳炎。

耳郭凹面出现红斑但是凸面正常这明显暗示特应性反应或最不可能是食物过敏。早期的病例其垂直耳道可能会有小的红斑但是水平耳道正常。对于仅仅起源于耳道的病例，经过治疗后，沿吻侧和腹侧方向向周围传播，此时应该怀疑是局部治疗反应。外耳口和/或耳道的溃疡是引起继

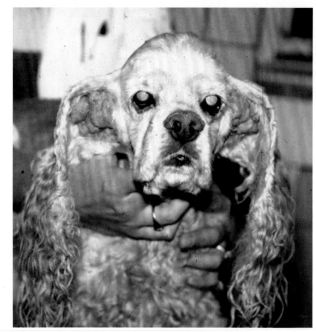

图19-43 可卡犬的自发性增生性外耳炎。双侧耳道矿化，引起耳郭向侧面扩张

发性假单胞菌（*Pseudomonas*）或念珠菌（*Candida*）感染或局部反应的罪魁祸首。

一个完整的皮肤病学检查是必要的。在慢性外耳炎病例中，并发皮肤病变的病例占76%[245]。这些并发的皮肤病变和其他皮肤病史通常可以帮助对外耳炎进行最初的合理的诊断。

4. 耳镜检查

耳镜的检查可用于检测异物，判断是否存在中耳炎，以及评价病变类型、渗出及出现的进一步病理变化。如果出现的是单侧的疾病，应该先检查未发病的耳朵来确定此宠物正常的基线（如果正常的话），并且降低宠物感觉到疼痛的可能，因为疼痛会使得第二次检查更加困难。对于每只耳使用洁净的耳镜锥是很重要的，这样感染性病原就不会传播，即使是双耳疾病，两个耳内的病原通常也不完全相同。检耳锥应该供应充足，特别是最常用的规格（3mm），这样可以允许操作者有足够的检查空间，对无论是健康动物或者是那些表现出耳部和皮肤症状的动物进行常规的耳镜检查。将不同规格的多个检耳锥放在低温灭菌的容器中，可以保证每次检查都用无菌的检耳锥。然而，由于检耳锥可以藏有假单胞菌（*Pseudomonas*）或其他病原，因此彻底的清洁和消毒是至关重要的[246]。一项研究表明在50个诊所的样品中，仅有60%是完全灭菌的检耳锥[247]。此项研究还显示29%的检耳锥样本有细菌增长，很多具有潜在的病原，其中6%的样本包含铜绿假单胞菌（*P. aeruginosa*）。

在实际中，还可能遇到其他的问题。一些临床上只有含充电电池的手持式耳镜经常充电不满或光比较暗。检查患耳的深部耳道、鼓膜，进入中耳时，如果光源比较弱是

不可能实现的。因此，所有的实践中都应至少有一个耳镜与插座相连（电耳镜），或者更好的是，有光纤摄像检耳镜，它与多数的10×到12×手持式检耳镜相比，光更亮，放大倍数更大。

另外一个在临床上经常遇到的问题是，不能对剧烈疼痛、溃疡、肿胀的耳朵进行充分检查。即使是经过麻醉，这些病例也不能进行充分的检查，可能有必要先对动物进行治疗，减少肿胀和炎症，然后4~7d后让动物来复诊，此时耳镜检查会较容易操作。

应该保持对病灶的记录。增生性变化，分泌物的数量和类型，记录是否存在红斑或溃疡。对于出现的明显的鼓膜应该评估并记录。这里所说的"明显"通常指可以看到紧张部的条纹或者看到锤骨的柄状体。应该判读耳道狭窄的程度，因为管腔尺寸的变化可以用来帮助监测治疗。增生是不是由弥漫性增厚导致的，或耳道上皮是否呈现鹅卵石样外观，还应该记下狭窄的位置，它是否影响到水平耳道，垂直耳道，或者两者都影响。

分泌物的类型可以用于帮助确定可能涉及哪种原发或顽固性因素。干的呈咖啡色、土样的碎屑是耳螨的典型特征。潮湿的棕色分泌物更倾向于与葡萄球菌和酵母菌感染有关。脓性乳脂色到黄色的渗出液经常在革兰阴性菌感染中见到。蜡状、油腻、黄褐色的碎屑是典型的耵聍性耳炎的特征，有时并发马拉色菌感染。耵聍排出最常见于角化异常、腺体异常及慢性过敏性疾病。

可以用光纤视频-增强耳镜（FVEOs），这些仪器有很多优势（表19-8），它们总体上改善了对耳道，特别是鼓膜或其他正常位置的可视化[248]。它们通过耳镜允许很多人同时观察所检查的东西并且可以做照片记录，这对于记录病患很有价值，同时也可以展示给套宠物的耳道中发生了什么。FVEOs同时允许在耳道内使用水或盐水，因此可以更好地观察冲洗管的位置。

（五）诊断

通过病史和临床检查很容易确定外耳炎，但是那只是临床结果并不是病因学或完整的诊断。多数病例，特别是慢性或复发性病例，会涉及多个病因，例如，狐尾草引起的异物经常会伴随继发细菌感染。诊断的只是病因，但是存在的因素也会影响预后和治疗。PSPP系统（见表19-8）可以用于帮助建立更全面的关于什么会影响耳朵及它怎么影响预后和治疗选择的清单。临床检查、病史、耳镜检查对于诊断是必须的，特别是原发性病因、诱发性因素和一些顽固性因素。

1. 细胞学

对于分泌物的细胞学检查（见第二章），不会形成决定性的诊断，但是它在确定耳炎存在与否和鉴定继发感染病原上是十分有价值的。到目前为止，它是最常用的评价外耳炎病例的检查手段，并且通常在治疗过程中会重复进行，或者至少在决定停止治疗前要使用。细胞学检查的结果是可以重复的，但是酵母菌的数量会有一定的不同[213]。很多研究表明不同耳之间的检查结果会有所不同，同时耳道和中耳的检查结果也会不同。细胞学检查的样本应该取自每个发病耳的深部耳道，适当时候采中耳腔。尽管有人提出对样本热固定很重要，但已证明这不是必要的[249,250]。细胞学检查表明存在单独的球菌［特别是葡萄球菌（Staphylococcus）和链球菌（Streptococcus）］，杆菌［特别是假单胞菌（Pseudomonas）和变形杆菌（Proteus）］及其他革兰阳性或革兰阴性菌，出芽酵母［马拉色菌（Malassezia）和念珠菌（Candida）］以及混合感染。白细胞的存在及对细菌的吞噬作用，表明机体正在对感染起反应，此时应该对感染进行治疗。仅仅看到大量的细菌而没有炎性反应或吞噬作用，通常仅仅表示微生物的扩增和定殖，并不是临床感染。若存在毒性中性粒细胞，则必须对耳道进行冲洗，移出毒素。

表19-8　不同耳镜的特点

特征	电池O	充电O	FHO	FVEO
光强度1–4*	1	2	3	4
光稳定性	否	是	是	是
耳镜头部不发热	否	否	是	是
增强放大	否	否	否	是
耳中含水可视	否	否	否	是
使用管/仪器	是，但光不强	是	是	是，但尺寸很小
摄像功能	否	可能	否	是
锥头可换	是	是	是	否
相对成本	低	低或中等	中等	高

注：*从1，最暗的光；到4，最亮的光源。
FH，光纤卤素；FVEO，光纤视频-增强耳镜；O，检耳镜。

表19-9　正常犬、猫耳道中细菌和酵母数量比较

文章	酵母		细菌*	
	犬	猫	犬	猫
GINEL ET AL.(2002)				
平均	1.2	0.53	2.45	1.78
最大	8.0	5.0	30.0	10.0
TATER ET AL.(2003)				
平均	0.2	0.3	0.0	0.3
最大	2.6	3.8	0.9	3.8

注：*Ginel并没有在形态学上细分细菌，且Tater仅仅发现了球菌没有发现杆菌。文献都是在400×镜下评估的。
文献来源于 Ginel PJ, et al: A semiquantitative cytological evaluation of normal and pathological samples from the external ear canal of dogs and cats. *Vet Dermatol* 13:151-156, 2002; and Tater K, et al: The cytology of the external ear canal in the normal dog and cat. *J Vet Med* 50:370-374, 2003.

细胞学检查是确定细菌意义的最适宜的方法。在一项研究中，对耳朵分泌物进行培养，结果显示31.6%的样本葡萄球菌（*Staphylococcus*）或链球菌（*Streptococcus*）阳性，但是细胞学检查却是球菌阴性。当培养出革兰阴性菌时，其中只有20%是细胞学阴性[172]。其他的研究表明细胞学检查的效果更好，或者两个检查中的任何一个都不可能总是更好，因此细胞学检查和微生物培养联合应用效果最好[251-254]。对这些研究的解析，会改变用于确定酵母或细菌是否有意义的依据标准。多数研究定义"有意义"是指在单位面积可见的微生物的绝对数量，而不同的研究设定的数量不同。两项研究评估了在正常犬、猫耳中的细胞学检查结果，其中一个同时评估了患外耳炎的犬、猫[252,255]。这两项研究的一个不足是，样本在400×镜下评估而不是在1 000×的油镜下评估。表19-9给出了这两项研究中的细菌和酵母的数量。其中一个研究并未鉴定细菌的形态，另一个发现在正常犬中不存在杆菌。最重要的是，两个研究中都未出现中性粒细胞。当不存在炎性细胞时，微生物的数量是作出诊断的唯一标准，且无菌性炎症要求细菌培养阴性。正如在表19-9中看到的那样，微生物的数量标准应该定在多少是存在一些差异的。同样，除非细菌更容易在低倍镜中观察，否则这些数量应该比每1 000×油镜视野中的数量高。当存在炎性细胞时，即使每个视野中少于1个微生物也是很重要的，特别是当微生物存在于细胞内时。

2. 组织病理学

对于患外耳炎的犬、猫的组织病理学研究已在进行当中[122,165,256]。不幸的是，这些病例通常是慢性疾病，引起外耳炎的病因也是非特异性的。有一些关于特异性病因的研究，如耳螨[141,257]。由于不同病因和因素复杂的特性，耳朵的组织病理学可以反映出很多不同的病理反应。不同品种间患慢性耳炎的反应也不同[165]。总体来讲有不同程度的表皮、皮脂腺和耵聍腺的增生。炎性反应主要是以肥大细胞为主包含淋巴细胞、浆细胞、单核细胞和巨噬细胞的间质性、弥散性或结节性病变。有些病例会出现一定程度的耵聍腺纤维化和囊性扩张。可能会见到化脓性表皮炎和汗腺炎。一般不推荐对耳道进行活组织病理学检查，但有时对耳郭的病变会采用该方法。当伴发皮肤病且最初诊断不明显时，对其他病灶进行皮肤活组织检查可以帮助确定原发性病因。

3. 培养及药敏试验

细菌培养和药敏试验的主要适应证是存在中耳炎或外耳炎而需要全身治疗时。当细胞学检查没有发现细菌和白细胞（出现于退行性病变且正在吞噬细菌）存在于分泌物中时，不应该做培养及药敏试验。尽管培养结果常为杆菌占主导，但是耐甲氧西林葡萄球菌（*Staphylococcus*）的出现和频率的增加改变了这一现象[258]。目前，当进行全身治疗时要进行培养操作，特别是依据经验的全身治疗不起作用时。此建议得到一项研究所支持，该研究表明对局部治疗的临床效果与培养结果无关[259]。此研究中，16只犬依据经验进行局部治疗，10只出现药物抵抗，但是有效率为90%。当结果显示经验疗法应该有效时，有效率为83%。然而，另外一项研究的结论表明，对中耳的细菌进行细胞学检查与培养相比，前者的结果相对来说并不精确，因此推荐对中耳炎病例进行常规的培养[172]。

由于存在多细菌感染且不同耳朵间及相同耳朵不同位置的培养结果不同，使得人们建议对双侧耳朵或外耳与中耳同时进行多个培养，从而对犬进行评估[167,170-173,260]。由于相同的原因，来自于同一只犬的双侧耳道的结果会不同，因此人们推荐每个用于培养的样本都应该在双侧耳道全消融时通过鼓泡获得[261]。一些其他的评估从相同耳道或相同位置采样的重复培养或比较培养结果显示，在配对样本都有假单胞菌（*Pseudomonas*）生长的病例中，70%的病例出现易感性不同[179-181]。这些差别可能反映出细菌性耳炎的继发性特性，且可能存在混合菌株的感染。这些结果可以解释为什么根据培养结果选择的抗生素及合理的全身性抗生素治疗不是总有效。细菌和酵母通常在不正常的耳道内扩增至很大的数量，单纯地培养出一种或几种大量的微生物不能证明这些微生物与疾病进程有关。需要谨记，体外对一种具体的抗生素抗药可能与实际的临床反应不一致，因为直接在耳道使用药物的浓度比全身用药的浓度高，且通常是联合应用或可以联合应用。当治疗方法仅限于采取局部治疗时，培养和药敏试验就不那么划算了。

4. 中耳炎诊断

当中耳或内耳周围组织没有炎性症状，如头倾斜及前庭异常时，中耳炎的诊断可能存在疑问[262,263]。患病鼓膜因为疾病会变得不透明，呈白色、灰色、浅桃色或棕色，且变厚，渗出的耵聍可能会黏附到鼓膜表面。中耳炎患犬很少出现鼓室突出，当鼓室突出时，通常与中耳内的碎屑的积聚有关，而不是液体的凝结有关。许多中耳炎的病例不

可用检耳镜检出有很多原因:
- 中耳炎病例可能存在完整的鼓膜。
- 不正常的鼓膜看起来是完整的,但实际不是:
  - 由于光线或放大倍数或耳朵尺寸导致的能见度问题
  - 松弛部可能存在撕裂,这通常会增加可视化的难度。
- 在中耳或内侧耳道存在一个角质化栓子。
- 可以看到中耳的内壁,且可能被误认为是鼓膜。

一项评估鼓室听力检查、耳镜检查、触诊在发炎耳朵诊断作用的研究显示,只有鼓室听力检查可以精确地确定鼓膜的完整性[264]。此研究表明,即使是在清洗过耳道后,在麻醉状态下可以满意地用耳镜看到鼓膜的病例也只占28%。另一项样本量为45,至少持续了7个月(中值为2年)的对双侧外耳炎患犬的研究表明,由于假阴性率太高不推荐进行X线检查、耳镜检查、充气耳镜检查、鼓室听力检查和听觉反射检查[245]。

(1)影像学

各种各样的显像模式可以被用于评估中耳,最经济的就是X线检查和超声检查。对疑似患中耳炎的病例使用X线检查是有争议的,一般是在做涉及中耳的手术前使用放射学方法。然而,X线检查只有在中耳发生病理变化时(如流体线或鼓泡的变化)才有帮助;正常的X线影像并不能排除中耳炎[245,265-268]。超声检查对中耳的价值,特别是在临床情况下,所知甚少。两项在动物尸体上的研究表明超声检查优于X线检查[267,269]。已经对CT和核磁共振成像(MRI)进行评估,虽然它们的效果优于X线检查,但是它们的敏感性和特异性依然没到100%[268-271]。这些技术都是目前优先选择的方法,且当出现神经症状,更好地评估中耳和内耳中的变化或判断是否存在胆脂瘤时尤其有用[127,208,270,272]。当考虑到费用和治疗的精确性时,可能会考虑将其花费在探索性手术和可治疗大泡截骨术的相对价值。

(2)触诊

已证实用钝的仪器对鼓膜进行触诊是错误的,从统计学上讲这会引起较高鼓膜损伤的发病率[244,256]。然而,触诊并放置一个软饲管来帮助确定鼓膜的存在和位置是很重要的技术,它可以揭露假的中耳腔[142,263]。饲管在可视情况下通过位于耳道中的外科检耳镜的头到达鼓膜预计的位置。在正常的耳,饲管的头端可以一直被看到。在具有假中耳或鼓膜破裂的耳上,在水平通道的正常平面以下,在视野和腹侧方向上通过。利用FVEOs,这个技术会更加高效,因为它可以提高可视化效果,且当用水或盐水冲洗后依然可见鼓室的移动。这也有助于观察来自于鼓膜的气泡及寻找擦伤的类型[262,273]。鼓室的擦伤经常出现在紧张部条纹后,但是中耳腔内侧壁的擦伤却不是这样[273]。

(3)鼓膜切开术

鼓膜切开术在过去是被提倡的,用以进入中耳进行引流、释放压力和缓慢灌输药物[274]。对于以上的适应证它是

一个有效的技术,且它与细胞学检查和培养相比也是较好的检查中耳炎的方法[172,245]。应该评价细胞学的样本是否存在炎性细胞,而不仅仅是细菌和酵母[262]。重要的一方面是鼓膜在腹侧的一半被切开或穿刺,优选的是柄状体连接处之下的后腹侧象限。各种长针或改进的导管被削尖,用于鼓室的穿刺。通过针或导管用无菌生理盐水冲洗及抽吸以获得细胞学和培养的样本,同时还可以从治疗角度上移除来自于大泡的碎屑。

在初次诊断的基础上,也需要进行许多其他的检查以作出最终诊断。这些测试多数是经济划算的,且是在病史和完整的临床检查后进行的。

(五)治疗

对于外耳炎的治疗依赖于尽可能多地找出并控制所有存在的病因和因素。每个病因和因素都有其自己的预后,特别是与所需治疗持续的时间及其有效性有关时。最好的方法是针对每一个病因或因素制定一个治疗计划,并监测机体对治疗的反应,反应不良并不代表整个治疗计划的失败。PSPP系统设计的目的是为了帮助每个不同的病例制定治疗计划,同时教育畜主。为了实现一个好的配合,更重要的是为了后续的检查,畜主教育很重要(见第三章)。当用药物治疗慢性耳炎时,没有畜主的配合及后续的复诊,即使最好最全面的诊断和治疗计划也注定会失败。由于多数的治疗计划都会包含清理,一种或更多的局部药,可能会有全身治疗,畜主能够恰当地操作或管理这些是至关重要的。一些病因或因素可能需要数月的治疗,由于犬经常感觉或表现出耳朵疾病已经解决,此时让畜主继续治疗到所需的治疗期是很有挑战的。此外,还需要后续的耳镜检查和细胞学评估。确保畜主进行后续复诊,特别是当他们的宠物看似"正常"却依然需要花费时间和金钱的时候,这是一项实践的艺术。对外耳炎治疗的主要种类见于表19-10。大多数病例需要联合疗法,在慢性病例治疗的疗程中所用的组分可能会发生改变。

1. 保定与疼痛管理

在进行检查和适当的清洁时可能需要对病患进行保定。局部麻醉用的眼药如丙美卡因或利多卡因可以使用,并可能有助于去除异物,如异物或完成检查项目。然而,局部药物不总是有效的,因此很多医生选择对病患进行镇静。镇静剂如赛拉嗪对于轻微的疾病足够了,但是对于更严重的炎性疼痛或敏感的犬,美托咪啶(α2-肾上腺素能镇静镇痛,0.37mg/m²,推荐半剂量)和布托啡诺(阿片激动剂,0.1mg/kg,静脉注射)或氯胺酮和地西泮可能对任何病例都有效。其他的病例需要全身麻醉,如丙泊酚、舒泰或气体麻醉。一些专家对患慢性耳炎的病例通常会进行麻醉[262]。很多畜主不情愿让他们的犬仅仅为了"耳朵检查或清理"而进行麻醉。当对很多因素解释清楚,畜主更容易作决定。首先是,在最表面耳镜检查时,很多宠物会经

表19-10　外耳炎的主要治疗策略

治疗分类	常规治疗	适应证
镇痛剂/麻醉剂	全身	对一些病例的检查 慢性增生性外耳炎/中耳炎 深部清洁
	局部	病灶内治疗 耳部检查和一些清理规程
抗生素（AB）	局部	耳道的细菌感染
	全身	细菌性中耳炎或增生性改变超过耳腔的50%，局部反应
抗真菌药（AF）	局部	酵母过度增长或未发现细菌但有炎性细胞时
	全身	中耳炎且在中耳发现酵母菌
防腐剂（AS）	局部	清洁中或清洁后抵抗细菌感染 控制微生物过度生长
溶耵聍剂	局部	耳道内有油腻、蜡质的耵聍渗出物
清洁剂	局部	对轻微的耳蜡、异味、微生物过度生长的控制
糖皮质激素	局部	过敏症不能仅通过清洁控制外耳炎 耳郭红斑/瘙痒
	全身	增生性改变
	病灶内	增生性改变
饮食限制	口腔	控制食物的不良反应
杀寄生虫药	局部	幼犬或幼猫的耳螨
	全身	成年动物的耳螨

历疼痛。应告知畜主，当进行彻底清洗的时候，深部反复的耳镜检查会使疼痛更甚。宠物最好不要承受这种痛苦，因为这只能使未来的治疗更加艰难。重要的是，检查要完全地到达鼓膜，虽然这在耳道被清洁之前可能不可实现。当冲洗中耳时，有必要进行全身麻醉且进行插管以防止被冲下的物质通过咽鼓管和误吸。如果没有放置导管，患病动物的头应该向下倾斜。

镇痛药物对动物有一定好处，特别是在暴力清洁后，扩张增生性耳道及进行外耳道病灶内治疗时。非甾体抗炎药不能与全身用的糖皮质激素合用。在这种情况下可以选择曲马按5mg/kg每8h 1次，连用2~3d。加巴喷丁可能对一些病例有作用，因为严重增生性耳炎的犬会出现慢性疼痛，术前及术后10~12mg/kg，每12~24h 1次，而这是慢性疼痛的处方药，对于进行了全耳道消融和大泡截骨术的犬，在术后康复期使用时效果最明显。很多畜主都会感到用药后他们的犬感觉和行为变得更好，作者甚至见过一些很有攻击性的可卡犬在用药后变得友好并愿意配合。对于患慢性耳炎的犬，止痛药物的使用需要作进一步的评估。

2. 清洁

作为有效管理外耳炎极其重要的一方面，对耳道的彻底清洁很多年来一直被强调[142,199,265,275-278]。对于慢性中耳炎病例，或有假中耳的动物，治疗的内容应包括对此区域的清洁。在一项盲测研究中评价了当耳朵清洁作为唯一疗法时含酸［维克（Epiotic）］和不含酸［维克（Epiotic Advanced）］的抗生素洗剂，每日2次，持续2周的效果。结果表明70%~89%的病例的反应是良好到很好，治疗后培养的阴性率为64%~86%[279]。

清洁从很多方面讲是很有价值的。残留的渗出物在被清除前除了阻碍有效的治疗外，还会干扰充分的检查。异物，特别是小的异物，在充分清洁耳道时可以被清除。脓性和炎性碎屑可以使一些药物失效（如多黏菌素）。彻底地清除细菌毒素，退化的细胞碎屑和游离的脂肪酸，可以降低对进一步炎症的刺激。在耳道患增生性疾病的情况下，彻底清洁是治疗过程中最重要的操作之一，跟它在治疗擦伤（褶皱性皮炎）时的作用一样[142]。

当上皮迁移失败时，对耳道进行清洁是很必要的。在这些病例，此为首要的且唯一有效的治疗方法。有很多慢性耳炎病例继发性耳部感染已经解决，此时原发性疾病即被治愈或控制。相似的情况就是，用药物或免疫疗法或通过合理的饮食调整缓解了食物不良反应即可控制某些特应性皮炎。这些会在数周甚至数月时间内无事，但是后来耳朵会再次爆发感染。这些病例中的很多是因为上皮迁移还没恢复正常，最终足量的耵聍和碎屑积聚且改变了耳道的环境促进了感染的复发。这些复发只有通过持续的耳道清洁，直到正常的上皮迁移恢复才可以避免，对于一些病例可能需要数年治疗或不会恢复。

（1）清洁剂

兽医诊所和非处方市场有各种各样的耳部清洁剂和防腐产品，且不需要处方。它们有很多不同的活性成分，且甚至在相对很短的时间里，活性成分或其他可能的东西会发生改变。因此对于兽医师来讲，与命名和了解所有这些不同的产品相比，理解成分的类型和它们的药效更重要，这样他们可以根据临床中的所需来选择产品。有三种主要的可用的清洁剂类型：溶耵聍清洁剂，温和免洗型清洁剂（多数产品属于此种类型）和防腐/干燥洗液。

溶耵聍清洁剂主要包含更加有效的耵聍溶解物质，它们长时间与表皮接触会产生刺激，因此使用后要进行冲洗。这种类型的清洁剂常用于医院或畜主自行操作进行清理时，使用后用洗耳球冲洗耳道。溶耵聍清洗剂极大方便并加速了清洁的程序，因为它们是通过乳化蜡质和脂质起作用的强有力的表面活性剂和清洁剂。乳化的物质更容易从耳道内冲洗出。磺基琥珀酸二辛酯钙或钠（也叫多库酯钙和多库酯钠）是强有力的表面活性剂和有效的蜡质和碎屑溶解剂。三乙醇胺多肽烟酸盐浓缩物是另一种强力的溶耵聍物。过氧化胺是稍微弱一点的溶耵聍剂，它活化后通过释放尿素起湿润作用。它还可以释放氧，产生发泡作用来帮助降解或分散较大的碎屑团块。在有更多脓性渗出物时使用过氧化胺特别有效。十二烷基硫酸钠也是有发泡功能的清洁剂和表面活性剂。角鲨烯是有机三萜烯分子，它是胆固醇和其他所有类固醇激素的前体。它在皮肤中被发现，其中一个原因是它是多种溶耵聍剂之一并且可以安全地留于耳内。人类的一项回顾研究结果显示，三乙醇胺多肽烟酸盐浓缩物与多库酯钠总体上对蜡质的移除效力相似[280]。

更重要的是，在用于冲洗或灌洗时，没有一种溶耵聍剂的效果比盐水更显著[280,281]。一种合成的犬耵聍模型被用于评估耳清洁剂的效果[282,283]。每项研究都分别发现一种溶解人造耵聍产品有效，一种是申请了专利的乙醛复合物［生理性耳清洁剂（维克）］，另一种是水杨酸、乳酸、油酸、丙二醇、乙氧基乙二醇和甘油组成的产品［耳净（默克动保）］。合成的耵聍是被用于模仿正常的耵聍而不是在患病耳中发现的耵聍，患病耳中会存在更多的角蛋白、血清、蛋白质和炎性细胞。目前缺少针对犬的临床上产生的耳蜡或不同疾病或不同类型分泌物作用效果的研究。

如果溶耵聍剂残留于中耳中则可能会引起耳毒性。有一项关于在犬中4种耳溶耵聍剂的评估的研究，结果显示仅有1种主要活性成分为角鲨烯的产品不会引起增生性中耳疾病[284]。另外的3种产品都将三羟乙基胺、丙二醇、磺基琥珀酸二辛酯作为主要成分，且当这些成分留于中耳腔中确实会引起增生性变化或骨髓炎。事实上，由于隔大泡的存在，不可能将猫的中耳冲洗干净，因此这些产品禁用于鼓室破裂的猫。在犬用药后，如果发现鼓室被撕裂或无法鉴定鼓膜状态，应该彻底地冲洗中耳。

一般情况下，所有溶耵聍剂应该在清洁前5～15min使用，轻柔的按摩会提高它们的效果。它们强有力的脂质剥离效果可能增加对水的吸收和皮肤水肿。使用溶耵聍剂后用水或盐水冲洗会降低耳毒性。通常鼓室的开放与否或是否存在在清洁和使用溶耵聍剂前是不可确定的。如果鼓室已经破裂，彻底地冲洗出溶耵聍剂是要强制进行的。除非确保鼓室是完整的，否则不可在冲洗用的水中加入额外的清洁剂或防腐剂。如果怀疑出现鼓室破裂，用水冲洗或使用抽吸装置是使耳毒性最小的清理办法。

温和清洗剂的使用很广泛，特别是用于帮助清洁耳内耵聍、角质细胞和碎屑，并且有一定防腐功能成分的混合物。这些物质通常可以留于耳内，但是通常犬会甩出大部分清洁剂，主人也会擦去从耳道流出外耳口的液体。这种耳道清洁剂的一些共同成分是：丁羟甲苯、椰油酰胺丙基甜菜碱、甘油、六甲基二十四烷、少量的油、单糖复合物、植物鞘氨醇和丙二醇。它们溶耵聍作用很轻微，最好的用途是用于相对正常、有些异味、轻微变脏但不是外耳炎的耳朵。一些物质，如丙二醇和植物鞘氨醇有抗微生物作

用。L-鼠李糖、D-半乳糖和D-甘露糖组成的单糖复合物也会起到抑制微生物对角质细胞的黏附。对氯间二甲苯酚（PCMX）也同样是用作防腐剂和温和清洁剂的抗微生物表面活性剂。丙二醇是所有种类耳产品的常用成分，也有耳毒性，所以鼓室破裂的时候这些产品应慎用。温和清洁剂的作用变动很大，有些清洗作用更强，有些防腐作用更强。

这些产品可以用于耳炎得到控制的比较轻的复发性蜡性外耳炎或特应性皮炎病例的长期治疗，只要耵聍和微生物被控制在较低水平，则不需要局部或全身糖皮质激素治疗。不推荐将温和清洗剂作为单独疗法用于存在继发感染的外耳炎病例，但是常与其他局部药物联合使用。一些临床医师要求，一旦对于外耳炎的治疗开始，就要每日进行清洗[275]。两个小规模的研究结果显示，在犬身上每日使用容易产生耐受[279,285]。其他的医生选择在耳朵接受最初治疗且炎症减轻时使用这些产品，这有助于提高宠物的治愈率。需要保持耳道的洁净以使得其他的局部药物达到完整的耳道，1周1次或2次通常是足够的。一项研究显示每日仅使用1种耳道清洁剂仅1mL能明显降低患耳的耵聍和微生物水平，且耳部可以很好耐受14d[285]。

防腐/干燥剂被用于干燥耳道，防止耳朵被残留于其中的水浸渍或帮助控制存在于耳中的微生物。最常见的干燥剂是同时有防腐功能的醇类或酸类。防腐剂通常是广谱的，它们比含抗生素的产品便宜，不会促进产生微生物对抗生素的抵抗，当与其他防腐剂或抗生素合用时即使不能产生协同作用也至少能起到相加作用[286-288]。在耳用防腐产品中经常使用的成分包括醇类（异丙基）、氢氧化铝、氯己定、碘、PCMX、丙二醇、亚氯酸钠、硫黄以及一种或几种下列的酸类：醋酸、硼酸、苯甲酸、乳酸、苹果酸、水杨酸。简单地降低耳内的pH也可以抗菌，一些产品，如那些含柠檬酸和柠檬酸钠的产品就是通过这种机制起作用的[289]。氯己定和PCMX也与抗菌效果呈正相关[289]。TRIS乙二胺四乙酸（EDTA）不仅起抗微生物作用，还可作为抗菌增效剂，其通过介导，特别是革兰阴性菌细胞膜通透性改变，来使得其他的抗生素和防腐剂更加有效[287,289-291]。研究显示很多种防腐剂产品的清洁剂在治疗外耳炎时有效[279,289,292-296]。目前缺少对与其他疗法联用价值与单独使用清洁剂的对比研究。

这些产品可以在家中作为预防性治疗对游泳犬和有异味的耳朵使用。此外它们还可以与其他治疗方案联用来治疗继发感染。由于对潜在的药物互作反应所知甚少，所以要注意防止其他成分失活。氢氧化铝不可以与喹诺酮类药物合用，因为铝可以与喹诺酮类药物结合并使喹诺酮类药物失活。一项研究显示地塞米松和醋酸可以与很多种抗生素相配[297]。乙醇和高浓度的酸可能会产生刺激或在溃疡耳引起灼烧感。

（2）清洁技术

医院内清洁技术包括所有在家可以操作的及一些其他

的利用耳刮匙、耳环深部清理/冲洗等技术。耳环或刮匙对于清洁耳道内物质也有帮助。它们对于分散聚集于深部耳道或黏附于耳腔壁的碎屑很有效，最常遇到的是，靠近鼓室的地方通常有一些毛发，碎屑易于黏附。一个有角度的刮匙会允许更好的进入，特别是外耳道的内环[263]。它们在可视的情况下通过检耳镜的头，沿着耳道碰触耳道壁一直向下直到头部到达目标碎屑物或鼓室。这有助于临床医师确定头部到达的程度和位置，因为此技术中只是用一只眼睛且深部感觉是会受影响的。使用手术检耳镜和适合耳道的最大的耳锥可以改善可视化程度，使用3mm的耳锥可视化是非常有限的。可用耳刮匙沿着上皮轻轻地外拉来松脱碎屑，这样比用棉签造成的损伤小。耳环是通过手术检耳镜放入耳道的。在可视情况下，环沿着耳道上皮向下直到到达想被移除的蜡状物。接着环在碎屑上滚动然后被轻轻拉出耳道。这种方法可使损伤完整鼓室的风险最小化。

灌洗可以像在家中清洁那样将水或清洁剂缓慢滴入耳内，但在压力下将水或盐水送入耳内冲洗对于清洁耳朵来讲更加有效。冲洗可以用很多工具或仪器来实现，如果必要的话，可以用6~12mL的注射器连接一个导管或饲管用于对水或盐水的冲洗和抽吸。水动力设备［WaterPik（Waterpik Inc.）］已经被用于对外耳道的快速清理，但是其对深部清理无效且无吸引功能。一定要注意避免使脉冲水流直接打到损伤的鼓膜上。弯曲水流扩散器的使用可以帮助避免鼓膜的损伤［AEI ear irrigator（Anthony Products Inc.）］。其他的耳道清洁冲洗设备［Auriflush ear washsystem（Schering-Plough Animal Health）］连接到一个共同的旋塞上，可以同时提供冲洗和吸引的功能。如果水温太高的话它会自动关机。对于轻度蜡质和压实的耳朵，它的效果良好，但是不能移除一些病例中比较大的、黏附性较强的碎屑及深部耳道的一些脓性物质，且对中耳疾病无效。

吸引器也有可能被用到，但是单独使用吸引器会有一个不足就是不能灌洗。当与冲洗管路合用时，是一个更有效的清洁深部耳道和/或中耳腔的方法。如果使用常规的检耳镜，一旦有液体存在于耳内就不能实现可视化。

已经特别为兽医设计出了两个冲洗和吸引器的组合［VetPump Ⅱ（Karl Storrs）和EarIgator（MedRX）］。它们有手持的按钮允许操作者来调换灌洗和抽吸。它们对于冲洗和抽吸的压力也有可调节的设置。它们可以连接FVEO单元也可以连接5F管，当通过FVEO头端的口时允许管头部更加精确地放置于需要灌洗和抽吸的部位。当使用FVEO时，一个巨大的优势就是即使管头位于水或盐水中时，也可将其可视化。

即使并未使用具有耳毒性的药物，冲洗后也可能会出现前庭综合征或耳聋。这些不良反应很少见且通常是暂时性的，但确实有发生的可能性[298]。在两项研究中，研究者对149只患耳炎的犬同时进行清洁和检查（至少44只中耳被

清洗过），通过BAER测试没有检测出对听力的损伤，且测量结果显示一些犬清洁后确实会改善听力[243,278]。

家庭清洁技术依赖于畜主良好的配合和适当的后续检查。教给畜主如何利用不需冲洗或洗耳球的清洁剂清洁宠物的耳朵，对于很多患耳部疾病的治疗是很重要的一方面。在严重炎症、疼痛的患耳，应该推迟家庭清洁，因为很多犬在炎症和疼痛缓解之前不能忍受这些操作，因此通常推荐家庭清洁在基础治疗后使用。

耳朵的冲洗或清洗是家庭最常用的方法。这一技术要求畜主将温和清洗剂缓慢滴入耳道直到填满到外耳口，对外耳口和耳郭凹面也使用此清洁剂。这可能会有些脏乱，应该在室外、厕所或淋浴间操作。当教授畜主用法时，此技术的两个方面很重要。第一，由于清洗剂可能不能被冲出，要使用可安全留于耳内的有效清洁剂；第二，要充分按摩耳和耳软骨。为了有效地按摩耳软骨，需要告知畜主其位置及深部的手指触诊。在数分钟的按摩后，洗剂就可以被抖出，然后将外耳口和耳郭凹面用纸巾或棉球擦干净。应该建议畜主避免在耳道中过度使用棉签，棉签经常会将碎屑推入深部耳道。由于不能对水平耳道最后的包含于骨性外耳道内的部分进行按摩，总体来讲，这一冲洗技术不如洗耳球法有效。

洗耳球法一般在清洁水平耳道和耳道清洁方面比冲洗/清洗技术更有效。它可能更费体力，更复杂，且需要畜主经过充分的培训，病患可以耐受这一操作。一般，如果使用溶酊聍剂时鼓室应该是完整的，因为畜主不能充分地将所有残留的药物冲出，且特别是不能被清洗出来时，重复使用是危险的。应该指导畜主如何适当地掌握洗耳球的压力和速度。这最好由最初的用空气的练习来决定，在听不到空气从球形注射器中出来的声音的前提下学习用多大的力及速度。只有微温的或与体温相同温度的液体才可以被用来冲洗。洗耳球的头被松散地放在耳道的外耳孔，如此一旦冲洗开始，他们很快就看到冲洗液从耳道流出。保证充足的回流可以防止在鼓室上产生过多的压力。持续用新鲜的溶液冲洗直到看不到碎屑从耳道内冲出。不可以用洗耳球将液体从耳中吸出，因为洗耳球内部可能会被病原微生物污染。在用洗耳球冲洗后，用防腐清洗剂或防腐干燥溶液帮助干燥耳道及移除残留的冲洗液。

随访检查是评估畜主是否有效地清洁耳朵及耳朵自洁能力是否恢复的唯一途径。畜主必须清楚，对患慢性耳病的动物进行不同类型的随访及多次的复诊是必须的。制定随访检查的时间表是很重要的，且应为回答上述问题制定不同的表格。为了确定家庭清洁是否有效，检查必须在清洁操作24h内进行。如果耳朵不干净，说明清洁操作不起作用，畜主需要更好的指导，采用新的技术或住院清洁可能是必要的。判断两次清洁间隔是否太长或自洁能力是否恢复时，应在耳朵没有被清理的情况下进行耳道的检查，同时应至少在清洁前或更长的时间间隔时进行。如果耵聍

或其他分泌液聚集出现，表示问题还没解决，不能中断清洁。

3. 局部治疗

外耳道可用的局部制剂有很多，多数产品是混合成分的（表19-11）。最主要的成分是糖皮质激素、抗生素和抗真菌/酵母活性成分。尽管一项研究表明即使没有杀寄生虫药物存在，耳螨也会对局部治疗起反应，一些产品依然含有针对耳螨的杀寄生虫药[299]。应根据所需的效果选择局部治疗药物。随着疾病的发展，应对患者进行监测并相应更换产品。应该考虑到产品的每一种成分，但是临床医生也应该了解该产品，单独局部治疗通常足以治疗外耳炎[300]。各种各样的已发表的控制性研究表明，局部治疗通常是有效的，在病例中的有效率为40%~100%[279,301-304]。这么大的变动范围部分反映了研究中包含了患不同类型耳炎的病例，这些变量使得很难在不同的研究间做比较。当存在严重的增生性组织反应时，一些病例在全身治疗前反应很差，这时要在治疗中结合全身的糖皮质激素和抗生素治疗。

当为外耳炎选择治疗药物时，应该考虑到溶剂的基础和类型。一般情况下，干燥、鳞屑、痂皮性病灶使用以软化剂为基础的药物会更好（通常包括含油或软膏基质），来帮助保持皮肤水分。潮湿、渗出的情况应该用不含乳膏或油的溶液或洗液治疗。很多的溶液或洗液中包含缓和药，它们是亲水性的高分子质量的混合物，可以制成水溶液[305]。多羟基混合物如聚氧乙烯和丙二醇是最常用的，且有报道称，它们可能是局部药物引起刺激性反应的原因[300]。膏剂通常是不好的选择，因为畜主把这些药物用到水平耳道很困难。此外，很多畜主认为使用液滴性药物从审美学上讲比使用黏性材料药或需要放置涂药器进入耳道更让人接受。

（1）局部用糖皮质激素

局部用糖皮质激素对多数外耳炎病例有益。糖皮质激素有止痒和抗炎的作用，还可降低渗出和肿胀，引起皮脂腺萎缩，减少腺体分泌物，减少疤痕组织，减少增生性改变，所有这些都会促进排水和空气流通。在一些特应性耳炎的病例，糖皮质激素可以作为唯一的疗法。它们在治疗增生性耳炎中也有帮助。有证据表明即使用于感染的耳朵，它们也会改善抗生素治疗的反应，且联用时比单独使用糖皮质激素好，但是对于以上这些，仍然存在一些

表19-11　耳部联合治疗产品

商品名称	制造商	溶剂	糖皮质激素	抗生素	抗酵母
Animax	Dechra	石油聚乙烯	0.1%曲安奈德	0.25%新霉素2 500 IU/mL硫链丝菌素	100 00U制霉菌素
Aurizon	威隆	没食子丙酯悬液	0.1%地塞米松	0.3%马波沙星	1%克霉唑
Baytril Otic	拜耳	溶液	无	0.5%恩诺沙星（磺胺嘧啶银添加剂和酒精）	1%磺胺嘧啶银
Canaural	Dechra	油悬液	0.25%泼尼松龙	0.5%二乙醇胺夫西地 0.5%新霉素B硫酸盐	100 000IU/mL 的制霉菌素
Easotic	法国维克	半液体凡士林	0.11%醋丙氢化可的松	0.15%庆大霉素	1.51%咪康唑
GentaOtic	Butler Schein	溶液	0.1%倍他米松	0.3%庆大霉素	无
Mometamax	默克	塑化碳氢油混悬液	0.1%糠酸莫美他松	0.3%庆大霉素	1%克霉唑
Neo-Predef	辉瑞	丁卡因粉末	0.1%异氟泼尼松	0.35%新霉素（可能添加丁卡因）	无
Otomax	默克	塑化碳氢油混悬液	0.1%倍他米松	0.3%庆大霉素	1%克霉唑
Panalog	美国富道	乳膏或增塑聚乙烯碳软膏	0.1%曲安奈德	0.25%新霉素2 500 IU/mL硫链丝菌素	100 000IU/mL 制霉菌素
Posatex	默克	塑化碳氢油混悬液	0.1%糠酸莫美他松	1.0%奥比沙星	0.1%泊沙康唑
Surolan	威隆	液体石蜡硅胶悬液	0.5%醋酸泼尼松龙	0.053%多黏菌素B（咪康唑增效剂）	2.2%硝酸咪康唑
Tresaderm	梅里亚	丙二醇溶液	0.1%地塞米松	0.32%新霉素，9%醇类	4%噻苯康唑
Tri-Otic	Med-Pharmex	USP油膏	0.1%倍他米松戊酸酯	0.3%庆大霉素	1%克霉唑
Zymox withhydrocortisone	Pet King	溶液	1%氢化可的松	三种酶：溶菌酶，乳铁蛋白酶，乳过氧化物酶	

争议[306-311]。对人的急性外耳炎的治疗表明，单独使用局部糖皮质激素和使用组合产品一样，二者都有效，很少有证据证明一种产品优于另一种产品[306]。即使是中耳炎，在局部额外的使用地塞米松也会改善治疗效果[312]。对实验动物的研究表明，地塞米松可以降低内毒素的损伤，这就是在假单胞菌（Pseudomonas）性中耳炎中也使用它的原因[313]。必须要注意到，此研究中多数病例都同时将耳道清洁作为治疗方案的一部分，这可能会影响结果。

有许多可用的不同类型和效能的局部糖皮质激素。目前还没有基于对犬耳朵或皮肤或外耳炎管理的抗炎性效能的研究。这些变量可能很重要，不同的调查技术也可能产生不同的结果[314-316a]。为了对产品进行比较目前存在很多评估，然而缺少对类固醇的比较性研究，因为这些产品中不仅包含有糖皮质激素。虽然由于糖皮质激素的原因可能会存在一些显著的差异，药物的总体药效通常相似。一项研究显示，相对于用含0.5%醋酸泼尼松龙的产品，用含0.1%莫美他松的产品会显著改善不适感[304]。唯一的推测是，此差异是由糖皮质激素引起的。然而，考虑到这些问题及回顾了一系列在不同模型上的研究，笔者对相对效能作了如下估计。在兽医产品中比较常用的活性成分是：1%氢化可的松，0.1%曲安奈德，0.1%倍他米松，0.5%醋酸泼尼松龙，0.1%地塞米松，0.1%肤轻松醋酸酯，0.1%糠酸莫美他松（通常从最弱到较强）。

已经发现局部耳用制剂会引起肾上腺抑制，4个已经报道的耳部研究的对比结果在表19-12中作了总结[317-320]。一些新的糖皮质激素如莫美他松和0.058 484%的醋丙氢化可的松是比较柔和有力的糖皮质激素，在一些抗炎性模型的研究中证明它们比传统的局部糖皮质激素作用更强，但是由于代谢的不同，一旦离开皮肤，它们不会引起全身的不良反应如肾上腺抑制。更加强力的局部糖皮质激素的全身吸收应该在需要长期治疗的病例中引起医生的注意。在正常耳外用地塞米松、溶剂和浓度都会影响全身的反应[320]。尽管局部用糖皮质激素会降低耳内的炎症，但这一功效也要

在不良反应之间作权衡。当鼓膜破裂时，局部糖皮质激素会抑制其愈合[321]。

当治疗耳炎，特别是过敏性耳炎时，考虑其使用的部位是很重要的。如果病灶涉及耳郭凹面，需要治疗耳郭同时包括耳道；在一些过敏的病例，这是唯一需要长期治疗的部位。在基础治疗或急性加重病例，可能需要强力的局部糖皮质激素（氟轻松、莫美他松、地塞米松，可能用到倍他米松、曲安奈德），一旦炎症或过敏反应被控制，预防性或长期治疗应尽可能用低效力的局部糖皮质激素或温和的糖皮质激素以防止其产生肾上腺抑制。用包含1.0%或0.5%氢化可的松的产品进行长期治疗会更安全。浓度为0.01%~0.05%低剂量地塞米松也已经被配成并且有效地用于长期控制过敏性耳炎或马拉色菌性耳炎。在生理盐水中加入0.01%的地塞米松不会引起肾上腺抑制[320]。尽管在耳中没有研究，但认为长期使用低剂量的曲安奈德是较安全的。

（2）局部用抗生素

当微生物过度生长或耳道内存在感染时，建议局部使用抗菌剂。在清洁材料中讨论的防腐剂，在这些情况下可以使用。任何时候外耳炎引起原发或继发感染，都会经常局部使用抗生素。大多数专为外耳炎设计或批准用于外耳炎的药物都是包含抗生素的组合产品，多数经常混有抗酵母成分（见表19-11）。越来越多的耐药菌株出现，可能部分反映出兽医中抗菌药物的使用正在影响感染性耳炎的治疗方法[258,300,322-325]。

人医的用药指南已经将局部使用抗生素推荐用于治疗急性耳炎，因为急性中耳炎通常为感染性的[326]。他们推荐局部用的滴耳液，这种选择是基于良好的功效和较低的不良反应发生率，以及在尽可能坚持治疗的情况下，综合考虑成本而定。我们也会选择有比较大的可能完全杀死存在的微生物及最小化发生药物抵抗风险的局部用抗生素。出于这些原因，当前用一线药物治疗的概念正在改变。比较高效的杀灭细菌的外用抗生素是氨基糖苷类和氟喹诺酮

表19-12 耳部糖皮质激素的肾上腺抑制研究结果

药物	总数量/抑制的数量（%）			
	Reeder et al.[319]	Ghubash et al.[317]	Moriello et al.[318]	Aniya and Griffin[320]
Otomax (brand or generic)	11/1 (9%)	7/0 (0.0%)	ND	ND
Panalog	12/2 (17%)	ND	8/8 (100%)	ND
Tresaderm	8/4 (50%)	7/5 (71.4%)	8/8 (100%)	6/4 (66.7%)
Mometamax	9/0 (0%)	ND	ND	ND

注：N，数量；ND，未做。

引自Ghubash R, Marsella R, Kunkle G: Evaluation of adrenal function in small-breed dogs receiving otic glucocorticoids. *Vet Dermatol* 15:363-368, 2004; Moriello KA, et al: Adrenocortical suppression associated with topical otic administration of glucocorticoids in dogs. *J Am Vet Med Assoc* 193:329-31, 1988; Reeder C, et al: Comparative adrenocortical suppression in dogs with otitis externa following topical otic administration of four different glucocorticoid-containing medications. *Vet Ther* 9:111-121, 2008; and Aniya J, Griffin C: The effect of otic vehicle and concentration of dexamethasone on liver enzyme activities and adrenal function in small breed healthy dogs. *Vet Dermatol* 19:226-231, 2008.

类。因此庆大霉素与新霉素联用，以及氟喹诺酮类被认为是较好的一线选择。这些药物应该以较高的浓度使用，特别当它们的作用机制是浓度依赖性的时候，它们必须超过最小杀菌水平甚至超过预防耐药产生的水平。目前，针对犬、猫耳部病原及最常用的兽医局部用抗生素的用药浓度标准都尚未完全设定[323]。有报道称，用药24h后，一种含奥比沙星的滴耳液［Posatex（默克）］超过预防耐药产生浓度[327]。然而，尽管所需的最佳浓度尚不清楚，但局部治疗的一个优势是，用滴耳液所达到的浓度远远超过全身给药达到的浓度[300]。当然，这是假设我们在耳道内放入了足够的药物，且药物持续与所需的部位保持接触。一项研究表明，特别是在大型犬，滴耳液滴入的标准推荐剂量可能并不太合适[328]。

另一种降低抗药性产生机会的方法是使用联合治疗。清洁耳道，移除可能干扰达到微生物适当浓度抗生素的渗出物，同时可以合用同样有杀微生物作用的防腐成分。一定注意，不要混用相互干扰的物质。在多数情况下，我们没有药物混合后对于稳定性或效力影响的相关数据。有一些信息表明，醋酸和地塞米松不会抑制环丙沙星、奥比沙星或妥布霉素的作用[329]。另外两种情况应该避免。氨基糖苷类在碱性环境下更有效，因此不应与酸性清洁剂或防腐剂合用，或它们使用的时候至少间隔1h。当外用了氟喹诺酮类药物后，千万不可以用含氢氧化铝的产品。除了与清洁和治疗用滴耳液合用外，使用具有相加或协同作用的多种抗菌剂也会增加杀灭所有微生物的可能性。多黏菌素B是多肽类的抗菌剂，具有阳离子清除作用，可以增加细菌细胞膜的通透性，除了单独使用具有很好的抗菌性能外，还与其他抗生素或抗菌剂有协同或相加作用[330-334]。新霉素和多黏菌素联用不再用作兽医耳用制剂，但是与地塞米松联用可以作为滴眼液使用（Maxitrol and PolyDex）。咪康唑常被认为仅仅是抗真菌/抗酵母的药物，但确实有一些抗微生物的性能，当与多黏菌素B联用时具有协同作用，可大大增加抗细菌的效果[335]。三乙二胺四乙酸（Tris EDTA）用于增强或引起很多抗生素，甚至防腐剂、氯己定的协同抗菌性能[169,287,291,336,337]。Tris EDTA存在于很多商品化制剂，也可以由药剂师制得。Tris EDTA是通过常备的化学品混合成，配方为4.8gEDTA（二钠盐），24.2gTris（三羟甲基氨基甲烷）碱，3 900mL蒸馏水，及100mL白醋。用额外的醋将混合液pH调整到8.0。经过pH调整的溶液经过高压蒸汽处理，如此才能达到无菌。

关于商业的恩诺沙星/磺胺嘧啶银混合的最初的数据［Baytril Otic（拜耳动保）］只有相加的抗微生物效果，然而其他的研究显示，在小数量的假单胞菌（Pseudomonas）菌落上有协同作用[338]。在动物模型中，纳米银颗粒也显示出与多黏菌素协同性能[332]。耐药细菌的常见及多耐药性微生物持续出现会推动研究替代性外用抗微生物制剂的研究及使用协同作用的联用药物。毋庸置疑，在不久的将来

会有更多的选择。

继发感染假单胞菌（Pseudomonas spp.）的外耳炎经常对很多抗生素产生抗性，这是激励众多从业者寻求治疗建议方面的帮助以及向皮肤/耳科专家寻求常见的建议。这是可以理解的，因为考虑到对评价13种治疗方法的10项系统循证研究，没有充足的证据支持或反对任何记载的治疗方案[176]。显然需要更好的研究，只有到那时联合治疗才会成为最有效的控制这些病例的方法，除了前面讨论的关于耐药性假单胞菌（Pseudomonas）耳炎的治疗选择很少。替卡西林无论是局部使用或局部与全身联用在12只感染了对氟喹诺酮类和庆大霉素耐药的假单胞菌（Pseudomonas）的犬中，11只显示出有效[339]。一个可注射的剂型或马子宫浸提物［Ticillin（辉瑞动保）］可以用作滴耳剂[339,340]。替卡西林被重配成100mg/mL，在冰冻的条件下可以稳定保存1个月；它可以被分装成每小瓶10~15mL，在冰箱中可以稳定保存3d，因此畜主可以将小瓶冻于冰箱，每3d拿出1小瓶放于冰箱用于治疗。其他有效的抗生素方案包括每12h在每只耳朵滴入3~5滴注射用阿米卡星（50mg/mL）、妥布霉素滴眼液，及在临床配制的恩诺沙星滴液[199,276,340]。外用恩诺沙星被配制成含1/4~1/3浓度为2.27%的注射用恩诺沙星（20mg/mL）［拜有利（拜耳）］的终混物。最常见的是注射用地塞米松磷酸钠溶液4mg/mL，其中含游离的地塞米松3mg/mL。此混合物剩余的1/3可能是盐水或1%咪康唑洗剂，虽然没有得到评估，但其除了抗酵母性能外还可能提高抗菌效果。抗假单胞菌（Pseudomonas）的噬菌体也显示出在降低细菌数量方面有作用[341]。全身用马波沙星也已经成功用于假单胞菌（Pseudomonas）性外耳炎的治疗[342]。

（3）抗真菌药

在任何复杂的或由酵母菌如马拉色菌（Malassezia）和假丝酵母（Candida）或皮肤癣菌引起的病例，都需要抗真菌剂（见表19-12）。马拉色菌属（Malassezia spp.）是目前最常见的酵母病原，一般以外耳炎的继发性病因出现。它们也经常与细菌同时出现，很少有人仅仅治疗酵母菌。一项研究表明，混合产品比特定抗真菌药物对于治疗马拉色菌性耳炎更有效[308]。最常用的药物是唑类，加入1%的克霉唑或咪康唑都很有效。泊沙康唑的效力至少是它们的10倍，因此所用的浓度为0.1%[343]。0.1%酮康唑加Tris EDTA及苯乙醇也同样有效[344]。体外试验和临床结果也表明制霉菌素和噻苯达唑有效[187,343,345,346]。β-芋侧素对从耳内分离的马拉色菌（Malassezia）也显示出体外活性[346]。

（4）杀虫药

杀虫药物仍然在耳药中用于对耳痒螨的治疗，但很少用于蠕形螨、耳疥螨和恙螨的感染。多数病例会对含除虫菊酯的产品起反应，通常含有胡椒基丁醚［Cerumite 3X（Vetoquinol）］，Eradimite（美国富道），Mita-Clear（辉瑞动保）］。同时含有0.1%的美倍菌素［MilbeMite（诺华动保）］、含有噻苯达唑的混合产品［Tresaderm（梅

里亚）〕对耳螨也有效。不必用于耳道内的局部滴剂同样有效，包括含美倍霉素的吡虫啉〔Advantage Multi（拜耳动保）〕和赛拉菌素〔Revolution（辉瑞）〕。除了用有效的杀虫药外，还需要注意两点：第一，很多动物可能是耳痒螨的无症状携带者，因此，所有接触的动物，无论犬或猫，都应该进行治疗；第二，耳痒螨可见于身体任何部位，因此，一定要用有效的杀虫药进行全身治疗。考虑到耳痒螨的生活史，耳部和全身的治疗有必要持续至少3周，在一些病例可能需要1个月。一些兽医，特别是对于猫，推荐局部用伊维菌素（滴于耳内）。尽管这可能有效，但一项研究显示此法与全身伊维菌素治疗相比复发率高且缓解的时间较慢[347]。然而，另一项研究表明局部用伊维菌素比全身用塞拉菌素的杀灭速率更快[348]。

（5）其他局部用药选择

外用他克莫司对犬特应性皮炎已经显示出效果，可能在治疗特应性耳炎中也有价值。它与匹美莫司在人医慢性外耳炎和耳瘙痒及猫增生坏死性外耳炎中已被证明有效[159,160,349,350]。一项研究表明0.1%他克莫司溶于橄榄油中不会改变患特应性疾病比格犬正常耳朵的BAER测试结果[351]。然而，很可能由于用橄榄油每日2次治疗耳朵，对照组7/10的犬，治疗组2/12的犬，发展为继发性马拉色菌（Malassezia）性耳炎。他克莫司可能降低了马拉色菌引起的炎症，这些效果表明它应该作为治疗马拉色菌（Malassezia）性耳炎的药物被评估。

有时需要一些将药物送入耳道并保持在耳道中维持的方法。有两种技术被报道。一些人将耳棉芯用于将药物保持于耳道内[352]，它们是可以扩张的海绵，当沾湿时会膨胀并填满耳道的内腔。人类的研究建议只有含水的滴剂可以与这些产品同用，它们可以被甩出，但可以通过在外耳郭上缝合1针来将其固定。软的橡胶管〔Sovereign饲管和导尿管（5F）〕可用于跨过增生组织将耳液缓缓滴入深部的水平耳道[263]。其头端可以放置于深部水平耳道，然后将其缝于外耳郭皮肤上。单次剂量的药物可以被注入管内，然后向管内打入空气以保证药物被送入耳内而不是留于管中。

（6）耳毒性

当局部或全身的药物损伤内耳的耳蜗或前庭功能时，就会出现耳毒性[353]。这可能是由于局部药物穿透了耳蜗或前庭的生物膜，因为当存在中耳炎时这些膜的渗透性会增强[128]。曾经对该类药物有很多担忧，包括有很大可能伴有中耳炎的慢性耳炎患犬用局部药物会引起耳毒性[196,265,253]。然而，当鼓膜破裂时，继发于冲洗液、清洁和药物使用后的耳毒性的发生率不详。此问题部分原因是，可识别的临床症状只有在严重损伤时才可见，轻微损伤是不可见的。BAER测试对于没有完全失聪的犬是很有用的评估方法，但是目前对临床上已被治疗的中耳炎病例的评估研究很有限[262]。

虽然它可能不能够反应实际临床上药物使用情况，但存在一些关于犬、猫有耳毒性药物的其他研究或报道。研究最多的是氯己定，确实2%的氯己定可引起猫和豚鼠发生耳毒性，甚至浓度为0.05%时也会引发轻微的组织学改变，但比高浓度时少得多[354,355]。也有报道称临床上犬、猫病例可以接受含氯己定的清洁剂治疗[355]。有人认为洗涤剂可能增加氯己定引起的耳毒性[128]。另一项评价0.25%的氯己定在鼓膜破裂犬使用的研究表明，未出现耳毒性[356]。含聚亚己基双胍的Tris EDTA并未显示出耳毒性[357]。庆大霉素也作为主要问题被讨论过，同样，唯一用犬进行的对照试验显示，局部用药对中耳并未产生影响[358]。妥布霉素和阿米卡星曾被认为会引起临床病例的耳毒性[359]。丙二醇、酒精、多黏菌素等外用时，也可能会有耳毒性[128,359]。随着BAER测试的有效性增加，我们有希望弄清更多关于犬、猫的耳毒性的问题。

4. 全身治疗

全身治疗与局部治疗类似，最常用的为糖皮质激素、抗生素、抗真菌/酵母及杀虫药物。此外，其他的抗炎药物如环孢菌素也已被用于治疗增生性改变、潜在过敏性疾病或其他原发于皮肤疾病并涉及耳朵的疾病，但是对于外耳炎的治疗，它还没有成为一种常用的全身治疗手段[360]。在管理外耳炎病例时，局部治疗可能有效。这些病例中，全身治疗特别是抗生素的使用受到限制。相似的建议也已经被用于指导鼓膜完整的人的急性外耳炎的治疗中[326]。全身治疗的主要适应证如下：

- 耳痒螨，除非患病动物太小或存在其他禁忌证。
- 存在中耳炎。
- 中度的增生性改变，阻塞了50%或更多的耳腔。
- 畜主无法执行局部治疗。
- 存在或怀疑有局部不良反应。
- 局部治疗无效。

同样有报道称中耳炎可能不需要全身抗生素治疗[262,352]。当然会出现局部治疗有效的病例，但是有效的概率有多大？在什么情况下有效？这些都还未被研究。研究这些问题的困难在于，在临床条件下很难对中耳炎进行明确诊断，而且也应该建立对中耳炎的不同表现和清洁中耳的效果如何的相关研究。

（1）糖皮质激素

全身糖皮质激素治疗最大的适应证是外耳炎。当出现明显的炎性水肿性外耳炎或任何出现中等或明显的增生性组织反应导致耳腔阻塞超过50%时，都适宜进行全身糖皮质激素治疗。它可以用于局部糖皮质激素不能解决炎症时，或当使用含轻度到中度类固醇的局部药物要达到短期强力抗炎效果时。如果只需要有效时间为2~3d，注射用地塞米松也是有用的。泼尼松或泼尼松龙，1~2mg/kg口服，或曲安奈德0.1~0.2mg/kg口服，每日1次，持续4~7d，然后逐渐减少到隔日1次的治疗方案。即使曲安奈德以1∶10

的效力，这比刊出的效力低，它有时在解决外耳炎增生性改变的病例时更有效。治疗应该持续进行，直到增生性组织转变或停止发展。对于不常见的狭窄的病例，当全身糖皮质激素在治疗增生性组织无效时，耳内病灶内糖皮质激素治疗可能会有帮助[142,263]。

耳内病灶内糖皮质激素疗法的适应证为：当药物疗法经2～4周完全无效或不能使增生性组织降低到轻度或中度的程度但畜主仍然不选择手术时。有趣的是，曲安奈德已经作为可选用的糖皮质激素药物，接下来将对操作技术进行说明[263]。通过外科检耳镜头或FEVO使用22号的10～15cm脊髓穿刺针或长而有韧性的聚四氟乙烯涂层的针，用抽有曲安奈德注射液的3mL注射器连于穿刺针，在注射前耳道要先进行冲洗和清洁。连接于耳镜头的耳镜锥要尽可能深地进入到垂直或水平耳道。这是由耳道狭窄程度和增生组织的坚硬程度决定的。然后将穿刺针穿入增生组织，针尖进入皮肤，但是不要到达或穿过耳软骨。注射0.05～0.1mL曲安奈德，然后移动针头并在相同的深度于耳腔内转动120°～180°（图19-44）。当出现完全狭窄，组织阻塞，耳镜锥难以打开时，注射3点，点间间隔120°。如果增生性反应减轻，则注射于较主要的褶皱部分，有时在这个深度只需要2点注射。为了效果更好，在被治疗的耳道的每个深度都应进行3点注射（环状注射）。在一些病例，注射部位出血会阻塞耳道的可视化，需要重复地冲洗直到耳道再次可视。每次注射前或不同深度注射点间都需要冲洗。然后将耳镜锥取出1～2cm，再在另外的点注射。持续此操作，直到耳镜锥被取出到不狭窄的部位或达到耳道的外耳口。注射后1～2周进行复查。如果耳道已经开放但远端部分仍然阻塞或2周后有好转但并没完全缓解，则需要进行第二组注射。很少有病例进行三组注射。如果对第一组注射没起反应，对于增生性组织如果不通过手术解决，则预后慎重。

（2）抗生素

抗生素是对于中耳炎病例最常推荐用的药物。它们最初的选择是以经验为主的，尤其是当存在混合感染时。依据经验的选择基于细胞学检查。如果球菌占主导，最可能是葡萄球菌（Staphylococcus）；链状的球菌可能是链球菌（Streptococcus），杆菌的变化很大，主要考虑假单胞菌（Pseudomonas）。当葡萄球菌作为主要靶标时，头孢菌素类对于增生性耳部疾病是很好的选择，但是对于中耳炎，应该选择已知可以穿透骨或在过去治疗中耳炎有很好效果的抗生素，并且给予推荐剂量范围内的最高剂量。对中耳炎和增生性耳病有效的抗生素包括克林霉素［安蒂洛液（辉瑞动保）］，10mg/kg，每12h 1次；头孢氨苄，22mg/kg，每12h 1次。对于混合感染，当葡萄球菌不太普遍时，选择包括甲氧苄胺嘧啶-磺胺嘧啶，25mg/kg，每12h 1次；奥美普林-磺胺二甲氧嘧啶［兰蔻（辉瑞动保）］，第1天55mg/kg，随后27.5mg/kg，每24h 1次；或氟喹诺酮类。氟

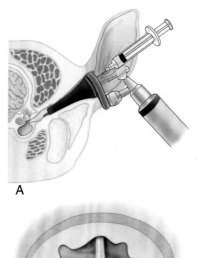

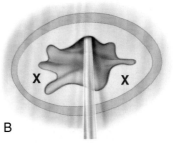

图19-44　A. 此图演示怎样利用注射器和穿刺针通过外科检耳镜头进行病灶内注射。穿刺针放于耳道增生性组织内　B. 显示增生性耳道和内腔的横截面。针插入增生性组织一个区域，每个X号应给予第二和第三次注射（此图摘自 Griffin CE: Otitis techniques to improve practice. Clin Tech Small Anim Pract 21:96–105, 2006.）

喹诺酮类药物的一个优点是，相比于其他兽用抗生素，它们更容易达到防突变的浓度。氟喹诺酮类药物对假单胞菌的效力最高的是环丙沙星和马波沙星，它们都超过了恩诺沙星[339,361-364]。同样也显示，不同地点细菌的耐药程度也不同，相同样本不同实验室间的结果甚至也不相同[361,363-365]。2006—2007年来自于澳大利亚、亚利桑那州、南加州、佛罗里达州和加拿大爱德华王子岛的5项研究报告中，假单胞菌（Pseudomonas）对恩诺沙星敏感。其对恩诺沙星的发病率在加拿大为98%，在南加州为47%，在佛罗里达州为28%，在澳大利亚为27%[338,361,365,366]。在亚利桑那州，相同的样本被送到两个不同的实验室，一个为30%敏感，另一个为60%敏感[179]。双氟哌酸和奥比沙星由于其最小抑菌浓度（MIC）、抗药性和药物动力学等原因，不认为其对假单胞菌（Pseudomonas）性耳炎有用。恩诺沙星［拜有利（拜耳）］通过静脉注射后显示，中耳和耳道组织的浓度高于血浆中的浓度[367]。基于该研究的推荐剂量可以通过敏感微生物的MIC决定。MIC为0.12～0.15或更少，0.19～0.24，0.31～0.39，0.51～0.64μg/mL时，相应的治疗剂量为每24h 5mg/kg，10mg/kg，15mg/kg，20mg/kg。一般来讲，对于铜绿假单胞菌（P. aeruginosa）感染，氟喹诺酮类药物所需剂量较大，如20mg/kg环丙沙星，20mg/kg恩诺沙星，5mg/kg马波沙星，7.5mg/kg奥比沙星，每24h 1次[177,342,367-369]。由于其他药物需要较高剂量，马波沙星是用于治疗猫时优先选择的全身用氟喹诺酮类药物。这是由于已报道的其他氟喹诺酮类药物存在损伤视网膜的风险[370,371]。

（3）抗真菌药

当中耳炎与马拉色菌有关时，给予酮康唑［酮康唑（杨森）］5～10mg/kg每24h 1次。对于没有反应的病例，氟康唑或伊曲康唑［伊曲康唑（杨森）］可能会有效。需要进行耳镜和细胞学检查以确认病患是否治愈。

（4）杀虫药

局部治疗可能会很快杀死螨虫，但是总体效力较低[348]。已获批准的全身治疗杀螨剂，如塞拉菌素［Revolution（辉瑞）］和莫昔克丁［Advantage Multi（拜耳）］是治疗耳痒螨和疥螨介导的外耳炎的最佳方法[372-376]。以这种治疗形式治疗宠物的全身，不仅可消除耳道还可消除其他区域（如头、面或腹部）的螨虫。全身治疗十分有效，它可以用来治疗耳痒螨的感染。在一些与耳螨相关的复发性病例，如果屋内存在无症状携带者，对所有的家庭宠物用全身杀螨虫药会很有效。这些获批准的产品也可安全用于柯利犬、喜乐蒂牧羊犬、英国古老牧羊犬及其他牧羊犬品种，尽管伊维菌素也被用来治疗耳螨，但在这些品种的犬不能用高剂量的伊维菌素治疗。

5. 手术

已有很多种手术规程被用于治疗外耳炎（表19-13）。其结果差异相当大[377-380]。差异涉及技术的不同和每种技术操作的差异以及术者技巧的差别。一般来讲，这些规程是有帮助的，因为它们做到了以下的一点或几点：①通过移除狭窄的组织促进了耳道的通风和引流，且缩短了耳道的长度；②降低了需要自洁的耳道的量；③通过移除肿瘤或息肉移除了耳道或中耳的阻塞物；④移除了可能会引起骨髓炎的感染性组织；⑤移除了包括骨在内的增生性组织。除了肿瘤切除和息肉移除外，手术很少能消除慢性外耳炎的所有病因。没有手术方法消除耳郭和外耳口的内侧面，因此由耳病引起的这些区域的症状即使在术后也经常会持续存在。畜主和兽医对于手术的目标和是否需要进一步治疗应该取得一致意见。在建议手术之前，对于患病动物至少考虑以下4个重要的问题：①什么引起的慢性耳炎；②外耳的每个部分情况如何；③手术是否会消除耳部所有不

适感的根源，是否需要持续的治疗；④失聪是否是永久性的？显然，很多畜主的因素在决策制定过程中也很重要。

手术方法应该考虑通过手术治疗慢性耳炎的哪部分及这部分是否能被完全或仅仅部分被消除而决定。同样重要的是，应试图确定因素或病因对耳炎的影响有多大，这些与疾病和畜主在临床上相关。确定一个问题所起的作用及手术将消除到什么程度也是成功解决耳炎预后的基础。当选择了一种手术规程时，确定垂直耳道、水平耳道或中耳是否感染及如果不能消除所有受累组织时这些区域是否会受手术影响都是十分重要的。考虑到手术这一方面的影响，为什么通过大泡截骨术（TECABO）的全耳道消融成功率最高且在所有描述的治疗慢性耳炎的手术治疗方法中预后最好就很明显了[378]。这些技术中的多数，特别是TECABO，需要娴熟的外科医生操作，相应的技术在手术文本中描述。外科医生需向畜主解释手术治疗的方法、结果、风险和并发症等。上述讨论会对何时进行手术及采取哪种手术这些关键点进行限制。

侧面耳道切除术去除了垂直耳道的侧壁。成功率接近50%，应该告知畜主有相对高的失败率[381]。如果在疾病发展为中耳炎或其他顽固性因素前进行手术方法，效果会更好。在一项研究中，侧面切除在86.5%的可卡犬失败，但是其他品种，特别是中国沙皮犬结果较好[120]。这说明，当存在垂直耳道狭窄或药物治疗无效时，改善引流并缓和局部用药可能会帮助医疗管理。禁忌证是水平耳道狭窄、中耳炎、重度增生性疾病或耳郭软骨的矿化。

如果原发疾病局限于垂直耳道，垂直耳道消融可能适用。这一手术移除较大区域的组织，可能降低与垂直耳道内侧壁等相关区域的敏感性。一项研究报告称，如此治疗的病例中发生改善的占95%[382]。发生消失的疾病迹象只占23%，其余的病例需要持续的药物治疗。然而，药物治疗更容易执行或所需用药频率会降低。笔者不常推荐此法。当水平耳道狭窄或存在中耳炎时，需要进行其他的手术方法。

对于那些对侵略性清理和药物治疗反应很差或完全无反应的终末期耳病患犬，经常推荐全耳道消融和大泡截骨

表19-13 外耳炎常用的手术规程

规程	主要适应证	禁忌证	优点	并发症/不良反应
侧面耳道切除术	增生性损伤及垂直耳道上皮迁移不佳	中耳炎，水平耳道严重的增生性改变	手术简单，少有严重潜在并发症，不影响听力	裂开，挛缩，外耳口狭窄
垂直耳道消融	增生性损伤及垂直耳道上皮迁移不佳	中耳炎，水平耳道严重的增生性改变	完全移除垂直耳道上皮，消除病变较严重的病变组织；较少的组织仍有原发疾病	裂开，外耳口狭窄
大泡截骨术	中耳炎	耳道严重的增生性改变	可以保存听力，面神经损伤风险小。主要适应证是浓缩型中耳炎或大泡骨髓炎	听力丧失风险比总耳道消融和大泡截骨术低
总耳道消融术和大泡截骨术	终末期外耳炎和中耳炎	听力良好	成功率高且很少需要进一步治疗	失聪或耳聋

术。在那些严重听力丧失需要频繁清洁的动物，这种手术方法便宜且经常作为更优越的长期解决办法。不推荐全消融的主要原因是考虑到该方法可能引起失聪[383,384]。虽然这对健康犬可能会是个问题，但在患慢性疾病的犬中考虑较少，因为很多患慢性疾病的犬可能已经耳聋。如果可以对患慢性增生性外耳炎和中耳炎的犬进行BAER测试且测试为已耳聋，则应尽早进行此手术。

参考文献

[1] Committee AG: Ocular Disorders Presumed to be Inherited in Purebred Dogs, ed 5, Urbana, 2010, CERF.

[2] Martin C: Ophthalmic Disease in Veterinary Medicine, ed 1, London, 2005, Manson Publishing Ltd, pp 150–155.

[3] Glaze MB: Congenital and hereditary ocular abnormalities in cats. Clin Tech Small Anim Pract 20(2):74–82, 2005.

[4] Outerbridge C, SR H: Diseases of the eyelids and periocular skin. In JD B, DC T, editors: Kirk's Current Veterinary therapy XIV, St. Louis, 2009, Saunders. p 1178.

[5] Lowenstein C, et al: Feline demodicosis caused by concurrent infestation with Demodex cati and an unnamed species of mite. Vet Rec 157(10):290–292, 2005.

[6] Pin D, Bensignor E, Carlotti DN, et al: Localised sarcoptic mange in dogs: a retrospective study of 10 cases. J Small Anim Pract 47(10):611–614, 2006.

[7] Malik R, McKellar Stewart K, Sousa CA, et al: Crusted scabies (sarcoptic mange) in four cats due to Sarcoptes scabiei infestation. J Feline Med Surg 8(5):327–339, 2006.

[8] Sousa CA: Exudative, crusting, and scaling dermatoses. Vet Clin North Am Small Anim Pract 25(4):813–831, 1995.

[9] Sréter T, Széll Z, Egyed Z, et al: Ocular onchocercosis in dogs: a review. Vet Rec 151(6):176–180, 2002.

[10] DeBoer D, Moriello K: Treatment of Dermatophytosis. In Bonagura J, Twedt D, editors: Kirk's Current Veterinary Therapy XIV, St. Louis, 2009, Saunders, p 457.

[11] Moriello K: Important factors in the pathogenesis of feline dermatophytosis. Vet Med 98(10):845–855, 2003.

[12] Whitley RD: Canine and feline primary ocular bacterial infections. Vet Clin North Am Small Anim Pract 30(5):1151–1167, 2000.

[13] Espinola MB, Lilenbaum W: Prevalence of bacteria in the conjunctival sac and on the eyelid margin of clinically normal cats. J Small Anim Pract 37(8):364–366, 1996.

[14] Pena MA, Leiva M: Canine conjunctivitis and blepharitis. Vet Clin North Am Small Anim Pract 38(2):233–249, v, 2008.

[15] Dougherty JM, McCulley JP, Silvany RE, et al: The role of tetracycline in chronic blepharitis. Inhibition of lipase production in staphylococci. Invest Ophthalmol Vis Sci 32(11):2970–2975, 1991.

[16] Malik R, et al: Feline leprosy syndrome. In Greene C, editor: Infectious Diseases of the Dog and Cat, St. Louis, 2006, Saunders, p 477.

[17] Hargis A, et al: Ulcerative facial and nasal dermatitis and stomatitis in cats associated with feline herpesvirus 1. Vet Dermatol 10:267–274, 1999.

[18] Holland JL, Outerbridge CA, Affolter VK, et al: Detection of feline herpesvirus 1 DNA in skin biopsy specimens from cats with or without dermatitis. J Am Vet Med Assoc 229(9):1442–1446, 2006.

[19] Thomasy SM, Lim CC, Reilly CM, et al: Evaluation of orally administered famciclovir in cats experimentally infected with feline herpesvirus type-1. Am J Vet Res 72(1):85–95, 2011.

[20] Petersen CA: Leishmaniasis, an emerging disease found in companion animals in the United States. Top Companion Anim Med 24(4):182–188, 2009.

[21] Pena MT, Roura X, Davidson MG: Ocular and periocular manifestations of leishmaniasis in dogs: 105 cases (1993-1998). Vet Ophthalmol 3(1):35–41, 2000.

[22] Dubey J, Lappin M: Toxoplasmosis and neosporosis. In Greene C, editor: Infectious Diseases of the dog and Cat, St. Louis, 2006, Saunders, p 754.

[23] Kern TJ, Walton DK, Riis RC, et al: Uveitis associated with poliosis and vitiligo in six dogs. J Am Vet Med Assoc 187(4):408–414, 1985.

[24] Carter WJ, Crispin SM, Gould DJ, et al: An immunohistochemical study of uveodermatologic syndrome in two Japanese Akita dogs. Vet Ophthalmol 8(1):17–24, 2005.

[25] Stades F, Gelatt K: Diseases and surgery of the canine eyelid. In Gallatt K, editor: Veterinary Ophthalmology, ed 4, Oxford, 2007, Blackwell Publishing, p 563.

[26] Tobin DJ, Gardner SH, Luther PB, et al: A natural canine homologue of alopecia areata in humans. Br J Dermatol 149(5):938–950, 2003.

[27] White SD, Bourdeau P, Rosychuk RA, et al: Zinc-responsive dermatosis in dogs: 41 cases and literature review. Vet Dermatol 12(2):101–109, 2001.

[28] Bond R, et al: An idiopathic facial dermatitis of Persian cats. Vet Dermatol 11:35–41, 2000.

[29] Friberg C: Feline facial dermatoses. Vet Clin North Am Small Anim Pract 36(1):115–140, vi–vii, 2006.

[30] Krehbiel JD, Langham RF: Eyelid neoplasms of dogs. Am J Vet Res 36(1):115–119, 1975.

[31] Roberts SM, Severin GA, Lavach JD: Prevalence and treatment of palpebral neoplasms in the dog: 200 cases (1975-1983). J Am Vet Med Assoc 189(10):1355–1359, 1986.

[32] Dubielzig R, et al: Veterinary Ocular Pathology: A Comparative Review, ed 1, Edinburgh, 2010, Saunders, p 456.

[33] Scherlie PH, Jr, Smedes SL, Feltz T, et al: Ocular manifestation of systemic histiocytosis in a dog. J Am Vet Med Assoc 201(8):1229–1232, 1992.

[34] Donaldson D, Day MJ: Epitheliotropic lymphoma (mycosis fungoides) presenting as blepharoconjunctivitis in an Irish setter. J Small Anim Pract 41(7):317–320, 2000.

[35] Maggs D: Third eyelid. In Elsevier, editor: R. Slatter's Fundamentals of Veterinary Ophthalmology, London, 2008, Saunders, pp 151–156.

[36] Newkirk KM, Rohrbach BW: A retrospective study of eyelid tumors from 43 cats. Vet Pathol 46(5):916–927, 2009.

[37] Stiles J, Townsend W: Feline Ophthalmology. In Gelatt K, editor: Veterinary Ophthalmology, Ames, 2007, Blackwell Publishing, pp 1095–1164.

[38] Gomes L, et al: Squamous cell carcinoma associated with actinic dermatitis in seven white cats. Feline Practice 28:14–16, 2000.

[39] Hardman C, Stanley R: Radioactive gold-198 seeds for the treatment of squamous cell carcinoma in the eyelid of a cat. Aust Vet J 79(9):604–608, 2001.

[40] Stell AJ, Dobson JM, Langmack K: Photodynamic therapy of feline superficial squamous cell carcinoma using topical 5-aminolaevulinic acid. J Small Anim Pract 42(4):164–169, 2001.

[41] Montgomery KW, van der Woerdt A, Aquino SM, et al: Periocular cutaneous mast cell tumors in cats: evaluation of surgical excision (33 cases). Vet Ophthalmol 13(1):26–30, 2010.

[42] Hartley C, Ladlow J, Smith KC: Cutaneous haemangiosarcoma of the lower eyelid in an elderly white cat. J Feline Med Surg 9(1):78–81, 2007.

[43] Hoffman A, Blocker T, Dubielzig R, et al: Feline periocular peripheral nerve sheath tumor: a case series. Vet Ophthalmol 8(3):153–158, 2005.

[44] Chaitman J, van der Woerdt A, Bartick TE: Multiple eyelid cysts resembling apocrine hidrocystomas in three Persian cats and one Himalayan cat. Vet Pathol 36(5):474–476, 1999.

[45] Cantaloube B, Raymond-Letron I, Regnier A: Multiple eyelid apocrine hidrocystomas in two Persian cats. Vet Ophthalmol 7(2):121–125, 2004.

[46] Giudice C, Muscolo MC, Rondena M, et al: Eyelid multiple cysts of the apocrine gland of Moll in Persian cats. J Feline Med Surg 11(6):487–491, 2009.

[47] Yang SH, Liu CH, Hsu CD, et al: Use of chemical ablation with trichloroacetic acid to treat eyelid apocrine hidrocystomas in a cat. J Am Vet Med Assoc 230(8):1170–1173, 2007.

[48] Homberger DG, Ham K, Ogunbakin T, et al: The structure of the cornified claw sheath in the domesticated cat (Felis catus): implications for the claw-shedding mechanism and the evolution of cornified digital end organs. J Anat 214(4):620–643, 2009.

[49] Bowden PE, Henderson H, Reilly JD: Defining the complex epithelia that comprise the canine claw with molecular markers of differentiation. Vet Dermatol 20(5-6):347–359, 2009.

[50] Scott DW, Miller WH: Disorders of the claw and clawbed in dogs. Compend Contin Educ 14:1448, 1992.

[51] Scott DW, Miller WH: Disorders of the claw and clawbed in cats. Compend Contin Educ 14:449, 1992.

[52] Orentreich N, Markofsky J, Vogelman JH: The effect of aging on the rate of linear nail growth. J Invest Dermatol 73(1):126–130, 1979.

[53] Bond R, Stevens K, Perrins N, et al: Carriage of Malassezia spp. yeasts in Cornish Rex, Devon Rex and Domestic short-haired cats: a cross-sectional survey. Vet Dermatol 19(5):299–304, 2008.

[54] Lappin MR, Hawley J: Presence of Bartonella species and Rickettsia species DNA in the blood, oral cavity, skin and claw beds of cats in the United States. Vet Dermatol 20(5-6):509–514, 2009.

[55] Mueller RS, et al: Microanatomy of the canine claw. Vet Dermatol 10:55, 1993.

[56] Scott DW, Foil C: Claw diseases in dogs and cats. In Kwochka K, et al, editors: Advances in Veterinary Dermatology V3, Boston, 1998, Butterworth Heinemann, p 406.

[57] Mueller RS, et al: Diagnosis of canine claw disease: a prospective study of 24 dogs. Vet Dermatol 11(2):133–141, 2000.

[58] Evans LM, Caylor KB: Polycythemia vera in a cat and management with hydroxyurea. J Am Anim Hosp Assoc 31(5):434–438, 1995.

[59] Marconato L, Bonfanti U, Fileccia I: Unusual dermatological toxicity of

hydroxyurea in two dogs with spontaneously occurring tumours. *J Small Anim Pract* 48(9):514–517, 2007.

[60] Boord MJ, Griffin CE, Rosenkrantz WS: Onychectomy as a therapy for symmetric claw and claw fold disease in the dog. *J Am Anim Hosp Assoc* 33(2):131–138, 1997.

[61] Harvey R, Markwell P: The mineral composition of nails in normal dogs and comparison with shed nails in canine idiopathic onychomadesis. *Vet Dermatol* 7:29, 1996.

[62] De Jonghe S, Ducatelle R, Mattheeuws D: Trachyonychia associated with alopecia areata in a Rhodesian ridgeback. *Vet Dermatol* 10(2):123–126, 1999.

[63] Koutinas AF, Carlotti DN, Koutinas C, et al: Claw histopathology and parasitic load in natural cases of canine leishmaniosis associated with *Leishmania infantum*. *Vet Dermatol* 21(6):572–577, 2010.

[64] Griffin C: *Malassezia* paronychia in atopic dogs. *J Vet Clin Immunol* 5:78, 1997.

[65] Griffin CE: *Claw diseases*, Luxembourg, 1994, European School of Advanced Veterinary Studies.

[66] Koutinas AF, Polizopoulou ZS, Saridomichelakis MN, et al: Clinical considerations on canine visceral leishmaniasis in Greece: a retrospective study of 158 cases (1989-1996). *J Am Anim Hosp Assoc* 35(5):376–383, 1999.

[67] Baker KP, Grimes TD: Cutaneous lesions in dogs associated with hookworm infestation. *Vet Rec* 87(13):376–379, 1970.

[68] Rosychuck R: Diseases of the claw and claw fold. In Bonagura J, editor: *Kirk's Current Veterinary Therapy XII*, Philadelphia, 1995, WB Saunders Co, p 641.

[69] Carlotti DN: Nail diseases in the dog and cat: differential diagnosis and treatment. In *William Dick Bicentenary*, Edinburgh, 1993.

[70] Foil CS: Facial, pedal, and other regional dermatoses. *Vet Clin North Am Small Anim Pract* 25(4):923–944, 1995.

[71] Wobeser BK, et al: Diagnoses and clinical outcomes associated with surgically amputated feline digits submitted to multiple veterinary diagnostic laboratories. *Vet Pathol* 44(3):362–365, 2007.

[72] Wobeser BK, et al: Diagnoses and clinical outcomes associated with surgically amputated canine digits submitted to multiple veterinary diagnostic laboratories. *Vet Pathol* 44(3):355–361, 2007.

[73] Scott DW, Rousselle S, Miller WH Jr: Symmetrical lupoid onychodystrophy in dogs: a retrospective analysis of 18 cases (1989-1993). *J Am Anim Hosp Assoc* 31(3):194–201, 1995.

[74] Auxilia ST, Hill PB, Thoday KL: Canine symmetrical lupoid onychodystrophy: a retrospective study with particular reference to management. *J Small Anim Pract* 42(2):82–87, 2001.

[75] Gross TL, et al: Lichenoid diseases of the dermis. In *Skin Diseases of the Dog and Cat, Clinical and Histopathologic Diagnosis*, Ames, Iowa, 2005, Blackwell Science.

[76] Mueller RS, Rosychuk RA, Jonas LD: A retrospective study regarding the treatment of lupoid onychodystrophy in 30 dogs and literature review. *J Am Anim Hosp Assoc* 39(2):139–150, 2003.

[77] Wilbe M, et al: DLA class II alleles are associated with risk for canine symmetrical lupoid onychodystrophy (SLO). *PLoS One* 5(8):e12332, 2010.

[78] Ovrebo Bohnhorst J, Hanssen I, Moen T: Antinuclear antibodies (ANA) in Gordon setters with symmetrical lupoid onychodystrophy and black hair follicular dysplasia. *Acta Vet Scand* 42(3):323–329, 2001.

[79] Verde MT, Basurco A: Symmetrical lupoid onychodystrophy in a crossbred pointer dog: long-term observations. *Vet Rec* 146(13):376–378, 2000.

[80] Vicek T, et al: Symmetrical lupoid onychodystrophy in two siblings rottweilers. *Vet Pathol* 37:5, 1997.

[81] Barrand KR: What is your diagnosis? Symmetrical lupoid onychodystrophy. *J Small Anim Pract* 47(12):757–759, 2006.

[82] Bergvall K: Treatment of symmetrical onychomadesis and onychodystrophy in five dogs with omega-3 and omega-6 fatty acids. *Vet Dermatol* 9(4):263, 1998.

[83] Paterson S: Successful protocol for therapy of lupoid onychodystrophy: 12 dogs. *Vet Dermatol* 15(s):58, 2004.

[84] Scott DW, et al: *Muller's and Kirk's Small Animal Dermatology V*, Vol. V, Philadelphia, 1995, WB Saunders Co.

[85] Foil C, Conroy J: Dermatoses of claws, nails, and hoof. In von Tscharner C, Halliwell REW, editors: *Advances in Veterinary Dermatology I*, Philadelphia, 1990, Bailliere Tindall, p 420.

[86] Mueller RS, Olivry T: Onychobiopsy without onychectomy: description of a new biopsy technique for canine claws. *Vet Dermatol* 10(1):55–59, 1999.

[87] Greer W, Calhoun M: Anal sacs of the cat (felis domesticus). *Am J Vet Res* 27:773, 1966.

[88] Montagna W, Parks H: A histochemical study of the glands of the anal sac of the dog. *Anat Rec* 100:297, 1948.

[89] Evans HE, Christensen GC: *Miller's Anatomy of the Dog*, ed 3, Philadelphia, 1993, W B Saunders Co.

[90] Titkemeyer C: Applied anatomy of the perianal region of the dog. *Mich St Univ Vet* 18:162, 1958.

[91] Lake AM, Scott DW, Miller WH, Jr, et al: Gross and cytological characteristics of normal canine anal-sac secretions. *J Vet Med A Physiol Pathol Clin Med* 51(5):249–253, 2004.

[92] Robson D, Burton G, Lorimer M: Cytological examination and physical characteristics of the anal sacs in 17 clinically normal dogs. *Aust Vet J* 81(1-2):36–41, 2003.

[93] Pappalardo E, Martino PA, Noli C: Macroscopic, cytological and bacteriological evaluation of anal sac content in normal dogs and in dogs with selected dermatological diseases. *Vet Dermatol* 13(6):315–322, 2002.

[94] Frankel JL, Scott DW, Erb HN: Gross and cytological characteristics of normal feline anal-sac secretions. *J Feline Med Surg* 10(4):319–323, 2008.

[95] Scarff DH: An approach to anal sac diseases. In Foster AP, Foil CS, editors: *BSAVA manual of Small Animal Dermatology*, Gloucester, 2003, British Small Animal Veterinary Association, pp 121–124.

[96] Hill PB, Lo A, Eden CA, et al: Survey of the prevalence, diagnosis and treatment of dermatological conditions in small animals in general practice. *Vet Rec* 158(16):533–539, 2006.

[97] Harvey C: Incidence and distribution of anal sac disease in the dog. *J Am Anim Hosp Assoc* 10:573, 1974.

[98] van Duijkeren E: Disease conditions of canine anal sacs. *J Small Anim Pract* 36(1):12–16, 1995.

[99] James DJ, Griffin CE, Polissar NL, et al: Comparison of anal sac cytological findings and behaviour in clinically normal dogs and those affected with anal sac disease. *Vet Dermatol* 22(1):80–87, 2010.

[100] Muse R: Anal gland disease and anal pruritus. In *Western Veterinary Conference*, Las Vegas, NV, 1998.

[101] Halnan CRE: The diagnosis of anal sacculitis in the dog. *J Small Anim Pract* 17(8):527–535, 1976.

[102] Vercelli A: Perianal diseases in dogs. *Proc Eur Soc Vet Dermatol Eur Coll Vet Dermatol* 14:51, 1997.

[103] Anderson R: Anal sac disease and its related dermatoses. *Compend Contin Educ* 6:829, 1984.

[104] Hajsig M, Lukman P: *Pityrosporum pachydermatis* (*P. canis*) in the inflamed canine anal sacs. *Vet Arch* 50:43, 1980.

[105] Williams LE, Gliatto JM, Dodge RK, et al; Veterinary Cooperative Oncology Group: Carcinoma of the apocrine glands of the anal sac in dogs: 113 cases (1985-1995). *J Am Vet Med Assoc* 223(6):825–831, 2003.

[106] Esplin DG, Wilson SR, Hullinger GA: Squamous cell carcinoma of the anal sac in five dogs. *Vet Pathol* 40(3):332–334, 2003.

[107] Polton GA, Mowat V, Lee HC, et al: Breed, gender and neutering status of British dogs with anal sac gland carcinoma. *Vet Comp Oncol* 4(3):125–131, 2006.

[108] Elliott JW, Blackwood L: Treatment and outcome of four cats with apocrine gland carcinoma of the anal sac and review of the literature. *J Feline Med Surg*, 2011.

[109] Ross J, and et. al: Adenocarcinoma of the apocrine glands of the anal sac in dogs: A review of 32 cases. *J Am Anim Hosp Assoc* 27:349, 1991.

[110] Seim H: Diseases of the anus and rectum. In Kirk R, editor: *Current Veterinary Therapy IX*, Philadelphia, 1986, WB Saunders Co, p 916.

[111] Macphail C: Surgical views: anal sacculectomy. *Compend Contin Educ Vet* 30(10):530–535, 2008.

[112] Hill LN, Smeak DD: Open versus closed bilateral anal sacculectomy for treatment of non-neoplastic anal sac disease in dogs: 95 cases (1969-1994). *J Am Vet Med Assoc* 221(5):662–665, 2002.

[113] Downs MO, Stampley AR: Use of a Foley catheter to facilitate anal sac removal in the dog. *J Am Anim Hosp Assoc* 34(5):395–397, 1998.

[114] Shiu JN, Munro KJ, Cox CL: Normative auditory brainstem response data for hearing threshold and neuro-otological diagnosis in the dog. *J Small Anim Pract* 38(3):103–107, 1997.

[115] Munro KJ, Paul B, Cox CL: Normative auditory brainstem response data for bone conduction in the dog. *J Small Anim Pract* 38(8):353–356, 1997.

[116] Wolschrijn CF, Venker-van AJ: Haagen, and WE van den Brom, Comparison of air- and bone-conducted brain stem auditory evoked responses in young dogs and dogs with bilateral ear canal obstruction. *Vet Q* 19(4):158–162, 1997.

[117] Steiss JE, Wright JC, Storrs JP: Alteration in the brainstem evoked response threshold and latency-intensity curve associated with conductive hearing loss in dogs. *Prog Vet Neurol* 1:205–211, 1990.

[118] Griffin C: Applied dermatology: otitis: anatomy every practitioner should know. *Compend Contin Educ Vet* 31(11):504–512, 2009.

[119] Huang HP, Little CJ, McNeil PE: Histological changes in the external ear canal of dogs with otitis externa. *Vet Dermatol* 20(5-6):422–428, 2009.

[120] Sylvestre AM: Potential factors affecting the outcome of dogs with a resection of the lateral wall of the vertical ear canal. *Can Vet J* 39(3):157–160, 1998.

[121] Cole LK: Anatomy and physiology of the canine ear. *Vet Dermatol* 20:412–421, 2009.

[122] Stout-Graham M, Kainer RA, Whalen LR, et al: Morphologic measurements of the external horizontal ear canal of dogs. *Am J Vet Res* 51(7):990–994, 1990.

[123] Huang HP, Little CJ, Fixter LM: Effects of fatty acids on the growth and composition of *Malassezia pachydermatis* and their relevance to canine otitis externa. *Res Vet Sci* 55(1):119–123, 1993.

[124] Michaels L, Soucek S: Auditory epithelial migration on the human tympanic membrane: II. The existence of two discrete migratory pathways and their embryologic correlates. *Am J Anat* 189(3):189–200, 1990.

[125]Broekaert D: The migratory capacity of the external auditory canal epithelium. A critical minireview. *Acta Otorhinolaryngol Belg* 44(4):385–392, 1990.

[126]Tabacca NE, et al: Epithelial migration on the canine tympanic membrane. In *Proceedings of the North American Veterinary Dermatology Forum*, Galveston, 2011.

[127]Owen MC, Lamb CR, Lu D, et al: Material in the middle ear of dogs having magnetic resonance imaging for investigation of neurologic signs. *Vet Radiol Ultrasound* 45(2):149–155, 2004.

[128]Harvey RG, Harari J, Delauche AJ: *Ear Diseases of the Dog and Cat*, Ames, 2001, Iowa State University Press.

[129]Egenvall A, et al: Morbidity of insured Swedish cats during 1999-2006 by age, breed, sex, and diagnosis. *J Feline Med Surg* 12(12):948–959, 2010.

[129a] Top ten reasons pets visit vets. VPI pet insurance 2007. www.petinsurance.com 2011.

[130]August J: Diseases of the ear canal. In *Complete Manuel of Ear Care*, Princeton Junction, NJ, 1986, Veterinary Learning Systems, pp 37–51.

[131]Griffin C: Etiology and pathogenesis of otitis: Otology medicine and surgery. In *Western Veterinary Conference*, Las Vegas, 1998.

[132]Griffin CE: Ears, Understanding Otitis. In *Resident Training Forum*, American College of Veterinary Dermatology, 2009.

[133]Griffin CE: Otitis externa. In *Dermatology Course*, Luxembourg, 1999, Eur School for Adv Vet Studies.

[134]Scott DW, Miller WH, Jr, Griffin CE: *Muller and Kirk's Small Animal Dermatology*, ed 6, Philadelphia, 2001, WB Saunders.

[135]Griffin CE: PSPP System. 2010. Available at www.animaldermatology.com.

[136]Saridomichelakis MN, Farmaki R, Leontides LS, et al: Aetiology of canine otitis externa: a retrospective study of 100 cases. *Vet Dermatol* 18(5): 341–347, 2007.

[137]Bensignor E, Legeay D: A multicentre prospective study of otitis externa in France:802 cases. *Vet Dermatol* 11 (suppl 1):22, 2000.

[138]Akucewich LH, Philman K, Clark A, et al: Prevalence of ectoparasites in a population of feral cats from north central Florida during the summer. *Vet Parasitol* 109(1-2):129–139, 2002.

[139]Frost R: Canine otoacariasis. *J Small Anim Pract* 2:253, 1961.

[140]Powell MB, Weisbroth SH, Roth L, et al: Reaginic hypersensitivity in *Otodectes cynotis* infestation of cats and mode of mite feeding. *Am J Vet Res* 41(6):877–882, 1980.

[141]Weisbroth SH, Powell MB, Roth L, et al: Immunopathology of naturally occurring otodectic otoacariasis in the domestic cat. *J Am Vet Med Assoc* 165(12):1088–1093, 1974.

[142]Griffin C: Otitis Externa and Media. In Griffin C, Kwochka K, MacDonald JM, editors. *Current Veterinary Dermatology, The Science and Art of Therapeutics*, St Louis, 1993, Mosby Year Book.

[143]Saridomichelakis M, et al: Sensitization to dust mites in cats with *Otodectes cynotis* infestation. *Vet Dermatol* 10(2):89–94, 1999.

[144]Otranto D, Milillo P, Mesto P, et al: *Otodectes cynotis* (Acari: Psoroptidae): examination of survival off-the-host under natural and laboratory conditions. *Exp Appl Acarol* 32(3):171–179, 2004.

[144a] Tudor EG, Lee A, Armato D, et al: Mammomonogamus auris infection in the middle ear of a domestic cat in Saipan, Northern Mariana Islands, USA. *J Feline Med Surg* 10(5):501–504, 2008.

[145]Paterson S: A review of 200 cases of otitis externa in the dog. *Vet Dermatol* 14 abst(5):249, 2003.

[146]Olivry T, et al: The ACVD task force on canine atopic dermatitis: foreword adn lexicon. *Vet Immunol and Immunopathol* 81:143–146, 2001.

[147]Scott DW: Observations on canine atopy. *J Am Anim Hosp Assoc* 17:91, 1981.

[148]Favrot C, Steffan J, Seewald W, et al: A prospective study on the clinical features of chronic canine atopic dermatitis and its diagnosis. *Vet Dermatol* 21(1):23–31, 2010.

[149]Muse R, Griffin C, Rosenkrantz WS: The prevalence of otic manifestations and otitis externa in allergic dogs. In *AAVD and ACVD*, Las Vegas, 1996.

[150]Hobi S, Linek M, Marignac G, et al: Clinical characteristics and causes of pruritus in cats: a multicentre study on feline hypersensitivity-associated dermatoses. *Vet Dermatol* 22(5):406–413, 2011.

[151]Rosser EJ Jr: Diagnosis of food allergy in dogs. *J Am Vet Med Assoc* 203(2):259–262, 1993.

[152]Proverbio D, Perego R, Spada E, et al: Prevalence of adverse food reactions in 130 dogs in Italy with dermatological signs: a retrospective study. *J Small Anim Pract* 51(7):370–374, 2010.

[153]Picco F, Zini E, Nett C, et al: A prospective study on canine atopic dermatitis and food-induced allergic dermatitis in Switzerland. *Vet Dermatol* 19(3):150–155, 2008.

[154]Carlotti DN, Remy I, Prost C: Food allergy in dogs and cats. A review and report of 43 cases. *Vet Dermatol* 1:55–62, 1990.

[155]Scott DW, Miller WHJ: Idiosyncratic cutaneous adverse drug reactions in the dog: Literature review and report of 101 cases (1990-1996). *Canine Pract* 24(5):16–22, 1999.

[156]Scott DW, Miller WHJ: Idiosyncratic cutaneous adverse drug reactions in the cat: Literature review and report of 14 cases (1990-1996). *Feline Pract* 26(4):10–14, 1998.

[157]Blois SL, Abrams-Ogg AC, Mitchell C, et al: Use of thyroid scintigraphy and pituitary immunohistochemistry in the diagnosis of spontaneous hypothyroidism in a mature cat. *J Feline Med Surg* 12(2):156–160, 2009.

[158]Poulet FM, Valentine BA, Scott DW: Focal proliferative eosinophilic dermatitis of the external ear canal in four dogs. *Vet Pathol* 28(2):171–173, 1991.

[159]Mauldin EA, Ness TA, Goldschmidt MH: Proliferative and necrotizing otitis externa in four cats. *Vet Dermatol* 18(5):370–377, 2007.

[160]Videmont E, Pin D: Proliferative and necrotising otitis in a kitten: first demonstration of T-cell-mediated apoptosis. *J Small Anim Pract* 51(11):599–603, 2010.

[161]Yager J: Feline lymphocytic non-neoplastic dermatoses. In *European Society Veterinary Dermatology*, Slovenia, 2009.

[162]Gross TL, et al: Necrotzing diseases of the epidermis. In *Skin Diseases of the Dog and Cat, Clinical and Histopathologic Diagnosis*, Ames, Iowa, 2005, Blackwell Science, pp 75–104.

[163]Rosychuk R: Management of otitis externa. *Vet Clin North Am Small Anim Pract* 24:921, 1994.

[164]Jeffers JG, Duclos DD, Goldschmidt MH: A dermatosis resembling juvenile cellulitis in an adult dog. *J Am Anim Hosp Assoc* 31(3):204–208, 1995.

[165]Angus JC, Lichtensteiger C, Campbell KL, et al: Breed variations in histopathologic features of chronic severe otitis externa in dogs: 80 Cases (1995-2001). *J Am Vet Med Assoc* 221(7):1000–1006, 2002.

[166]August JR: Otitis externa: A disease of multifactorial etiology. *The Veterinary Clinics of North America, Small Animal Edition* 18(4):731–742, 1988.

[167]Kowalski JJ: The microbial environment of the ear canal in health and disease. *Vet Clin North Am Small Anim Pract* 18(4):743–754, 1988.

[168]Zamankhan Malayeri H, Jamshidi S, Zahraei T: Salehi, Identification and antimicrobial susceptibility patterns of bacteria causing otitis externa in dogs. *Vet Res Commun* 34(5):435–444, 2010.

[169]Guardabassi L, Ghibaudo G, Damborg P: In vitro antimicrobial activity of a commercial ear antiseptic containing chlorhexidine and Tris-EDTA. *Vet Dermatol* 21(3):282–286, 2010.

[170]Aalbæk B, Bemis DA, Schjærff M, et al: Coryneform bacteria associated with canine otitis externa. *Vet Microbiol* 145(3-4):292–298, 2010.

[171]Blanco JL, Guedeja-Marron J, Hontecillas R, et al: Microbiological diagnoses of chronic otitis externa in the dog. *Zentralbl Veterinarmed B* 43(8):475–482, 1996.

[172]Cole LK, Kwochka KW, Kowalski JJ, et al: Microbial flora and antimicrobial susceptibility patterns of isolated pathogens from the horizontal ear canal and middle ear in dogs with otitis media. *J Am Vet Med Assoc* 212(4): 534–538, 1998.

[173]Oliveira LC, et al: Comparative study of the microbial profile from bilateral canine otitis externa. *Can Vet J* 49(8):785–788, 2008.

[174]Yamashita K, Shimizu A, Kawano J, et al: Isolation and characterization of staphylococci from external auditory meatus of dogs with or without otitis externa with special reference to *Staphylococcus schleiferi* subsp. *coagulans* isolates. *J Vet Med Sci* 67(3):263–268, 2005.

[175]Henneveld K, Rosychuk R, Zabel S: *Corynebacterium* spp, in dogs and cats with otitis externa and/or media: a retrospective study. In *Proceedings of the North American Veterinary Dermatology Forum*, Portland, Oregon, 2010.

[176]Nuttall T, Cole L: Evidence-based veterinary dermatology: a systematic review of interventions for treatment of *Pseudomonas* otitis in dogs. *Vet Dermatol* 18(2):69–77, 2007.

[177]Foster A, DeBoer D: The role of *Pseudomonas* in canine ear disease. *Compend Contin Educ* 20:909, 1998.

[178]Mathison P, et al: Development of a canine model of *Pseudomonas* otitis externa. *Proc Annu Memb Meet Am Acad Vet Dermatol Am Coll Vet Dermatol* 11:21, 1995.

[179]Schick A, Angus JC, Coyner K: Variability of laboratory identification and antibiotic susceptibility reporting of *Pseudomonas* spp. isolates from dogs with chronic otitis externa. *Vet Dermatol* 18(2):120–126, 2007.

[180]Graham-Mize C, Rosser E Jr: Comparison of microbial isolates and susceptibility patterns from the external ear canal of dogs with otitis externa. *J Am Anim Hosp Assoc* 40(2):102–108, 2004.

[181]Griffin CE: Otitis diagnosis, methods for determining secondary infections. In *AAVD and ACVD*, Norfolk, Virginia, 2001.

[182]Defalque V, et al: *Aerobic and anaerobic bacterial microflora of the middle ear cavity in normal dogs*. In 20th Proceedings of the North American Veterinary Dermatology Forum, Sarasota, Florida, 2005:159.

[183]Hettlich BE, Boothe HW, Simpson RB, et al: Effect of tympanic cavity evacuation and flushing on microbial isolates during total ear canal ablation with lateral bulla osteotomy in dogs. *J Am Vet Med Assoc* 227(5):748–755, 2005.

[184]Angus J, Campbell KL, Maddox C: Anaerobic microbial flora and fluoroquinolone susceptibility of aerobic isolates from the horizontal ear canal and tympanic cavity of dogs undergoing total ear canal ablations. In *Proceedings of the North American Veterinary Dermatology Forum*, Sarasota, Fla, 2005.

[185]Crespo M, Abarca M, Cabanes F: Occurrence of *Malassezia* spp. in the external ear canals of dogs and cats with and without otitis externa. *Med Mycol* 40(2):115–121, 2002.

[186]Shokri H, Khosravi A, Rad M, et al: Occurrence of *Malassezia* species in Persian and domestic short hair cats with and without otitis externa. *J Vet*

Med Sci 72(3):293–296, 2009.

[187]Kiss G, Radvanyi S, Szigeti G: New combination for the therapy of canine otitis externa. I. Microbiology of otitis externa. J Small Anim Pract 38(2):51–56, 1997.

[188]Zur G, Lifshitz B, Bdolah-Abram T: The association between the signalment, common causes of canine otitis externa and pathogens. J Small Anim Pract 52(5):254–258, 2011.

[189]Plant JD, Rosenkrantz W, Griffin CE: Factors associated with the presence of high Malassezia pachydermatis numbers on dog skin. J Am Vet Med Assoc 201:879–895, 1992.

[190]Mansfield PD, Boosinger TR, Attleberger MH: Infectivity of Malassezia pachydermatis in the external ear canal of dogs. J Am Anim Hosp Assoc 26(1):97–100, 1990.

[191]Campbell JJ, Coyner KS, Rankin SC, et al: Evaluation of fungal flora in normal and diseased canine ears. Vet Dermatol 21(6):619–625, 2010.

[192]Coyner K: Otomycosis due to Aspergillus spp. in a dog: case report and literature review. Vet Dermatol 21(6):613–618, 2010.

[193]Fernando SD: A histological and histochemical study of the glands of the external auditory canal of the dog. Res Vet Sci 7(1):116–119, 1966.

[194]Fernando SD: Microscopic anatomy and histochemistry of glands in the external auditory meatus of the cat (Felis domesticus). Am J Vet Res 26(114):1157–1162, 1965.

[195]Strickland J: The microscopic anatomy of the external ear of felis domesticus. Am J Vet Res 21:845, 1960.

[196]Logas DB: Diseases of the ear canal. Vet Clin North Am Small Anim Pract 24(5):905–919, 1994.

[197]Bonding P, Ravn T: Primary cholesteatoma of the external auditory canal: is the epithelial migration defective? Otol Neurotol 29(3):334–338, 2008.

[198]Little CJ, Lane JG, Gibbs C, et al: Inflammatory middle ear disease of the dog: the clinical and pathological features of cholesteatoma, a complication of otitis media. Vet Rec 128(14):319–322, 1991.

[199]White P: Medical management of chronic otitis in dogs. Compend Contin Educ Pract Vet 21:716, 1999.

[200]Little CJ, Lane JG, Gibbs C, et al: Inflammatory middle ear disease of the dog: the clinical and pathological features of cholesteatoma, a complication of otitis media. Vet Rec 128(14):319–322, 1991.

[201]Gregory SP: Middle ear disease associated with congenital palatine defects in seven dogs and one cat. J Small Anim Pract 41(9):398–401, 2000.

[202]Schlicksup MD, Van Winkle TJ, Holt DE: Prevalence of clinical abnormalities in cats found to have nonneoplastic middle ear disease at necropsy: 59 cases (1991-2007). J Am Vet Med Assoc 235(7):841–843, 2009.

[203]Spruell J: Treatment of otitis media in the dog. J Small Anim Pract 51:990, 1964.

[204]Matsuda H, et al: The aerobic bacterial flora of the middle and external ears in normal dogs. J Small Anim Pract 25:269, 1984.

[205]Tinling S, Chole R: Gerbilline cholesteatoma development. Part II: temporal histopathologic changes in the tympanic membrane and middle ear. Otolaryngol Head Neck Surg 134(6):953–960, 2006.

[206]Owen H, Rosborg J, Gaihede M: Cholesteatoma of the external ear canal: etiological factors, symptoms and clinical findings in a series of 48 cases. BMC Ear Nose Throat Disord 6:16, 2006.

[207]Hardie EM, Linder KE, Pease AP: Aural cholesteatoma in twenty dogs. Vet Surg 37(8):763–770, 2008.

[208]Sturges BK, Dickinson PJ, Kortz GD, et al: Clinical signs, magnetic resonance imaging features, and outcome after surgical and medical treatment of otogenic intracranial infection in 11 cats and 4 dogs. J Vet Intern Med 20(3):648–656, 2006.

[209]Spangler EA, Dewey CW: Meningoencephalitis secondary to bacterial otitis media/interna in a dog. J Am Anim Hosp Assoc 36(3):239–243, 2000.

[210]Martin-Vaquero P, da Costa RC, Daniels JB: Presumptive meningoencephalitis secondary to extension of otitis media/interna caused by Streptococcus equi subspecies zooepidemicus in a cat. J Feline Med Surg 13(8):606–609, 2011.

[211]Rose WR: Otitis externa. I: incidence. Vet Med Small Anim Clin 71(5):638–640, 1976.

[212]Cafarchia C, et al: Occurrence and population size of Malassezia spp. in the external ear canal of dogs and cats both healthy and with otitis. Mycopathologia 160(2):143–149, 2005.

[213]Lehner G, Louis CS, Mueller RS: Reproducibility of ear cytology in dogs with otitis externa. Vet Rec 167(1):23–26, 2010.

[214]Hayes H, Jr, Pickle. L, Wilson G: Effects of ear type and weather on the hospital prevalence of canine otitis externa. Res Vet Sci 42(3):294–298, 1987.

[215]Huang HP, Huang HM: Effects of ear type, sex, age, body weight, and climate on temperatures in the external acoustic meatus of dogs. Am J Vet Res 60(9):1173–1176, 1999.

[216]Huang HP, et al: The application of an infrared tympanic membrane thermometer in comparing the external ear canal temperature between erect and pendulous ears in dogs. In Kwochka K, et al, editors: Advances in veterinary dermatology III, Boston, 1998, Butterworth Heinemann, p 57.

[217]Chesney C: The intimate envelope: Water and skin. In Kwochka K, et al, editors: Advances in Veterinary Dermatology III, Boston, 1998, Butterworth Heinemann, p 47.

[218]Wang MC, Liu CY, Shiao AS, et al: Ear problems in swimmers. J Chin Med Assoc 68(8):347–352, 2005.

[219]Strauss MB, Dierker RL: Otitis externa associated with aquatic activities (swimmer's ear). Clin Dermatol 5(3):103–111, 1987.

[220]Lutz JK, Lee J: Prevalence and antimicrobial-resistance of Pseudomonas aeruginosa in swimming pools and hot tubs. Int J Environ Res Public Health 8(2):554–564, 2011.

[221]Simchen E, Franklin D, Shuval HI: "Swimmer's ear" among children of kindergarten age and water quality of swimming pools in 11 Kibbutzim. Isr J Med Sci 20(7):584–588, 1984.

[222]Gross TL, et al: Sweat gland tumors. In Skin Diseases of the Dog and Cat, Clinical and Histopathologic Diagnosis, Ames, Iowa, 2005, Blackwell Science, pp 665–694.

[223]Griffin CE: Feline Otology. In North American Veterinary Conference, Orlando, 2009.

[224]Leonardi L, et al: Neoplasia involving the ear canal of dogs and cats: Histological and immunohistochemical evaluation of 23 cases. Proc Eur Soc Vet Dermatol Eur Coll Vet Dermatol 14:195, 1997.

[225]Bacon NJ, Gilbert RL, Bostock DE, et al: Total ear canal ablation in the cat: indications, morbidity and long-term survival. J Small Anim Pract 44(10):430–434, 2003.

[226]London CA, Dubilzeig RR, Vail DM, et al: Evaluation of dogs and cats with tumors of the ear canal: 145 cases (1978-1992). J Am Vet Med Assoc 208(9):1413–1418, 1996.

[227]Zur G: Bilateral ear canal neoplasia in three dogs. Vet Dermatol 16(4):276–280, 2005.

[228]Marino D, et al: Results of surgery and long-term follow up in dogs with ceruminous gland adenocarcinoma. J Am Anim Hosp Assoc 29:560–563, 1993.

[229]Marino D, et al: Results of surgery and long-term follow up in cats with ceruminous gland adenocarcinoma. J Am Anim Hosp Assoc 30:54–58, 1994.

[230]De Lorenzi D, Bonfanti U, Masserdotti C, et al: Fine-needle biopsy of external ear canal masses in the cat: cytologic results and histologic correlations in 27 cases. Vet Clin Pathol 34(2):100–105, 2005.

[231]Veir JK, Lappin MR, Foley JE, et al: Feline inflammatory polyps: historical, clinical, and PCR findings for feline calici virus and feline herpes virus-1 in 28 cases. J Feline Med Surg 4(4):195–199, 2002.

[232]Anders BB, Hoelzler MG, Scavelli TD, et al: Analysis of auditory and neurologic effects associated with ventral bulla osteotomy for removal of inflammatory polyps or nasopharyngeal masses in cats. J Am Vet Med Assoc 233(4):580–585, 2008.

[233]MacPhail CM, Innocenti CM, Kudnig ST, et al: Atypical manifestations of feline inflammatory polyps in three cats. J Feline Med Surg 9(3):219–225, 2007.

[234]Stern-Bertholtz W, Sjostrom L, Hakanson N: Primary secretory otitis media in the Cavalier King Charles spaniel: a review of 61 cases. J Small Anim Pract 44(6):253–256, 2003.

[235]Hayes GM, Friend EJ, Jeffery ND: Relationship between pharyngeal conformation and otitis media with effusion in Cavalier King Charles spaniels. Vet Rec 167(2):55–58, 2010.

[236]Harcourt-Brown TR, Parker JE, Granger N, et al: Effect of middle ear effusion on the brain-stem auditory evoked response of Cavalier King Charles spaniels. Vet J 188(3):341–345, 2011.

[237]Lu D, Lamb CR, Pfeiffer DU, et al: Neurological signs and results of magnetic resonance imaging in 40 cavalier King Charles spaniels with Chiari type 1-like malformations. Vet Rec 153(9):260–263, 2003.

[238]McKeever PG, Torres SM: Otitis externa, part 1: The ear and predisposing factors to otitis externa. Companion Anim Pract 2:7, 1988.

[239]Grono LR: Observations on the incidence of otitis externa in the dog. Aust Vet J 45(9):417–419, 1969.

[240]Scott DW: Feline dermatology 1900-1978: A monograph. J Am Anim Hosp Assoc 16:331, 1980.

[241]Baxter M, Lawler DC: The incidence and microbiology of otitis externa of dogs and cats in New Zealand. N Z Vet J 20(3):29–32, 1972.

[242]Baba E, Fukata T: Incidence of otitis externa in dogs and cats in Japan. Vet Rec 108(18):393–395, 1981.

[243]Eger CE, Lindsay P: Effects of otitis on hearing in dogs characterised by brainstem auditory evoked response testing. J Small Anim Pract 38(9):380–386, 1997.

[244]Little C, Lane J, Pearson G: Inflammatory middle ear disease of the dog: the pathology of otitis media. Vet Rec 128(13):293–296, 1991.

[245]Cole LK, et al: Evaluation of radiography, otoscopy, pneumotoscopy, impedance audiometry and endoscopy for the diagnosis of otitis media in the dog. In Foil CS, Bond R, editors: Advances in Veterinary Dermatology KL Today, Ames, 2002, Blackwell Publishing, pp 49–55.

[246]Newton HM, Rosenkrantz WS, Muse R, et al: Evaluation of otoscope cone cleaning and disinfection procedures commonly used in veterinary medical practices: a pilot study. Vet Dermatol 17(2):147–150, 2006.

[247]Kirby AL, Rosenkrantz WS, Ghubash RM, et al: Evaluation of otoscope cone disinfection techniques and contamination level in small animal private

practice. *Vet Derm* 21:175–183, 2010.

[248] Angus JC, Campbell KL: Uses and indications for video-otoscopy in small animal practice. *Vet Clin North Am Small Anim Pract* 31(4):809–828, 2001.

[249] Griffin JS, Scott DW, Erb HN: *Malassezia* otitis externa in the dog: the effect of heat-fixing otic exudate for cytological analysis. *J Vet Med A Physiol Pathol Clin Med* 54(8):424–427, 2007.

[250] Toma S, Cornegliani L, Persico P, et al: Comparison of 4 fixation and staining methods for the cytologic evaluation of ear canals with clinical evidence of ceruminous otitis externa. *Vet Clin Pathol* 35(2):194–198, 2006.

[251] Bourdeau P, Bruet V, Marchand A: Comparison of cytology and fungal culture for the evaluation of populations of *Malassezia pachydermatis* in the ear canals of dogs. In *Proceedings of the North American Veterinary Dermatology Forum*, Palm Springs, 2006.

[252] Ginel PJ, Lucena R, Rodriguez JC, et al: A semiquantitative cytological evaluation of normal and pathological samples from the external ear canal of dogs and cats. *Vet Derm* 13(3):151–156, 2002.

[253] Griffin CE: Otitis diagnosis, methods for determining secondary infections. In *Am Acad Vet Dermatol and Am Coll Vet Dermatol*, Norfolk, 2001.

[254] Huang HP, et al: The relationship between microbial numbers found on cytological examination and microbial growth density on culture of swabs from the external ear canal in dogs. *Proc Eur Soc Vet Dermatol* 10:81, 1993.

[255] Tater KC, Scott DW, Miller WH, Jr, et al: The cytology of the external ear canal in the normal dog and cat. *J Vet Med* 50:370–374, 2003.

[256] Fraser G: The histopathology of the external auditory meatus of the dog. *J Comp Pathol* 71:253–258, 1961.

[257] Roth L: Pathologic changes in otitis externa. *Vet Clin North Am Small Anim Pract* 18(4):755–764, 1988.

[258] Cole L, et al: Methicillin-resistant *Staphylococcus intermedius* organisms from the vertical ear canal of dogs with end-stage otitis externa. *Vet Dermatol* 15(s):35, 2004.

[259] Robson D, Burton G, Bassett R: Correlation between topical antibiotic selection, in vitro bacterial antibiotic sensitivity and clinical response in 16 cases of canine otitis externa complicated by *Pseudomonas aeruginosa*. In *Proceedings of the North American Veterinary Dermatology Forum*, Portland, Oregon, 2010.

[260] Colombini S, Merchant S, Hosgood G: Microbial flora and antimicrobial susceptibility patterns from dogs with otitis media. *Vet Dermatol* 11(4):235–239, 2000.

[261] Vogel PL, Komtebedde J, Hirsh DC, et al: Wound contamination and antimicrobial susceptibility of bacteria cultured during total ear canal ablation and lateral bulla osteotomy in dogs. *J Am Vet Med Assoc* 214(11):1641–1643, 1999.

[262] Rosychuk RAW, Bloom P: Otitis media: how common and how important? In Affolter VK, Hill PB, editors: *Advances in Veterinary Dermatology DJ DeBoer*, Ames, 2010, Wiley-Blackwell, pp 345–352.

[263] Griffin CE: Otitis techniques to improve practice. *Clin Tech Small Anim Pract* 21(3):96–105, 2006.

[264] Little CJ, Lane JG: An evaluation of tympanometry, otoscopy and palpation for assessment of the canine tympanic membrane. *Vet Rec* 124(1): 5–8, 1989.

[265] Merchant S: Medically managing chronic otitis externa and media. *Vet Med* 92(6):518, 1997.

[266] Remedios AM, Fowler JD, Pharr JW: A Comparison of Radiographic Versus Surgical Diagnosis of Otitis Media. *J Am Anim Hosp Assoc* 27(2):183–188, 1991.

[267] Griffiths LG, Sullivan M, O'Neill T, et al: Ultrasonography versus radiography for detection of fluid in the canine tympanic bulla. *Vet Radiol Ultrasound* 44(2):210–213, 2003.

[268] Love NE, et al: Radiographic and computed tomographic evaluation of otitis media in the dog. *Vet Radiol* 36(5):375–379, 1995.

[269] Dickie AM, Doust R, Cromarty L, et al: Comparison of ultrasonography, radiography and a single computed tomography slice for the identification of fluid within the canine tympanic bulla. *Res Vet Sci* 75(3):209–216, 2003.

[270] Benigni L, Lamb CR: Diagnostic imaging of ear disease in the dog and cat. *In Practice* 28(3):122–130, 2006.

[271] Doust R, King A, Hammond G, et al: Assessment of middle ear disease in the dog: a comparison of diagnostic imaging modalities. *J Small Anim Pract* 48(4):188–192, 2007.

[272] Garosi LS, Dennis R, Penderis J, et al: Results of magnetic resonance imaging in dogs with vestibular disorders: 85 cases (1996-1999). *J Am Vet Med Assoc* 218(3):385–398, 2001.

[273] Griffin CE: Otitis, recognizing the causes. In *Resident Training Forum*, Galveston, 2011, American College of Veterinary Dermatology.

[274] Rose W: Surgery 1-myringotomy. *Vet Med Small Anim Clin* 72:1646, 1977.

[275] Nuttall T, Cole LK: Ear cleaning: the UK and US perspective. *Vet Dermatol* 15(2):127–136, 2004.

[276] Rosychuk RA: Management of otitis externa. *Vet Clin North Am Small Anim Pract* 24(5):921–952, 1994.

[277] Jacobson LS: Diagnosis and medical treatment of otitis externa in the dog and cat. *J S Afr Vet Assoc* 73(4):162–170, 2002.

[278] Palmeiro BS, Morris DO, Wiemelt SP, et al: Evaluation of outcome of otitis media after lavage of the tympanic bulla and long-term antimicrobial drug treatment in dogs: 44 cases (1998-2002). *J Am Vet Med Assoc*

225(4):548–553, 2004.

[279] Rème CA, Pin D, Collinot C, et al: The efficacy of an antiseptic and microbial anti-adhesive ear cleanser in dogs with otitis externa. *Vet Ther* 7(1):15–26, 2006.

[280] Burton MJ, Doree C: Ear drops for the removal of ear wax. *Cochrane Database Syst Rev* (1):CD004326, 2009.

[281] Whatley VN, Dodds CL, Paul RI: Randomized clinical trial of docusate, triethanolamine polypeptide, and irrigation in cerumen removal in children. *Arch Pediatr Adolesc Med* 157(12):1177–1180, 2003.

[282] Sánchez-Leal J, Mayós I, Homedes J, et al: In vitro investigation of ceruminolytic activity of various otic cleansers for veterinary use. *Vet Dermatol* 17(2):121–127, 2006.

[283] Nielloud F, et al: Development of an in vitro test to evaluate cerumen-dissolving properties of veterinary ear cleansing solutions. *Vet Dermatol* 15(s):65, 2004.

[284] Mansfield PD, Steiss JE, Boosinger TR, et al: The effects of four, commercial ceruminolytic agents on the middle ear. *J Am Anim Hosp Assoc* 33:479–486, 1997.

[285] Reme C, Gatto H: Field evaluation of the cleansing and deodorizing efficacy of physiological ear care solution. *Vet Dermatol* 15(3):201, 2004.

[286] Perrins N, Bond R: Synergistic inhibition of the growth in vitro of *Microsporum canis* by miconazole and chlorhexidine. *Vet Dermatol* 14(2):99–102, 2003.

[287] Farca AM, Piromalli G, Maffei F, et al: Potentiating effect of EDTA-Tris on the activity of antibiotics against resistant bacteria associated with otitis, dermatitis and cystitis. *J Small Anim Pract* 38(6):243–245, 1997.

[288] Art G: Combination povidone-iodine and alcohol formulations more effective, more convenient versus formulations containing either iodine or alcohol alone: a review of the literature. *J Infus Nurs* 28(5):314–320, 2005.

[289] Swinney A, Fazakerley J, McEwan N, et al: Comparative in vitro antimicrobial efficacy of commercial ear cleaners. *Vet Dermatol* 19(6):373–379, 2008.

[290] Ghibaudo G, Cornegliani L, Martino P: Evaluation of the in vivo effects of Tris-EDTA and chlorhexidine digluconate 0.15% solution in chronic bacterial otitis externa: 11 cases. *Vet Dermatol* 15(s):65, 2004.

[291] Sparks TA, Kemp DT, Wooley RE, et al: Antimicrobial effect of combinations of EDTA-Tris and amikacin or neomycin on the microorganisms associated with otitis externa in dogs. *Vet Res Commun* 18(4):241–249, 1994.

[292] Cole LK, Kwochka KW, Kowalski JJ, et al: Evaluation of an ear cleanser for the treatment of infectious otitis externa in dogs. *Vet Ther* 4(1):12–23, 2003.

[293] Rème CA, Pin D, Collinot C, et al: The efficacy of an antiseptic and microbial anti-adhesive ear cleanser in dogs with otitis externa. *Vet Ther* 2006;7(1):15–26, 2006.

[294] Strauss TB, McKeever PJ, Mckeever TM: The efficacy of an acidified sodium chlorite solution to treat canine *Pseudomonas aeruginosa* otitis externa. *Vet Med* 100(1):55–63, 2005.

[295] Lloyd DH, Bond R, Lamport I: Antimicrobial activity in vitro and in vivo of a canine ear cleanser. *Vet Rec* 143(4):111–112, 1998.

[296] Strauss TB, McKeever PG, Mckeever T: *Pseudomonas* otitis externa–therapeutic results using a new ear cleanser. *Vet Dermatol* 15(3):204, 2004.

[297] Kalcioglu MT, Ozturan O, Durmaz R, et al: In vitro efficacy of the successive or staggered use of eardrops. *Eur Arch Otorhinolaryngol* 263(5):395–398, 2006.

[298] Griffin C, Song M: Management of otitis externa. In Kwochka K, et al, editors: *Advances in Veterinary Dermatology III*, Boston, 1998, Butterworth Heinemann, p 369.

[299] Engelen M, Anthonissens E: Efficacy of non-acaricidal containing otic preparations in the treatment of otoacariasis in dogs and cats. *Vet Rec* 147(20):567–569, 2000.

[300] Morris DO: Medical therapy of otitis externa and otitis media. *Vet Clin North Am Small Anim Pract* 34(2):541–555, vii–viii, 2004.

[301] Mendelsohn CL, Griffin CE, Rosenkrantz WS, et al: Efficacy of boric-complexed zinc and acetic-complexed zinc otic preparations for canine yeast otitis externa. *J Am Anim Hosp Assoc* 41(1):12–21, 2005.

[302] Engelen M, et al: Effectiveness of an otic product containing miconazole, polymyxin B and prednisolone in the treatment of canine otitis externa: multi site field trial in the US and Canada. *Intern J Appl Res Vet Med* 8(1):21–30, 2010.

[303] Rougier S, Borell D, Pheulpin S, et al: A comparative study of two antimicrobial/anti-inflammatory formulations in the treatment of canine otitis externa. *Vet Dermatol* 16(5):299–307, 2005.

[304] de Haas V, Horspool LJI, Weingarten A: Blinded, randomized, comparative study of two ototopical formulations in the treatment of canine otitis externa. In *WSAVA*, Geneva, 2010.

[305] Wilcke JR: Otopharmacology. *Vet Clin North Am Small Anim Pract* 18(4):783–797, 1988.

[306] Kaushik V, Malik T, Saeed SR: Interventions for acute otitis externa. *Cochrane Database Syst Rev* (1):CD004740, 2010.

[307] Abelardo E, Pope L, Rajkumar K, et al: A double-blind randomised clinical trial of the treatment of otitis externa using topical steroid alone versus topical steroid-antibiotic therapy. *Eur Arch Otorhinolaryngol* 266(1):41–45, 2009.

[308]Bensignor E: Treatment of *Malassezia* otitis in dogs: a comparative field trial. *Vet Dermatol* 15(s):45, 2004.

[309]van Balen FA, Smit WM, Zuithoff NP, et al: Clinical efficacy of three common treatments in acute otitis externa in primary care: randomised controlled trial. *BMJ* 327:1201–1205, 2003.

310]Ishibashi Y, Murakami T, Yumoto R, et al: Pharmaceutical and pharmacological evaluation of Burow's solution (aluminum acetate solution), hospital preparation, and development of its rapid preparation method. *Yakugaku Zasshi (Jpn, Engl Abst.)* 124(11):833–840, 2004.

[311]Rosenfeld RM, Singer M, Wasserman JM, et al: Systematic review of topical antimicrobial therapy for acute otitis externa. *Otolaryngol Head Neck Surg* 134(4 Suppl):S24–S48, 2006.

[312]Wall GM, Stroman DW, Roland PS, et al: Ciprofloxacin 0.3%/dexamethasone 0.1% sterile otic suspension for the topical treatment of ear infections: a review of the literature. *Pediatr Infect Dis J* 28(2):141–144, 2009.

[313]Jang CH, Cho YB, Choi CH, et al: Effect of topical dexamethasone on sensorineural hearing loss in endotoxin-induced otitis media. *In Vivo* 21(6):1043–1047, 2007.

[314]Levin C, Maibach HI: An overview of the efficacy of topical corticosteroids in experimental human nickel contact dermatitis. *Contact Dermatitis* 43(6):317–321, 2000.

[315]Kirkland R, Pearce DJ, Balkrishnan R, et al: Critical factors determining the potency of topical corticosteroids. *J Dermatol Treat* 17(3):133–135, 2006.

[316]Cornell RC: Clinical trials of topical corticosteroids in psoriasis: correlations with the vasoconstrictor assay. *Int J Dermatol* 31(Suppl 1):38–40, 1992.

[316a] Penneys NS: Animal models for testing topical corticosteroid potency: a review and some suggested new approaches. *Int J Dermatol* 31(Suppl 1):6–8, 1992.

[317]Ghubash R, Marsella R, Kunkle G: Evaluation of Adrenal Function in Small-Breed Dogs Receiving Otic Glucocorticoids. *Vet Dermatol* 15(6):363–368, 2004.

[318]Moriello KA, Fehrer-Sawyer SL, Meyer DJ, et al: Adrenocortical suppression associated with topical otic administration of glucocorticoids in dogs. *J Am Vet Med Assoc* 193(3):329–331, 1988.

[319]Reeder CJ, Griffin CE, Polissar NL, et al: Comparative adrenocortical suppression in dogs with otitis externa following topical otic administration of four different glucocorticoid-containing medications. *Vet Ther* 9(2):111–121, 2008.

[320]Aniya J, Griffin C: The effect of otic vehicle and concentration of dexamethasone on liver enzyme activities and adrenal function in small breed healthy dogs. *Vet Dermatol* 19(4):226–231, 2008.

[321]Antonelli PJ, Winterstein AG, Schultz GS: Topical dexamethasone and tympanic membrane perforation healing in otitis media: a short-term study. *Otol Neurotol* 31(3):519–523, 2009.

[322]Wildermuth BE, Griffin CE, Rosenkrantz WS, et al: Susceptibility of *Pseudomonas* isolates from the ears and skin of dogs to enrofloxacin, marbofloxacin and ciprofloxacin. *J Am Anim Hosp Assoc* 43(6):337–341, 2007.

[323]Blondeau JM: New concepts in antimicrobial susceptibility testing: the mutant prevention concentration and mutant selection window approach. *Vet Dermatol* 20(5-6):383–396, 2009.

[324]Loeffler A, Linek M, Moodley A, et al: First report of multiresistant, mecA-positive *Staphylococcus intermedius* in Europe: 12 cases from a veterinary dermatology referral clinic in Germany. *Vet Dermatol* 18(6):412–421, 2007.

[325]May ER, Hnilica KA, Frank LA, et al: Isolation of *Staphylococcus schleiferi* from healthy dogs and dogs with otitis, pyoderma, or both. *J Am Vet Med Assoc* 227(6):928–931, 2005.

[326]Rosenfeld RM, et al: Clinical practice guideline: acute otitis externa. *Otolaryngol Head Neck Surg* 134(4 Suppl):S4–23, 2006.

[327]Horspool LJI: Novel agents in the treatment of canine otitis externa. In *Congresso Internazionale Multisala*, Rimini, 2011, SCIVAC.

[328]Wefstaedt P, Behrens BA, Nolte I, et al: Finite element modelling of the canine and feline outer ear canal: benefits for local drug delivery? *Berl Munch Tierarztl Wochenschr* 124(1-2):78–82, 2011.

[329]Kalcioglu MT, Ozturan O, Durmaz R, et al: In vitro efficacy of the successive or staggered use of eardrops. *Eur Arch Otorhinolaryngol* 263(5):395–398, 2006.

[330]Tempera G, Mangiafico A, Genovese C, et al: In vitro evaluation of the synergistic activity of neomycin-polymyxin B association against pathogens responsible for otitis externa. *Int J Immunopathol Pharmacol* 22(2):299–302, 2009.

[331]Jain J, Arora S, Rajwade JM, et al: Silver nanoparticles in therapeutics: development of an antimicrobial gel formulation for topical use. *Mol Pharm* 6(5):1388–1401, 2009.

[332]Ruden S, Hilpert K, Berditsch M, et al: Synergistic interaction between silver nanoparticles and membrane-permeabilizing antimicrobial peptides. *Antimicrob Agents Chemother* 53(8):3538–3540, 2009.

[333]Ueno S, Kusaka K, Tamada Y, et al: An enhancer peptide for membrane-disrupting antimicrobial peptides. *BMC Microbiol* 10:46, 2010.

[334]Pankey GA, Ashcraft DS: The detection of synergy between meropenem and polymyxin B against meropenem-resistant Acinetobacter baumannii using Etest and time-kill assay. *Diagn Microbiol Infect Dis* 63(2):228–232, 2009.

[335]Pietschmann S, et al: Synergistic effects of miconazole and polymyxin B on microbial pathogens. *Vet Res Commun* 33:489–505, 2009.

[336]Gbadamosis S, Gotthelf L: Evaluation of the in vitro effect of Tris-EDTA on the minimum inhibitory concentration of enrofloxacin against ciprofloxacin resistant *Pseudomonas aeruginosa*. *Vet Dermatol* 14(4):222, 2003.

[337]Harper WE, Epis JA: Effect of chlorhexidine/EDTA/Tris against bacterial isolates from clinical specimens. *Microbios* 51(207):107–112, 1987.

[338]Trott DJ, Moss SM, See AM, et al: Evaluation of disc diffusion and MIC testing for determining susceptibility of *Pseudomonas aeruginosa* isolates to topical enrofloxacin/silver sulfadiazine. *Aust Vet J* 85(11):464–466, 2007.

[339]Nuttall TJ: Use of ticarcillin in the management of canine otitis externa complicated by *Pseudomonas aeruginosa*. *J Small Anim Pract* 39(4):165–168, 1998.

[340]Griffin C: *Pseudomonas* otitis therapy. In Bonagura J, editor: *Kirk's Current Veterinary Therapy XIII*, Philadelphia, 2000, WB Saunders Co, p 586.

[341]Hawkins C, Harper D, Burch D, et al: Topical treatment of *Pseudomonas aeruginosa* otitis of dogs with a bacteriophage mixture: a before/after clinical trial. *Vet Microbiol* 146(3-4):309–313, 2010.

[342]Carlotti DN, et al: Marbofloxacin for the systemic treatment of *Pseudomonas* spp. suppurative otitis externa in the dog. In Kwochka K, et al, editors: *Advances in Veterinary Dermatology III*, Boston, 1998, Butterworth Heinemann, p 463.

[343]Bourdeau P, Marchand A, Etoré F: In vitro activity of posaconazole and other antifungals against *Malassezia pachydermatis* isolated from dogs. *Vet Dermatol* 15(s):46, 2004.

[344]Cole LK, Luu DH, Rajala-Schultz PJ, et al: In vitro activity of an ear rinse containing tromethamine, EDTA, benzyl alcohol and 0.1% ketoconazole on *Malassezia* organisms from dogs with otitis externa. *Vet Dermatol* 18(2):115–119, 2007.

[345]Lorenzini R, Mercantini R, De Bernardis F: In vitro sensitivity of *Malassezia* spp. to various antimycotics. *Drugs Exp Clin Res* 11(6):393–395, 1985.

[346]Nakano Y, Wada M, Tani H, et al: Effects of beta-thujaplicin on anti-*Malassezia pachydermatis* remedy for canine otitis externa. *J Vet Med Sci*, 2005 67(12):1243–1247.

[347]Gram D, et al: Treatment of ear mites in cats: A comparison of subcutaneous and topical ivermectin. *Vet Med* 89:1122, 1994.

[348]Nunn-Brooks L, Michael R, Ravitz LB, et al: Efficacy of a single dose of an otic ivermectin preparation or selamectin for the treatment of *Otodectes cynotis* infestation in naturally infected cats. *J Feline Med Surg* 13(8):622–624, 2011.

[349]Caffier PP, Harth W, Mayelzadeh B, et al: Tacrolimus: a new option in therapy-resistant chronic external otitis. *Laryngoscope* 117(6):1046–1052, 2007.

[350]Acar B, Karabulut H, Sahin Y, et al: New treatment strategy and assessment questionnaire for external auditory canal pruritus: topical pimecrolimus therapy and Modified Itch Severity Scale. *J Laryngol Otol* 124(2):147–151, 2009.

[351]Kelley LS, Flynn-Lurie AK, House RA, et al: Safety and tolerability of 0.1% tacrolimus solution applied to the external ear canals of atopic beagle dogs without otitis. *Vet Dermatol* 21(6):554–565, 2010.

[352]Nuttall T, Carr MN: Topical and systemic antimicrobial therapy for ear infections. In Affolter VK, Hill PB, editors: *Advances in Veterinary Dermatology*, Ames, 2010, Wiley-Blackwell, pp 402–407.

[353]Mansfield PD: Ototoxicity in dogs and cats. *Compend Contin Educ* 12:331, 1990.

[354]Igarashi Y, Oka Y: Vestibular ototoxicity following intratympanic applications of chlorhexidine gluconate in the cat. *Arch Otorhinolaryngol* 245(4):210–217, 1988.

[355]Galle HG, Venker-van Haagen AJ: Ototoxicity of the antiseptic combination chlorhexidine/cetrimide (Savlon): effects on equilibrium and hearing. *Vet Q* 8(1):56–60, 1986.

[356]Merchant SR, et al: Otoxicity assesment of a chlorhexidine otic preparation in dogs. *Prog Vet Neurol* 4(3):72–75, 1993.

[357]Mills P, Ahlstrom L, Wilson W: Ototoxicity and tolerance assessment of a TrisEDTA and polyhexamethylene biguanide ear flush formulation in dogs. *J Vet Pharmacol Ther* 28(4):391–397, 2005.

[358]Strain GM, Merchant SR, Neer TM, et al: Ototoxicity assessment of a gentamicin sulfate otic preparation in dogs. *Am J Vet Res* 56(4):532–538, 1995.

[359]Paterson S: Ototoxicity. In *World Congress of Veterinary Dermatology*, Honk Kong, 2008.

[360]Hall J: *Oral cyclosporine in the treatment of end state ear disease: A pilot study.* Proceedings of the 18th Annual Meeting of the American Academy of Veterinary Dermatology and American College of Veterinary Dermatology. Monterey, California, 2003:217.

[361]Wildermuth BE, Griffin CE, Rosenkrantz WS, et al: Susceptibility of *Pseudomonas* isolates from the ears and skin of dogs to enrofloxacin, marbofloxacin, and ciprofloxacin. *J Am Anim Hosp Assoc* 43(6):337–341, 2007.

[362]DeBoer D, Verbrugge M, Hartmann F: Antimicrobial susceptibility patterns in fluoroquinolones-susceptible and fluoroquinolones-nonsusceptible

isolates of *Pseudomonas aeruginosa* form the ear canal of dogs. In *Proceedings of the North American Veterinary Dermatology Forum*, Sarasota, Florida, 2005.

[363]Rubin J, Walker RD, Blickenstaff K, et al: Antimicrobial resistance and genetic characterization of fluoroquinolone resistance of *Pseudomonas aeruginosa* isolated from canine infections. *Vet Microbiol* 131(1-2):164–172, 2008.

[364]Seol B, Naglić T, Madić J, et al: In vitro antimicrobial susceptibility of 183 *Pseudomonas aeruginosa* strains isolated from dogs to selected antipseudomonal agents. *J Vet Med B Infect Dis Vet Public Health* 49(4):188–192, 2002.

[365]McKay L, Rose CD, Matousek JL, et al: Antimicrobial testing of selected fluoroquinolones against *Pseudomonas aeruginosa* isolated from canine otitis. *J Am Anim Hosp Assoc* 43(6):307–312, 2007.

[366]Hariharan H, Coles M, Poole D, et al: Update on antimicrobial susceptibilities of bacterial isolates from canine and feline otitis externa. *Can Vet J* 47(3):253–255, 2006.

[367]Cole LK, et al: Plasma and ear tissue concentrations of enrofloxacin and its metabolite ciprofloxacin in dogs with chronic end-stage otitis externa after intravenous administration of enrofloxacin. *Vet Dermatol* 20(1):51–59, 2009.

[368]Walker RD, Stein GE, Hauptman JG, et al: Pharmacokinetic evaluation of enrofloxacin administered orally to healthy dogs. *Am J Vet Res* 53(12):2315–2319, 1992.

[369]Kay-Mugford PA, et al: Determination of plasma and skin concentrations of orbifloxacin in dogs with clinically normal skin and dogs with pyoderma. *Vet Ther* 3(4):402–408, 2002.

[370]Wiebe V, Hamilton P: Fluoroquinolone-induced retinal degeneration in cats. *J Am Vet Med Assoc* 221(11):1568–1571, 2002.

[371]Ford MM, Dubielzig RR, Giuliano EA, et al: Ocular and systemic manifestations after oral administration of a high dose of enrofloxacin in cats. *Am J Vet Res* 68(2):190–202, 2007.

[372]Krieger K, et al: Efficacy and safety of imidacloprid 10% plus moxidectin 2.5% spot-on in the treatment of sarcoptic mange and otoacariosis in dogs: results of a European field study. *Parasitol Res* 97(Suppl 1):S81–S88, 2005.

[373]Blot C, Kodjo A, Reynaud MC, et al: Efficacy of selamectin administered topically in the treatment of feline otoacariosis. *Vet Parasitol* 112(3):241–247, 2003.

[374]Curtis CF: Current trends in the treatment of *Sarcoptes, Cheyletiella* and *Otodectes* mite infestations in dogs and cats. *Vet Dermatol* 15(2):108–114, 2004.

[375]Fourie LJ, Kok DJ, Heine J: Evaluation of the efficacy of an imidacloprid 10%/moxidectin 1% spot-on against *Otodectes* cynotis in cats. *Parasitol Res* 90 Suppl 3:S112–S113, 2003.

[376]Six RH, Clemence RG, Thomas CA, et al: Efficacy and safety of selamectin against Sarcoptes scabiei on dogs and *Otodectes cynotis* on dogs and cats presented as veterinary patients. *Vet Parasitol* 91(3-4):291–309, 2000.

[377]Lanz OI, Wood BC: Surgery of the ear and pinna. *Vet Clin North Am Small Anim Pract* 34(2):567–599, viii, 2004.

[378]Doyle RS, Skelly C, Bellenger CR: Surgical management of 43 cases of chronic otitis externa in the dog. *Ir Vet J* 57(1):22–30, 2004.

[379]Smeak DD: Lateral approach to subtotal bulla osteotomy in dogs: pertinent anatomy and procedural details. *Compend Contin Educ Pract Vet* 27(5):377–385, 2005.

[380]Mathews KG, Hardie EM, Murphy KM: Subtotal ear canal ablation in 18 dogs and one cat with minimal distal ear canal pathology. *J Am Anim Hosp Assoc* 42(5):371–380, 2006.

[381]Layton CE: The role of lateral ear resection in managing chronic otitis externa. *Semin Vet Med Surg (Small Anim)* 8(1):24–29, 1993.

[382]McCarthy R, Caywood D: Vertical ear canal resection for end-stage otitis externa in dogs. *J Am Anim Hosp Assoc* 28:545, 1992.

[383]McAnulty JF, Hattel A, Harvey CE: Wound healing and brainstem auditory evoked potentials after experimental total ear canal ablation with lateral tympanic bulla osteotomy in dogs. *Vet Surg* 24(1):1–8, 1995.

[384]Krahwinkel DJ, Pardo AD, Sims MH, et al: Effect of total ablation of the external acoustic meatus and bulla osteotomy on auditory function in dogs. *J Am Vet Med Assoc* 202(6):949–952, 1993.

第二十章　瘤性和非瘤性肿物

一、皮肤肿瘤学

近十年，兽医肿瘤学科领域从少数科学家探索初期开始，到现在发展为一项新兴的临床基础科学。因此，人们对于一些涉及皮肤及其附属结构的肿瘤病理的分子学发病机制的理解显著拓宽。本章主要介绍一些犬、猫最常见的肿瘤和非肿瘤性皮肤病。

通过以往的研究，结合每年的发病率，犬和猫良恶性肿瘤的诊断分别为约每100 000个病例中有1 077例和188例[1]。据此得出，诊断出犬癌症的概率大约是猫的6倍。由于原位细胞的恶性转化是动物生命中自发性突变，所以犬猫肿瘤疾病的高发年龄段靠后，6~14岁并不罕见。对于皮肤肿瘤来说，犬、猫发病的平均年龄分别为10.5岁和12岁。虽然发病年龄相似，但是犬、猫皮肤肿瘤的发病倾向有差别（表20-1）。此外，犬、猫都有常发皮肤肿瘤的品种倾向性。皮肤肿瘤发病报道最多的犬种包括拳师犬、苏格兰㹴、斗牛獒犬、巴吉度猎犬、威玛犬、凯利蓝㹴和挪威猎麋犬。而某些特定肿瘤在暹罗猫和波斯猫中高发。虽然犬、猫性别对肿瘤类型多种多样，但是肿瘤的总体发病率的影响并不大。

在区分良性肿瘤和某些增殖性炎症病灶或者增生性过程方面，现在还没有令人非常满意的临床标准[2]。同样，仅根据物理特征很难区分肿瘤的良恶性程度。但是恶性肿瘤会特征性突发，且呈浸润性、生长迅速，还可以复发以及转移；恶性肿瘤的转移性是影响存活时间最重要的标准；但是与癌症发病率和死亡率有关的另一种重要因素是局部组织的侵袭程度。

犬最常发生肿瘤的部位是皮肤（约占总数的30%），对于猫，皮肤肿瘤的发生率第二（约占总数的20%）[1,3]。根据研究的不同，犬、猫最常见的皮肤肿瘤类型也不同。总体来说，犬皮肤肿瘤可粗略划分为55%的间质型、40%的上皮型以及5%的黑色素细胞起源型；猫皮肤肿瘤主要为50%的上皮型、48%的间质型以及2%的黑色素细胞型。起源于间叶细胞的肿瘤占犬、猫皮肤肿瘤比例很大，但是大部分间质肿瘤起源于皮下组织，其次是皮肤或者相关皮下结构。对犬而言，最常见的皮肤肿瘤按发生率从高到低排列为淋巴瘤、皮脂腺增生、肥大细胞瘤、组织细胞瘤以及乳头状瘤（鳞状细胞乳头状瘤和纤维乳头状瘤）[4,5]。对猫而言，最常见的皮肤肿瘤发生率由高到低为基底细胞瘤、鳞

状细胞癌、肥大细胞瘤以及纤维肉瘤[6]。

正确护理患有皮肤肿瘤的伴侣动物关键在于获得特异的准确诊断。尽管通过活组织检查进行组织学评估通常能得到准确的诊断，但是对以某些鳞屑并脱落较多为特征的肿瘤来说，细胞学评估也是一种有效的手段，可以对疑似肿瘤病灶进行快速而又准确的特征性分析。为了进一步提高细胞学诊断的临床实用性，一些研发并获得批准的商品化抗体，包括不同抗原簇，可将表面分子表达模式进一步特征化，从而帮助人们对一些组织学上明显为圆形细胞起源的肿瘤组织作出明确的细胞学诊断[7-17]。尽管脱落表皮的细胞学评估有一定实用性，但仍用于活组织和组织病理学检查之后，也不能代替活组织和组织病理学检查。组织活检样品可以为肿瘤分级、组织浸润程度、坏死百分比、血管生成和其他恶性肿瘤组织学评估标准可提供有用的信息[2,18-22]。以前临床上对皮肤肿瘤制订的鉴别诊断方法通常是临床医生根据经验制定的，但是许多肿瘤发展会与个体因素有关，因此需要通过准确的组织学活检或者细胞学分析确诊。犬、猫皮肤肿物的详细的组织病理学描述超出了本章的范围，因此这里只陈述各种肿物的组织病理学基本信息。

二、上皮肿瘤

（一）乳头状瘤

1. 病因和发病机制

乳头状瘤病毒是无囊膜的DNA病毒，直接或间接（通过污染物）接触传播，特异性感染上皮细胞。总体来说，感染通常发生在受损的皮肤或者黏膜，病毒潜伏期为1~2个月不等。在过去的20年里，对人类和动物的乳头状瘤病毒的了解和分类有了重大突破[23-31]。通过限制性核酸内切酶作用病毒DNA以及试管内病毒DNA杂交技术进行的分裂模型研究，人们了解到动物属的乳头状瘤病毒的亚型之间异质性很高。就犬而言，已经确认至少有7种亚型的乳头状瘤病毒有宿主特异性。此外，似乎也存在一些猫乳头状瘤病毒[32]。

乳头状瘤病毒的增殖不能在试管中进行，而且对分子诊断方法的敏感度有显著差异[23]。DNA印迹杂交具有高度特异性和敏感性，但是耗时较长，而且不能对未知亚型的DNA片段做出检测。斑点印迹和反转印迹杂交敏感性好，

表20-1 犬、猫皮肤肿瘤和非肿瘤性肿物的品种倾向

肿物类型	品种
乳头状瘤	可卡犬、凯利蓝㹴
漏斗腺角化棘皮瘤	柯利犬、德国牧羊犬、荷兰狮毛犬、拉萨狮子犬、挪威猎麋犬、英国老式牧羊犬、约克夏㹴
鳞状细胞癌	苏格兰㹴、北京犬、拳师犬、贵宾（妇）犬、挪威猎麋犬
鳞状细胞癌，无毛无色素的躯体皮肤（光化作用引起的）	大麦町犬、牛头㹴、美国斯塔福德猎犬、比格犬
鳞状细胞癌，甲床	黑色拉布拉多猎犬、黑色标准贵宾（妇）犬、大型雪纳瑞犬、腊肠犬、佛兰德斯牧羊（牛）犬
猫良性基底细胞瘤	波斯猫、喜马拉雅猫
基底细胞瘤	可卡犬、英国史宾格犬、凯利蓝㹴、贵宾（妇）犬、喜乐蒂牧羊犬、西伯利亚哈士奇犬、暹罗猫
毛发上皮瘤	可卡犬、英国史宾格犬、巴吉度猎犬、德国牧羊犬、金毛寻回猎犬、爱尔兰赛特犬、迷你雪纳瑞犬、标准贵宾（妇）犬、波斯猫
毛根鞘瘤	阿富汗猎犬
毛基质瘤	凯利蓝㹴、英国老式牧羊犬、贵宾（妇）犬
毛母细胞瘤	可卡犬、贵宾（妇）犬
皮脂腺肿瘤	比格犬、可卡犬、腊肠犬、爱尔兰赛特犬、拉萨狮子犬、雪橇犬、迷你雪纳瑞、贵宾（妇）犬、西施犬、西伯利亚哈士奇犬、波斯猫
汗腺肿瘤	可卡犬、德国牧羊犬、金毛寻回猎犬
环肛腺肿瘤	比格犬、可卡犬、英国斗牛犬、德国牧羊犬、拉萨狮子犬、西伯利亚哈士奇犬、阿富汗猎犬、腊肠犬、西施犬、萨摩耶犬
纤维瘤	波斯顿㹴、拳师犬、德国杜伯文犬、猎狐㹴、金毛寻回猎犬
纤维性发痒结节	德国牧羊犬
黏液瘤或黏液肉瘤	德国杜伯文犬、德国牧羊犬
神经鞘瘤	猎狐㹴
血管瘤	万能㹴、拳师犬、英国史宾格犬、德国牧羊犬、金毛寻回猎犬
血管瘤，无毛无色素皮肤（光化作用引起的）	美国斯塔福德猎犬、巴吉度猎犬、比格犬、大麦町犬、英国史宾格犬、灵缇、萨路基猎犬、小灵犬
血管肉瘤	伯尔尼犬、拳师犬、德国牧羊犬、金毛寻回猎犬
血管肉瘤，无毛无色素皮肤（光化作用引起的）	见光化作用血管瘤
血管外皮细胞瘤	比格犬、拳师犬、德国杜伯文犬、柯利犬、猎狐㹴、英国史宾格犬、德国牧羊犬、爱尔兰赛特犬、西伯利亚哈士奇犬
脂肪瘤	可卡犬、腊肠犬、德国杜伯文犬、拉布拉多猎犬、迷你雪纳瑞、威玛犬、暹罗猫
脂肪肉瘤	布列塔尼猎犬、腊肠犬、喜乐蒂牧羊犬
肥大细胞瘤	美国斯塔福德㹴、比格犬、波斯顿㹴、拳师犬、斗牛犬、腊肠犬、英国斗牛犬、猎狐㹴、金毛寻回猎犬、拉布拉多猎犬、八哥犬、沙皮犬、威玛犬、暹罗猫
淋巴瘤	巴吉度猎犬、拳师犬、可卡犬、德国牧羊犬、金毛寻回猎犬、爱尔兰赛特犬、苏格兰㹴、圣伯纳犬
浆细胞瘤	可卡犬
组织细胞瘤	美国斯塔福德㹴、波斯顿㹴、拳师犬、可卡犬、德国杜伯文犬、英国史宾格犬、大丹犬、拉布拉多猎犬、迷你雪纳瑞犬、沙皮犬、喜乐蒂牧羊犬、西高地白㹴
恶性组织细胞增多症	伯尔尼犬
系统性组织细胞增多症	伯尔尼犬
皮肤型组织细胞增多症	柯利犬、喜乐蒂牧羊犬
良性纤维性组织细胞瘤	柯利犬、金毛寻回猎犬
黑色素肿瘤	万能㹴、波斯顿㹴、拳师犬、吉娃娃、中国松狮犬、可卡犬、德国杜伯文犬、英国史宾格犬、金毛寻回猎犬、爱尔兰赛特犬、爱尔兰㹴、迷你雪纳瑞犬、苏格兰㹴
毛囊囊肿	拳师犬、德国杜伯文犬、迷你雪纳瑞犬、西施犬
皮样囊肿	拳师犬、凯利蓝㹴、罗德西亚脊背犬

表20-1　犬、猫皮肤肿瘤和非肿瘤性肿物的品种倾向（续表）

肿物类型	品种
胶原痣	德国牧羊犬
阴囊血管痣	万能㹴、凯利蓝㹴、拉布拉多猎犬、苏格兰㹴
表皮痣	迷你雪纳瑞犬、八哥犬
局部钙质沉着	波斯顿㹴、拳师犬、德国牧羊犬
局部黏蛋白增多症	德国杜伯文犬、中国沙皮犬

准确度高，但操作较难。原位杂交的敏感度比DNA印迹较差，但是可以检测出携带病毒DNA的细胞。聚合酶链反应（PCR）最常用，其操作简单，而且能够快速复制结果，但是有人认为PCR技术的敏感度不高，故不能准确地预测病毒DNA[33,34]。

乳头状瘤病毒在环境中稳定性很高，在4~8℃可以存活63d，在37℃可以存活6h[24]。体液免疫可以抵抗病毒，但是不能清除病灶的病毒[24]。细胞免疫在乳头状瘤病毒消除过程中起关键作用，并且T淋巴细胞释放的CD4⁺和CD8⁺浸润物质对于病毒的清除不可或缺[24,35]。犬乳头状瘤活毒疫苗和福尔马林灭活疫苗可为机体提供有效保护作用，但是对已经存在感染的动物没有治疗作用[24]。

乳头状瘤病毒和肿瘤形成之间的关系是科研热点，并已进行多项研究[23]。病毒基因的命名法包括L（后段基因）、E（前段基因）以及LCR（长期控制区域）。L1和L2基因编码病毒衣壳蛋白，E基因参与病毒DNA复制的调控（E1）、转录活动（E2）、调节感染细胞的免疫应答（E3）、破坏角蛋白促进病毒释放（E4）、与生长因子相互作用（E5），或者细胞增殖凋亡（E6和E7）[36,37]。E6和E7病毒DNA片段是真正的癌基因，能够促进细胞的生长，造成宿主细胞染色体不稳定。E6瘤蛋白通过泛激素通路降低p53肿瘤抑制蛋白，进而导致细胞分离、宿主DNA合成解锁，诱发受感染细胞染色体的不稳定性，使各种突变积累。当转录蛋白E7被抑制时，另一个重要的肿瘤抑制蛋白——视网膜母细胞瘤蛋白（Rb）被抑制[36,37]。

乳头状瘤病毒可能参与形成犬猫某种特定类型的鳞状细胞癌[24]。人类乳头状瘤病毒（HPV）是生殖器疣最重要的致病因素，也是宫颈非典型增生和宫颈癌的主要病原[38,39]。2006年FDA通过了一种4价重组基因疫苗，用来保护人类免受6型、11型、16型和18型HPV病毒的感染［Gardasi（Merck & Co., Whitehouse Station, N.J.）］，该疫苗能较有效地使人类免受HPV诱发的疾病包括宫颈和阴道上皮内肿瘤[38,39]的危害。

具有IgA缺陷的犬和那些给予糖皮质激素或肿瘤化疗的犬会发生不同程度的乳头状瘤[40-43]。糖皮质激素和免疫抑制可以加剧潜在感染，可能会增加病毒组织嗜性。

2. 临床发现

（1）犬

皮肤乳头状瘤（疣）常见于犬上，临床上至少可见5种综合征。

犬口腔乳头状瘤（*Canine oral papillomatosis*）常感染青年犬，没有品种或性别倾向性。大部分会有多处病灶，通常感染颊黏膜、舌头、腭、咽部、会厌软骨、嘴唇、鼻镜、皮肤、眼睑、结膜和角膜（图20-1，A和B）。良性肿物为白色、扁平、光滑的有光泽丘疹，直径只有几毫米，逐渐发展为灰白色有蒂的或者呈菜花状的高度角化肿物，直径约为3cm。分化良好的肿瘤表面包裹高度角质化的鳞片。颜色鲜红的口腔乳头状瘤曾见于比格犬以及患有IgA缺陷的犬如采用环孢菌素A进行免疫抑制治疗的犬[44]。严重的口腔乳头状瘤伴有皮肤乳头状瘤（同种病毒引起），曾见于用糖皮质激素治疗的青年中国沙皮犬[42]。有文献称1只犬在接受肿瘤化疗时面部、腹股沟部以及会阴部出现多个乳头状瘤[41]。

皮肤乳头状瘤（*Cutaneous papillomas*）通常发生于老年犬，更易见于公犬、可卡犬和凯利蓝㹴[3,5]。皮肤乳头状瘤的患犬可有一个或多个病灶，主要发生在头部、眼睑和脚部（见图20-1，C）。肿瘤通常是有蒂的或者呈菜花状，质地坚硬或者柔软，包膜完整、无毛且光滑，发生角化，直径通常小于0.5cm。皮肤病灶中发现乳头状瘤病毒则可以判断乳头状瘤病毒涉及介导了瘤变[24,45,46]。

开放性皮肤乳头状瘤（*Cutaneous inverted papillomas*）通常见于8月龄至3岁的犬，没有品种或性别倾向性[47,48]。病灶通常发生在腹部和腹股沟腹侧；很小（直径为1~2cm），突出于体表，质地坚硬；在皮肤表面会有一个小的开口（图20-1，D）。犬口腔乳头状瘤病毒的DNA杂交研究显示，皮肤倒转乳头状瘤是由其他乳头状瘤病毒引起的，而不是由犬口腔乳头状瘤病毒的其他血清型引起的。

多发性色素沉着、丘疹、皮肤乳头状瘤与一种新的乳头状瘤病毒有关，见于1只6岁的长期接受全身糖皮质激素治疗的拳师犬[40]。病灶呈黑色，圆形，具有蜡样表面，发生在腹部。在糖皮质激素治疗结束后，乳头状瘤可在3个星期内自行消退了。

多发性色素斑（*Multiple pigmented plaques*）与乳头状

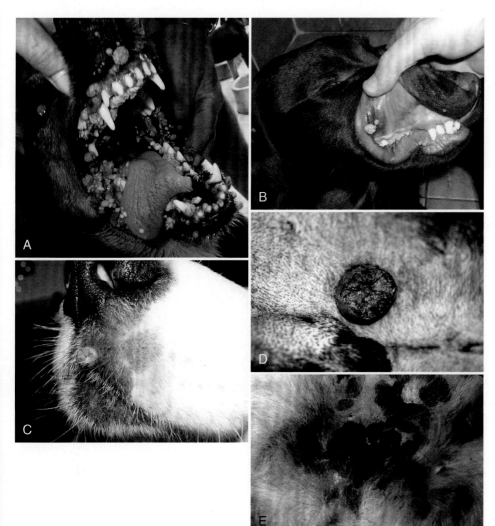

图20-1　A. 幼犬严重的口腔病毒性乳头状瘤　B. 幼犬颊黏膜轻度病毒性乳头状瘤　C. 犬鼻头下方的皮肤乳头状瘤　D. 犬包皮附近的杯状倒转乳头状瘤（来自L. Nagels）　E. 幼犬色素型病毒性乳头状瘤

瘤病毒感染有关，曾有一例迷你雪纳瑞犬和八哥犬的报道（见图20-1，E）[49]。这种疾病也见于中国沙皮犬。病灶通常在犬2～4岁时出现，常见于身体腹侧和大腿中部。黑色的斑点和斑块逐渐发展为有鳞片和角质化的肿瘤。

多发性乳头状瘤（*Multiple papillomas*）见于成年犬的脚垫处，病灶坚硬角质化，通常外观类似角状。疾病可见于多只爪的爪垫上。大病灶会导致跛行。尚未证实这些乳头状瘤是由病毒引起的。

尽管皮肤病毒性乳头状瘤通常是良性的，但在一些犬中也会转变成鳞状细胞癌[24]。一些犬使用从自发引起口腔乳头状瘤中分离的乳头状瘤病毒自体疫苗后，在疫苗注射位点出现了鳞状细胞癌[24]。

（2）猫

家猫至少有两种乳头状瘤病毒：口腔型（FdPV-2）和皮肤型（FdPV-1）[32]。猫口腔型乳头状瘤病毒可发生于舌部，可感染不同年龄的猫（6月龄～9岁），临床表现为多个小病灶（直径4～8mm），柔软，呈淡粉色，椭圆形，轻微隆起，表面扁平[32]。乳头状瘤病毒引起的皮肤病灶见于成年猫，没有品种、性别以及部位选择性。这些皮肤乳头状瘤单独存在，有蒂、呈菜花状、包膜完整、高度分化，直径通常小于0.5cm。

1990年首次报道了猫的多发性病毒性乳头状瘤[50]。患畜多为中老年猫，没有报道称有品种和性别倾向性[50,51]。病灶可为多个，且可感染身体各处，特别是头部、颈部、胸背部、腹侧以及邻近四肢。病灶直径为3mm～3cm，最开始像黑色素斑点，逐渐发展为斑块，变得角质化，产生鳞片，偶尔会有油腻感。

3. 诊断

犬皮肤乳头状瘤的鉴别诊断标准包括漏斗状角质化棘皮瘤、毛囊瘤、皮肤角状突起、雀斑和黑色素瘤，而猫的鉴别诊断应当包括肥大细胞瘤、皮肤角状突起、Winer扩张孔以及黑色素瘤。组织学上，乳头状瘤可分成鳞状型和纤维型。鳞状细胞乳头状瘤（最常见类型）的特征是乳头状突起（外生性乳头状瘤）或斑点状（扁平疣）表皮增生和乳头状瘤样增生，伴有不同程度的气球样变性（中空细胞病）和大而成群的多形性透明角质颗粒（图20-2）。可以发现数量不定的嗜碱性核内包含体。倒转乳头状瘤（内生型乳头状瘤）为杯状病灶，有一个角质化中心孔[47]。病灶被成熟的鳞状上皮围绕，向心方向突起生长，发生气球样变性，透明角质颗粒异常，可见数量不定的核内包含体。

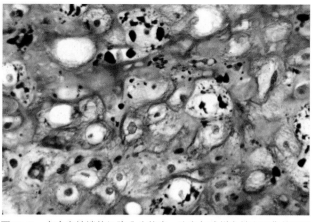

图20-2　犬病毒性鳞状细胞乳头状瘤。注意气球样变性和聚集的透明角质颗粒

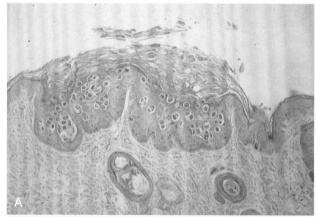

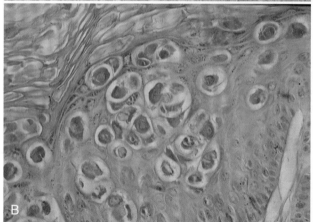

图20-3　A. 1只免疫抑制犬的色素沉着的丘疹样病毒性乳头状瘤。B. 中空细胞病、核内包涵体和胞浆包涵体的特写

纤维乳头状瘤（纤维性息肉）的特征为胶原蛋白纤维状增殖，发生乳头样增生和乳头状表皮增生[52,53]。最近报道的1例色素斑块乳头状瘤具有独特的杯状外观，严重角化不全，核内有嗜碱性角状包含体，嗜酸性纤维状细胞内容物（改良性蛋白），且缺乏角质透明蛋白颗粒（图20-3）。多发性斑点斑块样乳头状瘤具有典型的鳞状细胞乳头状瘤结构，有显著的表皮黑色素沉着和大的角质透

明颗粒。

猫的多发性病毒性乳头状瘤特征为早期呈焦点状、隆起的斑块状表皮和漏斗状增生，正向角化过度，色素沉着过多，气球样降解，异常透明质颗粒[32,50,51]。也可能出现嗜碱性核内包涵体以及灰色细胞质包含物（增生性细胞角蛋白纤维）。在棘层角质细胞中首先出现少量聚集成堆的粉色纤维状胞浆内容物，进而在颗粒层形成不规则的独立存在的大的双染物质。

4. 临床管理

皮肤乳头状瘤的临床管理包括手术切除，冷冻术，电外科手术，CO_2激光烧蚀和无治疗观察[35,54-58]。犬口腔乳头状瘤通常在3个月内自行消退，并且人工感染和自发感染的病例随后都会出现保护性细胞免疫[24,43]。并没有文献报道自体的或商业生产的疣疫苗和免疫调节剂（如左旋咪唑或噻苯咪唑）的治疗价值，所以疣疫苗和免疫调节剂不能用于乳头状瘤的实际临床管理。取自犬口腔乳头状瘤的活自体疫苗具有保护性，但在少数病例中发现其与注射部位发生鳞状细胞癌有关[46,59]。包括福尔马林灭活制剂或犬口腔乳头状瘤E1、E2、E4、E7基因密码子优化的腺病毒复制缺陷型疫苗在内的改良乳头状瘤病毒疫苗对人工感染或自然感染可提供完全保护，该疫苗的另一优势是可避免注射部位发生鳞状细胞癌[60-63]。有报道称类维生素A对治疗犬开放性皮肤乳头状瘤有效，然而，考虑到一些犬开放性皮肤乳头状瘤可自愈，所以确定单剂维甲酸治疗的有效性是困难的[48,64-66]。

（二）漏斗状角质化棘皮瘤（角化棘皮瘤）

1. 病因和发病机制

漏斗状角化棘皮瘤（角化棘皮瘤，漏斗状角化上皮瘤）是一种不常见的犬良性肿瘤，起源于毛囊[67-69]。犬的漏斗状角化棘皮瘤的病因还不能确定，但认为犬和人的漏斗状角化棘皮瘤可能与遗传有关。因为免疫组织化学研究证明肿瘤部位的活检结果不存在乳头状瘤病毒抗体，因此，乳头状瘤病毒可能不是漏斗状角化棘皮瘤的潜在诱因[47,70,71]。

2. 临床发现

典型漏斗状角化棘皮瘤发生于5岁或5岁以下的犬，公犬比母犬更易感染。纯种犬发病率更高，特别是挪威猎麋犬和荷兰狮毛犬（图20-4），这两种犬容易发生全身弥散性漏斗状角化棘皮瘤综合征[68]。其他易发生全身感染的品种包括德国牧羊犬和英国老式牧羊犬，而柯利犬、拉萨狮子犬和约克夏㹴更容易患单独的漏斗状角化棘皮瘤。典型的漏斗状角化棘皮瘤会影响背部、颈部、胸部以及四肢，病灶初期质地坚硬或者有波动感，存在于真皮或皮下组织中，包膜完整，直径为0.5~4cm，有一小孔开口于皮肤表面，直径为1mm以下至几毫米。开口处通常存在一个坚硬的角质化栓塞，可能很小不明显，也可能很大，类似角状。角质化栓塞的浅表病灶容易与皮肤角质化相混淆。一

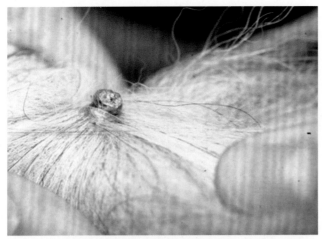

图20-4 荷兰狮毛犬背正中线的漏斗状角化棘皮瘤肿瘤开口被角质蛋白堵塞

些肿瘤完全长在真皮层或皮下，不与皮肤表面相接处，跟囊肿相似。犬漏斗状角化棘皮瘤不具有侵袭性，也不会转移，因此被认为是一种良性肿瘤。虽然肿瘤为良性，但是患有全身性肿瘤的犬会出现多个病灶（大于50个），可能导致局部肿瘤复发并增加肿瘤新发的概率。

3. 诊断

皮肤漏斗状角化棘皮瘤的鉴别诊断包括乳头状瘤、毛囊瘤、皮角、鳞状细胞癌和囊肿。组织病理学上，漏斗状角化棘皮瘤的特征是开口于皮肤表面的真皮层角蛋白填充组织[68]。隐窝壁由较多复杂的、折叠的、分化良好的鳞状上皮层和几列鳞状细胞组成，这些鳞状细胞从壁的基底面外部突起，构成了小的表皮窝。最主要的组织病理学鉴别是倒转乳头状瘤[47]。另一个临床形态学鉴别诊断是高分化鳞状细胞癌。尽管形态学上有相似性，但是漏斗状角化棘皮瘤和高分化鳞状细胞癌可以通过免疫组织化学特征加以区分，有两种不同的细胞可作为增殖标记物，分别为Ki-67和AgNOR[72]。

4. 临床管理

漏斗状角化棘皮瘤的临床管理包括外科手术切除、冷冻术、电疗法和不治疗观察法。用环磷酰胺和泼尼松化疗以及用自体疫苗或左旋咪唑免疫疗法对犬无效，故不推荐使用。口服类维生素A（异维甲酸或者依曲替酯）能成功治疗一些犬的多发性漏斗状角化棘皮瘤[64,66]。对犬而言，用类维生素A治疗疾病，经3~4个月的治疗后可以看到良好的效果，大多数病例终生需要间断的持续治疗。值得关注的，一些漏斗状角化棘皮瘤会自发退化。

（三）鳞状细胞癌

1. 病因和发病机制

犬、猫鳞状细胞癌（SCC）通常是恶性肿瘤，肿瘤细胞会表现出角化细胞的分化特征[73]。SCC的发展与长期暴露在阳光下、肿瘤部位缺少色素、肿瘤发生部位毛发稀疏

有关。在一些病例中，SCC与光化（日光）角化病有关，常发生于具有长期强烈光照的地域[73-78]。SCC也见于有烧伤疤痕、多发性毛囊囊肿和慢性感染或炎症进程的犬，包括外耳炎和扁平红斑狼疮[6,79-81]。

乳头状瘤病毒与犬的SCC发展有关[46,59,70,82]。有报道称在1只博美犬身上发现一些乳头状瘤病毒阳性的有色上皮斑块（PEP）发展成了SCC，增强亮度可以潜在提高PEP恶性转变为SCC的风险[83]。犬自然发生的口腔结膜乳头状瘤几乎不会转变为SCC[43]。最近新型乳头状瘤病毒被确认与犬SCC有关联；随着对新病毒变种了解的深入，可更好地发现SCC的病因是病毒[26,28]。对猫而言，还不能证明乳头状瘤病毒和SCC的发生有关。早先研究表明，猫SCC没有病毒抗原[82]，但是一项近期的研究通过广域PCR评估SCC和多种心鳞状细胞原位癌［原位Bowenoid癌（BISC）］发现有乳头状瘤病毒的DNA存在，分别占两种病例样本的18%和24%[84]。另一项研究对比了26只乳头状瘤诱导的猫病毒性斑块（FVP）或BISC或两种病都有的患猫体内病毒抗原的免疫组化检测结果，发现17个FVP和FVP+BISC的病例中有16个病毒抗原呈阳性，而BISC病例只有1/9的抗原呈阳性。有人认为一些BISC高级病例中病毒蛋白表达缺失可以解释其阴性结果，由此得出是一些BISC病例可能由乳头状瘤病毒诱导的FVP进化而来[85]。

对SCC发生的其他病因学调查包括猫的阳性免疫缺陷病病毒是否存在以及肿瘤细胞内潜在的分子异常情况。加利福尼亚州的一群猫免疫缺陷病病毒（FIV）感染猫的调查显示，24%的患猫诊断为SCC。目前没有关于FIV感染与SCC发生因果关系的研究，这两种疾病与动物户外生活方式有关[86]。已证实犬和猫的SCC都会发生抑癌基因p53的突变，临床发现，在肿瘤发生时p53蛋白会过度表达[87-93]。

2. 临床发现

总体而言，SCC有局部侵袭性，转移缓慢。肿瘤浸润的局部淋巴结会肿大，但是这多数是对肿瘤炎症和溃疡的反应性淋巴结病的反应。

（1）犬

典型的SCC发生于老年犬，没有性别倾向性，高发年龄段为6~10岁[73]。有篇报道称一只4月龄的杂种犬在孔脐周围发生了SCC，手术成功切除了肿瘤[94]。该病的高发品种包括荷兰狮毛犬、标准雪纳瑞犬、巴吉度猎犬和柯利犬[73]。那些毛发稀疏、皮肤色素淡薄的品种（如比格犬、大麦町犬、小灵犬、斗牛犬），因长期暴露在太阳下，会增加光化作用SCC患病风险[73,76,77,95,96]。约75%趾甲SCC患犬是大型犬，70%为黑色被毛[97,98]。高发品种包括大型、标准、迷你雪纳瑞、哥顿塞特犬、标准和迷你贵宾（妇）犬、苏格兰㹴、拉布拉多猎犬、罗威纳犬和腊肠犬[73,97-99]。有报道称3只大型雪纳瑞以及大型黑色犬［罗威纳犬、标准贵宾（妇）犬、黑色拉布拉多猎犬、大型雪纳瑞和德国牧羊犬］患有多发性趾间SCC[97,100-104]。鼻腔SCC很少会发生与盘状红斑狼疮相

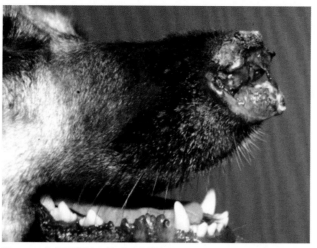

图20-5 起源于慢性不接受治疗的盘状红斑狼疮鳞状细胞癌

图20-6 斗牛犬鼻部的鳞状细胞癌

似的脱色后遗症（图20-5）[81]。其他情况如红斑狼疮和白斑病，伴发脱色症状，会提高对光化损伤的敏感性，也会增加动物发生SCC的风险。

犬患病部位通常在躯干、四肢、阴囊、唇部以及肛门。此外，SCC是趾部最常见的肿瘤[97,102]，而鼻镜（图20-6）少发[105]。SCC外观可能会是突起或溃疡状。突起型看似乳头状肿物，外观呈菜花样，形状各异。表面趋于溃疡，容易出血。这些病灶表面会覆盖一层结痂。溃疡型初期看似一个浅层陈旧性溃疡，渐渐变深呈漏斗状。SCC通常单个生长，但是那些进行日光浴的犬的躯干部或一些大型黑色被毛的品种的甲床上会出现多个病灶。患有趾甲下SCC的犬通常只有1个趾受感染（图20-7，A），表现畸形并伴发肿胀疼痛或者没有爪子出现甲沟炎。有时在几年之内，犬可能会在其他趾上出现多个肿瘤[97,103]。

（2）猫

猫SCC发病年龄高峰为9~14岁，没有品种或性别倾向性[73]。任何毛长的白毛猫要比其他颜色的猫患SCC的风险高13倍，因为它们对光化损伤敏感性更高[106,107]。暹罗猫的颜色使其患病风险低[6,73]。超过80%的SCC病灶出现于头部，通常会侵袭鼻镜（图20-8，A）、耳郭（图20-8，B）、眼睑（图20-8，C）；很少侵袭嘴唇（图20-8，D）[6,73]。典型的病灶为长期的，从红斑发展而来，表面结痂，然后深入内部侵蚀组织[108]。头部SCC可能会侵袭不止1处，1项研究称有30%的患猫发生多处肿瘤[108]。

猫趾的原发性SCC很少见。猫趾肿瘤的主要病例表明该肿瘤是从原始肺癌转移而来[109,110]。这些猫都没有表现出肺部症状，说明对任何1只趾部患有肿瘤的猫进行胸部影像学诊断是非常必要的[109,110]。

3. 诊断

所有独发的皮肤SCC的鉴别诊断都包括许多传染的、炎性的、肿瘤性质的以及肉芽肿的紊乱疾病。特别是爪部病灶经常容易被误诊为传染性甲沟炎。对任何怀疑是SCC

的部位进行细胞学检查对于证实假定诊断非常有帮助（图20-9）[111,112]。确诊需要进行活组织检查，对没出现突起的病灶更应如此。组织学上，SCC是由异常的团块或角细胞索组成的，会向下生长侵袭真皮层。常见现象包括角蛋白排列、角蛋白珠、细胞间桥连、有丝分裂象和异型性[73]。出现一系列的组织学变化则可以认为是光化角化病发展为原位癌，进而发展为SCC[73]。偶尔可以观察到日光性弹力组织变性，伴随真皮表层弹性纤维和胶原纤维变性，增厚的嗜碱性纤维物质沉积[73,113]。犬、猫大部分SCC是组织病理上中度至高度分化的亚型，但是也会看到低分化棘状（假腺管型）及梭形细胞的发生[73]。SCC细胞角蛋白染色呈阳性，因此该检查在区分真正的低分化SCC和梭形细胞方面很困难[7,15,17,114-116]。

猫患SCC时可见大量局部炎症反应，主要由CD3+ T淋巴细胞、CD79+ B淋巴细胞和带有IgG的浆细胞组成[117]。分化良好的以及浸润性低的肿瘤与中度分化和浸润性强的肿瘤相比，这些细胞的数量更多，表达型主要组织相容性复合体（MHC-Ⅱ）的比例更高。细胞和体液应答可以抑制肿瘤生长，但是不能诱导肿瘤彻底消退。

4. 临床管理

SCC易发生局部浸润，但是转移缓慢。头颈发生SCC的猫局部淋巴结和肺部转移非常罕见。7篇文献共247只猫，在诊断时都没有观察到出现转移，尽管并不是所有的病例都进行了完整分期[78,108,118-121]。跟踪发现，其中11只猫（占22%）被诊断出发生局部或远端转移，大部分转移至局部淋巴结[108,118-121]。4篇文献评估的30只鼻镜SCC患犬，13%的犬发生局部淋巴结转移，无一例犬发生肺部转移[105,122-124]。除分化不良或治疗前即出现转移外，犬光化作用SCC一般

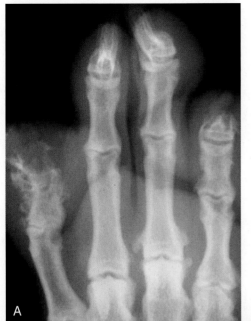

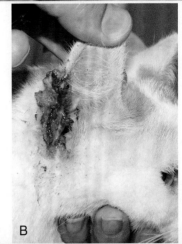

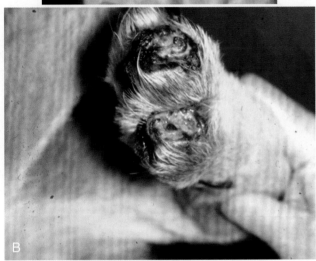

图20-7 A. X线检查证明犬第三趾骨继发于甲下鳞状细胞癌出现的恶性骨质溶解 **B.** 犬的多个趾甲下鳞状细胞癌

图20-8 A. 猫鼻镜鳞状细胞癌 **B.** 白猫耳郭侧面鳞状细胞癌 **C.** 猫下眼睑鳞状细胞癌 **D.** 猫上嘴唇鳞状细胞癌。曾被误诊为长期无痛溃疡

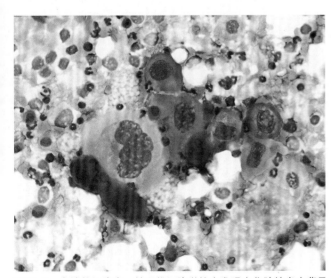

图20-9 犬鳞状细胞癌。抽吸物细胞学检查发现在化脓性炎症背景中，有一群异型性角质细胞

不出现转移，但没有相关报道[73]。犬趾间SCC局部侵袭性强，65%～80%的患犬表现出第三趾骨骨溶解[97,98,102,104]。相较其他部位，趾间SCC转移风险可能略高一些，5篇文献研究报道称139只趾间SCC患犬在诊断时有5%发生局部淋巴结转移或者远端转移，另有13%发生了类似的转移[97-99,102,104]。

因为犬、猫皮肤SCC病例大部分不会出现转移，所以对原发肿瘤采取有效的局部治疗能延长大多数病例的存活期。病灶越小，治疗成功的可能性越大。对局部疾病有效的治疗包括手术、冷冻疗法、放疗、光动力疗法和病灶内化疗[74,97,98,102,104,105,107,108,118,119,122-129]。

猫的耳郭切除手术（切耳术）和/或鼻镜切除手术（鼻镜切除术）对治疗很有效，且费用不高，术后外观也可以被接受[74,108,124]。如果在猫的眼睑上发现大的SCC，可进行侵袭性下眼睑切除与重建术，能够获得一个无瘤组织的边界[130,131]。对犬而言，鼻切除对于鼻镜SCC是一种有效的治疗法，但术后外观不易被接受[123,124]。切除鼻镜的同时一同切除上颌骨可能会更美观，也给医生提供一个更大的手术边界[122]。对于趾间SCC，可以采用截趾术，这可以延长存活期。一项研究表明，位于趾甲下的肿瘤预后要比趾部其他位置的肿瘤预后好一些，前者95%的病例可以获得1年存活期，后者只有60%的病例获得1年存活期[102]。然而一些SCC患犬会发生局部或远端转移（见上文），通过截趾术治疗的犬大部分死于与肿瘤不相关的原因[97,98,100]。

对102只猫的163处病灶采用冷冻疗法后，83%的病灶得到缓解；治疗1次后，所有的耳部、眼睑肿瘤进入缓解期，70%鼻镜病灶得到缓解，且80%的鼻镜病灶缓解期可以达到4年[107]。然而另一项研究报道，11只头颈部SCC患猫经冷冻治疗后有8只出现局部复发，无病间隔平均时间为254d[108]。然而这些文献都没有讨论肿瘤的分期和大小，由于冷冻疗法是一种表面治疗方法，最好应用于小病灶。

放疗（巨电压）对浅表小病灶也很有效[119,121]。对于鼻镜SCC而言，3篇文献报道中的114只猫经正电压或钴元素远距放疗治疗，病情无进展，中位生存期为12～16个月[108,121,132]。气核远距放疗治疗15只猫的完全反应率为60%，病情无进展中位生存期为440d[119]。17只猫接受电子束放疗，完全反应率为94%，平均无病间隔约为400d[119]。这些文献中的肿瘤分期各不相同，一些研究证明低分级肿瘤或小肿瘤反应率高。总之，如有条件，局部治疗采取手术切除比外部放疗的效果更好。15只浅表鼻镜SCC（不大于5cm或没有侵袭性）的患猫用锶-90进行无创短距放疗（近距疗法），85%的患猫有完全反应，在后续跟踪阶段（134～2 043d，平均652d）没有发现复发[128]。用放射性金-198核放疗（近距放疗）成功治愈了1只19岁的下眼睑大块肿瘤的患猫。该猫的完全缓解期维持了10个月之后，由于其他疾病，该猫被实施安乐死[133]。犬鼻镜SCC显示，粗糙及巨电压放疗对于肿瘤整体或者术后剩余肿瘤的疗效差，复发平均时间为8～9周[123]。尽管每日小剂量放疗可能更

有效，但是7只严重肿瘤疾病患犬经此方法治疗8～11周后治疗失败[105,134]。

目前，有人使用许多光敏剂和光源研究猫皮肤SCC的光动力治疗（photodyramic therapy）[108,120,126,127,135-139]。跟其他SCC疗法一样，治疗小病灶（小于5cm或没有侵袭性的）获得的效果最好。提高传送通量，可能会提高大肿瘤的缓解率，但是仍会复发[137]。经PDT治疗后，术后外观最佳，但治疗后情况并不乐观，甚至于小病灶的缓解期也相较其他疗法持续时间更短[108,135]。

全身化疗对SCC的治疗活性有限，但是将病灶内化疗用于猫鼻镜SCC以及犬皮肤SCC已经取得了一些成功[118,129,140]。用卡铂混合纯化芝麻油23只高分级鼻镜SCC患猫每周4次病灶内注射，73%的患猫获得完全反应，平均无病间隔为16个月[129]。对6只高分级鼻镜SCC的患猫治疗4周，每周进行未稀释的卡铂瘤内注射以及周一、周三、周五正电压放疗，100%获得完全反应。平均缓解期持续时间和存活期结果还不得而知，平均跟踪时间为268d[118]。13只病灶面积大或/和数量多的SCC患犬，瘤内缓释化疗（胶原蛋白、肾上腺素、氟尿嘧啶或顺铂）显示完全反应率为50%（13只犬中有7只完全反应），平均缓解期为153周[140]。然而植入性化疗混合物的实用性有限，对于不能进行手术的SCC病例可以考虑用病灶内化疗。

避免日光照射是预防光化作用诱导的SCC的重要措施[74]。正常的玻璃不能阻隔所有的紫外线，所以猫在窗户边享受日光浴容易患SCC[74]。目前有售宠物用防晒油，但是没有关于其有效性的报道，另外还需担心宠物把防晒油舔食掉。对于喜欢日光浴的犬，推荐使用紫外线吸收材质的衣服；有报道称这种衣服有效，而且动物能够适应该衣服[141]。

（四）多中心鳞状细胞原位癌

1. 病因和发病机制

多中心鳞状细胞原位癌［Multicentric squamous cell carcinoma in situ，MSCCIS，Bowen病，原位Bowenoid癌（BISC）］，不常见，有报道称这是一种主要发生于猫的疾病[84,85,142-146]。3篇报道中的4只犬发生鳞状细胞原位癌与乳头状瘤病毒感染有关系[28,83,147]。另一病例报道，没有乳头状瘤病毒感染的患有Bowen病的犬，但是其初始外观和疾病的进程与Bowen病不太相似[148]。对猫而言，与皮肤SCC不同，紫外线的辐射并不是鳞状细胞原位癌的病因[143,144]。最近研究证实一些BISC病例中存在乳头状瘤病毒（见之前SCC部分）[84,85]。因此病毒感染也许是一些猫发生这种疾病的原因。

2. 临床发现

多中心鳞状细胞原位癌多见于中老年猫（平均年龄12岁）[143]。呈多灶性分布，主要发生于头部（图20-10，A）、颈部、胸背部、腹部和四肢近心端[143,144]。病灶出现

在有毛而且素色较深的皮肤上，这与猫光化作用诱导的SCC不同。病灶的初始特征为包膜完整、黑色素沉着，角质化的斑点和斑块，直径为0.5~3cm（见图20-10，B）[73]。有些病灶会发展成接近疣状。一些病灶的表面会长出皮角[73,145]。随后病灶变成增厚的陈旧性溃疡斑块，且容易出血。

3. 诊断

组织病理学上，肿瘤角质细胞形成界限完整的区域可以影响到表皮和毛囊上皮，不会突破基底膜侵袭到真皮层[73]。可以看到异常表皮和毛囊表面增生和发育不良（图20-11，A，B）[144,149]。角化细胞大小和外观差异显著，常见有丝分裂象。经常可以看到正角质化或角化不全的过度角化以及色素沉着。在一些MSCCIS病灶附近可以看到侵袭性SCC区域[143]。

4. 临床管理

顾名思义，MSCCIS是一个多中心疾病，猫会出现典型的多个皮肤病灶。尽管对单独病灶切除可达到局部治愈，

但是常会在其他部位出现新的病灶。系统化疗效果并不理想。在一项对3只猫的试验中，1只口服异维甲酸的猫病情没有得到好转[144]，而另2只口服依曲替酯[每天2mg/kg（不再使用）] 或者口服阿曲汀（每天3mg/kg）的猫表现出部分缓解[146]。对于厚度小于2~4mm的病灶用锶-90进行近距离放疗（β-射线）效果显著[144]。但是新病灶会继续出现，且厚的斑块对放疗没有反应。

最近多个病例报告和病例汇编证明局部使用咪喹莫特对人的Bowen病有效[150-153]。此外，一项31个Bowen病患组成的随机双盲空白对照试验表明，接受咪喹莫特治疗的病人约75%的病灶溶解，而对照组没有反应[154]。咪喹莫特成分为咪唑喹啉，是一种免疫刺激药物，通过结合巨噬细胞表面Toll样受体7和8起作用。药物可以轮流诱导体液和细胞免疫反应，引起组织特异性细胞凋亡[154]。除了多篇对猫MSCCIS有效的报道外，最近一项未发表的研究报道对12只猫用咪喹莫特进行局部治疗[155]。所有猫的原始病灶都有反应，然而还是有75%的猫出现新病灶；这些病灶也对治疗

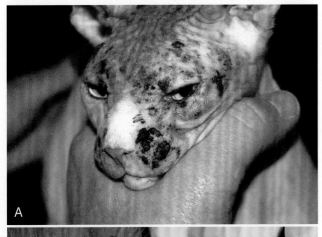

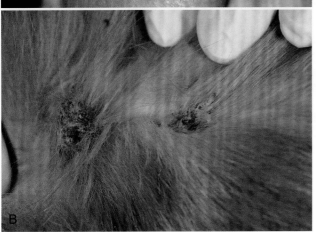

图20-10 **A.** 斯芬克斯猫面部的多发性色素斑 **B.** 明显的Bowen病患猫，在背部有两块色素沉着过多的角质化斑块

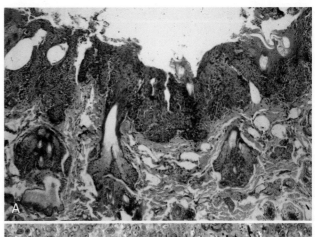

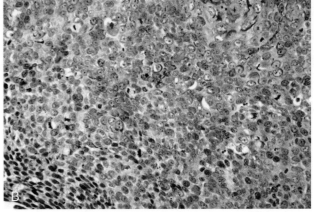

图20-11 猫原位鳞状细胞癌 **A.** 显著异常增生、色素沉着过度以及上皮和毛囊漏斗管发育不良 **B.** 显著上皮发育不良以及一些有丝分裂象

有反应。最常见的不良反应是自限性红斑，25%接受治疗的猫出现了这种反应。这些猫的中位生存期超过3年。对于人类和猫来说，一般应每天涂抹一次咪喹莫特乳膏于病灶上，连用数周，在获得完全缓解期之后应持续使用几周巩固疗效。

另有5只猫，只在MSCCIS病灶中发现了蠕形螨感染[146]。笔者猜测局部免疫缺陷导致了表皮发育不良，使猫皮肤常见的寄生虫——蠕形螨得以大量繁殖。虽然一些MSCCIS病例无明显反应且反应各异，但是对于治疗耐受的猫应该评估其是否有局部寄生虫感染。

（五）基底细胞瘤

在兽医文献中，基底细胞瘤这一术语用于对猫可能起源于表皮和附属器官的多能基底上皮细胞的常见肿瘤进行分类。曾用于这些肿瘤的多个组织病理学亚分类包括美杜莎头状、花环状或带状、有小梁的、固体的、囊状、腺体状、基底鳞状细胞样以及颗粒细胞样。总体来说，这些不同的组织病理学类型通常会见于同一个肿瘤，不能提供有用的临床、预后或者治疗信息。大多数兽医临床上的基底细胞瘤是良性的、不会接触上皮的基底细胞层（美杜莎头状、花环状或带状、有小梁的、腺体状和颗粒细胞型），这些病灶通常表现出毛囊结构的变异，被重新划分为毛囊肿瘤。不像其他良性同源肿瘤，有报道称固体基底细胞瘤和基底鳞状上皮细胞瘤的侵袭性强，这些病灶多数可能是真正的基底细胞癌[156]。

1. 良性猫基底细胞瘤

（1）病因和发病机制

该肿瘤是猫罕见良性肿瘤，起源于上皮基底细胞。在多篇报道中，各种类的基底细胞瘤占猫所有肿瘤的11%~30%。对人来说，大部分基底细胞癌发生于可以暴露在阳光下的部位，包括面部、颈部、耳部、头皮和手臂，这暗示着紫外线的辐射可能在发病机制中起到一定的作用[157]。基底细胞癌的发病率与长时间太阳暴晒和阳光下活动有关系，进一步支持紫外线与人类发病有关[157]。与人类不同，猫基底细胞瘤的病因尚不清楚，但与光化诱导无关，因为猫的基底细胞瘤通常出现在有毛的皮肤上[158-160]。

（2）临床发现

基底细胞瘤发生于成年猫，没有性别倾向。喜马拉雅猫、暹罗猫和波斯猫更易发病[158]。基底细胞瘤通常单独存在，但是偶尔也会同时出现多个病灶[161]。最常见的发病部位是头部、颈部、四肢和躯体背部。基底细胞瘤通常质地坚硬、呈圆形、隆起，并且包膜完整不与下层组织粘连（图20-12）。尽管通常情况下病灶相对较小（直径为1~2cm），但也可以很大（直径超过10cm）。基底细胞瘤外观多样，包括出现黑色素沉着、囊状、溃疡状或者脱毛状。

（3）诊断

组织病理学上，基底细胞瘤的特征为包膜完整、基底

细胞对称性增殖，与表皮广泛连接（图20-13）。肿瘤通常有青豆大小，在肿瘤的表面中心位置置有个压痕。基底细胞样细胞呈小叶和小梁状紧密排列，角蛋白染色阳性[162]。除组织病理学，通过细胞学检查来鉴别犬猫基底细胞瘤的准确性也得到了证实[163]。尽管细胞学涂片可提供足够多的信息，包括基底细胞团块和基底细胞样细胞在内的大量细胞，但在细胞学准备工作中可能会受到淋巴细胞、中性粒细胞和肥大细胞等其他细胞的干扰，这使得细胞学诊断的可靠性下降。基于此，推荐对疑似基底细胞瘤的病例进行组织病理学检查来确诊。

（4）临床管理

考虑到基底细胞瘤的良性性质和局部限制，临床管理应该围绕着有效的局部治疗选择。治疗包括手术切除、冷冻疗法、电外科手术和不治疗观察[159-161,164]。

2. 基底细胞癌

（1）病因和发病机制

基底细胞癌在猫常见，在犬不常见，是一种低级恶性

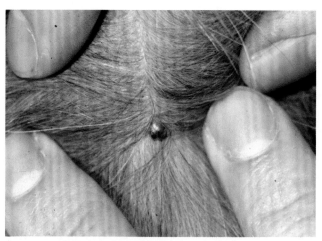

图20-12 猫臀部黑变基底细胞瘤

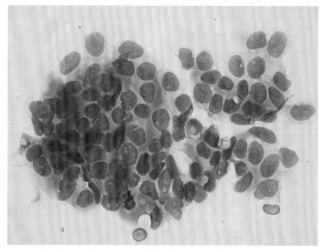

图20-13 猫基底细胞瘤。抽吸细胞学检查显示典型的一簇单型基底细胞样细胞

肿瘤，起源于存在于表皮和附属器官基底细胞层的一小部分多能上皮细胞。犬、猫基底细胞癌的病因尚无定论，但是人类基底细胞癌的发生与紫外线辐射有显著联系。尽管基底细胞癌有明显的核分裂象，但是肿瘤的生长速度很慢。与基底细胞的良性同源肿瘤不同，基底细胞癌可以发生局部或者远端转移。

（2）临床发现

犬猫发生基底细胞癌的平均年龄是7～10岁，无性别倾向性。暹罗猫、可卡犬、凯利蓝㹴、喜乐蒂牧羊犬、西伯利亚哈士奇犬、英国史宾格犬以及贵宾（妇）犬容易发病。肿瘤最常生长于头部、颈部和胸部。对于猫，病灶偶尔也会发生于鼻镜或者眼睑处。基底细胞癌通常单个生长，包膜完好，质地坚硬或者呈囊状、圆形，直径为0.5～10cm，通常脱毛或者发生溃疡（图20-14）。基底细胞癌通常伴发黑色素沉着。

（3）诊断

犬猫基底细胞癌的三种主要组织病理学变化包括实性、角质化型（基底鳞状细胞型）和透明细胞型。实性基底细胞癌是猫最常见的亚型，特征是自限性不规则的真皮层团块，这些团块由多种基底细胞样细胞聚合体嵌入中等数量基质（结缔组织形成）中组成。核分裂象从低等到高等，常见非典型性分裂象。次要的可变特征包括形成囊肿（坏死）、黑色素化、附属器官分化、黏蛋白增多症、肿瘤细胞和基质之间人工裂的形成以及软骨化生[165]。对犬而言，有人做过血管内皮生长因子（VEGF）在基底细胞癌中表达的免疫组织化学评估。VEGF是一种有效的血管生长因子，能够诱导内皮细胞增殖、迁移、形成血管。鉴于维持肿瘤生长需要持续的血管生成，所以最近有包括实体基底细胞癌在内的特定肿瘤组织学中VEGF鉴定的相关报

道[166]。

角质化基底细胞癌（基底鳞状癌）是犬最常见的类型，特征是一群不规则的真皮组织团块，该团块由斑块样结构的基底细胞组成，多处与上皮相连，而且存在多个突然出现的鳞状细胞分化和角质化区域。

透明细胞基底细胞癌很罕见，更常发生于猫[116]。这种基底细胞癌的总体结构与实体基底细胞癌相同，但是上皮细胞很大，呈多边形，细胞质呈清水样或颗粒样。

（4）临床管理

基底细胞癌的临床管理包括手术切除、电外科手术、冷冻术以及不治疗观察[159,160]。一般认为复发和转移的发生率很低。

（六）毛囊肿瘤

之前有关犬、猫毛囊肿瘤的报道显示，这些肿瘤分别占犬、猫所有皮肤肿瘤的5%和1%[167]。最常见的亚型是毛发上皮瘤和毛基质瘤。随着对所谓的基底细胞瘤的重新分类发现，之前大部分的基底细胞瘤实际上是毛母细胞瘤[167]，这使得起源于毛囊的肿瘤比之前兽医文献中提到的更为常见。

1. 毛发上皮瘤

（1）病因和发病机制

毛发上皮瘤在犬、猫中是一种不常见的良性肿瘤，被认为是由毛囊3个部分的角质形成细胞分化而来。犬、猫毛发上皮瘤的病因尚不清楚。对人类而言，多发性毛发上皮瘤综合征是遗传病。

通常毛发上皮瘤发生于5岁龄以上的犬、猫。在犬、猫中都不存在性别倾向性。对猫而言，波斯猫容易患病，并且肿瘤最常发生于头部、四肢和尾部（图20-15）[167]。对犬而言，肿瘤相对而言更倾向于生长在腰背部（图20-16）、胸侧部以及四肢区域。除了生长部位，包括金毛寻回猎犬、巴吉度猎犬、德国牧羊犬、可卡犬、爱尔兰赛特犬、英国史宾格犬、迷你雪纳瑞和标准贵宾（妇）犬在内的特定品种更容易发病[167]。尽管这些肿瘤通常独立存在，偶尔也会同时生长多个。肿瘤外观表现为实心或囊状、圆形、隆起、包膜完整，位于真皮表皮中，直径为0.5～15cm。通常肿瘤会发生溃疡或脱毛。毛发上皮瘤少见转移或者侵袭。已经有人研究了毛发上皮瘤，它涉及细胞周期和增殖有关的蛋白表达或与之有关，包括p27和增殖细胞核抗原（PCNA）。对于这些肿瘤，p27的表达量很高，然而PCNA水平相对较低，两者加在一起有利于缩短细胞周期、减弱细胞增殖。鉴于这两种蛋白参与了细胞周期活动，这就可以推断，毛发上皮瘤一般不会有很快的生长速度[168]。

（2）诊断以及临床管理

组织病理学上，毛发上皮瘤根据分化的程度和肿瘤起源于毛囊鞘还是毛基质的不同可有多种表现。最常见的特征包括角状囊肿、缺少细胞间桥（细胞桥粒）、分化为毛

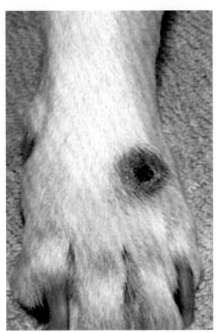

图20-14 犬前足背侧基底细胞瘤

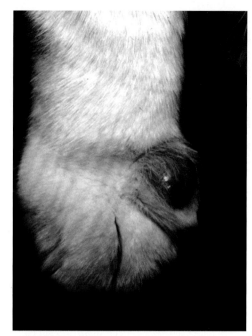

图20-15 猫爪毛发上皮瘤

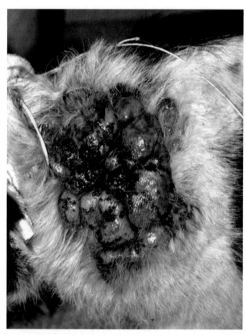

图20-16 犬颈侧和肩部的多发性恶性毛发上皮瘤

囊样结构、发育不全或退化毛发结构、结缔组织形成、炎症、黑色素化以及出现影细胞（鬼细胞）。在18%的病例中可见营养不良性矿化结构或者恶性转变。金毛寻回猎犬最常见的变种是严重的黏蛋白增多症。临床管理包括手术切除、冷冻疗法、电外科手术以及不治疗观察。尽管显示有恶性肿瘤的组织病理学特征，该病也很少见复发和转移。

2. 毛根鞘瘤

（1）病因和发病机制

毛根鞘瘤是一种良性肿瘤，犬、猫很少发生。该肿瘤起源于毛囊外根鞘的角质细胞[167,169]。毛根鞘瘤的病因尚不清楚。

（2）临床发现

对犬而言，毛根鞘瘤发生于5～13岁龄的动物，没有性

别倾向性，但是阿富汗猎犬可能容易发病。这些肿瘤最常出现在头部、颈部，而且通常质地坚硬，呈卵圆形，直径为1～7cm。

（3）诊断和临床管理

组织病理学上，毛根鞘瘤的特征是角质细胞结节状增殖，角质细胞多是透明的，由于含有糖原，过碘酸-希夫氏（PSA）染色阳性。肿瘤小叶被清楚的、增厚的基底膜环绕。临床管理应该包括手术切除、冷冻疗法、电外科手术和仅观察治疗。

3. 毛囊瘤

（1）病因和发病机制

毛囊瘤是一种不常见的犬良性肿瘤，是一种高度结构化的毛囊皮脂腺错构瘤。毛囊瘤的病因尚不清楚。

（2）临床发现

毛囊瘤见于成年犬，没有明显的年龄、品种、性别或者生长部位倾向性。病灶单发，呈圆拱形，为坚硬的丘疹或者结节，通常有一个中心小凹陷或者小孔，可以排出皮脂角质物质或者长有一簇毛发。

（3）诊断和临床管理

组织病理学上，毛囊瘤的特征是中心有一个大的扩张的或囊状的毛囊，附带一些小的毛囊或者毛囊样结构，从中心毛囊处形成树枝状辐射插入周围的结缔组织。临床管理包括手术切除和仅观察治疗。

4. 维纳扩张孔

（1）病因和发病机制

维纳扩张孔是猫的一种不常见的良性毛囊肿瘤[167,170]。尽管大部分证据支持由于毛囊内的压力和阻力导致毛囊增生，这两股力量叠加产生了肿瘤的观点，但该病的发病原因依然不清楚。

（2）临床发现

维纳扩张孔见于老年猫，没有明显的品种或者性别倾向性。病灶单发，大部分发生于头部、颈部和躯干（图20-17）[167,170]。特征是包膜完整、光滑，含有真皮表皮囊状结构，中心长有填满角蛋白的大孔。

（3）诊断和临床管理

组织病理学上，这种紊乱的特征是有一个显著扩张的、角质化过度的、毛发样漏斗管道被上皮细胞填满，管口细胞萎缩，但是接近病灶基部的细胞过度增生。基部的上皮细胞呈牛皮癣样增生，并伴有表皮突和不规则的小突起伸入周围的真皮层中。临床管理包括手术切除以及仅观察治疗。

5. 疣状角化不良瘤

（1）病因和发病机制

疣状角化不良瘤是犬的一种不常见的良性上皮细胞增生疾病。尽管很多研究人员认为疣状角化不良瘤起源于毛囊的皮脂结构，但是人类口腔出现疣状角化不良瘤使人们对这种传统解释产生了怀疑。

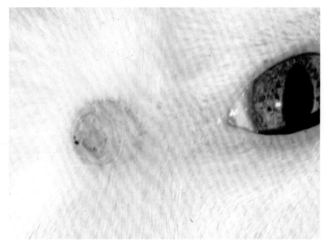

图20-17 猫外眦附近的维纳扩张孔。角质团块从孔表面突出

（2）临床发现

犬可患疣状角化不良瘤，但是确诊的病例过少以至于不能确定年龄、性别、品种以及发生部位的倾向性。病灶单发，为疣状斑块或结节，有一个角化过度的脐形中心。

（3）诊断与临床管理

组织病理学上，疣状角化不良瘤的特征是一个杯状内陷体，经由填满角蛋白的通道与表面相通。大的内陷体含有许多棘层松解角化不全细胞。内陷体的下陷部分被许多绒毛（细长的真皮乳头沿着单层基底细胞排列）占据。经常可以看到典型的团状圆形物质（角化不良的棘细胞伴有固缩的细胞核被透明环包裹）。该病的临床管理包括手术切除和仅观察治疗。

6. 毛基质瘤（毛母质瘤、钙化上皮瘤）

（1）病因和发病机制

毛基质瘤（毛母质瘤、钙化上皮瘤）在犬中不常见，在猫中很少见，有人认为该病的起源是毛基质[167]。毛基质瘤的病因尚不清楚。与许多肿瘤的组织学一样，毛基质瘤的生长类型可以通过细胞周期的调节异常来说明。就其本身而论，有人对正常组织样本和瘤组织样本中对细胞周期发挥抑制作用的特定蛋白进行表达评估，如p27。结果发现p27的表达在毛基质瘤中降低了，这表明肿瘤的生长可能是低水平p27的一种表现，因此有高速增殖的潜力[171]。

（2）临床发现

毛基质瘤通常发生于5岁以上的犬、猫。没有明显的性别倾向性。凯利蓝狸、贵宾（妇）犬、英国古代牧羊犬容易患病。通常毛基质瘤单发。可能的好发部位是颈部、肩部、胸侧和背部。毛基质瘤为实心的或囊状、圆形、隆起、包膜完整，位于真皮与皮下组织之间，直径范围是1~10cm。病灶通常会发生溃疡或脱毛。毛基质瘤很少侵袭或转移（基质癌）到淋巴结、肺脏、神经系统和骨骼[172,173]。

（3）诊断和临床治疗

病理组织学上，毛基质瘤的特征是一群包膜完整、呈

囊状、嗜碱性黏细胞呈多分叶伸入到真皮层与皮下组织之间增殖（类似于毛基质细胞）、影细胞或者鬼细胞（完全角质化的轻微嗜酸性细胞，中心核不着色）。会有突然出现的角质化区域（没有颗粒层），并且角质蛋白均质，相对而言无定形性，没有纤维状结构（毛样角蛋白）。毛基质瘤恒有的特征是在基底细胞样成里出现多种真皮乳头样结构。其他经常出现但不是恒有的特征是在影细胞区、结缔组织会发生钙化炎症反应。最近一篇报道描述了准确的细胞学检查可以作为犬毛基质瘤诊断的一种简单、精确的方法[12]。细胞学上，鬼细胞与基底细胞样细胞同时出现对于确诊是一条非常重要的细胞病理学标准。该病的临床管理包括手术切除、冷冻治疗、仅观察治疗。此外，有人使用口服异维甲酸治疗犬的多发性毛基质瘤[174]。全身化疗伴随口服异维甲酸看似对阻止新结节的生长以及既有病灶的疾病进程很有效，而且很多人可以接受用这种方法来治疗犬的多中心良性毛基质瘤。

7. 毛母细胞瘤

（1）病因和发病机制

毛母细胞瘤很常见，在犬、猫通常是一种良性肿瘤，推测起源于毛母上皮细胞（原毛基质细胞）[167]。毛母细胞瘤的病因尚不清楚。与毛发上皮瘤相似，参与或涉及到细胞周期和增殖的蛋白表达，包括p27和PCNA，在肿瘤样本中都有特征性变化。在毛母细胞瘤中，p27的表达很高，而PCNA的水平相对较低，两者结合在一起说明毛母细胞瘤的增殖能力相对较低[168]。

（2）临床发现

毛母细胞瘤发生于5岁以上的犬、猫[167]。没有证据显示该肿瘤有性别倾向性，但是贵宾（妇）犬和可卡犬患病病例较多。病灶通常单独存在，呈卵圆形，质地坚硬，直径为1~2cm，通常脱毛，发生溃疡或黑色素沉着。对犬而言，病灶最常发生的部位是头颈部，特别是耳基部。对猫来说，病灶最常见于躯干头部，极少发生转移。

（3）诊断和临床管理

毛母细胞瘤有四种常见的基本组织病理学亚型，分别为带状（环状或水母头状）、小梁状、颗粒状和透明细胞状。带状型在犬中最常见，特征为基底样细胞呈树枝状排列和缠绕，呈列状辐射，不与上皮相连。小梁状型在猫中最常见，特征为外围有栅栏细胞层的嗜碱性黏细胞和宽阔的小梁，不与上皮相连。颗粒状细胞型很少见，结构上与带状型毛母细胞瘤相似，但是许多上皮聚集体完全由大颗粒细胞或液泡样胞浆细胞组成[175]。透明细胞变种是最近从1只犬身上发现的，该犬肿瘤表现出带状基底细胞样细胞，向毛囊外鞘方向分化，一些细胞向脂质细胞分化[176]。犬绝大部分（超过95%）毛母细胞瘤会出现角蛋白8和角蛋白18[177]共同表达。该病的临床管理包括手术切除、冷冻疗法和不治疗观察。

（七）皮脂腺肿瘤

1. 病因和发病机制

皮脂腺肿瘤常见于犬，罕见于猫，是起源于皮脂腺的上皮增生性肿瘤[75,96,178-180]。病因未知，但是这些肿瘤可以依据组织学外观分为四类：皮脂腺增生、皮脂腺上皮瘤、皮脂腺瘤和皮脂腺癌。由于皮脂腺广泛分布在全身各处，所以可能会在身体的各个部位发现这些肿瘤。

2. 临床发现

（1）犬　皮脂腺肿瘤常见于犬，许多报道显示皮脂腺肿瘤占犬所有皮肤肿瘤的6%～21%[75,96,179,180]。患病犬的平均年龄是9～10岁，无性别倾向性。

结节性皮脂腺增生约占病灶总数的53%，最常见于比格犬、可卡犬、贵宾（妇）犬、腊肠犬和迷你雪纳瑞犬。病灶通常单发（约70%的病例是单发），包膜界限完整、隆起、光滑、油腻且角质化过度，外观呈疣状或菜花样，粉红至橘色，直径为0.3～7cm，通常会有黑色素沉淀或发生溃疡（图20-18，A）。该病最常发生于四肢、躯干和眼睑处。报道称保守手术切除后很少复发，但是常见重新长出新的独立病灶。

皮脂腺上皮瘤（伴有皮脂腺分化的基底细胞癌）占皮脂腺肿瘤总数的37%，最常发生在西施犬、拉萨狮子犬、

雪橇犬、西伯利亚哈士奇犬和爱尔兰赛特犬。病灶通常单发（约67%病例为单发），包膜界限完整、隆起、光滑、油腻且角化过度，外观呈疣状或菜花样，粉红至橘色，直径为0.5～5cm，通常会发生溃疡或黑色素沉淀。病灶常发生于眼睑和头部（图20-18，B）。

皮脂腺瘤约占皮脂腺肿瘤病例总数的8%，主要发生在眼睑和四肢（图20-18，C）。

皮脂腺癌仅占皮脂腺肿瘤病例总数的2%。病灶为单发，呈结节状，直径为2.5～7.5cm，经常发生溃疡（图20-18，D）。头部和四肢最容易发病，可卡犬可能有倾向性。

（2）猫

皮脂腺肿瘤在猫罕见，约占猫所有皮肤肿瘤的3%。发病年龄为10岁或以上；无明显性别倾向性，但是波斯猫容易患病[181]。病灶通常单发，最常发生于头部、颈部和躯干。肿瘤包膜界限完整、隆起、光滑、油腻且角化过度，外观呈疣状或菜花样，粉红至橘色，直径为0.5～1cm。结节状皮脂腺增生约占猫所有皮脂腺肿瘤总数的67%（图20-18，E）。

3. 诊断和临床管理

细胞学评估显示脂肪化皮脂腺细胞聚合（图20-19）。组织病理学上，皮脂腺肿瘤可以分为结节状皮脂腺增生（皮脂腺显著增大，由许多小叶组成的，并围绕着位于中

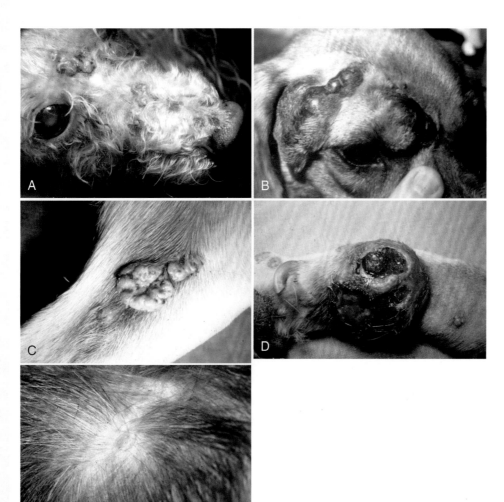

图20-18　**A.** 犬面部多个皮脂腺增生　**B.** 犬眼部上方黑色素性皮脂腺上皮瘤　**C.** 犬肢体中段的皮脂腺瘤　**D.** 犬四肢的皮脂腺癌　**E.** 猫胸部皮脂腺增生

心的皮脂腺导管对称排列）、皮脂腺瘤（皮脂腺细胞小叶的形状大小不规则，排列不对称，与周围组织界限明显，主要是包含成熟的皮脂腺细胞，少量未分化的干细胞）、皮脂腺瘤（该肿瘤与基底细胞瘤相似，但是主要是由未分化的干细胞及少量成熟皮脂腺细胞组成）和皮脂腺癌（肿瘤细胞呈多形性而且异型性）。一项研究报道称，约81%的皮脂腺上皮瘤和54%的皮脂腺瘤患犬通常外围区伴有皮脂腺增生，并逐步发展为上皮瘤或腺癌区，这暗示着皮脂腺增生可能是其他肿瘤病理过程的前兆。该病的临床管理包括手术切除、冷冻疗法、二氧化碳激光手术、电外科手术和仅观察不治疗。手术之后，皮脂腺肿瘤很少复发，皮脂腺癌很少转移[178]。口服类维生素A对治疗犬皮脂腺增生的治疗有帮助[64,66]。

（八）汗腺肿瘤

1. 病因和发病机制

皮上层（顶浆分泌）汗腺肿瘤是一种在犬、猫上罕见的肿瘤，起源于皮上层汗腺的腺体或腺管部分[182]。无毛（外分泌腺）汗腺肿瘤在犬、猫身上几乎不生长，但是有人认为它是少数新发现的累及伴侣动物脚垫的肿瘤之一[183]。汗腺肿瘤的发病原因不明。

2. 临床发现

（1）犬

犬的皮上层汗腺肿瘤可能是良性也可能是恶性[182,184–186]。然而没有固定的临床特征使人们能有效地从组织学上区分它们，因此肿瘤生物学行为由疾病的临床进程决定[182]。在一项尝试对犬皮上层汗腺肿瘤的生物学行为进行更好的预后的研究中发现，原发肿瘤的组织学特征，包括基质、包膜和血管的鉴定，已经与临床术后跟踪一一对应。血管侵袭性的组织学证据可能是肿瘤潜在系统转移的重要指示器[186]。这些肿瘤一般见于10岁或者以上的犬，没有明显的性别倾向性。金毛寻回猎犬、可卡犬和德国牧羊犬容易患病[182]。

皮上层汗腺肿瘤通常为单发（约93%的病例），包膜界限清晰，质地坚硬、隆起，直径为0.5~10cm，经常溃烂。一些肿瘤可能呈囊状，表皮颜色为蓝色或紫色（见图20-20，A）。病灶最常发生在颈部、头部、躯干背部和四肢[182]。一些皮上层汗腺癌包膜不完整，呈浸润性、斑块样或者溃疡状生长（见图20-20，B），特别是在腹部腹侧、四肢近端或颈部区域，很容易被误诊为脓性创伤性皮炎或葡萄球菌性皮炎。无毛汗腺肿瘤可能是良性或者恶性的，极其少见。病灶呈单发，质地坚硬，包膜界限清晰或者不完整，经常溃烂，直径为1~3cm，通常长在脚垫上（见图20-20，C）。无毛汗腺癌可能会表现为脚垫和指（趾）部的定义不明的肿胀。

（2）猫

猫的上皮层汗腺肿瘤可能是良性或恶性。这些肿瘤一般见于10岁或者以上的猫，没有明显的品种或性别倾向性。暹罗猫可能更容易患毛上汗腺癌。上皮层汗腺肿瘤通常单发，包膜界限完整，质地坚硬，隆起，直径为0.3~3cm，经常溃烂。一些病灶可能呈囊状，表皮的颜色为蓝色或紫色。病灶最常发生于患猫的头部、耳郭、颈部、腋窝、四肢（图20-21，A和B）和尾部[6]。一篇关于转移性上皮层汗腺癌的报道称患猫所有的爪部和四肢远端跖骨（和趾骨）均发生干性坏疽和蜕皮（图20-21，C）[187]。猫的无毛汗腺肿瘤几乎总是恶性的，而且极其少见。无毛汗腺癌通常表现为脚垫和趾部不明肿胀，会侵袭猫的多个趾部。经常会出现溃疡，也有肺脏转移的相关报道[183]。

3. 诊断

细胞学评估显示为含有分泌液滴的上皮细胞聚集。汗腺肿瘤组织病理学分类的相关文献令人困惑，包括很多亚型，分别为囊腺瘤、腺体瘤、腺管腺瘤、汗腺腺瘤、汗腺瘤圆柱瘤、乳头状汗腺瘤和癌（单发的、乳头状、管状、腺体状、导管状、混合型、透明细胞型和环状体型）。这些不同组织学亚型的临床意义未知。一项回顾性研究称，大部分犬、猫上皮层汗腺腺瘤（91%的犬病例以及80%的猫病例）组织学上是恶性的[182]。大部分的汗腺癌是实体型，而且组织病理学亚型和临床表现之间没有明显的联系。对犬而言，约22%的汗腺癌表现出淋巴侵袭，少见软骨或骨骼化生。汗腺癌，不是汗腺腺瘤，在胚性癌抗原（分泌细胞）和波形蛋白（肌上皮细胞）呈阳性反应[16]。

4. 临床管理

汗腺肿瘤的临床管理包括手术切除、冷冻疗法、电外科手术和仅观察治疗。尽管偶尔有报道称毛上汗腺癌有高度侵袭性并且会快速转移到淋巴结、肺部和骨骼，但没有转移病例的回顾性研究，尽管如此，约有22%的病例在组织学上表现出淋巴侵袭的表现[182]。无毛汗腺癌侵袭性强，具有快速转移到局部淋巴结和感染四肢皮下组织的能力。

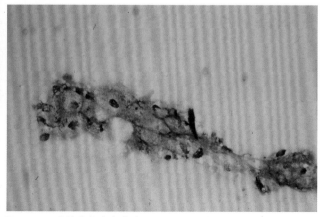

图20-19 犬结节状皮脂腺增生。抽吸物细胞学检查显示典型的一簇高脂质含量的皮脂腺细胞

20

第二十章 瘤性和非瘤性肿物

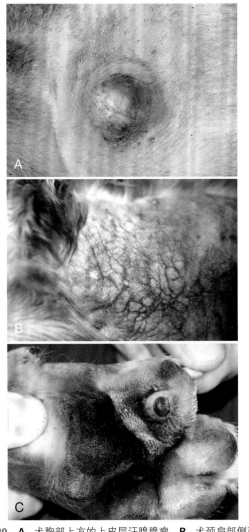

图20-20　**A.** 犬胸部上方的上皮层汗腺腺瘤　**B.** 犬颈肩部侧面的有毛汗腺癌　**C.** 犬脚垫上的无毛汗腺瘤

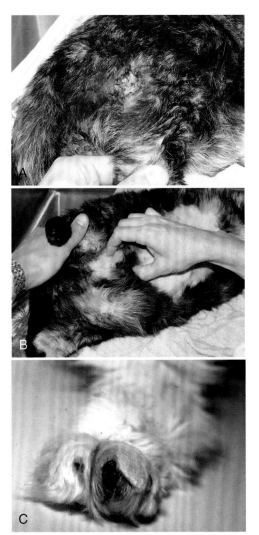

图20-21　**A.** 猫右后肢侧面的毛上汗腺癌　**B.** 转移性毛上汗腺癌患猫增大的腹股沟淋巴结　**C.** 猫趾部的毛上汗腺癌

（九）肛周腺肿瘤

1. 病因和发病机制

　　肛周腺肿瘤常见于犬，可能起源于肛周腺（肛周或者肝样腺体和改性皮脂腺）或者起源于肛囊分泌腺。肛周腺肿瘤的病因尚不清楚，但是肛周腺和相关肿瘤可以通过调节性激素改善，而且含有雄性激素受体和雌性激素受体[188-192]。最近研究试图显示肛周腺肿瘤恶化时，雄性激素和生长激素受体有不同的表达模式[190,191]。有人已经证明，所有肿瘤在组织学层面上，即使是分化不良的肛周腺癌，依然会有雄性激素受体表达。这些发现可能暗示对于确诊为该病的犬进行激素治疗或者去势治疗，甚至是一些恶性的肿瘤类型，这些治疗方法也会有一些益处[191]。与关于雄性激素受体的报道相似，最近也有人发起了犬肛周腺肿瘤的生长激素受体特征化研究。相关生长激素受体的表达在良性腺瘤和恶性腺癌之间没有区别[190]。除了性激素受体的

表达以外，有人也评估了肛周腺肿瘤的肿瘤抑制蛋白是否存在紊乱，特别是p53和Mdm2[193]。该报道称，肛周腺增生和腺瘤表达为相对高水平的Mdm2，只有一小部分肛周腺癌 Mdm2染色阳性。基于这些发现，作者推测Mdm2可能只参与到了肛周肿瘤形成的早期过程。许多肛周腺肿瘤中都有Mdm2，与此不同，不管是哪种组织学亚型，病灶都没有p53[193]。

2. 临床发现

　　肛周腺肿瘤患犬的平均发病年龄是11岁，公犬患腺瘤的频率比母犬高9倍[194]。肛周腺癌要比同类良性肿瘤少见，但是也是多发于公犬。可卡犬、英国斗牛犬、萨摩耶犬、阿富汗猎犬、腊肠犬、德国牧羊犬、比格犬、西伯利亚哈士奇犬、西施犬和拉萨狮子犬更容易患肛周腺肿瘤。有人认为顶浆分泌腺肛囊腺癌（AGASACAs）最常见于老年母犬，最近研究显示该肿瘤没有性别倾向性[195-200]。肛周腺肿瘤可能单个或多个存在。大部分发生在肛门附近，但

是也可能发生在尾部、会阴部、包皮、大腿和腰骶背部区域。较小的肿瘤开始为球形或卵圆形，随着肿瘤的生长，往往成为结节和溃疡。肛周肿瘤通常质地坚硬，深入局部真皮表皮层。

结节样肛周腺增生可能会出现多个独立的、不同大小的结节，不能与肛周腺瘤区别开（图20-22，A），或者围绕肛门形成弥散性环状突起。大多数肛周腺肿瘤是良性的。

肛周腺癌（见图20-22，B）比腺瘤生长的更快速、尺寸更大、溃疡面积更大。病灶直径超过5cm的患犬比其他患有肿瘤相关疾病的患犬死亡率高出8倍。30%的病例出现过肿瘤转移，特别是转移到骶骨和腰下淋巴结。

顶浆分泌腺肛囊腺癌的起源通常是腺癌（AGASACA），外观为肛门囊团块（在肛门腹外侧），可能呈对称的突出，一般可以通过直肠指检触诊到。一些AGASACA可能会很小（直径为几毫米），对于这些小的原始病灶，用手按压肛门囊是很重要的一步。这些肿瘤可能会伴随有非常肿大的局部淋巴结。25%～50%的AGASACA病例会伴随有体液肿瘤性高钙血症，这些钙是由甲状旁腺相关缩氨酸（PHTrp）产生的。局部淋巴结（骶骨和腰下）的转移很常见，在50%～75%的患病动物中，在被诊断出AGASACA时就发生了转移[195-197,200]。远端转移到肺脏、内脏器官（脾脏、肝脏）以及骨骼较少见，但能够识别出来，从而导致预后较差[195-197,200]。

3. 诊断和临床管理

组织学上，肛周腺肿瘤可以分成两种基本类型：①肛周腺肿瘤（腺瘤和癌）（图20-23，A和B）和②肛门囊顶浆分泌腺肿瘤（最常见的腺癌）。发生AGASACA时，最初诊断时推荐使用高级影像学检查（计算机断层扫描或核磁共振成像），特别是在具有较大体积的肿物（直径大于1cm），以及出现局部淋巴结病的时候。高级影像学检查应该包括主要病变部位和局部淋巴结肿大，它可以帮助医生制定更有效的治疗方案（手术和放射治疗）。

肛周腺肿瘤的临床管理可能包括手术切除、冷冻疗法、电外科手术、放射疗法、阉割以及使用雌激素。去势术是治疗肛周腺增生和腺瘤时经常选择的治疗方案，95%的犬反应良好[192]。只有溃疡或者肿瘤复发的公犬需要同时进行手术切除，但是如果是母犬发生肛周腺肿瘤则必须进行手术切除。对于患肛周腺癌的动物，去势术则无效。当手术切除或去势之后肛周腺增生或腺瘤复发，或者母犬发生这些疾病时，提示循环中雄激素浓度升高，此时应该评估这些动物是否患有皮质醇增多症。

过去人们认为AGASACA的预后不良，单纯手术切除局部复发率和远端转移率高，并且同时出现的副肿瘤性高钙血症会降低动物的生活质量[195]。然而，最近的研究证实，一个结合手术（切除原发肿瘤和增大的局部淋巴结）、放射疗法（主要病变部位和局部淋巴结）以及全身化疗的多

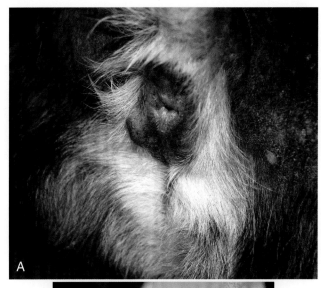

图20-22 A. 犬会阴部环肛腺腺瘤 B. 犬环肛腺腺癌

模式治疗方法可以将中位生存期延长至16～32个月，而且患病动物的生活质量非常好[196,199,200]。

（十）唾液腺瘤

唾液腺肿瘤在犬、猫不常见[201]。对犬而言，该肿瘤没有明显的性别或品种倾向性，但是暹罗猫的病例更多[201]。唾液腺瘤一般发生在10岁或者10岁以上的动物身上。典型的表现包括下颌骨转角的背尾侧、耳部下方或者接近嘴的横向合缝处出现一皮下肿物。大部分肿瘤（85%的病例）是恶性的（腺癌）。一项研究称，猫的唾液腺瘤诊断技术比犬先进，并且临床分期对犬的预后有更重要的意义[201]。推荐同时使用多种疗法，根据分期和组织学情况进行化疗、外科手术、对微观疾病的放射治疗和化疗。在一项研究中犬、猫唾液腺肿瘤的中位生存期约为18个月[201]。鉴于

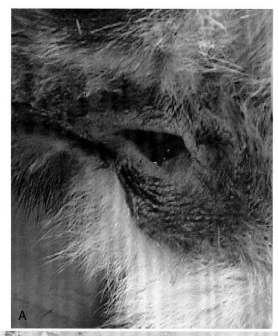

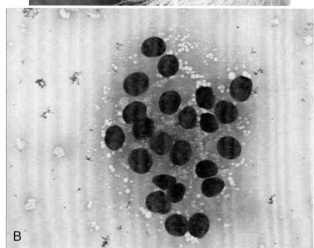

图20-23 **A.** 犬肛周腺瘤 **B.** 犬肛周腺瘤的细胞学检查结果

完全手术切除肿瘤不容易操作，在手术姑息治疗后，应该严格监控动物局部复发和局部或远端转移情况。

三、间质肿瘤

恶性转变并不局限于上皮细胞或者相关的附属器官结构。组成皮下组织的正常细胞也会引起一系列的肿瘤疾病，统称为间质肿瘤，也被称为软组织肉瘤。这些肿瘤起源于间质细胞，这些细胞主要起源于胚胎的中胚层。间质由松散的间质干细胞组成，位于由弹性蛋白、层粘连蛋白和相关的糖蛋白组成的胶原蛋白上。根据细胞信号的环境，间质干细胞会分化成不同的定型细胞系，包括血细胞、内皮细胞或平滑肌细胞等，这一过程反过来使得抗体有能力适应更高级别的组织形成循环和淋巴系统的能力。

间质肿瘤或者软组织肉瘤是一种皮下组织肿瘤，包括一系列癌症占犬所有皮下肿瘤病例的15%，猫的7%。很大程度上，软组织肉瘤发生的潜在病因尚不清楚，但是猫的某些肿瘤类型是由生物或物理致癌物质引起的，如猫肉瘤病毒和牛痘接种后的炎症反应均可单独易发[202-204]。对犬而

言，有证据表明软组织肉瘤起源于辐射的累积和继发于创伤或寄生虫感染的慢性炎症[205-209]。大部分软组织肉瘤病灶单独存在；然而一些肿瘤类型会发生转移，并且引发多个病灶，影响局部或远端部位。总体而言，软组织肉瘤外观为假包膜肉质肿块，组织学界限不明显，易通过表面向下侵袭和浸润。由于其物理性质，软组织肉瘤会发生局部浸润，肿瘤经保守手术切除后可以预见出现局部复发。尽管大部分软组织肉瘤具有局部侵袭行为，但是只有一小部分的肿瘤会向远端转移。想要成功地治疗软组织肉瘤，要当完整的手术切除是不可能的时候，要求进行侵袭性的完全手术切除，需增加放射治疗或者系统化疗，这样控制微观疾病才有效果，但是这些辅助治疗对于宏观疾病的管理几乎无效[210-215]。

（一）成纤维细胞源性肿瘤

1. 纤维瘤

（1）病因及发病机制

在犬和猫中，纤维瘤是由真皮和皮下成纤维细胞引起的罕见的良性肿瘤。引起纤维瘤的病因尚不明确。

（2）临床发现

成纤维瘤通常发于老龄犬和猫。在猫上无品种或性别倾向性。然而在犬中有报道称，纤维瘤在拳师犬、波士顿猎犬、德国短毛猎犬、金毛寻回猎犬和猎狐犬中多发[3]。纤维瘤通常呈单发（图20-24，A），四肢、腹侧和腹股沟多发。纤维瘤通常与周围组织界限清晰，其质地变化范围大，可以在非常坚硬的肿物至柔软具有波动性的肿物之间变化；形状在圆顶状至有蒂状之间变化；位于真皮表皮至皮下之间；直径为1～5cm。犬的纤维瘤可出现黑色素沉淀（图20-24，B），或外观呈纤羽状，两者也可同时出现。虽然从组织学上认定纤维瘤为良性，但该肿瘤也可表现较强的局部侵袭性，并可长到较大的体积。尽管（纤维瘤）可对局部组织产生浸润，但该肿瘤不具有转移性。

（3）诊断与临床管理

细胞学检查可发现少量纺锤形的成纤维细胞。纤维瘤的组织学特征是具有螺旋和交错排列的成纤维细胞和胶原纤维束。瘤细胞通常呈纺锤形，有丝分裂较为罕见。具有局部黏蛋白或黏液瘤恶化区域的纤维瘤通常称为黏液纤维瘤。某些纤维瘤在毛囊周围较为明显。由于不存在转移，因此手术切除、冷冻手术和电外科手术可有效治疗纤维瘤。如果纤维瘤的生长速度较慢，不会引起疼痛或不适，只进行密切观察不治疗是可以考虑的。

2. 皮肤纤维瘤

（1）病因及发病机制

皮肤纤维瘤是犬和猫中较为罕见的纤维囊性肿瘤，其发展的明确原因尚不清楚。德国牧羊犬的基因可能对发生胶原痣有一定的倾向性，胶原痣与皮肤纤维瘤外观相似，与肾和子宫的肿瘤相关。更多信息见胶原痣部分。

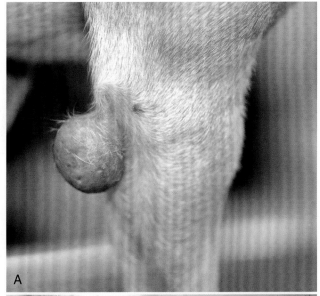

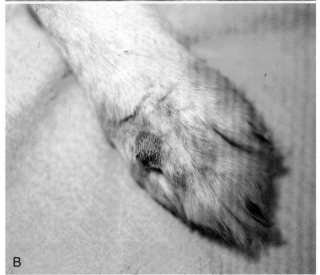

图20-24　A. 犬腿上变形的单发纤维瘤　B. 犬黑指（趾）纤维瘤

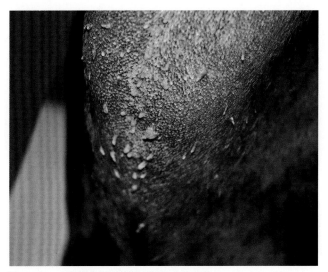

图20-25　犬胸骨多发性纤维血管性乳头状瘤

（2）临床发现

皮肤纤维瘤通常为单发的、边界清楚的、质地坚硬的瘤。直径通常小于2cm。覆盖肿瘤的表皮变厚且无毛。头部为常发部位，小于5岁的动物多发。

（3）诊断和临床管理

从组织病理学上看，皮肤纤维瘤具有特征性的纺锤形和星状的纤维细胞，呈螺旋状或偶尔呈束状排列，有胶原纤维形成的间质，并存在不同程度的增厚。由于多数是无痛、局限性肿瘤，皮肤纤维瘤的临床治疗多数是手术切除、冷冻外科手术和仅观察治疗。

3. 纤维血管性乳头状瘤

纤维血管性乳头状瘤（皮赘、角质化赘、皮肤息肉、软垂疣、纤维上皮性息肉、软纤维瘤）是犬中不常见的纤维血管源性的良性肿瘤。造成该肿瘤生长的原因尚未明确，有可能为创伤或局部疖肿引起的增生性反应。

（1）临床发现

目前并未确立该病是否有性别倾向，但大型和巨型品种犬具有倾向性，特别是杜宾犬或金毛寻回犬。病变可能

为单发或多发、呈纤维状或结节状、表面平滑或角质化、柔软，直径2~5cm，长约1~2cm。（图20-25）纤维血管乳头状瘤在骨突、躯干和胸骨处多发。

（2）诊断和临床管理

从组织病理学上来看，纤维血管瘤的特征是具有呈乳头状的纤维血管组织核以及覆盖表皮的不规则增生。纤维血管瘤的临床管理包括手术切除、冷冻手术、电外科手术和无治疗观察。

4. 纤维性瘙痒性结节

（1）病因和发病机制

纤维性瘙痒性结节的病因未知。然而，有人认为该病只发生于被跳蚤叮咬后过敏的犬的慢性自我损伤时。

（2）临床发现

纤维性瘙痒性结节最常见于年龄大于8岁的犬，以及德国牧羊犬及其杂交犬种中常见。单发或多发、质地坚硬、无蒂至有蒂、形成无毛结节、直径1~2cm（图20-26）。病变可能为红斑性或色素沉着性，平滑或角化过度，偶有破溃。纤维性瘙痒性结节主要位于犬的背腰骶部，同时伴有慢性蚤咬过敏。

（3）诊断和临床管理

临床表现是具有特征性的。从组织病理学上看，纤维性瘙痒性结节有结节性皮肤纤维化、炎症和显著的表皮乳头状瘤样增生的特征。炎性细胞主要为嗜酸性粒细胞。治疗的选择包括手术切除和控制与跳蚤叮咬过敏症状相关。

5. 猫结节病

（1）病因和发病机制

造成这种罕见肿瘤的病因尚未知晓[52]。由于组织学上该病与马肉瘤相似，因此对牛的乳头状瘤病毒进行了免疫组织化学试验，但都为阴性。此外，猫白血病毒（FeLV）和猫肉瘤病毒（FeSV）的免疫组织化学试验同样为阴性。一项研究表明，对大部分已知的肿瘤（17/19）使用PCR可验证是否存在乳头状瘤病毒，该发现与猫肉瘤病毒和肿瘤

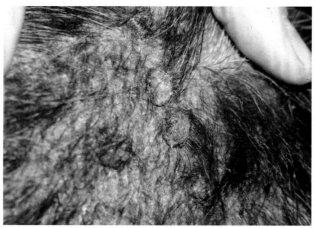

图20-26　1只被跳蚤叮咬后过敏的犬的多发性纤维性瘙痒性结节

图20-27　猫类肉瘤。在面部边界清晰的肉瘤

的发生有关这一说法相吻合。

（2）临床发现

患猫通常年龄较小（1～2岁），肿瘤在头部、颈部、趾部和鼻镜多发（图20-27）[53]。有趣的是，大多数报道的猫肉瘤病都发生在农村，并有牛接触史[53,216]。大多数肿瘤为单发或多发、直径达2cm，其特征为真皮层纤维细胞增生覆盖，通常为表皮溃疡性增生[53,216]。病变一般生长较慢，但手术切除复发后通常以很快的速度生长。

（3）诊断和临床管理

无包膜、界限不清的真皮结节在组织学上的特征是突出旋转的成纤维细胞密集增生。被覆表皮形成长而尖的表皮突，棱形细胞可呈栅栏样排列与表皮相邻。虽然一些报道猫肉瘤可通过局部治疗获得较好的疗效，例如冷冻手术或放疗。但局部治疗某些猫肉瘤可能是顽固性的，且呈现较高的局部复发率[53]。尽管局部复发较多，并无报道猫肉瘤具有转移性。

3. 纤维肉瘤

（1）病因和发病机制

纤维肉瘤常见于猫而在犬中不常见，该肿瘤由真皮或皮下成纤维细胞源性的肿瘤。造成老龄动物纤维肉瘤的原因尚未明确，但某些青年猫的肿瘤被认为是FeSV诱发的[202,217]。纤维肉瘤及其产生的无细胞提取物包含C型病毒粒子，这些粒子注入幼猫后具有产生多发性纤维肉瘤的能力[217]。FeSV由FeLV突变产生，猫肉瘤病毒诱导的纤维肉瘤通常为FeLV阳性。9例纤维肉瘤患猫的细胞遗传学分析揭示了各种异相染色体核型的变化：三体细胞D1、标记物F1以及非随机性染色体E1和肿瘤抑制基因p53的突变[218-221]。这些发现说明猫纤维肉瘤或许与染色体或基因的异常有关。猫疫苗相关肿瘤的信息见疫苗接种后肉瘤部分。

（2）临床发现

犬纤维肉瘤在犬中不常见，在某些特定品种的老年犬多发，如可卡犬、杜宾犬和金毛寻回猎犬。纤维肉瘤通常单发，形状不规则且呈结节状质地，坚硬或有肉

感（图20-28，A至C），界限不清，大小不一（直径1～15cm），病变位于皮下，在四肢及躯干多发。

猫纤维肉瘤在猫中很常见。病毒（FeSV）导致的纤维肉瘤在小于5岁的猫多发，呈多中心性（图20-29）。非病毒性的纤维肉瘤在老龄猫（平均年龄为12岁）中多发，通常单发。病变主要发生在四肢远端、躯干以及耳郭。肿瘤通常形状不规则且呈结节状，质地坚硬或有肉感，界限不清，大小不一（直径1～15cm），位于皮下（四肢远端和躯干）和真皮（趾部和耳郭）。多数纤维肉瘤呈现较快的生长速度且其有浸润性，转移率低于20%（局部淋巴结或肺）。

（3）诊断

细胞学检查可见多型的、非典型的成纤维细胞。组织病理学上看，纤维肉瘤的特征为不成熟成纤维细胞和中等数量的胶原纤维交织术。肿瘤细胞通常呈纺锤状，有丝分裂象较为常见，细胞异形性明显。坏死或出血较为常见。病灶部位具有黏液或黏液性病变集中区域的纤维肉瘤被称为黏液纤维肉瘤。与大多数间质肿瘤一样，纤维肉瘤呈波形蛋白阳性[114,222]。

（4）临床管理

纤维肉瘤的临床管理方案首选：广泛的手术切除，鉴于其转移率较低，因此将肉瘤完全切除可延长肿瘤控制期。当肿瘤位于不能实行完全切除的解剖部位时，如生长在四肢远端的肿瘤，通常可对患肢实施截肢术。在犬上，已确认某些软组织肉瘤包括纤维肉瘤在内的手术切除的预后因素。手术切缘不存在肿瘤细胞提示预后良好，因为这些肿瘤的局部复发率较低。以切除的肿瘤判定肿瘤的坏死程度和有丝分裂速度可用于生存时间的预后评估。经组织学证实存在坏疽、有丝分裂速度慢的肿瘤，多趋于良性，

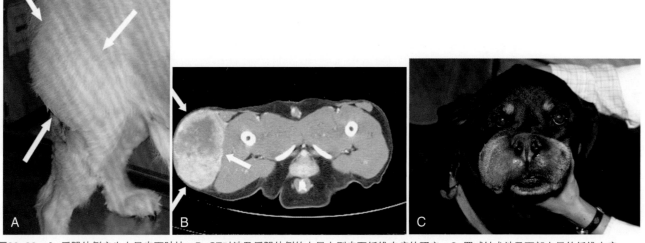

图20-28 **A.** 后腿外侧产生大量皮下肿块 **B.** CT对涉及后腿外侧的大量大型皮下纤维肉瘤的研究 **C.** 罗威纳犬涉及面部大量的纤维肉瘤

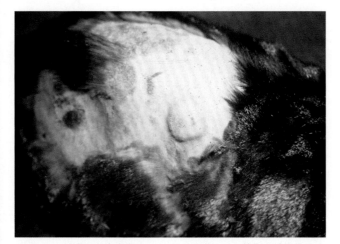

图20-29 幼猫白血病病毒（FeLV）阳性猫躯干上的多发性纤维肉瘤

犬的中位生存期为1 416d[223]。

对于侵袭性较强、无法实施完全手术切除的患犬，有几项临床研究评估了管理微观疾病的治疗方案以及成功率。对于犬，单独的首次再切除术作为近期未完全切除的软组织肉瘤的治疗方法，可提高肿瘤局部控制率（重新生长的概率低于15%）[224]。在犬中，对于采取二次再切除手术解剖学可行性不大的病例，辅助性放射治疗可以有效防止局部疾病的复发[211,213]。在一项84只纤维肉瘤犬的研究中，肿瘤复发的部位、肿瘤大小以及检测肿瘤和手术切除之间的延误，对复发或转移的预后几乎无影响，然而肿瘤的有丝分裂指数对于复发、术后生存时间和转移具有显著的预测价值[225]。在一项对44只纤维肉瘤的猫的研究中发现，有丝分裂指数和肿瘤所在部位与预后相关，与组织学形态、肿瘤大小和肿瘤生长持续时间无关[226]。在头部、背部或四肢患有纤维肉瘤，以及有丝分裂指数大于等于6的猫预后最不理想。

7. 黏液瘤和黏液肉瘤

（1）病因和发病机制

黏液瘤和黏液肉瘤在犬、猫中是较为罕见的肿瘤，源于真皮或皮下成纤维细胞，病因尚未明确。

（2）临床发现

该肿瘤发生在老龄犬、猫，无性别倾向。杜宾犬和德国牧羊犬具有品种倾向性。该肿瘤在四肢、背部（图20-30，A）或腹股沟处较为常发。黏液瘤或黏液肉瘤通常呈单发、侵袭性生长，质地柔软、黏滑、与周围分界不清、形状不定，因此导致手术切缘的划分较为困难。黏液瘤为良性。黏液肉瘤为恶性但通常无转移性。由于其浸润性生长的模式，这两种肿瘤在术后复发率都比较高。虽然在犬上，黏液瘤和黏液肉瘤源自皮下组织，但在大部分报道的病例中，这两类脑瘤可影响内脏器官，包括脾、眼、大脑、心脏和脊髓[227-231]。

（3）诊断和临床管理

组织病理学上，黏液瘤和黏液肉瘤的特征是星状细胞至纺锤形细胞，分布于有空泡、嗜碱性的黏液基质中，基质可能会被胶原结缔组织分区（图20-30，B）。

对于其临床管理，黏液瘤和黏液肉瘤的治疗方案是根治性切除。

8. 结节性筋膜炎

（1）病因和发病机制

结节性筋膜炎（假肉瘤性筋膜炎）在犬、猫上为罕见、良性、呈非肿瘤性生长，大多数病例报道称病变涉及眼及其周围部位[232,233]。结节性筋膜炎是源于皮下筋膜，具有代表性的增生炎症过程，并具有临床侵袭性行为，这暗示结节性筋膜炎为局部浸润性肿瘤。

（2）临床发现

犬、猫上无年龄、品种或性别倾向。结节性筋膜炎可在身体的任何部位发生，但是在头部、面部（图20-31）和眼睑处多发。肿物通常为单发、质地坚实与周围组织分界不清、直径0.2～5cm、位于皮下。人的结节性筋膜炎具有自限性，因此即使切除不完全也会有退行性变化。犬猫的皮肤结节性筋膜炎同样为良性的，但自发性的退化至今无报道。

（3）诊断和临床管理

组织病理学上，结节性筋膜炎的特点是与周围组织界限不清，多形性成纤维细胞在含有不同量的黏液状基质的高度血管化的间质中杂乱生长，浸润性扩散。有丝分裂和巨细胞较为常见，常见有慢性的浸润性增殖。结节性筋膜炎的临床治疗在犬猫上以手术切除为主。

（二）神经源性肿瘤

1. 神经鞘瘤

（1）病因和发病机制

神经鞘瘤（纤维神经瘤、神经鞘膜瘤、神经鞘瘤或神经周围成纤维细胞瘤）是犬、猫中较为罕见的肿瘤，起源于真皮或皮下旺雪氏细胞（神经鞘）。大多数神经鞘瘤的病因尚未明确。然而近年的研究表明，使用PCR限制性片段长度多态性分析技术时，部分恶性神经鞘瘤的致癌基因HER2/neu表达发生突变，表明该变异可能是引起恶性神经鞘瘤的遗传因素，可代替遗传标记物来鉴定恶性神经鞘瘤[234]。

（2）临床发现

神经鞘瘤通常在老龄犬（平均9岁）和老龄猫（平均12岁）多发，无性别倾向性。在猫中无品种倾向性，但猎狐犬可能具有品种倾向性。猫的神经鞘瘤通常单发，于肢体、头部和颈部多发（图20-32，A）[235-236]。在犬中，大多数报道的病例涉及椎管内的神经根，大多数此类患犬最初的临床症状表现为神经根压迫导致的疼痛和局部麻痹[237-245]。大多数报道的神经鞘瘤质地坚硬（特别是犬），与周围组织分界清晰或模糊、呈分叶状、大小不一、病变位于真皮（特别是猫）至皮下（特别是犬）。神经鞘瘤通常无毛。罕见神经鞘呈丛状（多结节的）（图20-32，B）。

（3）诊断和临床治疗

从组织病理学上看，神经鞘瘤具有两种特征性的模式：①纤维神经瘤-含有少量嗜酸性粒细胞，较薄、瘤肉波状的纤维存在于松散方向各异的线形物中，伴有呈现栅栏样细胞核的纺锤形细胞。②神经鞘膜瘤-纺锤形细胞，核区域呈栅栏状排列并且扭转成带或线状（安东尼A型组织），与存在着随意排列的相对较少的细胞的水肿性间质交互存在（安东尼B型组织）。已发现良性和恶性组织病理类型。这些肿瘤可以呈极度的多形性，细胞呈束状、薄层和螺旋状排列。单个的肿瘤细胞呈纺锤形、卵圆形至圆形，或同一肿瘤细胞中存在多个细胞核。神经鞘瘤的特征为具有：安东尼A型模式、B型模式，对S-100型蛋白和波形蛋白的免疫反应性[234]。治疗方案为手术切除，但由于许多神经鞘瘤与椎管相近，也许不能实施完全的手术切除。比如，神经鞘瘤术后会频繁的复发，然而，远端转移较为罕见。

2. 颗粒细胞瘤

（1）病因和发病机制

颗粒细胞瘤（颗粒细胞肌母细胞瘤或颗粒细胞神经

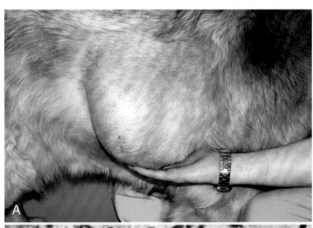
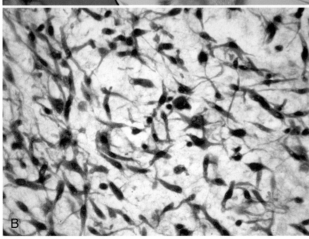

图20-30　A. 犬胸部的侵入性黏液肉瘤　B. 猫黏液肉瘤。具有丰富基质（黏蛋白）的非典型成纤维细胞（菱形到星状）

图20-31　金毛寻回猎犬面部的结节性筋膜炎

鞘瘤）是犬、猫中较为罕见的肿瘤[246-249]。

虽然细胞的起源并未完全确定，但当前的研究表明肿瘤是神经源性的。导致颗粒细胞瘤的病因尚未明确。

（2）临床发现

有报道称颗粒细胞瘤见于2～13岁的犬，无品种或性别倾向性。大多数颗粒细胞瘤为单发、质地坚硬、呈圆形、与周围组织分界清晰的肿物，舌部较为常发[136,248,250-253]。其他报道所涉及的发病部位包括：肩部、唇部、耳部和脏器（图20-33）[136,254-262]。大多数犬颗粒细胞瘤为良性，转移率低。猫的颗粒细胞瘤曾见于舌头、阴户、扁桃体、脑和趾部[246-249]。

（3）诊断和临床治疗

组织病理学上，颗粒细胞瘤的特征为与周围组织界限清晰，其细胞是卵形或多面形，核在中间或偏向一边。细胞质颜色较浅，包含大量小的、隐约存在的嗜酸性颗粒。肿瘤细胞可广泛存在成集象成团或呈线性形排列。胞质颗粒呈PAS阳性。人的表皮假癌性增生常被颗粒细胞覆盖，这在犬、猫上较为罕见。犬颗粒细胞瘤呈神经元特性烯醇化酶阳性，但波形蛋白和S-100蛋白反应不一定为阳性[248]。颗粒细胞瘤的治疗为手术切除。

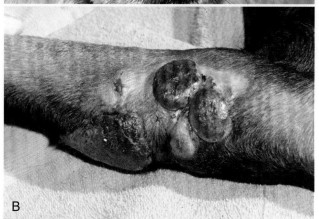

图20-32 **A.** 松狮犬脸部的多结节神经鞘瘤　**B.** 犬的多结节神经鞘瘤

（三）血管源性肿瘤

1. 血管瘤

（1）病因和发病机制

血管瘤（血管肿瘤）是不常见（犬）或罕见（猫）的起源于血管内皮细胞的良性肿瘤。在对犬的研究和临床观察中指出，在腹侧无毛肤色浅或毛发少的犬中，慢性日光损伤可能是血管瘤的病因[77,113,263,264]。在猫上没有紫外线诱发血管瘤的记载，但有1例报道称一肿瘤中含有C型病毒微粒[265]。

（2）临床发现

犬血管瘤比血管肉瘤更为常见，平均发病年龄为10岁，无性别倾向[264]。腹部腹侧和胸部皮肤颜色浅、毛少的犬患血管瘤的概率较高。高风险品种包括：拳师犬、金毛寻回猎犬、德国牧羊犬、英国史宾格猎犬、万能㹴、惠比特犬、大麦町犬、比格犬、美国斯塔福德郡（比特）犬、巴吉度犬、萨路基犬和英国指示犬[113,263,264]。有报道称惠比特犬，可见到多个可能由日光诱发的血管瘤[264]。血管瘤通常与周围组织分界清晰、质地坚硬有波动性、圆形、颜色为蓝色至红黑色，直径0.5～4cm，位于真皮至皮下。

猫血管瘤比血管肉瘤更为罕见，10岁以上的猫多发，其中雄性更常见[266]。病变通常为单一病灶、最常发于耳部、面部、颈部和四肢。血管瘤生长速度较慢、通常与周围组织分界清晰、坚硬至波动性、呈圆形、颜色为蓝色至红黑色，直径为0.5～4cm，位于真皮至皮下的部分。这些肿瘤可能自发性或由创伤诱发出血。

（3）诊断和临床治疗

组织病理学上，血管瘤是充血性的血管腔增生，且衬有大量单层高度分化的内皮细胞。血管瘤通常为海绵状血管瘤和毛细血管至血管瘤，由血管腔隙的大小和交织的纤维组织量决定。日光诱发的病变通常与周围组织界限不清，可出现日光性皮炎和弹性纤维变性。免疫组化结果显示血管瘤的波形蛋白、Ⅷ因子相关抗原［血管性血友病

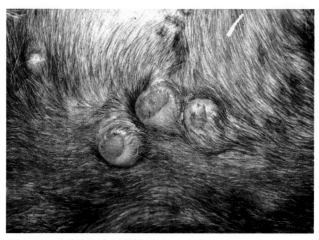

图20-33　犬的胸部恶性颗粒细胞瘤

因子（vWf）]及Ⅳ型胶原和层粘连蛋白为阳性蛋白；同时，在血管增生物中也发现了这些标记物。此外，已证明vWf和CD31两者为正常血管内皮的持续性标记物并且这些血管瘤都来自犬[267]。鉴于血管的正常生理，临床上患有血管瘤的犬可呈现血液学异常，包括贫血、血小板减少、低纤维蛋白原血和其他与弥散性血管凝血相关的发现[263]。血管瘤的临床管理可包括手术切除、冷冻手术、电外科手术和不采取治疗措施密切观察。

2. 血管肉瘤

（1）病因和发病机制

血管肉瘤（血管内皮瘤或恶性血管内皮细胞瘤）是犬、猫不常见的恶性肿瘤，由血管内皮细胞引发[266,268-271]。

临床观察研究表明，对于腹部无毛皮肤轻微色素化且被毛稀疏的犬和耳郭为白色的猫，慢性日光损伤可能是引起血管肉瘤的原因[264,266]。区分浅表性真皮血管肉瘤（很可能是由于长期暴露于紫外线）和皮下血管肉瘤是非常重要的。这个区别提示了预后信息，真皮型预后较好[264,270]。

（2）临床发现

犬血管肉瘤发生于平均年龄为10岁的犬，无明显的性别倾向。典型的血管肉瘤多发于德国牧羊犬、金毛寻回猎犬、伯恩山犬和拳师犬[264,270]。病变通常生长速度较快，通常见于躯干和肢体远端（图20-34）。惠比特犬、大麦町犬、比格犬、灵缇、美国斯塔福德郡㹴、巴吉度猎犬、萨卢基猎犬、英国指示犬和其他短毛且肤颜色浅的品种为日光诱发浅表性真皮血管肉瘤的高危品种[264,270]。

日光诱发的真皮性血管肉瘤通常为多发性疾病，大多数位于胸腹及腹部。典型的皮下血管肉瘤通常为单一病灶，但日光诱发的病变可能是多个的。真皮性血管肉瘤（通常日光诱发）与周围组织由分界清晰至不清晰，红色至深蓝色硬块或结节，直径通常小于2cm。皮下血管肉瘤（通常不由日光诱发）与周围组织分界不清，呈深红或蓝黑色，有瘀伤样、海绵状肿块，直径可达10cm[264,270]。无毛、皮肤增厚、出血和溃疡是真皮和皮下血管肉瘤的常见特征。近期有报道犬上皮发生变异，其大多数发生于真皮或皮下组织，皮下血管肉瘤的表现相似[272]。

猫血管肉瘤主要发生于10岁或以上的猫[264,266]。无品种倾向。当白色猫的病变部位暴露于紫外线下时，会倾向于表皮血管肉瘤。病变通常为单个的、生长迅速，多发于头部、耳郭（尤其是白色猫）、肢体远端、腹股沟和腋下部位（图20-35，A）。真皮性血管肉瘤与周围组织界限不清，有红色至深蓝色硬块或结节，直径通常小于2cm。皮下血管肉瘤与周围组织界限不清，有深红至蓝黑色的海绵状肿块，直径通常可达10cm。脱毛、皮肤增厚、出血和溃疡是真皮和皮下血管肉瘤常见的特征（图20-35，B）。

（3）诊断

组织病理学上，血管肉瘤具有特征性的非典型内皮细

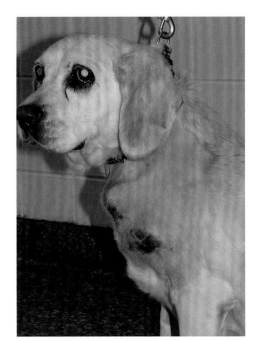

图20-34 可卡犬颈椎区域的大型皮下血管肉瘤

胞浸润性增生（图20-36），伴随血管管腔区域的形成。日光性损伤可能与日光性皮炎和日光性弹性纤维变性相关[95,264]。血管肉瘤的波形蛋白、S-100蛋白、Ⅷ相关因子抗原（vWf）、Ⅳ型胶原蛋白和层粘连蛋白呈阴性。与皮肤良性血管瘤相似。在犬血管肉瘤的调查中，vWf和CD31（PECAM）的表达率分别为73%、100%[267]。已有报道称，贫血、紫癜、血小板减少症、低纤维蛋白原血以及与弥散性血管内凝血相关的发现，是与血管肉瘤相关的[263]。近期描述的上皮变异表现出不同的细胞形态，同时偶尔见细胞质空泡化，肿瘤内皮细胞的上皮样外观除外[272]。

由于内脏血管肉瘤可以转移到皮肤，因此建议在发现这些皮肤肿瘤后，在临床上，患病动物应该通过血象、血清生化、尿常规检查、胸部影像、超声心动图和腹部超声来判断疾病的时期。

（4）临床管理

血管肉瘤的治疗方法为根除性手术切除[270]。然而，患有皮下血管肉瘤的动物在无论接受何种治疗，局部复发和转移都是常见的，因此应谨慎对待预后。对于犬，皮下血管肉瘤是具有高度侵袭性的恶性肿瘤。有研究表明，其确诊后的中位生存期少于6个月[270]。对于猫，已报道手术切除血管肉瘤仍会频繁复发[266,273]。猫皮肤血管肉瘤转移的可能性是不确定的，一些研究报道称其转移率较低，而其他研究表明其转移率较高[226,273,274]。

对于肢体远端趾部患有血管肉瘤的猫，截肢为常用的治疗方案。近期一项关于18只猫的皮肤血管肉瘤的研究显示，完整的手术切除可获得长期良好的预后[271]。临床上，对于犬，使用姑息放射治疗，或阿霉素和长春新碱药物管理，取得了很好的疗效[275]。

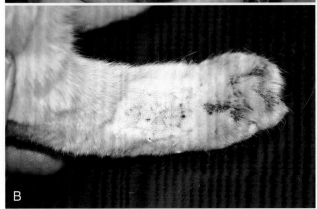

图20-35　**A.** 猫鼻腔面和口鼻背侧的血管肉瘤　**B.** 猫血管肉瘤。四肢末端和脚爪肿胀且布满黑色结痂

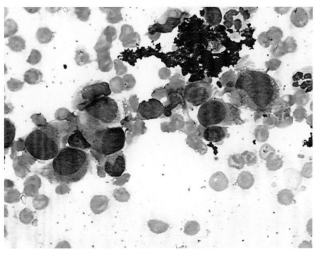

图20-36　犬血管肉瘤的细胞学检查

犬皮肤血管肉瘤根据组织学部位深度的分级：Ⅰ级（皮肤）、Ⅱ级（皮下组织）和Ⅲ级（直至肌肉）[270]。Ⅰ级病变范围较小、有凸起的、红紫色的结节（可因日光引起），常见于腹部、阴茎包皮和下肢。这些相对非侵入性肿瘤一般为良性肿瘤，犬的术后中位生存期为780 d[270]。Ⅱ级和Ⅲ级病变范围较大、与周围组织分界不清、质地柔软至波动性、通常类似擦伤，无特定的发病部位且术后生存时间较短（Ⅱ级和Ⅲ级的术后中位生存期分别为172d和307d）[270]。6只患有皮下血管肉瘤（Ⅱ级）的犬通过：使用长春新碱、阿霉素、环磷酰胺（VAC）进行治疗，其术后中位生存期达到了425d[276]。

3. 血管外皮细胞瘤

（1）病因和发病机制

血管外皮细胞瘤（peritheliomas）是犬的血管周细胞引发的常见肿瘤（图20-37，A）[277,278]。少数猫的血管外皮细胞瘤病例已有报道[279]。血管外皮细胞瘤的病因尚未明确，但是染色体异常，特别是2号染色体三倍体、9号染色体三倍体和29号染色体三倍体在患血管外皮细胞瘤的犬中有发现[280-282]。这些染色体异常是否与肿瘤的发生相关，或只是简单的影响，这些尚未明确。

（2）临床发现

犬的血管外皮细胞瘤发生的平均年龄为7～10岁。拳师犬、德国牧羊犬、可卡犬、史宾格猎犬、爱尔兰长毛

猎犬、西伯利亚哈士奇、猎狐狸、柯利犬和比格犬具有品种倾向性，但无性别倾向性[283]。血管外皮细胞瘤通常为单一病灶，常发于四肢（尤其是膝关节和肘关节）。通常较为坚硬、呈结节状、与周围组织分界清楚、直径达2～25cm，位于真皮至皮下的部位（见图20-37，A和B）。

（3）诊断

血管外皮细胞瘤有多种外观，可能以一种外观为主导，或在同一肿物中存在几种外观。组织病理学外观的多样性被认为是血管外皮细胞特有的。经典外观是血管周围的螺旋状物（指纹形），为梭形至卵圆形的细胞（见图20-37，C）。近期的免疫组化结果表明，犬所有的血管外皮细胞瘤的波形蛋白呈阳性，而细胞角蛋白、Ⅷ因子相关抗原，胶质纤维酸性蛋白和S-100蛋白呈阴性。除了波形蛋白阳性，有些犬血管外皮细胞瘤的肌动蛋白、肌间线蛋白，并且会表达CD34抗原分化簇[284]。

（4）临床治疗

血管外皮细胞瘤的治疗方法为手术切除或截肢。大多数犬血管外皮细胞瘤不具有转移能力，因此应着重治疗局部病变。然而，鉴于大多数犬血管外皮细胞瘤涉及四肢远端，因此完整的手术切除，截肢范围较小，往往会导致微观残留而最终使肿瘤复发[283]。另外，作为微观残留疾病治疗方法的光动力方法，已经被证实是无效的，不但不能改善对疾病的局部控制，还会增加对局部组织的损伤，增加患畜的发病率[285]。对于不适合手术治疗的肿瘤，兆伏级放射治疗：在宏观上对肿瘤局部控制是有适度帮助的，第1年及第2年的肿瘤控制率分别约为2/3和1/3[286]。虽然具有局部侵袭性的血管外皮细胞瘤的局部和远端转移能力较低，但一些文献提到犬血管外皮细胞瘤具有侵袭性转移能力[225,283,287-289]。

4. 淋巴管瘤

（1）病因和发病机制

淋巴管瘤（血管瘤）是犬、猫罕见的良性肿瘤，由淋

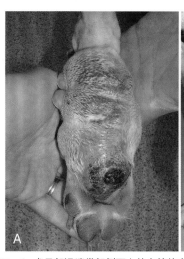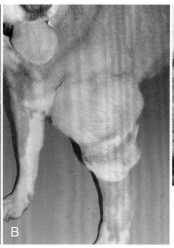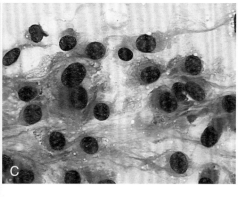

图20-37　**A.** 犬足部远端掌部侧面上的血管外皮细胞瘤　**B.** 在犬前肢近端的血管外皮细胞瘤　**C.** 犬血管外皮细胞瘤的细胞学检查

巴管内皮细胞引发。淋巴管瘤的病因尚未明确，但文献报告表示其发生与创伤相关[290]。

（2）临床表现

已报道，小于1~8岁的犬、猫可发生淋巴管瘤，无明显的品种或性别倾向[291-298]。病变呈波动性的肿块，直径达18cm，通常与周围组织界限不清。淋巴管瘤可伴有抗压性水肿和囊肿，且经常排出浆液或乳样液体（淋巴渗漏）。腋下、腹股沟和四肢是常受影响的区域；然而，大多数病变已涉及非皮下部位，如纵隔和肝实质[293-298]。

（3）诊断和临床治疗

从组织病理学上来看，淋巴管瘤的特点是，具有大小不一的海绵状的弯曲的血管管腔增生物。其具有单层扁平内皮细胞，发生于真皮、皮下或同时发生。大多数肿瘤从血管或淋巴管上皮萌发，已证明淋巴管瘤的波形蛋白、vWf和CD31为阳性[267]。淋巴管瘤的治疗方法为手术切除，但若手术不能完全切除则会复发[297]。已有报道称，辅助放射治疗对微观疾病的管理有效[299]。

5. 淋巴管肉瘤

（1）病因和发病机制

淋巴管肉瘤（恶性血管皮内细胞瘤）较为罕见，是由淋巴管上皮细胞引发的恶性肿瘤。淋巴管肉瘤的病因尚未明确。

（2）临床发现

犬淋巴管肉瘤发生于小于1~11岁的犬。无明显的性别或品种倾向性[300-310]。病变通常呈单个的、与周围组织分界不清、波动性肿胀、直径可达20cm（图20-38，A和B）。还可能出现压痕性水肿、浆液性渗出（淋巴渗漏）、紫癜以及溃疡。四肢和腹部多发。

猫淋巴管肉瘤多发于成年和老龄猫，无明显性别或品种倾向[311-316]。病变通常呈弥漫性斑块样增厚，腹部水肿

肿物与周围界限不清（图20-39，A），四肢存在引流式囊肿。病变通常迅速增长。发病皮肤可为红色至略带紫色，柔软并富有弹性、水泡液渗出（瘘）（图20-39，B）。

（3）诊断和临床管理

组织病理学上，淋巴管肉瘤的特征是异常增殖，非典型的内皮细胞往往形成大小不一、胶原纤维包围的血管管腔。肿瘤血管的特点是形状弯曲，缺乏周细胞，很少或根本没有血液。通常存在多形性浸润。淋巴管肉瘤的波形蛋白呈阳性，vWF和CD31可能为阳性[306]。首选的治疗方法是根治性手术切除或截肢，但已报道放疗或化疗在个别情况下是有效的[317,318]。犬、猫都容易复发和转移。

（四）脂肪源性肿瘤

1. 脂肪瘤

（1）病因和病理机制

脂肪瘤就常见于犬，罕见于猫的良性肿瘤，由皮下脂肪细胞（adipocytes）引发。脂肪瘤的病因尚未明确，但少数患脂肪瘤的犬、猫存在染色体异常[319]。

（2）临床发现

通常这些肿瘤发生在年龄超过8岁的犬、猫。在猫中无性别倾向，但暹罗猫可能除外。对于犬，已报道脂肪瘤更多发于可卡犬、腊肠犬、威玛犬、杜宾犬、迷你雪纳瑞、拉布拉多猎犬、小猎犬和肥胖的雌性犬上。脂肪瘤病灶可呈一个或多个发生，胸部、腹部和四肢近端最常发生（图20-40，A）。一些皮肤的脂肪瘤变得色素过度沉着（图20-40，B）。他们通常是圆形的或有蒂的、与周围组织界限清晰的、质地柔软松弛、大小不一（直径1~30cm）、通常呈多叶形，位于皮下。一些脂肪瘤是坚硬的，由于纤维组织的存在，在组织学上呈纤维脂肪瘤。有时脂肪瘤会在体内产生，导致临床症状与器官或神经压迫有关[320]。

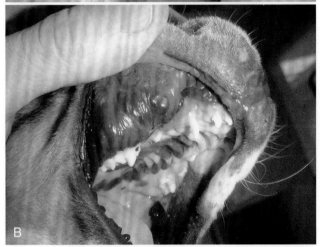

图20-38　**A.** 幼犬右侧嘴角的淋巴管肉瘤　**B.** 犬的口腔淋巴管肉瘤

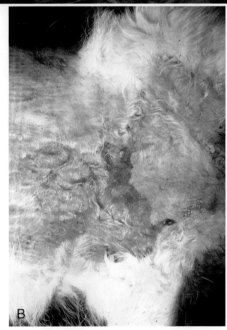

图20-39　**A.** 猫淋巴管肉瘤。在腹部的许多紫癜渗出性斑　**B.** 猫淋巴管肉瘤。紫癜性血小板渗出

　　浸润性脂肪瘤（*Infiltrative lipomas*）在犬、猫中不常发生[269,286,321-327]。这些肿瘤易发生在中年动物（平均6岁），雌性多发（4:1）。杜宾犬和拉布拉多犬易患此肿瘤。这些肿瘤最常见于四肢、胸部和颈部（见图20-40，C）。肿瘤较大、与周围组织边界不清、质地柔软，皮下肿块会浸润邻近的肌肉、筋膜、肌腱、关节囊和骨；可由机械损伤导致功能障碍或造成疼痛[269,286,321-327]。

　　（3）诊断和临床管理

　　细胞学检查通常显示无细胞结构本，并含大量脂滴（图20-41）。组织病理学上，脂肪瘤的特点是形态正常脂肪细胞会增殖，与周围组织分界清晰。浸润性脂肪瘤的特点是形态正常脂肪细胞会增殖，与周围组织边界不清，会浸润周围组织，特别是肌肉和胶原蛋白[269,286,321-327]。血管脂肪瘤的特点是由复杂的分支血管组成成熟的脂肪组织。所有类型的脂肪瘤的治疗方法都是手术切除。脂肪瘤较小且无症状的，通常观察即可。较大的脂肪瘤因其与周围组织分界清楚且血液供应不良，通常容易剥离出来。虽然浸润性脂肪瘤不是恶性的，但为了防止局部复发，他们需要根

治性手术，但对于某些患畜也没有疗效。如果无法进行手术，可使用放射治疗疗法于宏观或微观肿瘤，这能够控制肿瘤，大多数接受放射治疗的犬中位生存期为40个月[213]。

　　2. 脂肪肉瘤

　　（1）病因和病理机制

　　脂肪肉瘤是犬、猫较为罕见的恶性肿瘤，通常由皮下成脂细胞引发，病因尚未明确。

　　（2）临床发现

　　脂肪肉瘤发生在平均年龄为10岁的犬和猫。对于猫，脂肪肉瘤无性别或品种倾向；对于犬，脂肪肉瘤可能多发于腊肠犬、喜乐蒂牧羊犬和布列塔尼猎犬雄性犬中[328-332]。尽管脂肪肉瘤可以是多发性的，但通常具有单一性。犬最常见于腹部、胸部和四肢近端。脂肪肉瘤通常与周围组织边界不清、质地由坚硬至柔软、大小不一（直径1~10cm），位于皮下。脂肪肉瘤为恶性且具有浸润性，但很少转移（淋巴结、肺和肝）[328,333,334]。

　　（3）诊断和临床管理

　　从组织学上来看，脂肪肉瘤的特点是富有嗜酸性微小

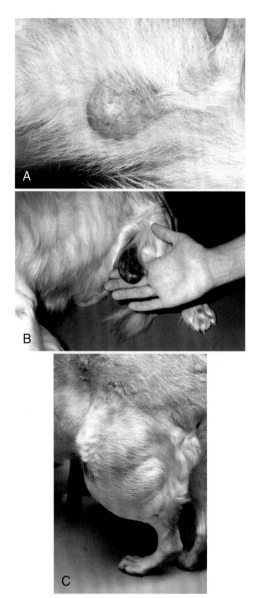

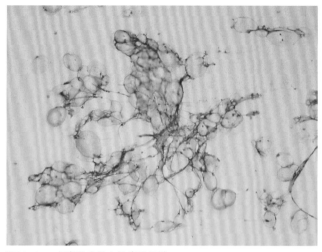

图20-41　犬脂肪瘤的良性脂肪细胞

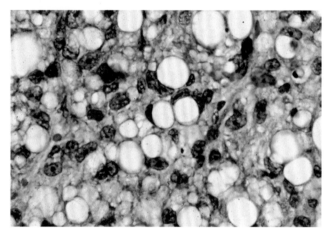

图20-42　猫脂肪肉瘤。多形性非典型脂肪细胞增殖

图20-40　**A**. 犬脂肪瘤，在侧腹柔软的息肉样肿物　**B**. 犬侧腹的脂肪瘤，存在色素沉着　**C**. 犬整个后腿的侵入性脂肪瘤

空泡胞质的非典型脂肪细胞发生浸润性增殖（图20-42）。近年来，油红O作为一种冰冻组织常用的脂质染色剂，被用于鉴别分化良好的脂肪肉瘤和软组织肉瘤[335]。所有经油红O脂质染色的脂肪肉瘤细胞学样本呈现出大量的细胞质空泡，其他类型的软组织肉瘤包括纤维肉瘤和血管外皮细胞瘤还能被染色。基于这个有限的细胞学研究，油红O的应用可以简单鉴别脂肪肉瘤和其他类型的软组织肉瘤。脂肪肉瘤的治疗方法是广泛性切除，一项近期的研究中显示，手术范围可以影响总生存时间[328]。比较三种外科手术干预治疗（切取活检，边缘切除和广泛性切除）犬脂肪肉瘤的总生存时间相比较，结果显示实施广泛手术切除的犬的中位生存期是最长的（1 188d）[328]。根据这项回顾性研究，脂肪肉瘤的有效治疗需要完整和积极的手术切除。手术与辐射相结合的有效性还没有得到充分的研究，但一些传闻的报告表明，这种组合疗法可能有效[336]。

（五）多源性间质性肿瘤

1. 子宫肌瘤和子宫平滑肌肉瘤

（1）病因和发病机制

子宫肌瘤和子宫平滑肌肉瘤是犬、猫极为罕见的皮肤肿瘤，源自于立毛肌的平滑肌细胞（毛平滑肌瘤）或皮肤血管（血管平滑肌瘤）。这些肿瘤的病因尚未明确。

（2）临床发现

这两种肿瘤通常单一存在、质地坚硬、与周围组织分界清晰、位于真皮表皮，直径小于2cm[337-339]。无年龄、品种、性别倾向。腹股沟、外阴、头部和背部多发（图20-43）。

（3）诊断和临床管理

组织病理学上看，子宫肌瘤和子宫平滑肌肉瘤的特点是有交错的（通常以直角交叉束）平滑肌纤维。细胞核通常呈雪茄形且两端钝圆。马松三色染色剂通常可有助于区分肌肉源性、胶原蛋白源性和神经源性的肿瘤。治疗方法为手术切除，然而若不能实行完全切除，则会局部复发。基于对少数犬、猫的研究，子宫肌瘤和子宫平滑肌肉瘤似乎不具备较高的转移潜力[337]。

2. 横纹肌瘤和横纹肌肉瘤

（1）病因和发病机制

横纹肌瘤和横纹肌肉瘤是犬、猫由骨骼肌引发的极为罕见的肿瘤。这些肿瘤的病因尚未明确。

（2）临床表现

已报道，在对于猫横纹肌瘤可发生于白耳猫的耳缘[340]。病变凸起、质地坚硬、与周围组织分界清楚、呈紫红色结节状、直径1~2cm，位于耳郭的凸面。对于犬，横纹肌瘤多发于口腔，特别是舌和喉部[341-345]。横纹肌瘤可发生于成年猫的耳缘及腹股沟部位[346]。横纹肌肉瘤可涉及肛周、口腔、泌尿道或生殖道[347-352]。

（3）诊断和临床管理

组织病理学上，这些肿瘤含有螺旋形和细长梭形细胞[340,346]。

磷钨酸苏木精可增强肿瘤细胞和成束的交叉条纹显色。骨骼肌肿瘤的肌间线蛋白和波形蛋白为阳性[340-346]。治疗方案为手术切除，但有几个报道称，横纹肌肉瘤具有远端转移的能力[353,354]。全身化疗对于转移性横纹肌肉瘤的作用还尚未进行评估。

3. 骨肿瘤和骨肉瘤

（1）病因和发病机制

软骨瘤和骨肉瘤在犬、猫中较为罕见[355-357]。这些肿瘤的病因尚未明确，但皮下骨外骨肉瘤的产生可能与慢性炎症和疫苗有关[357]。此外，犬波及皮肤的骨肉瘤可能由局部恶化或转移性的阑尾骨肉瘤引起[358]。

（2）临床发现

成年犬、猫发生皮肤骨瘤的病例已有报道[359]。病变为单一性、离散存在、呈坚硬的结节，主要发于四肢近端（图20-44）。组织病理学上，可见大量的骨小梁组成编织骨和板层骨、正常的骨细胞间隙以及多核破骨细胞。骨瘤样病变由于重复性损伤，可能会出现痣恶性肿瘤或异型骨化，因此真正的骨瘤必须满足以下条件：①其生长不与骨膜或关节周围结构相连接；②自发性产生（不是继发于外伤或炎症）；③不是由发育性疾病引起。

骨外骨肉瘤（Extraskeletal osteosarcomas）最常涉及乳腺腺体和内脏器官（如脾），但已有报道老年犬和猫的皮肤及皮下组织（特别是躯干和四肢近端），也有发生病变是坚硬的，直径2.5~30cm。

（3）诊断和临床管理

诊断标准包括：①肉瘤样组织具有统一的形态，不能混有间质组织；②产生了恶性类骨质或骨；③高有丝分裂指数；④骨端发生排斥反应。超过60%的动物存在转移性病变。组织病理学上，可见恶性成骨细胞增殖以及数量不

定的类骨质（图20-45）。X线检查，肿瘤可有也可能没有足够的钙化。治疗方案为手术切除，但犬骨外骨肉瘤具有侵袭性，大多数患畜在确诊后不久死于转移性疾病。全身化疗是否能延长患骨外骨肉瘤犬的寿命，还没有被彻底地评估。

4. 软骨瘤和软骨肉瘤

（1）病因和发病机制

软骨瘤和软骨肉瘤在犬中极为罕见，其病因尚未明确。

（2）临床发现、诊断和临床管理

皮肤原发性软骨肉瘤在犬上很少报道。病变均为单一、质地坚硬、呈多叶性，并发生于颈部、体侧、腹股沟、四肢和胸部的皮下组织。组织学上，恶性软骨样肿瘤细胞在真皮和皮下组织分化形成结节。治疗方案为手术切除。

5. 疫苗注射后肉瘤

（1）病因和发病机制

猫的疫苗注射后肉瘤在20世纪90年代初发现，由于1987年一项法律的通过，人们对生活在宾夕法尼亚的猫强制接种了狂犬病疫苗。在狂犬病的灭活疫苗获得皮下注射许可的同时，预防FeLV的疫苗也获得了皮下注射的许可[204,360]。临床疫苗接种的改变与疫苗注射后肉瘤的增加密切相关，这作为一项临床证据，希望有更多关于疫苗接种性肿瘤的病理研究。流行病学研究表明，猫疫苗注射后肉瘤在下列情况下的发生最频繁：①如果疫苗反复接种在同一部位；②接种狂犬疫苗或FeLV疫苗；③使用含有佐剂的疫苗[360-362]。然而，狂犬病疫苗或FeLV疫苗并不是唯一的原因，因为已有报道称在注射其他灭活的、含有佐剂的疫苗（例如猫瘟疫苗）、改良活疫苗（例如疱疹-杯状-细小三联苗）以及在同一注射器混合了三种药物（青霉素，甲

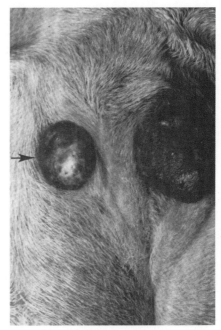

图20-43 犬平滑肌瘤，色素性根瘤（箭头所示）位于外阴旁

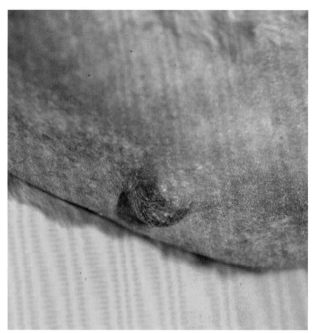

图20-44 犬骨瘤，胸部腹侧单个结节（区域已经被截断）

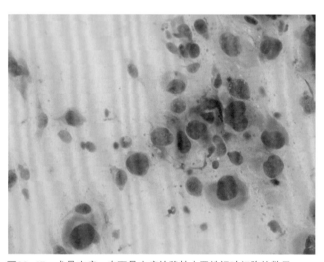

图20-45 犬骨肉瘤，皮下骨肉瘤转移灶中恶性间叶细胞的数量

氧氯普胺，地塞米松）之后出现肉瘤的案例[363]。狂犬病和FeLV疫苗的品牌没有明显差异[361,362]。有报告称，疫苗相关肉瘤具有高发生率（1/1000），但其他报告表明其发生率较低，为1～3.6/10 000[360,361,364]。

组织病理学上，疫苗注射后肉瘤也出现含有结晶颗粒的巨噬细胞浸润/多核组织巨细胞，其细胞质中含有颜色由灰棕色至蓝色的物质。电子探针X射线微区分析表明该物质由铝和氧组成。与这些分析相应的是，氢氧化铝和磷酸铝作为佐剂应用于猫的一些疫苗中[204,362]。已有假设，疫苗反应后持续的发炎与成纤维细胞和纤维母细胞增殖与恶化相关。已经提出一个类似的机制以解释与其他肿瘤相关的慢性炎症[365-367]。

研究表明，慢性炎症除了与疫苗注射后的肉瘤有关，潜在紊乱的原癌基因和抑癌基因也与猫注射后肉瘤相关。在免疫组化研究中，具有肿瘤成纤维细胞的疫苗注射后肉瘤可高度表达几种生长因子，包括血小板源性生长因子受体（PDGFR）、表皮生长因子受体（EGFR）和转化生长因子β受体（TGFβR）[203]。据推测，浸润的炎性细胞具有释放这些受体同源生长因子的能力，从而完成旁分泌生长循环并且促进恶性转化成纤维细胞的扩散。此外，重要的肿瘤抑制基因p53，似乎表达过度且在猫的疫苗注射后肉瘤中发生突变[368-373]。缺陷性p53可失去对细胞周期的抑制，并导致固有的成纤维细胞快速分裂，并向恶性转化。

（2）临床发现

大体来说，猫的疫苗注射后肉瘤和自然发生的纤维肉瘤是有区别的，疫苗注射后肉瘤非疫苗注射后肉瘤相比，前者多发于年轻的猫（平均年龄8岁，疫非苗注射后肉瘤为11岁），且更大、浸润性更强[324,360,374]。疫苗注射最常见的部位是疫苗注射后肉瘤的常发部位，包括肩胛部、颈背部、肩部、胁腹和股部。病变的形状大小不一、质地坚硬、多叶且较大（50%的病例大于4cm）[324,374]。疫苗注射后肉瘤与周围组织界限不清、浸润皮下组织（通常浸润下层肌肉；偶尔涉及椎骨下的棘突），生长速度较快（图20-46，A至D）。

（3）诊断

组织病理学上，大多数疫苗注射后肉瘤是纤维肉瘤，但皮下组织中的若干固有细胞可能会被慢性炎症刺激而引起炎性细胞的浸润，从而发生恶变。不常见的肿瘤类型包括恶性纤维组织细胞瘤、横纹肌肉瘤、骨肉瘤、软骨肉瘤、脂肪肉瘤、黏液肉瘤和肌纤维母细胞肉瘤。一个特别的发现是疫苗注射后肉瘤是外周性肉芽肿，通常为坏死性，炎性反应会引起巨噬细胞和多核巨噬细胞的细胞质中产生灰棕色到蓝色的粒状结晶物质。可产生淋巴小结或嗜酸性粒细胞或二者都有。

（4）临床管理

由于其侵袭能力较强，早期诊断是疫苗注射后肉瘤的最佳治疗方法。因此，与疫苗有关的猫肉瘤专责小组给出建议，如果满足以下任何一项标准，就可明确诊断在注射部位出现的任何肿块病变：①如果肿物在注射部位持续存在时间大于3个月；②肿块直径超过2cm；③如果肿物在疫苗注射1个月后仍持续增大[324,363]。除了该诊断建议外，工作组还建议将疫苗接种于四肢远端，之后还可通过截肢达到对侵袭性肿瘤的完整切除，而预防性或治疗性注射可导致其恶化。

对疫苗注射后肉瘤的治疗需要积极和完整的手术切除。不幸的是，其高度浸润性，以及疫苗接种的解剖部位，导致许多肿瘤都不适合手术切除。有多个对于疫苗注射后肉瘤的生物学行为和治疗效果的临床研究表明，其残留微观疾病导致复发是常见的[375-380]。对于解剖位置不能实行完整手术切除的猫，有一些研究已经表明，使用以治疗为目的的兆伏级放射治疗和全身性化疗的综合疗法可以显著延长无病间隔期和生存期[375-380]。大体上来说，手术、放疗和全身性化疗可以给猫提供几年的生存期

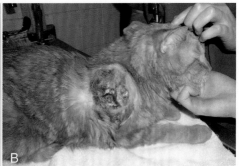

图20-46　猫注射部位纤维肉瘤　**A.** 二次接种猫在横向侧腹区域大量的侵入性软组织肉瘤　**B.** 猫注射部位大量坏死的肉瘤　**C.** 猫侵袭性软组织肉瘤计算机断层研究　**D.** 抽吸物的细胞学检查发现多形性非典型的成纤维细胞

（2～3年），但大多数患畜会出现局部复发。虽然疫苗接种性肉瘤的高发病率和死亡率，与其侵袭性的局部增长方式相关，但该肿瘤只有很小一部分（<25%）具有转移能力[376,377]。

除了常规治疗癌症的方法除手术、放疗和全身化疗，最近研究评估的癌症管理新方法已被用于治疗接种性肉瘤。Bcr-abl的小分子抑制剂名为格列卫，已研究其在体外和体内对接种肉瘤的作用。这些研究表明，甲磺酸伊马替尼（格列卫）可以增加接种肉瘤细胞系的敏感性，相对于传统的化疗药物而言，甲磺酸伊马替尼可以安全地管理猫自发产生的肿瘤（包括疫苗注射后肉瘤）[381,382]。更多前瞻性研究将着重于确定格列卫治疗猫疫苗注射后肉瘤的效果。除了用小分子抑制剂治疗接种性肉瘤，使用含有白介素-2（IL-2）基因的局部沉积痘病毒载体，也被证明能延长猫疫苗注射后肉瘤手术治疗后的无病间隔期、增强抗肿瘤免疫能力、提高局部控制率[383]。本研究结果表明可利用宿主对肿瘤细胞免疫反应的潜在效用进行治疗，其中包含"自我调节"的蛋白质。

（六）肥大细胞瘤

1. 病因和发病机制

肥大细胞瘤是犬、猫由结缔组织肥大细胞引发的常见肿瘤。肥大细胞瘤的病因尚未明确，但早期对年轻犬的研究表明，肥大细胞瘤是通过组织和无细胞提取物的转变而诱导的，这表明了一个潜在的病毒性基因[384,385]。然而，在犬肥大细胞瘤超微结构中却始终未能发现任何病毒颗粒。虽然肥大细胞瘤的分子发病机制尚不清楚，但最近调查研究表明抑癌基因或癌基因突变对肥大细胞瘤发展起到一定的作用。三项研究表明，免疫组织化学着色证实了犬肥大细胞瘤存在突变型p53蛋白[92,386,387]。在所有皮肤肥大细胞瘤中观察到突变型p53蛋白表达的阳性率为13.75%～44.60%。在这些研究中，尽管p53基因突变的发生率较高，但突变型p53的免疫反应与整体的生存时间无关，因此并不能准确地预测生物行为学。近期则着重于对c-kit受体酪氨酸激酶导致肥大细胞转移的潜在作用的研究[388-400]。正常c-kit信号对于细胞增殖、分化、迁移和结缔组织肥大细胞的生存是重要的。在大量的犬肿瘤细胞中发现突变的c-kit基因导致细胞组成被激活。此外，这些体外研究结果似乎与自发产生的犬肥大细胞瘤样品有关，如突变的c-kit受体表达，导致随后肥大细胞瘤的形成。

猫皮肤肥大细胞瘤的发病机制信息非常少。对于猫的研究，各种肥大细胞瘤提取物的接种未能使正常个体中产生肿瘤。多种组织细胞的肥大细胞瘤具有遗传性：在两窝（其父亲为同一雄性猫）6～8周龄的暹罗猫中发现该病[401]。对c-kit突变的相关性也进行了研究，其与皮肤肥大细胞增多症有关，但与内脏肥大细胞增多症无关[402,403]。

2. 临床发现

（1）犬

肥大细胞瘤发生的平均年龄为8岁，幼犬很少有报道。没有明显的性别倾向，但拳师犬、波士顿㹴、英国斗牛犬、比特犬、猎狐㹴、斯塔福德郡犬、拉布拉多犬、腊肠犬、大丹犬、巴哥犬、金毛寻回猎犬、威玛猎犬和中国沙皮犬具有高风险[390,404]。较其他品种而言，中国沙皮犬患肥大细胞瘤的年龄要更小（平均年龄4岁，年龄小于2岁的占28%）。它们也更容易发生多处病变[405]。肥大细胞瘤的临床表现是不一致的。病变可能是坚硬或柔软的、丘疹或结节或有蒂的、位于真皮至皮下的部位、与周围组织边界不清、颜色由与正常皮肤一样至红色（图20-47，A至D）或色素沉着（图20-47，E）。其直径从几毫米到几厘米不等。一些病变可出现荨麻疹隆起或类似蜂窝（组）织炎的弥漫性水肿和炎症（图20-47，F，G）。一些肿瘤有羽毛样外观，其他则存在溃烂。对一些病变的触诊会导致血管活性物质的释放，由此产生局部水肿和炎症（Darier征）。肥大细胞瘤通常是单一的，但可能有多个中心（同时发生或逐一发生）。肿瘤发病部位为：躯干（50%）、四肢（40%）和头部（10%）[406]。一些品种的特性的发病部位已报道，包括拳师犬（后肢，多个病灶）、波士顿㹴（后肢）、罗得西亚脊背犬（尾）、美国斯塔福德郡㹴（后肢）、巴哥犬（后肢，多发病灶）、威玛猎犬（多发性）和英国塞特犬（头，后肢）。弥漫性肥大细胞瘤会导致中国沙皮犬发生恶性肿胀和后肢畸形[407]。

（2）猫

肥大细胞瘤发生在平均年龄为10岁的猫，幼猫也可能发病[408-410]。雄猫与暹罗猫容易发病。病变最常发生在头部和颈部。肥大细胞瘤的临床表现是不一致的：①多个隆起、软的、圆的、与周围界限不清的、水肿的、粉红色的、大小不一（直径在0.5～5cm）的肿物，固定于皮肤；②多个隆起的、坚硬的、圆形的、与周围界限清楚的、白色到黄色的、小（直径2～10mm）的丘疹和结节，固定于皮肤（图20-48，A）；③一个或多个凸起、坚硬的、红斑样的、与周围组织边界清楚的、大小可变（直径1cm）的斑块（图20-48，B），经常溃烂和瘙痒；④单一的、质地由坚硬至柔软的、边界清楚的、大小可变的（直径0.3～3cm）、通常掉毛的真皮肿物，其中一些与皮脂腺肿瘤非常相似（图20-48，C）。肥大细胞瘤组织细胞亚型主要发生在6周龄～4岁的暹罗猫[401,410]。多坚硬的、粉色丘疹和结节主要在头部、耳郭发生，最终自行消退。

3. 诊断

通过细胞学或组织病理学诊断肥大细胞瘤并不困难。细针穿刺（FNA）得到的细胞样本量足以确诊（图20-49，A和B）。细胞学上，肥大细胞表现为离散的圆形细胞，其胞内含丰富染色的细胞质颗粒，当制备细胞时，由于外伤而导致肥大细胞脱颗粒细胞破裂，可能会使胞外颗粒分散在整个细胞。低分化的肥大细胞瘤可能缺乏特异性异染颗粒，需要更专业的免疫组织化学染色技术以确定细胞来源。细针穿刺（FNA）是诊断肥大细胞瘤的常规细胞学评价标准，但与其组织学分级及生物学行为不相关。

组织病理上，肥大细胞瘤的特征是弥漫性肥大细胞的结节性增生。犬肥大细胞瘤常表现为组织嗜酸性粒细胞增多、病变部位胶原变性以及各种各样的血管病变（玻璃样变、纤维素样变性、嗜酸性粒细胞血管炎）。在猫中应特别谨慎，以避免肥大细胞瘤与其他的圆形细胞肿瘤和嗜酸性粒细胞斑块混淆。肥大细胞中显著的组织嗜酸性粒细胞增多和胶原变性在犬中常见，但在猫中罕见。猫组织细胞的肥大细胞瘤（特别是暹罗猫）外观呈肉芽肿样，某些情况下肥大细胞颗粒可通过电子显微镜确诊。犬肥大细胞瘤为丝氨酸蛋白酶类胰蛋白酶阳性，仅限于肥大细胞和嗜碱性粒细胞[396]。猫肥大细胞瘤的类胰蛋白酶为阴性，其胃促胰酶为不规则阳性。近期的一些调查表明，c-kit可作为犬肥大细胞和肥大细胞瘤可靠的免疫组化标记物[395,398,411-413]。肥大细胞瘤根据其组织学形态进行分级。Ⅰ级肿瘤分化良好，位于真皮和滤泡间的部位；Ⅱ级肿瘤中间具有罕见的有丝分裂象，浸润至真皮和皮下组织；Ⅲ级肿瘤呈退化性一个或多个核仁，3～6个有丝分裂象/高倍视野（hpf）下，浸润至皮下和深部组织[413a,413b]。近期基于核分裂数建立的双层组织学分级系统已被建议用于低级和高级的分级（如果在10hpf下存在7个或更多的有丝分裂象、至少3个多核细胞在核仁大小不一的10hpf）[413c]。

4. 临床管理

（1）犬：局部疾病

肥大细胞肿瘤的临床管理包括手术切除、冷冻、电外科手术、化疗、放射治疗、免疫治疗和这些方法的联合[414-416]。治疗方法的决定基于几个因素：临床分期、肿瘤的位置、组织学分级和畜主的承诺。在处理局限于一个部位的肥大细胞肿瘤时，手术切除已被证明是最具疗效的治疗方法（图20-50）[417-420]。所有手术切口的边缘应进行组织学评估以保证手术切除的完整性。如果组织学评估显示切除不完整或可切除的边缘狭窄，对于进一步治疗的决定应该基于组织学分级、临床分期、肿瘤的位置和肢体或其他器官功能的保护。在某些情况下，宽且深的手术切口是不可行的。这种情况经常发生在局部生长的肥大细胞肿瘤，包括四肢末端或头。在这种情况下，手术和辅助治疗的组合是合理的治疗选择。

（2）犬：残留微观病灶

1）外线束巨电压放射治疗

外线束巨电压放射治疗是最有效的，是目前用于切除不完全的皮肤肥大细胞瘤的最好方案。为了充分治疗局部微观病灶，选用单剂量的辐射反复传递至目标部位和边缘。放射治疗涉及多个连续分数传递，通常每天或每隔一天发生，期限为3～5周。放射治疗的目的是提供持久和确

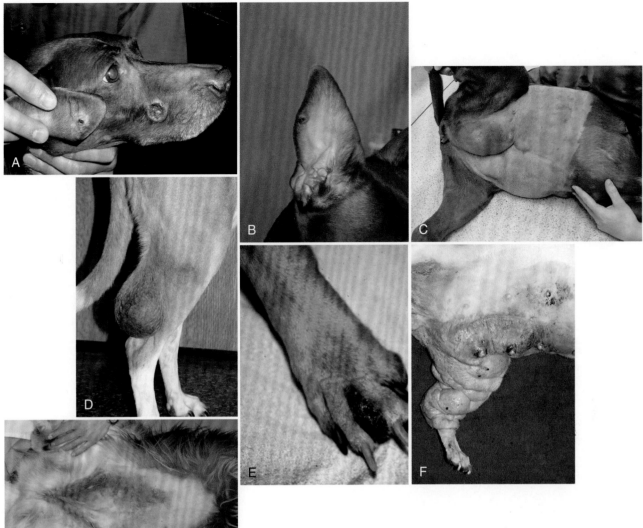

图20-47 犬和猫肥大细胞瘤的各种临床表现 **A.** 犬的上颌骨和耳郭上的溃疡性点状病变 **B.** 犬耳郭外侧面的小肿瘤性增生 **C.** 犬腹股沟淋巴结大量硬结肿块效应 **D.** 犬后腿外侧面悬垂质量效应 **E.** 犬趾间黑色素肿瘤。**F.** 幼年中国沙皮犬扩散的浸润性肥大细胞病 **G.** 局部肥大细胞脱粒的犬腹部大面积瘀青

切的肿瘤局部控制。在一些报告中，根治性放射治疗已被证明是不完全切除犬皮肤肥大细胞瘤的有效管理方法[421-427]。在这些临床研究中，对于局部微观残留病灶，根治性放射治疗可防止大部分（约等于90%）犬局部肿瘤的复发。除了对局部微观病灶管理有效外，治疗性放疗疗法对局部转移性皮肤肥大细胞瘤也是有用的。在一个报告中，无论是否存在局部淋巴结转移，治疗性放疗可用于Ⅲ级皮肤肥大细胞瘤的治疗。

未完全切除的微小病灶以及已扩散至淋巴结的肉眼可见的病例，都可接受放射治疗。在这项研究中，接受根治性放射治疗的犬，取得了28个月的平均生存期[423]。然而，大多数肿瘤相关的死亡归咎于局部疾病的发展，强调了放射治疗对转移性、高分级的MCT具有局限性。在第二项研究中，具有局部淋巴结转移、不完全切除的皮肤MCT的犬口服泼尼松联合放射治疗，在这项研究中，对于肿瘤原发

部位和淋巴结转移部位，用治疗性放射与口服泼尼松相结合，取得了良好的中位生存时间（1 240d）[428]。这些结果可能表明，对于不完全切除、高分级的肥大细胞瘤及局部转移，最佳治疗方案是与辅助治疗结合。

许多研究已经显示了辅助性放疗对治疗残留的皮肤肥大细胞瘤的疗效，但一些报道表明，大多数不完全切除的Ⅱ级肥大细胞瘤不论是否有更多的辅助治疗，将不会复发[417,420]。

2）不完全切除的皮肤肥大细胞瘤的辅助全身化疗

虽然治疗性放射疗法对治疗微观残余皮肤肥大细胞瘤是有效的，但其对特殊设备和高成本的要求限制了宠物主人寻求兽医专家的诊治意见。由于这些局限性，已经评估其他辅助治疗方案对残留皮肤肥大细胞瘤的管理方案，包括全身化疗的使用。近期已有对犬肥大细胞瘤进行全身化疗的治疗效果的报道[429-432]。直观地说，如果化疗药物对皮

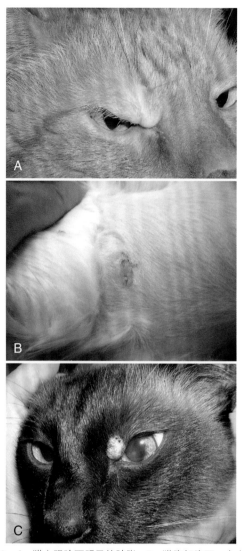

图20-48　**A.** 猫上眼睑不明显的肿胀　**B.** 猫腹部腹面一个小的皮肤肥大细胞瘤　**C.** 猫眼部离散性肥大细胞瘤

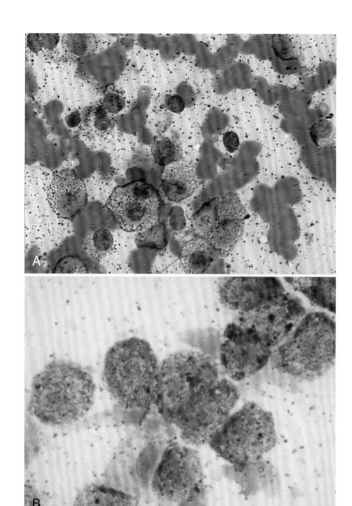

图20-49　**A.** 犬的皮肤肥大细胞瘤细胞学检查显示出出血　**B.** 猫的肥大细胞瘤细胞学检查表明细胞群外包围着异染颗粒

肤肥大细胞瘤具有疗效，那可以推测相同的药物也对微观上残留的肿瘤管理有效，但是在前瞻性临床试验中，全身化疗或口服泼尼松对残留微观病灶疗效的评价很少。为了更好地证实全身化疗的辅助作用，最近一份报告评估了泼尼松或长春新碱对27只犬皮肤肥大细胞瘤不完全切除的疗效。在这项研究中，只有1只犬出现局部肿瘤的复发[429]。在临床关于全身性化疗对MCT疗效的研究中，可以得知，除了治疗性放疗外，使用辅助全身化疗治疗微观残留的MCT亦是可以选择的。然而，需要更多的研究来更好地确定不同的全身化疗方案对治疗残余肥大细胞瘤的真正影响。

3）铱-192的同位素间质内放疗

　　近距离放射治疗是放射治疗方式之一，放射性物质被密封在针、种子、小管、金属线或导管中，直接放入肿瘤内或其附近。铱是一种能够释放 γ 和 β 粒子的放射性同位素，可以作为近距离放射源。近期，铱-192作为同位素间

图20-50　犬侧腹区域大型肥大细胞瘤切除手术

质内放疗，已被评估为犬皮肤肥大细胞瘤的一种辅助治疗方法[433]。在这项研究中，9只微观残留的犬与2只宏观患病的犬接受了同位素间质内放疗。11只犬中，5只最终在平均1 391d时出现局部肿瘤复发。虽然犬肿瘤复发的比例较高，但肿瘤复发前1 391d的中位潜伏期仍令人印象深刻。

由于初始治疗与局部复发间隔时间较长，被鉴定为治疗失败的犬可能因为肿瘤重新形成。近距离放射治疗提供超出常规外线束巨电压放射治疗的一些优点，包括局部能量累积、更强的正常组织保护作用，并降低总的处理时间。

（3）犬：转移性疾病

与成功治疗局部疾病相反，转移性肥大细胞瘤仍然是个问题。中级（Ⅱ级）、恶性（Ⅲ级）分化的肥大细胞瘤可能会具有侵袭性和发生转移。全身化疗已在转移性肥大细胞瘤使用。在某些情况下，手术切除和姑息性放射治疗可结合全身化疗为患畜提供最佳的治疗组合方案。在一般情况下，反应率、缓解持续时间、无病间隔以及经过多智能体系统化疗转移性肥大细胞瘤的治疗犬的生存时间仍然是不乐观的，大多数患犬存活约12～18个月[429-432]。

（4）犬：新的靶向治疗

特定细胞膜受体信号传导使肥大细胞生长和增值，如c-kit。突变的c-kit信号可以解除细胞生理学的控制，导致肥大细胞肿瘤的形成。已证实，一些恶性犬肥大细胞瘤携带突变编码c-kit受体的基因，导致细胞内信号转导失去控制、细胞增殖，以及随后的肥大细胞瘤形成。实验表明，二氢吲哚酮衍生物能抑制组成型c-kit突变的激活，在体外实验表现出杀死肿瘤细胞的作用[434]。作为临床推论，最近的一项研究评估了二氢吲哚酮衍生物（SU11654）对于治疗犬自发性皮肤肥大细胞瘤的作用[390,435]。研究结果表明SU11654在治疗犬皮肤肥大细胞瘤中表现出很好的耐受性和疗效。使用SU11654治疗肥大细胞瘤的22只犬中，55%的犬肿瘤缩小，6只患犬完全缓解。为了进一步说明SU11654的抗癌活性，随后被命名为托赛拉尼（Palladia）。一个双盲性，安慰剂对照试验中托赛拉尼表现了其对抗皮肤肥大细胞瘤的生物活性[435a]。除了单剂对犬肥大细胞瘤有效外，托赛拉尼能有效且安全地与其他治疗肥大细胞瘤的常规方法联合，包括长春新碱和放射治疗[435b,c]。类似托赛拉尼，马赛将尼，一种酪氨酸激酶抑制剂的选择性受体，也对转移性或不可切除的犬皮肤肥大细胞瘤表现抗癌活性[435d,e]。基于这些临床研究，已明确酪氨酸激酶通路受体的小分子抑制剂对管理侵袭性犬肥大细胞瘤的明确的作用。

（5）猫

对于猫，大多数皮肤肥大细胞肿瘤是良性的。犬用的组织学分级系统在猫科动物上有过评估，在生物行为学上并没有关联性[408,436]。由于其良性的病程，推荐用手术切除或冷冻治疗方式治疗该皮肤肥大细胞瘤。额外的辅助治疗（如放疗和全身化疗）尚未进行系统性的评价。

四、淋巴细胞起源的肿瘤

（一）皮肤淋巴瘤

1. 病因和发病机制

皮肤淋巴瘤（恶性淋巴瘤，淋巴肉瘤）是一种罕见的

犬、猫恶性皮肤肿瘤。猫皮肤淋巴瘤通常为FeLV阴性，但在一项研究中，40%的猫皮肤非趋上皮性淋巴瘤的FeLV抗原经免疫组化或PCR检测呈阳性[437]。对于犬，皮肤淋巴瘤的病因尚不明确[438]。

组织学上，皮肤淋巴瘤可分为非趋上皮性和趋上皮性两种形式[439]。趋上皮性（或表皮性）淋巴瘤是皮肤T细胞淋巴瘤（Cutaneous T-cell lymphomas）的一个亚群，包括蕈样真菌病和与白血病相关的Sézary综合征，这是大部分趋上皮性CTCL病例的病例。湿疹样网状细胞增多症（Woringer-Kolopp和KetronGoodman型）是一种CTCL，在疾病的早期，淋巴细胞浸润几乎完全局限在表皮。非趋上皮性皮肤淋巴瘤是典型的真皮和皮下组织的大细胞淋巴瘤，而且在免疫表型方面为异质群体。虽然犬、猫的趋上皮性淋巴瘤基本上是T细胞肿瘤，但是非趋上皮性皮肤淋巴瘤可能是B或T细胞起源[440,441]。抽吸细胞学检查显示为多形性、非典型淋巴细胞。

（1）非趋上皮性皮肤淋巴瘤

非趋上皮性皮肤淋巴瘤发生于老年犬、猫，无性别倾向。在犬中，拳师犬、圣伯纳犬、巴吉度猎犬、爱尔兰赛特犬、可卡犬、德国牧羊犬、金毛寻回猎犬和苏格兰猎多发。对于犬，趋上皮性皮肤淋巴瘤比非趋上皮性类型更常见，对于猫则相反[439]。

非趋上皮性皮肤淋巴瘤通常是全身性或多中心性，并且有多种皮肤表现。几乎所有病例都出现结节，这些结节通常质地坚实、位于真皮或皮下组织，常有脱毛，颜色为红色至紫色（图20-51，A和B）。约20%的病例出现剥落性红皮病，但是罕见瘙痒和累及口腔黏膜。病灶偶尔呈异形、弓形或波形，但临床表现可能是更典型的多中心性皮肤淋巴瘤（真皮淋巴管）。患病动物通常为多中心病灶，很少出现单一病灶[442]。非趋上皮性皮肤淋巴瘤偶尔与单克隆或寡克隆γ球蛋白病、血清高黏滞血症或高钙血症相关[440,441]。在猫可见与多中心淋巴瘤相关的后爪对称性皮肤坏死和脱落。这一病变的进展通常是迅速的，并伴有淋巴结和全身系统扩散。

组织学上，非趋上皮性皮肤淋巴瘤的特点是皮肤和皮下有恶性淋巴细胞弥散性浸润。后者的细胞学类型包括淋巴细胞（高分化或低分化）、成淋巴细胞、组织细胞或"透明细胞"。对于犬，大多数非趋上皮性皮肤淋巴瘤为T细胞淋巴瘤，通常为CD4到CD8表型[443]。几乎不存在B细胞淋巴瘤[443]。在一项研究中，大多数猫的非趋上皮性淋巴瘤为T细胞淋巴瘤，通过免疫组化或PCR检测，40%为FeLV抗原阳性[437,443]。

兽医文献中，非趋上皮性皮肤淋巴瘤的临床管理鲜有报道[440,441]。通常推荐将传统多药物化疗方案用于大细胞非趋上皮性淋巴瘤的治疗，可能产生不同持续时间的临床缓解。有病例报告称，1只患有非趋上皮性皮肤T细胞淋巴瘤的猫通过口服洛莫司汀（CCNU）得到了临床缓解[440,441]。

通过手术切除单个皮肤淋巴瘤，达到长期局部控制或治愈的情况罕见。放疗可用于大面积病灶的治疗，偶尔会有临床缓解。对于患非趋上皮性皮肤淋巴瘤的伴侣动物，其预后具有长期存活期（中位存活期4~8个月），尤其对于临床症状得以缓解的动物，通过治疗可提高其生活质量并延长其存活时间。

（2）趋上皮性皮肤淋巴瘤

趋上皮性皮肤淋巴瘤是罕见的犬、猫皮肤恶性肿瘤[439,444-448]。通常起源于T淋巴细胞。引起犬、猫趋上皮性淋巴瘤的病因尚不明确，所有患猫经血清学检测，均为FeLV阴性[445]。但是，提取猫趋上皮性皮肤T细胞淋巴瘤的肿瘤DNA，通过PCR扩增FeLV病毒，结果为阳性[445]。这表明FeLV可能参与并引起猫的趋上皮性皮肤T细胞淋巴瘤。趋上皮性皮肤淋巴瘤包括多种疾病，蕈样真菌病，Sézary综合征和变形性骨炎样网状细胞增多症。

（3）蕈样真菌病

1）临床表现

蕈样真菌病常见于老年犬、猫（平均年龄9~12岁），无明显品种或性别倾向[445-447]。人类和犬CTCL均有不同的临床表现，通常的病程从斑期，到斑块期，到肿瘤期，最终到结节弥散期，有时出现循环Sézary细胞（白血病期）[446,449]。患病动物出现全身性瘙痒红斑和脱屑（剥落性红皮病）常被误诊为过敏、疥疮或皮脂溢；皮肤黏膜红斑、浸润、褪色和溃疡（图20-52，A~D）容易被误诊为免疫介导性疾病（天疱疮、大疱性天疱疮或系统性红斑狼疮）。皮肤斑块或结节可能是单发或多发。偶发的浸润性和溃疡性口腔黏膜表现可能被误诊为非肿瘤性、慢性口炎。爪垫可能过度角化，溃疡或褪色（图20-52，E）。患病动物偶尔会出现外周淋巴结病和全身症状。在猫中，病灶最初可能是界限清晰的脱毛、红斑和脱屑环形区域（通常被误诊为皮肤癣菌病或蠕形螨）。极少数位于犬唇部、鼻镜、人中或肛门的单一病灶罕见[439,450]。猫蕈样真菌病可发展为黏蛋白性脱毛。

2）诊断

组织病理学上，蕈样真菌病的特点是趋上皮性、Sézary微脓肿（表皮内多形性、非典型淋巴细胞局部聚积）、存在蕈样细胞（体积大，20~30μ深染淋巴细胞，具有锯齿状或折叠的核）和Sézary或Lutzner细胞（体积小，8~20μ淋巴细胞，具有超卷积核，并有大量指状突起，呈典型脑回外观）。相较于人类，犬的肿瘤性淋巴细胞通常呈现更多的"组织细胞"。无论是否有浆细胞、中性粒细胞和嗜酸性粒细胞，多形性淋巴细胞的苔藓样带存在于真皮浅层和周围附属区域。可见表皮下真皮浅层的表皮黏蛋白增多症（酸性黏多糖）和轻度纤维化。与人类不同，犬有显著的毛囊腺和毛汗腺，而且表皮性在肿瘤阶段仍是突出的[437,450]。

犬CTCL通常是CD8+细胞毒性T细胞疾病，而人类则以

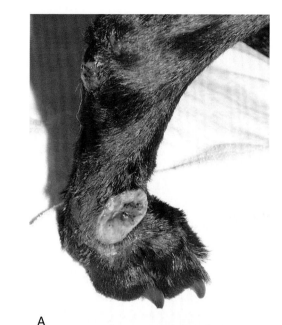

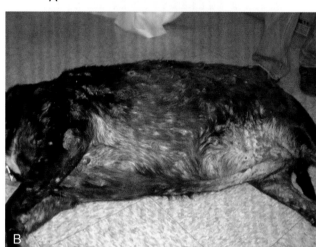

图20-51 犬皮肤淋巴瘤 **A.** 犬四肢远端有凸起、溃疡、斑块样病灶 **B.** 犬的弥散性广泛病灶，存在继发感染和结痂

成熟的CD4+辅助性T细胞为主[439,450,451]。在这方面，犬CTCL能更好地模拟罕见的人类CTCL的CD8+亚型，包括主要发生于20岁之前的某一变种TCR[452-454]。大多数犬蕈样真菌病病例表达T细胞受体（T-cell recepter）-γδ，其余的表达TCR-αβ。panT细胞抗原在犬蕈样真菌病中表达率高，但表达不均[439]。犬的上皮淋巴细胞浸润和角质形成细胞间黏附分子（Intercellilar adhesion mdecule）-1与淋巴细胞LFA-1表达之间无显著相关性[455]。所有犬蕈样真菌病病例可见Thy-1−、因子XⅢa−、MHCⅡ−、CD4−和CD18+阳性皮肤树突（dendrocytes）尤其在真皮浅层[456]。已证明，犬蕈样真菌病具有TCR克隆性重排[457]。趋上皮性淋巴瘤可能去分化或失去多种表面分子的表达[443]。

3）临床管理

皮肤导向治疗可用于局部、浅表或疾病早期，而且是人类斑期或斑块期CTCL的主要治疗方法[458,459]。皮肤导向治疗包括手术治疗、局部治疗、光线治疗、光动力治疗和

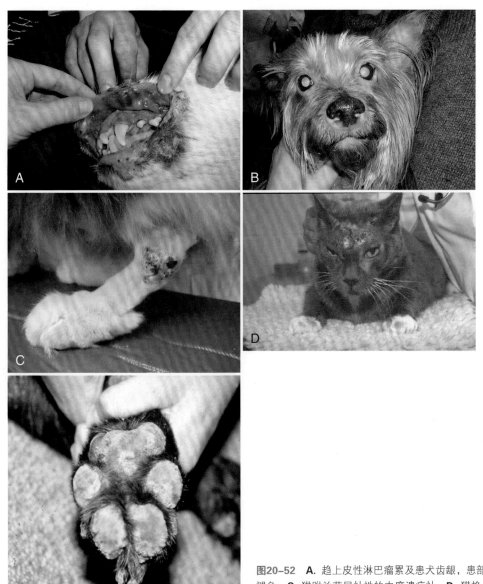

图20-52　**A**. 趋上皮性淋巴瘤累及患犬齿龈，患部充血，局部增厚　**B**. 约克夏犬鼻腹侧褪色　**C**. 猫跗关节局灶性的中度溃疡灶　**D**. 猫趋上皮性淋巴瘤患猫的局部广泛性脱毛，色素沉着和结痂　**E**. 犬趋上皮性淋巴瘤。可见过度角化、皮肤褪色、脚垫浸润

放射治疗。通过患畜的临床分期，单一病灶可由该疾病的其他病灶或弥散性病灶排除后，偶尔用手术治疗。由于淋巴瘤始终被认为是全身性疾病，手术切除CTCL单一病灶后，通常使用全身化疗。尽管如此，做手术治疗单一病灶的CTCL患病动物偶尔也能长期存活，无复发[460,461]。

　　局部用药是人类CTCL的主要治疗方法，对患病动物也有效。限制犬、猫外用药物治疗的因素包括护理人员已使用药物治疗，宠物疾病晚期诊断，某些外用药物局部或全身性的不良反应，新药物价格昂贵及宠物的清洁习惯限制了药物作用的持续时间和时间依赖性细胞毒性的关键时间。

　　局部用皮质类固醇常用于人类病例的早期浅表期，据报道疾病斑期反应率高达82%～94%[458,459]。在确诊前用皮质类固醇治疗对患者是有益的。虽然缺乏相关疗效的报道，但似乎许多浅表或早期CTCL患畜对外用皮质类固醇的

治疗有反应，尽管临床症状没有明显缓解，但至少在某种程度上缓解了症状。兽医批准用香波、洗液或喷剂中含1%氢化可的松，有时也含利多卡因，可对部分斑期或斑块期CTCL的患病动物有效。糖皮质激素的作用更有长效性，如外用曲安奈德（外用喷剂0.015%）对其他患病动物可能更有效。

　　一种双功能烷化剂——二氯甲基二乙胺（氮芥，盐酸氮芥）是已报道的犬和人最好的外用药[446,458,459]。斑期和斑块期的犬有良好应答，据报道，处于疾病早期的人类患者的完全缓解率约为75%[458,459]。外用氮芥的主要优点是不易被全身吸收，无主要不良反应。但是，由于犬、猫CTCL通常被诊断于较晚的弥散期，以及动物主人或兽医工作人员长期接触会导致潜在致癌性和其他皮肤不良反应，外用氮芥很少用于犬、猫CTCL。

　　卡氮芥（BCNU）是亚硝基脲家族的双功能烷化剂，偶

尔被用于早期CTCL人类患者，其早期反应率与氮芥相似。相较于氮芥，卡氮芥的主要优点为无明显皮肤毒性，主要缺点是全身性吸收导致骨髓毒性[459]。犬、猫CTCL的局部使用卡氮芥仍有待报道。

贝沙罗汀是一种合成的视黄酸类化合物，能选择性激活类视黄醇X受体（RXR），其凝胶制剂可用于人类CTCL的早期局部治疗[458,459]。据报道反应率大于60%，主要毒性为对用药部位造成轻度到中度刺激，毒性反应率高达70%。局部贝沙罗汀的使用在兽医文献中还未有报道，但药物费用是明显局限因素。自发性的全反式维甲酸相对选择性作用于维甲酸受体（Retinoic and receptors），所以维甲酸可作为外用膏剂。据说维甲酸膏剂对少数CTCL患犬有用。使用0.1%维甲酸膏剂，每天涂抹半个身体，每天交替涂抹身体的两侧可避免严重的皮肤反应。

治疗人类尖锐湿疣的咪唑喹啉家族的局部免疫调节剂咪喹莫特（艾达乐），（KL Campbell，个人通讯）可获批用于治疗人类斑期和斑块期CTCL[459,462]。在一项对6名患者的试验性研究中，3名表现出有组织间隙清除的病灶，外用反应效果受患者对治疗反应的影响[462]。另一项对4名蕈样真菌病患者的研究中，2名具有完整的临床反应[463]。兽医文献中无犬、猫皮肤恶性肿瘤使用咪喹莫特药物的报道，但是该药物适用于CTCL、皮肤血管肉瘤和原位鳞状细胞癌等。

光疗包括紫外线辐射的使用，一般为UVA或UVB波长。相比UVB，长波UVA有更深的穿透作用，通常与制斑素（光敏剂）联合应用（制斑素Plus UVA或PUVA）[458,459]。PUVA治疗是先食用制斑素，之后将皮肤暴露于UVA[459]。对于早期（斑期和斑块期）CTCL人类患者，PUVA完全反应率为74%，整体反应率为95%，完全清除的中位时间约为3个月，通常这些患者反应的持续时间较长[458]。报道的不良反应包括剂量相关的急性烧伤和红斑，光老化加速及非黑色素瘤皮肤癌的长期风险性增加[458]。PUVA的治疗在兽医文献中尚未有报道。

少量外用5-氨基乙酰丙酸（5-ALA）可作为光动力学疗法（PDT）运用于人类CTCL[459]。5-ALA由活性和恶性T细胞优先摄取，然后暴露于活化5-ALA的（630±15）nm光，造成恶性T细胞的破坏[458]。人类CTCL的PDT主要用于使用传统方法对局部病灶治疗失败后，而且需要进一步研究[458]。虽然PDT尚无兽医CTCL的治疗相关报道，但它在其他肿瘤病的应用已有报道，反应和毒性评估（toxicity profile）良好[126,464]。

淋巴细胞对放射线极其敏感。因此可以用放疗治疗选择性CTCL病例。全身皮肤电子束治疗（TSEBT，Total skin electron-beam therapy）常用于人类CTCL早期患者，整体反应率约100%，并且只有轻度到中度的皮肤毒性[458,459]。应用于皮肤表面的总剂量通常为20~36Gy。即使患者初始反应率良好，疾病晚期也容易复发[458]。这种治疗方法需要复

杂的计划和专用设备。然而，一项试验性研究评估应用于犬CTCL的TSEBT，4只犬的初步结果耐受良好，其中1只对肿瘤的控制超过20个月。此外，一个报道使用中电压辐射治疗CTCL患犬的皮肤的病例支持了皮肤导向性疗法的应用。最后，放射疗法可以成功用于局部CTCL的治疗，或减轻疼痛症状或其他复杂病灶，即使是块状肿瘤期病灶，也可得到长期局部控制。

疾病改良剂主要包括全身维甲酸、免疫偶联物、必需脂肪酸、环孢素和干扰素。类维生素A可全身运用于人类CTCL，尤其是较新RXR的选择性贝沙罗汀（Targretin），反应率接近45%，完全反应率为20%[458,459]。凭借其良好的毒性评估，贝沙罗汀经常与其他治疗联合应用于人，反应率高[458]。贝沙罗汀对人类的主要毒性反应为高甘油三酯血症，高胆固醇血症和甲状腺功能减退症[458,459]。目前尚无贝沙罗汀用于犬CTCL的报道。第一代维甲酸通常结合RAR和RXR，偶尔选择性的结合RAR。在犬中，阿维A酯和异维A酸等混合合成维甲酸的使用已有报道，一项14只患皮肤淋巴瘤犬的研究，反应率高达42%[64,66]。一项研究通过免疫组化评估了所有已知的RAR和RXR亚型（α,β,γ），并发现所有犬的CTCL细胞各种组合为阳性，支持了犬在这种情况下使用维甲酸的合理性。因其与标准细胞毒性化疗的非重叠性毒性反应，维甲酸在犬、猫CTCL治疗中可作为一个较好的选择。维甲酸疗法的两个主要缺点是单独使用时从初始治疗到可观察到疗效之间的间隔长达数周至数月以及药物成本相对较高。应用维甲酸治疗犬CTCL时，一般剂量为3mg/kg（PO），每日1次，或每日2次（PO）；猫的推荐剂量为每日10mg。

融合毒素蛋白联合IL-2、白喉毒素和尼白介素（Ontak）编码序列，将IL-2的T细胞靶向活性与白喉毒素A链结合，可导致靶细胞群凋亡。对于发展为中期到晚期的CTCL严重患者治疗，其尼白介素总体反应率为30%，完全反应率为10%[458,459]。尼白介素对人的主要毒性症状是剂量依赖性的血管渗漏综合征，接受治疗的患者中发生严重不良反应高达20%[458,459]。犬CTCL细胞中已经确定有IL-2受体，并支持这种靶向性治疗[465]。

目前尚无关于补充Ω-3和Ω-6脂肪酸作为有效治疗方法的相关报道。但是据报道在10只使用高剂量亚油酸的患犬中，7只有临床缓解，尤其是使用红花油（3mL/kg，口服，1周2次）[466,467]。无论单独使用或与其他治疗联合，这一有趣的低毒性方法有待进一步、更全面的前瞻性调查。

环孢菌素为T细胞活化和细胞内信号传导的特异性抑制剂，具有抗肿瘤T细胞的活性，为数不多的研究显示该药对人类和犬CTCL并无临床缓解作用[468]。

干扰素（IFNs，Interferons）是生物反应调节剂，包括IFN-α、IFN-β和IFN-γ，具有阻碍增殖、细胞毒性和免疫调节作用[458]。据报道重组IFN-α（Roferon-A）

用于治疗人类晚期或顽固性CTCL时，完全反应率为10%~25%[458,459]。另一些报道指出IFN-α用于治疗犬CTCL是有效的，剂量为1~1.5×10⁶U/m[2]，皮下注射（SQ），每周3次，但仍需进一步的对照性研究。

由于犬CTCL在疾病分期中诊断相对较晚，伴有多病灶或弥散斑块或肿瘤期病灶，所以兽医文献中最常推荐和报道的治疗为全身化疗。由于正常细胞和肿瘤淋巴细胞对糖皮质激素都敏感，故当糖皮质激素与核受体结合时可导致细胞凋亡，有报道称这类药物可改善犬CTCL的临床症状，但这种姑息性治疗可能并没有缓解作用[450,460,461]。糖皮质激素单独使用时，通常口服泼尼松（每天0.5~2mg/kg，始剂量较高并逐渐降低），长期的临床反应罕见。因此，糖皮质激素最常与细胞毒性化疗药物联合使用。

洛莫司汀（CeeNU）{CCNU[1-（2-氯乙基）-3-环己基-1-亚硝基脲]}是亚硝基脲家族的单官能团烷基化药物。据报道，洛莫司汀化疗的主要毒性作用是抑制骨髓，导致白细胞和血小板的减少，高剂量范围时出现严重反应[469]。已报道的另一不良反应是肝毒性。有研究报道：179只各种癌症患犬接受洛莫司汀治疗，肝毒性发病率为6.1%，11只肝中毒的犬中有7只患犬死于进行性肝衰竭[470]。另一组45只接受洛莫司汀治疗的各种肿瘤患犬的研究中，观察到谷丙转氨酶水平在治疗后显著升高（51%患犬可见）。为研究独立的肝毒性剂量相关的真实发病率，推荐在每次给予洛莫司汀前，进行肝剖面和全血细胞计数。最初研究报道7只皮肤淋巴瘤患犬服用洛莫司汀（每21d 50mg/m²，直至复发），这7只犬中包括5只趋上皮性淋巴瘤，报道称所有患犬均在2~15个月内达到完全缓解。在这个研究中，手术切除2只患犬的趋上皮性CTCL病灶，并配合洛莫司汀辅助治疗，其缓解时间最长（7和15个月）；但是，缓解时间最短（2和3个月）的为2只非趋上皮性皮肤淋巴瘤的患犬早先提到的鼓舞人心的研究结果显示，最近几年洛莫司汀已被兽医肿瘤科和皮肤科医生广泛用于治疗犬CTCL（图20-53，A~C）。最近两项回顾性研究中，总共82只趋上皮性CTCL患犬经洛莫司汀治疗，剂量为60~70mg/m²，总体反应率为80%，有26%达到完全缓解，中位反应持续时间约95d[446,447]。主要不良反应为骨髓抑制（约25%患犬）和肝酶升高（>50%患犬）。大多数患犬在接受洛莫司汀治疗前使用其他化疗药物。这些结果证明洛莫司汀用于犬CTCL化疗具有一定作用，但要进一步研究评估联合规则，规范最佳剂量，并对未进行治疗的CTCL评估其疗效。

左旋天冬酰胺酶（L-ASP，门冬酰胺酶）是由大肠杆菌纯化得到的酶，可以降解循环池中的左旋天冬酰胺。化疗的淋巴细胞系恶性细胞，通常不能合成自身天冬酰胺，在循环的天冬酰胺池耗尽时易凋亡。一项研究评估了聚乙二醇化L-ASP（Oncaspar，一种聚乙二醇化L-ASP胶囊），着重评估其药代动力学和毒性反应，报道称7只接受L-ASP治疗的CTCL患犬最初对治疗均有反应，其临床症状和皮肤病灶外观均有改善。但该治疗受益患犬的中位存活期为9个月，仅部分反应，且通常为短期。该研究中聚乙二醇L-ASP的使用剂量为30IU/kg BW，肌内注射（IM）或腹腔注射（IP），每周1~2次。聚乙二醇L-ASP非常昂贵，一般游离（非聚乙二醇化）L-ASP耐受良好，本身无骨髓抑制，通常和其他细胞毒性化疗药物联合使用，在疾病晚期或不适期，仍是合适的选择。非聚乙二醇化左旋天冬酰胺酶的剂量为10 000IU/m²，肌内注射或皮下注射400IU/kg，通常在肌内注射后15min给予1mg/kg苯海拉明。给药间隔7~14d，或者根据再次引起缓解的需要给药。按之前剂量给药会增加过敏反应的风险，且静脉注射（IV）风险最高，因此应该避免。

达卡巴嗪（DTIC-Dome）是非典型的烷化剂，主要用于治疗人类恶性黑色素瘤、霍奇金病和肉瘤。该病例报道显示1只CTCL结节病变患犬，使用3个疗程的1 000mg/m²达卡巴嗪后，临床症状得以持续性缓解，表明该情况下使用该药进行治疗的潜在作用。由于人类CTCL细胞中，AGT低表达或无法检测，且真具有抗达卡巴嗪和替莫唑胺作用，因此是治疗的合理选择[149,471]。虽然达卡巴嗪在人类CTCL患者中的应用报道较少，但是替莫唑胺［Temodor（先灵葆雅）］（口服DTIC类似物）已被证明对少数晚期CTCL患病动物有初始疗效，但仍需进一步研究[458]。

多柔比星，一种抗肿瘤抗生素，主要抑制拓扑异构酶Ⅱ的产生，在目前是多方面的细胞毒性化疗药物，在多种不同肿瘤试验证实有活性。多柔比星有聚乙二醇化脂质体形式（Doxil/Caelyx），且对人类顽固性晚期CTCL有令人鼓舞的疗效。在这些患者中，据报道整体反应率高达88%，完全反应率为44%，且毒性评估耐受良好，相比其他人类CTCL的全身性化疗，聚乙二醇化多柔比星很有优势[472,473]。在患多种癌症的犬中，对聚乙二醇化多柔比星进行评估，其中包括9只CTCL患犬，其中3只有完全反应（中位缓解期为90d），1只部分缓解，在这个试验中，整体反应率为44%[449]。该研究中，患犬使用聚乙二醇化多柔比星的平均剂量为1mg/kg，静脉注射，每3周给药1次，给药时间超过5~10min。聚乙二醇多柔比星的优点是药代动力学效果好，心脏毒性更小及抗肿瘤细胞毒性更强。经聚乙二醇化多柔比星治疗的患犬25%观察到掌跖疼痛红肿（PPES），称手足综合征，是一种皮肤反应，此时可对使用该药的患犬限制用药剂量[474,475]，同时给予高剂量维生素B₆，可有助于显著降低PPES的发病率及严重程度，从而避免治疗延迟或停药[475]。限制该药使用的另一主要缺点是昂贵的价格，每毫克多柔比星聚乙二醇化的成本超过天然多柔比星的20倍。

据报道，有效治疗人类晚期CTCL的其他单一化疗药物包括甲氨蝶呤、依托泊苷、博来霉素、长春新碱、长春碱、苯丁酸氮芥、环磷酰胺和天然多柔比星。15%~30%的患者发生完全反应，且反应持续时间较短。在兽医文献

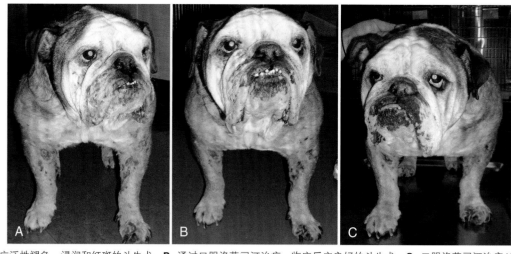

图20-53 **A.** 有广泛性褪色，浸润和红斑的斗牛犬　**B.** 通过口服洛莫司汀治疗，临床反应良好的斗牛犬　**C.** 口服洛莫司汀治疗42d后，同只斗牛犬的临床症状几乎完全缓解

中，少量报道使用单一化疗药物或联合糖皮质激素治疗犬CTCL，但仍缺乏支持特定药物的确切证据[442]。人医中有望使用的新药物包括替莫唑胺、嘌呤类似物（氟达拉滨、喷司他丁、克拉屈滨）和嘧啶类似物吉西他滨，整体反应率为20%～60%[458]。除了最近有少数关于犬的研究外，尚需对自然发生癌症的犬、猫进行进一步研究新化疗药的使用情况[474,476,477]。

对于人类晚期CTCL，相比单一药物治疗，联合化疗并无任何优势，其完全缓解率约30%～50%，且反应通常短暂[458,459]。最常报道的联合药物为CHOP（环磷酰胺、多柔比星、长春新碱和泼尼松）和COP（环磷酰胺、长春新碱和泼尼松）[458,459]。据报道，少数患CTCL犬中，多种组合药物有泼尼松、长春新碱、环磷酰胺加或不加多柔比星，成功率中等，中位生存期为2～6个月[447,461,478]。奇怪的是，少数CTCL患犬经CHOP治疗呈现部分和完全反应，其中一些是使用洛莫司汀治疗失败的病例。

患CTCL的犬、猫，其总体预后困难，预后的建立可能取决于疾病诊断阶段，治疗方法的选择及对治疗的反应，其存活期从数周到超过18个月不等。早期（斑期或斑块期）或局部疾病的患病动物经适当治疗，可能存活超过12个月，但晚期阶段（肿瘤或弥散期）的患犬即使对治疗初始反应良好，也可能只能存活4～6个月。因此，更好管理CTCL并提高其预后的关键是：通过对可疑病灶做活组织检查，可能会对早期疾病进行确诊，从而实施确切有效的、毒性作用可接受的及充分的支持治疗，维持或改善患病动物的生活质量。

（4）Sézary综合征

Sézary综合征是趋上皮性T细胞淋巴瘤，以红皮病（广义红斑）、皮肤瘙痒、外周淋巴结肿大、皮肤浸润和外周血液出现Sézary和Lutzner细胞（见本章蕈样真菌病）为特征[439]。组织病理学上，通常难以区分皮肤活检样本与蕈样真菌病。多数认为，Sézary综合征和蕈样真菌病起源于同种T细胞淋巴瘤的变体。

Sézary综合征在犬、猫较罕见[438,446,449,479,480]。动物通常有全身性瘙痒、剥落性红皮病、多发性皮肤斑块和结节，以及淋巴细胞白血病（图20-54，A和B）。皮肤活检显示趋上皮性淋巴瘤。Sézary样细胞见于皮肤和外周血液。与蕈样真菌病类似，Sézary综合征患犬的肿瘤性淋巴细胞为CD3和CD8阳性。虽然相关报道很少，但Sézary综合征与蕈样真菌病治疗类似[446]。

（5）变形性骨炎网状细胞增多症

变形性骨炎网状细胞增多症有两种临床形式：良性临床过程的局部病灶（Woringer-Kolopp型）和渐进性临床过程的全身病灶（Ketron Goodman型）。疾病在组织学上很早就有，肿瘤性淋巴细胞几乎完全侵入表皮和附属器官。肿瘤性淋巴细胞为CD3和CD8阳性，且均为γδT细胞。

在犬中，Ketron-Goodman型常有大多数报道有变形性骨炎网状细胞增多症[450,481]。皮肤和黏膜交界、口腔、爪部和腹部可见红斑性丘疹、斑块（图20-55）、糜烂和溃疡。早期组织病理学检查发现极度的趋上皮性（表皮及其附属器官）、单型性和有环晕的肿瘤淋巴细胞。

2. 淋巴瘤性肉芽肿

犬淋巴瘤性肉芽肿在犬是罕见的淋巴组织细胞增生症[482-487]。疾病的特征为非典型淋巴组织细胞的CD3呈强弱不等的阳性，表明这是一种非典型的T细胞淋巴瘤[487]。

大多数患犬只有内脏病灶（尤其是心肺和骨骼肌）。偶见皮肤病变，特点为多发性慢型、复发性和点状到杯状溃疡，至瘢痕愈合（图20-56）。可能存在皮下斑块。病灶涉及面部、眼睑、皮肤黏膜交界处、肘部和躯干。

活检显示全层表皮坏死突变灶和皮肤坏死楔形区覆盖溃疡[487]。多中心血管破坏性淋巴组织细胞增生。多形性淋巴组织细胞浸润真皮深层和肌膜的血管壁，导致缺血性坏死。随着病程胞浆苍白、核分裂增加的非典型性大淋巴细胞数量增加。这种情况下的适当治疗方案仍需进一步确定，但据报道，传统的联合化疗方案可缓解患犬弥散性肺部累及的临床症状。

3. 猫皮肤淋巴细胞增多症

最近有23只猫患有皮肤淋巴细胞增多症（假性）的相关报道[488,489]。常见于老年猫（平均年龄12岁），绝育母猫比例稍有偏高（60%），最常见的品种是家养短毛猫。皮肤多单一病灶（60%）、脱毛（74%）、溃疡或剥落（48%）及红斑，直径从1.5cm至大于10cm不等。病灶最常见于胸部（44%），其次是腿和耳郭（各17%），肋部和颈部（各13%）。据报道这23只患猫中15只有瘙痒症状（65%）。虽然发作时为急性，但60%患猫的皮肤病灶通常为渐进性、反复性，且该23只患猫中至少有5只出现全身症状（厌食和体重减轻）。病灶的组织病理学与分化良好的皮肤淋巴瘤相似，表现为分化良好的小T淋巴细胞浸润，B淋巴细胞聚集。淋巴细胞呈中度到重度浸润，从血管周围扩散到表层或深层。免疫组化显示，这些浸润性小淋巴细胞的T细胞系无变化。小T淋巴细胞浸润中间包含了致密的淋巴细胞聚集体，约占68%，均为B细胞系。其中近一半有轻度趋上皮性。

这种情况下，尚无最佳治疗方案，可能有自发性缓解的趋势（23只患猫中有2只）。应用抗生素不会产生临床缓解作用。患猫采用糖皮质激素治疗（外用或口服）后，显示病灶有局部（44%）至完全（33%）缓解。其中5只患猫除服用皮质类固醇外，还口服烷化剂（苯丁酸氮芥或洛莫司汀），该5只猫中有3只（60%）出现完全反应，1只出现部分反应。多数猫在这种情况下，存活时间较长（平均超过13个月）。

（二）皮肤浆细胞瘤

1. 病因和发病机制

皮肤浆细胞瘤（皮肤髓外浆细胞瘤）在犬中常见，猫罕见[490-496]。在犬中，这些肿瘤起源于髓外浆细胞，很少与多发性骨髓瘤相关。相反，多数猫的皮肤浆细胞瘤是起源于骨髓和内脏器官的疾病的外延[494,495]。皮肤浆细胞瘤的病因不明，但因为常发生于免疫细胞刺激的解剖部位，所以推测这些肿瘤可能是慢性长期的B细胞聚集和细胞因子刺激导致的[492]。

2. 临床发现

皮肤浆细胞瘤在犬发生的平均发病年龄为10岁，无性别倾向。大多数肿瘤发生于躯干和腿部皮肤，发病率高的品种可能是约克夏㹴[490]。皮肤浆细胞瘤通常单一出现，可能与毛发的皮肤或黏膜部位相关，包括趾部、唇部、下颌和耳部（尤其是外耳道）（图20-57，A和B）。大多数浆细胞瘤界限清晰、隆起、平滑、硬质或软质、粉红色至红色，位于真皮，直径1～2cm（范围0.2～10cm）。耳道的肿

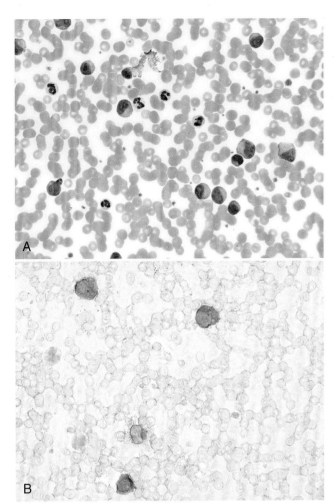

图20-54 **A.** 1只犬血液循环中的恶性淋巴细胞的鉴别，支持了塞孔里综合征的诊断 **B.** 通过免疫组化，证实其恶性淋巴细胞为CD3免疫表型

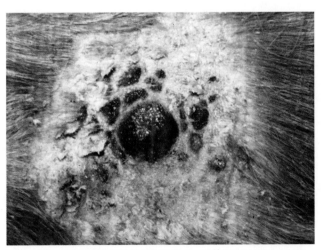

图20-55 犬变形性骨炎网状细胞增多症。胸部侧面的脱毛、鳞屑、结痂和数个红色斑块和结节

瘤通常为息肉状，趾部通常为溃疡和出血。多个皮肤病灶的患犬少见。浆细胞瘤在猫中非常罕见，据报道，老年动物发病部位为腿部，唇部和牙龈[160,495]。

3. 诊断和临床管理

细胞学检查显示成片的、多种分化的浆细胞（图20-57，C）。组织学上，浆细胞瘤的特点是真皮和皮下组

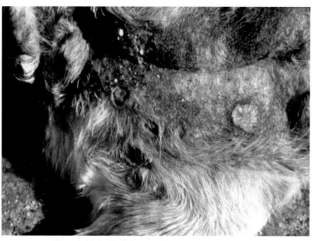

图20-56 淋巴瘤性肉芽肿病。后腹部和股内侧的杯状溃疡（由W. Rosenkrantz.惠赠）

织呈片状、束状和索状细胞浸润[497,498]。肿瘤性细胞可能分化良好或呈现极度多形性和非典型性。需借助电子显微镜或免疫组化技术确认肿瘤细胞的浆细胞起源[490]。免疫组化研究显示大多数浆细胞瘤IgG的重链和轻链为阳性[492,497]。首选治疗为手术切除，通常当浆细胞肿瘤侵袭皮肤时，在解剖学是可行的。但是皮肤黏膜交界处可能很难达到完全的手术切除，辅助治疗包括兆伏级放射治疗和低级口服全身性化疗，可能会改善局部疾病的控制率[492,499]。浆细胞对放射敏感，已证实当浆细胞肿瘤侵袭骨骼时，使用兆伏级辐射能有效缓解疼痛，减少肿瘤负荷[500]。

五、组织细胞增殖紊乱

组织细胞增殖紊乱（HPDs，histiocytic proliferative disorders）包括了多种犬皮肤的疾病。相关兽医文献一般仅限于病例报告和少量回顾性调查。令人失望的是，这些疾病的标准石蜡切片难以和其他肿瘤性（淋巴组织增生）或非肿瘤性疾病（肉芽肿性、反应性炎症）相区别。随着更可靠的免疫试剂的持续发展和应用，可有助于识别细胞起源，从而使图像更加清晰。这一研究引入了一个新的术语，基于分布和细胞系来描述大量的疾病综合征。但是这些疾病的病因和发病机制在很大程度上仍是未知的，在兽医方面也仍是具有争议的部分。目前它们在功能上被划分为树突细胞肿瘤和巨噬细胞肿瘤[501-504]。进一步的细分可基于病灶分布（局部或弥散）[502]。目前在犬中有四种定义明确的HPDs，包括皮肤组织细胞瘤、反应性组织细胞增多症（皮肤和全身组织细胞增多症）、组织细胞肉瘤（局部和弥散，又称恶性组织细胞增多症）和噬血细胞综合征（巨噬细胞起源）[502,505-512]。

通过免疫组化染色和特异性单克隆抗体，树突细胞（DC）细胞系这一复杂难懂的疾病综合征最近已研究清楚。术语"组织细胞"包括单核细胞/巨噬细胞系（脾脏窦状隙、肺泡巨噬细胞和Kupffer细胞）、皮肤朗格汉斯细

胞、淋巴结、胸腺和脾脏指突状树突细胞（DC）和淋巴结生发中心指突状网状细胞。大多数组织细胞由骨髓CD34+干细胞前体分化成为巨噬细胞和3个DC细胞系之一：上皮DC或皮肤朗格汉斯细胞，主要器官间质DC和并指DC（位于外周淋巴器官T细胞区的抗原呈递细胞）[513]。CD34+干细胞的命运很大程度上受细胞因子的存在和特定组合的影响，包括粒细胞-巨噬细胞集落刺激因子（GM-CSF）、肿瘤坏死因子（TNF）-α、单核细胞集落刺激因子（M-CSF）、转化生长因子（TGF）-β和IL-4。GM-CSF和M-CSF诱导CD34+干细胞的巨噬细胞发展，而GM-CSF，TGF-α，TNF-β和IL-4可诱导DC发展。巨噬细胞是外周血单核细胞的分化细胞产物，是"专业吞噬细胞"，主要功能是防御微生物和清除有机微粒和无机微粒。DC可以进一步细分为皮肤和黏膜上皮内的上皮DC［朗格汉斯细胞（LC）］、淋巴组织生发中心内的滤泡DC、非淋巴器官内的间质DC和淋巴组织内T-细胞丰富区域的并指状DC[502]。树突细胞是不良的吞噬细胞，是"专业"的抗原呈递细胞。基本上它们负责免疫应答的启动，并在初次免疫应答诱导中"教育"幼稚T细胞。它们同时也作为识别抗原的哨兵[502]，处理的抗原通过MHC-1分子，MHCⅡ类分子和CD1分子呈递给幼稚T细胞，使它们活化。其他诱导免疫反应所需的共刺激因子包括存在于树突APC的B7-家族CD80和CD86，以及T细胞的CD28和CTLA-4相关配体[502,514]。

（一）皮肤组织细胞瘤

1. 病因和发病机制

组织细胞瘤是犬的一种常见良性肿瘤[9,505,506,508,515-519]。其病因不明，但它们更可能是一种特异的增殖或反应性增生，并不是真正的肿瘤。免疫组化和电子显微镜显示增殖的细胞是朗格汉斯细胞[507,520]。建议将犬皮肤组织细胞瘤称为嗜表皮性朗格汉斯细胞组织细胞增生症[507]。

2. 临床发现

皮肤组织细胞瘤（CH）是一种良性肿瘤，常呈单一病灶发于年轻犬（小于3岁）。所记录的倾向性品种为拳师犬、腊肠犬、可卡犬、大丹犬、喜乐蒂牧羊犬和牛头㹴[9,505,506,508,515,519]。组织细胞瘤通常为单个，最常发生于头部、耳郭和四肢（图20-58，A和B）。部分诊断时呈多个病灶，据报道，患犬的组织细胞瘤会累及到局部淋巴结，最常见的是中国沙皮犬。多种肿瘤和转移性组织细胞瘤已有报道，但后者似乎与人类的一种名为朗格汉斯细胞增生症（LCH，Langerhans cell histiocytosis）的综合征相关[521]。病灶的生长可能相当迅速（1~4周），而且通常在1~2个月内出现免疫激活，之后自发消退[506,507]。

3. 诊断

组织细胞瘤被归为圆形细胞肿瘤，通过细针抽吸很容易诊断。细胞学形态为大片多形性圆形细胞，丰富的灰白色细胞质，中心为圆形或轻微锯齿状的细胞核，核仁不明

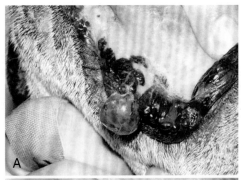

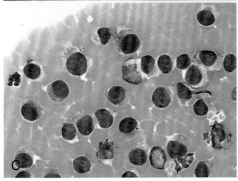

图20-57 犬浆细胞瘤　**A.** 犬颊部口腔蒂状肿物　**B.** 犬大腿外侧不清晰的紫色结节　**C.** 皮肤浆细胞瘤细胞学样本，显示有大量多形性浆细胞和相关出血

显（图20-58，C）。如果存在不同数量的炎性细胞浸润，通常表示病灶消退。组织病理学显示，组织细胞瘤的特点是片状或索状多形性组织细胞在真皮和皮下组织浸润。有趣的是，尽管它是良性肿瘤，但是有丝分裂指数很高。消退的病灶常见CD8⁺（毒性）T细胞的出现。朗格汉斯细胞与趋上皮性淋巴瘤的Pautrier微脓肿类似[520]。已经证明组织细胞瘤是由表皮朗格汉斯细胞起源，可表达CD1a（APCs标记物），CD1b，CD1c，CD11c（清除受调理素作用的微粒和免疫复合物，结合纤维蛋白原，白细胞黏附分子），E-钙黏蛋白，MHCⅡ类分子，不相容的溶菌酶免疫反应性及抑制Thy-1和CD4（激活DC的标记物）的表达[501,502,506,507]。组织细胞瘤能特异性表达E-钙黏蛋白，Thy-1和CD4的阴性表达有助于区别组织细胞瘤和反应性组织细胞增生（CH，SH）[501,502]。此外，它们通常显示为波形蛋白阳性，偶尔为溶菌酶阳性，且通常是S-100阴性。建议称其为嗜表皮性朗格汉斯细胞组织细胞增生症，因为这样可能会更好地反应这种疾病的进程。

4. 临床治疗

组织细胞瘤的治疗方法包括手术切除、冷冻治疗、电外科和不进行治疗的观察法[508,522]，在大多数情况下，肿瘤在3个月内会自行消退[522]。多发性犬组织细胞瘤的病例中，新的结节会在其他结节消退时形成，所以病程可能更久，但所有的结节最后应该都会消退。在溃疡、感染或瘙痒的病例，手术通常是治愈性的，很少需要再进行其他辅助治疗。对于产生瘙痒、溃疡和继发感染等问题但位于手术难以切除部位的病灶，可能应用溶于二甲基亚砜的外用糖皮质激素会有显著反应。

（二）反应性皮肤组织细胞增多症

1. 病因和发病机制

皮肤组织细胞增多症是犬的一种血管周围皮肤树突状抗原呈递细胞的良性增生，尽管已知它是一种反应的过程，但这种紊乱的原因仍未知[501,523]。

2. 临床发现

皮肤组织细胞增多症表现为良性、组织细胞弥散性聚集，生长迅速成为皮肤或皮下组织的浸润性结节、斑块、痂皮和/或色素脱失[501,508,523]。这种疾病局限于皮肤和皮下，但可能是多中心的。通常临床表现为位于面部、耳部、鼻部、颈部、躯干、四肢（包括爪垫）、会阴部的反复出现多个皮肤结节、痂皮和/或色素脱失（图20-58，D）[501,508,523]。中年至老年犬易感，柯利犬和喜乐蒂牧羊犬可能易感。没有报道提示性别倾向性，但是一项对18只CHS患犬的报道指出雄性动物易感[501]。

3. 诊断

细胞学上，CH与肉芽肿性炎症类似，表现为良性组织细胞，胞浆丰富，圆形至锯齿形细胞核，核仁不明显。混合数量不定的炎性细胞，多核巨细胞和噬红细胞现象不常见。组织学上，病灶包含多细胞性组织细胞浸润，通常在真皮和皮下组织的血管周围。常见淋巴细胞浸润（T细胞居多）和某些中性粒细胞。向表皮性不常见，但是可能出现亲毛囊性和血管浸润。在组织细胞瘤中，上覆表皮通常没有明显的增生和表皮突。组织细胞表达CD1a、CD1b、CD1c、CD11c、MHCⅡ类分子，Thy-1和CD4，但是E-钙黏蛋白阴性。酶组织化学研究显示，该细胞为非特异性酯酶阳性。Thy-1和CD4的表达有助于与其他疾病鉴别诊断，可能是CH的间质细胞起源，来源于表皮LC[501,508]。

4. 临床管理

CHS为良性结果，可观察到疾病的自发消退。大多数诊断为CHS的患犬会对免疫抑制疗法产生应答[501,523]。在一项接受全身类固醇治疗的患犬（n=7）的研究中，大多数犬出现部分应答。在13只患犬中，2只自发消退，其他的手术治疗后痊愈[501]。在一项更近的研究中，回顾性评估了32只患犬对多种联合治疗的临床应答，包括糖皮质激素、抗生素、四环素/烟酰胺、硫唑嘌呤、环孢菌素、酮康唑、维生

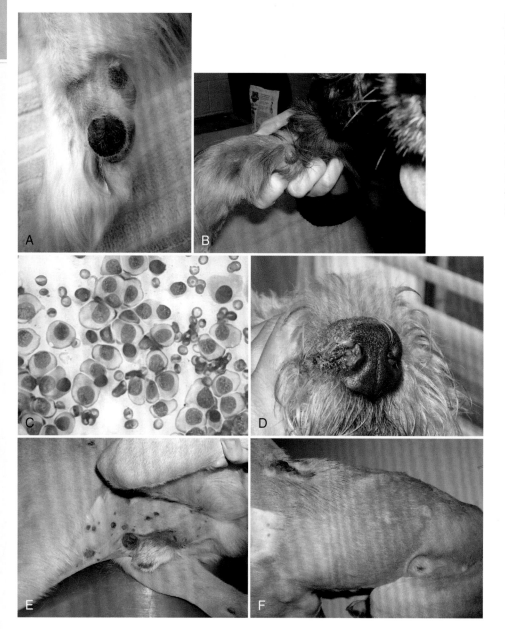

图20-58 犬皮肤组织细胞疾病的多种临床表现 **A.** 犬组织细胞瘤。肢体远端隆起、红斑、脱毛的结节 **B.** 犬组织细胞瘤。这一良性经过的典型临床表现 **C.** 组织细胞瘤的细胞学显示了的圆形细胞，鲜有恶性肿瘤标准 **D.** 反应性组织细胞增多症。1只万能猃猎犬及右侧鼻孔的肉质、增生性病灶 **E.** 犬全身性组织细胞增多症。覆盖腹股沟区域的多个红斑、结节和斑块 **F.** 累及背部和胁部区域多个浸润性和红斑病灶的临床迹象

素E、必需脂肪酸和外用治疗[523]。虽然制定了多种治疗方法，但是所有持续治疗的患犬结局都非常相似，即它们的皮肤病灶均达到完全的临床症状消退。虽然最初应答率很高，但所有患病动物中约1/3皮肤出现病灶复发，这表明可能仍需要长期维持治疗以防止复发。

（三）全身性组织细胞增多症

1. 病因和发病机制

全身性组织细胞增多症是犬的一种血管周围皮肤树突状抗原递呈细胞的增生性疾病[501,509,510,524]。这种疾病的病因未知，多认为其是与皮肤型类似的"反应性组织细胞增多症"。

2. 临床发现

全身性组织细胞增多症（Systemic histiocytosis，SH）是一种非肿瘤性疾病，是皮肤组织细胞增多症的弥散型，累及皮肤（皮肤黏膜交界处发病率高）、眼部和鼻黏膜

（图20-58，E和F）[505]。其他病灶可能发生在肺脏、脾脏、肝脏和骨髓[501]。眼部病灶可能累及结膜、巩膜、睫状体、眼外肌肉和眼球后组织。典型特点是存在外周淋巴结触诊增大和器官累及，这可与CH相区分[501]。病灶的表面可能从正常到红斑到溃疡，而且病灶可能无症状或疼痛。

SH最初报道于青年至中年雄性伯尔尼山犬，被证明是一种多基因型遗传疾病[501,509,525]。SH的易感性在罗威纳犬、爱尔兰猎狼犬、金毛寻回猎犬和拉布拉多猎犬均有记录。虽然提出了常染色体隐性遗传模式，但是一项对127例病例的分析排除了常染色体隐性遗传、常染色体显性遗传和伴性遗传，并提示可能为多基因模式遗传[501,509,524]。SH的发病年龄为3~9岁。两种组织细胞增多症的确切病因不明，但一般认为是抗原刺激后，DC和T细胞或它们直接相互作用的增殖、活化和功能失调[501]。一项试验结果支持了该理论，即免疫抑制疗法后有应答。但是抗原递呈导致免疫调节紊乱本质尚未明确[501]。临床症状的严重程度随疾病的

程度而不同，包括体重减轻、食欲减退、结膜炎和鼾声呼吸。在一项研究中，26只患犬中有2只出现高钙血症[501]。这一疾病与人类一些形式的朗格汉斯细胞组织细胞增多症类似，可能是继发于免疫系统失调的反应性疾病。SH的临床病理学特点多变，但据报道，存在贫血、单核细胞增多和淋巴细胞减少的特点[526]。

3. 诊断

细胞学上，SH病灶与肉芽肿性炎症或CHS类似，特点是良性组织细胞为主，偶见多核巨细胞[527]。可能散在其他炎性细胞，包括淋巴细胞、嗜酸性粒细胞和中性粒细胞。噬红细胞现象偶有报道。组织细胞较大，含有大量细胞质，核呈锯齿状且核仁可变。组织学上，这些病灶的特点为深层皮肤和筋膜的多中心、结节性、血管中心性组织细胞浸润。可能存在数量不定的淋巴细胞、中性粒细胞和嗜酸性粒细胞[509,510]。血液和淋巴管浸润也可能被注意到。在某些情况下，可能会出现血管壁变性、血栓形成和缺血性坏死[501]。其他器官病灶的组织学表现包括组织细胞、淋巴细胞和中性粒细胞的结节、血管周围浸润[501,502,509]。IHC、SH病灶与CHS类似，表达CD1、CD11c、MHC Ⅱ 类、Thy-1和CD4。这种表达模式表明这些细胞为活性间质DC，而非表皮LC（组织细胞瘤）[501]。病灶内的大多数小淋巴细胞已证明为T细胞起源（CD3和TCRαβ阳性），且50%为CD8阳性[501]。与皮肤组织细胞瘤不同，T细胞的存在并不与消退相关，而可能继发于细胞因子介导的迁徙。酶的组织化学研究表明，这些细胞也具有酸性磷酸酶、非特异性酯酶和溶菌酶阳性[511]。

4. 临床管理

病灶可能反复出现，但通常不会自发性消退，因此可能需要长期治疗。一般情况下，大剂量糖皮质激素和细胞毒性药物治疗是无效的[501,525]。试验性地应用牛胸腺素片段-5对2只患犬进行治疗表现出一定疗效，但随后的报道指出这一反应是不一致的[501,509]。在一些病例中使用硫唑嘌呤，环孢素A或来氟米特（Hoechst Marion Roussel, Wiesbaden, Germany）已经产生长期的控制[501,502]。环孢素和来氟米特均有抑制T细胞的能力。这两种药物中任何一种的成功治疗表明T淋巴细胞在这一疾病中的关键作用。已提出两种的免疫紊乱机制，分别是持续树突状细胞聚集导致局部T细胞产生的细胞因子（GM-CSF，IL-4，TNF）增加以及由于两种细胞附属配体调节异常造成的树突状和T细胞相互作用不当。在介导免疫反应和后续反应调节时需要这些分子。如果没有适当的调节，这些细胞可能持续存在于该区域。使用多柔比星也有应答反应[501]。眼部病灶往往难以治疗，通常需要使用含环孢菌素的滴眼剂。虽然没有证实存在传染性病因，但通过培养或病理学取样的免疫组织化学法排除这一病因很重要[501]。该疾病的临床病程通常较长，且反复。通常在复发后会有一段应答时间，由于临床反复复发或对治疗应答失败，大多数患犬被安乐

死[501,509]。

（四）组织细胞肉瘤

1. 病因和发病机制

局部和弥散性组织细胞肉瘤的病因学是未知的，但是犬的品种倾向性明显支持基因或分子机制的观点[528]。原癌基因ras家族调控多种细胞内促生长通路，在人类癌症中有高达30%的ras原癌基因编码的蛋白突变或表达。对伯尔尼山犬的ras癌基因家庭成员c-N-ras基因进行了研究，并未发现任何激活突变来解释该品种组织细胞肉瘤的患病率[528]。在建立的组织细胞肉瘤细胞系和组织细胞肿瘤样本中，调查了其他受体酪氨酸激酶（RTK）信号通路（Kit，Met和Flt3）失调在树突状细胞恶性转化中的潜在作用[528]。虽然所有的细胞系和肿瘤样本表达了编码受体和它们各自配体的信使RNA，但是没有一个样本表达这一区域的、已知的其他人类和犬肿瘤经常发生的基因突变[528]。

2. 临床发现

组织细胞肉瘤（HS）复合体是一种独立的疾病，指局部组织细胞肉瘤、弥散性组织细胞肉瘤和恶性组织细胞增多症（MH，malignant histiocytosis）。1986年报道了雄性伯尔尼山犬的品种倾向，在一组11只犬的报道中，有9只是相关的[529]。已确定HS可发生于多品种的犬，但弗莱特寻回犬和罗威纳犬过表达。据报道，伯尔尼山犬、罗威纳犬和金毛寻回猎犬发生HS的品种相关风险分别是其他品种的225、26和3.7倍。患犬通常为中年或老年，但HS也可发生于青年犬。局部HS是指起源于局部位置的肿瘤，通常在四肢。HS可能累及局部器官，也可能为弥散性、累及多器官。术语"弥散性组织细胞肉瘤"和"恶性组织细胞增多症"使用时常可以互换，以表示组织细胞疾病本质上是全身性的，累及多个位点。由于"恶性组织细胞增多症"是一个过时的术语，下文将使用"弥散性组织细胞肉瘤"，这一首选术语是指具有广泛病灶分布的组织细胞肉瘤。

大多数局部HS患犬表现为生长迅速的局部软组织肿物。由于HS起源于滑膜层细胞中的DC，最常见的肿瘤部位是四肢并接近关节[501,530]。原发病灶也可发生于其他位置，包括胃、脾脏、肝脏、肺脏、胰腺和中枢神经系统[504,531-533]。大多数患犬为中年至老年，在弗莱特寻回犬、罗威纳犬和金毛寻回猎犬有过表达。继发于原发肿瘤局部侵袭的症状通常是非特异性的（食欲减退、体重减轻、嗜睡），除非与累及的器官系统相关，通常为肌皮性（跛行、患肢肿胀），呼吸性（咳嗽、呼吸困难）或神经性（癫痫、瘫痪）。局部HS具有高转移性，尸检记录中有91%的病例会发生转移[530]。在一项研究中，35个滑膜起源的肿瘤中18个诊断为滑膜细胞肉瘤的病例根据免疫组化中CD4的表达被重新分类为HS[530]。有趣的是，这18只患犬中有11只为罗威纳犬。尽管年龄分布和品种倾向（伯尔尼山犬、寻回犬和罗威纳犬）相似，弥散性HS最常累及脾脏、肝脏、肺

脏、骨髓和淋巴结[502]。在一项研究中，85%的病例累及内脏[534]。就诊时主要表现为非特异性临床症状，并通常广泛累及[502]。

3. 诊断

诊断时常见的临床病理学异常包括贫血（29%）、血小板减少症（22%）、低蛋白血症（27%）以及轻度到中度肝酶升高（34%），反映出该病的泛发性[534]。少量报道的异常包括中性粒细胞增多、高钙血症和高球蛋白血症（小于10%~20%的病例）[534,535]。贫血常见，如果是由肿瘤细胞吞噬红细胞作用导致，则通常表现为再生性。在一项51只患犬的兽医教学医院的回顾性调查中，HS是导致犬全血细胞减少的第二大原因[536]。人类恶性组织细胞增多症中已经证实的高铁蛋白血症，在一个患犬弥散性HS的病例中有所报道[537]。

通常经肿瘤组织的细胞学或组织学检查可作出诊断。一般情况下，HS细胞是大的、离散的单核细胞，表现有明显的红细胞大小不均和细胞核大小不均。细胞核为圆形、椭圆形或肾形，核仁明显，胞浆适中至丰富，轻度嗜碱性和空泡化。有丝分裂象常见，而且有些肿瘤细胞可能出现噬红细胞现象和/或多核巨细胞[535]。局部和弥散性HS是一种树突状细胞来源的肿瘤，可以通过免疫组织化学方法确认。肿瘤细胞一致地表达CD1b、CD1c、CD11a、CD18和CD45（指示白细胞起源）[502]。低水平的E-钙黏蛋白和CD4/Thy1表达可以依次区分弥散性HS与组织细胞瘤，以及反应性组织细胞增多症[502]。此外，HS肿瘤样本均为溶菌酶阳性和角蛋白阴性，可以将其与上皮起源的肿瘤区别[535]。

4. 临床管理

弥散性HS的临床过程迅速，并且通常是致命的，而局部形式可能适合进行治疗。几乎没有报道记录手术切除局部组织细胞肉瘤后的存活期。但是，在一组18个CD18染色确认的滑膜HS中，整体中位存活时间（MST）为3.6个月，接受截肢（有或没有化疗）的患犬MST为6个月，转移率为91%[530]。

基本上没有进行化疗的研究，虽然有报道表示患犬对脂质体多柔比星和紫杉醇化疗有应答[474,538]。此外，一个皮肤弥散性HS的患犬病例中记载了包括环磷酰胺、长春新碱、泼尼松龙、米托蒽醌、达卡巴嗪以及依托泊苷的多个治疗方案后的暂时性缓解[539]。在59只组织细胞肉瘤患犬的治疗中评估了洛莫司汀（CCNU；氯乙环己-亚硝基脲），记录的反应率为46%，不过这一反应为短期的，患犬的中位缓解时间为85d[534]。考虑到本病的侵袭性，整体中位存活期为106d并不意外。

（五）恶性纤维组织细胞瘤

1. 病因和发病机制

恶性纤维组织细胞瘤（MFH，Malignant fibrous histiocytomas）是不常见（在猫）乃至罕见（在犬）的恶性肿瘤，通常认为这一肿瘤起源于未分化的间质细胞。恶性纤维组织细胞瘤的病因不明。对4只猫的恶性纤维组织细胞瘤进行细胞遗传学分析显示有多种核型变化和常见的染色体E1非随机累及[540,541]。有人认为恶性纤维组织细胞瘤不是一个独立疾病，而是一个"大杂烩"式的诊断，包括了数种多形态的软组织肉瘤[542]。

2. 临床发现

恶性纤维组织细胞瘤通常出现于犬、猫的皮下组织。它们的表现类似其他软组织肉瘤，局部的控制可以延长生存时间。它们通常为孤立的，质地坚实、界限不清，大小和形状不定，位于皮肤和皮下。常发于腿部（尤其是爪部）和肩部。这些肿瘤为局部浸润性（至肌肉、骨骼和其他器官）（图20-59，A）。早期报道指出这些肿瘤转移较慢，但是最近的报道中10只患犬中有9只发生了转移，且通常是广泛性的[543]。

3. 诊断和临床管理

从形态学上，恶性纤维组织细胞瘤包括三种树突状细胞类型：成纤维细胞，圆形或多边形组织细胞以及多核巨细胞（图20-59，B）[544]。该病病灶为局部浸润性，可以深入浸润周围的组织，以致于难以完全手术切除。大多数肿瘤转移率低，但是高级别肿瘤转移潜力大。发生于猫的MFH是一种注射部位肉瘤，通常与巨细胞变异相关。在一项98只犬脾脏纤维组织细胞结节的组织学回顾性研究中，报道了从淋巴结增生到多形性肉瘤的连续脾脏结节病变，与该器官MFH的Ⅲ级纤维组织细胞性结节描述相同[545]。据报道，相较于Ⅰ或Ⅱ级结节的患犬，Ⅲ级结节的患犬更可能死亡或被安乐术，但是两组的存活时间相似。报道称包括MFH的脾脏肉瘤转移率高，而且在脾切除术后一般预后不良（4个月），但是这些病例中并没有研究辅助化疗的作用[546]。

六、黑色素细胞肿瘤

黑色素细胞肿瘤是黑色素细胞与成黑色素细胞形成的常见（在犬）或不常见（猫）的良性或恶性肿瘤。这类肿瘤的病因通常未知。在猫中，黑色素瘤可由注射猫肉瘤病毒（FeSV）产生，尽管人们并不认为病毒有助于猫自发性皮肤黑色素瘤的产生[547,548]。当免疫抑制后，犬黑色素瘤细胞可以移植至新生幼犬，但导致犬黑色素瘤自然发生的诱导机制尚不明确[549]。犬的品种倾向性表明黑色素细胞肿瘤可能有遗传基础[550]。参与细胞周期调控细胞凋亡的基因和蛋白质的表达或功能的改变可能在黑色素瘤的发展中起到很重要的作用。

（一）黑色素细胞瘤（Melanocytoma）

1. 临床发现

（1）犬

犬黑色素细胞瘤的平均发病年龄为9岁，没有性别倾向。此病多发的品种包括苏格兰㹴、万能㹴、波士顿㹴、可卡猎犬、史宾格犬、拳师犬、金毛寻回猎犬、爱尔兰赛特犬、爱尔兰㹴、迷你雪纳瑞、德国杜宾犬、吉娃娃和松狮犬[551-553]。黑色素性病灶通常单个存在，并最常发生于头部（尤其是眼睑和口鼻部）、躯干和爪部（尤其是趾间）。病灶通常界限清晰，质地坚实至肥厚，呈褐色至黑色，直径0.5～5cm并伴有脱毛；其外观从圆顶状、蒂状至乳头状各不相同。

（2）猫

黑色素细胞瘤在猫的平均发病年龄为10岁，没有性别或品种倾向[554]。病灶通常单个存在，并最常发生于头部（尤其是耳郭和鼻部）和颈部。病灶通常界限清晰，坚实或肉质，呈棕色至黑色，直径0.4～5cm并伴有脱毛；其外观从圆顶状、蒂状至乳头状而有所差异。

2. 诊断和临床管理

组织病理学上，黑色素细胞瘤是片状、束状和索状的黑色素细胞。黑色素细胞可能主要为上皮样、梭形细胞，或二者混合而成的细胞。组织学亚型包括交界型、复合型和皮肤型。毛囊周围黑色素细胞显著增生（毛发神经嵴性黑色素瘤）很罕见[555]。首选治疗方法为根治性手术切除，尽管一些黑色素细胞瘤已证明有侵略性转移行为（约10%），而且这些患病动物最终死于疾病复发或转移[551]。

（二）黑色素瘤

1. 临床发现

（1）犬

黑色素瘤在犬的平均发病年龄为9岁，没有性别倾向。据报道，此病的品种倾向与黑色素细胞瘤类似。部分品种的犬，尤其是雪纳瑞家族（迷你型和标准型）、苏格兰㹴和爱尔兰赛特犬有患趾甲下黑色素瘤的风险[102,556]。病灶通常单个存在，最常发生于头部并可能累及到颚骨（图20-60，A）、四肢、趾部（包括爪床）（图20-60，B）、阴囊、唇部和躯干。它们界限（良好至不清）、形状（圆顶状、斑状或息肉状）和颜色（灰色、棕色或黑色）都不定，直径为0.5～10cm（图20-60，C）。

（2）猫

黑色素瘤在猫的平均发病年龄为10~11岁，没有性别或品种倾向[557]。病灶通常单个存在，并最常发生于头部（累及耳郭、眼睑或唇部）和颈部（图20-60，D）。它们的界限和形状（圆顶状、斑状或息肉状）不定，大多数颜色为棕色至黑色，直径为0.5～5cm。

2. 诊断

组织病理学上黑色素瘤是片状、束状（巢状和痣细胞群）和索状的不规则黑色素细胞（图20-60，E）[551]。黑色素细胞可能主要为上皮样、梭形细胞或两种类型混合而成的细胞。毛囊周围黑色素细胞显著增殖（毛发神经嵴性黑色素瘤）很罕见[555]。透明细胞（气球状）黑色素瘤已有

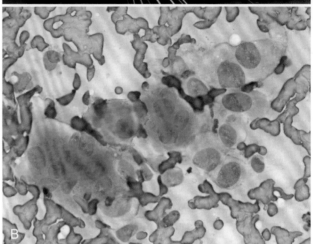

图20-59　猫恶性纤维组织细胞瘤　**A**. 起源于眼周区域的溃疡性大肿物　**B**. 猫恶性纤维组织细胞瘤。抽吸细胞学检查显示多核肿瘤性巨细胞

报道[558,559]。最近有报道确定了发生猫黑色素瘤的5种病理类型，发病率由高到低分别为：印戒型、上皮型、气球细胞、混合上皮或梭形、梭形[557]。经电镜和酪氨酸基因表达原位杂交确认，印戒型和上皮型通常为非黑色素性的。非病灶之前诊断为未分化癌、未分化肉瘤和淋巴瘤。黑色素瘤的波形蛋白为阳性，其S-100蛋白和神经元特异性烯醇化酶可能为阳性[7,20,557]。

3. 临床管理

犬的首选治疗方法为根治性手术切除。犬手术切除皮肤黑色素瘤后的存活时间受肿瘤大小以及包括有丝分裂指数、增殖细胞核抗原和Ki-67在内的多个增殖指数影响[226,551,553,560,561]。一般情况下，肿瘤越大，增殖指数越高，患病动物手术切除后存活时间越短。在一项手术治疗犬皮肤黑色素瘤的大型研究中，动物的中位存活期为12个月，当肿瘤较小时，2年内的死亡率为54%；当肿瘤较大时，2年内的死亡率为100%，且中位存活时间为4个月[226]。手术切除也是猫皮肤黑色素瘤的推荐治疗方案，但是预后一般较为不良，据报道，猫皮肤黑色素瘤手术切除后的中位生存期为4.5个月[557]。无论在犬还是猫中，对有残留或可见肿瘤的患病动物辅助治疗的调查研究尚未彻底评估，但是有1

篇报道表示米托蒽醌对犬皮肤黑色素瘤有治疗作用[562]。

除了米托蒽醌，可检测到的犬黑色素瘤病例中，静脉注射卡铂（measurable）黑色素瘤证明有适度的抗癌活性[562a]。最近，研究表明用异种人的酪氨酸酶疫苗（Oncept）刺激免疫系统可延长被诊断为口腔和趾部黑色素瘤患犬的无病间隔期和存活期[562b~d]。

七、其他皮肤肿瘤

（一）犬传染性性病肿瘤

1. 病因和发病机制

犬传染性性病肿瘤（TVT, transmissible venereal tumor），也称为传染性性病肉瘤和Sticker肉瘤，是犬的一种自然发生、水平传播的肿瘤，偶见于其他犬科动物（狐狸、貂、狼）[563~565]。历史上还有其他名称，如性病肉芽肿、犬湿疣、传染性淋巴瘤或传染性肉瘤。虽然TVT呈世界性分布，但是在温带气候，以及包括美国南部、中美洲和南美洲、部分非洲、远东和欧洲东南部在内的部分区域发病率较高[563~565]。在犬密度高（市区），且繁殖控制不佳以及任其自由活动的一些地区，TVT是迄今为止最常见于犬的肿瘤。同时已经证明了降水量和年平均气温与发病率呈正相关[566]。在TVT流行区旅行后，TVT非疫区偶见病例发生[567]。

交配是传播的主要途径，流浪的、未绝育的成年犬，无论性别，均最容易发生TVT。该病没有品种倾向，已发表的研究报道指出，杂种犬发病率高[563~565]。最常见的原发部位在外生殖器，其他部位偶感，包括鼻腔和口腔、皮下组织和眼部[563~565,568]。在实验性和自发性获得的TVT犬中均观察到肿瘤可自然消退，而且许多研究显示肿瘤在不同的阶段会出现不同的免疫应答[563,569~574]。因此可以推断任何性质的免疫抑制都可能是感染和保持TVT的风险因素，并可能导致更高的传播潜力。

已知TVT是犬之间直接传播，在交配过程或嗅、舔等其他社会行为中，活跃的肿瘤细胞通过受损黏膜表面跨过MHC屏障种植[563]。TVT的这种特征具有唯一性，是一种作为同种异体移植物的天然发生肿瘤，其表现或多或少类似寄生虫，离开原来的宿主后自发继续生长和存活[563]。人们一直在推测该病是否由病毒引起，虽然一些作者提出了C型颗粒和其他可能传播的无细胞提取物，但通过电子显微镜没有观察到病毒颗粒[575,576]。

在不同的地区观察到了TVT的一致变化，进一步支持了传播的细胞机制，可传播的遗传物质是DNA水平的。已经证明世界各地的犬TVT在编码原癌基因c-myc的区域上游都具有所谓的长散在核元件（LINE）[577,578]。这种LINE特

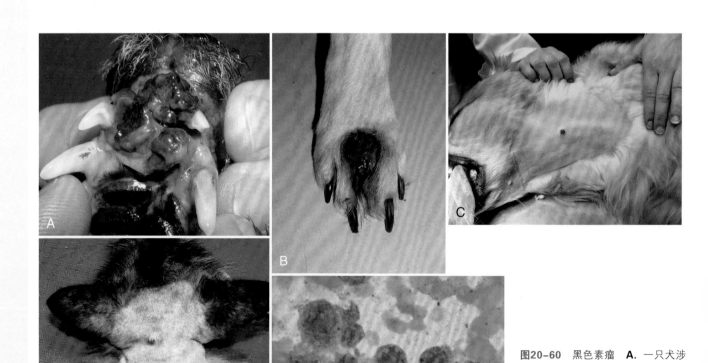

图20-60 黑色素瘤 **A**. 一只犬涉上颌硬腭吻端的黑色素瘤 **B**. 继发性骨的趾间黑色素瘤 **C**. 1只犬颈部腹侧区域的黑色素瘤 **D**. 猫颈部背侧黑色素瘤 **E**. 犬黑色素瘤。抽吸细胞学检查显示符合恶性标准的黑色素细胞

殊的分子变化，以反转录形式插入了可能导致扩增基因转录的c-myc上游，被认为是犬TVT发生的一个诱因[579]。此外，特定TVT-LINE插入序列的鉴定可以作为一种有用的分子工具，用于评估肿瘤消退的完整性和评估微小的残留病灶，或用来鉴别诊断偶发的非典型形态学的TVT和其他肿瘤[573]。最近在TVT组织样本中证明有肿瘤抑制基因p53的突变点[579]。这种多个细胞功能的关键调节基因突变可能是TVT肿瘤发生的另一个重要分子机制，并应该进入深入研究。

TVT被怀疑为组织细胞起源，通常被描述为圆形（或分散）细胞肿瘤。这推测由溶菌酶、α_1-抗胰蛋白酶、波形蛋白、和巨噬细胞特异性免疫荧光染色（ACM1）阳性反应，以及其他细胞类型免疫染色呈阴性支持[563,580,581]。免疫组织化学方法可以帮助确认多个解剖部位的转移性TVT[582]。

2. 诊断

可以通过地理位置、特征描述、病史、临床症状和体格检查对典型的TVT患犬作出初步诊断。确诊需要进行细胞病理学或组织病理学分析。TVT通常被描述为分散（或圆形）细胞肿瘤，TVT在细胞病理学上有特定的形态学表现，而且这种形态最易确诊，不需要进行组织病理学诊断。脱落细胞学检查表明分散细胞为圆形至椭圆形，胞浆中度充盈淡蓝色，胞核偏心，偶见双核和有丝分裂象（图20-61）。经常可观察到单个或多个核仁被团块状染色质包围。TVT细胞的最大特点是细胞质中有大量分散的透明空泡存在。组织病理学检查可以用于确诊，而且如上文所述，免疫组织化学检查有助于诊断非常见性转移部位的TVT。此外，高效的和特异性的分子技术有助于诊断非典型性TVT或评估微小的残留病灶[583]。

3. 临床发现

TVT的典型患病动物是未绝育的青年成犬，它们生活在流行区域或曾去过流行区，有与相似特征动物的接触史。外生殖器是自发性TVT最常见的原发部位。患犬常在诊断前数周至数月表现身体不适的慢性症状，或者外阴或包皮有血性分泌物。对于雄犬，肿瘤通常位于阴茎头基部，将包皮向尾侧回缩可以看到（图20-62，A）。对于母犬，肿瘤通常位于阴道末端或前庭（图20-62，B）。TVT的外观特点是菜花状脆性和血管化肿物。除了原发部位之外，其常见临床症状是有血性或血清性分泌物。原发性鼻部TVT患犬最常出现鼻腔出血和打喷嚏，偶见面部畸形。偶有原发于皮肤和皮下（图20-62，C）、口腔、眼睛和肛门的报道。典型部位的TVT患犬更易发生上尿道感染[584,585]。

4. 临床管理

犬TVT已有许多有效的治疗方法。但报道中最好和最有效的方法是使用微管蛋白结合剂长春新碱单药治疗。长春新碱相对安全、廉价，在接受治疗的患犬中超过90%～95%在2～6周后表现完全和持续的应答。已对其他化疗药物或包含长春新碱的联合治疗方案进行了研究，但是没有明确的、优于长春新碱单药的治疗。长春新碱通常以0.5~0.75mg/m²的剂量静脉给药，每周1次，治疗3~6次。对于耐长春新碱治疗的TVT病例，蒽环类抗生素多柔比星以25~30mg/m²静脉注射，21d为1个疗程，治疗2～3个疗程有效。

放疗治疗在TVT治疗中也被证明有效。在一项使用电压放射疗法的研究中，所有接受治疗的18只犬表现为完全且持续的缓解。其中7只患犬的单个TVT在经单一粗性级射线以1 000cGy的剂量照射后治愈，另外11只患犬则需要2～3次放射治疗达到完全应答。在另一项使用钴-60的兆伏放疗研究中，15只患犬仅用放疗治疗达到了完全和持久的反应，经3次放射治疗，间隔时间超过1周，平均最小放射剂量为1 500cGy[568]。这些研究支持使用放疗法治疗犬的TVT，并可以替代对全身耐药的化疗药物，或同于需要保护部位（脑、睾丸和眼）的治疗。在单一或转移病灶中，有报道病例有治疗效果，但是整体复发率约30%~75%，当其他治疗方法的效果更好时，手术切除并不是首选的治疗方案。个别其他报道的治疗方法包括生物反应调节剂、吡罗昔康、冷冻手术和近期的试验性射频消融[586,587]。鉴于一些有免疫活性的犬可能自愈，且绝大多数患犬长春新碱单药治疗或保守的放射治疗会达到完全且持久的临床消退，普遍认为犬TVT预后总体上是非常好的。

（二）原发性皮肤神经内分泌肿瘤

1. 病因和发病机制

原发性皮肤神经内分泌肿瘤是犬罕见的肿瘤[588-590]。这些肿瘤产生的原因未知。该肿瘤细胞可能源于Merkel细胞，与此肿瘤一样，Merkel细胞显示出双重上皮和神经分化[591]。这些肿瘤可能在之前被称为"非典型组织细胞瘤"、"淋巴瘤"、"实体基底细胞瘤"和"未分化肉瘤"。

2. 临床发现

对于犬，大多数原发性皮肤神经内分泌肿瘤的报道均为恶性和转移性，或者是手术后罕见复发的良性肿瘤。大多数患犬年龄大于8岁，而且大多数为单个病灶（图20-63），尤其是唇部、耳部或趾部。肿瘤通常生长迅速，直径0.5～2.5cm，而且可能破溃。神经内分泌肿瘤也可发生于犬的口腔。

3. 诊断

原发性皮肤神经内分泌肿瘤的组织病理学特点是片状、实体巢状或网格状的均匀圆形肿瘤细胞，有丰富的双染性胞浆，胞核空泡状且深染，有丝分裂频繁。可见巨型和多核肿瘤细胞。电子显微镜检查可见特征性细胞质中致密的膜结合颗粒和中间纤维的核周螺纹。经福尔马林固定的组织常常会失去这种特征性的细胞质神经内分泌颗粒。免疫组织化学研究显示原发性皮肤神经内分泌肿瘤含有角蛋白和嗜铬粒蛋白A。

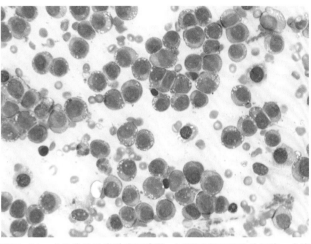

图20-61 犬传染性性病肿瘤细胞学。圆形至椭圆形分散细胞，中度丰富淡蓝色胞浆和空泡

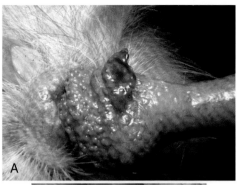

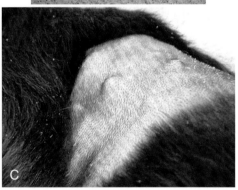

图20-62 A. 犬肿瘤。阴茎的脆性出血性结节 B. 阴道和阴门肿瘤 C. 累及犬皮肤的肿瘤

4. 临床管理

此肿瘤的临床管理最好是早期进行根治性手术切除。绝大多数患犬手术后痊愈。

八、继发性皮肤肿瘤

继发性皮肤肿瘤是通过其他器官的原发肿瘤转移至皮肤而导致。转移模式可能是原发性肿瘤细胞的特异趋向性，以及血液动力学、免疫学、生物化学或微环境因素影响。优先转移的理论基础包括在特定部位产生局部生长因子，微血管内皮细胞黏附因子以及促进肿瘤细胞迁移、黏附和侵袭特定靶器官的可溶性趋化因子。继发性皮肤肿瘤在犬、猫中罕见。最典型的有皮肤表现的转移性肿瘤是患有无症状支气管或肺脏鳞状细胞癌的老龄猫的趾部溃疡性、破坏性病变。（图20-64）。通常侵袭四个爪的多个趾部，但是偶尔也会有单个爪的多个趾部或单个趾部发病。总体而言，该病有很强的侵袭性，进行了包括患趾手术截肢和全身性化疗传统保守性姑息治疗后，大多数患猫不会存活超过3~6个月[109,592]。

九、非赘生性肿物

（一）皮肤囊肿

囊肿是一种非肿瘤性、有内层上皮的简单囊性结构。囊肿的分类取决于内层上皮或囊肿出现前的结构。

1. 毛囊囊肿（Follicular Cysts）

犬、猫大部分皮肤囊肿源于毛囊，并可以根据毛囊的生长阶段进一步分类。漏斗状和峡部退化期（毛根鞘）囊肿在犬中常见，而在猫中不常见。基质囊肿在犬中不常见，在猫中罕见。混合型囊肿结合了2~3种毛囊上皮，在犬、猫中均不常见。

毛囊囊肿通常单发，为界限清晰、圆形、光滑、质地坚实至有波动性的病灶，位于皮肤至皮下，直径为0.5~5cm。病灶偶尔偏蓝色。病灶可能呈开放性并分泌黄色、褐色或灰色的物质，均呈干酪样或面团样。单个毛囊囊肿没有明显的年龄和性别倾向，而且最常发生于头部、颈部、躯干和四肢近端。

发生于青年犬的头部背中线以及受力点（尤其是肘部）的假定先天性的多发性毛囊囊肿，被认为是由慢性损伤、皮肤纤维化和毛囊窦口阻塞所致（图20-65）。小的（直径2~5mm）毛囊囊肿（粟粒状）可能被看作是炎症后的变化，特别是犬。该病灶通常为白色，类似于脓疱或钙质沉着的皮肤。多发性粟粒状皮炎也可见于长期接受治疗剂量的糖皮质激素的犬。

所有类型的囊肿都可能因为破裂而导致异物肉芽肿反

应以及继发细菌感染而复杂化。这种囊肿通常出现明显的红肿和感染，并可能疼痛、瘙痒，或二者皆有。

大多数皮肤囊肿的首选治疗方案是手术切除，或暂不治疗进行观察。囊肿不应硬挤或手动排空，因为这类操作容易将囊肿内容物挤压至真皮或皮下，进而增加了刺激异物反应和继发感染的风险。

（1）漏斗腺囊肿

漏斗腺囊肿之前被病理学家称为"表皮样"或"表皮包涵"囊肿，临床兽医称之为"皮脂腺囊肿"或"表皮囊肿"。它们的特点是囊肿壁经过了表皮分化，囊肿腔内为层状，通常围绕着角蛋白，如果进行连续切片可见残留的毛囊。任何充满角蛋白的囊肿的细胞学检查都可见鳞屑和胆固醇结晶（图20-66）。

（2）生长中期根鞘囊肿

生长中期根鞘（毛根鞘）囊肿的特点是囊肿壁经过了毛根鞘分化（无颗粒层），囊肿腔内包含更均匀且无定形的角蛋白[593]。

（3）基底层囊肿

基底层囊肿的特点是囊肿壁为深嗜碱性基底样细胞，突然角质化形成嗜酸性无定形角质并充满红细胞血影。

（4）混合性囊肿

混合性（混合或毛囊旁）囊肿的特点是在同一个病灶中有2~3种毛囊分化[594]。

2. 皮样囊肿

皮样囊肿在犬、猫中罕见。它们发育异常，而且通常为先天性和遗传性的。皮样囊肿最常报道于拳师犬、凯利蓝㹴和罗德西亚脊背犬。在罗德西亚脊背犬和它们的混血品种中，这种情况（皮样窦或藏毛窦）被认为是一种简单

的隐性遗传[595,596]。在缅因猫中，延伸至脊髓的皮样窦也有报道（见第十二章）[596a-d]。

病灶可能是单发性或多发性，并经常沿背正中线发生（图20-67）。皮样囊肿曾发生于两只猫的侧腹部[597]。组织病理学上病灶的特点是囊肿壁经历了表皮分化，并包含发达的小毛囊、皮脂腺，偶见汗腺。

3. 上皮（顶浆分泌）汗腺囊肿

上皮囊肿在犬中常见，而在猫中罕见。没有明显的品种或性别倾向，患病动物多为6岁及以上。上皮囊肿可能是汗腺通路阻塞的结果。病灶通常为单个的、界限清晰、平滑、紧张至有波动感的肿胀，直径为0.5~3cm。病灶上的皮肤可能会萎缩和脱毛，而且通常呈偏蓝色。囊肿内容物通常为清亮、呈水样和非细胞性的。病灶最常发生于头部、颈部和四肢。

多发性上皮囊肿可能发生于波斯猫和喜马拉雅猫的眼睑[598]。囊肿大小从2~10mm不等，柔软、光滑、呈圆形并充满液体。它们可以位于内侧眼角周围的皮肤以及上、下眼睑。对于大多数猫，囊肿同时累及到两个眼睑。上皮汗腺瘤是用于描述中年至老年犬一种罕见疾病的术语。多个囊性扩张的上皮汗腺产生多组囊疱和大疱，直径为0.5~5cm，尤其是在头部和颈部（图20-68）。其上的皮肤通常会萎缩和脱毛，而且该囊肿可能呈蓝色至紫色。抽吸细胞学检查显示只有液体和少量巨噬细胞。组织病理学检查显示，上皮汗腺囊肿由不同大小扩张的上皮汗腺组成，可能是单个的大囊肿、多个较小的囊肿，或较小囊肿环绕大囊肿。上皮囊肿的首选治疗方案是手术切除或暂不治疗进行观察。单个病灶可以抽吸，但是通常在数周内复发。

图20-63 犬Markel细胞肿瘤。两眼之间脱毛、溃疡的结节（由M. Nagata提供）

图20-64 猫转移性支气管癌。溃疡性甲沟病灶

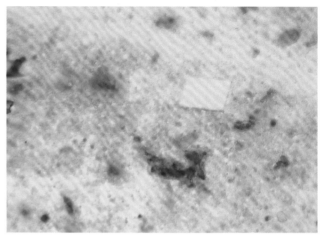

图20-66　犬毛囊囊肿，抽吸物中包含胆固醇晶体

图20-65　犬背部多发性毛囊囊肿（该区域已剃毛）(由E. Teixeira提供)

4. 皮脂腺囊肿

累及皮脂腺结构的囊肿在犬、猫中极其罕见。皮脂腺导管囊肿表现为单个、坚实、直径大于1cm的皮肤结节。没有已知的年龄、品种、性别或部位倾向。

5. 鳃裂囊肿（Branchial cyst）

鳃裂囊肿是一种起源于第二鳃裂的发育缺陷。在犬、猫中极其罕见[599-602]。其没有明显的年龄、品种或性别倾向。患病动物腹侧颈部区域有界限模糊、坚实至波动性肿胀。组织病理学检查显示，鳃裂囊肿的特点是由假复层无纤毛柱状上皮人为层的薄壁囊肿。治疗的首选方法是手术切除或暂不治疗进行观察。

（二）痣

痣（错构瘤）是皮肤的一种局限性发育缺陷，一块或一块以上的皮肤组织特异性增生[144,337]。这些增生是否为先天性，目前还没有确定，并且在犬、猫中少有报道。痣的形成机制尚未明确。其中一种理论是由正常胚胎诱导过程失败所引起。此外，某些表皮和血管痣的分布被认为与皮肤病或外周神经存在有关。最后，一些痣具有遗传性。

1. 胶原痣

胶原痣已在许多品种的犬中发现，为单发或多发的皮肤病变，特别是在头部、颈部和四肢近端（图20-69，A）。大部分胶原痣是坚硬的、边界清楚、直径为0.5~5cm。部分病变是无毛的、色素沉着，表面不平滑（"鹅卵石"或"橘皮"外观）。四肢的病变可能发生溃疡，引起疼痛和跛行。

在德国牧羊犬中已报道过一种综合征：表现为近似对称性分布的胶原痣（被称为结节性皮肤纤维变性），发生于四肢（图20-69，B和C）、头、颈和躯干[603-608]。在这些德国牧羊犬中，该综合征是常染色体BHD基因突变而引起的。该病的特点是3~7岁时突然发生皮肤损伤[608a,608b]，无性别倾向。病变几乎在四肢和头部呈对称分布，直径为0.5~5cm。它们通常是无症状、质地坚硬的、有正常皮肤和被毛覆盖。受影响的德国牧羊犬几乎总是发展为双侧的肾脏疾病，包括多囊肾、肾肿瘤、肾囊腺癌。约有60%的犬可见增大和性状异常的肾脏，X线检查或超声检查检测率在86%左右[606]。犬在皮肤初次受损3~5年后才会出现肾功能异常临床症状的。未绝育母犬几乎总是会出现多发性子宫平滑肌瘤[606]。许多犬也有多发性小肠息肉，通常无临床症状[606]。动物因肾衰、肿瘤转移（胸腔和腹腔淋巴结、肝和肺）而进行安乐术导致死亡[606]。

多发性胶原痣和双侧肾病综合征的发病机制尚不清楚。一种假说认为皮肤病变可能是一个副肿瘤性过程，其中胶原蛋白是通过肾肿瘤产生的生长因子（TGF-α和TGF-β）[606]刺激产生的；另一种假说认为皮肤、肾脏和子宫损伤是通过一种常见的遗传异常独立发展的[606]。

组织病理学检查显示，胶原痣具有特征性的胶原增生性结节区，通常替代了附属器官和皮下脂肪。临床治疗包括手术切除或暂不治疗进行观察。

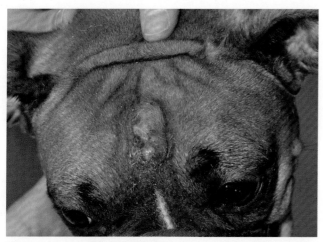

图20-67 拳师犬颅骨中线皮样囊肿

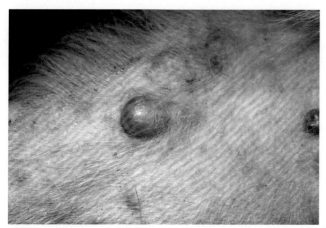

图20-68 犬多发性上皮囊肿

2. 器官样痣

器官样痣在犬、猫中罕见报道。病变是单一的,有时多发,质地坚硬至柔软,直径为0.3～3cm,呈圆顶状且有蒂。它们主要发生于面部、头(图20-70)和四肢近端。

局部附属器发育不良及附属器痣在犬中已有报道。这两种情况可能相同也可能不完全相同。附属器痣通常没有炎症,增生的附属器或多或少会保留正常组织结构。局部附属器发育不良通常有炎症和纤维化,增生附属器特殊排列。病变单一、坚硬、边界清楚、呈圆顶状至息肉状,直径范围为1～4cm,或更大。较大的病变为常常脱掉毛和溃疡。四肢远端(特别是压力点和趾间区)最常受影响。受影响的犬通常为中年或老年,无性别倾向。杜宾犬和拉布拉多犬易患此病。局部附属器发育不良的组织病理学特征类似人类的毛囊皮脂腺错构瘤,目前将该病变最准确地分类为痣。同样,附件痣由增生附件组成,归于器官样痣的范畴。

组织病理学检查显示,器官样痣具有特征性的两个或两个以上皮肤附件增生。局部附属器发育不良的特点是发生在局部、皮肤至皮下散在性分布的下结节,毛囊皮脂腺无序排列以及含有丰富的胶原蛋白。常见并发症有化脓性

或化脓性肉芽肿炎症。附件痣是附属器增生且频繁地并发炎症。治疗方法包括手术切除和暂不治疗进行观察。

3. 血管痣

血管痣发生于阴囊(阴囊静脉瘤,或阴囊血管错构瘤),在犬的其他部位偶见(图20-71)[147,337,609]。老年犬比中年犬多见,且在被毛有颜色的品种中多发,如苏格兰㹴、万能㹴、凯利蓝㹴和拉布拉多猎犬。病变特点是阴囊上存在单个或多发个性、逐渐蔓延的色素沉着斑。病变可能出现周期性的出血。

血管痣偶尔出现于皮肤的其他部位。组织病理学检查显示,阴囊病变的特点是血管海绵状扩张(毛细血管扩张)和表皮黑变病。治疗方法包括手术切除和暂不治疗进行观察。

4. 皮脂腺痣

皮脂腺痣在犬上很少见(图20-72)。其通常单一存在,无毛、有鳞斑、直径小于2cm,表面不规则或是呈乳头样。组织病理学检查显示,皮脂腺痣是由皮脂腺增生和上覆表皮乳头状增生形成。治疗方法包括手术切除和暂不治疗进行观察。

5. 上皮层(顶浆分泌)汗腺痣

上皮层汗腺痣在青年犬、猫中很少见。病变位于头部和颈部,通常单一存在(图20-73)。病变可能呈浅蓝色,波动状。组织学检查,可见线性的结节性增生,以及真皮皮下组织中变大的上皮层汗腺。治疗方法包括手术切除和无治疗进行观察。

6. 上皮痣

上皮痣在犬中很常见[49,610],该病变通常发生于青年犬。之前有报道称,巴哥犬和迷你雪纳瑞所患的着色斑或色素性上皮痣可能是乳头状瘤。病变有通常是多发性的,有时单一存在,呈卵形到圆形的线斑,色素沉着,鳞片状至乳头状瘤,直径小于2cm(图20-74,A)。腹部(图20-74,B)、胸部和四肢内侧常发。表皮痣往往遵循Blaschko线,可能是因为遗传嵌合,在同一个体中存在2个或2个以上基因不同的细胞系[611]。

上皮痣的组织学检查显示过度角化、乳头表皮增生、表皮黑色素沉着和多发性乳头状瘤。在某些情况下,存在表皮颗粒退化。治疗方法包括手术切除和暂不治疗进行观察。

7. 毛囊痣

毛囊痣在犬中不常见。病灶呈单一或多发性、角化过度、卵圆形或线性斑块,特别是在肢体近端。病变处生长的被毛可能变厚,呈刷状。组织学上,毛囊和毛干比正常的大,且集中存在。治疗方法包括手术切除和暂不治疗进行观察。

8. 粉刺痣

粉刺痣在犬中很少见。病变单发、边界清楚、圆形区域性掉毛、角化过度,且有黑头聚集。雪纳瑞粉刺综合征

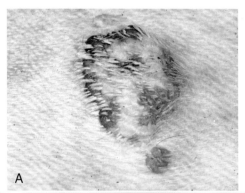

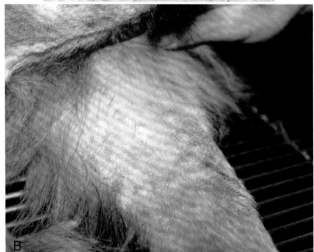

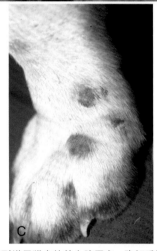

图20-69　A. 布列塔尼猎犬的单个胶原痣，胸部质地坚硬边界清楚、部分纤毛化的结节　B. 长有多个胶原痣的德国牧羊犬　C. 德国牧羊犬爪部的胶原痣

可能是粉刺痣更为广泛的形式。组织学上，毛囊成串扩张和角化过度。治疗方法包括手术切除和暂不治疗进行观察。

9. 黑色素细胞痣

虽然黑色素细胞痣（Melanocytic nevus）在兽医中已广为提及[612]，但大多数病灶是后天生长的，且更应当被称为黑色素瘤。先天性黑色素细胞痣偶尔可见（图20-75）。

图20-70　幼猫耳部两个黑色素类器官样痣

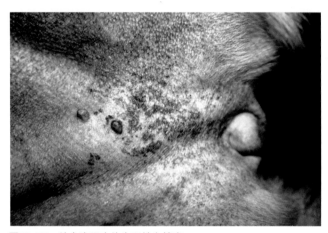

图20-71　幼犬腹股沟处先天性血管痣

（三）角质化

角质化是角质细胞增殖和角蛋白产物过多而导致局部区域形成的坚硬隆起。有关犬、猫角质化的报道甚少。

1. 光化角化病

犬、猫可发生光化角化病（日光引起）[89,95]。该病因过多暴露于紫外线而引起，在阳光充足的地区更为常见。光化角化病可能是单个或多个病灶，生长于毛发稀少和缺乏色素的皮肤上，其外观各不相同，可能出现红斑、角化过度和结痂或是硬化的结痂角化斑块，直径为0.3～5cm（图20-76，A）。光化角化病发病率较高的品种为大麦町犬、美国斯塔福�、比格犬、巴吉度犬和斗牛㹴。组织病理学检查显示，该病的特征为表皮和毛囊上皮表面的异型性和发育不良，细胞角化过度（特别是角化不全），偶见真皮层出现日光性弹力组织变性。光化角化病是癌变前的病变，有可能衍变成侵袭性鳞状细胞癌。避免阳光照射以及采取避光保护措施可以使早期病灶恢复。如果瘙痒或者

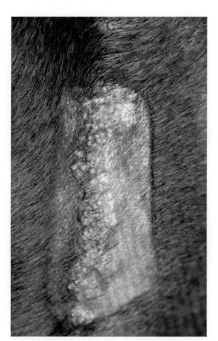

图20-72 犬肩部线性皮脂腺痣（M. Bagladi-Swanson提供）

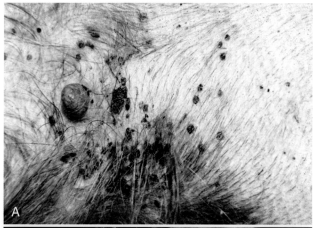

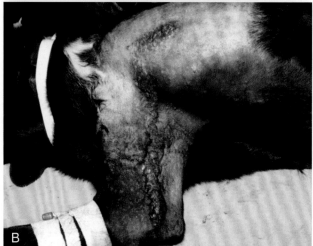

图20-74 A. 幼犬侧腹一个角化过度的黑变表皮痣（M. Paradis提供） **B.** 犬线状表皮痣有色素沉着、炎症，线性损伤从胸骨一直到肘内侧

图20-73 猫上皮层汗腺痣。猫的脸部左侧有分叶、脱毛、起伏的肿块（M. Paradis提供）

疼痛明显，局部使用或口服糖皮质激素有效。更严重的病灶可能需要局部使用咪喹莫特软膏、全身使用维生素A治疗、冷冻治疗或者手术切除。

2. 苔藓样角化病

犬的苔藓样角化病通常无法确诊[613]。一般来说，单个无症状病灶常发于成年犬的耳郭和腹股沟处。病灶通常包膜完整，呈红斑状，有鳞屑，甚至出现严重的角化过度斑块或刺瘤，直径为0.5~2cm。耳郭侧面偶尔会出现多个病灶（图20-76，B）[613]。组织学上，可见不规则的乳头样表皮增生，表面覆盖过度角化的结痂以及潜在的表皮下层苔藓样炎症。治疗选择包括外科切除或者不治疗观察。

3. 脂溢性角化病

犬的脂溢性角化病很少能鉴别出来[614]。该病的病因尚不明确，其与皮脂溢没有关系。病灶可能是一个或者多个，没有明显的年龄、性别、品种或者生长部位倾向性。病灶为隆起的斑块和结节，表面通常角化过度而且油腻（图20-76，C）。病灶通常色素沉着过度。组织学上，脂溢性角化病的特征为角化过度，增生（基底细胞样和鳞状细胞样）以及乳头瘤样增生。治疗选择包括外科切除和保守观察。

4. 皮角

皮角在犬、猫上不常见。该病的病因尚不明确，该病可能源于乳头瘤、基底细胞瘤、鳞状细胞癌、角质囊肿、漏斗状角化棘皮瘤或光化角化病。皮角可能单个或多个出现，没有明显的年龄、性别或者生长部位倾向性。病灶坚硬，角状突出部分可长达5cm（图20-77，A和B）。曾在感染FeLV的猫的脚垫处发现多个皮角。一般来说，可在多个脚垫发现多个角，角可以生长在脚垫的任意部位（图20-77，C）。病灶偶见于面部。在未感染FeLV的猫的脚

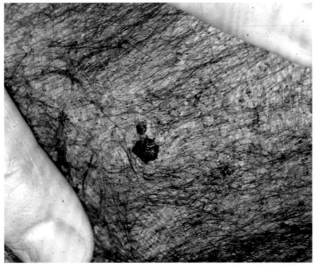

图20-75 黑色素细胞痣，从出生时就出现 在甲状腺功能减退的狗的臂部

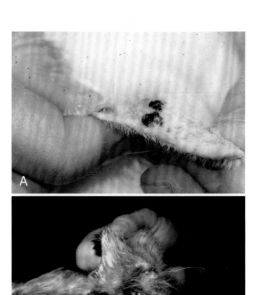

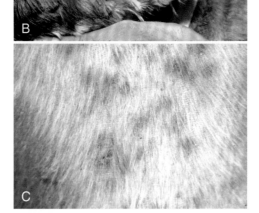

图20-76 A. 猫光化角化病。日光性皮炎，区域下可见两块陈旧性斑块 B. 迷你雪纳瑞耳郭上多个黑色素苔藓样角化病 C. 犬背部多个褐色油腻样脂溢性角化病

垫处也发现多个皮角。组织病理学上，皮角的特征是大量的、紧密分层的过度角质化。一定要检查皮角的基部，以判断是否有潜在病因的可能。与FeLV相关的猫皮角的特征为角化不全、角化过度、凋亡和多核仁的角质巨细胞。未感染FeLV猫的多重趾甲下皮角并没有这些组织病理学特征。治疗选择包括外科切除和保持观察。

（四）皮肤钙质沉着

皮肤钙质沉着是犬的一种犬不常见的系统紊乱性疾病[615-617]。皮肤钙化可能由多种不相关的系统紊乱性疾病引起（框20-1）。目前还不清楚无机离子转变为固态物质后储存于软组织中这一复杂生化过程。发病机理可能是线粒体中磷酸钙水平异常升高，导致晶体沉积细胞死亡。最初的表现为磷酸钙病灶，之后逐渐发展为含有胶原蛋白基质的羟磷灰石结晶。

犬、猫很少见转移性的钙质沉着，而且所有病例都与慢性肾脏疾病有关[618]。皮肤病灶局限于脚垫和趾间皮肤[619-621]。发病脚垫肿大、疼痛而且坚硬；通常会发生溃疡，排出白色的糊状或砂砾状物质。尽管大部分患有肾衰的动物年纪较大，肾脏发育不良的青年犬出现过脚垫上转移性钙质沉着[618]。医生应当考虑到，无论什么年龄的犬，慢性肾衰可能会导致多个脚垫发生钙质沉着。

广泛性钙质沉着的犬通常并发先天性或医源性皮质醇增多症。皮肤病灶表现为丘疹、斑块以及结节；大多质地坚硬，通常为砂砾样，黄白色或浅粉黄色，常伴有溃疡或者继发感染（图20-78，A至C）。这些病灶可能发生在身体各处，但常见于背部、腋窝下和腹股沟处。组织学上，钙盐与胶原蛋白和弹性蛋白纤维一同沉积在真皮层和基底层上，被包围并形成异物肉芽肿样反应。犬的这种钙质

沉着被认为是营养不良，因为血液中钙和磷的水平都是正常的。治疗皮质醇增多症之后，这种类型的钙质沉着会在2～12个月之内消退。

1. 局限性钙质沉着

（1）病因和发病机制

局限性钙质沉着（钙质沉着、顶浆分泌囊钙质沉着或者多腔皮下肉芽肿）对犬而言不常见，而猫几乎不发生[618-626]。在大部分的病例中，病因尚不明确，但是有报道称，钙质沉着会发生在有过创伤的部位，包括佩戴伊丽莎白圈的颈部或者聚二噁烷酮缝线缝合的部位[627,628]。钙质沉着最常见于幼犬（年龄小于2岁，不限性别）。报道过的病例约90%为大型犬，超过1/2的病例为德国牧羊犬。病灶通常为圆形隆起，有波动感或者坚硬，直径为0.5～7cm。最初，上面覆盖的皮肤易于移动，有正常毛发。然而随着病程的发展，经常会发生溃疡，也会流出白色糊状或砂砾

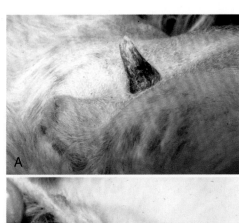

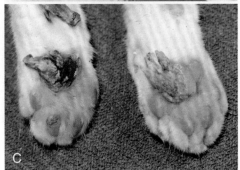

图20-77　**A**. 阴门上方的皮角　**B**. 猫耳郭上的两个皮角　**C**. 感染FeLV的猫脚垫上有多个皮角

框20-1　犬钙质沉着的病因

营养障碍性钙化（受伤、退化或坏死组织中的钙盐沉积）

局部区域（局限性钙质沉着）

- 炎性损伤（肺结核、异物肉芽肿、蠕形螨病、葡萄球菌感染导致的爪部皮炎）

- 退化病灶（毛囊囊肿）

- 肿瘤病灶（甲床细胞瘤、其他）

广泛区域（全身性钙质沉着）

- 皮质醇增多症（先天性或医源性）

- 糖尿病

- 钙质经皮肤渗透

- 系统性真菌感染（酵母菌、组织胞浆菌病、霉菌病、其他）

自发性钙化（钙盐沉积没有明显的组织损伤或者显而易见的新陈代谢缺陷）

局部区域（大型犬自发局限性钙质沉着）

广泛区域（年轻犬自发全身性钙质沉着）

转移性钙质沉着（钙盐沉积与钙磷新陈代谢异常有关，可见血清钙磷水平改变）

慢性肾脏疾病

状物质。病灶通常单个存在，但偶尔也会出现多个或者双侧对称性生长。该病常见于压力点和皮肤上骨骼突出点周围，特别是肘部和后股跖骨及趾骨外侧（图20-79，A）。该病也会发生在舌部或第四至第六颈椎的背侧（图20-79，B）。

（2）诊断和临床管理

组织学上，钙质沉着的特征是在真皮层深处和皮下组织发现多个颗粒状无定型物质区域，被炎性肉芽肿包裹，由纤维小梁分隔开。一些病灶能看到软骨和骨化生以及经表皮排出的矿物质。不定型团块通常为PAS强阳性，即阿新蓝阳性。影像学检查显示软组织钙化。治疗一般选择手术切除。

（五）皮肤黏蛋白增多症

皮肤黏蛋白增多症是一类异质皮肤紊乱性疾病，特征为黏蛋白（酸性黏多糖）过量累积或沉积在真皮层或表皮结构中[629]。黏蛋白增多症可能是原发的，也可能继发于脆弱其他疾病，点状或弥散性存在。该症状常见于中国沙皮犬甲状腺功能减退、肢端肥大症、红斑狼疮、皮肌炎、脱毛和蕈样真菌病。对猫而言，皮肤黏蛋白增多症可能表现为脱毛和蕈样真菌病。

对于犬，点状皮肤黏蛋白增多症几乎没有报道[629]。3只犬（其中有2只杜宾犬，且3只均为母犬，3～6岁）在头部或者腿部发现单个无症状的、固定的有弹性的柔软结节，直径约为1～3cm（图20-80）。早期的组织病理学检查可见过量黏蛋白聚积在真皮层或皮下组织中，破坏并分隔了胶原纤维。此外，也会看到轻微的纤维母细胞广泛增殖以及轻度淋巴组织细胞浸润。手术切除可以治愈本病。

十、副肿瘤性皮肤疾病

副肿瘤性皮肤疾病是在身体出现肿瘤之后皮肤上产生的病灶，但并不是直接由肿瘤细胞出现在皮肤内导致的。副肿瘤症状可能是机体免疫系统对肿瘤反应的结果，或者是肿瘤细胞分泌的物质直接或间接影响了皮肤所产生的。副肿瘤皮肤疾病在本书的其他章节中讨论过，包括副肿瘤天疱疮（胸腺淋巴瘤、胸腺瘤）猫剥脱性皮炎（胸腺瘤）、猫副肿瘤性脱毛（胰腺和肝恶性腺瘤）、德国牧羊犬胶原痣（肾囊腺瘤、肾囊腺癌、子宫平滑肌瘤和平滑肌肉瘤）、猫皮肤脆弱综合征（肾上腺和其他腹腔器官癌）以及部分犬、猫的浅表坏死性皮炎病例。

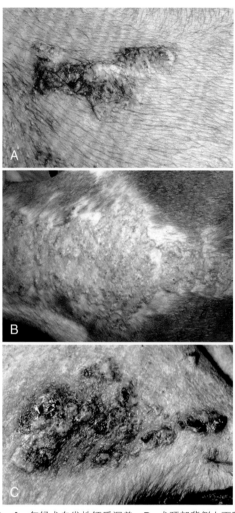

图20-78　**A.** 年轻犬自发性钙质沉着　**B.** 犬颈部背侧大面积钙质沉着　**C.** 波斯顿㹴继发于脑垂体依赖性皮质醇增多症的钙质沉着

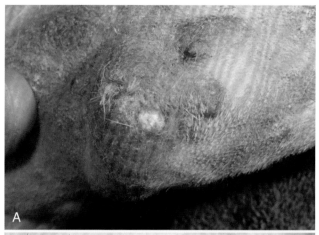

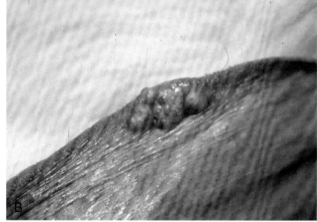

图20-79　**A.** 犬肘部局限性钙质沉着　**B.** 犬舌头上的局限性钙质沉着

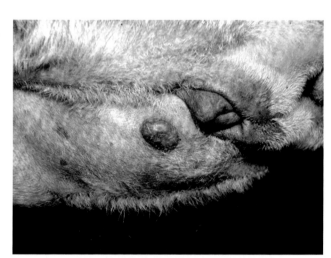

图20-80　沙皮犬局部皮肤黏蛋白增多症，外阴处针样结节

参考文献

[1] Priester WA: Skin tumors in domestic animals. Data from 12 United States and Canadian colleges of veterinary medicine. *J Natl Cancer Inst* 50:457–466, 1973.

[2] Cooley AJ: Differential diagnosis of integumentary and mucous membrane lesions. Neoplasia or inflammation? *Probl Vet Med* 2:463–481, 1990.

[3] Brodey RS: Canine and feline neoplasia. *Adv Vet Sci Comp Med* 14:309–354, 1970.

[4] Finnie JW, Bostock DE: Skin neoplasia in dogs. *Aust Vet J* 55:602–604, 1979.

[5] Nielsen SW, Cole CR: Cutaneous epithelial neoplasms of the dog-a report of 153 cases. *Am J Vet Res* 21:931–948, 1960.

[6] Miller MA, Nelson SL, Turk JR, et al: Cutaneous neoplasia in 340 cats. *Vet Pathol* 28:389–395, 1991.

[7] Rabanal RH, Fondevila DM, Montane V, et al: Immunocytochemical diagnosis of skin tumours of the dog with special reference to undifferentiated types. *Res Vet Sci* 47:129–133, 1989.

[8] Chalita MC, Matera JM, Alves MT, et al: Nonaspiration fine needle cytology and its histologic correlation in canine skin and soft tissue tumors. *Anal Quant Cytol Histol* 23:395–399, 2001.

[9] Duncan JR, Prasse KW: Cytology of canine cutaneous round cell tumors. Mast cell tumor, histiocytoma, lymphosarcoma and transmissible venereal tumor. *Vet Pathol* 16:673–679, 1979.

[10] Ghisleni G, Roccabianca P, Ceruti R, et al: Correlation between fine-needle aspiration cytology and histopathology in the evaluation of cutaneous and subcutaneous masses from dogs and cats. *Vet Clin Pathol* 35:24–30, 2006.

[11] Griffiths GL, Lumsden JH, Valli VE: Fine needle aspiration cytology and histologic correlation in canine tumors. *Vet Clin Pathol* 13:13–17, 1984.

[12] Masserdotti C, Ubbiali FA: Fine needle aspiration cytology of pilomatricoma in three dogs. *Vet Clin Pathol* 31:22–25, 2002.

[13] Roszel JF, MacVean DW, Monlux AW: Use of cytology for tumor diagnosis in private veterinary practice. *J Am Vet Med Assoc* 173:1011–1014, 1978.

[14] Vos JH, van den Ingh TS, van Mil FN: Non-exfoliative canine cytology: the value of fine needle aspiration and scraping cytology. *Vet Q* 11:222–231, 1989.

[15] Andreasen CB, Mahaffey EA, Duncan JR: Intermediate filament staining in the cytologic and histologic diagnosis of canine skin and soft tissue tumors. *Vet Pathol* 25:343–349, 1988.

[16] Ferrer L, Rabanal RM, Fondevila D, et al: Immunocytochemical demonstration of intermediate filament proteins, S-100 protein and CEA in apocrine sweat glands and apocrine gland derived lesions of the dog. *Zentralbl Veterinarmed A* 37:569–576, 1990.

[17] Sandusky GE, Wightman KA, Carlton WW: Immunocytochemical study of tissues from clinically normal dogs and of neoplasms, using keratin monoclonal antibodies. *Am J Vet Res* 52:613–618, 1991.

[18] Cockerell GL, MacCoy DM: Clinicopathological manifestations of selected neoplasms. Cornell Vet 68(Suppl 7):133–150, 1978.

[19] Moore AS, Madewell BR, Lund JK: Immunohistochemical evaluation of intermediate filament expression in canine and feline neoplasms. Am J Vet Res 50:88–92, 1989.

[20] Sandusky GE, Carlton WW, Wightman KA: Diagnostic immunohistochemistry of canine round cell tumors. Vet Pathol 24:495–499, 1987.

[21] von Beust BR, Suter MM, Summers BA: Factor VIII-related antigen in canine endothelial neoplasms: an immunohistochemical study. Vet Pathol 25:251–255, 1988.

[22] Wallace ML, Smoller BR: Immunohistochemistry in diagnostic dermatopathology. J Am Acad Dermatol 34:163–183; quiz 184-166, 1996.

[23] Majewski S, Jablonska S: Human papillomavirus-associated tumors of the skin and mucosa. J Am Acad Dermatol 36:659–685; quiz 686-658, 1997.

[24] Nicholls PK, Stanley MA: Canine papillomavirus–A centenary review. J Comp Pathol 120:219–233, 1999.

[25] Yuan H, Ghim S, Newsome J, et al: An epidermotropic canine papillomavirus with malignant potential contains an E5 gene and establishes a unique genus. Virology 359:28–36, 2007.

[26] Yuan H, Ghim S, Newsome J, et al: An epidermotropic canine papillomavirus with malignant potential contains an E5 gene and establishes a unique genus. Virology 2006.

[27] Tobler K, Favrot C, Nespeca G, et al: Detection of the prototype of a potential novel genus in the family Papillomaviridae in association with canine epidermodysplasia verruciformis. J Gen Virol 87:3551–3557, 2006.

[28] Zaugg N, Nespeca G, Hauser B, et al: Detection of novel papillomaviruses in canine mucosal, cutaneous and in situ squamous cell carcinomas. Vet Dermatol 16:290–298, 2005.

[29] Terai M, Burk RD: Felis domesticus papillomavirus, isolated from a skin lesion, is related to canine oral papillomavirus and contains a 1.3 kb non-coding region between the E2 and L2 open reading frames. J Gen Virol 83:2303–2307, 2002.

[30] Dillner L, Heino P, Moreno-Lopez J, et al: Antigenic and immunogenic epitopes shared by human papillomavirus type 16 and bovine, canine, and avian papillomaviruses. J Virol 65:6862–6871, 1991.

[31] Jenson AB, Rosenthal JD, Olson C, et al: Immunologic relatedness of papillomaviruses from different species. J Natl Cancer Inst 64:495–500, 1980.

[32] Sundberg JP, Van Ranst M, Montali R, et al: Feline papillomas and papillomaviruses. Vet Pathol 37:1–10, 2000.

[33] Hubbard RA: Human papillomavirus testing methods. Arch Pathol Lab Med 127:940–945, 2003.

[34] Molijn A, Kleter B, Quint W, et al: Molecular diagnosis of human papillomavirus (HPV) infections. J Clin Virol 32(Suppl 1):S43–S51, 2005.

[35] Nicholls PK, Moore PF, Anderson DM, et al: Regression of canine oral papillomas is associated with infiltration of CD4+ and CD8+ lymphocytes. Virology 283:31–39, 2001.

[36] Ostrow RS, Faras AJ: The molecular biology of human papillomaviruses and the pathogenesis of genital papillomas and neoplasms. Cancer Metastasis Rev 6:383–395, 1987.

[37] Smith KT, Campo MS: The biology of papillomaviruses and their role in oncogenesis. Anticancer Res 5:31–47, 1985.

[38] Villa LL: Vaccines against papillomavirus infections and disease. Rev Chilena Infectol 23:157–163, 2006.

[39] Villa LL, Ault KA, Giuliano AR, et al: Immunologic responses following administration of a vaccine targeting human papillomavirus Types 6, 11, 16, and 18. Vaccine 24:5571–5583, 2006.

[40] Le Net JL, Orth G, Sundberg JP, et al: Multiple pigmented cutaneous papules associated with a novel canine papillomavirus in an immunosuppressed dog. Vet Pathol 34:8–14, 1997.

[41] Lucroy MD, Hill FI, Moore PF, et al: Cutaneous papillomatosis in a dog with malignant lymphoma following long-term chemotherapy. J Vet Diagn Invest 10:369–371, 1998.

[42] Sundberg JP, Smith EK, Herron AJ, et al: Involvement of canine oral papillomavirus in generalized oral and cutaneous verrucosis in a Chinese Shar Pei dog. Vet Pathol 31:183–187, 1994.

[43] Sundberg JP, Schlegel R, Jenson AB: Mucosotropic papillomavirus infections. Lab Anim Sci 48:240–242, 1998.

[44] Favrot C, Olivry T, Werner AH, et al: Evaluation of papillomaviruses associated with cyclosporine-induced hyperplastic verrucous lesions in dogs. Am J Vet Res 66:1764–1769, 2005.

[45] Narama I, Ozaki K, Maeda H, et al: Cutaneous papilloma with viral replication in an old dog. J Vet Med Sci 54:387–389, 1992.

[46] Teifke JP, Lohr CV, Shirasawa H: Detection of canine oral papillomavirus-DNA in canine oral squamous cell carcinomas and p53 overexpressing skin papillomas of the dog using the polymerase chain reaction and non-radioactive in situ hybridization. Vet Microbiol 60:119–130, 1998.

[47] Campbell KL, Sundberg JP, Goldschmidt MH, et al: Cutaneous inverted papillomas in dogs. Vet Pathol 25:67–71, 1988.

[48] Shimada A, Shinya K, Awakura T, et al: Cutaneous papillomatosis associated with papillomavirus infection in a dog. J Comp Pathol 108:103–107, 1993.

[49] Narama I, Kobayashi Y, Yamagami T, et al: Pigmented cutaneous papillomatosis (pigmented epidermal nevus) in three pug dogs; histopathology, electron microscopy and analysis of viral DNA by the polymerase chain reaction. J Comp Pathol 132:132–138, 2005.

[50] Carney HC, England JJ, Hodgin EC, et al: Papillomavirus infection of aged Persian cats. J Vet Diagn Invest 2:294–299, 1990.

[51] Egberink HF, Berrocal A, Bax HA, et al: Papillomavirus associated skin lesions in a cat seropositive for feline immunodeficiency virus. Vet Microbiol 31:117–125, 1992.

[52] Hanna PE, Dunn D: Cutaneous fibropapilloma in a cat (feline sarcoid). Can Vet J 44:601–602, 2003.

[53] Schulman FY, Krafft AE, Janczewski T: Feline cutaneous fibropapillomas: clinicopathologic findings and association with papillomavirus infection. Vet Pathol 38:291–296, 2001.

[54] Ghim S, Newsome J, Bell J, et al: Spontaneously regressing oral papillomas induce systemic antibodies that neutralize canine oral papillomavirus. Exp Mol Pathol 68:147–151, 2000.

[55] Nicholls PK, Klaunberg BA, Moore RA, et al: Naturally occurring, nonregressing canine oral papillomavirus infection: host immunity, virus characterization, and experimental infection. Virology 265:365–374, 1999.

[56] Bonney CH, Koch SA, Dice PF, et al: Papillomatosis of conjunctiva and adnexa in dogs. J Am Vet Med Assoc 176:48–51, 1980.

[57] Krahwinkel DJ, Jr: Cryosurgical treatment of skin diseases. Vet Clin North Am Small Anim Pract 10:787–801, 1980.

[58] Collier LL, Collins BK: Excision and cryosurgical ablation of severe periocular papillomatosis in a dog. J Am Vet Med Assoc 204:881–883; discussion 884–885, 1994.

[59] Bregman CL, Hirth RS, Sundberg JP, et al: Cutaneous neoplasms in dogs associated with canine oral papillomavirus vaccine. Vet Pathol 24:477–487, 1987.

[60] Moore RA, Santos EB, Nicholls PK, et al: Intraepithelial DNA immunisation with a plasmid encoding a codon optimised COPV E1 gene sequence, but not the wild-type gene sequence completely protects against mucosal challenge with infectious COPV in beagles. Virology 304:451–459, 2002.

[61] Moore RA, Walcott S, White KL, et al: Therapeutic immunisation with COPV early genes by epithelial DNA delivery. Virology 314:630–635, 2003.

[62] Suzich JA, Ghim SJ, Palmer-Hill FJ, et al: Systemic immunization with papillomavirus L1 protein completely prevents the development of viral mucosal papillomas. Proc Natl Acad Sci U S A 92:11553–11557, 1995.

[63] Bell JA, Sundberg JP, Ghim SJ, et al: A formalin-inactivated vaccine protects against mucosal papillomavirus infection: a canine model. Pathobiology 62:194–198, 1994.

[64] Power HT, Ihrke PJ: Synthetic retinoids in veterinary dermatology. Vet Clin North Am Small Anim Pract 20:1525–1539, 1990.

[65] Werner AH, Power HT: Retinoids in veterinary dermatology. Clin Dermatol 12:579–586, 1994.

[66] White SD, Rosychuk RA, Scott KV, et al: Use of isotretinoin and etretinate for the treatment of benign cutaneous neoplasia and cutaneous lymphoma in dogs. J Am Vet Med Assoc 202:387–391, 1993.

[67] Rudolph R, Gray AP, Leipold HW: Intracutaneous cornifying epithelioma ("keratoacanthoma") of dogs and keratoacanthoma of man. Cornell Vet 67:254–264, 1977.

[68] Stannard AA, Pulley LT: Intracutaneous cornifying epithelioma (keratoacanthoma) in the dog: a retrospective study of 25 cases. J Am Vet Med Assoc 167:385–388, 1975.

[69] Howell RM, Alexander VG: Keratoacanthoma on the eyelid of a beagle dog. Vet Med Small Anim Clin 66:1022–1023, 1971.

[70] Schwegler K, Walter JH, Rudolph R: Epithelial neoplasms of the skin, the cutaneous mucosa and the transitional epithelium in dogs: an immunolocalization study for papillomavirus antigen. Zentralbl Veterinarmed A 44:115–123, 1997.

[71] Sironi G, Caniatti M, Scanziani E: Immunohistochemical detection of papillomavirus structural antigens in animal hyperplastic and neoplastic epithelial lesions. Zentralbl Veterinarmed A 37:760–770, 1990.

[72] Della Salda L, Preziosi R, Mazzoni M, et al: Cell proliferation patterns in canine infundibular keratinizing acanthoma and well differentiated squamous cell carcinoma of the skin. Eur J Histochem 46:165–172, 2002.

[73] Goldschmidt MH, Hendrick MJ: Tumors of the skin and soft tissues, ed 4, Ames, 2002, Iowa State Press, pp 50–64.

[74] Ruslander D, Kaser-Hotz B, Sardinas JC: Cutaneous squamous cell carcinoma in cats. Compend Contin Educ 19:1119–1129, 1997.

[75] Mukaratirwa S, Chipunza J, Chitanga S, et al: Canine cutaneous neoplasms: prevalence and influence of age, sex and site on the presence and potential malignancy of cutaneous neoplasms in dogs from Zimbabwe. J S Afr Vet Assoc 76:59–62, 2005.

[76] Madewell BR, Conroy JD, Hodgkins EM: Sunlight-skin cancer association in the dog: a report of three cases. J Cutan Pathol 8:434–443, 1981.

[77] Nikula KJ, Benjamin SA, Angleton GM, et al: Ultraviolet radiation, solar dermatosis, and cutaneous neoplasia in beagle dogs. Radiat Res 129:11–18, 1992.

[78] Gomes LAM, Ferreira AMR, Almeida LEFD, et al: Squamous cell carcinoma associated with actinic dermatitis in seven white cats. *Feline Practice* 28:14–16, 2000.

[79] Gourley IM, Madewell BR, Barr B, et al: Burn scar malignancy in a dog. *J Am Vet Med Assoc* 180:1095–1097, 1982.

[80] Scott DW, Teixeira AC: Multiple squamous cell carcinomas arising from multiple cutaneous follicular cysts in a dog. *Vet Dermatol* 6:27–31, 1995.

[81] Scott DW, Miller WH, Jr: Squamous cell carcinoma arising in chronic discoid lupus erythematosus nasal lesions in two German Shepherd Dogs. *Vet Dermatol* 6:99–104, 1995.

[82] Sundberg JP, Junge RE, Lancaster WD: Immunoperoxidase localization of papillomaviruses in hyperplastic and neoplastic epithelial lesions of animals. *Am J Vet Res* 45:1441–1446, 1984.

[83] Stokking LB, Ehrhart EJ, Lichtensteiger CA, et al: Pigmented epidermal plaques in three dogs. *J Am Anim Hosp Assoc* 40:411–417, 2004.

[84] Nespeca G, Grest P, Rosenkrantz WS, et al: Detection of novel papillomaviruslike sequences in paraffin-embedded specimens of invasive and in situ squamous cell carcinomas from cats. *Am J Vet Res* 67:2036–2041, 2006.

[85] Wilhelm S, Degorce-Rubiales F, Godson D, et al: Clinical, histological and immunohistochemical study of feline viral plaques and bowenoid in situ carcinomas. *Vet Dermatol* 17:424–431, 2006.

[86] Hutson CA, Rideout BA, Pedersen NC: Neoplasia associated with feline immunodeficiency virus infection in cats of southern California. *J Am Vet Med Assoc* 199:1357–1362, 1991.

[87] Mayr B, Reifinger M, Alton K: Novel canine tumour suppressor gene p53 mutations in cases of skin and mammary neoplasms. *Vet Res Commun* 23:285–291, 1999.

[88] Mayr B, Blauensteiner J, Edlinger A, et al: Presence of p53 mutations in feline neoplasms. *Res Vet Sci* 68:63–70, 2000.

[89] Albaric O, Bret L, Amardeihl M, et al: Immunohistochemical expression of p53 in animal tumors: a methodological study using four anti-human p53 antibodies. *Histol Histopathol* 16:113–121, 2001.

[90] Nasir L, Krasner H, Argyle DJ, et al: Immunocytochemical analysis of the tumour suppressor protein (p53) in feline neoplasia. *Cancer Lett* 155:1–7, 2000.

[91] Murakami Y, Tateyama S, Rungsipipat A, et al: Immunohistochemical analysis of cyclin A, cyclin D1 and P53 in mammary tumors, squamous cell carcinomas and basal cell tumors of dogs and cats. *J Vet Med Sci* 62:743–750, 2000.

[92] Gamblin RM, Sagartz JE, Couto CG: Overexpression of p53 tumor suppressor protein in spontaneously arising neoplasms of dogs. *Am J Vet Res* 58:857–863, 1997.

[93] Teifke JP, Lohr CV: Immunohistochemical detection of P53 overexpression in paraffin wax-embedded squamous cell carcinomas of cattle, horses, cats and dogs. *J Comp Pathol* 114:205–210, 1996.

[94] Haziroglu R, Saglam M: Squamous cell carcinoma in a puppy. *J Comp Pathol* 101:221–223, 1989.

[95] Hargis AM, Thomassen RW, Phemister RD: Chronic dermatosis and cutaneous squamous cell carcinoma in the beagle dog. *Vet Pathol* 14:218–228, 1977.

[96] Rothwell TL, Howlett CR, Middleton DJ, et al: Skin neoplasms of dogs in Sydney. *Aust Vet J* 64:161–164, 1987.

[97] Henry CJ, Brewer WG, Jr, Whitley EM, et al: Canine digital tumors: a veterinary cooperative oncology group retrospective study of 64 dogs. *J Vet Intern Med* 19:720–724, 2005.

[98] O'Brien MG, Berg J, Engler SJ: Treatment by digital amputation of subungual squamous cell carcinoma in dogs: 21 cases (1987-1988). *J Am Vet Med Assoc* 201:759–761, 1992.

[99] Frese K, Frank H, Eskens U: Squamous cell carcinoma of the toes in dogs. *Dtsch Tierarztl Wochenschr* 90:359–363, 1983.

[100] O'Rourke M: Multiple digital squamous cell carcinomas in 2 dogs. *Modern Vet Pract* 66:644–645, 1985.

[101] Paradis M, Scott DW, Breton L: Squamous cell carcinoma of the nail bed in three related Giant Schnauzers. *Vet Rec* 125:322–324, 1989.

[102] Marino DJ, Matthiesen DT, Stefanacci JD, et al: Evaluation of dogs with digit masses: 117 cases (1981-1991). *J Am Vet Med Assoc* 207:726–728, 1995.

[103] Guerin SR, Jones BR, Alley MR, et al: Multiple digital tumours in a rottweiler. *J Small Anim Pract* 39:200–202, 1998.

[104] Brodzki A, Lopuszynski W, Komsta R, et al: Analyses of the treatment of malignant digital neoplasia of dogs: clinical, radiological and histological evaluation. *Tierarztliche Umschau* 59:594–600, 2004.

[105] Rogers KS, Helman RG, Walker MA: Squamous cell carcinoma of the canine nasal planum: eight cases (1988-1994). *J Am Anim Hosp Assoc* 31:373–378, 1995.

[106] Dorn CR, Taylor DO, Schneider R: Sunlight exposure and risk of developing cutaneous and oral squamous cell carcinomas in white cats. *J Natl Cancer Inst* 46:1073–1078, 1971.

[107] Clarke RE: Cryosurgical treatment of feline cutaneous squamous cell carcinoma. *Aust Vet Pract* 21:148–153, 1991.

[108] Lana SE, Ogilvie GK, Withrow SJ, et al: Feline cutaneous squamous cell carcinoma of the nasal planum and the pinnae: 61 cases. *J Am Anim Hosp Assoc* 33:329–332, 1997.

[109] Gottfried SD, Popovitch CA, Goldschmidt MH, et al: Metastatic digital carcinoma in the cat: a retrospective study of 36 cats (1992-1998). *J Am Anim Hosp Assoc* 36:501–509, 2000.

[110] van der Linde-Sipman JS, van den Ingh TS: Primary and metastatic carcinomas in the digits of cats. *Vet Q* 22:141–145, 2000.

[111] Garma-Avina A: The cytology of squamous cell carcinomas in domestic animals. *J Vet Diagn Invest* 6:238–246, 1994.

[112] Stockhaus C, Teske E: The cytological diagnosis of cutaneous, subcutaneous, and oral proliferations in dogs and cats - a retrospective analysis (1995). *Kleintierpraxis* 44:421...434, 1999.

[113] Knowles DP, Hargis AM: Solar elastosis associated with neoplasia in two dalmatians. *Vet Pathol* 23:512–514, 1986.

[114] Desnoyers MM, Haines DM, Searcy GP: Immunohistochemical detection of intermediate filament proteins in formalin fixed normal and neoplastic canine tissues. *Can J Vet Res* 54:360–365, 1990.

[115] Martin de las Mulas J, Espinosa de los Monteros A, Carrasco L, et al: Immunohistochemical distribution of vimentin, desmin, glial fibrillary acidic protein and neurofilament proteins in feline tissues. *Zentralbl Veterinarmed A* 41:1–15, 1994.

[116] Martin de las Mulas J, Espinosa de los Monteros A, Carrasco L, et al: Immunohistochemical distribution pattern of intermediate filament proteins in 50 feline neoplasms. *Vet Pathol* 32:692–701, 1995.

[117] Perez J, Day MJ, Martin MP, et al: Immunohistochemical study of the inflammatory infiltrate associated with feline cutaneous squamous cell carcinomas and precancerous lesions (actinic keratosis). *Vet Immunol Immunopathol* 69:33–46, 1999.

[118] de Vos JP, Burm AGO, Focker BP: Results from the treatment of advanced stage squamous cell carcinoma of the nasal planum in cats, using a combination of intralesional carboplatin and superficial radiotherapy: a pilot study. *Vet Comp Oncol* 2:75–81, 2004.

[119] Fidel JL, Egger E, Blattmann H, et al: Proton irradiation of feline nasal planum squamous cell carcinomas using an accelerated protocol. *Vet Radiol Ultrasound* 42:569–575, 2001.

[120] Magne ML, Rodriguez CO, Autry SA, et al: Photodynamic therapy of facial squamous cell carcinoma in cats using a new photosensitizer. *Lasers Surg Med* 20:202–209, 1997.

[121] Theon AP, Madewell BR, Shearn VI, et al: Prognostic factors associated with radiotherapy of squamous cell carcinoma of the nasal plane in cats. *J Am Vet Med Assoc* 206:991–996, 1995.

[122] Kirpensteijn J, Withrow SJ, Straw RC: Combined resection of the nasal planum and premaxilla in three dogs. *Vet Surg* 23:341–346, 1994.

[123] Lascelles BD, Parry AT, Stidworthy MF, et al: Squamous cell carcinoma of the nasal planum in 17 dogs. *Vet Rec* 147:473–476, 2000.

[124] Withrow SJ, Straw RC: Resection of the nasal planum in nine cats and five dogs. *J Am Anim Hosp Assoc* 26:219–222, 1990.

[125] Bostock DE: The prognosis in cats bearing squamous cell carcinoma. *J Small Anim Pract* 13:119–125, 1972.

[126] Frimberger AE, Moore AS, Cincotta L, et al: Photodynamic therapy of naturally occurring tumors in animals using a novel benzophenothiazine photosensitizer. *Clin Cancer Res* 4:2207–2218, 1998.

[127] Stell AJ, Dobson JM, Langmack K: Photodynamic therapy of feline superficial squamous cell carcinoma using topical 5-aminolaevulinic acid. *J Small Anim Pract* 42:164–169, 2001.

[128] Goodfellow M, Hayes A, Murphy S, et al: A retrospective study of (90) Strontium plesiotherapy for feline squamous cell carcinoma of the nasal planum. *J Feline Med Surg* 8:169–176, 2006.

[129] Theon AP, VanVechten MK, Madewell BR: Intratumoral administration of carboplatin for treatment of squamous cell carcinomas of the nasal plane in cats. *Am J Vet Res* 57:205–210, 1996.

[130] Hunt GB: Use of the lip-to-lid flap for replacement of the lower eyelid in five cats. *Vet Surg* 35:284–286, 2006.

[131] Schmidt K, Bertani C, Martano M, et al: Reconstruction of the lower eyelid by third eyelid lateral advancement and local transposition cutaneous flap after "en bloc" resection of squamous cell carcinoma in 5 cats. *Vet Surg* 34:78–82, 2005.

[132] Cox NR, Brawner WR, Powers RD, et al: Tumors of the nose and paranasal sinuses in cats: 32 cases with comparison to a national database (1977 through 1987). *J Am Anim Hosp Assoc* 27:339–347, 1991.

[133] Hardman C, Stanley R: Radioactive gold-198 seeds for the treatment of squamous cell carcinoma in the eyelid of a cat. *Aust Vet J* 79:604–608, 2001.

[134] Thrall D, Adams W: Radiotherapy of squamous cell carcinomas of the canine nasal plane. *Vet Rad* 23:193–195, 1982.

[135] Peaston AE, Leach MW, Higgins RJ: Photodynamic therapy for nasal and aural squamous cell carcinoma in cats. *J Am Vet Med Assoc* 202:1261–1265, 1993.

[136] Dennis MM, Ehrhart N, Duncan CG, et al: Frequency of and risk factors associated with lingual lesions in dogs: 1,196 cases (1995-2004). *J Am Vet Med Assoc* 228:1533–1537, 2006.

[137] Hahn KA, Panjehpour M, Legendre AM: Photodynamic therapy response in cats with cutaneous squamous cell carcinoma as a function of fluence. *Vet*

Dermatol 9:3–7, 1998.

[138]Roberts WG, Klein MK, Loomis M, et al: Photodynamic therapy of spontaneous cancers in felines, canines, and snakes with chloro-aluminum sulfonated phthalocyanine. J Natl Cancer Inst 83:18–23, 1991.

[139]Buchholz J, Kaser-Hotz B, Khan T, et al: Optimizing photodynamic therapy: in vivo pharmacokinetics of liposomal meta-(tetrahydroxyphenyl)chlorin in feline squamous cell carcinoma. Clin Cancer Res 11:7538–7544, 2005.

[140]Kitchell BK, Orenberg EK, Brown DM, et al: Intralesional sustained-release chemotherapy with therapeutic implants for treatment of canine sun-induced squamous cell carcinoma. Eur J Cancer 31:2093–2098, 1995.

[141]Crewe G: The development and use of an ultra-violet block out canine body suit (UVBBS) for control of solar-induced squamous cell carcinomas. Vet Dermatol 11 (Suppl. 1):45, 2000.

[142]Foster SF, Charles JA, Swinney GR, et al: Multiple crusted cutaneous plaques in a cat. Aust Vet J 77:360, 367–368, 1999.

[143]Baer KE, Helton K: Multicentric squamous cell carcinoma in situ resembling Bowen's disease in cats. Vet Pathol 30:535–543, 1993.

[144]Miller WH, Jr, Affolter V, Scott DW, et al: Multicentric squamous cell carcinomas in situ resembling Bowen's disease in five cats. Vet Dermatol 3:177–182, 1992.

[145]Rees CA, Goldschmidt MH: Cutaneous horn and squamous cell carcinoma in situ (Bowen's disease) in a cat. J Am Anim Hosp Assoc 34:485–486, 1998.

[146]Guaguere E, Olivry T, Delverdier-Poujade A, et al: Demodex cati infestation in association with feline cutaneous squamous cell carcinoma in situ: a report of five cases. Vet Dermatol 10:61–67, 1999.

[147]Callan MB, Preziosi D, Mauldin E: Multiple papillomavirus-associated epidermal hamartomas and squamous cell carcinomas in situ in a dog following chronic treatment with prednisone and cyclosporine. Vet Dermatol 16:338–345, 2005.

[148]Gross TL, Brimacomb BH: Multifocal intraepidermal carcinoma in a dog histologically resembling Bowen's disease. Am J Dermatopathol 8:509–515, 1986.

[149]Baer JC, Freeman AA, Newlands ES, et al: Depletion of O6-alkylguanine-DNA alkyltransferase correlates with potentiation of temozolomide and CCNU toxicity in human tumour cells. Br J Cancer 67:1299–1302, 1993.

[150]Brannan PA, Anderson HK, Kersten RC, et al: Bowen disease of the eyelid successfully treated with imiquimod. Ophthal Plast Reconstr Surg 21:321–322, 2005.

[151]Arlette JP, Trotter MJ: Squamous cell carcinoma in situ of the skin: History, presentation, biology and treatment. Australas J Dermatol 45:1–11, 2004.

[152]Peris K, Micantonio T, Fargnoli MC, et al: Imiquimod 5% cream in the treatment of Bowen's disease and invasive squamous cell carcinoma. J Am Acad Dermatol 55:324–327, 2006.

[153]Mandekou-Lefaki I, Delli F, Koussidou-Eremondi T, et al: Imiquimod 5% cream: a new treatment for Bowen's disease. Int J Tissue React 27:31–38, 2005.

[154]Patel GK, Goodwin R, Chawla M, et al: Imiquimod 5% cream monotherapy for cutaneous squamous cell carcinoma in situ (Bowen's disease): a randomized, double-blind, placebo-controlled trial. J Am Acad Dermatol 54:1025–1032, 2006.

[155]Gill V, Bergman P, Baer KE, et al: Evaluation of imiquimod 5% (Aldara) in cats with multicentric squamous cell carcinoma in situ (MSCCIS). In: Veterinary Cancer Society, Calloway Gardens 18, 2006.

[156]Goldschmidt MH: Basal- and squamous-cell neoplasms of dogs and cats. Am J Dermatopathol 6:199–206, 1984.

[157]Lear W, Dahlke E, Murray CA: Basal cell carcinoma: review of epidemiology, pathogenesis, and associated risk factors. J Cutan Med Surg 11:19–30, 2007.

[158]Diters RW, Walsh KM: Feline basal cell tumors: a review of 124 cases. Vet Pathol 21:51–56, 1984.

[159]Fox LE: Feline cutaneous and subcutaneous neoplasms. Vet Clin North Am Small Anim Pract 25:961–979, 1995.

[160]Meleo KA: Tumors of the skin and associated structures. Vet Clin North Am Small Anim Pract 27:73–94, 1997.

[161]Fehrer SL, Lin SH: Multicentric basal cell tumors in a cat. J Am Vet Med Assoc 189:1469–1470, 1986.

[162]de las Mulas JM, van Niel M, Millan Y, et al: Immunohistochemical analysis of estrogen receptors in feline mammary gland benign and malignant lesions: comparison with biochemical assay. Domest Anim Endocrinol 18:111–125, 2000.

[163]Stockhaus C, Teske E, Rudolph R, et al: Assessment of cytological criteria for diagnosing basal cell tumours in the dog and cat. J Small Anim Pract 42:582–586, 2001.

[164]Banks WC, Morris E: Results of radiation treatment of naturally occurring animal tumors. J Am Vet Med Assoc 166:1063–1064, 1975.

[165]Anderson WI, Scott DW: Cartilaginous metaplasia associated with a basal cell tumour in a dog. J Comp Pathol 100:107–109, 1989.

[166]Maiolino P, De Vico G, Restucci B: Expression of vascular endothelial growth factor in basal cell tumours and in squamous cell carcinomas of canine skin. J Comp Pathol 123:141–145, 2000.

[167]Abramo F, Pratesi F, Cantile C, et al: Survey of canine and feline follicular tumours and tumour-like lesions in central Italy. J Small Anim Pract 40:479–481, 1999.

[168]Inoue M, Wu H, Une S: Immunohistochemical detection of p27 and p21

[169]Diters RW, Goldschmidt MH: Hair follicle tumors resembling tricholemmomas in six dogs. Vet Pathol 20:123–125, 1983.

[170]Luther PB, Scott DW, Buerger RG: The dilated pore of Winer–an overlooked cutaneous lesion of cats. J Comp Pathol 101:375–379, 1989.

[171]Sakai H, Yamane T, Yanai T, et al: Expression of cyclin kinase inhibitor p27(Kip1) in skin tumours of dogs. J Comp Pathol 125:153–158, 2001.

[172]Rodriguez F, Herraez P, Rodriguez E, et al: Metastatic pilomatrixoma associated with neurological signs in a dog. Vet Rec 137:247–248, 1995.

[173]Sells DM, Conroy JD: Malignant epithelial neoplasia with hair follicle differentiation in dogs. Malignant pilomatrixoma. J Comp Pathol 86:121–129, 1976.

[174]Toma S, Noli C: Isotretinoin in the treatment of multiple benign pilomatrixomas in a mixed-breed dog. Vet Dermatol 16:346–350, 2005.

[175]Seiler RJ: Granular basal cell tumors in the skin of three dogs: a distinct histopathologic entity. Vet Pathol 19:23–29, 1982.

[176]Sharif M, Reinacher M: Clear cell trichoblastomas in two dogs. J Vet Med A Physiol Pathol Clin Med 53:352–354, 2006.

[177]Kato K, Uchida K, Nibe K, et al: Immunohistochemical studies on cytokeratin 8 and 18 expressions in canine cutaneous adnexus and their tumors. J Vet Med Sci 69:233–239, 2007.

[178]Case MT, Bartz AR, Bernstein M, et al: Metastasis of a sebaceous gland carcinoma in the dog. J Am Vet Med Assoc 154:661–664, 1969.

[179]Goldschmidt MH: Sebaceous and hepatoid gland neoplasms of dogs and cats. Am J Dermatopathol 6:287–293, 1984.

[180]Strafuss AC: Sebaceous gland adenomas in dogs. J Am Vet Med Assoc 169:640–642, 1976.

[181]Strafuss AC: Skin tumors. Vet Clin North Am Small Anim Pract 15:473–492, 1985.

[182]Kalaher KM, Anderson WI, Scott DW: Neoplasms of the apocrine sweat glands in 44 dogs and 10 cats. Vet Rec 127:400–403, 1990.

[183]Fuentealba IC, Illanes OG, Haines DM: Eccrine adenocarcinoma of the footpads in 2 cats. Can Vet J 41:401–403, 2000.

[184]Conroy JD, Breen PT: Apocrine sweat gland carcinoma with lymphatic invasion in a dog. Vet Med Small Anim Clin 67:297–298, 1972.

[185]Nibe K, Uchida K, Itoh T, et al: A case of canine apocrine sweat gland adenoma, clear cell variant. Vet Pathol 42:215–218, 2005.

[186]Simko E, Wilcock BP, Yager JA: A retrospective study of 44 canine apocrine sweat gland adenocarcinomas. Can Vet J 44:38–42, 2003.

[187]Meschter CL: Disseminated sweat gland adenocarcinoma with acronecrosis in a cat. Cornell Vet 81:195–203, 1991.

[188]Evans CR, Pierrepoint CG: Tissue-steroid interactions in canine hormone-dependent tumours. Vet Rec 97:464–467, 1975.

[189]Hayes HM, Jr, Wilson GP: Hormone-dependent neoplasms of the canine perianal gland. Cancer Res 37:2068–2071, 1977.

[190]Petterino C, Martini M, Castagnaro M: Immunohistochemical detection of growth hormone (GH) in canine hepatoid gland tumors. J Vet Med Sci 66:569–572, 2004.

[191]Pisani G, Millanta F, Lorenzi D, et al: Androgen receptor expression in normal, hyperplastic and neoplastic hepatoid glands in the dog. Res Vet Sci 81:231–236, 2006.

[192]Wilson GP, Hayes HM, Jr: Castration for treatment of perianal gland neoplasms in the dog. J Am Vet Med Assoc 174:1301–1303, 1979.

[193]Nakano M, Taura Y, Inoue M: Protein expression of Mdm2 and p53 in hyperplastic and neoplastic lesions of the canine circumanal gland. J Comp Pathol 132:27–32, 2005.

[194]Nielsen SW, Attosmis J: Canine Perianal Gland Tumors. J Am Vet Med Assoc 144:127–135, 1964.

[195]Bennett PF, DeNicola DB, Bonney P, et al: Canine anal sac adenocarcinomas: clinical presentation and response to therapy. J Vet Intern Med 16:100–104, 2002.

[196]Williams LE, Gliatto JM, Dodge RK, et al: Carcinoma of the apocrine glands of the anal sac in dogs: 113 cases (1985-1995). J Am Vet Med Assoc 223:825–831, 2003.

[197]Polton G: Examining the risk of anal sac gland carcinoma in cocker spaniels. J Small Anim Pract 47:557, 2006.

[198]Polton G: Anal sac gland carcinoma in cocker spaniels. Vet Rec 160:244, 2007.

[199]Polton GA, Brearley MJ: Clinical stage, therapy, and prognosis in canine anal sac gland carcinoma. J Vet Intern Med 21:274–280, 2007.

[200]Emms SG: Anal sac tumours of the dog and their response to cytoreductive surgery and chemotherapy. Aust Vet J 83:340–343, 2005.

[201]Hammer A, Getzy D, Ogilvie G, et al: Salivary gland neoplasia in the dog and cat: survival times and prognostic factors. J Am Anim Hosp Assoc 37:478–482, 2001.

[202]McDonald R, Thakkar B, Wolfe LG, et al: Characteristics of three strains of feline fibrosarcoma virus grown in cat and marmoset monkey cells. Int J Cancer 17:396–406, 1976.

[203]Hendrick MJ: Feline vaccine-associated sarcomas: current studies on pathogenesis. J Am Vet Med Assoc 213:1425–1426, 1998.

proteins in canine hair follicle and epidermal neoplasms. J Vet Med Sci 68:779–782, 2006.

[204]Hendrick MJ, Goldschmidt MH, Shofer FS, et al: Postvaccinal sarcomas in the cat: epidemiology and electron probe microanalytical identification of aluminum. *Cancer Res* 52:5391–5394, 1992.

[205]Bailey WS: Parasites and Cancer: Sarcoma in Dogs Associated with Spirocerca Lupi. *Ann N Y Acad Sci* 108:890–923, 1963.

[206]Parthasarathy KR, Chandrasekharan KP: Fibrosarcoma associated with Spirocerca lupi infection in a dog. *Indian Vet J* 43:580–582, 1966.

[207]Ribelin WE, Bailey WS: Esophageal sarcomas associated with Spirocerca lupi infection in the dog. *Cancer* 11:1242–1246, 1958.

[208]Sivadas CG, Nair MK, Rajan A: Neoplastic changes associated with oesophageal spirocerca tumour in a dog. *Indian Vet J* 43:195–200, 1966.

[209]Thurman GB, Mays CW, Taylor GN, et al: Skeletal location of radiation-induced and naturally occurring osteosarcomas in man and dog. *Cancer Res* 33:1604–1607, 1973.

[210]Ehrhart N: Soft-tissue sarcomas in dogs: a review. *J Am Anim Hosp Assoc* 41:241–246, 2005.

[211]Ettinger SN: Principles of treatment for soft-tissue sarcomas in the dog. *Clin Tech Small Anim Pract* 18:118–122, 2003.

[212]Forrest LJ, Chun R, Adams WM, et al: Postoperative radiotherapy for canine soft tissue sarcoma. *J Vet Intern Med* 14:578–582, 2000.

[213]McKnight JA, Mauldin GN, McEntee MC, et al: Radiation treatment for incompletely resected soft-tissue sarcomas in dogs. *J Am Vet Med Assoc* 217:205–210, 2000.

[214]Rassnick KM: Medical management of soft tissue sarcomas. *Vet Clin North Am Small Anim Pract* 33:517–531, 2003.

[215]Selting KA, Powers BE, Thompson LJ, et al: Outcome of dogs with high-grade soft tissue sarcomas treated with and without adjuvant doxorubicin chemotherapy: 39 cases (1996-2004). *J Am Vet Med Assoc* 227:1442–1448, 2005.

[216]Gumbrell RC, Rest JR, Bredelius K, et al: Dermal fibropapillomas in cats. *Vet Rec* 142:376, 1998.

[217]Harasen GL: Multicentric Fibrosarcoma in a Cat and a Review of the Literature. *Can Vet J* 25:207–210, 1984.

[218]Mayr B, Bockstahler B, Loupal G, et al: Cytogenetic variation between four cases of feline fibrosarcoma. *Res Vet Sci* 61:268–270, 1996.

[219]Mayr B, Eschborn U, Kalat M: Near triploidy in a feline fibrosarcoma. *Zentralbl Veterinarmed A* 38:617–620, 1991.

[220]Mayr B, Hofstadler E, Schleger W, et al: Trisomy D1, marker F1: new cytogenetic findings in two cases of feline fibrosarcoma. *Zentralbl Veterinarmed A* 41:197–201, 1994.

[221]Mayr B, Schaffner G, Kurzbauer R, et al: Mutations in tumour suppressor gene p53 in two feline fibrosarcomas. *Br Vet J* 151:707–713, 1995.

[222]Vascellari M, Melchiotti E, Bozza MA, et al: Fibrosarcomas at presumed sites of injection in dogs: characteristics and comparison with non-vaccination site fibrosarcomas and feline post-vaccinal fibrosarcomas. *J Vet Med A Physiol Pathol Clin Med* 50:286–291, 2003.

[223]Kuntz CA, Dernell WS, Powers BE, et al: Prognostic factors for surgical treatment of soft-tissue sarcomas in dogs: 75 cases (1986-1996). *J Am Vet Med Assoc* 211:1147–1151, 1997.

[224]Bacon NJ, Dernell WS, Ehrhart N, et al: Evaluation of primary re-excision after recent inadequate resection of soft tissue sarcomas in dogs: 41 cases (1999-2004). *J Am Vet Med Assoc* 230:548–554, 2007.

[225]Bostock DE, Dye MT: Prognosis after surgical excision of canine fibrous connective tissue sarcomas. *Vet Pathol* 17:581–588, 1980.

[226]Bostock DE: Prognosis after surgical excision of canine melanomas. *Vet Pathol* 16:32–40, 1979.

[227]Briggs OM, Kirberger RM, Goldberg NB: Right atrial myxosarcoma in a dog. *J S Afr Vet Assoc* 68:144–146, 1997.

[228]Foale RD, White RA, Harley R, et al: Left ventricular myxosarcoma in a dog. *J Small Anim Pract* 44:503–507, 2003.

[229]Grindem CB, Riley J, Sellon R, et al: Myxosarcoma in a dog. *Vet Clin Pathol* 19:119–121, 1990.

[230]Levy MS, Kapatkin AS, Patnaik AK, et al: Spinal tumors in 37 dogs: clinical outcome and long-term survival (1987-1994). *J Am Anim Hosp Assoc* 33:307–312, 1997.

[231]Richter M, Stankeova S, Hauser B, et al: Myxosarcoma in the eye and brain in a dog. *Vet Ophthalmol* 6:183–189, 2003.

[232]Bellhorn RW, Henkind P: Ocular nodular fasciitis in a dog. *J Am Vet Med Assoc* 150:212–213, 1967.

[233]Gwin RM, Gelatt KN, Peiffer RL, Jr: Ophthalmic nodular fasciitis in the dog. *J Am Vet Med Assoc* 170:611–614, 1977.

[234]Stoica G, Tasca SI, Kim HT: Point mutation of neu oncogene in animal peripheral nerve sheath tumors. *Vet Pathol* 38:679–688, 2001.

[235]Tremblay N, Lanevschi A, Dore M, et al: Of all the nerve! A subcutaneous forelimb mass on a cat. *Vet Clin Pathol* 34:417–420, 2005.

[236]Watrous BJ, Lipscomb TP, Heidel JR, et al: Malignant peripheral nerve sheath tumor in a dog. *Vet Radiol Ultrasound* 40:638–640, 1999.

[237]Jones BR, Williams OJ: Malignant schwannoma of the brachial plexus in a dog. *Aust Vet J* 51:40–42, 1975.

[238]Mulligan RM: Mesenchymal and neurilemmal tumors in the dog. *Arch Pathol* 71:512–531, 1961.

[239]Sen AK: A large schwannoma in a German Shepherd dog. *Vet Med Small Anim Clin* 72:389–391, 1977.

[240]Strafuss AC, Martin CE, Blauch B, et al: Schwannoma in a dog. *J Am Vet Med Assoc* 163:245–247, 1973.

[241]Zaki FA, Prata RG, Hurvitz AI, et al: Primary tumors of the spinal cord and meninges in six dogs. *J Am Vet Med Assoc* 166:511–517, 1975.

[242]Bailey CS: Long-term survival after surgical excision of a schwannoma of the sixth cervical spinal nerve in a dog. *J Am Vet Med Assoc* 196:754–756, 1990.

[243]Bradney IW, Forsyth WM: A schwannoma causing cervical spinal cord compression in a dog. *Aust Vet J* 63:374–375, 1986.

[244]Seppala MT, Haltia MJ: Spinal malignant nerve-sheath tumor or cellular schwannoma? A striking difference in prognosis. *J Neurosurg* 79:528–532, 1993.

[245]Uchida K, Nakayama H, Sasaki N, et al: Malignant schwannoma in the spinal root of a dog. *J Vet Med Sci* 54:809–811, 1992.

[246]Geyer C, Hafner A, Pfleghaar S, et al: Immunohistochemical and ultrastructural investigation of granular cell tumours in dog, cat, and horse. *Zentralbl Veterinarmed B* 39:485–494, 1992.

[247]Mandara MT, Ricci G, Sforna M: A cerebral granular cell tumor in a cat. *Vet Pathol* 43:797–800, 2006.

[248]Patnaik AK: Histologic and immunohistochemical studies of granular cell tumors in seven dogs, three cats, one horse, and one bird. *Vet Pathol* 30:176–185, 1993.

[249]Wilson RB, Holscher MA, Casey TT, et al: Tonsillar granular cell tumour in a cat. *J Comp Pathol* 101:109–112, 1989.

[250]Giles RC, Jr, Montgomery CA, Jr, Izen L: Canine lingual granular cell myoblastoma: a case report. *Am J Vet Res* 35:1357–1359, 1974.

[251]Rallis TS, Tontis DK, Soubasis NH, et al: Immunohistochemical study of a granular cell tumor on the tongue of a dog. *Vet Clin Pathol* 30:62–66, 2001.

[252]van der Gaag I, Walvoort HC: Granular cell myoblastoma in the tongue of a dog: a case report. *Vet Q* 5:89–93, 1983.

[253]Wyand DS, Wolke RE: Granular cell myoblastoma of the canine tongue: case reports. *Am J Vet Res* 29:1309–1313, 1968.

[254]Barnhart KF, Edwards JF, Storts RW: Symptomatic granular cell tumor involving the pituitary gland in a dog: a case report and review of the literature. *Vet Pathol* 38:332–336, 2001.

[255]Brower A, Herold LV, Kirby BM: Canine cardiac mesothelioma with granular cell morphology. *Vet Pathol* 43:384–387, 2006.

[256]Foley GL: Intrathoracic granular cell tumour in a dog. *J Comp Pathol* 98:481–487, 1988.

[257]Higgins RJ, LeCouteur RA, Vernau KM, et al: Granular cell tumor of the canine central nervous system: two cases. *Vet Pathol* 38:620–627, 2001.

[258]Liu CH, Liu CI, Liang SL, et al: Intracranial granular cell tumor in a dog. *J Vet Med Sci* 66:77–79, 2004.

[259]Montoliu P, Vidal E, Pumarola M, et al: Granular cell tumour in the spine of a dog. *Vet Rec* 158:168–170, 2006.

[260]Parker GA, Botha W, Van Dellen A, et al: Cerebral granular cell tumor (myoblastoma) in a dog: case report and literature review. *Cornell Vet* 68:506–520, 1978.

[261]Rossi G, Tarantino C, Taccini E, et al: Granular cell tumour affecting the left vocal cord in a dog. *J Comp Pathol* 136:74–78, 2007.

[262]Sanford SE, Hoover DM, Miller RB: Primary cardiac granular cell tumor in a dog. *Vet Pathol* 21:489–494, 1984.

[263]Hargis AM, Feldman BF: Evaluation of hemostatic defects secondary to vascular tumors in dogs: 11 cases (1983-1988). *J Am Vet Med Assoc* 198:891–894, 1991.

[264]Hargis AM, Ihrke PJ, Spangler WL, et al: A retrospective clinicopathologic study of 212 dogs with cutaneous hemangiomas and hemangiosarcomas. *Vet Pathol* 29:316–328, 1992.

[265]Feldman DG, Ehrenreich T, Gross L: Type-C virus particles in a feline angioma: a case report. *J Natl Cancer Inst* 53:1843–1846, 1974.

[266]Miller MA, Ramos JA, Kreeger JM: Cutaneous vascular neoplasia in 15 cats: clinical, morphologic, and immunohistochemical studies. *Vet Pathol* 29:329–336, 1992.

[267]Ferrer L, Fondevila D, Rabanal RM, et al: Immunohistochemical detection of CD31 antigen in normal and neoplastic canine endothelial cells. *J Comp Pathol* 112:319–326, 1995.

[268]Arp LH, Grier RL: Disseminated cutaneous hemangiosarcoma in a young dog. *J Am Vet Med Assoc* 185:671–673, 1984.

[269]Kim Y, Reinecke S, Malarkey DE: Cutaneous angiomatosis in a young dog. *Vet Pathol* 42:378–381, 2005.

[270]Ward H, Fox LE, Calderwood-Mays MB, et al: Cutaneous hemangiosarcoma in 25 dogs: a retrospective study. *J Vet Intern Med* 8:345–348, 1994.

[271]McAbee KP, Ludwig LL, Bergman PJ, et al: Feline cutaneous hemangiosarcoma: a retrospective study of 18 cases (1998-2003). *J Am Anim Hosp Assoc* 41:110–116, 2005.

[272]Warren AL, Summers BA: Epithelioid variant of hemangioma and hemangiosarcoma in the dog, horse, and cow. *Vet Pathol* 44:15–24, 2007.

[273]Scavelli TD, Patnaik AK, Mehlhaff CJ, et al: Hemangiosarcoma in the cat: retrospective evaluation of 31 surgical cases. *J Am Vet Med Assoc* 187:817–819, 1985.

[274]Kraje AC, Mears EA, Hahn KA, et al: Unusual metastatic behavior and clinicopathologic findings in eight cats with cutaneous or visceral

hemangiosarcoma. *J Am Vet Med Assoc* 214:670–672, 1999.

[275]Hillers KR, Lana SE, Fuller CR, et al: Effects of palliative radiation therapy on nonsplenic hemangiosarcoma in dogs. *J Am Anim Hosp Assoc* 43:187–192, 2007.

[276]Hammer AS, Couto CG, Filppi J, et al: Efficacy and toxicity of VAC chemotherapy (vincristine, doxorubicin, and cyclophosphamide) in dogs with hemangiosarcoma. *J Vet Intern Med* 5:160–166, 1991.

[277]Avallone G, Helmbold P, Caniatti M, et al: The spectrum of canine cutaneous perivascular wall tumors: morphologic, phenotypic and clinical characterization. *Vet Pathol* 44:607–620, 2007.

[278]Perez J, Bautista MJ, Rollon E, et al: Immunohistochemical characterization of hemangiopericytomas and other spindle cell tumors in the dog. *Vet Pathol* 33:391–397, 1996.

[279]Baldi A, Spugnini EP: Thoracic haemangiopericytoma in a cat. *Vet Rec* 159:598–600, 2006.

[280]Mayr B, Furtmueller G, Schleger W, et al: Trisomy 2 in three cases of canine haemangiopericytoma. *Br Vet J* 148:113–118, 1992.

[281]Mayr B, Reifinger M, Brem G, et al: Cytogenetic, ras, and p53: studies in cases of canine neoplasms (hemangiopericytoma, mastocytoma, histiocytoma, chloroma). *J Hered* 90:124–128, 1999.

[282]Mayr B, Scheller M, Reifinger M, et al: Cytogenetic characterization of a fibroma and three haemangiopericytomas in domestic dogs. *Br Vet J* 151:433–441, 1995.

[283]Graves GM, Bjorling DE, Mahaffey E: Canine hemangiopericytoma: 23 cases (1967-1984). *J Am Vet Med Assoc* 192:99–102, 1988.

[284]Mazzei M, Millanta F, Citi S, et al: Haemangiopericytoma: histological spectrum, immunohistochemical characterization and prognosis. *Vet Dermatol* 13:15–21, 2002.

[285]McCaw DL, Payne JT, Pope ER, et al: Treatment of canine hemangiopericytomas with photodynamic therapy. *Lasers Surg Med* 29:23–26, 2001.

[286]McChesney SL, Withrow SJ, Gillette EL, et al: Radiotherapy of soft tissue sarcomas in dogs. *J Am Vet Med Assoc* 194:60–63, 1989.

[287]Handharyani E, Ochiai K, Kadosawa T, et al: Canine hemangiopericytoma: an evaluation of metastatic potential. *J Vet Diagn Invest* 11:474–478, 1999.

[288]Kang SK, Park NY, Cho HS, et al: Relationship between DNA ploidy and proliferative cell nuclear antigen index in canine hemangiopericytoma. *J Vet Diagn Invest* 18:211–214, 2006.

[289]Richardson RC, Render JA, Rudd RG, et al: Metastatic canine hemangiopericytoma. *J Am Vet Med Assoc* 182:705–706, 1983.

[290]White SD, Thalhammer JG, Pavletic M, et al: Acquired cutaneous lymphangiectasis in a dog. *J Am Vet Med Assoc* 193:1093–1094, 1988.

[291]Lawler DF, Evans RH: Multiple hepatic cavernous lymphangioma in an aged male cat. *J Comp Pathol* 109:83–87, 1993.

[292]Malik R, Gabor L, Hunt GB, et al: Benign cranial mediastinal lesions in three cats. *Aust Vet J* 75:183–187, 1997.

[293]Belanger MC, Mikaelian I, Girard C, et al: Invasive multiple lymphangiomas in a young dog. *J Am Anim Hosp Assoc* 35:507–509, 1999.

[294]Danielsson F: Lymphangioma in the metacarpal pad of a dog. *J Small Anim Pract* 39:295–298, 1998.

[295]Fossum TW, Hodges CC, Scruggs DW, et al: Generalized lymphangiectasis in a dog with subcutaneous chyle and lymphangioma. *J Am Vet Med Assoc* 197:231–236, 1990.

[296]Post K, Clark EG, Gent IB: Cutaneous lymphangioma in a young dog. *Can Vet J* 32:747–748, 1991.

[297]Stambaugh JE, Harvey CE, Goldschmidt MH: Lymphangioma in four dogs. *J Am Vet Med Assoc* 173:759–761, 1978.

[298]Yamagami T, Takemura N, Washizu T, et al: Hepatic lymphangiomatosis in a young dog. *J Vet Med Sci* 64:743–745, 2002.

[299]Turrel JM, Lowenstine LJ, Cowgill LD: Response to radiation therapy of recurrent lymphangioma in a dog. *J Am Vet Med Assoc* 193:1432–1434, 1988.

[300]Barnes JC, Taylor SM, Clark EG, et al: Disseminated lymphangiosarcoma in a dog. *Can Vet J* 38:42–44, 1997.

[301]Fossum TW, Miller MW, Mackie JT: Lymphangiosarcoma in a dog presenting with massive head and neck swelling. *J Am Anim Hosp Assoc* 34:301–304, 1998.

[302]Franklin RT, Robertson JJ, Thornburg LP: Lymphangiosarcoma in a dog. *J Am Vet Med Assoc* 184:474–475, 1984.

[303]Kelly WR, Wilkinson GT, Allen PW: Canine angiosarcoma (lymphangiosarcoma). *Vet Pathol* 18:224–227, 1981.

[304]Myers NC, 3rd, Engler SJ, Jakowski RM: Chylothorax and chylous ascites in a dog with mediastinal lymphangiosarcoma. *J Am Anim Hosp Assoc* 32:263–269, 1996.

[305]Sagartz JE, Lairmore MD, Haines D, et al: Lymphangiosarcoma in a young dog. *Vet Pathol* 33:353–356, 1996.

[306]Shiga A, Shirota K, Une Y, et al: Lymphangiosarcoma in a dog. *J Vet Med Sci* 56:1199–1202, 1994.

[307]Waldrop JE, Pike FS, Dulisch ML, et al: Chylothorax in a dog with pulmonary lymphangiosarcoma. *J Am Anim Hosp Assoc* 37:81–85, 2001.

[308]Webb JA, Boston SE, Armstrong J, et al: Lymphangiosarcoma associated with primary lymphedema in a Bouvier des Flandres. *J Vet Intern Med*
18:122–124, 2004.

[309]Williams JH: Lymphangiosarcoma of dogs: a review. *J S Afr Vet Assoc* 76:127–131, 2005.

[310]Williams JH, Birrell J, Van Wilpe E: Lymphangiosarcoma in a 3.5-year-old Bullmastiff bitch with vaginal prolapse, primary lymph node fibrosis and other congenital defects. *J S Afr Vet Assoc* 76:165–171, 2005.

[311]Galeotti F, Barzagli F, Vercelli A, et al: Feline lymphangiosarcoma–definitive identification using a lymphatic vascular marker. *Vet Dermatol* 15:13–18, 2004.

[312]Gores BR, Berg J, Carpenter JL, et al: Chylous ascites in cats: nine cases (1978-1993). *J Am Vet Med Assoc* 205:1161–1164, 1994.

[313]Hinrichs U, Puhl S, Rutteman GR, et al: Lymphangiosarcomas in cats: a retrospective study of 12 cases. *Vet Pathol* 36:164–167, 1999.

[314]Lenard ZM, Foster SF, Tebb AJ, et al: Lymphangiosarcoma in two cats. *J Feline Med Surg* 9:161–167, 2007.

[315]Swayne DE, Mahaffey EA, Haynes SG: Lymphangiosarcoma and haemangiosarcoma in a cat. *J Comp Pathol* 100:91–96, 1989.

[316]Walsh KM, Abbott DP: Lymphangiosarcoma in two cats. *J Comp Pathol* 94:611–614, 1984.

[317]Itoh T, Mikawa K, Mikawa M, et al: Lymphangiosarcoma in a dog treated with surgery and chemotherapy. *J Vet Med Sci* 66:197–199, 2004.

[318]Looper JS: Fat necrosis simulating recurrent neoplasia following external beam radiotherapy in a dog. *Vet Radiol Ultrasound* 48:86–88, 2007.

[319]Reimann N, Nolte I, Bonk U, et al: Cytogenetic investigation of canine lipomas. *Cancer Genet Cytogenet* 111:172–174, 1999.

[320]Mayhew PD, Brockman DJ: Body cavity lipomas in six dogs. *J Small Anim Pract* 43:177–181, 2002.

[321]Bergman PJ, Withrow SJ, Straw RC, et al: Infiltrative lipoma in dogs: 16 cases (1981-1992). *J Am Vet Med Assoc* 205:322–324, 1994.

[322]Kramek BA, Spackman JA, Hayden DW: Infiltrative lipoma in three dogs. *J Am Vet Med Assoc* 186:81–82, 1985.

[323]Liggett AD, Frazier KS, Styer EL: Angiolipomatous tumors in dogs and a cat. *Vet Pathol* 39:286–289, 2002.

[324]McEntee MC, Page RL: Feline vaccine-associated sarcomas. *J Vet Intern Med* 15:176–182, 2001.

[325]McEntee MC, Page RL, Mauldin GN, et al: Results of irradiation of infiltrative lipoma in 13 dogs. *Vet Radiol Ultrasound* 41:554–556, 2000.

[326]Morgan LW, Toal R, Siemering G, et al: Imaging diagnosis–infiltrative lipoma causing spinal cord compression in a dog. *Vet Radiol Ultrasound* 48:35–37, 2007.

[327]O'Driscoll JL, McDonnell JJ: What is your neurologic diagnosis? Infiltrative lipoma of the thoracic spinal cord. *J Am Vet Med Assoc* 229:933–935, 2006.

[328]Baez JL, Hendrick MJ, Shofer FS, et al: Liposarcomas in dogs: 56 cases (1989-2000). *J Am Vet Med Assoc* 224:887–891, 2004.

[329]Doster AR, Tomlinson MJ, Mahaffey EA, et al: Canine liposarcoma. *Vet Pathol* 23:84–87, 1986.

[330]Garvin CH, Frey DC: Liposarcoma in a dog. *J Am Vet Med Assoc* 140:1073–1075, 1962.

[331]Hjerpe CA: Liposarcoma in a dog. *J Am Vet Med Assoc* 142:1120–1121, 1963.

[332]Jabara AG: Three Cases of Liposarcoma in Dogs. *J Comp Pathol* 74:188–191, 1964.

[333]Bozarth AJ, Strafuss AC: Metastatic liposarcoma in a dog. *J Am Vet Med Assoc* 162:1043–1044, 1973.

[334]Saik JE, Diters RW, Wortman JA: Metastasis of a well-differentiated liposarcoma in a dog and a note on nomenclature of fatty tumours. *J Comp Pathol* 97:369–373, 1987.

[335]Masserdotti C, Bonfanti U, De Lorenzi D, et al: Use of Oil Red O stain in the cytologic diagnosis of canine liposarcoma. *Vet Clin Pathol* 35:37–41, 2006.

[336]Rodenas S, Valin I, Devauchelle P, et al: Combined use of surgery and radiation in the treatment of an intradural myxoid liposarcoma in a dog. *J Am Anim Hosp Assoc* 42:386–391, 2006.

[337]Liu SM, Mikaelian I: Cutaneous smooth muscle tumors in the dog and cat. *Vet Pathol* 40:685–692, 2003.

[338]Finnie JW, Leong AS, Milios J: Multiple piloleiomyomas in a cat. *J Comp Pathol* 113:201–204, 1995.

[339]Jacobsen MC, Valentine BA: Dermal intravascular leiomyosarcoma in a cat. *Vet Pathol* 37:100–103, 2000.

[340]Roth L: Rhabdomyoma of the ear pinna in four cats. *J Comp Pathol* 103:237–240, 1990.

[341]Clercx C, Desmecht D, Michiels L, et al: Laryngeal rhabdomyoma in a golden retriever. *Vet Rec* 143:196–198, 1998.

[342]Liggett AD, Weiss R, Thomas KL: Canine laryngopharyngeal rhabdomyoma resembling an oncocytoma: light microscopic, ultrastructural and comparative studies. *Vet Pathol* 22:526–532, 1985.

[343]Meuten DJ, Calderwood Mays MB, Dillman RC, et al: Canine laryngeal rhabdomyoma. *Vet Pathol* 22:533–539, 1985.

[344]O'Hara AJ, McConnell M, Wyatt K, et al: Laryngeal rhabdomyoma in a dog. *Aust Vet J* 79:817–821, 2001.

[345]Rivera RY, Carlton WW: Lingual rhabdomyoma in a dog. *J Comp Pathol* 106:83–87, 1992.

[346]Martin de las Mulas J, Vos JH, Van Mil FN: Desmin and vimentin immunocharacterization of feline muscle tumors. *Vet Pathol* 29:260–262,

1992.

[347]Brockus CW, Myers RK: Multifocal rhabdomyosarcomas within the tongue and oral cavity of a dog. Vet Pathol 41:273–274, 2004.

[348]Ginel PJ, Martin de las Mulas J, Lucena R, et al: Skeletal muscle rhabdomyosarcoma in a dog. Vet Rec 151:736–738, 2002.

[349]Lascelles BD, McInnes E, Dobson JM, et al: Rhabdomyosarcoma of the tongue in a dog. J Small Anim Pract 39:587–591, 1998.

[350]Nakaichi M, Itamoto K, Hasegawa K, et al: Maxillofacial rhabdomyosarcoma in the canine maxillofacial area. J Vet Med Sci 69:65–67, 2007.

[351]Suzuki K, Nakatani K, Shibuya H, et al: Vaginal rhabdomyosarcoma in a dog. Vet Pathol 43:186–188, 2006.

[352]Ueno H, Kadosawa T, Isomura H, et al: Perianal rhabdomyosarcoma in a dog. J Small Anim Pract 43:217–220, 2002.

[353]Akkoc A, Ozyigit MO, Yilmaz R, et al: Cardiac metastasising rhabdomyosarcoma in a great Dane. Vet Rec 158:803–804, 2006.

[354]Bae IH, Kim Y, Pakhrin B, et al: Genitourinary rhabdomyosarcoma with systemic metastasis in a young dog. Vet Pathol 44:518–520, 2007.

[355]Kuntz CA, Dernell WS, Powers BE, et al: Extraskeletal osteosarcomas in dogs: 14 cases. J Am Anim Hosp Assoc 34:26–30, 1998.

[356]Langenbach A, Anderson MA, Dambach DM, et al: Extraskeletal osteosarcomas in dogs: a retrospective study of 169 cases (1986-1996). J Am Anim Hosp Assoc 34:113–120, 1998.

[357]Heldmann E, Anderson MA, Wagner-Mann C: Feline osteosarcoma: 145 cases (1990-1995). J Am Anim Hosp Assoc 36:518–521, 2000.

[358]Gorman E, Barger AM, Wypij JM, et al: Cutaneous metastasis of primary appendicular osteosarcoma in a dog. Vet Clin Pathol 35:358–361, 2006.

[359]Jabara AG, Paton JS: Extraskeletal osteoma in a cat. Aust Vet J 61:405–407, 1984.

[360]Hendrick MJ, Shofer FS, Goldschmidt MH, et al: Comparison of fibrosarcomas that developed at vaccination sites and at nonvaccination sites in cats: 239 cases (1991-1992). J Am Vet Med Assoc 205:1425–1429, 1994.

[361]Coyne MJ, Reeves NC, Rosen DK: Estimated prevalence of injection-site sarcomas in cats during 1992. J Am Vet Med Assoc 210:249–251, 1997.

[362]Kass PH, Barnes WG, Jr, Spangler WL, et al: Epidemiologic evidence for a causal relation between vaccination and fibrosarcoma tumorigenesis in cats. J Am Vet Med Assoc 203:396–405, 1993.

[363]Hauck M: Feline injection site sarcomas. Vet Clin North Am Small Anim Pract 33:553–557, vii, 2003.

[364]Gobar GM, Kass PH: World Wide Web-based survey of vaccination practices, postvaccinal reactions, and vaccine site-associated sarcomas in cats. J Am Vet Med Assoc 220:1477–1482, 2002.

[365]Dubielzig RR, Hawkins KL, Miller PE: Myofibroblastic sarcoma originating at the site of rabies vaccination in a cat. J Vet Diagn Invest 5:637–638, 1993.

[366]Zeiss CJ, Johnson EM, Dubielzig RR: Feline intraocular tumors may arise from transformation of lens epithelium. Vet Pathol 40:355–362, 2003.

[367]Dubielzig RR: Ocular sarcoma following trauma in three cats. J Am Vet Med Assoc 184:578–581, 1984.

[368]Banerji N, Kanjilal S: Somatic alterations of the p53 tumor suppressor gene in vaccine-associated feline sarcoma. Am J Vet Res 67:1766–1772, 2006.

[369]Banerji N, Kapur V, Kanjilal S: Association of Germ-line Polymorphisms in the Feline p53 Gene with Genetic Predisposition to Vaccine-Associated Feline Sarcoma. J Hered 98:421–427, 2007.

[370]Hershey AE, Dubielzig RR, Padilla ML, et al: Aberrant p53 expression in feline vaccine-associated sarcomas and correlation with prognosis. Vet Pathol 42:805–811, 2005.

[371]Nambiar PR, Haines DM, Ellis JA, et al: Mutational analysis of tumor suppressor gene p53 in feline vaccine site-associated sarcomas. Am J Vet Res 61:1277–1281, 2000.

[372]Nambiar PR, Jackson ML, Ellis JA, et al: Immunohistochemical detection of tumor suppressor gene p53 protein in feline injection site-associated sarcomas. Vet Pathol 38:236–238, 2001.

[373]Nieto A, Sanchez MA, Martinez E, et al: Immunohistochemical expression of p53, fibroblast growth factor-b, and transforming growth factor-alpha in feline vaccine-associated sarcomas. Vet Pathol 40:651–658, 2003.

[374]Madewell BR, Griffey SM, McEntee MC, et al: Feline vaccine-associated fibrosarcoma: an ultrastructural study of 20 tumors (1996-1999). Vet Pathol 38:196–202, 2001.

[375]Bregazzi VS, LaRue SM, McNiel E, et al: Treatment with a combination of doxorubicin, surgery, and radiation versus surgery and radiation alone for cats with vaccine-associated sarcomas: 25 cases (1995-2000). J Am Vet Med Assoc 218:547–550, 2001.

[376]Cohen M, Wright JC, Brawner WR, et al: Use of surgery and electron beam irradiation, with or without chemotherapy, for treatment of vaccine-associated sarcomas in cats: 78 cases (1996-2000). J Am Vet Med Assoc 219:1582–1589, 2001.

[377]Hershey AE, Sorenmo KU, Hendrick MJ, et al: Prognosis for presumed feline vaccine-associated sarcoma after excision: 61 cases (1986-1996). J Am Vet Med Assoc 216:58–61, 2000.

[378]Kobayashi T, Hauck ML, Dodge R, et al: Preoperative radiotherapy for vaccine associated sarcoma in 92 cats. Vet Radiol Ultrasound 43:473–479, 2002.

[379]Poirier VJ, Thamm DH, Kurzman ID, et al: Liposome-encapsulated doxorubicin (Doxil) and doxorubicin in the treatment of vaccine-associated sarcoma in cats. J Vet Intern Med 16:726–731, 2002.

[380]Seguin B: Feline injection site sarcomas. Vet Clin North Am Small Anim Pract 32:983–995, viii, 2002.

[381]Katayama R, Huelsmeyer MK, Marr AK, et al: Imatinib mesylate inhibits platelet-derived growth factor activity and increases chemosensitivity in feline vaccine-associated sarcoma. Cancer Chemother Pharmacol 54:25–33, 2004.

[382]Lachowicz JL, Post GS, Brodsky E: A phase I clinical trial evaluating imatinib mesylate (Gleevec) in tumor-bearing cats. J Vet Intern Med 19:860–864, 2005.

[383]Jourdier TM, Moste C, Bonnet MC, et al: Local immunotherapy of spontaneous feline fibrosarcomas using recombinant poxviruses expressing interleukin 2 (IL2). Gene Ther 10:2126–2132, 2003.

[384]Bowles CA, Kerber WT, Rangan SR, et al: Characterization of a transplantable, canine, immature mast cell tumor. Cancer Res 32:1434–1441, 1972.

[385]Nielsen SW, Cole CR: Homologous transplantation of canine neoplasms. Am J Vet Res 22:663–672, 1961.

[386]Ginn PE, Fox LE, Brower JC, et al: Immunohistochemical detection of p53 tumor-suppressor protein is a poor indicator of prognosis for canine cutaneous mast cell tumors. Vet Pathol 37:33–39, 2000.

[387]Jaffe MH, Hosgood G, Taylor HW, et al: Immunohistochemical and clinical evaluation of p53 in canine cutaneous mast cell tumors. Vet Pathol 37:40–46, 2000.

[388]Jones CL, Grahn RA, Chien MB, et al: Detection of c-kit mutations in canine mast cell tumors using fluorescent polyacrylamide gel electrophoresis. J Vet Diagn Invest 16:95–100, 2004.

[389]London CA, Galli SJ, Yuuki T, et al: Spontaneous canine mast cell tumors express tandem duplications in the proto-oncogene c-kit. Exp Hematol 27:689–697, 1999.

[390]London CA, Hannah AL, Zadovoskaya R, et al: Phase I dose-escalating study of SU11654, a small molecule receptor tyrosine kinase inhibitor, in dogs with spontaneous malignancies. Clin Cancer Res 9:2755–2768, 2003.

[391]London CA, Kisseberth WC, Galli SJ, et al: Expression of stem cell factor receptor (c-kit) by the malignant mast cells from spontaneous canine mast cell tumours. J Comp Pathol 115:399–414, 1996.

[392]Ma Y, Longley BJ, Wang X, et al: Clustering of activating mutations in c-KIT's juxtamembrane coding region in canine mast cell neoplasms. J Invest Dermatol 112:165–170, 1999.

[393]Morini M, Bettini G, Preziosi R, et al: C-kit gene product (CD117) immunoreactivity in canine and feline paraffin sections. J Histochem Cytochem 52:705–708, 2004.

[394]Reguera MJ, Ferrer L, Rabanal RM: Evaluation of an intron deletion in the c-kit gene of canine mast cell tumors. Am J Vet Res 63:1257–1261, 2002.

[395]Reguera MJ, Rabanal RM, Puigdemont A, et al: Canine mast cell tumors express stem cell factor receptor. Am J Dermatopathol 22:49–54, 2000.

[396]Webster JD, Kiupel M, Kaneene JB, et al: The use of KIT and tryptase expression patterns as prognostic tools for canine cutaneous mast cell tumors. Vet Pathol 41:371–377, 2004.

[397]Webster JD, Kiupel M, Yuzbasiyan-Gurkan V: Evaluation of the kinase domain of c-KIT in canine cutaneous mast cell tumors. BMC Cancer 6:85, 2006.

[398]Webster JD, Yuzbasiyan-Gurkan V, Kaneene JB, et al: The role of c-KIT in tumorigenesis: evaluation in canine cutaneous mast cell tumors. Neoplasia 8:104–111, 2006.

[399]Webster JD, Yuzbasiyan-Gurkan V, Miller RA, et al: Cellular proliferation in canine cutaneous mast cell tumors: associations with c-KIT and its role in prognostication. Vet Pathol 44:298–308, 2007.

[400]Zemke D, Yamini B, Yuzbasiyan-Gurkan V: Mutations in the juxtamembrane domain of c-KIT are associated with higher grade mast cell tumors in dogs. Vet Pathol 39:529–535, 2002.

[401]Chastain CB, Turk MA, O'Brien D: Benign cutaneous mastocytomas in two litters of Siamese kittens. J Am Vet Med Assoc 193:959–960, 1988.

[402]Isotani M, Tamura K, Yagihara H, et al: Identification of a c-kit exon 8 internal tandem duplication in a feline mast cell tumor case and its favorable response to the tyrosine kinase inhibitor imatinib mesylate. Vet Immunol Immunopathol 114:168–172, 2006.

[403]Dank G, Chien MB, London CA: Activating mutations in the catalytic or juxtamembrane domain of c-kit in splenic mast cell tumors of cats. Am J Vet Res 63:1129–1133, 2002.

[404]O'Keefe DA: Canine mast cell tumors. Vet Clin North Am Small Anim Pract 20:1105–1115, 1990.

[405]Miller DM: The occurrence of mast cell tumors in young Shar-Peis. J Vet Diagn Invest 7:360–363, 1995.

[406]Turrel JM, Kitchell BE, Miller LM, et al: Prognostic factors for radiation treatment of mast cell tumor in 85 dogs. J Am Vet Med Assoc 193:936–940, 1988.

[407]Lopez A, Spracklin D, McConkey S, et al: Cutaneous mucinosis and mastocytosis in a Shar-Pei. Can Vet J 40:881–883, 1999.

小动物皮肤病学 （第7版）

[408]Buerger RG, Scott DW: Cutaneous mast cell neoplasia in cats: 14 cases (1975-1985). *J Am Vet Med Assoc* 190:1440–1444, 1987.

[409]Long RD: Cutaneous mast cell tumor in a Siamese kitten. *Can Vet J* 37:167, 1996.

[410]Wilcock BP, Yager JA, Zink MC: The morphology and behavior of feline cutaneous mastocytomas. *Vet Pathol* 23:320–324, 1986.

[411]Zemke D, Yamini B, Yuzbasiyan-Gurkan V: Characterization of an undifferentiated malignancy as a mast cell tumor using mutation analysis in the proto-oncogene c-KIT. *J Vet Diagn Invest* 13:341–345, 2001.

[412]Newman SJ, Mrkonjich L, Walker KK, et al: Canine subcutaneous mast cell tumour: diagnosis and prognosis. *J Comp Pathol* 136:231–239, 2007.

[413]Preziosi R, Morini M, Sarli G: Expression of the KIT protein (CD117) in primary cutaneous mast cell tumors of the dog. *J Vet Diagn Invest* 16:554–561, 2004.

[413a]Patnaik AK, Ehler WJ, MacEwen EG: Canine cutaneous mast cell tumor: morphologic grading and survival time in 83 dogs. *Vet Pathol* 21:469–474, 1984.

[413b]Northrup NC, Harmon BG, Gieger TL, et al: Variation among pathologists in histologic grading of canine cutaneous mast cell tumors. *J Vet Diagn Invest* 17:245–248, 2005.

[413c]Kiupel M, Webster JD, Bailey KL, et al: Proposal of a 2-tier histologic grading system for canine cutaneous mast cell tumors to more accurately predict biological behavior. *Vet Pathol* 48:147–155, 2011.

[414]Dobson JM, Scase TJ: Advances in the diagnosis and management of cutaneous mast cell tumours in dogs. *J Small Anim Pract* 48:424–431, 2007.

[415]Govier SM: Principles of treatment for mast cell tumors. *Clin Tech Small Anim Pract* 18:103–106, 2003.

[416]London CA, Seguin B: Mast cell tumors in the dog. *Vet Clin North Am Small Anim Pract* 33:473–489, v, 2003.

[417]Seguin B, Besancon MF, McCallan JL, et al: Recurrence rate, clinical outcome, and cellular proliferation indices as prognostic indicators after incomplete surgical excision of cutaneous grade II mast cell tumors: 28 dogs (1994-2002). *J Vet Intern Med* 20:933–940, 2006.

[418]Seguin B, Leibman NF, Bregazzi VS, et al: Clinical outcome of dogs with grade-II mast cell tumors treated with surgery alone: 55 cases (1996-1999). *J Am Vet Med Assoc* 218:1120–1123, 2001.

[419]Simpson AM, Ludwig LL, Newman SJ, et al: Evaluation of surgical margins required for complete excision of cutaneous mast cell tumors in dogs. *J Am Vet Med Assoc* 224:236–240, 2004.

[420]Weisse C, Shofer FS, Sorenmo K: Recurrence rates and sites for grade II canine cutaneous mast cell tumors following complete surgical excision. *J Am Anim Hosp Assoc* 38:71–73, 2002.

[421]al-Sarraf R, Mauldin GN, Patnaik AK, et al: A prospective study of radiation therapy for the treatment of grade 2 mast cell tumors in 32 dogs. *J Vet Intern Med* 10:376–378, 1996.

[422]Frimberger AE, Moore AS, LaRue SM, et al: Radiotherapy of incompletely resected, moderately differentiated mast cell tumors in the dog: 37 cases (1989-1993). *J Am Anim Hosp Assoc* 33:320–324, 1997.

[423]Hahn KA, King GK, Carreras JK: Efficacy of radiation therapy for incompletely resected grade-III mast cell tumors in dogs: 31 cases (1987-1998). *J Am Vet Med Assoc* 224:79–82, 2004.

[424]Mayer MN: Radiation therapy for canine mast cell tumors. *Can Vet J* 47:263–265, 2006.

[425]Moore AS: Radiation therapy for the treatment of tumours in small companion animals. *Vet J* 164:176–187, 2002.

[426]Poirier VJ, Adams WM, Forrest LJ, et al: Radiation therapy for incompletely excised grade II canine cutaneous mast cell tumors. *J Am Anim Hosp Assoc* 42:430–434, 2006.

[427]Thamm DH, Turek MM, Vail DM: Outcome and prognostic factors following adjuvant prednisone/vinblastine chemotherapy for high-risk canine mast cell tumour: 61 cases. *J Vet Med Sci* 68:581–587, 2006.

[428]Chaffin K, Thrall DE: Results of radiation therapy in 19 dogs with cutaneous mast cell tumor and regional lymph node metastasis. *Vet Radiol Ultrasound* 43:392–395, 2002.

[429]Davies DR, Wyatt KM, Jardine JE, et al: Vinblastine and prednisolone as adjunctive therapy for canine cutaneous mast cell tumors. *J Am Anim Hosp Assoc* 40:124–130, 2004.

[430]Gerritsen RJ, Teske E, Kraus JS, et al: Multi-agent chemotherapy for mast cell tumours in the dog. *Vet Q* 20:28–31, 1998.

[431]Rassnick KM, Moore AS, Williams LE, et al: Treatment of canine mast cell tumors with CCNU (lomustine). *J Vet Intern Med* 13:601–605, 1999.

[432]Thamm DH, Mauldin EA, Vail DM: Prednisone and vinblastine chemotherapy for canine mast cell tumor–41 cases (1992-1997). *J Vet Intern Med* 13:491–497, 1999.

[433]Northrup NC, Roberts RE, Harrell TW, et al: Iridium-192 interstitial brachytherapy as adjunctive treatment for canine cutaneous mast cell tumors. *J Am Anim Hosp Assoc* 40:309–315, 2004.

[434]Liao AT, Chien MB, Shenoy N, et al: Inhibition of constitutively active forms of mutant kit by multitargeted indolinone tyrosine kinase inhibitors. *Blood* 100:585–593, 2002.

[435]Pryer NK, Lee LB, Zadovaskaya R, et al: Proof of target for SU11654: inhibition of KIT phosphorylation in canine mast cell tumors. *Clin Cancer Res* 9:5729–5734, 2003.

[435a]Multi-center, placebo-controlled, double-blind, randomized study of oral toceranib phosphate (SU11654), a receptor tyrosine kinase inhibitor, for the treatment of dogs with recurrent (either local or distant) mast cell tumor following surgical excision. *Clin Cancer Res.* 15:3856–3865, 2009. Epub 2009 May 26.

[435b]Multicenter prospective trial of hypofractionated radiation treatment, toceranib, and prednisone for measurable canine mast cell tumors. *J Vet Intern Med* 26:135–141, 2012.

[435c] Safety evaluation of combination vinblastine and toceranib phosphate (Palladia(r)) in dogs: a phase I dose-finding study. *Vet Comp Oncol* 2011.

[435d]Masitinib is safe and effective for the treatment of canine mast cell tumors. *J Vet Intern Med* 22:1301–1309, 2008.

[435e] Evaluation of 12- and 24-month survival rates after treatment with masitinib in dogs with nonresectable mast cell tumors. *Am J Vet Res* 71:1354–1361, 2010.

[436]Molander-McCrary H, Henry CJ, Potter K, et al: Cutaneous mast cell tumors in cats: 32 cases (1991-1994). *J Am Anim Hosp Assoc* 34:281–284, 1998.

[437]Jackson ML, Wood SL, Misra V, et al: Immunohistochemical identification of B and T lymphocytes in formalin-fixed, paraffin-embedded feline lymphosarcomas: relation to feline leukemia virus status, tumor site, and patient age. *Can J Vet Res* 60:199–204, 1996.

[438]Ghernati I, Auger C, Chabanne L, et al: Characterization of a canine long-term T-cell line (DLC 01) established from a dog with Sezary syndrome and producing retroviral particles. *Leukemia* 13:1281–1290, 1999.

[439]Moore PF, Olivry T, Naydan D: Canine cutaneous epitheliotropic lymphoma (mycosis fungoides) is a proliferative disorder of CD8+ T cells. *Am J Pathol* 144:421–429, 1994.

[440]Komori S, Nakamura S, Takahashi K, et al: Use of lomustine to treat cutaneous nonepitheliotropic lymphoma in a cat. *J Am Vet Med Assoc* 226:237–239, 219, 2005.

[441]Ueno H, Isomura H, Tanabe S, et al: Solitary nonepitheliotropic T-cell lymphoma in a dog. *J Vet Med Sci* 66:437–439, 2004.

[442]McKeever PJ, Grindem CB, Stevens JB, et al: Canine cutaneous lymphoma. *J Am Vet Med Assoc* 180:531–536, 1982.

[443]Day MJ: Immunophenotypic characterization of cutaneous lymphoid neoplasia in the dog and cat. *J Comp Pathol* 112:79–96, 1995.

[444]Bhang DH, Choi US, Kim MK, et al: Epitheliotropic cutaneous lymphoma (mycosis fungoides) in a dog. *J Vet Sci* 7:97–99, 2006.

[445]Tobey JC, Houston DM, Breur GJ, et al: Cutaneous T-cell lymphoma in a cat. *J Am Vet Med Assoc* 204:606–609, 1994.

[446]Risbon RE, de Lorimier LP, Skorupski K, et al: Response of canine cutaneous epitheliotropic lymphoma to lomustine (CCNU): a retrospective study of 46 cases (1999-2004). *J Vet Intern Med* 20:1389–1397, 2006.

[447]Williams LE, Rassnick KM, Power HT, et al: CCNU in the treatment of canine epitheliotropic lymphoma. *J Vet Intern Med* 20:136–143, 2006.

[448]de Lorimier LP: Updates on the management of canine epitheliotropic cutaneous T-cell lymphoma. *Vet Clin North Am Small Anim Pract* 36:213–228, viii–ix, 2006.

[449]Foster AP, Evans E, Kerlin RL, et al: Cutaneous T-cell lymphoma with Sezary syndrome in a dog. *Vet Clin Pathol* 26:188–192, 1997.

[450]Moore PF, Olivry T: Cutaneous lymphomas in companion animals. *Clin Dermatol* 12:499–505, 1994.

[451]Fournel-Fleury C, Ponce F, Felman P, et al: Canine T-cell lymphomas: a morphological, immunological, and clinical study of 46 new cases. *Vet Pathol* 39:92–109, 2002.

[452]El-Shabrawi-Caelen L, Cerroni L, Medeiros LJ, et al: Hypopigmented mycosis fungoides: frequent expression of a CD8+ T-cell phenotype. *Am J Surg Pathol* 26:450–457, 2002.

[453]Whittam LR, Calonje E, Orchard G, et al: CD8-positive juvenile onset mycosis fungoides: an immunohistochemical and genotypic analysis of six cases. *Br J Dermatol* 143:1199–1204, 2000.

[454]Berti E, Tomasini D, Vermeer MH, et al: Primary cutaneous CD8-positive epidermotropic cytotoxic T cell lymphomas. A distinct clinicopathological entity with an aggressive clinical behavior. *Am J Pathol* 155:483–492, 1999.

[455]Olivry T, Moore PF, Naydan DK, et al: Investigation of epidermotropism in canine mycosis fungoides: expression of intercellular adhesion molecule-1 (ICAM-1) and beta-2 integrins. *Arch Dermatol Res* 287:186–192, 1995.

[456]Fivenson DP, Beck ER, Dunstan RW, et al: Dermal dendrocytes and T-cells in canine mycosis fungoides. Support for an animal model of human cutaneous T-cell lymphoma. *Cancer* 70:2091–2098, 1992.

[457]Fivenson DP, Saed GM, Beck ER, et al: T-cell receptor gene rearrangement in canine mycosis fungoides: further support for a canine model of cutaneous T-cell lymphoma. *J Invest Dermatol* 102:227–230, 1994.

[458]Apisarnthanarax N, Talpur R, Duvic M: Treatment of cutaneous T cell lymphoma: current status and future directions. *Am J Clin Dermatol* 3:193–215, 2002.

[459]Knobler E: Current management strategies for cutaneous T-cell lymphoma. *Clin Dermatol* 22:197–208, 2004.

[460]Rosenthal RC, MacEwen EG: Treatment of lymphoma in dogs. *J Am Vet Med Assoc* 196:774–781, 1990.

[461]Wilcock BP, Yager JA: The behavior of epidermotropic lymphoma in twenty-five dogs. Can Vet J 30:754–756, 1989.

[462]Deeths MJ, Chapman JT, Dellavalle RP, et al: Treatment of patch and plaque stage mycosis fungoides with imiquimod 5% cream. J Am Acad Dermatol 52:275–280, 2005.

[463]Coors EA, Schuler G, Von Den Driesch P: Topical imiquimod as treatment for different kinds of cutaneous lymphoma. Eur J Dermatol 16:391–393, 2006.

[464]Lucroy MD: Photodynamic therapy for companion animals with cancer. Vet Clin North Am Small Anim Pract 32:693–702, viii, 2002.

[465]Helfand SC, Modiano JF, Moore PF, et al: Functional interleukin-2 receptors are expressed on natural killer-like leukemic cells from a dog with cutaneous lymphoma. Blood 86:636–645, 1995.

[466]Dickerson EB, Fosmire S, Padilla ML, et al: Potential to target dysregulated interleukin-2 receptor expression in canine lymphoid and hematopoietic malignancies as a model for human cancer. J Immunother (1997) 25:36–45, 2002.

[467]Iwamoto KS, Bennett LR, Norman A, et al: Linoleate produces remission in canine mycosis fungoides. Cancer Lett 64:17–22, 1992.

[468]Cooper DL, Braverman IM, Sarris AH, et al: Cyclosporine treatment of refractory T-cell lymphomas. Cancer 71:2335–2341, 1993.

[469]Moore AS, London CA, Wood CA, et al: Lomustine (CCNU) for the treatment of resistant lymphoma in dogs. J Vet Intern Med 13:395–398, 1999.

[470]Kristal O, Rassnick KM, Gliatto JM, et al: Hepatotoxicity associated with CCNU (lomustine) chemotherapy in dogs. J Vet Intern Med 18:75–80, 2004.

[471]Dolan ME, McRae BL, Ferries-Rowe E, et al: O6-alkylguanine-DNA alkyltransferase in cutaneous T-cell lymphoma: implications for treatment with alkylating agents. Clin Cancer Res 5:2059–2064, 1999.

[472]Wollina U, Graefe T, Karte K: Treatment of relapsing or recalcitrant cutaneous T-cell lymphoma with pegylated liposomal doxorubicin. J Am Acad Dermatol 42:40–46, 2000.

[473]Wollina U, Dummer R, Brockmeyer NH, et al: Multicenter study of pegylated liposomal doxorubicin in patients with cutaneous T-cell lymphoma. Cancer 98:993–1001, 2003.

[474]Vail DM, Kravis LD, Cooley AJ, et al: Preclinical trial of doxorubicin entrapped in sterically stabilized liposomes in dogs with spontaneously arising malignant tumors. Cancer Chemother Pharmacol 39:410–416, 1997.

[475]Vail DM, Chun R, Thamm DH, et al: Efficacy of pyridoxine to ameliorate the cutaneous toxicity associated with doxorubicin containing pegylated (Stealth) liposomes: a randomized, double-blind clinical trial using a canine model. Clin Cancer Res 4:1567–1571, 1998.

[476]Kosarek CE, Kisseberth WC, Gallant SL, et al: Clinical evaluation of gemcitabine in dogs with spontaneously occurring malignancies. J Vet Intern Med 19:81–86, 2005.

[477]Turner AI, Hahn KA, Rusk A, et al: Single agent gemcitabine chemotherapy in dogs with spontaneously occurring lymphoma. J Vet Intern Med 20:1384–1388, 2006.

[478]Hamilton TA, Cook JR, Jr, Braund KG, et al: Vincristine-induced peripheral neuropathy in a dog. J Am Vet Med Assoc 198:635–638, 1991.

[479]Schick RO, Murphy GF, Goldschmidt MH: Cutaneous lymphosarcoma and leukemia in a cat. J Am Vet Med Assoc 203:1155–1158, 1993.

[480]Thrall MA, Macy DW, Snyder SP, et al: Cutaneous lymphosarcoma and leukemia in a dog resembling Sezary syndrome in man. Vet Pathol 21:182–186, 1984.

[481]Johnson JA, Patterson JM: Canine epidermotropic lymphoproliferative disease resembling pagetoid reticulosis in man. Vet Pathol 18:487–493, 1981.

[482]Fitzgerald SD, Wolf DC, Carlton WW: Eight cases of canine lymphomatoid granulomatosis. Vet Pathol 28:241–245, 1991.

[483]Leblanc B, Masson MT, Andreu M, et al: Lymphomatoid granulomatosis in a beagle dog. Vet Pathol 27:287–289, 1990.

[484]Lucke VM, Kelly DF, Harrington GA, et al: A lymphomatoid granulomatosis of the lungs in young dogs. Vet Pathol 16:405–412, 1979.

[485]Nakagawa Y, Mochizuki R, Iwasaki K, et al: A canine case of profound granulomatosis due to Paecillomyces fungus. J Vet Med Sci 58:157–159, 1996.

[486]Postorino NC, Wheeler SL, Park RD, et al: A syndrome resembling lymphomatoid granulomatosis in the dog. J Vet Intern Med 3:15–19, 1989.

[487]Smith KC, Day MJ, Shaw SC, et al: Canine lymphomatoid granulomatosis: an immunophenotypic analysis of three cases. J Comp Pathol 115:129–138, 1996.

[488]Gilbert S, Affolter VK, Gross TL, et al: Clinical, morphological and immunohistochemical characterization of cutaneous lymphocytosis in 23 cats. Vet Dermatol 15:3–12, 2004.

[489]Wellman ML, Hammer AS, DiBartola SP, et al: Lymphoma involving large granular lymphocytes in cats: 11 cases (1982-1991). J Am Vet Med Assoc 201:1265–1269, 1992.

[490]Cangul IT, Wijnen M, Van Garderen E, et al: Clinico-pathological aspects of canine cutaneous and mucocutaneous plasmacytomas. J Vet Med A Physiol Pathol Clin Med 49:307–312, 2002.

[491]Rowland PH, Valentine BA, Stebbins KE, et al: Cutaneous plasmacytomas with amyloid in six dogs. Vet Pathol 28:125–130, 1991.

[492]Baer KE, Patnaik AK, Gilbertson SR, et al: Cutaneous plasmacytomas in dogs: a morphologic and immunohistochemical study. Vet Pathol 26:216–221, 1989.

[493]Rakich PM, Latimer KS, Weiss R, et al: Mucocutaneous plasmacytomas in dogs: 75 cases (1980-1987). J Am Vet Med Assoc 194:803–810, 1989.

[494]Patel RT, Caceres A, French AF, et al: Multiple myeloma in 16 cats: a retrospective study. Vet Clin Pathol 34:341–352, 2005.

[495]Mellor PJ, Haugland S, Murphy S, et al: Myeloma-related disorders in cats commonly present as extramedullary neoplasms in contrast to myeloma in human patients: 24 cases with clinical follow-up. J Vet Intern Med 20:1376–1383, 2006.

[496]Lester SJ, Mesfin GM: A solitary plasmacytoma in a dog with progression to a disseminated myeloma. Can Vet J 21:284–286, 1980.

[497]Kyriazidou A, Brown PJ, Lucke VM: Immunohistochemical staining of neoplastic and inflammatory plasma cell lesions in feline tissues. J Comp Pathol 100:337–341, 1989.

[498]Platz SJ, Breuer W, Pfleghaar S, et al: Prognostic value of histopathological grading in canine extramedullary plasmacytomas. Vet Pathol 36:23–27, 1999.

[499]Aoki M, Kim T, Shimada T, et al: A primary hepatic plasma cell tumor in a dog. J Vet Med Sci 66:445–447, 2004.

[500]Rusbridge C, Wheeler SJ, Lamb CR, et al: Vertebral plasma cell tumors in 8 dogs. J Vet Intern Med 13:126–133, 1999.

[501]Affolter VK, Moore PF: Canine cutaneous and systemic histiocytosis: reactive histiocytosis of dermal dendritic cells. Am J Dermatopathol 22:40–48, 2000.

[502]Affolter VK, Moore PF: Localized and disseminated histiocytic sarcoma of dendritic cell origin in dogs. Vet Pathol 39:74–83, 2002.

[503]Moore PF, Affolter VK, Vernau W: Canine hemophagocytic histiocytic sarcoma: a proliferative disorder of CD11d+ macrophages. Vet Pathol 43:632–645, 2006.

[504]Fant P, Caldin M, Furlanello T, et al: Primary gastric histiocytic sarcoma in a dog–a case report. J Vet Med A Physiol Pathol Clin Med 51:358–362, 2004.

[505]Glick AD, Holscher M, Campbell GR: Canine cutaneous histiocytoma: ultrastructural and cytochemical observations. Vet Pathol 13:374–380, 1976.

[506]Kelly DF: Canine cutaneous histiocytoma. A light and electron microscopic study. Pathol Vet 7:12–27, 1970.

[507]Moore PF, Schrenzel MD, Affolter VK, et al: Canine cutaneous histiocytoma is an epidermotropic Langerhans cell histiocytosis that expresses CD1 and specific beta 2-integrin molecules. Am J Pathol 148:1699–1708, 1996.

[508]Mays MB, Bergeron JA: Cutaneous histiocytosis in dogs. J Am Vet Med Assoc 188:377–381, 1986.

[509]Moore PF: Systemic histiocytosis of Bernese mountain dogs. Vet Pathol 21:554–563, 1984.

[510]Hayden DW, Waters DJ, Burke BA, et al: Disseminated malignant histiocytosis in a golden retriever: clinicopathologic, ultrastructural, and immunohistochemical findings. Vet Pathol 30:256–264, 1993.

[511]Moore PF, Rosin A: Malignant histiocytosis of Bernese mountain dogs. Vet Pathol 23:1–10, 1986.

[512]Ramsey IK, McKay JS, Rudorf H, et al: Malignant histiocytosis in three Bernese mountain dogs. Vet Rec 138:440–444, 1996.

[513]Cline MJ: Histiocytes and histiocytosis. Blood 84:2840–2853, 1994.

[514]Danilenko DM, Moore PF, Rossitto PV: Canine leukocyte cell adhesion molecules (LeuCAMs): characterization of the CD11/CD18 family. Tissue Antigens 40:13–21, 1992.

[515]Cockerell GL, Slauson DO: Patterns of lymphoid infiltrate in the canine cutaneous histiocytoma. J Comp Pathol 89:193–203, 1979.

[516]Garma-Avina A, Fromer E: Generalized cutaneous histiocytoma in a dog (a case report). Vet Med Small Anim Clin 74:1269–1270, 1979.

[517]Howard EB, Nielsen SW: Cutaneous histiocytomas of dogs. Natl Cancer Inst Monogr 32:321–327, 1969.

[518]Taylor DO, Dorn CR, Luis OH: Morphologic and biologic characteristics of the canine cutaneous histiocytoma. Cancer Res 29:83–92, 1969.

[519]Yang TJ: Spontaneously regressive canine cutaneous histiocytoma: a counterpart of human regressing atypical histiocytosis? Anticancer Res 7:811–812, 1987.

[520]Marchal T, Dezutter-Dambuyant C, Fournel C, et al: Immunophenotypic and ultrastructural evidence of the langerhans cell origin of the canine cutaneous histiocytoma. Acta Anat (Basel) 153:189–202, 1995.

[521]Favara BE, Feller AC, Pauli M, et al: Contemporary classification of histiocytic disorders. The WHO Committee On Histiocytic/Reticulum Cell Proliferations. Reclassification Working Group of the Histiocyte Society. Med Pediatr Oncol 29:157–166, 1997.

[522]Bender WM, Muller GH: Multiple, resolving, cutaneous histiocytoma in a dog. J Am Vet Med Assoc 194:535–537, 1989.

[523]Palmeiro BS, Morris DO, Goldschmidt MH, et al: Cutaneous reactive histiocytosis in dogs: a retrospective evaluation of 32 cases. Vet Dermatol 18:332–340, 2007.

[524]Paterson S, Boydell P, Pike R: Systemic histiocytosis in the Bernese mountain dog. J Small Anim Pract 36:233–236, 1995.

[525]Scherlie PH, Jr, Smedes SL, Feltz T, et al: Ocular manifestation of

[526]Padgett GA, Madewell BR, Keller ET, et al: Inheritance of histiocytosis in Bernese mountain dogs. J Small Anim Pract 36:93–98, 1995.

[527]Broadbent V, Egeler RM, Nesbit ME, Jr: Langerhans cell histiocytosis–clinical and epidemiological aspects. Br J Cancer Suppl 23:S11–S16, 1994.

[528]Zavodovskaya R, Liao AT, Jones CL, et al: Evaluation of dysregulation of the receptor tyrosine kinases Kit, Flt3, and Met in histiocytic sarcomas of dogs. Am J Vet Res 67:633–641, 2006.

[529]Rosin A, Moore P, Dubielzig R: Malignant histiocytosis in Bernese Mountain dogs. J Am Vet Med Assoc 188:1041–1045, 1986.

[530]Craig LE, Julian ME, Ferracone JD: The diagnosis and prognosis of synovial tumors in dogs: 35 cases. Vet Pathol 39:66–73, 2002.

[531]Snyder JM, Shofer FS, Van Winkle TJ, et al: Canine intracranial primary neoplasia: 173 cases (1986-2003). J Vet Intern Med 20:669–675, 2006.

[532]Uchida K, Morozumi M, Yamaguchi R, et al: Diffuse leptomeningeal malignant histiocytosis in the brain and spinal cord of a Tibetan terrier. Vet Pathol 38:219–222, 2001.

[533]Chandra AM, Ginn PE: Primary malignant histiocytosis of the brain in a dog. J Comp Pathol 121:77–82, 1999.

[534]Skorupski KA, Clifford CA, Paoloni MC, et al: CCNU for the treatment of dogs with histiocytic sarcoma. J Vet Intern Med 21:121–126, 2007.

[535]Brown DE, Thrall MA, Getzy DM, et al: Cytology of canine malignant histiocytosis. Vet Clin Pathol 23:118–123, 1994.

[536]Weiss DJ, Evanson OA, Sykes J: A retrospective study of canine pancytopenia. Vet Clin Pathol 28:83–88, 1999.

[537]Newlands CE, Houston DM, Vasconcelos DY: Hyperferritinemia associated with malignant histiocytosis in a dog. J Am Vet Med Assoc 205:849–851, 1994.

[538]Poirier VJ, Hershey AE, Burgess KE, et al: Efficacy and toxicity of paclitaxel (Taxol) for the treatment of canine malignant tumors. J Vet Intern Med 18:219–222, 2004.

539] Uno Y, Momoi Y, Watari T, et al: Malignant histiocytosis with multiple skin lesions in a dog. J Vet Med Sci 55:1059–1061, 1993.

540] Mayr B, Wegscheider H, Reifinger M, et al: Cytogenetic alterations in four feline soft-tissue tumours. Vet Res Commun 22:21–29, 1998.

[541]Mayr B, Wegscheider H, Loupal G, et al: Cytogenetic findings in two cases of feline histiocytoma. J Small Anim Pract 37:239–240, 1996.

[542]Kerlin RL, Hendrick MJ: Malignant fibrous histiocytoma and malignant histiocytosis in the dog–convergent or divergent phenotypic differentiation? Vet Pathol 33:713–716, 1996.

[543]Waters CB, Morrison WB, DeNicola DB, et al: Giant cell variant of malignant fibrous histiocytoma in dogs: 10 cases (1986-1993). J Am Vet Med Assoc 205:1420–1424, 1994.

[544]Thoolen RJ, Vos JH, van der Linde-Sipman JS, et al: Malignant fibrous histiocytomas in dogs and cats: an immunohistochemical study. Res Vet Sci 53:198–204, 1992.

[545]Spangler WL, Kass PH: Pathologic and prognostic characteristics of splenomegaly in dogs due to fibrohistiocytic nodules: 98 cases. Vet Pathol 35:488–498, 1998.

[546]Spangler WL, Culbertson MR, Kass PH: Primary mesenchymal (nonangiomatous/nonlymphomatous) neoplasms occurring in the canine spleen: anatomic classification, immunohistochemistry, and mitotic activity correlated with patient survival. Vet Pathol 31:37–47, 1994.

[547]Chen AP, Essex M, Kelliher M, et al: Feline sarcoma virus-specific transformation-related proteins and protein kinase activity in tumor cells. Virology 124:274–285, 1983.

[548]Stiles J, Bienzle D, Render JA, et al: Use of nested polymerase chain reaction (PCR) for detection of retroviruses from formalin-fixed, paraffin-embedded uveal melanomas in cats. Vet Ophthalmol 2:113–116, 1999.

[549]Betton GR, Owen LN: Allogeneic grafts of spontaneous canine melanomas and their cell culture strains in neonatal immunosuppressed dogs. Br J Cancer 34:374–380, 1976.

[550]Modiano JF, Ritt MG, Wojcieszyn J: The molecular basis of canine melanoma: pathogenesis and trends in diagnosis and therapy. J Vet Intern Med 13:163–174, 1999.

[551]Spangler WL, Kass PH: The histologic and epidemiologic bases for prognostic considerations in canine melanocytic neoplasia. Vet Pathol 43:136–149, 2006.

[552]Espinosa de los Monteros A, Martin de las Mulas J, Fernandez A, et al: Immunohistopathologic characterization of a dermal melanocytoma-acanthoma in a German Shepherd Dog. Vet Pathol 37:268–271, 2000.

[553]Millanta F, Fratini F, Corazza M, et al: Proliferation activity in oral and cutaneous canine melanocytic tumours: correlation with histological parameters, location, and clinical behaviour. Res Vet Sci 73:45–51, 2002.

[554]Day MJ, Lucke VM: Melanocytic neoplasia in the cat. J Small Anim Pract 36:207–213, 1995.

[555]Anderson WI, Luther PB, Scott DW: Pilar neurocristic melanoma in four dogs. Vet Rec 123:517–518, 1988.

[556]Goldschmidt MH: Pigmented lesions of the skin. Clin Dermatol 12:507–514, 1994.

[557]van der Linde-Sipman JS, de Wit MM, van Garderen E, et al: Cutaneous malignant melanomas in 57 cats: identification of (amelanotic) signet-ring and balloon cell types and verification of their origin by immunohistochemistry, electron microscopy, and in situ hybridization. Vet Pathol 34:31–38, 1997.

[558]Blanchard TW, Bryant NJ, Mense MG: Balloon cell melanoma in three dogs: a histopathological, immunohistochemical and ultrastructural study. J Comp Pathol 125:254–261, 2001.

[559]Diters RW, Walsh KM: Canine cutaneous clear cell melanomas: a report of three cases. Vet Pathol 21:355–356, 1984.

[560]Roels S, Tilmant K, Ducatelle R: PCNA and Ki67 proliferation markers as criteria for prediction of clinical behaviour of melanocytic tumours in cats and dogs. J Comp Pathol 121:13–24, 1999.

[561]Laprie C, Abadie J, Amardeilh MF, et al: MIB-1 immunoreactivity correlates with biologic behaviour in canine cutaneous melanoma. Vet Dermatol 12:139–147, 2001.

[562]Ogilvie GK, Obradovich JE, Elmslie RE, et al: Efficacy of mitoxantrone against various neoplasms in dogs. J Am Vet Med Assoc 198:1618–1621, 1991.

[562a]Use of carboplatin for treatment of dogs with malignant melanoma: 27 cases (1989-2000). J Am Vet Med Assoc 218:1444–1448, 2001.

[562b]Long-term survival of dogs with advanced malignant melanoma after DNA vaccination with xenogeneic human tyrosinase: a phase I trial. Clin Cancer Res 9:1284–1290, 2003.

[562c]Safety and efficacy of a xenogeneic DNA vaccine encoding for human tyrosinase as adjunctive treatment for oral malignant melanoma in dogs following surgical excision of the primary tumor Am J Vet Res 72: 1631–1638, 2011.

[562d]Xenogeneic murine tyrosinase DNA vaccine for malignant melanoma of the digit of dogs. J Vet Intern Med 2594–99, 2011.

[563]Mukaratirwa S, Gruys E: Canine transmissible venereal tumour: cytogenetic origin, immunophenotype, and immunobiology. A review. Vet Q 25:101–111, 2003.

[564]Vermooten MI: Canine transmissible venereal tumor (TVT): a review. J S Afr Vet Assoc 58:147–150, 1987.

[565]Das U, Das AK: Review of canine transmissible venereal sarcoma. Vet Res Commun 24:545–556, 2000.

[566]Higgins DA: Observations on the canine transmissible venereal tumour as seen in the Bahamas. Vet Rec 79:67–71, 1966.

[567]Mikaelian I, Girard C, Ivascu I: Transmissible venereal tumor: a consequence of sex tourism in a dog. Can Vet J 39:591, 1998.

[568]Rogers KS, Walker MA, Dillon HB: Transmissible venereal tumor: a retrospective study of 29 cases. J Am Anim Hosp Assoc 34:463–470, 1998.

[569]Fenton MA, Yang TJ: Role of humoral immunity in progressive and regressive and metastatic growth of the canine transmissible venereal sarcoma. Oncology 45:210–213, 1988.

[570]Gonzalez CM, Griffey SM, Naydan DK, et al: Canine transmissible venereal tumour: a morphological and immunohistochemical study of 11 tumours in growth phase and during regression after chemotherapy. J Comp Pathol 122:241–248, 2000.

[571]Harmelin A, Pinthus JH, Friedmann-Morvinski D, et al: Lack of MHC expression and retention of ultrastructural characteristics by xenograft transmissible venereal tumor cells in SCID mice. Vet Immunol Immunopathol 86:245–249, 2002.

[572]Hsiao YW, Liao KW, Hung SW, et al: Tumor-infiltrating lymphocyte secretion of IL-6 antagonizes tumor-derived TGF-beta 1 and restores the lymphokine-activated killing activity. J Immunol 172:1508–1514, 2004.

[573]Liao KW, Lin ZY, Pao HN, et al: Identification of canine transmissible venereal tumor cells using in situ polymerase chain reaction and the stable sequence of the long interspersed nuclear element. J Vet Diagn Invest 15:399–406, 2003.

[574]Mizuno S, Fujinaga T, Hagio M: Role of lymphocytes in spontaneous regression of experimentally transplanted canine transmissible venereal sarcoma. J Vet Med Sci 56:15–20, 1994.

[575]Sapp WJ, Adams EW: C-type viral particles in canine venereal tumor cell cultures. Am J Vet Res 31:1321–1323, 1970.

[576]Murray M, James ZH, Martin WB: A study of the cytology and karyotype of the canine transmissible venereal tumour. Res Vet Sci 10:565–568, 1969.

[577]Katzir N, Arman E, Cohen D, et al: Common origin of transmissible venereal tumors (TVT) in dogs. Oncogene 1:445–448, 1987.

[578]Katzir N, Rechavi G, Cohen JB, et al: "Retroposon" insertion into the cellular oncogene c-myc in canine transmissible venereal tumor. Proc Natl Acad Sci U S A 82:1054–1058, 1985.

[579]Choi YK, Kim CJ: Sequence analysis of canine LINE-1 elements and p53 gene in canine transmissible venereal tumor. J Vet Sci 3:285–292, 2002.

[580]Marchal T, Chabanne L, Kaplanski C, et al: Immunophenotype of the canine transmissible venereal tumour. Vet Immunol Immunopathol 57:1–11, 1997.

[581]Sandusky GE, Jr, Carlton WW, Wightman KA: Immunohistochemical staining for S100 protein in the diagnosis of canine amelanotic melanoma. Vet Pathol 22:577–581, 1985.

[582]Park MS, Kim Y, Kang MS, et al: Disseminated transmissible venereal tumor in a dog. J Vet Diagn Invest 18:130–133, 2006.

systemic histiocytosis in a dog. J Am Vet Med Assoc 201:1229–1232, 1992.

[583]Amber EI, Henderson RA: Single-drug chemotherapy of canine transmissible venereal tumor with cyclophosphamide, methotrexate, or vincristine. *J Vet Intern Med* 6:300, 1992.

[584]Calvert CA, Leifer CE, MacEwen EG: Vincristine for treatment of transmissible venereal tumor in the dog. *J Am Vet Med Assoc* 181:163–164, 1982.

[585]Singh J, Rana JS, Sood N, et al: Clinico-pathological studies on the effect of different anti-neoplastic chemotherapy regimens on transmissible venereal tumours in dogs. *Vet Res Commun* 20:71–81, 1996.

[586]Knapp DW, Richardson RC, Bottoms GD, et al: Phase I trial of piroxicam in 62 dogs bearing naturally occurring tumors. *Cancer Chemother Pharmacol* 29:214–218, 1992.

[587]Ahmed M, Liu Z, Afzal KS, et al: Radiofrequency ablation: effect of surrounding tissue composition on coagulation necrosis in a canine tumor model. *Radiology* 230:761–767, 2004.

[588]Glick AD, Holscher MA, Crenshaw JD: Neuroendocrine carcinoma of the skin in a dog. *Vet Pathol* 20:761–763, 1983.

[589]Konno A, Nagata M, Nanko H: Immunohistochemical diagnosis of a Merkel cell tumor in a dog. *Vet Pathol* 35:538–540, 1998.

[590]Whiteley LO, Leininger JR: Neuroendocrine (Merkel) cell tumors of the canine oral cavity. *Vet Pathol* 24:570–572, 1987.

[591]Patnaik AK, Post GS, Erlandson RA: Clinicopathologic and electron microscopic study of cutaneous neuroendocrine (Merkel cell) carcinoma in a cat with comparisons to human and canine tumors. *Vet Pathol* 38:553–556, 2001.

[592]Wobeser BK, Kidney BA, Powers BE, et al: Diagnoses and clinical outcomes associated with surgically amputated feline digits submitted to multiple veterinary diagnostic laboratories. *Vet Pathol* 44:362–365, 2007.

[593]Scott DW, Anderson WI: Cutaneous trichilemmal cysts in three dogs. *Cornell Vet* 81:245–249, 1991.

594] Scott DW, Anderson WI: Cutaneous hybrid cyst in four dogs. *Cornell Vet* 81:19–24, 1991.

[595]Lambrechts N: Dermoid sinus in a crossbred Rhodesian ridgeback dog involving the second cervical vertebra. *J S Afr Vet Assoc* 67:155–157, 1996.

[596]Penrith ML, van Schouwenburg G: Dermoid sinus in a Boerboel bitch. *J S Afr Vet Assoc* 65:38–39, 1994.

[596a]Henderson JP, Pearson GR, Smerdon TN: Dermoid cyst of the spinal cord associated with ataxia in a cat. *Journal of Small Animal Practice* 34:402–404, 1993.

[596b]Tong T, Simpson DJ: Spinal dermoid sinus in a Burmese cat with paraparesis. *Australian Veterinary Journal* 487:450–454, 2009.

[596c]Kiviranta AM, Lappalainen AK, Huagner K, et al: Dermoid sinus and spina bifida in three dogs and a cat. *Journal of Small Animal Practice* 52:319–324, 2011.

[596d]Simpson D, Baral R, Lee D, et al: Dermoid sinus in Burmese cats. *J Small Anim Pract* 52:616, 2011.

[597]Rochat MC, Campbell GA, Panciera RJ: Dermoid cysts in cats: two cases and a review of the literature. *J Vet Diagn Invest* 8:505–507, 1996.

[598]Chaitman J, van der Woerdt A, Bartick TE: Multiple eyelid cysts resembling apocrine hidrocystomas in three Persian cats and one Himalayan cat. *Vet Pathol* 36:474–476, 1999.

[599]Clark DM, Kostolich M, Mosier D: Branchial cyst in a dog. *J Am Vet Med Assoc* 194:67–68, 1989.

[600]Day MJ: Review of thymic pathology in 30 cats and 36 dogs. *J Small Anim Pract* 38:393–403, 1997.

[601]Karbe E, Nielsen SW: Branchial cyst in a dog. *J Am Vet Med Assoc* 147:637–640, 1965.

[602]Liu S, Patnaik AK, Burk RL: Thymic branchial cysts in the dog and cat. *J Am Vet Med Assoc* 182:1095–1098, 1983.

[603]Cosenza SF, Seely JC: Generalized nodular dermatofibrosis and renal cystadenocarcinomas in a German shepherd dog. *J Am Vet Med Assoc* 189:1587–1590, 1986.

[604]Jonasdottir TJ, Mellersh CS, Moe L, et al: Genetic mapping of a naturally occurring hereditary renal cancer syndrome in dogs. *Proc Natl Acad Sci U S A* 97:4132–4137, 2000.

[605]Lium B, Moe L: Hereditary multifocal renal cystadenocarcinomas and nodular dermatofibrosis in the German shepherd dog: macroscopic and histopathologic changes. *Vet Pathol* 22:447–455, 1985.

[606]Moe L, Lium B: Hereditary multifocal renal cystadenocarcinomas and nodular dermatofibrosis in 51 German shepherd dogs. *J Small Anim Pract* 38:498–505, 1997.

[607]Suter M, Lott-Stolz G, Wild P: Generalized nodular dermatofibrosis in six Alsatians. *Vet Pathol* 20:632–634, 1983.

[608]Turek MM: Cutaneous paraneoplastic syndromes in dogs and cats: a review of the literature. *Vet Dermatol* 14:279–296, 2003.

[608a]Jónasdóttir TJ, Mellersh CS, Moe L, et al: Genetic mapping of a naturally occurring hereditary renal cancer syndrome in dogs. *Proc Natl Acad Sci U S A* 97:4132–4137, 2000.

[608b]Lingaas F, Comstock KE, Kirkness EF, et al: A mutation in the canine BHD gene is associated with hereditary multifocal renal cystadenocarcinoma and nodular dermatofibrosis in the German Shepherd dog. *Hum Mol Genet* 12:3043–3053, 2003.

[609]Cotchin E: Spontaneous tumours in young animals. *Proc R Soc Med* 68:653–655, 1975.

[610]Tanabe C, Kano R, Nagata M, et al: Molecular characteristics of cutaneous papillomavirus from the canine pigmented epidermal nevus. *J Vet Med Sci* 62:1189–1192, 2000.

[611]Toussaint S, Salcedo E, Kamino H: Benign epidermal proliferations. *Adv Dermatol* 14:307–357, 1999.

[612]Kraft I, Frese K: Histological studies on canine pigmented moles. The comparative pathology of the naevus problem. *J Comp Pathol* 86:143–155, 1976.

[613]Anderson WI, Scott DW, Luther PB: Idiopathic benign lichenoid keratosis on the pinna of the ear in four dogs. *Cornell Vet* 79:179–184, 1989.

[614]Goldschmidt MH, Kunkle G: Inverted follicular keratosis in a dog. *Vet Pathol* 16:374–375, 1979.

[615]Kaufman J: Diseases of the adrenal cortex of dogs and cats. *Mod Vet Pract* 65:429–434, 1984.

[616]Pool RR, Williams JR, Bulgin M: Disseminated calcinosis cutis in a dog. *J Am Vet Med Assoc* 161:291–293, 1972.

[617]White SD: Facial dermatosis in four dogs with hyperadrenocorticism. *J Am Vet Med Assoc* 188:1441–1444, 1986.

[618]Kowalewich NJ, Hawkins EC: Calcinosis circumscripta involving the metatarsal region in a dog with chronic renal failure. *Can Vet J* 33:465–466, 1992.

[619]Joffe DJ: Calcinosis circumscripta in the footpad of a dog. *Can Vet J* 37:161–162, 1996.

[620]Stampley A, Bellah JR: Calcinosis circumscripta of the metacarpal pad in a dog. *J Am Vet Med Assoc* 196:113–114, 1990.

[621]Fenton CF, 3rd, Schlefman BS, Butlin WE: Calcinosis circumscripta presenting in the foot. *J Foot Surg* 22:139–141, 1983.

[622]Collados J, Rodriguez-Bertos A, Pena L, et al: Lingual calcinosis circumscripta in a dog. *J Vet Dent* 19:19–21, 2002.

[623]Jeong W, Noh D, Kwon OD, et al: Calcinosis circumscripta on lingual muscles and dermis in a dog. *J Vet Med Sci* 66:433–435, 2004.

[624]Legendre AM, Dade AW: Calcinosis circumscripta in a dog. *J Am Vet Med Assoc* 164:1192–1194, 1974.

[625]Movassaghi AR: Calcinosis circumscripta in the salivary gland of a dog. *Vet Rec* 144:52, 1999.

[626]Tafti AK, Hanna P, Bourque AC: Calcinosis circumscripta in the dog: a retrospective pathological study. *J Vet Med A Physiol Pathol Clin Med* 52:13–17, 2005.

[627]Kirby BM, Knoll JS, Manley PA, et al: Calcinosis circumscripta associated with polydioxanone suture in two young dogs. *Vet Surg* 18:216–220, 1989.

[628]Gardner DE, Alley MR, Wyburn RS, et al: Calcinosis circumscripta-like lesions in dogs associated with the use of choke chains. *N Z Vet J* 23:95–97, 1975.

[629]Dillberger JE, Altman NH: Focal mucinosis in dogs: seven cases and review of cutaneous mucinoses of man and animals. *Vet Pathol* 23:132–139, 1986.

第二十一章　稀有小型哺乳动物皮肤病

稀有小型哺乳动物的皮肤疾病是十分常见的[1,2]。对这些物种的诊断检查与其他小动物十分相似。病征和详细的病史对于形成鉴别诊断的初始思路非常重要。完整的临床检查也非常重要，因为某些皮肤疾病会与其他异常共同出现，并可能是某些内科病的外在反映。

稀有动物的治疗学还存在争议，因为批准用于这些动物的药品数量十分有限，并且缺乏药理学数据来支持大多数已开发药物的给药方案。表21-1列出了用于治疗稀有小型哺乳动物皮肤疾病的药物和剂量[3-20]。对某些物种使用抗生素时需要特别谨慎，因为很容易导致直接毒性作用引发的死亡或正常菌群的紊乱[21-26]。兔子、豚鼠、毛丝鼠、仓鼠和土拨鼠的肠内菌群以革兰阳性菌为主。大多数口服抗生素主要作用于革兰阳性菌和厌氧菌（青霉素、大环内脂类、四环素、林可霉素和头孢菌素），可引起这些物种胃肠道菌群失调以及严重的肠毒血症[4,24,27,28]。通常对这些物种相对安全的抗生素包括：恩诺沙星、甲氧苄氨嘧啶磺胺甲噁唑和氯霉素。对于厌氧菌引起的传染性疾病，大部分易感种群可口服甲硝唑，兔子、豚鼠、毛丝鼠可注射阿奇霉素，兔子还可注射青霉素[4,26,28]。即使用了"安全"的抗生素，我们仍然建议在抗生素治疗期间使用乳酸杆菌益生素进行辅助治疗，并且一直持续到治疗结束后至少5~7d。抗生素（以及一些在研究中的相关药物）也对啮齿类动物有直接毒性作用。例如，链霉素和普鲁卡因对小鼠、仓鼠和豚鼠有毒；呋喃妥因引起鼠的神经病变；沙鼠不能耐受链霉素和双氢链霉素[25,29-31]。还有一些关于甲硝唑对毛丝鼠毒性作用的报告[31]。有报告显示在给予超过推荐剂量的氨基糖苷类抗生素时，豚鼠和毛丝鼠对其耳毒性更敏感[4]。用于犬、猫的大部分常规抗生素对雪貂、蜜袋鼯鼠和刺猬都是安全的。

对稀有小型哺乳动物进行局部药物治疗时需要护理。许多物种是"偏执的美容师"，会发生对局部外用药物的过量舔舐。在进行局部治疗时，应将动物相互隔离以防被同笼的动物舔舐，同时密切监视以阻止它们自我梳理毛发并及时发现不良反应。如果可能，应该使用保护绷带以避免药膏或乳剂被舔食。通常，应避免将局部用抗生素软膏用于兔子，因为药可能会被兔子吞食或药物会经皮吸收[32]。在使用喷剂时，首先将药喷洒到一块纱布或棉球上，并用其稍加擦拭动物[17]。较小的体型使得这些动物在洗浴和淋湿后容易发生低体温症。水溶液的温度应当保持与体温相同，并且动物经治疗后必须保持温暖干燥并远离气流。出于相同的考虑，应避免使用酒精溶液。为避免误吸药剂和吸入性肺炎，不应将药浴用于面部。已有杀虫药浴或在犬、猫上很安全的洗浴液让兔子发生休克或死亡的报道。涉及的相关产品包括西维因浸液或/及香波，除虫菊酯浸液或/和香波，石灰硫黄合剂浸液，甚至婴儿香波和护发素。它们较高的敏感性可能与它们相对较薄的皮肤、因过多的舔舐中吞食药品、对药物载体过敏或绝对的药物过量有关。其所涉及的各种产品和缺乏与杀虫剂毒性相关的临床症状提示，"毒性"可能与洗浴（操作、寒冷）和烘干（过热）有关，而并非化学品本身[8,33]。应首先考虑其他治疗途径["专用的"、口服或非肠道（IM,IV）给药]，最后才考虑沐浴/药浴。雪貂是油性皮肤有油脂覆盖，应在药浴前用香波冲洗干净，以使得药液能彻底渗入。某些产品对一些物种是有毒性的：服用芬普尼可能导致兔子死亡（尤其是青年和幼年的兔子），因此产品的制造商不建议将该产品用于这些物种[8,34-36]。局部和全身性类固醇与兔子的免疫抑制和死亡有关[32]。灭蚤项圈、含有机磷酸酯的产品，以及即用百灭宁喷剂或专用产品也禁用于兔子[32,36]。禁用于雪貂的产品包括局部有机磷酸酯、敌敌畏浸液灭蚤项圈和杀虫剂浸液[17]。

伊维菌素是一种常用于稀有小型哺乳动物的安全有效的药物[2,37]。标准剂量是300~400μg/kg皮下注射（SQ），应重复给药10~15d直至治愈。

除刺猬以外，稀有小型哺乳动物的皮肤结构和功能与第一章描述的相同[38]。刺猬的花冠（除中线外）和背部都被覆有稠密的体刺，没有毛发和皮脂腺。该区域的表皮十分稀疏，但是真皮层非常稠密并有丰富的脂肪。体刺由角蛋白构成，并有复杂的内部结构以保证体刺的轻盈、强度和弹性。体刺牢固地附着在滤泡上，不被破坏则很难被移除。体刺能存在18个月并逐个替换。

兔子的皮肤十分薄且娇嫩；在剃毛时应当十分小心避免造成撕裂。雪貂的皮肤很厚，尤其是颈部和肩部[39]。蜜袋鼯鼠拥有连接前方和后方四肢的翼膜（滑动膜）[40]。小型啮齿类、兔子和雪貂在颈部有发育良好的皮下组织，适合颈部保定。土拨鼠、豚鼠和毛丝鼠在这一区域的皮下组织是有限的，因此它们不能用颈背部进行保定[24,39]。

表21-1　用于治疗稀有小型哺乳动物皮肤病的药物剂量

药品	剂量	药品	剂量
抗生素		多西环素 （长效）	啮齿类：2.5~5mg/kg PO q12h 大鼠，小鼠：100mg/kg SQ q7d 土拨鼠：2.5mg/kg PO q12h
阿米卡星	雪貂：8~16mg/kg SQ, IM, IV q8~24h 兔子：2~5mg/kg SQ, IM q8~12h 豚鼠，毛丝鼠：10~15mg/kg SQ, IM, IV 分次 q8~24h 仓鼠，大鼠，小鼠，沙鼠：10mg/kg SQ, IM q12h 刺猬：2.5~5mg/kg IM q8~12h 土拨鼠：5mg/kg SQ, IM q12h	恩诺沙星	雪貂：10~20mg/kg PO, SQ, IM q12~24h 兔子：5~20mg/kg PO, SQ, IM q12~24h 啮齿类：5~10mg/kg PO, SQ, IM q12h或0.05~0.2mg/mL 饮水 蜜袋鼯鼠：5mg/kg PO, SQ, IM q12h 刺猬：2.5~10mg/kg PO, SQ, IM q12h 土拨鼠：5~10mg/kg PO, SQ, IM q12h
阿莫西林	雪貂：10~30mg/kg PO, SQ q12h 大鼠，小鼠：100~150mg/kg SQ, IM q12h 刺猬：15mg/kg PO, SQ, IM q12h 蜜袋鼯鼠：30mg/kg PO, IM q12~24h	甲硝唑	雪貂：10~20mg/kg PO q12h 兔子：20mg/kg PO q12h 豚鼠，仓鼠，小鼠，沙鼠：20mg/kg PO q12h 毛丝鼠：10~20mg/kg PO q12h 大鼠：10~40mg/kg PO q24h 小鼠：2.5mg/mL 饮水 蜜袋鼯鼠：25mg/kg PO q12h 刺猬：20mg/kg PO q12h 土拨鼠：20~40mg/kg PO q12h
阿莫西林/ 克拉维酸	雪貂：12.5~25mg/kg PO, SQ q12h 大鼠，小鼠：2mL/kg PO（速诺） 蜜袋鼯鼠：12.5mg/kg PO q12~24h 刺猬：12.5mg/kg PO q12h		
氨苄西林	雪貂：5~30mg/kg SQ, IM, IV q8~12h 大鼠，小鼠：20~50mg/kg PO, SQ, IM q12h 小鼠：0.5mg/mL 饮水 沙鼠：6~30mg/kg PO q8h 刺猬：10mg/kg PO, IM q12h	奈替米星	雪貂，兔子，豚鼠，毛丝鼠：6~8mg/kg IV, IM, SQ q24h
		青霉素G 苄星青霉素/普鲁卡因	兔子：42 000~84 000IU/kg SQ q7d
阿奇霉素	兔子：30mg/kg PO q24h	青霉素G 普鲁卡因	雪貂：40 000IU/kg SQ q24h 兔子：40 000IU/kg IM q24h 大鼠：22 000IU/kg SQ, IM q24h 刺猬：40 000IU/kg SQ, IM q24h 在豚鼠，毛丝鼠，仓鼠和小鼠的剂量不确定
头孢羟氨苄	雪貂：15~20mg/kg PO q12h		
头孢氨苄	雪貂：15~30mg/kg PO q12h 兔子：15mg/kg SQ q12h 豚鼠：50mg/kg IM q12~24h 大鼠：15mg/kg SQ q12h 小鼠：60mg/kg PO q12h, 30mg/kg SQ q12h 沙鼠：25mg/kg SQ q24h 蜜袋鼯鼠：30mg/kg PO, SQ q12~24h 刺猬：25mg/kg PO q8h	四环素	雪貂：25mg/kg PO q12h 土拨鼠：10~20mg/kg PO q8~12h 大鼠，小鼠，沙鼠：10~20mg/kg PO q8~12h；2~5mg/mL 饮水
		磺胺甲氧苄氨嘧啶	雪貂：30mg/kg PO, SQ q12h 兔子：30mg/kg PO q12h 啮齿类：15~30mg/kg PO, SQ, IM q12h 蜜袋鼯鼠：15mg/kg PO q12h 刺猬：30mg/kg PO, SQ, IM q12h 土拨鼠：15~30mg/kg PO, SQ q12h
头孢噻啶	雪貂：10~15mg/kg SQ, IM q24h 豚鼠：10~25mg/kg IM q8~24h 仓鼠，小鼠：10~25mg/kg SQ, IM q24h 沙鼠：30mg/kg IM q12h		
氯霉素	雪貂：30~50mg/kg SQ, IM q12h 兔子：25~50mg/kg PO, SQ, IM q8~12h 啮齿类：30~50mg/kg PO, SQ, IM q8~12h 天竺鼠：1mg/mL 饮水 小鼠：0.5mg/mL 饮水 沙鼠：0.83mg/mL 饮水 刺猬：30~50mg/kg PO, SQ, IM q12h 土拨鼠：50mg/kg PO, SQ, IM q12h	**抗真菌药**	
		氟康唑	豚鼠：16mg/kg PO q12h × 14d
		灰黄霉素	雪貂：25mg/kg PO q12~24h 兔子：25mg/kg PO q12h或分次q12h 啮齿类：25mg/kg PO q12~24h 刺猬：25mg/kg PO q12h 土拨鼠：25mg/kg PO q24h 当使用超微粒剂型时剂量减少50%
环丙沙星	雪貂：10~30mg/kg PO q24h 兔子：5~20mg/kg PO q12h 豚鼠，毛丝鼠：5~15mg/kg PO q12~24h 仓鼠，大鼠，小鼠，沙鼠：10mg/kg PO q12h 蜜袋鼯鼠：10mg/kg PO q12h 刺猬：5~20mg/kg PO q12h 土拨鼠：5~20mg/kg PO q12h	伊曲康唑	雪貂：5~10mg/kg PO q24h 兔子：5~10mg/kg PO q24h 豚鼠：5mg/kg q24h 大鼠：2.5~10mg/kg q24h 小鼠：50~150mg/kg q24h（酿母菌病） 刺猬：5~10mg/kg PO q12~24h
		酮康唑	雪貂：10~50mg/kg PO q24h 兔子和啮齿类：10~40mg/kg PO q24h 刺猬：10mg/kg PO q24h
克拉霉素	雪貂：1.5mg/kg PO q8~12h		
克林霉素	雪貂：5~10mg/kg PO q12h 刺猬：5.5~10mg/kg PO q12h	特比萘芬	兔子：8~20mg/kg PO q24h 豚鼠：10~30mg/kg PO q24h 毛丝鼠：8~20mg/kg PO q24h

表21-1 用于治疗稀有小型哺乳动物皮肤病的药物剂量（续表）

药品	剂量	药品	剂量
抗寄生虫药		**抗炎药**	
双甲脒	雪貂，豚鼠，刺猬：0.3%溶液局部 q7d 仓鼠，大鼠，小鼠：1.4mL/L 局部 q7d 沙鼠：1.4mL/L 局部 q14d	卡洛芬	雪貂：1mg/kg PO q12~24h 兔子：1~2mg/kg PO, SQ q12~24h 大鼠：5mg/kg SQ q12~24h；1.5mg/kg PO q12h 沙鼠，仓鼠，小鼠：5mg/kg SQ q24h 土拨鼠：1mg/kg PO q12~24 h
西维因粉剂（5%）	雪貂，兔子，啮齿类：局部 q7d	氟尼新葡甲胺	雪貂：0.5~2mg/kg SQ, IV 12~24h 兔子：1~2mg/kg SQ q12~24h 小鼠，大鼠，沙鼠，仓鼠：2.5mg/kg SQ q12~24h 豚鼠：2.5~5mg/kg SQ q12~24h 毛丝鼠：1~3mg/kg SQ q12h 蜜袋鼯鼠：0.1~1.0mg/kg IM q12~24h，多于3d 刺猬：0.3mg/kg SQ q24h
多拉菌素	兔子：1mg/kg SQ 1次（背肛螨）； 0.2mg/kg SQ q10d2次（疥螨）		
芬普尼	雪貂：一个喷雾泵或1/5~1/2猫用移液器局部使用 q60d；0.2~0.4mL 局部 q30d 土拨鼠：以幼猫剂量局部使用 仓鼠，大鼠，小鼠：7.5mg/kg q30~60d		
伊维菌素	雪貂：0.2~0.5mg/kg PO, SQ q14d； 0.5~1mg/kg 耳内 14d内重复使用 兔子：0.2~0.5mg/kg SQ q14d 啮齿类：0.2~0.4mg/kg PO, SQ q7~14d 蜜袋鼯鼠：0.2mg/kg SQ q10~14d 土拨鼠：0.2mg/kg SQ q10~14d 小鼠：2mg/kg于耳后局部（用1%伊维菌素1:100稀释与丙二醇/水1:1配比）（0.1mg/mL） 刺猬：0.2~0.4mg/kg PO, SQ q10~14d	酮洛芬	雪貂：1mg/kg SQ, IM q24h 兔子：1mg/kg SQ, IM q12~24h 沙鼠，仓鼠，大鼠：5mg/kg SQ 豚鼠，毛丝鼠：1mg/kg SQ, IM q12~24h 土拨鼠：1~3mg/kg SQ, IM q12~24h
		美洛昔康	雪貂：0.2mg/kg PO, SQ, IM q24h 兔子：0.3mg/kg PO q24h；0.2mg/kg SQ, IM q24h 小鼠，大鼠：1~2mg/kg PO, SQ 豚鼠，毛丝鼠：0.1~0.3mg/kg PO, SQ q12~24h
吡虫啉 （有益）	雪貂：0.4mL 幼猫瓶局部 q30d 兔子：>10周龄且体重<4kg：0.4mL 局部使用q30d；体重>4kg：0.8mL 局部使用q30d 土拨鼠：以幼猫剂量局部使用 q30d	曲马多	雪貂：5mg/kg PO q12~24h
石硫合剂(2%)	雪貂，兔子，啮齿类：药浴q7d	**其他**	
氯芬奴隆 （程序）	雪貂，兔子：30mg/kg PO q30d	扑尔敏	雪貂：1~2mg/kg PO q8~12h 兔子：0.2~0.4mg/kg PO q12h 豚鼠：0.6mg/kg PO q24h
马拉硫磷粉剂 （3%~5%）	大鼠，沙鼠，仓鼠：局部 每周3次 3周 小鼠：0.37% 粉剂于垫料中	苯海拉明	雪貂：0.5~2mg/kg PO, IM, IV q8~12h 兔子：2mg/kg PO, SQ q8~12h 豚鼠：7.5mg/kg PO, 5mg/kg SQ每次 毛丝鼠，仓鼠，小鼠，大鼠：1~2mg/kg PO, SQ q12h 土拨鼠：1~2mg/kg PO, SQ q12h
马拉硫磷喷雾 0.5%或浸液2%	啮齿类：局部q7d×3周		
莫西克丁	兔子：0.2mg/kg PO, SQ q10d	安泰乐	雪貂：2mg/kg PO q8h 兔子：2mg/kg PO q8~12h
除虫菊酯	雪貂，兔子，啮齿类：局部 q7d（幼犬和幼猫配方）	泼尼松龙	雪貂：0.5~2mg/kg PO q12~24h 兔子：0.5~2mg/kg PO q12h 啮齿类：0.5~2.2mg/kg PO, SQ, IM 刺猬：2.5mg/kg PO, SQ, IM q12h 土拨鼠：0.5~2.2mg/kg PO, SQ, IM q12h
司拉克丁	雪貂，兔子：6~10mg/kg 局部 q30d 刺猬：6mg/kg 局部 q30d 豚鼠，大鼠，沙鼠，小鼠：6mg/kg 局部		

注：数据编译自参考文献[3]-[20]。
IM，肌内注射；IV，静脉注射；PO，口服；SQ,皮下注射。

雪貂的皮肤被毛发覆盖，包括柔软而厚的带色皮下绒毛和决定皮毛颜色的长而粗的外层粗毛。兔子的皮毛由一层柔软的绒毛和坚硬的粗毛构成。兔子和啮齿类（除豚鼠外）的毛发生长是同步的，一次有序的生长从前腿间的腹侧面开始，逐渐向背部和尾部延伸[39]。通常很难注意到多数啮齿类动物明显的脱毛模式，但季节性模式常见于兔子和雪貂[39]。在北半球的晚春时节，雪貂的毛发层变薄以应对逐渐增长的日照时间和逐渐增高的气温，该反应可能导致尾部、会阴和腹股沟区域对称性的秃毛症。雪貂可以先脱去外层的粗毛，而后出现更多蓬松的绒毛。在毛发变稀薄时，可在皮肤上看到皮脂腺分泌的棕红色的蜡样沉积物。春季换毛通常对雌性比对雄性更有意义，同时对正常雪貂比对绝育/去势后的雪貂更有意义。在晚秋很少发生换毛，但有皮下绒毛密度的增加，使得全身被轻盈的绒毛覆盖。在季节性脱毛症中剃除的毛发可能在数周至数月内不会再生出来[17]。大部分啮齿类动物的耳郭处毛发稀少；但沙鼠，兔子和雪貂的耳郭周围有浓密的毛发[39]。在美国，大多数的宠物雪貂来源于一家大的繁育机构，雪貂耳郭内的耳标（一或两个灰色或蓝色的小点）用于标记血统和绝育/去势情况。正如其尾部有几个黑头粉刺一样，在健康雪貂的耳道外周出现褐色耳垢的蓄积是很正常的。

大鼠和小鼠尾部的毛发非常稀疏，并且其有毛区和无毛区的上皮细胞存在差异，从而使得其尾部出现特征性的鳞状外观[39]。上皮细胞在毛囊开口处是正常的（有颗粒层的正常角化），但在毛囊间存在差异（无颗粒层的角化不全）[2]。毛丝鼠的每个毛囊内有至多60根毛发，这使得它们拥有浓密柔软的被毛。先天性秃毛症（无毛品种）在稀有小型哺乳动物的许多种类中都有发生。

与其他小型哺乳动物的另一个显著不同是，啮齿类和雪貂缺少毛囊汗腺，且在兔子身上分布有限（唇部）[2,39]。大鼠、小鼠和仓鼠脚垫上的无毛汗腺和外分泌腺都十分有限[39]。因此，大部分稀有小型哺乳动物对热都十分敏感[39]。刺猬有毛的皮肤和脚底有许多汗腺[38]。

皮脂性的气味腺在稀有小型哺乳动物上的分布存在显著差异[2,1,38,39]。雪貂全身皮肤有十分活跃的皮脂腺，这使它表现出特征性的麝香味和油腻感；未绝育的雄性白雪貂发达的皮脂腺产物能够将被毛着染成黄色。未绝育雄性雪貂的腺体产物比雌性的更显著；而未绝育的雪貂比绝育/去势的雪貂更显著。雪貂还有一对产生麝香的肛门腺。尽管事实上很多雪貂的体臭源自于它的皮脂腺，但美国大多数市售的雪貂都是去除体味的（绝育/去势）。在一些欧洲国家，去除雪貂的体味是违法的。仓鼠有很大的皮脂侧腺，可见到深棕色的斑块，并且在雄性动物更加明显。性活跃的雄性动物，腺体上的被毛由于分泌物而变得暗淡无光泽，并且动物抓挠该区域显示类似瘙痒的症状。沙鼠的腹中部有一个大的微黄色无毛的皮脂腺。它在雄性动物身上更加突出，且偶尔会被误认为身体病变。兔子有颊和颌下皮脂腺、肛门腺以及成对的腹股沟腺（图21-1，A）。豚鼠沿其背部（图21-1，B）和肛门周围都有皮脂腺，并经常能见到它们在地上轻摩或拖拽会阴部以做标记[39]。土拨鼠的肛门腺会有三个乳头状突起突出于体外（图21-1，C）[24]。雄性蜜袋鼯鼠有雄激素依赖性额部（前额），咽部（咽喉）和泄殖腔腺（后者也存在于雌性）[40]。刺猬的皮脂腺分布在有毛的皮肤上和脚底部[38]。乳腺和乳头的数目也随物种的不同而改变：仓鼠12~14个，大鼠12个，刺猬和小鼠10个，啮齿类、兔子和雪貂8个，毛丝鼠6个、蜜袋鼯鼠（育儿袋内）4个、豚鼠2个[38-40]。

大鼠、小鼠和仓鼠有4个前趾和5个后趾，以及无毛的脚垫。沙鼠有5个前趾和4个后趾，以及被覆毛发的脚垫。

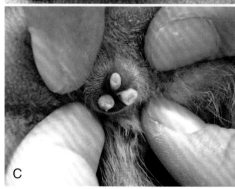

图21-1 　**A**. 兔腹股沟部的皮脂腺　**B**. 豚鼠尾背部的皮脂腺　**C**. 土拨鼠的三角肛门囊

豚鼠和毛丝鼠有4个前趾和3个后趾，以及无毛的脚垫。兔子有5个前趾和4个后趾，但没有脚垫，趾和跗骨下被覆粗糙的皮毛。雪貂的前后肢都有5个趾，且其脚垫与犬的相似[39]。土拨鼠的趾数与大鼠、小鼠和仓鼠的相同[24]。蜜袋鼯鼠的前后肢都有5个趾，足部的拇指并没有爪，并且是反向的，而第二和第三趾有轻微的融合（并指）[40]。刺猬的前肢有5个趾，后肢有4个趾[38]。稀有小型哺乳动物脚趾和脚垫的特点见表21-2。

啮齿类、兔子、雪貂、刺猬和蜜袋鼯鼠的爪是不能屈伸的[39]。刺猬爪的截面呈圆形，并有显著的弯曲[38]。

啮齿类的大多数种属是穴居动物，生活于野外，其大部分时间都用于寻找食物和逃脱捕食者。当被禁锢于能获得食物和没有天敌的环境中时会感到无聊，从而导致自己或同伴咀嚼毛发（剃毛）。拥挤可能引起并加重自我造成的创伤或同笼中同伴造成的创伤。此外，在一些啮齿类种属中，攻击行为普遍存在于雄性动物或雌雄双方，因此需要单独的笼舍以防止创伤。

经常从啮齿动物和兔子的皮肤、耳朵、鼻孔和被毛上

表21-2　稀有小型哺乳动物脚趾和脚垫的特征

种属	前趾	后趾	脚垫
兔子	5	4	缺失，趾和跖掌骨被覆粗糙的毛发
雪貂	5	5	与犬的相似
豚鼠、毛丝鼠	4	3	无毛
大鼠、小鼠、仓鼠	4	5	无毛
啮齿类	5	4	有毛
土拨鼠	4	5	无毛
蜜袋鼯鼠	5	5，第1趾反向（无趾甲）且第2、3趾融合	无毛
刺猬	5	4	无毛

分离出葡萄球菌，尤其是金黄色样脓葡萄球菌[2]。因此，金黄色葡萄球菌通常是一种机会致病菌，并且是这些动物皮肤感染的原因。

稀有小型哺乳动物中的许多种属，尤其是小鼠、大鼠、豚鼠和兔子，都被用作人类皮肤疾病的模型（例如小鼠和大鼠的遗传性稀毛症和鱼鳞癣），以研究人类皮肤病的各种发病机理（例如豚鼠的接触性超敏反应和念珠菌病），评估用于治疗各种人类皮肤病的药物（例如治疗豚鼠的马拉色菌性皮炎和用于裸鼠的类维生素A），研究经皮吸收和皮肤药理学的各个方面（例如用于研究表皮药物作用的鼠尾料分析），以及筛选局部用药的潜在刺激或致敏作用（例如豚鼠接触过敏原的Draize试验和兔皮肤的局部刺激试验）[41]。

一、雪貂

（一）外寄生虫

雪貂对大多数感染犬、猫的外寄生虫易感，蚤和耳螨是最常见的寄生虫疾病[17]。

1. 蚤

通常可在雪貂身上发现蚤，尤其是将其与犬、猫同屋饲养时更易发现蚤[2]。有报道称感染雪貂的蚤种属包括猫蚤、犬蚤和人蚤[17]。受感染的动物可能不出现症状或在颈后背部出现轻微至强烈的瘙痒症。严重感染的雪貂可能发展成与猫蚤咬过敏症相似的病变，以遍及臀部、体侧、腹侧或双侧大腿中部的对称性自发性秃毛症为特点，并伴有尾基部、腹侧和双侧大腿体部的皮炎[2]。严重感染也能导致贫血，尤其是在幼年雪貂。

诊断主要基于蚤的鉴别或蚤在动物体表的排泄物。

成功的治疗主要依赖于严格的灭蚤措施，包括对受感染的雪貂进行治疗，与对感染动物接触的雪貂、猫和/或

犬以及环境严格灭蚤。尽管没有批准用于雪貂的蚤治疗产品，但是大多数对幼猫安全的产品对雪貂也是安全的[22]。这些产品包括：除虫菊酯、吡虫啉［Advantage（Bayer Corp., Shawnee Mission, Kan.）］，司拉克丁［Revolution（Pfizer, Exton, Pa.）］，氯芬奴隆［Program（Novartis Animal Health, Greensboro, N.C.）］，以及芬普尼（见表21-1）[7,13,14,17]。如上所述，局部用有机磷酸酯类、敌敌畏浸液灭蚤项圈和杀虫剂药浴禁用于雪貂。环境消毒与对家养犬、猫的建议是相同的[17]。

2. 螨

（1）耳螨

雪貂常被犬、猫的耳痒螨感染[42]。螨通过与感染动物直接接触传播。雪貂可能不表现症状或不同程度地分泌耳垢。瘙痒、炎症和继发的细菌或真菌感染并不常见，可能仅发生于严重感染的病例[2,17]。耳螨扩散至躯体其他区域，尤其是会阴是十分罕见的[17]。诊断主要基于临床症状和在显微镜检查下鉴别耳分泌物中的活体螨虫和虫卵。如果耳分泌物的细胞学检查结果表明有继发感染，应该进行分泌物的细菌或真菌培养。可选择的治疗包括司拉克丁、注射伊维菌素和对每个耳道的清洗/局部治疗。司拉克丁虽然未经批准用于雪貂，但是其似乎比注射伊维菌素和/或局部治疗耳部更加有效。在一项研究中，用新霉素（Merck Agvet, Rahway, N.J.；每侧耳道2滴，连用7d，停药7d后再次用药治疗7d）或伊维菌素（1%伊维菌素与丙二醇1：10稀释；0.4mg/kg 分两耳滴用；2周内重复用药）局部治疗对去除耳螨比注射伊维菌素（0.4mg/kg SQ，2周内重复用药）更加有效[43]。单独进行局部耳部治疗可能无效，因为雪貂的耳道非常小，对主人的顺从性较差，且在身体其他部位也有耳螨。同样，过分的清洗耳道可能会刺激继发细菌或真菌感染，和/或鼓膜破裂。出于毒性风险的考虑，不能同时局部和肠外给予伊维菌素，尤其是对于怀孕的青年雌性雪貂，因为在2～4周的孕期内给予高剂量的伊维菌素会增加胎儿先天性缺陷的发生率[44]。当出现继发细菌或真菌的外耳炎时，建议进行耳分泌物检查。与蚤相同，若要成功消灭耳螨须对与其接触的动物和环境同时进行治疗和清洁。

（2）疥螨

雪貂感染疥螨十分罕见，一般多见于用雪貂捕猎兔子的地区[22]。这一动物传染性螨病的传播途径是与感染动物直接接触或暴露于受感染的环境。

疥螨病有两项临床表现：①广泛表现型是以非常普遍的广泛秃毛症和剧烈的瘙痒为特征（图21-2）；②局部表现型以频繁的严重瘙痒和爪部皮炎为特征，并伴有炎症、肿胀和爪部的硬痂，以及可能蜕皮、脱落和爪部发育不良（"腐蹄病"）[44]。

诊断基于刮皮检验中螨虫的检出，尽管假阴性非常常见。患病动物对治疗的反应也常常作为诊断方法[2]。

治疗包括注射伊维菌素或2%石硫合剂药浴（每周1次

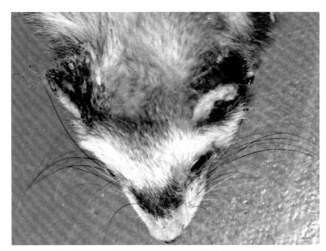

图21-2 患疥螨病的雪貂，可见耳郭上的秃毛症、硬痂和表皮脱落

直到临床症状消失后2周）[22]。有报道称司拉克丁是有效的。美倍霉素［Interceptor（Novartis, East Hanover, N.J.）］和双甲脒浸液［Mitaban（Pfizer Animal Health, New York, N.Y.）］未被用于治疗雪貂疥螨病[45]。局部和全身抗生素应被用于治疗继发的细菌感染，也可根据需要使用固醇类和抗组胺类药物对瘙痒进行对症治疗。对于局部表现型的雪貂，应使用温水浸泡足部，轻柔地清理硬痂皮，并修剪感染的爪子。

患病雪貂接触过的动物、笼舍、草垫和其他材料同样需要清理以预防再次感染。

（3）蠕形螨

蠕形螨在雪貂中十分罕见。有报道称已在健康成年雪貂的肛周、外阴、包皮、面部和下腹部的毛囊和皮脂腺内发现大型的蠕形螨[46]。如文献病例所述，同其他小型哺乳动物一样，免疫抑制能导致雪貂的蠕形螨病。有2例有关同屋饲养的雪貂患蠕形螨的报道，它们接受长期的糖皮质激素，以及用局部耳部药膏治疗复发的耳螨感染[47]。雪貂表现出耳内极多的耳垢，以及秃毛症、瘙痒、黑头粉刺和耳后及尾背侧和腹侧皮肤的橙色斑点。皮肤刮样、耳分泌物涂片和皮肤活组织检查可见大量蠕形螨。这些螨虫比先前在健康成年雪貂[46]上报道的蠕形螨体型更小且分布更浅表，与戈托伊蠕形螨相似。感染能够被双甲脒浸液安全有效地治愈（0.0125%浸泡溶液间隔7d治疗3次；每隔1d每侧耳道缓慢滴入2滴相同溶液；首次治疗时使用0.025%溶液间隔5d浸泡尾部，治疗3次）。在另一报道的病例中，蠕形螨继发于严重的淋巴瘤和肾上腺疾病，雪貂表现为眼周、嘴周和尾部的脱毛和瘙痒[48]。受感染的面部皮肤产生红斑、增厚和小的毛囊丘疹；雪貂同时伴有棕色耳垢的增多和耳道内的红疹。面部病灶、皮肤刮样和耳垢的显微镜检

查可见大量蠕形螨的成虫和幼虫。形态上与大体犬蠕形螨相似（类似健康成年雪貂的蠕形螨[46]）。最初口服逐渐增加剂量的伊维菌素治疗对该雪貂有效（50μg/kg PO q24 h；剂量在前2周最终缓慢增加至300μg/kg；治疗一直持续进行至刮皮试验呈阴性后1个月），但是最终因严重淋巴瘤和相关的临床症状对其实施了安乐术。

（4）其他螨虫感染

报道显示在5只患有溃疡性面部损伤的雪貂幼崽上检出人毛螨属的皮毛螨虫[49]。用氯菊酯粉局部治疗和用含有氯菊酯的香波清洁环境后损伤消失。背肛螨（来自猫和兔）和串孔痒螨，以及串孔足螨（来自兔）可能会感染用作狩猎的雪貂和/或饲养于室外的饲喂整只猎物的雪貂[50]。

3. 其他寄生虫

蜱偶见于雪貂，尤其是室外饲养和/或用于捕猎的雪貂[44]。篦子硬蜱是最普遍的感染雪貂的蜱[15]。它们通常见于雪貂的头和耳[2]。治疗包括完整地摘除蜱虫或注射伊维菌素[15]。将用于猫的杀灭蜱的喷剂或浸液用于雪貂是安全的。不能使用有机磷酸酯类。在雪貂上没有莱姆病的病例报道[17]。

（二）真菌性疾病

真菌在雪貂上非常罕见，其发生率根据地理位置不同而不同[17]。犬小孢子菌和须毛癣菌是引发雪貂金钱癣病的最普遍的病菌，幼年或免疫抑制的动物最易感染[2,17]。雪貂可通过与感染动物或污染物的直接接触而感染，并且有报道称感染与过度拥挤或与猫接触有关[51]。金钱癣对雪貂造成的损伤与其他物种的相似，包括环形的秃毛症、断毛、毛发脱落以及不同程度的红斑和红疹。损伤可能是局灶性的，也可能感染躯体的大部分区域。通常并无瘙痒，可是一旦出现瘙痒将非常严重并且导致表皮脱落和继发脓皮病[17]。通常基于临床症状，饲养家庭内其他动物和人出现的损伤、感染毛发、刮片或活组织的显微镜检查，以及真菌培养作出诊断。青年雪貂的真菌病通常会自愈，损伤在几个月后会自动消失[51,52]。对于个别局灶性损伤的治疗包括：剃除损伤周围的毛发，用角质软化香波治疗，碘伏擦洗，以及抗真菌药物（咪康唑或克霉唑乳膏或洗液）治疗[9]。如果损伤广泛或有大量的损伤存在，或是顽固性的病例，应剃除雪貂全身的毛发，用咪康唑香波冲洗，并给予灰黄霉素[4,9]。虽然在雪貂上没有灰黄霉素不良反应的报道，但是该药不能用于种用动物，且应每2周监测血常规（CBC）结果[53]。如果需要全身治疗可以选择伊曲康唑[54]。应对环境进行消毒，且室内所有的动物都应接受治疗去除感染性孢子。雪貂的真菌病与犬、猫的一样，是一种动物传染病，应告知畜主潜在的感染风险[51,52]。

伴有皮肤临床表现的全身真菌病在雪貂十分罕见，但是应怀疑皮肤上出现大面积干性区域、对抗生素治疗无效的有皮疹的动物，尤其是当动物出现全身性的症状时，如

发热、呼吸症状、体重减轻和胃肠道症状[42]。有雪貂感染
芽生菌皮炎的报道，且患病动物还伴有肺炎和掌骨处脚垫
的溃疡损伤[55]。该雪貂最初以口服酮康唑和静脉注射两性
霉素B治疗。皮肤损伤消失且该雪貂有所好转，但是有全
身性疾病复发，最终对该雪貂施行了安乐术。组织胞浆菌
病在雪貂上的诊断要点是多重皮下结节、长期打喷嚏以及
严重的体重减轻[52]。该雪貂来自组织胞浆菌病病区且用于
狩猎兔子和大鼠。该雪貂对酮康唑治疗无效并在治疗开始
后不久即死亡。球孢子菌病在雪貂上的诊断要点是发热、
肺炎以及后膝关节处顽固性的干性区域[56]。通过尸检确
诊。2只雪貂（1只来自加拿大，另1只来自澳大利亚）呈
现局灶性的皮肤隐球菌病，以前肢末端溃疡性损伤为特
征[57]。1只雪貂的损伤位于掌背外侧区域，损伤在5周的伊
曲康唑治疗（共计6个月）开始后消失。另1只表现出相似
的顽固性病变、秃毛症、左后第二趾的溃疡面。截除受感
染的第二趾是有效的。一些学者认为雪貂的局灶型皮肤隐
球菌病比其他哺乳动物的更加常见[57]。

　　在新西兰，由于感染伞枝犁头霉菌引起的雪貂毛霉菌
病的报道有所增加[52]。造成该现象的因素包括与猫接触，
以及同时被犬、猫耳螨感染。

　　同样，所有感染马拉色菌的雪貂都与猫接触并感染耳
螨[52]。受感染的雪貂耳部瘙痒，患有外耳炎，并可能发展
为耳郭坏疽和面部皮炎[58]。主要基于感染区域真菌（和寄
生虫）的鉴别作出诊断。治疗同耳螨，并应同时进行全身
（酮康唑）和局部（咪康唑）抗真菌治疗[52,58]。

（三）细菌性疾病

　　在交配和玩耍时被同伴咬伤颈部在雪貂上十分常见。
轻微的损伤通常表现为被毛稀疏或颈肩部周围出现结痂的
红斑。若雪貂继发于瘙痒的自发性创伤也可以出现类似的
损伤（图21-3，A）。咬伤引起感染后可导致浅表或深层
的脓皮病、脓肿或蜂窝织炎，大部分由葡萄球菌和链球
菌引起（图21-3，B）[59]。也有过报道大肠杆菌、棒状杆
菌、巴氏杆菌和放线菌[60]。

　　放线菌病（"粗颌病"）继发于口腔黏膜损伤，在雪
貂很少有报道。感染动物的颈部存在结节或脓肿，并可能
出现瘘管和黄绿色脓性物的渗出[60]。肿块可能过大并引起
呼吸困难[17]。还有1例雪貂皮下放线菌肉芽肿并伴发淋巴瘤
的报道[61]。

　　葡萄球菌或链球菌感染的颈部蜂窝织炎也可以由牙齿
疾病和下颌骨骨髓炎引发[60]。

　　细菌皮肤病的诊断主要基于革兰氏染色和需氧厌氧培
养，以及分泌物或感染组织的敏感性。治疗包括外科摘除
或切开、清创、脓肿冲洗、伤口护理和局部及全身抗生素
治疗[17]。用于治疗雪貂开放性创伤的局部抗生素包括三联
抗生素软膏，即磺胺嘧啶银软膏、庆大霉素软膏和呋喃西
林和芦荟汁[53,62]。

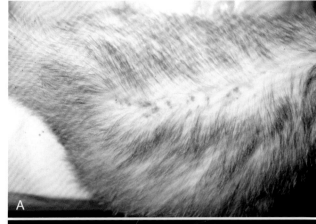

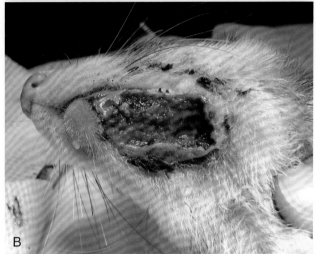

图21-3　细菌性疾病　**A.** 一只雪貂的浅表细菌性毛囊炎。背中线上
可见多处陈旧性丘疹和不对称的脱毛　**B.** 继发于另一同屋饲养的宠物
咬伤的雪貂下颌脓肿。可见一个较大的表面疤痕覆盖于创口，其下的
脓性物已被清除

（四）病毒性疾病

　　唯一经常影响雪貂皮肤的病毒是犬瘟热病毒[13]。接触
病毒10~15d内，受感染的雪貂颌下可能出现红斑和瘙痒的
皮疹，并向腹股沟或肛周蔓延。损伤可能呈橙色着染并发
展为小水疱，而后继发脓皮病（图21-4，A）。由于鼻黏
性分泌物和眼黏性分泌物，雪貂也会在面部出现褐色的干
痂，并且下颌、嘴唇和眼睑会发生肿胀（图21-4，B）。
脚垫的肿胀和角化过度尽管是非特异性的临床症状，但高
度提示犬瘟热（表21-3）[17,22,63]。雪貂犬瘟热的生前诊断
十分困难，通常基于可疑的疫苗接种史、临床症状、免疫
荧光抗体检测（血涂片、白细胞层、眼睑刮取物）以及血
清抗体滴度[63]。在皮肤上也可发现嗜酸性粒细胞和细胞核
病毒包含体，但其数目比其他感染组织的更低[17]。感染犬
瘟热病毒的雪貂预后不良，接触病毒后未接受有效治疗的
1~3周内，其死亡率接近100%[17]。有1例不寻常的雪貂感
染犬瘟热病毒的病例报道[64]。该病例的特点是1只多次接种

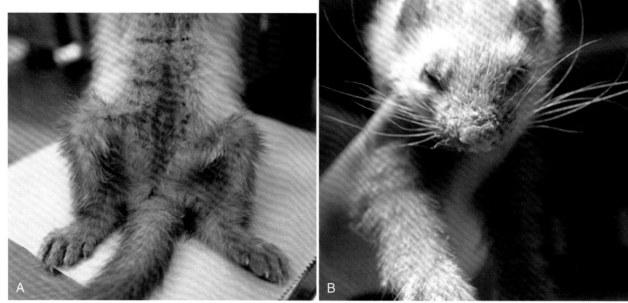

图21-4 **A.** 患有继发于犬瘟热病毒的腹股沟部皮炎的成年雪貂。注意受感染区域皮肤的橙色污点 **B.** 因继发于犬瘟热病毒感染而出现面部肿胀和棕色硬痂的成年雪貂（A和B由S. White提供）

表21-3 雪貂和兔子皮肤病的鉴别诊断

种属	临床症状	鉴别诊断
雪貂	秃毛症	跳蚤感染，耳螨（耳郭），疥螨病，蠕形螨病，细菌性皮炎，霉菌性皮炎，肾上腺疾病，雌激素过多，季节性秃毛症，肿瘤，接触性皮炎，营养不良
	瘙痒	跳蚤，耳螨（耳郭），疥螨病，蠕形螨病，脓皮病，皮癣病，肾上腺疾病，肿瘤（淋巴瘤，肥大细胞瘤），接触性皮炎
	爪部皮炎和爪部异常	疥螨病（局部型），淋巴瘤（所有脚），其他肿瘤（单脚），犬瘟热病毒感染，细菌感染，真菌感染，创伤，接触性皮炎，自发性落叶型天疱疮
	外耳炎及中耳炎	螨虫感染，细菌感染，真菌感染（马拉色菌），肿瘤（恶性上皮癌，上皮瘤），局部药物反应，过度潮湿
	皮下肿胀	脓肿，囊肿，肿瘤，血肿，皮肤蝇蛆病
	瘀点、瘀斑、挫伤	血小板减少症（雌激素过多），血小板病
兔子	秃毛症	螨（痒螨，姬螯螨,疥螨，背肛螨），蚤，注射部位反应，皮脂腺炎，正常脱落（矮小型垂耳兔），缺乏清理，接触性皮炎，潮湿性皮炎，皮肤真菌病，兔梅毒，肿瘤
	瘙痒	螨（痒螨，姬螯螨,疥螨，背肛螨），蚤，蛲虫，注射部位反应，皮脂腺炎，接触性皮炎，潮湿性皮炎，皮肤真菌病，兔梅毒，肿瘤
	皮下肿块	肿块，肉芽肿，肿瘤，囊肿，疤痕组织，寄生虫（黄蝇，多头蚴），血肿/血清肿
	乳腺肿块	败血性乳腺炎，囊性乳腺炎，良性肿瘤，恶性腺癌，乳腺发育不良（垂体瘤）

犬瘟热疫苗的成年雪貂出现典型的皮肤损伤但并未出现眼鼻分泌物、呼吸或神经症状，其病程长达53d。因此，应将犬瘟热病毒感染作为对相应治疗无效的有皮肤损伤的雪貂的鉴别诊断，即使是那些近期接种疫苗的动物。

每年接种Purevax疫苗［Merial（Athens,Ga.）］能够进行犬瘟热预防，该疫苗是美国农业部批准的唯一可以用于预防雪貂的犬瘟热疫苗。不应使用犬源细胞疫苗，因为它们可能会导致雪貂临床发病[65]。

（五）内分泌疾病

1. 肾上腺相关内分泌病

肾上腺皮质增生和肿瘤是造成雪貂渐进性对称性秃毛症的最普遍原因[17,66]。在美国，该病在宠物雪貂上的患病率接近70%[67]。雪貂肾上腺相关内分泌病（AAE）的病因还不清楚。患病率在美国、欧洲或澳大利亚的显著差异表明，早期绝育，在室内长时间暴露于光照下以及遗传因素

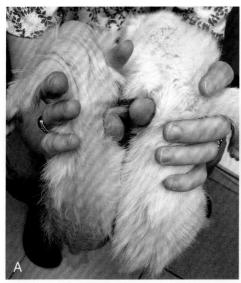

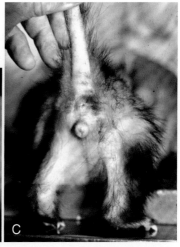

图21-5　**A.** 与肾上腺内分泌疾病（AAE）相关的雪貂的严重秃毛症（左）；1只被毛正常的雪貂作为对照（右）　**B.** 患有AAE的雪貂头部秃毛病灶　**C.** 患有AAE的幼年雌性雪貂出现阴门肿胀及对称性秃毛症（A由S. Chen提供）

可能是美国发病率高的原因[17]。

　　雪貂肾上腺疾病的病因主要是病理性增生（56%）、腺瘤（16%）或恶性腺癌（26%），结果导致过多的性激素分泌（雌激素和/或雄激素）。皮质醇水平大多维持在正常范围内[17,68]。大部分受影响的雪貂发生单侧病变（84%），其中大部分发生在左侧肾上腺（80%为单侧病例）[69]。

　　临床症状多出现在中年至老年的绝育或去势雪貂，雄性和雌性均有发生[17,53,68]。在大部分病例中，临床症状首次发现于春季，以后驱和背侧的对称性渐进性秃毛症为特征，并渐进性地向头部和前驱发展（图21-5，A）。最初，感染动物可能在春季发生秃毛症并在秋季好转；秃毛症在每年春季复发，并逐年加重，最终转化为顽固性的秃毛症[17,53,68,70]。有时，雪貂可能仅在颈部或头部的特定区域出现局灶性的秃毛症（图21-5，B）。有报告显示近40%的瘙痒主要出现在背部与双肩之间，伴有或不伴有脱毛，且可能十分剧烈，抗组胺药或类固醇治疗无效[66,67,70]。大多数受感染的雪貂都有浓烈的麝香味[2,68]。其他皮肤病变包括皮炎、色素沉着、静脉曲张和黑头粉刺。雪貂的肾上腺疾病同样与其他临床症状有关，例如嗜睡、肌萎缩、恢复性别性攻击行为（雄性和雌性）、外阴肿胀（图21-5，C）并偶然出现分泌物（阴道炎和子宫残端蓄脓）、雄性雪貂出现排尿困难/尿淋漓/里急后重（由前列腺增生引起），以及乳腺增生（罕见，多发于幼龄）[17,53,68,70]。

　　肾上腺疾病的推测诊断主要基于病史、临床症状、血液中的性激素水平、肾上腺的超声检查和对治疗的反应。肿大的肾上腺能在健康体检中被触及，尤其是当左侧肾上腺病变时[70]。各种性激素水平的测定为诊断雪貂肾上腺疾病提供了更敏感的指示。美国田纳西大学兽医学院临床内分泌学实验室的"肾上腺全项"涵盖测量血液中雌二醇、

表21-4　去势和绝育雪貂血液性激素水平的参考范围（美国田纳西大学兽医学院临床内分泌学实验室）

激素	范围
雌二醇	30～180pmol/L
17α–羟孕酮	0～0.8nmol/L
雄烯二酮	0～15nmol/L

雄烯二酮和17α–羟孕酮的水平（表21-4）。在一项研究中，96%的患病雪貂的血液浓度中至少有一种激素升高，22%的雪貂三项都升高[71]。然而，检验结果并不总是能作为诊断依据，而且实际临床应用中测试成本可能太高[66,69]。超声检查能够辨识患病的肾上腺并测量其大小，检查其结构、与之相关的周围血管和器官以及是否存在并发症[70]。由于雪貂肾上腺的定位和鉴别相对困难，以至于常出现假阴性，且实际上在某些病例中，病变肾上腺的大小是正常的[66]。

　　由于经常出现并发症，全面的检查包括CBC、血生化全项、尿常规和全身影像学检查。对于患肾上腺疾病的雪貂，其CBC和血生化分析结果通常并不显示显著异常[17,70]。由于雌激素诱发的骨髓毒性，可能会出现贫血和全血细胞减少症，但这种情况十分罕见[70]。生化结果通常显示丙氨酸氨基转移酶（ALT）浓度升高，然而这并不是肾上腺疾病的特征性反应[53,70]。患病雪貂的尿皮质醇/肌酐比表现出升高，但是这也不是AAE的特征性反应，且一些患病雪貂的比率也可能正常[72]。影像检查对鉴别并发症也非常重要，但对诊断雪貂的肾上腺疾病并无意义，因为病变的肾上腺很少出现质量效应或矿化[70,73]。由于雪貂肾上腺疾病与皮质醇分泌增多并无关联，因此促肾上腺皮质激素刺激试验和地塞米松抑制试验并不能用于诊断这一物种的肾上腺疾病[70,74]。确诊需要手术中获得样品进行组

织病理学分析[17,70]。

雪貂肾上腺疾病的治疗选择包括药物治疗或手术。肾上腺切除术是其中一种治疗选择，因为其对大多数病例都是有效的并且能看到其他可能发生病变的器官（胰腺、腹部淋巴结、前列腺）[17,70]。左侧肾上腺易摘除，右侧肾上腺与后腔静脉相邻，因此很难进行外科摘除，病变肾上腺经完全摘除后，可在2～8周内看到症状改善，而且通常在5个月内完全恢复，摘除肾上腺的对侧毛发开始生长。对于双侧肾上腺病变，通常施行左侧肾上腺全切除术和右侧肾上腺部分切除术。对于这些病例，建议补充糖皮质激素进行治疗，以预防医源性的阿狄森综合征，可使用醋酸氟氢可的松（0.05～0.1mg/kg每24h 1次或每12h分次给药）或三甲基乙酸去氧皮质酮（2mg/kg IM每21d 1次）。在监测电解质水平时，给药剂量和给药间隔可减至防止出现肾上腺皮质功能减退临床症状的最小剂量[75]。有17%的单侧病变病例在肾上腺切除后14个月出现临床症状和疾病复发，另外有15%的双侧病变病例在双侧肾上腺部分切除后7～22个月复发[66,69]。

雪貂肾上腺疾病的药物治疗仅仅是缓解措施，可减缓临床症状但并不能影响肿瘤的生长和发展。药物治疗对老年或患病雪貂，或者对那些不能选择手术的雪貂（经济成本、复发疾病）是有益的[17,70]。下列药物中没有一种被批准用于雪貂，因为只进行了很少的可控临床试验或毒性研究，应当小心使用并告知动物主人使用的这些药物没有许可标签并且都是试验性用药[76]。药物治疗并不总是有效的，且不能预测特定的药物和方案会对哪只雪貂有效。在确定有效方案之前可以尝试不同的治疗方案[70]。治疗雪貂肾上腺疾病最常用的药物是醋酸亮丙瑞林，它是一种长效的促性腺激素释放激素（GnRH）激动剂。醋酸亮丙瑞林有1个月和4个月两种长效形式。1月型的按每剂100μg（雪貂体重<1kg）或200μg（雪貂体重>1kg）给予，每月1次终身用药。这种激素同样可以用于初始或紧急治疗雌性雪貂继发于肾上腺疾病的排尿障碍。对于大多数雪貂，临床症状通常在开始注射1月型醋酸亮丙瑞林后的6～8周内消失。一旦达到最大疗效（通常在第1次注射后6个月内），可以适当延长两次注射的间隔[2]。4月型醋酸亮丙瑞林通常按每4～6个月2mg的剂量肌内注射[13]。注射醋酸亮丙瑞林不是对所有雪貂都有效，这可能是因为剂量的变化、个体敏感性，或疾病过程表现出的不同形式（增生、腺瘤、恶性腺癌）引起的[68]。醋酸德舍瑞林是另一种人工合成的拟GnRH药，该药作为缓释埋植剂使用（3mg或4.7mg）能改善临床症状和血浆激素浓度达8～30个月之久，且无不良反应的报道[77,78]。有报道称，当按每天0.5～1mg的剂量口服给以褪黑素时（最好在日出后8h），褪黑素能够短期抑制患肾上腺疾病雪貂的临床症状[79]。类似的报道也可见于使用5.4mg褪黑素埋植剂时[80]。用于患肾上腺疾病的雪貂的褪黑素或德舍瑞林埋植剂的有效性和安全性还需要进一步考证。米托坦

和酮康唑对雪貂肾上腺疾病的治疗无效[53,68,70,75]。对于继发于肾上腺疾病的前列腺增生的病例，附加治疗可以考虑进行激素的补充。芳香化酶抑制剂例如阿那曲唑〔Arimidex（AstraZeneca Pharmaceuticals, Wilmington, Del.）〕可以按0.1mg/kg PO q 24h的剂量使用，直至症状消失，随后根据具有高雌二醇水平的雄性雪貂的实际需要实行每周间隔用药。比卡鲁胺〔Casodex（AstraZeneca Pharmaceuticals, Wilmington, Del.）〕是一种雄激素阻断剂，可以按每天5mg/kg PO使用（直至症状消失，随后按需要每周间隔给药）[75,76,81]。氟他胺是一种雄激素摄取抑制剂，用于减小前列腺大小和治疗患肾上腺疾病雪貂的秃毛症，每12～24h口服此药按10mg/kg剂量使用。由于其较高的花费和潜在的不良反应（雄性乳腺发育症，肝损伤），这种药很少被使用[75]。芳香化酶抑制剂和雄激素阻断剂不应同时使用，以避免激素前体的蓄积及随后临床症状的恶化[81]。

当雄性雪貂出现尿道阻塞的紧急情况时需要立即治疗。对于某些雪貂，最初的治疗（放置导尿管，支持疗法，抗生素治疗，亮丙瑞林，膀胱引流）可以解决尿路阻塞。在一些严重的病例中，除药物治疗外还需要进行前列腺手术[70]。

该病的预后是不定的，取决于疾病的类型（增生或肿瘤）、年龄、是否存在并发症以及治疗模式[75]。当肾上腺病在早期发现并施行手术治疗，且没有并发症问题时，通常预后良好。如果存在前列腺疾病，骨髓抑制，或肿瘤转移（肝脏、腔静脉、罕见的肺转移）时，则预后不良。由于治疗结果并不确定，因此预后也难以预测[70]。

2. 高雌激素血症

未绝育的雌性雪貂或留有卵巢的雪貂可能表现出外阴肿胀和秃毛症，与患肾上腺疾病的雌性雪貂症状相似。临床症状是由循环雌激素水平升高导致的。诊断主要基于病史，临床症状，对人绒毛膜促性腺激素治疗的反应（每只动物按100～200 IU肌内注射；7～10d内重复给药），血液中性激素的浓度的测定（这种情况下，只有雌二醇水平升高），以及腹部超声检查。确诊和治疗只能通过腹腔探查手术和卵巢摘除术完成[70]。

3. 季节性秃毛症

由季节性脱毛导致的稀毛症和/或秃毛症在性活跃周期内（3～8月）的雌性和雄性雪貂上十分常见。秃毛症是双侧对称性的，能见于尾部、会阴、腹侧、臀部，并偶尔见于眼周和爪部区域。患病动物的其他方面都表现正常，并且脱落的毛发在秋天会自己重新生长[2,70]。

4. 睾丸肿瘤相关秃毛症

睾丸肿瘤十分罕见，因为大多数宠物雪貂在幼年时已经进行了去势手术。有报道称，1例患有睾丸间质细胞癌的雪貂出现被毛稀疏和秃尾。还有报道称，另一只患有睾丸支持细胞肿瘤的雪貂表现全身秃毛症和瘙痒等症状[2]。

（六）肿瘤

皮肤肿瘤在雪貂十分常见，是仅次于内分泌肿瘤和血液淋巴瘤的第三大肿瘤[73]。大部分皮肤肿瘤是良性的，报道最多的是肥大细胞瘤、基底细胞瘤和脂肪细胞瘤[2,82,83]。如下所述的大部分皮肤肿瘤都有相似的临床表现，以细胞学检查和/或组织学检查支持最终的诊断，对确定预后和治疗是必不可少的。当确诊一种更严重的肿瘤类型时，推荐进行全面的检查，包括CBC、生化全项、影像学检查、超声检查和局部淋巴结的活组织检查。对于大部分肿瘤，广泛的手术切除（或截肢）是一种可选的治疗方式[2,9,17,83,84]。放射疗法可以用于类型确定的皮肤肿瘤的术前或术后治疗，包括鳞状细胞癌，包皮恶性腺癌或纤维肉瘤[84,85]。由于雪貂的大部分肿瘤是良性的，且大部分恶性肿瘤都是低级别的，因此进行早期干预和彻底手术切除的整体预后良好[2,9,17,83]。

雪貂的肥大细胞瘤通常是良性的，类似于家猫的皮肤肥大细胞瘤[17,83]。它们表现为单个或多个边界清晰的无毛小瘤（图21-6）。病变的大小不同，为0.2～1cm，并可能生长在身体的任何部位，最常见的是头部、颈部、肩部或躯干。某些病变瘙痒，因此肿瘤可能发生溃烂或被血痂覆盖，并最终自行脱落[17]。有报道称，肿瘤出现自发溶解和复发，且随着时间的推移，新肿瘤可能在同一只雪貂身上再次发生[17]。由于恶性肿瘤十分罕见，因此手术切除是有效的且通常推荐于具有严重瘙痒和反复创伤和出血的病例[13,83]。可以局部或全身使用盐酸苯海拉明以临时缓解瘙痒[13]。

基底细胞肿瘤是良性的，且可生长于全身各处。它们通常为单个或多个边界清晰、质地坚硬、呈白色至粉色、带有蒂结节或斑片状的病变，偶尔发生破溃[17,84]。

雪貂的良性和恶性皮脂腺肿瘤都有报道，且大部分为良性（腺瘤和上皮瘤）[86]。它们可出现于全身各处，但大部分位于头部和颈部。通常，肿瘤为质地坚硬、突起、呈疣状或多分叶的苍白小瘤，瘤体可能直径达3cm，并发炎或溃烂（自我创伤）（图21-7）[17,86]。皮脂腺肿瘤可与肥大细胞瘤同时发生。

鳞状细胞癌在雪貂十分罕见，但已有2例恶性的报道。这些肿瘤一般表现为质地坚硬、呈灰白色、为单个或多个瘤体或斑块，主要生长在头顶、唇、趾、跗关节、股部、脚垫或躯干的皮肤上（图21-8）[17,87]。雪貂肛门腺的鳞状细胞癌也有过报道[88]。因为复发率高和对化疗药物的敏感性低，通常预后不良[17,86,87,89]。放射疗法可以用作辅助治疗[85]。

尽管淋巴瘤在雪貂很常见，但皮肤淋巴瘤并不常见。非上皮细胞营养性皮肤淋巴瘤表现为小的、单个的、局部斑块或肿瘤（图21-9，A），然而上皮细胞营养性皮肤淋巴瘤表现为瘙痒、皮炎、表皮损伤（脱皮、腐蚀、硬痂）和/或秃毛症[17,90-93]。这些病变可能是广泛性的或局部的（头部、躯干、爪、脚垫、尾部、包皮）（图21-9，B和C）[17]。有报道描述患皮肤淋巴瘤的雪貂全部四肢出现爪部畸形[93]。口服异维甲酸（每24h 1次 2mg/kg）[93]和强的松（2.5mg/kg，每12h 1次）[13]短期有效，但由于疾病的恶化和并发症，最终对该雪貂施行了安乐术。

皮脂腺和汗腺恶性腺癌在雪貂十分罕见，其表现与其他哺乳动物的相关描述相似（局部侵袭，淋巴结转移和偶尔的内脏转移）[17,83]。它们可能出现在身体的任何部位，

图21-7 雪貂颈部的皮脂腺上皮瘤

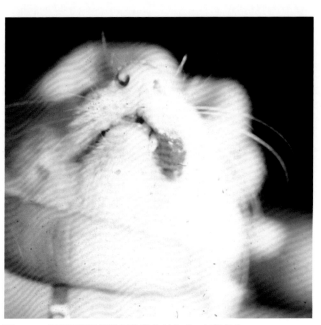

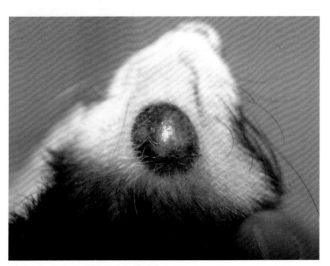

图21-6 雪貂下颌的肥大细胞瘤

图21-8 雪貂唇部的鳞状细胞癌（由W. Gould提供）

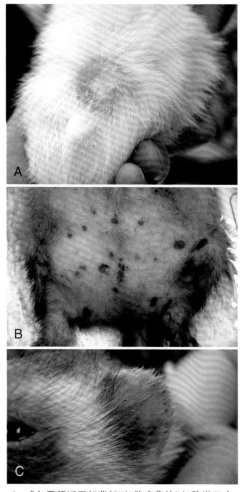

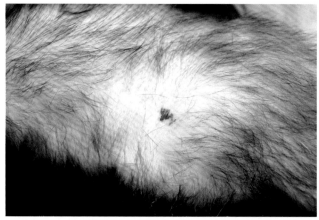

图21-10 雪貂腹侧面的皮肤血管瘤

图21-9 **A.** 成年雪貂近尾部背部T细胞富集的B细胞淋巴瘤 **B.** 患上皮细胞营养性淋巴瘤雪貂的秃毛症和溃疡性皮炎 **C.** 患上皮细胞营养性淋巴瘤雪貂耳郭的表皮病变

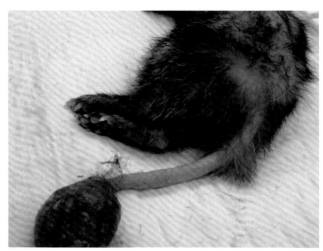

图21-11 雪貂尾部远端大的脊索瘤。准备手术时邻近肿块的毛发已被剔除

通常为质地坚硬、突起、呈多分叶或疣状的团块[84]。

　　大部分顶泌味腺恶性腺癌见于味腺集中区域（头部、颈部、包皮、阴门），主要在会阴部，并且呈现为突起的红色、质地坚硬或溃烂的肿块[17,83,84]。单纯的乳腺增生可继发于肾上腺疾病[94]。

　　雪貂的纤维瘤和纤维肉瘤也有过报道并且也表现为局部的皮肤或皮下肿块[84,95]。有报道显示雪貂也存在疫苗接种部位纤维肉瘤。患病雪貂的肿瘤部位有狂犬疫苗和/或犬瘟热疫苗接种史，但是没有接种疫苗数目或在相同区域注射其他药物的信息。尽管这些病例的临床信息有限且缺乏精确的接种史，但是组织学、免疫组织化学和超微结构的特点与猫疫苗相关肉瘤的相似性及肿瘤位置都表明，同猫一样，疫苗接种可能导致雪貂局部的肿瘤形成[96]。对于可获得追踪信息的纤维瘤/纤维肉瘤病例，外科切除能够完全解决肿瘤问题[95]。

　　皮肤和皮下血管瘤及血管肉瘤偶尔发生于雪貂。被毛颜色和色素沉积对血管瘤的发展没有预示意义，因为黑色雪貂既可能患良性也可能患恶性肿瘤[83]。血管瘤通常是真皮层界限清晰的病变（图21-10），然而血管肉瘤通常为爪和腿部的红肿、坚硬的肿块，并可能波及骨组织[84]。大部分皮肤血管瘤都是恶性的，但都是低分级的，生长缓慢且无转移性。对这些肿瘤进行完全切除是有效的[83]。

　　雪貂的皮肤平滑肌肉瘤有过报道，可能起源于与毛囊有关的平滑肌。追踪信息显示，该病例预后良好且手术切除有效[97]。

　　脊索瘤在雪貂上很常见。它们通常见于尾部，表现为圆形、平滑、质地坚硬的肿块（图21-11），也见于其他位置（颈椎，胸椎）[98-100]。脊索瘤生长缓慢，但可能转移。完全切除（尾截除术）可作为治疗选择[17,98]。

　　有1例雪貂皮肤黑色素瘤的报道。动物在背腰部区域出现1个6mm的皮下坚硬肿块且无其他临床症状。外科切除后无复发或转移表明其良性生物学特性[101]。

　　雪貂的皮肤以及皮下肿瘤的病例报告[2,17,42,72,73,82-84,90,93,95-105]见表21-5。

（七）营养不良

　　雪貂的胃肠道非常短且运送时间非常快，需要高蛋白高脂肪和低纤维的日粮。应饲喂它们高质量的鸡肉或雪貂食品。低质量的日粮，尤其是低脂肪的日粮会导致毛发干燥无光泽。供给雪貂充足的日粮和/或有效的脂肪能有效地

表21-5 雪貂皮肤和皮下肿瘤报告

来源组织	组织学诊断	位置	参考文献
上皮	鳞状细胞癌	头、下颌、腹部、颌下淋巴结、唇、趾、跗骨、股部、脚垫、躯干、肛门腺	[72,73,88]
	基底细胞瘤	全身各处	[73]
	基底鳞状细胞癌		[73,82]
	乳头状瘤		[2,73]
皮脂腺	腺瘤	尾、腿、耳、背、颈部、头、面部、下颌、腹部、趾	[73,83]
	癌		[17,73]
	上皮瘤		[73]
	皮脂腺瘤		[73]
顶泌腺（大汗腺）	腺瘤	包皮、乳腺（单个、多个）	[73,83]
	恶性腺癌	包皮、阴门、肛周（肛门腺）、臀部、股部、面部、尾、淋巴结、耳郭（耵聍腺）	[2,17,83,84,102]
	囊腺瘤	未说明位置、尾	[83,103]
小汗腺	腺瘤	脚垫	[83]
其他	神经内分泌瘤	未说明位置	[73,82]
	黏液瘤	会阴部皮肤	[2,73,82]
	黏液肉瘤	胸壁、尾	[2,73,82]
	纤维瘤	全身各处	[2,84,95]
	纤维肉瘤	全身各处、肩胛骨区域（疫苗诱导型）	[2,73,83,84,95,96]
	平滑肌肉瘤	头、耳郭、颈部、肩、胸、背、腕部、臀部、后肢	[42,83,97]
	肥大细胞瘤	腿、耳、背、颈部、头、面部、下颌、腹部、躯干、趾	[73,83,84,95]
	脊索瘤	尾、颈椎、胸椎	[2,17,98,99,100]
	软骨肉瘤	尾	[2,103]
	淋巴瘤	弥散性疾病和局部肿块（头、躯干、四肢、爪、脚垫、尾）	[17,90,93]
	淋巴肉瘤	包皮	[95]
	血管瘤	耳郭、背部	[2,83,95]
	血管肉瘤	臀部、肛周、脚和腿	[2,83,84,95,104,105]
	横纹肌肉瘤	未说明位置、胸	[2,95,103]
	纤维神经瘤		[2,95,103]
	纤维神经肉瘤		[2,82]
	组织细胞瘤		[2,82,103]
	恶性纤维组织细胞瘤		[2,73]
	骨髓肉瘤		[82]
	黑色素瘤	腰背区域	[101]
	滑膜细胞肉瘤		[73]
	皮肤息肉	跗部	[95]
	脂肪瘤	未说明位置	[83]

解决这一问题[17]。

缺乏生物素会导致雪貂双侧对称性秃毛症、角化过度和毛发褪色[17,22]。

（八）其他疾病及原因

雪貂在自然栖息地时花费大部分的时间在潮湿的地下洞穴内。宠物雪貂被饲养于干燥环境可能导致其过度抓挠或皮肤薄而易脱落。空气加湿器或润肤喷剂可以用于这些病例[17]。

由过度的抓挠习惯导致的自伤性面部脱皮和毛干断裂可见于那些睡眠环境、垫料或躲藏地点不舒适的雪貂。未绝育的雌性雪貂会拉拽毛发用于做窝[17]。

频繁的洗澡可能会去除皮肤上的油脂，导致角质化不良和瘙痒。雪貂每月洗澡不能超过1次，且应使用温和的香波[2]。

经常使用香波或杀虫喷剂可引起接触性皮炎[106]。接触家用漂白剂和热水可分别导致化学和热灼伤[62]。

雪貂的注射部位可能发展成局灶性秃毛症[106]。

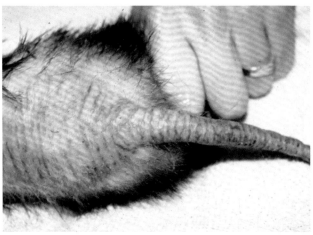

图21-12 患肾上腺相关内分泌疾病雪貂的离心性环形红斑。多个并行的红斑环绕尾部和腰荐区域

图21-14 患拟特异性皮肤瘙痒的雪貂臀部的自我诱发性秃毛症

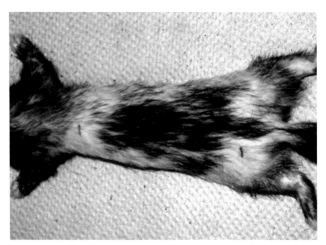

图21-13 雪貂静止期脱毛，可见背部不对称的秃毛症（由M. Paradis提供）

雪貂严重的肠道寄生虫（尤其是狮弓首蛔虫）可引起各种程度的脱毛和鳞屑[106]。

离心性环状红斑曾见于患AAE的雪貂[107]。雪貂的背外侧腰荐区域出现平行的线状红斑，并环绕尾部（图21-12）。损伤经20d的Derm Caps（DVM Pharmaceuticals）治疗后消失。弥散性皮肤毛细血管扩张也出现于患肾上腺疾病继发秃毛症的和严重瘙痒的雪貂[108]。

瘀点和瘀斑可发生于高雌激素血症并继发血小板减少症的病例中。其他导致血小板减少症和血小板疾病的病因都十分罕见或未见于雪貂[109]。

以对称性稀毛症或秃毛症（大多在躯干）为特征的静止期脱毛偶见于经历严重事件（发热，严重疾病，麻醉，手术）的2～3个月的雪貂（图21-13）[2]。

"蓝雪貂综合征"是一种罕见的特发性皮肤病，多见于为雪貂手术剃除毛发时或在毛发周期的休止期内建立静脉通路时。毛发被剃除的区域长期无毛发生长，随后突然变为蓝色，这可能是毛囊产生的黑色素所致。患病雪貂没有其他临床症状，且这一症状随后自行缓解，毛发在皮肤变蓝1～2周后开始重新生长[17,22]。

特异反应性是一种推定诊断，表现为雪貂躯干、臀部和爪部对称性非损伤性瘙痒（图21-14）。患病雪貂未被跳蚤侵扰。限制饮食对控制临床症状无效，但糖皮质激素或扑尔敏治疗有效。类似症状见于雪貂食物过敏的病例，这些病例的瘙痒症状在饲喂猫低敏日粮（Innovative Veterinary Diets venison）后得到缓解[2]。

假定的自发落叶型天疱疮表现为雪貂呈现渐进性神经性厌食症、嗜睡瘙痒、脓疱以及口、下颌、眼、脚垫和包皮周围双侧对称性硬痂为特征的皮肤病变。触诊可发现爪部肿胀且发热。损伤在全身抗生素、抗真菌药物和伊维菌素治疗的初期恶化，但经长期泼尼松龙治疗后完全康复。皮肤活组织检查发现与落叶型天疱疮一致，但深层细菌性脓皮病无法排除[110]。

非肿瘤、非炎性唾液腺黏液囊肿在雪貂十分罕见，可致发病侧面部、眼窝、口裂接合处肿胀，而另一侧取决于腺体的病变程度。肿块有波动性，穿刺抽吸物为浓厚、黏稠的，或黏液性、微带血的，或浅黄色的液体[111]。

化疗后秃毛症也在雪貂有过报道。患病雪貂最初表现为胡须脱落，但胡须在化疗后4～8周内再生[85]。

二、兔

（一）外寄生虫

1. 蚤

与犬、猫一同饲养的家兔可被犬蚤和猫蚤侵扰。其他种的蚤可见于在户外饲养或与野兔接触的家兔，包括兔蚤（串孔兔蚤），普通东部兔蚤（单纯兔蚤），巨大东方兔蚤（兔蚤），"鬼针草"蚤（禽冠蚤）和冰武器蚤[8,11,112,113]。串孔蚤感染在兔聚居地十分普遍。通常在怀孕母兔和幼年兔中爆发，这是因为蚤的生活史受宿主激素周期的控制[113]。串孔蚤是兔黏液瘤病的重要载体，也可感染犬和猫[113]。跳蚤感染能导致毛色暗淡，毛发易脱和非对称性秃毛症；不一定有瘙痒及其导致的红斑和硬痂[8,113]。虽然没有相关文献支持，但是患兔可能发生蚤过敏反应以及严重瘙痒[36]。猫蚤和犬蚤通常见于背部沿线和尾基部但兔蚤通常见于面部和耳部[114]。严重感染可能导致贫血，尤其是对于仔兔[36]。诊断主要基于临床症状和蚤与卵的鉴别。有效的治疗方案包括局部应用吡虫啉或司拉克丁，或口服氯芬奴隆。除虫菊酯和拟除虫菊酯或对幼猫和幼犬安全的含西维因的局部产品也可用于兔。芬普尼、灭蚤项圈、含有机磷酸酯的产品、百灭宁喷剂或百灭宁禁用于兔[36]。其他兔、犬、猫和环境也必须被治疗和处理以防止再次感染。昆虫生长调节剂、杀虫剂喷雾和惰性物质（例如硼酸）可用于环境消毒。应避免兔接触这些化学物，以防止毒性反应[8,36]。

2. 耳螨

兔痒螨是一种非穴居的耳螨，是兔最常见的外寄生虫[8,11,113]。其生活史不到3周，且螨虫可以离开宿主在普通的环境温度（5~30℃）和相对湿度（20%~70%）下生存4~21d。兔痒螨通过直接接触已感染的兔、污染物和已污染的环境传播。螨虫挖掘皮肤为食。相关的皮炎和瘙痒主要与机体对螨虫唾液和排泄物中的抗原过敏有关，且以两侧（罕见单侧）极度瘙痒的外耳炎（耳螨病、耳溃疡）为特征[2,112]。亚临床感染的健康兔可能仅有持续数月至数年的轻度感染，且仅表现出轻微的瘙痒[8,11,113]。在早期临床阶段，兔耳道内会出现干的微白色、灰色至黑色的坚硬分泌物。随后，坚硬的分泌物不断蓄积，阻塞耳道，并逐渐蔓延至耳郭的外表面。受感染的兔表现为甩头和抓挠头和耳部，结果导致秃毛症、表皮脱落和耳朵下垂。随着病情的发展，由于抓挠和舔舐，身体其他部位也可见皮肤病变（面部、头、颈、四肢、腹部、躯干和会阴褶皱），并可能发展为细菌性中耳炎、内耳炎，甚至到达前庭区域（图21-15，A）[112,113]。通常是在耳镜检查中看到成年螨虫（图21-15，B）和/或在耳拭子或刮皮样品的显微镜检查中看到成虫（图21-15，C）而作出诊断。成虫是椭圆形的，有2~3对足伸出于躯体外，足末端有带柄的钟形吸盘[8,11]。有效的药物包括伊维菌素[115]、莫西克丁[116]、司拉克丁[8,11,112,113,117]。兔子口服伊维菌素不能达到足够的血浆浓度[118]。不应清除耳部的硬痂，因为这会引起疼痛和出血，而且硬痂会随治疗而脱落。对于某些严重感染和耳道内存在硬痂的病例，有人提议用矿物油或Tresaderm（硫酸新霉素-噻苯达唑-地塞米松）进行局部辅助治疗[11,112]，但这通常是不必要的。由于兔痒螨传染性极强，应对笼子和环境进行消毒，且使用驱跳蚤产品治疗。湿度低于20%和升高温度也有助于控制寄生虫[2]。尽管很少传染其他哺乳动物，但已有豚鼠与受感染的兔子接触后患痒螨病的

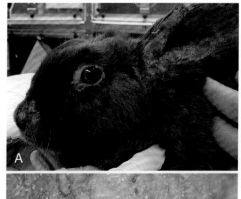

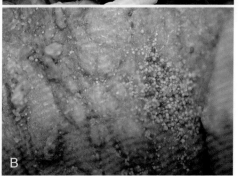

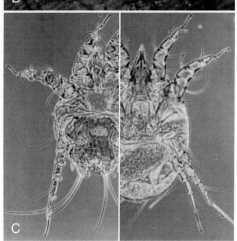

图21-15　A. 痒螨病患兔耳郭皮肤、眼眶周围和鼻部的硬痂、秃毛症和红斑　B. 同一只兔的特写镜头；可见严重的硬痂和耳道内成虫　C. 痒螨（C来源于Bowman DD: Georgis' parasitology for veterinarians, ed 9, Philadelphia, 2009, Saunders. ）

报道[119]。与患兔饲养在同一舍内的兔子应同时治疗，一些学者甚至建议对所有与感染动物接触过的家养哺乳动物进行治疗[113]。

兔也对来源于牛和羊的羊疥螨易感[2,120]。

3. 毛皮螨虫

寄食姬螯螨是一种常见于兔的非穴居的毛皮螨虫[11]。其完整的生命周期为14~21d，卵和雌性成虫可离开宿主存活至少10d[112]。卵黏附于毛干上，与幼虱相似[11]。许多感染都是亚临床型的，螨虫多存在背部皮肤表面。舔舐困难（牙病、肥胖、骨骼肌肉疾病）的结果是致使皮屑积聚，免疫抑制和过敏反应可能是出现临床疾病的原因[112,114]。病变以鳞屑、干燥、时有瘙痒和伴有不对称秃毛的红斑皮炎，或颈背部、躯干、臀部和腹部的毛发断裂为特征（图21-16）[11]。在严重感染的病例，肉眼可见移动的、白色的、

第二十一章　稀有小型哺乳动物皮肤病

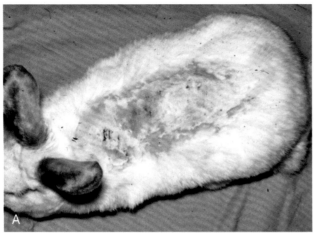

图21-16 **A.** 感染莎拉堤拉螨的患兔背部的硬痂、鳞屑和溃疡（患部已被剃毛） **B.** 莎拉堤拉螨患兔左耳郭严重的硬痂和鳞屑（B图由L. Conceicao提供）

结构微小的螨虫，由此得名"活动的皮屑"[11]。主要基于临床症状以及皮肤刮片和虱梳上的皮肤或毛发残片中螨虫的显微镜鉴别作出诊断。螨虫呈马鞍形，带有向内弯曲的爪子，类似钩子的口器，以及四肢末端上呈短毛发状的刚毛[8,11]。出现组织病理学病变包括角化过度的亚急性皮炎和炎性细胞渗出（中性粒细胞、吞噬细胞、淋巴细胞、浆细胞和少量嗜酸性粒细胞）[11]。治疗药物可选择伊维菌素。其他可选的药物包括司拉克丁，石硫合剂浸液（每周1次，持续3～6周），以及毛用西维因跳蚤粉（每周2次，连用6周）[8,112]。姬螯螨是一种动物传染病，可传染犬、猫[8]。所有与受感染兔子接触过的动物都应进行治疗，且环境应彻底清洁并用驱蚤产品进行处理（例如5%的西维因粉剂）[8]。治疗原发疾病和清理皮肤碎屑（螨虫的食物）可以改善兔的情况并加速康复[114]。

见于兔子的其他姬螯螨包括兴凯湖松姬螯螨，鼠兔姬螯螨和姜氏姬螯螨[11]。

苔螨是一种非穴居的毛皮螨虫，第一次是在欧洲野兔身上发现，该螨虫寄生于全球各地的野生兔和家兔身上[11,22]。寄生虫的所有阶段都在兔体上，它们吸食皮脂腺分泌物和毛发碎屑[11]。处理患兔的人可能会患上皮炎[112]。大部分感染是无症状的，可见螨虫黏附于毛干上，尤其是背部、腹股沟和腹部。兔偶尔在同一位置出现瘙痒、皮屑、红斑和脱毛性皮炎。某些动物仅有瘙痒和创伤性秃毛症，并无皮肤病变[2]。临床疾病的发病诱因和诊断方法与姬螯螨相同[114]。棕色的虫体有利于在浅色兔上的肉眼鉴别。苔螨两侧扁平的、腿短小，从头部伸出单一突起。雄性有长钩形器官从身体尾部伸出。卵比姬螯螨的小，更加松弛地黏附于毛干远侧。可能在同一兔体上同时发现姬螯螨和苔螨[11]，且有动物同时感染苔螨和蚤（兔蚤）的报道[36,121]。

治疗与姬螯螨感染的治疗方式相同[8]。在螨虫被杀螨药驱除后，毛发角质层会持续存在空洞（与姬螯螨相反）[112]。

与疥螨或背肛螨有关的疥螨病在兔十分罕见。一个最近的报道描述了美国一家有500只兔的养殖场中20只兔发生疥螨和马拉色菌的混合感染[122]。这些螨虫的种属并不特殊，且感染可以导致硬痂和严重瘙痒的皮炎。背肛螨典型的病变仅局限于头部，而疥螨可见于头、颈、躯干和外生殖器[2,11]。严重的感染可导致神经性厌食症、嗜睡、消瘦和死亡[2]。主要基于皮肤刮片上的螨虫作出诊断。由于在检查中很难发现螨虫的存在，因此常用治疗反应作为诊断测试[2]。伊维菌素是有效的[11]。多拉菌素按1mg/kg皮下注射1次对于治疗新西兰白兔的疥螨和背肛螨感染都是安全有效的[10]。该药按0.2mg/kg皮下注射，间隔10d再注射1次，对治疗5只安哥拉兔的疥螨病也是有效的[20]。这些兔最初使用莫西菌素按0.2mg/kg皮下注射2次，间隔10d进行无明显疗效[20]。由于这些螨虫具有高度传染性，建议对同屋饲养的其他动物也进行治疗。兔感染穿孔疥螨能够诱导机体对随后的感染产生免疫[123]。临床症状完全消失所需的时间可能比预期的要长，因为引起疥螨病患兔皮肤病变的螨虫排泄物抗原在螨虫被杀灭后依然能在皮肤上停留较长时间[20]。

很少在兔身上发现蠕形螨。感染时，蠕形螨栖息在表皮和毛囊内，并无临床症状[11,112]。如同其他物种，免疫抑制可能引发临床疾病[8]。

热带鼠螨（柏氏禽刺螨）已在实验兔和宠物兔中有过报道。感染通常伴有严重的瘙痒、普遍的广泛性脱毛、硬痂和继发感染，幼年动物可能出现严重贫血。治疗和控制与其他毛皮螨虫相同。

秋螨幼虫（秋恙螨）能感染户外饲养的兔，并引起严重的瘙痒和斑疹，以及形成脓疱。治疗十分困难，但该病是季节性和自愈性的，可通过减少或避免与感染源接触来控制感染[112]。

4. 蝇

黄蝇可以引起户外饲养的家兔或饲养于无筛网兔圈中的兔的蝇蛆病。已报道的感染兔的种属包括串孔黄蝇、巴卡塔黄蝇、*Cuterebra leprivora*、腹黄蝇、*Cuterebra jellisoni*、*Cuterebra rufricus*、*Cuterebra lepusculi*和*Cuterebra horripilum*[2]。蝇蛆病的发生随一年的时间和接触史而发生变化。其发生率在夏末和秋初较高，但在温暖的地区里全年都可出现。由于对幼虫抗原的速发型和迟发型过敏反应的发生，发病率会因先前的接触而降低[2]。蝇排卵后，幼虫通过宿主的鼻孔或口腔进入宿主体内[22]。幼虫的移行和发育需要将近1个月，随后在颈侧部区域（*Cuterebra horripilum*）和肩胛间、腋下、腹股沟或臀部区域（*C. buccata*）形成皮下囊状结构[2]。由于幼虫的生长，出现明显的"呼吸孔"或瘘管，其周围有分泌物排出，患病动物被毛暗淡（图21-17，A）。每个囊肿含一个幼虫，虫体长1～3cm（图21-17，B）。继发的细菌感染和局部疼痛会导致兔身体虚弱、厌食、跛行和震颤[2,8]。幼虫异常移行至中枢神经系统可导致神经症状[8]。治疗方案是完全移除幼虫并细心地护理，锐性或钝性扩张呼吸孔以帮助移除幼虫。应当心幼虫破裂，因为破裂的幼虫可能导致过敏。大部分

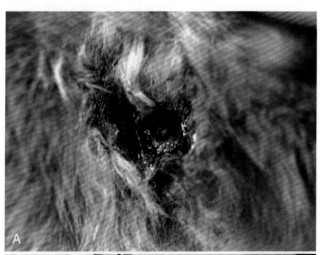

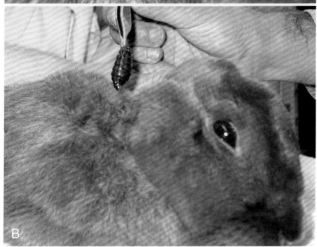

图21-17 **A.** 一只兔颈侧部的黄蝇幼虫"呼吸孔"；可见"呼吸孔"周围有分泌物且毛色暗淡 **B.** 从兔颈部取出的黄蝇幼虫

病例需要进行常规的清创（药物和手术），以及给予全身抗生素和镇痛治疗。蝇蛆创口的愈合比较缓慢[9]。通过控制蚊蝇和使用防护网可以有效预防该病[2,8]。在兔上报道过的其他由蝇引起的蝇蛆病包括英国的丝光绿蝇[124]、巴西的绿蝇和人皮蝇[125,126]。

某些品种的蝇可将幼虫产在破损或病变的皮肤上。在美国，食肉蝇（维吉尔污蝇）是最常见的，而在英国最常见的是绿蝇（绿蝇属）[11,112]。蝇通常更倾向于会阴和腹股沟的皮肤皱褶，因为这些区域残存有排泄物和尿，多由牙病、肥胖、背部疾病、老年和尿失禁等导致[112]。蝇蛆也可能出现在颈部和面部。它们的存在会导致侵蚀、溃疡和广泛的组织损伤。治疗包括幼虫移除、伤口护理（包括剃毛、用稀释的抗菌防腐溶液冲洗伤口、清除坏死组织以及局部使用磺胺嘧啶银软膏）、支持疗法和对原发问题的纠正。给予伊维菌素可以杀死剩余的和随后新孵化的幼虫。坏死组织继发的细菌感染（多为梭菌属）十分常见，建议使用抗生素治疗（甲硝唑、复方新诺明、恩诺沙星、青霉素G）。支持治疗对于成功治愈是必不可少的[8,11,112]。预防包括蝇的防控、使用防护网以及将存在蝇蛆感染风险的兔饲养于室内。

蚋科的黑蝇会叮咬兔被毛稀疏的部位（唇、耳和鼻孔）。这些咬伤可导致疼痛、炎症和疾病传播（兔黏液瘤病）[11]。预防措施与蝇蛆和黄蝇属相同。

5. 蜱

不同种属的蜱都可感染野兔和家兔。最常见的是欧洲兔蜱——野兔血蜱[11,112]。这是一种三宿主蜱，但是兔可以是其生活史中所有阶段的宿主。蜱会在叮咬后离开兔体，并在两个阶段间蜕皮[11]。可能会叮咬兔的蜱包括其他硬蜱（花蜱、牛蜱、扇头蜱和革蜱）和锐缘蜱（兔残缘蜱、帕氏钝缘蜱和复发性热蜱）[11]。严重的感染可能导致贫血和耳/耳道损伤（当叮咬耳部时）[112]。蜱会将疾病传播给兔和人（黏液瘤病、乳头瘤病、莱姆病、洛杉矶斑疹热和兔热病）[11]。治疗包括小心地去除可见蜱虫，以及用伊维菌素或其他阿维菌素类药物杀灭所有残余的蜱。

6. 虱

吸血虱——兔虱的感染在宠物兔十分少见，但在欧洲的野兔十分常见[112,113]。家兔的虱病通常与不良的管理和饲养操作有关[114]。这些虱子可能成为兔热病的传播者[113,114]。临床症状包括瘙痒、红斑、丘疹和秃毛症，在某些严重的病例中还伴有贫血、虚弱、消瘦和死亡[8,113]。通过检查发现虱子和卵便可确诊。虱子通常见于背部、躯体的腹侧和会阴周围[114]。治疗包括注射伊维菌素，局部使用除虫菊酯或西维因驱虫剂[8,113]。吡虫啉对犬的虱病有效，因此也可用于治疗感染虱的兔[112]。

7. 其他寄生虫

严重感染专一宿主的兔蛲虫——栓尾线虫会导致肛周瘙痒，自我损伤，甚至直肠脱出[112]。主要基于临床症状和

排泄物中虫卵和成虫的鉴定作出诊断。可用多种药物进行治疗：噻苯咪唑（50mg/kg PO），芬苯达唑（10～20mg/kg PO）或哌嗪（200mg/kg PO）间隔14d使用2次[8]。伊维菌素对啮齿类动物的蛲虫感染有效，但对兔似乎无效[113]。由于虫卵进入排泄物后可在盲肠消化中被吸收，且环境控制也很困难，因此寄生虫的防治十分有难度[8]。

链形多头蚴是链形带绦虫的幼虫阶段，会导致兔的皮下和肌肉囊肿。囊肿直径可达4～5cm，且可出现在许多部位，包括球后区域、面颊和腋窝。手术切除是可选的治疗方案[114]。

（二）真菌性疾病

兔的皮肤真菌病十分常见[2]。宠物兔最易感染小孢子菌，而实验室、户外、"笼养"和野生兔常感染毛癣菌[112,113,127]；须毛癣菌是仅次于犬小孢子菌和兔小孢子菌的最常分离到的皮肤真菌[3,11]。其他报道的兔皮肤真菌包括奥杜盎（氏）小孢子菌、库克小孢子菌、疣状毛癣菌、艾吉罗氏发癣菌、土发癣菌和许兰氏毛癣菌[2,8,22,23,127,128]。兔的皮肤真菌多为亚临床型和自愈性的。不同来源的兔感染须毛癣菌后无症状的发生率如下：0.5%（实验室兔）[129]，3.8%（舍养、宠物商店、实验室兔）[130]，36%（实验室兔）[131]。对无症状的意大利野生短尾兔的调查显示，26.4%的兔皮肤真菌感染呈阳性[127]。亚临床感染的病原携带者可能在应激、营养不良或具有潜在疾病的情况下发展为皮肤病变。幼年兔通常更易感染，可能是由于其免疫系统不完全和皮脂内抑制真菌的脂肪酸水平低[132]。兔可以通过与受感染动物直接接触或接触如刷子等被污染物而受到感染。病变的特点是非对称性秃毛症、断毛、红斑和黄色硬痂，病变最先出现在鼻梁、眼睑和耳郭（图21-18，A和B）。由于严重瘙痒，病变可能延伸至脚、爪，偶尔扩展到身体其他部位（图21-18，C）。诊断与其他哺乳动物相同。已开发出用于兔皮肤真菌病早期诊断的间接酶联免疫吸附试验（ELISA）试剂盒[133]。虽然感染可以自愈，但治疗可以加速康复并减少对其他动物和人的传染。对于局灶性病变，剃除病变周围的毛发并使用局部抗真菌药物（如克霉唑乳膏或洗液和咪康唑）进行治疗是有帮助的[3,8,11]。由于药物相互作用的潜在不良反应，应避免同时使用西沙必利和局部咪唑类药物[114]。其他局部治疗包括水和洗必泰10：1混合液、聚维酮碘或2%洗必泰/2%咪康唑香波，每天擦洗2次[8]。此外，还可用石硫合剂沐浴或浸泡，以及1%硫酸铜溶液浸泡[3,16]。因存在传染风险，当治疗宠物时，宠物主人应当佩戴手套。对于多处病变或局部治疗对病变无效时，应当考虑全身治疗。对于广泛性的疾病，可能需要剃除患兔全身的毛发并用石硫合剂溶液药浴。对于兔真菌病的治疗，存在不同的全身抗真菌治疗方案，包括灰黄霉素、酮康唑、伊曲康唑和特比萘芬[3,4,8,11,16]。酮康唑、伊曲康唑和特比萘芬对兔的疗效和安全性尚不明确[3,16]。灰黄霉素可以

图21-18 **A.** 1只兔鼻部继发于须毛癣菌感染的局部秃毛症和硬痂 **B.** 兔外耳郭表面因真菌感染引起的秃毛症和红斑 **C.** 兔脚跖面的真菌病皮肤病变（图**A**由G. Kollias提供）

引起犬、猫的胃肠道症状或骨髓抑制。尽管这些不良反应尚未见于兔，但在使用这些药物时应当十分谨慎，由于这些药物有致畸性，怀孕动物禁用。主人给动物使用灰黄霉素时应当佩戴手套。有报道称每4周按135mg/kg剂量口服氯芬奴隆1次，对治疗兔的真菌病有效，但是对其他种属的研究未能证明这点[134]。在临床症状消除后或每月的真菌培养结果有2次为阴性后，全身治疗应持续2周，大部分治疗周期为至少3～4个月[8]。所有与患病兔有过接触的动物都应接受治疗。环境消毒也是治疗措施的必要部分。应建立无污染区并用1：10的漂白粉和水的稀溶液清洗区域内所有表面。浓缩的漂白剂加福尔马林（1%）对于杀灭真菌孢子更加有效，但该药剂的使用因其毒性和成分中的甲醛是人类致癌物而受到了限制。初步研究认为洗必泰是无效的[16]。恩康唑、甲醛喷雾，或恩康唑喷剂［Clinafarm（Schering-PloughAnimal Health Corp., Union, N.J.）］可用于表面清洁。

蒸汽清洁是无效的，因为无法达到足够的温度以杀灭感染孢子。

根除菌落较大的皮肤真菌十分困难。治疗选择包括1%硫酸铜溶液［无水硫酸铜（Sigma Chemicals,St. Louis, Mo.）］浸泡和表面稳定的亚氯酸/二氧化氯［MECA LD消毒剂（Alcide,Norwalk, Conn.）］、活化剂化合物与水1∶1∶10混合喷雾[135]。MECA也可用于环境消毒[8]。每24h口服1次灰黄霉素可以按25mg/kg剂量分2次即每12h 1次用于个体兔。当治疗兔群时，按0.75g/kg的剂量将药物拌在饲料中给药，连用14d[136]。

短柄帚霉是潜在的导致动物和人类皮肤损伤的十分普遍的腐生物，在104只无症状的兔中的检出率为8.7%[130]。从兔上分离到的其他腐生真菌包括粉红单端孢菌、圆弧青霉菌、灰绿曲霉群和白色念珠菌[129]。

已有4周龄的兔患皮肤（和肺）曲霉菌病感染的相关报道[2]。损伤具有散播性，且其特点为1～2mm的丘疹、肿胀毛囊与坏死组织的组织结构联系，以及分叉的菌丝。从培养物中可分离出曲霉属真菌。将发霉的牧草垫料晒干能防止更多的病例出现。

如前所述，美国一家500只兔的兔场中有20只兔同时感染马拉色菌和疥螨[122]。患兔虚弱、嗜睡，其多处皮肤病变的特点是眼周及耳、唇、鼻、颈、腹部、脚和外生殖器出现秃毛症和硬痂。仅种兔受感染，且并未接受任何治疗。通常认为严重的疥螨感染是诱发马拉色菌感染的原因。

（三）细菌性疾病

1. 皮下脓肿

脓肿在兔十分常见[11,28,137]。其通常因细菌进入破损的皮肤（咬伤、创伤、外来异物、手术切口）所致，或继发于菌血症。面部脓肿最常见，且大多继发于牙齿疾病[11,28,112]。

兔的脓肿表现为单处或多处发生柔软或坚硬的皮下结节，其生长缓慢或迅速。通常不疼痛，炎症反应轻微，通常无游离性。脓肿可仅局限于皮下，或延伸至真皮或骨。与犬、猫不同，兔的脓肿有较厚的包囊，内含有黏稠的分泌物；很少发生破裂、形成瘘管和排脓（图21-19）[8,28]。除了与牙齿疾病（食欲不好、体重减轻）和四肢疾病（跛行）有关时，被感染的兔可能并无其他临床症状[8,28]。患脓肿的兔发热十分罕见[27]。

诊断主要基于触诊以及用22号或更大的针头对皮下囊肿进行穿刺，以进行细胞学检查、革兰氏染色和需氧厌氧培养及药敏试验。从兔囊肿中分离出的细菌通常为多杀性巴氏杆菌和金黄色葡萄球菌，偶尔还能分离到假单胞菌、大肠杆菌、β-溶血链球菌、变性杆菌、梭菌和拟杆菌[8,11,27,28,112,137]。曾从继发于牙齿疾病的脓肿中分离到链球菌和厌氧菌，例如具核梭杆菌、普氏杆菌、微消化链球菌、衣氏放线菌和溶血隐秘杆菌[138]。涉及面部/牙齿、关节和长骨的囊肿可能需要放射学检查。超声检查和计算机断

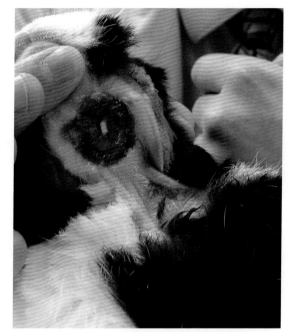

图21-19 一只兔下颌的齿根脓肿，可见排脓的中央瘘管

层扫描（CT）有助于确定脓肿的边缘和感染来源，尤其是与齿根相关的囊肿。CBC结果，包括总白细胞计数一般是正常的，中性粒细胞/淋巴细胞比率可能变化，相应发生中性粒细胞增多症和淋巴细胞减少症[28]。慢性病例也可能发生贫血和单核细胞增多症[27]。尽管有可用于兔巴氏杆菌的商品化ELISA试剂盒，但滴度与是否存在疾病并不相关[28]。

由于先前所述兔脓肿的特殊性，该病的治疗方案是对脓肿进行手术全切除。抗生素无法渗入较厚的脓肿包囊，且一般的切开引流通常会导致脓肿复发。引流是无效的，且可能成为促进感染的通道。大部分浅表脓肿可被完全摘除，但仍建议术后进行抗生素治疗。当整个脓肿无法被完全摘除时，需要进行切开、引流、摘除包囊和所有坏死及感染组织（包括骨和/或牙齿）。一位学者建议使用CO_2激光代替普通的手术方法治疗兔的囊肿[32]。有人提出了不同的脓肿包囊治疗方案（表21-6）：

- 创口保持开放进行二期愈合（进行或不进行造袋术）[28]。创口每日用稀释的洗必泰或碘和/或生理盐水冲洗；一旦形成肉芽组织，应局部使用抗生素软膏（例如磺胺嘧啶银软膏）直至完全愈合。

- 可将下列药品注入脓肿包囊：
  - 浸有抗生素的甲基丙烯酸甲酯（AIPMMA）玻璃粉[11,27,28,112]，其能缓慢释放抗生素达数周，并提供局部高浓度药物，同时减少或无全身吸收和毒性。常用的抗生素包括头孢噻吩，头孢唑林或头孢噻呋（2g/20g 聚甲基丙烯酸甲酯），庆大霉素，妥布霉素（1g/2g 聚甲基丙烯酸甲酯），或丁胺卡那霉素（1.25g /2g 聚甲基丙烯酸甲酯）。玻璃粉可以在

表21-6　兔脓肿包囊的治疗方案

方法	解释	参考文献
创口保持开放进行二期愈合（进行或不进行造袋术）	每日用稀释的洗必泰或碘和/或生理盐水冲洗创口 一旦形成肉芽组织，局部使用抗生素软膏（例如磺胺嘧啶银软膏）直至完全愈合	[28]
脓肿包囊内注入浸有抗生素的甲基丙烯酸甲酯（AIPMMA）玻璃粉	玻璃粉能缓慢释放抗生素达数周，并提供高浓度的局部药物浓度，同时减少或无全身吸收和毒性 常用的抗生素包括：头孢菌素、头孢唑林或头孢噻呋（2g/20g PMMA），庆大霉素或妥布霉素（1g/2g PMMA）或阿米卡星（1.25g/2g PMMA）；仅能使用热稳定的抗生素 玻璃粉可在6～8周后撤除或长期留置（关节内除外）	[8,11,27,28,112]
脓肿包囊内注入浸有抗生素的消毒纱布或胶带	具有与AIPMMA玻璃粉相似的优点，但抗生素释放时间较短 常用的抗生素包括青霉素（80 000IU/kg），氨苄西林（20mg/kg），头孢唑林（25mg/kg）和甲硝唑（50mg/kg） 在全身麻醉下，每5～7d更换一次纱布/胶带，直至感染得到控制	[28]
脓肿包囊内注入浸有抗生素的合成的表面活性陶瓷异体移植物［Consil（Nutramax, Baltimore,Md.）］	建议用于需要进行骨骼清创的病例，因为能提供局部抗生素治疗，并能诱导骨钙素的释放和新骨形成 加入该产品的抗生素无须具有同AIPMMA玻璃粉一样的热稳定性	[32]
蜂蜜（未高温消毒）或50%葡萄糖	可直接或浸透纱布/胶带使用，同时可单独和与抗生素结合使用（例如庆大霉素滴剂）	[27, 28]

6～8周后移除或无限期保留（关节处除外）。

–浸有抗生素的消毒纱布或胶带[28]具有与AIPMMA玻璃粉相似的优点，但抗生素释放时间较短。用于浸入纱布和胶带的抗生素包括青霉素（80 000 IU/kg）、氨苄西林（20mg/kg）、头孢唑林（25mg/kg）和甲硝唑（50mg/kg）。在全身麻醉下，每5～7d更换1次纱布/胶带，直至感染得到控制。

–建议将浸有抗生素的合成的表面活性陶瓷异体移植物［Consil（Nutramax, Baltimore,Md.）］[32]用于需要进行骨骼清创的病例。该移植物具有与AIPMMA玻璃粉相似的优点，并能诱导骨钙素的释放和新骨形成；同AIPMMA玻璃粉一样，加入该产品的抗生素无须热稳定性。

–蜂蜜或50%葡萄糖，可直接或浸透纱布/胶带使用，同时可单独或与抗生素结合使用（例如庆大霉素）[27,28]。

一般禁止将氢氧化钙用于脓肿包囊，因为会发生相关的严重局部组织坏死[28,112]。必须确定感染的根本原因和来源，并进行彻底地治疗。对于严重的骨和/或四肢关节感染，可能需要进行截肢术。对于大多数眼球后感染可能需要进行眼球摘除术。治疗下颌骨感染十分困难，通常需要多次手术和持续的全身抗生素治疗，甚至进行局部抗生素治疗[8,28]。用于兔的抗生素的选择取决于细菌培养和药敏试验、组织分布以及对肠道菌群的影响（见相关章节）。同样需要进行术后镇痛。浅表脓肿的预后良好，但与骨髓炎相关的面部或四肢脓肿则预后慎重。由于大部分脓肿无痛且生长缓慢，长期的全身抗生素治疗可能更适合于不能进行

手术治疗的病例[28]。

2. 溃疡性爪部皮炎（"兔脚疮"）

兔的溃疡性爪部皮炎是指跗骨和跖骨尾部皮肤的溃疡性感染，偶尔发生于掌骨[11,114,139,140]。任何影响正常的趾运动或足底缓冲的条件都会导致压迫性褥疮的形成。长期与金属、粗糙或潮湿（粪/尿）的表面接触、剃除跗关节以下的毛发、囚禁、肥胖、骨骼肌肉疾病或其他疼痛（椎关节强硬、关节炎、对侧肢负重减少）、胃肠道（腹泻）或泌尿道疾病（多尿症）、压力（反复的冲撞和挤压）以及创伤/刺创都是诱发原因。这一现象频发于较大体型（体重）的品种，如雷克斯兔和安哥拉兔（覆盖跖骨的毛发稀疏）[114,139]。早期病变的特点是脱毛（Ⅰ级），其可发展为红斑和皮肤肿胀（Ⅱ级）。当形成皮肤溃疡和皮痂时（Ⅲ级）（图21-20，A），损伤处可能发生感染（金黄色葡萄球菌最常见），并导致脓肿形成和肌腱或更深层组织的感染（Ⅳ级）（图21-20，B）。如果不经治疗，可能发展为骨髓炎、滑膜炎或肌腱炎（Ⅴ级），因浅层指深屈肌腱的移位而形成不可逆的异常步态和站姿[8,112,114,139]。受感染的兔有时四肢聚拢弓腰站立，或发生鸡跛[11]，患兔也会出现厌食和沉郁[139]。诊断主要基于临床检查结果和采集样品的细胞学检查、细菌培养和药敏试验结果。应当进行放射学检查以帮助确定主要病因和骨感染的程度[112,139]。治疗包括伤口处理、感染部位的减压处理、保持垫料干净，以解决原发病因和饲养问题[11,39]。Ⅰ级和Ⅱ级损伤可通过将动物单独饲养在柔软、干燥的垫料上而得到预防。更严重的损伤需要用防腐剂清洁，清除坏死和被感染的组织，以及用由湿到干的绷带（较大的创口）包扎清创后的创口或局部使

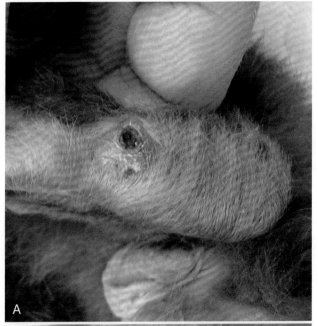

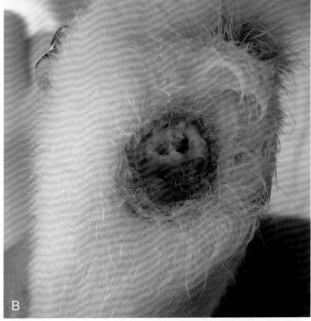

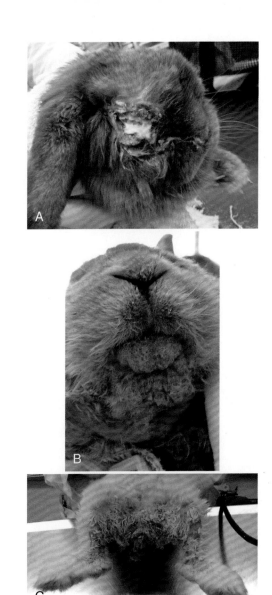

图21-21 潮湿性皮炎 **A.** 一只兔患有慢性化脓性结膜炎；注意眶周严重的硬痂且被毛无光泽 **B.** 兔下颌潮湿性皮炎，继发于因牙齿疾病所致的唾液分泌过多；注意秃毛症和皮肤硬痂 **C.** 患多尿症的兔后腹侧的潮湿性皮炎

图21-20 **A.** 兔肘部趾面的Ⅲ级爪部皮炎病变 **B.** 兔肘部趾面的Ⅳ级皮炎损伤；溃疡病变继发感染导致脓肿形成（注意脓性物质）

用蜂蜜、50%葡萄糖或磺胺嘧啶银软膏[139]。应该使用保护绷带并经常更换，但它们很难保持较长的时间，因为大多数兔会自己将其拆除。在某些情况下，填补创口周围的区域可能有益于减少压迫和污染，且大多数兔比起绷带更接受该方法[114]。在严重感染的病例中，AIPMMA玻璃粉有附加的抑菌作用。清创术后需要长期的全身抗生素治疗和镇痛[8,114,139]。感染部位的毛发很难再生，因此动物存在复发的风险，需要密切监测。Ⅱ～Ⅲ级的爪部皮炎预后良好。对于Ⅳ～Ⅴ级损伤，很难痊愈和恢复至正常功能[139]。经治疗无效的单侧爪部皮炎可能需要在股骨中段截肢[8,114,139]。

3. 潮湿性皮炎

潮湿性皮炎在兔多发于面部、颈部垂皮或会阴部[8,11,112,114,141]。病变通常继发于阻碍正常舔毛、梳理或导致长期暴露在潮湿环境和/或与排泄物接触的潜在因素。因自发感染、创伤或鼻泪管阻塞（牙齿疾病）引起的慢性泪漏可导致面部皮炎（图21-21，A）。颈部褶皱的潮湿性皮炎通常与牙齿疾病或从饮水器或脏水桶内饮水有关（图21-21，B）。会阴部炎可由多尿/多饮、下泌尿道疾病、肥胖、腹泻、未消化的食糜、跛行、不愿活动或较差的环境导致。雌兔更易发生会阴和颈下皮炎，因其在该区域存在发育不良的皮肤皱褶。有浓密长毛的品种（矮小或微型垂耳兔和安哥拉兔）也易患会阴皮炎[114,141]。患部皮肤潮湿、有红斑、水肿、秃毛且经常溃烂。病变区域的毛发可能板结（图21-21，C）。感染绿脓假单胞菌可能出现蓝绿色污迹，因为病灶被这些细菌分泌物着色[8,11,112,140]。金黄色葡萄球菌和多杀巴氏杆菌还可导致脓皮病[141]。由于诱因不同，患潮湿性皮炎兔的诊断检查可包括完整的口腔检查、血液检测、尿液分析和影像学检查（头或腹部放射学检查，超声检查）。分泌物或皮肤样品可用于细菌培养和药敏试验[8,141]。应剃除覆盖在创区的毛发，并用防腐溶液轻柔地清洗皮肤。可能需要洗澡以清洗掉所有的分泌物、尿和粪便残渣。因潮湿条件有利于细菌生长，干燥剂可能有助于恢复，例如硝酸铝粉剂（Bayer Inc., Elkhart, Ind.）或Gold Bond（Chattem Inc., Chattanooga, TN）。对于多数病例，建议使用全身抗生素治疗和镇痛[11,112,114,141]。治疗原发疾病和纠正饲养问题是成功治愈和预防潮湿性皮炎所必须的[11,114,141]。对于肥胖的兔子，需要将食物调整为高纤维低脂肪的日粮，且应鼓励其运动[8]。大的皮肤皱褶在体重减轻后仍然存在，可能需要手术切除。大多数瘫痪的兔容易发生潮湿性皮炎，应持续护理保持皮肤干燥和清洁以防止发生感染[114]。

4. 梅毒

兔梅毒，也叫螺旋体性病或"排脓病"，由兔密螺旋体引起[8,11,112,114]。该病发生于野兔和家兔，通过交配和直接接触传播[11]。被感染的雌兔可以通过产道将病原"垂直"传播给幼兔[112,114,142]。亚临床型疾病很常见，血清学筛查显示在健康兔群中有近25%的兔被感染[11]。过度拥挤、恶劣的环境卫生以及其他应激因素可诱发无症状带毒动物出现临床症状[8,112]。该病的临床症状不多，且病变一般出现在阴门、包皮、会阴的黏膜和皮肤交界处，也会发生在唇、鼻、鼻唇间纵沟和眼睑处，这多是自体感染[8,11,112,114]。在通过母体感染的病例中，病变一开始通常出现在面部[142]。病变由开始的红斑和水肿逐渐发展为丘疹、囊疱和溃疡，随后发展至特征性的大小和硬痂（图21-22）。病变可能自愈，但要持续很长的时间，或在1个月之内多次反复[8,11,112,114,142]。很少出现局部淋巴结肿大[11,114]。诊断主要基于临床症状、血清学检查和皮肤活组织检查，用特殊染色法或暗视野显微镜鉴别致病微生物[8,11,112,114]。兔梅毒的潜伏期较长，通常在感染后3～6周才出现症状，且感染后8～12周血清学检查结果才出现阳性[11]。兔密螺旋体和梅毒螺旋体（人类梅毒的致病原）的分子结构相似，因此可将人的血清学试验用于兔。已证明快速血浆反应素试验对兔梅毒的检测有效[143,144]。可通过观察动物对注射青霉素治疗的反应来进行密螺旋体病的推断性诊断[8,11,112,114]。兔梅毒无动物传染性[11,112]。

5. 坏死杆菌病

坏死杆菌病，或称许莫氏病，是由坏死梭形杆菌引起的散发性的细菌感染，该菌是正常存在于粪便中的胃肠

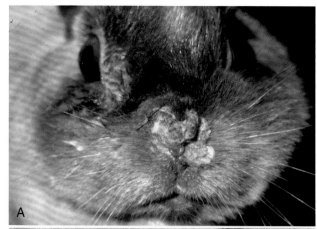
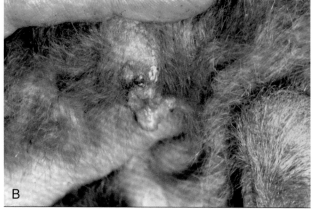

图21-22 **A.** 患梅毒兔鼻部的硬痂 **B.** 患梅毒兔生殖器开口和肛门周围的硬痂 （**A**由G. Kollias提供）

道细菌。感染多由创口被粪便污染所致。临床症状包括炎症、坏死、溃疡和皮肤及皮下组织囊肿，多发于面部、头部和颈部，偶发于四肢[2,8,11,112]。其下方的骨组织有时也会受感染[11,112]。通过细菌培养结果确诊。治疗包括手术清创，局部抗生素治疗（包括AIPMMA玻璃粉）以及青霉素全身抗生素治疗[2,8,11,112]。

6. 乳腺炎

未绝育雌兔的乳腺炎发生率比绝育雌兔更高[114]。兔的败血性乳腺炎更常发生于大量泌乳的兔，然而其也可发生于非泌乳期的兔，这种发病多是由假孕引起的。通常由上行性感染、乳腺创伤或血源性传播引起发病[8,114,145,146]。最常分离到的细菌是金黄色葡萄球菌和巴氏杆菌，链球菌也很常见[8,137,140,145]。患病动物的乳腺质地坚硬、肿胀、疼痛、呈红色至紫色，并可挤出脓性或带血的液体。感染可发生于单个乳腺，并向临近乳腺蔓延。随病情进展，会出现沉郁、厌食、败血症和发热等症状，如若不进行治疗可能会危及生命。败血性乳腺炎的治疗包括静脉滴注治疗，抗生素治疗，镇痛和热敷，以及每天数次挤出患病乳房内的乳汁。通常需要对患病乳腺和/或坏死组织进行手术切除[8,145]。

应该将患病动物隔离，并饲养在清洁和消毒过的环境中。应隔离哺乳幼兔，并进行人工喂养以防止感染蔓延至幼兔以及代乳母兔[140,145,146]。金黄色葡萄球菌可引起幼兔的渗出性皮炎和脓疱，较强的毒株可造成致死性败血症[147]。

非败血性囊性乳腺炎受激素调节并与子宫内膜异常有关，例如子宫内膜增生、子宫内膜异位、子宫内膜炎、子宫蓄脓或恶性腺癌。因此囊性乳腺炎更易发生于3~4岁的老年雌兔[140,145,146]。患病乳腺通常肿胀坚硬，且肿胀和污染的乳头流出透明至褐色的液体[8,140,145,146]。某些病例可能出现血尿，这与子宫内膜疾病有关。对分泌物体进行细胞学检查有助于鉴别诊断。诊断原发性生殖道疾病以及评估肺转移需要进行影像学检查（放射学检查和超声检查）。囊性乳腺炎在进行卵巢子宫切除术3~4周后可得到缓解[146]。如果不进行治疗，乳腺组织的囊性病变可发展为良性肿瘤或恶性腺癌[114,145,146]。

7. 蜂窝织炎

兔的蜂窝织炎表现剧烈，且可能与呼吸道感染有关[8]。患兔通常呈现发热（40~42℃）、沉郁和厌食等症状。头部、颈部和胸部周围的皮肤发炎、疼痛和水肿[8,11]。通常基于临床症状、组织压片以及渗出液的细菌培养和药敏试验结果作出诊断。从这些病变组织中分离到的细菌一般包括金黄色葡萄球菌、多杀巴氏杆菌或支气管败血波氏杆菌[8]。治疗包括全身抗生素疗法，局部消毒防腐和冷敷（降低体温）。在急性期存活下来的兔中，蜂窝织炎可发展为坏死性的焦痂或囊肿，需要手术治疗[8,11,112]。

（四）病毒性疾病

1. 多发性黏液瘤病

多发性黏液瘤病是由痘病毒属的黏液瘤病毒引起的[8,11,22,112,113,148,149]。该病发生于欧洲、南美、北美和澳大利亚。美国的发病率较低，大部分病例发生于加利福尼亚州[11,112,150]。该病主要通过昆虫（蚊、蚋蚊、蝇、毛皮螨虫、蚤）叮咬传播，但也可通过直接接触或机械性媒介（鸟、植物、污染物）传播[11,22,148,150]。发病率在夏秋季和户外饲养的兔更高[150]。致病力和所致疾病与种属、毒株的毒力以及疫苗接种情况密切相关[11,22,112,150]。野兔是该病毒的自然宿主，但对病毒易感，例如森林兔（加利福尼亚丛林兔）、北美洲的东方白尾灰兔（美东棉尾兔）、美洲中南部的热带森林兔（南美森林兔）、欧洲和澳大利亚的野生欧洲兔（家兔）以及欧洲野兔（欧洲野兔）[11,148,149]。临床型多发性黏液瘤病很少发生于欧洲野兔[148,149]。在林兔属，多发黏液瘤病表现为病毒侵入部位（多为单侧或双侧耳基部）的良性皮肤肿瘤[11,149,150]。肿块直径通常小于1cm，且通常在感染后4~8d出现，持续1个月以上[11]。幼龄兔可能发展为与宠物兔类似的全身性疾病，但很少死亡[11,150]。欧洲兔和家兔的感染通常伴发全身性疾病[8,11,148,149]。加利福尼亚毒株的毒力极强，可引起急性发病，且感染1周内的死

亡率接近100%[11,149,150]。患兔死前可能出现眼睑水肿、嗜睡和发热[11,150]。急性型的兔黏液瘤病最先出现眼周水肿，随后发展为严重的会阴部、外生殖器和唇部水肿。嗜睡、厌食、呼吸困难（气溶胶传播的肺炎）、皮肤出血和死前痉挛出现于感染后1~2周。兔感染较少的强毒株可能在疾病的急性期存活，并发展为睑结膜炎、双耳基部水肿以及面部和会阴部的皮肤肿瘤（图21-23，A）[8,11]。慢性型也可出现嗜睡、厌食、呼吸困难和发热，并可在2周内出现死亡[11,150]。对于那些在慢性疾病中存活的兔，皮肤病变通常在1~3月内恢复（图21-23，B）[22]。多发黏液瘤病的诊断主要基于病史、临床症状、感染组织的组织病理学、病毒分离和PCR[11,149,150]。病变皮肤的组织病理学表现为未分化的间质细胞被黏蛋白包绕，内皮细胞增生，以及各种细胞型的胞浆内包含物。上皮细胞增生或变性可见于发展期的病例[149]。治疗主要是支持疗法。预后因病毒的毒力和宿主

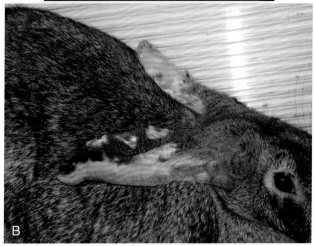

图21-23 多发性黏液瘤病 A. 患多发性黏液瘤病兔的眼周、耳郭和鼻口可见多处红斑结节和斑块 **B.** 兔耳郭处消退的多发性黏液瘤病变；注意先前感染部位的永久性秃毛区（由G. Kollias提供）

的不同而不同[11,149]。该病主要通过控制传播媒介和贮存宿主来减少兔与病毒的接触而预防。应将疫区内的易感种群饲养于室内或屏蔽网内，并避免感染蚤或毛皮螨虫。还应消灭其他叮咬昆虫[11,112,149,150]，避免与野兔接触。疫苗对该病是有效的，但在美国市场上购买不到[11,113,148-151]。接种过疫苗的兔接触病毒后可发展为非典型的多发性黏液瘤病，主要特点为单处或多处结节性损伤；这些兔一般能在适当的支持治疗下存活和康复[113,114]。

2. 纤维瘤病毒

兔纤维瘤病毒是一种与多发性黏液瘤病毒存在抗原相关性的痘病毒[11,22,148,149]。该病毒的自然宿主是东方白尾灰兔（美洲棉尾兔），且病毒可通过东方白尾灰兔和欧洲兔（家兔）传播。通常认为林兔属的其他品种能耐受该病毒[8,11]。类似多发性黏液瘤病，该疾病主要通过带毒节肢动物传播[22,149]，但也存在机械性传播[22]。已有该病在北美白尾灰兔和美国商品化兔场中发生的报道[22,113]，但该病很少发生于宠物兔[2]。纤维瘤病变表现为扁平、可自由移动的皮下结节，主要位于腿、爪、外生殖器、会阴、耳、鼻孔和眼周[8,113,149]。这些肿瘤的直径为数厘米，且多在数月内自愈[112,113,149]。新生兔或幼兔的损伤更加广泛，且全身性疾病可能导致死亡[2,11,112,148,149]。主要基于临床症状、病变处的组织病理学和病毒分离作出诊断。显微镜检查显示，病变开始于急性炎症，随后发展为局部成纤维细胞增生以及单核细胞和中性粒细胞浸润。病变区域的上皮组织可出现坏死和脱落，或纤维瘤在无上皮脱落的情况下消退[11,149]。由于肿瘤自行消退，通常并不需要进行治疗。一般认为从纤维瘤病毒感染中恢复的欧洲兔可能对多发性黏液瘤病毒免疫[148]。在疫区需要控制蚊虫、遮蔽圈舍以及避免与野兔接触来预防感染[149]。

3. 休普氏乳头瘤病毒

兔休普氏乳头瘤病毒，也称为白尾灰兔乳头瘤病毒，是一种乳多空病毒科的致肿瘤病毒[149]。该病毒与引起家兔舌和口腔黏膜乳头瘤的兔口腔乳头瘤病毒不同[11,148]。白尾灰兔是该病毒的自然宿主，在美国中西部的白尾灰兔和加利福尼亚家兔中都有发病的报道。虽然也可通过直接接触传播，但该病毒主要通过节肢动物叮咬传播（主要是蜱、锥鼻虫、蚊子）。野生白尾灰兔的颈部和肩部经常存在损伤，这表明蜱是该种兔的主要传播者。在家兔，乳头瘤病变主要发生在耳的无毛区和眼睑，表明蚊子是该种的主要传播者[11,149]。病变开始为红色突起，随后逐渐生长成为典型的乳头瘤，粗糙、表面有圆形和角质化的角状增生[11,149]。新生仔兔和幼兔通常出现更广泛的病变[113]。这一增生可能会在数月后消退或成为肿瘤，并发展成为鳞状细胞癌，且经常转移至局部淋巴结[11,113,149]。感染试验显示，与白尾灰兔的自然感染相比，家兔具有更高的癌症发生率[149]。主要基于临床表现、组织病理学检查和病毒分离作出诊断[8,11,112,149]。多发性黏液瘤病、兔纤维瘤病和乳头瘤病可根据肉眼观察

到的损害的特点加以鉴别[149]。组织结构特点是角化过度；林兔属通常会出现特征性的包含体，家兔则不出现[8]。治疗主要是乳头瘤的外科手术摘除[8,11,149]，且康复的兔对再次感染有抵抗力[112]。在疫源区控制带毒节肢动物是防控该病所必须的[8,11,149]。

4. 兔痘

兔痘是一种罕见的通常为致死性的高传染性病毒病，仅局限于美国和荷兰的研究用兔群[11]。该病毒是通过吸入或食入被感染的组织而传播的[152]。兔可能没有任何临床症状而突然死亡，或出现大量的鼻液、沉郁、淋巴结肿大、发热及红色的皮疹，皮疹可逐渐发展为丘疹和坚硬的结节[2,8,11,22]。还可能发生面部、口腔和会阴部水肿[2,8,22]。某些兔会发生眼睑炎、角膜炎和结膜炎[8,22]。需要根据活组织检查、病毒抗原的荧光抗体检测以及病毒分离而进行确诊。皮肤病变的组织病理学显示淋巴结坏死和单核细胞浸润。治疗主要为支持治疗，但死亡率极高[8,11]。

（五）肿瘤

自发性的非病毒性皮肤肿瘤在兔十分罕见[22,112,153]。已报道的兔皮肤肿瘤[2,8,22,114,145,153-177]见表21-7。最近的一项调查显示，已报道的最常见的非病毒上皮细胞瘤是毛母细胞瘤，最常见的间叶组织肿瘤是脂肪瘤和黏液肉瘤（图1-24）[154]。其他学者认为淋巴瘤和鳞状细胞癌是最常见的影响兔的皮肤肿瘤[153]。一些兔肿瘤可以蔓延或转移至皮肤或皮下组织，主要包括子宫恶性腺癌、纤维肉瘤、骨肉瘤和结缔组织肿瘤[11,114]。由于兔的肿瘤表现和与之相同的犬猫肿瘤类似[154]，因此兔肿瘤的诊断、治疗和预后与犬、猫的相同。

鳞状细胞癌可能在身体的任何部位出现，但最易发生的部位是耳、面部和爪部的皮肤，且转移率较低[172]。

据报道，基底细胞癌在兔也十分常见[163]。其典型表现是单个的、良性、坚硬的，有时在躯干或腿部出现的带蒂的稍突起的紫色肿块。整体摘除通常是有效的，但是也有报道称有些肿瘤具有转移倾向，并呈浸润性生长[163,172]。

如前所述，子宫疾病可引起乳腺组织的囊性增生，如不加治疗则可能发展为良性肿瘤和恶性腺癌[114,145,146]。乳腺肿瘤常转移至附近的淋巴结和肺[145,146,153]，也可能出现肾、肝、肾上腺、胰腺、卵巢和骨髓转移[153]。

可选择手术（乳腺切除和卵巢切除）作为治疗方案[145,146]。可通过对幼年健康雌兔进行子宫卵巢切除术以预防子宫和乳腺肿瘤[146]。

淋巴瘤是兔最常见的恶性肿瘤之一，也是幼兔和青年兔最常见的肿瘤疾病[172]。已报道的病例中动物年龄为7周龄至9.5岁，疾病的持续时间在1周至10个月[169,173]。肿瘤可能是有内脏器官转移倾向的上皮细胞营养性淋巴瘤，或侵害皮肤的内脏淋巴瘤[178]。B细胞淋巴瘤和T细胞淋巴瘤都有过报道[168,169,173]。皮肤病变的特点是多处区域出现秃毛症和

表21-7 兔的非病毒性皮肤肿瘤

肿瘤类型	示例	参考文献
上皮细胞瘤	毛母细胞瘤	[154]
	鳞状细胞癌	[2,8,22,153,154]
	鳞状乳头瘤	[114,154]
	毛发上皮瘤/外毛根鞘瘤	[154–156]
	顶泌腺癌	[154,157]
	基底细胞腺瘤和癌	[158–160]
	皮脂腺癌	[161,162]
	乳腺癌	[114,145,146]
间叶细胞瘤	脂肪瘤/脂肪肉瘤	[154,163]
	黏液肉瘤	[154]
	恶性外周神经鞘瘤	[154]
	纤维肉瘤	[114,154,163]
	平滑肌肉瘤	[154,163]
	神经纤维肉瘤	[164]
	血管内皮瘤	[153,165]
	恶性纤维组织细胞瘤	[166]
其他肿瘤	恶性黑色素瘤	[154,167]
	胶质错构瘤	[154]
	淋巴瘤/淋巴肉瘤	[168–173]
	骨肉瘤	[2,174–176]
	嗜酸性粒细胞肉瘤	[177]

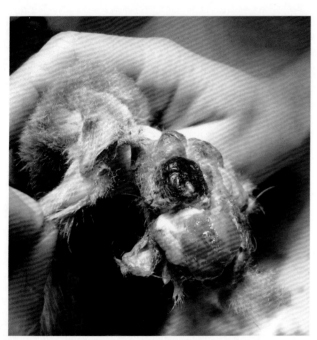

图21-24 兔爪部的黏液肉瘤（因准备进行手术，该区域的被毛已被剃除）；肿瘤起源于第二趾的第二趾骨；截趾术暂时缓解了症状，但术后1年出现复发

溃烂的皮肤结节，有时可能伴有红疹。也可出现厌食、沉郁、嗜睡、双侧眼睑炎、腹泻、无法站立和外周淋巴结肿大[169,173]。有1例侏儒海棠兔患皮肤淋巴肉瘤的报道[169]。动物因双肩背部皮肤红疹、脱毛和无痛性肿胀前来检查。病变的发展过程持续8周。尽管还没有针对兔淋巴瘤的治疗方

案，但同其他动物一样，预测化疗药物和放射疗法对该病有效。

兔的直肠乳头瘤是良性的，与皮肤和口腔的乳头瘤无关。可见突出于肛门外的呈小型菜花样的肿块。在某些病例中，乳头瘤会自行消退，但其他病例则需要进行手术切除，如果肿瘤基部被完全切除，则手术切除对该病是有效的[114]。

现已在兔上进行了多种化疗药物的试验，包括多柔比星、米托蒽醌、L-天冬酰胺酶、长春新碱、卡铂、环磷酰胺和CCNU。这些药对兔的不良反应同其他动物的类似，有报道称兔更加敏感[153]。仅有1例将化疗药用于临床病例的报道[173]。1只患皮肤淋巴瘤的9岁老年兔最初用人重组α干扰素进行治疗，治疗无效，加用异维甲酸，但仍未见效。建议读者查阅其他关于化疗药剂量的文献，并制定兔的治疗方案[153,178]。

（六）营养不良

宠物兔很少发生营养不良[2]，但有实验模拟出了因膳食性缺乏而导致的皮肤异常[2,22]。维生素B6缺乏可导致眼周部皮肤的脱落和增厚以及鼻和爪部的硬痂。生物素缺乏可导致皮炎，背部、唇、眼睑和尾部的脱毛，以及皮肤的鳞屑和脱落。镁缺乏可导致秃毛症和毛发质地及光泽的改变。锌缺乏可导致秃毛症、鳞屑脱落和毛发褪色。秃毛症和毛发褪色也可见于铜缺乏。

低纤维日粮可使兔发生咀嚼毛发的行为[8,22,112]。

（七）其他疾病及原因

怀孕、假孕或发情的兔通常会出现拔毛筑巢的现象。被拔的毛发大多位于颈部的垂皮、胸部和腿[8,22]。兔在应激时也可出现过度梳理毛发的分裂性行为[8,11,128]。也可见同笼其他兔过度梳理和舔舐毛发（图21-25）[8,11,112]。季节性脱毛常造成被毛不齐和稀疏[128]。

静止期脱毛的特点是非瘙痒性的广泛脱毛以及被毛缺损，可发生于全身性疾病或分娩后[112]。

老年兔的毛发生长周期延长且局限化，导致形成红色、血管化和增厚的皮肤区域。这些变化是因为皮肤生长期间的毛囊增大和皮肤脉管系统扩张[23]。

兔的外阴和睾丸两侧会蓄积过量的褐色蜡状分泌物，可通过牵拉或肥皂水轻易地将排泄物清除[22]。

兔的强迫性自残行为可能是高度近亲繁育的一种基因缺陷[179]。初期的表现是前肢趾部出现小片红斑，这是由于兔过度舔舐及啃咬造成的。也有后肢趾部自残行为的报道，发生于兔近尾部大腿肌内注射氯胺酮和甲苯噻嗪2~4d后[180]。作者还见过1只宠物兔在进行断爪术后发生趾自残现象。

兔很少发生遗传性脱毛（图21-26）[2]。

据报道，兔存在因胶原缺乏而引起的脆皮病，其类似

图21-25 该兔被同笼的其他兔舔舐毛发

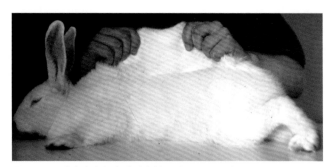

图21-27 脆皮病患兔皮肤过度伸展（R. Harvey提供）

图21-26 兔先天性秃毛症（由J. Gourreau提供）

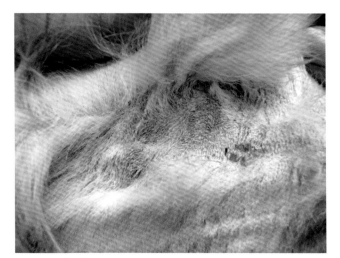

图21-28 兔腹部继发于4%洗必泰手术洗液的接触性皮炎

于人的"埃-当二氏综合征"（图21-27）[181-183]。患兔有皮肤脆弱的病史，且多次发生自发性的皮肤撕脱伤并覆盖疤痕。患兔皮肤的延展性指数为21%~32%，而正常兔的平均值为13%。光学显微镜检查并不明显，而电子显微镜可见扭曲杂乱的胶原束和不同直径的胶原纤维，且排列松散和有磨损。因幼年兔发病，以及在同窝幼兔中发现这一情况，故怀疑可能是基因缺陷所致。目前还没有针对兔的这一综合征的治疗方法，但有报道称，补充维生素C对其他物种有效[112]。

接触性皮炎主要是由于多次接触化学品所致，例如消毒剂、报纸、木刨花或局部乳膏/药膏。病变的位置有助于鉴别病因（图21-28）[114]。笼内擦伤是一种由会阴部尿灼伤导致的接触性皮炎，主要因为饲养不良或兔排尿没有避免污染的能力，也见于肥胖的兔以及患骨科疾病或神经疾病的兔[22]。治疗方法是经常用抗菌液清洗患部，并使用保护性软膏，例如氧化锌。

冻伤常见于那些未适应突然接触寒冷环境的兔[2]。典型症状是红疹、四肢末端发绀、坏死以及耳郭蜕皮（图21-

29）。

兔也可出现类似斑秃的症状[2]。患病动物可出现一处或多处非炎性的环形秃毛区，尤其是耳郭后的被毛区。该病可自然痊愈，并有白色毛发再生（图21-30）。

已有家兔患皮脂腺炎的相关报道[184]，年龄为2.5~6岁。患病动物表现为非瘙痒性、有鳞屑、易脱落的皮炎，首先发生于面部和颈部周围，数月后发展为弥散性的皮肤疾病。主要基于组织病理学检查结果作出诊断，其特点是角化过度、毛囊角化、毛囊萎缩、毛囊周围纤维化以及毛囊周围淋巴细胞浸润替代皮脂腺。该病的病因尚不明确。抗生素、糖皮质激素、伊维菌素、灰黄霉素脂肪酸、咪唑硫嘌呤、依曲替酯或口服类维生素A治疗无效，但局部用抗皮脂溢香波可能有作用[112]。动物因病变严重和/或继发疾病而死亡或被施以安乐术。作者曾见过1例局部非渐进性皮脂腺炎患兔。兔颈背部和邻近的外耳郭呈现局部秃毛症、轻微的红斑、瘙痒和过多的皮肤碎屑（图21-31）。病变在未经治疗和停用局部抗跳蚤药的情况下自愈。

图21-29 一只冻伤的兔。注意耳郭的发绀和坏死

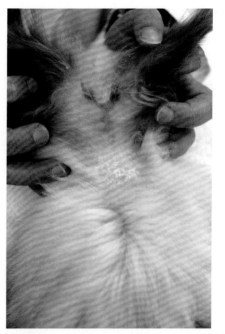

图21-31 兔皮脂腺炎。注意秃毛，轻微红疹，以及颈背和邻近的外耳郭部大量的皮屑

图21-30 兔类似斑秃的表现。耳郭上边界清晰的非炎性秃毛症区域长有白毛

图21-32 兔胸腺瘤相关的剥脱性皮炎。注意背部的脱落性皮肤病和头部的秃毛症（S. Chen提供）

报道的猫的胸腺瘤相关的剥脱性皮炎可见于兔[185]。皮肤病变的特点是广泛而轻微瘙痒的脱落性皮肤病，并伴有不对称的秃毛症，以及头和跗关节处的红疹（图21-32）。通常认为自身免疫性肝炎是兔对称性秃毛症和家兔鳞屑脱落的原因，类似于人类的相关表现[186]。这2个病例中的皮肤病变和组织病理学结果同兔皮脂腺炎的表现和结果相似。

据报道，有哺乳其中幼兔发生面部湿疹[187]。呈散发状态且病因不明。鼻梁和眼周出现秃毛区域和轻微的红斑。

患病动物并无其他方面的症状。经局部糖皮质激素治疗后症状迅速缓解。

已有关于未绝育雄兔真皮纤维化的报道，其特点是不伴有瘙痒和秃毛的背部皮肤增厚[188,189]。从组织学来说，这些病变特点是由低分子量分化良好的纤维细胞给广泛划分的真皮胶原蛋白。可能出现上皮增生，但很少见到炎症和附属结构的增生[163]。病因尚不明确，但有学者认为是激素原因导致的，因为患病动物都是未绝育的，且组织学病变与未绝育公猫面颊部皮肤的活组织检查结果相似[188]。

据报道有2只兔发生嗜酸性肉芽肿样病变[113,190]。类似皮肤真菌病或皮外寄生虫等的潜在因素被认为是引起严重过敏反应并继发自我损伤的原因[112]。在其中1例中，患兔腹部的自我损伤以及界限清晰的红斑坏死性溃疡病变从脐部一直蔓延至会阴。在病变皮肤的边缘可见姬螯螨及其虫卵。成功的治疗需要确定致病根本原因。

注射部位反应在兔很常见，其特点为秃毛症、皮肤增厚、溃疡和形成硬痂。当皮内或皮下注射卡洛芬、未稀释的恩诺沙星和青霉素G时，注射部位引起反应。因大部分损伤是浅表小面积的且可快速痊愈，故一般不需治疗。如果需要治疗，可局部给予抗菌软膏。

直肠、阴门或阴茎鞘的息肉在兔很常见[163]。该病的病因不明，可能是病毒引起的。病变通常是与腐蚀相关的创伤或表面硬痂，并可能继发细菌感染。病变的组织学特点是分化良好的鳞状上皮细胞增生和角化过度。

兔常因打斗而发生外伤，主要涉及眼、耳和外生殖器。由于皮肤创伤常引发脓肿，需要及时和积极的治疗。兔创伤治疗的详细论述可见于本章其他部分[32]。

有继发于垂体腺瘤的兔乳腺发育不良的相关报道[191]。患病动物的一个或多个乳腺出现肿胀和变硬，并伴有乳头肿大和污染。

三、豚鼠

（一）外寄生虫

豚鼠疥螨是一种寄生于豚鼠的挖掘性疥螨[6,192-194]。感染导致可引起自我损伤的剧烈瘙痒、烦躁，甚至在一些极端病例上发生癫痫[193]。最常见的感染部位包括腹部、颈部和肩部，但感染可发展为广泛性的[195]。毛干很容易断裂及脱落，且瘙痒可导致脱皮和红疹（图21-33，A）。频繁的刺激可加速厌食和消瘦，甚至导致怀孕动物流产。即便是严重的病例，皮肤脱落也十分少见。可通过皮肤活组织检查进行诊断。组织结构检查可见正角化性的角化过度和微小脓肿，以及螨虫切面（图21-33，B）[193]。皮下注射伊维菌素或局部用司拉克丁有效[6,193]。同兔一样，豚鼠口服司拉克丁，无效[196]。豚鼠疥螨可短暂性感染人，引起皮炎[197]。

豚鼠的皮毛螨虫——豚鼠背毛螨偶尔会被检出，但很少引发临床疾病[33,193,198]。当出现明显临床疾病时，感染通常局限于躯干两侧和会阴，且患病动物出现瘙痒和秃毛症。主要通过检查附着在毛干上的螨虫（图21-34）作出诊断。治疗与豚鼠疥螨相同[6,37,193,97,199]。

疥螨、鼠背肛螨和鼠癣螨很少引起豚鼠的临床疾病[6,193]。感染动物可能表现为面部和耳郭周围瘙痒。诊断和治疗同豚鼠疥螨。兔姬螯螨偶尔见于豚鼠，伴有背部的瘙痒和鳞屑，治疗同兔[193]。豚鼠蠕形螨很少见，主要在躯干出现秃毛症、硬痂和红疹（图21-35，A）[6]。感染可能是非瘙痒性的。可在刮皮样品中发现螨虫（图21-35，B），用伊维菌素治疗可能有效。兔痒螨可能感染豚鼠，引起抓挠和摇头，以及深色的耳垢。

豚鼠身上很少发现蚤，但与犬、猫同时饲养时则很常见。患病豚鼠表现为毛色变暗、不对称脱毛和瘙痒。可用批准用于猫的除虫菊酯产品或司拉克丁进行治疗[193]。

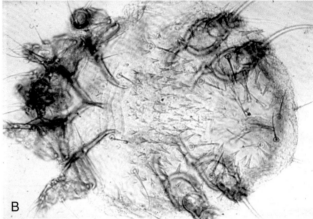

图21-33　A. 患疥螨病的豚鼠背部的秃毛症和厚痂　B. 豚鼠疥螨（A由E. Guaguère提供；B由K. Thoday提供）

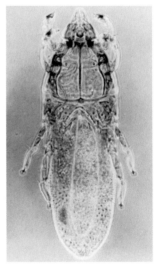

图21-34　豚鼠背毛螨（来自于 Bowman DD: Georgis' parasitology for veterinarians, ed 9, Philadelphia, 2009, Saunders）

两种常见的感染豚鼠的咬虱是豚鼠长虱（细长的豚鼠虱）（图21-36，A）和豚鼠圆羽虱（椭圆形的豚鼠虱）[193,197,198]，二者中豚鼠长虱更常见[6]。受感染的动物通常没有症状，但可因此出现瘙痒、秃毛症以及颈部和耳部的被毛粗乱（图21-36，B）。通过用放大镜和显微镜直接看到毛干上的虱作出诊断。除虫菊酯或伊维菌素可用于治疗[22,37,193,200]。批

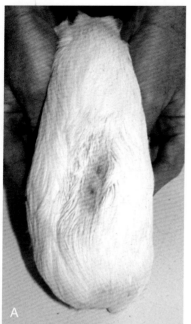

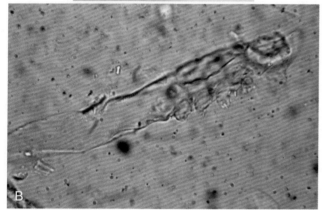

图21-35　**A.** 患蠕形螨豚鼠背部的秃毛症和红疹　**B.** 豚鼠蠕形螨（由D. Carlotti提供）

图21-36　**A.** 豚鼠长虱　**B.** 感染虱的豚鼠；注意秃毛症和粗糙的被毛（**A**由G. Kollias提供）

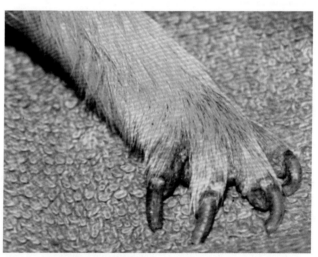

图21-37　豚鼠趾部的皮肤真菌病

准用于幼猫的浸液和粉剂也可用于豚鼠[6]。改善饲养条件和环境卫生对于有效治疗是必不可少的。

　　*Trimenopen jenningsi*和*Trimenopen hispidum*是两种很少见于豚鼠的吸血虱[6]。诊断和治疗与其他虱相同。

（二）真菌性疾病

　　豚鼠的真菌性皮肤病相对常见，且多由须毛癣菌引起，小孢子菌和疣状毛癣菌较少见[6,193,197,198]。典型病变位于鼻、眼和耳郭周围，但可能蔓延至背部和四肢[193,198,201]。临床疾病通常发生于幼年或应激的豚鼠，其特点为瘙痒、不对称秃毛症、毛发焦枯和红疹（图21-37）[201]。脓疱和丘疹可见于继发的细菌感染。主要根据对真菌培养或脱落毛发的检查作出诊断。治疗为局部抗真菌治疗，例如1%布替萘芬乳膏每日涂抹或2%石硫合剂浸浴，0.2%恩康唑冲洗，或1%洗必泰香波每周冲洗[22,193]。口服氟康唑或灰黄霉素可用于全身治疗[6,41,193,201]。

　　豚鼠的其他真菌病原包括马拉色椭球菌（糠疹癣菌）和白色念珠菌，上述两种菌都用豚鼠研究建立实验模型[202,203]。白色念珠菌引起的病变包括红疹、脓疱和硬痂。马拉色椭球菌引起的病变包括红疹、水肿和硬痂。皮肤隐球菌病也见于豚鼠[6,192,204]。感染动物出现瘙痒和皮炎，大部分严重和顽固的感染仅局限于鼻部。口服灰黄霉素治疗无效。

（三）细菌性疾病

　　细菌性皮肤感染在豚鼠很常见，最常见的表现是脓肿和爪部皮炎[22,23,198,200,205]。颈部淋巴结炎或"肿块"发生于饲料刮伤口腔黏膜使得细菌蔓延至局部淋巴结时，也可继发于咬伤或呼吸道感染[162,163,168]。最常分离到的是兽疫链球菌，也可分离到假结核耶尔森菌和念珠状链杆菌[6,192,197,198,205]。被好斗的同笼豚鼠咬伤的病例也常形成脓肿。脓肿通常位于头（图21-38）、尾和臀部周围，且金黄色葡萄球菌是最常分离到的微生物[197]。由于脓肿包囊较厚，建议治疗方案为进行完整的手术摘除，随后根据细菌培养和药敏试验结果进行有目的的全身抗生素治疗[193]。

爪部皮炎最常发生于饲养在金属笼中的动物，且可能因维生素C缺乏、肥胖和老龄而加重[6,22,23,193,200,205]。病变可能继发金黄色葡萄球菌感染[198,201]并危及更深层的组织，包括关节/骨（图21-39）。临床症状包括不愿运动和/或触诊被感染的爪时鸣叫，跛行和厌食以及局部充血或肿胀[193]。聚维酮碘或洗必泰浸泡并使用局部药膏和绷带包扎对于早期和中度感染可能有效[197]。对于更严重的病例可能需要抗生素和抗炎药治疗。重点必须放在改善饲养环境上，以达到有效的治疗，避免复发[6]。严重和慢性病例可发生腱鞘和关节感染[193]。有报道称，严重感染可发生全身淀粉样变性的后遗症。

据报道，豚鼠群中有发生类似于葡萄球菌性烫伤样综合征的剥脱性皮炎，主要发生于怀孕晚期的母鼠。诱因可能是粗糙的笼子底部以及继发的细菌感染。病变的特点是腹侧部的秃毛症，并迅速发展为红肿和疼痛的皮肤病变以及皮肤开裂；受感染部位可分离出金黄色葡萄球菌[197]。

（四）病毒性疾病

口炎与痘病毒感染有关（图21-40）[197,206]。给试验豚鼠接种单纯性疱疹病毒可引起脓疱和硬痂。损伤可自愈[197,206]。

图21-38 豚鼠的颈部淋巴腺炎

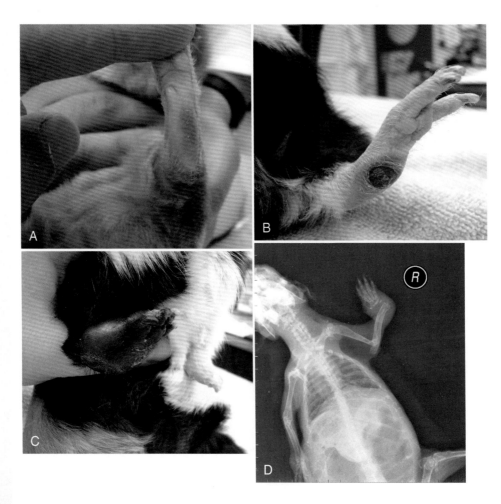

图21-39 A. 豚鼠后肢爪部皮炎Ⅱ级损伤 B. 豚鼠后肢爪部皮炎Ⅲ级损伤 C. 豚鼠前肢爪部皮炎Ⅴ级损伤。注意严重的局部肿胀 D. 豚鼠腕骨的X光片。注意骨溶解和病理性骨折

图21-40 豚鼠的痘病毒病变

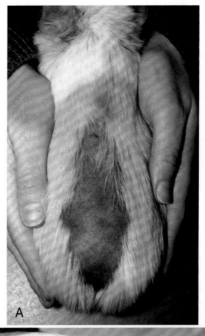

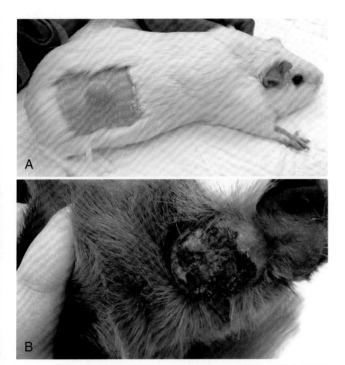

图21-41 **A.** 豚鼠毛囊瘤。该区域为准备手术已剃毛（之前未见秃毛症） **B.** 豚鼠颈部的浸润性和坏死性脂肪瘤

图21-42 **A.** 患卵巢囊肿的豚鼠背部对称性秃毛症 **B.** 患卵巢囊肿的豚鼠右侧躯体非对称性的局部秃毛症。重复注射人绒毛膜促性腺激素使秃毛症暂时缓解

（五）肿瘤

豚鼠最常见的肿瘤是毛囊瘤，毛囊瘤是主要发生于腰部的良性基底细胞上皮瘤（图21-41，A）[6,163,193,197]。肿瘤通常含有一个可分泌皮脂物质的中央凹陷或开口[201]。手术切除是有效的[163]。其组织结构包括毛囊、角质和皮脂[6,163]。纤维肉瘤、皮肤乳头瘤、脂肪瘤、脂肪肉瘤（图21-41，B）、皮脂腺腺瘤、神经鞘瘤和淋巴瘤也有报道[6,197]。

（六）营养不良

豚鼠缺乏合成抗坏血酸或维生素C所必需的L-葡萄糖酸内酯氧化酶，因此必须在饲料中提供和/或作为补充[6,193]。维

生素C是胶原合成所必需的，缺乏维生素C的皮肤表现包括皮肤出血、伤口愈合延迟以及被毛粗糙[6,22,192,205]。尽管商品化豚鼠饲料含有维生素C，但其在约90d后降解[6,193]。因此，饲喂过期的动物饲料或使用其他动物的未补充维生素C的饲料可能产生与维生素C缺乏症相关的临床症状。

脂肪酸缺乏、蛋白质缺乏和维生素B6缺乏都会引起普遍的秃毛症[205]。泛酸缺乏和维生素B2缺乏可能导致毛发粗糙。维生素A缺乏可能引起耳郭边缘干燥。

（七）其他疾病及原因

未绝育雌性豚鼠可能发生卵巢囊肿，通常在2～4岁时发生[193,207]。如果囊肿是功能性的，其升高的激素水平可能导致双侧对称性秃毛症，一般在胸壁两侧和背部（图21-42，A）[193,200,201]，但也可发生非对称性病变（图21-42，B）。确诊需要在超声检查下看见卵巢囊肿，最终治疗是进行卵巢子宫切除术[193,201,207]。囊肿经穿刺抽吸和/或给予人绒毛膜促性腺激素（100IU肌注 每7～10d 1次）可

暂时缓解症状[6]。怀孕或泌乳母鼠也可出现双侧秃毛症，但通常在怀孕或泌乳停止后自行消退[23,192,207]。

"流涎"是指流出过多的唾液，通常由于原发的牙齿疾病所致[193]。颌下的被毛可能缠结并继发感染。治疗主要是针对原发性的牙齿畸形和清洁感染部位，以及必要时进行局部抗生素治疗。

肛周和荐尾部可能会出现过多的皮脂碎片蓄积，常引起恶臭，偶尔会继发细菌感染[23,193,197]。该区域可用稀释的洗必泰溶液冲洗。

爪部腹侧可能出现角化过度的角质增生，大多发生在饲养于金属底笼的动物（图21-43，A）[23,193]。可将增生切除或锉平。豚鼠的爪也可发生过长和弯曲（图21-43，B）。有时动物的玩具或垫料上有松散的线状物时，豚鼠可能会被线状物缠绕，引起压迫性坏死并导致受伤区域脱落（图21-43，C）[197]。对于这些病例，需要检查并纠正饲养管理。

群饲动物可能出现咬毛或耳朵撕裂[6,197]，咬毛部位的皮肤外观正常。

应激性脱毛常发生于豚鼠[22,197]。在笼壁上过度摩擦鼻部会导致该部位的局部秃毛症。

据报道，1只患有皮肤血管畸形的豚鼠出现出血性溃烂皮肤斑块；该动物死于患部出血。有报道1例麦角中毒的豚鼠表现脚部麻木并继发跛行[6,208]。

四、毛丝鼠

（一）外寄生虫

毛丝鼠由于其稠密的被毛很少发生外寄生虫病，但有过蚤和姬螯螨的报道[6,201]。感染蚤会引起不同程度的瘙痒，可用批准用于幼猫的局部产品进行治疗[6]。可通过注射伊维菌素治疗姬螯螨。

（二）细菌性疾病

牙齿疾病可引起过度流涎，导致下颌、颈腹侧甚至胸部和前肢的皮毛暗淡和潮湿性皮炎（图21-44）[206]。皮肤可能继发感染。治疗包括局部和全身抗生素治疗，并纠正

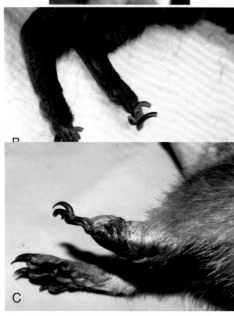

图21-43　A. 豚鼠前肢掌部表面角化过度的角质增生　B. 豚鼠趾部过长和弯曲爪　C. 由压迫导致的豚鼠后爪坏死和脱落（由CG. Kollias提供）

图21-44　A. 患牙齿疾病的毛丝鼠"流涎"（下颌及邻近的颈部）　B. 患牙齿疾病的毛丝鼠"流涎"（胸部和前肢）

根本的牙齿问题[206]。脓肿可继发于咬伤、划伤或其他创伤。病原体一般为葡萄球菌或链球菌，同其他啮齿类一样，通过手术将脓肿连同包囊整体摘除可降低复发的概率[6]。

（三）真菌性疾病

皮肤真菌病很少见于毛丝鼠[22,197,200,209]。最常分离到的真菌是须癣毛癣菌，偶尔有感染小孢子菌的病例[6,31,197,201]。病变通常位于头和爪，但可涉及身体的任何部位。感染部位可出现界限清晰的秃毛症、红疹和鳞屑脱落，这取决于瘙痒出现的严重程度和变化范围[6,201]。主要基于病变症状和拔毛真菌培养结果作出诊断。大多数病例已经证明口服灰黄霉素有效，且每日局部使用灰黄霉素、托萘酯或布替萘芬乳膏，连用7～10d可有效治疗局部病变[6,31,209]。此外，还可用2%洗必泰、2%咪康唑香波或0.2%恩康唑冲洗[31,201]。同其他动物一样，灰黄霉素具有致畸性，应避免用于怀孕母鼠，且应告知动物主人该病传染动物的可能性[6]。环境卫生对预防复发十分重要。每两杯浴沙中加入一茶勺克菌丹可控制感染[31]。

（四）营养不良

据报道，饲喂高蛋白饲料（粗蛋白>28%）的毛丝鼠可发生通常所说的"棉花毛"[6]。毛发呈波状起伏，质地较差。治疗方法是将日粮粗蛋白含量调整至约15%。缺乏泛酸可能导致秃毛症、厌食、多动症及体重下降[6]，毛发色素减少，且变得暗淡易脱落。与锌缺乏有关的秃毛症在毛丝鼠上也有报道[197]。脂肪酸缺乏，尤其是亚麻油酸和花生四烯酸缺乏可减少毛发生长，如不治疗则会发展为秃毛症和皮肤溃烂[6,205,210]。

日粮中缺乏胆碱、甲硫氨酸或维生素E可导致耳部、肛周部分和腹部毛发褪色，出现微黄色斑点，这是因为机体新陈代谢缺乏植物色素[6]。治疗方法是纠正营养不良。

（五）其他疾病及原因

毛丝鼠需要频繁的沙浴以及相对较干燥的环境使其浓密的毛发处于健康状态。应每周给动物提供商品化毛丝鼠沙数次，每次30～60min[31]。当毛丝鼠处于温度高于27℃和湿度大于50%的环境中时，毛发会变得暗淡无光[6,197]。

据报道，咀嚼毛发是一种可遗传的行为特性，有30%的毛丝鼠具有这一特性[6,31,197,201]。发病诱因包括应激、过度拥挤、低粗纤维日粮、营养不良和无聊[6,31,197,209,210]。患病部位毛色变暗，且咀嚼多发生于腿、胸部和颈部，但也可发生于尾部（图21-45）[201]。毛丝鼠有时也会咀嚼同笼其他鼠的毛发。目前没有有效的治疗方法，但可尝试提供宽阔的活动空间和高质量的垫料[6,197,201]。

毛皮滑脱是一种逃脱捕食者的方式，其特点是当被毛被抓得过紧时，整片毛发会自发地断裂以逃脱捕食者[6,31,201]。其下的皮肤仍是平滑的，且毛发再生需要4～6个

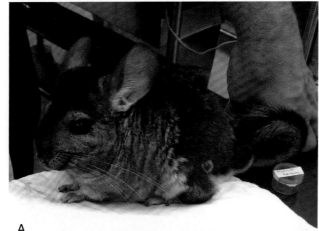

图21-45 **A.** 毛丝鼠躯体后半部的毛发被咀嚼 **B.** 毛丝鼠尾部的毛发被咀嚼

月。新生的毛发看起来与周围区域不协调[31,197]。

当毛发环绕包皮时出现毛皮环。如果不经处理，可导致轻度包茎[6,31,201]。阴茎应当是润滑的且毛皮环能轻柔地松开或自由收紧。

由于毛丝鼠的耳郭突出，它们可能更易发生外耳损伤，包括创伤和血肿。冻伤也可见于在户外饲养的动物。应清洁和干燥受伤部位，并根据需要进行局部抗生素治疗。

毛丝鼠可发生角化过度和爪部皮炎，尤其是在后肢（图21-46）。诱发因素、治疗和预防与豚鼠相同。

五、大鼠

（一）外寄生虫

在大鼠，鼠背肛螨是一种可引起厚痂和丘疹性皮炎的疥螨，尤其是耳、鼻和尾的周围[6,192,197,205,211]。剧烈的瘙痒可导致自残性脱皮。诊断基于皮肤刮样检查。治疗包括0.05%除虫菊酯香波洗浴、除虫菊酯粉沙浴，或用棉签在患病部位涂抹石硫合剂。间隔2周皮下注射伊维菌素也可能有效[6]。

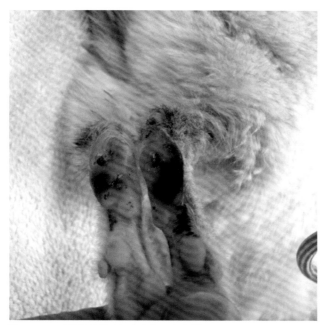

图21-46 毛丝鼠后肢爪部皮炎Ⅱ/Ⅲ级损伤

剑野雷螨是大鼠最常见的毛皮螨虫[6]。由于可能出现的不同程度的瘙痒，会在头和肩部周围出现自残性的损伤[30]。

热带鼠螨——巴氏刺脂螨很少侵袭宠物大鼠[6]。感染可导致剧烈瘙痒、贫血和虚弱。治疗方法是每周用除虫菊酯粉沙浴和垫料。这些螨虫大部分时间位于垫料上，因此环境消毒是必不可少的。巴氏刺脂螨也会传播一些动物传染病[6]。疥螨、异形疥螨、钻孔疥螨、小鼠螨和微小蠕形螨很少发生于大鼠（图21-47，A和B）[197]。

鼠鳞虱是一种很少见于大鼠的吸血虱[6]。感染多局限于背部周围，可引起瘙痒、皮炎或皮肤溃疡，病情严重的动物身体衰弱（图21-47，C和D）。鼠鳞虱可传播斑疹伤寒症和血巴东立克次体病[197]。

啮齿类蚤很少侵袭宠物大鼠；感染通常和与野生啮齿类动物接触有关。可引起瘙痒和皮炎[6,197]。

（二）真菌性疾病

大鼠很少发生真菌性皮肤病，须癣毛癣菌是最常见的致病原，但也分离到了小孢子菌[6,192]。颈部、背部和尾基部斑块性的秃毛症和红疹以及断毛是最常出现的症状（图21-48）。病变通常是非瘙痒性的[197]。某些动物是有症状的带菌者。需通过皮肤刮样检查和真菌培养作出诊断。可口服灰黄霉素进行治疗[6]。

（三）细菌性疾病

金黄色葡萄球菌常引起大鼠溃疡性皮炎，尤其是有外伤的幼年雄鼠或因外寄生虫感染引起瘙痒所致的抓痕[30,192,197]。偶尔可从脓肿中分离到嗜肺巴氏杆菌和肺炎克雷伯菌[6]。念珠菌感染可导致水肿和四肢发绀，但并不常见[192,205]。鼠棒状杆菌可引起皮肤肉芽肿以及继发严重的脱皮[192,205]。

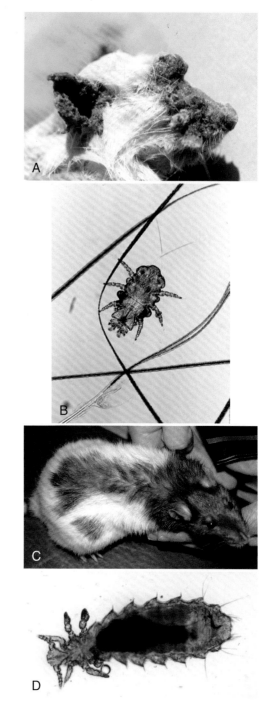

图21-47 外寄生虫 **A.** 大鼠异形疥螨；注意面部和耳郭部的硬痂和秃毛 **B.** 小鼠螨 **C.** 大鼠的虱病；注意稀毛症，继发于瘙痒的表皮损伤及虱卵 **D.** 鼠鳞虱（由A P. Bourdeau提供）

对于环境相关的皮肤感染，建议对饲养管理进行全面的审查和纠正。

（四）病毒性疾病

由冠状病毒引起的大鼠涎泪腺炎病可导致血泪症（红泪）及爪和面部着色，以及因卟啉化合物刺激引发的自残（图21-49）[192,200,205]。诊断主要基于临床症状和病毒分离，治疗主要是支持疗法。

有痘病毒感染实验大鼠的报道，其临床症状包括尾部、爪和口角周围的丘疹，偶尔会发展为坏疽[6,197]。

图21-48 大鼠感染犬小孢子菌。腹部及肩部的秃毛症和红疹（由E. Guaguère提供）

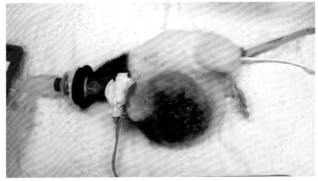

图21-50 大鼠乳腺肿瘤；无论肿瘤大小都应进行手术全摘除。注意常见这种大肿瘤的广泛的坏死区域

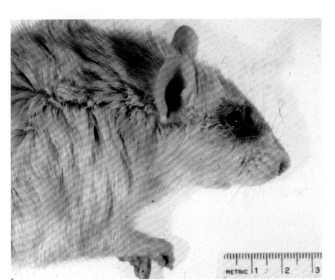

图21-49 感染大鼠涎泪腺炎病毒的大鼠眼周的橙色硬痂和被毛变色（由J. King提供）

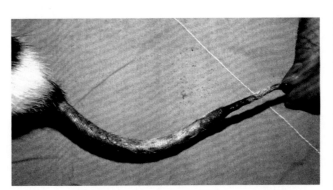

图21-51 大鼠的卷尾病。尾远端部分坏死（由G. Kollias提供）

（五）肿瘤

良性乳腺肿瘤和普通纤维瘤是临床上最常见的皮肤肿瘤（图21-50）[30,163]。手术治疗是有效的，但常会在腺体的其他部位复发。一般来说，间叶细胞肿瘤在大鼠最为常见，包括纤维瘤、纤维肉瘤和脂肪瘤[6]。大部分皮肤肿瘤生长在爪、尾或头部周围。乳头状瘤、角化棘皮瘤、基底细胞癌、毛囊肿瘤、血管内皮瘤和恶性组织细胞瘤也在大鼠上有过报道[6,197,212]。

（六）营养不良

饲喂商品化日粮的宠物大鼠很少发生营养不良[6]。锌和维生素B_6缺乏可引发剥落性皮炎，并伴有秃毛症和毛发褪色[205]。生物素缺乏可引起眼周秃毛症。维生素B_2缺乏可引起秃毛症和鳞屑和皮炎。泛酸和烟酸缺乏可引起过量的卟啉分泌，以及除此之外还可引起剥脱性皮炎和毛发褪色。铜缺乏也可导致毛发褪色。缺乏必需脂肪酸可引起剥脱性皮炎，且偶尔会导致尾坏死[205]。当日粮脂肪含量多于20%的脂肪时可引起秃毛症。维生素A缺乏可能导致被毛粗乱和鳞状上皮增生。

（七）其他疾病及原因

卷尾病，或称尾的缺血性坏死，最常出现于7～15日龄的大鼠，多发于冬季因供暖设备使环境湿度下降到20%～40%时[6,30,192,200,205]。脱水、必需脂肪酸缺乏以及体温高都与环境低湿度有关[6,192]。患病动物的尾形成环形收缩，并在收缩的远端出现缺血性坏死（图21-51）。治疗是在邻近收缩处进行尾截除术，并纠正所有饲养和饲喂存在的不足[30]。

爪部皮炎可发生在饲养于金属底笼内的动物[6]。治疗同前述的其他动物。

咬毛可见于群饲的大鼠，通常继发于拥挤、应激或无聊[197]。在这种情况下也常能见到因摩擦导致的嘴角脱毛[197]。

蛲虫（鼠管状线虫）通常对大鼠不致病。然而，与排卵有关的肛周瘙痒可能导致动物尾基部发生自残[192,200,205]。通常将一条胶带黏于肛周并迅速撕下，可见到香蕉型虫卵即可作出诊断[206]。注射伊维菌素治疗有效[197]。

有斯普拉格-杜勒鼠和威斯塔大鼠患耳软骨炎的报道[6]。患病动物的耳郭变为结节状，且病变的组织病理学分析可见炎性细胞聚集和软骨溶解。致病原因尚不清楚，但来自耳标的创伤或免疫学反应可能是原因之一。

据报道，大鼠静脉注射后可出现全身性毛发栓塞。腹部出现局灶性坏死和溃疡，且组织学检查可见血管内毛干碎片[197]。

老年大鼠的被毛可能变得粗糙，并且由于未知原因出现微黄色脱落物[23]。有报道称，老年大鼠的皮肤会出现褐色鳞屑，通常局限于尾背侧。这可能与雄性激素有关，因为性腺切除术可使症状消除[197,213]。

六、沙鼠

（一）外寄生虫

梅格尼蠕形螨（*Demodex merioni*）在沙鼠上已有报道，最常见于老年和虚弱的动物[6,192]。临床症状包括整个背部和臀部出现秃毛症、鳞屑、充血和继发细菌感染。金仓鼠蠕形螨和仓鼠蠕形螨偶尔会感染沙鼠[6]。

血红刺脂螨或家鼠螨很少感染笼养沙鼠[6]。这种螨会咬人，并可传播小蛛立克次体。

据报道，皮下注射伊维菌素和局部使用司拉克丁对于治疗沙鼠螨虫感染有效[6,199]。频繁更换垫料和环境消毒应该与所有的治疗方案相结合。

（二）真菌性疾病

沙鼠偶尔会感染皮肤真菌，最常见的是须癣毛癣菌[6]。可见毛发焦枯和局部秃毛症。通过皮肤刮片（排除螨虫感染）或真菌培养作出诊断，治疗则是局部使用或口服抗真菌药。

（三）肿瘤

据报道，2岁以上的沙鼠肿瘤发病率高达40%，而皮肤肿瘤是第二大高发肿瘤[6,23,30,197]。腹部气味腺最常发病，腺瘤和鳞状细胞癌都有过报道[23,30]。患病腺体可能溃烂并继发感染（图21-52）。耳、爪和尾基部的黑色素瘤和黑素细胞瘤也很常见[41]。建议对沙鼠的各种皮肤肿块进行手术摘除和组织病理学检查[6]。

（四）其他疾病及原因

鼻部的皮炎也称为鼻疮或面部湿疹，是沙鼠的常见疾病，其发生是因应激造成哈氏腺的卟啉分泌物增多而引起

的，例如过度拥挤和湿度过高[22,23,30,192,197]。卟啉是最主要的刺激物，主要蓄积在鼻和眼的周围。病变最初的表现为局灶性的秃毛症和红疹，随后发展为潮湿性皮炎，形成自残性溃疡以及继发葡萄球菌和链球菌感染（图21-53）[6,30,197]。皮炎可能通过摩擦和舔毛扩散至爪和腹部。芳香性垫料（雪松、松树）可使情况恶化。慢性疾病可引起厌食和死亡。诊断主要基于临床症状和伍德氏灯下卟啉分泌物的荧光[6,197]。治疗包括用局部或全身抗生素治疗继发感染，以及通过控制潮湿环境和提供沙浴来改善饲养管理[6,30]。

鼻部的皮炎也可能成为侵略性摄食行为造成的鼻部秃毛或机械性秃毛症的后遗症[6]。

被同笼其他鼠咬毛可发生于群饲的沙鼠，其中主要是鼠王啃咬下级鼠的颈腹侧、尾基部和头顶的毛发[6,23,192]。被毛呈现整体剪除的状态，但其下并无可见的皮肤病理变化。降低饲养密度及移出鼠王会降低咬毛的发生率。

通过抓持尾部来控制沙鼠可导致套状撕脱伤，称为尾滑脱[6,30]，需要进行手术截尾。

当饲养在湿度高于50%的环境中或使用芳香木屑垫料（松树、雪松）时，沙鼠的被毛会变得油腻和粗乱[6,22,30]。

腹部气味腺嵌塞和炎症也见于沙鼠[30,200]。病变可能会被自残加重，导致葡萄球菌和链球菌的继发感染[200]。局部使用软药膏通常会被舔食，所以全身抗生素治疗可能更有效。

七、仓鼠

（一）外寄生虫

螨病在仓鼠十分常见[197]。由于金仓鼠蠕形螨和仓鼠蠕形螨可出现于临床表现正常的仓鼠，所以应排除最主要的

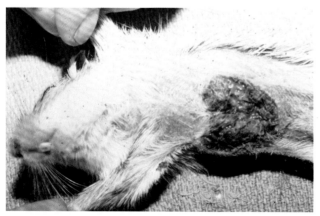

图21-52 沙鼠腹部气味腺的鳞状细胞癌（W. Gould提供）

图21-53 患鼻疮沙鼠的鼻部秃毛症、硬痂和溃疡

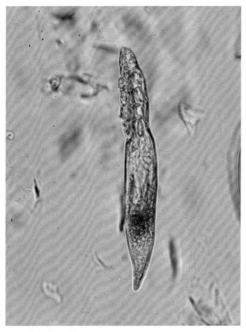

图21-54 金仓鼠蠕形螨

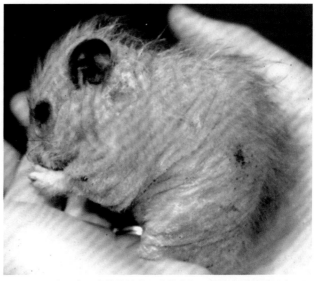

图21-55 患上皮细胞营养性淋巴瘤的仓鼠。注意广泛的秃毛症、红斑和皮肤过度皱褶

致病因素。大部分临床感染都是金仓鼠蠕形螨造成的，且常与免疫失调有关，例如并发肿瘤、皮质醇增多症、慢性肾脏疾病、营养问题或环境应激，或者单纯的老年性退行性变化[6,23,192,214]。金仓鼠蠕形螨体形细长状（图21-54），并生活于毛囊和皮脂腺内，相比之下仓鼠蠕形螨较短且栖居在表皮凹陷中。感染更常发于雄性仓鼠[192]。病变通常没有瘙痒，且沿背部到臀部出现[6]。可能出现秃毛症、鳞屑和硬痂。仓鼠蠕形螨主要通过皮肤刮样检查作出诊断。每周用过氧化苯甲酰香波洗浴可能有冲洗毛囊的效果。建议每周用棉球蘸取双甲脒局部治疗1次，每次总量不超过0.25%，应控制使用量以避免毒性作用。司拉克丁按总量6～18mg/kg使用可能有效[192,197,199,200,214]。

背肛背肛螨和猫背肛螨是穴居类螨虫，它们很少引起仓鼠的瘙痒、自残和秃毛症[6,192,214]。病变可能出现红斑和乳头状硬痂，且通常发生在四肢、鼻、耳郭和生殖器部位[6]。可通过皮肤刮片进行诊断。治疗包括注射伊维菌素或用2%石硫合剂浸浴。频繁更换垫料及环境消毒是治疗和预防的重要环节。

尽管很少见，但感染疥螨和豚鼠疥螨也可引起仓鼠的瘙痒和秃毛症。有报道称热带鼠螨——巴氏刺脂螨和北方禽螨——北方刺脂螨可短暂感染仓鼠，且很少引起瘙痒[6]。北方禽螨可引起人的皮肤丘疹。经常更换垫料和环境消毒通常可有效根除螨虫。

（二）真菌性疾病

仓鼠的真菌性皮肤病十分少见，多由须癣毛癣菌引起[6,22,205,214]。诊断和治疗与其他动物的相同。

（三）病毒性疾病

皮肤上皮瘤见于叙利亚仓鼠，由仓鼠多瘤病毒引起[206]。乳头状瘤病变多出现在面部和会阴周围。治疗主要为支持疗法。

（四）肿瘤

在仓鼠，皮肤是第三容易受肿瘤生长侵害的部位。尽管大部分肿瘤是良性的，但2岁以上动物的肿瘤发病率高达50%。最常侵害皮肤的肿瘤是黑色素瘤，多生长在雄鼠的头颈部，尤其与两侧的腺体有关[23,163,192,205]。乳腺恶性腺癌在仓鼠也较多发[163]。

皮肤型淋巴瘤与在仓鼠上已有报道的蕈样真菌病类似[6,201,215]。病变的特点是红疹、秃毛症和鳞屑（图21-55）。有一种化学疗法的报道，但因预后不良，仍然建议施行安乐术[206,216]。

还应注意，常见于仓鼠的肾上腺肿瘤和恶性腺癌可能导致秃毛症和皮肤色素过度沉着[207]。

（五）营养不良

实际上仓鼠很少发生营养不良。泛酸缺乏可导致剥脱性皮炎、毛发褪色和卟啉分泌物增加。维生素B_2缺乏可导致秃毛症和皮炎，而维生素B_6缺乏可导致毛发褪色[205]。日粮中所含的粗蛋白低于16%时可引起秃毛症[192]。

（六）其他疾病及原因

据报道，过敏或接触性皮炎都可归因于雪松或松树刨花垫料，这相当于将化学物垫于底层[6,22]。临床症状包括瘙痒和面部及四肢的肿胀，将动物移出不利的环境后症状即可消退。

皮质醇增多症也偶见报道，其临床症状包括双侧对称性秃毛症、薄皮病和色素沉着过度[201]。米托坦和美替拉酮都用于试验性治疗，但二者都未完全成功[207,217]。

腹侧腺体嵌塞可导致自残[6,200]。

八、小鼠

（一）外寄生虫

鼠癣螨是小鼠最常见的体外寄生虫[41,192,205]。尽管可能并发鼠肉螨，但鼠癣螨仍然是优势种群。颈部、头部和肩部是最常感染的区域。病变部可能出现瘙痒，但并不会像肉螨一样发展为溃疡。主要通过皮肤刮样检查作出诊断，但可能较难发现螨虫（图21-56）[197]。注射伊维菌素有效[6,22,200]，口服伊维菌素似乎并不十分有效。用扑灭司林粉剂每周喷撒小鼠和垫料可能也是有效的。环境卫生也至关重要。

鼠肉螨感染可能是无症状的或出现继发于瘙痒的溃疡性皮炎[30,197]。对螨虫过敏原的遗传易感性可能是症状更严重疾病的原因。黑色小鼠可能对慢性过敏性反应更敏感[192]。临床疾病的特点是秃毛症、硬痂和伴有瘙痒的红疹，并可能发展为自残，一般多发于头部、颈部和肩部（图21-57，A）。主要通过皮肤刮样检查作出诊断，治疗与鼠癣螨的治疗相同（图21-57，B）。

拟拉德费螨是感染小鼠背部和颈部的常见皮毛螨虫，引起皮炎和瘙痒。巴氏刺脂螨在小鼠很少引起疾病。它们可聚集在野外捕获的啮齿类动物上，且可作为几种重要动物传染病的载体。单纯疮螨是一种偶尔感染小鼠的毛囊螨虫，可导致自残和秃毛症[6]。常可见白色结节和黑头粉刺及其中包裹的螨虫和残体。疥螨和鼠背肛螨很少引起小鼠的瘙痒和皮炎。

小鼠很少感染蚤，且感染通常是与猫、犬或野生啮齿类接触而引起的[22,37,192,200,205]。它们可以传播耶尔森菌鼠疫和立克次体斑疹伤寒[6]。蚤感染可导致瘙痒和皮炎。可用除虫菊酯粉剂喷洒进行治疗[6]。

复齿鳞虱是一种小鼠的吸血虱。很少发生感染，可导致瘙痒和皮炎[6,23,37,192,200,205]。在较差的饲养环境下，幼年或虚弱的动物最易被感染。复齿鳞虱可能是兔热病的传播者。建议采用局部治疗或注射伊维菌素[197]。

（二）真菌性疾病

小鼠很少发生真菌皮肤病，但出现感染时，最常分离到的真菌是须癣毛癣菌[22,30,129,205,214]。在应激或患病期间，无症状的带菌小鼠可以进行临床诊断[6]。面部、耳、尾和四肢末端最常被感染，而病变主要是局灶性秃毛症、皮肤鳞甲化和断毛[206]。治疗与其他动物相同。由于患鼠舔毛，局部乳膏可能无效。

（三）细菌性疾病

在小鼠中，继发于打斗外伤和自残性的皮肤细菌感染中最常见的是金黄色葡萄球菌和链球菌[6,192,205,214]。病变的严重程度从表皮渗出、红疹和硬痂，一直到形成脓肿和瘘管的更深层感染。无胸腺的裸鼠可出现眼周或皮肤脓肿，

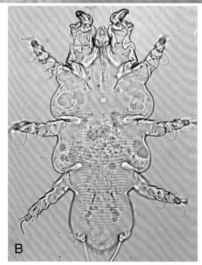

图21-57　**A.** 感染鼠肉螨的小鼠耳部、颈部和肩部严重的自残性秃毛症和溃烂　**B.** 鼠肉螨（**A** W. Gould提供；**B** 来自于Bowman DD: Georgis' parasitology for veterinarians, ed 9, Philadelphia, 2009, Saunders）

图21-56　鼠癣螨（来自Bowman DD: Georgis' parasitology for veterinarians, ed 9, Philadelphia, 2009, Saunders）

以及口角周围的疖病[6]。已有小鼠感染兰斯菲尔德型G链球菌的报道，小鼠出现坏死性皮炎以及后肢轻度瘫痪[6]。对大部分的感染病例可用0.5%的洗必泰溶液清洁感染部位。更广泛和严重的病例需要全身抗生素治疗。

包皮腺脓肿也已有报道，多发生于裸鼠[6]。最常分离到的是大肠杆菌和金黄色葡萄球菌。切开和局部抗生素治疗通常是有效的。

大鼠继发于念珠型链杆菌感染的四肢末端发绀和水肿很少见于小鼠[192,205,206]。鼠棒状杆菌很少导致感染性栓子，其会导致因真皮血管梗阻而发生的皮肤坏死[6,192,205]。侵肺巴氏杆菌是与肩部和哈氏腺脓肿相关的条件致病菌[6,33]。假白喉棒状杆菌可引起无胸腺裸鼠的皮炎[6]。已见免疫抑制小鼠尾部患分枝杆菌肉芽肿的报道[218]。

（四）病毒性疾病

鼠痘或四肢不全是由偶尔感染实验小鼠的正痘病毒引起的[6,22,205,219]。在感染急性期存活下来的动物可发展为局灶性或广泛性皮炎，表现为丘疹或脓疱，并可自行消退。偶尔可出现四肢水肿，并发展为指端或尾的坏死。许多小鼠在初期的皮肤病变出现后即死亡。诊断主要基于组织病理学、血清学和/或PCR[6,220]。治疗主要是支持疗法以及保持环境卫生的清洁。

3型呼肠孤病毒可导致因排泄物中的脂肪不被吸收而造成被毛油腻，也可以引起断奶后乳鼠脱毛[192,205]。

仙台病毒可感染大鼠、仓鼠和豚鼠，但小鼠是最易感也是最严重的[192]。除呼吸道症状之外还可能出现被毛粗乱。

大鼠涎泪腺炎病毒常引起小鼠眼部受损和血泪症[192,205]。

（五）肿瘤

虽然小鼠在实验室条件下对植入的肿瘤十分易感，但小鼠自发肿瘤却很少见[22,205,207]。鳞状上皮细胞癌和恶性腺癌是报道中最常见的肿瘤类型，主要涉及乳腺组织。纤维肉瘤也十分常见[30]。血管瘤、血管肉瘤、淋巴瘤和与人类变形性骨炎样网状内皮细胞增多症相似的淋巴瘤在小鼠也有报道[197,221,222]。

（六）营养不良

由于现在商品化啮齿类日粮均衡的配比，宠物小鼠很少发生营养不良[6]。小鼠需要从食物中获取花生四烯酸和亚油酸，所以脂肪酸缺乏可导致脱毛和伴有鳞屑脱落的皮炎[6,205]。锌缺乏可导致秃毛症和毛发褪色[6,205]。泛酸缺乏可导致伴有褪色的表皮脱落性皮炎[197,205]。生物素和维生素B6缺乏可导致剥脱性皮炎[205]。维生素B2缺乏可产生伴有鳞屑的秃毛症和继发性皮炎，且多局限于四肢末端[197,205]。

（七）其他疾病及原因

在拥挤或有压力的饲养环境下，小鼠鼠王可能会啃咬

图21-58 小鼠进行性溃疡性皮炎，继发于自残的四肢溃疡性病变

下级小鼠嘴角的毛发或胡须[22,192,200,205]。口角周围的毛发脱落也可见于摩擦笼栅和供料器的小鼠。再生的毛发颜色可能不同。

卷尾病很少见于小鼠，且当湿度极低时才会发生[6,205]。尾部的环状收缩会发展为缺血性坏死。治疗与大鼠相同[6]。幼年小鼠的耳郭可在接触低温环境或由于寄生虫感染而发生自残时出现干性坏疽[6,205]。患耳在坏死前出现红斑，并在几天后开始脱皮。

小鼠被鼠蛲虫——隐匿管状线虫感染时，可出现肛周瘙痒，严重病例可出现尾基部损伤[192,200,205]。将一条胶带黏于会阴部以检查蛲虫体和虫卵可作出诊断。注射伊维菌素有效。

免疫复合物血管炎在老龄小鼠已见报道，其特点是严重的瘙痒、硬痂和溃疡，初期主要发生在颈部周围，随后蔓延至其他区域（图21-58）[223]。遗传性秃毛症和角化不良在宠物小鼠有过报道，但极其罕见[205,224,225]。这些遗传因素已经在实验室中进行了广泛的研究，尤其是与人类相似的因素[226,227]。

黑鼠（C57BL）可出现先天性溃疡性皮炎和秃毛症，通常发生在躯干背部[192]。簇状秃毛症也见于C3H/Hej品系的小鼠[228]。

九、其他稀有小型哺乳动物

（一）非洲刺猬

刺猬的螨虫感染十分常见，所有出现瘙痒、鳞片状皮肤和体刺脱落的刺猬都应怀疑螨虫感染（图21-59）[6]。Caparinia tripolis在宠物刺猬中很常见，而Caparinia erinacei更常见于野生刺猬[38]。也可见足痒螨感染[38]。

刺猬有一种专性寄生的蠕形螨——刺猬蠕形螨，但个体通常是无症状的带虫者[6]。当临床蠕螨病很严重时可出现体刺脱落。

图21-59 刺猬继发于*Caparinia tripolis*感染的皮肤角化过度

图21-60 患皮肤螨病的刺猬耳郭边缘不规则，这一病变也可见于其他皮肤疾病，包括皮肤真菌病和营养不良

通过皮肤刮样检查可诊断螨病，但蠕形螨可能较难诊断。治疗包括注射伊维菌素和环境消毒[6]。据报道，双甲脒和扑灭司林也可达到治疗效果[38]。

刺猬易患耳炎，主要由寄生虫、酵母菌和细菌引起。偶见猫背肛螨感染引起的耳炎。可见瘙痒和皮肤碎屑蓄积，主要通过耳拭子的显微镜检查作出诊断。

寄生虫很常见于户外饲养的动物和野生样品。感染刺猬的蚤是刺猬昔蚤，有时可见于欧洲刺猬。有报道在刺猬上见到六角硬蜱和篦子硬蜱，且常见于耳和尾基部[6]。

刺猬对皮肤真菌病易感，最常分离到的病原微生物是刺猬毛癣菌。临床症状包括非瘙痒性的鳞状病变以及体刺脱落。通过显微镜检查和真菌培养进行诊断。有报道称，酮康唑按10mg/kg 每日1次，连用6～8周可有效治疗该病[6]。感染可能是无症状的，且其可能具有动物传染性。

耳郭皮炎在刺猬已有报道，主要继发于皮肤癣菌病、螨病、营养不良或非特异性皮脂溢。过多的分泌物可导致耳郭硬痂（图21-60）[229]。

刺猬可作为口蹄疫的携带者。受感染的刺猬可出现小水疱、红疹和肿胀，尤其是在足、唇和会阴部。这一疾病应与疫区出现的上述病变进行鉴别诊断[6]。

皮肤肿瘤在刺猬很常见，据报道发病率达30%，而恶性率为80%。最常见的肿瘤类型是鳞状细胞癌、淋巴肉瘤和皮脂腺癌[6,38]。乳头瘤也有报道，其发生可能是由病毒引起的。由于这一物种肿瘤的高恶性率，建议对刺猬所有的肿物进行手术切除及组织病理学检查。

全身体刺品质较差可由几种情况引起，包括营养性甲状旁腺功能亢进，或维生素A和维生素D水平过高[6]。完善的饲养检查对于这种非特异性皮肤疾病十分有意义。刺猬的爪部皮炎与其他动物相同，也与较差的饲养管理有关。动物脚部的红肿症状在更换较软的垫料或减少研磨剂后即可缓解[6]。

有1例刺猬患落叶型天疱疮的报道。病变特点是体刺脱落、皮肤干燥脱落和腹部的表皮环状脱落[38]。注射地塞米松后病变消退。类固醇过敏性皮炎也见于刺猬。病变多出现在面部、腋窝和腹股沟区域[6]。

咬伤和其他创伤（包括练习翻滚）可导致撕裂伤。必须将体刺剪除而不能拔除，而如果环状肌肉（匝肌层）受损伤，则必须进行包扎[38]。

（二）土拨鼠

跳蚤感染很少发生于圈养的土拨鼠，但可能在野生动物中传播疫病[24]。土拨鼠毛虱是一种偶见于土拨鼠的专一宿主的吸血虱，使用伊维菌素治疗有效。

土拨鼠的皮肤真菌感染已有报道，包括犬小孢子菌和须癣毛癣菌[6,24]。临床症状为秃毛症和伴有瘙痒及色素过度沉着的鳞屑脱落。诊断和治疗同其他动物。含硒香波或咪康唑香波可能也有助于治疗[24]。

细菌感染多见于土拨鼠，从创口中最常分离到的是金黄色葡萄球菌[6]。建议根据培养和药敏试验结果进行局部或全身抗生素治疗。同其他稀有小型哺乳动物一样，爪部皮炎是一种多因素的疾病，其中营养和饲养问题占主导地位。

鼻部的秃毛症（"鼻疮"）多发于不断在金属笼壁上摩擦的土拨鼠[6]。建议提供较大的笼子以及足够丰富的环境以减少该病发生。咬毛可见于群饲的土拨鼠[24]。同其他动物一样，患鼻疮的土拨鼠的被毛是剃过的样子，该区域的皮肤正常。

（三）蜜袋鼯鼠

自残常见于蜜袋鼯鼠，尤其是在尾部、阴囊、足部和手术部位[6,40]。如果动物可以忍受，应进行有效的镇痛并使用伊丽莎白圈以降低术后该病的发生率。咬伤常见于群饲的动物，可能出现表皮损伤和脓肿[6,40]。

蜜袋鼯鼠对多杀巴氏杆菌易感，有报道称感染发生于与兔一同饲喂的动物。感染动物可能出现皮下脓肿或意外死亡[40,230]。

参考文献

[1] Hill PB, Lo S, Eden CAN, et al: Survey of the prevalence, diagnosis and treatment of dermatological conditions in small animals in general practice. *Vet Rec* 158:533, 2006.

[2] Scott DW, Miller WH, Griffin CE: Dermatoses of pet rodents, rabbits and ferrets. In *Small Animal Dermatology*, ed 6, Philadelphia, 2001, WB Saunders.

[3] Canny CJ, Gamble CS: Fungal diseases of rabbits. *Vet Clin North Am Ex Anim Pract* 6:429, 2004.

[4] Carpenter JW, Mashima TY, Rupiper DJ: *Exotic Animal Formulary*, ed 2, Philadelphia, 2001, WB Saunders.

[5] de Matos R: Rodents: therapeutics. In Keeble E, Meredith A, editors: *BSAVA Manual of Rodents and Ferrets*, Gloucester, 2009, BSAVA.

[6] Ellis C, Mori M: Skin diseases of rodents and small exotic animals. *Vet Clin North Am Ex Anim Pract* 4:493, 2001.

[7] Fisher MA, Jacobs DE, Hutchinson MJ, et al: Efficacy of imidacloprid on ferrets experimentally infested with the cat flea, *Ctenocephalides felis*. *Compend Contin Educ Pract Vet Suppl* 23:8, 2001.

[8] Hess L: Rabbits: dermatologic diseases. In Quesenberry KE, Carpenter JW, editors: *Ferrets, Rabbits and Rodents Clinical Medicine and Surgery*, ed 2, St. Louis, 2004, Saunders.

[9] Hoppman E, Wilson Barron H: Ferret and rabbit dermatology. *J Exotic Pet Med* 14:225, 2007.

[10] Jayakumar K, Honnegowda, Glori Doss RG: Efficacy of Doramectin, a new antibiotic endectocide in scabies in rabbits. *Indian J Pharmacol* 31:265, 1999.

[11] Jenkins JR: Skin disorders of the rabbit. *Vet Clin North Am Ex Anim Pract* 4:543, 2001.

[12] Johnson-Delaney C: Ferrets: anaesthesia and analgesia. In Keeble E, Meredith A, editor: *BSAVA Manual of Rodents and Ferrets*, Gloucester, 2009, BSAVA.

[13] Kelleher SA: Skin diseases of ferrets. *Semin Avian Exot Pet Med* 11:136, 2002.

[14] Lewington J: *Frontline for ferret fleas, University of Sydney Postgraduate Foundation Veterinary Science Control Therapy Series* 189:856, 1996.

[15] Meredith A: Skin diseases and treatment of ferrets. In Paterson S, editor: *Skin Diseases of Exotic Pets*, Oxford, 2006, Blackwell Science.

[16] Oglesbee, BL: Rabbit: dermatophytosis. In *The 5-minute Veterinary Consult: Ferret and Rabbit*, Ames, 2006, Blackwell Publishing.

[17] Orcutt C: Ferrets: Dermatologic diseases. In Quesenberry KE, Carpenter JW, editors: *Ferrets, Rabbits and Rodents Clinical Medicine and Surgery*, ed 2, St. Louis, 2004, Saunders.

[18] Pollock C: Therapeutics. In Meredith A, Flecknell P: *BSAVA Manual of Rabbit Medicine and Surgery*, Gloucester, 2006, BSAVA.

[19] Richardson C, Flecknell P: Rodents: anaesthesia and analgesia. In Keeble E, Meredith A, editor: *BSAVA Manual of Rodents and Ferrets*, Gloucester, 2009, BSAVA.

[20] Voyvoda H, Ulutas B, Eren H, et al:: Use of doramectin for treatment of sarcoptic mange in five Angora rabbits. *Vet Dermatol* 16:285, 2005.

[21] Collins BR: Antimicrobial drug use in rabbits, rodents, and other small mammals. In *Antibiotic Therapy in Caged Birds and Exotic Pets*, Ames, 1995, Iowa State University Press.

[22] Burgmann P: Dermatology of rabbits, rodents, and ferrets. In Nesbitt GH, Ackerman LJ, editors: *Dermatology for the Small Animal Practitioner*, Trenton, 1991, Veterinary Learning Systems.

[23] Collins BR: Dermatologic disorders of common small nondomestic animals. In Nesbitt GH, editor: *Contemporary Issues in Small Animal Practice: Dermatology*, New York, 1987, Churchill Livingstone.

[24] Funk RS: Medical management of prairie dogs. In Quesenberry KE, Carpenter JW, editors: *Ferrets, Rabbits and Rodents Clinical Medicine and Surgery*, ed 2, St. Louis, 2004, Saunders.

[25] Morris TH: Antibiotic therapeutics in laboratory animals. *Lab Anim* 9:16–36, 1995.

[26] Rosenthal KL: Therapeutic contraindications in exotic pets. *Semin Avian Exot Pet Med* 13:44, 2004.

[27] Harcourt-Brown F: Abscesses. In *Textbook of Rabbit Medicine*, Oxford, 2002, Butterworth Heinemann.

[28] Oglesbee, BL: Rabbit: abscessation. In *The 5-minute Veterinary Consult: Ferret and Rabbit*, Ames, 2006, Blackwell Publishing.

[29] Burgmann P: Antimicrobial drug use in rodents, rabbits and ferrets. In Prescott JF, Baggot JD, Walker WD, editors: *Antimicrobial Therapy in Veterinary Medicine*, ed 3, Trenton, 2000, Veterinary Learning Systems.

[30] Donnelly TM: Disease problems of small rodents. In Quesenberry KE, Carpenter JW, editors: *Ferrets, Rabbits and Rodents Clinical Medicine and Surgery*, ed 2, St. Louis, 2004, Saunders.

[31] Donnelly TM: Disease problems of chinchillas. In Quesenberry KE, Carpenter JW, editors: *Ferrets, Rabbits and Rodents Clinical Medicine and Surgery*, ed 2, St. Louis, 2004, Saunders.

[32] Graham JE: Rabbit wound management. *Vet Clin North Am Ex Anim Pract* 7:37, 2004.

[33] Harvey C: Rabbit and rodent skin diseases. *Semin Avian Exot Pet Med* 4:195, 1995.

[34] Cooper PE, Penaliggon J: Use of Frontline spray on rabbits. *Vet Rec* 140:535, 1997.

[35] Malley D: Use of Frontline spray in rabbits. *Vet Rec* 140:664, 1997.

[36] Oglesbee, BL: Rabbit: fleas and flea infestation. In *The 5-minute Veterinary Consult: Ferret and Rabbit*, Ames, 2006, Blackwell Publishing.

[37] Clyde VL: Practical treatment and control of common ectoparasites in exotic pets. *Vet Med* 91:632, 1996.

[38] Ivey E, Carpenter JW: African hedgehogs. In Quesenberry KE, Carpenter JW, editors: *Ferrets, Rabbits and Rodents Clinical Medicine and Surgery*, ed 2, St. Louis, 2004, Saunders.

[39] Meredith A: Structure and function of mammal skin. In Paterson S, editor: *Skin Diseases of Exotic Pets*, Oxford, 2006, Blackwell Science.

[40] Ness RD, Booth R: Sugar gliders. In Quesenberry KE, Carpenter JW, editors: *Ferrets, Rabbits and Rodents Clinical Medicine and Surgery*, ed 2, St. Louis, 2004, Saunders.

[41] Schuchman SM: Individual care and treatment of rabbits, mice, rats, guinea pigs, hamsters, and gerbils. In Kirk RW, editor: *Current Veterinary Therapy X*, Philadelphia, 1989, WB Saunders.

[42] Rosenthal KL: Ferrets. *Vet Clin North Am Small Anim Pract* 24:1, 1994.

[43] Patterson MM, Kirchain SM: Comparison of three treatments for control of ear mites in ferrets. *Lab Anim Sci* 49:655, 1999.

[44] Fox JG: Parasitic Diseases. In Fox JG, editor: *Biology and diseases of the ferret*, ed 2, Baltimore, 1998, Williams and Wilkins.

[45] Oglesbee BL: Sarcoptic mange. In *The 5-minute Veterinary Consult: Ferret and Rabbit*, Ames, 2006, Blackwell Publishing.

[46] Martin AL, Irizarry-Rovira AR, Bevier DE, et al: Histology of the ferret skin: preweaning to adulthood. *Vet Dermatol* 18:401, 2007.

[47] Noli C, van der Horst HE, Willemse T, et al: Demodicosis in ferrets (*Mustela putorius furo*). *Vet Quart* 18:28, 1996.

[48] Beaufrere H, Neta M, Smith DA, et al: Demodetic mange associated with lymphoma in a ferret. *J Ex Pet Med* 18:57, 2009.

[49] Schoemaker NJ: Selected dermatologic conditions in exotic pets. *Exotic DVM* 1:5, 1999.

[50] Lewington J: Parasitic diseases of the ferret. In *Ferret Husbandry, Medicine and Surgery*, ed 2, Philadelphia, 2007, Elsevier.

[51] Marini RP, Adkins JA, Fox JG: Proven of potential zoonotic diseases of ferrets. *J Am Vet Med Assoc* 195:990, 1989.

[52] Fox JG: Mycotic Diseases. In Fox JG, editor: *Biology and Diseases of the Ferret*, ed 2, Baltimore, 1998, Williams and Wilkins.

[53] Wolf TM: Ferrets. In Mitchell M, Tully T, editors: *Manual of Exotic Pet Practice*, Missouri, 2009, Saunders.

[54] Greenacre CB: Fungal diseases of the ferret. *Vet Clin North Am Ex Anim Pract* 6:435, 2003.

[55] Lenhard A: Blastomycosis in a ferret. *J Am Vet Med Assoc* 186:70, 1985.

[56] Duval-Hudelson KA: Coccidioidomycosis in three European ferrets. *J Zoo Wildlife Med* 21:353, 1990.

[57] Malik R, Alderton B, Finlaison D, et al: Cryptococcosis in ferrets: a diverse spectrum of clinical disease. *Aust Vet J* 80:749, 2002.

[58] Dinsdale JR, Rest JR: Yeast infection in ferrets. *Vet Rec* 137:647, 1995.

[59] Besch-Williford CL: Biology and medicine of the ferret. *Vet Clin North Am Small Anim Pract* 17:1155, 1987.

[60] Fox JG: Bacterial and mycoplasmal diseases. In Fox JG, editor: *Biology and Diseases of the Ferret*, ed 2, Baltimore, 1998, Williams and Wilkins.

[61] Erdman SE, Moore FM, Rose R, et al: Malignant lymphoma in ferrets: clinical and pathological findings in 19 cases. *J Comp Pathol* 106:37, 1992.

[62] Pilny AA, Hess L: Ferrets: wound healing and therapy. *Vet Clin North Am Ex Anim Pract* 7:105, 2004.

[63] Fox JG, Pearson RC, Gorban J: Viral diseases. In Fox JG, editor: *Biology and Diseases of the Ferret*, ed 2, Baltimore, 1998, Williams and Wilkins.

[64] Zehnder A, Hawkins MG, Koski AM, et al: An unusual presentation of canine distemper virus infection in a domestic ferret (*Mustela putoris furo*). *Vet Dermatol* 19:232, 2008.

[65] Quesenberry KE, Orcutt C: Ferrets: basic approach to veterinary care. In Quesenberry KE, Carpenter JW, editors: *Ferrets, Rabbits and Rodents Clinical Medicine and Surgery*, ed 2, St. Louis, 2004, Saunders.

[66] Weiss CA, Scott MV: Clinical aspects and surgical treatment of hyperadrenocorticism in the domestic ferret: 94 cases (1994–1996). *J Am Anim Hosp Assoc* 33:487, 1997.

[67] Lewington J: Ferrets. In O'Malley B, editor: *Clinical Anatomy and Physiology of Exotic Species*, New York, 2005, Elsevier Limited.

[68] Simone-Freilicher E: Adrenal gland disease in ferrets. *Vet Clin North Am Ex Anim Pract* 11:125, 2008.

[69] Weiss CA, Williams BH, Scott JB, et al: Surgical treatment and long-term outcome of ferrets with bilateral adrenal tumors or adrenal hyperplasia: 56 cases (1994–1997). *J Am Vet Med Assoc* 215:820, 1999.

[70] Quesenberry KE, Rosenthal KL: Ferrets: endocrine diseases. In Quesenberry KE, Carpenter JW, editors: *Ferrets, Rabbits and Rodents Clinical Medicine and Surgery*, ed 2, St. Louis, 2004, Saunders.

[71] Rosenthal JL, Peterson ME: Evaluation of plasma androgen and estrogen concentrations in ferrets with hyperadrenocorticism. *J Am Vet Med Assoc* 209:1097, 1996.

[72] Schoemaker NJ, Schuurmans M, Moorman H, et al: Correlation between

age at neutering and age at onset of hyperadrenocorticism in ferrets. *J Am Vet Med Assoc.* 216:195, 2000.

[73] Li X, Fox JG, Padrid PA: Neoplastic diseases in ferrets: 574 cases (1968-1997). *J Am Vet Med Assoc* 212:1402, 1998.

[74] Schoemaker NJ, Mol JA, Lumeij JT, et al: Plasma concentrations of adrenocorticotrophic hormone and alpha-melanocyte-stimulating hormone in ferrets (*Mustela putoris furo*) with hyperadrenocorticism. *Am J Vet Res* 63:1395, 2002.

[75] Oglesbee, BL: Ferret: Adrenal Disease. In *The 5-minute Veterinary Consult: Ferret and Rabbit*, Ames, 2006, Blackwell Publishing.

[76] Johnson-Delaney C: Medical therapies for ferret adrenal disease. *Semin Avian Exot Pet Med* 13:3, 2004.

[77] Wagner RA, Finkler MR, Fecteau KA, et al: The treatment of adrenal cortical disease in ferrets with 4.7 mg deslorelin acetate implants. *J Ex Pet Med* 18:146, 2009.

[78] Wagner RA, Piche CA, Jochle W, et al: Clinical and endocrine responses to treatment with deslorelin acetate implants in ferrets with adrenocortical disease. *Am J Vet Res* 66:910, 2005.

[79] Ramer JC, Benson KG, Morrisey JK, et al: Effects of melatonin administration on the clinical course of adrenocortical disease in domestic ferrets. *J Am Vet Med Assoc* 229:1743, 2006.

[80] Murray J: Melatonin implants: an option for use in the treatment of adrenal disease in ferrets. *Exot Mammal Med Surg* 3:1, 2005.

[81] Weiss C: Medical management of ferret adrenal tumors and hyperplasia. *Exotic DVM* 1:38, 1999.

[82] Li X, Fox JG: Neoplastic diseases. In Fox JG, editor: *Biology and Diseases of the Ferret*, ed 2, Baltimore, 1998, Williams and Wilkins.

[83] Williams BH, Weiss CA: Ferrets: neoplasia. In Quesenberry KE, Carpenter JW, editors: *Ferrets, Rabbits and Rodents Clinical Medicine and Surgery*, ed 2, St. Louis, 2004, Saunders.

[84] Oglesbee, BL: Ferret: Neoplasia, integumentary. In *The 5-minute Veterinary Consult: Ferret and Rabbit*, Ames, 2006, Blackwell Publishing.

[85] Antinoff N, Hahn K: Ferret oncology: disease, diagnostics. *Vet Clin North Am Ex Anim Pract* 7:579, 2004.

[86] Rakich PM, Latimer KS: Cytologic diagnosis of diseases of ferrets. *Vet Clin North Am Ex Anim Pract* 10:61, 2007.

[87] Olsen GH, Turk M, Foil CS: Disseminated cutaneous squamous cell carcinoma in a ferret. *J Am Vet Med Assoc* 186:702, 1985.

[88] Williams BH: Squamous cell carcinoma arising from the anal sac in a ferret. *Exotic DVM* 4:7, 2002.

[89] Hamilton TA, Morrison WB: Bleomycin chemotherapy for metastatic squamous cell carcinoma in a ferret. *J Am Vet Med Assoc* 198:107, 1991.

[90] DeLay MA, Caswell JL, Smith DA, et al: Laboratory findings, histopathology and immunophenotype of lymphoma in domestic ferrets. *Vet Pathol* 45:663, 2008.

[91] Erdman SE, Brown SA, Kawasaki TA, et al: Clinical and pathologic findings in ferrets with lymphoma: 60 cases (1982-1994). *J Am Vet Med Assoc* 208:1285, 1996.

[92] Li X, Fox JG, Erdman SE, et al: Cutaneous lymphoma in a ferret (*Mustela putorius furo*). *Vet Pathol* 32:55, 1995.

[93] Rosenbaum MR, Affolter VK, Usborne AL, et al: Cutaneous epitheliotropic lymphoma in a ferret. *J Am Vet Med Assoc* 209:1441, 1996.

[94] Mor N, Qualls CW, Hoover JP: Concurrent mammary gland hyperplasia and adrenocortical carcinoma in a domestic ferret. *J Am Vet Med Assoc* 201:1911, 1992.

[95] Parker GA, Picut CA: Histopathologic features and post-surgical sequelae of 57 cutaneous neoplasms in ferrets. *Vet Pathol* 30:499, 1993.

[96] Munday JS, Stedman NL, Richey LJ: Histology and Immunohistochemistry of seven ferret vaccination-site fibrosarcomas. *Vet Pathol* 40:288, 2003.

[97] Rickman BH, Craig LE, Goldschmidt MH: Piloleiomyosarcoma in seven ferrets. *Vet Pathol* 38:710, 2001.

[98] Dunn DG, Harris RK, Meis JM, et al: A histomorphologic and immunohistochemical study of chordoma in twenty ferrets (*Mustela putorius furo*). *Vet Pathol* 28:467, 1991.

[99] Pye GW, Bennett RA, Roberts GD, et al: Thoracic vertebral chordoma in a domestic ferret (*Mustela putorius furo*). *J Zoo Wildl Med* 31:107, 2000.

[100] Williams BH, Eighmy JJ, Berbert MH: Cervical chordoma in two ferrets (*Mustela putorius furo*). *Vet Pathol* 30:204, 1993.

[101] Tunev SS, Wells MG: Cutaneous melanoma in a ferret (*Mustela putorius furo*). *Vet Pathol* 39:141, 2002.

[102] Rudmann DG, White MR, Murphey JB: Complex ceruminous gland adenocarcinoma in a brown-footed ferret (*Mustela putorius furo*). *Lab Anim Sci* 44:637, 1994.

[103] Dillberger JE, Altman NH: Neoplasia in ferrets: eleven cases with a review. *J Comp Pathol* 100:161, 1989.

[104] Mikaelian I, Garner MM: Solitary dermal leiomyosarcomas in 12 ferrets. *J Vet Diagn Invest* 14:262, 2002.

[105] Vannevel J: Unusual presentation of hemangiosarcoma in a ferret. *Can Vet J* 40:808, 1999.

[106] Cooper JE: Skin diseases of ferrets. *Vet Ann* 30:325, 1990.

[107] Scott DW, Gould, WJ, Cayatte SM, et al: Figurate erythema resembling erythema annulare centrifugum in a ferret with adrenocortical adenocarcinoma–associated alopecia. *Vet Dermatol* 5:111, 1994.

[108] Williams BH, Fisher PG, Johnson TL: Diffuse cutaneous telangiectasia in a ferret with adrenal associated endocrinopathy. *Exotic DVM* 4:9, 2002.

[109] Oglesbee, BL: Ferret: petechial/ecchymosis/bruising. In *The 5-minute Veterinary Consult: Ferret and Rabbit*, Ames, 2006, Blackwell Publishing.

[110] Eckermann-Ross C: Pemphigus Foliaceus-like skin disease in a ferret. *Exotic DVM* 9:5, 2007.

[111] Fox JG: Diseases of the gastrointestinal system. In Fox JG, editor: *Biology and Diseases of the Ferret*, ed 2, Baltimore, 1998, Williams and Wilkins.

[112] Meredith A: Skin diseases and treatment of rabbits. In Paterson S, editor: *Skin Diseases of Exotic Pets*, Oxford, 2006, Blackwell Science.

[113] White SD, Bourdeau PJ, Meredith A: Dermatologic problems of rabbits. *Semin Avian Exot Pet Med* 11:141, 2002.

[114] Harcourt-Brown F: Skin diseases. In *Textbook of Rabbit Medicine*. Oxford, 2002, Butterworth Heinemann.

[115] Tripathi SC, Sharma RJ, Singh V, et al: Therapeutic efficacy of ivermectin in rabbits (*Oryctolagus cuniculus*) experimentally infected with *Psoroptes cuniculi. Indian J Anim Health* 32:55, 1993.

[116] Wagner R, Wendlberger U: Field efficacy of moxidectin in dogs and rabbits naturally infested with *Sarcoptes* spp., *Demodex* spp. and *Psoroptes* spp. mites. *Vet Parasitol* 93:149, 2000.

[117] McTier TL, Hair JA, Walstrom DJ, et al: Efficacy and safety of topical administration of selamectin for treatment of ear mite infestation in rabbits. *J Am Vet Med Assoc* 223:322, 2003.

[118] McKellar QA, Midgley DM, Galbraith EA, et al: Clinical and pharmacological properties of ivermectin in rabbits and guinea pigs. *Vet Rec* 130:71, 1992.

[119] Yeatts JWG: Rabbit mite infestation. *Vet Rec* 134:359, 1994.

[120] Bates PG: Inter- and intra-specific variation within the genus *Psoroptes* (Acari: Psoroptidae). *Vet Parasitol* 83:201, 1999.

[121] Pinter L: Leporacarus gibbus and *Spilopsyllus cuniculi* infestation in a pet rabbit. *J Small Anim Pract* 40:220, 1999.

[122] Radi ZA: Outbreak of sarcoptic mange and malasseziasis in rabbits (*Oryctolagus cuniculus*). *Comp Med* 54:434, 2004.

[123] Arlian LG, Morgan MS, Vyszenski-Moher DL, et al: *Sarcoptes scabiei*: the circulating antibody response and induced immunity to scabies. *Exp Parasitol* 78:37, 1994.

[124] Bisdorff B, Wall R: Blowfly strike prevalence in domestic rabbits in southwest England and Wales. *Vet Parasitol* 141:150, 2006.

[125] Moretti TC, Thyssen PJ: Miíase primária em Coelho doméstico causada por Lucilia eximia (Diptera: Calliphoridae) no Brasil: relato de caso. *Arq Bras Med Vet Zootec* 58:28, 2006.

[126] Verocai GG, Fernandes JI, Riberio FA: Furuncular myiasis caused but the human botfly, Dermatobia hominis, in the domestic rabbit: case report. *J Ex Pet Med* 18:153, 2009.

[127] Gallo MG, Tizzani P, Peano L, et al: Eastern cottontail (*Sylvilagus floridanus*) as carrier of dermatophyte fungi. *Mycopathologia* 160:163, 2005.

[128] Harkness JE, Wagner JE: Specific diseases and conditions. In *The Biology and Medicine of Rabbits and Rodents*, ed 3, Philadelphia, 1989, Lea & Febiger.

[129] Balsari A, Bianchi C, Cocilovo A, et al: Dermatophytes in clinically healthy laboratory animals. *Lab Anim* 15:75, 1981.

[130] Vangeel I, Pasmans F, Vanrobaeys M, et al: Prevalence of dermatophytes in asymptomatic guinea pigs and rabbits. *Vet Rec* 146:440, 2000.

[131] Lopez-Martinez R, Mier T, Quirarte M: Dermatophytes isolated from laboratory animals. *Mycopathologia* 88:111, 1984.

[132] Yeager JA, Scott DW: The skin and appendages. In Jubb KV, Kennedy PC, Palmer N, editors: *Pathology of Domestic Animals* vol 1, ed 4, San Diego, 1993, Academic Press.

[133] Zrimsek P, Kos J, Pinter L, et al: Detection by ELISA of the humeral immune response in rabbits naturally infected with *Trichophyton mentagrophytes*. *Vet Microbiol* 70:77, 1999.

[134] Chlebecek T: Selected drugs for ectoparasite control in exotic species. *Exotic DVM* 4:19, 2002.

[135] Franklin CL, Gibson SV, Caffrey CJ, et al: Treatment of *Trichophyton mentagrophytes* in rabbits. *J Am Vet Med Assoc* 198:1625, 1991.

[136] Okerman L: Diseases of skin. In Price CJ, Bedford PGC, Sutton JB, editors: *Diseases of Domestic Rabbits*, Oxford, 1994, Blackwell Scientific Publications.

[137] Segura P, Martinez J, Peris B, et al: Staphylococcal infections in rabbit does on two industrial farms. *Vet Rec* 160:869, 2007.

[138] Tyrrell K, Citron DM, Jenkins JR, et al: Periodontal bacteria in rabbit mandibular and maxillary abscesses. *J Clin Microbiol* 4:1044, 2002.

[139] Oglesbee, BL: Rabbit: ulcerative pododermatitis. In *The 5-minute Veterinary Consult: Ferret and Rabbit*, Ames, 2006, Blackwell Publishing.

[140] Stein S, Walshaw S: Rabbits. In Laber-Laird K, Swindle M, Flecknell P, editors: *Handbook of Rodent and Rabbit Medicine*, Oxford, Pergamon Press, 1996.

[141] Oglesbee, BL: Rabbit: pyoderma. In *The 5-minute Veterinary Consult: Ferret and Rabbit*, Ames, 2006, Blackwell Publishing.

[142] Saito K, Hasegawa A: Clinical features of skin lesions in rabbit syphilis: a retrospective study of 63 cases (1999-2003). *J Vet Med Sci* 66:1247, 2003.

[143] Saito K, Tagawa M, Hasegawa A: Rabbit syphilis diagnosed clinically in household rabbits. *J Vet Med Sci* 65:637, 2003.

[144] Göbel T: Bacterial diseases and antimicrobial therapy in small mammals. *Compend Contin Educ Pract Vet Suppl* 21:5, 1999.

[145]Oglesbee, BL: Rabbit: mastitis, cystic and septic. In *The 5-minute Veterinary Consult: Ferret and Rabbit*, Ames, 2006, Blackwell Publishing.

[146]Pare JA, Paul-Murphy J: Rabbits: disorders of the reproductive and urinary systems. In Quesenberry KE, Carpenter JW, editors: *Ferrets, Rabbits and Rodents Clinical Medicine and Surgery*, ed 2, St. Louis, 2004, Saunders.

[147]Okerman L, Devrisse LA, Maertens L, et al: Cutaneous staphylococcosis in rabbits. *Vet Rec* 114:313, 1984.

[148]Harcourt-Brown F: Infectious diseases of domestic rabbits. In *Textbook of Rabbit Medicine*, Oxford, 2002, Butterworth Heinemann.

[149]Krogstad AP, Simpson JE, Korte SW: Viral diseases of the rabbit. *Vet Clin North Am Ex Anim Pract* 8:123, 2005.

[150]Oglesbee, BL: Rabbit: myxomatosis. In *The 5-minute Veterinary Consult: Ferret and Rabbit*, Ames, 2006, Blackwell Publishing.

[151]Barcena J, Morales M, Vasquez B, et al: Horizontal transmissible protection against myxomatosis and rabbit hemorrhagic disease by using a recombinant myxoma virus. *J Virol* 74:1114, 2000.

[152]Kraus AL, Weisbroth SH, Flatt RE, et al: Biology and diseases of rabbits. In Fox JG, Cohen BJ, Loew FM, editors: *Laboratory Medicine*, San Diego, 1984, Academic Press.

[153]Heatley JJ, Smoth AN: Spontaneous neoplasms of lagomorphs. *Vet Clin North Am Ex Anim Practi* 7:561, 2004.

[154]Von Bomhard W, Goldschimdt MH, Shofer FS, et al: Cutaneous neoplasms in pet rabbits: a retrospective study. *Vet Pathol* 44:579, 2007.

[155]Altman NH, Demaray SY, Lamborn PB: Trichoepithelioma in a rabbit. *Vet Pathol* 15:671, 1978.

[156]Oliveira KD, Franca T, Gonzalez AP, et al: Tricolemoma em Coelho. *Ciencia Rural* 29:361, 1999.

[157]Miwa Y, Mochiduki M, Nakayama H, et al: Apocrine adenocarcinoma of possible sweat gland origin in a male rabbit. *J Small Anim Pract* 47:541, 2006.

[158]Li X, Schlafer DH: A spontaneous skin basal cell tumor in a black French minilop rabbit. *Lab Anim Sci* 42:94, 1992.

[159]Roccabianca P, Ghisleni G, Scanziani E: Simultaneous seminoma and interstitial cell tumor in a rabbit with a previous cutaneous basal cell tumor. *J Comp Pathol* 21:95, 1999.

[160]Sawyer DR, Bunte RM, Page DG: Basal cell adenoma in a rabbit. *Lab Anim Sci* 36:90, 1997.

[161]Port CD, Sidor MA: A sebaceous gland carcinoma in a rabbit. *Lab Anim Sci* 28:215, 1978.

[162]Suckow MA, Rebelatto MC, Schulman AA, et al: Sebaceous adenocarcinoma of the external auditory canal in a New Zealand white rabbit. *J Comp Pathol* 127:301, 2002.

[163]Garner M: Cytologic diagnosis of diseases of rabbits, guinea pigs and rodents. *Vet Clin North Am Ex Anim Pract* 10:25, 2007.

[164]Clippinger TL, Bennett RA, Alleman AR, et al: Removal of a thymoma via median sternotomy in a rabbit with recurrent appendicular neurofibrosarcoma. *J Am Vet Med Assoc* 213:1140, 1998.

[165]Pletcher JM, Murphy JC: Spontaneous malignant hemangioendothelioma in two rabbits. *Vet Pathol* 21:542, 1984.

[166]Yamamoto H, Fujishiro K: Pathology of spontaneous malignant fibrous histiocytoma in a Japanese white rabbit. *Jikken Dobutsu* 38:165, 1989.

[167]Hotchkiss CE, Norden H, Collins BR, et al: Malignant melanoma in two rabbits. *Lab Anim Sci* 44:377, 1994.

[168]Gomez L, Gazquez A, Roncero V, et al: Lymphoma in a rabbit: histopathological and immunohistochemical findings. *J Small Anim Pract* 43:224, 2002.

[169]Hinton M, Regan M: Cutaneous lymphosarcoma in a rabbit. *Vet Rec* 103:140, 1978.

[170]Shibuya K, Tajima M, Kanai K, et al: Spontaneous lymphoma in a Japanese white rabbit. *J Vet Med Sci* 61:1327, 1999.

[171]Toth LA, Olson GA, Wilson E, et al: Lymphocytic leukemia and lymphosarcoma in a rabbit. *J Am Vet Med Assoc* 197:627, 1990.

[172]Weisbroth S: Neoplastic disease. In Manning P, Ringler D, Newcomber C, editors: *The Biology of the Laboratory Rabbit*, ed 2, New York, 1994, Academic Press.

[173]White SD, Campbell T, Logan A, et al: Lymphoma with cutaneous involvement in three domestic rabbits (Oryctolagus cuniculus). *Vet Dermatol* 11:61, 2000.

[174]Hoover JP, Paulsen DB, Qualls CW: Osteogenic sarcoma with subcutaneous involvement in a rabbit. *J Am Vet Med Assoc* 189:1156, 1986.

[175]Mazzullo G, Russo M, Niutta PP, et al: Osteosarcoma with multiple metastases and subcutaneous involvement in a rabbit. *Vet Clin Pathol* 33:102, 2004.

[176]Renfrew H, Rest JR, Holden AR: Extraskeletal fibroblastic osteosarcoma in a rabbit (Oryctolagus cuniculus). *J Small Anim Pract* 42:456, 2001.

[177]Perkins SE, Murphy JC, Alroy J: Eosinophil granulocytic sarcoma in a New Zealand white rabbit. *Vet Pathol* 33:89, 1996.

[178]Quesenberry KE: Rabbits: lymphoproliferative diseases. In Quesenberry KE, Carpenter JW, editors: *Ferrets, Rabbits and Rodents Clinical Medicine and Surgery*, ed 2, St. Louis, 2004, Saunders.

[179]Iglauer F, Being C, Dimigen J, et al: Hereditary compulsive self-mutilating behavior in laboratory rabbits. *Lab Anim* 29:385, 1995.

[180]Beyers TM, Richardson JA, Prince MD: Axonal degeneration and self-mutilation as a complication of intramuscular use of ketamine and xylazine in rabbits. *Lab Anim Sci* 41:519, 1991.

[181]Brown PJ, Young RD, Cripps PJ: Abnormalities of collagen fibrils in a rabbit with connective tissue defect similar to Ehlers-Danlos syndrome. *Res Vet Sci* 55:346, 1993.

[182]Harvey RG, Brown PJ, Young RD, et al: A connective tissue defect in two rabbits similar to Ehlers-Danlos Syndrome. *Vet Rec* 126:130, 1990.

[183]Sinke JD, van Dijk JE, Willemense T: A case of Ehlers-Danlos-like syndrome in a rabbit with review of the disease in other species. *Vet Quart* 19:182, 1997.

[184]White SD, Linder KE, Schultheiss P, et al: Sebaceous adenitis in four domestic rabbits (Oryctalagus cuniculus). *Vet Dermatol* 11:53, 2000.

[185]Florizoone K: Thymoma-associated exfoliative dermatitis in a rabbit. *Vet Dermatol* 16:281, 2005.

[186]Florizoone K, van der Luer R, van den Ingh T: Symmetrical alopecia, scaling and hepatitis in a rabbit. *Vet Dermatol* 18:161, 2007.

[187]Whitney JC: Rabbits. In Hime JM, O'Donoghue PN, editors: *Handbook of Diseases of Laboratory Animals*, London, 1979, Heinemann Veterinary Books.

[188]Hargreaves J, Hartley NJ: Dermal fibrosis in a rabbit. *Vet Rec* 147:252, 2000.

[189]Mackay R: Dermal fibrosis in a rabbit. *Vet Rec* 147:252, 2000.

[190]Henriksen P: Eosinophilic granuloma-like lesion in a rabbit. *Nord Vet Med* 35:243, 1983.

[191]Percy DH, Barthold SW: Rabbit: neoplasms. In *Pathology of laboratory rodents and rabbits*, ed 2, Ames, 2001, Iowa State University Press.

[192]Harkness JE, Wagner JE: Specific diseases and conditions. In *The Biology and Medicine of Rabbits and Rodents*, ed 4, Philadelphia, 1995, Lea & Febiger.

[193]O'Rourke DP: Disease problems of guinea pigs. In Quesenberry KE, Carpenter JW, editors: *Ferrets, Rabbits and Rodents, Clinical Medicine and Surgery*, ed 2, St. Louis, 2004, Saunders, pp 245–254.

[194]Rothwell TL, Pope SE, Rajczyk ZK, et al: Haematological and pathological responses to experimental Trixacarus caviae infection in guinea pigs. *J Comp Pathol* 104:179, 1991.

[195]Harkness JE, Murray KA, Wagner JE: Biology and diseases of guinea pigs. In Fox J, Anderson L, Loew F, et al, editors: *Laboratory Animal Medicine*, ed 2, Philadelphia, 2002, Elsevier.

[196]Shipstone M: Trixacarus caviae infestation in a guinea pig: failure to respond to ivermectin administration. *Aust Vet Pract* 27:143, 1997.

[197]Scott DW, Miller WH, Griffin CE: Dermatoses of pet rodents, rabbits, and ferrets. In *Muller and Kirk's Small Animal Dermatology*, ed 5, Philadelphia, 1995, WB Saunders.

[198]Wagner JE: Guineapigs. In Hime JM, O'Donoghue PN, editors: *HandBook of Diseases of Laboratory Animals*, London, 1979, Heinemann Veterinary Books.

[199]Fisher M, et al: Efficacy and safety of selamectin (stronghold/revolution) used off-label in exotic pets. *Intern J Appl Res Vet Med* 5:3, 2007.

[200]Burke TJ: Skin disorders of rodents, rabbits, and ferrets. In Kirk RW, Bonagura JD, editors: *Current veterinary therapy xi*, Philadelphia, 1992, WB Saunders.

[201]Hoppman E, Wilson Barron H: Rodent dermatology. *J Exotic Pet Med* 16:238, 2007.

[202]Sohnle PD, Frank MM, Kirkpatrick CH: Mechanisms involved in elimination of organisms from experimental cutaneous Candida albicans infections in guinea pigs. *J Immunol* 117:523, 1976.

[203]Van Cutsem J, Van Gerven F, Fransen J, et al: The in vitro antifungal activity of ketoconazole, zinc pyrithione, and selenium sulfide against Pityrosporum and their efficacy as a shampoo in the treatment of experimental pityrosporosis in guinea pigs. *J Am Acad Dermatol* 22:993, 1990.

[204]Van Herck H, Van Den Ingh TH, Van Der Hage M, et al: Dermal cryptococcosis in a guinea pig. *Lab Anim* 22:88, 1998.

[205]Nilson SW: Diseases of the skin. In Benirschke K, Garner FM, Jones TC, editors: *Pathology of Laboratory Animals* vol 1, New York, 1978, Springer Verlag.

[206]Longley, L: Rodents: dermatoses. In Keeble E, Meredith A, editors: *BSAVA Manual of Rodents and Ferrets*, Gloucester, 2009, British Small Animal Veterinary Association.

[207]Collins BR: Endocrine diseases of rodents. *Vet Clin North Am Exot Anim Pract* 11:153, 2008.

[208]Frye FL: Apparent spontaneous ergot-induced necrotizing dermatitis in a guinea pig. *J Small Exotic Anim Med* 2:165, 1994.

[209]Rees RG: Some conditions of the skin and fur of Chinchilla lanigera. *J Small Anim Pract* 4:213, 1963.

[210]Hoefer HL: Chinchillas. *Vet Clin North Am Small Anim Pract* 24:103, 1994.

[211]MacHole EJ: Mange in domesticated rats. *Vet Rec* 138:312, 1996.

[212]Binhazim AA, Coghlan LG, Walker C: Spontaneous hemangiosarcoma in the tail of a Long-Evans rat carrying the Elcer mutation. *Lab Anim Sci* 44:191, 1994.

[213]Tayama K, Shisa H: Development of pigmented scales on rat skin: relation to age, sex, strain, and hormonal effect. *Lab Anim Sci* 44:240, 1994.

[214]Timm KI: Pruritus in rabbits, rodents, and ferrets. *Vet Clin North Am Small Anim Pract* 18:1077, 1988.

[215]Harvey RG, et al: Epidermotropic cutaneous T-cell lymphoma (mycosis

fungoides) in Syrian hamsters (*Mesocricetus auratus*). A report of six cases and the demonstration of T-cell specificity. *Vet Dermatol* 3:13, 1992.

[216]Rich GA: Cutaneous lymphoma in a Syrian hamster. *J Small Ex Anim Med* 27:19, 1998.

[217]Bauck LB, Orr JP, Lawrence KH: Hyperadrenocorticism in three teddy bear hamsters. *Can Vet J* 25:247, 1984.

[218]Mähler M, Jelínek F: Granulomatous inflammation in the tails of mice associated with Mycobacterium chelonae infection. *Lab Anim* 34:212, 2000.

[219]Niemaltowski MG, Spohr de Faudez I, Gierynska M, et al: The inflammatory and immune response to mousepox (infectious ectomelia) virus. *Acta Virol* 38:299, 1994.

[220]Neubauer H, Pfeffer M, Meyer H: Specific detection of mousepox virus by polymerase chain reaction. *Lab Anim* 31:201, 1997.

[221]Abbott DP, Masson MT, Bonnet MC: A condition resembling pagetoid reticulosis in a laboratory mouse. *Lab Anim* 25:153, 1991.

[222]Booth CJ, Sundberg JP: Hemangiomas and hemangiosarcomas in inbred laboratory mice. *Lab Anim Sci* 45:497, 1995.

[223]Andrews AG, Dysko RC, Spilman SC, et al: Immune complex vasculitis with secondary ulcerative dermatitis in aged C57BL/6NNIa mice. *Vet Pathol* 31:293, 1994.

[224]Sundberg JP, Beamer WG, Shultz LD, et al: Inherited mouse mutations as models of human adnexal, cornification, and papulosquamous dermatoses. *J Invest Dermatol* 95:62S, 1990.

[225]Sundberg JP, Schultz LD: Inherited mouse mutations: models for the study of alopecia. *J Invest Dermatol* 96:95S, 1991.

[226]Kietzmann M, Lubach D, Heeren HJ: The mouse epidermis as a model in skin pharmacology: influence of age and sex on epidermal metabolic reactions and their circadian rhythms. *Lab Anim* 24:321, 1990.

[227]Wrench R: Scale prophylaxis: a new antiparakeratotic assay. *Arch Dermatol* 117:213, 1981.

[228]Sundberg JP, Oliver RF, McElwee KJ, et al: Alopecia areata in humans and other mammalian species. *J Invest Dermatol* 104:32S, 1995.

[229]Hoefer HL: Clinical approach to the African hedgehog. *Proc North Am Vet Conf* 836, 1999.

[230]Pye GW, Carpenter JW: A guide to medicine and surgery in sugar gliders. *Vet Med* 94:891, 1999.

A

Aaro-Perkins corpuscle Aaro-Perkins 小体

Abdomen 腹部

Absidia corymbifera infection 伞枝犁头霉感染

Acanthocheilonema infection 棘唇线虫感染

Acantholysis 皮肤棘层松解

Acantholytic cells 棘层松解细胞

Acanthosis nigricans 黑棘皮症

Acariasis 螨病

Acetate tape impression 醋酸胶带粘贴

Acetate tape stripping 醋酸布胶带提取

Acetic acid 醋酸

Acid mantle 酸性外膜

Acid mucopolysaccharides (epidermal mucinosis) 酸性黏多糖（表皮黏蛋白增多症）

Acitretin 阿维A酸

Acne 痤疮

Acoustic meatus 外耳道

Acquired alopecia 获得性脱毛症

Acquired arteriovenous fistula 获得性动静脉瘘

Acquired aurotrichia 获得性亚金基团毛菌病

Acquired disorders 获得性疾病

Acquired hyperfragility syndrome 获得性超脆性综合征

Acquired hyperpigmentation 获得性色素沉着过度

Acquired hypopigmentation 获得性色素沉着不足

Acquired hypothyroidism 获得性甲状腺功能低下

Acquired immunodeficiencies 获得性免疫缺陷

Acquired junctional epidermolysis bullosa (AJEB) 获得性大疱性结合性表皮松解症

Acquired keratinization defects 获得性角化缺陷

Acquired reactive perforating Collagenosis 获得性反应性穿孔性胶原病

Acquired skin fragility 获得性皮肤脆性（脆症）

Acral lick dermatitis 肢端舐舔性皮炎

Acral lick furunculosis 肢端舔舐性疖病

Acral mutilation syndrome 肢端残缺综合征

Acral pruritic nodule 肢端瘙痒性结节

Acrodermatitis 肢端皮炎

Acromegaly 肢端肥大症

Actinic keratosis 光化性角化病

Actinidia arguta preparations 猕猴桃制剂

Actinobacillosis 放线杆菌

Actinomyces bowdenii 粉蝶放线菌

Actinomyces canis 犬放线菌

Actinomyces hordeovulneris 受损大麦放线菌

Actinomyces meyeri 麦氏放线菌

Actinomyces odontolyticus 踽齿放线菌

Actinomyces viscosus 黏放线菌

Actinomycosis 放线菌病

Actinomycotic mycetomas 放线菌性足菌肿病

Activator protein 1 (AP-1) 活化剂蛋白1

Active agents 活性剂

Acupuncture 针灸

Acute febrile neutrophilic dermatosis 急性发热性中性粒细胞皮肤病

Acute radiation Burn 急性放射性烧伤

Adaptive immune responses 适应性免疫应答

Adaptive immune system 适应性免疫系统

Adenohypophysis 腺垂体

Adhesion structures 黏附结构

Aδ high-threshold mechanoreceptor units Aδ高阈机械性刺激感受器单元

Adiaspiromycosis (hyalohyphomycosis) 大孢子菌病（透明丝孢菌病）

Adipocytes (fat cells) 脂细胞（脂肪细胞）

Adjuvant systemic chemotherapy 辅助全身化疗

Adrenal associated endocrinopathy (AAE) 肾上腺相关内分泌病

Adrenal cortex 肾上腺皮质

Adrenalectomy 肾上腺切除术

Adrenal function tests 肾上腺功能检测

Adrenal glands diseases (fettets) 肾上腺疾病（雪貂）

Adrenal sex hormones 肾上腺性激素

Adrenal tumor 肾上腺肿瘤

Adrenocortical function 肾上腺皮质功能

Adrenocortical neoplasia 肾上腺皮质肿瘤

Adrenocorticotropic hormone (ACTH) 促肾上腺皮质激素

Adult mites 成年螨虫

Adult-onset generalized Demodicosis 成年型泛发性蠕形螨病

Adult-onset growth hormone deficiency (hyposomatotropism) 成年型生长激素缺乏（生长激素过少症）

Adult-onset pedal Demodicosis 成年型足部蠕形螨病

Adverse drug reaction (ADR) 不良药物反应

Adverse food reactions 食物不良反应

AEI ear irrigator AEI 耳部冲洗器

Aerobic Cellulitis 需氧性蜂窝织炎

Affenpinschers 猴面㹴

African hedgehog 非洲刺猬

Agouti signaling protein (ASIP) 刺鼠信号蛋白

Agouti signal peptide 刺鼠信号肽

Alabama rot (cutaneous and renal glomerular vasculopathy) 阿拉巴马腐烂（皮肤和肾小球血管病变）

Alanine transaminase (ALT) 丙氨酸氨基转移酶

Albinism 白化病

Alcohols 醇类

Alginates 藻酸盐

Alkaline phosphatase (ALP) 碱性磷酸酶

Allerderm Spot-on 爱乐滴

Allergenic glycoproteins 引起过敏的糖蛋白

Allergens 过敏原

Allergen-specific IgE detection 过敏原特异性IgE检测

Allergen-specific immunotherapy (ASIT) 过敏原特异性免疫治疗

Allergic Blepharitis 过敏性睑炎

Allergic contact dermatitis (contact hypersensitivity) 过敏性接触性皮炎（接触性过敏症）

Allergic contact reactions 接触性过敏反应

Allergic otitis 过敏性耳炎

Allergic patch test reactions 过敏性斑贴试验反应

Allergic skin disease 过敏性皮肤病

Allergies 过敏

Allergroom shampoo Allergroom 香波

Allopurinol 别嘌呤醇

All-trans retinol 全反式视黄醇

Aloe vera 芦荟

Alopecia 脱毛

Annular coalescing areas 环状融合区域

Alopecia areata 斑秃

Autoimmune disorder 自身免疫病

Alopecia mucinosa 黏蛋白性脱毛

Alopecia X X脱毛

Alpha-hydroxyacids α-羟基酸

Alpha-keratins (α-keratins) 阿尔法-角蛋白（α-角蛋白）

Alpha-linoleic acid α-亚油酸

Alpha-melanocyte-stimulating hormone (α-MSH) α-促黑激素

Alternaria dermatitis 交链孢霉皮炎

Alternative pathway 旁路途径

Aluminum acetate solution 醋酸铝溶液

Alum-precipitated allergens 明矾沉淀过敏原

A macrophage-specific immunostain (ACM1) A巨噬细胞特异性免疫荧光染色

American Bulldog 美国斗牛犬

American hairless terrier 美国无毛㹴

American rat terrier 美国拉茨泰里耶㹴犬（美国猎鼠㹴）

American Staffordshire terrier 美国斯坦福猎㹴犬

American water spaniels 美国水猎犬

Aminosidine (paromomycin) 氨基杀菌素（巴龙霉素）

Amitraz 双甲脒

Availability 可用性

Amnesteem 异维A酸

Amphotericin B (AMB) 两性霉素B

Amphotericin B 3% (polyene antifungals) 两性霉素B 3%（多烯抗真菌）

Ampitriptyline 阿米替林

Amyloidosis 淀粉样变性

Anaerobic bacteria 厌氧菌

Anaerobic Cellulitis 厌氧菌性蜂窝织炎

Anagen effluvium 生长期脱毛

Anagen hairs 生长期毛发

Anal area 肛区

Anal licking 肛门舔舐

Anal sacs 肛囊

Anamorph 无性型

Ancylostoma braziliense larvae 巴西钩虫幼虫

Ancylostoma caninum larvae 犬钩虫幼虫

Ancylostoma dermatitis 钩虫皮炎

Androgens 雄激素

anagen initiation reduction 生长期起始减少

Anemia (demonstration) 贫血（示范）

Anergy 无反应性

Anestrus 乏情期

Angioedema 血管性水肿

Angiogenesis 血管生成

Anhydrous-based products 无水产品

Animal-origin dermatophytosis 动物起源性皮肤癣菌病

Annular lesions 环形损伤

Anoplura 虱

Antibacterial shampoos 抗菌香波

887

Calcinosis 钙质沉着症

Calcinosis circumscripta 局限性钙质沉着症

Calcinosis cutis 皮肤钙质沉着症

Calcipotriene/calcipotriol 卡泊三烯/卡泊三醇

Calcitonin gene-related peptide (CGRP) 降钙素基因相关肽

Callus 厚皮痂

Candidiasis 念珠菌病

Canine acanthosis nigricans 犬黑棘皮症

Canine Acne 犬痤疮

Canine Acral lick dermatitis 犬肢端舔舐性皮炎

Canine acromegaly 犬肢端肥大症

Canine adipose tissue 犬脂肪组织

Canine adverse food reactions 犬食物不良反应

Canine alopecia 犬脱毛

Canine alopecia areata 犬斑秃

Canine arrector pili muscle 犬立毛肌

Canine atopic dermatitis 犬特应性皮炎

Canine Atopic Dermatitis Extent and Severity Index (CADESI) scores 犬特应性皮炎程度和严重性指数评分

Canine atopic disease 犬特应性疾病

Canine babesiosis (piroplasmosis) 犬巴贝斯虫病（梨形虫病）

Canine bacterial hypersensitivity 犬细菌性过敏症

Canine brucellosis 犬布鲁氏菌病

Canine bullous pemphigoid (BP) 犬大疱性类天疱疮

Canine caryosporosis 犬核孢子虫病

Canine cryoglobulinemia 犬冷球蛋白血症

Canine Cryptococcosis 犬隐球菌病

Canine cutaneous Amyloidosis 犬皮肤淀粉样变性

Canine cutaneous drug reactions 犬皮肤药物反应

Canine cutaneous hemangiosarcomas 犬皮肤血管肉瘤

Canine cutaneous histiocytic diseases 犬皮肤组织细胞疾病

Canine cutaneous lymphoma 犬皮肤淋巴瘤

Canine cyclic hematopoiesis 犬周期性造血

Canine cyclic neutropenia 犬周期性中性粒细胞减少症

Canine Darier disease 犬毛囊角化病

Canine demodicosis 犬蠕形螨病

Canine discoid lupus erythematosus 犬盘状红斑狼疮

Canine distemper 犬瘟热

Canine ear canal 犬耳道

Canine ear margin dermatosis 犬耳缘皮肤病

Canine ehrlichiosis 犬埃利希体病

Canine eosinophilic furunculosis 犬嗜酸性疖病

Canine eosinophilic granuloma 犬嗜酸性肉芽肿

Canine epitrichial sweat glands 犬上皮层汗腺

Canine erythema multiforme 犬多形性红斑

Canine eyelid neoplasms 犬眼睑肿瘤

Canine fibropapilloma 犬纤维乳头状瘤

Canine flank alopecia (CFA) 犬侧腹脱毛

Canine fleabite hypersensitivity 犬蚤咬过敏症

Canine follicular cysts 犬毛囊囊肿

Canine follicular dysplasia 犬毛囊发育不良

Canine granulomatous mural folliculitis 犬肉芽肿性腔壁毛囊炎

Canine hair shaft 犬毛干

Canine hemangiopericytoma 犬血管外皮细胞瘤

Canine hemangiosarcoma 犬血管肉瘤

Canine histiocytoma 犬组织细胞瘤

Canine horizontal ear canal 犬水平耳道

Canine hyperadrenocorticism 犬肾上腺皮质功能亢进

Calcinosis cutis 皮肤钙质沉着症

Canine hypercortisolism 犬皮质醇增多症

Calcinosis cutis 皮肤钙质沉着症

Canine hypercortisolism 犬皮质醇增多症

Canine hypothyroidism 犬甲状腺功能低下

Caudal dorsum 尾背侧

Canine keratinocytes 犬角化细胞

Canine leiomyoma 犬平滑肌瘤

Canine leproid granuloma 犬麻风样肉芽肿

Canine leproid granuloma syndromes 犬麻风样肉芽肿综合征

Canine linear IgA pustular dermatosis 犬线状IgA脓疱性皮肤病

Canine lipoma cytology 犬脂肪瘤细胞学

Canine lymphangiosarcoma 犬淋巴管肉瘤

Canine mast cell tumors 犬肥大细胞瘤

Canine nasal solar dermatitis 犬鼻部日光性皮炎

Canine neosporosis 犬新孢子虫病

Canine oral papillomatosis 犬口腔乳头状瘤

Canine oral papillomavirus (COPV) 犬口腔乳头状瘤病毒

Canine osteoma 犬骨瘤

Canine osteosarcoma 犬骨肉瘤

Canine papillomavirus infection 犬乳头状瘤病毒感染

Canine pattern baldness 犬斑秃形式

Canine pemphigus autoantibody specificity 犬天疱疮自身抗体特异性

Caninc pemphigus foliaceus 犬落叶型天疱疮

Canine pigmented viral plaques 犬病毒性色素沉着斑

Canine pituitary dwarfism 犬垂体性侏儒症

Canine plasmacytoma 犬浆细胞瘤

Canine primary seborrhea 犬原发性皮脂溢

Canine proliferative eosinophilic otitis externa 犬增生性嗜酸性外耳炎

Canine psychogenic dermatoses 犬精神性皮肤病

Canine pythiosis 犬腐霉病

Canine Rocky Mountain spotted fever (canine RMSF) 犬落基山斑疹热

Canine sarcocystosis 犬肉孢子虫病

Canine scabies 犬疥疮

Canine sebaceous gland lobules 犬皮脂腺小叶

Canine seborrhea 犬皮脂溢

Canine snow nose/winter nose 犬雪鼻/冬鼻

Canine solar dermatitis 犬日光性皮炎

Canine squamous cell carcinoma 犬鳞状细胞癌

Canine sterile eosinophilic pustulosis 犬无菌性嗜酸性脓疱病

Canine systemic lupus erythematosus (canine SLE) 犬全身性红斑狼疮

Canine tail gland 犬尾腺

Canine tail gland hyperplasia 犬尾腺增生

Canine telogen hair follicle 犬静止期毛囊

Canine toxic epidermal necrolysis (TEN) 犬中毒性表皮坏死松解症

Canine transmissible venereal tumor (canine TVT) 犬传染性性病肿瘤

Canine tympanic membrane 犬鼓膜

Canine uveodermatologic syndrome 犬眼色素层皮肤综合征

Canine viral papillomatosis 犬病毒性乳头状瘤

Canine viral squamous papilloma 犬病毒性鳞状细胞乳头状瘤

Capillary loops 毛细血管袢

Capillary networks 毛细血管网

Carbamates 氨基甲酸盐

Cholinesterase inhibitor 胆碱酯酶抑制剂

Carbohydrate ligands 碳水化合物配体

Carcinoid syndrome 类癌综合征

Carnelian bear dog 玛瑙熊犬

Carpal pad 悬趾垫

Caryospora coccidia 核孢子虫属球虫

Caspofungin 卡泊芬净

Castration 去势

Castration-responsive alopecia 去势反应性脱毛

Catagen hair 生长中期毛发

Caterpillars 毛虫

Cathelicidins 抗菌肽

Catnip (Nepeta cateria) 樟脑草（假荆芥属）

Catteries 养舍

Caudal dorsum 尾背侧

Caudal occipital malformation syndrome 尾侧枕骨畸形综合征

Cavalier King Charles 查尔斯王猎犬

CD11/CD18 adhesion molecules CD11/CD18黏附分子

Cediopsylla simplex (common Eastern rabbit flea) 单纯兔蚤（普通东部兔蚤）

Cell-mediated cytotoxicity 细胞介导性细胞毒性

Cell-mediated immunity 细胞介导性免疫

Cell membranes 细胞膜

Cell proliferation kinetic values 细胞增殖动态价值

Cell surface adhesive receptors (integrins) 细胞表面黏附受体（整联蛋白）

Cell surface receptors 细胞表面受体

Cellular proliferation 细胞增殖

Cellulitis 蜂窝织炎

Cell wall synthesis 细胞壁合成

Central hypopigmentation 中央色素沉着不足

Central nerve fibers 中枢神经纤维

Central primary hair 中央初级毛发

Central tolerance 中心耐受

Ceramides 神经酰胺

Cercarial dermatitis 尾蚴性皮炎

Cerumen accumulation 耵聍累积

Ceruminolytic cleaners 溶耵聍清洗器

Ceruminous cystomatosis 耵聍性囊瘤病

Ceruminous otitis externa 耵聍性外耳炎

Cervical lymphadenitis 颈部淋巴腺炎

Chalazion 睑板腺囊肿

Chédiak-Higashi syndrome Chédiak-Higashi 综合征

Chemical modulation 化学调节

Chemokines 趋化因子

Cheyletiella bites 姬螯螨咬伤

Cheyletiella blakei 布氏姬螯螨

Cheyletiella infestation 姬螯螨感染

Cheyletiella yasguri mite 牙式姬螯螨

Cheyletiellosis 姬螯螨病

Chicago disease (blastomycosis) 芝加哥病（芽生菌病）

Chigger mites 恙螨

Chihuahuas 吉娃娃

Comedones 黑头粉刺

Chinchillas 毛丝鼠

Chinese crested dogs 中国冠毛犬

Chinese medicine 传统中国医学

Chinese Shar-Peis 中国沙皮犬

Chirodiscoides caviae (fur mite) 豚鼠被毛螨（皮毛螨）

Chitin synthesis 几丁质合成

Chlorambucil (Leukeran) 苯丁酸氮芥（瘤可宁）

Chloramines (halogenated agents) 氯胺（卤化制剂）

ChlorhexiDerm 醋酸氯己定

Chlorhexidine 氯己定

Chlorhexidine gluconate (CG) 葡萄糖酸氯己定

Chlorinated hydrocarbons 氯化烃

Chlorphenolac 氯酚法

Cholesteatoma 胆脂瘤

Cholinesterase 胆碱酯酶

Chondroitin proteoglycans 软骨素蛋白聚糖

Chondroma 软骨瘤

Chondrosarcoma 软骨肉瘤

Chordomas 脊索瘤

Chow chow 松狮犬

Chromoblastomycosis 着色芽生菌病

Chromomycosis 色素性真菌病

Chromophobes 不染色细胞

Chronic blepharitis 慢性睑炎
Chronic demodectic pododermatitis 慢性蠕形螨趾间皮炎
Chronic dermatologic diseases 慢性皮肤病
Chronic dermatomyositis 慢性皮肌炎
Chronic end-stage otitis externa/media 慢性末期外耳炎/中耳炎
Chronic otitis externa 慢性外耳炎
Chronic paw licking 慢性爪舔舐
Chronic radiant heat dermatitis 慢性热辐射皮炎
Chronic recurrent pyoderma 慢性复发性脓皮病
Chronic recurrent skin infections management 慢性复发性皮肤感染管理
Cicatricial alopecia 瘢痕样斑秃
Cilia disorders 睫毛失常
Cimetidine 西咪替丁
Circulating antibodies 循环抗体
Circumanal glands (perianal glands) adenoma 环肛腺（肛周腺）腺瘤
Claravis (retinol) 异维A酸（视黄醇）
Classical pathway 经典通路
Claw disorders 爪疾病
Claws 趾甲
Clear cell basal cell carcinoma 透明细胞基底细胞瘤
Clear layer (stratum lucidum) 透明层
Clinical endocrinopathies 临床内分泌病
Clinical pseudopregnancy 临床假孕
Clipping 剪毛
Clitoral hypertrophy 阴蒂肥大
Clomipramine hydrochloride (Clomicalm) 盐酸氯米帕明
Clonal deletion 克隆缺失
Closed patch test 闭合性斑贴试验
C mechanoreceptor C机械性刺激感受器
Coagulase-positive staphylococci 凝固酶阳性葡萄球菌
Coagulation 凝固作用
Coccidioides immitis 粗球孢子菌
Cocker spaniel 可卡犬
Coenurus serialis (larval stage) 多头蚴（幼虫期）
Colchicine (Colcrys) 秋水仙素（秋水仙碱）
Cold creams 冷霜
Cold dressings 冷敷
Cold steel surgery 冷刀手术
Cold units (thermoreceptors) 冷敏元件（温度感受器）
Collagen 胶原
Collagenases 胶原酶
Collagenous nevi 胶原痣
Collies 柯利犬
Colloidal oatmeal 胶态燕麦片
Colonoscopic allergen provocation (COLAP) test 肠镜过敏原诱发检测
Color dilution alopecia 颜色淡化性脱毛症
Combination therapy 联合治疗
Comedone-associated hyperpigmentation 黑头粉刺相关的色素过度沉着
Comedones 黑头粉刺
Comedo nevi 粉刺痣
Comedo syndrome 粉刺综合征
Commelinaceae 鸭跖草科
Commercial moisturizers 商品化保湿剂
Complement activation 补体活化
Concave pinna 耳郭内面
Conditioners 调节剂
Conduction burn 传导烧伤
Conformational disorders 结构异常
Congenital adrenal hyperplasia-like syndrome 先天性肾上腺增生样综合征
Congenital alopecia 先天性脱毛
Congenital disorders 先天性疾病
Congenital hypotrichosis 先天性少毛症

Congenital keratinization defects 先天性角化缺陷
Congenital vascular nevi 先天性血管痣
Congestive heart failure (CHF) 充血性心力衰竭
Conidiogenous cell 产孢细胞
Conidiophore 分生孢子梗
Connective tissue 结缔组织
Connective tissue growth factor (CTGF) 结缔组织生长因子
Consensus interferon alfa 总干扰素α
Constitutive pigmentation 构成性色素沉着
Contact allergy (induction) 接触性过敏（诱导）
Contact dermatitis 接触性皮炎
Contagious viral pustular dermatitis 接触传染性病毒性脓疱性皮炎
Contaminant fungi 污染性真菌
Convex pinna 耳郭背面
Cordylobia anthrophophaga (crateriform ulcers) 人皮蝇（杯状溃疡）
Corium (dermis) 真皮
Corneocytes 角质细胞
Cornification process 角化过程
Cornified envelope (CE) 角质化包膜
Cortex (hair shaft component) 皮质（毛干成分）
Corticosteroids 皮质类固醇
Corticosteroid-binding globulin 皮质类固醇结合球蛋白
Corticotropin 促肾上腺皮质激素
Corticotropin-releasing hormone (CRH) 促肾上腺皮质激素释放激素
Cortisol production 产生皮质醇
Corynebacterium minutissimum fluorescence 微小棒状杆菌荧光性
Cotton fur 绒毛
Cottontail rabbit papillomavirus (rabbit Shope papillomavirus) 白尾灰兔乳头状瘤病毒（兔肖普氏乳头状瘤病毒）
Cotton-tipped applicator (CTA) 棉头涂药器
Cowhage (Mucuna pruriens impact) 豆科攀缘植物（鳖豆影响）
Cowpox 牛痘
Creams 软膏
Cresols 甲酚类
Critical temperature 临界温度
Crusting dermatoses 结痂皮肤病
Crusts 结痂
Cryofibrinogens 冷纤维蛋白原
Cryoglobulinemia/cryofibrinogenemia 冷球蛋白血症/冷纤维蛋白原血症
Cryoglobulins 冷球蛋白
Cryosurgery 冷冻手术
Cryotherapy 冷冻治疗
Cryptococcosis (torulosis) (European Blastomycosis) 隐球菌病（芽生菌病）（欧洲芽生菌病）
Ctenocephalides felis felis 猫蚤
C-type lectin-like receptors C型凝集素样受体
Culture testing 培养检测
Curly-coated retrievers 卷毛寻回犬
Cutaneous abnormalities 皮肤异常
Cutaneous adverse drug reactions (CADR) 皮肤药物不良反应
Cutaneous asthenia 脆皮病
Cutaneous atrophy 皮肤萎缩
Cutaneous bacterial granuloma 皮肤细菌性肉芽肿
Cutaneous bacteriology 皮肤细菌学
Cutaneous biopsy 皮肤活检
Cutaneous cysts 皮肤囊肿
Cutaneous cytology 皮肤细胞学
Cutaneous drug eruption 皮肤药物疹
Cutaneous eosinophilic granulomas 皮肤嗜酸性肉芽肿

Cutaneous eosinophils 皮肤嗜酸性粒细胞
Cutaneous extramedullary plasmacytomas 皮肤髓外浆细胞瘤
Cutaneous fibropapilloma (feline sarcoid) 皮肤纤维乳头状瘤（猫结节病）
Cutaneous flora 皮肤菌群
Cutaneous flushing 皮肤潮红
Cutaneous granulomas 皮肤肉芽肿
Cutaneous histiocytoma (CH) 皮肤组织细胞瘤
Cutaneous horns 皮角
Cutaneous inflammation 皮肤炎症
Cutaneous infundibular keratinizing 皮肤漏斗腺角质化
Cutaneous inverted papillomas 皮肤内翻性乳头状瘤
Cutaneous lymphoma 皮肤淋巴瘤
Cutaneous Malassezia pachydermatis 皮肤厚皮马拉色菌
Cutaneous mast cell tumor 皮肤肥大细胞瘤
Cutaneous mechanoreceptors 皮肤机械性刺激感受器
Cutaneous microcirculation (measurement) 皮肤微循环（测量）
Cutaneous mucinosis 皮肤黏蛋白增多症
Cutaneous neoplasms 皮肤肿瘤
Cutaneous nerves 皮神经
Cutaneous nodules 皮肤结节
Cutaneous oncology 皮肤肿瘤学
Cutaneous osteosarcoma metastases 皮肤骨肉瘤转移
Cutaneous papillomas 皮肤乳头状瘤
Cutaneous pathogens 皮肤病原体
Cutaneous phlebectasias 皮肤静脉扩张
Cutaneous plasmacytoma 皮肤浆细胞瘤
Cutaneous protot-hecosis 皮肤原藻病
Cutaneous sensation 皮肤感觉
Cutaneous squamous cell carcinoma (cutaneous SCC) 皮肤鳞状细胞癌
Cutaneous T-cell lymphoma (CTCL) 皮肤T细胞淋巴瘤
CD8+ cytotoxic T cell disease CD8+细胞毒性T细胞疾病
Cutaneous vasculopathy 皮肤血管病变
Cuticle (hair shaft component) 角质层（毛干成分）
Cutis laxa 皮肤松弛症
Cutting (electroincision) 剪断（电切）
Cyclic follicular dysplasia 周期性毛囊发育不良
Cyclic hematopoiesis 周期性造血
Cyclophosphamide (Cytoxan) 环磷酰胺（癌得星）
Cyclosporine 环孢菌素
Cyromazine 环丙马秦
Cystadenomas 囊腺瘤
Cysts 囊肿
Cytochrome P450 microsomal enzyme activity 细胞色素P450微粒体酶活性
Cytocrinia 细胞壳
Cytokines 细胞因子
Cytologic examination 细胞学检查
Cytologic findings 细胞学发现
Cytologic study 细胞学研究
Cytomorphologic characteristics 细胞形态学特征
Cytoplasmic extensions (dendrites) 细胞质延伸（树突）
Cytostatic/cytotoxic drugs 细胞抑制/细胞毒性药物

D

Dacarbazine (DTIC-Dome) 达卡巴嗪（DTIC-顶）
Dachshund 腊肠犬
Dalmatians 斑点犬
Darier's disease 毛囊角化病
Deafness (occurrence) 耳聋（发生）

Decubital ulcers (pressure sores) 褥疮性溃疡（褥疮）

Deep bacterial infections (deep pyoderma) 深层细菌感染（深层脓皮病）

Deep draining infections 深层引流感染

Deep folliculitis 深层毛囊炎

Deep infections 深层感染

Deep mycotic infections 深层真菌感染

Deep necrotizing vasculitis 深层坏死性脉管炎

Deep plexus 深层神经丛

Deep pyodermas (deep bacterial infections) 深层脓皮病（深层细菌感染）

Deep skin infections 深层皮肤感染

Defense mechanisms 防御机制

Defluxion 脱落

Degenerate neutrophils 退化中性粒细胞

Delayed anagen release 迟发生长期释放

Delayed telogen release 迟发静止期释放

Delta-six-desaturase deficiency δ-6-脱氢酶缺乏

Demodectic pododermatitis 蠕形螨趾间皮炎

Demodex aurati 蠕形螨

Demodex cuniculi (presence) 蠕形螨钻孔（表现）

Diff-Quik-stained cytological specimen Diff-Quik染色细胞学样本

Demodicosis-induced blepharitis 蠕形螨病诱导性睑炎

Demulcents 缓和药

Dendrites (cytoplasmic extensions) 树突（细胞质延伸）

Dendritic cell (DC) lineage 树突细胞（DC）细胞系

Deoxyribonucleic acid (DNA) 脱氧核糖核酸

Dermacentor andersoni (ventral view) 巨头蜱（腹侧观）

DermaLab 皮肤化验室

Dermal collagen disorder 皮肤胶原代谢紊乱

Dermal dysplasia 皮肤发育不良

Dermal fibrosis 皮肤纤维化

Dermal fistulae 皮肤瘘

Dermal ground substance estrogen increase 皮肤基质雌激素增加

Dermal inflammation 皮肤炎症

Dermal melanin 皮肤黑色素

Dermal tissues 皮肤组织

Dermanyssus gallinae 鸡皮刺螨

DermaPet Benzoyl peroxide Plus shampoo DermaPet 含过氧苯甲酰香波

Dermaphytosis 皮肤植物源性疾病

Dermatitis medicamentosa 药物性皮炎

Dermatofibroma 皮肤纤维瘤

Dermatohistopathology 皮肤组织病理学

Dermatologic diagnosis 皮肤病诊断

Dermatologic diseases 皮肤病

Dermatologic examination 皮肤病检查

Dermatology 皮肤病学

Dermatolytic (dystrophic) epidermolysis bullosa 皮肤溶解性（营养不良）大疱性表皮松解症

Dermatomyositis 皮肌炎

Dermatopathology 皮肤病理学

Dermatophagoides 尘螨

Dermatophilosis 嗜皮菌病

Dermatophyte blepharitis 皮肤癣菌睑炎

Dermatophytes 皮肤癣菌

Dermatophyte test medium (DTM) 皮肤癣菌检测介质

Dermatophytic pseudomycetoma (cats) 皮肤癣菌性假足菌肿病（猫）

Dermatophytosis 皮肤癣菌病

Dermatoses 皮肤病

Dermis (cornium) 皮肤（角质层）

Dermoepidermal junction 真皮表皮结合处

Dermoid cyst 皮样囊肿

Dermoid sinus 皮样窦

Desiccation (electrosurgery) 干燥（电外科手术）

Desmosomes 细胞桥粒

Devon Rex cats 德文力克斯猫

Dexamethasone suppression test 地塞米松抑制试验

Diabetes mellitus 糖尿病

Diascopy 压片

Diastolic blood pressure levels 舒张压水平

Diff-Quik (modified Wright stain) Diff-Quik（改良瑞氏染色）

Diffuse hair loss 弥漫性脱毛

Diffuse mucinosis 弥散性黏蛋白增多症

Diffusion coefficient 扩散系数

Diggers 挖掘者

Digital hyperkeratosis 趾角化过度

Digital pads 趾垫

Digital sloughs 趾脱皮

Dihomo-gamma-linolenic acid (DGLA) 亚麻酸

Dilated power of Winer 维纳扩张孔

Diluted Rhodesian ridgeback disorder 罗得西亚脊背犬被毛颜色淡化症

Dilution gene 稀释基因

Dimethyl sulfoxide (DMSO) 二甲基亚砜

Dinotefuran 呋虫胺

Diptera (flies) 双翅目（蝇）

Direct antibody detection 直接抗体检测

Direct immunofluorescence testing 直接免疫荧光法检测

Direct impression smears 直接压片

Direct/reflected sunlight (avoidance) 直接/反射性日光（避免）

Direct smears 直接涂片

Dirofilariasis 恶丝虫病

Discoid lupus erythematous (DLE) 盘状红斑狼疮

Disease modifying agents 疾病修饰药物

Disease pathogenesis 发病机制

Distal extremities 四肢远端

Distal limb 四肢远端

Distemper 犬瘟热

Distichiasis 双排睫

Doberman pinscher 杜宾犬

Docosahexaenoic acid (DHA) 二十二碳六烯酸

Cordylobia anthropophaga crateriform ulcers 人皮蝇杯状溃疡

Domestic shorthair cat 家养短毛猫

Dominant cutaneous asthenia 显性脆皮病

Dopa 多巴

Dopachrome 多巴色素

Dopamine 多巴胺

Doramectin 多拉菌素

Dorsal haircoat 背侧被毛

Dorsal moth-eaten alopecia 背侧蚕食样脱毛

Dorsal neck 颈部背侧

Dorsal truncal alopecia 躯干背侧脱毛

Dorsolateral thorax 背外侧胸部

Double-sized coverslips 两倍大小的盖玻片

Douxo Chlorhexidine Douxo 氯己定

Douxo seborrhea spot application 皮脂溢滴剂应用

Down hairs (secondary hairs) 绒毛（次生毛）

Doxepin 多赛平

Doxorubicin 多柔比星

Dracunculiasis 麦地那龙线虫病

Draining lesions 引流病灶

Draining tracts 排泄道

Dressings 敷料

Drug-induced color changes 药物诱导性颜色变化

Drug-induced hyperpigmentation 药物诱导性色素沉着过度

Drug-induced pemphigus foliaceous 药物诱导性落叶型天疱疮

Drug-related hypopigmentation 药物相关性色素沉着不足

Dry baths 干浴

Drying agents 干燥剂

Dry skin 干性皮肤

Dudley nose 异色鼻

Dystrophic (dermatolytic) epidermolysis bullosa 营养不良性（皮肤溶解性）大疱性表皮松解症

Dystrophic mineralization 营养不良性矿化作用

E

Ear canal 耳道

Ear cleaning 耳部清洁

Ear margin dermatosis 耳缘皮肤病

Ear mites 耳螨

Ears Bulb syringing 洗耳球

Ecchymosis 瘀斑

Echidnophaga gallinacea (sticktight flea) 禽角头蚤（吸着蚤）

Ectodermal dysplasia 外胚层发育不良

Ectoparasites 外寄生虫

Ectopic hypersecretion 特应性分泌亢进

Edema 水肿

Edematous plaques 水肿斑

Ehlers-Danlos syndromes Ehlers-Danlos 综合征

Eicosapentaenoic acid (EPA) 十二碳五烯酸（EPA）

Eimer organ 埃米尔氏器

Elastases 弹性蛋白酶

Electrosurgery 电外科手术

Elizabethan collar 伊丽莎白圈

Embryonic skin 胚胎皮肤

Emollient-based chlorhexidine products 润滑用氯己定产品

Emollients 润滑剂

Emulsions 乳剂

Endocrine disease 内分泌疾病

Endocrine hypothalamus/hypophysis 内分泌下丘脑/脑下垂体

Endocrinopathies 内分泌病

Endogenous corticotropin 内源性促肾上腺皮质激素

Endogenous foreign body 内源性异物

Endogenous plasma corticotropin levels 内源性血浆促肾上腺皮质激素水平

Endorphins 内啡肽

Endothelial chemoattractants 内皮性化学趋化物

Endothelial growth factor (EGF) 内皮生长因子（EGF）

Endothelial leukocyte adhesion molecule 1 (ELAM-1) 内皮细胞性白细胞黏附分子1

English bulldog 英国斗牛犬

English springer spaniel 英格兰史宾格犬

Enhanced sporulation agar (ESA) 增强型孢子形成琼脂

Enterotoxins 肠毒素

Entomophthorales 虫霉目

Entomophthoromycosis 虫霉病

Entropion 眼睑内翻

Environmental allergens 环境过敏原

Environmental irritants 环境刺激剂

Environmental mites 环境螨虫

Enzyme-linked immunosorbent assay (ELISA) 酶联免疫吸附试验

Eosinophilic Cellulitis 嗜酸性蜂窝织炎

Eosinophilic dermatitis/edema syndrome 嗜酸性皮炎/水肿综合征

Eosinophilic disorders 嗜酸性疾病

Eosinophilic edema 嗜酸性水肿

Eosinophilic furunculosis 嗜酸性疖病

Eosinophilic granuloma 嗜酸性肉芽肿

Eosinophilic mucinotic mural folliculitis 嗜酸性腔壁毛囊炎

Eosinophilic papular rash 嗜酸性丘疹

Eosinophilic plaque 嗜酸性斑

Eosinophilic ulcer (indolent ulcer/rodent ulcer) 嗜

Feline sarcoids 猫结节病

Feline sarcoma virus (FeSV) infection 猫肉瘤病毒感染

Feline scabies 猫疥疮

Feline sebaceous adenitis 猫皮脂腺炎

Feline seborrhea 猫皮脂溢

Feline skin 猫皮肤

Feline solar dermatitis 猫日光性皮炎

Feline sporotrichosis 猫孢子丝菌病

Feline systemic lupus erythematosus 猫全身性红斑狼疮

Feline tail gland hyperplasia 猫尾腺增生

Feline toxic epidermal necrolysis (TEN) 猫中毒性表皮坏死松解症

Feline viral plaques 猫病毒性斑

Felis domesticus papillomavirus (FdPV)家猫乳头状瘤病毒

Ferrets 雪貂

Fiberoptic video-enhanced otoscopes (FVEOs) 光纤视频-增强耳镜

flushing/suction units 冲洗/吸引器

Fibril-associated collagens with interrupted triple helices (FACIT) 三螺旋原纤维缔合胶原蛋白

Fibrin clot 纤维蛋白凝块

Fibrissae 纤维酶

Fibroblast function 成纤维细胞功能

Fibroblast growth factor (FGF) 成纤维细胞生长因子

Fibroblasts 成纤维细胞

Fibroma 纤维瘤

Fibronectins 纤维黏连蛋白

Fibropapilloma (fibrous polyp) 纤维乳头状瘤（纤维性息肉）

Fibroplasia 纤维素增生

Fibropruritic nodule 纤维性瘙痒性结节

Fibrosarcoma 纤维肉瘤

Fibrous tissue 纤维组织

Fibrovascular papilloma 纤维血管性乳头状瘤

Filaggrin 丝聚合蛋白

Filarial infections 丝虫感染

Filarial nematodes 丝虫线虫

Filarioidea dermatitis 丝虫皮炎

Fine long coat 细长被毛

Fine-needle aspiration 细针抽吸检查

Fipronil 芬普尼

Fire ant (*Solenopsis invicta*) 火蚁（红火蚁）

Fissure 裂缝

Fistula 瘘管

Flank 侧腹

Flank alopecia 侧腹脱毛

Flat wart (verruca plana) 扁平疣

Fleabite hypersensitivity 蚤咬过敏症

Fleas 跳蚤

Fipronil 芬普尼

Flies (diptera) 蝇（双翅目）

Flip-flop regulation 激发调节

Flotation, usage 浮集法，用法

Fluconazole (FCZ) 氟康唑

Flucytosine 氟胞嘧啶

Fluid-containing smears 含液体涂片

Fluorescence 荧光性

Fluorinated steroids 氟化类固醇

Fluoxetine 氟苯氧丙胺

Flushing 潮红

Foam dressings 泡沫敷料

Focal adhesions 局灶性黏着斑

Focal alopecia 局灶性脱毛

Focal cutaneous mucinosis 局灶性皮肤黏蛋白增多症

Focal cutaneous vasculitis 局灶性皮肤脉管炎

Focal metatarsal fistulation 局灶性跖骨瘘

Focal ulcers (rabbits) 局灶性溃疡（兔）

Fold pyoderma 褶皱脓皮病

Follicle-stimulating hormone (FSH) 促卵泡激素

Follicular arrest 滤泡停止发育

Follicular atrophy 滤泡萎缩

Follicular bulb 滤泡颈

Follicular cast 毛囊管型

Follicular cysts 毛囊囊肿

Follicular debris 毛囊碎屑

Follicular dysplasia 毛囊发育不良

Follicular epithelium 毛囊上皮

Follicular keratinization 毛囊角化

Follicular keratinocytes 毛囊角质细胞

Follicular lipidosis 毛囊脂沉积症

Follicular material 毛囊物质

Follicular melanocytes 毛囊黑色素细胞

Follicular parakeratosis 毛囊角化不全

Follicular plugging 毛囊阻塞

Follicular stile 毛囊阶梯

Folliculitis 毛囊炎

Fontana-Masson stain 韦-麦二式染剂

Food hypersensitivity 食物过敏症

Food proteins 食物蛋白质

Footpad hyperkeratosis 足垫角化过度

Footpads 足垫

Foreign bodies 异物

Formalin 福尔马林

Formamidines 甲脒

Foxtail 狐尾草

Free-living cheyletids 营自生生活肉食螨

Freezing agents 冷冻制剂

Friction blisters 摩擦性水疱

Front legs 前肢

Frontotemporal hair loss 额颞部脱毛

Frostbite 冻伤

Fucose-mannose ligand (FML) 海藻糖-甘露糖配体

Fulguration 电灼疗法

Functional (cortisol-producing) adrenocortical neoplasms 功能性（产皮质醇）肾上腺皮质肿瘤

Functional testicular tumor 功能性睾丸肿瘤

Fungal agents 真菌介入性

Fungal blepharitis 真菌性睑炎

Fungal cells (protection) 真菌细胞（保护）

Fungal culture 真菌培养

Fungal diseases 真菌病

Fungal hypersensitivity 真菌性过敏症

Fungal infections 真菌感染

Fungal organisms 真菌生物体

Fungal otitis externa 真菌性外耳炎

Fungal pathogens 病原性真菌

Fungi 真菌

Fur mites 皮毛螨

Fur ring 毛皮环

Fur slip 毛皮滑脱

Furuncles 疖

Furunculosis 疖病

Fusarium chlamydosporum isolation 厚孢镰刀菌分离

Fusidic acid 夫西地酸

Fusion toxin protein 融合毒素蛋白

Fusobacterium necrophorum (bacterial infection) 坏死梭杆菌（细菌感染）

G

Gamma-aminobutyric acid (GABA) γ-氨基丁酸

Gamma glutamyl transpeptidase (GGT) γ-谷氨酰转肽酶

Gastro Calm 胃平静

Gastrointestinal pythiosis 胃肠道腐霉病

Gastrointestinal secretions 胃肠分泌

Gastroscopic food sensitivity testing 胃镜食物过敏性检测

Gels 凝胶

Generalized demodicosis 泛发性蠕形螨病

Generalized exfoliative dermatitis 泛发性剥落性皮炎

Gene therapy 基因治疗

Genetic hyperpigmentation 遗传性色素沉着过度

Genome analysis 基因组分析

Geographic alopecia 地理性脱毛

Geophilic organisms 亲土生物体

Geotrichum culturing 地丝菌培养

Gerbils 沙鼠

German shepherds 德国牧羊犬

Cellulitis 蜂窝织炎

German shorthaired pointer 德国短毛波音达犬

Giemsa stain 吉姆萨染色

Gilchrist disease (blastomycosis) 吉尔克里斯特病（芽生菌病）

Gingiva 齿龈

Glands of Zeis 蔡斯氏腺

Glomerulonephritis 肾小球肾炎

Glomus 血管球

Glucocorticoid/glucocorticoid receptor (GC-GR) complex 糖皮质激素/糖皮质激素受体复合体

Glucocorticoid hormones 糖皮质激素

Glucocorticoid-induced leucine zipper (GILZ) 糖皮质激素诱导性亮氨酸拉链

Glucocorticoid-induced tumor necrosis factor receptor (GITR) 糖皮质激素诱导性肿瘤坏死因子受体

Glucocorticoid response elements (GREs) 糖皮质激素应答元件

Glucocorticoids 糖皮质激素

Glycine (Gly) 甘氨酸

Glycoproteins 糖蛋白

Glycosaminoglycans (GAGs) 葡糖氨基聚糖类

Glycyrrhiza uralensis extract mixture 甘草提取物混合剂

Golden retriever 金毛寻回猎犬

Golgi apparatus 高尔基体

Gomori methenamine silver (stain) 戈莫里六胺银染色（染色）

Gonadotropin-releasing hormone (GnRH) 促性腺激素释放激素

Gordon setters 哥顿赛特犬

Graft-*versus*-host disease (GVHD)移植物抗宿主病

Gram-negative organisms 革兰阴性菌

Gram stain 革兰氏染色

Granular cell tumor 颗粒细胞瘤

Granular layer (stratum granulosum) 颗粒层

Granulating crateriform ulcerative lesions 颗粒性杯状溃疡病灶

Granulation tissue 肉芽组织

Granulocyte colony stimulating factor (GCSF) 粒细胞集落刺激因子

Granulocyte-monocyte colony stimulating factor (GM-CSF)粒细胞-单核细胞集落刺激因子

Granulomatous mural folliculitis 肉芽肿性腔壁毛囊炎

Granulomatous sebaceous adenitis 肉芽肿性皮脂淋巴腺炎

Gray collie puppy 灰柯利牧羊犬幼犬

Gray collie syndrome 灰柯利牧羊犬综合征

Graying 灰色

Greasy haircoat 油脂性被毛

Great Dane 大丹犬

Greyhound 灰猎犬

Griseofulvin 灰黄霉素

Groin 腹股沟

Grooming 理毛

Grouped lesions 成簇病灶

Growth factors 生长因子

Growth hormone (GH) 生长激素

Growth hormone-releasing hormone (GHRH) 生长激素释放激素

Growth hormone-responsive alopecia 生长激素应答性脱毛

Growth receptors 生长感受器

Guard hairs 刚毛

Inflammatory cells 炎性细胞

Inflammatory diseases 炎性疾病

Inflammatory mediators 炎症介质

Inflammatory nodules 炎性结节

Inflammatory skin disease 炎性皮肤病

Infundibular cysts 漏斗腺囊肿

Infundibular keratinizing acanthoma (keratoac-anthoma) 漏斗腺角质化棘皮瘤（角化棘皮瘤）

Infundibulum (pilosebaceous follicle) 漏斗管（毛囊皮脂腺滤泡）

Infundibulum (pilosebaceous region) 漏斗管（毛囊皮脂腺区域）

Inguinal alopecia 腹股沟脱毛

Inherited hair disorders 遗传性毛发疾病

Injectable Antiinflammatory glucocorticoids 糖皮质激素抗炎针剂

Injectable glucocorticoids 糖皮质激素针剂

Injectable IM glucocorticoid therapy 肌内注射糖皮质激素疗法

Innate attack mechanisms 固有性免疫机制

Innate immune responses 固有性免疫应答

Innate immune system 固有性免疫系统

Inner protein envelop 内层蛋白质鞘

Inner root sheath 内层根鞘

Insect growth regulators (IGRs) 昆虫生长调节剂

Insect hypersensitivity 昆虫高敏感

Insects 昆虫

Insensible water loss 不显性水丢失

Insulin-like growth factor 1 (IGF-1) plasma levels 胰岛素样生长因子1血浆水平

Intact feline animals (irregular cycles) 未绝育猫科动物（不规则周期）

Intact feline dog 未绝育雌犬

Intercellular adhesion molecule 1 (ICAM-1) 胞间黏附分子1

Intercurrent Corticosteroid administration 趾间皮质类固醇给药

Intercurrent pattern baldness 趾间斑秃形式

Interdigital erythema 趾间红斑

Interdigital melanoma 趾间黑色素瘤

Interdigital skin 趾间皮肤

Interface dermatitis 接触性皮炎

Interferons (IFNs) 干扰素

Interleukin 8 (IL-8) 白介素8

Interstitial brachytherapy 组织近距离放射治疗

Intertrigo 擦伤

Intestinal helminths 肠道寄生蠕虫

Intestinal parasite hypersensitivity 肠道寄生虫过敏

Intestine 肠道

Intracellular cocci 胞内球菌

Intracytoplasmic inclusion bodies 胞浆包含体

Intradermal allergy testing 皮内过敏测试

Intradermal skin testing 皮内皮肤检测

Intradermal testing (IDT) reactions 皮内反应检测

Intradermal test reactivity 皮内检测反应性

Intraepithelial lymphocytes 皮内淋巴细胞

Intralesional chemotherapy 病灶内化疗

Intralesional glucocorticoid therapy 病灶内糖皮质激素治疗

Intralesional injections 病灶内注射

Intranuclear inclusion bodies 核内包含体

Intra-otic intralesional glucocorticoid therapy 耳病灶内注射糖皮质激素疗法

Invasive myxosarcoma 侵袭性黏液肉瘤

In vitro allergy tests 体外过敏检测

In vitro lymphocyte blastogenesis (IVLB) suppression 体外淋巴细胞转化抑制

Iodides 碘化物

Iodine (halogenated agent) 碘制剂（卤代制剂）

Irish setter 爱尔兰长毛猎犬

Irish water spaniels 爱尔兰水猎犬

Irregular cycles 不规则周期

Irritant contact dermatitis 刺激性接触性皮炎

Ischemic dermatitis 缺血性皮炎

Ischemic dermatography 缺血性皮肤病学

Ischial wing 坐骨结节

Isotretinoin administration 异维甲酸给药

Isthmus 根鞘

Isthmus catagen cyst 生长中期根鞘囊肿

Itch-specific neural pathway 痒觉神经通路

Itraconazole 伊曲康唑

Ivermectin 伊维菌素

Ixodes ricinus (ventral view) 箅子硬蜱（腹侧观）

Ixodid (hard) ticks 硬蜱

J

Janus kinases (JAKs) Janus 激酶

Joint disease 关节疾病

Junctional epidermolysis bullosa 大疱性结合性表皮松解症

Juvenile Cellulitis 幼犬蜂窝织炎

K

Kallikrein 激肽释放酶

Keeshond (midline) 荷兰狮王犬（中线）

Keratin accumulation 角质累积

Keratinization abnormality 角化异常

Keratinizing Basal cell carcinoma (basosquamous carcinoma) 角质化基底细胞癌（基底鳞状癌）

Keratinocyte-derived calmodulin-binding proteins 角化细胞衍生钙调蛋白绑定蛋白

Keratinocytes 角化细胞

Keratins fibrous protein 角质纤维蛋白

Keratogenesis 角质生成

Keratohyaline granules 透明角质颗粒

Keratolytic agents 角质软化剂

Keratoplastic agents 促角化剂

Keratosebaceous debris 角化皮脂性碎屑

Keratoses 角化

Kerry blue terrier 凯利蓝㹴

Ketoconazole (KCZ) 酮康唑

Koilocytosis 中空细胞病

L

Laboratory procedures 实验室操作规程

Lactobacillus GG GG乳酸菌

Lactobacillus rhamnosus 鼠李糖乳杆菌

Lactococcus lactis (impact) 乳酸乳球菌（影响）

Lagenidiosis 葫芦菌病

Lagochilascaris major infection 兔唇蛔虫感染

Lamellar bodies 板层小体

Lamellar granules 板层颗粒

Lamina densa (basal lamina) 致密板（基质板）

Lamina fibroreticularis (sublamina densa area) 网织板（次级致密板）

Lamina lucida (lamina rara) 透明板

Langerhans cells 朗格汉斯细胞

Langer lines 朗格线

Laser surgery 激光手术

L-asparaginase (L-ASP) (Elspar) 左旋天冬酰胺酶（门冬酰胺酶）

Latent herpesvirus 潜在疱疹病毒

Lateral ear canal resection 水平耳道切除

Lateral hypertrichosis (hemitrichosis) 侧面多毛症

Lateral primary hair 侧面初级毛发

rabies vaccine site (lesions) 狂犬病疫苗接种位点（病灶）

Lateral thorax 胸部侧面

L-Deprenyl (Anipryl) L-丙炔苯丙胺

LE cell phenomenon LE细胞现象

Lectin pathway 凝集素通路

alopecia/erythema 脱毛/红斑

Leiomyoma 平滑肌瘤

Leiomyosarcoma 平滑肌肉瘤

Leishmania donovani bodies 杜氏利什曼原虫

Leishmaniasis 利什曼病

Lentiginosis profusa 着色斑病

Lentigo 雀斑

Lentigo simplex (orange cats) 单一雀斑（橙色猫）

Lepocarus gibbus (Listrophorus fur mite) Listrophorus 皮毛螨

Lepus europaeus (European hare) 欧洲野兔

Lesions 损伤

Leucotoxins 白细胞毒素

Leukocyte kinetics 白细胞动力学

Leukocytoclastic vasculitis (treatment) 白细胞破碎性脉管炎（治疗）

Leukoderma 白斑病

Leukonychia 白甲病

Leukotrichia 白毛病

Leukotrienes (LTs) 白三烯

Levamisole 左旋咪唑

L-form infections L型感染

Lice 虱子

Lichenification 苔藓化

Lichenoid dermatoses 苔藓样皮肤病

Lichenoid keratosis 苔藓样角化病

Lick granuloma 舔舐性肉芽肿

Ligands 配体

Lime sulfur 多硫化钙

Linear granuloma (eosinophilic granuloma) 线状肉芽肿（嗜酸性肉芽肿）

Linear IgA bullous disease (LAD) 线状IgA大疱病

Linear IgA disease (LAD) 线状IgA大疱病

Linear IgA pustular dermatosis 线状IgA脓疱性皮肤病

Linear immunoglobulin A disease 线状免疫球蛋白A病

Linear preputial dermatosis 包皮线状皮肤病

Linognathus setosus (adult sucking louse) 棘颚虱（成年吸吮虱）

Linoleic acid 亚油酸

Liothyronine (T$_3$) 三碘甲状腺氨酸

Lipase-producing bacteria 产脂肪酶细菌

Lipfold intertrigo 唇褶擦伤

Lipids 油脂

Lipoma 脂肪瘤

Liponyssus bacoti (tropical rate mite) 巴氏刺脂螨

Liposarcoma 脂肪肉瘤

Lips Burns 唇部烧伤

Lip scratching 唇部抓伤

Liquid aqueous formulations 复合药液成分

Liquid nitrogen 液氮

Liquid-phase immunoenzymatic assay 液相免疫酶测定

Listeria monocytogenes (impact) 单核细胞增多性李斯特氏菌（影响）

Liver enzyme concentration 肝酶浓度

Liver metastasis 肝脏转移

Local hyperthermia 局部高温

Localized Demodicosis 局部蠕形螨病

Localized epitrichial sweating 局部上皮层出汗

Localized hair loss 局部脱毛

Localized pemphigus foliaceous-like 局部落叶型天疱疹

Localized scleroderma 局部硬皮病

Localized seborrheic dermatitis 局部脂溢性皮炎

Local lesions erythematous papules/pustules 局部红斑性丘疹/脓疱

Lomustine (CeeNU) 洛莫司汀

Long-coated breeds 长毛品种

Long interspersed nuclear element (LINE) 长散在核元件

Long-loop system 长回路系统
Lotions 洗液
Low-adherence dressings 低黏着敷料
Low-dose dexamethasone suppression test 低剂量地塞米松抑制试验
Lower jaw 下颌
Low-level-laser therapy (LLLT) 低能级激光治疗
Lufenuron 氯酚奴隆
Lufenuron-impregnated feed cubes 经氯酚奴隆浸染食物块
Luminal eosinophilic folliculitis 管腔嗜酸性毛囊炎
Lungs 肺
Lupus erythematosus 红斑狼疮
Luteinizing hormone (LH) 促黄体激素
Lyme borreliosis 莱姆疏螺旋体
Lymphangioma 淋巴管瘤
Lymphangiosarcoma 淋巴管肉瘤
Lymphatics 淋巴管
Lymphatic system 淋巴系统
Lymphatic vessels 淋巴管
Lymphedema 淋巴外渗
Lymphoblastoid interferon (Wellferon) 类淋巴母细胞干扰素
Lymphocyte blastogenesis test 淋巴细胞转化试验
Lymphocytes 淋巴细胞
Lymphocytic (Hashimoto) thyroiditis 淋巴细胞性（桥本）甲状腺炎
Lymphoma 淋巴瘤
Lymphomatoid granulomatosis 淋巴瘤性肉芽肿
Lymphopenia 低淋巴细胞血症
Lymphoplasmacytic inflammation 淋巴质浆细胞性炎症
Lymphoplasmacytoid dermatitis 淋巴浆细胞样皮炎
Lymphoplasmacytoid plaques 淋巴浆细胞样斑
Lymph vessels 淋巴管
Lynxacarus radovsky 猫毛螨

M

Macrophage-derived Chemokine (MDC) 巨噬细胞分泌的趋化因子
Macrophages interactions 巨噬细胞相互作用
Macule 斑点
Maggots 蛆
Main carpal pads 主悬趾垫
Major Burns 大面积烧伤
Major histocompatibility complex (MHC) 主要组织相容性复合物
Major proteoglycans 主要蛋白聚糖
Malamute 北极犬
Malaseb Pledgets Malaseb 棉签
Malassezia 马拉色菌属
Malassezia dermatitis 马拉色菌感染性皮炎
Malassezia furfur 秕糠马拉色菌
Malassezia globosa 球形马拉色菌
Malassezia obtusa 钝角马拉色菌
Malassezia pachydermatis 厚皮马拉色菌
Malassezia slooffiae 斯洛菲马拉色菌
Male Kerry blue terriers 雄性凯利蓝㹴
Malic acid 苹果酸
Malignant fibrous histiocytoma (MFH) 恶性纤维组织细胞瘤
Malignant histiocytosis 恶性组织细胞增多症
Malignant lymphocytes 恶性淋巴细胞
Malignant lymphoma 恶性淋巴瘤
Mallophaga 禽虱
Maltese dilution gene 马尔济斯毛色淡化基因
Maltese dogs 马尔济斯犬
Mammals hair 哺乳动物毛发
Mammary glands diseases 乳腺疾病
Mammomonogamus aurus infestation 鼻翼线虫感染
Mammomonogamus infection 鼻翼线虫感染
Manchester terriers 曼彻斯特㹴
Mannans 甘露聚糖
Mannose 甘露糖
Marbofloxacin 马波沙星
Marginal seborrhea 耳缘皮脂溢皮炎
Mast cells abundance 肥大细胞积聚
Mast cell tumors 肥大细胞瘤
Master transcriptional regulator of pigmentation 色素沉着转录调节因子
Mastitis 乳腺炎
Matricial cyst 基底层囊肿
Matrix metalloproteinase (MMP) 基质金属蛋白酶
Mats 毛团
Maxilla 上颌
MDR1 gene (ABCB1) mutations MDR1基因突变
Mechanical trauma 机械性外伤
Mechlorethamine (nitrogen mustard) (Mustargen) 二氯甲基二乙胺（氮芥）（盐酸氮芥）
Medial thigh 股内侧
Medical history 用药史
Medicated shampoos 药物香波
Medicated wipes 药物纸巾
Medulla (hair shaft component) 髓质（毛干成分）
Medullary trichomalacia 毛髓软化
Meibomian adenoma 睑板腺腺瘤
Meibomian glands 睑板腺
Meissner corpuscles 触觉小体
Melaleuca oil (tea tree oil) 千层树油（茶树油）
Melanins 黑色素
Melanization 黑化作用
Melanocortin 1 receptor (MC1R) 黑皮质素1受体
Melanocytes 黑色素细胞
Melanocytic neoplasms 黑色素细胞肿瘤
Melanocytic nevi 黑色素痣
Melanocytoma 黑色素细胞瘤
Melanoderma 黑皮病
Melanogenesis 黑色素生成
Melanoma 黑色素瘤
Melanophilin (MLPH) 黑素亲和素
Melanosomes 黑色素体
Melanotic Basal cell tumor 黑变基底细胞瘤
Melanotic digital fibroma 黑变趾纤维瘤
Melanotic organoid nevi 黑变器官样痣
Melanotrichia 毛黑变
Melatonin 褪黑素
Melioidosis 类鼻疽
Merkel cells 梅克尔细胞
Merocrine sweat glands (atrichial sweat glands) 局浆分泌汗腺（无毛汗腺）
Mesenchymal neoplasms 间质细胞肿瘤
Mesenchymal tumors 间质细胞瘤
Metabolic byproducts 代谢产物
Metabolic epidermal necrosis 代谢性表皮坏死
Metabolic/nutritional Blepharitis 代谢性/营养性睑炎
Metabolism 新陈代谢
Metacarpal pad ulcer (*Tunga penetrans*) 脚垫溃疡（穿皮潜蚤）
Metaflumizone (Promeris) 氰氟虫腙(Promeris)
Metastatic bronchogenic carcinoma 转移性支气管癌
Metastatic Calcinosis 转移性改制沉着症
Metastatic disease 转移性疾病
Metatarsal fistulation 趾骨瘘
Metatarsus 跖骨
Metatstatic disease 转移性疾病
Michel fixative 米歇尔固定液
Miconazole 咪康唑
Microbes 微生物
Microcirculatory bed 微循环床
Microorganisms 微生物
Microphthalmia-associated transcription factor (MITF) 小眼症相关的转录因子
Microphthalmia transcription factor (MITF) 小眼症转录因子
MicroSeq2 LSU-rRNA fungal sequencing kit MicroSeq2 LSU-rRNA真菌测序试剂盒
Microsporum canis 犬小孢子菌
Microsporum gypseum 石膏样小孢子菌
Microsporum persicolor infection 桃色小孢子菌感染
Microsporum vanbreuseghenii infections vanbreuseghenii 小孢子菌感染
Microvesicle technology 微泡技术
Middle ear 中耳
Mammomonogamus auris infestation 鼻翼线虫感染
Middle plexus 中层神经丛
Milbemycin 美倍菌素
Miliary dermatitis 粟粒状皮炎
Minerals 矿物质
Miniature pinschers 迷你犬
Miniature Schnauzers 迷你雪纳瑞
Minimum inhibitory concentration (MIC) 最小抑菌浓度
Minor Burns 轻度烧伤
Minoxidil 米诺地尔
Mixed-breed dog 米克斯布雷德犬
Malassezia dermatitis (alopecia/hyperpigmentation/lichenification) 马拉色菌感染性皮炎（脱毛/色素沉着过度/苔藓化）
Mixed infection 混合感染
Modified Robert Jones splint 改良Robert Jones夹板
Modified Wright stain (Diff-Quik) 改良瑞氏染色
Moist dermatitis (rabbits) 湿性皮炎（兔）
Moisturizers 保湿剂
Moist wound healing 湿性伤口愈合
Mometasone 莫美他松
Mongrel dogs 杂种犬
Monocyte chemoattractant protein 4(MCP-4) 单核细胞化学趋化蛋白4
Morphogens 形态发生素
Mortierellales 被孢霉目
Mosquito dermatitis 蚊咬性皮炎
Mosquitoes 蚊子
Moxidectin 莫昔克丁
Mucin 黏蛋白
Mucinous vesiculation 黏蛋白性囊疱形成
Mucocutaneous depigmentation/ulcers 皮肤黏膜交界处褪色/溃疡
Mucocutaneous hypopigmentation 皮肤黏膜交界处色素沉着不足
Mucocutaneous junctions 皮肤黏膜交界处
Mucocutaneous protothecosis 皮肤黏膜交界处原藻病
Mucocutaneous pyoderma 皮肤黏膜交界处脓皮病
Mucopolysaccharides 黏多糖
Mucopolysaccharidosis 黏多糖病
Mucorales 毛霉菌
Mucormycosis 毛霉菌病
Mucous membrane pemphigoid (MMP) 黏膜类天疱疮
Mucuna pruriens (cowhage) 黧豆（豆科攀缘植物）
Multifocal hair loss 多病灶脱毛
Multiple Collagenous nevi 多发性胶原痣
Multiple papillomas 多发性乳头状瘤
Multiple perianal fistulae 多发性肛周瘘
Multiple pigmented 多发性色素沉着
Multiple pigmented plaques 多发性色素斑
Multiple sebaceous hyperplasia lesions 多发性皮脂腺增生病灶
Mumps 流行性腮腺炎

Mupirocin 莫匹罗星
Mural folliculitis 胸壁/腹壁毛囊炎
Murine leprosy 鼠麻风病
Mustargen (mechlorethamine) (nitrogen mustard) 盐酸氮芥（二氯甲基二乙胺）（氮芥）
Muzzle dermatitis 鼻口部皮炎
Muzzle folliculitis 鼻口部毛囊炎
Mycelium 菌丝
Mycetoma 足菌肿病
Mycobacterial infections 分枝杆菌感染
Mycobacterium avium 鸟型结核分枝杆菌
Mycobacterium avium complex (MAC) 鸟型分枝杆菌复合体
Mycobacterium bovis 牛结核分枝杆菌
Mycobacterium lepraemurium impact 鼠型结核菌影响
Mycobacterium microti 田鼠分枝杆菌
Mycobacterium phlei 草分枝杆菌
Mycobacterium thermoresistible 耐热分枝杆菌
Mycobacterium tuberculosis 结核分枝杆菌
Mycobacterium tuberculosis complex 结核分枝杆菌复合体
Mycophenolate mofetil (CellCept) 霉酚酸酯
Mycoplasma infections 支原体感染
Mycosis (mycoses) 霉菌病（真菌病）
Mycosis fungoides 蕈样真菌病
Mycotic Blepharitis 真菌性睑炎
Mycotic lesions 真菌性创伤
Mycotoxins 真菌毒素
Myiasis 蝇蛆病
Myositis clinical signs 肌炎临床症状
Myospherulosis 肌小球体病
Myringotomy 鼓膜切开术
Myxedema coma 黏液性水肿昏迷
Myxoma 黏液瘤
Myxomatosis 多发性黏液瘤病
Myxosarcoma 黏液肉瘤

N

N-3 (omega-3) fatty acids N-3（Ω-3）脂肪酸
Naltrexone 环丙甲羟二羟吗啡酮
Nares 鼻翼
Narrow-spectrum agents 窄谱制剂
Nasal adenocarcinoma 鼻腺癌
Nasal area (ulceration/crusting) 鼻部（溃疡/结痂）
Nasal arteritis 鼻部动脉炎
Nasal Aspergillosis 鼻曲霉菌病
Nasal filtrum 鼻镜
Nasal folliculitis 鼻部毛囊炎
Nasal furunculosis 鼻疖
Nasal hyperkeratosis 鼻角化过度
Nasal hypopigmentation 鼻部色素沉着不足
Nasal lesions 鼻部损伤
Nasal parakeratosis 鼻角化不全
Nasal philtrum 鼻人中
Nasal planum 鼻镜
Nasal solar dermatitis 鼻日光性皮炎
Nasal squamous cell carcinoma 鼻部鳞状细胞癌
Nasodigital hyperkeratosis 鼻尖角化过度
Nasolabiograms 唇鼻印
Natural killer (NK) cells 自然杀伤细胞
Natural killer T (NKT) cells 自然杀伤T细胞
Neck 颈部
Necrobacillosis (Schmorl disease) 坏死菌病（许莫氏病）
Necrolytic migratory erythema 坏死性表皮松解性红斑
Necrosis 坏死
Necrotic lesions 坏死斑
Necrotic tissue 坏死组织
Necrotizing fasciitis 坏死性筋膜炎
Nematodes 线虫
Neomycin 新霉素

Neonicotinoids 新烟碱
Neosporosis 新孢子虫病
Neotrombicula (Trombicula) autmnalis 新恙螨属（恙螨属）
Neovascularization 血管化
Nerves 神经
Neumann type PV PV型诺依曼式
Neuro-immuno-cutaneous-endocrine (NICE) model 神经免疫皮肤内分泌模型
Neuropeptide Y 神经肽Y
Neurotrophins 神经营养素
Neutrophils 中性粒细胞
Nevi 痣
Niacinamide 烟酰胺
Nikolsky sign 尼科耳斯基氏症
Nipple hypertrophy 乳头肥大
Nisin 尼生素
Nitenpyram (Capstar) 烯啶虫胺（剠星杀虱药）
Nitrogen mustard (mechlorethamine) 盐酸氮芥（氮芥）
Nitrous oxide 氧化亚氮
Nocardiosis 诺卡氏菌病
Nociceptor units 疼痛感受器单位
Nodular circum gland hyperplasia 结节性环腺体增生
Nodular fasciitis 结节性筋膜炎
Nodular sebaceous hyperplasia 结节性皮脂腺增生
Nodules 结节
Non-color-linked follicular dysplasia 非颜色相关性毛囊发育不良
Nondegenerate neutrophils 未退化的中性粒细胞
Nonepitheliotropic cutaneous lymphoma 非趋上皮性皮肤淋巴瘤
Non-neoplastic lumps 非肿瘤性肿块
Non-neoplastic tumors 非赘生性肿瘤
Nonocclusive emollients 开放性润滑剂
Nonpluripotent stem cells 非多功能性干细胞
Non-rabies vaccination panniculitis 非狂犬疫苗接种相关的脂膜炎
Nonseptic cystic mastitis 非脓毒症囊性乳腺炎
Nonsteroidal agents (reasons) 非甾体类制剂
Nonsteroidal topical agents 非甾体局部制剂
Nonviral tumors 非病毒性肿瘤
Norfolk terriers 诺福克狆
North American chigger (*Eutrombicula*) 北美恙螨（真恙螨亚属）
North American histoplasmosis 北美组织胞浆菌病
Nose 鼻部
Notoedres cati 背肛螨
Notoedres notoedres (burrowing mite) 背肛螨（穴居螨）
Novasomes 脂质体
Nuclear factor κB (NF-κB) 核因子κB
Nuclear factor of activated T cells (NFAT) 激活的T细胞的核因子
Nuclear receptor families 核受体家族
Nuclear streaming (dog) 核条带（犬）
Nucleated (parakeratotic) hyperkeratosis 核角化（不全角化）角化过度
Nucleated keratinocyte 核角化细胞
Numerical rating scale (NRS) 数值评定标度
Nutrigenetics 营养遗传学
Nutrigenomics 营养基因学
Nutritional Blepharitis 营养性睑炎
Nystatin (polyene antifungal) 制霉菌素（多烯抗真菌）

O

Obligate Anaerobic bacteria 专性厌氧菌
Obsessive compulsive disorders (OCDs) 强迫症
Obstructive ear disease 阻塞性耳病
Occlusive emollients 润滑剂

Ocular onchocerciasis 眼盘尾丝虫病
Oil rinses 油浴
Ointments 软膏
Old English sheepdog (self-mutilation) 英国老式牧羊犬
Onset 发病
Onychodystrophy 甲变形
Onycholysis claw 脱甲
Onychomadesis (claw Sloughing) 甲脱落（爪脱皮）
Onychomalacia 甲软化
Onychomycosis 甲癣
Onychorrhexis 脆甲症
Oomycetes 卵菌
Open patch test 开放斑贴试验
Opsonins 调理素
Oral antianxiety drugs (anxiolytics) 口服抗焦虑药（抗焦虑药）
Oral Azoles 口服唑类
Oral cavity 口腔
Oral EFAs 口服必需脂肪酸
Oral glucocorticoids 口服糖皮质激素类
Oral levothyroxine (T4) 口服左旋甲状腺素
Oral mucocutaneous junction 口腔皮肤黏膜交界处
Oral papillomatosis 口腔乳头状瘤
Oral sunscreens 口腔防晒霜
Oral viral papillomatosis 口腔病毒性乳头状瘤
Oral zinc supplementation 口服补锌剂
Organic Spot-on formulations 有机滴剂成分
Organoid nevi 器官样痣
Ornithonyssus bacoti (tropical rat mite) 柏氏禽刺螨（热带鼠螨）
Orthokeratotic (Anuclear) types 正角化型（无核）
Oryctolagus cuniculi (wild European rabbit) 穴兔（欧洲野兔）
Osteoma 骨瘤
Osteoma cutis 皮肤骨瘤
Osteoporosis 骨质疏松症
Osteosarcoma 骨肉瘤
Otic glucocorticoid adrenal suppression 耳部糖皮质激素肾上腺抑制
Otitis externa 外耳炎
Otitis media 中耳炎
Otobius megnini presence 耳螨表现
Otodectes cynotis 耳痒螨
Otodectic hypersensitivity 耳螨敏感
Otoscopes 耳镜
Otoscopic examination 耳镜检查
Ototoxicity 耳毒性
Outercoat (primary hair) 外层被毛（初级毛发）
Outer lipid envelop 外层脂质包膜
Outer root sheath 外毛根鞘
Oxidative enzyme synthesis (inhibition) 氧化酶合成（抑制）
Oxidizing agents 氧化剂
Oxygen 氧气
Oxygen intermediates 氧中间体
Oxytalan fibers 耐酸纤维

P

Pacinian corpuscles 环层小体
Pads 足垫
Paecilomyces infection 拟青霉素感染
Paecilomycosis 拟青霉素感染
Paeonia lactiflora extract mixture 芍药提取物合剂
Pagetoid reticulosis 变形性骨炎网状细胞增多症
PAIN (parasites allergies inflammation neurogenic) PAIN（寄生虫神经过敏性炎症）
Paint 色斑
Palmar-plantar erythrodyesthesia (PPES) 掌跖疼痛红肿（掌跖感觉丧失性红斑）
Palms 掌部

碍

Primary seborrhea 原发性皮脂溢

Primary secretory otitis media (PSOM) 原发性分泌性中耳炎

Probiotics 益生菌

Profilaggrin immunohistochemistry 丝聚合蛋白原免疫组化染色

Programmed cell death (apoptosis) 程序性细胞死亡（细胞凋亡）

Proinflammatory cytokines 致炎（炎症前）细胞因子

Prolactin 催乳素

Proliferating cell nuclear antigen (PCNA) 增殖细胞核抗原

Proliferative arthritis 增生性关节炎

Proliferative sparganosis 增殖期裂头蚴病

Proliferative thrombovascular necrosis 增生性血栓性坏死

Propagule 繁殖体

Propylene glycol 丙二醇

Prostaglandin E$_2$ (PGE$_2$) synthesis 前列腺素E$_2$合成

Protein deficiencies 蛋白质缺乏

Production 产物

Prototethecosis 原藻病

Protozoal Blepharitis 原虫性睑炎

Protozoal diseases 原虫性疾病

Provocative function tests 激发功能试验

Pruritic dogs/cats 犬/猫瘙痒

Pruritic erythroderma 瘙痒性红斑病

Pruritic exfoliative erythroderma 瘙痒性表皮剥落性红斑病

Pruritic inflammatory diseases 瘙痒性炎症

Pruritic load 瘙痒负荷

Pruritic threshold 瘙痒阈值

Pruritus (itching) 瘙痒症

Pruritus visual analog scale (PVAS) 瘙痒视觉模拟量表

P-selectin P-选择蛋白

Pseudallescheria boydii fungi 波氏假阿利什菌

Pseudomonas aeruginosa 脓绿假单胞杆菌

Pseudomonas fluorescens 荧光假单胞杆菌

Pseudomycetomas 假足菌肿病

Pseudopelade 假性斑秃

Pseudopyodermas 假分生孢子性脓皮病

Pseudorabies 伪狂犬病

Psoralen Plus UVA (PUVA) 局部光化学疗法

Psoriasiform-lichenoid dermatosis 牛皮癣样-苔藓样皮肤病

Psychodermatology (psychocutaneous medicine) 精神性皮肤病学（精神性皮肤性药物）

Psychogenic alopecia 精神性脱毛

Psychogenic dermatitis 精神性皮炎

Psychogenic dermatosis 精神性皮肤病

Puff adder bite 鼓腹毒蛇咬伤

Punch biopsies 打孔活检

Purified protein derivative (PPD) 纯蛋白衍生物

Pustules 脓疱

Pyknotic nuclei 固缩核

Pyoderma 脓皮病

Pyoderma gangrenosum 坏疽性脓皮病

Pyogranuloma syndrome 脓性肉芽肿综合征

Pyogranulomatous furunculosis 脓性肉芽肿性疖病

Pyotraumatic dermatitis 化脓性外伤性皮肤病

Pyotraumatic folliculitis 化脓性外伤性毛囊炎

Pyrethrins 除虫菊酯

Pyrethroids 拟除虫菊酯

Pyridoxine deficiency 维生素B$_6$缺乏

Pyriprole insecticide/acaricide 吡啶醇杀虫剂/杀螨剂

Pythiosis 腐霉病

Pythium insidiosum 隐匿腐霉菌

Pythium spp. 腐霉菌

R

Rabbit Shope papillomavirus (cottontail rabbit papillomavirus) 兔肖普氏乳头状瘤病毒（白尾灰兔乳头状瘤病毒）

Raccoonpox 浣熊痘病毒

Radiant heat Burns 辐射热烧伤

Radiant heat dermatitis 热辐射性皮肤炎

Radiant heat sources 热辐射源

Radiation Burns 放射性烧伤

Radiation injury 辐射伤害

Radiation therapy 放射治疗

Radioallergosorbent test (RAST) 放射变应原吸附试验

Radiosurgery 放射外科

Radiotherapy (megavoltage) 放疗（巨电压）

Rapidly adapting mechanoreceptor units 快速适应性机械性刺激感受器单位

Rapidly growing mycobacteria 快速生长分枝杆菌

Rapid sporulating media (RSM) 孢子快速形成培养基

Rare sex hormone dermatoses 罕见性激素皮肤病

Rats 大鼠

Reactive cutaneous histiocytosis 反应性皮肤组织细胞增多症

Reactive histiocytosis 反应性组织细胞增多症

Recessive cutaneous asthenia 隐性脆皮病

Reciprocal antagonism (interference) 互相拮抗（干扰）

Reciprocal enhancement (synergism) 互相加强（协同）

Recombinant canine interferon-gamma (rCalFN-gamma) 重组犬伽马干扰素

Recombinant feline (rFE) interferon omega 重组猫omega 干扰素

Rectal papillomas 直肠乳头状瘤

Recurrent dermatologic diseases 复发性皮肤病

Recurrent flank alopecia 复发性侧腹脱毛

Regulated upon activation 调控活化

Relapsing polychondritis (Auricular chondritis) 复发性多软骨炎（耳软骨炎）

Remodeling (wounds) 重塑（伤口）

Renal glomerular vasculopathy 肾小球血管病变

Renal perfusion (decrease) 肾灌流（下降）

Repositol injection 注射

Resident bacteria 固有细菌

Resident inhabitants 固有微生物

Residents 固有菌群

Resident staphylococcal flora 固有葡萄球菌菌群

Residual microscopic disease 残留微小病变

Resting period (telogen) 静止期

Reticular fibers (reticulin) 网状纤维（网状霉素）

Reticularis 网状

Retinoic acids 类维生素A

Retinoids 维生素A酸类

Retinoid X receptor (RXR) 维甲酸X受体

Bexarotene 贝沙罗汀

RXR-selective retinoid RXR-选择性维甲酸

Reverse T$_3$ 道三碘甲腺原氨酸

Rhabdomyoma 横纹肌瘤

Rhabdomyosarcoma 横纹肌肉瘤

Rhemannia glutinosa extract mixture 地黄提取物混合剂

Rhinosporidiosis 鼻孢子虫病

Rhipicephalus sanguineus 血红扇头蜱

Rhizopus (fungus example) 根霉（真菌举例）

Rhodesian ridgeback 罗得西亚脊背犬

Rhodococcal infection 红球菌感染

Rhodotorula dermatitis 红酵母皮炎

Rickettsial diseases 立克次体性疾病

Rickettsia typhus vector 立克次体斑疹伤寒载体

Right foreleg 右前肢

Right lateral hip 右侧臀部

Ringworms 金钱癣

Rocky Mountain spotted fever (RMSF) 落基山斑疹热

Rodents 啮齿动物

Rodent ulcer (indolent ulcer/eosinophilic ulcer) 侵蚀性溃疡（无痛性溃疡/嗜酸性溃疡）

Rotenone 鱼藤酮

Rottweiler 罗威纳犬

Ruff 轴环

Ruffini corpuscles 罗菲尼小体

S

Sacral vertebral anomaly 荐椎异常

Saint Bernard 圣伯纳犬

Salicylic acid 水杨酸

Salivary gland neoplasms 唾液腺肿瘤

Salivary gland tumors 唾液腺瘤

Salivary staining 唾液染色

San Joaquin Valley fever (Coccidiomycosis) 圣华金河山谷热（球孢子菌病）

Sarcoptes scabiei 疥螨

Sarcoptic mange 疥螨病

Sarcoptes scabiei infestation 疥螨感染

Scabies 疥疮

Scale 鳞屑

Scaling 结痂

Scaling dermatoses 脱皮皮肤病

Scarring alopecia 瘢痕性脱毛

Scars 瘢痕

Scavenger receptors 清除剂受体

Schistosoma cercariae 血吸虫尾蚴

Schistosome eggs 血吸虫卵

Schistosomiasis 血吸虫病

Schmorl disease (necrobacillosis) 许莫氏病（坏死菌病）

Schnauzer comedo syndrome 雪纳瑞黑头粉刺综合征

Schwannoma 神经鞘瘤

Scopulariopsis brevicaulis (impact) 短尾帚霉（影响）

Scraping 刮皮

Scrotal dermatitis 阴囊皮炎

Scrotal skin 阴囊皮肤

Scrub Care Skin Prep Tray 磨砂护理皮肤托盘

Seasonal alopecia 季节性脱毛

Sebaceous adenitis 皮脂淋巴腺炎

Sebaceous adenocarcinoma 皮脂性腺癌

Sebaceous adenomas 皮脂腺腺瘤

Sebaceous epitheliomas 皮脂腺上皮瘤

Sebaceous gland dysplasia 皮脂腺发育不良

Sebaceous glands (holocrine glands) 皮脂腺（全浆分泌腺）

Sebaceous gland tumors 皮脂腺肿瘤

Sebaceous hyperplasia 皮脂腺增生

Sebaceous lobules 皮脂小叶

Seborrhea 皮脂溢

Seborrhea oleosa 油性皮脂溢

Seborrhea sicca 干性皮脂溢

Seborrheic animals 脂溢性动物

Seborrheic complex 综合性皮脂溢

Seborrheic dermatitis 脂溢性皮炎

Seborrheic keratosis 脂溢性角化病

Sebum 皮脂

Secondary bacterial folliculitis 继发性细菌性毛囊炎

Secondary behavioral disorders 继发性行为失常

Secondary canine Acanthosis nigricans 继发性犬黑棘皮症

Secondary hairs (down hairs) 次生毛（绒毛）

Secondary hyperfunction 继发性功能亢进

Secondary hypofunction 继发性功能减退

Secondary hypothyroidism 继发性甲状腺功能低下

Secondary infections 继发性感染
Secondary lesions 继发性病灶
Secondary lymphedema 继发性淋巴外渗
Secondary *Malassezia* dermatitis 继发性马拉色菌性皮肤病
Secondary seborrhea 继发性皮脂溢
Secondary skin lesions 继发性皮肤病灶
Selamectin (Revolution) 塞拉菌素（改进）
Selective serotonin reuptake inhibitors (SSRIs) 选择性5-羟色胺再摄取抑制剂
Selenium sulfide 二硫化硒
Self-antigens 自体抗原
Self-induced alopecia 自体介导性脱毛
Self-nursing 自我护理
Self-reactive lymphocytes 自体反应性淋巴细胞
Selsun Blue dandruff shampoo 硫化去屑香波
Semipermeable films 半透膜
Semiquantitative RT-PCR 半定量RT-PCR
Senile skin 老年皮肤
Senility 衰老
SERCA2-gated stores 肌质网/内质网钙离子ATP酶2储存
Serine proteases 丝氨酸蛋白酶类
Serine proteinases 丝氨酸蛋白酶
Serologic testing 血清学检测
Serotonin 羟色胺
Serpiginous lesions 匐行性病灶
Sertoli cell tumor 支持细胞瘤
Serum alkaline phosphatase level 血清碱性磷酸酶水平
Serum creatine kinase activity 血清肌酸激酶活性
Serum hormones 血清激素
Serum thyroid hormone-binding protein levels 血清甲状腺素绑定蛋白水平
Sex hormones 性激素
Sex steroid hormone blood levels 性类固醇激素血液水平
Sexual behavior 性行为
Shar-Peis 沙皮犬
Shedding 脱落
Shope fibroma virus 肖普氏纤维瘤病毒
Shope papilloma virus 肖普式乳头状瘤病毒
Short anagen 短生长期
Shorthaired double coat 短毛双层被毛
Short-loop feedback system 短环反馈系统
Siberian husky 西伯利亚雪橇犬
Signal transducers and activators of transcription (STATs) 信号传导物和转录激活因子
Silver nitrate solution 硝酸银溶液
Silver salts 银盐
Simuliidae spp. (black flies) 蚋科（黑蝇）
Sinus hairs 窦毛
Skin immune system (SIS) 皮肤免疫系统
Skin infections 皮肤感染
Skin lesions 皮肤损伤
Skin-lipid complex (SLC) 皮肤脂质综合征
Skin scrapings 刮皮
Skin surface 皮肤表面
Skin test reactivity 皮肤检测反应性
Skull 颅骨
Skunk odor 臭鼬气味
Skye terrier 斯凯狗
Sloughing 脱发
Slow-adapting mechanoreceptors 延迟适应性机械刺激感受器
Small mammals 小哺乳动物
Smooth muscle cells 平滑肌细胞
Snake bite 蛇咬伤
Snake fang marks 蛇咬斑
Snake subfamilies 蛇亚科
Snake venoms 蛇毒液
Snow nose 雪鼻
Sodium hypochlorite (halogenated agent) 次氯酸钠（卤化制剂）
Soft keratins 软角蛋白

Soft (argasid) ticks 软蜱
Soft tissues 软组织
Soft-tissue sarcomas (mesenchymal neoplasms) 软组织肉瘤（间质肿瘤）
Solar damage 日光损伤
Solar dermatitis 日光性皮炎
Solar exposure 日光暴露
Solar-induced dermal hemangiosarcomas 日光诱导性皮肤表皮血管肉瘤
Solar-related hemangioma 日光性血管瘤
Solar sensitivity 日光敏感性
Solar vasculopathy 日光性血管病变
Solenopsis invicta (fire ants) 红火蚁（火蚁）
Somatostatin 生长抑素
Somatotropin 生长激素
Sonic hedgehog (shh) 超音刺猬
Sore hocks (ulcerative pododermatitis) 跗关节酸痛（溃疡性趾间皮炎）
Sparganum proliferum infection 增殖裂头蚴感染
Spay incision 绝育切口
Specialized glands 特殊腺体
Specimen collection 样本采集
Spherulites 球粒
Sphinx cats 史芬克斯猫
Spiculosis 针状被毛增多症
Spiders 蜘蛛
Spilopsyllus cuniculi (rabbit flea) 欧洲兔跳蚤（兔蚤）
Spinetoram 乙基多杀菌素
Spinosad (Comfortis) 多杀菌素
Spinous ear tick 耳残喙蜱
Spinous layer (stratum spinosum) 棘细胞层（表皮生发层）
Split paw pad disease 爪垫分离病
Splits ends (trichoptilosis) 分叉（毛发纵裂病）
Spontaneous adult-onset hypothyroidism 自发性成年型甲状腺功能低下
Spontaneous hypercortisolism diagnosis 自发性皮质醇增多症诊断
Sporangia 孢子囊
Sporothrix conversion 孢子丝菌转变
Sporothrix schenckii fungi 申克孢子丝菌
Sporotrichosis 孢子丝菌病
Spot application avermectins 阿维菌素滴剂应用
Spot-application fatty acid products 脂肪酸滴剂应用
Spot application products 滴剂产品
Spot treatments 点治疗
Sprays 喷剂
Squamous cell carcinoma (SCC) 鳞状细胞癌
Squamous cell carcinoma in situ 原位鳞状细胞癌
Squamous papillomas 鳞状细胞乳头状瘤
Stage I melanosomes I型黑色素体
Stained scrapings 刮皮染色
Stained smears 染色涂片
Stannous fluoride (SF) 氟化亚锡
Staphylococcal folliculitis 葡萄球菌性毛囊炎
Staphylococcal hypersensitivity (bacterial hypersensitivity) 葡萄球菌过敏症（细菌性过敏症）
Staphylococcal infections depth 葡萄球菌深度感染
Staphylococcal toxic shock 葡萄球菌中毒性休克
Staphylococci 葡萄球菌
Staphylococcus aureus 金黄色葡萄球菌
Staphylococcus intermedius group (SIG) 中间型葡萄球菌菌群
Staphylococcus intermedius superficial pyoderma 中间型葡萄球菌浅表脓皮病
Staphylococcus pseudintermedius 伪中间型葡萄球菌
Staphylococcus spp. (lipase-producing bacteria)

葡萄球菌（产脂肪酶细菌）
Stem cell therapy 干细胞疗法
Sterile eosinophilic pustolosis 无菌性嗜酸性脓疱病
Sterile granuloma/pyogranuloma syndrome (SGPS) 无菌性肉芽肿/脓性肉芽肿综合征
Sterile neutrophilic dermatosis 无菌性中性粒细胞性皮肤病
Sterile nodular panniculitis 无菌性结节性脂膜炎
Sterile panniculitis 无菌性脂膜炎
Sterile pyogranulomas 无菌性脓性肉芽肿
Sternal callus 胸骨处厚皮痂
Sternum 胸骨
Steroid hepatopathy 类固醇肝病
Steroid tachyphylaxis 类固醇快速耐受
Stevens-Johnson syndrome (SJS) 斯-约二氏综合征
Sticktight fleas (*Echidnophaga gallinacea*) 吸着蚤（禽角头蚤）
Storage mite hypersensitivity 储藏螨过敏症
Storage mites 储藏螨
Straelensia cynotis-induced dermatitis Straelensia cynotis 介导性皮炎
Stratum basale (basal layer) 基底层
Stratum corneum 角质层
Stratum germinativum 表皮生发层
Stratum granulosum (granular layer) 颗粒层
Stratum intermedium 中间层
Stratum lucidum (clear layer) 透明层
Stratum spinosum (spinous layer) 表皮生发层（棘细胞层）
Streptococcal toxic shock 链球菌中毒性休克
Streptomyces avermitilis fermentation 链霉菌发酵
Streptomyces hygroscopicus fermentation products 吸水链霉菌发酵产物
Stria 擦痕
Strongyloides stercoralis-like infection 类圆线虫样感染
Structural dysplasia 结构异常
Structural follicular dysplasia 结构发育不良
Subacute cutaneous lupus erythematosus (SCLE) 亚急性皮肤红斑狼疮
Subcorneal pustular dermatosis 角质层下脓疱性皮肤病
Subcutaneous abscesses 皮下脓肿
Subcutaneous chyle 皮下乳糜
Subcutaneous emphysema 皮下气肿
Subcutaneous fat 皮下脂肪
Subcutaneous hemangiosarcoma 皮下血管肉瘤
Subcutaneous infections 皮下感染
Subcutaneous methylprednisolone acetate injection 皮下注射甲强龙醋酸盐
Subcutaneous mycoses 皮下真菌病
Subcutaneous neoplasms (fettets) 皮下肿瘤（雪貂）
Subcutaneous tissue 皮下组织
Subcutis (hypodermis) 皮下组织（真皮）
Subepidermal blistering diseases 表皮下水疱病
Subepidermal cleft 表皮下分裂
Sublamina densa area (lamina fibroreticularis) 致密层下区域（网织板）
Submandibular lymph nodes 下颌淋巴结
Sucquet-Hoyer canal 苏-奥二氏管
Sugar gliders 蜜袋鼯
Sulfoxdex 硫氧合酶
Sulfur 硫黄
Superantigens 超抗原
Superficial bacterial folliculitis 浅表性细菌性毛囊炎
Superficial bacterial infections (superficial pyodermas) 浅表性细菌感染（浅表脓皮病）
Superficial Burns 浅表烧伤
Superficial dermis 真皮浅层
Superficial folliculitis 浅表性毛囊炎

Superficial infections 浅表细菌感染

Superficial inflammatory infiltrate 浅表炎性浸润

Superficial mycoses 浅表真菌病

Superficial necrolytic dermatitis 浅表坏死性皮肤病

Superficial pustules 浅表脓疱

Superficial suppurative necrolytic dermatitis (miniature Schnauzers) 浅表化脓性坏死性皮炎（迷你雪纳瑞）

Superficial ulceration 浅表溃疡

Superoxide radical 超氧自由基

Supplementation 补充给药

Suppurative folliculitis 化脓性毛囊炎

Suprabasilar keratinocytes 基底层角化细胞

Surface-acting agents 表面活性制剂

Surface bacterial infections 浅表细菌感染

Surgery 手术

Susceptibility testing 药敏试验

Sustained-release microvesicle technology 缓释微泡技术

Sweat glands 汗腺

Sweat gland tumors 汗腺肿瘤

Sylvatic ringworm 丛林癣菌病

Sylvilagus bachman (bush rabbit) 教皇棉尾兔（灌木野兔）

Sylvilagus brasiliensis (tropical forest rabbit) 巴思木棉尾兔（热带丛林兔）

Sylvilagus floridanus (Eastern cottontail rabbit) 佛罗里达棉尾兔（东方白尾灰兔）

Symmetric lupoid onychitis 对称性狼疮甲床炎

Symmetric macular leukoderma/leukotrichia 对称性黄斑白斑病/白毛病

Syndrome I zinc-responsive dermatosis Ⅰ型锌反应性皮肤病综合征

Syndrome II zinc-responsive dermatosis Ⅱ型锌反应性皮肤病综合征

Synthetic retinoids 合成维生素A酸类

Syphacia muris (pinworms) 鼠管状线虫（蛲虫）

Syphacia obvelata (pinworm) infection 隐匿管状线虫（蛲虫）感染

Syphilis 梅毒

Syringomyelia 脊髓空洞症

Systemic agents 全身性制剂

Systemic Antibiotics 全身抗生素

Systemic Antiparasitic agents 全身性抗寄生虫制剂

Systemic antipruritic agents 全身止痒剂

Systemic endectocides 全身杀虫剂

Systemic glucocorticoids 全身糖皮质激素

Systemic histiocytosis (SH) 全身性组织细胞增多症

Systemic hyperglucocorticoidism 全身性高糖皮质激素

Systemic lupus erythematosus (SLE) 系统性红斑狼疮

Systemic mycoses 全身性真菌病

Systemic organophosphates 全身性有机磷酸盐

Systemic plasmacytosis 全身浆细胞增多症

Systemic therapies 全身治疗

Systemic vitamin D analog 全身用维生素D类似物

Systolic blood pressure levels 收缩压水平

T

Tactile hairs 触须

Taenia serialis 锯齿状绦虫

Tail 尾

Tailfold intertrigo 尾褶擦伤

Tail gland (supraCaudal gland) (preen gland) 尾腺（尾上腺）（尾脂腺）

Tail gland hyperplasia 尾腺增生

Tail-tip necrosis 尾尖坏死

Tar 焦油

Tardive hypotrichosis/alopecia 迟发性少毛症/

脱毛

Target cell response 靶细胞应答

Target lesion 靶样病变

Tar preparations 焦油制剂

Tar spots 焦油斑点病

Telogen effluvium 静止期脱毛

Temporal muscle atrophy 颞肌萎缩

Terbinafine 特比萘芬

Terbinafine 1% (allylamine) 1%的特比萘芬（烯丙胺）

Testicular neoplasia 睾丸肿瘤

Testosterone level 睾酮水平

Tetracycline 四环素

T_H1-type cytokines T_H1型细胞因子

T_H2 cytokines (expression) T_H2型细胞因子（表达）

Thai ridgeback 泰国脊背犬

Thallium intoxication 铊中毒

Thallium poisoning 铊中毒

Therapeutic plan 治疗计划

Therapeutic trials 治疗性试验

Thermoreceptors 温度感受器

Thermoregulation 体温调节

Thrombus, formation 血栓形成

Thymic function 胸腺功能

Thymoma 胸腺瘤

Thymus and activation-regulated Chemokine (TARC) 胸腺和活化调节趋化因子

Thyroid Biopsy 甲状腺活检

Thyroid gland 甲状腺

Thyroid hormones 甲状腺素

Thyroid-stimulating hormone (TSH) 促甲状腺素

Thyrotropin (TSH) 促甲状腺素

Thyrotropin-releasing hormone (TRH) 促甲状腺素释放激素

Thyroxine (T_4) 甲状腺素

Tick bite hypersensitivity 蜱叮咬性过敏症

Ticks 蜱

Tissue 组织

Tissue eosinophilia 组织嗜酸性粒细胞血症

Toll-like receptors (TLRs) Toll-样受体

Tolypocladium inflatum gams (cyclic polypeptide metabolite) *Tolypocladium inflatum gams*（循环性多肽代谢产物）

Torulosis (Cryptococcosis) 芽生菌病（隐球菌病）

Total skin electron-beam therapy (TSEBT) 全身皮肤电子束治疗

Toxic epidermal necrolysis (TEN) 中毒性表皮坏死松解症

TEN/EM reactions 中毒性表皮坏死溶解反应

Toxicoses 中毒

Toxic reactants 毒性反应

Toxic shock syndrome 中毒性休克综合征

Toxic shock toxin 中毒性休克毒素

Toxoplasma gondii tachyzoites 刚第弓形虫速殖子

Toxoplasmosis 弓形虫病

Traction 牵引

Traditional Chinese medicine (TCM)传统中国医学approach方法

Transdermal gels 透皮凝胶

Transepidermal water loss (TEWL) 经皮失水

Transforming growth factor (TGF)-β 转化生长因子-β

Transglutaminases 转谷酰胺酶

Transient febrile limping syndrome 短暂发热性跛行综合征

Transmembrane receptors 跨膜受体

Transmissible venereal tumor (TVT) 传染性性病肿瘤

Traumatic skin lesions 外伤性皮肤病灶

T regulatory cells (T-reg cells) T-调节细胞

Tresaderm 革兰阳性菌

Triamcinolone (Panalog) 曲安奈德

Trichiasis 倒睫

Trichilemma keratinization 毛膜角化

Trichoblastoma 毛母细胞瘤

Trichoepithelioma 毛发上皮瘤

Trichofolliculoma 毛囊瘤

Trichogram 拔毛镜检

Trichohyalin granules 毛透明蛋白颗粒

Tricholemmoma 毛根鞘瘤

Trichomycosis axillaris 腋毛癣

Trichophytin infection 发癣菌素感染

Trichophyton equinum infections 马毛发癣菌感染

Trichophyton mentagrophytes 须癣毛癣菌

Trichophyton verrucosum infections 疣状毛癣菌感染

Trichoptilosis (split ends) 毛发纵裂病（分叉）

Trichorrhexis nodosa 结节性脆发症

Trichosporum dermatitis 毛孢子菌性皮炎

Tricolored Cornish Rex 三色康沃尔雷克斯猫

Tricyclic antidepressants (TCAs) 三环抗抑郁剂

Triglyceride levels 甘油三酯水平

Triglyceride synthesis 甘油三酯合成

Triiodothyronine (T_3) 三碘甲状腺原氨酸

Trilostane 曲洛司坦

Tritiated thymidine labeling techniques usage 氚胸苷标签技术用法

Trixacarus caviae (burrowing sarcoptic mite) 疥螨（钻洞疥螨）

Trombicula autumnalis (harvest mite larvae) 秋螨/恙螨幼虫

Trombiculosis 恙螨病

Tropical rat mite 热带鼠螨

True tuberculosis 真性肺结核

Truncal alopecia 躯干脱毛

Truncal solar dermatitis 躯干日光性皮炎

Tryptophan metabolites 色氨酸代谢产物

Tuberculosis (TB) 肺结核

Tumor necrosis factor alpha (TNF-α) 肿瘤坏死因子-α

Tumors 肿瘤

Tympanic bulla 鼓泡

Tympanic membrane 鼓膜

Tympanum 鼓室

Type 1 bullous systemic lupus 1型全身性红斑狼疮

Type Ⅱ zinc-responsive dermatoses Ⅱ型锌反应性皮肤病

Type Ⅳ dermoid sinuses Ⅳ型皮样鼻窦

Type Ⅳ hypersensitivity Ⅳ型超敏反应

Type I zinc-responsive dermatosis Ⅰ型锌反应性皮肤病

Tyrosinase deficiency 酪氨酸酶缺乏症

Tyrosinase related protein 2 (TYRP2) 酪氨酸酶相关蛋白2

Tyrosinemia 酪氨酸血症

U

Ulcerative lesions 溃疡病灶

Ulcerative nasal dermatitis 溃疡性鼻部皮炎

Ulcerative pododermatitis (sore hocks) 溃疡性趾间皮炎（跗关节酸痛）

Ulcerative stomatitis 溃疡性口炎

Ulcers 溃疡

Ultraviolet light (UVL) 紫外线

Uncinaria (hookworm) dermatitis 钩虫性皮炎

Uncinaria stenocephala 狭头刺口钩虫

Undecylenic acid (Desenex) 十一碳烯酸

Undercoat (secondary hair) 下层绒毛（次生毛）

Upper lip 上唇

Urinary cortisol/creatinine ratio 尿液皮质醇/肌酐比

Urticaria 荨麻疹

Urticaria pigmentosa 色素性荨麻疹

Uveitis 眼葡萄膜炎

Uveodermatologic syndrome (Vogt- Koyanagi-